第九届全国岩土工程实录交流会
——岩土工程实录集（上册）

《岩土工程实录集》编委会　编

中国建筑工业出版社

图书在版编目（CIP）数据

第九届全国岩土工程实录交流会：岩土工程实录集 /《岩土工程实录集》编委会编. — 北京：中国建筑工业出版社，2023.12

ISBN 978-7-112-29417-6

Ⅰ. ①第… Ⅱ. ①岩… Ⅲ. ①岩土工程－文集 Ⅳ. ①TU4-53

中国国家版本馆 CIP 数据核字（2023）第 244447 号

本书汇集了全国各系统、各地区的岩土工程勘察、设计、施工、科研单位和高等院校撰写的论文 310 余篇，包括岩土工程勘察，基坑与边坡工程，地基处理与桩基，地灾防治与环境岩土工程，岩土工程检测、监测、试验，工程实践专题研究等方面内容以及国内岩土工程界知名专家撰写的论述，其中有全国优秀工程奖和省部级优秀工程奖岩土工程实录 152 篇。本书反映了第八届全国岩土工程实录交流会以来，岩土工程新技术、新方法、新经验，代表了当前我国岩土工程的技术水平。

本书可供从事岩土工程勘察、设计、施工、检测、监理的工程技术人员和高等院校有关专业师生参考。

责任编辑：杨 允 李静伟 刘颖超

责任校对：赵 力

第九届全国岩土工程实录交流会

——岩土工程实录集（上、下册）

《岩土工程实录集》编委会 编

*

中国建筑工业出版社出版、发行（北京海淀三里河路 9 号）

各地新华书店、建筑书店经销

国排高科（北京）信息技术有限公司制版

北京凌奇印刷有限责任公司印刷

*

开本：880 毫米×1230 毫米 1/16 印张：145¾ 字数：4608 千字

2024 年 4 月第一版 2024 年 4 月第一次印刷

定价：**580.00** 元（上、下册）

ISBN 978-7-112-29417-6

（41853）

版权所有 翻印必究

如有内容及印装质量问题，请联系本社读者服务中心退换

电话：（010）58337283 QQ：2885381756

（地址：北京海淀三里河路 9 号中国建筑工业出版社 604 室 邮政编码：100037）

会议主办单位及承办单位：

中国勘察设计协会工程勘察分会
中国建筑学会工程勘察分会
国防机械工业工程勘察科技情报网
中国水利学会勘测专业委员会
中国铁道学会铁道工程分会工程地质与路基专业委员会
中国土木工程学会轨道交通分会勘察与测量专业委员会
中兵勘察设计研究院有限公司
中国建筑西南勘察设计研究院有限公司
中节能建设工程设计院有限公司

协办单位：

《岩土工程技术》杂志
中国五洲工程设计集团有限公司
北京市勘察设计研究院有限公司
建设综合勘察研究设计院有限公司
水利部水利水电规划设计总院
长江设计集团有限公司
中铁第四勘察设计院集团有限公司
北京城建勘测设计研究院有限责任公司
机械工业勘察设计研究院有限公司
上海勘察设计研究院（集团）有限公司
天津市勘察设计院集团有限公司
重庆市勘测院
中机三勘岩土工程有限公司
机械工业第四设计研究院有限公司
河北中核岩土工程有限责任公司
中航勘察设计研究院有限公司
信电综合勘察设计研究院有限公司
中国兵器工业北方勘察设计研究院有限公司
中船勘察设计研究院有限公司
航天规划设计集团有限公司
上海勘测设计研究院有限公司
浙江恒辉勘测设计有限公司

北京京能地质工程有限公司
武汉东研智慧设计研究院有限公司
上海山南勘测设计有限公司
长江勘测规划设计研究有限责任公司
北京博凯君安建设工程咨询有限公司
中勘三佳工程咨询（北京）有限公司
湖南省交通规划勘察设计院有限公司
中石化石油工程设计有限公司
广西华蓝岩土工程有限公司
深圳市勘察测绘院（集团）有限公司
中冀建勘集团有限公司
中国电建集团华东勘测设计研究院有限公司
广东省交通规划设计研究院集团股份有限公司
新疆建筑科学研究院（有限责任公司）
中铁工程设计咨询集团有限公司
中水东北勘测设计研究有限责任公司
中国电建集团成都勘测设计研究院有限公司
湖南宏禹工程集团有限公司
长江三峡勘测研究院有限公司（武汉）
陕西省水利电力勘测设计研究院
中水淮河规划设计研究有限公司
新疆水利水电勘测设计研究院有限责任公司
黄河勘测规划设计研究院有限公司
新疆兵团勘测设计院集团股份有限公司
中水北方勘测设计研究有限责任公司
加华地学（武汉）数字技术有限公司
中铁第一勘察设计院集团有限公司
中铁二院工程集团有限责任公司
中铁第五勘察设计院集团有限公司
中国铁路设计集团有限公司
北京中兵岩土工程有限公司
河北省岩土技术创新中心
广州地铁设计研究院股份有限公司
浙江省工程勘察设计院集团有限公司
福州市勘测院有限公司
浙江兆弟控股有限公司

顾问委员会

主　　席： 顾宝和

委　　员： 萧汉英　张苏民　袁炳麟　严伯铎　张文龙　项　勃
范士凯　翁鹿年　王志智　袁雅康　方鸿琪　周亮臣
陈德基　卓宝熙

学术委员会

主　　任： 沈小克

副主任委员： 化建新　戴一鸣　梁金国　张　炜　顾国荣　刘厚健
徐张建　许再良　王　丹　王长进　王卫东　周宏磊
武　威　郑建国　丘建金　杨伯钢　许丽萍　徐杨青
王笃礼　李耀刚　杨爱明　孟祥连　高玉生　蒋建良
刘文连　马海志　李清波　陈楚江　荆少东　司富安
王　浩　孙红林

委　　员： 蔡耀军　陈卫东　陈文理　陈则连　陈晓丹　成永刚
丁　冰　丁洪元　董忠级　范建好　冯永能　高文新
郭密文　郭明田　郭志强　官善友　郝　兵　何　平
侯东利　胡惠华　巨广宏　康景文　李　强　李爱国
李建光　李占军　蒋良文　李连营　李院忠　李长君
李育红　梁　涛　刘成田　刘建磊　刘学军　刘珍岩
刘争宏　刘志伟　路新景　南亚林　聂庆科　彭春雷
彭满华　单治钢　眭素刚　孙　勇　孙崇华　孙宏伟
孙会哲　孙立川　汪德云　王传宝　王海周　王鸿胤
王旭宏　王永国　王兆云　王贤能　王曙光　许水潮
闫常赫　杨石飞　杨书涛　杨正春　姚洪锡　张　丹
张海东　张家金　张世荣　张世殊　张兴安　张修杰
张合青　赵升峰　赵术强　赵永川　郑立宁　郑玉辉
郑也平　周保良　周国钧　周洪涛　周群建　周玉明
周兆弟　朱焕春　朱建才

组织委员会

主　　任： 夏向东

副主任委员： 徐宏声　刘尊平　孟　云　宁俊栋　燕建龙　林忠伟
徐　前　李会中　王思锴　谭小科　段世委　严金森
黄伏莲　王团乐

委　　员： 蔡冠军　曹　虎　常文蓉　陈　杰　陈云长　邓南文
杜道龙　段志刚　付仁乔　傅志斌　高兴楼　高义军
高文生　葛民辉　郝庆斌　江　巍　李保方　李从昀
李　氦　李荐华　李良成　李曦涛　李泳慧　刘朝辉
刘　诚　刘景言　刘荣毅　刘云祯　廖从荣　卢　奕
卢玉南　马建良　马世敏　毛忠良　彭　伟　彭鹏程
齐传生　齐金良　乔　社　任在栋　商晓旭　宋　峰
宋文搏　孙安礼　孙永俊　田其煌　王　伟　王长科
王明宝　王吉亮　王泉伟　武　浩　吴　浩　闫德刚
杨春璞　杨东升　杨俊峰　杨永林　于　为　姚培军
尹健民　张　勇　张立勇　张　华　张继文　张长城
张广泽　张建全　张喜平　邹国富　周福军　朱文汇
朱文靖　赵在立　宗士昌

编委会

主　　编： 化建新

副 主 编： 王　浩　林忠伟　商晓旭

编　　委： 沈小克　化建新　许再良　梁金国　武　威　郑建国
孟祥连　王笃礼　李清波　宁俊栋　司富安　高文新
徐　前　李会中　黄伏莲　孙红林　韩　煊　王瑞永
梁　涛　蒋良文　王　浩　赵杰伟　杨振奎　张　丹
林忠伟　商晓旭　王鸿胤　刘　岩　李宝强　逯朋雷
张培华　王书亚　谢宇莹

前　言

由中国勘察设计协会工程勘察分会、中国建筑学会工程勘察分会、国防机械工业工程勘察科技情报网、中国水利学会勘测专业委员会、中国铁道学会铁道工程分会工程地质与路基专业委员会、中国土木工程学会轨道交通分会勘察与测量专业委员会共同举办的第九届全国岩土工程实录交流会即将召开。为了推动我国岩土工程事业的发展，我们曾于1988、1990、1993、1997、2000、2004、2015、2019年举办了八次全国岩土工程实录交流会，对我国岩土工程技术水平的提高起到了一定的促进作用。

21世纪我国经济面临更大的发展，岩土工程将会遇到更多新的、难的问题，要求我国岩土工程界必须以新的姿态迎接新的机遇和挑战。

为了展示第八届全国岩土工程实录交流会以来我国岩土工程技术和实践水平以及科技创新成就，我们在前八届实录交流会经验基础上，召开第九届全国岩土工程实录交流会。

本届交流会荟集了近年来国内外岩土工程有关实录论文312篇，其中获得全国优秀工程奖和省部级优秀工程奖相关项目论文152篇。这些论文可分为十大类，计：

（1）岩土工程勘察（建筑工程）类41篇；

（2）岩土工程勘察（水利水电）类10篇；

（3）岩土工程勘察（铁路）类17篇；

（4）岩土工程勘察（轨道交通）类22篇；

（5）岩土工程勘察（其他工程）类62篇；

（6）基坑与边坡工程类88篇；

（7）地基处理与桩基工程类20篇；

（8）地灾防治与环境岩土工程类19篇；

（9）岩土工程检测、监测、试验类26篇；

（10）工程实践专题研究类7篇。

为了便利代表们的交流与阅读，会议秘书处编辑出版了《第九届全国岩土工程实录交流会——岩土工程实录集》。

为了保证实录集的质量，专门邀请了沈小克、化建新、许再良、梁金国、武威、郑建国、孟祥连、王笃礼、李清波、宁俊栋、司富安、高文新、徐前、李会中、黄伏莲、孙红林、韩煊、王瑞永、梁涛、蒋良文、王浩、赵杰伟、杨振奎、张丹、林忠伟等专家对稿件进行了审查。

本次会议实录集主要由《岩土工程技术》编辑部承担具体的稿件征集工作，国防机械工业工程勘察科技情报网、中兵勘察设计研究院有限公司承担会议筹备工作。

为了保证实录集的按时出版，委托中国建筑工业出版社进行编辑出版工作。

在实录集的征稿、审稿、编辑与出版及会议的筹办过程中，得到了协办单位的大力支持和赞助，特此致谢！

由于时间和编辑水平有限，难免有错漏处，欢迎论文作者和读者批评指正。有关意见和建议请寄《岩土工程技术》编辑部。地址：北京573信箱　邮编：100053。

化建新

2023年9月15日

目 录

（上册）

岩土工程勘察（建筑工程）

岩土工程勘察（水利水电）

岩土工程勘察（铁路）

岩土工程勘察（轨道交通）

岩土工程勘察（其他工程）

岩土工程勘察（建筑工程）

北京市某地块建设项目岩土工程勘察实录

尹文彪　徐　胜　赵晓东

（航天规划设计集团有限公司，北京　100162）

1　工程概况

北京市怀柔区富密路某二类居住用地建设项目（表1）位于北京市怀柔区庙城镇，富密路东侧，庙城路北侧，京承铁路西侧。

本工程属于二级工程，场地复杂程度为中等复杂，地基复杂程度为中等复杂，按照《岩土工程勘察规范》（2009年版）GB 50021—2001[1]本工程勘察等级为乙级，按照《高层建筑岩土工程勘察标准》JGJ/T 72—2017[2]，本工程勘察等级划分为乙级。综合考虑，本工程勘察等级划分为乙级。

拟建建筑情况　表1

拟建建筑物名称	层数		结构类型	基础形式	±0.000/m	基础埋深/m	建筑高度/m	备注
	地上	地下						
1号住宅	15	1	框架	筏形基础	45.50	约5.9	45	—
2号住宅	15	3	框架	筏形基础	45.50	约12.7	45	—
3号住宅	15	3	框架	筏形基础	45.50	约12.7	45	—
4号住宅	14	1	框架	筏形基础	45.50	约5.9	42.1	—
5号住宅	15	3	框架	筏形基础	45.50	约12.7	45	—
6号住宅	15	3	框架	筏形基础	45.50	约12.7	45	—
7号住宅	14	1	框架	筏形基础	45.50	约5.9	42.1	—
8号住宅	15	3	框架	筏形基础	45.50	约12.7	45	—
9号住宅	15	1	框架	筏形基础	45.50	约5.9	45	—
10号住宅	15	1	框架	筏形基础	45.50	约5.9	45	—
社区生活体检中心	4/3	0	框架	筏形基础	45.50	约1.5	17.75	—
社区配套服务中心	2	0	框架	独立基础	45.50	约1.5	9.45	—
地下车库	0	3	框架	独立基础	45.50	约12.7	—	—

2　岩土工程详细勘察工作项目

查明场区内地层结构、成因年代，有无影响建筑场地稳定性的不良地质作用，并就其对工程的影响做出分析与评价；查明拟建建筑物基础影响深度范围内的各岩土层的主要物理力学性质及对地基土的均匀性、承载力作出评价；查明拟建场区地下水类型、埋藏深度，分布和赋存条件、水位标高，分析其对建筑物基础设计和基础施工的影响。查明历年最高水位、近3～5年水位情况，并提出抗浮水位建议值。查明地下水和地基土对混凝土结构和钢筋混凝土结构中钢筋的腐蚀性；通过现场测试，确定建筑场地类别，判定饱和粉土和砂土的地震液化问题，提出场地与地基的建筑抗震设计参数；提供场地土的标准冻结深度；为设计提出经济合理的地基基础建议方案及施工图设计时所需的各种有关岩土技术参数；对基坑工程提出基坑支护和降水所需的技术参数；为地基基础施工提供相关技术建议。

3　拟建场区工程地质条件

3.1　地形地貌概述

拟建场地现状基本平坦，场地内由杂草及绿网覆盖，地形起伏不大，拟建场地原有房屋及基础已基本拆除完毕，地貌单元属于潮白河冲洪积扇上部地段，勘察期间孔口标高介于43.74～45.85m之间。

3.2 地层岩性

本次勘探在35.0m深度范围内揭露地基土，根据其成因年代及地层岩性可分为6层，①层为人工填土，其下为一般第四纪沉积层（代表地层的钻孔岩芯照片见图1、图2），典型地质剖面见图3。

图1 66号钻孔岩芯 图2 58号钻孔岩芯

（1）人工填土

①杂填土：杂色，稍密，稍湿，以卵石、砖及灰渣为主，含少量粉土及细砂，局部为混凝土路面。本层夹$①_1$细砂素填土、$①_2$卵石素填土。$①_1$细砂素填土，褐黄色，稍湿，稍密，以细砂为主，局部为卵石，含少量建筑垃圾。

$①_2$卵石素填土：杂色，稍密—中密，稍湿，以卵石为主，含少量建筑垃圾。

①及其夹层可见厚度介于0.3～2.8m之间，层底标高介于41.05～44.73m之间。

（2）第四纪一般沉积层

②卵石：杂色，稍湿，中密—密实，一般粒径2～4cm，最大粒径约10cm，岩性成分以沉积岩为主，磨圆度中等，充填以细中砂为主，充填含量约占总重的30%～40%，级配良好。本层夹$②_1$细砂—中砂、$②_2$砂质粉土。本层密实度随深度的加深而加大。

$②_1$细砂—中砂：褐黄色，湿，中密—密实，主要成分为石英、云母、长石，含少量卵石。

$①_2$砂质粉土：黄褐色，湿，中密，含云母、氧化铁等。

②及其夹层可见厚度介于1.2～6.6m之间，层底标高介于37.55～41.88m之间。

②粉质黏土—黏质粉土：灰色—褐黄色，湿，可塑（粉质黏土），中密（黏质粉土），含云母，氧化铁、有机质等。

本层夹$③_1$细砂、$③_2$中粗砂、$③_3$重粉质黏土—黏土、$③_4$圆砾、$③_5$砂质粉土。

$③_1$细砂：褐黄色，湿，密实，主要成分为石英、云母。

$③_2$中粗砂：褐黄色，湿，密实，主要成分为石英、云母。

$③_3$重粉质黏土—黏土：灰色，湿，可塑，主要成分为云母、有机质。

$③_4$圆砾：杂色，湿，密实，一般粒径3～6cm，最大可见粒径约15cm，含粗砂约为30%～35%。本层仅局部钻孔揭露。

$③_5$砂质粉土：褐黄色，湿，中密，含云母、氧化铁等。本层仅局部钻孔揭露。

③及其夹层可见厚度介于2.1～7.8m之间，层底标高介于32.05～37.05m之间。

④卵石：杂色，湿，密实，岩性成分以沉积岩为主，一般粒径3～7cm，最大可见粒径约15cm，磨圆度中等，充填以细中砂为主，充填含量约占总重的30%～40%，级配良好，本层局部夹圆砾薄层。本层密实度随深度的加深而加大。本层夹$④_1$细砂—中砂、$④_2$粉质黏土、$④_3$圆砾、$④_4$砂质粉土。

$④_1$细砂—中砂：褐黄色，湿，密实，主要成分为石英、云母。

$④_2$粉质黏土：褐黄—黄褐色，湿，可塑，含云母，氧化铁等。

$④_3$圆砾：杂色，湿，密实，一般粒径3～6cm，最大可见粒径约15cm，含粗砂约为30%～35%。本层仅局部钻孔揭露。

$④_4$砂质粉土：褐黄色，湿，中密，含云母、氧化铁等。本层仅局部钻孔揭露。

④及其夹层可见厚度介于3.9～12.5m之间，层底标高介于21.66～30.46m之间。

⑤粉质黏土：褐黄色，湿，可塑，含云母、氧化铁。本层夹$⑤_1$细砂—中砂，$⑤_2$重粉质黏土—黏土、$⑤_3$圆砾。

$⑤_1$细砂—中砂：褐黄色，湿，密实，主要成分为云母、石英。

$⑤_2$重粉质黏土—黏土：褐黄色，湿，可塑，主要成分为云母、氧化铁。

$⑤_3$圆砾：杂色，湿，密实，含粗砂约为30%～35%。本层仅局部钻孔揭露。

⑤及其夹层可见厚度2.9～8.7m，层底标高14.98～23.16m。

⑥卵石：杂色，湿，密实，岩性成分以沉积岩为主，微风化，一般粒径3～7cm，最大可见粒径约16cm，磨圆度中等，充填以细中砂为主，充填含量约占总重的25%～35%，级配良好。本层密实

度随深度的加深而加大。本次勘察揭露厚度为9.2m，未钻透该层。

4　拟建场区水文地质条件

4.1　场区水文地质特征及地下水类型

本次勘察施工期间在 35.0m 深度范围内见两层地下水。详见表 2。

第 1 层地下水类型为上层滞水，主要赋存于②卵石、③粉质黏土—黏质粉土中，水量不大，分布较连续，以大气降水、地表管道渗漏补给为主，以蒸发及地下径流为主要排泄方式。

第 2 层地下水类型为潜水，主要赋存于④卵石中，主要受大气降水及地下径流补给，以蒸发及地下径流为主要排泄方式。

地下水位观测情况一览表　　表 2

地下水类型	初见水位深度/m	初见水位标高/m	稳定水位深度/m	稳定水位标高/m
上层滞水	5.40～5.60	38.23～40.24	5.20～5.40	38.43～40.44
潜水	19.20～19.80	24.38～26.06	19.00～19.60	24.58～26.26

4.2　历史最高水位及近 3～5 年最高地下水位记录

场区历年最高水位：根据《1959 年北京丰水期潜水等水位线图及埋藏深度图(1：100000)》[3]，拟建场区丰水期水位在 1959 年最高水位标高为 44.5m(接近地表)。根据我公司在该场区附近的地质资料，近 3～5 年该场区附近最高地下水位标高 41.5m(上层滞水)。根据北京市有关水文资料，该地区水位年升降幅度为 1.0～2.0m。

4.3　地下水和土的腐蚀性评价

根据本次勘察 68 号钻孔水的腐蚀性分析报告，按环境类型Ⅱ类以及弱透水层中的地下水，综合判断上层滞水对混凝土结构有微腐蚀性，在干湿交替的情况下对钢筋混凝土结构中的钢筋有微腐蚀性。根据 26 号及 77 号钻孔水的腐蚀性分析报告，按环境类型Ⅱ类以及强透水层中的地下水，综合判断潜水对混凝土结构有微腐蚀性，在干湿交替的情况下对钢筋混凝土结构中的钢筋有微腐蚀性。

根据本次勘察 22 号、26 号、94 号、49 号、58 号钻孔土的易溶盐分析报告，按环境类型Ⅱ类，综合判断场地内地基土对钢筋混凝土结构中的钢筋有微腐蚀性。

4.4　建筑设防水位

场区建筑防渗设防水位按《地下工程防水技术规范》GB 50108—2008[4]执行。考虑历史最高水位、近 3～5 年水位、周边地下水环境的变化等因素，抗浮设防水位标高按 41.5m 考虑，必要时可进行专项水文地质咨询，以确定准确的抗浮设防水位。

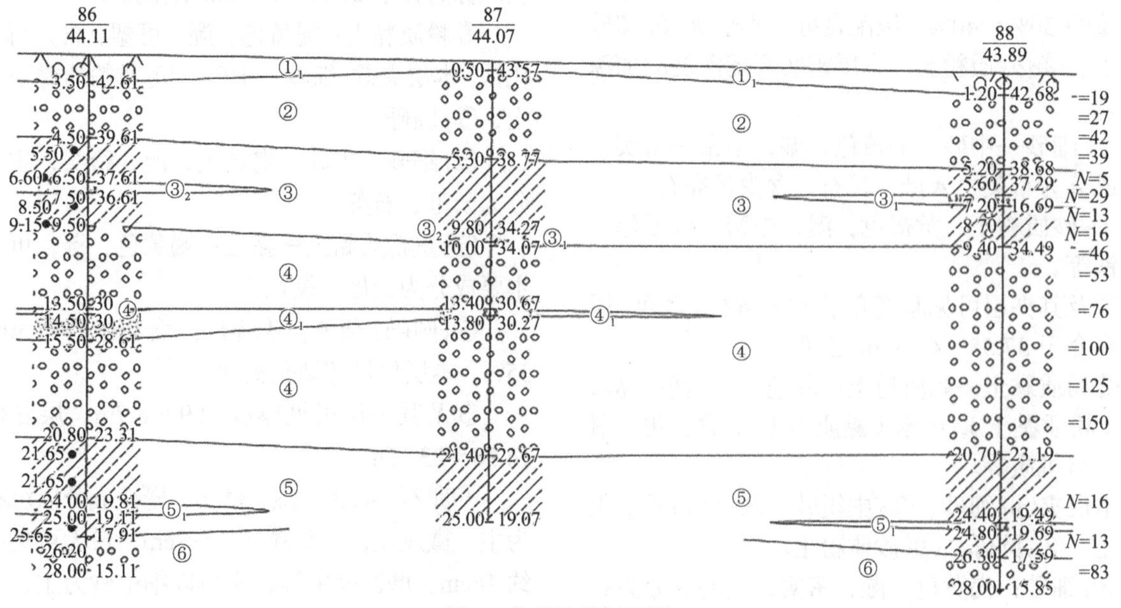

图 3　典型地质剖面图

5 拟建场地评价

5.1 建筑抗震设计条件

按《建筑抗震设计规范》（2016 年版）GB 50011—2010[5]，拟建场区抗震设防烈度为 8 度，设计基本地震加速度值为 0.20g，设计分组为第二组。按照《中国地震动参数区划图》GB 18306—2015[6]，拟建场地地震动峰值加速度为 0.20g，场地基本地震动加速度反应谱特征周期为 0.40s。拟建场地属对建筑抗震一般地段。

5.2 建筑场地类别的判定

根据波速测试成果，场区自地面以下 20m 深度范围内土层的等效剪切波速V_{se}介于 250～500m/s 之间。根据《北京平原地区第四系覆盖层等厚线图（1：600000）》及本次勘探资料，场区第四系覆盖层厚度d_{ov}大于 5m，根据《建筑抗震设计规范》（2016 年版）GB 50011—2010，建筑场地类别为Ⅱ类。

5.3 地基土层地震液化判定

拟建场地地震设防烈度为 8 度，粉土的黏粒含量百分率不小于 13，可判为不液化土。粉土黏粒含量小于 13，根据《建筑抗震设计规范》（2016 年版）GB 50011—2010 公式(4.3.4)计算后判断是否液化。本工程液化判别情况中，$\beta = 0.95$，$N_0 = 12$。

场区 20.0m 深度范围内地基土，饱和粉土和砂土根据现场标准贯入试验击数（N）及室内扰动土样黏粒值计算，判定在地震烈度为 8 度，地下水位按 44.5m 考虑时，饱和砂土、粉土不液化。

6 建筑场地岩土工程地质问题评价

6.1 场地稳定性和适宜性

根据本次勘察结果分析，拟建场地无不良地质作用，场地稳定，适宜本工程建设。

6.2 场地地基土评价

（1）场区地基土均匀性评价

拟建场地地形较平整，人工填土层结构松散，不经处理不宜做天然地基。其下分布为一般第四系沉积层土，岩性、地层厚度在水平和垂直方向上变化不大，拟建建筑物基础底面所处地基土地层较稳定且属同一地质单元，相同成因年代。根据压缩层深度范围内最大、最小的压缩模量当量值之比＜1.5，建议拟建场区地基按均匀地基考虑。

（2）场区特殊性岩土评价

拟建场区特殊性岩土主要为①人工填土层。

①层杂填土，杂色，稍密，稍湿，以卵石、砖及灰渣为主，含少量粉土及细砂，局部为混凝土路面。本层夹$①_1$细砂素填土、$①_2$卵石素填土。该土层土质结构松散，且不均匀，不经处理不宜作为天然地基。根据本工程实际情况，预计基槽开挖时①层人工填土层及其夹层将全部挖除，对本工程基础施工无影响。边坡设计施工时应考虑填土对基坑侧壁稳定性的不利影响。

（3）场地土力学性质

场区①层及其夹层因土质结构松散，且不均匀，不宜作为天然地基持力层，其余各层均可作为天然地基持力层。

7 天然地基评价及地基方案

7.1 天然地基评价

场区①砂质粉土素填土因土质结构松散，且不均匀，不经处理不宜作为天然地基。其余地层均可作为基础持力层。

7.2 地基基础方案

（1）天然地基方案（表 3）

天然地基方案　　表 3

拟建物	基础砌置标高/m	持力层	地基土承载力标准值/kPa	备注
2 号、3 号、5 号、6 号、8 号住宅	建议按 32.0 及以下	④卵石及以下	综合考虑取 300	需要对⑤层及夹层进行软弱层验算
1 号、7 号、9 号住宅	建议按 39.5 及以下	②卵石、③粉质黏土—黏质粉土及以下	综合考虑取 200	需要对$③_3$层进行软弱层验算
4 号	建议按 39.5 及以下	③粉质黏土—黏质粉土及以下	综合考虑取 160	需要对$③_3$层进行软弱层验算
10 号	建议按 39.5 及以下	②卵石	综合考虑取 250	需要对③层及夹层进行软弱层验算

续表

拟建物	基础砌置标高/m	持力层	地基土承载力标准值/kPa	备注
社区生活体检中心	建议按 42.5 及以下	②卵石及以下	综合考虑取 250	需要对③层及夹层进行软弱层验算
社区配套服务中心	建议按 42.5 及以下	②卵石及以下	综合考虑取 210	需要对③层及夹层进行软弱层验算
地下车库	建议按 32.0 及以下	④卵石及以下	综合考虑取 300	需要对⑤层及夹层进行软弱层验算

注：1. 1号、4号、7号、9号、10号住宅基底如遇$③_3$重粉质黏土时，将其全部挖除，采用素混凝土垫层换填。
2. 2号、3号、5号、6号、8号住宅及地下车库如遇$④_2$粉质黏土、$④_4$砂质粉土时，将其全部挖除，采用素混凝土垫层换填。

（2）地基处理方案

根据地层条件及设计要求，如天然地基不满足结构设计要求，可采用 CFG 桩复合地基或桩基，以④卵石及以下地层作为持力层。桩设计参数各层地基土桩的极限侧阻力标准值q_{sik}（kPa）、桩的极限端阻力标准值q_{pik}（kPa）建议按表 6 采用。如采用 CFG 桩或桩基进行处理，建议采用旋挖钻机进行施工，需具有相关资质单位进行设计、施工，拟建物使用阶段需进行变形观测工作。

（3）基坑降水

本工程基坑开挖深度范围内存在两层地下水，第 1 层为上层滞水，第 2 层地下水类型为潜水，基坑开挖时须采取有效的地下水控制措施，确保基坑开挖与基础施工过程中基坑的安全。

本次建筑基坑开挖深度约为 12.7m，只有上层滞水对基坑开挖有影响，勘察期间显示上层滞水水量不大，建议在基坑开挖时对上层滞水采取明排措施。如有需要，在基坑施工前进行专项水位调查，如遇施工期间水量较大时，建议采取止水帷幕 + 管井疏干降水措施，降水措施需符合《城市建设工程地下水控制技术规范》DB 11/1115—2014[6]的要求，确保基坑稳定和干槽作业。有关参数详见表 8，雨期施工时需考虑短时间强降雨对基坑的不利影响，制定基坑安全应急预案，并做好地面排水、坡面排水及防护措施。

进行地下水控制时，需进行地下水监测工作。地下水监测应根据工程具体情况选择监测项目，制定合理的监测方案，实施动态管理和信息化施工。

当采用管井降水方案时，应采取有效措施防止因降水产生的流砂、流土等，并考虑因地下水疏干引起的周围建筑物的附加沉降。

当采用地基处理或桩基方案时，应考虑地下水对成孔成桩的影响。

7.3 基坑支护

拟建建筑物，基础埋深约 12.7m，坑深约为 12.0m，建议采用桩锚联合支护等进行基坑支护。根据《建筑基坑支护技术规程》DB 11/489—2016[8]，施工应采取有效的支护结构以减少对周边环境的影响，支护结构的失效、土体过大变形对基坑周边环境及管线施工的影响严重，支护结构的安全等级及侧壁安全等级初步建议按二级考虑，具体安全等级应根据周边情况，实际开挖深度由基坑设计单位进行最终确定。基坑支护的设计与施工应选择具有相应资质的单位。

8 结语

（1）根据本次勘察结果分析，拟建场地无不良地质作用，场地稳定，适宜本工程建设。

（2）拟建场区上部为人工填土，其下为一般第四纪沉积层，岩性、地层厚度在水平和垂直方向上变化不大，拟建建筑物基础底面处地基土地层较稳定且属同一地质单元，相同成因年代。压缩层深度范围内最大、最小的压缩模量当量值之比 < 1.5，建议拟建场区地基按均匀地基考虑。

（3）根据《1959 年北京市丰水期潜水等水位线及埋藏深度图》（1：100000），拟建场区丰水期水位在 1959 年最高水位标高为 44.5m，近 3～5 年最高水位标高为 41.5m（上层滞水）。

（4）场区建筑防渗设防水位标高建议按《地下工程防水技术规范》GB 50108—2008 执行。建议场区抗浮设防水位标高可按 42.00m 考虑，必要时可进行专项水文地质咨询，以确定准确的抗浮设防水位。

（5）按《建筑抗震设计规范》（2016 年版）GB 50011—2010，拟建场区抗震设防烈度为 8 度，设计基本地震加速度值为 0.20g，设计分组为第二组。按照《中国地震动参数区划图》GB 18306—2015，拟建场地地震动峰值加速度为 0.20g，场地基本地震动加速度反应谱特征周期为 0.55s。拟建场地属对建筑抗震一般地段。

（6）场区内 20.0m 深度范围内，在地震烈度为 8 度，地下水位按 44.5m 考虑时，饱和砂土、粉土不液化。

（7）场区地下水对混凝土结构有微腐蚀性，在长期浸水的条件下对钢筋混凝土结构中的钢筋有微腐蚀性，在干湿交替的条件下对钢筋混凝土结构中的钢筋有微腐蚀性。地基土对混凝土结构有微腐蚀性，对钢筋混凝土结构中的钢筋有微腐蚀性。

（8）场区建筑场地类别为Ⅱ类。

（9）场区土的标准冻结深度为 0.8m。

（10）基础施工期间应注意基底土层保护，避免对地基土的扰动。

（11）若采用天然地基，基槽开挖后应严格按规范要求对地基土进行轻型动力触探工作，若采用复合地基或桩基，应严格按规范要求进行检测工作。并及时通知我单位进行施工验槽工作，并预留地基处理时间。

参考文献

[1] 建设部. 岩土工程勘察规范(2009 年版): GB 50021—2001[S]. 北京: 中国建筑工业出版社, 2009.

[2] 北京市规划委员会. 北京地区建筑地基基础勘察设计规范(2016 年版): DBJ 11—501—2009[S]. 北京: 2017.

[3] 1959 年北京市丰水期潜水等水位线及埋藏深度图(1：100000)[Z].

[4] 住房和城乡建设部. 地下工程防水技术规范: GB 50108—2008[S]. 北京: 中国计划出版社, 2009.

[5] 住房和城乡建设部. 建筑抗震设计规范(2016 年版): GB 50011—2010[S]. 北京: 中国建筑工业出版社, 2016.

[6] 全国地震标准化技术委员会. 中国地震动参数区划图: GB 18306—2015[S]. 北京: 中国标准出版社, 2005.

[7] 北京市规划委员会. 城市建设工程地下水控制技术规范: DB 11/1115—2014[S]. 北京: 2015.

[8] 北京市住房和城乡建设委员会. 建筑基坑支护技术规程: DB 11/489—2016[S]. 北京: 2016.

燕山水泥厂保障房项目岩土工程勘察实录

刘晓红[1,2]　文红艳[1,2]　沈伊晔[1,2]
（1. 北京航天地基工程有限责任公司，北京　100070；2. 航天规划设计集团有限公司，北京　100162）

1　项目概况

本项目（图 1）是北京市 2010 年内开工最大规模面积的保障性住房项目，我单位作为勘察单位承接本项目，建设单位是北京金隅嘉业房地产开发有限公司。项目建成之后，将供给七千多套房源，能够满足石景山区 2009 年末前所有保障房轮候家庭的住房需求。因此本项目完成的好坏直接影响到民生问题，对改善百姓居住条件、促进社会和谐稳定具有重要意义。

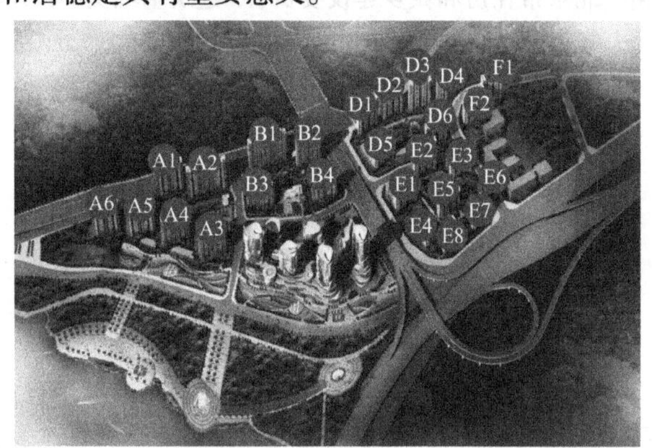

图 1　项目鸟瞰图

2　工程量简介

我单位承接了本项目的岩土工程勘察及地质灾害危险性评估工作。我单位向业主提交了 20 份岩土工程勘察报告，共布置钻孔 358 个，累计钻探进尺 9241.8m，标准贯入试验 149 次，重力触探 368.75m，波速测试 1220m。提交了 1 份地质灾害危险性评估报告，共布置钻孔 17 个，累计进尺 495.5m，地质、水文地质调查面积 4km²，收集报告 18 份，图件 20 份。

3　主要技术特色

（1）针对拟建场地地质构造情况，我单位开展了深入详细的地质调查、地质灾害评估工作。

本场地所处地貌单元属于永定河冲洪积扇上部地段，位于中朝准地台（Ⅰ级构造单元）华北断坳（Ⅱ2 级构造单元）的西山迭坳褶（Ⅲ5 级构造单元）中的门头沟迭褶皱（Ⅳ11 级构造单元），靠近建设场地附近有永定河断裂通过，黄庄—高丽营断裂及八宝山断裂分别从场区东南约 2km 及 1km 处通过，详见图 2。

因此断裂带走向及地质构造活动性对本工程具有非常大的影响。为了科学全面地对建设用地及其周边地区进行地质灾害危险性评估，我单位在现场踏勘的基础上，深入分析场地附近的区域地质、工程地质、水文地质、环境地质等资料，并布置勘察钻孔验证地质构造和地层岩性，对拟建场区的地质环境条件做了准确地分析评价。

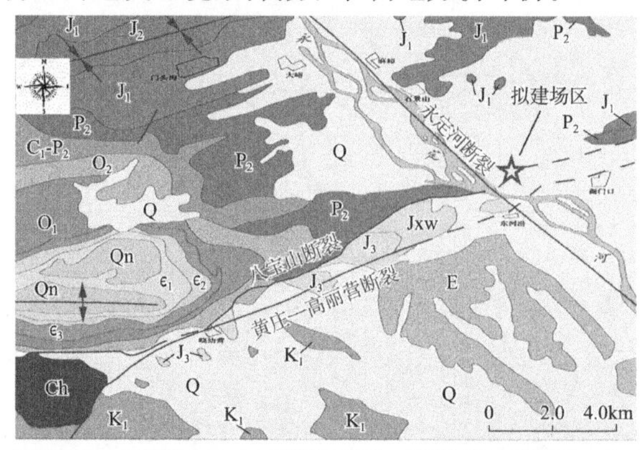

图 2　拟建场区周边构造地质图

（2）拟建场地位于永定河畔，结合现场钻探资料和原位测试成果，准确区分了新近沉积层的分布，为后续工程判断和分析奠定了基础。

初步勘察阶段将卵石层均定名为一般第四纪沉积层，经详勘阶段深入细致的勘察，查明地面下局部有新近沉积层分布，承载力等物理力学性质较一般第四纪沉积层低，并在工程开挖验槽时得到验证，为地基基础方案建议提供了准确的依据。

获奖项目：2013 年北京市第十四届优秀工程勘察二等奖。

拟建场区位于原有水泥厂内，拟建场地原貌见图3。原有地下老旧管线及旧基础较多，我单位通过调研图纸、管线探测等手段提前探明了原有管线及旧基础位置，提供了有关措施建议，保证了勘察作业及后续施工的安全。

图3　建设用地原貌图

本勘察采用的主要技术手段为工程地质钻探、标准贯入试验、动力触探试验、钻孔波速测试及室内土工试验等。工程地质钻探采用SH-30型钻机、SY-100型以及DPP-100型钻机施工；波速测试采用单孔波速法；室内土工试验各项试验执行《土工试验方法标准》GB/T 50123—1999，室内资料整理采用理正工程地质勘察CAD6.5/8.5版软件进行处理。现场技术工作照片详见图4～图7。

图4　DPP-100型钻机及配备水车照片

图5　SH-30型钻机照片

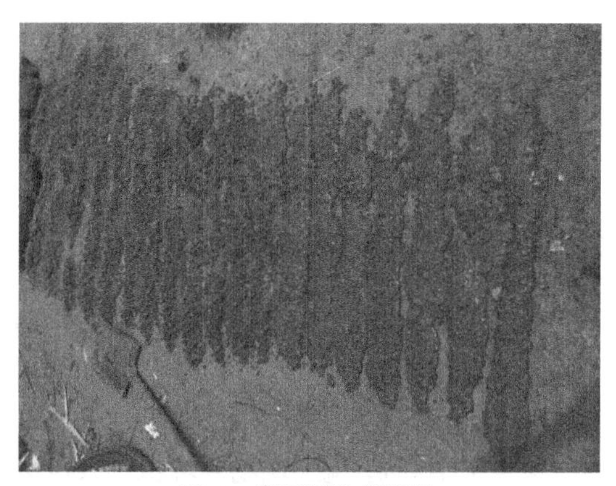

图6　卵石层取样照片

图7　钻孔所揭露的基岩岩芯照片

（3）利用较好的砂砾石地质条件，在前期建筑布局、详细设计阶段，提出了很多优化建议，均得到了业主和设计单位的采纳。

例如：①部分拟建楼跨陡坎两侧，我单位建议设计单位与业主协商根据场地现状，针对跨陡坎两侧的建筑单独确定合理基础埋置深度。②部分拟建配套基础坐落在较厚填土上，为了保证结构安全和经济性，我单位建议基础适当深埋，越过填土层，坐落在老土上，这样既保证了拟建物地基承载力满足规范要求，又增大了配套使用面积，最终使入住用户受益。③拟建E地块地下车库及锅炉房与周边拟建高层紧邻，但其基础埋深约−9.5m比周边拟建物的基础（埋深约−11.0m）浅，考虑到砂卵石地层直立性不好，易于扰动，我单位建议基础施工时，调整浅基础部分的施工顺序，在开土和基础施工期间做好了预防措施，并做好相邻基础和主体的变形、沉降监测，取得了良好效果。

（4）在基坑开挖、验槽和后期服务中，我单位均选派有大量工程经验的高级工程师参加开挖和局部地基处理的方案讨论，选用安全有效、经济可行的技术方案。由于我单位服务热情周到，方案切合实际，勘察报告与基坑开挖地层条件一致，因此受到业主高度赞誉。

4 解决技术难题、工程问题的成效与深度

该工程从2010年5月中旬开始，于2012年5月完成全部后期服务工作。产品和服务的交付合格率 100%，对顾客和相关方的合理要求处理率 100%，满意率 100%。施工现场环境保护及废弃物排放均控制在国家和地方排放标准数值以下。本工程技术服务深入、全面，充分发挥了岩土工程技术在工程建设中的作用。项目获北京市第十四届优秀工程勘察二等奖（图 8）。

（1）解决了断裂带附近选址及规划的问题，经过前期基本地质条件分析，调整了原选址及规划意向方案。经过对调整方案后建设用地的综合评估，建设用地遭受活动断裂及砂土液化的“危险性小”，建设用地地质灾害危险性等级属“小级（区）”，从地质灾害评估角度来看，该场地作为燕山水泥厂建设项目的建设场地是“适宜”的。

（2）采用综合手段，准确查明了新近沉积层的分布范围。解决了新近沉积卵石层与一般第四纪卵石沉积层的划分问题，避免了承载力等物力力学参数提供的不准确所造成的损失，对今后类似工程具有参考价值。

（3）向业主和设计方提出了很多优化建议，使得建筑物的布局、选型、基础埋深、结构形式等都有了更合理的方案，既加快工程进度又节省了相关方的人力、物力、财力。

荣誉证书

刘晓红同志：

你参加的“燕山水泥厂项目岩土工程勘察及地质灾害危险性评估”项目，在北京市第十四届优秀工程勘察评选中获得二等奖。

特发此证，以资鼓励。

主要设计人：

北京市规划委员会

图 8 获奖证书

5 经济、社会、环境效益

（1）经济效益：本工程为北京市重点工程，我单位投入了大量的人力、物力。总建筑规模约 75 万 m^2。作为勘察单位，我单位提供了准确和必要的数据和资料，为业主和设计提供了勘察成果报告书，提供了经济可行的地基基础方案建议，具有显著的经济效益。

（2）社会效益：本工程满足社会要求，适应北京市创造优美环境、建设世界一流大都市的需要。我单位参与了其岩土工程勘察的工作，提供优良的勘察成果，取得了较大社会效益。

（3）环境效益：在进行场区岩土工程勘察时，注重环境保护，避免扬尘、噪声等。随着本工程的建设越来越多地体现出其环境效益。

广西体育中心配套工程岩土工程勘察实录

卢玉南　丁红萍　杨桂英
（广西华蓝岩土工程有限公司，广西南宁　530001）

1　工程概况

广西体育中心配套工程，位于南宁市五象大道南侧，广西体育中心二期南侧，工程净用地面积为 124026m^2，总建筑面积为 369317m^2，总投资约 33 亿元。本工程为广西重点工程，岩土种类多，地基复杂，勘察等级为甲级。项目包括综合体南、北区商业裙楼，五星级酒店，三星级酒店，新闻中心等。净用地面积为 124026m^2，总建筑面积为 369317m^2。地下为 1～2 层整体地下室，设计±0.00 标高为 93.20m，整平标高为 88.50～92.75m。建筑物拟采用框—剪结构，拟采用桩基础。各建筑项目详见表 1。

建筑项目一览表　　表 1

建筑名称	层数	层高/m	设计±0.000 标高/m	地下室层数	设计地下室底标高/m	地基允许变形值/m	楼层单位荷载/kPa
超高层五星级酒店	39	160	93.20	2	80.60	0.0025	20
三星级酒店	16、26	100	93.20	1	85.10	0.0025	20
新闻中心	15、24	92	93.20	1	85.10	0.0025	20
综合体北区商业裙楼	5	24	93.20	1	85.10	0.0025	20
综合体南区商业裙楼	5	24	93.20	2	80.60	0.0025	20
训练馆	2	25	93.20	1	88.20	0.0025	20

根据《岩土工程勘察规范》（2009 年版）GB 50021—2001 第 4.1.15 条、第 4.1.16 条及第 4.1.17 条[1]，《广西壮族自治区岩土工程勘察规范》DBJ/T 45—002—2011[7]，《高层建筑岩土工程勘察规程》JGJ 72—2004[2]及本工程勘探点平面布置图（图 1）。建筑物主体按孔距 12～24m 布置勘探孔，勘察工作量按浅基础和桩基础两种基础类型来确定钻孔数量、钻孔深度、取样数量及原位测试等。

本次建筑和地下室布孔总数 264 个，钻孔深度要求进入稳定岩土层。

因场地范围大，横跨不同的地质带或地貌单元，工程地质条件、水文地质条件会出现较大差异性，岩土的类型、分布规律、厚度、渗透性等在空间上的变化也较为复杂，结合本工程工作量大、施工场地施工困难、工期较紧的特点，我公司制定采用“倒排工期计划”方法，对本项目进行工期进度控制；同时采用工程地质测绘、调查、物探、钻探等多种手段结合的方法进行野外作业，在重点建筑、特殊地质带或地貌变化的区域，采用工程地质测绘和调查、综合物探方法；在测绘和物探发现的异常地段、部位布置验证性钻孔。并在初划的岩溶分区及规模较大的地下洞隙地段适当增加勘探孔。控制性钻孔的深度应穿过表层岩溶发育带。

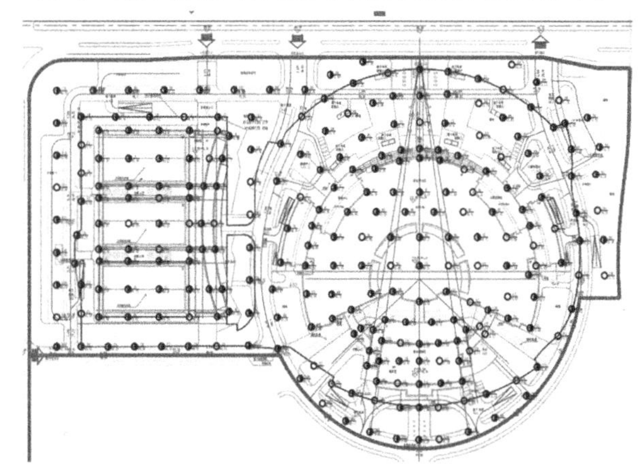

图 1　勘探点平面布置图

2　岩土工程条件

2.1　工程地质条件

拟建场地位于南宁市良庆区五象大道南面，

体育中心主体育场的南面，场地原为低丘山地、耕地及农民住房等。场地内零星分布有水塘。拟建场地未进行整平，地势相对高差较大，地面高程为74.48～99.89m，总体上呈西高东低之势（图2）。

图2　工程场地现状

场地为南宁邕江南岸Ⅳ级阶地，根据钻探揭露的地质资料分析，该阶地上覆土层为第四系邕江河流冲洪积层，下伏为泥盆系和石炭系岩的灰岩等。第四系土层与泥盆系和石炭系岩层为不整合接触。拟建场地各岩土层分布及特征分述如下：

①耕土（Q_4^{ml}）：杂色，主要由黏性土组成，含植物根茎和砾石，土质不均匀。整个场地均有分布，层厚不均匀，揭露层厚0.10～2.00m，平均层厚0.53m，层底标高72.81～96.77m。

①$_1$填土（Q_4^{ml}）：灰黄及灰褐色为主，稍湿—饱和，近期堆填，堆填时间不超3个月，未经压密处理，结构较松散。主要由黏性土和砾石等组成，局部含少量生活垃圾或碎石。零星分布，主要为场地内的临时便道路基填土及水塘堤坝填筑土。揭露层厚1.40～6.40m，平均层厚3.25m，层底标高71.35～95.93m，属高压缩性土。

②淤泥质黏土（Q_3^{hl}）：灰黑色，饱和，流塑。成分主要由腐殖质及黏性土组成，具腐臭味，主要分布在场地南侧水塘田埂地带和部分鱼塘。本次钻孔仅在29号孔内有揭露。

③$_1$黏土（Q_4^{al+pl}）：棕红色、黄色，硬塑—坚硬，局部可塑。含黑色铁锰质和少量砂砾等，局部为粉质黏土或是粉土。土质相对较均匀，黏性一般。整个场地均有分布，标准贯入试验实测击数为3.0～49.0击，修正后击数为2.7～37.6击，平均18.3击。揭露单层层厚2.50～5.20m，平均层厚3.52m，层顶埋深0.00～64.20m，层顶标高26.24～96.77m，属中等压缩性土。

④$_1$含角砾黏性土（Q_4^{al+pl}）：褐黄色，棕黄色，棕红色，硬塑—坚硬，以坡积成因为主，局部为冲积成因。砾石成分为砂岩、石英岩。砾石含量为20%～30%，其余为黏性土。局部地带为含黏性土砾石。土质不均匀，原位测试数据有较大出入。标准贯入试验实测击数为7.0～46.0击，修正后击数为7.0～29.8击，平均17.5击。揭露单层层厚0.40～21.80m，平均层厚5.63m，层顶埋深0.00～21.00m，层顶标高56.35～99.89m，属中等偏低压缩性土。

⑤含黏性土圆砾（Q_4^{al+pl}）：灰白色、棕红色，稍湿—饱和，中密，局部密实，局部夹卵石层，砾间充填黏性土，局部分布，本次仅在113号、145号、148号、J60、J73、J74、J84、J107共8个钻孔有揭露。土质不均匀，原位测试数据有较大出入。现场做重型动力触探试验累计0.40m，并进行统计。实测$N_{63.5}$为20.10～45.00击，修正后$N_{63.5}$为20.10～38.30击，平均27.90击。揭露单层层厚1.80～5.20m，平均层厚3.54m，层顶埋深0.20～5.10m，层顶标高73.89～87.56m，属低压缩性土层。

⑥碎石（Q^{el}）：黄褐色夹杂色，中密，局部密实，为砂岩全风化层，组织结构已基本破坏，砂岩已全部风化成中粗砂等，局部为细砂和砂砾，充填物为黏性土，局部夹薄层黏土，砾砂大小较均匀，级配较差。现场做重型动力触探试验累计23.80m，进行统计22.80m。实测$N_{63.5}$为20.10～45.00击，修正后$N_{63.5}$为20.10～38.30击，平均27.90击。揭露单层层厚1.30～58.00m，层顶埋深0.20～32.50m，层顶标高46.39～94.24m，属低压缩性土层。

⑦角砾（Q^{el}）：灰色、灰黑色，中密，局部密实，为硅质岩全风化层，组织结构已基本破坏，角砾成分为硅质岩，为棱角状，大部分粒径为0.5～2.0cm，含量约为80%～95%。上部充填较多黏性土和砂砾，往下越少，局部夹薄层硬塑或坚硬黏性土，场地大部分都有分布，冲击较难钻进，回转钻进完全扰动，返水出角砾，无完整土样。现场做重型动力触探试验累计58.80m，进行统计46.30m。实测$N_{63.5}$为3.00～85.00击，修正后$N_{63.5}$为8.5～18.9击，平均13.6击。揭露单层层厚1.50～50.70m，平均层厚26.05m，层顶埋深0.80～48.30m，层顶标高30.59～95.39m，属低压缩性土。

⑧砂岩（C_1）：黄褐色夹杂色，砂岩全风化产物，裂隙发育，局部夹薄层泥岩，局部夹硅质胶结。砂岩已全风化为碎石，大部分密实，小部分中密。回转钻进砂岩呈中粗砂状产出，少数块状。

主要矿物成分为石英和少量铁矿石等。属极软岩，岩体破碎，岩体基本质量等级为Ⅴ级。标准贯入试验实测击数为 24.0～108.0 击，修正后击数为 18.2～78.2 击，平均 35.1 击。属极软岩，岩体基本质量等级为Ⅴ级。层顶埋深 4.00～25.00m，层顶标高 62.25～89.03m，场地局部有揭露，部分钻孔没有揭穿该层，揭露最大层厚 16.60m。属低压缩性土层。

⑩泥岩（C_1）：灰色、青灰色，坚硬，局部硬塑，泥质胶结，泥盆系上统榴江组泥岩，局部夹薄层泥质粉砂岩或粉砂质泥岩，厚层状，全风化，属极软岩，岩体较完整。标准贯入试验实测击数为 34.0～70.0 击，修正后击数为 23.8～49.0 击，平均 35.7 击。属极软岩，岩体基本质量等级为Ⅴ级。场地局部分布，揭露单层层厚 1.10～16.60m，平均层厚 5.37m，层顶埋深 10.50～39.20m，层顶标高 39.94～78.53m，场地局部有揭露。属低压缩性土层。

⑪砂岩（C_1）：紫色夹黄褐色，全风化—强风化，岩体破碎，风化裂隙发育，部分风化节理裂隙已把砂岩切割为块状，裂隙间充填有黏土。泥质粉砂结构，局部为钙质、硅质胶结。巨厚层状构造，岩石裂隙较发育，隙面见少量铁、锰质浸染物。回转钻进多数以粗砂、砾砂产出，少量块状。标准贯入试验实测击数为 53.0～90.0 击，修正后击数为 39.8～64.8 击，平均 56.4 击。属极软岩，岩体基本质量等级为Ⅴ级。揭露单层层厚 3.10～28.30m，平均层厚 16.62m，层顶埋深 12.00～40.50m，层顶标高 49.44～81.82m，场地局部有揭露。属低压缩性土层。

⑫灰岩（D_{3L}）：灰色，灰白色，强风化，细晶质，中厚层状，岩体裂隙较发育，裂隙已被方解石脉充填，属较硬岩，分布于整个场地，部分钻孔钻至该层，钻探没有揭穿该层，揭露最大层厚 24.50m。岩石饱和单轴抗压强度 26.5～116.8MPa，平均 57.48MPa，属较硬岩，岩体基本质量等级为Ⅳ级。层面标高为 10.55～72.39m。

本项目场地典型工程地质剖面见图 3。

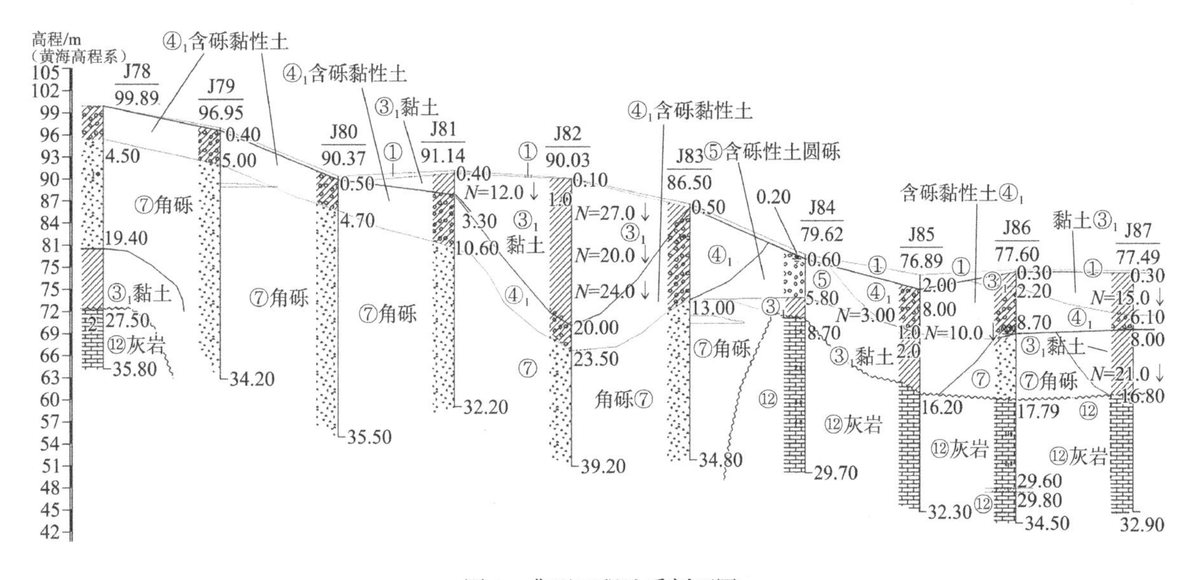

图 3 典型工程地质剖面图

2.2 水文地质条件

根据含水层的性质、地下水的赋存特征、埋藏条件和水力特点，场地地下水可分为上层滞水、孔隙裂隙潜水两种类型。上层滞水主要分布于①$_1$填土中，地下水受大气降水和地表水补给，透水层不均匀，含水层无统一地下水位，整体来看其水量小，干旱季节仅局部含水，雨季时在透水性强的局部地段含水率较丰富。本次揭露初见水位埋深为 0.15～6.20m；稳定水位标高为 71.60～95.9m。孔隙裂隙潜水主要分布于含④$_1$砾黏性土、⑥碎石、⑦角砾、⑧砂岩中，分布和埋深较不均匀，主要靠大气降雨补给，由于这些岩土层的裂隙被黏性土充填，这些含水层均为弱透水，因此水量较贫乏。本次仅在少数钻孔中有揭露，本次揭露初见水位埋深为 7.00～48.00m；多数钻孔未见地下水，钻探结束后较长一段时间孔中仍未见水。初见水位标高为 30.06～77.26m，含水层厚度大，但是孔隙裂隙发育不均，呈各向异性，总体水量较小，未见明显稳定水位。

3 岩土工程分析与评价

3.1 项目完成工作量

项目勘察完成的野外工作有完成钻孔 264 个，进行标准贯入试验 234 点，重型动力触探试验 85.60m，取原状土样 130 件，扰动土样 27 件，岩样 59 件，水样 3 件，进行波速测试 4 孔。完成室内试验有土的常规试验 139 件，直剪试验 97 件，压缩试验 107 件，胀缩试验 11 件，三轴剪切试验 10 件，颗粒分析 27 件，岩石抗压试验 40 组水质分析试验 3 件，易溶盐分析实验 3 件。

3.2 试验成果统计分析

项目完成标准贯入试验 234 次，完成重型动力触探 85.60m，根据室内土工试验数据统计结果，按《广西壮族自治区岩土工程勘察规范》[7]附录 C 确定承载力特征值f_{ak}，详见表 2～表 4。

根据饱和单轴抗压试验成果，岩石地基承载力特征值

$$f_{ak} = \psi_r \cdot f_{rk} \tag{1}$$

参照《广西壮族自治区岩土工程勘察规范》DBJ/T 45—002—2011[7]附录 B，各岩层力学指标计算结果详见表 5。

利用标准贯入试验成果确定承载力一览表 **表 2**

岩土层	标准贯入修正击数标准值N/（击/30cm）	承载力特征值f_{ak}/kPa
③$_1$黏土	10.9	291
④含砾黏性土	16.6	418
⑧砂岩	29.2	480
⑩泥岩	35.7	> 680
⑪砂岩	48.3	> 680

利用重型动力触探成果确定承载力一览表 **表 3**

岩土层	重型动力触探修正击数标准值$N_{63.5}$/（击/10cm）	承载力特征值f_{ak}/kPa
⑤含黏性土卵石	5.9	236
⑥碎石	12.4	492
⑦角砾	12.7	501
⑧砂岩	13.6	528

利用土工试验统计成果计算的承载力一览表 **表 4**

岩土层	天然含水率w/%	孔隙比e_0	液性指数I_L	承载力特征值f_{ak}/kPa
③$_1$黏土	23.72	0.688	0.034	289.9
④$_1$含砾黏性土	22.84	0.777	0.006	242.4
⑧砂岩	19.75	0.557	0.022	373.6
⑩泥岩	20.82	0.592	−0.032	342.5

利用岩石试验成果确定承载力一览表 **表 5**

岩土层	饱和单轴抗压强度标准值f_{rk}/MPa	折减系数	承载力特征值f_{ak}/kPa
⑫灰岩	51.9	0.15	7785

3.3 岩土参数的选用

根据室内土工试验成果、现场原位测试结果，并结合地区工程经验综合评价，场地主要岩土层参数建议值见表 6。

主要岩土层物理力学指标参数建议值一览表　　表 6

岩土层	指标				
	承载力特征值 f_{ak}/kPa	压缩模量 $E_{s100\text{-}200}$/MPa	天然重度 γ/（kN/m^3）	直剪	
				黏聚力标准值C_k/kPa	内摩擦角标准值φ_k/°
③$_1$黏土	250	13.7	19.8	41.0	12.9
④$_1$含砾黏性土	290	12.5	19.5	31.6	10.8
⑤含黏性土卵石	450	15.5	21.2	8.0	35.0
⑥碎石	400	12.5	22.0	—	35.0
⑦角砾	380	10.6	21.5	—	35.0
⑧砂岩	480	16.4	22.0	31.3	10.5
⑩泥岩	360	17.2	21.5	40.0	13.8
⑪砂岩	650	—	22.5	—	—
⑫灰岩	5000	—	23.5	—	—

3.4　场地稳定性及适宜性评价

场地内及其附近无深大活动性断裂构造通过，未发现埋藏的古河道、沟浜、墓穴、暗渠、防空洞等对工程不利的埋藏物；未发现滑坡、崩塌、塌陷、地面沉降、落水洞、冲沟等不良地质现象，亦未见有开采活动，不会发生采空区地质灾害，场地无液化土层分布，属稳定场地，适宜兴建拟建建筑物。场地东面有一溪流，水位比拟建建筑物的原始地面低 10～15m，若留露天溪流将产生一个高边坡，为保持稳定性应采取支护措施；或采取预埋涵管或涵洞的方式，全部回填后则不产生边坡，场地稳定。

3.5　地震效应分析评价

按照[3]《建筑抗震设计规范》GB 50011—2010（以下称《抗震规范》）中附录 A 得到南宁市属抗震设防烈度 6 度区，设计基本地震加速度值为 0.05g，设计地震分组为第一组。

各岩土层实测剪切波速值详见表 7。

各岩土层剪切波速值　　表 7

土层名称与编号	波速/（m/s）
①耕土	118.0
③$_1$黏土	276.5
④$_1$含砾黏性土	336.3
⑥碎石	466.5
⑦角砾	468.2
⑧砂岩	471.0
⑩泥岩	459.0
⑪砂岩	510.0
⑫灰岩	760.0

拟建建筑物属一般居住建筑，按《建筑工程抗震设防分类标准》GB 50223—2008[4]，拟建建筑属标准设防类（丙类），应严格按标准设防类标准进行设防。

依据现场波速试验结果及岩土名称和性状，场地覆盖层厚度在 12.00～70.20m 之间，根据《建筑抗震设计规范》GB 50011—2010[3]，拟建建筑场地类别为Ⅱ类。地震特征周期为 0.35s。

场地整平后，场地及附近无大的陡坎和高边坡，但有较厚（多数 5.0～10.0m）的填土层，根据《建筑抗震设计规范》GB 50011—2010[3]第 4.1.1 条规定，拟建场地划归抗震不利地段。需对场地软弱土层进行处理。

本地区设防烈度为 6 度区，场地范围内无液化土层，建筑基础设计和施工时可不考虑地基土砂土液化效应问题。

结合周边环境条件和工程经验，场地不存在滑坡、崩塌问题。但场地填土层厚度较大，未完成自重固结，结构松散，在地震作用下，厚度较大位置可能发生震陷。

3.6　不良地质作用

勘察结果表明，场地未遇见大的活动性断裂、滑坡、泥石流等不良地质作用，但场地部分地段分布的基岩为可溶性灰岩，不良地质作用主要表现为岩溶。溶洞多数发育在标高 44.13～62.89m 之间，为深覆盖型岩溶地区。

项目勘探揭露灰岩钻孔共 55 个钻孔，其中在 5 个钻孔中遇到 5 个溶洞，从所揭示的溶洞分析，浅层的溶洞多数发育在标高 44.13～62.89m 之间，从充填情况分析，溶洞与地表连通性强，多为开口型溶洞，溶洞大多被黏性土、角砾、泥岩及粉砂岩充填；钻探施工时钻孔多数返水。

总体分析，本次勘探揭露灰岩钻孔共55个钻孔，共有5个钻孔遇到溶洞，钻孔遇洞隙率9.26%，线岩溶率0.44%，按《广西壮族自治区岩土工程勘察规范》DBJ/T 45—002—2011表11.1.3划分，场地岩溶发育等级为弱发育。钻探总进尺10551.45m，其中钻进灰岩累计进尺595.10m，溶洞总进尺2.6m，线岩溶率0.434%，岩溶发育等级为弱发育。

项目勘察未发现土洞，但场地属岩溶地区，溶洞弱发育，因此，土层中仍有土洞存在的可能。在项目施工中以及建成使用后，应做好地表水排放，确保场地土层的稳定，避免地表水频繁浸泡地基，以免引起新的土洞产生。

4 方案的分析论证

4.1 地基岩土特性评价

①耕土、①$_1$填土：分布不均匀，结构松散，压缩性高，承载力低，未经处理不能作为基础持力层。建议挖除。

②淤泥质黏土：分布不均匀，压缩性高，承载力低，工程性质差，未经处理不能作为基础持力层；建议挖除。

③$_1$黏土：硬塑—坚硬状，以硬塑为主，中等压缩性，承载力较高，具中—强胀缩性，可作为二层训练场和商业裙楼的天然地基。

④$_1$含角砾黏土：硬塑—坚硬，承载力较高，埋深较大，可作为二层训练场和商业裙楼的天然地基。

⑤含黏性土圆砾：中密—密实，承载力较高，但分布不均匀，可作为浅基础的持力层。

⑥碎石、⑦角砾：中密—密实，承载力较高，埋深变化较大，可作为二层训练场和商业裙楼的天然地基，经验算符合力学要求后可作为多层或高层建筑的桩端持力层。

⑧砂岩：承载力较高，分布较均匀，厚度大，局部分布，可作为多层或高层的桩端持力层。

⑩泥岩：承载力较高，埋藏深，仅局部地段遇见，分布不均匀，不宜用作桩基持力层。

⑪砂岩：分布不稳定，仅分布于场地局部地段，岩石强度较高，可作为桩端持力层。

⑫灰岩：为强风化岩石，承载力高，整个场地都有分布，可作为桩端持力层，但埋藏深。

4.2 土的胀缩性评价

本场地黏性土主要为冲积黏性土，以黄色为主，按照《广西膨胀土地区建筑勘察设计施工技术规程》DB45/T 396—2007[8]的有关规定，其成因类型属C_1类。参照室内土工试验结果统计，拟建场地膨胀土的胀缩性评定为中等胀缩土，根据计算结果，场地膨胀土地基胀缩性等级为Ⅲ级。

4.3 天然地基评价

本项目建筑楼高为2～39层，设1～2层地下室。设计±0.000标高为93.20m，设计基底标高分别为：训练馆为88.20m；新闻中心、运动宾馆及综合体北区为85.10m；超高层及综合体南区为80.60m。根据钻探情况：

（1）训练馆：建筑物均处于挖方区，南北两侧部分地下室处于填方区。最大填土厚度超过4.0m。挖方区基础处于③$_1$黏土、④$_1$含砾黏性土及⑤含黏性土圆砾上。③$_1$黏土、④$_1$含砾黏性土及⑤含黏性土圆砾满足训练馆上部荷载要求，可采用天然地基。部分地下室填土厚度较大，建议采用桩基础。

（2）南北综合体、酒店、新闻中心等场地原始地面标高为73.97～93.82m，大部分地面标高为73.97～81.00m。地下室设计基底标高分别为85.10m和80.60m，处于半挖半填区，大部分处于填方区。场地整平后，地基基础处于填土层上。天然地基无法满足建筑物承载力要求。

4.4 地基持力层选取及地基均匀性评价

拟建建筑基础置于不同岩土层上，各岩土层分布不均匀，层底起伏较大，层底坡度大于10%，为不均匀地基。

4.5 桩基评价

4.5.1 桩型选择及沉桩条件分析

南北综合体、酒店、新闻中心等为高层、超高层建筑可考虑采用桩基础，可选用的桩基类型有：旋挖钻孔灌注桩、人工挖孔桩、冲孔灌注桩。

（1）旋挖钻孔灌注桩

该桩型不受场地地质条件限制，可以根据上

部荷载、结构要求而选择不同的桩径和桩端持力层。该桩型施工速度较快，可以扩底，有少量的泥浆，但是旋挖桩进入灰岩较为困难。

（2）人工挖孔桩

挖孔桩具有承载力高、造价低、传力直接、质量检验直观、施工设备简便、施工操作面小、无噪声，无排污，可在狭窄的场地上施工等优点，该桩型施工速度快，群桩可以同时施工，桩端质量易保证，根据上部荷载大小可以任意设计桩径。该桩型单方相对造价较低，对环境影响小。但是部分岩层在地下水位以下，施工时需采取人工降水措施。

施工前应进行试挖，试挖成功后方可铺开施工。

（3）冲孔灌注桩

该桩型不受场地地质条件限制，可以根据上部荷载、结构要求而选择不同的桩径和桩端持力层。缺点是排污问题突出，施工现场文明程度差，施工速度较慢，不能扩底，钻孔底的沉渣厚度及岩土层浸水后软化问题直接影响桩的承载力。但是该桩型可以穿越各种强度的岩石，尤其是灰岩，旋挖桩难以进入，冲孔桩则可以轻松冲击成桩。

采用桩基础时，综合造价、质量、工期、环保及施工安全等方面分析，本工程建议采用旋挖钻孔灌注桩、冲孔灌注桩或人工挖孔桩基础，以⑪砂岩或⑫灰岩层作为桩端持力层，桩端全断面进入持力层不小于 1～3 倍桩径（嵌岩桩为 0.4d且不小于 0.5m），建议桩径 0.8～1.5m。

但是根据钻探揭露，局部岩层埋深较大，⑥碎石、⑦角砾未揭穿。⑥碎石、⑦角砾端阻力较大，可对⑥碎石、⑦角砾进行验算，验算符合力学要求后可作为多层或高层建筑的桩端持力层，但需加强地质验槽工作。

4.5.2 桩基设计参数

根据钻探成果，按《建筑桩基技术规范》JGJ 94—2008[5]及《建筑地基基础设计规范》GB 50007—2002[6]，各桩型的极限侧阻力标准值q_{sik}及极限端阻力的标准值q_{pk}建议值见表 8。

桩基设计岩土参数表 **表 8**

岩土层	干作业钻孔桩		泥浆护壁钻（冲）孔桩		单轴抗压强度标准值/MPa
	极限侧阻力标准值 q_{sik}/kPa	桩的极限端阻力标准值 q_{pk}/kPa	极限侧阻力标准值 q_{sik}/kPa	桩的极限端阻力标准值 q_{pk}/kPa	
③$_1$黏土	80	—	70	—	—
④$_1$含角砾黏土	90	1200	85	1100	—
⑤含黏土圆砾	125	—	110	—	—
⑥碎石	165	4500	150	2000	—
⑦角砾	145	4000	135	1800	—
⑧砂岩	150	2000	140	1800	—
⑩泥岩	95	2000	80	1600	—
⑪砂岩	180	3000	160	2600	—
⑫灰岩	300	10000	280	8000	51.9

注：1. 要求有效桩长不小于 6m，且进入持力层宜为桩身直径的 1～2 倍；
2. 单桩承载力应通过载荷试验确定，试验数量应符合相关规范要求。
3. 填土负摩阻力系数为 0.35。

4.6 复合地基评价

项目除可采用桩基础外，还可采用复合地基方式，即采用地基处理的方法加固上部土层，然后在形成的复合地基上采用天然地基，该方法较为经济，并且应用较广泛，施工技术已较成熟。根据拟建场地土层情况，可考虑采用水泥粉煤灰碎石桩（CFG 桩）进行地基处理。

水泥粉煤灰碎石桩法：水泥粉煤灰碎石桩法属半柔半刚性桩，通过长螺旋灌注成桩（或沉管灌注成桩），桩身采用水泥粉煤灰碎石材料做成的桩体，成桩后桩与桩间土共同作用承担上部建筑物荷载。水泥粉煤灰碎石桩法适用于处理黏性土、粉土、砂土和已自重固结的杂填土等地基，对淤泥质土应通过现场试验确定其适用性。该方法可以充分利用基础底地基土承载力，经济性较好。该方法技术成熟，工期短，无污染，社会经济效益显著，是目前应用较广泛的地基处理方法。复合地基处理设计岩土参数见表9。

地基处理岩土参数建议值　　表9

岩土层	水泥粉煤灰碎石桩	
	桩的侧阻力特征值 q_s/kPa $5 \leqslant l < 10$	桩的端阻力特征值 q_p/kPa $5 \leqslant l < 10$
③$_1$黏土	45	—
④$_1$含角砾黏土	50	700
⑤含黏土圆砾	70	800
⑥碎石	90	1500
⑦角砾	80	1500
⑧砂岩	80	1200
⑩泥岩	50	1000
⑪砂岩	—	1500
⑫灰岩	—	2000

4.7　基坑工程评价

拟建工程设地下室为1～2层，地表以下未发现有管线，平整后场地周边均为道路。根据《高层建筑岩土工程勘察规程》JGJ 72—2004[2]第8.7.2条，基坑工程破坏后果严重，基坑工程安全等级划分为二级。

由于场地大部分为回填区，基坑开挖后，基坑底和基坑壁土层主要为①耕土、①$_1$填土。①$_1$填土厚度较大，较松散，强透水层，在自然状态下容易失稳，产生滑移或崩塌。基坑开挖后在地下水渗透及雨水等冲蚀渗透下，①$_1$填土可能发生滑移和垮塌现象。基坑施工时必须采用土钉墙、排桩等基坑支护方法。拟建场地有地下水，基坑开挖施工时可能由于地下水渗透作用，对基坑侧壁产生影响，导致基坑壁塌滑。开挖基坑前可先施工深层搅拌桩防渗止水帷幕，再进行基坑开挖。低洼地段①$_1$填土层容易储存地下水，基坑开挖施工时可能由于地下水渗透作用，对基坑侧壁产生影响，导致基坑壁塌滑。基坑底出露的岩土层主要为①$_1$填土，为软弱土层，可能会出现基坑隆起现象。

本次勘察处于雨季，测得①$_1$填土的上层滞水稳定水位标高约为71.60～95.9m，拟建工程大部分坑底土层为①$_1$填土，在雨期施工时，填土层水位储存在基坑内，如果不及时排掉，基坑侧壁的填土层可能产生垮塌，崩落。施工时可直接在基坑内设置集水沟和集水坑抽排地下水。地基开挖时，须做好疏排地表水的措施，基槽不得长时间暴露，应及时施工基础并回填，回填土应选用非膨胀土。

本工程为深基坑工程。本场地周边均为道路或规划道路，建筑红线与基坑边线距离较小，现有场地标高高于设计基坑底标高。基坑侧壁主要为①填土，地基土力学性质较差，应采取支护措施。项目深基坑建议采用支护桩和锚杆对基坑进行支护。锚杆的极限粘结强度标准值建议值见表10。

锚杆设计岩土参数表　　表10

岩土层名称及编号	锚杆的极限粘结强度标准值 q_{sik}/kPa	
	一次常压注浆	二次压力注浆
①耕土、①$_1$填土	18	35
②含有机质土	18	20
③$_1$黏土	60	70
④$_1$含角砾黏土	65	90
⑤含黏土圆砾	70	90
⑥碎石	200	250
⑦角砾	220	260
⑧砂岩	90	140
⑩泥岩	80	120
⑪砂岩	160	240
⑫灰岩	400	1200

根据《高层建筑岩土工程勘察规范》JGJ 72—2004[2]第8.6.2条规定，本场地处于①$_1$填土的地下室的水位雨季后地表积水渗入地下转为地下水。根据区域水文地质资料，场地孔隙潜水受季节变化较大，变化幅度约3.0m。考虑到场地平整后，地下水径流条件有所改变，且场地周边均高于拟建场地。根据周边情况，规划道路标高在88.93～92.75m，抗浮设防水位建议取88.00m。

5　方案的实施

在岩土工程分析评价基础上，结合本项目特点，对各单项工程的基础形式提出建议，各建筑建议地基基础类型评价详见表11。

各建筑物所处地层及建议基础形式一览表　　表 11

编号	项目名称	±0.000 标高 /m	设计地下室底标高/m	挖/填状态	基底土层	建议采用	
						基础形式	持力层
1	训练馆	93.2	88.2	挖方区	③$_1$、④$_1$、⑤	天然地基	③$_1$、④$_1$、⑤
2	超高层五星级酒店	93.2	80.6	半挖半填区	①、①$_1$、③$_1$	桩基或地基处理	⑥、⑦、⑧、⑪、⑫
3	三星级酒店	93.2	85.1	填方区	①$_1$	桩基或地基处理	⑥、⑦、⑧、⑪、⑫
4	新闻中心	93.2	85.1	半挖半填区	①、①$_1$、③$_1$	桩基或地基处理	⑥、⑦、⑧、⑪、⑫
5	综合体北区商业裙楼	93.2	85.1	填方区	①$_1$	桩基或地基处理	⑥、⑦、⑧、⑪、⑫
6	综合体南区商业裙楼	93.2	80.6	填方区	①$_1$	桩基或地基处理	⑥、⑦、⑧、⑪、⑫

6 工程成果与效益

结合本工程工作量大、施工场地施工困难、工期较紧的特点，我公司制定采用“倒排工期计划”方法，对本项目进行工期进度控制，以业主压缩的工期为节点，优化现场施工管理，优化钻勘察各工序间的衔接。按时、保质、安全地完成了勘察任务；在保证工期的前提下，采用工程地质测绘、调查、物探、钻探等多种手段结合的方法进行野外作业，确保勘察数据的准确性。

我司现场精心勘察，成果报告内容详尽，岩土层划分合理，提供的技术参数合理，为设计单位提供了准确的设计依据。我公司对基坑支护及建筑地基基础形式的建议，被设计单位采纳使用，节约了工程成本，取得了良好的经济效益。

本工程在各参建单位的共同努力下，克服时间紧、任务重的困难，顺利建成并投入使用，使用后各方面性能良好，作为 2014 年世界体操锦标赛的使用场所，得到了组委会的好评，产生了良好的社会效益。

7 工程经验

本工程说明了岩土工程勘察及设计工作是一个系统工程，是相互关联的。要根据设计要求抓住勘察的主要目的，并针对这些主要目的开展勘察工作。本工程针对项目可采取的基础形式做了大量勘察和理论分析，提出了切实可行的基础方案，并为地基基础设计提供了翔实的基础数据。与此同时、密切结合当地实践经验，分析计算了基坑支护的措施。使得项目从前期准备工作就能够准确地找到最有效的施工方法及施工工艺，为工程设计，工程采购及工程施工节约时间和投资成本，本工程取得圆满成功。为今后的勘察项目积累了经验。

参考文献

[1] 建设部. 岩土工程勘察规范(2009 年版): GB 50021—2001[S]. 北京: 中国建筑工业出版社, 2009.

[2] 建设部. 高层建筑岩土工程勘察规程: JGJ 72—2004[S]. 北京: 中国建筑工业出版社, 2004.

[3] 住房和城乡建设部. 建筑抗震设计规范: GB 50011—2010[S]. 北京: 中国建筑工业出版社, 2010.

[4] 建设部. 建筑工程抗震设防分类标准: GB 50223—2008[S]. 北京: 中国建筑工业出版社, 2008.

[5] 住房和城乡建设部. 建筑桩基技术规范: JGJ 94—2008[S]. 北京: 中国建筑工业出版社, 2008.

[6] 住房和城乡建设部. 建筑地基基础设计规范: GB 50007—2011[S]. 北京: 中国建筑工业出版社, 2012.

[7] 广西住房和城乡建设厅. 广西壮族自治区岩土工程勘察规范: DBJ/T 45—002—2011[S].南宁: 2011.

[8] 广西质量技术监督局. 广西膨胀土地区建筑勘察设计施工技术规程: DB45/T 396—2007[S]. 北京: 中国标准出版社, 2007.

天津市蓟州区 2021-008 号地项目岩土工程勘察实录

查　力[1]　马　辉[1]　刘　岩[2]

（1. 航天规划设计集团有限公司，北京　102600；2. 中兵勘察设计研究院有限公司，北京　100053）

1　工程概况

受建设单位委托，对天津市蓟州区津蓟（挂）2021-008/009 号地块项目进行岩土工程详细勘察工作，拟建场区位于天津市蓟州区洲河北街与知行路交口东南侧，场地相对位置见图 1。建筑物概况表见表 1。

图 1　建筑物场地位置示意图

拟建建筑物概况表　　**表 1**

拟建建筑物名称	层数		结构类型	基础形式	建筑高度/m	层底标高/m
	地上	地下				
1 号、4 号、14 号	3	1	框架	筏形基础	15.15	–6.03
2 号、3 号、5~8 号、10 号、11 号、15 号	6	1	框架	筏形基础	17.89	–6.03
6 号、9 号、12 号、13 号、16 号、17 号	5	1	框架	筏形基础	15.18	–6.03
18~22 号	4	1	框架	筏形基础	13.60	–6.03

根据本工程所在区域的工程地质条件，依据本工程的规模和特征判定，该工程重要性等级为三级，拟建场地复杂程度为二级，地基复杂程度为二级。根据《岩土工程勘察规范》（2009 年版）GB 50021—2001，综合评定本工程勘察等级为乙级。

2　岩土工程详细勘察工作项目季工作量

2.1　勘察技术要求

（1）详细查明场区内有无不良地质作用及其

类型、深度、成因、分布范围、发展趋势和危害程度，提出整治方案的建议，并对场地稳定性和适宜性进行评价；

（2）详细查明场地地基土的成因年代、结构，主要地基土的物理力学性质、对地基的均匀性及承载力做出评价，对特殊性岩土进行评价；

（3）提出建筑设防水位建议；

（4）详细查明地下水类型、埋藏深度及对建筑材料的腐蚀性；

（5）详细查明地基土对建筑材料的腐蚀性；

（6）判定饱和粉土和砂土的地震液化问题；

（7）提供建筑场地类别、抗震设防烈度等抗震设计的技术参数；

（8）提供场地土的标准冻结深度；

（9）提出经济合理的地基基础方案，提供基础设计所需的岩土工程参数，对基础工程设计、施工中应注意的问题提出建议；

（10）提出基坑开挖、支护及地下水控制所需技术参数，对基坑开挖和支护设计、施工中应注意的问题提出建议；

（11）对需进行沉降计算的建筑物，提供计算变形所需的计算参数，预测地基沉降及变形特征。

2.2 勘察工作量及施工概况

根据相关规范、拟建项目性质及勘察任务书的要求，同时结合场区地形、地貌特征及拟建项目范围布置勘探点，共布置勘探孔 102 个，总进尺 3790.00m。其中控制性勘探孔 34 个，深度为 40.00m；一般性勘探孔 64 个，深度为 35.00～40.00m。其中取土试样钻孔 34 个，不少于勘探孔总数的 1/3，取土试样和原位测试钻孔共计 57 个，不少于勘探孔总数的 1/2。总体控制拟建场区的地层情况，为设计方提供设计参数。

勘探技术方法和手段，本次勘察工作量的布置遵循以多种方法和手段进行综合勘察、综合评价的原则，除运用钻探、取样进行室内土工试验外，还采用了标准贯入试验和波速测试等手段。本次勘察野外钻探采用 DPP100 型汽车钻机、XY-100 型汽车钻机及 SH-30 型钻机，DPP100 型汽车钻机、XY-100 型汽车钻机采用回转钻进，泥浆护壁，SH-30 型钻机采用冲击钻进，套管护壁。

勘察工作量一览表　　　　表 2

钻探			
项目	深度/m	数量/个	目的及说明
控制性勘探孔	40	34	深度应超过地基变形计算深度，获取土、水试样，进行原位测试
一般性勘探孔	35～40	64	地基变形影响深度内主要地层鉴别和控制
取水孔	10	3	水质简分析
波速试验孔	20	1	计算等效剪切波速
钻孔总数 102 个，总进尺 3790m			
取样及原位测试			
项目	单位	数量	目的及说明
原状土样	件	720	获取土的物理力学性质指标
扰动土样	件	146	饱和粉土、砂土的黏粒含量分析
标准贯入试验	次	552	地震液化评价，确定土层的承载力、砂层密实度、强度等
波速测试	m	40	土层密实度及场地类别判定
室内试验			
项目	单位	数量	试验内容
常规试验	件	720	W、ρ、G_s、S_r、W_L、W_P、I_L、I_P、E_s
直剪试验	件	254	c、φ
压缩试验	件	720	E_s
颗粒分析	件	146	黏粒含量
土腐蚀性分析试验	件	4	Ca^{2+}、Mg^{2+}、Cl^-、SO_4^{2-}、OH^-、HCO_3^-、CO_3^{2-}、pH 值、侵蚀性 CO_2、游离 CO_2、总矿化度等
水腐蚀性分析试验	件	3	Ca^{2+}、Mg^{2+}、Cl^-、SO_4^{2-}、OH^-、HCO_3^-、CO_3^{2-}、pH 值、易溶盐总量等

本次勘察依据建设单位提供的勘察总平面图采集坐标，于 2021 年 10 月 20 日勘探点测放，勘探点位置及高程由我公司专业测量处采用 SOKKIA SET230RK 全站仪进行测放和测量，控制点分别为 KZ1（$X = 4431677.535$，$Y = 507962.391$，$H = 12.921$m），KZ2（$X = 4431678.242$m，$Y = 508192.531$m，$H = 12.868$m），KZ3（$X = 4431698.545$m，$Y = 508398.853$m，$H = 12.853$m）（均为 2000 年天津城市坐标系统及高程）。施工完成后，及时采用原土将钻孔回填密实。

3 拟建场区工程地质条件

3.1 地形地貌描述

工作区位于华北准地台燕山台褶带马兰峪复

背斜南翼西段，三级构造属于蓟宝隆褶。以山前断裂为界，以南为四级构造处于宝坻凹褶，以北为蓟州穹褶。

蓟宝隆褶在区域上位于近东西向展布、形态开阔的褶皱构造系西侧的倾伏部位，宝坻断裂为其南部边界。中间以蓟州断裂为界，分为南北两个次一级构造单元，即宝坻凹褶和蓟州穹褶。宝坻凹褶构造变形较弱，构造形态比较平缓；蓟州穹褶构造变形相对较强。工作区位于宝坻凹褶四级构造内。

（1）与工程场地所在区域有关的主要褶皱构造

于桥背斜：位于工作区以东，沿于桥水库北侧发育，总长度大于24km，形态较为宽缓，轴面呈直立或向南陡倾，轴向为近 EW 弧形，总体轴向 NEE，枢纽主要向西倾。核部地层大红峪组、高于庄组，两翼地层杨庄组、雾迷山组，其中南翼产状160°～180°∠20°～30°，北翼产状 340°～0°∠30°～40°。北翼地层受走向断层破坏，局部呈直立和倒转。

（2）与工程场地所在区域有关的主要断裂构造

本区发育的断裂主要有蓟州山前断裂。

蓟州山前断裂：位于工作区以北，是一条规模较大、走向近东西的南倾逆断层，被第四系覆盖。该断层由一系列平行断层组成，东起马伸桥经蓟州城北东至白涧，基本位于马伸桥向斜和于桥背斜之间，全长超过 40km。该断裂构造在早期东西向褶皱形成之后发生过两次重要活动，第一次是在盘山岩体侵位期后的强烈的逆冲活动，破坏了盘山穹窿和周缘向斜的完整性；第二次是由中更新世初至现代，其同生正断层的特点形成了现代地貌单元，断裂以北为低山丘陵，以南地区为山间盆地和山前冲洪积平原，基本控制了第四系的分布。

3.2 地层岩性

拟建场地地形基本平坦，主要由建筑垃圾填平，局部低洼。根据现场勘察及室内土工试验成果，将本次勘察深度（40.0m）范围内的地层划分为人工堆积层及一般第四纪沉积层两大类。并依据地层岩性及其物理力学性质指标对各地层进一步划分为 7 大层及相应亚层（图 2）。现按自上而下顺序，对各地层分述如下：

1）人工堆积层

全场地均有分布，厚度 0.50～5.00m，底板标高为 13.04～7.94m，该层从上而下可分为 2 个亚层。

①$_1$ 杂填土：厚度一般为 1.30～5.00m，呈杂色，松散状态，主要由建筑垃圾组成，含少量黏土、碎石块。仅在 X12、X125、X39、X40、X57、X59、X62、X64、X65、X68、X69、X73、X74、X75、3、13、14、15 号孔附近分布。

①$_2$ 素填土：厚度一般为 0.50～3.20m，呈黄褐色，可塑状态，粉质黏土质，含碎渣石块、灰渣及生活垃圾，属中压缩性土。其中在 X12、X39、X40、X57、X59、X62、X64、X65、X68、X69、X73、X125、3、15 号孔附近缺失该层。

2）一般第四纪沉积层

（1）第四系全新统冲洪积（Q_4^{apl}）

厚度 11.00～17.10m，顶板标高为 13.04～7.94m，该层从上而下可分为 2 个亚层。

②$_1$ 粉质黏土：厚度一般为 1.80～8.90m，呈褐黄色，局部为灰色，可塑状态，无层理，含有机质、干强度及韧性中等，属中压缩性土。局部夹粉土、粉砂、细砂透镜体。

②$_2$ 粉砂：部分为中砂、细砂土质，厚度一般为 7.20～11.90m，呈褐黄色，局部为灰色、褐灰色，中密—密实状态，无层理，含铁质，摇振反应迅速，韧性低，局部夹粉土、细砂透镜体，属中（偏低）压缩性土。局部夹粉质黏土、黏土透镜体。

本层土水平方向上土质较均匀，分布较稳定。

（2）第四系上更新统冲洪积（Q_3^{apl}）

本次勘察未穿透此层，揭露最大厚度 24.30m，顶板标高为−2.37～−5.64m，该层从上而下可分为 3 个亚层。

③$_1$ 粉质黏土：厚度一般为 8.00～12.60m，呈灰黄—褐黄色，局部为灰褐—灰色，可塑状态，无层理，含铁质、有机质，干强度及韧性中等，属中压缩性土。局部夹中砂、粉土、粉砂、细砂透镜体。

③$_2$ 中砂：厚度一般为 10.10～14.80m，呈灰黄—黄褐色，密实状态，无层理，含云母，以石英长石为主，局部为细砂、粉砂，底部含少量黏土，属低压缩性土。局部夹粉质黏土透镜体。

本层土水平方向上土质较均匀，分布稳定。

本次勘察在钻探深度 40.0m 范围内未钻穿该层。

4　拟建场区水文地质条件

4.1　场区水文地质特征及地下水类型

场地内存在的地下水主要为潜水，勘察期间测得场地地下潜水水位如下：

初见水位埋深 5.00～6.90m，相当于标高 8.10～5.99m。

静止水位埋深 3.30～6.10m，相当于标高 9.10～6.79m。

表层地下水属潜水类型，主要由大气降水补给，以蒸发形式排泄，水位随季节有所变化，同时距离现有河流较近，河水与地下水互相补给，地下水位年变幅可按 1.50～2.50m 考虑。

结合本场地所测地下水位及变化幅度，考虑周围环境，该场地抗浮设计水位可按大沽标高 11.50m 考虑。

4.2　地下水和图的腐蚀性评价

根据本工程勘察所取地下水室内水质简分析试验结果，场地地下水属 Cl^-、HCO_3^--K^+ + Na^+型中性水，pH 值介于 7.04～7.15 之间。

本场地地下水在无干湿交替作用及有干湿交替的情况下，对混凝土结构有微腐蚀性，腐蚀介质为 SO_4^{2-}、Mg^{2+}、总矿化度。按地层渗透性场地地下水对混凝土结构有微腐蚀性。本场地地下水在长期浸水情况下，对钢筋混凝土结构中的钢筋有微腐蚀性，腐蚀介质为 Cl^-；在干湿交替的情况下，对钢筋混凝土结构中的钢筋有弱腐蚀性，腐蚀介质为 Cl^-。

拟建建筑物混凝土结构部分处于地下水位以上，根据所取土样分析结果，场地附近无污染源，场地环境类型为Ⅱ类，依据《岩土工程勘察规范》（2009 年版）GB 50021—2001 相关条款分析判定，地下水位以上浅层地基土对混凝土结构有微腐蚀性，对钢筋混凝土结构中钢筋有微腐蚀性。

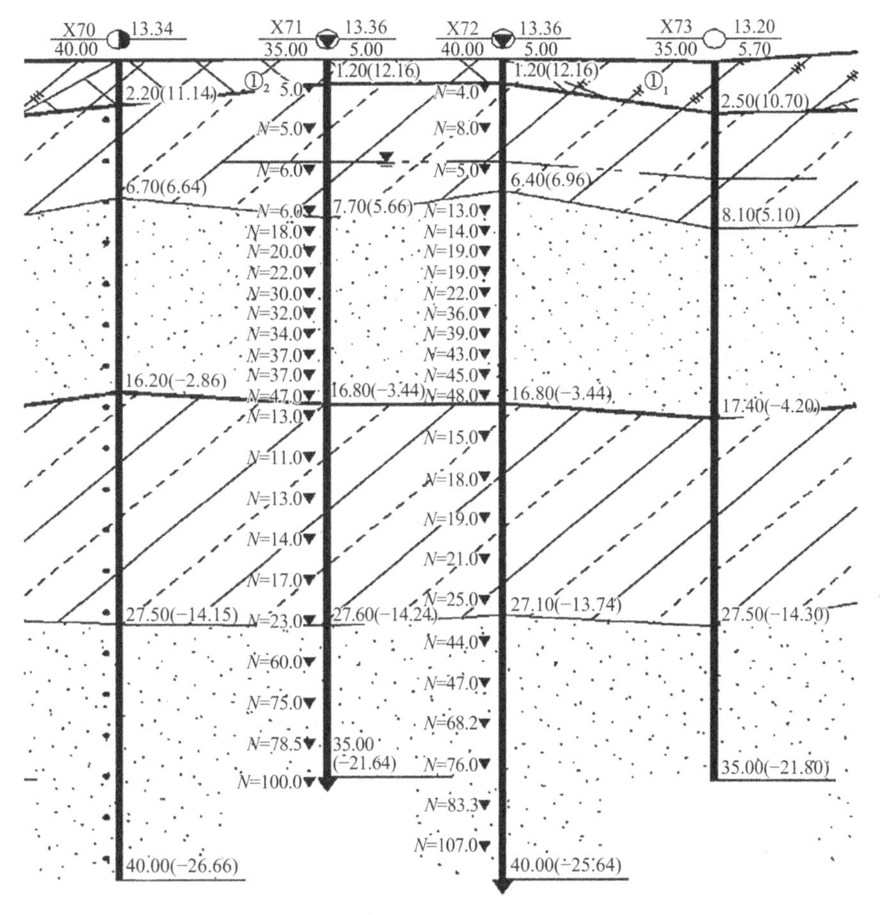

图 2　场地典型地质剖面图

4.3　建筑设防水位

场区静止水位埋深 3.30～6.10m，相当于标高 9.10～6.79m。该场地抗浮设计水位可按大沽标高 11.50m 考虑。

5 拟建场地建筑抗震设计条件

（1）根据《建筑抗震设计规范》（2016 年版）GB 50011—2010，拟建场区抗震设防烈度为 7 度，设计基本地震加速度为 0.15g，设计地震分组为第二组。

拟建场地位于天津市蓟州区渔阳镇，根据《中国地震动参数区划图》GB 18306—2015 第 8.2 条、附录 C 和附录 E 并结合拟建场地类别，拟建场地基本地震动峰值加速度为 0.1725g，基本地震动加速度反应谱特征周期为 0.55s。

（2）建筑场地类别的判定

本工程勘察期间采用单孔法进行了地层剪切波速测试，根据钻孔剪切波速测试成果，自地面以下 20m 深度范围内土层的等效剪切波速值V_{se}为 163m/s，介于 150～250m/s 之间。根据区域地质资料，拟建场区覆盖层厚度d_{ov}大于 50m，根据《建筑抗震设计规范》（2016 年版）GB 50011—2010 有关规定，判定建筑场地类别为Ⅲ类。

（3）地基土层地震液化判定

场地内饱和粉土和砂土是否发生地震液化，需要根据场地抗震设计条件、土层黏粒含量、地下水埋藏条件、土层黏粒含量以及标准贯入试验击数等进行综合分析计算进而判别。

根据《建筑抗震设计规范》（2016 年版）GB 50011—2010 第 4.3.4 款，当初步判断认为需要进一步进行液化判别时，应用标准贯入试验确定：当$N > N_{cr}$则可判定为不液化土层。本场区抗震设防烈度为 7 度，设计基本地震加速度为 0.15g，设计地震分组为第二组，因此N_0取 10，β取 0.95，设计基准期内年平均最高水位按近年最高水位埋深 3.0m 计算分析。

根据以上的结果判定，拟建场区 20.0m 深度范围内②$_2$饱和砂土会发生轻微震动液化。具体判别结果见表 3。

饱和粉土、砂土液化判别表 **表 3**

孔号	水位埋深/m	标准贯入点深度/m	黏粒含量/%	标准贯入击数		液化判定	液化指数	液化等级
				临界值/击	实测值/击			
X71	3.0	8.30	3.0	14.90	18.0	不液化	—	—
	3.0	9.30	3.0	15.74	20.0	不液化		
	3.0	10.30	3.0	16.52	22.0	不液化		
	3.0	11.30	3.0	17.23	30.0	不液化		
	3.0	12.30	3.0	17.90	32.0	不液化		
	3.0	13.30	3.0	18.52	34.0	不液化		
	3.0	14.30	3.0	19.10	37.0	不液化		
	3.0	15.30	3.0	19.65	37.0	不液化		
	3.0	16.30	3.0	20.17	47.0	不液化		
X72	3.0	7.30	12.1	—	13.0	不液化	0.29	轻微
	3.0	8.30	3.0	14.90	14.0	液化		
	3.0	9.30	10.5	—	19.0	不液化		
	3.0	10.30	3.0	16.52	19.0	不液化		
	3.0	11.30	3.0	17.23	22.0	不液化		
	3.0	12.30	3.0	17.90	36.0	不液化		
	3.0	13.30	3.0	18.52	39.0	不液化		
	3.0	14.30	3.0	19.10	43.0	不液化		
	3.0	15.30	3.0	19.65	45.0	不液化		
	3.0	16.30	3.0	20.17	48.0	不液化		

6 建筑场地岩土工程地质问题评价

6.1 场地稳定性和适宜性

根据本次勘察结果及区域地质资料分析，拟建场地除砂土地震液化外无其他不良地质作用，场地为稳定性差场地，工程建设适宜性差。

6.2 场地地基土评价

（1）场区地基土均匀性评价

根据本次详细勘察结果，地基土整体竖向成层分布，仅部分层位顶、底板有所起伏或砂黏性有所变化，地层整体上土质较均匀。

（2）场区特殊性岩土评价

场区特殊土为人工填土，该层结构松散，主要为杂填土及素填土组成，$①_1$ 杂填土厚度一般为1.30～5.00m，呈杂色，松散状态，由建筑垃圾、石块、砖块及废土等组成。素填土（地层编号$①_2$）厚度一般为0.50～3.20m，呈黄褐色，可塑状态，粉质黏土质，含石子、砖块，属中压缩性土。人工填土土质不均匀，分布欠稳定，物理力学性质差异大，不经处理不宜作为天然地基持力层。

6.3 场地水和土的腐蚀性评价

（1）地下水的腐蚀性评价

本次现场勘察期间分别于1号、5号、12号钻孔中采取地下水，并进行了水质分析试验，其成果参见“地下水腐蚀性分析报告”。根据水样分析结果，场地附近无污染源，场地环境类型为Ⅱ类，依据《岩土工程勘察规范》（2009年版）GB 50021—2001中有关条款规定的标准进行综合判定如下：

根据本工程勘察所取地下水室内水质简分析试验结果，场地地下水属Cl^-、HCO_3^--$K^+ + Na^+$型中性水，pH值介于7.04～7.15之间。水中各离子含量详见表4。

地下水样主要离子含量表 **表4**

孔号	$K^+ + Na^+$/（mg/L）	Ca^{2+}/（mg/L）	Mg^{2+}/（mg/L）	Cl^-/（mg/L）	SO_4^{2-}/（mg/L）	总矿化度/（mg/L）	侵蚀性/（mg/L）	pH值
1	133.87	171.70	104.19	234.16	169.46	1204.71	0.00	7.04
5	185.40	45.45	24.51	180.12	108.94	696.98	0.00	7.15
12	381.45	80.80	42.90	243.16	193.67	1346.59	0.00	7.07

①对混凝土结构的腐蚀性评价

本场地地下水在无干湿交替作用及有干湿交替的情况下，对混凝土结构有微腐蚀性，腐蚀介质为SO_4^{2-}、Mg^{2+}、总矿化度。按地层渗透性场地地下水对混凝土结构有微腐蚀性。

综合判定本场地地下水对混凝土结构有微腐蚀性。

②对混凝土结构中钢筋的腐蚀性评价

本场地地下水在长期浸水情况下，对钢筋混凝土结构中的钢筋有微腐蚀性，腐蚀介质为Cl^-；在干湿交替的情况下，对钢筋混凝土结构中的钢筋有弱腐蚀性，腐蚀介质为Cl^-。

参考《油气田及管道岩土工程勘察标准》GB/T 50568—2019附录A，本场地地下水对钢结构有弱腐蚀性，腐蚀介质为$Cl^- + SO_4^{2-}$。

（2）土的腐蚀性评价

拟建建筑物混凝土结构部分处于地下水位以上，本次勘察在12号、14号及东侧地块25号孔地下水位以上不同深度取土样进行土的易溶盐试验（表5），根据所取土样分析结果，场地附近无污染源，场地环境类型为Ⅱ类，依据《岩土工程勘察规范》（2009年版）GB 50021—2001相关条款分析判定如下：

浅层地基土主要离子含量表 **表5**

孔号	Ca^{2+}/（mg/L）	Mg^{2+}/（mg/L）	CO_3^{2-}/（mg/L）	HCO_3^-/（mg/L）	Cl^-/（mg/L）	SO_4^{2-}/（mg/L）	pH值
12（1.0m）	20.20	12.26	0.00	232.15	144.07	121.04	7.53
14（0.8m）	10.10	6.13	0.00	132.66	126.06	106.51	7.34
14（3.2m）	28.28	17.16	0.00	165.82	108.05	87.15	7.31
25（0.4m）	32.32	20.84	0.00	265.31	198.09	183.97	7.72
25（1.0m）	8.08	4.90	0.00	298.47	90.04	72.62	7.73

地下水位以上浅层地基土对混凝土结构有微腐蚀性，对钢筋混凝土结构中钢筋有微腐蚀性。

6.4 场地土物理力学性质评价

拟建场地地基土上部为人工填土，其结构松散，不经处理不宜作天然地基。除人工填土外，其他一般第四纪沉积的粉土、黏性土及砂土层，均为较好的天然地基持力层。

场区除①人工填土，其下地层为一般第四纪沉积层。各层地基土的承载力标准值f_{ka}、压缩模量E_s建议按表6采用。

地基土岩土工程参数表　　表6

地层		地基承载力标准值 f_{ka}/kPa	压缩模量建议值 $E_{s1\text{-}2}$/MPa
编号	岩性		
①$_1$	杂填土	—	—
①$_2$	素填土	—	—
②$_1$	粉质黏土	110	4.3
②$_2$	粉砂	160	14.4
③$_1$	粉质黏土	150	5.0
③$_2$	中砂	180	17.6

6.5 基坑降水及基坑支护

本次拟建场地高层住宅楼下分布1层地下车库，埋深约6.0m，基坑开挖范围内人工填土土质结构性差，②$_1$粉质黏土土质一般，局部夹粉土透镜体，容易塌方及流砂现象，建议采取支护措施，可采用放坡辅以水泥土搅拌桩为止水帷幕或水泥土重力式挡墙支护及止水方式。

根据室内试验统计结果，提供基坑设计计算参数见表7，提供浅层土的渗透系数见表8。

若拟建基坑开挖处于雨季时，而地下水位受降雨影响较大，因此，基坑开挖时应做好地下水位的监测工作，一旦地下水位接近或超过基坑底面，应采取大口井降水的方式降低地下水位。严禁在基坑顶部边缘及附近堆载，严禁将开槽土堆放在基坑顶部边缘附近，以免造成基坑坍塌、支护体系破坏等。

基坑设计计算参数表　　表7

地层编号	岩性	重度γ/（kN/m^3）	直剪固结快剪		直剪快剪	
			C/kPa	φ/°	C/kPa	φ/°
①$_1$	杂填土	（18.0）	（3.00）	（12.00）	（2.00）	（10.00）
①$_2$	素填土	18.7	（10.00）	（10.00）	（8.00）	（8.00）
②$_1$	粉质黏土	18.7	16.55	13.36	13.84	11.06
②$_2$	粉砂	20.3	（3.00）	30.42	（2.00）	27.52
③$_1$	粉质黏土	19.5	20.96	14.92	17.15	12.90
③$_2$	中砂	20.6	1.15	35.57	1.00	30.82

注：上表中C、φ值为标准值，重度γ为平均值。

地基土渗透系数表　　表8

地层编号	岩性	垂直渗透系数k_V/（cm/s）	水平渗透系数k_H/（cm/s）	渗透性
①$_1$	杂填土	10^{-4}～10^{-3}	10^{-4}～10^{-3}	弱透水
①$_2$	素填土	2.00×10^{-6}	2.50×10^{-6}	微透水
②$_1$	粉质黏土	1.50×10^{-6}	2.00×10^{-6}	微透水
②$_2$	粉砂	2.00×10^{-3}	2.50×10^{-3}	中等透水
③$_1$	粉质黏土	1.50×10^{-6}	2.00×10^{-6}	微透水
③$_2$	中砂	2.00×10^{-3}	2.50×10^{-3}	中等透水

7 地基基础方案及相关建议

7.1 天然地基

（1）方案概述

设计单位可根据场区内各建筑物情况，选择采用天然地基作持力层，基础形式可采用筏板基础或独立基础。

由于场地地下水位相对较高，设计时应进行抗浮稳定性验算，不满足设计要求时应增加压重或采用抗拔桩等措施。

（2）相关技术建议及要求

设计单位在考虑建筑地基持力层的地基承载力的特征值f_{ak}时，应根据不同的基础形式、侧限条件和有关规定，进行地基承载力的深宽修正。

采用筏板基础时地基变形验算包括建筑物的总沉降量、倾斜值。不均匀沉降问题，宜通过地基变形协同作用分析计算，确认合理的地基基础形式、施工顺序、板厚、后浇带的位置及浇筑时间等。

7.2 桩基础

（1）桩型选择及成桩可能性分析

本次拟建物主要为多层与低层建筑，采用桩基础时可以③$_1$粉质黏土或③$_2$中砂为桩端持力层，拟建单层建筑均在地下车库以上，可与地下车库统一考虑。拟建场地内埋深40.00m范围内均由黏性土和粉、砂土组成，考虑预制桩沉桩较困难，桩型建议采用钻孔灌注桩，桩径可以采用600mm。

钻孔灌注桩施工时不会发生沉桩困难。施工时应确保钻孔垂直度，并应注意调节泥浆相对密度，防止塌孔，确保成桩质量。施工时应做好泥浆排放及混凝土的洒漏处理问题，防止对周围环境产生污染。

（2）桩基参数

根据《建筑桩基技术规范》JGJ 94—2008第5.3节，按层位提供预制桩、钻孔灌注桩的极限侧阻力标准值q_{sik}、极限端阻力标准值q_{pk}见表9。

（3）单桩竖向极限抗压（抗拔）承载力

根据《建筑桩基技术规范》JGJ 94—2008，用物性法按表9参数对钻孔灌注桩的单桩竖向极限抗压承载力标准值Q_{uk}及抗拔承载力标准值T_{uk}进行估算，估算条件及结果见表10。

桩基参数表　　表9

地层编号	岩　性	钻孔灌注桩	
		q_{sik}/kPa	q_{sik}/kPa
②$_1$	粉质黏土	42	—
②$_2$	粉砂	46（15）	—
③$_1$	粉质黏土	65	700
③$_2$	中砂	75	1000

注：1. 钻孔灌注桩极限端阻力标准值q_{pk}值适用于孔底回淤厚度≤10cm。
2. 括号内数值为液化土层折减后参数，折减系数取1/3。

单桩竖向极限抗压（抗拔）承载力计算表　　表10

拟建物	桩端持力层	桩型	桩顶标高/m	桩端标高/m	桩长/m	桩径/m	Q_{uk}/kN	T_{uk}/kN	估算孔号
1~3层及地块等	③$_1$粉质黏土	钻孔灌注桩	7.50	−10.50	18.00	0.60	1380	827	X35
各拟建物	③$_2$中砂	钻孔灌注桩	7.50	−16.50	24.00	0.60	2232	1365	

注：1. 计算时②$_2$粉砂采用了液化折减后的参数；2. 抗拔系数λ取0.7。

8 结论与建议

（1）拟建场区场地稳定性差，工程建设适宜性差。

（2）场区静止水位埋深3.30~6.10m，相当于标高9.10~6.79m。该场地抗浮设计水位可按大沽标高11.50m考虑。

（3）根据本次勘察结果分析，拟建场区地基属较均匀地基。

（4）在地震烈度为7度，②$_2$粉砂为轻微液化土，场地为轻微液化场地。

（5）本场地地下水对混凝土结构有微腐蚀

性，本场地地下水在长期浸水情况下，对钢筋混凝土结构中的钢筋有微腐蚀性，腐蚀介质为 Cl^-；在干湿交替的情况下，对钢筋混凝土结构中的钢筋有弱腐蚀性，腐蚀介质为 Cl^-。本场地地下水对钢结构有弱腐蚀性，腐蚀介质为 $Cl^- + SO_4^{2-}$。地下水位以上浅层地基土对混凝土结构有微腐蚀性，对钢筋混凝土结构中钢筋有微腐蚀性。

（6）根据本次勘察结果，建筑场地类别为Ⅲ类。场区抗震设防烈度为7度，设计地震基本加速度值为0.15g，设计地震分组为第二组，建筑物抗震设防类别为标准设防类。

（7）拟建场区土的标准冻结深度为0.80m。

（8）施工结束后天然地基应做好钎探等检测工作，桩基础应做好单桩承载力及完整性检测等工作。

（9）本场地因地质条件可能引发的工程风险主要有：基坑支护结构的失稳或变形对周围道路等不利影响，基坑降水对周围地下水的不利影响，土方开挖对支护结构稳定性的不利影响，从而引起周围道路、管线等构筑物的过大变形、失效等。施工时应注意因地质条件引发的工程风险，并采取提前预防、加强监测等防范措施。

（10）本报告建议的方案和参数指标以及结论和建议仅适用于本报告所列拟建建筑物位置和类型。

天津津湾广场二期工程岩土工程勘察实录

焦志亮　符亚兵　刘汉强

（天津市勘察设计院集团有限公司，天津　300191）

1　工程概况

拟建场地位于天津市和平区赤峰道与合江路交口北侧，海河南岸，与天津东站隔海河相望。

本工程包括7～9号楼三座建筑主楼、裙楼及下沉广场。建成后的效果图如图1所示，工程性质详见表1。

本基坑周边环境较为复杂。津湾广场二期工程西侧距离地铁3号线最近约120.0m，东北侧紧邻津湾广场一期工程，距离海河最近约140.0m。拟建7～8号楼地下室边线距东南侧赤峰道现有道路边线约4.0m，西南侧距现有合江路边线约5.5m。

拟建9号楼地下室边线距南侧赤峰道最近约3.8m，距现有4层重点文物保护单位中国工商银行天津分行营业部（原盐业银行旧址）约10m，西侧距解放北路边线约3.5m，北侧紧邻哈尔滨道，东侧紧邻合江路，且有部分地下室需要穿越哈尔滨道和合江路。基坑周边管线复杂。

图1　效果图

工程性质一览表　　表1

项目	地上层数	高度/m	地下室层数及埋深/m	结构形式	建筑面积/m²
7号楼	主楼15、20、25层，裙楼4层	主楼分别为80.0m、99.0m、120m，裙楼25.3m	地下4层，底板埋深约22.0m	主楼框—剪结构	107936
8号楼	主楼56层，裙楼4～8层	主楼240m，裙楼25.3～35.5m		主楼框—筒结构	172100
9号楼	主楼53～70层，裙楼3～8层	主楼最高299.8m，裙楼最高35.5m		主楼框—筒结构	210500
下沉广场	—	—		—	—

2　岩土工程条件

2.1　工作量布设

根据工程性质、设计要求及相关技术规范[1]，本场地勘察以钻探、标准贯入试验、静力触探试验、波速试验及室内水土试验、现场抽水试验等多种手段为主，其中主楼勘探孔深度分别为，7号楼主楼控制性孔为孔深100.00m，一般孔深80.00m；8号楼主楼控制性孔为孔深150.00m，一般孔深105.00m；9号楼主楼控制性孔为孔深155.00m，一般孔深105.00m；下沉广场及其地下室部分孔深均为70.00m。以综合地质调查、工程地质、水文地质资料收集和分析等手段为辅，准确查清场地埋深155.0m以上地基土的工程地质特点和分布规律，利用三维地质模型，并结合多种形式的计算和分析手段，直观、定量地对场地地基土进行详细评价。

2.2　地形地貌

场地位于天津市和平区滨江道与合江路交口处，海河南岸，与天津东站隔海河相望。勘察时拟建场地内原建筑物陆续拆除，其中拟建7号楼处原主要为建华中学场地，拟建8号楼处原主要为2～4层居民房，9号楼处原主要为2～5层居民楼及办公楼等。本期勘察场地地势略有起伏，各勘探孔孔口标高介于3.31～4.79m之间。

获奖项目：2019年“海河杯”天津市优秀勘察设计一等奖。

2.3 地层分布规律及土质特征

该场地埋深约 155.00m 深度范围内，地基土按成因年代可分为以下 11 层，按力学性质可进一步划分为 20 个亚层，见表 2。各层土的物理力学指标见表 3。

场地土层划分表 **表 2**

土层编号	土层名称	顶板标高/m	一般厚度/m
①$_1$	杂填土	3.31～4.79	1.00～3.60
①$_2$	素填土		0.80～4.00
②$_1$	粉质黏土	−0.39～2.32	3.50～6.00
②$_2$	粉土		1.00～6.50
②$_3$	粉质黏土		1.00～4.00
③	粉质黏土	−9.12～−6.23	2.50～5.50
④	黏土	−13.30～−11.45	1.00～2.00
⑤	粉质黏土	−14.60～−12.71	3.00～8.00
⑥	粉土、粉砂	−21.63～−16.85	3.00～11.00
⑦	粉质黏土	−28.69～−24.08	2.50～6.00
⑧$_1$	粉质黏土	−32.62～−28.42	4.00～6.50
⑧$_2$	粉土		1.00～4.00
⑧$_3$	粉质黏土		2.00～5.50
⑧$_4$	粉土		1.50～5.50
⑨$_1$	粉质黏土	−44.89～−42.68	14.00～17.00
⑨$_2$	粉土		2.0
⑩$_1$	粉质黏土	−61.35～−59.68	2.00～3.00
⑩$_2$	粉土		3.10～6.50
⑪$_1$	粉质黏土	−70.44～−66.33	11.00～23.00
⑪$_2$	粉砂		9.50～16.50
⑪$_3$	粉质黏土		2.20～4.30
⑪$_4$	粉砂		4.50～11.50
⑪$_5$	粉质黏土		3.50
⑪$_6$	粉砂		20.00～26.50
⑪$_7$	粉质黏土		12.50～16.00

地基土物理力学参数 **表 3**

地层编号	w/%	天然孔隙比e	γ/（kN/m^3）	I_L	I_P	a_{1-2}/（1/MPa）	E_{s1-2}/MPa	直剪固结快剪		标准贯入击数N	承载力特征值f_{ak}/kPa	静止侧压力系数K_0
								内摩擦角φ/°	黏聚力c/kPa			
①$_2$	27.2	0.779	19.4	0.62	13.6	0.369	5.57	18.8	11.0	—	95	0.334
②$_1$	30.1	0.857	19.1	0.85	14.7	0.436	4.55	17.8	13.5	—	100	0.357
②$_2$	26.4	0.739	19.6	0.78	9.1	0.146	12.11	31.3	9.2	—	95	0.346
②$_3$	31.6	0.905	18.8	0.90	14.1	0.472	4.37	18.6	13.0	—	115	0.339
③	28.6	0.832	19.0	0.78	13.2	0.322	5.88	24.3	11.8	—	130	0.328
④	25.7	0.714	19.9	0.70	13.0	0.287	6.09	20.3	12.8	—	155	0.372

续表

地层编号	w/%	天然孔隙比e	γ/(kN/m³)	I_L	I_P	a_{1-2}/(1/MPa)	E_{s1-2}/MPa	直剪固结快剪		标准贯入击数N	承载力特征值f_{ak}/kPa	静止侧压力系数K_0
								内摩擦角φ/°	黏聚力c/kPa			
⑤	23.5	0.658	20.2	0.57	13.2	0.281	6.02	21.5	13.0	12.9	180	0.395
⑥	20.8	0.582	20.6	—	—	0.099	16.83	36.5	9.3	41.8	170	0.317
⑦	26.5	0.757	19.8	0.22	20.7	0.229	8.07	21.1	12.1	15.4	180	0.479
⑧$_1$	21.8	0.630	20.4	0.39	14.4	0.224	7.42	21.6	17.6	17.6	200	0.374
⑧$_2$	21.1	0.592	20.5	—	—	0.110	14.32	37.1	9.0	52.4	185	0.275
⑧$_3$	24.7	0.703	19.9	0.56	13.4	0.225	7.88	22.4	21.6	19.2	200	0.388
⑧$_4$	23.4	0.670	19.9	—	—	0.119	14.47	34.0	8.6	59.4	190	—
⑨$_1$	25.3	0.728	19.9	0.45	14.6	0.225	7.80	22.1	18.1	22.3	210	—
⑨$_2$	22.1	0.616	20.3	0.38	7.6	0.145	11.79	31.0	10.0	64.3	200	—
⑩$_1$	23.6	0.673	20.1	0.29	14.2	0.219	7.77	19.3	32.9	26.5	230	—
⑩$_2$	21.3	0.594	20.5	0.49	7.9	0.113	14.06	36.3	9.6	81.1	210	—
⑪$_1$	23.8	0.685	20.1	0.25	15.2	0.183	9.19	23.0	42.0	28.6	250	—
⑪$_2$	21.2	0.616	20.2	—	—	0.104	15.47	—	—	116.3	95	—
⑪$_3$	25.1	0.718	19.8	0.27	15.3	0.232	7.51	—	—	—	—	—
⑪$_4$	19.3	0.570	20.5	—	—	0.099	16.52	—	—	—	—	—
⑪$_5$	24.5	0.680	20.1	0.37	13.2	0.192	8.88	—	—	—	—	—
⑪$_6$	21.2	0.646	19.8	—	—	0.109	15.46	—	—	—	—	—
⑪$_7$	18.8	0.570	20.8	0.16	20.3	0.151	10.94	—	—	—	—	—

2.4 水文地质条件

1）含水层划分

（1）上层滞水含水层

一般不连续分布，含水层主要为人工填土中杂填土，隔水底板为新近冲积层顶部黏性土。

（2）潜水含水层

主要指埋深约 3.00～16.00m 段新近冲积层 Q_4^{3Nal}②$_1$、②$_3$粉质黏土，②$_2$粉土及全新统海相沉积层（Q_4^{2m}）③粉质黏土，一般属微—弱透水层，与上层滞水贯通。

（3）相对隔水层

主要指第四系全新统下组沼泽相沉积层（Q_4^{1h}）黏土、④粉质黏土及第四系全新统下组陆相冲积层（Q_4^{1al}）⑤粉质黏土，属微透水—不透水层，可视为潜水含水层与其下的第一微承压含水层的相对隔水层。

（4）微承压含水层

根据场地地层，将场地埋深约 20.00～50.00m 段可分为 3 个微承压含水层。

第一微承压含水层：含水层为埋深约 23.00～32.00m 段第四系上更新统第五组陆相冲积层（Q_3^{eal}）粉土、⑥粉砂。

第二微承压含水层：含水层为埋深约 39.00～42.00m 段第四系上更新统第三组陆相冲积层（Q_3^{cal}）⑧$_2$粉土。

第三微承压含水层：含水层为埋深约 45.00～48.00m 段第四系上更新统第三组陆相冲积层（Q_3^{cal}）⑧$_4$粉土。

埋深约 50.00～61.00m 段黏土、⑨$_1$粉质黏土，黏性普遍较大，渗透性较低，可视为微承压含水层的相对隔水底板。

2）地下水水位及腐蚀性

（1）潜水

本项目场地静止水位埋深 1.20～1.60m，相当于标高 2.59～2.21m。地下水对混凝土结构有微腐蚀性，对钢筋混凝土结构中的钢筋有弱腐蚀性。

（2）微承压水

根据现场抽水试验，第一微承压含水层，抽水试验期间测得静止水位埋深为 8.00m 左右，相当于大沽标高−4.32m。第二微承压含水层，抽水试验期间测得该含水层静止水位埋深为 8.08～8.14m，相当于大沽标高−4.36m。第三微承压含水层，抽水试验期间测得静止水位埋深为 8.06m，相当于大沽标高−4.39m 左右。本场地第一微承压含水层中承压水对混凝土结构有微腐蚀性，对钢筋混凝土结构中的钢筋有微腐蚀性。

3）水文地质参数

据抽水试验计算结果，各含水层的水文地质参数见表 4。

各含水层的水文地质参数　表 4

含水层	渗透系数k/（m/d）	影响半径R/m	导水系数T/（m^2/d）	释水系数μ^*	导压系数a/（m^2/d）
潜水含水层	0.669	42.0	—	—	—
第一微承压含水层	3.476	160.0	34.76	—	—
第二微承压含水层	2.455	139.2	7.14	5.39×10^{-3}	1.28×10^{3}
第三微承压含水层	2.079	139.7	4.88	1.31×10^{-3}	2.66×10^{3}

4）抗浮设防水位的确定

根据我院 2003 年 5 月至 2012 年 4 月近 9 年 108 个月对 81 号和 89 号潜水动态观测井点观测资料分析(图 2)，近 108 个月以来拟建场地附近最低水位出现在 2012 年 1 月份的 89 号常观井，水位标高为 1.53m；最高水位出现在 2011 年 7 月份的 81 号常观井，水位标高为 3.01m；平均水位标高为 1.94m 左右，近年来平均水位变幅最大为 1.48m。

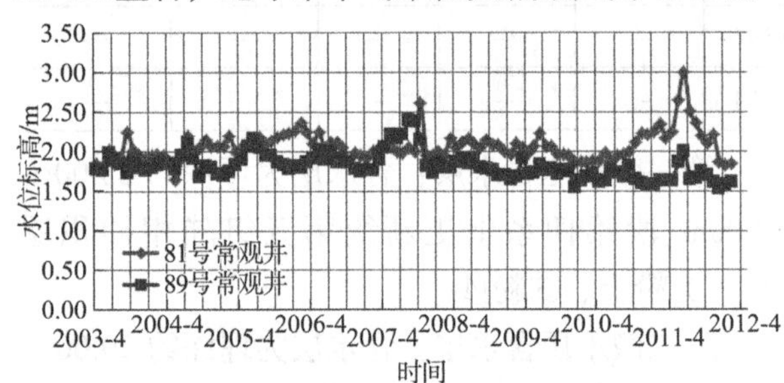

图 2　拟建场地附近水位标高历时曲线图

根据勘察期间地下水位观测值及历史观测数据，并结合天津地区地下水位变化幅度及场地周边道路标高，考虑到潜水受地形、气象、含水土层的土质和建筑物的覆盖面的大小等因素的制约，该场地抗浮设计水位可按大沽标高 3.50m(近年最高水位标高 3.01m 上浮 0.49m）考虑。

3　岩土工程分析与评价

3.1　天然地基分析

津湾广场二期 7～9 号楼拟建裙楼 3～8 层，考虑到地下 4 层，基础底板埋深大，基础底板下土层土质较好，强度较高，拟建裙楼及地下室有采用天然地基的可能性。

根据计算分析，3～8 层裙楼及纯地下室部分基底压力小于深度修正后持力层强度特征值的修正值，在采用天然地基情况下，持力层强度满足要求。但 3～8 层裙楼及纯地下室自重压力不足以抵消地下水浮力，仅 8 号楼和 9 号楼 8 层裙楼部分基底压力接近地下水浮力，有采用天然地基的可能性，但考虑到 8 层裙楼体型不规则且 3～4 层裙楼相连，建议应采用抗拔桩进行处理。

3.2　抗压桩基础评价

根据分析，本期拟建 7～9 号楼主楼均应采用抗压桩基础，裙楼及纯地下部分应采用抗拔桩基础。

3.3　抗拔桩评价

考虑到地下水的浮力作用，拟建地下室应采用抗拔桩。可将桩端置于埋深约 39.00～62.00m 段第四系上更新统第三组陆相冲积层（Q_3^{cal}）⑧$_3$ 粉质黏土层及⑧$_2$、⑧$_4$ 粉土层、第四系上更新统第二组海相沉积层（Q_3^{bal}）⑨$_1$ 粉质黏土中，应采用钻孔灌注桩。粉土、⑥粉砂抗拔系数λ值取 0.70，黏性土、粉土抗拔系数λ值取 0.75。

3.4　拟建工程基础变形协调初步分析

拟建 7～9 号楼、3～8 层裙楼及纯地下空间高度相差悬殊，上部结构荷载及拟建物对变形的要求差异性很大，应进行变形协调分析，并采用综合措施协调主楼、裙楼及纯地下空间的基础变形，减少差异沉降。

4 方案的分析论证

4.1 桩基持力层的选择

（1）第一桩端持力层：一般位于埋深约39.00～48.00m段上更新统第三组陆相冲积层（Q_3^{cal}）⑧₂、⑧₄粉土及⑧₃粉质黏土的组合层，可作为拟建裙楼及纯地下室的桩端持力层（抗压及抗拔）。

（2）第二桩端持力层：一般位于埋深约47.00～62.00m段上更新统第二组海相沉积层（Q_3^{bm}）黏土、⑨₁粉质黏土，可作为本次拟建7号楼主楼的桩端持力层，亦可作为拟建裙楼及纯地下室的桩端持力层（抗压及抗拔）。

（3）第三桩端持力层：一般位于埋深约70.00～85.00m段中更新统上组海相沉积层（Q_2^{3mc}）⑪₁粉质黏土，可作为本次拟建7号、8号及9号楼主楼抗压桩桩端持力层。

（4）第四桩端持力层：一般位于埋深约93.00～105.00m段中更新统上组海相沉积层（Q_2^{3mc}）⑪₂粉砂，可作为本次拟建8号及9号楼主楼抗压桩桩端持力层。

4.2 桩型选择和桩基参数[2]

根据该场地地层条件、拟建物的工程性质及设计对单桩承载力要求，建议裙楼及纯地下室部分可采用钻孔灌注桩。考虑到7～9号楼主楼对单桩承载力要求高的特点，为提高单桩承载力，减小桩基沉降，建议采用钻孔灌注桩加后注浆工艺（表5），桩侧注浆时建议将注浆段选在砂性土层中，并宜将注浆阀设置于砂性土层底部。

（1）选用第一桩端持力层时，建筑物可采用$\phi=800$或1000mm的钻孔灌注桩，有效桩长24m；选用第二桩端持力层时，建筑物可采用$\phi=800$或1000mm的钻孔灌注桩，有效桩长33m；选用第三桩端持力层时，建筑物可采用$\phi=800$或1000mm的泥浆护壁钻孔灌注桩＋后注浆（桩端），有效桩长54m；选用第四桩端持力层时，建筑物可采用$\phi=800$或1000mm的泥浆护壁钻孔灌注桩＋后注浆（桩端），有效桩长74m。

钻孔灌注桩桩基参数表　　表5

层号	层名	q_{sik}/kPa	q_{pk}/kPa
①₂	素填土	21	
②₁	粉质黏土	30	
②₂	粉土	15	
②₃	粉质黏土	31	
③	粉质黏土	38	
④	黏土	48	
⑤	粉质黏土	54	
⑥	粉土、粉砂	75	
⑦	粉质黏土	55	
⑧₁	粉质黏土	58	
⑧₂	粉土	73	750
⑧₃	粉质黏土	60	
⑧₄	粉土	75	
⑨₁	粉质黏土	65	900
⑨₂	粉土	77	
⑩₁	粉质黏土	68	
⑩₂	粉土	80	
⑪₁	粉质黏土	70	1100
⑪₂	粉砂	80	1100

（2）采用各桩端持力层，直径≥0.80m大直径灌注桩（泥浆护壁钻孔灌注桩及后注浆钻孔灌注桩）侧阻力尺寸效应系数、端阻力尺寸效应系数取值见表6。

大直径灌注桩尺寸效应系数表　　表6

桩端持力层	桩径/m	侧阻力尺寸效应系数φ_{si}	端阻力尺寸效应系数φ_p
第一桩端	$\phi=0.80$	1	1
第二桩端	$\phi=0.80$	1	1
第三桩端	$\phi=0.80$	1	1
	$\phi=1.00$	0.956（黏性土、粉土）	0.946
		0.928（粉砂）	
第四桩端	$\phi=0.80$	1	1
	$\phi=1.00$	0.956（黏性土、粉土）	0.928
		0.928（粉砂）	

（3）本工程注浆侧阻力β_{si}、端阻力β_p增强系数见表7。

注浆侧阻力、端阻力增强系数表　表 7

岩性	增强系数	取值	规范值
黏性土或粉土	β_{si}	1.5	1.4～1.8
黏性土或粉土	β_p	2.3	2.2～2.5
粉砂	β_{si}	1.7	1.6～2.0
粉砂	β_p	2.5	2.4～2.8

4.3　桩基础沉降估算及三维数值模拟

应用有限元软件 ABAQUS 模拟拟建 9 号楼桩筏基础在上部结构荷载作用下沉降。

分析模型筏板平面尺寸 50.0m × 50.0m，厚度为 1.0m；桩为钻孔灌注桩，桩径 1.0m，桩长分别为 54.0m 和 74.0m，混凝土强度等级为 C35。

为了减小地基土的边界效应，桩底按照 150m 考虑，筏板边距离地基周边 60.0m，即地基模型尺寸为 170m × 170m × 150m。

地基周边约束x、y方向位移，底部约束x、y、z方向位移。

在上部荷载作用下，选择不同桩端持力层时桩筏基础沉降分析结果如图 3、图 4 所示。

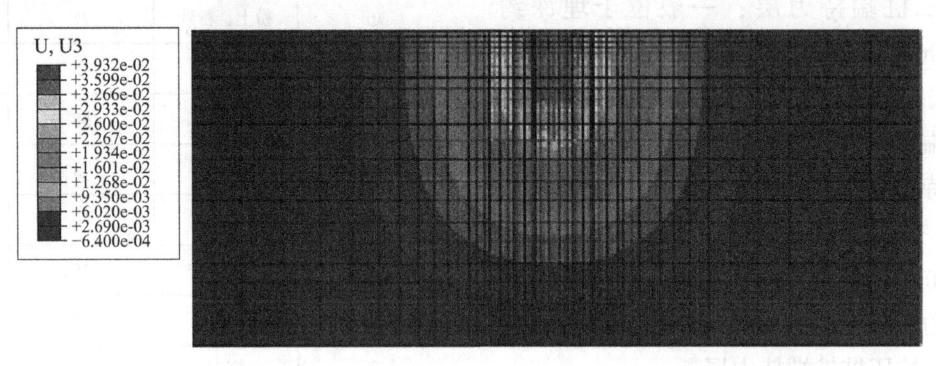

图 3　采用第三桩端持力层黏土、⑪₁ 粉质黏土时桩基沉降剖面图

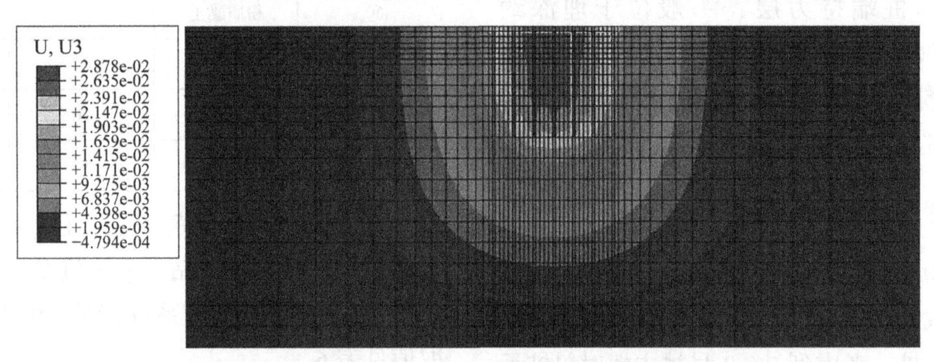

图 4　采用第四桩端持力层⑪₂ 粉砂时桩基沉降剖面图

根据模拟结果，钻孔灌注桩基础沉降较大，设计采用第四桩端持力层时，报告建议桩型选用泥浆护壁钻孔灌注桩 + 后注浆（桩端）。

4.4　抗突涌稳定性分析

根据勘察资料，基坑开挖底面基本位于第一微承压水顶板，抗突涌不满足要求。按照不利原则，选取场地第二、三微承压含水层最大顶板标高分别为 −33.43m 和 −38.08m（大沽标高）进行验算（表 8）。

抗突涌稳定性安全系数计算表　表 8

含水层	抗承压水突涌稳定性安全系数	控制抗突涌安全系数
第二微承压水	0.98	1.05
第三微承压水	1.11	1.05

根据计算结果，基坑对于第二微承压水抗突涌稳定性安全系数小于 1.05，不满足稳定性要求，第三微承压水及以下含水层抗突涌稳定性安全系数均大于 1.05，满足稳定性验算要求，因此，在基坑施工过程中，⑧₄ 粉土层可不采取隔断措施，也不需对第三微承压水进行减压处理。

根据上述分析，对于深度 22.00m 的基坑，建议止水帷幕应隔断第一、二微承压含水层，支护形式采用地下连续墙 + 内支撑的方式，止水帷幕采用地下连续墙，地下连续墙墙底应置于上更新统第三组陆相冲积层（Q_3^{cal}）⑧₃ 粉质黏土中，根据场地地层条件，建议地下连续墙深度在 45.00m 左右。

4.5 基坑稳定性分析

采用水土合算进行基坑稳定性分析[3]。支护结构采用厚度为 1000mm 的地下连续墙时，墙长度为 45.0m，墙顶设置冠梁，内加四道支撑。

（1）支护结构整体稳定性分析

采用条分法对基坑整体稳定性进行分析验算，支护结构整体稳定安全系数为 2.2，最危险滑动面圆心坐标位于(7.33,2.69)处，滑动半径$r=48.3$m，支护结构处于稳定状态，见图 5。

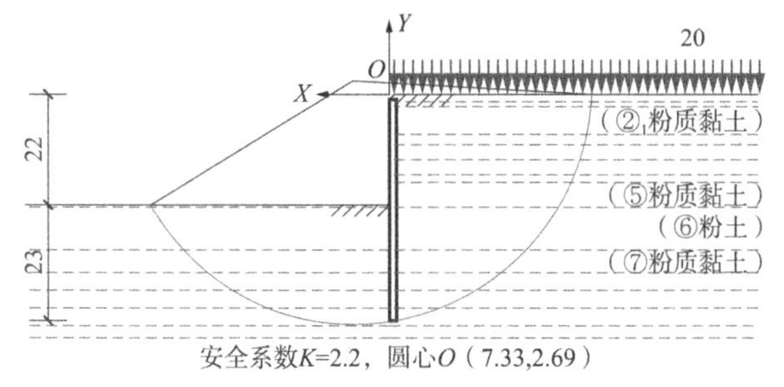

图 5 水土合算整体稳定性计算简图

（2）基坑墙底隆起稳定性验算

计算结果表明，墙底抗隆起安全系数当采用普朗德尔公式时，$K=3.16$，当采用太沙基公式时，$K=3.66$，均处于安全状态，不会发生隆起现象，见图 6。

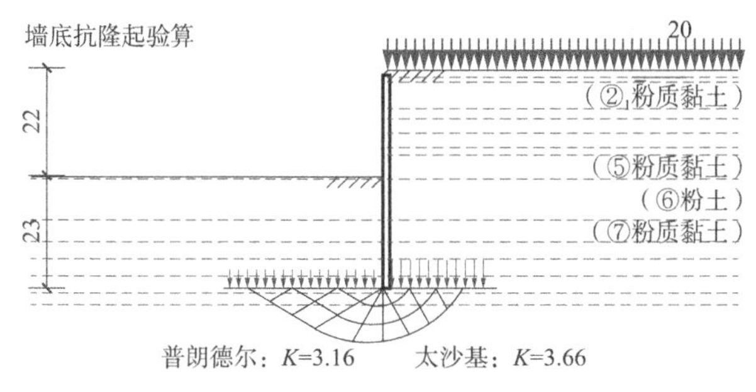

图 6 水土合算基坑墙底抗隆起验算简图

（3）坑底抗隆起验算

采用如图 7 所示的滑动模式进行计算，计算结果，安全系数$K=2.51$，满足要求。

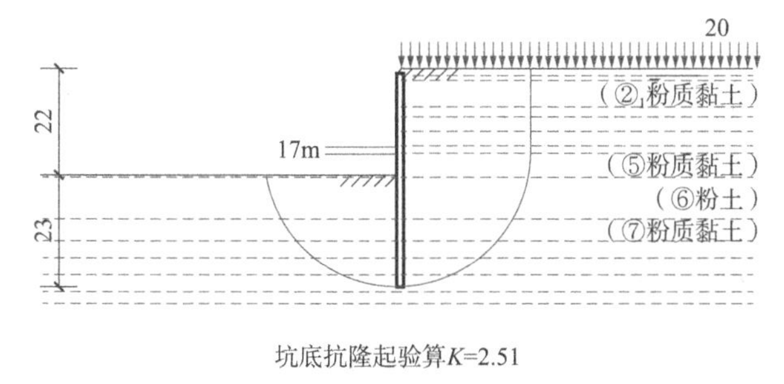

图 7 水土合算坑底抗隆起验算简图

（4）基坑抗倾覆验算

采用如图 8 所示的计算模型进行计算，计算结果，安全系数$K_c=5.05$，不会发生基坑坑壁倾覆。

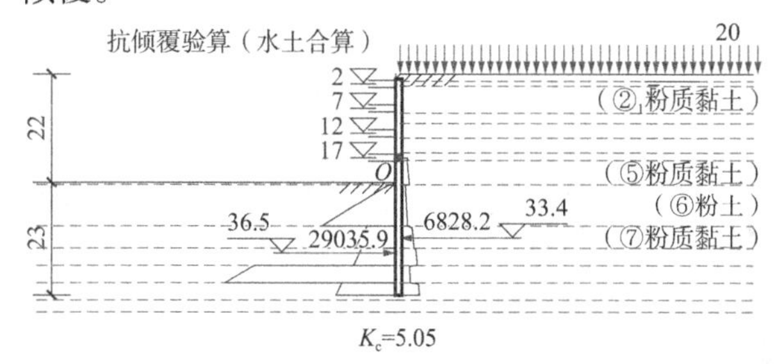

图 8 水土合算基坑抗倾覆验算计算简图

经计算分析，支护结构采用地下连续墙，墙长度为 45.0m 时，支护结构整体稳定性、基坑墙底隆起稳定性、坑底抗隆起验算以及抗倾覆验算均满足要求。

4.6 基坑降水对周边环境的影响

针对津湾广场二期的实际工程，本文采用 Processing Modflow 有限差分法模拟基坑开挖降水对周围环境的影响[4]。

根据工期安排，7～8 号楼先进行基坑降水（模拟计算时按照比 9 号楼提前 365d 考虑），降水运行按照 730d 考虑。本基坑属于基坑内的疏干降水，降水运行 365d 后，预测沉降最大值约为 5.1～6.8mm，降水运行 730d 后，预测沉降最大值约为 6.8～8.5mm。降水运行初期主要是由于 7、8 号楼降水引起，365d 后由于 9 号楼降水施工影响，沉降范围有所增大。但整体来说，由于属于基坑内的疏干降水，降水对基坑周边的沉降影响较小。具体沉降等值线见图 9 和图 10。

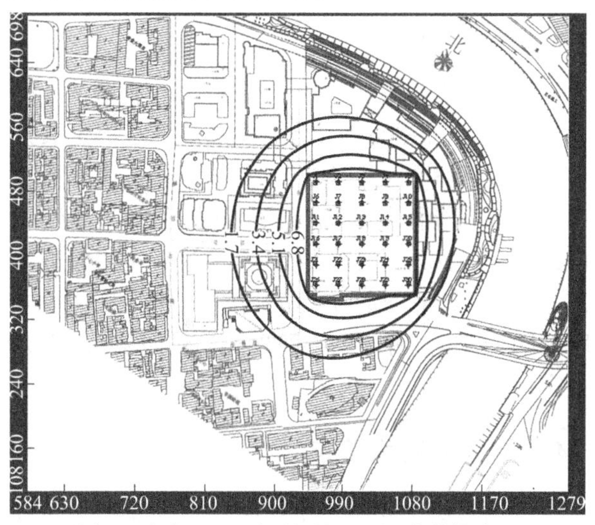

图 9 降水 365d 时引起的地面沉降等值线图

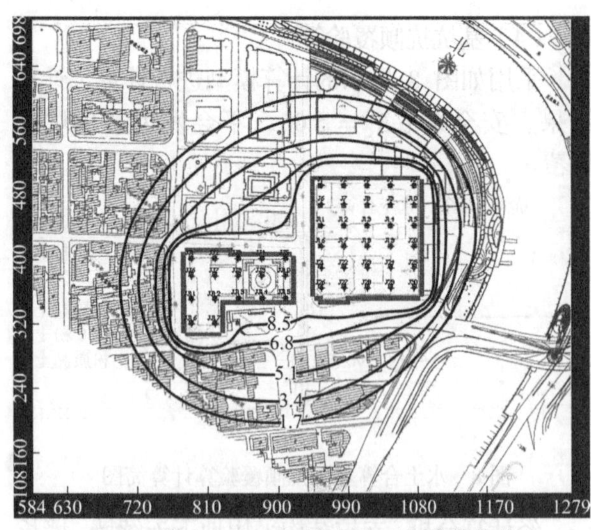

图 10　降水 730d 时引起的地面沉降等值线

5　方案的实施

5.1　抗浮水位确定

根据勘察期间地下水位观测值，结合场地附近 2003 年 4 月至 2012 年 3 月近 9 年的历史观测数据，综合考虑场地周边道路标高及水位变幅，提出该场地抗浮设计水位可按大沽标高 3.50m（近年最高水位标高 3.01m 上浮 0.49m）考虑。实际设计时也采用了勘察报告提供的抗浮水位，并得到了设计单位和建设单位的好评。

5.2　持力层选择

依据土层物理力学性质以及拟建物的工程性质，将单体拟建物下主要土层进行描述，根据场地地层情况提供了⑧$_2$～⑧$_4$复合层、⑨$_1$、⑪$_1$、⑪$_2$四个桩端持力层供设计选择，均被设计人员采纳。

5.3　桩型选择

针对本次拟建物的性质（高度大、荷载大、深度大）、地下室的分布情况、本场地的浅部土层分布情况，考虑到对桩基施工质量要求高和单桩承载力要求高等特点，结合天津工程经验。最终建议拟建 7～9 号楼主楼采用钻孔灌注桩后压浆成桩工艺，裙楼及纯地下室应采用抗拔桩。被设计和甲方所采纳，施工过程表明，勘察报告提供的基础方案是合理的。

5.4　单桩承载力确定

根据各层土物理力学性质、原位测试并结合津湾广场一期经验，准确提供了各层地基土的桩基参数，针对每个不同拟建物的不同桩端持力层分别进行单桩竖向极限承载力标准值估算。

（1）本次拟建 7 号楼主楼建议采用第二或第三桩端持力层，实际采用第三桩端持力层，工程桩采用标高约 −72.50m，有效桩长 54.00m，$\phi=$ 1000mm 的钻孔灌注桩，试桩结果单桩竖向极限承载力标准值取 13400kN，估算值为 11810kN。

（2）本次拟建 8 号楼主楼建议采用第三或第四桩端持力层，实际采用第四桩端持力层，工程桩采用标高约 −92.50m，有效桩长 74.00m，$\phi=$ 1000mm 后压浆（桩侧及桩端）钻孔灌注桩，试桩结果单桩竖向极限承载力标准值取 21600kN，估算值为 20064.7～20105.9kN。

（3）本次拟建 9 号楼主楼建议采用第三或第四桩端持力层，实际采用第四桩端持力层，工程桩采用标高约 −92.00m，有效桩长 72.00m，$\phi=$ 1000mm 后压浆（桩端）钻孔灌注桩，试桩结果单桩竖向极限承载力标准值取 20600kN，报告中桩长按 74.00m 估算值为 18430.7～18761.9kN。桩长按 72.00m 估算值为 17989.2～18290.0kN。

（4）本次拟建裙楼及纯地下室建议将桩端采用第一或第二桩端持力层，实际 7～8 号楼裙楼及纯地下室采用第一桩端持力层，9 号楼裙楼及纯地下室采用第二桩端持力层，建议采用钻孔灌注桩。7～8 号楼试桩采用标高 −42.50m，$\phi=1000$mm 钻孔灌注桩，试桩结果单桩竖向抗拔极限承载力标准值为 5500kN，估算值为 3378.2～3435.5kN；9 号楼试桩采用标高 −51.60m，$\phi=800$mm 钻孔灌注桩。试桩结果单桩竖向抗拔极限承载力标准值为 4000kN，估算值为 3981.6～4037.8kN。

通过以上定量分析，报告中单桩竖向极限承载力估算结果与实际试桩结果基本相符，个别计算值低于实测值，分析主要因试桩桩径一般均大于设计桩径等因素造成。

5.5　桩基础沉降估算

本报告采用分层总和法、Geddes 法[5]、天津规范简化公式法等 3 种方法对上述拟建物进行了沉降估算。

根据观测结果，7、8、9 号楼主楼竣工时沉降观测的最大沉降值分别为 30.10mm（截至 2015 年 7 月）、24.70mm（截至 2015 年 7 月）、52.60mm（截至 2018 年 1 月）。根据勘察报告中的计算值，7、8、9 号楼主楼中心点的沉降计算值分别为

41.00～58.30mm、31.40～43.80mm、62.80～85.90mm（ABAQUS模拟计算沉降量为88.9mm）。根据天津地区经验，建筑物竣工阶段沉降量约为总沉降量的60%左右，初步推测7、8、9号楼主楼的最终沉降量分别约为50.17mm、41.17mm、87.67mm。与勘察报告中估算结果基本相符。

5.6 止水帷幕深度的确定

勘察报告中通过抽水试验和抗突涌稳定性验算，建议设计单位应隔断第一微承压含水层。实际设计及施工时采用了勘察报告提供的建议，即止水帷幕深度为45.0m，隔断了$⑧_2$粉土及其以上土层，止水帷幕底位于$⑧_3$粉质黏土中。

5.7 基坑降水

本次基坑开挖深度在22.0m，属于超深基坑，由于拟建场地周围比较复杂，必须采用合理的降水方案才能开挖，报告中对天津市区第一、二微承压水水位2007年前后在空间和时间上的变化规律进行分析，并提出了降水方案的建议，实际设计时采纳了勘察报告提供的降水井形式和深度等建议。

6 工程成果与效益

本报告针对不同高度拟建物布置工作量，以合理的工作量满足设计及相关规范要求。

该勘察报告内容丰富，揭示的地层准确，各项地基土参数齐全准确，分析计算细致、科学，岩土工程评价翔实、深入，不同荷载、不同基础埋深拟建物基础处理方案针对性强，建议合理、可行，提出的建议均被设计及甲方采纳，桩基检测和沉降量结果与勘察报告计算值相符。针对天津市地下水水位埋深较浅，一般提供抗浮设防水位均根据经验确定，数据比较保守，本工程利用长期潜水观测资料提供的抗浮设防水位确保了基坑安全并节约了成本。另外，本报告针对地层变化进行三维可视化成图，为不同区域桩长的选择、设计承载力的确定及沉降量控制给予了科学的指导。

本项目也为天津超高层工程的岩土工程问题分析与评价积累了宝贵的经验，获得了明显的经济效益、环境效益和社会效益。

7 工程经验或教训

针对拟建物高度大、荷载大、基坑开挖深度大，场地工程地质条件及水文地质条件较复杂，工程技术问题复杂，难度大的工程，工程勘察阶段的各项工作显得尤为重要。

（1）针对工程地质及水文地质条件较复杂，需采取多种综合勘测手段准确查清地基土及地下水的分布规律及工程特征。

（2）基坑深度大，涉及多层承压含水层的，应进行专项水文地质试验。

（3）不同荷载、不同拟建物，需结合地层分布情况，提出不同的地基处理方案。

（4）场地周边环境复杂，对基坑开挖降水引起的周边变形要求严格。应进行三维地质数值模拟计算，分析降水对周边环境的影响分析。

（5）文中重点论述了桩基持力层的工程特性，桩型选择和桩基础沉降三维数值模拟，对基坑降水对周边环境的影响作了一定的分析，对工程设计及施工提供了丰富的基础数据。也对同类型岩土工程勘察工作具有一定的参考价值。

（6）在后期工程实际基坑开挖、降水及建（构）筑物的沉降监测过程中，充分验证了勘察成果数据的合理性及准确性，为项目赢得了较好的经济效益和社会效益。

参考文献

[1] 住房和城乡建设部. 岩土工程勘察规范(2009年版): GB 50021—2001[S]. 北京: 中国建筑工业出版社, 2009.

[2] 建设部. 建筑桩基技术规范: JGJ 94—2008[S]. 北京: 中国建筑工业出版社, 2008.

[3] 住房和城乡建设部. 建筑基坑支护技术规程: JGJ 120—2012[S]. 北京: 中国建筑工业出版社, 2012.

[4] 姚天强, 石振华. 基坑降水手册[M]. 北京: 中国建筑工业出版社, 2006.

[5] 张玉涛, 董士伟. Geddes法在天津某车间桩基沉降计算中的应用[J]. 岩土工程师, 1999, 11(2): 14-16.

天津周大福金融中心项目岩土工程详细勘察实录

符亚兵　周玉明　曹　会　焦志亮

（天津市勘察设计院集团有限公司，天津市　300191）

1　工程概况

拟建项目位于天津经济技术开发区第一大街与新城西路交口，距天津市区约45km，距天津港约7km，东望渤海，地理位置优越，交通便利。

项目包括主塔楼及裙楼，总建筑面积约39万m^2，其中地上约29万m^2，地下约10万m^2。主塔楼为一幢以甲级写字楼为主，集五星级酒店及豪华公寓设施为一体的大型超高层建筑，裙楼主要为商业。整个场地设4层地下室（局部纯地下）（图1、表1）。

图1　项目效果图

建筑物工程性质详表　　表1

项目部位	高度/深度/m	地上层数/地下层数	结构形式	基础标高（±0.00以下）	拟采用基础形式	基底压力标准值/kPa
主塔楼	530/–28～–32	100层/4层	钢管混凝土框架核心筒结构	一般为–29.10，电梯井–33.10	钻孔灌注桩＋筏形基础	1800
裙楼	25～32/–22.4	4～5层/4层	框架结构	–23.50		210
纯地下	0/–22.4	0/4层	框架结构	–23.50		105

注：本项目室内±0.00相对于大沽标高5.10m，室外地面在±0.00下约1.10m。

2　项目特点及勘察工作量

2.1　项目特点

（1）拟建项目规模大，主塔楼高度及荷载巨大，地上100层，总高度530m，基底压力约1800kPa。基坑开挖面积及深度大。项目高度及基坑开挖深度均创天津滨海新区新高，面临的岩土工程问题多，现有工程经验少，本项目岩土工程勘察方案制定、外业施工、分析评价等均面临巨大挑战。

（2）场地工程地质条件较复杂。查清各层土，特别是工程经验少的深层地基土的分布、物理力学性质、工程特性等，对本项目主塔楼及裙楼桩端持力层选择、桩型选择、地基变形特性估算分析等影响非常大。

（3）场地水文地质条件复杂。场地分布潜水及多层承压水，特别是埋深约40.00～56.50m段第二承压水，含水层厚度大，对本项深基坑开挖及降水方案选择等影响非常大。

（4）场地周边环境条件复杂，场地浅层土质差，分布厚度约11.0m的淤泥、淤泥质土。周边现有建筑采用的桩基础桩端埋深不一，地下室深度22.40～32.0m，复杂的环境条件对本项目桩基础方案选择、深基坑开挖方案选择、降水方案选择等提出了很高的要求。

2.2　工作周期

本项目岩土工程详细勘察于2009年12月份开始，2010年3月底完成。项目自2012年开工建

获奖项目：2021年“海河杯”天津市优秀勘察设计奖（工程勘察）一等奖，2021年度工程勘察、建筑设计行业和市政公用工程优秀勘察设计奖一等奖。

设，2017年11月结构封顶，2019年8月19日竣工验收后投入使用。

2.3　勘察工作量

根据勘察规范[1]，针对项目高、重、深、大的特点、场地较复杂的工程地质条件，详细勘察勘探点平面位置按照主塔楼周边、角点及中心布置勘探点共 9 个原则布置勘察孔，共布置完成各类勘察孔（点）112 个，水文地质勘察抽水试验 2 组。

主塔楼一般性勘察孔深度 115m，控制性勘察孔深度 180～198m；裙楼一般性勘察孔深度 60m，控制性勘察孔深度 75～80m。主塔楼波速孔深度 180m，裙楼波速孔深度 20m。实际实施时，为了进一步查清下更新统地层分布，将 2 个主塔楼位置处控制性勘察孔深度加深至 202m。

本次勘察勘探及测试手段主要有原状取土、标准贯入试验、静力触探试验、十字板测试、旁压测试、扁铲侧胀试验、剪切波速测试、压缩波速测试、水文地质勘察抽水试验。室内试验主要有常规物理性质试验、高压固结试验、直剪固结剪切试验、直剪快剪试验、静三轴固结不排水剪切（CU）、静三轴不固结不排水剪切（UU）、回弹再压缩试验、渗透试验、颗粒分析试验、静止侧压力系数试验、无侧限压缩试验、土的易溶盐试验、有机质试验、水质简分析试验。

3　场地工程地质条件

3.1　场地地形地貌

工程场地所在区域属海积低平原区。历史上为滨海盐田，地面高程 2.5m 左右，于 1984 年开始兴建天津经济技术开发区时逐步大面积进行场地填垫至高程 3.5m 左右。自填垫完成后，一直为荒地。

场地南邻市民广场及滨海新城，东临天津经济技术开发区人民检察院，西临鸿泰花园别墅，北接正在建设的泰达现代服务产业区。

3.2　地基土分布规律

场地埋深 202.00m 深度范围内，主要揭示了全新统（Q_4）、上更新统（Q_3）及中更新统（Q_2）地层。地基土岩性特征详见表 2。特征土层顶底板标高分布变化、地基土三维地质信息模型见图 2、图 3。

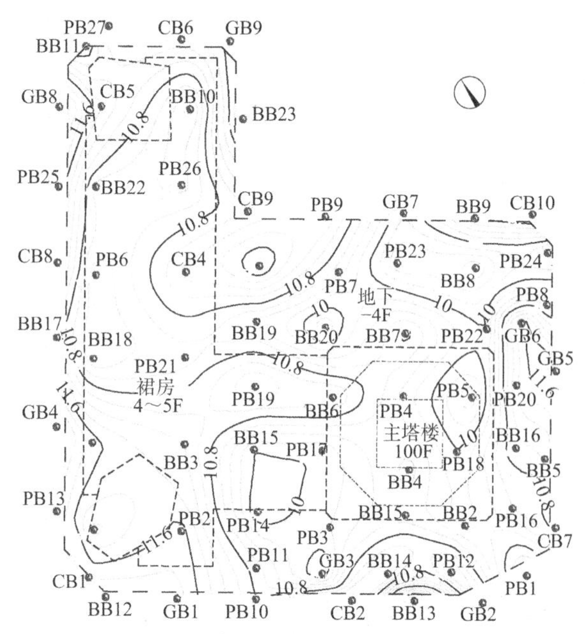

图 2　淤泥、淤泥质黏土（⑥2、⑥3）累计厚度（m）等值线图

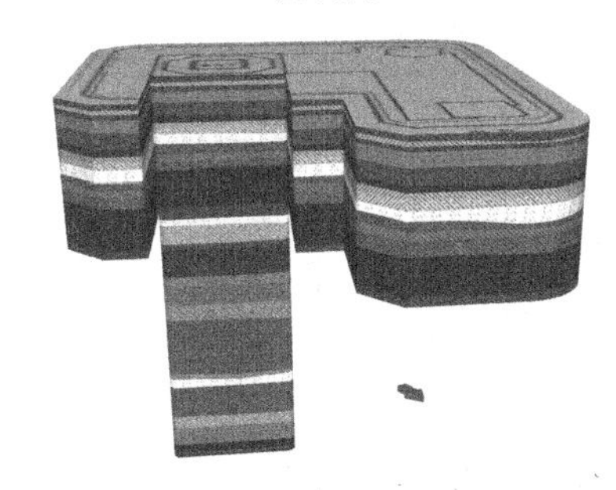

图 3　场地地层三维分布图

3.3　地基土物理力学指标

地基土物理力学指标详见表 3。

4　场地水文地质条件

（1）潜水含水层

埋深约 19.00m 以上全新统中组第 I 海相层，总体上潜水含水段含水层不发育。

详细勘察期间测得场地地下潜水初见水位埋深 2.40～3.50m，相当于标高 1.48～0.34m；静止水位埋深 1.50～2.30m，相当于标高 2.46～1.65m。

潜水主要由大气降水补给，以蒸发形式排泄，水位随季节有所变化，一般年变幅为 0.50～1.00m。

（2）承压含水层

第一承压含水层一般位于埋深约 24.00～29.00m，含水介质主要为⑨1 粉土，静止水位埋深为 11.08～11.16m，相当于标高-7.25m。

第二承压含水层一般位于埋深约 40.00～

56.50m 段，含水介质主要为⑪粉砂。静止水位埋深为 11.92～12.06m，相当于标高−8.20m 左右。

根据抽水试验结果，第一、二承压水降水设计水文参数见表 4。

地基土岩性特征一览表 **表 2**

时代成因	地层编号	岩性	成因层顶板标高/m	各亚层一般厚度/m	土层颜色	状态	压缩性	含有物
Q^{ml}	①$_1$	杂填土	3.75～4.26	1.5	杂色	松散	高—中	砖渣、石子
	①$_2$	素填土		1.5	褐黄色—黄灰色—黑色	软塑—可塑	中—高	腐殖质、有机质
Q_4^{3al}	④	黏土	0.26～2.55	1.5	褐黄色	软塑—可塑	高	铁质
Q_4^{2m}	⑥$_1$	粉质黏土	−0.55～0.96	2.3	褐灰—灰色	软塑	中	贝壳、粉土透镜体
	⑥$_2$	淤泥		4.8	灰色—褐灰色	流塑	高	贝壳、腐殖质、有机质
	⑥$_3$	淤泥质黏土		5.9	灰色	流塑	高	贝壳
	⑥$_4$	黏土		2.8	灰色	软塑	高	贝壳
Q_4^{1h}	⑦	黏土	−16.45～−14.57	1.3	灰黑—浅灰色	可塑	中（偏高）	腐殖质、有机质
Q_4^{1al}	⑧	粉质黏土	−18.74～−15.94	3.4	灰黄色—黄灰色	可塑	中	铁质
Q_3^{eal}	⑨$_1$	粉土	−22.64～−18.42	4.5	灰黄色—褐黄色	中密—密实	中（近低）	铁质
	⑨$_2$	粉质黏土		3.8	灰黄色	可塑	中	铁质
Q_3^{dmc}	⑩$_1$	黏土	−29.57～−27.66	3.2	灰色—黄灰色	可塑	中	铁质、贝壳
	⑩$_2$	粉质黏土		7.0	灰色—黄灰色	可塑	中	铁质、贝壳
Q_3^{cal}	⑪	粉砂	−41.62～−33.38	14.0	灰黄色—黄灰色	密实	低	铁质、蚌壳
Q_3^{bm}	⑫$_1$	黏土	−53.77～−51.69	5.9	灰色—黄灰色	可塑	中	铁质、贝壳
	⑫$_2$	粉土		2.4	灰色—黄灰色	密实	低	铁质
Q_3^{aal}	⑬$_1$	粉质黏土	−63.52～−58.047	6.0	灰黄色—褐黄色	可塑—硬塑	中	铁质、礓石
	⑬$_2$	粉砂		4.5	灰黄色—褐黄色	密实	低	铁质
Q_2^{3mc}	⑭$_1$	黏土	−72.66～−69.16	6.3	灰色—灰黄色	可塑—硬塑	中	铁质、贝壳
	⑭$_2$	粉砂		8.1	灰色—灰黄色	密实	低	铁质、贝壳
	⑭$_3$	黏土		2.9	灰色—灰黄色	可塑—硬塑	中	铁质
	⑭$_4$	粉砂		8.7	灰色—灰黄色	密实	中（近低）	铁质、贝壳
Q_2^{aal}	⑮$_1$	粉质黏土	−100.37～−93.76	9.5	灰黄色—褐黄色	可塑—硬塑	中	铁质、礓石
	⑮$_2$	粉砂		24.8	灰黄色—褐黄色	密实	低	铁质
	⑮$_3$	黏土		1.9	灰黄色—褐黄色	硬塑	中	铁质、礓石
	⑮$_4$	粉土		7.1	灰黄色—褐黄色	密实	中（近低）	铁质
	⑮$_5$	黏土		10.7	灰黄色—褐黄色	硬塑	中（偏低）	铁质、礓石
	⑮$_6$	粉砂		4.4	灰黄色—褐黄色	密实	低	铁质
	⑮$_7$	黏土		4.8	灰黄色—褐黄色	硬塑	中	铁质、礓石
	⑮$_8$	粉砂		3.3	灰黄色—褐黄色	密实	低	铁质
Q_2^{1mc}	⑯$_1$	黏土	−166.98～−163.66	6.4	灰黄色	硬塑	中	铁质
	⑯$_2$	粉砂		3.1	灰黄色	密实	低	铁质
	⑯$_3$	粉质黏土		3.0	灰黄色	硬塑	中	铁质
	⑯$_4$	粉砂		11.3	灰黄色	密实	低	铁质
Q_1^{al}	⑰	黏土	−187.65～−186.87	10.4	灰黄色	硬塑	中	铁质、礓石

地基土物理力学性质指标一览表 **表 3**

地层编号	岩性	w/%	e	γ/(kN/m^3)	$a_{1\text{-}2}$/(1/MPa)	$E_{s1\text{-}2}$/MPa	$N_{63.5}$/击	静止侧压力系数K_0	静力触探		直剪固结快剪		直剪快剪		静三轴剪切试验						基床系数	
															UU		CU					
									q_c/MPa	f_s/kPa	φ_c/°	c_c/kPa	φ_q/°	c_q/kPa	φ_{uu}/°	c_{uu}/kPa	φ'_{cu}/°	c'_{cu}/kPa	φ_{cu}/°	c_{cu}/kPa	K_H/(MPa/m)	K_v/(MPa/m)
①$_2$	素填土	28.8	0.832	19.3	0.44	4.2	2.5	0.53	0.93	47.0	12.4	17.7	11.7	12.1	1.0	15.0	16.0	17.0	14.0	19.0	5.5	5.0
④	黏土	34.8	0.987	18.7	0.64	3.1	2.4	0.50	0.40	27.8	10.8	13.7	8.5	10.7	1.7	27.6	17.9	18.2	12.9	23.0	7.0	6.5
⑥$_1$	粉质黏土	30.3	0.859	19.1	0.36	5.3	3.0	0.45	0.77	27.6	16.1	13.3	14.4	10.7	1.6	18.4	22.3	13.2	20.5	19.4	10.0	9.0
⑥$_2$	淤泥	49.3	1.399	17.3	0.91	2.6	1.2	0.56	0.37	9.1	4.6	8.7	3.3	6.1	0.5	10.8	15.4	12.7	10.9	12.9	5.0	4.0
⑥$_3$	淤泥质黏土	42.8	1.226	17.7	0.83	2.7	2.8	0.53	0.59	11.6	8.2	11.1	5.5	7.9	0.5	16.8	19.8	13.8	12.7	17.0	6.0	5.0
⑥$_4$	黏土	36.6	1.040	18.4	0.55	3.9	5.4	0.40	1.22	29.9	11.3	15.0	10.1	13.1	1.5	31.6	23.4	13.2	14.3	18.3	15.0	12.0
⑦	黏土	33.7	0.958	18.8	0.45	4.5	6.9	0.39	1.09	37.8	10.7	29.2	8.6	23.3	1.6	39.3	23.2	24.5	14.4	33.8	14.0	12.0
⑧	粉质黏土	23.3	0.653	20.2	0.26	6.4	9.3	0.36	1.76	38.6	19.9	14.6	17.1	12.6	0.5	43.8	26.0	19.6	21.6	28.1	20.0	16.0
⑨$_1$	粉土	21.3	0.615	20.2	0.10	16.1	31.1	0.33	16.98	302.4	30.0	9.0	29.2	8.4	3.1	53.8	34.2	10.1	32.0	14.7	70.0	50.0
⑨$_2$	粉质黏土	27.6	0.788	19.5	0.29	6.2	11.8	0.35	1.81	60.7	16.9	22.1	15.5	16.2	2.2	42.7	27.7	17.2	25.2	21.4	30.0	25.0
⑩$_1$	黏土	32.8	0.927	19.0	0.33	5.8	11.7	0.40	1.73	49.9	8.1	25.5	7.4	23.3	0.9	40.1	19.5	30.0	15.1	37.2	25.0	20.0
⑩$_2$	粉质黏土	23.2	0.650	20.2	0.22	7.4	19.3	0.31	5.05	141.9	21.5	14.5	24.0	12.0	1.6	60.7	30.7	19.5	25.8	34.2	35.0	30.0
⑪	粉砂	20.9	0.612	20.2	0.09	17.0	83.8	0.28	—	—	33.1	9.0	32.9	7.0	1.8	67.1	33.5	14.3	30.2	21.1	80.0	55.0
⑫$_1$	黏土	29.3	0.837	19.3	0.28	6.7	24.3	—	2.39	54.7	14.3	32.9	—	—	—	—	—	—	—	—	—	—
⑫$_2$	粉土	20.5	0.586	20.4	0.09	17.0	86.8	—	13.47	219.7	31.7	6.5	—	—	—	—	—	—	—	—	—	—
⑬$_1$	粉质黏土	23.2	0.657	20.2	0.21	7.7	28.6	—	4.72	126.6	19.0	31.9	—	—	—	—	—	—	—	—	—	—
⑬$_2$	粉砂	16.7	0.492	21.1	0.09	15.6	99.1	—	11.54	248.2	30.8	9.4	—	—	—	—	—	—	—	—	—	—
⑭$_1$	黏土	26.2	0.757	19.7	0.24	7.7	32.6	—	—	—	21.6	42.4	—	—	—	—	—	—	—	—	—	—
⑭$_2$	粉砂	16.6	0.518	20.7	0.08	17.9	128.0	—	—	—	31.3	10.6	—	—	—	—	—	—	—	—	—	—
⑭$_3$	黏土	22.9	0.659	20.3	0.19	8.6	42.7	—	—	—	22.6	39.7	—	—	—	—	—	—	—	—	—	—
⑭$_4$	粉砂	20.2	0.589	20.4	0.10	15.8	132.7	—	—	—	35.0	7.9	—	—	—	—	—	—	—	—	—	—
⑮$_1$	粉质黏土	21.7	0.630	20.2	0.19	8.6	50.4	—	—	—	22.4	31.0	—	—	—	—	—	—	—	—	—	—

续表

地层编号	岩性	w/%	e	γ/(kN/m^3)	$a_{1\text{-}2}$/(1/MPa)	$E_{s1\text{-}2}$/MPa	$N_{63.5}$/击	静止侧压力系数K_0	静力触探		直剪固结快剪		直剪快剪		静三轴剪切试验						基床系数	
															UU		CU					
									q_c/MPa	f_s/kPa	φ_c/°	c_c/kPa	φ_q/°	c_q/kPa	φ_{uu}/°	c_{uu}/kPa	φ'_{cu}/°	c'_{cu}/kPa	φ_{cu}/°	c_{cu}/kPa	K_H/(MPa/m)	K_V/(MPa/m)
⑮$_2$	粉砂	19.3	0.580	20.3	0.09	16.5	149.7	—	—	—	33.4	9.6	—	—	—	—	—	—	—	—	—	—
⑮$_3$	黏土	21.9	0.634	20.4	0.16	10.1	46.7	—	—	—	—	—	—	—	—	—	—	—	—	—	—	—
⑮$_4$	粉土	18.0	0.521	20.9	0.11	14.6	112.6	—	—	—	—	—	—	—	—	—	—	—	—	—	—	—
⑮$_5$	黏土	20.0	0.593	20.7	0.14	11.2	48.1	—	—	—	—	—	—	—	—	—	—	—	—	—	—	—
⑮$_6$	粉砂	18.1	0.544	20.6	0.10	16.6	113.4	—	—	—	—	—	—	—	—	—	—	—	—	—	—	—
⑮$_7$	黏土	19.6	0.589	20.5	0.16	10.2	48.2	—	—	—	—	—	—	—	—	—	—	—	—	—	—	—
⑮$_8$	粉砂	20.0	0.580	20.4	0.08	20.8	171.3	—	—	—	—	—	—	—	—	—	—	—	—	—	—	—
⑯$_1$	黏土	24.0	0.698	20.1	0.21	8.0	48.7	—	—	—	—	—	—	—	—	—	—	—	—	—	—	—
⑯$_2$	粉砂	21.1	0.624	20.1	0.07	23.1	204.3	—	—	—	—	—	—	—	—	—	—	—	—	—	—	—
⑯$_3$	粉质黏土	20.8	0.595	20.5	0.16	8.9	56.6	—	—	—	—	—	—	—	—	—	—	—	—	—	—	—
⑯$_4$	粉砂	18.4	0.548	20.6	0.09	17.1	182.9	—	—	—	—	—	—	—	—	—	—	—	—	—	—	—
⑰	黏土	19.8	0.606	20.5	0.16	10.4	57.4	—	—	—	—	—	—	—	—	—	—	—	—	—	—	—

注：快剪试验及三轴试验指标均为标准值，其他指标均为算术平均值。

承压含水层降水设计水文参数表 **表 4**

承压含水层	渗透系数K/（m/d）	影响半径R/m	导水系数T/（m^2/d）	释水系数μ^*	导压系数a/（m^2/d）
第一	4.529	123.3	18.11	1.01×10^{-3}	1.81×10^{4}
第二	5.269	291.9	79.04	1.34×10^{-3}	5.22×10^{4}

5 岩土工程问题分析

5.1 地基基础分析

5.1.1 天然地基

主塔楼地上 100 层，基底压力 1800kPa，没有采用天然地基的可能性，应采用桩基础。裙楼部分基底压力约 210kPa，纯地下室部分基底压力约 105kPa。按实测低水位考虑，裙楼及纯地下基底所受地下水浮力约 197kPa，裙楼应考虑抗压。纯地下部分基底压力小于地下水浮力，应考虑抗浮；按抗浮设防水位大沽标高 3.50m 的情况考虑，裙楼及纯地下基底所受地下水浮力约 242kPa，裙楼及纯地下部分均应考虑抗浮。为控制及协调裙楼、纯地下及主塔楼间相互间变形，建议裙楼、纯地下均采用柱下布桩形式的桩基础方案。

5.1.2 桩基础[2]

5.1.2.1 桩基持力层及桩型选择

建议裙楼及纯地下以⑩$_2$粉质黏土或⑪粉砂为桩端持力层，采用泥浆护壁钻孔灌注桩。主塔楼以⑭$_2$粉砂、⑭$_4$粉砂或⑮$_1$粉质黏土为桩端持力层，采用大直径桩端、桩侧后注浆泥浆护壁钻孔灌注桩。

5.1.2.2 单桩承载力确定

报告提供的不同桩型泥浆护壁钻孔灌注桩、后注浆钻孔灌注桩单桩抗压竖向极限承载力标准值Q_{uk}见表 5。

单桩抗压竖向极限承载力标准值　　表5

<table>
<tr><th>桩端持力层</th><th>桩顶标高/m</th><th>桩端标高/m</th><th>有效桩长/m</th><th>桩径/m</th><th>Q_{uk}/kN</th><th>桩型</th><th>备注</th></tr>
<tr><td rowspan="2">⑩₂粉质黏土</td><td rowspan="2">−18.4</td><td rowspan="2">−33.5</td><td rowspan="2">15.1</td><td>$\phi=0.70$</td><td>2209</td><td rowspan="6">Ⅰ</td><td rowspan="6">裙楼</td></tr>
<tr><td>$\phi=0.80$</td><td>2562</td></tr>
<tr><td rowspan="4">⑪粉砂</td><td rowspan="4">−18.4</td><td rowspan="2">−43.0</td><td rowspan="2">24.6</td><td>$\phi=0.70$</td><td>4007</td></tr>
<tr><td>$\phi=0.80$</td><td>4649</td></tr>
<tr><td rowspan="2">−47.5</td><td rowspan="2">29.1</td><td>$\phi=0.70$</td><td>4818</td></tr>
<tr><td>$\phi=0.80$</td><td>5576</td></tr>
<tr><td rowspan="10">⑭₂粉砂</td><td rowspan="10">−24.0</td><td rowspan="10">−82.0</td><td rowspan="10">58.0</td><td rowspan="5">$\phi=0.80$</td><td>11029</td><td>Ⅰ</td><td rowspan="30">主塔楼</td></tr>
<tr><td>14001</td><td>Ⅱ</td></tr>
<tr><td>16473</td><td>Ⅲ</td></tr>
<tr><td>18138</td><td>Ⅳ</td></tr>
<tr><td>21094</td><td>Ⅴ</td></tr>
<tr><td rowspan="5">$\phi=1.00$</td><td>13136</td><td>Ⅰ</td></tr>
<tr><td>16885</td><td>Ⅱ</td></tr>
<tr><td>19753</td><td>Ⅲ</td></tr>
<tr><td>21711</td><td>Ⅳ</td></tr>
<tr><td>25266</td><td>Ⅴ</td></tr>
<tr><td rowspan="10">⑭₄粉砂</td><td rowspan="10">−24.0</td><td rowspan="10">−93.0</td><td rowspan="10">69.0</td><td rowspan="5">$\phi=1.00$</td><td>15848</td><td>Ⅰ</td></tr>
<tr><td>19986</td><td>Ⅱ</td></tr>
<tr><td>22846</td><td>Ⅲ</td></tr>
<tr><td>24803</td><td>Ⅳ</td></tr>
<tr><td>30454</td><td>Ⅴ</td></tr>
<tr><td rowspan="5">$\phi=1.20$</td><td>18275</td><td>Ⅰ</td></tr>
<tr><td>23298</td><td>Ⅱ</td></tr>
<tr><td>26414</td><td>Ⅲ</td></tr>
<tr><td>28748</td><td>Ⅳ</td></tr>
<tr><td>35265</td><td>Ⅴ</td></tr>
<tr><td rowspan="10">⑮₁粉质黏土</td><td rowspan="10">−24.0</td><td rowspan="10">−101.0</td><td rowspan="10">77.0</td><td rowspan="5">$\phi=1.00$</td><td>17755</td><td>Ⅰ</td></tr>
<tr><td>21499</td><td>Ⅱ</td></tr>
<tr><td>24365</td><td>Ⅲ</td></tr>
<tr><td>26322</td><td>Ⅳ</td></tr>
<tr><td>33614</td><td>Ⅴ</td></tr>
<tr><td rowspan="5">$\phi=1.20$</td><td>20478</td><td>Ⅰ</td></tr>
<tr><td>25011</td><td>Ⅱ</td></tr>
<tr><td>28196</td><td>Ⅲ</td></tr>
<tr><td>30430</td><td>Ⅳ</td></tr>
<tr><td>38854</td><td>Ⅴ</td></tr>
</table>

注：桩型Ⅰ指钻孔灌注桩，桩型Ⅱ指钻孔灌注桩＋桩端后压浆，桩型Ⅲ指钻孔灌注桩＋桩端后压浆＋桩侧1段后压浆，桩型Ⅳ指钻孔灌注桩＋桩端后压浆＋桩侧2段后压浆，桩型Ⅴ指钻孔灌注桩＋桩端后压浆＋桩侧全后压浆。

5.1.2.3 地基沉降估算

报告采用 9 种不同计算方法，综合预测主塔楼、裙楼地基沉降量（表 6、图 4）。预测主塔楼、裙楼最终沉降量见表 7。

主塔楼、裙楼最终沉降量估算表 **表 6**

估算方法	100 层主塔楼最终沉降量/mm						裙楼最终沉降量/mm	
	第三桩端持力层粉砂（地层编号⑭$_2$）		第四桩端持力层粉砂（地层编号⑭$_4$）		第五桩端持力层粉质黏土（地层编号⑮$_1$）		第二桩端持力层粉砂（地层编号⑪）	
	中心点	角点	中心点	角点	中心点	角点	中柱	角柱
分层总和法 1	118.8	88.6	108.0	78.9	105.2	76.3	42.3	22.2
分层总和法 2	129.8	96.5	116.5	86.7	113.2	85.4	46.2	24.8
Geddes 法	119.2	91.9	109.2	80.5	100.6	75.3	43.7	24.2
简化估算法	79.2	—	68.3	—	66.2	—	23.9	11.2
Meyerhof 标准贯入法	82.8	—	77.6	—	70.6	—	25.2	11.6
标准贯入法（规范法）	89.5	—	86.2	—	77.4	—	35.6	18.9
静力触探法	—	—	—	—	—	—	37.2	21.5
地基土应力历史估算法	118.2	93.5	105.5	81.5	101.7	79.8	42.1	20.8

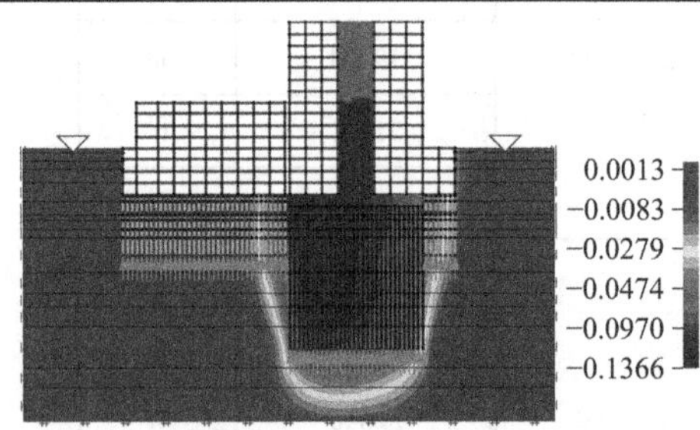

图 4　主裙楼全部施工完成的最终沉降云图（单位：m）

主塔楼、裙楼沉降量预测表 **表 7**

100 层塔楼最终沉降量/mm		裙楼最终沉降量/mm	
中心点	角点	中柱	角柱
90～130	80～100	30～50	10～20

5.1.3 地基基础评价验证

设计采用报告建议，主塔楼以⑭$_4$粉砂为桩端持力层，采用直径 1000mm 的桩端、桩侧全注浆后压浆钻孔灌注桩。裙楼以⑪粉砂为桩端持力层，采用直径 800mm 钻孔灌注桩。

根据项目试桩结果，裙楼试桩（有效桩长 52.7m）竖向抗压极限承载力 7000kN，扣除地下室埋深后工程桩（有效桩长 27.1～30.0m）竖向抗压极限承载力 5200kN，报告中估算工程桩（估算有效桩长 24.6～29.1m）竖向抗压极限承载力 4649～5576kN。主塔楼试桩有效桩长 98m，扣除地下室埋深后工程桩有效桩长 69.2～71.7m，试桩竖向抗压极限承载力 30000kN（地下室段桩身双套筒），报告中估算工程桩（估算有效桩长 69m）竖向抗压极限承载力 30454kN。报告估算值与试桩值十分吻合。

根据沉降观测结果，项目结构封顶时（2017 年 11 月），主塔楼累计最大沉降量 69.05mm，累计最小沉降量 47.13mm，累计平均沉降量 52.09mm。项目结构封顶时（2018 年 12 月），主塔楼累计最大沉降量 79.60mm，累计最小沉降量 57.60mm，累计平均沉降量 64.64mm。项目竣工验收前（2019 年 7 月监测，2019 年 8 月竣工验收），主塔楼累计沉降量 60.17～82.54mm，累计平均沉降量 67.6mm。项目竣工一年后累计沉降量 68.91～91.27mm，平均沉降量 78.46mm。至 2021 年 9 月，主塔楼累计沉降量 69.37～91.62mm，累计平均沉降量 81.40mm，沉降速率小于 0.01mm/d，主塔楼沉降已稳定，未超过设计容许沉降量 120mm。至 2021 年 9 月，裙楼累计沉降量 22.19～51.82mm，平均沉降量 33.77mm，沉降速率小于 0.01mm/d，沉降已稳定。

5.2 深基坑开挖支护[3]

5.2.1 基坑开挖支护方式

根据本基坑工程特点，一是开挖面积大，平面呈“L”形；二是开挖深度大，特别是主塔楼基坑深度达 28.0m，但从平面上分析，主塔楼深基坑位于裙楼及纯地下主体基坑的内部，属于“坑中坑”的形式。报告建议本项目主体基坑采用分块施工，主塔楼区域顺作法，并采用地下连续墙支护的开挖施工方式。

5.2.2 基坑支护稳定性计算分析

报告分别采用解析法、经验公式法、规范法、有限元法计算支护结构变形、基坑坑底回弹、周边地面变形等，经计算，在主体基坑采用1000mm地下连续墙、设置4道水平支撑，坑中坑单独采用700mm联排悬臂钻孔灌注桩围护结构方式下，可满足主体基坑支护结构、坑中坑支护结构的整体稳定性、基坑墙底隆起稳定性、坑底隆起稳定性、基坑抗倾覆稳定性等要求。

根据解析解计算结果，主体基坑开挖支护过程中，造成基坑最大水平位移为39.2mm；基坑最大竖向位移为坑底隆起，坑底（埋深22.4m处）最大隆起量为57.9～82.0mm；坑外地表最大沉降量为40.6mm。根据有限元计算结果（图5），主体基坑开挖支护过程中，造成基坑最大水平位移为38.13mm；基坑最大竖向位移为坑底隆起，坑底（埋深22.4m处）最大隆起量为51.64mm；坑外地表最大沉降量为27.55mm。

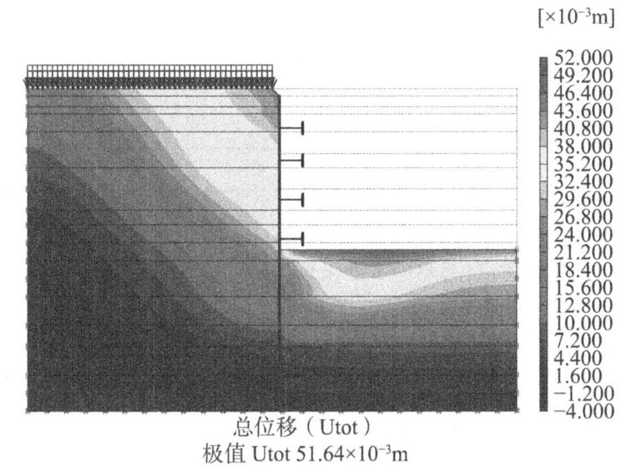

图5 基坑总位移云图

5.2.3 深基坑开挖支护验证

本项目基坑开挖设计总体采用了勘察报告的建议，采用分块开挖方式，将整个“L”形基坑分为竖、横两个条形基坑（图6），即左侧南北向长条形（A区，主要裙楼基坑）和右侧近正方形（B区，包括主塔楼B1区及裙楼B2区）两个基坑，中间采用临时地下连续墙隔断，均采用顺作法施工，整体外围基坑采用1000mm厚度地下连续墙支护，墙底埋深约42m，B区内主塔楼深基坑B1区采用环形联排钻孔灌注桩进行支护，桩径1200mm，桩底埋深约42m。

图6 基坑开挖照片

根据基坑开挖监测结果，A区地下连续墙墙顶水平位移最大值41mm，B区地下连续墙墙顶水平位移最大值15mm，周边建筑物累计沉降量为0，倾斜监测未出现明显变化，总体基坑开挖效果良好。

5.3 深基坑开挖地下水控制[4]

5.3.1 不同含水层对基坑开挖影响分析

本工程深基坑揭穿潜水含水段，在基坑开挖前，为保证基坑开挖的顺利进行，应采用基坑内降水井，疏干基坑开挖范围内含水层中潜水。

支护止水结构（地下连续墙）阻断第一承压含水层，基坑开挖前，可采用基坑内大口井进入第一承压含水层，疏干基坑内地下水即可保证基坑开挖的顺利进行。

对于第二承压水，根据《建筑地基基础设计规范》GB 50007—2002附录W对基坑底抗渗流稳定性进行验算，裙楼、主塔楼基坑底抗渗流稳定性安全系数分别见表8、表9。

裙楼及纯地下部位第二承压水抗突涌稳定性计算表　　表8

计算条件	第二承压含水层顶板标高/m	抗渗流稳定安全系数
顶板标高最大值	−33.38	1.14
顶板标高最小值	−41.62	1.33
顶板标高算术平均值	−36.94	1.24
正态分布95%的置信区间	−37.89～−35.98	1.22～1.26

主塔楼部位第二承压水抗突涌稳定性计算表 **表 9**

计算条件	主塔楼区域第二承压含水层顶板标高/m	抗渗流稳定安全系数	
		一般部位（开挖深度 28m）	电梯井（开挖深度 32m）
顶板标高最大值	−33.38	0.71	0.41
顶板标高最小值	−38.84	0.93	0.68
顶板标高算术平均值	−36.11	0.83	0.56
正态分布 95%的置信区间	−37.45～−34.76	0.78～0.88	0.49～0.62

根据计算结果，裙楼及纯地下开挖深度为 22.4m 时，基坑底抗渗流稳定性安全系数均大于 1.1，满足规范要求的 1.10，裙楼及纯地下部分基坑开挖时无需对第二承压水采取降压或隔断含水层的处理措施。当主塔楼基坑开挖深度为 28m，特别是电梯井部位开挖 32m 时，主塔楼基坑底抗渗流稳定性安全系数不能满足规范要求，开挖深度 28m 部位抗渗流稳定性安全系数一般介于 0.8～0.9 之间，开挖深度 32m 部位抗渗流稳定性安全系数一般介于 0.5～0.6 之间，需要对主塔楼部位第二承压水采取隔断含水层等控制处理措施。

5.3.2 第二承压水控制措施分析

根据该本项目基坑深度、场地水文地质条件，结合国内及天津地区工程经验分析，本项目基坑开挖第二承压水控制可采取增加地下连续墙深度完全截断第二承压含水层、增加承压水渗流途径、降低第二承压水头、坑底加固等不同的控制处理措施。

报告采用 Processing MODFLOW 有限差分法数值模拟，计算分析在截断第二承压含水层、增加承压水渗流途径、降低第二承压水头、坑底加固等可能的 6 种不同的控制处理措施下，基坑周边地下水（潜水、第一承压水、第二承压水）水位下降、基坑周边地面沉降大小，考虑到场地西侧多层建筑以埋深约 24.0～28m 段⑨$_2$粉土为桩端持力层，场地东侧、南侧高层建筑以埋深约 40～57m 段⑪粉砂为桩端持力层，故同时模拟计算基坑周边埋深约 26.0m、52.0m 处沉降量大小及变化趋势，以分析本次基坑降水对基坑周边现有多层建筑及高层建筑主体结构的影响程度。不同控制措施下对周边环境的影响等如表 10 所示。

第二承压水不同控制措施对周边环境等影响结果汇总 **表 10**

环境影响及基坑抽水量		控制措施					
		措施 1：基坑周边完全截断第二承压水（地下连续墙 60.0m）	措施 2：主塔楼基坑周边完全截断第二承压水（基坑分块，主塔楼基坑地下连续墙 60.0m，西侧裙楼基坑 40.0m）	措施 3：增加基坑周边第二承压水渗流途径（地下连续墙全部为 50.0m）	措施 4：增加主塔楼基坑周边第二承压水渗流途径（基坑分块，主塔楼基坑地下连续墙 50.0m；西侧裙楼基坑地下连续墙 40.0m）	措施 5：降低第二承压水水头（基坑地下连续墙全部为 40.0m，主塔楼部位坑内降低第二承压水水头）	措施 6：主塔楼坑底加固（基坑周边地下连续墙 40.0m，主塔楼坑底旋喷桩等加固）
潜水	水位最大降深/m	0.3	0.40	0.6	0.8	1.0	0.40
	最大影响范围/m	70	105	110	155	168	110
第一承压含水层	水位最大降深/m	1.0	1.25	1.5	1.6	5.0	0.75
	最大影响范围/m	80	138	132	150	160	103
第二承压含水层	水位最大降深/m	2.0	2.4	9.0	9.0	14.0	1.5
	最大影响范围/m	82	142	143	170	198	108
地面累计最大沉降量/mm		12.0	14.0	24.5	24.5	36.0	10.0
西侧多层建筑地面最大沉降量/mm		3.0	9.0	7.0	9.0	16.0	5.0
南侧或东侧高层建筑地面最大沉降量/mm		5.0	8.0	10.5	11.0	22.0	4.5
埋深 26m 最大沉降量/mm		6.0	7.5	13.5	14.0	24.0	6.0
西侧多层建筑埋深 26m 最大沉降量/mm		0	5.0	4.5	6.0	11.0	3.0
埋深 52m 最大沉降量/mm		3.0	3.0	6.0	7.5	15.0	4.0
南侧或东侧高层建筑埋深 52m 最大沉降量/mm		1.0	1.5	3.0	2.5	8.0	1.5
环境影响（水位下降、地面及地下沉降）最大范围/m		82	142	143	170	198	110
抽水量/m³		97136	124441	594393	899831	2457736	70792

措施 5 引起的基坑周边水位降深、地面沉降见图 7～图 12。

根据模拟计算结果及工程重要性、周边环境的复杂性等，报告建议对于本项目基坑开挖时的第二承压水控制，建议采取基坑分块开挖，主塔楼基坑周边完全截断第二承压水，或进行主塔楼坑底加固的控制措施。

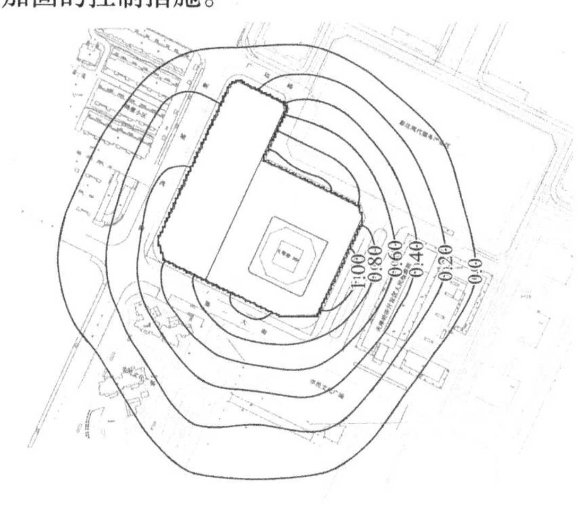

图 7　潜水水位降深等值线图（单位：m）

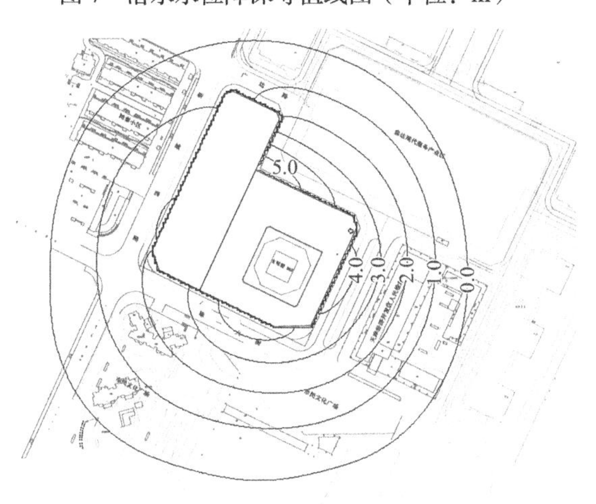

图 8　第一承压水水位降深等值线图（单位：m）

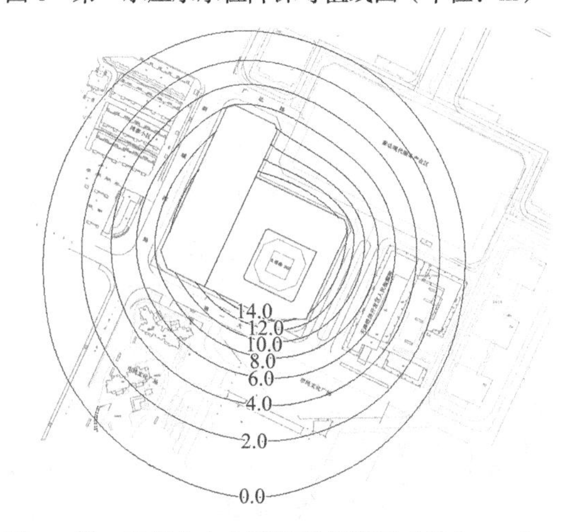

图 9　第二承压水水位降深等值线图（单位：m）

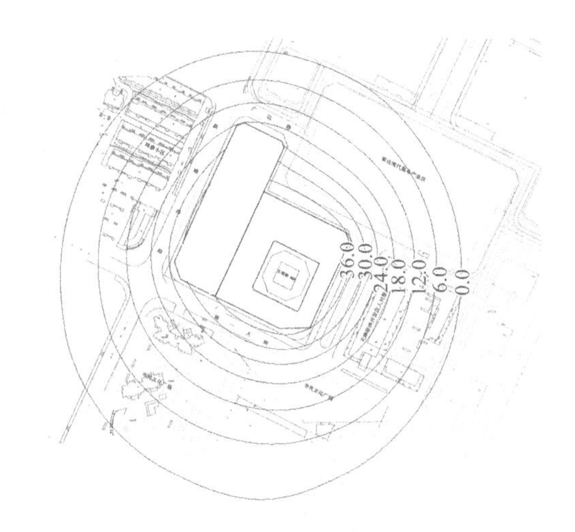

图 10　基坑周边地面沉降等值线图（单位：mm）

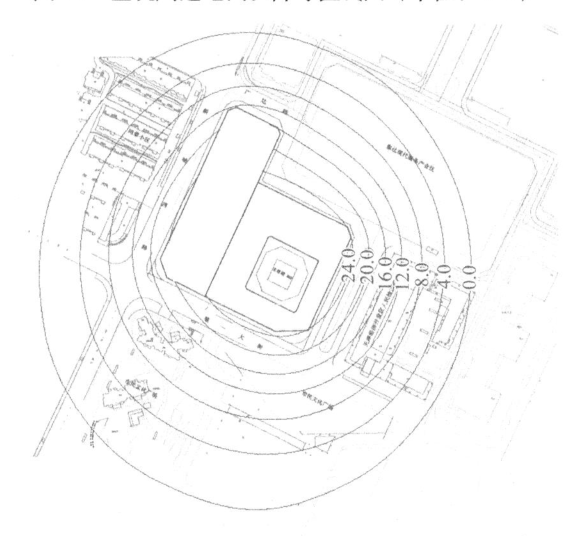

图 11　埋深 26m 深度处沉降等值线图（单位：mm）

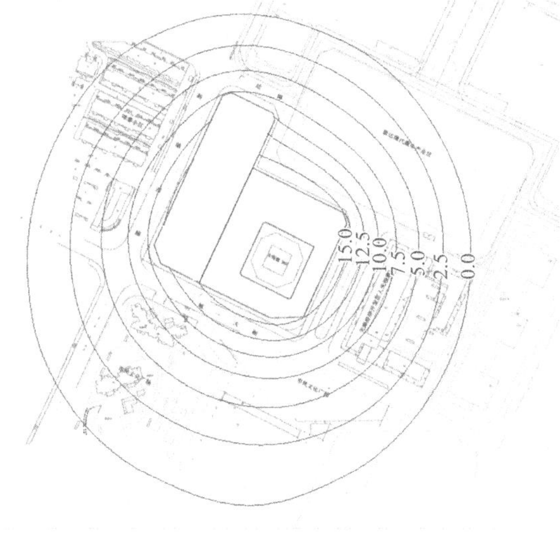

图 12　埋深 52m 深度处沉降等值线图（单位：mm）

5.3.3　地下水控制措施验证

本项目基坑支护降水设计、施工采取了报告的建议措施，主体基坑采用墙底埋深约 42m 的地下连续墙进行止水，完全隔断潜水、第一承压水，未隔断第二承压水。主塔楼深坑区域采用三重管高压旋喷桩进行了坑底加固，桩径1000mm，桩间距800mm，有效桩顶大沽标高约−22.0m，桩底标高约−55.0m，桩长约33m，对主塔楼深坑区域第二承压含水层进行了完全隔水处理。

通过后期项目基坑开挖验证，除局部因地下连续墙接缝不严，导致地下水渗漏以外，总体该项目基坑止水方案达到设计效果，基坑开挖降水效果良好，地下结构顺利施工。

6 工程总结与启示

本工程主塔楼高度大、荷载大，与裙楼荷载差异大，基坑开挖深度大、面积大。场地工程地质条件较复杂，特别是浅层土土质差，水文地质条件复杂，特别是承压水对工程影响大。基坑周边环境条件复杂。类似工程经验不足。均对本项目勘察、设计、施工等环节顺利开展提出了很大挑战。

我集团在充分收集区域及场地周边资料的基础上，严格进行过程质量控制，通过精心策划勘察方案，科学有效现场实施，克服超深钻孔、静探、波速等现场施工困难，密切配合设计、施工等相关单位工作，优质、高效地完成了项目勘察和相关的技术服务工作。该项目技术难点与技术创新点主要表现在以下几个方面：

（1）多种针对性强的勘察手段综合应用，准确查清了场地地基土分布特征及工程特性，并利用先进的GIS、三维地质建模综合技术建立了场地三维可视化地质模型，深入分析地基土层分布规律，辅助完成了超长桩的桩端持力层选择、基坑围护结构选型。为地基基础分析评价、基坑开挖及降水分析评价等提供了坚实技术依托。

（2）应用超深原位测试等综合勘察手段，查清场地超深地基土分布及工程特性，探究了天津地区超深地基土工程地质特性。超深勘察孔及静力触探孔施工难度大，经验少，本次勘察采用事前调研、事中不断探索的方法，通过持续监测循环泥浆相对密度、静力触探全程配合下护筒，特别是项目开发研究的钻杆垂直度校正系统等综合手段，首次成功完成了最大深度达202m的勘察钻孔及75m的静力触探孔，勘察手段取得了突破。

（3）在概率统计分析基坑开挖深度与第二含水层位置关系的基础上，科学采用解析法、Processing MODFLOW有限差分法数值模拟方法，对深基坑开挖支护方案、降水方案及对周边环境影响进行了多种方法的分析计算，分析计算结果合理，指导性强，为建设单位及设计人员所采纳。

（4）综合采用原位测试法、有限元法等9种计算方法，科学进行地基基础变形分析，准确预测了主塔楼、裙楼的沉降变化趋势，计算评价方法科学先进，后期监测资料验证了报告对超高层主塔楼、裙楼地基基础选型评价、沉降变形预测等建议合理、预测结论准确可靠。

（5）通过现场验槽、工程试桩检测、基坑开挖变形监测、基坑降水对周边环境影响监测、建筑物沉降变形监测等成果，验证了勘察报告基础资料翔实可靠，提供的相关参数准确齐全，分析评价科学先进，结论建议可行有效，为深厚软土地区超高层建筑、超深基坑勘察、设计、施工等提供了典型工程实例。

7 工程实施效果

本项目已成为天津新地标，竣工时为中国北方第一高楼，世界第七高楼（图13）。通过本项目的实施，证明了勘察技术成果在厚层软土地区超高层建筑地基基础分析评价、复杂承压水条件下的深基坑开挖及降水、超长桩承载力确定等方面开展的理论探索和成功工程实践，有力地支撑了工程建设的顺利进行，充分展现了岩土工程科学性、先进性的自主创新技术在重大建设项目中的成功运用。为我国深厚软土地区超高层建筑的岩土工程勘察、地基基础方案分析评价、超长桩设计施工等提供了宝贵的工程经验。

图13 项目建成照片

参考文献

[1] 建设部. 岩土工程勘察规范(2009 年版): GB 50021—2001[S]. 北京: 中国建筑工业出版社, 2009.

[2] 建设部. 建筑桩基技术规范: JGJ 94—2008[S]. 北京: 中国建筑工业出版社, 2008.

[3] 刘国彬, 王卫东. 基坑工程手册[M]. 2 版. 北京: 中国建筑工业出版社, 2009.

[4] 建设部. 建筑地基基础设计规范: GB 50007—2002[S]. 北京: 中国建筑工业出版社, 2002.

天津鲁能绿荫里项目岩土工程勘察实录

张洪岩　穆　磊　李连营　符亚兵

（天津市勘察设计院集团有限公司，天津　300191）

1　概况

1.1　项目简介

天津鲁能绿荫里项目位于南开区天塔道、水上公园东路、水上公园北道与卫津南路所围地块内。拟建物包括：若干栋2～3层沿街商业，最大高度约19.0m，拟采用框架结构；3栋7～9层酒店，最大高度约43.0m，拟采用框架结构；5栋30～45层住宅楼，最大高度约138.0m，拟采用框剪结构；1栋40层写字楼，最大高度约200.0m，拟采用框筒结构；1栋6层集中商业，最大高度约33.0m，拟采用框架结构。本次拟建地下室为整体3层，南侧局部为2层，南侧2层地下室坑深约11.35m，其余部位3层地下室坑深约15.75m。总建筑面积约56.8万m^2。拟建项目效果图见图1。

图1　项目效果图

1.2　工程特点

本工程建设项目性质多样、复杂，难度大，场地地形地貌及周围环境复杂，需要解决的技术问题复杂。本次拟建物高度较大、荷载较大、对变形要求严格，主楼与裙楼高低相差悬殊，选择各建筑物的基础类型及埋深是工程中的关键问题。拟建场地基坑开挖深度大、范围大，深基坑开挖支护和降水要必须保证使周围建筑、道路、地下管线等不受严重影响，特别是基坑北侧紧邻地铁3号线，是本工程中必须解决的又一关键问题。

1.3　周期及工作量

本次勘察方案中40层写字楼一般性孔深定为100.0m，控制性孔深定为140.0m；45层住宅楼一般性孔深定为90.0m，控制性孔深定为110.0m；40层住宅楼一般性孔深定为80.0m，控制性孔深定为100.0m；布置浅层20.0m波速孔12个，深层110.0m波速孔2个。现场勘察工作于2013年3月28日开始，2013年4月8日结束，共完成钻孔148个。

2　岩土工程条件

2.1　场地地层情况

根据本次勘察资料，该场地埋深140.00m范围内，地基土按成因年代可分为以下11层，按力学性质可进一步划分为23个亚层。各层地基土的分布情况及一般物理力学指标见表1。

2.2　场地水文地质条件

埋深约14.00m（标高约-11.00m）以上人工填土、粉质黏土等为潜水含水层，一般属微透水层。埋深约14.00m以下、21.00～24.50m以上段下组沼泽相沉积层（Q_4^{1h}）⑦粉质黏土、全新统下组陆相冲积层（Q_4^{1al}）⑧$_1$粉质黏土透水性较差，可视为潜水含水层与其下的承压含水层的相对隔水层。勘察期间测得水位埋深2.20～2.80m。

本次勘察收集的紧邻本场地的水位观测点（水上公园观测点）地下潜水观测资料显示，近5年观测最高水位为1.87m，最低水位为0.39m，水位随季节有所变化，一般年变幅在0.50～1.00m。

埋深约21.00～33.00m段全新统下组陆相冲

获奖项目：2021年“海河杯”天津市优秀勘察设计奖一等奖。

积层（Q_4^{1al}）⑧$_2$粉土、上更新统第五组陆相冲积层（Q_3^{eal}）⑨$_{1-1}$粉土、⑨$_2$粉土可视为第一承压含水层。其下埋深约 33.00～38.00m 段上更新统第三组陆相冲积层（Q_3^{cal}）⑪$_1$粉质黏土可视为第一承压含水层的相对隔水底板。

埋深约 38.00～54.50m 段上更新统第三组陆相冲积层（Q_3^{cal}）⑪$_2$粉土、⑪$_4$粉砂可视为第二承压含水层。其下埋深约 54.00～57.00m 段上更新统第二组海相沉积层（Q_3^{bm}）⑫$_1$粉质黏土可视为第二承压含水层的相对隔水底板。

根据本场地布置的承压水观测井观测资料及场地附近抽水试验资料（动物园地铁站）结合区域水文地质资料综合确定，第一承压水水头大沽标高约为−0.10m，第二承压水水头大沽标高约为−0.40m。

根据现场实测地下潜水位、水位年变幅及场地周围道路标高结合天津市区长期潜水观测结果综合考虑，建议本场地抗浮设计水位可按大沽标高 2.70m 考虑。

各层地基土的分布规律及一般物理力学指标一览表 表 1

成因	岩性	大致底板标高/m	w /%	γ /(kN/m³)	e	I_P	I_L	$a_{1\text{-}2}$ /(1/MPa)	$E_{s1\text{-}2}$ /MPa	直剪固结快剪		直剪快剪		f_0 /kPa
										标准值 c_k/kPa	标准值 φ_k/°	标准值 c_k/kPa	标准值 φ_k/°	
Q^{ml}	①$_1$、①$_2$人工填土	0.50	29.9	19.3	0.84	17.8	0.44	0.40	4.8	17.20	12.09	14.25	9.60	90
Q_4^{3al}	④$_1$粉质黏土	−3.00	27.9	19.4	0.79	13.6	0.70	0.35	5.2	20.05	15.25	18.05	13.69	120
Q_4^{2m}	⑥$_1$粉质黏土	−10.00	30.1	19.1	0.85	13.3	0.90	0.40	4.8	14.15	16.15	13.91	14.86	100
	⑥$_4$粉质黏土		29.0	19.3	0.82	12.9	0.84	0.35	5.4	15.37	18.90	14.50	17.55	105
Q_4^{1h}	⑦粉质黏土	−12.00	25.1	20.0	0.70	13.9	0.58	0.34	5.0	17.39	16.14	16.00	14.47	130
Q_4^{1al}	⑧$_1$粉质黏土	−21.00	24.6	19.9	0.70	13.5	0.47	0.31	5.6	16.02	20.10	14.48	18.78	140
	⑧$_2$粉土		22.3	20.3	0.63	8.8	0.83	0.19	8.6	10.09	30.19	9.71	29.47	170
Q_3^{eal}	⑨$_{1-1}$粉土	−30.00	22.7	20.3	0.63	8.9	0.91	0.17	9.9	12.48	27.42	11.93	25.59	170
	⑨$_1$粉质黏土		26.1	19.7	0.73	13.4	0.59	0.30	5.8	23.65	19.30	21.49	17.70	160
	⑨$_2$粉土		21.7	20.4	0.61	8.8	0.74	0.18	10.1	8.85	32.41	7.58	29.70	180
Q_3^{cal}	⑪$_1$粉质黏土	−50.50	23.7	20.1	0.67	13.8	0.39	0.30	5.9	24.57	18.13	21.82	17.18	170
	⑪$_2$粉土		21.6	20.4	0.61	9.2	0.90	0.16	10.4	6.99	32.95	6.01	31.68	200
	⑪$_3$粉质黏土		24.5	20.0	0.70	16.5	0.28	0.28	6.1	24.00	19.10	21.26	17.37	180
	⑪$_4$粉砂		21.5	20.4	0.60	—	—	0.15	10.9	6.91	32.96	6.34	32.19	210
Q_3^{bm}	⑫$_1$粉质黏土	−53.50	25.9	19.8	0.73	15.1	0.43	0.29	6.0	24.81	19.86	—	—	190
Q_3^{aal}	⑬$_1$粉质黏土	−85.00	24.3	20.0	0.69	14.6	0.37	0.26	6.6	26.34	19.57	—	—	190
	⑬$_2$粉砂		21.5	20.4	0.60	—	—	0.16	10.4	7.03	33.07	—	—	220
	⑬$_3$粉质黏土		25.5	19.8	0.72	15.6	0.37	0.29	6.0	20.12	19.42	—	—	200
	⑬$_4$粉砂		21.8	20.4	0.61	—	—	0.17	9.7	7.61	31.72	—	—	230
Q_2^{3mc}	⑭$_2$粉砂	−95.00	21.1	20.4	0.60	—	—	0.15	11.2	6.78	32.44	—	—	240
Q_2^{2al}	⑮$_1$粉质黏土	140m 钻孔揭露	25.4	19.9	0.72	17.1	0.28	0.28	6.1	—	—	—	—	—
	⑮$_3$粉质黏土	140m 钻孔揭露	22.7	20.3	0.64	12.8	0.34	0.28	6.0	—	—	—	—	—

3 岩土工程分析及评价

3.1 场地地震效应

本场地抗震设防烈度为 7 度，设计基本地震加速度为 0.15g，属设计地震第二组。当抗震设防烈度为 7 度时，本场地埋深 20.0m 以上土层属非液化土层，本场地属不液化场地。根据现场所做现场波速试验结果，本场地埋深 20.00m 以上地基土等效剪切波速 V_{se} = 150.57～159.93m/s，实测覆盖层厚度为 81.00～85.00m（$>$ 50m），因此判定本场地土为中软土，场地类别为Ⅲ类。

3.2 地基基础方案

（1）桩基持力层的选择及桩型建议

本次拟建 40 层写字楼、30～45 层高层住宅，高度大、荷载大，设计对基础沉降要求严格，应采用桩基础；6 层框架结构集中商业单柱荷载较大，2～3 层沿街商业整体地下 2～4 层，设计对变形要求较严格，因此均应采用桩基础。

根据土的物理力学指标、原位测试结果、土层分布规律，结合拟建物性质综合分析，在埋深 100.00m 范围内有 6 个土质较好、强度较高的土层（⑪$_4$、⑬$_1$、⑬$_2$、⑬$_3$、⑬$_4$、⑭$_2$ 层），可作为本次不同拟建物的桩基础桩端持力层，设计可根据拟建物性质及荷载情况、不同拟建物处地层分布情况选择合适的桩端持力层。

本工程地处南开区水上公园繁华地带，对打入式预制桩、钢管桩及锤击或振动式沉管灌注桩，其施工时产生的振动和噪声对周围的生活和工作环境产生非常不利的影响；同时本工程高层建筑承载力要求较高，要求桩长较长、桩径较大，基坑开挖深度为 11.35～15.75m，基坑深度大，因此本工程不宜采用打入式桩。钻孔灌注桩施工对周边环境影响小，本工程建议采用钻孔灌注桩，必要时采用后注浆工艺，该工艺通过桩端或桩侧复式注浆压入水泥浆，消除桩端沉渣，提高桩端阻力及侧摩阻力，提高单桩承载力，减小沉降。各拟建物建议的桩端标高及桩型见表 2。

拟建物桩端持力层及桩型建议表 表 2

拟建物	桩端持力层	桩型	桩端标高/m
2～3 层沿街商业、6 层集中商业、7～9 层酒店	⑪$_4$ 粉砂	钻孔灌注桩	−46.00～−49.00
30 层高层住宅	⑪$_4$ 粉砂	钻孔灌注桩	−46.00～−49.00
	⑬$_1$ 粉质黏土	钻孔灌注桩	−55.00～−61.00
40 层高层住宅	⑬$_1$ 粉质黏土	钻孔灌注桩	−57.00～−61.00
	⑬$_2$ 粉砂	钻孔灌注桩	−65.00
	⑬$_3$ 粉质黏土	钻孔灌注桩	−69.00～−71.00
45 层高层住宅	⑬$_1$ 粉质黏土	钻孔灌注桩	−57.00～−61.00
	⑬$_2$ 粉砂	钻孔灌注桩	−65.00
	⑬$_3$ 粉质黏土	钻孔灌注桩	−69.00～−75.00
	⑬$_4$ 粉砂	钻孔灌注桩	−81.00
40 层写字楼	⑬$_3$ 粉质黏土	钻孔灌注桩	−69.00～−75.00
	⑬$_4$ 粉砂	钻孔灌注桩	−81.00～−84.00
	⑭$_2$ 粉砂	钻孔灌注桩	−85.00～−90.00

（2）单桩竖向极限承载力标准值估算

采用物性法对泥浆护壁钻孔灌注桩单桩承载力进行估算，并结合有关规范对后压浆钻孔灌注桩单桩竖向极限承载力标准值进行估算见表 3（本文仅列 30 层以上建筑）。用物性法按桩基参数对单桩竖向抗拔极限承载力标准值T_{UK}进行估算，抗拔系数取 0.70。估算条件及结果见表 4。

后注浆灌注桩单桩竖向极限承载力标准值估算表 表 3

拟建物	桩端持力层	桩顶标高/m	桩端标高/m	桩长/m	桩径ϕ/m	Q_{uk}/kN
30 层高层住宅	⑪$_4$ 粉砂	−13.00	−47.00	34.00	0.70	6669
					0.80	7773
	⑬$_1$ 粉质黏土	−13.00	−57.00	44.00	0.70	6538
					0.80	7583
40 层高层住宅	⑬$_1$ 粉质黏土	−13.00	−57.00	44.00	0.70	7800
					0.80	9025

续表

拟建物	桩端持力层	桩顶标高/m	桩端标高/m	桩长/m	桩径ϕ/m	Q_{uk}/kN
40层高层住宅	⑬$_2$粉砂	−13.00	−65.00	52.00	0.70	9149
					0.80	10622
	⑬$_3$粉质黏土	−13.00	−69.00	56.00	0.70	9743
					0.80	11273
	⑬$_1$粉质黏土	−13.00	−57.00	44.00	0.70	7800
					0.80	9025
	⑬$_2$粉砂	−13.00	−65.00	52.00	0.70	9149
					0.80	10622
	⑬$_3$粉质黏土	−13.00	−69.00	56.00	0.70	9743
					0.80	11273
45层高层住宅	⑬$_1$粉质黏土	−13.00	−57.00	44.00	0.70	7560
					0.80	8750
	⑬$_2$粉砂	−13.00	−65.00	52.00	0.70	8965
					0.80	10412
	⑬$_3$粉质黏土	−13.00	−69.00	56.00	0.70	9564
					0.80	11068
	⑬$_4$粉砂	−13.00	−81.00	68.00	1.00	17267
					1.20	21218
40层写字楼	⑬$_3$粉质黏土	−13.00	−69.00	56.00	1.00	14040
					1.20	17263
	⑬$_4$粉砂	−13.00	−81.00	68.00	1.00	17023
					1.20	20925
	⑭$_2$粉砂	−13.00	−85.00	72.00	1.00	18280
					1.20	22433

抗拔桩单桩竖向极限承载力标准值估算表 **表4**

桩顶标高/m	桩端标高/m	桩长/m	桩径ϕ/m	T_{UK}/kN
−8.50	−33.50	25.00	0.60	1808.3
			0.70	2109.4
−8.50	−37.50	29.00	0.60	2189.4
			0.70	3649.0
−8.50	−42.50	34.00	0.60	2611.1
			0.70	3046.3

（3）桩基沉降估算

本次拟建30～45层高层住宅、40层写字楼高度大、荷载大、对变形要求严格，采用分层总和法、Geddes法（有限元分析法）、简化估算法3种沉降量法进行最终沉降量的估算。以45层高层住宅、40层写字楼为例，其中心点及角点最终沉降量估算结果见表5。

（4）主裙楼整体沉降数值模拟分析

本项目主要采用OptumG2软件中固结沉降分析模块对主、裙楼的沉降进行分析计算。数值模拟过程中地基土按照勘察报告中地层并结合地基土力学性质进行分层，各拟建结构物荷载根据设计单位提供的数据简化为均布荷载，按面力加载到相应的上部结构单元中。

桩基最终沉降量估算表　　表 5

拟建物	桩端持力层	分层总和法		Geddes 法		简化估算法
		沉降经验系数ψ_s	中心点沉降量/mm	中心点沉降量/mm	角点沉降量/mm	中心点沉降量/mm
45 层高层住宅	⑬$_1$粉质黏土	0.30	55.3	48.6	40.5	36.7
	⑬$_2$粉砂	0.30	52.4	45.7	38.5	34.3
	⑬$_3$粉质黏土	0.30	51.1	43.7	37.1	33.0
	⑬$_4$粉砂	0.30	48.9	41.6	35.2	31.6
40 层写字楼	⑬$_3$粉质黏土	0.30	54.5	49.6	43.4	41.2
	⑬$_4$粉砂	0.30	52.6	47.8	41.8	40.5
	⑭$_2$粉砂	0.30	50.2	42.5	38.4	37.0

考虑到岩土的不均一性，以及主、裙楼桩基础，基坑与地基土的相互作用关系，本次选取有代表性的断面进行有限元分析。地基土主要参数按照勘察报告提供的参数并结合我院相关科研成果进行取值。

根据上述计算条件经过固结沉降分析计算，得到拟建主楼长期最终沉降值介于 7.00～9.80cm 之间，裙楼最终沉降值介于 3.00～5.80cm 之间。具体结果详见图 2、图 3。固结沉降计算结果表明，由于该考虑了地基土的固结作用，采用 OptumG2 固结沉降模块计算的主裙楼长期沉降值大于其他有限元方法计算的沉降值。

计算模型监测断面沉降结果表明，各建筑物整体沉降基本呈锅底形分布，在数值模拟计算中，由于主、裙楼采用了不同的桩基础长度，锅底大小虽然随着建筑物荷载分布情况呈现一定变化，但是锅底变化幅度不大，整体较均匀，体现了长短桩作用下的变形协调；基坑范围内地基土变形均表现为沉降，基坑范围以外地基土局部变形为隆起变形。

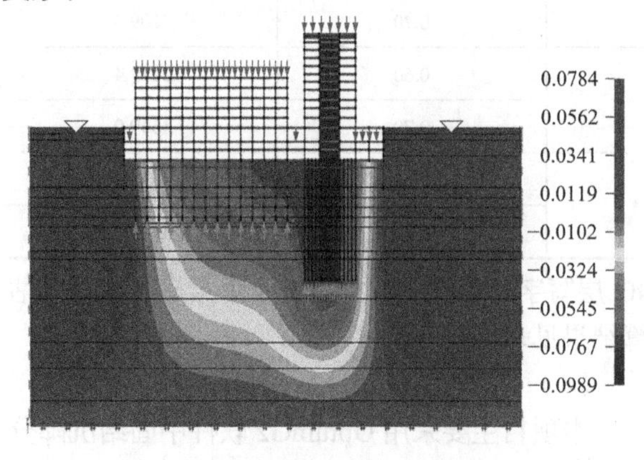

图 2　计算模型最终沉降云图

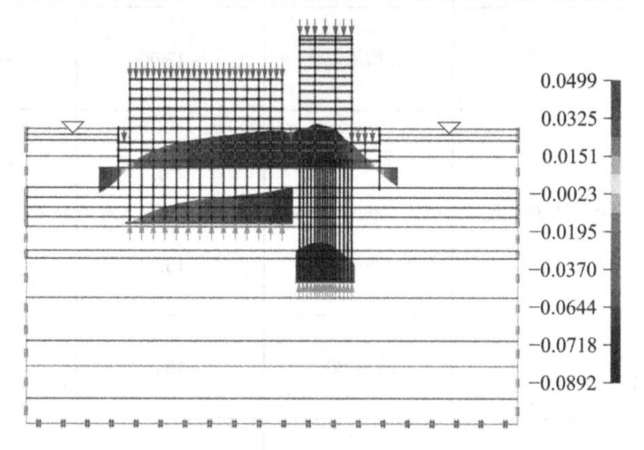

图 3　计算模型监测断面最终沉降云图

3.3　基坑开挖与支护评价

1）基坑支护结构选型[3-4]

拟建场地位于南开区繁华地带，基坑四周紧邻周围道路及建筑物，周围管线密布。本次拟建地下室为整体 3 层，南侧局部为 2 层，南侧 2 层地下室坑深约 11.35m，其余部位 3 层地下室坑深约 15.75m。根据总平面图，本项目南侧地下室外墙距离用地红线 15.0m，红线外为天塔道；西侧地下室外墙距离用地红线约为 15.0m，红线外为水上公园东路；东侧地下室外墙距离用地红线 15.0m，红线外为卫津南路；北侧地下室外墙距离用地红线 15.0m，红线外为水上公园北路。北侧水上公园北路下方为地铁 3 号线的线路及天塔站，天塔站深度约为地表下 18.0m，现有资料显示，地铁站出入口及风亭已经伸入本项目场地内，地下室外墙距离地铁线路为 13.6～18.5m，距离车站主体约为 11.0～13.1m，距离地铁风亭约为 3.1～8.0m。场地的东北角红线外为邻近的合生国际大厦项目，该项目地下 4 层，基坑深度约为

20.4～21.9m，本项目地下室外墙距离用地红线约为2.8～6.8m，红线外约7.8～9.1m为合生国际大厦的地下室外墙。

出于对地铁站及线路的保护，本工程基坑北侧距离地铁站较近，建议采用地下连续墙进行支护，其余三侧场地周边环境条件相对比较安全，建议采用钻孔灌注桩＋钢筋混凝土支撑结合止水帷幕的围护形式，并且分期分坑进行支护开挖，各分期施工的地块之间采用地下连续墙进行分隔，地下连续墙槽段之间采用高压旋喷桩进行止水。

2）基坑支护结构计算

采用同济大学“同济启明星”软件，以北侧靠近地铁的地下三层二期基坑（坑深15.75m）为例，对支护结构入土深度、支护结构内力、位移分析、基坑稳定性、地表沉降进行计算分析：

（1）支护结构入土深度

采用带三道支撑的地下连续墙进行支护。地下连续墙墙厚1000mm，墙顶位于现地表下1.5m，为保证地铁一侧可以有效封隔承压水层，地下连续墙墙底与止水帷幕等深，因此墙高34.5m，下部增加3.5m以封隔承压水层。墙顶设置构造冠梁，墙侧面设置三道腰梁，支撑体系作用在墙侧面腰梁上。计算模型图见图4。

（2）支护结构内力、位移分析

粉土、粉砂层采用固结快剪指标，水土分算，粉质黏土层采用直剪快剪指标，水土合算。计算结果：最大弯矩位于墙顶下14.00m附近，为908.4kN·m；最大剪力位于墙顶下13.0m附近，为438.3kN；最大位移位于墙顶，为30.6mm，见图5。

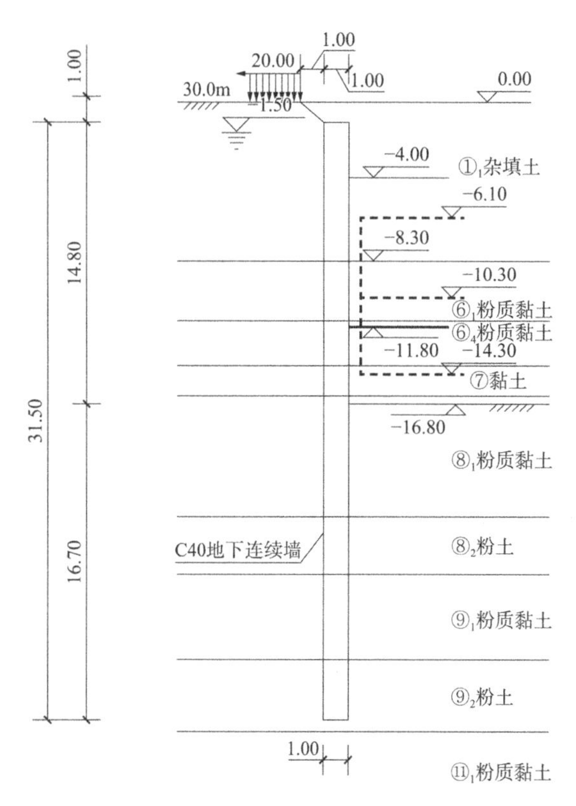

图4　计算模型图

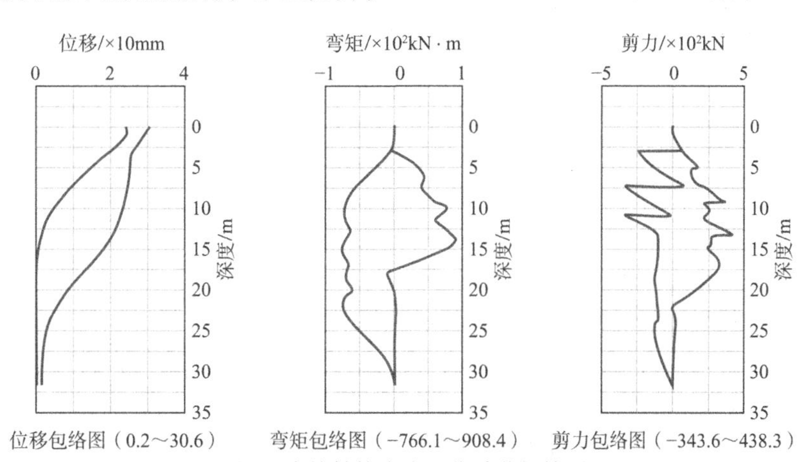

图5　支护结构内力、位移分析简图

（3）基坑稳定性分析

①支护结构整体稳定性分析

采用条分法对基坑整体稳定性进行分析计算，考虑水平力，支护结构整体稳定安全系数为2.14，最危险滑动面圆心坐标位于(7.08,0.0)处，支护结构处于稳定状态，如图6所示。沉降观测期间，南坑内强夯后地表最大的沉降量为−41.7mm（29号点），最小沉降量为−34.7mm（22号点），平均沉降量为−37.5mm，平均沉降速率为0.32mm/d。

②基坑抗倾覆验算

采用如图7的滑动模式进行计算，计算结果，安全系数$K_c = 1.73$，抗倾覆安全系数大于1.20，满足规范及设计要求。不会发生基坑坑壁倾覆。

抗倾覆安全系数：

$$\frac{5581.9 \times 14.71}{3188.3 \times 10.62 + 886.6 \times 15.42} = 1.73$$

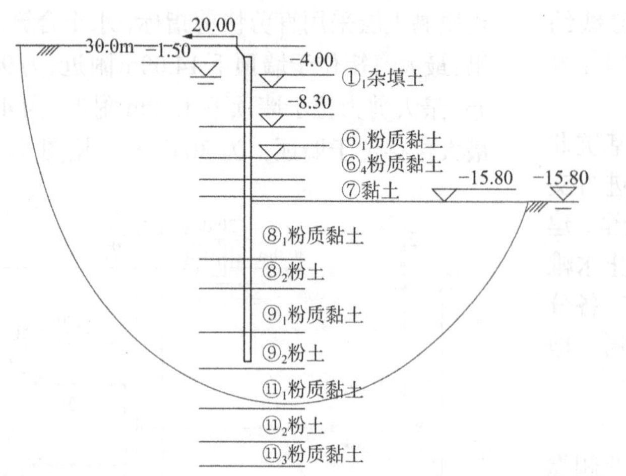

图 6 支护结构整体稳定性简图

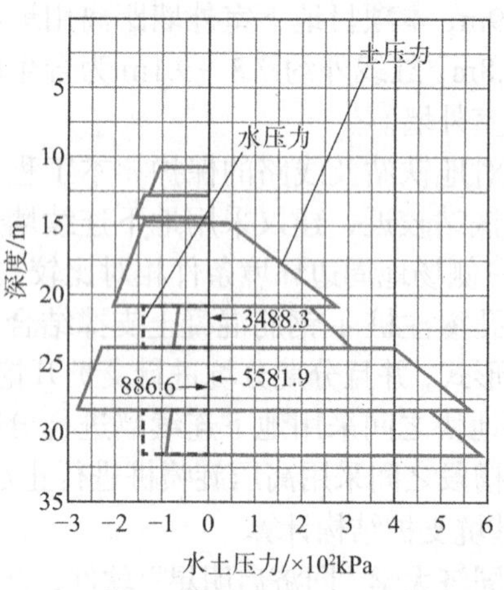

土压力
水压力
深度/m
3488.3
886.6
5581.9
水土压力/×10²kPa

图 7 基坑抗倾覆简图

（4）地表沉降计算

本次基坑开挖深度较大，基坑开挖时支护结构在周围土体作用下，会产生向基坑内的水平位移，从而必然导致基坑周围地面的沉降，按水土合算对支护体系的位移引起地面沉降进行计算，采用抛物线计算模型。

基坑开挖过程中不同工况下计算结果为地面最大沉降量 36.1mm。位于距坑边缘约 10.0m 处，地面沉降影响范围约 22.0m。对周围环境有一定影响，设计及施工时应注意。计算结果如图 8 所示。

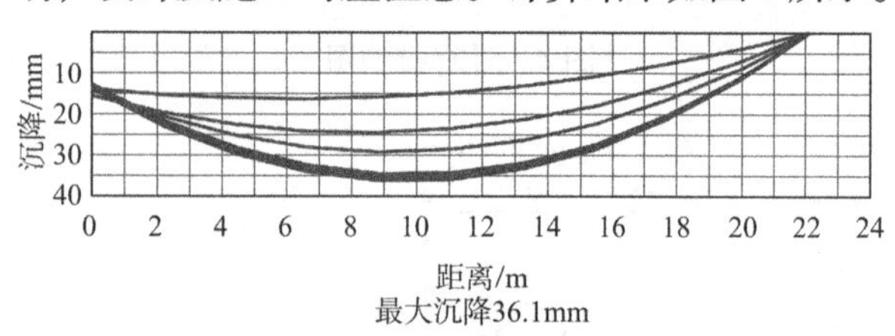

图 8 地表沉降图

3）基坑对地铁影响的有限元分析

为模拟本工程基坑与邻近地铁 3 号线之间的相互影响，采用岩土工程有限元分析软件 Plaxis 进行数值模拟分析。有限元分析全过程进行弹塑性有限元计算，计算中土体采用硬化模型，混凝土结构采用弹性模型，考虑土体和结构之间的相互作用。计算模型模拟了初始地应力场、邻近地面荷载对地应力场的影响、围护结构的施工及地铁隧道施工等影响因素，对地铁隧道变形进行预测分析。以位于地铁盾构与车站接口附近的车站一侧为例进行剖面分析，根据计算结果，当基坑开挖至坑底位置处时，由于地铁站处支护结构的存在，挡墙的最大水平位移为 15.20mm，造成邻近地铁车站的最大变形为 8.17mm，其中水平位移约为 8.08mm，竖向位移约为 1.53mm。本次二期基坑开挖对地铁车站的结构位移影响较大，建议进行加固处理，见图 9、图 10。

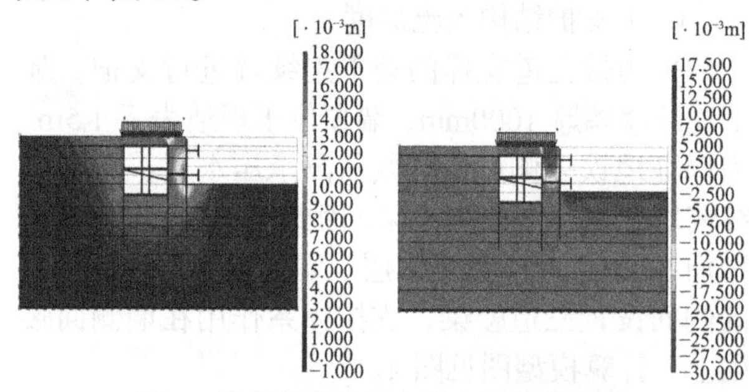

图 9 坑底处基坑竖向及水平位移云图

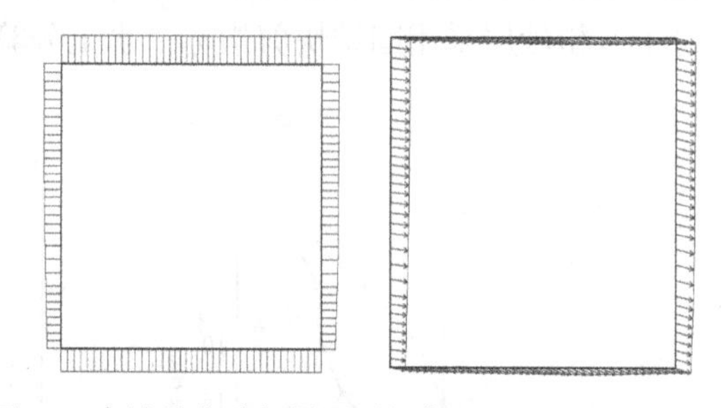

图 10 车站总位移矢量图（极值 8.17mm 及 8.08mm）

4 工程总结与经验

本工程为南开区重点工程，项目地理位置优越。报告通过上述分析评价，为设计人员提供了可靠的设计依据。该项目在技术上的难点和创新之处主要表现在：

（1）本次拟建物高度较大、荷载较大、对变形要求严格，报告中对不同高度拟建物分别采用分层总和法、Geddes 法（有限元分析法）、简化估算法，采用不同桩端持力层时对基础角点、中心点的沉降量进行了估算，通过沉降值的比较为设计合理选择桩端持力层奠定了基础。

（2）本工程基坑开挖面积大，开挖深度大，并且场地位于繁华的市中心区，基坑周边环境复杂，周边道路管线密集，基坑北侧紧邻地铁3号线天塔站。因此对基坑开挖、降水引起的变形要求高，报告中提供了基坑开挖、降水设计所需的有关参数，对拟建基坑提出采用钻孔灌注桩加深层搅拌桩隔水帷幕或地下连续墙进行支护、止水的方案。报告中对不同基坑深度地段、不同支护形式地段的基坑支护结构分别进行了详细的分析计算。

（3）采用有限元分析软件 Plaxis 模拟分析本工程基坑与邻近地铁3号线之间的相互影响。通过定量计算，为设计单位的进一步完善基坑支护设计奠定了基础。

（4）报告中采用 OptumG2 软件中固结沉降分析模块对主、裙楼的沉降进行分析计算，定量分析了建筑物最终沉降量，为设计确定建筑标高、预留沉降量提供了参考。同时为设计人员合理布置主、裙楼桩基础，确保各建筑物变形整体协调稳定提供参考依据。

5 工程成果与效益

（1）由于本工程基坑开挖面积大，且各部位开挖深度不一致，施工单位采取分区分仓开挖的施工方法。为保证施工进度及验证勘察资料的准确性，我集团根据甲方的要求按时参加工程阶段验收。经槽底检测，槽底土质与勘察资料反映的土层一致。此外，对于施工中出现的局部基坑侧壁渗水等问题提出了处理意见。

（2）本次拟建超高层写字楼采用⑬$_4$粉砂层为桩端持力层，桩端标高−80.85m，$\phi = 1000$mm 后压浆钻孔灌注桩，估算单桩竖向极限承载力标准值为 17023kN。同等条件下的静载荷试桩结果为单桩竖向极限承载力标准值平均值 18930kN；本次拟建 45 层住宅楼采用⑬$_2$粉砂层为桩端持力层，桩端标高−64.35m，$\phi = 800$mm 后压浆钻孔灌注桩，静载荷试桩结果为单桩竖向极限承载力标准值平均值为10760kN，估算值为10412kN。通过以上分析，报告中单桩竖向极限承载力估算结果与实际试桩结果基本相符。

（3）报告中采用分层总和法、简化法、Geddes 法等多种方法对高层住宅及写字楼基础沉降进行估算。以 40 层写字楼为例，采用⑬$_4$粉砂为桩端持力层，估算的中心点沉降为 40.5～52.6mm；拟建 45 层住宅楼采用⑬$_2$粉砂层为桩端持力层，桩端标高−64.35m，$\phi = 800$mm 后压浆钻孔灌注桩估算，估算的中心点沉降为 34.3～52.4mm。

最终沉降监测报告显示，本项目 45 层住宅楼各监测点的累计沉降在 14.2～27.8mm 之间，本项目40层写字楼各监测点的累计沉降在 13.6～22.6mm 之间。

根据天津地区经验，建筑物竣工阶段沉降量约为总沉降量的 50%～70%，观测结果与勘察报告中各估算法结果较吻合，这说明本次勘察报告提供的基础方案在承载力和沉降控制方面满足设计要求。

（4）报告中提供了基坑开挖、降水设计所需的有关设计参数，对支护形式进行了初步建议，并分析基坑开挖对周围环境影响，建议合理可行，并被采纳，说明了报告的准确性。

（5）报告中采用同济大学“启明星”软件评价和分析基坑开挖对周围环境的影响。以北侧二期基坑为例，计算结果表明地面最大沉降量为 36.1mm，位于距坑边缘约 10.0m 处，地面沉降影响范围距基坑边缘约 22.0m。

根据基坑监测技术总结报告，二期基坑从 2014 年 4 月 25 日初始监测至 2016 年 9 月 20 日施工至±0.000 以上结束，各监测点沉降量在 19.7～35.3mm，与报告中计算值吻合度较好。

（6）报告中采用岩土工程有限元软件 Plaxis 对基坑对地铁的影响进行模拟分析，结果表明，当基坑开挖至坑底时，开挖造成邻近地铁车站的最大变形为 8.17mm，其中水平位移约为 8.08mm，竖向位移约为 1.53mm。

根据地铁 3 号线保护区监测总结报告，二期基坑截至 2015 年 10 月 2 日监测结束，车站结构水平位移为 6.9mm（监测点 Y37-4），车站结构竖向位移 6.15mm（监测点 YJ40），水平位移吻合度较好，竖向位移模拟值相对较小。

参考文献

[1] 建设部. 岩土工程勘察规范: GB 50021—2001[S]. 北京: 中国建筑工业出版社, 2002.

[2] 建设部. 建筑桩基技术规范: JGJ 94—2008[S]. 北京: 中国建筑工业出版社, 2008.

[3] 姚天强, 石振华. 基坑降水手册[M]. 北京: 中国建筑工业出版社, 2006.

[4] 刘国彬, 王卫东. 基坑工程手册[M]. 2 版. 北京: 中国建筑工业出版社, 2009.

天津世纪广场项目岩土工程勘察实录

王鑫文　张　攀　陈　晖　李连营
（天津市勘察设计院集团有限公司，天津　300191）

1　工程概况

1.1　项目简介

天津世纪广场项目场地位于和平区万全道、鞍山道与南京路交口，地理环境优越。本项目包括主塔楼及裙楼。其中主塔楼为42层酒店型公寓2栋，高度147.5m，采用框架剪力墙结构；3层商业裙楼2栋。整体地下3层，埋深13.95m。拟建基坑东北角与地下购物街及地铁站相连，地铁通道从本场地东侧穿过。建成后的效果图见图1。

图1　建成后效果图

1.2　任务要求、工程特点、工作重点

1）任务要求

查明拟建场地地层分布特征及各层土物理力学性质，为施工图设计提供所需的各类地质参数。需解决的重点技术问题如下：

（1）查清埋深120.00m范围内地层成因年代及分布规律，提供各层土的物理力学指标，并对各层土进行工程地质条件评价。

（2）查明场地有无不良地质作用，确定其成因、分布范围、对场地稳定性的影响程度、发展趋势，并提供防治工程所需的基本设计资料。

（3）查清地下水的埋藏条件，判定地下水（土）对混凝土及混凝土结构中钢筋的腐蚀性，提供浅层地基土的渗透性及抗浮设计水位。

（4）场地抗震设防烈度，划分场地土类型及场地类别，划分对建筑抗震有利、一般、不利与危险地段，并对场地地震效应进行评价。

（5）评价拟建工程适宜的桩基持力层，选择桩型，提供桩基参数，估算单桩竖向极限承载力标准值，估算桩基沉降，并进行沉（成）桩可行性分析。在进行经济技术比选的基础上，对基础选型提出建议。

（6）提供基坑开挖所需的各项参数，并分析基坑开挖对周围环境的影响。对围护、降水措施提出建议。

2）工程特点

天津世纪广场项目各拟建物高度大、荷载大、基坑开挖深度大，场地工程地质条件及水文地质条件较复杂，周围环境复杂，工程技术问题复杂，难度大，其中关键性技术问题如下：

（1）本场地地层变化及水文地质条件较复杂，需采取多种综合勘测手段准确查清地基土及地下水的分布规律及工程特征。

（2）本次拟建物性质复杂，涉及的岩土工程问题颇多，需提供的设计参数较多。

（3）针对不同荷载、不同拟建物，需结合地层分布情况，提出不同桩端持力层。

（4）拟建主楼高度大、荷载大，对变形要求严格。

（5）场地周边环境复杂，对基坑开挖降水引起的周边变形要求严格。

3）工作重点

（1）为准确揭示地层变化及水文地质条件，为工程设计提供准确、可靠依据，采取原状取土、标准贯入、目力鉴别、现场波速等综合勘测手段，准确查清了场地埋深120m范围内地基土及地下水的分布规律及工程特征。

获奖项目：2019年“海河杯”天津市优秀勘察设计一等奖。

（2）本次拟建物性质复杂，涉及的岩土工程问题颇多，在室内土工试验上采用常规物性压缩、高压固结试验、直剪快剪试验、直剪固结快剪试验、基床系数试验、三轴固结不排水剪试验、三轴不固结不排水剪试验、地下水腐蚀性分析试验、渗透试验等常规及特殊试验，并综合波速测试、地下水位观测、承压水水位观测等方法对场地进行了综合分析，详细地进行了场地地层的划分。给设计人员提供充分、可靠的设计依据。

（3）收集了大量区域地质及地震资料，结合天津地震局提供的有关报告，准确提供了场地有关地震参数，为设计进行抗震设计提供了依据。

（4）针对本工程特点，结合场地土质条件提供了 6 个相对较好的桩端持力层，预估了各持力层单桩承载力，本工程对单桩承载力要求高，建议采用钻孔灌注桩。为提高单桩抗压承载力、减小沉降，可采用后压浆技术措施。该工艺在桩端、桩侧压入水泥浆，能够消除桩端沉渣、提高桩端阻力及侧摩阻力。针对高层建筑特点，对桩基础水平承载力及抗拔承载力进行了估算。

（5）报告中针对高度大、荷载大的主楼，对变形要求严格，对周围环境有所影响，采用等效分层总和法、Geddes 法、简化公式法进行了桩基础最终沉降量估算，根据天津地区经验，建筑物竣工时沉降量可以达到最终沉降量的 50%～70%，与报告中估算值基本符合。

（6）针对基坑开挖对地铁 1 号线及周边环境的影响进行模拟分析，采用三维模型模拟对地铁运营线及地铁站的沉降及沉降差进行计算分析。

1.3 技术原则

本次勘察采用取原状土样、标准贯入试验、现场剪切波速测试、承压含水层水位观测等多种综合勘测手段，以便全面查清地基土分布规律及土质特征，为拟建物地基基础评价、基坑开挖降水等综合分析评价提供坚实基础。

1.4 周期及工作量[1]

本次勘探点布置的原则是按照建筑物周边进行整体控制，勘探点间距控制在 35.0m 以内，共布置勘探孔 27 个（包括 3 个 5.0m 的取水孔、2 个 120m 的波速孔及 1 个承压水观测孔）。主楼勘探孔深度需满足桩基方案比选要求，一般性勘探孔深度为 90.0m，控制性勘探孔深度超过地基变形计算深度，为 120.0m。外业工作于 2010 年 11 月 20 日—2010 年 11 月 25 日完成，室内试验于 2010 年 11 月 21 日—2010 年 12 月 11 日完成。

2 岩土工程条件

2.1 地形地貌

天津地处华北平原，属冲积、海积低平原。拟建天津世纪广场项目场地位于和平区万全道、鞍山道与南京路交口，拟建场地原为绿地，场地东侧有地铁从本场地穿过。场地地势总体上较平坦，各孔孔口标高介于 3.84～2.90m 之间。

2.2 地层分布规律及土质特征

根据《岩土工程技术规范》DB 29—20—2000 第 3.2 节、附录 A，《天津市地基土层序划分技术规程》DB/T 29—191—2009 及本次勘察资料，该场地埋深 120.00m 深度范围内，地基土按成因年代可分为 13 层，按力学性质可进一步划分为 22 个亚层，场地土层划分、地基土物理力学参数表详见表 1。

2.3 水文地质条件

（1）潜水

本项目初见水位埋深 3.00～3.80m，相当于标高-0.17～0.04m；静止水位埋深 2.20～2.80m，相当于标高 1.04～0.63m。在Ⅲ类环境下，地下水对混凝土结构有微腐蚀性；在长期浸水作用时，地下水对钢筋混凝土结构中的钢筋有微腐蚀性；在干湿交替作用时，地下水对钢筋混凝土结构中的钢筋有弱腐蚀性。

（2）承压水

根据本次现场承压水观测井观测成果结合场地周围区域地质资料综合分析，本场地⑧$_2$层承压水水头位于埋深约 3.58m 处，相应标高为 0.00m 左右。

3 岩土工程问题及评价

3.1 场地地震效应

本场地所在区域抗震设防烈度为 7 度，设计基本地震加速度为 0.15g。设计地震分组为第二组。

本场地埋深 20.00m 以上地基土等效剪切波速

143.3～147.1m/s。覆盖层厚度为83～84m。本场地土为软弱土，场地类别为Ⅳ类。该场地整体属非液化场地。经计算，本场地地基土卓越周期为0.701～0.735s，平均值为0.718s。

场地土层划分、地基土物理力学参数表　　表1

地层编号	岩性	厚度/m	w/%	γ/（kN/m³）	e	I_L	a_{1-2}/（1/MPa）	E_{s1-2}/MPa
①₁	杂填土	0.50～6.30	—	—	—	—	—	—
①₂	素填土	0.80～5.70	34.30	18.68	0.96	0.77	0.48	4.06
②	淤泥、淤泥质黏土	0.70～2.70	54.50	16.75	1.55	1.29	—	—
④₁	粉质黏土	0.70～4.00	27.79	19.38	0.79	0.77	0.35	5.12
⑥₂	粉质黏土 夹淤泥质粉质黏土	2.30～5.00	34.09	18.73	0.96	1.07	0.52	3.80
⑥₄	粉质黏土	2.70～5.00	28.65	19.30	0.80	0.95	0.34	5.39
⑦	粉质黏土	0.80～1.60	24.50	20.07	0.68	0.67	0.36	4.62
⑧₁	粉质黏土	4.20～6.40	22.23	20.46	0.62	0.61	0.29	5.66
⑧₂	粉土	2.30～4.20	20.38	20.13	0.61	0.67	0.11	14.44
⑨₁	粉质黏土	5.30～7.00	26.64	19.73	0.74	0.65	0.33	5.33
⑩₁	粉质黏土	1.80～2.50	22.00	20.42	0.62	0.58	0.27	6.19
⑪₁	粉质黏土	3.50～7.00	22.73	20.35	0.65	0.58	0.27	6.13
⑪₂	粉土	5.00～9.00	17.99	20.39	0.55	0.63	0.09	16.22
⑪₃	粉质黏土	5.30～7.20	23.90	20.06	0.67	0.55	0.25	6.67
⑫₁	粉质黏土	8.00～9.50	23.17	20.28	0.65	0.54	0.24	6.68
⑬₁	粉质黏土	11.00～13.00	23.92	20.07	0.68	0.49	0.22	7.53
⑬₂	粉砂	3.70～6.70	20.85	19.97	0.62	0.61	0.12	14.24
⑬₃	粉质黏土	4.70～8.00	19.84	20.82	0.57	0.51	0.22	7.28
⑭₂	粉砂	13.00～14.00	21.67	19.82	0.65	—	0.09	18.71
⑮₁	粉质黏土	6.70～7.50	23.48	20.32	0.66	0.52	0.23	7.04
⑮₂	粉砂	7.00～7.50	17.75	20.20	0.53	—	0.07	20.30
⑮₃	粉质黏土	揭露最大厚度8.00	19.57	20.90	0.55	0.52	0.21	7.47

3.2 地基基础方案

本次拟建物为2栋42层酒店型公寓楼高度大，荷载大，应采用桩基础；2栋3层商业裙楼单柱荷载较大，且基础与主楼相连，因此也应采用桩基础。场地内整体设有3层地下车库，埋深约13.95m。地下室部分在地下水的浮力作用下会上浮，建议采用抗拔桩。

3.2.1 桩端持力层选择

根据土的物理力学指标、原位测试结果、土层分布规律，结合拟建物性质综合分析，在埋深90.0m范围内有6个土质较好、强度较高的土层，可作为本次不同拟建物的桩基础桩端持力层，可考虑的桩端标高及桩型见表2。

拟建物桩端持力层及桩型　　表2

拟建物	桩端持力层	土层特点	桩端标高/m	桩型
3层裙楼	⑪₁粉质黏土	天然含水率w算术平均值为21.8%，孔隙比e算术平均值为0.62，压缩模量E_{s1-2}算术平均值为6.3MPa，标准贯入实测击数算术平均值为16.8击，本层土土质较好，强度较高	−32.00	钻孔灌注桩
	⑪₂粉土	天然含水率w算术平均值为17.5%，孔隙比e算术平均值为0.53，压缩模量E_{s1-2}算术平均值为17.0MPa，标准贯入实测击数算术平均值为50.0击，本层土土质较好，强度较高	−41.00～−37.00	钻孔灌注桩
	⑪₃粉质黏土	天然含水率w算术平均值为23.1%，孔隙比e算术平均值为0.65，压缩模量E_{s1-2}算术平均值为6.9MPa，标准贯入实测击数算术平均值为18.7击，本层土土质较好，强度较高	−48.00～−45.00	钻孔灌注桩

续表

拟建物	桩端持力层	土层特点	桩端标高/m	桩型
42层主楼	⑫$_1$粉质黏土	天然含水率w算术平均值为21.9%，孔隙比e算术平均值为0.62，压缩模量E_{s1-2}算术平均值为7.0MPa，标准贯入实测击数算术平均值为21.0击，本层土土质较好，强度较高	−56.00～−51.00	钻孔灌注桩
	⑬$_1$粉质黏土	天然含水率w算术平均值 23.2%，孔隙比e算术平均值为0.66，压缩模量E_{s1-2}算术平均值为7.9MPa，标准贯入实测击数算术平均值为28.0击，本层土土质较好，强度较高	−67.00～−60.00	钻孔灌注桩
	⑬$_2$粉质黏土	天然含水率w算术平均值 20.2%，孔隙比e算术平均值为0.60，压缩模量E_{s1-2}算术平均值为15.5MPa，标准贯入实测击数算术平均值为68.5击，本层土土质较好，强度较高	−72.00	钻孔灌注桩

3.2.2 桩基础沉降估算[2]

本次拟建42层主楼高度大、荷载大、对变形要求严格，本报告分别采用分层总和法（《建筑地基基础设计规范》GB 50007—2002）、Geddes法（有限元分析法）、简化估算法（《岩土工程技术规范》DB 29—20—2000）三种估算最终沉降量的方法，对住宅楼最终沉降量进行估算。

拟建物最终沉降量估算结果详见表3。

桩基最终沉降量估算表　　表3

桩端持力层	分层总和法		Geddes法		简化估算法中心点沉降量/mm
	沉降经验系数ψ_s	中心点沉降量/mm	中心点沉降量/mm	角点沉降量/mm	
⑬$_1$	0.35	66.4	58.1	52.3	43.8
⑬$_2$	0.30	53.2	45.3	41.5	33.2

3.3 基坑开挖对周围环境影响三维数值模拟分析[3-5]

数值分析可以模拟任何材料性质以及各种形式外荷载作用下的岩土体的应力变化和位移情况，特别是在模拟岩土体与结构体的相互作用方面，数值计算方法更是发挥着不可替代的作用，应用数值分析方法可以使我们对岩土体与结构体之间的相互作用有更加清晰和系统的认识，为后期设计及施工提供合理可行的依据。

本报告中采用FLAC3D有限差分软件对本次基坑开挖对周围环境影响进行三维数值模拟，对基坑侧向位移、基坑隆起、基坑周围地铁1号线风道沉降进行分析计算（图2）。

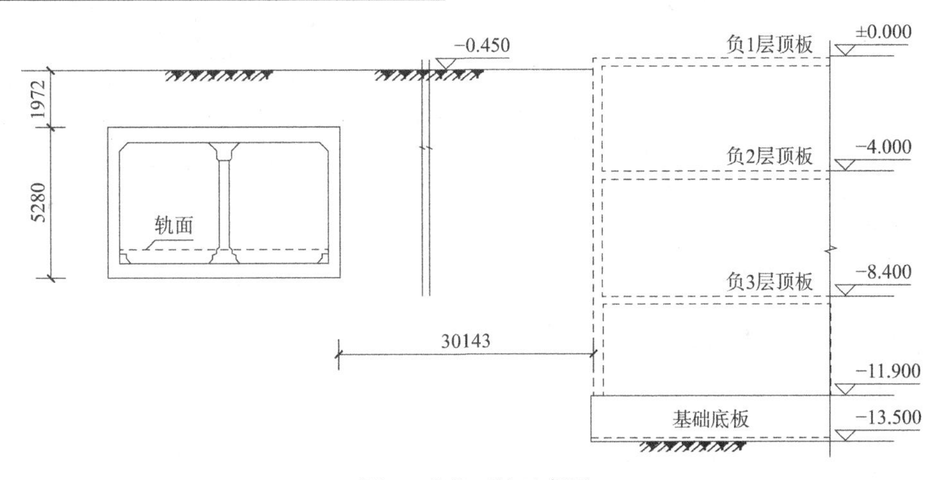

图2　基坑开挖示意图

3.3.1 模拟流程

本次数值模拟中前处理阶段采用大型有限元软件ANSYS进行模型的建立。求解过程及后处理阶段采用FLAC3D有限差分程序进行模拟计算分析，其模拟流程大致可分为以下几个阶段：

（1）根据地基土、基础及上部结构特点以及现场施工步骤等，将其简化为三维数值模型，考虑到计算的准确性和算法的收敛性以及计算成本等问题，选择适当的地基范围，确定合适的模型尺寸，用ANSYS进行三维实体建模。

（2）应用ANSYS-FLAC的模型转化程序，将模型的节点和单元数据转化为FLAC3D可识别的节点网格数据。

（3）将模型文件导入FLAC3D程序，选取相对应的本构模型，设定相应的材料参数，施加边界条件，利用实体单元建立地基土、基础及上部结构模型，并进行初始应力的计算。

（4）根据现场施工过程，确定数值模拟计算步骤，设定一系列监控记录点，并进行施工过程模拟计算。

（5）计算结果分析，查看各个步骤计算结果和监控曲线数据，验证计算结果的合理性，最终给出个阶段地基土整体沉降变形云图。

3.3.2　计算条件

本次模型过程中地基土按照本次勘察报告中地层并结合地基土力学性质进行分层，桩基础按照等效的实体深基础单元进行模拟，实体采用六面体单元和结构化的网格划分，模型两侧采用对称边界，即只允许竖向的变形；底部边界采用固定边界。本次计算的基本原理是将地面上的建筑物分别折算成荷载然后施加到相应面积的混凝土底板之上。混凝土底板和结构物挡墙与土体之间的接触面运用服从库仑剪破坏屈服准则和拉破坏屈服准则接触单元，数值分析中地基土、基础及上部结构单元材料参数根据本次勘察中土工试验成果并结合工程经验得到。

3.3.3　计算结果

经过分析计算，本次基坑开挖*X*方向最大水平位移为 28mm，*Y*方向最大水平位移为 15mm，坑底最大隆起量约为 60mm；地铁 1 号线风道最大沉降为 2.4mm。具体结果详见图 3～图 6。

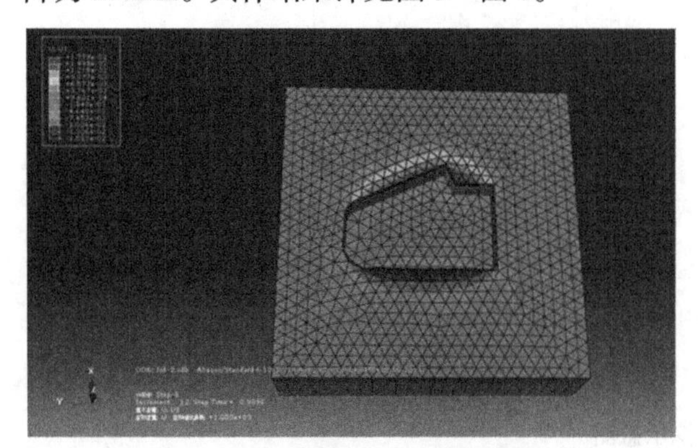

图 3　基坑*X*方向水平位移云图

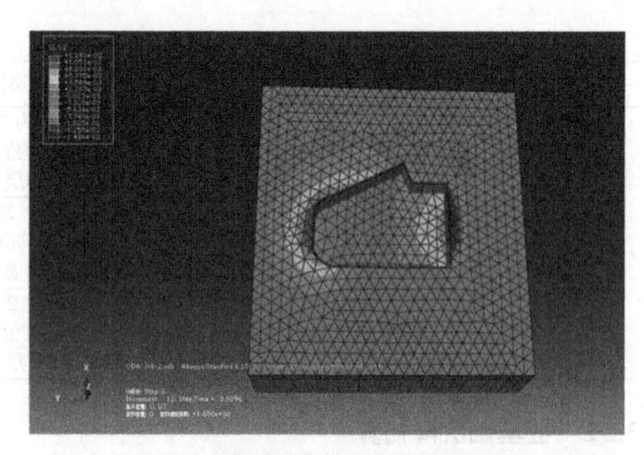

图 4　基坑*Y*方向水平位移云图

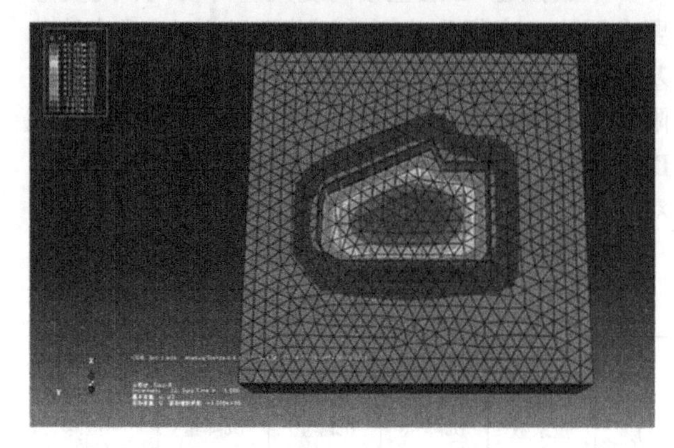

图 5　基坑竖向位移云图

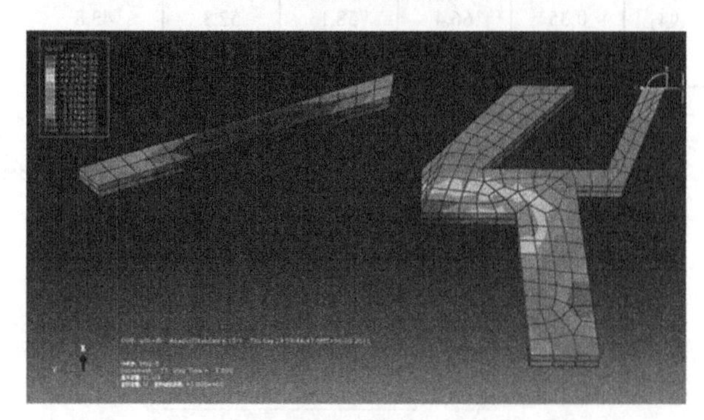

图 6　地铁 1 号线风道竖向位移云图

本次世纪广场基坑开挖风道一侧挡墙的最大水平位移为 15.40mm；地铁 1 号线风道不均匀沉降差为 4.31mm；地铁 1 号线南京路段主体的不均匀沉降差为 0.36mm。故基坑开挖对周围环境的影响较小。具体结果详见图 7～图 10。

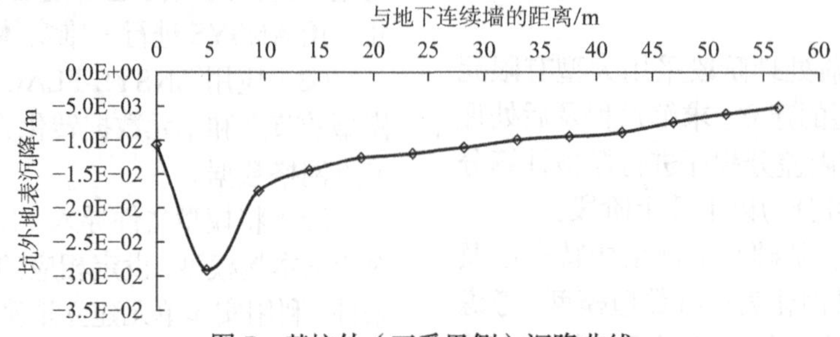

图 7　基坑外（五爱里侧）沉降曲线

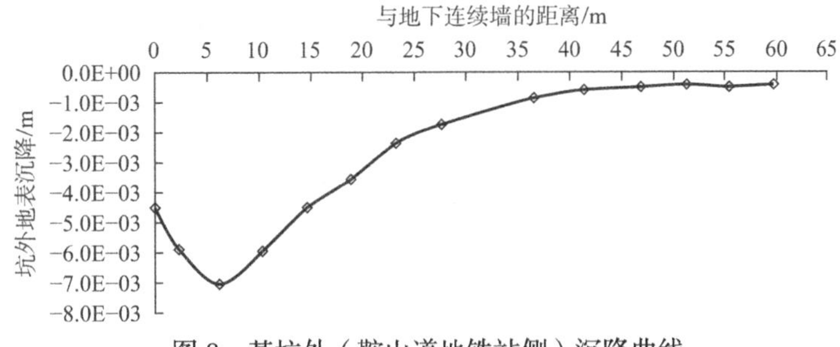

图 8　基坑外（鞍山道地铁站侧）沉降曲线

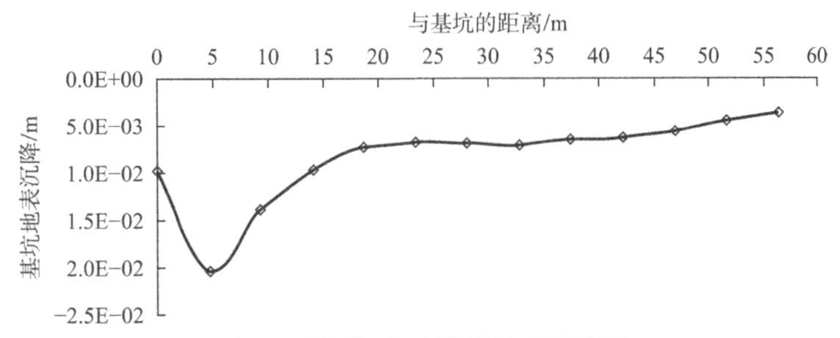

图 9　基坑外（1 号线侧）沉降曲线

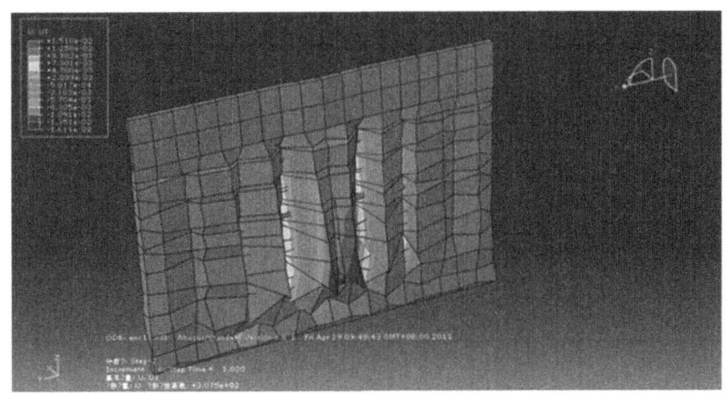

图 10　地铁 1 号线风道外墙变形云图

3.3.4　数值模拟结论及建议

沉降计算结果表明，各建筑物整体沉降随着建筑物荷载分布情况呈现一定变化，拟建物基坑范围内地基土变形存在一定差异，基坑范围外地基土也有部分沉降变形，因此设计及施工时应注意各建筑物间沉降变形的相互叠加影响。

根据本次分析结果，建议本次拟建物设计及施工时合理设置后浇带位置，充分预留一定沉降变形，确保各建筑物变形整体协调稳定，确保基坑侧壁无渗漏现象。基坑开挖及地下室施工过程中，注意对地铁站、地铁运营线、周边道路及建筑物造成的不利影响，确保周边已有建构筑物、道路和管线的正常使用。

4　工程总结与启示

天津世纪广场项目最大层数 42 层，高度 147.5m，地下 3 层，基坑最大开挖深度约 13.95m，本工程主、副楼高差大，基坑开挖深度大，周围环境复杂，涉及的岩土工程难点问题较多。本项目采用多种勘探、测试手段，准确查清了场地地基土的特征及分布规律；收集了大量区域地质及地震资料，结合天津地震局提供的有关报告，准确提供了场地有关地震参数，为设计进行抗震设计提供了依据。

报告中针对高度大、荷载大的主楼，对变形要求严格，对周围环境有所影响，采用等效分层总和法、Geddes 法、简化公式法进行了桩基础最终沉降量估算；针对基坑开挖对地铁 1 号线及周边环境的影响进行模拟分析，采用三维模型模拟对地铁运营线及地铁站的沉降及沉降差进行计算分析。

勘察成果准确性在后期实际施工、监测时得到了验证，对同类工程勘察具有一定的指导意义。

5 工程实施与效果

针对本次拟建物高度大、荷载大、深度大的性质及本场地的浅部土层分布情况，并通过对不同桩型的沉桩难易程度、周期进度、技术质量、经济效益以及对环境的影响进行对比，提出了采用钻孔灌注桩施工，主楼建议采用后压浆技术。实际工程效果与勘察报告一致。试桩结果单桩承载力有了大幅提高，为甲方节省成本。勘察报告内容丰富，揭示的地层准确，各项地基土参数齐全准确，分析计算细致、科学，岩土工程评价翔实、深入，不同荷载拟建物基础处理方案针对性强，建议合理、可行，多项建议被设计及甲方采纳，得到甲方、设计的一致好评。本项目也为天津高层工程的岩土工程综合问题的分析与评价积累了宝贵的经验，获得了明显的经济效益、环境效益和社会效益。

参考文献

[1] 《桩基工程手册》编写委员会. 桩基工程手册[M]. 北京: 中国建筑工业出版社, 1995.

[2] 张玉涛, 董士伟. Gedde 法在天津软土地区桩基沉降计算中的应用[J]. 岩土工程师, 1999, 11(2): 14-16.

[3] 王生力, 韩振富, 刘唐生. 陈塘庄热基坑开挖围护设计实例分析及问题探讨[J]. 工程勘察, 2003(4): 35-37.

[4] 刘国彬, 王卫东. 基坑工程手册[M]. 2 版. 北京: 中国建筑工业出版社, 2009.

[5] 《工程地质手册》编委会. 工程地质手册[M]. 4 版. 北京: 中国建筑工业出版社, 2007.

天津现代城 B 区工程岩土工程勘察实录

陈润桥　聂细江　孙怀军　周玉明
（天津市勘察设计院集团有限公司，天津　300191）

1　工程概况

天津现代城 B 区工程由写字楼、酒店公寓和裙楼组成，写字楼地上 68 层，高 339m，酒店公寓地上 49 层，高 209m，裙楼地上 9 层，高 56m，写字楼及酒店公寓为框架核心筒结构，裙楼为框架结构。工程整体 5 层地下室，基础埋深 21.5m。各拟建物均采用钻孔灌注桩筏形基础。工程总建筑面积约 27 万 m^2，本工程是目前天津市中心城区已建成的最高建筑。

工程建设场地位于天津市和平区城市核心区繁华地段，大型商业体云集，城市主干交通线路在此汇聚，交通繁忙，场地以北分布天津市文物保护建筑，周围环境极为复杂。拟建工程及周边环境情况见图 1。

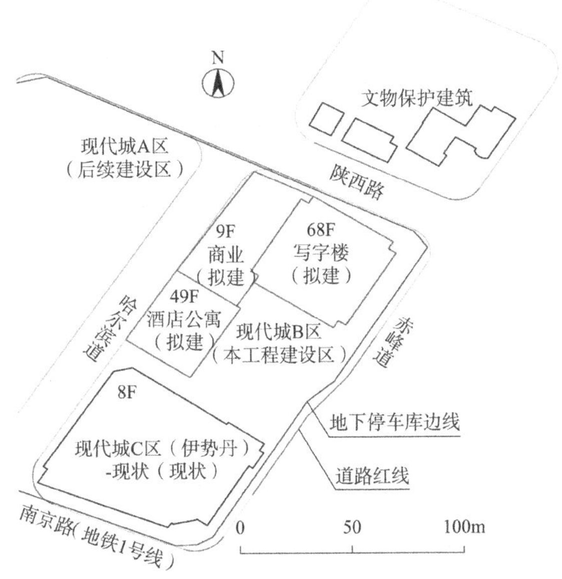

图 1　现代城 B 区工程及周边环境示意图

2　技术特色

（1）为准确查明工程地质及水文地质条件，为工程设计提供准确、可靠依据，采取原状取土、标准贯入、现场波速、现场抽水试验、旁压试验、取水等综合勘测手段，准确查清了场地埋深 150m 内地基土及地下水的分布规律及工程特征。对物理力学参数进行了全面统计分析，并提供了参数建议值。首先对常规的一般物理力学指标进行分层统计，同时还对抗剪强度指标（包括直剪快剪、直剪固结快剪、三轴不固结不排水剪、三轴固结不排水剪）、标准贯入指标、地基土分级压缩模量、高压固结试验指标、渗透系数、旁压试验、静止侧压力系数试验、基床系数试验等进行分析统计，根据统计结果对各层土的工程性质进行评价。为设计人员进行桩基、基坑的计算提供了充分、可靠的设计依据。

（2）根据不同拟建物性质及场地土质条件，提供了各层地基土的承载力特征值，对场地写字楼、酒店公寓及商业裙楼及纯地下室的桩基持力层，选择桩型进行了详细评价，按物性法和标准贯入法分别提供了钻孔灌注桩桩基参数，对选用各桩端时单桩竖向极限承载力分别进行了估算，对后压浆钻孔灌注桩极限承载力进行了估算。工程拟建的 68 层写字楼、49 层酒店公寓楼高度较大、荷载较大、对变形要求严格，报告中分别采用分层总和法（《建筑地基基础设计规范》GB 50007—2002）、Geddes 法（有限元分析法）、简化估算法（《岩土工程技术规范》DB 29—20—2000）等多种方法对其高层建筑基础中心点的沉降量进行了估算，为设计桩基方案优化分析提供了依据。并结合单桩承载力分析结果和沉降分析结果提供了优化的桩基方案建议。根据优化的桩基方案进一步开展工程整体差异沉降分析，提出了控制差异沉降的措施。

（3）详细地描述了场地水文地质条件，对地下水进行了室内水质简分析试验，并对地下水的腐蚀性进行了评价，同时通过室内试验对地基土的渗透性进行了评价。报告中提供了潜水水位和各承压含水层水位，对影响基坑设计的承压含水层进行了描述和评价，通过现场抽水试验与室内试验相结合的方法对场地的水文地质条件进行勘察分析，并提供

获奖项目：2020 年“海河杯”天津市优秀勘察设计一等奖，2021 年度工程勘察、建筑设计行业和市政公用工程优秀勘察设计奖三等奖。

了场地抗浮设防水位及抗压设计水位。

（4）本工程基坑开挖深度大，基坑周边环境复杂，对基坑开挖、降水引起的变形要求严格，报告中提供了基坑开挖、降水设计所需的有关参数，对基坑提出采用带支撑地下连续墙进行支护、止水方案。对基坑开挖承压水抗渗流稳定性进行了计算。通过计算，提出了对多层承压含水层进行隔断（减压）的建议，被设计单位采用。报告中采用同济大学"同济启明星"软件对基坑支护结构、稳定性、抗隆起、抗倾覆、突涌进行了验算；对开挖、降水对周围环境的影响进行了计算、分析与评价；对基坑开挖卸荷回弹变形进行定量计算。提出了基坑支护设计及开挖施工中应注意的问题。

（5）针对本工程所涉及的主要不良地质现象及环境地质问题，对本场地水、土腐蚀性，砂土液化，尤其是区域地面沉降对建筑工程的影响进行全面评价，在此基础上作出了对工程影响程度的定性分析结论。

3　场地岩土工程地质条件

3.1　场地地层概况

根据勘察资料，本场地埋深 150m 以上地层均属第四系全新统（Q_4）、上更新统（Q_3）和中更新统（Q_2）陆相与海相交互沉积层，按成因年代可分为 12 层，按力学性质可进一步划分为 25 个亚层，各层土的物理力学性质详见表 1。

各层土分布规律及物理力学性质表　　**表 1**

时代成因		分层号	平均底板埋深/m	平均厚度/m	岩性	w/%	γ/（kN/m）	e	I_P	I_L	$E_{s1\text{-}2}$/MPa	N/击
全新统 Q_4	人工填土层（Q^{ml}）	①1	1.4	1.4	杂填土	—	—	—	—	—	—	—
		①2	3.5	2.1	冲填土	34.1	18.7	0.97	17.6	0.75	4.2	3.3
	上组陆相冲积层（Q_4^{3al}）	②	6.1	2.6	粉质黏土	26.4	19.8	0.74	14.6	0.50	6.3	5.5
	中组海相沉积层（Q_4^{2m}）	③	14.4	8.3	粉质黏土	30.6	19.1	0.85	12.5	0.96	5.8	4.2
	下组沼泽相沉积层（Q_4^{1h}）	④	15.8	1.4	粉质黏土	22.3	20.5	0.62	12.3	0.45	5.8	8.5
	下组陆相冲积层（Q_4^{1al}）	⑤	24.4	8.6	粉土	20.1	20.4	0.58	9.6	0.72	17.1	29.9
上更新统 Q_3	第五组陆相冲积层（Q_3^{eal}）	⑥	29.7	5.2	粉质黏土	26.9	19.7	0.76	15.1	0.22	8.0	12.4
	第四组海相层（Q_3^{dm}）	⑦	31.4	1.7	黏土	28.1	19.6	0.79	17.3	0.42	7.4	13.5
	第三组陆相冲积层（Q_3^{cal}）	⑧1	34.3	2.9	粉土	16.6	21.3	0.47	9.6	0.41	11.3	26.3
		⑧2	40.0	5.7	粉质黏土	22.4	20.4	0.63	12.6	0.37	8.8	16.8
		⑧3	43.2	3.2	粉土	19.5	20.5	0.57	8.4	0.33	15.6	39.8
		⑧4	52.1	8.9	粉质黏土	25.3	19.9	0.71	14.0	0.43	7.8	21.5
	第二组海相沉积层（Q_3^{dm}）	⑨	62.0	9.9	粉质黏土	22.7	20.4	0.63	13.1	0.48	7.6	23.4
	第一组陆相冲积层（Q_3^{aal}）	⑩1	75.0	13.0	粉质黏土	20.5	20.8	0.58	13.2	0.24	9.2	26.1
		⑩2	81.8	6.8	粉砂	23	20	0.66	—	—	14.2	69.6
		⑩3	84.3	2.5	粉质黏土	19.9	20.8	0.57	12.8	0.18	8.0	29.9
		⑩4	101.3	17.0	粉砂	20.2	20.3	0.6	—	—	16.0	106.3
中更新统 Q_2	上组滨海三角洲沉积层（Q_2^{3mc}）	⑪1	108.0	6.7	粉质黏土	24.4	20.1	0.68	14	0.29	8.6	—
		⑪2	111.4	3.4	粉土	19.1	20.5	0.56	8.6	0.35	16.2	—
		⑪3	121.8	10.4	粉质黏土	21.5	20.4	0.63	15.8	0.12	8.9	—
	中组陆相冲积层（Q_2^{2al}）	⑫1	131.2	9.4	粉砂	19.0	20.4	0.57	—	—	15.7	—
		⑫2	134.2	3.0	粉质黏土	21.2	20.5	0.62	17.1	0.12	8.9	—
		⑫3	140.4	6.2	粉砂	17.2	20.7	0.52	—	—	15.8	—
		⑫4	143.8	3.4	粉质黏土	22.3	20.2	0.65	14.5	0.20	9.2	—
		⑫5	—	—	粉砂	18.3	20.6	0.54	—	—	15.2	—

3.2 场地水文地质条件

（1）地下水类型及水位

根据地基土的岩性分布、室内渗透试验结果及现场抽水试验结果综合分析，本场地埋深约50.00m以上可分为3个含水层。

埋深约14.50m（标高−12.00m）以上土层主要由杂填土、冲填土（①$_1$、①$_2$），全新统上组陆相冲积层、中组海相沉积层粉质黏土（地层编号②、③）组成，以微—弱透水层为主，为潜水含水层。水位埋深1.72m，相当于大沽标高0.98m。现场抽水试验测得渗透系数$K = 0.41$m/d，影响半径$R = 16$m。

埋深约16.00～25.00m（标高约−13.50～−22.50m）段的全新统下组陆相冲积层粉土（地层编号5）属弱透水层，为第一微承压含水层。水位埋深2.95m左右，相当大沽标高−0.40m左右。现场抽水试验测得渗透系数$K = 1.43$m/d，影响半径$R = 60$m。

埋深约31.50～44.00m（标高约−29.00～−41.50m）段的上更新统第三组陆相冲积层砂性粉质黏土、粉土（地层编号⑧$_1$、⑧$_3$）和粉质黏土（地层编号⑧$_2$），以微—弱透水层为主，为第二微承压含水层。水位为大沽标高−1.00m左右。现场抽水试验测得渗透系数$K = 1.50$m/d，影响半径$R = 88$m。

综合各含水层水位情况和天津市地下水水位的变幅，本工程抗浮设计水位建议按大沽标高2.00m考虑。

（2）地下水质对混凝土的侵蚀性

该场地地下潜水属Cl^-、$SO_4{}^{2-}$、$HCO_3{}^-$-K^+ + Na^+、Ca^{2+}、Mg^{2+}型中性—弱碱性水，pH值7.44～8.70。无干湿交替作用时，地下水对混凝土结构有弱腐蚀性，腐蚀介质主要为$SO_4{}^{2-}$，对钢筋混凝土结构中的钢筋有微腐蚀性，腐蚀介质为Cl^-。有干湿交替作用时，地下水对混凝土结构有弱腐蚀性，腐蚀介质为$SO_4{}^{2-}$，对钢筋混凝土结构中的钢筋有中等腐蚀性，腐蚀介质为Cl^-。

3.3 场地地震效应

（1）场地抗震设防烈度

本场地抗震设防烈度为7度，属设计地震第一组，设计基本地震加速度值为0.15g。

（2）饱和粉土液化判别

本场地埋深20.00m以内土层中分布有全新统下组陆相冲积层⑤粉土及冲填土中所夹饱和粉土，根据规范和现场标准贯入试验资料及剪切波速测试资料判定，饱和粉土层在地震烈度为7度时，属非液化土层，场地为非液化场地。

（3）场地土类型及场地类别

根据现场实测剪切波速结果，按规范判定，该场地覆盖层厚度为85m，场地土类型为中软场地土，场地类别为Ⅲ类。

（4）场地土卓越周期

根据剪切波速测试结果按《工程地质手册》[1]所述方法对场地土卓越周期进行计算，场地土卓越周期为1.00s。

4 地基基础分析与评价

本次拟建写字楼、公寓楼属超高层建筑，荷载大，均应采用桩基础；9层商业基础与高层及地下室基础相连，亦应采用桩基础。

4.1 桩端持力层选择

本次结合拟建物性质及场地地层分布条件、土层特性为各拟建物提供了2个以上的可选桩端持力层，具体建议见表2。

桩端持力层选择建议表　　表2

拟建物	建议桩端持力层层号	持力层岩性	桩端埋深/m
裙楼（9层）	⑧$_4$	粉质黏土	45～50
	⑨	粉质黏土	54
酒店公寓（49层）	⑨	粉质黏土	54～60
	⑩$_1$	粉质黏土	64～70
	⑩$_2$	粉砂	79左右
写字楼（68层）	⑩$_1$	粉质黏土	70左右
	⑩$_2$	粉砂	79左右
	⑩$_3$和⑩$_4$	粉质黏土、粉砂	85左右

4.2 桩型选择

该场地地处市中心繁华地段，环境条件复杂，场地基坑深度大，单桩承载力要求高，本地区常用的预制桩等桩型无法满足要求，建议采用泥浆护壁钻孔灌注桩，推荐通过采用后压浆工艺以减小孔底沉渣的不利影响并提高单桩承载力。

4.3 桩基参数

本次按照物性法和标准贯入法[2]提供钻孔灌

注桩桩基参数，见表 3。

泥浆护壁钻孔灌注桩桩基参数表　表 3

地层编号	岩　性	物性法		标准贯入法	
		q_{sik}/kPa	q_{pk}/kPa	q_{sik}/kPa	q_{pk}/kPa
①$_{b1}$	冲填土	18		18	
①$_{b2}$	冲填土	24		24	
②	粉质黏土	42		41	
③	粉质黏土	32		36	
④	粉质黏土	45		49	
⑤	粉土	63		71	
⑥	粉质黏土	55		55	
⑦	黏土	55		57	
⑧$_1$	粉土	68		69	
⑧$_2$	粉质黏土	57		61	
⑧$_3$	粉土	68		76	
⑧$_4$	粉质黏土	58	600	67	792
⑨	粉质黏土	55	650	69	846
⑩$_1$	粉质黏土	65	800	71	916
⑩$_2$	粉砂	75	950	92	1250
⑩$_3$	粉质黏土	68	850	73	1150
⑩$_4$	粉砂	80		97	

4.4　单桩竖向极限承载力标准值

按表 3 参数，结合拟建工程性质设定单桩估算条件，根据规范[3]给出的估算公式对单桩承载力进行估算。估算条件及结果详见表 4。

单桩竖向极限承载力标准值估算表　表 4

桩端持力层	桩顶标高/m	桩端标高/m	桩长l/m	桩径d/m	Q_{uk}/kN			$Q_{uk}/(l\cdot d^2)$/(kN/m^3)	备注
					物性法	标准贯入法	建议值		
第 1（⑧$_4$）	−18.00	−48.00	30.00	0.70	4157	4557	4500	306	
				0.80	4788	5258	5200	271	
第 2（⑨）	−18.00	−56.00	38.00	0.70	5153	5786	5700	306	
					6211	7107	7100	381	后注浆
				0.80	5930	6665	6600	271	
					7193	8245	8200	337	后注浆
				1.00	7179	8088	8000	211	
					8808	10133	10100	266	后注浆
第 3（⑩$_1$）	−18.00	−65.00	47.00	0.80	7390	8290	8200	273	
					8865	9943	9900	329	后注浆
				1.00	8945	10040	10000	213	
					10881	12185	12100	257	后注浆
第 4（⑩$_2$）	−18.00	−76.00	58.00	0.80	9349	10601	10600	286	
					11283	12862	12800	345	后注浆
				1.00	11307	12805	12800	221	
					13821	15730	15700	271	后注浆
				1.20	13239	14971	14900	178	
					16378	18608	18600	223	后注浆
第 5（⑩$_3$与⑩$_4$）	−18.00	−82.00	64.00	1.00	12428	14269	14200	222	
					14819	17281	17200	269	后注浆
				1.20	14657	16640	16600	180	
					17611	20329	20300	220	后注浆

4.5 桩基沉降估算

本次采用分层总和法、Geddes 有限元法、简化估算法和桩基规范 4 种方法对桩基变形情况进行分析评价，分析结果见表 5。

桩基最终沉降量估算表　　　　表 5

<table>
<tr><th rowspan="2">拟建物</th><th rowspan="2">桩 端
持力层</th><th colspan="4">桩基最终沉降量/mm</th></tr>
<tr><th>分 层
总和法</th><th>Geddes 法</th><th>简 化
估算法</th><th>桩 基
规范法</th></tr>
<tr><td>写字楼</td><td rowspan="2">第 4
(⑩₂)</td><td>96.8</td><td>79.6</td><td>—</td><td>72.6</td></tr>
<tr><td rowspan="2">酒店
公寓楼</td><td>73.3</td><td>60.3</td><td>—</td><td>55.0</td></tr>
<tr><td>第 3
(⑩₁)</td><td>94.0</td><td>70.6</td><td>—</td><td>68.6</td></tr>
<tr><td>商业
裙楼</td><td>第 2
(⑨)</td><td>56.2</td><td>47.5</td><td>48.4</td><td>44.8</td></tr>
</table>

根据表 5 计算结果，写字楼、酒店公寓楼与裙楼之间沉降差超过 40mm。根据设计方案，两栋超高层建筑由裙楼相连，地下室相互连通，在设计和施工建议采取在交界区域及基础内应力最大区域设置后浇带，根据施工期间变形沉降监测情况结合沉降分析结果确定浇筑时间。

4.6 桩基方案综合建议

本次拟建写字楼、酒店公寓楼为超高层建筑，对变形要求较严格，桩端持力层选择时应结合单桩承载力要求、桩基变形及差异变形综合分析及工程造价等因素综合确定。

通过初步计算分析，表 2 中所建议桩端持力层均可满足各拟建物对桩基承载力和变形的要求。本次从工程造价方面对桩基工程进一步优化分析。钻孔桩基工程造价影响因素较多，但桩长、桩径是两个不可忽视的因素，在表 4 中，通过计算 $Q_{uk}/(l \cdot d^2)$值粗略反映桩混凝土方量与承载力的关系，在满足其他需求情况下该值越大对减少造价越有利，对比该值大小可以优化桩基方案。

通过对比分析：写字楼和酒店公寓楼最优的桩基方案为采用桩径约 0.8m、有效桩长约 58m 的后压浆钻孔灌注桩，商业裙楼最优的桩基方案为采用桩径 0.7m 左右、有效桩长 38m 左右的后压浆钻孔灌注桩。

5 工程整体沉降数值模拟分析

5.1 计算模型

采用 OptumG2 软件固结沉降分析模块对工程主、裙楼的沉降进行分析计算。首先依据本次勘察报告中的地层及相应参数结合我院相关科研成果建立地基土数值模型。拟建主楼及裙楼按选取的典型结构断面确定计算模型，结构物荷载根据设计单位提供的数据确定，主塔楼结构 16 层以上简化处理为分布荷载，按面力加载到模型上部结构单元中，桩基结合上节综合建议设置模型参数。计算模型及地基土分组见图 2，单元网格划分见图 3。

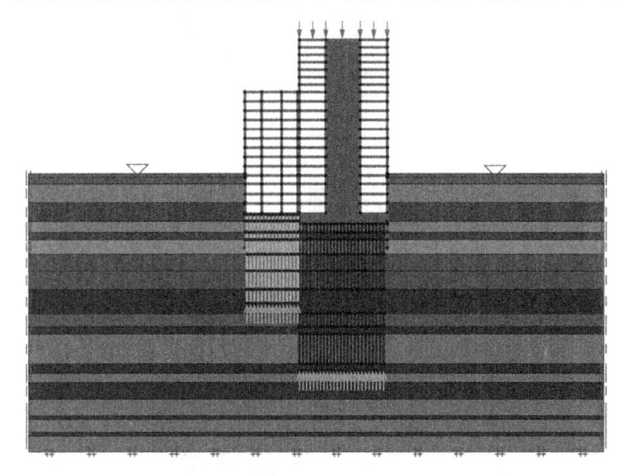

图 2　计算模型及地基土分组示意图

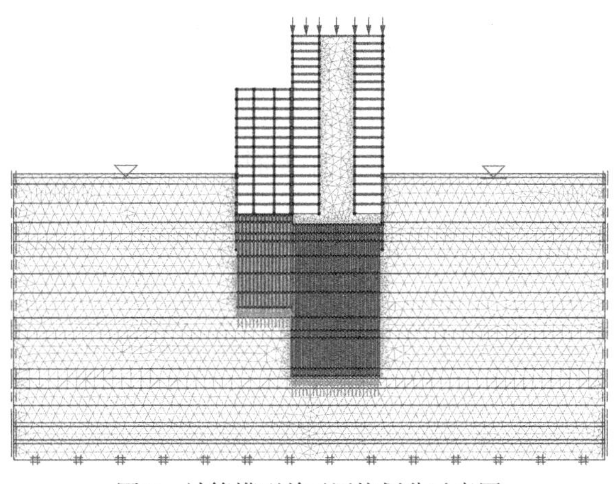

图 3　计算模型单元网格划分示意图

5.2 工程分析

按施工过程中地基土受力的变化情况，分 4 个关键阶段进行沉降变形计算，按先后顺序分别为：场地初始应力计算阶段，场地基坑开挖至基底阶段，主楼施工至地上 4 层阶段，主、裙楼全部施工完成的最终阶段。

5.3 计算结果

经计算分析，工程固结沉降在第 3 阶段开始明显增大，第 4 阶段达到最大，两阶段沉降云图分别见图 4、图 5。其中主楼在第 3 阶段固结沉降值介于 1.5～3.6cm 之间，在第 4 阶段主裙楼全部施工完成时，主楼最终阶段沉降值介于5.0～8.8cm之间；裙楼在距离主楼较近一侧沉降变形略大，最大值约3.5cm，距离主楼较远一侧沉降变形略小，最大值约1.5cm。

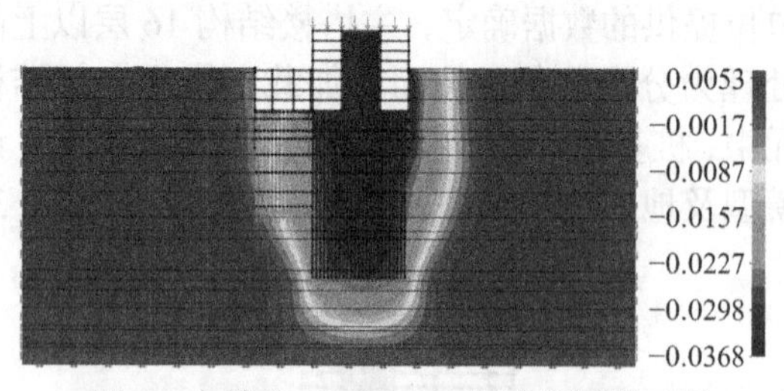

图4　主楼施工至地上4层阶段沉降云图

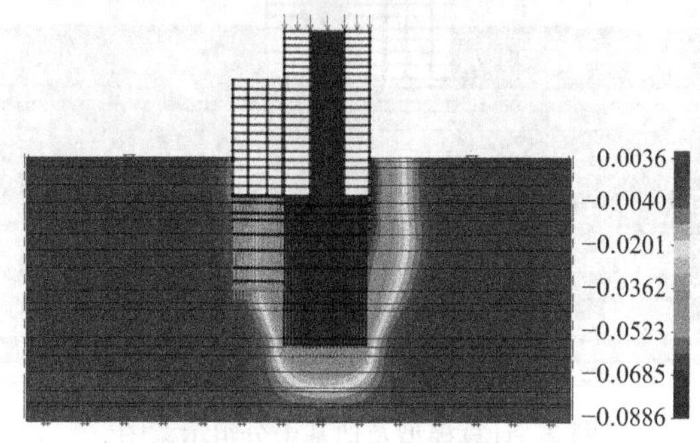

图5　主、裙楼全部施工完成的最终沉降云图

5.4　设计及施工建议

根据工程主楼和裙楼整体固结沉降过程的计算结果，在建筑结构施工期时主楼和裙楼之间已发生较大的差异沉降，前期设计时合理配置主、裙楼桩基以及在后续施工时设置后浇带等措施可以有效协调差异变形，达到工程变形整体协调稳定的目标。

6　基坑支护设计与评价

6.1　基坑支护止水方案初选

因为本工程周围环境极复杂，环境对变形要求极严格，加之本工程基坑开挖深度大、面积广，基坑开挖及降水必须选取安全可行的方案。结合本地区类似工程经验，初选基坑支护和止水结构为加支撑地下连续墙支护、止水结构（具体的方案为：采用厚度为1000mm的地下连续墙围护结构，墙长度为38.0m，浅部清表约2m并放坡至墙顶冠梁，内设4道支撑）。通过对初选方案的计算分析，寻找方案的不足，持续改进提供优化的基坑支护止水方案。

6.2　计算参数的确定

根据室内试验并结合土的性质，埋深50m以上地基土的直剪快剪、直剪固结快剪和静三轴（UU）指标及天然重度γ值列于表6。

基坑设计参数表　　表6

层号	平均厚度/m	γ/（kN/m^3）	直剪快剪		直剪固结快剪		静三轴不固结不排水剪	
			c/kPa	φ/°	c/kPa	φ/°	c/kPa	φ/°
①$_{b1}$	1.2	18.7	16.9	13.1	15.9	18.4	28.4	1.8
①$_{b2}$	2.3	19.6	4.0	24.2	6.8	31.2	30.0	3.0
②	2.6	19.8	15.6	10.6	16.1	17.7	28.8	2.0
③	8.3	19.1	12.8	22.3	13.5	24.5	15.2	1.2
④	1.4	20.5	14.8	18.9	15.5	22.8	27.0	1.6
⑤	8.6	20.4	7.5	30.1	9.3	33.4	30.8	3.0
⑥	5.2	19.7	24.5	11.6	25.0	18.9	28.0	1.0
⑦	1.7	19.6	14.0	13.5	15.8	14.4	42.0	0.2
⑧$_1$	2.9	21.3	7.0	29.2	9.3	32.7	35.0	0.0
⑧$_2$	5.7	20.4	19.0	22.0	20.0	23.0	41.5	3.4
⑧$_3$	3.2	20.5	4.7	31.8	9.4	28.8	21.6	0.2
⑧$_4$	8.9	19.9	24.5	17.0	25.7	20.4	41.6	3.7

根据表6对三类剪切试验统计结果，直剪快剪试验指标相对小，直剪固结快剪次之，静三轴不固结不排水剪试验指标总体相对较大。结合天津市基坑支护设计经验，选取直剪快剪试验指标进行分析，计算结果偏于保守，对支护结构安全性有利，但经济性较差；选用三轴不固结不排水剪试验

进行分析时，计算结果充分考虑土体的抗剪能力，经济性较好，但在复杂环境下存在安全风险。从安全性和经济性两方面综合考虑，本次选取直剪固结快剪指标对支护结构内力进行分析计算。

6.3 基坑稳定性验算

按照初选方案，按规范[4]要求对内支撑地下连续墙结构的整体稳定性、墙底抗隆起稳定性、坑底抗隆起稳定性、抗倾覆稳定性、抗渗流稳定性进行分析计算，结果如表 7 所示。

从上述验算结果看，抗渗流稳定性未达到稳定要求，说明初选方案在抗渗流方面存在风险，基坑支护和止水方案需增加抗渗流措施。结合含水层分布情况进一步分析，可采取的措施包括：（1）对第 2 微承压含水层（⑧$_3$）采取止水封闭措施；（2）对第 2 微承压含水层（⑧$_3$）采取降压措施。考虑到周边环境复杂，如果对第 2 承压含水层（⑧$_3$）采取抽水减压措施存在一定的安全风险。因此，建议增加的抗渗流措施为加深地下连续墙或另设置止水帷幕向下延伸至埋深 45m 左右的第 2 承压含水层隔水底板粉质黏土（⑧$_4$）中，达到封闭含水层的目的。

6.4 基坑开挖对周边环境的影响分析

采用启明星软件 SAP5 结构分析通用程序对预设支护体系下基坑开挖后的地面沉陷变形情况进行了分析，表明基坑开挖引起最大沉陷量约 55mm，发生在拆除下部第 4 道支撑工况下，周围的地面沉降影响范围为距基坑边缘约 26.00m，该范围已包括了场地西侧、北侧、东侧道路以及南侧的伊势丹商场的部分区域。虽然分析结果偏于保守，但设计和施工时应引起足够重视，通过缩短换撑时间、减小超载等多种方式避免出现基坑施工过程中过大的地面变形。分析结果见图 6。

基坑稳定性验算表　　表 7

验算内容	验算条件	安全系数	稳定要求	结果
整体稳定性	地面超载 20kPa；墙入坑底深度 18.8m；内设 4 道支撑（中心深度分别为−1.9、−6.8、−11.7、−16.6m）；采用固结快剪指标、水土分算计算内力	1.97	≥ 1.3	稳定
墙底抗隆起稳定性		7.78	≥ 1.4	稳定
坑底抗隆起稳定性		2.65	≥ 1.4	稳定
抗倾覆稳定性		1.62	≥ 1.2	稳定
抗渗流稳定性		1.00	≥ 1.2	不稳定

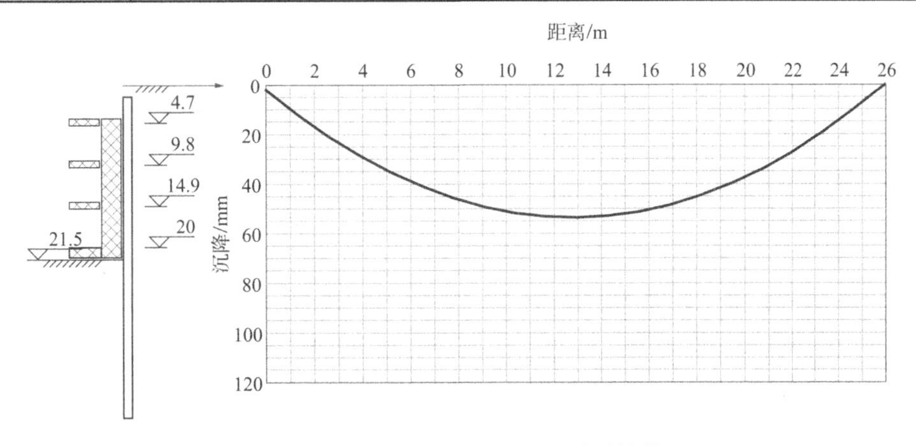

图 6　基坑开挖引起周围地面沉陷计算简图

6.5 基坑降水对周边环境的影响分析

按本次基坑支护和止水方案可对埋深 50.00m 深度范围内的各含水层进行封闭，在做好地下连续墙的施工质量下，在坑内布置疏干井将隔断后的各含水层内的地下水排干，基坑降水对周边环境影响很小。实际施工时，可能存在止水体系渗漏、地下水越流补给等情况，应做好基坑外围地下水位的观测工作，防止由于基坑内降水导致基坑外围水位发生变化，发现异常及时采取措施[5]。

7 工程验证

（1）根据工程试桩检测报告，试桩有钻孔灌注桩和后压浆钻孔灌注桩两种，选用的桩端持力层为第4桩端持力层，桩长79m，桩端标高为−76m左右，设计桩径为0.85m（实际成孔检测桩径达到0.95～1.00m），经静载荷试验检测，钻孔灌注桩单桩承载力极限值为18000kN，后压浆钻孔灌注桩单桩承载力极限值为23000kN。与勘察报告建议值对比，所选桩端持力层、桩端标高相符，桩直径接近，按等直径估算试桩承载力相对估算承载力提高10%左右，估算较为准确；

（2）经我院对该工程5年多的沉降观测，至该工程竣工：办公楼最大沉降监测点位于核心筒位置，沉降量为67mm；酒店公寓楼最大沉降监测点位于核心筒位置，最大沉降量为47.0mm；裙楼最大沉降监测点位于裙楼与办公楼交界区域，最大沉降量为41.5mm。沉降观测结果与估算结果相比，办公楼达到了预估值的81%，酒店公寓为预估值的75%，商业裙楼达到预估值的84%，根据地区工程经验竣工沉降一般为总沉降量80%左右。主楼、裙楼预测最大沉降点分布位置与观测结果相符。总体上，勘察成果对建筑最终变形的估算较为准确。

（3）本工程基坑支护结构为带4道内支撑的地下连续墙，与勘察所建议方案一致。采用此方案顺利完成本工程深基坑工程的施工，确保了周边环境的安全，证明报告所进行的分析和计算与实际符合较好。

8 综合效益

（1）本工程为超高层城市商业综合体，工程荷载大、结构复杂、基坑深度大，环境条件复杂的特点，对岩土工程提出了严苛的要求。工程勘察过程中克服了场地条件复杂、施工限制因素多等诸多不利因素的影响，严格控制过程质量，全过程配合建设单位和设计单位，按时顺利完成了本项目的勘察工作，提供了优质的技术成果，为今后类似工程的开展积累了宝贵的经验。

（2）在勘察方案阶段充分利用前期资料，进行优化布置，以最优、最经济工作量满足设计要求，并在实施过程中与前期资料对照分析，不断改进提高勘察资料的准确度，使勘察费用及后期的基础处理费用大大节省。

（3）通过在勘察评价中充分利用多年总结和研究的科技成果，实现了科研成果向经济效益的转换的目标，岩土工程技术水平进一步提升，为建设单位节省了造价，获得了良好的社会效益和经济效益。经科技查新，国内此类应用尚属首例，达到国内领先水平。

（4）本工程于2017年7月竣工，交付业主使用近三年，运营效果良好，现已成为天津市地标性建筑之一。本工程于2020年获得“天津市优秀勘察设计工程勘察—岩土工程勘察一等奖”，得到了行业专家的认可。

参考文献

[1] 《工程地质手册》编委会. 工程地质手册[M]. 4版. 北京: 中国建筑工业出版社, 2007.

[2] 彭瑞杰, 董士伟, 张文涛, 等. 用标准贯入击数估算钻孔灌注桩单桩极限承载力[J]. 山西建筑, 2014(35): 76-78.

[3] 建设部. 建筑桩基技术规范: JGJ 94—2008[S]. 北京: 中国建筑工业出版社, 2008.

[4] 建设部. 建筑基坑支护技术规范: JGJ 120—99[S]. 北京: 中国建筑工业出版社, 1999.

[5] 姚天强, 石振华. 基坑降水手册[M]. 北京: 中国建筑工业出版社, 2006.

东西湖体育中心岩土工程勘察实录

张正伟　金新锋　肖守金　柳艳华　杨宇硕　叶昆荣　韩　光　陈曦阳
（中机三勘岩土工程有限公司，湖北武汉　430013）

1　工程概况

1.1　场地位置及工程概况

东西湖体育中心即武汉五环体育中心，位于武汉市东西湖区临空港大道与金山大道交会处西北侧，是2019年第七届世界军人运动会主要场馆之一，也是“七军会”单项投资最大的项目（图1、图2）。主要包括1座3万座的体育场、1座8千座的体育馆、1座1千座的游泳馆、1个配套的户外体育公园、若干配套商业地上建筑、过街天桥、地上停车场及地下停车场，总建筑面积158123.4m²。本工程勘察等级为甲级。地基基础设计等级为甲级。

图1　东西湖体育中心效果图

我公司于2016年8月12日—11月7日进场进行了岩土工程勘察，2016年11月下旬提交了详勘报告，该项目于2019年3月建成并投入使用。

1.2　勘察重点及难点

（1）本项目体育场、体育馆、游泳馆均为大跨度的框架结构，结构对差异沉降要求敏感，单柱荷载最大可达20000kN，荷载较大，基本可确定采用桩基，地下车库、商业及其他附属建筑荷载一般较小，采用天然地基可能性较大，运动场、停车场及室外运动场地荷载小，表层土质较好地段可直接使用，填土或软土较厚地段需进行处理，同时，地下车库、游泳池等地下建筑物需考虑抗浮问题。因此，查明桩基持力层、天然地基持力层及软弱下卧层的工程性质、分布埋藏规律，提供准确的设计技术参数是本工程勘察工作重点问题，而查清表层土质情况是运动场、篮球场及室外运动场地勘察的工作重点，直接关系到建筑物的安全。

图2　东西湖体育中心实拍图

（2）勘察期间场地尚未平整，主要为树林及水塘等，勘察外业施工难度大。

（3）地层中部黏性土中局部夹大量块石、漂石，块石粒径10～30cm，成分为石英砂岩及白云岩，钻探过程中漏水、钻探难度大。

（4）场地下部红黏土呈软塑状，钻探过程中易缩颈，砂质粉质黏土呈松散砂状及土状，易跨孔且取芯困难，钻探作业难度大。

（5）场地存在填土、淤泥质土、块石、红黏土、残积土等特殊性岩土，查明这些岩土的分布范围、性质及对工程的不利影响是本项目重点。

（6）场地下部存在两种基岩，基岩层面起伏大，且白云岩中发育有溶洞，查明两种基岩的分布范围、白云岩中溶洞发育情况是项目重点。

（7）本工程分布基岩为志留系泥岩，为软岩，

获奖项目：2020年度湖北省勘察设计二等成果奖，2020年机械工业优秀工程勘察设计二等奖。

而且受构造运动影响，构造裂隙较发育，局部较破碎，如何提高岩芯采取率，正确反映沿线下伏基岩物理力学性质是关键。

1.3　勘察工作简况

1.3.1　勘察方法及内容

本次勘察采用钻探取样试验结合多种现场原位测试，工程物探，室内岩、土、水试验等综合进行，提供设计、施工需要的岩土工程勘察资料。

在对拟建场地进行踏勘、调查地下埋藏物基础上，进行野外钻探；野外钻探机械设备为 XY-100 型钻机；原位测试进行了静力触探、标准贯入试验、重型动力触探试验、波速及地脉动试验等；为了解场地内各岩土层的物理力学性质、进行岩土定名，分别进行了土试样的常规项目、直接快剪、自由膨胀试验、高压固结试验、高压固结回弹试验及岩石单轴抗压强度试验及岩块点荷载试验，为查明地表水、地下水和地基土的腐蚀性，进行了水质简分析试验以及土壤易溶盐分析试验等（图 3）。

1.3.2　勘察工作量

为查明场地内各岩土层在水平及垂直方向上的分布规律及其物理力学性质，本次勘察共布置并完成钻孔 368 个（其中 8 个钻孔为水上孔），详见图 4。

图 3　现场施工图

2　场区工程地质条件

2.1　拟建场区现状地形

勘察场地位于武汉市东西湖区临空港大道与金山大道交汇处西北侧，现为荒地、树林、菜地及水塘等。地面标高为 19.86～28.36m，地势有一定起伏，总体呈北高南低，地貌单元属低垄岗地貌，详见图 5。

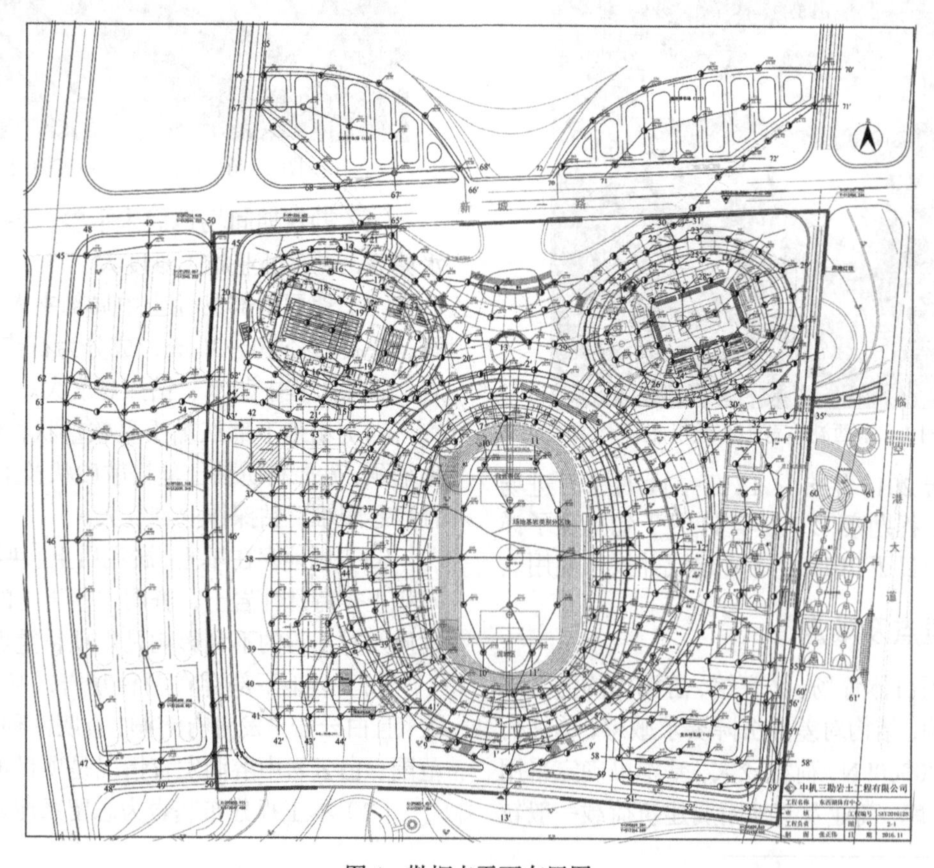

图 4　勘探点平面布置图

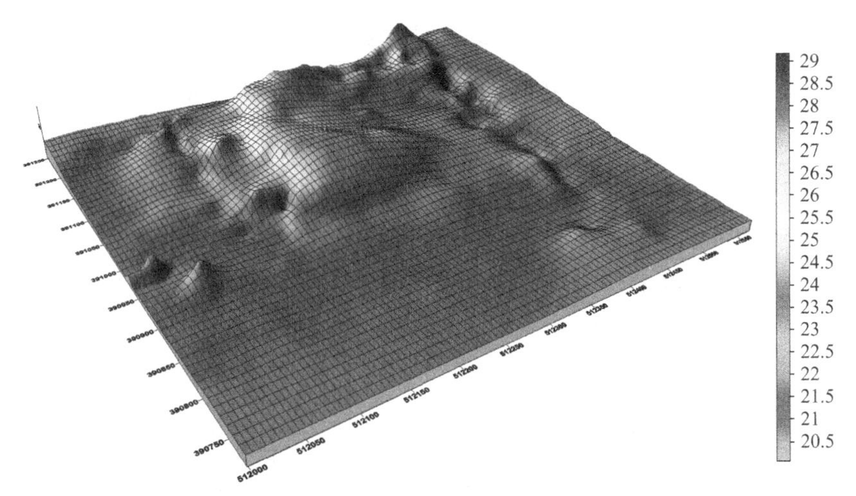

图 5　场地三维模拟图

2.2　地层岩性及分布特征

根据本次勘察的勘察结果，场地在勘探深度范围内所分布的地层除表层分布有厚度较小的填土层外，其下分别为第四系全新统—上更新统冲洪积成因（$Q_{4\sim3}^{al+pl}$）的黏性土层、黏性土夹碎石、残积成因（$Q_{4\sim3}^{al+pl}$）的黏性上层、黏性土夹碎石、残积成因（Q^{el}）的红黏土层及砂质黏性土层，且部分地段不同深度处有块石，下伏基岩为石炭系（C）白云岩及志留系坟头组（S_{2f}）泥岩。详见图 6 及图 7。

2.3　场地土的物理力学性质指标

岩土参数根据现场原位测试、室内试验，结合当地经验提供，各岩土层物理力学性质指标见表 1。

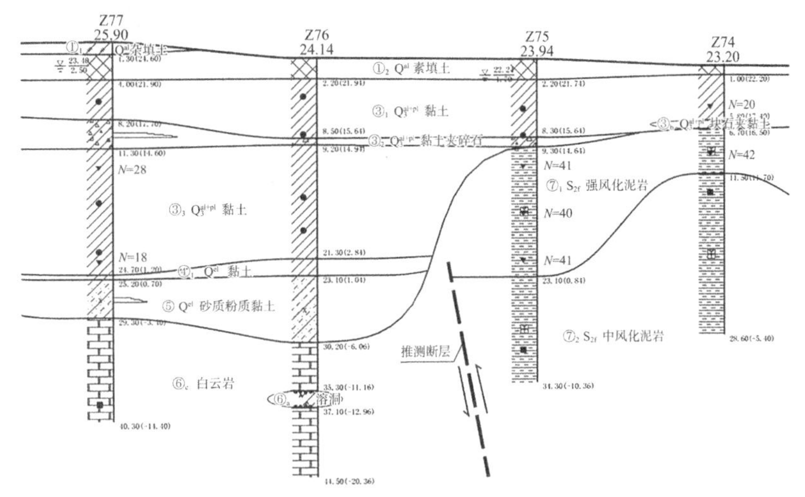

图 6　工程地质剖面图

图 7　钻孔岩芯照片（红框部分可见夹大量块石）

岩土层物理力学性质指标 表 1

层号	地层名称	w/%	γ/(kN/m³)	S_r/%	e	I_P	I_L	f_{ak}/kPa	E_{s1-2}/MPa	$[f_{a0}]$/kPa	天然快剪		渗透系数 K/(cm/s)	超固结比 OCR	自由膨胀率 S_{ef}/%	泥浆护壁钻（冲）孔灌注桩	
											C/kPa	φ/°				q_{sia}/kPa	q_{pa}/kPa
①₃	淤泥质黏土	44.4	17.3	97.1	1.249	18.8	1.09	55	3.0	80	11.0	4.5	3×10^{-6}			10	
②₁	粉质黏土	31.3	18.5	93.4	0.913	16.4	0.57	120	6.0	190	23.0	13.0	5×10^{-6}		22.7	30	
②₂	粉质黏土	25.0	19.1	88.9	0.771	15.6	0.27	210	9.0	290	31.0	15.5	5×10^{-6}		25.7	40	
③₁	黏土	22.9	19.4	88.2	0.710	17.1	0.00	400	15.0	430	42.0	17.0	1×10^{-6}	2.25	20.4	46	
③₂	黏土夹碎石	24.1	19.2	89.3	0.739	17.5	0.02	420	16.0	440	42.0	18.0	2×10^{-5}	1.54		48	
③₃	黏土	24.5	19.4	92.2	0.728	18.2	0.00	400	15.0	430	42.0	17.0	1×10^{-6}	1.11		46	
③₁	黏土	27.3	19.0	92.2	0.808	17.1	0.27	200	8.5	280	31.0	13.0	1×10^{-6}			40	
③₂	块石夹黏土							$f_a=1200$		1500	40.0	25.0	5×10^{-5}			100	
④₁	黏土	35.6	18.2	96.0	1.017	23.0	0.27	190	10.0	200	36.0	12.5	1×10^{-6}	0.97		34	
④₂	黏土	43.2	17.3	94.9	1.241	21.9	0.72	110	5.0	110	21.0	8.0	1×10^{-6}	0.95		28	
⑤	砂质粉质黏土	29.1	18.5	91.9	0.864	14.3	0.39	130	9.0	140	34.0	13.5	8×10^{-4}			35	
⑥	白云岩							$f_a=6000$		2000						350	6000
⑦₁	强风化泥岩							500	$E_0=46.0$	500	48.0	19.0	5×10^{-5}			70	
⑦₂	中风化泥岩							$f_a=2000$		800						130	2500

3 场区水文地质条件

3.1 地表水及水位

场地地表水主要为水塘，水塘分布情况详见表 2，地表水主要接受大气降水、地表径流及人工排放补给，受气候及人工活动影响明显，场平工作前建议先进行抽水清淤，再进行回填。与上层滞水因黏性土阻隔而无水力联系，且其水量较小，流动性差，对基础施工基本无影响。

场地内水塘分布一览表 表 2

序号	孔位	水面高程/m	水深/m
塘 1	D10～D14、D17	20.40	0.8～1.0
塘 2	D28	21.25	2.0
塘 3	—	24.80	0.3～0.6
塘 4	S6	25.49	1.0

3.2 地下水类型及地下水位

勘察期间在部分钻孔中见有地下水。本场地地下水类型主要两类，一类主要为上部赋存于①素填土中的上层滞水，受大气降水及地表水体渗透补给，其水位、水量随季节变化，在丰水季节及地表水体渗透补给充分时有一定水量，无统一自由水位。勘察期间，测得上层滞水稳定水位埋深为 0.5～2.6m，其对应的标高为 18.82～24.72m。二类为赋存于下部基岩裂隙中的基岩裂隙水和岩溶水，基岩裂隙水和岩溶水除个别地段具一定水量外，一般水量不大。

4 场地地震效应

根据本场地拟建建筑物使用功能，依据《建筑工程抗震设防分类标准》GB 50223—2008、《建筑抗震设计规范》（2016 年版）GB 50011—2010 之规定，拟建体育场、体育馆抗震设防类别为重点设防类（乙类），其余建筑均为标准设防类（丙类）。武汉市抗震设防基本烈度为 6 度，设计地震分组为第一组。拟建建筑物均应按本地区基本烈度 6 度进行抗震设防，但体育场、体育馆按 7 度加强其抗震措施。

根据本场地波速测试报告及按不利情况估算结果，本场地覆盖层厚度深度范围内土层等效剪切波速值为 211.8～247.2m/s（实测波速值为 243.2～274.3m/s），按《建筑抗震设计规范》（2016 年版）GB 50011—2010 有关规定，本场地土类型为中软土，属对建筑抗震一般地段。体育馆、地下室部分场地覆盖层厚度大于 50m，按不利条件考虑，其建筑场地类别为Ⅲ类，设计基本地震加速度值为0.065g，场地地震动加速度反应谱特征周期为0.45s；体育场及游泳馆覆盖层厚度在8.8～49.8m，建筑场地类别为Ⅱ类，设计基本地震加速度值为0.05g，场地地震动加速度反应谱特征周期为0.35s。

场地20m深度范围内不存在可液化土层，可不考虑地基土液化的影响。

5 岩溶对地基稳定性影响评价

本场地存在岩溶现象，应考虑岩溶对地基稳定的影响。本场地属岩溶强发育区，大部分溶洞由流—软—可—硬塑黏性土或黏性土夹白云岩碎块或、碎屑全充填，少量个别溶洞为半充填，无大型坍塌型溶洞，勘察期间未见土洞发育，且本场地区域历史上未发生过岩溶塌陷，表明该岩层浅部岩溶现象已处于发育晚期，逐渐趋于稳定。拟建建筑物若采用天然地基，当商业等建筑物采用天然地基筏板基础时，筏板具有梁板跨越作用，且上覆黏性土层最小厚度能够满足规范设计要求，岩溶对其地基稳定的影响较小，但应避免场区及周边的人为诱发因素（工程活动）引起岩溶地面塌陷。

当拟建体育场、体育馆、游泳馆采用桩基时，岩溶对其地基稳定会有一定的影响。因局部地段溶洞顶板岩层厚度较薄，加之后期桩基施工可能会影响现有场地的稳定性，可能会造成溶洞坍塌、地面塌陷等地质灾害。同时局部地段存在土洞，按照《建筑地基基础技术规范》DB 42/242—2014第9.3.3条规定，覆盖土层为黏性土层但有土洞存在时，不经处理不宜作为建筑场地。因此在设计和施工时应加以重视，应避免场区及周围的人为诱发因素（工程活动）引起岩溶地面塌陷，同时建议在施工勘察时对溶洞进行注浆处理。

对地基基础设计等级为甲级的建筑物主体宜避开岩溶强发育地段。对于溶洞洞径大，充填物为软弱土体，岩溶水排泄不畅等岩溶强发育地段，须进行场地处理，未经处理的场地不应作为建筑物的地基使用。

6 地基基础工程方案

6.1 基础形式分析

根据拟建建筑基础埋深、设计±0.000及场地岩土工程条件，对荷载相对较小的商业、地下室及停车场等，可优先考虑采用天然地基，以③$_1$、③$_2$层作为天然地基持力层，基础形式可考虑采用独立柱基，局部天然地基持力层埋深较大地段，可考虑采用超挖换填的方法进行处理。场地北侧（新城一路以北）停车场主要为挖方区，拟建停车场路基可直接落在挖方揭露后的②$_1$～③$_1$层之上，局部填土厚度较大地段可对填土进行换填处理；西侧若干停车场及东侧篮球场、活动区主要为填方区，填方高度1～2m，回填之前应先对沟塘进行抽水清淤，填土过程中采用分层碾压或夯实的方式进行处理，压实度应满足设计要求，并按《建筑地基处理技术规范》JGJ 79—2012进行检测，检测时间和检测数量应符合规范要求，并加强监测。

对荷载较大的体育场、体育馆及游泳馆，其荷载较大，采用天然地基难以满足设计要求，应采用桩基，过街天桥亦可考虑采用桩基，桩型均可考虑采用钻（冲）孔灌注桩，以⑥层或⑦$_2$层作为桩基持力层。因⑥层白云岩中有溶洞发育，以该层作为桩基持力层时，桩端全断面嵌入完整岩层表面的深度不应小于桩身直径的2倍，且不得小于2m，同时应进行逐桩施工勘察。场地基岩类别分区线详见图4，由于详勘孔孔距较大，无法准确地查明白云岩实际分布范围，进行施工勘察时，勘察范围应在现已查明白云岩分布范围基础上向泥岩区延伸一定距离。

当在岩溶地区采用天然地基设计施工时，应确保基础底面以下土层厚度大于独立基础宽度的3倍或条形基础宽度的6倍（可不考虑岩溶地区对场地稳定性的影响），如若采用桩基，则应进行施工勘察。

6.2 成桩分析

根据本工程及场地工程地质条件，结合本地区桩基施工能力，拟建建筑物桩基形式采用钻（冲）孔灌注桩是可行的，当采用钻（冲）孔灌注桩施工时，由于上部填土呈松散状态，且场地⑤砂质粉质黏土局部呈砂土状，较松散，易在施工过程中造成垮孔，桩基施工时应控制好泥浆稠度，保证能对孔壁有效支护，使桩身质量得以保证，同时施工中应注意③$_2$、④$_1$、④$_2$及⑤层土中局部夹碎石及块石，部分块石块径较大，对桩基成孔有一定影响，施工前应选择合适的施工工艺和做好相应的处理预案。部分地段③$_2$黏土夹碎石和③$_2$块石夹黏土中硬物质含量较高，对成桩会造成很大困难，同时亦容易影响施工时对持力层的判断，建议设计及下一步超前钻施工应引起足够重视，在遇到类似状况时应及时通知勘察单位进行验槽。另在钻遇⑥白云岩时，因局部分布有溶洞，且个别洞径较大，应预防发生漏浆和掉钻的情况，对发现的溶洞应进行注浆处理。采用冲孔灌注桩时，桩基施工可能破坏基岩稳定，从而影响现有场地的稳定性，造成溶洞坍塌、地面塌陷等地质灾害，桩基施工前应对提高警惕并准备相应的处理预案。成孔后应严格控制成桩时间，尤其是空孔时间及浇灌混凝土的时间。同时要充分考虑在白云岩中的成孔困难，选择技术管理先进、设备配置优良、有良好施工经验的桩基队伍进行施工，设计施工前，应进行试成孔。

7 基坑工程分析

7.1 地下水控制

可能影响拟建基坑安全和施工的场地地下水主要为赋存于①填土中的上层滞水。基坑开挖时，对于上层滞水可采用排水沟及集水井明排，以免雨水及生活用水进入基坑和①填土中，减少上层滞水的水量。本场地基岩裂隙水水量较小，其对基础施工基本无影响。

7.2 基坑支护问题

综合基坑周边环境条件，坑壁的土体情况、结合拟建基坑规模、重要性等，本工程基坑可以采用放坡结合土钉支护的方式，基坑的设计、施工及监测必须由具备相应资质的单位承担。

7.3 地下室基础抗浮评价

拟建独立地下室部分应考虑结构自重和上覆土重能否抵御地下水浮托力，同时应注意建筑物地下室施工期间的抗浮问题，考虑本地区常降暴雨，地表水易沿地下室外墙下渗形成水力连通，对地下室产生浮托破坏，本场地抗浮水位建议按使用阶段室外地面整平标高采用，当通过抗浮验算需采取抗浮措施时，可设置抗浮锚杆和抗拔桩。

7.4 基坑施工的注意事项

（1）武汉市基坑施工常发生对周边环境产生较大危害事故，设计方案中应有监测方案，其监测项目按相关规范要求选择。对监测到基坑支护结构及周边地面建筑物等位移、变形沉降速率较大的应及时反馈、分析并处理。

（2）基坑工程施工应按信息化施工方法进行，及时根据监测信息及时与设计人员沟通，必要时可据监测情况调整下一步施工方案。

（3）要制定严密的施工组织设计，安排好不同工种的施工次序，包括打工程桩、支护桩，抽排水、挖土等各工序，安排不当对基坑施工将造成不利影响。

（4）坑顶周边堆载值及活荷载不允许超过坑顶设计超载取值，避免对支护结构稳定性及安全产生影响。

（5）应做好地表水体疏排工作，防止大面积地表水汇入坑内。

（6）施工中应尽量减小对周围环境的产生的影响，做好现场的环境卫生工作，并应对周边道路及管线采取保护措施。

（7）设计宜借鉴和参考相似岩土分布条件地方类似工程施工经验。

8 工程勘察成果与效益

（1）本项目勘察采用多种手段，查清了全场地不同深度范围内的土质情况，分析了各地基土的工程特性及作为基础持力层的可能性，并提供了基础选型方案及设计参数。

（2）根据不同岩性的分布范围，拟合出了一条场地基岩类别分界线，为后续桩基施工提供了参考依据。

（3）根据调查和测绘成果，利用 Surfer12.0 软件绘制了场地三维地形模拟图，能够直观地看到场地地形和地势。针对不同的基岩分布范围和深度，利用 Surfer12.0 绘制了白云岩和泥岩的三维模拟图，能够直观地反映基岩起伏情况，为了解场地基岩分布情况提供直观帮助。

（4）场地内分布有块石，以白云岩为主的场地内有岩溶发育，根据场区的详勘资料，绘制了块石和岩溶的分布范围图，为后续桩基施工提供了参考依据。

（5）根据场区的详勘资料，大部分地段的覆盖层厚度大于 3m，小于 50m，建筑场地类别为Ⅱ

类，局部地段的覆盖层厚度超过 50m，建筑场地类别为Ⅲ类。根据不同的场地类别分布，绘制了场地类别分区图，为抗震设计提供了基础依据。

（6）本项目勘察报告编制深度符合相关规范、技术要求，针对工程特点和场地工程地质条件，进行了较全面的野外测试和室内试验工作，采用的勘察技术手段合理、方法得当，测试的项目、数量、方法能够满足获取评价地质条件和工程设计所需地质参数的需要。报告书对场地地质条件、岩溶发育情况、场地稳定性、地基均匀性和特殊岩土等方面进行了较详细的分析、阐述，为设计人员提供了合理的基础选型方案，提供的方案经济实用，为设计人员所采用，且被施工证明是正确的。从后期施工来看，勘察报告与实际地质情况相符，解决了复杂条件的岩土工程问题，取得了良好的经济效益和社会效益。项目获得 2020 年度湖北省勘察设计二等成果奖、2020 年机械工业优秀工程勘察设计二等奖。

北干街道高田社区安置房（北区块）及3号楼岩溶勘察

王冬冬[1]　徐志明[1]　葛民辉[2]
（1. 浙江恒辉勘测设计有限公司，浙江杭州 311215；2. 浙江省综合勘察研究院，浙江杭州 310011）

1　工程概况

工程位于萧山区北干街道永久路西侧，北干山北侧。拟建建筑物为北侧2栋26层高层住宅，中部1栋22层高层住宅，南侧2栋18层高层住宅，东侧设有3层沿街商铺，设计单柱最大荷载约15000kN，18层设计墙最大轴力标准值为2000kN/m，22层、26层设计墙最大轴力标准值为3000kN/m，沿街2～3层配套用房，设计柱最大轴力标准值为2500kN，场地大面积下设2层地下室，基坑最大开挖深度约9.0m，2层地下室柱最大轴力标准值约为3500kN，拟建筑物基础均拟采用桩基础。详细勘察阶段如图1所示。

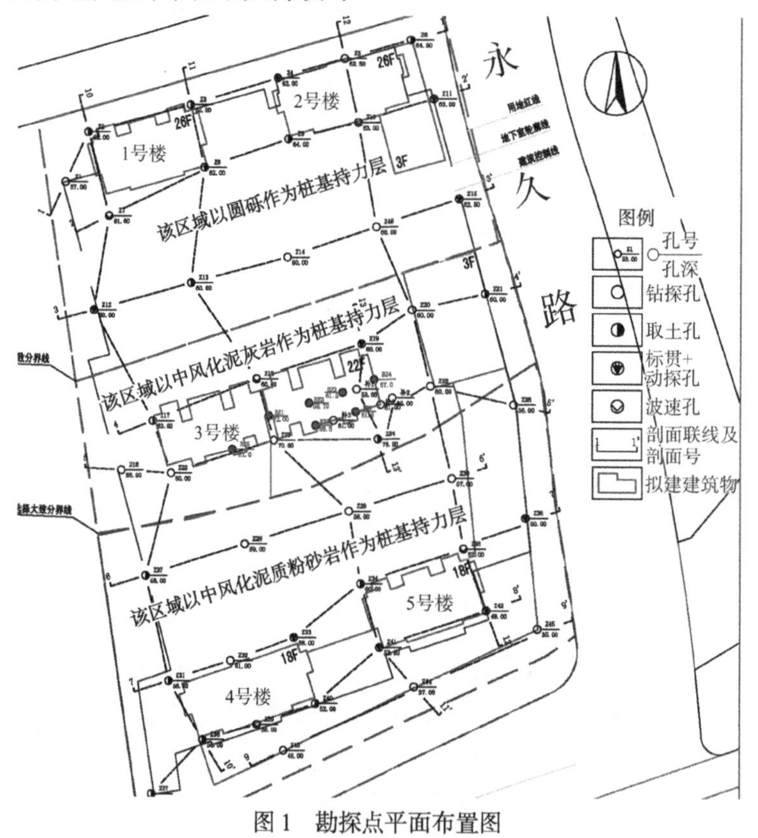

图1　勘探点平面布置图

2　岩土工程勘察目的

本次岩土工程勘察属详细勘察阶段，其目的是通过钻探查明场地工程地质条件，主要采用综合评价方法对场地和地基稳定性作出结论，对不良地质作用和特殊性岩土的防治、地基基础形式、埋深、地基处理等方案提出建议，提供设计、施工所需的岩土工程资料和参数。

3　详细勘察阶段完成的工作量

根据勘察任务和要求，结合规范、规程沿建筑物周边线网格状共完成46个勘探孔，均为机械性钻孔。在场地中部Z24孔中有岩溶现象揭露，故在周边补充4个勘探孔，以进一步了解岩溶发育大致情况。

4 场地工程地质条件、水文地质条件

4.1 地形地貌

场地位于萧山区北干街道，在地貌上属于萧绍淤积平原，场地现主要为空地，勘探时各孔口高程在5.62～7.01m之间，地势略有高低。

4.2 本场地地层分布情况

该项目最大勘探深度在自然地面下63m，勘探深度范围内土层自上而下大致描述如下：人工填土层、第四系海相沉积及河流相沉积物，深部基岩为志留系唐家坞组（$S2_t$）的以泥质、粉砂岩为主，局部为石英砂岩（统称泥质粉砂岩）以及奥陶系砚瓦山组（$O3_y$）的灰色瘤状灰岩、含钙质结核泥灰岩（统称泥灰岩），同时泥灰岩中伴随有岩溶发育情况。具体地层编号、命名及相关参数详见表1。

地层分布情况及设计参数一览表　　表1

地层编号	地层名称	层底标高/m	地层厚度/m	地层描述及特征	压缩模量	地基承载力特征值	钻孔桩（特征值）	
							桩周土侧阻力	桩端土阻力
					E_{s1-2}/MPa	f_{ak}/kPa	q_{sa}/kPa	q_{pa}/kPa
①	杂填土	1.84～5.51	1.50～4.80	灰色，软塑				
②	粉质黏土	1.38～3.52	0.30～2.80	灰黄色—灰色，软可塑	4.20	110	13	
③$_1$	黏质粉土夹淤泥质粉质黏土	−2.78～1.51	1.30～4.90	灰色，稍密，很湿，层状构造	4.0	95	10	
③$_2$	淤泥质黏土	−19.61～−10.98	12.00～20.10	深灰色，流塑	2.0	70	8	
⑤	粉质黏土	−33.99～−18.18	6.00～16.60	灰色，软塑	3.0	85	9	
⑥$_1$	粉质黏土	−40.12～−26.12	1.50～8.50	灰黄色，软可塑为主，局部为硬可塑	6.5	150	20	
⑥$_2$	粉质黏土	−42.72～−37.21	1.20～6.60	灰青色，可塑状	7.0	160	22	
⑥$_3$	细砂	−43.63～−39.38	0.50～5.80	灰黄色，湿，中密	11.0	230	25	
⑧	圆砾	−51.21～−42.26	0.70～10.90	灰黄色，中密—密实	26.0	400	45	2200
⑨	含粉质黏土碎石	−49.92～−27.28	1.00～8.50	灰色、灰白色，中密—密实	18.0	300	30	1500
⑩$_1$	全风化泥质粉砂岩	−55.11～−29.78	1.10～6.60	紫红色，基岩已被风化成黏土状	9.0	200	25	900
⑩$_2$	强风化泥质粉砂岩	−47.58～−20.48	0.90～3.10	紫红色，基岩大部分被风化成颗粒状	35.0	360	42	1500
⑩$_3$	中风化泥质粉砂岩			岩芯呈短柱状，岩芯采取率不高		1200	80	2700
⑪$_1$	全风化泥灰岩	−51.22～−44.43	1.30～4.70	风化成黏土状，硬可塑		200	24	900
⑪$_2$	中风化泥灰岩	−59.02～−44.12	0.50～3.90	浅灰色，坚硬，岩芯呈柱状		2500	120	4000
⑪$_a$	粉质黏土	−61.22～−44.62	0.30～7.90	黏土状，暗红色，软可塑				
⑪$_b$	空洞	−62.66～−62.66	3.30～3.30	空隙				
⑪$_c$	含黏性土碎石			暗红色				

根据岩石饱和抗压强度试验结果，⑩$_3$中风化泥质粉砂岩抗压强度平均值为12.79MPa，标准值为12.56MPa，⑪$_2$中风化泥灰岩抗压强度平均值为32.90MPa，标准值为31.97MPa。

4.3 场地水文地质条件

（1）地下水类型及埋藏条件

场地勘探深度以浅地下水按埋藏和赋存条件为第四系孔隙潜水、第四系孔隙承压水、基岩裂隙水。

第四系孔隙潜水含水层为场地浅部①杂填土中，其富水性和透水性具有各向异性，受沉积层理影响，一般透水性水平向大于垂直向。本场地孔隙潜水受大气降水竖向入渗补给为主，径流缓慢，以蒸发方式和向江河排泄为主，水位随季节气候动态变化明显，据区域资料，动态变幅一般在1.0～2.0m。

第四系孔隙承压水含水层主要为⑧圆砾中，透水性良好，为钱塘江古河道，受上游侧向径流补给，水量充沛，具有明显的埋藏深、污染少、水量大的特点。相对隔水层为③淤泥质黏土、⑤黏性土、⑥黏性土，隔水层厚达42m左右。

基岩裂隙水赋存于岩石裂隙中，但由于裂隙泥质充填，基岩裂隙水连续性差，其富水性和透水性较差。

（2）地下水和浅层土对混凝土及钢筋的腐蚀性评价

场地孔隙潜水对钢筋混凝土具微腐蚀性，对混凝土中钢筋等建筑材料具微腐蚀性。场地属于平原区，建筑场地周边无污染源存在，浅层土由于长期受大气降水的淋滤和地下水浸泡，结合地区经验判定场地土对混凝土结构和钢筋混凝土结构中的钢筋具微腐蚀性，对钢结构具微腐蚀性。

4.4 场地地震效应及不良地质作用评价

1）场地地震效应

从区域地质构造及历史地震记载的时空分布情况分析，本场地属强度弱、震级小、地震发生频率低的相对稳定地带。根据《建筑抗震设计规范》（2016年版）GB 50011—2010规定，本场地的抗震设防烈度为6度。场地20m深度范围内等效剪切波速介于123.2～126.2m/s之间，波速V_s值小于150m/s，属软弱土，根据场地揭露的覆盖层厚度在30～58m之间，确定本建筑场地类别为Ⅲ类，设计基本地震加速度值为0.05g，设计特征周期值0.45s。场地分布软弱土，属对建筑抗震不利地段。

2）不良地质作用评价

（1）软土

本工程分布有较大厚度软土，对于桩端未进入底部良好持力层的基桩，地震时因软土触变桩侧阻力降低，桩端发生刺入式破坏，桩基会发生突陷。故在桩基施工过程时应确保桩端进入稳定持力层，桩端下硬持力层厚度满足规范要求。

（2）岩溶发育

本工程中部奥陶系砚瓦山组（$O3_y$）的泥灰岩中，有岩溶发育情况，岩溶发育强烈，部分岩体被侵蚀呈黏土状，且有溶洞存在，对中部3号楼高层住宅桩基础施工有较大影响。

本项目详细勘察阶段在中部3号楼高层住宅区域揭露的岩溶发育情况，详见图2。

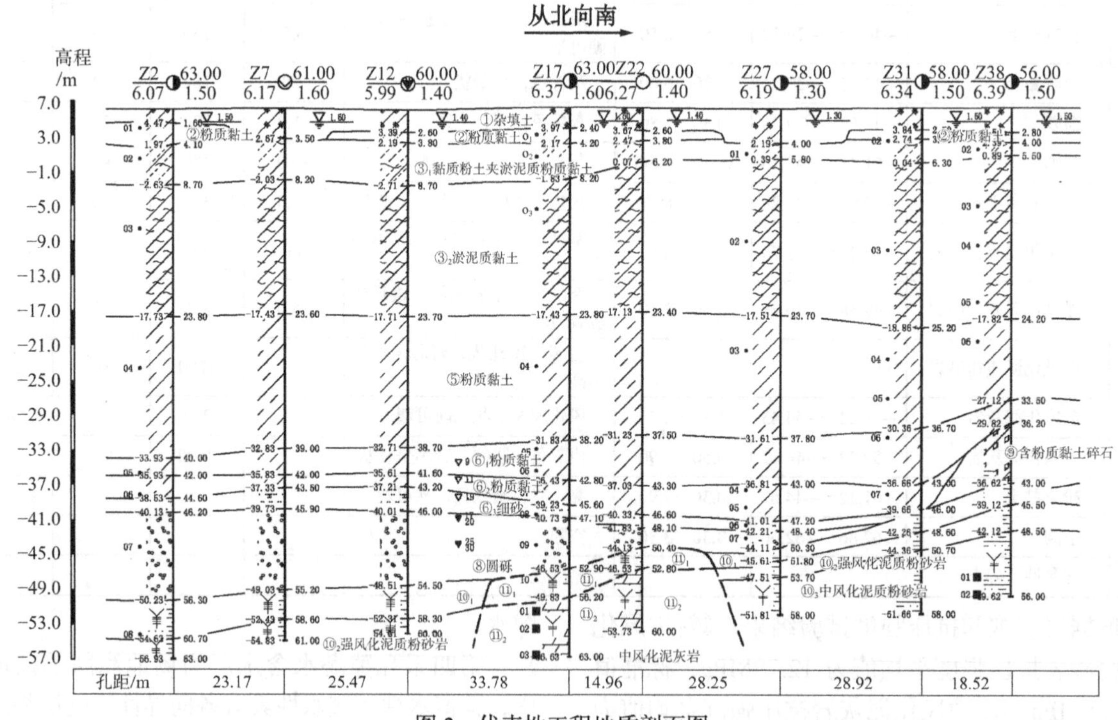

图2 代表性工程地质剖面图

5 针对性的基础方案分析评价

（1）北侧2栋26层小高层住宅及3层配套用房

该区域⑧圆砾分布较为稳定，厚度均有6m以上，下卧地层为⑩泥质粉砂岩，采用ϕ700～800mm的钻孔灌注桩基础，以⑧圆砾作为桩基础持力层，桩端进入持力层深度不小于2m，桩端下硬持力层厚度不小于5D（D为桩径），并采用桩端后注浆技术。

（2）中部1栋22层小高层住宅及3层配套用房

该区域⑧层圆砾分布厚度小或缺失，稳定的桩端持力层为⑪$_2$层中风化泥灰岩，其岩石力学性质好，抗压强度高，桩型可采用ϕ700～800mm 的旋挖成孔或冲击成孔灌注桩，桩端嵌入稳定基岩要求全断面不小于 1.5D（D为桩径）。考虑到该区域有岩溶发育情况，需进行一桩一探的施工勘察。

（3）南部2栋18层小高层住宅及3层配套用房

该区域上部圆砾层分布厚度薄甚至缺失，基岩面起伏较大，分布相对稳定的桩端持力层为⑩$_3$层中风化泥质粉砂岩，岩石力学性质好，可以⑩$_3$层中风化泥质粉砂岩作为桩基础持力层，桩型可采用ϕ700～800mm 的旋挖成孔或冲击成孔灌注桩，桩端嵌入基岩深度要求全断面不小于 1.5D（D为桩径）。

（4）高层住宅楼间纯地下室部位

考虑到单柱荷载较小，可以⑧层圆砾或⑩$_3$层中风化泥质粉砂岩或⑪$_2$ 层中风化泥灰岩作为桩端持力层，有效桩长可参照工程地质剖面图具体设置。

6 针对3号楼岩溶区域一桩一探工作

由于桩基持力层存在溶洞（沟、槽），根据相关规范要求需进行一桩一探工作，本次施工勘察目的是查明 3 号楼基础下桩端持力层的岩土性、持力层分布厚度情况、岩石风化程度、岩石完整性及溶洞（沟、槽）等岩溶发育现象，为溶洞（沟、槽）处理及桩基施工提供可靠地质依据。

本次施工勘察以 3 号楼桩基平面图为依据，按照设计要求一桩一探的方式，布设基桩孔，共布置 175 个基桩孔。

6.1 岩溶发育的地质背景和形成条件

岩溶发育的因素主要有 5 点：（1）碳酸盐岩岩性的影响；（2）气候对岩溶发育的影响；（3）地形地貌的影响；（4）地质构造的影响；（5）新构造运动的影响。

根据收集杭州基础地质资料，萧山—球川断裂带的分支部分“里山镇—白洋桥断裂带（F2）”，由闻堰—萧山城厢镇—南阳镇一带斜贯测区，区内长约 60km。最宽可达 5～7km，总体呈北东 40°～45°方向，在义桥、新塘、北干山等地被北西向、东西向区域性断裂切错成数段。地貌与遥感信息显示，里山—渔山段断裂平行于富春江，北西侧为低平河谷，南东侧山体拔地而起，断崖峭壁，地形反差强烈。北段（宁围—海宁段）走向基本与钱塘江一致。沿断裂带形成总体呈北东向展布的低丘、残山及陆屿。本工程所在区域位于里山镇—白洋桥断裂带（F2）附近。

在本工程 3 号楼区域揭露有奥陶系砚瓦山组（$O3_y$）地层，岩性为浅灰色中厚层饼条状隐晶微粒灰岩，深灰色中层饼条状隐晶微粒泥灰岩，本勘察报告中泥灰岩隐伏埋藏在自然地面 50m 以下，本工程岩溶发育的主要条件是泥灰岩为碳酸盐岩岩性和断裂构造的影响，由于成岩、构造、风化、卸荷等作用所形成的各种破裂面，提供的良好的基岩水流通通道，地下水的循环交替条件加速了岩溶发育。

6.2 溶洞（沟、槽）堆积物类型

（1）⑪$_a$充填粉质黏土

暗红色，可塑，系岩溶发育的产物，为岩溶主要充填物类型，其岩石结构构造已完全破坏，岩石成分难以辨认，软硬程度以硬可塑状为主，局部含有少量未侵蚀的风化岩颗粒，切面整体较光滑，干强度中等，韧性中等，该层分布厚度差异性很大。最大分布厚度可达 12m，分布较薄区域厚度仅为 20～30cm。

（2）⑪$_b$空溶洞

基本无充填物或充填物为流塑状，当钻探发现溶洞时，钻杆出现自然下落或缓慢下沉现象，钻孔中泥浆迅速流失，局部存在落石（钻进时偶有响声），溶洞分布的主要深度范围在 60～70m，分布厚度在 1～10m。

（3）⑪$_c$充填含黏性土碎石

暗红色，以未完全侵蚀风化的岩石为主，混有多量粉质黏土，密实度大体呈为中密状，该层中偶有分布 10～20cm 厚的中风化岩块。

6.3 岩溶分布形态及特征

本项目一桩一探施工勘察阶段揭露的岩溶分布形态详见图 3。

3 号楼下部分布为埋藏型岩溶，主要分布形态为溶槽、溶沟、溶洞，呈不规则分布。溶洞（沟、槽）发育深度在自然地面以下 58.2～73.4m，洞深 0.20～10.40m，小的表现为细小溶沟（槽），大的表现为落水洞等形态，填充物不均一，以可塑状的⑪$_a$粉质黏土为主，以中密状的⑪$_c$层含黏性土碎石次之，部分孔中发现的溶洞在钻探过程中出现钻杆迅速下落，孔内泥浆迅速流失，偶尔有响声，系洞体上部掉落的风化岩块引起。发现有岩溶发育的基桩孔共 141 个，洞隙率占比约 80%。其中有 55 个基桩孔在勘探过程中存在漏浆情况，占比约 31%。

溶洞按其是否有充填物来划分为两种：

（1）满溶洞：有充填物，充填物达 90%以上，充填物性质以⑪$_{a}$层可塑状的充填粉质黏土为主，以中密状的⑪$_{c}$层含黏性土碎石次之，该类型基桩孔共有 123 个，占比约 70%。

（2）空溶洞：无充填物或充填物含量极少，以流塑状性质存在，钻探设备施工时无需钻进可直接掉落至底部，且严重漏浆，该类型基桩孔共有 18 个，占比约 10%。

6.4 遇溶洞桩孔施工处理措施建议

1）施工方法选择

根据不同的溶洞采取不同方案，桩基施工遇溶洞处理方法主要分为高压注浆，桩孔施工充填加固，钢护筒隔离。

（1）对于岩溶基本不发育或呈细小裂隙缝形式，桩端需穿过圆砾和全风化泥灰岩层可直接到达稳定的⑪$_{2}$中风化泥灰岩层，可采用常规冲击钻成孔，施工过程中桩孔内还需掺入膨润土加大泥浆相对密度，以增大孔壁的自稳能力和充填到细小裂隙内，以保持孔内水位高度。

（2）对于上部有⑩$_{3}$中风化砂岩，厚度达 4.5m 以上，底部有岩溶发育。溶洞全充填，穿过圆砾层、全风化层，以及岩溶充填物后，到达稳定的桩端持力层。岩溶发育，呈串珠式分布，可采用灌注混凝土（骨料）的方法，将混凝土充填溶洞中，使溶洞、沟、槽、洞隙封闭。

（3）对于岩溶发育强烈，岩溶形态主要以溶洞为主，可采取回填混凝土骨料进行填充加固，使其形成具有一定强度的混凝土体，对空溶洞壁起到很好的支撑作用，阻断或减缓水动力作用的侵蚀作用。具体步骤可采用加长孔口护筒冲击钻成孔措施，施工过程中桩孔内需掺入膨润土加大泥浆相对密度，以增大孔壁的自稳能力，钻孔穿透岩溶时补充泥浆和加大泥浆相对密度，及时抽调各池的泥浆进行补充，待桩内泥浆液面稳定后，回填低强度等级混凝土，间隔一定时间后继续采用冲击钻成孔，直至夯实料填满溶洞，再继续进行正常成孔作业施工。

2）加长孔口护筒施工措施

本工地上部地层为松散填土层和含水率大的流塑状淤泥，为极易坍塌的不稳定地层，在桩孔施工遇溶洞漏失泥浆，较高的地下水位差使钢护筒下填土层、淤泥层失稳发生快速坍塌，造成孔口及周围地面大面积坍塌，对工程进度带来严重影响。由于施工勘察时钻孔口径（110mm）与桩基施工时桩孔口径（700mm）的差异较大及地下不可见情况等原因，不排除实际施工过程中岩溶发育的 123 个基桩孔中剩余部分仍存在漏浆可能，故以上桩位全部采用埋设加长钢护筒，穿过填土层、淤泥层 1～2m，到达且进入相对稳定的粉质黏土层，保护上部桩孔土层稳定。

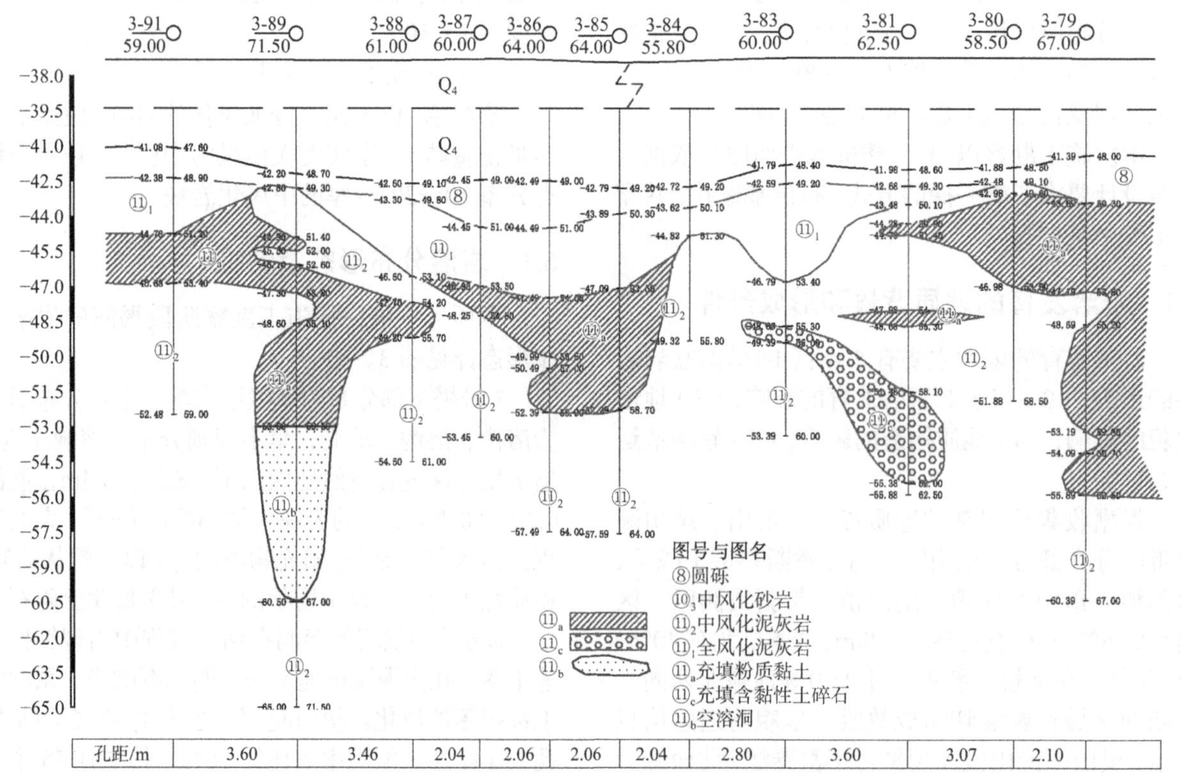

孔距/m	3.60	3.46	2.04	2.06	2.06	2.04	2.80	3.60	3.07	2.10	

图 3 代表性岩溶分布情况工程地质剖面图

7 工程实施及效果

（1）该项目总体占地面积并不算大，所在区域邻近山体，深部地层情况分布复杂，通过精心勘察，采用了多种勘察手段，对不利岩土工程问题给予正确的分析与建议，并根据具体工程地质条件和拟建筑物情况，提出立体的地基基础方案，确保了工程安全、顺利地实施。

（2）对工程中遇到的特殊问题针对性地解决，例如对岩溶发育情况的精心研究，将岩溶发育的背景、成因、现状进行了细致的分析评价，针对性地为后续桩基施工提供安全、经济、合理的建议，在施工过程中均加以了利用并顺利实施，为工程桩基施工提供必要的保障。

（3）为检验勘察及治理效果，对主要建筑物进行了沉降观测，北侧2栋26层住宅楼沉降量为4.7～8.8mm，中部1栋22层住宅楼沉降量为7.6～13.8mm，南部2栋18层住宅楼沉降量为2.1～5.6mm，其结果表明建筑物沉降满足设计及规范要求。

（4）经设计、施工阶段的各种测试结果表明，所提供的勘察资料较好地反映了客观实际，所提出的建议合理，取得了明显的经济效益，得到了业主单位的赞许。

河南省广播电视发射塔岩土工程勘察

张　畅

（黄河勘测规划设计研究院有限公司，河南郑州　450003）

1　工程概况

河南省广播电视发射塔工程位于郑州市航海东路与机场高速交会处东北部、北 50m 为岔河村，四周场地开阔。项目建设用地面积 88148m²，建筑面积 55000m²，发射塔地面以上总高 388m，其中主体高 258m，桅杆高 130m，全钢结构，地下 1 层，外观为同心圆，主塔基础承台底埋深 9.6m，裙楼地上 4 层，地下 1 层，基础底埋深 7.0m。功能以发射广播电视节目信号为主，同时具有旅游观光、展览、餐饮、娱乐、休闲等综合服务功能。根据设计提供数据，中部主塔 10 根钢塔柱对基础的作用力标准值不大于 61000kN/根，拔力不大于 15250kN/根，10 根钢塔柱在进入裙楼基础底部以后变为 5 根大混凝土柱，一般裙楼柱对基础的作用力标准值不大于 9000kN。该工程是河南省的重点民生工程。勘察时的平面布置见图 1。效果图见图 2。

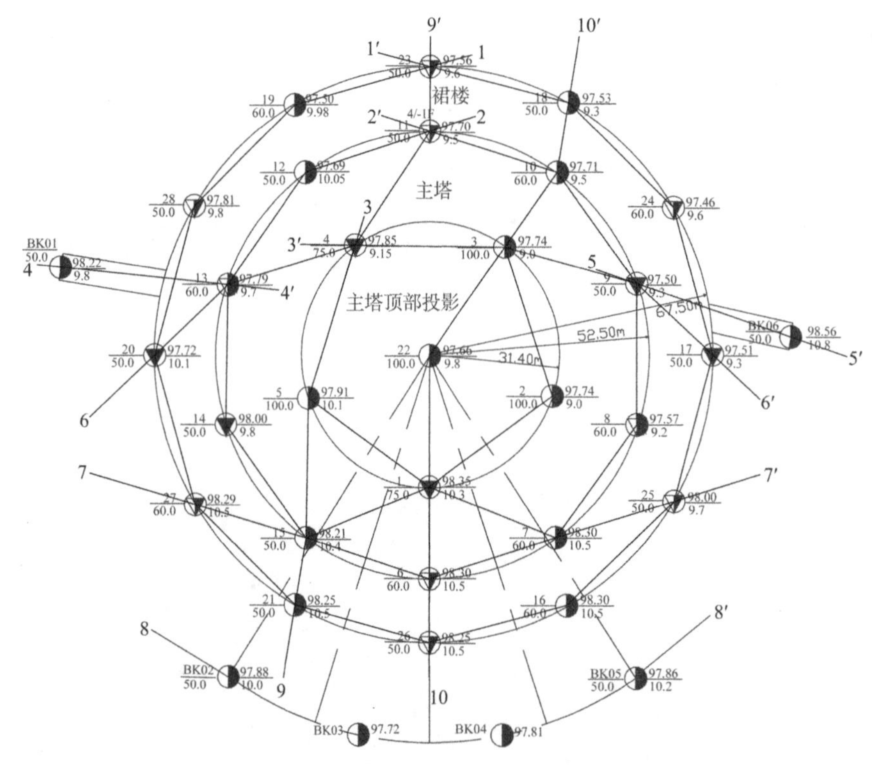

图 1　发射塔底层平面及勘探点平面布置图

勘察方案布设，根据建筑物规模按地基复杂程度二级布置勘察工作[1]，勘探点 1～22 孔为设计方布置，23～28 孔为勘察方布孔，地下车库出入口及正门高平台布 6 孔，共布设勘探点 34 个，其中主塔控制性孔孔深 100m，一般性孔孔深 75m，裙楼一般性孔孔深 50m，控制性孔孔深 60m，主塔孔也可作为裙楼的控制性孔，其中取原状土样孔 18 个，标准贯入试验孔 6 个，静探标准贯入孔 8 个，静探取土孔 2 个。其中 4 个 100m 孔兼作地震安全性评价孔[2]。

获奖项目：2011 年河南省优秀工程勘察设计行业奖一等奖，2012 年国家优质工程银质奖。

图 2　发射塔效果图

2　岩土工程条件

2.1　自然地理概况

工程区位于郑州市东南部的中原腹地，是河南省的省会城市，全国政治、经济、文化中心，为全国重要的交通、通信枢纽，是新亚欧大陆桥上的重要城市。

工程区属于暖温带大陆性季风气候。冷暖气团交替频繁，四季分明。冬季漫长而干冷，雨雪稀少；春季干燥少雨，冷暖多变大风多；夏季比较炎热，降水高度集中；秋季气候凉爽，时间短促。

郑州最大平均风速为 18～22m/s，冬季盛行偏西北风，夏季盛行偏南风，春秋季则交替出现。年平均地面结冰达 100 多天，最大冻土深度 180mm，地面以下 100mm 冻结平均为 55 天。

2.2　工程环境条件及地形地貌

地貌单元属黄河泛滥冲积平原冲积扇的顶部，场地南部约 1/3 为旧房拆除场地，其他部位为耕地，若除去建筑垃圾的影响，地形基本平坦，地面标高 97.50～98.40m，高差约 0.9m。

2.3　区域地质构造及地震地质条件

工程区位于华北断块区南部。华北断块区由变质褶皱基底和不同时代的盖层组成，刚性基底上，断裂较为发育，形成由六个二级构造单元块体镶嵌而成的断块构造格架。

历史上对场址造成的影响烈度为Ⅴ度以上地震共有 9 次，数理统计显示场区未来百年内可能遭受的最大烈度为 7 度。近场区不存在深大断裂构造，不具备发生 6.5 级以上强震的地质构造条件。

2.4　地层结构

根据场地野外钻探、现场鉴定和原位测试结果，100m 勘探深度内所揭露土层均由第四系堆积物组成。在垂直方向 100m 范围内分布有 4 套地层，地表 0～2.4m 为第四系全新统人工堆积杂填土（Q_4^{ml}），2.4～10m 为第四系全新统冲积物（Q_4^{al}），10～43m 为第四系上更新统冲积物（Q_3^{al}），43～100m 为第四系中更新统冲积物（Q_2^{al}），按地层的成因类型、岩性及工程地质特性将其划分为 28 层，现自上而下分述如下：

①杂填土（Q_4^{ml}）：该层在场区 27、25、21、1、6、26、7、16 孔所处范围普遍分布，为旧房拆除场地，多为砖块、地坪、墙基等建筑垃圾，底部多为灰色填土夹砖块或瓷片。该层厚度 0.80～2.40m，平均 1.15m；层底埋深 0.80～2.40m，平均 1.15m。

②粉土（Q_4^{al}）：该层在场区分布连续，浅黄—褐黄色，稍湿，中密状，摇振反应无，无光泽反应，干强度韧性低，含少量植物细小根系，层理清晰，该层上部在场地中北部有 0.3～0.6m 厚的耕植土。该层厚度 1.30～4.50m，平均 2.55m，层底埋深 1.50～4.50m，平均 2.88m。

③$_1$ 砂混粉土（Q_4^{al}）：该层在场区分布不连续，局部缺失，褐—褐黄色，湿，松散—稍密状，摇振反应无，无光泽反应，干强度韧性低，黏粒含量较高，稍具黏性，为砂质粉土。该层厚度 0.90～3.10m，平均 2.08m，层底埋深 3.30～6.30m，平均 4.87m。

③粉砂夹粉土（Q_4^{al}）：该层在场区分布不连续，局部缺失，褐黄色，湿，松散—稍密状，无摇振反应，粉砂矿物成分为长石、石英，土质不均匀，局部夹有暗黄色粉土薄层，含铁质氧化物。该层厚

度 0.80～3.80m，平均 1.93m；层底埋深 5.20～7.00m，平均 6.17m。

④粉土（Q_4^{al}）：褐黄色，稍湿—湿，中密—密实状，摇振反应无，干强度韧性低，无光泽反应，含少量钙质结核，结核粒径 3～5mm，该层在场区分布连续。厚度 1.70～6.90m，平均 4.31m；层底埋深 7.80～13.00m，平均 10.35m。

⑤粉砂（Q_3^{al}）：场区普遍分布，厚度不等，暗黄—褐黄色，饱和，中密—密实状，矿物成分为长石、石英，级配良好。厚度 1.10～4.60m，平均 2.73m；层底埋深 11.00～16.30m，平均 13.07m。

⑥粉土夹粉砂（Q_3^{al}）：场区分布不连续，局部缺失，暗黄—褐黄色，湿，密实，摇振反应轻微，无光泽的反应，干强度韧性低，夹有密实状粉砂薄层。厚度 1.00～4.60m，平均 2.46m；层底埋深 13.50～17.50m，平均 15.48m。

⑦细砂（Q_3^{al}）：场区普遍分布，厚度稍大，浅黄—暗黄色，饱和，密实状，颗粒较纯，级配良好，矿物成分为石英、长石、云母。厚度 1.80～7.80m，平均 4.88m；层底埋深 18.00～23.00m，平均 20.15m。

⑧粉土与粉砂互层（Q_3^{al}）：场区分布不连续，在 14、15 号孔缺失，褐黄—暗黄色，粉土与粉砂交互状出现，呈韵律沉积，粉土，湿，密实，摇振反应无，干强度韧性低，无光泽反应，含少量小钙质结核，结核粒径 2～20mm，粉砂，饱和，密实状，矿物成分为石英、长石、云母。厚度 2.00～5.50m，平均 3.29m；层底埋深 22.30～25.90m，平均 23.22m。

⑨粉土（Q_3^{al}）：场区普遍分布，褐黄色，湿，密实，干强度韧性低，摇振反应无，无光泽反应，含少量钙质结核，粒径 5～50mm，具锈斑及黑色铁锰质斑点。厚度 1.00～4.00m，平均 2.63m；层底埋深 24.00～27.70m，平均 25.82m。

⑩细砂（Q_3^{al}）：场区普遍分布，厚度稍大，浅黄—暗黄色，饱和，密实状，颗粒较纯，级配良好，矿物成分为石英、长石、云母，该层底部局部分布有小卵石，卵石磨圆度较好，直径约 5～50cm，成分为石英、长石砂岩，中粗砂充填，密实。厚度 4.00～9.30m，平均 6.12m；层底埋深 30.50～33.50m，平均 31.94m。

⑪粉质黏土夹粉土（Q_3^{al}）：场区普遍分布，棕黄色，硬塑—坚硬状，干强度韧性中等，黏性较大，切面有亮纹，具锈斑及黑色铁锰质斑点，夹密实状粉土，含少量钙质结核。厚度 5.00～7.80m，平均 6.40m；层底埋深 37.00～39.50m，平均 38.35m。

⑫细砂（Q_3^{al}）：场区普遍分布，暗黄—褐黄色，饱和，密实状，颗粒较纯，级配良好，矿物成分为石英、长石、云母。厚度 1.00～3.50m，平均 1.93m；层底埋深 39.00～41.00m，平均 40.28m。

⑬粉质黏土夹粉土（Q_3^{al}）：场区普遍分布，棕红—棕黄色，硬塑—坚硬状，干强度韧性中等，黏性较大，稍有光滑，含少量钙质结核，具黑色铁锰质斑点，夹密实状粉土。厚度 1.00～4.00m，平均 2.76m；层底埋深 41.20～44.80m，平均 43.04m。

⑭类长石石英砂岩（Q_2^{al}）：该层普遍分布，肉红—灰白色，坚硬，岩芯呈柱状，为硅质或硅钙质胶结。该层厚度 2.30～5.20m，平均 3.65m；层底埋深 45.00～48.50m，平均 46.69m。

⑮粉质黏土（Q_2^{al}）：场区普遍分布，棕红—棕黄色，硬塑状，干强度韧性高，黏性较大，稍有光滑，含少量钙质结核，具黑色铁锰质斑点，局部钙质结核含量较高，达 80%，富集成层，未胶结。厚度 4.50～7.00m，平均 5.84m；层底埋深 51.20～53.00m，平均 52.43m。

⑯类黏土岩（Q_2^{al}）：分布不连续，呈透镜体状分布，棕红色，已胶结成岩，坚硬状，有层理、层面及节理，失水易裂，含铁锰质结核。厚度 0.80～1.50m，平均 1.12m；层底埋深 52.10～53.50m，平均 52.77m。

⑰粉质黏土（Q_2^{al}）：场区普遍分布，棕红色，硬塑—坚硬状，干强度韧性高，黏性较大，稍有光滑，含少量钙质结核，具黑色铁锰质斑点，局部钙质结核含量较高，达 80%，富集并胶结。厚度 7.00～8.00m，平均 7.55m；层底埋深 60.00～61.00m，平均 60.50m。

⑱类细砂岩（Q_2^{al}）：在主塔部位普遍分布，灰白—褐黄色，岩芯呈柱状，为细砂质钙质胶结。厚度 1.20～2.70m，平均 1.72m；层底埋深 61.70～63.20m，平均 62.22m。

⑲细砂（Q_2^{al}）：主塔部位普遍分布，褐黄色，饱和，密实状，颗粒较纯，级配良好，矿物成分为石英、长石、云母。厚度 2.00～5.00m，平均 2.83m；层底埋深 64.00～67.50m，平均 65.05m。

⑳粉质黏土（Q_2^{al}）：主塔部位普遍分布，棕红色，硬塑状，干强度韧性高，黏性较大，稍有光滑，含少量钙质结核，具黑色铁锰质斑点，局部钙质结

核含量较高，达 80%，富集并胶结。厚度 2.50～6.00m，平均 3.95m；层底埋深 68.00～70.00m，平均 69.00m。

㉑类黏土岩（Q_2^{al}）：在主塔部位普遍分布，棕红色，已胶结成岩，坚硬状，有层理、层面及节理，失水有裂纹，含铁锰质结核。厚度 2.70～5.00m，平均 3.95m；层底埋深 71.00～74.00m，平均 72.95m。

㉒细砂（Q_2^{al}）：主塔部位普遍分布，褐黄色，饱和，密实状，颗粒较纯，级配良好，矿物成分为石英、长石、云母。厚度 4.00～6.30m，平均 5.08m；层底埋深 77.00～79.00m，平均 78.25m。

㉓类粗砂岩（Q_2^{al}）：灰白—褐黄色，岩芯呈柱状，为粗砂质硅钙质胶结。厚度 3.50～6.00m，平均 4.88m；层底埋深 82.50～84.00m，平均 83.13m。

㉔类黏土岩（Q_2^{al}）：棕红色，已胶结成岩，坚硬状，有层理、层面及节理，失水有裂纹，含铁锰质结核。厚度 1.00～3.00m，平均 2.13m；层底埋深 85.00～86.00m，平均 85.25m。

㉕黏土（Q_2^{al}）：棕红色，硬塑—坚硬状，干强度韧性高，黏性较大，稍有光滑，含较多钙质结核，局部达 80%。厚度 2.00～3.00m，平均 2.75m；层底埋深 88.00m，平均 88.00m。

㉖类黏土岩（Q_2^{al}）：棕红色，已胶结成岩，坚硬状，有层理、层面及节理，失水有裂纹，含铁锰质结核。厚度 5.00～5.70m，平均 5.30m；层底埋深 93.00～93.70m，平均 93.30m。

㉗细砂（Q_2^{al}）：褐黄色，饱和，密实状，颗粒较纯，级配良好，矿物成分为石英、长石、云母。厚度 1.30～2.00m，平均 1.70m；层底埋深 95.00m，平均 95.00m。

㉘类细砂岩（Q_2^{al}）：灰白—褐黄色，岩芯呈柱状，为细砂质钙质胶结。该层未揭穿，揭露最大厚度 5.0m。

2.5 场地水文地质条件

2.5.1 场地地下水情况

拟建建筑物场地内地下水含水层主要为粉土、粉砂或细砂层，其中粉土属弱透水层，粉砂及细砂属中等透水层，地下水类型为孔隙潜水，其补给来源主要为大气降水及地下水径流补给。勘察期间地下水位埋深为 9.00～10.50m，平均水位埋深 9.83m，稳定水位标高 87.52～88.74m，平均稳定水位标高 88.04m，场地内潜水主要受季节和人为活动影响，年变化幅度 1.0～3.0m，近 3～5 年地下水埋深均未高出埋深 9.0m，历史最高水位埋深按 7.0m 计算，基坑开挖 9.6m 时，局部已在地下水位以下，需进行降水，裙楼基坑开挖 7.0m 时，基础在地下水位以上，无需进行降水。

2.5.2 水文地质参数

含水层渗透系数的测定，据我单位在郑州及东部同类地层中所做抽水试验，考虑到土样采取、运输和搬运等扰动因素，建议粉土的渗透系数取 0.5m/d，粉砂的渗透系数取 5m/d，细砂的渗透系数取 6m/d。

2.6 不良地质作用

基坑开挖深度 7m 时，上部杂填土及起坟坑已挖除，勘察期间在场地及钻孔内不存在对工程安全有影响的诸如岩溶、滑坡、崩塌、采空区、地面沉降、地裂等不良地质作用，也不存在影响地基稳定性的古河道、沟浜、墓穴、防空洞、孤石等的埋藏物及其他人工地下设施等不良地质现象。

3 岩土工程分析与评价

3.1 场地稳定性和适宜性

根据地震局对本场地地震地质背景条件的分析，场地内及附近无活动断层通过，也不存在深大断裂构造，无影响工程安全的诸如岩溶、滑坡、崩塌、采空区、地面沉降、地裂等不良地质作用，也无影响地基稳定性的如古河道、沟浜、墓穴、防空洞、孤石及其他人工地下设施等不利埋藏物，场地土类型为中硬场地土，类别为Ⅱ类，无液化土层，但土层分布不均匀，个别层层面略有起伏，且缺失，综合判定为建筑抗震不利地段，基坑开挖 7m 或 9.6m 时，上部软弱土及不均匀土已挖除，因此场地作为高耸构筑物地基是稳定的，适宜的。

3.2 地基均匀性评价

裙楼基坑开挖深度均 7.0m 时，天然地基持力层为④粉土层，主塔基坑开挖深度 9.6m 时，天然地基持力层为④粉土层，其均匀性评价如下：

（1）地基持力层为同一地貌单元，工程地质特性差异较大，静探锥类阻力及标准贯入击数差别均较大，为不均匀地基。

（2）持力层均为中等压缩性土，持力层底面坡度同一建筑物最大为 18.7%，大于 10%，持力层及其下卧层在基础宽度方向的厚度差值最大值为 3.1m，大于 0.05*b*（*b*按 36.1m 或 31.4m）。判为不均匀地基。

（3）根据土工试验资料，各处地基土压缩性差异较大，判为不均匀地基。

3.3 各土层承载力特征值及压缩性评价

根据室内试验、标准贯入试验、静力触探和波速测试等资料，结合邻近场地建筑资料的经验，经综合分析后提供各层土的承载力特征值，其中②～⑬层承载力特征值在 120～350kPa，⑭层 2000kPa，以下成岩层均在 1000kPa 以上，其他在 275～450kPa。

压缩性中—低压缩性。

3.4 场地地震效应分析评价

（1）场地地震效应

各孔 20m 以上等效剪切波速，2 号孔 265.0m/s、3 号孔 286.0m/s，5 号孔 261.0m/s，22 号孔 272.0m/s，满足 $500m/s > V_s > 250m/s$，场地覆盖层厚度 52m，场地土类型为中硬场地土，建筑场地类别为Ⅱ类。

（2）地震动参数

郑州市设计地震分组为第二组，抗震设防烈度为 7 度，设计基本地震加速度值为 0.15g，地震动反应谱特征周期为 0.40s。

（3）地震液化可能性评价

液化评价时采用历史最高水位埋深 7.0m 进行评价，④层的黏粒含量百分数平均值均小于 10，需进一步进行判别。

经用标准贯入试验进行判别，场地土不液化，为非液化场地。

（4）震陷可能性评价

《岩土工程勘察规范》GB 50021—2001 条文说明表 5.5 中，当抗震设防烈度 7 度，承载力特征值 $f_a > 80kPa$，等效剪切波速$V_{se} > 90m/s$ 时，可不考虑震陷影响。本场地为中硬场地土，地基承载力特征值均大于 80kPa，地层平均等效剪切波速大于 90m/s，可不考虑震陷影响。加上基底以下没有液化土层，因此也无需进行液化震陷量估算。

（5）建筑抗震地段的划分

拟建建筑物场地 7m 以上土层属相对软弱土层，尤其是③$_1$层，且场地地基土不均匀，个别地层不连续，本场地应属建筑抗震不利地段。

3.5 地下水作用评价

地下水对岩土体和建筑物的作用，按其机制可以划分为两类。一类是力学作用；另一类是物理、化学作用。

3.5.1 地下水力学作用评价

地下水对基础的浮力作用，是最明显的一种力学作用。在静水环境中，浮力可以用阿基米德原理计算。一般认为，在透水性较好的土层，计算结果即等于作用在基底的浮力；对于渗透系数很低的黏土来说，上述原理在原则上也应该是适用的，但是有实测资料表明，由于渗透过程的复杂性，黏土中基础所受到的浮托力往往小于水柱高度。

本工程主要考虑基础所受的浮力作用，历史最高水位为 7.0m，基坑开挖 9.6m，地下水的浮力为 26kPa；基坑开挖 7.0m 时，可不考虑浮力作用。

3.5.2 地下水腐蚀性评价

地下水的物理、化学作用主要表现为地下水的腐蚀性，拟建建筑物拟采用桩基及钢结构，为了准确判定地下水的腐蚀性及其各项水质指标，现场在 10、16、20、22 号孔取水样 4 组，室内所做水质简分析试验结果经汇总见表 1。

地下水化学成分成果表　　表 1

项目	$K^+ + Na^+$	Ca^{2+}	Mg^{2+}	Cl^-	SO_4^{2-}
含量/(mg/L)	1.9～17.73	141.4～181.5	8.42～21.72	51.37～78.273	34.29～74.45
	HCO_3^-	CO_3^{2-}	侵蚀性 CO_2	游离 CO_2	pH 值
	372.86～467.71	0	0～9.43	17.42～43.56	7.38～7.46

经判别，地下水对混凝土具微腐蚀性，对钢筋混凝土中的钢筋具微腐蚀性，对钢结构具弱腐蚀性。

4 地基基础方案的分析论证

4.1 建筑荷载估算

10 根钢塔柱在进入裙楼基础底部以后变为 5 根大混凝土柱,位置对应平面布置图中内圆上 5 钻孔，经计算进入裙楼基础后每根混凝土柱对基础的作用力标准值不大于 122000kN/柱,拔力不大于 30500kN/柱，一般裙楼柱对基础的作用力标准值不大于 9000kN。

4.2 天然地基方案论证

基坑开挖深度 7.0m（裙楼）或 9.6m（主塔）时，持力层为④粉土，该层土承载力特征值f_{ak}为 150kPa,经深度修正后地基土承载力特征值裙楼f_a为 345kPa（$\eta_d = 1.5$，$\gamma_m = 20.0kN/m^3$），主塔f_a为 386kPa（$\eta_d = 1.5$，$\gamma_m = 17.3kN/m^3$）；主塔柱下独立基础尺寸约 17.8m × 17.8m，裙楼柱下单独基础尺寸约 5.2m × 5.2m，基础尺寸较大，也不满足抗拔力要求，加上地基土为不均匀地基，物理力学性质差异较大，因此不宜采用天然地基基础方案。

4.3 复合地基方案论证

经对可能采用的复合地基，如高压旋喷桩复合地基方案、CFG 桩复合地基方案等的分析，复合地基承载力可能满足要求，但由于基础与复合地基为柔性接触，不能抵抗较大的抗拔力，因此复合地基方案也不宜采用。

4.4 桩基基础方案

本工程由于既要地基土强度满足要求，水平荷载满足要求，又要满足抗拔力要求，经综合分析，可采用桩基基础方案，考虑到本场地地层情况，7～10m 以下地层较好，且砂层较厚，静压预制桩或 PHC 管桩均不适合本场地，根据地层情况及郑州地区经验及本工程的荷载特殊要求，可考虑采用独立基础下钻孔灌注桩方案或筏基下钻孔灌注桩方案，根据场地地层情况，若以⑪层及其以下土层作桩端持力层时，桩的长径比较大，成桩较困难，经分析该建筑物荷载情况，0.6m 桩径不应考虑。

1）钻孔灌注桩方案

（1）钻孔灌注桩各土层桩的极限侧阻力标准值及极限端阻力标准值据各层土的物理力学性质指标，结合桩型、入土深度，提供设计参数见表 2。

桩的极限侧阻力及极限端阻力标准值 表 2

层号	岩土名称	厚度/m	极限侧阻力/kPa	极限端阻力/kPa
④	粉土	3.60/1.00	50	—
⑤	粉砂	2.40	50	—
⑥	粉土夹粉砂	2.00	70	—
⑦	细砂	3.60	70	—
⑧	粉土与粉砂互层	4.40	70	—
⑨	粉土	3.50	70	—
⑩	细砂	5.50	75	1200
⑪	粉质黏土夹粉土	6.50	78	1500
⑫	细砂	1.00	75	1200
⑬	粉质黏土夹粉土	4.00	80	1500
⑭	类长石石英砂岩	3.00	150	5000
⑮	粉质黏土	5.50	80	1600
⑯	类黏土岩	1.50	120	2000
⑰	粉质黏土	7.00	80	1600
⑱	类细砂岩	2.00	150	5000
⑲	细砂	5.00	80	1500
⑳	粉质黏土	2.50	80	1600
㉑	类黏土岩	2.70	120	2000

各土层厚度根据可靠性和适用性原则，以 22 号孔为例计算。④层为除去开挖深度后的土层厚度。

单桩水平承载力应通过单桩水平静载荷试验确定，由于尚未进行设计，计算时桩身配筋率按不小于 0.65%，混凝土强度等级按 C30 计。

（2）经分析，可以⑭层类长石英砂岩作桩端持力层，桩的入土深度为 44.5m，桩距 3d时，桩径 0.8m、1.0m、1.2m 正三角形布桩均满足要求，计算结果见表 3。建议设计方根据建筑物实际受荷载情况及抗拔荷载情况选用桩的布桩形式、桩径及桩长。

主塔桩入土深度 44.5m 的计算结果 表 3

项目	主塔		
	800mm	1000mm	1200mm
桩入土深度/m	44.5	44.5	44.5
有效桩长/m	34.9	34.9	34.9
持力层	⑭	⑭	⑭
桩距/m	2.4	3.0	3.6

续表

项目	主塔		
	800mm	1000mm	1200mm
Q_{UK}/kN	8615	10725	12934
单桩承载力特征值R_a/kN	4307	5362	6467
独立基础竖向荷载值N/kN	122000	122000	122000
$\gamma_0 N$/kN	134200	134200	134200
独立基础下需桩数/根	31	25	21
抗拔力特征值/kN	189747	177025	167937
需承受抗拔力$\gamma_0 N_{拔}$/kN	30500	30500	30500
单桩水平承载力/kN	922.8	1226.1	1740.0
所提供水平承载力/kN	28607	30653.6	36541
布桩方式	正三角形	正三角形	正三角形
承台尺寸估算/m	14m × 14m	16m × 16m	18m × 18m

（3）同理，经分析计算，主塔也可以⑱层类细砂岩作桩端持力层，桩的入土深度为60.5m，桩距3d时，根据成桩可能性，经分析主塔采用独立基础下桩径1.0m、1.2m较合适，与桩距3d，入土深度为44.5m相比较，虽采用桩径不同，但最佳承台尺寸并未改变，建议采用桩距3d，桩径0.8m、1.0m、1.2m，入土深度为44.5m的桩基方案。

2）群桩下卧层强度及变形验算

（1）当桩端持力层为⑭长石石英砂岩层时，其下卧层为⑮硬塑—坚硬状粉质黏土层，其强度比⑭层低，需进行下卧层强度验算。

当独立基础下需桩数31根，桩径按0.8m正三角形布桩时，独立基础尺寸为14m × 14m。下卧层强度验算公式为$\sigma_z + \gamma_i z \leqslant q_{uk}{}^w/\gamma_q$。经计算，$\sigma_z = 622\text{kPa}$，$\gamma_i z = 599\text{kPa}$，$q_{uk}{}^w/\gamma_q = 1465\text{kPa}$，满足$\sigma_z + \gamma_i z \leqslant q_{uk}{}^w/\gamma_q$，同理若采用其他方案，其承台尺寸较大，附加应力较小，下卧层强度也满足要求。

（2）当桩端持力层为⑱层细砂岩层时，其下卧层为⑲层密实状细砂层，其强度比⑱层低，需进行下卧层强度验算。

当独立基础下需桩数18根，1.0m的桩径按正三角形布桩时，独立基础尺寸为14m × 14m。下卧层强度验算公式为$\sigma_z + \gamma_i z \leqslant q_{uk}{}^w/\gamma_q$。经计算，$\sigma_z = 622\text{kPa}$，$\gamma_i z = 675\text{kPa}$，$q_{uk}{}^w/\gamma_q = 2776\text{kPa}$，满足$\sigma_z + \gamma_i z \leqslant q_{uk}{}^w/\gamma_q$，同理若采用其他方案，其承台尺寸较大，附加应力较小，下卧层强度也满足要求。

3）群桩沉降验算

桩基沉降量验算采用桩端以下各层土相应压力段的压缩模量进行计算。

经初步估算，各独立柱最大沉降量不大于19.8mm。

4）地基基础方案倾向性意见

综前所述，河南省广播电视发射塔工程不宜采用天然地基及复合地基基础方案。主塔宜采用桩径0.8m，有效桩长34.9m的钻孔灌注桩，裙楼宜采用桩径1.0m，有效桩长37.5m的钻孔灌注桩，主塔也可采用桩径1.0m，有效桩长50.9m的钻孔灌注桩，从以上分析结果来看，建议主塔采用桩径0.8m，有效桩长34.9m的钻孔灌注桩，裙楼采用桩径1.0m，有效桩长37.5m的钻孔灌注桩，地基基础方案可采用独立基础下钻孔灌注桩方案，也可采用桩筏基础方案。建议设计方根据单柱荷载实际情况选用不同的桩距、桩长及基础下桩数。

4.5 基坑开挖边坡稳定性分析与支护方案建议

1）基坑边坡直立开挖深度的确定

拟建建筑物基坑开挖，根据土工试验结果、钻孔资料，结合地区经验，土的黏聚力取综合值6kPa，内摩擦角取20°。

（1）按朗肯理论公式，土体直立边坡高度为1.71m。

（2）按边坡土体平面滑移情况，可得直立边坡极限高度为3.42m，除以安全系数2，为1.71m。

综合（1）、（2），可得直立边坡允许自立高度为1.71m。

2）基坑开挖支护方案分析

由于场地开阔，周边环境条件简单，地下水位低，因此本基坑工程安全等级为三级，基坑开挖深度7.0m或9.6m时，侧壁土体的允许自立高度1.71m，不能实施直立开挖，需采用放坡措施，放坡时由于周围环境开阔，无任何建筑及道路，建议进行放坡开挖，喷射素混凝土护面，放坡比例建议采用1：3～1：2。同时要对边坡进行保护，防止雨水和其他水源的冲刷。

4.6 基坑降水方案论证

1）基坑降水设计所需参数的选取

本场地潜水水位埋深在勘察期间为自然地面下9.0～10.6m，其补给来源为大气降水及地下水径流补给，基坑开挖深度7.0m时，无需进行降水。基坑开挖深度9.6m时，基础已在地下水位以下，建议进行降水。由于水位降深要求达到基坑底板下至少 0.5～1.5m,则基坑水位净降深要大于 1.1～2.1m。根据渗透试验结果，结合区域地质资料，粉土层渗透系数建议取综合值 0.5m/d，粉砂层建议取 5m/d，细砂层建议取 6m/d。

2）基坑降水方案的选择及应注意的问题

本场地潜水地下水埋深在自然地面以下 9.0～10.6m，基坑开挖需降低地下水位至少 1.1～2.1m。由于水位降深不大，根据地区经验，基坑降水方案建议沿基坑环形布设轻型井点进行降水。由于基坑范围较大，建议中部布设一定数量的管井进行降水，按潜水非完整井估算基坑涌水量，渗透系数按最大值 6.0m/d 进行计算，其基坑涌水量为 $635m^3/d$。基坑降水过程中，应对边坡进行密切观测，以防事故的发生。

4.7 工程设计和施工中应注意的问题

（1）由于土层本身的不均匀性，桩基施工方法不当或时间掌握不当，容易产生缩径、断桩、夹土，孔底残留过厚等问题，影响桩身质量和承载力。单桩竖向承载力、抗拔承载力及水平承载力应经载荷试验确定。对地下室需采取防水、防潮措施。基础工程的监测、检验应严格遵守相关规程、规范。当以⑭或⑱层作钻孔灌注桩桩端持力层时，由于层面不在同一标高，略有起伏，设计时，应以钻至该层一定深度为止。

（2）本基坑开挖由于周边环境开阔，可进行放坡开挖，放坡比例建议采用 1：3～1：2 进行放坡；基坑开挖施工宜避开雨期，基坑暴露时间宜尽量缩短。

（3）该建筑物工程安全等级为一级，工程施工和使用期间需做好变形观测工作，直至沉降稳定。

5 方案的实施

该工程施工时，桩基方案均以⑭类长石石英砂岩为桩端持力层，主塔采用桩径 0.8m，裙楼采用桩径 1.0m，均按 3 倍桩径正三角形布桩。基坑边坡由于施工时为枯水期，主塔基础底未见地下水，边坡直立性较好。该工程于 2005 年 5 月勘察，2009 年 4 月竣工验收。该工程施工期沉降约 11.32mm，之后经沉降观测，沉降量增量为 0，比理论计算值小。

6 工程效益及经验

该工程建议方案被同济大学设计院采纳，地层及其物理力学参数合理，桩长合理，比没勘察前预期短较多，节约了投资，缩短了工期，取得了良好的社会效益和经济效益，被评为河南省城乡优秀工程勘察一等奖、国家优质工程银质奖。

其次，该工程高度大、荷载大，对沉降变形敏感，其岩土工程的勘察，为类似工程的勘察积累了经验。此外该工程的地层地质情况，根据我单位在周边勘察情况，非常特殊，郑州市其他地方分布有钙质胶结层，但该层下部一般为粉质黏土或粉土，而本工程桩端持力层为类长石石英砂岩，且其下多为类黏土岩、类细砂岩或类粗砂岩，而其间的粉质黏土、粉土或细砂类似岩层中的泥化夹层，为本工程桩端持力层的选择和较小沉降量打下了良好的基础。这种现象在《河南地球科学通报》技术交流后，一致同意该处地层是一种“孤岛”现象，且其地层时代应该较老，只是上部被剥蚀掉，被黄河冲洪积物覆盖所致。

参考文献

[1] 建设部. 岩土工程勘察规范: GB 50021—2001[S]. 北京: 中国建筑工业出版社, 2004.

[2] 建设部. 建筑抗震设计规范: GB 50011—2001[S]. 北京: 中国建筑工业出版社, 2004.

乐山市奥林匹克中心建设项目岩土工程勘察实录

卫志强 刘晶晶 李 浩 杨 磊 陈凯锋
（核工业西南勘察设计研究院有限公司，四川省成都市 610052）

1 工程概况

乐山市奥林匹克中心建设项目位于乐山市市中区苏稽镇，占地面积约339亩，建筑面积约20.78万m^2，其中地上15.28万m^2，地下建筑面积5.50万m^2。有农村硬化道路可到达。拟建物包括体育场、体育馆、游泳馆、综合训练馆和产业配套用房、地下车库及设备用房、室外运动场地等，拟建物基本特征见表1。

拟建物基本特征一览表 表1

建筑名称	地上层数	地下层数	建筑高度/m	结构类型	设计±0.000高程/m	预计基础埋深/高程/m	预估柱基最大轴力/kN	拟采用基础形式
体育场	4	—	44.70	框-剪结构	380.85	2.0/378.85	19000	独基、桩基
配套用房1～4	1～2	1	6.15～12.15	框架结构	380.85	6.5/374.35	12000	独基、桩基
网球场看台及配套用房	1	—	5.50	框架结构	380.85	1.5/379.35	1200	独基、桩基
垃圾房	1	—	3.0	框架结构	380.85	1.5/379.35	800	独基、桩基
体育馆	4	1	31.80	框-剪结构	380.85	6.5/374.35	14000	独基、桩基
游泳馆	3	1	27.00	框-剪结构	380.85	6.5/374.35	14000	独基、桩基
全民健身中心（综合馆）	2	1	20.30	框-剪结构	380.85	6.5/374.35	14000	独基、桩基
风雨球场一	1	—	13.00	框架结构	380.85	2.0/378.85	6000	独基、桩基
风雨球场二	1	1	13.00	框架结构	380.85	6.5/374.35	6000	独基、桩基

2 勘察方案

本次勘察在收集区域地质资料的基础上，结合工程地质调查，采取现场钻探与原位测试相结合的手段，以查明拟建建筑场地地层的物理力学性质，沿拟建建筑轴线、轮廓线、柱点、角点共布设勘探点376个，包含超重型动力触探试验（N_{120}）孔232个，标准贯入试验孔136个，波速测试孔6个，取岩土试样孔131个，取水试样孔4个，钻探总进尺8469.4m，超重型动力触探总进尺2388.8m。室内试验内容为颗粒分析试验、水质简分析、土腐蚀性评价试验以及岩石常规物理试验和单轴（饱和）抗压强度试验。

3 主要岩土问题

根据现场钻探揭露，62、64、75、84、BK5钻孔基岩中含有卵石夹层（图1），出现层序倒转现象，且在该区域基岩埋深相差约2.0～13.0m，基岩起伏较大，查阅区域地质资料显示，场地及附近无断裂等构造通过，属区域稳定地块，排除了存在构造的可能。从基岩的岩性来看，场地也不存在岩溶的可能性。

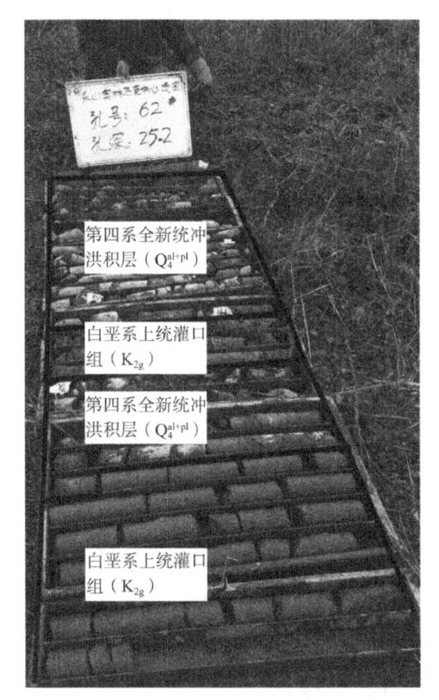

图 1　勘察地区天然剖面

根据现场调查结果，场地地貌单元属青衣江Ⅰ级阶地，青衣江位于场地东侧约 650m，咨询当地专家证实该处存在岩腔及古河道，推测场地内可能存在古河道（图 2），西侧体育场拟建范围可能位于古河道河岸位置，出现层序倒转的现象是由于河岸局部存在少量洞穴或岩腔，后经河流冲刷后充填，形成卵石位于基岩层中的现象。

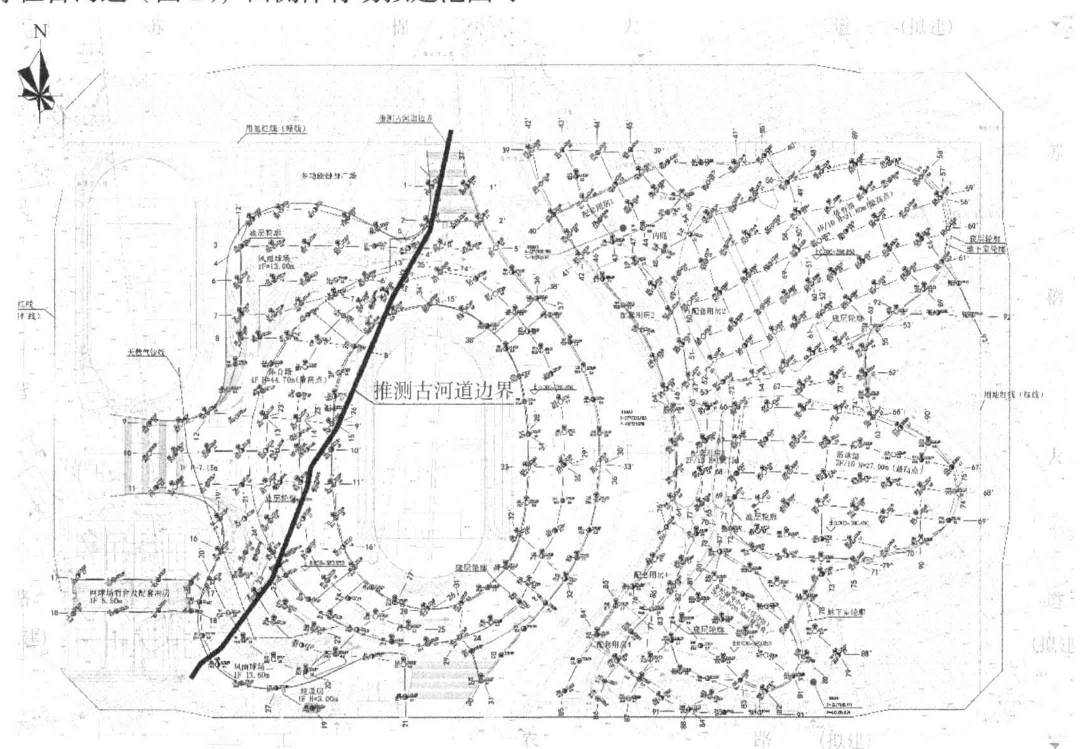

图 2　推测古河道位置示意图

从典型剖面图（图 3）中可以看出，位于基岩中的卵石夹层并不是孤立的，而是和场地内正常层序的卵石层连续分布的，说明该卵石夹层与正常层序地层为同一时代形成的，为后期填充物。

从现场钻探成果来看，钻进过程中无掉钻现象，说明卵石充填程度较高，根据动力触探结果，卵石密实度较高，且在场地分布连续，因此，现场勘察时未针对古河道采取专门的勘察措施。

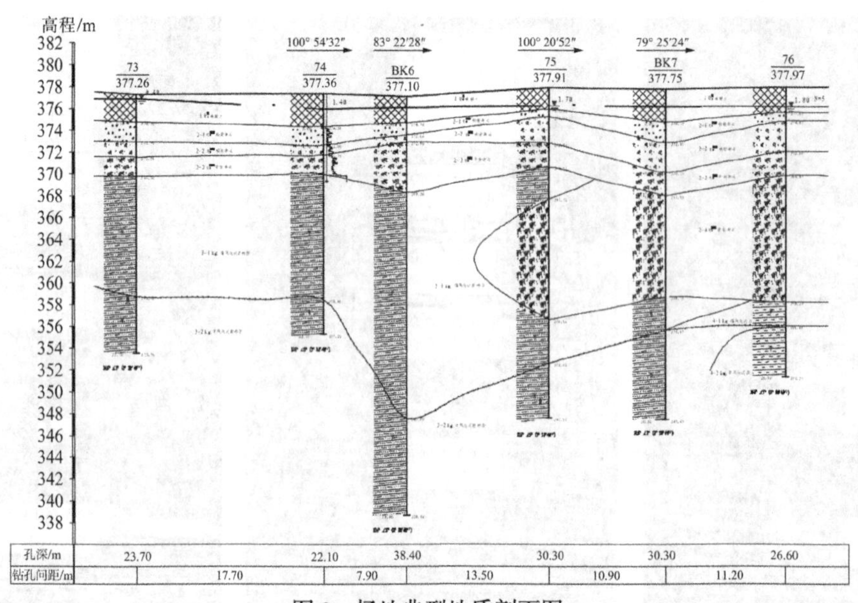

图 3 场地典型地质剖面图

4 场地工程地质条件

4.1 地形地貌及地层结构

拟建场地及附近无断裂等构造带通过，地震活动不强烈，属于相对稳定场地，地貌单元属青衣江Ⅰ级阶地，整体地势较为平坦，西侧场地略低于东侧。根据现场钻探揭露，场地地层主要由第四系全新统人工填土层（Q_4^{ml}）、第四系全新统冲洪积层（Q_4^{al+pl}）和下伏白垩系上统灌口组（K_{2g}）泥质砂岩、泥岩及砂质泥岩组成，各岩土层性状特征见表 2。

岩土性状特征一览表　　表 2

时代成因	地层名称	层厚/m	地层描述
第四系全新统人工填土层（Q_4^{ml}）	素填土	0.5～3.9	稍湿—湿，松散—稍密，主要成分为粉土，偶夹粉质黏土和卵石，表部含较多植物根系，回填时间小于 1 年，该层土在场地地表普遍分布
第四系全新统冲洪积层（Q_4^{al+pl}）	松散卵石	0.5～5.9	青灰色—浅灰色，骨架粒径一般为 2～10cm，含量 50%～55%，偶见漂石，钻探未揭露充填物，N_{120} 超重型圆锤动力触探击数修正值 ≤ 3 击/10cm
	稍密卵石	0.5～5.2	青灰色—浅灰色，骨架粒径一般为 5～15cm，卵石含量 55%～60%，含少量漂石，粒径约为 20～50cm，充填物为中细砂，N_{120} 超重型圆锤动力触探击数修正值 3～6 击/10cm
	中密卵石	0.6～5.7	青灰色—浅灰色，骨架粒径一般为 5～18cm，卵石含量 60%～70%，含少量漂石，粒径约为 20～50cm，充填物为圆砾、中粗砂。N_{120} 超重型圆锤动力触探击数修正值 6～11 击/10cm
	密实卵石	0.5～15.3	青灰色—浅灰色，骨架粒径一般为 5～18cm，卵石含量 ≥ 75%，含少量漂石，粒径约为 20～50cm，充填物为圆砾、中粗砂，N_{120} 超重型圆锤动力触探击数修正值 11 击/10cm 以上
	中砂	0.50～1.0	青灰色，饱和，稍密。主要成分为长石、石英，含少量云母碎屑，在个别钻孔中卵石层以透镜体形式分布
白垩系上统灌口组（K_{2g}）	强风化泥质砂岩	2.2～22.6	棕红色，局部为灰白色，薄层状构造，砂质结构，矿物成分以长石、石英矿物为主，夹白色条带状石膏。节理裂隙发育，夹泥质团块。岩芯多呈短柱状，手易捏散。岩石质量指标 RQD < 50%，岩层产状近水平，岩体较破碎，岩体基本质量等级为Ⅴ级。该层主要分布于体育场西侧，由于古河流冲刷作用，该层局部发现有卵石夹层
	中等风化泥质砂岩	最大勘探厚度 12.9m	棕红色，局部为灰白色，巨厚层构造，岩芯多呈短柱—长柱状，岩质较硬，锤击声半哑—较脆。节理裂隙较发育。岩石质量指标 RQD 一般大于 80%，岩体完整程度分类为较完整，岩石坚硬程度分类为极软岩，岩体基本质量等级为Ⅳ级。该层主要分布于体育场西侧
	强风化泥岩	0.40～14.0	棕红色，薄层状构造，节理裂隙发育，夹泥质团块。岩芯多呈碎块状、短柱状，手可折断。岩石质量指标RQD < 50%，岩层产状近水平，岩体完整程度分类为极破碎，岩体基本质量等级为Ⅴ级。该层在体育场西南侧偶有揭露
	中等风化泥岩	最大勘探厚度 9.0m	棕红色，巨厚层构造，岩芯多呈短柱—长柱状，锤击声半哑—较脆。节理裂隙较发育。岩石质量指标 RQD 大于 80%，岩体完整程度分类为较完整，岩石坚硬程度分类为极软岩，岩体基本质量等级为Ⅴ级。该层在体育场西南侧偶有揭露
	强风化砂质泥岩	1.0～5.0	棕红、砖红色，泥质结构，薄层状构造，裂隙较发育，岩质软，岩石质量指标一般RQD < 50%，岩芯破碎，岩体基本质量等级Ⅴ级
	中等风化砂质泥岩	最大勘探厚度 15.8m	棕红、砖红色，泥质结构，巨厚层构造，裂隙不甚发育，岩芯较完整，呈柱状，中等风化层中局部偶见强风化夹层，岩石质量指标 RQD 大于 80%，岩体较完整，岩体基本质量等级Ⅳ级，该层下伏整个体育场场地以东，产状近水平，在砂质泥岩夹有中等风化的泥岩

4.2 岩土工程特性指标

根据现场钻探记录，结合原位测试及室内试验成果，经统计分析，场地各岩土层工程特性指标见表 3，桩基设计参数见表 4。

岩土的工程特性指标建议值表 **表 3**

岩土名称及编号	重度γ/（kN/m^3）	压缩模量E_s/MPa	变形模量E_0/MPa	黏聚力c/kPa	内摩擦角φ/°	承载力特征值f_{ak}/kPa	基床系数K/（MN/m^3）
素填土	19.0	—	—	8.0	10.0	—	—
松散卵石	20.0	13.0	12.0	0	25.0	180	18
稍密卵石	21.0	23.0	20.0	0	30.0	320	32
中密卵石	22.0	38.0	34.0	0	35.0	550	55
密实卵石	23.0	48.0	37.0	0	40.0	800	80
中砂	19.0	9.0	7.0	—	20.0	130	13
强风化泥质砂岩	23.0	20	—	30.0	27.0	250	25
中等风化泥质砂岩	25.0	—	—	—	—	750	75
强风化泥岩	23.0	20	—	25.0	20.0	260	26
中等风化泥岩	25.5	—	—	—	—	800	80
强风化砂质泥岩	22.5	25	—	40.0	30.0	260	26
中等风化砂质泥岩	25.0	—	—	—	—	1000	100

桩基设计参数建议值表 **表 4**

岩土名称及编号	桩的极限侧阻力标准值q_{sik}/kPa		桩极限端阻力标准值q_{pk}/kPa		单轴抗压强度/MPa	
	钻孔灌注桩	预应力管桩	钻孔灌注桩	预应力管桩	天然	饱和
松散卵石	80	100	—	—	—	—
稍密卵石	90	110	1500	6500	—	—
中密卵石	140	200	2000	8000	—	—
密实卵石	160	250	2500	9500	—	—
中砂	40	40	—	—	—	—
强风化泥质砂岩	100	—	—	—	—	—
中等风化泥质砂岩	160	—	—	—	—	3.0
强风化泥岩	90	—	—	—	—	—
中等风化泥岩	160	—	—	—	4.0	—
强风化砂质泥岩	110	—	—	—	—	—
中等风化砂质泥岩	200	—	—	—	—	8.0

4.3 其他

（1）地下水

场地地下水类型主要为上层滞水、孔隙潜水及基岩裂隙水，本次勘察测得地下水静止水位埋深为 0.40～3.90m，高程为 375.20～376.90m，根据区域地质资料及周边居民的走访调查，地下水的变化幅度约为 1～2m。

（2）水、土腐蚀性

场地地下水对混凝土结构、钢筋混凝土结构中钢筋具有微腐蚀性，场地土对混凝土结构、钢筋混凝土结构中的钢筋具有微腐蚀性。

（3）地震效应

建筑场地类别为Ⅱ类，场地分布的中砂为不液化土层，部分地段分布有素填土，属建筑抗震不利地段，全部清除素填土或消除不利影响后，可按建筑抗震一般地段考虑。

根据《建筑抗震设计规范》（2016 年版）GB

50011—2010[1]，场地抗震设防烈度为 7 度，设计基本地震加速度值 0.10g，设计地震分组为第二组，设计特征周期值为 0.40s。根据《中国地震动参数区划图》GB 18306—2015[2]，地震动峰值加速度为 0.10g，地震动加速度反应谱特征周期为 0.40s。

5 地基基础方案

5.1 场地稳定性评价

拟建的建筑场地地形起伏较小，地貌单一，地质构造较简单，区内无大的断层通过，区域地质资料表明，场区不存在强震源，场地内及附近无泥石流、滑坡等影响工程稳定性的不良地质作用。除发现有古河流外，未发现有埋藏的沟浜、墓穴、防空洞、孤石等其他对工程不利的埋藏物，但古河道对工程建设影响不大，适宜工程建设。

5.2 地基承载力及变形评价

（1）地基承载力评价

地基承载力特征值按《建筑地基基础设计规范》GB 50007—2011[3]按深度修正，不考虑宽度修正，卵石层承载力深度修正值见表 5。由表 5 可以看出，卵石强度可以满足上部荷载要求，可以作为基础持力层采用。

地基承载力特征值深宽修正估算表 表 5

基础持力层	基础底面以下土的重度γ/（kN/m³）	基础底面以上土的平均重度γ_m/（kN/m³）	承载力深度修正系数η_d	基础埋深 d/m	承载力特征值 f_{ak}/kPa	修正后承载力特征值 f_a/kPa
松散卵石	10	10.10	4.4	2.0	180	246.66
稍密卵石	11	10.10	4.4		320	386.66
中密卵石	12	10.10	4.4		550	616.66

（2）变形评价

拟建高层建筑基础形式按筏板基础考虑，按照《建筑地基基础设计规范》GB 50007—2011[3]相关内容估算建筑物角点的沉降量、倾斜值等指标，其结果见表 6。由表 6 可以看出，拟建高层建筑各变形指标均小于规范规定的容许变形值。

高层建筑变形计算成果表 表 6

体育馆	孔号	221	228	201	254
	沉降量/mm	67.67	77.80	62.00	70.43
	平均沉降量/mm	69.48 < 200			
	沉降差/mm	10.13		8.43	
	倾斜	0.000072 < 0.003		0.00006 < 0.003	
	评价	平均沉降量满足，倾斜满足			
	备注	P = 440kPa（已扣除水浮力），η = 1.0，b = 110.0m，L = 140.0m（筏形）			
游泳馆	孔号	286	293	270	314
	沉降量/mm	62.20	66.01	59.53	55.09
	平均沉降量/mm	60.71 < 200			
	沉降差/mm	3.81		4.44	
	倾斜	0.0000254 < 0.003		0.0000296 < 0.003	
	评价	平均沉降量满足，倾斜满足			
	备注	P = 420kPa（已扣除水浮力），η = 1.0，b = 100.0m，L = 150.0m（筏形）			

综上所述，古河道对拟建物的影响不大，设计时可不考虑其影响。建议拟建高层建筑采用以卵石作为持力层的天然地基方案，基础形式可采用筏板基础。体育场不设地下室，基底为素填土，上部荷载较大，且横跨古河道岸边，卵石层厚度、层顶埋深变化大，建议采用桩基础，以下部中等风化

基岩作为持力层。各拟建物地基基础方案建议见表7。

拟建建筑物地基基础方案建议一览表 表7

拟建建筑物名称	基础持力层或桩端持力层	建议基础形式	备注
体育场	中等风化泥岩、中风化泥质砂岩、中风化砂质泥岩	桩基础	单桩承载力以现场检测结果为准
配套用房1~4	稍密卵石、中密卵石	独立基础、筏形基础	
网球场看台及配套用房	中密卵石	桩基础	
垃圾房	压实填土	独立基础	将表层素填土清除或压实
体育馆	稍密卵石、中密卵石	筏形基础	
游泳馆	稍密卵石、中密卵石	筏形基础	
全民健身中心（综合馆）	稍密卵石、中密卵石	筏形基础	
风雨球场一	中密卵石、密实卵石	桩基础	将素填土全部清除
风雨球场二	稍密卵石	独立基础	

6 总结

本项目是四川省集中开工重点工程，2022年四川省第十四届运动会主会场。项目建成后既能满足四川省承办大型体育赛事的要求，也能满足市民日常健身的需要，成为乐山城市新地标、新名片，助力乐山城市经济发展。

本次勘察针对场地内存在的古河道做了大量工作，在查阅区域资料确定场地无不良地质作用后，加大了工程地质调查的范围和现场勘探的精度，在当地专家的指导下，采取现场钻探与室内试验、原位测试相结合的方式，验证了场地存在古河道的推测，提供了古河道的走向、分布范围、成因、地层结构等成果资料。经分析计算，认为古河道对本项目影响较小，可不考虑古河道对拟建建筑的影响。为设计及施工提供了充分而详尽的勘察成果资料及岩土参数，取得了较好的效果及经济效益。

该项目建成后使用情况良好，并于2022年8月成功举办四川省第十四届运动会，进一步验证了勘察成果中对古河道的结论。

参考文献

[1] 住房和城乡建设部. 建筑抗震设计规范(2016年版): GB 50011—2010[S]. 北京: 中国建筑工业出版社, 2016.

[2] 全国地震标准化技术委员会. 中国地震动参数区划图: GB 18306—2015[S]. 北京: 中国建筑工业出版社, 2016.

[3] 住房和城乡建设部. 建筑地基基础设计规范: GB 50007—2011[S]. 北京: 中国建筑工业出版社, 2012.

[4] 住房和城乡建设部. 高层建筑岩土工程勘察标准: JGJ 72—2017[S]. 北京: 中国建筑工业出版社, 2017.

湖州月亮酒店（湖州朗惠置业有限公司太湖明珠酒店工程）岩土工程勘察实录

郭　霞　朱　伟　裴亚兵

（核工业湖州勘测规划设计研究院股份有限公司，浙江湖州　313000）

1　工程概况

湖州月亮酒店（湖州朗惠置业有限公司太湖明珠酒店工程）位于湖州市太湖旅游度假区太湖路东侧太湖边，紧邻太湖，距湖州市中心约 10km。拟建工程总建筑面积约 49194m²，为一幢地上 22 层，地下 2 层，地下室开挖深度约 12.0m，建筑物高度约 107m 的五星级酒店以及 2～3 层裙楼（地下 1 层），地下室开挖深度约 6.0m。拟采用框架-剪力墙结构，钻孔灌注桩基础。该项目实景照片见图 1。

图 1　工程实景照片

项目建设场地位于太湖边，上部为软弱土，中下部为碎石及基岩，如何分析评价土层的工程性质，确定合理的设计参数，进一步确定安全、经济的地基基础方案，是项目的重点和难点。

2　场地岩土工程条件

2.1　区域地质及场地地形地貌

本区位于扬子准地台次级构造单元的钱江台拗东北端的钱塘台褶带内的武康—湖州隆断褶束，且位于北东向复式背斜构造内由火山岩地层组成的大王山—霞幕火山岩盆地西北部边缘。区内分布的地层主要为上侏罗统黄尖组第三岩性段（J_3h）褐灰色巨厚层状英安质含砾晶屑熔结凝灰岩，岩体较完整。区内分布有两条断裂 F1、F2。F1 断裂，产状 100°～105°∠75°～80°，见于场区东部，构造破碎带宽 0.5～1.0m，走向延伸长度，场区内大于 300m，构造破碎带内产物主要为灰绿色碎粒岩、浅灰白色摩棱岩，为压扭性，以左行扭动切错 F2 断裂。构造下盘岩石具轻微挤压破碎，节理裂隙发育，影响宽度 5.0m 左右。F2 断裂，产状 200°～210°∠65°～70°，见于场区中部，构造破碎带宽 1.0m 左右，走向延伸长度在场区内大于 100m，构造破碎带内产物主要为灰绿色碎粒岩。两条断裂构造规模较小，影响范围小，与边坡面呈斜交，对工程建设影响较小。近期地震记录结果表明，本区地震具有震级小、频度高，震源浅等特点，区内最强震级为 4 级，最大烈度为Ⅵ度，区域稳定性良好。

勘察区位于湖州城北，太湖南岸，紧邻太湖，场地地貌单元属于杭嘉湖海相沉积平原区与山前平原区交接地带。原始地形基本以农村拆迁地基为主，部分位于太湖水域，地面标高约 1.50～3.50m，另有零星水塘分布，整体地势低洼。

2.2　场地地层情况

该地区的地层分布较为简单，区域地层发育变化不大，拟建场地地层结构浅部为第四纪沉积层，岩性以灰色及灰褐色粉质黏土、粉土为主，其下为前第四纪海相沉积层，岩性以灰黄或灰白色强风化—全风化砂岩（呈砂状）与泥岩（呈土状）。勘察深度（70m）内的地层结构及接触关系见图 2，

获奖项目：荣获 2015 年全国优秀工程勘察设计行业奖三等奖。

①层素填土：灰黄色，松散，大部分场地主要以黏性土为主，表面含有植物根系及少量碎石，结构松散，场地北部以碎石为主，含少量的黏性土。全场地分布。

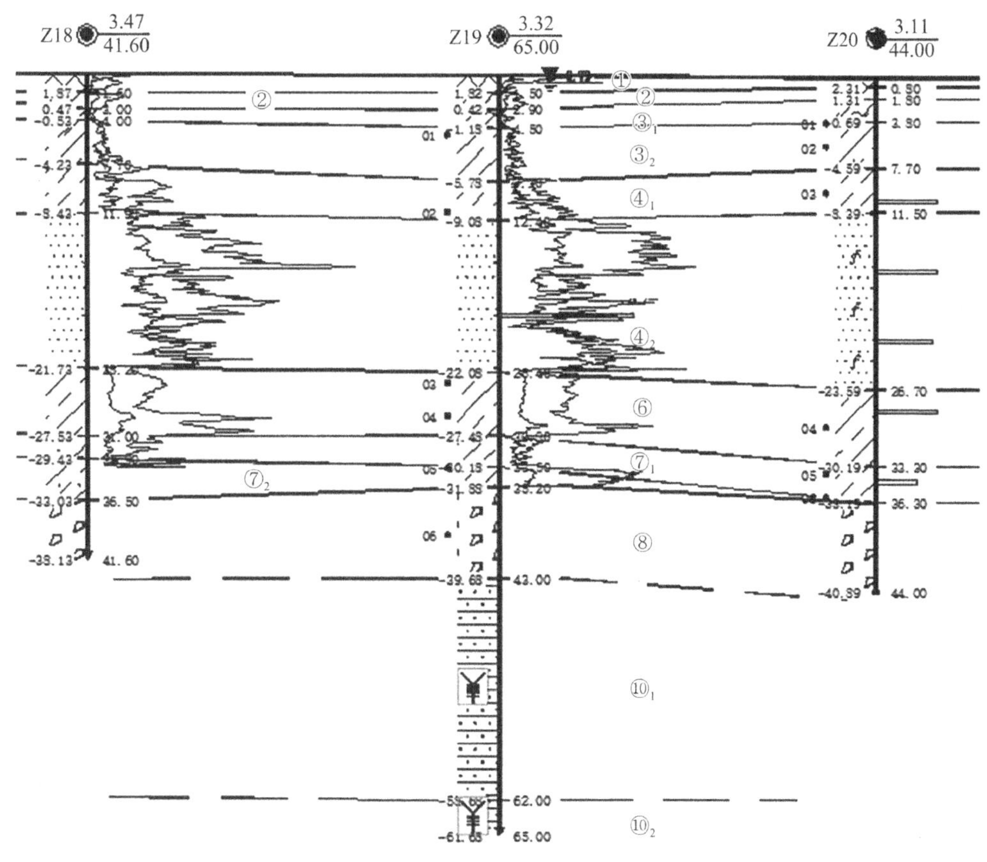

图2 典型各地层分布图

2.3 地下水

（1）地表水

区域内河流发育，水系发达，河塘星点密布，河流两岸一般为旱地、水田和鱼塘。拟建场地内地表水发育，紧邻太湖，太湖常年水位，水位年变化幅度一般为0.5～1.5m。东西苕溪防洪工程，是浙西山区向太湖排水的骨干河道，东部杭嘉湖平原的西部防洪屏障。近年通过拓浚东西苕溪河道、加固修建西险大塘等工程，引导浙西山区洪水进入太湖，保护杭嘉湖东部平原的防洪安全。水流大致由西往东流，东西苕溪向太湖排泄为主。

（2）地下水

区内气候温暖湿润，雨量充沛，地表水系发育，本场地勘探深度范围内地下水为孔隙潜水、孔隙承压水及基岩裂隙水。孔隙潜水赋存于浅部的填土、粉质黏土及黏质粉土层中，透水性弱，主要受大气降水和表水的补给，其次为太湖的侧向补给，排泄的主要方式为蒸发，勘察期间实测地下潜水水位埋深在0.30～1.50，标高在+1.00～+1.50m左右，年变化幅度为1.0～2.0m；孔隙承压水主要赋存于中部砂土、碎石土层中，本场地承压含水层与上部潜水含水层水力联系微弱，但在上游联为一体，实测承压水位为埋深在1.00～2.50m，标高在−1.50～+0.50m，年变化幅度为0.50～1.5m。基岩裂隙水赋存于下部的基岩风化裂隙中，因基岩裂隙多呈闭合状，所以水量微小，且动态变化小。

2.4 地基土基本物理力学性质

依据机钻孔野外编录、土工试验成果及静力触探试验成果，考虑岩土层的岩性、结构构造、埋深分布及物理力学性质等因素，将勘探深度70m范围内划分为10个岩土工程层（表1）（按浙江省地方标准《工程建设岩土工程勘察规范》DB33/T 1065—2009）。

地基土物理力学指标平均值 表 1

地层编号及地层名称	岩性描述	含水率w_0/%	重度γ/（kN/m³）	孔隙比e_0	塑性指数I_P	液性指数I_L	压缩系数$a_{1\text{-}2}$/MPa^{-1}	标准贯入击数N/重探击数	层顶高程/m	层厚/m
②粉质黏土	灰色，软可塑—软塑状，切面较光滑，含有少量的氧化物结核，中等压缩性	31.4	18.5	0.943	11.5	0.728	0.29		3.46～1.09	3.10～0.90
③$_1$淤泥质粉质黏土	灰色，饱和，流塑状，含腐殖质及少量螺、蚬、蚌等贝壳及其碎片，局部相变成粉质黏土，高压缩性	37.4	18.0	1.086	12.6	1.087	0.46		2.86～−0.20	6.30～1.00
③$_2$粉质黏土夹粉土	灰色，饱和，软塑状，含腐殖质少量及云母碎片，夹薄层粉土，局部粉土较多，相变成粉土，摇振反应慢，高压缩性	33.3	18.3	0.973	11.2	0.785	0.37	8.0	2.95～−1.21	10.20～1.90
④$_1$粉土	灰色，稍密状，含少量的白云母碎片，摇振反应快，中低压缩性，局部偶夹淤泥质粉质黏土	31.5	18.5	0.931			0.27	12.3	−0.78～−10.38	0.00～1.10
④$_2$粉砂	灰色，稍密—中密状，含少量的白云母碎片，具较快的摇振反应快，中低压缩性，局部相变成砂质粉土	28.2	18.9	0.828			0.24	15.7	−5.29～−15.54	16.30～4.20
⑤淤泥质粉质黏土	灰色，流塑状，切面较光滑，韧性中等，干强度高，含有少量的粉粒，高压缩性	40.9	17.5	1.202	14.2	1.443	0.86		−6.31～−22.43	11.90～0.80
⑥粉质黏土	灰色—灰黄色，硬可塑状，饱和，干强度中低，韧性中等，局部黏性土含量较高，中等压缩性	27.7	19.0	0.860	16.1	0.406	0.32	13.6	−17.40～−26.18	11.00～0.90
⑦$_1$粉质黏土	灰色，软可塑状，局部软塑状，切面较粗糙，局部粉粒含量较高，中等压缩性	25.4	19.4	0.759	11.0	0.731	0.30	18.3	−22.59～−30.21	8.40～1.20
⑦$_2$粉质黏土夹粉砂	灰黄色，硬塑—硬可塑状，切面较粗糙，局部夹有少量的粉砂，局部相变成砾砂，中等压缩性	23.3	19.2	0.787	12.5	0.423	0.29		−20.28～−33.55	7.70～1.40
⑧块石	灰色—蓝灰色，密实状，以块石为主，块径 20～80cm，局部块径达 1.00m，岩石岩芯主要为硅质岩，局部夹有少量的黏性土，灰黄色，含砾砂，低等压缩性							51.8	−18.30～−37.88	11.30～2.20
⑨$_1$全风化泥岩	黄色，局部紫红色，坚硬状，岩芯被风化成黏土状，局部夹少量粉细砂及强风化碎块，低压缩性	23.0	19.7	0.718	26.9	0.081	0.29		−41.83～−44.75	8.30～3.00
⑨$_2$强风化泥岩	灰白色，局部灰黄色，岩芯被风化成短柱状，手捏易碎，裂隙较发育，局部夹少量粉细砂及中风化碎块，低压缩性	19.9	20.4	0.622	29.5	0.027	0.28		−46.83～−50.22	3.70～1.70
⑩$_1$全风化砂岩	灰白—灰黄色，坚硬状，切面光滑，具油脂光泽，含有少量的氧化物结核，局部夹有少量的强风化碎块，低压缩性							32.5	−24.40～−43.79	20.00～2.40
⑩$_2$强风化砂岩	灰白色，岩芯被风化成碎块状，局部为黏性土，手捏易碎，钻进较困难							52.5	−42.87～−63.79	4.00～2.40

3 岩土工程问题分析及评价

3.1 地震效应及饱和粉砂土液化评价

依据场地内钻孔 20m 以浅剪切波速资料，剪切波速为 148.5～187.6m/s。

据《中国地震动参数区划图》GB 18306—2001 和《建筑抗震设计规范》GB 50011—2001，设计基本地震加速度为 0.05g，本场地地基土类型属中软场地土，场地类别为Ⅱ类，特征周期值为 0.35s，由于浅部软土广布，本场地属对建筑抗震不利地区。

根据《建筑抗震设计规范》GB 50011—2001 的规定，对抗震设防 6 度区，可不进行液化判别和处理。但考虑到本工程重要性等级为一级，故对饱和粉土液化在抗震设防烈度 7 度判别评价。根据相关钻孔计算结果显示，场地 20m 以上粉土不液化，不存在粉（砂）土液化趋势。

3.2 不良地质作用

本场地原始地貌基本以稻田为主，局部为小水塘及纵横交错的灌溉型小沟，在回填时未进行清淤，导致场地浅部局部仍有一定厚度的塘泥，因此，对存在塘泥部位须进行排水、清淤，并回填性质较好的素土或矿渣，按规范要求分层回填。

3.3 特殊性岩土

本场地第四系覆盖层范围内存在的特殊性岩土为①填土、③淤泥质黏土、⑤淤泥质粉质黏土及风化岩土。①填土由人工近期堆积，欠固结，结构松散，土质不均匀，物理力学性质较差，不宜作基础持力层。③淤泥质黏土、⑤淤泥质粉质黏土呈流塑状态，软土厚度较大，具有含水率高、孔隙比大、压缩性高、抗剪强度低、灵敏度高的特点，稍受外力作用就会发生扰动、变形，且强度显著下降。软土还有低渗透性、固结时间长、触变性和流变性等特点。$③_1$ 强风化粉砂岩饱和（相当于受水浸泡）状态下受扰动后，易软化变形，强度、承载力骤减。

3.4 岩土层渗透性评价

根据本工程的实际情况，本场地紧邻太湖，结合本区块一个地热井试验，场地各层土的渗透系数如下：①素填土为5×10^{-2}cm/s，②粉质黏土为5×10^{-6}cm/s，$③_1$强风化粉砂岩为5×10^{-4}cm/s，$③_2$中风化粉砂岩为5×10^{-5}cm/s，$④_1$强风化砂砾岩为6×10^{-3}cm/s，$④_2$中风化砂砾岩为6×10^{-4}cm/s。

4 方案的分析论证

场地在勘察深度范围内划分为 10 个岩土工程层，细分为 15 个岩土工程亚层：中上部为松散回填土、粉质黏土、粉土、粉砂、淤泥质土，为软弱土，并含有有机质，高压缩性，工程性质差，中部为黏土夹粉砂，属中硬土，压缩性较低，地基强度较高，中下部为块石及风化基岩，物理力学性质较好，压缩性低，地基强度高。

4.1 桩型选择及桩端持力层选择

根据本场地地层条件，场地地面下 25m 深度内均为软弱土，桩的侧阻力较小，下面⑥粉质黏土、$⑦_2$黏土夹粉砂、⑧块石强度较高，桩的侧摩阻力较大。若采用预制桩，上部土层$⑦_2$黏土夹粉砂摩阻力较大，很难穿越，若以此层为持力层，主楼荷载较大，布桩很难满足要求，宜采用钻孔灌注桩。根据设计要求，辅楼与主楼之间不设置沉降缝，建议采用与主楼相同的持力层，以满足沉降的要求，根据地层情况，可选择$⑦_2$黏土夹粉砂、⑧块石、$⑨_3$中风化泥岩为桩端持力层，以满足布桩和单桩承载力的要求。

4.2 各岩土层参数

地基中各土层桩侧摩阻力特征值及桩端阻力特征值如表 2 所示。

各土层钻孔灌注桩参数建议值　　表 2

层序	岩土名称	建议值	
		钻孔灌注桩	
		桩周土摩擦力特征值q_{sa}/kPa	桩端土承载力特征值q_{pa}/kPa
②	粉质黏土	9.0	—
$③_1$	淤泥质粉质黏土	6.0	—
$③_2$	粉质黏土夹粉土	10.0	—
$④_1$	粉土	15.0	—
$④_2$	粉砂	20.0	—
⑤	淤泥质粉质黏土	7.0	—
⑥	粉质黏土	26.0	—
$⑦_1$	粉质黏土	24.0	—
$⑦_2$	粉质黏土夹粉砂	28.0	—
⑧	块石	60.0	1600.0
$⑨_1$	全风化泥岩	50.0	600.0
$⑨_2$	强风化泥岩	70.0	1200.0
$⑩_1$	全风化砂岩	30.0	500.0
$⑩_2$	强风化砂岩	110.0	1800.0

根据岩土层参数估算了不同桩长与桩径的单桩竖向极限承载力标准值，根据估算结果，桩径可选用 800～1000mm，桩长 30～40m，基础设计时，根据不同建筑物荷载的要求，选用合适桩长及桩径的钻孔灌注桩。

5 本次勘察中的主要技术难题和技术创新点

（1）勘察场地内鱼塘广布濒临太湖，钻探涉及水上施工，深部块（漂）石层厚度大，成孔较困难；地下室涉及太湖水体，抗浮设计要求高。针对上述难题我院在钻探施工通过精心组织施工，技术更新，选派技术骨干人员常驻现场指导施工，为提高块（漂）石的采取率和进度，专门成立了攻关型QC 小组，选派技术骨干常驻现场指导施工，解决了水上钻探施工（采用工程船、多锚固定技术、全孔套管跟孔钻进）及软土、流砂、碎石土层等钻进及取样、原位测试（分别用双层单动岩芯管、单层自动开合岩芯管钻进，薄壁取土器、半合取土器、捞砂器等取土，并采用了剪切波速测试、双桥静力触探、重型及超重型动力触探等原位测试手段）问题，获得了丰富的岩土工程资料及测试数据，圆满完成了制定的工期任务。

（2）针对工程特点及场地环境及岩土工程地质条件，项目团队认真分析、仔细研究，成果报告突出了对桩基础的竖向抗拔承载力、抗压承载力及水平推力的研究和基坑围堰及支护相结合、排水与止水相结合的建议，报告建议的岩土治理方案均被设计施工采用，而且施工对环境影响小，各方参建主体及第三方专家审查证明，勘察成果的岩土工程评价及治理建议科学合理。在后续施工中我院又进行了优质的主动式岩土工程技术服务，深受参建各方主体一致好评。

6 工程效益与效果

经工程施工中的基础验槽、试桩，桩基静载荷试验，沉降观测等资料（竣工后主楼最大沉降量 29mm，最小沉降量 20mm，裙楼最大沉降量 17mm，最小沉降量 11mm，沉降量均符合设计要求）及工程交付使用后的良好运营状态证实，地基实际土层与勘察成果资料完全吻合，勘察报告中提供的有关数据及参数精确可靠，建议的岩土工程方案合理可行，是一项优质的勘察成果。

本工程勘察项目质量、进度、安全管理严密，社会、经济、环境效益明显，在我方及各方主体的精心组织、施工下已于 2013 年 7 月全面竣工并通过验收，工程建筑质量优良，这一项目已成为太湖南岸的地标性建筑，网红打卡地，建筑图案已入选为湖州市城市形象标志，为打造长三角重要的休闲旅游中心添上浓墨重彩的一笔。

参考文献

[1] 《工程地质手册》编委会. 工程地质手册[M]. 5 版. 北京：中国建筑工业出版社, 2018.

[2] 建设部. 岩土工程勘察规范(2009 年版)：GB 50021—2001[S]. 北京：中国建筑工业出版社, 2009.

[3] 浙江住房和城乡建设厅. 工程建设岩土工程勘察规范：DB 533/T1065—2009 [S]. 杭州：浙江省工商大学出版社, 2010.

某高层住宅小区岩土工程勘察

王新波　李　兵　郭宏云　孙崇华　李青海　余　顺
（北京特种工程设计研究院，北京　100028）

1　工程概况

某高层住宅小区包括 A1、A2、A3 三个地块组成，规划总用地面积 150137m^2，总建筑面积 416094.4m^2，主要由 25 栋建筑物组成，详见表 1。

拟建建筑物概况　　表 1

序号	建筑代号	地上/地下层数	建筑高度	基底标高	基础形式	承载力要求	变形要求
1	A1-1	16/−2	48m	−7.3m	筏形	265kPa	＜50mm
2	A1-2	16/−2	48m	−7.3m	筏形	265kPa	＜50mm
3	A1-3	20/−2	60m	−7.5m	筏形	320kPa	＜50mm
4	A1-4	19/−2	57m	−7.5m	筏形	320kPa	＜50mm
5	A1-5	19/−2	57m	−7.5m	筏形	320kPa	＜50mm
6	A2-1	20/−2	60m	−7.5m	筏形	320kPa	＜50mm
7	A2-2	15/−2	45m	−7.25m	筏形	250kPa	＜50mm
8	A2-3	20/−2	60m	−7.5m	筏形	320kPa	＜50mm
9	A2-4	20/−2	60m	−7.5m	筏形	320kPa	＜50mm
10	A2-5	20/−2	60m	−7.5m	筏形	320kPa	＜50mm
11	A2-6	20/−2	60m	−7.5m	筏形	320kPa	＜50mm
12	A2-7	20/−2	60m	−7.5m	筏形	320kPa	＜50mm
13	A2-8	15/−2	45m	−7.25m	筏形	250kPa	＜50mm
14	A2-9	15/−2	45m	−7.25m	筏形	250kPa	＜50mm
15	A2-10	15/−2	45m	−7.25m	筏形	250kPa	＜50mm
16	A2-11	15/−2	45m	−7.25m	筏形	250kPa	＜50mm
17	A2-12	20/−2	60m	−7.5m	筏形	320kPa	＜50mm
18	A2-13	20/−2	60m	−7.5m	筏形	320kPa	＜50mm
19	A2-14	20/−2	60m	−7.5m	筏形	320kPa	＜50mm
20	A2-15	20/−2	60m	−7.5m	筏形	320kPa	＜50mm
21	A3-1	20/−2	60m	−7.5m	筏形	320kPa	＜50mm
22	A3-2	20/−2	60m	−7.5m	筏形	320kPa	＜50mm
23	A3-3	20/−2	60m	−7.5m	筏形	320kPa	＜50mm
24	A3-4	14/−2	42m	−12.7m	筏形	260kPa	＜50mm
25	A3-5	12/−2	36m	−12.7m	筏形	260kPa	＜50mm

2　勘察方案

2.1　勘察目的

本次岩土工程勘察工作的目的是为拟建高层住宅小区的设计和施工提供必要的岩土工程依据，具体为：

（1）查明场区内不良地质作用的类型、成因、分布范围、发展趋势及其危害程度，并评价场地的稳定性及建设适宜性。

（2）查明场区内地基土层的岩性特征、空间分布及其物理力学性质。

（3）查明场区内地下水的类型、埋藏条件与静止水位，并评价地下水和地下水位以上土的腐蚀性。

（4）评价地基均匀性。

（5）提供设计所需的地基土层的物理力学参数。

（6）查明场地的标准冻结深度。

（7）评价场地的地震效应，提供场地的地震烈度、设计基本地震加速度值以及设计地震分组，划分场地土类型与建筑场地类别，并评价地震液化问题。

（8）建议地基方案、基坑方案、地下水控制方案及所需的岩土工程措施。

2.2　勘察等级

根据工程重要性、场地复杂程度与地基复杂程度，按照《岩土工程勘察规范》（2009年版）GB 50021—2001[1]第3.1条规定：工程重要性等级为二级，场地等级为二级，地基等级为二级，综合确定本次岩土工程勘察等级为乙级。

2.3　勘察工作布置

本次岩土工程勘察采取钻探、取土试样、取水试样、原位测试与室内试验相结合的方案：钻探采用XY-100型钻机与SH-30型钻机，XY-100型钻机回转钻进辅以泥浆护壁，SH-30型钻机冲击钻进辅以套管护壁；原位测试采用标准贯入试验、重型圆锥动力触探试验以及波速测试，其中波速测试采用单孔法；室内试验采用土工试验、水质分析试验与土的浸出液分析试验，其中土工试验包括常规物理力学性质试验、压缩试验、直接剪切试验、渗透试验以及颗粒分析试验，水质分析试验采用水质简分析。

根据拟建工程特点、场地基本条件、区域地质资料以及规范要求，共布置278个勘探点，其中取土试样钻孔97个，标准贯入试验孔97个，取水试样钻孔4个，鉴别孔80个。勘探点间距为15～30m，控制性勘探点的深度为40～50m，一般性勘探点的深度为20～32m。勘探点基本沿拟建建筑物的周边线和角点布置，由于拟建场地存在鱼塘及树木，个别勘探点的位置现场做了适当调整。

2.4　勘察工作量

本次岩土工程勘察所完成的工作量见表2。

勘察工作量　　　　表2

序号	项目	单位	数量
1	勘探孔数量	个	278
2	勘探孔进尺	m	7816.0
3	取原状土样	件	828
4	取扰动土样	件	60
5	取水试样	件	15
6	标准贯入试验	次	1666
7	重型圆锥动力触探试验	m	1.6
8	波速测试	孔	25
9	原状土样土工试验	件	828
10	扰动土样土工试验	件	60
11	水质分析试验	件	15
12	土的浸出液分析试验	件	2

3　场地的工程地质条件

3.1　地形地貌

场区地形较平坦，场区（孔口）高程33.25～37.16m；属于冲、洪积平原地貌；场区鱼塘及树木较多，部分建筑物尚未拆除。

3.2 地基土层的特征及空间分布

本次岩土工程勘察深度范围内的地层上部为填土，下部为新近沉积土、一般第四系冲洪积土（以黏性土、粉土与砂土为主，局部为砾石）。以满足工程需要为原则，综合考虑时代成因、岩性特征与物理力学性质等诸多因素，将本次岩土工程勘察深度范围内的地层共划分为 9 个工程地质主层和 12 个工程地质亚层，具体如下：

①填土：褐黄色、黄褐色；湿—饱和；填土主要以黏性土和粉土为主，含有植物根系；局部为砖块、碎石、卵石、块石、混凝土块、灰渣、细砂等房渣土；层顶标高 33.51～37.18m，层底标高 30.76～35.46m，层厚 0.2～4.8m。

②黏土、重粉质黏土：黄灰色、灰色；湿—饱和；软塑—可塑；以黏土、重粉质黏土为主，含有云母，氧化铁、腐殖质、有机质；为新近沉积土；层顶标高 32.77～35.46m，层底标高 30.97～34.96m，层厚 0.3～2.9m。

$②_1$ 淤泥：灰色；饱和；流塑；含有腐殖质、有机质；主要分布在原有鱼塘塘底，其他位置未揭露该层；层顶标高 32.52～34.86m，层底标高 31.82～34.26m，层厚 0.4～1.3m。

③黏土、重粉质黏土：褐黄色、黄灰色、灰色；湿—饱和；软塑—可塑；以黏土、重粉质黏土为主，局部为粉质黏土；含有云母，氧化铁、姜石、腐殖质及有机质；层顶标高 26.10～34.96m，层底标高 23.76～33.86m，层厚 0.4～8.9m。

$③_1$ 黏质粉土、砂质粉土：灰黄色、灰色、褐黄色；湿—饱和；中密—密实；以黏质粉土、砂质粉土为主，局部夹有粉砂薄层；含有云母、氧化铁、姜石及有机质；层顶标高 27.00～33.86m，层底标高 26.00～33.06m，层厚 0.2～2.6m。

④黏土、粉质黏土：灰黄色、褐黄色、灰色；饱和；可塑；以黏土、粉质黏土为主，局部为重粉质黏土；含有云母、氧化铁、姜石、腐殖质及有机质；层顶标高 16.53～29.17m，层底标高 13.63～25.88m，层厚 0.6～10.8m。

$④_1$ 黏质粉土、砂质粉土：灰色、黄灰色；饱和；中密—密实；以黏质粉土、砂质粉土为主，局部夹有粉砂薄层；含有云母、有机质；层顶标高 18.53～28.03m，层底标高 16.53～27.53m，层厚 0.2～2.6m。

$④_2$ 粉细砂：灰黄色；饱和；中密；以粉细砂为主；主要矿物成分为石英、长石及云母；层顶标高 20.00～28.02m，层底标高 19.00～27.62m，层厚 0.2～2.4m。

⑤粉质黏土、重粉质黏土：黄褐色，灰黄色；饱和；可塑；以粉质黏土、重粉质黏土为主，局部为黏土；含有云母、氧化铁及姜石；层顶标高 12.25～25.90m，层底标高 9.82～18.58m，层厚 0.4～8.5m。

$⑤_1$ 黏质粉土、砂质粉土：褐黄色、灰黄色；饱和；密实；以黏质粉土、砂质粉土为主；含有云母、氧化铁；层顶标高 13.15～21.58m，层底标高 11.15～20.88m，层厚 0.3～3.2m。

$⑤_2$ 细中砂：褐黄色、灰黄色；饱和；中密—密实；以细中砂为主；主要矿物成分为石英、长石及云母；层顶标高 13.46～21.68m，层底标高 12.25～20.38m，层厚 0.2～2.9m。

⑥中粗砂：褐黄色、灰黄色、灰色；饱和；密实；以中粗砂为主，局部为细砂；主要矿物成分为石英、长石及云母；层顶标高 11.15～17.28m，层底标高 8.31～13.92m，层厚 0.5～6.9m。

$⑥_1$ 细中砂：褐黄色、灰黄色、灰色；饱和；密实；以细中砂为主；主要矿物成分为石英、长石及云母；层顶标高 10.02～18.22m，层底标高 9.12～15.86m，层厚 0.2～3.1m。

$⑥_2$ 圆砾：杂色；饱和；密实；以圆砾为主；砂质充填，含量约 25%～40%；层顶标高 10.15～13.92m，层底标高 7.89～10.02m，层厚 1.5～4.7m。

⑦黏土、粉质黏土：灰色，灰黄色；饱和；可塑—硬塑；以黏土、粉质黏土为主，局部为重粉质黏土；含有云母、氧化铁及有机质；层顶标高 2.77～17.72m，层底标高 1.71～11.86m，层厚 0.8～11.2m。

$⑦_1$ 黏质粉土、砂质粉土：灰色；饱和；密实；以黏质粉土、砂质粉土为主；含有云母及有机质；层顶标高 2.01～13.73m，层底标高 0.42～12.95m，层厚 0.3～4.2m。

$⑦_2$ 粉细砂：褐黄色、灰黄色、灰色；饱和；

密实；以粉细砂为主；主要矿物成分为石英、长石及云母；层顶标高3.67～11.84m，层底标高2.77～11.34m，层厚0.3～2.0m。

⑧细中砂：褐黄色、灰黄色、灰色；饱和；密实；以细中砂为主；主要矿物成分为石英、长石及云母；层顶标高 0.42～6.35m，层底标高−2.05～5.85m，层厚0.5～6.1m。

⑨黏土、粉质黏土：灰色、灰黄色；饱和；可塑—硬塑；以黏土、粉质黏土为主，局部为重粉质黏土；含有云母、氧化铁及有机质；层顶标高−5.08～7.64m，未穿透。

⑨$_1$黏质粉土：灰色，灰黄色；饱和；密实；以黏质粉土为主，局部为砂质粉土，夹有粉砂薄层；含有云母及有机质；层顶标高−3.38～7.52m，层底标高−5.08～7.22m，层厚0.3～3.3m。

⑨$_2$细中砂：灰色、灰黄色；饱和；密实；以细中砂为主；主要矿物成分为石英、长石及云母；层顶标高−4.19～2.64m，层底标高−4.79～1.34m，层厚0.5～1.9m。

典型地质剖面图见图1。

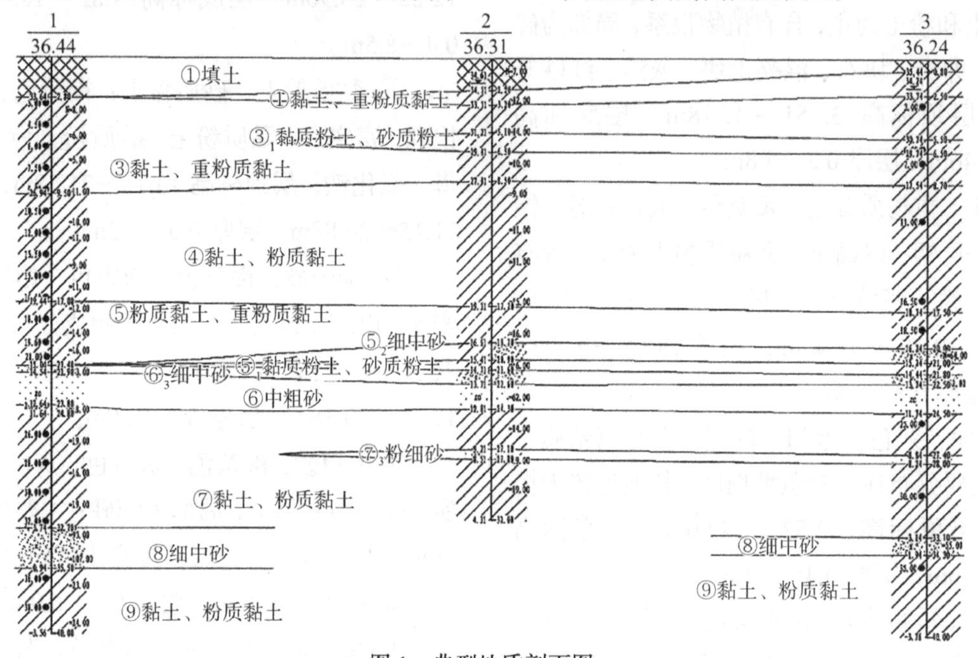

图1 典型地质剖面图

3.3 地基土层的物理力学性质指标

地基土层的主要物理力学性质指标见表3。

地基土层的主要物理力学性质指标 表3

层号	地层岩性	w/%	ρ/(g/cm^3)	S_r/%	e	I_L	E_{S100}/MPa	E_{S200}/MPa	E_{S300}/MPa	c_q/kPa	φ_q/°	k/(m/d)	q_{si}/kPa	q_p/kPa	f_{ka}/kPa
①	填土		1.80							12.0	8.0		10		
②	黏土、重粉质黏土	28.5	1.94	95.1	0.819	0.38	4.1	5.0	5.9	30.0	8.0	0.001～0.05	27		100
②$_1$	淤泥		1.75					2.0		8.0	3.0	0.001～0.05	8		70
③	黏土、重粉质黏土	28.8	1.94	96.0	0.823	0.46	4.2	5.1	6.0	32.0	10.0	0.001～0.05	28		120
③$_1$	黏质粉土、砂质粉土	23.8	1.99	94.2	0.676	0.42	6.6	8.2	9.6	12.0	21.0	0.1～0.5	30		150
④	黏土、粉质黏土	29.1	1.94	96.4	0.831	0.40	5.7	6.7	7.6	34.0	10.0	0.001～0.05	29		150
④$_1$	黏质粉土、砂质粉土	22.2	2.00	91.7	0.637	0.36	8.9	10.2	11.5	13.0	23.0	0.1～0.5	31		170
④$_2$	粉细砂		2.00					22.0		0.0	28.0	0.5～5.0	28		200
⑤	粉质黏土、重粉质黏土	24.8	1.98	94.3	0.721	0.32	8.8	9.8	10.9	29.0	13.5	0.001～0.05	32	450	180
⑤$_1$	黏质粉土、砂质粉土	22.0	2.00	92.5	0.636	0.38	11.4	12.5	13.9	15.0	25.0	0.1～0.5	32	400	190
⑤$_2$	细中砂		2.00					30.0		0.0	30.0	1.0～20.0	33	600	220
⑥	中粗砂		2.00					42.0		0.0	35.0	5.0～30.0	40	800	340
⑥$_1$	细中砂		2.00					32.0		0.0	32.0	1.0～20.0	36	650	230
⑥$_2$	圆砾		2.02					45.0		0.0	40.0	50.0～100.0	68	1100	370
⑦	黏土、粉质黏土	30.0	1.92	95.7	0.858	0.34	9.3	10.2	11.3			0.001～0.05	33	500	190
⑦$_1$	黏质粉土、砂质粉土	23.3	1.99	93.1	0.676	0.40	14.0	15.5	17.3			0.1～0.5	34	450	200
⑦$_2$	粉细砂		2.00					35.0				0.5～5.0	36	700	250
⑧	细中砂		2.00					38.0				1.0～20.0	38	750	300
⑨	黏土、粉质黏土	26.8	1.97	95.3	0.766	0.30	11.8	12.9	14.2			0.001～0.05			200
⑨$_1$	黏质粉土	21.3	2.00	93.4	0.615	0.23	18.2	19.5	20.8			0.1～0.3			210
⑨$_2$	细中砂		2.00					40.0				1.0～20.0			320

4 场地的水文地质条件及腐蚀性评价

4.1 地下水的类型和埋藏条件

在本次岩土工程勘察期间，在勘察深度范围内见有6层地下水：

第1层为上层滞水，静止水位埋深为0.1～4.4m，相应高程为30.92～35.88m，含水层主要为③$_1$黏质粉土、砂质粉土，主要受大气降水与地下径流的补给。

第2层为层间潜水，静止水位埋深为5.9～8.9m，相应高程为27.29～30.25m，主要含水层为④$_1$黏质粉土、砂质粉土及④$_2$粉细砂，主要受地下径流的补给，越流对其有一定的影响。

第3层为层间潜水，静止水位埋深为11.3～15.2m，相应高程为20.85～22.80m，主要含水层为⑤$_1$黏质粉土、砂质粉土及⑤$_2$细中砂，主要受地下径流补给，越流对其有一定的影响。

第4层为微承压水，静止水位埋深为16.1～19.7m，相应高程为16.17～20.08m，主要含水层为⑥中粗砂、⑥$_1$细中砂、⑥$_2$圆砾，主要受地下径流补给，其承压水头压力小于基坑开挖面以下至承压水层顶板间覆盖土的自重压力，故该层承压水对本基坑施工影响不大。

第5层为微承压水，静止水位埋深为23.2～28.9m，相应高程为8.28～12.80m，主要含水层为⑦$_1$黏质粉土、砂质粉土及⑦$_2$粉细砂，主要受地下径流补给，其承压水头压力远小于基坑开挖面以下至承压水层顶板间覆盖土的自重压力，故该层承压水对本基坑施工影响不大。

第6层为微承压水，静止水位埋深为27.7～29.4m，相应高程为6.61～8.30m，主要含水层为⑧细中砂，主要受地下径流补给，其承压水头压力远小于基坑开挖面以下至承压水层顶板间覆盖土的自重压力，故该层承压水对本基坑施工影响不大。

根据调查，场区内近3～5年地下水的最高水位的埋深约为1.00m（高程约为35.5m），历史最高水位接近地表（高程约为36.50m）。

结合区域水文地质资料、场区水文地质条件以及地下水的变化规律，建议抗浮设防水位可按历年最高地下水位（高程约为36.50m）考虑。

4.2 地下水的腐蚀性

为了评价地下水的腐蚀性，在18号、37号、204号、264号勘探孔取地下水水样进行了水质分析试验，水质分析成果见表4。根据场地的工程地质条件和水文地质条件，按照《岩土工程勘察规范》（2009年版）GB 50021—2001附录G规定，场地环境类型为Ⅱ类。按照《岩土工程勘察规范》（2009年版）GB 50021—2001第12.2条规定，对地下水的腐蚀性进行评价，综合判定：地下水对混凝土结构具有微腐蚀性，对钢筋混凝土结构中的钢筋具有微腐蚀性。

地下水的水质分析成果 **表4**

勘探孔取水深度	项目				
	SO_4^{2-}/（mg/L）	Mg^{2+}/（mg/L）	总矿化度/（mg/L）	pH值	Cl^-/（mg/L）
18号-0.6m	31.09	29.07	798.46	8.11	44.98
18号-6.6m	129.16	53.29	1337.10	8.18	70.93
18号-14.6m	133.95	50.87	1273.63	7.89	74.39
18号-17.9m	114.81	46.83	1248.76	8.15	74.39
37号-2.6m	81.32	46.02	1074.49	7.67	41.18
37号-7.4m	43.05	31.49	1090.77	8.15	34.32
37号-14.8m	12.92	28.46	760.33	8.06	39.47
37号-23.2m	8.13	27.25	732.41	8.20	37.75
204号-4.7m	47.84	46.02	893.05	7.75	5.15
204号-13.7m	100.46	38.76	1271.43	7.85	27.45
204号-18.8m	90.89	36.33	798.46	7.91	25.74
264号-2.6m	108.59	27.86	1366.57	8.29	42.04
264号-7.4m	134.42	35.12	1359.19	8.12	42.04
264号-14.8m	99.02	43.60	930.86	8.28	48.05
264号-23.2m	141.12	32.70	1377.59	8.21	42.90

4.3 地下水位以上土的腐蚀性

为了评价地下水位以上土的腐蚀性，利用初勘 CK7 号、CK15 号勘探孔的地下水位以上土的浸出液分析试验成果，见表 5。根据场地的工程地质条件和水文地质条件，按照《岩土工程勘察规范》（2009 年版）GB 50021—2001 附录 G 规定，场地环境类型为Ⅲ类。按照《岩土工程勘察规范》（2009 年版）GB 50021—2001 第 12.2 条规定，综合判定：地下水位以上土对混凝土结构具有微腐蚀性，对钢筋混凝土结构中的钢筋具有微腐蚀性。

土的浸出液分析成果　　表 5

勘探孔	项目			
	SO_4^{2-}/（mg/L）	Mg^{2+}/（mg/L）	pH 值	Cl^-/（mg/L）
CK7 号	75.94	33.70	7.34	44.98
CK15 号	27.07	24.60	7.74	8.77

5 地震效应

5.1 抗震设防烈度、设计基本地震加速度值及设计地震分组

按照《建筑抗震设计规范》GB 50011—2010[2] 附录 A 规定，场地的抗震设防烈度为 8 度，场地的设计基本地震加速度值为 0.2g，设计地震分组为第一组。

5.2 场地土类型与建筑场地类别

为了评价场地土类型与建筑场地类别，在 3 号、4 号、8 号、14 号、22 号、27 号、34 号、54 号、65 号、79 号、89 号、95 号、114 号、121 号、128 号、152 号、166 号、178 号、190 号、201 号、214 号、231 号、246 号、258 号、267 号、284 号勘探孔进行了剪切波速测试。

根据剪切波速测试结果，结合地基地层的岩性特征，按照《建筑抗震设计规范》GB 50011—2010 第 4.1.3 条规定，综合判定：①填土，②$_1$ 淤泥为软弱土；②黏土、重粉质黏土，③黏土、重粉质黏土，③$_1$ 黏质粉土、砂质粉土，④黏土、粉质黏土，④$_1$ 黏质粉土、砂质粉土，④$_2$ 粉细砂，⑤粉质黏土、重粉质黏土，⑤$_1$ 黏质粉土、砂质粉土，⑤$_2$ 细中砂，⑥$_1$ 细中砂，⑦$_2$ 粉细砂为中软土；⑥中粗砂，⑦黏土、粉质黏土，⑦$_1$ 黏质粉土、砂质粉土，⑧细中砂，⑨黏土、粉质黏土，⑨$_1$ 黏质粉土，⑨$_2$ 细中砂为中硬土，⑥$_2$ 圆砾为坚硬土。

根据剪切波速测试成果，3 号、4 号、8 号、14 号、22 号、27 号、34 号、54 号、65 号、79 号、89 号、95 号、114 号、121 号、128 号、152 号、166 号、178 号、190 号、201 号、214 号、231 号、246 号、258 号、267 号、284 号勘探孔地面以下 20m 深度范围内的土层等效剪切波速 v_{se} 分别为 215.7m/s、211.8m/s、217.0m/s、216.0m/s、212.7m/s、213.4m/s、211.3m/s、212.1m/s、211.8m/s、207.7m/s、218.2m/s、216.0m/s、216.1m/s、218.0m/s、212.4m/s、208.8m/s、217m/s、210.4m/s、208.1m/s、216.7m/s、213.4m/s、217.1m/s、218.0m/s、211.8m/s、209.8m/s、208.0m/s，土层等效剪切波速范围属于 $250m/s \geqslant v_{se} > 150m/s$。根据区域地质资料结合钻探成果，场地的覆盖层厚度大于 50m。根据地基土层的等效剪切波速和场地的覆盖层厚度，按照《建筑抗震设计规范》GB 50011—2010 第 4.1.6 条规定，综合判定，建筑场地类别为Ⅲ类。

5.3 地震液化

按照《建筑抗震设计规范》GB 50011—2010 第 4.3.2 条规定，需要评价场区内饱和砂土和饱和粉土的地震液化问题。液化评价时的地下水位取历年最高地下水位，液化判别深度取 20m，故需要评价③$_1$ 黏质粉土、砂质粉土，④$_1$ 黏质粉土、砂质粉土，④$_2$ 粉细砂，⑤$_1$ 黏质粉土、砂质粉土，⑤$_2$ 细中砂，⑥中粗砂，⑥$_1$ 细中砂的地震液化问题。

根据标准贯入试验成果和黏粒含量百分率，按照《建筑抗震设计规范》GB 50011—2010 第 4.3.4 条规定，综合判定：在 8 度地震烈度下，③$_1$ 层黏质粉土、砂质粉土，④$_1$ 层黏质粉土、砂质粉土，④$_2$ 层粉细砂，⑤$_1$ 层黏质粉土、砂质粉土，⑤$_2$ 层细中砂，⑥层中粗砂，⑥$_1$ 层细中砂的标准贯入试验击数均大于相应的液化判别标准贯入试验击数临界值，可以不考虑地震液化问题。

综上所述，在 8 度地震烈度下，场区内的地层可以不考虑地震液化问题。

5.4 抗震地段类别

按照《建筑抗震设计规范》GB 50011—2010

第 4.1.1 条规定，综合判定，场地的抗震地段类别为一般地段。

6 岩土工程分析与评价

6.1 场地的稳定性和建设适宜性

根据场区的地形地貌、地基土层的岩性特征以及区域地质资料，拟建场区不存在岩溶、滑坡、危岩、崩塌、泥石流以及活动断裂等不良地质作用，场地基本稳定，本场地较适宜进行拟建工程建设。

6.2 地基均匀性

拟建工程基础底面位于同一地质单元，根据地基土层的岩性特征、空间分布以及物理力学性质，综合判定：地基属于均匀地基。

6.3 地基方案

根据基础底面埋深，相应的基础持力层主要为③层黏土、重粉质黏土或④层黏土、粉质黏土，地基承载力标准值f_{ak}分别为 120kPa、150kPa。由此可见，裙楼和配套建筑天然地基能够满足要求，主楼的天然地基则满足不了设计要求。因此建议裙楼和配套建筑采用天然地基方案，主楼采用 CFG 桩复合地基方案。

6.4 基坑方案

按照《建筑基坑支护技术规程》JGJ 120—2012[3]第 3.1.3 条规定，基坑侧壁安全等级主要为二级和三级，局部为一级。三级段建议采用土钉墙进行支护，二级段建议采用复合土钉墙支护，一级段建议采用桩锚支护。另外，在住宅和人防交接处建议采用悬臂桩和土钉墙进行支护。基坑开挖时，建议加强对基坑及周边建（构）筑物的监测。

6.5 地下水控制方案

根据场地水文地质条件及基础底面埋深，拟建工程基础将位于地下水以下，基础施工必须采取适当方法降低地下水位。为保证干槽作业，需控制地下水位位于基底开挖面以下 0.5m。针对场区地层特点，建议采用水泥土搅拌桩形成封闭的止水帷幕，同时建议采用管井对坑内地下水进行疏干。

7 结语

（1）建议的地基方案、基坑方案、地下水控制方案及相应的岩土工程措施经济合理，实用性强，主要结论均被采纳。

（2）基坑施工和基础施工过程中揭示的岩土条件与勘察吻合。

（3）该高层住宅小区建设完成并投入使用后，建筑物运行良好。

参考文献

[1] 建设部. 岩土工程勘察规范(2009 年版): GB 50021—2001[S]. 北京: 中国建筑工业出版社, 2009.

[2] 住房和城乡建设部. 建筑抗震设计规范: GB 50011—2010[S]. 北京: 中国建筑工业出版社, 2010.

[3] 住房和城乡建设部. 建筑基坑支护技术规程: JGJ 120—2012[S]. 北京: 中国建筑工业出版社, 2012.

中关村西三旗科技园某项目一期工程岩土工程勘察实录

鞠凤萍　林　叶　曾海柏　陈孝刚　李玉龙
（1. 航天规划设计集团有限公司，北京　100162；2. 北京航天地基工程有限责任公司，北京　100070）

1　前言

随着社会的发展和城市化进程的加快，高层建筑大量兴建，已成为城市主要的建设项目之一。由于建筑高度的不断增加，基础的埋深也不断加深，呈现出地下水对拟建建筑物的影响之大、拟建建筑物与既有建筑物之间距离及场地周边环境对基坑工程的影响之明显的特征。因此，迫切要求岩土工程勘察工作的方法要进一步加深与革新。

拟建工程重要性等级一级，基坑开挖范围大，开挖深度深，基槽周边环境复杂，场地有影响工程的多层地下水，涉及抗浮问题，场地复杂程度为二级，地基复杂程度为二级，岩土工程勘察等级为甲级。

本工程勘察工作量的布置遵循以多种方法和手段进行综合勘察、综合评价的原则，除运用钻探、取样进行室内土工试验外，还采用了标准贯入试验和波速测试等手段。

2　工程概况

中关村西三旗科技园某项目一期工程，位于海淀区西三旗建材城，总用地面积 98808km^2，总建筑面积 217820km^2，拟建建筑物及构筑物概况详见表 1。

拟建建筑物及构筑物概况表　　表 1

拟建建（构）筑物	结构类型	高度/m	±0.000	地上/地下层数	基础埋深/m	基础类型
T1 楼（研发设计）	框剪	60.00	43.50	12/−3	13.20	筏形基础
T2 楼（研发设计）	框剪	60.00	43.50	12/−3	13.20	筏形基础
T3 楼（研发设计）	框剪	60.00	43.50	12/−3	13.20	筏形基础
T4 楼（研发设计）	框剪	39.00	43.50	7/−3	13.20	筏形基础
T5 楼（研发设计）	框剪	39.00	43.50	7/−3	13.20	筏形基础
T6 楼（研发服务中心）	框剪	24.00	43.50	4/−3	13.20	筏形基础
地下车库	—	—	43.50	0/−3	13.20	筏形基础
开闭站	框架	4.00	43.50	2/0	2.5	独立基础
雨水调蓄池	框架	—	43.50	0/−1	4.5	独立基础
化粪池	框架	—	43.50	0/−1	4.0	独立基础

3　岩土工程勘察目的

查明场区内有无不良地质作用及其类型、深度、成因、分布范围、发展趋势和危害程度，提出整治方案的建议；查明场地地基土的成因年代、结构，主要地基土的物理力学性质、对地基的均匀性及承载力做出评价；调查历年最高水位情况，提出设防水位；查明地下水类型、埋藏深度及对建筑材料的腐蚀性；查明地基土对建筑材料的腐蚀性；判定饱和粉土和砂土的地震液化问题；提供建筑场地类别、地震烈度等抗震设计的技术参数；提供场地土的标准冻结深度；提出经济合理的地基基础方案，提供基础设计所需的岩土工程参数，对基础工程设计、施工中应注意的问题提出建议；提出基坑开挖、支护及地下水控制所需技术参数，对基坑开挖和支护设计、施工中应注意的问题提出建议；对需进行沉降计算的建筑物，提供计算变形所需的计算参数，预测地基沉降及变形特征。

4　场地岩土工程条件

4.1　区域地质及场地地形地貌

北京地区的构造特征主要受北东向和北西向两组相互交叉的基岩断裂控制，市区集中发育北东向的南苑—通县断裂、良乡—顺义断裂、八宝山和黄庄高丽营断裂以及北西向的南口—孙河断裂，断裂主体形成于中生代的燕山运动时期，在新生代的喜马拉雅运动影响下进一步发展，这两组断裂把北京平原分为大厂凹陷、大兴隆起、北京凹陷和京西隆起等隆起与凹陷相间的几个大地块，形成了目前的构造格局，直接控制了北京不同地区的地貌特征、水系变迁和第四纪的分布与沉积厚度。根据拟建场区周边揭示的基岩深层地质资料，本场区第四纪覆盖层厚度约为150m。

拟建场地地形基本平坦，进场时场区内存在拆迁建筑垃圾。场区北侧、南侧、东侧均存在拆房遗留的渣土，勘察期间先对平整场地进行施工，对于渣土及堆土区域的钻孔待机械整平后施工。勘察期间测得的各钻孔孔口处地面标高介于42.45～44.36m之间。拟建场区地貌单元属于永定河冲洪积扇北缘与温榆河冲洪积扇的交汇地段。

4.2　场地地层和水文地质条件

根据现场勘察及室内土工试验成果，将本次勘察深度（65.0m）范围内的地层划分为人工堆积层及一般第四纪沉积层两大类。依据地层岩性及其物理力学性质指标对各地层进一步划分为14大层及相应亚层。本次勘察在钻探深度65.0m范围内揭露3层地下水。拟建建（构）筑物和场区地层、地下水分布见图1。

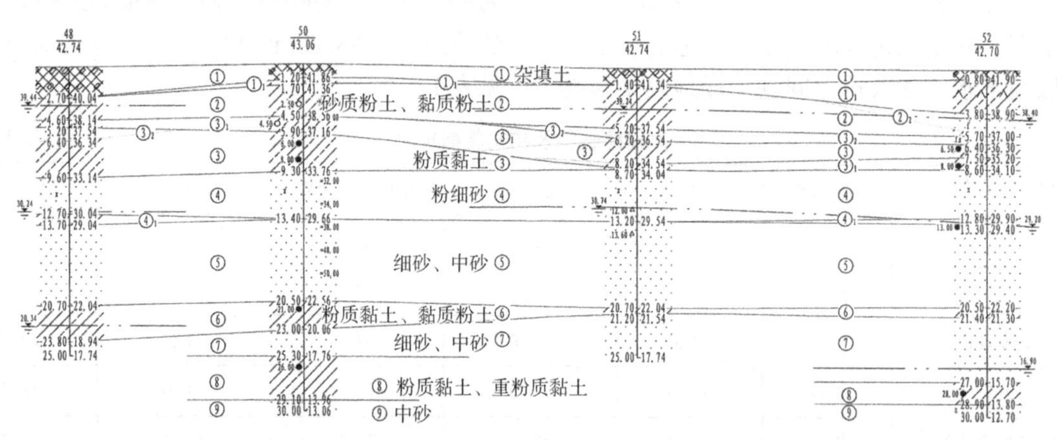

图1　拟建建（构）筑物和场区典型地层、地下水分布情况

根据该场区附近的地质资料，近3～5年该场区最高地下水位标高为36.00m左右（潜水）。目前北京市有关地下水观测资料表明，场区地下水潜水水位平稳，且有上升趋势。

考虑历史最高水位、近3～5年最高水位、南水北调工程、周边节水补水措施可能对地下水环境的变化等因素，建议场区施工期间抗浮水位标高按37.50m考虑，使用期间抗浮水位标高按38.00m考虑。

本场地浅层地基土对混凝土结构及钢筋混凝土结构中的钢筋有微腐蚀性，地下水均对混凝土结构及钢筋混凝土结构中的钢筋具有微腐蚀性。

5　场地建筑抗震设计条件

5.1　建筑抗震设计条件

根据《建筑抗震设计规范》（2016年版）GB 50011—2010[3]，拟建场区抗震设防烈度为8度，设计基本地震加速度为0.20g，设计地震分组为第二组。依据《中国地震动参数区划图》GB 18306—2015[4]附录C和附录E，根据拟建场地类别判定，本次勘察拟建场地基本地震动加速度反应谱特征周期为0.55s，基本地震动峰值加速度为0.20g。拟建场地属对建筑抗震一般地段。

5.2 建筑场地类别的判定

根据本工程勘察期间于3号、9号、21号、38号、71号钻孔的地层剪切波速测试成果，地面以下20m深度范围内土层的等效剪切波速值V_{se}为213.6～239.9m/s，平均值为232.3m/s，介于150～250m/s之间。根据《北京地区建筑地基基础勘察设计规范》（2016年版）DBJ 11—501—2009和国家标准《建筑与市政工程抗震通用规范》GB 55002—2021[5]有关规定，拟建场区覆盖层厚度d_{ov}大于50m，判定建筑场地类别为Ⅲ类。

5.3 地基土地震液化判定

本场区抗震设防烈度为8度，N_0取12，$\beta=0.95$。液化判别基准水位标高按38.0m计算分析，拟建场区20.0m深度范围内饱和粉土和砂土不会发生震动液化。

6 地基方案及相关建议

6.1 天然地基评价

设计单位可根据场区内各建筑物情况，选择采用天然地基作持力层，基础形式可采用筏板基础或独立基础。建议设计单位在考虑建筑地基持力层的地基承载力的设计取值（f_{ak}）时，应根据不同的基础形式、侧限条件和《北京地区建筑地基基础勘察设计规范》（2016年版）DBJ 11—501—2009[2]中的有关规定，进行地基承载力的深宽修正（表2）。

天然地基方案及建议　　表2

建筑物	基础砌置埋深/m	持力层	地基土承载力标准值f_{ak}/kPa	备注
T1楼（研发设计）	13.2	④层及⑤层	180（综合考虑）	A
T2楼（研发设计）	13.2	④层及⑤层	180（综合考虑）	
T3楼（研发设计）	13.2	④层及⑤层	180（综合考虑）	
T4楼（研发设计）	13.2	④层及⑤层	160（综合考虑）	
T5楼（研发设计）	13.2	④层及⑤层	160（综合考虑）	
T6楼（研发服务中心）	13.2	④层及⑤层	160（综合考虑）	
地下车库	13.2	④层及⑤层	160（综合考虑）	
开闭站	2.5	②层	150（综合考虑）	B
雨水调蓄池	4.5	②层	150（综合考虑）	
化粪池	4.0	②层	150（综合考虑）	

注：1. A清除④$_1$层，用级配砂石压实回填至基底标高，要求压实系数不低于0.97。
2. 清除①$_1$层，用3∶7灰土压实回填至基底标高，要求压实系数不低于0.95。

6.2 地基处理方案

通过对现阶段设计条件和地基土层工程条件的分析以及对建筑地基承载力、地基变形等问题初步验算分析的结果，结合实际工程分析评价的经验，分析如采用天然地基方案，地基持力层（包括起控制作用的软弱下卧层）的承载力或地基变形不能满足设计要求时，建议拟建本工程研发设计用房采用CFG桩复合地基或桩基础方案。

1）方案概述

采用CFG桩复合地基方案，以⑥层粉质黏土—黏质粉土或⑦层细砂—中砂为桩端持力层，经复核钻孔深度满足CFG桩复合地基设计要求。CFG桩复合地基方案设计时，地基处理单位应根据有关规范并结合工程实践经验，选择适宜的桩长、桩径、桩距及桩材配比和加固处理的平面范围。

2）相关技术建议及要求

（1）由于研发设计用房基底平均压力较高，因此CFG桩复合地基沉降、倾斜变形控制，以及CFG桩桩体抗压强度将是该方案可行性的关键因素。采用本方案时，必须根据最终确定的建筑荷载分布条件、基础结构条件、施工方案及施工进程等工况及本报告所提供的地层数据，进行深入的地基承载力验算和地基差异变形计算分析。

（2）根据本工程设计埋深条件，CFG桩复合地基的桩间土为④层粉细砂或⑤层细砂—中砂，综合考虑桩间土地基承载力标准值按$f_{ak}=180$kPa考虑。

（3）CFG桩复合地基的桩间主要土层在均质地基条件下的承载力标准值（f_{ak}）以及相关土层的对应端阻力标准值（q_p）和侧阻力标准值（q_{si}）参见表3，供CFG桩复合地基方案设计参考，设计单位可根据地区经验进行选取。CFG桩复合地基的设计、施工的承接单位应采取有效措施，充分确保复合地基能够满足建筑设计关于基础沉降控制、地基承载力等方面的要求，以确保本工程的安全和建筑物的正常使用。CFG 桩桩体抗压强度应严格满足有关规范和设计要求。

（4）采用本方案时，须按《建筑地基处理技术规范》JGJ 79—2012 及其他相关技术规程进行复合地基检测。在施工计划中应为检测试验留有充分的时间。

（5）进行 CFG 桩复合地基施工时应预留一定厚度的槽底土层，以保证施工顺利实施及避免对桩间天然土层的扰动破坏。

地基土岩土工程参数表 表 3

岩土名称	地基承载力标准值f_{ak}/kPa	$E_s(P_0-P_{0+0.1})$/MPa	$E_s(P_0-P_{0+0.2})$/MPa	$E_s(P_0-P_{0+0.3})$/MPa	桩侧阻力标准值q_{si}/kPa	桩端阻力标准值q_p/kPa	渗透系数经验值k/（cm/s）
①杂填土	—	—	—	—	—	—	—
①$_1$黏质粉土—砂质粉土素填土	—	—	—	—	—	—	—
①$_2$碎石素填土	—	—	—	—	—	—	—
②砂质粉土—黏质粉土	150	6.0	7.0	8.0	27.0	—	(4×10^{-4})
②$_1$粉质黏土	140	（4.0）	（4.5）	（5.0）	25.0	—	(2×10^{-5})
②$_2$粉砂	160		（15.0）		30.0	—	(2.5×10^{-3})
②$_3$黏土	120	（3.5）	（4.0）	（4.2）	27.0	—	(1.2×10^{-6})
③粉质黏土	140	6.4	7.37	10.0	25.0	—	(2×10^{-5})
③$_1$砂质粉土—黏质粉土	160	7.0	8.0	8.5	27.0	—	(2×10^{-4})
③$_2$粉细砂	170		（18.0）		30.0	—	(3×10^{-3})
③$_3$黏土	130	（3.5）	（4.0）	（4.2）	27.0	—	(1.2×10^{-6})
④粉细砂	180		（20.0）		35.0	500	(1.5×10^{-3})
④$_1$粉质黏土—黏质粉土	160	9.0	10.0	—	27.0	—	(5×10^{-5})
⑤细砂—中砂	200		（22.0）		35.0	550	(8×10^{-3})
⑥粉质黏土—黏质粉土	170	8.0	9.0	10.0	30.0	400	(5×10^{-5})
⑥$_1$砂质粉土	180	8.5	9.5	—	30.0	—	(4×10^{-4})
⑥$_2$细砂	200		（22.0）		32.0	—	(5×10^{-3})
⑦细砂—中砂	210		（25.0）		40	600	(8×10^{-3})
⑦$_1$粉质黏土	180	（8.0）	（9.0）	（10.0）	30.0	—	(2×10^{-5})
⑧粉质黏土—重粉质黏土	170	8.0	9.0	10.0	30.0	450	(5×10^{-6})
⑨中砂	230		（25.0）		40.0	600	(2.5×10^{-2})
⑨$_1$粉质黏土	180	（8.5）	（9.5）	（10.5）	30.0	—	(2×10^{-5})
⑨$_2$圆砾	280		（28.0）		45.0	—	(4×10^{-1})
⑩粉质黏土—黏质粉土	180	9.5	10.5	11.5	27.0	400	(5×10^{-5})
⑩$_1$砂质粉土	190	10.0	11.0	12.0	30.0	—	(4×10^{-4})
⑩$_2$重粉质黏土—黏土	180	10.0	11.0	12.5	30.0	—	(8×10^{-6})
⑩$_3$细砂	230		（25.0）		35.0	—	(5×10^{-3})
⑪细砂	230		（25.0）		35.0	600	(5×10^{-3})
⑫粉质黏土—黏质粉土	190	9.0	10.9	11.0	27.0	400	(5×10^{-5})
⑫$_1$重粉质黏土—黏土	190	9.5	10.5	12.0	30.0	—	(8×10^{-6})
⑫$_2$砂质粉土	200	10.0	11.5	13.0	30.0	—	(4×10^{-4})
⑫$_3$中砂	230		（28.0）		40.0	—	(3×10^{-2})
⑬细砂	240		（28.0）		32.0	600	(5×10^{-3})
⑭粉质黏土	190	（9.0）	（10.0）	（10.5）	30.0	400	(2×10^{-5})

6.3 桩基础方案

1）方案概述

采用钻孔灌注桩桩基方案，以⑥粉质黏土—黏质粉土或⑦细砂—中砂为桩端持力层，经复核钻孔深度满足桩基设计要求，基础设计标高由设计选定。

（1）桩端持力层评价

根据勘察资料，结合本工程拟建物结构类型及荷载，该工程采用桩基基础是适宜的。以⑥粉质黏土—黏质粉土或⑦细砂—中砂为桩端持力层。

⑥粉质黏土—黏质粉土：本层可见层厚 0.40～7.00m，层底标高为 16.69～23.44m。其工程地质性质好，其下卧层为⑦细砂—中砂，分布稳定，工程地质性质好。本层是良好的桩端持力层。

⑦细砂—中砂：本层可见层厚 0.80～5.60m，层底标高为 14.70～19.38m。其工程地质性质好，其下卧层为⑧粉质黏土—重粉质黏土，分布稳定，需进行软卧下卧层验算。本层是良好的桩端持力层。

（2）桩型的选择

根据本次勘察结果，结合拟建物结构形式及荷载情况，建议采用钻孔灌注桩。针对拟建建筑，荷载大，基底压力大，需要的单桩承载力高，为消除桩端沉渣，提高钻孔桩端阻，可以考虑采用钻孔灌注桩加后注浆工艺，该工艺桩端压入水泥浆，压浆参数建议通过场地现场试验综合确定，并通过静载荷试验确定单桩竖向承载力。

（3）成桩可能性分析及施工对环境的影响

根据本次勘察结果显示，成桩范围内地基土为砂土和粉土、黏性土，本工程如采用干作业钻孔反插钢筋笼的施工工艺，则应充分考虑桩侧饱和砂土层对成桩的影响。如采用泥浆护壁钻孔灌注桩，不会造成沉桩困难，应考虑桩底沉渣的影响与控制。桩基工程正式施工前，应在现场试桩，以核实施工条件，核实相应的桩端标高，核实单桩承载力，核实穿透砂层的可能性。

由于场区边缘有其他建筑及道路存在，故钻孔灌注桩施工时应避免对周边环境造成污染和影响。

2）相关技术建议及要求

（1）对于大直径桩（桩径大于或等于 0.80m 时）的桩基计算，应按《建筑桩基技术规范》JGJ 94—2008[8]中有关规定，对桩端和桩侧阻力乘以尺寸效应系数。

（2）采用本方案，桩端须进入所建议的桩端持力层的深度不宜少于 1.5 倍桩径：桩基尺寸、桩位布置、桩间距、桩身构造要求以及桩身的结构强度，均应按《建筑地基基础设计规范》GB 50007—2011[6]、《建筑桩基技术规范》JGJ 94—2008[8]及其他相关标准严格执行。

（3）在正式施工前，应预留充分时间，进行试成孔、成桩试验，以验证和优化桩基施工方案。施工过程中，应根据成孔工艺和地层条件，采取有效的施工措施维持孔壁稳定，确保成孔、成桩的施工质量。施工中应严格控制孔底沉渣厚度，并须按《建筑桩基技术规范》JGJ 94—2008[8]及其他相关技术规程严格控制桩径、垂直度等设计、施工参数。

（4）采用本方案时，须通过现场单桩竖向静载荷实验确定单桩设计承载力，并通过低应变测试等方法对基桩施工质量进行检测和评定。并须按《建筑桩基技术规范》JGJ 94—2008[8]及其他相关技术规程确定试桩及检测数量。在施工计划中应为试桩、压桩、动测桩试验留有充分的时间。

（5）进行桩基施工时应预留一定厚度的槽底土层，以保证施工顺利实施及避免对桩间天然土层的扰动破坏，必要时可采取临时性地面硬化措施。桩基施工时宜采用跳打施工顺序，以防止相邻桩基同时施工时可能发生的交叉穿孔。

7 基础工程与相关建议

7.1 基坑支护

建筑场地涉及的基坑开挖范围大，基槽相对较深，开挖基坑范围槽壁有易塌落的人工填土层与粉土、砂土层，应充分考虑本工程的基坑开挖深度和地层垂向分布及本工程周边场地环境等诸多因素的影响，设计出安全合理、经济稳妥的支护方案以确保边坡稳定。基坑开挖时考虑到场区周边道路、施工场地受限等因素，建议采用桩锚联合支护方案，以保证邻近建筑物、道路及施工安全，桩锚联合支护区域的安全等级初步按二级考虑，最终基坑支护安全等级由支护设计与施工单位根据相关规范要求、实际支护类型结合周边环境综合确定。基坑支护设计参数见表 4（括号中为经验值）[9]。

基坑支护设计与施工属于岩土工程专业技术，设计质量、施工质量的控制是基坑支护工程的重点和难点，建议建设单位委托岩土工程专业技术单位负责基坑支护的设计，切实做到精心设计、施工，确保工程质量及安全。

基坑施工肥槽土方回填的要求应按照《建筑地基基础工程施工质量验收规范》GB 50202—2002 中的要求执行。

主要岩土层基坑支护相关岩土工程参数表 **表 4**

岩土名称	黏聚力c_q/kPa	内摩擦角φ_q/°	天然重度γ/（kN/m³）	土体与锚固体极限粘结强度标准值q_{sk}/kPa
①杂填土	0	10.0	18.8	—
①$_1$黏质粉土—砂质粉土素填土	10.0	8.0	19.8	—
①$_2$碎石素填土	（0）	（35.0）	（18.0）	—
②砂质粉土—黏质粉土	20.0	20.0	20.0	55
②$_1$粉质黏土	30.0	15.0	20.3	50
②$_2$粉砂	（0）	（25.0）	19.6	60
②$_3$黏土	30.0	8.0	18.2	45
③粉质黏土	30.0	12.0	20.2	50
③$_1$砂质粉土—黏质粉土	25.0	20.0	20.2	55
③$_2$粉砂—细砂	（0）	（25.0）	（19.0）	60
③$_3$黏土	40.0	8.0	20.8	45
④粉砂—细砂	（0）	（25）	（19.0）	60
④$_1$粉质黏土—黏质粉土	25.0	12.0	20.7	50
⑤细砂—中砂	（0）	（25.0）	（20.0）	60
⑥粉质黏土—黏质粉土	30.0	15.0	19.8	50
⑥$_1$砂质粉土	20.0	25.0	20.4	55
⑥$_2$细砂	（0）	（25.0）	（20.0）	60
⑦细砂—中砂	（0）	（25.0）	（20.0）	60
⑦$_1$粉质黏土	（30.0）	（15.0）	（19.8）	50
⑧粉质黏土—重粉质黏土	35.0	15.0	20.5	50
⑨中砂	（0）	（28.0）	（20.0）	65
⑨$_1$粉质黏土	30.0	15.0	（19.8）	50
⑨$_2$圆砾	0	30.0	（21.0）	110
⑩粉质黏土—黏质粉土	30.0	15.0	19.9	50
⑩$_1$砂质粉土	—	—	20.2	55
⑩$_2$重粉质黏土—黏土	—	—	18.9	50
⑩$_3$细砂	—	—	（20.0）	60
⑪细砂	—	—	（20.0）	60
⑫粉质黏土—黏质粉土	—	—	19.9	50
⑫$_1$重粉质黏土—黏土	—	—	18.8	50
⑫$_2$砂质粉土	—	—	19.7	55
⑫$_3$中砂	—	—	（28.0）	65
⑬细砂	—	—	（20.0）	60
⑭粉质黏土	—	—	（19.8）	50

注：表中土体与锚固体极限粘结强度标准值参数依据《建筑基坑支护技术规程》DB 11/489—2016 选取。

7.2　地下水控制建议

由于建筑物埋置较深，地下水埋藏较浅，基坑施工的地下水控制建议如下：

（1）帷幕止水

建议采用护坡桩＋桩间旋喷桩、护坡桩＋搅拌桩、地下连续墙等帷幕隔水方案，此方案可以和基坑支护方案联合组成整体，并减少水资源的浪费。

（2）采用管井等进行施工降水

地下水控制设计与施工属于岩土工程专业技术，设计质量、施工质量的控制是地下水控制工程的重点和难点，建议建设单位委托岩土工程专业技术单位负责地下水控制的设计、并组织相关单位进行评审，切实做到精心设计、施工，确保工程质量及安全。地下水控制方案设计参数可以参考表 3 中相关参数并结合设计单位的实际工程经验选取。

如果遇到雨期施工，应制定截排水措施，防止雨水流入基槽，保证基槽的干燥施工。基槽开挖时应防止地表水和管线的渗漏对基坑边坡稳定性造成的不利影响，做好排水和对坡脚、坡面的保护工作。

7.3 抗浮措施

拟建物基础埋藏较深，抗浮设防水位较高，建议设计方根据工程地质、水文地质条件，按相关规定进行抗浮验算，抗浮设计应本着“安全可靠，造价合理”的原则，可以采取如下 3 种措施：

（1）增加上部覆土层的厚度。

（2）增加结构自重。如基础底板上加压重材料，或增加基础底板挑边，利用挡板上的土提供有效的压重。

（3）采用抗拔构件（抗拔锚杆等），提供有效的抗浮力。抗浮锚杆的设计按现行行业标准《建筑工程抗浮技术标准》JGJ 476—2019[7]执行，设计所需参数可以按表 5 采用。考虑到以后杆体防护措施和防腐处理的情况，建议采用压力式及压力分散式锚杆。

抗浮锚杆设计参数一览表　　　表 5

地层	岩土名称	注浆锚固体与土层间粘结强度标准值q_{sia}/kPa
④	粉砂—细砂	55
④1	粉质黏土—黏质粉土	65
⑤	细砂—中砂	55
⑥	粉质黏土—黏质粉土	65
⑥1	砂质粉土	70
⑥2	细砂	55
⑦	细砂—中砂	53
⑦1	粉质黏土	65
⑧	粉质黏土—重粉质黏土	60
⑨	中砂	53
⑨1	粉质黏土	65

8 结论与建议

（1）拟建场区附近无活动断裂，场地内也无其他影响建筑稳定性的不良地质作用，场地稳定，适宜本工程建设。

（2）场区历年最高地下水位接近地表，近 3～5 年最高地下水位标高约为 36.00m，建议场区施工期间抗浮水位标高按 37.50m 考虑，使用期间抗浮水位标高按 38.00m 考虑。

（3）根据本次勘察结果分析，拟建科研设计用房地基土属均匀地基。

（4）本次勘察钻进的 65m 以内揭露三层地下水，地下水类型、埋藏、补给和排泄等特征参见前述第 3 部分相关内容。

（5）在地震烈度为 8 度，且地下水位按抗浮水位 38.00m 考虑时，拟建场地 20m 深度范围内饱和砂土和粉土不会发生地震液化。

（6）本场地浅层地基土对混凝土结构及钢筋混凝土结构中的钢筋和钢结构有微腐蚀性，地下水均对混凝土结构及钢筋混凝土结构中的钢筋具有微腐蚀性。

（7）拟建建筑物建议采用的地基基础方案及建议详见前述“第 5 部分 地基方案及相关技术建议”。

（8）根据本次勘察结果，建筑场地类别为Ⅲ类。场区抗震设防烈度为 8 度，设计地震基本加速度值为 0.20g，设计地震分组为第二组。

（9）拟建场地基本地震动加速度反应谱特征周期为 0.55s，基本地震动峰值加速度为 0.20g。

（10）拟建场区土的标准冻结深度为 0.80m。

（11）基坑开挖深度范围内有滞水及潜水，应采取止水措施，基坑开挖应考虑地下水的影响。

（12）基槽开挖后应按规范进行施工验槽工作。

参考文献

[1] 《工程地质手册》编委会. 工程地质手册[M]. 5 版. 北京：中国建筑工业出版社, 2018.

[2] 北京市规划委员会. 北京地区建筑地基基础勘察设计规范(2016 年版): DBJ 11—501—2009[S]. 北京：中国计划出版社, 2017.

[3] 住房和城乡建设部. 建筑抗震设计规范(2016 年版):

GB 50011—2010[S]. 北京：中国建筑工业出版社, 2016.
[4] 国家质量技术监督局. 中国地震动参数区划图: GB 18306—2015[S]. 北京: 中国标准出版社, 2015.
[5] 住房和城乡建设部. 建筑与市政工程抗震通用规范: GB 55002—2021[S]. 北京: 中国标准出版社, 2021.
[6] 住房和城乡建设部. 建筑地基基础设计规范: GB 50007—2011[S]. 北京: 中国建筑工业出版社, 2012.
[7] 住房和城乡建设部. 建筑工程抗浮技术标准: JGJ 476—2019[S]. 北京: 中国建筑工业出版社, 2020.
[8] 建设部. 建筑桩基技术规范: JGJ 94—2008[S]. 北京: 中国建筑工业出版社, 2008.
[9] 北京市住房和城乡建设委员会. 建筑基坑支护技术规程: DB 11/489—2016[S]. 北京: 2016.

贵州省图书馆异地扩建项目岩土工程勘察实录

王子红　曹彦彬　张英青　胡鼎培　张　雄　张泽杰　班国勇
（贵州省建筑设计研究院有限责任公司，贵州贵阳　550081）

1　项目概况

该建设项目是2019年贵州省重大工程和重点项目之一，为一类高层公建项目，属不规则高层建筑。该工程为集合藏书、借阅咨询服务、公共活动与辅助服务、行政办公、技术设备、后勤保障用房等为一体的综合性文化公共服务设施项目（图1）。项目位于贵阳市观山湖区城市核心景观大道林城东路北侧，毗邻贵州省博物馆及金融城、会展中心等城市地标。总占地面积35014m^2，总建筑面积77870m^2（含地上建筑面积52775m^2，地下建筑面积25095m^2），其中贵州省图书馆异地扩建项目建筑面积55490m^2（含地上建筑面积37395m^2，地下建筑面积18095m^2），贵阳市少年儿童图书馆（贵阳市中小学课外教育基地）建筑面积22380m^2（含地上建筑面积15380m^2，地下建筑面积7000m^2）。建筑高度39.9m，地上4～7层，地下1～3层，建筑结构形式为框架-剪力墙结构，单柱最大荷载为22000kN，基础形式为桩基础或独立柱基础。

图1　建成实景图

2　场地条件

项目建筑结构造型独特，地下建筑部分分为三级台地，西侧为高度达20m顺向岩质的基坑边坡，坡顶为已建贵州省博物馆，南侧存在厚度达12m的填方边坡。

场地岩土组成复杂多样，基岩为化泥质白云岩偶夹泥岩，泥岩厚度多在10～30cm，最大厚度可达40cm，岩体破碎，岩溶不良地质作用强烈发育，钻孔遇洞率38.9%，相邻柱基之间基岩起伏面相对高差大于5m，距离场区东北向约70m处低洼地带有泉点出露，场地工程地质及水文地质条件复杂。

现场施工图片如图2～图4所示。

图2　现场施工图片一

图3　现场施工图片二

图4　现场施工图片三

基金项目：科技部科技伙伴计划资助项目（KY201502002）
获奖项目：2017年全国优秀工程勘察设计行业奖一等奖。

3 工程问题和技术难点

（1）场地水文地质、工程地质、环境地质条件复杂（图5），岩溶强烈发育、交叉施工等因素耦合作用，对勘察质量安全及工期的不利影响产生放大效应。

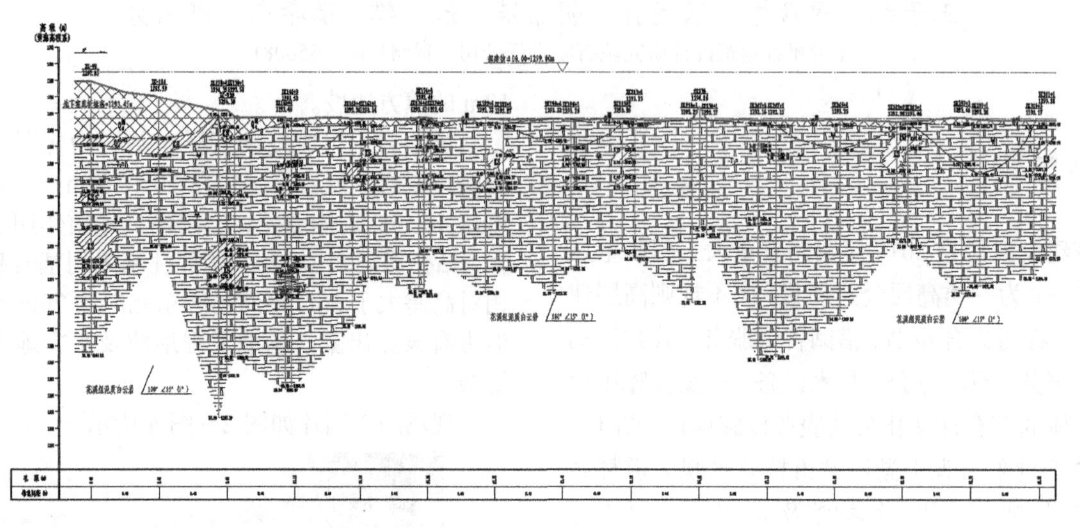

图5 地质剖面图

（2）场地地质条件复杂，岩土种类较多，建筑结构复杂，荷载大，挖掘场地主要岩土层的物理力学指标意义重大，但常规的一两种勘察手段难以实现该目的。

（3）复杂场地岩土工程精确勘察难度大。场地存在风化极不均匀、岩体破碎、溶隙溶洞发育、钻探易塌孔等直接影响勘察精度的问题。

4 技术创新和特色

（1）结合拟建物存在3个台地的建筑设计特点，勘察施工过程中采取分区分段整体推进的工作方法。采用岩土BIM建立场地地质模型及场平工程模型（图6、图7），多维度指导土石方及边坡支护作业。根据勘察进度、基坑边坡治理工程进展等方面来确定土石方开挖、地基基础施工工期计划，基本做到现场勘察钻探施工结束，主要土石方及边坡治理施工同时结束。

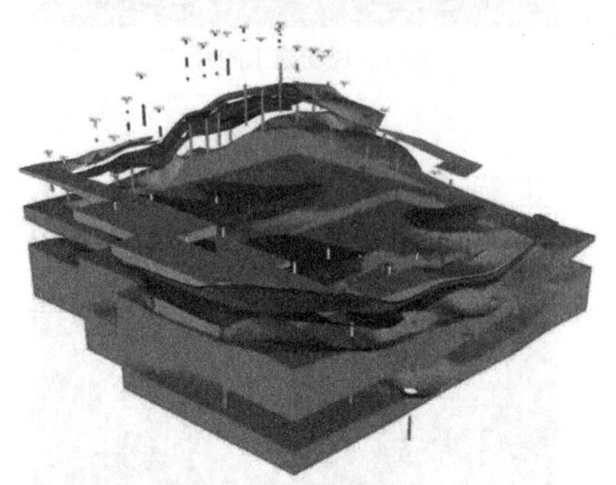

图6 BIM建模效果一

图7 BIM建模效果二

（2）采用工程地质调绘、钻探及取样、井下电视、岩土体现场剪切试验、圆锥动力触探试验、现场波速测试、地微震测试、岩基载荷试验、水文地质试验等多种原位分析所获得的各类岩土技术参数中（图8、图9），结合工程地质类比法并与室内土工试验进行对比分析，通过所采取的综合勘察手段，从各数据准确性着手，利用岩土体各数据之间正向相关的关系，分析各数据之间的关联性以及场地岩体、地下水、土层以及构造之间的作用规律，做到精确勘察。

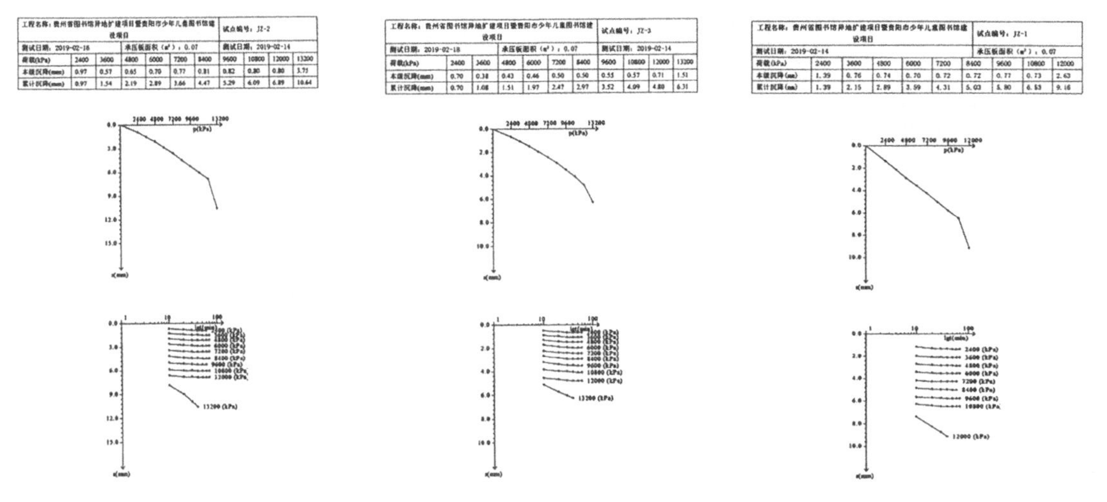

工程名称：贵州省图书馆异地扩建项目暨贵阳市少年儿童图书馆建设项目							试点编号：JZ-2			
测试日期：2019-02-18			承压板面积（m²）：0.07				测试日期：2019-02-14			
荷载(kPa)	2400	3600	4800	6000	7200	8400	9600	10800	12000	13200
本级沉降(mm)	0.97	0.57	0.65	0.70	0.77	0.81	0.82	0.80	0.80	3.75
累计沉降(mm)	0.97	1.54	2.19	2.89	3.66	4.47	5.29	6.09	6.89	10.64

工程名称：贵州省图书馆异地扩建项目暨贵阳市少年儿童图书馆建设项目							试点编号：JZ-3			
测试日期：2019-02-18			承压板面积（m²）：0.07				测试日期：2019-02-14			
荷载(kPa)	2400	3600	4800	6000	7200	8400	9600	10800	12000	13200
本级沉降(mm)	0.70	0.38	0.43	0.46	0.50	0.50	0.55	0.57	0.71	1.51
累计沉降(mm)	0.70	1.08	1.51	1.97	2.47	2.97	3.52	4.09	4.80	6.31

工程名称：贵州省图书馆异地扩建项目暨贵阳市少年儿童图书馆建设项目							试点编号：JZ-1	
测试日期：2019-02-14							承压板面积（m²）：0.07	
荷载(kPa)	2400	3600	4800	6000	7200	8400	9600	10800	12000
本级沉降(mm)	1.39	0.76	0.74	0.70	0.72	0.72	0.77	0.73	2.63
累计沉降(mm)	1.39	2.15	2.89	3.59	4.31	5.03	5.80	6.53	9.16

图 8　静载荷试验测试成果

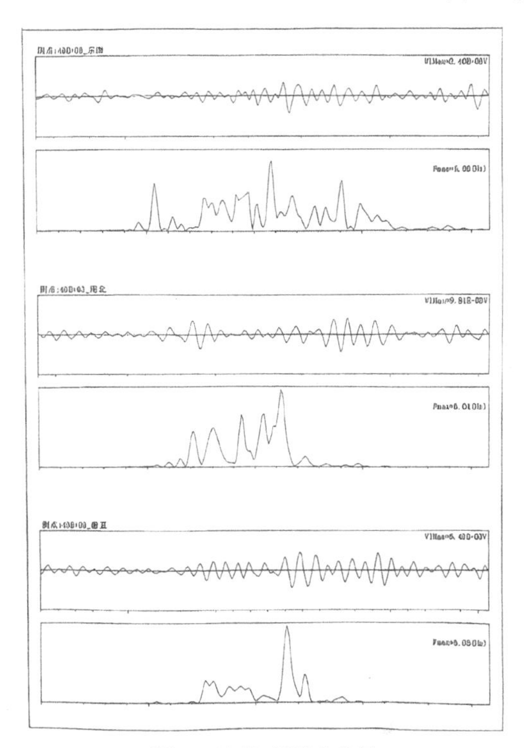

图 9　地微动测试成果

（3）采用多手段综合勘察、多数据综合分析的方法挖掘并提高场地主要地基持力层的地基承载力和边坡支护力学指标。

（4）根据钻探成果，建立场地地质 BIM 模型，辅助确定地基基础方案建议。

5　工程效益与效果

将拟建物的设计点与勘察施工、土石方开挖、边坡支护、地基基础施工统一起来考虑，采取分区分段整体推进的钻探施工管理方法后，勘察施工提前 3 天完成现场勘察工作，土石方作业提前 5 天完成，地基基础基槽开挖提前 7 天完成，为整个项目按时竣工奠定了良好基础。

采用多手段综合勘察、多数据综合分析的方法科学有效地提高地基承载力后，基础造价由原来预估的 1.05 亿元降低至 9000 余万元，直接节约地基基础造价约 1500 余万元，边坡支护节约 100 万元。同时，场地未因地质异常产生较大的地基基础变更，为地基基础的顺利完工及工期控制提供了有力保证。最终该项目于 2020 年 12 月建成试运行，5 月正式向社会开放，目前已成为贵阳市精神文明新高地和阵地，同时也是贵阳市新的城市名片及地标。

图 10　效果图

参考文献

[1]　《工程地质手册》编委会. 工程地质手册[M]. 5 版. 北京：中国建筑工业出版社，2018.

成都市中西医结合医院急救中心和感染科建设项目岩土工程勘察、基坑降水与支护

廖　勇　丁农斌　李顺江　刘　畅

［四川省自然资源集团（四川兴蜀工程勘察设计集团有限公司）成都市青羊区青华路 39 号　610072］

1　工程概况

1.1　工程简介

为了极大改善区域就医环境，大幅度提升危、急重症患者救治能力和公共卫生事件应对水平，并大大优化门急诊就医流程，完善医院服务体系，助力成都市第一人民医院更好地承担中心城区医疗保障的核心功能，成都市中西医结合医院（成都市第一人民医院）启动急救中心和感染科建设项目。

成都市中西医结合医院（成都市第一人民医院）急救中心和感染科建设项目位于成都市高新区万象北路 18 号，成都市第一人民医院的西北角。本工程新建一栋急救中心、一栋感染科楼及 2 层纯地下室（埋深 10.50～22.55m），配套污水处理站一处。场地北侧红线紧邻近和盛西街，场地西侧红线邻近万象北路，距离地铁 5 号线市一医院站地下结构外边线 8～10m；距离场地东侧第一住院楼（上部 9 层，地下 1 层）4～9m，距场地南侧第三住院楼（上部 15 层、地下 3 层）地下室边线 7m；拟建工程整体呈倒 “L” 形布置，场平标高 496.6m，总体来讲，场地周边环境条件极为复杂。拟建物为框架结构，拟采用独立基础（条形基础）或桩基础。

1.2　工程特点与难点

（1）不规则超深基坑支护

本工程地下结构为二层，呈倒 “L” 形布置，一般埋深超 20.0m，且开挖深度差异大，为不规则型超大深基坑。基坑开挖地层主要为岷江水系Ⅱ级阶地第四系上更新统冲洪积地层及白垩系上统灌口组砂质泥岩。场地含膨胀性黏土地层及多层地下水，地下水丰富。场地周边环境复杂，北侧红线邻近和盛西街，场地西侧红线邻近万象北路，距离地铁 5 号线市一医院站地下结构外边线 8～10m；距离场地东侧第一住院楼（上部 9 层，地下 1 层）4～9m，距场地南侧第三住院楼（上部 15 层、地下 3 层）地下室边线 7m。场地周边为医院大楼、地铁车站、主干道路及管线等重要建筑物，对变形和地下水控制要求极高，如何解决超大深基坑支护、基坑降水和渗透变形（潜蚀、管涌）等地质问题为本项目的重点和难点。

（2）地下水

场地覆盖层为第四系全新统人工堆积层、第四系上更新统冲洪积地层，下伏白垩系上统灌口组砂质泥岩，存在上层滞水、孔隙潜水、裂隙水等多层地下水，对基坑施工、拟建筑物、周边建（构）筑物安全存在重大影响。卵石中钻进需采用植物胶护壁，植物胶的充填堵塞导致孔内地层渗透性剧变，地下水位失真。采用公司研发的适用于卵石地层的地下水位观测系统（专利号：ZL201821924018.4）进行地下水位量测，获取准确水文地质参数。

（3）抗浮措施

本工程根据场地及其周边环境、抗浮设计等级、施工条件等因素拟采用抗浮锚杆或抗浮桩，需重点查明场地地层岩性特征，地质构造，地下水埋藏及补给排泄条件等。根据地层和地下水条件、拟建物抗浮等级及各类抗浮措施施工工艺等进行分析、研究和比选，根据上部结构和荷载要求，推荐最佳抗浮措施及锚固段持力层。

（4）特殊性岩土的评价

本工程地层中含填土、膨胀黏土、风化岩等多种特殊性岩土。查明几类特殊性岩土的分布、成分、均匀性、膨胀性、裂隙发育特征等性质特征，对基坑支护与降水方案的选取、成桩可行性评价、基础方案的选择等方面影响较大。勘察过程中，针对填土取芯困难、岩芯采取率低的特点，采用公司研发的管内带肋冲击钻头（专利号：ZL202120585395.1）进行钻探取芯，大大提高了取芯质量，缩短了施工周期，对查清填土分布、成分、均匀性等性质特征起到了积极作用。

2 勘察方案与手段

针对本项目勘察的难点与特点，本次采用工程地质钻探与取样、标准贯入试验、动力触探试验、波速试验及室内测试分析等多手段的综合勘察方法，并严格按操作规范进行。

本次勘察勘探点按建筑物柱列线及规范要求布孔（图 1），共布置钻孔 42 个（含 11 个超重型动力触探试验对比孔），其中控制性钻孔 16 个，一般性钻孔 15 个，标准贯入试验孔 8 个，取样孔 12 个和波速试验孔 2 个。勘察重点为下部的桩基持力层，孔深按中风化基岩作桩端持力层或抗浮结构锚固段持力层埋深、岩性条件综合确定。因此，控制孔要求进入中风化泥岩 10m 以上，设计孔深 25.0m、45.0m；一般孔原则上要求进入中风化基岩 5.0m 以上，设计孔深 20.0m、40.0m。

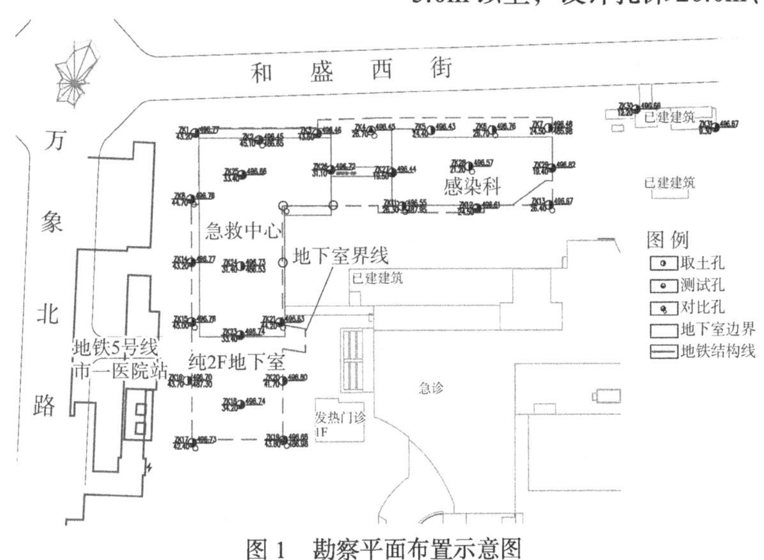

图 1　勘察平面布置示意图

3 场地地质条件

3.1 地形地貌

拟建场地地貌单元单一，场地平坦，测得勘探点孔口高程为 496.43～496.82m，场地平均高程 496.65m 左右，场地地貌上属岷江水系Ⅱ级阶地，场地平坦。

3.2 工程地质条件与土质特征

本次勘察揭露深度内，地层主要由第四系全新统人工填土层（Q_4^{ml}），第四系上更新统冲洪积层（Q_3^{al+pl}）的黏土、粉质黏土、细砂、卵石层，白垩系上统灌口组（K_{2g}）砂质泥岩组成（图 2），场地地层划分见表 1。

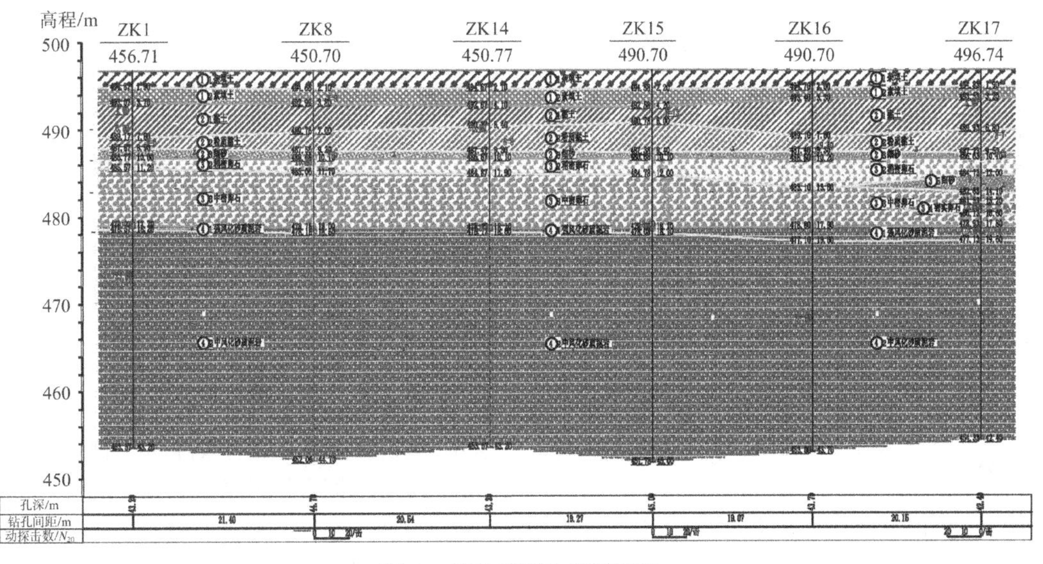

图 2　场地典型地层剖面图

场地地层划分表 **表 1**

地层名称与编号	成因时代	地层描述	层厚/m	地层埋深/m
①$_1$杂填土	Q_4^{ml}	杂色，松散，主要成分为砖块、混凝土块、卵石夹黏性土、淤泥质土等，该层在场地表层普遍分布	1.0～2.3	1.0～2.3
①$_2$素填土	Q_4^{ml}	褐黄色、褐灰色为主，松散，稍湿—湿；主要为原耕植土、黏性土，含少量细颗粒硬杂质	1.1～3.0	1.7～5.1
②$_1$黏土	Q_3^{al+pl}	褐黄色，硬塑，含少量铁锰质氧化物及较多钙质结核，切面光滑，裂隙一般发育，裂隙中偶夹灰白色高岭土等亲水性矿物，该层在场地内普遍分布	0.5～4.7	6.0～8.3
②$_2$粉质黏土	Q_3^{al+pl}	褐黄色，可塑，稍有光泽反应，无摇振反应，干强度、韧性中等，含少量铁锰质氧化物及钙质结核，部分地段该层底部含粉土团块及少量的砂粒	0.5～3.7	8.5～9.3
②$_3$细砂	Q_3^{al+pl}	褐黄色、湿、稍密—中密，主要成分为石英、长石颗粒，泥质含量较高，厚度一般较薄	0.4～1.6	8.7～10.0
③$_1$松散卵石	Q_3^{al+pl}	卵石粒径大于 2mm，含量为 50%～55%，成分以岩浆岩为主，微—强风化，磨圆度较好，充填物为细砂、少量黏性土、夹少量圆砾	0.8～3.6	10.5～11.9
③$_2$稍密卵石	Q_3^{al+pl}	卵石粒径 30～80mm，含量为 55%～60%，成分以岩浆岩为主，微—强风化，磨圆度较好，多呈亚圆形，充填物为细砂、少量黏性土、夹少量圆砾	1.4～3.9	10.5～12.4
③$_3$中密卵石	Q_3^{al+pl}	卵石粒径一般 40～100mm，最大粒径大于 150mm，局部含少量漂石，含量为 60%～70%，成分以岩浆岩为主，微—强风化，磨圆度较好，多呈亚圆形，充填物为细砂、少量黏性土、夹少量圆砾	1.7～6.7	15.5～17.7
③$_4$密实卵石	Q_3^{al+pl}	卵石粒径一般 40～120mm，最大粒径大于 150mm，局部含少量漂石，含量 70%以上，成分以岩浆岩为主，微—强风化，磨圆度较好，多呈亚圆形，充填物为中砂、少量黏性土、夹少量圆砾	2.4～4.6	17.0～18.2
③$_5$细砂	Q_3^{al+pl}	褐黄色，湿—饱和，主要成分为石英和长石，见少量云母碎屑和其他黑色矿物，主要以透镜体的形式分布于卵石层中	0.5～1.1	9.5～14.7
④$_1$强风化砂质泥岩	K_{2g}	紫红、棕红色，主要成分为黏土矿物，结构大部分破坏，风化裂隙很发育，岩体破碎，岩芯呈碎块状，强度较低，按岩石坚硬程度分类属于极软岩，岩体基本质量等级Ⅴ类	0.6～1.7	18.3～19.6
④$_2$中风化砂质泥岩	K_{2g}	紫红、棕红色，主要矿物成分黏土矿物，节理裂隙一般发育，结构较完整。岩芯呈柱状—长柱状，强度较高，按岩石坚硬程度分类属于极软岩，岩体基本质量等级Ⅴ类	最大揭露厚度 27.0	最大揭露深度 45.1

各土层物理力学性质指标推荐值如表 2 所示。

土的物理力学性质指标 **表 2**

岩土名称	重度γ/（kN/m³）	压缩（变形）模量$E_s(E_0)$/MPa	黏聚力c/kPa	内摩擦角φ/°	基床系数K_v/（MN/m³）	承载力特征值f_{ak}/kPa
①$_1$杂填土	17.0	—	4	6	—	—
①$_2$素填土	17.5	—	10	12	—	80
②$_1$黏土	20.0	$E_s = 10.0$	38(32)	17(15)	—	240
②$_2$粉质黏土	19.5	$E_s = 6.0$	30	13	—	140
②$_3$细砂	20.0	$E_0 = 7.0$	—	22	25	80
③$_1$松散卵石	20.0	$E_0 = 15.0$	—	30	35	180
③$_2$稍密卵石	20.5	$E_0 = 22.0$	—	35	40	350
③$_3$中密卵石	21.0	$E_0 = 30.0$	—	40	50	550
③$_4$密实卵石	22.0	$E_0 = 39.0$	—	45	60	800
③$_5$细砂	20.5	$E_0 = 8.0$	—	24	28	120
④$_1$强风化砂质泥岩	23.5	—	25	22	—	280
④$_2$中风化砂质泥岩	24.5	—	300	35	—	900

注：②$_1$黏土为膨胀土，支护设计时按括号内折减值计取。

3.3 地下水

本场地地貌上属于岷江水系Ⅱ级阶地。场地地下水类型主要上层填土中的上层滞水、砂卵石层中的孔隙潜水及基岩裂隙水三种。

上层滞水赋存于场地上部填土内，主要补给为大气降水及地表汇流，其主要在上部填土内流动，一般没有稳定的地下水面，本场地个别钻孔揭露，上层滞水埋深 1.2～2.2m。

孔隙潜水赋存于场地内砂卵石层中，主要补给源为地下水侧向径流及大气降水。勘察期间为丰水期，由于周边地块降水影响，实测钻孔内地下水位 8.6～10.5m，相应标高约为 485.98～487.95m。

基岩裂隙水主要赋存于砂质泥岩的风化裂隙中，其水量大小主要受裂隙发育程度、裂隙连通性等控制。基岩的含水性、透水性受岩体的结构、构造、裂隙发育程度等的控制，由于岩体的各向异性，加之局部岩体破碎、节理裂隙发育，导致岩体富水程度与渗透性也不尽相同。总体上，基岩裂隙水对本工程基坑开挖及建筑物后期使用均有一定影响。

4 岩土工程分析评价

4.1 地基土分析与评价

根据勘察资料，场地上部为人工填土结构松散，压缩性高，性质较差，中部主要为黏性土、黏土、砂，土质较好，中等压缩，但黏土具有弱膨胀性；卵石层、基岩分布于中下部，性质较好，承载力高，压缩性低。具体细分为 4 个主要地层，11 个亚层，1 个夹层，简析如下：①$_1$杂填土结构松散，固结差、结构松散、孔隙率大、成分不均匀，承载力低的特点，处于基坑开挖挖除土层。①$_2$素填土已基本完成自重固结，成分较均匀，主要为黏性土，承载力低，处于基坑开挖挖除土层。②$_1$黏土在场地所有地段分布，均匀性较好，层位较稳定，承载力较高，可作为污水处理站基础持力层。②$_2$粉质黏土在场地所有地段分布，均匀性较好但层位不稳定，承载力一般，处于开挖范围，不能作为地基持力层。②$_3$细砂：在场地局部地段分布，不均匀发育、承载力较低，不能直接作为拟建物地基基础持力层，基底局部位置为砂层的，建议进行换填处理。③$_1$～③$_4$卵石层面较稳定，以稍密—中密卵石为主，局部地段为松散卵石，卵石层中夹细砂透镜体。卵石（③$_5$细砂除外）力学性质较好，承载力较高，压缩性低，是良好的地基土，可作为拟建物地基基础持力层及下卧层。③$_1$强风化砂质泥岩：物理力学性质较一般，地基承载力一般，但由于在基底位置强风化砂质泥岩厚度较小且发育不均匀，故不建议以强风化泥岩作为基础持力层。③$_2$中风化砂质泥岩：物理力学较好，承载力较高，变形较小，是良好的基础持力层。

4.2 基础持力层分析评价

拟建感染科楼基础埋深 10.50m，基础以下变形计算深度内主要为粉土、松散卵石、稍密卵石及少量细砂，卵石层是拟建物良好的基础持力层。但松散卵石与稍密卵石层位埋深有一定变化，其分界面坡度在部分位置大于 10%，为不均匀地基。基础底有厚度不等的粉土、细砂（揭露最大厚度 2.3m），建议将其换填处理，处理后可采用独立柱基或筏形基础。

拟建急救中心及纯地下室区域基础埋深 19.00～22.55m，基础以下变形计算深度内基本为中风化砂质泥岩，中风化砂质泥岩是良好的持力层，其层位稳定，界面坡度均小于 10%，地基持力层位于同一地貌单元，为均匀地基，基础形式可采用独立柱基或筏形基础。

4.3 基坑支护与地下水控制

4.3.1 基坑支护

本工程除污水处理站外地下均含两层地下室，开挖深度约 10.5～22.55m，基坑安全等级为一级。场地北侧红线紧邻近和盛西街，西侧红线邻近万象北路，场地红线距离地铁 5 号线市一医院站 8～10m，为了保障地铁安全运行，不具备锚索施工及抽排降水的条件；东侧为医院第一住院楼（地下 1 层，深度约 7m，基础埋深约 12m），相距 4～9m，基底以下一定深度本工程可考虑锚索；场地南侧为医院第三住院楼（地下 3 层，深度约 13m），相距约 7m，不具备锚索施工的条件。综上，场地周边环境条件、工程地质条件及地下水条件较为复杂。场地主体建筑基坑支护采用锚拉桩支护地段受限，周边建（构）筑物对变形、沉降特别敏感，为了确保基坑和周边建筑安全，最大程度降低施工对环境的影响，建议基坑支护方式采用护壁桩＋内支撑进行支护，局部采用放坡、锚索的支护形式。本场地岷江水系Ⅱ级阶地，且黏土具膨胀性，基坑支护应考虑膨胀土的影响，根据成都地方文件通知规定，本场地基坑支护不得采用击入式钢管土钉，同时在基坑支护设计时应考虑膨胀土膨胀力的作用。

4.3.2 地下水控制

场地地下水主要属第四系孔隙潜水及基岩裂隙水，埋深较浅，水量丰富。基坑最大开挖深达

22.55m，地下水降深约 15.0m。基坑边界紧邻地铁 5 号线市一医院地铁站，底板埋深约 17m，线路走向与基坑长边走向一致。场区卵石层较为松散，厚度大，细砂、中砂充填，易发生渗透变形（潜蚀、管涌）。故场地邻近地铁一侧不具备人工抽排降水条件，建议设置止水帷幕，可采用高压旋喷咬合桩，桩端进入基岩，以阻断西侧含水层与基坑间的水力联系。对场地其他地段可采用管井降水。对与基坑下部松散堆积物与基岩交接面地下水及基岩裂隙水，可采取集中明排。

4.4 地下结构抗浮

根据成都市地方文件通知规定，Ⅱ级阶地抗浮水位不能低于室外地坪标高以下 2.0m。本工程场地属于岷江水系Ⅱ级阶地，现状场地平坦，室外地坪标高约 496.6m，场地±0.000 标高为 497m，综合考虑场地地坪标高及建筑物±0.000 标高，抗浮水位按 495m 计。设计单位应根据地下室的埋深、上部荷载等情况进行抗浮验算，预计本工程需做抗浮措施，可采用抗浮锚杆或抗浮桩。抗浮锚杆具有工艺成熟、施工周期短、成本低等优点，建议本工程采用抗浮锚杆进行地下结构抗浮。

抗浮锚杆（桩）应进行专项岩土工程设计。根据《建筑工程抗浮技术标准》JGJ 476—2019 及当地工程经验，抗浮锚杆（桩）设计所需的参数建议见表 3。

岩土体与锚固体粘结强度标准值　　表 3

岩土名称	f_{rbk}/kPa
细砂	70
松散卵石	110
稍密卵石	140
中密卵石	200
密实卵石	240
强风化砂质泥岩	150
中风化砂质泥岩	240

5 基坑降水设计

5.1 地下水控制方案选择

综合场地地形地貌、地层结构、场地水文地质条件、场地周边环境条件等因素，结合当地工程经验，本着安全可靠、技术可行、经济合理、施工可操作性等原则，本场地地下水控制分段设计：

（1）BCDE 段基坑采用管井降水方案，水位降深按基底 2m 考虑；

（2）EFGJ 段采用管井 + 集水明排方案。

（3）JKK1LAB 段（邻近地铁侧）采用止水帷幕 + 集水明排方案，为减少降水对地铁 5 号线侧水位的影响，在 JKLAB 段紧贴支护桩外侧设置 1 排ϕ800@450mm 高压旋喷桩止水帷幕。

（4）在地铁一侧布置两口降水井兼作水位检查井，用于观察近地铁侧水位变化情况。

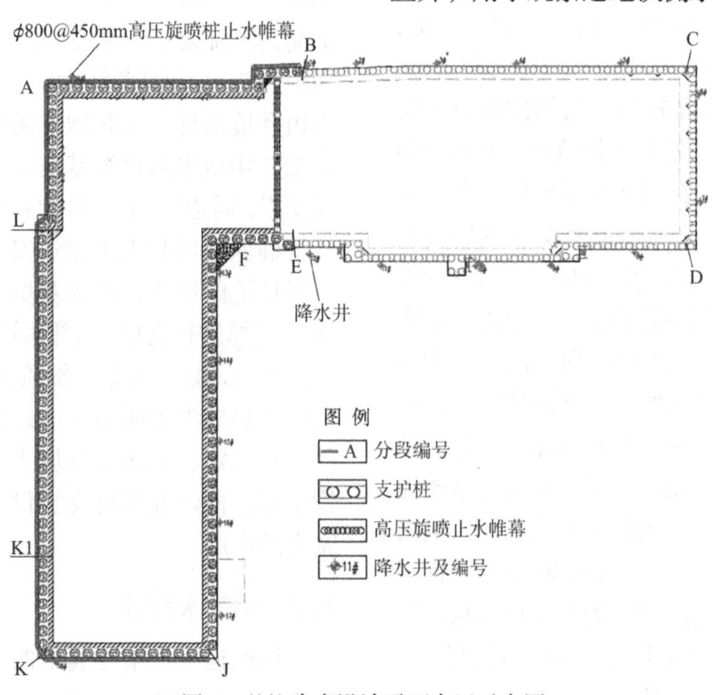

图 3　基坑降水设计平面布置示意图

5.2 止水帷幕设计

在JKLAB段紧贴支护桩外侧设置高压旋喷桩止水帷幕(其中邻地铁侧KLA段旋喷桩设置2排，AB段、JK段为1排)，高压旋喷桩桩径800mm，桩心间距450mm，旋喷桩之间搭接宽度350mm，旋喷桩桩底以进入基底0.5m（且进入中风化泥岩≥2m）控制，桩顶以489.5m且高于汛期常水位1m控制。共布置高压旋喷桩551根。

5.3 管井降水设计

本工程布置降水井19口(井深20m)、沉砂池3口；其中18号、19号降水井兼作水位检查井，用于观察近地铁侧水位变化情况。水位高于设计控制水位时，启动18号、19号井降水。根据设计单井流量和设计降深，抽水设备采用QS型潜水泵，额定流量不小于25m³/h，扬程不小于25.00m。

5.4 集水明排设计

在拟建建筑基础边净距0.4m以外布置排水沟，排水沟边缘离开边坡坡脚不应小于0.5m，排水沟底面应比挖土面低0.3～0.4m；坡脚排水沟截面尺寸300mm×300mm(宽×深)，采用PVC成品排水沟。沿坡脚排水沟宜每隔30～50m设置一口集水井；集水井的净截面尺寸：800mm×800mm×500mm(长×宽×深)，集水井采用砖砌并用水泥砂浆抹面，集水井基础铺设100mm的C20素混凝土垫层。

通过降水井+止水帷幕+集水明排的综合地下水控制方案，确保基坑工程的正常开挖，但在地铁一侧局部地段基岩与卵石交界面出现渗水情况，经专家论证，认为高压旋喷桩在卵石层中形成的止水帷幕效果良好，达到设计目标，渗水原因为地下水沿基岩层面或裂隙渗流所致。为有效控制基岩与卵石交界范围侧壁渗水和漏水问题，保障地铁基础及深基坑安全，将深基坑范围基岩交界面范围桩间喷护改为现浇钢筋混凝土桩间挡板（挡水墙），桩间挡板进入基岩不小于岩层不小于300mm，上部高度应高于漏水点300mm，板上设置泄水孔集中明排。采取以上措施后，现场遂正常施工。

6 基坑支护设计

项目基坑安全等级为一级，基坑顶部周边考虑15kPa附加荷载，EB段、CD段考虑马道重车荷载30kPa，基坑周边建筑按15kPa/F考虑荷载，市政道路按30kPa考虑。在基坑未封闭之前，基坑周边荷载不得超过设计值。急救中心基坑采用桩+内支撑进行支护，第一道支撑采用钢筋混凝土支撑，第二道支撑采用钢支撑。感染科楼基坑北侧临道路，采用桩锚支护，东侧为出渣口及临时材料堆放区，采用桩+一道钢支撑支护，其他地段采用排桩支护。基坑支护设计方案详见表4，支护结构总平面布置与相邻建筑位置示意图见图4。

临地铁一侧视基坑变形监测情况，施作一道倒撑，作为预备方案，典型支护剖面如图5所示。

基坑支护设计参数表 **表4**

序号	分段	支护方式	桩径/m	桩间距/m	桩长/m
1	LA段	桩+2道内支撑(第1道800mm×600mm混凝土支撑，第2道ϕ609@16mm钢管支撑)	1.8	2.5	26.0
2	AB段	桩+2道内支撑(第1道800mm×600mm混凝土支撑，第2道ϕ609@16mm钢管支撑)	1.8	2.5	27.8
3	BC段	桩+1道锚索支护	1.3	2.0	16.0
4	CD段	桩+1道内支撑（ϕ609@16mm钢管支撑）	1.3	2.0	18.5
5	DE段	排桩支护（悬臂桩）	1.3	2.0	20.0
6	EFGHJ段	桩+2道内支撑(第1道800mm×600mm混凝土支撑，第2道ϕ609@16mm钢管支撑)	1.8	2.5	27.2
7	JKK_1段	桩+2道内支撑(第1道800mm×600mm混凝土支撑，第2道ϕ609@16mm钢管支撑)	1.8	2.5	26.7
8	K_1L段	桩+2道内支撑(第1道800mm×600mm混凝土支撑，第2道ϕ609@16mm钢管支撑)	1.8	2.5	25.7
9	EB段	桩+1道内支撑（ϕ609@16mm钢管支撑）	1.3	2.0	18.0
10	GG′、HH′段	放坡+网喷	坡率1∶1.25，坡面喷C20混凝土，厚度不小于80mm		

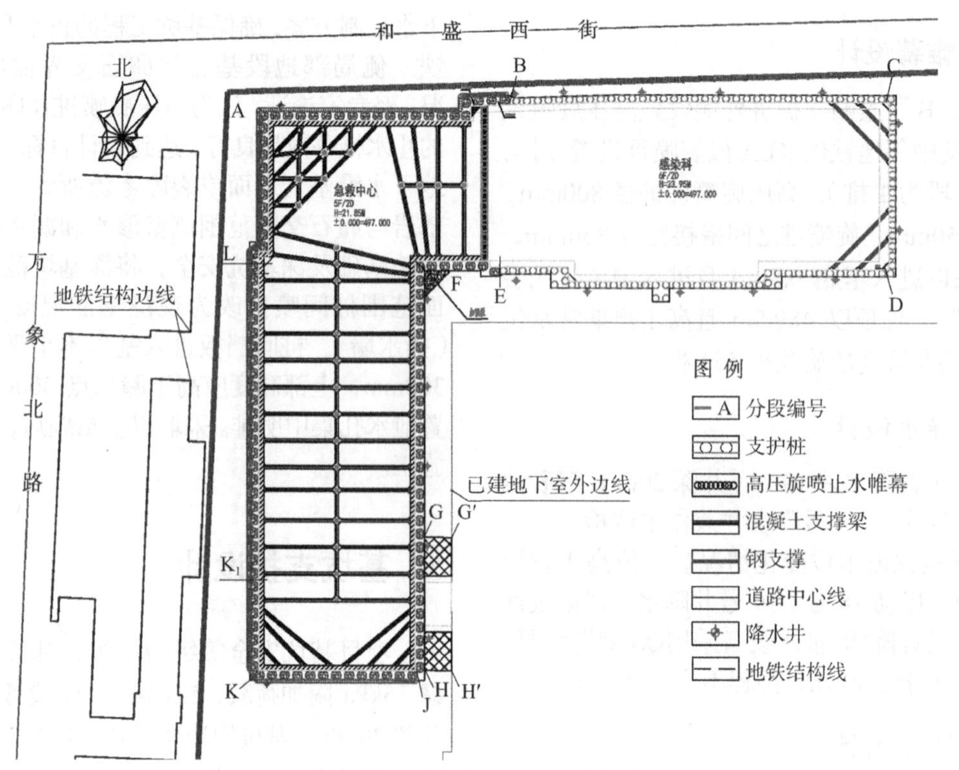

图 4　第一道支撑平面布置示意图

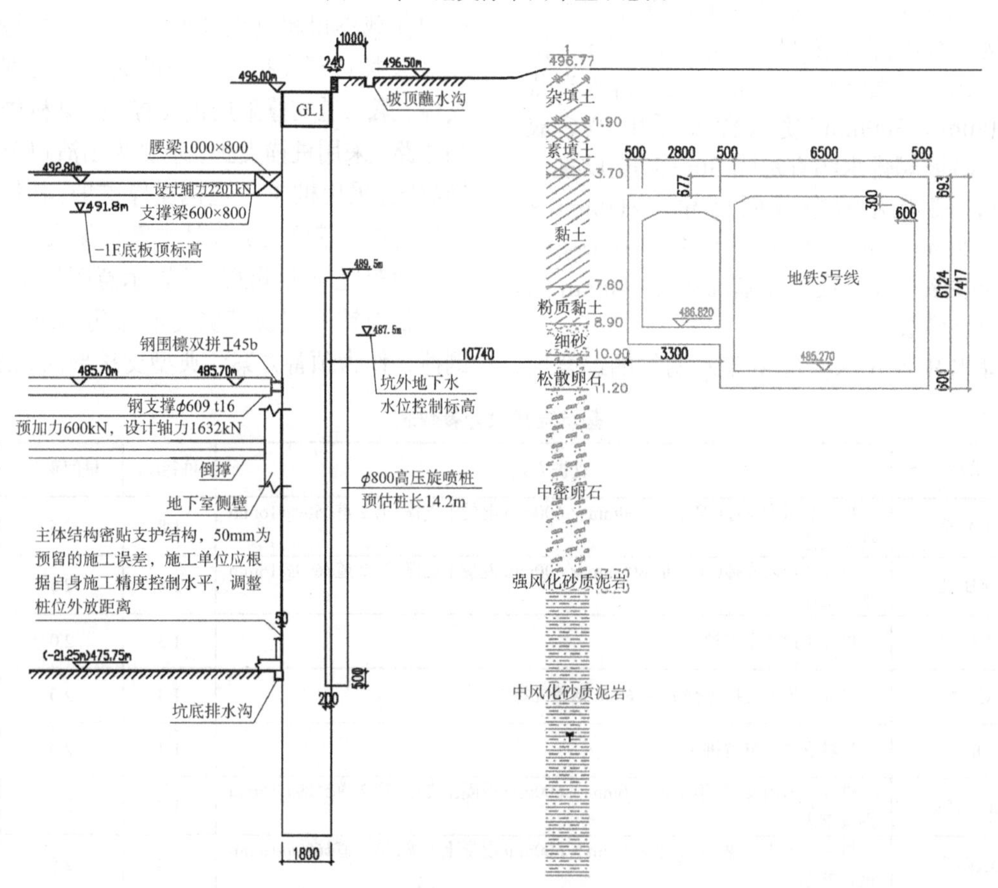

图 5　典型支护剖面图（LA 段）

LA 段各开挖工况见表 5。针对不同支护形式、不同工况条件，采用理正深基坑 PB4 进行支护结构稳定性计算，整体稳定计算方法采用瑞典条分法，土条宽度 0.40m，稳定计算采用有效应力状态，计算结果见表 6。

LA 段各开挖工况表　　表 5

工况号	分段	深度/m
1	开挖	4.70
2	加撑 1	3.70
3	开挖	11.80
4	加撑 2	10.8
5	开挖	20.75
6	刚性铰 1	18.75
7	刚性铰 2	15.25
8	拆撑 2	10.80
9	刚性铰 3	4.70
10	拆撑 1	3.70

LA 段各开挖工况安全系数计算结果　表 6

工况	深度/m	整体稳定性	抗倾覆稳定性	抗倾覆（踢脚破坏）稳定性	抗隆起稳定性
开挖	4.70	—	10.666	—	—
加撑 1	3.70	—	11.783	47.826	—
开挖	11.80	—	6.233	34.260	—
加撑 2	10.8	—	7.771	67.151	—
开挖	20.75	4.098	3.943	33.741	5.720

整体变形计算采用理正三维有限元计算平台，进行支护构件、内支撑、立柱、斜撑、锚杆及土体的三维空间整体协同计算。理正深基坑 PB4 具有先进的板壳单元进行基坑真三维计算、彩色三维图形显示结果、构件自动归并方便用户出图等优点。限于篇幅，计算参数、过程略，典型整体位移计算如图 6 所示。

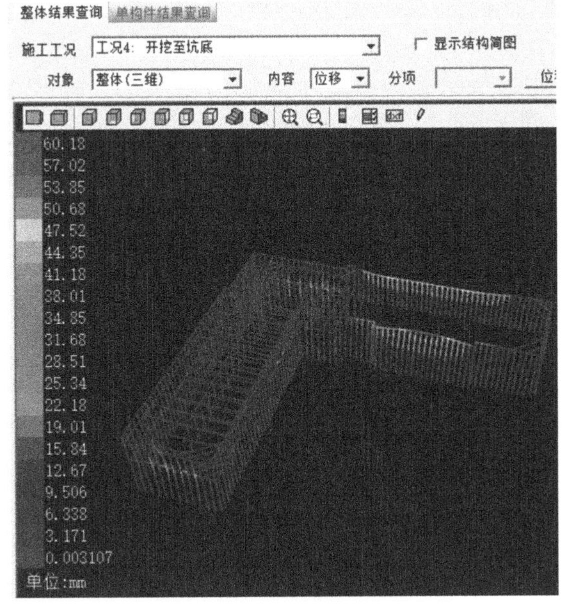

图 6　整体计算变形控制情况

结果显示，LA 段（邻近 5 号线附属风亭）开挖至坑底时，最大变形位于侧壁中部，为 10.32mm，底部两道刚性铰形成后拆除第二道支撑，此时为最大变形，变形量为 12.51mm，位于侧壁中部，满足规范要求。因理正深基坑 7.0 整体协同计算中尚不能考虑锚索等因素的影响，故计算结果显示 BC 段、DE 段开挖至坑底时，最大变形位于中部，最大变形量均大于 20mm，仅作参考。施工图设计中，于 BC 段地面下 3.5m 处增设一排锚索；因 DE 段邻近一期门诊楼地下室（埋深–6.0m）且采用人工挖孔桩基础，故仅在转角处采用双排桩 + 加强板进行加固。通过增加上述措施后，BC 段、DE 段单体支护结构稳定性、位移计算均满足规范要求。

7　工程成果与效益

（1）本次勘察处于新冠疫情期间，需严格执行疫情防控措施，时间紧、任务重，但通过精心策划勘察方案、多方搜集资料、合理组织安排，从接到任务到完成所有外业工作历时不足半月，高质量地完成了勘察和相关技术服务工作，取得了良好的社会效益。

（2）勘察过程中，采用植物胶护壁回旋钻进、原位测试、室内试验以及公司研发的多种专利对地层、地下水进行探测，查清了场地地层分布特征，获取了较为准确的水文地质参数。勘察报告中提供了准确岩土工程设计参数，以及基础持力层、地下水控制、基坑支护、建筑结构抗浮等措施建议，在本工程设计及施工中均得到采纳。通过参加本工程各个阶段的工程验槽、验收，开挖揭露土质、地下水分布特征与勘察资料提供的土层情况一致，地下水控制、基坑支护、建筑结构抗浮等措施得当，运行平稳，有力地促进了工程的顺利实施，缩短了工期，避免了风险，对后期类似工程项目的开展具有较强的指导和参考意义。

（3）项目基坑地下水控制采用管井降水、高压旋喷桩止水帷幕与明排相结合。本工程布置降水井 19 口（2 口井兼作观测井）、沉砂池 3 口。降水井井深 20m，间距 15.0～20.0m。邻地铁一侧采用高压旋喷桩止水帷幕，桩径 800mm，间距 450mm，桩端进入基岩不小于 0.5m。根据实际工作情况，现场情况良好，综合地下水控制措施既保证了基坑正常开挖的需要，又有效解决了城市轨道交通正常运行的安全问题，且基坑周围建筑物没有发生任何安全问题。通过该项目实施，也验证了在该地区卵石层、风化砂质泥岩地层中采用高压旋喷桩作为止水帷幕能是可行且有效的。

（4）邻地铁一侧基坑采用排桩结合两道内支撑进行支护。采用理正深基坑软件三维有限元计算平台，进行排桩、内支撑、立柱、锚杆及土体的三维空间整体协同计算，根据计算结果和工程实践，不断优化设计方案，将基坑最大变形量控制在15mm内，确保基坑和周边建筑安全。施工图编制过程中，根据专家意见补充倒撑作为备用方案，后在施工中未实施，说明排桩结合两道内支撑进行支护的方案在本基坑项目中是基本安全且合理的。施工过程中对基坑支护结构、周边道路、已有建筑物、管线进行了监测，监测报警阈值3mm/d、累计15mm，监测结果数值满足设计及规范要求。本基坑设计施工为该地区不规则深大基坑设计施工积累了一定的工程经验。

长沙世茂广场岩土工程勘察实录

张道雄　尹传忠　蒋先平

（中国有色金属长沙勘察设计研究研究有限公司，湖南长沙　410000）

1　项目概况

长沙世茂广场位于长沙市五一大道与建湘路交叉处西南角，由办公楼、裙楼及地下室组成，其中主楼地上 75 层，地上建筑高度 247.00m，地下 4 层，基坑深度 20.8～22.0m。主体为框架核心筒结构，裙楼采用框架-剪力墙结构，地下室采用框架结构，预估柱最大轴力 65700kN，建筑物对差异沉降敏感，总建筑面积约 22.6 万 m^2。场地原始地貌单元属湘江一级冲积阶地，场地原为长沙市十六中校址，勘察时，场地已完成拆迁及整平改造，场地较平坦。

本次勘察根据拟建建筑物特点，沿建筑物及基坑周边布置（图 1）。主楼部分勘探点间距控制在 16m 以内，裙楼及地下室部分勘探点间距控制在 25m 以内。共布置 62 个勘探点，其中主楼部分 20 个钻孔，裙楼及地下室部分 34 个钻孔，基坑周边布置 8 个钻孔，利用基坑周边 16 个钻孔。

项目实施过程中，先搜集区域地质资料和踏勘调查周边勘察、环境资料，明确设计意图，编制勘察方案，合理综合采用钻探、标准贯入试验、重型圆锥动力触探试验、旁压试验、抽水试验、波速测试、岩土水取样、试验等多种手段，对场地地层的性质及指标进行了详细的分析与评价。

2　工程地质条件

2.1　环境条件

长沙世茂广场设计功能复杂、结构超限，属超高层建筑，其地理位置特殊，地处长沙 CBD 和芙蓉商务中心核心区域，环境条件极为复杂，北侧紧邻已建泰贞广场（基坑深度 19m，地下室 4 层），西邻历史古街东庆街，东邻建湘南路和市公安局宿舍，南侧紧邻 163 医院分院大楼，周边建（构）筑物繁多，管网交错复杂，基坑深度 ≥ 20m，对环境影响很大；可能造成的破坏和影响非常严重。

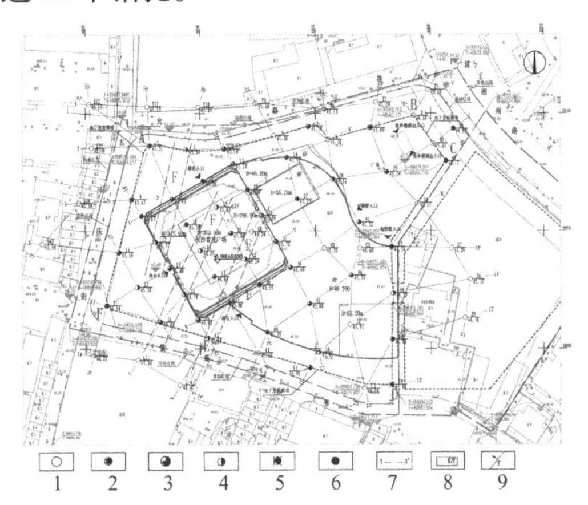

1—一般孔；2—取土标准贯入动探孔；3—取土标准贯入孔；4—取土孔；5—取水孔；6—利用钻孔；7—剖面及剖面线；8—建筑物层数；9—断层

图 1　勘探点平面示意图

2.2　地层分布特征

场地内分布有人工填土层、第四系新近冲积层、第四系冲积层、第四系残积层，下伏基岩为白垩系泥质粉砂岩、砾岩和泥盆系灰岩、角砾岩、泥灰岩，具体情况详见表 1 及图 2。

获奖项目：2021 年度工程勘察、建筑设计行业和市政公用工程优秀勘察设计奖二等奖。

岩土层情况表 　　　　　　　　　　**表 1**

层号	名称	时代	状态	厚度/m	备注
①	人工填土	Q_4^{ml}	杂填土，灰黑、灰褐等色	1.60～8.20	局部堆填时间超过 10 年，基本完成自重固结
②	淤泥质黏土	Q_4^{al}	灰褐、灰绿色	0.40～7.80	
③	粉质黏土		褐黄、灰黄、灰白等色	0.60～4.50	
④	粉质黏土		褐红、褐黄夹灰白色	1.30～11.30	
⑤	黏土	Q^{al}	红褐、灰白、浅黄等色	0.70～10.70	
⑥	中粗砂		褐黄、黄色	0.60～6.00	
⑦	圆砾		黄褐、灰白色	0.80～13.90	
⑧	粉质黏土	Q^{el}	紫红、紫褐色	0.50～17.60	该层不均匀含⑧$_1$夹层粉质黏土、⑧$_2$强风化泥质粉砂岩
⑨	强风化泥质粉砂岩		深红、紫红色	0.50～12.60	该层不均匀⑨$_1$含夹层粉质黏土、⑨$_2$中风化泥质粉砂岩
⑩	中风化泥质粉砂岩	K	深红、紫红色，局部呈灰黄色	0.60～28.60	该层不均匀含⑩$_1$夹层强风化泥质粉砂岩
⑪	微风化泥质粉砂岩		暗红、紫红色	3.80～6.50	揭露厚度
⑫	中风化砾岩		褐红、紫红色，夹灰白、黑灰色	1.00～8.80	
⑬	微风化灰岩	D	灰白—深灰色	0.10～34.50	该层不均匀⑬$_1$夹溶洞、⑬$_2$岩溶充填黏性土、⑬$_3$岩溶充填砾岩
⑭	断层角砾岩		灰黄、紫红色	1.70～5.00	
⑮	强风化泥灰岩	D	灰黄、灰白色	0.80～7.00	
⑯	中风化泥灰岩		灰黄、灰白色	0.70～25.20	

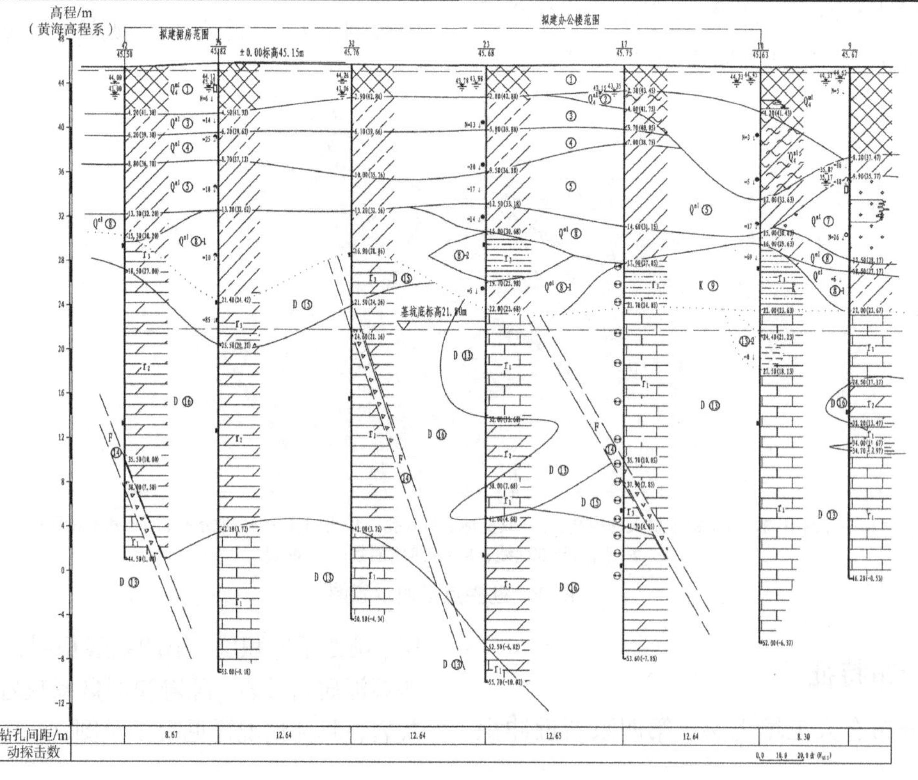

图 2　典型剖面图

2.3 区域地质构造

据长沙地区地质构造图，拟建场地内有一区域性断裂即东风广场—长沙市第十六中学断裂（F101）通过（图3）。

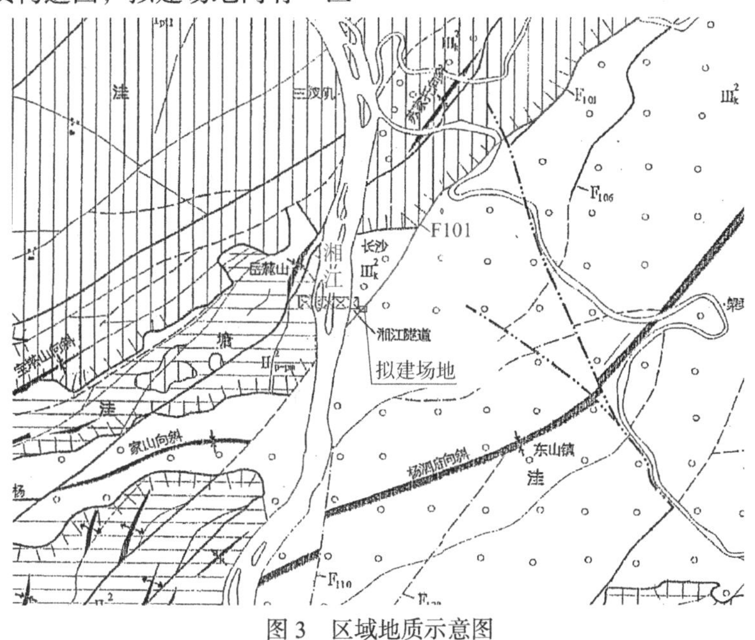

图3　区域地质示意图

F101属非全新世断裂，走向北东，全长约60km，北东段为长沙洼凹北本缘的边界断裂，截切了冷家溪群、泥盆—石炭纪地层、白垩纪地层及白沙井组等。航卫片影像醒目；挤压破碎带沿线可见，冷家溪群、棋子桥组、测水组呈构造透镜体夹于断裂之中；水渡河附近见冷家溪群逆掩在神皇山组之上。区域地质调查报告推断该断裂由湘江猴子石大桥西—火车南站—劳动广场—小吴门东—烈士公园沿北东向延伸穿越市区，在松桂园泥盆系泥岩被断裂挤压破碎形成断层角砾岩。

钻探结果表明，区域断裂（东风广场—长沙市第十六中学断裂）于场地拟建办公楼地段呈带状形式通过，本次勘察的钻孔17、19、24、32、34、37、38、42号及初勘钻孔C1号均揭露断层角砾岩，另有钻孔2、11、17～20、26、31、36、38、40、42、43号不同程度的发育有构造形迹（如视厚度较薄的断层角砾岩、构造擦痕等），断层角砾岩的岩性描述详见第3.2.8节。由于断裂的复杂性及揭露钻孔的局限性，根据钻探所揭露的断层角砾岩标高推算其产状为270°～330°∠30°～65°

根据区域地质构造资料判定该断裂属于非全新活动断裂，不会影响场地的整体稳定，但受区域构造影响，场地内基岩岩性复杂，灰岩的溶蚀现象发育，且局部分布有强风化碎裂岩，会给基础施工带来不利影响。

2.4 地下水

场地内揭露的地下水按类型可分为上层滞水、潜水、基岩裂隙水。上层滞水赋存于人工填土及上部第四系黏性土层中，受大气降水及区域地下水补给，水量不大。潜水赋存于第四系冲积中粗砂及圆砾层中，略具承压性，局部分布，受大气降水、湘江水及上层地下水补给，水量丰富。基岩裂隙水赋存于基岩裂隙内，受大气降水及区域地下水补给，水量大小受基岩裂隙发育程度控制，一般不大。根据场地现有水文地质条件和地形条件，结合地区经验，水位变化幅度可按2～3m考虑。

本工程设计有4层地下室，基坑开挖深度约23.09～24.11m，根据场地岩土工程条件，基坑侧壁主要由人工填土、第四系土层、白垩系岩层及泥盆系岩层组成，局部分布有水量丰富的强透水层，故基坑开挖前应根据需要在局部设置止水帷幕，止水帷幕处理的主要地层为⑥中粗砂及⑦圆砾，在帷幕正式形成后，再在坑内采取集水井明排降水措施，保证施工顺利进行，为此，选定在场地强透水性地层区域施工2个水文试验孔，旨在获得水文地质资料和参数，为基坑降水开挖设计提供依据，试验技术条件：抽水井半径0.0635m，过滤方式采用花管穿孔包网，水位观测采用电测水位计，水量观测采用容积法，试验条件为单孔潜水完整井试验，分别采用抽水试验法和水位恢复试验

法计算渗透系数。抽水试验计算公式及影响半径公式采用

$$k=\frac{0.732Q}{s(2H-s)}\lg\frac{R}{r} \tag{1}$$

和

$$R=2S\sqrt{HK} \tag{2}$$

水位恢复试验公式采用

$$k=\frac{3.5{r_w}^2}{(H+2r_w)t}\ln\frac{s_1}{s_2} \tag{3}$$

根据式(1)、(2)、(3)[1]计算结果，⑥中粗砂渗透系数$k=7.0\times10^{-3}$cm/s，⑦圆砾渗透系数$k=5.0\times10^{-2}$cm/s，供设计使用。

据场地内地下水水质分析试验结果，场地环境类型为Ⅱ类，该场地内地下水水质对混凝土结构具硫酸盐含量弱腐蚀性，对钢筋混凝土结构中的钢筋具微腐蚀性。

3　场地工程地质分析与评价

3.1　场地稳定性及环境工程评价

拟建场地在勘探深度和平面范围内无埋藏的古河道、暗塘、沟浜、古墓、古井等洞穴分布；拟建场地内有一区域性断裂即东风广场—长沙市第十六中学断裂（F101）通过，该断裂属于非全新活动断裂，对场地的稳定性不构成影响，场地较稳定。

场地周围有市政道路及住宅。建筑施工应注意噪声、粉尘对周围环境的影响，基坑开挖及降水应避免对周边的道路及管网等市政设施产生不利影响。

场地位于长沙市城区内，建有完善的防洪排涝系统，无被洪水淹没的可能。

3.2　地震效应评价

长沙市抗震设防烈度为 6 度，设计地震分组为第一组，设计基本地震加速度为0.05g，建筑场地类别为Ⅱ类。场地内埋藏的饱和⑥中粗砂不会产生液化。拟建场地为可进行建设的一般场地。拟建办公楼为超高层建筑，建议进行地震安全性评价。

4　基础方案论证

4.1　基础选型

根据拟建场地岩土工程条件，结合拟建建筑物和荷载等特点，各拟建建筑物基础形式评述如下：

本工程设计有 4 层地下室，当基坑开挖至设计标高后，基坑底出露的地层有⑦圆砾、⑧及⑧$_1$粉质黏土、⑨及⑩$_1$强风化泥质粉砂岩、⑩中风化泥质粉砂岩、⑫中风化砾岩、⑬微风化灰岩、⑮强风化泥灰岩、⑯中风化泥灰岩，地层岩性差异较大。

各拟建建筑物基础形式评述，详见表 2。

建筑物基础选型评价表　　表 2

建筑物名称	办公楼	裙　楼	地下室
层数	75	9	–4
基底分布地层	⑨强风化泥质粉砂岩（厚度 1.77m，仅1个钻孔揭露），⑩中风化泥质粉砂岩，⑫中风化砾岩，⑬微风化灰岩，⑬$_1$、⑬$_2$岩溶（洞顶距离基底多为 0.00～2.87m，零星为 6.50～17.32m，视厚度 0.50～3.10m），⑭断层角砾岩（层顶位于基底下2.46～12.71m，揭露厚度 1.70～5.00m），⑮强风化泥灰岩（基底下厚度 1.36～1.48m），⑯中风化泥灰岩	⑧、⑧$_1$ 粉质黏土（层底距离基底1.02～2.56m），⑨强风化泥质粉砂岩（基底下厚度 0.75～4.28m），⑩中风化泥质粉砂岩，中风化砾岩⑫，⑬微风化灰岩、⑬$_2$、⑬$_3$ 岩溶（洞顶距离基底 0.00～13.90m，视厚度 0.70～5.70m），⑯中风化泥灰岩	⑦圆砾（层底距离基底 2.01～4.00m），⑧$_1$ 粉质黏土（层底距离基底7.09～10.00m），⑨、⑩$_1$ 强风化泥质粉砂岩，⑩中风化泥质粉砂岩，⑬微风化灰岩，⑬$_1$ 溶洞，⑭断层角砾岩，⑮强风化泥灰岩，⑯中风化泥灰岩
地基均匀性评价	⑩中风化泥质粉砂岩分布于基底北部，层厚较不均，其中不均匀分布强风化夹层；⑫中风化砾岩于基底局部分布，层厚较小；⑬微风化灰岩分布于基底中部，厚度较大，其中不均匀分布充填黏性土及砾岩的溶蚀沟槽及无充填溶洞；⑯中风化泥灰岩分布于基底南部，其上为⑮强风化泥灰岩，层厚变化较大；上述四种地层力学强度和变形性相差较大，为较不均匀地基	⑩中风化泥质粉砂岩分布于基底北部，层厚不均，其中不均匀分布强风化夹层；⑫中风化砾岩于基底局部分布，层厚较小；⑬微风化灰岩分布于基底南部，厚度较大，其中不均匀分布充填黏性土及砾岩的溶蚀沟槽及无充填溶洞；⑯中风化泥灰岩于基底局部分布，层厚变化较大；基底东部大部分为⑧、⑧$_1$、⑨$_1$ 粉质黏土，为相对软弱层，上述地层力学强度和变形性相差很大，为较不均匀地基	⑦圆砾于基底东南角分布，层厚较小；⑨强风化泥质粉砂岩于基底局部分布，层厚不均匀；⑩中风化泥质粉砂岩分布于基底北部，层厚较大，其中不均匀分布强风化夹层；⑬微风化灰岩分布于基底西北部及南部局部，厚度较大，其中不均匀分布充填黏性土及砾岩的溶蚀沟槽及无充填溶洞；⑮强风化泥灰岩及⑯中风化泥灰岩分布于基底西南部，层厚变化较大；基底东南部分布有相对软弱层⑧$_1$ 粉质黏土；上述地层力学强度和变形性相差较大，为较不均匀地基

续表

人工地基	基础形式	复合地基，筏形基础，对筏板底下的岩溶、破碎带、裂隙带进行高压水清理，浇筑好筏板后，对底下岩溶、破碎带、裂隙带高压注浆加固	复合地基，筏形基础	复合地基，筏形基础
	基础持力层	⑩中风化泥质粉砂岩，⑫中风化砾岩，⑬微风化灰岩，⑯中风化泥灰岩	⑩中风化泥质粉砂岩，⑫中风化砾岩，⑬微风化灰岩，⑯中风化泥灰岩	⑦圆砾，⑨强风化泥质粉砂岩，⑩中风化泥质粉砂岩，⑬微风化灰岩，⑮强风化泥灰岩，⑯中风化泥灰岩
桩基	桩型	旋挖钻孔灌注桩或钻（冲）孔灌注桩	旋挖钻孔灌注桩或钻（冲）孔灌注桩	旋挖钻孔灌注桩或钻（冲）孔灌注桩
	桩端持力层	⑬微风化灰岩、⑯中风化泥灰岩	⑩中风化泥质粉砂岩，⑫中风化砾岩，⑬微风化灰岩，⑯中风化泥灰岩	⑩中风化泥质粉砂岩，⑫中风化砾岩，⑬微风化灰岩，⑯中风化泥灰岩

注：当选择不同的地层作为基础或桩端持力层时，应注意不均匀沉降对上部结构的不良影响。

4.2 天然地基可行性分析

4.2.1 承载力及变形验算

根据《建筑地基基础设计规范》GB 50007—2011[3]，按轴心荷载考虑。承载力计算公式

$$p_k \leqslant f_{\mathrm{a}} \tag{4}$$

$$s = \psi_{\mathrm{s}} s' = \psi_{\mathrm{s}} \sum_{i=1}^{n} \frac{p_0}{E_{\mathrm{s}i}} (z_i \overline{a}_i - z_{i-1} \overline{a}_{i-1}) \tag{5}$$

计算深度按： $z_n = b(2.5 - 0.4 \ln b)$ (6)

基底附加应力： $P_0 = P_{\mathrm{c}} - \gamma h$ (7)

按照式(4)～式(7)对主楼进行承载力和变形验算，经计算承载力、沉降及倾斜均满足规范要求。

4.2.2 可行性分析

根据本次勘察结果，办公楼、裙楼、地下室设计标高以下，绝大部分为中风化泥质粉砂岩、中风化砾岩、微风化灰岩、中风化泥灰岩，建筑物设计单柱标准值为 4500～65700kN，上部荷载相对较大；采用筏板基础，以⑩中风化泥质粉砂岩、⑫中风化砾岩、⑬微风化灰岩、⑯中风化泥灰岩作为基础持力层时，经初步验算，承载力和变形均可满足要求，且采用筏板基础相对于桩基，其造价更低，工期更短，没有对周围环境造成破坏，经济效益、社会效益、环境效益显著，可优先选用。但需注意场地内地层标高变化较大，属不均匀地基，需予以注意。

4.3 成桩可行性分析

根据本次勘察结果，拟建地下室、裙楼及办公楼建议采用桩基，可采用旋挖钻孔灌注桩或钻（冲）孔灌注桩。其中，裙楼及地下室可选择⑩中风化泥质粉砂岩、⑫中风化砾岩、⑬微风化灰岩、⑯中风化泥灰岩作桩端持力层；办公楼宜选择⑬微风化灰岩及⑯中风化泥灰岩作为桩端持力层。

基坑开挖完成以后，大型桩机设备在深基坑中施工较困难，场地基坑较深，排污问题难以解决，再加上钻（冲）孔桩桩底沉渣难以清除；在基坑开挖完成后，坑壁强透水地层分布范围较小，采用帷幕止水后，基坑内地下水水量不大，采用明排即可。

受场地地层分布不均影响，拟建地下室、裙楼及办公楼须以不同的地层作为桩端持力层，以现有施工能力，从技术经济效果、环保条件、工期等各个方面分析，结合地区工程经验，在拟建场地内采用灌注桩是可行的。但在桩基础施工前建议进行逐桩超前钻探，确保桩端持力层在工程特性及完整性上均满足设计要求。

5 基坑支护

5.1 基坑工程评价

本工程设计有 4 层地下室，设计地坪标高 45.15m，地下室底标高为 25.30m，底板厚度按 3.5m 考虑，各钻孔孔口标高 44.78～47.16m，基坑开挖深度约 23.09～24.11m，基坑周边均有建筑物或市政道路，周边环境对基坑的变形要求严格，基坑工程安全等级为Ⅰ级。

基坑周边环境条件具体情况见表 3。

基坑分段评价表　　表 3

基坑分段	北（AB）	东（BCD）	南（DEF）	西（FA）
分段长度/m	119	127	129	72
实际开挖深度/m	23.09～23.71	23.09～24.24	23.54～24.11	23.54～23.87
基坑外部环境条件	距允嘉巷最近处约 7m，巷宽约 6.3m，巷北现为地铁工地，地铁基坑深约 22m。 无放坡空间	BC 段距建湘路约 14m，建湘路管网密布，道路及其下管网对变形要求甚高，放坡空间有限。 CD 段距红线约 3m，红线外为湖南涟邵工程集团工地	距肇嘉坪巷最近处约 7m，巷宽约 3.5m，巷南为民房及丽都公寓。 DE 段距民房约 12m，民房为浅基础，采用天然地基。 EF 段距丽都公寓约 12m，丽都公寓设 3 层地下室，深约 12.3m。 DE 段民房对沉降敏感，对变形要求甚高，无放坡空间	距东庆街最近处约 6.5m，街宽约 6m，街西为湘域城邦小区。 湘域城邦小区设 2 层地下室，深约 9m。 无放坡空间
坑壁主要出露地层	①人工填土，②淤泥质黏土，③、④、⑧、⑧$_1$ 粉质黏土，⑤黏土，⑥中粗砂，⑦圆砾，⑨、⑩$_1$ 强风化泥质粉砂岩，⑫中风化砾岩，⑬微风化灰岩，⑬$_2$ 岩溶充填黏性土，⑮、⑯强风化泥灰岩			
地下水情况	①人工填土赋存上层滞水，水量相对较小；⑥中粗砂及⑦圆砾地下水丰富，为强透水地层			
基坑工程安全等级	一级			
建议支护型式	基坑周边环境条件复杂，且基本不允许锚杆施工，基坑支护形式可采用双排桩、排桩加内支撑或排桩加局部逆作法施工的支护形式。地下水的治理建议采用帷幕止水			

5.2　基坑地下水控制

根据本次勘察结果，第四系冲积⑥中粗砂及⑦圆砾中的地下水水源补给充足，水量丰富，略具承压性，如不采取有效截水措施，很难把水降到开挖深度以下。在不影响周边建筑物的前提下，该工程优先考虑设置隔水帷幕（例如沿基坑边线设置高压摆喷注浆帷幕），隔水帷幕处理的主要地层为⑥中粗砂及⑦圆砾层，在帷幕正式形成后，再在坑内采取集水井明排降水措施，保证施工顺利进行。因为地下水的运移与土的压缩性有直接关系，稍有不慎，可能会对周边环境及工程本身造成重大影响。

6　主要工程问题和技术难点

（1）岩溶带、破碎带、裂隙带对基础选型的影响

对于天然地基，岩溶地基常常会引起地基承载力不足，不均匀沉降、地基滑动和坍塌等地基变形风险；对于桩基可面临持力层的稳定、溶槽溶洞的处理、同一承台下长桩与短桩应力应变协调问题及混凝土流失控制的问题；同时多种岩层的承载能力差别大，沉降差异也很大，若在这样的地基上修筑独立基础，不同位置的基础沉降不同，将会导致建筑物倾斜开裂。另外，如果将基础直接修筑在破碎带上，有可能会发生滑动及沉降变形，特别是有地震发生时，更容易被破坏，这对建筑物后期留下的安全隐患是无穷的。对于桩基由于破碎带的分布形态不同，裂隙宽度不同，在桩端或在桩端下的应力影响范围产生不同的应力应变效果。现行的设计规范规定，桩端进入持力层厚度，对于岩石类不宜小于 1～2 倍桩径，但实际施工情况要满足规定很难，特别要穿过破碎带，把桩端放在破碎带下完整岩层上，常规机械有时很难做到。当破碎带倾角很陡时，桩基无法穿越破碎带，这时不可避免地将其放在破碎带上，从而影响了桩基的稳定性。

（2）基坑的四周均分布有已建道路，南侧有民用建筑，北、西、南三侧均有地下室，基坑支护施工前，应详细查明施工周边民居基础类型，施工范围内各类地下管线分布埋藏情况，道路底下铺设的地下管网，地下室的分布范围及深度及原地下室基坑的支护形式及支护措施位置，上述情况将给锚杆施工带来很大困难。施工前应对其进行详细的调查，采取适当措施，建议进行经济、工期等方案的比较论证。

（3）场地内地下水丰富，需要加强地下水的监测，避免降水对周边建筑物可能产生的不利影响，同时检验抗浮设计水位是否满足建筑抗浮的要求。

（4）不同基础选型施工时对周边房屋或市政设施的环境影响程度。

（5）综合经济效益是否显著，除基础用料和造价，还应考虑土方、降水、施工技术、条件和工期等技术、经济对比。

7　检测及监测方案

基础方案确定后，按建设单位要求对场地内的

基础持力层进行岩基载荷试验，载荷板采用 10cm 厚圆形刚性承压板，板面积 0.5m²。观测测量系统的初始稳定读数，加压前，每隔 10min 读数一次，连续三次读数不变可开始试验，试验结果见表 4。

载荷试验成果表 **表 4**

试验位置	设计承载力特征值/kPa	实测承载力特征值/kPa	最大沉降量/mm	残余变形/mm	回弹量/mm	持力层
1 号	2000	2200	8.46	4.89	3.57	中风化泥质粉砂岩
2 号	2000	2200	8.69	3.84	4.85	中风化泥质粉砂岩
3 号	2000	2200	4.12	1.61	2.51	中风化泥质粉砂岩
4 号	2000	2200	10.86	6.78	4.08	微风化灰岩
5 号	2000	2000	38.53	19.21	19.32	中风化泥灰岩
6H1	2000	2200	5.03	1.96	3.07	微风化灰岩

注：5 号点应甲方要求选定，点位被水浸泡，下卧破碎带，为该工程最不利点。

根据岩基载荷试验结果，各点实测承载力特征值 2200kN 均大于设计承载力特征值 2000kN，最大沉降量 38.53mm、残余变形最大 19.21mm、回弹量 19.32mm，均在允许范围内，满足设计要求。

基础方案实施后，对该项目进行了长期的沉降监测，从逐渐观测的沉降量分析可知，选出的该项目主楼垂直位移观测的 19 个点，累计沉降量为 −10.80～−4.20mm，沉降速率为−0.01mm/d，无特殊异常沉降发生，与基础容许沉降量 200mm 相比，仅占其 5.40%，累计沉降量小；主楼在垂直位移观测期间沉降速度走势平缓趋于稳定；水平位移累计位移为 1.41～6.08mm，位移速率为 0.00～0.01mm/d，倾斜监测角度−0.00097～0.00006，倾斜值−0.97‰～0.06‰，小于建筑物整体倾斜允许值 2‰和预警值 1.6‰，由沉降位移、水平位移及倾斜监测结论可见，监测结果达到预期效果，该主楼基础形式选择合适，地基处理效果良好。该基础成功解决了超高层建筑基础遇到岩溶、破碎带、裂隙带时基础设计和施工中的难题，试验结果及沉降检测结果见表 5～表 7。

沉降监测成果表 **表 5**

监测次数：第 56 期　　监测时间：2017 年 12 月 30 日　　天气：晴

点号	初始高程/m	本期高程/m	本次沉降			累计沉降		
			沉降量/mm	时间间隔/d	沉降速率/（mm/d）	沉降量/mm	时间间隔/d	沉降速率/（mm/d）
C-10	46.5731	46.5651	0.2	30	0.01	−8.0	850	−0.01
C-20	46.5841	46.5785	0.1	30	0.01	−5.6	850	−0.01
C-11	46.4949	46.4889	0.1	30	0.01	−6.0	850	−0.01
C-12	46.506	46.4997	−0.2	30	−0.01	−6.3	850	−0.01
C-14	46.5834	46.5749	−0.2	30	−0.01	−8.5	850	−0.01
C-15	46.6237	46.6144	−0.1	30	−0.01	−9.3	850	−0.01
C-16	46.4978	46.4893	−0.1	30	−0.01	−8.5	850	−0.01
C-17	46.6267	46.6200	0.2	30	0.01	−6.7	850	−0.01
C-1	46.5651	46.5577	0.1	30	0.01	−7.4	850	−0.01
C-2	46.5568	46.5498	0.2	30	0.01	−7.0	850	−0.01
C-3	46.5566	46.5486	−0.1	30	−0.01	−8.0	850	−0.01
C-4	46.5599	46.5491	−0.2	30	−0.01	−10.8	850	−0.01
C-18	46.6821	46.6750	−0.2	30	−0.01	−7.1	850	−0.01
C-6	46.4984	46.4895	−0.1	30	−0.01	−8.9	850	−0.01
C-7	46.5731	46.5635	−0.2	30	−0.01	−9.6	850	−0.01
C-19	46.6489	46.6425	0.4	30	0.03	−6.4	850	−0.01
C-8	46.5238	46.5173	0.2	30	0.01	−6.5	850	−0.01
C-9	46.5760	46.5672	0.1	30	0.01	−8.8	850	−0.01
C-21	46.6106	46.6064	0.1	30	0.01	−4.2	850	−0.01
以下空白								

水平位移监测成果表 **表 6**

点号	本期-上期位移					本期-初始累计位移				
	ΔX/mm	ΔY/mm	ΔS/mm	时间间隔/d	位移速率/（mm/d）	ΔX/mm	ΔY/mm	ΔS/mm	时间间隔/d	位移速率/（mm/d）
S-2	—	—	—	30	—	—	—	—	850	—
S-7	—	—	—	30	—	—	—	—	850	—
S-10	—	—	—	30	—	—	—	—	850	—
S-15	—	—	—	30	—	—	—	—	850	—
S-17	0	0	0.00	30	0.00	−5	0	5.00	850	0.01
S-18	1	0	1.00	30	0.07	4	1	4.12	850	0.01
S-19	0	1	1.00	30	0.07	−1	−1	1.41	850	0.00
S-20	0	0	0.00	30	0.00	−1	6	6.08	850	0.01
S-21	0	1	1.00	30	0.07	1	3	3.16	850	0.01
S-22	−1	0	1.00	30	0.07	−1	5	5.10	850	0.01

倾斜监测成果表 **表 7**

工程名称		长沙世茂 A 座塔楼变形监测			监测依据	GB 50497—2009、JGJ 8—2007	
监测日期		2017 年 12 月 30 日			仪器名称及编号	XL-FCX 型固定式倾角探头	
测点点号	方向	初始基准值	本期观测值	30°倾角传感器系数	计算角度	变化角度	本期倾斜值
F-17	X	2594.44	2590.55	70	−0.05557	−0.00097	−0.97‰
	Y	2548.99	2546.74	70	−0.03214	−0.00056	−0.56‰
F-18	X	2643.35	2643.61	70	0.00371	0.00006	0.06%
	Y	2439.95	2438.92	70	−0.01471	−0.00026	−0.25%
F-19	X	2659.39	2658.54	70	−0.01214	−0.00021	−0.21‰
	Y	2513.46	2513.55	70	0.00129	0.00002	0.02%
F-20	X	2650.86	2650.678	70	−0.00260	−0.00005	−0.05%
	Y	2508.54	2506.52	70	−0.02886	−0.00050	−0.50‰
本次监测简要性分析		本次监测变形量在可控范围内			工况	监测期间楼层已建至 75 层，探头安装在 27 层	

8 效果点评

（1）项目实施过程中，综合勘探手段，准确查明了场地的工程地质与水文地质条件，规避了复杂地质构造、地层、岩溶对基础施工的不利风险，勘察方法正确、多样、先进。综合系统，解决了工程中复杂、关键、难度大的问题。

（2）本项目通过采用基础选型验算、分析对比，成功解决了超高层建筑基础遇到岩溶、破碎带、裂隙带时基础设计和施工中的难题。

（3）该工程勘察方法、经验对类似工程建设具有重要指导意义和参考价值，方案的成果实施技术解决方案在行业可持续发展和科技进步中具有突出的示范、引领和促进作用。

参考文献

[1] 《工程地质手册》编委会. 工程地质手册[M]. 5 版. 北京: 中国建筑工业出版社, 2018.

[2] 建设部. 岩土工程勘察规范(2009 年版): GB 50021—2001[S]. 北京:中国建筑工业出版社, 2009.

[3] 住房和城乡建设部. 建筑地基基础设计规范 GB 50007—2011[S]. 北京: 中国建筑工业出版社, 2012.

[4] 住房和城乡建设部. 高层建筑筏形与箱形基础技术规范: JGJ 6—2011[S]. 北京: 中国建筑工业出版社, 2011.

[5] 马琳琳. 复杂岩溶地基处理[J]. 河南科技大学学报(自然科学版). 2004(4): 75-77.

[6] 金瑞玲, 李献民, 周建普.岩溶地基处理方法[J]. 湖南

交通科技. 2002(1): 10-12.

[7] 王卫东, 申兆武, 吴江斌. 桩土-基础底板-上部结构协同的实用分析方法与应用[J]. 建筑结构, 2007(5): 111-113.

[8] 周建龙. 超高层建筑结构设计与工程实践[M]. 上海: 同济大学出版社, 2017.

[9] 石云, 王善谣. 某框架-核心筒超高层塔楼结构设计[J]. 江苏建筑. 2021(4): 27-31.

[10] 张武. 高层建筑桩筏基础模型试验研究[D]. 北京: 中国建筑科学研究院, 2002.

[11] 罗学锋. 超高层建筑桩基础选型及承载力控制[J]. 住宅产业. 2019(6): 65-67.

[12] 简直, 陈定伟. 破碎带地基的处理[J]. 冶金建筑. 1982(12): 34-36, 24.

[13] 鲁应青. 岩溶及采空区塌陷的地质灾害探讨[J]. 四川水泥, 2017(9): 338.

灵山控制中心岩土工程勘察实录

潘志勇　谢光明　王锋杰

（中化学土木工程有限公司，江苏南京　210031）

1　工程概况

灵山控制中心为南京地铁四大控制中心之一，管辖城东4、7、8号等7条线路，总建筑面积为56580m²，建筑高度98.1m，主楼共22层，裙楼4层，地下室2层，框架结构；主楼最大单柱荷载49000kN，裙楼最大单柱荷载18000kN。主楼及裙楼基础形式采用桩基，基坑采用放坡开挖方式。灵山控制中心位置及建筑物见图1、图2。

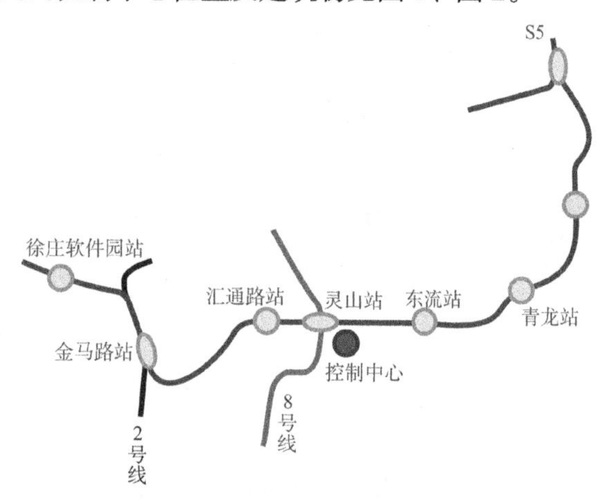

图1　灵山控制中心位置示意图

图2　灵山控制中心建筑物

该工程由我公司承担岩土工程勘察工作，建设单位为南京地铁建设有限责任公司，设计单位为中铁第四勘察设计院集团有限公司，施工单位为中建八局第三建设有限公司，2016年1月竣工并交付使用。

2　工程勘察

勘察场地位于南京市江宁区麒麟街道高井，灵山站东南侧。本工程勘察等级属甲级，工程周边环境风险等级为四级。详细勘察因受场地内机场木器厂拆迁影响，勘察工作分两阶段进行，分别自2013年8月至9月、2014年2月至3月。

2.1　勘察目的和要求

（1）详细查明场地工程地质和水文地质条件。

（2）查明地形、地貌、地层以及地质构造的基本特征。

（3）查明不良地质、特殊岩土的工程地质特征，查明岩土界面的起伏情况，重点注意查明岩溶、填土、膨胀土分布及性质。

（4）查明地下水性质，评价地下水对岩土体及建筑物的作用和影响，预测地下水对工程施工可能产生的后果并提出防治措施。

（5）查明场地土的类型、场地类别，划分对工程建设抗震有利、不利或危险地段。

（6）依据工程地质和水文地质条件，结合设计及施工方法的要求，提出设计所需的技术参数。

（7）在综合勘察的基础上，评价场地稳定性和适宜性，提出针对工程类型的设计及施工工程措施建议，包括不良地质与特殊岩土的评价及处理措施，施工引起的环境工程地质问题等。

2.2　岩土工程勘察重点、工作量布置及完成情况

（1）前期物探资料利用与分析

根据前期勘察资料，场地地质条件复杂，地层

获奖项目：2020年度江苏省第十七届优秀勘察一等奖，2021年度工程勘察、建筑设计行业和市政公用工程优秀勘察设计奖三等奖。

上部为全新世及上更新统可—硬塑黏性土，局部土层底部分布有膨胀性黏土。下部为燕山期侵入的闪长岩与三叠系周冲组灰岩接触带，两种基岩性状差别大，灰岩岩溶较发育。

详细勘察前充分收集分析前期勘察及物探资料，分析总结岩溶发育及接触带地质特点。区段物探成果及利用分析概述如下。

本场地所属地铁区段在前期为查明灰岩岩溶及闪长岩破碎带分布及特点进行了专门物探工作，采用超高密度电法地面、井井（跨孔式 CT 观测方式）及井地方式。使用 32 或 64 个电极布线，测量一定范围内地层电阻率的分布情况。

前期共完成了地铁灵山段两侧 CK34 + 092～CK35 + 100 段左、右线沿轴线方向及横轴线方向地面超高密度电法测线 7 条。在岩溶发育段 4 个钻孔之间进行了井井或井地方式的超高密度电法 6 个剖面。典型超高密度电法测线物探解释见图 3、图 4。

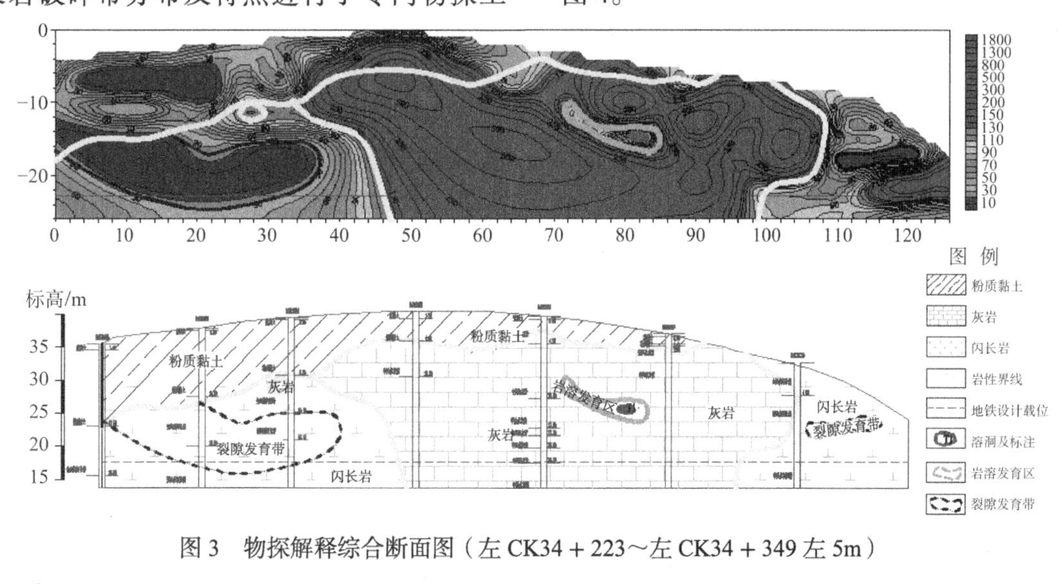

图 3　物探解释综合断面图（左 CK34 + 223～左 CK34 + 349 左 5m）

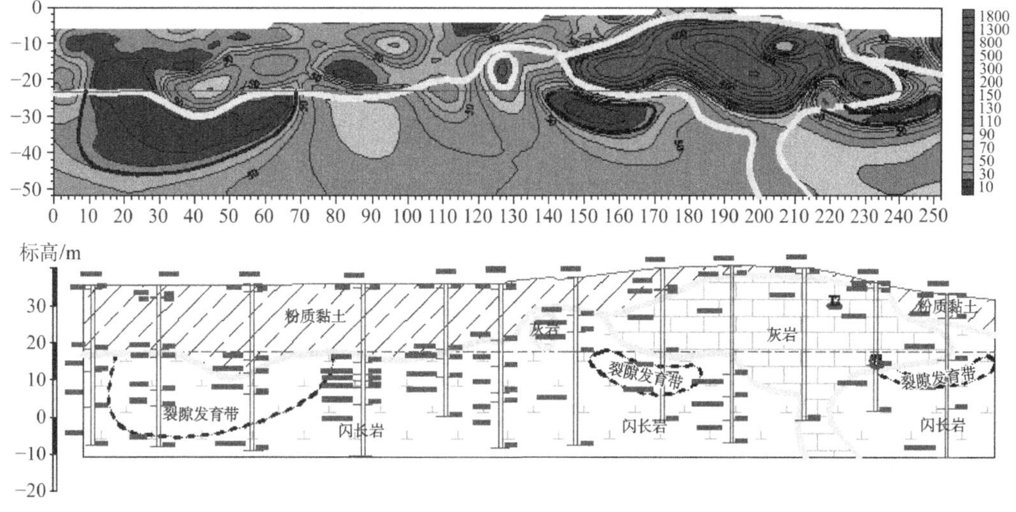

图 4　物探解释综合断面图（右 CK34 + 092～右 CK34 + 344 左 4m）

经物探与钻探对比综合解释，灰岩分布区域，岩溶现象明显，以溶蚀裂隙为主，溶洞多以小孔为主，局部有较大溶洞，洞径 1～3m，多被黏性土充填；岩溶分布特点平面上右线位比左线位发育，垂向上浅部比深部发育，和地铁线位相关的闪长岩多为全、强风化闪长岩，裂隙极发育，岩石破碎。

物探成果及前期勘察均表明，本区溶洞直径较小，且多被黏性土充填，结合专家设计咨询等对详勘纲要的评审意见，灵山控制中心灰岩区结合桩基布置一柱一孔查明岩溶，不再另行布置专门物探工作。

（2）勘察工作重点

本工程为地铁类控制中心，建筑体型较复杂，高度高、荷载大、基坑较深。勘察执行规范时即要满足《岩土工程勘察规范》(2009 年版)GB 50021—2001[1]的要求，还要重点考虑地铁工程的特点，满足《城市轨道交通岩土工程勘察规范》GB 50307—2012[2]等规范的要求。

根据本工程特点，勘察工作布置时主要按地基基础、桩基、基坑工程等方面进行考虑。

对地基基础工程，主要是查明基底处及附近岩土层分布情况、两种基岩分布范围。接触带主要查明基岩分布位置及特点；闪长岩区重点查明风化特征及软硬分布不均的情况；灰岩区重点查明溶洞位置、大小、充填物情况。

对桩基工程，重点查明持力层分布情况及性质。对灰岩区持力层，要查明岩溶发育、溶洞大小及分布，确保桩端及以下一定范围基岩性状良好；对闪长岩区，重点查明破碎带分布，避免桩端落在风化差异较大或软硬不均的基岩上；对两种基岩接触带，重点查明接触带分布，确保桩基穿过接触带或距接触带有合理距离。

对基坑支护工程，重点查明坑侧岩土层分布及性状，以便采取合理的支护方式，同时还应查明不同类型地下水的分布、水量及渗透性等，尤其是接触带的地下水，以便施工时合理地进行地下水控制。

综合考虑，对岩质地基的嵌岩桩（闪长岩为桩端持力层），勘探孔深入预计嵌岩面以下（3～5）d；对于基岩破碎带，钻孔应穿过破碎带深入稳定地层，进入深度不小于5m；对于岩溶区，钻孔深度进入结构底板或桩端平面下不应小于10m，揭露溶洞时，穿过溶洞深入稳定地层，进入深度不小于5m。

（3）勘察工作量布置

详勘纲要在分析前期勘察及物探成果的基础上，确定了勘察工作的总体思路、方针，做到地质情况心中有数，设计意图明确，勘察纲要布置针对性强。勘察纲要经地铁公司组织专家、设计及咨询监理单位审查修改后实施，勘察纲要技术先进、手段齐全且经济合理。

勘探点布置如图5所示。

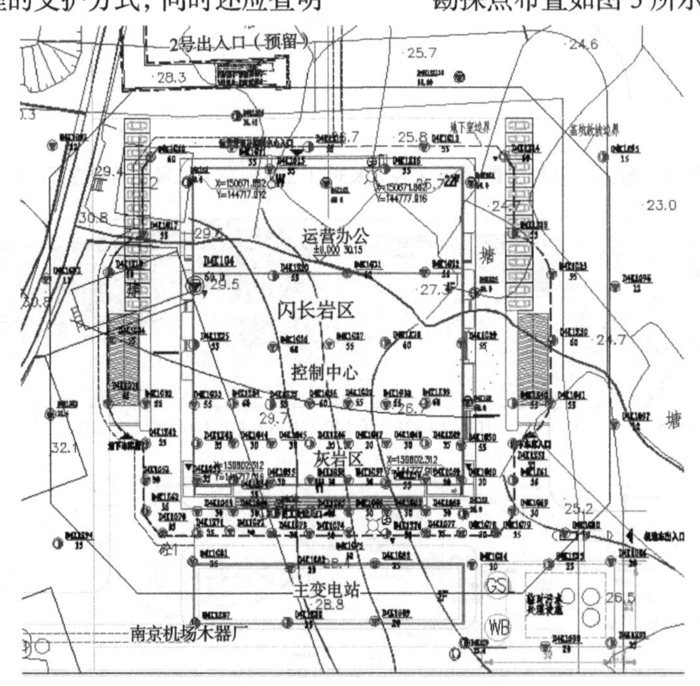

图5　详细勘察勘探点的平面布置图

如图5可见，勘探孔一般布置在建筑物边线、柱网位置及放坡边线处。南侧灰岩区主楼处按一桩一孔布置。勘探孔以钻探孔为主，钻探、原位测试相结合。共布置钻探孔84个（分控制性取土孔、控制性标准贯入孔、一般性取土孔、一般性标准贯入试验孔），水文地质试验（提水试验）2孔，井内电阻率测试3孔，波速测试2孔。室内岩土试验包括常规、三轴、渗透、基床系数、静止侧压力、膨胀性、岩石抗压、点荷载、弹性模量、泊松比、超声波等试验。同时利用公司专有技术进行工作量分析，充分利用已有资料。

（4）勘察过程控制

现场钻探作业严格按回次、时间记录，取样根据土的类型采用相应取土器取样，原位测试按规范要求进行，终孔后及时封孔。土样及时送试验室开土。

现场施工的钻探、编录、技术人员均具有相应的资质。测试人员资质均符合相关要求，各种测试仪器均经过校准并且在校准期内，试验方法、试验过程符合规范要求。

施工时通过每天的数据收集和分析，及时发现影响进度的环节，采取相应措施，确保工期计划的实现。

成果资料的整理，系通过对多种测试成果进行综合对比分析，正确反映场地岩土层的工程性质。

（5）工作量完成情况

详勘完成工作量为 84 孔 3235m，最大孔深 60m。利用初勘钻孔 9 个，波速测试 3 孔，电阻率测试 2 处，利用灵山主变电站（控制中心放坡边线南侧）钻孔 10 个及邻近钻孔 6 个，共计利用 25 孔 903m。

3 场地工程地质条件

3.1 区域地质构造

本区大地构造上属于扬子断块区的下扬子断块构造单元区，地处宁镇弧和宁芜盆地交接部位，区域地质构造复杂，褶皱、断裂发育。区内及周边的构造形迹主要有仙鹤门向斜和灵山背斜，北东东走向，背斜核部为二叠系龙潭组碎屑岩，在向斜部位则主要为三叠系青龙组、周冲村组、黄马青组。褶皱体遭受北东东向逆掩断裂和北西、北北东向张扭性断裂切割破坏比较严重。

从史料记载和近期地震监测资料表明，本区破坏性地震稀少，主要受周边地震波及影响，为区域地质相对稳定地区。

3.2 场地地层

场地地面高程在 24.92～31.76m。地基岩土层自上而下分为：

①$_1$ 杂填土（Q^{ml}），黄褐色，以基岩碎块及建筑垃圾为主，夹黏性土，结构松散，土质不均，部分分布，厚度 0.30～2.50m。

①$_{2b}$ 素填土（Q^{ml}），黄褐色、局部灰褐色，以黏性土为主，含少量碎砖、碎石，结构松散，土质不均，主要为新近堆填，普遍分布，埋深 0.00～1.90m，厚度 0.30～5.40m。

①$_3$ 塘泥（Q^l），灰褐色、灰色，含有机质、腐殖质，具臭味，以淤泥质粉质黏土为主，流塑，零星分布，埋深 0.00～5.40m，厚度 0.30～1.40m。

③$_{1b2}$ 粉质黏土（Q_4^{al}），黄褐色，含氧化铁，夹少量灰色条纹，可塑，部分分布，埋深 0.30～5.20m，厚度 0.70～8.10m。承载力特征值 130kPa，压缩模量 5.5MPa。

④$_{1b1}$ 粉质黏土（Q_3^{al}），黄褐色、褐黄色，含氧化铁、铁锰质结核，夹灰色团块，硬塑，局部可塑，普遍分布，埋深 0.00～6.20m，厚度 0.50～8.30m。承载力特征值 200kPa，压缩模量 8MPa。

④$_{2b2}$ 粉质黏土（Q_3^{al}），黄褐色、褐黄色，含氧化铁、铁锰质，夹少量灰色团块，土质较均匀，可塑，部分分布，埋深 0.30～9.50m，厚度 1.00～7.90m。承载力特征值 180kPa，压缩模量 6.5MPa。

④$_{3b1}$ 粉质黏土（Q_3^{al}），黄褐色、棕黄色，含氧化铁、铁锰质结核，夹灰色团块。局部底部为黏土，硬塑、局部可塑，普遍分布，埋深 1.00～14.20m，厚度 0.40～8.00m。承载力特征值 240kPa，压缩模量 9MPa。

④$_{4a2}$ 黏土（Q_3^{al}），黄褐色、棕黄色，含氧化铁、铁锰质，夹少量基岩碎屑，可塑、局部硬塑， 局部分布，埋深 7.50～13.80m，厚度 1.80～3.50m。承载力特征值 160kPa，压缩模量 7MPa。

δ-1 全风化闪长岩（δ），灰白色、灰黄色，呈砂土状，密实，组织结构基本上已全部破坏，有残余结构强度，具可塑性，部分分布，埋深 5.50～16.60m，厚度 1.00～11.70m。承载力特征值 250kPa，压缩模量 8.5MPa。

δ-2 强风化闪长岩（δ），灰白色、肉红色、灰黄色，裂隙发育，岩体破碎，呈砂土状、碎块状，岩块锤击易碎，取芯率约为 60%～70%，标准贯入击数大于 50 击，部分分布，另灰岩区部分钻孔下部也有揭露，埋深 11.60～28.40m，厚度 4.20～36.60m。承载力特征值 400kPa，压缩模量 30MPa。

δ-3a 中等风化闪长岩（δ），灰黄色、灰白色、肉红色，岩芯呈碎块状，局部短柱状，取芯率约为 60%～70%，岩块锤击不易碎，裂隙发育，岩体完整程度属破碎—较破碎，局部极破碎，岩体基本质量等级为Ⅴ级。RQD 指标一般小于 10，局部达 35，RQD 指标总体上为极差的，部分分布，另灰岩区部分钻孔下部也有揭露，埋深 20.20～47.70m，本层未揭穿。承载力特征值 1200kPa，压缩模量 50MPa。

T_{2z}-2 强风化灰岩（T_{2z}），灰黄色，风化裂隙发育，岩体破碎，呈碎块状，岩块锤击可碎，取芯率约为 70%～80%，标准贯入试验击数大于 50 击，局部分布，埋深 4.40～18.00m，厚度 0.20～9.30m。

承载力特征值 500kPa，压缩模量 40MPa。

T_{2z}-3a 岩溶充填物（T_{2z}），灰黄色、褐黄色、灰白色，主要为可塑状黏性土，夹粉砂及基岩碎屑，可塑。岩溶充填物分布于中等风化灰岩中，厚度一般为 40～50cm，局部 90～320cm，局部分布，埋深 9.00～24.20m，厚度 0.40～3.20m。承载力特征值 160kPa，压缩模量 5MPa。

T_{2z}-3 中等风化灰岩（T_{2z}），灰黄色、灰白色、青灰色，岩芯呈短柱状—柱状，局部碎块状，取芯率约为 80%～95%，锤击声较脆，有一定回弹，裂隙较发育，有小溶蚀孔洞，呈蜂窝状分布，局部岩溶现象明显，有直径 5～20cm 的溶蚀孔洞，充填物主要为可塑状黏性土。岩体完整程度属较破碎—较完整，局部破碎，岩体基本质量等级总体上为Ⅴ级，局部Ⅳ级。RQD 指标一般为 50～75，局部为 75～90，RQD 指标总体较差，局部较好，部分分布，埋深 4.00～16.10m，本层未揭穿。承载力特征值 3500kPa，压缩模量 70MPa。

各岩土层典型分布如图 6 所示。

3.3 场地不良地质作用

拟建场地未发现有滑坡、泥石流、危岩及地面沉降等不良地质作用。本场地不良地质作用主要为岩溶，根据钻孔揭露，共有 81 个钻孔揭露灰岩，其中 24 孔揭露溶洞分布，钻孔见洞隙率 29.6%，线岩溶率 3%，灰岩岩溶较发育（中等发育），总体表现为有小溶蚀孔洞，呈蜂窝状分布，局部岩溶作用明显，有直径 5～20cm 的溶蚀孔洞，零星分布。部分孔揭露有稍大的溶洞，溶洞竖向洞径 0.4～3.2m，其中 5 孔揭露溶洞竖向洞径均大于 1.4m。上述溶洞均被黏性土夹粉砂及基岩碎屑充填，钻探施工时未发现漏浆现象。

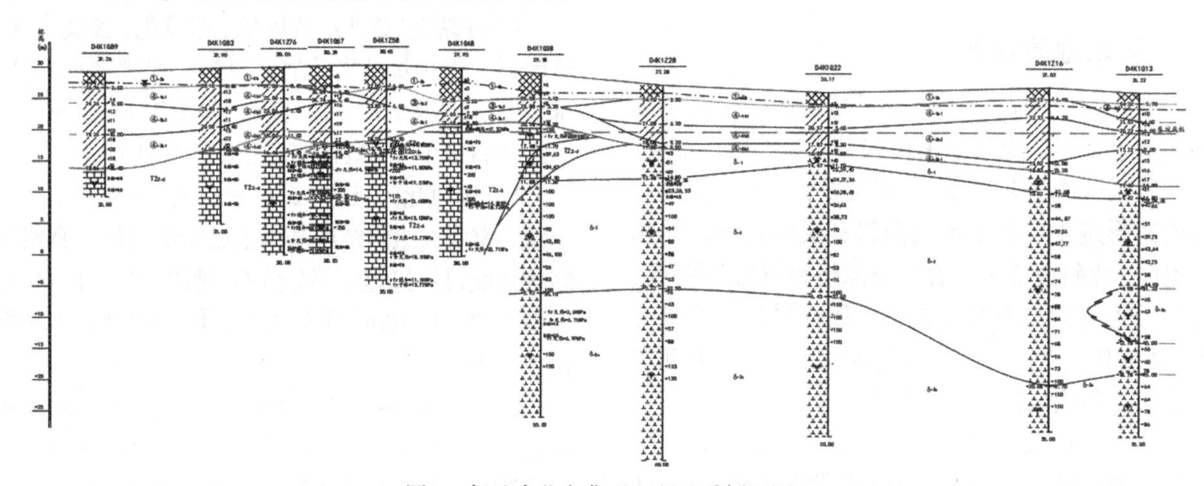

图 6　场地南北向典型工程地质剖面图

3.4 场地各地层物理力学性质指标（表 1～表 8）

各地层的物理性质指标（平均值）　　表 1

层号	含水率	土重度	孔隙比	液限	塑限	塑性指数	液性指数
	w	γ	e	w_L	w_P	I_P	I_L
	%	kN/m³	—	%	%	—	—
①$_{2b}$	25.1	19.0	0.773	32.1	19.7	12.4	0.44
①$_3$	45.7	16.9	1.322	38.4	23.5	14.9	1.50
③$_{1b2}$	25.2	19.3	0.742	31.2	19.4	11.8	0.50
④$_{1b1}$	23.2	19.3	0.709	34.8	21.0	13.8	0.16
④$_{2b2}$	25.1	19.2	0.750	33.3	20.2	13.1	0.37
④$_{3b1}$	23.6	19.3	0.718	38.0	22.3	15.7	0.14
④$_{4a2}$	38.4	17.7	1.122	57.3	31.1	26.3	0.27
δ-1	16.8	19.0	0.619				

各地层的压缩指标、标准贯入试验及重型动力触探试验指标（平均值） 表 2

层号	压缩系数	压缩模量	标准贯入试验指标		重型动力触探试验指标	
	$a_{1\text{-}2}$/MPa^{-1}	$E_{s1\text{-}2}$/MPa	实测值N'/击	修正值N/击	实测值$N_{63.5}$/击	修正值$N_{63.5}$/击
①$_{2b}$	0.37	5.15	5.1	5.0		
①$_{3}$	1.04	2.25				
③$_{1b2}$	0.30	5.91	8.5	8.0		
④$_{1b1}$	0.21	8.44	14.3	13.4		
④$_{2b2}$	0.26	6.95	10.5	9.2		
④$_{3b1}$	0.19	9.61	17.7	15.1		
④$_{4a2}$	0.30	7.45	10.7	8.5		
δ-1	0.19	9.47	43.5	33.8	34.1	18.3
δ-2			88.4	62.6	60.0	22.8
δ-3a					129.2	46.5
T_{2z}-2					57.7	23.7
T_{2z}-3a			12.0	8.1		
T_{2z}-3					185.0	82.0

各地层的抗剪强度指标（平均值、标准值） 表 3

层号	取值	直剪快剪		直剪固快		三轴不固结不排水剪	
		黏聚力	内摩擦角	黏聚力	内摩擦角	黏聚力	内摩擦角
		c_q/kPa	φ_q/°	c_{cq}/kPa	φ_{cq}/°	c_{uu}/kPa	φ_{uu}/°
①$_{2b}$	平均值	31	10.6	38	15.2		
	标准值	25.1	8.4	33	12.8		
①$_{3}$	平均值	7	3.6	8	8.5		
	标准值			6	2		
③$_{1b2}$	平均值			34	15.4	41	7.6
	标准值			30	13.6	30	5.0
④$_{1b1}$	平均值	44	17.3	57	17.5	57	8.7
	标准值	37.9	15.9	47	15.6	47	6.5
④$_{2b2}$	平均值	39	15.2	41	15.7	42	6.3
	标准值	36.1	12.9	37	13.0	31	4.9
④$_{3b1}$	平均值	55	14.3	60	15.6	64	10.0
	标准值	50.2	12.8	53	13.5	51	7.0
④$_{4a2}$	平均值	52	10.8	48	17.4	48	5.6
	标准值	36.9	6.1	38	13.9		
δ-1	平均值			28	25.7		
	标准值			21	20.8		

岩石试验指标（平均值） 表 4

层号	抗压强度			软化系数	弹性模量	泊松比	超声波
	f_r			λ	E	μ	纵波
	MPa				GPa	—	m/s
	天然	饱和	干燥				
δ-2	0.95				0.07	0.25	2070
δ-3a	7.10	4.4	12.2	0.30	3.36	0.19	2940
T2z-2	1.30						
T2z-3	13.8	11.6	16.8	0.80	3.90	0.24	3025

岩石坚硬程度、完整性指数、基本质量等级 表5

层号	岩体压缩波速V_P/（m/s）	岩块压缩波速V_P/（m/s）	完整性指数	完整程度	坚硬程度	岩体基本质量等级
δ-3a	1672	2940	0.32	破碎	软岩	V
T_{2z}-3	1821	3025	0.36	较破碎	软岩	V

波速测试指标（平均值） 表6

层号	剪切波速	压缩波速	动弹性模量	动剪切模量	动泊松比
	V_S/（m/s）	V_P/（m/s）	E_d/MPa	G_d/MPa	μ_d
①$_{2b}$	164.0	425.9	144.4	51.2	0.43
③$_{1b2}$	170.6	480.0	158.2	55.4	0.43
④$_{1b1}$	204.7	495.1	223.9	80.3	0.39
④$_{2b2}$	192.2	472.7	197.8	70.8	0.40
④$_{3b1}$	247.6	549.6	327.7	120.1	0.37
④$_{4a2}$	350.6	630.6	642.2	249.0	0.34
δ-1	389.0	749.1	773.0	295.7	0.31
δ-2	747.0	1221.5	2671.7	1117.5	0.20
δ-3a	1339.1	2091.3	8965.7	3900.5	0.16
T_{2z}-3	812.5	1309.7	3243.8	1379.4	0.19

静止侧压力系数K_0 表7

层号	室内试验法	公式计算法	查表法	建议值
③$_{1b2}$	0.38	0.73	0.5～0.6	0.55
④$_{1b1}$	0.31	0.70	0.4～0.5	0.45
④$_{2b2}$	0.38	0.73	0.5～0.6	0.55
④$_{3b1}$	0.36	0.70	0.4～0.5	0.45

各地基土层基床系数（单位：MPa/m） 表8

层号	方法						
	室内固结法		标准贯入计算法	规范查表法		基床系数建议值	
	K_v	K_h	K	K_v	K_h	K_v	K_h
③$_{1b2}$	26.4	28.1	20	20～45	20～45	20	28
④$_{1b1}$	41.2	47.5	35	30～70	30～70	35	50
④$_{2b2}$	33.2	32.5	25	20～45	20～45	25	30
④$_{3b1}$	64.6	72.0	40	30～70	30～65	40	55
④$_{4a2}$	23.7	25.4	25	20～45	20～45	20	25
δ-1			60	25～65	25～60	45	55
δ-2			80	35～100	25～85	80	90
δ-3a				160～180	135～160	100	120
T_{2z}-2				50～120	50～120	80	90
T_{2z}-3a				20～40	20～45	25	30
T_{2z}-3				220～250	200～250	200	220

土的膨胀性试验表（范围值、平均值） 表 9

地号	参数范围	膨胀试验		
		自由膨胀率δ_{ef}/%	膨胀率δ_{e50}/%	膨胀力P_e/kPa
④$_{1b1}$	范围值	10～29		
	平均值	19.7	−2.00	37
④$_{2b2}$	范围值	20～25	−1.50～−1.30	6～37
	平均值	22.5	−1.40	22
④$_{3b1}$	范围值	10～20	−1.20～−0.80	25～100
	平均值	17	−1.00	63
④$_{4a2}$	范围值	49.0～68.0	−0.50～−0.80	14～67
	平均值	59.0	−0.65	41

注：上表土层在 50kPa 压力下膨胀率小于 0 时，表明土层在该压力下表现为压缩变形。

3.5 场地水文地质条件

（1）地下水类型

场地地下水类型分为孔隙潜水、基岩裂隙水及岩溶裂隙水。

孔隙潜水主要赋存于①$_{2b}$素填土。填土层结构松散，厚度一般，富水性较强，透水性一般；基岩中地下水主要表现为δ-1 全风化闪长岩中的孔隙性基岩水及δ-2、δ-3a 强—中等风化闪长岩中的基岩裂隙水，水量及渗透性受风化、裂隙发育程度及连通性影响较大，总体上水量较贫乏。

基岩岩溶裂隙水主要为碳酸岩类裂隙水。含水层主要为三叠系周冲村组灰岩（T_{2z}），其蜂窝式或裂隙式晶洞局部较发育，钻探揭露灰岩分布于场地南部，两侧分布闪长岩，灰岩岩溶裂隙水与闪长岩中基岩裂隙水两者互相连通，灰岩岩溶水不甚发育，表现为基岩裂隙水。

（2）地下水补给、径流、排泄条件

场地孔隙潜水主要受大气降水补给，以蒸发及向场地周边侧向径流排泄为主；受侧向基岩中地下水的补给，基岩含水性及透水性较差。

（3）地层渗透性

通过室内渗透试验及现场提水水位恢复试验，地基土中素填土的渗透性表现为弱透水，上部黏性土的渗透性表现为不透水，渗透系数 8.6×10^{-8}～7.6×10^{-7}cm/s，下部基岩的渗透性表现为弱透水，渗透系数 3.89×10^{-5}～4.31×10^{-5}cm/s。

（4）地下水水位及抗浮设计水位

勘察期间实测孔隙潜水稳定水位埋深一般为 0.20～4.20m，标高为 23.28～27.75m，基岩裂隙水水位埋深 5.50～7.70m，标高 22.00～24.62m。

抗浮设计水位的选取主要是按场区历史最高地下水位、勘察期间实测最高稳定水位并结合场地地形地貌、排泄条件、施工等因素综合确定。建议场地抗浮设计水位取设计地坪标高下 1.0m（标高为 29.0m）。

（5）地下水水质

地下水以 HCO_3-Ca 型水为主，矿化度小于 0.4g/L，pH 值为 7.20～7.94。

（6）地下水、土腐蚀性

场地的环境类型为Ⅰ类，取水样 4 组（含基岩裂隙水）、土样 3 组，根据分析结果判定场地地基土对混凝土结构具微腐蚀性，对钢筋混凝土结构中的钢筋具微腐蚀性。场地地基土中混凝土结构所处的环境类别为一般环境，环境作用等级为Ⅰ-B，为非严重腐蚀环境。

3.6 地震效应评价

场地抗震设防烈度为 7 度，设计基本地震加速度值为 0.10g，设计地震分组为第一组。

初详勘共进行 5 孔波速试验（含纵波），等效剪切波速 203.7～261m/s，场地覆盖层厚度一般在 4.00～23.00m。拟建工程场地类别主要为Ⅱ类，设计特征周期为 0.35s。

场地地貌为二级阶地，土层以可—硬塑粉质黏土为主，土的类型为中软土—中硬土，综合判定场地抗震地段为一般地段。

4 岩土工程分析与评价

4.1 地基分析与评价

对控制中心，根据拟建建筑底板埋深，基底地层主要为④$_{1b1}$、④$_{2b2}$、④$_{3b1}$ 粉质黏土、④$_{4a2}$ 黏土及δ-1 全风化闪长岩、T_{2z}-3 中等风化灰岩，其工程性质较好—良好。对其中粉质黏土层及全风化闪长岩，可考虑其作为地基持力层，与桩基共同承担上部荷载；对中等风化灰岩，可考虑采用其作为天然地基持力层。对荷载较轻或对变形要求不高的设施，可采用③$_{1b2}$、④$_{1b1}$可塑—硬塑粉质黏土作为天然地基持力层。

场地灰岩区钻孔见洞率 29.6%，灰岩岩溶及溶洞对本工程地基施工影响较大，设计施工时应注意其不利影响。当采用天然地基时，对浅部的溶洞，建议清除或用素混凝土换填；对影响范围内的溶洞，建议采用置换或注浆方式处理。施工时注意地下水的防排措施，防止地下水对灰岩进一步溶蚀的影响。

④$_{4a2}$ 黏土分布于灰岩区，其埋深 7.50～13.80m，厚度 1.80～3.50m，一般位于基岩面附近，具弱—中等膨胀潜势，天然状态下工程性质较好，但遇水易膨胀，工程性质变差，建议挖除或换填，当厚度较大，不宜挖除或换填时，施工时应注意采取防水措施，必要时可采取无水作业，防止土体受水浸湿等，及时进行基础施工，并适当加强基础及支护结构的整体刚度。

场地基岩局部埋藏较浅，总体上为土岩组合地基，设计时应注意进行变形验算。对δ-1 层全风化闪长岩，遇水易软化，强度降低，施工时应防止扰动、及时封底。

4.2 桩基础分析与评价

根据拟建建筑物荷载及场地地质条件，对控制中心建议采用旋挖钻孔或冲孔灌注桩，实际采用旋挖钻孔灌注桩。

桩基选择δ-3a 中等风化闪长岩、δ-2 强风化闪长岩及 T_{2z}-3 中等风化灰岩作为桩基持力层，桩径选择ϕ800～1000mm。其中δ-2、δ-3a 分布于场地北部，埋藏较大；T_{2z}-3 分布于场地南部，埋藏相对较浅，局部夹岩溶充填物。闪长岩与灰岩平面分界线按详勘查明采用。对δ-2 强风化闪长岩中的中等风化硬夹层，建议设计时按强风化考虑。当采用 T_{2z}-3 层为桩基持力层且其下为δ-2 强风化闪长岩时，建议进行下卧层强度验算。对中等风化层中的 T_{2z}-3a 层岩溶充填物，应注意其不利影响，必要时可进行施工勘察进一步查明桩侧、桩端灰岩岩溶及溶洞的分布及发育情况。

桩基参数一览表《南京地区建筑地基基础设计规范》DGJ 32/J 12—2005[3] **表 10**

层号	湿法成孔旋挖钻孔灌注桩（冲孔灌注桩）		抗拔系数λ_i
	桩周土侧阻力特征值q_{sia}/kPa	桩端土端阻力特征值q_{pa}/kPa	
③$_{1b2}$	30		0.70
④$_{1b1}$	38		0.70
④$_{2b2}$	35		0.70
④$_{3b1}$	42		0.75
④$_{4a2}$	18		0.70
δ-1	44		0.65
δ-2	65	900	0.65
δ-3a	140	1200	0.70
T_{2z}-2	75		0.65
T_{2z}-3	230	2500	0.70
	f_{rk} = 10.73MPa		

注：上表桩周土的侧阻力特征值，桩端土的端阻力特征值系结合土层埋深提出。①$_1$、①$_{2b}$、①$_3$、T_{2z}-3a 层不考虑桩侧阻力。

典型单桩竖向抗压承载力特征值估算表 **表 11**

计算孔号	桩型	桩径/mm	桩端持力层	进入持力层深度/m	计算有效桩长/m	单桩竖向抗压承载力特征值估算值R_a/kN
D4K1Z16	湿法成孔旋挖钻孔灌注桩	1000	δ-2	25	34.8	6517
D4K1Z19			δ-3a	4	28.9	7091
D4K1G79			T_{2z}-3	5	5	5576

注：计算桩长自基础底面算起。

4.3 深基坑分析与评价

本工程基坑开挖深度约8～10m。结构支护等级为二级，重要性系数γ_0为1.00。建议基坑开挖采用放坡开挖+锚杆支护（局部）+挂网喷浆的方式。

基坑开挖土层为①$_1$～④$_{4a2}$层。①$_1$、①$_{2b}$、①$_3$层工程性质差，开挖时易出现坍塌；③$_{1b2}$～④$_{2b2}$层黏性土工程性质一般—良好，自稳性一般—较好，不易坍塌变形。④$_{4a2}$层强度一般，天然状态下工程性质较好，但遇水易膨胀，工程性质变差，基坑开挖后易出现边坡塌滑。

基坑开挖岩层主要为δ-1全风化闪长岩及T_{2z}-3中等风化灰岩，局部为T_{2z}-3a岩溶充填物。δ-1全风化闪长岩在基坑开挖后，由于侧限应力解除，在地下水软化作用下，局部易塌滑。T_{2z}-3中等风化灰岩，除局部破碎处易掉块外，自稳性较好；T_{2z}-3a以溶洞充填黏性土、粉砂及基岩碎屑为主，工程性质相对较差，在开挖应力释放及地下水作用下，易造成坑壁塌滑、地面塌陷等，影响基坑边坡稳定性。建议对岩溶溶洞发育处，设计时按最不利工况进行验算，基坑开挖时均衡开挖、及时支护，施工时加强加固措施，如在基坑开挖时进行锚杆支护、挂网喷浆等。

基坑底土层主要为④$_{1b1}$、④$_{2b2}$、④$_{3b1}$粉质黏土，可塑—硬塑，其工程性质较好—良好；局部有④$_{4a2}$层黏土分布，具弱—中等膨胀潜势，遇水易膨胀，工程性质变差。

场地共有15孔揭露④$_{4a2}$层，其中5孔本层位于基底以上，基坑开挖时将挖除；4孔位于开挖面下较深，当采用天然地基时，一般不会产生胀缩等不利影响；有7孔位于基坑开挖面处，建议挖除或换填。

基坑底岩层主要为全、强风化闪长岩及强、中等风化灰岩，其工程性质总体上良好—好。

场地西部的分布有顺向基坑的土岩结合面，其中全风化基岩浸水易软化，有④$_{4a2}$黏土分布时浸水易膨胀，强度迅速降低，土岩结合面易形成软弱面，可能导致边坡出现失稳。

建议设计时考虑上述土岩结合面的影响，分段分层有序开挖，采取相应的排水及坡面、坡角保护措施，及时抽排基坑积水，土方开挖后立即对坡面封闭，防止水浸和暴露。基坑开挖后，需进行大量填土回填，回填土的质量、检验、检测等应满足设计及规范要求，以利于填土与基础共同承担水平地震作用。

5 试桩承载力情况

本工程场地闪长岩区的试桩，采用了直径1000mm的旋挖钻孔灌注桩，按不同桩长设计极限承载力标准值取12200、15200kN，实际有效桩长分别为32.7、34.5、39.8m，持力层分别为δ-2强风化闪长岩、δ-3a中等风化闪长岩，承载力均满足要求，最大沉降量16.19～17.79mm，最大回弹量8.78～10.01mm。勘察报告中估算了28.9、34.8m长的单桩极限承载力分别为13034、14182kN（按特征值2倍），其值与设计比0.86～1.16，可见相关参数均能较好地满足设计要求。

6 结语

（1）本工程通过前期区段物探工作及初详勘察工作，在综合分析研究的基础上，对复杂场地的岩土特征认知逐步深化，详勘阶段通过采用钻探、多种原位测试及室内试验手段，进一步查明了场地灰岩区岩溶发育及溶洞分布特性，闪长岩与灰岩接触带空间上分布规律特点，局部膨胀性黏土的性状，为工程的顺利实施提供了依据。

（2）对底板位于灰岩区的部分，查明了溶洞位置、大小、充填物情况，建议结合基础形式分别采取清除、素混凝土换填等方式进行处理。对局部的膨胀性黏土，分析了膨胀潜势，结合其厚度及分布特点，提出了挖除或换填等建议。对桩基工程，结合岩性、风化程度、溶洞分布，分别建议了选取强、中等风化闪长岩、中等风化灰岩为持力层，分析指出闪长岩破碎带软硬不均的不利影响。对深基坑涉及地层进行了详细分析，提出了基坑施工措施建议。

（3）本工程勘察始终按南京地铁工程勘察工作管理办法及公司质量安全健康环境管理体系要求开展各项工作。勘察纲要经地铁公司组织专家、设计及咨询监理单位审查优化后实施，勘察全过程在咨询监理公司监督指导下完成，正式勘察报告经各方专家审查修改完善后提交，勘察服务充分满足设计及业主要求，从后续设计、施工、验槽及验收情况来看，勘察对地基土治理、桩基、基坑支护方案和地下水控制建议合理、经济、可行，取得了较明显经济、社会和环境效益。

参考文献

[1] 建设部. 岩土工程勘察规范(2009 年版): GB 50021—2001[S]. 北京: 中国建筑工业出版社, 2009.

[2] 住房和城乡建设部. 城市轨道交通岩土工程勘察规范: GB 50307—2012[S]. 北京: 中国计划出版社, 2012.

[3] 江苏省建设厅. 南京地区建筑地基基础设计规范: DGJ 32/J12—2005[S]. 北京: 中国建筑工业出版社, 2005.

北京地区某项目抗浮水位专项咨询实录

沈　振[1]　刘新义[2]　王兆辉[1]　胡　蕾[1]　蔡冠军[1]　孟轲荆[1]　梁　兵[1]
付志成[1]　魏　伦[3]　贺鸿森[1]　林勋奇[1]
（1. 北京京能地质工程有限公司，北京　102300；2. 北京力佳图科技有限公司，北京　100176；
3. 北京坚砺工程勘察设计有限公司，北京　102400）

1　项目概况

北京地区某项目分为 A、B、C 三个区域。C 区分为 C1～C11 等 11 个地块，C5-11 号楼位于 C5 地块的西部。各地块位置见图 1。

图 1　C5-11 楼建设场地及周边各地块位置示意图

C5-11 号楼建设场地位于 C5 地块的西部，总体呈不规则的梯形，南北长约 132.4m，东西宽 23.5～61.8m，北端宽，南端窄，见图 2。

C5-11 号楼建筑性质为商业楼，占地面积约 8950m^2，总建筑面积为 26541.44m^2，其中地上建筑面积为 14511.75m^2，地下建筑面积为 12029.69m^2。地上 3 层，地下 2 层，±0.000 标高为 220.30m，地上建筑高度为 15.90m，地下车库东侧设置 2 条汽车坡道。上部结构采用框架结构，地下室采用筏板基础。筏板基础顶标高为−9.97m，筏板厚 400mm，基础混凝土强度等级为 C35，抗渗等级 P8。地下室侧墙厚 300/350mm，钢筋混凝土结构，混凝土强度等级 C30。

为确保该项目建筑安全施工及运营，确保建筑物抗浮安全，特委托我公司需开展水文地质专项调查工作，并提出科学、合理抗浮水位。

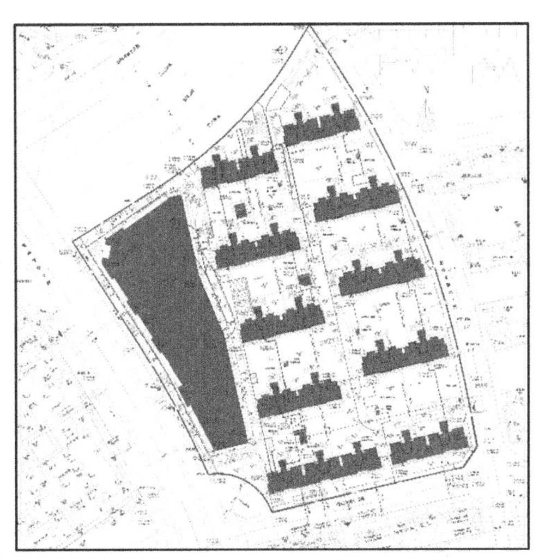

图 2　C5-11 楼建筑设计总平面示意图

2　调查方案实施工作方法、手段

本次咨询工作采用了资料收集与整理、野外综合地质调查（包括水文地质、工程地质和环境地质）、勘探及地下水动态观测孔实施，水文地质观测，抽水试验、取水样及水质分析，工程测量，地下水模型建设及综合分析与研究等多种方法手段相结合的工作方法。

3　工程地质调查

3.1　地形地貌

工作区属于太行山北端与华北平原西北隅交汇部位。地貌成因类型为侵蚀构造地貌、剥蚀构造地貌、堆积地貌，表现为中低山及丘陵、平原。工作区内主要包括低山、丘陵和山间盆地。

3.2　气象

根据场地邻近的戒台寺雨量记录的降水资料。2021 年记录的全年降水量为 1134.5mm，6～9 月降雨量达 1037mm；其中：6 月降雨量为 51mm，7 月降雨量为 602.5mm，8 月降雨量为 197.5mm，9 月降雨量为 186mm。2022 年降雨量截至 2022 年 10 月 10 日，总计为 322.5mm，6～9 月降雨总量为 249.5mm，其中 6 月份 69.5mm，7 月份 118.5mm，8 月份 59mm，9 月份 10mm。其他月份：2 月份 2.5mm，3 月份 18mm，4 月份 21mm，5 月份 14mm。本地 2021 年为丰水年，年总降水量为 1134.5mm，为常年平均降水量的两倍左右，这一特大丰水年曾引起了区域地下水位的较大幅度上升，并曾引起了当地一些废弃煤矿涌水的发生。截至 2022 年 10 月 10 日总降水量为 322.5mm，属相对偏少年份。

3.3 水文

流经门头沟境内的河流分属 3 个水系，分别为永定河、白沟河、北运河。

封门沟发源于本镇境内，然后从镇东南方向出境，最终汇入房山区崇青水库，境内全长约 16km。工作区内地表岩溶发育，一般降雨入渗系数可达 30%，便于降雨入渗补给地下水，工作区山间洼地多呈无地表水状态。因此，本区属于地下水强补给区，水呈散流状态，仅在特定部位才有所汇流。潭柘寺镇水系见图 3。项目所在区域南北两侧各有一深切冲沟，其中北沟紧邻项目场区，深约 5～6m，宽约 4～6m，主要接受本区北侧山地降水的汇集排泄。据统计，北沟流域面积为 2.97km^2，南沟为 2.42km^2，见图 4。据调查，北沟在 20 世纪 80 年代前可保持常年有水，主要接受北部山区砂页岩山地的上层滞水的补给。

图 3　场区水系图

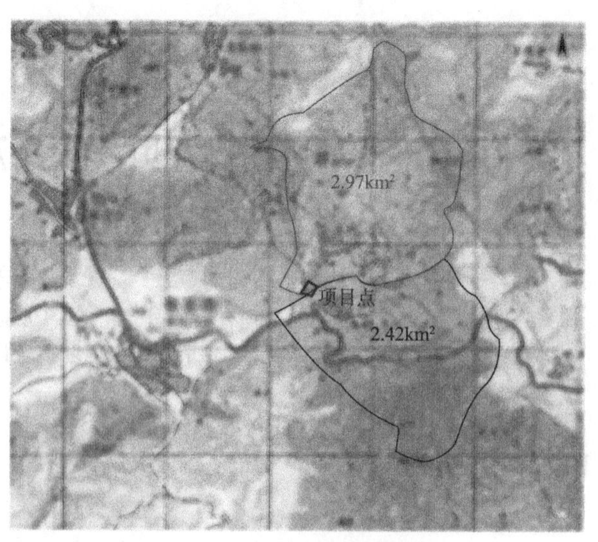

图 4　工程所在地流域面积

3.4 地层岩性

本区地层主要包括寒武系、奥陶系、石炭—二叠系、三叠系，山间盆地中部沟谷中有一定厚度的坡积及冲洪积堆积物（图 5）。

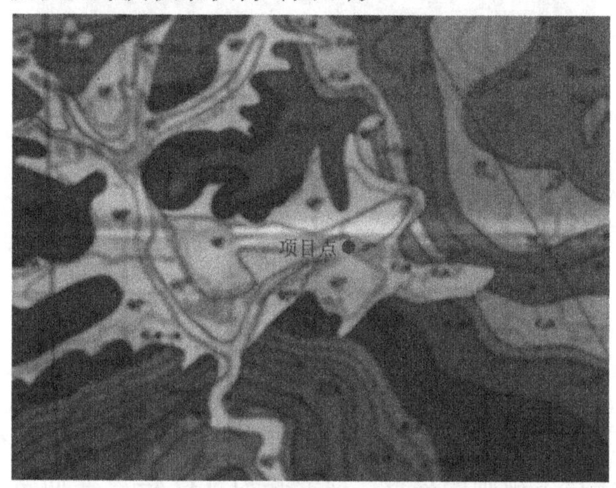

图 5　场区地质图（1：50000）

场地地表主要为第四系覆盖，为坡积、洪积堆积，厚度变化较大。据钻孔资料，岩性主要为砂岩质的卵石、漂石，最大粒径可达 30～40cm，夹杂较多的泥砂黏土。第四系以下根据已有资料分析应为奥陶系灰岩，据场地东北角处 G05（深度 80m）钻孔岩心显示，深部似有断层破碎带，岩心特征与场地东侧山边地层剖面所见断层破碎带成分相似。

场地北侧及南侧均为奥陶系灰岩分布，场地北侧约 150m 处尚有灰岩出露；场地东部山区为石炭二叠系含煤砂页岩地层，曾有数个小型煤窑开挖。场地东北部山体地层明显存在折断，场地东部山边公路边开挖剖面也可见到明显的断层破碎带，甚至有直立岩层分布，这都表明场地区断裂作用较为发育。

4 水文地质调查

4.1 区域水文地质

本区为基岩山区，中间为鲁家滩山间小盆地，地表覆盖有较薄的坡洪积及冲洪积第四系，厚度变化较大。

4.2 地下水补径排条件

补给：本区域为一独立小流域，天然状态下主要接受大气降水补给及周边山体基岩的侧向补给。自 2021 年，市政自来水管网引入本区。

径流：本区为地形起伏较大的基岩山区，地下水的径流主要是顺地形大势进行径流。本区地下水流场图如图 6 所示。

图 6 工作区地下水流场图

排泄：排泄方式主要包括自然径流和人为开采。经调查，在 20 世纪 80 年代以前，本区沟谷中一般会常年流水，山边渗流汇流成河流入下游河道进行自排泄。后随着机井的开采量加大，地下水入渗加速，地表径流断流。人为开采主要是指生活机井及少量农业机井的开采。2021 年市政自来水管网引入本区后，对地下水的开采量基本停止，原有机井大都处于关停状态。

4.3 地下水动态变化

1）基岩地下水

本区基岩地下水的开采主要集中在奥陶系和寒武系灰岩中，为富水性较好的含水层。

（1）年际变化

以南辛房村 SQ-20 监测井为例，水位相对较为稳定（图 7），尤其是自 2021 年开始本区引入南水北调市政自来水管网之后，区域开采量减少，加上近些年来降水量较大，水位有回升趋势，在 2021 年遭遇大的降雨年份时，回升量达 34.59m，回升量较为明显。

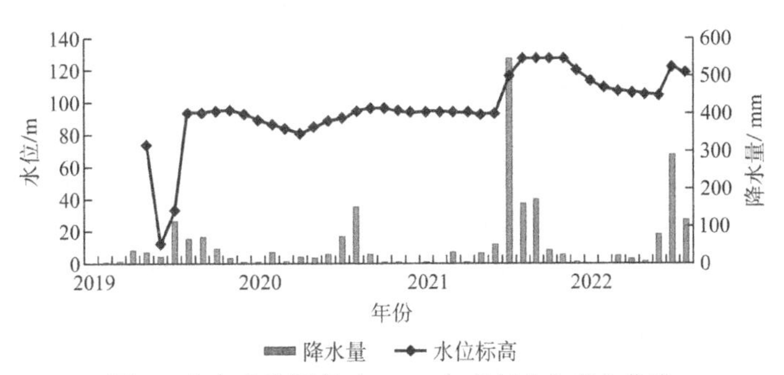

图 7 南辛房监测井（SQ-20）多年水位变化曲线

（2）年内变化

由于岩溶裂隙较为发育，因此本区岩溶水较易受到降水的影响，从图 8 中可以看出，SQ-20 水位对雨季有着较明显的响应，在 7 月份遭遇大的降雨量时，地下水回升量达 31.03m，并在较长时间维持高水位。

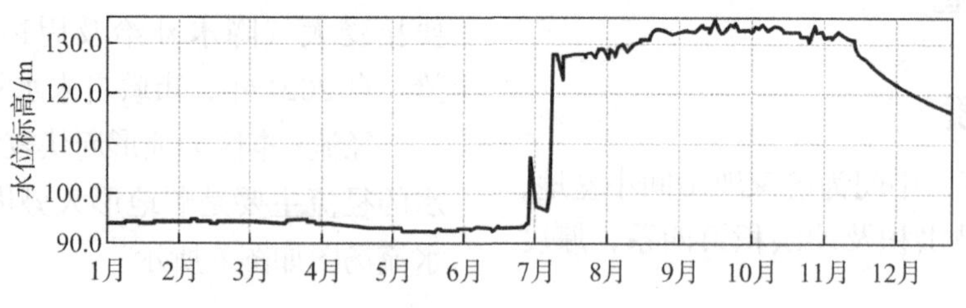

图 8 南辛房监测井（SQ-20）年内水位变化曲线（2021 年）

2）第四系地下水

本区山边地带有数个深度小于 5m 的小土井，主要接受来自山体中砂页岩中风化裂隙水的补给，成为当地百姓以往的饮用与浇菜的主要水源，本区无第四纪地下水观测孔。

（1）年际变化

对此类小井的水位缺乏常年监测资料，经对当地居民的调查得知，此类水井的水位常年较为稳定，在有机井之前一直都作为当地三个村庄的饮用水源，但在大旱之年也会发生干涸。

（2）年内变化

此类小井的补给来源主要是当地大气降水在山体中形成风化裂隙水，受降水的影响明显，对降水有着较为快速的响应。

5 场区工程地质与水文地质特征

5.1 场地工程地质特征分析

（1）场地地形特征

根据项目实施前场地实测地形图，拟建 C5-11 号楼建设场地东北稍高，西南部及西北部较低，大致呈 2～3 级台阶式下降，最高的台阶位于场地的中北部，绝对高程在 226m 以上，最高约 232m；第二层台阶位于场地西北—西南—东南，呈弧形分布，绝对高程最低约 220.56m，最高约 226m；第三层台阶位于场地的西北角和西南角，绝对高程总体在 220m 以下，局部可达 220.34m。

C5-11 号楼建设场地处于重点区内总体地势中的较低的部位，尤其是 11 号楼的西北角及西南角位置，地势最低。场地北侧邻近河道；场地内原始地形总体中东部高，西北和西南部低。建筑红线内最高标高约 229m，最低标高约 218.6m，西北角 220.16m 左右，西南角 218.6m 左右。

（2）场地地层条件

根据勘察报告，C5 地块场地在勘探深度 33.0m 范围内的地层划分为人工填土层、一般第四纪坡洪积层、残坡积层，主要地层情况见图 9。

5.2 场地水文地质特征分析

1）场地水文地质特征

从场地地下水位流场图（图 6）上可以看出，场地地下水整体上从东北流向西南，与区域地下水流场基本相符。但在 C5-11 建筑东北侧地下水明显高于建筑物西南侧，推测可能与 C5-11 建筑基础埋深较大（210m），四周护坡支护结构阻水，场地东北侧石英山沟地表水补给地下水有关。

场地位于山前斜坡地带，地层岩性复杂，根据原勘察报告和本次水文地质钻孔资料分析，场地地层大致分为 4 层，①人工填土，主要成分为粉质黏土素填土和碎石素填土；②一般第四纪坡洪积层碎石，夹有粉质黏土、黏质粉土和块石层，岩性变化大，粉质黏土、黏质粉土渗透性差，属于相对隔水层，碎石层和块石层渗透性较好；③一般第四纪残坡积层碎石，夹粉质黏土和块石薄层。该层属于残坡积地层，密实度高，充填的黏性土多呈硬塑状态，黏性较大，透水性差；④石炭—二叠纪砂岩、泥岩强风化层，大部分呈碎石状和黏土状，渗透性差，由于上部有厚层残坡积土层分布，与上部第四纪地下水联系弱。

2）水文地质参数试验

为确定场地水文地质参数，选取 G03 孔和 G06 孔内进行了两组抽水试验。

抽水试验期间 G03 孔水位埋深 17.0m，下泵深度 30.0m，代表性含水层主要为③一般第四纪残坡积的碎石层（局部为$③_2$块石）；G06 孔水位埋深

9.0m，下泵深度 18.0m，代表性含水层主要为②一般第四纪坡洪积碎石（局部为②$_2$块石）。

（1）抽水试验数据

抽水试验数据曲线见图 10～图 12。

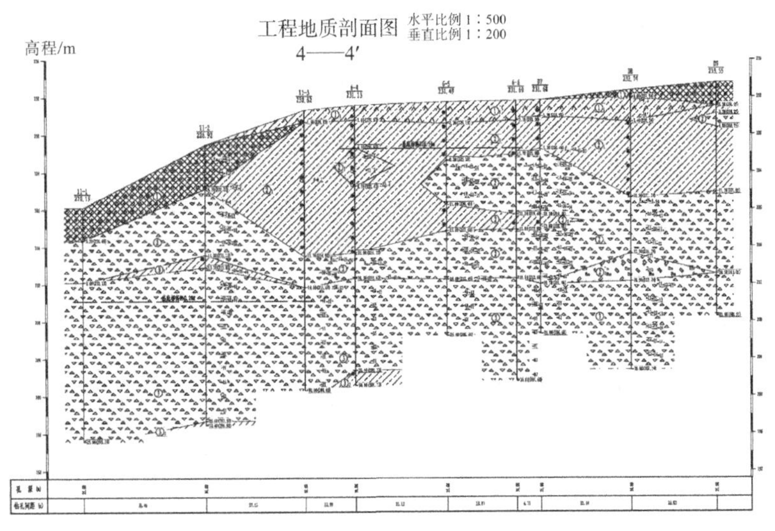

图 9　场区典型剖面图

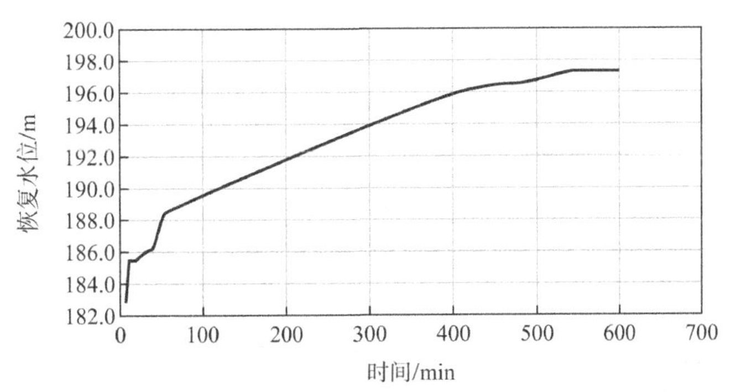

图 10　G03 孔第一次试验恢复水位-时间曲线

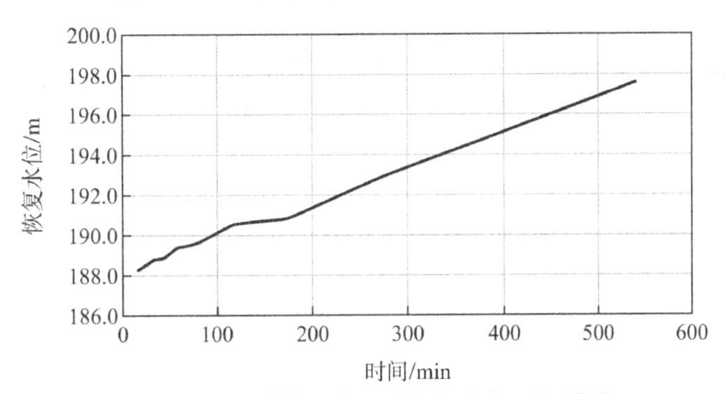

图 11　G03 孔第二次试验恢复水位-时间曲线

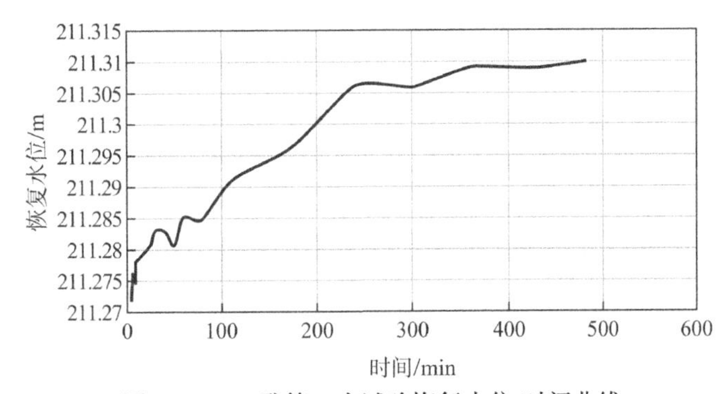

图 12　G06 孔第一次试验恢复水位-时间曲线

（2）水位恢复法求参数

按照叠加原理，潜水井抽水稳定后其恢复水位：

$$h^2 = H^2 - \frac{Q}{\pi K}\ln\frac{2.25at}{r^2}$$

令$h_a^2 = H^2 - \frac{Q}{\pi K}\ln\frac{R}{r}$，

则公式为：$h^2 = h_a^2 + \frac{Q}{2\pi k}\ln\frac{2.25at}{r^2}$

式中：H——潜水含水层的厚度（m）；

h——井内恢复水位高度（m）；

h_a——抽水稳定时井内水位高度（m）。

当$u = r^2/4at \leqslant 0.1$时，$h_2 = f(\lg t)$呈直线关系。稳定抽水停抽后$t_1$与$t_2$相对应的$h_1$、$h_2$分别为：

$$h_1^2 = h_a^2 + \frac{Q}{2\pi K}\lg\frac{2.25at_1}{r^2}$$

$$h_2^2 = h_a^2 + \frac{Q}{2\pi K}\lg\frac{2.25at_2}{r^2}$$

解上两式得：$K = \frac{2.3Q}{2\pi(h_2^2 - h_1^2)}\lg\frac{t_2}{t_1}$

水位恢复法求参成果表见表 1。

水位恢复法求参成果表　　表 1

孔号	抽水泵量/（m³/h）	与主井距离/m	渗透系数/（m/d）
G06 孔	6.0	—	3.64
G03 孔第一次		—	0.26
G03 孔第二次		—	0.29

从抽水试验结果可以看出，场地浅部地层中由于大量黏性土充填物的存在，地层渗透性均相对较差，②一般第四纪坡洪积碎石（局部为块石②$_2$层），渗透系数为 3.64m/d，渗透性一般；其下的普遍分布的③一般第四纪残坡积碎石（局部为③$_2$块石），渗透系数仅为 0.26～0.29m/d，渗透性更差。浅部地层较差的渗透性，对地下水的径流和排泄带来不利影响。

5.3　地下水动态变化及分析

建筑开裂后，新建 6 个观测孔来监测地下水位，观测孔的具体位置见图 13。

根据自地下水位观测以来降水量（图 14）及各观测孔自观测以来的地下水数据，绘制各观测孔地下水动态变化曲线图，见图 15～图 23。

图 13　地下水观测孔位置示意图

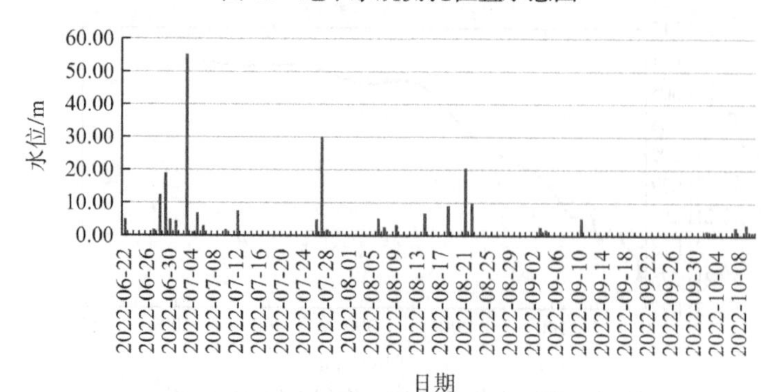

图 14　自地下水位观测以来降水量直方图

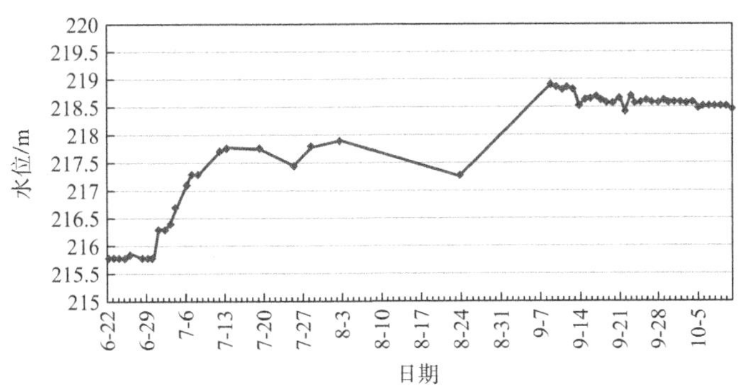

图 15　原 1 号观测孔地下水位动态变化曲线图

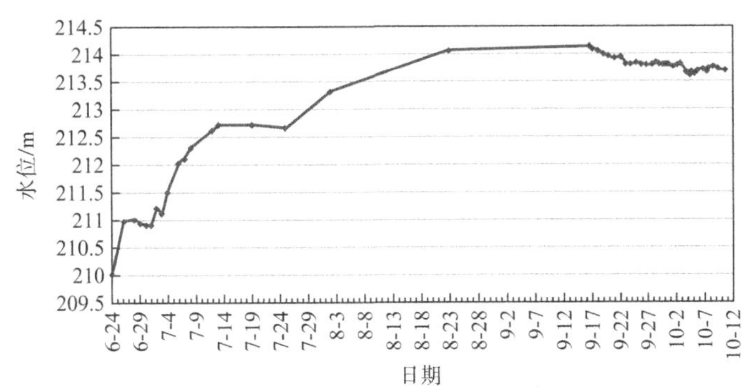

图 16　原 4 号观测孔地下水位动态变化曲线图

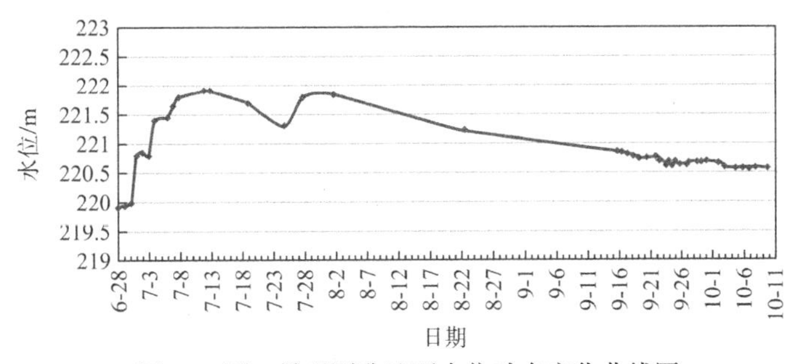

图 17　原 6 号观测孔地下水位动态变化曲线图

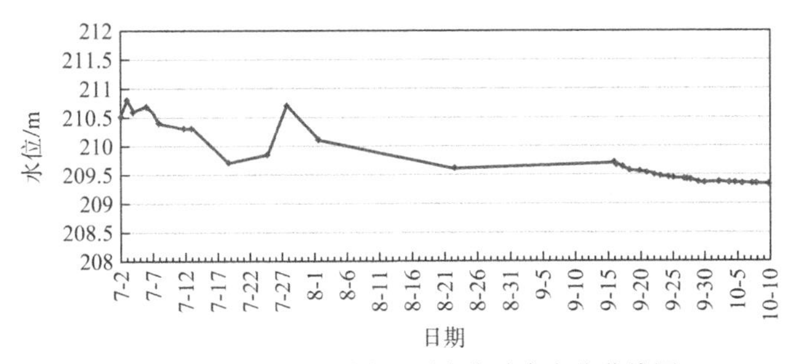

图 18　原 7 号观测孔地下水位动态变化曲线图

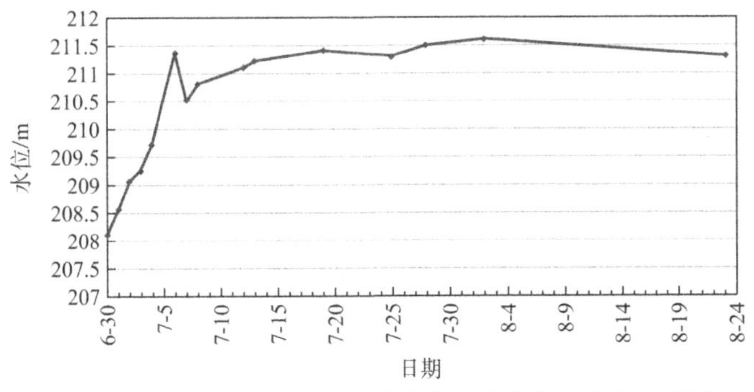

图 19　原 8 号（现已废）观测孔地下水位动态变化曲线图

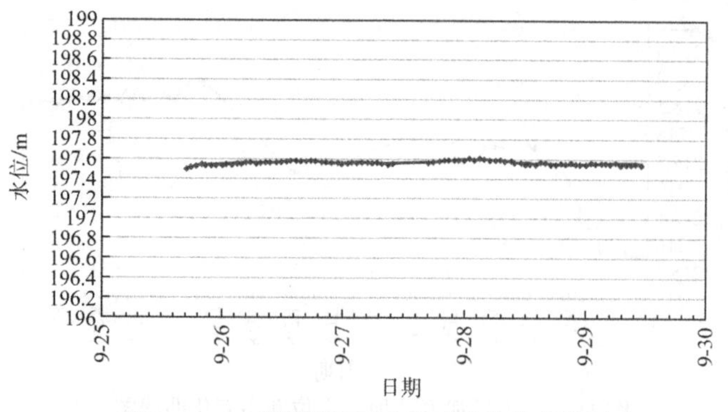

图 20　G03 观测孔地下水位动态变化曲线图

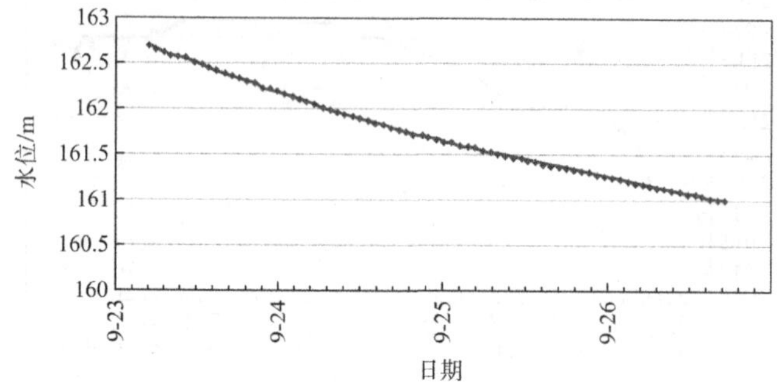

图 21　G04 观测孔地下水位动态变化曲线图

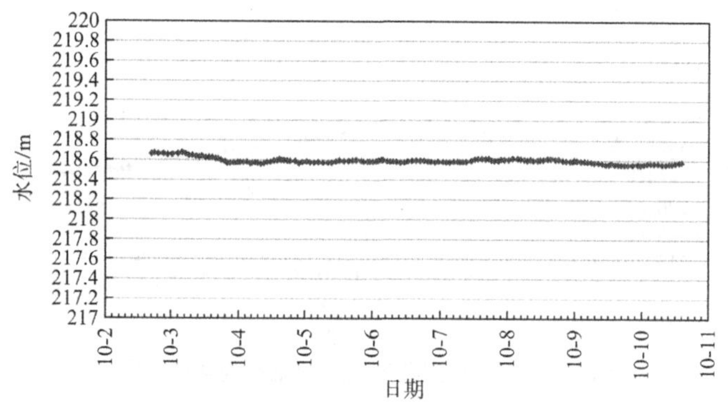

图 22　G05 观测孔地下水位动态变化曲线图

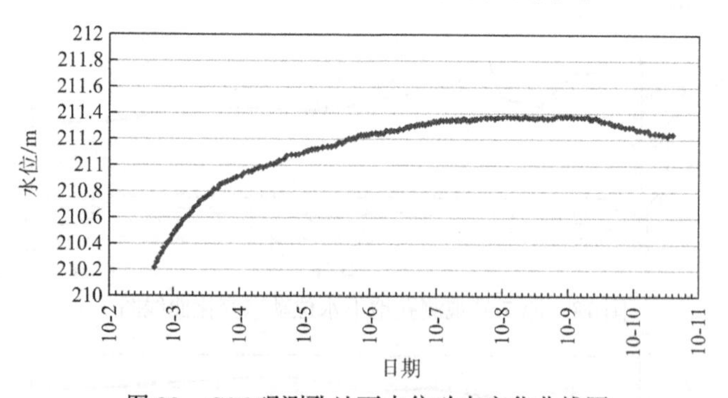

图 23　G06 观测孔地下水位动态变化曲线图

从曲线图中我们可以看出原 1 号观测孔目前水位与邻近观测孔 G05 水位基本一致，总体维持在 217.26～217.90m 之间；原 8 号（现已废）观测孔目前水位与邻近 G06 水位基本一致，总体维持在 211.00～211.40m 之间；原 4 号观测孔目前水位维持在 213.62～214.11m 之间；原 6 号观测孔目前水位维持在 220.56m 左右；原 7 号观测孔目前水位维持在 209.34～209.61m 之间。

综合对比分析降雨图与观测孔水位变化图以及观测孔位置图，可以得出场区地下水与大气降水关系极为密切，即其地下水在遭遇强降雨时上升速率快，对大气降水反应明显，但在雨季结束后回落速度较慢的结论。进一步可以看出场区的东侧地下径流补给较强；东北部存在持续的补给且存在排泄不畅状况；东南部及其南部都存在排泄不畅的情况；场区西侧补排关系总体处于平衡。

6 抗浮水位建议值

6.1 数值模拟

（1）模型时空离散

综合考虑工作区条件，对工作区进行水平剖分，网格大小设定为60m×60m，垂向上概化为3层，为潜水层，第四系弱透水层，第四系承压水层。共划分为137行、106列。数值模型应力期为1个月，时间步长为10天。预测期为10年。

（2）初始流场

以本次2022年6月到2022年9月观测的水位作为模型预测的初始水位。初始水位在90～292m之间，见图24。

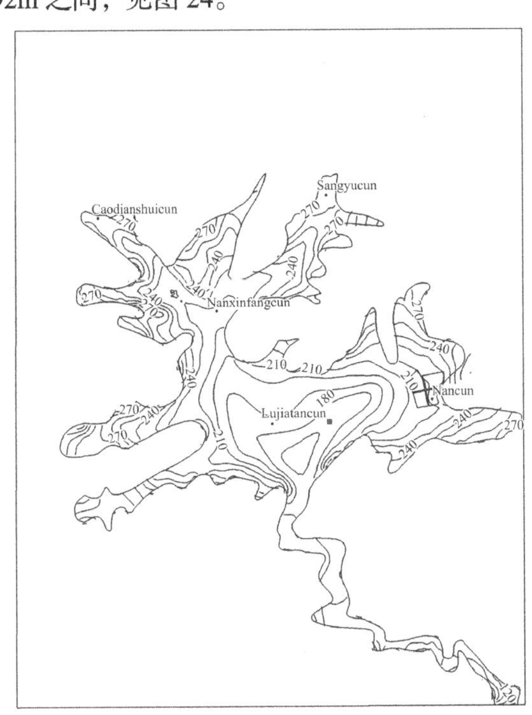

图24 模拟初始地下水流场图

6.2 地下水流数值模拟

（1）方案设置

以多年平均降水条件遭遇一次丰水年降雨为基础，总预测期为10年，0～5年采用多年平均降雨量，在第6年采用丰水年降水量，之后仍采用多年平均降雨量进行预测。

（2）结果分析

多年平均降水条件下预测5年和10年后区域地下水流场见图25和图26。

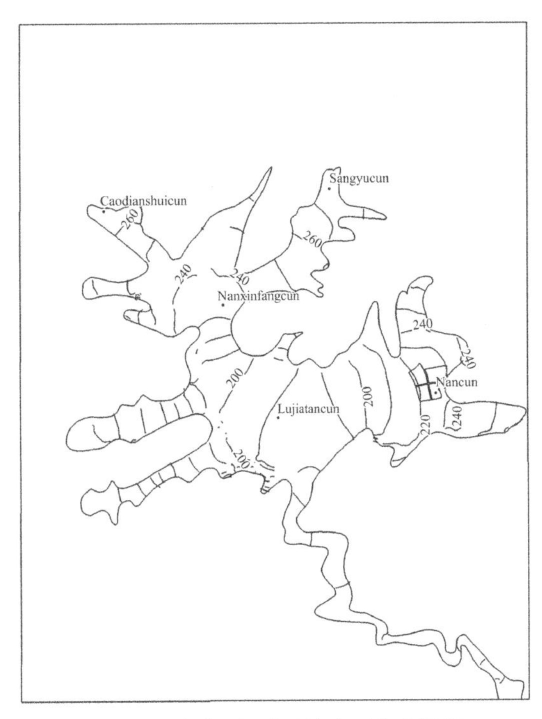

图25 预测5年后区域地下水流场图

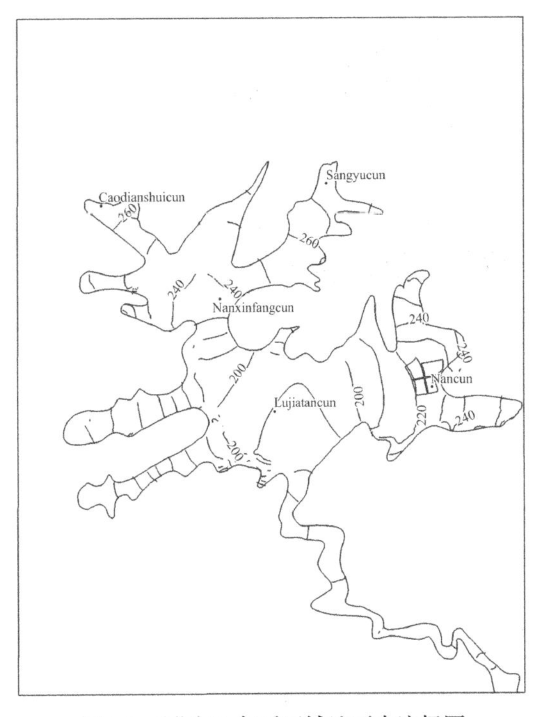

图26 预测10年后区域地下水流场图

以多年平均降水条件遭遇一次丰水年降雨为基础，根据地下水模型预测结果，在现状条件下，在10年预测期内，G05观测孔附近最高水位值可达219.85m；原4号观测孔附近最高水位值可达216.75m，且目前室外地坪标高（219.70～219.80m）尚未达到最终设计室外地坪标高220.00～220.10m，在现状场地地下水环境条件不变的情况下，场地内的地下水位仍有随着室外地坪的抬高而进一步抬升的空间。

7 结论

结合对本项目现状条件下场地水文地质特征的分析和研究，经地下水流数值模型预测分析，在本场地地下水环境条件维持现状不变的情况下，建议本场地抗浮设防水位整体按 220.00m 考虑。考虑到本项目在现状条件下抗浮力不足，建议采取相应的抗浮措施或疏排措施。

白鸟湖智慧养老社区建设项目
岩土工程全过程一体化咨询服务实录

吴　刚　刘　宁　丁　维

（新疆维泰开发建设（集团）股份有限公司，新疆乌鲁木齐　830023）

1　工程概况

白鸟湖智慧养老社区建设项目位于乌鲁木齐经济技术开发区万盛大街以南，红岩街以北，城园路以西的空地上。拟建项目包括病房式养老 A 栋、病房式养老 B 栋、病房式养老 C 栋、商业 D 栋、辅助用房 E 栋等，规划用地面积 $33892m^2$，总建筑面积 $64922m^2$，地下建筑面积 $14676m^2$。预计建筑物结构形式为框架结构，基础形式为独立基础。项目实景照片见图 1。

图 1　工程实景照片

2　项目可研阶段的岩土工程咨询

在项目可研阶段，岩土专业主要侧重于搜集区域地质、地形地貌、地震、矿产和当地的工程地质、岩土工程和建筑经验等资料，并在充分搜集和分析已有资料的基础上，通过踏勘了解场地的地层、构造、岩性、不良地质作用和地下水等工程地质条件。

2.1　场地区域地理位置、地形与地貌

乌鲁木齐市地处北天山中段，市区三面环山，西南部为天格尔山，东北部为博达山南坡，其间为达坂城—柴窝堡谷地，北部为冲积平原，乌鲁木齐河自西南向北斜贯市区。场地位于头屯河冲洪积扇与乌鲁木齐河冲洪积扇之间，地貌单元属山前冲洪积扇，场地整体地势南高北低，南北最大高差约 8.5m，场地西部有废弃的采坑，面积约 $16287m^2$，采坑深度 8～10m，其中部分采坑进行过回填，面积约 $8110m^2$，回填深度 4～6m 不等。

2.2　区域地质条件

乌鲁木齐市地质条件十分复杂，乌鲁木齐市地处天山北麓地带由南向北地貌单元依次为南部中高山区、柴窝堡山间盆地，高差达 4000m 以上。地质构造归属北天山优地槽褶皱带，涉及博格达复背斜西段，柴窝堡中—新生代坳陷、乌鲁木齐山前坳陷 3 个次一级构造单元，褶皱断裂发育，新构造运动强烈。

根据图 2，王家沟断层组由 4 条走向 NEE、平行排列、间距 400～500m，倾向 NNW 的逆断层组成，在走向 253°～265°，主断层面倾角 30°～40°。根据探槽开挖，年代样品测试，确定北面 3 条（F1-1、F1-2、F1-3）断层为全新世活动断层。第 4 条断层（F1-4）为晚更新世活动断层。

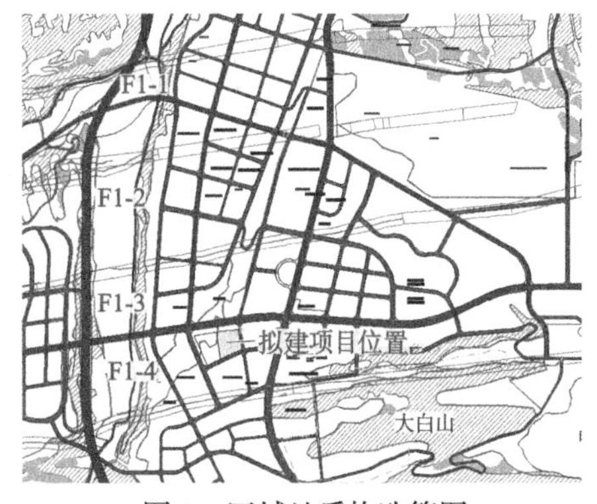

图 2　区域地质构造简图

2.3　区域水文地质条件

乌鲁木齐市区地段主要为第四系松散的冲洪

积砂卵石、卵砾石层，最厚达100m以上，一般厚度20～50m,为地下水赋存的良好空间及上下游的径流通道。

勘察场地内未见地表水，地表无季节性河流。根据收集的资料可知拟建场地的地下水埋藏较深。

2.4 场地岩土特征描述

根据收集的附近场地的地质资料可知，拟建场地的地层主要为杂填土、冲洪积圆砾及粉土。

2.5 地震参数

地震动峰值加速度为0.20g，设计地震分组为第二组，相对应的抗震设防烈度为8度；地震动反应谱特征周期为0.40s，属于抗震一般地段。

2.6 不良地质作用

由于拟建场地内西侧有深度6～11m不等的采坑，坑壁近乎直立，存在高耸的陡坎，基坑开挖和施工时需注意陡坎有崩塌的风险。

2.7 稳定性、适宜性评价

场区位于王家沟断层组F1-3全新世活动断层与F1-4晚更新世活动断层之间，建议按照《乌鲁木齐城市活断层探测与地震危险性评价项目成果应用于城市规划建设的有关规定》要求进行抗震设计，或委托具有相应资质单位进行场地地震安全性评价，依照地震安全性评价结果进行抗震设计。根据收集和调查的工程地质资料可初步判定：拟建场地存在大厚度回填土，及高耸的陡坎存在崩塌的可能性。在工程建设中应采取适宜的地基处理方式，并消除不良地质现象，满足以上条件可认为本场地较为稳定，适宜本项目的建设。

3 项目初设和施工图阶段的岩土工程咨询

在项目初设和施工图阶段，岩土专业通过岩土工程详细勘察按单体建筑物或建筑群提出详细的岩土工程资料和设计、施工所需的岩土参数；对建筑地基作出岩土工程评价，并对地基类型、基础形式、地基处理、基坑支护、工程降水和不良地质作用的防治等提出建议。勘探点平面布置见图3。

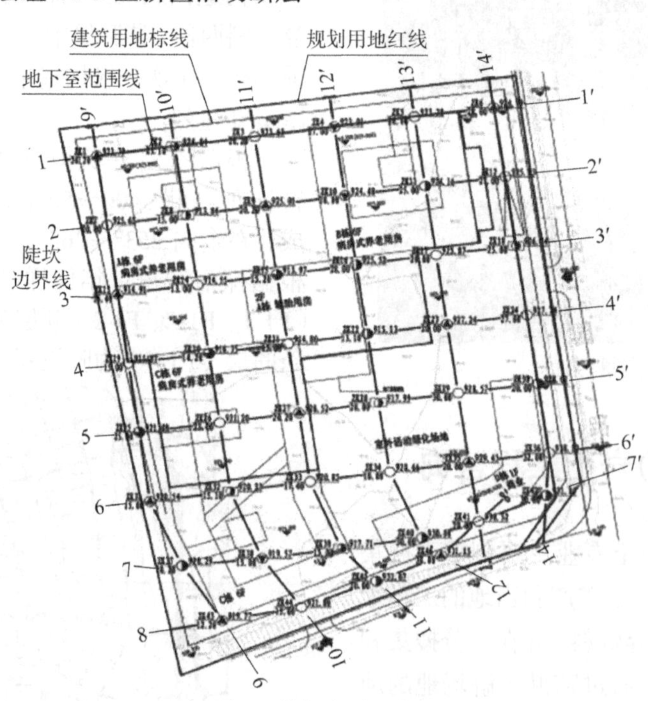

图3 勘探点平面布置

①杂填土：场地内局部分布，土黄色，层厚0.3～7.9m，以粉土和碎石土为主，含土量较高，包含少量建筑垃圾及生活垃圾，该层为新近人工随机堆积，局部厚度较大，结构松散，密实度极不均匀。

②圆砾：场地内局部分布，埋深0.3～6.0m，厚度0.9～15.0m，层顶高程913.8～930.2m，青灰色，骨架颗粒质量大于总质量的60%，局部含有卵

石，分布不均，充填物主要为中粗砂及粉土，骨架颗粒呈交错排列，大部分接触，一般粒径 5～20mm，最大粒径约为 50mm，钻杆跳动，不易钻进。稍密—密实，干—稍湿状态。根据探井揭露，在 0～3.0m 范围内可见白色盐壳及块状晶体。根据颗粒分析结果，圆砾不均匀系数C_u在 33.31～43.18 之间，曲率系数C_c在 2.78～3.62 之间，圆砾级配不良。

③粉土：整个场地均有分布，埋深 0.9～17.1m，局部未揭穿，可见厚度 0.8～14.0m，层顶高程 908.8～916.1m，黄褐色，局部含小于 0.4m 厚的粉细砂和圆砾夹层，摇振反应轻微，无光泽度反应，钻进速度较快。该粉土层主要呈中密—密实状态，稍湿—湿，无湿陷性，为中—高压缩性土，对其物理力学试验数据统计见表 1。

粉土物理力学试验数据统计表 **表 1**

物理力学指标	③粉土						
	参数范围						
	试样数	最大值	最小值	平均值	标准差	变异系数	建议值
天然含水率w/%	57	25.00	13.40	19.72	2.76	0.14	19.72
密度/（g/cm³）	57	2.06	1.80	1.94	0.07	0.05	1.94
天然孔隙比e	57	0.85	0.49	0.67	0.05	0.08	0.67
饱和度S_r/%	57	99.00	99.00	79.81	9.04	0.11	79.81
液限w_L/%	57	28.90	27.10	28.06	0.55	0.02	28.06
塑限w_P/%	57	19.60	18.00	18.54	0.48	0.03	18.54
塑性指数I_P	57	9.80	8.20	9.48	0.26	0.03	9.48
液性指数I_L	57	0.66	—	0.28	—	—	0.28
湿陷系数δ_s	57	0.01	0.00	0.00	0.00	0.54	0.00
压缩系数$a_{0.1\text{-}0.2}$/MPa^{-1}	57	0.55	0.13	0.26	0.11	0.40	0.26
压缩模量E_s/MPa	57	12.08	3.15	7.61	1.69	0.22	7.20

④圆砾：整个场地均有分布，埋深 9.1～28.3m，该层未揭穿，可见厚度 1.2～9.0m，层顶高程 899.99～909.8m，青灰色，充填物主要为中粗砂，骨架颗粒呈交错排列，大部分接触，一般粒径 5～20mm，钻杆跳动，动探锤回弹明显，不易钻进，呈中密—密实。在该层取扰动样 23 件，根据探井、钻探、室内试验成果，综合判定该层为圆砾。根据颗粒分析结果，圆砾不均匀系数C_u在 31.2～42.58 之间，曲率系数C_c在 2.38～6.01 之间，级配不良。

场地地层典型剖面见图 4。

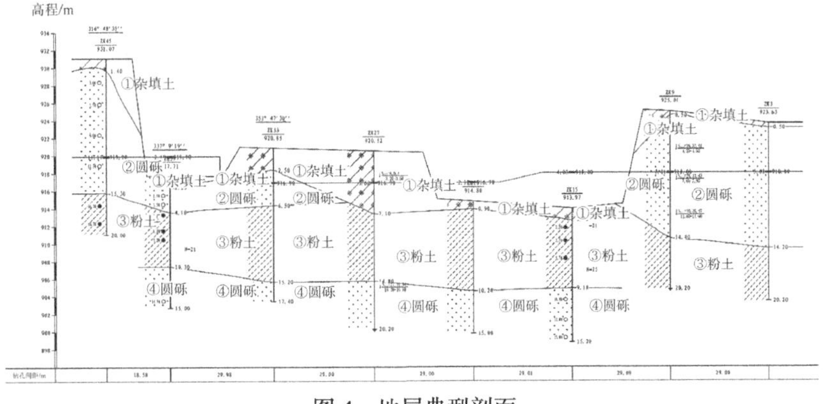

图 4　地层典型剖面

4 原位测试试验成果统计分析

本次勘察在两层圆砾（②、④层）中进行 8.3m 重型动力触探$N_{63.5}$试验，动力触探修正击数数据统计详见表 2。

重型动力触探（$N_{63.5}$）统计表　　表 2

地层	统计个数	最大值	最小值	平均值	标准差	变异系数	标准差
②圆砾	62	47.0	9.0	26.6	7.0	0.3	24
④圆砾	21	42.0	29.0	32.5	3.7	0.1	30

本次勘察对③层粉土进行了 22 组标准贯入试验，标准贯入试验结果统计见表 3。

标准贯入试验统计表（原始击数）　表 3

地层及编号	试验数	最大值	最小值	平均值	标准差	变异系数	标准值
③粉土	22	32.0	19.0	25.7	3.5	0.1	24

②圆砾呈稍密—密实状态，良好的天然地基持力层；③粉土呈中密—密实状态，稳定的地基下卧层，④圆砾呈中密—密实状态，良好的地基下卧层。现场原位测试实景照片见图 5。

图 5　现场原位测试实景照片

4.1　地基土评价

场地内地层主要为杂填土、粉土、圆砾，共有 4 个工程地质分层，具体如下：①杂填土，土体物理力学性质差，不均匀，不可作为地基持力层，须清除。②圆砾，厚度不均匀，层位变化较大，力学性质好，可作为建（构）筑物天然地基和基础持力层。③粉土，层位稳定，力学性质一般，可作为稳定的地基下卧层。④圆砾，层位稳定，力学性质好，可作为良好的地基下卧层。

4.2　均匀性评价

根据野外勘探和室内试验成果判定具体拟建构筑物的地基均匀性见表 4。

拟建构筑物地基均匀性一览表　　表 4

序号	建筑物名称	地基土类型	均匀性
1	A 栋 病房式养老	基础位于②圆砾和①杂填土（应进行换填）	不均匀地基
2	B 栋 病房式养老	基础位于②圆砾各层面起伏均小于 10%	均匀地基
3	C 栋 病房式养老	基础位于②圆砾和①杂填土（应进行换填）	不均匀地基
4	D 栋 配套商业	基础位于②圆砾和①杂填土（应进行换填）	不均匀地基
5	E 栋 辅助用房	基础位于②圆砾和①杂填土（应进行换填）	不均匀地基

由于地基土内有厚度较大的填土，且拟建建筑物基础位于不同的持力层应进行地基变形验算。

4.3　场地土腐蚀性评价

拟建场地为盐渍土场地，按含盐化学成分为亚硫酸盐渍土，按含盐量分类为中盐渍土，硫酸钠含量小于 1%，根据地区建筑经验，可不考虑盐溶、盐胀对拟建建筑物的影响。根据试验结果并结合周边建筑经验，场地土对混凝土的腐蚀等级为弱腐蚀性；对钢筋混凝土结构中钢筋的腐蚀等级为中等腐蚀；对钢结构的腐蚀等级为微腐蚀。

4.4　地表水、地下水评价

本次勘察在场地范围内未见地表水系。勘察期间根据钻孔实测，各勘探点在勘探深度范围内均未遇见地下水，因场地下卧层有粉土层，是弱透水层，设计、施工时及后期使用时需考虑地下水的影响。

4.5　场地土冻胀性评价

拟建场地以圆砾层为主且基础埋深大于冻土深度，根据《建筑地基基础设计规范》GB 50007—2011 附录 G，地基土冻胀类别为不冻胀。

4.6　场地和地基的地震效应评价

根据《建筑抗震设计规范》（2016 年版）GB 50011—2010，场地类别应根据土层等效剪切波速和场地覆盖层厚度确定。计算结果：场地内杂填土和粉土属于中软土，圆砾属于中硬土。该场地等效剪切波速值在 258.70～298.34m/s，场地覆盖层厚度大于 20m，判定该场地类别为Ⅱ类。拟建场地地层主要以圆砾、粉土为主，不存在饱和粉土、砂土，该场地可不考虑液化影响。

4.7 地震动参数

按《中国地震动参数区划图》GB 18306—2015和《建筑抗震设计规范》(2016年版)GB 50011—2010划分，拟建场地地震动峰值加速度为0.20g，设计地震分组为第二组，相对应的抗震设防烈度为8度；地震动反应谱特征周期为0.40s，属于抗震一般地段。

4.8 地基承载力等特性指标

根据原位测试结果、室内试验成果以及当地建筑经验，综合确定场地地基土力学参数，其结果详见表5。

地基土承载力特征值和有关岩土参数表　　表5

地基土名称	承载力特征值/f_{ak}	压缩模量E_s/变形模量E_0/MPa	重度/(kN/m³)	c/kPa	φ/°	基准基床系数/(kN/m³)	桩侧摩阻力标准值q_{sik}/kPa
②圆砾	300	37	21	3	40	60000	140
③粉土	150	7	19	16	15	20000	40
④圆砾	350	40	22	3	42	70000	160

桩端承载力估算值③粉土为2000kPa、④圆砾为4000kPa，桩基计算时以实际检测为准。

4.9 地基处理及基础方案建议

1)根据勘察结果，场地内圆砾层厚度、层位变化较大，其力学性质好，强度高，是很好的天然地基持力层；下伏粉土层、圆砾总体上层位稳定，力学性质良好，可作为稳定的下卧层使用，拟建建筑物地基大部分属于不均匀地基，现将每栋建筑物地基处理建议分述如下：

(1)换填垫层

将基底下①杂填土全部挖除至②圆砾或③粉土，采用天然级配碎石土进行分层回填(回填厚度3.1～5.0m，分层厚度不大于0.3m)、碾压至基底标高，压实系数不小于0.97，局部厚度大于3.0m的需增设加强层，具体参数以检测结果为准。

(2)强夯地基+天然地基

将基底下①杂填土全部挖除至②圆砾或③粉土，采用天然级配碎石土进行回填(回填厚度3.1～5.0m)，然后进行强夯处理至基底标高。其余部分采用天然地基，天然地基应超挖0.5m后再分层回填、碾压。由于地基土岩性不同，回填土与原状土之间应采用土质台阶进行错台搭接，结构设计时应增强基础的整体性连接措施。

(3)桩基础

采用桩基础，将①杂填土全部清除，采用天然级配碎石土分层回填、碾压，桩身穿透力学性质较差的土层，进入稳定的③粉土或④圆砾作桩端持力层，桩长不小于5.00m，桩端嵌入持力层的深度宜为1～3倍桩径且不小于1.50m，桩长计算时需考虑回填土的负摩阻力。

2)在地基处理过程中，往往忽略拟建场地的管线、道路等构筑物的地基处理，后期在使用时可能会出现地表开裂、局部塌陷等影响场地使用和美观的问题，故拟建场地内部管线、道路等建(构)筑物的地基处理方案建议如下：

道路、地坪、管线等浅埋构筑物的基础可采用换填的处理方式，将场地内①杂填土全部清除，用天然级配的碎石土回填至基底标高，碎石土含泥量不大于5%，含盐量不大于0.3%。分层回填、分层碾压、分层监测。场地西侧围墙、管线及场区道路(高填方路基)基础可采用换填垫层或强夯的处理方式，与建筑物基底以下整体换填垫层或强夯至基底标高，基底标高至设计地面段采用分层回填、碾压。

地基处理应选择具有相应资质的单位进行专项设计、施工，并委托具有相应检测资质的单位在地基处理期间和完毕后检测处理效果，各项处理数据及效果以检测结果为准。

3)根据地基土质、上部结构体系、柱荷载大小、柱距等情况，建议各单体均采用柱下独立基础，对于地下室周边墙体采用墙下条基。

4.10 基坑分析与评价

拟建建筑物基础埋深2.0～7.0m，依据《建筑基坑支护技术规程》JGJ 120—2012有关规定，对于周边无建筑物，且有放坡空间的拟建建筑，建议采用自然放坡处理，放坡坡率为1∶1.5～1∶1。对于距离既有建筑较近，无放坡空间，建议采用土钉墙、挡土桩等基坑支护措施，保证土方开挖和基础施工期间的基坑安全和稳定。

基坑支护应当委托有相应资质单位进行专项

设计和施工，并应按《危险性较大的分部分项工程安全管理规定》进行管理。

4.11 工程地质条件可能造成的工程风险

依据《危险性较大的分部分项工程安全管理规定》，本项目在岩土工程方面主要存在以下方面危险性较大的分部分项工程。

土方开挖、基坑工程：根据现状场地地形变化和竖向设计标高估算开挖基坑深度约 4.0～12.0m，基坑安全等级为二级，基坑边坡主要为杂填土及圆砾，其风险源主要为：（1）拟建场地内杂填土土层较松散，有垮塌的风险，在基坑开挖时注意施工安全。（2）拟建场地内建筑物基础埋深 1.5～8.8m，对于有放坡空间的拟建建筑物建议采用自然放坡处理放坡。对于无条件放坡地段，建议采用土钉墙、挡土桩等基坑支护措施。基坑支护应委托有资质的单位进行专项设计和施工。（3）由于拟建场地内西侧有深度 6～11m 不等的采坑，坑壁近乎直立，存在高耸的陡坎，基坑开挖和施工时需注意陡坎有坍塌的风险。（4）基坑开挖保证弃土及时用于回填或场地整平，做好水土保持工作。（5）若进行强夯处理，需考虑强夯振动对周围环境及建筑物的影响。

5 地基处理阶段的岩土工程咨询

根据岩土工程勘察报告可知，场地内存在回填土和不均匀地基，建议可选用三种地基处理方案，包括换填法、强夯法、和采用桩基础的形式，其中换填法比较经济，工期短，但大部分区域的换填厚度在 3.0～5.0m，超出了规范建议的换填厚度不宜超过 3.0m，采用强夯法对周围已有建筑物产生振动影响较大，不满足工期和经济性要求，采用桩基础，则工期较长和造价较高，经过岩土专业技术人员针对拟建场地的地层沉积特征、建筑物特征、设计要求最终确定采用优化后的换填法进行地基处理。

优化后的换填法是在换填垫层中加一层水稳层，既能满足建筑物对地基强度、变形和稳定性的要求，又满足规范换填垫层厚度不超过 3m 的规定，对于厚度在 3～8m 范围内的换填垫层。为防止局部施工质量控制不严格，垫层工后沉降过大，对换填垫层中间 0.5～2m 厚度范围的垫层采用水稳层铺填碾压，效果显著。用于水泥稳定土的土类，根据土中单个颗粒的粒径大小和组成，将土分为下列三种：（1）细粒土，颗粒的最大粒径小于 9.5mm，且其中小于 2.36mm 的颗粒含量不少于 90%。（2）中粒土，颗粒的最大粒径小于 26.5mm，且其中小于 19mm 的颗粒含量不少于 90%。（3）粗粒土，颗粒的最大粒径小于 37.5mm，且其中小于 31.5mm 的颗粒含量不小于 90%。水泥稳定粒料用作基层时，应控制水泥计量不超过 4%，必要时，应首先改善集料的级配，然后用水泥稳定。施工的日最低气温应在 5℃以上。水泥稳定级配粒料结构层施工时，必须遵守下列规定：级配必须准确，洒水、拌合必须均匀，应严格掌握分层厚度，应在混合料处于或略大于最佳含水率时进行碾压，直到达到按重型击实试验确定的密实度 97%时为止，采用 20t 振动压路机碾压时，每层的压实厚度不应超过 25cm。水泥稳定粒料单个颗粒的最大粒径不应超过 31.5mm。换填地基剖面图见图 6，换填施工实景照片见图 7。

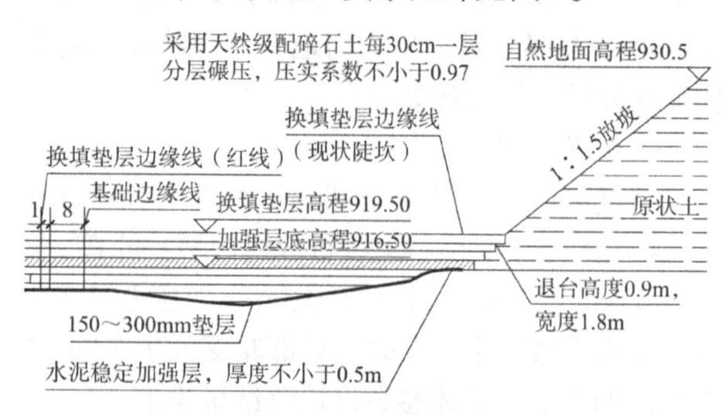

图 6　换填地基剖面图

图 7　换填施工实景照片

优化后的换填法地基处理工期缩短，造价较低，经静载荷试验检测满足设计所需的承载力和变形要求。本工程竣工后的建筑物沉降观测均满足设计要求。

6 施工图阶段平面布置的岩土工程咨询

拟建场地整体地势南高北低，南北最大高差约8.5m，场地西部有废弃的采坑，面积约16287m²，采坑深度8～10m，其中部分采坑进行过回填，面积约8110m²，回填深度4～6m不等。复杂的地貌条件和地层沉积特征给规划专业的平面布置带来很大困惑，对此岩土专业技术人员建议：如条件允许，回填土较厚的地段，可布设基础埋深较深的单体或适当加深基础埋深，以减少换填土层的厚度；地层条件较好的地段，可布设基础埋深较浅的单体或适当减小基础埋深，以减少不必要的挖方量。持力层表面坡度较大时，基础可采用多级放台的形式将基础坐落在不同标高，同一持力层上，以减少地基处理的厚度和基础不均匀沉降。

7 结语

本工程在充分利用了岩土工程咨询服务后，总体方案合理，设计得到了优化，施工质量优良，缩短了建设周期，节约了建设投资。地基处理的优化思想对区内岩土工程也具有一定的借鉴意义。

岩土师应以“对项目的岩土专业全过程咨询服务支撑”为主线，保护环境、节约资源，规避岩土工程风险，深入一线、融入项目，持续在全局范围内开展营销配合、设计优化、设计生产、技术支撑等常态化服务，切实为项目提供实质化、可量化的帮助，充分发挥岩土专业的价值创造能力。

长期以来，岩土工程专业社会认知水平不够，许多层面甚至上下游专业，都不了解其技术难度和特有的不确定性，许多情况下因甲方不了解情况而重视不够，一味强调工期和责任，对过程中遇到的难题关心不够，在这种情况下岩土工程师往往得不到应有的支持和理解，增加了解决问题的难度。这些问题严重影响了岩土工程专业的健康发展。因此，大力推行岩土工程咨询，尤其是全过程岩土工程咨询，内行人做内行事，通过岩土工程咨询，帮助甲方理清头绪，提醒甲方关注并及时协调解决过程中的难题，从而提高投资效益，确保质量安全，并对于维护岩土工程师权益，促进岩土工程专业健康发展，具有十分重要的意义。

参考文献

[1] 《工程地质手册》编委会. 工程地质手册[M]. 5版. 北京: 中国建筑工业出版社, 2018.

[2] 赵宏宇, 张诏飞, 陈括, 等. 全过程工程咨询视角下的岩土工程技术咨询应用与探索[J]. 地基处理, 2022, 4(4): 1-2.

[3] 胡鼎培, 王勇. 建设工程中全过程岩土工程咨询的应用探讨[J]. 工程技术研究, 2018(15): 1-2.

[4] 建设部. 岩土工程勘察规范(2009年版): GB 50021—2001[S]. 北京: 中国建筑工业出版社, 2009.

湿陷性黄土地区高填方场地勘察要点分析

聂礼齐　秦双杰　江　巍　陈宗清　王　刚

（中国人民解放军 93204 部队，北京　100077）

1　引言

黄土高填方场地是由“三面”（原地基表面、填筑体表面和挖填边坡面）、“二体”（原地基体和填筑体）和“二水”（地下水和地表水）构成的特殊地质体。受原始沟谷地形影响，填土厚度差异较大，沟谷中部的填土厚度大，由沟谷底部向斜坡方向逐渐变薄。[1]

高填方地基，即为解决工程建设用地，经人工分层填筑并采用强夯、振动碾压、冲击压实或其他技术措施处理所形成的、填筑厚度大于 20m 的场地或地基。[2]

目前，国内外对湿陷性黄土的研究主要集中于原地形、原地基体和填方边坡的稳定性等方面，对于填筑体的研究较少，同时，针对填筑体勘察的方案制定，可参考的规范较少；此外，类似规范中相关技术要求与现场实施存在较大的脱节。例如某点黄土填方厚度约 80m，上部荷载较小，该点勘探时，钻孔或探井穿透全部填筑体显然不合理。这就需要工程师综合设计和现场条件、自身经验、规范依据、专家意见等，创新性地开展勘察工作。

本文以延安某工程为研究背景，根据收集到的场地已完成的勘察、设计、施工、检测和监测等资料，结合场地原始地形地貌，填方工艺、规模、时间、工后填筑体特性及沉降观测数据等，开展高填方场地填方后勘察要点分析，为查明湿陷性黄土高填方场地的均匀性、湿陷性及稳定性提供思路。

2　工程概况

本工程位于延安市东南，2013 年完成试验段施工后，开始场地土方工程施工、检测及监测工作，2015 年完成场地整平施工；2016 年完成 B 区（图 1）勘察工作。

根据《湿陷性黄土地区建筑标准》GB 50025—2018 第 4.1.2 条，“场地存在大面积挖填方时，应查明……评估填挖方对水环境的影响、湿陷性的变化和形成的边坡及隐形边坡等”[3]。综合考虑，本工程具有以下特点：单体设计荷载较小（一般为 1～4 层房屋，基础荷载为 1000～2500kN）；填方边坡位于场地西侧和北侧，均已通过专项设计，并完成土方施工等。因此场地内填方边坡为稳定边坡，其变形主要为竖向变形。

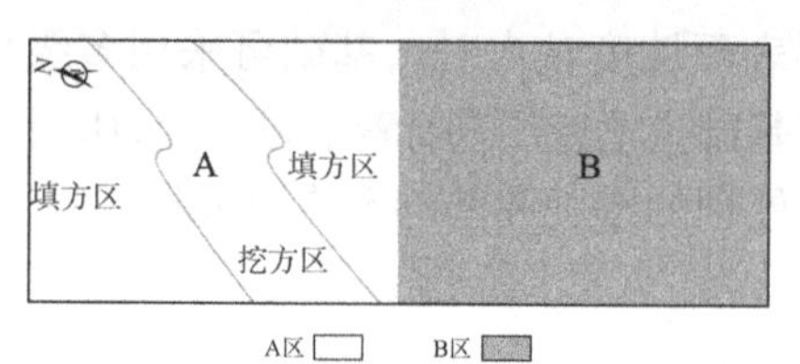

图 1　整平施工后场地分区示意图

3　工程地质条件

3.1　原始地形地貌

场地原始地貌为黄土梁峁，为侵蚀构造形成，属于低山—中山。受沟谷冲刷、侵蚀、切割等影响，黄土梁峁与支沟相间分布，形成典型黄土梁峁沟壑区，地面高程为 1100.0～1287.7m。

3.2　现状地形地貌

全场区在原状地形基础上，进行“削山填沟”；场地清表后，将挖方区马兰黄土、离石黄土和古土壤作为填料，进行分层碾压或强夯，对填筑体与原斜坡面接触区开挖台阶并分层碾压。B 区最大填方厚度约 60m；A 区最大填方厚度约 90m，见图 2。

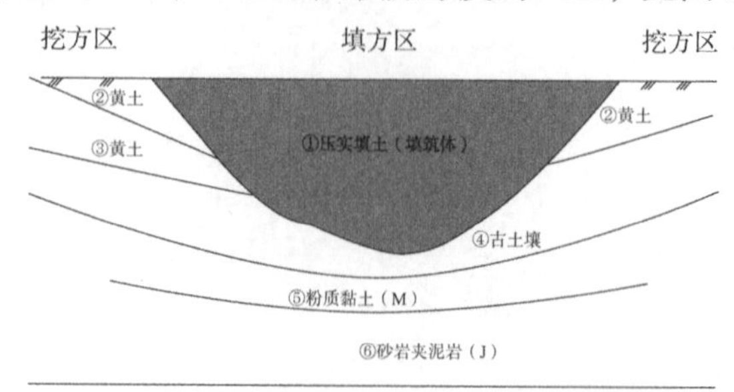

图 2　填方区典型剖面示意图

拟建场地现状地形较平坦，场地总体呈南高北低，地面标高在1182.0～1210.0m之间，最大相对高差约10.15m。

3.3 原始地形水文条件

场地地下水主要为基岩裂隙水，分布于砂岩裂隙及顶部风化壳的裂隙中，以下降泉的形式在沟谷内出露，水量较小。在基岩出露的冲沟中均见下降泉；地下水的补给主要是大气降水通过上覆第四纪松散层孔隙和裂隙孔洞入渗补给。

局部斜坡体中的黄土层含古土壤层，该层黏粒含量高，透水性差，构成了相对隔水层，形成局部上层滞水，无固定的水位，补给来源主要为大气降水的入渗。

3.4 现状地形水文条件

为保证填筑体土方的稳定，除地表设置排水沟外，在填筑体下原地面有水区域（主要来源有：地下渗水、泉水、地表水下渗水等）进行盲沟布设，（1）在全场填方区共设12条盲沟，基本保持原地面地下水流方向布置，分布在各条冲沟的沟底；（2）泉眼周边采用浆砌块石围砌成井，上部设置盲沟及盲管，将泉水引出盲沟。

4 填筑体

4.1 施工工艺

原地基采用强夯法处理，其夯击能为6000kN · m，有效加固深度为7.5～8.0m；填筑体采用碾压和冲压处理；冲压区域，每填筑80～100cm进行分层冲击压实；碾压区域，每填筑30～40cm进行分层碾压；压实系数λ_c根据功能分区按照0.93～0.95控制。

4.2 沉降分析

场区及填方边坡区域，在施工期间布置监测点，后期道面硬化施工期间，部分沉降监测点被破坏，重新进行监测点埋设。场区新监测点位置示意图见图3。

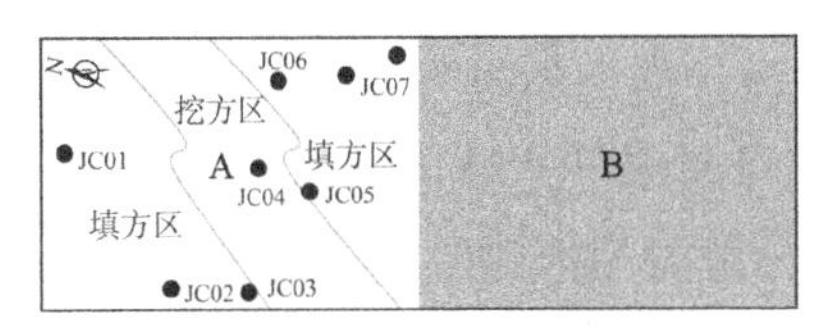

图3 新监测点位置分布示意图

根据最新沉降监测数据显示：截至2021年12月19日，拟建场地填方区域最后100d沉降速率为0.01～0.04mm/d，已达稳定指标，见表1中JC01～JC07。

本次勘察区域监测点数据表 表1

点号	开始时间	结束时间	累计沉降量/mm	最后100d左右沉降速率/（mm/d）	备注
JC01	2020-11-08	2021-10-16	1.21	−0.04	已达稳定指标
JC02	2017-09-22	2018-02-26	−3.42	−0.03	已达稳定指标
JC03	2017-09-22	2018-02-26	−2.17	−0.02	已达稳定指标
JC04	2020-11-08	2021-12-19	6.24	0.01	已达稳定指标
JC05	2020-11-08	2021-12-19	4.93	0.01	已达稳定指标
JC06	2020-11-08	2021-12-19	6.18	−0.02	已达稳定指标
JC07	2020-11-08	2021-12-19	8.52	−0.03	已达稳定指标

4.3 填筑体特性分析

（1）填方厚度变化大。填方厚度变化与场地原始地形起伏均较大，填筑体跨越不同工程地质单元，"三面"接触的土层不一，可能因为地基持力层的工程性质差异或底面坡度大于10%，导致地基不均匀[4]。需结合原始地形和勘察资料，查明各原始地层界限、分布规律、填筑体厚度和均匀程度等。

（2）填料土层结构与特性变化大。填筑材料主要为挖方区马兰黄土、离石黄土和古土壤；其物理力学性质差异较大；同时土方施工期间很难全面控制各种土体施工质量，填方区局部存在湿陷性和异常松散区。

根据B区原始地形条件和现状地形条件下勘察资料，该区钻孔取样揭露（土样代表该样深度1m范围土层），①填土厚度主要为10～60m；②该区压实填土自重湿陷性黄土厚度主要为2～6m之间，且随压实填土厚度的增大而减小（表2、图4）。分析可知，该场地内填筑体厚度越大，自重湿陷性黄土厚度越小。

压实填土自重湿陷厚度与填土总厚度的统计　表 2

名称	最大值	平均值	统计个数
填土厚度/m	55.8	20.8	21
自重湿陷性黄土厚度/m	14.3	4.5	21

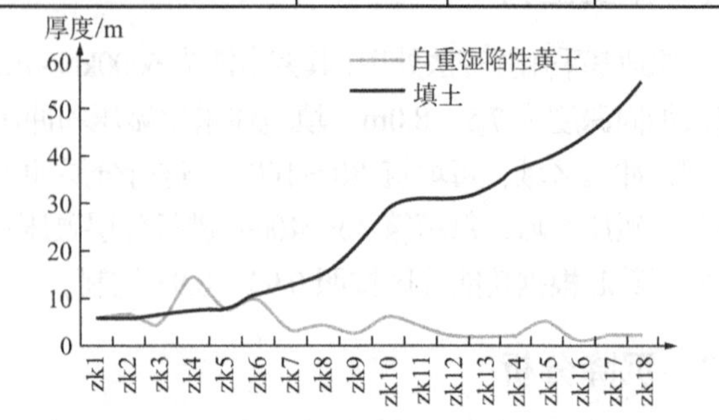

图 4　B 区压实填土自重湿陷厚度与填土总厚度的关系

（3）地基沉降变形时间长。全场地工后沉降期约 7 年，填筑体压实系数按照 0.93～0.95 控制，但建筑物设计使用年限为 50 年，截至目前，大部填筑体沉降速率已达稳定指标。对于场地内高填方区，部分地段为拟建低层建筑区，地基承载力可基本满足需求，影响建筑物地基稳定的主要因素是填筑体的固结沉降和次固结沉降，由于设计使用年限较长，一旦因不均匀变形导致建筑物出现裂缝，将直接影响人身财产安全。需利用现有沉降监测资料，预测场地沉降变化规律，探究压实填土地基变形机理，同时根据设计方案布置沉降观测点。

（4）挖填方交界区易发差异沉降。填方区填筑体采用一定工艺形成厚度变化大的压实填土层，挖方区虽挖除上部土层，但下部仍可能具有湿陷性，挖填方交界区地层物理力学性质差异大；同时地表水易沿挖填交界面入渗，形成上层滞水，软化地基，形成不均匀地基。

（5）水体补给、排泄隐患大。填方后，填筑体对场地原有地表水和地下水的补给、径流和排泄条件造成改变，从而形成新的补、径、排水系统；当填筑体底面土层为弱透水层或排水系统堵塞、漏水时，需考虑地表水在原地面和填筑体接触面处富集，形成滞水，水面上升时，可造成填筑体的湿陷和软化等，从而使填方区地表产生不均匀沉降。

综上，填筑体虽然按设计要求经过处理，但过程难以准确控制，此外，填方厚度大、交界区土层特性差异大、地表水入渗隐患大，需结合相关规范标准，从要点和难点着手，针对性布置勘察方案。

5　湿陷性黄土高填方场地勘察要点

黄土地区勘察工作一般参考《湿陷性黄土地区建筑标准》GB 50025—2018[3]（以下简称《黄土规范》)。在 2019 年，基于延安新区高填方场地建设经验，形成的《延安新区工程勘察技术导则》[5]（以下简称《新区导则》)，对湿陷性黄土地区大面积压实填土场地的勘察工作具有重要借鉴意义。

本工程为压实填土场地，距离延安新区南部约 16km，同延安新区一致，采用一定的施工工艺完成场地填方和整平，可参考《新区导则》。两场地压实填土部分物理力学性质见表 3。

延安新区与本工程压实填土物理力学参数对比表　表 3

项目	指标					
	含水率/%	天然重度/（kN/m³）	干重度/（kN/m³）	孔隙比	液性指数	压缩系数/MPa⁻¹
延安新区[8]	15～18	17～19	15～18	0.6～0.8	−0.2～1.0	0.12～0.16
本工程（2016 年）	*16	*18.5	*16	*0.666	*0.05（0～0.57）	*0.22（0.11～0.41）

注：带*数值为所取平均值。

本工程与延安新区压实填土整体均为中压缩性土，但土的状态和孔隙比优于新区。

5.1　资料收集

应结合设计方案、建（构）筑物特征和勘察要求，收集原始地形、填料分布、种类及特性、施工工艺、施工检测监测数据（重点分析变形较大的区域）、工程地质、水文地质等各相关资料，并针对挖填交界区、变形异常点、填料物理力学性质及盲沟等进行分析，预测大厚度填方区在建设过程中和运营期的沉降规律。

5.2　场地划分

新区导则中将填方区按照挖填土厚度的不同划分为薄填方区（≤ 20m）、厚填方区（> 20m）。根据设计方案，同时结合本工程场地挖填情况，为使勘察方案更具针对性，可将场地划分为挖方区（不含挖填交界，下同）和填方区；同时考虑以下因素：①填筑体厚度不同；②拟建建（构）筑物荷载不同，地基变形影响深度不同；③部分拟建建（构）筑物位于挖填交界区，其地基变形影响深度也不同。将填方区划分为三个区：Ⅰ区、Ⅱ区和Ⅲ区。

Ⅰ区：大厚度填方区，即填方厚度超过建（构）筑物地基变形影响深度的区域；

Ⅱ区：填方厚度变化较大区，即填方厚度部分超过地基变形影响深度的区域；

Ⅲ区：挖填方交界区。

5.3 两阶段勘察

考虑原始地形经过一定的处理，但处理深度不详，只对比原始地形与现地形已然不可靠，同时附近填筑区域已勘资料显示部分深度仍具有一定范围的湿陷性土层。基于上述条件，将勘察工作分两阶段完成：第一阶段主要通过“物探（例如高密度电法、面波或瞬变电磁法等）先行”的方式，掌握填筑体厚度变化、松散体和湿陷性土层深度及分布范围，了解填筑体均匀性。第二阶段则根据第一阶段勘察结果（土层的湿陷性、均匀性，及其分布范围、深度等），有的放矢地布设方案。

5.4 勘探间距和深度控制

本工程为压实填土场地，填筑厚度最大约90m，钻孔孔深如果完全依据规范中规定：“勘探点深度应大于地基压缩层深度且满足评价湿陷等级的需要……”[2]、“勘探孔的深度应穿透填土层……”[5]，显然无法直接、高效和经济地解决本工程场区的特殊性勘察问题。

因此，勘察方案应依据物探结果、《黄土规范》及《新区导则》等，对填方各区进行孔距和孔深布置，具体如下：

（1）Ⅰ区：结合场地复杂程度、施工工艺、填方厚度和拟建建（构）筑物荷载情况，钻孔间距可依据规范和导则，取其大值；钻孔深度以查明建筑物地基均匀性和变形影响深度为原则控制。若低层的建筑较多，孔深应大于变形影响深度约0～5m，同时穿透湿陷性土层，若有异常，需加密勘探点。

（2）Ⅱ区：该区拟建建（构）筑物地基变形影响深度部分超过填方厚度。孔深在考虑变形和湿陷性的基础上，钻孔应穿透填土；若该区域考虑采用的深基础，深度应满足验算沉降要求。

（3）Ⅲ区：该区地基为不均匀地基。根据设计方案，优先与设计人员沟通，调整建（构）筑物位置，避开挖填交界区；若无法调整，应参考《黄土规范》和《新区导则》规定，布孔间距在取小值的基础上，根据微地貌特征适当调整间距，深度大于湿陷性土层和压缩层深度，应充分查明该区域地层分布及其特征，评价地基强度、湿陷性及均匀性等。

综上，布置勘察方案应综合考虑沉降监测资料和填筑体特点，此外，还应布置部分深孔，以对场区整体进行控制为原则，孔深应穿透厚度较大土层。

5.5 试验

考虑土方施工期间很难全面控制施工质量，且前期施工工艺为全场区整平，对本阶段上部建（构）筑物不具针对性，应结合本阶段上部建（构）筑物设计参数及物探成果，采用多种原位测试方法对地基的均匀性和强度进行检测，如动力触探、静力触探及载荷试验等，尤其在物探测试差异区域，宜加密测试点；同时应采取一定数量的土样进行室内压缩性试验及湿陷性试验检测，判定是否满足建筑地基设计要求。

5.6 水文条件

根据前期勘察报告，场地地下水主要为基岩裂隙水，需考虑以下情况：（1）大气降雨入渗形成的上层滞水；（2）拟建建（构）筑物附近排水系统通道不畅或堵塞。若水位上升至一定高度，会对填筑体浸泡、软化、潜蚀，这些作用往往引起较大沉降。勘察期间需布置长期观测孔，同时提醒设计、施工和使用单位，采取相应的防排水措施。

5.7 场地评价[6-9]

（1）本场区填筑体经过一定的压实处理，B区填方后勘察资料显示场地局部土层具有湿陷性。A区应结合现场浸水载荷试验、室内成果和周边地质环境，与B区成果资料对比，考虑场地内具有湿陷性各点“聚点成面”的可能性，进行湿陷性评价。

（2）参考《工程地质手册（第五版）》，采用静力触探指标来评价大面积黄土质填土的均匀性和密实度。以比贯入阻力$P_s \geqslant 3$MPa作为控制碾压填土质量的界限值，低于界限值时，局部地段湿陷性大，高于界限值时拟建建（构）筑物可能只有轻微变形；以建筑物单元内的$P_{s,max}$和$P_{s,min}$的比值为控制指标，$P_{s,max}/P_{s,min} \leqslant 1.55$为均匀填土，反之按照不均匀填土考虑，当$P_s > 6$MPa 时，可将比值放宽，但比值最大不可超过 1.8。

同时可结合圆锥动力触探试验、旁压试验、高密度电法（对异常松散区）、面波勘探、探地雷达、剪切波速等手段进行测试，多手段、多方法评价场地均匀性；

针对测试成果，可根据《新区导则》第 11.3.3 节，利用压实填土地基差异沉降敏感度进行定性评价。

（3）当填土底面的天然坡度大于 20%时，应验算其坡面的稳定性，并应判定原有斜坡受填土影响引起滑动的可能性。

6 结论

（1）本工程场地为经过分层碾压或夯实处理过的压实填土地基，且已固结沉降 6～7 年，需充分结合建筑物类型和搜集资料，了解场区的形成过程，分析填筑体施工工艺、沉降变形、结构与特性、水体入渗特点等，掌握各分区的工程性质差异，避开盲沟等。

（2）结合工程地质分区特点，以第一阶段勘察期间获取的物探数据为指引，确定勘探孔距和孔深，以查明填筑体特性为目的，同时避免浪费，重点查明挖填交界区域地质情况。

（3）利用多种原位测试、物探及室内试验手段，对比结果并分析评价黄土的湿陷性、场地均匀性和稳定性。

（4）考虑场地下水受季节影响较大，雨季出水点增多、水量增大；旱季水量减少，甚至断流。勘察时不能仅以勘察期地下水量测结果为依据，应充分考虑地下水动态特征并提出建议，确保填筑工程安全。

（5）建议建（构）筑物的规划设计应避开挖填方交界区，无法避开时需平行原始边坡的走向。

参考文献

[1] 于永堂，郑建国，张继文，等. 黄土高填方场地裂缝的发育特征及分布规律[J]. 中国地质灾害与防治学报, 2021, 32(4): 11-12.

[2] 住房和城乡建设部. 高填方地基技术规范: GB 51254—2017[S]. 北京: 中国建筑工业出版社, 2017.

[3] 住房和城乡建设部. 湿陷性黄土地区建筑标准: GB 50025—2018[S]. 北京:中国建筑工业出版社, 2018.

[4] 住房和城乡建设部. 高层建筑岩土工程勘察标准: JGJ/T 72—2017[S]. 北京:中国建筑工业出版社, 2017

[5] 高建中. 延安新区工程勘察技术导则[S]. 北京: 中国建筑工业出版社, 2019.

[6] 住房和城乡建设部. 岩土工程勘察规范(2009 年版): GB 50021—2001[M]. 北京:中国建筑工业出版社, 2009.

[7] 《工程地质手册》编委会. 工程地质手册[M]. 5 版. 北京: 中国建筑工业出版社, 2018.

[8] 张瑞松，唐辉，高建中. 延安新区大厚度压实填土地基均匀性评价[J]. 岩土工程技术, 2020, 34(1): 24-26.

[9] 王金明，陈昌彦，张建坤，等. 不同类型填方路基沉降监测及沉降分析[J]. 工程勘察, 2019, 47(1): 61-64.

绿地滨湖国际城岩土工程勘察设计

周同和[1,2]　高　伟[1]　宋进京[1]　齐瑞文[1]

（1. 郑州大学综合设计研究院有限公司，河南郑州　450022；2. 黄淮学院，河南驻马店　463000）

1　工程概况

杂填土是由于人类活动而产生的堆积物，其成分一般较为杂乱，除了由碎石土、砂土、黏性土等天然土经扰动后堆填形成外，还可能含有建筑垃圾、生活垃圾、工业废料等[1-2]，该类土的主要特点是无规划堆积、成分复杂、孔隙大、结构松散、均匀性差，造成土体整体性较差[3,7]，土体抗剪强度无规律，具有较强的湿陷性，使深厚杂填土场地的地基基础及基坑支护工程设计难度增大[4-8]。近年来，随着城市化进程不断发展，越来越多的深厚填土场地成了建筑用地。

绿地滨湖国际城位于郑州市大学路南四环交叉口附近，用地面积约 604 亩，投资额约 130 亿元，总建筑面积约 200 万 m^2，规划建设郑州市地标建筑 270m 高“二七双塔”，是郑州南部智能办公、商业中心、高端居住为一体的复合型生态城市综合体。

四区基坑深度 21.97m，填土最大厚度 30.1m；六区基坑深度 16.5m，填土最大厚度 33.2m。支护结构根据不同环境条件采用了排桩复合全粘结锚杆支护、排桩 + 大角度扩大段锚杆分级支护等新技术。五区、八区基础埋深 11.3m，五区填土最大厚度 30m，八区填土最大厚度 32.5m。该两地块主楼及地下车库采用桩底二次注浆根固混凝土灌注桩基础。桩基施工前，开挖至基础底标高以上 1.0m 对基底以下杂填土进行浅层强夯处理。

本项目四区南部、五区南部、六区南部以及八区大部分区域场地分布有大量素填土、杂填土，最深处达到 33.2m，为 20 年前黏土砖取土形成的坑底。浅部杂填土为近 5 年内拆迁工地倾倒建筑垃圾、生活垃圾等形成，成分分布极不均匀，呈多种土混合状态，局部地段素土居多，局部地段建筑垃圾居多，局部地段生活垃圾居多。杂填土含大量砖块、混凝土块、水泥块等建筑垃圾及生活垃圾（图 1）。本工程填土属于典型的无序填土，成分复杂、物理力学性质不稳定，给岩土工程勘察、基坑工程和地基基础设计、施工带来了巨大挑战。

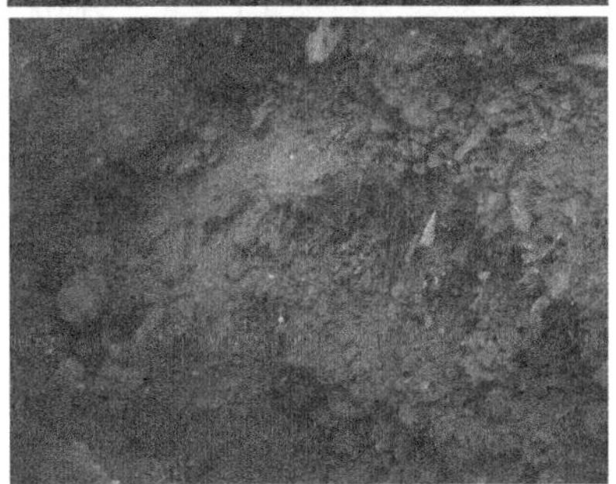

图 1　现场填土照片

2　岩土工程条件

2.1　工程地质条件

根据动力触探、静力触探、标准贯入试验等结果，对地基土进行分层，揭示主要地层分布如下：

⓪$_1$ 杂填土（$Q_{4\text{-}3}^{ml}$）：杂色，稍湿，松散，以建筑垃圾为主，建筑垃圾约占 50%～95%。

⓪$_2$ 杂填土（$Q_{4\text{-}3}^{ml}$）：杂色，稍湿，松散，以生活垃圾为主，生活垃圾约占 50%～90%，土体臭味较大，主要成分为塑料袋、碎布、腐殖质等，土质不均匀。

⓪$_3$ 素填土（$Q_{4\text{-}3}^{ml}$）：褐黄—浅黄色，稍湿，松散，以粉土为主，土体约占 60%～95%，偶见砖瓦块、石子、混凝土块等建筑垃圾及塑料袋、碎布、

获奖项目：2021 年度工程勘察、建筑设计行业和市政公用工程优秀勘察设计奖二等奖。

腐殖质等生活垃圾。

①粉土（Q_3^{al}）：浅黄色，稍湿，中密—稍密，含有蜗牛壳及碎片，偶见铁锈斑块。

②$_1$粉砂（Q_3^{al}）：浅黄色，稍湿，中密，颗粒级配一般，成分主要为长石、石英，含云母、偶见蜗牛壳碎片。该层呈透镜体形式出现。

②粉土（Q_3^{al}）：浅黄色，稍湿，稍密—中密，含有蜗牛壳及碎片，较多菌丝状钙质网纹，可见少量姜石粒和铁锈斑块，局部砂质含量高，局部地段为粉砂。

③粉质黏土夹粉土（Q_3^{al}）：粉质黏土，褐红—黄褐色，硬塑—坚硬，干强度中等，含铁、锰质氧化物，较多菌丝状钙质网纹，偶见小姜石；粉土，黄褐色，稍湿，稍密—中密，含云母片，偶见少量姜石。

④粉质黏土（Q_3^{al}）：褐红色，硬塑，干强度中等，含铁、锰质氧化物，较多菌丝状钙质网纹，偶见小姜石。

⑤粉质黏土夹粉土（Q_3^{al}）：粉质黏土，褐红—黄褐色，硬塑，干强度中等，含铁、锰质氧化物，偶见小姜石；粉土，黄褐色，稍湿，稍密—中密，含云母片，偶见少量姜石。

⑥粉质黏土（Q_3^{al}）：褐红色，硬塑—坚硬，干强度中等，含铁、锰质氧化物，偶见小姜石。

⑦粉质黏土（Q_3^{al}）：褐红色，硬塑—坚硬，干强度中等，含铁、锰质氧化物，较多1～4cm直径姜石，局部姜石富集，局部地段夹有钙质胶结薄层。

⑧粉质黏土（Q_2^{al+pl}）：褐红色，硬塑—坚硬，干强度中等，含铁、锰质氧化物，较多1～4cm直径姜石，局部姜石富集，局部地段夹有钙质胶结薄层。

典型地质剖面见图2（以四区为例）。场地土层主要力学参数见表1。

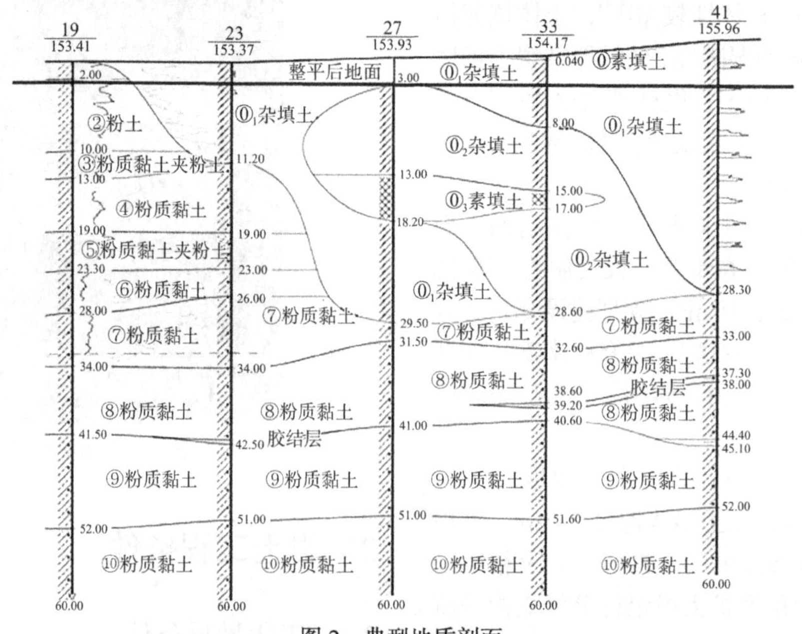

图2 典型地质剖面

场地土层主要力学参数 **表1**

编号	土层名称	γ/(kN/m³)	极限侧阻特征值q_{sia}	极限端阻力特征值q_{pa}	直剪强度		编号	土层名称	γ/(kN/m³)	极限侧阻特征值q_{sia}	极限端阻力特征值q_{pa}	直剪强度	
					c/kPa	φ/°						c/kPa	φ/°
①	粉土	14.9	—	—	13	22	⑤	粉土	16.0	37	—	—	—
②$_1$	粉砂	—	—	—	2	26	⑥	粉质黏土	16.7	32	—	22	14
②	粉土	15.3	26	—	14	23	⑦	粉质黏土	16.7	35	—	23	15
③	粉质黏土	16.7	33	—	24	16	⑧	粉质黏土	18.3	34	—	—	—
③	粉土	15.2	33	—	—	—	⑨	粉质黏土	18.2	35	600	—	—
④	粉质黏土	16.7	39	—	22	15	⑩	粉质黏土	18.1	36	600	—	—
⑤	粉质黏土	17.2	37	—	19	16							

2.2 水文地质条件

该场地地下水类型为潜水，勘测期间初见水位位于地面下30～40m，实测稳定水位埋深为现地面下32.0～43.0m，绝对高程120.04～121.53m。地下水主要受季节性降水补给，从7月中旬至10月上旬是每年的丰水期，每年12月至来年2月为枯水期，水位年变化幅度3.0m左右，根据附近场地近年来水位资料了解，本场地近3～5年最高水位绝对高程约为130.0m。四区、六区场地地势相对较高，周边为大面积在建工地，无地表水汇集。

3 岩土工程分析与评价

3.1 填土抗剪强度试验及设计参数确定

为获得准确的杂填土抗剪强度指标，本项目在现场进行两种剪切试验。针对素填土，采用现场直剪试验；针对杂填土，采用现场推剪试验。试验点的选取遵循以下原则：

（1）应能覆盖拟建场区，且应选取在拟开挖基坑外侧1倍基坑深度范围内，试验标高位于基坑支护顶标高以下；

（2）试验点相对于周边上体应具有代表性。

1）素填土直剪试验

在$⓪_3$素填土开挖试坑共进行6组现场直剪试验。切削出试样土柱，将剪力盒套在土柱外侧，缝隙应用原土或粉细砂填实。试验的法向荷载由垂直于剪切面的4个地锚提供反力，水平剪力由试坑壁提供反力。经分级施加法向荷载及水平剪力，测定出素填土抗剪强度指标如表2所示。

素填土直剪试验结果　　表2

试验编号	c/kPa	φ/°
1	8.746	21.04
2	39.645	18.88
3	29.462	18.13
4	5.451	18.27
5	62.608	12.99
6	24.696	20.49

由6组现场直剪结果可以看出，素填土抗剪强度指标试验结果的离散性较大，黏聚力数值介于5.451～62.608kPa，内摩擦角为12.99～21.04。

2）杂填土推剪试验

由于$⓪_1$及$⓪_2$杂填土开挖后无明显分界面，现场开挖试坑时选取了$⓪_1$及$⓪_2$层较有代表性的部位进行9组现场推剪试验，试验土体包含了$⓪_1$层建筑垃圾为主的杂填土和$⓪_2$层生活垃圾为主的杂填土。在试验深度处留出一个三面临空长方形试验土体，在土体两侧挖出200mm宽度的槽，槽内放置有机玻璃板和薄钢板，并在其上回填挖出的土，稍加夯实使其密度与试验体基本一致。采用卧式千斤顶施加剪切荷载。试验结果如表3所示。

表3中的试验结果为峰值强度对应的黏聚力c和内摩擦角φ，经修正统计后c标准值为1.891kPa，φ标准值为55.05°。

杂填土现场剪切试验结果　　表3

试验编号	c/kPa	φ/°
1	2.827	51.88
2	0.523	49.29
3	1.613	65.07
4	1.294	62.75
5	4.818	59.47
6	4.121	68.56
7	4.557	58.13
8	3.912	68.65
9	2.127	52.49

3）场地深厚填土土层设计参数的确定

本场地杂填土填筑时间持续20～30年，受雨水作用后有一定量充填物。理论上，杂填土中有大量块体建筑垃圾分布时，因块体本身具有较高的强度且相互之间存在良好的咬合，使其具有较大的内摩擦角。工程经验表明，在支护结构水平位移较小的条件下杂填土能保持较高的抗剪强度。

根据以上试验成果，基坑工程设计时素填土抗剪强度指标按试验结果取标准值；杂填土抗剪强度指标如表4所示，考虑杂填土的状态为松散状态，对其内摩擦角进行了大幅度折减。

填土设计参数　　表4

土层编号	土层名称	重度γ/（kN/m³）	注浆锚固体侧阻力极限值/kPa	抗剪强度	
				c/kPa	φ/°
$⓪_1$	杂填土	20.0	45	5	35
$⓪_2$	杂填土	20.0	45	5	35
$⓪_3$	素填土	20.0	45	10	18

3.2 根固混凝土灌注桩试验及设计参数确定

工程桩基所在土层上部存在杂填土，且厚度较厚，最深处超过 30m，基础埋深约 10m，对桩侧阻力的准确测量和取值具有挑战性。试桩深度如图 3 所示。

1）试验方案

（1）设置两组不同尺寸的根固混凝土灌注桩，采用隔离法进行单桩静载荷试验，确定单桩承载力，进行计算经济性比较。

（2）利用设置在桩身的钢筋应力计、分布式光纤，测定杂填土以下各土层的桩侧摩阻力和选定持力层的桩端阻力，研究桩侧阻力和桩端阻力的发挥情况。为桩侧阻力和桩端阻力的确定提供设计依据。杂填土范围内设置隔离层。

（3）采用声波透射法检测桩身质量。

2）试桩设计

试桩设计为桩Ⅰ、桩Ⅱ，具体参数见表 5。

试验桩参数　　表 5

试桩编号		桩径/mm	预计最大加载量/kN	有效桩长/m
桩Ⅰ	1 号	1000	16000	45
	2 号	1000	16000	45
	3 号	1000	16000	45
桩Ⅱ	4 号	800	14000	53.5
	5 号	800	14000	53.5
	6 号	800	14000	53.5

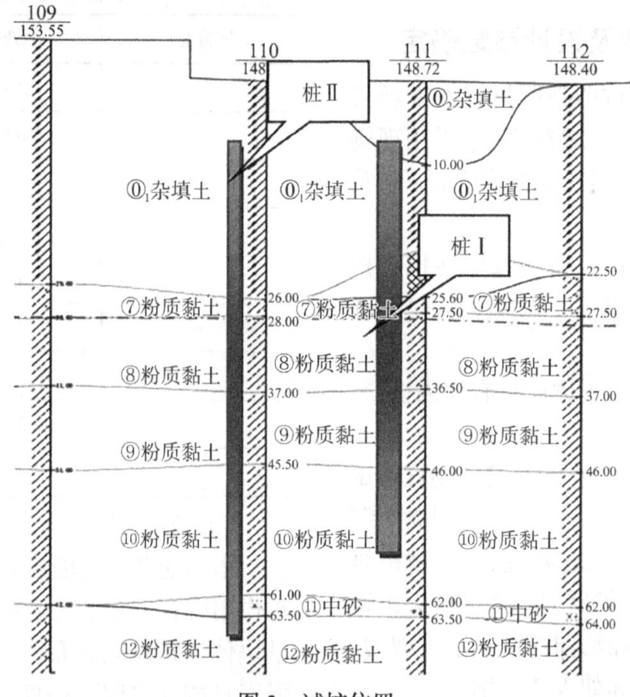

图 3　试桩位置

桩身应变监测采用的分布式光纤与传统压力、应变计结合的方法对桩身应变进行监测（图 4）。

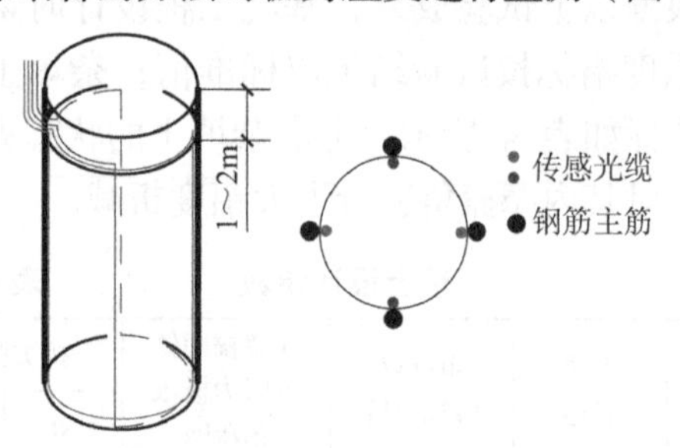

图 4　钢筋笼底部光纤铺设

为了消除桩身在扩径及偏心荷载条件下同一水平面上不同侧面产生的差异应变，本试验采用沿钢筋笼中心对称的两根相对主筋上铺设红、黑两组自校核传感光纤，并且每组自校核光纤中间相连段沿底部用加强筋平滑过渡，形成“U”字形回路，两端都可进行测试，起到对比、备份作用。光纤在出孔口段用金属波纹管保护出口，防止桩头制作及后期埋土过程中折断，波纹管利用设定的标志定位。

3）试验结果

（1）桩径 1000mm、桩长 45m 的 3 根单桩的静载荷试验结果见表 6。

（2）桩径 800mm，桩长 53.5m 的 3 根单桩的静载荷测试结果见表 7。

桩Ⅰ单桩承载力试验结果　　　表 6

桩号	荷载分级/kN	最大加载/kN	最大沉降量/mm	承载力极限值/kN
1	860	16340	41.24	15480
2	860	17200	63.26	16340
3	860	14000	15.29	14000

桩Ⅱ单桩承载力试验结果　　　表 7

桩号	荷载分级/kN	最大加载/kN	最大沉降量/mm	承载力极限值/kN
4	700	14700	61.31	14000
5	700	11000	17.06	11000
6	700	10000	21.41	10000

（3）桩Ⅰ、桩Ⅱ代表性s-lg$t$曲线如图 5 所示。

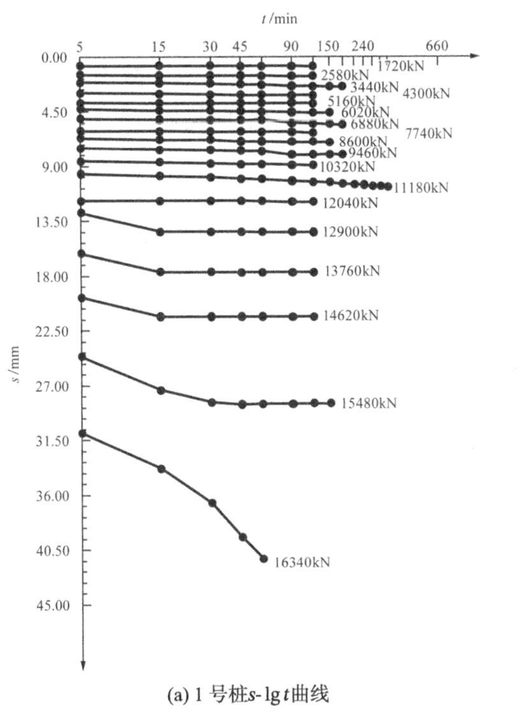

(a) 1 号桩s-lg$t$曲线

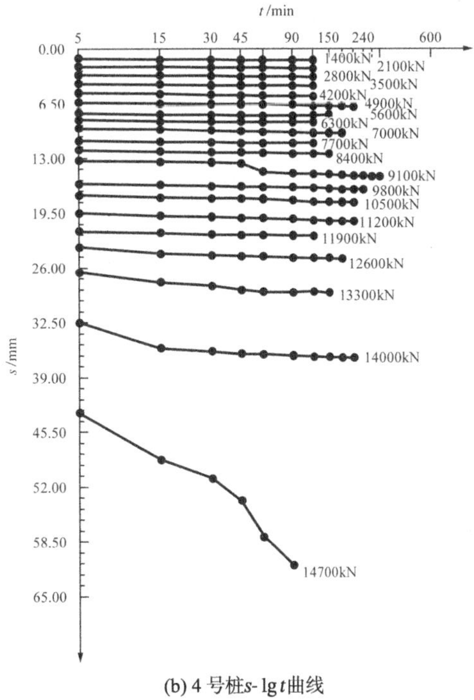

(b) 4 号桩s-lg$t$曲线

图 5　典型试桩曲线

（4）根据桩身应变、应力监测结果，采用理论方法可以计算出桩侧阻力分布和桩端阻力值，计算结果见表 8。

桩侧阻力与桩端阻力分析结果与取值 表 8

土层		试验桩号			建议值	
		01 号	02 号	04 号	桩Ⅰ	桩Ⅱ
桩侧阻力/kPa	杂填土	9.94	15.62	17.5	—	—
	⑦粉质黏土	93.2	83.9	92.5	93	90
	⑧粉质黏土	106.1	127.3		106	95
	⑨粉质黏土	133.2	129.7	131.3	133	131
	⑩粉质黏土	164.9	151.9	115.6	164	115
桩端阻力/kPa	桩Ⅰ	7077	7295	—	7000	
	桩Ⅱ	—	—	5968	6000	

以上结果表明，大直径短桩桩端阻力和桩侧阻力发挥较好，与理论分析结果一致。“短而粗”的桩Ⅰ（$D = 1000$，$l = 45$m），单桩承载力较大，与“细而长”的桩Ⅱ（$D = 800$，$l = 53$m）相比，混凝土用量有所增加，钢筋用量有所减少，但极限承载力提高 2000kN，经济性较好。

4　方案的分析论证

4.1　基坑支护方案分析

本工程四区基坑深度 18.17～21.97m，因场地施工空间狭窄，亦不具备放坡条件。由于基坑较深，采用排桩 + 锚杆类形式锚杆数量较多，杂填土中施工难度大，故设计采用排桩 + 大角度锚杆分级支护，充分发挥大直径排桩抗弯刚度，增大锚杆倾角，将锚杆扩体段设置于深层原状土中，提高了锚杆承载力和变形刚度，有利于控制基坑变形。

本工程六区基坑深度约 16m，外侧场地受限，不具备天然放坡的条件，可采用的支护方式有：排桩 + 内支撑支护、排桩 + 预应力锚杆支护等。在杂填土现场剪切试验成果的基础上，设计可采用排桩全粘结锚杆复合支护结构。该支护结构由排桩、全粘结锚杆、混凝土面板等构件组成，锚杆端部设置锚板，与混凝土面层和排桩共同受力。全粘结锚杆在破裂面以内具有加筋和遮拦作用，降低了作用在支挡结构上的土压力，从而减小锚杆拉力和桩身弯矩。面板提高了排桩围护结构刚度，经对比，排桩全粘结锚杆复合支护结构比常规桩锚支护体系具有更好的变形控制能力，可节省造价15%～20%。

4.2 地基基础方案分析

本工程杂填土深度较深，基础以下仍有一定厚度的杂填土，后期沉降如何控制，及消除对桩基设计、施工的影响，是本项目设计面临的另一挑战。

填土处理方面，由于填土较厚，采用挤密方法处理难度大，造价高，而且挤密后仍需要采用桩基础。故采用了表层强夯处理＋桩基础方案，先对基底填土进行强夯处理。一方面消除负摩阻力，另一方面形成硬壳层，加强对桩的侧向约束，保证桩基水平承载力。

桩基设计方面，理论研究表明，本工程条件下桩尺寸采用“短而粗”比“细而长”更为经济。采用本单位研究成果“基于沉降准则和桩身压缩量控制的桩底注浆混凝土灌注桩优化设计理论”，对桩长桩径进行了优化设计。鉴于有效桩长内上部填土较厚，仅进行桩底注浆，并采用二次注浆工艺，注浆量为现行标准《建筑桩基技术规范》JGJ 94 桩侧、桩底计算结果之和。

5 方案的实施

5.1 典型基坑支护方案

四区基坑最大深度自然地面下 21.22m，六区基坑最大深度自然地面下 16.5m，基坑侧壁安全等级均为一级。两区基坑在场地条件允许部位采用1∶1.5 坡比多级放坡，坡面覆盖钢板网支护；场地条件紧张的部位分别采用上部悬臂桩＋下部桩锚分级联合支护、上部放坡下部排桩＋全粘结锚杆支护、上部土钉下部排桩＋全粘结锚杆支护、上部土钉下部传统桩锚支护等多种支护形式。

（1）四区典型支护方案

四区基坑（图 6）西侧南段深度 18.17m，为深厚填土区，受市政道路施工档期影响无法进行放坡开挖，采用上部悬臂桩＋下部桩锚分级联合支护技术，锚杆采用了扩大段锚杆技术。锚杆非扩径段直径 200mm，采用套管护壁成孔，注浆水泥用量不少于 110kg/m；扩径段直径 400mm，采用高压喷射扩孔，注浆水泥用量不少于 210kg/m。

经计算，支护结构整体稳定安全系数为 1.514，最不利工况倾覆稳定安全系数为 1.490。变形计算结果见表 9，典型剖面见图 7。

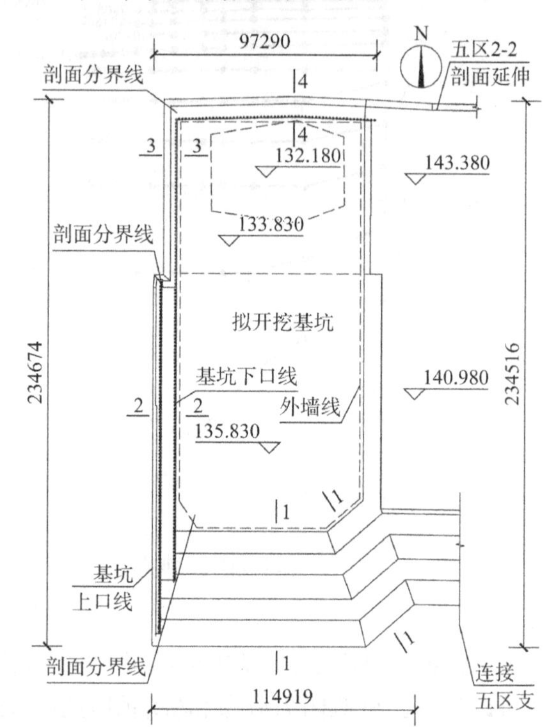

图 6 四区基坑支护平面布置图

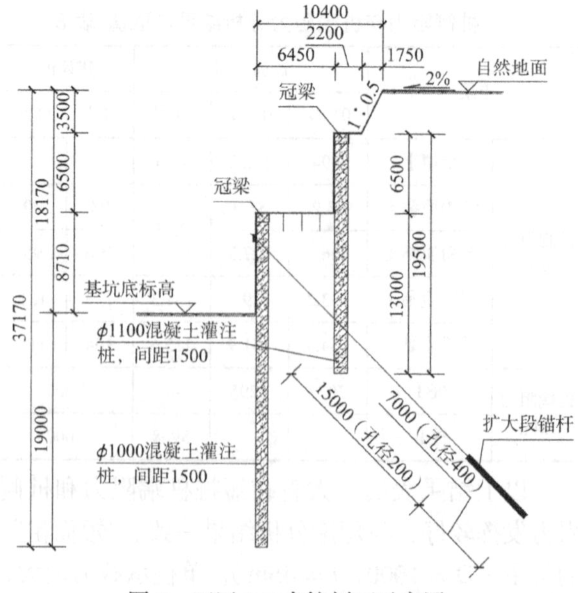

图 7 四区 2-2 支护剖面示意图

四区 2-2 剖面变形计算结果　　表 9

项目	桩顶水平位移	地表最大沉降	最大水平位移
变形量/mm	45.9	33	45.9

（2）六区典型支护方案

六区基坑（图 8）东南部基底标高 145.500m，自然地面设计标高 162.000m，基坑深度 16.5m，不具备放坡条件，采用排桩 + 全粘结锚杆（加混凝土面层）支护，全粘结锚杆直径 180mm，锚杆通过 200mm × 200mm × 20mm 锚板与喷射混凝土面板连接。锚杆采用套管护壁成孔，注浆材料选用素水泥浆，并采用二次压力注浆技术，注浆压力不低于 1.5MPa，注浆水泥用量不少于 120kg/m。

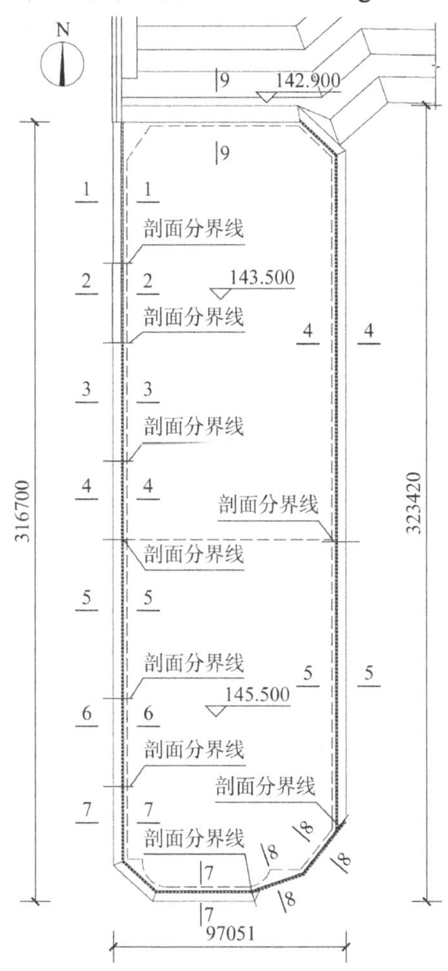

图 8　六区基坑支护平面布置图

支护结构整体稳定安全系数为 1.662，最不利工况倾覆稳定安全系数为 1.704。支护设计典型剖面见图 9，变形计算结果见表 10。

六区 8-8 剖面变形计算结果　　表 10

项目	桩顶水平位移	地表最大沉降	最大水平位移
变形量/mm	50.09	51	50.09

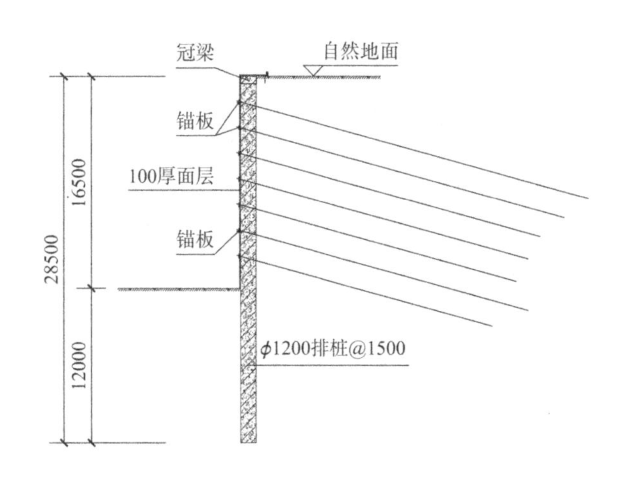

图 9　六区 8-8 支护剖面示意图

5.2　典型地基基础方案

本工程地基基础采用强夯处理后钻孔灌注桩基础，桩基础采用桩底注浆根固混凝土灌注桩。

5.2.1　杂填土强夯处理

杂填土强夯采用圆形夯重锤，要求点夯 2 遍，满夯 2 遍。点夯单点夯击能 3000～4000kN · m，收锤标准为最后两击平均夯沉量不大于 60mm，单点夯击数不小于 8 击。点夯完成后满夯，夯击能 1500kN · m，一点两击，夯印搭接 1/4 面积，对点夯区域全范围处理。点夯平面布置如图 10 所示。

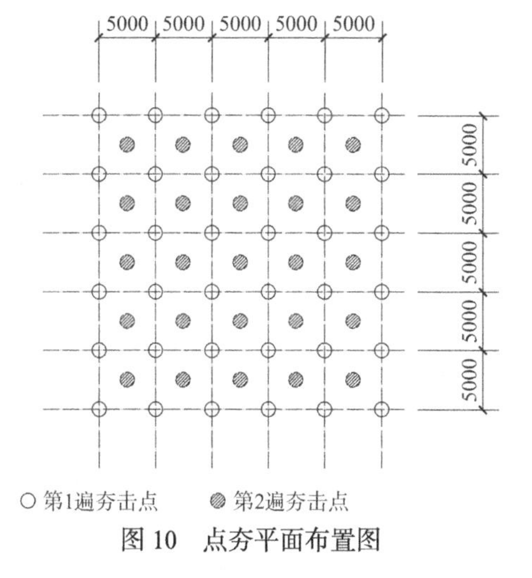

图 10　点夯平面布置图

强夯处理要求基底下杂填土有效加固深度 6～7m，处理后地基承载力特征值不小于 120kPa，压缩模量不小于 8MPa。

5.2.2　五区、八区地基基础方案

本工程桩基础采用桩底注浆根固混凝土灌注桩，桩基成孔采用干作业成孔，上部杂填土采用混凝土护壁人工挖孔，下部原状土采用旋挖钻机成孔。

桩基础采用桩端后注浆，利用等边三角形布置的声测管作为注浆管，声测管采用 D50 钢管，顶端高出地面 500mm，并用堵头封严，防止泥浆进入；注浆管底端分别采用三通连接一根内径 25mm 带钢丝的环形柔性高压管作为注浆喷头管。

桩底注浆作业宜于成桩 $3d\sim14d$内并在超声检测后进行，桩群注浆时应先外围后内部。单桩注浆水泥用量不小于 2.5t，注浆压力不小于 3.5MPa，注浆水灰比 0.55～0.65。

后注浆注浆压力和注浆量双控的措施要求，当满足下列条件之一时可终止注浆：

（1）注浆总量和注浆压力均达到设计要求；

（2）注浆量达到设计值，但注浆压力没有达到设计值。此时改为间歇注浆，再注设计值 30%的水泥浆为止；

（3）注浆压力超过设计值，此时需保证注浆量不低于设计值的 80%。

根据以上要求，本工程五区主楼（1 号、2 号、3 号、5 号楼）桩长 43.5m，桩径 1m，单桩承载力特征值 7500kN，共 201 根桩；地库桩长 43.5m，桩径 0.8～1.0m，单桩承载力特征值 4700～7500kN，共 255 根桩。本工程八区主楼（1 号、5 号、6 号、7 号、8 号、9 号、10 号、11 号楼）桩长 43.5～54m，桩径 1m，单桩承载力特征值 7500kN，共 387 根桩；地库桩长 48.5m，桩径 0.8～1.0m，单桩承载力特征值 4700～7500kN，共 253 根桩。

6 工程实施效果与经济效益

6.1 基坑工程

四区基坑自 2014 年 7 月份开始施工，2014 年 11 月全部开挖至基坑底。截至 2016 年 2 月支护结构最大水平位移为 13.38mm，支护结构最大沉降 10.12mm。六区基坑自 2016 年 5 月份开始施工，2017 年 6 月全部开挖至基坑底。截至 2019 年 11 月，支护结构最大水平位移为 11.68mm。支护结构最大沉降为 13.4mm。

四区部分深层水平位移监测结果见图 11，部分支护结构顶部沉降监测结果见图 12。

六区部分深层水平位移监测结果见图 13，部分支护结构顶部沉降监测见图 14。

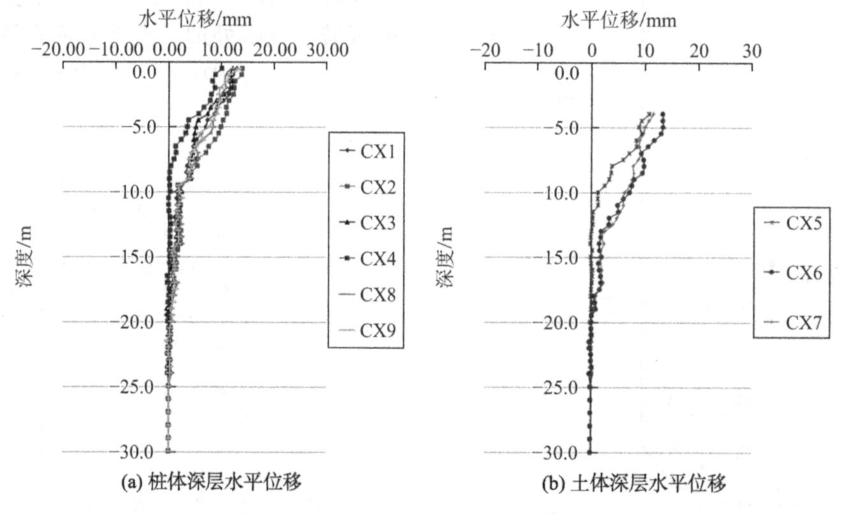

图 11　支护桩及土体深层水平位移

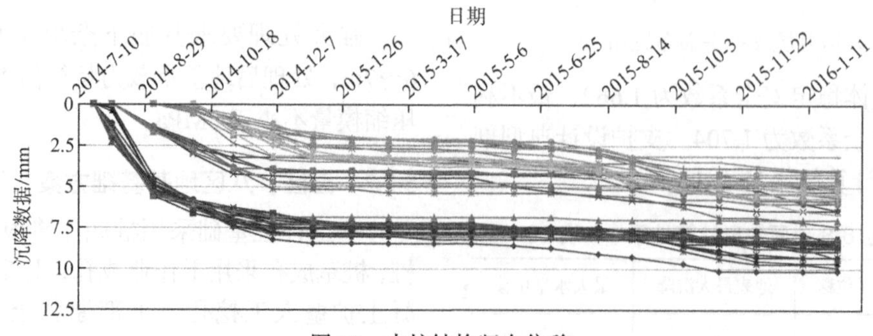

图 12　支护结构竖向位移

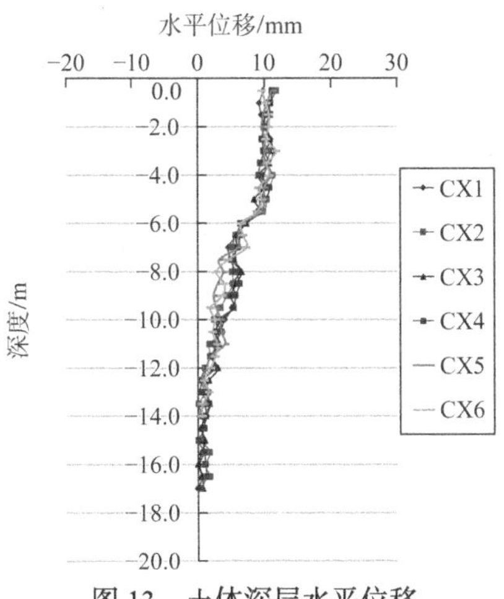

图 13　土体深层水平位移

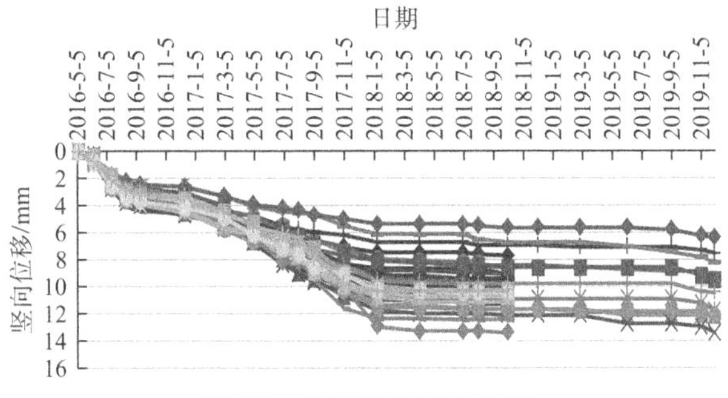

图 14　支护结构竖向位移

两区基坑开挖至底后均未及时进行地下室结构施工，基坑停滞经历两个雨季，进入超期使用状态，但两区超期使用后变形值均较小。现场照片如图 15 所示。

(a) 四区开挖现场照片

(b) 六区开挖现场照片

图 15　基坑开挖照片

本工程采用的排桩复合全粘结锚杆支护结构和排桩＋大角度扩大段锚杆分级支护，与常规桩锚支护结构相比，变形控制能力强，工程造价低。经测算，节省工程造价约 1200 万元。

6.2　地基处理与桩基础

经检测，本工程五区、八区工程桩满足设计要求。目前该项目已投入使用 5 年左右，经业主反馈，未产生基础筏板底部土体脱空现象，后期使用情况良好。

地基处理设计采用强夯＋桩底注浆根固混凝土灌注桩方案，解决了深厚填土对桩基承载性能的不利影响，方案优化后与纯灌注桩方案相比，节省工程造价 1769 万元，缩短工期约 1/3。该方法在河南省得到大面积推广应用，经济社会效益明显。

7　经验总结

（1）杂填土抗剪强度指标的勘察、设计取值方法，为深厚填土支护结构选型、计算提供借鉴，提高了深厚填土基坑支护设计的合理性与经济性，可供类似工程勘察设计参考。

（2）桩基施工工艺，上部杂填土采用混凝土护壁人工挖孔，下部原状土采用旋挖钻机成孔，提高了施工工效，降低了工程造价，减少了泥浆用量和排放量及处理费用。

（3）在深厚杂填土区域，由于杂填土较厚采用“短而粗”比“细而长”更为经济。

（4）地基强夯处理可有效解决类似杂填土场地建筑筏板基础底脱空问题，减少负摩阻力引起的附加沉降。

参考文献

[1] 陈占鹏，高伟，李永辉，等. 排桩复合土钉支护结构在深基坑工程中的应用[J]. 建筑科学，2016, 32(9): 114-118.

[2] 河南省住房与城乡建设厅. 河南省基坑工程技术规范：DBJ 41/139—2014[S].北京：中国建筑工业出版社, 2014.

[3] 郭院成，李永辉，周亮. 排桩复合土钉支护结构受力变形机理分析[J]. 地下空间与工程学报，2017, 13(3):

692–697.

[4] 李永辉, 陈宁, 郭院成, 等. 土钉施加预应力对排桩复合土钉支护的影响分析[J]. 混凝土与水泥制品, 2017(6): 79–83.

[5] 刘斌, 杨敏. 疏排桩-土钉墙组合支护结构的计算参数与支护特性[J]. 地下空间与工程学报, 2011, 7(S1) : 1372-7376.

[6] 刘斌, 杨敏. 疏排桩-土钉墙组合支护结构的疏排桩计算模型[J]. 土木工程学报, 2012, 45(11): 159-164.

[7] 杨敏, 刘斌. 疏排桩-土钉墙组合支护结构工作原理[J]. 建筑结构学报, 2011, 32(2): 126-133.

[8] 杨敏, 孙宽, 古海东, 等. 疏排桩-土钉墙组合支护结构离心模型试验研究-稳定性与破坏模式[J], 结构工程师, 2012, 28(1): 94-99.

[9] 王利敏. 深厚杂填土场地桩端后注浆钻孔灌注桩承载性状试验研究[J], 世界地震工程, 2016, 32(3): 28-34.

重庆市武隆县羊角场镇整体搬迁工程地质勘察工程实录

陈 涛[1] 何 平[2] 张顺斌[1] 易朋莹[1] 李登健[1]
（1. 重庆市高新工程勘察设计院有限公司，重庆 401121；2. 重庆市都安工程勘察技术咨询有限公司，重庆 400023）

1 引言

武隆县羊角场镇地处羊角滑坡中前部，乌江下游左岸，场镇后方长约 5.1km 的陡崖带上，12 个特大型危岩体高悬之上，总方量达 $1350\times10^4m^3$。在面积约 $3.3km^2$ 的崩滑体上，分布有羊角场镇居民、镇政府各部门、朝阳村、青山村以及捷利化工厂、水泥厂等 21 家厂矿企事业单位人口共 7709 人。

针对羊角场镇危岩滑坡，国内一些学者进行了研究。包雄斌[1]等从地层岩性、地貌特征、地质构造等方面，结合强烈地震和强降雨等外力作用，研究了滑坡的形成机制。王磊等[2]认为，羊角危岩体形成的控制因素主要有斜坡类型、软弱层岩体、块体结构、岩溶发育和长期无序采矿。刘传正[3]研究指出，羊角陡崖带由于地形高差大，崩塌碎屑流不但会冲击山下斜坡上的居民点，也会危害羊角镇及乌江航运的安全。

经论证，羊角场镇危岩滑坡工程治理施工难度大、安全隐患大、环境效益差，且采空区影响时间久远，致使危岩滑坡无法进行根治。为了确保羊角场镇居民的生命财产安全，工矿企业、交通运输的正常运营，及羊角场镇的持续发展。经国务院、重庆市政府批准，羊角场镇进行整体避险变迁。

武隆县总体山高谷深、河流密布，形成“七山一水二分田”的格局，地质环境复杂，滑坡、危岩、崩塌等地质灾害分布广[4-5]，新址选择十分困难[6]。为了解决羊角场镇整体搬迁问题，经综合比选，选择土坎场址作为搬迁安置场地，该场址坐落在崩塌堆积体上，在 20 世纪 80 年代曾作为武隆县政府搬迁选址候选场地之一，后因周边地质条件复杂而放弃。而今作为羊角场镇安置新址，勘察工作面临比武隆县政府搬迁选址时更多、更加复杂的问题，是搬迁安置成败的关键。

2 工程地质条件

2.1 地形地貌

土坎安置区属乌江中低山深切河谷地貌，地形地貌有如下特点：

（1）地形起伏高差大

地形总体呈东西高中部低，乌江自南东向北西方向横穿勘察区，勘察区断面形状近似“U”形，见图 1。

图 1 安置区地形地貌

场地内最低点位于乌江两岸，地面高程约 163m，乌江两岸陡崖地势较高，乌江左岸最高点位于“倒挂龙”一带，高程约 1167m，乌江右岸最高点位于土坎镇后方陡崖“轿子石”一带，高程 1237m，最大相对高差约 1074m，见图 2。

（2）地貌整体上陡下缓

乌江两岸山岭地带悬崖峭壁多而连续，土坎场址北西侧“鹦鹉山—汤家岩”一带陡崖为二叠系及碳酸盐岩悬崖区。陡崖脚巷双路一带高程 718m 左右，悬崖顶部高程 1177m，其间有数个重叠悬崖，总高度约 459m；地形坡度 30°～85°，悬崖沿岩层

获奖项目：2020 年度重庆市勘察设计协会优秀工程勘察设计奖（工程勘察类）一等奖；2021 年度工程勘察、建筑设计行业和市政公用工程优秀勘察设计奖二等奖。

走向展布。志留系陡斜坡紧邻陡崖脚，陡斜坡坡脚至高程 220m 一带，地形坡度 30°～60°，见图 3。

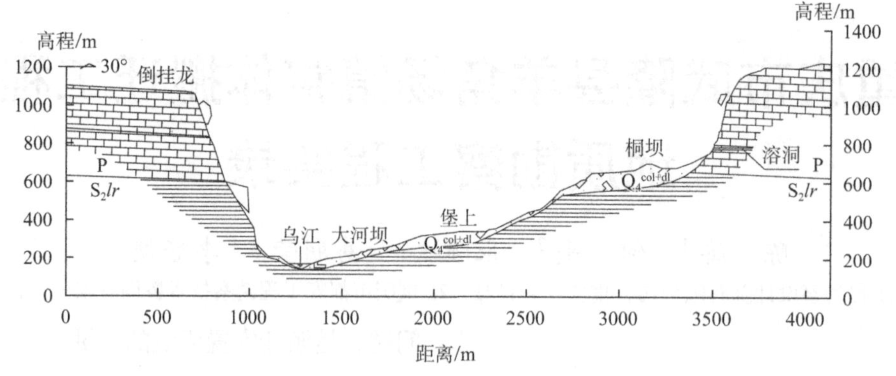

图 2 安置区综合地形剖面图

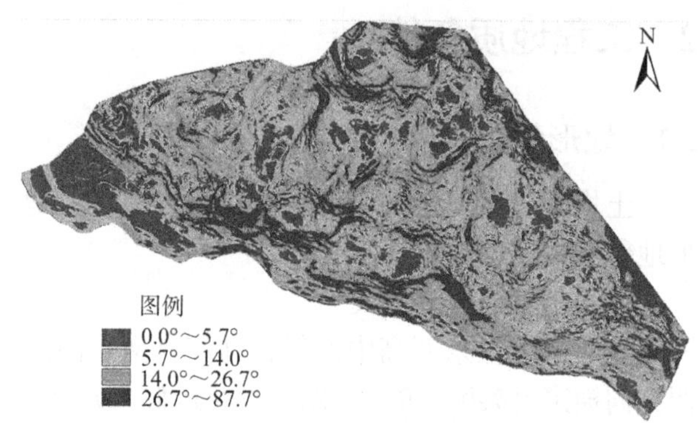

图 3 土坎场址地形坡度分布图

陡崖及陡斜坡下部勘察区地形相对较缓，为阶地地貌及缓斜坡。乌江两岸河谷阶地及缓斜坡平台附近地形坡角一般 2°～15°；缓斜坡地带地形坡角一般 15°～30°，这类斜坡主要是崩、滑堆积体，部分为页岩残、坡积分布区。

2.2 地层岩性

据现场调查地表出露及钻探揭露，后部陡崖带二叠系灰岩为主的地层，下伏地层以志留系页岩为主。搬迁安置区地表主要覆盖崩坡积层（Q_4^{col+dl}），该地层广泛分布于土坎安置区及陡崖下的斜坡体上，场地东侧较薄，一般 5～20m，场地西侧及陡崖脚附近区域较厚，平均厚度 70m，最大厚度达 103.5m，其组成物质为碎块石土及粉质黏土夹碎石，碎、块石成分多为灰岩，碎石为棱角状，块石粒径一般 5～70cm，钻探揭露最大粒径约 15m，总体胶结较好，局部区域结构较松散、有架空现象。

2.3 地质构造

勘察区域位于扬子准地台上扬子台坳渝东南陷褶束南端与川黔经向构造带交汇部位，主控构造为羊角背斜，在碑垭口被接龙场断层顺扭错断。安置区处于背斜南段，距离背斜轴部约 3km，场地位于该背斜东翼的志留系砂质页岩分布区，地层呈单斜构造，走向近南西—北东、倾向 88°～149° 之间，优势倾向 130°，倾角 14°～23°。区内地质构造复杂，其岩体裂隙发育 4 组裂隙，将岩体切割的较破碎。

2.4 水文及水文地质条件

（1）地表水

乌江为勘察区最大的地表水体，流向南东至北西，三峡库区蓄水至 175m 后乌江土坎段回水高程约 179m。白马航电枢纽建成后，乌江干流羊角—武隆段水文条件将产生重大变化，正常蓄水位 184m，安置区附近 5 年一遇设计洪水水位 192.19m，20 年一遇设计洪水水位 197.51m。

安置区地表水系比较发育，主要来源于大气降雨。自下游到上游有风吹岭冲沟、老龙洞冲沟、堡上冲沟、果园冲沟（图 4），除果园冲沟外其他 3 条冲沟均位于安置区内，冲沟最大深度达 10 余米，具有延伸长、切割深、坡降大且常年流水的特点，最终顺坡向汇入乌江。

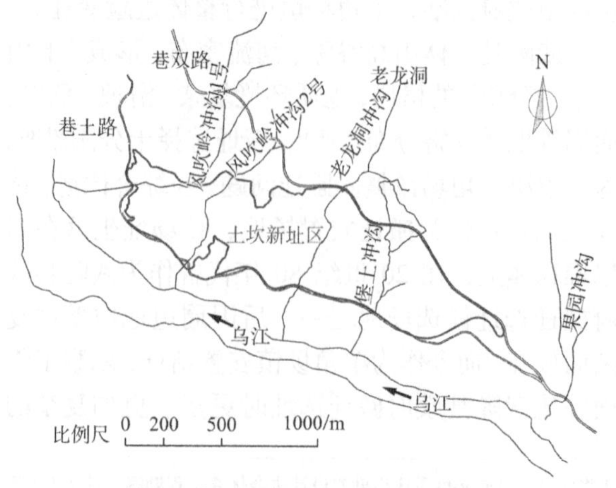

图 4 安置区主要水系分布示意图

（2）水文地质条件

地下水主要来源于地表水渗入补给，以大气降水入渗及伏流补给为主。依据地下水的赋存条件和埋藏特征，勘察区地下水主要为第四系松散岩类孔隙水和基岩裂隙水。孔隙水主要赋存于勘察区及周边堆积体中，基岩裂隙水赋存于安置区后部的页岩中。

勘察区多为灰岩碎块石土和页岩碎块石土及少部分粉质黏土，因不同物质成分间的渗透性差异大，在勘察区崩塌堆积体内及基岩面处，会形成不同的隔水层，因此，在勘察区内形成了几个相对独立的地下水系统。地下水除少量沿滑坡中的冲沟侧向径流且以泉水形式出露地表，大部分潜水沿坡体中的相对隔水层顺坡下渗，向乌江排泄。从调查结果来看，地下水基本不具承压性，为潜水类型。

2.5　不良地质现象

经调查，勘察区内未见泥石流、地裂缝、塌陷等不良地质现象，勘察区内主要存在的不良地质现象为危岩、滑坡及塌岸（图5）。

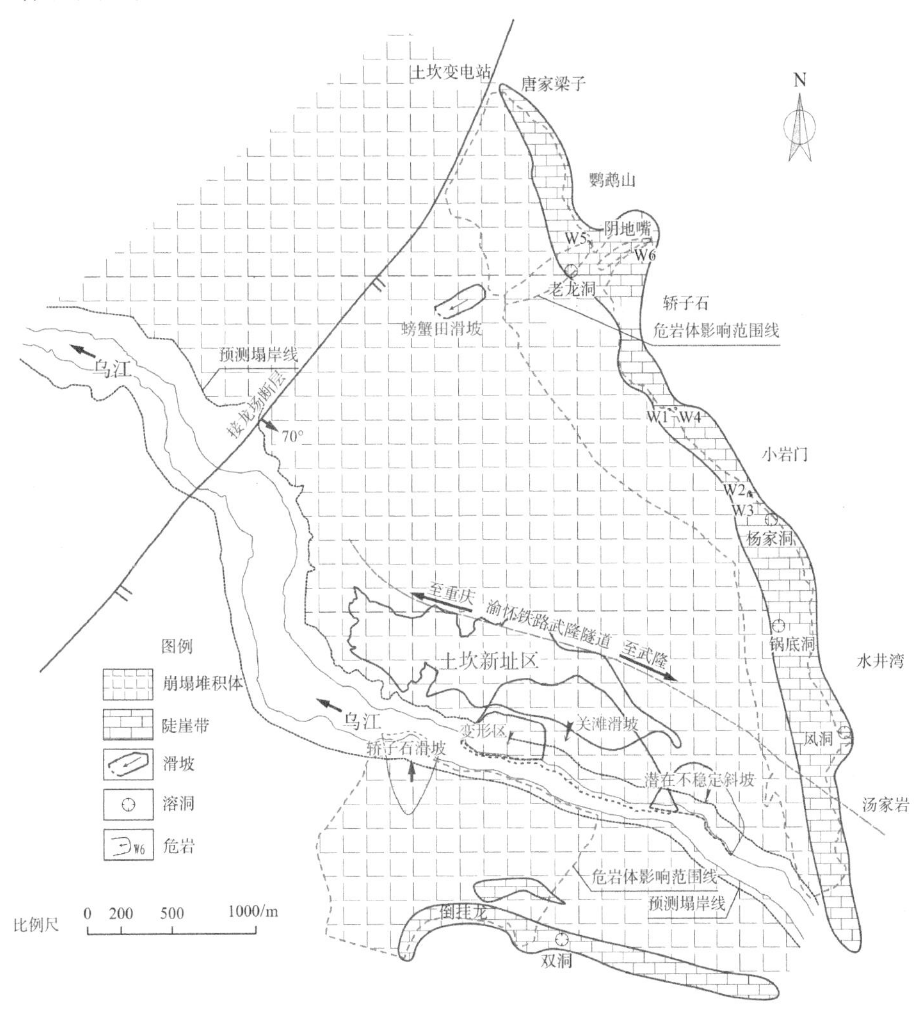

图5　安置区及周边地质环境问题分布简图

1）危岩

主要分布于乌江右岸鹦鹉山—汤家岩一线陡崖上，平面上的分布受控于陡崖发育方向，大致呈弧线状展布。现场调查，陡崖上共计发育了6处方量较大的危岩体，单块危岩体方量几百方至几千方不等，均为高位危岩，失稳后影响距离约517m，由于危岩体距离安置场地距离较远，对场地影响小。乌江左岸“倒挂龙”一带危岩发育较少，以小方量危岩体为主。

2）滑坡

安置区周边有3处滑坡，分别为关滩滑坡、轿子石滑坡及螃蟹田滑坡。其中，轿子石滑坡位于乌江左岸，螃蟹田滑坡位于乌江右岸候选场地外，对安置区没有直接影响。关滩滑坡位于安置区内，经滑坡专项勘察，关滩滑坡范围缩小，变为1个变形区和一个潜在不稳定斜坡。

（1）变形区

位于勘察区西侧，呈圈椅状，形态为上陡下缓的折线形，邻江岸坡坡度约为19°～27°，横向宽约420m，纵向长约250m，变形体厚度0～30.6m，面积$10.11\times10^4m^2$，体积约$208.51\times10^4m^3$。坡体主要为崩坡积灰岩碎石土。白马电站蓄水后，特征水位上升，变形体在江水作用下可能发生整体滑移破坏。

（2）潜在不稳定斜坡

位于安置区东侧，平面呈扇形，横向宽约371m，纵向长约287m，堆积体厚度一般0～33.9m，平均分布面积约$9.7\times10^4m^2$，平均厚度约18.6m，体积约$181\times10^4m^3$。基岩面纵向坡度较陡，倾角约25°，斜坡前缘一直延伸至乌江，临空状。计算结果表明，斜坡现阶段处于基本稳定状态，在库水位下降工况下处于欠稳定状态。

3）塌岸

区内岸坡全长约2.98km，自然坡角一般为16°～30°，呈东南段缓、西北段相对较陡特点。为土质岸坡，坡体主要为碎石土，碎块石含量较高且块径大（可见块体最大超过5m），岸坡上部未涉水段植被发育，未见明显崩滑变形等迹象，岸坡现状整体稳定。白马电站蓄水后，水位上升，库岸在侵蚀、浪蚀和冲刷作用下，易发生塌岸，破坏模式为侵蚀剥蚀型，强烈程度为轻微—强烈。

2.6 人类工程活动

经调查，勘察区内目前人类工程活动主要表现为渝怀铁路线修建过程中形成的边坡及隧道、巷双公路、巷—土公路及两侧民房、乡镇房屋建设过程中所形成的边坡。勘察区内无采矿形成的采空区，主要为地下洞室问题。据搜集的武隆隧道设计资料，渝怀铁路武隆隧道由西至东横穿通过安置场地，隧道在土坎新址内长度为1826m。隧道进口处覆岩厚度最小，厚度约8m，洞跨比最小为1.6，沿隧道大里程方向逐渐变厚，进口75m后，洞跨比即大于3。新址区内均为志留系页岩，为隔水层，地下水量小，仅在隧道浅埋处有少量地表水渗透进入隧道，场地范围内隧道无出水口。地层岩性为志留系页岩，Ⅳ、Ⅴ级围岩，采用台阶法开挖，复合式衬砌，隧道截面宽4.9m、高6.65m。

3 勘察工作难点

项目工程地质环境复杂，问题突出，勘察工作存在以下几个主要难点：

（1）安置场地高差大、坡度陡，周边不良地质现象发育，环境条件复杂。新址属低山深切河谷地貌，安置区高差达150m，地形陡缓相间，平均坡度15°，局部达30°～40°；新址后部长约3.5km陡崖带上发育有大型危岩体6处，前缘乌江库岸发育变形体2处，塌岸范围长约2.9km，西侧接龙场断层距离场地仅1.1km，影响范围占候选场地用地面积的16.74%。勘察工作方式非常重要，方式选择不当会严重影响搬迁工程总体进度。

（2）场地稳定性问题突出。新址坐落在崩塌堆积体上，厚23.1～101.2m，地层岩土种类多，相变严重，地下水埋深浅具稳定水位，周边发育的危岩、变形体、塌岸等不良地质现象种类多，使得影响稳定性评价的因素多，涉及场地整体稳定性、地基稳定性、地质灾害稳定性等问题突出。按照常规的勘察程序，为查明各安置地块的稳定性，投入的勘察工作量将十分巨大。

（3）地基承载力离散性大，参数建议工作复杂。场地内崩坡积层含灰岩（页岩）块石土、砂卵石土、砂土、粉土、角砾粉质黏土等多种类型，粒径在竖直方向上分布不均匀，既有长柱状的灰岩块石岩芯，也有颗粒状的灰岩碎石，局部地段夹杂了厚度不大的黏土或砂卵石土，载荷试验及动力触探变异系数范围0.22～2.85，分区地基承载力离散性大，针对性提出参数建议工作难度大。

（4）人类工程活动多，对场地影响大。土坎新址前缘为乌江，受三峡水库与白马航电枢纽蓄水调度影响，乌江水位在160～184m周期性变动，动态影响场地稳定性；渝怀铁路武隆隧道由西至东自场地下方穿过，并有新建渝怀铁路复线正在实施。

4 勘察措施

为解决前述技术难题，本次勘察打破传统的工作模式，按照“全过程服务”理念，采取以下方式，为项目提供了从勘察外业工作、内业工作、监测工作到辅助施工的全过程一体化服务，有效解决了勘察工作中遇到的难题。

4.1 创新勘察管理模式

针对传统管理模式下，项目管理中广泛存在

的内外业沟通障碍、进度情况不能及时掌握、工作调度不及时、难题解决迟缓等问题，创新运用自主研发的“三维地质信息模型（GIM）勘察设计信息一体化服务平台”（以下简称“信息平台”），对项目进行信息化管理，见图6。

图6　信息平台

通过运用信息平台外业视频系统，技术人员可以随时进行技术交流、咨询专家，管理人员可实时查看、动态跟踪工作质量，掌握项目进度，调控勘察人员、设备布置，及时调整勘察方案，随时进行工作会商，提高了管理成效。使得周边地质灾害多、地质差异性大等复杂问题变得简单化，保障了外业资料的准确性。

4.2　信息化技术与传统勘察手段相融合

项目将传统的工程地质调查测绘手段与三维倾斜摄影技术相结合，弥补了传统调查手段的缺陷，使调查工作更有针对性，提高了调查成果的准确性，为后期设计标高确定、场地布局等提供了直观的成果。将钻探、动力触探、载荷试验等传统勘察手段得到的数据，通过手机应用程序（App）实现外业数据动态输入、云端存储，接入自主研发的信息平台，在野外工作完成的同时形成准确的GIM模型，如图7、图8所示。克服了现有传统二维平面空间区分与表达的不足，直观、清晰、立体地表达地质要素与拟建工程之间的三维空间关系，可以为勘察、设计人员提供全方位、多视角的地质信息。在此基础上制定出分阶段完成勘察任务的思路，即在初步勘察阶段，采用控制性勘察间距标准，勘察深度达到查明崩坡积层厚度的要求，解决查明场地稳定性的问题；在详细勘察阶段为建筑设计施工提供地质依据，勘察深度仅达到建筑荷载影响深度范围，以满足建筑基础设计需要。有效控制了勘察工程量。

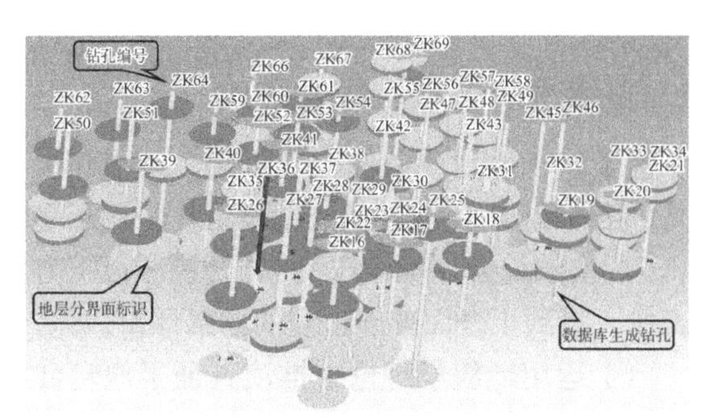

图7　勘探点三维钻孔示意图

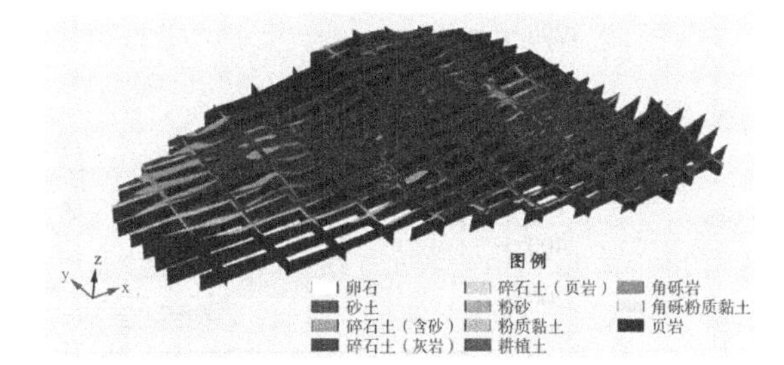

图8　三维地质信息模型剖面

4.3　自动化监测和实时分析系统护航

运用自主研发的图9所示自动化监测系统，搭载地表位移、深部位移、地下水位等自动化监测专利设备，提高了监测的精度，实现了对新址区地表位移、深部变形和地下水位变动情况的实时监控。监测预警系统发出预警时，运用图10所示的监测数据分析系统，该系统实现了将监测数据与GIM模型相结合，在GIM模型上可以同时查看监测点变形数据和地质条件，极大地方便了技术人员分析变形原因。在借助分析系统做出初步判断基础上，指导现场人员对发出预警的位置同时进行变形和地质条件的复核，极大地提高了研判效率。确保了施工安全，实现了搬迁工程全过程无一起事故发生。

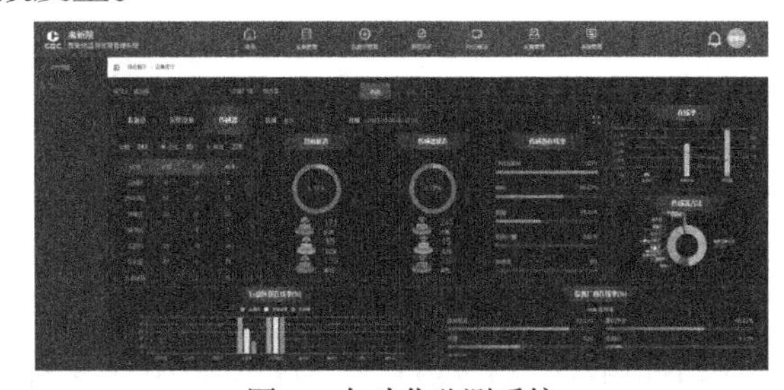

图9　自动化监测系统

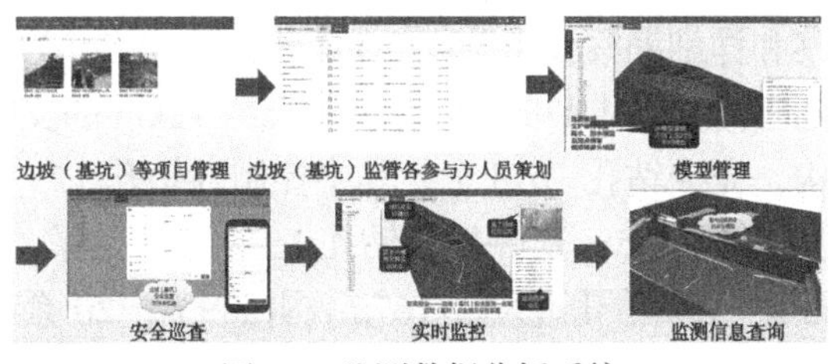

图10　监测数据分析系统

4.4 多维度、多层次综合评价

鉴于该场地地质条件十分复杂，工程建设要求高，各种影响因素多，搬迁勘察工作采用了多维度、多层次的综合评价方式，具体开展了以下方面的工作，得到了全面准确合理的勘察评价。

（1）运用地貌学理论，推演查证了原乌江河道位于土坎新址区陡崖附近，土坎场址处于乌江阶地，深厚崩坡积层为乌江岸坡崩落和水流搬运的结果，见图11。通过初步勘察、详细勘察钻探和测试，准确查明了场地地质条件，解决了场地整体稳定、基础稳定及边坡稳定问题，使建筑布局更加合理。

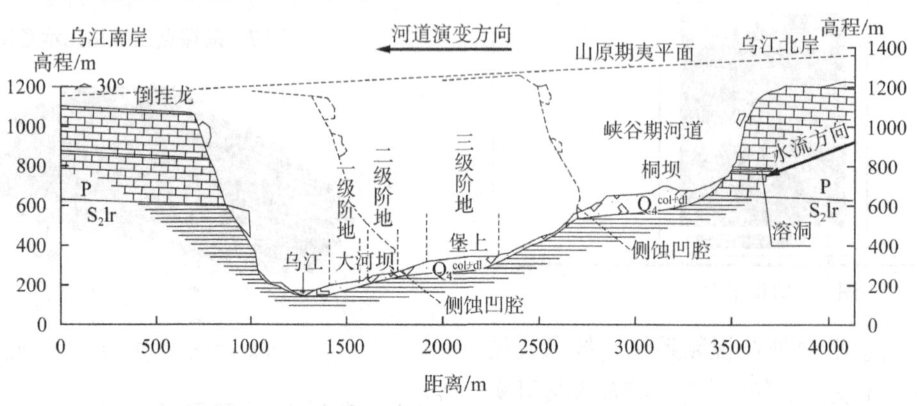

图11　地貌演变剖面示意图

（2）对人类工程活动的影响，为解决乌江周期性水位变动和白马航电枢纽蓄水调度对场地的影响问题，运用水文学理论，进行了长期地下水位监测，掌握了地下水位变化规律，对岸坡稳定性进行了准确评价。通过搜集武隆隧道设计资料，针对性采取了钻探、物探手段，结合工程类比分析，对隧道施工影响进行了评价，对隧道上方的安置规划提出了针对性建议。

（3）依托"信息平台"建立的三维地质信息模型（融入动力触探、水文监测等成果），对新址区地基条件、参数取值进行了精细化评价建议，通过深入分析建筑荷载、场地地质条件，经充分论证，提出了适合场地、经济合理的浅基础方案。

5 勘察完成效果

项目创新性采用信息化管理模式，将传统勘察手段与外业采集系统、勘察管理系统等信息化专利技术相结合，于2011年9月至2016年4月，历时4年多时间，经精心部署，分选址勘察、初步勘察和详细勘察3个阶段，在面积约1.73km²的安置范围内，针对430余栋建筑及长约12km的支挡结构，完成钻孔1673个，其中控制性钻孔125个（孔深23～105m），一般性钻孔1548个（孔深8～15m），完成钻孔进尺27167m，并进行了20余组载荷试验、120余个全孔动力触探、长期水文观测等，查明了土坎新址区工程地质条件，提出了设计所需的岩土参数和针对性建议，完成了场地评价问题。在有效保障了勘察工作质量的同时，降低勘察工程量达70%以上。解决了传统勘察技术难以全面揭示场地地质条件、工作效率低、不经济的技术难题，缩短建设工期约1年，合理的基础建议为工程节约费用5亿元以上。运用自主研发的自动化监测系统、预警告知系统，为搬迁工程施工保驾护航，确保了工程顺利推进。

2017年底，430余栋建筑及相应基础设施分为6个标段顺利通过竣工验收；2018年3月新房钥匙交付到所有搬迁居民手中，7709余人得以顺利安置，维护了社会稳定。2019年，羊角镇入选重庆市级特色商贸小镇。至今，新的羊角镇政府正常办公、企业安全运营、居民安居乐业，社会、经济发展良好，实现了搬迁工程可持续发展，产生的经济效益显著、社会效益明显。

6 结论

本次勘察工作在"全过程服务"理念基础上，创新勘察管理模式，通过运用基于三维地质信息模型的勘察设计信息一体化服务平台，将信息化技术与传统勘察手段相融合，解决了项目勘察工作中遇到的不良地质影响大、场地稳定性评价难、参数建议工作复杂等难题，并有效控制了勘察外业风险，保障了施工安全。目前，搬迁工程已完成了近5年时间，经长期观测，搬迁安置区整体地质安全稳定。

参考文献

[1] 包雄斌, 苏爱军, 练操, 等. 羊角滑坡群的形成机制及其演化发展分析[C]//工程地质学报编辑部. 第八届全国工程地质大会论文集, 2008: 583-587.

[2] 刘传正. 重庆武隆羊角镇工程地质环境初步研究[J]. 水文地质工程地质, 2013, 40(2): 1-8.

[3] 王磊, 李滨, 冯振, 等. 武隆县羊角场镇厚层灰岩山体大型危岩体破坏模式及成因机制研究[J]. 地质学报, 2015, 89(2): 461-471.

[4] 何太蓉, 杨达源. 重庆市武隆县地质灾害特征及防治对策研究[J]. 重庆师范大学学报(自然科学版), 2005(1): 67-70.

[5] 唐将, 邓富银, 李再会, 等. 乌江流域武隆至涪陵段新构造运动[J]. 重庆交通学院学报, 2005, 24(2): 90-93, 100.

[6] 韩康. 河流峡谷地段地质选线方案研究[J]. 铁道工程学报, 2008(10): 6-10.

中国人寿山东省分公司营业用房岩土工程勘察实录

肖代胜　叶胜林　张太国　徐云龙　秦永军

1 工程概况

1.1 场地位置与建筑物设计参数

中国人寿山东省分公司营业用房（图1）位于济南市历下区经十东路以北、茂岭三号路以东。建筑总面积318900m^2，主要建筑物包括北塔楼地上47层200m、南塔楼地上46层194m、塔楼裙楼及整体地下3层地下室，基础埋深15.0～22.5m。

本项目由北京市建筑设计研究院有限公司设计，塔楼单柱荷载41000kN，基底压力约950kPa；裙楼及地下室最大单柱荷载11000～12000kN，其他单柱荷载5000～8000kN。

该工程重要性等级为一级，抗震设防为重点设防，地基基础设计等级为甲级，岩土工程勘察等级为甲级。

图1　中国人寿山东省分公司营业用房实景图

1.2 岩土工程勘察方案布设

1.2.1 详细勘察勘探工作布置

根据初勘资料，建筑物基底为基岩，重点是查明基底下不同岩石的分布特征及力学性质，通过野外钻探鉴别、室内岩石饱和单轴抗压试验、岩石点荷载抗压试验、波速测试等手段确定各岩层的力学性质，以及岩溶的发育特征。

采用常规勘探（钻探和井探）、动力触探试验、标准贯入试验、波速测试，室内常规土工试验、黄土湿陷性试验、渗透试验、三轴剪切试验、岩石饱和单轴抗压强度试验、点荷载试验等多种勘察手段。

共布设钻孔76孔，塔楼钻孔深度为33.0～38.0m，进入基底以下稳定中等风化石灰岩8.0～13.0m；裙楼及地下室孔深30.0～35.0m，孔深进入基底以下稳定中等风化石灰岩5.0～10.0m。

1.2.2 施工专项勘察勘探工作布置

采用物探及钻探相结合方式，进一步探查塔楼筏板基础及其他建筑物独基或条基基础底面以下10.0m范围内有无空洞、软弱夹层等。

完成钻孔69个，以进入中等风化石灰岩6.0m为终孔标准；共完成地质雷达探测独立基础持力层300个，条形基础持力层长约2500m，筏形基础持力层面积约2300m^2。

本工程物探所采用地质雷达为中国电波传播研究所生产的LTD-2100型便携式探地雷达，天线100～500MHz（具体根据探测现场岩土体的风化情况选择），室内地质雷达资料处理采用IDSP50分析处理软件。现场实测数据采集具体参数，将通过现场试验确定。

获奖项目：2021年度工程勘察、建筑设计行业和市政公用工程优秀勘察设计奖二等奖。

2 工程地质条件

2.1 区域地质构造

距场地较近（4～7.5km）的港沟断裂、东坞断裂、文化桥断裂和千佛山断裂（图 2），均为地壳内的浅层断层，规模较小，属于第四纪晚期不活动或弱活动断裂，按照现行国家标准《岩土工程勘察规范》GB 50021—2001 有关规定断裂分级为Ⅲ级，不会影响场地稳定性，本场地属稳定场地。

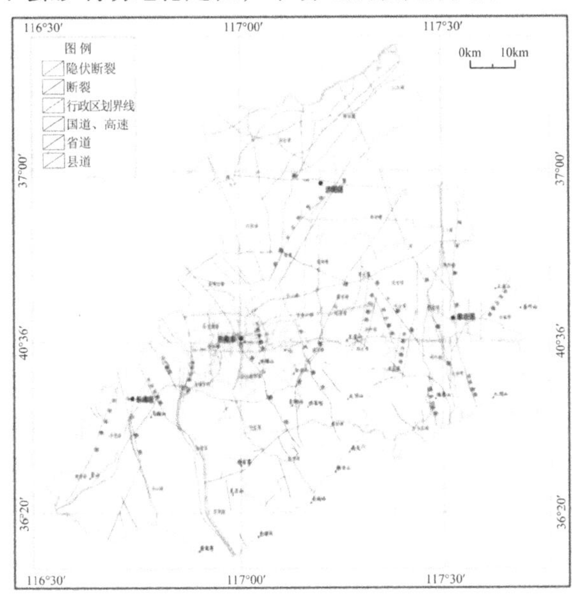

图 2　济南地区地质构造纲要图

2.2 场地地层埋藏条件及物理力学性质

在勘察深度范围内，场地地层自上而下由第四系人工堆积层填土（Q_4^{ml}）、第四系全新统—上更新统坡洪积层（Q_4^{dl+pl}～Q_3^{dl+pl}），奥陶系（O_{2m}）石灰岩及泥质灰岩组成。详述如下：

①杂填土（Q^{ml}）

杂色，稍湿，松散，成分主要为碎砖、碎石、灰渣等建筑垃圾，局部含有多量黏性土，少量生活垃圾。

②黄土状粉质黏土（Q_4^{dl+pl}）

褐黄、黄褐，可塑—硬塑，无摇振反应，稍有光泽反应，干强度中等，韧性中等，具大孔结构，含钙质条纹，含少量姜石。具轻微—中等湿陷性。

③粉质黏土（Q_4^{dl+pl}）

褐黄色，可塑—硬塑，无摇振反应，稍有光泽反应，干强度中等，韧性中等，含少量铁锰氧化物。

④黏土（Q_3^{dl+pl}）

棕红—棕黄色，硬塑—坚硬，局部可塑，无摇振反应，光泽反应强，干强度高，韧性高，含少量铁锰结核，混碎石，一般粒径$\phi = 2$～5cm，最大约 8cm。

④$_1$ 碎石

青灰—灰黄色，稍湿，中密—密实，局部稍密，碎石成分为石灰岩，呈棱角状、次棱角状，一般粒径$\phi = 2$～5cm，最大约 8cm，局部岩芯呈柱状，含量约 60%～70%，充填棕红色硬塑黏性土。

④$_2$ 块石

灰色—青灰色，稍湿，密实，块石成分为石灰岩，呈棱角状，次棱角状，可取出柱状岩芯，长度约 5～20cm，块石间充填棕红色硬塑黏性土。

⑤强风化石灰岩（O_{2m}）

灰色—青灰色，隐晶质结构，中厚—厚层状构造，岩芯表面节理发育，充填方解石结晶条纹，岩溶发育。该层岩芯呈碎块状、短柱状、饼状，节长一般 2～8cm，个别节长大于 10cm，钻探时进尺不平稳，漏浆严重，岩芯采取率较低，约 40%～50%，RQD = 0～25，为软岩—较软岩，岩体完整程度属于破碎—极破碎，岩体基本质量等级为Ⅴ级，局部分布有⑤$_2$ 中等风化石灰岩及⑤$_3$ 强风化泥质灰岩。

⑤$_1$ 岩溶充填物（黏土）（图 3）

岩溶表现为溶洞或溶隙，其竖向较横向发育，无规律，自上而下逐渐减弱。钻孔揭示均为充填性岩溶，岩溶充填物为黏土，浅棕红—棕黄色，硬塑—坚硬，无摇振反应，光泽反应强，干强度高，韧性高，含少量铁锰氧化物及结核，局部含少量碎石。

图 3　⑤$_1$ 岩溶充填物（黏土）

⑤$_2$中等风化石灰岩（O_{2m}）

青灰色，隐晶质结构，中厚—厚层状构造，岩芯表面节理较发育，充填方解石结晶条纹，局部岩溶发育。岩芯呈柱状、短柱状，一般节长5～15cm，最大节长约20cm，采取率60%～70%，RQD＝50～60，为较硬岩，岩体较破碎—较完整，岩体基本质量等级为Ⅲ～Ⅳ级。

⑤$_3$强风化泥质灰岩（O_{2m}）（图4）

灰白—灰黄色，泥质结构，层状构造，岩芯表面节理发育，岩溶发育，表现为溶洞、溶孔及裂隙，充填棕黄色黏性土，岩芯多呈碎块状、局部短柱状，节长一般3～5cm，钻探时进尺不平稳，漏水现象严重，岩芯采取率约40%～45%，RQD＝0～10。为软岩，岩体完整程度属于破碎—极破碎，岩体基本质量等级为Ⅴ级。

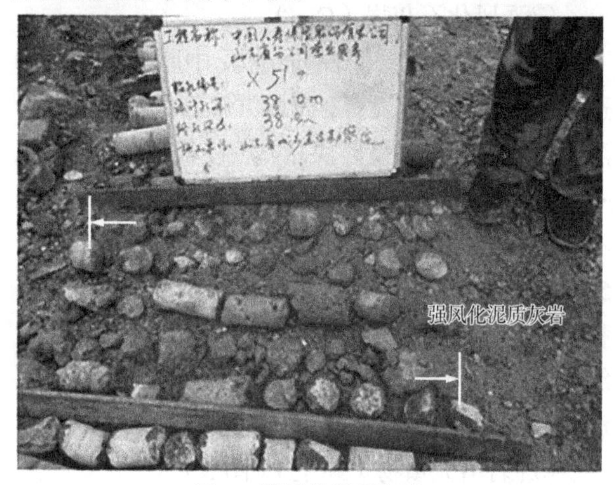

图4　强风化泥质灰岩

⑥中等风化石灰岩（O_{2m}）

灰色—青灰色，隐晶质结构，中厚—厚层状构造，岩芯表面节理较发育，充填方解石结晶条纹，岩溶较发育。岩芯呈柱状及短柱状，局部长柱状，一般节长5～20cm，最大节长约35cm，钻进平稳，采取率70%～85%，RQD＝60～70，属较硬岩—坚硬岩，较破碎—较完整，岩体基本质量等级为Ⅳ～Ⅲ级。局部分布有⑥$_2$强风化石灰岩及⑥$_3$强风化泥质灰岩。

⑥$_1$岩溶充填物（黏土）

描述同⑤$_1$层。

⑥$_2$强风化石灰岩（O_{2m}）

灰色—青灰色，隐晶质结构，中厚—厚层状构造，岩芯表面节理发育，充填方解石结晶条纹，岩溶发育，岩芯呈碎块状、短柱状、饼状，节长一般2～8cm，个别节长大于10cm，岩芯采取率较低，约40%～50%，RQD＝0～25。该层岩体破碎，为软岩—较软岩，岩体基本质量等级为Ⅴ级。

⑥$_3$强风化泥质灰岩（O_{2m}）

灰白色—灰黄色，泥质结构，层状构造，岩芯表面节理发育，岩溶发育，表现为溶洞、溶孔及裂隙，充填棕黄色黏性土，岩芯多呈碎块状、少量短柱状，节长一般3～5cm，钻探时进尺不平稳，漏水现象严重，岩芯采取率约40%～45%，RQD＝0～15。为软岩，岩体完整程度属于破碎—极破碎，岩体基本质量等级为Ⅴ级。

地质剖面见图5，各土层参数见表1、表2。

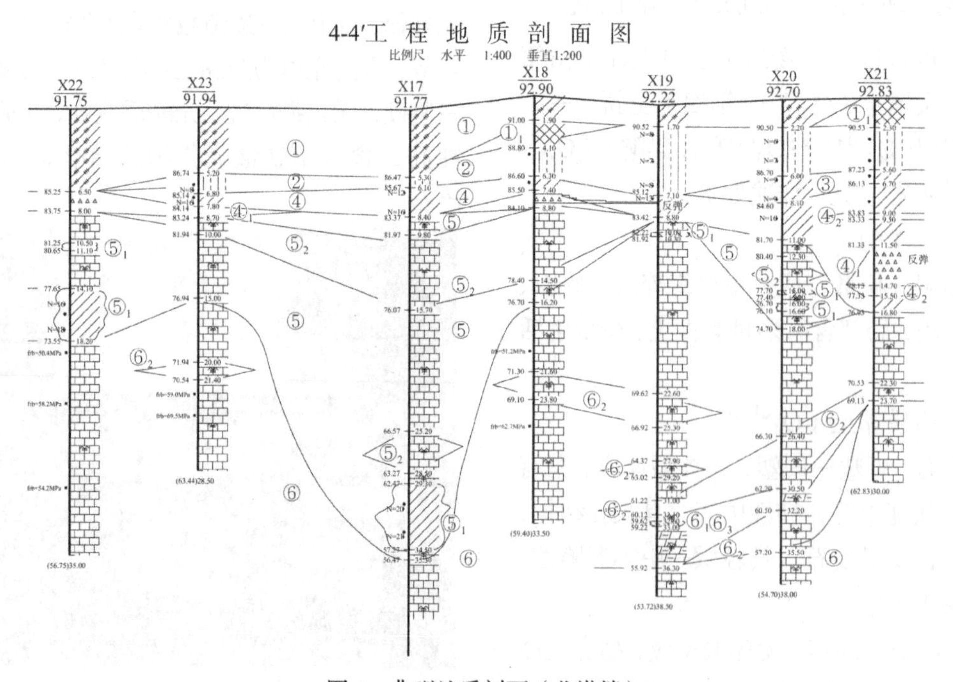

图5　典型地质剖面（北塔楼）

各岩土层地基承载力、变形模量参数　　表 1

土层名称	f_{ak}/kPa	E_s/MPa	f_{rk}/MPa
②黄土状粉质黏土	140	5.5	—
③粉质黏土	150	7.0	—
④黏土	250	13.5	—
④$_1$碎石	380	$E_0=40.0$	—
④$_2$块石	500	$E_0=55.0$	—
⑤强风化石灰岩	1300	$E_0=100.0$	—
⑤$_1$岩溶充填物（黏性土）	260	14.0	—
⑤$_2$中等风化石灰岩	2200	—	48.7
⑤$_3$强风化泥质灰岩	600	$E_0=60.0$	—
⑥中等风化石灰岩	2500	—	52.7
⑥$_1$岩溶充填物（黏性土）	260	14.0	—
⑥$_2$强风化石灰岩	1300	$E_0=100.0$	—
⑥$_3$强风化泥质灰岩	600	$E_0=60.0$	—

基坑围护设计参数　　表 2

土层名称	天然重度	直剪（q）		三轴（UU）		岩体力学参数	
	γ/（kN/m^3）	c_k/kPa	φ_k/kPa	c_k/kPa	φ_k/kPa	c_k/kPa	φ_k/kPa
①$_1$杂填土	（16.5）	（10）	（10.0）	—	—	—	—
①$_2$素填土	（17.0）	（10）	（15.0）	—	—	—	—
②黄土状粉质黏土	18.6	32.5	11.0	33.0	13.0	—	—
③粉质黏土	19.1	40.0	11.5	35.0	10.0	—	—
④黏土	18.5	75.0	15.0	80.0	16.0	—	—
④$_1$碎石	（20.0）	（10）	（38.0）			—	—
④$_2$块石	（20.0）	（5）	（45.0）	—	—	—	—
⑤强风化石灰岩	（22.0）	—	—	—	—	（70）	（28.0）
⑤$_1$岩溶充填物（黏性土）	18.7	70	15.0	—	—	—	—
⑤$_2$中等风化石灰岩	（24.0）	—	—	—	—	（260）	（45.0）
⑤$_3$强风化泥质灰岩	（22.0）					（60）	（25.0）
⑥中等风化石灰岩	（24.5）	—	—	—	—	（300）	（48.0）
⑥$_1$岩溶充填物（黏性土）	18.7	70	15.0	—	—	—	—
⑥$_2$强风化石灰岩	（22.5）	—	—	—	—	（70）	（28.0）
⑥$_3$强风化泥质灰岩	（22.0）	—	—	—	—	（60）	（25.0）

备注：1. 括号内数据为经验值。
2. 基坑开挖后，建议根据实际岩体揭示情况（如结合程度、结构面强度）对岩体力学参数进行修正调整，以满足基坑围护设计要求。
3. 岩石基坑中，优势结构面对基坑的安全有很大的威胁，基坑开挖支护过程中应进行这方面的勘察工作，及时调整设计方案。

2.3 场地地下水

搜集区域水文资料，参照附近工程经验，场地地下水为深层基岩裂隙水，流向大致自南向北，地下水水位埋深约 60.0m。

勘察期间，在勘察范围内未揭示地下水，但应考虑季节性降水及其他地表流水对工程施工的影响。

3 岩土工程分析与评价

3.1 场地地震效应

场地位于济南市历下区，按照《建筑抗震设计规范》GB 50011—2010 附录 A 第 A.0.13 条，济南市抗震设防烈度为 6 度，设计基本地震加速度值为 0.05g，位于第三组。

场地等效剪切波速为 209～228m/s，建筑场地为Ⅱ类。

3.2 特殊性土

场地内黄土状粉质黏土经人工挖探取样进行湿陷性试验分析，具轻微湿陷性，由于位于基底以上，可不考虑其湿陷性对建筑物地基的影响。

3.3 建筑物地基基础形式

根据场地附近揭露露头，石灰岩产状大致为 330°～340°∠0°～10°。

（1）根据各建筑物基底岩（土）层分布情况，北塔楼以⑤强风化石灰岩（$f_{ak}=1300kPa$）及⑥中等风化石灰岩（$f_{ak}=2500kPa$），为天然地基持力层，采用筏形基础方案，强度按⑤强风化石灰岩控制。

（2）南塔楼基底为⑤$_3$强风化泥质灰岩、⑤层、⑥$_2$强风化石灰岩及⑥$_2$中等风化石灰岩，局部为⑤中等风化石灰岩；由于⑤$_3$强风化泥质灰岩强度较低，可采用桩基（人工挖孔桩）方案，以⑥层作为桩端持力层。也可根据开挖后验槽、物探情况及通过载荷试验确定天然地基可行性。

（3）裙楼及地下室可根据基底岩（土）层分布情况，采取独立基础或者条形基础方案，并考虑相邻高层地基基础方案选型及变形协调。

3.4 岩溶发育情况

场地内岩溶发育，见洞隙率钻孔 27%，线岩溶率 15%，岩溶发育程度等级为中等。拟建建筑物地基持力层为强、中等风化石灰岩、泥质灰岩，当采用桩（墩）基础时，需对基底以下岩石的稳定性进行探测评价，必要时辅以施工勘察项目印证（图 6）。

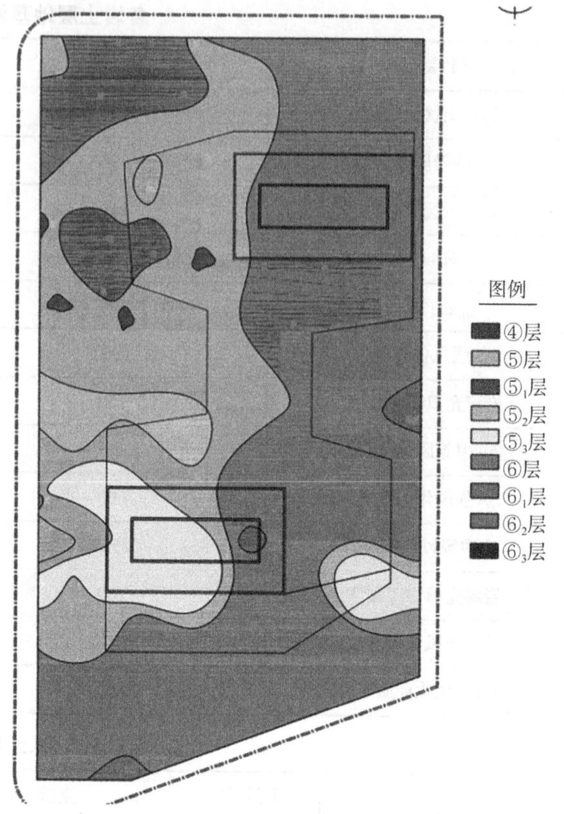

图 6 74.5m 标高处基底切面图

3.5 物探效果评价

该工程共完成地质雷达探测独立基础持力层 300 个。其中 33 号、34 号、35 号、44 号、111 号、113 号、115 号、117 号、119 号、134 号、162 号、171 号、172 号、180 号、187 号、191 号、195 号、216 号、261 号、262 号、263 号、264 号、265 号、266 号、267 号、268 号、269 号、270 号、271 号、272 号、273 号、274 号、275 号、276 号、277 号、278 号、279 号、280 号、281 号、282 号、283 号独立基础持力层在 10m 探测深度范围内岩体节理裂隙发育，基本完整，局部破碎；未发现溶洞、空洞以及软弱夹层等不良地质作用；170 号独立基础持力层在 1～1.4m 深度范围内存在岩溶发育，内充填黏土。其余所测独立基础在 10m 探测深度范围内持力层较连续，未发现空洞以及软弱夹层等不良地质作用。

共完成地质雷达探测条形基础持力层长约 2500m。其中 L37 号、L38 号、L39 号、L40 号、L41 号、L42 号、L43 号、L44 号、L45 号、L46 号、L47 号、L48 号测线持力层在 10m 探测深度范围内，岩体节理裂隙发育，基本完整，局部破碎，未发现溶洞、空洞以及软弱夹层等不良地质作用。其余所测条形基础在 10m 探测深度范围内持力层较连续，未发现溶洞、空洞以及软弱夹层等不良地质作用。

共完成地质雷达探测筏形基础持力层面积约 2300m²。所测筏形基础持力层在 10m 探测深度范围内，岩体节理裂隙发育，基本完整，局部破碎。未发现溶洞、空洞以及软弱夹层等不良地质作用。

3.6 建筑基坑

3.6.1 基坑深度及安全等级

拟建场地地势南高北低，地形起伏较大。建筑物基坑形状呈不规则矩形，南北方向长约 210.0～242.0m，基坑东西方向宽约 128.0m，开挖深度为 13.7～20.3m。基坑安全等级为一级，局部二级。

3.6.2 基坑周边环境

北侧：车库基础边线距离用地红线 7.5m，用地红线北侧为规划道路，道路宽度约为 16.0m；道路北侧有天然气管线、路灯管线及交警信号灯管线等，最大埋深 1.1m；道路南侧（用地红线外约 2.0m）有路灯管线、电信管线及污水管线等，管线最大埋深 2.3m。

东侧：为历下区金融中心规划用地，车库基础边线距离用地红线 5.63～6.5m，开挖及支护影响范围内无地下管线。

南侧：车库基础边线距离用地红线 5.0～15.0m，用地红线外为规划道路，道路宽度为 10.0m，规划道路南侧有给水管线、供电管线等，最大埋深 3.0m。

西侧：车库基础边线距离用地边线 7.5m，用地红线西侧为规划道路，道路宽度为 35.0m，道路东侧有给水管线、路灯管线及供电管线等，最大 3.09m。

3.6.3 基坑支护形式

根据本项目地层情况及周边环境，从安全、经济角度确定采用了复合土（岩）钉墙支护方案；综合考虑开挖深度、周边环境及地层条件，基坑支护分为 8 个支护单元，均为土岩双元基坑，上部土层放坡坡率 1∶0.8～1∶0.4，下部岩石放坡坡率 1∶0.4～1∶0.2；土钉长度 4.5～11.0m，锚索长度 11.0～16.0m；局部填土较厚区域，坡顶布置 2 排注浆花管加固，成孔直径 110mm，钢管直径 48mm，花管水平间距 1.5m；典型支护剖面见图 7、图 8。

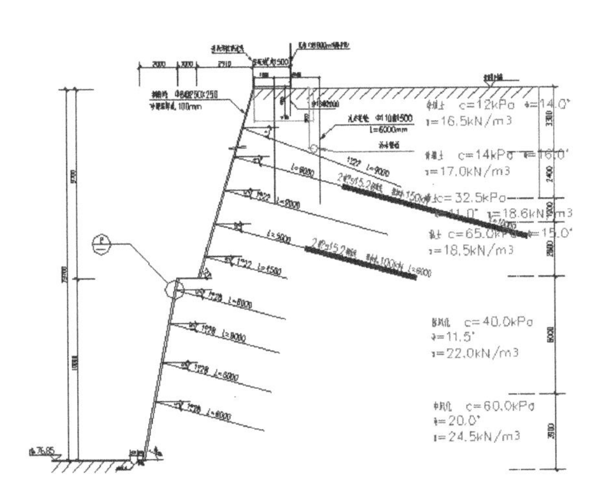

图 7 典型支护剖面图一

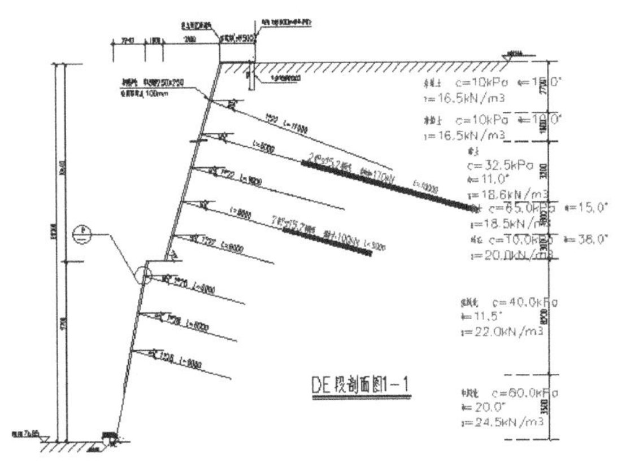

图 8 典型支护剖面图二

4 方案的实施

（1）基底标高 74.5m，经开挖、施工勘察验证，揭示地层与详勘一致。

北塔楼采用天然地基筏板基础方案，以⑤强风化石灰岩及⑥中等风化石灰岩为地基持力层。

南塔楼采用天然地基筏板基础方案，以⑤强风化石灰岩夹⑤$_3$强风化泥质灰岩及⑥中等风化石灰岩夹⑥$_3$强风化泥质灰岩为地基持力层。

裙楼及地下室采用单独柱基、墙下条基方案。

通过地质雷达探测和钻探，保证基底以下 10m 无空洞、岩溶等软弱夹层，保证了地基的稳定性。

（2）基坑支护

基坑采用复合土（岩）钉墙支护方案，严格控制施工质量，合理布设监测点，保证安全的同时，最大化节省造价；现场开挖及支护情况见图 9。

图 9　基坑开挖至基底实况

（3）基坑监测

基坑监测严格按设计文件及监测方案要求进行，监测结果准确地反映了基坑开挖及使用期间支护结构及周边环境的位移变化及变形趋势，特别在雨期、基岩爆破、场外重车行走等不利因素影响时及时准确的反馈监测数据，监测期间未发生基坑坍塌事故，为支护结构的安全稳定和施工的顺利进行提供了可靠数据支持。

监测周期自 2013 年 5 月 13 日至 2016 年 3 月 1 日，坡顶水平及竖向位移监测 201 次，周边环境（管线、道路）监测 68 次，锚索内力监测 164 次，现场巡视检查 201 次。其中，周边道路路面沉降布设 10 个监测点，最大沉降 3.0mm；周边地下管线沉降布设 20 个监测点，最大沉降 2.6mm；基坑支护结构水平及竖向位移布设 48 个共用监测点，最大水平位移 23.2mm，最大竖向位移 20.2mm；锚索内力布设 25 个监测点，内力变化均在设计要求范围内。典型变形曲线见图 10～图 13。

监测数据证明，基坑开挖及使用过程中，周边环境得到有效保护，道路、管线及基坑支护结构变形均在规范要求范围内。

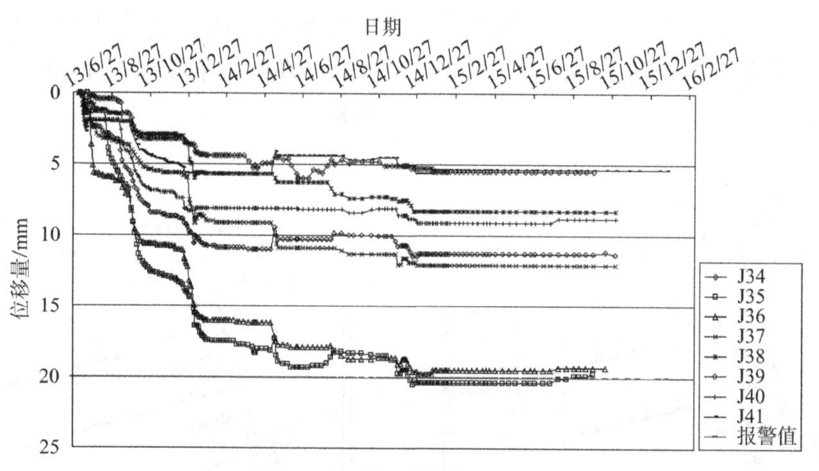

图 10　坡顶水平位移过程曲线

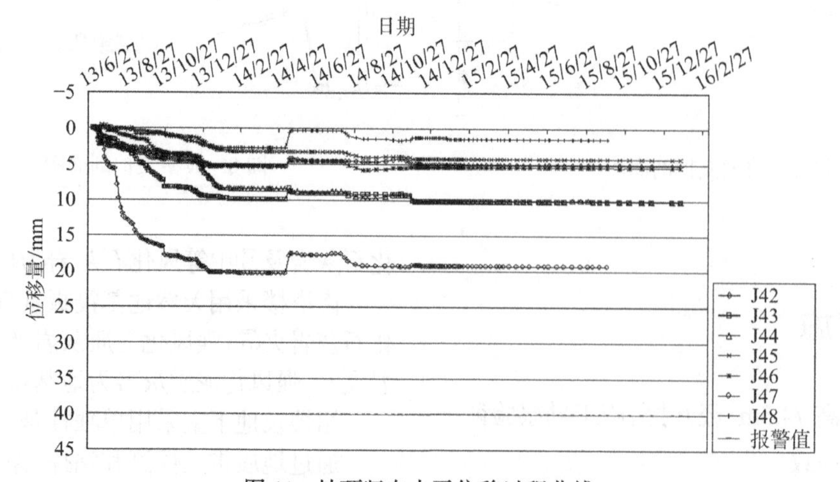

图 11　坡顶竖向水平位移过程曲线

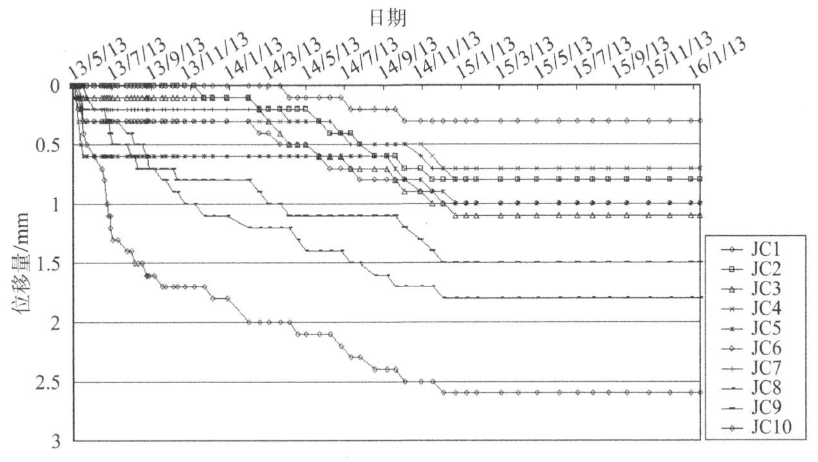

图 12　周边管线位移过程曲线

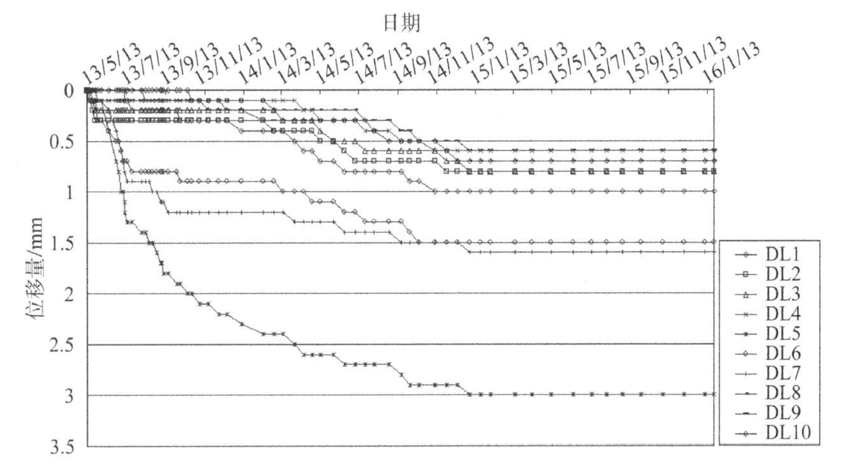

图 13　周边道路位移过程曲线

（4）建筑物主体变形：

2015 年 4 月至 2019 年 8 月，进行了本项目主体变形观测。南塔楼观测 63 次，累计最大沉降量为 16.3mm，最小沉降量为 12.0mm，最大沉降差为 4.3mm，最后 100d 沉降速率为 0mm/d。

北塔楼观测 63 次，累计最多沉降量为 18.0mm，最小沉降量为 11.3mm，最大沉降差为 6.7mm，最后 100d 沉降速率为 0mm/d。

南裙楼观测 52 次，累计最多沉降量为 8.8mm，最小沉降量为 5.4mm，最大沉降差为 3.4mm，最后 100d 沉降速率为 0mm/d。

北裙楼观测 63 次，累计最多沉降量为 11.3mm，最小沉降量为 9.0mm，最大沉降差为 2.3mm，最后 100d 沉降速率为 0mm/d。

倾斜和挠度变化均较小，满足规范要求。

为了及时对后浇带进行浇筑，本工程还进行了主体控制竖向变形后浇带变形观测及应变测试。根据观测（测试）结论，成功指导后浇带提前浇筑。南楼后浇带已于 2016 年 10 月 27 日浇筑，北楼后浇带已于 2016 年 9 月 12 日浇筑。

5　工程成果与效益

该项目地基复杂，高低层差异悬殊，大底盘连体地下室，项目规模大、重要性高、基坑周边环境较复杂、基坑深度大和安全等级高，涉及多种岩土工程问题。考虑到工程重要性和场地复杂性，详勘和施工勘察两阶段都采用多种勘察手段，获得了较翔实地层资料和岩土参数，为地基基础、基坑支护设计和施工提供了可靠的依据。

本基坑采用复合土钉墙支护方案，在同类基坑中是较为经济的，同时为基坑开挖及后续基础施工提供了富裕的工作面及空间，缩短了施工工期。

参考文献

[1]　建设部. 岩土工程勘察规范(2009 年版): GB 50021—

2001[S]. 北京: 中国建筑工业出版社, 2009.
[2] 住房和城乡建设部. 高层建筑岩土工程勘察规程: JGJ/T 72—2017[S]. 北京: 中国建筑工业出版社, 2018.
[3] 住房和城乡建设部. 建筑地基基础设计规范: GB 50007—2011[S]. 北京: 中国建筑工业出版社, 2012.
[4] 住房和城乡建设部. 建筑基坑支护技术规范: JGJ 120—2012[S]. 北京: 中国建筑工业出版社, 2012.
[5] 建设部. 建筑桩基技术规范: JGJ 94—2008[S]. 北京: 中国建筑工业出版社, 2008.

南宁江南万达广场岩土工程勘察实录

卢玉南　丁红萍　覃光春
（广西华蓝岩土工程有限公司，广西南宁　530001）

1　工程概况

南宁江南万达广场投资有限公司拟在江南区亭洪路与星光路交会处东北侧兴建南宁江南万达广场项目。项目地块总用地面积约 13.8 万 m^2，总建筑面积约 80.32 万 m^2，分南北两个地块，中间由拟规划的尧头岭路分割。拟建项目包括 19 栋 18～34 层住宅楼、公寓和乙级写字楼、若干 1～5 层配套商业裙楼及 1 栋 3 层 9 班幼儿园。南北地块均设–2 层整体地下室，设计地面标高 77.05～80.50m，地下室埋深约 5～10m，建筑物荷载地上每层按 25kPa，地下按 30kPa，结构类型为框架结构，基础形式预计采用桩基础及天然地基，地下室范围加宽、连体。本工程为自治区重点工程，岩土种类多，地基复杂，勘察等级为甲级。

根据《岩土工程勘察规范》（2009 年版）GB 50021—2001[1]第 4.1.15 条、第 4.1.16 条及第 4.1.17 条规定，《广西壮族自治区岩土工程勘察规范》DBJ/T 45—002—2011[7]，《高层建筑岩土工程勘察规范》JGJ 72—2004[2]及图 1。勘察工作量按浅基础和桩基础两种基础类型来确定钻孔数量、钻孔深度、取样数量及原位测试等。本次建筑和地下室布孔总数 431 个，钻孔深度要求进入稳定岩土层。

由于建筑单体荷载差异大，对建筑物沉降和变形的控制要求高，建筑单体基底土岩组合复杂，地基持力层不均匀，基础方案不统一。地基的持力层古近系泥岩层分布很不均匀，对基础施工造成较大的困难，勘察资料的详细程度和岩土参数建议值的准确性，对保证基础安全具有重要意义。基坑侧壁的圆砾层为强透水层，透水性较好，在上层滞水渗透及孔隙潜水渗流作用下，很容易导致基坑侧壁垮塌，对四周建筑物及道路的安全及稳定性造成影响，基坑稳定性差。勘察中多方面考虑满足基础类型的要求，本着“安全可靠、经济实用”的原则，对各建筑物基础类型选择、地基均匀性等分别作了分析和评价，提出安全、经济、合理的基础建议。

图 1　勘探点平面布置图

获奖项目：2021 年度工程勘察、建筑设计行业和市政公用工程优秀勘察设计奖三等奖。

2 岩土工程条件

2.1 工程地质条件

拟建场地位于南宁市江南区星光大道与亭洪路交会处东北侧，交通便利，地理位置十分优越。场地处于南宁盆地邕江河流北岸Ⅱ级阶地。现状地形主要为南宁糖厂拆迁后的旧址，场地布满碎砖瓦和钢筋混凝土块石旧基础，场地标高约74.09～82.65m，总体地势相对平坦。

根据钻探揭露的地质资料分析，拟建场地上覆土层除耕植土外，尚分布有第四纪（Q）冲积黏土层、粉土（粉砂）层、圆砾层等，下伏基岩为古近系湖相沉积北湖组泥岩；第四系与古近系地层呈角度不整合接触。场地岩土层分布特征描述如下：

①杂填土（Q_4^{ml}）：褐色，杂色，松散，以黏性土为主，结构松散，含较多建筑垃圾和生活垃圾，包含物及密实度很不均匀，堆积时间小于5年，局部如j64、j65孔地段有淤泥揭露，该层整个场地均有分布，层厚约0.3～12.5m，属高压缩性土层。

②黏土（Q_3^{al}）：黄色，褐黄色，褐红色，硬塑，局部可塑，含铁锰质氧化物，花斑状，黏性中等，韧性中等，干强度高，手感滑腻，刀切面光滑，局部夹少量砾石，砾石含量约5%～20%，呈棱角、次棱角状，局部与粉质黏土或粉土互层。该层大部分场地均有分布，层顶标高66.71～80.04m，层厚0.7～14.8m，平均厚度4.59m。层中做标准贯入试验97次，修正后锤击数$N = 8.4$～12.8击，平均锤击数$N = 10.6$击，属中等压缩性。

③粉质黏土（Q_3^{al}）：灰色，可塑—软塑，含少量有机质，黏性中等，切面较粗糙，韧性低，干强度中等，无摇振反应，稍有光泽，主要分布于北地块，层顶标高60.53～72.55m，层厚0.7～12.7m，平均厚4.59m。层中做标准贯入试验15次，修正后锤击数$N = 5.3$～7.2击，平均锤击数$N = 6.5$击，属高压缩性土层。

④粉土（Q_3^{al}）：褐黄色、灰色，很湿，稍密，成分较纯，局部与粉质黏土或粉砂穿插互层，黏性差，切面粗糙，韧性差，干强度低，摇振反应中等，仅分布于小局部场地，顶标高66.15～75.79m，层厚0.6～8.5m，平均厚度2.36m。层中做标准贯入试验13次，修正后锤击数$N = 6.7$～9.5击，平均锤击数$N = 8.3$击，属中等压缩性。

⑤圆砾（Q_3^{al}）：灰色，黄色，干燥—很湿，中密为主，局部稍密，母岩成分主要为石英、石灰岩，夹少量硅质岩，呈亚圆形，磨圆度较好，大于2mm粒径约占60%，粒径最大者约40mm，颗粒级配一般，局部颗粒含量较少，中粗砂充填。该层仅34号、j4、j7、j8、j9、j11未见分布之外其余均有分布，厚度1.3～18.2m，本层做重型动力触探试验累计160.7m，修正后最大值13.3击，最小值7.1击，平均值10.1击，属低压缩性土层。

⑥泥岩（E_{3b}）：灰黄色、灰色、青灰色，稍湿，全风化—强风化，以坚硬为主局部硬塑，裂隙发育，泥质结构，厚层构造，稍具滑腻感，遇水易软化，局部夹粉砂质泥岩或泥质粉砂岩，岩芯呈短—长柱状，岩芯较完整，取芯率约85%，属极软岩，岩体质量等级为Ⅴ级，绝大部分场地均有分布。本层做标准贯入试验133次，修正后最大值38.5击，最小值28.2击，平均值33.3击。

$⑥_1$粉砂岩（E_{3b}）：灰色、青灰色，稍湿，全风化—强风化，密实，砂质结构，厚层构造，手摸粉砂感较明显，遇水易软化，局部夹粉砂质泥岩或泥质粉砂岩，岩芯呈碎块状、粉砂状，裂隙稍发育，取芯率约10%，属极软岩，岩体质量等级为Ⅴ级，分布于局部场地。本层做标准贯入试验40次，修正后最大值38.5击，最小值26.6击，平均值31.1击。

⑦泥岩（E_{3b}）：灰色、青灰色，稍湿，中风化，坚硬，泥质结构，巨厚层构造，稍具滑腻感，遇水易软化，局部夹粉砂质泥岩或泥质粉砂岩，岩芯呈长柱状，裂隙稍发育，岩芯较完整，取芯率约90%，属极软岩，岩体质量等级为Ⅴ级，整个场地均有分布。本层做标准贯入试验116次，修正后最大值71.4击，最小值55.3击，平均值61.8击。

$⑦_1$粉砂岩（E_{3b}）：灰色、青灰色，稍湿，中风化，密实，砂质结构，巨厚层构造，手摸粉砂感较明显，遇水易软化，局部夹粉砂质泥岩或泥质粉砂岩，岩芯呈碎块状，裂隙稍发育，取芯率约30%，属极软岩，岩体质量等级为Ⅴ级，分布于局部场地。本层做标准贯入试验11次，修正后最大值54.6击，最小值66.5击，平均值60.8击。

⑧泥煤：黑色、黑褐色，呈硬塑状态，浸水极易软化崩解，呈薄层状或透镜体状产出于古近系泥岩层中，分布零星，厚度约为0.2～2.1m。

本项目场地典型工程地质剖面见图2。

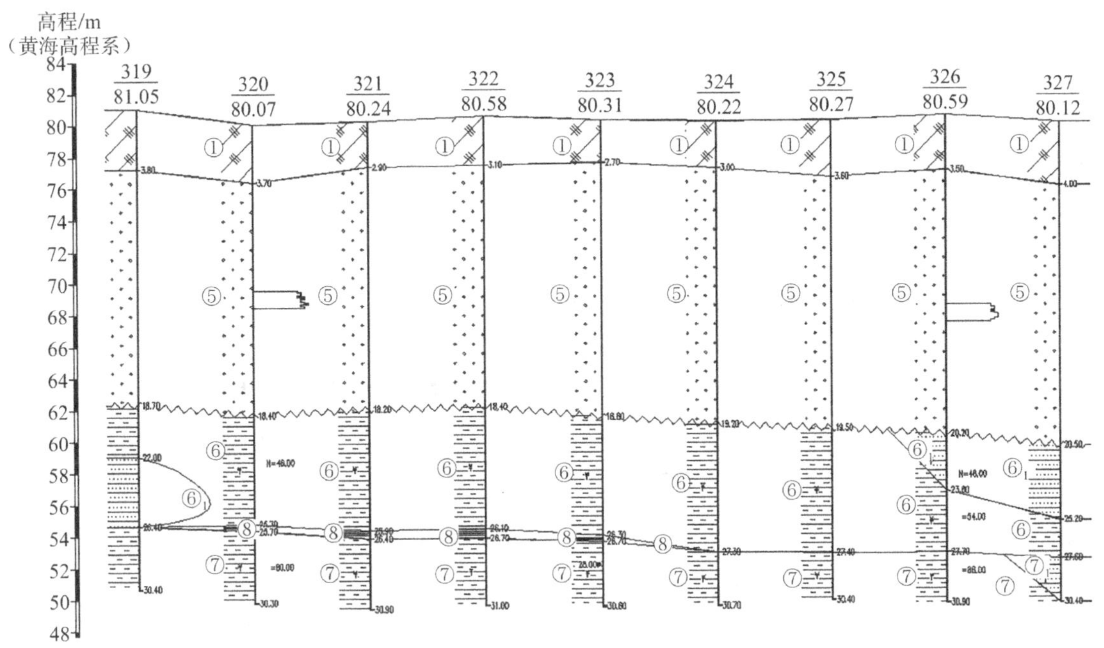

图 2　典型工程地质剖面图

2.2　水文地质条件

根据含水层的性质、地下水的赋存特征、埋藏条件和水力特点，场地地下水可分为上层滞水、孔隙形承压水两种类型。

上层滞水主要分布于①层杂填土中，地下水受大气降水和居民生活用水补给，透水层不均匀，局部分布，初见水位埋深局部为地表，主要在降雨时期分布，水量较小，含水层无统一地下水位（水面），水位变化幅度受补给量和填土层厚度影响，约 1～2m，以蒸发和向低洼地带径流、渗透形式排泄，开挖后和自然疏干，对工程施工影响不大。第二层属孔隙形承压水，主要赋存于圆砾层中，与附近河流具水力联系，受季节变化影响较大，主要靠大气降水和河水水力补给，排泄方式主要为侧向径流，径流方向自南西向北东，初见水位标高约 56～71m，稳定水位标高约 58～73m，常水位 72m，年水位变化幅度约 3m，根据目前已完成的钻孔揭露情况，水量较小，且仅少部分钻孔有揭露。拟建场地原为糖厂，现已搬迁，地表偶见生活污水，周边无在用工业设施。

3　岩土工程分析与评价

3.1　项目完成工作量

项目勘察完成的现场工作有：钻孔 431 个，标准贯入试验 428 次，重型动力触探试验 160.70m，取原状土样 169 件，扰动土样 12 件，岩样 104 件，水样 2 件，进行波速测试 20 孔。完成室内试验有土的常规试验 167 件，直剪试验 134 件，压缩试验 161 件，三轴剪切试验 16 件，颗粒分析 12 件，岩石抗压试验 23 组，水质分析试验 2 件，易溶盐分析试验 4 件。

3.2　试验成果统计分析

项目完成标准贯入试验 428 次，完成重型动力触探 160.70m，按《广西壮族自治区岩土工程勘察规范》DBJ/T 45—002—2011[7]附录 C 确定承载力特征值f_{ak}，详见表 1 和表 2。根据室内土工试验数据统计结果，按《广西壮族自治区岩土工程勘察规范》DBJ/T 45—002—2011[7]附录 C 确定承载力特征值f_{ak}，查表计算各岩土参数，结果见表 3。

利用标准贯入试验成果确定承载力一览表　表 1

岩土层及编号	标准贯入修正击数标准值N/（击/30cm）	承载力特征值f_{ak}/kPa
②黏土	10.6	270
③粉质黏土	6.5	170
④粉土	8.3	210
⑥泥岩	33.3	＞680
⑥$_1$粉砂岩	31.1	＞680
⑦泥岩	61.8	＞680
⑦$_1$粉砂岩	60.8	＞680

利用重型动力触探成果确定承载力一览表　表 2

岩土层	重型动力触探修正击数标准值$N_{63.5}$/（击/10cm）	承载力特征值f_{ak}/kPa
①杂填土	2.39	120
⑤圆砾	10.1	400

利用土工试验统计成果计算的承载力一览表　表 3

岩土层及编号	天然含水率 w/%	孔隙比e_0	液性指数I_L	承载力特征值f_{ak}/kPa
②黏土	24.6	0.712	0.14	230
③粉质黏土	27.9	0.768	0.80	170
⑥泥岩	15.1	0.432	−0.29	450
⑦泥岩	14.3	0.414	−0.36	700

根据饱和单轴抗压试验成果，岩石地基承载力特征值。

$$f_a = \psi_r \cdot f_{rk} \quad (1)$$

参照《广西壮族自治区岩土工程勘察规范》DBJ/T 45—002—2011[7]附录 B，各岩层力学指标计算结果详见表 4。

利用岩石试验成果确定承载力一览表　表 4

岩层	饱和单轴抗压强度标准值f_{rk}/MPa	折减系数	承载力特征值f_a/kPa
⑦泥岩	1.300	0.6	780

3.3　岩土参数的选用

根据室内土工试验成果、现场原位测试结果，并结合地区工程经验综合评价，场地主要岩土层参数建议值见表 5。

主要岩土层物理力学指标参数建议值一览表　表 5

指标岩土层名称	承载力特征值f_{ak}/kPa	压缩模量$E_{s100\sim200}$/MPa	天然重度γ/（kN/m³）	直剪	
				黏聚力标准值c_k/kPa	内摩擦角标准值φ_k/°
①杂填土	—	—	18.5	8	6
②黏土	220	11.1	19.6	33.4	12.2
③粉质黏土	150	5.4	19.3	18	11
④粉土	140	10.7	18.5	10	15
⑤圆砾	400	16.0（E_0）	21.5	0	35
⑥泥岩	430	16.5	21.5	73.8	14.3
⑥₁粉砂岩	400	20.0	21.2	40	24
⑦泥岩	800	15.9	21.6	93	15
⑦₁粉砂岩	750	22.5	21.8	55	25

3.4　场地稳定性及适宜性评价

场地内及其附近无深大活动性断裂构造通过，未发现埋藏的古河道、沟浜、墓穴、暗渠、防空洞等对工程不利的埋藏物；未发现滑坡、崩塌、塌陷、地面沉降、落水洞、冲沟等不良地质现象，亦未见有开采活动，不会发生采空区地质灾害，场地无液化土层分布，属稳定场地；场地内的陡坎及边坡地段进行场地平整后不复存在，适宜兴建拟建建筑物。

3.5　地震效应分析评价

按照《建筑抗震设计规范》GB 50011—2010[3]（以下称《抗震规范》）中附录 A 得到南宁市属抗震设防烈度 6 度区，设计基本地震加速度值为 0.05g，设计地震分组为第一组。拟建大商业、学校建筑属标准设防类（乙类），住宅属标准设防类（丙类），结构设计应严格按标准设防类标准进行设防。各岩土层实测剪切波速值详见表 6。

各岩土层剪切波速值　表 6

岩土层名称及编号	剪切波速/（m/s）	岩土类别
①杂填土	90	软弱土
②黏土	260	中硬土
③粉质黏土	180	中软土
④粉土	200	中软土
⑤圆砾	400	中硬土
⑥泥岩	450	中硬土
⑥₁粉砂岩	430	中硬土
⑦泥岩	550	软质岩石
⑦₁粉砂岩	530	软质岩石

依据现场波速试验结果及岩土名称和性状，场地覆盖层厚度大部分超过 20m，根据《建筑抗震

设计规范》GB 50011—2010[3]，拟建建筑场地类别为Ⅱ类。地震特征周期为0.35s。

场地整平后，场地及附近无大的陡坎和高边坡，以中硬土为主，根据《建筑抗震设计规范》GB 50011—2010[3]的第4.1.1条规定，拟建场地划归抗震一般地段。

本地区设防烈度为6度区，根据《建筑抗震设计规范》GB 50011—2010[3]第4.3.3条规定，地质年代为第四纪晚更新世（Q_3）及以前时可判为不液化，建筑基础设计和施工时可不考虑地基土砂土液化效应问题。

结合周边环境条件和工程经验，场地不存在滑坡、崩塌问题。

3.6 不良地质作用

勘察结果表明，场地未遇见大的活动性断裂、滑坡、泥石流及岩溶等不良地质作用。

4 方案的分析论证

4.1 地基岩土特性评价

①杂填土：土质不均匀，结构松散，承载力低，未经处理不能作为基础持力层。

②黏土：承载力一般，物理力学指标良好，压缩性中等，分布相对均匀，埋深浅，可作为低层建筑的天然地基。

③粉质黏土：承载力较低，物理力学指标较差，压缩性高，可作为低层建筑的天然地基，作为下卧层时应验算其承载力及沉降。

④粉土：承载力较低，物理力学指标较差，压缩性高，可作为低层建筑的天然地基，作为下卧层时应验算其承载力及沉降。

⑤圆砾：物理力学指标较好，承载力较高，压缩性低，有一定厚度，埋藏较深，基坑开挖后，适当加深基础可以作为天然地基持力层，也可以作为拟建建筑桩端持力层。

⑥泥岩、$⑥_1$粉砂岩：物理力学指标较好，承载力较高，压缩性低，有一定厚度，埋藏较深，不宜作为天然地基持力层，可作为拟建建筑桩端持力层。

⑦泥岩、$⑦_1$粉砂岩：物理力学性质稳定，承载力高，压缩性低，埋深大，厚度大，是拟建高层建筑理想的桩端持力层。

4.2 土的胀缩性评价

本场地黏性土主要为冲积黏性土，以黄色为主，按照[8]《广西膨胀土地区建筑勘察设计施工技术规程》DB45/T 396—2007的有关规定，其成因类型属C_1类。参照室内土工试验结果统计，拟建场地膨胀土的胀缩性评定为非胀缩土。

4.3 天然地基评价

本工程设2层地下室，地下室底标高约为71m，结合各建筑物位置地质资料，基础开挖至约71m位置后土层主要为②黏土、③粉质黏土、④粉土及⑤圆砾。

（1）纯地下室、裙楼、商铺及幼儿园：基底主要持力层为②黏土、③粉质黏土及⑤圆砾，地基承载力能满足上部荷载要求。但由于部分区域地基不均匀，基础坐落在不同的持力层上，岩土力学性质变化较大，可能会引起地基的不均匀沉降，因此应根据建筑物的上部荷载及结构特点验算地基变形满足设计要求后，可以采用天然地基，采用天然地基时还应考虑裙楼与主楼之间的不均匀沉降，应设置沉降缝或后浇带等措施。

（2）住宅楼、公寓、写字楼：高18～34层，地下室2层，为较重要的公共建筑物。当开挖至地下室底板标高71m时，基底主要为①杂填土、②黏土、③粉质黏土及⑤圆砾，根据工程经验，建筑物地上每层按25kPa、地下按30kPa计算基底平均压力要求应不小于510～910kPa。

4.4 地基持力层选取及地基均匀性评价

拟建建筑基础置于不同岩土层上，各岩土层分布不均匀，层底起伏较大，层底坡度大于10%，为不均匀地基。

4.5 桩基评价

4.5.1 桩型选择及沉桩条件分析

根据本场地的地质情况，拟建建筑物若采用桩基础，桩型选择系根据可行性、经济性、场地条件、地质资料及目前施工队的技术水平等因素进行可比选考虑：

（1）钻孔灌注桩：施工过程中无大的噪声和振动，可根据持力层起伏变化桩长，可根据荷载情况采用不同的桩径，可穿越各种软、硬夹层，将桩端置于坚实土层，可以扩大桩底提高桩的承载力，以⑥中风化泥岩为桩端持力层，该桩型缺点是大量的泥浆排污对施工现场污染严重，同时桩孔底的沉渣厚度及岩土层浸水后软化问题处理不当会直接影响桩的承载力。该桩型在本场地可适用。

（2）旋挖钻孔灌注桩：该方案优点是单桩承载力高，桩数少，工期较快，造价适中。根据荷载要求可以⑥泥岩作桩端持力层。现在南宁及附近区域广泛使用旋挖钻孔灌注桩，成孔速度快，质量易保证，该桩型用于穿越场地粉土层、圆砾层时可采用泥浆或钢套筒进行护壁开挖。该桩型在本场地可适用。

（3）静压预制桩：静压桩其优点是单桩承载力高、成桩质量好、施工无噪声、无污染；缺点是受挤密效应作用遇到强度高的岩土层或厚度大的砂砾层时难以穿越，施加压力过大易对桩身造成破坏，因此宜先引孔后再压桩。以④圆砾作为桩端持力层，以贯入度确定桩端持力层位置，经沉桩压密后的桩端持力层强度较高，可以满足要求，且其经济性明显。

长螺旋压灌桩：该桩型的施工方法为采用长螺旋钻机先钻至设计深度，然后一边往上提杆一边灌注混凝土，灌注至孔口后，清理掉孔口弃土，再振动吊放钢筋笼。该桩型不受场地地质条件限制，可以根据上部荷载、结构要求而选择不同的桩径和桩端持力层。排污问题相对较小，施工现场文明程度较好，工期短，造价适中。

4.5.2 桩基设计参数

根据钻探成果，按《建筑桩基技术规范》JGJ 94—2008[5]及《建筑地基基础设计规范》GB 50007—2002[6]，各桩型的极限侧阻力标准值q_{sik}及极限端阻力的标准值q_{pk}建议值见表 7。

桩基设计岩土参数表　　表 7

土层编号	土层名称	钻孔灌注桩/旋挖桩		静压预制		长螺旋压灌桩	
		q_{sik}/kPa	q_{pk}/kPa	q_{sik}/kPa	q_{pk}/kPa	q_{sik}/kPa	q_{pk}/kPa
①	杂填土	−15	—	−10	—	−15	—
②	黏土	75	—	85	—	70	—
③	粉质黏土	45	—	45	—	50	—
④	粉土	30	—	35	—	35	—
⑤	圆砾	135	1800	100	7000	140	2000
⑥	泥岩	100	1300	—	—	100	1500
⑥$_1$	粉砂岩	120	1500	—	—	120	1700
⑦	泥岩	160	2300	—	—	150	2600
⑦$_1$	粉砂岩	180	2800	—	—	180	3000

注：1. 上表所提供的桩端承载力标准值要求有效桩长不小于 9m，且进入持力层宜为桩身直径的 1～2 倍。
2. 单桩承载力应通过载荷试验确定，试验数量应符合相关规范要求。

4.6 复合地基评价

项目除可采用桩基础外，拟建项目中纯地下室位置亦可选用复合地基方式，即采用地基处理的方法加固上部土层，然后在形成的复合地基上采用天然地基，该方法较为经济，并且应用较广泛，施工技术已较成熟。根据拟建场地土层情况，可考虑采用水泥土搅拌法和水泥

粉煤灰碎石桩（CFG 桩）进行地基处理。

（1）水泥土搅拌法：水泥土搅拌法适用于处理正常固结淤泥与淤泥质土、粉土、杂填土和黏性土等地基，对有机质土、塑性指数I_P大于 25 的黏土等，必须通过现场试验确定其适用性。该方法造价较低，缺点是难以穿越较硬的岩土层。

（2）水泥粉煤灰碎石桩法：水泥粉煤灰碎石桩法属半柔半刚性桩，通过长螺旋灌注成桩（或沉管灌注成桩），桩身采用水泥粉煤灰碎石材料做成的桩体，成桩后桩与桩间土共同作用承担上部建筑物荷载。水泥粉煤灰碎石桩法适用于处理黏性土、粉土、砂土和已自重固结的杂填土等地基，对淤泥质土应通过现场试验确定其适用性。该方法可以充分利用基础底地基土承载

力，经济性较好。该方法技术成熟，工期短，无污染，社会经济效益显著，是目前应用较广泛的地基处理方法。复合地基处理设计岩土参数见表8。

地基处理岩土参数建议值　　表8

土层编号	土层名称	水泥土搅拌桩		水泥粉煤灰碎石桩	
		q_{si}/kPa	q_p/kPa	q_{si}/kPa	q_p/kPa
②	黏土	40	—	40	—
③	粉质黏土	23	—	24	—
④	粉土	25	—	25	—
⑤	圆砾	68	350	70	800
⑥	泥岩	45	400	48	700
⑥$_1$	粉砂岩	50	420	55	720
⑦	泥岩	75	800	80	1200
⑦$_1$	粉砂岩	80	850	85	1300

4.7　基坑工程评价

拟建工程设2层地下室，预计开挖深度5～10m；场地西、南侧均为市政道路，路边埋设有给水管、通信光缆、燃气管、雨污水管等；其余均距离周边建筑较远，但基坑距离用地红线较近，放坡空间不大。结合上述情况，根据《高层建筑岩土工程勘察规范》JGJ 72—2004[2]第8.7.2条，基坑工程破坏后果严重，基坑工程安全等级划分为二级。

基坑开挖后，基坑壁土层主要为①杂填土、②黏土、③粉质黏土、④粉土。①杂填土、④粉土厚度较大，较松散，强透水层，在自然状态下容易失稳，产生滑移或崩塌。基坑开挖后在地下水渗透及雨水等冲蚀渗透下，基坑开挖后在地下水渗透及雨水等冲蚀渗透下，①杂填土、④粉土可能发生垮塌现象，基坑底土层主要为④粉土、⑤圆砾，基坑可能沿基坑底粉土层发生圆弧滑动或垮塌，此外，粉土较软弱，应验算其抗隆起稳定性。

综上，本场地存在不稳定因素，基坑开挖时应进行支护，场地四周应合理控制基坑变形。

结合本工程场地条件，在此分两种情况分析基坑支护方案。

部分场地坡顶需考虑作为堆载、临建和施工道路使用，基坑尽量直立开挖，减少土方开挖和回填量，可以考虑采用支护桩＋预应力锚索或复合土钉墙进行支护，其中前者安全可靠，但造价较高，后者相对折中。部分地段场地开阔，可以采用自然放坡，如计算不能满足稳定性验算可增加土钉墙进行支护。基坑支护岩土参数建议值见表9。

场地中上层滞水水量不大，开挖后可自然疏干；孔隙水钻探期间水量亦不大，主要赋存在圆砾层，该层厚度约10m，稳定水位埋深一般在9～10m之间，随季节变化幅度3～5m，基坑开挖深度10m，基本位于地下水位埋深，建议进行降水或止水，分析如下。

（1）降水：场地周边较空旷，无重要建筑物，井点降水对周边环境的影响可控，必要时也可以考虑采用井点降水方案，建议除沿基坑外围布置井点外还应在基坑内按合适间距（20～40m）布置井点，以达到比较均衡地降低地下水位的目的，根据我司多年降水施工经验，降水过程中出砂量严格控制在相关规范要求范围内时，地表沉降影响小，不影响周边道路和建筑的正常使用。

（2）止水：止水帷幕应沿基坑周边闭合，可采用高压旋喷桩止水、塑性黏土桩或咬合桩等方式，止水帷幕应达到圆砾下隔水层泥岩或满足渗透稳定性要求，坑内设若干井点以降低坑内地下水位。

基坑支护岩土层参数建议值　　表9

岩土层名称	天然重度γ /（kN/m^3）	极限粘结强度标准值/kPa				静三轴UU	
		锚杆		土钉		黏聚力标准值 c_k/kPa	内摩擦角标准值 φ_k/°
		一次常压注浆	二次压力注浆	成孔注浆	打入钢管		
①杂填土	18.5	20	30	20	25	*10	*8
②黏土	19.6	70	80	60	70	35	10
③粉质黏土	19.3	50	60	45	50	18	11
④粉土	18.5	45	55	40	50	*10	*15
⑤圆砾	21.5	100	120	80	100	*0.0	*35.0

根据《高层建筑岩土工程勘察规范》JGJ 72—2004[2]第8.6.2条结合本工程实际情况，分析如下：

实测场地填土层上层滞水稳定水位标高 77～78m；孔隙水稳定水位 72m。根据区域水文地质资料，场地孔隙潜水受季节变化较大，变化幅度约 3m。雨季后地表积水渗入地下转为地下水，场地平整后，地下水径流条件有所改变，由于本场地东北侧高，其余位置低，雨季时汇水会导致本场地的地下水水量增多。调查周边市政道路标高为 74.0～80.0m，市政雨水管埋深 1.5～2m。本工程地下室底板标高约为 71m，低于场地中孔隙潜水位，结合市政道路标高和实测水位高程，建议本场地抗浮设防水位分区设置，其中北区地下室取 75.5m，南区地下室取 76.0m。同时应按最不利组合时考虑地下室的临时抗浮措施，抗浮措施可考虑采用抗浮锚杆、抗拔桩或桩锚联合支护。

5 方案的实施

在岩土工程分析评价基础上，结合本项目特点，对各单项工程的基础形式提出建议，各建筑建议地基基础类型评价详见表 10。

各建筑物所处地层及建议基础形式一览表　　表 10

编号	项目名称	挖/填状态	基底土层	建议采用	
				基础形式	持力层
1	住宅楼	挖方区	④、⑤	桩基	⑥、⑦
2	公寓	挖方区	④、⑤	桩基	⑥、⑦
3	写字楼	挖方区	④、⑤	桩基	⑥、⑦
4	商业裙楼	挖方区	④、⑤	天然地基	⑤
5	幼儿园	挖方区	④、⑤	天然地基	⑤

6 工程成果与效益

由于建筑单体荷载差异大，对建筑物沉降和变形的控制要求高，建筑单体基底土岩组合复杂，地基持力层不均匀，基础方案不统一。地基的持力层古近系泥岩层分布很不均匀，对基础施工造成较大的困难，勘察资料的详细程度和岩土参数建议值的准确性，对保证基础安全具有重要意义。基坑侧壁的圆砾层为强透水层，透水性较好，在上层滞水渗透及孔隙潜水渗流作用下，很容易导致基坑侧壁垮塌，对四周建筑物及道路的安全及稳定性造成影响，基坑稳定性差。

针对工程区地层为泥岩的特点，采用多循环、少进尺、低压力钻进工艺，加强钻探取芯质量。通过开展室内（现场力学试验），分析试验点的软弱结构面的发育情况，从而确定其代表性，并对试验成果分析、统计，在试验成果的基础上，结合工程类比和反演分析等多种手段，提出适合本工程的物理、力学参数，为合理有效地利用泥岩承载力提出了明确的建议。对地基变形特征及沉降变形预测，当同一建筑物采用不同类型基础或不同岩土层为基础持力层时，根据上部结构形式及荷载进行变形验算，以确保建筑物沉降差和沉降量均达到设计及规范要求。对施工监测的内容提出了明确的要求，在基础施工、基坑开挖与支护和降排水过程中应加强对应对相邻桩、相邻建（构）筑物、道路等进行观测或监测，以便发现问题能及时处理。

我公司对基坑支护及建筑地基基础形式的建议，被设计单位采纳使用，实施后效果较好，经济效益明显，为业主节省了投资，缩短了施工工期。

7 工程经验

本工程充分地利用基坑稳定性分析及周边地质情况，针对性地采用了不同的支护结构，既能满足安全要求，又充分利用空间，基坑从开挖到回填，未对周边建筑、管线、道路产生影响，实现了质量、安全、经济、进度的高度统一，本工程勘察报告中提出的建议均被设计采纳，实施效果良好，项目建成后经各方验收合格，现已投入使用。

参考文献

[1] 建设部. 岩土工程勘察规范(2009 年版): GB 50021—2001[S]. 北京: 中国建筑工业出版社, 2009.

[2] 建设部. 高层建筑岩土工程勘察规范: JGJ 72—2004[S]. 北京: 中国建筑工业出版社, 2004.

[3] 住房和城乡建设部.建筑抗震设计规范: GB 50011—2010[S]. 北京: 中国建筑工业出版社, 2010.

[4] 建设部.建筑工程抗震设防分类标准: GB 50223—2008[S]. 北京: 中国建筑工业出版社, 2008.

[5] 建设部.建筑桩基技术规范: JGJ 94—2008[S]. 北京: 中国建筑工业出版社, 2008.

[6] 住房和城乡建设部.建筑地基基础设计规范: GB 50007—2011[S]. 北京: 中国建筑工业出版社, 2012.

[7] 广西住房和城乡建设厅. 广西壮族自治区岩土工程勘察规范: DBJ/T 45—002—2011[S]. 南宁: 2011.

[8] 广西质量技术监督局. 广西膨胀土地区建筑勘察设计施工技术规程: DB 45/T 396—2007[S]. 南宁: 2007.

上海284街坊A1-01地块工程勘察、基坑设计与监测实录

朱火根[1] 廖志坚[1,2] 陆惠娟[1] 归浩杰[1] 王 雪[1]

（1. 上海市地矿工程勘察（集团）有限公司，上海 200072；2. 同济大学地下建筑与工程系，上海 200092）

1 引言

上海位于长江入海口，表层覆盖厚达150～350m的第四纪沉积物，属于典型的软土地区，土质软弱，地下水位高，并伴有潜水、微承压水、承压水等多层地下水分布。随着上海城市建设事业的发展，城区建筑物密集、管线众多、高架及隧道纵横交错，地下工程开发需求量大，市区深基坑工程施工难度越来越高。基坑支护结构除满足自身强度要求外，还须满足变形要求，将基坑周边土体的变形控制在允许范围之内，保证基坑周围的建（构）筑物的正常使用要求，是基坑工程设计和施工需重点关注的问题。

复杂环境条件下的基坑工程设计施工已由传统的强度控制转变为变形控制[1]，变形控制的关键是勘察设计施工全过程控制，即：前期地质勘察阶段准确获取地层参数信息，设计时根据参数进行变形预测分析，并采取合理有效的变形控制方法，正确指导现场施工，施工阶段对基坑工程实时监测，施工单位根据变形受力数据及时调整施工方案。

本文以位于上海市中心的上海284街坊A1-01地块工程深基坑工程为背景，介绍在复杂环境条件下，采用勘察、设计和监测施工一体化的深基坑工程全过程变形控制思路，以期为类似深基坑的变形控制提供参考。

2 项目概况

2.1 工程概况

项目（图1）位于上海市长宁区，东至新虹桥小别墅区，西至中环线虹许路，南至延安路高架桥，北至上海市盲童学校（图2）。

本工程为中国古典园林建筑风格的五星级花园式酒店。整个工程主体为2～3层地下室，地上有4层宫殿式建筑和1层古典建筑分布在地下室之上，中间局部为下沉式庭院，均为框架结构，只有西北角地下室范围之外有一向北的狭长条1层地面建筑。主体工程基础采用灌注桩-承台-筏板基础，工程桩采用ϕ600钻孔灌注桩，桩长36.5m，持力层为⑦灰色粉砂层，地下2层区域底板厚1100mm。

基坑面积约为25788m^2，总延长米约为732m，形状不规则，其中下沉式庭院位于基坑中部，面积约为6500m^2，延长米约为450m。基坑普遍区域深度为9.70m，下沉庭院区域深度为12.60m。另有若干不同厚度承台、不同深度的电梯井、集水井等。

图1 工程设计鸟瞰效果图

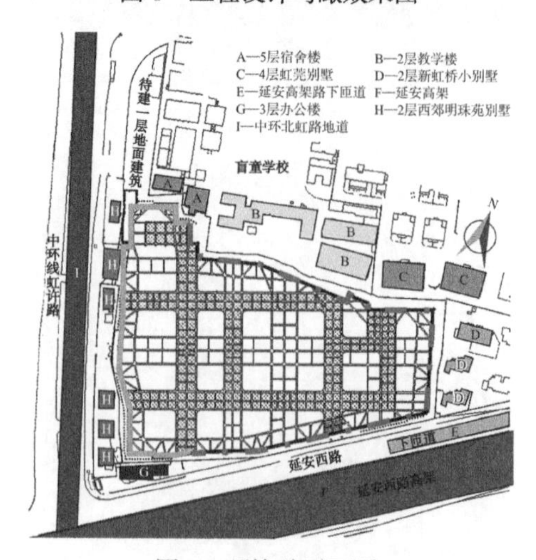

图2 环境总平面图

获奖项目：2021年度上海市优秀勘察设计项目一等奖，2021年度工程勘察、建筑设计行业和市政公用工程优秀勘察设计奖三等奖。

2.2 环境概况

拟建场地条件和周边环境相当复杂，红线范围内原为上海某宾馆及新虹桥小别墅部分区域。东侧11m外为新虹桥小别墅区的7栋2层浅基础的别墅。

南侧为延安高架路（表1），高架宽约25.40m，与基坑的最近距离约为26m，其中东南侧为延安高架路下匝道，匝道宽约8.35m，为单向双车道，与基坑边线的最近距离约为14.60m。

延安高架结构信息表　　　　表1

项目	延安高架路	下匝道
盖梁高度/m	2.82	1.98
立柱高度/m	8.20	—
承台尺寸/m	8.50 × 5.50 × 1.80	4.00 × 4.00 × 1.80
承台类型	24-F450	9-F450
承台间距/m	22.10	22.10
桩长/m	33.00	33.00
混凝土等级	C25	C25

注：1. 由于自然地坪绝对标高为一变化值，故表中立柱高度为立柱高度平均值。

2. 承台类型24-F450：表示24桩承台，承台下为0.45m × 0.45m钢筋混凝土方桩。

西南角为长宁区市政工程管理署的3层办公楼，2000年建造，东西向长约为33.94m，南北向约为11.24m。承重墙体主要采用烧结砖、混合砂浆砌筑，房屋楼面板采用预制混凝土板，基础采用墙下条形基础，与基坑的最近距离约为7.33m。该侧道路下有燃气管、配水管和信息管等市政管线经过（表2）。

西侧为虹许路，虹许路与红线间为西郊明珠苑5栋2层混凝土结构的房屋，房屋均为地下1层、地上2层带3层阁楼，地下1层层高为3.00m，房屋楼面板均采用现浇混凝土板，基础采用墙下条形基础，其与基坑最近距离约为2.28m。

虹许路下为中环北虹路地道，南起古羊路，北至咸宁路，全长约1698.112m。与本工程相邻区段地道边线与西侧基坑边线的最近距离约为20m，地道宽度约为34m，为双向8车道。地道顶部埋深约3.55m，通行净高度为4.50m。地道基底埋深约为12.70m，整体位于③灰色淤泥质粉质黏土和④灰色淤泥质黏土层。虹许路地道剖面如图3所示。

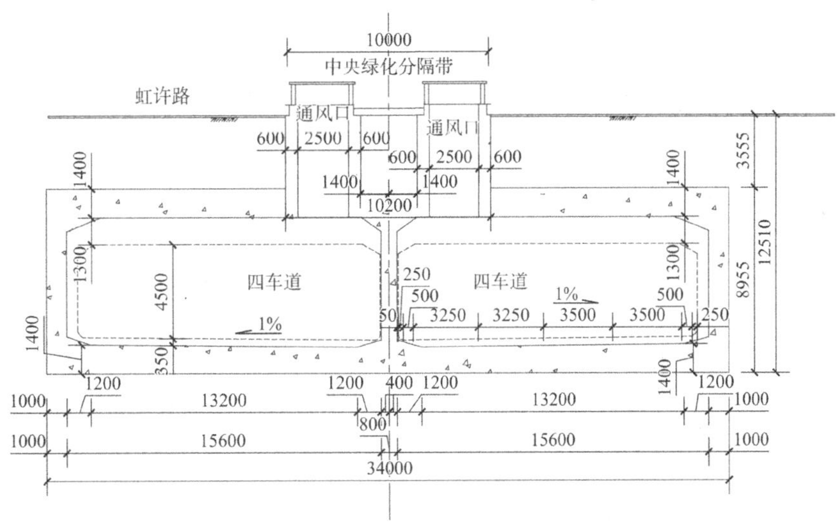

图3　西侧虹许路地道剖面

西侧管线信息表　　　　表2

名称	与基坑距离/m	管径/m	埋深/m	材质
低压燃气管	16.96	0.3	—	—
供电管	18.82	—	3.8	生铁
电力管	19.77	—	—	—
信息管	22.37	—	3.11	塑料
配水管	22.96	0.3	—	—
燃气管	23.71	0.3	—	—

北侧红线外为5层宿舍楼、三家村、上海市盲童学校和虹莞别墅，其中5层宿舍楼距离基坑约为12m，宿舍楼为浅基础；三家村为3家1～2层的老居民楼，距离基坑较近，约为6.82m。

3 工程勘察

3.1 工程地质勘察

针对本工程基坑深度和宫殿建筑柱荷载大的结构特点，结合建筑布局，对拟建建筑场地主要按

"网格形"（局部"之字"形）布设勘探孔；按最不利工况确定孔深；以满足桩基和围护设计要求。采用了钻探取土、原位测试手段（十字板剪切试验、扁铲侧胀试验、注水试验等）、室内土工试验（无侧限抗压强度试验、三轴固结不排水剪切试验、渗透试验、回弹试验等）、水质分析及测量等多种勘察手段。

1）地层

根据本场区勘察资料及场地工程地质条件分析，场地内揭遇的地基土属第四纪松散沉积物。按其结构特征、地层成因、土性不同和物理力学性质上的差异细分为 7 个工程地质层，共 13 个工程地质亚层。地基土分布状况及主要物理力学性质指标详见表 3。

土层主要物理力学性能参数 表 3

土层名称	土层厚度/m	重度/（kN/m³）	固结快剪（峰值）		压缩模量 $E_{s0.1\text{-}0.2}$/MPa	静止侧压力系数	静力触探	渗透系数/（cm/s³）	
			φ/°	c/kPa		K_0	P_s/MPa	K_v	K_h
①$_1$杂填土	0.8～2.6	17.5	15.0	5	—	—	—	—	
①$_2$浜填土	0.3～2.0	17.0	10.0	5	—	—	—	—	
②$_1$褐黄色黏土	0.3～1.3	19.0	15.5	32	4.66	0.50	0.82	3.23E−07	4.05E−07
②$_2$灰黄色黏土	0.2～1.2	17.8	15.0	18	3.22	0.48	0.53	4.53E−07	1.14E−07
③灰色淤泥质粉质黏土	3.8～5.8	17.3	15.5	12	2.65	0.51	0.46	2.79E−06	3.75E−06
④灰色淤泥质黏土	6.6～9.0	17.0	12.0	12	2.31	0.58	0.54	4.49E−07	5.73E−07
⑤$_1$灰色黏土	2.5～4.3	17.5	12.5	15	2.84	0.53	0.72	4.74E−07	6.04E−07
⑤$_2$灰色粉砂夹粉质黏土	8.0～10.5	18.4	32.5	3	11.06	0.30	6.31	5.48E−04	6.34E−04
⑤$_{3\text{-}1}$灰色粉质黏土夹粉砂	6.5～11.3	18.0	21.0	14	4.19	0.45	1.78	4.93E−06	5.77E−06
⑤$_{3\text{-}2}$灰色粉质黏土	2.7～6.5	18.0	20.0	17	4.39	—	1.48	—	—
⑤$_4$灰绿色黏土	1.5～2.5	19.8	16.5	44	6.32	—	2.05	—	—
⑦灰色粉砂	5.0～7.0	19.4	33.5	3	12.53	—	10.10	—	—
⑧灰色黏土	＞10.0	18.0	16.5	16	4.58	—	1.93	—	—

2）地下水

（1）潜水

本场区浅部土层中的地下水属于潜水类型，其水位动态变化主要受控于大气降水和地面蒸发等，地下水位丰水期较高，枯水期较低。勘察期间，实测各取土孔内的地下水静止水位埋深在 0.70～1.41m 之间，相对应的水位标高为 3.04～2.48m。

（2）（微）承压水

本场区赋存于⑤$_2$层中的地下水具微承压性，分布于⑦层中的地下水为承压水。按不利因素考虑，即按地下承压水水头埋深 3.00m、⑤$_2$层最浅层面埋深 18.80m，基坑最大开挖深度约 12.60m，其抗承压水头的稳定性安全系数K_y（P_{cz}/P_{wy}）为 0.71 左右，小于 1.05 的安全系数要求，故本场区内⑤$_2$层不满足承压水抗突涌稳定性要求。而⑦层顶埋深达到 43m，经验算对本工程基坑开挖不造成影响。

3）不良地质条件

（1）厚填土

场地内杂填土层厚一般在 0.80～2.30m 之间，部分地段厚度在 2.60～3.30m 之间，杂填土上部夹有较多的碎石、碎砖等建筑垃圾，下部以黏性土为主，土质较松散，在填土偏厚地段缺失②$_1$层地基土。

（2）淤泥质土

本场地浅部有厚达 18m 的淤泥质黏土，主要为③、④灰色淤泥质土及⑤$_1$灰色黏土，其土质软弱，性质差，具有高含水率和大孔隙比、高压缩性、高流变性，抗剪强度低等特点。在基坑开挖施工过程中，在水、土压力，施工振动和坑边堆载等荷载作用下易产生侧向变形，对变形控制不利。

（3）明暗浜

场地的北侧基坑边界处有暗浜分布，自西向东穿越整个场地，浜底埋深约 3.90m，浜底标高 1.12～−0.10m 之间，浜填土以黏性土为主，夹灰黑色淤泥及少量碎瓷片等生活垃圾，具腥臭味，土质松散，土性差。在暗浜地段缺失②1地基土。

（4）地下障碍物

拟建场地原为宾馆建筑群，地下存在大量浅基础，且场地西北角存在埋深达到 7m 的地下结构。

4）场地地震效应

根据区域地质资料，场地位于滨海平原区，区域稳定条件良好，可按国标及上海现行规范抗震设防烈度 7 度，基本地震加速度为 0.10g，地震分组第二组进行设计。本场地属抗震一般地段，场地土属软弱地基土，建筑场地类别为Ⅳ类。

场地 20.00m 以浅范围内的⑤2层粉砂夹粉质黏土平均厚度不足 1m，设计时无需考虑地震液化影响。

3.2 岩土工程分析与评价

根据揭遇的地层资料分析，本工程位于古河道切割区，场地内缺失⑥层硬土层，⑦层顶面深落，后期沉积了巨厚的⑤层地基土，但场地内分布的各层（包括亚层）地基土层位基本稳定，综合上海地区的区域地质资料，场地为稳定场地，上海地区可不考虑软土震陷的影响。在对场地内的暗浜、厚填土及地下障碍物等进行适当处理后，适宜本工程建设。

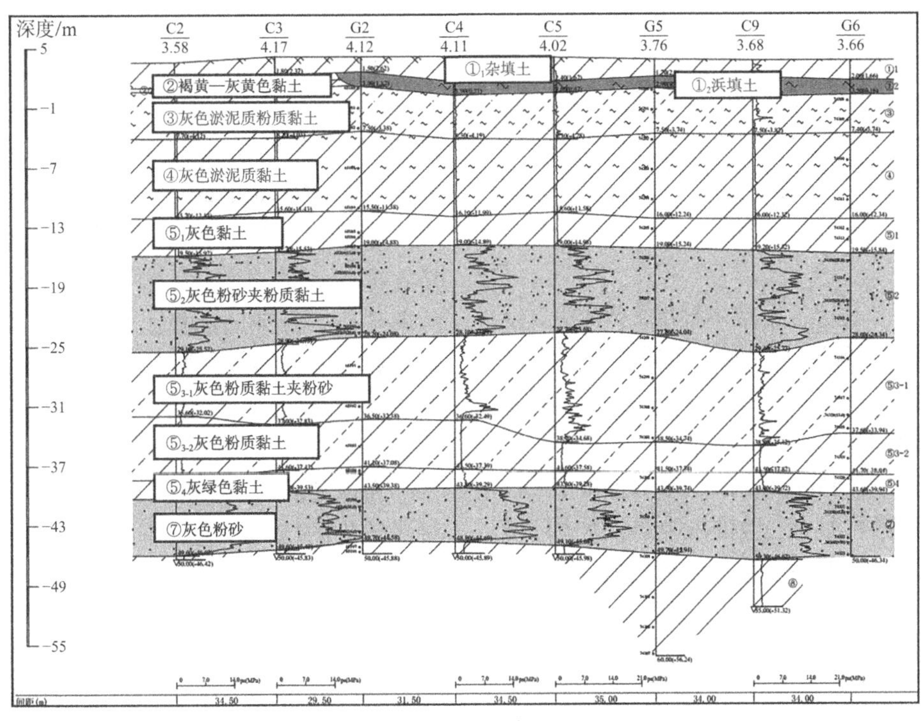

图 4　工程地质剖面图

1）天然地基

场地内普遍分布的①层填土，最厚处达 2.60m，土质松散且不均，工程力学性质较差。②1层褐黄色黏土，平均含水率$w = 27.1\%$，孔隙比平均值 0.795，压缩系数平均值 0.39MPa^{-1}，属中压缩性土层，其土质尚可，可选作荷载不大的低层建筑及轻型建（构）筑物的天然地基持力层。

2）桩基

场地内分布的⑤2灰色粉砂夹粉质黏土埋深略浅但性质较好，中压缩性，P_s平均值达 6.31MPa。本项目基坑之外的 1～2 层建筑群，可选用⑤2层为桩基持力层，⑤2地基土的中部（标高约−23.00～−20.00m 之间）夹黏性土较多，建议桩端以进入⑤2层中上部或中下部为宜，并加强沉降验算。

基坑之内的 1～4 层建筑，建筑物总荷载扣除地下水浮力后总体处于抗浮或局部微承压状态，⑤2层、⑤3-1层及⑤3-2层地基土在各拟建地段均见分布，虽层顶、底面有起伏，但均具有一定厚度，一般均可作为拟建 1～4 层建筑物的桩基持力层。考虑到建筑物荷载分布不均匀，若对建筑与地下室之间的差异沉降控制要求严格，并对单桩承载力的要求较高，亦不排除选用⑦层作桩基持力层的可能性。

场地深部的⑦灰色粉砂层厚稳定，性质好，P_s平均值为 10.10MPa，具中压缩、高承载力的特点，是本场区良好的桩基持力层。而基坑之内柱荷载较大的 1 层建筑，建筑物总荷载扣除地下水浮力后仍处于承压状态，考虑到差异沉降，可选用⑦层作桩基持力层。

地下室基坑在施工过程中总体处于抗浮状态，需按设置抗拔桩考虑；而在建成后可能为承压状态，需按设置承压桩考虑。故建议选择$⑤_{3-2}$或⑦作抗拔桩桩端埋置土层及承压桩桩基持力层。若设计对单桩承载力要求较高时，建议直接选用⑦作桩基持力层，以该层地基土为桩基持力层，可获得较高的单桩承载力（或抗拔力），并对差异沉降控制较有利（表4）。

桩基持力层选择建议　　表4

建筑	结构类型	埋深/m	柱荷载/（kPa/kN）		桩端持力层
			最大	一般	
1～2层（基坑外）	框架	2.00	120	100	$⑤_2$层
1～4层（基坑内）	框架	10.35	150	100	$⑤_2$/$⑤_{3-1}$/$⑤_{3-2}$
1层（基坑内）	框架	13.25	300	240	⑦
纯地下室	框剪	10.35	300	150	$⑤_{3-2}$/⑦

4　支护方案设计

根据上海市《基坑工程技术标准》[2]规定，本工程基坑安全等级普遍区域属于二级，中间下沉式庭院区域属于一级；环境保护等级普遍区域属于二级，西南侧、西侧及西北侧为一级，详见图5。

基坑面积达25788m²，最深处为12.60m，工程地质、水文地质条件复杂，地处市中心，周边环境保护要求苛刻，一级保护区存在中环地道、延安高架桥及老建筑，为满足变形控制要求，一般采用西侧独立分坑或地下连续墙的支护方案。但本项目的施工工期和造价要求严格，因此如何在满足工期和造价要求的前提下，又能有效地保护周边环境，成为本工程支护选型和方案设计的难题。

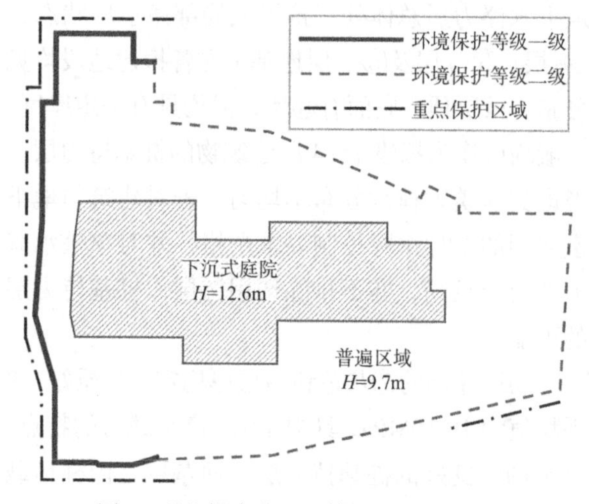

图5　基坑深度分区及等级分区示意图

4.1　围护体系选型

变形控制的原则并非一味追求变形最小，而是在准确评估周边建（构）筑物的变形承受能力的前提下，合理地选择土性参数，精确地预测基坑开挖对环境造成的影响，正确地使用变形控制方法，方可达到花最小的代价实现变形控制的目的。

为了解周边建（构）筑物的信息，请专业单位对建筑物的结构状况、基础形式及倾斜情况进行详细调查，探明周边管线的分布，到档案馆调取延安高架及地下通道的结构信息并了解其使用情况。资料经详细整理并分析，把保护区域细分成一般保护区和重点保护区，其中南侧高架下匝口无桩基础，且沉降量较大；西段紧邻基坑的房屋均为条形基础，且已发生一定的初始倾斜量；北虹路地道为中环主干道，常年持续沉降及发生漏水情况，均列为本工程的重点保护区域。

针对重点保护区，为精确预测变形影响，本项目采用廖志坚等[3]提出的二阶段法求解基坑开挖对邻近地下通道的变形及受力值，依据陈尚荣等[4]提出的不同支护形式对邻近地下通道的影响结果，并使用有限元数值模拟方法，预测基坑开挖对周边建筑物及高架的沉降变形影响。最后经过详细对比分析，采用有效的变形控制方法，采取钻孔灌注桩挡土、三轴水泥土搅拌桩止水结合内部两道钢筋混凝土支撑的支护形式，基坑整体开挖的围护方案满足周边环境的保护要求，同时达到节省工期和施工造价的目的。

4.2 围护体系

1）围护体系设计

本基坑普遍区域开挖深度为 9.70m，周边围护结构采用ϕ950@1150mm 钻孔灌注桩结合ϕ850@600mm 三轴水泥土搅拌桩止水帷幕。顶部设置 1200mm × 800mm 压顶梁，灌注桩长度 20.00m，入土深度 11.80m，插入比 1∶1.22，桩端进入⑤$_2$灰色粉砂夹粉质黏土层。三轴水泥土搅拌桩水泥掺量 20%，套接一孔，桩长 31.50m，桩端进入⑤$_{3\text{-}1}$灰色粉质黏土夹粉砂层不少于 1.0m，隔断⑤$_2$层微承压水层。典型剖面图见图 6。

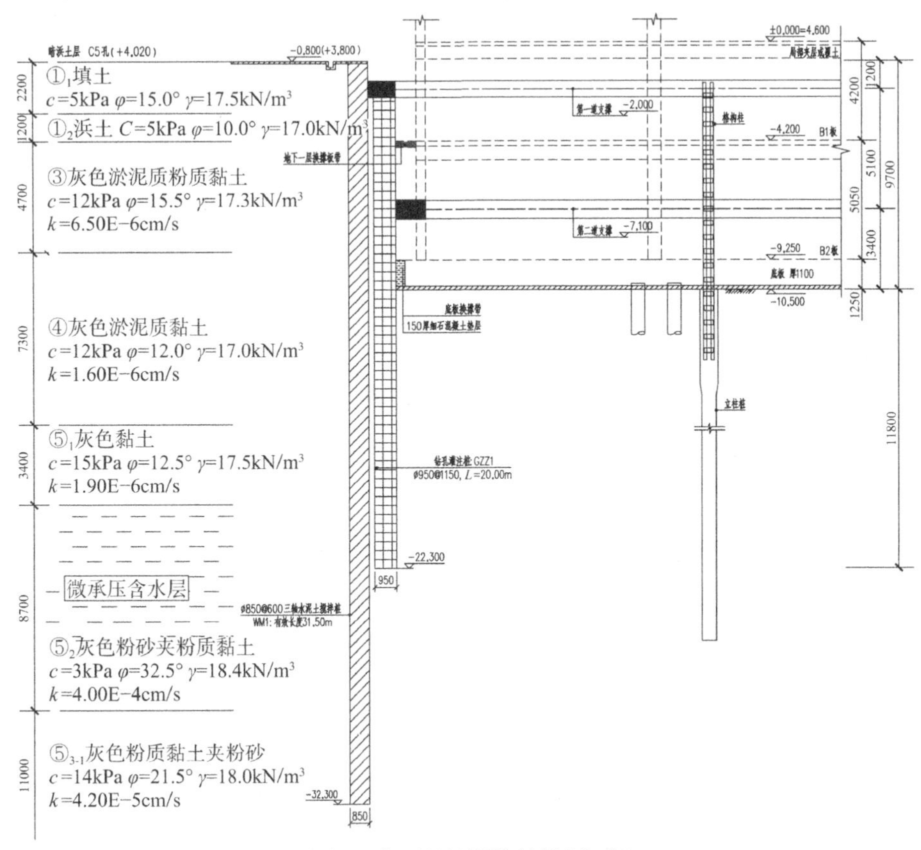

图 6　典型基坑围护结构剖面图

西侧一级保护区坑边开挖深度为 9.70m，内部下沉式庭院开挖深度为 12.60m，与坑边的距离仅为 13m。周边围护结构采用ϕ1200@1400mm 的大直径钻孔灌注桩结合ϕ850@600mm 三轴水泥土搅拌桩止水帷幕。顶部设置 1200mm × 800mm 压顶梁，灌注桩长度 24.00m，按照内部下沉式庭院考虑，入土深度 12.90m，插入比 1∶1.02。典型剖面图见图 7。

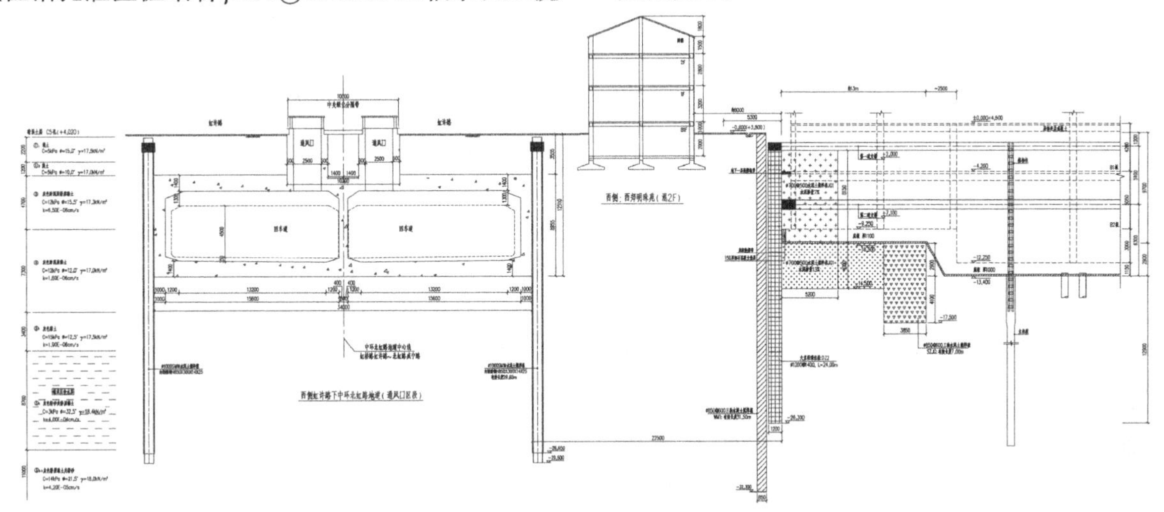

图 7　一级保护区基坑围护结构剖面图

2）变形控制

（1）针对西段一级保护区采用桩径为1200的大直径钻孔灌注桩围护，通过大桩径灌注桩控制基坑变形，经计算桩身水平变形控制在0.18%H内。

（2）一级保护区侧的围护桩桩长加长，控制坑底隆起，减小坑外土体沉降。

（3）重点保护区域与基坑之间设置ϕ700@2000mm，桩长为20.00m的隔离钻孔灌注桩，并在桩顶设置压顶梁，隔断基坑开挖期间土体变形的传递路径。

（4）在一级保护区坑底采用三轴水泥土搅拌桩裙边加固，提高被动区土压力，控制围护桩的变形。

（5）下沉式庭院高差为2.90m，采用ϕ850@600mm三轴水泥土搅拌桩重力坝的围护加固方式，考虑到其面积较大，且与基坑边距离较近，其二次开挖将造成周边围护桩的变形加大。为降低对周边环境的影响，该区域土体后挖，即待周边底板及换撑板带全部形成并达到设计强度后，再进行开挖施工。

（6）为保证围护桩及止水帷幕的成桩质量，减小施工对周边环境的影响，施工中采取了以下技术措施：①首先施工三轴水泥土搅拌桩止水帷幕，后跟进施工钻孔灌注桩；②钻孔灌注桩采取间隔跳打的方式施工；③围护桩成桩施工中采用膨润土泥浆护壁；④围护桩施工前通过试成孔确定施工参数[5]。

4.3 内支撑体系及施工栈桥设计

1）支撑体系设计

本工程基坑面积大，其形状不规则，周边环境保护要求高，设置两道钢筋混凝土支撑，采用对撑、边桁架结合角对撑的布置形式。基坑中部通过纵横双向多组对撑控制变形，角部位置设置角撑，可缩短支撑的跨度，增加角部支撑刚度，如此布置形式，各个区域的受力对撑、明确，且相对独立，有利于栈桥布置及后期土方开挖[6]。支撑布置形式详见图8，具体杆件参数详见表5。

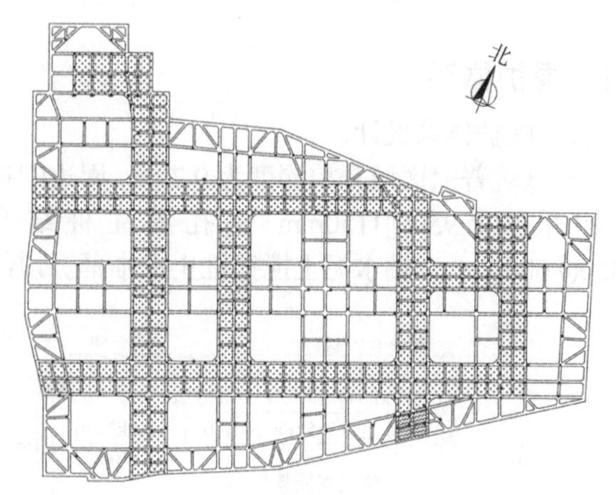

图8　支撑平面图

内支撑参数　　　　**表5**

支撑	标高/m	支撑反力/（kN/m）	围檩/（mm×mm）	主撑/（mm×mm）	强度等级
一道	−2.000	269	1200×700	1000×700	C30
二道	−7.100	415	1300×800	1100×800	C35

2）施工栈桥设计

第一道支撑对撑及边桁架位置结合场地主要出入口设计有施工栈桥，用作施工中挖土、运土及材料堆场等，施工过程中严格按照荷载限值控制栈桥荷载，满载车辆按照60t、堆载区按照20kPa控制，施工过程中各施工设备需均匀分布，避免出现两台满载设备位于同一跨度内等不利荷载分布情况[4]。

3）竖向支承系统

土方开挖期间需要设置竖向构件来承受水平支撑的竖向力，本工程支撑体系竖向受力构件采用加打钻孔灌注桩内插角钢格构柱的形式。其中加打的非栈桥区域立柱桩桩径为ϕ650mm，桩顶4m范围内扩径至ϕ800mm，桩长24.0m；加打的栈桥区域立柱桩桩径为ϕ800mm，桩长34.0m，桩身混凝土设计强度等级C30（水下C30）。

非栈桥区域钢立柱角钢规格主要为4∟140×14mm，部分为4∟160×16mm，栈桥区域钢立柱角钢规格主要为4∟160×16mm，钢材型号采用Q235B钢，钢立柱底插入开挖面以下不小于3.0m。

4.4 地基加固方案

由于基坑底部位于④淤泥质黏土层中，土质软弱，且基坑单边跨度超过150m，在被动区结合坑边集水井等深坑位置采用ϕ700@500mm双轴水泥土搅拌桩进行加固，二级保护区域采取墩式加固，一级保护区采取裙边加固的形式。加固深度为第一道支撑底部至坑底以下 4m，加固体水泥掺量基底标高以上部分为 7%，基底以下部分为 13%。所有加固体在基坑开挖时，28d 无侧限抗压强度须达到 0.8MPa。

5 降水与挖土设计

5.1 地下水处理

本工程需要处理的地下水主要为潜水以及⑤$_2$ 微承压水层，根据基坑的深度及地层情况，采用真空深井降水，真空深井在基坑开挖前 4 周开凿完成，开挖前进行 2 周的预降水，预降水期间坑外设置一定的水位观测井，对坑外地下水位的变化进行监测，以检查三轴水泥土搅拌桩的止水质量。

本工程基坑共布置 134 口疏干井，深井成孔直径 650mm，管壁厚度 3mm。其中普遍区域设置 93 口，井深 15.50m，下沉式庭院设置 41 口，井深 17.50m。考虑到沉渣的因素，每口井的凿井深度相应加深 0.5～1.0m。每口真空深井降水范围设计为 200m^2，井点避开桩位、承台、主体结构构件、内支撑构件及坑内加固体位置进行布置。

针对⑤$_2$ 微承压水层，基坑周边设置止水帷幕进行隔断，但考虑下层⑤$_{3-1}$ 灰色粉质黏土夹粉砂的弱渗透性，基坑内部均匀布置 29 口减压井，遵循“按需降水”原则进行降水。

根据表 6 可知，到开挖至普遍区域时不需要降微承压水，降压井启动时间为落深坑开挖阶段，为保证基坑开挖的安全及对周边环境的保护，降压阶段采取以下措施：

降压井降水控制　　　表 6

阶段	开挖深度/m	降压开始时间	⑤$_2$层水头埋深/m
开挖至第二道支撑底部	6.70	—	满足要求
开挖至普遍区域基底	9.60	第三层土方开挖前	4.00
开挖普遍区域集水井	11.25	集水井开挖前	6.80
开挖至下沉式庭院基底	12.60	下沉式庭院开挖前	8.00

（1）开挖阶段严格按照表 6 要求降压，控制每个阶段的微承压水水头。

（2）坑底落深坑在普遍区域垫层施工完毕后再开挖，并对落深坑进行封底加固。

（3）基坑内部下沉式庭院在普遍区域底板完成后再开挖，缩短大幅度降压的时间。

（4）沿着基坑四周布设 45 口回灌井，保持坑外承压水水头不下降。

具体降水井、降压井、回灌井等构造详见图 9。

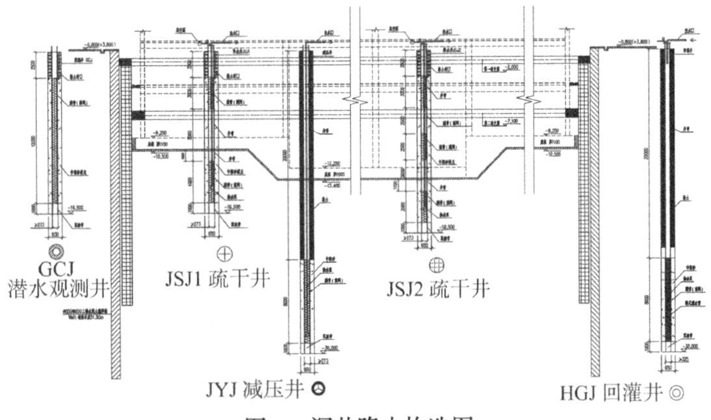

图 9　深井降水构造图

5.2 挖土设计

基坑面积大，栈桥整体沿着基坑布置成一个环路，兼顾到基坑每一个角落。并且考虑到中部为下沉式庭院，该区域土方最后开挖，因此在下沉式庭院附近覆盖栈桥，保证出土效率。

根据第二道支撑的布置形式，在第二层土开挖阶段，将基坑分成周边区域和中部区域，并且按照沿坑边跨度不大于 35m 的原则再进一步细分。总体上先开挖中部区域土方，待中部支撑形成后，快速开挖沿边土方并施工支撑形成对撑，减少无支撑暴露时间。分段进行，先完成南北方向，最后完成东西方向，减少西侧一级保护区开挖周期。具体开挖流程详见图 10。

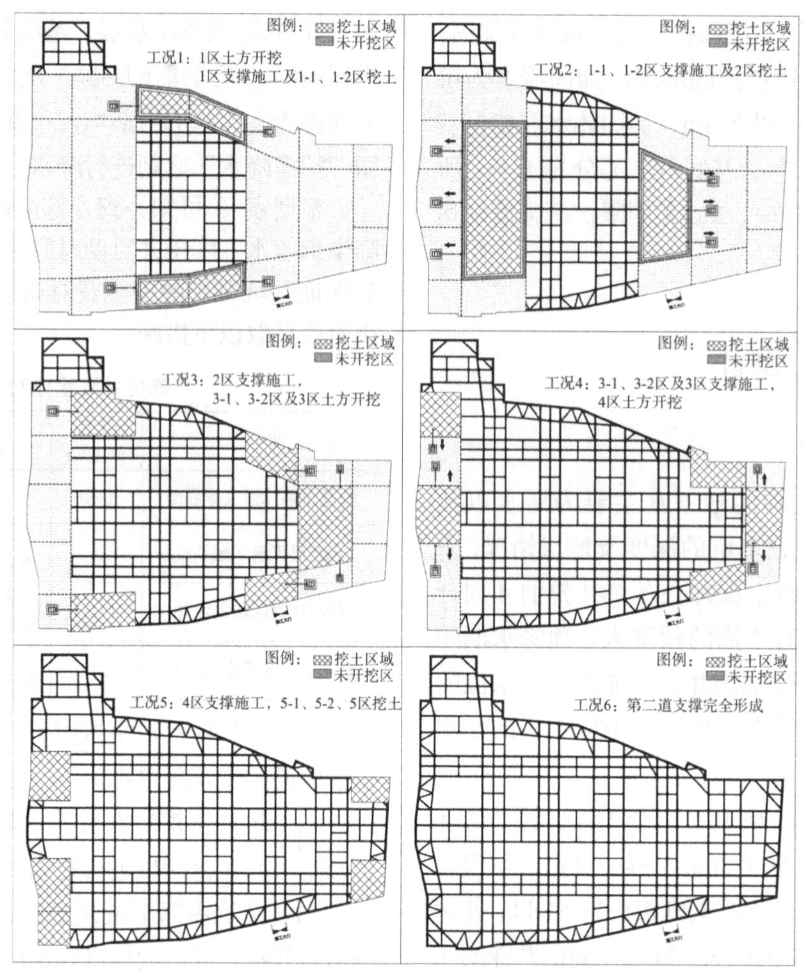

图 10　第二皮土方开挖示意图

本工程在最后一层土开挖期间，恰逢春节假期，底板只能形成一部分。为减少基坑暴露的影响，考虑西侧保护要求高区域和下沉式庭院部位土方暂缓开挖，仅开挖东侧非下沉式庭院区域土方，并立即形成底板及换撑带。在未开挖土方边坡采取配筋护坡，并与已施工底板下配筋垫层形成整体。

西侧以及保护区开挖期间，首先开挖周边土方，下沉式庭院土方保留，在周边基础底板及换撑带整体形成，整个基坑的围护桩已有换撑支点，变形不再发展，再快速开挖中部落深区，并及时形成基础底板。

6　实践效果分析

本工程于 2016 年底起进行围护桩基及工程桩基施工，并开始周边环境监测工作；2017 年 9 月 10 日起进行首道支撑施工，并开始基坑监测工作；2017 年 11 月至 2018 年 5 月完成基坑全部土方开挖并施工基础底板，2018 年 5 月 10 日完成第二支撑拆除，2018 年 6 月 25 日完成负二层顶板施工，2018 年 8 月 2 日开始拆除第一道支撑并开始顶板结构施工，2019 年 4 月 8 日基坑回填完成(图 11)。

图 11　现场实景照片

6.1　监测点设置

本工程对基坑和周边环境实施了全面监测，对围护桩的桩身位移、桩顶位移、支撑的轴力、地下水位、邻近道路的沉降、管线的变形、房屋沉降等进行了监测，具体设置情况详见表 7，最终的累计变化量详见表 8。

基坑监测点（孔）统计一览表 **表 7**

序号	测点名称	计量参数	点（孔）数	备注
1	桩顶位移监测点	垂直/水平位移	35 个	水平/垂直位移点共用
2	桩体深层位移监测孔	测斜	18 孔	
3	坑外水位监测孔	水位	10 孔	
4	支撑内力监测点	内力	20 组	第一道支撑 10 组 第二道支撑 10 组
5	立柱位移监测点	垂直位移	12 个	
6	管线监测点	垂直/水平位移	120 个	水平/垂直位移点共用
7	周边建筑监测点	垂直位移	60 个	
8	地表监测点	垂直位移	50 个	共 10 组，每组 5 个
9	中环隧道监测点	垂直位移	26 个	
10	延安西路高架桥下匝道	垂直位移	6 个	

监测点累计变量最值统计一览表 **表 8**

序号	监测对象	监测项目	测点编号	累计变化最大值	变形方向	累计控制值	监测结论
1	围护墙顶	垂直位移/mm	W13	−18.40	下沉	一级保护区：17.5 其他区域：35	正常
		水平位移/mm	W1	10.4	坑内		正常
2	围护墙体	测斜/mm	CX14	22.53	坑内	一级保护区：17.5 其他区域：35	正常
3	坑外土体	测斜/mm	TX1	26.31	坑内		正常
4	支护体系	支撑内力/kN	ZL9-1	4792.8	受压	设计值 80%	正常
			ZL9-2	5733.6	受压		正常
5	立柱	垂直位移/mm	L9	34.03	隆起	20	报警
6	地下水	水位/mm	SW8	−848	下降	1000	正常
7	地表	垂直位移/mm	JS2-1	−17.62	下沉	20	正常
8	建筑物	垂直位移/mm	F61	−19.02	下沉	20	正常
9	管线	垂直位移/mm	S7	−14.71	下沉	10	报警
10	下匝道	垂直位移/mm	ZQ3	3.88	隆起	5	正常
11	下立交	垂直位移/mm	SD1	−4.04	下沉	5	正常

6.2 基坑围护结构监测

图 12 左侧为基坑西侧一级保护区的桩体侧向位移计算值，最大值为 17.2mm，位于基坑底部。右图为现场开挖最终工况的实测值，其中 CX15 为西侧普遍区域桩身侧向位移，最大值约为 17.5mm，位于 10m 深度位置，CX17 为西侧下沉式庭院附近的桩身侧向位移，最大值约为 20mm，位于 12.5m 深度位置。现场实测值与计算值基本吻合，变形控制也在合理范围内，说明本工程所采取的变形控制手段能有效地控制桩身变形，并且勘察提供的相关参数合理准确，计算模型选择正确，有效指导设计。

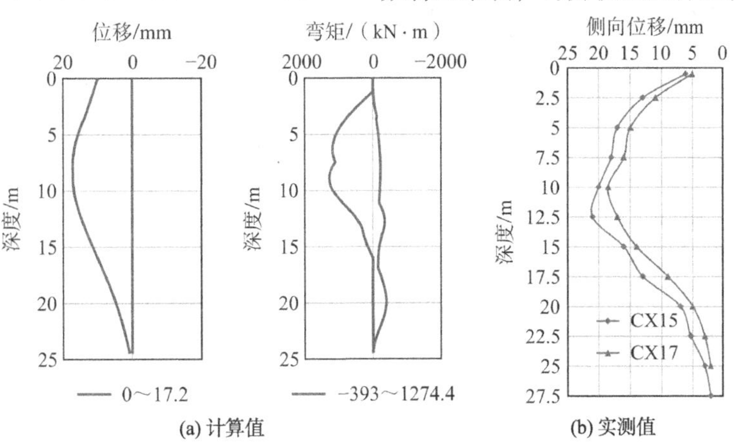

图 12 测斜数据与计算数据对比

对于围护桩顶位移，共布设35个，水平位移与垂直位移点共用，其中水平位移普遍在10mm以内。图13为围护结构顶部监测点（W9～W16）竖向位移变化曲线，在监测过程中总体呈下沉趋势。基坑进行土方开挖施工过程中，监测点变化量持续增大，变化范围在−20～0mm；自基坑底板浇筑完成后变化量有所收敛，截至顶板浇筑完成，其变形速率及累计变化量均在控制值范围内。

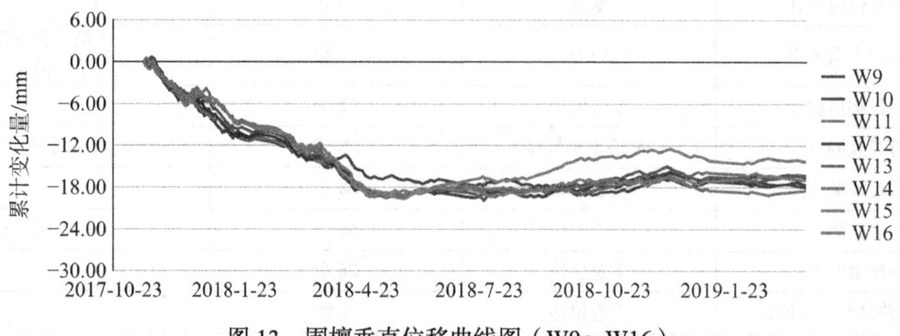

图13　围檩垂直位移曲线图（W9～W16）

图14为立柱垂直位移曲线图，立柱在监测过程中总体呈隆起趋势。基坑进行土方开挖过程中，立柱呈持续隆起趋势，间接反映坑底土体的隆起状态，变化范围在0～35mm，自基坑底板浇筑完成，变化量趋于较平稳状态。立柱监测点累计值最大点为L9，累计变量约为34mm，达到报警值，说明本工程基坑面积较大，开挖过程中坑底的隆起量较大。

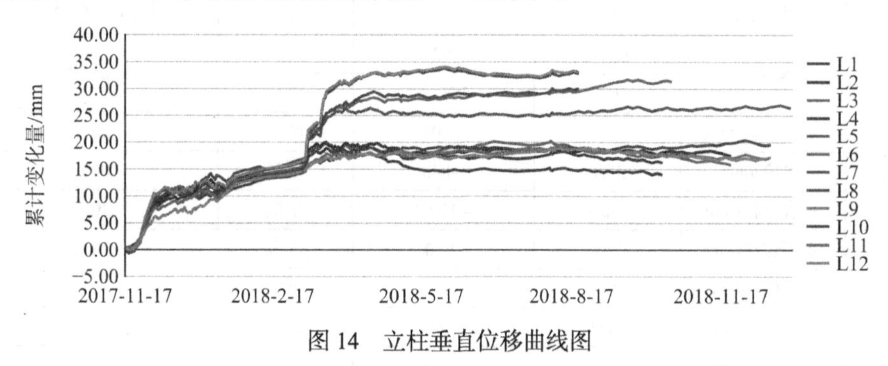

图14　立柱垂直位移曲线图

6.3　周边环境监测

图15为J1、J2点地表累计沉降历史曲线图，在监测过程中总体呈下沉趋势。地表点随着基坑土方开挖持续下沉，直至底板浇筑完成后沉降逐渐趋于平稳。本工程周边共布置10组地表沉降监测点，每组5个点，其沉降趋势基本一致，且均控制在20mm以内，累计值最大点为JS2-1，累计变量为−17.62mm。

图16为建筑物累计沉降历史曲线图（F22～F31），房屋监测点在监测过程中总体呈下沉趋势，随着基坑开挖过程持续下沉，在开挖第二层土方时尤为明显，底板浇筑完成后，沉降量放缓趋于平稳，地下结构施工完成后趋于平稳。截至地下结构施工完成，该点的变形速率和累计变量均在控制值范围内。房屋监测点累计值最大点为F61，累计变量为−19.02mm。

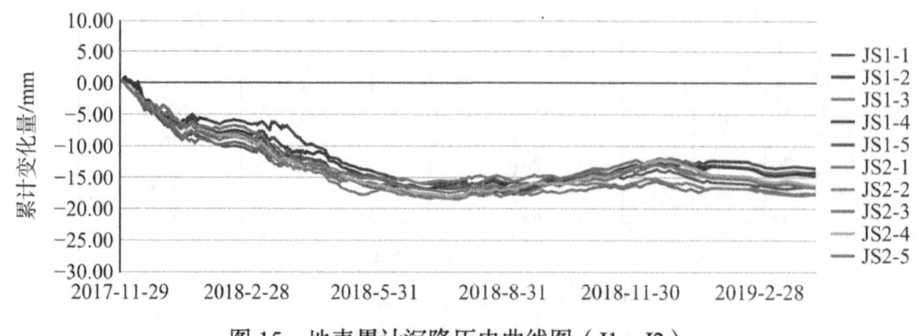

图15　地表累计沉降历史曲线图（J1、J2）

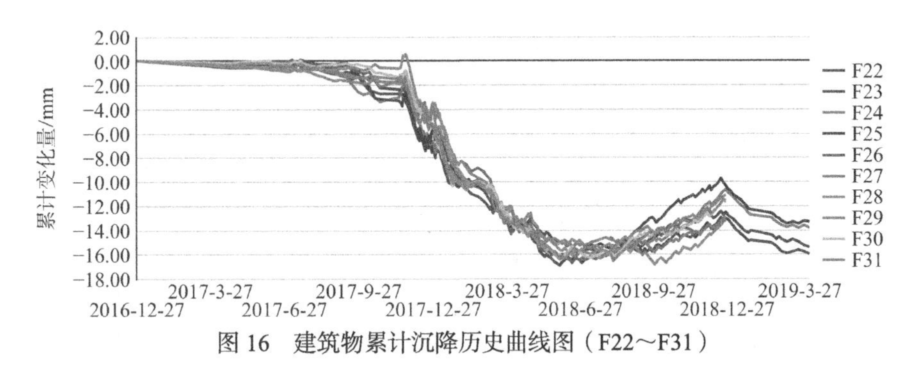

图 16　建筑物累计沉降历史曲线图（F22～F31）

图 17 为北虹路地道累计沉降历史曲线图，从曲线图上看，监测点在监测过程中总体趋于稳定，沉降变化量较小。该区域距离基坑 40m 左右，在施工过程对该区域的围护结构进行了加固，基坑开挖过程中未对其有明显影响。截至地下结构施工完成，该点最大位移变化为−4.04mm。

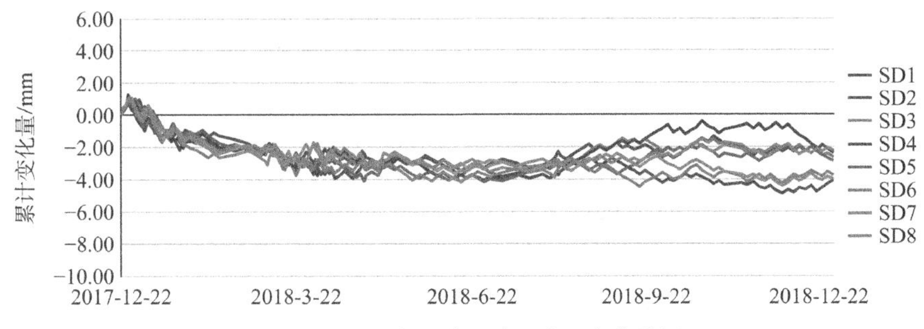

图 17　北虹路地道累计沉降历史曲线图

基坑周边共布设 120 个管线位移监测点，水平位移与垂直位移点共用，其中绝大部分管线累计沉降量小于 10mm。管线随着基坑开挖持续下沉，在开挖第二层土方时尤为明显，底板浇筑完成后，沉降量趋于平稳。截至地下结构施工完成，管线监测点累计值最大点为 S7，累计变量为−14.71mm，局部点出现报警情况，但并未造成管线损害情况。

总体上，本工程实施过程中，围护体变形控制在 25mm 以内，支撑轴力未出现异常，在基坑开挖降水过程按需降压，关注周边水位下降情况及时回灌，土方开挖过程严格按照方案进行开挖，并结合监测情况及时调整挖土速度，周边建筑物、道路、管线等均得到很好的保护。

7　结语

上海市地层软弱，在市区进行深基坑工程开挖，环境保护要求苛刻，基坑工程设计施工已由传统的强度控制转变为变形控制。本文以位于上海市中心的上海 284 街坊 A1-01 地块深基坑工程为背景，介绍在复杂环境条件下，采用勘察、设计和监测施工一体化的深基坑工程全过程变形控制思路。

7.1　工程勘察

（1）勘探孔布设既要兼顾整个大地下室的分布范围，又要兼顾到总体抗浮和局部承压的荷载要求，同时还需满足基坑工程设计要求；提出了以网格形为主局部“之”字形布孔，兼顾上部结构柱荷载集中位置，孔深按最不利因素考虑；（2）采用钻探取土和多种原位测试手段（十字板剪切试验、扁铲侧胀试验、注水试验）及室内土工试验（无侧限抗压强度试验、三轴固结不排水剪切试验、渗透试验、回弹试验）相结合，提高参数推荐值的合理性及可靠度；（3）勘察报告充分结合工程经验，提供了较为准确合理的桩基设计及基坑围护设计参数，对桩基的形式和持力层的选择以及深基坑围护设计、施工提出了合理化建议。

7.2　基坑设计

本工程基坑西南侧、西侧及西北侧环境保护等级为一级，对基坑变形敏感、变形控制要求高；需要重点考虑基坑突涌控制与对周边环境的影响，全面考虑围护方案的安全性、经济性和工期控制。

具体措施：（1）通过拜访有关部门，收集了延安西路高架桥和中环北虹路地下通道的详细图纸和使用情况；（2）根据周边建筑物、地下管线探测成果和高架及地下通道的结构信息，把保护区域细分成一般保护区和重点保护区，对可能选用的几种围护结构体的变形及对周边环境变形影响进行了有限元模拟计算分析比较，预测变形对周边环境的影响。（3）选用了三轴搅拌桩止水、钻孔灌注桩挡土内加二道钢混凝土支撑的围护结构体系；在重点保护建筑物、高架下匝道与基坑之间设置隔离钻孔灌注桩，以隔断土体变形的传递路径；（4）对基坑开挖影响范围内的⑤$_2$层微承压含水层，经过对采取减压降水和阻隔措施的安全性和经济性分析比较后，采取了三轴搅拌桩止水帷幕的隔断措施；（5）采用整体性和稳定性好的正交对撑及边桁架的支撑体系，兼顾现场土方开挖路线设计栈桥；（6）在坑中坑的围护方式选择时，通过稳定性和变形计算并综合以往的工程经验，选用了重力式搅拌桩的围护方式；（7）为有效控制围护墙体侧向变形，在一级保护区坑底采用三轴水泥土搅拌桩裙边加固；（8）采取第二道支撑土方盆式开挖，第三层土体岛式开挖，普遍区域底板及换撑形成后，再开挖下沉式庭院基坑。

7.3 基坑工程周边环境监测

本工程周边建（构）筑物和地下管线近、种类多、环境复杂，基坑平面形状不太规则，场地狭小，通视力差，给正确合理布点和埋设、精准量测、准确及时预测、预报、预警带来困难。

（1）除针对基坑围护结构、坑外土体、坑外地下水位、周边地下管线等进行布点监测外，对影响范围内的保护建筑以及南侧的高架桥、西侧的中环北虹路地下通道，都针对性地布设了相应的监测点位。北虹路地下通道是交通要道，经现场踏勘并与监（养）护单位协商，将监测点设置在了通风井的顶端，增设地下通道与基坑间的土体深层位移监测孔（测斜）来监测预报。（2）采用“一种测斜管管口保护盖”实用型专利，提高了测斜孔管口完好性，避免施工破坏；（3）采用固定观测墩进行测量，提高了水平位移监测的测量精度。（4）由于地下室外轮廓不太规则，阴阳角多，场地狭小，通视力差，采用多线路测量，结合现场环境，随时调整观测线路，针对现场土方车停放较多，视线遮挡严重，采用窗口期集中观测方法，确保重点部位测点全覆盖。（5）加强日常巡视检查工作，验证监测数据的准确性；与勘察、设计部门及时沟通，对关键部位监测点进行分析，判断基坑的安全性和对周边环境的影响，并及时预报、预警。

岩土工程勘察、基坑围护设计、基坑监测的多专业融合互通，全程相互配合，服务到位，解决了各项技术问题，现项目主体结构已竣工，整个施工过程基坑造价得到了很好的控制，很好地保护了周边环境。工程的成功实施，验证了勘察、设计和监测施工一体化的深基坑工程全过程变形控制思路的可行性，为复杂环境的深基坑工程设计与施工提供参考。

参考文献

[1] 徐中华，王卫东. 深基坑变形控制指标研究[J]. 地下空间与工程学报. 2010, 6(3): 619-629.

[2] 上海市住房和城乡建设管委会. DG/TJ 08—61—2018 基坑工程技术标准[S]. 上海：同济大学出版社, 2018.

[3] 廖志坚，陈尚荣，曹传祥. 深基坑开挖对邻近矩形地下通道变形影响研究[J]. 水利与建筑工程学报. 2018, 16(4): 220-226.

[4] 陈尚荣，曹传祥，廖志坚. 不同支护深基坑开挖对地下通道变形的影响[J]. 交通科学与工程. 2018, 34(4): 43-52.

[5] 廖志坚. 紧邻上海黄浦江的深大基坑工程设计与实践[J]. 岩土工程技术. 2016, 30(5): 249-253.

[6] 廖志坚，吕琦，吴越. 拱形与直线形双排桩支护结构变形特性离心模型试验对比[J]. 结构工程师. 2022, 38(6): 111-118.

张江中区 58-01 地块项目勘察实录

徐四一　林卫星　王　章　余深场　王朝广　皮冬冬
（上海山南勘测设计有限公司，上海　201206）

1　工程概况

张江中区 58-01 地块位于浦东新区，为张江科学之门“双子塔”东塔（图 1）。本工程主要包括 1 幢 59 层（高度 320m）办公楼、1 幢 3 层文化中心、1 幢 4 层商业、1 幢 25 层酒店（高度 100m）以及 4 层地下车库。具体的建筑物性质详见表 1。

拟建建（构）筑物性质一览表　　**表 1**

地上建筑单体	地下室主要建筑功能	地上建筑高度/层数	地下室深度/层数（含底板厚度）	平均基底压力/（kN/m²）
1 号办公楼	地下车库	320m/59 层	约 23.3m/4 层	1300
2 号文化中心	地下车库	24m/3 层	约 20.3m/4 层	180
3 号商业	商业/地下车库	24m/4 层	约 20.3m/4 层	200
4 号酒店	地下车库	100m/25 层	约 20.8m/4 层	610
地下车库	地下车库	4 层	约 20.3m/4 层	
地下车库（靠近地铁）	地下车库	2 层	约 12.5m/2 层	

根据国家标准《岩土工程勘察规范》（2009 年版）GB 50021—2001 第 3.1 节，本工程属一级工程，场地为复杂场地，地基为复杂地基。根据上海市《岩土工程勘察规范》DGJ 08—37—2012 第 4.2 节，拟建建（构）筑物等级属于一级，建筑场地为复杂场地，综合确定其岩土工程勘察等级属甲级。

本工程建设单位为上海灏集张新建设发展有限公司，设计单位为华东建筑设计研究院有限公司，勘察单位为上海山南勘测设计有限公司。该工程于 2022 年主体结构封顶。

图 1　张江科学之门“双子塔”效果图

2　勘察方案

2.1　勘察目的

本次勘察旨在根据本工程的特点和技术要求，按照有关规范和规程的规定，查明拟建场地的工程地质、水文地质条件，并作出工程地质、水文地质评价，为工程施工图设计和施工提供有关地质依据。

2.2　勘察任务

（1）查明拟建场地勘察深度范围内的岩土层的类型、深度、分布、工程特性，提供地基土的有关物理力学性质指标和参数；

（2）查明不良地质条件的分布范围、深度及其物质组成，评价不良地质条件对本工程的影响，并对其提出整治措施；

（3）查明地下水的埋藏条件，提供地下水位及其变化幅度，评价环境地下水、地基土对建筑材料的腐蚀性；

（4）查明埋深 20.0m 深度范围内的饱和砂土和砂质粉土的分布情况，进行地基土液化评价，确定液化等级及防治措施，并划分抗震地段；

（5）评价场地稳定性及适宜性；

（6）评价场地工程地质条件，建议天然地基持力层，提供天然地基承载力特征值及设计值，对地基处理方案提供合理化建议；

（7）提供可选的桩基类型和桩端持力层、桩基参数，提出桩长、桩径方案的建议，对后注浆工艺进行分析与评价，评价成桩可能性；

（8）提供基坑设计施工所需的参数，分析基坑围护方式及基坑开挖施工对周围环境的影响及防护措施；

（9）评价施工对周边环境的影响；

（10）评价工程地质条件可能造成的工程风险。

2.3 勘察方案布置

本次勘察工作量主要根据上海市工程建设规范《岩土工程勘察规范》DGJ 08—37—2012、国家标准《岩土工程勘察规范》（2009 年版）GB 50021—2001 中有关规定及设计要求，结合拟建建筑物性质及土层分布特点进行布孔。

1）勘探孔平面布置

（1）在满足规范和设计要求的前提下，勘察工作量力求最经济合理。

（2）拟建主要拟建物均采用桩基础，并为一级基坑，首先针对塔楼布置勘探孔，再兼顾其他拟建建筑物，采用“方格网”方案布置勘探点，勘探孔间距控制在20～35m，考虑到超高层建筑的基础底板尺寸外扩 5m，故勘探孔均沿塔楼建筑物边线外扩 5m 左右。

（3）为了提供基坑围护、开挖设计施工参数，本次在基坑边缘布置十字板剪切试验 3 个、现场简易注水试验 3 个、旁压试验 3 个、承压水观测 2个。

（4）钻探孔和静探孔相间布置，在取土标准贯入孔的数量占勘探孔总数的 1/3～1/2，在确保各地基土层能采取足够数量原状土样的前提下，可适当提高静力触探孔比例，但不超过勘探孔总数的 2/3。勘探孔的深度应满足地基基础设计的需要，分为控制性勘探孔和一般性勘探孔，控制性勘探孔的数量不宜少于勘探孔总数的 1/3，尽量均匀布置，以控制整个场区深部土层的分布。

（5）为查明浅部土层分布及暗浜等不良地质条件，本次沿基坑边线及基坑深度分界线布置小螺纹孔，孔距一般为 10～15m，共布置 59 个小螺纹孔。

2）勘探孔深度确定

（1）一般性勘探孔，按《岩土工程勘察规范》（2009 年版）GB 50021—2001 第 4.9.4 条“一般性勘探孔的深度应达到预计桩长以下 $3d$～$5d$（d为桩径），且不得小于 3m，对大直径桩，不得小于 5m”的规定；对地铁 50m 保护范围内按⑨层持力层考虑。主要用于查明桩基持力层附近的土层情况，以确定桩长、估算单桩承载力。

（2）控制性勘探孔，按现行规范的要求，孔深应满足下卧层验算要求；对需验算沉降的桩基，应超过地基变形计算深度。

（3）基坑工程，勘探孔深度应满足支护结构稳定性验算的要求，不宜小于 2.5 倍基坑开挖深度。对于纯地下室区域，孔深大于可能的抗拔桩桩端入土深度。

根据以上原则并综合考虑各种可能性，为基础设计留有足够的比选优化空间，按最不利情况考虑，综合确定的勘探孔孔深见表 2。

勘探孔深度一览表 **表 2**

建筑物名称	基础形式	持力层	桩端最大入土深度/m	压缩层厚度/m	一般性孔深度/m	控制性孔深度/m
办公塔楼	桩基	⑨	85.0	65.0	95	160
酒店	桩基	⑨	83.0	30.0	90	115
商业	桩基	⑨	82.0	7.0	90	90
文化中心、地下车库	桩基	⑦	55.0	15.0	65	75

注：商业考虑对地铁影响，桩基考虑⑨层作为桩基持力层。

（4）十字板试验孔深度为 25m，承压水观测孔为 48m，注水试验孔、旁压试验孔深度为 60m，波速试验孔 100m。

（5）小螺纹钻孔针对填土层厚度、暗浜（塘）深度、浅层土持力层埋深等具体情况区别对待，根据本工程场地特征，小螺纹钻孔深度一般为 4.0m。

3 工程地质、水文地质条件

3.1 工程地质条件

（1）地形地貌

上海位于东海之滨、长江入海口处，属长江三角洲冲积平原。拟建场地地势较平坦，勘察期间实测各勘探孔孔口高程为 3.68～5.03m，高差为 1.35m。根据地貌形态、时代成因、沉积环境和组成物质等方面的分析，按上海市标准《岩土工程勘察规范》DGJ 08—37—2012 附图 A 及第 3.1.3 条，拟建场地属滨海平原地貌类型。

（2）场地及周边环境

拟建场地北侧为规划海科路，现状川杨河离场地最近约 90m；拟建场地南侧为规划中科路，现地面以上为空地，地下为运营中的地铁 13 号线区间隧道，距本工程最近约 20m；拟建场地西侧规划卓闻路，紧邻围墙内 57 号地块施工工地；场地东侧为规划孙家宅河，现为荒地。

本工程拟建场地南侧由于邻近地铁隧道，环境复杂，其余各侧环境较为简单。对地铁隧道的保护是本工程桩基和基坑围护施工时最关键的环境问题。

（3）地基土的构成

根据本次勘探揭露，拟建场地在勘察深度（最大深度为 160.37m）范围内揭露的地基土为第四纪全新世Q_4^3—中更新世Q_2^2的沉积层，属于古河道沉积区域，主要由填土、淤泥质土、黏性土、粉性土及砂土组成。根据地基土沉积年代、成因类型及物理力学性质差异，将拟建场地勘探深度范围内土层划分为 10 个主要层次及亚层和次亚层。

地基土层空间展示见图 2。钻芯取样见图 3。

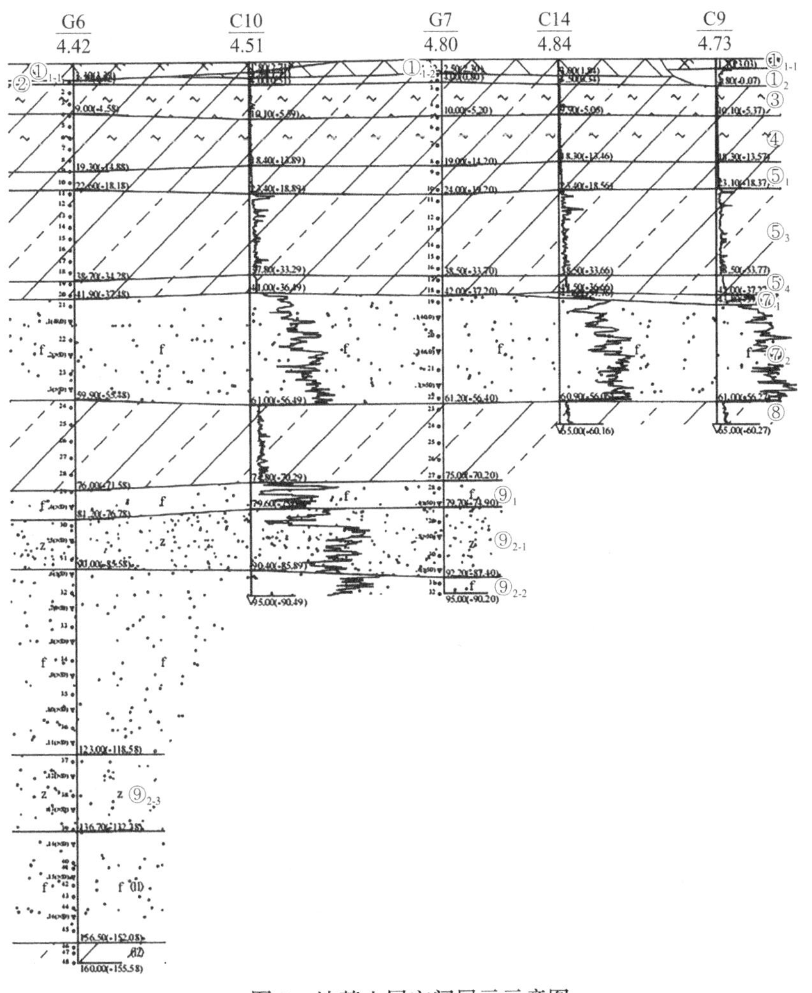

图 2　地基土层空间展示示意图

图 3　160m 钻孔岩芯箱取样

3.2　水文地质条件

1）地下水类型及水位

（1）潜水

根据勘探孔揭露，拟建场地内地下水类型属第四纪松散层中孔隙潜水，主要补给来源为大气降水及地表径流；根据上海地区经验，地下水埋深一般为地表下 0.30～1.5m，水位受降雨、潮汛、地表水及地面蒸发的影响有所变化，年平均水位埋深一般为 0.50～0.70m。

本工程潜水主要赋存于浅部填土、黏性土、粉性土、砂土中，勘察期间实测地下水稳定水位埋深在 1.00～2.40m，稳定水位标高在 2.11～3.53m 之间。

根据上海地区经验，设计时建议根据最不利组合选择高低水位：建议高水位埋深按设计室外地坪下 0.5m 取值，低水位埋深按设计室外地坪下 1.5m 取值。

（2）（微）承压水

根据本次勘察揭露地层资料，本工程微承压水分布于⑤₃层，承压水分布于⑦层、⑨层、⑪层土中，其中⑦层和⑨层之间有⑧层隔水层，⑨层和⑪层承压水连通。对本工程基坑有影响为⑤₃和⑦层承压含水层。

据上海地区已有工程的长期水位观测资料，微承压水水位年呈周期性变化，⑤₃层的微承压水水位埋深的变化幅度一般在 3.0～11.0m，均低于潜水水位；承压水水位呈年周期性变化，⑦层的承压水水位埋深的变化幅度一般在 3.0～12.0m，均低于潜水水位。

本次勘察布置了 2 个承压水观测孔，对⑦层承压水进行观测，孔号为 CY1、CY2，自 2019 年 12 月 2 日开始，历时 7d，承压水头基本稳定。根据⑦层承压水观测数据，观测期间拟建场地 CY1 承压水头的稳定水位埋深为 5.71m（相当于绝对标高−1.10m），CY2 承压水头的稳定水位埋深为 5.66m（相当于绝对标高−0.94m）。根据水文地质勘察资料，⑤₃层微承压水头稳定水位埋深 3.82m（相当于绝对标高+0.919m）。

2）地下水作用评价

（1）地下水对结构物的上浮作用

拟建场地潜水埋深较浅，地下室受到地下水的上浮作用。如果水浮力大于结构物和覆土自重，则需要设置抗拔桩。设计时可根据相应的验算项目按不利原则考虑，选取高水位或者低水位进行验算。拟建场地地下潜水高水位埋深可取设计室外地坪下 0.5m，低水位埋深可取周边道路下 1.5m。

（2）地下水对基坑的影响

拟建场地潜水埋深较浅，赋存于浅部土层中，对本次基坑工程开挖有较大影响，须采取降排水措施使地下水位降至开挖面下一定深度，才能确保基坑顺利开挖。

本工程基坑开挖深度约为 20.3～23.3m，⑤₃层微承压含水层层顶最浅埋深 22.6m，⑦层承压含水层层顶最浅埋深 40.5m，位于 2.5 倍基坑开挖范围内，应评价⑤₃层微承压含水和⑦层中承压水对本次基坑开挖发生承压水突涌的可能性。

根据上海市工程建设规范《岩土工程勘察规范》DGJ 08—37—2012 第 12.3.3 条：当基坑开挖最大深度为 23.3m，从不利角度考虑，⑤₃层水头埋深按 3.0m 计算，层顶最浅埋深按 22.60m 计算，$P_{cz}/P_{wy} < 1.05$，⑤₃层微承压水存在突涌的问题；⑦层水头埋深按 3.0m 计算，层顶最浅埋深按 40.5m 计算，$P_{cz}/P_{wy} = 0.83 < 1.05$，⑦层承压水存在突涌的问题。

实测⑤₃层微承压水水头平均稳定水位埋深为 3.82m，基坑开挖底面以下至承压水层顶板间覆盖土的自重压力P_{cz}与微承压水压力P_{wy}之比$P_{cz}/P_{wy} <$ 1.05，会发生承压水引起的基坑突涌；实测⑦层承压水水头平均稳定水位埋深为 5.68m，基坑开挖底面以下至承压水层顶板间覆盖土的自重压力P_{cz}与微承压水压力P_{wy}之比$P_{cz}/P_{wy} = 0.89 < 1.05$，会发生承压水引起的基坑突涌。因承压水水头随季节

性变化，基坑施工期间应同步观测承压水水头，以确定其突涌可能性。

⑨层、⑪层埋深较深（大于2.5倍基坑开挖深度），可不考虑⑨层及以下承压含水层的突涌问题。

综上所述，$⑤_3$层和⑦层承压水有突涌可能，地下水对基坑有重大影响。

3）土层渗透性

为满足本工程基坑降水设计的需要，本次勘察针对2.5倍基坑深度内的主要土层（②~⑦层）进行了室内渗透系数试验和现场钻孔降水头注水试验。测得的各项渗透系数值详见表3。

土层渗透系数成果一览表　　表3

土层序号	土层名称	现场注水试验的平均渗透系数K/（cm/s）	室内渗透试验的渗透系数平均值/（cm/s）	
			K_V	K_H
②	褐黄—灰黄粉质黏土	4.72E−06	1.94E−06	2.91E−06
③	灰色淤泥质粉质黏土	4.37E−05	2.74E−06	4.09E−06
④	灰色淤泥质黏土	6.97E−07	2.15E−07	3.14E−07
$⑤_1$	灰色黏土	3.37E−06	2.33E−07	3.47E−07
$⑤_3$	灰色粉质黏土夹粉性土	4.15E−05	5.10E−06	8.78E−06
$⑤_4$	灰绿色粉质黏土	5.76E−06	1.91E−06	5.18E−06
$⑦_1$	草黄色砂质粉土	4.64E−04	6.20E−04	1.09E−03
$⑦_2$	灰黄色粉砂	4.87E−04	5.92E−03	8.61E−03

从上表可知，在黏性土②层、③层、④层、$⑤_1$层、$⑤_3$层以及$⑤_4$层中现场注水试验得出的渗透系数比室内渗透试验得出的渗透系数大，这是由于上述土层一般呈水平层理，夹有薄层粉性土，增加了透水能力；而室内渗透试验受取土质量、试验边界条件的限制，所得渗透系数一般偏小。

4）地下水、地基土腐蚀性评价

根据水质分析报告，按照上海市工程建设规范《岩土工程勘察规范》DGJ 08—37—2012第12.3节，拟建场地属于Ⅲ类环境，在Ⅲ类环境条件下，潜水对混凝土有微腐蚀性；当长期浸水时，潜水对混凝土中的钢筋有微腐蚀性；当干湿交替时，潜水对混凝土中的钢筋有弱腐蚀性；潜水对钢结构有弱腐蚀性。

承压水一般对混凝土有微腐蚀性，对混凝土中的钢筋具有微腐蚀性。

拟建场地地下水水位较高，地基土呈饱和状态，根据上海市类似工程经验，地基土对混凝土的腐蚀性与地下水对混凝土的腐蚀性一致。

4　场地地震效应及不良地质条件

4.1　等效剪切波速和地基土的基本周期

根据《波速测试报告》计算，BS1孔土层的等效剪切波速$V_{se}=125.83\text{m/s}$，BS2孔土层的等效剪切波速$V_{se}=126.34\text{m/s}$，平均等效剪切波速$V_{se}=125.59\text{m/s}$。

根据本工程波速测试计算至准基岩面（剪切波速$V_s=500\text{m/s}$时），按孔BS1波速成果计算得到的地基土基本周期$T=1.62\text{s}$，按孔BS2波速成果计算得到的地基土基本周期$T=1.60\text{s}$，本场地地基土基本周期平均值可取1.61s。

4.2　抗震设计基本条件及场地类别划分

根据《波速测试报告》，本工程场地平均等效剪切波速$V_{se}=125.59\text{m/s}$，覆盖层厚度$>80\text{m}$，拟建场地类别为Ⅳ类。按国家标准《建筑抗震设计规范》（2016年版）GB 50011—2010有关规定，建筑抗震设防烈度为7度，设计基本地震加速度值为0.10g，设计地震分组为第二组。

4.3　液化判别

拟建场地在20m以浅无独立成层的砂质粉土或砂土分布，根据上海市工程建设规范《岩土工程勘察规范》DGJ 08—37—2012及国家标准《建筑抗震设计规范》（2016年版）GB 50011—2010，在7度抗震设防烈度下，可不考虑地震液化的影响。

4.4　软土震陷评价

上海地区工程经验和本次波速测试成果，浅部软土层等效剪切波速大于90m/s，依据上海市工程建设规范《岩土工程勘察规范》DGJ 08—37—2012第8.1.3条条文说明，可不考虑软土震陷影响。

4.5　抗震地段划分

根据上海市工程建设规范《岩土工程勘察规范》DGJ 08—37—2012第8.2.3条有关规定和条文，场地内有大面积暗浜分布，且属软土场地，拟建场属抗震不利地段。

4.6 不良地质条件

经本次勘察，本工程涉及的不良地质条件主要有：厚填土、暗浜（塘）、地下障碍物。

（1）厚填土

根据现场勘察，拟建场地部分区域填土较厚，最大厚度约 5.50m，以黏性土为主，夹植物根茎，局部夹碎石子、砖块等建筑垃圾，设计和施工时应予以重视。

（2）暗浜（塘）

拟建场地内，有 3 条暗浜分布，暗浜底分布①$_2$层浜填土，厚度为 0.7～3.8m，浜土以淤泥为主，夹建筑垃圾、塑料袋等生活垃圾，工程性质较差，为本工程的不良地基土，施工时应予以清除换填。

（3）地下障碍物

根据本次勘察，在 C1 孔附近有房屋老基础分布，在 C6 孔附近有桥墩基础分布，对基坑和桩基施工影响较大，设计和施工时应予以重视。

5 桩基方案

5.1 桩型的选择

桩型选择应充分考虑拟建建筑结构特性、场区地层条件、周边环境条件及类同工程经验。就本工程而言，基础方案应考虑的环境问题主要有以下几个方面：

（1）拟建场地南侧邻近轨道交通 13 号线区间隧道控制线内，按相关规定，邻近地铁的保护区范围内不得采用挤土类预制桩。

（2）本工程基坑开挖深度约 20.3～23.3m，已大于目前上海地区预制桩送桩长度。

（3）由于本工程塔楼最大高度 320m，预制桩难以提供预定的承载力。

故本工程桩型建议采用钻孔灌注桩，对于 1 号办公楼、4 号酒店应采用后注浆工艺。

5.2 桩基持力层选择

桩基持力层的选择应同时满足下列条件：

（1）单桩竖向承载力应满足设计布桩的要求；

（2）基础沉降及沉降差应满足规范及设计要求；

（3）钻孔灌注桩入土深度应充分发挥桩身结构强度；

（4）同一基础宜采用相同桩长或桩长不宜相差过大。

根据场地地层组合及类同工程经验，本工程桩基持力层分析与选择如下：

1）桩基持力层分析

根据拟建场地的地层分布特征，结合建筑物的荷载、结构类型等性质以及经济、技术等方面综合考虑，⑤$_4$层及以浅各土层或为软弱土层，或因埋藏较浅、土层较薄，无法提供足够的单桩承载力，均不宜作本工程的桩基持力层。

⑦$_1$草黄色砂质粉土，层顶标高约−41.18～−36.57m，层厚 1.1～5.6m，静探P_s平均值 5.95MPa，标准贯入击数平均值为 23.5 击，呈中密—密实状态，属中压缩性，土性较佳。但该层在场地局部分布，且厚度较薄。

⑦$_2$灰色粉砂，层顶标高约−44.18～−36.49m，层厚 12.4～20.0m，静探P_s平均值 18.01MPa，标准贯入击数平均值为 51.4 击，呈密实状态，属中偏低压缩性，土性极佳，在场地内遍布。

⑧灰色粉质黏土，层顶标高约−57.08～−55.37m，层厚 12.7～16.1m，静探P_s平均值 3.14MPa，呈软塑—可塑状态，属中压缩性，土性较好，在场地内遍布。

⑨$_1$灰色粉砂夹黏性土，层顶标高约−71.58～−69.06m，层厚 1.7～5.8m，静探P_s平均值 13.47MPa，标准贯入击数平均值为 54.9 击，呈密实状态，低压缩性，土性佳，但该层层底有一定起伏，厚度普遍较薄。

⑨$_{2\text{-}1}$灰色含砾中砂层，顶标高约−76.78～−72.13m，层厚 8.8～12.8m，静探P_s平均值 26.48MPa，标准贯入击数平均值为 80.6 击，呈密实状态，属低压缩性，土性极佳，在场地内遍布。

设计可根据本工程性质、经济技术指标选用合适的桩基持力层及桩端入土深度。

2）桩基持力层选择

（1）1 号办公塔楼（59 层/320m）

拟建办公塔楼建筑总高度达 320m，基础荷载较大，因此布桩时除对单桩竖向承载力有很高的要求外，对办公塔楼沉降量控制也十分严格，故宜选用⑨$_{2\text{-}1}$层作为桩基持力层。桩端入土深度可为85～89m，桩径可为ϕ1000mm。应采取灌注桩后注浆工艺以确保桩基质量，并提高单桩承载力和减少沉降量。

（2）2号文化中心（3层/24m）

本工程3层建筑，上部系框架结构，下设4层地下室，基础埋深约20.3m，基础底板处的平均附加压力较小，但由于柱网尺寸大，单柱荷载可能较大，故对单桩承载力的要求较高，通常采用柱下桩基加薄底板方案。建议选择⑦$_2$层作为桩基持力层，建议桩端入土深度约55m，桩径可为ϕ600～700mm。

（3）3号商业（4层/24m）

本工程4层建筑，上部系框架结构，下设4层地下室，基础埋深约20.3m，基础底板处的平均附加压力较小，但由于柱网尺寸大，单柱荷载可能较大，故对单桩承载力的要求较高，通常采用柱下桩基加薄底板方案。建议选择⑦$_2$层作为桩基持力层，建议桩端入土深度约55m，桩径可为ϕ600～700mm。若考虑沉降对地铁影响，可选择⑨$_{2\text{-}1}$层为桩基持力层，深度约82m，桩径可为ϕ800mm。

（4）4号酒店（25层/100m）

拟建酒店总高度达100m，基础荷载较大，因此布桩时除对单桩竖向承载力有很高的要求外，对酒店沉降量控制也十分严格，可比选用⑦$_2$层和⑨$_{2\text{-}1}$层作为桩基持力层。若选择⑦$_2$层作为桩基持力层，桩端入土深度可为55m左右，桩径可为ϕ700mm或ϕ800mm；若选择⑨$_{2\text{-}1}$层作为桩基持力层，桩端入土深度可为83m左右，桩径可为ϕ1000mm。可考虑采取灌注桩后注浆工艺以确保桩基质量，并提高单桩承载力和减少沉降量。

（5）纯地下室（地下4层）

考虑到拟建地下车库柱网尺寸大，单柱荷载较大，采用柱下布桩，施工期间对单桩承载力要求较高，另外，由于拟建地下车库底板埋深较深，约20.3m，为获得较高的单桩承载力或抗拔力，须有足够的有效桩长，从经济角度及目前同类工程经验考虑，可采用⑦$_2$层（上部）作为桩端置入层，可满足抗拔桩承载力要求。桩端入土深度可为55.0m左右，桩径可为ϕ600～700mm。

5.3 桩基参数

根据土工试验、标准贯入试验和静力触探成果及土层埋深等因素，按照上海市《岩土工程勘察规范》DGJ 08—37—2012中表14.5.5中的相应数值及《地基基础设计标准》DGJ 08—11—2018并结合勘察经验，本拟建场地内预制桩和灌注桩的桩侧极限摩阻力标准值f_s、桩端极限端阻力标准值f_p值及抗拔桩承载力系数λ值见表4。

单桩承载力设计参数表　　表4

层序	土层名称	静力触探P_s /MPa	钻孔灌注桩		后注浆 侧阻力增强系数β_{si}	后注浆 端阻力增强系数β_p	抗拔承载力系数λ
			f_s/kPa	f_p/kPa			
②	灰黄色粉质黏土	0.69	15	—	—	—	0.7
③	灰色淤泥质粉质黏土	0.52	15	—	—	—	0.7
④	灰色淤泥质黏土	0.63	25	—	—	—	0.7
⑤$_1$	灰色黏土	0.87	30	—	1.4	—	0.7
⑤$_3$	灰色粉质黏土夹粉性土	2.00	50	—	1.6	—	0.7
⑤$_4$	灰绿色粉质黏土	2.75	65	—	1.4	—	0.8
⑦$_1$	草黄色砂质粉土	5.95	60	—	1.6	—	0.7
⑦$_2$	灰黄色粉砂	18.01	80	2500	2.0	2.4	0.6
⑧	灰色粉质黏土	3.14	65	1250	1.6	2.0	0.7
⑨$_1$	灰色粉砂夹黏性土	13.47	70	2100	1.8	2.2	0.6
⑨$_{2\text{-}1}$	灰色含砾中砂	26.48	90	3000	2.0	2.4	0.6

注：1. 上表中各土层的f_s和f_p值除以安全系数2即为相应的特征值。

2. 表中后注浆侧阻力增强系数、端阻力增强系数适用于以下后注浆施工工况：注浆桩端注浆水泥量（t）宜不小于桩径（m）的4～5倍，并分2～3次注浆，注浆流量小于50L/min。

3. 对于直径大于800mm的桩，应按《建筑桩基技术规范》JGJ 94—2008条文说明表5进行侧阻和端阻尺寸效应修正。

5.4 桩基沉降估算

沉降计算按上海市工程建筑规范《地基基础设计标准》DGJ 08—11—2018 第 7.4.4 条实体深基础方法计算，沉降估算经验系数ψ_s根据类似工程经验确定。沉降量计算结果见表 5（仅供设计参考）。

桩基沉降量估算表　　表 5

建筑物	桩基持力层	假定桩端平面处附加压力 P_0/kPa	基础尺寸/（m×m）	桩端入土深度/m	桩基沉降量 S/cm	计算参考孔号
办公塔楼	⑨$_{2-1}$	880	55×55	85.3	7.7	G8
		630	65×65	85.3	5.8	
酒店	⑨$_{2-1}$	250	34×34	82.8	0.9	G5

注：1. 计算时未考虑相邻基础的影响。
2. 计算时未考虑桩身弹性压缩变形量及施工因素的影响。

6　基坑方案

本工程基坑最大开挖深度为 23.3m（局部为 12.5m），根据周边环境并按照上海市工程建设规范《基坑工程技术标准》DG/DJ 08—61—2018 的规定，其基坑安全等级应属一级。

6.1　基坑周边环境

拟建场地北侧为规划海科路，现状川杨河离场地最近约 90m；拟建场地南侧为规划中科路，地下为轨交 13 号线区间隧道，隧道边线距本工程基坑边线约 20m；拟建场地西侧为规划卓闻路隧道，可能与本项目同期建设；拟建场地东侧为规划孙家宅河。

故拟建场地南侧由于邻近地铁隧道，环境复杂，其余各侧环境较为简单，在地铁保护区范围内区域周边环境等级暂定为一级。基坑围护设计时宜合理确定环境保护等级及相应的基坑变形控制指标。

6.2　基坑工程涉及土层及围护方案分析

基坑开挖深度影响范围内涉及的土层有①$_{1-1}$层、①$_{1-2}$层、①$_2$层、②层、③层、④层、⑤$_1$层、⑤$_3$层、⑤$_4$层、⑦$_1$层及⑦$_2$层土，地下车库基坑主要位于⑤$_1$层土中。

其中①$_1$层填土，土质松散，开挖时容易坍塌，在其分布较厚区域应加强围护措施；①$_2$浜土土质极为软弱，对基坑围护较为不利；②粉质黏土，直立性好，对基坑开挖有利；③、④、⑤$_1$层为软弱黏性土，具较明显触变及流变特性，受扰动土体强度极易降低，且坑底以下的④、⑤$_1$软弱黏性土在上部土体卸载后容易发生坑底回弹；⑤$_3$粉质黏土夹黏质粉土呈软塑—可塑状态，在卸载后也将产生一定回弹量，该层作为微承压含水层，会造成基坑突涌，同时具有一定的越流性，对基坑围护较为不利；⑤$_4$粉质黏土呈可塑—硬塑状态，土质尚可，对基坑围护较为有利；⑦层砂土为承压含水层。另外③淤泥质粉质黏土局部夹粉性土较多，在水动力等外力作用下有产生流砂及管涌等不良地质现象的可能性，并有可能发生坍塌等事故，对基坑开挖不利。

本工程基坑涉及的地下水主要为潜水、⑤$_3$层微承压水、⑦层中的承压水，基坑开挖时需做好地下水的控制工作。

根据目前上海地区现有的施工状况及经验、场地土层分布条件和土性特征以及周边的环境情况，本工程基坑围护方式建议采用地下连续墙围护。围护结构入土深度应通过对坑底土的稳定和变形等项目验算后确定。围护结构埋设深度应通过对坑底土的稳定、抗倾覆、抗管涌等验算项目后确定，同时可设多道支撑。

另外本工程基坑面积较大，基坑应分块围护，分块开挖，同时本工程还需考虑与西侧 57 号地块基坑之间相互协调问题。

本项目邻近地铁 13 号线区间隧道，基坑围护方案确定时应对邻近地铁区间隧道等相关的基础结构形式、埋置深度、变形特征保护要求等资料全面收集，并采取相应的保护措施。

6.3　基坑降水方案

本工程基坑开挖深度约 20.3～23.3m，在本工程的基坑开挖过程中，基坑降水包括基坑开挖范围内的浅层潜水及⑦层中的承压水的控制。根据地下水控制对象的差异，应分别采取具有针对性的基坑降水措施。

（1）潜水

上海地下水位高，一般潜水高水位埋深为 0.5m，基坑降水可采用坑内真空降水管井的降水方案，疏干坑内地下水，使地下水位降至开挖面以下 1.0m。由于降水深度较深，④、⑤$_1$层土的渗透性差，宜采用真空降水管井降水。

（2）（微）承压水

本工程四层地下室基坑工程开挖深度 20.3～

23.3m，对其有直接影响的承压水赋存于⑤$_3$粉质黏土夹黏质粉土，⑦粉性土、砂土中，勘察期间测得⑤$_3$层微承压水埋深为为 3.82m，相应标高为+0.919m；⑦层承压水埋深平均值为5.68m，相应标高为−1.02m。据上海地区已有工程的长期水位观测资料，深部（微）承压含水层水位呈年周期性变化，微承压水水位埋深的变化幅度一般在3.0～11.0m，承压水水位埋深的变化幅度一般在 3.0～12.0m。

根据上海市工程建设规范《岩土工程勘察规范》DGJ 08—37—2012第12.3.3条，按照本次基坑最大开挖深度23.30m，⑤$_3$层微承压水头埋深分别按照勘察期间实测值 3.82m 和上海地区承压水最高水位3.0m进行计算判别；⑦层承压水头埋深分别按照勘察期间实测平均值 5.68m 和上海地区承压水最高水位3.0m进行计算判别，判别结果，当基坑开挖深度为 23.30m，P_{cz}/P_{wy}均小于 1.05，宜考虑（微）承压含水层突涌问题。设计应根据实际开挖深度（含局部深坑）验算承压水突涌可能性，若突涌则应采取相应的减压降水措施或坑底加固措施。

7 小结

本工程主要解决技术难题：控制性孔深确定、深孔取样及原位测试、微承压水确定、后注浆桩基参数。

（1）方案阶段，塔楼区域勘探孔布置及深度经过几次调整，不仅要考虑建筑物外轮廓边界，还考虑了设计基础底板范围，结合基础宽度，最终确定了控制性孔深度，保证在沉降计算中压缩厚度满足设计要求。

（2）在塔楼区域布置的 3 个 160m 控制性勘探孔中，深部土层分别采用全标准贯入和钻探取样两种方法确定深部土层的物理力学性质；静探触探试验布置95m深孔，深部采用冲孔技术达到技术要求。

（3）在群井抽水试验中，根据土性分析⑤$_3$层的承压性，并初步判断该层土具有承压性，期间收集大量邻近工程勘察资料，并咨询资深水文勘察专家进行佐证，通过承压水水头观测和抽水量试验，确定⑤$_3$层为微承压含水层，为设计提供了⑤$_3$层水文地质参数，为基坑围护选型和基坑降水方案提供了翔实的依据。

（4）塔楼桩基建议中，考虑设计对塔楼单桩竖向抗压承载力要求较高，在桩基参数中提供了后注浆桩端、桩侧增强系数，并考虑了大直径桩的尺寸效应，对桩端和桩侧阻力进行折减，为设计单桩竖向抗压承载力估算提供了可靠的参数。

8 工程意义

（1）我单位承担了本项目工程地质勘察、水文地质勘察、桩基检测、基坑监测综合技术服务，通过这些超高层、大体量、深基坑建筑的勘察、基坑监测及大直径大吨位桩基检测，充分展示公司各专业的综合实力。

（2）勘察报告提出的桩基设计参数以及基坑围护设计参数符合实际，得到了设计方的采纳，地基基础施工按计划完成，有效节约了工期，沉降观测验证预估的沉降量符合客观实际。勘察成果取得了较好的经济效益和社会效益。

（3）通过现场静载试验、桩身内力测试，并使用了双套管施工工艺，不仅直接测试了工程桩极限承载力，而且通过桩身内力测试，进行了桩端后注浆超长钻孔灌注桩抗压承载特性原位试验研究。通过对12根试桩开展的原位试验研究，得到了丰富且宝贵的试验成果，针对超长桩的抗压承载特性，通过试验数据分析，得到了桩侧与桩端土阻力发挥特征，试验实测结果表明桩侧摩阻力比现行上海规范推荐值大10%～20%，为同类工程设计提供了试验数据参考。实测极限承载力比估算加载值提高了 20%，桩基方案经过优化后桩数减少了10%～15%，为建设方节省工程造价。

（4）在基坑开挖过程中我单位不断总结经验结合工程特点及数据变化规律，为基坑施工提供准确数据为依据。基坑A1区开挖时有85%的监测点累计超出报警值，在基坑A2、A3区开挖的过程中，只有32%测点超出报警值，无论是数据变形速率，及累计变形均明显小于A1区监测数据。通过及时的监测反馈，使得整个基坑开挖过程中周边环境始终处于安全、可控的范畴内。

北京七里渠项目 QLQ-001 地块工程岩土工程勘察实录

满　君　聂淑贞　张　浩　李雨株
（中兵勘察设计研究院有限公司，北京　100053）

1　工程概况

1.1　工程特点

北京七里渠项目QLQ-001 地块位于北京市昌平区沙河镇。拟建场地东侧为七里路 1 号院，南侧为在建好未来商业中心，西侧为七里渠西路（规划城市支路），北侧为回龙观工业区南路（规划城市支路）。该项目是集高层写字楼、商业楼、地下停车场为一体的综合建筑群。

本项目为大底盘多塔高层建筑，总用地面积 38000m^2，总建筑面积 176118m^2，其中地上建筑面积 114000m^2，地下建筑面积 62118m^2，主要建设项目包括商业楼、办公楼及地下车库等附属配套设施，地上 5～14 层，建筑高度 25.80～56.70m，地下 3 层，基础埋深 13.28m，±0.000 标高为 42.30m。各建筑物概况见表 1，拟建建筑物效果图见图 1。

拟建建筑物概况表　　　表 1

建筑物名称	层数地上/地下	建筑高度/m	结构类型	基础形式
办公 A 座	8 + 6/3 层	56.7	框架核心筒	筏基
办公 B 座	6 + 8/3 层	56.7		
商业楼	5/3 层	25.8～32.7	框架	
纯地下车库	0/3 层	上覆土 3m		

图 1　拟建建筑物效果图

1.2　勘察难点

本工程勘察除应满足常规高层建筑勘察要求外，更重要的是由于高层建筑与裙楼位于同一大底板基础，使得地基与基础的受力与变形十分复杂，加之建筑场地周围环境复杂，基坑开挖深度大、开槽面积大，加大了勘察的难度。其勘察难点主要有：

（1）场地内工程地质条件较复杂，岩土种类多，很不均匀，性质变化大，需要根据不同岩土特征选择适宜的勘察方法和手段。

（2）勘察区广泛分布填土，组成复杂，结构松散，级配不连续，均匀性差，厚度变化也较大，需要查明填土成分、分布和堆积年代，判定地层的均匀性、压缩性和密实度。

（3）要求提供的地基土参数多。因高层建筑基础开挖引起的回弹变形无法忽视，故除要求常规的地基土参数外，还需要提供回弹模量和回弹再压缩模量，增加了现场合理取样的难度。

（4）南侧在建好未来商业中心正进行基坑施工，与本项目相邻的基坑边坡采用了 CFG 桩支护措施，由于两项目相邻基坑开挖面较近，因此对于场地南侧的钻孔实施钻探时增加了极大的难度。

（5）拟建场地南侧在建“好未来中心”的基坑开挖时采用了降水措施，对拟建场地地下水有一定影响，故勘察期间需查明“好未来中心”基坑的降水情况。还需要调查近 3～5 年最高水位及历史最高水位，为抗浮设计提供依据。

（6）场地基本地震烈度高，且存在饱和粉土、粉细砂等地层，可能存在地震液化等不良地质，需要根据孔内原位测试、场地类别、地下水位等判断地震液化的可能及分布范围。

（7）提出合理安全的基坑开挖支护方案。由于本工程东侧为住宅楼，南侧为在建好未来商业中心（图 2），西侧为主干道和轻轨线，交通发达。加之基坑面积较大，单边长度达 150m，对基坑支护方案的设计提出了更高的要求。

图 2　相邻地块基坑开挖示意图

1.3　勘察手段、方法及工作量

本次勘察以钻探为主，共布置勘探孔 59 个，同时进行取样、原位测试（标准贯入试验、动力触探试验、单孔波速测试）、室内试验（常规物理性试验、固结试验、回弹再压缩试验、水质分析、土的易溶盐分析试验）等。工作量见表 2。

勘察工作量　　　　**表 2**

工程地质钻探				原位测试工程物探			室内试验			
钻孔类型	孔数/个	孔深/m	进尺/m	重型动力触探试验/m	标准贯入试验/次	剪切波速试验/孔	原状土样/件	扰动土样/件	水质分析/组	土的易溶盐分析/件
技术孔	31	35～60	1110.2	6.0	285		421	66	3	3
鉴别孔	28	30～50	1435			4			9	
合计	59	30～60	2545.2	6.0	285	4	421	66	12	3

2　场地岩土工程条件

2.1　地形地貌

场地地貌位置属温榆河冲积扇中上部，场地地形略有起伏。勘察期间，拟建场地为露天空地，地表分布有近两年内堆填的不同厚度的杂填土，南侧紧邻在建“好未来商业中心”，见图 3、图 4。钻孔地面标高为 40.53～42.74m。

图 3　拟建场地现状环境照片一

图 4　拟建场地现状环境照片二

2.2　地基土层

拟建场地地面以下 60 m 深度范围内由人工填土层和一般第四纪沉积层构成，从上至下共分为 10 层，为黏性土、粉土和砂土的交互层。典型的工程地质剖面见图 5，场地各层地基土的基本物理力学性质指标见表 3，回弹再压缩模量E_{rs}统计结果见表 4。

地基土物理力学指标平均值　　　　**表 3**

土层名称	含水率	重度	饱和度	孔隙比	塑性指数	液性指数	压缩模量 E_s/MPa				天然快剪 黏聚力	内摩擦角	标准贯入击数
	w /%	γ /（kN/m³）	S_r /%	e	I_P	I_L	P_0～P_0 + 100/kPa	P_0～P_0 + 200/kPa	P_0～P_0 + 300/kPa	P_0～P_0 + 400/kPa	c /kPa	φ /°	N' /击
①杂填土		18.5*									0*	15*	
①$_1$黏质粉土素填土	21.9	19.6	87	0.69	11.6	0.57	3.42	4.53	5.59	6.03	10*	15*	
②黏质粉土—砂质粉土	20.4	19.5	83	0.67	7.8	0.38	7.39	8.73	9.96	10.92	11.3	27.0	10

续表

土层名称	含水率	重度	饱和度	孔隙比	塑性指数	液性指数	压缩模量 E_s/MPa				天然快剪		标准贯入击数
											黏聚力	内摩擦角	
	w /%	γ /（kN/m³）	S_r /%	e	I_P	I_L	P_0～P_0+100/kPa	P_0～P_0+200/kPa	P_0～P_0+300/kPa	P_0～P_0+400/kPa	c /kPa	φ /°	N' /击
②$_1$粉质黏土—重粉质黏土	25.3	19.5	91	0.75	12.3	0.56	5.41	6.42	7.49	8.37	12.7	11.1	5
②$_2$黏土	39.7	18.1	96	1.13	23.3	0.62	4.30	4.84	5.45	5.96	30.0	13.5	
③粉质黏土—重粉质黏土	25.9	19.9	97	0.73	12.8	0.52	7.23	8.40	9.40	10.17	17.1	11.1	4
③$_1$黏质粉土—砂质粉土	23.4	19.8	92	0.71	8.3	0.28	11.24	12.62	14.07	15.09	12.5	25.0	13
③$_2$黏土	40.9	18.2	99	1.14	24.6	0.63	5.38	6.06	6.42	6.78	15.0	10.2	
④细砂		20.5*					25*				0*	28*	27
⑤粉质黏土—重粉质黏土	24.4	20.3	98	0.69	13.4	0.35	9.43	10.50	11.54	12.51	28.9	12.7	7
⑤$_1$黏质粉土—砂质粉土	20.5	20.6	96	0.58	7.1	0.18	21.59	23.60	25.46	27.52	13.9	29.0	15
⑤$_2$黏土	33.3	19.0	98	0.94	21.7	0.46	7.18	7.84	8.56	9.29	29.3	12.6	
⑤$_3$粉细砂		20.5*					25*				0*	28*	23
⑥粉质黏土—重粉质黏土	23.5	20.2	96	0.67	13.3	0.28	10.87	11.90	12.87	13.86			9
⑥$_1$黏质粉土—砂质粉土	21.3	20.3	95	0.61	7.4	0.21	19.38	21.29	22.68	23.96	15.5	28.1	18
⑥$_2$黏土	33.0	18.9	97	0.97	22.5	0.38	8.97	9.71	10.46	11.18	30.0	12.6	
⑥$_3$粉细砂		20.5*					30*						26
⑦黏土—重粉质黏土	30.0	19.4	97	0.89	22.2	0.25	11.40	12.22	13.07	13.93			9
⑦$_1$粉质黏土	21.3	20.6	96	0.61	12.1	0.19	13.73	14.73	15.89	16.97			9
⑦$_2$黏质粉土—砂质粉土	21.1	20.5	96	0.63	7.4	0.18	20.53	22.04	23.46	24.96			19
⑦$_3$粉细砂		21.0*					32*						23
⑧细砂		21.0*					35*						36
⑨砂质粉土—黏质粉土	21.3	20.2	94	0.61	6.3	0.17	29.47	31.98	33.94	35.82			20
⑨$_1$黏土	30.6	19.4	98	0.86	23.5	0.22	13.69	14.21	14.77	15.35			
⑨$_2$粉质黏土	21.1	20.1	90	0.64	11.0	0.15	16.64	17.10	18.24	18.85			9
⑩粉细砂		21.0*					40*						33
⑩$_1$粉质黏土—重粉质黏土	23.5	20.2	95	0.68	15.5	0.22	16.62	17.66	18.69	19.74			10
⑩$_2$黏土	31.6	19.0	96	0.92	25.6	0.17	17.96	18.80	19.77	20.23			

回弹再压缩试验成果统计表　　　　表 4

ΔP = 200kPa					
土层名称	回弹模量E_e/MPa	回弹再压缩模量E_{rs}/MPa			
	P_0～(P_0 − ΔP) /kPa	(P_0 − ΔP)～P_0 /kPa	P_0～(P_0 + 100) /kPa	P_0～(P_0 + 200) /kPa	P_0～(P_0 + 300) /kPa
⑤粉质黏土—重粉质黏土	60.85	26.87	13.29	14.31	14.94
⑤$_1$黏质粉土—砂质粉土	90.50	77.61	38.81	39.68	40.47
⑤$_2$黏土	60.4	17.46	12.66	13.01	14.44

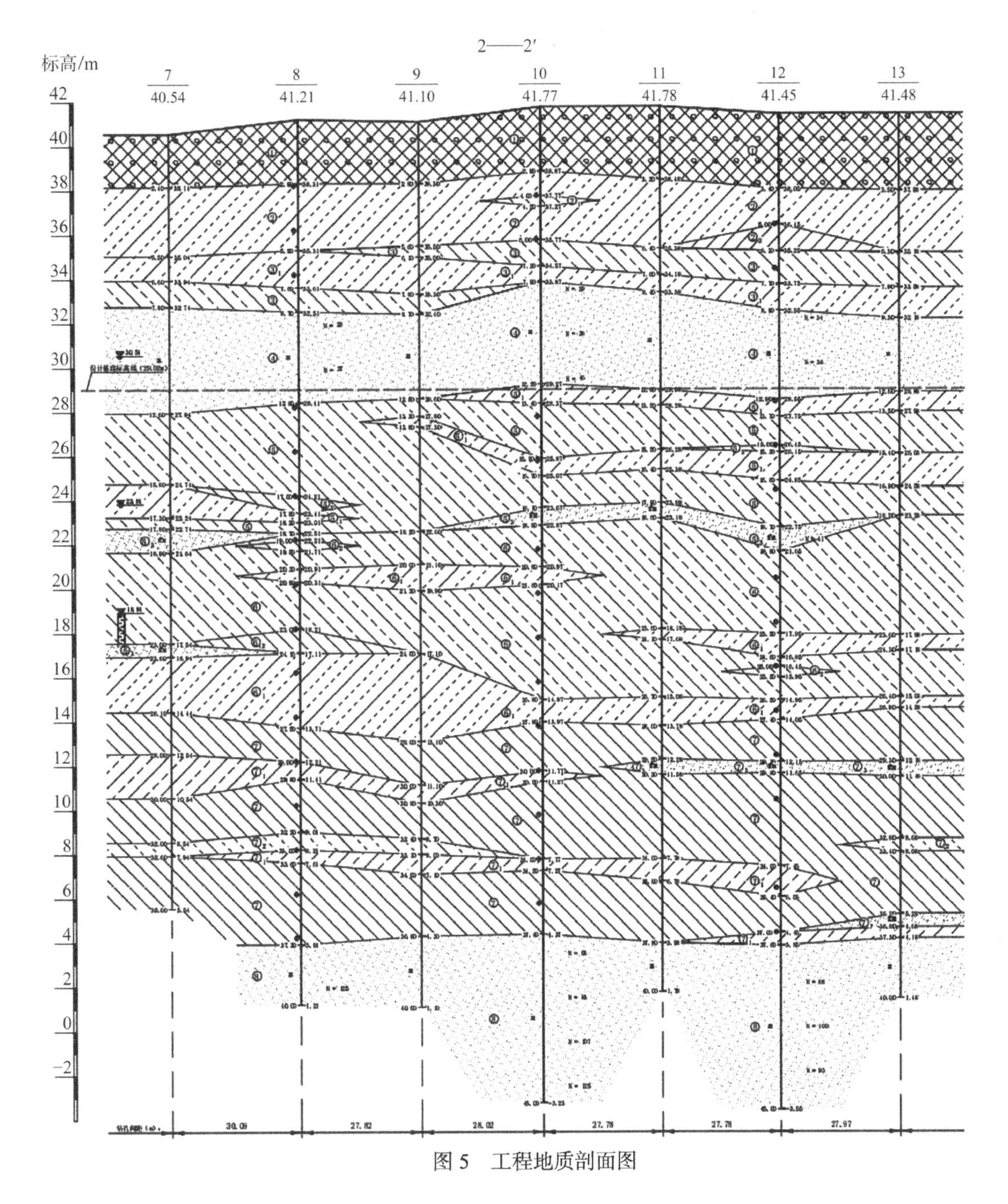

图 5　工程地质剖面图

2.3　水文地质条件

根据勘察报告，拟建场地三层地下水。第一层地下水类型为潜水，稳定水位埋深为 10.00～11.90m，水位标高为 29.78～30.54m，含水层主要④粉细砂；第二层地下水类型为层间水，含水层主要为⑤$_1$黏质粉土—砂质粉土和⑤$_3$粉细砂，稳定水位埋深为 16.10～18.20m，水位标高为 23.78～24.59m；第三层地下水类型为微承压水，含水层主要为⑥$_1$黏质粉土—砂质粉土和⑥$_3$粉细砂，地下水头距地面的距离为 21.60～22.80m，水头标高为 18.89～19.36m。勘察期间地下水水位观测成果见表 5。

场地地下水水位观测成果表　　表 5

孔号	第一层水（潜水）		第二层水（层间水）		第三层水（微承压水）	
	埋深/m	标高/m	埋深/m	标高/m	埋深/m	标高/m
7 号	10.00	30.54	16.70	23.84	21.60	18.94
39 号	11.90	30.26	18.20	23.96	22.80	19.36
43 号	11.20	29.78	17.20	23.78	21.70	19.28
59 号	10.90	29.79	16.10	24.59	21.80	18.89

拟建场地南侧在建“好未来中心”的基坑开挖采用了降水措施，对拟建场地地下水有一定影响，待其停止降水后，拟建场地地下水会有一定幅度的上升。

根据资料，本场地历年（1959年以来）最高地下水水位标高接近自然地面，近3～5年最高地下水水位标高为37.00m左右（不包含上层滞水）。

各土层的渗透系数k参考表6。

各土层渗透系数k 表6

土层名称	k/（m/d）	土层名称	k/（m/d）
人工填土	1.00	黏质粉土	0.30
细砂	8.00	粉质黏土	0.10
粉细砂	5.00	重粉质黏土	0.05
砂质粉土	0.80	黏土	0.01

3 场地抗震设计条件

3.1 抗震设防烈度

场地抗震设防烈度为8度，设计基本地震加速度值为0.20g，设计地震分组为第二组[1]。

3.2 建筑场地类别

根据波速测试结果，场地自然地面以下20.00m深度内土层的等效剪切波速V_{se}值为213.66～215.76m/s，因场地覆盖层厚度大于50m，经判定，建筑场地类别为Ⅲ类[1]。

3.3 地基土液化判别

根据勘察所取得的标准贯入试验实测值及黏粒含量数据，地下水位深度d_w按历年最高地下水位标高（自然地面）取值，经计算分析后判定，在地震烈度为8度时，场地地基土不液化，因而该场地为非液化场地。

4 岩土工程条件的分析评价

4.1 场地不良地质作用评价

（1）地面沉降

拟建场地位于北京市北郊的昌平沙河—八仙庄地面沉降中心的西南侧，根据收集到的沉降观测资料，截至2020年底，拟建场地累计区域沉降量约为800mm，沉降速率约为40～50mm/a。虽然本工程所在地区属于北京市地面沉降区域，但对本工程建设场地地基稳定性基本无影响。鉴于地面沉降主要由抽取地下水引起，建议基础设计应根据地下水位与桩基关系，避免沉降引起负摩阻力对桩基承载力产生影响。

（2）地震液化

根据现场调查、收集资料、剪切波速、标准贯入等综合勘察成果，场地内粉土、粉砂、细砂等均不存在地震液化现象。

4.2 特殊性岩土评价

拟建场地除人工填土层外无其他特殊性岩土。场地内人工填土普遍分布，人工填土层具有土质不均、结构松散、工程性质差的特点，如遇降雨、雨污水管线渗漏，易形成空洞，不经处理不宜作为地基持力层，并在基坑支护方案设计、施工时，须考虑人工填土对基坑支护的不利影响。本次勘察采用钻孔、孔内动力触探等手段查明了填土分布范围、厚度，并通过颗粒分析查明了物质组成。施工中应加强验桩验槽，避免个别段落填土厚度不均而导致基底位于不均匀填土中，必要情况下可以采用荷载试验进一步查清其承载力情况。

4.3 场地稳定性、适宜性、均匀性评价

拟建场地属稳定场地，适宜本工程建设。场地地基土层属同一地质单元，地层成层条件较好，可按均匀地基考虑。

4.4 水土腐蚀性评价

拟建场地浅层地基土对混凝土结构及对钢筋混凝土结构中的钢筋均具微腐蚀性[2]。

在干湿交替作用下，拟建场地三层地下水对混凝土结构均具微腐蚀性；在干湿交替作用下，对钢筋混凝土结构中的钢筋均具弱腐蚀性，腐蚀介质为氯化物[2]。

4.5 各土层地基承载力

各土层的承载力标准值f_{ak}可按表7所列数值采用。

各土层承载力标准值 f_{ak} 表7

土层名称	f_{ak}/kPa	土层名称	f_{ak}/kPa
②黏质粉土—砂质粉土	150	⑥$_2$黏土	170
②$_1$粉质黏土—重粉质黏土	130	⑥$_3$粉细砂	250

续表

土层名称	f_{ak}/kPa	土层名称	f_{ak}/kPa
②$_2$黏土	120	⑦黏土—重粉质黏土	190
③粉质黏土—重粉质黏土	150	⑦$_1$粉质黏土	200
③$_1$黏质粉土—砂质粉土	170	⑦$_2$黏质粉土—砂质粉土	220
③$_2$黏土	130	⑦$_3$粉细砂	250
④细砂	230	⑧细砂	260
⑤粉质黏土—重粉质黏土	160	⑨砂质粉土—黏质粉土	230
⑤$_1$黏质粉土—砂质粉土	180	⑨$_1$黏土	180
⑤$_2$黏土	150	⑨$_2$粉质黏土	210
⑤$_3$粉细砂	240	⑩粉细砂	280
⑥粉质黏土—重粉质黏土	180	⑩$_1$粉质黏土—重粉质黏土	220
⑥$_1$黏质粉土—砂质粉土	200	⑩$_2$黏土	200

5 岩土工程问题分析与解决方案

5.1 地基基础方案与建议

（1）地基基础方案

场地内工程地质条件较复杂，岩土种类多，很不均匀，性质变化大，在采用适宜的勘察方法和手段查明了不同岩土物理力学特征的前提下，提出了地基基础方案。

拟建建筑物基底埋深为 13.28m，地基直接持力层为④、⑤、⑤$_1$、⑤$_2$，地基综合承载力建议值为 150kPa。

对办公 A 座和办公 B 座，建议采用水泥粉煤灰碎石（CFG）桩复合地基；对商业楼，当经过验算分析，承载力或变形可满足设计要求时，可考虑采用天然地基方案，若承载力和变形不满足设计要求时建议采用水泥粉煤灰碎石（CFG）桩复合地基；对纯地下车库，建议采用天然地基（抗拔桩或抗拔锚杆）方案，对于地下车库坡道部位若基底下存在人工填土时，须将其挖除，采用 3∶7 灰土分层夯实回填至设计基底标高，压实系数 ≥ 0.95，地基综合承载力标准值按 120kPa 考虑。

当采用水泥粉煤灰碎石（CFG）桩复合地基方案时，建议商业楼以⑦黏土—重粉质黏土及其亚层作为桩端持力层；办公 A 座和办公 B 座以⑧粉细砂作为桩端持力层。在复合地基设计估算地基承载力时，各土层桩的极限侧阻力标准值q_{sik}及桩的极限端阻力标准值q_{pk}按表 8 所列数值参考选用。

各土层桩的极限侧阻力标准值 q_{sik}、桩的极限端阻力标准值 q_{pk} 及抗拔系数 λ **表 8**

土层名称	q_{sik}/kPa	λ	土层名称	q_{sik}/kPa	q_{pk}/kPa	λ
④细砂	65	0.50	⑥$_2$黏土	60	—	0.70
⑤粉质黏土—重粉质黏土	60	0.70	⑥$_3$粉细砂	65	—	0.50
⑤$_1$黏质粉土—砂质粉土	65	0.70	⑦黏土—重粉质黏土	65	700	0.75
⑤$_2$黏土	60	0.70	⑦$_1$粉质黏土	65	750	0.72
⑤$_3$粉细砂	65	0.50	⑦$_2$黏质粉土—砂质粉土	70	800	0.72
⑥粉质黏土—重粉质黏土	65	0.70	⑦$_3$粉细砂	70	850	0.55
⑥$_1$黏质粉土—砂质粉土	65	0.72	⑧细砂	75	1000	0.55

（2）地基基础方案技术建议

在确定经深宽修正的地基承载力标准值f_a和进行软弱下卧层验算时，须按《北京地区建筑地基基础勘察设计规范》（2016 年版）DBJ

11—501—2009的有关内容进行计算分析，应充分考虑本工程不同建筑部分之间基础的相互影响问题。

因办公楼、商业楼与纯地下车库位于同一底板上，不同建筑的荷载相差较大，设计时应按上部结构、基础与地基的共同作用进行地基基础变形分析计算。

纯地车库及商业裙楼基础砌置较深，且竖向荷载较小，应充分考虑其抗浮稳定性问题。若经验算其抗浮能力存在不足，建议加大结构自重（配重）、设置顶面覆土或采用抗拔桩等措施以提高其抗浮能力。

5.2　基坑开挖支护建议

由于本工程东侧为住宅楼，南侧为在建好未来商业中心，西侧为主干道和轻轨线，交通发达。加之基坑面积较大，单边长度达约150m，对基坑支护方案的设计提出了更高的要求。基坑支护结构的等级可按一级考虑。

（1）基坑支护建议

由于建筑物基槽开挖较深，根据场地条件，建议采用桩锚体系或其他安全有效的支护方式进行边坡支护。在进行支护方案的设计时，应充分考虑基坑支护深度范围地层在水平向和垂直向分布的复杂性，熟悉场地周边环境情况，提出安全合理的支护方案。

各土层与土钉锚固体极限粘结强度标准值可按表9，表10所列数值采用。

各土层与锚固体极限粘结强度标准值 q_{sk}　表9

土层名称	q_{sk}/kPa	土层名称	q_{sk}/kPa
①杂填土	16	⑤粉质黏土—重粉质黏土	55
①$_1$粉土素填土	18	⑤$_1$黏质粉土—砂质粉土	60
②黏质粉土—砂质粉土	50	⑤$_2$黏土	50
②$_1$粉质黏土—重粉质黏土	45	⑤$_3$粉细砂	65
②$_2$黏土	40	⑥粉质黏土—重粉质黏土	55
③粉质黏土—重粉质黏土	50	⑥$_1$黏质粉土—砂质粉土	60
③$_1$黏质粉土—砂质粉土	55	⑥$_2$黏土	55
③$_2$黏土	45	⑥$_3$粉细砂	65
④细砂	60		

各土层与土钉锚固体极限粘结强度标准值 q_{sk} 表10

土层名称	q_{sk}/kPa	土层名称	q_{sk}/kPa
①杂填土	16	⑤粉质黏土—重粉质黏土	55
①$_1$粉土素填土	18	⑤$_1$黏质粉土—砂质粉土	55
②黏质粉土—砂质粉土	45	⑤$_2$黏土	50
②$_1$粉质黏土—重粉质黏土	45	⑤$_3$粉细砂	60
②$_2$黏土	40	⑥粉质黏土—重粉质黏土	55
③粉质黏土—重粉质黏土	50	⑥$_1$黏质粉土—砂质粉土	55
③$_1$黏质粉土—砂质粉土	50	⑥$_2$黏土	50
③$_2$黏土	45	⑥$_3$粉细砂	60
④细砂	55		

（2）施工监测

为保证基础施工的顺利进行，减少和控制施工期间对周边环境带来不利影响，应加强对建筑施工和周围环境的监测，以指导施工时采取相应措施，防患于未然。

5.3　基坑地下水处理

拟建场区周边环境条件、工程地质与水文地质条件复杂，深基坑开挖及基础工程施工期间，如何有效地查明地下水赋存条件、基坑开挖涌水量、控制地下水和保证基坑施工及周边环境的安全是本工程基坑工程施工中应解决的首要问题。

1）查明水文地质条件

勘察中，采用走访调查、收集附近工程资料、勘探孔内初见水位和稳定水位测量确定了上层滞水、潜水和多层承压水的水位。并通过收集好未来商业中心等基坑降水设计资料获取了同等地层条件的渗透系数等参数，为基坑涌水量预测和基坑排水设计提供了依据。

2）地下水控制方法

地下水的处理有多种可行的方法，从降水方式来说可总分为止水法和排水法两大类。止水法，即通过有效手段，在基坑周围形成止水帷幕，将地下水止于基坑之外，如沉井法、灌浆法、地下连续墙等；排水法是将基坑范围内地表水与地下水排除，如明沟排水、井点降水等。止水法相对来说成本较高，施工难度较大；井点降水施工简便、操作技术易于掌握。

一般情况下，在选择降水方案时，应考虑施工现场的地质条件和环境因素。一是要保证基坑内正常施工作业；二是要防止基坑外地下水位下降对周边已建建筑物、管线、道路造成的各种危害。此外，降水方案有时会受到场地、文明施工等因素的限制。为了达到良好的降水效果，有时需要同时使用多个降水方案。

本项目拟建建筑物基础位于地下水位以下，需采取适当的地下水控制措施。根据地质资料得知，场地地下水属第四系孔隙潜水，主要补给源为大气降水，地下水受季节性影响较大。场内地水位较高，含水层主要④粉细砂，水量较大，本项目基坑降水方案采用了止水帷幕法与井点降水结合使用，即在基坑周边采用高压旋喷桩止水帷幕，并在深基坑内布置井点进行排水。

3）施工中遇到问题及原因分析

施工中，在办公 B 座集水坑开挖至 1.5m 时，由于层间水存在，粉细砂和粉土存在，水渗流过程中细颗粒一起流出，导致深坑集水坑边坡无法成形。现场情况如图 6 所示。

图 6　电梯井基坑渗水

综合现场情况和地勘成果资料，分析原因如下：

（1）本工程基坑深度约 14.0m，基底位于⑤层，以黏性土为主，该层夹粉土、粉细砂层。根据地勘成果，该部位深坑靠近 4 剖面的 23 号、24 号钻孔，平面图和剖面图如图 7、图 8 所示。该层赋存层间水，局部分布，有些连通，有些封闭，类似于“水囊”（图 9）。本层土出水慢，疏干见效慢，地下水需要时间渗流。

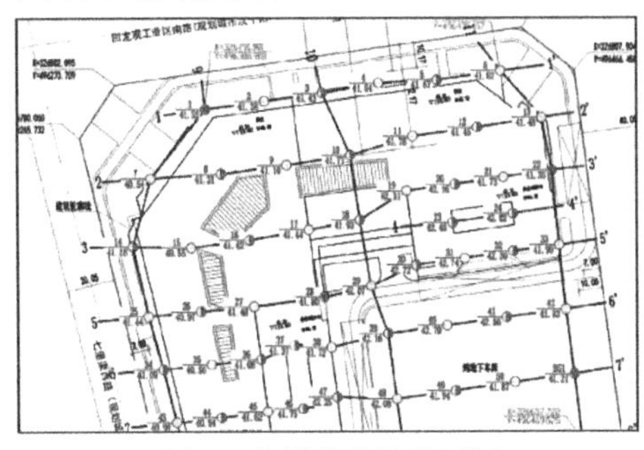

图 7　电梯井基坑位置图

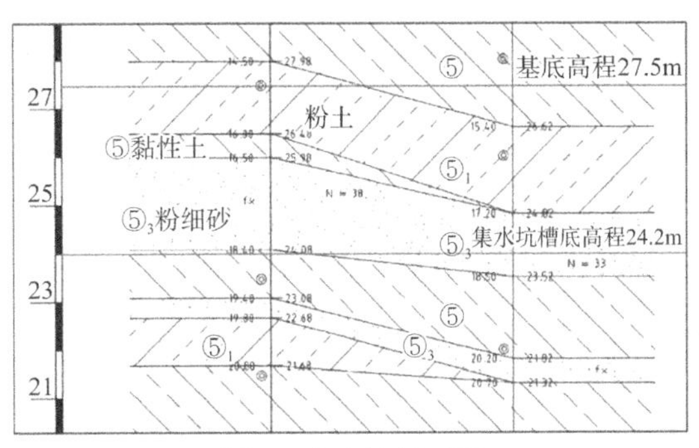

图 8　集水坑剖面图

（2）帷幕属截水措施，坑内排水须疏干井与明排相结合。由于黏性土保水性好，难以像砂土一样直接把空隙中的水排得很干净，地基土很难干燥，施工中明排效果不好。

（3）后期抗浮锚杆、CFG 桩施工过程中，由于锚杆和 CFG 桩长度自基底约 12～20m，⑤层的粉土和粉细砂的层间水贯通、⑥层的粉土、粉细砂层的微承压水贯通，外围水可以补给。

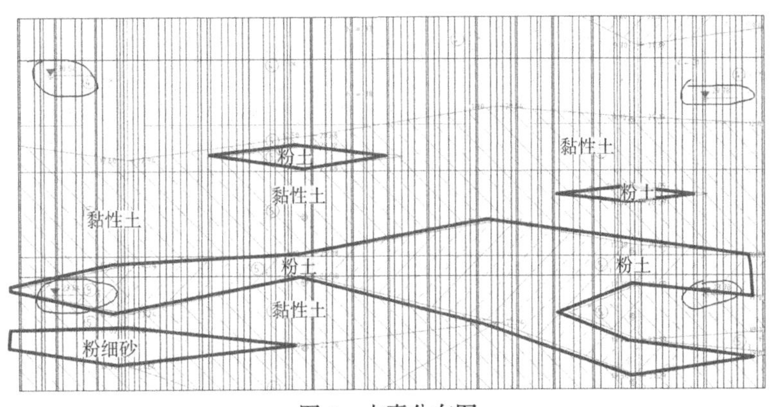

图 9　水囊分布图

（4）针对问题提出的解决方案

①在坑内设置排水沟汇水，坑内泵抽加人工排水措施；

②抗浮锚杆区域若涌水返水严重，在远离锚杆区域用水钻设置排水孔，填碎石滤料，也充当减压井的作用；

③排查现存疏干井数量，降排水工作不停歇，确保坑内主体结构的持续施工，满足抗浮稳定要求；

④若采取如上措施依然没有效果，可通过水钻成孔 150mm，设置 114mm 钢管，设置花孔，周边填滤料，小型杆泵进行坑内抽水，确保水位低于最深集水坑基底标高约 500mm；围绕办公楼 B 楼深集水坑设置一圈钢管井，共计 17 口钢管井，钢管井平面布置图、剖面示意图及剖面布置图见图 10、图 11。

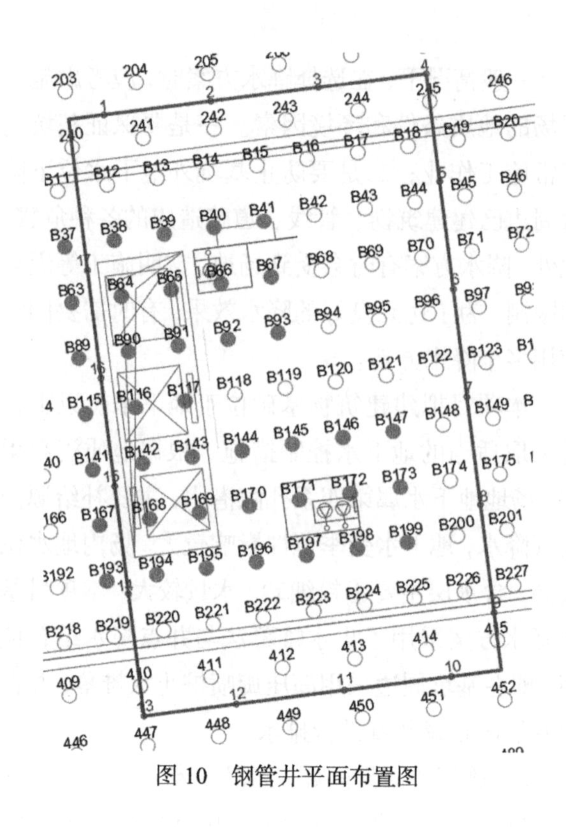

图 10 钢管井平面布置图

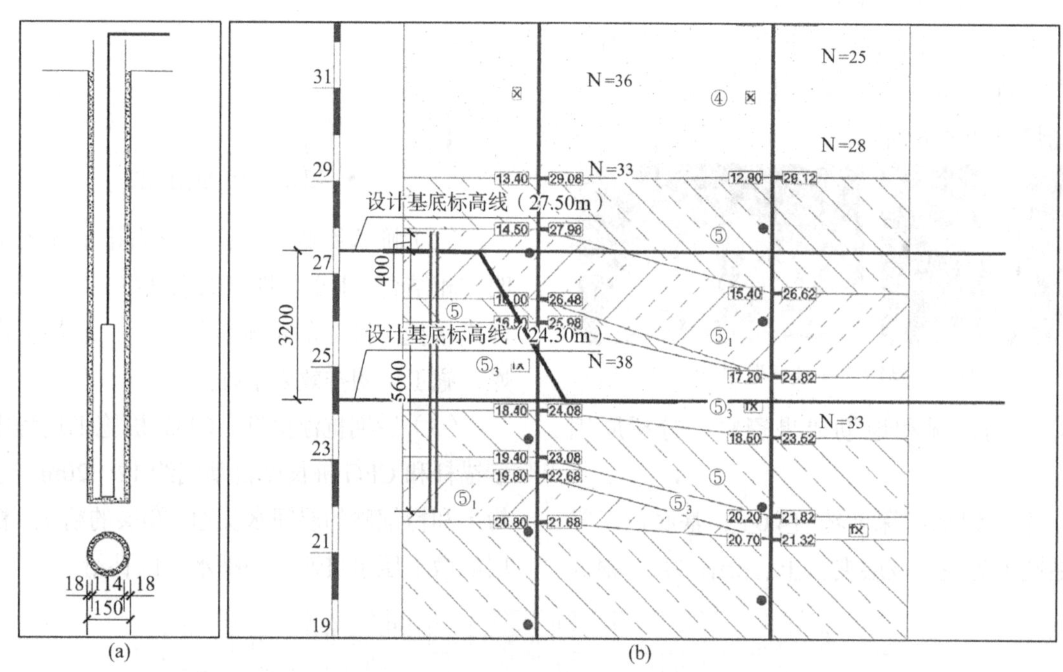

图 11 钢管井剖面示意图和剖面布置图

6 结语

（1）本工程采用多种原位测试和室内试验，取得大量的实测数据，查明了地基土层的分布规律及其物理力学性质，尤其是地面沉降、地震液化等不良地质作用发育特征和填土等特殊性岩土的分布规律，为地基基础设计、地基处理及基坑支护提供可靠的地质资料。现场开挖揭示，场地工程地质与勘察一致。

（2）查明场地地下水埋深及分布规律，提出合理的抗浮设防水位建议值。

（3）查明场地水文地质要素，为基坑涌水量计算和排水措施选用提供充足依据。

（4）基坑施工中出现边坡无法成型问题后，根据勘察成果提出了问题产生原因，提出了综合处理措施，现场把深坑集水坑残留层间水疏干，水位得到控制，流泥、流砂的现象也仅有少量出现，改善了施工条件，确保集水坑顺利开挖，缩短了工期，保证了工程质量与安全。

（5）现场采用钻探、物探、原位测试、室内试验、工程类比法等综合勘察方法，查明了场地的工程地质和水文地质条件，采用的勘察方法及遇到问题分析、解决问题的方式，都可为今后同类工程提供借鉴。

参考文献

[1] 住房和城乡建设部. 建筑抗震设计规范(2016 年版): GB 50011—2010[S]. 北京：中国建筑工业出版社，2016.

[2] 建设部. 岩土工程勘察规范(2009 年版): GB 50021—2001[S]. 北京：中国建筑工业出版社, 2009.

北京某建设场地深厚填土勘察实录

刘　岩[1]　林忠伟[1]　商晓旭[1]　逯朋雷[1]　李宝强[1]　查　力[2]

（1. 中兵勘察设计研究院有限公司，北京　100053；2. 航天规划设计集团有限公司，北京　100162）

1　引言

随着国家的日益发展，城市范围也在日益扩大。城市由以前的中心逐步向四周扩张，城市周边早期规划的垃圾填埋场、采砂场等不良条件的区域现在正逐渐成为建设用地。此类场地往往存在深厚的人工填土，土质情况较差，地基持力层不均匀，对勘察工作有很高的要求。如何进行有效的勘察工作，是此类场地进行建设的关键。本文通过北京某场地深厚填土的勘察详细介绍此类场地的勘察实施情况，为类似工程提供相关参考。

2　工程概况

本工程位于北京市朝阳区崔各庄乡奶东村。拟建场地原为采砂场，后采砂留下的深坑被堆填了不同的建筑垃圾及生活垃圾。拟建工程总用地规模 242400m²，总建设用地规模 104400m²，地上控制规模 156600m²。拟建建筑为公共建筑，地上2～8层，地下3层，基础埋深约11.0m，最大高度30.00m。拟采用框架结构，筏形基础。拟建建筑物概况见表1。

拟建建筑物概况表　　表1

地块名称	建筑名称	层数	高度/m	±0.000/m	基础埋深/m	结构形式	基础形式
29-337地块	1号绿隔产业用房	地上3层，地下3层	12.0	39.40	约10.0	框架	筏形
	2号绿隔产业用房	地上2层，地下3层	12.0	39.40	约10.0	框架	筏形
	3号绿隔产业用房	地上2层，地下3层	12.0	39.40	约10.0	框架	筏形
	4号绿隔产业用房	地上2层，地下3层	12.0	39.20	约10.0	框架	筏形
	5号绿隔产业用房	地上2层，地下3层	12.0	39.20	约10.0	框架	筏形
	6号绿隔产业用房	地上2层，地下3层	12.0	39.00	约10.0	框架	筏形
	7号绿隔产业用房	地上2层，地下3层	12.0	39.00	约10.0	框架	筏形
	8号绿隔产业用房	地上8层，地下3层	30.0	38.50	约10.0	框架	筏形
	9号绿隔产业用房	地上8层，地下3层	30.0	38.60	约10.0	框架	筏形
	10号绿隔产业用房	地上8层，地下3层	30.0	38.60	约10.0	框架	筏形
	纯地下车库	地下3层	—	39.00	约10.0	—	筏形
29-338地块	1号绿隔产业用房	地上4层，地下2层	27.0	40.1	10.2	框架	筏形
	2号绿隔产业用房	地上3层，地下2层	26.7	40.1	10.2	框架	筏形
	3号绿隔产业用房	地上5层，地下2层	24.0	40.1	10.2	框架	筏形
	4号绿隔产业用房	地上5层，地下2层	24.0	40.1	10.2	框架	筏形
	5号绿隔产业用房	地上5层，地下2层	24.0	40.1	10.2	框架	筏形
	6号绿隔产业用房	地上5层，地下2层	24.0	40.1	10.2	框架	筏形
	7号绿隔产业用房	地上5层，地下2层	24.0	40.1	10.2	框架	筏形
	8号绿隔产业用房	地上5层，地下2层	24.0	40.1	10.2	框架	筏形
	9号绿隔产业用房	地上7层，地下2层	30.0	40.1	10.2	框架	筏形
	10号绿隔产业用房	地上7层，地下2层	30.0	40.1	10.2	框架	筏形
	11号绿隔产业用房	地上8层，地下2层	30.0	40.1	10.2	框架	筏形
	12号绿隔产业用房	地上6层，地下2层	26.7	40.1	10.2	框架	筏形
	13号绿隔产业用房	地上5层，地下2层	23.5	40.1	10.2	框架	筏形
	纯地下车库	地下2层	—	40.1	10.2	—	筏形

本工程勘察过程中，发现场地存在深厚人工填土，其厚度不一，最大厚度 33.10m，堆填年代差异较大，为随意无序堆填。均匀性很差，物理力学性质差异很大。

3 岩土工程勘察等级

根据《岩土工程勘察规范》（2009 年版）GB 50021—2001[1]岩土工程勘察分级标准，本工程重要性等级为二级（一般工程），场地复杂程度为二级（中等复杂场地），地基复杂程度为一级（复杂地基）。综合评判，本工程岩土工程勘察等级确定为甲级。

4 勘察方案

4.1 勘察任务

根据勘察技术要求及场地岩土工程条件，确定勘察任务如下：

（1）查明场地地基土的组成、分布及其物理力学性质，并对地基承载力作出评价；

（2）查明场地地下水的分布、类型、水位，评价地下水对工程的影响；

（3）查明场地人工填土的来源、填积年限和填积方式；

（4）查明人工填土的分布、厚度、物质成分、均匀性、密实性等特征；

（5）查明场地建筑抗震设计条件；

（6）查明场地有无不良地质作用及其危害程度，对不良地质作用提出防治措施；

（7）对地基基础方案提出建议，并提供基坑支护设计参数。

4.2 勘察工作量

勘察工作开始前，根据设计单位提供的设计条件，依据《岩土工程勘察规范》（2009 年版）GB 50021—2001[1]相关规定布置工作量，共布置钻孔 132 个。具体钻孔布置情况见图 1。

勘察时，发现场地存在深厚人工填土，人工填土厚度不一，且分布十分不均匀，故对勘察方案进行调整。依据《北京地区建筑地基基础勘察设计规范》（2016 年版）DBJ 11—501—2009[2]第 6.2.1 节第 6 条，同一建筑物范围内的主要地基持力层或有影响的下卧层起伏变化较大时，应补点查清其起伏变化情况；第 6.2.2 节第 1 条，控制性勘探孔深度应超过地基变形计算深度；第 6.2.2 节第 2 条，一般性勘探孔应能控制地基主要受力层。对钻孔数量和深度进行了优化调整，确定了最终的勘察工作量（表 2）。

本工程采用了标准贯入试验、重型圆锥动力触探试验、波速测试试验等多种原位测试手段对各层岩土进行外业现场试验；室内采用常规物理力学性质试验、直接剪切试验、三轴试验（UU 及 $\overline{CU}$）以及土的易溶盐分析试验和水质分析试验对各层岩土进行物理力学试验。

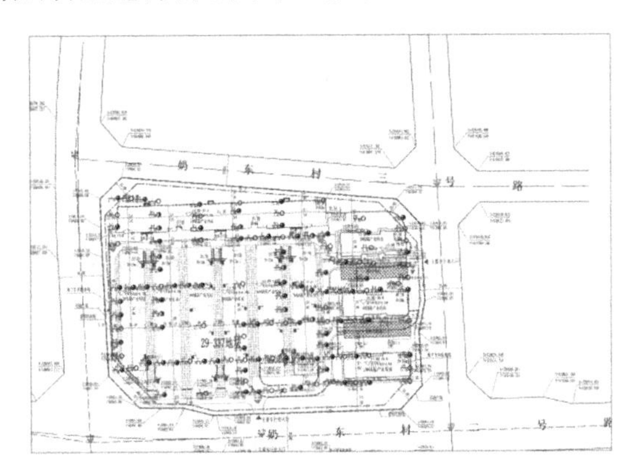

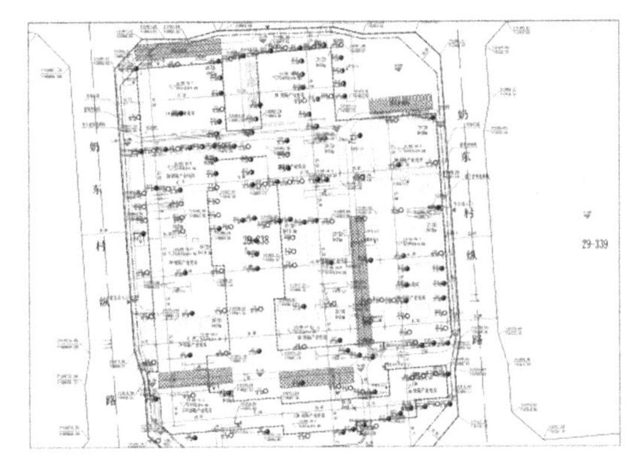

图 1 钻孔平面布置图

勘察工作量表 **表 2**

钻孔类型	孔数/个	孔深/m	进尺/m
鉴别孔	141	4～53	3205
技术孔	155	7～58	4376.5
合计	296		7581.5

5 场地岩土工程条件

5.1 地形地貌

场地地貌单元属温榆河洪冲积扇中部，现状

地形基本平坦。钻孔地面标高为36.52～44.07m。

5.2 地基土层

根据本次现场钻探地层揭露、原位测试及土工试验成果，按照各地基土层的工程特性，将地层分为7大层及若干亚层：①层为人工填土层；②～⑦层为一般第四纪沉积土层。

（1）人工填土层

①杂填土：杂色，湿，松散—稍密，以碎石、碎砖、灰渣和黏性土等为主，成分不均，较多建筑垃圾，局部为生活垃圾，部分位置生活垃圾含量达30%～70%。本大层及其亚层厚1.20～33.10m，层底标高6.93～37.60m。

$①_1$黏质粉土填土：黄褐色，稍湿—湿，稍密—中密，含少量砖渣、白灰渣、碎石等。层厚0.40～15.30m。

（2）一般第四纪沉积土层

②黏质粉土—砂质粉土：褐黄色—灰色，湿，中密—密实，含少量云母、氧化铁。夹粉质黏土—重粉质黏土$②_1$、黏土$②_2$薄层及透镜体。本大层及其亚层厚0.50～14.60m，层底标高20.30～27.34m。

$②_1$粉质黏土—重粉质黏土：褐黄色，局部灰色，很湿，可塑，含少量云母、氧化铁。层厚0.50～7.00m。

$②_2$黏土：褐黄色，局部灰黄色，很湿，可塑—软塑，含少量云母、氧化铁。层厚0.70～6.00m。

③粉质黏土—重粉质黏土：灰黄色—褐黄色，很湿，可塑，含少量云母、氧化铁。夹黏土$③_1$、黏质粉土$③_2$、粉细砂$③_3$薄层及透镜体。本大层及其亚层厚0.70～11.20m，层底标高11.84～21.07m。

$③_1$黏土：褐黄色，很湿，可塑，含少量云母、氧化铁。层厚0.50～7.00m。

$③_2$黏质粉土：褐黄色，很湿，中密—密实，含少量云母、氧化铁。层厚0.50～6.10m。

$③_3$粉细砂：褐黄色，湿，密实，主要成分为长石、石英。层厚1.40～1.90m。

④粉细砂：褐黄色，局部灰色，湿，中密，主要成分为长石、石英。钻探部分钻孔未揭露本层层底，揭露本层最大厚度4.70m，揭露最低标高11.31m。

⑤黏土—重粉质黏土：褐黄色，局部黄灰色，很湿，可塑，含少量云母、氧化铁。夹粉质黏土$⑤_1$、黏质粉土—砂质粉土$⑤_2$薄层及透镜体。钻探部分钻孔未揭露本层层底，揭露本层最大厚度9.80m，揭露最低标高4.81m。

$⑤_1$粉质黏土：褐黄色，局部灰黄色，很湿，可塑，含少量云母、氧化铁。层厚0.30～2.30m。

$⑤_2$黏质粉土—砂质粉土：褐黄色，局部灰黄色，湿，密实，含少量云母、氧化铁。层厚0.70～2.70m。

⑥粉细砂：褐黄色—灰黄色，很湿，密实，主要成分为长石、石英。夹粉质黏土$⑥_1$、黏质粉土$⑥_2$、有机质黏土$⑥_3$薄层及透镜体。钻探部分钻孔未揭露本层层底，揭露本层最大厚度15.00m，揭露最低标高−5.25m。

$⑥_1$粉质黏土：灰黄色，很湿，可塑，含少量云母、氧化铁。层厚0.40～1.90m。

$⑥_2$黏质粉土：灰黄色，很湿，密实，含少量云母、氧化铁。层厚0.80～1.70m。

$⑥_3$有机质黏土：灰色，局部灰黑色，很湿，可塑，含少量云母、有机质，有机质含量4.4%～7.1%。层厚0.90～7.40m。

⑦粉细砂：灰色，很湿，密实，主要成分为长石、石英，$⑦_1$夹粉质黏土、$⑦_2$黏土薄层及透镜体。钻探未揭露本层层底，揭露本层最大厚度12.00m，揭露最低标高−16.37m。

$⑦_1$粉质黏土：灰色，很湿，可塑，含少量云母、氧化铁。层厚1.40m。

$⑦_2$黏土：灰色，很湿，可塑，含少量云母、氧化铁。层厚0.80m。

场地典型地质剖面见图2，人工填土厚度等值线图见图3，各地基土层物理力学性质见表3，各地基土层承载力标准值和桩的侧阻力、端阻力标准值见表4。

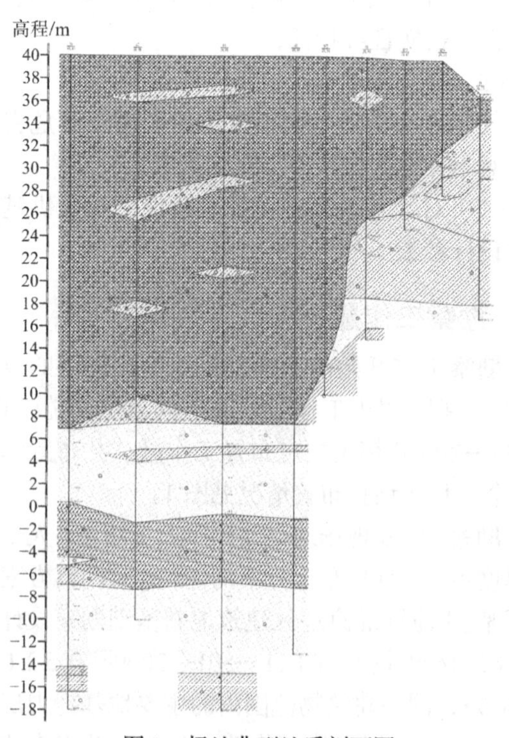

图2 场地典型地质剖面图

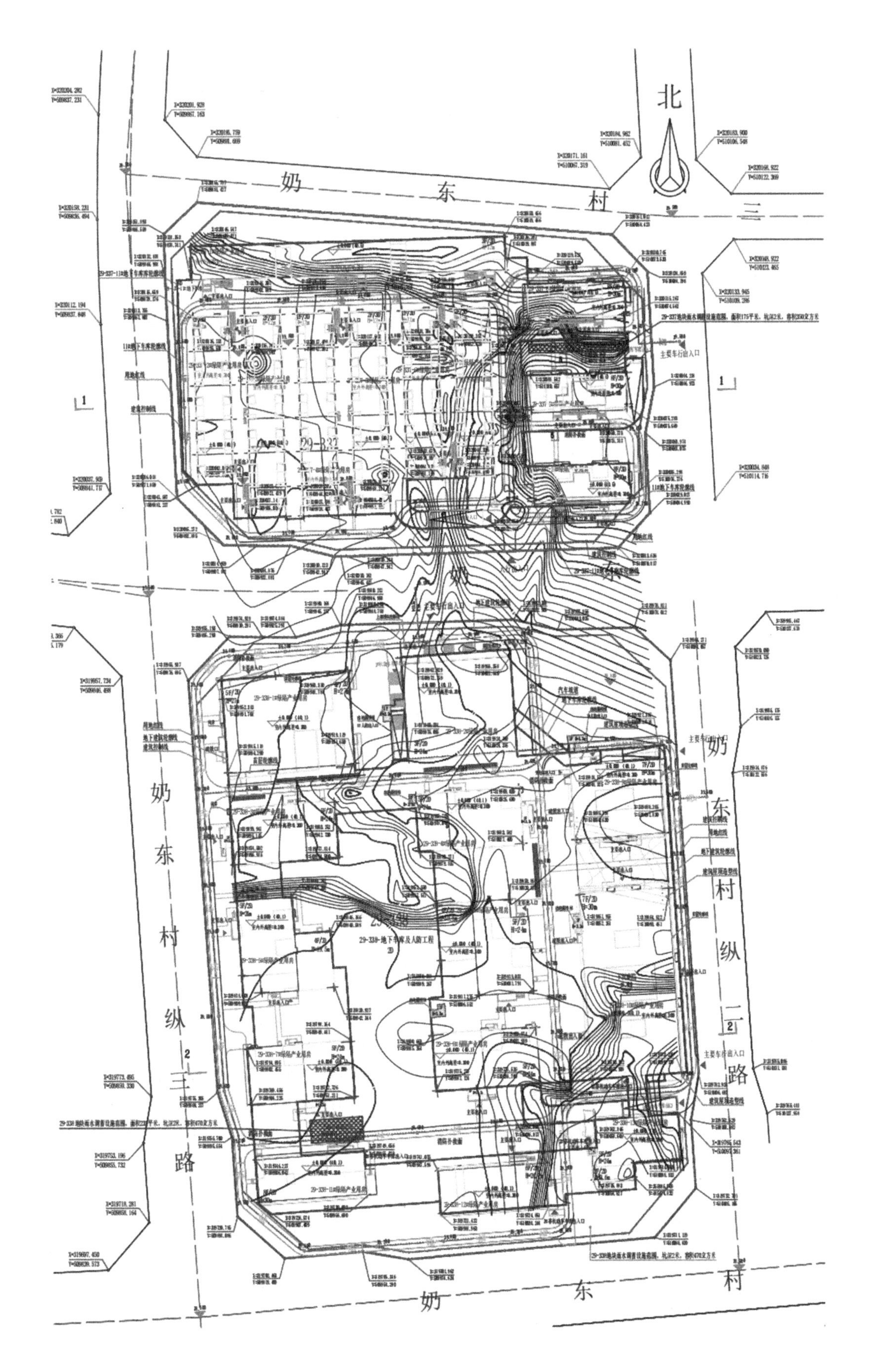

图 3　场地人工填土厚度等值线图

各地基土层物理力学性质指标表 **表 3**

地层名称	w /%	γ/(kN/m^{-3})	e	S_r /%	w_L /%	I_P	I_L	E_s/MPa			c /kPa	φ /°	c_u /kPa	φ_u /°	c_{cu} /kPa	φ_{cu} /°	c' /kPa	φ' /°
								P_0～P_0+100/kPa	P_0～P_0+200/kPa	P_0～P_0+300/kPa								
①杂填土		19.0									5.0	10.0						
①$_1$黏质粉土填土	22.4	19.8	0.684	89	28.1	10.0	0.41	6.68	7.85	11.51	14.11	21.19	21.21	6.61	13.83	34.10	17.33	33.97
②黏质粉土—砂质粉土	21.4	20.4	0.602	96	26.2	7.7	0.38	10.90	12.64	15.79	11.71	27.23						
②$_1$粉质黏土—重粉质黏土	22.7	20.5	0.606	97	29.0	11.6	0.49	7.23	8.32	9.80	20.63	17.38						
②$_2$黏土	35.0	18.8	0.976	97	43.3	20.4	0.60	5.22	5.96	6.96	23.18	5.60	35.0	18.8				
③粉质黏土—重粉质黏土	21.1	20.7	0.576	97	29.4	12.1	0.33	10.56	11.62	12.44	25.75	18.90	20.00	3.15				
③$_1$黏土	31.5	19.3	0.925	98	44.7	21.3	0.37	8.67	9.39	10.23	22.00	4.93						
③$_2$黏质粉土	19.8	20.6	0.573	94	26.8	7.9	0.17	16.49	18.32	22.08	10.0	20.0						
③$_3$细砂		20.5						30.0			0	30.0						
④粉细砂		20.5						30.0			0	30.0						
⑤黏土—重粉质黏土	28.2	19.6	0.776	97	41.2	19.6	0.34	10.23	11.16	11.68	25.0	10.0	22.0	3.5				
⑤$_1$粉质黏土	21.0	20.6	0.564	96	29.6	12.0	0.30	12.48	13.74	13.82	20.0	10.0			10.0	31.7	13.0	33.7
⑤$_2$黏质粉土—砂质粉土	20.5	20.6	0.567	96	25.9	7.9	0.35	17.92	19.26	20.63	10.0	25.0	20.0	11.0				
⑥粉细砂		20.5									0	40.0						
⑥$_1$粉质黏土	22.2	20.5	0.606	97	30.2	12.1	0.34	12.03	13.66	15.27								
⑥$_2$黏质粉土	22.7	20.2	0.642	95	30.2	8.9	0.16	19.54	20.84									
⑥$_3$有机质黏土	29.3	19.5	0.825	98	43.0	20.5	0.34	11.71	13.08	13.83								
⑦粉细砂		21.0									0	40.0						
⑦$_1$粉质黏土	21.5	20.6	0.604	97	28.9	11.6	0.35	17.28	20.04									
⑦$_2$黏土	30.6	19.6	0.837	100	42.9	21.2	0.41	15.69	16.79	15.52								

注：w—天然含水率，γ—天然重度，S_r—饱和度，e—天然孔隙比，w_L—液限，w_P—塑限，I_P—塑性指数，I_L—液性指数，c—黏聚力，φ—内摩擦角，E_s—压缩模量，c—直剪试验黏聚力，φ—直剪试验内摩擦角，c_u—三轴试验（UU）黏聚力，φ_u—三轴试验（UU）内摩擦角，c_{cu}—三轴试验（CU）黏聚力，φ_{cu}—三轴试验（CU）内摩擦角，c—三轴试验（CU）有效黏聚力，φ'—三轴试验（CU）有效内摩擦角。

5.3 地下水

勘察场地内在存在三层地下水，第一层地下水类型为上层滞水，稳定水位埋深 0.30～7.80m，稳定水位标高为 34.98～38.20m；第二层地下水类型为潜水，稳定水位埋深 5.50～15.90m，稳定水位标高为 25.04～32.80m；第三层地下水类型为微承压水，水头距地面距离为 18.30～22.30m，水头标高 18.02～21.69m。

勘察场地近 3～5 年和历年最高地下水位均接近自然地面。

5.4 地基土和地下水的腐蚀性

拟建场地基础埋深范围地基土对混凝土结构和钢筋混凝土结构中的钢筋均具微腐蚀性。

拟建场地第一层地下水对混凝土结构具弱腐蚀性，在干湿交替的条件下对钢筋混凝土结构中的钢筋具弱—中腐蚀性，综合判断为中腐蚀性；第二层地下水对混凝土结构具微—弱腐蚀性，综合判断为弱腐蚀性，在干湿交替的条件下对钢筋混凝土结构中的钢筋具弱腐蚀性；第三层地下水位埋藏较深，其对混凝土结构和钢筋混凝土结构中的钢筋可按具微腐蚀性考虑。

5.5 建筑抗震设计条件

根据《建筑抗震设计规范》（2016 年版）GB 50011—2010[4]，本场地抗震设防烈度为 8 度，设计基本地震加速度值为 0.20g，设计地震分组为第二组。

在拟建场地内 6 个钻孔 20m 深度范围进行了

等效剪切波速测试，场地地面下 20.0m 深度范围内土层的等效剪切波速V_{se}为 193.3～218.3m/s，场地覆盖层厚度大于 50m。按《建筑抗震设计规范》（2016 年版）GB 50011—2010[4]表 4.1.6 划分，建筑场地类别为Ⅲ类。

场地为非液化地基。

拟建场地人工填土分布广泛、厚度较大，人工填土厚度 1.20～33.10m。

依据《建筑抗震设计规范》（2016 年版）GB 50011—2010[4]表 4.1.1 综合判定，拟建场地属对建筑抗震的不利地段。

5.6　场地稳定性、适宜性、均匀性评价

场地内无不良地质作用，除人工填土外无其他特殊性岩土，属稳定场地。地基土层为人工填土层和第四纪天然沉积土层，地层水平方向及垂直方向变化较大，分布不均，为不均匀地基。

5.7　施工前的地面沉降监测

施工前，对场地地面布置监测点，进行地面沉降监测，监测周期为 2 个月，监测频率为 7d/次，监测结果显示，场地地面最大累积变化量为 −6.20mm，未超出报警值 60mm；最大变化速率 −5.8mm/d，未超出报警值 6mm/d。地面沉降量相对较稳定，无异常。

6　场地人工填土分析评价

场地人工填土包括①层杂填土、①$_1$层黏质粉土填土，厚度 1.20～33.10m。

场地普遍分布①层杂填土，杂色，湿，大部分为松散状态，局部稍密，以碎石、碎砖、灰渣和黏性土等为主，成分不均，含较多建筑垃圾，局部为生活垃圾，部分位置生活垃圾含量达 30%～70%。

本次对①层杂填土本次采用钻探揭露和重型圆锥动力触探试验进行勘察，试验结果见表 5。重型圆锥动力触探取得数据 677 组，击数区间 1～52 击，平均击数 8.1 击，统计变异系数 0.721；进行修正后击数区间 1.0～29.9 击，平均击数 6.4 击，统计变异系数 0.607。数据显示，①层杂填土明显具不均匀性，且总体密实度差。

各土层地基承载力标准值、压缩模量、桩的极限侧阻力及极限端阻力标准值　　表 4

土层名称	承载力标准值 f_{ak}/kPa	E_s/MPa		桩的极限侧阻力 q_{sik}/kPa	桩的极限端阻力 q_{pk}/kPa
		P_0～P_0 + 100kPa	P_0～P_0 + 200kPa		
①杂填土				−15	
①$_1$黏质粉土填土	80*	3.0	4.0	−10	
②黏质粉土—砂质粉土	180	7.5	8.5	65	
②$_1$粉质黏土—重粉质黏土	140	4.5	5.5	65	
②$_2$黏土	130	5.0	6.0	55	
③粉质黏土—重粉质黏土	160	6.0	7.0	60	550
③$_1$黏土	160	6.0	7.0	60	550
③$_2$黏质粉土	220	11.0	12.0	70	800
③$_3$粉细砂	240	30.0（经验值）		65	1000
④粉细砂	240	30.0（经验值）		70	1000
⑤黏土—重粉质黏土	170	7.0	8.0	70	1000
⑤$_1$粉质黏土	190	8.0	9.0	70	1000
⑤$_2$黏质粉土—砂质粉土	260	15.0	16.0	70	1000
⑥粉细砂	300	40.0（经验值）		70	1300
⑥$_1$粉质黏土	210	10.0	11.0	75	1000
⑥$_2$黏质粉土	270	17.0	18.0	70	1000
⑥$_3$有机质黏土	190	8.0	9.0	65	1000
⑦粉细砂	320	45.0（经验值）		75	1500
⑦$_1$粉质黏土	260	15.0	16.0	75	1200
⑦$_2$黏土	260	15.0	16.0	75	1200

注：1. 桩的极限侧阻力及极限端阻力标准值依据《建筑桩基技术规范》JGJ 94—2008[3]中水下钻孔灌注桩取值；
2. *中数据仅用于地基处理时使用。

①$_1$ 黏质粉土填土在人工填土层中呈局部分布，颜色一般为黄褐色，总体上稍湿—湿，部分很湿，稍密—中密，含少量砖渣、白灰渣、碎石等，层厚 0.40～15.30m。

本次勘察对①$_1$ 黏质粉土填土本次采用钻探揭露、采取原状土样、标准贯入试验、室内试验进行勘察，试验结果统计见表 5。根据现场取样情况，原状土样一般是在物理力学性质较好的素填土位置才能完整取出，在使用该表物理力学指标时，应考虑土层变化差异等因素。统计显示，取样位置的指标数值分布离散大，变异系数较大，不均匀，物理力学性质较差。

①杂填土原位测试指标统计 **表 5**

地层名称	统计值指标	重型动力触探试验锤击数实测值$N_{63.5}$/击	重型动力触探试验锤击数修正值$N'_{63.5}$/击
①杂填土	平均值	8.1	6.4
	最大值	52.0	29.9
	最小值	1.0	1.0
	变异系数	0.721	0.607
	统计个数	677	677

本场地深厚人工填土成分以建筑垃圾和生活垃圾为主，来源主要为建筑工地的建筑垃圾以及附近区域生活垃圾的倾倒，回填方式基本为大面积任意倾倒，未进行任何处理，成分极其不均匀，结构松散，密实度差，遇水湿陷。另外，杂填土含建筑垃圾，最大粒径大于 100cm，局部可能有更大粒径存在。根据调查了解，本场地人工填土回填时间距现在 1～15 年不等，回填时间差异较大，未完成自重固结。

①$_1$ 黏质粉土填土物理力学指标统计表 **表 6**

统计指标	w /%	e	S_r /%	I_L	E_s/MPa P_0～P_0+100kPa	E_s/MPa P_0～P_0+200kPa	E_s/MPa P_0～P_0+300kPa	c /kPa	φ /°	c_u /kPa	φ_u /°	c_{cu} /kPa	φ_{cu} /°	c' /kPa	φ' /°	N/击	N'/击
平均值	22.4	0.684	89	0.41	6.68	7.85	11.51	14.11	21.19	21.21	6.61	13.83	34.1	17.33	33.97	12.4	10.6
最大值	42.8	1.305	100	0.89	28.25	31.71	33.78	22.0	30.4	43.0	10.6	20.0	38.4	27.0	38.4	26.0	20.7
最小值	14.2	0.454	65.0	–0.28	20.5	2.84	3.68	8.0	8.3	12.0	2.1	9.0	28.2	13.0	27.4	3.0	2.6
变异系数		0.19			0.52	0.49	0.45	0.27	0.28	0.39	0.52	0.30	0.11	0.30	0.11	0.48	0.45
统计个数	178	164	164	178	164	164	45	37	37	14	14	6	6	6	6	144	144

注：1. w—天然含水率，S_r—饱和度，e—天然孔隙比，I_L—液性指数，c—黏聚力，φ—内摩擦角，E_s—压缩模量，c—直剪试验黏聚力，φ—直剪试验内摩擦角，c_u—三轴试验（UU）黏聚力，φ_u—三轴试验（UU）内摩擦角，c_{cu}—三轴试验（CU）黏聚力，φ_{cu}—三轴试验（CU）内摩擦角，c—三轴试验（CU）有效黏聚力，φ'—三轴试验（CU）有效内摩擦角，N—标准贯入试验锤击数实测值，N'—标准贯入试验锤击数修正值。

本场地人工填土存在较多不利的岩土工程性质：不均匀性、高压缩性、强度低、欠固结、湿陷性、局部生活垃圾富集等。

（1）不均匀性和高压缩性是该场地填土中对工程影响最大的因素。不均匀性体现在成分上不均匀和分布（层底埋深和不同时期填土的厚度）上不均匀，从钻探揭露情况，场地填土基本上是无序回填，每次回填的成分差别很大、每次回填物很大部分是沿前期形成的边坡倾倒，使得不同成分的回填物在空间分布上形成倾斜分布。使得在后期沉降差异会比较大，在高压缩性的情况下，扩大差异沉降。

（2）场地回填土欠固结。随着时间的增长，人工填土会缓慢固结，自重固结需要的时间较长。但在加载的情况下，会加快固结进度，上部结构沉降加剧，会对工程产生不利影响。

（3）自重湿陷性和非自重湿陷性。场地回填土形成后，未进行碾压等动力压实措施，上部未加载。堆积后完成了部分自重沉降，但还存在一定程度的自重湿陷性。在浸水和加载的情况下，由于填土的内部结构、孔隙、孔洞均会发生变化。尤其是在杂填土中块状物较多，局部存在块状物架空情况，在加载、浸水、动力作用下或有短时间内压缩的可能。

（4）局部生活垃圾富集，有机质的变质、流失、挥发等会持续进行，使得相应位置的密实程度持续变化，成为加剧沉降的一个因素，在生活垃圾富集、分布不均匀的情况下，加剧差异沉降。

综上所述，本场地人工填土未经处理不能作为拟建建筑地基持力层。基槽开挖时，基坑槽壁范围内分布人工填土层，在开挖过程中易发生塌落，须结合场地环境条件、槽壁土质条件确定适宜的边坡支护措施，确保基坑边坡的稳定与施工安全。

7 场地人工填土处理建议

针对本场地人工填土的性质，对于场地人工填土处理的主要方向应为：（1）减少后期沉降，控制拟建建筑的沉降在允许沉降值范围以内；（2）尽量消除差异沉降，控制在拟建建筑允许差异沉降值范围以内。初步建议可采用挖除换填、挤密或动力固结、隔离填土沉降对建筑物的影响等方式或多种方式相结合的处理方式。

7.1 挖除换填

（1）挖除填土后，采用素土、灰土或级配砂石等材料进行分层碾压，按照设计方案进行施工和检测。特别是当基底以下人工填土厚度较小时，可将基底以下人工填土全部挖除，用 3：7 灰土（压实系数不小于 0.95）或级配砂石（压实系数不小于 0.97）分层夯实回填，综合考虑，处理后的地基承载力标准值可按 130kPa 采用。

优点为质量可控；缺点为需要控制施工期间地下水位低于处理标高且换填量大。

（2）对现有回填土进行分区域先后开挖，外运生活垃圾或其他工程性质差的回填土，剩余可使用回填土在场地内加入改良回填土性质的建筑材料进行分层碾压回填。按照设计方案进行施工和检测。优点为可减少外运填土量；缺点是需要控制施工期间地下水位低于处理标高、回填改良土需要严格控制。

7.2 挤密或动力固结

利用填土的密实度差的特性，利用动力施加影响，增加填土的密实程度，消除部分后期沉降。优点为可以在基底标高附近进行施工，填土挖方量相对较少，地下水水位控制在该标高以下即可施工；缺点为挤密或动力固结处理后，只能消除部分后期沉降，需要作为地基时，一般需要进行进一步的处理（刚性桩体）。

处理方式一般为振冲碎石桩、柱锤冲扩桩、沉管砂石桩、强夯法、注浆等，或采用载体桩等新型处理工法。

建筑物影响范围以内的挤密或动力固结处理后的地基，可采用 CFG 桩复合地基或桩基进行进一步处理。

7.3 隔离填土沉降对建筑物的影响

由于人工填土的不均匀和欠密实，存在较大后期沉降和不均匀沉降，因而可以将拟建建筑物采用桩基础作为建筑物荷载的全部支撑，隔离回填土的沉降对建筑物的影响。优点为方案设计影响因素较少、质量较可控；缺点为需考虑负摩阻力、填土内粒径较大块状物可能对成孔有一定影响、可能存在孔壁稳定性问题。

8 抗浮工程建议

初步分析，本场地抗浮水位标高可按 37.50m 考虑，必要时可进行专门的抗浮设防水位论证。地下部分埋藏较深，需进行抗浮验算，当浮力大于自重时，可采用抗拔桩或配重进行处理。抗拔桩设计可参照《建筑桩基技术规范》JGJ 94—2008 第 5.4.5 条和其他相关条款，设计所需参数q_{sik}可按表 3 并结合相关规范采用。

9 基坑支护和地下水控制措施

本工程基坑开挖较深，建议基坑支护与地下水控制措施一体化设计、施工。宜采用兼具支护挡土和隔水作用的支护形式，如桩锚支护加搅拌桩、桩锚支护加素混凝土桩或地下连续墙方案。

为保证基础施工的顺利进行，减少和控制施工期间对周边环境带来不利影响，应加强对周围重要道路、邻近建筑物、地下管线及地下设施的沉降、位移监测，地下水位监测，基坑周围土体的变形（水平、垂直）监测，围护墙结构内力和变形的监测，围护墙内及墙后土体的倾斜监测，基坑底部的隆起监测，建筑物施工与使用阶段的沉降观测。

10 结语

本场地地层分布复杂，场地内人工填土厚度

很大，堆填时间差距较大，分布不均匀，物理力学性质差异大。本次勘察通过野外钻探、原位测试、室内试验等多种勘察手段，通过对比分析，结果显示，野外钻孔和波速测试能够清楚地反映出人工填土和天然沉积土的分界线，并通过原位测试和室内试验得出地基土的承载力。本次通过多种勘察手段，查明了人工填土的分布、厚度、物质组成、均匀性等，客观反映了人工填土和天然沉积土层的物理力学性质，为基坑支护设计提供了依据。同时，划分出人工填土厚度区域，为地基处理和桩基础设计提供了参考数据，节约了工程成本。

另外，本文对深厚填土场地的勘察提供了经验，为以后类似的工程项目提供了参考依据，对城市建设的发展做出了贡献。

参考文献

[1] 建设部. 岩土工程勘察规范(2009 年版): GB 50021—2001[S]. 北京: 中国建筑工业出版社, 2009.

[2] 北京市规划委员会. 北京地区建筑地基基础勘察设计规范(2016 年版): DBJ 11—501—2009[S]. 北京: 中国建筑工业出版社, 2016.

[3] 建设部. 建筑桩基技术规范: JGJ 94—2008[S]. 北京: 中国建筑工业出版社, 2008.

[4] 住房和城乡建设部. 建筑抗震设计规范(2016 年版): GB 50011—2010[S]. 北京: 中国建筑工业出版社, 2016.

江北新区规划展览馆（新区市民中心）工程勘察

严邦全　张安银　梅　军　褚进晶

（江苏省地质工程勘察院，江苏南京　211100）

1　工程概况

1.1　工程简介

项目（图 1）位于江北新区顶山街道，定山大街与滨江大道交界处以北，总用地面积 5.5 万 m^2，工程总建筑面积 7.5 万 m^2，工程建设总投资 12.9 亿元，建设规划展示中心、行政办事大厅（市民活动中心）、综合服务大厅、地下车库、创客展廊，设整体地下室，基坑开挖长约 360m，宽约 165m，最大开挖深度约 11.5m。

图 1　项目效果图

1.2　勘察的目的与任务

本次勘察旨在详细查明拟建场地的工程地质条件及水文地质条件，主要任务为查明场地岩土体岩性、结构、成因类型、埋藏分布特征及其物理力学性质；查明场地可能存在的不良地质作用及无特殊性岩土；评价场地和地基的地震效应；查明场区地下水类型、埋藏条件、水位变化幅度及含水层层位、厚度、补给来源等水文地质特征，提出经济、合理的地基基础设计参数及方案建议。

1.3　勘察工作技术路线及采用的主要技术手段

1）长江漫滩临江（水）建筑物抗浮设计水位评价技术路线

本次勘察主要通过搜集南京地区临江或临水建筑抗浮设计的案例，通过现场布置水文地质试验孔，在试验前同步观测场地地下水与长江水位变化关系，评价长江水位变化和对地下水影响的水力梯度，通过抽水试验结合试验井外设置的观测井，获得各承压含水层的影响半径、场地的涌水量以及承压含水层的渗透系数K、导水系数T及弹性释水系数S等参数。

通过地面布置观测点、深部土体位移、孔隙水压力计，分析评价施工期间降水对邻近建筑的影响，以及预测降水对土体孔隙水压力变化及地表沉降的影响。

应用 Aquifer Test 软件进行水文地质参数的求解，根据已有的岩土工程勘察报告、水文地质条件进行地下水三维非稳定流数值模拟。

通过分析不同基础埋深与地下水的关系，评价地下水对不同基础埋深的建筑抗浮设计的影响，按照不同基础埋深与地下水的关系提供抗浮设计水位既保证了抗浮设计安全又节约了工程造价。

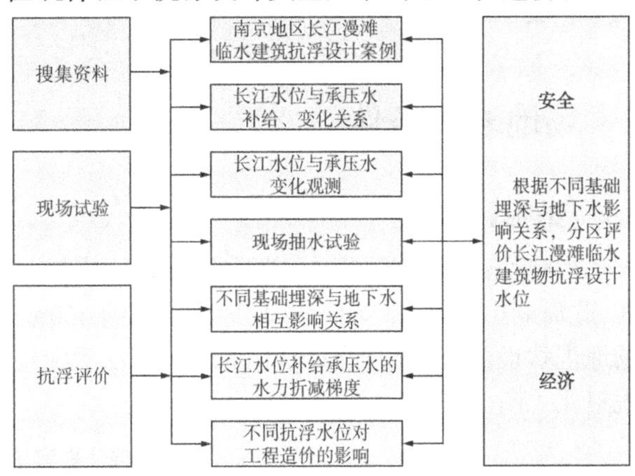

图 2　长江漫滩临江（水）建筑物抗浮设计水位评价技术路线

2）采用的主要技术手段

针对本工程的主要特征，我单位组织专业技术能力强的技术人员、制定针对性的勘察方案、采取综合勘察手段、利用技术先进的勘察信息化管理系统，保证了项目的勘察质量、节约勘察成本、提高勘察效益，本工程采用的勘察方法有：

（1）在勘察中采用钻孔取样、标准贯入试验、

获奖项目：2020 年江苏省城乡建设系统优秀勘察设计一等奖，2020 年江苏省第十七届优秀工程勘察一等奖，2021 年度工程勘察、建筑设计行业和市政公用工程优秀勘察设计奖二等奖。

孔压静力触探试验、旁压、十字板、水文地质试验及室内土工试验等多种勘测技术手段进行综合勘察，充分考虑各种勘察手段、试验方法之间的配合，结合地区实践经验，相互比对，印证。

（2）布置群井抽水试验、同步观测长江水位与地下水变化关系，了解承压水水头埋深分布，取得承压含水层的详细水文地质参数、掌握承压水层土与相邻土层的水力联系情况。评价长江水位变化和对地下水影响的水力梯度，从而提出合理经济的抗浮水位、制定可行合理的承压水设计处理方案。布置地面沉降观测网点（观测点间距不大于 10m），以反映降压抽水试验期间的地面沉降情况。

1.4 勘探孔布置及完成情况

因设计满堂地下室及建筑平面方案后期需要调整，本次勘探点平面布置按方格网布置，间距一般12～24m；地下车库勘探孔在基坑边界及范围内布置，勘探点间距一般为 24m，且基坑边界勘探孔间距不超过 25m。主要布置控制性勘探孔、一般性勘探孔以及静探对比孔，控制性勘探孔深度要求 80m。一般性勘探孔深度要求 75m，静探对比孔深度要求 50m。

2016 年 11 月 30 日至 2017 年 7 月 6 日期间，根据建设单位提供的建筑总平面图，我院对本场地进行详细勘察，共完成钻探孔 112 个，静探孔12个（表 1）。

2 场地岩土条件

2.1 地形地貌

拟建场地位于长江江心洲左汊北岸，南濒长江，北倚老山，自然地势低洼，场地距长江约 450m，场地现状地表高程约 6.83～11.76m，属长江漫滩地貌单元（图 3、图 4）。

图 3 2006 年 4 月场地卫星影像图

图 4 2016 年 10 月卫星影像图

建设场地东南侧为芦苇荡，地势低洼，表层2～6m 普遍为近期堆填土及建筑垃圾，西北侧有一较大鱼塘，场地中部为居民楼，因此场地高低不平，最大高差约 5.0m，由于场地高差较大，勘探施工期间正在整平场地，水塘逐步填积（部分钻探孔位置在作业完成后进行场地整平）。

2.2 场地岩土体工程地质层的划分和评述

勘探深度范围内揭露的岩土层分布，按其成因、类型、物理力学性质指标差异划分为 4 个工程地质层。地基土工程地质特征分层描述详见表 2，土的物理性质、原位测试指标见表 3、表 4。

野外勘察工作量统计一览表

表 1

工作项目		单位	数量	工作项目		单位	数量
钻孔测放		组日	2	钻孔测放		组日	2
机钻孔（取土孔）	孔数	个	50	机钻孔（标准贯入孔）	孔数	个	62
	总进尺	m	3957		总进尺	m	4646
静探孔（双桥）	孔数	个	12	静探孔（孔压）	孔数	个	7
	总进尺	m	595.8		总进尺	m	70
取样	原状土样	个	1067	原位测试	标准贯入试验	次	1556
	扰动土样	个	—		重型Ⅱ动探	米	17.1
	岩样	件	252		波速测试	孔	3
	易溶盐	组	3		十字板	点	20
	水样	组	6		旁压试验	点	40
水文试验	潜水位观测	组日	10	水文试验	常水头注水试验	段次	8
	承压水观测	组日	5		抽水试验	孔	6

工程地质层分布与特征描述一览表 **表2**

时代成因	层号		地层名称	颜色	状态、特征描述	分布区域	代表性岩芯照片
	层	亚层					
新近期	①	①$_1$	杂填土	杂色	主要由大量建筑垃圾，砖块碎石等混粉质黏土，为近期堆填	局部分布	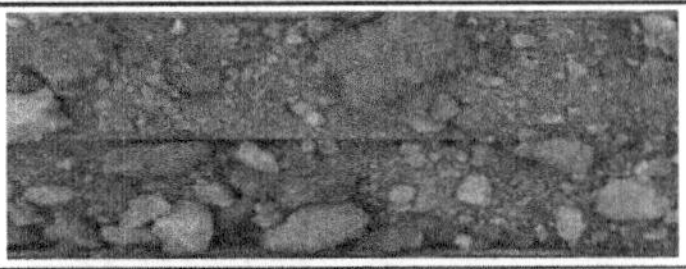
		①$_2$	素填土	灰色	松散—稍密，主要由粉质黏土组成，含少量碎石、建筑垃圾，夹植物根茎，局混淤泥，为近期堆填，局部有老地基，以碎石为主	普遍分布	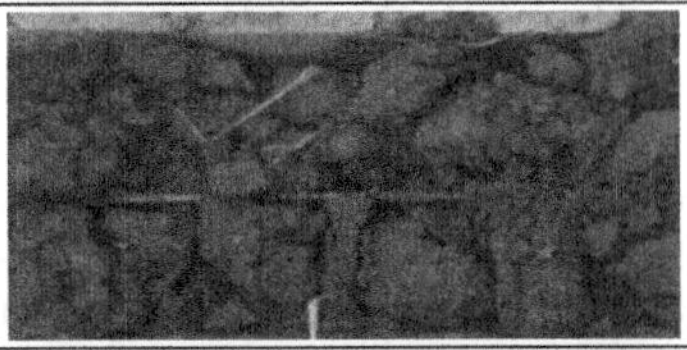
		①$_3$	素填土（粉砂）	灰色 灰黄色	主要以粉砂构成，稍密，矿物成分以石英、长石为主，含云母碎片	局部分布	
Q_4	②	②$_1$	粉质黏土	灰色 灰黄色	可塑，局部软塑，韧性和干强度中等，切面稍有光泽	局部分布	
		②$_2$	淤泥质粉质黏土	灰色	流塑，局部夹粉土，呈千层饼状，具水平层理，无摇振反应，刀切面稍有光泽，干强度、韧性中低	普遍分布	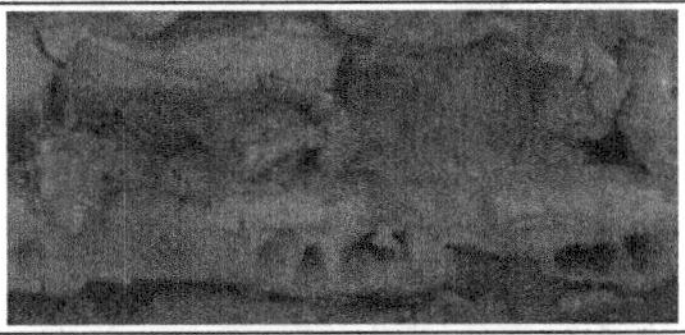
		②$_{2a}$	粉土夹粉质黏土	灰色	稍密，夹薄层粉砂，含云母碎片，水平层理发育，摇振反应中等，干强度、韧性低	普遍分布	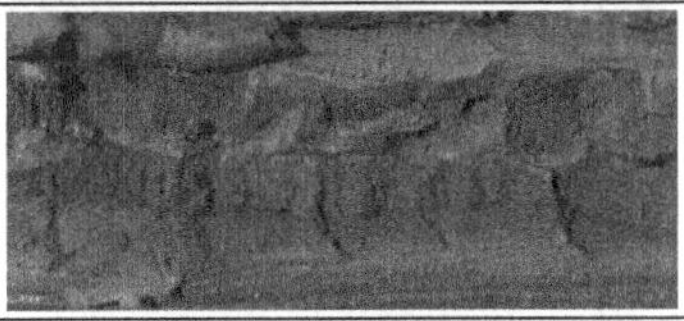
		②$_3$	粉砂夹粉土	灰色	饱和，中密，水平层理发育，局部层底夹薄层软塑粉质黏土，含云母碎片，级配差	普遍分布	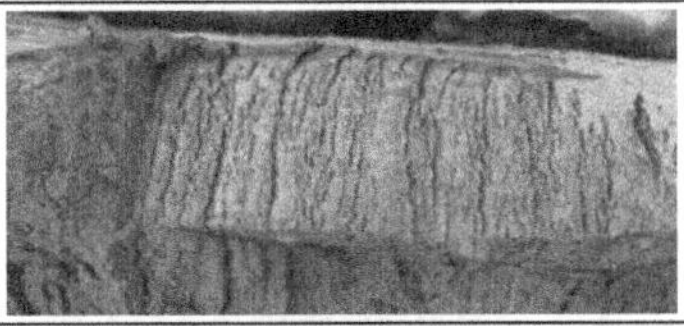
		②$_4$	粉细砂	浅灰色	饱和，密实，夹粉土，水平层理发育，局部层底为中粗砂，含较多云母碎片，级配一般	普遍分布	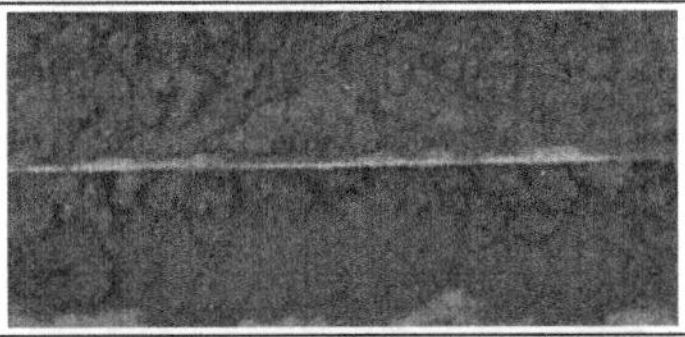
	③	③$_1$	中粗砂混卵砾石	灰色	饱和，密实，卵砾石成分为石英质岩，呈亚圆状，粒径一般 0.2～7cm，局部大于 7cm，含量约 5%～55%	普遍分布	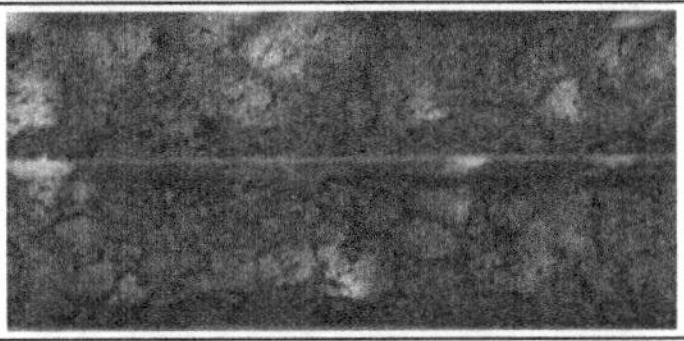
K1g	④	④$_1$	强风化泥质粉砂岩	棕褐色—褐红色	呈砂土状，夹砂岩硬块，极易水解软化，岩体基本质量等级为Ⅴ级	普遍分布	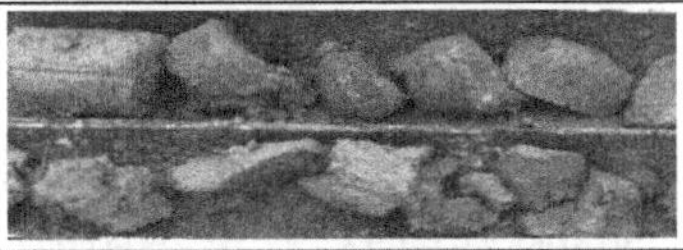
		④$_2$	中等风化泥质粉砂岩	棕褐色—褐红色	岩性为泥质胶结，粉砂质结构，随成分中粉砂含量增加，强度也随之增加，岩芯呈柱状、短柱状，局部块状，属极软岩，岩体基本质量等级为Ⅴ级	普遍分布	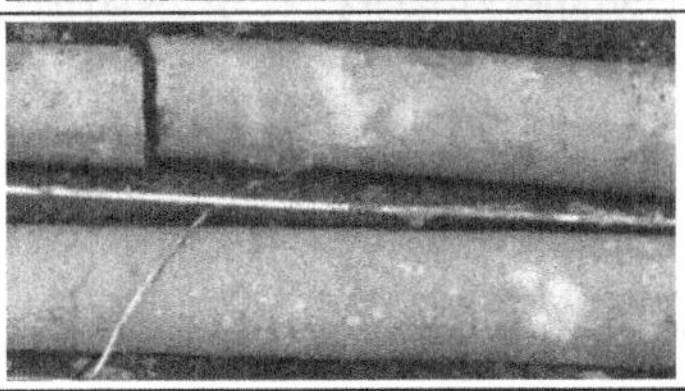

土的物理性质指标一览表 **表 3**

层号	岩土名称	物理指标							力学指标							
		含水率	重度	孔隙比	液限	塑限	塑性指数	液性指数	压缩系数	压缩模量	快剪（q）		固快（C_q）		三轴 UU	
											黏聚力	内摩擦角	黏聚力	内摩擦角	黏聚力	内摩擦角
		w	γ	e_0	w_L	w_P	I_P	I_L	a	E_s	c	φ	c	φ	c	φ
		%	kN/m³	—	%	%	—	—	1/MPa	MPa	kPa	°	kPa	°	kPa	°
①₂	素填土	32.1	18.26	0.937	36.7	23.5	13.20	0.66	0.51	3.9	14	8.1	13	15.6		
①₃	素填土（粉砂）	23.0	19.06	0.698					0.15	12.0			2	30.5		
②₁	粉质黏土	32.0	18.51	0.914	40.7	24.7	16.00	0.47	0.44	4.5			17	16.7		
②₂	淤泥质粉质黏土	38.9	17.52	1.120	39.1	25.5	13.60	1.03	0.61	3.6	11	7.8	10	14.1	20.3	0.94
②₂ₐ	黏质粉土夹粉质黏土	32.7	17.81	0.982	34.0	24.7	9.30	0.84	0.45	4.9	11	13.2	9	16.6	19.7	2.68
②₃	粉砂夹粉土	25.2	18.69	0.764	27.9	22.6	5.30	0.43	0.15	12.5	3	28.7	4	28.3		
②₄	粉细砂	22.6	19.08	0.693					0.14	13.3	2	30.6	1	31.6		

原位测试试验指标一览表 **表 4**

层号	岩土名称	原位测试								
		标准贯入试验		双桥静力触探试验		旁压试验		十字板剪切试验		
		实测值	修正值	锥尖阻力	侧壁摩阻力	旁压模量	侧向基床反力系数	原状土	重塑土	灵敏度
		N	N'	q_c	f_s	E_m	K_h	C_u	C'_u	S_t
		击	击	MPa	MPa	MPa	MPa/m	kPa	kPa	—
①₂	素填土	5.0	4.7	1.115	43.4					
①₃	素填土（粉砂）	7.9	7.2	—	—					
②₁	粉质黏土	6.0	5.5	1.032	33.9					
②₂	淤泥质粉质黏土	3.2	2.4	0.692	13.6	2.78	9.27	26.37	5.59	3.78
②₂ₐ	黏质粉土夹粉质黏土	7.9	5.0	1.797	43.3	3.45	11.16			
②₃	粉砂夹粉土	20.8	12.1	10.282	104.5	6.09	19.57			
②₄	粉细砂	33.1	17.7	12.702	118.0	11.05	34.47			

3　岩土工程问题及评价

3.1　抗浮水位研究

场区位于长江北岸，位于第一级阶地上，属于典型的临江地形、二元结构地层，当位于该区域的地下结构需要进行抗浮设计时，其地下水位的取值将会存在一定的不确定性。二元结构中的地下水通过承压含水层与长江水直接连通，江河水位往往在洪水位、正常水位和枯水位之间变动，造成场区地下结构底板处的地下水位高度也在不断地变化着。若抗浮水位取地表高程或长江正常水位时，具有抗浮失效的风险，若直接取长江洪水位进行抗浮设计，则太过保守，造成很大浪费。

1）水文地质条件

场区的地下水的主要类型为松散岩类孔隙潜水、松散岩类孔隙承压水，孔隙潜水赋存于①填土孔隙中，接受大气降水和地表水补给，以蒸发排泄和侧向排泄为主，径流相对较快；微承压水赋存于下部粉砂夹粉土及其之下的砂性土中，接受孔隙潜水越流补给和深部地下水侧向补给，以侧向排泄为主，与长江水水力联系密切。

2）极端降水情况及长江防洪水位

南京的极端降水天气主要出现在5～9月份，也是长江南京段的汛期。另外，南京地区的极端降水量在全年总降水量中占很高的比值，而且南京地区的降水正变得越来越异常，即极端降水天气频率变高。本场区的承压含水层与长江存在密切的水力联系，承压含水层与长江连接处存在"天窗"，如果突遇暴雨或长江洪峰流经工程区就会导致地下水位骤增，给工程造成风险。

此外，长江南京段高水位也与以下几点有关。

（1）长江南京段是整个长江流域淤积最严重的地区之一，使得其蓄洪能力差。

（2）由于围护造田的原因，使得长江南京段的蓄洪能力减弱。

（3）长江下游在春夏季节由于受江淮准静止锋的影响，使得在此期间整个长江下游流域都处于丰水期，而长江南京段由于其蓄洪能力差，这便使得长江南京段的水位更高。

按《长江防洪规划》（2002年），长江下游的防洪标准为1954年型洪水，考虑潮汐的影响，南京防洪水位10.60m（吴淞基准面），堤防高程设计超高1.5～2.0m。警戒水位8.5m，保证水位10.60m。由以上的气象资料可知，长江南京段的历年最高水位为10.60m。

3）地下结构底板与含水层的多种位置关系

本工程地下室结构为1～2层，地下一层埋深6.3m，地下二层埋深约11.5m，底板位于厚度较大的②$_2$淤泥质粉质黏土中，但两者高差约5.2m，勘察期间测得承压水水位4.80m，但由于拟建场地距离长江较近，承压含水层与长江水力联系密切，见图5，拟建场地为长江漫滩，承压水含水层在江底出露，场地承压水与江水相互补给。如果抗浮水位及抗承压水头稳定性验算按勘察期间水位考虑，会给工程施工期间带来安全隐患。

为了了解长江水位与堤内地下承压水位的变幅关系，我单位结合抽水试验的观测井对承压水与江水的水位进行了24h同步观测（图6）。承压水24h内变幅为0.21m，小于江水水位1.20m，地下水相对长江水位变化在时间上滞后约2h。江水水位平均标高为5.67m，观测井承压水水位平均标高为4.71m，表明江水与承压水层水力联系密切，试验期间江水补给地下水。长江水位与承压水平均水头差0.96m，观测井距长江水位观测距离约500m，长江水位补给地下水的平均水力坡降约2‰。

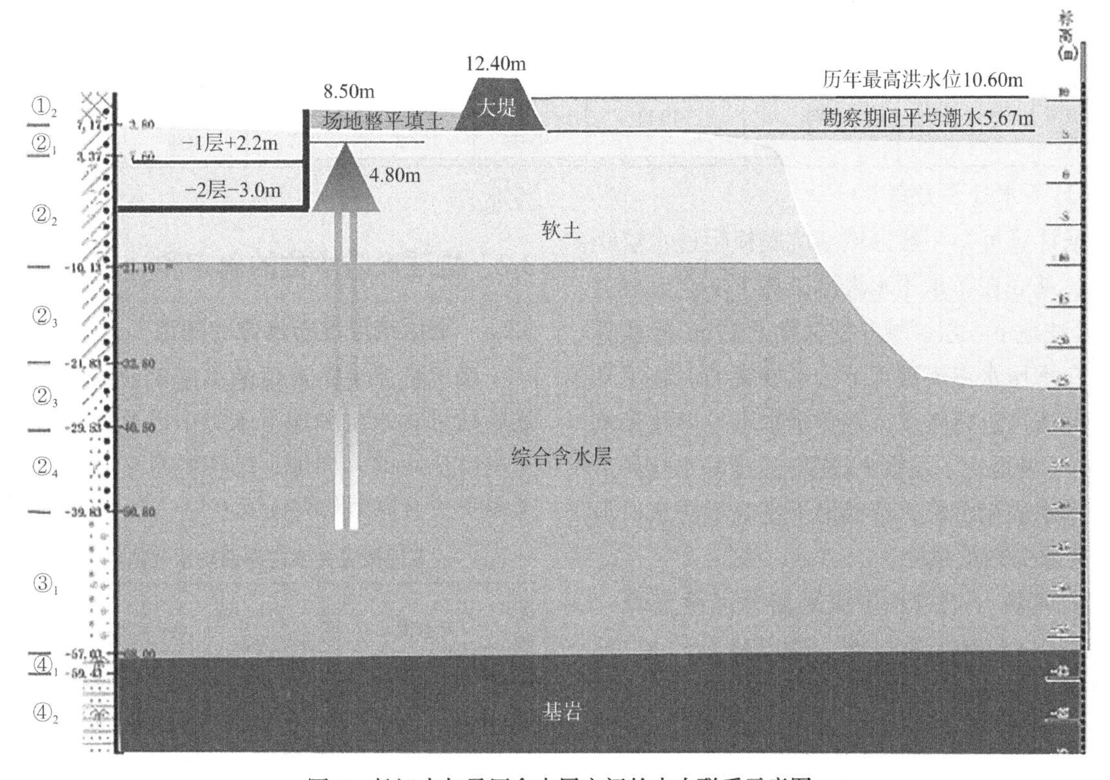

图5 长江水与承压含水层之间的水力联系示意图

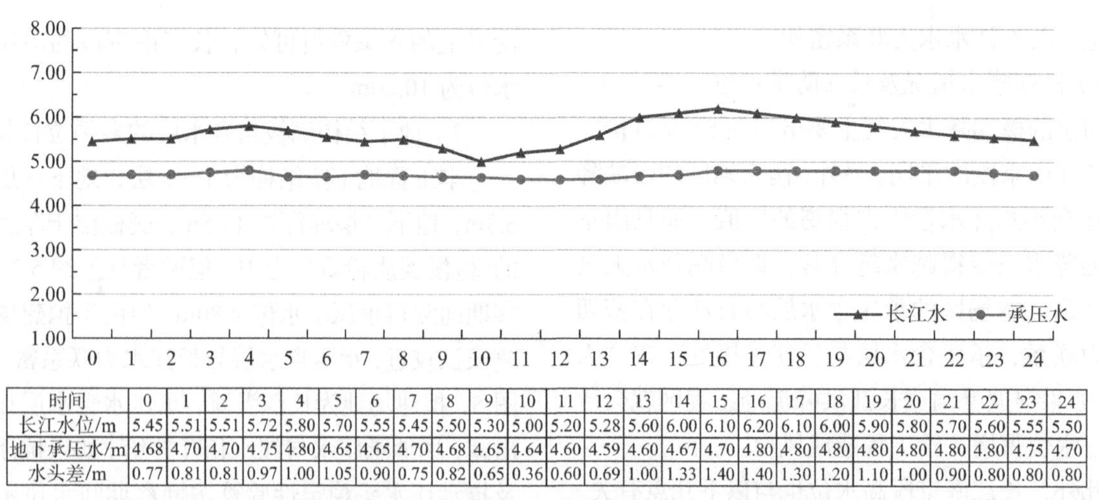

时间	0	1	2	3	4	5	6	7	8	9	10	11	12	13	14	15	16	17	18	19	20	21	22	23	24
长江水位/m	5.45	5.51	5.51	5.72	5.80	5.70	5.55	5.45	5.50	5.30	5.00	5.20	5.28	5.60	6.00	6.10	6.20	6.10	6.00	5.90	5.80	5.70	5.60	5.55	5.50
地下承压水/m	4.68	4.70	4.70	4.75	4.80	4.65	4.65	4.70	4.68	4.65	4.64	4.60	4.59	4.60	4.67	4.70	4.80	4.80	4.80	4.80	4.80	4.80	4.80	4.75	4.70
水头差/m	0.77	0.81	0.81	0.97	1.00	1.05	0.90	0.75	0.82	0.65	0.36	0.60	0.69	1.00	1.33	1.40	1.40	1.30	1.20	1.10	1.00	0.90	0.80	0.80	0.80

图 6　承压水与江水的水位进行了 24h 同步观测成果图

勘察期间分别按照不考虑长江洪水位、考虑长江洪水位的影响分别进行了基坑抗承压水稳定性计算，计算结果见表 5。

根据基坑抗承压水安全计算，若水位取地表高程或长江正常水位时，具有抗承压水失效的风险，发生管涌风险，若直接取长江洪水位进行计算，则太过保守，造成很大浪费。由于拟建场地地下室边线距长江防洪堤约 400m，根据本次勘察观测的承压水与长江水位的变化关系，以及长江水位补给地下水的平均水力坡降约 2‰，建议本场地根据抗洪设防水位（10.60m）按水力坡降约 2‰进行折减即 9.80m 标高进行基坑抗承压水安全评价。

基坑抗承压水安全评价　　表 5

计算工况		承压水标高/m	含水层顶标高/m	D	h_w	K_h	安全性评价	安全隔水层厚度/m
不考虑长江水位的影响	−1 层	4.80	−10.13	7.93	2.60	5.64	不突涌	—
	−2 层			4.63	7.80	1.09	突涌	4.65
按长江防洪水位计算	−1 层	10.60	−10.13	7.93	8.40	1.75	不突涌	—
	−2 层			4.63	13.60	0.63	突涌	8.09
考虑长江水位补给水力坡降（2‰折减）	−1 层	9.80	−10.13	7.93	7.60	1.93	不突涌	—
	−2 层			4.63	12.80	0.67	突涌	7.61

4）地下水处理方案

根据计算可知一般区域基坑底板距透水层距离较大，基底在微承压水渗流破坏下不会形成突涌，在开挖地下二层区域开挖深度近 12m，经验算该区域在承压水渗流破坏下会形成突涌。施工降水期间应按需进行降水，避免降水不足导致基坑突涌，由于场地地下水软土较厚，过度降水容易造成软土排水固结沉降，造成地下室底板防水材料脱落，防水失效的风险。

因此基坑开挖过程中应采用分区设置降、排水措施，一层地下室区域主要以疏干为主，可采用管井或轻型井点降水；二层地下室区域需要采用降压措施，可采用管井降水减压，将水位降至基坑底板下 0.5m，防止流土、流砂、突涌发生。

3.2　抗浮设防水位的确定和计算方法

3.2.1　场区抗浮设防水位的确定

场区抗浮设防水位的高度是由场区地下结构底板所处含水层的地下水类型以及该含水层的水头高度决定的，而地下结构底板与含水层的位置关系主要有以下几类（表 6）。

不同位置关系抗浮设防水位确定方法　表 6

类型	示意图	地下结构与隔水层关系	地下水作用	抗浮设计需要考虑的地下水位
1		底板位于上部潜水层	承受地下水的上浮作用	潜水位

续表

类型	示意图	地下结构与隔水层关系	地下水作用	抗浮设计需要考虑的地下水位
2		穿透上部潜水层，底板位于下部隔水层	地下水存在渗流作用，底板存在地下水上浮作用	折减潜水位
3		底板位于上部隔水层	承压水由于渗流作用，对底板有浮力作用	承压水位，考虑渗流折减承压水位
4		穿过上部隔水层，底板位于下部承压含水层	底板受承压水浮力作用	承压水位，考虑渗流折减承压水位
5		穿透上部潜水层，底板位于下部隔水层，隔水层之下存在承压含水层	地下水渗流作用，地下水对地下结构底板兼有2、3的特点	上下含水层均需要考虑
6		穿透上部潜水层以及下部隔水层，底板位于承压含水层	底板承受承压水浮力作用	下部承压水位

3.2.2 **抗浮设防水位取值**

现有规范对于场区抗浮设防水位的确定并不明确，本场地位于长江漫滩一级阶地且临近长江，工程设计时应考虑地下水位变动所引起的基底压力变化。拟建工程地下结构底板标高差异较大，达5m以上。对地下结构的抗浮设计造成以下两方面影响，一方面，造成基底浮力变化较大。另外一方面，还会导致地下结构底板下隔水层厚度变化不能满足承压水验算。

因此，从工程安全和经济节约而言，建议本场地抗浮设计水位分区进行设计（图7）：

Ⅰ区（一层地下室）：基底位于相对隔水层$②_2$淤泥质粉质黏土及基坑抗承压水验算不突涌时，结合本地区工程经验可采取整平标高下0.50m，抗浮设计水位取8.00m；

Ⅱ区（二层地下室）：基底位于承压含水层或基坑抗承压水验算突涌时，建议本场地基坑抗浮设计水位根据抗洪设防水位（10.60m）按水力坡降约2‰进行折减取9.80m。

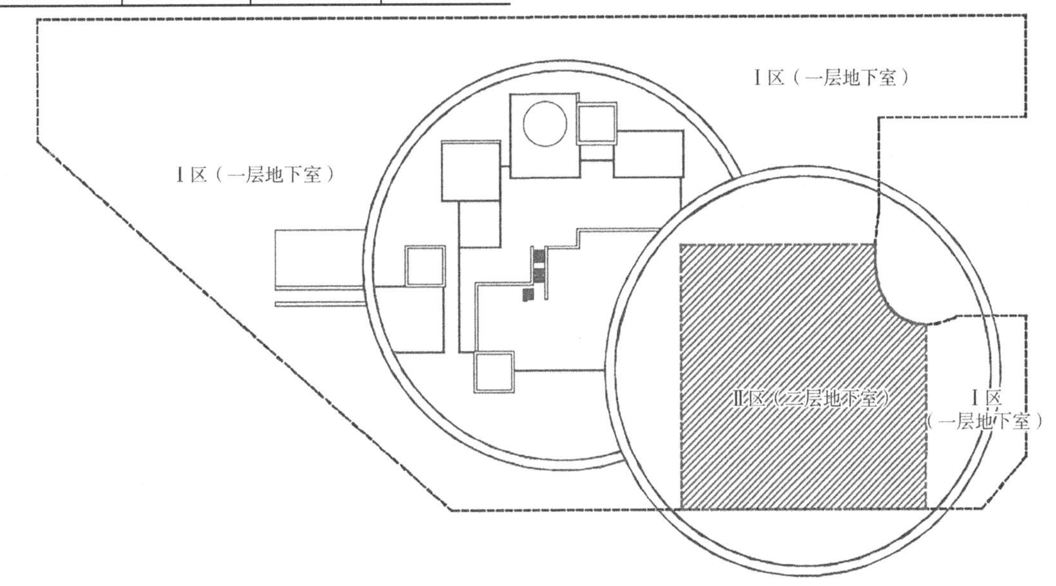

图7 场区抗浮设防水位分区图

3.2.3 **分区抗浮验算及经济比较**

拟建基坑总开挖面积约28000m²，其中地下二层开挖面积约4200m²，本次勘察对抗浮水位分别按场地下整平标高0.50m、最高洪水位、根据地下室埋深分区且考虑洪水位按2‰水力坡降进行折减分别计算对比如下：

若不考虑上部建筑荷载，且抗拔桩类型和桩长一致，分区考虑洪水位的水力坡降折减优点显著：

（1）分区考虑既满足抗浮设计安全，造价又比按最高洪水位节约25%；

（2）场地整平标高0.50m，在长江水位上升补给地下水时，抗浮设计存在较大风险。

场地下伏承压水与长江水力联系密切，若按最不利情况考虑，直接选取长江历年最高水位作为抗浮设防水位，将会造成较大浪费，根据数值模拟可知在极端降水情况下抗洪设防水位（10.60m）按水力坡降约2‰进行折减取9.80m，不仅能满足场地基坑安全性，而且还能降低抗浮措施的投入（表7）。

不同工况下抗浮措施计算对比表 表7

计算工况		底板面积/m²	底板标高/m	抗浮设计水位/m	计算水头高度/m	总浮力/kN	单桩抗拔承载力/kN	所需抗拔桩数/根
场地下整平标高0.50m	−1层	23800	+2.20	8.00	5.8	1352792	2800	483
	−2层	4200	−3.00		11	452760	2800	162
按最高洪水位	−1层	23800	+2.20	10.60	8.4	1959216	2800	700
	−2层	4200	−3.00		13.6	559776	2800	200
考虑长江水位补给，水力坡降分区计算	−1层	23800	+2.20	8.00	5.8	1352792	2800	483
	−2层	4200	−3.00	9.80	12.8	526848	2800	188

4 工程总结与启示

（1）项目场地属于长江漫滩临江场地，浅部为全新世漫滩相软土，中下部为更新世冲积相粉细砂、卵石，富水性强，承压水与临近长江水位联系密切，水文地质、工程地质环境复杂，勘察通过观测长江水位和承压水变化关系以及抽水试验，对长江沿岸类似临水建筑物抗浮设计有一定参考意义和工程应用价值。

（2）通过分析不同基础埋深与地下水的关系，评价地下水对不同基础埋深的建筑抗浮设计的影响；通过观测长江水位与场地承压水变化关系，分析长江水头补给地下承压水的水力坡降比，对基础埋深受承压水影响区段按抗洪水位进行折减，按照不同基础埋深与地下水的关系提供抗浮设计水位既保证了抗浮设计安全又节约了工程造价。

5 工程实施与效果

本工程地下室分为一层和二层区域，根据两种底板在隔水层不同位置关系，分析潜水尤其是承压水对底板的作用，最终将基坑进行分区，对承压水影响甚微的一层地下室区域按场地整平标高下0.5m取值，对受承压水浮力作用的二层地下室区域，按照长江历年最高水位并按基坑与长江的距离、水力梯度变化等因素进行折减，以折减后的水位作为抗浮水位。

分区后抗浮设计安全，抗拔桩数量又比按最高洪水位节约25%，为建设单位节约资金约900万元，不仅能满足场地基坑安全性，而且还能降低抗浮措施的投入。

2020年7月19日江苏省水利厅通报，长江南京潮水位在18日晨达到了10.26m的历史极值，而该极值于19日上午再次被推上10.31m的历史新高。

江北新区规划展览馆（新区市民中心）虽然邻近长江，在2020年极端降水情况下，本项目结合长江洪水位与场地距离，考虑水力梯度折减后进行抗浮设计，经实践检验满足项目安全。

随着措施化的快速发展，由于临江或临水地区风景优美，吸引了大量的工程项目投资，勘察过程中结合长江洪水位与场地距离，考虑水力梯度折减后进行抗浮设计，对南京长江漫滩临江或临水建筑抗浮设计水位的确定具有重要工程应用价值。

6 项目特色提要

江北新区规划展览馆（新区市民中心）拟建基坑总开挖面积约28000m²，其中地下二层开挖面积约4200m²，项目距离长江380m，场地属于长江漫滩临江场地，承压水含水层在江底出露，场地承压水与江水相互补给。勘察通过抽水试验，获得各承压含水层的影响半径、场地的涌水量以及承压含水层的渗透系数K、导水系数T及弹性释水系数S等参数；根据工程实际按基坑开挖深度对场地进行分区，考虑洪水位的水力坡降，综合给出不同区域抗浮设计水位，并通过模拟计算，保证了抗浮设计安全又节约了工程造价，对长江沿岸类似临水建筑物抗浮设计有一定参考意义和工程应用价值。

北京市泰康 CBD 核心区 Z-12 地块工程岩土工程问题分析

张　浩　聂淑贞　苟家满　刘东好　王　双

（中兵勘察设计研究院有限公司，北京　100053）

1　工程概况

北京市泰康 CBD 核心区 Z-12 地块项目位于北京市朝阳区东三环北京商务中心区（CBD）核心区内。建设场地东至 Z-13 地块，南至 Z-10 地块，西至 CBD 地下空间管廊，北至 Z-14 地块。项目为商业金融建筑物，地上 46 层，高度约 220m，地下建筑 5 层，主楼基底埋深约为 27.60m，裙楼基底埋深约为 25.3m。基础类型为桩基础，主塔楼结构形式为巨柱核心筒，裙楼及地下室结构形式为框-剪结构。建筑物室内地坪标高（±0.000）为 38.60m。

2　地基岩土层分布和工程性质评价

CBD 核心区位于北京市平原地区，永定河冲积扇的中下部，地基岩土层以粉土、黏性土、砂土、圆砾和卵石为主，各土层交替叠加沉积形成。地基岩土层的分布对于地基基础方案、基坑围护和地下水控制方案均有较大影响。

本项目属超高层建筑，上部荷载较大，需要采用桩基础。为了更加准确的计算桩基础沉降变形，勘察中在核心筒位置布置了深孔钻探，钻探深度为 190m，揭露了第四纪覆盖层厚度为 180m。沉降计算土层范围约至自然地面下 140m，至第 18 层卵石，典型地层柱状图见图 1。

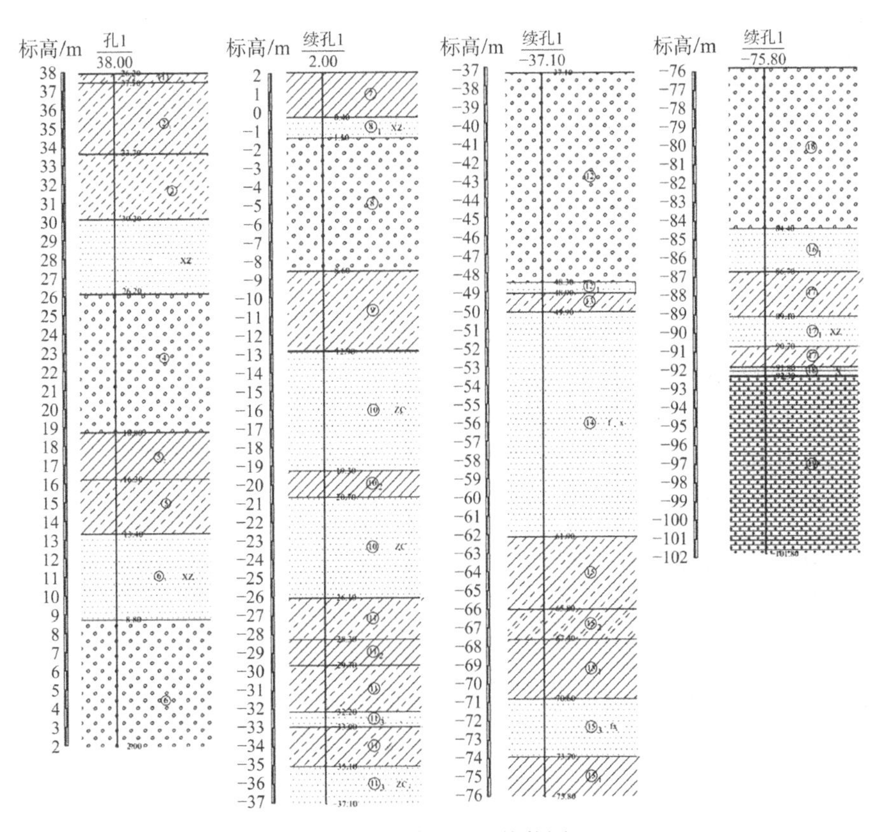

图 1　典型地层柱状图

为了更好地展示和查看场地地层分布情况，根据钻探成果建立了工程场区的三维地质模型。本模型采用相对标高系，假定拟建建筑物的室内地坪（±0.00 绝对标高 38.60m）标高为 0.00m，模型深度为室内地坪标高下 110.00m。模型可生成穿过任一钻孔的剖面图和任一深度的切面图，如图 2 所示。

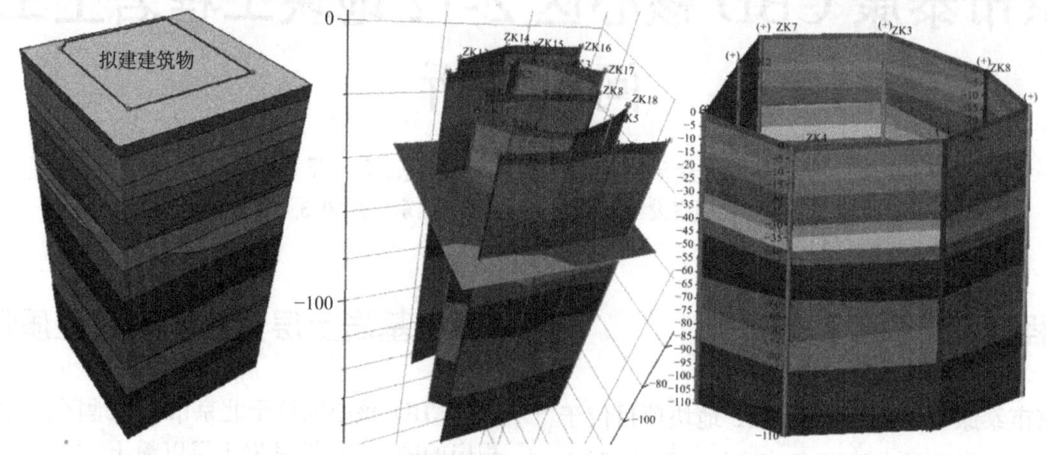

图 2　三维地质模型及切面图和剖面图

为了查明地基岩土工程的物理力学性质，本工程完成了多种原位测试和室内试验。除常规的标准贯入试验、重型圆锥动力触探试验和室内物理试验、固结试验外，还完成了标准固结试验、静止侧压力系数试验、回弹再压缩试验、无侧限抗压强度试验等压缩试验；为了满足基坑围护设计需要，完成了直接快剪试验、固结快剪试验、不固结不排水剪试验和渗透试验等多种剪切试验。

3　地下水控制设计的参数选用

本工程基坑埋深约 25.3～27.6m，基底位于第 6 大层砂卵石层中。地下水控制设计需要查明场地内基坑影响范围内的地下水埋藏情况和含水层渗透系数。

本工程第四纪地层中的地下水，主要赋存在砂、卵石层中，地下水水量较为丰富。根据我院已有的 CBD 核心区 Z15 地块勘察资料（两地块中心相距约 240m），在自然地面下（标高按 38.00m 考虑）30.0m 范围内存在 3 层地下水（表 1）。

拟建场地周边地下水情况　　表 1

地下水层号	地下水类型	水位埋深/m	水位标高/m	观测时间（年-月）	地下水赋存条件
第 1 层	潜水	17.80	20.20	2011-08	含水层为第 4 大层
		17.56～19.16	18.14～19.72	2012-01	
第 2 层	承压水	23.31	14.69	201-08	含水层为第 6 大层
		24.00～24.24	13.11～13.37	2012-01	
第 3 层	承压水	24.38	13.62	2011-08	含水层为第 8 大层
		24.54～24.97	12.41～12.81	2012-01	

由于勘察期间 CBD 地下空间工程进行施工降水，第 1 层地下水（地下水类型为潜水）水位已无法观测，第 2 层地下水（地下水类型为承压水）水位变化较大。而且为了查明承压水含水层的渗透系数，在勘察期间还进行了现场抽水试验。抽水试验设置了 1 个抽水试验孔和 3 个地下水水位观测孔，S1 和 S2 钻孔观测第 2 层地下水（地下水类型为承压水），S3 钻孔观测第 3 层地下水（地下水类型为承压水），地下水静止水位观测成果参见表 2。

勘察期间拟建场地地下水静止水位　表 2

钻孔编号	钻孔类型	孔口标高/m	第 2 层地下水	第 3 层地下水
			标高/m	标高/m
C1	抽水试验孔	21.57	12.67～12.83	8.74～8.90
S1	观测孔	21.68	12.83～13.03	8.65～8.85
S2	观测孔	22.20	13.00～13.43	8.77～9.20
S3	观测孔	22.77		10.78～10.97

对比分析表 1 和表 2 数据，发现勘察期间拟建场地地下水水位与未进行降水时的 Z15 地块地下水水位相差较大。综合分析，建议地下水水位采用未进行降水时的 Z15 地块地下水水位数据（表 2 中所列数据），即第 1 层地下水（地下水类型为潜

水）含水层为第 4 大层，稳定水位埋深为 17.56～19.16m，稳定水位标高为 18.14～20.20m；第 2 层地下水（地下水类型为承压水），含水层为第 6 大层，地下水水头距自然地面（自然地面标高按 38.00m 考虑）距离为 23.31～24.24m，地下水水头标高为 13.11～14.69m；第 3 层地下水（地下水类型为承压水），含水层为第 8 大层，地下水水头距自然地面距离为 24.38～24.97m，地下水水头标高为 12.41～13.62m。

针对地下水控制设计影响较大的第 6 大层砂卵石层进行了 1 组 3 个降深的稳定流抽水试验。本组抽水试验设计包括 1 个抽水试验主孔（C1）和 2 个抽水试验观测孔（S1 和 S2）。本组抽水试验抽水主孔孔深 18.50m，穿透第 2 层含水层第 6 大层进入粉质黏土—重粉质黏土第 7 大层中，采用反循环钻机成孔，孔径为 600mm，下入直径 400mm 的水泥砾石滤水管，井管均为滤水管。2 个抽水试验观测孔孔深均为 19.00m，井管为直径 60mm 的 PVC 管，过滤管长度均为 8.00m。观测孔与抽水孔呈近东西向直线布置，S1 和 S2 号观测孔距离抽水主孔距离分别为 5.87m 和 11.43m。

3 次降深的稳定涌水量分别为 199.68m³/d、357.12m³/d 和 508.03m³/d，采用稳定流公式计算得到渗透系数为 160.27m/d、173.16m/d 和 181.78m/d。综合考虑类似工程经验和工程安全性，建议场区第 2 层地下水含水层第 6 大层渗透系数建议值为 180m/d。计算模型见图 3。

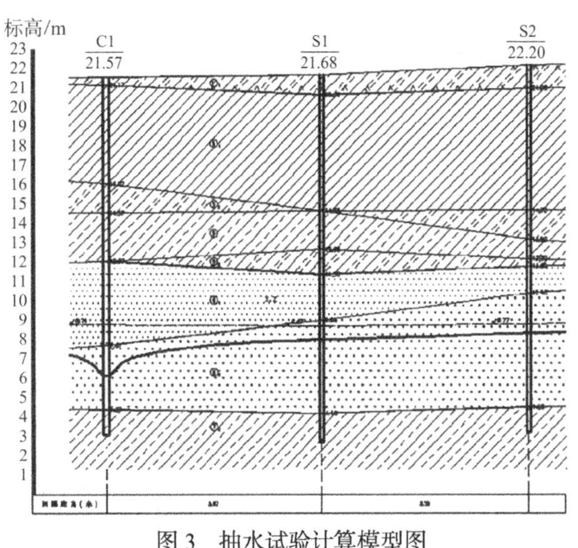

图 3　抽水试验计算模型图

4　桩基础桩端持力层选取和单桩承载力计算

4.1　桩基础桩端持力层选取

本工程采用桩基础，根据勘察结果及周边已有工程经验，桩基础的桩端持力层一般选用厚度较大、分布较为均匀的砂卵石层。本工程可选用砂卵石第 10 大层和卵石第 12 大层作为桩端持力层。勘察过程中绘制砂卵石第 10 大层和卵石第 12 大层的顶板等高线图和厚度等值线图（厚度等值线图见图 4）。卵石第 12 大层在地层顶板分布均匀性和厚度方面均优于砂卵石第 10 大层，但若选择卵石第 12 大层作为桩端持力层，则桩长将大幅度增加，还应根据设计要求进行对比分析。

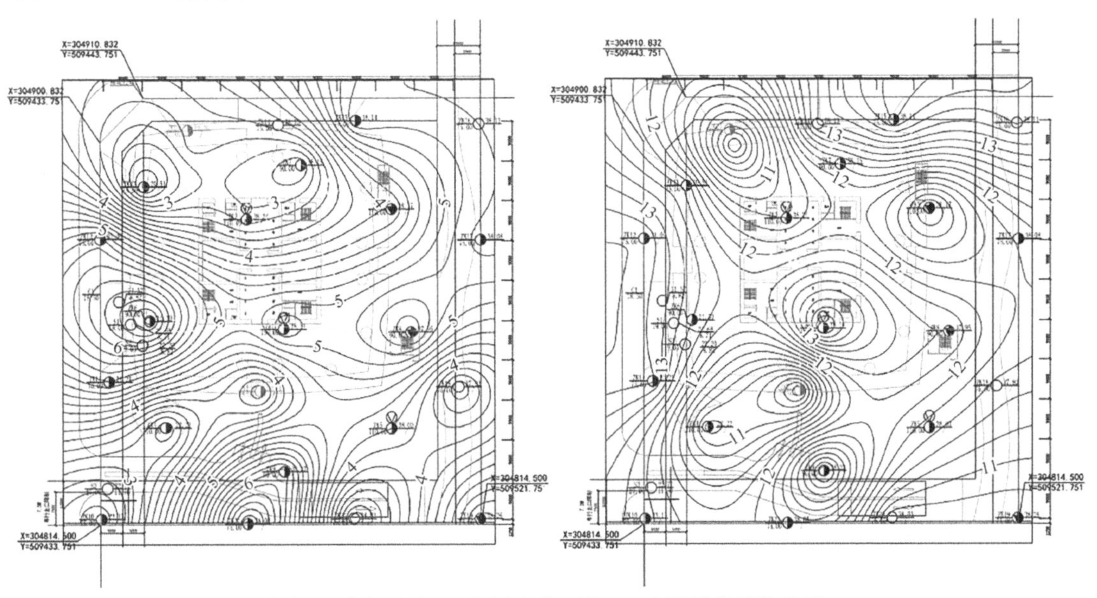

图 4　砂卵石第 10 大层和卵石第 12 大层厚度等值线图

4.2 单桩承载力计算

勘察过程中依据《建筑桩基技术规范》JGJ 94—2008 第 5.3.10 条，分别以砂卵石第 10 大层和卵石第 12 大层作为桩端持力层，计算了多种后注浆方式的单桩竖向极限承载力，计算结果见表 3。

单桩竖向极限承载力计算成果　　表 3

桩端持力层	桩顶标高/m	桩端标高/m	假定桩长/m	桩径/mm	计算依据钻孔
第 10 大层	9.25	−18.25	27.50	1000	ZK5（桩端为卵石⑩层）
第 12 大层	9.25	−36.75	46.00	1000	ZK5（桩端为卵石⑩层）
序号		后注浆方式		单桩竖向极限承载力 Q_{uk}/kN	
(1)	未注浆			9994.08	15351.06
(2)	仅桩端后注浆			17053.04	22767.22
(3)	仅卵石第 8 大层桩侧后注浆＋桩端后注浆			20219.69	30501.19
(4)	桩侧＋桩端后注浆			25211.19	36309.76

本工程裙楼及地下室部分竖向荷载较小，计划采用抗拔桩等措施以提高其抗地下水浮力的能力。当采用抗拔桩措施时，建议将抗拔桩置于第 8 大层或第 10 大层。根据《建筑桩基技术规范》JGJ 94—2008 第 5.4.6 节中式(5.4.6-1)，假定桩径为 600mm，考虑未注浆和桩侧注浆两种注浆方式，计算了基桩抗拔极限承载力，计算结果见表 4。

最终，综合各方面条件，设计单位采用了基桩以砂卵石第 10 大层作为桩端持力层，抗拔桩以第 8 大层作为桩端持力层，均采用后注浆方式，试桩结果与计算结果基本相符，并满足设计要求。

基桩抗拔极限承载力计算成果　　表 4

桩端地层	桩顶标高/m	桩端标高/m	假定桩长/m	桩径/mm	注浆方式	基桩抗拔极限承载力标准值 T_{uk}/kN	计算依据钻孔
第 8 大层	9.25	−5.75	15.00	600	未注浆	2289.14	ZK9
					桩侧注浆		
第 10 大层	9.25	−19.75	29.00	600	未注浆	4145.25	
					桩侧注浆		

5 结语

（1）本工程完成了孔深达 190m 深孔钻探，揭露了本地区的覆盖层厚度。并建立了三维地质模型，为更详细查明场区地基岩土层分布提供依据。

（2）本工程结合周边情况，分析了地下水水位变化的原因，并针对地下水控制设计影响最大的第 2 含水层卵石第 6 大层进行了 3 次降深抽水试验，得到了准确的含水层渗透系数。

（3）根据勘察成果，绘制了桩基础拟采用作为桩端持力层的第 10 大层和第 12 大层的顶板等高线图和厚度等值线图，并以第 10 大层和第 12 大层作为桩端持力层，计算了不同后压浆工况的单桩竖向极限承载力。本项目裙楼及地下室部分采用抗拔桩提升抗浮能力，计算了以第 8 大层或第 10 大层作为桩端持力层基桩抗拔极限承载力。综合分析后，设计单位采用了基础桩以砂卵石第 10 大层作为桩端持力层，抗拔桩以第 8 大层作为桩端持力层，均采用后注浆方式，试桩结果与计算结果基本相符，单桩承载力和变形均满足设计要求。

北京市 CBD 核心区 Z15 地块岩土工程勘察、水文地质勘察及咨询

朱辉云　侯东利　韩　煊　周宏磊
（北京市勘察设计研究院有限公司，北京　100038）

1　工程概况

1.1　项目简介

北京市 CBD 核心区 Z15 地块（原称“中国尊”，现名“中信大厦”）位于北京中央商务区核心位置，为集甲级办公楼、会议、商业以及配套服务功能于一体的综合性建筑，总建筑面积 43.7 万 m^2，地上 35 万 m^2，地下 8.7 万 m^2，总投资 178.4 亿元。项目由主塔楼及纯地下车库组成，地上 108 层，地下 8 层，建筑总高度约 528m，参见图 1。本项目主塔楼上部结构采用复杂的“巨型框架 + 外框筒 + 核心筒 + 伸臂桁架”体系，核心筒区域基础底板厚 6m，基底压力约 1850kPa，地下室埋深 38m。

图 1　项目主塔楼建成实拍图

本项目为北京市第一高楼，也是世界上按地震烈度 8 度设防唯一超过 500m 的超高层建筑，同时也是全球地下室层数最多、基坑深度最大的民用建筑。国际政治影响大，世界瞩目。

本项目上部结构体系复杂，主塔楼、纯地下室位于同一基础底板，基底荷载差异悬殊，且底板不设后浇带。场地地质条件复杂，建设影响范围内存在多层地下水，其中包含多层高水头承压水。

本项目周边与浅置埋深地下空间和管廊等一体化开发、北侧紧邻城市主干道，周边环境条件极为复杂。同时，地处首都中央商务区核心区中枢位置，各项风险管控要求极为严苛。

项目组通过一系列科学严谨、创新突破的技术手段，准确查明了工程地质条件，在超高层建筑勘察与评价方面体现出了国际领先水平，尤其超长桩基础的承载力及变形分析评估、抗浮设防水位的技术分析等核心技术推动了北京市超高层勘察工作的精细化开展和关键问题的量化评价水平，取得了一系列工程成果和可观的经济、环境和社会效益。

1.2　项目特点和勘察及咨询重难点

（1）工程地质与水文地质条件复杂。本工程位于古金沟河中下部，超高层建筑荷载影响深度大，地基影响深度内粗细颗粒土纵向交互沉积、横向厚度和岩性不均匀，以第四纪沉积黏性土、粉土至砂、卵石的沉积旋回为主。本工程超深地层钻探、原位测试及取样等对勘察的要求较高，超深地层岩土参数的准确性、合理性是本工程勘察工作的重点。本工程拟建场地 60m 深度范围内赋存 4 组以砂卵石为主的含水层，第 1 层地下水为层间水、第 2～4 层地下水为承压水，尤其是第 2～4 层承压水对本工程地下水控制、基坑抗突涌稳定性有重要影响，但拟建场区周边第 2～4 层承压水此前的工程鲜有涉及或研究，水文地质条件综合评价是勘察的难点，只有在全面深入的岩土工程和水文地质勘察基础上，才能确保地基基础设计施工质量。

（2）超高层承载力和变形要求高，大直径超长桩基综合分析评价难度大。本工程超高层主塔楼部

获奖项目：2021 年北京市优秀工程勘察设计奖一等奖，2021 年度工程勘察、建筑设计行业和市政公用工程优秀勘察设计奖一等奖，2021 年度华夏建设科学技术奖一等奖。

分108层，建筑高度约为528m。建筑结构体系复杂，具有结构荷载不均匀、对地基变形敏感等特点。超高层部分具有很高的竖向荷载，同时还承受地震作用、风荷载所产生的倾覆力矩。本工程超高层主塔楼部分对地基承载力、地基变形及地基的整体稳定性提出了十分严格的设计控制要求。本工程超高层建筑和纯地下室采用同一基础底板，核心筒与其外部相邻部位以及与其周边纯地下室之间的相邻荷载差异极大。因此，本工程地基基础与上部结构共同作用条件十分复杂，在按地基变形协调控制进行整体基础设计时，对差异变形的控制要求极为严格。基础设计需解决的主要问题是超高层部分总沉降、倾斜，超高层与周边纯地下车库之间的地基变形协调以及超高层部分地基基础的整体稳定性。超高层部分拟采用超长大直径桩深基础方案，在北京地区目前尚无相关勘察设计施工等成熟经验，超长大直径桩基承载力及沉降计算复杂，勘察能否提供准确的参数和合理可行地基方案及技术建议将成为工程成功与否的关键。

（3）纯地下室抗浮稳定性问题突出，科学分析预测抗浮设防水位意义重大。本工程纯地下室部分基础埋置很深且结构荷载较小，而场区水文地质条件复杂，远期高水位的准确预测难度较大，因此须在准确查明拟建场区水文地质条件的基础上，利用科学合理的技术手段对地下水远期高水位进行预测，提供经济、合理的建筑抗浮设防水位。

综上所述，本项目复杂设计建造面临的岩土与地基工程难题，需要岩土技术突破和集成创新解决。

2　综合勘察技术运用

本项目勘察采用钻探、取样、室内试验、标准贯入试验、重型动力触探、波速测试、地脉动测试、地下水监测及水文地质试验、三维地质建模、数值分析计算等多种勘察手段。

（1）钻探与取样

本项目勘察完成勘探钻孔38个。其中岩土工程勘察钻孔24个，包括取样钻孔9个，标准贯入试验/重型动力触探试验钻孔7个，一般性钻孔8个。水文地质勘察孔/井14个，包括水位观测孔12个，抽水试验井2个。本工程深度100m以上钻孔17个，最深钻孔达180m，是当时北京房屋建筑领域最深的钻孔。

（2）室内试验

本项目累计进行了380块原状土样及326份扰动土样的室内土工试验。试验项目包括常规物理力学试验、三轴压缩试验、回弹再压缩试验、高压固结试验、无侧限抗压强度试验、静止侧压力系数试验、砂土直剪试验、湿化试验、土的矿物分析试验等。

（3）原位测试

本项目累计进行标准贯入试验461次，重型动力触探试验24.4m，地脉动测试3点，波速测试100m × 1孔、140m × 1孔、163.1m × 1孔。

（4）地下水位监测及水文地质试验

本项目建立了3组（共10个）地下水位动态监测孔（其中4个水位动态监测孔兼作抽水试验观测孔）、2个抽水主孔及2个抽水试验观测孔。针对直接影响本项目设计与施工的第1层承压水含水层和第2层承压水含水层各布置了1组抽水试验（各进行3个降深）。针对第3层承压水含水层进行了3组提水试验。

（5）三维地质建模

本项目采用三维地质建模技术，对场地地层、含水层进行了精准建模，同时对周边环境关系等进行了精准刻画，实现了勘察成果的可视化交付与运用。

（6）数值分析技术

本项目采用荷载传递分析法、有限元数值分析法、桩/土和基础共同作用PSFIA分析方法等多种方法进行超长桩基承载力、沉降预测比选分析和论证，为桩基及基础设计提供精确依据。采用“场域渗流模型综合分析法”和“区域三维瞬态流模型分析法”两种分析方法模拟计算，提供科学的抗浮设防水位建议。

3　工程地质与水文地质条件

3.1　地形地貌及地质构造

本项目场地位于永定河冲洪积的古金沟河故道中下部，自然地面标高为38～39m。

本项目场地原为中国造纸工业公司用地，原有房屋较为密集，场地东北侧为原科伦大厦（地上12层，地下3层）场地北侧紧邻光华路，东侧和西侧紧邻CBD核心区一体化开发建设的综合管廊，南侧为CBD核心区地下公共空间。现场地形地物较复杂。

3.2　地层岩性

本项目最大勘探深度180.00m范围的土层划分为人工堆积层和第四纪沉积层两大类，并按地层岩性及其物理力学数据指标，进一步划分为20个大层及亚层，各土层的基本特征综述详见表1。

地层岩性特征一览表 **表1**

成因年代	大层编号	地层序号	岩性	各大层层顶标高变化范围/m	层顶埋深（自设计±0.000对应的绝对标高38.20起算，单位m）	颜色	稠度/密实度	压缩性
人工堆积层	1	①	房渣土、碎石填土	20.16～38.56（现状地面下）	现状地面下	杂	松散	—
		①$_1$	黏质粉土素填土、粉质黏土素填土			黄褐	稍密	—
第四纪沉积层	2	②	粉质黏土、重粉质黏土	28.56～37.00（部分已开挖）	1.20～9.64（部分已开挖）	褐黄	可塑	中—中高压缩性
		②$_1$	黏质粉土、砂质粉土			褐黄	中密—密实	低—中低压缩性
	3	③	细砂、中砂	26.13～29.06（部分已开挖）	9.14～12.07（部分已开挖）	褐黄	中密—密实	低压缩性
	4	④	卵石、圆砾	19.46～25.95（部分已开挖）	12.25～18.74（部分已开挖）	杂	中密	低压缩性
	5	⑤	粉质黏土、重粉质黏土	18.21～19.51	18.69～19.99	褐黄	可塑	低—中低压缩性
		⑤$_1$	黏质粉土、粉质黏土			褐黄	密实	低压缩性
	6	⑥	卵石、圆砾	10.96～14.76	23.44～27.24	杂	密实	低压缩性
		⑥$_1$	细砂、中砂			褐黄	密实	低压缩性
		⑥$_2$	重粉质黏土、黏土			褐黄	可塑	中低压缩性
	7	⑦	黏土、重粉质黏土	0.49～3.13	35.07～37.71	褐黄（局部灰）	可塑	中低—中压缩性
		⑦$_1$	粉质黏土、黏质粉土			褐黄（局部灰）	可塑—硬塑	低—中低压缩性
	8	⑧	卵石、圆砾	−2.36～0.28	37.92～40.56	杂	密实	低压缩性
		⑧$_1$	细砂、中砂			褐黄	密实	低压缩性
	9	⑨	粉质黏土、重粉质黏土	−9.31～−5.72	43.92～47.51	灰—黄灰	硬塑—可塑	低—中低压缩性
		⑨$_1$	粉质黏土、黏质粉土			灰—黄灰	硬塑—可塑	低压缩性
	10	⑩	中砂、细砂	−14.64～−11.57	49.77～52.84	褐黄	密实	低压缩性
		⑩$_1$	粉质黏土、黏质粉土			褐黄	可塑—硬塑	低—中低压缩性
	11	⑪	粉质黏土、重粉质黏土	−27.24～−23.99	62.19～65.44	褐黄	可塑—硬塑	低—中低压缩性
		⑪$_1$	黏质粉土、粉质黏土			褐黄	密实	低压缩性
	12	⑫	卵石、圆砾	−37.24～−31.72	69.92～75.44	杂	密实	低压缩性
		⑫$_1$	细砂			褐黄	密实	低压缩性
		⑫$_2$	砂质粉土、黏质粉土			褐黄	密实	低压缩性
	13	⑬	粉质黏土、重粉质黏土	−48.84～−45.02	83.22～87.04	褐黄	硬塑—可塑	低压缩性
		⑬$_1$	黏质粉土、砂质粉土			褐黄	密实	低压缩性
		⑬$_2$	细砂			褐黄	密实	低压缩性
	14	⑭	中砂、细砂	−54.44～−47.32	85.52～92.64	褐黄	密实	低压缩性
	15	⑮	重粉质黏土、粉质黏土	−64.24～−58.92	97.12～102.44	褐黄	硬塑—可塑	低—中低压缩性
		⑮$_1$	粉质黏土、黏质粉土			褐黄	硬塑—可塑	低压缩性
		⑮$_2$	黏土、重粉质黏土			褐黄	硬塑—可塑	中—中低压缩性
	16	⑯	卵石、圆砾	−76.84～−73.94	112.14～115.04	杂	密实	低压缩性
	17	⑰	重粉质黏土、粉质黏土	−86.07～−81.82	120.02～124.27	褐黄	硬塑—可塑	低压缩性
		⑰$_1$	粉质黏土、黏质粉土			褐黄	硬塑—可塑	低压缩性
	18	⑱	卵石	−93.94～−87.02	125.22～132.14	杂	密实	低压缩性
		⑱$_1$	细砂、中砂			褐黄	密实	低压缩性
	19	⑲	重粉质黏土、粉质黏土	−104.00～−98.72	136.92～142.20	褐黄—棕黄	硬塑—可塑	低—中低压缩性
		⑲$_1$	黏土、重粉质黏土			褐黄—棕黄	硬塑—可塑	低—中低压缩性
	20	⑳	卵石	−122.87～−120.62	158.82～161.07	杂	密实	低压缩性
		⑳$_1$	重粉质黏土、粉质黏土			褐黄	硬塑—可塑	中低—低压缩性

本项目 180.00m 范围内各土层的分布特征为：在垂直方向上，呈现较为稳定的由黏性土、粉土至砂、卵石的沉积旋回；在水平方向上，各土层分布厚度、土质特征有一定变化。勘探深度的岩性组合特征参见图 2。

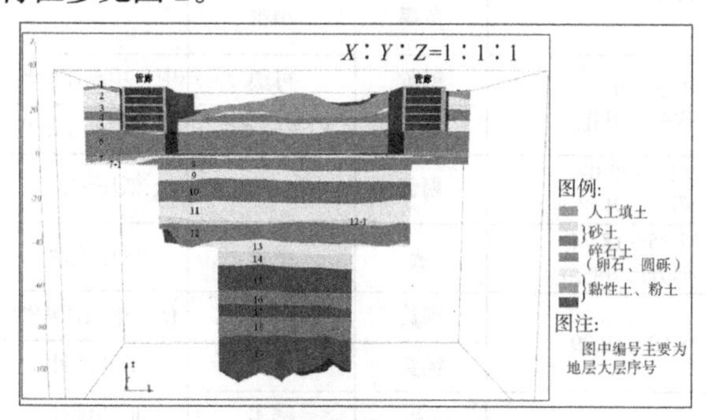

(a) 地层剖切平面图

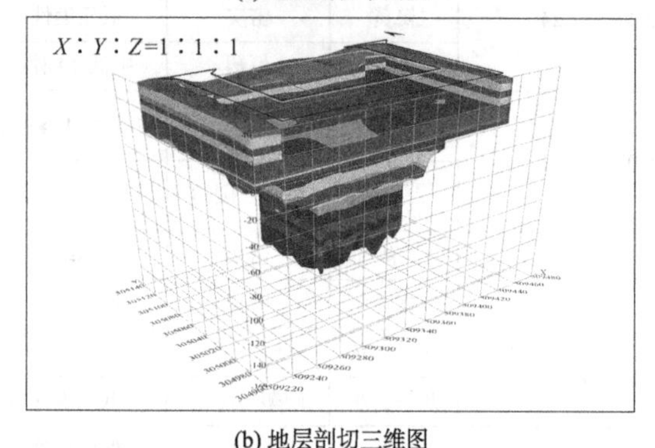

(b) 地层剖切三维图

图 2　地层立体空间分布示意图

3.3　地下水

场地自然地面下约 60m 深度范围内主要分布 4 层地下水，勘察期间（2012 年 1 月～2 月）于地下水位观测孔中实测到的具体地下水水位情况参见表 2。

地下水情况一览表　　表 2

序号	地下水类型	地下水稳定水位（承压水测压水头）		含水层
		埋深/m	标高/m	
1	层间水	18.50～20.06	18.14～19.72	第 4 大层卵石、圆砾和细、中砂
2	承压水	24.83～25.09	13.11～13.37	第 6 大层卵石、圆砾和细、中砂，含水层平均厚度约 11.0m
3	承压水	25.39～26.52	11.68～12.81	第 8 大层卵石、圆砾和细、中砂，含水层平均厚度约 6.5m
4	承压水	26.31～26.68	11.52～11.89	第 10 大层细、中砂为主，含水层平均厚度约 12.5m

深部（60m 以下）的砂卵石地层中也分布承压水头较高的承压水。

场地三维水文地质模型参见图 3。

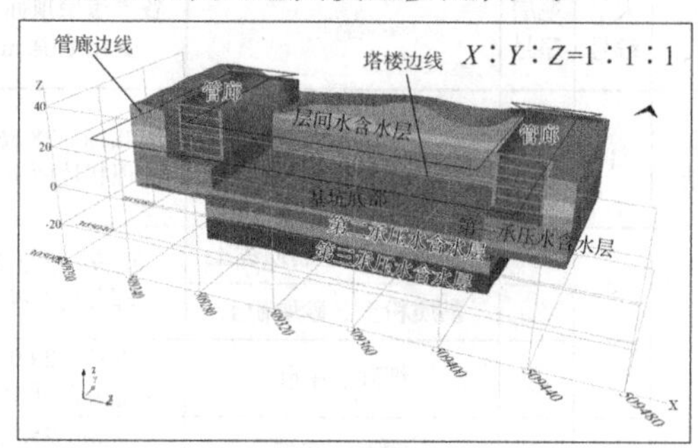

(a) 水文地质格栅图

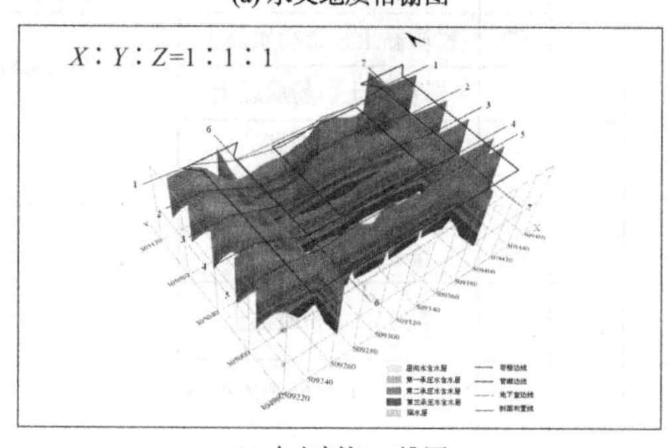

(b) 水文剖切三维图

图 3　三维水文地质模型示意图

本项目基坑埋深 38m，位于层间水及第 1 层承压水以下，需采取有效的地下水控制措施。另外，基底以下的第 2 层承压水承压水头高约 12m，第 3 层承压水的承压水头高约 23m，承压水会对基土稳定、基坑稳定、基坑锚杆和桩基施工等产生一系列复杂严重影响。

3.4　抗震基本参数

本项目的场地类别为Ⅱ类。对应Ⅱ类场地的基本地震动峰值加速度为 0.20g，对应Ⅱ类场地的基本地震动反应谱特征周期为 0.40s。

抗震设防烈度为 8 度，设计基本地震加速度值为 0.20g，设计地震分组为第二组。

在地震烈度达到 8 度且地下水位按接近自然地面考虑时，本场地天然沉积土层不会发生地震液化。本场地为对建筑抗震一般地段。

本场地槽底地表（自然地面下 17m 左右）地脉动卓越频率为 2.64Hz，相应的卓越周期为 0.38s；地面微振动最大速度幅值为 12.13×10^{-6}～13.05×10^{-6}m/s；场地槽底地表以下 20m 深度处（自然地面下 37m 左右）地脉动卓越频率为 2.69Hz，相应的卓越周期为 0.37s；地面微振动最大速度幅值为 5.23×10^{-6}～7.35×10^{-6}m/s。

4 岩土工程分析与评价

4.1 不良地质作用及特殊性岩土

本项目场地潜在的不良地质作用为区域地面沉降，场地位于北京东八里庄—大郊亭沉降区的西部，近年来该沉降区呈现出沉降中心向东发展，沉降速率加快、沉降面积迅速扩大的发展势头。项目组搜集了区域地面沉降的历史数据，进行综合分析，并采用项目承担单位自主研发的ALSES分析技术，对区域地面沉降的发展趋势进行预测。

ALSES（Analysis of Land Subsidence Effects on Structures）分析方法是由项目承担单位在北京市规划委员会的支持下，通过持续研发提出的一项独有分析技术，主要用于分析计算大范围超采地下水引起的地面沉降和差异沉降，从而可以进一步分析对建（构）筑物的影响。该方法针对北京地区复杂的地层条件和地下水赋存规律，能够考虑承压水和潜水在多层水水位变化情况下引起的沉降规律的影响，而且能够合理反映地面沉降对水位变化的滞后性特性，可计算钻孔的点沉降和区域内的面沉降。

项目组用ALSES分析技术计算得出：未来5年，包括本工程场区在内的“东八里庄—大郊亭沉降区西侧地区”的区域地面沉降整体较为均匀，累计沉降量约在60mm左右。

中远期地面沉降的预测与北京市地下水的变化趋势密切相关。其中，对区域地下水位变化有着重要影响的因素包括：中远期内的高强度城市建设，北京市未来地下水资源开采利用模式等。在这些人为主导因素影响下，未来地下水位变化趋势具有一定的不确定性。但从宏观趋势看，北京市各项节水措施，特别是2014年南水北调工程的实施，北京市中远期地下水的下降趋势会逐渐趋缓，地面沉降的发展将从一定程度上得到控制，因此区域性地面沉降不会对本工程安全使用带来影响。

因此，综合分析本项目场地范围内，不存在影响拟建场地整体稳定性的不良地质作用。

本场地存在的特殊土为人工填土，人工填土成分杂乱，工程性质较差，在围护结构设计、施工中，对支护体系设计、施工的影响较为突出。

4.2 场地稳定性及适宜性评价

综合判定本项目场地为基本稳定场地，工程适宜性分级为较适宜。

4.3 水文地质参数

经现场抽水试验、提水试验及室内渗透试验的综合分析，建议的与本项目设计与施工相关的水文地质参数详见表3。

水文地质参数一览表　　表3

含水层组	渗透系数 K/（m/d）	给水度μ（释水系数）	影响半径 R/m
层间水含水层	200	—	190
第1层承压水含水层	220	0.35	1400
第2层承压水含水层	200	1.0×10^{-5}	3600
第2层承压水含水层	15	—	80

4.4 地基土承载力

经钻探、原位测试、土工试验等的综合分析，建议的主要地基土的地基承载力标准值f_{ka}详见表4。

主要地基土承载力一览表　　表4

地层	f_{ka}/kPa	地层	f_{ka}/kPa	地层	f_{ka}/kPa
②粉质黏土、重粉质黏土	180	⑦$_1$粉质黏土、黏质粉土	250	⑫卵石、圆砾	580
②$_1$黏质粉土、砂质粉土	200	⑧卵石、圆砾	500	⑫$_1$细砂	380
③细砂、中砂	250	⑧$_1$细砂、中砂	360	⑫$_2$砂质粉土、黏质粉土	280
④卵石、圆砾	350	⑨粉质黏土、重粉质黏土	260	⑬粉质黏土、重粉质黏土	280
⑤粉质黏土、重粉质黏土	220	⑨$_1$粉质黏土、黏质粉土	280	⑬$_1$黏质粉土、砂质粉土	300
⑤$_1$黏质粉土、粉质黏土	250	⑨$_2$黏土、重粉质黏土	240	⑬$_2$细砂	380
⑥卵石、圆砾	420	⑩中砂、细砂	380	⑭中砂、细砂	400
⑥$_1$细砂、中砂	350	⑩$_1$粉质黏土、黏质粉土	260	⑮重粉质黏土、粉质黏土	280
⑥$_2$重粉质黏土、黏土	220	⑪粉质黏土、重粉质黏土	260	⑮$_1$粉质黏土、黏质粉土	300
⑦黏土、重粉质黏土	230	⑪$_1$黏质粉土、粉质黏土	280	⑮$_2$黏土、重粉质黏土	280

4.5 桩基参数

经综合分析，建议的泥浆护壁钻（冲）孔桩的极限侧阻力标准值q_{sik}、极限端阻力标准值q_{pk}详见表5。

桩基设计参数一览表　　　　表 5

地层	q_{sik}/kPa	地层	q_{sik}/kPa	q_{pk}/kPa
⑦黏土、重粉质黏土	70	⑪$_1$黏质粉土、粉质黏土	75	—
⑦$_1$粉质黏土、黏质粉土	75	⑫卵石、圆砾	160	3000
⑧卵石、圆砾	140	⑫$_1$细砂	85	1800
⑧$_1$细砂、中砂	80	⑫$_2$砂质粉土、黏质粉土	80	—
⑨粉质黏土、重粉质黏土	75	⑬粉质黏土、重粉质黏土	80	—
⑨$_1$粉质黏土、黏质粉土	80	⑬$_1$黏质粉土、砂质粉土	80	—
⑩中砂、细砂	80	⑬$_2$细砂	85	—
⑩$_1$粉质黏土、黏质粉土	75	⑭中砂、细砂	85	2000
⑪粉质黏土、重粉质黏土	75	⑮重粉质黏土、粉质黏土	80	—

4.6　地基持力层分布及工程特征

（1）基底直接持力层

本项目基底直接持力层为第 7 大层土，由⑦黏土、重粉质黏土及⑦$_1$粉质黏土、黏质粉土组成，连续分布厚度约 1.50～4.90m，平均厚度约 3.01m。⑦重力密度$\gamma=18.90\text{kN/m}^3$，含水率平均值$w=33.0\%$，天然快剪的黏聚力平均值$c=65\text{kPa}$，内摩擦角平均值$\varphi=11.0°$，压缩模量平均值$E_s(p_z\sim p_z+100)=13.7\text{MPa}$，标准贯入击数平均值$N=18$击；⑦$_1$层重力密度$\gamma=20.4\text{kN/m}^3$，含水率平均值$w=21.7\%$，天然快剪的黏聚力值$c=40\text{kPa}$，内摩擦角值$\varphi=20.0°$，压缩模量平均值$E_s(p_z\sim p_z+100)=20.6\text{MPa}$，标准贯入击数平均值$N=19$击。第 7 大层土的空间分布特征参见图 4、图 5。

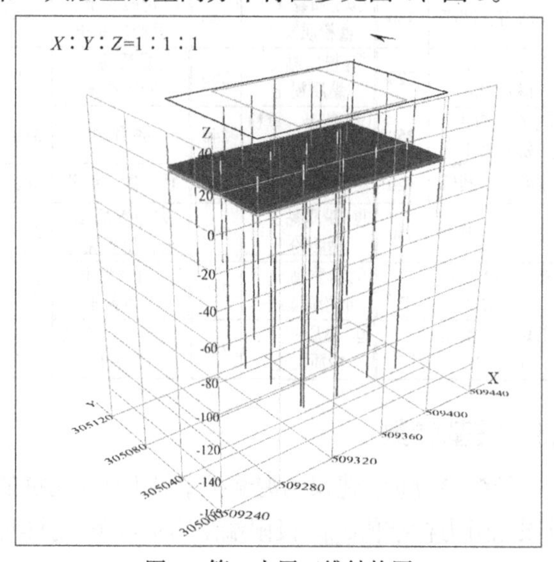

图 4　第 7 大层三维结构图

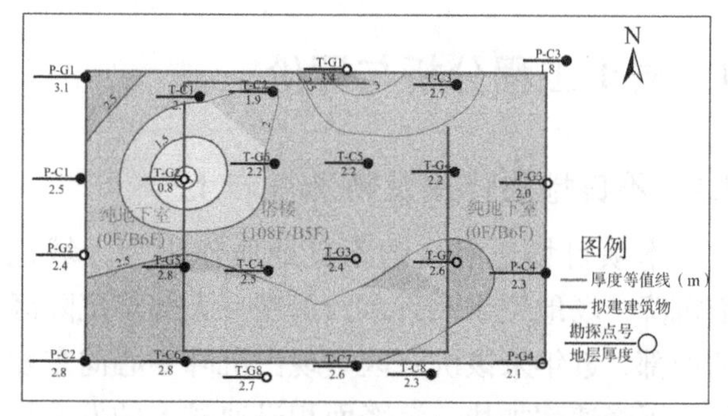

图 5　第 7 大层基底下剩余厚度等值线图

第 7 大层土不仅是基底持力土层，而且是基底以下第 8 大层卵、砾石层中赋存承压水的上覆相对隔水层。按目前基础埋深，基底下余留第 7 大层土厚度最薄处不到 1.0m。在承压水作用下，基底土将发生突涌破坏。因此，必须采取基坑围护体系与地下水控制相结合的措施，有效降低基底以下承压水水头高度，确保基底土的安全稳定。

（2）桩端持力层

⑫层卵石、圆砾建议为备选桩端持力层。主塔楼范围内该层分布厚度 7.30～12.90m，平均厚度约 10.20m。重型动力触探击数平均值$N_{63.5}=103$击，估算的该层压缩模量为 150～160MPa。采用 108mm 孔径钻头钻探揭露卵石部分：$D_{大}=10\text{cm}$，$D_{长}=12\text{cm}$，$D_{一般}=6\sim8\text{cm}$，亚圆形，级配较好，含中砂约 25%，局部层底部卵石已胶结。该层空间分布特征参见图 6、图 7，该层工程性质良好。

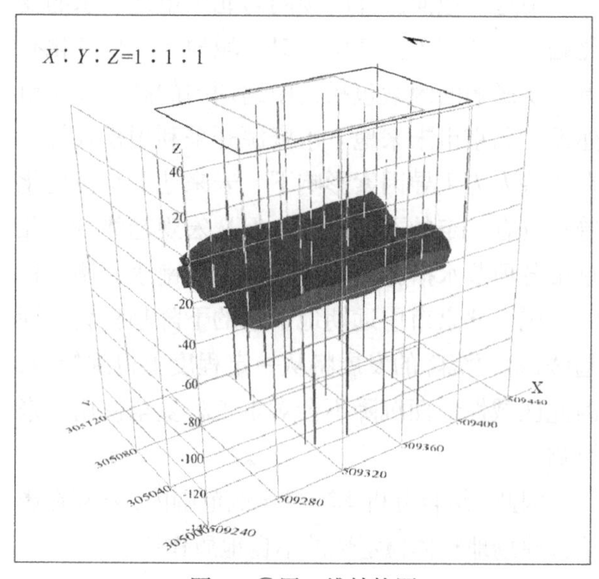

图 6　⑫层三维结构图

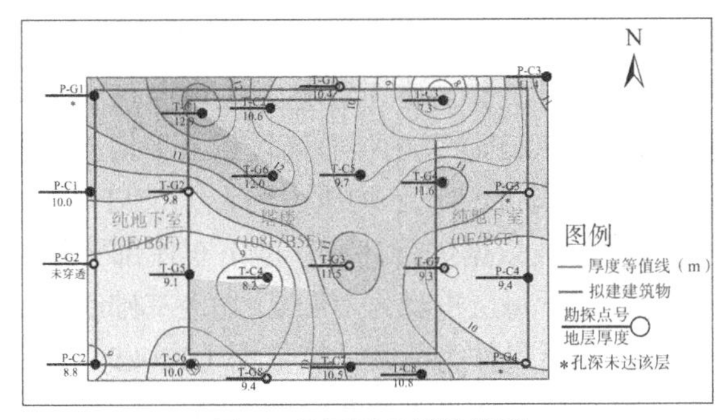

图 7　⑫层厚度等值线图

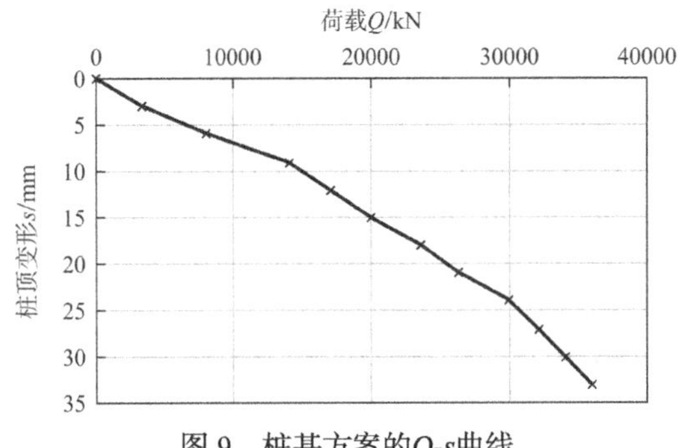

图 9　桩基方案的Q-s曲线

4.7　大直径超长桩基承载力计算分析

本项目勘察阶段采用规范经验参数法、荷载传递反分析法、数值模拟三种方法分析估算单桩竖向承载力。

（1）经验参数法

采用《建筑桩基技术规范》JGJ 94—2008 推荐的经验参数法，估算得出当采用后注浆技术，考虑后注浆侧阻力和端阻力增强系数后，有效桩长 43.0m，桩径 1.0m 的单桩承载力能够满足设计要求。

（2）荷载传递反分析方法

项目承担单位通过总结研究北京地区近年来大量的大直径后注浆钻孔灌注长桩静载试验结果，建立了基于荷载传递分析预估单桩极限承载力的方法。采用该方法估算本项目有效桩长为 43m。

通过荷载传递反分析法得出的本项目试验桩桩侧摩阻力分布及单桩荷载-沉降结果如图 8、图 9 所示。根据图 9，Q-s曲线具有缓变型特点，曲线上未出现明显破坏点。当桩顶变形$s = 33$mm 时，对应桩顶荷载$Q = 36085$kN。经插值计算，单桩竖向承载力极限值（36000kN）下对应桩顶沉降约为 32.9mm。

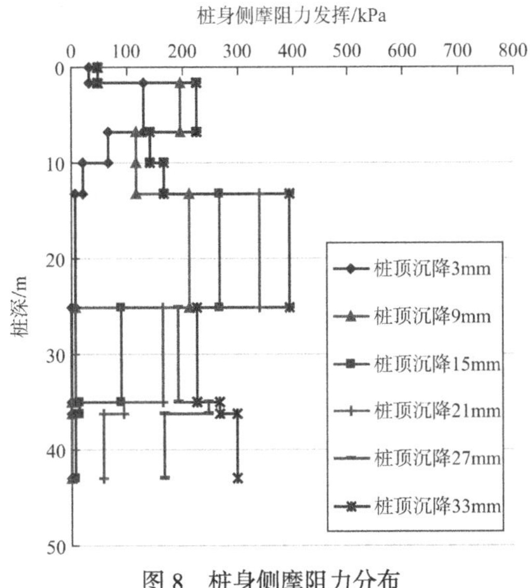

图 8　桩身侧摩阻力分布

（3）数值分析方法

项目组基于 FLAC3D 数值分析方法，对北京地区大量后注浆灌注桩单桩承载力分析研究成果，采用后注浆灌注桩数值模型中对桩周土层模量深度修正方法，分析本工程单桩荷载变形及荷载传递规律。在数值计算分析中，模拟施工逐级加载，在桩顶依次施加 2000～36000kN 等 18 级荷载，得到的单桩荷载变形曲线如图 10 所示，荷载变形曲线表现为缓变型形状，在最大荷载 36000kN 作用下，桩顶位移为 34.9mm。

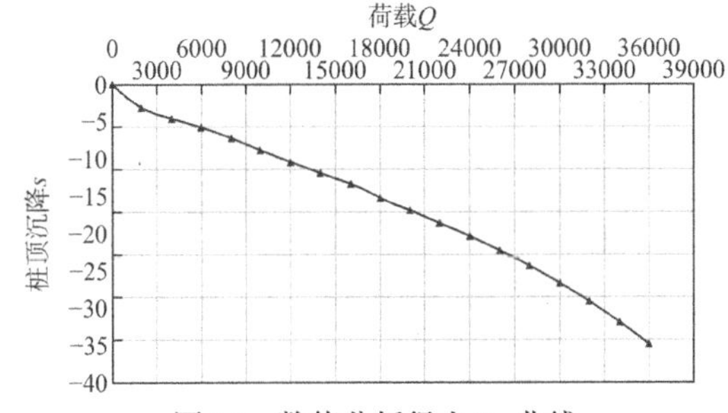

图 10　数值分析得出Q-s曲线

通过数值分析得出的桩侧摩阻力分布情况如图 11 所示。在加荷过程中，桩身侧阻力基本是沿桩身都有发挥，位于砂、卵石层中的桩身侧阻力发挥略大。在荷载较小时，桩身中上部的侧阻力发挥较大，而随着荷载的逐步增大，桩下部的侧阻力发挥逐渐增大。

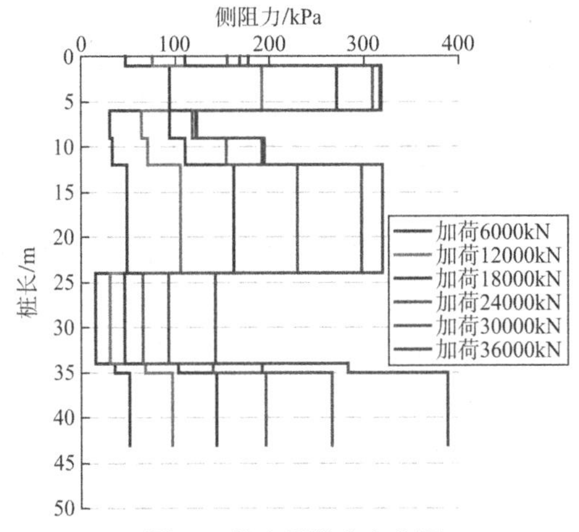

图 11　桩身侧阻力变化图

4.8 大直径超长桩基沉降计算分析

项目组采用 ZSoil.pc v2011 数值模拟及项目承担单位自主研发的“桩、土和基础共同作用分析方法”（简称“PSFIA”）进行桩基沉降的分析计算。

（1）数值模拟方法

项目组主要计算分析主塔楼的基础沉降，建立的数值模型尺寸为 400m × 400m × 160m，基坑开挖长宽为 136m × 84m，其中核心筒部分为 37m × 37m，共划分 21104 个单元，合计 25217 个节点。根据设计及试桩情况，塔楼核心筒部分基底压力标准值为 $1850kN/m^2$，主塔楼平均基底压力标准值为 $1650kN/m^2$，裙楼部分为 $120kN/m^2$。模拟桩径取为 1.0m，桩距为 3m，有效桩长 43.0m，桩端持力层为⑫卵石、圆砾。估算建筑物沉降结果如图 12 所示，核心筒部位最大竖向位移为 10.8cm。

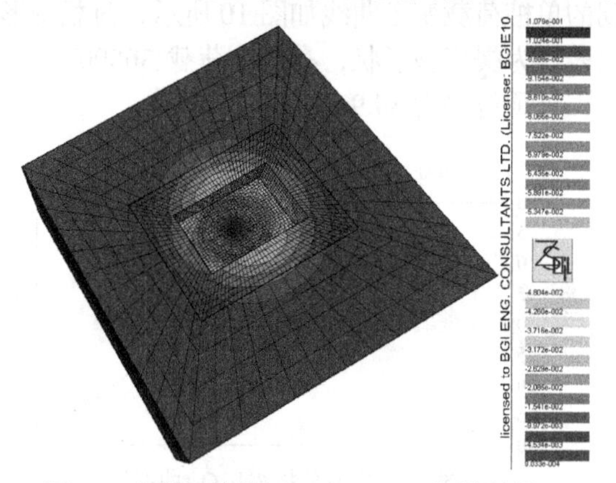

图 12　有限元软件 ZSoil.pc v2011 沉降计算

（2）桩、土和基础共同作用分析方法

项目组采用“桩、土和基础共同作用分析程序”（简称 PSFIA 方法，即 Pile，Subsoil & Foundation Interaction Analysis）进行计算。

在建筑物范围内按平面轴网布置计算节点，计算分析设置计算节点共计 135 个，各节点的计算刚度按下列原则确定：有墙部位按最底层地下室墙体高度的一半与基础底板的组合截面计算；无墙部位按基础底板厚度算，板厚分别为 1.50m、4.50m 及 6.50m。

为了反映基础的结构情况，采用 4 节点矩形单元模拟基础底板。在划分单元时，根据基础平面形状、结构构件的状况以及柱网的分布选取单元类型，并遵循单元节点与计算节点相一致的原则。本次分析设置板单元 112 个，梁单元 126 个。

以各计算点作为加荷块的标志点（即加荷点），按计算网格的跨中至跨中或者跨中至基础边缘划分加荷块。本工程共设 135 个加荷块。

根据设计资料，本工程整个主塔楼基底平均压力约为 1650kPa（其中核心筒筏板下平均压力约为 1850kPa，矩形柱下平均压力约为 2755kPa），以此为基本荷载依据进行计算；地下车库部分根据经验考虑地下每层重量为 20kPa，加上基础底板及地面做法的重量作为荷载计算依据（120kPa），计算中不考虑柱底水平力和弯矩的影响。

由于本工程在基础底板范围内未设置沉降后浇带，因此，地基基础协同作用分析时，模拟施工状态，采用逐级加荷，计算全部建筑物荷载施加以后的长期总沉降。

计算的各部位平均、最大沉降量情况见表 6，长期总沉降量分布详见图 13。

沉降计算成果汇总表　　**表 6**

建筑部位	基底平均荷载 /kPa	平均沉降量 /mm	最大沉降量 /mm
中央核心筒	2151.10	104.98	116.59
巨形柱	2755.06	75.94	78.86
纯地下其余布桩区域	246.22	73.80	92.45
纯地下非布桩区域	218.81	39.16	76.21

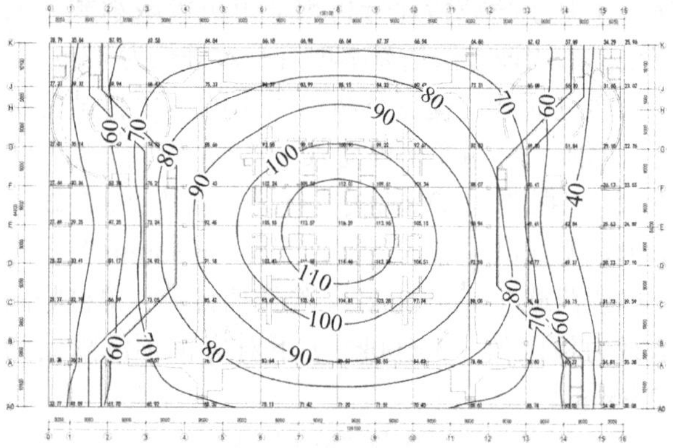

图 13　计算总沉降量图

计算结果表明：主塔楼最终平均沉降量约为 105mm，最大沉降为 116.6mm。

6.5m 厚板范围内东西方向的相对弯曲（挠度）不超过 0.08%，南北方向 0.12%；筏板整体弯曲（东西方向）不超过 0.14%；高低层差异沉降满足规范要求。

计算沉降分布趋势为：整体呈中间低、四周高的沉降漏斗：其中核心筒区域沉降分布基本均匀，呈中心点最大的微漏斗形；6.5m 板厚内，由于结构刚度较大且布桩密集，沉降漏斗较浅；2.5m 板厚范围内，沉降漏斗较深。

根据上述桩基承载力及沉降的综合分析，建

议本项目主塔楼采用标高−37.47～−34.04m 以下分布的⑫卵石、圆砾作为桩端持力层，有效桩长约 43.0m，桩径 1.0m 的桩基础方案。

4.9 抗浮设防水位综合分析

本项目采用项目承担单位独有的“场域渗流模型综合分析法”（简称“场域法”）和“区域三维瞬态流模型分析法”（简称“区域法”）综合预测抗浮设防水位。

（1）场域渗流模型综合分析法

该方法是基于宏观数据反分析与场地数值分析相结合的一种工程分析方法。在充分利用区域工程地质、水文地质背景资料和地下水水位长期观测资料的基础上，分析工程场区及其附近区域的水文地质条件、场区地下水与区域地下水之间的关系、各层地下水的水位动态特征以及相邻含水层之间的水力联系，确定影响场区地下水水位变化的各种因素及其影响程度，预测场区地下水远期最高水位，并经渗流分析、计算，最终提出建筑设防水位建议值。分析计算结果为：建筑抗浮设防水位标高 30.90m；场区一定深度范围内地基土层中的最大水压力分布见图 14。

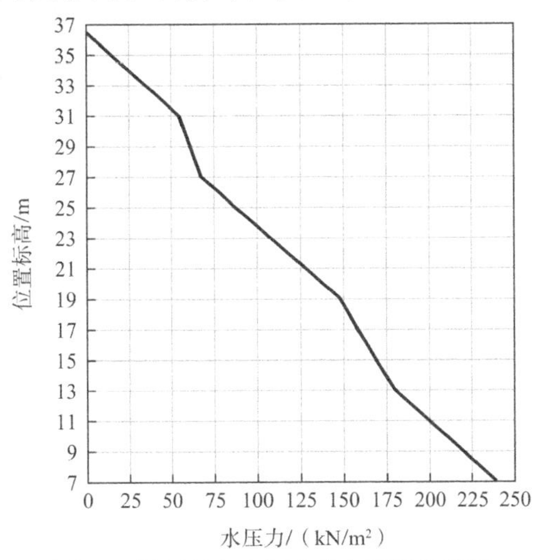

图 14　场区竖向水压力分布预测曲线图

（2）区域三维瞬态流模型分析法

该方法是利用地下水三维渗流模型进行建筑抗浮设防水位分析计算的方法，模型是在充分利用项目承担单位 60 多年以来积累的大量地层及地下水长期动态资料及其研究成果的基础上，根据地下水动力学基本原理，建立的北京市中心城区域（范围 1040km²）地下水三维瞬态流模型。该模型经过了大量实测数据（包括地下水位动态监测和水文气象数据）的识别和验证。本方法的重要特点是根据不断更新和完善的输入条件，如最新的地下水监测数据或水位观测结果，计算预测模型范围内任意位置各层地下水所能达到的远期最高水位，并结合场地的水文地质条件和拟建建筑基底位置综合确定筑抗浮设防水位。本工程的建筑抗浮设防水位标高计算结果为 30.70m。

采用“场域法”及“区域法”得到的抗浮设防水位标高较为接近，分别为 30.90m 和 30.70m，综合考虑其他不可预见因素，建议本工程的建筑抗浮设防水位标高按 31.00m 考虑。

5　桩基础方案的实施与效果

经后期追踪，本项目主塔楼采用桩筏基础，塔楼下筏板厚 6500mm，纯地下室部分筏板厚 2500mm，筏板基础底标高−37.8m，桩顶标高−37.7m。筏板基础下设 C20 素混凝土垫层和防水层，总厚 200mm，灌注桩采用旋挖钻孔桩。塔楼基础范围采用 1200mm 和 1000mm 两种桩径，均以⑫卵石、圆砾为桩端持力层，桩端进入持力层深度不小于 2.5m。其中，核心筒中央区域和巨柱中央区域采用桩径 1200mm,有效桩长不小于 44.6m，塔楼下其他区域桩径 1000mm，有效桩长不小于 40.1m。

项目组对本项目主体沉降进行持续监测，截至目前，主体结构核心筒沉降量在 86.94～104.04mm 之间，整体较为均衡。

实测的主体结构沉降量项目组在勘察阶段采用 PSFIA 方法进行的沉降量分析计算的总沉降量及沉降趋势较吻合。

6　工程成果与效益

（1）本项目采用综合勘察手段精细勘察，准确地获取了拟建场地的“地、土、水、震”等数据，成果报告深入全面，提出超长桩地基基础承载力与变形分析、超深基础抗浮设防等关键方案和岩土技术参数。

（2）本项目在超高层建筑勘察与评价方面体现出了国际领先水平，尤其超长桩基础的承载力及变形分析评估、抗浮设防水位的技术分析等核心技术提高了北京市超高层勘察工作的精细化开展和关键问题的量化评价水平。

（3）主体结构沉降实测结果表明，本工程基于多种分析方法建议的桩长方案科学合理，PSFIA方法分析主塔楼沉降与实测的主塔楼总沉降量较吻合，预测科学精确。

（4）依托于本项目实践，形成《中国尊重大岩土工程问题研究》成果，在超高层建筑的岩土工程分析评价技术、超长桩基础沉降历时仿真分析技术、岩土与地下结构信息模型技术方面取得了较大进展。

（5）依托本项目，完成《复杂城市环境地下空间建设全过程重大岩土工程风险防控关键技术》荣获 2018 年度中国勘察设计协会科学技术奖一等奖。

（6）本项目荣获2021年北京市优秀工程勘察一等奖，2021 年全国工程勘察、建筑设计行业和市政公用工程优秀勘察设计奖一等奖，2021 年度华夏建设科学技术奖一等奖。

西安绿地中心·A座岩土工程勘察、基坑支护及降水设计、桩基试验及检测工程实录

唐　浩　张继文　范寒光

（机械工业勘察设计研究院有限公司，陕西西安　710043）

1　工程概况

西安·绿地中心A座场地位于西安市高新区中央商务区，锦业路与丈八二路十字东北角（图1）。

绿地中心A座为超高层建筑，地上58层，塔楼主屋面高243m，建筑最大高度269.7m，占地43.2m×43.2m；裙楼地上3层，高15m；地下3层，基础埋深为15.5m，筏板基础，主楼最大柱荷载55000kN，平均基底压力为1200kPa。总投资额约18.34亿元。

图1　西安绿地中心·A座鸟瞰图

本项目是西安（乃至西北）黄土地区首座超过250m高度的超高层建筑，具有超高楼层、超深基坑、超长桩等特点，没有类似的工程经验可以借鉴，存在许多亟待解决的关键技术问题，岩土工程实践过程中主要解决了以下几个问题：

（1）西安地区深部土层的时代、成因及工程性质；

（2）超高层地基基础方案的选择；

（3）超深基坑的支护措施；

（4）超长桩的受力特点。

2　场地岩土工程条件

2.1　工程地质条件

根据完成的勘察报告[1]，场地工程地质条件如下：

（1）场地地形平坦，地貌单元属黄土塬前的一级洪积台地。

（2）地基土层根据其地质年代、成因及其主要工程性质，将所划分的13层地基土归纳为5个单元，从上往下，分别以Ⅰ、Ⅱ、Ⅲ、Ⅳ、Ⅴ排序，地层基本性质见表1，空间展布示意见图2。

（3）场地属非自重湿陷性黄土场地，基底下已无湿陷性黄土层，可按一般地区进行设计。

场地地层结构　　表1

地层单元	层名	层号	性质
Ⅰ	全新世人工填土	①	分为杂填土和素填土，土质不均
Ⅱ	全新世洪积黄土状土（粉质黏土）	②～⑤	可塑，中压缩性，局部具湿陷性，层中分布有细中砂夹层或透镜体
Ⅲ	晚更新世洪积粉质黏土	⑥、⑦	可塑状态，中压缩性，层中分布有细中砂夹层或透镜体
Ⅳ	中更新世湖积粉质黏土	⑧～⑫	可塑—硬塑状态，中压缩性，层中分布有细、中砂夹层或透镜体
Ⅴ	早更新世湖积粉质黏土	⑬	硬塑状态，中压缩性，层中分布有细中砂夹层或透镜体

获奖项目：2019年度全国优秀工程勘察设计行业奖二等奖。

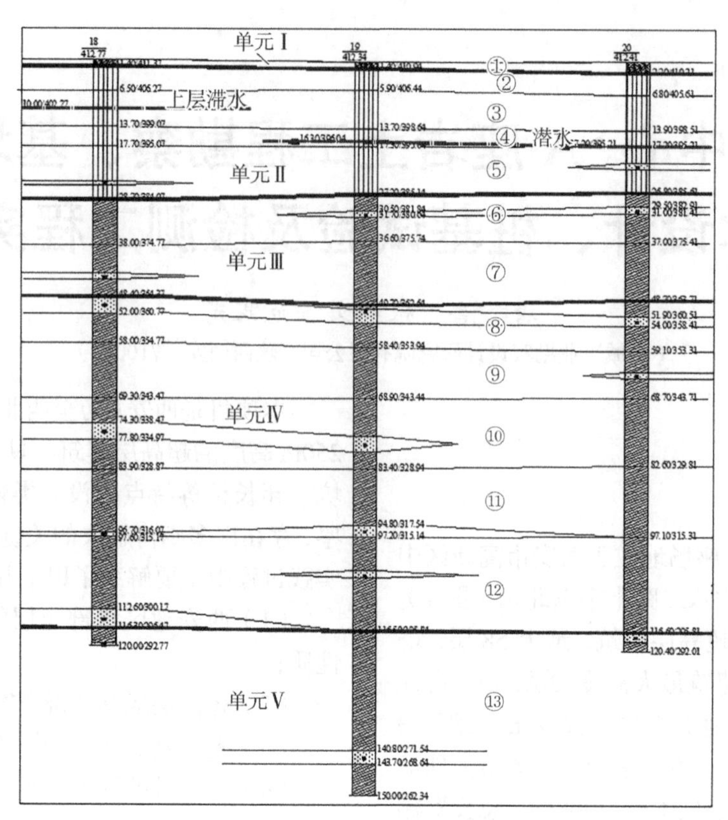

图 2　地基土层空间展布示意图

2.2　水文地质条件

本场地水文地质条件的特点是在勘探深度范围内揭露两层地下水，分别为上层滞水和地下潜水。

（1）上层滞水：约三分之一的钻孔中揭示了上层滞水，实际测得 9 个孔的上层滞水稳定水位埋深为 9.20～10.40m，相应水位标高为 402.11～403.34m，主要赋存于黄土状土［③粉质黏土中的透镜体状砂层和粉土中，④层棕褐色黄土状土（粉质黏土）］为其相对隔水层。

（2）潜水：实测稳定水位埋深为 16.05～17.40m，相应水位标高为 395.03～396.54m，主要赋存于⑤层顶部的砂及粉土中，勘察期间潜水位可视为平水位，变幅可按 2m 考虑。根据场地地下水特征，结合邻近场地多年相关资料综合考虑，抗浮水位标高建议按 406m 设防。

上层滞水的存在，影响基坑安全，需要基坑支护过程中采取针对性的措施，而本场地地下潜水标高为 395.03～396.54m，基础底面标高为 396.90m，略高于水位标高，开挖基坑有可能揭露地下水，这就要求设计时要选择合理的降水方案，既经济合理又能保证技术可行。

3　重点设计参数的确定

3.1　地基土的应力历史

地基土的应力历史对于超高层建筑沉降计算具有重要意义，为了解本场地地基土的应力历史、提供地基变形计算的相应参数，勘察过程中在各层土中取样进行了高压固结试验，试验结果见表 2。试验结果表明，除了全新统洪积形成的②层土超固结性明显，其他各地层单元内的地基土层超固结比大于 1，具一定的超固结现象、趋于正常固结。随着深度增加，自重压力增加幅度大于前期固结压力的增加幅度，出现超固结比减小现象，属试验现象，实际上，150m 范围内地基土均属正常固结土。

高压固结试验成果统计表　　表 2

值别	地层单元			
	Ⅱ	Ⅲ	Ⅳ	Ⅴ
范围值	1.107～1.822	1.059～1.120	1.021～1.102	0.930～1.016
平均值	1.303	1.089	1.054	0.979

3.2　地基土的抗剪强度

本工程基坑埋深大，为进行基坑边坡稳定性及地基土的强度评价，为模拟不同的基坑开挖工况，勘察过程中分别进行了固结快剪和静三轴（UU）压缩试验，试验结果汇总见表3。

抗剪强度指标汇总表 **表3**

层号	室内试验成果（平均值）				建议值（参考直剪试验）	
	固结快剪		静三轴UU试验			
	c/kPa	φ/°	c/kPa	φ/°	c/kPa	φ/°
②黄土状土（粉质黏土）	37.6	24.6	92.0	13.7	29	21
③黄土状土（粉质黏土）	39.8	17.7	73.0	11.2	28	16
④黄土状土（粉质黏土）	44.3	18.9	80.5	8.0	32	18
⑤黄土状土（粉质黏土）	44.5	19.3	78.5	10.1	33	19
⑥粉质黏土	46.0	17.4	67.5	5.0	35	17

3.3 地基土综合渗透系数的确定

为满足施工降水设计的需要，本次勘察在25m以上土层内进行了1组潜水完整井稳定流混合抽水试验，试验抽水井结构示意图见图3，抽水井、观测井设计参数见表4。

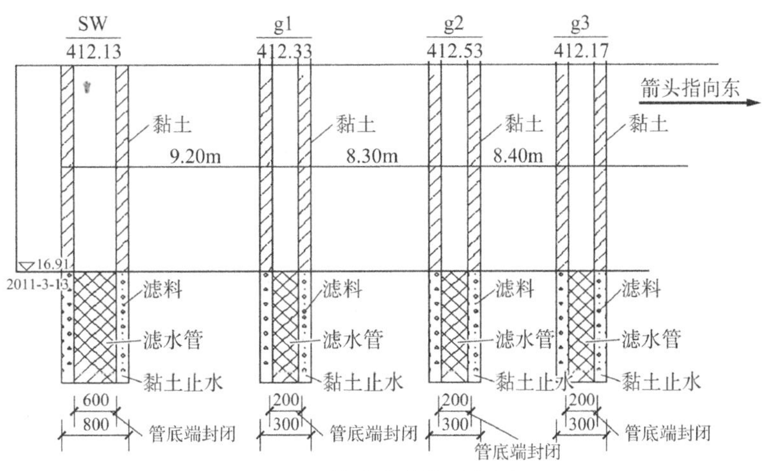

图3 抽水井结构示意图

抽水井观测井设计参数表 **表4**

项目	抽水井	观测孔
孔数/个	1	4
孔深/m	25.0	25.0
直径/mm	300	50
井管	ϕ800混凝土井管	ϕ300
滤水管	ϕ600无砂水泥管	ϕ200带滤网滤水管，底端封严
填砾	粒径3～5mm砾石	粒径1～5mm砾石
封孔	井口黏土捣实	孔口黏土捣实

根据潜水完整井稳定流抽水观测孔资料，按照《抽水试验规程》YS 5215—2000第5.3.12条计算所得渗透系数成果见表5。

$$K=\frac{0.732Q\lg\frac{r_2}{r_1}}{(s_1-s_2)(2H-s_1-s_2)} \tag{1}$$

式中：Q——涌水量（m^3/d）；

H——含水层厚度（m）；

s_1——g_1号观测孔水位下降值（m）；

s_2——g_2号观测孔水位下降值（m）；

r_1、r_2——g_1、g_2观测孔到抽水井中心的距离（m）。

抽水试验结果计算表 **表5**

降深	第1次降深（1.52m）/（m/d）	第2次降深（2.60m）/（m/d）	第3次降深（3.80m）/（m/d）	建议值/（m/d）
K值	7.4～8.4	7.4～8.7	6.2～9.1	10.0

4 基础方案的确定

4.1 天然地基的可行性分析

建筑±0.00标高均为412.4m，基础埋深均为15.5m，则基础底面标高为396.9m，基础持力层为

④层黄土状土（粉质黏土），该层土承载力特征值为170kPa，经修正后的f_a约为450kPa。对于裙楼、地下车库，平均基底压力均为160kPa可采用天然地基方案，而对于超高层建筑，平均基底压力为1200kPa，难以满足设计要求，常用的复合地基方案也达不到如此高的地基承载力，因此，建议采用钻孔灌注桩基础。

4.2 桩基方案

场地地基土无坚硬土层，短桩、端承桩缺少可供选择的良好桩端持力层，西安地区相关经验表明，长桩端承力所占比例很小（通常在5%左右），因此，本工程桩基属摩擦桩，⑧层及其以下土层无软弱夹层、均属较为合适的桩端持力土层。

为方便设计，勘察过程中采用三种方法估算了不同桩径（700mm、800mm）、不同桩长（40m、50m、60m、70m）的钻孔灌注桩单桩竖向承载力特征值：

方法一，根据《建筑桩基技术规范》JGJ 94—2008的计算公式计算（简称规范法），$K=2$。

方法二，λ法：按《桩基工程手册》式(2.4.13)[2]，即$q_{su}=\lambda(\sigma_v'+2c_u)$进行估算，$c_u$取表5.1.3-3中的建议值，$K=2$。

方法三，标准贯入法：按《工程地质手册》（第五版）式(3-3-21)[3]，即$R_a=400N_p+2N_cA_s+5N_cA_c$进行估算，$N$值经杆长修正，$K=4$。

估算的结果见表6。

钻孔灌注桩单桩竖向承载力特征值估算表　表6

桩长/m	桩端持力层层号	桩径/mm	单桩竖向承载力特征值R_a/kN			
			规范法	λ法	标准贯入法	建议值
40	⑧	700	3710	3362	4360	4200
		800	4281	3883	4757	4700
50	⑨	700	4645	4474	4834	4700
		800	5352	5157	6387	5800
60	⑩	700	5635	5738	5769	5700
		800	6440	6608	7233	6900
70	⑪	800	7549	8130		7900

4.3 桩基沉降计算

按《建筑桩基技术规范》JGJ 94—2008第5.5.6～5.5.11条，计算参数选择如下：

群桩基础底面等代为边长$B_c=44\text{m}$的正方形，即$L_c=44\text{m}$，$L_c/B_c=1$；桩径$d=800\text{mm}$，桩距$S_a=3d=2.4\text{m}$，$n_b=19$；经验系数ψ、等效沉降系数ψ_e分别按《建筑桩基技术规范》JGJ 94—2008表5.5.11、第5.5.9条选取、计算；取基底附加压力$p_0=950\text{kPa}$。

计算所得不同桩长的桩基础中心点沉降见表7。

桩基沉降估算成果表　表7

桩长/m	长径比L/d	经验系数ψ	等效沉降系数ψ_e	群桩中心沉降/mm
40	50	0.59	0.45	174
50	62.5	0.57	0.41	124
60	75	0.53	0.37	84
70	87.5	0.51	0.34	58

最终设计采用桩长53m，沉降观测结果显示，截至2017年8月6日，各角点沉降结果如下：

（1）塔楼外围4角：30.20～43.01mm，最大沉降差12.81mm，平均沉降37.75mm；

（2）核心筒外4角：43.86～46.76mm，最大沉降差2.90mm，平均沉降45.79mm。

勘察的沉降计算结果约为实测值的2～3倍，实测总沉降量平均值不足50mm，最大差异沉降不超过13mm，全部满足建筑变形要求。该数据可为西安地区超高层建筑桩基沉降计算经验系数取值积累了经验。

5 基坑支护

项目为西北黄土地区超深基坑，整体基坑长167.05m，宽94.0m，基坑绝对开挖深度17.3m、19.3m。由于基坑周边环境复杂，合理选择支护形式对基坑安全意义重大，设计充分利用场地土质的自立性，基坑采用上部土钉墙+下部桩锚支护形式，综合考虑了项目安全经济适用，出土坡道支护设计为项目出土节约了工期。合理确定了土钉支护高度，采用消除了上层滞水对土钉墙稳定性产生的不利影响。各段设计方案及工况见表8，典型支护方案见图4和图5。

基坑支护设计方案建议表　　　　　　　　表 8

基坑位置	周边环境	支护措施	降水方案
南侧、西侧	市政道路，基坑底口距道路围墙 5.0～6.0m	上部土钉墙 + 下部桩锚	采用多打浅井或集水坑降水，以及坑内明排水方式解决上层滞水。针对上层滞水的渗漏的问题，通过预留水平向导流管将水引至基坑明沟
东侧	正在施工的正大生活馆，基坑底边线距正大生活馆地下室外墙距离约 5.3m	上部框架柱 + 下部桩锚	
北侧东段	现有 2 层临建，距基坑底口线距离约 8m	上部土钉墙 + 下部桩锚	
北侧西段	—	桩锚	

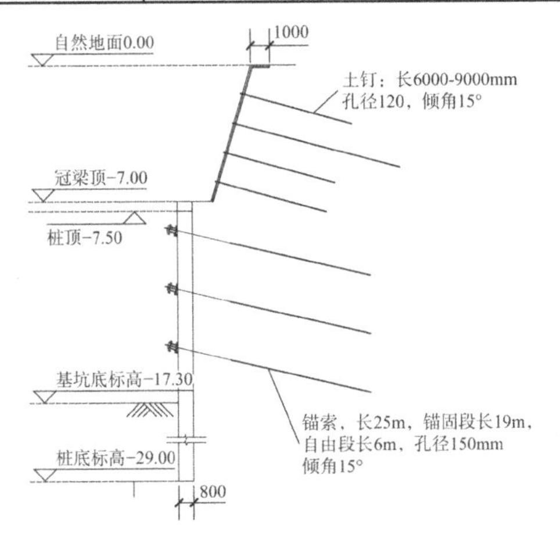

图 4　上部土钉墙 + 下部桩锚支护方案示意图

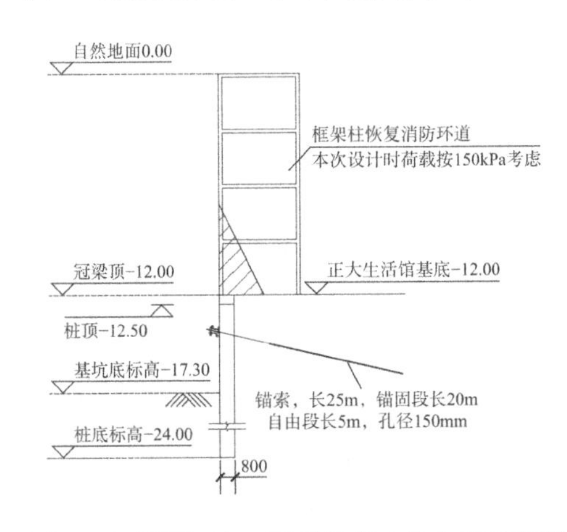

图 5　上部框架柱 + 下部桩锚支护方案示意图

本工程基坑监测过程中在基坑坡顶布设水平位移及沉降观测点 24 个，深层水平位移监测点 12 个，监测点位布置图见图 6。

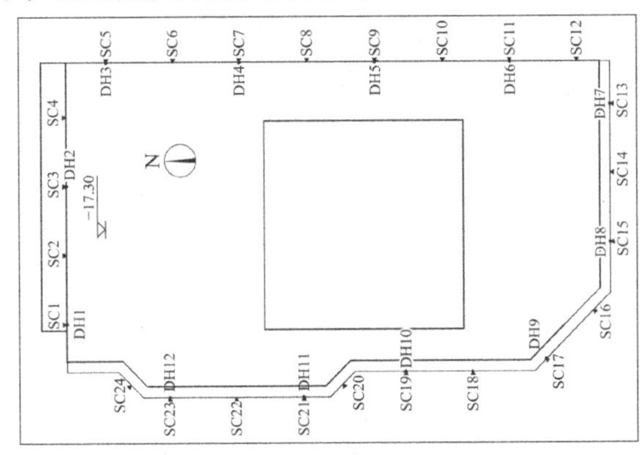

图 6　基坑监测方案示意图

监测工作共进行了 41 期观测，基坑边坡水平位移观测结果统计分析如表 9 所示。

基坑水平位移观测成果表　　　　表 9

位置	累计变化量/点号/mm	
	最小值	最大值
东侧基坑	8.02/JC6	2.03/JC10
西侧基坑	12.98/JC20	2.86/JC17
北侧基坑	8.80/JC2	4.25/JC1
南侧基坑	22.41/JC13	0.67/JC16

注：变化量符号为–，表示偏移方向为坑外；相反，变化量符号为+，表示偏移方向为坑内。

截至 2015 年 11 月 10 日，该项目桩体深层水平位移观测累计变化量最大为 DH1 测斜孔，最大变化量为 17.21mm。

由上述监测数据可看出，水平位移及深层土体位移累计变化量均不大，均在规范及设计要求范围之内，未出现异常情况，基坑支护达到了预期效果。

6　桩基检测

由于本工程桩基采用了超长灌注桩，试桩设计桩长为 55m，工程桩设计桩长为 53m。因此在试验与检测阶段均制订了详细的方案，采用了国际上最先进的测试方法——滑动测微技术对桩身荷载传递性状进行了准确的测试，根据对测试结果的综合分析，提出了各层土对应于桩的极限荷载条件下的侧阻力值和桩端土层的端阻力值，为设计提供了可靠依据。

6.1　桩基试验及检测内容

本工程基础采用钢筋混凝土钻孔灌注桩，设计桩径 800mm，原设计桩长 55m。试、锚桩身混凝土强度等级为 C50，施工采用泵吸反循环泥浆护壁成孔工艺，成桩后从设计桩顶标高以下 15.0m、

30.0m 处桩侧及桩端进行复压注浆，单桩竖向抗压极限承载力值为 13720kN。

本工程实际桩顶设计标高为−18.500m，由于设计桩顶标高位于地下潜水水位(埋深为−17.40～−16.05m）以下，为便于试验，将试桩桩顶调整至−15.700m。试锚桩平面图见图 7。

依据设计提出的技术要求，本次试验工作完成工作量见表 10。

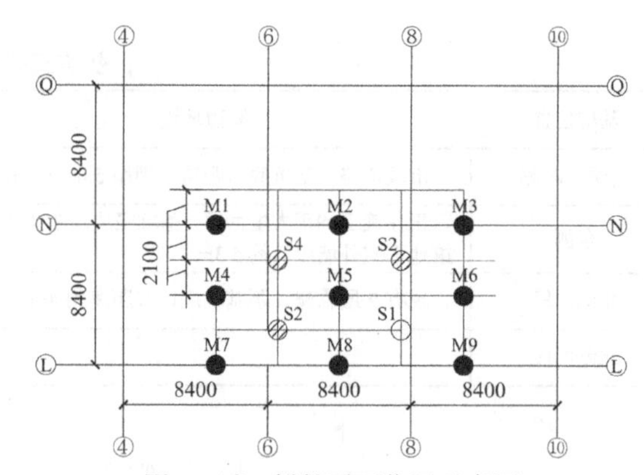

图 7　试、锚桩平面位置示意图

完成工作量一览表　　**表 10**

项目名称		工作量	仪器和设备	现场测试日期
成孔测试	孔径	5（孔次）	JJC-1D 型井径仪	2012-10-01～2012-10-08
	孔底沉渣厚度	5（孔次）	JNC-1 沉渣测定仪	
	钻孔直度	5（孔次）	JJM-1 高精度测斜仪	
桩身质量检测	反射波	4（根次）	PIT 桩身完整性检测仪	2012-11-02
	声波透射法	4（根次）	ZBL-520 超声波检测仪	2012-11-02
单桩竖向抗压静载试验		4 组	大吨位锚桩横梁反力装置以及 JCQ-503B 桩基静载测试系统	2012-11-04～2012-11-20
桩身应力测试		4 × 12（根次） 4 × 12 × 57 × 2（点次）	滑动测微计	2012-11-04～2012-11-20

6.2　试验检测工作实施

（1）密切配合试桩施工，顺利完成了滑动测微管的绑扎，保证了滑动测微管在 57m 管长深度范围内的贯通，为后期桩身应力测试和桩身完整性测试（声波投射法）提供了最基本的保证。

（2）通过成孔质量测试，及时把控试桩、锚桩的成孔质量及孔径、孔深、垂直度、孔底沉渣厚度等重要参数。

（3）通过低应变桩身完整性测试、超声波桩身完整性测试两种不同检测手段，对比分析，更科学、全面地评判 4 根试桩的桩身完整性。

（4）采用 4 台 630t 的千斤顶并联，最大加载值为 24000kN，项目部克服种种安装难点，安全、可靠、准确地完成了超大吨位静载荷试验。

6.3　试验检测设备

（1）采用了 JCQ-503B 型全自动加载、采集系统（图 8、图 9），保证了数据的精准和试验的安全。

（2）通过采用国际先进的滑动测微技术（图 10），精确实测了桩身应力分布，为桩长优化提供了有力参数。

图 8　静载试验现场图

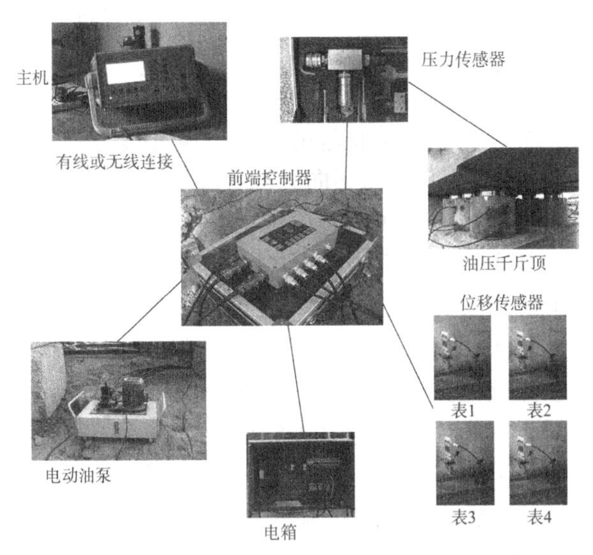

图 9　JCQ-503B 型全自动加压、采集系统

6.4　试验成果

根据桩基检测报告[4]，取得了以下成果：

（1）实测不同荷载下的弹性模量，为准确分析桩身应力提供了保证。

（2）研究了桩侧阻力在不同荷载下的发挥特征，为桩基设计提供了依据（图 11）。

（3）研究了超长大直径桩极限承载力作用下桩顶沉降的构成，桩顶沉降中相当一部分是由桩身材料的弹性变形引起的，这可为超高层建筑的沉降控制提供依据。

（4）通过试桩，验证了设计，为设计优化提供了依据，试桩后设计院根据试桩成果把工程桩由 55m 优化到 53m，且单桩极限承载力由 13720kN 提高到了 14600kN，节约了成本，缩短了工期，获得了很好的经济效益。

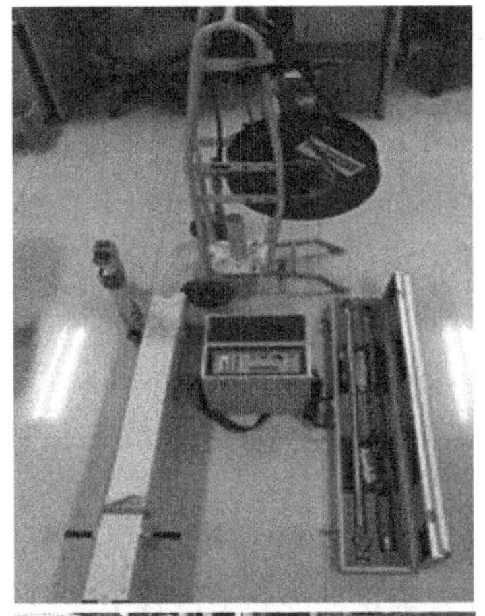

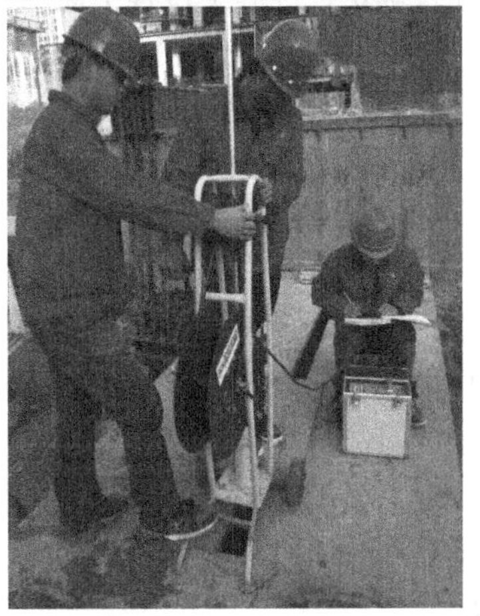

图 10　滑动测微计成套仪器及现场测试图

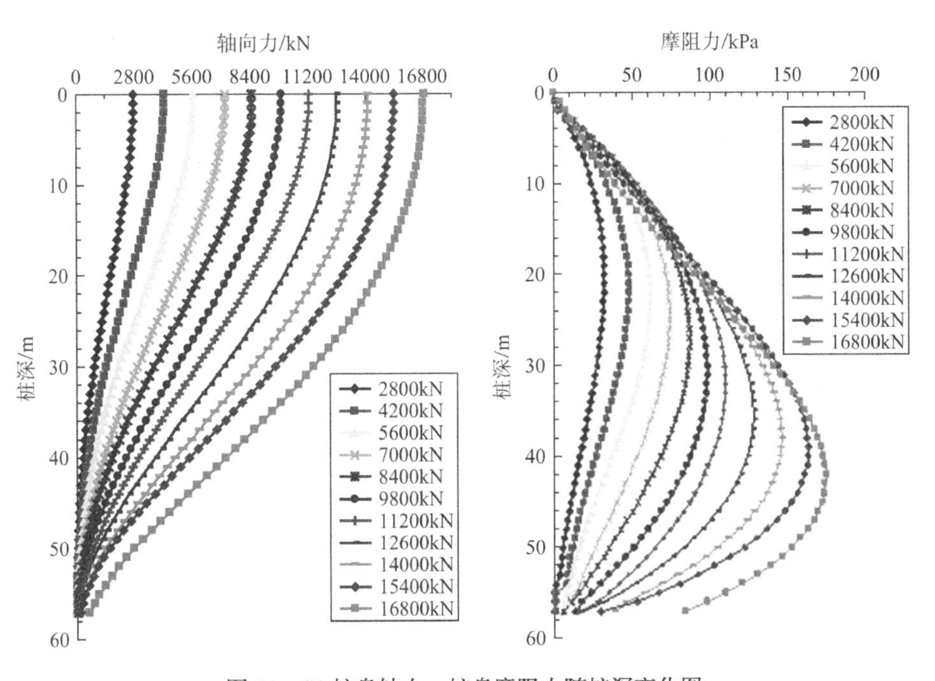

图 11　S1 桩身轴力、桩身摩阻力随桩深变化图

7 小结

（1）本项目为一超高层建筑，其主要特点是建筑高度大（最高达269.5m），结构对差异沉降敏感，单柱荷载较大，最大可达55000kN，深基坑支护及降水问题也非常突出，对勘察要求较高。本工程勘察深度150m，揭示了深部土层的地层结构，查明了深部土层的工程性质，为西安地区同类超高层建筑工程的勘察积累了基础资料。

（2）本工程基坑深度大，基坑支护难度大，如何获取准确获取基坑设计参数是本工程的重点，本工程勘察采用了多种剪切试验方法，结合地区经验，对基坑2倍深度范围内的土层抗剪强度指标进行了综合确定，经施工过程中监测结果表明，数据合理，取得了满意的效果。

（3）勘察时发现，本场地存在两层地下水，水文地质条件较复杂。勘察时详细查明了地下水含水层的空间分布特征，进行了地下水动态长期观测，收集了场地附近多年地下水动态观测资料，查明了地下水的动态变化规律；通过现场抽水试验，实测了土层的综合渗透系数，为施工降水设计提供了可靠参数。

（4）针对本工程单柱荷载大的问题，报告书对桩基方案进行了详细的分析论证，从桩型以及桩端持力层的选择、桩基设计参数的选用，到单桩承载力与桩基沉降的估算，都进行了详细的论述，尤其是桩基设计参数的选用，是根据我院的工程经验和收集到的场地附近部分试桩资料经综合分析提出的，通过试桩检验及沉降观测资料分析，勘察时选用的桩基设计参数是完全符合实际的。

（5）降水设计首次在深基坑支护中考虑了上层滞水的多种处理措施，根据开挖过程中上层滞水较难把握、无法准确预测的特点，采用多打浅井或集水坑降水、预留水平向导流管以及坑内明排水方式进行解决。支护方案充分利用黄土的自稳性，采用上部土钉墙＋下部锚拉桩支护方式，对西北黄土地区超深基坑支护起到实践探索和借鉴作用。

（6）采用低应变法、超声波法两种不同检测手段测试桩身完整性，通过对比和综合分析，从而更科学、全面地评判试桩的桩身完整性。采用了JCQ-503B型全自动加载、采集静载荷试验系统，保证了数据的精准和试验的安全。

（7）通过采用国际先进的滑动测微技术，精确实测了桩身应力分布，研究了桩侧阻力在不同荷载下的发挥特征及其规律、超长大直径钻孔灌注桩极限承载力作用下桩顶沉降的构成和特点，为桩长优化提供了翔实数据。

参考文献

[1] 机械工业勘察设计研究院. 西安绿地中央广场·绿地中心A座及地下车库岩土工程勘察报告[R]. 西安: 2011.

[2] 史佩栋. 桩基工程手册[M]. 北京: 人民交通出版社, 2008.

[3] 《工程地质手册》编委会. 工程地质手册[M]. 5版. 北京: 中国建筑工业出版社, 2018.

[4] 机械工业勘察设计研究院. 绿地集团西安·绿地中心A座钢筋混凝土钻孔灌注桩检测报告[R]. 西安: 2012.

浙江大厦（新源·燕府、蜂巢）岩土工程勘察、基坑监测及沉降观测岩土工程实录

苏　娟[1]　张卫良[1,2*]　夏军阳[1,2]　辛艳青[1]　田雪川[1,2]　付　飞[1,2]　孙会哲[1,2]　王长科[1,2]

（1. 中国兵器工业北方勘察设计研究院有限公司，河北石家庄　050011；

2. 河北省地下空间工程岩土技术创新中心，河北石家庄　050011）

1　引言

浙江大厦（新源·燕府、蜂巢）项目地处太行山东麓黄土状土平原场地，位于石家庄市区中心地段，是石家庄未来最高标志性建筑，周围建筑物密集，路网发达，场地位置见图 1。本项目是超高层写字楼（2 栋，塔楼地上 43～51 层，建筑高度 176.5～216.7m，裙楼地上 8 层，建筑高度 44.5m，均为地下 5 层，基坑深度 26.2m）、高层住宅（9 栋，地上 31～34 层，地下 3 层，基坑深度 11.5m）、幼儿园、商城、餐饮、娱乐、地下超市、停车场（地下 5 层，基坑深度 26.2m）等为一体的大型综合性建筑群，总建筑面积约 450000m²，总投资约 25 亿元。建成效果图见图 2。

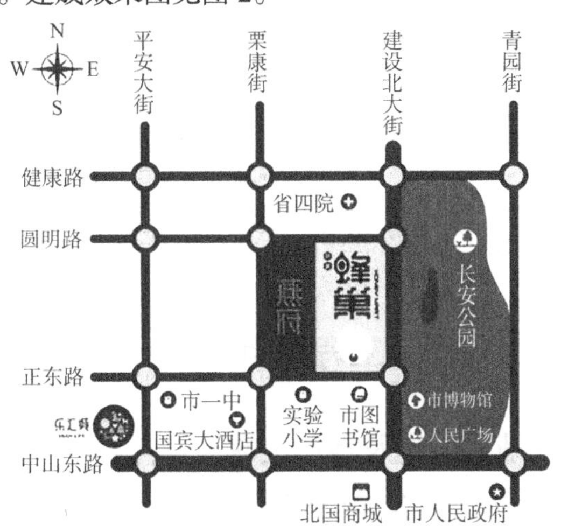

图 1　场地位置图

岩土工程勘察采用绿色钻探、智能原位测试和室内全自动土工试验等多种勘察和分析手段，查明了拟建场地、基坑与地基的岩土工程特性，给出了适于设计、施工和运维管理等全过程的岩土工程参数，论证并建议了合理的地基基础设计与施工方案；利用多种计算方法对深基坑开挖支护方案进行了计算分析和论证，推荐了合理的基坑支护方案和相关参数；通过全过程自动化基坑监测和建筑物沉降观测，结合当地经验与理论计算对照进行反分析，深化和积累了石家庄地区超高层建筑的岩土工程勘察技术、地基基础方案和基坑开挖与支护的经验。

图 2　浙江大厦（新源·燕府、蜂巢）建成效果图

2　工程概况

2.1　工程简介

项目公建区（蜂巢）塔楼主体结构采用框架核心筒结构，基础形式拟采用桩筏基础，基础埋深约 26.2m，预估基底压力为 1100kPa、850kPa；裙楼主体结构采用框架结构，基础形式拟采用筏板基础，基础埋深约 26.2m，预估基底压力为 420kPa；住宅区（新源·燕府）高层住宅主体结构采用剪力墙结构，基础形式拟采用筏板基础或桩基础，基础埋深

获奖项目：2019 年河北省工程勘察设计项目二等成果，2021 年度工程勘察、建筑设计行业和市政公用工程优秀勘察设计奖二等奖。

通讯作者：张卫良

为 11.5m，预计基底压力为 590kPa。均属对沉降敏感和较为敏感建筑。

项目勘察工作量大，钻探难度大，技术要求高。总计完成勘探点 143 个，钻探总进尺 6173m，井探总进尺 43m。

2.2 项目技术特点及主要岩土工程问题

勘察除了拟建场地、基坑与地基的岩土工程特性，为设计、施工和运维管理等全过程提供岩土工程参数外，尚应根据建筑物特点进行岩土工程分析，在计算分析建筑物沉降特征、计算分析基坑稳定性的基础上，对地基基础设计与施工方案、深基坑开挖支护方案提出合理建议。

项目技术特点为：

（1）探索环保、可重复利用的绿色钻探方法。

（2）按照我公司专项科研成果进行杆长修正。

（3）通过多种途径确定承载力等地基基础设计参数。

（4）进行桩基础试设计，并考虑回弹变形预估建筑物沉降。

（5）采用自动监测系统进行基坑监测。

项目的主要岩土工程问题为：

（1）超高层建筑（蜂巢）

公建区的塔楼部分属于超高层建筑，设计高度为石家庄之最，预期打造石家庄城市中心地标性建筑物，超高层建筑物勘察要求提供的地基土参数多且涉及诸多岩土工程问题，石家庄地区此类工程经验相对缺乏，超深地层的取样试验和原位测试等岩土工程勘察难度较大。

（2）项目场地周边环境复杂

项目地处石家庄市中心，最大基坑深度约 26.2m。场地周边管线密集，车流量大，对基坑变形要求高，尤其超高层建筑场地东邻建设大街（最近距离约 12m），建设大街该区段规划有地铁及地铁车站（顶板埋深约 4m，底板埋深约 22m，与建筑物距离约 12m）；住宅区施工先于公建区，公建区勘察期间，住宅区基坑处于使用状态（住宅区基坑浅于公建区基坑，深度差约 15.7m，最近距离约 1m）需做好协调与工序要求，对支护方案的设计及计算模型建立提出了更高的要求，增加了对岩土工程风险问题评价分析难度。

（3）东侧人工湖渗流问题

项目场地东侧紧邻长安公园大型景观湖（湖面面积约 90 亩，距离基坑边线约 48m，湖水最深约 5m），考虑湖水会有渗流作用，这对基坑支护及地基基础方案建议提出了更高的要求。

（4）分析预测建筑群在考虑地基与基础协调作用下的沉降特征，为基础设计提供合理化建议。公建区的塔楼高低错落与裙楼组成的建筑群拟采用筏板基础；基坑深度大，施工期间，坑底土体经历回弹再压缩的过程。增加了地基基础方案建议难度与分析预测建筑物沉降特征难度。

（5）基坑工程的风险性随开挖深度的增加和环境条件的日益复杂而增大；由于基坑支护设计体系的半经验半理论性、岩土性质的多样性和不确定性、城市环境条件的复杂性，对监测工作提出了更高要求。针对本项目复杂环境下的深基坑，基坑范围大、监测项目多，要保证高精度和时效性难度较大。

（6）钻探深度大，砂卵石层较厚，为解决钻孔过程中的塌孔问题，需要较大黏度的泥浆以达到稳定的护壁效果。黏土造浆，泥浆相对密度偏小，黏度偏低，使孔壁未能形成坚实泥皮，不能有效封堵砂卵石层的空隙，护壁效果差；膨润土造浆，在砂卵石层仍会出现泥浆渗漏和塌孔现象，在深孔中尤为明显。

2.3 勘察方法

根据《岩土工程勘察规范》[1]等规范和规程，结合工程的具体特点，综合运用绿色钻探井探、原位测试和室内土工试验等多种勘察手段查明勘察场地各类岩土问题，原位测试采用标准贯入试验、重型圆锥动力触探试验、静力触探试验、单孔剪切波速试验，室内土工试验除常规物理力学试验外，还进行了高压固结试验、回弹再压缩试验、三轴剪切试验、天然休止角试验，综合提供了工程所需的各类岩土工程技术参数。

3 场地岩土工程条件

3.1 地质构造及地形地貌

石家庄地区跨太行山和华北平原两大地貌单元，西部为太行山地，东部为滹沱河冲积平原，地势西高东低。勘察场地位于滹沱河冲洪积扇中部，沉积了巨厚的第四系沉积物。该场地属拆迁场地，原为多层住宅楼区，勘察期间已基本拆除，地形较平坦。

蜂巢勘察外业期间，其西侧新源·燕府（住宅区）正在建设中，东侧（即蜂巢的西侧和北侧）基坑已开挖，开挖深度为 9.0～11.0m，因此，蜂巢场地位于基坑内的勘探点标高高差 3.40m，其他各勘探点高差 0.77m。

勘察场区所处的石家庄市区构造格局主要受新华夏构造体系控制，活动断裂带距拟建场地最近距离约 90km。对建筑场地无直接影响，场地附近相对稳定。

3.2 水文气象

石家庄附近主要河流为北部的滹沱河，距拟建场地约 10km，河道方向和北二环呈平行态势。水利工程、太平河等季节性小河、民心河等人工河渠，主要用于过境输水及城市景观；均距建设场地较远，对本场地无直接影响。

由于北部滹沱河的改造治理，以及市区内景观水系的治理，还有市区西郊将要完成的南水北调工程，以及调控开采地下水的措施，会对本区域地下水位的回升起到一定作用，但回升的速度缓慢。而拟建场地东部景观湖水渗漏，对附近区域的地下水进行补给，可能会造成该区域地下水位较其他区域偏高。

石家庄市处于中纬度太行山东部冀中平原，属温带半湿润半干旱大陆性季风气候，多年平均气温 13.1℃，最高气温为 42.7℃，最低气温为 −26.5℃。

受季风等因素影响，年内降雨分布不均匀，平均年降水量 557.0mm，最大降雨量 1181.2mm（1963 年），最小降雨量 226.1mm（1972 年）。6~9 月份降水量约占全年的四分之三。年最大冻土层深度 0.6m。

3.3 地层结构及工程特性

第四系地层成因以冲积、洪积为主，沉积物的组构、空间相变规律具有较明显的区域特征和过渡、渐变性，并具有典型的多韵律沉积特征。按蜂巢勘察深度 100.0m 内所揭露的主要地层，除表层人工堆积填土外，均为第四系冲洪积成因的黄土状土、黏性土、砂类土和碎石土。地层简述见表 1，典型剖面见图 3。

地层简述表　　　　表 1

地层名称及编号	地层描述	地基承载力特征值 f_{ak}/kPa	压缩性指标 E_s/MPa	原位测试（标准贯入击数）（修正后）
①杂填土	杂色，稍湿，松散，结构疏密不均，以建筑垃圾为主，上覆水泥路面	—	—	—
①$_1$ 素填土	黄褐色，稍湿，松散，在场地内分布较分散，以粉质黏土为主	—	—	—
②新近沉积黄土状粉质黏土	黄褐色—褐黄色，可塑—硬塑，具大孔隙，不均匀湿陷性	120	—	6.4
③黄土状粉土	褐黄色，稍湿—湿，稍密，含少量姜石，具不均匀湿陷性	140	—	6.7
④黄土状粉质黏土	褐黄色，可塑，具大孔隙，不均匀湿陷性	150	—	7.4
⑤细砂	灰白色，稍湿，稍密—中密，分选较好	150	—	11.8
⑥中砂	灰白色，稍湿，中密，分选较好	230	—	18.4
⑦粉质黏土	黄褐色，可塑—硬塑，含姜石 5%~20%	180	—	12.9
⑧中砂	灰白色，稍湿，中密，分选较好	240	—	17.7
⑨粉质黏土	黄褐色，可塑—硬塑，含姜石约 10%	220	16.2~23.0	16.8
⑨$_1$ 细砂	灰白色，湿，中密—密实，分选较好	240	30	
⑩中砂	灰白色，湿，密实，分选一般，富集钙质胶结层	280	35	24.9
⑪粉质黏土	黄褐色，可塑—硬塑，压缩性中等	220	17.9~21.3	21.7
⑫中砂	灰白色，湿，密实，分布有胶结薄层，卵石含量约 5%~10%	280	40	26.7
⑫$_1$ 粉质黏土	黄褐色，可塑—软塑，含姜石约 10%，局部富集可达 30%~50%	240	16.1~19.3	
⑬砾砂	灰白色，湿，密实，卵石含量约 10%~20%，局部有胶结层	340	45	25.1
⑭砾砂	灰白色，很湿，密实，卵石含量约 20%~30%；局部有胶结层	380	50	27.3
⑭$_1$ 粉质黏土	黄褐色，可塑—硬塑，含姜石，局部富集，见钙质胶结层	300	24.5~33.6	
⑮砾砂	灰白色，很湿，密实，级配良好，卵石含量约 30%~40%	450	60	14.6（$N_{63.5}$）
⑯卵石	灰白色，很湿，密实，母岩成分以石英砂岩为主	500	80	16.1（$N_{63.5}$）

典型剖面见图 3。

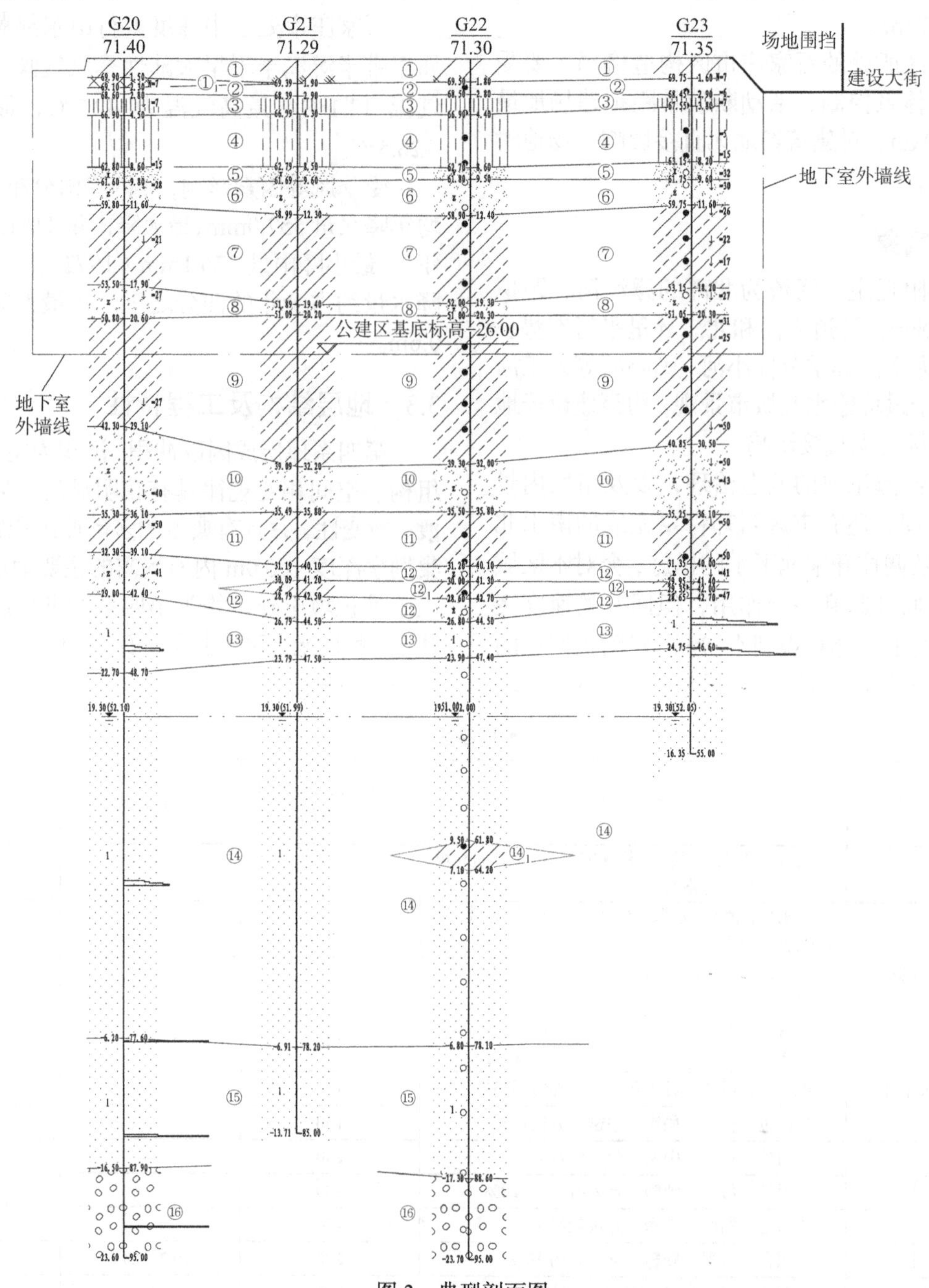

图 3 典型剖面图

3.4 水文地质条件

石家庄地区地下水的补给来源主要为大气降水，排泄方式以人工开采为主，侧向径流为辅。

该建设场地所处水文地质单元为河北平原水文地质区太行山山前冲洪积平原孔隙水亚区，含水层主要为滹沱河冲洪积砂层及卵砾石层，渗透系数约为6.0×10^{-3}～2.4×10^{-2}cm/s，属潜水型。

勘察期间实测场地地下水稳定水位埋深52.11～52.20m。市区自 20 世纪 80 年代以来，随着经济建设的快速发展，地下水开采量急剧增加，地下水位呈逐年下降趋势，形成以和平东路工业区为中心的降落漏斗，目前第 1 层地下水已被疏干，水位降 50m 左右。根据本地人工开采和地下水补给的双向趋势，地下水位下降速度趋缓，个别年份已出现水位上升的情况。另外，场地东侧长安公园景观湖水渗漏（距离约 65m）会对附近区域的地下水进行补给，会使该区域地下水位较其他区域偏高些。综合考虑上述影响条件及近十几年本地区地下水位变化趋势，同时参考场地邻近的地铁 1 号线北国商城站相关的抗浮水位资料，在建筑使用期限 50 年期间，地下水位可能恢复到地下

20m 左右。故本建设场地抗浮设防水位按埋深20m，绝对标高 51.50m 考虑为宜。

对于防渗设计水位，由于存在大气降水及生产生活用水的作用，建议按自然地表考虑。

4 岩土工程问题及评价

4.1 地基均匀性问题

工程建筑占地面积较大，设计拟采用整体筏形基础，对地基的均匀性要求较高，正确、合理地评价地基均匀性，合适地处理不均匀地基具有重要意义。

本场地属于同一个地貌单元，各地层厚度、埋深、层位变化不大，在垂直方向和水平方向上地层分布较稳定，地基持力层与下卧层的压缩模量值差异不显著。塔楼的基础埋深 26.20m，地基持力层为⑨层粉质黏土，依据《高层建筑岩土工程勘察规程》JGJ 72—2004[2]第 8.2.4 条判定地基均匀性，详见表 2。

地基均匀性评价一览表 **表 2**

建筑物名称	评价内容及依据						
	地基持力层	持力层跨越同一地貌地质单元	持力层底面坡度小于 10%	限值 0.05b（m）	持力层在宽度方向上的厚度差值	下卧层在宽度方向上的厚度差值	当量模量的比值是否满足要求
塔楼（49 层）	⑨层	满足	0.8%～3.5% < 10%满足	1.2	1.0～3.3m 不满足	1.1m～2.4m 不满足	3.05 > K = 2.5 不满足
塔楼（43 层）	⑨层	满足	2.6%～2.7% < 10%满足	0.7	1.3～4.3m 不满足	1.6～3.0m 不满足	3.12> K =2.5 不满足

按照表 2 判定结果，拟建塔楼属不均匀地基。裙楼及纯地下车库也按不均匀地基考虑。

4.2 地基与基础方案建议

按设计意图，塔楼建筑基础周边为地下车库，二者预计的基底标高基本相同，建筑地基大底盘整体开挖，在此条件下，主体建筑基础周边侧限约束丧失，裙楼、地下车库亦不能进行深度修正，故均不具备天然地基条件。

项目高低建筑差异沉降明显，需要采取合适的地基处理方式和基础方案。对于本工程而言，若采用复合地基，靠竖向增强体的作用达到基底压力设计 1100kPa、850kPa 的要求远远缺乏足够的安全度、不具备可行性。

若塔楼、裙楼、地下车库采用整体筏板基础，则可考虑进行深宽修正，修正后地基承载力特征值[3]为 779.5kPa，裙楼、地下车库具备天然地基条件，塔楼仍不具备天然地基条件，建议塔楼区域采用桩筏基础。承载力修正计算结果见表 3。

持力层承载力验算一览表 **表 3**

建筑物名称	地基持力层	f_{ak}/kPa	η_b	γ/（kN/m³）	b/m	η_d	γ_m/（kN/m³）	d/m	f_a/kPa	预估基底压力/kPa	是否满足要求
塔楼（51 层）	⑨粉质黏土	220	0.3	19.9	6	1.6	19.6	17.2	779.5	1100	不满足
塔楼（43 层）	⑨粉质黏土	220	0.3	19.9	6	1.6	19.6	17.2	779.5	850	不满足
裙楼	⑨粉质黏土	220	0.3	19.9	6	1.6	19.6	17.2	779.5	420	满足
地下车库	⑨粉质黏土	220	0.3	19.9	6	1.6	19.6	17.2	779.5	240	满足

故建议整体采用筏板基础，塔楼区域采用桩筏基础，非等间距布桩，以协调不均匀沉降，并在沉降差相对较大的位置设置后浇带。为提高单桩承载力，减少沉渣引起的过大沉降，可考虑采取后压浆工艺。按本地区工程经验，给出了后压浆侧阻力和端阻力增强系数，见表 4。

以场地内代表性钻孔为例，估算泥浆护壁钻孔灌注桩（后注浆）的单桩竖向承载力特征值R_a，具体估算结果见表 4。

单桩竖向承载力标准值表 **表 4**

估算孔号	桩径d/mm	有效桩长/m	单桩竖向承载力特征值R_a/kN	桩端持力层
G21 号	1000	26.5	9796.3	⑭层砾砂
	1200	26.5	11911.1	⑭层砾砂
G13 号	1000	27.5	9811.3	⑭层砾砂
	1200	26.5	10404.9	⑬层砾砂

注：1. 最终单桩竖向承载力特征值的确定需以试桩或载荷试验为准；
2. 本估算有效桩长从预估设计基底标高算起；
3. 当桩径$D \geqslant$ 800mm 时，各岩土层应按《建筑桩基技术规范》JGJ 94—2008[4]表 5.3.6-2 进行尺寸效应系数折减。

依上述结果，建议采用泥浆护壁旋挖钻孔灌注桩后压浆工艺，桩径1000mm或1200mm，以⑭层砾砂及以下地层为桩端持力层，桩长约27m，设计时进入持力层深度均不应小于规范要求。设计单位根据实际荷载情况、变形要求等选择经济合理的持力层和桩长。

4.3　建筑物变形预测

项目突出特点就是塔楼和裙楼存在较大差异荷载，为采取合理工程措施，需要估算建筑物沉降和分布特征。

勘察期间提供了详细的地基基础设计参数和变形计算参数，并对蜂巢塔楼等进行了单桩承载力估算、简易布桩和变形估算（考虑回填变形量约56mm）。预估整体筏板基础的沉降量为20～40mm，其中塔楼中心点沉降量约为34.8mm，近角点（角点柱子处）沉降量约为11.8mm，塔楼平均沉降量为27.1mm。该数据满足规范要求，设计单位应进一步计算，并采取后浇带及其他结构措施，减小高低层建筑物间的不均匀沉降。沉降云图如图4所示。

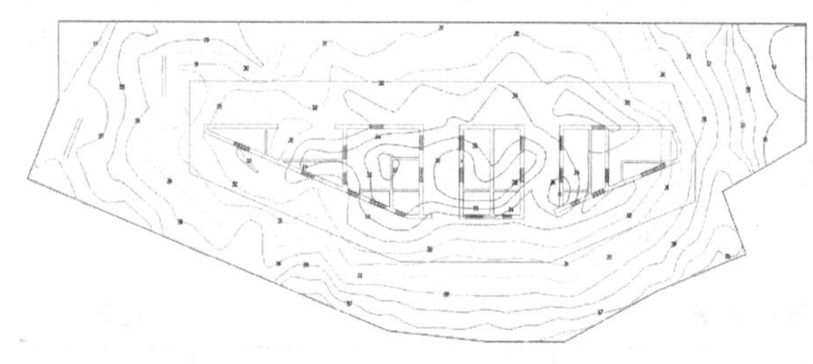

图4　沉降云图

4.4　基坑开挖支护方案建议

项目场地东侧紧邻建设大街，沿线地铁2号线一期工程在拟建场地路段设有地铁站，勘察工作与本项目勘察同期进行。本项目的基坑设计、施工及使用期间均应考虑与地铁施工在时间、空间上的协调。鉴于场地周边环境复杂，管线、道路对变形敏感，应严格控制基坑变形，结合丰富的地区经验，通过抗剪强度试验、天然休止角试验、数值分析等方法提出了合理的基坑支护设计参数，建议进行桩锚支护，锚索长度不宜过长，以免地铁施工时挖空地下土体，锚索锚固端不再是半无限体，受力模型发生变化，影响其锚固力的发挥，导致基坑失稳；建议从施工工序和工期上合理安排，尽早完成邻建设大街一侧的地下结构施工并及时进行土方回填，缩短基坑的使用时间，避免与地铁施工作业交叉。

由于住宅区施工先于公建区，且基坑连通，公建区基坑西侧的实际净开挖深度约为15.2m，西侧在建住宅楼、地下车库、会所等建筑物的基础埋深不同，与公建区基坑的距离不同，基坑支护设计和施工均应根据实际条件考虑相互之间的影响；住宅区与公建区基坑深度不同，应深浅基坑共同考虑，整体设计。

与拟建场地仅一街之隔的长安公园人工湖，已建成多年，常年有水，水位较高，湖面面积大，湖水存在渗流的可能性。勘察期间经多处走访调查，最终查明人工湖定期进行清淤、维修湖岸护坡、平整湖底，湖岸的防护及防渗良好，可不考虑湖水渗流问题。

4.4.1　基坑开挖支护设计参数

通过多手段的试验提供合理的基坑开挖支护设计参数，详见表5。

基坑支护设计参数建议值表　　表5

土层名称	重度γ/（kN/m^3）	黏聚力c_k/kPa	内摩擦角φ_k/°	天然休止角/°
①杂填土	16.0*	5*	10*	
①$_1$素填土	18.0*	10*	8*	
②新近沉积黄土状粉质黏土	19.8	26.0	17.0	
③黄土状粉土	19.4	16.4	28.5	
④黄土状粉质黏土	19.4	19.0	17.0	
⑤细砂	20.0*	0	28*	35.3
⑥中砂	20.0*	0	30*	34.7
⑦粉质黏土	19.9	20.0	16.0	
⑧中砂	20.0*	0	33*	35.2
⑨粉质黏土	19.9	27.0	17.0	
⑩中砂	20.0	0	35*	

注：天然休止角为标准值。

4.4.2　基坑支护方案的计算分析

本工程利用理正深基坑设计计算软件对桩锚基坑支护方案进行了计算，根据不同的环境条件和土压力情况进行分区考虑，预测基坑变形，结合计算结果，给出合理的桩长、锚索长度以及桩间距、锚索间距。详细情况见表6。

蜂巢基坑建议情况汇总表 **表 6**

区段	基坑深度	环境条件	支护建议	支护概况
东坡、南坡	约 26.2m	邻近市政道路	桩锚支护	桩径 1m，桩间距约 1.6m，预应力锚索 8 道
西南角	约 26.2m	邻近已建地下车库	双排桩桩锚支护	桩径 1m，排间距约 2.8m，桩间距约 1.8m，预应力锚索 5 道
西坡（邻 5 号、9 号楼处）	约 17.0m	邻近 5 号、9 号楼地下车库	双排桩桩锚支护	桩径 1m，排间距约 2.8m，桩间距约 1.8m，预应力锚索 4 道
西坡	约 17.5m	邻近在建地下车库	桩锚支护	桩径 1m，桩间距约 1.6m，预应力锚索 4 道
北坡邻已建会所	约 17.5m	邻近在建地下车库	桩锚支护	桩径 1m，桩间距约 1.6m，预应力锚索 4 道
北侧邻车库	约 17.5m	邻近已施工车库和市政道路	桩锚支护	桩径 1m，桩间距约 1.6m，预应力锚索 4 道
东坡北段	约 26.2m	邻近市政道路	桩锚支护	桩径 1m，桩间距约 1.6m，预应力锚索 5 道

5 基坑监测及沉降观测工作简介

5.1 基坑监测及沉降观测的目的

根据规范及基坑支护设计要求，在基坑施工期间对基坑及其周边环境的变形实施监测，用以评定基坑施工期间的安全性及施工对周边环境的影响，并对可能发生的危及环境安全的隐患或事故提供及时、准确的预报，以及时采取有效措施，避免事故的发生。

根据规范及设计要求，对塔楼、裙楼在施工和使用期间进行沉降观测，并进行数据分析和评价，以便发现不正常的沉降、不均匀沉降，及时采取措施，防止建筑物损坏。

5.2 基坑监测及沉降观测的工作量和方法

根据规范及基坑支护设计要求，在基坑施工期间对基坑及其周边环境的变形实施监测，用以评定基坑施工期间的安全性及施工对周边环境的影响，并对可能发生的危及环境安全的隐患或事故提供及时、准确的预报，以及时采取有效措施，避免事故的发生。具体监测内容及工作量见表 7。

根据《建筑变形测量规范》JGJ 8—2016 等国家有关规范及基坑支护设计要求，对塔楼、裙楼在施工和使用期间进行沉降观测，并进行数据分析和评价。具体工作量见表 8。

监测工作量统计表 **表 7**

序号	监测内容	工作量	监测方法
1	基坑顶部水平位移	布设水平位移监测基准点 5 个，水平位移监测工作基点 1 个，基坑顶部水平位移监测点 14 个	水平位移监测基准网采用导线网，闭合导线形式。基坑顶部水平位移基准点采用导线测量方法，监测点水平位移监测采用极坐标法
2	基坑顶部竖向位移	布设基坑竖向位移监测基准点 3 个，基坑顶部竖向位移监测点与基坑顶部水平位移监测点共用相同点位	基坑顶部竖向位移基准点观测采用几何水准测量方法，使用 DINI03 数字水准仪、铟瓦条码尺按照《建筑变形测量规范》JGJ 8—2016 要求进行观测
3	围护桩顶部水平位移	监测点位共布设了 20 个、双排桩 3 个	同基坑顶部水平位移监测
4	围护桩顶部竖向位移	围护桩顶部竖向位移监测点与围护桩顶部水平位移监测点共用相同点位	同基坑顶部竖向位移监测
5	深层水平位移	布设土体深层水平位移监测点 3 个，孔深度为 22.5～35.0m	监测仪器采用 CX-06B 型滑动式测斜仪
6	管线变形	地下管线变形监测基准点与基坑顶部竖向位移监测的基准点共用。监测点布设方法采用间接布设法，共布设了 10 个	同基坑顶部竖向位移监测
7	周边建筑物水平位移	布设监测点基准点 2 个，共在 5 号楼、6 号楼、9 号楼布设了 8 个周边建筑物水平位移监测点	采用前方交会法，对于不同观测周期，建筑物上的监测点的纵、横坐标变化量就是其平面位移量
8	周边建筑物竖向位移	周边建筑物竖向位移监测基准点与基坑顶部竖向位移监测的基准点共用。周边建筑物竖向位移监测点共布设了 24 个	同基坑顶部竖向位移监测
9	周边地表竖向位移	同基坑顶部竖向位移监测	同基坑顶部竖向位移监测

沉降观测工作量统计表　　表8

序号	内容	监测方法
1	观测周期	2016年11月16日至2020年6月4日
2	主要技术指标	本工程的变形测量级别按二等执行，主要技术指标为： 基准网测站高差中误差 ≤ ±0.5mm；沉降观测网测站高差中误差 ≤ ±0.5mm
3	基准点布设	在离主体工程约百米外的长安公园门口地表、图书馆楼角布设了3个基准点，组成闭合水准路线，点位编号为J1、J2、J3。整个建筑主体沉降观测期间基准点周围无施工，基准点无变化
4	沉降观测点布设	共布设了16个沉降观测点，点位编号为L01～L16。采用不锈钢隐蔽式沉降观测标志，布设于楼体负5层相应位置，通过钻孔的方式埋入
5	基准点及沉降观测点的测量	均采用几何水准测量方法
6	基准点的复测周期	在建筑物主体施工期间每季度观测一次，主体施工结束后每半年观测一次。累计进行沉降观测20次

5.3 基坑监测及沉降观测结果

本项目最终设计和实施的基坑支护方案与建议相近，基坑最终监测结果见表9。

从整体监测数据成果表可以看出：该基坑支护结构安全可控，鉴于2017年5月该基坑已回填完毕，可以终止基坑安全监测。该基坑周边环境位移变化相对稳定，可以终止监测。

蜂巢基坑最终监测结果　　表9

序号	项目	报警值/mm	监测的最大位移值/mm
1	基坑顶部水平位移	30	22（位于基坑东侧中部，点号为B5）
2	基坑顶部竖向位移	30	−5.9（位于基坑东侧偏南，点号为B11）
3	围护桩顶部水平位移	25	25（基坑东侧，点号为A12，该点已达到报警值）；双排桩位置监测的最大位移值为27mm（位于双排桩位置南部及北部，点号为15、17）
4	围护桩顶部竖向位移	15	9.6（基坑东侧南部，点号为A12）
5	深层水平位移	45	29.56（C07号管6.0m处）
6	管线变形	10	−31.7（位于建设北大街与正东路交口，点号为G6，现该点位累计沉降量已超过累计报警值，变化速率较小未达到报警值，要引起重视）
7	周边建筑物水平位移		17mm（其连续三次监测数值的变化率未超过70%）
8	周边建筑物竖向位移		−19.6mm（点位位于5号楼，其连续三次监测数值的变化率未超过70%）
9	周边地表竖向位移	25	−5.7（建设大街工地门口偏南，点号为D10）

本项目对蜂巢主体沉降观测点的20次观测中，闭合差最大为−3.90m，限差为±4.90mm，所有数据均符合要求。通过对观测数据的整理，沉降情况详见表10。对这些数据进行综合分析，并结合工程实际情况现评价如下：沉降观测数据最后100d沉降速率小于0.01mm/d。沉降差最大为7.1mm位于L15号～L16号点之间，两点之间距离为19.8m。地基变形允许沉降差为0.002L，即0.002 × 19800 = 39.6mm。没有超限。主体已进入稳定阶段，对该楼的沉降观测工作可终止。

蜂巢主体沉降观测结果　　表10

点号	累计沉降量/mm	最后100d沉降速率/（mm/d）	点号	累计沉降量/mm	最后100d沉降速率/（mm/d）
L1	−24.0	−0.006	L5	−28.2	−0.008
L2	−26.6	−0.006	L6	−26.0	−0.006
L3	−31.4	−0.009	L7	−24.8	−0.005
L4	−28.5	−0.008	L8	−23.1	−0.004

续表

点号	累计沉降量/mm	最后100d沉降速率/（mm/d）	点号	累计沉降量/mm	最后100d沉降速率/（mm/d）
L9	−20.0	−0.004	L13	−28.3	−0.009
L10	−20.0	−0.003	L14	−26.6	−0.007
L11	−23.2	−0.006	L15	−30.0	−0.009
L12	−24.7	−0.006	L16	−22.9	−0.006

6 项目难点、创新点及实施效果

1）超高层建筑重心高，水平、竖向荷载大，基础埋深大，对地基基础和相关岩土工程要点要求较高。

（1）本项目勘探点最大深度100m，因现行规范、规程中对大深度钻孔的标准贯入试验和动力触探试验的杆长修正尚无规定和经验参考数据，我公司按照自有专项科研成果，对杆长进行修正，提高了原位测试数据的可靠性。

（2）根据土工试验和原位测试数据，通过经验查表法、理论计算法、现场鉴别法综合确定地基承载力特征值。对于既定的地基，其地基承载力特征值是一定的，不应因测定方法不同而不同。本项目中考虑场地实际，合理选取参数以解决真实性、标准性、代表性；选择合适的经验公式、经验表和理论公式进行计算；分析工程实体基础的设计施工情况，确保最终确定的地基承载力特征值用于每一个基础，都能安全合理。通过多种方法互相印证，承载力结果基本一致，为本地区深层土体承载力取值积累了经验。

（3）根据建筑物荷载情况，取Ⅱ级试样进行高压固结试验，获得土的自重压力至土的自重压力与附加压力之和的压力段的压缩模量数据[5]，并采取多组土样进行回弹再压缩试验，提供回弹变形计算参数，为地基基础变形验算提供可靠数据。

（4）通过多种试验手段，确定深基坑支护设计参数；分析周边环境，不同地段和条件分别给出支护建议。

（5）通过多种地基基础方案的对比分析，结合施工可行性分析、试设计、沉降估算结果，最终推荐采用整体筏板基础并给出相应参数，其中裙楼为筏板基础、天然地基，塔楼为桩筏基础，高低层处设置后浇带。本工程的建议对后期设计提供了良好的指导性。

2）针对可能出现的基坑支护、施工、使用与拟建的地铁 2 号线一期工程交叉的情况，从时间、空间多维度进行了分析，并提出建议。为整个项目的实施提供准确参数支撑的同时，提出的要求和建议得到相关单位的采纳，使项目顺利开展，节约了施工成本和施工工期。

3）将与场地仅一街之隔的长安公园人工湖可能引起的渗流问题作为专项问题考虑；结合中心城区地下水的补给与排泄条件、近年地下水水位变幅和趋势预测，提出合理的抗浮设防水位。积累了此类问题在石家庄地区的经验。

4）本项目基坑深度约 26.2m，属本地区少有的深基坑，基坑设计、支护难度大，且应考虑基坑回弹变形。基坑回弹是基坑开挖后土体发生的弹性变形，回弹是不可避免的，比较大的回弹变形应该在计算建筑物沉降时加以考虑，且基坑回弹会对桩基础产生不利影响。勘察期间预估塔楼平均沉降量为 27.1mm，实际监测结果显示塔楼区平均沉降量为 27.3mm。

5）由于本地地下水位较深，砂土、粉质黏土的注浆渗透性较好，因此后压浆工艺对提高钻孔灌注桩的桩体强度作用明显，根据单桩承载力估算、设计单桩荷载及桩基检测结果，报告中给出的增强系数合理，采用后压浆桩体强度可提高 2.0～2.3 倍，对本地区此类工艺具有很强的指导性。

7　工程综合效益

（1）项目规模大、工期紧，塔楼设计高度大，地区经验少，技术难度大，我公司详细准确的勘察成果为项目的安全、高效推进提供了坚实的技术保障，尤其在深层原位测试杆长修正、后压浆工艺对桩基提高系数方面进行的探索和积累，为本地区超高层建筑的勘察、设计和施工提供了经验参考。

（2）施工期间揭露的地层与勘察报告相符，基坑监测和沉降观测工作细致准确；从验槽、检测等资料来看，总体与设计预计情况接近，勘察对变形的预测与实际情况接近，验证了各项参数建议的正确性，得到了建设单位和各参建单位的好评，为城市发展做出了较大贡献。

（3）采用综合勘察手段，查明了地质情况并提供地基基础设计参数；查明了紧邻景观湖的渗流问题；为深基坑的回弹提供了详细参数并进行了回弹量计算；针对基坑与地铁 2 号线一期工程交叉的情况，从时间、空间多维度进行了分析并提出建议。为整个项目的实施提供准确参数支撑的同时，提出了合理要求和建议，节约了施工成本和工期。

（4）采用自动化监测系统，有效避免漏检等人工监测的漏洞，可准确、及时地反映变形情况，为基坑和周边环境安全监控提供了数据保障。

（5）采用化学聚合物泥浆大大减少了泥浆量，提高了钻探效率，降低了污染和能源消耗。

（6）基于本工程的实践与总结，申请并获得了 3 项实用新型专利，分别为“一种可以控制围压的土壤固结试验仪”“一种方便携带的工程施工用测绘装置”“一种用于平滑场地对复杂结构目标扫描的测绘支架”。

参考文献

[1] 建设部. 岩土工程勘察规范(2009 年版): GB 50021—2001[S]. 北京: 中国建筑工业出版社, 2009.

[2] 住房和城乡建设部. 高层建筑岩土工程勘察规程: JGJ 72—2017[S]. 北京: 中国建筑工业出版社, 2017.

[3] 住房和城乡建设部. 建筑地基基础设计规范: GB 50007—2011[S]. 北京: 中国建筑工业出版社, 2012.

[4] 住房和城乡建设部. 建筑桩基技术规范: JGJ 94—2008[S]. 北京: 中国建筑工业出版社, 2008.

[5] 王长科. 工程建设中的土力学及岩土工程问题[M]. 北京: 中国建筑工业出版社, 2018.

某岩土工程勘察实录

段志刚　吴　越*　马　彬　汪正金　张文华　黄　瀚　张立伟
（海军研究院，北京　102202）

1　工程概况

拟建工程为大型建筑群，由于场地标高较低，接近海平面，建筑场地需要进行大面积的回填。建筑物荷载一般，一般建筑采用浅基础，但对沉降要求较高，重要性建筑物，采用桩基础。

勘察属于分阶段一次性详细勘察，我部承担了岩土工程勘察、测量、地基处理设计、地基沉降观测和地基检测等工作，为房屋建筑物设计施工提供岩土资料。

大型复杂岩土条件下，大规模回填场地勘察建设工作，难度非常大，我部通过钻探、物探、沉降观测（试验段）、地基处理、地基检测等一系列工作，为建设提供了翔实地质资料，获得了复杂地质条件下的工程特性指标，为大型机场建设研究提供了宝贵资料。同时，通过现场试验，成功对场地土地基进行了密实处理，选取了合理的基础形式，节约了建设成本，探索了大型场地复杂岩土地基处理的实用技术。

2　地质条件

2.1　地形地貌

拟建场区地貌单元为丘陵—滨海平原过渡的缓倾斜地带，原始地形较平缓，总体上北高南低，东高西低，有两条大型河流从场地内穿过。场地内有水塘、有各种土质材料堆填土堆，最高标高33.59m，最低标高−5.35m，相对高差38.94m。

2.2　区域地质构造

拟建工程所属区域地震构造情况如下：

（1）拟建工程区域及其附近范围内，没有发生过$M_S \geqslant 4.7$级地震。自1970年至2011年12月共发生$M_L \geqslant 2.0$级地震22次，其中2.0～2.9级地震20次，3.0～3.9级地震2次。这些地震的分布与断裂分布的关系并不密切，近场区内现代地震分布不多，地震活动较弱，震级较小。

（2）根据拟建工程区域及其附近范围内地质构造、活动断裂和地震活动的研究结果，结合不同震级档发震构造条件，综合分析认为近场区具有发生6.5级地震的地质构造条件。

（3）国际国内机场中的航空站楼、航管楼、大型机库项目，重要军事设施，必须进行地震安全性评价。建议该拟建项目进行地震安全性评价，对工程场地地震安全性做专门研究。

3　勘察方案

本工程规模大、项目种类多、地质条件复杂，采用了地质测绘、钻探、物探、原位测试、室内试验等多种方法综合勘察。

1）勘察技术方法[1]

（1）工程地质测绘，布置测绘面积6.1km^2；（2）工程钻探、坑探、槽探，共计勘探点1179个；（3）工程物探，采用高密度电法、地震浅层反射、地质雷达、瑞雷波等物探方法；（4）原位试验，采用原位测试方法包括标准贯入试验、重型动力触探试验、抽水试验技术要求、波速测试、十字板剪切试验、旁压试验、回弹模量试验、反应模量试验等；（5）室内试验，除常规试验外，软弱土层进行三轴试验、无侧限抗压强度试验、高压固结试验等，获取固结系数、前期固结压力、超固结比、灵敏度、排水与不排水抗剪强度等参数。对特殊土做了判别指标、变形指标和强度指标试验，填方区所有细粒土应进行固结试验、渗透试验，提供固结系数、固结曲线和渗透系数等。对与场区土方施工相关的细粒填土和原地面地基浅层细粒土应做重型击实试验，确定最大干密度与最佳含水率。测定了

通讯作者：吴越

土的有机质含量、易溶盐含量、酸碱度（pH 值）、视电阻率、毛细水上升高度等。

2）勘探点布置：按照建筑物的分布和要求，共布置勘探点 1179 个，根据场地条件，勘探点分为探井、钻孔、动力触探孔和静力触探孔。当用静力触探孔代替钻孔时静力触探孔不应超过钻孔总数的 1/3；控制孔的数量应为勘探孔总数的 1/3～1/2，复杂和中等复杂场地在适当位置适当增加控制孔。

3）水文地质勘察

（1）量取场区所有钻孔、探坑的初见水位、静止水位和泉点水位，结合地层、水位长期观测等资料，查明场区地下水的埋藏条件、含水层岩性、水位变化规律、补给来源、径流和排泄条件、污染情况、地表、地下水补排关系及其对地下水的影响；

（2）进行抽水试验，查明影响半径、单井出水量、渗透系数等水文地质参数；采取水样做地下水腐蚀性试验和饮用水水质分析；

（3）绘制场区水文地质图或等水位线图；

（4）分析地下水对机场建设的影响，提出处理措施建议。

4）天然建筑材料调查与勘探

（1）对石料、砂、土源等天然建筑材料进行调查；

（2）查明各种天然建筑材料的产地、储量、质量、开采与运输条件，估算有效利用系数。

5）实际完成的工作量（表 1）

完成主要工作量一览表 **表 1**

项　目	单位	工作量	项　目	单位	工作量
钻探（陆地）	m/孔	26897.2/1197	三轴剪切试验（CU）	组	240
钻探（水上）	m/孔	4528.4/247	三轴剪切试验（CD）	组	199
取原状样	件	1324	标准贯入试验	次	4649
取扰动土样	件	5995	重型动力触探	m	286.9
取岩样	组	148	无侧限抗压强度	项	261
取水样	组	9	渗透系数	项	303
常规土工试验	组	1324	休止角	项	371
颗粒分析（相对密度计）	组	5092	砂的相对密度	项	50
颗粒分析（筛分）	组	5092	毛细上升高度	项	144
波速测试成果	m/孔	668/31	有机质含量	项	81
十字板剪切试验	点/孔	106/32	固结试验（3200kPa）	项	1057
旁压试验	点/孔	756/52	击实试验（重型）	项	21
直剪快剪试验	组	347	回弹模量试验	点	14
三轴剪切试验（UU）	组	703	反应模量试验	点	14
勘探点施放	组日	10			

4　场地工程地质条件

4.1　地层岩性及地基土物理力学性质

拟建场地地层在勘探深度范围内，主要由第四系人工填土、海陆交互相沉积层、洪冲积层、海相沼泽化层、中生界侏罗系上统莱阳组砂岩等组成，场地内分布燕山期侵入岩。自上而下分为 8 大层 21 个亚层，分述如下：

①$_1$素填土（Q_4^{ml}），呈褐黄色，灰白色，以全风化，强风化花岗岩为主，堆放时间小于 2 年，土、石等级为Ⅲ～Ⅳ级。层厚 5.00～32.20m，层底标高−5.39～4.93m。

①$_2$杂填土（Q_4^{ml}），杂色，以粉土为主，土、石等级为Ⅱ级。层厚 0.30～2.90m，层底标高−2.78～3.91m。

③$_3$素填土（Q_4^{ml}），褐黄色，以中粗砂为主，含粉细砂及少量黏性土，稍湿—饱和，松散。标准贯入试验实测锤击数（N）为 4～7 击，平均值为

5.6 击，土、石等级为Ⅱ级。层厚 0.30～3.90m，层底标高−1.89～3.08m。

②耕土（Q_4^{pd}），黄褐色，土质不均匀，粉土、粉细砂为主，含植物根系，稍密，稍湿，土、石等级为Ⅰ级。层厚 0.20～0.50m，层底标高 1.49～4.53m。场地分布较为普遍。

③₁粉细砂（Q_4^{mc}）：褐黄色，松散—稍密，局部中密，饱和。长石、石英质，含云母，见贝壳，砂质不纯，含黏性土，级配不良。标准贯入试验实测锤击数（N）为 4～13 击，平均值为 8.2 击。层厚 0.30～7.20m，层底标高−9.32～0.39m。

③₂淤泥质土（Q_4^{mc}）：灰黑色，流塑—软塑，土质不均匀，见贝壳，有机质含量平均值为 10.7g/kg。压缩系数$a_{1\text{-}2}$为 0.32～1.67MPa^{-1}，平均为 0.92MPa^{-1}，属中—高压缩性地基土。标准贯入试验实测锤击数（N）为 1～5 击，平均值为 1.8 击。层厚 0.30～7.70m，层底标高−12.10～1.66m。

④₁粉土（Q_4^{pl+al}），褐黄色，土质不均匀，局部夹粉细砂薄层，中密—密实，稍湿—湿。压缩系数$a_{1\text{-}2}$为 0.08～0.46MPa^{-1}，平均为 0.25MPa^{-1}，属低—中压缩性地基土。标准贯入试验实测锤击数（N）为 3～10 击，平均值为 5.6 击。层厚 0.30～5.50m，层底标高−4.11～3.35m。

④₂粉细砂（Q_4^{pl+al}）：褐黄色，砂质不纯，含黏性土，长石、石英质，含云母，夹粉土及中砂薄层，松散—稍密，局部中密，稍湿，级配不良。标准贯入试验实测锤击数（N）为 3～16 击，平均值为 6.5 击。层厚 0.20～6.20m，层底标高−5.55～3.33m。

④₃中粗砂（Q_4^{pl+al}）：褐黄色，砂质不纯，含黏性土，长石、石英质，含云母，夹细砂薄层，松散—稍密，局部中密，稍湿，级配不良。标准贯入试验实测锤击数（N）为 3～18 击，平均值为 7.1 击。层厚 0.30～6.30m，层底标高−7.55～2.39m。

⑤海相沼泽相（Q_4^{mh}）粉细砂、中粗砂、粉质黏土、粉土互层，场地普遍分布，局部地段透镜体状分布淤泥质土。

⑤₁淤泥质土（Q_4^{mh}）：褐灰色，流塑—软塑，土质不均匀，局部夹粉砂及粉土薄层，含贝壳，有机质含量平均值为 12.6g/kg。压缩系数$a_{1\text{-}2}$为 0.50～1.94MPa^{-1}，平均为 0.76MPa^{-1}，属高压缩性地基土。标准贯入试验实测锤击数（N）为 1～5 击，平均值为 3.4 击。层厚 0.60～5.00m，层底标高−10.75～0.75m。

⑤₂粉细砂（Q_4^{mh}）：褐灰色，长石、石英质，砂质不纯，含淤泥质土，级配不良，局部见贝壳，夹粉土薄层，松散—稍密，局部中密，饱和。标准贯入试验实测锤击数（N）为 2～14 击，平均值为 6.2 击。层厚 0.50～7.50m，层底标高−9.55～1.32m。

⑤₃中粗砂（Q_4^{mh}）：褐灰色，砂质不纯，含黏性土，级配不良，局部见贝壳，夹细砂薄层，松散—中密，饱和。标准贯入试验实测锤击数（N）为 4～18 击，平均值为 9.1 击。层厚 0.50～8.10m，层底标高−12.15～−0.16m。

⑤₄粉质黏土（Q_4^{mh}）：灰褐色，软塑—可塑，局部呈流塑、硬塑，土质不均匀，局部含夹黏土薄层。压缩系数$a_{1\text{-}2}$为 0.12～1.18MPa^{-1}，平均为 0.47MPa^{-1}，属中—高压缩性地基土。标准贯入试验实测锤击数（N）为 3～12 击，平均值为 6.0 击。层厚 0.30～6.00m，层底标高−12.05～2.37m。

⑤₅粉土（Q_4^{mh}）：褐灰—浅灰色，土质不均匀，局部夹粉砂薄层，中密—密实，稍湿—湿。压缩系数$a_{1\text{-}2}$为 0.10～0.49MPa^{-1}，平均为 0.23MPa^{-1}，属中压缩性地基土。标准贯入试验实测锤击数（N）为 3～12 击，平均值为 6.8 击。层厚 0.50～6.70m，层底标高−11.69～0.84m。

第四系全新统洪冲积层（Q_4^{pl+al}）

⑥₁中粗砂（Q_4^{pl+al}）：黄褐色，砂质较纯、长石、石英质，含云母，局部夹粉细砂薄层，级配不良，稍密—密实，饱和。标准贯入试验实测锤击数（N）为 6～39 击，平均值为 17.7 击。层厚 0.30～10.40m，层底标高−15.45～−1.78m。

⑥₂粉细砂（Q_4^{pl+al}）：黄褐色，砂质较纯、长石、石英质，含云母，局部夹中粗砂薄层，级配不良，稍密—密实，饱和。标准贯入试验实测锤击数（N）为 8～25 击，平均值为 14.2 击。层厚 0.30～6.10m，层底标高−11.99～−1.83m。

⑥₃粉质黏土（Q_4^{pl+al}）：黄褐色，可塑—硬塑，土质不均匀，局部夹黏土薄层。压缩系数$a_{1\text{-}2}$为 0.14～0.66MPa^{-1}，平均为 0.35MPa^{-1}，属中—高压缩性地基土。标准贯入试验实测锤击数（N）为 5～17 击，平均值为 8.9 击。层厚 0.40～4.40m，层底标高−16.31～−2.48m。

⑥₄砾砂（Q_4^{pl+al}）：黄褐色，砂质较纯、长石、

石英质，含云母，级配不良，局部见少量卵石，最大粒径 5cm，稍密—中密，局部呈松散及密实状态，饱和。标准贯入试验实测锤击数（N）为 7～44 击，平均值为 22.3 击。层厚 0.50～8.10m，层底标高−18.17～−1.99m。

⑥$_5$ 圆砾（Q_4^{pl+al}）：黄褐色，母岩成分为中等风化花岗岩，呈亚圆形，一般粒径 2～5mm，含量约 55%，见少量卵石，最大粒径 5cm，充填中粗砂，级配不良，中密—密实，局部稍密，饱和。重型动力触探试验修正锤击数（$N_{63.5}$）为 7.4～16.5 击，平均为 11.5 击。层厚 0.40～8.90m，层底标高−15.79～−4.87m。

⑦$_1$ 花岗岩（γ_5^3）：肉红色，全风化，结构构造无法辨认、岩屑呈散体状，手可捏碎。标准贯入试验实测锤击数（N）为 26～51 击，平均值为 37.2 击。层厚 0.20～7.80m，层底标高−21.53～−5.07m。

⑦$_2$ 花岗岩（γ_5^3）：肉红色，强风化，粗粒结构，块状构造，标准贯入试验实测锤击数（N）为 40～74 击，平均值为 56.0 击。层厚 0.10～18.10m，层底标高−31.65～0.17m。

⑦$_3$ 花岗岩（γ_5^3）：肉红色，中等风化，粗粒结构，块状构造，揭露层厚 0.20～14.70m，孔底标高−34.35～−2.23m。

⑧$_1$ 全风化砂岩（J_3^1）：灰紫色—褐红色，标准贯入试验实测锤击数（N）为 36～46 击，平均值为 40.5 击。层厚 0.50～2.70m，层底标高 0.90～3.90m。

⑧$_2$ 强风化砂岩（J_3^1）：灰紫色—褐红色，强风化，粗粒结构，块状构造，标准贯入试验实测锤击数（N）为 55～76 击，平均值为 62.9 击。层厚 1.00～9.50m，层底标高−15.72～−7.24m。

⑧$_3$ 中风化砂岩（J_3^1）：灰紫色—褐红色，粗粒结构，块状构造，揭露层厚 1.00～7.00m，孔底标高−18.67～−10.24m。

4.2 特殊性岩土

（1）人工填土，本层以素填土①$_3$ 为主，主要成分为中粗砂，含少量粉细砂及黏性土，标准贯入试验实测锤击数（N）为 4～7 击，平均值为 5.6 击。

（2）风化岩和残积土和风化土浸水后易软化、强度降低，稳固性较差，不利于基坑（槽）的施工，本场区的风化岩埋深在 10～15m。

（3）软土。场地内排水沟底部表层分布③$_2$ 层淤泥质土，液性指数I_L为 0.84～2.55，平均值为 1.63，流塑—软塑；压缩系数$a_{1\text{-}2}$为 0.32～1.67MPa^{-1}，平均为 0.92MPa^{-1}属中—高压缩性土；超固结比 0.93～5.32，平均值为 2.14，为正常—超固结土；不固结不排水（UU）抗剪强度，黏聚力c标准值为 5.5kPa，内摩擦角φ标准值为 3.2°；原状土无侧限抗压强度q_u平均值为 9.8kPa，重塑土无侧限抗压强度q_u平均值为 3.2kPa，灵敏度平均值为 3.6，属中灵敏度；有机质含量平均值为 10.7g/kg。场地内透镜体状分布⑤$_1$ 层淤泥质土，液性指数I_L为 0.76～1.62，平均值为 1.07，流塑—软塑；压缩系数$a_{1\text{-}2}$为 0.50～1.94MPa^{-1}，平均为 0.76MPa^{-1}，属高压缩性土；超固结比 0.74～2.96，平均值为 1.44，为正常固结土；不固结不排水（UU）抗剪强度，黏聚力c标准值为 10.2kPa，内摩擦角φ标准值为 3.5°；原状土无侧限抗压强度q_u平均值为 29.0kPa，重塑土无侧限抗压强度q_u平均值为 15.4kPa，灵敏度平均值为 2.3，属中灵敏度；有机质含量平均值为 12.6g/kg。

典型工程地质剖面图见图 1。

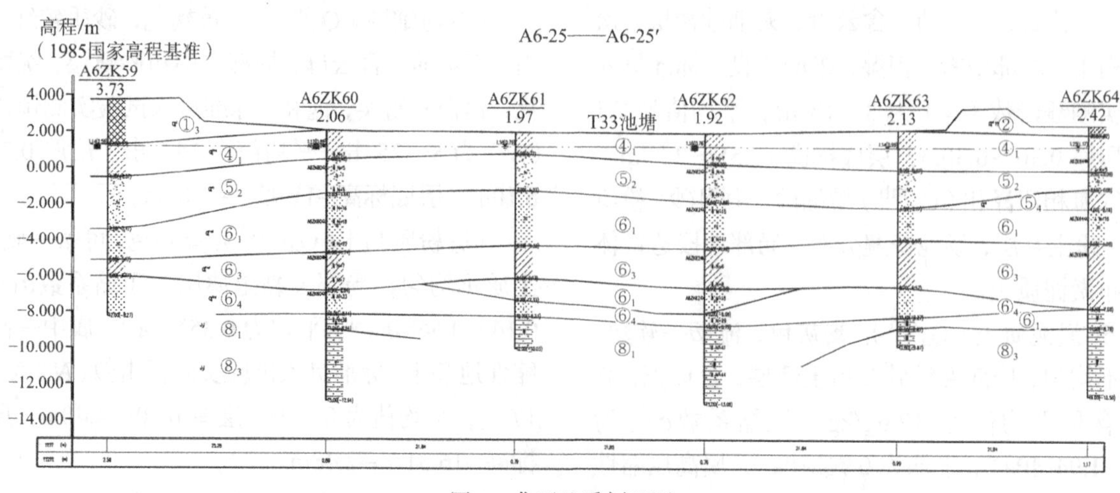

图 1　典型地质剖面图

5 岩土工程评价

5.1 工程地质条件分区[2]

根据本次工程地质测绘工作成果，结合搜集资料和钻探、物探揭露，场地大部分地段被厚度较大的第四系覆盖，陆地部分划分为Ⅰ-1区，河流部分划分为Ⅰ-2区，场地中部东侧边缘，原为丘陵，第四系覆盖层较薄，下伏花岗岩，现阶段被填土覆盖，划分为Ⅱ区。

（1）Ⅰ-1区工程地质条件

该区为滨海平原地貌，场地较平缓，总体上北高南低，东高西低。出露地层主要为第四系冲洪积的黄褐色粉土、粉细砂、中粗砂。岩溶、滑坡、危岩和崩塌、泥石流、采空区地面沉降等不良地质作用不发育，无活动断裂经过。场地内地下水位较浅，最高地下水位升至地表，砂土层具轻微—强烈液化性。

（2）Ⅰ-2区工程地质条件

该区为河流沟谷地貌，地势呈“U”形，起伏较大。出露地层主要为第四系海陆交互项沉积灰黑色粉细砂、淤泥质土。岩溶、滑坡、危岩和崩塌、泥石流、采空区地面沉降等不良地质作用不发育，无活动断裂经过。砂土层具轻微—强烈液化性。

（3）Ⅰ-3区工程地质条件

该区为滨海平原地貌，场地较平缓，总体上北高南低，东高西低。出露地层主要为素填土，厚0.30～3.90m，主要成分为中粗砂，含少量粉细砂及黏性土，松散，稍湿，标准贯入试验实测锤击数（N）为4～7击，平均值为5.6击。其下为第四系冲洪积的黄褐色粉土、粉细砂、中粗砂。岩溶、滑坡、危岩和崩塌、泥石流、采空区地面沉降等不良地质作用不发育，无活动断裂经过。场地内地下水位较浅，最高地下水位升至地表，砂土层具轻微—强烈液化性。

（4）Ⅱ区工程地质条件

该区原为丘陵地貌，现阶段地表被填土覆盖，原自然地面下出露地层为薄层第四系冲洪积的粉土、粉细砂，下伏燕山期侵入岩，地势稍有起伏，岩溶、滑坡、危岩和崩塌、泥石流、采空区地面沉降等不良地质作用不发育，无活动断裂经过。

5.2 主要压缩层应力史分析评价

本次勘察为评价地基土的应力史，在主要压缩层取原状土进行高压固结试验，试验结果表明，除①人工填土，②耕土外，③$_2$淤泥质土为软弱土，属中—高压缩性土，超固结比0.93～5.32，平均值为2.14，为正常—超固结土、⑤$_1$淤泥质土为软弱土，属高压缩性土，超固结比0.74～2.96，平均值为1.44，为正常固结土。其余各层土亦属正常固结土。从场地地层结构和地基土特征，结合沉积环境及当地勘察经验分析，场地地基土的应力历史评价，场地内③$_2$淤泥质土因上部砂层被开采或冲刷，为正常—超固结土，其余压缩层应为正常固结土。

5.3 地基土均匀性

根据钻探揭露及以上试验结果分析，拟建场地由于受沉积环境的影响，地基土内小夹层及透镜体甚多，造成地基土在垂向和平面上其厚度、密实度、力学性能存在较大的差异，无一定的分布规律；使地基土在均匀性方面有一定差异，为不均匀地基。在上部荷载的作用下地基将会产生一定的差异沉降，设计时应加以注意。

5.4 液化判定

经过对场地全部209个标准贯入孔进行液化判别，有29个钻孔判别出有饱和砂土液化现象。场地地下水位埋深为±0.000m时，场地地面下20m深度范围内的①$_3$素填土、③$_1$粉细砂、④$_2$粉细砂、④$_3$中粗砂、⑤$_2$粉细砂、⑤$_3$中粗砂、⑥$_1$中粗砂、⑥$_2$粉细砂、⑥$_4$砾砂为可液化土。因本项目场地较大（13000亩），根据可液化砂土的分布规律及液化指数大小，将场地分为一、二、三，一区液化指数为1.29～9.42，液化等级为轻微—中等，以轻微为主，综合判定为轻微液化；二区液化指数0.14～14.36，液化等级为轻微—中等，以中等为主，综合判定为中等液化。三区液化指数0.45～42.86，液化等级为轻微—严重，以严重为主，综合判定为严重液化[3]。

5.5 工程指标评价

本区域各岩土层物理力学指标统计地层，各土层分布规律及评价如表2所示。

地基土承载力建议值 **表 2**

地层编号	地层名称	含水率 w/%	天然孔隙比 e	界限含水率（76g）		标准贯入	标准贯入	由旁压试计算承载力特征值/kPa	由十字板剪切试验计算承载力特征值/kPa	由规范附录G计算承载力特征值	综合确定承载力特征值/kPa
				塑性指数 I_P	液性指数 I_L	实测击数范围值/击	实测击数标准值/击				
①3	素填土					4～7	5.3				
③1	粉细砂	20.6	0.801			4～13	7.7	67～187		100	80
③2	淤泥质土	47.4	1.359	15.3	1.70	1～5	1.6	37～57	29～49	55	60
④1	粉土	21.3	0.716	8.6	0.47	3～10	5.4	44～58		205	110
④2	粉细砂	18.0	0.808			3～16	6.3	136～142		82	110
④3	中粗砂	18.6	0.739			3～18	6.9	135～231		124	110
⑤1	淤泥质土	43.4	1.232	17.4	1.12	1～5	3.0	54	34～50	63	60
⑤2	粉细砂	20.3	0.713			2～14	6.0	73～134		78	80
⑤3	中粗砂	19.5	0.623			4～18	8.8	214～236		158	120
⑤4	粉质黏土	29.7	0.856	14.2	0.59	3～12	5.8	102～231		179	130
⑤5	粉土	24.1	0.704	8.8	0.66	3～12	6.3	48～49		205	130
⑥1	中粗砂	16.1	0.560			6～39	14.1	192～429		263	150
⑥2	粉细砂	19.6	0.602			8～25	11.2	146～159		156	120
⑥3	粉质黏土	24.6	0.722	12.1	0.42	5～17	6.8	145～222		240	140
⑥4	砾砂	13.9	0.552			7～44	17.5			290	150
⑥5	卵石									442	200
⑦1	全风化花岗岩					26～51	36.5				280
⑦2	强风化花岗岩										600
⑦3	中等风化花岗岩										2000
⑧1	全风化砂岩					36～46	36.8				250
⑧2	强风化砂岩										300
⑧3	中等风化砂岩										1000

6 地基处理

6.1 地基处理方案

由于场地内分布⑤$_1$淤泥质土，承载力较低、压缩性较高，还存在可液化土层，需要提高强度、控制变形、消除液化；因场区原始地面标高较低，需要回填2～3m，总体思路按照排水固结、预压固结、强夯置换、复合地基处理几种方式，根据场地现有条件，初选以堆载预压、堆载预压加排水板、强夯置换、强夯置换加排水板等四种方法进行比选。

6.2 试验段设计

按照以上初选四种方法进行试验，划分为四个试验区，试验区Ⅰ原地基采用堆载预压处理；试验区Ⅱ原地基采用堆载预压＋塑料排水板处理；试验区Ⅰ、Ⅱ填筑体处理结合堆载预压过程同步进行，采用冲压逐层压实至设计标高，试验Ⅲ区原地基处理采用强夯联合排水板方式；试验区Ⅳ原地基采用强夯置换处理；试验Ⅲ区、Ⅳ区采用振碾结合冲压方式回填到设计标高。试验区划分如图2所示。

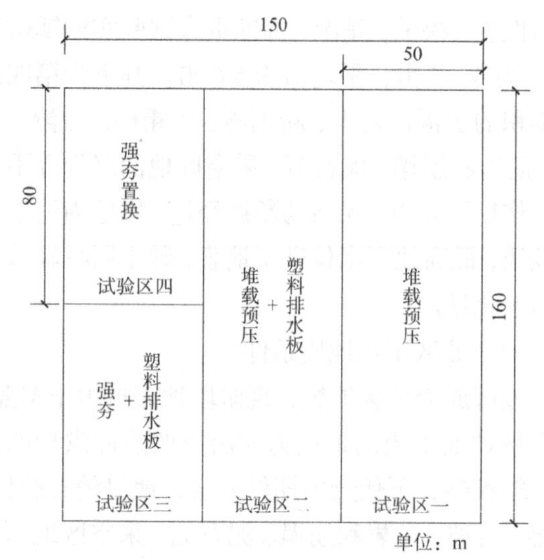

图2　试验分区平面图

6.3 试验检测

1）地基处理前试验检测项目（表3）

原地基处理前检测工作量 表3

序号	检测数量	项目	试验小区（试验区Ⅰ、Ⅱ、Ⅲ、Ⅳ）		
			检测时间	单位	检测数量
1	113延米	钻孔（取土、标准贯入）试验	处理前	点	试验区Ⅰ、Ⅱ、Ⅲ、Ⅳ各检测3点
2	108延米	静力触探试验	处理前	点	试验区Ⅰ、Ⅱ、Ⅲ、Ⅳ各检测3点
3	4	面波（SASW）	处理前	条	试验区Ⅰ、Ⅱ、Ⅲ、Ⅳ各1条测线

2）地基处理后试验检测项目（表4）

原地基处理后检测工作量 表4

序号	检测数量	项目	试验小区（试验区Ⅰ、Ⅱ、Ⅲ、Ⅳ）		
			检测时间	单位	检测数量
1	54延米	钻孔（取土、标准贯入）试验	强夯后14～28d	m	试验区Ⅲ、Ⅳ各检测3点
2	2	面波（SASW）	强夯后14～28d	条	试验区Ⅲ1条测线
			强夯后碎石墩		试验区Ⅳ条测线
3	6	固体体积率（压实度）试验	强夯后	点	试验区Ⅲ、Ⅳ垫层各检测3点
4	4	单点夯	强夯前	点	试验区Ⅲ、Ⅳ垫层各检测2点
5	6	载荷试验	强夯后14～28d	点	试验区Ⅲ、Ⅳ垫层各检测3点
6	3	置换墩长度	强夯置换完成	点	试验区Ⅳ区检测3处

3）监测及检测成果分析

为进一步确定不同工法、不同施工参数下的地基处理效果，对试验区域地基处理前后进行检测，并在施工过程中进行监测。通过试验区的监测和检测，了解地基处理前后土质的变化，为大面积设计、施工提供依据，确保工程质量。

根据各项检测参数综合分析，现阶段试验一区对表面土层地基承载力有一定提高，深部效果不明显；试验二区对表面土层地基承载力有一定提高，深部效果不明显；试验三区强夯后，效果明显产生地层互层现象；填筑后浅部效果不明显，深部承载力有一定提高；试验四区强夯置换后效果较好，各地层地基承载力均有一定提高。

根据项目场地工程地质、水文地质条件，具体分析如下：

（1）试验Ⅰ区，地下水位下降最大幅度约0.78m，试验Ⅱ区最大约1.0m，试验Ⅲ区最大约0.48m，说明地基处理后土层排水固结效果较明显，土层得到了一定程度的压密；试验Ⅳ区，水位基本没变化，表明本试验区土层固结程度相对较低（主要靠填料进行挤密）。

（2）从孔隙水压力检测结果看，各试验区土压力增加不明显，孔隙水压力消散幅度也不大。

（3）从瑞雷波测试结果看，试验Ⅰ、Ⅱ区地基处理后，波速增加幅度不明显，地基土物理、力学性质未得到明显改善，究其原因：堆载预压时间不够，堆载体荷载不足，采用上述两种方案均需要较长的工期和足够的荷载来确保地基处理效果，试验Ⅱ区地基处理效果优于试验Ⅰ区的原因是，试验Ⅱ区采用的塑料排水板提供了竖向排水通道。试验Ⅲ、Ⅳ区处理后波速增加幅度相对较大，地基土物理、力学性质得到较明显改善，施工工期短，短期效果明显。

（4）试验Ⅲ区方案（排水强夯）和试验Ⅳ区方案（强夯置换）的区别在于：试验Ⅲ区增加了竖向排水通道（塑料排水板），试验Ⅳ区添加了置换粗骨料（挤密增强体），试验Ⅳ区施工工期相对较短，两种方案各有所长。综上分析，可通过技术、经济

（塑料排水板材料、施工费用和粗骨量材料、施工费用）、工期等方面综合比较，选用试验Ⅲ区方案（排水强夯）或试验Ⅳ区方案（强夯置换），最终施工采用强夯加排水板的方法。对于深层⑥$_1$层砂土液化的问题，液化点只出现在局部点位，没有规律性，进行进一步分析，细化本层，针对液化点地层的形状，划出透镜体，结合建筑物的重要性等级，采取相应的处理方式。

7 结语

（1）本工程为复杂岩土条件下大规模综合建设工程，本次勘察设计、地基处理、施工都取得良好的效果，圆满完成了勘察任务，对大型场地、复杂岩土的评价利用有了进一步的认识，积累了宝贵经验。

（2）对于大型复杂岩土场地勘察，应采用多种方法进行勘察，工程需要的指标应综合分析后提供。

（3）对于存在饱和液化砂层大型场地，应分析液化分布规律，进行分区评价，不应根据少量钻孔资料简单地定性液化性质。

（4）对于大型复杂场地的回填地基处理问题，应进行多种方法比对，在现场设置试验段进行试验，根据试验结果确定地基处理方式。

笔者通过实际工程积累了一点资料，由于水平有限，只进行了粗浅的分析，供大家探讨研究，不妥之处请各位专家批评指正。

参考文献

[1] 建设部. 岩土工程勘察规范(2009 年版): GB 50021—2001[S]. 北京:中国建筑工业出版社, 2009.

[2] 住房和城乡建设部. 建筑抗震设计规范(2016 年版): GB 50011—2010[S]. 北京: 中国建筑工业出版社, 2016.

[3] 《工程地质手册》编委会. 工程地质手册[M]. 5 版. 北京: 中国建筑工业出版社, 2018.

某石材文化创意园B地块岩土工程勘察实录

赵治海　阮林龙　燕建龙　徐张建

（西北综合勘察设计研究院，陕西西安　710003）

1　工程概况

1.1　工程简介

该项目是省区市三级政府重点工程，项目总投资15亿元。由11栋31～33层高层住宅、商业建筑、配套用房及地下室组成，各建筑物性质详见表1。

拟建建筑物的特征一览表　　表1

建（构）筑物名称	层数	高度/m	结构类型	基础形式	基础埋深/m	单位荷载或单柱最大轴力	地下室
3号、5～8号楼	33	99.75	剪力墙	桩基	5.6	680kPa	1
1号、2号楼	32	96.75	剪力墙	桩基	5.6	660kPa	1
9～11号楼	31	93.75	剪力墙	桩基	5.6	640kPa²	1
12号楼	2	9.15	框架	桩基	1.6	4450kN	—
配套用房	1	4.65/12.85	框架	桩基	1.5	3000kN	—

1.2　勘察工作布置及实施

本项目场地为回填场地，填土以加工花岗岩石材产生的石粉为主，下部有淤泥质土、风化残积土等，由于地下水位较高，石粉填土有液化可能性，国内针对石粉填土的工程特性研究较少，尤其是饱和石粉填土受扰动后性质变化大，易形成流塑—软塑状，力学性质大大降低。勘察工作采取有效的试验测试手段（原位测试：标准贯入试验、轻型动力触探试验、抽水试验、波速试验、电阻率测试等；室内试验：常规土工试验、直剪、固结快剪、三轴压缩、单轴抗压强度、点荷载渗透性等试验）准确评价了石粉填土的工程性质，为地基基础方案选型和设计提供可靠的岩土参数。

施工进场后，于2017年5月进行试桩，并根据试桩结果进行大范围施工。在静压预应力管桩大范围施工一段时间后，拟建场地出现大范围的“橡皮土”，部分地段地表甚至出现“流泥”“冒水”，导致静压桩机、挖土机等大型施工机械设备下陷无法运行等，具体见图1～图5。

图1　现场桩机下陷

图2　现场施工机械下陷

图3　地表流泥

图4　桩周冒水

图5　管桩中心冒浆

经现场踏勘并结合详勘报告，初步判断上述问题是由全场地范围内分布的①$_2$石粉填土造成的。为确保现有的预应力管桩方案能够顺利施工，以及基坑开挖后对周边已建建筑及道路不会造成不利影响，我单位于2017年7月再次进场针对该场地石粉填土的工程特性进行专项施工勘察和研究，为上述工程问题解决提供依据，有效指导了后续施工。

2　场地岩土工程条件

2.1　地形地貌

拟建场地原始地貌属于冲淤积阶地。场地现状地形起伏不大，总体呈西北高，东南低之势，地面标高介于4.16～7.23m之间。

2.2　地层结构

拟建场地各岩土层主要现场性状特征见表2、图6。

获奖项目：2021年度工程勘察、建筑设计行业和市政公用工程优秀勘察设计奖一等奖。

地层特征表 **表 2**

地层代号	成因	地层编号	地层名称	地层厚度/m	层底标高/m	地层描述
Q^{ml}	人工回填	①$_1$	杂填土	1.00～4.50	1.07～4.68	色杂，成分主要由黏性土、中粗砂、石材废料、块石等建筑垃圾及生活垃圾回填而成，土中硬杂质含量一般大于 30%，回填时间 3～5 年，未经专门压实处理，结构松散
Q^{ml}	人工回填	①$_2$	素填土	1.70～6.40	−2.74～1.63	灰色、灰白色，成分主要由石材切割产生的石粉回填而成，回填时间 3～5 年，未经专门压实处理，结构松散，力学性质受含水率及人为扰动影响较大，当含水扰动时易形成流塑—软塑状
Q_4^{l}	淤积	②	淤泥质土	2.20～7.90	−8.74～−1.98	灰色、灰黑色、灰褐色，主要有黏粉粒组成，局部含有朽木及中粗砂颗粒或粉细砂薄层，有臭味，切面粗糙无光泽，无摇振反应，干强度中等，韧性中等
Q_4^{al+pl}	冲洪积	③	中粗砂	1.10～6.40	−14.32～−6.57	黄色、灰黄色，成分主要由中粗石英颗粒组成，砂质不纯，含泥约 10%～15%，局部层底含有少量卵砾石，卵砾石粒径为 1～5cm，卵砾石磨圆度较差，颗粒级配较差
Q^{el}	风化残积土层	④	残积砂质黏性土	2.30～17.10	−26.31～−9.98	褐黄、灰黄等色，系中粗粒花岗岩原地风化残留产物，矿物成分长石、云母已全风化为次生黏土矿物，土中大于 2mm 的石英颗粒含量一般小于 20%，手捏土样稍有滑腻感，土样刀切面较光滑、无摇振反应，韧性中等、干强度中等
γ_5^2	基岩风化层	⑤	全风化花岗岩	1.40～16.30	−31.23～−19.50	褐黄、灰黄、灰白色，系中粗粒花岗岩风化形成，原岩矿物主要由长石、石英、云母等组成，局部可见铁锰氧化物，除石英外大部分长石矿物已风化成黏土状，原岩结构已破坏，岩芯呈坚硬土状，坚硬程度为极软岩，完整程度为极破碎，基本质量等级为Ⅴ类
γ_5^2	基岩风化层	⑥$_1$	强风化花岗岩（散体状）	1.00～21.30	−47.18～−23.96	褐黄、灰黄、灰白色，系中粗粒花岗岩风化形成，散体状结构，长石、云母等矿物已绝大部分风化，残留少量长石矿物硬核，矿物粒间结构连结力完全丧失，岩样呈砂粒状，遇水有崩解现象，合金钻探自重进尺较快，具连续、轻微的拔钻声，取芯率低，岩石质量指标RQD = 0，属极软岩，岩体破碎，岩体基本质量等级分类为Ⅴ类
γ_5^2	基岩风化层	⑥$_2$	强风化花岗岩（碎裂状）	0.50～19.20	−55.69～−29.05	褐黄、灰黄、灰白色，系中粗粒花岗岩风化形成，碎裂状结构，矿物成分主要为长石、石英及少许云母，可见铁锰氧化物浸染，其组织结构已被破坏，矿物间尚有一定的连结力，节理裂隙发育，钻进过程中拨钻声剧烈，岩芯锤击声哑，无回弹，较易击碎，岩石质量指标 RQD = 0，为软岩—较软岩，岩体较破碎，基本质量等级为Ⅴ类
γ_5^2	基岩风化层	⑦	中风化花岗岩	1.00～8.80		灰黄、灰白色，块状结构，矿物成分主要为长石、石英及少量云母，岩石节理裂隙发育，裂隙面附近长石风化显著，其余部分长石颜色发黄，矿物结晶连接强度略有降低，岩芯呈短柱状—柱状，锤击声脆，有回弹，震手，较难击碎，TCR = 65%～85%，RQD = 50～70，为较硬岩，岩体较完整—较破碎，基本质量等级为Ⅲ～Ⅳ类

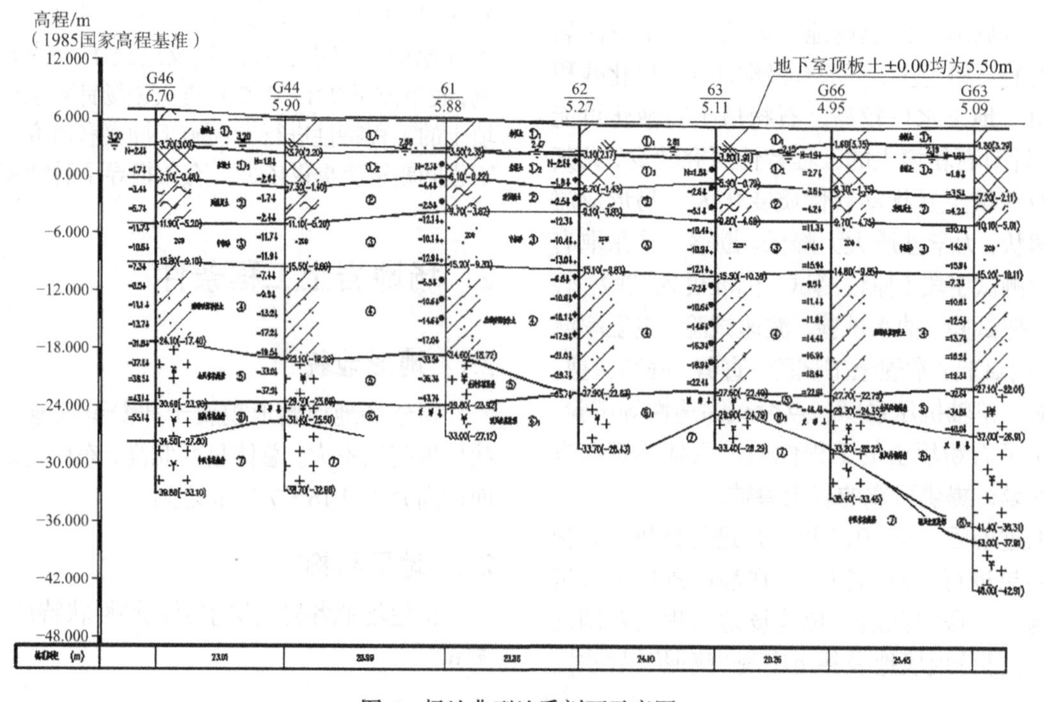

图 6 场地典型地质剖面示意图

2.3 地下水

拟建场地地下水类型按其埋藏条件主要为上层滞水，孔隙、网状裂隙承压水、基岩裂隙承压水三种类型。勘察期间正值平水季节，测得场地内初见水位埋深为2.00～4.80m，混合地下稳定水位埋深1.80～4.20m，稳定水位标高1.16～3.64m，承压水头高度为1.00～4.00m。地下水总体由西北向东南以径流方式渗流与排泄。地下水位年变化幅度约为1.0～2.0m。

3 岩土工程问题及评价

受古地理环境及人为改造的影响作用，场地岩土层的分布、埋深、厚度及性质在纵横向上变化较大，地基的不均匀性较为突出，主要岩土工程问题包括以下四方面：

（1）国内岩土行业对石粉填土工程性质的研究较少，作为建筑浅基础直接持力层和基坑支护层的饱和状态①$_2$石粉填土，查明其强度、物理力学性质、液化可能性、渗透性等岩土问题，对地基基础和基坑工程的设计、施工具有重要作用。

（2）场地上部的①$_2$石粉填土和②淤泥质土均呈饱和状态，灵敏度高，易扰动，对基坑支护和基础施工选型影响大。

（3）场地水文地质条件复杂，地下水类型多（包括潜水、承压水和基岩裂隙水），地下水对基坑支护工程和地基基础施工影响大。

（4）场地风化花岗岩和残积土埋深浅，但风化岩层面起伏大，查明残积土和风化层厚度，确定高层建筑桩基持力层也是本项目勘察的主要岩土工程问题。

3.1 石粉填土特性研究

1）石粉填土现场特征

拟建项目全场地范围内分布的石粉填土为灰色、灰白色，湿—饱和，未经专门压实处理，结构松散，压缩性高，属力学性质不良之欠固结地基土层，工程性能差。特别是受含水率及人为扰动影响较大，当含水扰动时易形成流塑—软塑状。钻探所揭示现场特征为：①石粉颗粒大小与玉米粉或面粉近似，其成分差异较大；②湿润时用刀切，无光滑面，切面比较粗糙；③湿润时，用手拍后表面有显著翻浆现象；④一般不粘物体，干燥后一碰就掉；⑤干土用手很容易捏碎。根据这些特征，初步判断场地内的石粉填土层具有近似于粉砂或粉土的工程特性，该类型的土层往往具有振动液化特性，易产生喷水冒砂。

2）室内试验及原位测试

由于石粉填土颗粒较细，堆积时间短，含水率大，轻微扰动就易形成流塑—软塑状，力学性质大大降低。为解决现场采样扰动难题，研究发明了“一种岩土工程中岩土取样装置”和“一种岩土密度测量装置”新技术，并分别申请了国家实用新型专利。在现场探坑内直接取地下水位以下的Ⅰ级原状样，并依据《土工试验方法标准》GB/T 50123—1999对石粉填土进行了含水率、密度、土粒相对密度、颗粒分析、界限含水率、渗透、固结及直接剪切等试验。

以往国内对石粉填土地基研究少，其力学强度指标对基坑支护和地基基础设计、施工影响较大，为此，本次现场依据《岩土工程勘察规范》（2009年版）GB 50021—2001对①$_2$石粉填土采取了标准贯入试验、轻型动力触探试验、十字板剪切试验等多种原位测试手段，并结合室内物理力学性质试验，综合确定①$_2$石粉填土力学强度参数。

3）室内试验及原位测试结果分析

（1）石粉填土的室内试验及分析

本次所取石粉填土的物理性质成果见表3～表5。

石粉填土界限含水率及颗粒分析结果 表3

界限含水率				颗粒组成（%）——（筛分法）					
液限	塑限	塑性指数	液性指数	粒径范围/mm					
ω_L/%	ω_P/%	I_P	I_L	>2	0.5～2	0.25～0.5	0.075～0.25	0.005～0.075	<0.005
33.6	23.9	9.7	1.58	2.3	6.4	10.3	14.3	46.9	19.8
35.4	25.5	9.9	1.47	3.2	4.3	6.9	11.4	56.3	17.9
34.3	24.8	9.5	1.46	4.3	4.8	8.5	14.3	48.5	19.6
34.9	25.1	9.8	1.50	1.9	5.3	6.9	16.8	49.3	19.8
35.1	25.7	9.4	1.55	0.3	5.3	11.6	5.6	57.4	19.8
34.6	24.9	9.7	1.52	2.1	10.1	4.2	9.6	55.3	18.7

石粉填土部分物理性质指标 表 4

试验项目	单位	最小值	最大值	平均值	统计个数
含水率w	%	38.7	40.3	39.6	6
湿密度ρ	g/cm^3	1.70	1.74	1.72	6
干密度ρ_d	g/cm^3	1.22	1.24	1.23	6
土粒相对密度G_s		2.66	2.69	2.67	6
天然孔隙比e		1.16	1.19	1.17	6
饱和度S_r	%	89	93	90	6
垂直渗透系数k_{v20}	cm/s	1.52×10^{-5}	6.39×10^{-4}	2.33×10^{-4}	6

石粉填土部分力学性质指标 表 5

试验项目	压缩系数			压缩模量			直接快剪		固结快剪	
	$a_{1\text{-}2}$	$a_{2\text{-}3}$	$a_{3\text{-}4}$	$E_{s1\sim2}$	$E_{s2\sim3}$	$E_{s3\sim4}$	黏聚力c	内摩擦角φ	黏聚力c	内摩擦角φ
单位	MPa^{-1}			MPa			kPa	°		°
最小值	0.58	0.42	0.35	2.9	4.2	4.8	14.0	3.90	18.0	9.50
最大值	0.74	0.52	0.45	3.8	5.2	6.3	18.0	6.30	22.0	11.90
平均值	0.66	0.48	0.40	3.3	4.6	5.5	15.7	4.90	19.7	10.55
标准值	—	—	—	—	—	—	14.4	4.24	18.4	9.86
统计个数	6	6	6	6	6	6	6	6	6	6

根据上述试验成果：石粉填土黏粒（< 0.005mm）含量为17.9%～19.8%，均大于13%，土样的落锥法试验结果真实有效，能够反映土的可塑性。其土粒径组分 0.005～0.075mm 为 46.9%～57.4%，大于35%；粒径组分 ⩽ 0.005mm 为 17.9%～19.8%，介于 10%～20%之间。其塑性指数I_P为 9.4～9.9，小于 10，石粉填土接近于黏质粉土，属于粉土范畴。值得注意的是，本场地石粉填土出现“橡皮土”现象，其具有黏性土的特征，当石粉填土按黏性土进行考虑，从液性指数指标分析其为流塑状。场地的石粉填土若按粉土来分析，其含水率为 38.7～40.3，大于 30，其湿度为很湿；而饱和度为 89～93，均大于 80，则为饱和状态；天然孔隙比为1.16～1.19，大于 0.9，其密实度为稍密。综合分析，场地石粉填土属于饱和稍密状粉土范畴。石粉填土属于弱透水—微透水层，其垂直渗透系数为1.52×10^{-5}～6.39×10^{-4}。石粉填土$a_{1\text{-}2}$ 为 0.58～0.74MPa^{-1}，大于 0.5MPa^{-1}，为高压缩性土。

（2）石粉填土的原位测试及分析

石粉填土是由石材水磨切割残留石粉与水的混合物随水流呈浆体状回填而成，受石材原料差异影响，其成分存在较大差异，原位测试能更好地反映其力学性状。如前所述，场地在桩基施工前相对稳定，大型车辆及设备基本可以通行；而一旦管桩施工，则出现大范围的“橡皮土”，部分地段地表甚至出现“流泥”“冒水”，大型机械设备无法运行等问题。为分析其成因，本次采用了原位十字板剪切试验实测该土层的不排水抗剪强度和残余抗剪强度以及该土层的灵敏度。具体成果见表 6。

石粉填土十字板剪切试验成果 表 6

钻孔编号	测试深度/m	不排水抗剪强度 原状土 c_U/kPa	不排水抗剪强度 重塑土 c'_U/kPa	灵敏度S_t	灵敏度分析	测试土层名称	备注
10-1	4.0	14.30	4.90	2.92	中灵敏度	石粉填土	该点四周的桩基未施工，土层保持原状
	5.5	16.10	6.00	2.68	中灵敏度		
10-2	3.5	3.70	3.00	1.23	低灵敏度	石粉填土	6.0m 以下土层为淤泥质土，该点距正在施工的桩基 15m 左右，土层受振动影响较大
	4.5	5.70	2.40	2.38	中灵敏度		
	5.5	6.50	5.70	1.14	低灵敏度		
	7.0	11.80	2.60	4.54	高灵敏度	淤泥质土	
	8.0	22.90	6.80	3.37	中灵敏度		
10-3	3.0	13.20	1.90	6.95	高灵敏度	石粉填土	该点为地下室区域，四周的桩基已全部施工完成一段时间
	4.0	7.00	1.40	5.00	高灵敏度		
	5.0	6.70	2.40	2.79	中灵敏度		

4）石粉填土和淤泥质土工程性质

根据上述试验成果，场地石粉填土其工程特性类似于饱和稍密状黏质粉土，其透水性较差，为弱透水—微透水层；属具中等灵敏度土层，有明显的受扰动后强度降低的特性；属可液化土层，具有明显的振动液化特性，其液化发生机制为“触变”破坏；同时又具有黏性土的一些特征，当含水扰动时易形成流塑—软塑状，具高压缩性。淤泥质土主要由黏粉粒组成，局部含有朽木及砂颗粒薄层，有臭味，切面粗糙无光泽，无摇振反应，干强度中等，韧性中等，呈软塑到流塑状态，具高压缩性。

5）岩土工程设计参数建议

根据现场钻探结果，结合岩土室内试验及现场原位测试结果，经综合分析研究，提出了各层地基土岩土工程设计参数，建议值见表 7。使用表 7 中岩土设计参数时应注意如下问题：

（1）地基基础施工前，通过现场载荷试验进一步确定地基承载力、压缩模量。

（2）填土为欠固结土，不能直接作为地基持力层使用，应进行地基处理改善土质力学性能并通过现场平板载荷试验确定地基承载力；也可直接采用桩基础，桩身穿透填土层，桩端置于下部工程性质较好的岩石层。

（3）如采用桩基础，应避免施工对石粉填土和软土扰动，从而进一步减弱填土工程性质。

（4）桩基设计参数中负摩阻力系数括号内数值为非挤土桩取值，括号外数值为挤土桩取值。桩侧阻力、桩端阻力特征值供初步设计使用，工程桩施工前应选择典型地段进行试桩，以便调整桩基设计参数。

岩土工程设计参数建议表 **表 7**

地层编号	天然重度	直接快剪		固结快剪		三轴剪切		天然坡角		压缩模量			变形模量	承载力特征值	负摩阻力系数	抗拔系数	预制桩		沉管灌注桩		旋挖、冲孔灌注桩		液化折减系数	承载力修正系数		成孔注浆土钉的极限粘结强度标准值	锚杆（索）的极限粘结强度标准值
		黏聚力	内摩擦角	黏聚力	内摩擦角	黏聚力	内摩擦角	水上	水下								侧阻力极限值	端阻力极限值	侧阻力极限值	端阻力极限值	侧阻力极限值	端阻力极限值					
	γ	c	φ	c_q	φ_q	c_u	φ_u	α_m	α'_m	$E_{s1\text{-}2}$	$E_{s2\text{-}3}$	$E_{s3\text{-}4}$	E_0	f_{ak}	ζ_n	λ_i	q_{sik}	q_{pk}	q_{sik}	q_{pk}	q_{sik}	q_{pk}	ψ_l	η_b	η_d	q_{sk}	q_{sk}
	kN/m^3	kPa	°	kPa	°	kPa	°	°	°	MPa	MPa	MPa	MPa	kPa			kPa	kPa	kPa	kPa	kPa	kPa				kPa	kPa
①$_1$	18.2	5	15	7.5	18						3.5		6.5	80	0.35（0.3）	0.65	25		20		18			0	1	15	18
①$_2$	17.8	10	6.5	12	10						3		5.5	65	0.35（0.3）	0.65	15		15		12			0	1	12	16
②	17.3	12.5	3.4			7.9	1.1			2.6	3.6	4.4	4.5	65	0.25（0.2）	0.7	15		15		12			0	1	12	16
③	19							32.81	23.11		18		30	230		0.6	70		65		55		2/3	3	4.4	60	80
④	18.8	27.9	23.4	32.9	29.1					5.7	7.3	9.3	18	210		0.7	65	3200	55	3000	50			0.3	1.6	60	70
⑤	19.5	30	25								18		35	350		0.65	90	6500	85	5500	75			0.2	2		
⑥$_1$	20	35	30								32		60	500		0.6	120	11000	110	9000	90	3000		1	2.5		
⑥$_2$	22.5												100	800		0.6					120	6000					
⑦	25													2000							200	12000					

（5）表中旋挖、冲孔灌注桩桩基设计参数适用于桩径$D \leqslant 800$mm 及全断面进入持力层的情况下；当桩径$D > 800$mm 时，对⑥$_1$强风化花岗岩应按砂土考虑尺寸效应，⑥$_2$强风化花岗岩、⑦中风化花岗岩可不考虑桩的尺寸效应。

3.2 地基基础方案分析

（1）基础方案选型建议

本工程场地内残积土层及其以下的基岩风化因风化的不均匀性形成各地层在垂直方向上起伏较大，同时由于风化的不确定性，场地内基岩风化层无规律的分布有硬夹层。⑤全风化花岗岩、⑥$_1$强风化花岗岩埋深适中，较为适合作为预应力管桩或沉管灌注桩的桩端持力层，但局部地段突变，⑤全风化花岗岩、⑥$_1$强风化花岗岩起伏较大，则需控制沉桩速度及必要时采用引孔；且场地较为开阔，桩基施工方便。

通过对比前述桩基施工前后石粉填土的原位十字板剪切试验结果，分析原状和重塑状态下十字板剪切试验抗剪强度指标，确定石粉填土为高灵敏度软土，石粉填土抗剪强度与桩基施工工艺具有相关性，因此，本场地不具备大吨位压桩设备作业条件，排除了桩基础静压桩方案。由于锤击管桩施工对石粉填土强度影响较大，尽管桩基施工完成后土体强度有所恢复，但需要时间长。为此，建议采取小能量锤击沉桩工艺，且施工顺序采取分区跳打工序。

（2）桩基础施工工艺措施

根据十字板剪切试验成果，锤击管桩的施工对该石粉填土层强度影响较大，桩基施工完成后土体强度有所恢复，且浅表比深部恢复更快。因此，管桩施工首先放弃了静压方案，而采取机械设备相对小的锤击方案，其施工顺序上采取分区跳打的方案，最终确保了桩基工程的顺利完成。

3.3 基坑支护及降水方案分析

1）支护方案选型建议

本项目地下室基坑开挖深度为6.00m，基坑安全等级为二级，基坑侧壁土层为杂填土、素填土、基底为淤泥质土和中粗砂。尽管该基坑深度不大，但①$_2$石粉填土和②淤泥质土极易形成流土和流砂，通过本次室内试验及原位测试，查明石粉填土和淤泥质土的渗透性和抗剪强度等物理力学指标，对基坑支护方案建议采用放坡＋拉森钢板桩支护结构，有效避免了流土，并控制了基坑周变形。

由于石粉填土渗透性较小，细颗粒含量高，振动液化时产生喷水冒砂现象；另外，开挖和管桩支护施工扰动石粉填土后形成流泥状态，增大了基坑变形，因此，勘察建议基坑开挖采取支护结构与降水相结合的手段，先进行降水，再进行基坑开挖及地下室结构施工。基坑支护施工阶段，勘察建议对单排预应力管桩支护方案进行了调整，对部分已经施工的预应力管桩支护，采用交叉双排桩支护以避免桩间流土现象；另外对未施工的基坑支护结构调整为采用上部大放坡、下部悬臂式钢板桩支护方案，起到了止水和防流土作用，支护效果良好。

2）基坑降水及开挖支护

（1）石粉填土抗剪强度指标的选用

如前所述，石粉填土具有明显的受扰动后强度降低的特性，锤击管桩的施工对该石粉填土强度影响较大。因此，该土层的抗剪强度指标选用了桩基施工完成后的十字板剪切试验实测不排水抗剪强度；并根据基坑开挖节点时间与桩基施工完成时间的间隔长短，选择合适的成果。

（2）由于该土层渗透性较小，细颗粒含量高，具有振动液化特性，易产生喷水冒砂。土层饱和情况下，扰动后易形成流泥状。场地地下水主要赋存和运移于填土层（①$_2$素填土）的中下部；③中粗砂的孔隙中；残积土、全风化、强风化（散体状）岩的孔隙、网状裂隙及强风化（碎裂状）岩、中风化岩的岩体裂隙中，②淤泥质土为微透水层—相对隔水层，水量很小。地下水类型按其埋藏条件主要为上层滞水，孔隙、网状裂隙承压水、基岩裂隙承压水三种类型。地下水位埋深较浅，混合地下稳定水位埋深1.80～4.20m，稳定水位标高1.16～3.64m。①$_2$素填土的力学强度受地下水水量影响较大，且③中粗砂地下水可能产生突涌作用，故需对基坑先采取降排水措施，再进行支护结构施工。

（3）钻探和测试试验表明，石粉填土和淤泥质土黏粒含量较高，不易排水，采用常规管井降水易发生堵管和流砂现象，不仅降水效果差问题，而且增大基坑变形。在采取原状土样进行室内渗透试验研究石粉填土和淤泥质土的渗透性基础上，还进行了现场多个钻孔抽水试验和水位恢复试验，分别利用抽水试验和水位恢复试验观测资料计算了①$_2$石粉填土和②淤泥质土的渗透系数、影响半径，建议采用管井降水方案并增加降水井点密度，考虑到石粉填土成孔易坍塌和流砂，成井困难，将管井降水改为袋装砂碎石内置入抽水泵的大直径降水井降水，降水效果好，有效提高了石粉填土的强度，既避免出现钻井施工塌孔和抽水流砂引起基坑及周边建筑变形过大的风险，还节约了工程造价，并缩短了施工工期。

4 工程实施效果与成果

通过采纳勘察建议，变更桩基施工工艺及基坑支护方案，使得基础施工顺利完成，取得了良好的经济效益、社会效益，实施效果和成果如下：

（1）原基坑支护采用上部放坡、下部预应力管桩支护，因桩基施工沉桩挤土效应，上部的石粉填土全部处于扰动状态，具有流动性，管桩桩间的石粉填土易流入基坑，进而导致基坑破坏。按我方建议采用拉森钢板桩悬臂支护，同时起到止水、挡泥的效果，基坑开挖未对周边环境带来不利影响，支护效果良好，不仅节约了造价，还提前了工期。

（2）石粉土层渗透性较小，粉粒含量高，易振动液化，产生喷水冒砂。建议采用袋装砂碎石内置入抽水泵的大直径降水井降水方案，优化了土方开挖顺序，降水改善了石粉填土的工程性能。

（3）原基坑开挖方案为中心岛式开挖。根据我方提出的先进行有效降水，再进行基坑开挖及地下室结构施工的建议，施工单位调整了土方开挖顺序，采取通过提前降水，确保了地基基础施工顺利，避免了流土对周边环境的影响。

（4）发明了两项实用新型专利技术，发表了一篇研究论文。

5 综合效益

本工程采纳勘察建议，优化了桩基施工、基坑支护与降水方案，确保工程顺利完成，勘察成果获得业主及参建单位的一致好评，经济效益、社会效益如下：

（1）建议保留预应力管桩，优化锤击沉桩施工工艺，选择桩端持力层为⑥$_1$散体状强风化花岗岩，一期桩基实际施工工期约50d，桩基总造价约1000万元。若改为冲孔灌注桩，以⑥$_2$碎块状强风化花岗岩及⑦中风化花岗岩作桩端持力层，预计桩基施工工期不少于5个月，桩基总造价不少于2500万元。

（2）原基坑设计采用上部放坡，下部预应力管桩支护方案，易发生桩间流土，安全风险较大。勘察建议采用可止水、挡泥的拉森钢板桩悬臂支护，并对已经施工的单排预应力管桩支护方案调整为交叉布置的双排桩支护方案。基坑开挖未对周边环境带来不利影响，基坑支护取得良好效果。一期基坑支护造价约300万元，施工工期约3个月。

西安迈科商业中心岩土工程勘察设计实录

马　丽　南亚林　徐光耀　刘　魁　张艳芳　王旭东
（信息产业部电子综合勘察研究院，陕西西安 710001）

1　工程概况

西安迈科商业中心位于高新区创业新大陆板块，锦业路核心商务区内，北邻锦业路，南邻锦业一路，西邻丈八二路。项目（图 1）是西安同期开建最高的超高层之一；是西北首座全钢结构双子塔异形结构工程；是“中国第一个全钢双子塔工程”、中国第一个超百米异形空中“钢连桥”整体提升工程；“西北钢结构体量第一超高层工程”；是目前国内施工难度最大的建筑之一；是西安高新区的商务标杆与对外展示窗口。

建筑物是由办公塔楼（42 层，主体结构高度 207.25m）和酒店塔楼（35 层，主体结构高度 155.35m）组成的框筒结构双子塔，两者在约 100m 高度位置处以空中观光连廊相连接，基础形式为筏板＋桩基，埋深 21m，4 层商业裙楼基础形式为柱下承台＋桩基，埋深 19m，均为地下 4 层。

项目分别于 2012 年 3 月及 2013 年 2 月进行了详勘及补勘工作，随后提出了岩土工程勘察报告并审查合格，亦进行了基坑支护与降水施工图设计并通过专家评审。

图 1　项目实景图

2　勘察设计方案

2.1　勘察设计的重难点

（1）外业施工难度大：钻孔最大深度 140.0m，为西安市同期勘察最大深度，需查明 140m 深度范围内地质条件，钻探过程中易发生塌孔、漏浆、钻具掉落等问题。

（2）地基强度与变形问题：双子塔楼基底荷载设计值最高达 1050kPa，地基基础设计等级为甲级，对桩基方案的分析论证要求高。桩基最终沉降的控制，以及塔楼之间、塔楼与裙楼之间的差异沉降问题。

（3）抗浮问题：项目所在区域地下水埋深最浅约 4.4m，裙楼及地下车库荷载较小，存在抗浮问题，抗浮设计水位的确定。

（4）基坑支护与降水：基坑深度最大达 21m，水位降深约 14m，勘察方案如何提供可靠的基坑支护及降水设计参数以及建议方案。基坑周边环境复杂，三面紧邻市政道路，地下管线密布，土方量较大，施工工序繁多，基坑设计使用期限不小于 1.5 年。基坑开挖和降水期间对基坑和周边环境变形和沉降要求严格，设计方案需保证基坑支护与降水设计方案的合理性、安全性、经济性。

2.2　勘察方案布置

针对上述勘察设计重点及难点，结合建筑物结构、荷载和建筑场地的具体情况，布置勘察方案如下：

（1）勘探孔布置：勘探点按方格网布置，分别布设在建筑物的角点、建筑物边线的中点及建筑物的平面中心[1]，共布置勘探孔 48 个，建筑物及勘探孔的平面位置、钻孔深度等情况见图 2。

（2）现场原位测试：进行了非稳定流抽水试验、单孔剪切波速试验、标准贯入试验。

（3）室内土工试验：进行了常规土工试验、颗粒分析试验、黄土的湿陷试验、固结快剪试验、静三轴剪切固结不排水（CU）试验、静三轴剪切不

获奖项目：2018—2019 年度国家优质工程奖、2020 年度陕西省优秀工程勘察一等奖，2021 年度工程勘察建筑设计行业和市政公用工程优秀勘察设计奖二等奖。

固结不排水（UU）试验、静止侧压力系数试验、高压固结试验、回弹试验、压缩增级试验、地基土的腐蚀性试验、地下水腐蚀性试验。

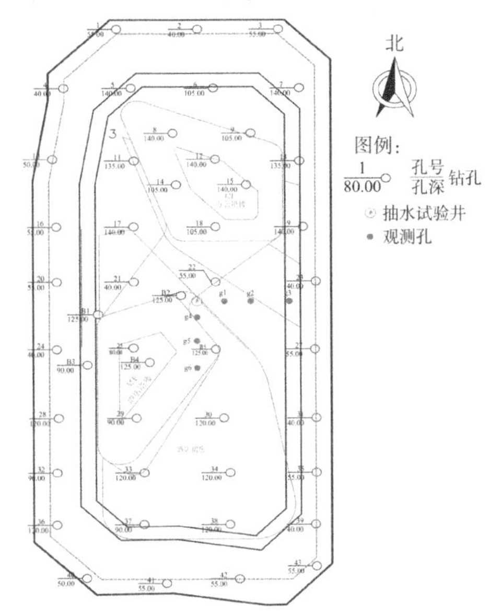

图 2 建筑物及勘探孔平面布置图

2.3 基坑支护与降水设计方案

针对基坑深度大、降深大、周边环境复杂、基础施工时间长等特点，设计思路如下：

北侧、西侧、南侧邻近市政道路，东侧南段邻近材料堆场、加工场地，邻边荷载较大，对基坑开挖变形要求严格，这四段主要考虑采用上部土钉墙 + 下部桩锚支护体系。

东侧北段为现状空地，对变形要求相对较小，该段考虑采用分级放坡 + 复合土钉墙支护体系，较桩锚支护体系节约造价，施工进度快。基坑最大降深 14m，属同期基坑最大降深，设计前综合对比了止水帷幕 + 坑内疏干降水方案和坑外井点降水方案，从基坑降水引起周边环境的沉降和经济效益角度综合考虑，采用经验成熟的坑外井点降水方案，并在坑内设置疏干降水井。

3 工程地质、水文地质条件

3.1 工程地质条件

场地地貌单元属皂河Ⅰ级阶地，整体地势平坦。

（1）场地地层分布规律

场地内深度 140.00m 范围地层划分为 5 个单元：全新世填土（Q_4^{ml}）、全新世洪积黄土状土（Q_4^{al}）（含砂层或透镜体）、晚更新世洪积粉质黏土（Q_3^{al}）（含砂层或透镜体）、中更新世湖积粉质黏土（Q_2^{al}）（含砂层或透镜体）、早更新世湖积粉质黏土（Q_1^{al}）（含砂层或透镜体）。各单元又详细划分为 16 层，揭示各地层分布规律的典型地质剖面图见图 3，各土层的一般物理力学指标如表 1 所示。

各层地基土的分布规律及一般物理力学指标一览表 **表 1**

成因	岩性	含水率 w/%	天然重度/（kN/m³）	孔隙比 e	塑性指数 I_P	液性指数 I_L	湿陷系数 δ_s	标准贯入击数	承载力特征值/kPa	灌注桩极限侧阻力标准值 q_{sik}/kPa	灌注桩极限端阻力标准值 q_p/kPa
Q_4^{ml}	①$_1$杂填土										
	①$_2$素填土	19.5	18.3	0.745	12.9	0.1	0.011				
Q_4^{al}	②黄土状土	21.1	18.9	0.708	12.8	0.23	0.010	16	160		
	②$_1$中砂							35	170		
	③黄土状土	24.5	19.3	0.715	14	0.39		10	150		
Q_3^{al}	④粉质黏土	22.6	19.4	0.686	13.5	0.29		17	170	81	
	⑤粉质黏土	22.8	19.6	0.669	13.3	0.32		21	170	80	
	⑤$_1$中砂							58	190	76	
	⑥粉质黏土	22.1	19.7	0.654	13.5	0.25		22	180	84	
	⑥$_1$中砂							63	200	82	
	⑦粉质黏土	23.0	19.5	0.678	13.6	0.15		19	200	80	
	⑦$_1$中砂							85	220	82	
	⑧粉质黏土	24.0	19.4	0.705	14.1	0.35		25	210	78	1200
	⑧$_1$中砂							95	240	83	1900
Q_2^{al}	⑨粉质黏土	22.6	19.6	0.670	14.1	0.25		31	220	84	1600
	⑨$_1$中砂							60	260	87	1900
	⑩粉质黏土	22.9	19.5	0.680	14.1	0.27		42	220	83	1400
	⑩$_1$中砂							126	260	90	2000

续表

成因	岩性	含水率 w/%	天然重度/（kN/m³）	孔隙比 e	塑性指数 I_P	液性指数 I_L	湿陷系数 δ_s	标准贯入击数	承载力特征值/kPa	灌注桩极限侧阻力标准值 q_{sik}/kPa	灌注桩极限端阻力标准值 q_p/kPa
Q_2^{al}	⑪粉质黏土	22.2	19.6	0.664	13.9	0.23		33	230	85	1650
	⑪$_1$中砂							150	280	92	2000
	⑫粉质黏土	21.6	19.6	0.652	13.7	0.20			240	86	1700
	⑫$_1$中砂								280	94	2100
	⑬粉质黏土	22.1	19.7	0.652	14.2	0.20			240		
	⑬$_1$中砂								280		
	⑭粉质黏土	22.5	19.7	0.662	14.5	0.21			240		
	⑭$_1$中砂								300		
Q_1^{al}	⑮粉质黏土	22.4	19.6	0.664	14.5	0.21			250		
	⑮$_1$中砂								320		
	⑯粉质黏土	21.1	19.7	0.638	14.8	0.11			260		
	⑯$_1$中砂								340		

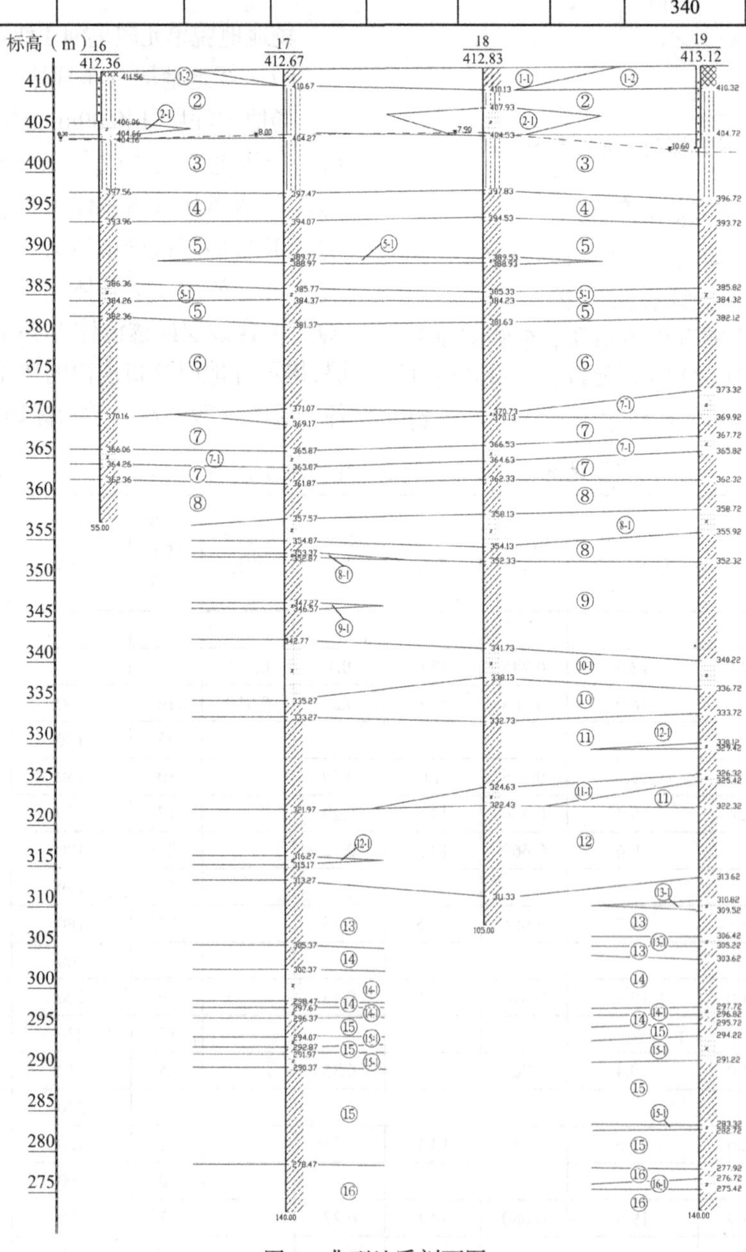

图3　典型地质剖面图

（2）土层的抗剪强度

固结快剪试验、静三轴固结不排水剪切（CU）试验、静三轴不固结不排水剪切（UU）试验、静止侧压力系数试验结果汇总见表2、表3。

（3）土层的变形特性

高压固结试验、压缩增级试验结果见表4，砂土的变形模量建议值见表5。

各土层的抗剪强度指标 **表2**

层号	固结快剪试验		固结不排水剪（CU）试验				静止侧压力试验	
	平均值		平均值		建议值		平均值	建议值
	c/kPa	φ/°	c_{cu}/kPa	φ_{cu}/°	c_{cu}/kPa	φ_{cu}/°	K_0	K_0
①$_1$	62	28.9					0.373	0.40
②	51	28.7	27	25.3	20	22	0.486	0.47
③	49	25.7	39	23.0	25	25	0.437	0.43
④	51	26.5	29	22.1	24	22	0.491	0.48
⑤	59	30.7	56	27.3	30	22	0.520	0.50
⑥	63	29.9						

不固结不排水剪（UU）试验结果 **表3**

层号		②	③	④	⑤	⑥	⑦	⑧	⑨	⑩	⑪	⑫	⑬	⑭
平均值	c_u/kPa	30	30	23	32	34	44	38	39	33	28	39	33	40
	φ_u/°	14.2	12.0	12.3	11.5	13.3	13.0	11.4	14.4	13.5	12.0	12.8	12.8	12.7
建议值	c_u/kPa	25	28	23	30	30	40	33	35	30	25	35	30	38
	φ_u/°	14	12	12	11	13	13	11	14	13	12	12	12	12

各土层的变形指标 **表4**

层号	高压固结试验平均值			压缩试验平均值			
	回弹指数C_s	压缩指数C_c	超固结比 OCR	压缩系数a_{1-2}	压缩模量 E_{s1-2}/MPa	压缩模量 E_{s2-3}/MPa	压缩模量 E_{s3-4}/MPa
②	0.021	0.388	6.52	0.22	8.56		
③	0.014	0.378	2.97	0.24	7.38	9.23	
④	0.015	0.331	2.16	0.21	8.38	9.92	12.17
⑤	0.021	0.313	1.80	0.21	8.37	10.12	12.01
⑥	0.015	0.213	1.17	0.20	8.68	10.57	12.35
⑦	0.016	0.391	1.40	0.22	8.16	9.42	11.39
⑧	0.021	0.399	1.38	0.23	7.83	9.39	11.15
⑨	0.031	0.424	1.38	0.20	8.79	9.98	11.64
⑩	0.039	0.492	1.70	0.21	8.49	9.70	11.66
⑪	0.036	0.449	1.42	0.20	8.79	10.18	12.24
⑫	0.034	0.472	1.42	0.19	9.28	10.84	13.09
⑬	0.039	0.525	1.40	0.18	9.34	10.61	12.71
⑭	0.035	0.542	1.25	0.17	10.41	11.01	12.60
⑮	0.037	0.608	1.13	0.18	9.90	11.09	12.75
⑯				0.18	9.43	11.95	13.25

砂土的变形模量建议值 **表5**

土层编号	⑤$_1$	⑥$_1$	⑦$_1$	⑧$_1$	⑨$_1$	⑩$_1$	⑪$_1$	⑫$_1$	⑬$_1$	⑭$_1$	⑮$_1$
变形模量E_0/MPa	25	25	30	45	45	50	50	55	55	60	60

3.2 水文地质条件

1）地表水

皂河发育于场地北侧约500m，河流流向为自东向西，水面深度约4～5m。

2）地下水类型及埋藏分布特点

场地地下水属孔隙潜水类型。第一次勘察期间，稳定水位埋深7.60～10.60m，相应标高402.52～405.09m，勘察期间场地地下水属平水位期。第二次补勘期间稳定水位埋深4.40～4.60m（位于基坑内），相应标高403.58～403.99m，勘察期间场地地下水属平水位期。

场区潜水天然动态类型属渗入-蒸发、径流型，主要接受大气降水入渗、灌溉水入渗、河流上游水侧向径流及管道渗漏等方式补给，以蒸发及地下水侧向径流及人工开采为主要排泄方式，其水位年动态变化规律一般为：8～11月份水位较高，其他月份水位相对较低。地下水年平均变化幅度约2.0m。

3）抽水试验成果

抽水试验采用1抽6观（1个抽水井、6个观测孔）进行，成井深度均为30m，共完成3个水位降深的抽水，水位降深分别为1.75m、3.20m、4.90m。试验过程中同步观测抽水井的出水量、观测抽水井和6个观测孔的水位变化。抽水井及观测井的位置详见图2，水位降深S、出水量Q统计结果见表6。

稳定降深S（m）统计表　　表6

井号降深/m	g_1	g_2	g_3	g_4	g_5	g_6	Q/（m^3/d）
1.75	0.18	0.14	0.1	0.2	0.14	0.11	80
3.20	0.32	0.25	0.29	0.35	0.27	0.21	115
4.90	0.48	0.40	0.35	0.56	0.42	0.35	150

根据潜水完整井稳定流抽水观测孔资料，按照《抽水试验规程》YS 5215—2000[2]式(5.3.12)计算渗透系数，并对不同观测孔进行组合计算，确定土层的综合渗透系数，结果见表7。

渗透系数k（m/d）　　表7

降深	模型	第1次降深（1.52m）	第2次降深（1.52m）	第3次降深（3.80m）	建议值
k/（m/d）	潜水完整井非稳定流抽水	7.83～10.44	7.5～10.84	7.43～9.19	11.0

4）抗浮设防水位

根据现场实测地下水位埋深并考虑最不利情况，建筑抗浮设计水位可按407.00m考虑。

3.3 场地湿陷性

场地为非自重湿陷性场地，基底下各土层均为饱和土层，不具湿陷性，地基设计时可按一般地区的规定设计。

3.4 场地地震效应

依据《建筑抗震设计规范》GB 50011—2010[3]判定，场地属对建筑抗震一般地段，适宜建筑。西安市抗震设防烈度为8度，设计基本地震加速度值为0.20g，设计地震分组为第一组；场地类别按Ⅲ类考虑，场地设计特征周期值取0.45s。场地地面下20.00m深度范围内存在$②_1$饱和中砂层、$⑤_1$中砂层为不液化土层，可不考虑液化影响。

3.5 地基土的均匀性

酒店塔楼和办公塔楼的天然地基持力层为⑤粉质黏土层和$⑤_1$中砂层，二者物理力学指标和工程特性存在较大差异，因此，拟建酒店塔楼和办公塔楼的地基土为不均匀地基土。裙楼的地基持力层为④粉质黏土层和$⑤_1$中砂层，根据场地地基土的持力层底面坡度、持力层及其下卧层在基础宽度方向上厚度的差值及土的物理力学性质指标，综合判定裙楼地基土属不均匀地基土。

4 地基基础方案

4.1 办公塔楼和酒店塔楼（超高层部分）

1）桩型选择

办公塔楼和酒店塔楼的上部荷载较大，采用预应力高强度混凝土管桩（PHC）时，上部分布的砂夹层和透镜体局部厚度较大且为密实状态，不易穿透，成桩困难，因此不宜采用。

结合场地周边高层建筑的桩基设计和施工经验，采用回转钻机反循环工艺的钻孔灌注桩方案是比较成熟适用的桩基础方案。回转钻机反循环泥浆护壁成孔易在桩孔侧壁形成泥皮。故此，建议采用后注浆工艺进行补强，此法可有效地减小桩长，具有良好的经济效益。

2）桩端持力层选择

办公塔楼和酒店塔楼对总沉降和差异沉降要求严格，并考虑桩间距、桩位平面布置的合理性，单桩承载力及沉降的要求，建议将桩端置放于

⑨粉质黏土底部（包括$⑨_1$中粗砂）或⑩粉质黏土中（包括$⑩_1$中砂）。

当桩端置放于⑨粉质黏土底部时，桩长约45～50m；⑨粉质黏土层层位稳定，层中$⑨_1$中砂分布相对较少，桩端面土层结构相对较均一；当桩端置放于⑩粉质黏土顶部（包括$⑩_1$中砂）中时，桩长约50～55m。采用合适的桩径时，桩间距、桩位布置、单桩承载力及沉降等方面需求均能满足要求，是理想的桩端持力层。

3）桩基设计参数

根据地基土的工程特性、《建筑桩基技术规范》JGJ 94—2008[4]及地区施工经验，各层土桩的极限侧阻力标准值q_{sik}、桩的极限端阻力标准值q_{pk}可按表2采用。

4）灌注桩单桩竖向极限承载力标准值

计算条件如下：

（1）桩顶标高：392.40m；

（2）桩径、桩长：桩长45m、50.00m、55.0m、60.00m；桩径0.80m、1.00m；

（3）计算公式采用《建筑桩基技术规范》JGJ 94—2008[4]式(5.3.5)。

计算结果汇总详见表8。

钻孔灌注桩单桩竖向极限承载力标准值汇总表 **表8**

桩顶标高/m	桩长/m	桩径/m	单桩竖向极限承载力标准值Q_{uk}/kN			Q_{uk}/kN
			范围值	平均值	建议值	后注浆工艺
392.40（酒店塔楼）	45.00	0.80	9128～9467	8989	8500	
		1.00	11534～12048	11875	11500	
	50.00	0.80	10939～11022	10990	10500	13132.6
		1.00	13897～14001	13960	13500	16774.1
	55.00	0.80	11988～12183	12105	12000	15036.7
		1.00	15211～15389	15353	15000	
392.40（办公塔楼）	50.00	0.80	11040～11270	11151	11000	13489.3
		1.00	14054～14404	14225	14000	17125.8
	55.00	0.80	12089～12285	12167	12000	15088.4
		1.00	15355～15611	15508	15000	
	60.00	0.80	13158～13309	13235	13000	16204.2
		1.00	16671～16899	16797	16500	

4.2 钻孔灌注桩的后注浆工艺

建议在$⑦_1$中砂层和$⑧_1$中砂层设置桩侧压浆，桩端考虑桩底沉渣可预留30cm的压浆空间。根据建筑物荷载，在不同桩长、桩径下对钻孔灌注桩单桩承载力及采取后注浆工艺后的单桩承载力分别进行了估算，见表9，后注浆工艺理论值提高约25%。

4.3 桩基沉降计算

根据《建筑桩基技术规范》JGJ 94—2008[4]第5.5.6～5.5.11条，桩基沉降计算参数选择如下：

办公塔楼：群桩基础底面等代为边长$B_c = 48$m的正方形，即$L_c = 48$m，$L_c/B_c = 1$。

酒店塔楼：群桩基础底面等代为边长$B_c = 42$m的正方形，即$L_c = 42$m，$L_c/B_c = 1$。

桩径均取$d = 800$mm，桩距$S_a = 3d = 2.4$m。

计算不同桩长的桩基础中心沉降、角点沉降及差异沉降见表9、表10。

不同桩长的桩基础中心点沉降 **表9**

建筑物名称	基底压力准永久组合值（p）/kPa	桩长L /m	n_b	长径比/（L/d）	经验系数 ψ	等效沉降系数ψ_e	桩基础中心点沉降 s/mm
酒店塔楼	750	50	20	62.5	1.0	0.44	68.5
		55		68.8	1.0	0.41	63.2
办公塔楼	900	55	20	68.8	1.0	0.39	78.8
		60		75.0	1.0	0.37	74.3

不同桩长的桩基础角点沉降及差异沉降　　表 10

	桩长L/m	28 号孔/mm	33 号孔/mm	B1 号孔/mm	B3 号孔/mm	B5 号孔/mm	最大沉降差/mm	倾斜
酒店塔楼	50	49.2	45.5	49.4	43.2	47.8	6.2	0.00012
	55	44.6	40.5	45.0	40.1	41.3	4.9	0.00011
办公塔楼	桩长 L/m	5 号孔/mm	11 号孔/mm	13 号孔/mm	17 号孔/mm	19 号孔/mm	最大沉降差/mm	倾斜
	55	53.6	54.8	55.7	52.3	59.9	7.6	0.00015
	60	48.4	48.9	49.5	46.1	50.3	3.8	0.00009

4.4　商业裙楼及地下部分

商业裙楼的基础底面标高为 394.40m 时，天然地基条件下，地基持力层④粉质黏土及⑤$_1$中砂层，为不均匀地基，应进行地基处理。

考虑商业裙楼与超高层相邻，为减小差异沉降和满足抗浮要求，建议适当布置抗拔桩。抗拔桩的抗拔极限承载力标准值可按《建筑桩基技术规范》JGJ 94—2008[4]计算，其中各层土的极限侧阻力标准值q_{sik}可按表 2 取值，抗拔系数λ_i砂类土可取 0.6，黏性土可取 0.7。

商业裙楼基坑开挖深度约 19.0m，基坑开挖后地基土会产生回弹。根据《建筑地基基础设计规范》GB 50007—2002[5]式(5.3.9)计算，地基土的回弹变形量约 30.0mm。

5　基坑支护及降水设计

5.1　基坑支护设计

1）基坑周边环境

基坑南北长约 210m，东西宽约 90m，基坑底面积 17532m^2，平均开挖深度 19m，最大开挖深度 20.6m，基坑安全等级为一级。

基坑北距锦业路 6m、西距丈八二路 5m、南距锦业一路 7m，锦业路为城市主干路，丈八二路和锦业一路为城市次干路，周边建设工地较多，夜间重型车辆较多，且地下分布有雨污水、给水、中水、热力、天然气、电力、通信等各类管线，埋深 2～5m；东侧北段为现状空地，东侧南段为材料堆放场地、钢筋加工场地和项目部临建，距离基坑边缘最小距离 10m。

2）基坑支护方案

基坑西侧、南侧、北侧和东侧南段挖深为 19～20.6m，采用土钉墙结合桩锚支护方式。排桩桩长为 31.50m，桩径 0.8m，桩间距 1.50m，桩身混凝土强度 C30，预应力旋喷锚索材料为 4ϕ^s15.20-1860 钢绞线，直径为 400mm，与水平方向夹角为 15°，冠梁混凝土强度等级 C30，高度为 0.5m，宽度为 0.8m，冠梁顶标高为 4.50m。桩间面层挂ϕ6.5@200 × 200 钢筋网，采用 1.2m 的摩擦钉固定，喷射混凝土厚度 60mm。典型剖面详见图 4。

基坑东侧北段深度 19.00m，采用多级放坡复合土钉墙支护方式。土钉水平间距为 1.40m，竖向间距 1.30m，与水平方向夹角 15°，孔径 120mm，预应力锚杆水平间距 2.80m，与水平方向夹角 15°，孔径 150mm，孔内注浆用 M15 水泥砂浆。土钉墙面层为 C20 喷射细石混凝土，厚度 80mm，网面钢筋采用一层ϕ6.5@200 × 200 钢筋网，其余参数详见图 5。

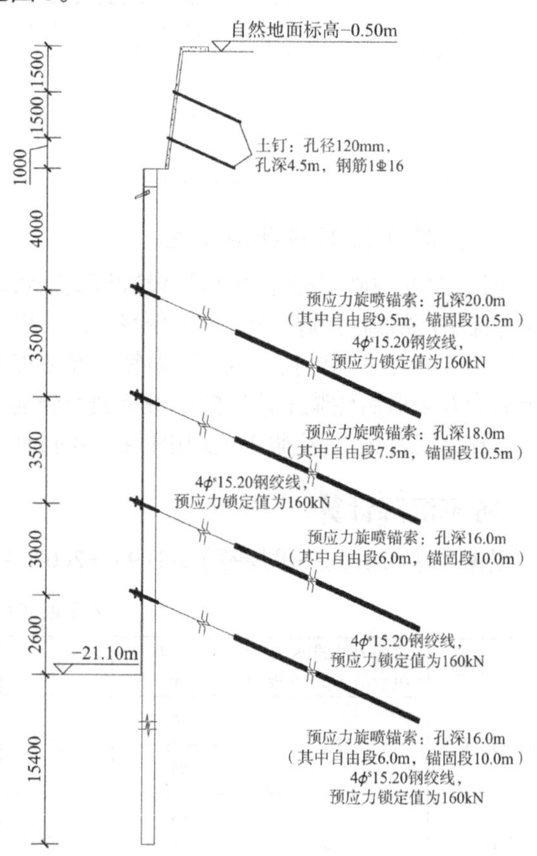

图 4　桩锚支护典型剖面图

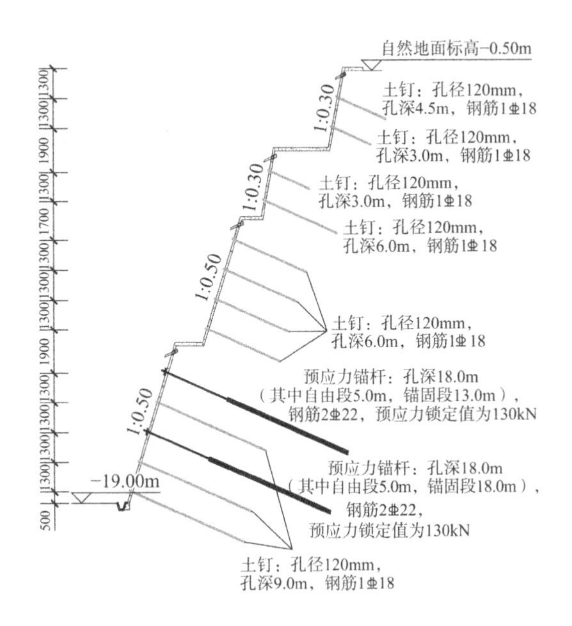

图 5 复合土钉墙支护剖面图

5.2 基坑降水设计

根据本项目完成的水文试验，场地地基土综合渗透系数按 11m/d 考虑，预测降水初期基坑涌水量约为 12000m³/d，降水稳定后基坑涌水量约为 9800m³/d，涌水量估算成果见表 11。

基坑涌水量估算表　　　　表 11

k/（m/d）	H/m	S/m	L/m	B/m	R/m	r_0/m	Q/（m³/d）	备注
11.0	22.0	13.0	170.0	80.0	220（经验值）	53.51	9862	地下水位高程按 404.80m 考虑
					160（经验值）		12062	

场地水位降深约为 14m，采用管井降水方案，同时在基坑内设置少量疏干井。于基坑周边共布设降水井 38 口，降水井间距约为 15.0m，成孔孔径 0.8m，井管采用无砂混凝土滤水管，外径 600mm，内径 500mm，井深 38.0m。坑内布置疏干井 4 口，井深 28.0m。

6 勘察技术手段及基坑支护设计的先进性

6.1 勘察技术手段的先进性

（1）在钻探过程中采用跟管钻进等方法解决了塌孔、漏浆的困难；通过技术改进——一种代替传统管钳控制钻具的装置（后申报了实用新型专利，专利号：ZL201820847310.0），解决超深孔钻具掉落的困难，为之后类似超高层外业勘察提供了可贵的经验。

（2）充分收集大量已有资料，分析场地的水文气象、地质构造及区域稳定性，根据地下潜水的分布特征，结合场地地理位特征、周边环境及近 10 年地下水位变化，提出了合理可靠的抗浮设计水位。同时，还进行了 1 抽 6 观、3 个降深的简易抽水试验，测定了场地地基土综合渗透系数，预测了基坑涌水量，为基坑降水设计提供了可靠的设计参数。

（3）室内土工试验除了进行常规土工试验和剪切试验项目外，还为基坑支护设计专门进行了静三轴固结不排水剪切（CU）试验、静三轴不固结不排水剪切（UU）试验、地基回弹及静止侧压力系数K_0等试验，通过对以上试验指标统计、分析评价，为设计提供了合理可靠的设计依据。

（4）根据建筑物的特性、场地地基土的条件，通过对不同桩型的难易程度、周期、经济效益进行了对比，综合确定了两栋塔楼采用钻孔灌注桩桩基方案。根据物性法和标准贯入法及经验，为设计提供了桩的极限侧阻力标准值q_{sik}、桩的极限端阻力标准值q_{pk}。由于本场地地基土存在较多砂层，灌注桩成孔时须采用泥浆护壁，存在泥皮和桩底沉渣较厚的问题，最终导致桩基承载力不够、沉降变形过大，因此建议采用钻孔灌注桩＋复式后注浆的基础方案。

（5）两栋塔楼高差大、基底荷载大，对变形和差异沉降要求非常严格。为了解地基土在不同压力段的压缩情况，提供变形计算参数。在土工试验前，根据获取的大量经验数据，根据预计采取的桩长，结合设计的基底压力进行初步的分析计算，确定了压缩的最大压力段为 1800～2000kPa，进行压缩增级试验。根据不同压力段的压缩模量E_s及通过标准贯入法和经验法确定的砂层的变形模量E_0，采用分层总和法对两栋塔楼桩基沉降分别进行了估算。

6.2 基坑支护与降水设计的先进性

根据本基坑的深度、地质条件、周边环境和基坑设计使用期限，综合分析本基坑设计安全等级为一级，结构重要性系数取 1.1，采取分区分段设计思路进行设计方案选型比选，采用了在同样的安全系数下具有节约工期、节约造价、耐久性高等特点的桩＋带筋旋喷锚索、复合土钉墙和坑外井点结合坑内疏干降水的设计方案，尤其采用发明专利《带筋钻进法高压旋喷加劲桩施工设备及其方法》（专利号 CN102660944A），解决了普通锚索在砂层中成孔塌孔问题，施工周期节约了 2 个月，较常规锚索在减短 5m 场地情况下提高了拉拔力、优化了桩径、提高了锚索耐久性。局部具备放坡条件地段采用了复合土钉墙，在西安地区同时期河流阶地地区深基坑少有采用复合土钉墙。

7 工程验证

（1）根据工程验槽及工程施工过程的数据分析、对比，场地地下各土层的工程特性及地下水分布及变化规律与勘察报告内容一致。

（2）基坑设计采用了勘察报告中的基坑设计参数及水文参数。基坑从开挖到回填使用了 2 年，根据基坑变形资料，基坑四周边坡水平位移值基本在 13.5mm 以内，满足设计及相关规范要求。根据勘察报告建议的渗透系数及涌水量计算所需降水井的数量，并配置相应出水能力的水泵，合理布置降水井，基坑施工及使用期间通过观测井监测地下水位的变化，结果水位始终维持在坑底以下不小于 1m，保证了基坑的安全性。因此，勘察报告中提供的水文参数是合理的，也印证了降水设计采用坑外降水方案的可行性和降水井布置的合理性。

（3）本次勘察报告中塔楼提出桩长 50～60m，桩径 800mm、1000mm 钻孔灌注桩后注浆工艺；裙楼及地下车库提出抗拔桩方案。按桩径 800mm，桩长 50～60m 估算的单桩竖向抗压极限承载力标准值介于 13100～16200kN 之间。塔楼最终完全采用报告中提供的钻孔灌注桩后注浆工艺，桩长设计 52m，桩径 800mm；裙楼及地下车库采用了抗拔桩，桩长 26m，桩径 600mm。根据陕西机勘工程检测咨询有限公司 2013 年 9 月提出的《钻孔灌注桩静载试验报告》，办公塔楼和酒店塔楼单桩竖向抗压承载力平均值分别为 14675kN 和 14642kN，单桩竖向抗拔承载力平均值 4600kN，与勘察报告中计算基本相符。

（4）报告中根据分层总和法对塔楼钻孔灌注桩＋后注浆基础方案沉降进行了估算。酒店塔楼按照桩长 50m，桩径 800mm 进行估算，估算中心点沉降为 63.2～68.5mm，办公塔楼按照桩长 60m，桩径 800mm 进行估算中心点沉降为 74.3～78.8mm。根据竣工阶段的沉降观测结果，酒店塔楼的沉降值介于 34.5～35.8mm 之间，办公塔楼介于 33.8～42.1mm 之间，根据西安市地区经验，竣工阶段沉降量约为总沉降量的 60%，则实际与勘察报告中估算结果基本相符。沉降值和差异沉降均满足设计和规范要求。

8 经济效益及社会效益

本项目勘察针对超高层的桩基方案及沉降进行了详细的分析论证，桩型、工艺及桩基设计参数的选择均被设计采纳。桩基方案实际验证是合理的、经济的，沉降预测符合实际的；为深基坑及降水提供了可靠的参数，同时，基坑设计和降水方案选型合理，节约造价约 25%以上，工期缩短 2 个月，最终基坑使用了 2 年，超过设计年限半年，且带筋钻进旋喷锚索施工工艺在此项目应用之后在西安市场上得到了广泛的推广应用。为日后西安地区同类超高层的勘察、基坑支护设计提供了宝贵的经验，取得了良好的社会效益。

最终经建设单位成本造价核算，地基基础施工方面采用地勘报告推荐的钻孔灌注桩＋后注浆基础方案较传统桩基方案节约工程造价约人民币 600 万元，基坑支护及降水施工方面采用桩＋带筋钻进旋喷锚索和复合土钉墙方案较传统桩锚方案总体节约工程造价约人民币 500 万元，取得了明显的经济效益。

参考文献

[1] 建设部. 岩土工程勘察规范(2009 年版): GB 50021—2001[S]. 北京: 中国建筑工业出版社, 2009.

[2] 建设部. 抽水试验规程: YS 5215—2000[S]. 北京: 中国计划出版社, 2001.

[3] 住房和城乡建设部. 建筑抗震设计规范: GB 50011—2010[S]. 北京: 中国建筑工业出版社, 2010.

[4] 建设部. 建筑桩基技术规范: JGJ 94—94[S]. 北京: 中国建筑工业出版社, 1995.

[5] 建设部. 建筑地基基础设计规范: GB 50007—2002[S]. 北京: 中国建筑工业出版社, 2004.

延安新区黄土丘陵沟壑区工程造地勘察实录*

张继文　张瑞松　唐　辉　何建东　董晨凡

（机械工业勘察设计研究院有限公司，陕西省特殊岩土性质与处理重点实验室，陕西西安　710021）

1　工程概况

延安新区北区一期工程造地场地位于延安市中心城区以北，规划面积 10.5km^2，勘察面积 15.4km^2。工程场地位于黄土丘陵沟壑区的桥儿沟流域，原始地形起伏大（图 1），工程地质和水文地质条件复杂。在黄土丘陵沟壑区通过大规模平山填沟方式形成城市建设用地在国内尚属首次。

勘察区域内最大高差 326m，黄土梁峁区广泛分布湿陷性黄土，其性质和分布范围复杂，黄土沟壑区多为土、岩二元结构，场地内第四系松散堆积层成因复杂，软弱地基、人工填土及不良地质体等大量分布，地下水变化对填筑体变形与稳定影响较大，且该区域没有前人的勘察成果资料可供借鉴和比较。

图 1　延安新区北区一期场地原始地形地貌

1.1　勘察工作方法

现场开展了地质调查测绘、工程地质钻探（探井）、现场原位测试、室内土工试验、资料分析等工作，最终勘察成果由 A～E 五个区段的工程地质勘察报告统一汇编而得。

1.2　勘探点、勘探线的布设方法

勘探点的布置，按照先粗后细、由浅入深、先整体后局部，全局控制，重点把握的原则，根据现场情况及时调整钻探点间距和深度。一般情况下，勘探点的布置参照以下原则进行布置：

（1）填方区勘探线布置采用纵横向断面双向布置，沿冲沟走向布置单勘探线或者多条纵向勘探线，沿冲沟横断面布置横向勘探线，纵向勘探线距离不大于 50m，横向断面勘探线间距先按 400m 考虑，最终可以加密至 100m。

（2）处于挖填线以上的挖方区应布置勘探孔，勘察单元主要为场平标高附近的山体（山头）。对连续的山体，沿山头顶部和山脊布置一条勘探线，山体较宽时两侧布置若干条勘探线，勘探线间距按 100m 考虑。综合利用填方区沟底和边坡上的勘探点形成横断面。个别单独的山头可单独布置勘探点。

（3）针对填方区每条冲沟横断面上的勘探线，按下列两个原则布置勘探点：一是分别在沟谷、坡脚、坡中和坡顶（填挖交界面）布置勘探点；二是勘探点间距按 50～100m 考虑。当冲沟沟谷较窄（< 50m）时，只在沟谷底部布置勘探点；当冲沟沟谷底部宽阔平坦（> 150m）时，沟谷底部适当增加勘探点。当填方段山坡较窄（< 80m）时，填挖交界面上不布置勘探点；当填方段山坡较宽（> 200m）较缓时，尤其是滑坡堆积层、崩塌堆积层或者坡积层，应布置取土勘探孔，对于场地条件无法作业的挖填交界区域可以在施工勘察阶段加密布置勘探孔。

1.3　本项目岩土工程重点及难点

1）岩土工程勘察的重点

（1）挖方区（即料源区）与填方区勘察

本工程勘察挖方区与填方区工作重点不同，挖方区除查明地层的主要物理力学性质外，重点

*本项目荣获 2019 年全国优秀工程勘察设计行业奖一等奖。

查明作为回填材料的各层土的最优含水率和最大干密度、击实土样的压缩性、湿陷性、抗剪强度等指标，为土层作为回填材料及局部地段形成的人工边坡提供设计参数；填方区主要查明地层的主要物理力学性质，为回填前的预处理提供设计参数。

（2）勘察方案布置

在黄土丘陵沟壑区采用如此大规模的挖山填沟的方式上山建城在国内尚属首次，因此如何进行工作量的布置是本工程难点之一。由于无工程先例借鉴，也无前人研究成果参考，更无相应规范可依，五家勘察单位及设计单位通过进行多次技术讨论和专家论证后最终确定了工作方案。

（3）压实系数的确定

通过对料源区不同深度和不同沉积年代的地层进行重型击实试验，得到了不同土料源的最大干密度和最优含水率，给出合理的料源压实系数。

（4）湿陷性黄土的分布

工作区湿陷性黄土广泛分布，基本查明了场地内湿陷性黄土类型及厚度，为岩土设计工作提供非常重要的依据。

2）岩土工程勘察的难点

（1）高填方变形稳定性及控制问题

黄土丘陵沟壑区大面积工程造地，将形成大面积、大厚度的人工填土层，多具有压缩性大、变形大、强度较低等特征。大面积回填土除自身的固结沉降外，其下伏天然地层因上部回填土厚度不同，亦产生不同的附加沉降。因此需要严格控制填土质量并处理填方区冲沟底部软弱土层，减少填方区沉降量。

（2）高边坡稳定性与防护问题

本工程结束后会形成挖方、填方高边坡，施工前需要进行专门的岩土边坡设计，消除可能隐患。

（3）查清工程地质、水文地质条件

本工程勘察面积大，高差大，分布有特殊性岩土（湿陷性黄土、淤积软土、人工填土）且其范围和厚度不规律，且水文地质条件复杂。

2 岩土工程条件及勘察实录

2.1 地形地貌特征

工程区主要位于桥沟流域，总体上呈北、西、东三面高，中部桥儿沟沟谷低洼，向东南开口的谷状地形，并且地势由北向南逐渐降低。沟域内分水岭高程 1100～1260m，沟底高程 950～1080m，相对高差一般 100～150m。最高点位于桥沟沟脑的梁峁顶部，高程 1276m，最低点位于桥沟南侧挖填方边界处的桥沟沟底，高程 950m，整个挖填方场地的地形高差达 326m。

根据地貌形态特征，一期场地的地貌有黄土梁峁区、黄土陡坡区、黄土缓斜坡区、基岩陡坎及沟谷区、冲洪积及淤积平缓区、冲洪积漫滩及高漫滩区等六个类型。典型剖面见图 2。

根据区域已有资料、本次调查及钻探资料，场地内的主要地层有第四系全新统冲洪积及淤积层、全新统冲洪积层、全新统滑坡堆积层、上更新统马兰黄土、上更新统洪积层、中更新统离石黄土，新近系红黏土，侏罗系碎屑岩层等（图 3）。

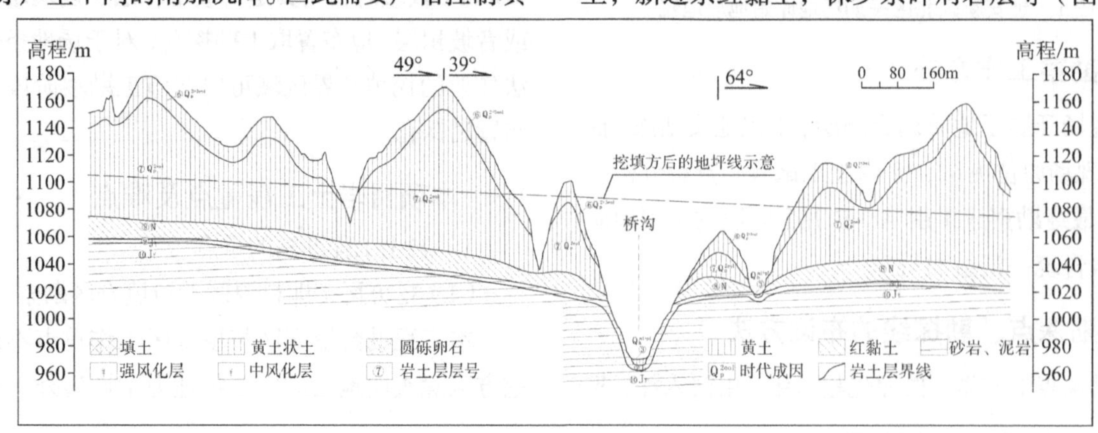

图 2 场地地形地貌典型剖面

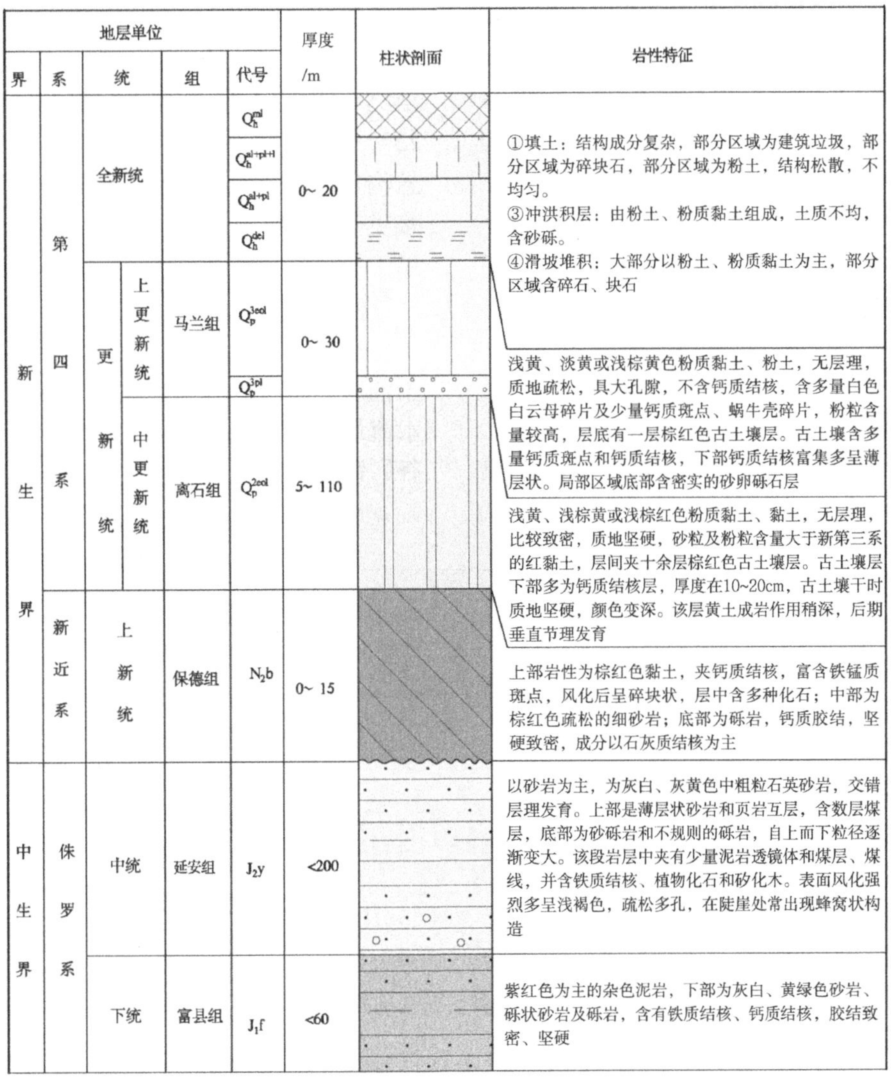

地层单位						厚度/m	柱状剖面	岩性特征
界	系	统		组	代号			
新生界	第四系	全新统			Q_h^{ml}	0~ 20		①填土：结构成分复杂，部分区域为建筑垃圾，部分区域为碎块石，部分区域为粉土，结构松散，不均匀。 ③冲洪积层：由粉土、粉质黏土组成，土质不均，含砂砾。 ④滑坡堆积：大部分以粉土、粉质黏土为主，部分区域含碎石、块石
					$Q_h^{al+pl+l}$			
					Q_h^{al+pl}			
					Q_h^{del}			
		更新统	上更新统	马兰组	Q_p^{3eol}	0~ 30		浅黄、淡黄或浅棕黄色粉质黏土、粉土，无层理，质地疏松，具大孔隙，不含钙质结核，含多量白色白云母碎片及少量钙质斑点、蜗牛壳碎片，粉粒含量较高，层底有一层棕红色古土壤层。古土壤含多量钙质斑点和钙质结核，下部钙质结核富集多呈薄层状。局部区域底部含密实的砂卵砾石层
					Q_p^{3pl}			
			中更新统	离石组	Q_p^{2eol}	5~ 110		浅黄、浅棕黄或浅棕红色粉质黏土、黏土，无层理，比较致密，质地坚硬，砂粒及粉粒含量大于新第三系的红黏土，层间夹十余层棕红色古土壤层。古土壤层下部多为钙质结核层，厚度在10~20cm，古土壤干时质地坚硬，颜色变深。该层黄土成岩作用稍深，后期垂直节理发育
	新近系	上新统		保德组	N_2b	0~ 15		上部岩性为棕红色黏土，夹钙质结核，富含铁锰质斑点，风化后呈碎块状，层中含多种化石；中部为棕红色疏松的细砂岩；底部为砾岩，钙质胶结，坚硬致密，成分以石灰质结核为主
中生界	侏罗系	中统		延安组	J_2y	<200		以砂岩为主，为灰白、灰黄色中粗粒石英砂岩，交错层理发育。上部是薄层状砂岩和页岩互层，含数层煤层，底部为砂砾岩和不规则的砾岩，自上而下粒径逐渐变大。该段岩层中夹有少量泥岩透镜体和煤层、煤线，并含铁质结核、植物化石和矽化木。表面风化强烈多呈浅褐色，疏松多孔，在陡崖处常出现蜂窝状构造
		下统		富县组	J_1f	<60		紫红色为主的杂色泥岩，下部为灰白、黄绿色砂岩、砾状砂岩及砾岩，含有铁质结核、钙质结核，胶结致密、坚硬

图 3　地层综合柱状图

2.2　料源区勘察

1）地形地貌

根据地质调查测绘和勘探结果，位于挖填零线以上的料源区即为挖方区，地形属于黄土梁峁区，地表出露的地层基本为耕植土、黄土，下覆地层多为第三系红黏土和基岩。该区地形坡度相对较缓，地貌表现为梁、峁及黄土斜坡。料源区内地下水埋藏较深，可不考虑其影响。

2）地层岩性

根据地质调查测绘和勘探结果，黄土梁峁区主要地层结构如下：

耕植土Q_4^{pd}：褐黄色，以粉土为主，含植物根系，分布于地表。

湿陷性黄土（粉土）$Q_{2\text{-}3}^{eol+el}$：褐黄—褐红色，坚硬—硬塑。以粉土为主，土质较均匀，针状孔隙发育。一般具湿陷性，该层一般分布在黄土梁峁顶部。

非湿陷性黄土（粉质黏土）$Q_{2\text{-}3}^{eol+el}$：黄褐—棕红色，坚硬—可塑。以粉土或粉质黏土为主，土质较均匀，针状孔隙发育。一般不具湿陷性，该层露头多位于冲沟侧壁。

粉质黏土 N_2：棕红—褐红色，坚硬—硬塑。结构致密，含较多白色钙质结核及少量黑色斑点，局部钙质结核含量较大，并富集成层，该层埋藏较深。

砂岩、泥岩 J：强风化—中风化，灰黄色—青灰色。强风化砂岩泥岩岩石结构基本被破坏，大部分已风化成块状。中风化砂岩泥岩岩芯呈短柱状—柱状，薄层—中厚层状构造，砂岩矿物成分以石英长石为主，该层埋藏较深。

3）勘察方法

挖方区勘察以地质调查、工程测绘、钻探、井探等为主要手段，取样进行击实试验获得的最大干密度和最优含水率参数可作为填筑体的控制指标；查明湿陷性土层和非湿陷性土层的空间分布，提供各种填料的工程地质指标和合理的松散系数，可为填筑体的压实机具、压实工艺等的选择提供依据。

勘察手段主要是先探井取样，确定湿陷性土层分布及厚度，后钻孔取土样、原位测试（标准贯入试验、重型圆锥动力触探试验等）、室内试验等。

2.3 沟谷区勘察

1）地形地貌

根据地质调查测绘和勘探结果，位于挖填零线以下的沟谷区即为填方区，是工程造地的重点勘察对象。受剥蚀和淤积的影响，沟谷一般呈 V 形或 U 形，两侧沟坡坡度较大（多介于 25°～35°），局部近沟脑处多发育有细沟、浅沟、悬沟等侵蚀潜蚀微地貌。本区在沟谷底部两侧多见下降泉，有不良地质体（主要为滑坡和崩塌）分布。

2）地层岩性

沟谷区地层较复杂，地质勘察测绘的重点在于沟底软弱土层和人工填土分布及埋深、泉眼和水流量、基岩出露、不良地质体等。图 4 为黄土沟谷区钻孔剖面示意图。

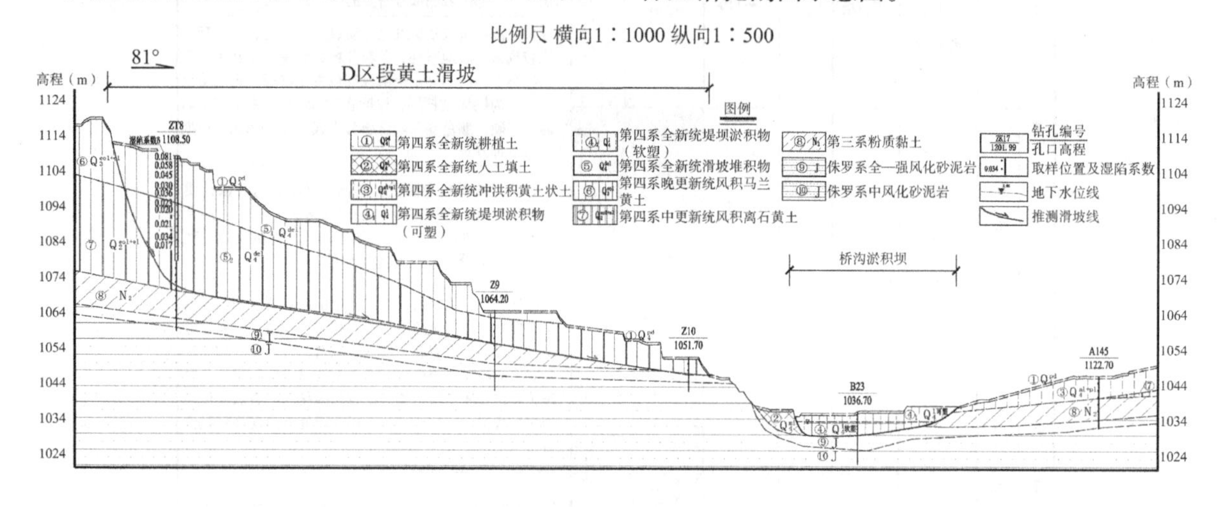

图 4 黄土沟谷区钻孔剖面示意图

3）勘察方法及室内试验内容

沟谷区（填方区）勘察主要内容是：查明场地地表水分布、流量大小及地下水出露情况；查明不同成因地质体的空间分布及其工程性质，尤其是对工程性质较差的冲淤积层、滑坡堆积层和人工堆积层的地层的层厚及平面分布进行详细划分并对其物理力学性质进行评价；查明沟底与岸坡基岩出露情况、分布、厚度、工程性质；查明岸坡黄土湿陷等级及程度、分布范围、厚度、工程力学性质等，并对地基稳定性、均匀性、承载能力作出评价，为回填前的地基处理设计及施工工艺的选择提供依据。

勘察手段主要是资料收集、工程地质调绘、钻孔取样、原位测试（标准贯入试验、重型圆锥动力触探试验等）、现场取岩石、土、水样、室内试验等。

室内试验主要包含以下内容：

（1）常规物理性质试验：各土层的含水率、密度、孔隙比、塑性指数和液性指数等。

（2）室内岩石力学试验：岩石干燥、饱和状态下的单轴抗压强度试验，对泥岩为天然状态下的单轴抗压强度试验。

（3）压缩试验：压缩层范围内各土层的压缩系数、压缩模量（应根据地基条件和上覆荷载条件针对性地提出）、前期固结压力及固结系数C_V、C_H。

（4）黄土的湿陷性试验：填方区原地基及挖方区场平标高以下区域应进行黄土湿陷性试验。试验的最大垂直压力应与填土层荷载一致。

（5）颗粒分析试验：试验选取盲沟附近的土层和地下水露头附近的土层进行，为反滤层的设计提供设计参数。

（6）剪切试验：高填方边坡附近山体击实土和原状土的抗剪强度c、φ值，宜采用三轴试验获取，试样的含水状态应包括天然状态和饱和状态。

（7）土、水的腐蚀性试验。

2.4 挖填方场地勘察侧重点及注意事项

按照整流域治理的原则，一期工程在挖填方

场地整平后的边坡主要为高填方边坡，基本保留流域外的自然边坡和自然山体，故本工程的边坡勘察各单位均不涉及。

本工程勘察区域主要分为挖方区（料源区）、填方区和挖填过渡区，各区的勘察重点各有特色，应根据分区的特点分别查清和正确评价各区域主要的岩土工程问题。挖方区的黄土梁峁区主要开展料源勘察和湿陷性黄土分布勘察，挖填过渡区主要进行湿陷土层勘察和对黄土斜坡地质调查调绘，位于填方区的沟谷主要对软弱地基、人工填土的分布及水文地质环境的勘察调绘。解决各区域内不同的岩土工程问题需要选择合适的勘察方法和手段及评价技术。

勘察区域水文地质条件复杂，准确查清和正确评价场地地表水、地下水的分布规律，水量、含水层渗透特性等水文地质参数，对岩土工程设计至关重要，关乎整个造地工程的成败。

2.5 工程地质试验指标

1）天然土层物理力学性质试验

根据各区段各层土的物理力学性质测试统计数据，各层土层物理力学性质指标详见表 1。

各区段的物理力学性质统计 表 1

层号及名称	值别	含水率 w/%	重度γ/（kN/m³）	干重度γ_d/（kN/m³）	饱和度 S_r/%	孔隙比 e	塑性指数I_P	液性指数I_L	湿陷系数δ_s	压缩系数 a_{1-2}/MPa^{-1}	压缩模量 E_{s1-2}/MPa
②$_2$ 素填土	范围值	9.5～13.3	15.3～16.6	13.5～15	31～44	0.766～0.951	10.0～11.9	＜0	0.002～0.04	0.11～0.34	5.50～17.30
	平均值	11.22	15.98	14.34	35.87	0.85	11.02	＜0	0.02	0.218	9.303
③ 黄土状土	范围值	9.4～27.3	13.7～20.4	12.6～17.1	23～95	0.555～1.118	8.8～13.3	＜0～0.61	0.044～0.00	0.09～0.51	3.00～13.7
	平均值	18.15	17.89	15.11	64.68	0.78	11.63	0.05	0.01	0.244	7.842
④ 淤积层	范围值	20.7～36.7	16.1～19.5	12.5～16.0	66～100	0.661～1.137	10.2～12.1	0.27～1.67	—	0.13～0.53	4.0～10.1
	平均值	26.80	17.60	13.88	80.33	0.92	11.33	0.81	—	0.43	4.80
⑤$_1$ 滑坡堆积层	范围值	9.2～27.1	12.8～20.9	11.2～17.7	25～96	0.534～1.376	8.9～13.4	＜0～0.71	0.000～0.068	0.09～0.57	2.2～17.30
	平均值	16.60	17.45	15.00	59.50	0.81	11.45	0.01	0.02	0.22	9.70
⑤$_2$ 崩积层	范围值	14.9～22.4	17.8～20.4	15～17	56～91	0.603～0.728	10.8～11.8	＜0～0.41	0～0.002	0.11～0.93	2.20～16.0
	平均值	18.80	19.10	16.10	75.00	0.67	11.30	0.07	0.00	0.26	8.17
⑥ 湿陷性黄土	范围值	4.7～26.0	12.7～20.0	11.3～17.5	14～98	0.526～1.341	9.2～14.6	＜0～0.6	0.001～0.08	0.08～0.64	3.53～19.60
	平均值	11.90	15.60	14.00	35.50	0.93	11.05	＜0	0.03	0.25	8.68
⑦ 非湿陷性黄土	范围值	5.1～28.5	12.8～20.9	11.6～18.2	13～100	0.489～1.294	9.6～14.3	＜0～0.87	—	0.04～0.47	2.90～20.93
	平均值	17.95	18.00	15.30	65.00	0.76	11.50	0.10	—	0.20	9.19
⑧ 红黏土	范围值	10.3～24.0	13.1～21.1	11.9～17.9	23～98	0.52～1.237	13.5～10.6	＜0～0.50	—	0.08～0.46	3.67～21.09
	平均值	18.35	18.85	15.95	73.00	0.69	11.80	0.07	—	0.21	8.86

2）重型击实试验

为了解作为填方料源的各种土层的压实性，查明其最优含水率和最大干密度，本次勘察 5 个区段按沉积年代和不同深度对上更新统（Q_3）黄土及古土壤、中更新统（Q_2）黄土及古土壤、第三系红黏土进行了重型击实试验，其中作为主要料源的黄土及古土壤的试验结果为：最优含水率w_{op}介于 9.7%～13.4%，最大干密度ρ_{dmax}介于 1.89～1.95g/cm³。

为了解压实土（击实土）的变形特性，本次勘察用击实试验中 5 个测点的击实样进行了湿陷和浸水压缩试验，试验的最大垂直压力 800kPa。

3）剪切试验

挖方边坡主要土层为⑥黄土与⑦黄土，填方区主要土层为重塑黄土（压实填土），这三大层土的剪切指标详见表 2。

4）自由膨胀率试验

根据采取的扰动土样进行自由膨胀率试验结果，自由膨胀率平均值为 14%，按《膨胀土地区建筑技术规范》[1]GB 50112—2013 的判定标准，本场地土层不具膨胀性。

主要土层的剪切指标 表2

地层名称	统计类别	快剪		固快		不固结不排水试验	
		c/kPa	φ/°	c/kPa	φ/°	c/kPa	φ/°
重塑填土	建议值	25	27.0	25	27.0	18	15.0
⑥层黄土	范围值	28～35	18.7～28.1	10～63	12.0～32.9	16～47	10.6～25.5
	平均值	30.0	25.2	28.4	24.5	24.3	16.4
	标准值	28.9	23.7	25.9	23.2	19.9	14.3
	建议值	29	23.0	21	24.0	20	14.0
⑦层黄土	范围值	21～32	25.3～28.9	13～69	9.9～36.9	20～32	15.5～25.7
	平均值	27.0	27.2	35.6	25.7	25.7	18.9
	标准值	25.4	26.5	30.7	23.9	22.3	16.3
	建议值	25	24.0	25	24.0	22	16.0

注：重塑填土系经验值，在压实系数0.92～0.95，含水率10%～14%时的建议值。

5）岩石力学试验

根据各区段所采取岩石试样的抗压强度试验，⑩层中风化砂岩的天然状态的抗压强度10～55MPa，其饱和状态下抗压强度4～39MPa，岩石试样的抗压强度试验数据离散性大，主要原因为岩石中节理裂隙的存在，但无论是中风化砂岩还是中风化泥岩，在上部填筑体的荷载作用下，岩石的变形量较小。

6）剪切波速试验

根据D区勘察报告，在6个钻孔中进行了剪切波速试验，测试深度为20.0～55.0m，场地覆盖层范围内土层的等效剪切波速值$v_{se}=224.4$～265.2m/s。

3 工程地质分析及评价

3.1 场地黄土湿陷性评价

场地内基岩上覆厚度较大的黄土层，黄土湿陷性差异大，非自重湿陷性场地和自重湿陷性场地同时存在。场地进行大面积的挖填方施工后，将改变场地湿陷类型及地基湿陷等级。第一，填方后上覆荷载的变化引起土层湿陷性的变化；第二，挖方区挖除部分湿陷性黄土层后，湿陷性土层厚度发生；第三，整平后起算标高改变也会引起场地湿陷类型和地基湿陷等级的变化。

湿陷性土层为⑥层，分布在黄土梁峁区及黄土缓坡区，一般为自重湿陷性黄土场地，一般具中等湿陷性，局部湿陷性强烈，湿陷系数范围值、平均值详见表1。湿陷性土层厚度一般为10～20m，最大厚度不超过30m。

根据《湿陷性黄土地区建筑标准》[2]GB 50025—2018，计算黄土的湿陷等级，计算起始深度按⑥层顶，计算终止深度为⑥层底，黄土梁峁区、黄土缓坡区的地基湿陷等级Ⅱ（中等）级～Ⅳ（很严重）级。黄土梁峁顶部大部分区域为Ⅲ（严重）级～Ⅳ（很严重）级，但这些区域一般为挖方区，基本将湿陷性土层挖除。黄土缓坡区、黄土梁峁的边缘区域的湿陷等级Ⅱ（中等）级，有部分区域位于填方区，这些区域填筑时应考虑黄土的湿陷变形问题。

填方区原地基土的处理主要根据湿陷的强烈程度、黄土受水浸泡的可能性和黄土承受压力大小等条件来综合分析。因此填方区湿陷性黄土根据其分布于斜坡、沟底，处理的难易程度选择合适的处理方法，如挖除法、部分挖除结合强夯法或挤密法。

在挖填交界面处搭接时，不仅要处理黄土湿陷性问题，并且挖填交界面多形成张拉裂缝，在填方施工过程中，应结合自然边坡坡度、地层分布，采用增大搭接面宽度、通过加强碾压或加强夯等措施，对交界面区域进行重点处理。

3.2 场地软弱土层评价

场地内冲沟底部分布有人工堆积松散填土、

河沟冲洪积物和堤坝淤积物等软弱土层，土质不均匀，结构松散，分布厚度差异大，多呈可塑—软塑状，局部流塑状，沉积年代较短，工程性质较差，承载能力较低，是填方区主要工程地质问题。尤其是位于桥沟主沟坡脚处河道软弱冲洪积软弱土和松散的人工填土，不宜直接进行填方区土体回填，建议采取挖除（较薄地段，厚度≤3m）或强夯置换法（厚度>3m）进行地基处理，以减少土方填筑后的变形。

在回填前应对松散的崩塌、滑坡堆积物进行加密处理；在回填标高以上，挖除崩塌堆积物后，应注意形成的高陡边坡的稳定性问题。

3.3 场地料源评价

1）填方区填料的来源及一般物理力学特性

大规模的高填方工程，将挖方土体作为填料，实现挖填方平衡，才能减少工程量、减小工程投资。作为料源的挖方区黄土（包括古土壤），能够作为填筑材料。根据挖填方后的高程，挖方区主要集中在黄土梁峁区，挖方的土层为⑥、⑦黄土，⑥、⑦黄土层的物理力学性质详见表1。

2）重型击实试验获取的主要指标

（1）最优含水率、最大干密度

根据各区段的重型击实试验结果分析，⑥、⑦黄土层的最优含水率集中在10.9%～12.3%区间，最大干密度介于 1.91～1.95g/cm³。从施工角度考虑，⑥、⑦黄土层的界线区分难度较大，而击实试验获得的最优含水率和最大干密度相差较小，因此其填料的最优含水率暂可按12.3%考虑，最大干密度暂可按1.92g/cm³考虑。因场地较大，现场施工时应对所取填料的最优含水率和最大干密度进行复测，并进行相应的试验。

（2）压缩模量

根据击实土样的压缩变形测试数据，压实系数达到0.90～0.95时，E_{s1-2}达到20～25MPa、E_{s2-3}达到25～30MPa，E_{s3-4}达到30～35MPa，E_{s4-5}达到35～40MPa，E_{s5-6}达到40～45MPa，E_{s6-7}达到45～50MPa，E_{s7-8}达到50～55MPa。

（3）压实填土的湿化特性

高填沟谷的地下水位变化，可能造成填土沉降变形的巨大变化，对击实填土按饱和度90%进行湿化，之后进行压缩试验，结果表明当填筑体的含水率增加时，会产生较大的湿化变形。

考虑到本工程填方厚度较大，应严格控制回填质量，建议回填压实度按重型击实试验控制的压实度标准不应低于0.93。根据试验也可看出，采用重型击实试验时，最优含水率的离散性较大，而干密度的离散性相对较小，因此，在检测施工质量时建议主要采用干密度进行控制。

3.4 场地地震效应评价

1）建筑场地类别

从现状看，场地内地形地貌复杂，地层复杂，沟谷上游淤积坝内有淤积层，属于软弱土层，沟谷下游基岩裸露，属于坚硬土或软质岩石或岩石，因此整个挖填方工程场地的土层剪切波速值最小值小于150m/s，最大值大于500m/s，覆盖层厚度有的区域小于5m，有的区域大于50m，按照等效剪切波速、覆盖层厚度依据《建筑抗震设计规范》GB 50011—2010[3]判定，场地的类别为I～III类。从整个工程建设的角度考虑，整个场地属于挖填方工程场地，对软弱土层进行处理，基岩层上面铺盖压实填土，挖填方后场地覆盖层厚度大于5m，场地土属于中硬土，整个场地的建筑场地类别应在场地形成完成后另行判定。

2）抗震设防有关参数

根据《建筑抗震设计规范》GB 50011—2010，拟建场地所在地延安市抗震设防烈度为6度，设计地震分组属第一组，设计基本地震加速度值为0.05g。

3）抗震地段的划分

从现状考虑，整个挖填方工程场地地形地貌复杂，梁高沟低坡陡，崩塌、滑坡、不稳定斜坡等地质灾害发育，按《建筑抗震设计规范》GB 50011—2010，可判定为不利地段。从挖填方的工程建设特性考虑，对整个地形改造、不良地质作用进行整治，挖填方后形成在工程区的外围形成挖方边坡和填方边坡，因此挖填后在挖填交界区和挖填方边坡区域可判定为抗震不利地段，其他区域可判定为抗震一般地段。

3.5 场地土及地下水的腐蚀性评价

根据场地土及水质腐蚀性分析结果，按规范《岩土工程勘察规范》GB 50021—2009[4]相关规定进行综合判定，场地土、地表水和地下水对混凝土结构及钢筋混凝土结构中的钢筋均具微腐蚀性，地表水和地下水在干湿交替条件下，对钢筋混凝土结构中的钢筋也具微腐蚀性。

3.6 场地不良地质作用评价

延安工程造地场地属于典型的黄土丘陵沟壑区，滑坡、崩塌及危险高边坡为该区域的主要地质灾害类型，局部存在黄土陷穴、垂直节理等不良地质作用。

场地内已查明的 25 个滑坡中 24 个为古滑坡，基本处于稳定状态，仅有 1 处滑坡是新发育形成，但是其滑坡前缘的临空沟谷狭小，危害较小。在沟谷填方施工时，平整、压实等工程活动的扰动可能造成老滑坡的失稳，应采取开挖后缘，反压坡脚，加强排水等一系列工程措施，避免开挖坡脚、在滑体上增加荷载等易使古滑坡失稳的工程措施，以确保古滑坡体在挖填整平施工过程中保持稳定。场地挖填整平后，在回填标高以下，滑坡体不存在稳定性问题，在回填标高以上，应将回填标高以上的滑坡体挖除，消除其稳定性问题。

场地内已查明大小崩塌多处，一般发生在坡度大于 40°的黄土斜坡上，人工切坡、开挖窑洞所形成的陡壁是黄土崩塌发生的主要场所，部分是地表水在排泄过程中，将黄土陡坎底部的黄土冲蚀而形成临空面或者使下部的黄土浸水后强度大幅度降低，发展到一定程度之后造成黄土边坡整体失稳或产生瞬时崩塌。崩塌的规模一般较小，厚度不大。

根据规划设计，土方开挖后将在场区边界形成高度几十至上百米的高边坡，属黄土土质边坡。高边坡岩性主要为⑥湿陷性黄土层和⑦非湿陷性黄土层组成。按相关规范，边坡类型为土质高边坡，下伏深部地层为第三系红黏土和强—中风化砂泥岩，产状平缓，整体较稳定。根据边坡组成岩性、破坏模式和黄土固有工程地质特点，黄土高边坡破坏模式可能形成圆弧形或折线型崩滑，产生地质灾害。考虑到高边坡综合治理工程的主要保护对象为城市建设用地，且边坡高度较高，按《建筑边坡工程技术规范》GB 50330—2013[5]的有关规定，边坡的安全等级为一级。对本工程的高边坡治理应遵循临时性边坡和永久性边坡分类治理，以稳定坡率法为主，支挡法为辅。

治理边坡可采用的方案主要有采用分段放坡坡率法配合生物固土法、重力式挡墙、抗滑桩等方案；无论采用哪种方案，均应做好边坡坡顶、坡脚及坡面截排水处理措施。

3.7 场地稳定性评价

拟建场地位于鄂尔多斯地台向斜的中部，是华北陆台最稳定的部分，但由于场地内存在 1 个正在发育滑坡，多处崩塌及危险高边坡，仍然存在不稳定因素，若灾害发生则将造成人民生命财产损失。平整场地后，大部分地质灾害均已被彻底消除，挖方区稳定，适宜进行建筑，但在填方区，滑坡体直接换填在填方区内，滑坡土体的性质较差，特别是呈软流塑状态下的滑带土，直接影响其上覆填土的变形沉降和差异沉降，同时可能形成新的排水通道。沉降固结稳定问题及形成的挖填方高边坡均应进行长期系统的监测，并进行专项研究，确保使用安全。

3.8 标准冻结深度

根据《建筑地基基础设计规范》GB 50007—2011[6]和区域气象统计资料，建设场地冻土属季节性冻土，其季节性冻土标准冻深按 0.80m 考虑。

4 水文地质勘察

通过对工程造地场地进行的水文地质勘察工作，调查地下水露头分布情况、钻探、野外试验及室内试验等方法，查明场地内地下水类型、地层结构及补给径流排泄特征，获取水文地质参数、地下水流量等，为地下水疏排工程设计提供充足资料依据。

4.1 水文地质结构

受地质结构控制，场地内水文地质结构总体表现为上部透水不含水层与含水层，下部相对完整基岩隔水层的展布特征。透水不含水层分布于黄土梁峁区，由第四系上更新统风积黄土、中更新统风积黄土以及新近系组成；含水层由第四系松散层孔隙潜水含水层及侏罗系碎屑岩裂隙含水层构成，为双重介质的统一含水体。隔水层为含水层基底，由延安组微风化砂泥岩构成。

第四系松散层孔隙潜水主要分布于桥儿沟沟谷区，含水层沿沟道呈带状展布，由含砾粉土、粉砂构成，局部为滑坡堆积的粉土构成。其地下水位埋藏较浅。据钻孔及民井调查资料，地下水位埋 1.50～9.70m，含水层厚度 2.30～8.60m。局部受拦挡坝以及沟道两侧结构致密、透水性差的黄土层阻隔，地下水位上升至地面，呈面状溢出形成泉水。总体上第四系松散层孔隙潜水富水性较差，水质较好。

区内基岩产状平缓，裂隙不发育。据钻孔和压水试验资料，基岩强风化带厚度一般小于 4m，岩体渗透系数 0.0218～0.471m/d。侏罗系碎屑岩裂隙含水层主要为砂岩风化层。由于大部分为第四系松散层所覆盖，故地下水不易获得补给。加之水文网切割影响，其富水条件较差，地下水贫乏。据调查，桥儿沟中下游地段，民井深一般在 30～60m，井径一般 160mm，水位埋深 16～36m，揭露厚度 20～40m，出水量 2～10m³/d。

4.2 工程造地前地下水补给径流排泄现状特征

场地内地下水补给区与径流区一致，大气降水是地下水唯一补给来源。由于沟谷深切，地形破碎，地下水接受补给的条件较差，降水多以表流形式向沟谷排泄，少部分垂直入渗补给地下水。在地形控制下，桥儿沟地下水自周边分水岭地带顺地势向沟谷径流汇集，在沟谷内淤地坝拦截下，地下水径流排泄不畅，蓄积于淤地坝内，水位在局部上升至地表，呈面状溢出。地下水主要排泄方式是沟谷泉水，形成地表径流最终排至区外，场地内通过地质调查发现有 44 处泉眼。据测流资料，全沟域地下水排泄量为 300～450m³/d（10 月）。在地下水位埋深小于 3m 的沟谷区，尚存在蒸发排泄。此外，居民生活用水汲取地下水，也是地下水排泄方式之一。

4.3 水文地质参数现场试验

为了获得渗透系数（k）及降水入渗系数（α），渗透系数利用抽水试验、压水试验、渗水试验及室内实验资料计算确定，降水入渗系数采用排泄法计算，并结合前人资料综合确定。

（1）利用抽水试验资料计算渗透系数：

根据抽水试验资料，地下水为潜水，故采用 Dupuit 公式计算。计算结果见表 3。

利用抽水试验资料计算渗透系数成果表　表 3

编号	含水层时代	岩性	流量Q/（m³/d）	含水层厚度H/m	降深s/m	抽水井半径r/m	渗透系数k/（m/d）
D16	Q_h^{pl}	粉土、砾石	6.57	3.12	1.02	0.9	0.023
M2	Q_h^{pl}	粉土、砾石	30.28	5.24	0.73	0.3	2.746
M3	J_2y	砂岩	4.80	16.55	13.25	0.08	0.00134
M5	Q_h^{del}	粉土	0.48	1.30	1.0	0.52	0.0136

（2）利用压水试验资料计算渗透系数

压水试验段岩性为延安组砂岩、泥岩，试段均位于地下水位以下。根据压水试验资料，P-Q曲线类型主要为冲蚀型。经计算，岩体渗透系数 0.0218～0.471m/d。

（3）利用渗水试验资料计算渗透系数：渗水试验采用试坑法。试坑为圆形，直径 37.75cm，底面面积 1000cm²。试验结果表明黄土层渗透系数平均值约为 0.06m/d。

（4）室内试验测定渗透系数

采用渗透仪法分别测定原状土样和击实土样渗透系数。试验结果表明原状黄土层渗透系数平均值约为 0.13m/d，击实土样渗透系数平均值约为 0.0006m/d。

4.4 水化学分析

通过对场地内地下水的水化学分析可知，地下水 pH 值 7.25～7.98，矿化度一般小于 1.0g/L，地下水阴离子以HCO_3^-为主，毫克当量百分比 50%～85%，其次为SO_4^{2-}，毫克当量百分比 10%～40%，Cl^-毫克当量百分比 4%～15%；阳离子以Na^+和Mg^{2+}为主，Na^+毫克当量百分比 39%～55%，Mg^{2+}毫克当量百分比 25%～37%，Ca^{2+}毫克当量百分比 14%～37%。水化学类型比较简单，主要以 HCO_3-Na(Mg)、$HCO_3\cdot SO_4$-Na·Mg(·Ca)型为主。

5 岩土工程处理及工程疏排水措施建议

5.1 挖填方工程的岩土工程处理措施建议

（1）表土层的处理

整个填方工程场地表土层厚度 0.30～0.50m，表土层一般为耕植土，含植物根、茎、腐殖质等，在挖填工程时对其表土层进行清理并统一堆放，避免表土层掺入到填料中。

（2）填土层的处理

对于沟谷中的填土层，厚度不大，分布较为零散，土方量也不大，建议进行清除或采用强夯法进行处理。

（3）淤积层的处理

淤积层工程性质差，但大部分区域厚度都不大，可根据实际情况采取挖除换填、强夯、强夯置换等方式进行处理。当采用换填时，换填材料可选择素土、砂石，应进行分层碾压。当采用强夯置换时，宜在淤积土层中抛入碎石、素土，然后采用强夯法夯击，避免形成橡皮土等。

（4）冲洪积层的处理

对于沟谷中的黄土状土，其厚度不大，可采用强夯法进行处理，在黄土状土厚度较大的区域，可将冲洪积层部分挖除后再进行强夯法处理。

（5）湿陷性黄土层的处理

场地的湿陷性黄土层主要集中在挖方区，填方区湿陷性土层厚度相对较少，在有湿陷性黄土的填方区，可采用强夯进行处理，厚度小于 6m 时可以采用能级为 3000kN · m的施工参数，对于厚度超过 6m 时，应采用大能级的强夯，施工参数建议通过现场试验确定。

（6）滑坡堆积层及崩积物的处理

对于滑坡堆积层，应先对滑坡前缘回填、滑坡后缘削坡后采用强夯法进行处理，避免滑坡体滑动威胁施工的安全。对于崩积物，主要堆积在斜坡坡脚，可采用挖除作为填筑体填料，也可直接进行强夯处理。

（7）填方区填筑体的处理

填方区填筑体可采用分层强夯、分层碾压，同时跟踪检测，保证填筑体的压实效果。

（8）基岩陡坎、黄土陡坡处的注意事项

基岩陡坎及黄土陡坡处为地质灾害高易发，强夯振动对坡体稳定性产生影响，因此在基岩陡坎、黄土陡坡坡体下部进行填筑施工时，应密切注意斜坡坡体的稳定状态，必要时进行相应的监测，保证施工安全。基岩陡坎及黄土陡坡两侧的填筑体易发生不均匀变形，因此在基岩陡坎及黄土陡坡周边区域应采取加强处理，降低其不均匀变形。

5.2 地下水及场区地表水疏排措施总体建议

1）地下水疏排建议

沟谷中的地下水不及时排出，会对填筑体饱和或湿化，增加填筑体的变形等，怎样处理好地表水和地下水的疏排问题是不可缺少的环节和关键。必须对地表水和地下水进行有效引排和疏排。以不破坏现有排水条件或采取有效措施确保沟底排水通道顺畅为原则，建议如下：

（1）应充分利用和保护自然地表排水系统、地下水渗透路径和地表植被。当必须改变排水系统和渗透路径时，应在易于导流或拦截的部位将地表水引出场外，同时防止地下水渗透途径堵塞，采取相应措施进行疏排。在受山洪影响地段，应采取相应的防洪措施。

（2）进行挖山填沟前，应在沟底设置地下水排水系统进行引排，可采用暗涵或铺设透水性强的砂石层，形成良好的排水通道和排水途径。结合本次工程地下水分布规律和特点，可采用铺设透水性强的砂石层或设置排水涵洞等方案。

（3）设置排水系统措施时，应把场区内分布的泉眼及可能存在地下水溢出点纳入排水系统。

（4）应充分考虑填方区与之适应的地基处理方法，处理好排水系统施工和后期管理与地基处理的衔接问题。

2）场区地表水疏排建议

场地整个流域汇水面积约为 15.3km^2，汇水面积较大，当拟建场地整平后将破坏场地原有的自然排水系统，故应进行专门的防排水设计。由于当地暴雨集中且频发，在雨季或暴雨情况下，易形成洪流；施工前及施工过程中，应做好场地整体排水系统的设计施工，随时注意维修和加固已形成的支护措施，避免场地上游在雨季或暴雨时形成较大水土流失、泥流堵塞泄水通道，造成地表水下渗、局部滑坡、滑塌，威胁场地和建筑物地基安全。

6 总结及建议

（1）场区区域地质构造稳定，无活动断裂分布，场地适宜进行大面积挖填工作。

（2）场地按地貌可分为黄土梁峁区、冲沟区和河谷阶地区。建设场地地形起伏大，区内最大高差接近 326m，填方料源均为黄土（含古土壤）。

（3）场地内的主要地层有第四系全新统冲洪积及淤积层、全新统冲洪积层、全新统滑坡堆积层、上更新统马兰黄土、上更新统洪积层、中更新统离石黄土，新近系红黏土，侏罗系碎屑岩层。

（4）场地控制工后沉降的措施除了采取严格的施工控制措施以外，关键的技术问题就是地下水的疏排工程。

（5）场地不良地质体主要为黄土滑坡、黄土崩塌和不稳定斜坡，大部分位于填方区内，在回填至整平标高后，其稳定性问题基本得到解决，但应注意短时的高强度降雨可能造成滑坡、崩塌和不稳定斜坡等地质灾害的发生，建议施工中做好临时排水措施。

（6）场地内软弱土层及湿陷性土层的厚度分布、面积分布不同，经过专门地基处理措施后再进行上部填筑体施工。

（7）在建设场地永久性挖填方高边坡收口位置处应进行专项施工勘察，进一步查明场地地质情况，确定设计参数。

（8）建议对建设场地平整后的地下水水位、土体含水率及工后（回填整平）沉降进行长期监测。

（9）建议回填压实度按重型击实试验控制的压实度标准不应低于 0.93。

（10）本工程是一项大型的特殊工程，其工程建设中可能引发众多的岩土工程问题，而解决岩土工程问题需要对场地的工程地质水文地质特征有更全面的认识，而目前完成的各区段的勘察资料内容多，因此建议建立延安市新区工程地质信息查询系统，在后续的工作中不断完善资料，提高其工作效率，同时便于后期的工程建设及相关的科研工作。

参考文献

[1] 住房和城乡建设部. 膨胀土地区建筑技术规范: GB 50112—2013[S]. 北京: 中国建筑工业出版社, 2013.

[2] 住房和城乡建设部. 湿陷性黄土地区建筑标准: GB 50025—2018[S]. 北京: 中国建筑工业出版社, 2019.

[3] 住房和城乡建设部. 建筑抗震设计规范: GB 50011—2010[S]. 北京: 中国建筑工业出版社, 2010.

[4] 建设部. 岩土工程勘察规范(2009 版): GB 50021—2009[S]. 北京: 中国建筑工业出版社, 2009.

[5] 住房和城乡建设部. 建筑边坡工程技术规范: GB 50330—2013[S]. 北京: 中国建筑工业出版社, 2014.

[6] 住房和城乡建设部. 建筑地基基础设计规范: GB 50007—2011[S]. 北京: 中国建筑工业出版社, 2012.

岩土工程勘察一体化作业云平台建设

赵　渊　刘艳敏　马小康　郑　晖
（武汉市勘察设计有限公司，湖北 武汉　430022）

1　引言

传统的勘察作业模式是先在野外进行纸质编录，再回到室内对数据进行人工整理筛选、逐项录入到单个文件中进行分析、出图，最后进行单个项目成果档案的归档和资料借阅。显然这种传统的内外业生产作业模式及成果管理应用方式已无法适应勘察项目规模大、任务重、工期紧、成本高、分布广、距离远的形式需要，存在诸多弊端，制约了勘察行业的发展。

（1）原始资料人工重复输入，工作量大，错误率高，工作效率及勘察数据质量降低；（2）出现工程质量问题时，无法通过原始记录追溯；（3）作业过程不易监督，无法保证数据真实性；（4）无法实时查看采集数据，增加补勘等风险；（5）内业数据处理、分析及成图自动化程度低，人工干预多，数据处理效率及质量低；（6）内业无法多人协同作业，及进度控制、技术干预。（7）成果数据存储分散，成果利用率低，数据浪费严重，难以进行资源累积及共享应用[1-5]。

随着信息化技术与各行业的不断融合创新，各行业正逐步向自动化、智能化迈进。当前勘察行业信息化水平总体不高，影响工程建设行业 BIM 技术拓展及行业转型，急需引领勘察行业向全流程一体化协同作业发展[6-7]。近年来，国家相关部门开始逐步推进勘察行业信息化建设，目前部分省市已在勘察外业采集信息化及监管方面开展信息化试点，国内部分软件厂商及设计院尝试以信息化的手段赋能勘察作业的部分阶段，但并未建立与勘察内外业作业、勘察成果归档和应用之间全生命周期的联系。

武汉市勘察设计有限公司研发的岩土工程勘察一体化作业云平台将勘察外业数据采集阶段延伸到内业分析、成果应用阶段，建设并集成与融合各阶段系统平台，保证多源异构数据各平台无缝流转和有机联动，在生产过程中自动积累数据，以历史数据驱动生产，实现岩土数据从外业采集、内业生产到建库和应用于一体的全流程协同作业。

湖北省住建厅 2021 年度湖北省建设科技计划项目。

2　平台介绍

2.1　智慧武汉·岩土工程勘察外业采集云平台

构建集岩土工程勘察外业数据采集、质量过程实时监管、专业数据在线分析、协同作业与管理、移动办公等于一体的内外业全流程服务平台，实现勘察内外业联动协同工作。将传统勘察外业不可控、效率低的粗放式生产管理模式转变为可追溯、高效性的专业化生产管理模式。云平台包括 APP 手持设备端和 Web 网页端[8-9]，部分界面如图 1 所示。

外业采集 APP：将野外编录过程信息化，实时记录钻探、原位测试等试验信息并上传，记录附加时空属性，保证数据可追溯，实现工程质量的监管。在现场可结合总平图查看钻孔分布，便于孔位调整；可对比分析多孔柱状图、静探数据等，查看地层、取样等分布，避免后期补勘及补样等。可进行钻孔分配及审核，完成多维度的工程量统计，满足现场日常管理，掌握现场的进度和质量。

项目生产管理系统：可实时查看及处理回传数据。管理层通过项目管理、异常预警、统计分析等综合把控部门级、企业级项目，提高质量监管效率，使管理规范科学。专业人员通过钻孔编录、原位测试、室内试验、数据处理、图件绘制（多孔柱状图、剖面图）、专业分析（岩芯拼接、叠加总平图、分屏对比、静探分层、取样分析）、工程量统计、资料输出等，实现内外业全流程协同作业，提升生产效率及工程质量。

图 1　智慧武汉·岩土工程勘察外业采集云平台

2.2　天汉·工勘系统

天汉·工勘系统配套新版勘察规范，拥有完全自主产权的类 AutoCAD 环境，无须依赖 CAD 软件，可支持房建类、市政类等各类勘察项目的内业作业，部分界面如图 2 所示。

工勘系统涵盖了内业全过程一体化生产流程，搭载智能连层算法可实现一体化自动成图；钻孔数据和平面图、剖面图、柱状图可直接进行交互式联动调整，辅助分层；涵盖了勘探点一览表、室内试验及原位试验统计、地层汇总及分层统计、工程量统计、费用结算等统计，包含了液化、剪切、桩基、浅基、岩溶验算等计算；可生成土层层顶等值线图、勘察报告等。

将传统单机版工勘软件改造为以数据库为中心的网络化工勘系统，无须再依赖文件，建立局域内网，实现项目专业数据集中管理。可支持多人协同作业，快速对接采集平台，保证数据及时更新及实时显示，可对项目的全过程显性化管控，避免信息丢失，增强了安全性，提升了生产效率，加强了技术管控，提高了成果质量。

由此，无须再依赖中间文件，工勘系统前可与智慧武汉·岩土工程勘察外业采集云平台的外业数据无缝流转，后可将内业数据直接入库至智慧武汉·地质信息云平台，并可将地质信息云平台中的钻孔数据导入工勘系统中直接利用，加速了数据流转效率，提高了数据再利用价值，保证勘察作业形成外业采集、内业作业、建库应用的闭环。

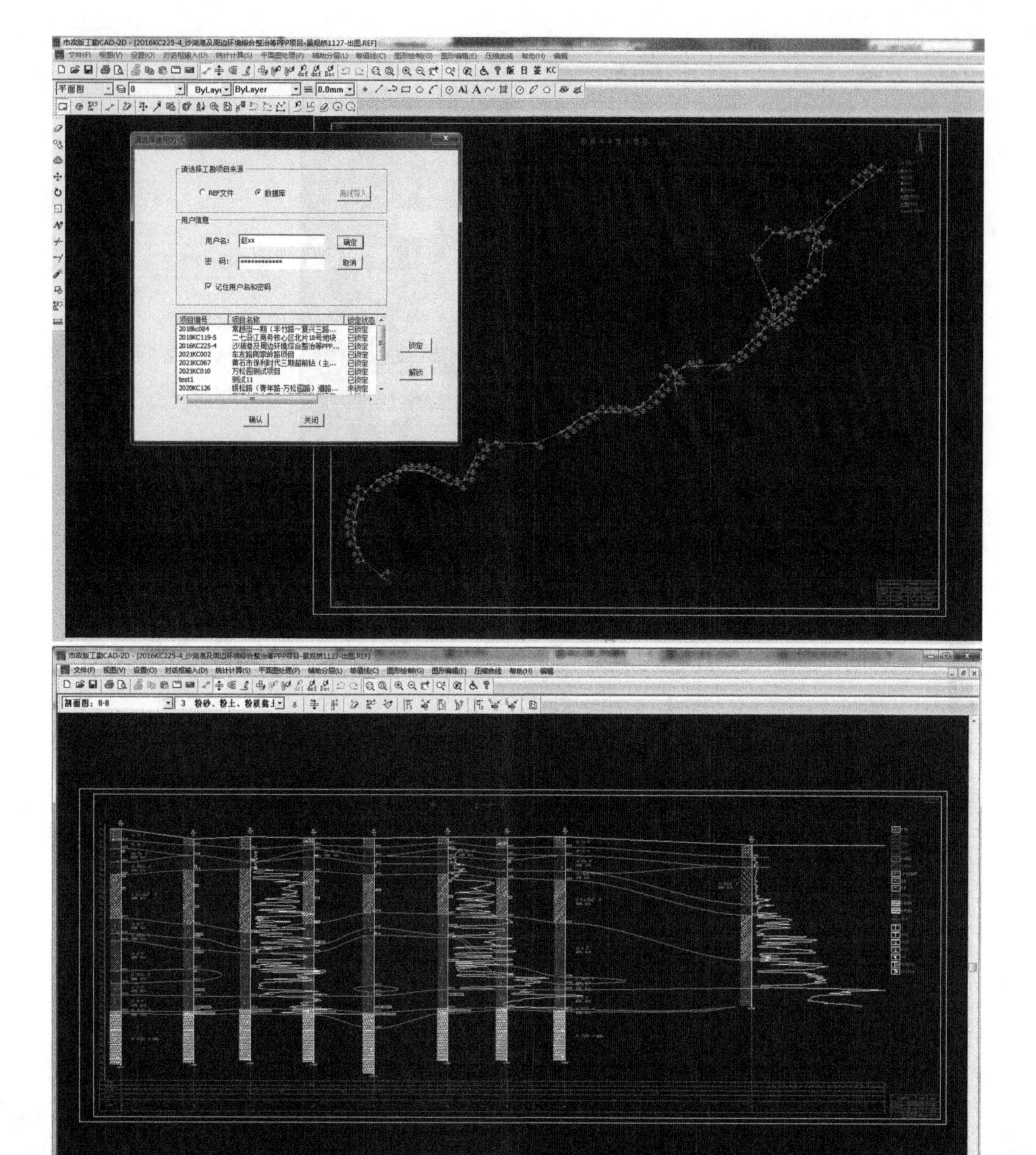

图2　天汉·工勘系统

2.3　智慧武汉·地质信息云平台

支持岩土资源数据入库管理、多维度专业分析（柱状图、剖面图、地层顶板等值线图，区域工程地质分层评价、区域分层物理力学参数统计）、综合查询与借阅管控，平台部分界面如图3所示。

与日常生产及办公有机结合，在办公平台完成归档后，就可自动实现专业数据的提取、入库及再利用，可直接同时借阅归档资料及入库后的钻孔分析数据用于生产。在生产过程中自动积累数据，以历史数据驱动生产。

构建勘察数据属性及空间校审、地层标准化、自动坐标转换机制，完成历史存量30余万个钻孔数据入库，实现岩土资源数据的有效管理和综合利用。集成加解密功能，保证核心岩土数据资源安全性。双向对接天汉·工勘系统，使钻孔利用更为高效，兼容各类地质专题GIS数据，确保数据的积累及二次利用[10-13]。

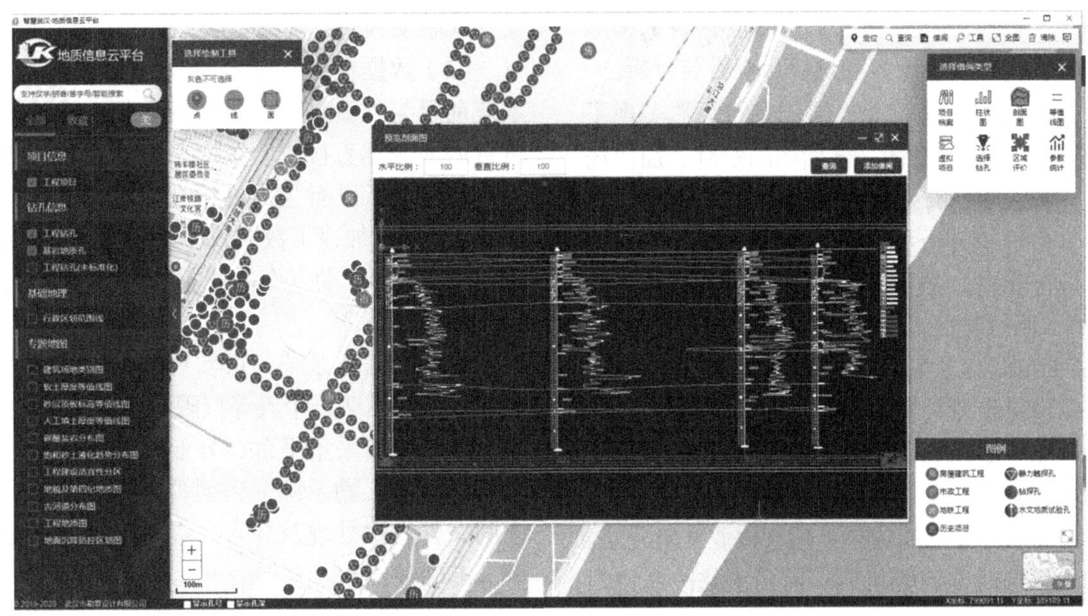

图 3　智慧武汉·地质信息云平台

2.4　各子平台硬件环境

（1）服务器硬件配置

服务器系统（表 1）是整个计算机网络系统核心，需具备高可靠性、安全性及容错力。根据系统要求，服务器需要提供如下服务：

网络服务——负责整个网络系统管理、安全和协议；

文件服务——提供文件共享、下载和上传服务；

数据库服务——装载大型数据库并提供标准的数据库服务。

服务器硬件配置　　　　**表 1**

类别	配置		推荐配置
应用服务器	硬件	标准服务器配置	CPU：2.3GHz 以上，64 位，三级缓存 10M 以上，4 核以上 硬盘：SCSI/SAS 硬盘，160G 以上 内存：8G 以上
数据库服务器	RAM	PostgreSQL：8G/MYSQL：8G/SQLServer：8G/Oracle：8G	
	软件	操作系统	依据数据库的规范要求进行操作系统及硬件配置调整

（2）客户端硬件配置（表 2）

客户端硬件配置　　　　**表 2**

配件	最低配置	推荐配置
CPU	英特尔　奔腾 4 3.0GHz 以上	英特尔　奔腾双核 3.0GHz；Intel core 双核 3.0GHz；AMD 64 位 3.0GHz
内存	⩾ 4G Bytes	⩾ 8G Bytes
显示器分辨率	1280 以上	1920 × 1080
网卡	100M	100M

3　平台建设亮点

岩土工程全生命周期包括外业数据采集、内业数据处理、数据成果建库和成果管理应用等内容。各阶段产生的多源异构数据由于软件平台隶属于不同厂商，数据标准具有差异性，不能直接流转和联动，存在数据壁垒与信息孤岛，较难实现全生命周期一体化协同作业。

岩土工程勘察一体化作业云平台以此为突破口，针对勘察全生命周期的各阶段建立了完全自主研发的三个子平台，同时进行集成与融合，合理衔接各环节并进行平滑过渡，使数据在各平台自动无损流转，实现岩土数据从外业采集、内业生产到建库应用于一体的全流程协同作业，以期推动传统岩土工程行业的技术变革，加速传统勘察设计单位数字化转型的步伐。

3.1　智慧武汉·岩土工程勘察外业采集云平台

外业采集云平台包含勘察外业数据采集、质量过程实时监管、专业数据在线分析、协同作业与管理、移动办公等全流程服务，同时适配岩土工程勘察行业外业作业的习惯，具备多项亮点。

（1）自动坐标转换机制及 CAD 解析功能：建立了 WH2000 地方坐标系与 WGS84、GCJ02、BD09 坐标系的自动转换机制，实现了复杂 CAD 图形叠加至不同坐标系地图上功能，大幅度提高了图形分析定位准确性，便于多场景综合查看与分析。

（2）专业成图及智能连层：在网页端实现了CAD单孔及多孔柱状图、剖面图的绘制，加快场地地层分析效率，有效避免补勘。

（3）多维统计分析：取样统计可综合判断取样范围是否合理。钻孔分析通过查看钻孔进度、分类、取样、原位测试汇总情况，有助于把握现场进度。可按时间维度进行统计分析，便于项目过程管控及工程量统计与结算。

（4）完整岩芯拼接：通过分箱岩芯自动拼接为整体岩芯，可与野外钻探记录表联动对比查看，直观形象展示外业钻探成果，便于内业准确分层。

（5）数据时空追溯机制：将历史修改痕迹附加时间、空间和人员属性信息，通过系统平台，可对异常行为进行追溯，保证了数据的真实性，为企业规范和质量监管提供帮助。

（6）与静探设备的物联：实现了静力触探数据移动在线实时查看，辅助现场快速分析，提高生产效率。

（7）多种标准地层录入规则：可建立项目场地标准地层，也可引用相似项目标准地层，同时内置武汉市城市地质调查标准地层表，既可统一地层，又可减少重复输入。同时支持无法建立标准地层项目的直接编录。

（8）丰富资料输出：自动生成土工试验委托单发至土工实验室，可生成柱状图、剖面图等专业图件、工程量级生产统计汇总表等，可批量生成野外钻探记录表、现场及岩芯照片。可通过平台自动触发及通用理正数据格式作为中间文件两种方式将外业数据传输至内业处理，避免了人员重复作业，提高了生产效率。

3.2 天汉·工勘系统

工勘系统包含包括数据管理、统计分析、计算验算、图件绘制、辅助分层、图形处理、层顶等值线、成果输出等内业全过程。此外，工勘系统还将行业传统单机版软件改造为以数据库为中心的网络化系统，通过建立局域内网，实现项目专业数据按权限分级集中管理。

（1）自主产权的类AutoCAD环境及图数互驱技术：无须预先安装CAD软件，节约了购置CAD软件的费用，降低了应用成本，简化了软件的使用条件。交互性强，钻孔数据和图件信息可直接进行交互式联动调整，辅助土层分层。

（2）数据在勘察全生命周期无缝流转：工勘系统前可与外业采集云平台的数据无缝流转，后可将内业数据直接校验入库至地质信息云平台，并可将地质云平台生成的钻孔数据导入工勘系统中直接利用，加速了数据入库效率，提高了数据再利用价值，形成勘察作业外业采集、内业作业、建库应用的闭环。

（3）网络化系统：可实现项目专业数据按公司、部门、团队、个人等权限分级集中管理。

快速对接采集平台，外业收孔的钻孔可直接自动触发至工勘系统，无须再由项目负责人通过中间文件二次处理及导入，提高内外业传输的效率及准确性。

保证数据及时更新，数据修改后会实时显示，提高多人协同工作效率。

可进行多版本控制及备份，避免版本管理混乱及可能的文件损坏及信息丢失，增强了项目信息的安全性。

实现对项目的全过程管控，通过审批及督办等流程进行技术干预，使内业作业审核显性化展现，有助于提升生产效率，加强技术管控，提高成果质量。

支持在线和离线混动，满足无网络条件下的离线作业，可同时打开在线和离线项目，便于历史项目数据的应用。

（4）丰富全面的统计成果及计算验算：可生成多模板的勘探点一览表、土工试验、岩石试验、静力触探、标贯动探统计结果表、地层汇总表、各孔岩土分层统计一览表、工程量统计表、钻孔进尺表、工程勘察费用结算清单、勘察成果报告等。

液化判别、剪切波速、桩基验算、浅基验算、岩溶验算等。独创完整的岩溶统计模块，可按场地及分区域对岩溶发育情况进行见洞率、线溶率、单孔延米线溶率等多参数分析。

（5）一体化自动成图及剖面智能连层技术：支持一键自动成图、电子签名自动生成、岩层视倾角换算等功能模块，加快了出图效率，减轻了人工损耗。构建多维度地层层序判断规则，适应城市岩土复杂地层层序智能划分与连层。

（6）静力触探分层：适应湖北特殊地层，钻孔划分地层无须依赖钻探数据，支持直接通过静力触探孔数据划分，建立分开指定静探值机制。

（7）统计分析前处理：可对各种室内试验及

原位试验数据按自主及指定规则进行剔除及恢复，提高了分析数据的准确性。

3.3 智慧武汉·地质信息云平台

地质信息云平台包括岩土资源入库校验管理、多维度专业分析、综合查询与借阅管控。构建钻孔地层标准化及自动坐标转换机制，完成历史存量数据的入库，实现岩土资源数据的有效管理和综合利用。

（1）与日常办公生产有机结合：利用办公平台完成档案归档后，可自动实现专业数据的提取与入库，形成可再利用的数据资源，在地质信息云平台中可直接同时借阅项目归档资料及处理入库后的钻孔分析数据和归档资料。

（2）武汉市标准地层制定：通过武汉市城市地质调查成果、历史线状项目大数据分析及专家审查，形成统一的武汉市标准地层表[14]，解决单项工程因地层标准不一、属性信息无法共享的难题。

（3）2种地层标准化机制：建立了自动及人工干预相结合的钻孔地层标准化方法，兼容了标准化和未标准化的钻孔。对已完成地层标准化的钻孔，可开展跨项目分析应用；对未标准化的钻孔，可进行项目内部的利用。满足了在无法进行标准化工作时，钻孔数据资源的持续积累和综合应用。

（4）完善的成果校审入库机制：归档过程中融入工勘数据属性校验和空间检查，对钻孔的钻探、试验与位置信息的完备性及准确性进行校验，在保障钻孔信息准确完整的基础上通过嵌入自动坐标转换算法实现了钻孔空间参考的统一，为钻孔数据的有效管理和分析应用奠定了基础。

（5）多维度专业分析：可实时生成柱状图、剖面图，了解地层分布情况。可跨项目生成场区地层顶板等值线图、工程地质分层评价、分层物理力学参数统计等区域分析评价图表，反映区域综合地质环境。经地层标准化后的钻孔，完成了钻孔统计口径的统一，可有针对性地筛选过滤研究区域钻孔，提升区域统计分析结果可靠度。

（6）高效的再利用方式：平台生成的涵盖地层要素及试验成果信息的钻孔数据可直接进入工勘系统中进行处理利用，无须人工重复录入，提高了生产效率，丰富了数据再利用价值。

（7）丰富的专业数据资源：完成历史存量数据的入库，约30余万个钻孔，实现岩土资源数据的有效管理和综合利用。同时，平台收录了如碳酸盐岩分布图、地面沉降防控区划图等十余类区域地质专题GIS数据[15]。

（8）数据管控及安全：在借阅过程中集成数据加解密系统，综合多重校审、分级管控手段，降低核心数据资源外泄的风险。

4 意义和价值

岩土工程勘察一体化作业云平台将勘察外业数据采集阶段延伸到内业分析、成果应用阶段，建设并集成与融合各阶段系统平台，保证多源异构数据各平台无缝流转和有机联动，在生产过程中自动积累数据，以历史数据驱动生产，实现岩土数据从外业采集、内业生产到建库应用于一体的全流程协同作业。

岩土工程勘察一体化作业云平台有助于保证外业生产真实可靠，可进行全过程管控及追溯；规范质量安全生产管理，降低管理成本及质量风险；减少人员重复作业及人工干预，提升勘察生产的效率和专业技术水平；实现多人协同作业，实时进行技术及进度干预。

云平台可促进勘察企业岩土大数据的自动积累和综合应用，提前了解场地地质情况，为建设项目各阶段如立项选址、规划论证、招标投标、初设、初勘、详勘、地灾评估及研究提供依据，利于减少过程风险、提高工作效率、缩短建设周期、降低投资成本。客观反映城市综合地质环境，为智慧城市规划建设、地质灾害应急抢险、城市安全与防灾减灾、土地资源合理利用等领域提供基础数据及决策依据[16-17]。

平台投入生产、工程应用及研究后预计为岩土部门及投资方、行业产生的年隐形综合经济效益近千余万元。满足国家致力于建立勘察质量信息化采集及监管制度，强化勘察质量全过程管理的要求，推动了行业的信息化水平发展和传统行业技术的变革。

5 展望

信息技术的发展正深刻地影响着各行各业，岩土工程行业应顺应信息化发展潮流，应用跨界思维增强行业的创新发展动力。岩土工程勘察一体化作业云平台以勘察行业信息化技术研究中存在的问题为突破口，建设并集成与融合勘察作业各阶段系统平台，使数据在各平台自动无损流转，实现岩土数据从外业采集、内业生产到建库应用于一体的全流程协同作业，填补岩土全流程内外业一体化技术在勘察行业信息化技术研究的空缺。此外，云平台还应结合三维图形平台、建模软件、数据管理平台，开发基于 BIM、5G、云计算等技术的协同设计的优势，逐步提高工程项目数字化资产管理和智慧化运维服务水平。

参考文献

[1] 苏定立，等. 岩土工程勘察智能信息化技术研究现状[J]. 广州建筑, 2019, 47(6):10-18.

[2] 住房和城乡建设部.住房城乡建设部关于印发 2016—2020 年建筑业信息化发展纲要的通知[Z]. 2016.

[3] 刘丽，等.国内基于移动 GIS 的野外地质数据采集信息化研究现状[J]. 南水北调与水利科技, 2015, 13(2): 343-348.

[4] 黄少芳，刘晓鸿. 地质大数据应用与地质信息化发展的思考[J]. 中国矿业, 2016, 25(8): 166-170.

[5] 唐海涛，王国光，卓胜豪. GeoStation 地质外业系统研究与应用[J]. 人民长江, 2017, 48(15): 46-49.

[6] 陈健. 工程数字化技术研究及推广应用的实践与思考[M]. 北京:中国水利水电出版社, 2016.

[7] 刘益江，江明. 勘察设计行业信息化发展历程与展望[J]. 中国勘察设计, 2019(2): 60-65.

[8] 刘文彬，等. 基于平板电脑的岩土工程勘察外业数据采集系统[J]. 岩土工程技术, 2016, 3(2): 63-65.

[9] 于琳，等. 岩土工程勘察内外业一体化作业系统设计与实现[J]. 地理空间信息, 2017, 15(9): 57-60.

[10] 曾庆有，叶晨峰，邓国平. 企业级工程地质数据库管理系统开发与应用[J]. 交通科技, 2021(2): 94-98.

[11] 房莹莹. 工程地质行业信息化管理平台功能设计[J]. 工程建设与设计, 2020(22): 255-256.

[12] 刘勇. 基于GIS技术的工程地质资料管理系统开发与研究—以云万高速公路为例[D]. 四川:西南交通大学, 2005.

[13] 刘军旗，吴冲龙，黄长青. 工程地质共用信息系统平台设计与应用[J]. 人民长江, 2007, 38(1): 132-134.

[14] 官善友，庞设典. 武汉工程地质[M]: 武汉：华中科技大学出版社, 2018.

[15] 王斌. 中国地质钻孔数据库建设及其在地质矿产勘查中的应用[D]. 北京：中国地质大学(北京), 2018.

[16] 黄文秀. 工程地质勘察原始资料档案规范化管理探讨[J]. 城建档案, 2021(11): 91-92.

[17] 王丽芳. 厦门地质大数据在地下空间规划评价中的应用[J]. 地质灾害与环境保护, 2022, 33(4): 96-101.

岩土工程勘察
（水利水电）

长沙湘江综合枢纽工程岩土工程实录

胡惠华　张　鹏　喻永存

（湖南省交通规划勘察设计院有限公司，湖南长沙　410008）

长沙湘江综合枢纽工程是湖南省长沙市“十一五”和“十二五”重大项目，以改善湘江通航为主，是兼顾保障城市供水、灌溉、改善环境、公路交通、发电等多重功能的综合性枢纽工程，是兼顾发电、交通等功能的公益性基础设施建设工程，对我国中部人口最密集、经济最发达的长沙-株洲-湘潭城市群地带意义重大。项目全部建成后，将产生航运、防洪、供水、宜居、旅游五大提升效应，成就湘江为名副其实的“东方莱茵河”。

1　工程概况

长沙湘江综合枢纽处于湘江中下游河段，位于长沙市望城区境内湘江蔡家洲的分汊河段，地处湘北丘陵与洞庭湖平原的过渡区，处于“洞庭凹陷”南缘（图1）。

长沙湘江综合枢纽区以丘陵和河谷平原、阶地地貌单元为主，河谷呈“U”形，两岸丘陵、冲沟、河流冲、洪积阶地广布，地形简单，地势起伏较小，地面标高一般为35.000m（国家85黄海高程系）左右。

图1　实拍长沙湘江综合枢纽完工时全貌

长沙湘江综合枢纽工程设计最大水头 9.3m，枢纽等别为Ⅰ等，主要建设内容为：年通过能力9800万t2000t级双线船闸（预留三线船闸）、46孔泄水闸、6台单机9.5MW的灯泡贯流式水轮发电机组（河床式厂房，总装机容量57MW）、宽27m长1907m的坝顶公路桥。

工程于2009年12月开始分三期导流开工建设，至2015年12月全部建成，建设工期72个月，工程总投资63.78亿元。

2　岩土工程条件

2.1　地形地貌

湘江流域总的地形趋势是南高北低，起伏变化较大，中上游大都经山区和丘陵区。长沙湘江综合枢纽处于湘江中下游河段，位于长沙市望城区境内湘江蔡家洲的分汊河段，地处湘北丘陵与洞庭湖平原的过渡区，处于“洞庭凹陷”南缘。

长沙湘江综合枢纽区以丘陵和河谷平原、阶地地貌单元为主，河谷呈“U”形，两岸丘陵、冲沟、河流冲、洪积阶地广布，地形简单，地势起伏较小，地面标高一般为35.000m（国家85黄海高程系）左右。

2.2　地层岩性

（1）第四系（Q_4^{al+pl}）：上部为褐黄色黏性土，下部为砂砾石层，分布广泛。其中砂砾石厚度差异较大。江心蔡家洲及右汊（泄水闸及电站厂房）砂砾石厚度大。

（2）燕山晚期侵入岩（γ_5^3）：主要岩性为花岗岩，中粗粒斑状结构，块状构造，岩质坚硬，按风化程度的差异可划分为全风化、强风化和中、微风化，其中全（强）风化层厚度差异大。河床坝区中-微风化岩埋深浅，江心蔡家洲及右汊（泄水闸及电站厂房）全（强）风化层厚度大。

获奖项目：2021年度工程勘察、建筑设计行业和市政公用工程优秀勘察设计奖一等奖。

2.3 地质构造

长沙湘江综合枢纽区下游约 2km 分布区域性沩水大断裂，发育于沩水一带，断层密布，呈 40° 方向延伸，与沩水流向大体一致，区内断裂长度不小于 22km，全被第四系掩盖，断裂倾向北西，倾角 30°～45°（图 2）。

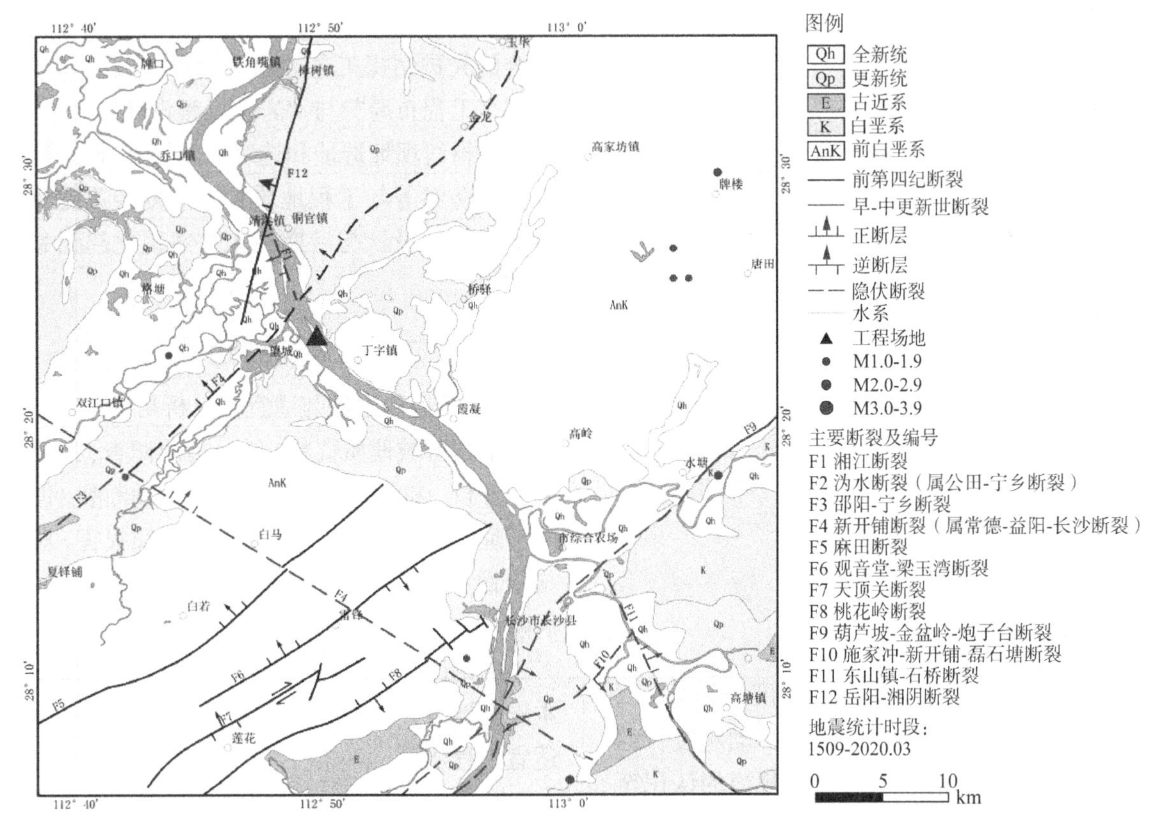

图 2　长沙湘江综合枢纽近场区地震构造图

受沩水断裂带影响，工程区分布两条次生断裂（图 3）。

断层 F1：走向约为 45°，产状 315°∠65°～85°，斜穿船闸闸室，与船闸轴线交角约为 72°。

断层 F2：为断层 F1 的分支，走向约为 25°，产状 295°∠75°～85°，延伸长度约 280m，斜穿船闸闸室。

断层破碎带内分布糜棱岩夹压碎岩，花岗岩球状风化作用明显，全、强风化层分布不均，基岩风化界限起伏大。

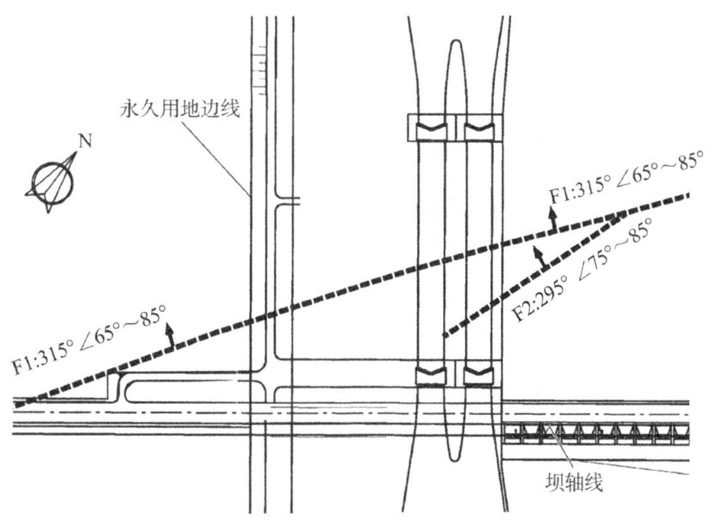

图 3　沩水断裂带次生断裂平面分布示意图

2.4 地震

根据《中国地震动参数区划图》GB 18306—2015，拟建工程区地震动峰值加速度为0.05g，地震动反应谱特征周期值为0.35s，对应于地震基本烈度值为Ⅵ度。工程区附近历史上未发生过强烈地震，构造上属相对稳定地块。

根据长沙湘江综合枢纽建设前期《地震安全性评价报告》结论“项目工程场地所处的地震地质构造环境较为稳定，未来一百年内发生 6 级以上地震的可能性较小”。

场地工程地质条件较复杂，地基稳定，场区内未发现活动断层；当拟建基础深入到稳定的持力层中，在遭受设防概率水准下的地震动时，发生地震地质灾害的可能性较小。

3 岩土工程分析与评价

3.1 勘察重难点

1）场地稳定性与适宜性评价难度大

湘江断裂是地质界公认的隐伏活动断裂，控制着洞庭凹陷边界，但对其位置和规模的认识至今较为模糊，无准确资料可查。湘江断裂对枢纽建设是否有影响，具体影响有多大，坝址选址是否适宜，是本项目不可规避的问题。

2）基岩起伏大，坝址选线、船闸布置方案选择难

工程区分布岩土层复杂，岩土种类多且很不均匀，性质变化大；基岩风化界限起伏大，球状风化作用明显，砂砾石层及全（强）风化花岗岩分布厚度差异大。

基于上述岩土层的差异性，枢纽平面方案中坝线、船闸布置方案选择难度大。

3）岩土层起伏的差异性大，闸坝基础差异形变、稳定等工程地质问题突出

基于坝址区岩土层差异性很大的复杂工程地质条件，闸坝基础差异形变、稳定等工程地质问题突出，如何准确测定岩土层相关参数指标成为工程能否顺利实施并决定工程投资额的关键。

3.2 勘察方案

为解决上述问题，勘察从策划、实施、分析与评价及后期验证均进行了精心组织，做到精细化勘察。运用综合技术手段，系统解决了工程中的复杂关键问题。

通过提高物探解译精度、孔内摄像、现场载荷试验、复合地基载荷检测及采用植物胶与半合管结合的先进钻探工艺等综合勘探手段，勘察实施中将“工程布局”与“岩土勘察设计”完美结合，解决了枢纽坝址选址和选线、闸坝基础差异形变、稳定及防渗等与工程地质相关的复杂关键问题，对指导工程设计与后期施工方案优化起到关键性的作用。

3.3 岩土工程分析与评价

1）场地稳定性与适宜性分析与评价

根据区域地质资料，结合地质调查、地质钻探综合分析，湘江断裂虽为全新世活动断裂，但未穿越坝址，不存在错断地表的地震地质灾害，对枢纽构筑物不会产生基岩位错和土层断裂等破坏性的风险。

经论证：枢纽坝址区区域地质构造稳定，为基本安全地段，在提高抗震级别和抗震措施前提下，适宜工程建设。

2）通过提高信噪比、自编程序，提高物探解译精度

地震映像法（地震纵波反射法）：采用预测反褶积法消除多次波，用一维带通滤波和二维 FK 滤波法相结合设计了一个扇形滤波器，有效分离出二次冲击波形的干扰，提高信噪比，获得高分辨率的时深剖面，提高了基岩埋深定量解译精度（图 4）。

高密度电法：在进行常规反演之前，利用自编程序对观测数据的深度参数转换成对数深度，突出浅部基岩埋深异常，探明深部构造、破碎带等不良地质体分布和产状，提高了基岩埋深定量解译精度（图 5）。

3）坝址选线、船闸布置方案分析与评价

通过综合的勘察手段，精准探明了坝址区基岩的风化界面，发现了地质条件明显好于原设计的新坝线（上坝线，坝基中风化岩顶面标高较下坝线平均抬升约 6.20m）；创新性提出坝体与船闸上闸首挡水线呈 Z 形的平面方案，合理避开风化深槽，解决了地质缺陷对工程的影响，优化并完成了坝址选线、船闸布置方案难度大等工程地质问题

（图 6～图 10）。

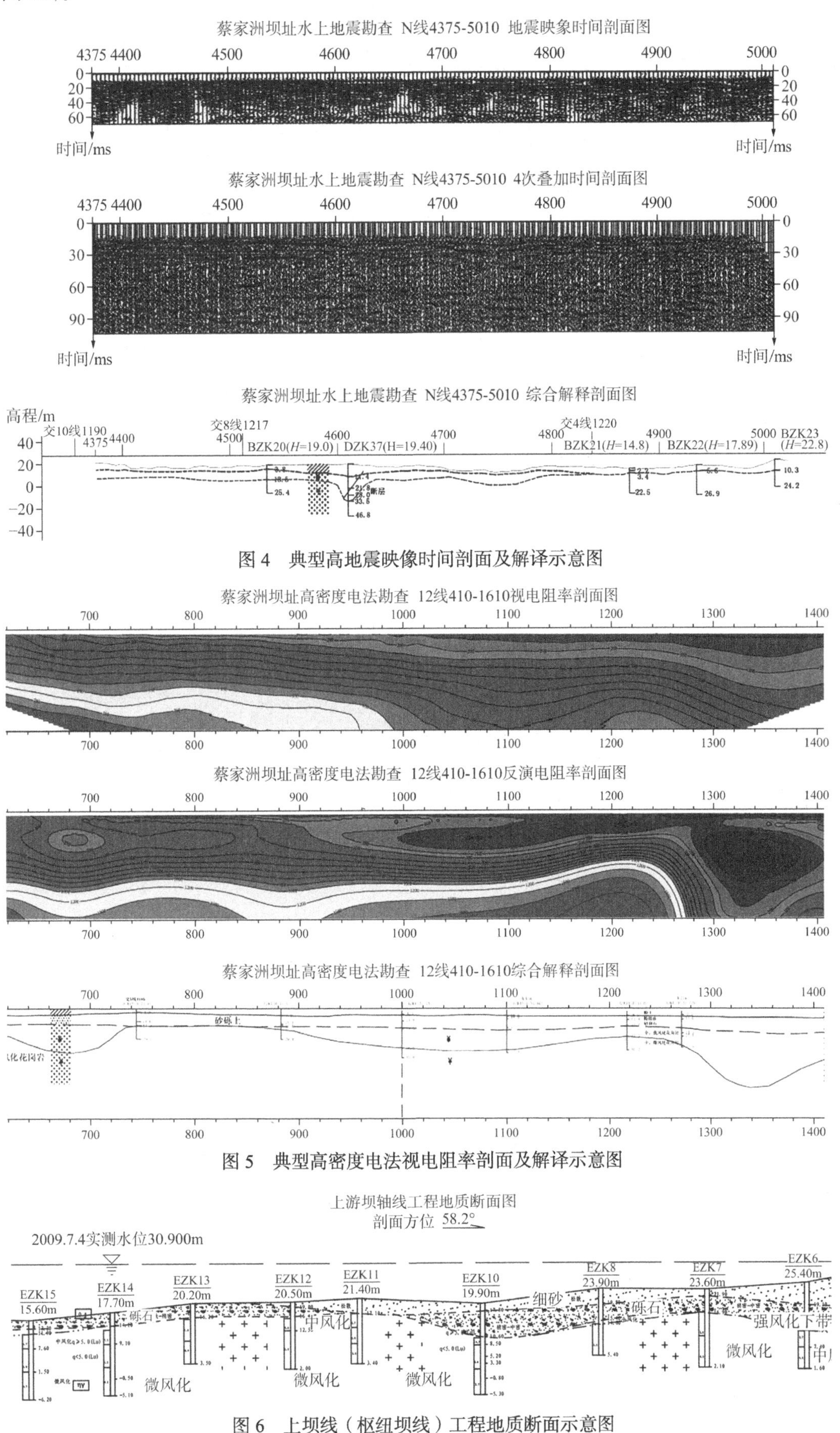

图 4 典型高地震映像时间剖面及解译示意图

图 5 典型高密度电法视电阻率剖面及解译示意图

图 6 上坝线（枢纽坝线）工程地质断面示意图

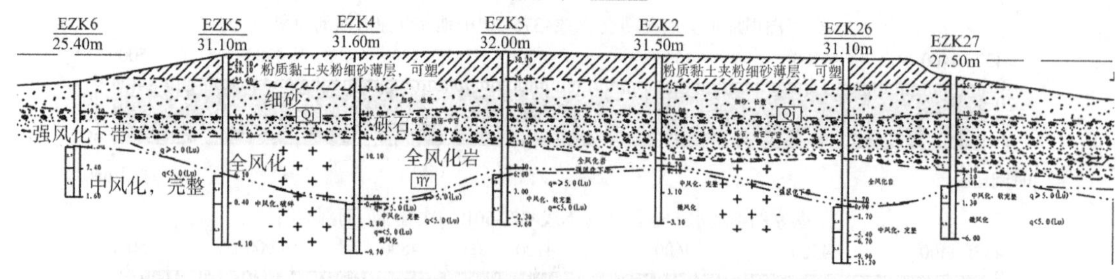

图 7　上坝线（枢纽坝线）工程地质断面示意图

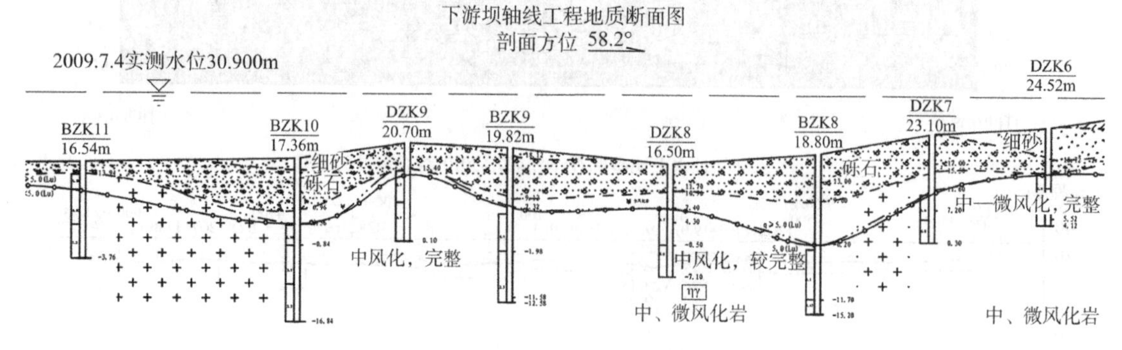

图 8　下坝线工程地质断面示意图

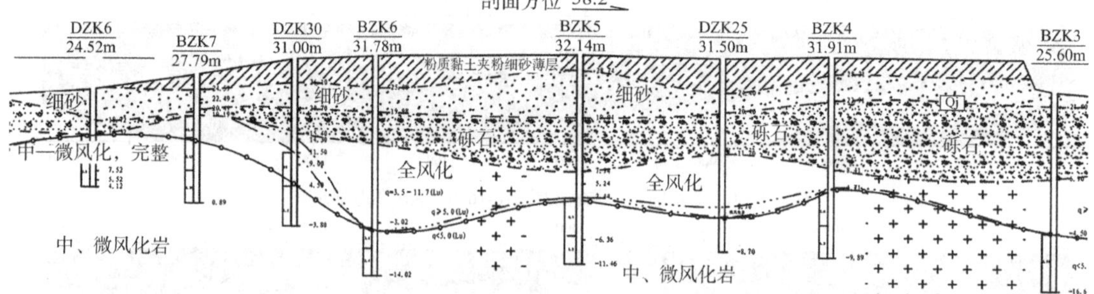

图 9　下坝线工程地质断面示意图

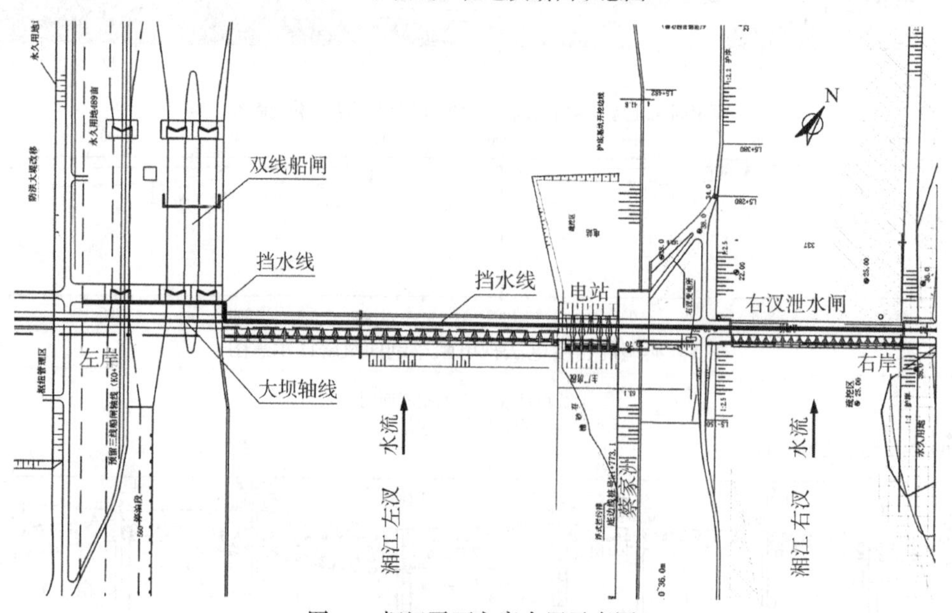

图 10　枢纽平面方案布置示意图

4）闸坝基础差异形变、稳定等工程地质问题　　分析与评价对于工程区域非均质岩土地基，创新性提出船闸复合基础方案及泄水闸碎石桩复合地基基础方案，减少了基础开挖，解决不均匀沉降的闸坝基础方案。

船闸工程区：上、下闸首区域中风化基岩埋藏浅，闸室段全（强）风化层厚度大。基于基岩风化界限起伏很大的地质条件，创新性提出船闸复合基础方案。建议船闸灵活采用整体式与分离式相结合的基础形式，分别选用中风化及全（强）风化层作为基础持力层（图 11～图 16）。

右汉泄水闸段：砾石层厚度大，下伏中风化基岩埋深大。建议采用碎石桩复合地基方案，减少了坝基开挖。

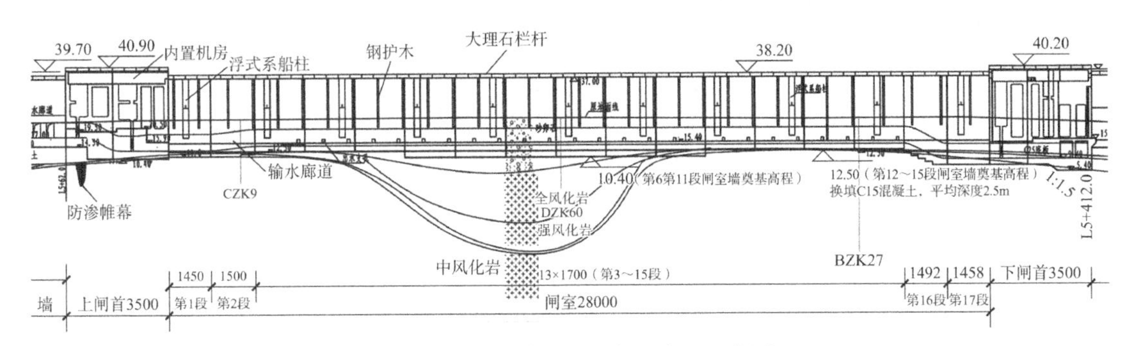

图 11　船闸主体结构纵断面布置示意图

剖面方位 328.2°

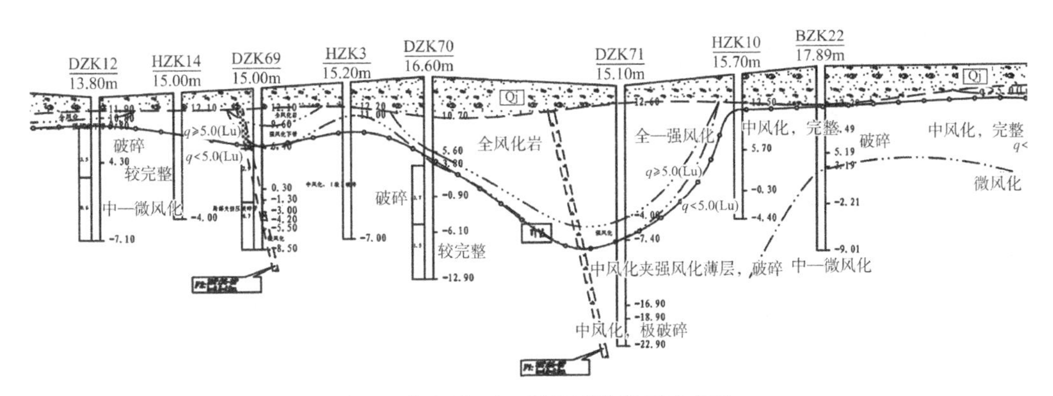

图 12　船闸典型工程地质纵断面示意图

剖面方位 328.2°

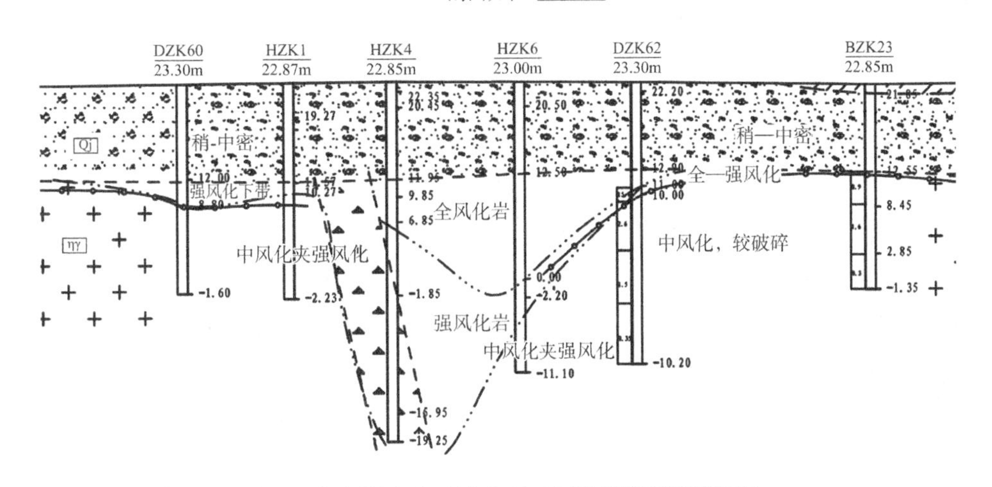

图 13　船闸闸室左边墙典型工程地质纵断面示意图

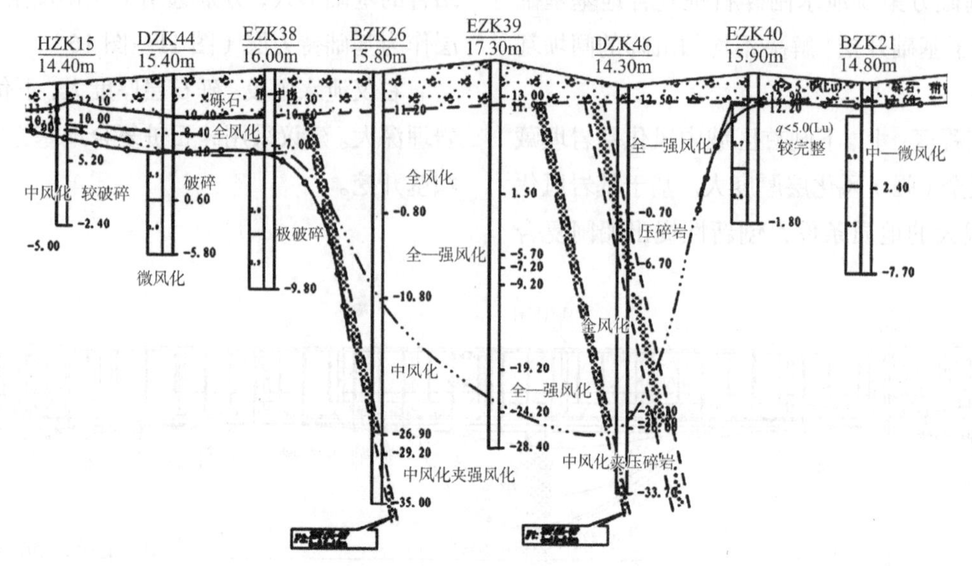

图 14　船闸闸室右边墙典型工程地质断面示意图

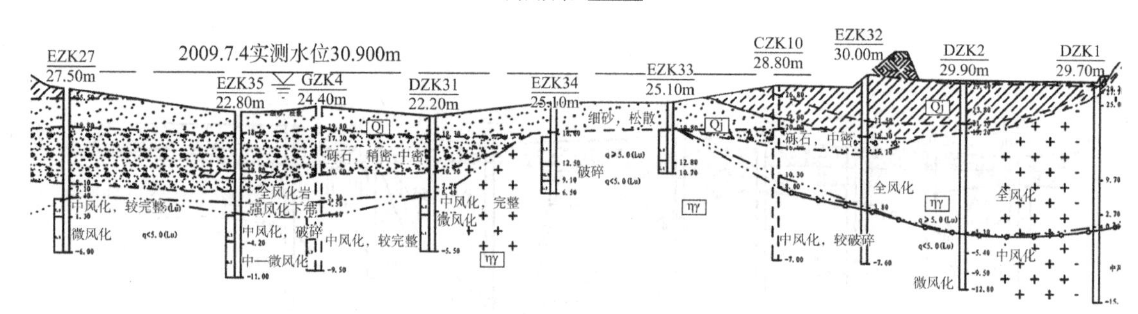

图 15　上坝线右汉区域工程地质断面示意图

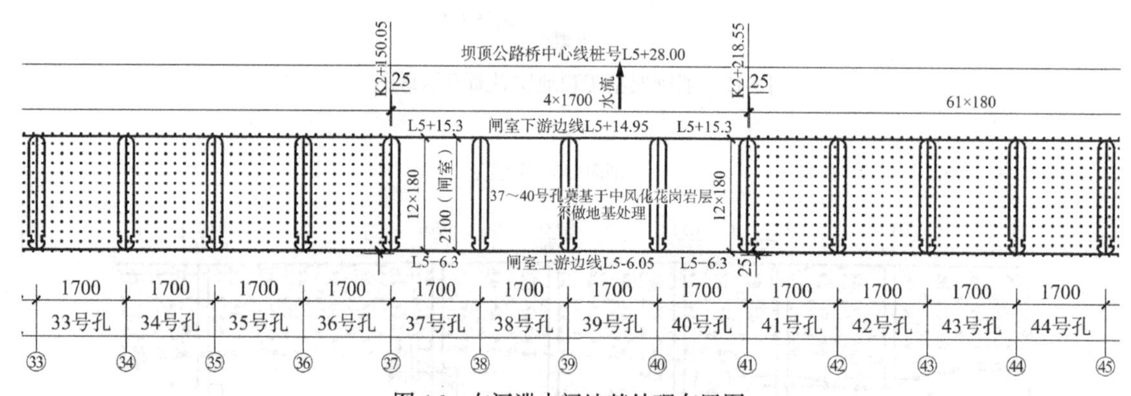

图 16　右汉泄水闸地基处理布置图

5）采用孔内摄像、植物胶及半合管等先进勘探工艺查明深部岩体结构面

通过孔内摄像方法，查明坝基基底深部岩体节理裂隙等结构面的性质及分布，并对其进行分析统计，判明优势结构面，为准确评价基坑边坡的稳定及变形提供了依据。

引进了植物胶及半合管结合的先进钻探工艺：即 SDB 系列金刚石钻具（也称双级单动金刚石钻具）配套 SH 型植物胶钻井液进行钻探取芯的技术，使断层破碎带地层的岩芯采取率提高至 95%～100%，而且取得的岩芯为原状结构柱状岩芯，查明了坝基下伏岩层节理裂隙及软弱夹层的性状及其分布（图 17、图 18）。

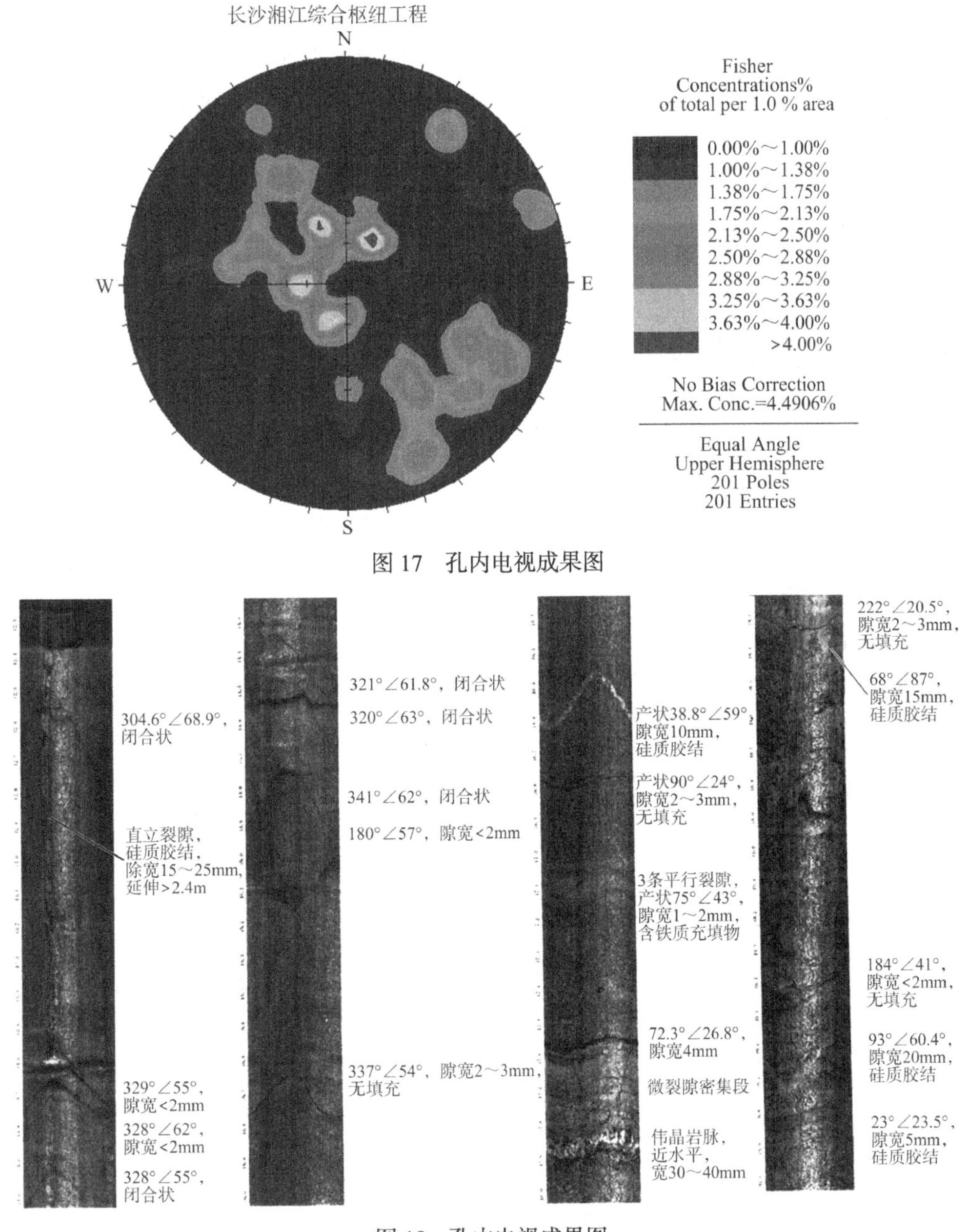

图 17　孔内电视成果图

图 18　孔内电视成果图

4　方案的分析论证

4.1　创新的平面方案和船闸复合基础方案被设计及业主认可并实施

经工程实践证明，基于创新的平面方案、船闸复合基础和坝基复合地基方案，大幅缩减了基础开挖和处理工程量，节省了工程投资，设计人员也完成了多项创新，为工程总体创优奠定了坚实基础。

4.2　地层结构判定准确，岩土层物理力学参数合理，并得到准确验证

通过施工揭露的地质情况与原勘察成果对比，勘察成果提供的岩土层分界线、风化界线准确；提供的岩层产状、破碎带的分布范围误差较小；提供的岩土设计参数准确、合理。

通过现场载荷板试验、复合地基检测等提供了准确合理的岩土层参数指标。与一般工程经验岩土参数指标相比较，地基承载力整体提高 20%～30%，变形指标压缩模量也大幅提高（表 1、图 19）。

地基承载力实测指标与一般工程经验对比表 表1

岩土名称	地基承载力/kPa		压缩模量/MPa	
	一般工程经验	施工阶段	一般工程经验	施工阶段
砾石层	350～400	380～420	20	23～25
全风化花岗岩	300～350		14	

(a) 现场载荷试验

(b) 施工现场验槽技术服务

图19 现场载荷试验及施工技术服务照片

4.3 工程技术创新

1）对改扩建船闸工程稳定性及变形问题分析研究水平的提升具有重要促进作用

完成了《长沙湘江综合枢纽工程复杂地基多线船闸及施工仿真研究》，攻克了预留三线船闸基坑开挖对邻近建筑物影响的技术难题，开发了《一种船闸扩建支护结构（专利号：ZL 2020 2 0826281.7）》等专利技术，将改扩建船闸对现有船闸的施工影响降低到最小，解决了改扩建船闸工程的稳定性及变形等工程难题。

2）闸坝新型基础方案

基于基岩风化界限起伏大，创新性提出船闸复合基础方案，减少了基础开挖，解决了船闸差异沉降等问题，为船闸工程提供了新型基础方案。

基于砂砾层厚度大、中风化基岩埋深大，对右汊坝基建议采用碎石桩复合地基方案，大幅度减少了坝基开挖。

3）创新的Z形平面方案

基于精准探明基岩风化界面，创新性地提出坝体与船闸挡水线呈 Z 形的平面方案，成功解决地质缺陷对工程的影响，实现工程特性与地质特性的完美结合。

4）自编程序提高物探解译精度

通过提高地震映像法（地震纵波反射法）信噪比获取高分辨率的时深剖面和自编程序反演解译高密度电法电阻率剖面图，提高物探解译精度，探明深部构造、破碎带等不良地质体，提升了水下物探精度水平。

5）孔内摄像技术解决了埋藏型岩体结构面的探查

在国内较早通过孔内摄像技术，解决了埋藏型岩体结构面难以查明的难题，为基坑稳定及变形分析提供了依据。

5 工程成果与效益

基于对场地工程地质特性、主要工程地质问题认识深刻，勘探技术先进，工程措施建议合理，施工服务优良，本项目的工程地质勘察设计工作取得了很好的经济效益与社会效益，并具有典型的工程示范作用，主要表现在如下几个方面：

（1）基于科学的地质勘察，勘察技术成果应用于国家行业标准《水运工程岩土勘察规范》JTS 133—2013 第7章"渠化工程勘察基本要求"，为航运枢纽及船闸工程勘察的典范工程，在国际、国内和全行业具有突出的示范、引领和促进作用。

（2）提出的勘察结论与建议科学合理，并在工程中实行，船闸岩土复合基础、右汊泄水闸复合地基方案分别节省投资约1900万元和1200万元，分别占该部分单位工程投资额的 13.10%和16.67%。

（3）采用SH型植物胶，并对钻具进行了加工改造，对断层破碎带能达到取芯率95%以上，为后续工程地质评价提供了有力的支撑。

（4）创新设计取得的经济效益

坝体与船闸上闸首挡水线呈 Z 形的新型平面方案节省投资约1800万元，占该部分单位工程投资额的6.77%。

6 主要工程经验

（1）基于枢纽区工程地质条件，结合水流条件，对枢纽平面方案布置进行了深入研究总结，为航运枢纽工程平面方案提供了工程典范，为今后航运枢纽平面方案设计提供了一种新的形式。

（2）通过孔内摄像方法，查明深部岩体节理裂隙等结构面的性质及分布，并对其进行分析统计，判明优势结构面，为准确评价基坑边坡的稳定及变形提供了参考。

（3）由于岩土工程复杂性，考虑枢纽工程地质、水文、现场载荷试验的分析，对施工过程中闸首底板结构受力特性进行研究，为船闸的设计、施工顺序提供了参考。

（4）基于复杂地质、结构形式及构造多种多样条件下，开展多线船闸及施工仿真研究，并获得科技进步奖，对多线船闸的科学技术研究具有重要参考价值。

刚果（金）ZONGO Ⅱ 水电站工程地质勘察

贾国臣　李松磊　胡　宁

（中水北方勘测设计研究有限责任公司，天津　300222）

1　工程概况

ZONGO Ⅱ 水电站位于刚果民主共和国（刚果（金））下刚果省刚果河一级支流——因基西河上，坝址距首都金沙萨（Kinshasa）公路里程约165km，距主要港口城市马塔迪（Matadi）约285km。为低坝引水式水电站，由因基西河（Inkisi）引水至刚果河左岸，主要建筑物包括首部枢纽（含拦河坝、泄洪冲沙闸、电站取水口等）、引水隧洞、调压井、压力钢管、水电站厂房和开关站等。拦河坝为混凝土重力坝，发电引水流量160.5m³/s，装3台混流式水轮发电机组，总装机容量150MW，多年平均发电量约9.02亿kW·h，工程总投资23.75亿元。

工程区地处热带雨林区，降雨丰沛，植被茂盛，风化作用强烈，岩体出露很差。因基西河和刚果河上缺少桥梁，现场工程区交通甚为不便。自20世纪50年代以来，工程区附近没有开展过地形测绘和基础地质与工程地质工作，可参考利用的资料几近空白。刚果（金）境内勘察设计所需仪器设备匮乏，全部需要从国内海运或空运，岩土试验等一些稍微复杂的工作当地也不具备条件，加之疟疾等热带病多发，现场勘察工作难度很大。

该工程全部采用中国标准建设，于2009年正式立项，同年完成可行性研究，2010年完成初步设计，2012年5月开工建设，2018年6月竣工验收。作为中国政府和刚果（金）的第一个能源合作项目，也是刚果（金）政府21世纪以来兴建的首个最大的水电工程，工程建成后有效缓解了刚果（金）首都地区电力供应紧张局面，对改善当地居民的精神与物质生活条件、促进当地国民经济发展起积极作用。作为刚果（金）第一个采用中国标准勘察设计的水电项目，为中国标准走出去做出了贡献。

2　工程地质条件及评价

2.1　区域地质

工程区处于刚果盆地西南边缘丘陵区，地面高程200.000～500.000m，地形切割深度一般为数十米。刚果河为本区最低侵蚀基准面。区域地层包括元古界、中生界以及新生界。构造变动轻微，岩层产状平缓，没有发现大的断层。地震活动大多发生在东非裂谷轴线一带，本工程区内地震活动不活跃。

根据区域总体地质环境、地震活动情况和邻近地区地震动峰值加速度资料确定，工程区地震基本烈度下的动峰值加速度不超过0.05g，地震基本烈度小于Ⅵ度。

2.2　库区工程地质

水库区为丘陵地貌，两岸植被茂密。库区河道蜿蜒曲折，两岸山顶高程500.000m左右，河床高程338.000～356.000m。除左岸局部地形稍缓外，两岸大部分岸坡陡峻，自然坡角40°～70°。左岸发育多条较大冲沟，常年流水。库区范围河床坡降较大，水流湍急，局部形成小跌水。库尾接ZONGO1电站尾水，再向上游为ZONGO瀑布，是当地知名旅游景点。

构成库区的地层主要为上元古界Inkisi岩系，岩性主要为厚层、巨厚层状长石石英砂岩，岩层产状近水平，褶皱、断层地质构造不发育。主要发育两组裂隙：①组裂隙走向NE40°～60°，倾角近90°，间距0.5～2m；②组裂隙走向NW320°～340°，倾向SW，倾角60°～85°，间距1～2m。第四系松散层主要包括坡残积物、崩坡积物以及冲洪积物，分

获奖项目：2021年“海河杯”天津市优秀勘察设计一等奖2021年度工程勘察、建筑设计行业和市政公用工程优秀勘察设计奖一等奖。

布广泛。

由于当地气候炎热且多雨，岩体风化强烈，深度较大。水库区范围未发现较大滑坡和泥石流，崩塌现象较普遍，在陡坡、陡崖下可见碎块石堆积体。

库区地下水主要为松散堆积物孔隙潜水和基岩裂隙水，以基岩裂隙水为主。基岩裂隙水主要受大气降水及孔隙潜水补给，向因基西河排泄，由于构造裂隙不发育，岩体富水性差。

库区未发现有开采价值的矿产资源分布。库内无建筑物及耕地，也不存在浸没问题。

（1）库区渗漏

水库区两岸地形完整，山体宽厚，不存在单薄分水岭和低于水库正常蓄水位的邻谷，地形封闭条件好。库盆主要由厚层、巨厚层长石石英砂岩构成，构造形迹以裂隙为主，没有发现通向库外的断层破碎带。从钻孔压水试验成果来看，岩体渗透性以弱透水—微透水为主。两岸较大冲沟中多有溪流，其源头远高于水库正常蓄水位。沿岸可以见到高于水库正常蓄水位的下降泉出露，现状条件下两岸地下水补给河水。由于地下水分水岭远高于水库正常蓄水位，水库蓄水后，地下水与河水补排关系不会改变，地下水仍旧补给河水。

综合以上分析，水库区不存在永久渗漏问题。从蓄水后几年的运行情况来看，也没有发现渗漏现象。

（2）库岸稳定性

库区左岸近坝库段岸坡较缓，坡高 40～50m，坡顶高程 380.000～390.000m，自然坡角 10°～20°，浅表部多为第四系坡残积壤土，下部为风化长石石英砂岩，未见较大断层发育。库区左岸中上游地段岸坡坡高 40～45m，坡顶高程 393.000～401.000m，岸坡上部基岩裸露，坡度较陡，自然坡角 50°～70°；岸坡下部由第四系坡残积壤土或崩坡积块石夹土组成，坡度较缓，自然坡角 25°～30°。

库区右岸坡高 60m 左右，坡顶高程 405.000～410.000m，岸坡地质结构与左岸类似。上部基岩裸露，坡度较陡，自然坡角 60°～80°，部分为陡壁，边坡岩体内缓倾角结构面不发育。下部坡度稍缓，自然坡角 25°～30°，主要由崩坡积块石夹土组成。

在自然条件下，基岩岸坡总体稳定，由于坡度较陡且卸荷风化较强烈，存在小规模崩塌、掉块问题，经年累月在坡脚处逐步堆积成锥状或连续裙状的块石、碎石堆积体。在前期勘察阶段，预测水库蓄水后，岩质岸坡整体仍然是稳定的，小规模崩塌、掉块可能会加剧，但总体规模不大，对工程影响不大。坡脚处分布的松散堆积体，自然条件下也是稳定的，蓄水后大部分被淹没，前期勘察阶段预测残留部分再造规模不大。左岸由坡残积土组成的边坡现状稳定，蓄水后被库水侵蚀存在塌岸现象，但范围和规模很小。水库蓄水后，经过几年的运行观测，库岸状态与前期预测结果相符合，没有出现明显的再造现象。

2.3 坝址区工程地质

1）工程地质条件分析

坝址处河流曲折，总体流向 NW327°。两岸山顶高程 500.000m 左右，河床高程 341.000～352.000m，谷底宽度一般 70～100m，平水期水位 340.000～341.000m。左岸地形变化较大，其中临河谷坡较陡，坡角 45°左右，上部较为平缓，发育有数条小冲沟；右岸地形上陡下缓，高程 378.000m 以上地形陡峭，坡度为 75°，基岩裸露，高程 378.000m 以下地形较缓，坡度为 12°～28°。河谷两岸植被茂密。

坝址区地层有上元古界及第四系松散堆积物。上元古界（Pt3a）：出露于两岸陡壁以及河床，岩性为长石石英砂岩，紫红色，中粒或细粒结构，巨厚层—厚层状。

第四系：包括坡残积物、崩坡积物及冲积物。坡残积物（Q_4^{dl+el}）：分布于两岸山顶及缓坡部位，由壤土组成，钻孔揭露最大厚度 6.5m。崩坡积物（Q_4^{dl+col}）：分布于两岸边坡下部，由块石、漂石、壤土等组成，厚度一般 2～5m。冲积物（Q_4^{al}）：分布于坝线右岸河漫滩，由砂、砂砾石组成。钻孔揭露最大厚度 10.4m。

坝线右岸发育有河漫滩，地面高程 341.000～351.000m，基岩顶面高程一般为 340.000～341.000m，上部冲积物为砂砾石。坝线下游发育有基岩深槽，DZK6 钻孔揭露基岩顶面高程为 334.000m，较周围基岩面高程低 6～7m。

坝址区地层产状平缓，岩层产状为 NW280°～300°/NE∠2°～5°。构造简单，未发现断层，主要发育两组节理：①走向 NE40°～60°，倾角近 90°，发育间距 0.5～2m；②走向 NW320°～340°，倾向 SW，倾角 80°～85°，发育间距 1～2m。

坝址区河谷深切，岸坡较陡部位岩体卸荷现象明显。卸荷带内裂隙张开，多充填有泥质、砂质及岩屑、岩块。坝址区岩体卸荷深度较大，右岸边坡卸荷深度最大处约 20m。如图 1 所示。

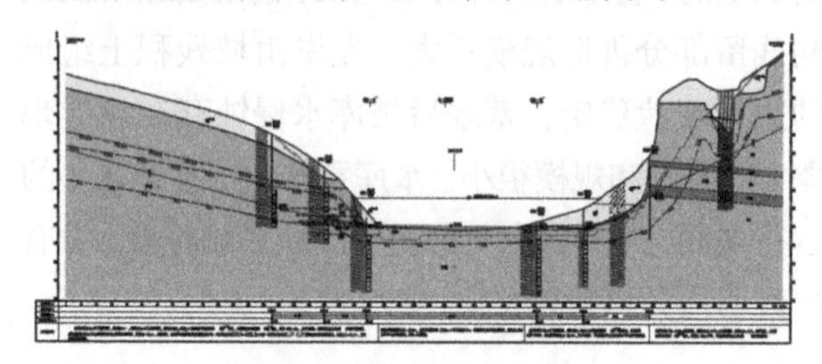

图 1 坝址区工程地质剖面图

坝址区岩体风化作用以化学风化为主。风化程度与所处地形地貌有关，两岸由坡脚至山顶岩体风化深度逐渐加深。左岸岸坡下部强风化岩体厚度 0.8～2.6m，弱风化岩体厚度一般 4.6～9.3m；斜坡中部全风化岩体厚度 20.30m，强风化岩体厚度 3.5m，弱风化岩体厚度 18.3m；右岸强风化岩体厚度 2.1～4.0m；弱风化岩体厚度 6m 左右。施工开挖期验证，岩体总体风化深度与勘察期相差不大，右岸强风化最大深度 16m，比勘察期的 2.1～4.0m 要深。

坝址区地下水类型包括松散层孔隙潜水及基岩裂隙水。松散层孔隙水赋存于第四系坡残积物中，接受大气降水补给，向基岩及沟谷排泄，水量不大，多在较大冲沟中出露、汇集；基岩裂隙水赋存于基岩裂隙中，接受大气降水及孔隙潜水补给，向因基西河排泄。根据勘察成果，坝址区弱风化岩体透水率为 0.1～17Lu，总体应属微—弱透水性。微风化岩体透水率为 0.04～3.4Lu，总体应属微—弱透水性。

坝址区微风化岩石饱和单轴抗压强度平均值为 124.6MPa，属坚硬岩。坝址区强风化岩体完整性系数为 0.20～0.51，平均值为 0.33，属较破碎岩体；弱风化岩体完整性系数为 0.24～0.95，平均值为 0.67，属较完整—较破碎岩体；微风化—新鲜岩体完整性系数为 0.59～1，平均值为 0.82，属完整—较完整岩体。

2）坝址工程地质评价

拦河坝轴线呈直线布置，由溢流坝和挡水坝两部分组成，为浆砌石外包钢筋混凝土重力坝，溢流坝和挡水坝坝顶全长 143.5m。坝顶高程 359.800m，坝顶宽度 5m，最大坝高 23.8m。

左岸冲沙闸毗邻溢流坝段布置，沿坝轴线长度 20m，设有 2 孔泄洪冲砂闸。

（1）坝（闸）基可利用岩体及开挖

冲砂闸布置于左岸岸边，桩号为坝 0＋000～0＋020，总长度 20m。闸基部位大部分基岩出露，靠近岸边覆盖有漂石及块石，厚度不大。基岩岩性为长石石英砂岩，呈弱风化状态，岩体类别属Ⅲ类，满足建筑物要求。建议清除表部覆盖层及松动岩体，将闸基置于弱风化岩体。

溢流坝段布置于河床部位，桩号为坝 0＋020～0＋116，坝长 96m，最大坝高 20m。坝基部位地面高程 338.500～347.000m。河床中部基岩裸露，靠近右岸表部覆盖有冲积砂砾石，厚度 2m 左右。基岩为长石石英砂岩，表部呈强风化状态，岩体类别属Ⅳ类。建议溢流坝段坝基开挖至弱风化岩体。

挡水坝段布置于右岸，桩号为坝 0＋116～0＋170.9，坝长 54.9m。坝基部位地面高程 347.000～373.000m。坝基部位表部覆盖有冲洪积砂砾石及崩坡积块石夹土。DZK1 钻孔揭露覆盖层厚度 10.4m。基岩为长石石英砂岩，表部呈强风化状态，岩体类别属Ⅳ类。建议坝基开挖至弱风化岩体，基岩面高程较高部位，可开挖至强风化下部岩体，但需清除已卸荷松动岩体，并加强固结灌浆。

施工开挖后各坝段坝基及边墙的承载力满足设计要求，满足验收要求。坝基及坝肩部位进行固结灌浆，并安装了变形观测及测试水压装置，现状运行良好。

（2）河床坝基抗滑稳定性分析

坝轴线方向为 NE72.3°，坝址区岩层产状为 NW280°～300°/NE∠2°～5°。地层产状平缓，倾向下游略偏右岸，岩层倾向与坝轴线大角度斜交。坝基岩体为厚层、巨厚层长石石英砂岩。右岸坝轴线下游 30～53m 范围内发育有冲刷形成的基岩沟槽（深 6～7m），钻孔揭露该位置基岩顶面高程约为 334.000m。坝址区构造简单，没有发现断层，主要发育两组陡节理：①走向 NE40°～60°，倾角近 90°，发育间距 0.5～2m；②走向 NW320°～340°，倾向 SW，倾角 80°～85°，发育间距 1～2m。

坝基Ⅲ、Ⅳ级结构面不发育，主要发育层间剪切破碎带或薄弱层面裂隙，宽度 0.5～5cm 不等，延展性较好，从工程区构造环境、地形条件、夹层分布位置及性状特征等条件初步判断，因应力集中所产生的沿层面错动，造成岩体的剪切破碎，进而在地下水等的作用下部分泥化，最终形成了层间破碎夹层，典型发育剪切带见图 2、图 3。施工期间在坝基基面高程 339.000m 以上边坡部位见 6 层层间破碎夹层，厚度在 1～5cm，波状起伏，在坝基范围连续分布。该组缓倾角结构面对坝基抗滑稳定不利。

两侧切割面主要由走向 NW320°～340°及 NE40°～60°裂隙构成，其中 NW320°～340°组裂隙走向与坝轴线交角约 70°～90°，该组裂隙总体性状相对较好，仍具有一定的抗剪强度，作为两侧切割面对河床坝基的抗滑稳定影响不大。

综上所述，以层间剪切破碎带或薄弱层面裂隙为底滑面，走向 NW320°～340°裂隙作为两侧滑动面，下游滑出面 30～53m 范围内发育有冲刷形成的基岩沟槽（深 6～7m），其组合构成了坝基可能滑动边界，尤其是坝基下发育的层间剪切破碎带，其对坝基抗滑稳定影响较大。鉴于软弱结构面埋藏深度小，建议挖除或采用齿槽方式截断（图 2）。

图 2 坝基开挖层间剪切带发育

施工阶段加强了施工地质工作，重点调查坝基中缓倾角软弱结构面的发育情况，注意其对坝基抗滑稳定的不利影响，施工期采取了合理的工程处理措施。坝基开挖时注意爆破控制，防止建基岩体层面因震动而张开和弱化，影响抗滑稳定。

（3）坝（闸）基渗漏与扬压力分析

根据钻孔压水试验资料，坝址区弱风化岩体透水率为 0.1～17Lu，总体属微—弱透水性；微风化岩体透水率为 0.04～3.4Lu，总体属微—弱透水性。坝基岩体透水性较弱，定性判断坝基及两岸不存在严重渗漏问题。在不考虑防渗措施的情况下，估算的河床坝基及两岸绕坝渗漏量为 295.2m^3/d。

坝基岩体透水性较弱，坝基岩体裂隙以陡倾角为主，为增强灌浆效果，建议灌浆孔采用斜孔。灌浆施工前应进行灌浆试验。为降低坝基扬压力，保证大坝安全，应加强排水措施。

从开挖揭露的岩体条件来看，勘察期对坝基岩体渗透性、渗透稳定和扬压力问题的判断是合适的。预计蓄水后，坝基不同部位岩体中地下水的富集程度和扬压力也是不均匀的，局部长大裂隙发育部位可能具有较高的扬压力（图 3）。因此，坝基渗流控制的主要目的为降低坝基扬压力，减少坝基渗漏量（重点是两岸绕坝渗漏）。

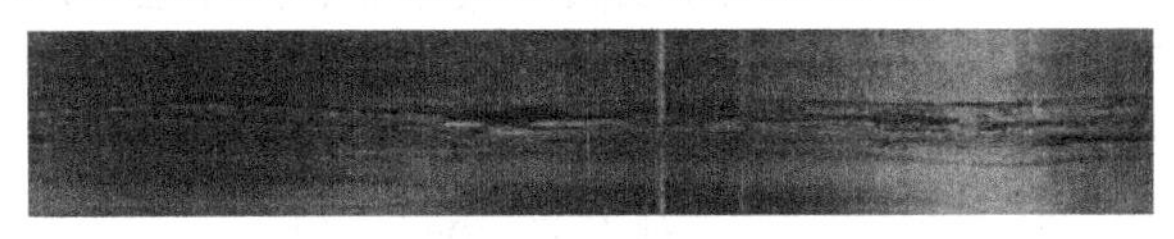

图 3 坝基钻孔揭露层间剪切带发育

（4）两岸边坡稳定性分析

①左岸坝肩边坡

左岸坝顶以上土质边坡较缓，自然坡角 15°～28°。边坡岩性由两部分组成，高程 362.000～400.000m 为土坡，359.600～362.000m 为岩质边坡。土坡岩性为含砂低液限黏土、黏土质砂，局部夹少量的砾质土。薄层，可见层理，零星有粉细砂团块分布，褐色、灰白色，上部稍湿，与基岩接触部位呈湿—饱和状。基岩出露在边坡底部，为上元古界（Pt3a）长石石英砂岩，厚层—巨厚层状，呈强风化。岩层产状 NW355°/NE∠6°，主要发育 2 组裂隙，①NE40°/NW∠67°～75°，②NW300°～310°/NE∠76°。在高程 339.000m 以上边坡部位发育数层软弱结构面，厚度在 1～10cm，均沿层面发育，产状与岩层一致。因其产状平缓，边坡整体基本稳定。但地形较陡且风化卸荷强烈部位多形成危岩体，稳定性较差，建议施工开挖清除或加强支护，同时注意坡面排水。

②右岸坝肩边坡

右岸坝顶以上自然边坡上陡下缓。高程 378.000m 以上，边坡自然坡角 70°左右。边坡由巨厚层长石石英砂岩组成，基岩面起伏剧烈，缓坡地带呈 U 形深槽。其上为残积土，其下岩石依次为全强风化—弱风化状。基岩主要为厚层、巨厚层长石石英砂岩，高程为 363.000～359.000m 夹有薄层粉砂岩，高程 374.000～378.000m 为薄层夹中厚层长石石英砂岩分布。发育两组裂隙：①走向 NE40°～60°，倾角近 90°；②走向 NW320°～

340°，倾向 SW，倾角 80°～85°；高程 378.000m 以下，边坡自然坡角 13°～30°，由第四系崩坡积块石夹土组成。坝基开挖将挖除边坡下部坡残积物，工程边坡由巨厚层长石石英砂岩组成，两组陡倾角裂隙切割，可能造成边坡局部崩塌，建议采取加固措施。

2.4 引水发电系统工程地质

1）工程地质概述

沿线地面高程 300.000～500.000m，为低山丘陵地貌，植被茂密。沿线穿越两条较大冲沟，常年流水。大部分覆盖坡残积层，一般厚度 5～8m。基岩为上元古界（Pt3a）长石石英砂岩，巨厚层—厚层状。

沿线未发现断层发育，岩体中发育 2 组节理：①走向 NE50°～60°，倾角近 90°，间距 0.5～1m；②走向 NW320°～350°，倾向 SW，倾角 60°～85°，间距 1～2m。

沿线周边未发现滑坡、崩塌、泥石流等不良地质现象。岩体风化剧烈，以化学风化为主。冲沟处强风化岩体厚度 0.5～2.6m，弱风化岩体厚度 5.0～9.9m；山顶处全风化岩体厚度 30.95～33.3m，强风化岩体厚度 8.4m，以下为弱风化—微新岩体。

下伏基岩与坝址区岩性一致，均属硬质岩类。

地下水类型包括松散层孔隙潜水及基岩裂隙水。隧洞地下水位为 342.000m～387.000m，据统计，隧洞区岩体透水率为 0.04～2.8Lu，总体属微透水—弱透水岩体。

2）工程地质问题及评价

（1）引水隧洞段

引水发电隧洞长约 3km，围岩主要为上元古界（Pt3a）长石石英砂岩，巨厚层—厚层状，局部夹有少量砂质页岩和页岩。产状近水平，没有断层发育，记录到节理密集带 19 条。构造裂隙主要有 2 组：①走向 NE35°～48°，倾向 NW～SE，倾角 55°～85°；②走向 NW340°～355°，倾向 NE～SW，倾角 55°～85°，微张—闭合，多无充填。施工开挖Ⅱ类围岩占总长的 77.2%；Ⅲ类围岩占 19.5%，Ⅳ、Ⅴ类围岩占 3.3%。揭露的围岩条件与前期勘察基本一致。

隧洞开挖揭露情况表明，地下水主要沿裂隙密集带和较大裂隙出露，以滴水、渗水为主，记录到最大涌水量为 10～20L/min，各涌水点合计涌水量为 73.4m^3/d。施工过程中未发生岩爆现象。

开挖过程中，桩号 1＋996～2＋000 发育裂隙密集带，造成了小塌方，采用钢格栅进行了支护处理。见图 4。

（桩号 1＋996～2＋000）

图 4 引水隧洞段节理密集带发育情况

（2）调压井部位

设计调压井直径 18m。场地地面高程约 384.000m，地形起伏不大。地层岩性为上元古界（Pt3a）长石石英砂岩，厚层—巨厚层状；岩层产状 NW320°/NE∠5°，裂隙主要发育 2 组，①NE45°～55°/NW∠5°；②NW328°～348°/NE～SW∠55°～57°。施工开挖后，井深 33.8m 至井底沿裂面有滴水、渗水现象；井深 0.0～28.8m 为全风化，Ⅴ类围岩；井深 28.8～43.0m 为强风化，Ⅳ类围岩；井深 43.0～56.3m 为弱风化，Ⅲ、Ⅱ类围岩。井深 56.3m～井底为微风化—新鲜岩体，为Ⅱ类围岩。

（3）压力管道隧洞段

压力管道段设计隧洞埋深 23.30～150.32m，围岩为上元古界（Pt3a）长石石英砂岩厚层—巨厚层状。岩层产状 NW320°/NE∠6°。主要发育 2 组裂隙：①NE30°～50°/SE∠69°～78°；②NW330°～350°/NE～SW∠35°～80°。微风化状，岩体完整。隧洞位于地下水位以下，岩体为微透水—弱透水性。施工开挖隧洞围岩整体以Ⅲ类、Ⅳ类为主，局部微新较完整岩体围岩为Ⅱ类，进出口全强风化段为Ⅴ类。

（4）电站厂房

电站厂房为引水式岸边地面厂房，由主厂房、副厂房、开关站以及下游尾水建筑物等组成。

厂房位于刚果河左岸谷坡上。高程 280.000m 以上，地形坡度 20°～25°，植被茂密。高程 280.000m 以下地形坡度 45°左右，局部呈陡壁。厂区两侧分别发育一条冲沟，常年流水，其中下游侧冲沟流量较大。

厂区分布的地层包括上元古界（Pt3a）长石石英砂岩及第四系（Q_4）。岩层产状 NW340°/NE∠5°～10°，未发现断层。发育 2 条节理密集带（Jm1、Jm2），产状均为：NW320°～350°/NE∠5°～7°。主要发育 3 组裂隙：①NE40°～45°/NW∠80°～88°；②NE6°～10°/NW∠38°～65°；③NW340°～350°/NE∠25°～65°。

厂房区未发现滑坡、泥石流等不良地质现象。根据钻孔资料，厂房区强风化岩体厚度 1.0～3.2m，弱风化岩体厚度 12.3～14.65m。

电站厂房地基岩体为微风化长石石英砂岩，坚硬致密，岩体完整—较完整，承载能力高，抗变形能力强，满足厂房地基要求。建基岩体见图 5。

施工开挖后，厂房后边坡岩性由 3 部分组成（图 6）：从上向下分别由坡残积的砂质黏土、砾质土及全、强风化长石石英砂岩组成。高程 285.200～287.200m 段岩体呈全风化状，岩体呈土状、砂状，零星可见呈块状的全风化的石英脉，层面及构造裂隙已不清晰；高程 283.100～285.200m 段岩体呈强风化状，局部有松动、卸荷现象；高程 283.100m 以下岩体呈弱风化—微风化状。岩层产状 NW356°/SW∠3°，较为平缓，主要发育 2 组裂隙：①NE40°～50°/NW 或 SE∠60°～70°；②NW330°～350°/NE 或 SW∠40°～80°。坡面无地下水出露，局部有潮湿现象。

图 5　厂房建基面岩体

图 6　厂房工程边坡全貌

厂房边坡地质条件与前期勘察成果相吻合。边坡无不利结构面组合，稳定条件较好。为避免地表水下渗、积聚，弱化土体并形成不利渗透压力，对边坡采取防护和施工期排水措施是必要的。

3　工程勘察及关键技术创新

3.1　勘察重点与难点

重难点之一：采用有限手段基本查明引水发电系统工程地质条件

ZONGO Ⅱ 水电站引水发电系统主要由联合进水口、引水发电洞、调压井、压力隧洞和地面厂房等构成，其投资占了工程土建投资的大部分，工程投资方、建设联合体和贷款方都非常关注引水发电系统地质条件。由于工程沿线植被茂盛，岩体风化强烈且不均匀，残积土和强风化层厚度可达十几米，地面地质测绘方法作用不大。非常不利的是，在初步设计勘察初期由于海运的钻机及相关生产材料遭遇意外困难，迟迟无法到达现场，能够选择的勘察手段只有紧急空运来的地震仪和电法仪。仅仅运用物探这一单一手段，基本查明引水发电系统的工程地质条件成为工程师必须面对的局面。

重难点之二：坝址右岸变形体的成生机制及稳定性

坝址右岸结合石料开采形成总高大于 110m 的岩土混合工程边坡，其上部约 30m 为残积土，下部基岩坡高约 80m。受风化影响，基岩顶面形态复杂，坡面后部存在基岩“深槽”。下部基岩为厚层、巨厚层砂岩，以 2°～3°倾向坡内。有两组正交陡倾角宽张裂隙，裂隙与层面组合将岩体切割成数立方米至数十立方米的大块体，加之坡后“深槽”的存在，使得基岩边坡呈高陡小厚度的“砌块”结构。右岸边坡全貌见图 7。

工程边坡基本形成后，在雨季出现了严重变形。上部土体边坡拉裂下错，形成弧形裂缝带。下部基岩边坡整体向外水平变形，累计变形量近 1m，而垂直变形很小，局部甚至有抬高。

由于边坡岩体中没有倾向坡外的结构面存在，岩体块度也比较大，其变形方向也比较“特别”，边坡变形破坏机制和稳定状态各方争执不休。经过综合勘察，确定边坡变形破坏的主要模式为：高陡厚度砌体结构边坡，在渗流和“深槽”内土体的作用下，沿多个层面整体向坡外移动边坡。

图7　大坝右岸坝肩及以上工程边坡

3.2　勘察技术先进性

中水北方公司自承担勘察设计工作以来，紧紧抓住地形、地质条件复杂的工程特点，围绕工程中的关键技术难题，运用“地质分析、物探先行、钻探验证、探试结合”的科学勘察理念，勘察工作首先从区域构造地质环境入手，建立地质模型，在此基础上采用物探、钻探、坑探、试验和地质建模等综合手段进行勘察论证，对影响工程的关键技术难题进行了专门勘察。开挖揭露情况与前期勘察成果基本一致，未发生因勘测原因而导致的重大设计变更，未发生因勘测原因引发的质量和安全事故。事实证明，本工程勘察工作理念和方法是正确和行之有效的，客观认识与评价了工程区的地质条件，成功地解决了上述工程地质难题，并直接应用于ZONGOⅡ水电站工程设计和施工，为工程决策提供了重要依据。依此确定的开挖、保护方式、参数选择原则和基础处理措施等有效地保证了工程安全。工程自建成以来运行良好，为类似国际工程的勘察积累了经验，丰富和发展了国际水利水电工程地质勘察理论与实践。

3.3　勘察技术创新性

（1）创建了一种高精度综合物探—地质在热带深厚全风化地区中的应用方法。

工程区地形复杂、植被茂密，物探测线需穿越茂密森林草地、人工修路方能开展工作。在前期资料短缺、无相关工程经验的情况下，通过地面综合物探，综合研究发现本区覆盖层高阻的特征规律等，基本查明深厚全风化地区坝址区、发电引水线路、电站厂房区的覆盖层厚度，物探解释成果经部分钻孔修正后所提交的坝址区、引水隧洞、厂房区的物探—地质剖面图直接成为地质剖面图，均被设计采纳并成功应用于引水发电线路方案比选、施工支洞选择、坝肩开挖设计等，提供了满足阶段深度要求的勘察资料，节省了勘探投入和线路选择的投资风险。经施工开挖验证，同前期勘探推测地质剖面成果基本一致，极大提高了生产效率，产生了巨大经济效益。对于类似地区、复杂地形线路勘探具有很好的借鉴作用。

（2）建立了一种深厚不规则风化岩大口径深竖井稳定条件分析评价方法。

调压井为圆筒式井，上接引水隧洞，下连上压力平洞。调压井内径18m，井高约为77m。从研究地质演化、风化岩发育机理入手，结合地面物探、孔内声波、孔内电视等综合手段，通过少量钻孔精准预测到竖井附近发育的风化深槽，并查明了其发育位置、空间、性状等，为大孔径深竖井方案设计、位置选择提供了重要地质依据，并为设计稳定计算提供了经济、合理的地质参数，为施工期一次衬砌赢得了宝贵时间，节省了工程投资，且经过了施工开挖验证，取得了良好的效果。该项成果在非不规则深厚风化地区具有极大的推广意义。

（3）提出了一种近水平巨厚深卸荷“地质块砌体”高陡边坡稳定条件及分析评价方法。

工程区地处热带，温度高，降雨丰沛，坝址区河谷深切，河床附近地形陡立形成岩壁。地层主要为厚层、巨厚层长石石英砂岩，风化卸荷深度大，河床岩体多呈弱风化状，两岸由坡脚至山顶岩体风化深度逐渐加深，边坡上部存在风化深槽。受卸荷作用影响，较为新鲜的巨厚砂岩沿层面、节理面切割形成巨大的堆砌不稳定体。通过对坝肩堆积堆砌块体发育机制及卸荷原理研究，建立了一种近水平巨厚深卸荷“地质块砌体”高陡边坡模型，并由此开展了有针对性的勘探，提出了边坡稳定边界条件和计算参数。该研究成果为施工及运行期坝肩永久高陡边坡安全稳定提供了重要理论依据。

4　工程获得主要勘察成果

本项目勘察及施工期地质服务工作前后历经6年多，完成勘察技术成果6份，出版专著1本，发表论文5篇，获发明专利1项，编写企业标准1项。获天津市“海河杯”天津市优秀勘察设计一等奖1项。

完成勘察技术成果主要包括：《刚果（金）

ZONGOⅡ水电站—初步设计阶段工程地质勘察报告》《刚果（金）ZONGOⅡ水电站—地质研究报告》《刚果（金）ZONGOⅡ水电站—施工地质报告》《刚果（金）ZONGOⅡ水电站—工程地质自检报告》等；完成相关专题报告包括：《刚果（金）ZONGOⅡ水电站—水文地质研究报告》《刚果（金）ZONGOⅡ水电站—土工学研究报告》等。

“用于标定工程地震仪测时精度的标定装置及标定方法”获国家发明专利 1 项。

完成中水北方勘测设计研究有限责任公司《声波速度平均值法确定岩体松弛圈厚度标准》（企业标准）1 项；2021 年该项目获“海河杯”天津市优秀勘察设计工程勘察—岩土工程勘察一等奖。

5 工程运行效益

工程自 2018 年 6 月投入运行以来，多次经过汛期检验，工程监测成果表明：枢纽工程各建筑物、金属结构和机电设备均运行平稳、正常，效果良好。建筑物变形与渗流等无异常现象，库区未发现较明显的库岸变形问题。由于精心策划、统筹安排，在勘察设计各个阶段均未发生安全质量责任事故，充分发挥了工程的经济效益和社会环境效益。

5.1 经济效益

（1）工程勘察过程中采用创新的工作方法，创立了一种高精度综合物探—地质在热带深厚全风化地区中的应用方法和建立了一种近水平巨厚岩块体深卸荷“块砌体”模型，节省了前期勘探工作量投入。

（2）工程勘察成果被设计采纳，用于引水发电线路方案比选、施工支洞选择、坝肩开挖设计、调压井支护等，成功应用于项目施工，提高了生产效率，仅勘察一项直接节省了工程投资约 500 万美元。

（3）工程建成后将极大地缓解刚果（金）电力供应紧张局面，为其首都金沙萨乃至国家其他省市提供强大的电力供应，保护国家免受能源危机。也有利于改善当地的交通、通信等基础设施条件，对改善当地居民的精神与物质生活条件、对促进当地国民经济发展起积极作用。

（4）通过综合的勘察手段，创立了一系列新的应用方法和地质模型，其勘察设计成果顺利通过刚果（金）国家能源电力部、国家电力公司等业主单位组织的审批，成功用于项目工程实践。经过监测数据分析，各项指标满足设计和规范要求，满足建筑物安全运行要求。为类似工程的勘察积累了经验，对将来类似场地的工程建设提供了借鉴和指导作用。丰富和发展了水利水电工程地质勘察理论与实践。做到了技术创新，并得以推广应用到刚果（金）布桑加水电站、喀麦隆曼维莱水电站等大中型项目上。工程勘察和专题研究极大推动了科技进步。

（5）工程勘察综合指标达到了同时期国内领先水平和国际先进水平。

5.2 社会环境效益

（1）作为中国政府和刚果（金）第一个能源合作项目，也是刚果（金）政府 21 世纪以来兴建的首个大型水电工程。对刚果（金）整个国家的电力规划、水利规划和城市建设规划等具有重要意义。

（2）水利发电为环保型能源项目，可有效地保护国家生态环境以及调蓄国家水资源。

（3）为刚果（金）近 30 年来的最大水电工程，对于常年战乱后刚果（金）国家重建和能源发展具有重要意义，项目为刚果（金）现代化建设注入了活力，项目可向周边国家供电，也为促进非洲建立共同市场、实现区域经济融合做出了巨大贡献。

（4）工程创造了上万人次就业，为当地培训了大量工程技术人才，为改善民生提供了强劲动力，为中刚友好树立了丰碑。同时为增进中非、中刚人民的友谊，推进中非“一带一路”合作，构建人类命运共同体作出了实实在在的贡献。

6 工程经验或教训

（1）中国标准完全能够满足非洲工程建设需要。

中国水利水电工程建设标准体系是在总结了海量工程建设经验和教训基础上逐步建立完善起来的，其中也融合了苏联和欧美的不少先进经验，处于世界先进或领先水平。非洲没有自己的工程建设标准体系，从 ZONGOⅡ等项目建设和运行情况来看，中国标准体系完备、简明和便于理解执行，非常适合非洲地区水利水电工程建设需要，值得进一步推广。

非洲地区水利水电项目投资建设存在较大不确定性，确定投资前进行投资机会研究工作是非常必要的。如果按照中国水利可行性研究或水电预可行性研究阶段深度进行投资机会研究，勘测工作量多，勘测单位经济风险偏大。ZONGO Ⅱ水电站主要是在现场调查及少量地质工作基础上完成了相关工作，可以借鉴。

非洲地区工程建设程序受美国和西方影响较大，我国水利初步设计和水电可行性研究阶段勘测设计深度与美国等西方国家详细设计阶段深度是相当的，资料翻译应注意这一点，避免不必要的误会。

（2）运用常规地面物探技术进行高精度勘探。

物探信息是岩性、岩石强度、岩体完整性、地应力以及含水状态等的综合反映，具有多解性，这在工程应用中产生了不少困扰。在过去，受设备探测能力和解译水平限制，地面物探勘探精度不高，有人甚至戏称“物探、物探，相差一半”。近些年，地面物探技术得到长足发展，勘探精度已经有了明显提升。从 ZONGO Ⅱ水电站应用情况来看，地面物探成果要达到高精度，一是要尽量多方法互相验证，不能单打一，最好能与钻探配合。二是要对物探信息进行地质—物探多专业融合分析，目前情况是地质专业不太了解物探设备和方法，物探专业对工程地质的理解也不够深，仅仅依靠物探工程师进行解译或遗漏现象或过度保守，地质—物探必须在测线布置、解译等各环节充分配合交流，才能得到满意的成果。三是必须对工作区地质环境进行充分分析，厘清影响物探成果精度的主要因素，如地下水、岩性等；还要厘清哪些问题具有重要工程地质意义，是勘探重点，不能探测到什么是什么。ZONGO Ⅱ水电站引水发电系统沿线岩性单一、构造不发育，需要查明的重点是岩体风化特征，有了这一明确的方向后，物探工作的难度大大降低了，提高了解译的质量。

厄瓜多尔 CCS 水电站骨料碱活性抑制试验研究

李今朝　郭卫新　陈学理
（黄河勘测规划设计研究院有限公司，河南郑州　450003）

1　工程概况

厄瓜多尔 CCS 水电站（Coca Codo Sinclair）是一项高水头引水式发电工程，安装 8 台冲击式发电机组，总装机容量 1500MW。该引水发电工程主要由首部枢纽、输水隧洞、调蓄水库、压力管道、地下厂房等系统组成，其中 24.8km 输水隧洞的 TBM 掘进开挖是控制工期的关键工作。中国水电建设集团公司（Sinohydro）是施工总承包商，黄河设计公司（Yrec）为设计分包商，全面负责该项目的勘察设计工作，总工期 66 个月。该水电站于 2010 年 7 月开始基本设计阶段工作，2016 年 11 月第一台机组开始发电。

2　砂砾料场分布位置

天然建筑材料产地的选择对工程建设成本常具有重要的影响，CCS 水电站基本设计阶段选择的四个砂砾石料场主要沿 Coca 河分布：分别是首部枢纽砂砾石料场（A 区和 B 区）、调蓄水库砂砾石料场、厂房砂砾石料场，如图 1 所示，受附近 Renventador 火山影响，Coca 河谷内的冲洪积砂砾石普遍含有碱活性成分。历史桥料场位于 Coca 河下游的急转弯处（调蓄水库砂砾石料场），两岸分布厚达几十米的冲洪积砂砾石层，是为满足调蓄水库施工、输水隧洞混凝土管片制作需要而选择的砂砾料场，砂砾石骨料原岩主要有：安山岩、玄武岩、花岗闪长岩、凝灰岩、火山角砾岩等，这类岩石常含有碱活性成分，易发生碱—硅酸反应[2]。

碱活性骨料是指在一定条件下会与混凝土中的水泥、外加剂、掺和剂等中的碱物质发生化学反应，导致混凝土结构产生膨胀、开裂甚至破坏的骨料。对于混凝土而言，骨料是否是碱活性骨料直接影响到混凝土的耐久性[3]。碱—硅酸反应（alkali-silica reaction，ASR）是碱活性骨料反应（alkali-aggregate reaction，AAR）中最常见，也是研究最为广泛的一种反应类型[4]。

为寻求抑制骨料碱活性危害的最佳路径，黄河设计公司制定了科学的试验大纲，对 4 个天然砂砾料场的骨料开展大量试验研究，通过选用不同类型的水泥、添加不同比例的火山灰掺合料来达到抑制骨料碱活性危害的目的。本次试验的原材料取自历史桥料场（调蓄水库砂砾料场）。

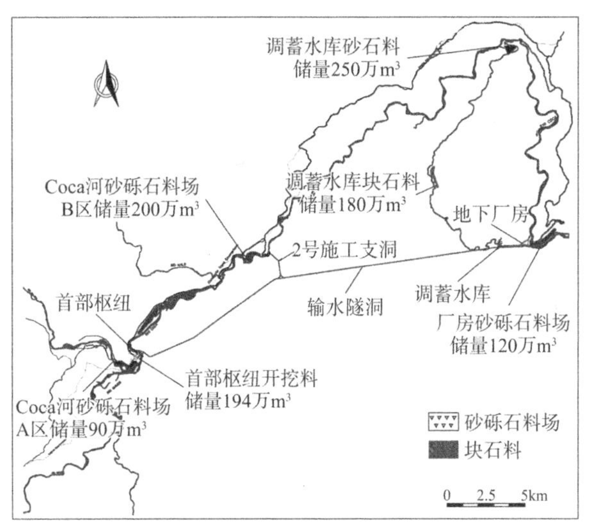

图 1　CCS 水电站天然砂砾料场分布示意图

3　骨料碱活性判定标准

对碱活性骨料的判定，首先应采取岩相法进行初判，在此基础上进一步进行碱活性复判。复判通常包括砂浆棒快速法、砂浆长度法、岩石圆柱体法和混凝土棱柱体法等[5]。本次试验采用岩相法、化学法、砂浆棒快速法来综合判定混凝土骨料碱活性。

3.1　碱活性骨料检验

黄河设计公司在历史桥料场取了两组骨料：

获奖项目：2021 年度工程勘察、建筑设计行业和市政公用工程优秀勘察设计奖一等奖。

细骨料编号分别为 GL7-2-1、GL7-3-1、CCS-J-02-A、CCS-J-02-B、CCS-J-02-C；粗骨料编号为 GL7-2-2、GL7-3-2、CCS-J-01-A、CCS-J-01-B、CS-J-01-C。根据试验大纲的要求，试验依据美国规范（表 1）进行碱活性检验。

碱活性性及其抑制研究试验依据　　表 1

试验依据	标准编号
混凝土用骨料的岩相检查标准指南 Standard guide for Petrographic Examination of Aggregates for Concrete	C295-08
骨料的潜在碱—硅反应标准试验方法（化学法）Standard Test Method for Potential Alkali Reactivity of Aggregates (Chemical Method)	C289-07
胶凝材料和集料的混合物确定潜在碱硅反应性的标准试验方法（快速砂浆棒法）Standard Test Method for Determining the Potential Alkali-Silica Reactivity of Combinations of Cementitious Materials and Aggregate (Accelerated Mortar-Bar Method)	C1567-08

3.2　岩相法检验骨料碱活性

砂样岩相法岩矿鉴定结果：GL7-2 砂料综合定名为灰黑色角闪安山质和辉石安山岩质砂；GL7-3 砂料综合定名为灰黑色辉石安山岩质和角闪安山质砂，所以两组样品均属具有潜在碱活性的骨料。

3.3　化学法检验骨料碱活性

砂样化学法成果表见表 2，从试验结果可以看出，由于两组样品的 R_C 含量均 > 70，而 S_C 含量 > R_C 含量，所以两组样品均属具有潜在碱活性的骨料。

砂样化学法成果表　　表 2

样品编号	Rc 含量/（mmol/L）	二氧化硅含量/（mmol/L）	Rc 含量
GL7-2	112.67	232.58	具有潜在碱活性骨料
GL7-3	115.26	247.64	具有潜在碱活性骨料

岩相法检验结果：2 组细骨料均具有潜在碱活性反应。化学法检验结果：2 组细骨料均具有潜在碱骨料反应活性。依据现行水利行业标准《水利水电工程天然建筑材料勘察规程》SL 251—2015 附录 A，以上两组骨料也判定为具有潜在碱活性危害反应，应进行其他试验进一步鉴定。

4　砂浆棒快速法抑制碱活性试验

骨料的碱活性抑制试验按照美国标准 ASTMC1567-08 进行。当该料场的骨料为具有碱活性危害性反应的活性骨料时，在考虑使用低碱水泥的同时，还应考虑掺入适量的掺和料以降低碱骨料反应引起的混凝土膨胀。抑制碱骨料反应的方法有：①替换水泥：采用硫酸铝水泥；②掺入外加剂：高效减水剂、引气剂；③掺入磨细材料：粉煤灰、矿渣、硅粉等[5]。本次试验选用火山灰作为掺和料。所有碱活性抑制试验选用的火山灰全部为 F 级火山灰。砂浆棒快速法开展抑制有效性试验的评定标准：若 28d 龄期对比试件膨胀率小于 0.10%，则该掺量下抑制材料对该种骨料的碱骨料反应危害抑制效果评定为有效[6]。

4.1　砂料抑制碱活性试验成果（IC150 Ⅰ型水泥）

本次抑制试验研究使用 IC150 Ⅰ型水泥为成型水泥，火山灰掺量分别为 0、20%、30%，砂料碱活性抑制研究方案见表 3；砂样碱活性料试验成果见表 4。

砂料碱活性研究及抑制方案　　表 3

料场名称	样品类别	样品编号	岩相法检验 C295	碱活性检验（化学法）C289	火山灰掺量/% IC150 Ⅰ型水泥
历史桥料场	砂	GL7-2-1-1 GL7-3-1-1	2	2	0
		GL7-2-1-2 GL7-3-1-2			20
		GL7-2-1-3 GL7-3-1-3			30
	砂	GL7-3-1-1 GL7-3-2-1	2	2	0
		GL7-3-1-2 GL7-3-2-2			20
		GL7-3-1-3 GL7-3-2-3			30

砂样碱活性成果表　　表 4

样品编号	掺合料（IC150Ⅰ）火山灰/%	膨胀率/% 3d	7d	10d	14d
GL7-2	0	0.82	0.29	0.43	0.55
	20	0.04	0.10	0.15	0.23
	30	0.02	0.04	0.07	0.11
GL7-3	0	0.09	0.31	0.45	0.62
	20	0.04	0.12	0.18	0.26
	30	0.02	0.04	0.07	0.12

砂样碱活性及其抑制试验研究成果见图 2、图 3，结果表明：在两组砂样试件中，不掺加火山灰的砂浆棒试件的 14d 膨胀率在 0.55%～0.62%之间，在掺入 20%火山灰后两组砂浆棒试件的 14d 膨胀率在 0.23%～0.26%之间。掺入 30%的火山灰后，

两组砂浆棒试件的 14d 膨胀率在 0.11%～0.12%之间。均不满足规范 14d 膨胀率小于 0.10%的要求。

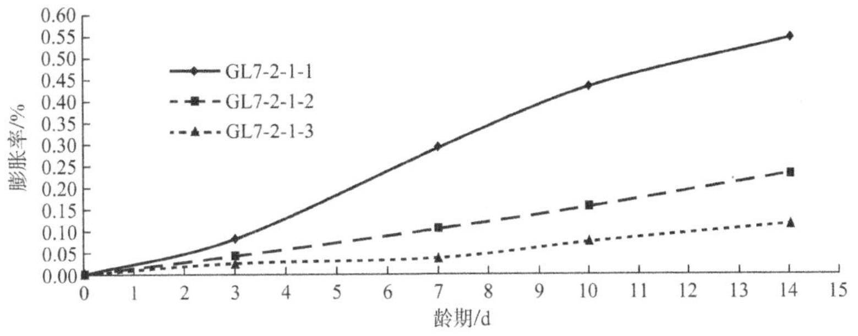

图 2 GL7-2 砂样碱活性膨胀曲线

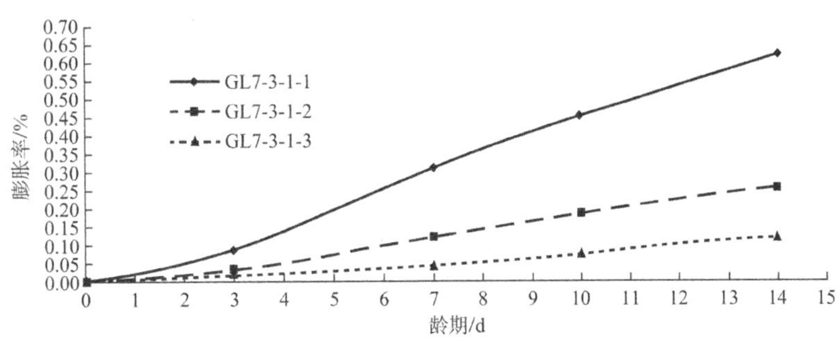

图 3 GL7-3 砂样碱活性膨胀曲线

4.2 砂料抑制碱活性试验成果(HE 型水泥)

采用 HOLCIM 生产的 HE 水泥为成型水泥，砂样碱活性试验成果见表 5,试件膨胀曲线见图 4。

砂样碱活性及其抑制试验研究成果表明：在砂样试件中,不掺加火山灰的砂浆棒试件的 14d 膨胀率为 0.05%,在掺入 15%火山灰后砂浆棒试件的 14d 膨胀率为 0.03%。掺入 25%的火山灰后砂浆棒试件的 14d 膨胀率为 0.02%。均满足规范 14d 膨胀率小于 0.10%的要求。

砂样碱活性试验成果　　表 5

样品编号	掺合料（HE 水泥）	膨胀率/%		
	火山灰/%	3d	7d	14d
CCS-J-02	0	0.04	0.05	0.05
	15	0.02	0.02	0.03
	25	0.01	0.01	0.02

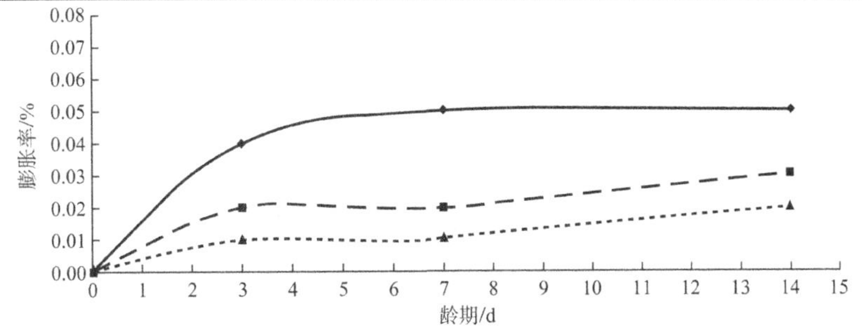

图 4 CCS-J-02 砂样碱活性膨胀曲线

砂料碱活性抑制试验小结：采用 HOLCIM 生产的 IC150 Ⅰ 型水泥为成型水泥，在火山灰的最大掺量为 30%时，无法对骨料的碱活性进行抑制。在采用 HOLCIM 生产的 HE 水泥为成型低碱水泥，火山灰在 0、15%、25%掺量情况下，试件 14d 膨胀率均小于 0.10%。研究结果表明：仅用该 HE 水泥就可以对骨料的碱活性起到抑制的效果。

4.3 砾料碱活性检验成果

岩相法检验骨料碱活性：镜下岩矿鉴定的两组砾样综合定名均为灰黑色辉石安山岩质砾石，所以两组砾石样品均属具有潜在碱活性的骨料。砾石化学法检测结果见表 6，试验结果可以看出由于两组样品的 R_C 含量均 > 70，而 S_C 含量 > R_C 含量，所以两组样品均属具有潜在碱活性的骨料。

化学法检验砾石碱活性成果表　　表 6

样品编号	Rc 含量/（mmol/L）	二氧化硅含量/（mmol/L）	结果
GL7-2	133.39	269.60	具有潜在碱活性骨料
GL7-3	148.54	310.26	具有潜在碱活性骨料

4.4　砾料抑制碱活性试验成果（IC150 Ⅰ型水泥）

采用 HOLCIM 生产的 IC150 Ⅰ型水泥为成型水泥，砾石碱活性试验成果见表 7，试件膨胀曲线见图 5、图 6。

砾石碱活性抑制试验成果表　　表 7

样品编号	掺合料（IC150 Ⅰ型水泥）	膨胀率/%			
	火山灰/%	3d	7d	10d	14d
GL7-2	0	0.09	0.33	0.49	0.63
	20	0.03	0.16	0.29	0.38
	30	0.01	0.05	0.15	0.21
GL7-3	0	0.05	0.27	0.40	0.55
	20	0.02	0.09	0.16	0.26
	30	0.02	0.05	0.07	0.16

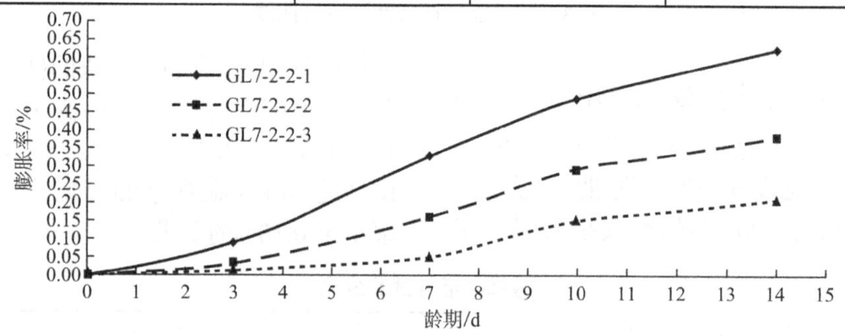

图 5　GL7-2-2 砾料碱活性膨胀曲线

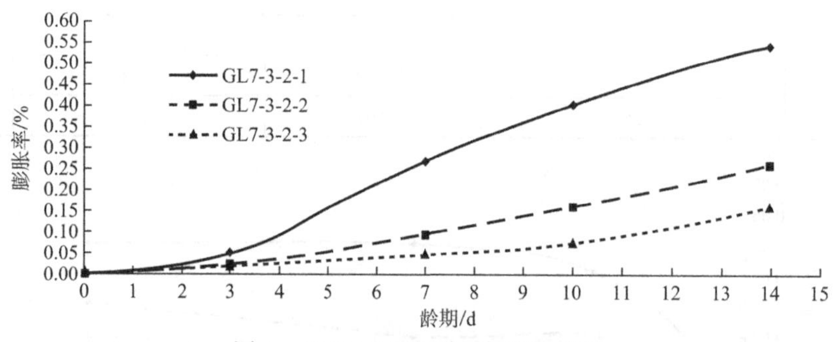

图 6　GL7-3-2 砾料碱活性膨胀曲线

砾石碱活性及其抑制试验研究成果表明：在两组砾石试件中，不掺加火山灰的砂浆棒试件的 14d 膨胀率在 0.55%~0.63%之间，在掺入 20%火山灰后两组砂浆棒试件的 14d 膨胀率在 0.38%~0.26%之间。掺入 30%的火山灰后，两组砂浆棒试件的 14d 膨胀率在 0.16%~0.21%之间。均不满足规范 14d 膨胀率小于 0.10%的要求。

4.5　砾料抑制碱活性试验成果（HE 型水泥）

采用 HOLCIM 生产的 HE 水泥为成型水泥，砾石碱活性试验成果见表 8，试件膨胀曲线见图 7。

砾石碱活性及其抑制试验研究成果表明：在试件中，不掺加火山灰的砂浆棒试件的 14d 膨胀率为 0.04%，在掺入 15%火山灰后砂浆棒试件的 14d 膨胀率为 0.02%。掺入 25%的火山灰后砂浆棒试件的 14d 膨胀率为 0.01%。均满足规范 14d 膨胀率小于 0.10%的要求。

砾料碱活性抑制试验结果：采用 HOLCIM 生产的 IC150 Ⅰ型水泥为成型水泥，在火山灰的最大掺量为 30%时，无法对骨料的碱活性进行抑制。在采用 HOLCIM 生产的 HE 水泥为成型水泥，火山灰在 0、15%、25%掺量情况下，试件 14d 膨胀率均小于 0.1%。研究结果表明：仅用该 HE 水泥就可以对骨料的碱活性起到抑制的效果。

砾石碱活性成果表　　　**表 8**

样品编号	掺合料（HE 水泥）	膨胀率/%		
	火山灰/%	3d	7d	14d
CCS-J-01	0	0.03	0.04	0.04
	15	0.01	0.01	0.02
	25	0.00	0.00	0.01

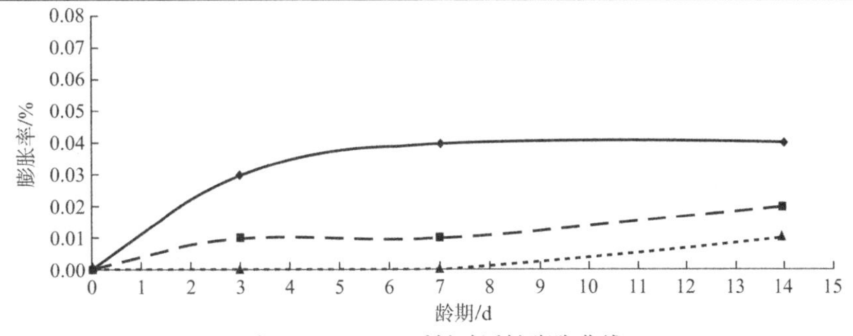

图 7　CCS-J-01 砾料碱活性膨胀曲线

5　结论

（1）料场骨料性能试验

在历史桥所取的砂砾料样品中，部分砂样的细度模数、含泥量及有机质均大于规范要求。其余砂样的各物理及化学指标均满足美国标准 ASTM C33-08 的要求。砾石样品中，部分样品的混合砾石料含泥量、泥块含量不满足合同附件$A \leqslant 0.5\%$的要求，其余各项物理及化学性能均满足美国标准 ASTM C33-08 的要求。

（2）碱活性检验

依据岩相法、化学法检验骨料碱活性试验成果，历史桥料场 2 组砂砾料样品均属具有潜在碱活性危害的骨料。

（3）碱活性抑制试验

采用 HOLCIM 生产的 IC150 Ⅰ 型水泥为成型水泥，在火山灰的掺量在 30%时，未能对骨料的碱活性起到抑制效果；采用 HOLCIM 生产的 HE 水泥为成型低碱水泥，在火山灰掺量分别为 0、15%、25%时均能对骨料的碱活性起到抑制效果，仅用 HOLCIM 生产的 HE 水泥，在不掺加火山灰的情况下对骨料的碱活性就能起到较好的抑制效果。建议采用 HE 水泥来抑制骨料的碱活性。

历史桥料场抑制骨料碱活性研究成果汇总表见表 9。

抑制骨料碱活性研究成果汇总表　　**表 9**

料场名称	骨料种类	试验编号	水泥种类	火山灰掺量/%	抑制效果	推荐火山灰掺量/%
历史桥	天然砂	GL7-2	IC150 Ⅰ	30	不可抑制活性	—
		GL7-3				
		CCS-J-01-D	HE	0	可抑制活性	≥0
	砾石	GL7-2	IC150 Ⅰ	30	不可抑制活性	—
		GL7-3				
		CCS-J-01-A	HE	0	可抑制活性	≥0

参考文献

[1]　宋加升，何志攀. 欧美水电工程地质勘察技术标准简介[J]. 云南水力发电, 2015, 31(5): 128-131.

[2]　水利部. 水利水电工程天然建筑材料勘察工程：SL 251—2015[S]. 北京：中国水利水电出版社, 2015.

[3]　李珍，金宇，马保国. 玄武岩骨料碱活性试验研究[J]. 长江科学院院报, 2007(02): 43-45.

[4]　刘艳，张亚丽. 碱性骨料与碱活性骨料的差别[J]. 水利技术监督, 2010, 18(4): 23-26.

[5]　徐建闽，姜姗姗，王祖国. 浅谈混凝土骨料碱活性反应、判别与防治[J]. 水利水电工程设计, 2019, 38(1): 38-40.

[6]　初必旺，武玲，殷洁. 花岗岩骨料碱活性检验及抑制试验研究[J]. 云南水力发电, 2022, 38(11): 68-71.

乌弄龙水电站枢纽区主要工程地质问题评价

胡　华　安晓凡

（中国电建集团西北勘测设计研究院有限公司，陕西西安　710065）

1　工程概况

乌弄龙水电站为澜沧江上游河段规划方案的第二级电站，坝段位于云南省迪庆州维西县巴迪乡与德钦县燕门乡交界的澜沧江上，为二等大（2）型工程。电站左岸有德维二级公路通过，公路里程距下游的巴迪乡约12km，维西县城约125km，距德钦县城约90km。

电站开发任务主要为发电，兼顾促进地区经济、社会和环境协调发展。坝址控制流域面积8.59万km^2，多年平均流量744m^3/s，多年平均径流量235亿m^3。水库的正常蓄水位为1906.000m，校核洪水位为1908.700m，死水位1901.000m，总库容为2.84亿m^3，调节库容为0.36亿m^3，日调节水库。电站总装机容量990MW，4台机，单机容量247.5MW，年平均发电量44.63亿kW·h。

枢纽工程由碾压混凝土重力坝、坝身泄洪表孔和底孔及右岸地下厂房系统等主要建筑物组成。拦河大坝为碾压混凝土重力坝，坝轴线为折线布置。坝顶高程1909.500m，最大坝高137.5m。大坝坝顶长度247.10m，坝顶宽度10m，坝体断面上游面垂直，下游坡比为1∶0.72。枢纽布置见图1。

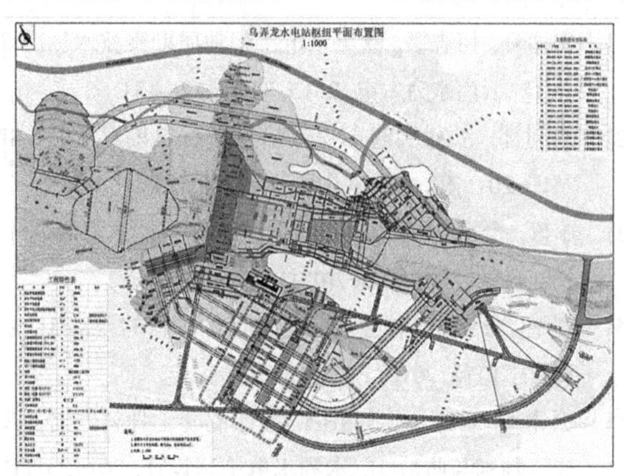

图1　乌弄龙水电站枢纽布置图

乌弄龙水电站工程于2010年10月开始筹建，2013年12月导流洞分流，2014年11月主河床截流，2016年10月大坝混凝土开始浇筑，2018年11月7日下闸蓄水，2019年1月首台机组投产发电，2019年7月全部机组投产发电。2020年12月，电站通过枢纽竣工安全鉴定[1]。

工程地处三江褶皱带，区域构造及工程地质条件极为复杂。主要表现在：①工程枢纽区河谷狭窄，两岸自然边坡陡峻，勘察难度大；②两岸陡倾层状岩体普遍存在卸荷、倾倒现象，边坡稳定问题较为突出；③坝址区岩性、岩相及薄层—极薄层板岩的较多分布，对坝基岩体质量及岩体力学参数影响较大；④地下厂房洞室群规模大，互层状砂板岩及较发育的断层、节理裂隙，对洞室稳定、开挖质量控制等有诸多不利影响。

针对上述特点和难点，乌弄龙水电站工程在勘测过程中紧密结合实际、精心策划和组织、合理布置勘探试验工作，应用新技术、新方法围绕关键部位和主要工程地质问题开展研究，为工程设计和建设提供了翔实可靠的地质依据。

2　区域地质稳定性

乌弄龙水电站工程区属滇西纵谷山原区地貌单元，总体地势北高南低，山脉总体呈北北西或南北向展布，江水由北流向南，澜沧江河谷深切，河谷断面呈V形，局部呈U形。主要出露有二叠系、三叠系、侏罗系地层。

工程区北部属青藏高原，南部属云贵高原。工程区位于唐古拉—兰坪—思茅地槽褶皱带Ⅰ级构造单元、兰坪—思茅坳陷Ⅱ级构造单元中，如图2所示。区域构造应力最大主应力方向为北北西—近南北向。工程区地处新构造强烈活动的青藏高原东南隅，断裂构造和区域断裂发育，地震地质背景复杂。近场区未见活动性断裂，历史地震强度较弱，场地地震危险性主要受外围强震的波及影响[2]。

获奖项目：2020年度水电行业优秀工程勘测一等奖。

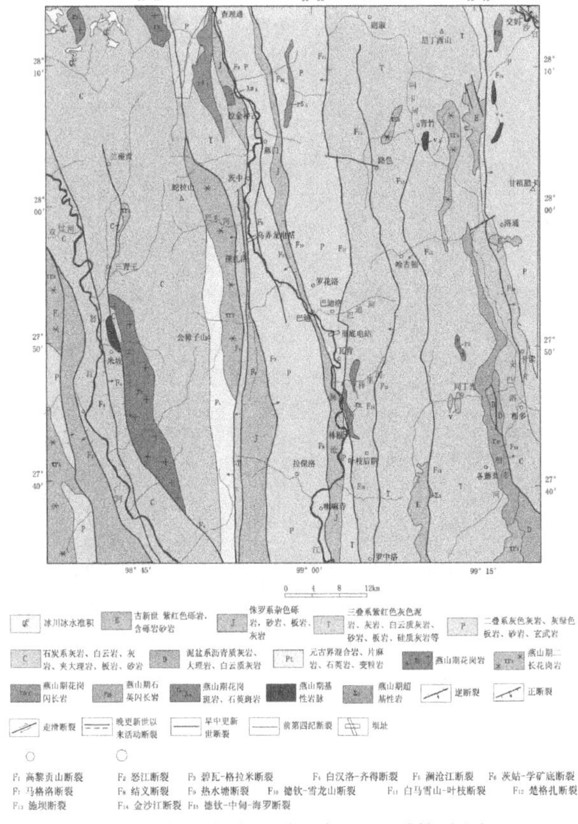

图 2　乌弄龙水电站近场区地质构造图

工程区新构造运动强烈，地壳新构造运动不仅具整体隆升和侧向滑移运动特征，且具有明显的块断差异运动特征。根据潜在震源区的划分结果、地震带及潜在震源区地震活动性分析，对场址影响较大的是德钦、维西、中甸等潜在震源区。根据中国地震局批复的工程场地地震安全性评价结果，工程区 50 年超越概率 10%及 100 年超越概率 2%的基岩水平向地震动峰值加速度分别为 0.096g、0.202g，场地地震基本烈度为Ⅶ度。根据《中国地震动参数区划图》GB 18306—2015，复核乌弄龙坝址区Ⅱ类场地 50 年超越概率 10%的基岩水平向峰值加速度为 0.15g，相应的反应谱特征周期为 0.40s。

3　枢纽区工程地质条件

坝址位于结义坡村下游至南几洛河河口之间的澜沧江河段，全长 1.8km。坝址区河道顺直，江水流向为 SE113°～SE120°，河谷为斜向谷，两岸山势陡峻、河谷深切，地形地貌见图 3。两岸阶地不甚发育，左岸岸坡自然坡度 40°～50°，右岸 1910.000m 高程以下自然坡度 60°～80°、1910.000m 高程以上自然坡度 40°～45°。基岩出露较好，覆盖层面积占 30%～40%。正常蓄水位为 1906.000m 时谷宽约 211.58m。坝址区岸坡冲沟不发育，主要为左岸拉姆沟和右岸下游南几洛河。南几洛河主沟长度大于 1km，河谷深切、谷底狭窄，河内有常年流水且流量较大。

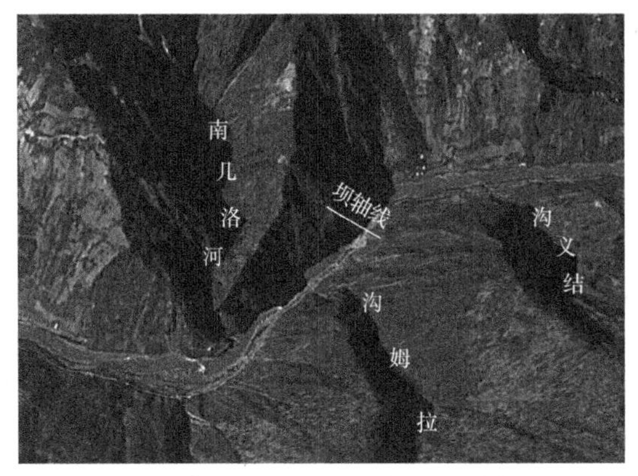

图 3　坝址区地形地貌

枢纽区基岩为二叠系下统（P1）、上统下段（P2a）地层，二者为断层（结义断裂）接触，第四系覆盖层面积较小。下统（P1）岩性为薄层状砂质、泥质板岩夹变质石英砂岩等，主要分布于枢纽下游。上统下段（P2a）岩性为薄层状砂质、泥质板岩夹中厚层变质石英砂岩及少量英安质凝灰岩等。坝基部位岩性以板岩为主，占 56%左右，变质石英砂岩约占 41%，英安质凝灰岩约占 3%。微新的板岩饱和单轴抗压强度为 77MPa，变形模量为 2.06×10^4MPa；变质砂岩单轴抗压强度为 108MPa，变形模量为 1.85×10^4MPa，均属于坚硬岩类。由于均属层状岩石，岩体的力学特性具有一定的各向异性。

枢纽区岩层为单斜构造，岩层总体走向为 NW355°～NE10°，倾向 NE～SE，倾角 75°～88°，与澜沧江河谷近似正交。结义区域断裂（为断裂）从枢纽区下游侧通过，由 7 条顺层或切层的小断层组成的一个挤压断裂带，属Ⅰ级结构面。枢纽区发育 LF05 等数条Ⅱ级结构面。枢纽区Ⅲ级结构面较发育，其中坝基共发育 18 条，多为钙质充填，属硬性结构面，仅少量属软弱结构面。枢纽Ⅳ～Ⅴ级结构面较为发育。枢纽区的结构面Ⅰ、Ⅱ类及部分Ⅲ级结构面属软弱结构面，①组产状 NW346°～NE15°NE-SE（或 NW-SW）∠75°～90°；②组产状 NW285°～NW321°NE∠53°～83°；③组产状 N0°～NE30°NW∠46°～69°。Ⅳ～Ⅴ级裂隙、小断层为软弱结构面，主要以顺层发育为主。

坝址区地下水主要受大气降水、高山冰雪融化水的补给，排泄于澜沧江。透水层顶板埋深部位河床为基岩面以下 8～44m，左岸为 44～110m，右岸为 33～113m，右岸水力坡降（0.568）明显大于左岸（0.266）。通过水压致裂法和应力解除法实测，工程区主压应力方位为 NNW 向，最大主应力$\sigma_1 = 10.0\text{MPa}$，$\sigma_2 = 4.0\sim5.0\text{MPa}$，$\sigma_3 = 5.0\sim7.0\text{MPa}$。

4 枢纽区主要工程地质问题

枢纽区物理地质现象主要有崩塌、倾倒变形、卸荷松动、风化等。坝前崩塌堆积体距离坝轴线较近、方量较大，其稳定性对大坝安全运行存在影响。枢纽左右岸的层状岩体在自重作用下产生不同程度的倾倒变形，共发育QD1～QD4 等 4 个较大的倾倒变形体，其中QD1 位于右岸坝肩、规模较大，对右岸边坡整体稳定影响较大。右岸岸坡与左岸相比，整体表现出卸荷程度强烈、水平卸荷深度大、卸荷深度自下而上逐步增大的特点。

因此，由风化、卸荷以及倾倒等引起的岩体破坏是导致枢纽区工程条件复杂的主要原因，由此产生边坡稳定问题与层状岩体地下洞室稳定、坝基岩体质量及抗滑稳定共同组成乌弄龙水电站枢纽区的四个主要工程地质问题。

4.1 右岸坝前堆积体稳定性

右岸坝前堆积体距离坝轴线 600m，堆积体方量 480 万 m^3。由于堆积体规模巨大且紧邻大坝，一旦发生整体失稳破坏将会极大地威胁大坝的安全和电站正常运行的安全。因此该堆积体稳定性是电站枢纽区主要的工程地质问题之一，为此进行了专门的工程勘察、岩土试验、观测及分析研究工作。

堆积体平面上呈长条形，范围严格地限制在一冲沟内（图 4）。冲沟两侧部分地段有基岩出露。地形、地貌为陡崖，高度近 200～300m。顶部高程 2800.000m，堆积体后缘与基岩接触处高程 2650.000m 左右，下部堆积体的最低高程 1830.000m 左右，整个堆积体的高差为 800m 左右。堆积体厚度为 7.6～73.4m，厚度变化大，上薄下厚，其中堆积体下部的厚度在 50m 以上。主要由块、碎石土组成，多架空呈块石堆，无磨圆和分选特征。

图 4 坝前堆积体地形地貌

堆积体形成机制为：堆积体后缘为高陡的岩质斜坡，具备崩塌地形地貌条件。层状陡倾坡内的厚层状基岩，斜坡沿最大剪应力面形成平行坡向的卸荷裂隙，长期的自重作用和河谷低应力场下，下部沿斜坡前缘发生剪切蠕变，形成分离块体并从陡崖上崩落下去。堆积体所在冲沟的向源侵蚀，使得不断垮崩的陡崖不断向高处发展，形成长度较大的堆积体。

宏观分析认为，堆积体地表的堆积物已历经经长期充分压密。现场地表树木茂密，树龄较长，且生长正常。地表也未发现有明显的变形迹象，前缘居住农家房屋未发现开裂、倾斜等情况，加之堆积体前部超覆于 I 级阶地上，判断蓄水前堆积体处于自然稳定状态。

采用刚体极限平衡法对蓄水后右岸坝前堆积体的稳定性进行分析：堆积体在天然、暴雨以及水位突降等工况下整体和局部稳定性系数均大于 1.05，处于稳定状态；地震工况下整体稳定性系数大于 1.0，但局部稳定性小于 1.0，即蓄水后在地震工况下堆积体产生整体失稳的可能性也较小，但前缘 2040.000m 高程以下存在局部失稳的可能性。有限元模型分析的成果为：堆积体剪应力突出的部分集中于 2170.000m 高程特别是 2040.000m 以下，强度折减法计算的稳定系数与刚度极限平衡法计算的结果较为接近。对堆积体地震工况下假定产生滑动破坏，产生的涌浪进行预测，预测结果产生的坝前涌浪小于大坝防浪高度。

为了保证枢纽区工程安全，在右岸坝前堆积体布置了变形和渗流长期监测措施。表面监测显示，蓄水后坝前堆积体表面观测点垂直位移变化很小，水平位移大多变化也很小，仅 2170.000m 以下的个别监测点变形尚未收敛，向岸外变形缓慢持续发展。位于堆积体中下部的测斜监测结果，多数孔内位移很小。地下水长观孔观测成果，各孔内水位与地下水位关联性很好，说明堆积体岩土体渗透性较强，地下水排泄通畅，形成高孔隙水压的可能性小，对稳定有利。

4.2 大型倾倒体QD1 稳定性

右岸倾倒体QD1 地貌形态为一相对突起的山梁，发育规模较大，前缘高程 1950.000m，后缘分布高程为 2270.000m，顺坡向长 300m 左右，总方量约 230 万 m^3，其中强倾倒体积约 140 万 m^3。由于倾倒体位于乌弄龙水电站大坝的顶部，对工程有直接影响，需深入研究其稳定性。倾倒体地貌和可研阶段勘探布置如图 5 所示。

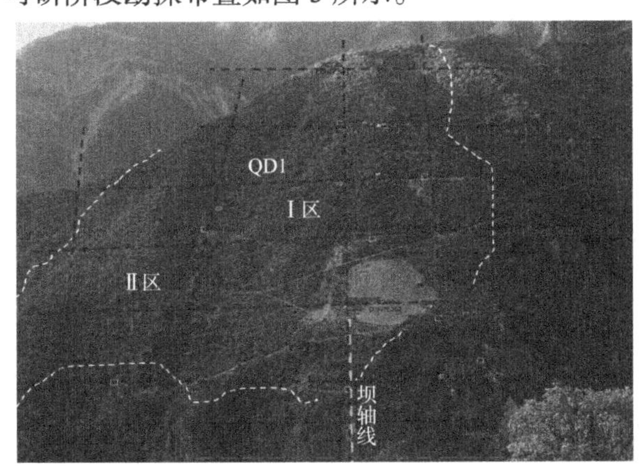

图 5 坝址倾倒体QD1 地貌及勘探布置

倾倒体QD1 岩性为砂质、泥质板岩与变质砂岩，由平硐揭露的坡体不同部位和深度的倾倒变形程度、岩体破坏类型和特征各不相同，如图 6 所示。

(a) PD212 平洞 15m 处岩体严重倾倒变形（浅表部）

(b) PD228 平洞 40～43m 处外侧岩层折断变形破坏（深部）

(c) PD212 平洞 98～100m 处岩体折断变形破坏（深部）

图 6 平洞不同深度岩层倾倒变形情况

总体上，倾倒岩体呈现出拉裂破坏的特征，各部位具体表现在如下四个方面[3]：

（1）浅表部岩体倾倒变形严重。岩层倾角一般在 40°以下，风化作用使得岩体非常破碎，钻孔几乎无柱状岩芯，大部分岩芯解体为岩屑、岩粉状。

（2）中部岩体拉裂、破碎。裂隙普遍张开、岩体非常破碎，局部地段岩体存在解体、架空现象，岩芯以碎块为主，局部相对完整、呈柱状。

（3）底部岩体弯曲拉裂、折断。岩体的拉裂变形受弯曲程度的影响，弯曲变形超过一定程度发生折断，折断面及附近岩体完全拉裂、破碎、解体，钻孔岩芯中则表现为岩块和岩粉。从勘探调查的结果来看，整个右岸倾倒体并没有形成一个完全贯通、连续的折断面，因此对其稳定性是有利的。

（4）深部岩体受弯曲拉裂形成影响带。影响带岩体的完整性好于倾倒体，裂隙局部张开，部分岩体呈轻微弯曲变形。岩芯基本呈柱状，但裂隙仍然较发育，RQD 值略低于正常岩体。

可研阶段布置的平洞和钻孔大部分揭露了倾倒体底界，结合详细的地面调查和勘探资料，可以看出右岸坝肩倾倒体总体上呈上游宽、下游窄的不规则平面形态。根据倾倒深度以PD228平硐所在的冲沟为界，将其进一步划分为两个区域，（图5）。其中，Ⅰ区为中—深倾倒变形区，是右岸倾倒变形体的主体，水平倾倒变形深度80～120m、垂直深度40～70m。Ⅱ区为浅—中倾倒变形区，水平倾倒变形深度40～60m，垂直深度在30～50m，且向下游方向倾倒变形深度表现出逐渐降低的趋势。

通过对边坡地形地貌、坝址区岩层发育情况、结构面和拉裂缝特征的深入分析，得到右岸倾倒卸荷体QD1的成因机制是：右坝肩边坡由于南几洛河的深度切割，形成了相对单薄、突出的山体，导致岩体的强烈卸荷。边坡表部岩体处于拉应力区，薄层的陡倾砂、板岩在卸荷回弹作用下发生向临空面的倾倒变形破坏，导致在边坡上部出现拉裂缝。再加上缓倾结构面和陡倾结构面组合块体的蠕滑作用，使得在后部陡倾结构面处也产生拉裂缝。拉裂缝形成后，边坡表部的应力环境会发生改变，拉张作用使得拉裂缝随之向下扩展，进一步引起应力场的调整与变化，这样周而复始引起拉裂缝累进性地向深部扩展，形成目前的变形体状态[4]。

宏观上判断，倾倒体目前整体稳定性良好。利用极限平衡法和数值方法对其稳定性进行量化评价，典型二维剖面的计算结果显示：倾倒体在天然和地震工况下整体稳定性较好（安全系数均大于1.2），但在暴雨状态下处于极限平衡状态。因此，工程开挖可能会存在诱发边坡失稳的风险。基于此，施工期间对倾倒体2100.000m高程以下松散覆盖层及破碎岩体进行了清除，边坡最大开挖高度115m。另外，采用混凝土板＋系统锚索（1000kN，间排距4.0m）对倾倒体进行加固支护处理（图7），保证边坡具备足够的安全储备。在坡表设置了多套GNSS监测点、表面变形观测墩、测斜孔，在排水洞内安装了静力水准点与水平位移计进行长期监测，监测成果显示，自监测以来总体QD1倾倒体变形量级不大，开挖阶段变形量较大之外，总体上倾倒体变形处于稳定状态。

图7　QD1倾倒体施工处理后现状

4.3　层状岩体地下洞室围岩稳定

乌弄龙水电站除导流洞等部分洞室布置于左岸外，地下厂房系统等地下工程大多布置于枢纽区右岸。地下厂房三大洞室中厂房尺寸181m×26.7m×71.25m（长×宽×高），主变室143.7m×18m×28.9m，尾调室116.5m×20m×65.9m，三大洞室轴线走向均为SW230°，与岩层夹角约60°。三大洞室岩性以中厚层状的变质砂岩以及薄层状泥质、砂质板岩为主，厂房部位统计的变质砂岩约占50%，板岩约占22%，变质砂岩和板岩互层占28%。发育的结构面以Ⅳ～Ⅴ级的裂隙结构面为主，围岩质量总体以Ⅲ类为主。

陡倾角、砂板岩互层的岩体结构是乌弄龙地下厂房围岩的主要地质特征，岩体力学特性表现出较为明显的各向异性，且变质砂岩各向异性程度相对板岩较低[5-6]。数值模拟的结果显示（图8）：洞室开挖后，洞周围岩的应力场发生了重新分布，径向应力不断释放、切向应力不断增长，各洞室交接部位应力松弛较为明显，但均未出现明显的拉应力区。地下洞室群开挖完成后，围岩的塑性变形区主要出现在洞室的上、下游边墙及顶拱，且在厂房的上游侧较为明显，受断层的控制主要以剪切破坏为主。采取支护措施之后，洞室周边围岩变形明显减小，塑性区分布也较支护前减少，洞室的整体稳定性有所加强。

对三大洞室分别进行了物探弹性波测试，波速平均值V_P为3540～4380m/s，对应的动弹模量平均值E_d为25～42GPa。结合岩体结构和力学特性的分析，总体而言地下洞室围岩完整性较好、强度较高，能够满足建设大型洞室群的要求。另外，多点位移计的监测成果显示，顶拱部位围岩变形多发生在 0～7m 范围内，占变形位移总量 55%～70%。边墙部位的变形主要集中于 15m 深度范围，且上游墙变形总体略高于下游。

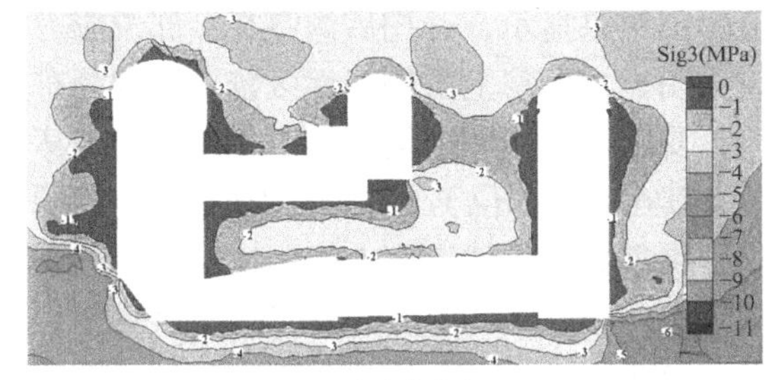

(a) 主应力分布

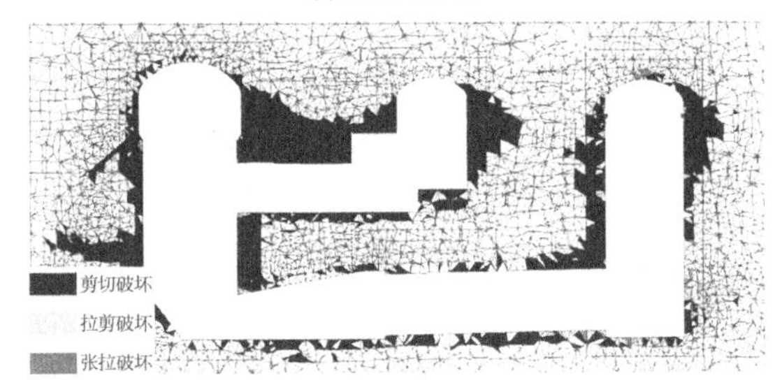

(b) 塑性区分布

图 8　地下厂房开挖后数值模拟结果（遍布节理模型）

地下厂房系统在开挖过程中，沿结构面组合、裂隙密集带等部位产生一些失稳块体，但总体规模较小、分布零散且随机性强。结合块体理论，分析了乌弄龙层状岩体地下厂房围岩块体的稳定性，结果表明：顶拱的坠落型块体大多是由控制性结构面切割岩层面形成的，而边墙上的块体主要是由结构面相互切割形成的，且岩层面对洞室交接区域的块体稳定性影响较明显[7]。进行系统支护后，关键块体未对洞室稳定产生不利影响，因此地下厂房的块体稳定问题不突出。

4.4　坝基岩体质量及抗滑稳定

乌弄龙大坝为碾压混凝土重力坝，坝顶高程 1909.500m，最低建基面高程 1779.000m，坝顶总长 259.25m，左到右共分 12 个坝段，分属左岸挡水坝段、中间河床泄流坝段以及右岸挡水坝段等 3 个部分。

坝基范围共揭露 F1～F18 共 18 条断层，多顺层发育、宽度小于 10cm，延伸长度一般在数十米，基本无贯通坝基上下游（图 9）。断裂带普遍挤压较为紧密，其中位于河床泄流坝段的 F13、F18 等断层虽然延伸较长，但基本为硅钙质胶结、强度较高。发育的裂隙也普遍呈闭合状或微硅钙质胶结，总体性状较好。

坝基岩体完整性好、强度较高，抗滑、抗变形性能较高。以声波波速大于 3500m/s 作为坝基Ⅲ1 类岩体质量控制的标准，统计的坝基岩体分级结果为：总体坝基岩体以Ⅱ～Ⅲ1 类为主，占比在全部 95%以上，少量Ⅲ2 类。图 10 展示了坝基岩体风化、卸荷带的划分，强风化岩体分布于 1898.000m 高程以上，弱风化下带界线位于约 1810.000m 高程，因而坝基岩体以微新岩体为主。由于开挖后坝基面 3～5m 深度范围岩体产生卸荷松弛，施工阶段为提高坝基岩体的完整性，对坝基上下游一定范围内进行固结灌浆，同时在断层破碎带、裂隙密集带等部位掏槽换填、布置防裂钢筋等方式进行处理[8]。

图 9　坝基主要断层分布情况

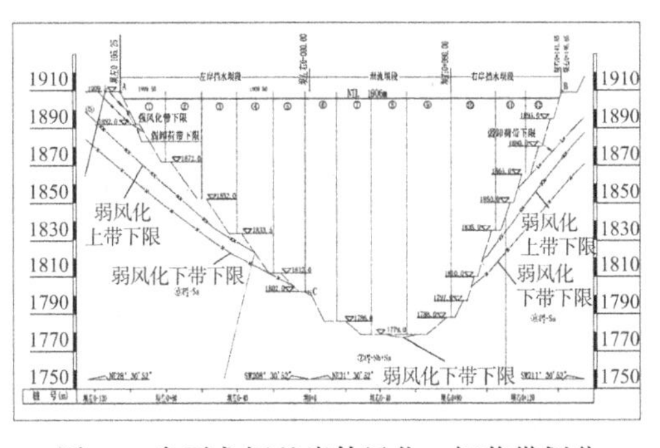

图 10　乌弄龙坝基岩体风化、卸荷带划分

河床泄流坝段和右岸挡水坝段坝基发育 YL133、YL164 等多条顺河向裂隙结构面，其中部分为缓倾角裂隙。这些裂隙虽然产状变化幅度大、

离散、成组性差，但与陡倾裂隙组合易形成潜在滑移弱面，可能对坝基抗滑不利。为分析坝基的抗滑稳定，根据开挖揭露的结构面分布情况，组成可能的最危险组合进行分析。结果显示，虽然 YL164 等缓倾裂隙与 YL177 等陡倾裂隙组合可形成双滑面楔形滑动，但实际情况这些裂隙延伸长度普遍不大，产生楔形滑动的可能性较小。深层抗滑稳定的计算及敏感性分析结果显示，坝基深层滑动面裂隙组连通率达到 45%时，深层抗滑稳定仍可满足现行规范要求，且有较大的安全余度。为了进一步增强坝基深层抗滑的稳定性，针对缓倾角裂隙出露区域，加强固结灌浆处理。

5 结语

针对乌弄龙水电站复杂的工程地质条件，在勘测过程中通过精心策划和组织、合理布置勘探试验工作，施工阶段开挖所揭露的地质条件与前期勘察成果取得了良好的一致性。在此基础上，围绕坝址区关键部位和主要工程地质问题开展了针对性研究，得出以下结论：

（1）右岸坝前堆积体是由崩塌和高陡岩质斜坡多次变形、拉裂破坏下落而形成的，块体逐级下移和间歇洪水的搬运加大了分布长度。天然状态下，堆积体稳定性良好。水库蓄水后，堆积体前缘可能发生局部垮塌，但对整体稳定性和工程建设影响不大。极端工况（蓄水＋地震）下，预测的最大坝前涌浪值为 3.18m，小于防浪高度。

（2）倾倒体QD1 的成因机制是：右坝肩边坡受南几洛河切割，形成了相对单薄、突出的山体，导致岩体强烈卸荷。薄层陡倾砂、板岩在卸荷回弹作用下发生向临空面的倾倒变形破坏，导致在边坡上部出现拉裂缝。拉裂缝导致边坡浅层应力环境发生改变，拉张破坏的向下发展进一步引起应力场的调整。周而复始的拉裂缝累进性扩展，最终形成了目前的变形体状态。

QD1 未见贯通性倾倒折断面和倾倒后的蠕滑拉裂迹象。计算分析结果显示，倾倒体在天然和地震工况下整体稳定性较好，但在暴雨状态下处于极限平衡状态。因此，工程开挖可能会存在诱发边坡失稳的风险。采用了混凝土板＋系统锚索对倾倒体进行加固支护处理，保证其足够的安全储备。监测结果反映，除开挖阶段变形量较大之外，倾倒体变形总体上处于稳定状态。

（3）陡倾层状岩体结构是乌弄龙地下厂房围岩的主要地质特征，岩体力学特性表现出较为明显的各向异性。围岩开挖卸荷过程中，变形破坏会由于岩体性状的不同表现出差异性和不均匀性。数值模拟结果显示，开挖后洞室交接部位应力松弛较为明显，厂房上游侧塑性区较下游侧分布范围大，受断层控制和层面影响围岩以剪切破坏为主（尤其在边墙部位）。地下厂房块体稳定问题不突出，拱顶关键块体大多由控制性结构面切割岩层面形成，边墙主要由结构面相互切割形成，岩层面对交接部位的块体稳定影响较明显。

（4）坝基开挖揭露岩体为二叠系上统下段中薄层状砂质、泥质板岩及中厚—巨厚层状变质石英砂岩，岩体以弱风化—微新岩体为主。坝基岩体左右岸挡水坝段以Ⅲ类为主，泄洪坝段以Ⅱ类为主。结构面以顺层发育为主，缓倾结构面轻度发育，经抗滑稳定复核，坝基不存在深层滑动问题。通过对断层破碎带混凝土置换处理和坝基全面固结灌浆后，建基岩体满足承载变形及抗滑稳定要求。

参考文献

[1] 中国水电顾问集团西北勘测设计研究院. 乌弄龙水电站枢纽工程竣工验收报告[R]. 西安: 2021.

[2] 中国电建集团西北勘测设计研究院有限公司. 云南澜沧江乌弄龙水电站工程可行性研究报告[R]. 西安: 2009.

[3] 李树武. 澜沧江乌弄龙水电站坝址右岸大型倾倒体变形特征、成因机制及稳定性研究[D]. 成都: 成都理工大学, 2012.

[4] 安晓凡, 巨广宏, 李宁. 岩质边坡倾倒破坏模式与机理分析[J]. 西北水电, 2021, 194(1): 10-21.

[5] 胡中华, 徐奴文, 戴峰, 等. 乌东德水电站地下厂房层状岩体稳定性及变形机制[J]. 岩土力学, 2018, 39(10): 3794-3802.

[6] 黄书岭, 王继敏, 丁秀丽, 等. 基于层状岩体卸荷演化的锦屏Ⅰ级地下厂房洞室群稳定性与调控[J]. 岩石力学与工程学报. 2011, 30(11): 2203-2216.

[7] 朱冬冬. 层状岩体地下厂房围岩稳定性评价与锚固支护优化研究[D]. 武汉: 中国科学院武汉岩土力学研究所, 2016.

[8] 巨广宏. 高拱坝建基岩体开挖松弛工程地质特性研究[D]. 成都: 成都理工大学, 2011.

金沙江乌东德水电站导截流工程地质勘察

李会中[1,2]　郝文忠[1,2]　黄孝泉[1,2]　王团乐[1,2]　王吉亮[1,2]

（1. 长江设计集团，湖北武汉　430000；2. 长江三峡勘测研究院有限公司（武汉），湖北武汉　430074）

1　工程概况

乌东德水电站是金沙江下游河段中最上游一个梯级水力发电站，是实施“西电东送”的国家重大工程。电站装机容量 10200MW，多年平均发电量 389.1 亿 kW · h，为一等大（Ⅰ）型工程；枢纽工程由拱坝、泄洪洞、引水发电系统等组成，坝顶高程 988.000m、最大坝高 270m；水库正常蓄水位 975.000m、总库容 74.08 亿 m^3；以坝身泄洪为主、岸边泄洪洞为辅的方式泄洪。施工期采用河床一次断流、围堰全年挡水、两岸导流洞泄流的方式进行导流，导流标准为 50 年一遇、相应流量为 26600m^3/s[1]。

大坝基坑上、下游围堰堰顶高程分别为 873.000m、847.000m，上游围堰背水侧边坡高度达 155m；导流洞共 5 条（图 1），为“左 2 右 3、4 大 1 小、4 低 1 高”，即左岸 1 号和 2 号、右岸 3 号和 4 号导流洞过流为 16.5m × 24m（宽 × 高）的大断面、底板较低的导流隧洞，右岸 5 号导流洞过流为 12.0m × 16.0m 的小断面、底板较高的导流隧洞，断面形式均为城门洞形。

图 1　乌东德水电站导截流布置图

工程区地质条件复杂，河床覆盖层深厚（一般 60～70m），物质组成及结构复杂；导流洞开挖断面为世界之最；业内首次采用的直柱型堵头进行导流洞封堵；进口为高陡层状碎裂岩人工顺向坡；工程勘察及评价要求高，难度大。

2　勘察的难点

乌东德水电站导截流工程地质条件复杂，勘察面临诸多难题：河床覆盖层深厚，物质组成及结构复杂[2]，勘察过程中常规取样及原位测试手段受限；层状碎裂岩体作为特大型导流洞洞室的围岩，其稳定性地质分析与评价困难；影响导流洞堵头混凝土与岩体接触面紧密程度的因素众多，各接触面抗剪强度力学参数准确确定困难；导流洞进口高达 160m 的高陡层状碎裂岩人工顺向坡的精细分段勘察及稳定评价，在国内外边坡工程勘察中尚无相关经验。

获奖项目：2021 年度工程勘察、建筑设计行业和市政公用工程优秀勘察设计奖二等奖。

3　勘察技术创新

3.1　研发了一套复杂条件下河床深厚覆盖层勘探技术

乌东德水电站堰基河床覆盖层一般厚 60～70m、最厚达 80.07m，物质组成及结构复杂，成因多样[3]，工程地质勘察困难[4-5]：一是无法取出原状样或原级配样；二是钻孔套管及循环液护壁后，钻孔彩电成像无法实施，其物质组成及结构无法直观判定；三是孔间覆盖层物质界面的分布及其变化情况无可靠手段确定；四是孔深 20m 以下的重型、超重型圆锥动力触探试验锤击数的修正系数无规范和其他依据可查[6]。

（1）研制了一种利用废旧合金钻头 + 岩芯管加工改造形成强度高、易操作、结构简单、可适宜于砂卵石及碎石土等粗粒土取样的双管内筒式锤击取样器（图 2），可取出粒径 70mm 以下的原状及原级配样品（图 3），将粗粒土取样成功率从 20% 提高至 98%，解决了河床深厚覆盖层原状样或原级配样无法取出的难题。

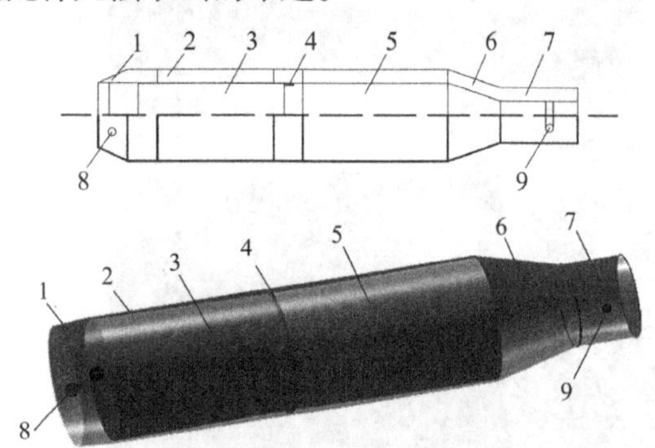

图 2　双管内筒式锤击取样器机构示意图

1—靴式钻头；2—取样管；3—取样内管；4—防串环；5—余土管；6—盖头；7—异径接头；8—钢丝孔眼；9—水眼

图 3　研发的取样器取出的砂卵石及碎石土原状样

（2）研发了一种利用有机玻璃（PMMA）热浇注制作的透光率可达 92.8%以上的透明护壁套管（图 4），解决了河床深厚覆盖层可视化测试钻孔护壁问题；套管具有质地轻、不易变形、强度高的力学性能，机加工性、化学稳定性及耐久性好，耐磨性与铝材接近的特点，在河床深厚覆盖层钻孔可视化测试中可反复使用。提出了一套基于正循环方式连续压水的洗孔方法（图 5），可有效将覆盖层钻孔护壁的泥皮清洗干净，解决了覆盖层钻孔可视化测试孔壁清晰需求的难题；最终提出了一套覆盖层高清彩电可视化的测试方法，为确定深厚覆盖层的物质组成、颗粒大小及所占百分比、颗粒间结合情况、密实程度等结构特征提供了可靠的判断依据（图 6）。

图 4　PMMA 特制专用透明管使用现场

图 5　洗孔前后钻孔返水情况对比

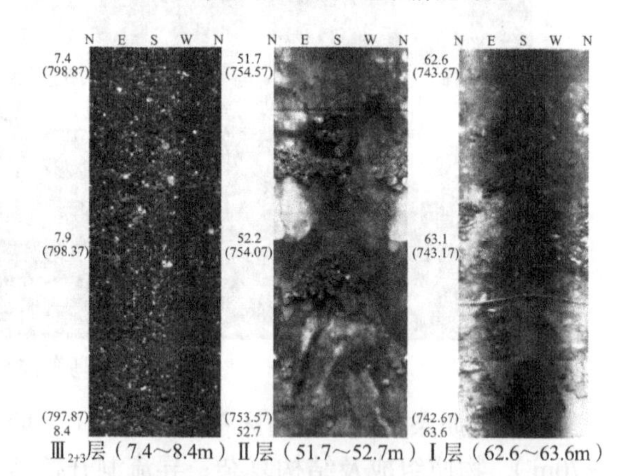

图 6　河床深厚覆盖层可视化测试成果（ZK80）

（3）首创在覆盖层中进行孔间电磁波 CT 测试。通过调研、试验比选，确定 PU 为理想的测试钻孔护壁材料，其不仅具有绝缘性较好、电导率低与电磁波衰减程度小、易于穿透的特点，还具有一定的弹性，在使用中不易损坏，可反复利用；在计算的基础上，结合测试效果，确定覆盖层 CT 测试理想孔距为 20m 左右；成功在深厚覆盖层中进行了孔间电磁波 CT 测试，解决了河床深厚覆盖层中各类物质分界面勘察的难题（图 7）；

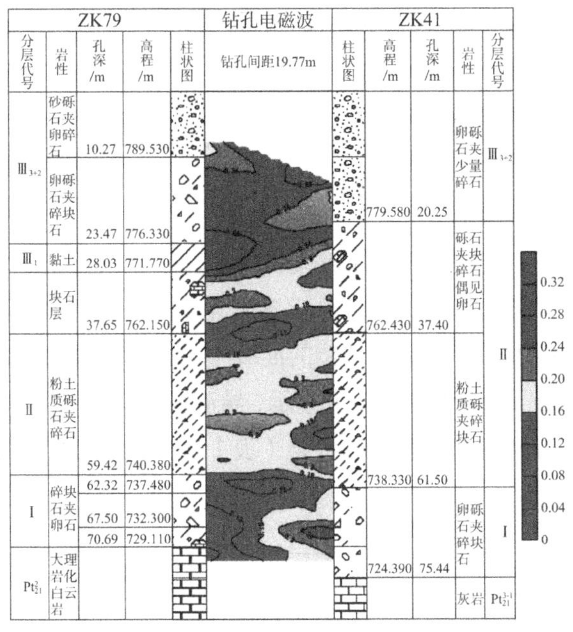

图 7　厚覆盖层孔间电磁波 CT 测试成果图

（4）提出了杆长超 20m 的重型、超重型圆锥动力触探试验锤击数杆长修正系数及计算方法。以动力触探试验实测资料为依据，参照现行规程，应用有限元数值模拟分析，研究了动力触探试验杆长适应性、试验指标与杆长关系等，研发了一套超长杆重型、超重型圆锥动力触探锤击数修正方法，并提出了杆长修正系数建议值，将重型、超重型动力触探的杆长应用范围从 20m 分别大幅度扩展到了 72m 和 114m，填补了国内外该类试验修正系数的空白，为准确确定河床深厚覆盖层的密实度等工程特性提供了可靠依据。

3.2　提出了大断面、小间距导流洞薄层碎裂围岩稳定性地质研究评价方法

乌东德水电站导流洞开挖断面为世界之最，其 4 条低洞最大开挖断面达 19.9m × 27.2m（宽 × 高）；加之洞间距小、洞间岩墙厚度最小处仅 30.1m，不到开挖洞径的 2 倍，特别是右岸极薄层～薄层碎裂状大理岩化白云岩地层中长达 450～657m 的 3 号、4 号大断面导流洞，其围岩在洞间距仅约 30m 情况下的稳定性地质分析与评价在国内外尚无类似先例、困难异常。

（1）针对右岸导流洞薄层碎裂围岩岩层倾角陡、走向与边墙夹角较小的特点，提出了导流洞整体稳定性的关键是边墙的稳定问题，通过研究边墙的变形失稳模式和极端条件下的失稳范围，即可快速宏观评价导流洞的整体稳定性。研究显示，乌东德导流洞左侧边墙主要是倾倒变形稳定问题，右侧边墙则主要是顺层滑移稳定问题，失稳极限深度分别为 9m 及 11m，占导流洞间岩墙的 2/3。

（2）针对右岸导流洞薄层碎裂状围岩层面间夹有的千枚岩薄膜，在其饱水后的抗剪力学强度是否存在软化，进而影响洞室围岩的稳定性问题。专门进行了泡水状态下的层间千枚岩薄膜抗剪强度原位试验，试验显示，其抗剪断强度饱水状态下为 $f = 0.48$、$C = 0.08\text{MPa}$，较泡水前无明显变化。得出了导流洞运行期其整体稳定性不会明显恶化的结论。

（3）针对右岸导流洞薄层碎裂岩开挖后容易卸荷松弛的特点，以导流洞之间的对穿锚索孔声波物探成果为主，结合造孔过程中孔口返水等情况，研究了综合考虑岩体风化、岩层走向与洞轴线夹角、岩层倾向与临空面关系等综合因素影响下的岩体卸荷情况，包括卸荷后松弛带岩体特征、卸荷松弛是否贯穿了导流洞之间隔墙岩体以及中间的非松弛带岩体所占比例等，为地质分析评价稳定性提供了依据。研究显示，导流洞围岩卸荷深度左侧边墙一般 5～7m，最深 9.0m；右侧边墙一般 7m，最深约 8.0m；导流洞间约有 1/2 的岩墙岩体为非卸荷岩体。

利用上述地质研究评价方法，解决了大断面、小间距右岸导流洞层间夹千枚岩薄膜的薄层碎裂围岩稳定性的地质分析研究评价难的问题（图 8）。

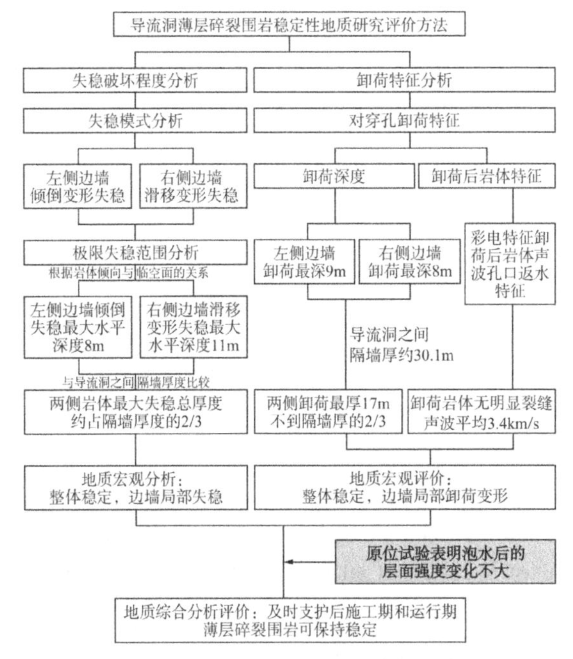

图 8　大断面、小间距导流洞薄层碎裂围岩稳定性研究技术路线

3.3 首创了一套确定导流洞堵头段混凝土与岩体接触面间力学性状的勘察研究思路与方法

乌东德水电站导流洞封堵首次采用直柱型，设计需要准确确定导流洞堵头段混凝土与岩体等接触面间的抗剪强度力学参数[7]。但喷护混凝土与洞壁岩体、衬砌混凝土与喷护混凝土之间的接触面间的力学参数影响因素多，不同部位接触的紧密程度各异，如何科学、可靠地提出不同部位各接触面之间的力学参数一直以来都是业界的一大难题。

（1）受温差及重力的影响，导流洞顶拱、边墙上部、边墙下部、底板四个部位混凝土与岩体接触面间的结合程度各不相同，提出了按不同部位分别勘察研究其力学性状的思路。按此思路，分别在导流洞顶拱、边墙上部、边墙下部、底板布置钻孔进行勘探。

（2）提出利用钻探取芯、钻孔压水、钻孔声波、钻孔彩电等综合分析导流洞顶拱、边墙上部、边墙下部、底板各部位的混凝土与岩体接触情况，并分类进行统计。研究显示，导流洞各部位的混凝土与岩体的接触情况各异（表1）。

导流洞底板、边墙、顶拱混凝土与岩体各接触面情况一览表　　表1

部位		总体评价
底板衬砌混凝土与岩体接触面		紧密接触、胶结良好的面积平均约为88.7%； 较紧密接触的面积平均约为11.3%； 无结合差（无脱空现象）； 考虑到底板在混凝土衬砌前，皆对建基岩面进行了仔细的清洗，并对表面松动岩块进行了清撬，故底板衬砌混凝土与岩体总体上接触紧密、胶结良好
边墙下部	喷混凝土与岩体接触面	紧密接触、胶结良好的面积平均约为55.3%； 较紧密接触的面积平均约为44.7%； 无结合差（无脱空现象）； 边墙下部喷混凝土与岩体总体上接触紧密—较紧密
	喷混凝土与衬砌混凝土接触面	紧密接触、胶结良好的面积平均约为88.2%； 较紧密接触的面积平均约为11.8%； 无结合差（无脱空现象）； 边墙下部衬砌混凝土与喷混凝土总体上接触紧密、胶结良好，局部接触较紧密
边墙上部	喷混凝土与岩体接触面	没有发现紧密接触、胶结好的情况； 较紧密接触的面积平均约为66.7%； 结合差即脱空的面积平均约为33.3%； 边墙上部喷混凝土与岩体总体上接触较紧密—差
	喷混凝土与衬砌混凝土接触面	紧密接触、胶结良好的面积平均约为66.7%； 较紧密接触的面积平均约为33.3%； 无结合差（无脱空现象）； 边墙上部衬砌混凝土与喷混凝土总体上接触紧密—较紧密、胶结好
顶拱	喷混凝土与岩体接触面	紧密接触、胶结良好的面积平均约为30.3%； 较紧密接触的面积平均约为38.3%； 结合差即脱空的面积平均约为31.4%； 故导流洞顶拱喷护混凝土与岩体接触面有部分为紧密接触、部分较紧密接触，还有部分接触差，总体上较紧密接触稍多
	喷混凝土与衬砌混凝土接触面	紧密接触、胶结良好的面积平均约为23.1%； 较紧密接触的面积平均约为21.8%； 结合差即脱空的面积平均约为55.1%； 导流洞顶拱喷混凝土与衬砌混凝土的接触情况总体上差

（3）提出了混凝土岩接触面间结合程度的三分标准及其特征（图9、表2）。

（4）根据每一类混凝土与岩体结合程度的百分比，经加权平均计算得出导流洞顶拱、边墙上部、边墙下部、底板各部位接触面的力学参数建议值。

在上述新思路、新方法和综合勘察手段的基础上，首创了一套科学、可靠、可行的确定导流洞堵头段四个不同部位混凝土与岩体接触面间力学性状的地质勘察思路与方法，为堵头直柱形结构形式的创新设计提供了关键的抗剪力学参数。

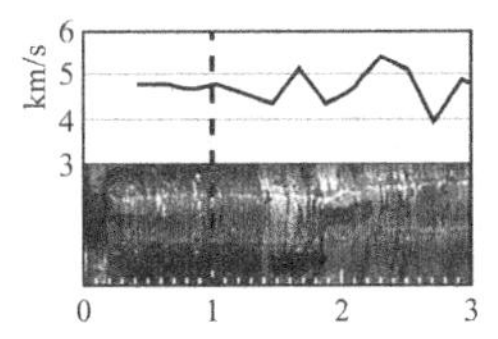

结合紧密典型特征（钻孔 DJ2-1取得的岩芯上喷混凝土与衬砌混凝土接触部位）

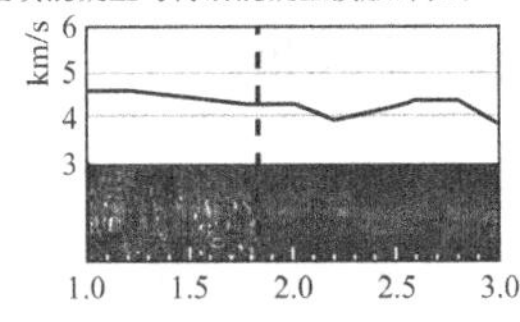

结合较紧密典型特征（钻孔 DJ5-14衬混凝土与喷混凝土接触部位岩芯与声波）

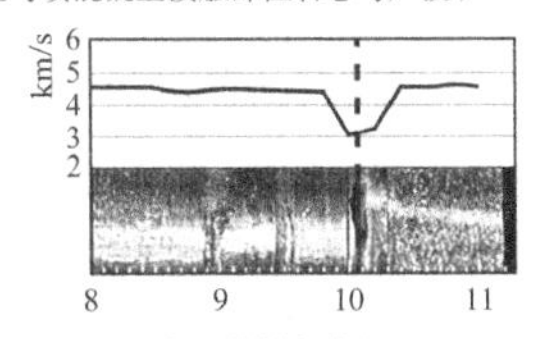

结合差典型特征（DJ5-15钻孔喷混凝土与衬砌混凝土接触部位）

图 9　导流洞堵头段混凝土岩间各类结合程度特征

导流洞堵头段混凝土岩间结合程度分类及特征表　表 2

结合程度分类	结合紧密	结合较紧密	结合差
岩芯特征	混凝土完全粘结在岩体上	混凝土基本没粘结在岩体上	混凝土没粘结在岩体上
高清数字钻孔彩电特征	接触面部位无缝隙和孔洞	接触面部位无较明显缝隙和孔洞	有明显缝隙或脱空
声波特征	跨接触面声波值无较明显变小	跨接触面声波值无明显变小	明显衰减

3.4　提出了一套层状碎裂岩高陡人工顺向坡勘察研究思路与方法

乌东德水电站右岸导流洞进口人工边坡高约160m，边坡岩体为因民组极薄—薄层大理岩化白云岩，劈理发育，呈碎裂状[8]；岩层走向变化较大，如何突破传统的将岩层走向与边坡夹角＜30°的顺向坡全部归为一类进行稳定性研究的习惯，对夹角＜30°的顺向坡再进一步精细分段勘察研究、评价其稳定性，进而为分段计算和针对性的分段处理措施的确定提供关键地质资料，在国内外边坡工程勘察中尚无相关经验。

（1）突破了业界将层面走向与边坡夹角小于30°的顺向坡全部作为一个地质单元进行勘察的思维窠臼，首次将夹角小于 30°的顺向坡再细分为 0°～10°、10°～20°、20°～30°三个区段进行稳定性分析研究。研究显示，顺向坡在层面走向与边坡夹角不同时，稳定性差别明显，处理措施可针对性设计。

（2）针对层面产状变化大的特点，研发了无人机空中三维高清影像全方位快速获取层面产状技术（图 10），解决了高陡边坡岩层产状无法准确测定的难题，进而为准确概化并确定边坡不同夹角分区边界提供依据。

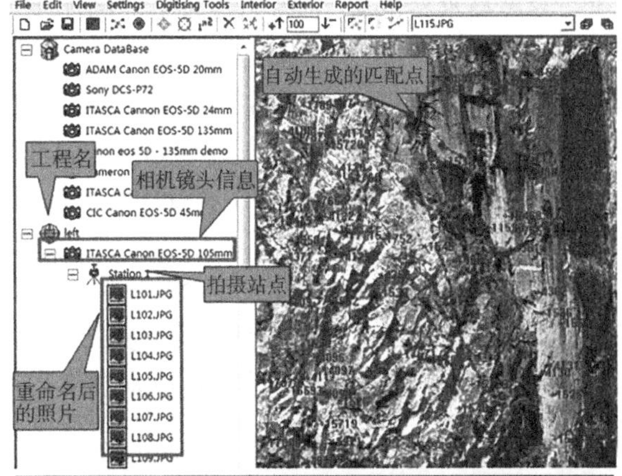

图 10　无人机三维影像匹配和三维影像合成技术

（3）综合利用不同卸荷程度、不同岩体质量，与不同夹角的顺向坡相结合的方法来分析层状碎裂岩高陡人工顺向坡稳定性的方法，使顺向坡稳定性计算、分析与处理更具针对性、更合理。

4　变形监测

导截流工程变形监测显示：（1）上、下游围堰在三年多的运行期未出现变形异常情况，围堰运行稳定；（2）两岸导流洞开挖支护和运行期的围岩变形、锚杆应力和锚索锚固力历时曲线收敛，围岩稳定；（3）导流洞衬砌混凝土与围岩结合无明显异常，衬砌钢筋应力等测值正常，洞室稳定；（4）导流洞新型直柱型堵头运行期稳定性等各类状况良好，无异常；（5）两岸导流洞进出口边坡变形、锚杆应力和锚索锚固力在边坡开挖支护后收敛，边坡稳定。

5　实施效果

乌东德水电站导截流工程勘察，通过上述技

术创新，获得国家发明专利 7 项、实用新型专利 9 项、软件著作权 6 项、水利先进实用技术推广证书 3 项，发表高水平论文 16 篇，并为 1 部标准修订提供了技术支撑。解决了多项勘察技术难题，准确查明了工程的地质条件，为设计提供了科学、可靠的地质依据，确保了工程的实施及运行安全，为工程提前发电奠定了基础，取得了良好的经济效益、环保效益和社会效益。

2020 年 9 月 5 日，湖北技术交易所组织召开了“金沙江乌东德水电站导截流工程地质勘察”项目成果鉴定会，“专家一致认为，该成果总体达到国际领先水平”。

6 结语

乌东德水电站导截流工程地质条件复杂，勘察困难。项目结合工程实际、通过技术创新研究，取得了系列研究成果：研发了一套复杂条件下河床深厚覆盖层勘探技术；提出了大断面、小间距洞室群薄层碎裂状围岩稳定性地质研究评价方法；首创了一套导流洞堵头段混凝土与岩体接触面间力学性状的勘察研究思路与方法；提出了一套层状碎裂岩高陡人工顺向坡勘察研究思路与方法；解决了复杂地质条件下导截流工程勘察的系列难题，高效精准查明了复杂的工程地质条件，为工程设计提供了可靠的地质依据。

项目研究提升了水利水电行业工程地质勘察的技术水平，对推动我国水利水电行业科技进步具有积极作用。项目在研究过程中贯彻“产、学、研、用”结合的路线，培养了一批硕士、博士及工程技术人员，为水电勘察领域输送了一批高素质的科研和建设人才。

参考文献

[1] 石伯勋，薛果夫，李会中，等. 乌东德水电站重大地质问题研究与论证[J]. 人民长江, 2014, 45(20): 1-7.

[2] 蔡耀军，司富安，陈德基，等. 水利水电工程深厚覆盖层工程地质研究[C]//大坝安全与新技术应用论文集. 北京：中国水利水电出版社, 2013: 121-128.

[3] 许强，陈伟，张倬元. 对我国西南地区河谷深厚覆盖层成因机理的新认识[J]. 地球科学进展, 2008, 23(5): 448-456.

[4] 李会中，郝文忠，向家菠，等. 金沙江乌东德水电站坝址河床深厚覆盖层勘探取样与试验研究[J]. 工程地质学报, 2008, 16(Suppl.): 202-207.

[5] 李会中，郝文忠，潘玉珍，等. 乌东德水电站坝址区河床深厚覆盖层组成与结构地质勘察研究[J]. 工程地质学报, 2014, 22(5): 944-950.

[6] 建设部. 岩土工程勘察规范(2009 年版): GB 50021—2001[S]. 北京：中国建筑工业出版社, 2009.

[7] 郝文忠，井发坤，翁永红，等. 乌东德电站导流洞直柱形堵头衬砌与围岩接触研究[J]. 人民长江, 2019, 50(11): 178-182.

[8] 郝文忠，刘冲平，王吉亮，等. 乌东德电站边坡岩体卸荷特征及稳定性评价[J]. 人民长江, 2015, 46(14): 12-15.

懒龙河水库右岸帷幕灌浆施工揭露岩溶问题勘察与处理

张　磊　武兴亮

（贵州省水利水电勘测设计研究院有限公司，贵州贵阳　550002）

1　工程概况

懒龙河水库工程位于贵州省西部六枝特区新场乡与牛场乡的界河—懒龙河上，工程主要任务是乡镇供水及发电。

懒龙河水库工程属中型水利工程，工程等别为Ⅲ等，总投资 4.59 亿元。该工程由挡水建筑物、泄洪建筑物、导流洞、引水发电洞、发电厂房、泵站和输水建筑物等组成。工程挡水建筑物为常态混凝土拱坝，坝顶高程 1247.000m，最大坝高 74.0m，属高坝。水库正常蓄水位 1242.000m，相应库容 1120 万 m^3，兴利库容 460 万 m^3，每年下放环境水量 2050 万 m^3。发电厂房布置于坝后右岸地表，电站装机 3500kW，年发电量 1406 万 kW · h；供水管线总长 12.9km，$P = 95\%$毛供水量 1976 万 m^3/a。

2　坝址工程及水文地质条件

懒龙河水库工程区地震动峰值加速度为 0.05g，相应的地震基本烈度为Ⅵ度，区域构造稳定性好。库区为溶蚀—侵蚀低中山峡谷地貌，两岸山体雄厚，地形完整。坝址附近无影响坝体布置的断层等地质构造发育。正常蓄水位时水库回水长度约 4.7km，根据地质勘察，库区地下水均补给河谷，其中库区右岸有地表分水岭以外地表明流通过岩溶通道补给河谷。水库库区两岸均出露岩溶地层，出露地层均属三叠系，其中坝址两岸及下游从老到新依次为三叠系中统关岭组第一段（T_2g^1）及三叠系下统永宁镇组第四段至第一段（T_1yn^4～T_1yn^1）地层，依据岩性不同，将 T_1yn^1 地层划分为两个亚层（T_1yn^{1-2} 和 T_1yn^{1-1}）。T_1yn^3、T_1yn^{1-2} 地层岩性主要为中至厚层灰岩，属强岩溶地层、强透水层，其内各类岩溶现象均发育；T_2g^1 及 T_1yn^4 地层岩性为浅灰色泥质白云岩，夹多层膏溶角砾岩，属中等岩溶地层、中等透水层，受膏溶角砾岩影响，右岸坝址下游出露的 KS2 泉点泉水具有强硫酸盐腐蚀性；T_1yn^{1-1}、T_1yn^2 地层岩性为互层状的薄层泥质灰岩、泥灰岩及泥岩，属弱岩溶地层、相对隔水层。坝址河段为近横向河谷，岩层缓倾上游偏左岸，倾角 5°～9°，河道两岸坝顶高程以下出露地层主要为 T_1yn^{1-2}，在河床高程附近出露有 T_1yn^{1-1} 地层。

3　帷幕灌浆设计方案

根据坝址两岸地层空间分布情况，坝址右岸及河床防渗帷幕采用以 T_1yn^{1-1} 相对隔水地层为帷幕的边界和底界，整体上构成闭合帷幕，同时为保证防渗效果的可靠性，将帷幕下限伸入 T_1yn^{1-1} 地层 10.0m；坝址左岸由于相对隔水地层埋藏深度大，难以作为帷幕底界及远端边界，根据岩溶地区众多大坝防渗帷幕设计经验，采用了帷幕远端接稳定地下水位、帷幕下端深入稳定地下水位以下 10.0～20.0m 的防渗方案，即采用悬挂式帷幕进行防渗。懒龙河水库防渗帷幕总长度为 2.13km，总有效防渗面积为 13.21 万 m^2，由于采用地表灌浆方式无效进尺过多，两岸均设置灌浆平洞进行帷幕灌浆施工，其中右岸灌浆平洞总长 737.5m，桩号 K0 + 000.0～K0 + 500.0 段孔距为 2m，灌浆有效进尺 17179m，桩号 K0 + 500.0～K0 + 737.5 段孔距 3m，灌浆有效进尺 1662m，灌浆孔为单排布置，总计 325 个灌浆孔，分 3 序灌浆，最大灌浆压力均为 2.0MPa。

获奖项目：2021 年度工程勘察、建筑设计行业和市政公用工程优秀勘察设计奖二等奖。

4 右岸帷幕灌浆施工中揭露的岩溶问题

右岸灌浆平洞开挖及帷幕灌浆施工过程中，揭露了多个不同形态的岩溶问题，其中规模较大、对帷幕灌浆施工及灌浆质量产生影响、勘察和制定处理方案难度较大的问题共四个（平面位置见图1)。各岩溶问题揭露情况简介如下：

图1 右岸帷幕灌浆揭露各岩溶问题平面位置图

(1) 右岸灌浆平洞开挖施工时，在桩号K0 + 185 隧洞底板处揭露一大型溶洞，溶洞空腔横穿帷幕线，整体低于灌浆平洞底板高程3.000～24.000m，形状不规则。

(2) 右岸灌浆平洞桩号 K0 + 159～K0 + 199段内 Y81号、Y89号、Y97号等帷幕灌浆先导孔施工过程中，先后在0～25m深度范围内连续遇岩体破碎、卡钻及岩心为黏土、细砂的问题。

(3) 右岸帷幕灌浆施工时，位于桩号K0 + 481 处的 Y241 号灌浆先导孔在孔深 6.0～7.6m 揭露溶洞，且灌浆孔孔口有明显的出风现象。

(4) 右岸灌浆平洞开挖施工时在桩号K0 + 600 处揭露一大型水平管道状溶洞，该溶洞空腔略高于灌浆平洞底板，灌浆平洞将该岩溶管道截为左右两段，分别向帷幕上、下游延伸。

5 各岩溶问题勘察分析过程

岩溶地区修建水库，防渗处理一直是困扰水利水电工程界的难题[1]。岩溶问题勘察应根据岩溶发育特点，有针对性地选取地质测绘、钻探、物探、坑探、槽探、勘探平洞、连通试验等方法进行勘察。结合揭露情况和施工现场条件，对上述各岩溶问题采取的勘察方法如下：

(1) 桩号 K0 + 185 处揭露的溶洞位于灌浆平洞底板以下，由于溶洞规模大，具备勘察人员进入溶洞内进行勘测的条件。经在洞内实测，该溶洞发育于 T_1yn^{1-2} 地层中，为半充填型溶洞，估算空腔体积约 4000m^3。溶洞顶部基岩裸露、光滑，洞内未发现石笋、石钟乳，仅局部洞壁覆有石幔，见图2，溶洞底部多为块石及黏土充填。溶洞整体上呈管道状，但形状极不规则，其平面发育情况见图3，该溶洞在帷幕线上的发育情况见图4。溶洞底部堆积块石的下部有水流流过，局部可见明流，流量约1L/s，水流自D点附近流出，在E和A2处入渗消失，根据溶洞侧壁和顶部水流冲刷痕迹推测，该溶洞内部雨季水流较大。

经对溶洞底部水流取样进行水质化验，地下水水质类型为[S]CaⅢ型（硫酸盐钙质水），其SO_4^{2-}含量为709.5mg/L，对混凝土结构物有硫酸盐强腐蚀性。对比前期 KS2 泉点泉水的水质化验结果（SO_4^{2-}含量为715.7mg/L），判断KS2泉点为该溶洞内水流的一个排泄出口。为准确确定在溶洞 E1和 A2 处入渗消失水流的去向，勘察人员在 D 点水流流出位置投放了荧光素，最终在坝址右岸上游约420m坡脚处KS1泉点及坝址下游KS2泉点流出被染色的泉水，溶洞内水流流向及排泄情况详见图1。由于该溶洞横穿防渗帷幕且其内有长年水流排向帷幕上游及下游，因此必须对其进行封堵处理。

为查明灌浆平洞底部位置溶洞底板充填物厚度及成分，在灌浆平洞下方、溶洞底板处开挖了一宽约1.0m，长约2.0m的探坑，探坑揭露的充填物均为块石及黏土，下挖至约2.2m时仍未揭露出完整基岩。根据现场观察，探坑揭露的充填物中黏土含量较高，黏土多成黄色，局部为黑褐色，含水率高，呈软塑—流塑状态，容易开挖，判断在高压条件下，对溶洞底部的充填物进行灌浆时可灌性较好。

图2　桩号K0＋185溶洞内部实景

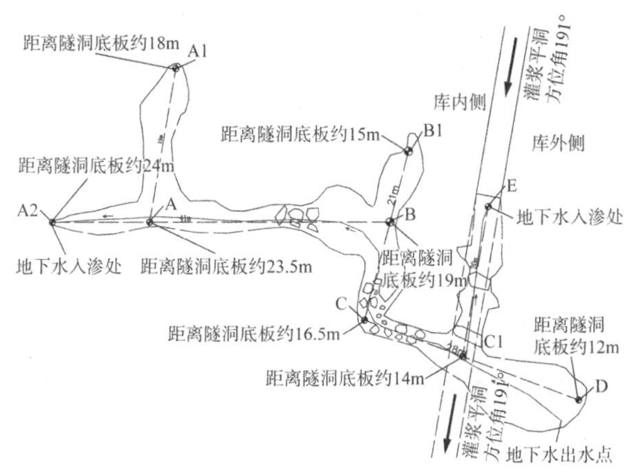

图3　桩号K0＋185溶洞平面发育情况示意图

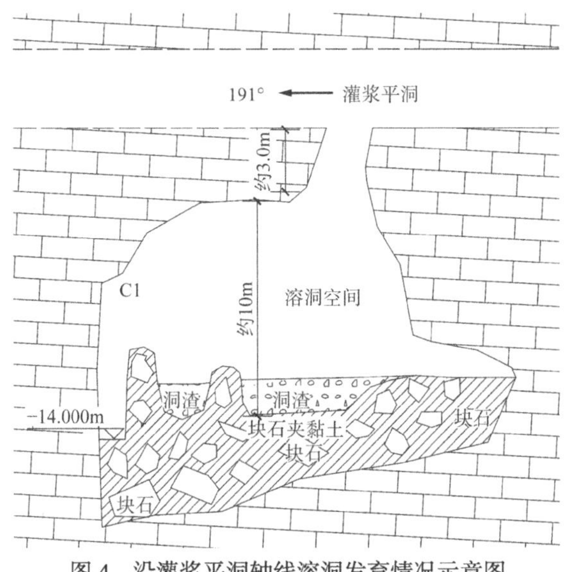

图4　沿灌浆平洞轴线溶洞发育情况示意图

（2）对于右岸灌浆平洞桩号K0＋159～K0＋199段内多个灌浆先导孔施工过程中在0～25m深度范围内连续遇岩体破碎、卡钻及岩心为黏土、细砂的问题（未遇掉钻现象），分析认为先导孔揭露的异常区域是桩号K0＋185处溶洞的影响区域。受现场施工条件限制对该区域进行清挖难度极大。为查明该溶洞影响区域发育情况，施工现场将桩号K0＋159～K0＋199段内全部灌浆孔不分序逐一开孔作为勘探孔，各孔钻进深度均为30.0m。根据此方法查明了该溶洞在帷幕线上的发育和充填情况，具体见图5。

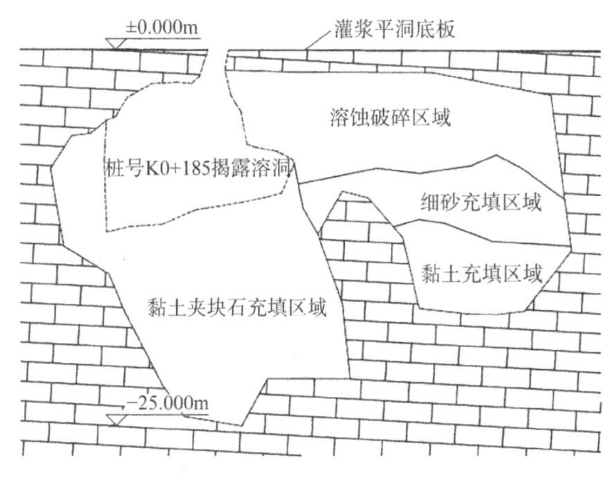

图5　桩号K0＋185溶洞在帷幕线上发育情况示意图

（3）为查明桩号K0＋481处溶洞发育情况，施工现场将Y241号灌浆孔两侧的Y242号、Y240号灌浆孔不分序直接作为勘探孔开孔，两个孔均未揭露溶洞，考虑到该处灌浆孔孔距为2.0m，从而确定该溶洞在帷幕线上最大发育宽度为3.0～4.0m，最大发育高度为1.6～2.0m，分析认为该溶洞为一暗河通道的一部分。

（4）右岸灌浆平洞在桩号K0＋600处截断的暗河通道高程基本与灌浆平洞底板高程相同。经岩溶通道追溯，帷幕下游侧岩溶通道人员可进入长度约40m，岩溶通道走向与灌浆平洞交角约80°，断面宽度1.0～2.0m，高度1.2～2.5m，溶洞壁及底板干燥，底板覆有少量黏土；帷幕上游侧岩溶通道人员可进入长度约45m，前20m走向与灌浆平洞交角约45°，20m后转向河道方向，走向整体上与灌浆平洞平行，断面宽度1.1～1.7m，高度0.9～2.2m，溶洞壁及底板干燥，底板处覆有少量块石和黏土。根据该岩溶通道内的勘察情况判断，帷幕下游水流通过该岩溶通道进入帷幕上游，且来水高程高于灌浆平洞底板，但该岩溶通道为一古岩溶通道，其内已经长期未过水。由于该岩溶通道的发育高程高于隧洞底板且已不再过水，因此判断其对帷幕灌浆施工不会产生明显影响。

6　各岩溶问题处理方案及效果

岩溶问题的处理原则以混凝土置换为主，灌

浆为辅。对规模大、性状恶劣、可灌性差的溶洞，在可能的情况下，均应置换混凝土。对规模小，可灌性好的溶洞，可采用灌浆的方法处理[2]。结合对上述各岩溶问题的勘察结果，分别制定了如下处理方案：

（1）桩号 K0 + 185 处溶洞采取地下连续墙进行封堵处理。

根据桩号 K0 + 185 处溶洞发育和充填情况，决定采用地下连续墙的方案进行封堵。具体方案为：①清理 C-D 区及 C1-E 区洞渣及充填物。具体清理范围为沿帷幕线向两侧各 2.0m 的空间，清理深度不小于 2.0m，侧壁及底板的黏土用高压水枪冲净，即主要以充填物中的块石作为地下连续墙基础。②C-D 区域内，在帷幕线两侧 2.0m 外砌筑厚度为 2.0m 的 M7.5 浆砌石挡墙，挡墙基础以充填物中的块石为主，浆砌石挡墙与溶洞周边及顶部的交接处的空隙，用 C15 混凝土浇筑密实。③预埋排水管排水。预留 D 点处至灌浆平洞内的排水管道（2 根 DN400 排水钢管）。④在 C1-E 区及 C-D 区浆砌石挡墙间回填 C15 混凝土（采用抗硫酸盐水泥制备）。混凝土回填要分层浇筑，单层浇筑厚度不超过 1.0m，下层混凝土终凝后才可浇筑上层混凝土，在浇筑上层混凝土前，要对下层混凝土表面进行凿毛，且不可形成贯穿性水平施工缝。

通过上述方案的处理，KS1 和 KS4 泉点（由于发电洞竖井开挖截断暗河通道原因，KS4 泉点袭夺 KS2 泉点全部水量）全年均不再出水，但在发电厂房后边坡处出现了新的泉点 KS3，汛期水量较大，见图 6。

图 6　KS3 泉点出水

（2）桩号 K0 + 159～K0 + 199 灌浆段采用增加一排灌浆孔及高压灌浆方式处理。

根据各灌浆孔的揭露情况，分析认为可以利用高压水泥浆液（采用抗硫酸盐水泥制备）对溶洞影响区域内的充填物进行挤排置换。具体方案为将所有作为勘探孔开孔的灌浆孔利用水泥浆液进行无压封孔，再逐一将当前灌浆孔及相邻大桩号侧灌浆孔钻至相同高程后采用 2.5MPa 压力进行灌浆。在对当前灌浆孔进行灌浆时保持相邻灌浆孔孔口为打开状态，用高压水泥浆液从上至下逐段将溶洞影响区域内的充填物从相邻灌浆孔内挤排至地表，同时实现水泥浆液对充填物的置换。通过此方法，将溶洞影响区域内大量充填物挤排至灌浆平洞内，处理效果明显，见图 7 及图 8。为保证帷幕灌浆质量，在距离灌浆平洞中心线下游 0.5m 处再增加一排补强灌浆孔，与原有灌浆孔错位布置，孔距 2.0m，共计 25 孔，根据溶洞揭露情况，各孔孔深为 14.0～25.0m，灌浆压力为 2.5MPa。

图 7　从溶洞内挤排出的黏土

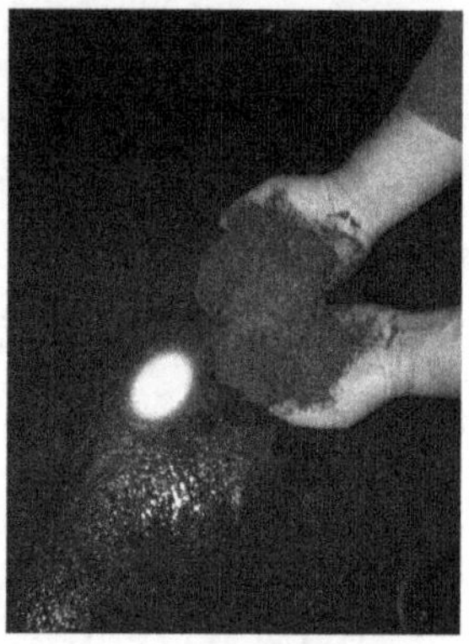

图 8　从溶洞内挤排出的细砂

（3）根据勘察结果分析，桩号 K0 + 481 处揭露溶洞为一暗河通道，需对其进行封堵，而在对其进行封堵前，汛期时可从孔口听到该溶洞内有流水声。通过向孔内投放荧光素，发现处理桩号 K0 + 185 处溶洞时预留的排水管及 KS3 泉点均流出经染色的地下水，表明该暗河通道与桩号 K0 + 185 处溶洞及 KS3 泉点连通，同时由于灌浆平洞在桩号 K0 + 600 处截断的水平状暗河通道始终未出水，因此判断 K0 + 481 处暗河通道内的地下水来源为帷幕上游侧。

桩号 K0 + 481 处揭露溶洞底部距离灌浆平洞底板高度仅约 7.6m，具备直接采用高压水枪对溶洞底板进行冲洗的条件。对该溶洞的处理方案为在 Y240 号与 Y241 号灌浆孔及 Y241 号与 Y242 号灌浆孔中间各增加一个灌浆孔，灌浆前先采用高压水枪对溶洞侧壁及底板进行冲洗，然后逐一在各灌浆孔内采用水泥砂浆（水泥采用抗硫酸盐水泥）灌浆（经过多次待凝）的方式进行处理，直至达到终灌要求。

对桩号 K0 + 481 处溶洞进行处理后，桩号

K0 + 185 处预留排水管及 KS3 泉点全年均未再出水，但在桩号 K0 + 600 处的水平状暗河通道帷幕下游侧溶洞口涌出大量地下水。分析认为原因是桩号 K0 + 481 处溶洞被封堵后，从桩号 K0 + 185 处预留排水管排出及排向 KS3 泉点的地下水逆向从桩号 K0 + 600 处的水平状暗河通道涌出，此现象也同时表明对桩号 K0 + 185、桩号 K0 + 481 及桩号 K0 + 159～K0 + 199 段揭露各岩溶问题的处理是成功的。

（4）对桩号 K0 + 481 处溶洞进行处理后，汛期通过该溶洞排向水库右岸下游岸坡的地下水自桩号 K0 + 600 处水平状岩溶通道帷幕上游侧溶洞洞口涌出，此现象表明对桩号 K0 + 481 处溶洞的处理是成功的。对于自桩号 K0 + 600 处水平状岩溶通道帷幕上游侧溶洞洞口涌出的地下水，通过利用右岸灌浆平洞及交通洞引排入库内的方式处理，见图 9。

图 9　桩号 K0 + 481 溶洞处理后幕前地下水引排

分析认为，通过上述处理方案对右岸灌浆平洞开挖及帷幕灌浆施工过程中揭露的各岩溶问题进行处理后，右岸防渗帷幕已经全面形成，可以进行预定的防渗作业。懒龙河水库蓄水后，已正常运行近六年，期间未发生帷幕失效、库水渗漏等现象，表明对各岩溶问题的勘察分析和处理是成功的。

7　结语

强岩溶地区修建水库会遇到很多岩溶问题，对于施工时揭露的各类岩溶问题都应十分重视。懒龙河水库修建过程中，针对右岸灌浆平洞开挖及帷幕灌浆施工中揭露的多个岩溶问题，采用岩溶通道追溯、钻探、坑探、槽探、连通试验等多种勘察方法查明溶洞发育、充填情况后，采取了混凝土地下连续墙封堵、高压水泥浆挤排置换溶洞充填物、地下水引排、多次复灌待凝等方式进行处理，确保了防渗帷幕的可靠性，实现了水库一次下闸蓄水成功。该工程对岩溶问题的勘察与处理经验，可为解决类似的岩溶工程地质问题提供有益借鉴。

参考文献

[1]　范美师，何向英，张忠福，会泽县驾车水库岩溶防渗处理工程实例[J]. 人民长江, 2007, 38(8): 117-119.

[2]　刘永红，叶三元，构皮滩水库岩溶问题的处理. 人民长江[J]. 人民长江, 2010, 41(22): 47-51.

南水北调中线工程地质与勘察技术

蔡耀军[1,2]　赵　旻[3]　王小波[2]　石　纲[2]　张亚年[2]　张　亮[2]
（1. 长江勘测规划设计研究有限责任公司，湖北武汉　430010；
2. 水利部长江勘测技术研究所，湖北武汉　430011；3. 长江岩土工程有限公司，湖北武汉　430010）

1　工程概况

南水北调中线工程是缓解我国北方水资源严重短缺局面的重大战略性基础设施，是国家水网的重要组成部分。工程任务是缓解京、津、华北地区的资源性缺水问题，满足城市供水要求，兼顾农业与生态用水。一期工程年调水量 95 亿 m^3，远期达到 130 亿 m^3。工程从丹江口水库东缘的陶岔枢纽取水，沿中线总干渠，经南阳盆地北缘、江淮分水岭—方城垭口，沿伏牛山、嵩山东麓至郑州西北的李村过黄河，再沿太行山东麓平原至北京团城湖。同时，总干渠在河北徐水县西黑山向东分水至天津外环河，见图 1。

总干渠全长 1432km，以明渠为主，局部采用管道、箱涵、隧洞。渠首渠道设计流量 $350m^3/s$，过黄河处设计流量 $265m^3/s$，北京、天津段设计流量 $50m^3/s$。工程与沿线其他基础设施、河流全部采用立交方式，共布置河渠交叉建筑物 164 座、左岸排水建筑物 463 座、渠渠交叉建筑物 136 座、铁路交叉建筑物 41 座、公路交叉建筑物 736 座、隧洞 9 座、泵站 1 座、控制性建筑物 200 座。

2002 年底，南水北调中线工程石家庄至北京段应急供水工程开工，建成后实现河北 4 个水库向北京应急供水。2011 年，工程其余段相继开工建设。2014 年 12 月 12 日，工程全线正式通水运行，从此，京、津等华北地区城市居民喝上了丹江口水库水。截至 2023 年 2 月 5 日已累计向北方输水 600 亿 m^3，受益人口超过 8500 万人。

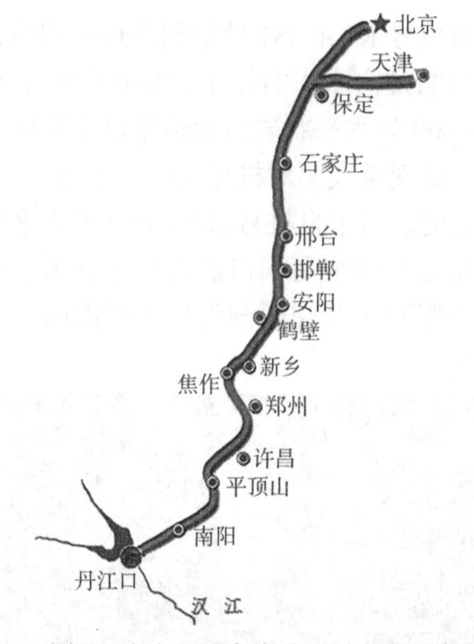

图 1　南水北调中线总干渠布置示意图

2　勘察历程

新中国成立后，面对我国北方水资源短缺的问题，毛泽东主席早在 1952 年 10 月在考察郑州治理黄河水患工程建设时就提出了“南方水多，北方水少，如有可能，借点水来也是可以的”的宏伟构想，根据毛泽东主席的宏伟构想及国家“二五”规划，1957 年原长江流域规划办公室（现为长江水利委员会）在《汉江流域规划报告》中，提出修建丹江口水库来解决汉江中下游的防洪问题，同时为引水到黄淮海平原创造条件，随着丹江口水库的规划建设，就此拉开了中线工程的勘测、规划、设计、科研工作的序幕。

中线输水工程总干渠勘测工作始于 20 世纪 50 年代初期，1957 年、1963 年，长江流域规划办公室先后完成陶岔—方城段 1∶50000、方城—平顶山段 1∶25000 的工程地质测绘；1958 年，郑州地

基金项目：国家科技支撑计划项目（资助号：2006BAB04A10，2011BAB10B00）

质学校开展了沙河—郑州段 1：50000 地质测绘；1958—1959 年，黄河水利委员会完成黄河—石家庄段 1：50000 地质测绘。当时的地质测绘侧重于对地形地貌和地层岩性的认识。

20 世纪 70 年代初，位于中线工程起始段的引丹干渠施工期间，在不长的 4km 引渠段发生 14 处滑坡，且滑坡发生在边坡综合坡比已经达到 1：3.5～1：4.0 的情形下，部分滑坡规模较大。这一现象引起勘察人员高度重视，经过仔细剖析，终于发现膨胀土的存在及其对开挖边坡稳定的特殊意义，南水北调中线膨胀土勘察研究从此开始。

20 世纪 70 年代至 80 年代初，长江流域规划办公室开展陶岔—方城段 1：25000 的补充、校核地质测绘与勘察、方城—黄河南段 1：50000 工程地质测绘与勘察，并分别于 1982 年、1985 年提交了陶岔—方城段、方城—黄河段规划阶段工程地质勘察报告；穿越黄河段开展了查勘和资料收集。河南、河北和北京地矿部门开展了黄河—北京段 1：200000 地质测绘与勘察，分别于 1984—1985 年提交了黄河北—漳河段、河北段和北京段规划阶段工程地质勘察报告。1986 年，地矿部组织编写了黄河北—北京段规划阶段工程地质勘察报告。1987 年，长江流域规划办公室在上述资料基础上，提交了《南水北调中线规划报告附件 3——引汉总干渠工程地质》。

针对工程涉及的膨胀土问题，1982 年，长江委勘测总队及长江勘测技术研究所对国内七省的 20 多条膨胀土渠道边坡进行了调研，分析了膨胀土渠坡失稳原因，并对全国各地的膨胀土成因、形成年代进行了测试分析。1984—1988 年，对南阳盆地膨胀土的分布与成因、物质成分与结构特征、不同条件下的胀缩性质、变形与强度特性进行研究，在邓州市（原邓县）构林附近的刁南干渠开展了国内最早的原位观测研究，对膨胀土渠道开挖变形、大气影响深度、边坡处理等开展一系列的试验研究工作，提出了《南阳盆地膨胀土渠道工程地质研究报告》，成为我国膨胀土工程特性系统研究的重要里程碑。1992 年，水利部长江勘测技术研究所和长江委勘测总队对黄河以北膨胀土进行初步研究，对膨胀土的分布、化学成分和矿物成分、工程特性、强度特性等开展了系统调查和分析测试。1996—2002 年，长江委综合勘测局先后引进美国生产的土壤处理剂 CONDORSS、坚土酶 PZ-22X，对膨胀土进行了室内、野外改性处理试验。2003 年后，膨胀土勘察研究重点转向土体结构、结构面发育分布规律、膨胀土强度分带及结构面对边坡稳定的控制作用等方面，结合膨胀土大气影响带形成机制提出了膨胀土力学指标试验方法及设计取值方法。2008—2014 年，国务院南水北调工程建设委员会和科技部在“十一五”和“十二五”科技支撑计划项目中设置膨胀土研究专项，围绕膨胀土边坡破坏机理、处理技术和施工技术开展深入研究，研究成果直接用于指导工程设计和施工。

1990 年开始，围绕工程穿越黄河线路（邙山—李寨河段）、穿越形式（隧洞、渡槽）开展勘察，经多次反复研究论证，2003 年确定选择李村—孤柏嘴线盾构隧洞方案。

1994 年起，中线工程勘察设计由水利系统多家单位分工协作完成，其中原长江水利委员会综合勘测局为工程勘察的牵头单位，负责制订勘测技术要求，并具体承担陶岔—沙河南段、穿越黄河、穿越漳河的勘察；河南省水利勘测总队承担沙河南—黄河南、黄河北—漳河南段的勘察；河北省、北京市的水利勘测设计单位承担各自省市境内渠段的勘测；天津市水利勘测设计院承担天津干渠的勘测。由于当时国内外均没有长距离输水工程的勘察技术规范，因此牵头单位专门编制了《南水北调中线一期工程总干渠初步设计工程地质勘察技术要求》及测量、地质、钻探、物探等专业技术要求，对勘察精度、勘探布置、勘察评价内容、勘察方法等做了规定，统一了全线勘察工作深度。针对长距离膨胀土渠道施工建设期勘测工作的特殊性和重要性，还编制了《南水北调中线一期工程膨胀土渠道施工地质技术规定》。

2001 年完成南水北调中线工程总体规划，2005 年完成可行性研究阶段工程勘察，2010 年完成初步设计阶段工程勘察。在历时近 50 年的持续勘察中，开展了大量的地质测绘、钻探、物探、原位测试和室内试验，其中陶岔—沙河南 239km 干渠，先后完成 1：5000、1：2000、1：1000 地质测绘 847.74km^2，钻探 170427.76m，静力触探 6663m、标准贯入 23869 段、动探 8716 段、现场大剪 47 组、旁压试验 163 段，水文地质试验 1321 段，室内颗分 29577 个、土体常规 28546 组、膨胀试验 18444 组、固结压缩 632 组、回弹再压缩 264 组、三轴试验 608 组、矿物分析 683 组、易溶盐分析 99 组。

3　地质条件

3.1　区域地震构造环境

南水北调中线工程自南向北涉及扬子准地台、秦祁褶皱系及华北准地台等 3 个一级大地构造单元、15 个二级构造单元，具有不同的构造基底和盖层特征，其中华北准地台历史上多次发生 $M \geqslant 8$ 级地震，秦祁褶皱系多次发生 $M \geqslant 7$ 级地震，扬子准地台发生过少量 $M \geqslant 6$ 级地震。

新构造垂直差异运动塑造了强烈的地形差异。工程线路西侧为太行山、嵩山、伏牛山、秦岭、大巴山等，东侧为南阳盆地、淮河平原、河北平原，在总体抬升、向东倾斜和向南倾斜的格局下，内部也呈现出明显的差异性。

近场区近2000年来共记录6级以上地震7次，最大地震为 1830 年磁县 7½级地震，对工程影响烈度达到Ⅹ度。根据 2004 年国家地震局批复的《南水北调中线工程沿线设计地震动参数区划报告》，全线划分 2 个 0.20g段（北京—良乡段、安阳—新乡段）、4 个 0.15g段（良乡—涞水县水北段、邯郸—安阳段、新乡—焦作段、天津干线信安以东段）、5 个 0.10g段（水北—塘湖段、邢台—邯郸段、焦作—禹州段、平顶山靳港—南阳潦河段、天津干线霸州信安段），其余均为 0.05g段。

3.2　地形与地质条件

中线总干渠进口设计水位 147.380m，末端团城湖设计水位 48.570m，线路全长 1432km，水位差 98.81m。沿线地貌形态主要有平原、岗地、丘陵、沙丘沙地等 4 类，分别占 56.9%、26.0%、15.9%、1.2%。

黄河以南的丘陵一般由古老基岩剥蚀形成；黄河北的丘陵下部为古生代基岩，浅部为新近系黏土岩、泥灰岩，地表多分布残坡积；黄河南岸邙山则为黄土丘陵。

岗地由新近系弱胶结泥岩、砂岩及中、下更新统黏性土构成，黏性土及黏土岩一般具有膨胀性。

平原为河流冲积平原和山前冲洪积平原。唐白河冲湖积平原地表分布 Q_4、Q_3 砂性土或黏性土，下伏 Q_2 黏性土和新近系黏土岩、砂岩，黏性土及黏土岩普遍具有膨胀性；淮河冲积平原地表分布 Q_3 粉质黏土、壤土、砂砾石等，下伏新近系或古老基岩，粉质黏土和新近系泥岩一般具有膨胀性；黄河-沁河冲洪积平原地表分布 Q_4、Q_3 粉质壤土；海河平原地表分布 Q_4 壤土、Q_3 黄土状壤土，下伏新近系黏土岩、砂岩、泥灰岩或古老基岩。

沙丘主要分布在沙河与黄河之间的局部，黄河与漳河之间零星分布。

古老基岩在工程沿线分布较少，工程一般以隧洞、深挖渠道、埋入式箱涵的形式通过。新近系软岩在陶岔—漳河南段分布较广，其中黏土岩强度与黏性土相近，具有膨胀性；泥灰岩、砂岩具有较大透水性，容易引发基坑涌水、渠道漏水、衬砌结构上浮等问题。第四系是工程涉及的主体地层，岩性及物理力学性质差异大，存在地基承载力不足、差异变形、边坡稳定、地基湿陷、胀缩变形、涌水及漏水等工程地质问题。

从陶岔到北京，气候由湿润逐步向半湿润、半干旱的大陆性气候变化，南阳盆地膨胀土干湿循环作用强烈，开挖边坡膨胀土物理力学性能演变快；黄河以北地表黄土状壤土冬季经受冻胀作用。

黄河以南地下水埋藏浅，第四系地层多分布上层滞水或多个层间含水层，下伏基岩地下水可能有承压性；黄河—漳河段地下水埋深增大，但遭遇暴雨或持续降雨时地下水位也可能接近地表；漳河以北地下水位埋深较大。

4　重大地质问题勘察

4.1　膨胀土问题

4.1.1　膨胀土分布

中线工程沿线膨胀土主要分布在陶岔—北汝河段、辉县—新乡段、邯郸—邢台段，此外，在河南的颍河及小南河两岸、淇河—洪河南段、南士旺—洪河段，河北的石家庄、高邑等地也有零星分布。陶岔—沙河南段分布膨胀土 181.5km，占渠段长度的 75.9%，包括更新统黏性土、新近系黏土岩；沙河—漳河段主要为新近系黏土岩，零星分布 Q_2 坡洪积膨胀土，其中黄河南段长 72km、黄河北段长 68km；漳河北—古运河南段分布膨胀土 74.61km，主要为 Q_1 黏性土、含砾黏土及新近系黏土岩。

4.1.2 膨胀土物质组成

南阳膨胀土是我国典型的膨胀土，各种成因的膨胀土黏粒含量 38%～57%，胶粒含量 20%～32%，胶粒的 Si/Al 比值 3.55～4.80，全部颗粒组分的 Si/Al 比值 6.32～7.85。Q_1 灰白色黏土蒙脱石含量 43%；Q_2 灰白色黏土和棕黄色粉质黏土的蒙脱石含量分别为 42%～55%和 20%～35%，阳离子交换量 26.33～45.76mmol/100g；Q_3 粉质黏土的蒙脱石含量 15%～17%，阳离子交换量 29.10～47.29mmol/100g；新近系黏土岩蒙脱石含量 27.1%～40.9%，阳离子交换量 67.57mmol/100g。

邯邢段 Q_1 冰积成因黏性土蒙脱石含量 22.0%～53.3%，Si/Al 比值 3.67～5.84。新近系黏土岩蒙脱石含量 38.7%～50.5%，Si/Al 比值 3.45～5.29。

膨胀土中常常含有一定量的钙质结核，且具有膨胀性越强、结核含量越高的统计规律。在沉积间断面下部 1～2m 往往形成局部结核富集层，沿长大裂隙也会出现结核富集现象，表明钙质结核与地下水淋滤作用有关。钙质结核含量超过 20%后，可以显著提高土体强度和开挖边坡稳定性；结核含量超过 30%时，土体中长大裂隙明显减少。

膨胀土微结构以层流结构为主，局部为絮凝结构，黏粒以集聚体形态存在，黏土颗粒大多为卷边片状或扁平状，集聚体呈面—面叠加为主，少量边—面叠加，叠聚体排列呈现不同程度的定向性，见图 2。

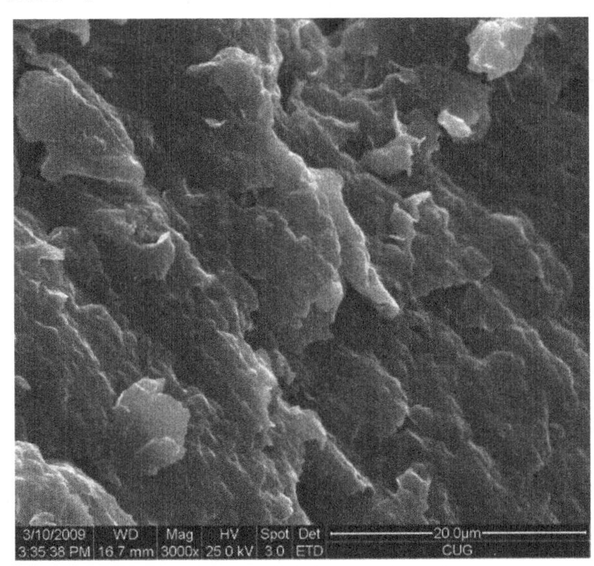

南阳Q_2中膨胀土 X3000

南阳 新近系黏土岩 X2000

图 2　南阳膨胀土扫描电镜下形态

4.1.3 膨胀土胀缩指标

衡量土体膨胀潜势的指标较多，国内外及国内不同行业之间存在一定差异，对南水北调中线工程沿线膨胀岩土的自由膨胀率、膨胀力、体缩率及其对应的黏粒含量、蒙脱石矿物含量、阳离子交换量等开展了大量测试，并进行了统计分析，揭示随着样本数增加，自由膨胀率与其他指标之间的相关性逐渐变好，为此中线工程以自由膨胀率作为岩土胀缩性的主要判别指标，以外观特征、裂隙发育程度及裂隙面光滑度作为辅助判别指标。

膨胀土黏粒或胶粒含量与自由膨胀率、膨胀力、体缩率的统计关系见图 3～图 5。

蒙脱石矿物含量与自由膨胀率、风干土的膨胀力关系见图 6、图 7。

阳离子交换量与自由膨胀率、体缩率、土体黏粒含量、蒙脱石矿物含量的关系见图 8、图 9。

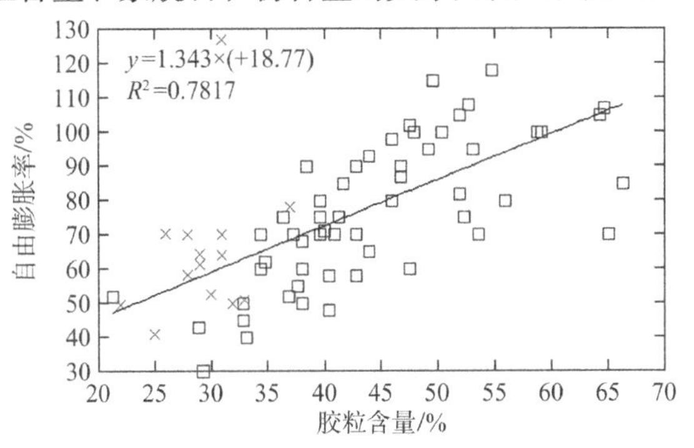

图 3　膨胀土胶粒含量与自由膨胀率关系

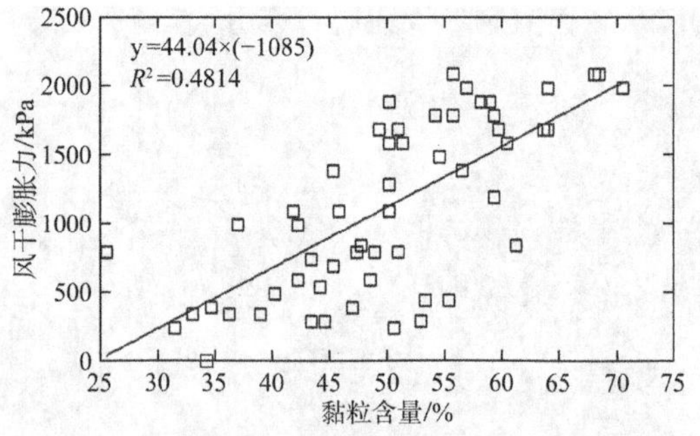

图 4　膨胀土黏粒含量与膨胀力关系

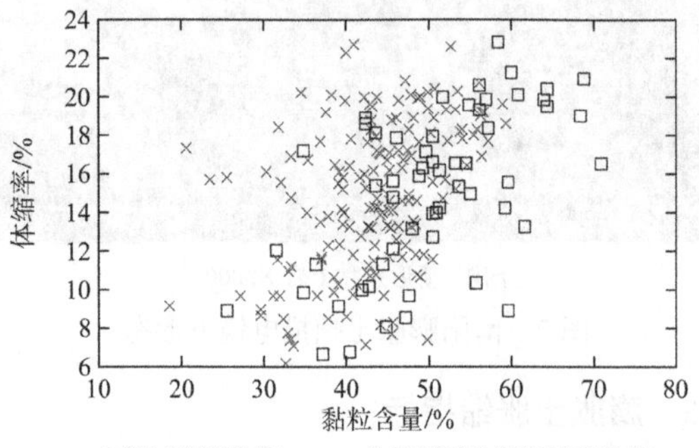

×—南阳试验段数据　□—总干渠其他渠段试验数据

图 5　膨胀土黏粒含量与体缩率关系

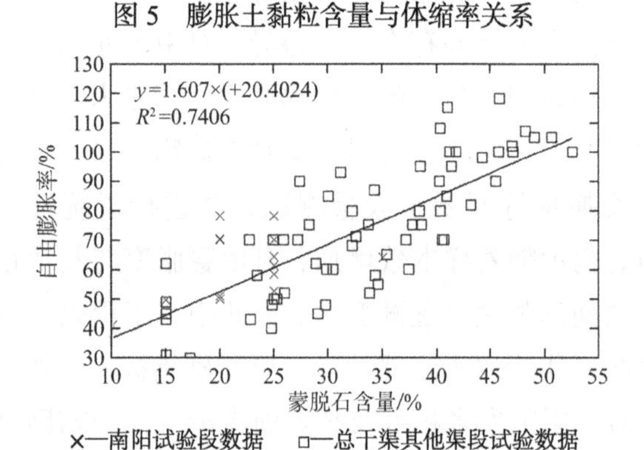

×—南阳试验段数据　□—总干渠其他渠段试验数据

图 6　膨胀土蒙脱石含量与自由膨胀率关系

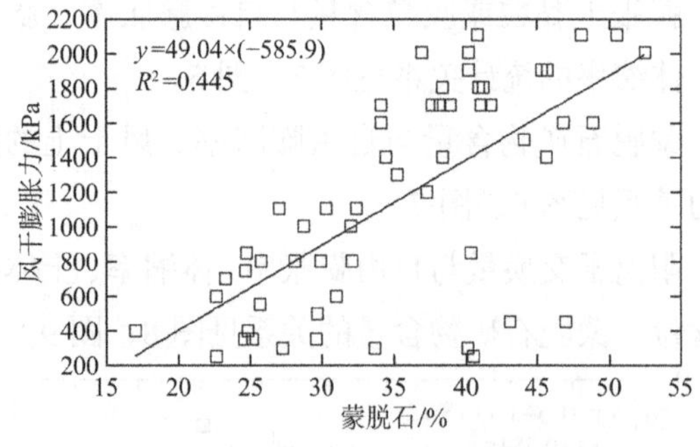

图 7　膨胀土蒙脱石含量与膨胀力关系

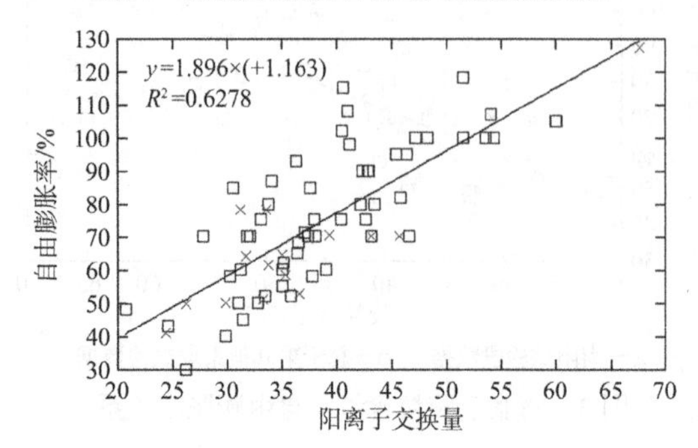

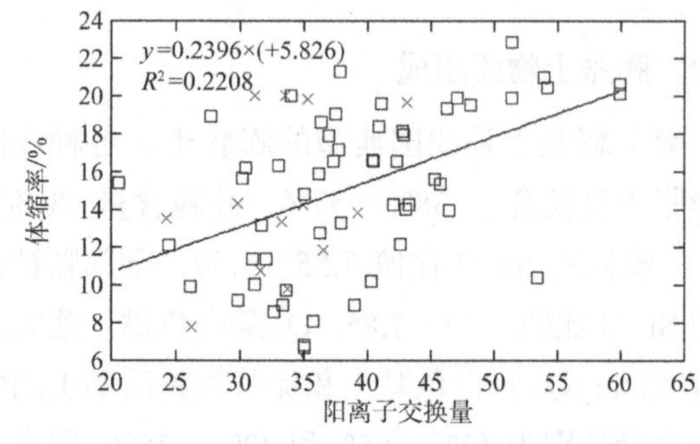

×—南阳试验段数据　□—总干渠其他渠段试验数据

图 8　阳离子交换量与自由膨胀率及体缩率关系

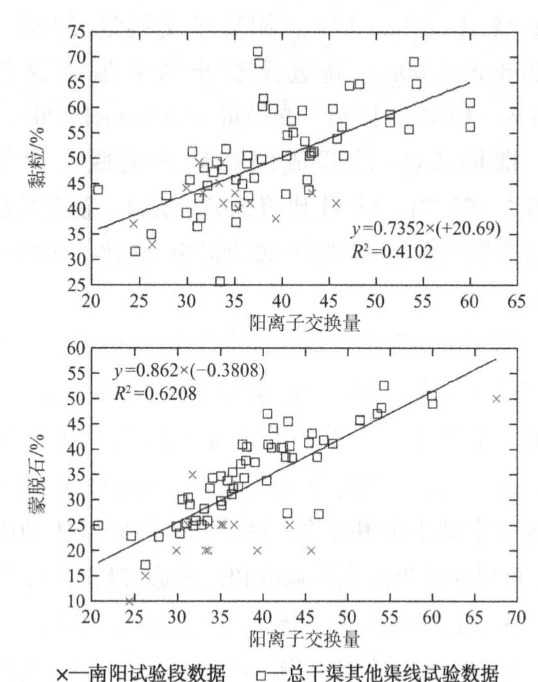

×—南阳试验段数据　□—总干渠其他渠线试验数据

图 9　阳离子交换量与膨胀土组成关系

从统计关系看，黏粒含量、自由膨胀率、阳离子交换量三者间相关性最好，膨胀力与黏粒、蒙脱石含量之间的相关性仅 0.67～0.69，体缩率与其他指标之间的相关性均不足 0.5，表明体缩率干扰因素多，测试值不稳定，不宜作为评价岩土膨胀潜势的衡量指标。

4.1.4　膨胀土宏观特征

岩土膨胀潜势会有较为明显的宏观表现，尤其是同一沉积环境形成的岩土，宏观特征与膨胀性有较好的对应性，利用这一特点可以帮助野外调查快速识别膨胀土，可以在工程施工建设期间快速复核岩土膨胀等级。

以南阳盆地为例，Q_4 冲洪积黏性土一般不具膨胀性，岗地附近就近堆积的残坡积土可能存在弱膨胀性。Q_3 黏性土一般具有弱膨胀性，粉质壤土一般为非膨胀土。Q_2 黏性土膨胀等级跨度大，一般灰绿色、灰白色、橘黄色土体具有强膨胀性或中偏强膨胀性，灰褐色、黄褐色土体具有弱膨胀性，颜色越深膨胀性越弱。Q_1粉质黏土一般具弱—中膨胀性，黏土多具强膨胀性，颜色越深，或紫红色夹灰白色斑块越多，膨胀性越强。新近系黏土岩颜色越浅，膨胀性越强，泥灰岩一般具有弱膨胀性。

裂隙也是膨胀土的外观特征之一，它既是胀缩作用的产物，也对土体强度、边坡稳定具有重要的控制作用。基于裂隙规模对边坡稳定的影响，将膨胀土裂隙分为长大裂隙（> 10m）、大裂隙（2～10m）、小裂隙（0.5～2m）、微裂隙（< 0.5m）。非膨胀土一般不发育裂隙；弱膨胀土一般只有小—微裂隙，且密度不高；中膨胀土发育大—长大裂隙，小裂隙也十分发育，并且常常出现由小—微裂隙组成的裂隙密集带；强膨胀土发育大—小裂隙，微裂隙也十分发育，但很少见到长大裂隙。土体膨胀性越强，裂隙越平直、裂隙面越光滑。

土体膨胀性在开挖面平整度和开挖渣料形态上也有鲜明特征。膨胀性越弱，开挖面越规则平整；中—强膨胀土开挖面会出现较多的凹坑。开挖渣料的块度会随膨胀性增强而增大，弱膨胀土渣料 < 2cm 颗粒占比超过 50%，强膨胀土渣料 > 20cm 土块占比超过 80%。

4.1.5 膨胀土对工程的影响

膨胀土具有胀缩性、超固结性和多裂隙性，并由此给工程建设带来多方面的影响。超固结性的影响体现在两个方面，一是导致深挖方渠道地基产生较大的抬升变形，仪埋监测显示挖深 10～20m 的中膨胀土渠道，渠底膨胀土因围压减小、土水平衡吸湿膨胀造成的抬升位移达到 20～100mm；二是在含水率增加时产生很大的体积膨胀，中—强膨胀土钻孔时，1m 进尺常常会获得 2m 左右的岩芯。

胀缩性是土体对工程产生危害的根本，膨胀土对含水率或周边环境的湿度十分敏感，试验显示，3 个干湿循环即可导致土体结构破坏。新鲜的膨胀土开挖面，3～6 个月后即可形成大气影响带。土体胀缩过程中，不仅土体自身强度大幅下降，还会导致建筑物开裂变形。

裂隙既是胀缩作用的产物，又是土体超固结性和胀缩性发挥作用的重要载体。膨胀土裂隙面光滑，强度低，是土体内部控制性弱面。由于裂隙存在，水分可以快速到达土体内部，使土体产生膨胀、崩解。膨胀土强度随时间衰减的本质在于裂隙化及水分侵入后的吸水膨胀软化，裂隙和含水率决定了膨胀土强度，控制了开挖边坡稳定性。膨胀土强度由随机分布的结构面和大气影响带共同控制。大气影响带土体原生结构遭环境破坏，土体强度取“碎裂”土体的饱和快剪指标；大气影响带下部一般存在一个厚度不等的上层滞水带，土体强度取饱和固结快剪指标；深部膨胀土处于非饱和状态，取天然含水率下的固结快剪强度。当结构面控制边坡稳定时，稳定分析的底边界取结构面强度指标。

因此，膨胀土给工程建设造成的不利影响主要体现在两个方面：一是与变形有关，包括深挖方渠道的抬升变形、胀缩作用引起的建筑物开裂变形和地基不均匀变形；二是与裂隙或土体强度衰减有关，包括边坡失稳、地基承载力不足等。此外，由于膨胀土对水敏感，输水工程需要采取严格的隔水措施，但有时膨胀土内部也会存在夹层状或透镜状含水体，水头高时还威胁到衬砌结构安全，渠道边坡排水与隔水成为一对矛盾，给渠道衬砌结构设计带来挑战。

4.1.6 膨胀土边坡破坏模式与机理

膨胀土边坡存在两种不同的破坏模式。

受结构面控制的近水平滑动破坏。结构面类型包括裂隙、裂隙密集带、沉积间断面或两种不同膨胀等级的岩性界面。大—长大裂隙一般都近似水平。这些结构面的原位大剪强度，内摩擦角一般 8°～10°，黏聚力一般 8～12kPa，低于膨胀土的残余剪切强度。单条结构面长度大于 5m 后，就可能构成滑面。即使单条裂隙长度不足 5m，但多条裂隙的连通率超过 60%后，也会在开挖卸荷、地下水作用下逐步贯通而形成滑面。只要坡体内分布上述结构面，发生滑坡便是早晚的事。由长大裂隙构成底滑面的滑坡，一般在边坡开挖后数日内发生；由不同膨胀等级岩性界面构成底滑面的滑坡，一般在数周内发生；由裂隙密集带构成底滑面的滑坡，一般在数月至数年内发生；而由沉积间断面构成底滑面的滑坡，滞后时间跨度可达数周至数十年。

这类近水平滑坡得以滑动，一是滑面强度特别低，二是超固结膨胀土开挖后容易产生拉裂，近垂直的拉裂缝遇到降雨产生水平推力，同时在底滑面形成扬压力。因此，膨胀土滑坡一般出现在雨季，滑速慢，启动前的位移速率一般小于 10cm/d，短暂快速滑动速率一般也小于 20cm/h。一次快速滑动后会很快停止，直到下次强降雨再次滑动。

受坡面大气剧烈影响带控制的坍塌变形破坏。其变形深度 1m 左右，底边界模糊，没有明确的滑面。野外观测研究揭示，膨胀土开挖边坡在大气环境条件下，半年至一年便会形成 0.6～1.0m 厚的大气剧烈影响带，土体结构遭到完全破坏，土体开裂成数厘米（cm）大小的“碎裂状结构”。一旦遭遇强降雨，雨水入渗、在大气剧烈影响带底部聚集，便会使土体几乎丧失强度，在重力和膨胀力作用下，向临空面蠕变，形成外貌看似坍塌或滑坡的变形破坏。

4.1.7 膨胀土边坡处理方案

针对膨胀土边坡破坏机制，中线工程采取了“分而治之、表里兼顾”的处理思路。

（1）坡面换填保护。在设计断面基础上超挖 1.0～1.5m，回填非膨胀黏性土或弱膨胀土处理后的改性土，避免膨胀土与渠水直接接触，减少膨胀土与大气环境之间的水分交换，使膨胀土含水率变化控制在很小的幅度内，进而维持土体强度稳定。经观测，处理后的膨胀土含水率变化小于 2%。

（2）深层抗滑。当坡体内分布可能构成底滑面的结构面时，提前实施抗滑桩，防止结构面在卸荷作用下软化、贯通。中线工程单级坡高度有 6m（非过水断面）、10m（过水断面）两种，单排桩直径一般 0.6～1.5m，局部滑面深埋时采用 2m × 3m 的矩形桩。部分渠段还采用了 2～3 排预制抗滑桩，桩截面 30cm × 30cm。

（3）截渗排水。除了坡面换填，坡肩表土换填 1m 厚，减少地表水入渗。坡体分布脉状裂隙水、钙质结核富集带层状地下水时，在换填层下布设排水盲沟，通过排水软管经由逆止阀排入渠道。

4.2 穿黄工程勘察

中线总干渠在郑州西北孤柏嘴—李村附近以两条盾构隧洞形式穿越黄河，洞长 4250m，外径 8.7m。南端以深挖明渠形式接近黄河南岸邙山后，以隧洞从深厚的黄河河床松散层穿过，然后在北岸滩地以竖井上升后再接明渠，南岸隧洞进口附近布置一条退水洞，以钻爆法施工。

黄河南岸邙山黄土区面临黄土高边坡稳定问题、饱和黄土洞室稳定问题；黄河河床深厚沉积物相变频繁，面临宽浅河流水上勘探、地下障碍物（埋藏古木）探查、松散砂层物理力学参数获取、盾构隧洞施工地质条件评价等难题；黄河北岸明渠段为近代沉积的深厚粉细砂层，存在地基砂土液化问题。

中线工程穿黄隧洞是我国在黄河河床下建设的首个盾构隧洞，针对黄河地形地质特点和盾构施工需求，编制了盾构隧洞穿越游荡性大江大河勘察方案，研制了适应不同水深的装配式环拉水上钻探平台、实现宽浅河流复杂水流环境下高效安全钻探。提出了基于沉积相和水动力条件的河床埋葬古木探测及预测技术，并得到工程验证。在 20 世纪 90 年代研发了泥衣包裹岩芯技术和原状砂样采取技术，将砂土采取率提高到 100%，砂土内部结构得到完全保持，该技术获得了当时国家科委颁布的发明专利。融合钻探与静力触探技术，将静力触探有效探测深度提升到 60m，结合多参数群孔测试，大幅改善了深厚松散砂层力学参数测试精度。以钻探揭示的地层结构和物理力学指标原位测试为基础，结合盾构工作原理，提出了国内较早的盾构隧洞工程地质分类评价标准。

南岸明渠黄土边坡最大高度达到 60m，钻探揭示下部分布 2 层软黄土，天然条件下呈软塑—流塑状态，对渠道开挖构成制约，且处理难度和成本很高。在颗分及室内排水固结试验基础上，勘察人员提出了降水固结处理方案，施工期采用钻孔抽排，运行期采用地下盲沟自排。为了揭示野外条件下的降水处理效果，研发了弱—中透水黄土地层抽水试验技术，通过抽水前后黄土物理力学指标对比，揭示了软黄土力学强度随含水率变化规律，预测了地下降水条件下的黄土强度，为渠道开挖边坡设计提供了依据，并在后续施工中得到检验，相对其他力学加固方案，建设成本大幅下降。

南岸退水洞长 790m，断面 5.8m × 7.5m，采用钻爆法施工，饱和黄土围岩稳定问题极为突出，塌落冒顶一度频繁发生。通过对掌子面塌落规律和饱和黄土动力特性研究，发现黄土过饱和是洞室失稳的关键，在掌子面土体没有约束条件下，洞周土体会沿着卸荷松弛—过饱和软化—泥流突入—再次松弛的路径反复进行，直到塌至地面，而引起过饱和的因素，除了黄土自身物质组成外，卸荷作用与动水压力是重要的“催化剂”，为此，提出了

"短进尺、快支护、强支护"的应对策略，采取长管棚、预注浆、反复注浆、临时支护与永久支护及时跟进的控卸荷措施，围岩稳定得到有效控制。

4.3 黄土状土湿陷问题勘察

工程沿线黄土状土指全新统冲洪积壤土及上更新统冲洪积、坡洪积黄土状壤土，以及局部分布的风积黄土、次生黄土，岩性以粉质壤土为主，具有黄土的部分特征，一般有湿陷性。分布在汝河以北至北京段山前广大地区，累计长 353.3km。天津干线段前 10km 黄土状壤土存在轻微湿陷性。

黄土状土粉粒含量高，大孔隙发育，垂直节理发育，干燥时强度较高，浸水饱和后强度急剧下降。自重湿陷系数小于 0.015，为非自重湿陷性黄土。湿陷深度一般小于 5m，最大 8m 左右。部分地段垂直方向湿陷不连续，呈层状相间湿陷。

湿陷性黄土对挖方渠道影响较小，但对填方渠道和交叉建筑物需要考虑湿陷变形问题，渠道填筑前采用预压、强夯等方法进行处理。

4.4 地下采空区勘察

总干渠由南至北依次通过河南禹州煤矿、郑州矿区、焦作煤矿及河北凰家煤矿、邢台煤矿、伍仲煤矿、邢台劳武联办煤矿、亿东煤矿、鑫丰煤矿、兴安煤矿、磨窝煤矿、邵明煤田区贾村乡第三煤矿、华懋煤矿、垒子煤矿等矿区，经过线路比较和尽量规避采空区、减少压煤，最终选择的路线通过采空区 5km，压煤 50.69km。采空区位于禹州煤矿（3.8km）和焦作煤矿（1.2km）。

禹州煤矿开采二叠系煤层，埋深 80～320m，上覆二叠系石盒子组泥岩夹砂岩及 30～40m 的黏性土。煤矿采用臂式或巷道式开采、全陷法顶板管理方式，上覆岩层破坏形式为"三带型"。其中，原新峰矿务局二矿采煤厚度 0.9m，埋深 107～266m，1965 年关停，钻探揭示塌落带较密实，无掉钻、卡钻、漏浆现象。梁北镇郭村煤矿煤层厚度 0.75～1.13m，埋深 126～290m，巷道式开采，主巷道分布无规律，空间重叠交错，支巷道间距 25～30m，1996 年关停，钻探过程中有掉钻、卡钻和轻微漏浆，表明塌落带内存在空腔。梁北镇工贸公司煤矿煤层厚度 0.69～1.04m，埋深 106～242m，2005 年关停，钻探时有轻微漏浆。梁北镇福利煤矿、刘垌村一组煤矿煤层厚度 1m 左右，埋深 90～134m，2003 年关停，钻探有漏浆、塌孔。5 个煤矿规模相对较小，地质及采煤资料不完整，开采方式不够规范，顶板管理资料缺乏，简单支护或不支护，预留煤柱大小和位置有随意性，采空区形态不规则，覆岩和地面地质效应较复杂，地表移动变形规律较差，除新峰二矿外，其余煤矿采空区和塌落带内揭露有空腔。地面水平和垂直位移监测显示，郭村煤矿、新峰二矿地面变形基本稳定，其余煤矿采空区地面变形仍有波动和发展。为此，在渠道施工前，对采空区及覆岩做了注浆充填固结处理

焦作煤矿有近百年的开采历史，既有国营煤矿（11 个），也有地方乡村小煤窑（4 个）。开采煤层为二叠系下统山西组底部的二 $_1$ 煤，厚度 5.5～7.0m，岩层倾角 7°～17°，埋深 70～350m，上覆山西组页岩、泥岩、砂岩互层，厚 90m；二叠系石盒子组泥岩、粉砂岩、砂岩，厚 90m；中更新统卵石、黏性土，厚度 30～70m；上更新统黄土状土、卵石，厚 11～16m。大部分煤矿采用长臂式开采，单个采区长 350～1000m、宽 60～800m，全陷法顶板管理，地表以连续、平缓的大面积变形为主，变形量大，移动盆地特征明显，变形趋稳后不会留下隐患。地面变形监测显示，停采 3～5 年后，地面变形基本趋于稳定，5 年后计算的剩余移动量小于总位移的 1/10000，与监测数据揭示的规律较吻合。中线工程在焦作煤矿区为半挖半填形式，考虑渠道 100～300kPa 荷载时，最大扰动深度 8.0～13.8m，活化临界深度 64.0～69.8m，小于工程沿线采空区最小埋深（大于 100m）。勘察结论认为：停采 10 年以上的老采空区，渠道可以安全通过。停采 5～10 年的老采空区，剩余变形对渠道影响不大，一般不需专门处理，建筑物可采取适当的抗变形措施。停采 3 年内的采空区为不稳定区，不宜工程建设；停采 3～5 年的采空区，仍有一定的剩余沉降，需注浆加固等措施处理后方能建设渠道。渠道建设不产生额外的附加应力，地面与采空区之间有稳定的隔水岩层和黏性土层，渠水不具有下渗采空区的条件，引发老采空区"二次活化"的可能性小。最终通过线路布置优化，规避了不稳定区。

5 工程运行检验

总干渠 2013 年底基本建成，并随后向河南旱区紧急输水。2014 年 12 月，全线正式通水运行，迄今

已运行超过 9 年。期间，于 2016 年、2021 年遭遇百年不遇的暴雨，渠道勘察设计得到充分检验。

5.1 膨胀土渠坡稳定性

9 年来，膨胀土渠坡没有出现大规模变形失稳现象。凡是采用改性土换填保护处理的边坡，均没有出现浅表层大气影响带变形；凡是采取了抗滑桩处理的边坡，均没有出现受结构面控制的水平滑动破坏。出现的小规模变形失稳有以下三种类型：

（1）受裂隙或裂隙密集带控制的水平滑坡。初步设计和施工图设计阶段，出于控制投资的考虑，抗滑设计有所侧重，过水断面优先保证，非过水断面只针对长大结构面、软弱岩性界面布置了抗滑桩。工程运行后，部分地段坡体内裂隙或裂隙密集带逐步贯通，产生了变形蠕滑现象，单个规模一般小于 $3000m^3$。安全巡检一旦发现渠坡出现变形现象，会立即采用微型桩、土锚等措施进行加固，防止变形进一步发展。这类滑坡数量少，9 年来累计出现近 10 处。

（2）表层大气影响带坍塌失稳。总干渠中—强膨胀土渠坡都采取了换填保护处理，但部分具有弱膨胀潜势的新近系黏土岩边坡只做了植草和防冲刷处理，后续勘察研究显示，这些边坡普遍形成了 0.6m 左右的胀缩裂隙带，2016 年暴雨期间，这些部位发生数十处坍塌失稳，单个体积多在 $100 \sim 200m^3$。运行表明，即使弱膨胀土边坡，也需要采取换填保护措施。

（3）非膨胀黏性土换填层滑坡。总干渠南阳市段，坡面保护全部采用改性土换填；沙河—黄河南段，少数采用改性土换填保护，多数采用非膨胀黏性土换填；黄河北则全部采用非膨胀黏性土换填保护。2016 年暴雨期间，黄河北河南、河北膨胀土渠段发生数处换填层滑坡，单体规模 $1000 \sim 2000m^3$，滑坡底边界基本沿袭换填土与膨胀土界面。这些滑坡有一个共同点，即坡体地下水较丰富，或者坡顶地面存在积水现象。换填土源自就近开采的粉质壤土，粉粒含量较高，换填土水稳性不足、丰富的地下水是造成滑坡的主因。后续通过地表水疏排和地下水引排、改善换填土质量，实现了边坡稳定。

5.2 穿黄工程

勘察数据及地质评价为穿黄盾构隧洞施工提供了重要的技术支撑，工程运行以来，没有出现与地质条件相关的问题。

南岸渠道软黄土深挖方边坡在采取地下盲沟排水处理后，土体强度得到显著改善提高，地下水位和坡面变形监测数据正常，稳定性维持良好。

退水洞变形监测数据正常，洞周土体性状及围岩稳定性开展了专门评估，未发现安全隐患。

5.3 地下采空区渠道安全

除了对禹州采空区进行注浆加固处理外，设计对采空区渠道地基还采用铺设格栅等土工材料，加强地基的抗变形能力。监测数据显示，渠道沉降、倾斜变形均在设计允许范围内。

6 结论

（1）南水北调中线工程属于长距离线性水利工程，地形地质条件变化大，制订专门的勘察技术标准，对统一工作深度、保证勘察成果质量发挥了积极作用。

（2）膨胀土问题在中线工程十分突出，系统研究了膨胀土物理力学特性，揭示了受结构面控制的近水平滑动和受大气剧烈影响带控制的浅层坍塌两种破坏模式及机制，并采用“分而治之、表里兼顾”的处理方法，实现了膨胀土开挖边坡长期稳定。

（3）穿黄工程地质条件复杂，首次建立了盾构隧洞穿越游荡性宽浅河流勘察方法，提出了软黄土深挖方高边坡勘察评价及加固处理技术，揭示了饱和黄土地下洞室开挖过饱和破坏机制，采用以卸荷控制为目标的施工加固方案，顺利实现排水洞贯通。

（4）地下采空区对渠道安全构成威胁。勘察研究遵循优先规避、钻探探明岩土结构、地面变形监测跟进、综合评估、隐患区注浆加固、建议设计提高抗变形性能的工作思路，为地下采空区重大水利工程勘察作了尝试，为今后类似工程提供了借鉴。

陕西省延安市南沟门水利枢纽工程勘察实录

蒋 锐 宋文搏 张兴安

（陕西省水利电力勘测设计研究院，陕西西安 710001）

1 工程概况及勘察过程

南沟门水库枢纽工程位于陕西省延安市黄陵县境内，南沟门水库坝址位于葫芦河河口上游约3km处的寨头河村南沟门附近。工程枢纽主要由大坝、导流洞、引水发电洞、溢洪道及发电站等建筑物组成。大坝为均质土坝，坝高68.0m，坝顶高程852.000m，正常蓄水位高程848.000m，水库总库容2.006亿m^3。是一座以供水与灌溉为主兼顾发电防洪的大（2）型水利枢纽工程。

南沟门水库枢纽勘察工作自1970年开始，历经30余年。2006年1月项目建议书通过审查，2010年3月可行性研究取得批复，2012年6月初步设计取得批复；2009年3月开始施工，2017年7月通过蓄水阶段验收。

2 坝址区工程地质条件及评价

2.1 坝址区工程地质条件

2.1.1 地形地貌

坝区河流流向由西向东，河谷平面呈S形，左坝肩岩石裸露，岩石顶面高程845.000～850.000m；右坝肩河流阶地发育齐全，地形上稍缓。

漫滩高出河床0～5m，宽度40～160m；一级阶地阶面高出河床5m，宽度70～180m，基座岩面高程788.000～790.000m；二级阶地阶面高出河床28m左右，宽度110～160m，基座岩面高程792.000～794.000m；三级阶地台面高程820.000～900.000m，宽度150～310m，基岩面高程807.000～812.000m；四级阶地基座岩面高程845.000～850.000m；黄土塬面高程在950.000～1000.000m。阶地堆积二元结构明显，上部为黄土和黄土状壤土夹古土壤；下部为砾石、卵石。

2.1.2 地层岩性

坝基范围内的岩土有二叠系胡家村组河湖相的砂岩、泥岩，第四系各种成因的松散土层，现由新到老分述如下：

（1）第四系（Q）滑坡的粉质壤土，厚度5～10m。

（2）第四系（Q）风积的黄土、黄土状壤土夹古土壤，厚度10～50m。

（3）第四系（Q）河流冲积堆积的砂砾石、壤土、砂壤土、粉细砂等，厚度2～10m。

（4）三叠系胡家村组（T_{3h}）：砂岩夹泥（页）岩互层，砂岩灰绿色、灰黄色，中细粒结构；泥岩灰黑色，层状结构，夹煤线。出露于左岸边坡及右岸坝肩上游部分地段。

2.1.3 地质构造

工程区位于鄂尔多斯台向斜南部的子午岭次级向斜以东，区内地质构造简单，岩层产状近于水平，微向西倾斜，倾角2°～5°。未发现断层，常见有NNW和NEE两组共轭高角度剪切节理，发育长度3～5m，裂隙间距1～2m。

2.1.4 水文地质条件

坝区地下水按照含水层岩性组成和埋藏条件可分为以下几种类型：

（1）孔隙潜水：埋藏于漫滩，一、二级阶地下部堆积的砂砾石层中，水位埋深4.0～7.0m，相对隔水层为下伏基岩；受大气降水、河水和岸边基岩裂隙水交替补给，向河谷排泄。三、四级阶地及黄土塬底砾石层浅部不含水。

（2）基岩裂隙潜水：主要分布于河流两岸基岩风化、卸荷带内，系无压层间水，含水层为砂岩，多由泥（页）岩顶板附近以下降泉水出露于岸边，显示其多层性，泉水出露高程在801.000～808.000m。地下水位受降雨影响明显，含水层富水性相对较好。

（3）基岩裂隙承压水：主要分布于河床基岩面以下 11.0～23.0m 内，承压水水头高出孔口 2.10～8.36m，含水层为砂岩，由于泥岩相对隔水层，承压水具多层性，随含水层埋深的增加，承压水头也随之增大。在钻孔 ZK_{12} 勘探过程中，伴随局部承压水有易燃气体喷出，水面有油状漂浮物。承压水顶板埋深由南东向北西逐渐变浅，上覆基岩厚度变薄，最薄处位于坝址中游钻孔 ZK_{12}，承压水层上覆基岩层厚 7.45m，顺河流方向承压水层分布高程变化明显；根据钻孔 ZK_{11} 观测，承压水的水头高程和流量有逐年降低和减少的趋势。

2.1.5 物理地质现象

坝址区有滑坡 20 个，其地貌特征明显，大小各异，规模不等，多为坡体式覆盖层滑坡，滑坡堆积层的厚度一般 10～15m，最大 60m。

滑坡体的稳定分析采用两种方法：一是工程地质类比，二是稳定计算分析，稳定计算分析采用推力传递系数法和毕晓普两种方法。滑坡的稳定性计算参数选取，密度采用室内试验成果平均值：自然$\rho = 1.90\text{t/m}^3$，饱和密度$\rho_{sr} = 1.98\text{t/m}^3$，滑动面残剪强度（$c$、$\varphi$值）根据室内残剪试验和经验公式计算反演和工程类比综合确定，采用值$\varphi = 11.4°$，$c = 15.5\text{kPa}$。

自然状态下，坝址区两岸的 H_5、H_6 滑坡基本稳定，南沟内 H_4、H_7 滑坡稳定性较差。坝址区右岸下游 H_{14} 号滑坡局部稳定性差，须进行工程处理。水库蓄水至 848.000m 高程降落过程中，H_5、H_6、H_4、H_7 滑坡可能失稳。H_5、H_6 滑坡规模较小，距坝址很近，滑坡堆积土层可作为上坝土料进行处理。

2.1.6 岩土工程地质特性

1）土层的物理力学性质

工程地质单元物理力学指标表明：

（1）风积黄土、黄土状壤土、古土壤，干密度 $\rho_d < 1.45\text{g/cm}^3$ 时具有湿陷性；$\rho_d \geqslant 1.45\text{g/cm}^3$ 时属非湿陷性土。

（2）Q_3 黄土相对压缩系数$a_{1\text{-}2} > 0.5\text{MPa}^{-1}$，为高压缩性土，属自重湿陷性土。

（3）第三层古土壤以上Q_2 黄土状壤土相对压缩系数$a_{1\text{-}2} = 0.30～0.41\text{MPa}^{-1}$，属中压缩性土，具湿陷性；第三层古土壤以下$Q_2$ 黄土状壤土和古土壤相对压缩系数$a_{1\text{-}2} < 0.10\text{MPa}^{-1}$，属低压缩性土，一般不具湿陷性。

（4）各土层渗透系数垂直大于水平一个数量级，各层无大的差异，均呈$R \times (10^{-4}～10^{-3})\text{cm/s}$，本区各类土透水性都较大。

2）岩石和岩体的物理力学指标

根据坝址区的勘探试验资料分析，坝址区砂岩，呈厚层状，弱风化砂岩饱和抗压强度平均值$R_b = 49.4\text{MPa}$，软化系数平均值$k_r = 0.70$；微风化砂岩饱和抗压强度平均值$R_b = 84.6\text{MPa}$，软化系数平均值$k_d = 0.69$。泥岩为软岩，强—弱风化泥岩饱和抗压强度$R_b = 23.63～29.8\text{MPa}$，弱风化自由膨胀率$\leqslant 18\%$，泥岩遇水崩解，失水干裂。

水库枢纽勘探深度内的岩体，按风化程度可划分为强风化、弱风化及微风化，坝基岩体表面强风化带垂直厚度 2.0～3.0m，坝肩斜坡强风化带垂直厚度 5～6m，水平宽度 8～10m，弱风化带的水平宽度 21m 左右；岸边卸荷带水平宽度 6～8m。坝基岩体上部透水率$q = 10.0～35.0\text{Lu}$，中等透水，中等透水岩体厚约 10.0m，下部岩体$q < 3\text{Lu}$，可视作相对隔水层。根据坝基岩体压水试验分析，坝基岩体表面强—弱风化岩体透水率$q > 10\text{Lu}$，中强透带的垂直厚度一般 10m 左右，局部（钻孔 ZK_6）20m。

根据《工程岩体分级标准》GB/T 50218—2014，强风化岩体的纵波速度$V_P \leqslant 2150\text{m/s}$，完整系数$K_v = 0.08～0.23$，基本质量指标(BQ) = 160～230，基本质量级别Ⅴ级；弱风化砂岩岩体的纵波速度$V_P = 2150～3225\text{m/s}$，完整系数$K_v = 0.23～0.51$，基本质量指标(BQ) = 306～366，岩体级别为Ⅲ～Ⅳ级；弱风化泥（页）岩和砂泥岩互层岩体的纵波速度$V_P = 2325～3636\text{m/s}$，完整系数$K_v = 0.27～0.65$，基本质量指标(BQ) = 259～342，工程岩体级别为Ⅳ级。岩体物理力学指标建议值见表 1。

3）土层的湿陷性

根据勘探资料分析，坝区一、二、三级阶地表面堆积黄土状砂壤土、黄土和黄土状壤土具湿陷性。一级阶地表面湿陷性土层厚度 5.5～9.0m；二级阶地表面湿陷性土层厚度 21.7～22.7m；三级阶地表面湿陷性土层的最大厚度 24.1m。

一级阶地表面黄土状壤土层厚 7.2～9.0m，层底高程 792.000～800.000m，场地的湿陷类型属自重湿陷性场地，坝基湿陷等级为Ⅱ级（中等）；二级阶地湿陷性黄土层底高程 806.000～821.000m，场地湿陷类型属自重湿陷性场地，坝基湿陷等级Ⅳ级（很严重）；三级阶地上部（第三层古土壤以上）堆积的黄土、古土壤、黄土状壤土具湿陷性，场地湿陷类型属自重湿陷性场地，地基湿陷等级为Ⅲ～Ⅳ级。

岩体力学指标参数建议值 表1

岩土定名	岩体基本质量级别	密度ρ/（g/cm³）	岩体抗剪断强度		变形模量E/GPa	泊松比υ	允许承载力/kPa	岩体风化程度
			φ/°	C'/MPa				
砂岩	Ⅲ	2.50	40	0.85	8.0	0.28	1500	微—弱风化
砂岩	Ⅳ	2.35	36	0.55	5.0	0.30	850	弱风化
泥岩	Ⅳ	2.30	30	0.35	2.0	0.33	650	弱风化
砂岩夹泥岩	Ⅴ	2.25	26.5	0.10	1.0	> 0.35	450	强风化

2.2 坝址主要工程地质问题及处理措施

2.2.1 左坝肩

左坝肩四级阶地基座岩面高于水库设计蓄水位高程 848.000m，基岩斜坡表面强风化带的垂直厚度 5～6m，水平宽度 6～8m，强风化带岩体透水率$q > 10$Lu，中等透水。弱风化带岩体透水率$q <$ 10Lu，岩体表面透水率$q > 3.0$Lu 的中—弱透水带的垂直厚度 20～25m。强风化岩体基本质量级别Ⅴ级，弱风化岩体基本质量级别Ⅳ级。建议左坝肩结合槽建基面选择弱风化基岩，坝肩防渗帷幕水平宽度应 ≥ 30m，垂直厚度应深入岩面以下 30m。泥（页）岩易风化破碎，施工时应采取保护措施。

2.2.2 坝基

坝基横跨河床、河漫滩、一级阶地、二级阶地，长 283m，河床漫滩段坝基长 50m，堆积层分为两层，上部砂壤土层厚 3.0～8.5m，土质松软；下部砂砾石层厚 2.0～4.5m，渗透系数$k = 30$～40m/d。一、二级阶地场地湿陷类型属自重湿陷性场地，坝基湿陷等级Ⅱ～Ⅳ级。阶地下部堆积层砂砾石层强透水，允许水力坡降$I = 0.10$～0.12，渗透破坏形式以管涌为主。坝基砂岩夹泥（页）岩岩体表面强风化带的垂直厚度 1.5～2.0m。强风化岩体基本质量级别Ⅴ级，承载力特征值$f_{ak} = 450$kPa，变形模量$E_0 = 1000$MPa。弱风化岩体基本质量级别Ⅳ级，承载力特征值$f_{ak} = 650$kPa，变形模量$E_0 =$ 2.0GPa。

坝基岩体表面透水率$q \geqslant 3.0$Lu 的中—弱透水带的垂直厚度 10～15m。下部岩体透水率$q <$ 3.0Lu，可视为相对隔水层，初步估算坝基渗漏量为 5975m³/d，占径流量的 1.88%。

建议对坝基表层堆积的砂壤土、黄土、古土壤进行工程处理或清除，对砂层、砂砾石层采用结合槽截渗处理，防渗结合槽建基面建议选择弱风化的砂岩夹泥（页）岩；坝基岩体防渗帷幕垂直厚度应大于 25m。

2.2.3 右坝肩

右坝肩由三级阶地堆积的黄土、黄土状壤土夹古土壤和砂砾石组成，堆积层厚 50～70m，由于南沟的切割，坝肩山梁比较单薄。右坝肩坝线上游四级阶地斜坡表面发育 H_5、H_6 号滑坡体在修建上坝公路及处理导流洞进口边坡过程中已基本削除，残留滑坡体稳定性差，水库蓄水后可能失稳，应结合土料上坝进行削坡处理。

右岸坝肩斜坡表面Q_3 黄土及古土壤属自重湿陷性土层。坝肩斜坡表面湿陷性土层厚度 10.0～19.8m。下部堆积的砂砾石层厚 1.0～2.0m，分布高程 805.000～807.000m，坝肩上下游连通，最窄处宽度仅 220m，砂砾石层渗透系数$k = 10$m/d，允许水力坡降$I = 0.10$～0.12。阶地基座表面强风化岩体的透水率$q = 10$～35Lu，透水率$q \geqslant 3.0$Lu 的中—弱透水带的垂直厚约 10.0～15.0m，下部岩体透水率$q < 3$Lu，可视为相对隔水层。

根据现有勘察资料分析，右坝肩存在的主要工程地质问题有两个：一是坝肩斜坡表面湿陷性土层的处理；二是沿三级阶地砂砾石层和基岩表面强风化带的绕坝渗透。坝肩斜坡场地的湿陷类型属自重湿陷性场地，坝基湿陷等级Ⅲ～Ⅳ级。估算绕坝渗漏量为 1110m³/d。

建议翻碾处理坝肩斜坡表面的湿陷性土层，用混凝土墙对砂砾石层进行截渗处理，坝肩防渗帷幕应深入岩体表面以下 20m。

3 施工开挖结论

3.1 大坝基础开挖结论

（1）大坝防渗结合槽混凝土盖板厚度 1.0m，

深入左、右坝肩及坝基至弱风化岩体砂泥岩互层。对以下岩体进行了较深的帷幕防渗。消除了坝基和左、右坝肩绕坝渗漏所产生的渗流破坏。

（2）大坝坝基左岸清除了表层强风化岩体及松动岩块，施工开挖坡比1：1～1：1.25，边坡稳定。

（3）大坝坝基右岸上游，对H_5滑坡基础进行了开挖及碾压回填。基础为强风化岩体砂泥岩互层。滑坡坡体进行清表，开挖坡比为原地形。

（4）大坝坝基右岸下游为湿陷性黄土状土，施工中已全部清除，施工开挖坡比1：1.5。边坡稳定。挖除了具湿陷性、高压缩性的黄土和粉质壤土。

（5）施工阶段左坝肩、右坝肩、坝基上下游施工开挖后，揭示岩体特征及物理力学特性，通过编录与试验分析，与勘察资料基本一致。地质条件满足设计施工要求。

（6）灌浆平洞、截渗洞、交通洞洞室开挖断面与设计断面基本相符，洞顶局部有坍塌掉块及渗水现象，没有出现重大质量事故。

（7）灌浆平洞、截渗洞、交通洞洞室围岩以（Q_2）黄土状壤土为主，侧墙脚有砂砾石出露，施工过程中有坍塌掉块。

3.2 主要附属建筑物开挖结论

3.2.1 溢洪道

（1）溢洪道底板及两侧边墙基础均为弱风化砂岩夹泥岩互层，岩体属中厚层状，局部厚层状，施工期无地下水出露点，岩体基本质量级别Ⅲ～Ⅳ级，承载力特征值$f_{ak}=650$～1500kPa，允许不冲刷流速$V=2.5$～3.5m/s。

（2）溢洪道左、右两侧基岩边坡由强—弱风化的泥岩夹薄层砂岩组成，削坡比1：0.5，岩质边坡稳定，并采取喷浆挂网保护措施。

（3）溢洪道左侧黄土边坡削坡比1：0.75，边坡基本稳定，坡面采用了混凝土花格护坡处理。

（4）经地质编录及开挖揭示，溢洪道及左、右侧墙边坡、高边坡地质条件结果与前期勘察地质资料一致，施工开挖符合设计施工要求。

3.2.2 导流泄洪洞、引水发电洞

（1）进出口段岩体呈强—弱风化，卸荷—剪切裂隙发育，裂隙切割岩体成块状，岩块完全松动，导致施工超挖严重。

（2）洞室开挖断面与设计断面基本相符，隧洞开挖过程中局部洞顶有掉块和塌方，没有出现重大质量事故。

（3）洞室围岩以砂岩夹泥（页）岩为主，洞室围岩类别以Ⅲ类和Ⅳ类为主，地质构造、地下水状态、隧洞围岩分类与勘察成果基本一致。

（4）隧洞进、出口洞脸，黄土边坡削坡分5级，单级坡高≤10m；削坡比 1：1，岩质边坡，削坡分3级，单级坡高≤10m，削坡比1：0.75，采用全面系统锚杆、局部挂网喷混凝土坡护处理，与勘察成果基本一致。

4 土料质量评价及配水试验成果

4.1 土料质量评价

选定土料场位于坝线上游，左岸805.000m高程以上二、三级阶地及黄土塬边斜坡地带，料场堆积层以Q_3黄土和Q_2黄土状壤土为主，料场地下水位埋深大于15.0m。料场土料分布及厚度较大，

采用普氏击实仪，土料标准击实试验最大干密度平均值$\rho_{dmax}=1.74g/cm^3$，最优含水率平均值$\omega_{op}=16.8\%$，土料各项技术质量指标评价见表2，可以看出土料除天然含水率低于最优含水率外，其他各项技术指标均符合《水利水电工程天然建筑材料勘察规程》SL 251—2015 对均质土坝上坝土料质量的技术要求。

击实土建议参数如下：干密度$\rho=1.68$～1.70g/cm³，含水率$\omega=17\%$～18%，压缩系数$a_{1\text{-}2}=$ 0.11～0.13MPa⁻¹，渗透系数$k_H=6.0\times10^{-6}$cm/s，$k_v=4.74\times10^{-6}$cm/s。抗剪断强度指标：总应力$\varphi=17.8°$，$C=33$kPa；有效应力$\varphi'=26°$，$C'=17.5$kPa。

土料质量评价表　　表2

项目	技术指标	料场土料指标	
		各指标范围	评价
黏粒含量	10%～30%为宜	10.4%～9.9%	除含水率偏小外，其他指标满足规范要求
塑性指数	7～17	9.9	
渗透系数	碾压后，小于1×10^{-4}cm/s	5.46×10^{-6}	
有机质含量	＜5%	3.6%	
水溶盐含量	＜3%	0.7%	
天然含水率/w	与最优含水率（w_{op}）或塑限（w_p）接近者为优	$w=10.9\%$，$w_{op}=17.0\%$，$w_p=17.7\%$	
pH值	＞7	＞7.91	
紧密密重/（g/cm³）	宜大于天然密度	天然密度1.50 紧密密度1.74	
$SiO_2/R2O_3$	＞2	＞2	

4.2 配水试验

1）试验设计

配水试验从2009年8月开始，12月结束。土料场配水试验采用试坑注水法，共布置四个试坑，面积选择了两种规格，分别为底面 6m × 6m、5m × 5m，深均为1m。

试验深度的确定是从土料场大型挖掘机的立面开采高度可保证4m的实际出发，确定渗水试验土层最优含水率深度应⩾4m的原则进行设计的。浸水试验分为两种方案，一是按常规方法将试坑底面整平，直接进行浸水试验，二是考虑到料场土层黏粒含量较高（24.0%～28.8%），开采厚度内饱水过程较长，为开采土层同时饱水，在试坑底面整平后，在坑底用洛阳铲造预浸水孔，浸水孔的设计间距2.0m，深度3.5m，然后进行浸水试验。

注水量设计为两种，第一种是按试坑开口面积每平方米1m3水，检查最终下渗的可开采深度。第二种是按饱和含水率减去天然含水率计算的注水量，考虑到侧渗和蒸发的因素，所需水量按4m深度计算，检查下渗后实际达到的深度。

含水率测定是计划从检查孔内每0.5m取样一组，用电热恒温干燥箱进行烘干，其操作方法按《土工试验方法标准》GB/T 50123—1999的规定进行，即黏性土烘干时间不少于8h，温度控制在105～110℃。称量工具采用较为精准的110g/0.01g的电子天秤进行。

根据《水利水电工程天然建筑材料勘察规程》SL 251—2015，均质坝土料的“天然含水率与最优含水率或塑限接近者为优”，根据试验资料分析工程区土料的最优含水率$w_{op}=16.8\%$，塑限$w_p=17.7\%$。考虑到施工时开采运输过程中水分的损失在2%～3%，因此，确定的试验结束标准是：当开挖深度内（4m）平均含水率为19.0%～20%时，即可结束试验。

2）试验结论

（1）料场地面以下3.0m深度范围内土层天然含水率受气候变化影响明显。

（2）根据实测数据分析，料场土层注水入渗深度与试坑注水量的大小和方法有关。

（3）两种方式注水量差别很小，按料场土层含水率计算用水量比较合理。

（4）采用预浸水孔的试坑注水土层饱和快，渗水深度大，可以减少蒸发，缺点是实际工作中如采用大面积预浸水孔会增加大量的前期工作量。

（5）本工程筑坝土料开采前进行人工配水是可行的，开采前进行料场土层含水率测定，根据土层含水率确定料场的注水量比较合理。

5 经验及教训

南沟门水库工程勘察经验及教训如下：

（1）同类地区同类工程中，黄土边坡削坡单级坡高不应大于10m，坡比可按1∶1。

（2）易风化的砂岩夹泥（页）岩互层地区，削坡单级坡高不应大于10m，坡比可按1∶0.75控制，支护可采用系统锚杆、局部挂网喷混凝土坡护处理，应注意开挖后应及时采取措施，避免开挖面暴露时间过长。

（3）土料场配水应注意季节，冬季和多雨雪期料场注水后待渗、蒸发期较长，在本次试验时段和注水量相同的情况下，待渗期为59d。春、夏季配水开采时段待渗期可适当缩短到30～45d。

（4）土料配水工作延续周期长，宜采取分期分块提前进行。

（5）土料配水宜抽取河水，提前修建抽水站及管线。

龙岩号TBM遭遇突发塌方涌水成因机制分析

李今朝　杨继华　王志强　张　高

（黄河勘测规划设计研究院有限公司，河南郑州　450003）

1　工程概况

福建省龙岩市万安溪引水工程的是一项满足龙岩市主城区中、远期供水需求的民生工程。工程起点位于连城县大灌水电站尾水渠，通过引水隧洞及管道引水至龙岩市新罗区西陂镇北翼水厂。输水线路总长度约34.45km，全程采用有压重力流输水。输水线路沿途跨越麻林溪、林邦溪2条河流，其中林邦溪以北采用有压隧洞型式输水，长约27.94km，以桩号D13＋940.00m为界，上游隧洞采用钻爆法施工，开挖断面为洞径4m马蹄型；下游隧洞采用TBM法施工，开挖断面为洞径3.83m圆型，TBM洞段埋深200～950m；林邦溪以南采用地埋管型式输水，长约6.5km，采用明挖及顶管施工，管径为D1626×16mm。该引水工程为Ⅲ等工程，主要建筑物为3级，次要建筑物为4级。引水工程总工期48个月，2019年4月23日开工，目前引水隧洞尚未贯通。

2　基本工程地质条件

工程区出露的基岩主要岩性为：奥陶-志留系中段（$O\text{-}S^b$）变质细砂岩夹变质粉砂岩等；泥盆系上统（D_3）石英砾岩、石英砂岩、砂砾岩、粉砂岩；燕山期侵入花岗岩（γ_5）。引水线路各个时期的沉积岩、变质岩、侵入岩多为断层接触、燕山期侵入接触，且接触带走向与洞轴线交角较大。

满竹溪至林邦溪段主要为黑云母花岗岩，地质构造较简单，褶皱不发育；林邦溪至北翼水厂段为石英砾岩、石英砂岩、泥质粉砂岩、砂砾岩、炭质页岩、灰岩等沉积岩，地质构造相对复杂，两段主要构造形迹以陡倾角发育的断裂为主。工程区内规模较大的断层共发育10条，多数宽2～10m不等；小断层发育数条，宽0.5～1.0m不等。断层走向以NW、NE及NEE向为主，延伸较长，以高陡倾角为主，NW走向断层多为张扭性或张性断层，NE及NEE走向断层多为压扭性或压性断层。线路区主要发育走向N20°-50°W、N20°-40°E、N80°-90°E三组高陡倾角节理。

区内地下水类型主要有基岩裂隙性潜水和第四系覆盖层中的孔隙性潜水。孔隙性潜水主要赋存于工程区山体的残坡积层内，残坡积层黏土质砂透水性较弱；裂隙性潜水：主要赋存于基岩裂隙及断层带内，含水层厚度大，受大气降水及孔隙水的补给，赋水性主要受断层、节理裂隙控制，呈脉状、带状分布。强风化岩体多为弱～中等透水性，弱风化岩体以弱～微透水为主，微风化岩体多为微透水。工程区压性或压扭性断层多为弱～中等透水性，张性或张扭性断层为中等～强透水性。

3　突涌水事故过程

2020年12月3日凌晨3:50分，TBM掘进至D25＋529.30m时刀盘扭矩达1300kN·m，转速0.3r/min，推力6000kN，操作人员初步判断刀盘被卡，立即采取脱困模式：随后加大刀盘扭矩、提升推力、降低刀盘转速，现场将油缸压力由240bar提升至350bar，多次尝试推进、后退操作后，TBM仍无法进入正常的操作与掘进状态。当操作人员尝试倒链辅助退出皮带架时，前部护盾处突现塌方及涌水，推动TBM整机后退约4m，撑靴在洞壁留有清晰的擦痕（图1）。

图 1　撑靴被向后反推了 4m

为避免发生人员及设备安全事故，TBM 紧急停机，切断洞内高压电源，并撤离作业人员。次日查勘发现设备桥处钢轨发生了反转，说明产生了掌子面发生了二次塌方（后期复查确认 TBM 整体后退约 5m）（图 2）。

图 2　设备桥处钢轨严重扭曲变形

4　突涌水机理分析

4.1　突涌水量变化过程

突涌水最初 2h 单点涌水量可达 $1300m^3/h$ 左右，随后水量减小至流量为 $970m^3/h$，一个星期后维持 $900m^3/h$，随后逐步排水泄压，两个月后涌水段流量达 500～$600m^3/h$，三个月后流量减小至 $483m^3/h$。第 17 周末，突涌水段（宽约 8m）涌水量变为 $411m^3/h$，总排水量约 178.56 万 m^3。单点涌水量衰减曲线在第 10 周变得较为平缓（图 3），说明隧洞上方的水压已经减小，涌水段总出水量趋于稳定。

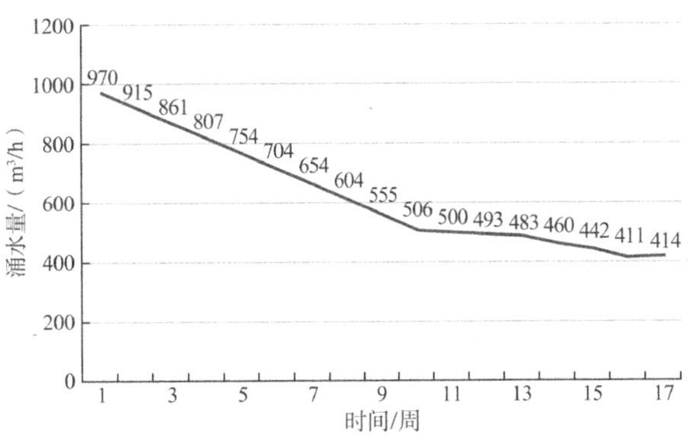

图 3　突涌水段水量衰减过程

4.2　超前地质预报

涌水事故发生后，总承包方黄河勘测规划设计设计研究院紧急开展了超前地质预报工作，采用三维地震波法探测破碎带规模以及掌子面前方一定范围内围岩情况。从物探成果图 4 上来看，局部岩体纵波速仅有轻微波动，并未发现显著的异常。

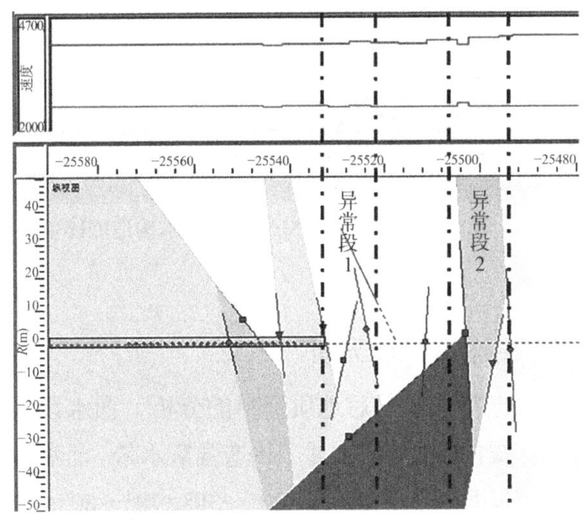

图 4　TE-TBM 超前地质预报成果图

（1）0～10.0m（D25 + 532.5m～D25 + 522.5m）段：该段波速、密度降低，泊松比上升，推测裂隙较发育，局部岩体破碎；

（2）10.0～27.0m（D25 + 522.5m～D25 + 505.5m）段：该段波速整体相对较稳定，推测岩体完整性较好；

（3）27.0～36.0m（D25 + 505.5m～D25 + 496.5m）段：该段波速、密度降低；推测裂隙较发育，局部岩体破碎；

（4）36.0～50.0m（D25 + 496.5m～D25 + 482.5m）段：该段波速整体相对较稳定，推测岩体

完整性较好。

结合现场已有地质资料分析，预报结论是：

D25 + 532.5m～D25 + 522.5m 段裂隙较发育，局部岩体破碎，D25 + 505.5m～D25 + 496.5m 段解译为疑似裂隙发育段。突涌水段与已掘进完整围岩洞段差异不明显。

由于物探法超前地质预报具有多解性的特点，超前地质预报的精度有待提高[2]，应以地质分析为基础宜采用两种以上的探测方法进行对比研究，建立物探成果与不同地质条件的对应关系，从而提高超前地质预报的精度。

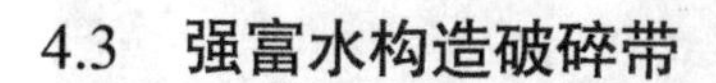

4.3 强富水构造破碎带

经过充分排水泄压后，耗时 4 个月后 TBM 冒险穿过了强富水构造破碎带，如图 5 所示揭露构造破碎带为一宽约 8m 的断层挤压带（D25 + 518m～D25 + 526m），产状为 25°∠60°～80°。

发生在洞段 D25 + 529m～D25 + 532.3m 左上方的塌方体高度约 6m，总体塌方量 40～50m^3。构造破碎带示意图见图 6，塌腔与 TBM 整机后退的体积相当。

图 5　TBM 揭露强富水构造破碎带

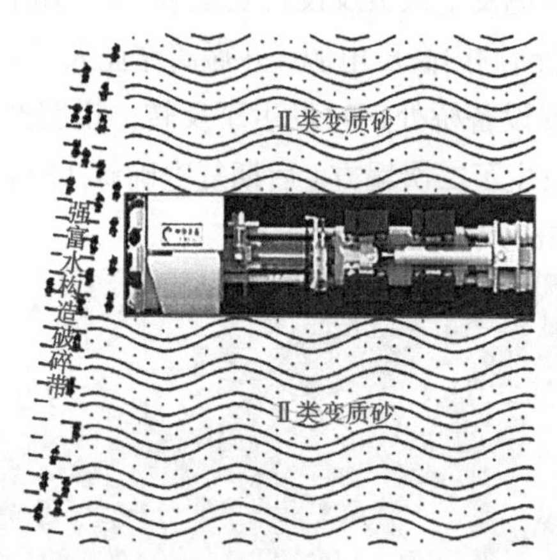

图 6　强富水构造破碎带示意图

4.4 突涌水机理分析

根据涌水段前后地质资料的分析，涌水段接近于宽缓向斜的核部，属于构造强富水带。涌水段节理较发育，第一组：J1：20°～30°∠70°～80°，第二组 J2：230°～240°∠75°～85°，第三组 J3：330°～350°∠75°～85°，第一组节理与断层产状一致（J1），是主要的裂隙水运移通道。该地段 NW 走向优势节理面发育，为地下水运移提供了空间，和观察到的向斜富水构造相吻合。节理裂隙较发育，初步推断为一规模较大的构造破碎带，地表未见明显的行迹，集水范围广、地下水补给源长远是符合较大断层破碎带特征的（宽约 8m），带内岩体呈碎裂结构，该富水构造是向斜核部叠加断层、裂隙密集带所致。

用 Unwedge 进行了隧洞围岩稳定性分析，J1、J2、J3 所围限的楔形体计算结果是稳定的。从图 7 中可以看出，J1、J2、J3 结构面所形成的岩块位于洞顶上方（TBM 掘进方向为 NW337°），依据 Unwedge 分析结果是稳定的，这个理论分析里假设楔形体是一个整体的，但实际楔形块体内部发育有较多构造裂隙，长度在 2～3m，这种尺度的裂隙是难以预见的。左上裂隙密集发育的岩体在高水压（约 100m 水头）作用下是极不稳定的。当掘进机刀盘由坚硬的石英砂岩进入裂隙岩体时，护盾尚处于较完整的Ⅱ类围岩中，刀盘出现了卡顿现象，脱困操作过程中突现局部塌方，造成主机瞬时被反推 3～4m。塌方来自于左上部，控制塌方体的上部边界是断层 F123（产状 25°∠60°～80°）。在正常循环掘进行程中（一般 1.8～2.0m），裂隙水渗流增加也属正常现象，调整 TBM 姿态也属正常操作，出现重大险情时是几种因素的巧合，具有极大的偶然性。这种难以预见的地质灾害破坏性是极强的。

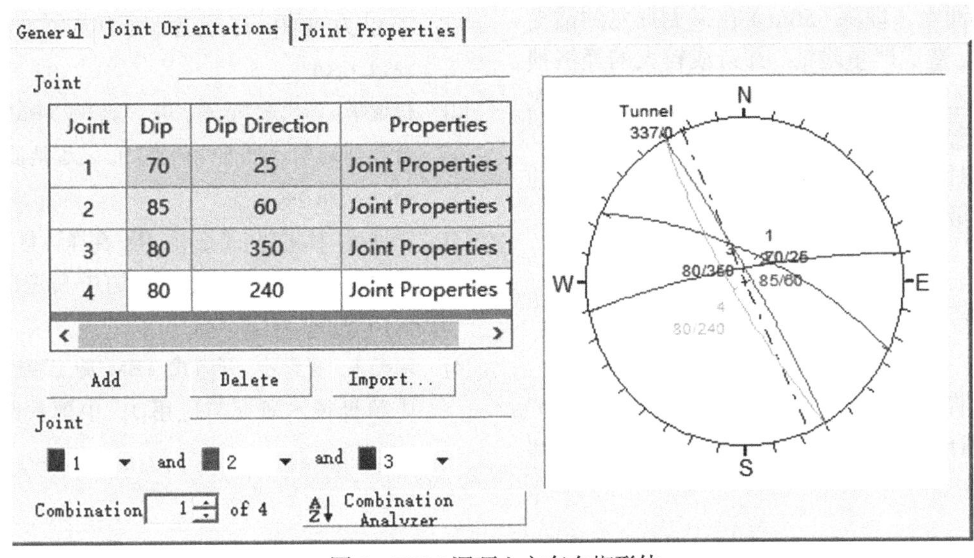

图 7　TBM 洞顶上方存在楔形体

5　突涌水段 TBM 处理措施

为顺利穿越构造富水带,施工单位提出了 4 个处置方案：自然泄流泄压方案、开泄水槽泄压方案、打超前泄压孔泄压方案、泄压导洞方案，根据现场工作条件,规避安全风险,最终选择自流泄压方案。具体流程见图 8，经过 4 个月的艰苦努力，于 2021 年 4 月初成功脱困。TBM 后配套穿过构造富水带后，停止掘进，专门对突涌水破碎带形成的空腔进行回填处理，用聚氨酯进行回填处理，环向钻孔深 8～12m，填满空腔后增加锚杆、钢筋排进行加固，以防止洞顶围岩的二次破坏；洞内水位降低至踏板以下（395m 高程），涌水流量衰减为 400m³/h 左右。

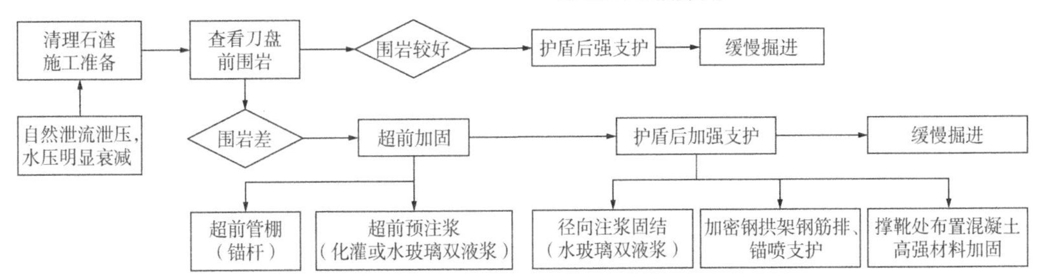

图 8　自然泄流泄压施工方案流程

6　结论与建议

（1）从涌水量及规模来看，单点涌水量平均 600～700m³/h，持续了 4 个月，说明突涌水段有较长远的补给源，优势方向的张性裂隙（走向 290°）与断层产状是一致的。突发涌水段的地质构造背景是向斜核部叠加高陡倾角断层，宽缓向斜构造、较大强透水断层、特殊结构面组合以及 TBM 机的缺少预处理能力是事件发生的主要控制因素。

（2）塌方不是来自掌子面正前方，而主要是左上顶拱，形成了长 3m、宽 2m 多、高 6m 的空腔，岩块大部分为微风化变质砂岩（断层的下盘）。由于构造带受多期地应力场变化影响，未发现该断层在地表出露迹象，进一步增加了该涌水带的隐蔽性和危险性。

（3）超前地质钻是最直观的超前地质预报手段，应是 TBM 标准配置；龙岩号 TBM 为首台搭载高压水刀系统掘进机，空间狭小（直径 3.83m），未安装超前钻机及注浆设备，设备缺陷为高效掘进带来隐患，增加 TBM 超前注浆预处理能力是提高其适应复杂地质条件的重要手段；TBM 的选型设计要根据具体的工作环境条件进行优化[3]。

（4）物探超前地质预报可以提供更多地质信息，有助于工程地质条件的综合研判。但实际工作中也会受到具体环境条件的限制，要结合实际条件选择合适的方法，以提高预报的精度[4]。

（5）突涌水（埋深 650m）在毫无征兆的前提下突然发生，造成严重险情，并造成较大的经济损失，尽管被判定为难以预见的地质灾害，也是一次值得研究的经验教训，鉴于地下工程的复杂性，TBM 在深埋长隧洞掘进过程中，建议进行连续的超前地质预报，以降低施工中的地质风险。

参考文献

[1] 邓铭江, 许振浩, 刘斌. 超特长隧洞 TBM 施工“115”超前地质预报系统创建与实践——以北疆供水二期工程为例[J]. 隧道建设(中英文), 2021, 41(9): 1433-1450.

[2] 杨继华, 闫长斌, 苗栋, 等. 双护盾 TBM 施工隧洞综合超前地质预报方法研究[J]. 工程地质学报, 2019, 27(2): 250-259.

[3] 王远超, 杜雷功, 王迎春, 等. 深埋隧洞 TBM 超前地质预报及预处理关键技术研究[J]. 隧道建设(中英文), 2019, 39(8): 1350-1356.

[4] 宋振东, 曹贵才. 开敞式 TBM 施工隧道综合超前地质预报技术研究与应用[J]. 中国铁路, 2022(12): 23-29.

昭通市省耕公园中心瀑布大坝地质条件分析与评价

陈　艳

（昭通市水利水电勘测设计研究院，云南昭通　657000）

1　概述

省耕塘水库位于昭通市昭阳区北部，省耕公园中心瀑布景观工程位于原省耕塘水库大坝坝址处，距昭阳城区约2km，有公路相通。省耕国学文化公园建设过程中，通过对大坝的重建，使省耕公园中心瀑布景观工程不仅具备防洪储水的功能，而且还兼备景观功能，总库容83.7万m^3，坝高12.04m，大坝轴线长410m。省耕公园中心瀑布大坝工程于2018年5月竣工验收至今，工程运行良好，作为昭通市省耕公园的核心景观部分，取得了较高的社会好评。曾荣获"2019年度云南省市政基础设施金杯示范工程勘察及设计一等奖"。通过本工程的实践及运行效果，证明在软弱膨胀性地基上也可以建刚性的重力坝，并且只要基础渗透系数满足防渗要求，可以不再进行帷幕灌浆处理。

2　场地地形地貌及基本地质条件

昭通坝区属春暖干旱，风高物燥，蒸发旺盛，日照充足；夏季炎热，水汽丰沛，水量集中，且多集中6～8月内，易形成暴雨或冰雹；秋凉少雨，土壤湿润，霜期开始；冬季阴冷，寒潮活动频繁，常伴有小雨小雪，霜冻严重。省耕公园中心瀑布大坝工程位于原省耕塘水库大坝坝址处，属冲洪积湖积盆地地貌，场地整体东西两侧较高，中部较低，由北向南缓倾，地势较平缓，地形坡度5°～10°，总体较开阔。省耕公园场地主要工程地质问题是地基土多为膨胀性黏土，易产生不均匀沉降或压缩变形现象。工程区地震动峰值加速度为0.1g，地震动反应谱特征周期为0.45s，相应地震基本烈度为Ⅶ度，建筑物按Ⅶ度地震设防。

省耕公园场地地层岩性自上而下可分为四个大层：即①层为第四系人工堆积土（Q_4^s）、②层为多层结构的第四系冲洪积层（Q_4^{alp}）、③层为第四系湖积层（Q_4^l）黏土、④层为第三系（N_2）黏土。

各层详述如下：

（1）第四系人工堆积层（Q_4^s）

①$_1$杂填土（Q_4^s）：大坝一带表层为混凝土，其下以碎石土为主，局部含少量建筑垃圾，黏性土充填，承载力较低，不宜作基础持力层；素填土（Q_4^s ①$_2$）：主要分布于大坝坝址区，表层20～30cm为混凝土，其下部黏性土为主，偶夹少量砾石，承载力偏低，不宜作基础持力层。

（2）第四系冲洪积层（Q_4^{alp}）

②$_1$黏土（Q_4^{alp}）：可塑至软塑状，切面光滑，干强度中等偏低，韧性中等，主要分布于大坝上游水库库岸边缘，含少量有机质。该层承载力中等，分布不均，不宜作中心瀑布景观持力层选用；②$_2$砾石层（Q_4^{alp}）：稍密—中密，稍湿—饱和，砾石含量为50%～70%，粒径一般为0.2～2cm，分选性中等，磨圆度中等，砾石成分为砂岩、石英砂岩等，黏土、粉砂充填。该层承载力中等，为强透水—中等透水，不宜作中心瀑布景观持力层选用；②$_3$黏土（Q_4^{alp}）：稍湿，可塑状，切面光滑，干强度中等，韧性中等，局部夹少量砾石，无摇振反应。该层承载力中等，为弱—微透水，但分布不均，易产生不均匀沉降现象，不宜作中心瀑布景观持力层选用。根据室内试验，该层为膨胀土，膨胀潜势中等—强。

（3）第四系湖积层（Q_4^l）

③黏土（Q_4^l）：可塑状，切面光滑，干强度中等，韧性中等，无摇振反应及光泽反应，局部夹少量贝类化石。承载力中等，该层为弱透水—微透水，但分布不均，易产生不均匀沉降现象，可作浅基础持力层选用。

获奖项目：2019年度云南省市政基础设施金杯示范工程勘察、设计一等奖。

（4）第三系黏土层（N_2）

④黏土（N_2）：稍湿，可塑状，局部硬塑状；切面光滑，干强度中等，韧性中等，无摇振反应，无光泽反应，局部含少量贝类化石及腐木，含少量有机质。该层厚度较大，承载力中等，为弱透水—微透水，可作中心瀑布景观持力层选用。

以上各层地基土的液限、液性及自由膨胀率见表1，黏土物理力学指标如表2所示。从表1、表2可以看出，由可塑—软塑状态黏土向可塑状态黏土过渡，膨胀性逐渐减弱，第四系冲洪积黏土的自由膨胀率均不大于40，而湖积层黏土的膨胀率在48%～118%之间，平均为83%，膨胀潜势属"中等—强"，湖积黏土的塑性状态一般为硬塑—坚硬状态，液限多大于40%，可塑状态的相对较少（可塑状态的膨胀性较弱）属中高压缩性土，压缩模量较大；抗剪强度指标中黏结力一般比较大，平均值为59.6kPa，内摩擦角变化不大，第三系膨胀性黏土的膨胀率在10%～40%之间，平均为31%，膨胀潜势弱。结合该工程场地地质特征，可以判定第四系湖积黏土层为"中—强膨胀土"，部分土层为"中—弱膨胀土"。其余第四系冲洪积黏土层的自由指标膨胀率均小于40，可判定为非膨胀土。

液限、液性及自由膨胀率 **表1**

成因类型	岩土名称	统计指标	液限ω_L/%	液限指标I_L	自由膨胀率δ_{ef}/%
第四系冲洪积层	黏土	统计个数	17.0	17.0	17.0
		最大值	64.0	0.18	40.0
		最小值	48.0	−0.76	22.0
		平均值	58.2	−0.28	33.0
第四系湖积层	黏土	统计个数	57.0	57.0	57.0
		最大值	99.0	0.39	118
		最小值	39.0	−0.50	48
		平均值	78.9	0.02	83
第三系黏土	黏土	统计个数	43.0	43.0	43.0
		最大值	49.0	0.25	40.0
		最小值	28.0	−0.12	10.0
		平均值	38.2	0.08	31.0

膨胀土的物理力学性质指标 **表2**

项目	指标个数	指标范围值		平均值	标准差	变异系数
		最大值	最小值			
含水率w/%	57	54	24	40.4		
重力密度γ/（g/cm^3）	57	19.4	16.5	17.97		
孔隙比e	57	1.456	0.762	1.182	0.167	0.142
液限ω_L/%	57	99.0	39.0	73.9		
塑限ω_P/%	57	53.0	23.0	39.3		
液性指数I_L	57	0.39	−0.50	0.02		
塑性指数I_p	57	56.0	12.0	34.6		
含水比α_w	57	0.70	0.45	0.55	0.07	0.121
直剪试验φ_c/°	53	19.4	7.3	12.7		
直剪试验C_c/kPa	53	86.6	31.9	59.6		
压缩系数$a_{0.1-0.2}$/MPa^{-1}	45	0.32	0.08	0.20		
压缩模量$E_{s0.1-0.2}$/MPa^{-1}	45	27.07	6.38	11.68		
自由膨胀率δ_{ef}/%	57	118	82	83		
膨胀率δ_{ep50}/%	43	2.4	−0.47	−0.02		
膨胀力P_e/kPa	42	105	＜0	39.0		
收缩系数λ_s	43	0.57	0.29	0.40		
标准贯入击数$N_{63.5}$/击	44	15.0	3.9	7.9		

膨胀土地基的胀缩等级[2]　　表 3

地基分级变形量S_c/mm	级别
$15 \leqslant S_c < 35$	Ⅰ
$35 \leqslant S_c < 70$	Ⅱ
$S_c \geqslant 70$	Ⅲ

3　场地地基评价

（1）该场地地形平缓，坡度 5°～10°之间，属于缓坡地形。

（2）根据野外勘查及室内试验分析，地层可划分为 4 个单元层：①第四系人工堆积层；②第四系冲洪积层；③第四系湖积层；④第三系黏土层（为坝基持力层）。

（3）该地区膨胀土具中等—强膨胀性，一般呈硬塑—坚硬状态，稍湿，含少量铁锰质结核，呈灰白、褐黄色等色。顶层埋深 0.5～3m，厚度为 10～30m，收缩系数 0.29～0.57，自由膨胀率为 57%～118%，膨胀力为 0～105kPa。

（4）膨胀土压缩系数 $a_{0.1-0.2}$ 为 0.08～0.32MPa^{-1}，压缩模量为 $E_{s0.1-0.2}$ 为 6.38～27.07MPa^{-1}，地基承载力特征值 $f_{ak}=140$～150kPa。

（5）因为施工期间已尽量避开雨季，水量不大，但在地势低洼地段，地下水有一定影响。

（6）膨胀土胀缩等级评价及地基变形量计算：胀缩变形量是膨胀土中进行岩土工程评价的主要评价指标。

根据规范[2]$s=\psi_e\sum_{i=1}^{n}\delta_{epi}\cdot h_i$公式计算出地基土膨胀变形量。上式中各参数均取平均值代入计算$s=46.22$mm，由表 3 中可以看出，其膨胀等级为Ⅱ级。

文献[3]给出了膨胀土地基变形量的另一计算式：$\rho=\sum\Delta Z_i=\sum_{i=1}^{n}\frac{C_w\Delta\omega_i}{(1+e_0)}Z_i$

式中：ρ——总变形量；

C_w——非饱和膨胀土体积收缩指数，$C_w=\Delta e/\Delta w$；

e_0——初始孔隙比；

Z_i——第i层土初始厚度；

Δw_i——第i层土含水率的变化。

经计算$\rho=65.2$mm。根据表 3，其膨胀等级为Ⅱ级。

4　建筑物大坝结构形式

大坝结构形式为混凝土“U”形结构，“U”形结构为 2m 厚钢筋混凝土底板，上、下游重力式挡墙组成，挡墙采用 C30 混凝土浇筑形成空腹，坝体空腹部分，采用不同高度渣土回填，主要是降低承载力要求并且满足稳定要求。顶部采用 C30 混凝土浇筑厚 0.2m，并采用 1m × 0.4m 横梁链接，横梁间距 3m，上游侧挡墙顶部设置 3～6m 宽人行路面与挡墙浇筑为一体，如图 1～图 3 所示（即大坝结构示意图、效果图及实物图）。

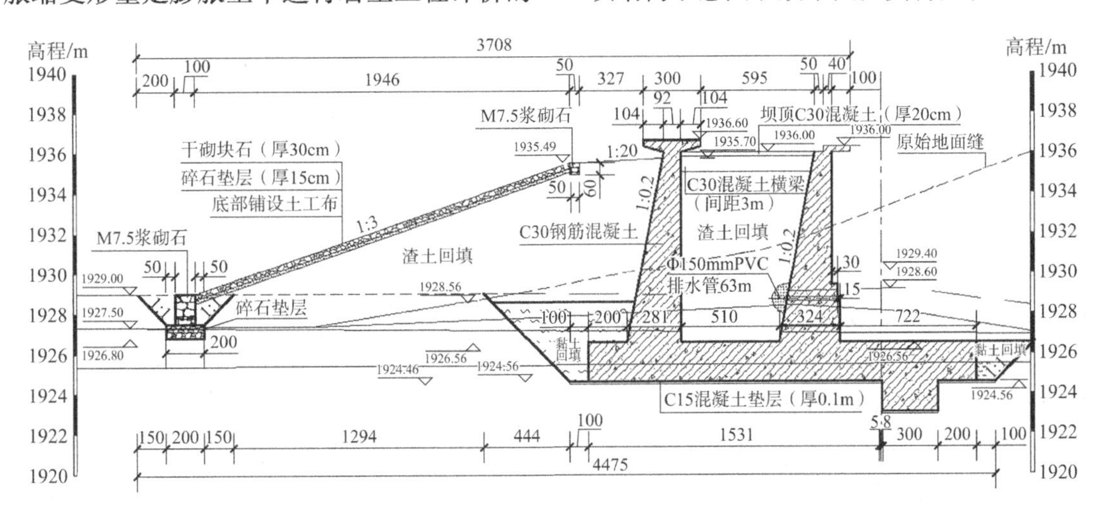

图 1　大坝结构示意图

图 2　省耕公园中心瀑布大坝工程效果图

图 3　省耕公园中心瀑布大坝工程实物图

5　大坝基础地质条件

（1）从地层结构上看，第四系地层分布不均，厚薄不均匀；（2）第四系人工堆积层、多层结构的冲洪积层、湖积层及第三系黏土层，均处于省耕塘水库边缘一带，地下水埋藏较浅，施工开挖过程中水量较大，基础开挖受地下水影响大；施工难度较大；（3）基础埋深相对较深，基础持力层大多置于三系黏土层上，开挖后边坡稳定性较差，易产生变形、垮塌现象。基础均属软基，地质条件差，部分为膨胀性黏土，膨胀潜势由弱至强，基础易产生不均匀沉降现象。为防止产生不均匀沉降，设计时采用钢筋混凝土加宽、加大基础换填处理，对于浅基础不能满足要求的，采用深基础桩基形式，如图 4 所示。

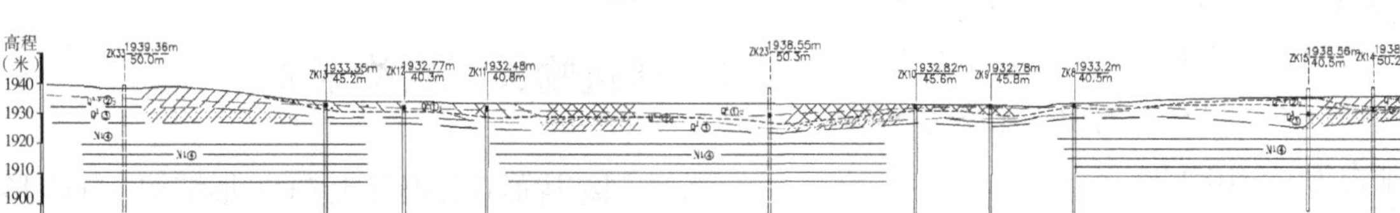

图 4　地质剖面图

6　大坝基础持力层地质评价

①层：第四系人工堆积层杂填土、素填土承载力较低，承载力特征值$f_{ak}=70\sim75$kPa，渗透系数$K=1.2\times10^{-3}\sim5.89\times10^{-1}$cm/s，为强至中等透水，不利于防渗处理，不宜作基础持力层；②层：第四系冲洪积层上部、下部黏土具膨胀性，承载力中等，承载力特征值$f_{ak}=130\sim135$kPa，渗透系数$K=8.89\times10^{-6}\sim1.01\times10^{-5}$m/s，为弱透水性，但分布不均，易产生不均匀沉降现象；中部砾石层，承载力中等偏高，承载力特征值$f_{ak}=180$kPa，渗透系数$K=1.47\times10^{-4}\sim8.479\times10^{-3}$cm/s，中等至强透水，但分布不均，易产生不均匀沉降现象，且不利于防渗处理，均不宜作基础持力层；③层：第四系湖积层黏土，为膨胀土，承载力中等，承载力特征值$f_{ak}=140$kPa，弱透水—微透水，但分布不均，可作为浅基持力层选用。选作浅基础持力层时需按《膨胀土地区建筑技术规范》GB 50112—2013 有关规定执行，基础换填应满足相关规范要求；④层：第三系黏土承载力中等，承载力特征值$f_{ak}=150$kPa，渗透系数$K=8.89\times10^{-6}\sim1.01\times10^{-5}$cm/s，为弱透水—微透水，均为相对隔水层，中至高压缩性，厚度较大，作中心瀑布景观基础持力层选用。

中心瀑布大坝工程具防洪储水兼景观功能，基础埋置深度应满足抗滑移、抗倾覆要求，所以基础埋置相对较深，大坝基础在开挖过程中，第四系人工堆积层、冲洪积层、湖积层由于分布不均，易产生不均匀沉降现象，施工中已进行了清除。下部第三系黏土层，厚度较大，稳定性相对较好，可塑至硬塑状，弱透水—微透水，承载力中等至偏高，大坝基础置于第三系黏土层上。原设计由于是在雨季开展钻探工作，地表水较丰富，考虑到第三系黏土属软基，易产生不均匀沉降现象，所以设计时对大坝基础进行2m深的块石垫层换填处理。但在施工时避开了雨季，且对库水进行了抽排水处理，施工开挖中第三系黏土为可塑至硬塑状，稳定性相对较好，承载力较高。通过在各种工况下计算抗滑稳定安全系数、抗倾稳定安全系数、最大最小应力比、地基承载力均大于规范规定值，坝基置于较厚的第三系黏土层上，承载力能满足设计要求，所以施工中取消了设计时对基础加宽、加大垫层换填处理。由于在施工中加强了地质处理，不但优化了设计方案、节约了工程投资，而且也为施工总结积累资料；但施工中由于坝肩距环湖路较近，为20～30m，基础在开挖过程中，由于挖深较大，最大挖深14m，形成高边坡，加之受环湖路上施工重车的影响，左岸坝肩一带边坡出现垮塌现象，施工中采用“放坡＋抗滑桩＋挡板”进行及时支护处理，消除了安全隐患。施工开挖基础照片如图5和图6所示。

图5　坝基开挖照片

图6　坝基开挖照片

7　安全监测结果

该工程竣工后在大坝上共布设了13个监测点（JCD-1至JCD-13），坝右折线段分布有JCD-1至JCD-4，坝中直线段分布了JCD-5～JCD-10，坝左折线段分布了JCD-11～JCD-13。代表性观测位移过程线如图7和图8所示。

省耕公园中心瀑布大坝坝体表面变形监测共进行了36个周期监测，通过对所有监测数据分析，省耕公园中心瀑布大坝坝体在此监测期间，各监测点的累计垂直位移均不大，累计水平位移均于监测初期开始增大，监测中期趋势平稳，后期有逐渐减小的趋势；位移方位角无明显跳动，整体位移趋势相对一致，监测周期间位移趋势平稳。省耕公园中心瀑布大坝工程从2018年运行至今已有五年，水库已经蓄到正常水位，工程运行良好，作为昭通市省耕公园的核心景观部分，取得了较高的社会好评，曾荣获2019年度云南省市政基础设施金杯示范工程勘察、设计一等奖（图9、图10）。通过本工程的实践及运行效果，证明在软弱膨胀性地基上也可以建刚性的重力坝，并且只要基础渗透系数满足防渗要求，可以不再进行帷幕灌浆处理，为同类工程提供借鉴意义。

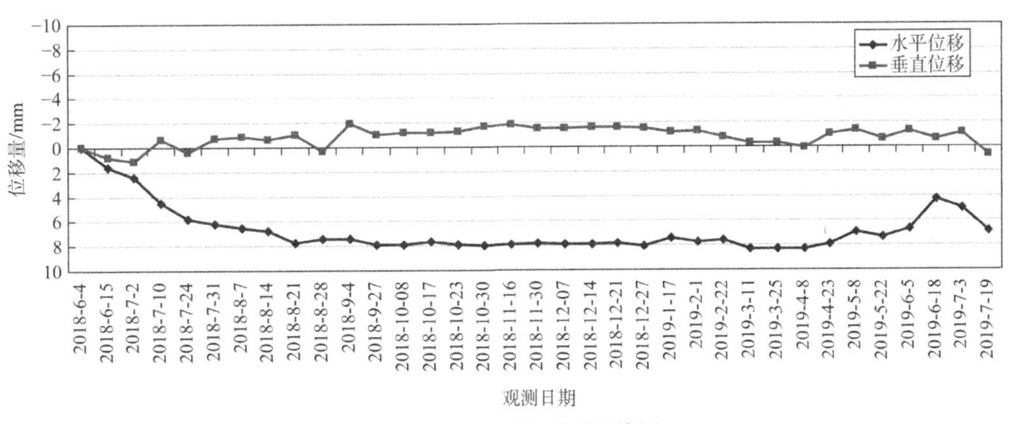

图7　JCD-7观测位移过程线图

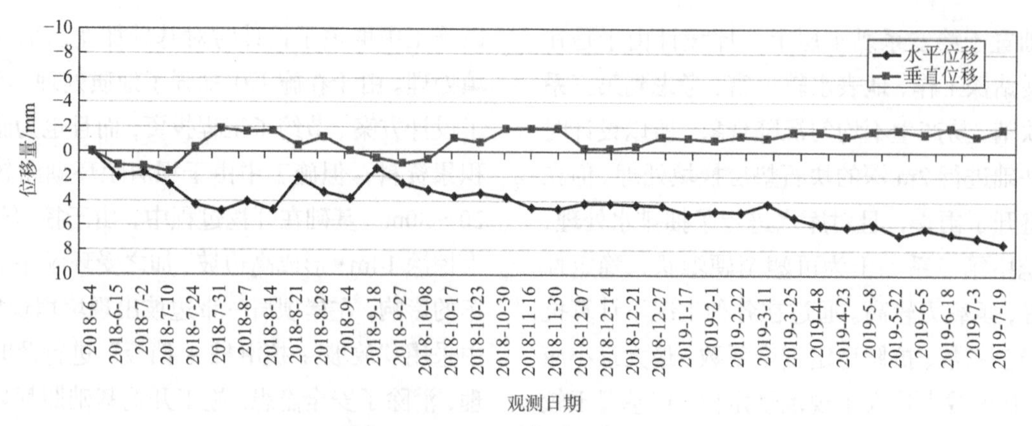

图 8　JCD-9 观测位移过程线图

图 9　省耕公园中心瀑布建设项目勘察奖

图 10　省耕公园中心瀑布建设项目设计奖

8　结论与建议

（1）由于昭阳区的膨胀土自由膨胀率平均值达 83%，具中等—强膨胀性，易出现黏土层的膨胀和收缩问题，引起了刚性和柔性两种基础的开裂，也易引起柔性基础的隆起，所以需采取有效措施加以避免。如严格控制该土层含水率的变化或防止地下水的渗入；同时可以通过采取一些有利的基础形式来削弱膨胀土的影响。在美国，防止膨胀土变形通用的方法有五种：①加侧向限制；②防止干燥；③加水；④延长建筑周期；⑤使土层不透水。在澳大利亚，防止膨胀土变形产生危害的基础形式主要有三种：①墩式基础，对浅层建筑物采取并不广泛；②将基础适当加深或采用分块筏基，以适应不均匀的膨胀变形；③格栅式筏基。正如 1965 年膨胀土会议上，萨尔巴格（Sallberg）和史密斯（Smith）报告了以上方法对膨胀土是有效的。对膨胀土上层厚度为 20～30cm，采用熟石灰混合加固法很普遍。这种方法从化学上改变黏土并有效地加固这种土层，所以，石灰浆压力灌入法，已成功地用于建筑物下面深部膨胀土的加固。

（2）虽然该地区膨胀土其力学性能较好，地基承载力较高，但由于膨胀土受含水率的影响相当大，而地下水普遍存在，故使用其承载力时应慎重考虑。

（3）为防止膨胀土边坡暴露过长，因土体湿度引起不良工程问题，建议采取及时开挖、及时衬砌，快速封闭的措施；按 30～50m 作为一个施工单元；建设、设计、监理、质检、施工单位紧密配合，抓紧施工，及时验收、采取措施尽快封闭：开挖—验收—基础（铺底）—边墙—起拱—墙后回填等工序予以配合。

（4）开挖基础边坡，应遵循自上而下的顺序，坡度较高或存在失稳隐患的边坡，可根据实际，采取素喷、封闭或采用塑料薄膜、湿草袋覆盖措施。

（5）在已形成边坡的平台和坡顶 5m 范围内，禁止堆放施工材料或设备。

（6）建议加强施工地质工作，进一步研究工程地质、水文地质条件，为优化设计、指导施工提供依据；为施工总结积累资料。

参考文献

[1] 陈希哲. 土力学地基基础[M]. 4 版. 北京: 清华大学出版社, 2004.

[2] 城乡建设环境保护部. 膨胀土地区建筑技术规范: GBJ 112—87[S]. 北京: 中国计划出版社, 1991.

[3] 姚海林, 陈平, 吴万平. 基于收缩试验的膨胀土地基变形预测方法[J]. 岩土力学, 2004(11): 1688-1692.

[4] 林再贵. 澳大利亚膨胀土地基的岩土技术现状简介[J]. 工程勘察, 1983(3): 66-68.

[5] 林玉山, 凌泽民. 膨胀土胀缩性评价中有关问题的研究[J] 工程地质学报, 1998(3): 264-268.

[6] 《工程地质手册》编委会. 工程地质手册[M]. 4 版. 北京: 中国建筑工业出版社, 2007.

[7] 陈艳. 昭通市省耕公园中心瀑布大坝工程初步设计地质报告[R]. 2017.

岩土工程勘察（铁路）

新建哈牡客专工程地质勘察实录

刘洪涛
（中国铁路设计集团有限公司，天津 300251）

1 工程概况

哈牡客专工程是中国东北高纬度严寒地区首条多隧道高速铁路，中国“八横八纵”高速铁路网绥满通道的组成部分，也是黑龙江省“一轴两环一边”铁路网的组成部分。线路为东西走向，起自改建后的哈尔滨太平桥站外，沿途新设新香坊北、阿城北、帽儿山西、尚志南、一面坡镇北、苇河西、亚布力西、横道河子东、海林北等站，最终引入既有牡丹江站。线路长度293.854km，其中，正线桥梁长度103.730km，占线路全长的35.3%；隧道共39座，长度68.505km，占线路全长的23.3%。新建双线客运专线，设计速度250km/h。

2 岩土工程条件

2.1 地形地貌

线路通过地区哈尔滨至阿城区大岭乡段，为松花江和阿什河冲洪积平原、岗阜状平原。海拔高程在110.000～190.000m。冲洪积平原地形平坦，河谷宽阔平坦，沼泽湿地、牛轭湖发育；岗阜状平原地形波状微起伏。

大岭乡至尚志市为低山丘陵区，海拔高程在200.000～600.000m，地势起伏，植被茂盛，丘间洼地多有沼泽，沟谷发育。其中平山至帽儿山段，为山间沟谷地貌，地形起伏较小，一般海拔高程在210.000～260.000m。

尚志市至一面坡镇北，为山间冲洪积平原，主要河流为蚂蚁河、乌珠河。一般海拔高程在190.000～220.000m，地形微起伏。

一面坡镇北至海林市，为低山丘陵区，山势陡峭，森林密布，深沟发育，沟谷宽阔。线路于亚布力镇以东至海林市以西穿越张广才岭，主脊位于横道河子镇治山村。

海林市至牡丹江市，为丘陵缓坡区，地势起伏，多为耕地。

牡丹江市处于牡丹江冲洪积平原，地形平坦，建筑物密集。

2.2 气象特征

沿线冬季寒冷漫长，夏季湿热短暂，春季多风。累年极端最高气温35.7～39.2℃，极端最低气温－38.5～－32.1℃，最冷月平均气温－19.6～－16.9℃，按对铁路工程影响的气候分区为严寒地区。土壤最大冻结深度，阿城区大岭乡以西冲洪积平原区为205cm，以东低山丘陵区和牡丹江冲洪积平原区为191cm。

2.3 地质构造

线路通过地区阿城区大岭乡以西属东北新华夏系构造体系第二沉降带松辽平原，以东至线路终点牡丹江市西部城区属东北新华夏系构造体系第二隆起带，贯穿整个张广才岭隆起，再向东以牡丹江为界，与第二隆起带老爷岭隆起衔接。

区内地质构造较为复杂，各种构造形迹表现得形形色色，不同等级、不同性质的断裂颇为发育，不同时期、不同形态的褶皱在古生界及中生界地层中均有不同程度的显现，由于各期岩浆的侵入和不同时代火山的活动，从而使区内的构造演变更为复杂化。主要的断裂构造有：

（1）依舒地堑及依兰—伊通断裂带

依兰—伊通断裂带是郯庐断裂带的东北段（鹤岗—铁岭段）的组成部分，尚志段由相互平行的东西两条断裂组成，两条断裂呈北东向展布，相距6～8km，构成山间盆地的边界。拟建哈牡铁路

获奖项目：2020年度“海河杯”天津市优秀岩土工程勘察一等奖。

与其相交位置分别位于乌吉密东南角和马延乡附近，交角分别为60°和55°，相交地区附近的基岩区调查未见断裂新活动的迹象，发现老断层剖面的地方未见第四系发生断错和变形。线路DK140＋785～DK141＋060段分布厚层角砾岩，角砾成分复杂，为地堑西界主要断层位置，角砾岩沿断层带后期沉积形成，通过尚志特大桥桥址。太平屯—永安屯—元宝镇断层呈北东向略显舒缓的波状延伸，为依舒地堑的东侧边界断层，长度大于45km，与线路在DK153＋000～DK155＋700段相交，沿断裂带沉积厚层角砾岩，角砾成分复杂，通过蚂蚁河1号特大桥桥址。边界断裂之间沉积厚层白垩系砂泥岩。

（2）三部落—横道河子断裂带

该断裂带呈北西向展布于三部落至横道河子一线河谷。断裂线平直，在航片上其显示为直线性极强的沟谷。沟壁见有平行的扭裂面，并呈明显的水平错动。该断层在威虎山隧道东侧200～600m距离与线路并行，在与其伴生的次级小断层的联合作用下，对威虎山隧道围岩完整性和地下水赋存状态起着重要作用，施工揭示围岩分级主要为Ⅳ级，花岗岩岩体较破碎，地下水状态Ⅱ～Ⅲ级。因线路走向与构造线走向一致，施工揭示局部隧道掌子面左侧发育次级断层，宽度1.0～3.5m，断层带软弱，并行长度260余米。

（3）青梅—兰岗断裂

该断裂为纵贯南北大断裂，位置与牡丹江河谷兰岗—青梅一段相吻合，为北北东走向，长66km，为一深埋隐伏断裂，穿过不同的地层。循此断层线沉积巨厚层白垩系和厚层下第三系地层，并有第四纪玄武岩浆的多期活动，勘察期间在第四系全新统冲洪积圆砾中揭示玄武岩夹层，说明该断裂在晚近地质时代中仍有活动。线路进入牡丹江市区前的爱民隧道长2985m，暗挖段1885m，明挖段1100m，暗挖段地层为第四系硬可塑状黏土、第三系上新统玄武岩、古新统泥质砂岩、砂岩、泥岩，以及全风化状燕山期花岗岩，地层接触关系复杂多变，泥岩中见光滑的挤压面，隧道开挖变形大。

2.4 地层岩性

沿线分布的主要地层为第四系淤泥、淤泥质土、黏性土、砂土、碎石类土，第三系上新统（βN_2）玄武岩、古新统（E_1）砂岩、泥质砂岩、玄武岩，白垩系下统（K_1）砂岩、泥质砂岩、泥岩，侏罗系上统（J_3）凝灰熔岩、安山玢岩、流纹斑岩，二叠系上统（P_2）炭质板岩、斑点板岩、泥质板岩、变质砂岩，局部分布少量志留系二合营群（Ser）大理岩，燕山期（γ_5）和华力西期（γ_4）侵入岩广泛分布。

2.5 地震参数

根据《中国地震动参数区划图》GB 18306—2015和《新建哈尔滨至牡丹江铁路客运专线项目工程场地地震安全性评价报告》，沿线基本地震动峰值加速度主要为0.05g，哈尔滨市区和尚志市依舒地堑范围为0.10g。

2.6 主要特殊土

1）季节性冻土

由于本线地处严寒地区，地表普遍分布季节性冻土，一般每年10月下旬开始冻结，3月中达到最大冻结深度，最大冻结深度1.91～2.05m。

2）软土

阿什河、乌珠河、蚂蚁河河谷及山间洼地、沟塘等地段，分布有淤泥质土，灰黑色，软塑—流塑。河谷区主要分布在水田地表层，一般厚度0.3～2.5m。

3）松软土

沿线松软土主要为黄褐色、灰褐色粉质黏土、黏土，软塑，局部流塑，于岗阜状平原、冲洪积平原广泛分布，低山丘陵区缓坡局部也分布软塑状粉质黏土松软层，松软土承载力低，具中—高压缩性。

4）膨胀（岩）土

沿线表层分布的黏性土局部具弱膨胀性；海林至牡丹江一带白垩系下统泥岩、泥质砂岩一般具弱—中等膨胀性；全风化玄武岩一般具弱—中等膨胀性，主要分布在爱民隧道进出口。

2.7 主要不良地质

1）崩塌、危岩、落石

线路经过低山丘陵区，由于受构造的影响，局部地段岩体破碎，节理发育，风化剥蚀作用强烈，常易形成危岩或孤石，造成陡壁岩石崩塌，其中玉泉镇和横道河子镇附近相对较发育，常形成陡崖、石林景观，坡面分布孤石，块径可达数米。

2）地震液化

沿线哈尔滨市区和尚志市基本地震动峰值加

速度为 0.10g，其中，哈尔滨市区浅层粉细砂局部为地震可液化层。

3）活动断裂

依兰—伊通断裂尚志段分为三个不同地貌单元的段落，分别为北段、中段和南段。

南段主要分布在老街基断裂以南，主要包括小山子镇等地，第四系分布比较广。最新活动时代为全新世早期，可见倾向断距 8.5～11.5m。

中段为基岩隆起区，缺失新生代地层。断裂总体上卫星影像不明显，新活动形成的微地貌特征也不明显。现场调查未在基岩区发现断裂新活动的迹象，故其时代可能为前第四纪。

北段分布在蚂蚁河断裂附近及其以北地区，新建铁路主要与北段相交，相交地区附近的基岩区调查未见断裂新活动的迹象，发现老断层剖面的地方未见第四系发生断错和变形，因此该断层对铁路工程影响不大。

2.8 特殊自然灾害

1）雪害

沿线冬季积雪较厚，既有公路、铁路冬季经常被雪覆盖，需进行清理方能通车，雪害较严重。线路低填浅挖地段及隧道进出口在冬季易产生雪害。

2）冻害

铁路地处严寒地区，秋季降雨不易蒸发，导致表层土天然含水率增高，冬季土层结冻，春季融雪积水，出现反复冻融现象，易引起工程冻害。路基工程表现为冻胀隆起，隧道进出口常出现新增渗水点和结构冻胀裂缝。

3 主要勘察原则

工程地质勘察应重视工程地质调绘、工程勘探、地质测试、资料综合分析和文件编制过程中的每一环节，保证地质资料准确、可靠。工程地质工作应采用综合勘察和综合分析方法，积极应用新技术、新方法。根据区域及工程场地地质条件、工程类型、勘察手段的适宜性，统筹考虑勘察手段选配，开展综合勘察工作，查明建设工程地区的工程地质和水文地质条件，为线路方案选择、各类建筑物设计、特殊岩土处理、不良地质整治、环境保护和水土保持方案的制定及合理确定施工方法等提供可靠依据。

3.1 隧道

查明隧道区地质构造、地层岩性、不良地质分布、井泉位置及特征等。

采用大地电磁、高密度电法进行全隧道贯通探测，并提供隧道洞身物探剖面图及技术报告。物探成果需与地质调绘成果和隧道钻探资料进行相互解释校核。

浅埋地段和进出口适当布置地震折射法，探测土石界面和风化层厚度。

深孔布置应有针对性，一般布置在重大断层、重要的地层界线处及大段落的低阻异常区；物性较好的深埋段，宜同时钻探验证。

对隧道深孔及地质复杂钻孔进行综合测井和地应力测试工作，综合测井项目包括声波、视电阻率、自然电位、高精度井温、井斜等测试；采取岩样开展室内单轴抗压试验。评价围岩完整性及分析预测岩爆、大变形可能性。

浅孔布置抽、提水，深孔采用压水试验，计算各类地层的渗透系数，预测洞身涌水量。

板岩隧道除布置必要的物探工作外，宜适当增加钻孔数量，查明隧道区板岩性质，是否分布炭质板岩及范围、厚度，围岩分级应结合近年类似地层铁路工程经验给出。

地层岩性复杂多变的浅埋隧道，应增加钻孔数量，查清地层接触关系及接触带特征、富水情况等。

斜坡地段洞口，特别是明挖段，应结合路堑工程开展横断面钻探，查明土石分界及岩层软弱夹层，预测工程滑坡可能性。

3.2 大跨及特殊结构桥梁

在地质调绘的基础上，以钻探、土工试验、原位测试为主，布置孔内剪切波测试，采取岩样开展单轴抗压试验。酌情开展墩台横断面或场地勘探。

3.3 复杂路堑

在地质调绘的基础上，以钻探、土工试验、原位测试为主，必要时辅以地震折射法探测土石界面和风化界线。布置横断面钻探，查明开挖深度及基底一定深度内地层结构。加强岩层产状量测，评价顺层风险。查明水位埋深，布置水文地质试验，计算渗透系数，为防冻胀设计提供翔实的基础资料。

3.4 地震区

饱和砂土和粉土地段，进行标准贯入、静力触探，数量和深度应满足液化土层判定。桥梁、站房工程进行剪切波速测试，数量和深度满足场地土类型和建筑场地类别划分要求。

基本地震动峰值加速度 0.10g区桥梁工程桥址区分布重要断裂带时，主要采用钻探方法查明断层位置、产状和破碎带性质，必要时辅以物探查明破碎带宽度。

3.5 季节性冻土

按工点类型，分段取样做土工试验，细粒土做天然含水率和液塑限，粗粒土做天然含水率和筛分试验，结合地下水位，进行冻胀性评价。取样深度应至运营工况下最大冻结深度以下。

3.6 膨胀性（岩）土

应结合地形地貌、工点类型，分段取样试验，评价基底（特别是路堑工程）黏性土的膨胀性，重点对第三系、白垩系软弱砂岩、泥质砂岩、泥岩和玄武岩风化层取样开展膨胀性试验。

4 主要勘察难点及解决方案

4.1 地质构造复杂，岩性种类多

线路起自松辽平原，向东穿越整个张广才岭隆起，并以牡丹江为界，与老爷岭隆起衔接，地质构造复杂，断裂构造发育，部分构造对工程安全性影响较大。岩性复杂多变，沉积岩、火成岩、变质岩类均有分布，岩土体分布不均。

勘察期间，在充分分析研究既有区域地质成果和熟悉地震安全性评价报告的基础上，加强野外地质调绘，对沿线重要断裂构造开展物探和钻探验证工作，查明各断裂构造带位置与发育特征，综合评价重大构造对隧道围岩完整性及桥隧工程安全性的影响，提出桥梁孔跨设置建议和隧道平面位置比选意见。对复杂岩性开展室内岩矿鉴定工作，如板岩类碳含量检测和断裂构造带侵入岩和变质岩定名等。

4.2 林区覆盖率高，勘察难度大

沿线山区森林覆盖率高，线路穿越各类林区约 80km，植被茂密，人迹罕至，地质露头少，地质调查测绘困难，特别是林区隧道和深路堑勘察难度很大。

勘察期间，通过建设单位，加强与省政府、国家和地方林业部门的沟通协调，开展林调工作，推动林区林木砍伐，提供满足林区钻探需求的绿色通道。林木砍伐前，完成地震折射法，查明进出口和浅埋段土石界面；完成高密度电法、大地电磁，查明、推测隧道断裂构造，结合物探成果，布置钻探验证孔。物探先行和建设方的强力推动是林区勘察进度的根本保证（图 1）。

图 1　林区勘探通道

4.3 风吹雪灾害预测难度大

线路经过区冬季降雪量大，铁路、公路多有风吹雪灾害，如何结合运营环境预测风吹雪段落及危害程度存在极大困难。

勘察期间，收集沿线铁路、公路风吹雪害资料，总结风吹雪灾害发育的风向、地物、地貌特征，结合季节风向和新建铁路运营期地貌，预测可能发生风吹雪灾害的位置。施工期间，分别于 2016—2017 年和 2017—2018 年两个冬季，先后四次全面调查沿线积雪情况。特别是 2017—2018 年冬季，路基填筑、路堑开挖已经全部完成，隧道已全部贯通，地貌特征已经接近运营期环境，在此基础上，对沿线雪害开展详细调查，查明风吹雪分布位置、风向、积雪厚度及侵入路基情况，为雪害预防及治理提供可靠的基础资料。调查显示，沿线风吹雪灾害主要分布在哈尔滨阿城区岗阜状平原区，该区域均为耕地，地貌起伏，冬季风向变化大，风吹雪主要分布在线路右侧，但危害性较小，可设置挡雪墙治理。同时调查发现，

混凝土防护栅栏的格栅结构能有效减弱风力，并沿栅栏内侧堆积较厚风吹雪，降低了风吹雪对线路的危害程度（图 2）。

图 2　沿线风吹雪害

4.4　季节性冻结深度大，防冻胀要求高

作为高纬度严寒地区山区高速铁路，路基和隧道冻胀病害对运营安全影响巨大。需准确评价地基土冻胀等级和水文地质情况，控制基床填料细颗粒含量；查明隧道洞身水文地质情况，确保冻胀变形控制在设计允许范围内。为确保路基冻胀满足运营要求，基床表层填料细颗粒（颗粒粒径 ≤ 0.075mm）含量要求小于 5%、压实后小于 7%；基床底层采用非冻胀 A、B 组填料填筑，细颗粒含量小于 5%。

勘察期间，按工点类型，对第四系地层和全风化层分段取样做土工试验，细粒土做天然含水率和液塑限试验，粗粒土做天然含水率和筛分试验，结合地下水位，进行冻胀性评价，取样深度应至路肩以下不小于最大冻结深度。对路基填料土源地严格筛选，严格控制其细粒含量。路基填筑完成后，开展专项冻胀监测，第一次春季冻胀变形量较大的段落开展基床填料取样分析工作，对不合格地段采用挖除重新填筑处理。结合钻探成果、综合测井、水文试验等手段预测隧道分段涌水量，施工期间结合实际涌水量优化调整防排水、止水措施，从根源上预防隧道冻害，最大程度减小隧道冻害影响。为降低地下水位，路堑及低填方地段设置渗水盲沟，排出基床范围渗水及地下水。

路堑边坡采用拱形骨架防护，施工期间，部分土质路堑出现骨架冻胀开裂，采用加宽伸缩缝，在主骨架下增加级配碎石的措施整治（图 3）。

图 3　边坡拱形骨架冻害

5　代表性勘察成果

5.1　爱民隧道勘察

隧道位于牡丹江市西郊，经山前缓丘进入牡丹江Ⅱ级阶地。山前缓丘地形微起伏，丘顶分布多处废弃采石场；Ⅱ级阶地微向东南倾斜，地形平坦，建筑物密集。隧道全长 2985m，最大埋深约 45m，小里程暗挖段长度 1885m，大里程明挖段长度 1100m。

牡丹江市位于吉黑陆块的东南部，佳木斯台隆的南部、小兴安岭与张广才岭准地槽褶皱带相间部位。隧道区位于张广才岭隆起东边缘，向东穿过牡丹江冲洪积平原即进入老爷岭隆起，地质构造环境复杂。

勘察手段在地表完成高密度电法的基础上主要采用钻探，结合“隧道 + 桥梁”比较方案，暗挖段钻孔以控制重要地质界面为原则；明挖段钻孔间距 32～33m。共完成钻探 38 孔 2004.2m。勘察揭示暗挖段地层主要为第四系全新统硬可塑状坡洪积黏土、含碎石黏土、碎石类土，第三系古新统（E_1）软弱砂岩、泥岩、玄武岩，燕山晚期（γ_5^3）花岗岩；明挖段主要为第四系全新统冲洪积粉质黏土、细砂、圆砾土，下伏第三系古新统（E_1）砂岩，夹泥岩、玄武岩。古地理地貌复杂，暗挖段岩层接触关系复杂多变，见图 4。结合构造背景和岩层风化状态、水文地质情况，推荐进口段围岩分级为Ⅴ～Ⅵ级，致密状玄武岩段为Ⅲ级。

施工揭示暗挖进口段第四系黏性土蠕变引起的变形量大，预留的 0.5m 初支变形量不足，沿土石界面出现了滑动，导致洞口坍塌。围岩接触关系复杂多变，局部灰黄色砂岩、黑色泥岩、玄武岩、花岗岩同时出现，花岗岩绿泥石化明显，玄武岩呈全风化至强风化状，受构造挤压，岩石节理面光滑如镜，掌子面潮湿、滴水，围岩变形较大；致密状玄武岩柱状节理发育，地下水发育，呈大股状出水，围岩分级部分调整为Ⅳ级。

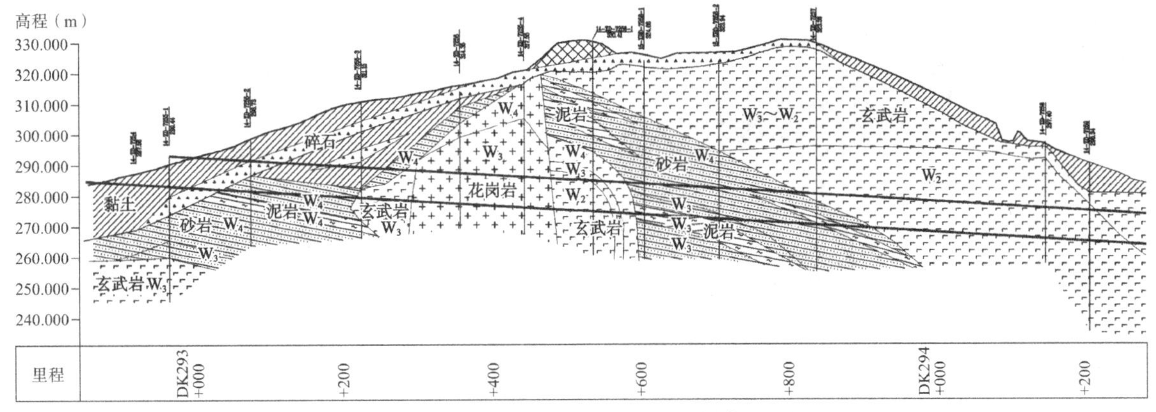

图 4 爱民隧道暗挖段工程地质纵断面图

5.2 沿线水井影响评价

新建铁路两侧 200m 范围内分布约 565 口水井，用于农业灌溉、渔业养殖、狐狸养殖、木耳种植等用途的水井 280 口，因抽水量较大，全部封堵；剩余 285 口居民饮水用井，涉及居民正常生活用水，全部封堵势必影响居民正常生活，因此需要开展沿线饮用水井抽水对新建铁路影响的评估工作，为饮用水井的处置方案提供建议。

评估工作主要采用现场调查和室内分析计算相结合的方法。

（1）现场调查：水井位置、深度、稳定水位、井径、抽水量、水位降深、抽水时间等。

（2）结合新建铁路工程地质、水文地质条件，评估水位下降对线路沉降影响程度。

（3）采用库萨金经验公式计算有影响段落水井抽水的影响半径，分析抽水可能对铁路工程的潜在影响。

（4）根据太沙基一维固结理论，计算水位下降引起的线路附加沉降量。

一般黏性土、粉细砂、土状全风化层的孔隙比较大，压缩模量较低，沉降量大；中砂、粗砂、砾砂、碎石类土（砂质充填），孔隙比较小，压缩模量较高，沉降量相对较小。

桩基础按以下原则考虑地下水下降时桩身地层对工程的影响：

（1）桩端（或基底）为第四系地层时，水位下降引起的地面附加沉降量为原水位以下全部第四系地层的计算沉降量之和。

（2）在水位下降幅度不大、桩基较长、桩端土可压缩性低时，可忽略因负侧摩阻力产生的下拉荷载引起的桩端沉降量，主要考虑桩端以下地层的固结沉降。

（3）当地下水位变化保持在第四系地层中时，下伏岩层因相对透水性差，可视为隔水层，地下水位下降导致岩层顶面处有效应力降低，因此沉降量计算深度至岩层顶面为止。桩端进入岩层时，水位下降引起的岩层有效应力的降低和第四系地层沉降对桩身的负摩阻引起的桩端应力的增加可部分抵消，同时，岩层压缩模量较高，可认为不会引起桩基础的附加沉降。

评估工作主要完成现场水井调查 285 口，沉降计算 8 处，降水影响半径计算 4 处。通过对水位下降影响半径和沉降量计算，综合评价对线路可能有影响的水井有三段，涉及水井 59 口。减小地下水位下降幅度是控制地面沉降的有效措施。建议对上述三段内的饮用水井进行封闭。

5.3 王凤西山隧道进口洞外排水

1）隧道概况

王凤西山隧道全长 3130m，隧道最大埋深约 220m，全段范围内纵坡为 12.15‰上坡。

2）洞外排水设计情况

隧道进口里程外 2m 设置洞口检查井，洞口检查井汇集中心深埋排水管的水后，通过横向排水暗管、洞外检查井、洞外保温排水管引至保温出水口散排进入自然沟渠后流入河道。洞外排水管采用保温直埋暗管，内径 800mm，保温出水口位于洞口右侧约 20m 处。

3）洞外排水存在问题

由于自然沟渠及既有河道穿过村落及农田，沟底深度普遍较浅，过水断面小，坡度较小，冬季沟渠及河道冻结，涎流冰漫延至村道、农田，部分进入村庄，严重影响村民出行及生产生活（图5）。

图5　涎流冰淹没路面，侵入村庄

4）排水方案优化

（1）洞外暗埋排水通道方案

洞外排水方案由原设计保温出水口，通过100m长保温直埋暗管引至既有排水沟处，然后沿既有沟道设置3050m长排水通道，在远离村庄的国道桥下附近通过65m长保温直埋暗管及保温出水口引排至桥下。

（2）洞外深井渗排方案

场区附近岩层裂隙较为发育，地下水位埋藏相对较深，有一定的回灌空间。因此，开展了在隧道进口保温出水口附近施工一定数量的渗水井、通过渗水井回灌隧道外排地下水的研究工作。

为确定渗水井回灌效果，求取各地层水文地质参数，完成了1眼渗水试验井，渗水试验井管径ϕ325mm，井深128m，静水位埋深20m。渗水试验井分别进行了1组抽水试验和3个不同水位升幅的地下水回灌试验。

抽水试验中，采用承压完整井单井稳定流抽水试验时的裘布依公式与吉哈尔特抽水影响半径经验公式计算含水层渗透系数，静水位以下综合渗透系数为0.034m/d。渗水试验中，在17m、14m、9m不同水位升幅的情况下，回灌量分别为80m^3/d、70m^3/d、55m^3/d。为保证回灌能够顺利进行，留有一定的回灌空间，取水位升幅14m（此时回灌动水位距离井口6m）时回灌量为70m^3/d的条件下，依据上式计算所需渗水井的数量。

根据调查统计情况，夏季现场监测隧道进口保温出水口排水量为1680m^3/d，冬季为900～1050m^3/d，取实测最大冬季排水量的1.10倍作为特丰水年的排水量，取值1160m^3/d，计算20口渗水井总计回灌量最大可达1400m^3/d，回灌保证率可达120.7%。

因此，采用渗水井回灌地下水方案是可行的。

（3）方案确定

洞外暗埋排水通道方案地下排水路径长，达到3km以上，工程实施排水路径穿越村内水泥道路4次，路宽约4.5m，并且对既有河道破坏较大，将原河道水引至地下排水通道暗排，对当地村民夏季生活用水造成不便，并且由于暗排路径较长，后期维修养护较为困难，沿路径设置检查井，需进行征地，地方均以对居民用水造成不便为由不同意征地，造成工程实施困难。洞外深井渗排方案排水路径短，采取冬季、夏季两种排水方式，不影响当地村民生活用水，并且对当地既有排水工程进行了完善，对当地居民用水更为便利。

综合考虑，隧道进口地下水冬季采用深井渗排，夏季采用明渠引排的综合排水方案。经检验，已消除涎流冰灾害。

6　工程成果与效益

（1）新建哈牡客专作为东北高纬度严寒山区高速铁路，复杂的地质构造、路基冻胀变形控制、隧道防冻胀设计和风吹雪灾害防治是勘察设计需要解决的重要难题。勘察期间采用多种手段，开展综合勘察，取得高质量的勘察资料，满足了设计施工需求。

（2）在建设方的强力推动下，林区勘察通道于2014年国庆节期间完成大部分林木砍伐，为顺利开展林区勘察提供了重要支持，为11月底基本完成林区勘察创造了重要条件，避免了残酷的冬季钻探，有利地保证了施工图设计精度。

（3）施工配合期间，深入施工现场开展地质核查，识别地质风险，为确保工程安全做了大量工作。

（4）哈牡客专自2018年12月开通运营至今，行车状态良好，未出现因地质原因引起的工程安全问题。

（5）哈牡客专为后续的牡佳、牡敦、哈伊、沈白等东北区域铁路勘察设计积累了丰富经验。

7　工程经验

哈牡客专勘察在林区勘探组织、长大隧道综合勘察、季节性冻土勘察、雪害风险评估等方面积累了较为丰富的经验。

（1）建设单位的积极推动、地方政府的大力配合是推进林区勘探的关键因素。

（2）地质构造环境对隧道围岩完整性影响大，隧道勘察应加强地质构造背景分析。如虎峰岭隧道、威虎山隧道，均为花岗岩隧道，分别位于张广才岭西坡和东坡，构造影响程度不一。虎峰岭隧道受构造影响相对较弱，岩体完整性相对较好；威虎山隧道受并行的三部落—横道河子断裂带影响，岩体完整性较差，差异风化严重。

（3）隧道勘察地表物探是不可缺少的勘察手段。大地电磁和高密度电法较为常用。对于查明断裂构造、指导钻孔布置作用重大。

（4）第四系地层厚度较大的斜坡地区路堑、隧道进出口段，宜加密钻探，增加横断面，查明地层结构，岩土特性，分析评价开挖边坡稳定性，上山向勘探点可布置到堑顶线以外30～50m。

（5）本区第四系黏性土路堑及土质充填的碎石土边坡，秋末降雨下渗润湿土层，提高了土层含水率，此时水分不易蒸发，冻结成冰，春融季节，边坡的冻胀变形较大，易引起边坡溜塌和防护工程破坏。

（6）施工期间，加强施工阶段地质工作，深入现场开展地质核查，对顺层路堑、土层厚度较大的路堑加强边坡稳定性监测；加强隧道围岩完整性和水文情况核查，积极配合完成围岩变更和防冻胀设计。

（7）勘察阶段结合工点类型、微地貌和季节风向等因素，预测可能存在风吹雪灾害的段落；施工阶段，路基完成填筑、路堑及隧道进出口完成开挖后，详细开展雪害调查，为雪害预防及治理提供可靠的基础资料。

（8）严寒地区铁路建设防冻胀设计是重点。路基工程主要设计措施为控制基床填料细颗粒含量；设置盲沟疏排地下水、降低地下水位；土质路堑边坡采用拱形骨架护坡，并在主结构下铺设透水材料等。隧道工程防冻胀设计措施主要有设置深埋中心水沟，铺设保温板，加强施工过程中揭示的出水点的引排等，岩体裂隙水不应以堵代疏。

（9）施工单位应认真贯彻设计理念，按设计要求施工，严格控制路基填料细颗粒含量，否则挖除不合格料二次填筑将会造成经济损失。应重视隧道地下水的引排，个别施工单位对严寒地区隧道冻胀危害性认识不足，重视不够，地下水引排做得不好，导致运营期病害较多，长期的病害整治也将导致不断的经济投入，得不偿失。

参考文献

[1] 杨吉龙，曹国亮，李红，等. 天津滨海地区晚新生代地层自然固结与地面沉降研究[J]. 岩土力学，2014, 35(9): 2579-2586.

[2] 罗新文. 新疆克拉玛依至塔城铁路风雪灾害特征研究[J]. 铁道标准设计, 2014, 58(10): 10-16.

[3] 陈亮，于冰，李维维，浅谈公路风吹雪雪害与树木的关系[J]. 黑龙江交通科技, 2014(2): 5-5.

某铁路路基滑坡工程地质勘察与分析

王　祥

（中铁第四勘察设计院集团有限公司，湖北武汉　430063）

1　概况

滑坡是一种常见的不良地质，在铁路工程地质选线中，对于大型的滑坡，以绕避为主[1]。但是，在山区铁路中由于滑坡的分布较广泛，工程建设中往往难以完全绕避，尤其是由于工程建设引起的工程滑坡，对工程的危害很大。对于滑坡的变形和影响，已经有较多的研究[2-8]，但对既有线工程滑坡勘察研究得较少。对于既有铁路的滑坡，由于其成因的复杂性和对运营影响的严重性，通过勘察手段彻底查明其成因和规律，为整治设计提供准确的地质资料，显得尤为重要。

该深路堑工点位于江西吉安境内，工点有多段已发生明显滑移变形，变形较大地段路堑边坡顶部多有变形错台和贯通裂缝，侧沟平台变形严重，基床局部隆起，严重威胁运营铁路的安全。为了查明路基病害的工程地质条件，分析滑坡病害的成因，对边坡稳定性做出评价，为病害整治设计提供工程地质依据，铁四院等单位进行了室内外的勘察和分析。

2　工程地质和水文地质

工点属于亚热带季风湿润气候区，热量较足，降水丰沛，光照适宜，气候资源丰富，具有春秋短而冬夏长，雨热同季等气候特点。所经地貌类型为低山丘陵区，地形坡度较平缓，自然坡度10°～25°，植被发育，主要为松林、灌木等。

现场测绘及钻探揭示，路基表层覆盖层为第四系坡残积（Q^{el+dl}）粉质黏土、含砾粉质黏土；下伏基岩为石炭系梓山组（C_1z）炭质页岩，灰黑色，全风化，层厚约1.7～20.7m；强风化夹全风化，层厚0.27～21.87m；弱风化，少量钻孔揭露；局部地段夹石炭系梓山组（C_1z）硅质页岩，深灰色，全—弱风化；局部地段夹石炭系梓山组（C_1z）粉砂岩，红褐色，全—弱风化。

炭质页岩全风化自由膨胀率为21%～33%，蒙脱石含量为2.72%～3.62%，阳离子交换量为52.59～89.02，不属于膨胀土（岩）。

地下水类型主要为松散岩类孔隙水和基岩裂隙水。松散岩类孔隙水受大气降水补给，向低洼处排泄，地下水径流途径较短，受大气降雨影响较大，局部浅埋处直接受附近地表溪流短距离补给。基岩裂隙水分布于基岩裂隙中，主要赋存于强—弱风化带中，稍发育。

根据《铁路混凝土结构耐久性设计规范》TB 10005—2010判定，地表水及地下水均无侵蚀性。

根据钻孔抽水试验成果及压水试验成果，含水层渗透系数为0.022～0.047m/d，渗透等级为弱透水。

测区未见明显地质构造。

基本地震动峰值加速度为0.05g，基本地震反应谱特征周期为0.35s。

3　滑坡工点的勘察

3.1　工点变形调查

表1为病害工点现场调查表，从表中可知，变形较大、较小的各有三个段落，抗滑桩、挡墙和骨架护坡等设施变形开裂，病害情况较严重（图1～图3）。

吉衡线边坡变形情况现场调查表　　表1

序号	里程	侧别	既有设施变形情况	变形程度
1	K66＋637～K66＋710	两侧	边坡平台、挡墙平台、侧沟及基床等均未见明显变形。右侧边坡坡顶存在后缘错台，错台倾向线路小里程，错台高约0.5m。K66＋667～K66+672段右侧挡墙上方土体垂直线路方向局部存在溜坍，宽约5m，高约4m，该段边坡一级边坡骨架倾向小里程，偏移角度约为4°，偏移幅度约7.5cm/m	变形较小

续表

序号	里程	侧别	既有设施变形情况	变形程度
2	K66 + 710～K66 + 800	两侧	堑顶存在变形错台和贯通裂缝，错台高约 0.3～0.5m；裂缝宽约 0.3～0.9m，可见深度约 0.8～2.0m；挡墙开裂错位 16cm、上拱 13cm、裂缝宽 18cm；右侧侧沟局部错位 5cm、平台上拱约 10cm，左侧侧沟内壁倾斜角度 16°。由于堑坡下挫、溜坍，造成路基上拱，线路左右侧高低不均衡，年平均上拱量达 80mm	变形较大
3	K66 + 800～K66 + 899	两侧	右侧边坡堑顶错台约 0.5～1.2m；边坡平台、挡墙平台、侧沟及基床等均未见明显变形	变形较小
4	K66 + 899～K66 + 980	两侧	右侧堑顶有错台和贯通裂缝，错台高约 1.2～1.8m，裂缝宽约 0.3～0.5m，可见深度约 0.8～2.0m；挡墙局部开裂并错开 5cm；右侧侧沟平台变形严重，最大上拱约 0.3m，右侧侧沟局部可见横向裂缝，以 K66 + 953 为中心变形最大。左侧侧沟变形较小，基本无裂缝。二级边坡平台设有抗滑桩，抗滑桩往路基方向偏移 1°～7°	变形较大
5	K66 + 980～K67 + 052	两侧	右侧堑顶有错台和贯通裂缝，错台高约 1.2～1.8m，裂缝宽约 0.1～0.3m，可见深度约 0.2～0.5m；右侧挡墙沿伸缩缝错位 6cm；基床上拱明显，上拱约 10～70cm，其中 K67 + 015 中心上拱严重；左侧侧沟内壁倾斜，右侧侧沟平台上拱。右侧边坡段二级边坡平台设有抗滑桩，抗滑桩往路基方向偏移 2.8°～5°。根据综合现场调查及运营维护记录，该段边坡既有构筑物变形主要为前期遗留变形，2008 年补强整治后变形较小	变形较大
6	K67 + 052～K67 + 124	两侧	挡墙未开裂，线路右侧沟变形不大，虽然局部有裂隙，但侧沟并没有挤压现象，左侧侧沟未变形，未见基床上拱现象	变形较小

图 1　堑顶裂缝及错台图

图 2　堑顶张拉裂缝

图 3　堑顶下挫后壁

3.2　排水系统调查

从工点两侧的排水设施调查情况可知，多数挡墙段仅在中上部有一排泄水孔，挡墙与地面相接处未见泄水孔，在挡墙端头及中间未见墙后反滤层，墙顶漫水及伸缩缝排水现象严重；大部分仰斜泄水孔失效，出口未见水流痕迹，水体漫过挡墙现象严重；截水沟基本被挤压破坏，无排水功能，沟内积水严重。

3.3　钻孔和深层位移监测

在现场变形调查的基础上，根据后缘裂缝及前缘构筑物、基床的变形程度，在变形严重的 K66 + 710～K66 + 800、K66 + 899～K66 + 980、K66 + 980～K67 + 052，布置 3 个主钻孔剖面（共布置 12 个钻孔），在变形较小的 K66 + 637～K66 + 710、K66 + 800～K66 + 899、K67 + 052～K67 + 124，布置 2 个钻孔剖面（共布置 7 个钻孔）。第一排钻孔布置在挡墙墙顶平台，第二、三及四排钻孔根据现场实际地形布置在边坡分级平台上。同时，利用钻孔剖面，对应布置 5 个深层测斜剖面（共 19 个测斜钻孔），对每个剖面的深层位移进行监测。

3.4　滑坡体空间形态

测区滑坡特征较典型，平面形态呈扇形-半圆形，后缘呈圈椅状形态。如图 4 所示。

滑坡体纵向长 419m，最大横宽约 119m，高程分布在海拔 220.000～250.000m 之间，总面积约 2.5 万 m^2；滑体厚度 3.5～19.5m，总体积约 28.7 万 m^3，水位标高 207.000～238.000m。

根据测区工程地质特征及现场变形情况，滑坡体共有 3 个主轴，里程分别为 K66 + 742、K66 + 945、K67 + 083，主滑方向为 178°。

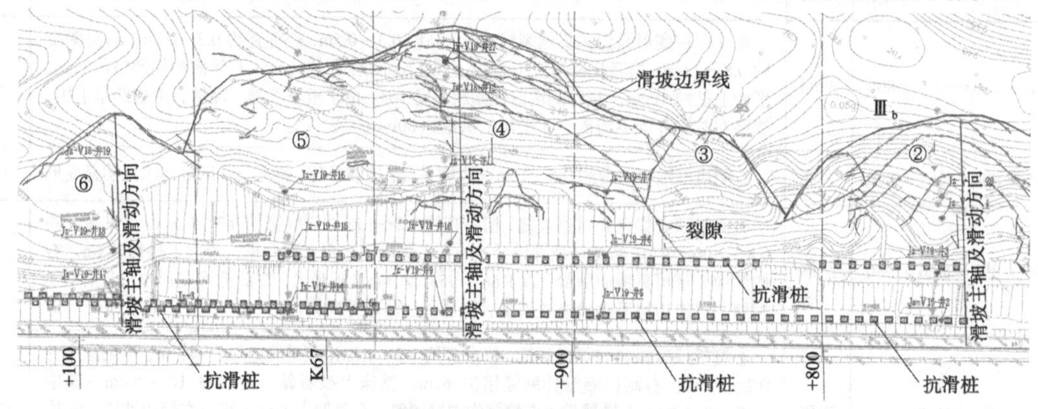

图 4 滑坡体形态示意图

3.5 滑坡体物质组成

根据现场勘探及调查情况，滑坡体由填土、粉质黏土、含砾粉质黏土、炭质页岩全风化至强风化、硅质页岩强风化、粉砂岩全风化等组成；填土主要分布在侧沟平台、挡墙平台、边坡骨架和边坡平台上，由黏土及碎石组成。

病害体的潜在滑面及软弱夹层主要为炭质页岩全—强风化，全风化原岩结构基本破坏，但残余尚可辨认，局部含少量强风化碎块；强风化节理裂隙发育，岩芯呈短柱状、土柱状及块状，局部含水率较高，遇水软化，手掰易断；炭质页岩出露地表会加速风化，遇水易软化，岩土体物理力学指标降低。

滑床主要由炭质页岩及硅质页岩强风化组成，炭质页岩强风化较破碎，以块状为主，硅质页岩强风化多呈短柱状，部分呈块状。

4 病害原因分析

本病害工点为深路堑工点，建设期间因各种因素影响，边坡开挖后未能及时施作坡面防护和支挡工程，边坡在雨季暴露时间较长，导致临空面卸荷失稳，牵引坡体发生变形，并在土体中形成软化、扰动层位，故前期坡体变形表现为牵引式滑坡。

运营期间，由于坡面防护破损、排水设施不良及排水通道淤堵等因素，裂缝未能及时有效封闭，地表水下渗、地下水无法快速疏干，主要地层炭质页岩遇水易软化，力学指标急剧降低。

根据钻孔实测的稳定水位，坡体基本处于饱水状态，地下水长期浸泡、软化边坡岩体，使软化层位向深部发展，并发育多级滑面，形成目前多期次、多层级的岩质推移式滑坡，随着滑面不断深切，滑坡体后缘继续扩展，导致上部边坡下滑推力不断加大。

后期变更设计及整治期间抗滑桩未能完全满足设计性能，抗滑桩成桩质量较差，分级多排抗滑桩支挡体系不能协同承担边坡下滑力，导致下排抗滑桩受力超过设计值，加之炭质页岩饱水软化后，桩前土体抗力下降，软弱面不断深切，最终导致部分段落土体往基床方向挤压、上拱，受支挡体系部分发挥作用后，边坡整体由建设期的牵引为主的变形逐渐转化为以推移变形为主。

由此可见，工程建设期间，由于各种因素影响，边坡防护工程及坡脚支挡工程未及时施作，边坡长期暴露，雨水反复下渗，炭质页岩软化，造成牵引式边坡滑坡。

后期变更设计整治期间抗滑桩未能完全满足设计性能，排水系统失效，导致地表水不断下渗，炭质页岩遇水不断软化，滑面不断深切，形成以推移为主的边坡滑坡。

因此，该滑坡体的形成是抗滑桩质量欠缺、排水系统失效、工程施工工序不当、炭质页岩边坡在地表水和地下水共同作用下劣化等多因素综合作用的结果。

根据《滑坡防治工程勘查规范》GB/T 32864—2016，病害区工程防治等级为一级。

5 稳定性分析

5.1 典型滑面的判定

根据现场调查裂缝分布与边坡变形情况、钻孔中软弱夹层位置以及验桩取芯成果等综合分析判定滑面潜在位置，并参考测斜数据进行佐证确定。

图 5 为典型的 K66 + 957 剖面滑面图。根据裂缝分布与边坡变形情况、钻孔中软弱夹层位置以及验桩取芯成果等综合分析：Jz-Ⅴ19-井 9 于 5.3～6m 处岩芯较破碎，软硬互层，遇水易软化；Jz-Ⅴ19-井 10 于 10.1～10.8m 处岩芯较破碎，呈碎块状，含水率较高，遇水软化，手掰易碎；Jz-Ⅴ19-井 11 于 13.9～15m 岩芯呈土柱状，遇水软化，黏粒含量较高，手掰易碎；Jz-Ⅴ19-井 12 于 16.8～17m 岩芯较破碎，呈碎块状，遇水软化，手掰易碎；Jz-Ⅴ19-井 27 于 4.8～8.7m 为炭质页岩全风化，岩芯呈土柱状，手掰易碎。

另外，根据抗滑桩取芯检测报告，Jz-Ⅴ19-井 9 附近抗滑桩在 9.6m 附近成桩质量较差，Jz-Ⅴ19-井 10 附近抗滑桩在 13.5～14.8m 段成桩质量较差。

结合测斜数据，确定地面以下 7.5～17m 附近为潜在滑裂面。该剖面的上部变形量大于下部变形量，处于缓慢变形阶段，目前边坡滑移形式表现为推移式。

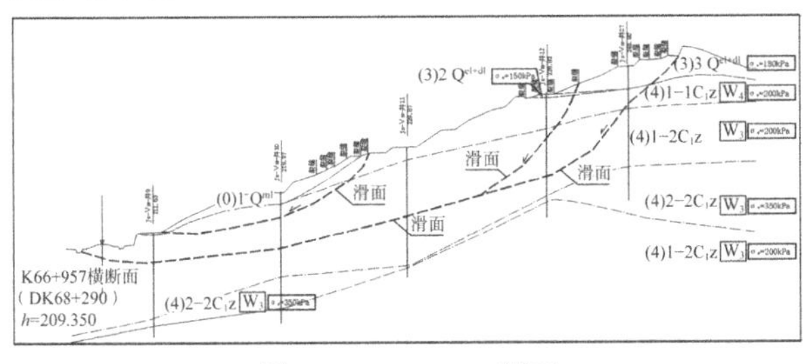

图 5　K66 + 957 滑面

5.2　综合内摩擦角

采用传递系数法计算边坡稳定性，结合现场调查及勘察成果等资料，采用不同的安全系数反算综合内摩擦角，反算得到的综合内摩擦角如表 2 所示，饱和状态下，滑带土体抗剪强度综合内摩擦角为$\varphi = 13.02° \sim 16.28°$。

各个主滑面反算的综合内摩擦角　　表 2

计算剖面	K66 + 757	K66 + 887	K66 + 957	K67 + 017	K67 + 087
安全系数F	0.95	1.05	0.98	1.0	1.05
反算综合摩擦角	15.86°	16.28°	14.85°	13.95°	13.02°

5.3　滑坡体稳定性分析

结合现场变形调查、钻探及测斜成果可知，K66 + 710～K66 + 800、K66 + 899～K67 + 052 段在天然状态处于欠稳定—基本稳定状态，在暴雨工况下处于不稳定—欠稳定状态，边坡可能发生滑坡。K66 + 637～K66 + 710、K66 + 800～K66 + 899、K67 + 052～K67 + 124 段在天然状态处于基本稳定状态，在暴雨工况下处于欠稳定—基本稳定状态。

路基边坡处于缓慢蠕变过程，在雨季时变形加速，旱季时变形趋于稳定，目前边坡尚未完全崩塌，在雨季条件下可能再次发生较大变形，随着变形继续增加，最终将造成边坡整体滑坡，应尽快实施整治工程。

结合本滑坡体特征及防治对象，建议采用削坡卸载 + 坡体封闭 + 恢复排水 + 前缘增加支挡工程 + 监测预警的综合治理方案。

由于该滑坡体安全储备不足，稳定性受降雨影响较大，应尽快实施应急方案：对边坡先进行削坡卸载，封闭坡体上的裂缝，防止体表水继续下渗，恢复挡墙泄水孔的排水功能，加强边坡变形监测，安排专人巡视巡查，及时掌握边坡变形及特征，防止产生新的危害。

6　结语

通过现场调查、钻探、室内试验和监测等工作，查明了滑坡的成因，反演了滑坡岩土体参数，分析了滑坡稳定性，为后续病害整治设计提供了可靠的地质资料：

（1）本工点为一中型软质岩、由牵引转化为推移式工程滑坡体，主滑方向为 178°，滑坡体纵向长 419m，最大横宽约 119m，高程分布在海拔 220.000～250.000m 之间，总面积约 2.5 万 m^2，滑体厚度 3.5～19.5m，总体积约 28.7 万 m^3。病害工程防治等级为一级。

（2）饱和状态下，滑带土体抗剪强度综合内摩擦角为 13.02°～16.28°。

（3）抗滑桩成桩质量欠缺及排水系统失效、大气降水等是诱发边坡滑坡的主要因素。

（4）K66 + 710～K66 + 800、K66 + 899～K67 + 052 段在天然状态处于欠稳定—基本稳定状态，在暴雨工况下处于不稳定—欠稳定状态，K66 + 637～K66 + 710、K66 + 800～K66 + 899、K67 + 052～K67 + 124 段在天然状态处于基本稳定状态，在暴雨工况下处于欠稳定—基本稳定状态。

（5）建议采用削坡卸载＋坡体封闭＋恢复排水＋前缘增加支挡工程＋监测预警的综合治理方案，并尽快实施卸载、封闭坡体裂缝等应急方案。

致谢：感谢中铁第四勘察设计院集团有限公司徐燕华、廖超等共同完成本工点的勘察工作。

参考文献

[1] 国家铁路局. 铁路工程不良地质勘察规程：TB 10027—2022[S]. 北京：中国铁道出版社, 2022.

[2] 刘桂卫, 李国和, 陈则连, 等. 多源遥感技术在艰险山区铁路地质勘察中应用[J]. 铁道工程学报, 2019(8): 4-8.

[3] 徐乔, 余飞, 余绍淮. 基于多源遥感数据的山区铁路滑坡危险性评价[J]. 铁道工程学报, 2021(11): 8-14.

[4] 王德文, 姚瑞珽. 吉图珲高速铁路 GDK283 段膨胀土深路堑工程滑坡分析[J]. 铁道标准设计, 2016(8): 25-29.

[5] 周福军. 银西铁路驿马黄土滑坡工程特性与变形研究[J]. 铁道标准设计, 2016(8): 30-34.

[6] 汪斌, 蒲增刚. 内江至六盘水铁路 K85 滑坡研究[J]. 高速铁路技术, 2014(4): 89-93.

[7] 胡清波. 山西中南部铁路通道黄土台垣区选线勘察[J]. 铁道勘察, 2018(1): 55-58.

[8] 宋章, 王科, 崔建宏, 等. 路堑边坡滑坡成因机制浅析及防治对策[J]. 铁道工程学报, 2015(4): 27-31.

济青高铁工程地质选线勘察设计实录

李　金　崔庆国　王传焕　李彦春　张光明　李瑞峰

（中国铁路设计集团有限公司，天津　300251）

1　工程概况

济青高铁起自济南东站，途经济南、滨州、淄博、潍坊及青岛，接入红岛站，线路长度约308km，桥隧比为88.1%，设计时速为350km/h，轨道类型以无砟轨道为主，2015年1月份开始工程建设，2018年12月份建成通车，目前运营状况良好。

全线桥梁合计长253.95km（17座），占线路长度的82.5%；隧道合计长17.4km（2座），占线路长度的5.6%；路基36.58km，占线路长度的11.9%；全线新设车站10座，改建既有站1座，新建8座牵引变电所、8座分区所、12座AT所，信号列控系统采用CTCS-3级，设客运服务信息系统、防灾安全监控系统。

2　地质概况

2.1　地形地貌

主要地貌类型有鲁西北冲洪积平原区、鲁中低山丘陵区及山前倾斜平原区、胶莱剥蚀堆积平原区以及胶东滨海平原区（济青高铁沿线地貌见图1）。

图1　济青高铁沿线地貌

2.2　区域地层及地质构造

地层属华北地层系，主要分布第四系松散沉积层；其中，章丘—邹平段落分布二叠系、三叠系、侏罗系陆相沉积岩与白垩系火山沉积岩，局部侵入燕山期辉长岩；昌邑—青岛段落分布有下元古界粉子山群结晶基底，上覆白垩系青山组火山沉积岩、王氏组陆相沉积岩等盖层，局部出露元古界花岗侵入岩。

区域构造属于华北地台中的辽冀台向斜、鲁西台背斜和鲁东地盾三个二级构造单元。以昌邑—大店断裂（沂沭断裂东边界）为界，以东为鲁东地盾，以西为鲁西台背斜，广饶—齐河断裂以北为辽冀台向斜。铁路经过位置的大地构造见表1。

沿线主要地质构造单元分布情况表　表1

一级构造单元	二级构造单元	三级构造单元	备注
华北地台Ⅰ	鲁东地盾Ⅱ$_1$	胶东隆起区Ⅲ$_1$	
		胶莱凹陷区Ⅲ$_2$	又称高密—海阳凹陷区
		胶南隆起区Ⅲ$_3$	
	鲁西台背斜Ⅱ$_2$	沂沭断裂带Ⅲ$_4$	
		鲁中南隆起区Ⅲ$_5$	又称鲁中隆断区
		徐州—郓城坳断裂带Ⅲ$_6$	
	辽冀台向斜Ⅱ$_3$		

济青高铁沿线断裂构造发育，主要以北北东、北西和北西西向为主，其中北北东向断裂规模较大，活动历史较长。线路大角度穿越沂沭断裂带，该断裂带是区内主要地震构造，其中安丘—莒县断裂为晚更新世晚期—全新世早期活动断裂。

2.3　不良地质与特殊岩土

济青高铁沿线地貌单元多样，地层变化频繁，不良地质主要发育有采空区、地面沉降、活动断裂、地面塌陷、危岩崩塌等，特殊岩土主要发育有湿陷性黄土、膨胀（岩）土、软土、盐渍土等，这

获奖项目：2020年“海河杯”天津市优秀勘察设计奖一等奖；国家铁路局2019—2020年度铁路优秀工程勘察一等奖；2020—2021年度中国中铁股份公司优秀工程勘察一等奖。

些都成为工程建设中的重要工程地质问题[1]。

3 采空区选线方案研究

3.1 采空区分布特征

沿线采空区主要为开采硬质黏土矿、煤矿及铁矿所形成的，主要集中分布在淄博地区桓台至临淄一带。

淄博煤田在地层划分上属于华北地层区，均为第四系土层覆盖，属于全隐蔽式煤田。该煤田从1957年开始普查找煤，1974年兴建凤凰山煤井(金东煤矿前身)，已形成开采煤矿12座，其中5座煤矿资源开采完毕，已闭坑。

淄博煤田为石炭—二叠系煤田，山西组和太原组为含煤地层，平均总厚度247.05m，共含煤22层（煤3、煤4、煤4-1-1、煤4-1-2、煤4-1-3、煤4-2、煤5、煤5-1、煤6、煤6-1、煤7、煤7-1、煤8、煤8-1、煤8-2、煤8-3、煤9、煤9-1、煤10-1、煤10-2、煤10-3、煤11)，煤层平均总厚10.12m，含煤系数4%。可采和局部可采煤层11层（煤4、煤4-2、煤5、煤5-1、煤6、煤7、煤9、煤9-1、煤10-1、煤10-2、煤10-3)，平均总厚度5.07m，其中主采煤层3层(煤4-2、煤9、煤10-2)，平均总厚度2.73m，占可采煤层总厚度的54%。

淄博铁矿开采历史可追溯到两千多年前的春秋时期，近代以来德国、日本先后对矿区浅层矿床进行了掠夺式开采，开采形成采空区位置及范围不清。新中国成立后，淄博地区铁矿逐渐开始恢复生产并进行了大规模的探矿找矿工作，最终形成了区域性铁矿矿产基地，分布大小铁矿24座。淄博铁矿矿床多属于接触交代矽卡岩型磁铁矿床，赋存在闪长岩与奥陶系灰岩的接触带上。

沿线典型采空区开采情况详见表2。

沿线主要矿区情况一览表 表2

序号	矿种	矿山名称	地层时代	矿体赋存标高/m	开采方式	开采标高/m	开采埋深/m	开采年代	距线路距离
1	黏土矿	衰辛庄硬质黏土矿	二叠系上统（P2）上部铝土矿		地下开采	−200.000～10.000	25～235	2004年至今	线位距矿界最近距离268m
2	铁矿	新立庄铁矿	接触交代矽卡岩型磁铁矿，赋存于闪长岩体与灰岩接触带上	−388.000～−196.000	—	—	—	尚未开采，矿山处于基建阶段	线位距矿界最近距离526m
3	铁矿	赶仙庄铁矿	沉积变质条带状磁铁矿，矿体赋存于下元古界粉子山群变质岩中	−260.000～0.000	地下开采	−260.000～0.000	20～280	2013年至今	线位距矿界最近距离335m
4	铁矿	杨家庄铁矿	赋存于粉子山群磁铁黑云片岩，围岩为黑云变粒岩	−138.000～19.000	地下开采	−138.000～19.000	0～160m	据调查矿山完成井巷基建工程，尚未开采	贯通线位距矿界最近距离200m
5	铁矿	戴家官庄洪秋铁矿	矿体为磁铁黑云片岩，围岩为黑云变粒岩	−419.790～24.000	原来为露天开采，现在为地下开采	−419.790～24.000	4～449m	矿区始建于20世纪70年代，重新设计后自2009年正式开采至今	线位距矿界最近距离460m
6	膨润土矿	坊子区翟家埠膨润土矿	矿体赋存于白垩系下统青山组流纹质凝灰岩及流纹岩、珍珠岩地层中	—	露天开采	—	—	私挖乱采严重，露天矿坑深达5～30m	线位正穿矿区，该矿为拟设矿区，线路沿线私采乱挖现象普遍
7	石英矿	饮马镇兴辉村石英矿	矿体赋存于下元古界粉子山群石英岩、长石石英岩及石英片岩	50.000～66.000	露天开采，组合台阶法	50.000～66.000	—	2009年至2012年，目前已被注销	线位正穿矿区
8	石英矿	青龙山石料场	矿体赋存于下元古界粉子山群石英岩、长石石英岩及石英片岩	50.000～67.000	露天开采，组合台阶法	50.000～67.000	—	2003年至2012年，目前已被注销	线位正穿矿区

3.2 线路建设方案研究

初测阶段，开展了资料收集与地质调查工作，初步查明了采空区的分布范围以及对线路的影响程度。采空区范围内普遍存在地面沉降变形及采空塌陷现象，轻者造成房屋开裂，重者形成地面塌陷坑，采空区不良地质严重制约着铁路方案的比选。

线路方案对难以处理的采空区进行了尽可能绕避，分别对贯通方案与比较方案的采空区稳定性进行了初步评价，初步规避了采空不良地质风险（图 2），并从采空区风险角度对方案进行了评价。

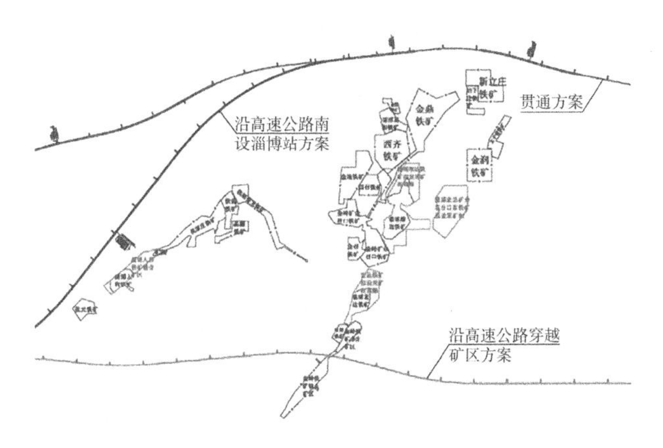

图 2　济青高铁沿线铁矿矿区分布示意图

定测阶段，对于距离线路较近的复杂采空区，布置了物探和钻探工作，加深勘察精度，对采空区的三维分布特征进行详细勘察。选取关键剖面，定量分析采空区稳定性对线路的影响（图 3），选择出线路通过的安全通道，保证了铁路的建设安全。

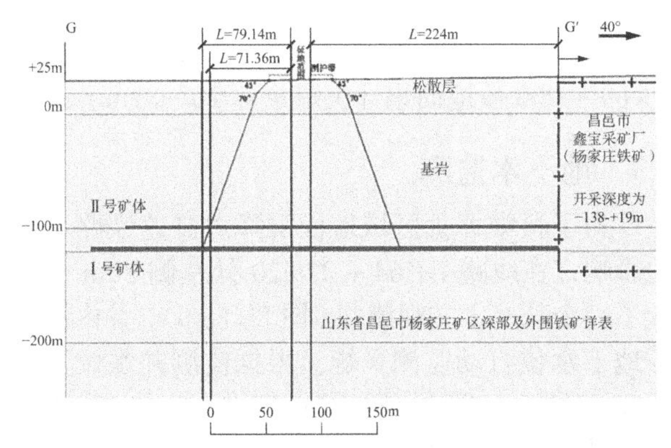

图 3　杨家庄铁矿采空区对济青高铁影响定量分析剖面图

贯通方案北绕淄博铁矿、煤矿等采空区，仅在 CK99 + 700～CK100 + 500 距离新立庄铁矿较近，该矿目前正在进行基础建设，尚未开采下部铁矿资源，未形成采空区。线位距离矿界最近距离 527m。该矿矿体埋深 221～415m（−388～−196m），铁矿对线路尚不会产生影响。除此之外，章丘袁辛庄硬质黏土矿及昌邑饮马镇附近 3 处铁矿目前对线路影响较小，如采取控采措施，风险可控。

沿高速铁路穿越矿区比较方案，先后穿越金岭铁矿铁山矿区、金岭铁矿辛庄矿区及淄博铁矿南边界，穿越金东煤矿采空区、鲁坤煤矿采空影响范围，中段穿越王庄煤矿采空区。沿线采矿历史悠久，地下采空区情况复杂，地面不均匀沉降、采空塌陷等不良地质多发，采空区对线路安全影响大，风险较大。

4　区域地面沉降区选线方案研究

4.1　区域地面沉降特征分析

济青高铁沿线为冲积平原地区，由于地下水超采造成地下水水位埋深逐年加大，形成了多个地下水降落漏斗，地下水降落漏斗的发展进一步引发附近区域地面沉降，危及铁路的建设与运营安全。本文仅选择比较典型的淄博南闫水源地地面沉降区进行分析。

南闫水源地位于济青高铁 DK64 + 000～DK65 + 000 段落左侧（图 4），现状地面沉降边界圈闭成 2 个区域，一处位于水源地东北部，以 1 号、2 号、3 号取水井为中心，面积约 0.1km^2，另一处位于水源地西南部，以 4 号、5 号取水井为中心，面积约 0.09km^2。

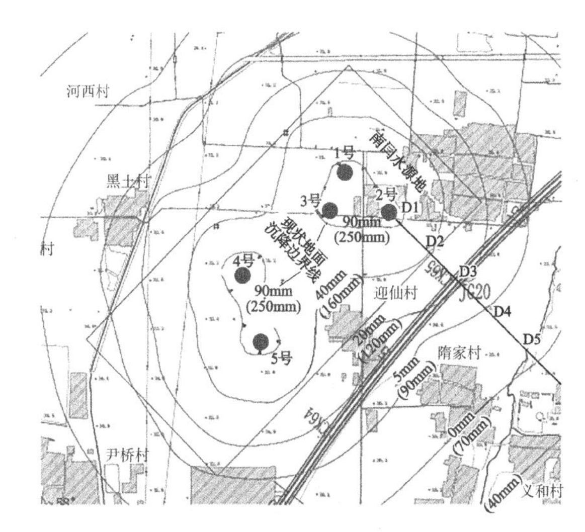

图 4　南闫水源地地面沉降区与济青高铁位置关系布置图

该水源地现有的 5 口井，平均井深 100m，主要开采深层地下水，含水层岩性主要为第四系砂砾卵石层，含水层顶板埋深 53～58m，底板埋深 71～86m，厚 13～33m，平均厚度 23m，上覆土层黏性土为相对隔水层，平均厚度 55m。该水源地 1997—2013 年间，水源承压地水位埋深由 1997 年的29m下降至2003年的56m，2005年由于限制开采，地下水位埋深逐年回升至2013年的埋深38m，形成了一个中心地下水位平均为−7.0m、影响半径约900m的降落漏斗。

勘察期间平均开采量0.32～0.35万m^3/d，开采地下水形成局部地下水降落漏斗，受人工抽取地下水影响，拟建线路附近地下水位埋深20～30m，较大小里程两端水位埋深降低7.4～20.0m。

4.2 沉降变形数值模拟分析

地面沉降变形模拟计算以Leake的夹层理论和太沙基一维固结沉降理论为基础，通过构建三维地下水流和土体一维变形的耦合模型来分析南闫水源地地下水开采导致的地面沉降过程，预测正常工况条件下（即井内水位降深2.6m，平均开采量730m^3/d·井）、超采工况条件下（即井内水位降深9m，平均开采量3000m^3/d·井）和极限超采工况条件下（即井内水位降深26m，平均开采量11000m^3/d·井）未来地面沉降变形情况[2]。

将模拟计算的稳定地下水流场与距离铁路最近的2号水井进行对比，表3为水位降深拟合情况，可以看出，观测孔拟合精度较高，计算的稳定流场拟合宏观形态较好，正确反映了地下水的补径排特征。

水位降深对比表　　表3

开采量/（m^3/d）	50m处水位降深观测值/m	50m处水位降深模拟值/m
3000	3.17	3.33
11000	11.1	11.5

经过模拟计算，正常工况条件下、超采工况条件下和极限超采工况条件下的地面累积沉降量等值线图如图5～图7所示。

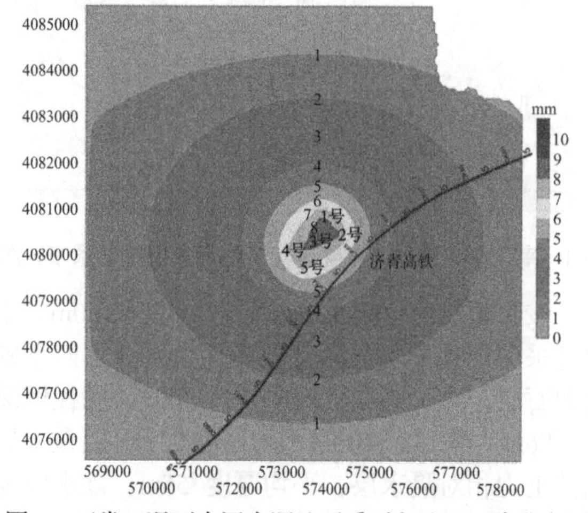

图5　正常工况下南闫水源地开采引起地面沉降分布图

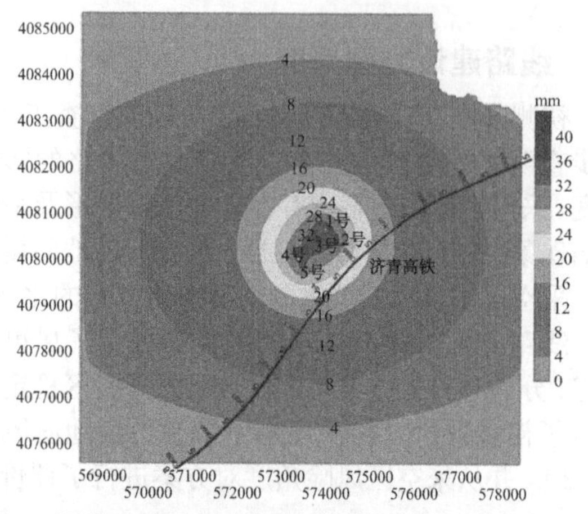

图6　超采工况下南闫水源地开采引起地面沉降分布图

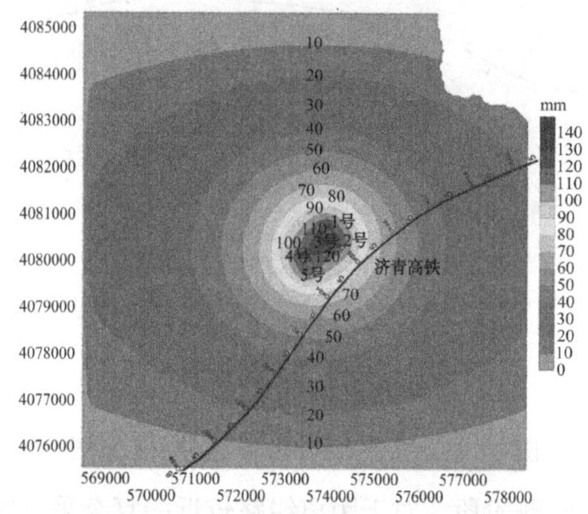

图7　极限超采工况下南闫水源地开采引起地面沉降分布图

根据计算结果，正常工况下线路穿越地面沉降较小，对铁路基本无影响；超采工况下，线位里程DK64＋000～DK65＋500段位于地面沉降20～23mm的范围内；极限超采工况下，抽水引发地面沉降对线路影响较大，DK61＋100～DK69＋200段地面累计沉降量达20～82mm。

4.3 地下水监测

为了科学评价区域地面沉降对高速铁路工程的影响，在线路DK64＋229.20处左侧25m处设置了一个长期水文观测井（图8、图9），井内设置了地下水位自动监测系统。根据监测井水位变化情况，对地面沉降数值计算模型进一步修正，更好地指导线路方案的设计。

图8　现场地下水位监测井

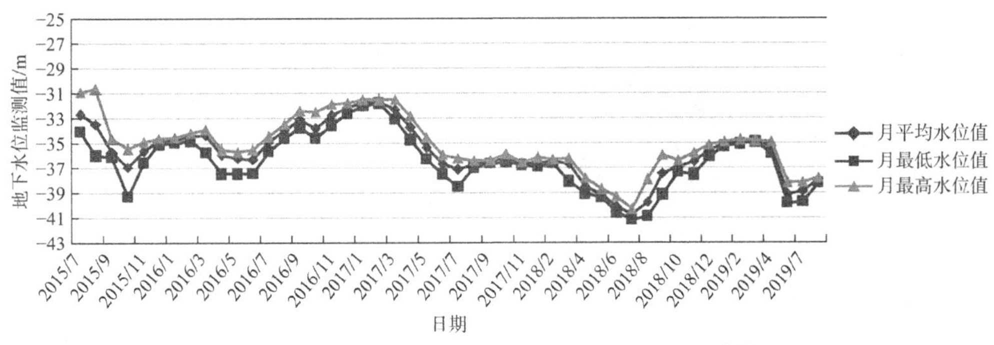

图 9　现场监测井 2015—2019 年地下水位过程曲线

4.4　线路建设方案研究

地面沉降为一种区域性地质灾害，属于大面积相对均匀的沉降，但不排除局部产生不均匀沉降的可能性[3-4]。对铁路的影响主要表现在长期的地面沉降引起的高程损失会影响河流泄洪能力、桥梁连续梁的稳定以及无砟轨道的安全使用。

选线过程中，绕避了沉降核心地区，铁路建设和运营部门应与地方相关部门协调配合，严格控制水源地地下水开采量，采取必要的控采限采措施。

结构设计中，针对区域地面沉降的特点，桥梁采用长桩基础，桩端尽可能进入密实砂砾石层，国内首次采用高速铁路桥梁新型调高支座，开展了大调高量球座结构设计研究工作，编制了相应的安装工艺和养护方案，有效解决了沉降区范围内桥梁结构不均匀沉降造成的轨道不平顺的工程难题，从而保证高铁的运营安全。

5　活动断裂带区线路方案研究

5.1　活动断裂带特征

沂沭断裂带是郯—庐断裂带出露发育最齐全的区段，该断裂带是我国东部地区最显著的北北东向断裂构造带。

济青高铁横穿沂沭断裂带北段（图 10），自西向东分别穿越郚部—葛沟断裂、沂水—汤头断裂、安丘—莒县断裂及昌邑—大店断裂等四条深大断裂，其中安丘—莒县断裂为晚更新世晚期—全新世早期活动断裂。断裂大部分被第四系所覆盖，仅在潍坊南部眉村地区有小面积基岩出露。

勘察过程中，采用了大面积地质调绘、物探、钻探等综合勘察手段，查明了线路与活动断裂主干断层相交的位置以及断层性质。

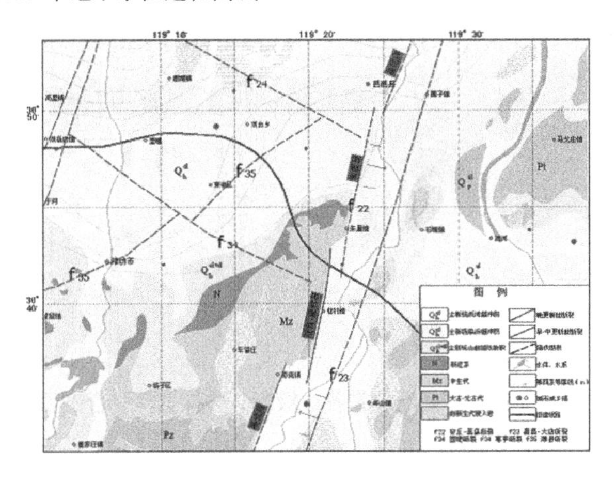
图 10　济青高铁与沂沭断裂带位置关系示意图

地质调查结果显示，断裂带由多条次级断裂组成，断裂走向 NNE、倾向 SEE 或 NWW，其中基岩破碎带内发育强烈碎裂岩化及构造角砾岩，发育断面及擦痕，火山岩膨润土化强烈，沿断裂带有辉绿岩脉、煌斑岩脉贯入，为一强烈挤压破碎带；第四系更新世地层断错现象明显，显示第四纪以来断层活动较强烈（图 11）。

图 11　安丘—莒县断裂探槽剖面图

为了查明断层分布特征，布设了 4 条浅层地球物理勘探剖面，经过解译分析认为：主要发育 7 条次级断裂，按浅层地球物理探测发现的断裂依次为 F10、F11、F12、F13、F14、F15、F16，断层带宽约 2.5km（图 12、图 13）。

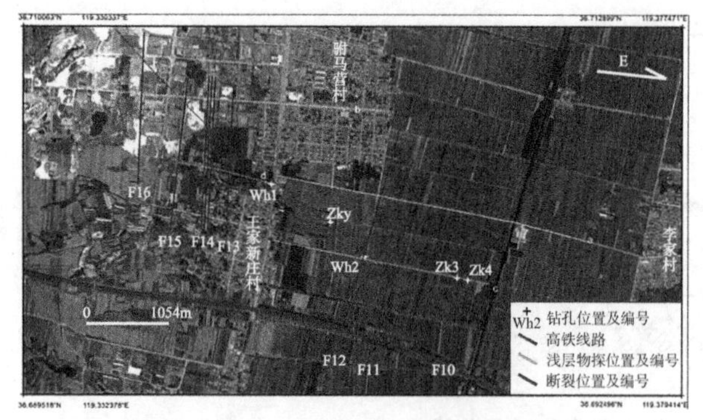

图 12　安丘—莒县断裂勘探测线布置图

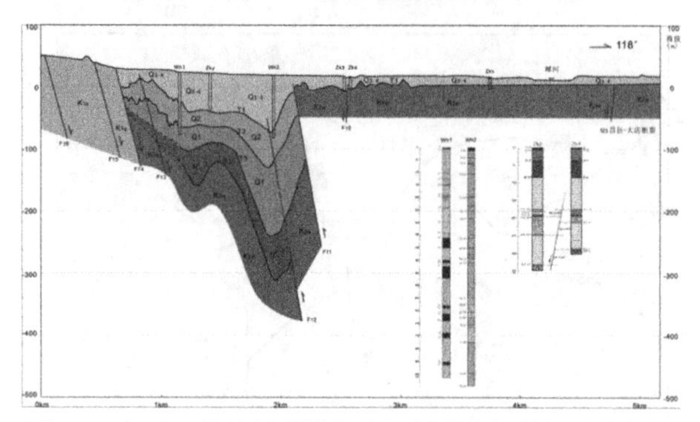

图 13　安丘—莒县断裂带各次级断裂物探钻探联合剖面

其中，F11、F12 为逆冲断层，倾向东，断层东侧王氏组砂砾岩逆冲于西侧第四纪早期地层之上，垂直断距超过 300m；F10 为正断裂，倾向西，断错第四纪晚期地层，跨 F10 断层两侧钻孔也揭露了断层断错晚更新统地层的地质现象。

7 条次级断裂形成一个相互关联的活动构造系统，其各次级断裂因其在系统中的主次关系而导致地震发生时，在其上产生的断错变形量不一。总体上各次级断裂组成两个断裂系统，是由于安丘—莒县断裂的眉村—双官段和朱里段在此斜列而成。线路通过位置正好位于交接区域。

F10、F11、F12 构成朱里段南延的一个系统，其中主要变形量集中于 F11 断裂上，F12 位移量小，F10 为反向断层。F13、F14、F15、F16 组成的断错系统为眉村—双官段断裂，系统内 F14 为主要断裂，F13 位移量小，F15、F16 为基岩中发育的次级断裂，无明显活动迹象。各次级断裂上可能的断错量情况见表 4。

安丘—莒县断裂各次级断裂活动强度对比表　表 4

次断裂	基岩顶面/m	Q^3 地层/m	上断点/m	活动	断裂
F10	4.3	4.3	20	正断	反向断裂
F11	62	5	29	逆断	主控边界断裂
F12	＜5	＜5	50	逆断	次级断裂
F13	＜5	＜3	31	正断	次级断裂
F14	114	＞5	近地表	正断	主控边界断裂
F15	＜5	0	近地表	正断	次级断裂
F16	＜5	0	近地表	正断	次级断裂

5.2　线路建设方案研究

经过鉴定评价，线路经过的安丘—莒县断裂安丘—昌邑段为第四系晚更新晚期—全新世早期活动断裂，未来有错断地表的可能性，三条主干断裂未来地震地表断错量分别为：F10，右旋 0.6m、正断 1.5m；F11，右旋 1.5m、逆冲 1.5m；F14，右旋 1.2m、正断 2.0m；工程设计上需采取抗断措施。

经过充分研究论证，最终线路方案选择在活动断裂带较窄地段采用简单易修复的路基工程大角度跨越活动断裂带，积累了活动断裂带地区高速铁路的建设经验

断裂带路基工程采取了加宽路肩、放缓路基边坡、路堤本体内分层加筋、基底封闭阻水下渗、地基采取桩筏结构与桩板结构加固等成套综合工程措施，提高路基工程抵抗和适应变形的能力和可靠性，工程建设期间设置自动化沉降变形观测系统，实现了对于路基变形控制效果的全面实时掌握，及时指导并修正设计及施工。

断裂带轨道工程创造性地采用聚氨酯固化道床的轨道形式，避免道砟间的错位移动，可持久保持道床的弹性；道床的累积变形缓慢，养护维修工作量少；具有良好的协调变形能力；具有良好的减振、降噪功能；可维修性好，试验速度达到 380km/h，为国内有砟轨道线路最高速度，有效解决了断裂带范围轨道养护维修与运行速度协调统一的技术问题，对今后类似工程项目设计提供了良好借鉴。

6　胶东膨胀性泥岩区线路方案研究

6.1　胶东膨胀性泥岩物理力学特征分析

济青高铁经过的胶东地区广泛分布着白垩系上统王氏群泥岩为主的地层，夹砂岩及少量砾岩薄层或透镜体，厚度从数米到上百米不等。

为了解胶东白垩系泥岩地层的物理力学性质，进行了室内物性、单轴抗压强度试验、单轴压

缩变形试验、抗剪强度（直剪）试验、抗剪断强度（变角板）试验、抗拉强度试验、点荷载试验、崩解性试验等，具体试验结果详见表5及图14。

泥岩的主要物理力学试验成果指标　表5

物理力学指标	数值范围
相对密度	2.74～2.78
块体密度	2.45～2.54g/cm^3
天然含水率	5.18%～10.2%
孔隙率	13.1%～19.7%
饱和单轴抗压强度	1.9～6.3MPa
烘干单轴抗压强度	11.5～16.6MPa
点荷载强度	0.10～0.68MPa
抗拉强度	0.22～1.02MPa
抗剪强度（直剪）	φ：39.7°～63.2°， c'：0.28～1.37MPa
天然含水率耐崩解性指数	92.0
中间含水率耐崩解性指数	95.8
烘干含水率耐崩解性指数	55.9

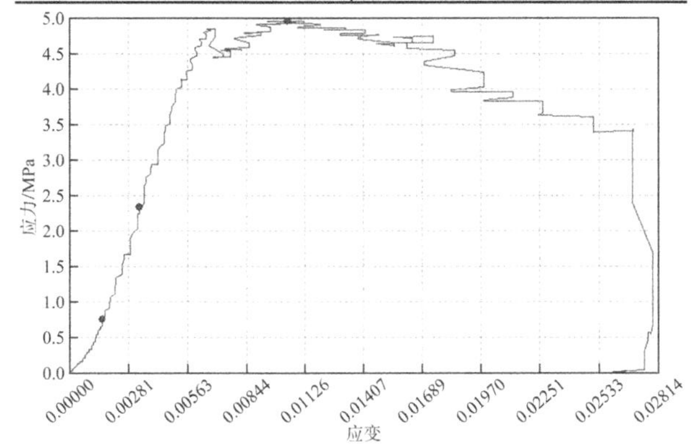

图14　泥岩的单轴压缩变形试验应变应力—应变关系曲线

6.2　线路建设方案研究

经研究，该类泥岩属于极软岩，具有膨胀性，遇水易软化、膨胀，失水、暴露后易崩解、风化，导致工程性质发生衰减，易引起边坡变形垮塌，隧道围岩变形侵限甚至坍塌，严重影响到铁路工程的隧道支护结构施工及安全运营。

针对该地层的工程地质特征，设计上充分考虑了膨胀变形对隧道支护结构的影响，采取了加厚底板与边墙的工程措施，确保了铁路隧道的工程建设质量与安全。

7　工程成果及效益

济青高铁前方衔接线路为京沪高速铁路、石济客专，连通石太客专、京沈客专、郑徐客专等，直达华北、西北、东北、华东、西南等全国大部分地区，后方衔接青荣际铁路和青连铁路，通达胶东烟台、威海地区及华东沿海地区，形成了"四纵四横"客运专线网中"太青"客运通道、山东半岛地区客运主通道、胶东地区出省的快速客运通道以及山东半岛城际网主轴，是国家快速客运网的重要组成部分。本项目的建成对于加快山东省基础设施建设、推进国家级发展战略实施、适应山东半岛地区发展的需要具有重要意义。

在济青高铁建设过程中，积极开展综合勘察应用，坚持全生命周期勘察设计理念，进行多方案经济技术比选研究，保证了铁路工程建设与地质环境友好互适，实现了铁路线路方案的科学性、合理性与经济性等多目标的高度协调统一。

参考文献

[1]　李金. TRT技术在高铁山岭隧道超前地质预报中的应用[J]. 铁道勘察, 2018, 44(1): 71-75, 119.

[2]　王传焕, 田利川. 某水源地地下水开采引发地面沉降对济青高铁的影响分析[J]. 铁道勘察, 2017, 43(4): 50-54, 121.

[3]　《工程地质手册》编委会. 工程地质手册[M]. 5版. 北京: 中国建筑工业出版社, 2018.

[4]　国家铁路局. 铁路工程地质勘察规范: TB 10012—2019[S]. 北京: 中国铁道出版社, 2019.

铁路工程随钻测试技术研究实录

刘华吉　张占荣　孙红林
（中铁第四勘察设计院集团有限公司，湖北武汉　430063）

1　前言

工程建设过程中，地层岩土性质是评估工程经济、技术可行性的重要指标。通过获取钻探实时工作参数（随钻参数，如钻压、转速、扭矩、钻速等），建立其与地层岩土性质的映射关系是快速评估地层参数变化的有效途径。随钻参数监测是一种相对较为简便的钻探过程中原位测试方法，即根据勘察钻探作业过程中的数据分析得到相关的地层信息。从海量钻探数据中挖掘出适应性强的映射关系来建立有效的地层岩土体参数评估方法，最终实现随钻测试对地质勘探和地层评价的目的具有重要意义。

2　随钻测试设备设计与研发

随钻测试系统结合工程勘察现场的实际作业条件，针对 XY-2 型钻机的特点进行研制，实现多个工作参数的同步采集和记录。由于野外工作环境比较恶劣，为了确保系统工作可靠，数据可信，需要着重考虑传感器选型和安装、系统的供电及低功耗等问题，并注重系统的野外抗干扰特性和防护性能。

2.1　功能需求与技术指标

1）功能要求

（1）实现钻压、进尺（钻速）、立轴转速、立轴扭矩、泥浆流量、泥浆压力等钻进参数的实时监测与存储；

（2）钻探参数的实时显示和保存；

（3）钻探过程历史数据的读取；

（4）数据的远程无线传输；

（5）结构简单紧凑、携带方便；

（6）传感器安装简便，减少对钻机的改动工作量；

（7）操作简单，工作可靠。

2）技术指标

（1）XY-2 型钻机参数

钻进深度：200m（钻杆直径 50mm）；

钻机功率：16kW/2200rpm；

立轴转速：70～800rpm；

立轴行程：0.45m；

最大给进力：15kN；

立轴最大扭矩：1500N · m。

（2）数据采集系统技术指标

钻压：0～15kN（油压传感器量程 10MPa，精度 5‰）；

进尺：0～500mm（油缸进给传感器量程 500mm，精度 5‰）；

立轴转速：0～1000rpm（脉冲计数式传感器，精度 5‰）；

钻机输入轴扭矩：0～100N · m（精度 5‰）；

泥浆泵压力：0～5MPa（精度 5‰）；

泥浆泵流量：0～200Lpm（脉冲计数式传感器，精度 5‰）；

采样频率：1 次/s；

数据可随机存储，同时也可远程发送到云端，远程计算机可以读取和保存；

系统每天连续工作时间不少于 10h，可充电后继续工作。

2.2　系统组成与工作原理

根据系统功能和设计要求，系统主要应用了传感器信号采集及变送，数据存储、远程无线通信等技术。根据前述的功能要求和系统结构，系统组成单元包括传感器及变送器、数据采集单元、无线远程传输单元、数据存储单元和电池模组等，如图 1 所示。

获奖情况：中铁第四勘察设计院集团有限公司优秀 QC 二等奖。
基金资助：中国铁建股份有限公司科技研发计划《钻探一体化智能识别、感知及动态施工关键技术研究》（2022-B20）

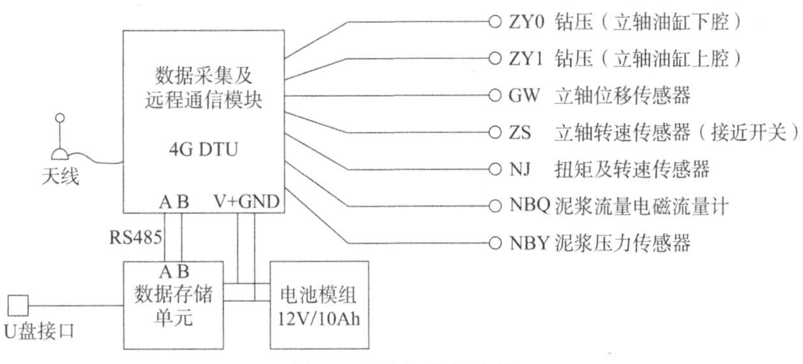

图1　系统组成架构图

2.3　系统搭建与安装

系统搭建主要指各类传感器在钻机设备上的安装，以及传感器与随钻测试数据采集控制系统的连接，其硬件搭建后的监测系统如图2所示。

监测油压的传感器采用抗干扰能力强、高稳定性的智能化压阻式压力传感器，使用金属应变片作为压力感应元件，串联安装于给进油缸的进出油管路中（进油和回油管路各一只，对应于油缸的上腔和下腔）。

图2　立轴钻机随钻测试传感器安装

立轴转速传感器采用电感式接近开关，通过测量一定时间内的脉冲个数，即可计算得到立轴的回转速度，安装方法是在立轴的下端盖处安装一个L形转速传感器支架，用于固定电感式接近开关。

位移采用抗振式数字位移传感器（拉绳式编码器）测量给进油缸的行程值（即进尺），再依据钻进时间从而计算得到钻进速度。还可利用油缸上下的变化可以测量回次钻进深度，通过累积情况可以计算出孔深。位移传感器优势是，结构紧凑、所需要的空间小、可靠性高。

为进行校核对比，特设计专用支架安装激光位移传感器进行位移数据的同步量测。支架均安装于立轴油缸旁边，即可检测油缸的行程位移值（即进尺）。

由于立轴钻机难以直接测量其立轴扭矩，因此拟采用间接的测量方法。即在立轴传动的前端（皮带轮传动部分），设置一扭矩传感器，通过测量输入轴端的转速n_0和扭矩T_0，再结合测量得到的立轴转速n_1，可以计算得到立轴工作时扭矩T_1：$T_1=(n_0/n_1)\times T_0$，选用动态扭矩传感器，由电阻应变桥、精密测量电路和信号处理电路构成，具有测量精度高、稳定性好、测量转速高、扭矩范围大、体积小和重量轻等特点；扭矩传感器可以同时测量钻机输入轴的扭矩T_0和转速n_0。扭矩传感器采用皮带轮式扭矩传感器，一端与动力机输出轴（减速器输出轴）连接，另一端与皮带轮连接，通过皮带轮将动力传给钻机。

泥浆循环系统的压力能够反映孔底钻头破碎岩石及岩屑上返的情况，对钻探作业具有重要作用。为了检测泵压，可在泥浆泵的液力输出端检测泥浆出口压力。

泥浆压力检测方法类似于液压压力检测，但由于泥浆是含有较多杂质且具有一定腐蚀性的液体，因此应选择不锈钢材质的压力传感器。为防止泥浆的腐蚀堵塞，提高工作的可靠性，应选用特制的压力传感器（平膜型）。在泥浆泵的液力端，即泥浆出口管路处测量（通常是在蓄能器端），在其上设置一个三通接头用于安装泥浆压力传感器。

2.4　系统校准测试

为了确保采集得到的数据准确可靠，需要对钻机的主要工作参数（如钻压、立轴位移、转速、扭矩等）进行对比率定和校验测试，评价传感器测试数据的正确性。

由于在实际工作时钻压难以直接测量，根据前述的钻压测试原理，通过检测给进油缸上下腔的压力通过计算得到施加在钻头上的钻压。为了检验系统测试数据的正确性，拟采用一个地磅（载荷传感器）直接检验钻压的测量值。

给进油缸位移量（即进尺）的测量方法有多种，包括拉绳式位移传感器、激光测距仪等，各有优缺点，考虑到便于安装和工作可靠，本系统拟采用拉绳式位移传感器和激光测距仪两种方案对比，验证其工作的可靠性和稳定性。

本系统是利用感应式接近开关，测量立轴回转时产生的脉冲数来计算转速的（因电磁感应原理，立轴每转发出若干个脉冲）。为了对此测量的脉冲数进行率定，需要利用转速仪直接测量立轴的转速，建立脉冲数与转速的对应关系（即率定，仪表系数）。为了测试方便，可以采用手持式转速仪来测量立轴的实际转速。

由于难以直接测量立轴的扭矩，本系统采用了间接测量方法，通过测量钻机输入轴端的扭矩T_0和转速n_0，以及立轴的转速n，可计算得到立轴的扭矩$T=(n_0/n)\times T_0$。

为了对上述扭矩数据进行对比率定，必须在试验台架上进行立轴扭矩的直接测量。其方法如图3所示。在岩土试样筒中填充土样，并将试样筒放置在孔口的回转支撑台上，由于回转台底部为推力球轴承，因此试样筒可以自由回转且阻力很小，其与回转支撑台之间的摩擦阻力矩可忽略不计。主动钻杆连接钻头在土样中切削破碎时，由于切削力矩的作用将带动试样筒回转，但由于机架上设置有回转挡板和切削力支撑架，试样筒受约束并不能回转，并产生一个切向力作用在载荷传感器上（载荷传感器沿试样筒的圆周切线方向布置），此切削力F_t与转台的切削扭矩T具有比例关系，即：$T=F_t\times D$，D为试样筒的直径（由结构确定的已知值），因此通过测量切削力F_t即可得到立轴（钻头）的扭矩T。

根据钻机相关参数，立轴最大扭矩$T_{max}<1500N\cdot m$，取试样筒直径$D=500mm$，则最大切削力$F_{tmax}<3000N$，即300kg，据此可以选型相应的载荷传感器。

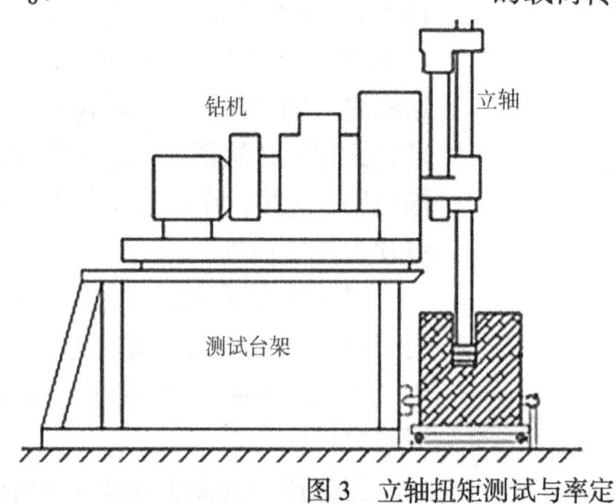

图3　立轴扭矩测试与率定

根据上述校核标定方案，搭建完成的测试系统整体各参数误差相对较小，综合检测误差小于1%。这主要是由于设备本身及机械传动能量损失等原因引起，根据校核试验获取测定的各项参数的修正系数，在测试采集系统中通过设定修正系数进行参数修正，确保随钻测试数据的准确性和有效性。

3　数据处理与有效性评价方案

3.1　数据预处理方案

为了研究钻进参数与地层特性之间的对应关系，利用搭建完成的随钻测试设备，记录钻进全过程数据，并按照时间序列依次、连续采集，监测数据频率为每秒一次。

针对海量的随钻测试数据，拟采用如下数据预处理方案。

通过分析随钻监测资料能实时判识钻探进尺，识别地层分界并判断地层岩性等，为工程勘察提供指导。而在监测数据采集过程中，受人为因素、作用环境以及仪器扰动和故障等影响，监测数据中不可避免地存在数据异常问题，其中异常数据中粗差的识别与剔除关系到后期随钻监测数据分析的可靠性。

对于钻孔异常值的检测，我们计划按以下方法进行：

（1）首先识别钻进数据中极度不合理的部

分，比如卡钻（钻速为0）时对应的其他钻机数据；

（2）剔除 > 0.7 和 < 0 的位移数据；

（3）剔除上升阶段的位移数据；

（4）剔除落差较大的位移数据；

（5）主观因素，结合记录表去除；

（6）对数据进行积分，并求累计值；

（7）结合各种关联算法，准确识别异常数据。

考虑在随钻监测过程中，随钻监测的效应量（包括：测量时间、钻进回次、加杆长度、钻孔深度、油缸位移和钻杆转速、油压、扭矩）与致因因子（地层分界、岩性等）间存在明显的关联性。可利用这些关联性约束，提高随钻监测数据中异常值清洗的准确性。

在试验过程中，发现在各压力曲线中，可用一条相对规整的曲线来反映变量的变化趋势，称为主流线。另一部分是曲线的噪声，其特点是频率低、波幅大，表现为脉冲形式，它是以主流线为根线垂直X轴发散的，称为曲线的噪声。噪声是钻进过程中，由于操作不规范或者处理钻孔事故等原因产生的，一般与钻孔的实际过程无关，对破碎岩石不做工。噪声过滤是去除与钻进过程无关的脉冲数据，使参量—时间（或孔深）曲线平滑化的过程。这种方法可以根据统计分析模型，在全过程实时曲线中提取满足统计样本要求的数据，可大大地减少样本的数量，并保证分析的精度。

监测曲线变量总是在一定范围内波动，并非平滑。曲线中的噪声干扰将降低参数之间的相关性。对监测曲线径向噪声过滤，是曲线平滑处理的先决条件，也是提高参数间相关性的必要途径。根据变量波动幅度的大小，曲线大体上可以划分为两部分。一部分反映变量的主流趋势，其特点是频率高、波幅小。可采用小波分析对信号的噪声进行剔除，小波去噪效果的优劣与基函数的选择、分解层数、阈值处理方法有关，使用双通道滤波器组处理信号，有较好的去噪效果。

通过对综合录孔数据分析，钻孔过程的异常状态发生时钻井参数变化—突变、缓变、波动等特征存在较长的周期，可以考虑采取不同时间间隔的办法对钻井参数进行不同时间间隔内的数据处理，短时间间隔内的数据处理可以较好地体现钻井参数的突变特性，长时间间隔可以较好地体现钻井参数的缓变特性。其中，标准差用于系统异常状态诊断的物理基础是当系统正常运行时，系统输出信号比较平稳（信号波动较小），当系统出现异常后，表现为信号动态分量（波动较大）增大，此时测量序列的标准差迅速增大。因此，根据方差或标准差的大小可判断钻进过程的异常状态。但是，考虑参数变化的突变和缓变特性，我们应该在测量序列均值和标准差的基础上，增加当前测量值与长、短时间间隔内的均值的拟合直线的斜率计算，该拟合直线的斜率计算可以很好地反映参数的相对变化趋势，如果该斜率值较大，说明参数的变化速度很快，该斜率值较小，说明参数可能存在缓变趋势，斜率为零，说明参数维持稳定。

测量序列均值反映参数的静态分量，其数学表达式见式(1)：

$$\mu=\left[\sum_{i=1}^{n}x(i)/n\right] \tag{1}$$

标准差用来描述某一时间间隔内信号相对于其均值的波动情况，它反映了信号的动态分量，其数学表达式见式(2)：

$$S=\sqrt{\left\{\sum_{i=1}^{n}[x(i)-\mu]^{2}\right\}/n} \tag{2}$$

突变和逐变的特征提取首先按照上述长、短时间间隔的要求对测量序列进行均值和相对标准差计算，并将新测量值与当前均值使用最小二乘直线拟合方法计算新测量值相对于长时间段、短时间段内的均值求得参数变化斜率，通过设定突变、缓变斜率阈值，若斜率大于突变阈值，认为突变特征成立。

最小二乘直线拟合数学表达式见式(3)：

$$y=kx+b$$
$$k=\frac{\sum_{i=1}^{n}x_i y_i-n\bar{x}\,\bar{y}}{\sum_{i=1}^{n}x_i^2-n\bar{x}^2}$$
$$b=\frac{\sum_{i=1}^{n}y_i-k\sum_{i=1}^{n}x_i}{n} \tag{3}$$

使用序列均值、标准差以及斜率识别，可以精确地对异常值进行识别，筛选出正常的钻进位移数据，实现钻孔深度的实时识别。

在识别随钻参数相似性过程中，可采用Apriori算法或灰色算法等关联算法，结合SPSS数据分析软件，对随钻参数（如钻头位移、进压、出压、转速等）与岩土体关键参数（如岩体施工等级、岩体强度、地基承载力特征值等）进行相关分析，得到数据的相关性系数，通过相关性系数对地层分界进行定性分析。相关性分析分为两个部分，其一是对钻机各参数之间的相关性分析，其二是对钻机参数和岩（土）体参数之间的相关性分析。前者用于弄清各个参数之间是否存在相关性；后者用于筛选出强关联序列，用于之后的岩体关键参数反演，总体思路如图 4 所示。

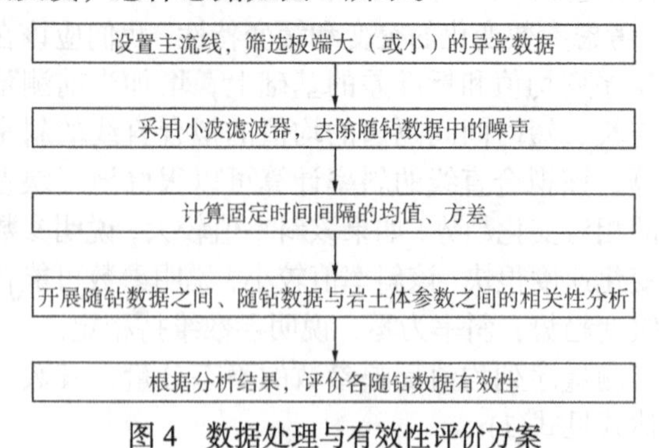

图 4　数据处理与有效性评价方案

3.2　随钻参数之间的相关性研究

假设有两个变量分别为x和y，则两者之间的皮尔逊相关性系数计算公式为：

$$\rho_{x,y}=\frac{E(xy)-E(x)E(y)}{\sqrt{E(x^2)-E^2(x)}\sqrt{E(y^2)-E^2(y)}} \tag{4}$$

式中：$\rho_{x,y}$——x和y之间的皮尔逊相关性系数；

$E(x)$和$E(y)$——分别表示x和y的数学期望。

皮尔逊相关系数衡量的是两个变量之间的相关关系，取值范围为[−1,1]，取值为正表示正相关，取值为负表示是负相关。同时，皮尔逊相关系数衡量的是两个变量之间的线性关系，通常情况下通过以下取值范围判断变量的相关强度：相关系数（均取绝对值后）：0.8～1.0 极强相关；0.6～0.8 强相关；0.4～0.6 中等程度相关；0.2～0.4 弱相关；0.0～0.2 极弱相关或无相关。

为研究随钻参数与岩体参数的相关性展开，以重庆示范区钻孔 CQCS-4 号孔为例，由于传感器记录的钻杆位移数据不能直接反映钻进的速度，本文通过预处理后钻杆位移数据计算出钻进速度。岩体参数选取岩体强度作为岩体参数指标。计算得到各随钻参数与岩体参数之间的皮尔逊相关系数如表 1 所示。

CQCS-4 号孔随钻参数与岩体参数之间的皮尔逊特征值表　　表 1

	钻杆位移	给进压力	提升压力	转速	钻进速度	岩体强度
钻杆位移	1	0.9987	0.8529	−0.998	0.784	−0.29
给进压力	0.9987	1	0.8416	−0.9982	−0.4602	0.0545
提升压力	0.85292	0.8416	1	−0.8598	−0.4704	0.1566
转速	−0.998	−0.9982	−0.8598	1	0.3931	−0.5809
钻进速度	0.784	−0.4602	−0.4704	0.3931	1	−0.7607
岩芯单轴抗压强度	−0.29	0.0545	0.3931	−0.5809	−0.7607	1

由表 1 可知，钻进速度与钻杆位移具有强相关性，与给进压力、提升压力之间具有中等程度相关性，与转速具有弱相关性。钻进速度与岩体强度之间具有负强相关性，因此钻进速度一定程度上可以反映岩体强度甚至地层界面，可作为识别的重要指标。转速与岩体强度属于中等程度相关，也可以反映地层变化情况，可作为识别的次要指标。给进压力和提升压力与岩体强度的相关性较弱。地层属性与多种因素有关，岩体强度仅仅是其中之一，并不能认为给进压力和提升压力不能作为岩性及地层的识别指标，还需根据随钻数据展开进一步的研究。

3.3　数据有效性评价

钻探过程具有连续性，监测的数据往往包含大量非钻进状态的无效数据，对数据的准确识别产生大量干扰。需要对传感器采集的数据进行有效性分析预处理，筛选出纯钻进状态的钻进数据用于后续的分析。

数据离散程度可以反映原始采集数据的有效性。正常运行的钻进参数，一般恒定在某一个范围内，这个范围是正常钻进状态该参数的阈值。当数据波动较大时，数据的离散程度也越大，因此可能产生了异常数据，从而影响了监测数据的有效性。采用变异系数 COV 来反映数据的离散程度。变异系数，就是标准差系数，有的书上也称差异系数、离散系数。变异系数是反映总体各单位标志值的差异程度或离散程度的指标，是反映数据分布状况的指标之一。其含义是总体各单位的标准差与其算术平均数对比的相对数，其计算公式为：

$$\mathrm{COV}=\frac{\sigma}{x} \tag{5}$$

式中：σ——数据的标准差；

x——数据的算术平均数。

下面以现场测试期间多个钻孔数据为例，比较正常钻进状态和异常钻进状态下各钻进数据的变异系数 COV，以位移数据为例，其结果如图 5 所示，可明确看出，原始数据的离散性较大，处理后的数据离散程度降低，有效性明显提升。说明经过本方案处理，原本的离散数据变异性降低，有效性增大，最终的钻进数据可以较为合理地反映真实钻进状态。

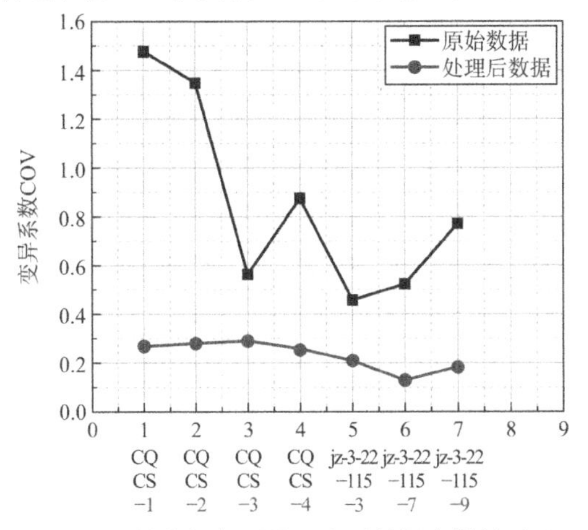

图5　原始数据与预处理之后数据离散性对比（以钻杆位移为例）

4　随钻测试工程应用成果

4.1　数据处理与孔深识别原理

为识别钻孔孔深，定义了一种“钻位”的概念。激光位移传感器安装在钻机卡盘位置，“钻位”定义为钻进过程中钻杆向下的位移量与向上位移量之差。由于存在清孔、提钻等操作，实际孔深并非是实时的钻位深度，而是记录最大的钻位值。对于钻孔数据的预处理，可按以下方法进行：

识别钻进数据中不合理的部分，如钻杆转速为零或负值、激光位移传感器为负值时对应的钻机数据；

采用小波滤波器对随钻数据进行平滑处理，避免钻进过程振动对数据的影响；

主观因素导致数据异常（如卡钻、传感器异常等），需要结合现场勘探记录表识别；

在现场测试中发现，钻探作业需要钻机操作人员频繁操作钻机，钻进深度并非由激光位移传感器每一回次记录的数据相加得到，而是一种更为复杂的数据模式。本文通过设置传感器数据预处理规则结合激光位移传感器数据模式，对监测得到的原始数据进行预处理。

正常钻进时，卡盘带动钻杆向下运动，当卡盘运动到底部时，操作手将卡盘松开，提升卡盘并卡紧钻杆，继续下一轮的钻进，循环往复。钻进前拉绳位移传感器记录值x_1与钻进后位移传感器记录值x_2之差，即为该次的进尺Δx。

如图6所示，曲线①所对应的模式为无操作手过多干预，钻机正常钻进时，激光位移传感器测量的钻杆位移曲线示意。横轴为钻进时间，纵轴为激光位移传感器记录的钻杆位移。可以看出钻杆位移曲线是时间的函数。a_1，a_2分别为钻杆位移曲线的极大值对应的时刻；b_1，b_2分别为钻杆位移曲线的极小值对应的时刻，$f(x)$为钻进时刻a_1到b_1，钻杆位移曲线值。曲线①对应的孔深计算方式如式(6)所示。

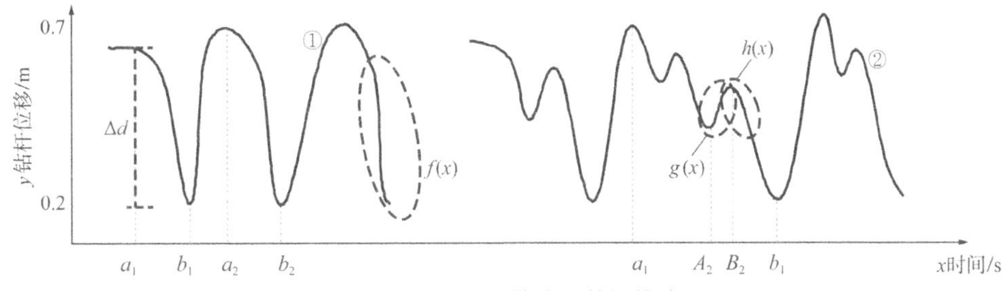

图6　拉绳位移传感器数据模式

图6中曲线②所对应的模式为钻机钻进过程中，操作人员为保证钻进效率，避免卡钻等，不松开卡盘直接多次提升钻杆，激光位移传感器测量的钻杆位移曲线示意。a_1、b_1分别表示钻杆位移曲线的极大值和最小值对应的时刻。A_1、B_1分别表示人为提钻前和提钻后的钻杆位移所对应的时刻。$g(x)$为钻进时刻A_1到B_1，钻杆提升位移曲线值，用$h(x)$表示$g(x)$段对应的钻杆下降位移曲线值。该提升位移曲线$g(x)$和对应钻杆下降位移曲线$h(x)$均不属于正常钻进，不应计入孔深计算过程，同时刻的其他随钻参数也不能用于地层及关键岩性识别。曲线②对应的孔深计算方式如式(7)所示。

$$y=\sum_{i=1}^{n}\Delta d_i=\sum_{i=1}^{n}\int_{a_i}^{b_i}f(x_i)\,\mathrm{d}x \tag{6}$$

$$y=\sum_{i=1}^{n}\int_{a_i}^{b_i}f(x_i)\,\mathrm{d}x-\sum_{j=1}^{m}\int_{A_i}^{B_i}g(x_i)\,\mathrm{d}x-\sum_{j=1}^{m}\int_{A_i}^{B_i}h(x_i)\,\mathrm{d}x \tag{7}$$

通过上述方案根据随钻参数计算实时孔深，可建立纯钻进过程的时间-孔深曲线。数据处理后建立各随钻参数随孔深变化的全过程曲线。

4.2 进尺判识与界面识别

基于随钻参数对地层评价的研究，目的是通过仪器钻进系统，自动获取岩土的基本特征参数和地层沿钻孔深度的连续剖面，从而克服传统岩土工程勘探方法中钻探、取样、土工及岩石力学试验工程量大、周期长、成本高等技术瓶颈。然而，由于地质结构以及岩性的复杂性，加上识别模式方法等方面的限制，仪器钻进技术仍处于试验性应用阶段。为了提高系统在地层识别中的精度，以及实现对钻进过程的自动化控制与管理，本项目根据钻进参数与地层变化关系的研究，提出岩土工程“界面识别的变斜率反演方法”。

本项目在立轴式钻机钻进过程中监测轴压、钻具转速、冲洗水压力和钻头位移随钻进时间的全过程曲线。合理的轴压是维持正常凿岩和穿孔效率的基础。冲洗水的作用除排渣外，可润湿孔壁起到护壁的作用。同时，润湿孔底岩土体，提高穿孔效率，并降低钻头温度，减少磨损。通过随钻监测数据可知各参数在界面处的瞬时变化，在界面处，穿孔参数均随岩土体强度的改变而发生不同程度的改变。有效轴压力、钻具转速及冲洗压力一般表现为随岩土体强度的增大或岩石等级的增高而增大，穿孔速率随岩石强度的增大而降低。此外，地层分界的识别精度还取决于显著性指标的设置。为了反演岩性分界，用显著性指数来描述岩性的变化程度。设显著性指数（S_i）在数值上为钻进位移随时间变化曲线斜率P的变化率P_r，则

$$S_i = P_r = \frac{P_1 - P_2}{P_1} \times 100\% = \left(1 - \frac{P_2}{P_1}\right) \times 100\% \quad (8)$$

式中：P_1与P_2——分别为相邻步距内钻头位移—钻进时间变化曲线的斜率。

显然，界面的识别精度与步距有关，可以根据工程勘察等级合理设置孔深的变化步长。为了满足岩土工程的要求，这里，对于主界面即是具有明显地层特征的地质边界，显著性指数取$S_i \geqslant 10.0\%$。

当钻头在没有明显边界的渐进地层中钻进时，钻头位移—钻进时间曲线趋于平缓而无突变。次级界面可被定义为渐进地层中的另类界面。与主界面不同，次级界面存在于同类地层的某些强烈风化或变质的局部区域。对于次级界面，S_i设置为$3\% \leqslant S_i < 10\%$。

此外，随钻监测还可通过标准触探试验、点载荷试验和岩性鉴别，获得各钻孔岩性、物理力学参数及界面深度值，并将该检测值通过t检验方法来验证“界面识别的变斜率反演方法”的正确性。

设人工方法获得的界面值为另一组观察变量u_i，随钻监测系统通过“界面识别的变斜率反演方法”识别的界面上深度为一组观测变量v_i，则问题转化为研究u_i和v_i之间是否存在显著的差别。根据t检验理论，如果两种方法在界面识别中的作用相同，则在每一对观察数据之间的差值将由随机误差产生，并为一个新的独立观察变量。根据t检验理论即可识别“界面识别的变斜率反演方法”的可靠度。

基于以上研究，处理数据后，重庆示范区钻孔CQCS-4随孔深序列改变的随钻曲线如图7所示。曲线的斜率表示钻进速率，曲线斜率越大表明钻进速率越大，曲线斜率变化幅度较大的地方对应不同的地层。可以看到，钻头钻入砂质泥岩和砂岩的钻进速率有比较大的差异，通过钻进速率可以进行地层的识别。可以看到砂岩地层中的钻进速率明显较大，砂质泥岩地层中的钻进速率较小。

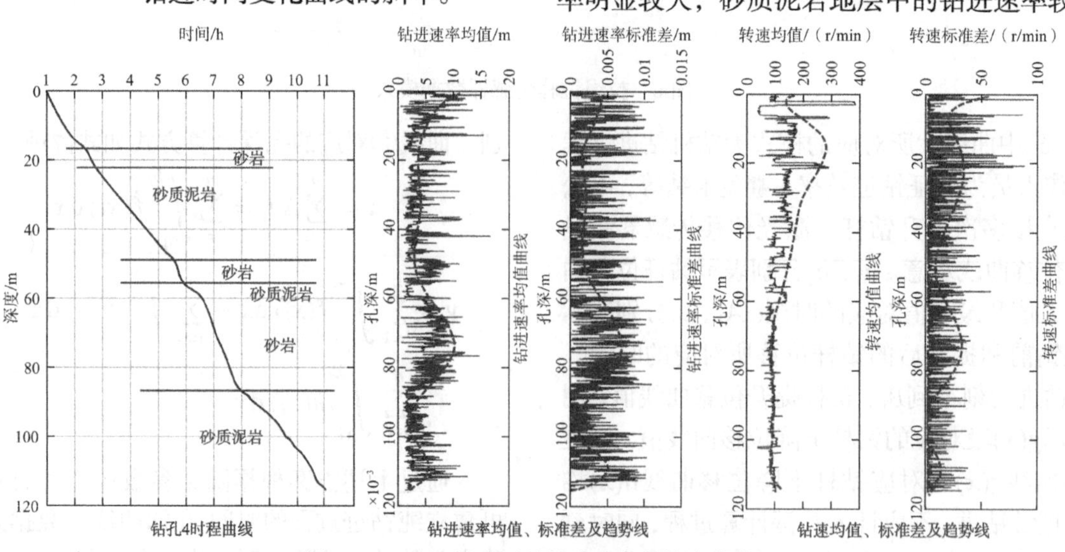

图7　CQCS-4 处理后的钻进速率与转速曲线

由图 7 可知，通过立轴位移转换而来的钻进速率的变化也与地层属性具有一定关系。具体表现为砂岩地层的钻进速率均值较大，标准差在地层界面处变化也较大。同样的，转速随着钻进深度的增加，转速逐渐减小。在相邻地层中，砂岩地层中的转速小于砂质泥岩地层中的转速。在较深地层（钻孔深度大于 50m）中，砂岩段地层的平均转速稳定在 190～200r/min 之间，随着地层深度变化不明显。砂质泥岩地层的平均转速，随着钻孔深度的增加逐渐减小，最大值为 322r/min，最小值为 194r/min，受地层深度影响明显。转速的标准差与地层界面变形有显著关系。地层界面改变时，同时对应着转速标准差曲线的改变。

图 8 为重庆测试区 CQCS-4 号孔的时间—孔深曲线。该曲线反映了钻进过程中孔深随着纯钻进时间的变化关系，曲线的斜率即为平均钻进速率。可以看出，随着地层岩性的改变，钻进速率随之发生改变。砂岩地层钻进速率普遍大于砂质泥岩段。因此钻进速率可作为识别岩性的一个重要指标，作为机器学习反演岩性的输入参数之一。

图 9 为 CQCS-4 号孔各随钻参数与孔深之间的关系曲线，其中钻杆位移、给进压力、提升压力、转速是直接测量的随钻参数，钻进速率是处理后的随钻参数。从曲线图中，可以看出钻进速率与地层岩性存在比较明显的对应关系，砂岩段的钻进速率显著提高。由给进压力与钻孔深度关系曲线可知，给进压力平均值随着钻孔深度的增加逐渐减小。砂岩地层段的给进压力平均值在 0.47～1.0MPa 之间，随地层深度变化明显。砂质泥岩地层段给进压力平均值在 0.76～0.95MPa，随着地层深度变化幅度小于砂岩段。由提升压力与钻孔深度关系曲线可知，提升压力平均值随着钻孔深度的增加逐渐增大。砂岩段的提升压力平均值在 0.06～0.17MPa 之间，砂质泥岩段的提升压力平均值在 0.05～0.11MPa 之间。

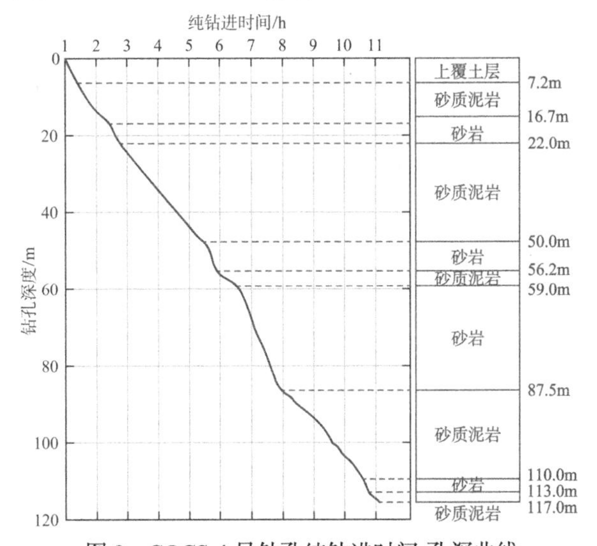

图 8　CQCS-4 号钻孔纯钻进时间-孔深曲线

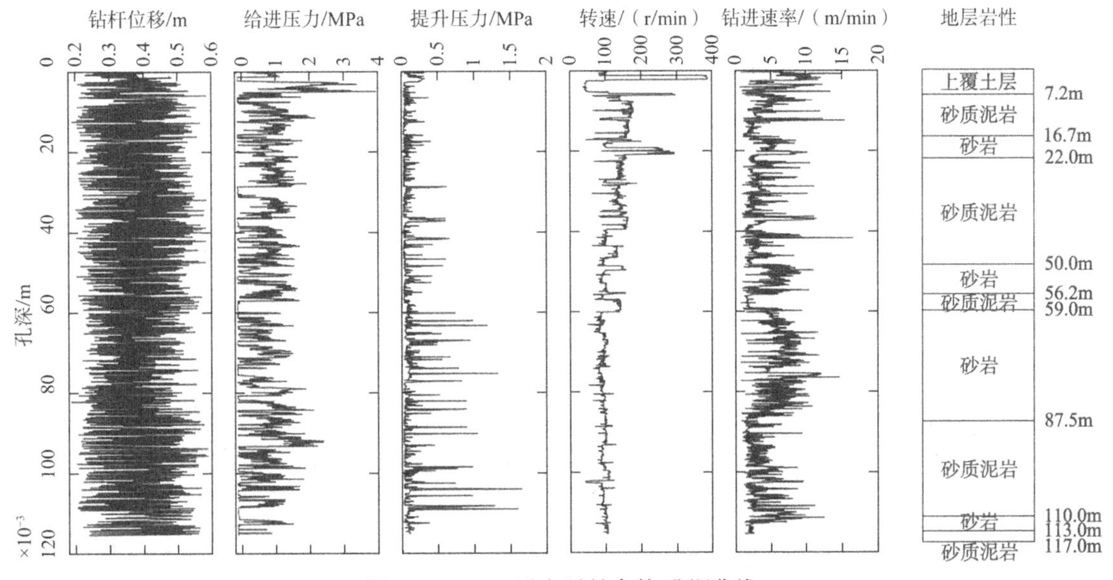

图 9　CQCS-4 孔各随钻参数-孔深曲线

上述现象说明：砂岩段给进压力较小，提升压力较大，钻进比较容易，因此钻进速率较快；砂质泥岩段给进压力较大，提升压力较小，钻进比较困难，因此钻进速率较慢，满足钻进速度与地层之间的规律。由于钻进速率是由钻杆位移处理得到的，因此选取给进压力、提升压力、钻杆转速、钻进速率四个参数作为参数反演方案（如 BP 神经网络和 SVM 支持向量机）的输入参数，预测参数为地层岩性。

4.3 基于 SVM 的岩性识别案例

为了防止奇异样本影响训练效果，先对数据归一化处理。采用线性变换方式将数据值映射在[0,1]区间内，公式如下：

$$X' = \frac{X - X_{\min}}{X_{\max} - X_{\min}} \tag{9}$$

式中：　　X'——归一化值；

X，$X_{\max}$，$X_{\min}$——分别为样本数据及样本数据的最大值和最小值。

当 SVM 需要分类的数据不属于线性时，应用核函数技术，将输入空间中的非线性问题，通过函数映射到高维特征空间中。可选取 RBF（高斯径向基）核函数，该函数应用较为广泛且能够适应复杂的非线性映射关系。在 RBF 核函数中，需要确定的参数有惩罚因子c与核函数参数g，可采用网格搜索法进行参数寻优。基于网格法将$c \in [c_1,c_2]$，变化步长为c_s，而$g \in [g_1,g_2]$，变化步长为g_s。这样，针对每对参数c和g进行训练，取效果最好的一对参数作为模型参数，完成参数寻优过程。

输入参数有钻进速率、钻杆转速、油压等参数，输出参数有地层岩性。在重庆测试孔数据中选取 100 组，将其中任意 80 组数据设置为训练集，剩余 20 组数据设置为测试集，用于检验预测的效果。

如图 10 所示，测试数据显示 SVM 的预测结果准确率达 85%。红色实线为岩样真实岩性类别，蓝色虚线为预测类别。当砂岩和砂质泥岩难以准确判断时，机器偏向于判定为砂岩。20 组数据中，仅有 3 组数据未被准确识别，基本满足工程需求。

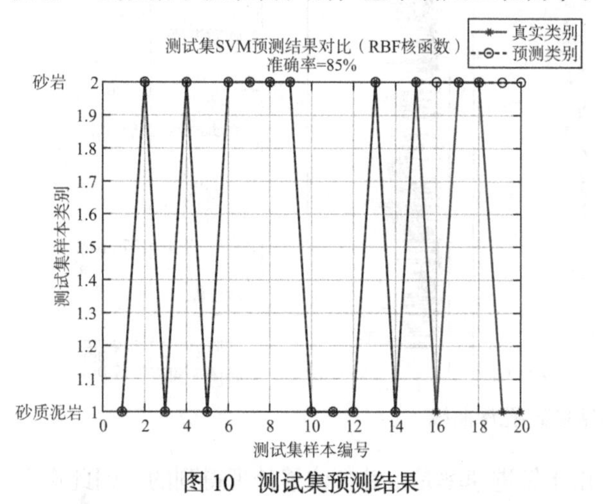

图 10　测试集预测结果

表 2 展示了测试集样本类型及对应的取样位置，该部分数据来自重庆示范区。由于施工现场的异常情况，3 号孔的样本数据记录不全，因此并未从 3 号孔中选取测试集样本。从表 2 可以看出，测试集样本是随机选取，并非典型样本，预测结果具有代表性。由于本测试区样本数目有限，若以实际钻探工程的海量钻孔数据为依托，本方案预测精度将更高，更有利于工程的开展。

测试集样本类型及对应的取样位置　表 2

测试集部分样本编号	岩样类别	预测类别	所属孔号	取样深度/m
1	砂质泥岩	砂质泥岩	CQCS-4	57.2～57.5
2	砂岩	砂岩	CQCS-4	87.0～87.3
3	砂质泥岩	砂质泥岩	CQCS-4	105.0～105.2
4	砂岩	砂岩	CQCS-2	42.1～42.2
5	砂质泥岩	砂质泥岩	CQCS-2	45.0～45.2
…	…	…	…	…
16	砂质泥岩	砂岩	CQCS-4	40.4～40.6
17	砂岩	砂岩	CQCS-1	78.0～78.2
18	砂岩	砂岩	CQCS-2	62.2～62.5
19	砂质泥岩	砂岩	CQCS-4	98.6～98.8
20	砂质泥岩	砂岩	CQCS-1	27.1～27.3

5　结语

通过开展铁路工程随钻测试工作，形成的主要成果：

（1）设计了一种随钻测试系统，利用新型传感器技术，通过选型，实现了工勘钻机钻压、进尺（钻速）、立轴转速、立轴扭矩、泥浆流量、泥浆压力等钻进参数的实时监测与存储。

（2）提出了一种数据处理方案，随钻监测数据处理原则是，识别各种非钻进状态及异常状态，建立纯钻进状态的时间—孔深曲线和各随钻参数—孔深变化的曲线。建立各参数同孔深数据匹配关系，有利于机器学习数据库的建立，有利于通过随钻参数反演地层岩性方案的实施。

（3）提出了各种钻进与非钻进状态的预制和处理条件，可以快速地对钻进状态数据进行识别和筛选。

（4）随钻数据中，钻进速率与地层岩性关系密切。钻进速率可由纯钻进状态的时间—钻孔深度曲线获得。随钻参数与地层的关系为：砂岩地层中的钻进速率明显较大，砂质泥岩地层中的钻进速率较小。土层中的钻进速率明显较大，岩层中的钻进速率较小。岩土界面识别效果好。

（5）SVM 在岩性识别分类方面效果卓越。采用适合的核函数并对核函数的参数选优，基于机器学习的随钻数据处理和地层识别研究具有重要意义。未来可以进一步完善当前的岩体质量评价方法，进一步推广快捷、有效的岩土工程勘探新技术、新方法。本技术可实现钻探过程的实时监测，防止虚假钻孔和虚假编录，保障工程建设的安全。

参考文献

[1] 陈健, 岳中琦. 基于钻孔过程监测系统(DPM)全钻分析的钻孔过程塌孔监测[J]. 工程勘察, 2010, 38(11): 26-31.

[2] 胡小林, 黄麟森, 王清峰. 煤矿井下随钻测量技术的应用研究[J]. 矿冶, 2012, 21(4): 89-92.

[3] 岳中琦, 郭建英, 谭国焕, 等. 香港大学钻孔过程数字监测仪在自动化施工和设计中的作用[C]//全国岩土与工程学术大会论文集. 北京: 人民交通出版社, 2003, 147-155.

[4] 岳中琦. 钻孔过程监测(DPM)对工程岩体质量评价方法的完善与提升[J]. 岩石力学与工程学报, 2014, 33(10): 1977-1996.

[5] 王玉杰, 佘磊, 赵宇飞, 等. 基于数字钻进技术的岩石强度参数测定试验研究[J]. 岩土工程学报, 2020, 42(9): 1669-1678.

[6] 曹瑞琅, 王玉杰, 赵宇飞, 等. 基于钻进过程指数定量评价岩体完整性原位试验研究[J]. 岩土工程学报, 2021, 43(4): 679-687, 1004.

浩吉铁路工程地质勘察实录

王恒松
（中国铁路设计集团有限公司，天津 300251）

1 工程概况

浩吉铁路，建设工程原名为“蒙华铁路”，是一条连接北方产煤区与南方用煤区的国铁Ⅰ级电气化铁路，是连接蒙陕甘宁“金三角”能源产地、覆盖鄂湘赣华中能源消费地的“北煤南运”战略运输通道，也是国家“十二五”期间重点建设项目之一。

线路北起内蒙古鄂尔多斯市境内的浩勒报吉南站，途经内蒙古、陕西、山西、河南、河北、湖北、湖南、江西七省，终到京九铁路吉安站，全长1813.544km，是目前世界上一次性建成并开通运营里程最长的重载铁路，速度设计值：120km/h，其中隧道72座长213km，桥梁共192座长80.72km，桥隧线路占比44.2%。

中国铁建承担的浩吉铁路浩三段自北向南依次贯穿内蒙古、陕西、山西、河南，共计4省6市，正线长665km。沿线地形起伏较大，经毛乌素沙漠、黄土高原、黄龙山、临汾盆地—峨嵋台地—运城盆地、中条山脉等地貌单元，地层岩性出露齐全，第四系地层成因多样，不同的地层组合对工程影响明显（图1）。

图1 浩吉铁路沿线工程地质情况示意图

2 岩土工程条件

2.1 地形地貌

浩三段所经地区位于鄂尔多斯盆地内部，又称陕甘宁盆地，地貌单元众多，地形起伏较大，从北向南，大的地貌单元依次为毛乌素沙漠、黄土高原、黄龙山—南吕梁山脉、临汾盆地—峨嵋台地—运城盆地、中条山脉、灵三盆地、东秦岭山脉北麓。

浩勒报吉至靖边的杨桥畔为毛乌素沙漠及边缘区，地表被风积砂覆盖，为毛乌素沙漠区，地势西北高，东南低，海拔1200～1600m。

毛乌素沙漠以南至宜川为黄土高原，按照地貌形态可以分为梁塬宽谷区、梁峁区和残塬区。

宜川至河津为黄龙山、南吕梁山，隔黄河相望，为中低山区，峰峦耸峙，沟谷纵横，地形起伏较大。

河津至运城为临汾盆地、峨嵋台地、运城盆地，呈中间凸两边凹的特点，同一地貌单元地形较平坦，地势开阔，不同地貌单元之间有高陡边坡为明显的分界线。

运城以南为中条山山脉、灵三盆地、东秦岭山脉，中条山山脉呈北东—南西走向，地形南缓北陡，山谷多呈V形或U形。

灵三盆地为黄河河谷阶地，地势整体中间低南北两头高，阶地地面地形开阔平缓，长期受流水侵蚀，形成一系列近南北向展布的沟谷，夹于众沟

获奖情况：2021年“海河杯”天津市优秀勘察设计工程勘察-岩土工程勘察 一等奖；2021年度工程勘察、建筑设计行业和市政公用工程优秀勘察设计奖一等奖；2021年中国中铁股份有限公司优秀工程勘察奖一等奖。

涧间的山梁均为南北向的斜地。

三门峡南为东秦岭山脉的崤山山脉。

2.2 气象特征

浩三段从北向南分为中温带、暖温带两个气候带，中温带的亚干旱大区和亚湿润大区、暖温带的亚湿润大区三个区。历年极端最高气温 36.4°～41.8℃，极端最低气温−27.3°～−12.1℃，最冷月平均气温−12.9°～−4.4℃，土壤最大冻结深度 0.33～1.46m，按照对铁路工程影响气候分区为寒冷地区和温暖地区。

2.3 地质构造

浩吉铁路经过区为中朝准地台，位于祁吕贺兰山字形构造、山西多字形直扭构造体系中，昆仑—秦岭纬向构造系以北，下分四个二级构造单元，十个三级构造单元，如表 1 所示。

沿线地质构造单元表　　　　表 1

一级构造单元	二级构造单元	三级构造单元
中朝准地台 I	陕甘宁台坳 I_1	伊陕斜坡 I_{11}
	吕梁—铜川隆起 I_2	铜川—韩城隆起 I_{21}
	汾渭断陷 I_3	临汾断陷盆地 I_{31}
		峨嵋台地隆起 I_{32}
		渭河断陷盆地 I_{33}
		运城断陷盆地 I_{34}
		灵三断陷盆地 I_{35}
	豫西断隆 I_4	中条山断块隆起 I_{41}
		渑池断陷盆地 I_{42}
		崤山区 I_{43}

区内地质构造较为复杂，其中宜川至三门峡段位于隆起和断陷区，发育多条区域性大断裂，其中韩城大断裂和中条山北麓山前大断裂为全新活动断裂，中条山脉内断裂、褶皱、逆掩、构造极为发育，是本段构造集中和复杂处，对铁路工程影响较大，主要的断裂构造有：

（1）韩城大断裂

韩城大断裂是位于临汾盆地和渭河盆地、运城盆地间的主要控制断裂。断裂走向 NNE，倾向 SE，延伸总长 100 余公里，是一条右旋正走滑断层。韩城断裂自中更新世晚期以来的垂直运动速率一直较稳定，并且在全新世有加速之势。

（2）中条山北麓山前大断裂

中条山北麓断裂是运城盆地的东南缘和南缘的主控边界断裂，正断层长约 140km，走向 NE-NEE，倾向 NW，断裂晚第四纪活动可划分为 3 个段落，为全新世活动断裂，是未来百年可能发生$M \geqslant 5$级地震的发震断裂。

（3）峨嵋台地北缘断裂

该断裂走向北东东，倾北，倾角 60°，正断为主，长约 125km，是临汾盆地南端河津凹陷的边界断裂，断裂分为三段，沿断裂有中强地震发生，公元 863 年、1862 年发生两次 5.5 级地震。

（4）峨嵋台地南缘断裂

该断裂是双泉—临猗断裂的东段，西起阎良北，以 N50°E 的方向延伸，经蒲城南的党睦、大荔的双泉向东过黄河进入山西境内到临猗以东，全长约 180km，为一条向南倾的正断层。根据该断裂的演化历史、最新活动情况以及野外调查分析，该断裂为晚更新世活动断裂。

2.4 地层岩性

沿线地层为华北地层，具有第四系地层种类齐全，成因多样，基岩以陆相碎屑岩类为主，分布少量海相地层，岩浆岩种类较少的特点，其中晚奥陶统、志留统、泥盆统、早石炭统、上白垩系缺失。

2.5 地震参数

根据《中国地震动参数区划图》GB 18306—2015，沿线基本地震动峰值加速度共划分 3 个区：0.05g区、0.10g区和 0.15g区。

2.6 主要特殊土

1）黄土

从无定河至三门峡广泛分布，按照时代成因主要可分为第四系全新统冲积、冲洪积新黄土，上更新统风积、冲洪积新黄土，中更新统风积、冲洪积老黄土。

新黄土多具湿陷性，湿陷性地基需处理，黄土边坡需加强排水和防护。

2）膨胀岩土

浩勒报吉至乌审旗段白垩系泥质砂岩局部存在膨胀性。

沿线靖边东至宜川段第四系黏质老黄土、第三系粉质黏土具膨胀性，膨胀等级为弱—中等。

侏罗系至三叠系中统二马营组段泥岩具膨胀性。

3）盐渍土

毛乌素沙漠丘间洼地及丘间湖积平原区表

层，分布有盐渍土，1.0m 深度以内平均易溶盐 0.3%～2.23%，毛细水强烈上升高度勘测期间约为 0.5m。大部分为碱性盐渍土，仅少数段落分布有硫酸盐渍土，属于中等—超强盐渍土。

涑水河一、二级阶地普遍分布盐渍土，为弱—中等亚硫酸盐、硫酸盐、氯盐盐渍土。

4）松软土

沿线风积砂表层、河谷一级阶地新黄土普遍为松软土，松软土承载力低，需根据工程类型进行验算和处理。

2.7 主要不良地质

浩三段沿线分布的不良地质主要有风沙，人为坑洞，黄土滑坡和堆塌、崩塌，全新活动断裂，陷穴，泥石流等。

1）风沙

浩勒报吉至杨桥畔为毛乌素沙漠区，风沙地貌主要为沙丘和平沙地，岩性主要为黄褐色、灰黄色粉细砂，结构松散，颗粒均匀，成分以石英长石为主，厚度 2～30m。

沿线附近分布有大段落的流动沙丘与半固定沙丘，局部形成新月形沙丘链及格状沙丘。风沙危害程度轻微—严重。

2）地震液化

地震动峰值加速度 0.15g区，汾河、涑水河、黄河一级阶地饱和的粉土、粉细砂为可液化土层，经验算局部为地震液化层。

3）人为坑洞

沿线通过内蒙古—陕北侏罗纪煤田、陕北三叠纪煤田、渭北煤田、河东煤田，其中陕北三叠纪煤田、渭北煤田、河东煤田开采历史悠久，人为坑洞问题突出，不但有大矿采空、小窑采空还有掏煤洞采空，问题复杂。

除了和采矿有关的人为坑洞外，沿线还分布古墓、人防工程、菜窖、废弃的窑洞、采砂洞等人为坑洞，主要分布在靖边、宝塔区、麻洞川、汾河三级阶地、黄河两岸高阶地，可处理后通过。

4）滑坡、溜塌和潜在的不稳定边坡

陕北黄土高原区边坡问题比较突出，浩吉铁路此类不良地质体的发育具有明显的分带性，建华镇以北以错落、溜塌为主，例如柳湾 2 号隧道进口错落体发育；以南以滑坡为主，典型如小麻沟滑坡，这与沿线黄土的物理力学性质有密切的关系。

（1）滑坡

沿线滑坡主要为黄土滑坡，滑坡的物质组成多为黄土，滑坡厚度以浅层、中厚层滑坡为主，个别为厚层滑坡；黄土滑坡的影响因素比较复杂，除了地形地貌、地层控制为内在因素，还存在降雨和人为坡脚开挖外，以及地下采矿、引排水管渠渗漏及灌溉的入渗、地震等外在诱因。黄土滑坡以低速蠕滑为主要特点（图 2）。

图 2　延安东滑坡照片

（2）溜塌

由于黄土的直立性较好，部分已形成较高的黄土陡壁，在常年风蚀、水蚀作用下表层黄土出现溜塌现象，需加强护坡措施（图 3、图 4）。

图 3　屈家畔溜塌体图片

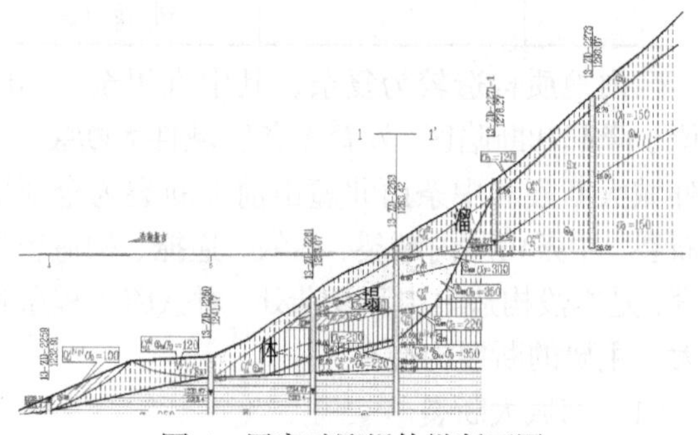

图 4　屈家畔溜塌体纵断面图

（3）潜在的不稳定边坡

除了可通过遥感解译、地质调查可以确定的滑坡外，通过勘探，陕北地区存在潜在的不稳定边坡。从地表外貌无法发现滑坡迹象，山体连续，但在土石界面处存在软弱层，如进行开挖，改变边坡的原始应力状态，易形成工程滑坡。

5）活动断裂

经过地震安评工作，确定沿线全新世活动断裂有韩城断裂、中条山北麓断裂。

韩城大断裂错断晚更新世和全新世地层，多处见断层活动的构造剖面和断层崖。

中条山北麓山前大断裂带为全新世活动断裂，沿断裂于运城附近在1642年发生6级地震，在断裂南端永济西南于1501年发生7级地震。

6）岩溶

黄龙山和南吕梁山区，岩质较硬的灰岩区往往形成以溶沟为主的岩溶发育形式，岩溶发育程度不强烈；岩质较软的泥质灰岩、泥灰岩及断层破碎带附近的灰岩岩溶发育程度相对强烈，岩体呈角砾状，极其破碎。白云质灰岩可见溶蚀现象，位于黄河水位高程附近，形成溶槽，溶蚀程度较强烈。具有关资料，奥陶系顶部的风化壳古岩溶发育。

3 主要勘察难点及解决方案

3.1 地貌复杂、岩性多、不良地质发育

新建浩吉铁路工程浩三段自北向南依次贯穿内蒙古西部、陕西北部、山西西南部，到达河南西北部，共计4省6市13县，正线全长665km。沿线地形起伏较大，经过毛乌素沙漠、黄土高原、黄龙山、南吕梁山脉、临汾盆地—峨嵋台地—运城盆地、中条山脉等地貌单元，地层岩性出露齐全，第四系地层成因多样，不同的地层组合对工程影响明显。

沿线有风沙、人为坑洞、滑坡溜塌、危岩落石、岩堆、水库塌岸、岩溶、高地应力、有害气体、活动断裂及高温热水等不良地质及新黄土、膨胀岩土、软土、盐渍土等特殊岩土，此外，缓倾岩层、富水软弱地层等严重影响隧道围岩分级，给工程地质选线造成很大困难。

勘察期间，在熟悉区域地质资料的基础上，沿线进行详细的地质调绘，采用钻探、物探及原位测试相结合的综合勘察手段开展地质勘察，充分发挥综合物探技术优势，采用大地电磁、地震折射、地震映像、综合测井等物探方法，与地质勘察资料互相验证，大幅提升勘察精度，查明了沿线工程地质、水文地质条件。勘察成果为设计和施工提供了充分的地质依据，为浩吉铁路的开通运营提供了可靠保障。

3.2 采空区选线和勘察难度大

线路经过韩城、乡宁矿区和延安小煤窑采空区，地表可见不均匀下沉及水平变形现象，对工程地质选线及施工影响极大，地质勘察的准确性影响现场的工程处理措施及后期的运营安全。

韩城、乡宁矿区分别属于渭北和河东煤田，区内正规大型、小型煤矿并存，煤层繁多，各层煤埋深变化因地势起伏相差较大。线路走向与矿区大角度相交，无法绕避，须在区内找出可行的通道。采用综合勘探手段查明矿区地下采空情况和限界范围内偷采越采范围，利用桑树坪煤矿居民区以及工业广场保安煤柱形成的“桑树坪”通道穿越韩城矿区，保证了铁路运营的安全，减少了工程投资。

延安小煤窑采空区分布于牡丹川两侧的冲沟内，距离线路近，以私采乱挖为主，部分掏煤洞下穿线位，对铁路施工和运营安全影响较大。

延安东小煤窑采空勘察中，针对当地沟壑纵横，钻探受限的情况，采用地震映像、密电距电测深、氡气测量法为主，辅以瞬态瑞雷波法的综合物探技术对小煤窑采空进行探查，并在物探异常处进行钻探验证，查明了影响线路安全的小煤窑采空区的范围、特征，提出了合理的工程措施建议，获得建设方的高度认可，其中氡气测量法获得新型实用专利1项。

3.3 风沙、软土、滑坡、溜塌、错落、断裂等不良地质问题众多

勘察过程中广泛应用遥感新技术查明断裂构造和水体信息，解决风沙危害、软土分布、滑坡、溜塌、错落等不良地质问题。

（1）通过遥感影像、无人机摄像确定沿线沙丘的植被覆盖率，现场核对判释标准，确定风沙危害等级，加强流动沙丘的监测和定期调查。

（2）创新使用基于数学形态滤波和光谱分析技术，实现了沿线断裂构造和水体信息的遥感自动提取。

（3）运用研发出新的基于三维遥感判释技术的滑坡定量勘察方法，共解译出滑坡、崩塌等不良地质275处，结合大面积调绘，绘制不良地质分布图，直观反映不良地质分布的趋势。

3.4 危岩落石勘察难度大

中部山区河流下切作用强烈，基岩出露的陡

峭地形，易形成危岩落石类不良地质，勘察评价与选线难度极大。以禹门口隧道进口危岩体为例，危岩体地处黄河左岸，海拔 455～600m 之间，相对高差 145m，表面坡度较陡，坡面多处危岩块体处于欠稳定状态，在暴雨等不利因素作用下，易出现失稳崩塌，松动的岩块发生坠落和倾倒式破坏，影响施工及运营安全。

现场采用现代无人机摄影航测技术与三维激光扫描等新技术开展沿线危岩落石勘察稳定性评价，提出单体危岩稳定性分析、数值模拟及轨迹分析相结合的评价方法，并制定了防治工程布置原则、危岩体处理方案及坡崩堆积体处理方案建议，为后期的治理设计提供了精细化的勘察成果。

4 代表勘察成果

4.1 项目概况

浩吉铁路龙门黄河大桥地处晋陕交界处，紧邻禹门口隧道进口。危岩及坡崩堆积体位于禹门口隧道进口黄河石门段东岸灰岩陡崖区域，在施工过程中经常有滚石坠落，威胁施工人员和龙门黄河大桥的安全。

勘察区属构造剥蚀中低山地貌，西岸为黄龙山脉，东岸为南吕梁山、汾河谷地和峨嵋台地，地形起伏较大。境内人类工程活动强烈，对周边斜坡的扰动及改造较为强烈，经调查发现多处危岩块体处于欠稳定状态，在暴雨等不利因素作用下，易出现失稳崩塌，松动的岩块会发生坠落和倾倒式破坏，影响施工及运营安全（图 5）。

4.2 勘察过程

通过龙门黄河大桥危岩现场勘察，利用无人机航测开展地形图测量和工程地质调绘，结合现场探坑、室内试验及三维激光扫描全面掌握岩体物理力学参数、岩体形状、节理开张程度及产状，查明了危岩体分布和特征、坡崩堆积体物征，分析了崩塌的成因机制和发展趋势、危险性和危害性，对危岩稳定性和堆积体稳定性进行了定性分析及定量计算。

依据不同区域岩体结构面发育程度及组合特征、切割块体的变形破坏机制及所处位置等情况将危岩体分为Ⅰ、Ⅱ、Ⅲ区，Ⅰ区危岩带长度约 255m，Ⅱ区危岩带长度约 170m，Ⅲ区危岩带长度约 125m。三个危岩带岩体总体积约 12 万 m^3，共分布有危岩体 64 处，方量约 6000m^3。

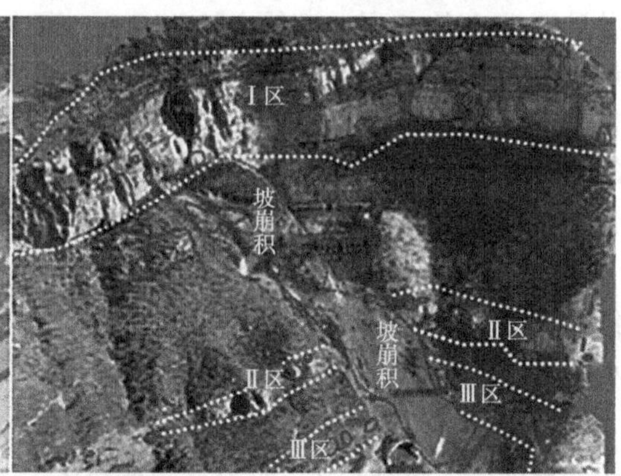

图 5　龙门黄河大桥危岩体照片

分析了危岩崩塌变形的形成机制及破坏形式。危岩体沿陡崖分布，由于岩性软硬不一及差异性风化，形成 3 层阶梯状陡崖，为危岩的形成创造了地形条件；构造切割、风化卸荷、地表、地下水及岩溶等综合作用形成了斜坡陡崖带，为崩塌体的形成提供势能场及临空面；硬岩节理裂隙发育，与层理组合相互作用，将岩体切割呈块状，局部岩体下部形成凹腔，为崩塌发生提供物源；地震或强降雨成为崩塌发生的直接诱因，破坏模式主要为坠落和倾倒，已崩塌停留在堆积体上的危石以滑移式破坏为主。评估工作主要采用现场调查和室内分析计算相结合的方法（图 6）。

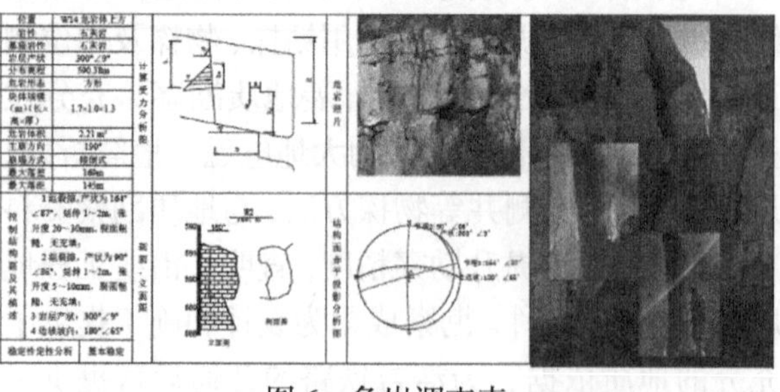

图 6　危岩调查表

评价了崩塌的发展趋势、危险性和危害性，对每一处危岩稳定性和堆积体稳定性进行了定量计算及定性分析。危岩综合定量计算结果表明，计算分析结果与现状形态调查基本一致，在暴雨及地震状态下大部分单体危岩处于欠稳—失稳状态，易发生倾倒式、坠落式及滑移式破坏。危岩带整体破坏的可能性较小。从危岩运动路径分析结果上看，大部分危岩体破坏后会运动到隧道进口及黄河大桥桥墩，最大速度可达 30m/s（图 7）。

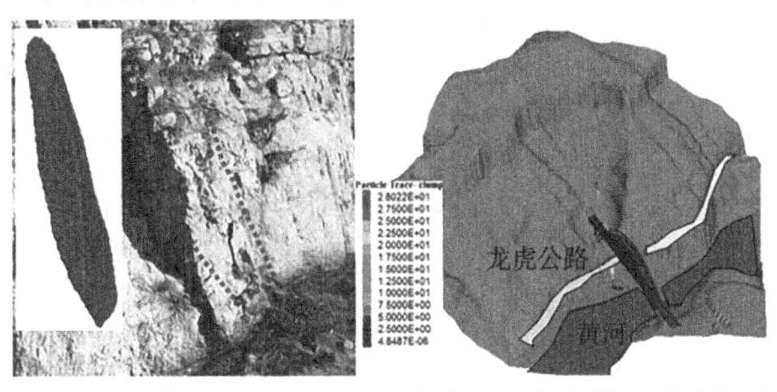

图 7　危岩体实景照及三维仿真模型、危岩体运动路径及速度分布图

鉴于龙门黄河大桥危岩体评价，对禹门口隧道进口、三方桥台及浩吉铁路的安全运营都有影响，提出了采用拦石墙 + 主动防护网 + 锚固 + 表层危岩清除 + 裂缝（凹腔）填补 + 截排水沟相结合的综合治理方案（图 8、图 9）。

图 8　主动防护网

图 9　锚固措施

项目的综合技术水平处于国内领先地位，通过创新技术，降低了人力、设备消耗，缩短了工期，总计节约勘察成本约 500 余万元，经济效益显著。

5　工程成果、效益与创新

在项目勘察、设计及施工期间，针对项目的工程地质特点和难点，以勘察质量为核心，以科技创新为动力，精耕细作，成功解决了一系列地质技术难题，项目的工程成果、效益和创新主要体现在以下几个方面：

（1）在熟悉区域地质资料的基础上，通过加深地质工作、不良地质专题研究，综合评价不良地质、复杂水文地质条件，突显地质选线作用；采用综合地质勘察技术，查明各类工程的地质条件，提出针对性的措施建议，为该铁路工程顺利建成提供可靠保障。

（2）开展采空区专项地质勘察，采用多种物探手段对比分析的方法探查采空情况，以绕避煤矿采空区、少压煤炭资源为原则，采用地震映像、密电距电测深、氡气测量法为主的综合物探技术，创新小煤窑勘探原则，针对性布置钻探、挖探工作，确定了采空区边界、韩城矿区限采范围，为线路绕避及施工设计提供地质依据。

（3）广泛应用遥感新技术解决风沙危害、软土分布、滑坡、溜塌、错落等不良地质问题，利用三维遥感快速提取技术，实现了不良地质的定量判释；创新使用基于数学形态滤波和光谱分析技术，实现了沿线断裂构造和水体信息的遥感自动提取；采用多种方法对隧道涌水量进行了预测，提出了合理的工程措施建议，为越岭深埋特长隧道方案的选择、隧道设计和施工创造了条件；完成了《遥感图像处理技术及地质遥感判释软件平台构建研究》课题科研工作，获 2016 年铁道科学技术二等奖。

（4）危岩控制段落开展专项工作，提出单体危岩稳定性分析、数值模拟及轨迹分析评价方法，明确了危岩分布范围、规模、地质条件及诱发因素，制定对应的处理措施，保证施工和运营安全。

（5）依托浩吉铁路完成了《缓倾岩层地应力评价及隧道工程对策研究》课题研究，创新采用剥蚀卸荷力学模型，对非构造作用缓倾岩层高侧压系数现象进行了解释，科学还原了缓倾沉积岩层地应力场演化过程。采用以强度应力比、最大主应力和侧压系数为核心指标的缓倾岩层隧道地应力场特征综合判定方法，并提出了相应的地应力分级标准。提出了基于三维水压致裂法与应力解除法的联合测试方案，解决了软硬相间复合地层地应力测试难题。采用地应力及声波测试手段，准确测定了围岩应力扰动范围。针对缓倾岩层隧道，采用基于岩石 Kaiser 效应的声发射法，测得了工区历史最大地应力值。研究成果达到国际先进水平，为隧道开挖、支护参数优化和调整提供了科学依据。获国家发明专利 3 项，实用新型专利 3 项。

（6）依托项目完成的《风积砂用于铁路工程混凝土结构的应用试验研究》，在不掺入任何粉煤灰及减水剂的情况下，创新使用风积砂作为细骨料来配制风积砂混凝土，试验确定了不同强度标号风积砂混凝土的最优配合比参数；定量给出了不同砂率和水胶比条件下风积砂混凝土的强度及耐久性指标，确定风积砂混凝土可以用于铁路排水工程、防护工程和重力式的支挡工程。编写了《风积砂用于铁路工程混凝土结构的应用技术指南》，取得 1 项发明专利和 1 项实用新型专利获天津市地质学会 2020 年度科技进步三等奖。

综上所述，浩吉铁路勘察过程和施工期间对地质条件分析透彻，经施工验证，地质勘察报告与实际开挖地质情况基本相符，工程地质勘察报告内容准确翔实，工程措施建议合理，为浩吉铁路工程顺利建成提供了可靠保障，自 2019 年 9 月 28 日开通投入运营以来，未发生与工程地质勘察相关的问题，目前工程状态良好，使用正常。

6 工程经验

浩吉铁路工程地质勘察在沙漠地区、黄土山区勘探组织、长大隧道综合勘察、危岩落石勘察、采空区勘察及选线等方面积累了较为丰富的经验。

（1）毛乌素沙漠地区地质勘察应提前调查季节降雨对地下水、地表水的影响，查明丰水季沙漠中“海子”洼地及松软土发育范围，消除季节对勘探成果的影响。

（2）陕北、内蒙古地区近年来绿化面积扩大和效果明显，尤其是沙漠边缘的植被覆盖率逐年提升，对于项目的沿线风沙危害程度调查及划定应该具有实时性，避免施工期间风沙危害程度划分与设计图不符。

（3）陕北地区滑坡、错落、溜塌类不良地质体的发育具有明显的分带性，建华镇以北以错落、溜塌为主；以南以滑坡为主，这与沿线黄土的物理力学性质有密切的关系。隧道施工前做好尽量不开挖坡脚的提醒工作。

（4）沿线多个隧道穿越侏罗系、三叠系缓倾地层，地层为砂岩、泥岩形成的复合地层，开挖后围岩应力重新分布；泥岩作为相对软弱层，其与砂岩的厚度比以及在隧道洞内的位置（拱顶或基底）对围岩应力重分布和变形起控制作用，应提醒设计者采用长锚杆与加筋底板组合的针对性初支加固措施。

（5）施工期间，加强施工阶段地质工作，深入现场开展地质核查，对顺层路堑、土层厚度较大的路堑加强边坡稳定性监测；加强隧道围岩完整性和水文情况核查，积极配合完成围岩变更和防冻胀设计。

（6）设计、施工重视路基、隧道及过渡段地表水和地下水的引排，避免运营期病害频发，长期的病害整治也将导致不断的经济投入，得不偿失。

大理至临沧铁路工程地质勘察实录

舒鸿燚　刘　伟　吴国斌　杨文辉　代文君　潘建华　张　旭
（中铁二院昆明勘察设计研究院有限责任公司，云南昆明　650200）

1　概况

1.1　工程概况

大理至临沧铁路（简称大临铁路）位于云南省西南部，线路自大理站瑞丽端引出，途经巍山县，跨澜沧江经云县至临沧市，为国家Ⅰ级单线电气化铁路，设计速度为160km/h，正线长度为202.095km。新建桥梁69座共计20.636km，新建隧道35座共计155.692km，桥隧总长176.328km，桥隧比87.3%。设大仓、巍山、云县、临沧等18个车站。

1.2　勘察情况及完成工作量

大临铁路于2014年10月15日—2015年5月10日全面开展初测工作。2015年2月10日开始开展补充全线地热地质调查及热害评估专题研究工作、放射性环境调查专题研究工作、大理至巍山段补充地质灾害、矿产资源压覆评估工作、大理至巍山段补充地震安全性评价工作。2015年12月完成定测工作，2015年12月6日开工建设，并于2020年12月30建成通车。

根据不同工程类型、工程特点，在广泛收集、研究沿线区域地质资料及调绘成果的基础上，针对性采用航片解译、地质测绘、钻探、坑（槽）探、物探（电测深、地震影像、地震反射、孔内波速测试等）、原位测试（静探、动探、标准贯入等）、水文地质试验、取样及室内试验等相结合的综合地质勘察方法，并对各种勘探、测试、试验成果进行综合地质分析。

2　工程地质条件

2.1　地形地貌

大临铁路穿行于云贵高原的西部边缘，为著名的横断山区南段，多为构造侵蚀高中山、中山、低中山地貌。线路翻越横断山云岭余脉锅底山、无量山、邦马山，跨越澜沧江及其支流头道水河、南汀河，穿越大理、巍山、云县及临沧等构造堆积盆地，地形总体北高南低，区内最高点位于大理盆地与巍山盆地之间的锅底山，高程2668.000m，最低点位于澜沧江河谷，高程990.000m，相对高差达1678m。根据成因、形态及高程等可将区内的地形地貌划分为：中山构造剥蚀丘陵区、低中山构造剥蚀区、中山构造剥蚀区、高中山构造剥蚀峡谷区及中山侵蚀堆积盆地区。

2.2　地层岩性

大临铁路沿线地层发育，岩性复杂。地表覆盖第四系成因类型及岩土种类较多，以冲洪积、坡洪积及坡残积的黏性土、圆砾土、碎石土及砂土等为主。沉积岩、变质岩及岩浆岩均有分布。其中，沉积岩主要分布于大理至巍山、巍山至六五谷及云县至丫口寨一带，岩性主要为泥岩、砂岩、页岩，少量灰岩；变质岩主要分布于六五谷至澜沧两岸、云县至丫口寨段，以片岩、板岩、片麻岩等为主；岩浆岩主要为花岗岩，以及时代不明侵入岩脉，主要分布于澜沧江—临沧一带，在巍山盆地南侧有少量分布。

据统计，全线第四系地层长约37.1km，占线路长度的18.3%；沉积岩总长约60.4km，占线路长度29.9%，其中沉积岩中的可溶岩长约3.927km，占沉积岩的6.5%，占线路长度的1.9%；变质岩总长约52.6km，占线路长度26.0%；花岗岩总长约52.2km，占线路长度25.8%。

2.3　地质构造及地震

大临铁路横跨兰坪—思茅拗陷与昌宁—孟连褶皱带，地处印度板块与欧亚板块碰撞缝合带附近，深大活动断裂发育，水热活动强烈，地质构造

获奖项目：中国中铁股份有限公司优秀工程勘察一等奖。

极为复杂。

区内褶皱及深大活动断裂发育，全线与线路方案有关的断层共47条，穿越褶皱10条。断裂构造主要由张扭性的洱源—弥渡断裂、维西—乔后断裂、无量山断裂带、澜沧江断裂带、南汀河断裂等深大断裂构成北西紧密南东撒开的帚状活动构造体系，被北东向与近南北向压扭性的断裂切错。

工程区的新构造运动十分强烈，表现为强烈的垂直差异运动和块体的侧向滑移，及以北西向断裂右旋位移和近南北向断裂、北东向断裂左旋位移为代表的断裂活动。

大临铁路跨越鲜水河—滇东地震带和滇西南地震带，区域内地震活动强度非常大，且频度高，但震中分布极不均匀，集群性特征显著，强震与活动断裂分布的相关性高。地震动峰值加速度为0.15g及0.20g。

2.4 水文地质条件

线路经过了红河水系、澜沧江水系及怒江水系共三大水系区，河流水系发育，地表水丰富。澜沧江为全线最大河流。

沿线水文地质条件复杂，地下水类型主要为第四系松散岩类孔隙水、基岩裂隙水及岩溶水。松散岩类孔隙水主要分布于大理、巍山、云县、临沧等山间盆地，以潜水为主。沿线基岩裂隙水包括碎屑岩裂隙水、变质岩裂隙水和岩浆岩裂隙水，受地质构造、岩性组合与地形地貌的控制，各含水岩组的富水性差异较大，总体为弱至中等富水岩组。岩溶水局部分布，富水性强。

区内环境水对混凝土结构一般不具侵蚀性，但温泉水、含膏岩地层、含炭质页岩、炭质板岩及含煤地层中的地下水一般对混凝土结构具硫酸盐侵蚀，局部同时具氯盐侵蚀，环境作用等级一般为H1、L1，局部为H2、H3。经统计，全线地下水存在侵蚀性的地段共有43段计42.855km。

2.5 主要工程地质问题

（1）活动断裂

区域内断裂构造发育，最醒目的是近南北向和北西向的苍山山前断裂、程海—宾川断裂、洱源—弥渡断裂（红河断裂带）、维西—乔后断裂、澜沧江断裂，以及北东向的南汀河断裂等，它们规模大、切割深，晚第四纪以来活动强烈，是大震发生的断裂构造带。其中线路穿过的全新世活动断裂为维西—乔后断裂和南汀河断裂，工程以隧道通过，对工程影响较大。

（2）高地温

大临铁路处于地中海—南亚地热异常带，地热资源丰富，是我国典型的地热异常区，水热活动十分强烈。区内出露温泉点（群）共52个，水温23～98℃，其中23～28℃的温泉8个，28～37℃的温泉11个，37～50℃的温泉10个，50～60℃的温泉8个，60～95℃的温泉11个，大于95℃的沸泉4个。温泉主要分布在大理西洱河、巍山盆地南侧至南涧一带、云县茂兰及爱华镇，其中云县爱华镇大囷乓沸泉温度高达98℃，为区内最高温泉温度。

经深孔地温测量计算，澜沧江以北平均地温梯度为3.18℃/100m，澜沧江以南平均地温梯度为2.93℃/100m。较高的地温梯度造成一些深埋隧道地温偏高，综合评价大麦地隧道、新华隧道、红豆山隧道热害中等。

（3）滑坡

沿线滑坡主要分布于大理至巍山盆地越岭段、巍山盆地以南至澜沧江段，以及云县至临沧段，全线处于线路附近的滑坡共有61个，其中在大麦地隧道段、巍山隧道段、杏子山隧道段、富密隧道段、新华隧道段、大邦五隧道及临沧车站段滑坡较为集中，主要的滑坡有一碗水滑坡、安乐滑坡、乐秋滑坡等，多为中层小型至大型土质滑坡，目前大多数滑坡基本处于稳定状态，路线绕避了主要的滑坡。

（4）泥石流

全线共发育泥石流沟15条，其中从六五谷至澜沧江段处于黑惠江东岸，地形起伏大，以片岩、板岩等变质岩为主，岩体破碎、降雨量丰富，侵蚀作用强烈，泥石流最为发育。主要有兔街河泥石流沟、杏子山干沟河支流泥石流沟、密马郎河泥石流沟、瓦怒卜河泥石流沟、富密河泥石流沟等，这些泥石流多为低频沟谷型大型水石流，物质组成以碎块石土为主，处于泥石流发育旺盛期，严重程度多为中等至严重。工程主要以桥梁和隧道通过泥石流沟。

（5）高地应力

工程区处于中国西南地区，是中国大陆内部地震活动最强烈的地区之一，也是欧亚和印度两大板块会聚、消减、相互作用的边缘地带，因此工程区总体地应力较高，地应力复杂。

采用水压致裂法对全线10个深埋长大隧道进行地应力测试，测得洞身段最大水平主应力（H）为8.77～27.05MPa，最小水平主应力（h）为6.36～18.30MPa，计算垂直主应力（V）为8.34～25.34MPa，三向主应力值的关系总体为$S_H > S_V > S_h$，表明工程区以水平应力作用为主的特征，地应力以区域构造应力为主，三向主应力具有随深度增加而增大的趋势。最大主应力优势方向在巍山以南约30km的乐秋附近发生变化，以北为N13ºE～N21ºE，以南为N9ºW～N36ºW，主应力方向基本与近南北走向的线路方向一致或小角度相交，洞身附近强度应力比为1.8～5.2，为高地应力及极高地应力，隧道施工中易发生软质岩大变形或硬质岩岩爆。

存在高地应力影响的隧道主要有：大麦地、林保山、乐秋、大保山、杏子山、富密、新华、红豆山、白石头、大邦五、大尖山及新民等长大深埋隧道。

（6）顺层

全线路堑边坡顺层及隧道顺层偏压段主要处于大理至巍山盆地东侧、巍山至澜沧江段。其中路堑顺层共有9段长约0.83km，隧道顺层偏压段共有22段长约33.75km，大麦地、巍宝山、墨家营、林保山、必雄、杏子山、富密、和平及白石头等隧道顺层偏压段较长。

（7）有害气体

巍山至澜沧江段分布的三叠系上统麦初箐组（T_3m）为砂岩、粉砂岩、泥岩夹炭质页岩和煤线、煤层，寒武系无量山群第五段（ϵwl^5）及第四段（ϵwl^4）地层夹多层炭质板岩；丫口寨至临沧段下古生界澜沧群（Pz_1ln）地层中夹炭质片岩，局部夹有煤线。这些地层均属含煤地层，可能含瓦斯，局部构造有利部位可能富集瓦斯，给隧道施工带来安全隐患。另外，工程区花岗岩分布广泛，温泉较多，伴生的H_2S、CO_2、SO_2、CO等有害气体可能沿构造带及蚀变带等向上运移，局部可能形成有害气体富集区，对隧道施工不利。

全线分布有瓦斯的隧道共有8座计16.6km，为小麦庄1号、巍宝山、林保山、乐秋、大保山、必雄、杏子山、三家村隧道，设计和施工应按低瓦斯隧道考虑。白石头、大邦五及杨家村隧道因夹炭质片岩，以及处于花岗岩分布区的红豆山等隧道可能存在有害气体，施工应加强通风及监测。

（8）花岗岩蚀变带

大临铁路澜沧江以南处于临沧—勐海花岗岩体西部，经历了华西力、印支、晋宁、燕山、喜山等期次，岩浆活动强烈而频繁，具多期旋回活动的特点，岩石类型复杂、多变，造成花岗岩蚀带发育。花岗岩蚀变带岩体由于其特殊形成过程，其物理力学性质显著改变，蚀变作用不但生成大量亲水性软岩矿物，致使岩体强度低，其中蚀变岩中的高岭石、高岭土具有吸水膨胀特点，可使结构紧密的蚀变岩松裂崩解，导致岩体松散、破碎，形成不同程度、不同规模的蚀变带，当蚀变带富水时，工程性质劣化更严重，开挖揭示后多发生坍塌或呈泥石流状涌出。

全线穿越花岗岩地层的隧道有12座，共计40379m，占隧道长度的25.9%。大临铁路施工中花岗岩蚀变带易发生坍塌，其中张家山隧道、大尖山隧道、新民隧道、石房隧道花岗岩蚀变岩体地下水极为发育，花岗岩蚀变岩体在地下水作用下坍方涌水突砂现象严重，严重影响施工安全及进度。

3 工程地质分析与评价

3.1 隧道工程

1）隧道概况

全线隧道35座，共计长155.692km，占线路长度的77.04%。其中大于10km的特长隧道共有4座（大麦地、林保山、新华及红豆山隧道）长48677m；长度5000～10000m的长隧道有6座长44959m；长度3000～5000m的长隧道有10座长40989m；长度1000～3000m隧道有11座长19604m；长度小于1000m隧道有3座长1190m。

2）隧道主要工程地质问题

（1）软岩变形

全线隧道围岩以软质岩为主，长约95.71km，占隧道总长约61.47%，出现软岩变形隧道揭示岩性主要为泥岩、泥质砂岩为主的“滇西”红层，炭质页岩、炭质板岩、片岩、绢云片岩、板岩为主的炭质岩类和泥质凝灰岩。

根据现场工程地质条件、地下水发育情况、地应力特征及岩体强度等，将隧道围岩大变形分为三级：Ⅰ（一般）、Ⅱ（严重）和Ⅲ（极严重），对隧道软岩大变形地段施工实施分级管理。

软岩大变形地段变形主要为初期支护水平收敛变形大，局部地段沉降变形也大，集中表现为中、上台阶边墙钢架接头处初支开裂、凸出，并形成纵向裂缝，施工过程中变形难以控制，尤其停滞或封闭成环时间较长的地段变形值进一步加剧。针对软岩大变形主要采用近圆形初期支护轮廓、留足预留变形量、全环I25b型钢钢架加强支护、加强系统锚杆（含预应力树脂锚杆和自进式注浆锚杆）等措施，以达到控制软岩变形的目的。

（2）花岗岩蚀变

本线红豆山、张家山、茂兰、中村、毛家村、爱华、白石头、大尖山、新民、石房、勐麻1号和2号等12座隧道揭示花岗岩。花岗岩为多期花岗岩，局部岩脉发育，花岗岩蚀变类型复杂，规律性差，局部地下水发育。蚀变带的分布从空间形态可分为面蚀变型和体蚀变型。

花岗岩蚀变带围岩的工程地质特征主要有：侵入多期性，形成较宽的岩浆挤压破碎带，地表易形成沟谷，侵入体分布范围及形状不固定，化学成分显著变化，亲水性矿物增加，遇水软化膨胀。应力应变关系具有明显的软化特征，施工收敛变形大，隧道围岩自稳性极差。花岗岩蚀变程度可划分为：极严重、严重、中度、轻微四个等级。

针对花岗岩蚀变带为防止坍塌应加强综合超前地质预报，结合物探、钻探情况及时预报蚀变带的范围，采用瞬变电磁法提高蚀变体及地下水探测精度；针对预报的花岗岩蚀变带以超前加固为主，做好超前支护注浆工作；超前支护范围加大至拱部180°范围，采用双层小导管、中（长）距离管棚超前支护，增加搭接长度，加密环向间距，或管棚间斜插超前小导管、小导管补充注浆、铺设双层钢筋网片等防坍措施；结合超前地质预报、监控量测等成果资料，适当加强初支钢架刚度、加密钢架间距；针对蚀变带极易坍塌问题，掌子面应常备砂袋、钢筋笼等应急物资，在坍塌初期及时码砌钢筋笼（内装砂袋）进行反压，控制坍塌规模。

（3）非煤地层有害气体

工程区处于凤庆—云县—临沧水热活动带的北缘，云县、凤庆一带温泉分布多，地热丰富，温泉多伴生H_2S、CO、CO_2等有毒有害气体，隧道洞身附近虽无温泉出露，但下部有害气体可能沿隐伏断层及蚀变带等向上运移，加之隧道区内岩脉发育，局部可能形成有害气体富集区，隧道施工可能遇有害气体。

分析大临铁路全线共14座隧道及14座辅助坑道存在非煤系地层有害性气体危险区域，危险等级可划分为：低度（D）、中度（C）、高度（B）、极高度（A）。其中，红豆山隧道1号斜井在施工过程中发生了囊状高压气体爆突，经测试，高压气体主要为高浓度的CO_2、H_2S气体。

低度危险区域地段参照瓦斯地段三级设防，中度和高度危险区域地段参照瓦斯地段二级设防，极高度危险区域地段参照瓦斯地段一级设防。综合防治段落由高危险区域向两侧低危险区域延伸50～100m。施工期间监测存在有害气体的地段，地下水及有害气体治理遵循“以堵为主、余量专排、治水防气、安全可控”的原则，对地下水及有害气体做封堵与排放的设计预案。

极高度和高度危险区域采用注浆的方式封堵地下水及气体溢出裂隙，尽量减少气体涌出，衬砌应具有一定抗水压的能力，抗渗等级不低于P12，喷射混凝土、模筑混凝土透气系数满足相关规范要求。地下水及有害气体余量集中处理，封闭排放，防止有害气体在洞内逸出。

3）隧道围岩分级

（1）围岩特征及分级情况

大临铁路隧道围岩以泥岩、泥质砂岩、页岩、炭质片岩、绢云片岩、凝灰岩等软质岩为主，长约95.71km，占隧道总长约61.47%；石英砂岩、变质砂岩、花岗片麻岩、石英片岩、花岗岩等硬质岩长约56.06km，占隧道总长约36.01%。其中，花岗岩段总长40.41km，占隧道总长约25.96%。可溶岩长约3.93km，占沉积岩的2.52%。

施工开挖揭示Ⅲ级围岩占8.36%、Ⅳ级围岩占32.85%、Ⅴ级围岩占比58.79%，全线隧道围岩以Ⅳ、Ⅴ级为主，占比达91.4%。

（2）引起围岩变更的主要原因

①工程区地质构造复杂，岩性变化频繁，岩体破碎，劣化围岩级别；

②花岗岩蚀变带发育，工程性质及规律性差、频率高，造成围岩力学性质劣化；

③“滇西”红层相变复杂、性质特殊，造成围岩工程性质差；

④高地应力引起软岩大变形采用大变形衬砌引起的变更；

⑤非煤系有害气体增加的变更；

⑥因新老规范围岩分级方法的变化及施工等原因引起的围岩变更。

4）重点隧道工程地质评价

（1）大麦地隧道

隧道全长11650m，最大埋深607m。隧道位于云岭横断山脉的南延部份，地处点苍山南段地区，为大理盆地与巍山盆地的越岭地段，属构造侵蚀、剥蚀中山地貌。构造上处于印支亚板块兰坪—思茅拗陷之苍山—杨王山褶段带，西洱河断裂、深长村断裂、大合江断裂挟持地段，发育4条断层，1条背斜，1条向斜。隧道围岩主要为白垩系、侏罗系的泥岩、砂岩，局部夹石膏。构造较复杂，地下水以基岩裂隙水为主，富水性弱—中等，预测涌水量约 $1.1 \times 10^4 m^3/d$，最大约 $1.3 \times 10^4 m^3/d$。隧道区的主要工程地质问题为软岩大变形，工程地质条件较差。

隧道施工围岩变更率为 43.25%。引起围岩变更的主要原因为“滇西”红层性质特殊，以及隧道区受区域地质构造影响严重，造成隧道区围岩工程地质较差。

（2）红豆山隧道

隧道全长 10616m，最大埋深 1020m。隧道位于澜沧江南岸邦马山地区，临沧复式花岗岩岩基北缘与澜沧江交汇地段，属高中山剥蚀地貌。地处深大活动断裂澜沧江断裂及南汀河活动断裂挟持地段。区内岩浆活动强烈而频繁，具多期旋回活动的特点，岩石类型复杂、多变。隧道区围岩主要为三叠系中上统（T_{2-3}）变质砂岩、板岩、片岩，印支期（$\gamma_5{}^1$）黑云母花岗岩。主要构造为雨露村向斜、龚家断层、星源断层、关口断层、南汀河断裂。水文地质条件复杂，地下水以基岩裂隙水为主，局部发育溶蚀管道，富水性中等，在构造带、侵入岩与变质岩接触带、溶蚀管道及蚀变带富水性强。隧道区补给条件较好，以澜沧江为排泄基准面，由南向排北向澜沧江排泄。预测隧道涌水量约 $2.64 \times 10^4 m^3/d$，最大约 $5.29 \times 10^4 m^3/d$。隧道区的主要工程地质问题为非煤系地层有害气体，花岗岩段发育有蚀变体、俘虏体及溶蚀管道，以及复杂的水文地质条件，造成隧道区工程地质条件较差。

隧道围岩负变更率 15.59%，正变约 29.76%。引起围岩变更的主要原因为：红豆山隧道地处临沧—勐海花岗岩台地北缘，总体岩体较坚硬完整，但花岗岩段发育蚀变体、俘虏体及溶蚀管道，造成隧道区分布有害气体，且蚀变带工程性质较差。隧道实际涌水量与预计涌水量相近。

（3）白石头隧道

隧道全长 9375m，最大埋深 309m。隧道区位于云县盆地南缘，穿越澜沧江与怒江水系分水岭，属构造侵蚀剥蚀低中山地貌，冲沟发育。围岩为第四系更新统（Qp）粗、细圆砾土、卵石土、漂石土；三叠系印支期（$\gamma_5{}^1$）花岗岩；三叠系中统忙怀组（T_2m^1）凝灰岩、泥质板岩等；下古生界澜沧群（$P_{z1}ln$）绢云片岩夹炭质片岩等，岩性复杂。构造上处于临沧复式花岗岩岩基西缘，穿越花岗岩挟持地段，长坡岭断层与线路近于平行。隧道围岩受多期地震作用及构造影响，岩体破碎—极破碎，节理裂隙发育，岩性变化频繁，地层接触关系复杂，围岩自稳性极差。水文地质条件复杂，地下水以基岩裂隙水为主，富水性中等，预测隧道正常涌水量约 $1.45 \times 10^4 m^3/d$，最大约 $2.9 \times 10^4 m^3/d$。

隧道围岩正变更率 28.61%。引起围岩变更的主要原因为：隧道区中薄层状片岩受构造影响剧烈，褶曲发育，产状多变，岩层中软弱夹层发育，岩层多陡倾，局部左侧存在顺层，造成软岩大变形严重，围岩稳定性差。隧道最大涌水量比预计涌水量小。

（4）新民隧道

隧道全长 8287m，最大埋深 580m。隧道位于云县与临苍间的邦马山，属低中山侵蚀地貌，与帮海—蚂蚁堆断裂基本平行。主要围岩为印支期侵入体（$\gamma m_5{}^1$）混合花岗岩，并有时代不明侵入体花岗岩脉（γ）、石英脉（q）等。区内经历多次构造变动，构造形迹比较复杂，沉积作用、岩浆活动、变质作用强烈。水文地质条件复杂，地下水以基岩裂隙水为主，富水性中等，预测隧道涌水量约 $0.797 \times 10^4 m^3/d$，最大约 $1.958 \times 10^4 m^3/d$。隧道区主要的工程地质问题为软岩大变形，花岗岩蚀变带等，工程地质条件较差。

隧道围岩负变率 5.94%，正变率 38.1%。引起围岩变更的主要原因为：受地质构造影响强烈，岩体破碎。隧址区岩性以印支期侵入体（$\gamma m_5{}^1$）混合花岗岩为主，呈岩基产出，后期有时代不明侵入体花岗岩脉（γ）、石英脉（q）等多期岩脉侵入，造成花岗岩蚀变带发育，岩体强度降低，施工易发生坍塌。隧道最大涌水量比预计涌水量小。

3.2 桥梁工程

1）桥梁概况

全线桥梁 69 座，共计长 20.636km，占线路长度的 10.21%。其中三线特大桥 1 座 586.2m、单线特大桥 14 座 13162.66m、三线大桥 4 座 774.45m、单线大桥 17 座 4182.23m。全线共有特殊桥 10 座，其中澜沧江双线大桥为目前世界上在建的高地震烈度区最大跨度铁路双线连续钢构桥。

2）桥梁主要工程地质问题

（1）花岗岩风化层较厚，并分布有球状风化体。临沧—勐海花岗岩主要为黑云母二长花岗岩，中粗粒结构，造成岩石易风化，风化层较厚，且差异风化严重，风化层中发育球状风化现象，对桥梁桩基不利。勘察钻探进入弱风化的深度应大于工程区球状风化的最大直径 5m，准确判别球状风化体。桩基施工到设计深度时，应分析基底是否完全处于弱风化层，基底是否差异风化严重或为球状风化体，避免基础置于球状风化体上。

（2）巍山盆地为冲洪积堆积盆地，以黏性土为主夹有角砾、碎石层等，钻探采用水钻无法准确判别碎石类土的特征，干钻则困难，扰动较大，碎石类土岩芯鉴定困难。对于巍山盆地中的碎石类土适宜采用双管钻探，可准确判别碎石类土的特征，确保地层划分准确、指标可靠。

3）重点桥梁工程评价

（1）澜沧江双线大桥

桥长 431.60m，主跨 102m + 188m + 102m，墩高 76m，桥高 106m。大桥横跨澜沧江，江面宽 190m，处于小湾水库大坝下游及漫湾水库库尾，属构造侵蚀峡谷地貌，小里程端坡面稍缓，大里程端坡面陡峻，坡面覆盖 2～10m 厚第四系全新统坡崩积碎石土，下伏基岩为变质砂岩、板岩、片岩、片麻岩等，小里程端分布燕山期黑云花岗岩，岩体软硬不均，易风化，全风化及强风化带厚 10～20m。地下水以基岩裂隙水为主，富水性弱—中等。构造较复杂，桥址距区域性断裂澜沧江断裂约 1.7km，断裂对工程影响较大。地震动峰值加速度为 0.20g。桥址区主要的地质问题为卸荷带、水库坍岸、危岩落石，工程地质条件较差。

各墩台基础建议采用桩基础，泥浆护壁钻孔灌注桩施工，以基岩弱风化带为持力层，并应超过强卸荷带，置于弱卸荷带中。应加强两侧边坡的挡护措施及截排水措施，对坡面分布的危岩落石需进行清理，对处于水中的桥墩可采用筑岛法施工，并应加强防冲刷措施。

（2）独家村大桥

桥长 488.50m，桥高 62.58m，最大墩高 62m，桥跨样式为 2 × 24m + 13 × 32m。桥址区处于黑惠江东岸，属无量山区中低山侵蚀剥蚀地貌，地形起伏大，冲沟发育，地形陡峻。沟槽中堆积 10～26m 厚第四系全新统泥石流堆积层，以细角砾土、粗角砾土、碎石土为主，下伏基岩为侏罗系泥岩、砂岩，岩质软，易风化，岩体较破碎，全风化及强风化带厚 20～40m。地下水以孔隙水及裂隙水为主，孔隙水丰富，基岩富水性弱—中等。桥址区构造较发育，岩体节理裂隙较发育。桥址区的主要地质问题为泥石流，大桥跨越兔街河泥石流沟，为低频沟谷型巨型水石流，处于泥石流发育的间歇期，对桥梁工程危害较大。桥址区工程地质条件较差。

大桥跨越泥石流沟应加大桥跨及净空，对墩台进行防护，并需对泥石流沟采取拦挡、排导、防护等综合处理措施，确保结构工程稳定。桥墩台建议采用桩基础，泥浆护壁钻孔灌注桩施工，以基岩强风化带及弱风化带为持力层。

3.3 路基工程

1）路基概况

正线路基长度为 25.767km，占线路长度的 12.75%。主要包括高路堤、深路堑、陡坡路基等大型路基工点，以及不稳定斜坡、滑坡、崩塌、岩堆、岩溶、顺层等不良地质和软土、膨胀（岩）土等特殊岩土路基工点。

2）路基主要工程地质问题

（1）工程区地形起伏大，陡坡路基较多，陡坡路基的勘察及评价是路基勘察的重点。坡面一般覆盖层及风化层较厚，横向地层厚度变化较大，对边坡的稳定性及工程措施影响很大。对陡坡路基应布置代表性横断面勘察，每个断面布置 2～3 个钻孔，查清地层横向上的变化，对边坡进行稳定性计算和评价，以针对性的采取抗滑、支挡、防护及截排水措施。

（2）桥（涵）路、隧路过渡段的勘察及评价。大临线桥隧工程多，造成桥（涵）路、隧路过渡段多，这些地段多为填挖过渡段，地质条件变化大，基底均匀性较差，除需查清基底的地质条件并对基底进行相应的处理外，还应做好过渡段路基的施工，重点是控制好填料及压实度，减小过渡段路基的不均匀沉降。

3）重点路基工程评价

（1）危岩落石

三家村隧道出口属中山侵蚀剥蚀地貌，地形起伏大，相对高差 600m，自然横坡一般 40°～60°，局部陡峻，坡角大于 70°。岩性为寒武系无量山群板岩、片岩、钙质砂岩夹千枚岩。岩体节理裂隙发育，风化卸荷严重。坡面分布较多危岩，卸荷裂隙贯通张开明显，浅表层顺坡结构面大多已经贯通。经采用数值模拟及计算，三家村隧道危岩体发育机理主要有风化卸荷—剪切滑移破坏和风化卸荷—拉裂—倾倒破坏两种潜在类型。危岩对隧道进口及路基、桥梁工程影响较大。

结合地形、地质情况与落石运动特征等，首先接长隧道棚洞，以防止落石进入铁路运营线路，然后采取清除浅表危岩体、补嵌、灌浆等方式，然后通过锚杆（索）框架竖梁 + 主（被）动防护综合防治。

（2）临沧车站高填方

工程地处临沧盆地北缘，属构造剥蚀低中山丘陵地貌。沟谷强烈下切，以构造剥蚀侵蚀作用为主。工程区上覆第四系冲洪积黏性土坡残积粉质黏土，局部分布人工弃土和人工填土，下伏基岩为印支期侵入体（γm_5^1）黑云混合花岗岩、二长混合花岗岩，岩石易风化，全风化带厚约 40～50m。地下水以孔隙水和基岩裂隙水为主，富水性中等，地下水位变化较大。区域地质构造较复杂。段内主要不良地质为滑坡，特殊岩土为软土、人工弃土。场地工程地质条件较差。

车站以路基工程为主，填方量大，最大填方高度 44m，为全线填方最大路基段。路基设计、施工期高填方路基内部应力特征及路基沉降控制是难点，需采用 B、C 组填料，严格控制填筑单层厚度及速率，对路基内部的应力进行监测，制定施工期路基质量评估体系，确保路基沉降满足要求。

4 工程经验与教训

大临铁路从 2014 年开始勘察，至 2015 年结束，历时 2 年多。2015 年底开始施工，至 2020 年底通车，历时 5 年整。通过铁路建设的施工验证，勘察成果资料与实际开挖揭示地质情况基本相符，但也存在地质条件复杂、对一些地质问题认识不足等，造成施工中出现因地质原因导致的工程变更，主要有以下一些认识。

（1）西南复杂山区应重视地质选线工作。通过全线遥感解译、大范围地质调绘、专家组现场踏勘等综合勘察、分析：线路方案成功绕避了安乐滑坡群、乐秋滑坡群、杏子山滑坡群等重大不良地质体；沿线水热活动性极为强烈，通过地热专项地质勘察，成功避开全线地热异常区核心区，沿地热异常区边缘及低高温带通过；沿线放射性异常区多处分布，通过放射性专项勘察，成功避开区域内放射性异常区及查明临沧车站内放射性超标弃渣。

（2）西南山区长大铁路干线以隧道工程为主，隧道围岩分级的合理性对工程投资、施工工法、工期及安全影响都很大，应为勘察工作的重点，在对围岩除采用综合勘察方法和手段外，尚应结合地区施工经验合理确定围岩分级。如西南地区既有铁路隧道经施工验证，Ⅳ、Ⅴ级围岩一般为 80%～90%，Ⅲ级围岩一般仅为 10%～20%，工程经验具有重要指导作用的。

（3）滇西“红层”以泥岩、砂岩、页岩等碎屑岩为主，呈不等厚互层分布，因沉积环境复杂，相变频繁，部分泥岩为膨胀岩，造成“红层”岩体工程性质较差，围岩分级应以Ⅳ、Ⅴ级为主，一般不宜划为Ⅲ级。

（4）大临铁路线路走向与区域主干断裂构造线走向近平行或小角度相交，隧道Ⅴ级围岩占比约 50%～60%，炭质片岩、绢云片岩、泥岩等软质岩对构造挤压反应强烈、对水敏感、塑性变形大，围岩以破碎为主，局部地段为较破碎或极破碎，在施工中多发生拱顶沉降、水平收敛过大，部分地段多次侵限换拱，若遇地下水则易发生变形、坍塌，成洞性更差，造成施工极困难。在以后的勘察设计工作中，加强软弱围岩受构造及地下水影响劣化围岩的分析评价，合理划分围岩级别，施工应加强该类围岩的支护措施。

（5）花岗岩分布区，特别是具有多期次特点、且构造较复杂时，花岗岩蚀变带一般较发育，花岗岩蚀变带分布无规律，工程性质差，一旦施工揭示围岩将会发生持续坍塌，饱水时则呈泥石流状涌出，处理非常困难，花岗岩段应重视超前地质预报工作，提前采取加固措施，可取得事半功倍的效果。大临铁路针对花岗岩蚀变带一般采用瞬变电磁法和钻探进行超前地质预报，效果较好。

（6）岩浆岩发育地区，特别是温泉分布较多的地区，地下水热活动复杂，勘察设计及施工中应重视非煤系地层有害气体的问题。勘察中应加强深孔有害气体测试，设计应考虑相应的措施，施工应加强有害气体的监测及超前地质预报，发现有害气体超标应及时处理。

（7）红豆山道施工过程中在花岗岩中揭示可溶岩俘虏体及局部产生碳酸盐化蚀变现象，施工中多处揭示溶蚀裂隙、管道，并多次发生涌水，属于特殊的水文地质背景，常规水文地质勘察难以查明，类似地质背景下花岗岩勘察需参照可溶岩勘察，合理布置物探方法和探测范围及方案布置，当横向控制不够时，应增加测线，采用物探三维判释水文地质环境。

（8）新华隧道处于小湾电站回水区，隧道洞身大部分处于黑惠江最高水位1240.000m以下，最高水位比隧道洞身高155.33m。隧道区针对性开展了资料收集分析、大范围地质调绘、洞身物探、深孔验证及水文地质试验等综合地质勘察，准确分析了洞身地下水的补给、径流及排泄规律，合理评价了小湾水库对隧道的影响，施工揭示与地质预判一致，为类似傍河地段选线提供了合理的参考。

（9）西南山区隧道应贯彻“早进晚出”的原则。对自然横坡陡峻、土层或风化层厚度大、地形偏压、基岩破碎等不稳定斜坡地段，选线时应以绕避为主，在无法绕避的情况下应遵循“早进晚出”的原则，尽量减少切坡，加强边坡挡护措施。

（10）陡坡路基、斜坡桥、偏压段隧道进出口应加强横断面勘察，查清地层横向的变化，重视软弱夹层的分布，并进行斜坡稳定性分析评价，合理采取支挡措施。

该项目获中国中铁股份公司优秀工程勘察一等奖，拟申报云南省优秀工程勘察一等奖。

参考文献

[1] 刘伟，舒鸿燚，吴国斌. 大临线主要工程地质问题及地质选线[J]. 铁道工程学报, 2018(2): 14-17.

[2] 刘伟，郭永发，张旭，等. 铁路大临线地下水热活动特征及其工程影响[J]. 工程勘察, 2019(12): 34-39.

[3] 袁云洪. 铁路隧道洞口高陡仰坡危岩落石防治措施研究[J]. 交通世界, 2022(11): 5-6.

[4] 王子昂，王武斌，苏谦，等. 新建铁路大临线临沧站站场路基沉降评估分析[J]. 铁道科学与工程学报, 2020, (7): 1688-1698.

杭州至黄山高速铁路复杂山区综合地质勘察实录

韩 燚 周青爽

（中铁第四勘察设计院集团有限公司，湖北武汉 430063）

1 项目概况

杭州至黄山铁路（以下简称杭黄铁路）为时速250km/h的高速铁路，正线运营长度288.614km，建筑长度264.765km，正线隧道工程139.448km（88座），桥梁工程91.887km（167座），路基长度33.43km，桥隧比为87.4%，是我国东部地区连接多个旅游城市的山区高速铁路，被誉为“最美旅游高铁”。杭黄铁路于2014年6月开工建设，2018年12月正式开通运营，目前运营状况良好。

2009年5月—2014年6月，完成了全线初测；定测；萧山段改线、天目山改线及绩溪改线补充定测；线路曲线改缓长及原浦阳江改线、富阳西端改线、建德东端改线、天目山改线、北村改线、绩溪改线、鸡冠山隧道改线等方案优化补充定测；全线补充定测等五个阶段的综合地质勘察工作。2014年7月—2017年12月，结合工程建设，开展了施工地质核对和补充勘察工作。全线主要勘察工作量：高精度三维遥感地质解译533.4km^2、大面积地质调绘185km^2、地球物理探测251.668km、机动钻探343286m/9693孔（其中深孔6912m/24孔）、综合测井6912m/24孔，原状样2940个，扰动样2158个，水样1290组，岩样238组。

通过多阶段、多种勘察技术手段的综合运用，查明了沿线工程地质、水文地质条件，分工点编制了满足隧道、桥梁、路基设计精度要求的工程地质勘察报告及图件。施工图阶段地勘报告于2014年6月11日通过了建设单位组织的专家审查，为全线工程设计和施工提供了翔实、准确、全面的地质资料和工程地质评价，为全线按期保质建成提供了有力支撑。

2 区域地质条件

杭黄铁路自东南向西北依次经过浙江的富阳、桐庐、建德、淳安，经安徽的绩溪、歙县至黄山。沿线地貌形态主要为冲海积平原、河流阶地、中低山丘陵。中低山区位于安徽、浙江两省交界处，属于天目山山脉，测区内最高山峰地面标高1284.800m（主峰西天目山1506.000m），相对高差200～1000m，沟谷深切、地形陡峻。丘陵区位于中低山坡麓地带，地形起伏、地面坡度较缓，一般15°～45°。

沿线地层从元古界到新生界第四系地层均有出露，期间发生过多期岩浆岩侵入。元古界岩性主要为板岩、变质砂岩、千枚岩等变质岩，多分布于绩溪附近；震旦系岩性为砾岩、凝灰岩、凝灰质砂岩、硅质岩、流纹岩等，临岐—绩溪分布较广；寒武系岩性多以碳酸盐岩为主，夹页岩、泥岩等，主要分布于桐庐、临岐至杞辛里、绩溪至桂林一带；奥陶系岩性以碎屑岩为主，局部夹碳酸盐岩，主要分布于场口至建德、淳安、绩溪至临溪一带；志留系、泥盆系均为碎屑岩，主要分布于建德至文昌一带；石炭系至三叠系岩性多以碳酸盐岩为主，夹砂页岩，主要在建德附近零星出露；侏罗系岩性以碎屑岩及火山碎屑岩为主，主要分布于萧山至场口、淳安一带；白垩至第三系均为红色碎屑岩，广泛分布于绩溪、桂林至休宁等红色断陷盆地；区内燕山期多次岩浆侵入，岩性主要为花岗岩、花岗斑岩、闪长岩等，全线零星分布。第四系各类成因的松散堆积物广布全线，以平原、河谷阶地、谷地、盆地地带较为集中，厚度变化大。

杭黄铁路位于扬子准地台，皖南、神功、晋宁运动奠定了扬子准地台基底的形成，同时伴生了休宁、皖浙赣等深大断裂，断裂、褶曲构造发育，构造形迹多变，沿线不良地质十分发育、特殊岩土广泛分布，工程地质问题众多。

3 沿线工程地质特征

3.1 地形起伏剧烈，山区地貌特征典型

本线自东南向西北依次经过浙江的富阳、桐

2020年度湖北省勘察设计成果评价工程勘察一等成果。

庐、建德、淳安，经安徽的绩溪、歙县至黄山。杭州市萧山附近为冲海积平原，地形平缓开阔，地面标高一般为 6.000m 左右；河流阶地除富阳市的富春江阶地较开阔外，其他地段具有典型的山区河流特点，呈狭窄条带状；丘陵区主要分布在中低山的坡麓地带，呈剥蚀残丘与丘间谷地相间；中部中低山区位于天目山山脉之清凉峰（1787.000m）西南麓，自富春江始，在皖浙两省省界穿越测区最高山峰王岩尖（标高 1284.800m）之后止于绩溪县城，沿途沟谷深切、地形陡峻。全线地形总趋势西北高、东南低，相对高差 1280 余米，残丘及山地地貌约占全线 70%左右（图 1、图 2）。

图 1　天目山山区 V 形沟谷

图 2　天目山山区陡峭的山峰

3.2　古地质环境复杂，地层岩性多变

全线古地质环境经历了海相、滨海相、陆相沉积环境的交替改变；炎热干燥、较干热、温暖潮湿、寒冷等气候的重复变化；岩浆岩与火成岩的多期侵入与喷发，沉积岩的热液变质与动力变质作用，因而造成了线路所经地区地层岩性的复杂性。

测区内从元古界到新生界地层均有出露，期间发生过多期岩浆岩侵入。地层年代涵盖元古界、震旦系、寒武系、奥陶系、志留系、泥盆系、石炭系至三叠系、侏罗系、白垩至第三系；区内燕山期多次岩浆侵入，岩性主要为花岗岩类、闪长岩。新生界主要为丘陵区的残坡积土、海积平原与河流阶地的黏性土及淤泥质土和砂卵石土。沿线对工程有影响的特殊岩土分布广泛（图 3）。

图 3　震旦系蓝田组典型肋骨状条带状灰岩

3.3　地质运动强烈，地质构造非常发育

杭黄铁路位于扬子准地台，皖南、神功、晋宁运动奠定了扬子准地台基底的形成，同时伴生了休宁、皖浙赣等深大断裂，经过后期的褶皱—造山运动、升降—造陆运动、断块—造盆运动等多次地质运动，形成了测区一系列的褶皱与断裂等地质构造。

受区域性大型复式褶皱、深大断裂的影响，伴生发育众多次级褶皱与断裂，导致沿线岩体破碎程度高、重力不良地质发育，地质构造极其复杂。

3.4　地下水与地表水水力联系密切，水文地质条件复杂

沿线分布多个地表水体，线路以桥梁方式跨越富春江、浦阳江等河流，地表水对隧道有较大影响的为红庙溪河及其上游的严家水库，影响最大的河溪为圭川溪、云溪，溪水对断层构造裂隙水具有强的补给作用。

地下水主要为基岩裂隙水和构造裂隙水，在断层周边、向斜地段，形成互补关系。区域上越岭隧道群分布在鲁村—麻东埠复式向斜范围，区域向斜与次级向斜极为发育，属于良好的储水构造，在勘探过程中部分位于向斜的浅孔和深孔钻探，地下水从孔口涌出，水头高度达 1～3m，表现出承压水性质，向斜成为良好的储水构造。

沿线水文地质条件复杂，准确预测地下水对隧道工程的影响尤其是隧道涌水突水点分布和涌水量难度很大。

3.5　复杂地质背景导致不良地质发育

沿线不良地质作用发育且种类众多，主要为人为坑洞、岩溶、地面沉降、滑坡、岩堆、顺层、危岩落石、有害气体、放射性等（图 4～图 8）。

图 4　石碣隧道出口坡面落石滚落痕迹

图 5　淳安严家萤石矿采矿坑道口

图 6　下崖溪（特大桥右侧）左岸溶洞

图 7　改线前龙单山隧道进口岩堆

图 8　金川乡皂汰村覆盖性岩溶区地面塌陷

本线岩溶分布较广泛，主要分布于萧山临浦镇、场口至桐庐、绩溪至金锅岭段，分布范围 17 处，累计线路长度 39.4km。全线岩溶发育程度基本上为中等发育—强发育，以岩溶侵蚀地貌形态为主，局部溶洞最大可达 30m 以上，对工程影响大。

位于深奥隧道出口段 DK85 + 160～DK85 + 290 附近发育滑坡堆积体，该崩积坡积堆积体沿线路长度 130m，轴向长度约 230m，堆积体最大厚度 17.4m，以碎石土、含角砾粉质黏土为主夹泥质灰岩孤石。

查坑四号隧道进口段 DK215 + 010～+060 发育岩堆，面积约为 50m × 25m，该岩堆前缘最大厚度约 6m，堆积体主要为碎石夹粉质黏土，堆积物呈稍密状，坡脚见少量地下水渗出。石竭隧道出口山体坡面存在落石痕迹。

顺层路堑主要分布于大源镇至建德、绩溪至黄山之间，长度约 3433.44m。

有害气体主要赋存于天目山隧道出口段炭质泥岩地层，查坑隧道、金锅岭隧道石煤地层。

本线花岗岩、花岗斑岩、钾长花岗斑岩等侵入岩分布较广泛，对峰高岭隧道 DK225 + 350～DK225 + 850、DK226 + 650～DK227 + 150 两段的花岗岩均具有放射性。

而本线等级高，线路曲线半径大，上述不良地质制约着线路方案选址，完全绕避不良地质难度大。准确评价无法绕避的不良地质对线路的影响，提出合理的工程处置措施，对勘察提出很高的要求。

3.6　“黄金旅游”线路，生态环境敏感点众多

杭黄铁路沿线分布富春江、新安江、千岛湖、黄山等众多风景名胜区，自然生态环境优美。工程地质选线和勘察要充分考虑日后铁路施工和运营对景区的影响，不仅要尽量降低对景区运营的干扰，还要尽量避免对景区瀑布、泉眼、地下水等水资源环境的影响，对地质选线和勘察提出了更高的要求。

同时铁路沿线分布有较多的集镇、村庄、河流、水库等，这些都成为地质勘察工作的环境敏感点，钻探过程中产生的废弃泥浆、油污若管理不当可能会对环境造成污染，环境保护对勘察外业实施提出了更高的要求（图 9、图 10）。

图 9　千岛湖湖中小岛

图 10　棠樾牌坊群

4　勘察技术路线

沿线地貌形态主要为冲海积平原、河流阶地、中低山丘陵。中低山区位于安徽、浙江两省交界处，属于天目山山脉，相对高差 200～1000m，沟谷深切、地形陡峻，地质条件极为复杂，断裂、褶曲构造发育，构造形迹多变，沿线不良地质十分发育、特殊岩土分布广泛，工程地质问题众多，主要有广泛分布的采空区、多期次强烈发育的岩溶及岩溶水，深大断裂、滑坡、岩堆、顺层、危岩落石、有害气体、放射性等不良地质、特殊地质，影响范围广泛。

需要通过收集区域地质资料、遥感判译、地质调绘等工作，选择优化线路方案，再采用地质钻探、挖探、试验、物探等多种勘探方法，进行综合分析，详细查明沿线不良地质、特殊岩土和长大隧道等重点工程的工程地质问题（图 11）。

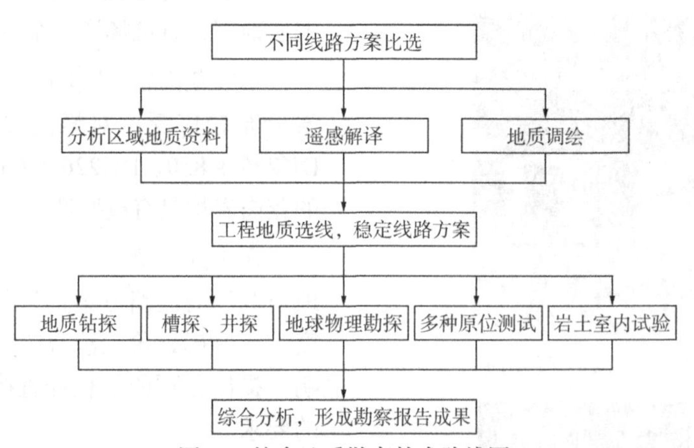

图 11　综合地质勘察技术路线图

4.1　收集、分析区域地质资料

广泛搜集有关区域地质资料、矿区资料及既有铁路、公路以及工民建等工程地质勘察成果，详细分析、研究区域地质条件、地质构造及构造发展史，对采空、岩溶发育程度等重大区域地质问题重点研究。充分做好资料收集及室内研究工作，是搞好地质勘察的主要保证，为此，组织技术人员对收集的资料进行充分分析研究，使之对沿线的工程地质工作有全面的了解，对客运专线勘察工作重点有初步认识，为勘察工作的顺利进行打下良好的基础。

4.2　航测遥感

通过遥感解译，进行工程地质判译，对包括滑坡、崩坍、危岩、泥石流、采空塌陷、岩溶陷穴、地裂缝等不良地质构造形迹进行解译，勘测过程中加强现场核对。室内判释的目视判释有直接法、对比法、邻比延伸法、证据汇聚法、逻辑推理法、水系分析法及综合景观分析法等，采用多种方法相互配合。判译内容有地貌的判释、岩性、地质构造、不良地质现象及特殊岩土的判释。根据既有的资料对全线代表性地层建立判释标志，对沿线不良地质及特殊岩土范围进行了初步判释并填写了工程地质判释记录表。现场工作时核对建立的判释标志，布置观察路线、地面观测与现场判释结合、现场检验补充调查和搜集资料。以判释片为基础对全线地质情况进行了核对，并通过踏勘、现场调查及室内综合分析，逐步地充实和不断完善，为线路选线提供重要的地质依据。

4.3　地质测绘

认真做好野外地质调查测绘工作，在勘察过程中，始终将地质调绘工作作为重点和先导。结合工程设置采用远观近察、由面到点、点面结合的方法进行；针对山区地形起伏的特点，特别注意对为地貌的划分，区分人工堆积层、新近沉积层等。重点对沿线的地质构造、地层岩性、水文地质特征、不良地质形态、规模、特殊岩土分布范围等自然特征进行调查分析，对重要的、代表性的地质观测点进行素描或拍照，做好沿线工程地质调查记录，为有针对性地开展勘探、测试工作做准备。

4.4　综合勘察分析

大力开展综合勘察，在详细地质调绘的基础上，结合不同段落的地层特点和工程需要，采用钻探、挖探、综合物探及原位测试（静力触探、动力触探、标准贯入试验等）相结合的综合勘察手段，并采取土试样开展室内常规土工试验和三轴、固结、无侧限抗压强度、有机质含量等特殊试验。对地下水、地表水均取水样进行水质分析，部分地段结合工程进行水文地质试验。对采空区、顺层、崩塌落石、软土等不良地质和特殊岩土问题进行专门研究，采用综合勘察方法，发挥物探方法测点多、测线密、勘探面积大等的优势，针对不同工程特点分别开展相应的特殊试验和测试，并采用综合分析方法确定岩土参数，评价场地的稳定性和适宜性，为各类工程的设计提供依据。

5　本项目勘察特色及主要成果

（1）采用三维可视化遥感解译结合代表性勘探，开展工程地质选线。

初测及可研阶段，将区域地质图、地形图、水文地质图、矿区图等多源地质信息集成数据库与TM影像遥感解译技术相结合，构建三维可视化遥感模型，结合代表性勘探成果，从宏观上分析了铁路工程所在地区的主要工程地质问题、控制线路方案的重大不良地质对线路影响程度，对区域重大地质问题开展研究分析、地质风险评估，进行地质选线工作，从源头绕避了重大不良地质，为线路方案的稳定奠定了基础，降低了工程地质风险。

勘察期间，利用上述方法，开展了富阳双林铜矿采空区、江珠隧道、天目山隧道、天目山隧道闻家斜井与金川斜井的地质选线工作。其中最重大的一次选线为天目山隧道选线，天目山隧道综合地质选线有效绕避了灰岩、炭质泥岩不利围岩段落，地质条件大大优于原清凉峰隧址，显著减低了工程建设风险，节约了建设投资。

2009 年初测的贯通方案之清凉峰隧道位于省界，长度 11.3km。分布震旦系千枚岩、粉砂岩、黑色泥岩、硅质岩、白云质灰岩等及寒武系灰岩、炭质泥岩夹灰岩等，可溶岩 4.8km，灰岩岩溶发育，在大陈岭组灰岩区发现较大的溶腔，炭质泥岩 6.5km。隧道右侧 200m 左右的严家水库设计水位 451.000m，而隧道进口轨面标高 407.000m，出口轨面标高 419.000m，查明的 12 条断层中有 7 条穿过水库及其上游的云源港河河床，复式褶皱的各轴部大都与其具有水力联系。鉴于清凉峰隧道施工存在发生突水突泥、炭质泥岩软化变形等隧道工程安全事故的风险及恶化周边生态环境的风险，初测过程中地质专业提出重新选线的建议（图 12）。

图 12　清凉峰隧道出口段大陈岭组灰岩溶（洞）腔

经过多方案比选提出合理化建议：鉴于清凉峰隧址地质条件差，施工风险高，勘测期间对隧道两侧的地质条件进行了多方案的分析、评价，建议隧道北移 3km 左右，偏移后天目山隧道长度 12.45km，灰岩区减少 2.6km、炭质泥岩缩短 1.5km，震旦系硅质岩、粉砂岩等分布增加了 4.1km，围岩级别相应提高，地质条件优于清凉峰隧址，天目山隧道方案也得到了原铁道部鉴定中心的肯定。

在杭黄铁路速度目标值 350km/h 调整为 250km/h 之后，曲线地段改缓长，引起天目山隧道继续向右侧偏移约 100m（即最终实施的天目山隧道继续向震旦系地层偏移），隧道长度 12.01km，灰岩区范围不足 500m，寒武系泥质岩类分布长度约 3883m，震旦系岩层分布范围基本达 7630m，地质条件大幅度改善。

（2）采用先进的勘察手段，运用综合分析方法，详细查明了沿线各工点地质条件。

在收集既有 1∶200000 和 1∶50000 区域地质图的基础上，采用了三维可视化高分辨率遥感解译、大面积地质调绘、综合物探（含地震折射、高密度电法、高频大地电磁测深等）、机动钻探（含深孔和浅孔）、静力触探、综合测井、地应力测试、瓦斯测试、放射性检测、水文地质试验等先进的勘察技术进行全线工程地质勘察工作，分阶段逐步查明了各方案和各工点的工程地质与水文地质条件；通过对勘察收集的各类地质信息运用综合分析方法，对桥梁、隧道、路基等工程的工程地质条件进行了准确评价，为设计与施工提供了翔实准确的地质资料。

位于复式褶皱带的圭川溪二级高风险隧道与天目山一级高风险隧道，采用地质调查、浅孔钻探、深孔钻探、震探、大地电磁、综合测井、瓦斯检测、放射性检测等综合勘探手段，提供了翔实准确的勘察报告（图 13）。

圭川溪隧道勘察期间，在收集当地既有 1∶200000 和 1∶50000 区域地质图的基础上，采用高精度三维遥感、针对性的大面积地质调绘、综合物探（含地震折射、高频大地电磁测深等）、机动钻探（含深孔和浅孔）、综合测井、地应力测试、瓦斯测试、水文地质试验、原位测试及室内试验等勘察技术，通过综合勘察方法应用，有效地查明了圭川溪隧道的工程地质与水文地质条件。如鉴于圭川溪隧道复式褶皱发育，大地电磁法能更好地显示下部岩体的视电阻率异常情况，根据视电阻率解译结果，结合前面地质测绘成果，初步判断洞身各区域对应的地层岩性、地质构造，对地面以下一定深度的地层岩性与地质构造进行深孔钻探验证，并充分利用深孔进行综合测井、地应力测试、瓦斯检测等孔内测试（图 14、图 15）。

图 13 沿线褶皱构造地质测绘

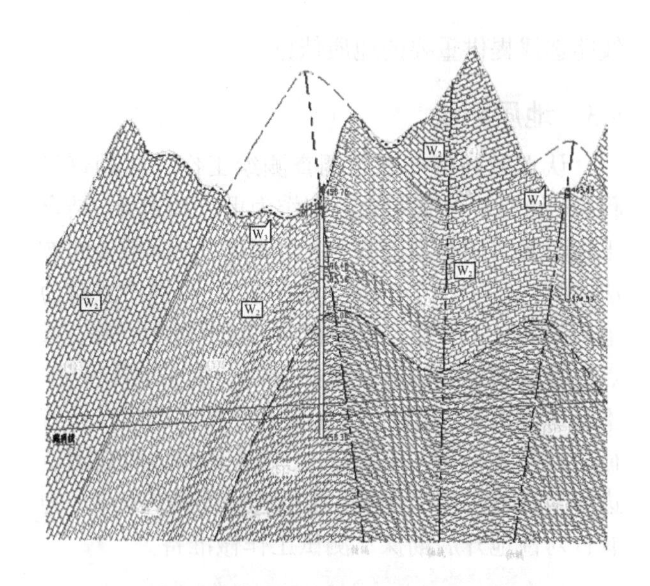

图 14 地层结构与深孔布置示意图

图 15 钻孔内瓦斯浓度测试

针对浦阳江特大桥岩溶发育，采用了高频大地电磁（EH-4）先行探测下部灰岩视电阻率异常情况，再进行针对性钻探的方法，有效查明了绕避方案的岩溶发育程度。DK254 + 584.54 ～ DK254 + 699.04 段岩溶、顺层路堑，勘察报告提供了详细、准确的地质资料，为路基的设计施工提供了保障。

（3）针对岩溶、放射性气体、瓦斯有害气体等特殊地质问题，开展专项勘察。

杭黄铁路勘察过程中，针对不同段落存在的岩溶、放射性与放射性气体、瓦斯有害气体等特殊地质问题，开展了岩溶专项勘察、瓦斯测试，螺旋推进法、双氧膜法氡气浓度监测，详细查明了铁路沿线岩溶、氡气、瓦斯等特殊地质的分布和发育程度，为桥梁、隧道设计提供了科学依据，保证了施工的顺利进行，确保了工程稳定和运营安全。

在浦阳江特大桥勘察过程中，结合岩溶发育程度采用了岩溶墩台的动态钻探方法。对于弱发育区，对墩台四角的桩基进行钻探；对于中等发育区，钻孔呈梅花形布置；对于强发育区，采用逐桩布置（图 16）。

图 16　建成后的浦阳江特大桥

针对天目山、查坑、金锅岭等隧道的寒武系荷塘组炭质硅质泥岩与硅质炭质泥岩地段，进行了瓦斯专项测试，采用钻孔孔内测试与采取孔内气体、采取石煤样品进行室内实验的测试方法。勘察结论为寒武系下统荷塘组炭质泥岩类地层瓦斯含量极低，隧道建设施工中瓦斯的危害是可控的。在杭黄铁路施工过程中，没有发生瓦斯突出的现象，与勘察结论一致。对天目山隧道 DK213 + 000～DK213 + 840 段放射性与放射性气体（氡气）开展了专项勘察，勘测期间进行了孔内放射性检测，施工期间采用螺旋推进式放射性扫描、双滤膜法对天目山隧道 DK213 + 000～DK213 + 840 段进行了辐射环境及有害气体详细的施工动态监测，完成了辐射环境专项评估报告，相关测试手段及结论已纳入杭黄铁路有限公司的科研课题《天目山不良地质环境隧道修建技术研究》，课题研究成果已通过专家鉴定。

（4）根据工点类型和地质条件，采用最优的勘察方法组合。

杭黄铁路工程地质勘察过程中，针对不同地质条件和不同工程类型，采用了最优的勘察方法的组合方式，提高了工作效率，降低了勘察成本，保证了勘察质量。

隧道工程地质勘察过程中，采用了遥感解译、地质测绘、浅孔钻探、深孔钻探、震探、大地电磁、综合测井、瓦斯检测、放射性检测等相结合的综合勘探手段。对隧道的地质构造、地层岩性、不良地质体进行了多层次多维度的勘测，有效地查明了隧道复式褶皱的地层组成及构造形态；充分利用深孔钻探进行水文地质试验，在其基础上综合其他分析方法，科学地预测了全线隧道涌水量及部分侵入接触带、向斜核部、断层带、浅埋段的涌水量，有效指导了隧道的设计与施工。

天目山隧道分布灰岩、炭质岩等，且断层、褶皱及其发育，部分断层与地表水具有水力联系、褶皱属于洞身的储水构造、软质岩分布较广、岩层层序倒转，工程地质和水文地质条件非常复杂。该隧道工程地质勘察在对全隧地质条件进行了充分分析、研判的基础上，采用了遥感解译、地质测绘、浅孔钻探、深孔钻探、震探、大地电磁、综合测井、瓦斯检测、放射性检测等多种勘察方法组合的综合勘探。

除了常规的调绘、物探、深浅孔结合的勘探方法，天目山隧道在勘察期间进行了综合测井，根据测井的地温梯度，预测隧道洞身范围最高地温；通过开展天目山隧道 4 个深孔地应力测试，预测天目山隧道洞身有发生岩爆或大变形的可能。对隧道出口段分布寒武系荷塘组炭质硅质泥岩与硅质炭质泥岩地段，进行了瓦斯专项测试，开展钻孔孔内测试，并采集孔内气体、采集石煤样品进行室内试验。施工期间对隧道出口氡气富集段辐射环境及有害气体（氡气）进行了详细探测，对施工提出指导性建议，确保工作人员施工安全。

桥梁工程地质勘察过程中，采用地质调查、遥感判释、机动钻探、孔内原位测试（含取原状样、标准贯入、动探等）、孔内剪切波速测试、室内土工试验等综合勘探方法，查明了桥址区工程地质和水文地质条件；通过合理确定勘探布置原则，针对性选择钻进方法及工艺，有效地查明了桥址内地基各类复杂不均的地层分布特征及基岩不均匀风化规律，查明持力层性质，为工程设计和差异沉降设计提供了翔实的地质资料。灰岩桥采用物探先行探测下部灰岩视电阻率异常情况，有效指导了灰岩钻孔的布置，避免了遗漏和钻探量的浪费。

浦阳江特大桥勘察过程中，采用地质调查、遥感判释、机动钻探、孔内原位测试（含取原状样、标准贯入、动探等）、孔内剪切波速测试、室内土工试验（含土常规、扰样筛分、有机质、膨胀性、水质分析、岩石抗压试验、岩石薄片鉴定等）等综合勘探方法，查明了桥址区工程地质和水文地质条件；通过对成分复杂多变、厚度分布极为不均的粉细砂层、淤泥质粉质黏土层、卵砾石层等地层的系统分析研究，高精度地确定了第四系地层的工程地质特征及物理力学参数、特别是变形参数；通过岩石的单轴抗压实验及岩石矿物薄片鉴定等措施查明了桥址区下伏基岩的准确定名及准确的抗压强度，为桥梁桩基设计提供了科学、翔实、准确的设计参数，减少了桩长不必要的浪费，也确保了桩长满足桥梁上部荷载要求；通过水质分析实验，精确地划分了桥址区地表水及地下水的侵蚀性等级和段落，为桥梁设计选用合适的钢筋水泥提供了准确的数据参考；同时，对桥梁开展地震安全性评估，合理确定场地类型和地震动参数，为工程设计、施工提供了科学依据，确保了施工的顺利进行，为工程长期稳定和运营安全奠定了基础。桥梁桩基钻孔地层与勘探钻孔基本相符，验证了勘探的高质量水平。该桥为岩溶桥梁，勘察资料准确，查明了岩溶发育程度，为设计和施工提供了准确的地质资料。全线桥梁施工过程中未出现因地质原因引起的质量安全事故。

工程实践证明，针对全线桥隧路工点的地质条件，差异化地运用了多种勘察方法组合的综合勘察手段，其技术水平达到国内先进。

（5）专项开展了全线的地质灾害危险性、地震安全性评估。

勘察过程中，专项开展了地质灾害危险性、地震安全性评估工作，完成了《新建杭州至黄山铁路场地地震安全性评价报告》《新建杭州至黄山铁路地质灾害危险性评价报告》，对区域重大地质问题、风险进行了研究分析和评估，为铁路工程地质灾害防治、地震设计提供了依据，保证了项目顺利推进。

（6）采用环保的勘察技术，勘察阶段未对周边环境造成影响。

为了避免对周边环境造成影响，在环境敏感区域进行震探时，采用人工激震的测试方法代替传统的爆破震源，勘察过程未对周边环境造成影响。环境敏感区合理的工程地质评价和工程措施建议为设计施工提供了指导，避免了施工过程中因起地表水系干涸和瀑布的断流、水库渗漏和地表塌陷、房屋开裂等环境地质灾害。

（7）地质勘察成果资料有效指导了现场施工，在施工过程中得到了很好的验证。

施工过程中，开展了地质核查和补充修正工作，对新发现的地质问题开展了更加详细的施工勘察，对地质资料进一步补充和完善。例如天目山隧道出口段施工期间加强洞内放射性动态监测，采用螺旋推进式放射性扫描、双滤膜法检测放射性气体（氡气），有效规避了人身伤害事故的发生。

勘察过程中，采用各类先进的综合地质勘察方法和技术手段，详细查明了沿线地层岩性及地质构造，现场地质情况与设计吻合度高，没有因地质条件变化引起的较大类设计变更。桥梁桩基钻孔地层与勘探钻孔基本相符，验证了勘探的高质量水平。全线桥梁施工过程中未出现因地质原因引起的质量安全事故。隧道施工开挖过程中，没有发生地质原因引起的灾害性事故和Ⅰ类变更。经施工验证，勘察报告中的断层等构造性质判断准确，隧道围岩分级及涌水量预测与实际吻合度很高。

6 勘察主要成果评价与经验体会

（1）地质选线理念先进合理

杭黄铁路工程地质勘察中，提出了适合本项目的复杂山区铁路地质选线的原则和方法，提高了地质选线在铁路选线过程中的地位，对重大不良地质体和环境敏感点进行了有效绕避，为国内外复杂山区铁路地质选线提供了有益参考，同时地质技术人员解决复杂地质问题的能力得到极大的提高。

（2）综合勘察效果好、精度高

杭黄铁路途经杭嘉湖平原边缘、富春江阶地及浙江安徽两省交界的天目山山脉，地形地质条件十分复杂，科学运用综合勘察技术开展了综合地质勘察。勘察过程中采用了先进、科学的综合勘察方法，为线路方案的尽早确定奠定了基础，绕避了较大的不良地质体，缩短了勘测周期，降低了勘察成本。桥梁、隧道、路基工程地质分析评价准确，施工过程中未发生因地质原因引起的Ⅰ类变更，未发现任何安全、质量事故和引发新的地质灾害，合理规避了各类工程风险；高质量的工程地质勘察成果保证了铁路施工的安全顺利实施，试运营以来整体状况良好。

（3）准确的勘察成果为设计和施工奠定基础

杭黄铁路复杂山区地段采取的综合勘察测试手段，尽早地确定了线路，为后续工程的开展提供了保障，为提早开工建设奠定了基础。现场验证正确，未发生因地质原因引起的安全事故，社会评价良好。地勘资料的准确性，为将杭黄铁路施工图设计确定为速度 250km/h 高速铁路全路标杆打下了坚实的基础，保证了铁路施工的安全顺利实施，得到了杭黄铁路公司通报表扬。

（4）生态效益显著

沿线分布有众多自然保护区、集镇、村庄、河流、水库等环境敏感点，合理的工程地质评价和工程措施建议为设计施工提供了指导，避免了施工过程中引起地表水系干涸和瀑布的断流、水库渗漏和地表塌陷、房屋开裂等环境地质灾害，有效地保护了生态环境。

（5）经验体会

杭黄铁路勘察充分运用工程地质选线，规避了不良地质、特殊地质、不利地质构造与高压裂隙水等对铁路工程建设与铁路运营的危害，并节省了工程投资；充分运用高精度三维遥感、TM影像等综合遥感解译技术，改变以往点—线—面的常规地面调查方法，提高了地质勘察工作效率；运用综合勘察手段查明了复杂山区铁路的工程地质条件，通过准确分析与评价提供了各工程建筑的准确、可靠的地质勘察成果，并与施工揭示的地质条件基本吻合。提出在施工过程中采用螺旋推进法、双氧膜法进行隧道硐室内氡气浓度的动态监测，提出了可行的超前地质预报方法，确保了隧道施工过程中人员和工程安全。

杭黄铁路选线成功绕避了采空区，避免了大面积压覆矿产资源，可靠的设计参数，确保了设计质量，保证了工程质量和施工安全，确保了线路方案安全可靠，可为类似区域山区铁路干线工程地质勘察提供参考。

参考文献

[1] 国家铁路局. 铁路工程地质勘察规范: TB 10012—2019[S]. 北京: 中国铁道出版社, 2019.

[2] 国家铁路局. 铁路工程不良地质勘察规程: TB 10027—2022[S]. 北京: 中国铁道出版社, 2022.

[3] 国家铁路局. 铁路工程特殊岩土勘察规范: TB 10038—2022[S]. 北京: 中国铁道出版社, 2022.

[4] 建设部. 岩土工程勘察规范(2009 年版): GB 50021—2001[S]. 北京: 中国建筑工业出版社, 2009.

黔张常铁路复杂岩溶区综合地质勘察与地质选线

韦举高

（中铁第一勘察设计院集团有限公司，陕西西安　710043）

1　概况

1.1　工程概况

新建黔江至张家界至常德铁路位于渝东南、鄂西南和湘西北交界地带的武陵山区腹地，是典型的复杂岩溶山区高速铁路。项目勘察范围为渝怀铁路黔江站（不含）至石长铁路常德站（不含），正线运营长度339.42km，正线建筑长度336.308km；包括张家界地区铁路相关改建、配套工程。全线设15处车站，正线工程新建桥梁94.556km（196座，其中岩溶桥75座）、隧道171.174km（104座，其中可溶岩隧道61座），桥隧总长265.73km，桥隧比79.01%，项目总投资420.76亿元。

武陵山区地质构造复杂、岩溶强烈发育，地质条件非常复杂，高速铁路线位选择难度大、工程设置困难，岩溶区是黔张常铁路地质勘察的重点和难点。

1.2　自然地理概况

黔张常铁路自重庆市黔江区引出，途经湖北、湖南两省七市县，到达常德市。沿线经历侵蚀、溶蚀、剥蚀等多种外力作用，地形地貌多变，地形总体趋势为西北高，东南低，多层状地貌明显，自西北至东南海拔高程呈阶梯状逐级下降。根据作业实际中常采用的地貌测高分类法，研究范围分为中、低山区，丘陵区和冲湖积平原区三大地貌单元。

沿线经过的水系属于长江流域，水系发育。自西向东所经主要河流有乌江水系的阿蓬江、曲江；澧水及其支流澧水南源、茅溪、沙堤溪、九渡溪；沅江的支流猛必河、酉水、牛车河、洞溪河、小洑溪、燕溪、白洋河、新河、渐河。

1.3　地层岩性

沿线第四系至元古界地层均有出露。第四系地层主要分布在常德地区的冲湖积平原区，另外在龙凤盆地、咸丰县及黔江区的山间盆地中有少量分布，为黏性土、淤泥质黏土、砂类土、碎石类土等。第三系地层仅在桃源县境内有少量分布，岩性为泥质砂砾岩、砂砾岩。白垩系地层主要分布在桃源县及黔江山间盆地、来凤盆地中，以砂岩、泥岩为主；震旦系、志留系、泥盆系中的砾岩、砂岩、页岩，在区内广泛分布，或呈条带状分布。寒武系、奥陶系、二叠系、三叠系中的灰岩、白云岩、泥灰岩等碳酸盐类和白垩系正阳组钙质胶结砾岩等可溶岩在区内分布面积最广，对线路方案选择影响最大。

1.4　区域地质概况

线路所经区域范围内地质构造复杂，构造体系主要隶属华夏和新华夏构造体系。大地构造单元属扬子地台，二级构造单元东端常德地区属江南台背斜，西部为鄂黔台褶带。

本区从震旦纪到白垩纪接受了万余米的巨厚层沉积岩系，晚白垩世之前发生了强烈的褶皱，使规模巨大的北北东向褶皱构造雏形基本形成。晚白垩世时，又在一些山间盆地，沉积了陆相红色碎屑岩，第三纪以后总体以垂直升降为主，局部发生缓褶皱和断裂。总之，测区经过多期次构造变动，才形成北北东向和北东向山脉及小型山间盆地相间的地貌景观。

根据生成联系，可分为两个构造体系：一是早期北北东向和北东向褶皱及其伴生断裂，即由于宁镇运动所形成的大规模区域性构造形迹，以压性、压扭性断裂为主；二是晚近时期的构造，即发生于喜马拉雅旋回期，并又产生北北东向正断层及上白垩统内的褶皱和断层。

2　本项目沿线岩溶与岩溶水发育特征

沿线可溶岩主要分布于黔江至桃源县龙潭镇

获奖项目：2022年度中国铁建股份有限公司优秀工程勘察一等奖；2022年度国家铁路局优秀工程勘察一等奖。

段，正线总长度 132.67km，占线路总长的 39.09%。

可溶岩主要集中于黔江至来凤县革勒车乡之间、洗洛乡至水沙坪一线、晏家堡至黄家台段及张家界至牛车河之间。多以条带状和团块状分布，其他地方星散状出现。其条带延伸的方向和当地构造线的发育方向基本一致，多呈北东向展布。岩溶形态多样，岩溶沟谷、岩溶洼地、落水洞、漏斗、溶芽、溶槽、溶洞、暗河、岩溶泉等均有发育。

沿线三叠系嘉陵江组、大冶组、二叠系下统和奥陶系下统、寒武系中、上统可溶岩为主要含水岩组，岩溶强烈发育，其形态主要表现为大型漏斗、落水洞、岩溶洼地、大泉暗河等，在断裂带及褶皱轴部等地下水交替循环强烈部位表现尤为强烈，部分地段表现为暗河管网。寒武系下统、奥陶系中上统薄层灰岩及厚层白云岩、白云质灰岩地段为岩溶中等发育区，局部发育有溶洞、溶槽、小型漏斗，岩溶泉等；二叠系上统薄层灰岩、中厚层白云岩、泥灰岩等，三叠系中统部分地段为岩溶弱发育区，主要表现为溶蚀裂隙、溶孔及小型溶洞现象。

沿线较大的水沙坪、土落坪等岩溶洼地，拉洞湾、何家山、真龙桥等地的大型暗河对地质选线有很大影响。岩溶水的发育对隧道工程的影响很大。

3　本项目地质勘察的难点与特色

（1）研究区地貌多样、构造强烈、岩性多变、不良地质十分发育，地质条件极其复杂，特别是复杂岩溶区勘察难度大。

黔张常铁路走行于武陵山区腹地，地形总体趋势西高东低，依次经过了武陵山中山、低山区，丘陵区和冲湖积平原区三大地貌单元，地形多变，山体较为陡峻，沟谷深切，线路方案与构造、河流沟谷大角度交叉，展线十分困难；沿线岩性从第四系至元古界地层均有出露，工程性质差异大；区内属于江南台背斜与鄂黔台褶带交汇地带，地质构造复杂，发育有 9 处向斜和 11 处背斜，线路与 43 条大小断层相交；线路所经区域岩溶、滑坡、崩塌、危岩落石、顺层、瓦斯、页岩气等多种不良地质现象十分发育，其中影响最大、最为突出的工程地质问题是岩溶和岩溶水；区域内可溶岩广布，全线通过岩溶区长度达 132.7km，以岩溶强烈发育区为主，暗河、伏流系统复杂多变，研究区图幅内共有暗河（管道流）92 条，其中最长暗河达 23.78km；溶洞、落水洞等岩溶形态广泛分布。

考虑到沿线河网密布、沟谷深切，易产生长大高桥工程，同时部分线路走行于武陵山腹地，隧道工程设置也较为艰巨。限制坡度等主要技术标准决策以及选线设计过程中，既要尽量满足“大坡度、高线位、隧道内设人字坡”条件以尽量规避岩溶风险并缩短单体隧道长度，又要兼顾桥梁工程的设置合理性，避免产生大量长大高桥工程，合理控制投资，降低工程实施难度。岩溶区地质勘察作为典型的“多目标决策”问题，复杂程度及技术难度均显著高于一般地区。

（2）沿线降雨量大，岩溶、岩溶水极发育，传统预测方法预测隧道涌水量困难大。

沿线山区气候多变，雨季持续时间长，多从 4 月到 10 月，且降雨量大，最大日降雨量达 623.1mm，对降雨量和水位监测精度要求高，难度大；大型溶蚀洼地、溶蚀槽谷广布，地表落水洞、漏斗、溶洞及大泉等各种岩溶形态星罗棋布，流量变化大，实测最大流量 2637.4L/s，最小流量 5.79L/s，传统涌水量预测困难；岩溶洞穴的存在对路基、桥梁、隧道工程的稳定和施工运营安全均造成重大风险，特别是岩溶水对隧道工程影响更大，隧道开挖过程中破坏了原有围岩体中地下水的径流及渗流条件，导致隧道洞身成为地下水以不同形式（渗出、滴流、股流及大范围突水等）向外排泄的地下廊道，形成涌水灾害。由于其发生过程突然和部位不易正确判定，其规模和动力特征很难预测，加之地下工程空间有限，往往给工程施工带来很大危害，造成大量围岩失稳，堵塞隧道，淹埋设备，隧道报废或人身伤亡事故，使工程建设遭受严重损失，影响运营安全及地表生态环境。受岩溶不良地质条件控制，本项目施工，尤其是隧道工程的施工风险极高。铁路建设过程中岩溶导致的地质灾害具有突发性和不确定性，在选线设计时难以预判；而岩溶灾害多发生于施工阶段，届时线路方案难以灵活调整，只能选择采取工程措施进行治理。因此，本项目选线强调“事前控制”“地质勘察”要求极高、难度极大。

（3）可溶岩地段岩溶形态空间复杂多变，深部岩溶空腔空间形态特征探测难度大。

沿线地表大型岩溶洼地、岩溶槽谷、漏斗、落水洞、溶洞等岩溶形态密布；勘察期间钻探揭示最大溶洞为向家包隧道溶洞，经三维激光探测建模结果，该溶洞埋深 140m，最大直径 72m，延伸长度 130m，隧道从其下穿过，洞身与溶洞最近距离约

9m；施工过程揭示大小溶洞及管道流共计463处，其中规模最大的为高山隧道DK53＋670巨型溶腔，该溶腔厅堂状廊道长约100m，宽32～63m，高46～65m，主溶裂隙通道长约450m，宽7～45m；这两处溶腔为国内铁路工程建设史上与工程相关的为数不多的巨型溶腔，空间形态极其复杂，探测难度大。

（4）可溶岩附近分布有深色页岩，页岩气易在溶洞、溶隙等部位富集，隧道安全施工隐患大。

国内铁路行业相关标准、规范未涉及页岩气，定量、定性分析无可供借鉴的经验，为本项目勘察的重难点之一。

4 综合地质勘察新技术

1）针对极其复杂地质条件下的勘察难题，研究了“3S”技术的真三维航空遥感地质解译方法，形成了用于不同勘察目的的解译成果，刷新了勘察精度和效率的新纪录。

真三维遥感解译方法是遥感技术在地质解译中的一大创新，可以彻底摆脱了传统的基于纸质黑白像对的立体镜解译模式，消除了传统方法多数仅能对航空像对进行固定尺度的立体观测，解译目标像对定位查找难，解译成果转绘烦琐，精度较差等缺点，大大提高了工作精度和效率。1：200000TM遥感图像可用于工作区宏观地质背景分析，1：50000假彩色区域地质解译图像可用于地层界线、地质构造及大型不良地质的解译，1：10000带状三维影像图可用于地表岩溶现象的解译。这种在工程地质勘察中利用遥感技术进行真三维地质信息判读的技术方法在2013年7月被授予发明专利（专利号：ZL 2011 1 0054433.1）。在大面积选线阶段，利用真三维航空遥感地质解译方法，结合区域地质资料及重点的野外验证工作，可以满足地质选线的需要，提高工作效率，在复杂山区特别是岩溶地区勘察选线中有很好的应用前景（图1）。

图1 数字化解译平台与传统解译手段

2）针对复杂岩溶地区水文地质勘察难度大的问题，构建了岩溶区水文地质综合评价指标体系，对岩溶区水文地质特征做出准确的判定，总结出了黔张常地质选线的原则，并作为指导黔张常在岩溶区线路方案分析研究和最终线路方案选择的依据。

利用基于模糊数学的层次分析法选取多年平均降雨量（mm）、多年平均蒸发量（mm）、地形地貌、地表岩溶形态、地表可统计负地形面积（km^2）、地表水系分布、地层时代、可溶岩出露面积率（%）、落水洞、漏斗数量（个）、地层岩性、破碎带发育状况、褶皱构造、径流模数（$L/s \cdot km^2$）、降水入渗系数、暗河数量、暗河长度（km）、泉水流量（L/s）、地表水与地下水的连通情况、垂直分带性、隧道长度（km）、隧道埋深（m）、隧道尺寸（m）等22项指标构建岩溶区水文地质综合评价指标体系，对岩溶区水文地质特征做出准确的判定，在地质选线阶段使线路在平面上尽可能地在岩溶发育程度相对较弱、纵断面上岩溶水影响相对较小的垂直渗流带地段通过，从而规避和降低岩溶及岩溶水对铁路工程的风险，减少运营期工程的病害。

3）针对传统预测方法预测隧道涌水量困难大的问题，引入高分辨率水文监测系统，首次将分布式流域（TOPMODEL）水文模型运用于工程实际，并结合工程实际岩溶水文地质条件进行了模型改进，克服了以往仅能预测隧道涌水总量的弊端，实现了隧道施工全过程涌水流量预测，为类似岩溶隧道涌水量预测提供了新的技术方法。

（1）岩溶隧道突涌水的系统辨识及水文地质监测技术，采用高分辨率水文监测系统对岩溶水系统降雨及水文响应进行了精细监测，开创性地尝试了高分辨率降雨量、暗河流量和地下水水位的系统监测，降雨量精度达到0.1mm、暗河流量精度达到 20mL/s、水位精度达到 1mm，时间步长达到了分钟级，对岩溶水系统降雨及水文响应进行了精细刻画，从而为岩溶地下暗河系统结构的识别、水文地质参数的提取和分布式流域水文模型的应用提供了基础，也为类似岩溶隧道水文地质监测提供了新的技术方法（图 2、图 3）。

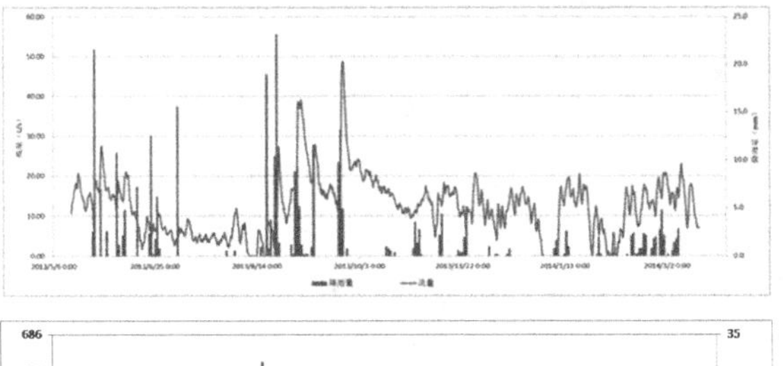

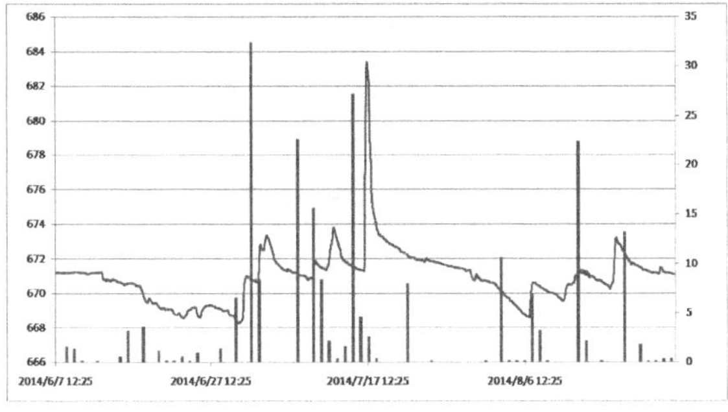

图 2　暗河流量-降雨量、暗河系统 ZK2 孔水位-降雨量关系曲线

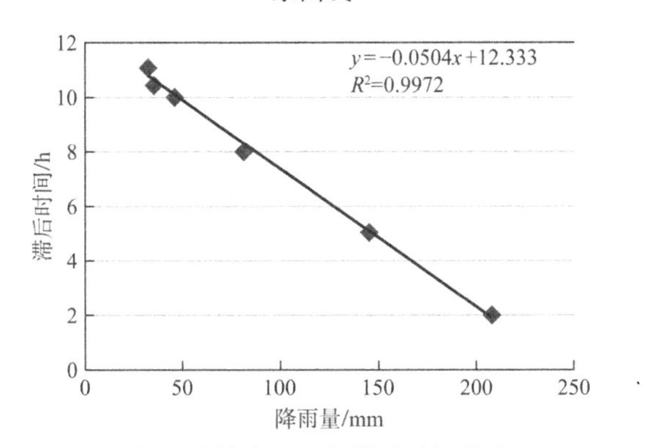

图 3　流域降雨量与滞后时间关系

（2）在复杂岩溶隧道工程附近，建立起了岩溶暗河大泉等的长期自动观测站，在有空腔的深孔中采用水位自动监测仪，利用中国移动网络，实现数据无线传播及远程实时监控，水文观测超过 1 个水文年以上，为岩溶地下暗河系统水文地质参数的提取和分布式流域水文模型的应用提供了基础。

（3）利用改进的 TOPMODEL 流域水文模型，辨识岩溶隧道涌水的最大峰值流量及涌水滞后时间等水文参数，首次将分布式流域水文模型运用于工程实际，并结合工程实践的岩溶水文地质条件进行了模型改进，结果表明：改进的 TOPMODEL 流域水文模型能够很好地刻画西南岩溶地区岩溶地下暗河系统高度非均质各向异性的特点，能够大大提高岩溶隧道涌水量预测的精度，该模型不仅能够预测得到隧道涌水的总量，而且能够获得隧道涌水的流量过程变化，由此可以辨识最大的峰值流量以及涌水滞后时间等关键水文参数，这对于隧道设计及施工中水害防治意义重大。

4）针对深部岩溶空腔空间形态特征探测难度大的问题，首次利用空区激光自动扫描系统，结合无人机技术，实现了深埋复杂溶腔空腔空间形态特征勘察，为工程设置及岩溶处理方式的选择提供了可靠的依据。

首次利用空区激光自动扫描系统（Cavity Auto Scanning Laser System，C-ALS）在铁路隧道深孔中采集溶腔规模及分布形态数据。三维激光扫描技术利用直径 50mm 的探头深入到钻孔所揭示的溶腔内部，通过前端内部的电动双轴扫描头可确保全方位 360°扫描，扫描半径最高可达 150m 范围内的整个三维空间，数据捕捉率最高可达 200 点/s，扫描精确度为+/−5cm。并且通过设计的数字式罗盘以及倾斜滚动传感器，确保精确定位并形成“点云”。可以测量溶腔的空间立体形态，为设计提供更精确的参数，提高了勘察精度、降低了施工风险。

（1）在勘查期间，三维激光扫描技术的利用，解决了向家包 2 号隧道等深部复杂岩溶空腔的探测问题，准确揭示深埋隐伏溶洞分布特征和规模，确定其与隧道空间关系，为工程设置安全性和线路方案的合理性提供了可靠依据（图 4）。

（2）在配合施工期间，采用无人机在规模巨大的溶洞空腔内进行实时调绘，解决了高山隧道 DK53 + 670 巨型溶腔高位洞壁稳定性的工程地质评价问题。先通过无人机对洞壁、洞顶进行全面探测，宏观判定，后经三维激光多次扫描测量，形成各点位移对比图，判定洞顶及洞壁的稳定性，结合获得的点云数据，最终得到完整的溶洞探测数据，构建溶洞不同时期的三维模型，为岩溶处理措施和变更设计方案的及时顺利进行提供精确数据。

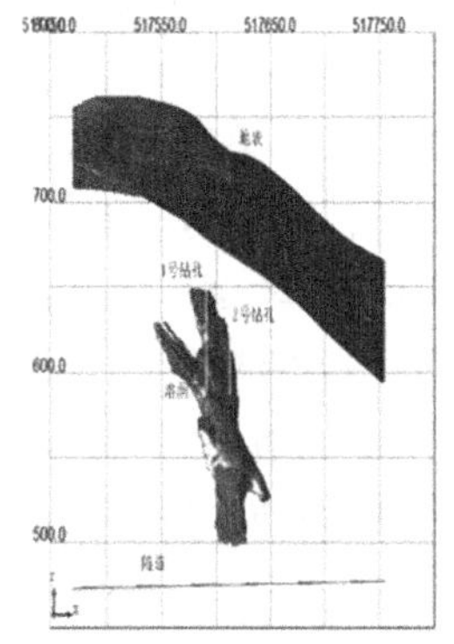

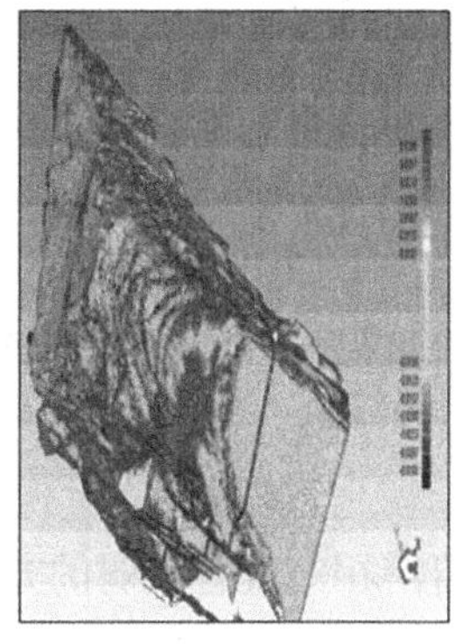

图 4　深埋隐伏溶腔三维激光扫描模型及三维激光测量位移图

5）针对页岩气问题，将其作为有害气体引入铁路行业，首次构建了针对铁路行业隧道页岩气综合评价方法体系，解决了页岩气地区铁路隧道在行业相关标准、规范缺乏的情况下地质工作的方法。

将页岩气作为有害气体引入隧道勘察设计与施工中，通过对黔张常铁路涉及页岩气地层的隧道进行气测录井、现场解吸、物探测井、样品采集及试验分析等对其进行定量、定性分析，首次建立隧道区页岩气综合评价体系，为设计及施工提供安全保障，对同类地区的地质勘察具有较强的借鉴意义。

5 复杂岩溶区地质选线技术

本项目在初测前安排了加深地质及深化线路方案研究工作，岩溶区大面积选线自2009年底开始，先后经历了初测、定测、二次定测及补充定测工作，研究范围涵盖黔江至常德间长约340km、宽约20km的选线范围，总面积约6900km^2，其中采用1：200000TM卫星影像判释32631km^2，1：50000遥感工程地质判释6236km^2，1：10000现场核对840km^2。

根据各阶段勘察成果，黔张常铁路岩溶区总结并采用了“区域选择、局部绕避、拔高线位、垂直构造、靠山外侧、缩短隧道、设人字坡”的岩溶区地质选线原则，最终规避和降低了岩溶及岩溶水对铁路工程的风险，节省了投资、保证了工期。

5.1 区域选择及局部绕避

（1）区域选择

区域选择是指在大范围上绕避岩溶强烈发育区，选择岩溶发育相对较弱或非可溶岩地区通过。岩溶强烈发育区无论从可溶岩岩组的岩性、岩溶个体密度、规模、地下水单位面积排泄量都大于其他地区，对勘测、设计、施工和运营都会造成很大困难和隐患。在黔张常铁路选线中桑植、沅古坪、教子垭、子午村等地段选线都体现了这一原则。

沅古坪附近AK和IA18K方案，AK方案南侧属岩溶强发育区，岩溶漏斗、岩溶洼地十分发育，发育的密度、规模都大于南侧，岩溶泉和暗河的流量远较北侧要大，经过现场调查落实，推荐北侧选择岩溶相对发育较弱的方案。

教子垭AK方案南侧为灰岩，岩溶漏斗、溶洞暗河十分发育，北侧为页岩、砂岩等非可溶岩，最终选择了非可溶岩上的北方案（图5）。

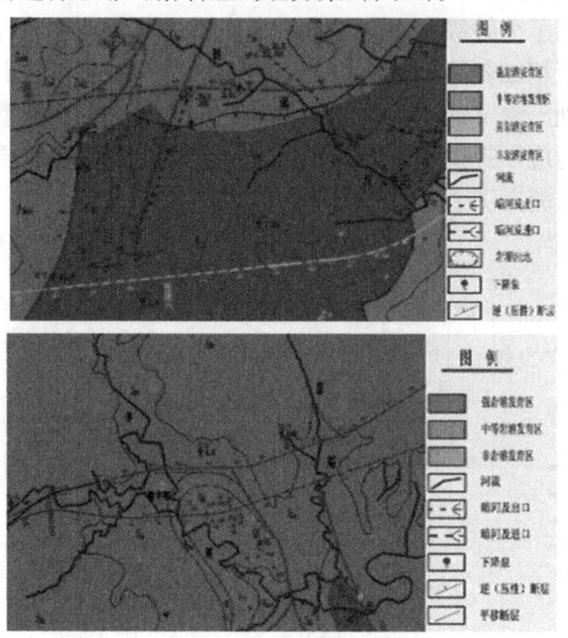

图5 沅古坪方案及教子垭方案比较示意图

（2）局部绕避

在大范围内进行方案选择的基础上，对一些局部的或大的及岩溶水特别发育的暗河，大泉等应进行局部绕避。这类大的岩溶洞穴或岩溶水点处理起来比较困难，而且代价巨大，甚至会引发环境问题。

因此在现场调查清楚的基础上，对已查明的网状洞穴和巨大空洞及暗河、大泉，分析其发育条件及特征，预测其空间位置和影响范围，尽量将线路选择在岩溶发育相对较弱的地段通过。

卧云界隧道方案的选择就体现了这一原则。卧云届为长条形的岩溶槽谷，长约4km，宽约1km，发育一条长1.1km暗河，雨季流量可达2200L/s。AK方案自暗河靠近进口处通过，定测时在具体进一步落实暗河出口位置并在物探探测成果的基础上，选择了DK绕避暗河出口的方案，减少了施工过程中由于这条暗河可能产生突水的问题，以及由于施工可能导致暗河枯竭，影响居民生活和周围环境的问题（图6）。

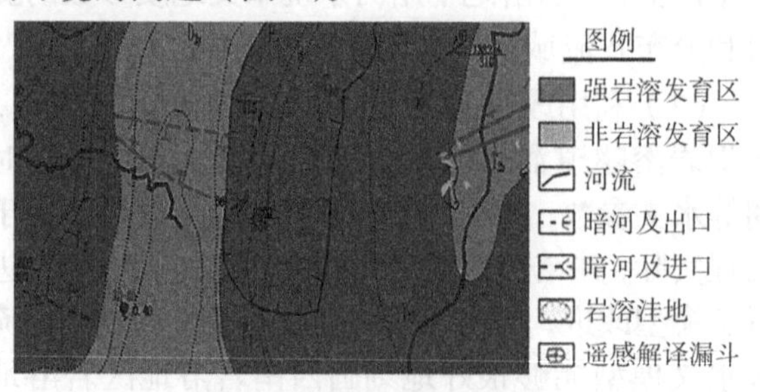

图6 卧云界方案示意图

5.2 不同地貌单元选线

从工程实用的观点出发，不考虑构造、侵蚀等作用的影响，单以溶蚀为主，按正负岩溶形态组合而成的岩溶地貌单元依次演化序列，可分为溶原→溶丘洼地→峰丛洼地→孤峰平原→溶原等，研究范围内主要有峰丛洼地和溶丘洼地两种类型。但是岩溶地貌常受构造、岩性、水文网分布等多种因素影响形成其他的一些地貌单元，像地形分水岭、河谷区等，这些地貌常镶嵌于上述的岩溶地貌中。

1）溶丘洼地与峰丛洼地区

在这类地貌中，洼地普遍有松散覆盖层，是地表水的汇集地，虽常分布漏斗、落水洞、暗河进口等排泄通道，但雨季仍易于积水，甚至形成内涝。线路从其附近通过需考虑排水（桥路工程）和施工中的突水、突泥（隧道工程）问题。

线路在洼地以明线通过时，要充分考虑当地最大洪水位，计算这些洪水位时除考虑洼地本身的汇水面积外，还需考虑进入这些洼地的岩溶水系统（暗河、大泉）的汇水面积。有条件情况下宜以桥通过，以免遭受岩溶塌陷和岩溶水危害。

以隧道工程通过洼地时，隧道涌水量的计算，须查清楚洼地岩溶水系统的补、径、排条件和影响范围，充分考虑洼地汇水来源及季节性，以免遗漏。

2）岩溶河谷区

（1）线路选在岩溶发育相对较弱一岸

河谷水面是地区侵蚀基准面或岩溶水的排泄基准面。但由于可溶岩出露面积和汇水面积的大小，岩性以及构造条件等因素的影响，两岸岩溶发育常有差异，岩溶强烈发育的一带，排泄的岩溶地下水较为集中，水动力作用强烈，对碳酸盐岩的溶蚀及机械破坏作用也就剧烈，往往发育大洞穴或多层溶洞，地表岩溶现象也较显著。雨季时暗河出口水量猛增，水位高，压力大，给工程造成危害。

如阿蓬江河谷区舟白地区选线，阿蓬江左岸为嘉陵组质纯的灰岩，岩溶强烈发育，分布落水洞、岩溶洼地、岩溶泉及暗河；右岸为巴东组泥灰岩，岩溶发育较弱，分布岩溶漏斗、落水洞。线路如果选在左岸，施工及运营过程中将面临极大风险。因此走右岸岩溶弱发育的 AK 方案作为贯通方案是适宜的（图 7）。

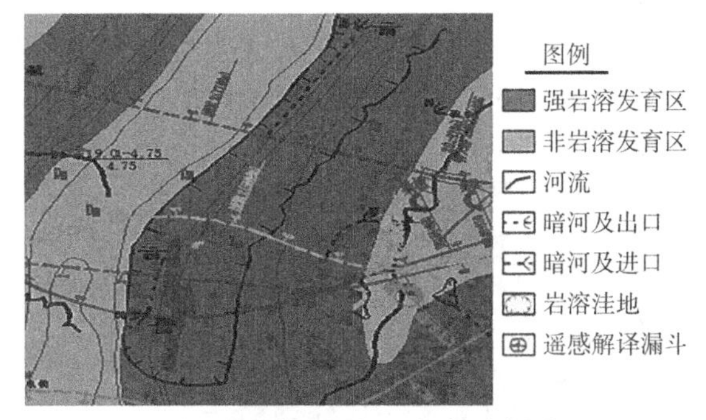

图 7　阿蓬江河谷区方案示意图

（2）河谷斜坡地带选线尚应注意的其他问题

由于黔张常铁路大的走向多垂直于沿线构造和河流，沿河谷走行的段落不多，在这里不做深入研究，仅把河谷斜坡选线注意问题在此加以强调。

①岩溶斜坡地区线路选择于垂直渗流带及岩溶地形间通过。

②当线路走行于垂直渗流带的负地形间通过有困难，或地形条件不利增大工程时，线路可走行于安全带中。安全带是斜坡上的岩溶水最低排泄点（或河谷水边）与山顶面靠河谷最外侧的洼地、竖井等岩溶形态间的地带。在斜坡上，当有下伏非碳酸盐岩层顶面为排泄基准面时，由于岩溶地下水长期受非碳酸盐岩所阻隔，在该面上逐渐溶蚀形成水平或缓坡的岩溶形态。这时可将斜坡上出露的非碳酸盐岩层面与靠河谷最外侧的垂直岩溶形态间的宽度视为安全带。

③因侧蚀作用发育于斜坡上或谷坡上的层状岩溶带，线路宜靠山里过。

④由于构造或岩性的制约，当地壳间歇抬升，河谷间歇下切，在河谷两岸谷坡上，它与山顶面的岩溶无任何关系，均为早期的无水干溶洞，其横向发育范围随向山里延伸而减弱。因此，线路位置应避开这些溶洞，移向靠山里侧通过。

⑤无论线路选择哪种工程，在河谷斜坡地带都要远离排泄带，提高线路剖面高程，多做外露工程（桥、路基）少做隐蔽工程（隧道）。

3）地形分水岭地区

（1）线路选在地下水分水岭地带通过。

当岩溶地下分水岭和地形分水岭垂直，地下水分水岭判定比较容易时，线路可选在地下水分水岭地带通过，由于这一部位岩溶发育相对较弱，可以避开或减轻岩溶及岩溶水的威胁。卧云界隧道存在地形分水岭，从平面来看，发育北东向和南西向 4 条暗河，地下水分水岭比较明显，因此线路选择在地下水分水岭通过的 A16K 方案优于 AK 方案。从地下水分水岭地带通过时，从岩溶地质角度来讲，对线路标高没有特殊要求，服从线路标高整体需要（图 8）。

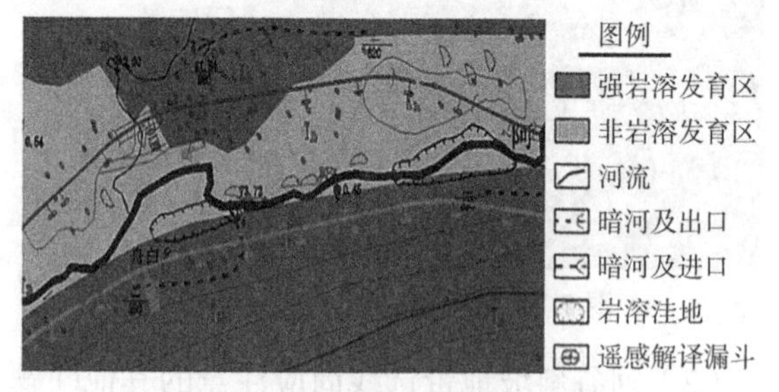

图 8　AK 及 A16K 方案示意图

（2）线路平面位置选在岩溶负地形间通过，剖面上穿越垂直渗流带或岩溶裂隙水带。

当岩溶水的地下分水岭与地形分水岭一致时，地下水分水岭位置不易查清，这时线路平面的选择应在负地形间通过。在分水岭地区岩溶作用及其发育特征具有垂直分带性。因此线路平面不仅要选在负地形间通过，剖面高程也可选在垂直渗流带中通过，避开大洞穴，雨季突然涌水及涌泥、涌沙的危害。

5.3　接触带和构造带地段选线

（1）线路避开碳酸盐岩与非碳酸盐岩的接触带

碳酸盐岩与非碳酸盐岩的接触带，由于非碳酸盐岩的阻隔，有利于地下水的富集，岩溶水在这一带十分活跃，岩溶水交替及化学物理作用强烈，岩溶十分发育。平面上沿接触带走向分布有串珠状各种岩溶形态或与走向一致的暗河。为避免岩溶水及洞穴的危害，线路应设远离接触带，有条件时大角度通过。像桑植站位附近，就尽量避免了这种情况。

（2）线路避开有利于岩溶发育的构造带

构造对岩溶发育的影响是研究区岩溶发育主要影响因素。构造破碎带以及褶皱轴部等部位有利于岩溶的发育。断裂带如为张性易于富集、传导地下水，如为压性则因阻水而使地下水富集于一侧，当为扭性时两种可能兼有。褶皱的轴部（特别向斜轴部）、转折端、倾伏端及断裂交汇处更有利于地下水的富集、传导。这些地段部位岩溶水交替强烈，岩溶作用也相对强烈，常发育有地下大厅及暗河，线路选择有条件时应避开这些地段。如桑植站位附近选择 AK 放弃 A20K，就有这方面的考量。

5.4　隧道纵坡形式的选择

岩溶地区隧道纵坡形式的选择取决于隧道通过岩溶水垂直分带的部位、地下分水岭的位置和较为集中的涌水段（点）等因素。

根据岩溶区的施工实践，隧道纵坡选择一般遵循以下原则：

（1）当隧道位于地下分水岭地带或垂直渗流带时，其纵坡可自由选择。

（2）当隧道位于水平循环带中时，其纵坡应选择“人”字形坡。变坡点应与进出口两端施工分界点大致一致。

（3）当隧道位于岩溶裂隙水带时，其纵坡一般考虑“人”字形坡，以利排水。位于排泄基准面以下的非碳酸盐岩时，隧道坡度可自由选择。但是无论隧道处于哪些部位，其纵坡形式的选择都要满足排水的需要，有条件情况下，岩溶地区尽量设置“人”字形坡，不要出现反坡排水。

6　地质勘察的成效

（1）在黔张常铁路岩溶强烈发育区地质勘察及选线贯穿于预可、可研、初步设计、施工图等各阶段，通过各种先进勘察手段和多种工程评价方法，为合理选线提供了技术基础，为施工的顺利进行提供了较充足的依据，现场未发生因地质勘察资料不准而造成的重大变更，节约了大量的工程投资，同时本线比计划工期提前半年开通，取得了良好的经济效应。

（2）黔张常铁路岩溶区勘察技术和科学选线原则的应用，选出了地质条件较好、经济合理的线路方案，保障了设计、施工安全、工程质量和工期，为黔张常铁路这条鄂西南及湘西老区的发展致富路的贯通运营建立了基础，同时对提高陕西省大型综合勘察设计企业在外的知名度意义重大，产生了良好的社会效益。

（3）发明了基于“3S”技术的真三维航空遥感地质解译方法；构建岩溶区水文地质综合评价指标体系；引入高分辨率水文监测系统，首次将分布式流域水文模型运用于工程实际；首次在路内深孔中利用空区激光自动扫描系统；首次构建针对铁路行业隧道页岩气综合评价方法体系。技术效益显著。

徐州至淮安至盐城高铁工程地质勘察实录

齐佳兴　宋旭东　王永国　闫　茜

（中铁第五勘察设计院集团有限公司，北京　102600）

1　工程简介

徐州至淮安至盐城铁路（以下简称徐盐高铁）位于苏北地区，行经徐州、宿迁、淮安、盐城四地市，是江苏腹地最重要的铁路大动脉之一，有江苏铁路“金腰带”之称。徐盐高铁行经地区土地面积46858km^2，人口占江苏省人口的 37%。项目的实施沟通苏北地区重要的城市，填补了苏北路网的空白，在路网中向北连通京沪高速，向西衔接陇海客专，向南向东连接连镇铁路、沿海铁路通道，是连接江苏北部地区东西向城市经济带的快速客运通道；本项目完善了路网布局，对扩充华东地区的路网，优化路网布局具有重要的意义和作用。

本项目正线全长 315.55km，桥梁比例 91%，相关线路总长度 47.906km。建设标准为高速铁路，速度目标值采用 250km/h。近期共设车站 10 个，远期预留车站 1 个。本项目初步设计概算总额为 408.9 亿元，其中静态投资 360.8 亿元。全线施工总工期 4 年，自 2015 年 12 月 28 日开工，2019 年 12 月 16 日全线开通运营，至今未出现过任何地质病害，各类工程状态良好，使用正常。

本项目的建成通车，标志着苏北四市全面进入高铁时代，提升了苏北乃至江苏省在“一带一路”建设、长江经济带发展、长三角区域一体化发展中的战略地位和影响力。

2　区域工程地质概况

2.1　地形地貌

沿线地形地貌主要为岛状残丘、徐淮黄泛平原区、里下河浅洼平原区和苏北滨海平原区。

2.2　地层

沿线第四系堆积层有多种成因类型，主要有人工堆积层、冲积层、湖积层、海积层；岩性主要为黏土、粉质黏土、粉土、砂土、淤泥、淤泥质土等。徐州附近局部分布白垩系泥岩、砂岩、砾岩，奥陶系泥岩、石灰岩，寒武系砂岩、石灰岩，震旦系石灰岩、泥灰岩、大理岩，太古届片麻岩，燕山期侵入岩。

2.3　构造

线路所经地区为华北准地台南缘之徐州断褶束、苏北坳陷。徐州断褶束和苏北坳陷以郯城—庐江断裂带为界，以西为徐州断褶束，以东为苏北坳陷。两大构造单元地质构造特征有显著差异，区内基底断裂构造发育。

郯庐断裂带纵贯江苏南北，走向北北东，断裂切割了不同的地质构造单元。郯庐断裂带在喜山期活动明显，主要由 5 条主干断裂组成，以逆冲右旋走滑运动为主，局部为正断右旋走滑运动。在山东境内，表现为主干断裂组成两堑夹一垒的构造格架，进入江苏后断裂带明显变窄。该断裂带被一系列北西向断裂所切割，在长期的发展演化过程中，断裂表现出明显的分段活动特征。郯庐断裂带是一条强地震带，公元 1668 年郯城 8.5 级地震就发生在该断裂带上，现今小震在新沂至莒县一带仍呈密集带状分布。区内郯庐断裂带多为第四系覆盖，但在郯城、新沂、宿迁、泗洪、五河一带多处可见到晚更新世活动迹象，其中尤以 F5 断裂活动最新、最强。据新沂河南岸探槽剖面样品热释光测龄结果，最近的一次活动在 1.3 万年左右。该断裂带在重力、磁场上均有明显的条带状、串珠状异常反映，南段地震活动较北段明显减弱。由此推断郯庐断裂最新活动时代山东段为全新世，江苏段主要为晚更新世，局部地区为全新世。

2.4　本项目工程地质特殊性与勘察重难点

沿线不良地质发育，特殊岩土较全，活动断裂

获奖项目：2021 年北京市优秀工程勘察设计奖工程勘察综合类（岩土）一等奖；2021 年度工程勘察、建筑设计行业和市政公用工程优秀勘察设计奖二等奖。

带、岩溶塌陷、高烈度地震区等主要地质问题突出，技术难题多而复杂。重点存在以下复杂工程地质问题。

（1）徐州地区岩溶发育，存在环境水文地质及岩溶地面塌陷问题，评价难度大。

可溶岩分布在徐州地区及附近（DK0～DK4＋300、DK7＋700～DK49＋000段）第四系土层之下，地层岩性为奥陶系下统、寒武系下统、震旦系石灰岩、泥灰岩、大理岩等，受徐州断褶束以及废黄河断裂的影响，岩石节理裂隙发育，形成覆盖型岩溶。据钻孔揭示，岩面埋深从小里程至大里程逐渐变深，小里程侧，尤其在徐州枢纽附近，局部基岩裸露；大里程侧覆盖层厚度大部分在30～50m，下伏的寒武系下统、震旦系石灰岩岩溶较为发育，属于深覆盖型岩溶，考虑到岩溶发育条件下存在土洞和塌陷的潜在危险性，将给沉降影响极为敏感的高速铁路带来较大的安全风险，因此如何评价岩溶区发生岩溶塌陷（岩溶地面塌陷）的危险性和对工程的影响是本项目勘察的重点和难点。

近年来徐州市城区及附近主要开采岩溶裂隙溶洞水，开采量已超过了2亿m^3/a。大量超采地下水已引发了部分区域的岩溶地面塌陷。徐州岩溶地面塌陷主要分布在市区中心区域；岩溶塌陷始发于1986年5月27日，至今共发生有记录的塌陷12次，有19个塌陷坑，塌陷直径一般小于10m，塌陷深度一般小于5m，均属小型塌陷，近几年岩溶地面塌陷仍不断发生，主要由于徐州市水源地开采地下水所致，徐盐铁路后马庄特大桥穿越张集水源地，其中最近的桥墩距离水源地取水井距离为36m，岩溶地面塌陷对高速铁路安全运营构成了严重威胁。岩溶对路基、桥涵工程稳定也有影响，桥梁桩基施工时易发生地面塌陷、表水枯竭等环境地质问题，同时会影响附近既有建筑物安全。

（2）线路穿越我国东部最大的活动断裂带—郯庐断裂带，活动断裂带延伸长，影响范围广，工程地质选线复杂。

郯庐断裂带是一条规模巨大、新构造活动强烈的断裂带，仅1955—1999年的45年间就造成多次严重破坏的7级以上地震，如唐山地震、海城地震、邢台地震等。徐宿淮盐线路区域内的郯庐断裂属晚第四纪活动断裂，且区内北北东—北东及北西—北西西走向的断裂与地震关系密切，是区内的主要发震断裂。郯庐断裂江苏段大部分位于平原地带，地表大部分被第四系地层所覆盖，且土层深厚，仅有零星地段露头，加之地表人类活动性频繁，断裂活动遗迹多被破坏，因研究难度较大，研究成果也相对较少。如何对郯庐断裂带进行活动性判定、稳定性分区和评价，如何能够保证相关工程跨越活动断裂安全性，是徐盐铁路勘察设计工作者面前的重点与难点。

（3）阜宁至盐城段海相、海陆交互相及湖相软土发育，地基软弱。

里下河浅洼平原区和苏北滨海平原区软土发育，根据成因主要有两种类型，湖积软土和海积软土，不同的成因决定了软土的分布特点和工程特性。海积软土主要分布于滨海平原区，一般呈厚层状连续分布，横向和竖向变化较小，但由于海潮作用，多见有粉土、粉砂薄层，具水平交错（不规则交错）层理。该套地层具备软土的物理力学特征，但其岩土类别为黏性土夹薄层粉土，粉土夹薄层黏性土，由于存在多层薄层夹层，其变形特征与单一岩性的变形特征有明显的不同。

湖积软土主要分布于里下河浅洼平原区，间断而不连续，呈透镜体状分布，厚度变化较大，一般竖向上呈“锅底状”分布，呈中间厚、两侧逐渐变薄的特征，厚度1～26m，此类软土分布在横向和纵向上变化较大。

软土天然含水率高、孔隙比大、压缩性高、灵敏度高、强度低，承载力低，工程地质性能差。因此根据不同的软土成因准确查明各类软土的空间分布及物理力学性质，为工程地质选线及各阶段设计提供准确依据是本项目的勘察重点和难点。

3 勘察方法及完成工作量

3.1 勘察方法及完成工作量

沿线工程地质条件复杂，不良地质发育，特殊岩土种类多，环境水文敏感、高速铁路对工程地质勘察要求高。在勘察阶段采取了野外工程地质调查与测绘、钻探、物探（孔间CT、井下电视、地震映像、高密度电法、地质雷达、可控源音频大地电磁法、高分辨率电测深法、二维面波法、放射性测试）及原位测试（静力触探、十字板剪切、螺旋板载荷试验、扁铲侧胀试验等）相结合的综合勘察方法。共完成1∶10000工程地质及水文地质测绘工作500km^2，1∶2000工程地质及水文地质修测工作约370km^2；完成钻探量77.5万延米，静力触探7.2

万延米；取岩、土、水样近 10 万组；物探测试 37.5km。取得了显著的技术、经济和社会效益。

3.2 主要工作方法

1）资料收集

在本次勘察前广泛收集了本项目区域地质资料和邻近工程相关资料。前人在本勘察区及周围曾以基础地质为目的，先后开展过区域地质、区域水文地质普查。邻近区域的高速公路勘察设计、施工资料也具参考价值，结合收集到的上述资料进行了分析核实，根据不同年代的各类地质成果，在地质构造、地层岩性、地形地貌、水文地质条件、地质灾害、工程类比等方面应用于本次勘察工作中。

2）工程地质调绘

工程地质调绘是综合勘察的关键工作，本次利用 1：10000、1：50000 地形图进行野外调绘，调查面积达 1000km^2，对研究郯庐断裂带江苏段的构造格局、主要断裂的分布及性质、不良地质和特殊岩土的分布范围打下良好基础。

3）综合勘探

在勘察阶段采取了野外工程地质调查与测绘、钻探、物探（孔间 CT、孔内摄像、地震映像、高密度电法、地质雷达、可控源音频大地电磁法、高分辨率电测深法、二维面波法、放射性测试）及原位测试（静力触探、十字板剪切、螺旋板载荷试验、扁铲侧胀试验等）相结合的综合勘察方法。优质高效地进行地质选线及工程地质条件评价，为设计、施工提供了可靠的技术支持（图 1）。

图 1 郯庐断裂带浅层地震反射波法测试现场

3.3 完成工作量

本项目工程地质勘察完成的主要工作量如表 1 所示。

工作项目及完成工作量 表 1

序号	工作项目	工作量
1	工程地质调绘/（km^2/比例）	400/1：2000
2	地质钻探/（m/孔）	775146/16713
3	双桥静力触探试验/（m/孔）	71778/2510
4	十字板剪切试验/点	163
5	螺旋板载荷试验/点	325
6	扁铲侧胀试验/点	213
7	高密度电法/km	28.254
8	音频大地电磁（AMT）/km	4.5
9	地震映像/km	3.6
10	高分辨率电测深/点	33
11	土壤氡浓度测量/点	198
12	二维面波/点	350
13	孔内摄像/孔	6
14	孔间 CT/对	18
15	光释光测年/组	30
16	原状土样/组	70192
17	扰动土样/组	18996
18	岩石抗压强度/组	192
19	水质简分析/组	689
20	易溶盐试验/组	72

4 本项目综合地质勘察特色与专项研究评价

1）对沿线古水文地质、岩溶演化、岩溶发育规律进行了系统分析研究，明确溶洞系统、区域地下水位与线位的关系、现代岩溶塌陷发生的层位与条件，为线路选择及设计提供可靠依据。

（1）岩溶发育特征

沿线岩溶主要分布于徐州地区，岩溶弱～中等发育为主，局部强烈发育。在可溶岩地层分布的低山丘陵区可见溶痕、溶沟、溶槽、溶丘、溶柱、溶孔、溶穴和不规则的溶洞等岩溶现象。地下岩溶类型主要有溶隙、溶孔和溶洞三种。

溶隙：地下水沿可溶岩的节理、裂隙作水平或垂直运动，水蚀作用使原有的空间稍有扩大、连通，并基本保持原节理、裂隙形态的几何空间。在裸露区，溶隙是大气降水或地表水渗入补剂地下水的通道，在地下则是岩溶水运移的有利空间。

溶孔：溶孔的发育与组成可溶岩的物质成分及所处的构造部位有关，前者多形成星散状、蜂窝状；后者则以串珠状、树枝状、似层状为主，且连通性好，是地下水的径流通道和存储空间。

溶洞：溶洞是在构造运动的同时，使可溶岩溶蚀动力加剧，连通溶隙、溶孔，形成较大的溶蚀空间。溶洞的发育与所处的构造部位及地下水交替强弱有关，一般多发育于构造接触带及侵蚀基准面以上。地下溶洞的发育受区域地质构造控制，一般沿构造断裂带及其附近发育。废黄河断裂带附近岩溶发育强烈，如张集水源地附近地质勘探孔标高15.000m处揭露溶洞，钻具掉落8m，也曾发生地表下沉导致钻机倾斜。

沿线岩溶发育按露出条件以裸露型和覆盖型岩溶为主。裸露型岩溶主要分布在岩溶丘陵区，标高在70.000m以上地段，岩溶发育弱，主要是一些溶痕。标高在70.000m以下地段，岩溶发育强，特别是山麓缓坡地带及被第四系覆盖的古岩溶洼地，地表水、地下水汇集条件好，岩石表面溶沟、溶槽及地下溶隙、溶洞均很发育。覆盖型岩溶分布于第四系覆盖区，埋藏深度30～50m之间，最深60m左右。

（2）沿线岩溶地面塌陷发育规律

徐州岩溶地面塌陷主要分布在市区中心区域；岩溶塌陷始发于1986年5月27日，至今共发生有记录的危害性较大的塌陷12次，有19个塌陷坑，塌陷直径一般小于10m，塌陷深度一般小于5m，均属小型塌陷，对上述塌陷进行分布进行了深入分析研究，得出徐州地区的岩溶塌陷主要分布于可溶岩发育的近东西向废黄河断裂带、不牢河断裂带和岩溶地下水过量开采的漏斗区。

（3）工程地质选线及勘察

徐州地区属于岩溶塌陷严重地区，前期通过城市供水井、岩溶地面塌陷、可溶岩地层调查及侵蚀基准面分析，查找出岩溶塌陷严重区及可能产生岩溶塌陷的区域，使线位走行徐州东南部岩溶发育相对较弱地区。在勘察过程中，除采用常规钻探手段，还采用了高密度电法、孔间CT、井下电视、地震映像、地质雷达等综合地质勘察手段和先进的技术方法，效果显著，实际施工揭示岩溶发育特征与勘察结果基本一致。施工期间采用物探、钻探手段，进一步对岩溶路堑基底进行了隐伏岩溶探查，并进行了综合评价，为注浆加固处理提供依据（图2）。

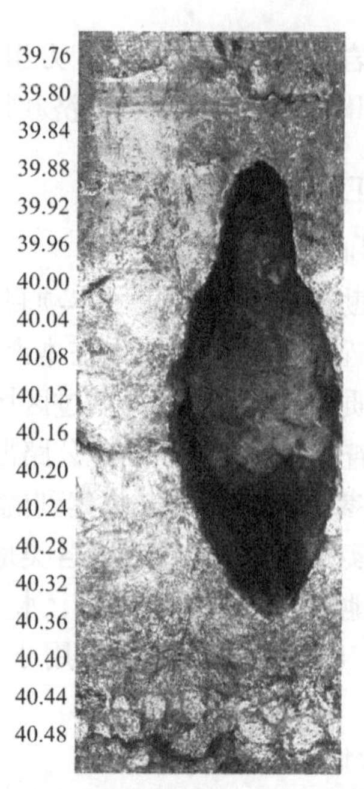

图2 井下电视摄像揭示岩溶发育情况

2）开展《跨越郯庐断裂带高速铁路勘察设计关键技术研究及应用》攻关工作，通过综合勘察研究查明了郯庐断裂带的发育特征及活动性、评价了场地抗震适宜性及稳定性、为线路方案及工程设置提供了依据。

（1）郯庐断裂带综合勘察

拟建工程在DK96至DK120段穿越郯庐断裂带，总长度约24km。郯庐断裂带在研究区域内有5条断裂组成，自自东向西分别为：王庄—苏圩断裂（F1）、桥北镇—宿迁断裂（F5）、大官庄—双庄断裂（F2）、城岗—耿车断裂（F3）和窑湾—高作断裂（F4）。根据收集的相关资料及综合勘察，拟建铁路穿越的郯庐断裂带5条主要断裂中，F1、F2和F4为早第四纪断裂；F3为晚更新世活动断裂；F5为全新世活动断裂，具备发生产生地表破裂的大震能力。因此综合勘探的重点为F5断裂。

桥北镇—宿迁断裂（F5）位于F1与F2断裂之间，是郯庐断裂带中最活动的断裂，属全新世活动断裂。

以往对F5断裂的认识，主要是在宿迁市以北的桥北镇、晓店一带获得的。如在桥北镇一带发现的断层剖面，表明白垩纪王氏组（K_2w）紫红色砂页岩逆冲到Q_3含钙结核的黄土之上，挤压破碎带宽度从几米到50m，发育有挤压扁豆体（磨砾）、断层泥等。断裂走向北10°～15°东，倾向北西，倾角约46°～85°。

本次勘察中，针对F5断裂布置了大量的物探和钻探工作，采用 5 种物探方法加上钻探共计 6 种勘探测试手段来综合确定 F5 断层的位置，这几种勘探方法的综合使用，使得对于郯庐断裂 F5 断裂的勘察工作，有了深部至 1000m、中部至 200m 和浅部至 10m 以内的翔实可靠的资料，各个资料又能够相互印证，对于确定断裂带的位置和它的活动性的判定提供了合理科学的依据。各方法探测断裂带位置详见表 2。

各方法探测断裂带位置一览表 **表 2**

勘探方法	最大探测深度/m	断裂异常带位置		
音频大地电磁（中线位置）	1000	DK115 + 000	DK115 + 350～DK115 + 500	
音频大地电磁（南 200m）	1000	DK115 + 250～DK115 + 450		
音频大地电磁（南 600m）	1000	DK115 + 350～DK115 + 450		
电测深	55	DK115 + 067	DK115 + 258～DK115 + 297	DK115 + 366～DK115 + 470
测氡	—	DK114 + 870～DK115 + 910	DK115 + 240	DK115 + 280～DK115 + 310
		DK115 + 330	DK115 + 360～DK115 + 453	DK115 + 493
		DK115 + 533～DK115 + 553	DK115 + 720～DK115 + 780	
二维面波	10	DK115 + 250～DK115 + 265	DK115 + 275～DK115 + 307	DK115 + 365～DK115 + 455
浅层地震法反射波法	600	DK114 + 710	DK115 + 765	
钻探及静探	195	DK114 + 710～DK115 + 500		

采用综合勘探手段查明了该断裂宿迁南部覆盖区的空间位置和几何结构，在此基础上对典型断点进行了钻孔、静探联合剖面探测，结果表明：

①F5 断裂在浅部不是 1 条断裂，而是由东、西二支边界断裂组成的断裂带，带内发育伴生次级断裂，在覆盖区二支边界断裂大多相向而倾，倾角陡，西支的活动性强于东支；

②由于研究区域内第四系地层厚度较大，且断裂错段位置均位于第四系土层中，岩性变化不很明显，但由于第四系全新统和上更新统土层力学指标差异较大，因此针对研究区域的具体地层情况，本项目首次在深厚第四系松散土层中采用物探、钻探及双桥静力触探排孔（间距 5～10m）准确、快速地确定了活动断裂的位置。从图 3 中可以看出，表层第四系全新统④$_{61}$层灰黑色淤泥质粉质黏土和第四系上更新统⑤$_{11}$层含姜石黏土是剖面上可对比的典型标志层，图中两孔间距 10m，④$_{61}$层顶标高相差 1.27m，上更新统⑤$_{11}$层顶标高相差为 3.27m。这两孔间距为 10m，因此结合物探成果将 DK114 + 710 确定为 F5 断裂西支（F5-1）与线路相交位置。

现场确定 F5 断层位置后，在现场分别选取了②$_{31}$层粉土、④$_{61}$层灰黑色淤泥质粉质黏土、②$_{22}$层粉质黏土、⑤$_{11}$层含姜石黏土试样进行了年代测定，测定结果详见表 3。从结果中可以清晰地看出②$_{31}$层粉土、④$_{61}$层灰黑色淤泥质粉质黏土、②$_{22}$层粉质黏土均为第四系全新统地层，⑤$_{11}$层含姜石黏土为第四系上更新统地层，且 6.4m 和 8.2m 的淤泥质粉质黏土地层发生了倒转，说明该地层在距今 4000 年到 1700 年之间有活动迹象，进一步证明了 F5 断裂为第四系全新世活动断裂。

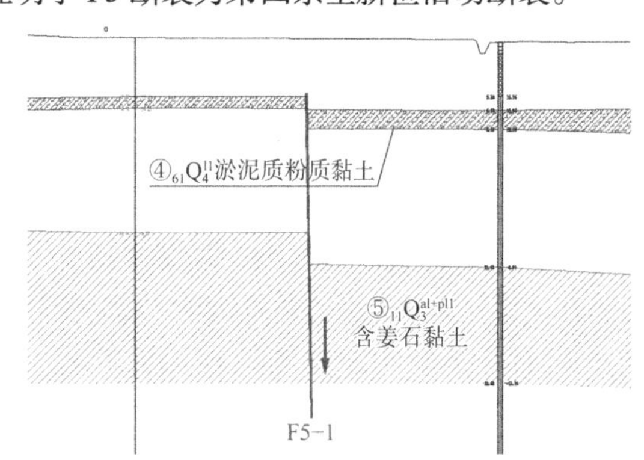

图 3 F5-1 断点钻孔、经验联合探测剖面地质解释图

年代测定成果表 **表 3**

埋深/m	岩性	环境剂量率/（Gy/ka）	等效剂量/Gy	释光年龄/ka
2.4	②$_{31}$粉土	2.4 ± 0.2	2.8 ± 0.6	1.2 ± 0.2
6.4	④$_{61}$ 淤泥质粉质黏土	2.5 ± 0.3	10.2 ± 1.8	4.1 ± 0.7
8.2	④$_{61}$ 淤泥质粉质黏土	3.1 ± 0.3	5.3 ± 0.9	1.7 ± 0.3
11.4	②$_{22}$粉质黏土	2.0 ± 0.2	15.5 ± 2.0	7.6 ± 1.0
16.4	⑤$_{11}$ 层含姜石黏土	2.6 ± 0.3	76.5 ± 9.7	29.4 ± 3.4

综上所述，拟建铁路在里程 DK114 + 710～DK115 + 780 之间（西界坐标：33.87529°、

118.26188°，东界坐标：33.87492°、118.27328°）穿越郯庐断裂带桥北镇—宿迁断裂（F5），该断裂走向NNE，为由东（F5-2）、西（F5-1）二条断裂组成，呈“倒八字”形态，倾角陡，地震剖面显示为正断层，西支最新活动时代为全新世，上断点埋深5.6m，东支最新活动时代为晚更新世。

（2）郯庐断裂带对高速铁路修建的安全稳定性评价

全新世活动断裂F5断裂破碎带DK114＋710～DK115＋780对铁路工程影响最大，通过本次研究推荐线路方案选择了合适的跨越点以最短距离垂直通过活动断裂。

将DK114＋710～DK115＋120段桥梁工程改为普通路基工程，轨道及基床设计采取了必要的抗震断措施，尽可能减少活动断裂对高速铁路的影响，同时便于震后维修。

优化了宿迁站站房及综合维修车间的位置，宿迁站主站房东移200m避开F5-1断裂，一般生产、生活用房在站房东侧布置，综合维修车间移至车站东侧，避开了抗震危险地段。

晚更新世活动断裂F3断裂破碎带DK102＋548.7～DK102＋604对铁路工程有一定的影响，该段桥梁工程未设置高墩、大跨等特殊结构。

（3）跨越活动断裂高铁路基及地基振动台模型试验研究

利用高速铁路建造技术国家工程实验室的3向6自由度的台阵大型振动台设备和试验技术，首次采用“双台阵系统”振动台试验模拟研究了铁路路基在走滑、正、逆活动断裂错动、震动及耦合作用下加筋路基结构及地基处理工程的响应特征，并结合数值建模计算，获得了相应的震害模式及变形发展规律（图4）。

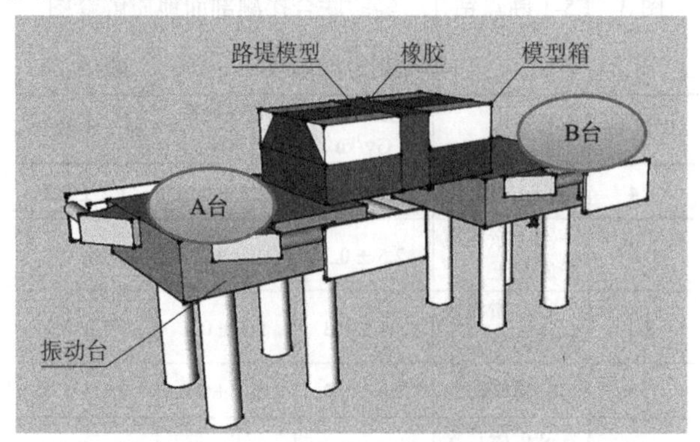

图4　模拟断层错动的双台联动模型试验平面图

根据郯庐活动断裂正交穿越徐宿淮盐铁路的范围，选取DK114＋750～DK114＋810为单台的地震模拟振动台模型试验段，单台试验主要研究路堤的抗震稳定性和地基变形等，获得具体的路堤变形、加速度和桩土压力数据；选取DK114＋720～DK114＋780和DK114＋780～DK114＋840作为双台的振动台模型试验段，双台试验除了研究抗震稳定性外，重点研究跨越活动断裂的加固地基和上部路堤结构的变形能力、抗剪切性能及地震破坏特征。

根据本段路基具体设计情况，完成了通长配筋路堤结构单台试验、通长配筋路堤结构双台试验、返包式配筋路堤结构单台试验、返包式配筋路堤结构双台试验（图5）。

图5　试验前后模型对比

通过本次研究得出如下结论：

以郯庐活动断裂的运动速率计算，在铁路工程服役年限内，路基一般受影响范围约在120m左右。

从加筋方式的比较来看，数值计算和模型试验结果均证实，通铺式加筋表现出了比返包式加筋更好的位移约束和应力均化作用，惯性效应更小。加筋间距的适当减小确实有助于控制路基整体沉降量、均匀路基土体的应力分布。

通过对管桩和方桩两种桩型的抗震性能计算对比分析，除了路基水平位移比方桩较大外，管桩桩身弯矩、路基面沉降、路基面应力等均小于方桩。总体来说，管桩复合地基具有更好的抗震性能。

因此采用通铺式加筋路堤结构结合管桩地基处理的形式跨越活动断裂带具备一定抗震性能，在无地表大变形的地震作用下，可通过简单快速地修复工作，尽快保证铁路的正常运行。

3）对不良地质及特殊岩土段落进行反复排查，做好详细勘探和定性定量评价，为工程地质选线及各阶段设计提供准确依据。

徐盐铁路经过地区软土发育，根据成因主要有两种类型，湖积软土和海积软土，不同的成因决定了软土的分布特点和工程特性也不尽相同。

海积软土主要分布于滨海平原中，一般呈厚层状连续分布，横向和竖向变化不大。由于海潮作用，软土中一般夹杂薄层粉土、粉砂，局部呈互层状。湖积软土主要分布于黄淮冲积平原中，间断而不连续，呈透镜体状分布，厚度变化较大，一般竖向上呈“锅底”状分布，呈中间厚、两侧逐渐变薄的特征。淮安东站及阜宁南站分布的淤泥质土就是典型的湖积软土（图 6）。

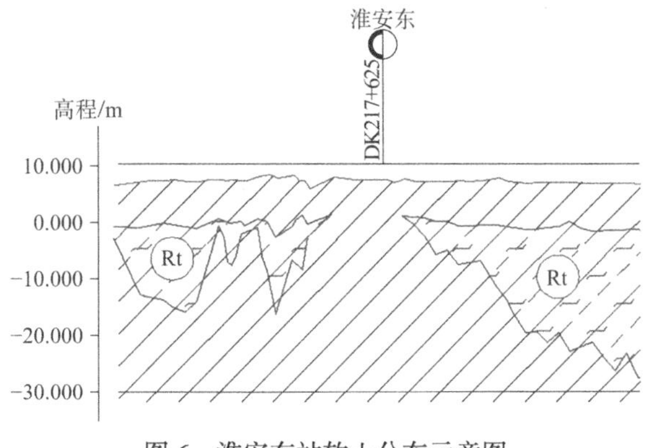

图 6　淮安东站软土分布示意图

在勘察阶段经过扩大范围的调查及采用钻探、原位测试（静力触探、十字板剪切、螺旋板载荷试验、扁铲侧胀试验等）及室内常规土工试验和固结、三轴剪切、有机质含量等特殊试验相结合的综合勘察手段，详细查明了软土的分布、厚度及物理力学性质。使淮安东站、阜宁南站等重大工程成功绕避了深度软土地区，发挥了地质选线作用，节约了资源和投资，确保了工程施工安全，经过近 3 年的运营检验，各类工程基底稳固，运营安全平顺。

5　成果及效益

徐州至淮安至盐城铁路是在地质条件复杂地区利用综合勘探手段成功的一个典范。工程地质勘察工作中从地质背景、地质过程演化、地层结构及成因机理研究等方面入手，加深认识工程地质分区，细化不良地质及特殊岩土特征的综合勘察，在工程地质选线理念、勘察水平等方面有了新突破。

（1）思路明确、手段丰富，充分体现“地质选线”的勘察理念。

地质选线指导线路方案走行于徐州东南部岩溶发育相对较弱的地段，改善了线路的工程地质条件，优化了线路方案，降低了岩溶对工程安全产生的不利影响，不仅节省了大量投资，更重要的是使铁路工程处于安全的工程地质环境中，保证了施工的顺利和运营的安全。

充分利用地质选线，综合审视特殊岩土的危害程度以及工程措施的代价，恰当处理了线路方案与特殊岩土的关系，使淮安东站、阜宁南站等重大工程在满足地方规划的情况下成功绕避了深厚软土地区，工程投资节省近 2 亿元，经济效益显著。

（2）积极开展科研创新，成果显著。

依托本项目开展科研课题《跨越郯庐断裂带高速铁路勘察设计关键技术研究及应用》攻关工作，探明了郯庐断裂带的发育特征及活动性、评价了场地抗震适宜性及稳定性、为线路方案及工程设置提供了依据。从源头上减少或避免地震及次生地质灾害对高速铁路的破坏，提出了高速铁路通过活动断裂带的最佳方式、位置、工程设置类型及所采取的防护措施，主要技术指标达到国际先进水平，研究成果为跨越活动断裂的高铁建设提供了优化建议和基础理论支持。随着国民经济的发展，越来越多的高等级铁路工程将会遇到类似工程环境，本课题的研究是我国铁路发展的重要技术储备，也为今后类似工程实践提供有价值的技术参考和经验支持。

针对徐州东站岩溶发育及邻近京沪高铁的特殊工况，开展了《邻近高铁岩溶地基注浆整治与智能控制技术》科研课题研究，依托徐州东站徐淮场岩溶注浆整治工程，开展施工区域岩溶发育特征与规律、注浆加固对邻近既有线的影响规律及安全控制、既有线位移联控的智能化岩溶注浆设备研发、徐州东站徐淮场岩溶注浆整治现场试验等研究，确保了京沪高铁运营安全和徐淮场岩溶地基整治效果。

（3）岩溶区施工地质勘察特点显明。

加强施工阶段的地质调查和勘察，在施工勘察阶段也不是一味整治，而是注重“地质选线”，加强方案比选工作，使施工图设计更经济、合理。在徐州东站站房及雨棚施工勘察过程中，加强地质调绘，采用钻探、物探相结合的综合勘探手段，详细查明了基底岩溶发育规律，将雨棚和站房原设计的桩基础优化为扩大基础，节约投资超过 300 万元，且大大缩短了施工工期，确保了站房工程如期竣工。

（4）安全施工，安全运营。

本线地质条件复杂，不良地质及特殊岩土极其发育，在勘察阶段，通过采用综合地质勘察手段获取了翔实的地质资料，科学评价了各种地质问题对铁路的影响，施工中未出现意外的工程地质问题，工程措施建议合理，沿线各类工程基础稳固，得到了建设单位及施工单位的一致好评。该段线路于 2019 年 12 月开通试运营以来，至今未出现过任何地质病害，各类工程状态良好，使用正常，充分说明工程地质勘察是成功的。本项目荣获 2021 年“北京市优秀工程勘察设计奖”工程勘察综合类（岩土）一等奖。

汉十高铁武当山低山区隧道群工程地质勘察

赵德文　李　巍　孙红林

（中铁第四勘察设计院集团有限公司，湖北武汉　430063）

1　工程概况

新建武汉至十堰高速铁路（简称“汉十高铁”）东起武汉西至十堰，是武汉至西安高速铁路的重要组成部分，全长399km，设计时速350km/h，工程总投资508.55亿元。汉十高铁在DK285＋647～DK446＋617段武当山低山区以隧道群方式存在，共41座/69.87km，均为单洞双线，其中5km以上3座，10km以上1座，最长隧道为余家山隧道，长10.12km（图1）。

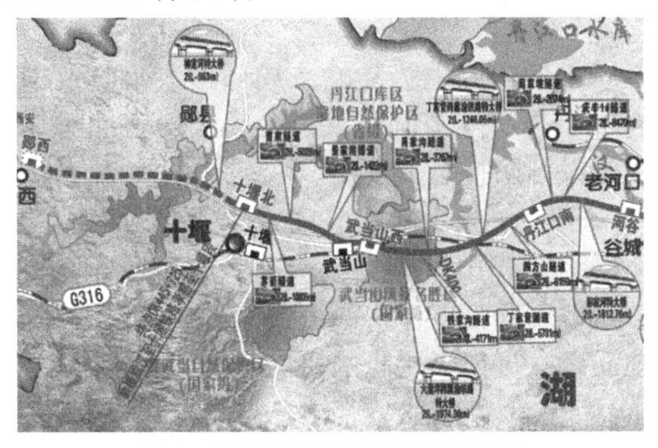

图1　武当山隧道群线路走向图

场区位于秦岭褶皱系南麓，以侵蚀构造中低山为主，地形陡峭，地势起伏大，狭长沟谷纵横发育，多呈V形，隧道最大埋深范围328m，受扬子板块与华北板块接触碰撞带影响，隧道洞身穿越地层岩性及地质构造较复杂。区内断裂构造、剪切构造发育[1-4]，其中代表性的有公路断裂、两郧断裂、十堰—丹江壳型剪切带，上述地质构造及其分支对武当山地区线路走向产生控制性的影响。区内广泛分布的元古界古老地层具有“岩体软硬不均、各向异性特征明显，抗风化能力差、遇水劣化明显、岩体完整性差”的特征[5-7]，隧道开挖时容易产生掉块，准确查明隧道群区域工程地质、水文地质条件和预判隧道地质风险难度大。同时受多期地质构造作用，区内侵入接触受断裂和剪切带控制多呈条带状分布，其与洞身的接触范围和规模难以预测，对隧道围岩划分带来极大挑战。受区内岩体破碎、复杂的工程地质及水文地质条件影响，工程地质选线及勘察难度大，工程地质勘察的质量对隧道群工程建设影响重大（表1）。

武当山低山区隧道群长度分布表　表1

按长度（L）划分/m	座数/座	长度/m
＜1000	23	9388.57
1000～2000	8	10792.22
2000～3000	3	7170.00
3000～4000	1	3787.97
4000～5000	2	8224.97
＞5000	4	30509
合计	41	69872.73

2　本项目地质特征

2.1　地形地貌

隧道群位于秦岭南麓武当山北坡低山区，地形起伏较大，山岳连绵起伏，沟谷纵横曲折，地面高程一般250.000～400.000m，最高山峰高程大于481.000m，相对高差约200～300m。

2.2　地层岩性

隧道群沿线寒武系—第四系地层发育齐全，出露有白垩系上统（K_2s）含砾砂岩、泥质砂岩等沉积岩，元古界武当山群（P_twd）变质岩及扬子期变辉绿P_twd岩等侵入岩，其中元古界古老变质岩地层占比超过70%。沉积岩主要以泥质砂岩、红砂岩为主，砾岩、含砾砂岩多与砂岩、泥质砂岩间夹出现，产状130°∠15°，仅谷城隧道小里程侧与白垩系地层接触部分；变质岩在浪河以西与隧道多

获奖项目：2021年度工程勘察、建筑设计行业和市政公用工程优秀勘察设计奖一等奖。

次局部相交，侵入岩在十堰—丹江低山区亦有零星狭长条带状侵入分布，岩性以中细粒变辉绿岩为主，局部为中细粒变辉长岩（图2）。

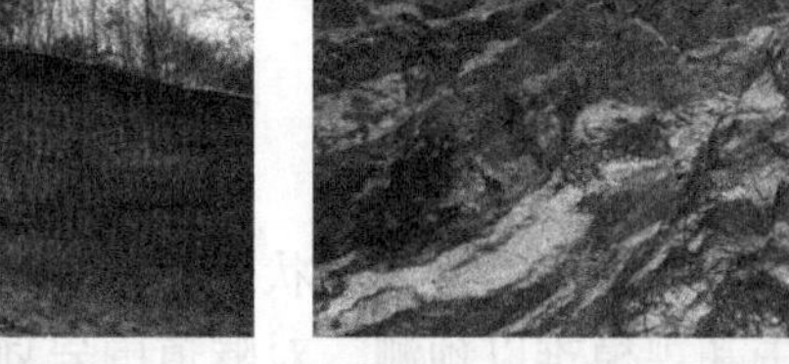

白垩系泥质砂岩　元古界武当山群云母石英片岩

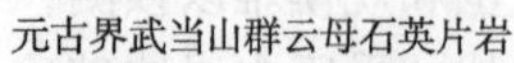

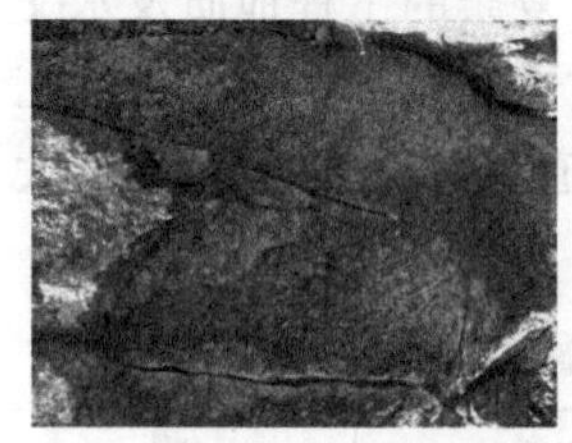

侵入变质变辉绿岩

图2　沿线主要地层岩性测绘实景图

2.3　地质构造

武当山低山区位于秦岭褶皱系南麓，位于扬子板块与华北板块接触碰撞带，历经多期次地质构造运动，地质构造复杂，北侧为南秦岭中带晚太古代—早元古代陡岭地块，南侧推覆于扬子板块北缘之上。武当山隧道群沿线分布有公路断裂、两郧断裂，断裂构造复杂，线位走向整体与多条韧性剪切带等区域构造迹线并行，间夹有侵入蚀变作用。

2.4　水文地质

隧道群经过的丘陵低山区其上第四系地层中的孔隙水一般不发育，局部丘间谷地的粉细砂层含有一定地下水，但层厚较薄，水量较少，受大气或地表水补给。基岩裂隙水分布不均，富水性差异很大，主要有风化裂隙水、层间裂隙水和构造裂隙水三类，其中风化裂隙水为基岩裂隙水的主要类型，分布于各地层全、强风化层裂隙中，呈层状分布，局部全风化层中存在上层滞水，受季节性影响明显；层间裂隙水主要分布于白垩至第三系红层地层中，接受大气降水补给，沿层间裂隙径流后，往往在坡脚呈泉眼状或漫流状出露。本区构造活动强烈，断层节理等构造裂隙发育，在断层破碎带、侵入岩接触带、褶皱核部裂隙密集带及揉皱强烈发育带等储水构造中，构造裂隙水发育且分布不均，水量丰富，对隧道工程影响较大。

3　关键技术问题及重难点分析

3.1　关键技术问题分析

武当山地区工程地质及水文地质条件极其复杂，隧道位于风景名胜和环境敏感区，是汉十高铁工程建设规模、造价和质量安全的关键影响因素，同时关乎景区生态保持与和谐。武当山隧道群工程地质勘察的难题及关键技术问题主要体现为：

（1）汉十高铁工程建设标准高、规模大、工程风险高，对勘察精度要求高，且武当山低山区地形艰险、区域构造背景和工程地质条件复杂，地质选线及勘察难度大。

（2）沿线重大地质问题多，元古界变质岩强度劣化、岩体各向异性和软硬不均，区域性断裂构造和剪切构造、侵入接触蚀变等地质构造极其发育，对准确查明隧道群区域工程地质、水文地质条件、划分隧道围岩等级和预判隧道地质风险造成巨大困难。

（3）低山区地势陡峭，局部形成落石及小规模岩堆，查明隧道洞口及桥台岸坡稳定性对地质选线及设计防护至关重要。

（4）区内包含武当山风景区、武当山国家地质公园、武当山世界文化遗产等一系列环境敏感点，是地质勘察工作中不可回避的环境影响因素，对地质勘察提出了更高的要求和挑战。

3.2　勘察重难点

（1）详细查明场区构造接触关系，最大限度避开地质构造产生的不良地质，选择最优线路方案，是本线地质工作的重点，也是地质选线的难点。

（2）查明沿线元古界武当山群古老片麻岩工程特性，准确划分隧道围岩等级，是隧道群地质勘察的重点和难点。

（3）隧道群跨越典型的“黄金”旅游线路，沿线生态环境敏感点众多，避免破坏水文地质环境和自然生态环境也是本线工程地质勘察的重点和难点。

4　工程地质勘察方法及原则

4.1　勘察方法

从2013年12月至2015年10月，汉十高铁先后开展了初测、定测、补充定测等多个阶段的综合地质勘察。在充分搜集、分析研究既有区域地质资料的基础上，采用遥感解译、工程地质调绘、水文地质调绘，物探、钻探、孔内测试试验（地应力测试、地温测试、放射性测试、瓦斯测试、水文试验、综合测井等）、土石水样测试试验等勘察方法开展了隧道群工程地质勘察工作。工程地质勘察方法及流程如图 3 所示，主要完成的该工作量见表 2。

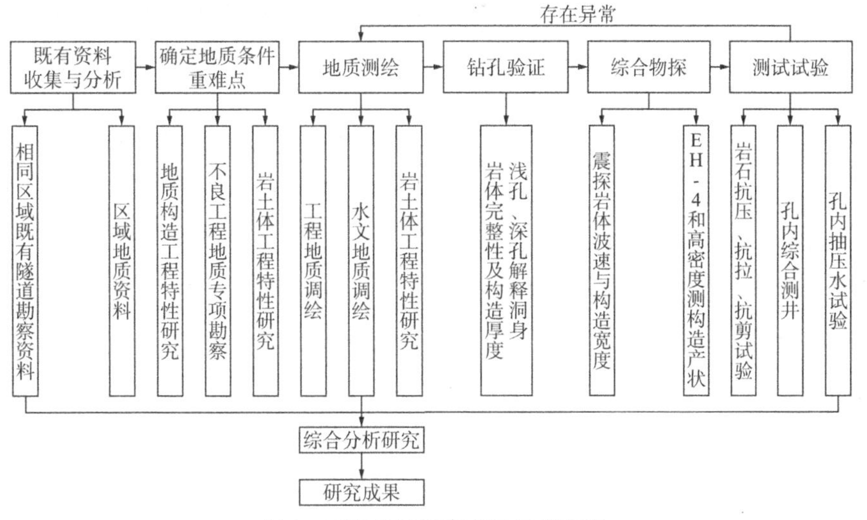

图 3　工程地质勘察方法及流程图

完成地质勘察主要工作量表　　表 2

项目	单位	数量	备注
工程地质带状测绘	km	76	
大面积工程地质测绘	km^2	26	含水文地质调绘
100 型机动钻探	孔/m	734/26300	浅孔
100 型机动钻探	孔/m	30/4673	深孔
综合测井	孔/标准点	32/22777	
物探	m/标准点	12286/7505	震法
	m/m	15404/10805	EH-4
	m/标准点	7950/5225	高密度电法

4.2　主要原则

本工程地质勘察以现场大面积地质调查测绘为依托，通过物探（震法、EH-4 大地音频电磁法、测井等）及原位测试辅助指导、结合钻探验证、测试试验等进行勘察成果资料的互相验证、综合分析。具体勘察工作原则为：

（1）在高精度遥感解译的基础上，进行 1∶10000 大面积工程地质调绘核查工作。调绘工作的重点为：主要地层的分界线、岩性、产状、完整性等；各断裂构造的位置、性质、规模、破碎程度、赋水特征等；针对遥感解译成果现场调查不良地质（滑坡、岩堆、危岩落石等）的性质、规模等；

（2）对于现场调查测绘手段解决较困难的问题，如隧道进出口段、隧道浅埋段第四系覆盖层、全风化层的厚度以及不良地质体等，采用常规物探（震法、EH-4）和浅孔钻探相结合进行勘探；

（3）对于测绘调查中发现断层构造但难以查明其构造形态及产状时，则采用高密度电法横纵剖面和浅孔勘探进行验证；

（4）对隧道埋深较大地段，以测绘调查及物探等综合勘察手段难以查明其构造形态及产状、洞身地段地层岩性、水文地质条件时，采用物探 EH-4 横纵剖面和布置深孔进一步验证；

（5）为查明深部岩体完整程度、较软变质岩的地应力及变形特征，布置多个深孔进行地应力、测井等综合测试；

（6）为查明各斜井工程地质及水文地质条件，在进行详细地质调绘的基础上，对各斜井进行了综合物探及浅孔勘探验证工作。

5 主要勘察技术成果

针对汉十高铁规模大、标准高，地形跨度大、地质条件复杂多变，对勘察质量和精度要求高的特点，项目通过采用多阶段、多方法的综合地质勘察手段和专项地质勘察评估，开展隧道群综合地质选线、不良地质和元古界变质岩专项勘察，详细查明了沿线工程地质和水文地质条件、不良地质和特殊岩土的发育特征、分布范围及影响程度等，对铁路线位的科学合理选择提供了准确可靠的基础资料。主要勘察技术成果如下。

5.1 综合地质勘察

采用工程地质调绘、原位、物探、试验测试等相结合的综合勘察方法，深入研究了武当山构造背景、构造特征及构造演化，分析掌握区域地质特征，详细查明了低山区隧道群的地质构造特性和岩土体工程特性，为地质选线的宏观把控打下了坚实的理论基础，是低山区隧道群勘察典范工程。

（1）地质构造特性研究

深入研究武当山构造背景、构造特征及构造演化，分析掌握区域地质特征，采用大面积工程地质调绘查明了断裂构造的位置、性质、规模、破碎程度、赋水特征等，采用高密度电法和钻探，详细查明了断层构造的形态、产状、空间发育特征以及与线路的关系，掌握了武当山地区地质构造环境及特征。

区域早期为印支期挤压推覆构造运动，断裂带内发育泥化糜棱岩、挤压片理及构造透镜体，力学性质属压或韧性剪切性质，经受较高温度和压力的控制。断裂构造破碎带较宽，影响范围大、构造结构面发育；剪切带内多以构造片岩、糜棱岩组成，构造片岩内也可见糜棱岩的残留体，是岩体软弱结构面存在的主要原因；侵入带内主要为绿泥石，矿物分布的差异导致辉绿岩两侧接触带易于蚀变成泥质条带，是侵入接触带岩体破碎的主要原因。

武当地块位于南秦岭逆冲推覆构造带南带，区内广泛发育 NWW 向的韧性—脆韧性剪切带—十堰—丹江壳型剪切带，两郧断裂、公路断裂与十堰—丹江壳型剪切带一起构成了区内大地构造骨架，对武当山造山带演化起着十分重要的控制和调整作用，是武当山造山带最重要的地质构造特征之一。受其影响，区内构造片岩、糜棱岩、超糜棱岩普遍发育，地（岩）层破坏较为严重（图 4）。

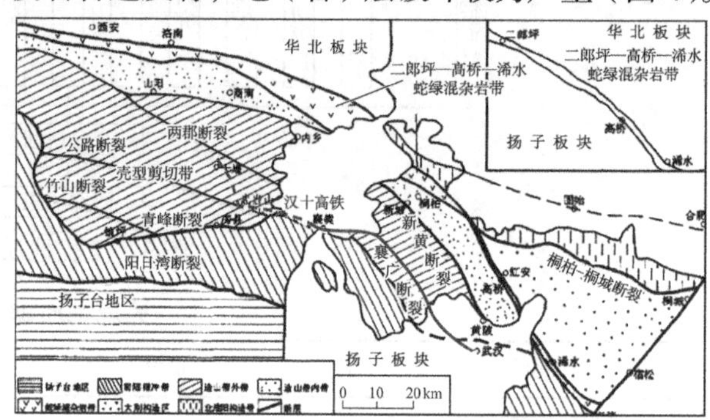

图 4 武当山地区地质构造纲要图

（2）岩体工程特性研究

采用工程地质调绘详细查明了地层的分界线、岩性、产状、完整性等地层岩性特征，针对低山区隧道围岩中最主要的岩性，选取合适岩样进行力学试验分析评价其抗压、抗剪强度（表 3），总结岩体工程地质特征及分析对隧道工程的影响：武当山隧道围岩以云母石英片岩和云母片岩为主，局部零星分布有辉绿岩侵入体。云母石英片岩和云母片岩为较软岩，易软化，变辉绿岩为硬质岩；云母石英片岩围岩级别以Ⅲ～Ⅳ级为主，变辉绿岩以Ⅱ级为主。低山区隧道群围岩Ⅱ、Ⅲ、Ⅳ、Ⅴ级分别占比为 2%、28%、38%、32%。

低山区隧道群岩体工程特性成果表　表 3

岩性	抗压强度			抗剪强度	
	抗压试验（干）/MPa	抗压试验（湿）/MPa	软化系数	黏聚力/MPa	内摩擦角/°
云母片岩	34.59	16.77	0.48	0.08	15
云母石英片岩	42.99	19.86	0.46	0.22	21.6
变辉绿岩	48.56	43.39	0.90		
泥质砂岩	11.83	3.25	0.27		

5.2 变质岩工程特性研究

系统研究了汉十高铁沿线元古界变质岩岩体的基本特性，提出了变质岩岩石、岩体、结构面物理力学参数参考值，为隧道围岩级别划分、隧道洞口高边坡稳定性分析及加固设计提供了坚实的基础资料。

1）岩体物理力学特征

基于扎实详尽的野外现场调查资料，现场原位测试成果，室内试验成果，系统研究了低山区元古界变质岩岩体的物理力学基本特性，结合变质岩时间劣化效应机理，提出变质岩岩石、岩体、结构面物理力学参数参考值，为隧道围岩级别划分提供基础参数依据。

（1）X 衍射矿物分析表明十堰地区元古界云母石英片岩矿物成分以石英、斜长石、云母、高岭石、方解石为主，其中石英含量 50%～70%，云母含量 18%～22%，岩石具片理发育，绢云母、石英呈连续性定向排列。

（2）采用针贯入、点荷载、回弹试验等现场试验和室内抗压试验进行强度检测和分级，低山区元古界变质岩普遍为软岩—较软岩，其强度与岩体中石英含量密切相关：其中广泛分布的云母石英片岩饱和抗压强度值 18～23MPa，而极少数以透镜体、夹层形式出现的硅化绿泥石石英片岩饱和抗压强度值约 70MPa，属于坚硬岩。

（3）结构面抗剪试验显示（图 5）：（绢）云母石英片岩抗剪强度统计值$c = 12$MPa，$\varphi = 43°$，结构面抗剪强度统计值$c = 2.1$MPa，$\varphi = 40.4°$，结合岩石矿物分析表明，石英含量是影响结构面强度的首要因素。

（4）片岩水理性质表明绢云母石英片岩较绿泥石石英片岩崩解性更为强烈，在软化性试验中绢云母石英片岩对水敏感性强烈，吸水后岩体强度约降低一半。

针贯入试验

原位回弹试验

岩块直剪试验

轴抗压强度试验

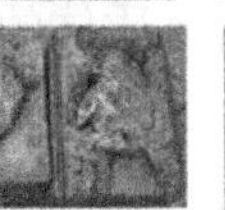

结构面剪切试验

图 5　变质岩工程特性研究系列试验

2）强度劣化规律研究

采用干湿循环试验对变质岩强度劣化进行了系统研究：在水的软化作用和干湿循环的风化作用下，第 3 次干湿循环后，所有试样强度出现明显的下降，强度衰减（劣化）速度很快，平均衰减（劣化）幅度达28.9%。15 次干湿循环作用之后（自然条件下 65～70 年），岩体强度衰减幅度达 38.2%。当干湿循环次数达到一定的数量之后（约 20 次），再进行干湿循环对岩石的单轴抗压强度影响微乎其微（图 6）。

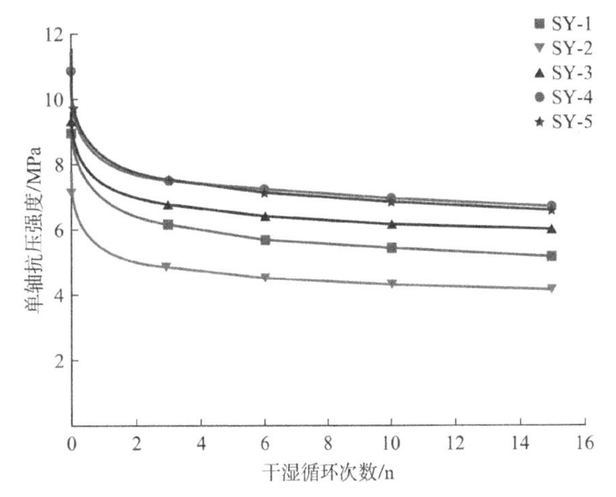

图 6　单轴抗压强度和干湿循环次数n的关系曲线

3）岩体强度估算

根据广义 Hoek-Brown 节理岩体破坏准则，提出了低山区云母石英片岩力学参数建议值，为隧道围岩级别划分、隧道洞口高边坡稳定性分析及加固设计提供了坚实的基础资料（表 4）。

低山区元古界云母石英片岩力学参数建议值

表 4

变质岩力学参数	岩石	岩体	结构面
黏聚力（c）不考虑劣化/MPa	7～14	0.4～1.2	0.05～0.1
黏聚力（c）考虑劣化/MPa	4.2～10	0.1～0.4	0.035～0.05
内摩擦角不考虑劣化/°	42～45	35～45	20～30
内摩擦角考虑劣化/°	35～40	25～35	< 20
岩石饱和抗压强度/MPa	18～23		
岩体天然抗压强度/MPa		16～37	

5.3　不良地质专项勘察

低山区地势起伏，山高林密，交通不便，不利于勘察工作的顺利开展，大规模地将激光雷达技术运用于沿线不良地质体的勘察中，利用激光点云数据经过分类、去植被化处理后可再现真实地形、地貌，从而有利于工程地质要素解译，通过利用激光雷达对不良地质进行扫描快速生成Lidar数据影像及数字高程模型，从而获得构造、滑坡、崩塌、岩堆、危岩落石等不良地质体规模、空间位置分布范围和发展趋势等，为工程地质勘察提供较准确的地质资料（图7）。

在开展隧道洞口危岩落石工程地质勘察过程中，基于充分分析区域资料及遥感解译成果资料，结合现场地质测绘辅以航拍、倾斜摄影、无人机调查，创新引进激光雷达摄影技术，实现了对全线隧道洞口坡面危岩落石情况进行识别、分析和评价。根据勘察结果，对存在危岩落石风险的隧道洞口制定了相应处理方案，确保了本线隧道洞口施工及运营安全（图8）。

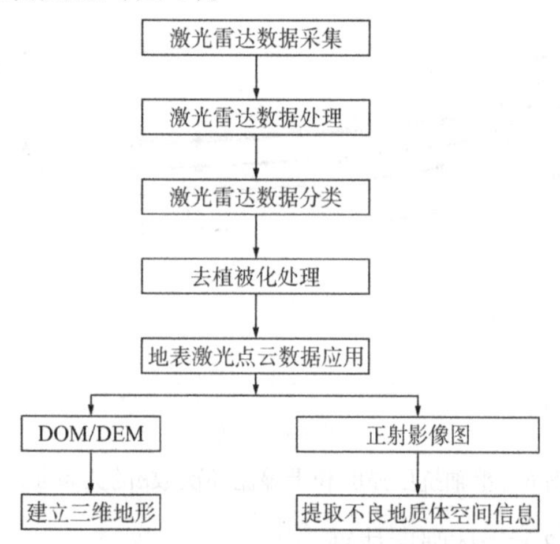

图7　采用激光雷达Lidar技术进行工程地质要素信息提取流程图

图8　张家院隧道进口危岩落石实景图

5.4　工程地质选线

在武当山区工程地质选线中，首先从宏观入手，充分利用收集到的高精度区域地质资料，结合遥感解译和地质调查工作成果，指导地质选线和初步稳定线路方案；其次通过细化工程地质勘察，详细查明了沿线不良工程地质条件和特殊岩土分布特征，逐步稳定线路方案；再围绕稳定的线路方案，采用综合地质勘探手段，开展工点的地质勘探工作，提出设计所需的物理力学参数。通过宏观到微观的逐步开展，整个地质勘察流程和地质选线实现了点、线、面循序渐进，为施工图设计和工程建设获取了详尽的地质资料。

在此工作思路下，线路在武当山地区成功避开了磨针井剪切带、丁家营剪切带等重大剪切构造，并采用路基形式以大角度通过了区内控制性断裂—公路断裂；受武当山西站设站条件控制，线位在穿过滑坡发育的双塘林场时，选择从平面上绕避张家河滑坡群，并采用深埋隧道的方式避开双塘林场滑坡可能对铁路工程的影响（图9）。汉十高铁工程地质选线充分结合了景区自然人文景观保护的需求，实现了铁路建设和景区生态和谐共存的良好局面，是铁路与沿线风景名胜和谐共存的选线典范。

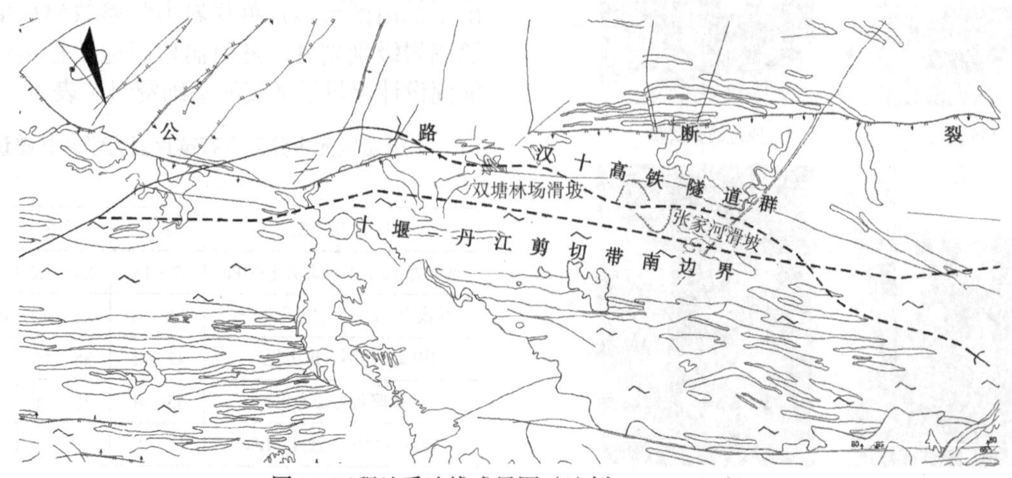

图9　工程地质选线成果图（比例1：200000）

6　实施效果及总结

汉十高铁是落实国家铁路投资体制改革要求，由湖北省主导建设的第一条特大型铁路项目，是湖北省境内一条重要的旅游观光线路，同时也是我国“八纵八横”高速铁路网中中部地区与西北地区之间的便捷联系通道，对促进鄂西北地区经济发展，具有重要的社会效益和经济效益。本勘察采用原位、物探、测试等为主的综合勘察和变质岩岩土工程特性、不良地质专项勘察方法，科学地完成了汉十高铁低山区隧道工程的工程地质勘察，取得了以下成果。

（1）采用工程地质调绘、原位、物探、试验测试等相结合的综合勘察方法，深入研究了武当山构造背景、构造特征及构造演化，分析掌握区域地质特征，详细查明了低山区隧道群的地质构造特性和岩土体工程特性，是低山区隧道群勘察典范工程。武当山隧道群勘察工作充分发挥综合勘探的技术手段，通过地质测绘、物探及辅以少量深（浅）孔钻探验证详细查明隧址区工程地质及水文地质条件，减少了深孔钻探 7 孔，节省投入约 350 万元，直接经济效益显著，间接经济效益不可估量。

（2）本勘察通过采用综合勘察与专项工程地质勘察相结合，系统研究了汉十高铁沿线元古界变质岩岩体的基本特性，提出了变质岩岩石、岩体、结构面物理力学参数参考值，为隧道围岩级别划分、隧道洞口高边坡稳定性分析及加固设计提供了坚实的基础资料。从现场施工情况来看，施工图地勘成果资料与现场地质情况基本一致，隧道区土石分界、岩石风化分带界定、危岩分级准确，隧道进出口条件调查清楚，基本没有出现因地质条件差异引起的重大变更。

（3）创新性地采用激光雷达Lidar技术进行隧道洞口危岩落石勘察，获取了大范围、大比例尺的不良地质和断层构造信息，为隧道洞口危岩支护提供了基础地质资料。

（4）针对复杂的工程地质条件，科学采用综合勘察手段、综合物探探查与钻探验证相结合的方法，详细查明了武当山地区地质构造环境及特征、岩土体物理力学性质、地下水发育情况、区内滑坡岩堆等不良地质的发育特征、分布范围及影响程度等等，对测区存在的地质问题以及可能发生重大地质灾害的原因、性质、位置、规模及危害程度等提出了相应的工程处理建议，对铁路线位的科学合理选择提供了准确可靠的基础资料，成功规避了重大地质风险，最大限度地减少了对景区的干扰，实现了高速铁路与武当山自然人文景观的和谐共存（图 10）。

图 10　汉十高铁实景图

参考文献

[1] 曾云. 湖北武当—两郧地区地质构造基本特征及构造演化[J]. 华南地质与矿产. 1998(2): 60-66.

[2] 雷世和. 武当群的构造特征及其演化[J]. 湖北地矿. 1995. 9(1): 14-20.

[3] 张宗清, 张国伟, 唐索寒, 等. 武当群变质岩年龄[J]. 中国地质. 2002. 29(2): 117-125.

[4] 湖北省地质矿产局. 湖北省区域地质志[M]. 北京: 地质出版社, 1990.

[5] 刘国惠. 秦岭造山带主要变质岩群及变质演化[M]. 北京: 地质出版社, 1993.

[6] 张宇, 干泉, 余飞, 等. 基于点荷载试验武当群片岩的风化分组及强度特性研究[J]. 岩土力学, 2012, 33(S1): 229-232.

[7] 黄永强, 徐光黎, 赵德文, 等. 干湿循环作用下云母石英片岩强度劣化度研究[J]. 中国锰业, 2020, 38(3): 33-37.

南平至龙岩铁路南戴云山越岭隧道群工程地质勘察

周青爽　刘志明

（中铁第四勘察设计院集团有限公司，湖北武汉　430063）

1　前言

南平至龙岩铁路是构成福建省铁路交通环线的重要组成部分，项目位于福建省中西部，北起既有合福铁路延平站，南至既有漳龙铁路龙岩站。正线全长246km，沿线大部分为侵蚀构造地形，线路经过区域山高坡陡、植被发育，危岩危石发育。结合本项目建设过程，危岩落石发育主要有四方面特点。

（1）地质构造发育。

南平至龙岩铁路沿线处于戴云山脉西部，沿线地处大陆东南沿海新华夏系构造带中，沿线地质构造发育，发育着不同地质历史时期的褶皱与断裂，并有多期次侵入岩活动，地质条件复杂（图1）。

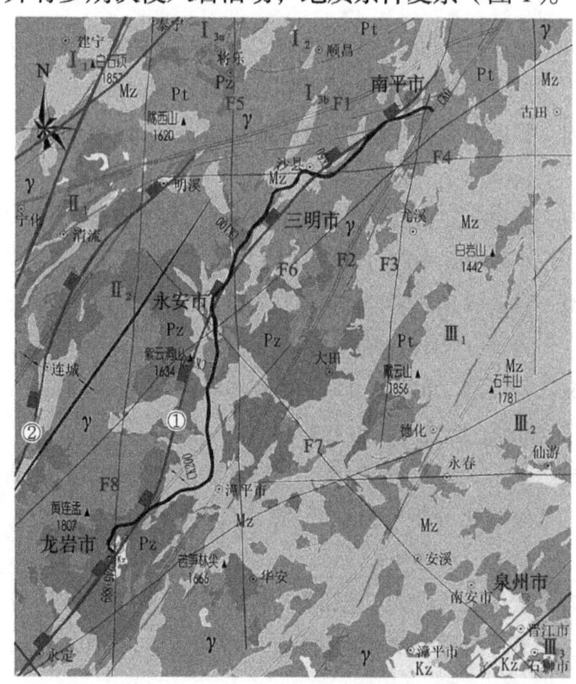

图1　南平至龙岩铁路扩能工程区域地质构造纲要图

（2）气象条件恶劣、强降雨台风天气频发。

本线地处武夷山脉东南坡、闽江、九龙江上游，属中亚热带季风气候类型。全区域具有海洋性季风气候的特点，四季分明，日夜温差较大，雨量充沛，降雨主要集中在3～9月，年均降雨量1653mm，≥0.1mm的平均降水日数为162d；年最多降水量2183mm，年最少降雨量为922mm，单日最大降水量185.9mm。暴雨台风期间，自然灾害常有发生。

（3）地形陡峻、山高坡陡。

沿线处于武夷山脉东南、戴云山脉西部，主要山脊线和河流多呈北东—南西方向，与本地区地质构造线和线路走向基本一致。沿线大部分为侵蚀构造地形，相对高差100～900m，属于中低山地貌，山高坡陡，植被发育。

（4）地层差异风化、软硬不均。

南平至龙岩铁路沿线地层新老不一，多段地层呈现软硬互层情况，以泥盆系地层、石炭系地层最为显著，受风化剥蚀作用影响，地层差异风化，片理、节理裂隙发育，易沿软弱夹层及节理层面形成不利组合结构面，岩体完整性和稳定性差。

沿线工点繁多，地质条件复杂，受风化剥蚀、卸荷作用等内在应力和台风降水等恶劣气候及人为扰动等外力作用影响，滑坡溜坍、危岩落石等地质灾害多发易发，对线路工程施工及运营安全构造严重危害。

2　工程概况

南戴云山越岭隧道群跨越福建省三明市与龙岩市，隧道群穿越玳瑁山山脉北部、博平岭西段，所处区域为福建省主要河流闽江、九龙江、晋江三条河流的分水岭，整体处于中低山地貌，地势起伏大，山高坡陡、冲刷强烈，为南平至龙岩铁路的工期与投资的重点控制性工程部位。

3　工程的特点和难点

（1）工程规模大，勘察深度和广度要求高。

南戴云山越岭隧道群由坪下隧道、南戴云山隧道、九鹏溪隧道和遂林隧道等17座隧道组成，均为单洞双线隧道，隧道总长42.44km。其中长度超过10km的隧道1座，长度超过5km的隧道3座，长度大于5km的隧道采用无砟轨道、其余采用有砟轨道。南戴云山隧道为全线最长隧道，全长12185m，隧址区最高山峰海拔约1400m，最大埋深约930m，属于特长、深埋隧道。技术实施难度大，项目工期紧张，地质选线与勘察难度高。

（2）地层岩性复杂，地质构造发育，工程地质选线难度大。

南戴云山越岭隧道群出露地层复杂，堪称地质博物馆，呈现地层年代跨度大、侵入期次多、地层岩性种类多、夹层互层多、差异风化大等特点。沉积岩（包括火山碎屑岩）主要有上古生界、中生界、新生代等阶段地层；火成岩主要为燕山旋回早期的第一次至第四次侵入岩地层。

隧道群处于华南褶皱系东部，受北西向晋江大断裂和新华夏系燕山期北北东向断裂影响，隧道群岩体节理裂隙发育，山间冲沟地段多形成节理密集带，隧道群址穿越区域有断裂23条、大的侵入接触带5条、地层不整合接触带8条，地质构造复杂区内主要构造走向与线路走向近平行，多为小角度相交，尽量减少构造对线路的影响是地质选线难题。同时断层构造之间以及断裂构造与侵入接触带相互切割地层，形成多个以断裂构造为边界条件的孤立地层单元，单元内地层围岩软硬不均、差异风化明显、节理裂隙发育、挤压破碎严重，这些因素导致围岩存在较大的不确定性，这将加大了隧道的工程地质的精准勘察难度，对工程地质勘察提出了极高的专业水准。

（3）水文地质环境复杂，水文地质单元类型多。

突涌水作为山区铁路隧道建造项目的重点地质灾害风险，一旦发生，将对施工人员和设备的安全造成不可估量的灾害，是山区铁路水文地质勘察研究的重中之重。南戴云山隧道群所处区域为福建省主要河流闽江、九龙江、晋江三大水系分水岭。南北两侧沟壑纵横，地表径流发育，隧区内地质构造十分复杂，水文地质单元类型多，边界条件不确定性大，准确判定隧道内地下水与地表水的水力联系是南戴云山隧道群工程勘察工作的重点与难点。

（4）隧道埋深大，高地应力现象明显。

该隧道群中多为深埋山岭隧道，76%隧道平均埋深超过500m，其中南戴云山隧道洞身最大埋深为930m，围岩为花岗岩，岩质硬，极易导致高地应力现象。勘察过程中通过采取深孔地应力测试对高地应力段落进行判识，为后续设计提供可靠的地质依据，避免在施工过程发生大规模岩爆事故。

（5）深埋段落存在高地温现象。

隧道群多以深埋火成岩隧道为主，隧道埋深大，且受火成岩地层放射性衰变的影响，容易产生深层高地温现象。隧道长距离高地温一方面容易导致施工工效降低，有效工作时间缩短；另一方面导致施工措施费增加，大幅增加工程投资。

（6）隧道群沿线滑坡、泥石流、危岩落石、岩溶等不良地质发育，地质选线勘察难度极大。

隧道群线路走向呈北东向，与本区段的主要控制构造新华夏系和华夏系构造的走向基本一致。线路沿途地质构造发育，岩体破碎，工程地质条件复杂，滑坡、泥石流、危岩落石、岩溶等不良地质体极度发育。通常，在构造发育的复杂山区修筑高速铁路时需绕避规模大、发育程度高的不良地质体，如受线路线形、设站选址影响无法绕避时，需对不良地质体的规模、特征、危害性进行评估。地质选线难度极大（图2）。

图2 危岩危石暴露情况调查标定

4 专项勘察

在南戴云山隧道群地质勘察之初，开展充分调查研究，针对同类工程地质勘察所积累的经验教训开展总结分析；结合工程特点，制定详尽的勘察设计计划，分阶段开展地质勘察；采取综合地质勘察手段对工程地质勘察资料进行相互验证，确保工程地质勘察资料真实性、完整性，有效指导工程设计。

（1）采取综合地质勘察手段验证勘察成果资料。

勘察中充分利用地质遥感、大面积地质测绘、深孔与浅孔钻探、多种物探、原位试验、综合测井等手段对隧道围岩特征、不良地质体进行判识。针对地震和普通电法勘探等常规物探测试手段有效测试深度有限的问题，布设了多条音频大地电磁法测线，对隧道深埋地段洞身构造、岩性等特征进行勘察，并结合深孔验证，为准确划分深埋隧道洞身围岩等级提供依据。

在地质成果资料判识的过程采用了综合分析与解疑、互相验证、单项成果与最终成果逐级评审等多项先进、严谨的工作方法，最终确保地质资料满足南戴云越岭隧道群地质选线与勘察的深广度。

（2）充分开展地质选线研究，降低工程风险。

在隧道群的地质勘察过程，开展了大量的遥感解译、地质踏勘、带状测绘、大面积地质测绘、灾害评估、线位比选工作，绕避了多处大型滑坡、泥石流、危岩落石以及大规模岩溶强发育段等不良地质体，对无法躲避的进行评估，将工程风险控制在可接受限度，后期通过加强工程防护和监测措施，确保工程安全。

（3）加强水文地质调查、勘察工作。

常规条件下，在深埋隧道涌水量预测中，通常某一种计算方法不能真实反映隧道施工季节的正常涌水，需对水文参数进行最大化处理，采用多种涌水量预测方法综合计算，获得涌水量的最大值与正常值。

南戴云山隧道群中每个隧道的地形地貌、地质条件均不同，通过工程类比法、水文试验法、经验法对每个隧道每个水文地质单元的水文力学参数进行估算，对隧道群的地下水发育程度采用多种估算方法，较准确预测隧道的地下水涌水量。如遂林隧道（全长 7047m）与区域断裂相交，地层以凝灰岩为主，隧道整体埋深较大，其中 F1 断层设计估算值约为 1430m^3/d，经过施工核对确认，实际出水量平均约 1500m^3/d，与设计相符程度高。涌水量的准确预估有利于制定合理的施工组织方案（图 3）。

图 3　遂林隧道 F1 断层涌水现场照片

（4）开展深埋隧道地应力、高地温专项勘察。

深埋山岭隧道中 76%隧道平均埋深超过 500m，高地应力、高地温等深埋隧道工程地质问题分布较广。其中南戴云山隧道洞身最大埋深为 931m，围岩为花岗岩硬质岩，极易导致高地应力现象。勘察过程中通过采取地应力测试对高地应力段落进行判识，其中南戴云山隧道钻孔地应力测试资料的分析中，隧道的地应力以自重应力起主导作用，且最大主应力方向为北西向，相应开展地质选线，优化线路条件，为后续的设计工作提供可靠的地质依据，避免在施工过程存在大规模岩爆事故。南戴云山隧道围岩存在高地应力地段 4055m，隧道在开挖过程中洞壁岩体有剥离和掉块现象，但通过采取针对性防护措施，未造成人员和设备损伤（图 4）。

图 4　南戴云山隧道高地应力岩爆现场照片

在勘察过程中，布设多个深孔，根据深孔综合测井成果资料，实测孔底距地面高度、地温梯度与孔内温度，推测掌子面标高的温度。根据计算结果，预测南戴云山隧道区埋深 ≥ 477m 的地段的地温温度 ≥ 28℃，最高 40.1℃，存在地温危害区域。施工过程中，在现场实测 DK145 + 450～

DK150＋125段落平均地温均大于33度，与勘察结论基本一致。

（5）重点开展危岩落石不良地质体勘察评估。

通过对隧道群危岩落石开展系统性调查分析，确认危岩落石不良地质体发育特征及影响程度，开展有针对性的工程地质选线，绕避危岩落石大范围出露段落，受线路分布经济社会影响及工程措施风险论证考虑，隧道群所处区段仍有多段危岩落石分布，通过采取三维遥感技术等手段开展调查工作，全段分布27处危岩落石工点，危岩落石出露状态、危害程度各有不同（图5）。

图5　谢鹅山隧道进口地形地貌图

5　工程勘察技术总结

南戴云山越岭隧道群采取综合地质勘察手段，并结合地质灾害评估及压覆矿产调查、地震安全评估等专题地质工作研究，查明了隧道群沿线复杂的工程地质及水文地质条件，对测区的地层构造、地下水发育段落、地表水和地下水的水力联系、高压涌水地段、涌水量等开展较为详尽的勘察和预测，为隧道工程设计、施工提供了科学依据，保证了工程的顺利进行，确保了工程安全稳定和运营安全。

（1）贯彻建设精品工程的理念，引入专家决策，确保勘察体系质量。

南戴云山越岭隧道群作为南龙铁路的关键性控制工程，工程规模宏大，为满足铁路施工安全及长期稳定、安全运营的要求，强调地质勘察的高质量理念。

在隧道地质勘察过程中，对遥感解译及现场大面积工程地质及水文地质调查、综合物探、钻探、孔内综合测试及室内岩土试验等制定了详细的技术标准和技术要求，提前进行策划，成立专家组加强对地质勘察工作的现场指导与检查；在勘察过程中，对勘探质量建立第三方检查体系，确保勘探质量可靠；在室内整理资料过程中，对地质勘察所获取的各项地质信息进行系统的分析，不遗漏任何可能给施工和运营安全带来危害的地质问题。

（2）采用了可视化遥感进行地质选线的新方法，提高了工程地质勘察效率。

南龙铁路南戴云山越岭隧道群地质选线与工程地质勘察中将区域地质图、地形图、水文地质图、矿区图等各类既有地质资料进行数字化、信息化处理，在统一的坐标系统中进行图层叠加、信息提取操作，形成了多源地质信息集成数据库，使具有多源性、离散型和定性特征的不确定的地质信息数据，转化为连续、定量的数据，保证地质信息的有效性、可靠性与一致性。

多维叠加模型的实现，突破了各种工程地质信息单独分析的壁垒，建立同一个隧道的地灾、地震、压矿、地层岩性、地质构造、水系、地形地貌的全信息化模型，实现多尺度浏览、全方位综合分析的工作模式。地质人员根据建立的遥感可视化模型，进行地质选线、地质调绘和勘探点布置，大大提高了工程地质勘察的工作效率，合理规避了工程风险并节约了工程投资。经工程施工、运营验证表明，勘察理念的提升对确保地质勘察精度和质量起到了重要作用，是高速铁路安全施工及长期顺利运营的重要保证（图6）。

（3）勘察策划工作周详，勘察工作量计划合理。

南戴云山隧道群作为全线的关键性控制工程，勘察技术水准要求高，科学合理地进行勘察策划，对各种不良地质类型采用相对应的勘察手段，是工程地质勘察策划的重点。

在开展勘察工作前，在综合分析、合理利用既有区域工程地质资料、水文地质资料、采空区资料基础上，采取综合勘测手段，获取各工点所需岩土参数，并对各种勘察方法提出了具体要求。这种仅在关键性部位布置勘探工作的方法，大大减少了浅孔与深孔的勘探量，将勘探工作量控制在合理的范围，这样一方面满足了设计深广度要求以及勘察工期要求；另一方面，为国家工程建设节约了大量勘探经费。

实践证明，对隧道群采用的综合勘探手段在技术上是先进的、各方法实施顺序的逻辑性是强相关的、勘探工作是满足设计深广度要求的。

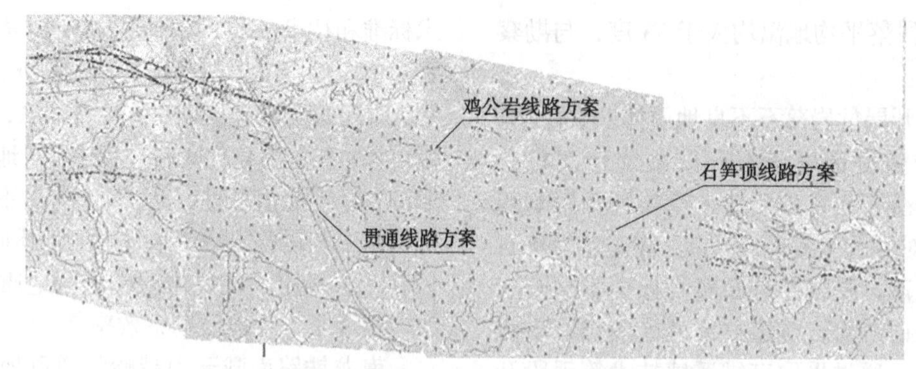

图 6　南戴云山隧道群地质选线线路方案比选示意图

（4）严格进行勘察质量控制，保证勘察资料的可靠性、正确性。

勘察过程中认真推行全面质量管理，质量目标明确，责任落实到人，在各勘察阶段均严格执行中铁第四勘察设计院集团有限公司 ISO9001 质量体系文件。勘探开工前，对进场的所有技术人员进行技术交底。地质技术人员与勘探项目部、地勘监理单位等管理人员共同监督机组的施工情况，加强钻探质量巡视检查及终孔验收工作，共同保证勘探质量。在整个工程勘察的过程中，项目管理做到了科学组织，管理有序。

6　结语

（1）南戴云山越岭隧道群小角度穿越构造发育的山岭，工程地质及水文地质条件复杂，通过分阶段实施、科学策划，合理利用勘探手段以及室内详细工程地质分析工作，查明了洞身地质条件及风险点，提供了可靠的地质成果资料，保证了南戴云山隧道群工程设计的合理性和安全性，缩短了工期、降低了造价、避免了大的工程风险。

（2）采取多种勘察手段相互验证，提高工程勘察精度，勘察结果满足各类工程构筑物结构设计及稳定性评价要求，高质量的工程地质勘察成果保证了线路施工的安全顺利，为后期工程建设顺利进行提供了有力保证。

（3）南戴云山越岭隧道群邻近漳平市天台山国家级森林公园，勘察阶段环保要求高，勘察过程贯彻“生态优先”理念，尽量绕避不良地质体以及生态薄弱地带，减少水土流失对当地生态系统的破坏，效果良好。

经隧道施工开挖揭示，现场地质情况与设计吻合度高，没有因地质资料不准而引发施工地质灾害与工期延误等较大类变更设计。隧道群施工全过程均未发生任何突水突泥、坍塌等安全事故，保证了隧道施工的安全顺利。截至目前，隧道群工程运营状况良好，地质勘察工作经受了施工验证与运营检验，取得了显著的技术、经济和社会效益。

汕汕铁路汕头湾海底隧道岩土工程勘察实录

徐玉龙　曾长贤　姚洪锡
（中铁第四勘察设计院集团有限公司，湖北武汉　430063）

1　工程概况

汕头湾海底隧道跨广东省汕头市濠江区和龙湖区，线路北东—北东东走向，隧道起讫里程为DK155+159.00～DK164+930.00，全长9.771km，是汕头至汕尾高速铁路的控制性工程。隧道于2017年4月初测，2017年11月至2018年3月定测，2019年底开工建设。

隧道先后穿越丘陵区、汕头海湾和三角洲相沉积平原区，长度分别约6km、2km和1.7km。隧道最大埋深约180m，轨面为U形坡设计。越岭段主要采用矿山法开拓，设置2个斜井；海底段约1.2km采用矿山法开拓、盾构法支护，0.8km采用盾构法开拓和支护；平原段采用盾构法和明挖施工(图1)。

隧道穿17条断层，下穿海湾段存在桑浦山活动断裂带，桑浦山活动断裂带在汕头海湾段由4支8条断裂组成，2条主断层控制海底地堑，断裂带分布特征、活动性是决定工程成立的关键问题。隧址花岗岩不均匀风化、砂土液化、软土震陷等不良地质发育，工程地质条件极为复杂。因此，海底隧道的勘察与评价，是项目的重点和难点。

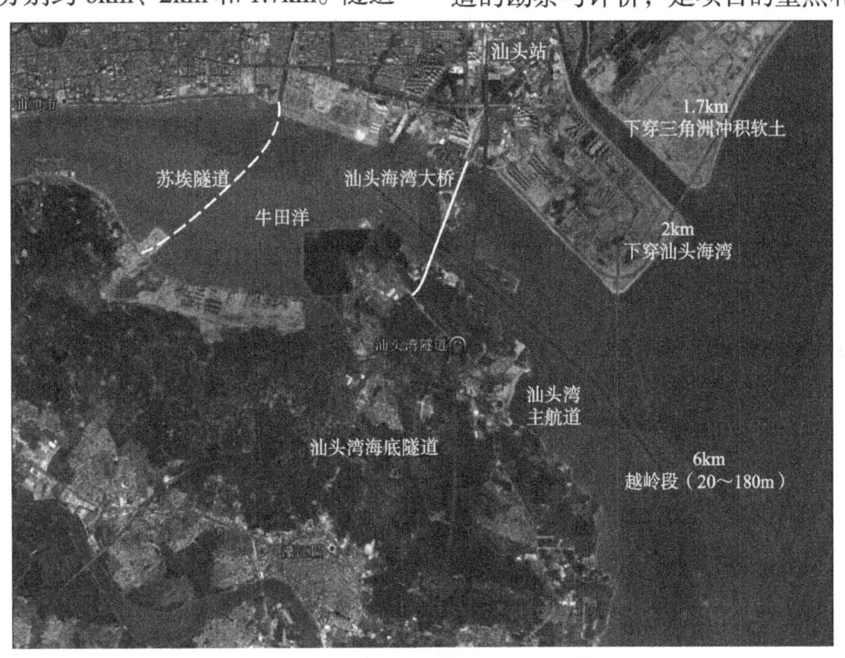

图1　汕头湾海底隧道卫星平面图

2　岩土工程条件

2.1　地形地貌

隧道越岭段位于剥蚀丘陵区，地面起伏较大，谷地区地面高程5.000～10.000m，丘陵区地面高程50.000～185.000m，自然坡度20°～30°。

隧道海底段下穿汕头海湾，水面标高0～2.000m，水下地形整体较平缓，地面高程-20.000～2.000m，局部起伏较大；线路右侧距离妈屿岛约80m，妈屿岛最高海拔约25m；线路右侧距离德州岛约260m，德州岛最高海拔约56m。

隧道出口段穿三角洲相沉积平原区，地形平坦开阔，地面高程2.000m左右，多辟为工厂、大型小区及市政道路。

2.2　地层岩性

隧道区出露的地层有第四系全新统(Q_4)覆盖层及燕山期(γ_y^5、γ_y^3)、喜山期(ν)花岗岩地层。

越岭段地表覆盖层主要为残坡积粉质黏土，厚度4～7.8m，其下为花岗岩风化层。海底段、三角洲平原段覆盖层主要为第四系晚期海相、三角洲相沉积物（Q_4^{det}），海底段覆盖层厚度一般约20m，顶部分布淤泥、淤泥质黏土，下部为粉细砂、中粗砂等；三角洲冲积平原区覆盖层厚度大，一般厚度约为60m，分布两层厚度稳定的淤泥质粉质黏土。隧址区主要岩土力学参数如表1、表2所示。

土体物理力学性质设计参数建议值表 表1

地层编号	时代成因	岩土名称	天然重度	天然含水率	天然孔隙比	直接快剪		压缩模量	泊松比
						黏聚力	内摩擦角		
			γ	w	e_0	c	φ	E_s	ν
			kN/m³	%		kPa	°	MPa	
⑥$_{0-1}$	Q_4^{det}	淤泥、淤泥质土	16.5	55.54	1.63	6.23	7.14	2.18	0.45
⑥$_{0-2}$	Q_4^{det}	淤泥质土	18.3	44.87	1.25	26.77	14.27	2.92	0.4
⑥$_{1-3}$	Q_4^{det}	粉质黏土	19.2	36.12	1.02	21.97	13.96	3.1	0.39
⑥$_{3-1}$	Q_4^{det}	粉砂	18.5	—	—	—	23	—	0.3
⑥$_{5-0}$	Q_4^{det}	淤泥质中砂	**19	—	—	—	20	—	0.35
⑥$_{5-1}$	Q_4^{det}	中砂	19.5	—	—	—	27	—	0.3
⑥$_{5-2}$	Q_4^{det}	中砂	19.5	—	—	—	30	—	0.25
⑥$_{7-1}$	Q_4^{det}	细圆砾土	20	—	—	—	35	—	0.22
⑫$_{5-1}$	γ_y^3	全风化花岗岩	19.4	21.07	0.70	30.33	22.57	4.51	0.25
⑫$_{5-2}$	γ_y^3	强风化花岗岩	21	—	—	500	33	—	0.2
⑫$_{5-3}$	γ_y^3	弱风化花岗岩	26.7	—	—	1.33×10^4	42.9	—	0.25

岩石物理力学性质参数设计建议值表 表2

层号	时代成因	岩土名称	颗粒密度	吸水率	饱和抗压强度	干燥抗压强度	天然抗压强度	耐磨性指标
			kN/m³	%	MPa	MPa	MPa	0.1mm
⑫$_{5-3}$	γ_y^3	弱风化花岗岩	26.8	0.30	72.75	84.80	71.13	3.84

2.3 构造地质

隧址地质构造属潮汕盆地中的次一级断隆山—桑埔山前缘。潮汕盆地的基底为燕山期中酸性花岗岩，其间充填厚达30～170m的松散沉积物，基岩古风化壳普遍被埋于第四系覆盖层之下。区域燕山期构造运动比较强烈，此后构造运动渐趋减弱，余波至今未息。潮汕盆地是断层活动明显的活动性盆地。盆地内及其周围分布有数条北东—北东东向和北西—北西西的大断层。隧址区主要为北西构造群，断裂以北西向为主，其次有东西向断裂。

根据区域地质资料及沿线调查，结合震探、EH-4和高密度电法等综合分析，隧址区发育17处断裂带、2处低速带及多处岩体破碎带，局部分布节理密集带及风化蚀变带（图2）。线路DK159+000附近为燕山期第三次侵入（γ_y^3）花岗岩与燕山期第五次（γ_y^5）侵入花岗岩侵入接触带。

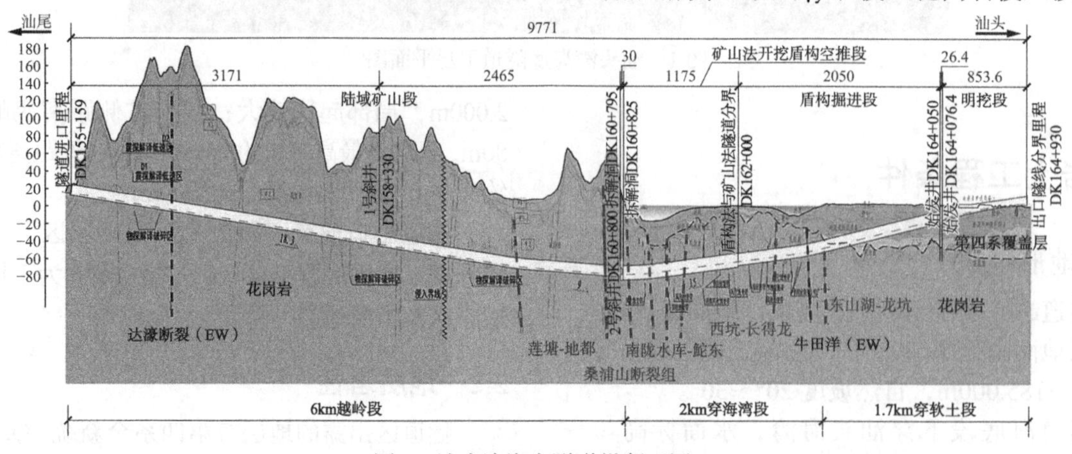

图2 汕头湾海底隧道纵断面图

2.4 水文地质

越岭段以基岩裂隙水为主，多为风化裂隙水，地表泉点多，但水量小，泉流量多在0.014～1.8L/s，水量季节性变化较大，主要受大气降水所控制。海底段赋存一层稳定淤泥质黏土，将海水与地下水隔开，地下水主要以基岩裂隙水为主。三角洲冲积平原区含水岩组主要为第四系海积、海陆交互沉积和冲积成因的砂层，含水岩组厚度一般多大于10m，由于砂层顶底板有相对隔水层，地下水具有承压特点。

2.5 地震地质

1）地震动峰值参数

根据《中国地震动参数区划图》GB 18306—2015附录A“中国地震动峰值加速度区划图”和附录B“中国地震动加速度反应谱特征周期区划图”分析，Ⅱ类场地条件下，本场区地震动峰值加速度分区为0.2g，地震反应谱特征周期分区为0.4s，地震基本烈度分区为Ⅷ级。根据场地地震安评，该场地地表加速度设计反应谱见表3。

汕头湾海底隧道重点场地地表加速度设计反应谱曲线拟合结果（5%阻尼比）　表3

特征参数	超越概率						
	50年63%	50年10%	50年2%	100年63%	100年10%	100年2%	100年1%
A_{max}/（cm/s²）	85.0	240.0	360.0	100.0	280.0	410.0	490.0
α_0	0.087	0.245	0.367	0.102	0.286	0.418	0.500
β_{max}	2.5	2.5	2.5	2.5	2.5	2.5	2.5
α_{max}	0.217	0.612	0.918	0.255	0.714	1.046	1.250
T_1/s	0.1	0.1	0.1	0.1	0.1	0.1	0.1
T_g/s	0.65	0.90	1.10	0.70	0.95	1.20	1.30
γ	1.0	1.0	1.0	1.0	1.0	1.0	1.0

2）场地地震特征

（1）近场区地震构造特征

工程近场区属于我国东南大陆边缘活动带，存在两组主要断裂构造：北东向和北西向。北东向断裂主要有F5潮州—汕尾断裂、F7饶平—汕头断裂，其中潮州—汕尾断裂属于区域上Ⅰ级构造分界线，断裂的汕头至揭阳段在全新世有活动。北东向断裂规模比较大，长度一般上百公里，连贯性比较好，多为逆冲断裂，受菲律宾板块与欧亚板块挤压作用，容易蓄积应变能，易发震，是近场区主要的控震构造和发震构造。

北西向断裂F11～F13分别为普宁—田心断裂、榕江断裂、韩江断裂，均在全新世有活动。北西向活动断裂密集发育于潮汕盆地，为北东向构造的伴生构造，它们在北西西向区域主压应力场作用下容易产生左旋走滑位移（图3）。

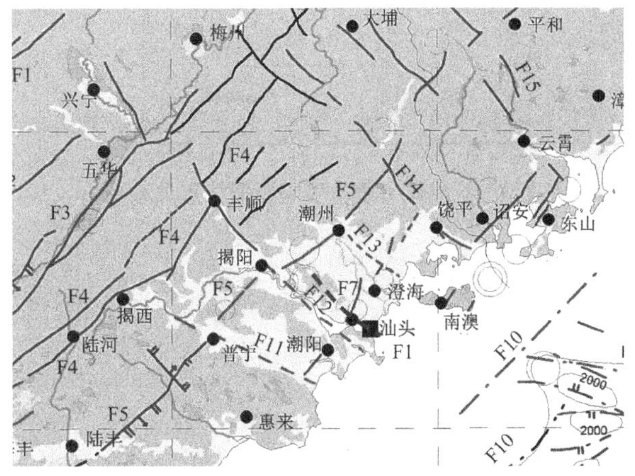

（F1桑浦山断裂NW；F4丰顺—海丰深断裂带NE；F5潮州—汕尾断裂NE；F7饶平—汕头断裂NE；F11普宁—田心断裂；F12榕江断裂NW；F13韩江断裂NW；F14黄岗河断裂）

图3　近场区构造分布图

（2）场地历史地震分析

近场区共记录到5次$M \geqslant 4.7$级破坏性地震（表4），最大地震为1067年广东潮州一带6¾级地震。

近场破坏性地震目录（1641—2017 年 12 月，$M \geqslant 4.7$） 表 4

发震时间			震中位置			精度	震级	震中烈度	深度/km
年	月	日	纬度	经度	参考地名				
1067	11	12	23.6	116.5	广东潮州一带	3	6¾	Ⅸ	
1641	11	26	23.5	116.5	广东揭阳炮台	2	5¾	Ⅶ	
1886	1	13	23.4	116.7	广东汕头	2	4¾	Ⅵ	
1895	8	30	23.5	116.5	广东揭阳炮台	4	6	Ⅷ	
1962	4	24	23.5	116.8	广东澄海附近	3	4¾		

近场区五次地震中，广东汕头 4¾级（1886）地震与广东澄海 4¾级（1962）地震分布在饶平—汕头断裂一带，饶平—汕头断裂为两次地震的发震断裂。

广东潮州 6¾级（1067）、广东揭阳 6 级（1895）和 5¾级（1641）地震，均位于潮州—汕尾断裂沿线，其中广东潮州 6¾级（1067）地震震中位于潮州—汕尾断裂中间，该地震为潮州—汕尾断裂错断引起的地震。而广东揭阳炮台附近的 6 级（1895）和 5¾级（1641）两次地震位于北东向潮州—汕尾断裂与北西向榕江断裂交汇处，但两次地震等震线主轴方向为北东向（图 4～图 6），一般地震灾害沿发震断层走向衰减较慢，说明这两次地震的发震断裂应该是北东向潮州—汕尾断裂。

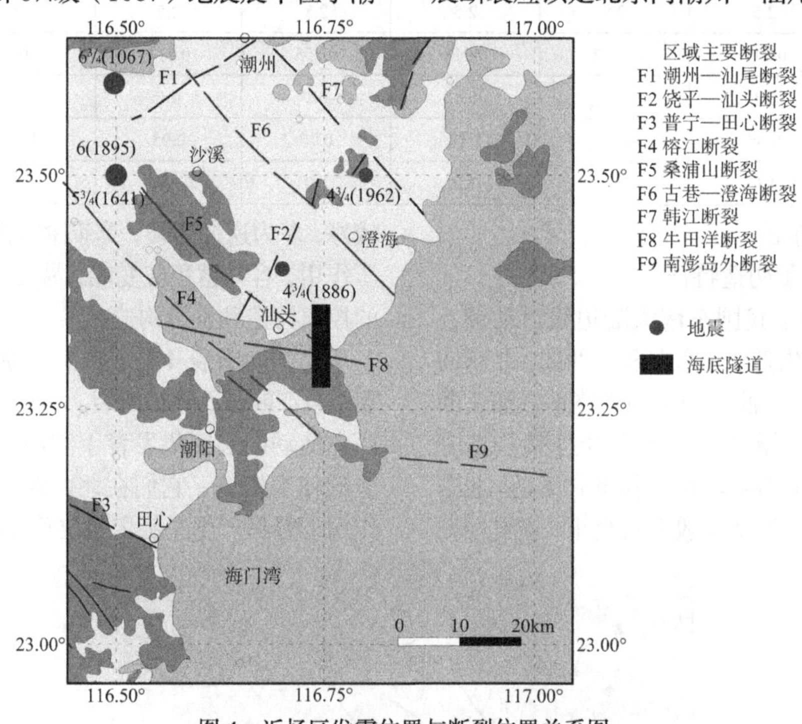

图 4 近场区发震位置与断裂位置关系图

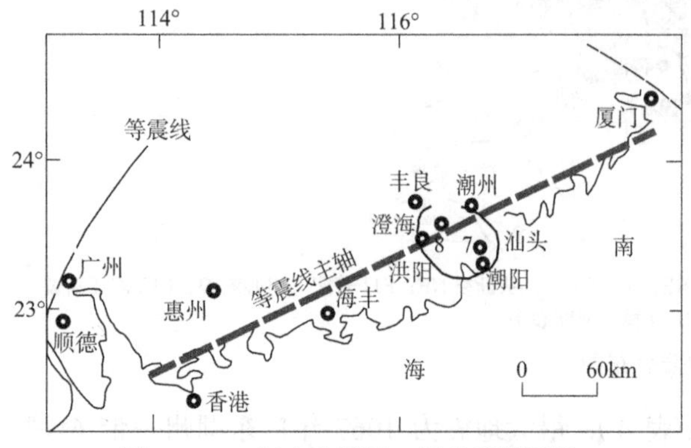

图 5 1895 年广东揭阳 6 级地震等震线

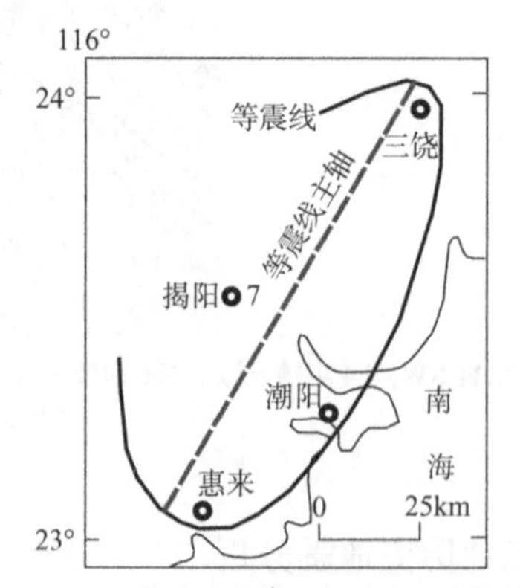

图 6 1641 年广东揭阳 5¾级地震等震线

3）活动断裂

桑浦山断裂带由地都—莲塘断裂、南陇水库—鮀东断裂、西坑—长德龙断裂、东山湖—龙坑断裂和玉涧峰—庄陇断裂等数条北西向断裂组成。断裂带总体走向310°～330°，延伸较平直，一般倾向南西，倾角 70°～85°，露于桑浦山和达濠半岛汕头地区油库一带，中段通过汕头市区，经汕头海湾入海，与汕头湾海底隧道在汕头海湾处大角度相交（图 7）。

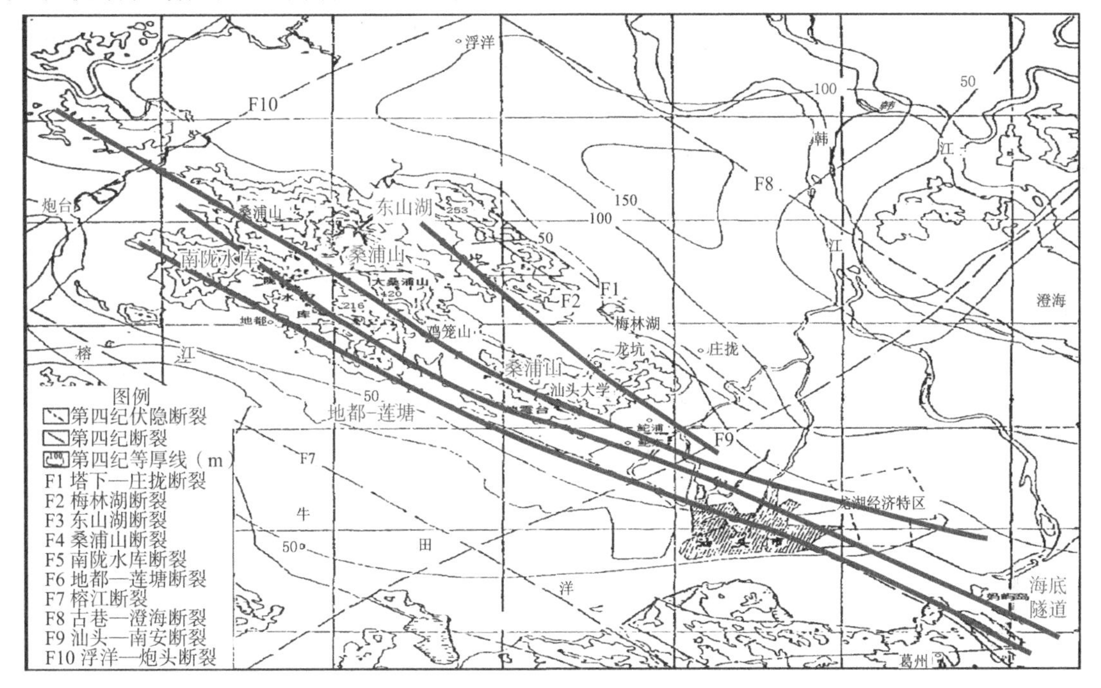

图 7　桑浦山断裂带平面展布形态

3　岩土工程分析与评价

汕头湾海底隧道分为越岭段、海底段和三角洲冲积平原段三个段落组成，下面分述各段落的工程地质勘察方法与评价结论。

3.1　越岭段

3.1.1　勘察

越岭段在地质测绘基础上，采用物探联合钻探的综合勘探手段。沿线位布置物探 EH-4、震探，在隧道低阻异常区、震探低速区施加钻探查明低阻带情况。

越岭段长度共计 6km，完成 EH-4 共计 5.4km、震探 6km，完成钻探工作量 13 孔总计长 1094.33m（含 4 个深度大于 100m 的深孔），对主要的低阻异常区进行了钻探验证。

3.1.2　评价

越岭段主要穿越丘陵地貌，岩性主要为燕山期第五次侵入（γ_y^5）花岗岩和燕山期第三次侵入（γ_y^3）花岗岩，岩质坚硬。越岭段整体上以Ⅱ、Ⅲ级围岩为主，局部的岩体破碎带分布Ⅳ、Ⅴ级围岩。

该段隧道洞身发育断层 F0～F7，部分为区域大断裂，断层破碎带及其影响带最宽约 170m；洞身段局部有震探低速带、岩体破碎区及节理密集带；断层破碎带及其影响带、震探低速带、岩体破碎区及节理密集带内裂隙发育，岩体较破碎，导水性强。

越岭地区部分靠近水库地段为中等富水区，其他地段以基岩裂隙水为主，主要为弱富水区。

越岭段不良地质为花岗岩不均匀风化。隧址地表为“石蛋”地貌，地表出露球形风化体最大有十几米，地下也存在强烈的风化不均的现象。钻探揭示在厚达十几米的弱风化下存强风化甚至全风化的现象，全风化层中出现弱风化或强风化孤石，孤石粒径风化核大小不一，一般 2～3m，最大可达 5m，表明花岗岩不均匀风化发育。隧道设计施工中采取超前地质预报或其他合理的措施防范不均匀风化带来的风险。

3.2　海底段

3.2.1　勘察

海底段勘察仍在物探基础上进行钻探。物探

主要采用震探，主要目的为查明桑浦山活动断裂。沿线位布置16条震探测线，测线间距35m，形成海域三维震探解译图。在此基础上沿隧道洞身交错布置钻孔，盾构段间距30m，矿山法段50m，在物探解译断裂处加密，控制整个海域的地层结构和断裂分布。

海底段完成水下震探21.68km，完成水上瞬变电磁3.09km，完成钻探64孔。其中线位正穿汕头湾主航道段落长度200m，采用半幅封航、海上平台作业的形式完成钻探。

由于桑浦山活动断裂是由多支组成，海域区钻探难度大，为进一步验证查明活动断裂展布形态及活动时代，在桑浦山断裂陆域段进行浅层人工地震勘探，结合联合剖面钻探和第四系测年对桑浦山断裂活动性进行了研究。浅层人工地震测线与桑浦山断裂带近垂直交叉，交叉段距离汕头湾隧道场址为15km左右。

3.2.2 评价

（1）海底地层特征

汕头湾海域海底表层覆盖第四系海相沉积物，主要为淤泥、淤泥质粉砂、细砂等，一般厚度20m左右。下伏基岩为燕山期第三次侵入（γ_y^3）花岗岩，全—弱风化，全风化层呈砂土状，厚0.5～14m，强风化层厚1.5～15m；弱风化层岩体较完整，岩质硬。

隧道洞身走在弱风化地层，整体上以Ⅱ、Ⅲ级围岩为主，局部的岩体破碎带、断层分布Ⅳ、Ⅴ级围岩。海底段断裂带、节理密集带、风化蚀变带内裂隙发育，岩体较破碎，导水性强，本段海底隧道区为强富水区。

（2）花岗岩不均匀风化

与越岭段类似，钻探揭示钻孔内存在较多不均匀风化体。花岗岩不均匀风化对盾构机带来较大的挑战，软硬不均的工作面易导致盾构掘进偏离中心线，花岗岩较高的石英含量对刀盘和刀具的破坏性强，在盾构选型和刀盘切削能力方面，需考虑岩石的强度和掘进长度，刀盘选择时，也需要充分考虑地层的不均匀性。

（3）活动断裂

物探及钻探验证，桑浦山活动断裂在海域内呈现4支8条形态，其中地都—莲塘断裂由2条断裂构成，分布在陆域段；南陇水库—鮀东断裂由4条断裂组成，其主干断层（F9、F10）控制汕头湾海域基底断陷，同属地堑断层，在海底地貌上具有深槽特征，构成桑浦山断裂带的主干断裂；西坑—长德龙断裂分布在海湾副航道，东山湖—龙坑断裂则位于平原段，纵断面展布形态见图8。

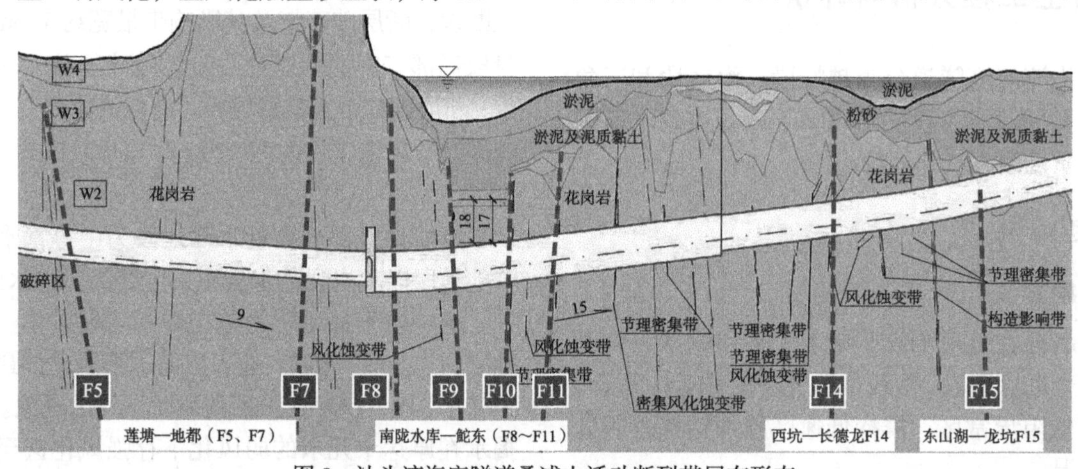

图8　汕头湾海底隧道桑浦山活动断裂带展布形态

既有研究及邻近汕头海湾大桥勘察期间对主航道内试样C14测年结果，认为桑浦山活动断层为晚更新世以来有活动的断层，属于微弱全新活动断裂。汕头湾海底隧道勘察过程中，通过陆域揭示的桑浦山断裂处未错断的第四系地层进行光释光测年分析，发现未错断的地层最早形成于1.4万±0.12万年和1.2万±0.12万年期间，说明桑浦山断裂错动晚更新世地层，未见明显错断全新世地层。由于活动断裂活动时代非常复杂，往往需要多次研究综合确定。综合地貌、海湾大桥测年及本次联合排钻测年研究认定，桑浦山断裂带为晚更新世以来有活动的断层，全新世存在微弱活动的特征。

为进一步确定活动参数，通过利用GNSS连续站及流动站2009年至2017年的监测数据，计算工作区及周边GNSS速度场。选取边界断裂带两侧一定范围内的GNSS台站，将速率投影在断层的走向和法线方向上，得到两个方向速度分量的剖面，利用跨断层剖面方法计算了影响工程场地的北东走向和北西走向两组断裂的运动特征，如图 9 所示。

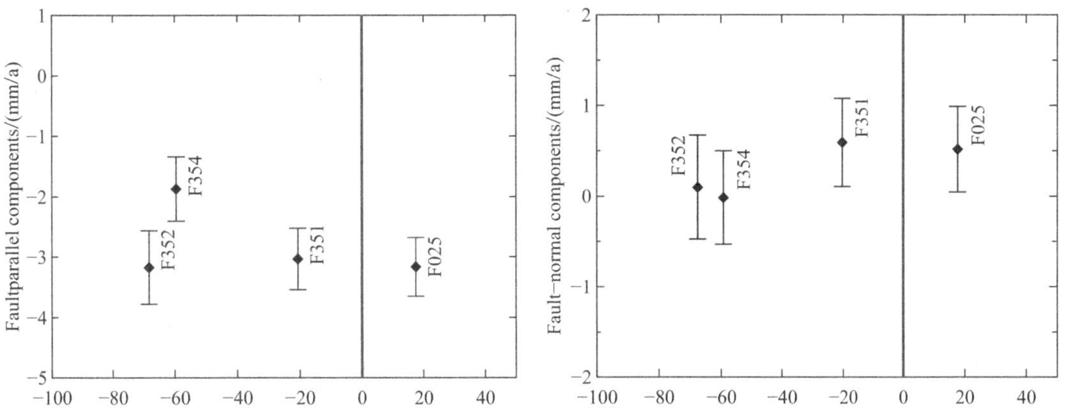

图 9　跨桑浦山断裂的 GNSS 测站速度剖面

（左侧为平行断层剖面，右侧为垂直断层剖面）

据此得到平行区内北西走向断裂的左旋走滑速率为 0.08 ± 0.53mm/a，垂直断裂的运动速率为 0.09 ± 0.57mm/a。其中计算的速率值是通过断层两侧点位速率统计相减得到的，走滑及垂直相对变形值分别为 0.08mm/a 和 0.09mm/a；±0.53mm/a 和±0.57mm/a 为原始监测数据的测量误差及累积误差。

从以上变形值可以看出，断层两侧相对平均活动速率小于 0.1mm/a，属微弱全新活动断裂。也进一步证明了活动断裂带年代分析确定的全新世微弱活动特征。

综合确定桑浦山断裂带在汕头湾海底隧道段表现为地都—莲塘断裂、南陇水库—鮀东断裂、西坑—长德龙断裂和东山湖—龙坑断裂。隧道设计时，主要考虑桑浦山断裂组 F5、F7、F8～F11、F14 和 F16 的相对变形。

3.3　冲积平原

3.3.1　勘察

冲积平原段部分段落采用盾构掘进，出口浅埋段落采用明挖工法。平原段覆盖层深厚，该段落主要为勘察主要采用钻探方法，钻孔间距 50m，沿线位交错布置，完成 55 孔合计长 3378.52m，在盾构工作井角部布设 4 孔查明地层岩性。

3.3.2　评价

冲积平原区表层覆盖第四系三角洲相沉积物（图 10），覆盖层厚度 50m 左右，自上而下分别是填筑土，平均厚度 2～3m；松散—稍密粉砂夹淤泥，平均厚度约 12m；淤泥质黏土，平均厚度约 15m；中砂夹淤泥，平均厚度 6～16m。下伏基岩为燕山期第三次侵入（γ_y^3）花岗岩。

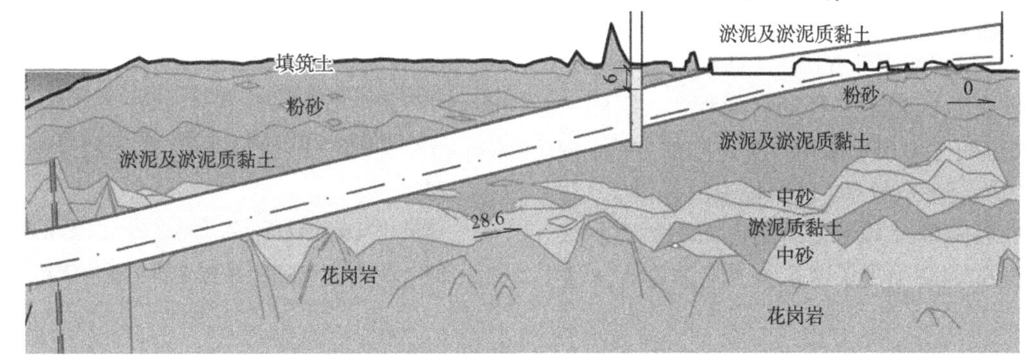

图 10　冲积平原段第四系地层

该段落主要不良地质问题有砂土液化、软土震陷等。

（1）砂土液化

在穿越下穿汕头湾及三角洲、平原区段广泛分布第四系三角洲相沉积层潮湿—饱和状态的砂土层，利用标准贯入试验实测击数对饱和砂层进行了液化判别。经液化判别，场内分布的粉砂层属液化土，隧道施工与明挖设计应考虑砂土液化问题。

（2）软土震陷

本区地震烈度基本分区为 8 度区，区内淤泥及淤泥质粉质黏土基本容许承载力值普遍小于 100kPa，淤泥质黏土⑥$_{0-1}$埋深 15～35m，平均厚度约 20m，含水率$w = 55.5\%$，孔隙比$e = 1.63$，容许承载力$\sigma_0 = 60\text{kPa}$。淤泥质黏土⑥$_{0-2}$ 埋深 40～50m，平均厚度约 6m，$w = 44.9\%$，$e = 1.25$，$\sigma_0 = 80\text{kPa}$。依据《岩土工程勘察设计规范》GB 50021—2001（2009 年版）[1]，仅根据承载力特征值判断，区内软土存在震陷问题。目前尚无规范给出软土震陷量计算的详细方法，仅仅给出了定性描述，提醒建筑物需要注意防范，或给出了判定标准。如《岩土工程勘察规范》GB 50021—2001（2009 年版）第 5.7.11 条规定；"抗震设防烈度等于或大于 7 度的厚层软土分布区，需判别软土震陷的可能性和估算震陷量"。根据《建筑抗震设计规范》GB 50011—2010（2016 年版）[2]中第 4.3.11 条给出了判别标准，即：塑性指数小于 15 且符合以下规定的饱和粉质黏土可判为震陷性软土。

$$w_S \geqslant 0.9w_L \tag{1}$$

$$I_L \geqslant 0.75 \tag{2}$$

式中：w_S——天然含水率；

w_L——液限含水率，采用液塑限联合测定法测定；

I_L——液性指数。

场地内淤泥或淤泥质黏土⑥$_{0-1}$层w_S为55.54%，w_L为 53.67%，I_L为 1.13 满足上述条件，但该层塑性指数 25.57，大于 15，不满足上述条件。同样⑥$_{0-2}$层塑性指数 25.56，大于 15。照此，该层软土应无震陷性，但本判别式针对一般建筑，是针对震陷大于 5cm 情况下的判定。而无砟轨道工后沉降要求小于等于 15mm，其适用性有待进一步明确。

另《软土地区岩土工程勘察规程》JGJ 83—2011[3]条文说明中给出了两种计算震陷的方法，但这两种方法所需参数较多，该规程中没有明确，对汕头地区的震陷量计算是否适用也无法明确。该规程正文表 6.3.4-2 给出了建筑物震陷估算值，8 度区估算值为 150mm，该值对隧道设计可作为参考。值得注意的是，国内对震陷研究尚不充分，尚无经过工程实践验证且比较成熟的计算方法，当前震陷估算方法远不能满足变形控制在毫米级别的无砟轨道。

4 结语

汕头湾海底隧道穿越山岭、海底和冲积平原，海底段发育 4 条 8 支的桑浦山活动断裂带，工程地质极为复杂，国内外尚为罕见。海底隧道勘察过程中，收集分析了几乎所有关于桑浦山活动断裂的文献、勘察与研究报告，再通过野外调查、物探、钻探、测年、跨断层 GNSS 监测数据分析等多种手段，分析了断层发震特征，验证确定了桑浦山活动断裂的展布形态，明确了活动时代与活动参数，最后综合评价了活动断裂对海底隧道的影响，为汕头湾海底隧道设计提供了详尽明确的依据。

目前海底隧道尚在施工中。在施工过程中，考虑到汕头湾主航道段活动断裂发育，且存在地堑结构，风化层厚度不均，施工风险较大，进一步对主航道段进行了加密钻探。加密钻探结果显示主航道的断层位置及风化层厚度与定测勘察结果一致，说明汕头湾海底隧道定测阶段对地层结构与构造的勘察准确性非常高。

参考文献

[1] 建设部. 岩土工程勘察规范(2009 年版): GB 50021—2001[S]. 北京: 中国建筑工业出版社, 2009.

[2] 住房和城乡建设部. 建筑抗震设计规范(2016 年版): GB 50011—2010[S]. 北京: 中国建筑工业出版社, 2016.

[3] 住房和城乡建设部. 软土地区岩土工程勘察规程: JGJ 83—2011[S]. 北京: 中国建筑工业出版社, 2011.

新建郑州至万州铁路河南段工程地质勘察实录

刘　国　陈远洪　曾长贤

（中铁第四勘察设计院集团有限公司，湖北武汉　430063）

高速铁路技术标准高，各类工程构筑物“毫米级”变形精度设计控制标准对工程地质勘察提出了更高的要求。强化工程地质选线、综合工程地质勘察手段以精准获取工程地质勘察成果是实现工程高标准工后沉降控制的基础，是高速铁路工程地质勘察必须解决的关键技术难题。本文以新建郑州至万州铁路河南段工程地质勘察为依托，对穿越成片深埋矿区以及大范围中强膨胀土等不良地质及特殊岩土分布区的高速铁路工程地质勘察进行论述。

1　工程概况

新建郑州至万州铁路河南段北起郑州东站，途经郑州、开封、许昌、平顶山、南阳，南至豫鄂省界，是我国快速铁路网重要组成部分，也是河南“米”字形高铁网的重要“一撇”。全段正线全长350.825km，设特大桥、大中桥 77 座合计长303.526km，设隧道 5 座合计长 8.038km，工程投资达 443.97 亿元，主要为设计时速 350km 的无砟轨道高速铁路工程。项目于 2012 年 8 月开始勘察工作，2015 年 10 月 31 日开工建设，2019 年 12 月 1 日开通运营，通车以来运行平稳，是我国高速铁路建设的又一重大里程碑。

2　地质概况

2.1　地形地貌

新建郑州至万州铁路河南段线路穿越华北平原、秦岭东端及南阳盆地三个地貌单元，地势整体呈中间高，两头低态势：郑州至平顶山段属华北平原之黄淮冲积平原、风积沙丘及岗地地貌，地形平坦开阔；禹州—宝丰一带为垄岗高阶地，地形波状起伏；平顶山至方城段穿越东秦岭伏牛山低山丘陵区，沟谷纵横交错，地形陡峻，相对高差 80～500m；方城—鄂豫省界段进入南阳盆地（图 1）。

图 1　典型地貌图

2.2　地层岩性

线路经过区地层差异较大，元古代、古生代、中生代、新生代地层皆有出露。郑州至平顶山段分布深厚第四系地层，岩性主要为粉土、粉细砂、粉质黏土、黏土及透镜状砂砾石层，其中更新统黏性土夹姜石，姜石含量不均，局部富集，多具中等—强膨胀潜势，局部具弱膨胀性。平顶山至南阳方城段，地层为元古界变质安山岩、（云母）石英片岩、含炭质云母石英片岩、变正长斑岩、变正常岩等变质岩类地层及白垩系泥质砂岩、钙质砾岩，范围内岩浆活动频繁，各期侵入岩花岗岩、二长花岗岩类岩石分布广泛。南阳方城至鄂豫省界段，岗地盖层多为第四系更新统冲洪积黏性土，局部分布砂砾石层，其中黏性土以中等膨胀潜势为主，局部弱、强膨胀。

2.3　地质构造

全线跨越中朝准地台和秦岭褶皱系两个一级构造区，以栾川—确山—固始大断裂为界。沿线经过汤阴凹陷、松箕台隆、渑池—确山断陷褶束、金堆城—卢氏—栾川陷褶断束及襄枣断陷 5 个次级

获奖项目：2021 年度工程勘察、建筑设计行业和市政公用工程优秀勘察设计三等奖。

构造单元。

沿线南襄盆地与黄淮冲积平原处于河流阶地与冲积平原的第四系覆盖层之下，属隐伏构造，地表特征不明显。平顶山—方城低山丘陵区普遍基岩出露，褶皱及断裂等地质构造发育。

2.4 水文地质

沿线地下水主要类型有松散岩类孔隙水、基岩裂隙水和岩溶裂隙水。松散岩类孔隙水多为孔隙潜水，局部具承压性，分布于砂类土和粉质土中，主要由大气降水补给，水量一般较丰富，多与地表水系有水力联系。基岩裂隙水主要分布于低山丘陵区节理、裂隙发育的基岩中，富水性差异很大，一般储水条件较差，仅在岩石节理裂隙中含水，偶见山坡地段有弱裂隙水出露，而在断层破碎带储水条件较好地段，水量丰富。碳酸盐岩溶水分布在白云质大理岩岩溶裂隙发育带，受大气降水、第四系孔隙潜水垂向补给及基岩裂隙水侧向补给，多以泉水形式排泄于地表，本线大理岩岩溶化程度相对较低，水量相对较弱，但局部溶蚀发育带可能富水，配合断层导水，水量可能会较为丰富。

2.5 主要不良地质及特殊岩土分布

沿线主要不良地质有矿区与采空区、岩溶及洞穴、危岩落石等，其中矿区与采空区主要为许昌至平顶山一带的深埋煤、铁矿及秦岭山区的多金属矿，矿产开采形成的采空巷道、坍陷盆地等控制高速铁路线位选择；岩溶发育地段主要集中在平顶山至方城一带可溶岩，受构造作用、风化和地下水影响，岩溶较为发育，新郑至长葛一带存在考古等挖掘的洞穴，影响工程设置和安全；危岩落石主要分布于方城一带山区，对其评价和处理，影响着工程类型和运营安全。沿线主要特殊岩土有不同成因的软土及粉质软弱土、膨胀土等，其中软土多分布于平原缓地及山间谷地，厚5～15m，具高压缩性，深厚第四系粉质软弱土主要分布于黄淮冲积平原区，最厚达35m，具中一高压缩性，详细查明其工程地质条件，是实现沉降控制的基础和前提；膨胀土广泛分布于黄淮平原及南阳盆地的垄岗地段，膨胀潜势以中等—强膨胀性为主，涉及路基基床、填料利用及改良、边坡等问题。

3 勘察重难点

（1）高速铁路技术标准高、勘察精度要求高

郑万铁路河南段为设计时速350km无砟轨道高速铁路，技术标准高，各类工程构筑物“毫米级”变形精度设计控制标准对工程地质勘察方法的选择、勘察质量及精准度的把控等提出了很高的要求。

（2）无砟轨道高速铁路穿越成片深埋矿区尚属首次，地面沉降评估复杂，工程地质选线、勘察要求高，需进行大量摸索工作和创新研究。

沿线地下 300～1000m 的成片深埋矿区及采空区密集，分布范围广，对高铁影响因素和影响程度复杂多样，工程地质选线及勘察需进行大量摸索工作和创新研究，提出处理应对措施建议，技术要求复杂。

（3）沿线广布中等—强膨胀性的膨胀土，需精准查明膨胀土胀缩特性和力学特征，技术要求高。

线路穿经黄淮平原及南襄盆地垄岗高阶地大范围中等—强膨胀土区，大范围中强膨胀土区修建无砟轨道的经验尚为空白。膨胀土地基对高铁无砟轨道结构影响复杂，引发上拱病害风险大。查明膨胀土胀缩特性及物理力学参数，为工程类型选择和应对处理提供依据是本段工程地质勘察的重点。

（4）隧道工程穿越伏牛山低山区，地形地貌及工程地质与水文地质条件极为复杂，隧道围岩分级、工程地质、水文地质条件与环境地质影响评价难度大。

线路隧道工程穿越伏牛山低山区，位于秦岭褶皱系中，地质构造复杂。区内岩体受强烈地质构造影响，花岗岩风化层厚度变化大、球状风化发育；岩溶、危岩、堆积体、滑坡等不良地质体发育，查明隧址区工程地质、水文地质条件，合理确定隧道围岩分级，科学进行工程地质条件与环境地质影响评价，是本工程地质勘察的重点和难点之一。

（5）沿线岩溶总体较发育，准确查明沿线岩溶分布情况和发育特征难度大。

郑州至万州铁路河南段岩溶地基总长度约23.2km，可溶岩地层岩性以灰岩、钙质砾岩、白云质大理岩、大理岩等为主，在构造带（面）附近可溶岩节理裂隙及溶洞发育，地下水活动频繁，存在规模不等的岩溶发育带，揭示溶洞最大直径达7m，岩溶总体较发育，准确查明沿线岩溶分布情况和发育特征难度大。

4 方案研究及技术手段

4.1 工程地质选线

对鲁山至方城越岭地段，工程地质勘察中强化地质选线，规避重大地质风险：针对区域性断裂构造、滑坡、崩塌落石等不良地质，开展大面积综合遥感判释工作，结合区域资料、大面积测绘及勘探成果进行综合解译，线路方案予以绕避；对松散堆积体、危岩、孤石及落石群等局部不良地质以及并行断裂构造段及浅埋段隧道工程，通过综合勘探查明其分布的基础上，采用调整优化线位平面及纵坡线方案予以绕避、优化。

4.2 勘察技术手段

（1）针对复杂山区隧道工程，采用地震折射、高密度电法、放射性测量、大地电磁法、综合测井等综合物探手段，在成果综合分析的基础上确定各勘探深、浅钻孔的位置，对物探成果进行印证，确定隧道围岩分级及工程地质及水文地质条件评价。

（2）针对岩溶地基，选线阶段通过区域地质背景资料研究资料对岩溶分布和发育进行普查，选择在岩溶最不发育和分布最短地段通过；勘察阶段采用逐步追索法动态调整桥基岩溶钻孔布置及深度，确保岩溶发育地区勘探精准度；施工勘察阶段加强岩溶验桩验槽工作，辅以勘探核实，指导现场施工。

（3）针对越岭段古老变质岩区，勘察中采用以坑探为主，辅以适量的机动钻探，考虑到填料的经济利用，加强岩层室内磨片鉴定、抗压强度及填料压实试验，了解其工程特性及作为填料的工程性质。

（4）针对花岗岩基岩面起伏大以及风化差异剧烈特征，加强对地下风化球体可能发育的区域的地表调查，采用综合物探、挖探及钻探等方法，结合孔内风化层标准贯入、动探试验、剪切波测试及室内风化物粒径分析成果，查明花岗岩风化界线及物理力学参数。

（5）针对本线分布的成片深埋矿区及大范围中强膨胀土区，采用地面调查、物探、深孔钻探、井探及专设土工试验等手段，开展专项评估及现场试验工作。

5 工程地质勘察实施成果

5.1 综合勘察技术

勘察中积极推广应用综合勘察新技术，针对性、可操作性强，高精度完成高速铁路工程地质勘察。

（1）充分应用工程地质调查测绘、机动钻探、挖探、井探、物探、原位测试、土工试验等多方法相结合的综合勘探手段，加强地质综合勘探全过程综合分析的时效性，查明了沿线各类工程建筑物、建筑材料场地的工程地质和水文地质条件。

（2）开展复杂山区隧道工程、岩溶地基、古老变质岩等地质专项综合勘察，为工程设计提供了翔实、准确的地质资料，并指导现场施工，确保了工程质量。

郑万铁路鲁山至方城段穿越伏牛山脉东端，位于中朝准地台和秦岭褶皱系的复合交界处，测区经历多次地壳运动，地质构造发育（图 2）。本区地形起伏，沟谷深切，河沟及水库发育，地层繁杂多样，不良地质发育，受构造影响，燕山期花岗岩风化层深厚、球状风化明显，元古界云母石英片岩、安山岩类岩体破碎及风化不均，岩体风化层中泥质细粒部分往往具中等—强膨胀性，坡体稳定性差，坡面危岩落石分布普遍，寒武系及元古界灰岩、大理岩岩溶和地下水发育，多见串珠状溶洞，其中七峰山附近花岗岩与大理岩结合处发育有洞径大于 30m 的岩溶大厅神仙洞，并向下游沟谷延伸，对工程影响重大（图 3）。

针对复杂山区隧道工程，采用地震折射、高密度电法、放射性测量、大地电磁法、综合测井等综合物探手段，在成果综合分析的基础上确定各勘探深、浅钻孔的位置，对物探成果进行有效结合、相互印证。基于大量地质信息的综合分析，科学、客观的对隧道工程地质及水文地质条件进行了分析评价，高精度的确定了隧道围岩分级及岩溶水等涌水量预测，对施工中可能发生的突水、突泥等地质危害、环境影响等多方面均作出了全面、可靠的评价；施工过程中采用现场素描、TSB 探测、红外探测、超前炮孔、超长水平钻探等综合先进手段进行了隧道超前地质预测预报。综合地勘成果和先进的超前地质预测预报手段为工程设计、施工提供了科学依据，经施工验证地质勘察成果准确率高，评价结论正确，确保了施工的顺利进行，为工程长期稳定和运营安全奠定了基础（图 4）。

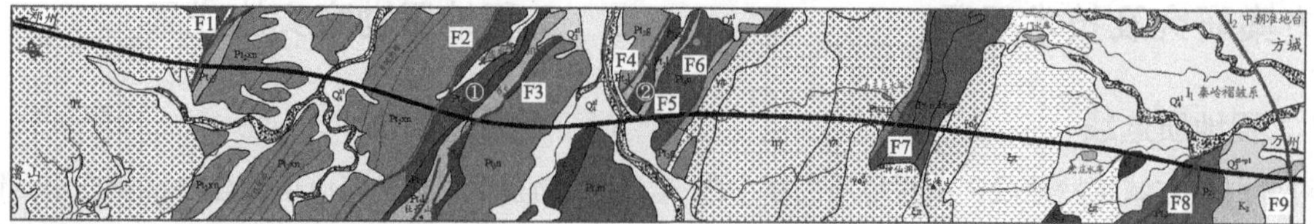

主要褶皱：①牡丹垛-西大山倒转背斜；②陈家-姚店倒转背斜

主要断层（带）：F1—郭沟韧性剪切带；F2—小横山-下傅家断裂带；F3—母猪窝-吴家庄逆断层；F4—鹁鸽崖逆冲断层；F5—黑龙潭-石门践断层带；F6—桃会盘-扇坡正断层；F7—三叉口逆冲断层；F8—前杨庄至权庄断裂；F9—老李山逆冲断层

图 2　郑万铁路鲁山至方城段构造图

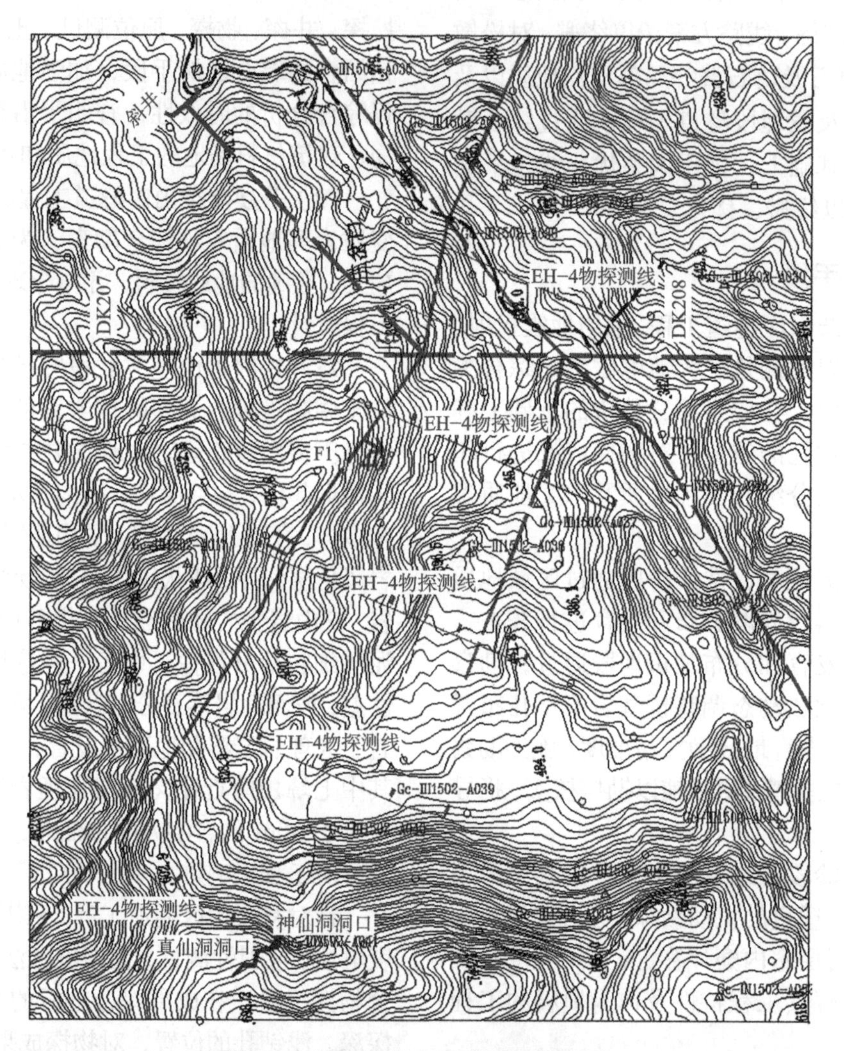

图 3　七峰山隧道 EH-4 物探测线布置

(a)

(b)

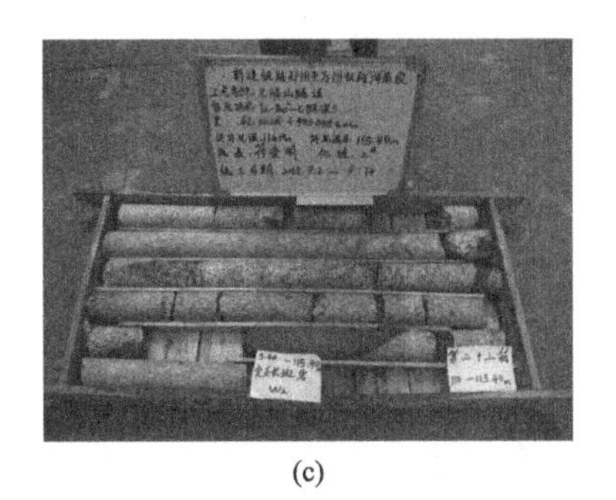

(c)

(d)

图 4　七峰山隧道深孔钻探

针对岩溶地区桥梁工程，提出桥基岩溶钻孔深度确定的动态调整办法：采用“中心一孔→对角三孔→梅花五孔→满布逐桩”的逐步追索法布置机动钻孔的同时，在可能发育岩溶地段桥梁勘探第一批钻孔按进入完整基岩 18～20m 终孔，后续批次钻孔按正常进入 11～13m 基岩深度终孔。该动态调整法避免了在岩溶发育地区按常规铁路规范施工存在孔深不足的问题，效果良好，完善和丰富了高速铁路岩溶桥基的勘探技术。

鲁山至方城地区分布元古界云母片岩等，绢云母含量 16%～58%，石英含量 9%～36%，长石含量 8%～17%，绿泥石含量 5%～15%，云母含量较高，片理、劈理极其发育。勘察中，采用坑探辅以适量机动钻探的方法，准确确定了风化界线和岩土施工分级；为了解云母片岩类作为填料的工程性质，在室内试验的基础上，进行了现场破碎和填筑碾压试验，结果表明：弱风化岩块进行破碎时，扬尘现象十分严重，含有较多绢云母的碎块难以压实，现场填筑压实试验不能满足高速铁路压实标准。

5.2　采空区综合勘察及安全评估

依托本项目开展了“新建郑州至万州铁路河南段压覆矿产安全距离评估”工作，相关研究开创了成片深埋矿产开采对高铁安全影响评估的先河。

（1）针对高速铁路对沉降控制的高要求，提出采用边界角确定高速铁路压覆矿产稳定范围的新思路。

传统移动角理论确定压覆矿产稳定范围难以满足高速铁路的沉降控制要求，为此，提出采用边界角确定高速铁路压覆矿产稳定范围的新思路，得到国土及铁路部门等各方认可和实施，并被后续修编的《建筑物、水体、铁路及主要井巷煤柱留设与压煤开采规范》（2017 年 5 月）所采纳。

（2）全面分析地下水动力特征和作用，获得深埋矿区地下水变化对高速铁路的影响规律。

沿线成片矿区整合划分为五大矿群，调查分析深埋矿区地下水补、径、排特征及与高速铁路的关系，进行水文分区，统计分析新生界含、隔水层结构，确定导水天窗位置，透彻分析矿井疏排水条件下天窗越流量及新生界含水层水位衰减、冒落条件下及极端突水条件下大范围越流后新生界含水层水位衰减，获得地下水变化对高速铁路的影响规律。

（3）综合分析压覆矿产稳定范围及深埋矿产开采地下水变化对高速铁路的影响，提出高速铁路压覆矿产安全距离，确定矿区安全经济的地质选线方案。

采用类比法、移动盆地法对压覆矿产稳定范围进行评估，并对深部矿产开采抽排地下水引起的地面变形进行分析，综合确定高速铁路压覆矿产安全距离。通过资料收集、物探及深孔勘探查明采空区空间分布，结合高速铁路安全距离要求，论证并排除采空区对线位的影响，合理确定矿区地质选线方案（图 5、图 6）。

EH-4 物探探测

MTU-5 物探探测

图 5

图 6　矿区深孔钻探施工（深禹 1：孔深 831.87m）

5.3　膨胀土综合试验

针对沿线广泛分布的中强膨胀土地基，提出并开展科研课题《郑万高铁膨胀土地基上拱试验研究》。采用井探及机动钻探取样，结合静力触探、动力触探、螺旋板载荷试验及旁压试验等原位测试技术进行综合勘探，对不同成因膨胀土基本特性及物理力学参数选取方法等进行研究，同时开展现场实体浸水试验参数验证，指导了工程设计，促进了高速铁路膨胀土勘察技术发展（图 7）。

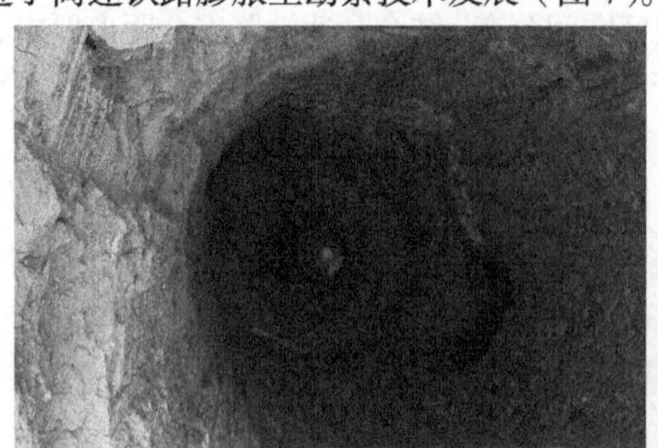

图 7　中强膨胀土地区井探刻槽取样

针对本线广布的膨胀土，开展了基本物质组成及微结构特性、抗剪强度特性、压缩固结特性、原位测试指标及胀缩变形特性等专设土工试验（图 8、图 9），成功获取了膨胀土的工程特性，主要结论如下：

图 8　干湿循环膨胀试验现场试验图

图 9　膨胀土样的扫描电微镜结构图像

（1）郑万膨胀土蒙脱石伊利石程度较高，高岭石化程度较低。

（2）郑万铁路河南段膨胀土地基土具有超固结性，前期固结压力较高，加荷等级较小时，土体压缩较快，沉降较大，当加荷等级小于一定荷载（前期固结压力）时，回弹再压缩段变形最为缓慢，在加高荷载下继续压缩下沉，变形总体逐渐减小。

（3）郑万铁路河南段膨胀土线缩率随含水率减小基本呈线性增加，当含水率减小至某一定值附近（即缩限）时，线缩率急剧减缓并趋于稳定，地表约 2m 深度内收缩率明显小于 2m 以下深度土样，这与大气影响急剧层深度不超过 2m 一致（图 10）。

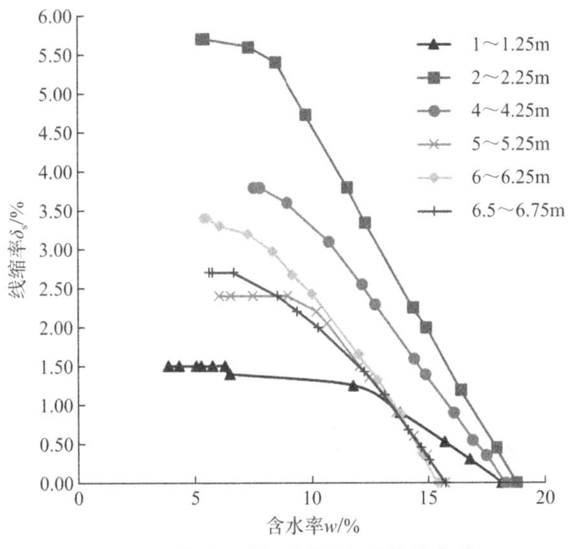

图 10　膨胀土样不同深度的收缩曲线

（4）郑万铁路河南段膨胀土经过 5 次干湿循环试验，膨胀土各级膨胀率及膨胀力均呈减小的趋势，循环路径终止含水率为 10%时，无荷膨胀率衰减幅度为 21.47%～37.71%，终止含水率为 15%时，无荷膨胀率衰减幅度为 8.05%～9.82%（图 11）。

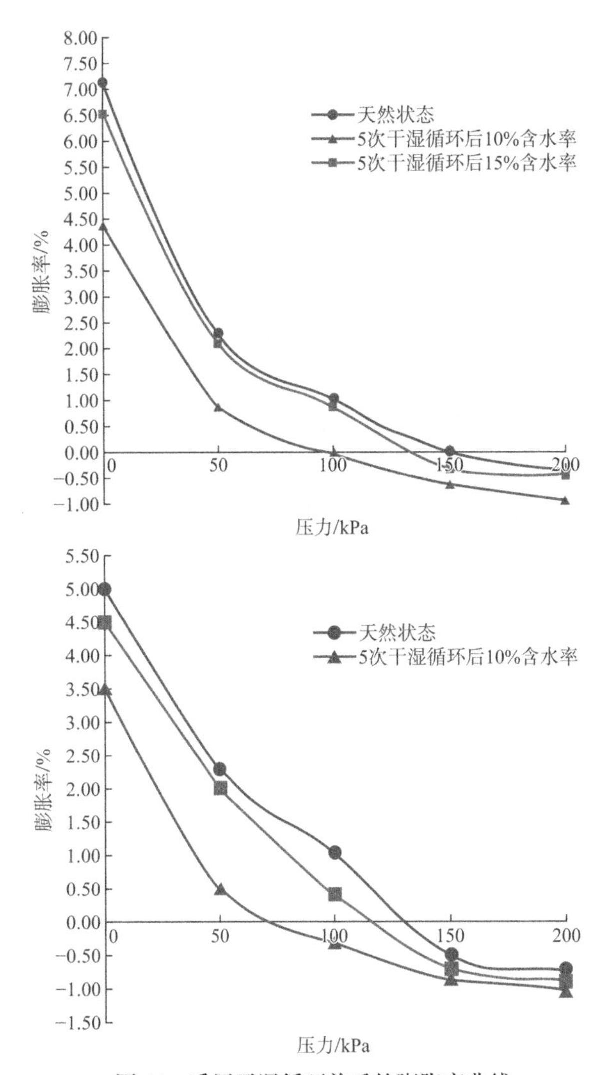

图 11　采用干湿循环前后的膨胀率曲线

（5）为安全和准确反映高速铁路膨胀土地基受荷后再膨胀的实际，提出膨胀土地基填土压载稳定后接续浸水膨胀变形求取膨胀率的方法，以及膨胀土地基填土压载稳定后采用接续浸水膨胀变形为零的标准求取膨胀力的方法，即全膨胀率和全膨胀力。《膨胀土地区建筑技术规范》GB 50112—2013 规定的膨胀率求取方法应按符合高铁变形实际的全膨胀率进行修正。

6　结束语

项目自 2012 年开始，分阶段顺利完成了工程地质勘察，科学地解决了一系列工程地质问题，勘察深广度和地质资料的精准度满足了路基、桥、隧道、房建等各项工程设计的要求，保证了郑万铁路的顺利按时建成。

（1）全面深入的工程地质选线工作有效保证了线路方案绕避采空区、滑坡等重大不良地质区，为确定安全、经济的线位及工程方案提供了技术支撑。

（2）依托本项目开展的压覆矿产安全距离专项评估工作，提出边界角确定压覆范围的新思路，获得了深埋矿区地下水变化对高速铁路的影响规律，合理确定了高速铁路压覆矿产安全距离，开创了成片深埋矿产开采对高铁安全影响评估的先河。

（3）膨胀土地基上拱试验研究揭示了典型中强膨胀土物理力学及胀缩变形特性；现场全尺寸浸水试验及路基现场分层变形监测，提出了高速铁路无砟轨道在中、强膨胀土区域的地基胀缩计算方法和地基上拱处理对策，可为类似项目的勘察、设计提供参考。

（4）详细准确的工程地质勘察成果，为高速铁路工程安全顺利施工提供了技术保障，施工期间未发生任何地质灾害和事故，施工人员的人身安全和施工设备安全得到了保证，确保了高速铁路安全舒适运营，取得了较好的综合社会效益。

参考文献

[1] 河南省地质矿产局. 河南省区域地质志[M]. 北京: 地质出版社, 1989.

[2] 《工程地质手册》编委会. 工程地质手册[M]. 5 版. 北京: 中国建筑工业出版社, 2018.

[3] 陈永艾, 刘福春, 张会平. 膨胀土干湿循环试验研究[J]. 铁道工程学报, 2017, 34(8): 34-39.

[4] 徐彬, 殷宗泽, 刘述丽. 膨胀土强度影响因素与规律的试验研究[J]. 岩土力学, 2011, 32(1): 44-50.

[5] 范士凯. 采空区上边坡稳定问题[J]. 资源环境与工程, 2006(S1): 617-627.

宝鸡至兰州铁路客运专线岩土工程勘察

高红杰　王　旭　张　喆

（中铁第一勘察设计院集团有限公司，陕西西安　730043）

1　工程背景

宝鸡至兰州客运专线位于陕西、甘肃两省。线路东起陕西省宝鸡市，自西宝客专宝鸡南站引出，沿渭河峡谷南岸向西，经甘肃省天水市的东岔镇、元龙镇、社棠镇，至天水市麦积区马跑泉镇设天水南站，出站下穿耤河及天水北山滑坡群，沿天巉公路折向西北至秦安县南设站，出站沿天巉公路西行，至通渭县东南设站，出站继续向西至定西市西南设定西南站，折向西北至榆中县北设站，穿越皋兰山后沿雷坛河河谷而下至兰州西站。

正线全长400.496km。路基全长24.8km，约占正线总长度的6.2%；桥梁全长104.167km，占正线线路总长度的25.88%，其中特大桥37座（93.020km），大桥37座（8.587km），中桥30座（2.479km）；隧道工程总计272.080km（78座），占线路总长度的67.92%；全线设车站10处。

工程于2012年11月开工建设，2017年6月通过竣工验收。

2　重难点工程地质问题

2.1　活动断裂

宝鸡至天水段渭河峡谷区，地质构造复杂，区内发育数条活动性断裂带，在拓石至社棠段有滑坡和泥石流多易发的地质背景，属地质相对不稳定的地区，如何绕避和通过东西向活动断裂是控制地质勘察与选线的难点。

2.2　滑坡

沿线的滑坡主要为黄土滑坡和黄土切第三系泥岩滑坡，规模较大、距定测线路较近的滑坡20余处，主要分布在天水市伯阳镇至郭嘉镇、通渭一带，尤以耤河两岸、南河川滑坡及葫芦河两岸滑坡群最为密集。在地质勘察中，需准确、详细查明滑坡的分布及特征，为绕避不良地质体选择合理的方案。

2.3　泥（石）流

沿线泥石流主要集中在元龙至伯阳段，该段泥石流松散物质主要来源于沟谷两侧的滑坡堆积物，以碎石类土为主，夹杂少量砂类土及黄土。天水以西至兰州黄土沟壑区大型冲沟均有泥流分布，流域内形成区、流通区和堆积区均较明显，沟口有一定规模的冲洪积扇，需准确、详细查明其的分布及特征，为设计提供依据。

2.4　危岩落石和岩堆

沿线危岩落石主要分布于晁峪至元龙段南陇山与西秦岭北缘过渡带的高—低中山区，该段大面积出露燕山期花岗岩，在构造节理、风化剥蚀和流水冲蚀等综合因素作用下，形成高陡的岩质斜坡、陡壁甚或负坡，受自然因素影响，易形成落石，但落石规模均不大，一般约为数百方，隧道、桥梁施工时应注意进行清除或坡面防护。

2.5　湿陷性黄土

宝兰客专经过黄土残塬、河流阶地、黄土梁峁等了多个黄土地貌单元。黄土的主要成因为风积、洪积和冲积，且多为湿陷性黄土，湿陷性差异大，局部湿陷土层厚度大、级别高，准确判定黄土的湿陷性，对铁路工程选线、工程设置形式、地基处理及工后沉降控制都有十分重要的意义。

2.6　膨胀土（岩）

黄土塬梁峁区的第四系中、下更新统风积黏质黄土中夹有棕红色古土壤，呈薄层状或透镜状，属弱膨胀土。第三系上新统泥岩在不同的环境下结构和物理力学性质会发生较大变化。天然状态下结构致密，压缩性小，抗剪强度高，遇水后易膨胀软化，失水干缩，属弱—中膨胀岩。膨胀土（岩）

获奖项目：多项省部优秀勘察一等奖。

对路堑边坡、隧道洞身支护及衬砌、洞口边、仰坡的影响较大。

3 工程地质选线

3.1 沿线地质特征

1）地形地貌

沿线地貌单元可划分为关中（渭河）盆地区、南陇山与西秦岭北缘过渡带中山区、天礼盆地低山丘陵区、黄土高原沟壑梁峁区及黄河河谷兰州盆地区（图1）。

图1 南陇山与西秦岭北缘中山区地貌

2）地层岩性

沿线地层分布受构造单元控制。主要地层有第四系全新统、上中更新统、第三系、白垩系下统、二叠系上统、奥陶系中上统、寒武系、震旦系上统、元古界及侵入岩。第四系全新统（Q_4）主要出露于现代河床、沟谷及一级阶地区，主要有冲、洪积黏性土、黏（砂）质黄土、砂类土、碎石类土等；上更新统（Q_3）主要有风、冲积黄土，冲、洪积黏性土、砂类土、碎石类土；第三系（N）泥岩夹砂岩下伏于第四系，在区内广泛分布；白垩系（K_1）出露于元龙至伯阳间渭河两岸；二叠系上统（P_2）、奥陶系中、上统（O_3、O_2）主要出露于天水附近元龙至伯阳段及碧玉镇沿川子石咀峡段，岩性以砂岩为主；寒武系（∈）主要出露于麦积区峡口至南河川一带，岩性为片麻岩；震旦系上统（Z_1）主要出露于葫芦河峡谷区，岩性为片岩、片麻岩，元古界（P_t）主要出露于宝鸡至天水及秦安至通渭段，岩性为片岩和片麻岩；燕山期（γ_5）、华力西期（γ_4）侵入岩在西秦岭中山区广泛出露，岩性为粗粒花岗岩，构造岩基本分布在沿渭河走向的渭河大断裂中，以断层角砾及压碎岩为主。

3）地质构造

宝兰客专走行于秦岭纬向构造带北部边缘、祁吕贺山字形构造体系前弧西翼，六盘山帚状构造西侧和陇西系等构造体系的复合部位，构造十分复杂。沿线自东向西先后经过汾渭断陷盆地之关中盆地、古生代北秦岭褶皱带、第三纪天礼盆地和陇西系内旋褶带等不同等级的构造单元，构造活动各有差异。关中盆地断裂构造多为隐伏状态，且在渭河阶地区埋藏较深，活动性较弱，地表形迹不明显，对铁路工程影响甚微。清姜河—天水段在大地构造上属北秦岭加里东褶皱带，以渭河大断裂为界，与北侧的六盘山断陷和陇山褶皱束相邻，其主体为中元古界褶皱带。本区受多期区域变质和褶皱变形、断裂活动的强烈改造，前印支期以区域性褶皱和韧性变形为特征，燕山—喜山期则以区域断裂活动为特征，并伴随大规模的酸性岩浆侵入，形成了宝鸡以东的渭河断陷盆地、元龙以西的天礼断陷盆地和宝鸡至元龙之间的侵入岩隆起带。该段断裂构造十分发育，主要断裂呈近东西向和北西西向展布，其中渭河大断裂是控制该区构造格局的主要断裂，对宝兰客专选线影响较大。

4）地下水分布及特征

沿线地下水主要分为松散岩类孔隙水、黄土孔隙裂隙水和基岩裂隙水三种类型。

松散岩类孔隙水主要赋存于沿线渭河、散渡河、葫芦河、关川河、黄河及其主要支流的河谷、漫滩及一、二级阶地、黄土低山丘陵区及山前盆地之冲洪积砂、卵、砾石层中。河谷地带含水层厚度约2～40m，水量较丰富，远离河谷向两侧阶地过渡，含水层厚度逐渐减小，水量渐小，地下水位埋深也显示增大趋势；黄土低山丘陵区浅层孔隙水赋存于薄层粉细砂层中，含水层具有不连续和不均匀的特点，埋藏条件复杂，呈不连续的带状、片状分布，富水程度主要受黄土梁峁丘陵区的地貌形态所控制；山前盆地孔隙水主要以潜水形式存在，含水层厚度约3～100m，在榆中盆地、七里河断陷盆地厚度可达150～300m，地下水位埋深约5～85m，水量较丰富。

黄土孔隙裂隙水主要赋存于沿线黄土覆盖的低山丘陵区第四系上更新统黏质黄土、砂质黄土和全新统滑坡堆积物中，黄土潜水多呈不连续状分布，富水性较弱，季节性变化大，水位埋藏变化大，常在沟底处溢出成泉，单泉涌水量为0.01～0.5L/s。一般水质较差，无开采价值。

基岩裂隙水主要分布于沿线中低山区、丘陵区、梁峁沟壑区各类风化或构造裂隙中，富水性差异较

大，仅在断层破碎带、风化带、节理裂隙密集带处相对富水，基岩裂隙水在宝鸡—天水段相对较发育，天水—兰州段不发育，且分布极不均匀，连通性差。

5）不良地质与特殊地质

（1）不良地质分布及特征

沿线的不良地质类型以黄土滑坡、黄土泥岩滑坡、错落、危岩落石、黄土陷穴为主，泥（石）流、地震液化次之。不良地质现象在全线分布并不均匀，滑坡主要集中在天水市元龙镇至通渭县马营镇之间；危岩落石主要集中在宝鸡市晁峪镇至天水市元龙镇段；黄土陷穴主要集中在天水至兰州段，通渭至兰州段尤为严重；泥石流主要集中在既有陇海线凤阁岭至天水市伯阳镇，对线路工程设置影响较大，天水至兰州的黄土冲沟多发育轻微泥流，对工程影响不大。

（2）特殊岩土分布及特征

宝兰客专沿线特殊岩土主要为湿陷性黄土、膨胀土（岩）。

宝兰客专沿线黄土分布十分广泛，一般均具有湿陷性。黄土的湿陷等级与黄土场地所处的地貌单元关系密切。宝鸡—太宁沟段渭河高阶地和黄土残塬区多具自重湿陷性，湿陷性黄土厚度可达10～18m，湿陷等级Ⅱ～Ⅲ级；太宁—元龙段西秦岭中山区湿陷性黄土零星分布；元龙—天水段黄土分布广泛，厚度10～30m，多具自重湿陷性，湿陷土层厚度10～22m，湿陷等级一般为Ⅲ级（严重）～Ⅳ级（很严重）；天水至兰州段黄土高原梁峁区均为自重湿陷性场地，一般地段湿陷性黄土层厚度20～25m，在高阶地及黄土梁峁缓坡处深试坑揭示湿陷性黄土最大可达 40m，湿陷等级为Ⅲ（严重）～Ⅳ级（很严重）；雷坛河阶地及兰州西站黄河二级阶地，湿陷性黄土层厚度可达17m，湿陷等级为Ⅱ级（中等）～Ⅲ级（严重）自重湿陷性。

第三系上新统泥岩在不同的环境下结构和物理力学性质会发生较大变化，在天然状态下结构致密，压缩性小，抗剪强度高，遇水后易膨胀软化，失水干缩，其自由膨胀率一般在35%～61%，阳离子交换量CEC（NH_4^+）150～270mmol/kg，蒙脱石含量8.7%～27.0%，属膨胀岩。

3.2　综合地质选线的难点与特点

1）渭河峡谷区地质选线难点与特点

宝鸡至天水段相继通过关中（渭河）盆地区（图2）、南陇山与西秦岭北缘过渡带中山区、第三系天礼盆地东北部，沿线地质条件复杂，岩性复杂多变，断裂构造发育，现代活动性强，秦岭山区地势陡峻，河流曲折。滑坡、危岩、落石、崩塌、错落、泥石流等重力斜坡不良地质十分发育，工程地质条件非常特殊和恶劣，地质条件对客专线路方案、工程设计有重大控制和影响，铁路建设面临地质风险源多。地质选线难点与特点如下：

图2　隧道下穿渭河河谷实景图

（1）宝鸡至天水段渭河峡谷区，地质构造复杂且东向活动断裂是控制选线的难点。

区内断裂构造呈近东西向和北西西向展布，与线路走向基本一致，如何选择线路平面位置与工程设置是地质选线的难点，渭河大断裂（F1-1）是纵贯宝天段的主干断层，早期为东西向挤压性逆断层，后期受六盘山帚状构造右旋影响，转为北西西向，在宝鸡以东和元龙以西新生代产生了断陷盆地，该断层又显示为以张性为主的正断层。在秦岭山区有北西西向和北东东向分支断层与之交汇，组成“入”字形构造。第四纪以来渭河大断裂仍有活动，且断裂两侧又有升降差异。宝鸡拓石以西形迹明显，断带宽度渐增，拓石附近宽约1km，葡萄园附近宽约1.3km，至元龙以西达3～4km，断带中有碎裂状的片岩、花岗岩、断层泥砾、糜棱岩等，多数地带富含地下水。

（2）滑坡、泥石流和危岩落石等不良地质极其发育，控制隧道洞口位置选择及工程设置，是渭河峡谷区地质选线的重难点。

宝兰客专宝天段主要沿渭河峡谷区展布，区内发育数条活动性断裂带，在拓石至社棠段有滑坡和泥石流多易发的地质背景，属地质相对不稳定的地区。地形起伏大，河流曲折，岩性复杂多变，断裂构造发育，现代活动性强，滑坡、危岩落石、错落、泥石流等重力斜坡不良地质十分发育，工程地质条件非常特殊和恶劣，地质条件对客专线路方案、工程设计有重大控制和影响，铁路建设面临地质风险源多，类型复杂，分布地段长，规避和治理难度大等困难。在地质勘察中，准确、详细查明各不良地质的分布及特征，必须绕避不良地质体选择合理的方案。

（3）准确评价不同地貌、不同成因黄土场地湿陷性及对工程设置影响是宝天段地质选线的重要难点。

宝兰客专经过的宝鸡南黄土残塬区、渭河阶地区和元龙至天水段的黄土梁峁区等多个黄土地貌，黄土的主要成因为风积、洪积和冲积，各时代黄土均有分布，且多为湿陷性黄土，湿陷性差异性大，局部湿陷土层厚度大、级别高（最高Ⅳ级自重湿陷，湿陷土层最厚达32m），准确判定黄土的湿陷性，对铁路工程选线、工程设置形式、地基处理及工后沉降控制都有十分重要的意义。

（4）准确评价新近系泥岩膨胀性类型、等级及应力应变特征成为隧道工程勘察的难点。

区内关中（渭河）盆地区西部及第三系天（水）礼（县）沉积巨厚层新近系泥岩，局部夹有泥质胶结的砂砾岩。隧道工程下穿黄土残塬及黄土梁，洞身大部分段落穿越上新近系泥岩，泥岩中的黏粒成分主要由亲水性矿物组成，同时具有一定的吸水膨胀和失水收缩两种变形特征。在隧道施工过程中由于泥岩遇水膨胀，易造成初期支护变形及仰拱开裂。

（5）河流高阶地沉积环境复杂，查明第四系冲积砂砾石土层的分布范围、沉积规律成为勘察工作中的重点。

宝兰客专宝鸡至清姜段及拓石至社棠段，线路穿越黄土残塬及渭河冲洪积高阶地区。高阶地及沟谷地层为第四系冲洪积、风积黏质黄土、粗（细）圆砾土；下伏渭河大断裂碎裂岩，在松散层与基岩接触带附近及冲洪积黄土中局部夹有砂类土，以中、细砂为主；部分黏质黄土含水率高形成饱和黄土。黏质黄土底部不均匀分布的砂砾石土透镜体，成为地下水储存及流通的载体，在隧道施工过程中极易产生渗水、坍塌及局部突泥，隧道施工难度大，安全风险高。比较典型的隧道为石鼓山隧道及冯家塬隧道，因此查明第四系冲积砂砾石土层的分布范围、沉积规律成为勘察工作中的一大难点。

（6）查明隧道区新近系砂砾层的分布、物理力学特征，尤其是隧道洞身范围内的岩性分布是工程勘察的难点。

宝兰客专伯阳镇至天水段为第三系天（水）礼（县）盆地东北部向西秦岭中山区过渡的边缘地带，该段新近系因成因复杂地层岩性繁多，主要包括的岩性有：泥岩、砂岩、砾岩、砂岩夹泥岩、砾岩夹砂岩、砾岩夹泥岩。主要表现的工程地质特性为沉积规律复杂、成岩作用差、无胶结、岩体破碎、遇水易崩解。在隧道大断面开挖过程中拱顶及边墙极易产生掉块、滑塌等不良现象，对隧道的安全施工影响巨大。

（7）受构造影响不同岩性接触面起伏大，准确查明岩性接触带分布以及接触带地质参数、提出合理隧道围岩分级成为勘察工作中的难点。

宝兰客专宝天段在大地构造上属北秦岭加里东褶皱带，以渭河大断裂为界，与北侧的六盘山断陷和陇山褶皱束相邻，其主体为中元古界褶皱带。本区受多期区域变质和褶皱变形、断裂活动的强烈改造，前印支期以区域性褶皱和韧性变形为特征，燕山—喜山期则以区域断裂活动为特征，并伴随大规模的酸性岩浆侵入，以渭河大断裂为主的新构造运动活跃，表现为渭河阶地抬升，现代河流侵蚀下切，地貌地形起伏较大，在土石接触带及构造接触带风化差异大且岩体破碎，工程性质极差，尤其是马鞍梁隧道及麦积山隧道出口段工程开挖后，掌子面易形成失稳、坍塌，隧道施工风险极高。

2）黄土高原沟壑梁峁区综合地质选线难点与特点

宝兰客专天水至兰州段位于陇西黄土高原沟壑梁峁区（图3），天水及周边地区上覆黄土层失稳易形成大面积、多期次巨型滑坡群；定西至兰州段广布厚层湿陷性黄土，山坡表层呈串珠状陷穴和黄土冲沟边缘发育的大型竖井状陷穴。V形黄土冲沟易形成泥石流，大厚度湿陷性黄土、黄土滑坡及黄土陷穴是本段选线的重点和难点，加之天水—兰州地震带具有地震活动频率高，强度大的特点，工程建设地质风险源多。主要工程问题及技术难点如下：

图3　黄土高原沟壑、梁峁区地貌

（1）天水及周边地区黄土呈披盖状分布于梁峁表层，下伏的基岩被剥蚀形成了斜坡或凹槽，具倾向河谷临空的斜坡面，而黄土的高孔隙率，垂直节理发育、渗透性强，地表水易下渗在基岩顶面聚积使土体软化形成了滑动带。区内滑坡连续成群分布、规模巨大是控制地质选线的难点及重大工程问题。

（2）宝兰客专位于我国黄土湿陷性最强的陇西地区。区内黄土孔隙度大，含水率低、架空孔隙发育，结构疏松，压缩性大，因此该段黄土具有湿陷土层深厚、湿陷强烈、湿陷起始压力小、湿陷量大、敏感性强的特征。黄土的湿陷性、压缩性、隔水界面上土体的增湿性，路基、隧道洞口段因土质松软，沉降难以控制是严重影响工程地基稳定和地质选线的主要问题。

（3）定西—兰州段降雨下渗潜蚀在黄土中常形成径流复杂的地下洞穴系统，从而威胁铁路地基、边坡和隧道洞口仰坡的稳定。定西地区是黄土陷穴最发育的地区，黄土陷穴形态复杂，隐伏性强，不易探明，同时又有发展很快的特点，不断有新的陷穴产生，因此陷穴也是一种动态发展的不良地质现象，是地质选线的难点及影响本段工程安全的重大地质问题。

（4）陇西地区黄土冲沟呈狭窄的 V 形沟，黄土垂直节理发育山坡陡峭，发育有滑坡和溜坍，且位置较高，加之施工后可能沿沟堆放弃砟，雨季很容易造成沟谷淤积，异常降雨甚至形成泥流冲出山谷，也是水土流失严重的主要原因。狭窄深切的黄土冲沟淤积堵塞严重威胁铁路安全，是地质选线的重点问题。

（5）新近系泥岩弱胶结，成岩程度差、抗压、抗剪强度低，具有弱—中等膨胀势，泥岩遇水工程性质急剧恶化，双线大断面隧道开挖时极易发生坍塌和变形是宝兰客专存在的重大地质问题。

（6）北西向展布的天水—兰州地震带具有地震活动频率高，强度大的特点。地震的发生极易引起黄土不稳定斜坡的失稳、古滑坡复活或产生新的滑坡，形成地表破裂带，饱和黄土液化等地质灾害，对铁路安全运营的威胁是不可忽略的重大工程问题。

3）地质选线的主要技术水平及创新点

（1）遵循“面→线→点”大面积地质调绘原则，不遗漏滑坡等不良地质现象及有价值的线路方案，为地质选线提供较为广阔的视域，提高了勘察效率，缩短勘察周期，取得了较好的效果。形成陇西黄土高原沟壑梁峁区综合地质选线的新思路。

（2）采用地质调绘与钻探、物探、室内试验相结合的地质综合勘察手段,各种勘察手段相互补充、相互验证,大幅提高地质选线水平和勘察效率。

（3）采用钻探结合探坑勘察方法评价湿陷性黄土特性，提出了以“平均自重湿陷量”和“起始湿陷压力”为指标的黄土场地湿陷敏感性新方法。

（4）渭河隧道凹坡选位是纵向绕避巨型滑坡体和饱水卵砾层的新措施，取得了较好的勘察效果（图 4）。

图 4 线路下穿滑坡体实景图

（5）采用遥感技术选用了美国陆地卫星 Landsat5 TM 数据、法国的 SPOT5 10m 和 2.5m 分辨率数据、大比例尺航片等 4 个片种达到了从宏观逐步过渡到微观的技术要求，确定断裂构造和不良地质分布范围，达到了大范围地质选线的目的。

（6）综合勘探结合数值模拟方法分析和评价边坡稳定性，推算合理的不良地质体的稳定性系数，既保证工程安全又节约投资，取得了良好的勘察效果。

4 岩土工程分析与评价

4.1 岩土工程勘察总体评价

本线地质勘探采用以钻探为主，以挖探、静力触探和物探为辅的综合勘探方法。全线初测、定测分阶段完成钻探 9978 孔、合计深度 55.68 万 m，完成挖探 489 孔、静力触探 534 孔及大量物探和岩、土、水试验、化验工作。

本线勘察方法和工作量合理，勘探点密度和深度满足设计要求，为工程顺利实施起到保障作用。通过历时2年的地质勘察工作，详细查明了全线区域地质条件，包括地层、岩性、褶皱、断裂构造、地震活动性、水文地质等，在此基础上详细查明了不良地质和特殊岩土的特征，明确了对线路方案有控制作用的主要地质因素，提出了地质选线和工程设计的技术原则，针对最大限度地消除地质风险因素，提出了有效、可行的措施建议。

4.2 各类工程地质风险问题的分析评价

通过勘察确定了宝兰客专全线存在以下6类不良地质和3类特殊岩土共9类地质风险问题，并提出相应措施力求消除风险。经过认真研究、审查，分析评价结论如下：

（1）活动断裂：渭河大断裂为活动断裂，破碎带宽大，岸坡极不稳定，线路已完全绕避。

（2）滑坡、错落：沿线分布12个大滑坡群和7个大错落群。在查明滑坡范围和结构的基础上绕避或以隧道工程形式从滑坡下通过；在线路河谷地段，以顺河桥工程方式远离两岸滑坡群。

（3）危岩、落石、崩塌和岩堆：宝鸡至天水段陡坡发育，对路基和隧道进出口山坡逐一进行专门调查，提出了合理处理措施建议。

（4）泥石流：沿线发育12条泥石流沟，线路尽量绕避通过区和堆积区，无法绕避的采取了适当的工程措施，预防泥石流对运营线路安全的影响。

（5）地震液化：沿线局部地段存在，已查明分布及厚度，提出加固处理建议。

（6）地下水、土侵蚀性：黄土高原区水、土具有侵蚀性，已查明分布和等级，提出进行防侵蚀性处理意见。

（7）湿陷性黄土：具有严重—极严重湿陷性，湿陷厚度大，陷穴发育，已查明特性、分布和厚度，提出加固处理建议。

（8）第三系泥岩（极软岩）：已查明极软岩分布及特性，提出加固措施建议。

（9）软土、松软土：已查明分布和特性，提出加固处理建议。

上述9类不良地质和特殊岩土，涵盖了宝兰客专沿线的主要不良和特殊地质问题，进行了深入和详细的勘察，成果内容齐全，结论合理。虽然这些因素在天然状态下存在不同程度的风险，但由于勘察比较清楚、措施得当，采取了绕避或各项工程措施，风险可控。

5 主要社会与经济效益

（1）宝鸡至兰州客运专线是中长期铁路网规划确定的国家铁路“四纵四横”快速客运网的重要组成部分，是横贯西北地区与中、东部地区客运主通道，主要承担西北地区对外直通客运，兼顾通道沿线大中城市间的城际快速客运，是一条高标准、高密度、大能力的客运专线。本项目的建设对增强区域基础设施，改善区域投资环境，缩短东、中、西部地区间的时空距离，加强区域间经济交流与合作，接受东中部发达地区的资金、技术的注入起到积极作用，对实现东、中、西部区域经济的协调发展和西部大开发的顺利实施均具有重要意义。

（2）采用地质调绘与钻探、物探、室内试验相结合的地质综合勘察手段,大幅提高地质选线水平和勘察效率。在地质勘察中，首先采用大面积地质调绘为主的勘察手段，准确评价了渭河两岸高陡斜坡的稳定性，为选线提供了翔实的地质依据；其次通过钻探、试验为主的综合勘察手段，详细查明了新近系工程性质及水文特性，为工程设计提供了翔实的地质参数。综合勘察手段间先后相互补充、相互验证，提高了地质选线水平和勘察效率。

（3）首次形成了渭河峡谷区综合地质选线的新思路，形成了线路不宜在渭河河谷两岸高陡斜坡段落陡坡挂线的具体原则。经施工验证地质资料准确、翔实，地质选线合理，工程设置得当，施工中遇到的地质问题极少，无重大地质变更，降低了施工中地质风险，为全线顺利贯通赢得了充分时间，取得了较好的经济效益和社会效益。是复杂地质条件下河谷区综合地质选线成功的范例，对河谷区地质勘察工作有很大的借鉴意义。

（4）首先采用卫星数据与大比例尺航片综合遥感技术，结合地面调绘准确分析评价了黄土高陡斜坡的稳定性，为线路方案提供了翔实的地质依据；其次采用钻探、取样、试验为主的地质综合勘察，详细查明渭河大断裂带发育的滑坡及泥石流的特征，为地质选线提供了依据；大幅提高了地质勘察效率，降低了勘察成本，取得了很好的勘察经济效益。

（5）陇西黄土高原沟壑梁峁区地质选线，提出了以“平均自重湿陷量”和“起始湿陷压力”为指标的黄土场地湿陷敏感性新方法。在湿陷性系数测定中，主要采取了单、双线相结合的试验方法，对同一试坑（钻孔）、同一深度的试样测试数据做误差分析，是对现有湿陷敏感性判别方法的重要补充，现场采用浸水试验实测自重湿陷量，从而避免了因湿陷评价偏差造成对工程投资的影响。降低了施工综合成本，提高了工程效率，取得了巨大的经济效益。

（6）通过历时两年的地质勘察工作，详细查明了全线工程地质条件，提出了地质选线和工程设计的技术原则。针对各类地质风险因素，提出了有效、可行的措施建议。勘察工作荣获国铁集团、陕西省、甘肃省多项省部级优秀勘察一等奖。

太焦铁路大面积采空区选线勘察

秦　爽　张永忠　辛民高　曹　虎　陈则连　崔庆国　赵　斗　李中海

（中国铁路设计集团有限公司，天津　300091）

太焦铁路为第一条穿越大面积采空区的高速铁路工程，区域内开采可追溯到宋代，主要经历了20世纪50年代古法开采、20世纪80～90年代小矿开采和之后的综合机械化开采几个阶段。沿线按矿物种类分为煤矿、硫铁矿、山西式铁矿、铝土矿和石膏矿5类采空区；按规模分为小窑、小矿和大型矿3类采空区；按地理位置分为西营、三元、长治县站南、辛呈琚家沟、皇后岭、神农等14个采空区域，合计沿线路长约135km，宽约5～40km；同时，受多期构造影响，矿层发生倾、旋、扭、断变化，探查难度进一步加剧。因此，太焦采空区具有分布广、多层位、多类型、长期性、隐蔽性、致灾性等特点，为线路方案控制的首要因素。

1　工程概况

新建太原至焦作铁路客运专线（以下简称太焦铁路）起自太原枢纽太原南站，经太原市、晋中市、长治市、晋城市、焦作市，终至焦作站。线路全长358.8km。其中桥梁118座合计长113.1km，占31.5%；隧道39座合计长154.1km，占43%；路基91.6km，占25.5%；设计速度为250km/h。

线路经过多种地形地貌单元，穿越太岳山、太行山两大山脉，地层出露齐全，地质构造发育，不良地质作用强烈，特殊岩土需做专门处理，赋存影响工程的多层地下水和岩溶水。其中煤系地层（采空区）长约135km，占线路长度37.5%；瓦斯隧道4座，共计17.6km，占全线隧道长度的12.7%；岩溶隧道21座，长度91.5km，占全线隧道长度的59.4%；滑坡、崩塌影响线路长度约为45km，占线路长度29.7%；可溶岩发育长度203km，占线路长度56.4%；另有活动断裂、泉域、N_2特殊岩土地层等控制选线方案。

2　总体走向方案采空区综合评价

2.1　高铁路由与煤田分布的关系

山西省煤炭资源分布广泛、储量丰富、开发规模很大、产量居全国第一位。沁水煤田分布范围广、数量多、煤层多、储量大，同时，该区煤炭开发利用最早，有几百年的开采历史。因此，它是我国采空区分布面积最大的地域，同时也是多层采空区分布最多的区域，是对高速铁路规划建设影响和危害最为严重的地区。根据区位关系和规划，太焦铁路跨越长治、高平、晋城三座城市，必须大面积穿越沁水煤田。

2.2　沁水煤田的形成及改造

（1）沁水煤田概况

沁水煤田为五大煤田之一，是我国目前产煤最多的大型石炭二叠系煤田。它位于山西省中南部，介于太行山、吕梁山、太岳山、五台山、中条山、王屋山之间，跨太原、阳泉、武乡、长治、晋城、阳城、沁水等20余市、县。

（2）沁水煤田沉积环境

沁水煤田晚古生代含煤岩系沉积是在近海的海陆交互环境下发育起来的，以海台地、滨海平原、潮坪—潟湖和三角洲环境为主，地势总体平坦，水动力弱，海水进退会引起大范围沉积环境的改变，进而形成规律明显的标志层和煤层。

石炭系本溪组沉积环境、古地理、聚矿规律：中石炭系晚期，华北地台缓慢沉降，海水由东北向西南侵入华北陆地。早期风化面上残留的铁铝物质经受溶解和凝聚作用，在凹凸不平的基底上沉积了层位稳定的铁铝层，即本溪组的“填平补齐”作用。受三面古陆固限，该期山西地区海水进退频

获奖项目：2022年“海河杯”天津市优秀岩土工程勘察一等奖。
基金项目：大面积采空区勘察评价新技术及治理研究（2022A02264007）

繁，无良好的沉积环境，特别是距离古陆较近的长治、晋城地区以滨岸沉积为主，因此在广阔的潮坪区仅沉积了薄层的矿物分散铁铝层，而潟湖内的微沉积环境受海水进退影响较小，在其中沉积了不均的碳酸盐岩层、煤层及较厚层的矿物集中铁铝层，即后期成“鸡窝状”的山西式铁矿。

石炭系太原组沉积环境、古地理、聚矿规律：基底经历了本溪组的填平补齐，由于北部阴山古陆的上升，形成较为平缓的南倾古地理斜坡，邻近中条古隆起的长治、晋城地区在潮坪—潟湖环境下，于平坦化的基底形成太原组 15 号煤，且煤层上部稳定覆盖较厚的 K_2 石灰岩标志层。

二叠系山西组沉积环境、古地理、聚矿规律：北部阴山古陆进一步抬升使海水向南逐步退去，受中条古隆起阻隔影响泥炭大量堆积于晋南地区，此时晋南地区呈现下三角洲平原古地貌，在此环境中堆积形成山西组 3 号煤，后期河流相的不连续 K 砂岩覆于其上，说明海水再没有侵入过。受河流冲积作用影响，山西组 3 号煤呈带状分布，K 砂岩厚的区域煤层薄，K 砂岩薄或不发育的区域煤层发育良好。

至此，沁水煤田的初期古地理环境已然形成，但东部边界并未显现。

（3）构造运动对沁水煤田的改造

吕梁运动后至印支运动前，山西的地壳由活动阶段转入相对稳定发展阶段，主要为沉积演变发育含煤岩系，从印支运动开始，山西又转入活动阶段。印支运动主要表现为近南北向（以现代磁方位为准）的挤压应力场，构造变形比较微弱，在区内形成近东西向为轴的褶曲。燕山运动早中期，中国东部受太平洋板块对华北板块强烈挤压作用构造应力场发生根本的改变，表现为左旋压扭性质，主体构造线方向逆时针旋转，原来主要呈东西向展布的构造线逐步转变为北东、北北东向，发生大陆岩石圈规模级别的变形和层间拆离（差异运动），形成一系列大体平行的大型隆起带和凹陷带，主体为北北东向展布，如太行山隆起、沁水盆地以及两者之间的晋获断裂带等。构造挤压应力场方向为 NWW—SEE，并形成一系列 NNE 方向为主的向、背斜构造和压性断裂，共同构成新华夏构造体系。喜马拉雅期以来本区变形微弱，构造形迹不明显，以张裂为主，已形成的断层破碎带、节理裂隙带等充填红黏土，局部开张无充填。

印支—燕山期的构造运动彻底改造了早期沁水煤田古地理环境。煤盆地深度凹陷，中心最大沉降幅度可达 4500m；盆地周边受褶皱、断裂切割明显，形成多条无煤条带和煤层抬升区，太焦铁路长治到晋城区段选择晋获断裂带中的地垒通过，以及沿长治县辛呈村—高平市三甲镇一线为轴的背斜延伸。

（4）沁水煤田开发利用规律

沁水煤田为典型的煤盆地形态，受盖层厚度固限，开发利用活动主要集中在盆地边缘。最早的开采活动可追溯到宋朝，已知的大型采掘活动可达近 1000m，小型采掘活动可达 120m。研究沁水煤田的开发利用规律，有助于总体走向方案的选择和优化。

2.3 总体走向方案采空区选线

方案北部线位基本一致，均走行于沁水煤田中心凹陷未开采区域，在襄垣至晋城段大的线路走向方案有太长高速西方案（含西绕方案）、太长高速东方案和长治东经陵川方案（图 1）。

图 1　太焦铁路方案与采空区关系示意图

太长高速西方案（含西绕方案），线路总体走向沿高速公路西侧通过，该方案大段位于沁水煤田边缘，线位多次切割煤盆地中的河流和断裂。由本篇 2.2（2）节可知优质 3 号煤层分布于古河道周边，根据本篇 2.2（3）节断裂将煤盆地分割为多个不同深度的可采区域，在漫长的开采历史中，盆地边缘为主要开发活动区，选线期间潞安集团、多家国有煤矿形成的采空区密布，发现多个地面沉陷成湖、公路差异沉降等灾害，方案不可行（图 2）。

图 2　司马煤业采空区沉陷成湖

长治东经陵川方案，在太长高速东方案经长治东站后，经陵川县城向南进入拟建晋城东站，绕开了大规模煤矿采空区，地质条件满足设计要求，但该方案绕避开了人口密集和经济活跃的市县，经济评价不可行。

太长高速东方案，线路从拟建武乡西站引出后向东南方向沿漳河过西营镇咽喉通道，而后绕避采空区沿山前走行，进入拟建长治东站，线路继续向西南方向延伸，在高平北部与太长高速西线方案合并。该方案大段位于盆地周边抬升无煤区，于襄垣穿出沁水煤田时走行在河流侵蚀无 3 号煤层的漳河河道，经长治再次进入煤田后沿地垒和背斜轴延伸，出煤田引入晋城东站的线路选择在丹河河道附近沿晋获断裂带通过，该处古河道冲积强烈，K 砂岩沉积较厚而 3 号煤层剥蚀殆尽，受晋获断裂带影响 15 号煤层埋藏较深，小煤窑无法开采，大型煤矿暂无开采 15 号煤层计划。方案控制区段可利用曲线段绕避一些潟湖相硫铁矿和山西式铁矿，具备研究通过的价值。

太长高速东方案于武乡—长治段穿越西营采空区咽喉；于长治—长治县穿越辛呈琚家沟采空区构造通道，绕避了三元采空区，治理了长治县站南采空区；于长治县—高平穿越皇后岭—神农采空区咽喉，绕避了团西采空区；于高平—晋城绕避店上、西南庄川起采空区，治理了大沟北采空区；于晋城—焦作绕避了虎村、焦煤采空区。综合归纳为“两咽喉、一通道、六绕避、二治理”线路走向方案选线。

3　线路走向方案采空区综合勘察技术

3.1　采空区调查新方法及应用

通过采掘资料、地质灾害的整理和分析，确定了所需调查区域的主要可采煤层及其他矿产特征后，进一步展开有针对性的采空区调查及访问工作，查明了采空区范围和地表破坏形式，也是小煤窑、古采空区的最重要勘察方法。太焦铁路结合现场实际，在积极探索和系统总结基础上，创新了多种采空区调查方法，并得以成功应用，主要包括：地表建筑病害推定法、地表高程缺失反演法、井口群圈定法、采动痕迹追踪法、煤层露头线追溯法、色差辨识法等。

（1）地表建筑病害类型推定法

在采空区调查过程中，经常见到井田内地表建筑物出现水平张开、垂直位错和水平扭动的病害，这是由于工作面回采后形成大面积采空区，顶板垮落后导致上覆岩土体变形，破坏地表建筑物的基础造成的。在采空区调查中很直观地显示出采空区塌陷的影响范围，可以根据地表建筑物变形受损的类型初步圈定出沉降区、曲率变性区、倾斜变形区，进而根据开采煤层的深度、厚度、覆岩性质反推计算出采空区范围和边界角。

太焦高铁太长高速东引入既有长治站方案穿越山西三元煤业股份有限公司井田，井田面积约 23km²，开采山西组 3 号煤层，采空区埋深 245～320m，经多期整合后老采空无资料记载，且井田面积较大，地表附着物多，无法大面积开展物探探查工作。经现场调查，其采空塌陷造成沉降人工湖、地面蔬菜大棚墙体水平张开和扭动、田地垂直位错成台阶、公路地面水平张开和垂直位错等 95 处典型破坏。根据地表变形的类型，结合采空区地表移动变形特征规律将井田划分为沉降区、曲率变形区、倾斜变形区和安全区，与已掌握的三元煤业采空区分布图对比后发现地表沉降变形范围达采空区边界外 920m，远远超出三元采空区的计算影响边界。经进一步访问得知，早年在此区域曾有个南寨煤矿，地表的大范围沉降变形为其古采空引起（图 3）。

该段线路采用长治东设站方案，绕避大面积复杂且难以查明的采空区。

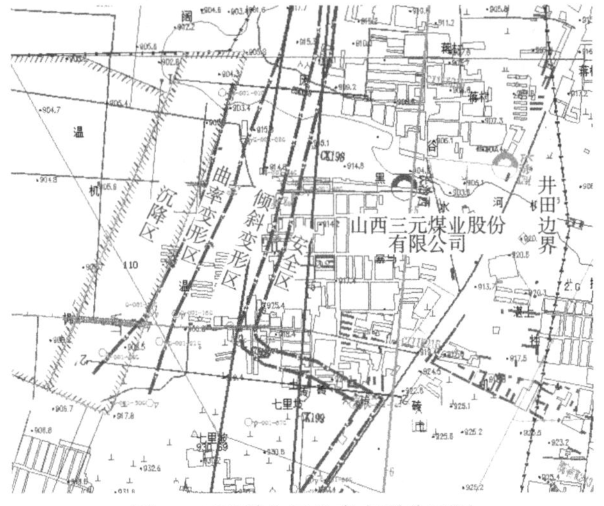

图 3　三元采空区地表变形分区图

（2）地表高程缺失反演法

山西煤矿经过兼并重组后，早期房柱式采煤等老式开采方法已经淘汰，综合机械化开采广泛应用，使回采率得到极大的提高，同时导致地表产生移动盆地、台阶状塌陷盆地和塌陷坑，三种移动变形均会造成地表产生大面积的高程缺失，并各具特点，易于通过野外调查鉴别。地表移动盆地为深厚比大的采空区形成，其面积较采空区大很多，具连续性和渐变性的特点，当土层较厚时会有常年积水。台阶状塌陷盆地为中倾斜煤层（36°～54°）或急倾斜煤层（55°～90°）采空区形成，其盆地范围很大，顺倾向延伸远而连续的斜坡，在盆地中央靠近倾向反方向常形成平坦的盆底，且边缘部分形成多级台阶。塌陷坑为深厚比小的采空区、竖井陷落或有大型地质构造时形成，基本位于采空区的正上方，呈圆形，垂直位错明显，无台阶，有时坑的侧壁大于 90°。

太焦高铁太长高速东—长治西设站方案穿越山西潞安集团司马煤业有限公司井田，井田面积约 29.6km^2，开采山西组 3 号煤层，煤层采高 6.50m，采空区埋深 239.33～187.04m，深厚比大于 30，土层厚度约 150m。经现场调查，井田范围内存在地表移动盆地，积水后形成人工湖。

该段线路采用长治东设站方案，绕避长治西设站区域的地表剧烈变形采空区。

（3）井口群圈定法

该方法较适用于小煤窑采空区的调查。小窑采空具有集群性、杂乱性、隐伏性和规模小的特点。20 世纪 80 年代山西小煤窑一度多达上万座，这些小窑均成片分布，以人工私挖乱采为主，极限开采深度约 120m，最大开采距离约 100m。通过调查井口位置可将最外围井群连线成区域，根据地层产状确定煤层的埋深，通过访问确定掘进的最远距离向外扩展，推定小煤窑采空区区域。

太焦高铁皇后岭隧道进口段纵坡标高受小里程端跨越晋中南铁路和二广高速限制，出现长大段落的浅埋隧道，调查过程中发现线路经过的小北崖村、大北崖村和宋家山村附近分布大量废弃井口，根据地层层序推定开采太原组 15 号煤和山西式铁矿，而隧道进口段恰好在此地层中通过，受采空区影响风险极大。应用井口群圈定法，将采空区分为小北崖小煤窑群、大北崖小煤窑群和宋家山铁矿群，把"多小散乱"的小窑"化零为整"，使线路浅埋隧道工程安全穿越小窑群，进入"皇后岭—神农采空区咽喉"。

（4）采动痕迹追踪法

该方法较适用于调查已填埋的古窑井口。小窑关闭后通常会将井口填埋，即便知道该区域内存在小窑也难以找到具体位置，针对这种情况，采用痕迹追踪法是行之有效的调查手段。过去交通条件有限，因此古窑多为附近村民开采，一般在村附近沟谷会找到相关的采动痕迹，其主要包括煤仓或场地、矿渣覆盖的运输土路、沿陡坡倾倒的矸石、简易房屋、废弃柴油机、电缆线盘残骸、运煤小推车等等。通过这些采动痕迹可将井口缩小到很小的范围内，再通过追踪运输土路即可找到井口的位置。

太焦高铁长治县站调查时在南董村附近发现废弃小窑简易房屋和存煤场，但经全村的走访调查后无人知道附近有过采煤的活动，只能开展更深入的调查工作。沿存煤场运输小路追踪至半坡时发现地表已复耕，经边坡开挖揭示的运输土路继续追踪将井口圈定在一块约 30m × 100m 的范围内。根据弃渣堆积分布、出煤通路、岩层产状和水流方向分析，该古窑应从井筒位置向南、西北、东南三个方向开采，其井筒必在三个方向的交汇处，于是在地表以槽探形式进行开挖，在线位右侧约 50m，地下 1.5m 深度挖出两个井筒，在井口南侧沟壁上有一塌陷坑，被植被覆盖，塌陷坑附近清理表土后同样有矿渣出露，分析为该小窑的一个辅助通风井口。应用采动痕迹追踪法有效地查明长治县站南采空区已填埋井口位置，大大节约了隐伏古窑采空区勘察的时间和投入，提前采取治理措施，保障了高铁运营安全。

（5）煤层露头线追溯法

煤层露头线是指地下煤层延伸到地表或山坡的可见煤层或煤矸石层。露头线附近煤层埋深浅、瓦斯含量低，靠人工开挖或简单的设备就能进行开采，因此早期大部分煤窑都是在露头线附近。但在野外调查过程中，煤层露头线往往以隐伏或风化煤的形式存在，难以发现，因此追溯煤层露头线是划分小窑赋存区域的重要工作。

追溯煤层露头需要熟悉调查区域的地层层序，根据地层产状和地形判断煤层露头可能存在的区域，一般沟谷内自然剖面出露较多，公路两侧边坡也能见到。根据地层沉积规律及成煤环境，煤层顶底板附近都有稳定的标志层，如晋东南区域太原组 15 号煤层赋存于 K_2 石灰岩下，两者中间夹有薄层泥岩。风化煤在野外呈灰色，灰黑色，质地较软，易捻碎，划痕为黑色。

太焦高铁穿越琚家沟—曹家沟采空区段为枝杈状冲沟地貌，发育多条断层，煤层埋藏浅，小煤窑散乱众多，物探和钻探工作难以取得好的效果。在调查过程中发现沟中有多处 K_2 石灰岩出露，经削坡可见 15 号氧化煤，结合地层产状可推测出该区域煤层露头线，划分小窑赋存区域，为线路选出安全通道，进入“长治—长治县穿越辛呈琚家沟采空区构造通道”。

（6）色差辨识法

小窑井口在植被茂盛区域具有极强的隐蔽性，野外调查极为困难。依据井口附近与正常区域高程和温度存在差异、不积雪的特点，在雪地中其表现出来的颜色与周围会产生明显色差，利用无人机航拍影像技术可以快速、有效的采集测区的色差点，提高小窑井口调查的效率和精度。

太焦高铁小窑调查过程中，利用雪后无人机航拍影像，在 DK238 + 684～DK239 + 177 路基段发现疑似小窑井口（图 4）。随后通过对该区域进行的实地调查，并进行挖探验证，证实色差点为小窑井口，为开采山西式铁矿而设，深度 3～8m，未横向扩张开采，因此采取挖出换填措施治理，保障路基基础稳定。

图 4　太焦高铁 DK238 + 684～DK239 + 177 路基无人机采集井口

（7）差分干涉 DInSAR 技术

大型采空区引起的地表移动盆地、台阶状塌陷盆地和塌陷坑在地表复耕后多被填平，处于残余变形阶段的大型老采空区沉降量小，地表变形缓慢微弱，形迹不明显，调查难以发现，特别是一些老采空区在煤矿多次兼并重组后已无资料可查，开采范围难以掌握，给高铁工程造成极大的隐伏风险。

差分干涉 DInSAR 技术因其卫片影像间期短（一般 2～4 个月 1 景）、范围大、微小变形长时间监测精度高，特别适用于地表大范围蠕动沉降的监测。太焦铁路在选线过程中大范围地应用差分干涉 DInSAR 技术，并结合各区块的开采时间制定监测周期，极大地提高了老采空排查的工作效率，取得显著效果。

3.2　采空区综合物探技术及应用

在 14 个采空区域中，有 12 个采空区域充分应用了综合物探技术，以浅层地震反射法、天然源大地电磁法、高密度激电法以及地震波层析成像等方法为主的综合物探技术，完成物探测线合计超过 200km，基本查明了采空区的分布情况，取得满意的勘察效果，为地质选线工作提供了有力的技术支撑。

“武乡—长治西营采空区咽喉”位于长达 37km 的采空区带上，大型采空区、多层采空区密布，3 号煤埋深浅，煤质好，私挖乱采现象频繁。针对这一关键难题，首先应用煤田古地理学、聚矿规律学理论对 37km 长的含煤带进行分析，二叠系 3 号煤为河流相沉积，该区域在 3 号煤沉积过程中属三角洲体系前缘相分流间湾相区，其中的浊漳河河床及阶地为三角洲体系平原相分流河道相区，对煤层有冲刷剥蚀作用，地质分析应存在一无 3 号煤沉积的通道，在综合物探成果基础上，经控制性钻探剖面确定了该咽喉通道的合理性。

西营采空区特点是煤层埋深较浅，地下水较丰富，针对地质背景特点，制定高密度激电法为主，瑞雷波法验证，并辅以电磁波 CT 的综合物探勘察模式。物探解释以电阻率成果为主，充电率成果以及瞬态瑞雷波成果为辅，并结合现场调查及既有地质资料相互比对进行综合解释。解释原则为，着重以电阻率剖面进行分析，重点分析经钻探揭示有采空的煤层中电阻率等值线低阻闭合圈，以及稀疏、弯曲等形态变化，结合瞬态瑞雷波成果中的低速区以及充电率成果断面进行综合分析，成功查明了采空区发育情况，找出 200m 宽的安全通道，为地质选线提供了可靠的物探成果依据。

3.3 长治县—高平皇后岭—神农采空区咽喉综合选线勘察

区内采空区可分为三类，分别为 3 号煤层采空区、15 号煤层采空区和硫铁矿采空区。3 号煤层和 15 号煤层经过古法开采、小煤窑开采、小矿整合、大型机械化采煤已有上百年开采历史；硫铁矿采空区为 20 世纪 80、90 年代形成，多为无序开采，面积大，个数众多。在多时期、多种类、多层位采空区影响下，地面工程已无路可通。而采用地下工程形式通过，受线路纵坡限制，隧道洞身与采空区高程很接近，局部受构造影响可能位于采空区之上；在隧道出口处需跨越水库，尤其峰峰组一段为百米厚的含石膏地层，灾变性工程性质极强；三姑泉域岩溶水、采空区积水亦是风险因素。依据构造运动理论分析，使隧道洞身在以北北东向为轴的背斜中通过，进出口分别位于印支期残留近东西向为轴的向斜两翼，选线聚焦在保证向斜轴与线位交点的采空区底面位于隧道洞身之上，方案即可通过，且隧道进出口不受采空区限制。

经地质调查、井下测量资料对比、钻探验证（图 5），垂直距离上覆采空区最近的两点分别位于皇后岭隧道出口段西八村和神农隧道中部南窑沟附近，前者距离隧道 12m，后者距离隧道 25m。施工期经超前地质预报和施工开挖揭示，皇后岭—神农采空区所在山体的地质构造与应用多维时空理念推断的构造形态基本吻合，洞身地层主要为峰峰组二段石灰岩，同时规避了上部采空区和下部峰峰组一段盐岩地层，于“咽喉”中通过，引入高平市，方案选择最优。

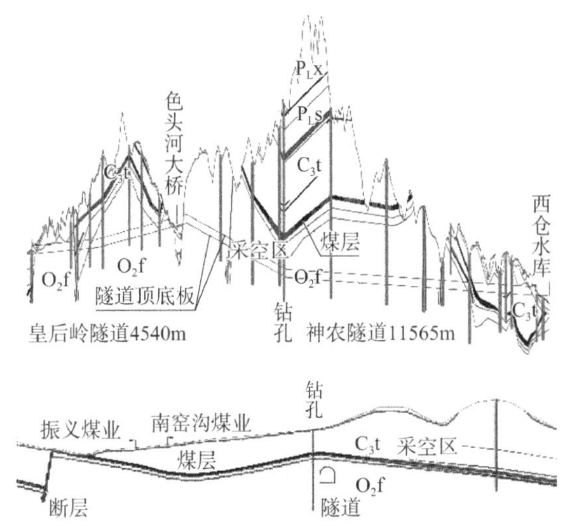

图 5　长治县—高平皇后岭—神农采空区咽喉断面图

3.4 长治—长治县辛呈琚家沟采空区域采用地质构造分析方法找到无煤条带地垒通道

长治—长治县的路径共有文王山地垒、二岗山地垒、东汉地堑和庄头大断裂通道四条，其中，文王山地垒在西段发育采空区无法通过，东段出灰岩区地垒后便直接进入大面积采空区；二岗山地垒沿北东向展布，地垒东南部为大面积采空区，此通道展线过长；东汉地堑为长治县县城所在地，拆迁量过大。经研究前三个路径均予以舍弃，重点研究绕避辛呈琚家沟采空区构造通道。

辛呈琚家沟采空区域主要开采 3 号煤、15 号煤与铝土矿，开采历史久，最早可追溯至明清时期，新中国成立前为小煤窑开采，新中国成立后在韩川断层西侧陆续设立韩川煤矿、东汉煤矿、南仙泉置换区，在庄头断裂南侧设立辛呈煤矿。断层东侧多为小煤窑开采，分布极多，深度不一，且多数已填埋，隐蔽性强，调查难度极大，通过采用第 2.4 节（5）“煤层露头线追溯法”框定了小煤窑范围。

该段位于晋获断裂带与庄头断裂带交汇处，晋获断裂带主要包括长治断层、韩店断层、东汉断层、韩川断层、北泉断层，庄头断裂带发育有庄头断层、屈家山断层。该段北端方案走行于韩川断层和北泉断层所夹地垒无煤条带中，南端跨越瓦日铁路后需穿越晋获断裂带富煤区，近东西向的庄头断裂强烈的平推作用将晋获断裂带一分为二，同时将断裂带中的煤层揉搓得支离破碎，无开采可能，为线位提供了天然的安全通道。

3.5 线路通过的小型采空区稳定性计算评价技术

大沟北采空区位于高平市神农镇大沟北村、西栗庄村一带，该区基岩出露少，大部分被黄土覆盖，为黄土沟谷地貌，所采矿产为山西式铁矿。经走访调查和物探探查，为20世纪70～90年代末开采，区内存在23个废弃的井口，在大沟北村东北部及南部形成6处采空区，其中，3～6号距离线位较远，对铁路工程无影响，1、2号位于线位下方。由于开采断面小，地表未见下沉等变形迹象，地下仍为空洞状态，并未垮塌，因此，小型采空区稳定性计算评价是高铁能否在其上通过的关键。

1号采空区开采深度15m，2号采空区开采深度40.05～46.0m。利用铁路下伏小型采空区稳定性计算评价系统（SCESRGv1.0）分别采用应力传递法、太沙基公式法、普氏塌落拱法、岩梁稳定分析法和洞顶塌落堵塞法进行剖面的稳定性计算，如图6所示。

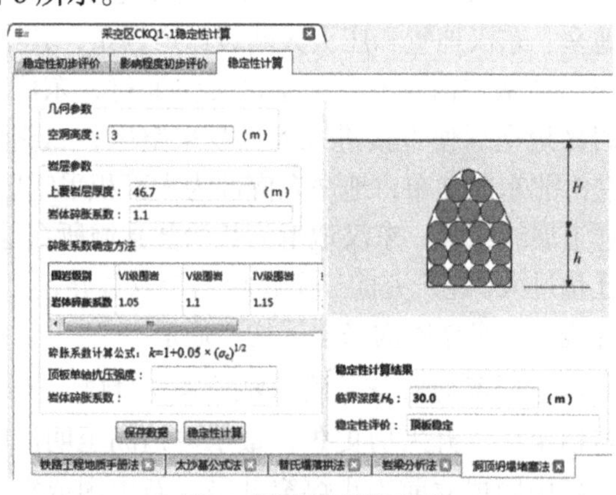

图6　洞顶塌落堵塞法

根据计算结果，采用应力传递法、太沙基公式法、普氏塌落拱法时采空区均为不稳定状态，采用岩梁稳定分析法和洞顶塌落堵塞法时采空区为稳定状态；根据钻探揭示，区域内采空区均属于简单小型采空区，K_2石灰岩可视作老顶，该层厚度一般为6～9m，采空区的稳定性主要取决于此关键层的稳定性，钻进过程中此关键层井液漏失严重，部分钻孔至该层后全部漏失，结合地表出现局部塌陷，说明K_2岩层无法成拱，依然受拉应力和剪应力作用，已发生断裂和垮落。综合判定为不稳定状态，应治理通过。

4 大面积采空区选线勘察成果与效益

（1）首次综合运用多学科理论解决采空区选线难题

针对太焦采空区特征，综合运用煤田古地理学、聚矿规律学、构造地质学、地层学、采矿学等多学科基础理论，总结出晋东南多维时空采空区选线新理念，为方案选择提供支撑，为山西地块区域内的线性工程规划、建设研究提供了重要借鉴。

（2）创新大面积采空区综合勘察技术

充分发挥加深地质工作作用，通过综合地质勘察技术，采用断面法、煤层底板等值线图法在宏观层面初步确定了不良地质较少的总体走向方案，工程方案反复少。

针对采空区咽喉区等微观和细节层面，采用高密度电法、瞬态瑞雷波和电磁波CT法相结合的综合物探新技术，查明了大型采空和小窑采空的分界，采用井口群圈定法、构造分析、地层层序推断、地震折射和反射联合层析法、井下测量、深孔钻探测试等方法查明了多层、多类、多期采空区的分布，在宽达37km的采空区密布带上找出了200m的安全通路。

推荐线路于皇后岭采空区下12m、神农采空区下25m下穿通过，使隧道洞身走行于峰峰组二段灰岩层，规避了峰峰组一段盐岩地层和岩溶水风险。

长治市至长治县段应用构造“安全岛”选线理论，舍弃了文王山地垒、二岗山地垒和中华地堑通道，使线位走行于庄头平推断层的安全通道内。

针对三元、团西、店上、西南庄川起、虎村、焦煤等大型采空和难以查明的采空，采用地表建筑病害类型推定法、地表高程缺失反演法、煤层露头线追溯法和综合勘察技术查明了采空区的分布和变形规律，并予以绕避。

对于长治县站南、大沟北等简单小型采空，采用采动痕迹追踪法、色差辨识法和小型采空区稳定性计算评价技术，使线位在稳定变形区内治理通过。

（3）太焦铁路是郑太客专的主要组成部分，是国家《中长期铁路网规划》中呼南大通道的重要组成部分，采空区选线勘察的成果有效缩短了线路长度，保障了高速铁路运营安全和效率，直接联通太原和郑州两个城市群，促进太原和郑州城市群发展以及山西经济转型发展，形成呼和浩特至大同至太原至郑州快速客运通道，对进一步促进中西部欠发达城市群的发展具有重要意义。

（4）“两咽喉、一通道、六绕避、二治理”线路走向方案大面积采空区地质选线，在成功连通山西中东部、河南地区城市基础上，规避了大面积采空区的影响，极大地降低了采空区治理费用，节约了建设投资。

5 工程经验或教训

采空区为世界性难题，其分布受地形、古地理、构造、人为活动等多重因素影响，不同时期、不同规模、不同地质条件的采空区表现出各异的变形特征，是极难勘察评价的重大不良地质问题。

（1）太焦铁路穿越煤层广布、长期开采区域，是建设史上通过采空区面积最大、层位最多、隐蔽性最强、致灾性最重的铁路，也是首次综合应用古地理学、构造地质学、地层学、采矿学等多学科，采用"多维时空选线方法"成功兴建的铁路。

（2）太焦铁路创新了多种采空区调查、勘察、评价方法，攻克了大面积采空区发育地区修建高速铁路的技术难题，在地势起伏大、构造发育、多种不良地质作用强烈、有影响工程的多层地下水和岩溶水条件下成功穿越大面积采空区发育地区，在国内外尚属首次。

（3）高速铁路采空区选线勘察，应分阶段、分层次、分目的研究采空区。踏勘阶段的主要目的以煤田为勘察单元为总体走向方案提供依据；加深地质阶段的主要目的以矿区为勘察单元为线路走向方案提供依据，初测阶段的主要目的是以矿井为勘察单元为局部比较方案提供依据；定测阶段的主要目的是评价采空区变形量和工程适宜性，补充定测阶段的主要目的是制定合理的治理和监测措施。

（4）重大不良地质选线是一个系统性工作，地方规划、沿线主管部门、矿权单位、勘察设计单位有效联动，技术决策应正确理解地质成果的概念，客观听取地质专业意见。

复杂城市环境铁路工程定向钻应用实录

孙红林[1,2]　王勇刚[1,2]　胡志新[1,2]

（1. 中铁第四勘察设计院集团有限公司，湖北武汉　430063；
2. 水下隧道技术国家地方联合工程研究中心，湖北武汉　430063）

1　项目概况

新建广州站至广州南站联络线铁路起自广茂铁路五眼桥线路所，终点至广州南站（不含）。除两端接线工程外，线路全部采用地下敷设方式通过。线路方案自五眼桥既有广茂线两侧疏解引出，相继沿京广高铁及花地河东侧、广钢专用线（已停用）南行，在广州南运用所有预留存车场空间，与预留国铁动走线共线引入广州南站。新建正线长15.578km，其中隧道1座13.145km，单线桥2座0.635km，桥隧比86.37%。地理位置如图1所示。

该联络线可连通广州、广州白云、广州南等枢纽主客站，并可沟通枢纽内其他客站，连接起现有京广及广深港等高铁、广珠城际铁路，在建的广汕铁路，规划建设的永清广、广河等铁路，对于发挥枢纽各客站能力，实现深港珠澳始发客车直通广州中心城区，对完善运输组织具有重大意义。

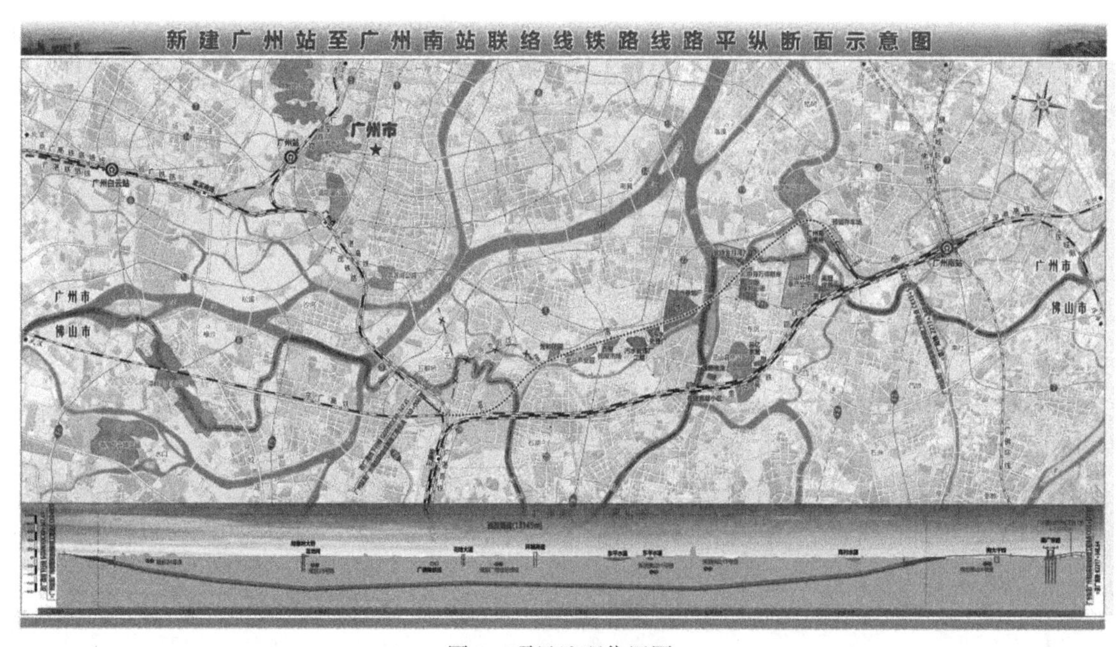

图1　项目地理位置图

2　项目背景

本项目位于广州市城区，其中西塱隧道DK6＋600～DK7＋200段穿越房屋密集区域（图2）。根据《城市轨道交通岩土工程勘察规范》GB 50307—2012第7.3.3条的相关要求，中等复杂场地钻孔间距为30～50m，线位地表左右侧400m范围内遍布住宅、学校、道路，不具备地面竖向钻探的实施条件，常规竖向钻探在该场地下无法实施，采用传统工程地质勘察方法无法完成该区域的工程地质勘察任务。

在此背景下，本项目创新性地将煤炭石油行业中应用的可控轨迹定向钻技术引入铁路工程地质勘察，通过在线路附近开阔区域设置开孔处，设计一主孔查明隧道洞身附近工程地质条件，设计两分支孔查明隧道洞身以上地层的工程地质条件，结合取芯和孔内测试成果，完成场区的工程地质勘察任务。

图 2　西塱隧道竖向钻探无法施工区域

3　场地工程地质条件

3.1　地形地貌

广州站至广州南站联络线铁路主要位于珠江三角洲冲积平原区，局部为残丘。冲积平原地形相对较平坦，地势开阔，现大部分被开垦为居民区、村舍、厂房，交通便利。

3.2　地层岩性

沿线地表全部被第四系沉积物所覆盖，主要为人工填土，全新统冲洪积（Q_4^{al+pl}）软—硬塑粉质黏土、黏土、局部夹透镜状砂层，零星出露流—软塑状淤泥、淤泥质黏土，第四系地层厚 5～11m。下伏基岩为白垩系（K）泥岩、砂岩及钙质砂岩，偶见泥灰岩。

3.3　地质构造

拟建场地在大地构造上位于华南褶皱系（一级构造单元），粤北、粤东北-粤中拗陷带（二级构造单元），粤中拗陷（三级构造单元）南部，三水断陷盆地（四级构造单元）。据 1：200000、1：50000 区测资料及现场相关物探工作，本线未见有断裂构造发育。

3.4　水文地质条件

勘察期间揭露沿线地下水稳定水位埋深 1.30～5.00m，标高−1.64～1.29m。地下水位的变化与地下水的赋存、补给及排泄关系密切，每年 2 月起随降雨量增加与农灌水的增大，水位开始逐渐上升，到 6～9 月处于高水位时期（丰水期），9 月以后随着降雨量与农灌水的减少，水位缓慢下降，到 12 月至次年 2 月处于低水位期（枯水期）。地下水主要有松散岩类孔隙水和基岩裂隙水。松散岩类孔隙水主要赋存于冲洪积砂层中，具微承压性，其补给主要来源于大气降水和地表水补给；排泄方式主要为大气蒸发及向河流排泄。基岩风化裂隙水主要含水层为强风化和弱风化的砂岩及钙质砂岩，具承压性，补给来源主要来自第四系砂土层越流补给；排泄方式主要表现为以地下径流方式排向下游地区。

4　定向钻实施

4.1　技术要求

为使定向钻进成果满足工程地质勘察的精度要求，在钻探过程中应按如下技术要求执行：

（1）开孔高度允许偏差±30mm，角度允许偏差±0.5°，方位角允许偏差±0.5°。

（2）采用钻孔轨迹随钻测量控制技术，每 3m（或每根钻杆长度）作为一个回次，钻进过程每回次进行一次孔斜角和方位角的测量与校正，孔斜角、方位角的测量精度分别为±0.1°和±0.3°[1]。

（3）实际钻孔轨迹需满足精度要求，适时采用纠偏技术，钻孔轨迹偏离度应控制在 0.5°/100m

以内，空间方向终孔偏距控制在 1m 以内。

（4）分支钻孔间隔 100～200m，采用定向分支技术在主孔基础上开设，获取岩层风化界面或上覆地层信息。

（5）沿洞身方向每隔 15～30m 取一组岩芯；岩面变化较大地段加密取芯或全孔段取芯。芯样长度不小于 1m；岩层芯样直径 ≥ 61mm、土层芯样直径 ≥ 91mm。

（6）根据地质条件选择合适的钻井液类型及配合比，防止钻孔坍塌。同时，需做好钻井液的循环、回收，避免钻井液外溢造成污染。

（7）准确记录钻进压力、钻速、泵压、泵量，以及钻探过程中出现的特殊情况（如振动、卡钻、突进、塌孔、空洞、漏水等）。

（8）采用适当的措施，防止掉块卡钻、烧钻及钻杆折断、掉钻等孔内事故。

4.2 钻前准备

（1）钻孔轨迹设计

钻孔轨迹设计之前，首先确定施工场地，尽量减小钻孔平面弯曲，不危及周边建筑物基础、远离地下管网，地面有足够平坦开阔的空间用于钻机摆放、冲洗液循环、工具材料堆放[2]。

本次定向钻施工选取西塱南安大街 30 号渔场旁空地作为施工场地，钻孔设计开孔倾角−21.6°，方位 326.5°，里程 DK7 + 160.11，左偏 13.64m，孔口坐标（523395.130,2551223.482）。钻孔从地面钻至隧道洞身位置，在隧道底板下方 1m 位置沿线路方向进行主孔定向钻探。钻孔设计总工程量为 960m，其中主孔设计进尺 630m，两个分支孔合计 330m，用来探测洞身以上围岩地质情况。钻孔轨迹剖面图见图 3，平面图见图 4。

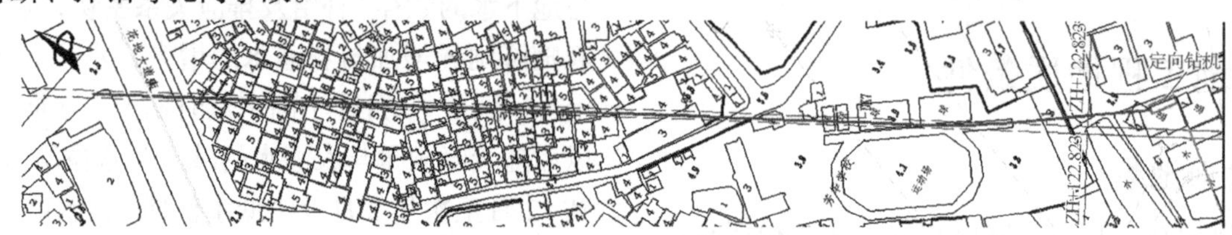

图 3　定向勘察孔设计平面图

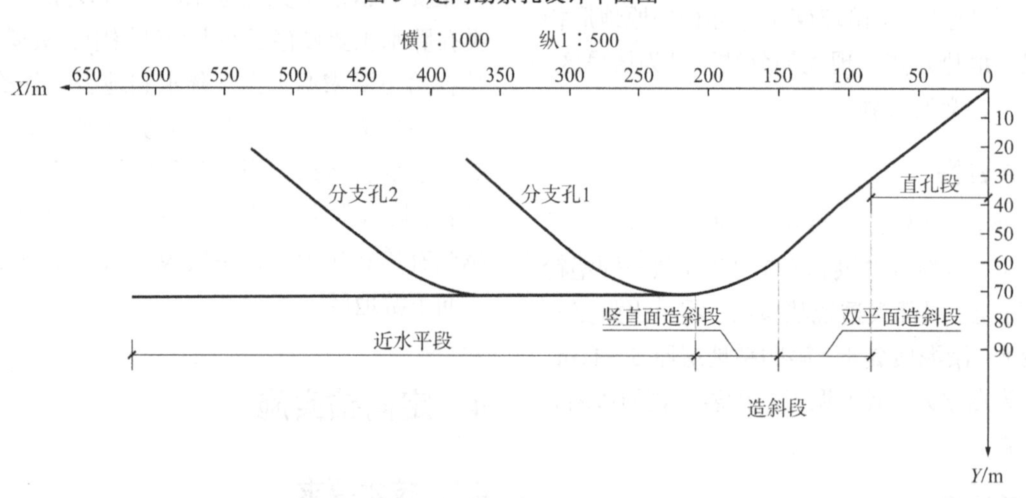

图 4　定向设计钻孔剖面图

（2）设备选型

根据该项目地质条件、可控轨迹定向钻探工程勘察技术要求，结合现有定向钻探装备及工艺，本项目采用 ZYL-7000D 型履带式全液压定向钻机具进行施工，该型号钻机最大钻深 1000m，最大输出扭矩 7000N · m。钻机配备孔底电机、随钻测量装置、定向钻杆、扩孔钻杆等，主要用于地质勘探孔、煤矿井下瓦斯抽放孔、探放水钻孔等各类定向钻孔的施工。当用于地质勘探时，能够充分发挥其扭矩大、钻速高、可配合取芯、可调开孔倾角的优势。

测量系统采用钻机配套的 YSX18 矿用随钻测量系统，可随钻测量钻孔倾角、方位角、工具面向角等主要参数，同时可实现钻孔参数和轨迹的实时显示，随时了解钻孔施工情况，及时调整弯头方向和工艺参数，实现精准钻进。

4.3 钻进施工

钻进施工主要包括开孔/扩孔、套管封孔、安装排水系统、定向施工等过程。

开孔/扩孔：采用ϕ110mm 钻头加定向钻杆进行开孔钻进。开孔完成后，反复洗孔，保证孔内清洁无渣后退出钻杆及孔钻头[3]。更换ϕ95mm 扩孔钻杆、ϕ153mm 扩孔钻头进行扩孔作业，扩孔完成后要反复洗孔，保证孔内清洁。

套管封孔：本项目区域浅部存在第四系地层，为避免频繁地上下钻杆时产生孔壁坍塌，采用钢套管护壁。采用清水、水泥和速凝剂（比例 1∶1∶0.2）制成膏状对孔口进行封堵，并在套管与地层之间灌注水泥浆。

安装排水系统：根据钻进各阶段对冲洗液的不同需求，配制泥浆；并在场地范围内合理安排供水、回水、沉淀、过滤装置，保证排水系统正常[4]。

定向钻进：成孔顺序为主孔—分支 1—主孔—分支 2—主孔，分别在 225m、354m 处预留分支点，分支点处要求钻孔倾角向上偏移，偏移量 0.5°/m。施工中保持每 3m 测量一次孔斜角和方位角数据并保存，轨迹偏离度应控制在 0.5°/100m 以内，轨迹空间方向终孔偏距控制在 1m 以内。实际轨迹偏离设计过大时，根据随钻测量数据，调整钻孔轨迹平滑过渡到设计轨迹。

4.4 采取芯样

（1）取芯要求

要求每次取芯样长度不小于 1m，岩面变化不大地段每隔 15～30m 取一组岩芯，岩面变化较大地段应加密取芯。本项目规定采取芯样直径 ≥ 79mm，岩芯采取率 > 95%。

（2）取芯方案

定向钻孔轨迹可变，取芯难度较大。结合本次对定向钻孔轨迹的分析，地面开孔后，需经过约 180m 造斜才能进入目标层位且钻进过程需再次造斜进入分支孔，钻孔整体存在较大弧度的转弯、变相，不满足绳索取芯工艺技术要求，本次采用提钻取芯的方法。孔内 0～30m 为第四系覆盖层—全风化层，采用单动双管复合片钻进取芯方式。孔内 30～77m 为全风化—强风化地层，较为破碎，须采用套管护壁，该段采用单管取芯钻具，配合改进后的复合片取芯钻头，以卡簧卡取岩芯的方式取芯。孔深 77m 后地层较为完整，孔壁相对稳定，采用 0°螺杆钻具 + 岩芯管 + ϕ110mm 复合片单管取芯钻头 + 卡簧的组合方式。

4.5 综合测井

为测定岩体的弹性波速度和电阻率，确定节理裂隙发育部位、风化层厚度，划分隧道围岩级别，结合项目特点，采用声波测井和电法相结合的综合测井手段。本次探测使用的仪器为震波电法一体化测井仪（图 5），设备最前端是一个声波电法发射器，后面连接 8 个地震传感器，用于接收声波信号，一次测量可同时采集波速信号和电阻率数据。

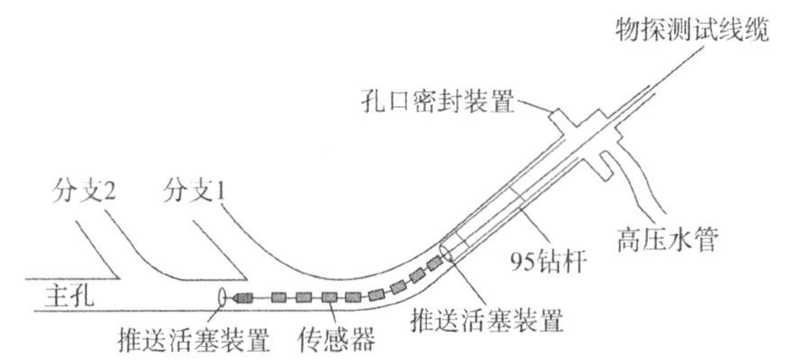

图 5　孔内物探设备及线缆布设示意图

现场采用ϕ95mm 钻杆下放探头及传感器至设计位置，泡沫活塞装置固定在探头后方，探头下放至孔底附近后，以高压水作为动力，将探头及传感器推出钻杆。缓慢提出钻杆后进行数据采集，探头每回退 0.5m，测试一次，如此重复，直至测试完毕。

5 应用成果

5.1 钻孔轨迹准确性评价

本次钻孔轨迹采用随钻测量装置按照每 3m 的距离采集一次实测数据，以开孔点为坐标原点，经数据转换，实测钻孔三维坐标数据对比见表 1。

实测钻孔轨迹对比表　　表 1

位置	设计坐标			实际坐标			轨迹偏移量
	*X*坐标	*Y*坐标	*Z*坐标	*X*坐标	*Y*坐标	*Z*坐标	
主孔 78m	72.76	−7.77	−26.99	72.94	−7.50	−26.59	0.52
主孔 168m	155.77	−12.38	−61.11	155.98	−12.59	−60.49	0.69
主孔 222m	208.68	−12.38	−71.19	208.89	−12.38	−70.34	0.87
主孔 276m	262.68	−12.40	−71.40	262.86	−12.44	−72.00	0.64

续表

位置	设计坐标			实际坐标			轨迹偏移量
	*X*坐标	*Y*坐标	*Z*坐标	*X*坐标	*Y*坐标	*Z*坐标	
主孔 354m	340.68	−12.40	−71.40	340.84	−12.25	−71.54	0.27
主孔 450m	436.68	−12.43	−71.77	436.81	−12.02	−72.11	0.55
主孔 570m	556.68	−12.43	−72.40	556.80	−12.17	−72.69	0.41
1 分支 300m	285.60	−12.38	−60.96	285.77	−12.28	−60.45	0.54
2 分支 402m	388.57	−12.40	−69.04	388.70	−12.18	−68.83	0.34
2 分支 510m	491.02	−12.40	−35.75	490.72	−14.28	−34.62	2.21

从表 1 可以看出，轨迹偏移量大部分控制在 0.5m 误差范围以内。2 号分支孔 510m 处轨迹偏移较大，原因是司钻人员操作失误，复位失败，导致后续定向时弯头工具面向角调整错误，钻进时弯头没有按照司钻人员意图钻进，致使轨迹偏移较大，此处为第二分支孔末端。

5.2 取芯

本次施工累计取样 45 组，其中 2 组土样、43 组岩样。通过孔内取芯得知，研究区主要以泥质砂岩和含砾砂岩为主。根据岩芯风化状态，得到岩层的强弱风化界限；再结合室内试验，得到隧道洞身附近围岩的物理力学参数（图 6、图 7）。

图 6　DK6 + 875 洞身附近含砾砂岩

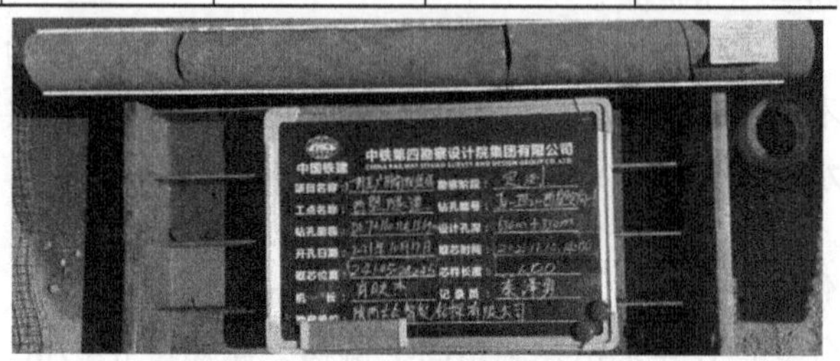

图 7　DK6 + 930 洞身附近泥质砂岩

5.3 综合测井

综合测井采用震波电法一体化测井仪，选择主孔作为测井试验孔，本次定向钻总共布设声波、电法测井测线 610m，其中靠近孔口的 76.4m 位于护孔的钢套管内部，因钢套管对声波与电法信号存在干扰，严重影响测试数据质量，故本次有效测试数据为裸孔中 533.6m 测线的测试数据。整个过程按照设计每 0.5m 采集一次数据，共采集 1069 个测点数据，得到孔内电阻率和孔内波速曲线。钻孔测试段内声震波速度总体分布在 1850～2250m/s 之间，整体相对稳定，变化幅值相对较小，表明测试段内岩性相对完整。221.3～235.8m、261.2～271.8m 和 397.1～418.8m 等位置处电阻率值相对较低，结合钻探取芯资料分析，推测为岩体较破碎、裂隙充水充泥所致（图 8）。

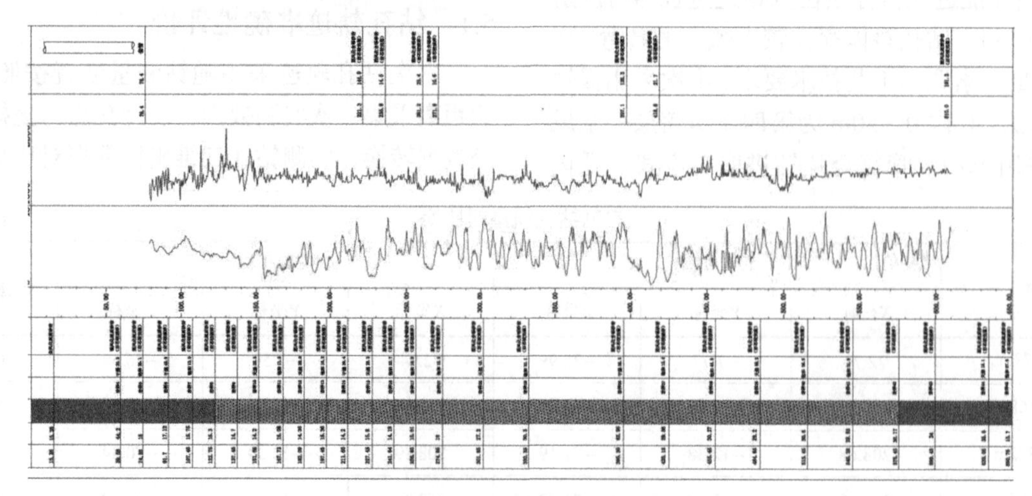

图 8　定向钻孔内综合测试成果图

5.4 工效分析

本项目定向钻于 2021 年 10 月 17 日开孔，2021 年 12 月 11 日终孔，钻进总时长 56d，有效钻进时间 44d，其中纯钻时间 339.5h，纯钻率 32.15%，辅助时间 619.5h，辅助率 58.66%，机故时间 23h，机故率 2.18%，其他停待时间 74h。辅助时间主是用于提钻取芯，重复下钻杆的时间。从以上数据可以看出，提钻取芯花费的时间占总时长的 60%左右，提高取芯效率可以大幅度提高可控轨迹钻探地质勘察的效率。

5.5 结论

本项目采用定向钻技术完成了西塱隧道穿越房屋密集区的工程地质勘察任务，具体成果如下：

（1）西塱隧道所在场区属于阶地平原地貌，表层为第四系杂填土、下为淤泥质黏土（Q_4^{al+pl}）、粉质黏土（Q_4^{al+pl}），通过钻孔揭露情况，下伏基岩为泥质砂岩、含砾砂岩，全—弱风化。根据《城市轨道交通岩土工程勘察规范》GB 50307—2012，可控轨迹定向钻施工区段岩土施工工程分级为Ⅳ级。

（2）根据钻探取芯揭露的地层情况，结合孔内物探成果，DK6 + 520～DK6 + 645 里程范围内，采取的隧道洞身附近岩芯多呈短柱状和碎块状，此段隧道围岩级别定为Ⅳ级。DK6 + 645～DK6 + 750 里程范围内隧道洞身附近岩芯多呈长柱状，波速值多维持在 2060m/s 上下波动，表明该段岩体较完整，节理裂隙不发育，隧道围岩分级定为Ⅲ级。DK6 + 750～DK6 + 900 里程范围内隧道洞身附近岩芯呈短柱状，局部呈块状，波速值多维持在 1950m/s，表明该段岩体相对破碎，节理裂隙较发育，隧道围岩分级定为Ⅳ级。DK6 + 900～DK7 + 160 里程范围内隧道洞身附近岩芯多呈长柱状，波速值多维持在 2020m/s，表明该段岩体较完整，节理裂隙不发育，隧道围岩分级定为Ⅲ级。

6 应用总结

6.1 技术特点

本次采用定向钻结合开分支钻进技术成功实施主孔 651m 和分支孔 314m 的可控轨迹钻探及取芯工作，并辅以电法与声波物探手段，完成西塱隧道地表环境复杂、无竖向钻探施工条件的铁路隧道工程地质勘探任务，精准查明了隧道沿线工程地质条件，为隧道围岩的分级提供准确依据，解决了复杂城市环境铁路工程勘察难题，其特点主要体现在以下几方面：

（1）对场地适应性强。可控轨迹定向钻技术凭借其轨迹可控的优势，适用于多种复杂工程环境，避免竖向钻探无法施工的困境。

（2）可沿隧道洞身进行连续“线状”勘探。采用钻孔轨迹控制技术，可沿隧道设计轴线一定范围内进行“线状”连续勘探，提高勘察精度，将垂直孔“点”勘察优化为水平孔“线”勘察，提高勘探成果的利用率[4]。

（3）精准的轨迹控制技术可使钻孔沿预定路线勘探。随钻测量系统用于定向钻孔施工过程中的轨迹数据测量，实现钻孔轨迹的即时显示，便于地面操作人员随时了解钻孔孔底情况并及时调整工具面方向和工艺参数，控制钻孔按照设计的轨迹路线延伸。

（4）开分支技术可对重大工程地质问题进行精准探测。借助定向钻轨迹可控的优势，对于地质情况不明或存在重大工程地质问题的区域，采用分支孔技术，从主孔开设分支孔到达指定区域，实现对目标位置地质情况进行精准探测[3]。

（5）随钻物探与钻探的相互验证。定向钻探技术的探测手段包括钻探和物探两种，通过对钻探和物探两种探测技术的特点进行分析和研究，整合物探与钻探结果，利用钻探成果对物探资料开展精细解译工作，实现工程地质勘探过程中钻探物探技术一体化探测，进一步提高工程地质勘探结果的可靠性和准确性。

6.2 应用前景

将可控轨迹定向钻探技术运用到工程地质勘察领域，可以弥补传统竖向钻探的不足，丰富工程地质勘察手段，满足精细化勘探的要求。可控轨迹定向钻技术的应用前景主要有以下几个方面：

（1）建筑密集、管线密布、特殊构筑物的复杂城区。城区往往建筑密集、管线密布，没有足够的空间实施传统的竖向钻探且可能会对既有特殊构筑物（站房等）产生安全隐患，可控轨迹定向钻可以有效避免对城市环境的干扰。

（2）通航环境复杂、管控措施严格的水（海）域。定向钻技术可以避免对航运交通产生影响，同时也可以避免航道管控延长钻探施工工期。

（3）高落差的复杂陡倾山区。对于高落差、地形陡峻的山区，机械设备难以运送到目的位置；且隧道洞身埋深较深时，有效钻探进尺占总进尺的比例低。定向钻受地形影响小、轨迹可控的优势可以很好地避免这些问题[5]。

（4）地层结构多变的陡倾构造。传统的竖向钻探往往是沿着竖向揭露地层地质情况，对于结构陡倾的地层，竖向钻探无法有效探明地层的层间特性，对地质情况的探查不够准确。可控轨迹定向钻探技术可以根据实际地层情况，凭借其轨迹可控的优势，设计定向轨迹，查明陡倾构造的地质条件。

现阶段，可控轨迹定向钻探技术主要应用于竖向钻探无法施工的特殊场合，解决“不能钻”的问题。随着精细化勘探进程的不断推进，可控轨迹定向钻技术凭借其轨迹可控的优势，必将拥有更加广阔的应用空间，实现“综合性强、应用场景复杂”的目标。

参考文献

[1] 付开池，何宝林，李宁. 水平定向钻与综合测井在岩溶发育区轨道交通工程勘察中的应用探讨[J]. 能源技术与管理, 2020(5): 145-147.

[2] 石智军，许超等. 煤矿井下2570m顺煤层超深定向孔高效成孔关键技术[J]. 煤炭科学技术, 2020, 48(1): 196-201.

[3] 刘建林，李泉新. 基于轨迹控制的煤矿井下复合定向钻进工艺[J]. 煤炭安全, 2017, 48(7): 78-81.

[4] 徐正宣，刘建国，等. 超深定向钻技术在川藏铁路隧道勘察中的应用[J]. 工程科学与技术, 2022(2): 21-29.

[5] 吴纪修，尹浩，等. 水平定向勘察技术在长大隧道勘察中的应用现状与展望[J]. 钻探工程, 2021, 48(5): 1-8.

铁路工程基础地质数据管理与服务技术研究与应用实录

吕小宁　张凯翔　姚洪锡

（中铁第四勘察设计院集团有限公司，湖北武汉　430063）

1　引言

铁路工程基础地质数据是一个数据集合，包括地质、水文、遥感、物探、调绘、钻探、试验、监测等各个专业，各专业数据相互关联，融会贯通[1]，具有时空性、抽样性、多态性、因果性等特征。工程地质勘察与数字化技术的充分融合是显著提升行业效率和质量，更好地引领智能建造和建筑产业化协同发展的有效途径[2]。数字化技术，尤其是BIM和GIS技术服务在铁路工程地质勘察、智能化建设[3-5]、精细化运维[6-7]等方面有诸多应用：中国地质调查局[8]依托云计算、互联网+、大数据等信息技术，建成了高弹性、高效率、高可靠、高智能的“地质云”平台，实现了地质调查信息的高效共享和精准服务。除此之外，北京市勘察设计研究院有限公司[9]、中国能建云南省电力设计院有限公司[10]、中国电建集团北京院[11]、中国电建集团西北院[12]等单位均研发了相关的信息系统，提高了地质信息化管理水平。但上述系统在实施过程中也暴露了一些问题，如多源异构数据汇聚管理水平低、地质模型结构化存储能力不足、数据和信息流动不畅[13]、地质数据共享与服务能力不足[14]等。

新一代铁路智能勘察设计技术发展的目标[15]是：实现设施互联、信息互通、数据汇聚、力量统筹、资源共享、程序对接、工作联动、专业协作、条块互补、线上线下一体互动，发挥“联”的优势、打牢“网”的基础、实现“用”的目的，从而增强铁路工程勘察设计的系统性、整体性、协同性。本文面向新一代铁路智能勘察设计技术发展的重大需求，针对地质基础数据自身特点，研究铁路工程基础地质数据管理与服务技术，研发集地质基础数据库、地质数据汇聚管理、地质数据服务于一体的智能勘察系统，实现多源异构地质数据的结构化集成管理，提供一种无感的、标准化的、按需分析处理的数字化服务，并在长赣铁路勘察设计中推广应用，提升了铁路工程地质勘察数字化水平。

2　系统设计

2.1　总体构架

智能勘察系统针对工程地质勘察数据集成管理、融合、可视化表达、协同应用服务等关键问题，充分梳理工程地质勘察全生命周期业务流程，基于大数据、云计算、互联网+、可视化表达等先进技术，对工程地质勘察相关的数据资源、服务资源、应用资源进行统一管理，耦合GIS、BIM、CAD、三维地质建模等关键技术，开展基于统一分类与编码的工程地质勘察全流程数据集成与存储管理、数据服务、功能服务等关键技术研究与软件开发，建立以地质空间信息为核心的集成管理、信息服务与共享协同体系，以及统一的、稳定的、可扩展的、可兼容的基础地质数据一张图资源服务平台，并按需提供任一点位、任一工点、任一区域的地质信息服务，为铁路建设规划、勘察设计、施工运维各阶段提供“高精度、高时效性、全要素”的基础地理地质信息技术支撑和空间数据服务，实现数据共享和协同服务。智能勘察系统总体架构如图1所示。

基金项目：中国铁建股份有限公司科技研发计划项目/数字融合勘察设计一体化成套技术研究与应用（2022-A02）

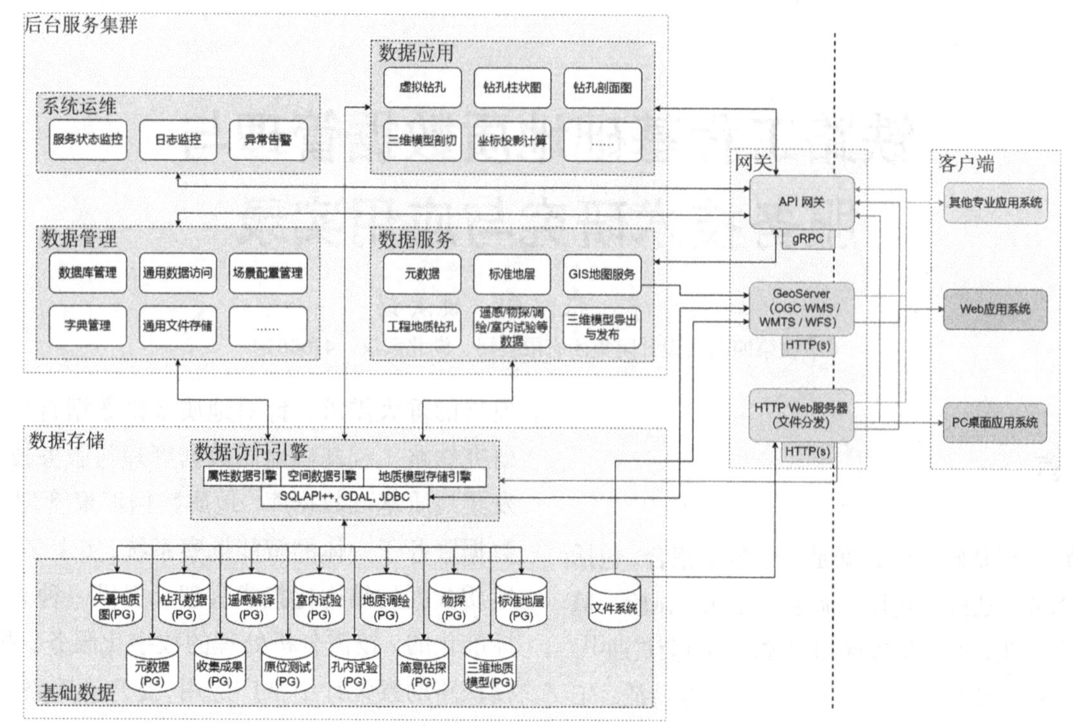

图 1　智能勘察系统总体架构

2.2　逻辑构架

智能勘察系统从逻辑上划分为数据层、技术层、功能层和应用层，逻辑构架如图 2 所示。

（1）数据层

数据库主要存储基础地理地质数据，包括数字地形图、数字正射影像、实景三维模型、数字高程模型等地理数据，以及遥感地质解译、工程地质调绘、工程物理勘探、地质剖面、三维地质模型等地质数据。

（2）技术层

技术层对地质数据进行加工、入库和管理，提供坐标转换、多源数据融合、海量数据渲染、勘察成果集成、三维地质建模、地质信息可视化表达、地质信息服务等工具。

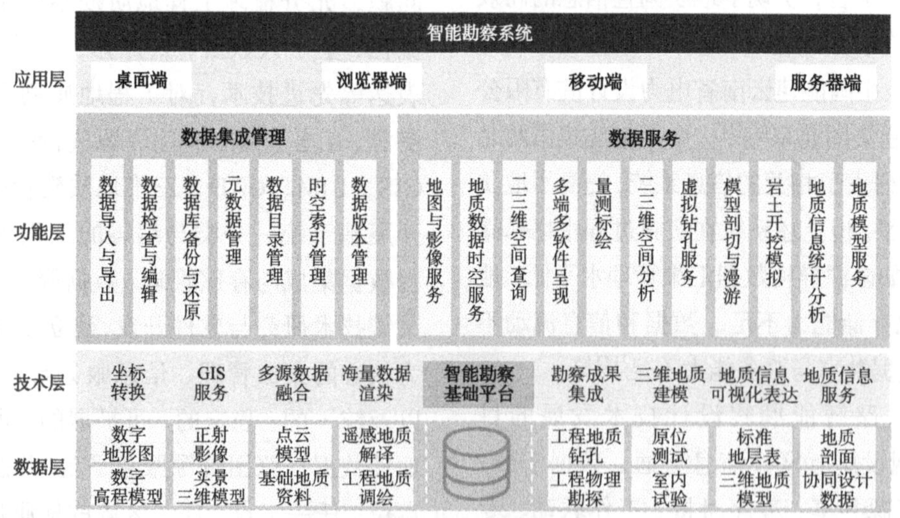

图 2　智能勘察系统逻辑架构

（3）功能层

功能层将智能勘察系统各功能单元封装为地质数据服务，通过流程控制、消息映射、服务发现、服务发布等机制提供统一接口和服务，利用 API/组件服务以及 Web 服务分别满足应用需求。数据管理功能包括数据检查、数据导入、数据编辑、查询浏览、可视化浏览、数据统计、数据导出、数据库备份与还原、元数据管理、数据目录管理、时空索引管理、历史数据管理与回溯等。数据服务包括地图与影像服务、时空可视化服务、二三维空间查询和多端多设计软件呈现等。功能应用服务包括量测标绘、二三维地质空间分析、专题图件制作、地质模型剖切与漫游、岩土开挖模拟、地质信息统计分析等。

（4）应用层

应用层面向协同设计、综合选线、专业数字化生产与交付、外业调查、浏览展示的共性需求和个性需求，开发服务器端、桌面端、移动端、浏览器端的软件功能和用户界面。

3 系统功能

3.1 地质信息数据集成管理

1）地质信息数据集成

智能勘察系统提供了基础资料、遥感地质解译、工程地质调绘、工程地质钻孔、原位测试、物探、室内试验、标准地层表、工点结构化数据、地质剖面、三维地质模型 11 类工程地质勘察成果数据的预处理、检查、入库工具，具备多源异构地质数据结构化汇聚集成能力，实现了由文件集成到数据集成的跨越。多源异构地质信息集成的数据类型如图 3 所示。

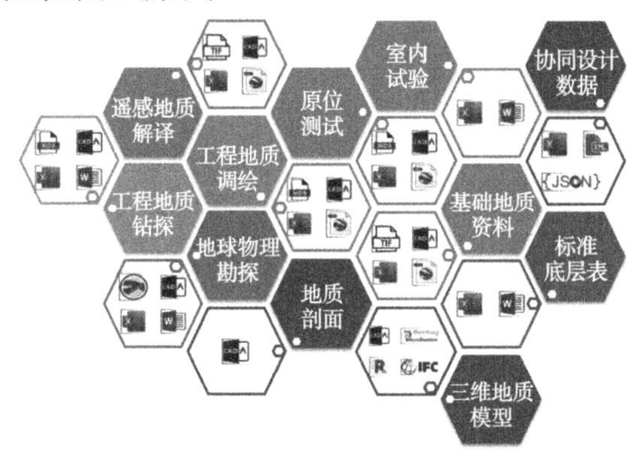

图 3　多源异构地质信息集成的数据类型

通过预处理工具，包括格式解析功能、数据字典自动匹配功能、坐标投影转换功能、空间信息重构功能等，系统能够将各类多源异构的工程地质勘察成果数据按照数据库结构设计转化为统一、标准的地质信息数据。同时，系统将行业标准和业务逻辑要求转化形成了数据检查规则，同时提供计算机程序自动检查和人机交互检查两种方式，支持用户自定义数据检查规则，在严格控制入库数据质量的前提下，提高了数据集成的效率。图 4 展示了工程地质钻孔数据入库前的检查项指标。

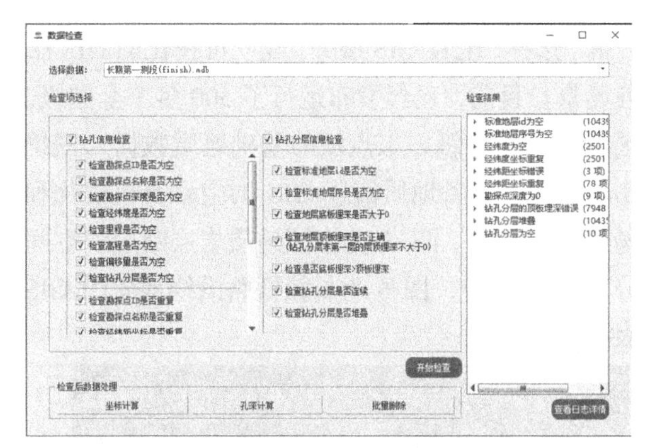

图 4　工程地质钻孔数据检查项

2）地质信息数据管理

智能勘察系统围绕二三维地质信息数据高效管理的目的，提供了数据存储、数据目录和服务目录管理、二三维数据一键发布等工具，实现了由文件集成到数据集成的跨越，显著提高了地理地质数据的调度能力。包括：

（1）二三维地质模型几何属性一体化存储引擎，提供了支撑二三维栅格矢量一体化存储和地质点、产状点、地层线、地层面、断层等多种类型地质对象结构化存储的能力，实现了二三维地质结构模型与属性模型统一、集成管理。

（2）目录管理工具，支持各种二三维地质信息数据和数据服务的可视化浏览、检索和编辑。目录服务提供系统所管理的所有数据库以及数据库中所有数据的目录信息。上层应用可据此查询系统的数据服务能力，从而可以按需获取具体的数据服务。

（3）二三维地质信息简版可视化和服务发布工具实现了二三维地理地质信息 OGC WMS/WFS/WMTS、3D Tiles 等格式的 GIS 服务一键发布以及 OGC I3S 格式的文件一键生成。

3.2 地质信息数据服务

（1）地质信息二三维 GIS 服务

智能勘察系统提供基础时空数据的统一浏览和融合展示，包括地图的放大、缩小、漫游、平移、复位、鹰眼、空间数据节点、属性数据浏览、属性结构浏览、图属联动显示，为各类数据地图可视化做支撑。目前，本系统提供了地质数据 OGC（Open Geospatial Consortium，开放地理空间信息联盟）标准服务接口，如 OGC WMS、WMTS、WFS、WCS、I3S、3D Tiles 等；并基于用户服务访问权限，按需查询、选择、配置 GIS 服务，建立可视化的 GIS 服务场景。目前，已经发布运行了 500 多个全国级、区域级、项目级、工点级的基础地质数据二三维 GIS 服务，具备地质信息 GIS 时空融合可视化和场景配置能力。图 5 为全国地质岩层断层线空间分布 GIS 服务，图 6 为长赣铁路沿线地质图 GIS 服务。

图 5　全国地质岩层断层线空间分布 GIS 服务

图 6　长赣铁路沿线地质图 GIS 服务

（2）地质信息数据服务

智能勘察系统提供基础时空地质数据的空间查询、属性查询、联动查询服务，方式支持单一查询和组合查询、模糊查询和精确查询，提供了勘探点信息、砂土液化、岩溶率、控制线路方案的不良地质控制要素等统计功能；提供了三维地质模型、地质剖面的虚拟钻孔数据服务；除此之外，还提供了协同设计数据的结构化数据服务。

（3）地质信息模型服务

地质信息模型服务面向工程勘察人员、综合选线人员以及各专业设计人员，基于结构化存储在地质数据库中的二三维地质模型数据，提供钻孔服务、图切剖面服务、三维地质模型服务；同时提供了二三维地质模型的 API 和模型文件服务接口，可按需生成 dwg/rvt/dgn 格式的三维地质模型文件、工程地质钻孔模型文件和 dwg 格式的二三维地质剖面模型文件，并通过微服务传递至设计软件，图 7 为 dwg 格式三维地质剖面模型。

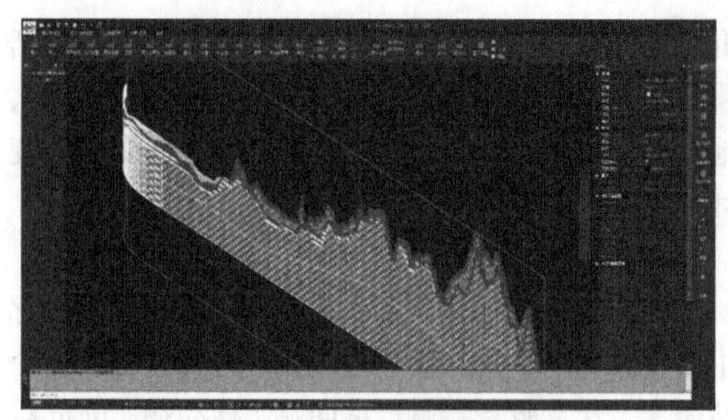

图 7　dwg 格式三维地质剖面模型

4　关键技术

4.1　多源异构地质信息数字化集成技术

地质信息集成管理提供了基础资料、遥感地质解译、工程地质调绘、工程地质钻孔、原位测试、物探、室内试验、标准地层表、工点结构化数据、地质剖面、三维地质模型 11 类勘察成果数据的预处理、检查、入库与发布工具，实现了多种文件类型格式的解析功能，空间数据拓扑关系检查、属性值检查、样式检查等功能，数据字典匹配、标准地层匹配等功能，具备多源异构地质数据结构化汇聚集成能力。图 8 为区域地质图数据解析与数据字典匹配功能界面，图 9 为标准地层表检查配置功能界面。

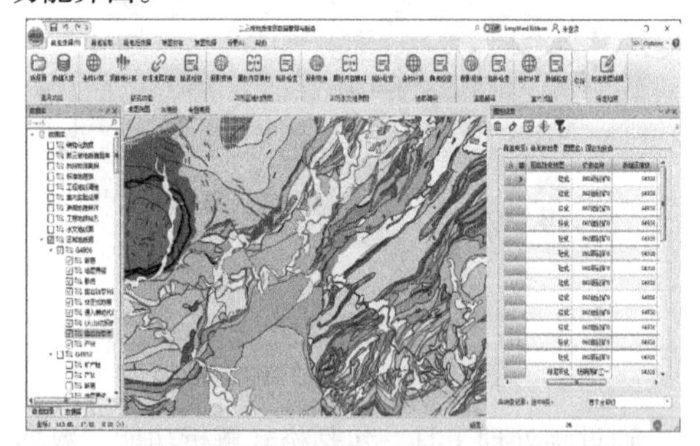

图 8　区域地质图数据解析与数据字典匹配功能界面

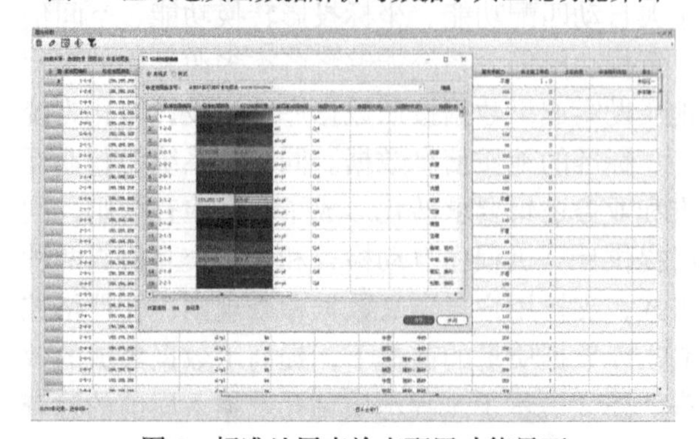

图 9　标准地层表检查配置功能界面

4.2 二三维地质模型几何属性一体化存储引擎

目前，二三维地质模型构建工具多样、模型格式异构、模型数据大信息丰富，如何管理好二三维地质模型一直是重要的挑战。本系统设计了含要素、实体、属性场、材质、元数据等信息的物理存储模型，如图10所示，并定义了一套可操作模型、要素、几何、属性、材质等的数据库接口，实现了三维空间对象（三维地质模型、地质纵断面、三维地质钻孔等）的三维地质结构模型与属性模型在关系数据库中的高效存储，可持续汇聚和统一管理三维模型数据成果。

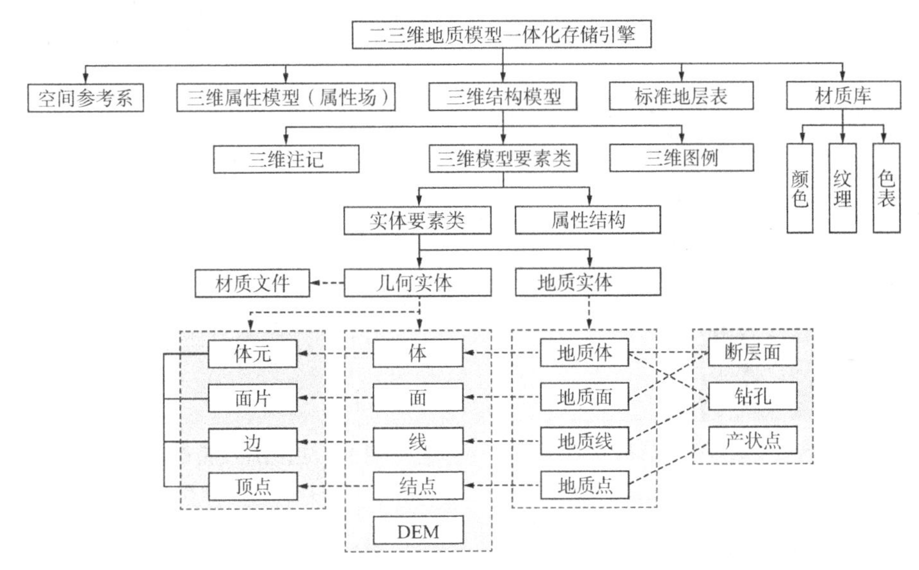

图10 二三维地质模型几何属性一体化存储引擎

4.3 基于gPRC的智能勘察系统微服务架构

建立了基于gRPC协议的地质数据微服务架构服务环境，如图11所示。通过Kong API网关集成系统服务集群，借助Prometheus实现服务状态监测，提供了一种无感的、标准化的、按需检索分析的Http1.0/RestfulAPI/Http2.0的模型服务和数据服务；支持服务与应用的高扩展，实现了接口服务的高复用，支持C/S与B/S端混合应用，适用于多端（桌面、Web、移动终端）用户场景。

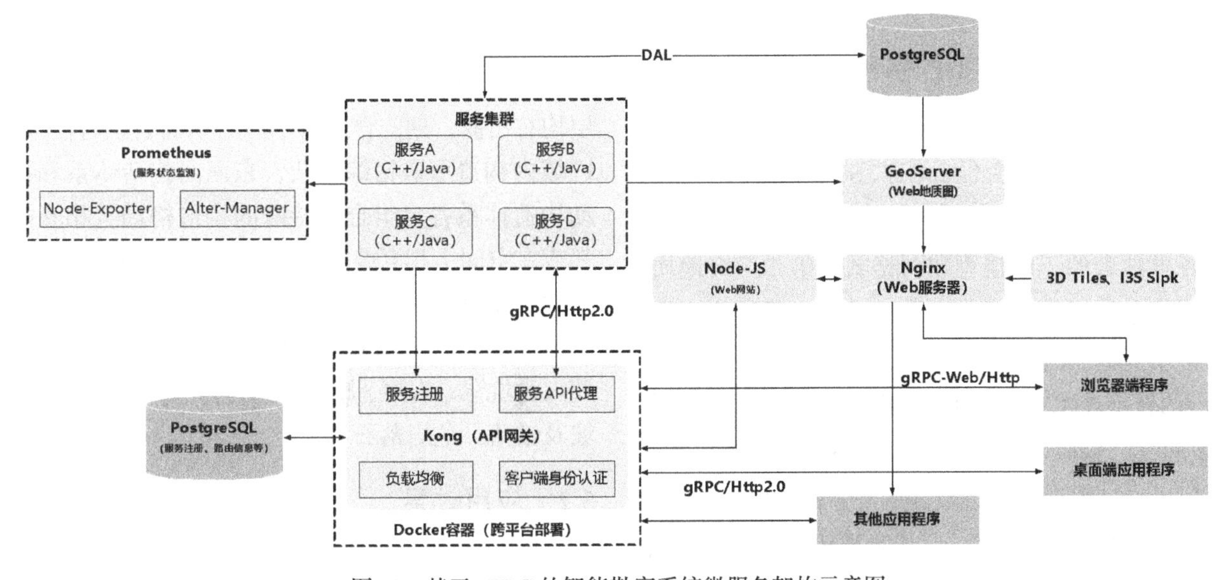

图11 基于gPRC的智能勘察系统微服务架构示意图

4.4 虚拟钻孔生成与服务技术

虚拟钻孔生成与服务技术集成了二三维空间数据存储管理引擎、gRPC协议服务、三维空间分析技术、坐标转换等技术方法，根据虚拟钻孔位置，通过与地质断面模型、三维地质模型空间求交计算得到分层结构和属性结构化数据，并按需生成钻孔信息 dwg/dgn/rvt 文件，可满足地质推断和三维模型可靠性验证等应用需求。图 12 为地质纵断面的虚拟钻孔服务功能，系统虚拟钻孔服务支持用户获取虚拟钻孔分层信息、各地层顶底板埋深、孔口标高信息和依据模型原始空间参考的空间参考信息。图 13 为基于三维地质模型的虚拟钻孔服务功能。

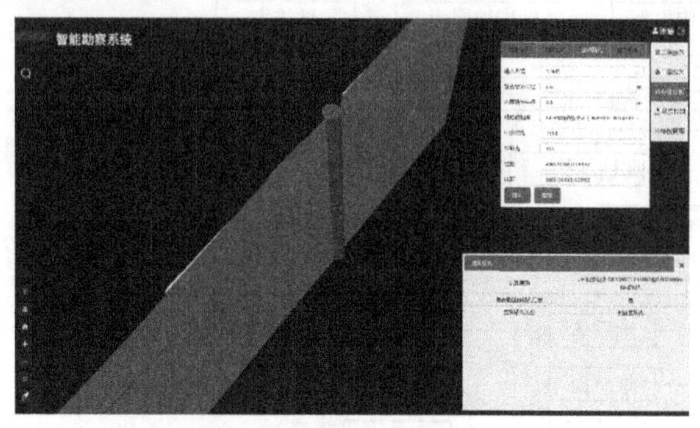

图 12　基于地质纵断面的虚拟钻孔服务

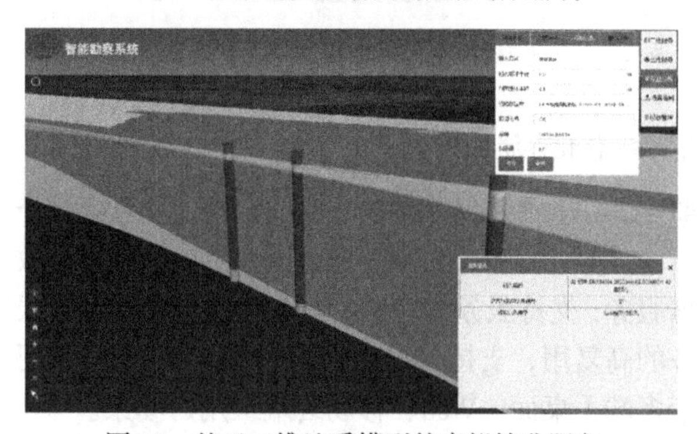

图 13　基于三维地质模型的虚拟钻孔服务

4.5　二三维地质模型的多种 GIS 与 BIM 格式适配技术

不同的 GIS 平台（ArcGIS、SuperMap、Cesium 等）、BIM 平台（AutoCAD、Bentley、Revit 等）支持各家独有的三维模型数据格式，给二三维地质模型信息传递和共享带来了挑战。本系统攻克了数据库模型与内存结构（几何、材质、属性和元数据）的转换技术难点，研发了模型内存结构与 I3S、3D Tiles、dwg、dgn、ifc 等主流格式的转换工具，实现了二三维地质模型数据库与多种 GIS 和 BIM 格式的适配，并提供了二三维地质模型的数据 API 接口和模型文件 API 接口，解决了多平台接入二三维地质模型的难题。图 14 为物探电阻率成果数据接入智能勘察系统，图 15 为三维地质模型接入铁四院协同设计系统。

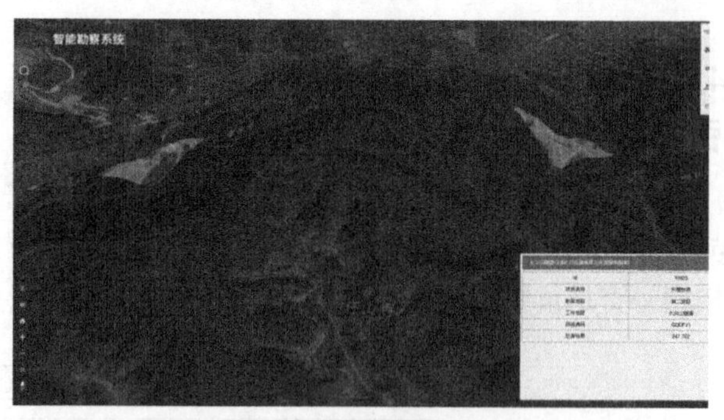

图 14　物探电阻率成果数据接入智能勘察系统

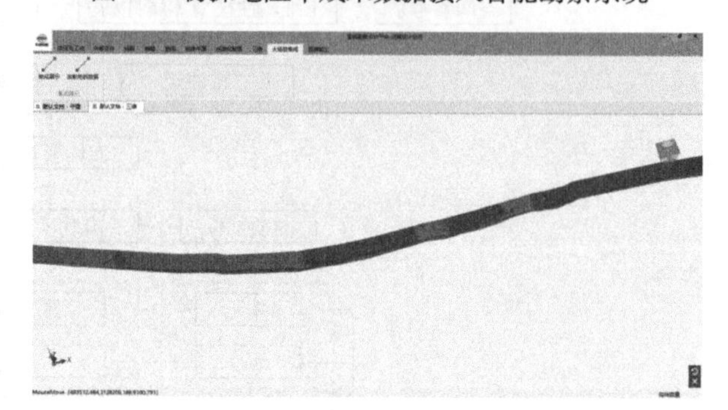

图 15　三维地质模型接入铁四院协同设计系统

5　应用效果

5.1　工程概况

长沙至赣州铁路是国家《中长期铁路网规划》中“八纵八横”高速铁路网之一的重庆—长沙—厦门通道的重要组成部分，位于湖南省东部和江西省西南部。线路经过区域地形总体上呈现两端低、中间高的形态，地貌以丘陵区、中低山区为主，间夹河流阶地。沿线从元古界到新生界及第四系地层均有出露，期间伴随有不同时期的岩浆岩侵入。区域内构造形迹错综复杂，东西向构造体系和扭动构造体系各自组合成特殊的构造格局，相互毗邻或在空间上相互叠加，构成复杂的地质背景。沿线地下水类型主要为第四系松散岩类孔隙水、基岩裂隙水和岩溶水。不良地质现象主要有采空区及人为坑洞、岩溶、顺层、放射性、有害气体、滑坡及错落、危岩落石等。

5.2　应用效果

（1）实现了基础资料、遥感地质解译、工程地质调绘、工程地质钻孔、原位测试、物探、室内试验、标准地层表、工点结构化数据、地质剖面、三维地质模型 11 类勘察成果数据的汇聚管理。图 16～图 19 展示了长赣铁路全线遥感地质解译、工程地质钻孔、三维地质结构模型、地质纵断面数据汇聚至智能勘察系统的效果。

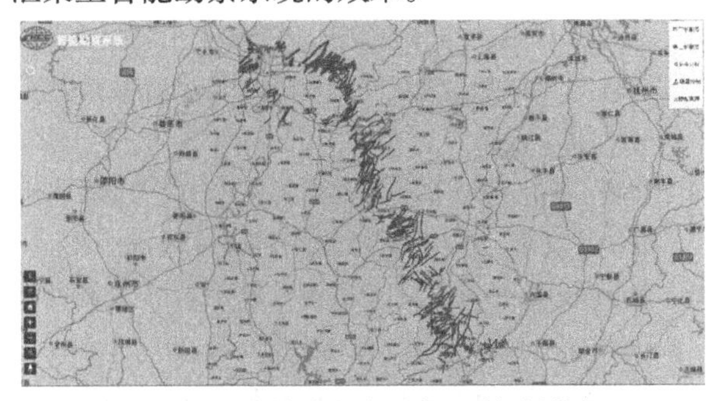

图 16　长赣铁路全线遥感地质解译数据

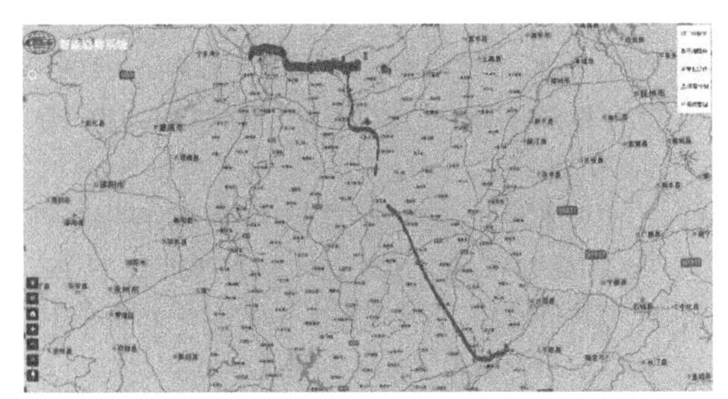

图 17　长赣铁路全线工程地质钻孔数据

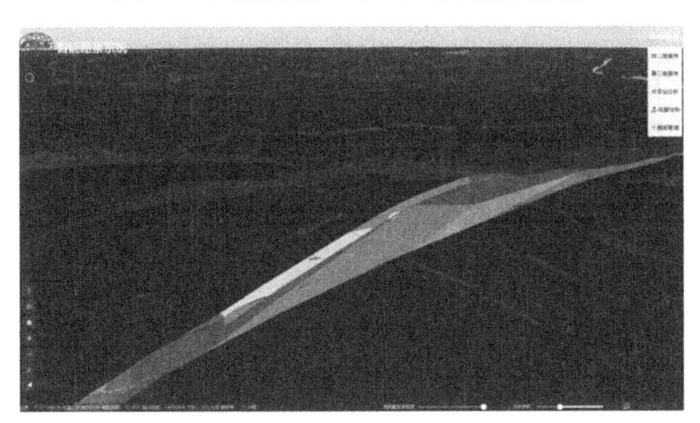

图 18　长赣铁路全线三维地质结构模型

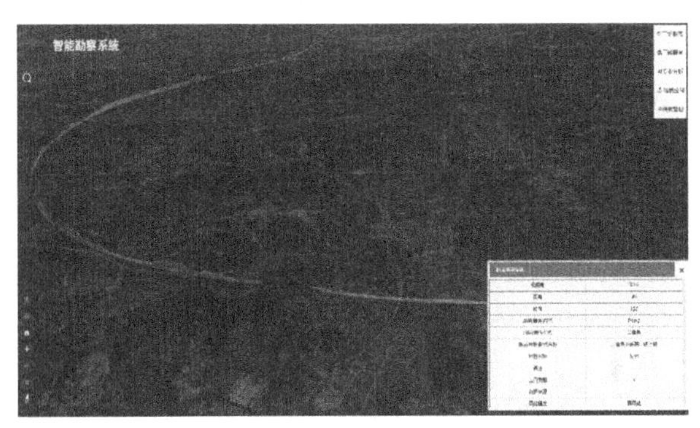

图 19　长赣铁路全线地质纵断面模型

（2）提供了一种无处不在的、标准化的、按需检索分析或可视化服务场景，实现了长赣铁路区域地质构造、地质灾害点、勘探点一览表、标贯试验统计表、动探试验统计表、岩溶率统计表等数据的自助查询、可视化显示和统计结果下载等。图 20 为长赣铁路沿线地质灾害点的查询服务界面，图 21 为长赣铁路龙洞山特大桥勘探点统计服务。

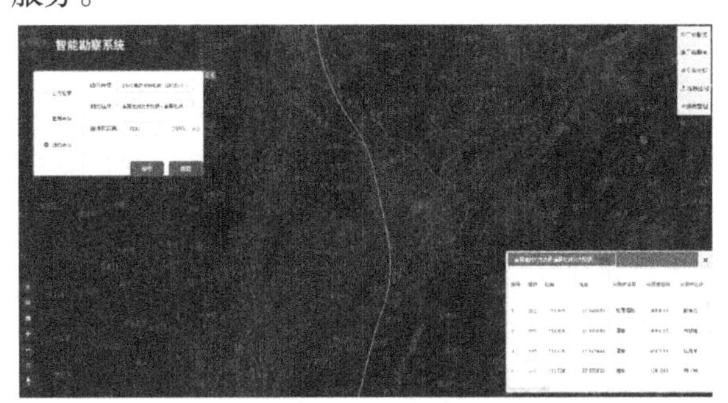

图 20　长赣铁路沿线地质灾害点的查询服务界面

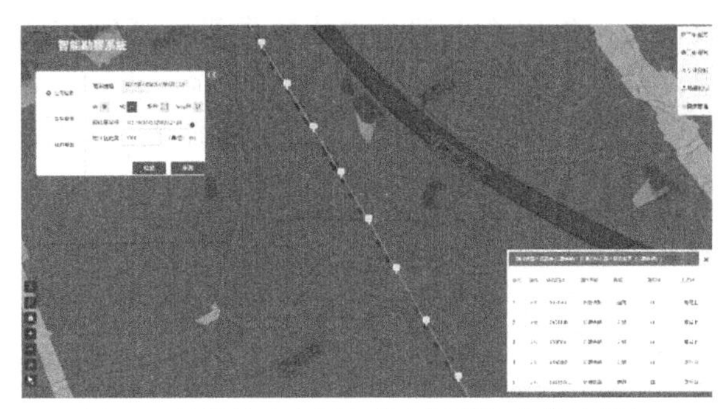

图 21　长赣铁路龙洞山特大桥勘探点统计服务

（3）打通了勘察至设计的瓶颈，提供的工程地质钻孔服务、地质剖面服务可以无缝接入设计系统，并提供结构化地质勘察数据。图 22 为长赣铁路工点地质纵断面的几何和属性数据接入 AutoCAD 平台服务，图 23 为虚拟钻孔服务接入铁四院桥梁设计软件系统。

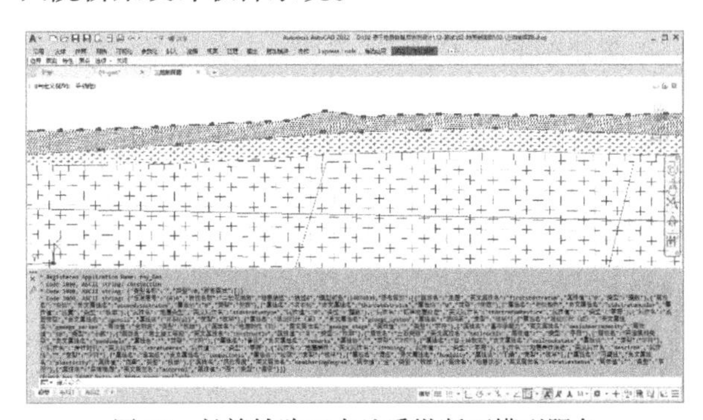

图 22　长赣铁路工点地质纵断面模型服务

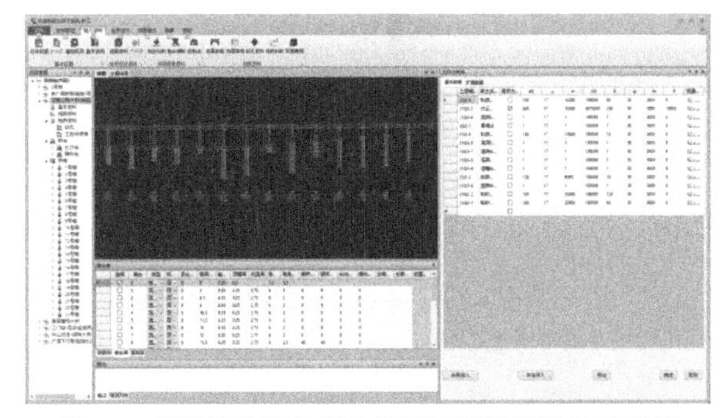

图 23　虚拟钻孔服务接入铁四院桥梁设计软件系统

6 结束语

智能勘察系统基于“数据＋平台＋应用”的数字化转型新模式，实现了地质成果数据汇聚治理、综合管理，以及地质信息的融合可视化表达，为设计提供了“全要素”的数据资产、数据服务和功能服务。本系统在长沙至赣州铁路进行了示范应用，形成了11类勘察成果的“治理—集成—管理—应用”的服务链条，实现了多源异构地质基础数据文档集成管理到结构化数据集成管理的跨越，实现了数字化勘察资产的集中管控和高效共享与复用，打通了勘察至设计的数据瓶颈，对推动我国铁路工程智能勘察设计一体化技术的发展和应用具有示范作用。

参考文献

[1] 王登红，刘新星，刘丽君．地质大数据的特点及其在成矿规律、成矿系列研究中的应用[J]．矿床地质，2015, 34(6): 1143-1154.

[2] 侯丽娟．工程勘察设计行业“十三五”发展回望[J]．中国勘察设计, 2020(12): 19-21.

[3] 李飞，鲍榴，杨威，等．基于BIM+GIS的铁路工程电子沙盘系统的设计与实现[J]．铁路计算机应用, 2023, 32(1): 57-62.

[4] 范登科．BIM与GIS融合技术在铁路信息化建设中的研究[J]．铁道工程学报, 2016, 33(10): 106-110.

[5] 范登科,韩祖杰,李华良，等．面向铁路信息化建设的BIM与GIS融合标准与技术研究[J]．铁路技术创新, 2015(3): 35-40.

[6] 智鹏．基于BIM的铁路建设管理平台及关键技术研究[D]．北京：中国铁道科学研究院, 2018.

[7] 徐晓磊．基于GIS的铁路检测数据可视化分析研究与应用[D]．北京：中国铁道科学研究院, 2012.

[8] 高振记．“地质云3.0”——国家地球科学大数据共享服务平台简介[J]．中国地质, 2022, 49(1): 2.

[9] 张芳，张鹏，陈雷，等．三维岩土工程勘察信息系统的工程应用[J]．地下空间与工程学报，2010, 6(5): 995-1000.

[10] 王继华，张风堂，赵春宏，等．三维岩土工程勘察系统开发与应用[J]．电力勘测设计, 2018, 113(S1): 79-85.

[11] 李进敏，朱夏甫．浅谈工程地质内外业一体化平台的研究[J]．水利规划与设计, 2018, 172(2): 81-84.

[12] 王明疆，李梦，李尔康．数字化设计的历程及展望[J]．西北水电, 2020, 182(3): 16-21.

[13] 朱霞，马全明，唐超，等．轨道交通工程勘察全过程一体化信息系统的建设与应用[J]．都市快轨交通，2022, 35(1): 41-47.

[14] 杨西峰．基于区块链思维的GIMS勘察管家[J]．中国勘察设计, 2020, 329(2): 92-94.

[15] 王同军．中国智能高铁发展战略研究[J]．中国铁路，2019, 679(1): 9-14.

岩土工程勘察
（轨道交通）

天津地铁 5 号线［靖江路站（不含）—终点］岩土工程勘察实录

郑　奕　路　清　马洪彬　于　航　孙怀军

（天津市勘察设计院集团有限公司，天津　300191）

1　工程概况

1.1　项目简介及完成工作量

天津地铁 5 号线［靖江路站（不含）—终点］线路起点为靖江路站（不含），终点为李七庄站，含梨园头车辆段，包括 11 个车站、10 个区间段及 1 个车辆段。车站概况汇总见表 1，区间概况汇总见表 2。本项目勘察工作自 2009 年 7 月开始，于 2015 年 10 月结束。共完成各类勘探孔 1082 个，钻孔深度范围为 30.00～100.00m。完成常规物理力学试验 13205 组；回弹模量试验 288 组；静止侧压力系数试验 411 组；无侧限抗压强度试验 505 组；基床系数试验 479 组；弹性模量试验 394 组；热物理试验 237 组；易溶盐试验 84 组；水分析试验 93 组。

车站概况　表 1

序号	车站名称	车站中心里程	深度/m	车站形式	
				车站功能	空间位置
1	成林道站	AK18 + 958.5	24.00	换乘	地下 3 层
2	津塘路站	AK20 + 738.00	17.00	一般	地下 2 层
3	直沽站	AK21 + 403.90	28.20	换乘	地下 3 层
4	下瓦房站	AK22 + 666.10	22.50	换乘	地下 3 层
5	围堤道站	AK24 + 067.00	17.50	一般	地下 2 层
6	文化中心站	AK25 + 078.12	23.00	换乘	地下 3 层
7	体育中心站	AK28 + 999.00	17.50	折返、带联络线	地下 2 层
8	凌宾路站	AK29 + 764.00	17.50	一般	地下 2 层
9	昌凌路站	AK31 + 279.00	18.00	换乘	地下 2 层
10	中医一附院站	AK32 + 050.00	17.00	一般	地下 2 层
11	李七庄站	AK33 + 479.00	—	终点、折返	地面站

区间概况　表 2

序号	工点名称	明挖区间长度	盾构区间长度
		双线延米	双线延米
1	靖江路站—成林道站区间	—	1373.4
2	成林道站—津塘路站区间	—	1601.5
3	津塘路站—直沽站区间	—	468.8
4	直沽站—下瓦房站区间	—	1128.2
5	下瓦房站—围堤道站区间	—	911.2
6	围堤道站—文化中心站区间	—	804.7
7	体育中心站—凌宾路站区间	—	243.8
8	凌宾路站—遥环路站区间	—	1320
9	遥环路站—王兰庄站区间	—	589.7
10	王兰庄站—地下段终点区间	200（SMW/钻孔桩 + 止水帷幕围护）	559.9
区间长度（双线延米）		443.8	8757.4

获奖项目：2020 年“海河杯”天津市优秀工程勘察设计一等奖。

由于天津地铁 5 号线一期工程线路较长，本实录以下瓦房站为例进行介绍。

下瓦房站为既有 1 号线与 5 号线换乘站，与地铁 1 号线下瓦房站十字换乘，且保证施工期间 1 号线正常运营。基坑周围居民楼林立，地下结构复杂。各部位工程概况如下：

本次拟建车站为地下 3 层，基坑深约 22.5m（端头井处开挖深度为 24.3m），宽约 20.90m，长 147.8m，站台宽度 12.00m。车站主体基坑开挖深度 22.5m（端头井处开挖深度为 24.3m），明挖法施工，基坑开挖宽度约 19.30m，风亭、出入口基坑开挖深度约 10.0m 左右。基坑围护主体结构、风亭拟采用地下连续墙，基坑主体围护结构地下连续墙厚度 1.00m，深度 40.0m（端头井处深度为 43.0m），风亭部位地下连续墙厚度 0.80m。

1.2 任务要求、工程特点、工作重点

1）任务要求

（1）查明拟建场地本工程涉及范围内地基土分布规律，提供各层的物理力学指标。

（2）提供岩土地基承载力、强度及变形参数。

（3）查明地下水特征，提供地下水水位、渗透系数，判定地下水及土的腐蚀性。

（4）对基坑开挖和地下水控制及盾构施工提出建议。

（5）对桩基础进行评价，提供最佳桩端持力层位置及不同类型桩的桩基参数，对单桩竖向极限承载力标准值进行估算并论证沉桩可能性。

（6）提供抗震设防烈度、分组及有关技术参数，以及场地土类型和场地类别，并对饱和砂土和粉土进行液化判别，对场地和地基的地震效应进行评价。

（7）查出勘察范围内存在的不良地质现象及特殊土工程地质问题，并提供相应的防治处理措施建议及相关的技术参数。对工程场地的稳定性和适宜性进行评价。

（8）对施工和运营过程中产生的环境地质问题进行预测，提出防治措施建议，对可能产生的岩土工程问题作出预测和评价。

2）工程特点

（1）本工程各个工点工程性质有所差异，且该项目线路长、周边环境条件复杂、沿线地层变化较大，基坑支护形式应根据现场实际情况、施工场地布置等综合考虑。

（2）本次拟建下瓦房站为地下 3 层，与地铁 1 号线下瓦房站十字换乘，且保证施工期间 1 号线正常运营。基坑开挖深度大、面积大，基坑周围居民楼林立，地下结构复杂。道路地下分布各种管道、管线、电缆、通信光缆等，基坑周边环境复杂。

3）工作重点

天津地铁 5 号线工程按线路敷设方式可分为地下盾构段、地面路基段，按功能可分为车站、区间、车辆段等。结构形式的多变也造成施工方法的多样性，如区间盾构隧道、深基坑明挖盖挖等，不同的工法、结构形式和场地周边环境对岩土工程勘察有不同的工作重点要求。不同工法对岩土工程勘察要求也不同，针对不同的施工工法合理提供各种参数，不同的参数和施工建议也有所体现。同时尽量避免岩土工程勘察引发的环境问题。如对周边环境的影响：闹市区主干道施工带来的交通影响、噪声影响、泥浆排放污染；勘察施工的直接影响：有可能对地下管线的破坏、勘探孔封堵质量欠缺导致基坑涌水。

1.3 技术原则

在勘察工作开始前，严格制定勘察大纲，采取多种原位测试方法和室内常规物理力学试验、特殊试验等，让报告中参数、建议内容尽可能翔实，同时采用分析软件对基坑周边地基土变形及支护结构内力分布情况进行计算。使项目在保证安全可控前提下，兼顾环保、经济性的原则。

2 场地岩土工程条件

2.1 地形地貌

天津市位于华北平原东部，北依燕山，东临渤海，在地貌上处于燕山山地向滨海平原的过渡地带，北部山区属燕山山地，南部平原属华北平原的一部分，东南部濒临渤海湾。总的地势北高南低，由北部山地向东南部滨海平原逐级下降。

市区内经过区域主要为道路及居住区，线路范围内大部分地段地面建筑密集，地下分布各种管道、管线等。外环线外侧地形变化较大，沿线既有建筑物较少，有部分厂房、耕地、荒地、鱼塘等，地形略有起伏，地面高程 1.000～3.600m。

2.2　地质构造

拟建项目场地位于天津市市区东南部，在大地构造上属华北准地台的一部分，二级构造单元为华北断坳，三级构造单元属沧县隆起，四级构造单元为双窑凸起（Ⅳ$_5$）、白塘口凹陷（Ⅳ$_6$）。

工程场地区域附近主要断裂有天津断裂、海河断裂带和大寺断裂，具体特性如下：

天津断裂：走向北东—南西向延伸，倾向西，正断层，区内长达50余公里，据重力和大地电磁测深资料推断，切割深度大于10km，该断裂是大城凸起与潘庄凸起、双窑凸起的分界层，晚近期亦有活动。

海河断裂带：该断裂位于海河下游，经由塘沽、葛沽、天津市区至双口一线，其走向在海河下游段为北西西向，经市区转为北西向，倾向南西，具剪切性质，往东延入渤海，据重力和大地电磁测深资料，断层切割深度大于10km，根据地震剖面和地震活动资料，海河断裂带东段属全新活动断裂，为发震断裂，设计时应引起注意。

大寺断裂：走向北东—南西向，延伸21～23km，是白塘口凹陷的西部边界断层，据重力和大地电磁测深资料，断裂向下切割大于10km，在晚近期亦有活动。线路所处位置为滨海平原，地形较为平坦。

2.3　场地地层概况

场地埋深60.00m深度范围内地层均属第四系全新统（Q_4）和上更新统（Q_3）陆相、海相交互沉积层，地基土按成因年代可分为9层，按力学性质可进一步划分为17个亚层[1]。各主要土层的物理力学性质详见表3。

场地内主要土层物理力学性质表　　表3

时代成因	岩性	层号	w/%	γ/（kN/m³）	e	I_P	I_L	$E_{s1\text{-}2}$/MPa	直剪固结快剪		f_{ak}/kPa
									c/kPa	φ/°	
Q_4^{3al}	粉质黏土	④$_1$	27.14	19.55	0.77	14.3	0.56	5.31	15.30	17.25	120
Q_4^{2m}	粉土	⑥$_3$	24.89	19.65	0.71	—	—	9.50	10.90	31.20	130
Q_4^{2m}	粉质黏土	⑥$_4$	29.49	19.11	0.82	12.1	0.95	4.90	11.66	17.03	110
Q_4^{1h}	粉质黏土	⑦	29.20	19.42	0.80	14.2	0.65	4.61	15.46	22.54	130
Q_4^{1al}	粉质黏土	⑧$_1$	25.71	19.73	0.70	11.7	0.70	5.00	20.01	19.32	150
Q_3^{eal}	粉质黏土	⑨$_1$	25.17	19.67	0.71	12.7	0.63	5.86	20.91	21.60	160
Q_3^{eal}	粉土	⑨$_2$	22.40	20.11	0.63	6.8	0.41	11.70	11.20	31.62	200
Q_3^{dmc}	粉质黏土	⑩$_1$	24.62	19.98	0.68	12.7	0.52	5.20	18.03	24.37	180
Q_3^{cal}	粉质黏土	⑪$_1$	21.60	20.46	0.61	11.9	0.49	6.50	20.06	24.40	180
Q_3^{cal}	粉土	⑪$_2$	20.33	20.16	0.60	—	—	13.74	11.10	32.00	220
Q_3^{cal}	粉质黏土	⑪$_3$	21.55	20.45	0.61	12.4	0.47	6.10	27.10	19.90	190
Q_3^{cal}	粉砂	⑪$_4$	18.17	20.15	0.57	—	—	15.13	9.10	33.10	—
Q_3^{cal}	粉质黏土	⑪$_5$	27.65	19.72	0.76	14.7	0.55	5.70	—	—	—
Q_3^{bm}	粉质黏土	⑫$_1$	24.07	19.54	0.69	13.7	0.62	6.20	—	—	—
Q_3^{bm}	粉砂	⑫$_2$	21.00	20.20	0.61	—	—	11.80	—	—	—

2.4　场地水文地质条件

场地埋深50.00m以上可划分为3个含水层：

潜水含水层为人工填土（Q^{ml}）、上组陆相冲积层（Q_4^{3al}）及海相沉积层（Q_4^{2m}），静止水位埋深1.10～1.60m，相当于标高2.030～1.320m；第一承压含水层为埋深24.50～30.50m段粉土（地层编号⑨$_2$），承压水头大沽高程为0.100m；第二承压含水层为埋深36.00～49.00m段粉土、粉砂层（地层编号⑪$_2$、⑪$_4$），承压水水头大沽高程为-0.100m。各含水层之间的黏性土层为其相对隔水层，但各含水层之间均存在一定水力联系，在一定的水力条件下，有发生越流补给的可能。地下水的温度，埋深在5.00m范围内随气温变化，5.00m以下随深度略有递增，一般为14～16℃。

场地潜水属Cl^-、HCO_3^---$K^+ + Na^+$、Ca^{2+}型

中性水，pH值在7.12～7.44之间，在干湿交替的情况下，对混凝土结构具有微腐蚀性，在无干湿交替的情况下，对混凝土结构具有弱腐蚀性；按地层渗透性判定，本场地地下潜水对混凝土结构具有微腐蚀性；本场地地下潜水在长期浸水的情况下，对钢筋混凝土结构中的钢筋具有微腐蚀性，在干湿交替的情况下，对钢筋混凝土结构中的钢筋具有弱腐蚀性，腐蚀介质为CL^-。场地潜水在化学腐蚀环境下，水中硫酸盐对混凝土结构构件环境作用等级为Ⅴ-C级。

场地第一承压水对混凝土结构有中等腐蚀性，腐蚀介质为SO_4^{2-}；对钢筋混凝土结构中的钢筋有微腐蚀性，腐蚀介质为Cl^-。场地第一承压水在化学腐蚀环境下，水中硫酸盐对混凝土结构构件环境作用等级为Ⅴ-C级。

场地第二承压水对混凝土结构有中等腐蚀性，腐蚀介质为SO_4^{2-}；对钢筋混凝土结构中的钢筋有微腐蚀性，腐蚀介质为Cl^-。场地第一承压水在化学腐蚀环境下，水中硫酸盐对混凝土结构构件环境作用等级为Ⅴ-C级。

场地土对混凝土结构具有弱腐蚀性，对钢筋混凝土结构中的钢筋具有中等腐蚀性，对钢结构具有强腐蚀性。

2.5 场地地震效应

场地抗震设防烈度为7度，设计基本地震加速度为0.15g，属设计地震第一组[2]。场地埋深20.00m以上饱和粉土层为非液化土层，场地属不液化场地。场地土为中软土，场地属Ⅲ类场地，为建筑抗震一般地段。

3 岩土工程问题及评价

3.1 场地工程适宜性分析

根据区域地质资料及勘察资料综合分析，场地不存在地震时可能发生的滑坡、崩塌、地陷、地裂、泥石流等，同时不存在发震断裂带上可能发生地表错位的部位，场地内其他影响场地整体稳定性的地质作用不发育。场地地基土总体上土质尚均匀，分布尚稳定，部分土层水平方向砂黏性有变化，厚度有变化，综合分析，场地适宜地铁工程建设。但浅部地层工程地质条件总体上较差，应针对具体工程要求采取适宜的处理措施。

3.2 天然地基评价

本次拟建车站结构底板埋深约22.5m（端头井处开挖深度为24.3m），结构底板位于第四系上更新统第五组陆相冲积层粉质黏土（⑨₁）中，该层土水平方向分布总体上较均匀、稳定，土质总体上较好，强度较高，若车站主体结构抗浮稳定满足设计要求，可考虑以此层作为本次拟建物的天然地基持力层。

3.3 车站主体结构抗压桩基础评价

本次拟建下瓦房地铁车站明挖段横向支撑处中间临时立柱桩可采用钻孔灌注桩。桩端持力层选择如下：

第一桩端持力层：上更新统第三组陆相冲积层（Q_3^{cal}）粉质黏土（⑪₁）厚度较大，底板有所起伏，天然含水率w算术平均值为20.7%，孔隙比e算术平均值为0.58，压缩模量$E_{s1\text{-}2}$算术平均值为7.0MPa，标准贯入实测击数算术平均值为18.7击，土质较好，强度较高。可作为本次拟建车站临时立柱桩的桩端持力层。建议将桩端置于埋深约33.00m左右，标高约−30.000m左右。

第二桩端持力层：上更新统第三组陆相冲积层（Q_3^{cal}）粉土（⑪₂）厚度较大，顶板有所起伏，天然含水率w算术平均值为19.4%，孔隙比e算术平均值为0.57，压缩模量$E_{s1\text{-}2}$算术平均值为15.2MPa，标准贯入实测击数算术平均值为42.7击，土质较好，强度较高。可作为本次拟建车站临时立柱桩的桩端持力层。建议将桩端置于埋深约40.00m左右，标高约−37.000m左右。由于持力层厚度较薄，顶、底界起伏较大，局部置于⑪₃粉质黏土层中，桩端阻力应降低使用。

第三桩端持力层：上更新统第三组陆相冲积层（Q_3^{cal}）粉质黏土（⑪₃）厚度较大，总体分布尚稳定，天然含水率w算术平均值为20.3%，孔隙比e算术平均值为0.58，压缩模量$E_{s1\text{-}2}$算术平均值为6.6MPa，标准贯入实测击数算术平均值为23.8击，土质较好，强度较高。可作为本次拟建车站临时立柱桩及抗浮桩的桩端持力层。建议将桩端置于埋深约43.00m左右，标高约−40.000m左右。由于桩端以下分布层为粉砂层，造成桩端下土层均匀性较差，但对于单桩承载力及差异变形影响不大。

根据《建筑桩基技术规范》JGJ 94—2008，对钻孔灌注桩、后注浆钻孔灌注桩单桩竖向抗压极限承载力标准值Q_{uk}进行估算[3]，以5XW02号孔为例，估算结果见表4。

单桩竖向抗压极限承载力标准值估算表　　表4

桩端持力层	桩型	桩顶标高/m	桩端标高/m	桩长/m	桩径/m	Q_{uk}/kN
第一桩端（⑪$_1$）	钻孔灌注桩	−20.000	−30.000	10.00	$\phi=0.80$	1711.6
第二桩端（⑪$_2$）	钻孔灌注桩	−20.000	−37.000	17.00	$\phi=0.80$	2897.5
					$\phi=1.00$	3681.3
	钻孔灌注桩（后注浆）	−20.000	−37.000	17.00	$\phi=0.80$	3528.1
					$\phi=1.00$	5245.8
第三桩端（⑪$_3$）	钻孔灌注桩	−20.000	−40.000	20.00	$\phi=0.80$	3259.4
					$\phi=1.00$	4144.9
	钻孔灌注桩（后注浆）	−20.000	−40.000	20.00	$\phi=0.80$	4461.6
					$\phi=1.00$	5839.6

注：1. 估算时后注浆钻孔灌注桩采用单一桩端后注浆，后注浆侧阻力增强系数对于黏性土及粉土取1.50～1.60，对于粉砂取1.7，端阻力增强系数对于黏性土取2.30，对于粉砂取2.50。

2. 大直径灌注桩侧阻及端阻效应系数取值如下：当$\phi=1.00$m时，对于黏性土、粉土取0.956，对于粉砂取0.928；当$\phi=1.20$m时，对于黏性土、粉土取0.922，对于粉砂取0.874。

3.4　抗拔桩基础评价

根据场地地质条件，可以上更新统第三组陆相冲积层（Q_3^{cal}）粉质黏土（⑪$_3$）为抗拔桩持力层，建议采用钻孔灌注桩基础。根据《建筑桩基技术规范》JGJ 94—2008，用物性法按上表参数对钻孔灌注桩的单桩竖向抗拔极限承载力标准值T_{uk}进行估算，以5XW02号孔为例，抗拔系数取0.70，估算结果见表5。

单桩竖向抗拔极限承载力标准值估算表　　表5

桩端持力层	桩型	桩顶标高/m	桩端标高/m	桩长/m	桩径/m	T_{uk}/kN
⑪$_3$	钻孔灌注桩	−20.000	−40.000	20.00	$\phi=0.80$	2071.6
					$\phi=1.00$	2589.5

注：后注浆灌注桩单桩竖向极限承载力标准值计算按桩侧后注浆考虑，竖向增强段为全桩长。

3.5　基坑支护评价

本次拟建下瓦房站为地下3层，基坑深约22.5m（端头井处开挖深度为24.3m），宽约20.90m，长147.8m，基坑开挖深度大、面积大，基坑周围居民楼林立，地下结构复杂。本次基坑与地铁1号线下瓦房站十字换乘，且保证施工期间1号线正常运营。基坑西北侧2号风井、出入口位置为2～3层鸿起顺饭庄（采用天然地基，拟拆迁）；天庆里住宅小区（7层，天然地基），距基坑仅8～10m。基坑东北侧为晶采世纪广场（28～30层，钻孔灌注桩），其地下室距2号风井约10m。东南侧同善里住宅（6层，条形基础，拟拆迁）。西南侧绿地内地铁1号线下瓦房站地下变电站，埋深约14.00m，距离结构主体仅4m。道路地下分布各种管道、管线、电缆、通信光缆等，基坑周边环境复杂。

基坑主体围护结构建议采用加撑地下连续墙支护、止水体系，围护结构下端宜穿透⑨$_2$、⑪$_2$粉土层，进入⑪$_3$层黏性土层一定深度。

出入口及风亭基坑深度为10.0m左右，围护结构可采用SMW工法桩、多排内支撑支护体系或其他支护措施，围护结构桩端可置于⑧$_1$层粉质黏土中，具体深度应根据计算确定。

3.6　区间盾构施工评价

本次拟建地铁区间地下段均采用盾构法施工，根据土质条件，建议采用土压平衡式盾构。盾构机进出洞时应根据工程地质条件、盾构直径、隧道埋深采用可靠的洞口土体加固方案，可采用水泥土搅拌桩、注浆法等加固工艺。设计施工时应注意加固土体的均匀性和渗透性，防止出现渗漏点。管片拼装过程中要减小盾构机后退，做好管片、盾尾间的密封工作，防止隧道涌水。管片脱出盾尾时，在衬砌背后适时注浆，并控制好注浆压力、浆液材料性质、注浆量等。

3.7 基坑支护稳定性验算

由于车站基坑位于市区，周边建筑物密集、管线繁多、地下建筑纵横交错，在这种情况下，基坑变形及环境控制是基坑工程的关键所在，本次对基坑开挖全过程地基土变形、结构内力、变形以及对基坑周围环境影响进行分析评价。

（1）模型概述

本次基坑数值计算模型见图1。

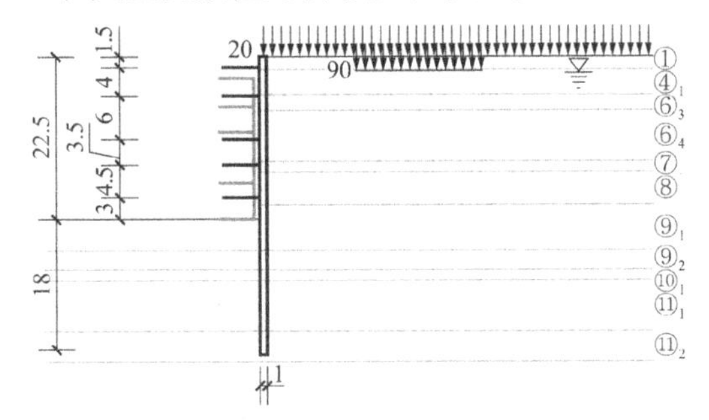

图1 基坑数值计算模型

注：基坑设计深度22.5m，基坑安全等级为一级，地下连续墙长度为40.5m，厚度为1.0m，混凝土强度等级C40。考虑地面附加荷载20kPa；地下水位埋深按照1.000m考虑。设置5道支撑及5道换撑。邻近荷载取90kPa，埋深2.0m，距离13.5m，长度30m，宽度18m。设计设置开挖、加撑、换撑、拆撑等共21个工况。

（2）基坑开挖对支护结构及周边环境的影响分析计算

本次计算按照基坑正常施工顺序进行分析，通过对各工况进行计算，得出结论为当基坑开挖至底部22.5m时，其变形量最大，现选取该阶段支护结构变形内力分析见图2～图5。

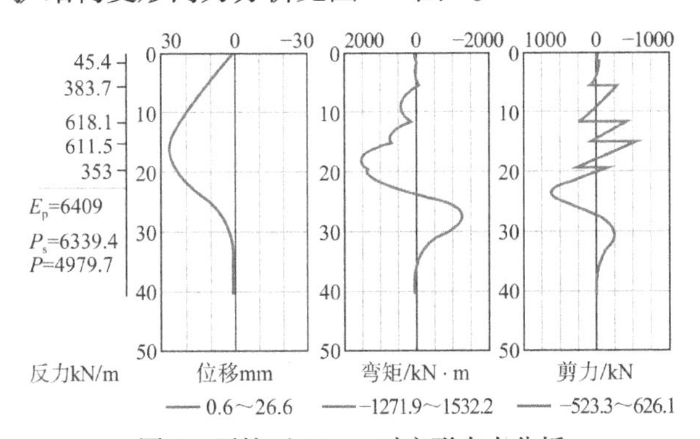

图2 开挖至22.5m时变形内力分析

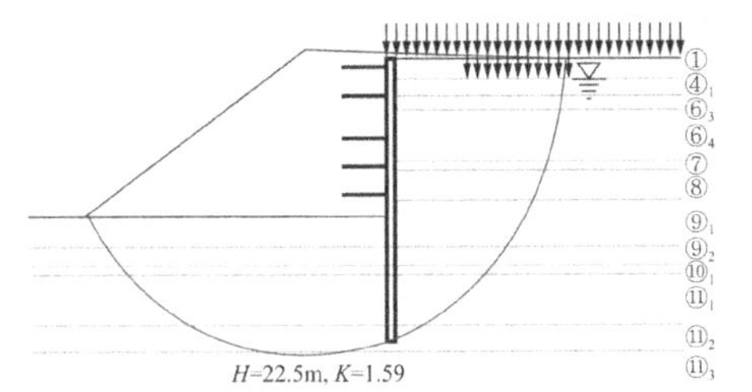

圆心（−13.32,−1.07），半径43.96m，滑动力9356.9kN/m，抗滑力14884kN/m

图3 开挖至22.5m时整体稳定性验算

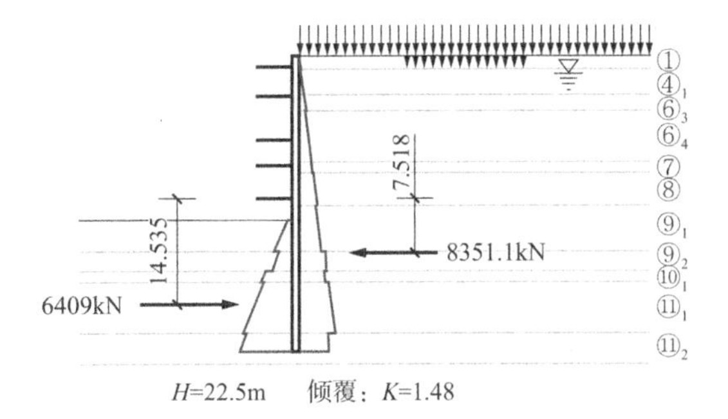

H=22.5m　倾覆：K=1.48

图4 开挖至22.5m时基坑抗倾覆验算

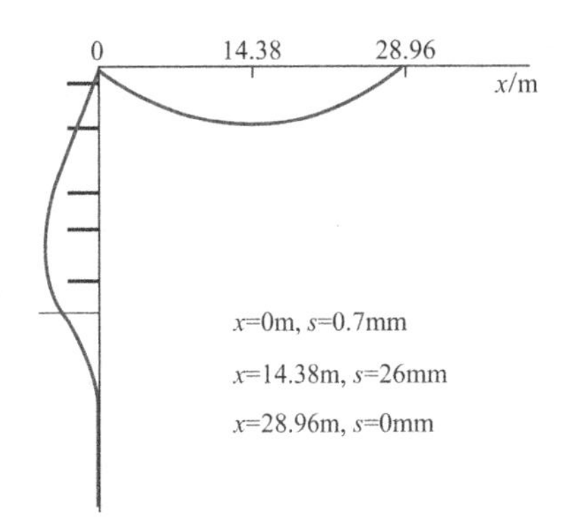

图5 开挖至22.5m时地表沉降分析

根据以上计算，地下连续墙结构最大弯矩位于基坑顶面以下18.50m处，约为1532.2kN · m，最大剪力位于地面下22.50m处，为626.1kN。地面沉降影响范围距基坑边缘最大约28.96m，距离基坑边缘14.38m地面沉降最为明显，最大沉降量为26mm。

基坑开挖时地下连续墙在周围土体作用下，会产生向基坑内的水平位移，必然导致基坑周围地面的沉陷，对周围道路、地下管线及建筑物有一定影响，设计及施工时应注意。

3.8 坑底隆起验算

根据《建筑地基基础设计规范》GB 50007—2011第5.3.9条，当建筑物地下室基础埋置较深时，需要考虑开挖基坑地基土的回弹，该部分回弹变形量按下式计算[4]：

$$s_c = \psi_c \sum_{i=1}^{n} \Delta S_i' = \psi_c \sum_{i=1}^{n} \frac{p_c}{E_{ci}} (z_i \overline{\alpha}_i - z_{i-1} \overline{\alpha}_{i-1})$$

式中：s_c——地基的回弹变形量（mm）；

ψ_c——考虑回弹影响的沉降计算经验系数，取1.0；

p_c——基坑底面以上土的自重压力（kPa），地下水位以下应扣除浮力；

E_{ci}——第i层土的回弹模量（MPa）。

计算结果见表 6。

基坑中心点隆起量估算表　　表 6

部位	p_c/kPa	基坑中心点隆起量/mm
基坑	479.80	25.41

4　工程总结及启示

本工程拟建工点较多，且工程性质差异较大，对基础的沉降要求严格；地基主要持力层不均匀性的定量评价问题；钻孔灌注桩的单桩极限承载力的确定；各车站基坑深基坑降水和支护问题；基坑开挖及盾构施工对周围建筑物、地下管线的影响问题。在岩土工程勘察报告的编写和评价过程中，都对以上问题进行了针对性的分析和评价，为设计单位和甲方提供了较为翔实的分析。

以下瓦房站为例，基坑支护形式根据现场周边情况、施工场地布置等综合考虑，同时采用分析软件对基坑周边地基土变形及支护结构内力分布情况进行计算。经对比，计算结果与基坑施工过程中观测结果相近，对施工安全起到了重要指导作用，确保项目顺利实施，在兼顾经济性的同时，降低了施工对周边环境的不利影响。

5　工程实施与效果

（1）根据本次拟建车站基坑深度及施工方法、车站场地的浅部土层分布情况及车站主体结构的抗浮要求，最终建议拟建车站采用天然地基或钻孔灌注桩后压浆成桩工艺，兼顾抗压及抗拔作用。建议被设计和甲方所采纳，实际车站主体采用天然地基，立柱桩采用钻孔灌注桩，桩长 20m，采用第三桩端持力层，施工过程表明，勘察报告提供的基础方案合理。

（2）为了更准确地估算单桩承载力，避免不必要的浪费，并对建筑物最终沉降量及差异沉降进行严格控制，结合场地土质均匀性变化情况，根据各层土物理力学指标综合统计值准确提供各层地基土的桩基参数，针对每个不同拟建物的不同桩端持力层分别进行单桩竖向极限承载力标准值估算，为设计人员进行桩基础设计提供了准确的依据，报告中单桩竖向极限承载力估算结果与实际试桩结果基本相符。

（3）地铁基坑开挖深度大，勘察报告中通过抽水试验和抗突涌稳定性验算，建议车站主体结构可采用加撑地下连续墙支护、止水体系，根据车站基坑的深度，确定不同的地下连续墙长度，建议隔断第一微承压含水层，或第一、第二微承压含水层。以下瓦房站为例，建议基坑围护结构进入粉质黏土（地层编号⑪$_3$）中，隔断第一、第二微承压含水层。实际设计及施工时采用加撑地下连续墙支护、止水体系，墙长 48.00～50.00m，隔断第一、第二微承压含水层。

（4）针对线路沿线土质条件，区间隧道盾构形式建议采用土压平衡式盾构。设计实际采用了土压平衡式盾构，由于地质条件信息准确，盾构施工时依据地质资料有针对性地采取了周围土体加固等措施，保证了盾构施工的顺利进行。

（5）本报告针对不同区域车站桩长的选择、设计承载力的确定、沉桩分析及沉降量控制给予了科学的指导。勘察报告内容丰富，揭示的地层准确，各项地基土参数齐全准确，分析计算细致、科学，岩土工程评价翔实、深入，不同荷载、不同基础埋深拟建物基础处理方案针对性强，建议合理、可行，多项建议被设计及甲方采纳，桩基检测成果与勘察报告计算值相符，车站、区间沉降观测符合设计及规范要求。

参考文献

[1]　天津市住房和城乡建设委员会. 天津市地基土层序划分技术规程: DB/T 29—191—2021[S]. 2021.

[2]　住房和城乡建设部. 建筑抗震设计规范: GB 50011—2010[S]. 北京: 中国建筑工业出版社, 2010.

[3]　建设部. 建筑桩基技术规范: JGJ 94—2008[S]. 北京: 中国建筑工业出版社, 2008.

[4]　住房和城乡建设部. 建筑地基基础设计规范: GB 50007—2011[S]. 北京: 中国建筑工业出版社, 2012.

北京地铁 19 号线一期工程 05 标岩土工程勘察实录

邵 磊 张 辉 谢 剑 李怀奇 丁颖颖

（航天规划设计集团有限公司，北京 100162）

1 工程概况

北京地铁 19 号线一期工程为新宫—牡丹园，其定位为北京市西部轨道交通线网南北向快线，线路全长 22.4km。一期线路全长 15.4km，设站 6 座，平均间距 2.8km。设新宫车辆基地，占地约 28ha。

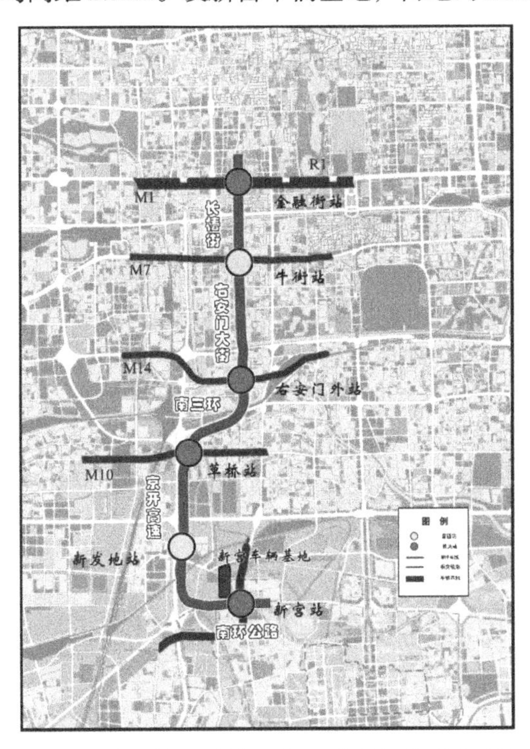

图 1 北京地铁 19 号线一期工程线路平面示意图

一期工程勘察 05 合同段起点为 19 号线（新机场线）草桥站（含），终点为 19 号线金融街站（含）。含车站四座包括：草桥站（为新机场线、19 号线、10 号线的换乘站）；右安门外站（14 号线换乘站）、牛街站、金融街站。站间连通线均位于地下，地下区间线路总长约 6300m，地铁沿南三环路、右外大街、右内大街牛街、长椿街、闹市口大街、闹市口北街等道路下分布，其间下穿马草河、凉水河、南护城河；横穿南二环右安门桥、广内大街、宣武门西大街、长安街等城市主干路，穿越地铁 14 号线、7 号线、北京站至北京西站的地下直径线、地铁 2 号线等地下线路，于南三环右安南桥西侧下穿北京南站西侧铁路线。线路建设区域位于北京市中心城区城市主干路地下，线路沿线及两侧分布有架空线缆，城市市政工程的供水、供热、电力、通信、燃气等主干线及支线，紧邻多个商业区及生活区（图 1）。

2 工程重难点分析

2.1 建筑物类型复杂、工法多样

北京地铁 19 号线一期工程 05 标为四站三区间，地下区间以盾构工法为主，个别区段采用矿山法。地下车站中除草桥站采用明挖法施工，其余车站采用洞桩法施工，车站附属结构采用明挖 + 暗挖法施工。城市轨道交通工程涉及的构筑物种类多，在勘察过程中所需提供的参数较多，包括线路设计、基础设计、结构设计、降水设计、防腐、通风通电、抗震设计等，因此，不同构筑物类型的不同设计参数可能会应用不同的规范，据初步统计达到 40 部之多。

2.2 沿线工程地质、水文地质条件复杂

地铁线路穿越区第四系覆盖层厚度大，主要为河流冲洪积成因，沉积物类型多为人工填土、黏性土、粉土、砂土及圆砾卵石等。不同区段的围岩分布规律和工程特性不同，影响施工工艺和支护方式的选择。尤其是人工填土的分布范围广、厚度变化大，给地铁线路尤其是车站的设计和施工增加了难度。

地铁沿线主要涉及上层滞水和潜水。潜水的水量大，含水层岩性主要为砂和卵石，含水层分布连续且厚度大、渗透系数大，制定妥善的地下水控制方案是地下工程尤其是车站施工的关键。

2.3 沿线环境条件复杂，风险源众多

北京地铁 19 号线一期工程 05 标位于市中心，沿线穿越多条重要市政道路及多条地下线路，沿线市政管线数量众多，紧邻多个办公、商业区及生活小区，环境条件复杂。本标段内存在 6 个特级风险源、11 个一级风险源、8 个二级风险源，为地铁线路的设计与施工增加了难度（图 2）。

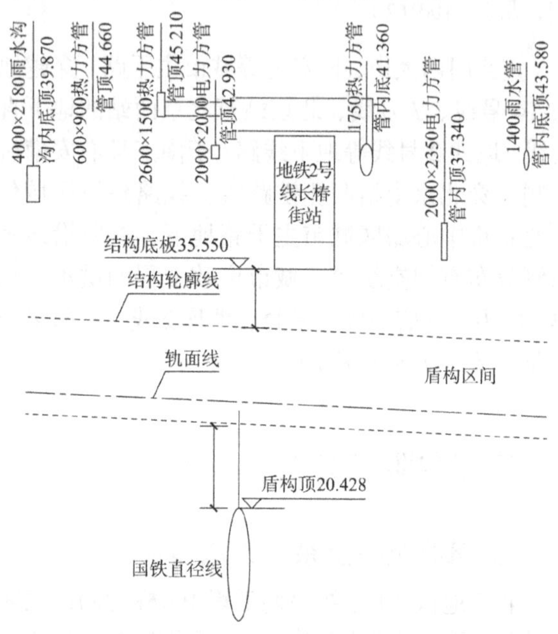

图 2　19 号线与 2 号线、国铁直径线位置关系图（标高单位：m，其余单位：mm）

3　工程勘察方案的实施

城市轨道交通地下工程结构复杂、施工工法工艺多，不同工法对地层的适应性不同，例如饱和粉细砂、松散填土层、高承压水地层等地质条件一般会造成矿山法施工隧道掌子面失稳和突涌；软弱土层会导致盾构法施工隧道管片错台、衬砌开裂、渗水等问题。这些工程地质问题会影响地下工程土方开挖、支护体系施工和隧道运行的安全。因此需针对不同工法及岩性编制针对性的勘察方案，选择合理的勘察手段和方法，查明地层和地下水的空间分布及特征，并有针对性地提出岩土工程参数及合理建议。

本项工程在勘察过程中除采用常规的调查、钻探、原位测试、取样等手段外，针对各个车站地下水控制难度大，布置了水文地质试验、长期水位观测孔等，查明了沿线场区的水文地质条件及问题。并针对线路下穿的南护城河、凉水河及马草河开展了专项调查工作，查明了地表水与地下水的水力联系。同时，针对沿线存在的地质异常情况，辅以物探等手段，综合确定沿线地层分布情况。

（1）盾构法勘察：针对线路沿线地层的岩土工程特性，重点关注透水性强的松散砂土层、含漂石或卵石的地层及开挖面的软硬地层。考虑到在含卵石或漂石地层中采用机械化密闭型盾构选型要求，在草桥站—右安门外站区间右安门南桥附近选取邻近场地进行探井取样，进行卵石及漂石的颗粒分析，探明最大粒径为盾构选型提供需要的数据。

（2）矿山法：针对地铁 19 号线 05 合同段沿线地质特点，浅埋土质隧道的勘察重点查明下列内容：表层填土的组成、密实度、性质及厚度；隧道通过土层的性状、密实度及自稳性；上层滞水及各含水层的分布、补给及对成洞的影响，产生流砂及隆起的可能性；古河道、古湖泊、古墓穴及废弃工程的残留物；地下管线的分布及现状；隧道附近建筑物、构筑物的基础形式、埋深及基底压力等。地下水控制方案可能采用降低地下水位法施工，地层有可能产生固结沉降时，土工试验进行针对性固结试验。

（3）明挖法：明挖法的岩土工程勘察提供比选采用放坡开挖、支护开挖及盖挖设计、施工方法所需要的场地环境条件、工程地质、水文地质、不良地质及特殊地质等资料以及岩土工程设计参数。勘探取样、原位测试及室内试验条件应与设计方案、施工工艺及运营时期的现场实际应力状态、地下水动态变化等相适应。

4　工程地质条件分析与评价

4.1　场地工程地质条件

19 号线一期主要穿过永定河冲洪积扇中上部，属于平原地貌，地势平坦。场区 65.0m 深度范围内地层按沉积年代、成因类型可分为人工堆积层、新近沉积层、一般第四纪冲洪积层和古近纪沉积层四大类（按照全线统一要求进行地层编号）：

（1）人工堆积层：岩性主要为①层粉土素填土及①$_1$层杂填土，厚度为 2.50～7.00m。人工堆积层堆积时间较短，成分复杂，土质结构松散，该层土的组成、结构不均，力学性质较差。

（2）新近沉积层：岩性主要为②层粉质黏土。

（3）一般第四纪沉积层：岩性主要为③层粉土、③$_3$层粉细砂、⑤层卵石—圆砾、⑥层粉质黏土、⑥$_3$层粉细砂、⑦层卵石、⑦$_2$层粉细砂、⑧$_3$层粉细砂、⑨层卵石、⑨$_2$层粉细砂、⑩层粉质黏土、⑩$_3$层粉细砂、⑪层卵石、⑬层卵石及第⑬$_1$层粉细砂。

（4）古近纪沉积层：揭露的古近纪沉积层主要为第⑭层泥岩（图3、图4及表1）。

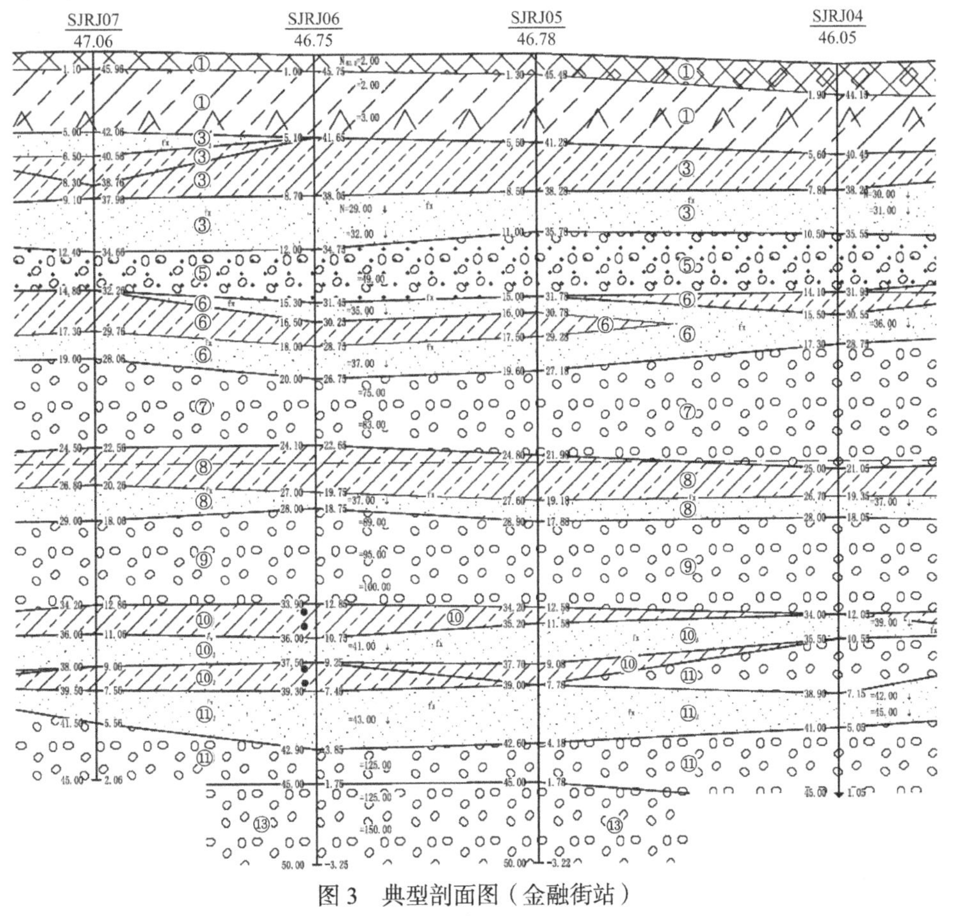

图3　典型剖面图（金融街站）

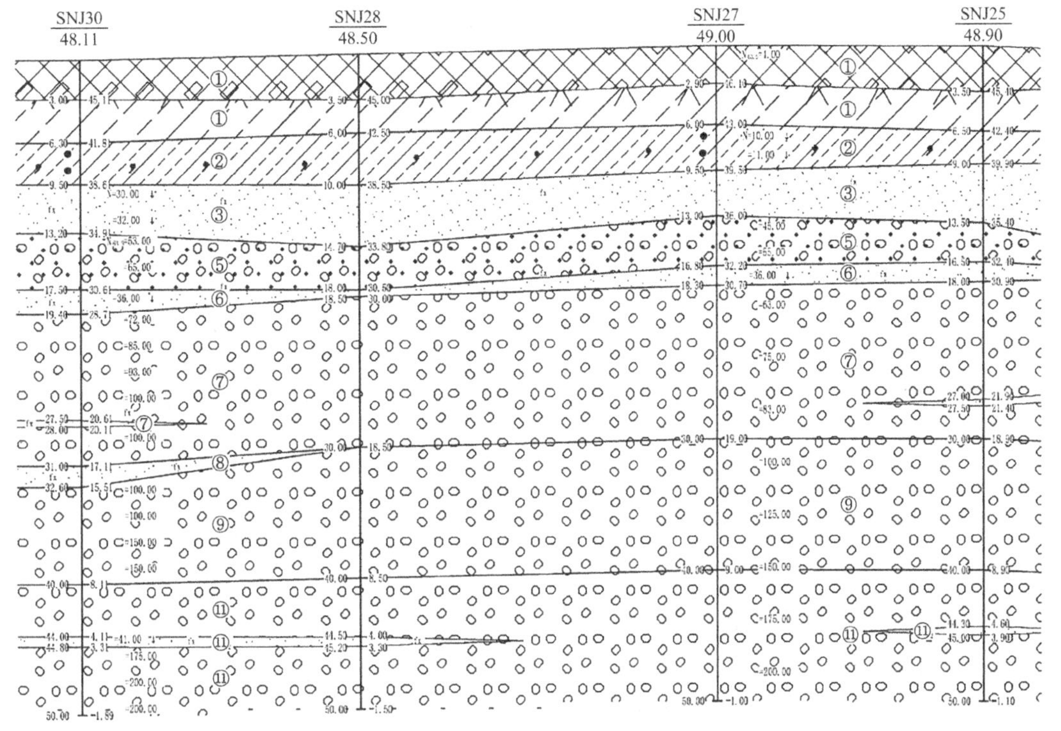

图4　典型剖面图（牛街站）

场区主要地基土层物理力学性质表　　表 1

层号与岩性	f_{ka}/kPa	E_s（$P_0-P_{0+0.1}$）/MPa	E_s（$P_0-P_{0+0.1}$）/MPa	黏聚力c/kPa	内摩擦角φ/°	γ/（kN/m³）
②粉土	130	5.5	6.0	18	19	19.7
②$_1$粉质黏土	110	5.0	5.5	25	12	19.4
③粉土	170	8.5	9.0	19	20	19.5
③$_1$粉质黏土	150	7.0	7.5	20	12	19.4
③$_3$粉细砂	190	20.0		0	35	21.0
⑤层卵石—圆砾	350	40.0		0	40	24.0
⑤$_2$粉细砂	220	25.0		0	35	22.0
⑥粉质黏土	170	7.0	8.0	24	10	18.5
⑥$_2$粉土	210	11.2	12.2	21	16	19.5
⑥$_3$粉细砂	240	25.0		0	35	22.0
⑦卵石	450	60.0		0	45	25.0
⑦$_2$粉细砂	250	30.0		0	35	20.0
⑧粉质黏土	220	10.0	10.5	20	12	19.2
⑧$_2$粉土	230	12.5	13.5	21	19	19.6
⑧$_3$粉细砂	270	33.0		0	35	22.0
⑨卵石	500	70.0		0	45	25.0
⑨$_2$粉细砂	280	35.0		0	35	22.0
⑨$_3$粉土	230	15.0	15.5	21	19	19.6
⑩粉质黏土	220	10.0	11.0	20	12	19.2
⑩$_3$粉细砂	300	36.0		0	35	22.0

场区存在的特殊性岩土主要为人工填土及泥岩。人工填土层分布连续。该层土物理力学性质差异大，不经处理不宜作为天然地基。该层在基坑开挖时易塌落，应采取合理措施保证基坑的稳定性。场区基岩为泥岩，强度相对较低，但埋深大，对拟建建筑无影响。

4.2　场地水文地质条件

根据地下水的赋存条件、水力性质和含水层结构的不同，将场区地下水划分为上层滞水（1）层、潜水（2）层及潜水（微承压）（3）层。

上层滞水（1）层含水层岩性为浅部的粉土填土、粉土，局部为粉细砂。主要接受大气降水、绿地灌溉和自来水、雨水、污水等地下管线的垂直渗漏补给。在不同地段，含水层的渗透系数相差很大，补给方式和补给量悬殊较大，形成上层滞水分布不均匀，水位高低变化很大的特点。

潜水（2）层及潜水（微承压）（3）层含水层岩性以第⑦层卵石及以下的砂、卵石地层，渗透性强，渗透系数建议按 300m/d 考虑。

场区地下水对混凝土结构具有微腐蚀性，对钢筋混凝土结构中的钢筋在长期浸水环境下具有微腐蚀性，在干湿交替环境下具有弱腐蚀性。

地铁线路下穿马草河、凉水河及南护城河，调查结果显示，三条河流均进行了防渗处理，岸边有护砌设施，对地铁线路的设计和施工无明显影响（图 5～图 7）。

从 2020 年汛期后至 2021 年汛期前，潮白河、北运河（中心城）、永定河三大流域河道进行生态补水，保证三大水系河流全线贯通并入海。北京市通过各水系生态补水、南水北调回灌地下及压采地下水等一系列地下水调节、保护措施，使得地下水潜水位呈缓慢上升趋势。据我公司布设的水位观测孔显示，场区潜水位较近 5 年同期回升约 7.0m。

图 5　线路下穿马草河

图 6　线路下穿凉水河

图 7　线路下穿南护城河

5　右安门外站外挂换乘厅地下水流速流向专项勘察

为满足右安门外站主体结构施工需要，场区处于降水状态。为配合右安门外站换乘厅地下 3 层地下水治理工作，为后续工程建设的优化设计与科学施工提供精细化的水文地质参数支持。我公司按照建设单位的要求进行了地下水流速流向专项勘察工作。

右安门外站外挂换乘厅底板底标高约 19.400m，底板埋深约 22.6m，主要涉及 1 层地下水，编号为潜水（2）层，含水层岩性主要为③$_3$层粉细砂、⑤层卵石—圆砾及以下的砂、卵石层。勘察期间场区地下水水位标高约 23.800m（观测时间为 2020 年 11 月）（图 8）。

现场不具备钻孔施工条件，本次测定工作利用施工单位布设的两个降水井进行。井管类型均为无砂管，有井盖保护，管壁完好。

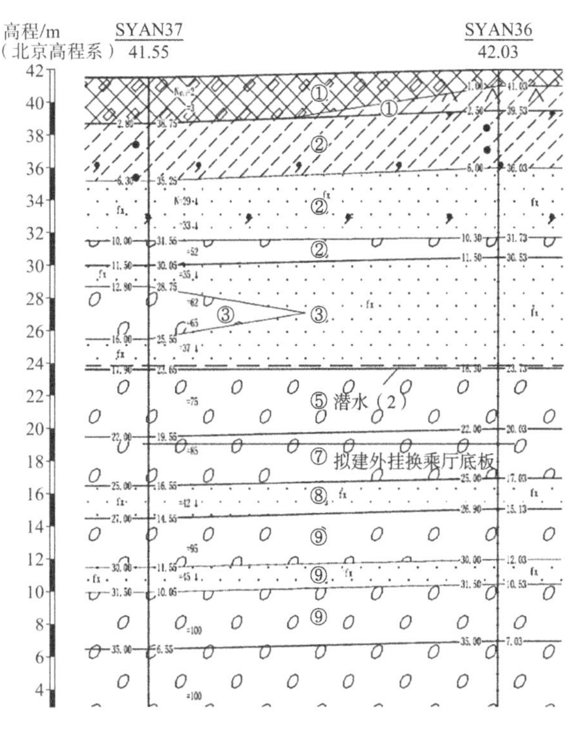

图 8　右安门外站外挂换乘厅地层剖面

（1）勘察工作概述

地下水流速流向测定采用 G.O.Sensor 智能化地下水监测仪，利用视频管道显微摄像技术进行孔内地下水流速流向测定，并提供地下水流速、流向、水位和水温等参数（图 9）。其原理是采用视频显微摄像技术，通过显微镜头拍摄水中胶体粒子的移动轨迹，实时测定地下水流速。内置电子罗盘，精准定位流向。与传统的地下水流向流速测定方式相比，可以实现单井、快速、实时测量地下水流向流速。探头前端配置有井下摄录模块，可实时观测井下环境。探头配有温度和压力传感器，可获取测量水深和原位水温数据。监测探头获取的影像数据、水中颗粒的运动轨迹数据和水温水深数据通过传输线缆，传输到地面控制器中。再通过 GroundwaterMonitor 软件，处理并输出图像和数据表格。

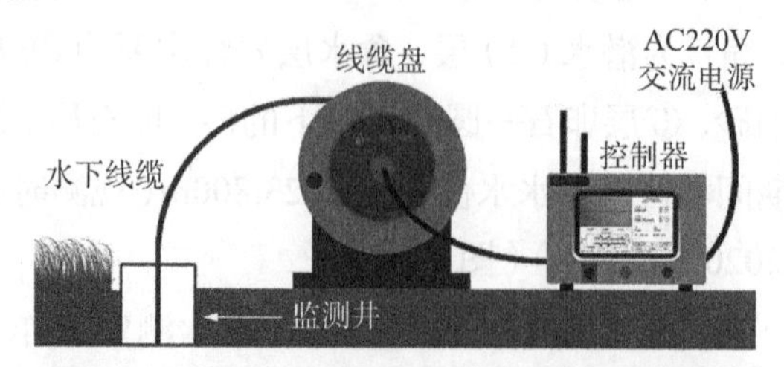

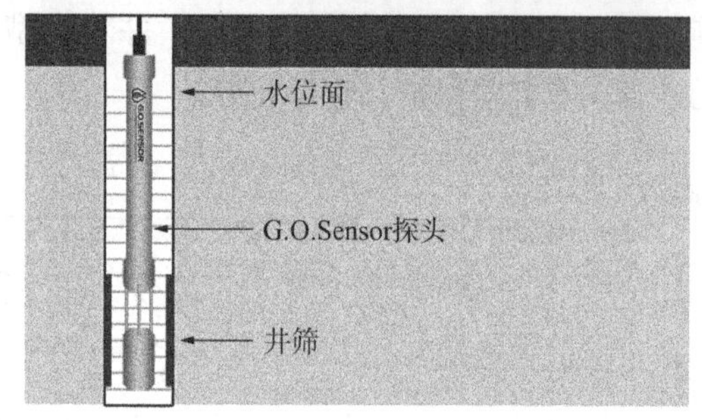

图 9 G.O.Sensor 智能化地下水监测仪测量布放示意图

（2）测定成果

根据地下水监测仪现场测试结果，1 号井水位埋深 16.06m（距井口），水位标高 25.900m。地下水平均流速为 13.181m/d；流向为 47.0°，整体方向为东北；水温 16.9℃。2 号井水位埋深 14.06m（距井口），水位标高 27.090m。地下水平均流速为 9.864m/d；流向为 6.9°，整体方向为北略偏东；水温 17.8℃（图 10、图 11 及表 2、表 3）。

（3）相关建议

经过多年的工程建设使得北京市城区水文地质环境异常复杂，尤其是近年来各种地下水保护及生态补水措施的实施，使得水文地质环境的不均一性更加明显。建议施工期间避免人为原因所引起的地下水流动。

1 号井地下水测量结果　　　表 2

结果	流速/（m/d）	流向/°	温度/℃	探头距水面/m	地下水埋深/m
平均值	13.181	47.0	16.9	6.453	16.05
最大值	25.118	356.8	16.9	6.473	16.06
最小值	3.470	1.4	16.8	6.438	16.03

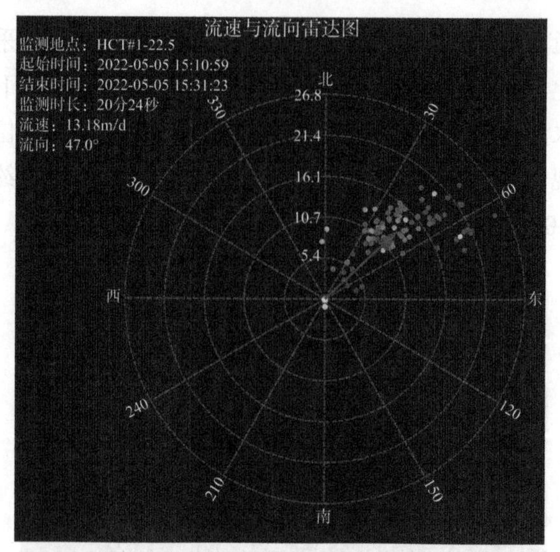

图 10 1 号井地下水流速流向测量雷达图

2 号井地下水测量结果　　　表 3

结果	流速/（m/d）	流向/°	温度/℃	探头距水面/m	地下水埋深/m
平均值	9.864	6.9	17.8	8.434	14.07
最大值	17.797	359.6	17.9	8.444	14.07
最小值	4.127	0.3	17.8	8.425	14.06

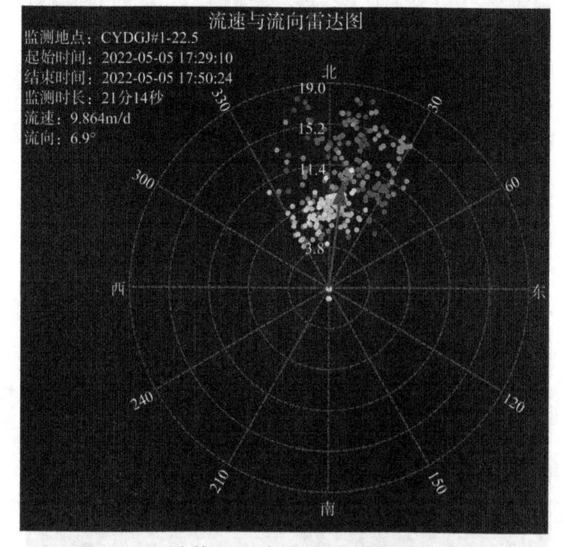

图 11 2 号井地下水流速流向测量雷达图

6 结语

（1）本项目勘察过程中根据不同的施工工法和地层分布，编制并实施了有针对性的勘察方案，并综合采用多种勘察手段，提供了有力的岩土工程技术咨询，促进了工程的顺利实施。

（2）对重点区段进行了专门的水文地质试验和地下水参数测定，为地下水控制方案的编制和实施提供了精准的数据资料和科学合理的方案建议。

（3）由于地铁项目建设的特殊性，勘察周期长，加之近年来北京市一系列地下水保护措施的实施，地下水水位呈上升趋势，地下水水位监测尤为重要，这对其他类型的工程建设亦具有一定的借鉴意义。

重庆轨道交通 10 号线工程（鲤鱼池—王家庄）详细勘察工程实录

冯永能[1]　王　锐[1]　戚思雨[1]　朱鹏宇[1]　侯大伟[1]　邹喜国[1]　崔　遥[1,2]

（1. 重庆市勘测院，重庆　401121；2. 重庆大学　煤矿灾害动力学与控制国家重点实验室，重庆　400010）

1　工程概况

重庆轨道 10 号线（鲤鱼池—王家庄）全长 34.24km，全线与 12 条轨道交通线路进行换乘，换乘站 11 座。项目位于长江、嘉陵江两大地表水系汇合的狭长地带，宏观呈深切割丘陵地貌景观，沿线地质条件十分复杂，测量控制点和钻孔布置难度极大；地表建筑物规模大，分布密集，周边环境极其复杂；地下构筑物数量多，分布区域广，与拟建隧道相互影响极大；拟建工程区域地下管线种类繁多，分布密集，其分布情况对勘察钻探、方案设计、后续施工均有很大影响，地下管线密集。

工程重难点包括：①下穿既有江北国际机场；②下穿重庆北站高铁枢纽并进行基础托换；③上跨既有铁路隧道；④不利情况下穿既有轨道车站；⑤超浅埋河底隧道施工；⑥穿越厚层富水未固结土石回填地层，并在重庆轨道施工中首次采取降水措施；⑦90m 超限高边坡。

为解决该项目的各项勘察测量技术难题，我院各项创新专利及发明得到有效应用，同时进行技术攻关，取得丰硕的科技成果，其中《中国高精度数字高程基准建立的关键技术及其推广应用》荣获国家科学技术进步一等奖这样极高的荣誉，取得历史性突破。本项目已获得 2021 年度全国优秀工程勘察设计行业奖工程勘察二等奖。

2　岩土工程条件

2.1　水文

重庆市轨道交通十号线工程（鲤鱼池—王家庄）沿线为长江水系的嘉陵江流域，本次勘察范围线路起始两点均在嘉陵江边。

嘉陵江平均水面坡降 0.288‰，河床一般宽 300～500m，最大流量 44800m^3/s，最小流量 242m^3/s，多年平均流量 2160m^3/s，平均含沙量 2.372kg/m^3。根据重庆市防洪规划，三峡水库成库后嘉陵江重庆牛角沱断面五年一遇洪水位 185.200m，十年一遇洪水位 187.600m，二十年一遇洪水位 189.500m、五十年一遇洪水位 191.800m、百年一遇洪水位 193.600m；重庆悦来断面五年一遇洪水位 192.800m，十年一遇洪水位 195.300m，二十年一遇洪水位 197.400m、五十年一遇洪水位 199.700m、百年一遇洪水位 201.400m。

除上述两段外，沿线部分地段发育有多条次一级的常年性溪沟及水库，但由于人类活动频繁，这些溪沟大多被填埋或改造为城市排水涵洞。根据调查和资料搜集，沿线主要分布有以下几条溪沟及水库：

（1）1 号沟：该溪沟名为温家沟，溪沟蜿蜒曲折，沟心位于里程 K13＋20 处，现该沟已被填埋。

（2）2 号溪沟：该溪沟为溉澜溪，溪沟蜿蜒曲折，沟心位于里程 K13＋700 处，溪水自西向东流，现已被改造为城市排水箱涵（1 号涵洞）并填埋，涵洞尺寸 2.3m × 5.0m，流量约 0.5～1.5m^3/s，为生活污水和雨污水排水涵洞。

（3）1 号水库：该水库为三八水库，目前该水库正在被填埋。

（4）3 号溪沟：该溪沟为双岔河，河道蜿蜒曲折，沟心位于里程 K17＋870 处，溪水自北向南流，现已被改造为城市排水箱涵（双岔河排水箱涵）及排污管道并填埋，涵洞尺寸 4.0m × 4.6m，排污管道直径 0.8m，流量约 0.5～1.5m^3/s，排放生活污水和雨污水。

获奖项目：2021 年度工程勘察、建筑设计行业和市政公用工程优秀勘察设计奖二等奖。

（5）4 号溪沟：该溪沟为肖家河，河道蜿蜒曲折，沟心位于里程 K20 + 950～K21 + 310 处，溪水自西向东流。目前该溪沟已被人工改道，原河道已被填埋。

（6）5 号溪沟：该溪沟为石盘河，河道蜿蜒曲折，沟心位于里程 K22 + 420 处，溪水自北向南流，现已被改造为城市排水箱涵（5 号箱涵），箱涵尺寸 3.2m × 5m，流量约 0.5～1.5m^3/s，排放生活污水和雨污水。

（7）6 号溪沟：该溪沟河道蜿蜒曲折，沟心位于里程 K23 + 580 处，溪水自北向南流，目前该溪沟已被人工改道（6 号涵洞），原河道已被填埋。

（8）7 号溪沟：该溪沟河道蜿蜒曲折，沟心位于里程 K25 + 250～K25 + 640、K26 + 300～K26 + 500、K26 + 809～K26 + 987 处，溪水自北向南流，目前该溪沟已被填埋。

（9）8 号溪沟：该溪沟为跳蹬河，溪沟蜿蜒曲折，沟心位于里程 K36 + 310 处，溪水自北向南流，目前该溪沟已被填埋。

（10）2 号水库：该水库为郑家水库，目前该水库已被填埋。

（11）9 号溪沟：该溪沟为猪肠溪，溪沟蜿蜒曲折，沟心位于里程 K40 + 815 处，溪水自南向北流，水流量一般较小。

2.2 地形与地貌条件

线路沿线位于长江、嘉陵江两大地表水系汇合的狭长地带，宏观地貌景观呈深切割丘陵地貌景观。线路沿线原始地貌的发育严格受构造和岩性控制，构造线与山脊线一致、呈北北东—南西向展布，背斜成条状低山、向斜成宽缓丘陵；背斜轴部的坚硬砂岩组成单面山或台地。沿线最高点位于里程桩号 K35 + 500 处、高程 452.000m，最低点位于里程桩号 K40 + 800 处、高程 226.000m。根据地貌成因和形态的差别，其沿线地貌形态大致分河谷侵蚀及构造剥蚀丘陵区。各地貌单元区特征如下：

（1）河谷侵蚀地貌区

轨道交通十号线里程桩号 K11 + 100～K12 + 10 段为河谷侵蚀地貌区，属嘉陵江河谷区，该段位于河谷北岸，地面高程 284.000～334.000m 左右，地形坡角约 15°～25°。该段嘉陵江河流流向由西向东，河谷走向较平直，呈壮年期河谷地貌，河谷形态呈不对称 U 形河流。

轨道交通十号线里程桩号 K41 + 970～K44 + 663.417 段为河谷侵蚀地貌区，属嘉陵江河谷区，该段位于河谷东岸，地面高程 270.000～335.000m 左右，地形坡角约 15°～25°。该段嘉陵江河流流向由北向南，河谷走向较平直，呈壮年期河谷地貌，河谷形态呈不对称 U 形河流。

（2）构造剥蚀丘陵区

沿线其余地段属构造剥蚀丘陵区，原始地形起伏总体较小，多为浅丘地形，经人工改造为城区，目前地势总体较平缓，地形坡角一般 5°～10°，地面多呈不规则的台阶状，地面高程 226.000～452.000m 之间，地形相对切割深度一般 30～70m。

2.3 地质构造

勘察区位于川东南弧形地带，华蓥山帚状褶皱束东南部的次一级构造，构造骨架形成于燕山期晚期褶皱运动。轨道线路主要穿越重庆弧形褶皱束复式向斜之龙王洞背斜（K17 + 900、K38 + 400）、重庆向斜（K22 + 500、K34 + 100）（图 1）。由于重庆复式向斜呈北北东走向，构造形态向北逐渐收敛向南撒开，因而向斜、背斜两翼宽缓，受应力作用相对微弱，沿线未发现断层通过。节理（裂隙）发生与构造运动密切相关，以构造节理、层面为主，节理走向 NEE—SWW 和走向 NW—SE 两组较发育，多呈密闭型，部分为微张型，少有充填物。根据地面地质调绘，岩体裂隙特征如下：

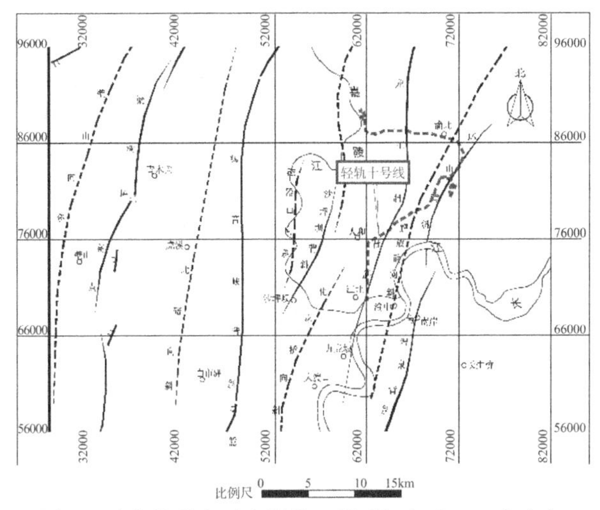

图 1 重庆轨道交通十号线工程（鲤鱼池—王家庄）地质构造图

（1）龙王洞背斜

跨越江北区、渝中区和南岸区，其轴线为 N10°～20°E，两翼不对称，其轴部位于 K17 + 900、K38 + 400 处。

西翼岩层产状为 210°～315°∠5°～20°，主要发育有两组构造裂隙，J1：90°～120°∠54°～78°，延伸 5～8m，微张，平直，间距 1.0～2.0m，偶见钙质充填，结合差，属硬性结构面；J2：170°～210°∠65°～78°，延伸 3～5m，一般闭合—微张，舒缓波状，局部偶见翻转现象，间距 3～5m，偶见泥质充填，结合差，属硬性结构面。

东翼岩层产状为 70°～130°∠6°～30°，主要发育有两组构造裂隙，J1：270°～300°∠54°～77°，延伸 5～10m，微张 1～3mm，平直，间距 1.0～2.0m，偶见钙质充填，结合差，属硬性结构面；J2：190°～220°∠67°～84°，延伸 1～5m，一般闭合—微张，舒缓波状，局部有翻转现象，间距 5～8m，偶见泥质充填，结合差，属硬性结构面。

（2）重庆向斜

跨越南坪区、渝中区、江北区和渝北区，两翼不对称，其轴线为 N10°～30°E，其轴部位于里程 K22 + 500、K34 + 100 处，其西翼也就是龙王洞背斜东翼。

东翼岩层产状为 300°～318°∠8°～40°，主要发育有两组构造裂隙，J1：110°～140°∠54°～78°，延伸 5～8m，微张，平直，间距 1.0～2.0m，偶见钙质充填，结合差，属硬性结构面；J2：190°～230°∠65°～78°，延伸 3～5m，一般闭合—微张，舒缓波状，局部偶见翻转现象，间距 3～5m，偶见泥质充填，结合差，属硬性结构面。

2.4 地层结构与岩性

通过对场地的地面地质调绘，结合工程地质钻探并综合分析已有区域地质成果，沿线出露的地层主要有第四系全新统人工填土层（Q_4^{ml}）、残坡积层（Q_4^{el+dl}），下伏基岩为侏罗系中统沙溪庙组（J_2s）、新田沟组（J_2x）、自流井组（$J_{1\text{-}2}z$）岩层。各地层岩性特征依新老顺序简述如下：

（1）第四系覆盖层

第四系全新统人工填土（Q_4^{ml}）。

拟建线路主要沿城市主干道行进，人工填土基本上以素填土为主，杂填土主要分布在居民区和厂区之中，分布范围较小。素填土多为紫褐色，以黏性土夹砂岩、泥岩碎（块）石为主，块石含量 20%～40%，粒径 200～1000mm，碎石含量 10%～30%，随深度加深，块、碎石含量比例也有所增加，土中砂岩块碎石含量少于泥岩块碎石，结构一般松散—中密，局部存在架空现象，一般厚约 0.2～8m，原始地貌沟心部位最厚可达 61.7m，稍湿，堆填时间 2～10 年；杂填土多呈杂色，以生活垃圾和建筑垃圾为主，一般厚度 3～10m，结构一般呈松散—稍密状，稍湿，堆填时间 2～10 年。

第四系全新统残坡积黏性土（Q_4^{el+dl}）。

主要以粉质黏土为主，在里程 K27 + 200～K30 + 800 段零星分布有黏土。紫色—黄褐色，一般呈可塑—硬塑状。无摇振反应，干强度中等，韧性中等—高，主要分布于原始地貌中为沟谷的地段，一般厚约 0.2～4.5m，局部可达 6.9m。

（2）侏罗系中统（J_2）

侏罗系中统沙溪庙组（J_2S）：为一套强氧化环境下的河湖相碎屑岩建造，由砂岩—泥岩不等厚的正向沉积韵律层组成，分布于里程 K11 + 100～K11 + 810 段、K15 + 450～K16 + 800 段、K20 + 420～K23 + 300 段、K30 + 856～K36 + 440 段和 K39 + 930～K44 + 663.417 段。

砂岩：灰色—紫灰色，细—中粒结构，厚层状构造；主要矿物成分为石英、长石，含少量云母及黏土矿物，多为钙质胶结，局部为泥质胶结，岩质硬，岩体完整性好，岩体基本质量等级为Ⅲ～Ⅳ级。

砂质泥岩：以紫红色为主，主要矿物成分为黏土矿物，粉砂泥质结构，中厚层状构造，中等风化岩体裂隙不发育，岩体较完整，岩质较硬。岩体基本质量等级为Ⅳ级。

侏罗系中统新田沟组（J_2X）。

为一套还原—次氧化环境下的淡水湖相杂色碎屑岩建造，其岩性特征为黄绿色泥岩夹粉砂岩、岩屑长石砂岩、紫红色泥岩、深灰色页岩。主要分布于 K11 + 810～K15 + 450 段、K16 + 800～K20 + 420 段、K23 + 300～K27 + 320 段、K29 + 975～K30 + 856 段、K36 + 440～K37 + 730 段和 K39 + 580～K39 + 930 段。

砂质泥岩：黄绿色、深灰色为主，局部呈紫红色，粉砂泥质结构，中厚层状构造。表层强风化带厚度一般较大，强风化岩心呈碎块状，风化裂隙发育；中风化岩心呈柱状、长柱状，岩体较完整，岩体基本质量等级为Ⅳ级。

砂岩：黄色、灰黄色，细粒结构，中厚层状构造，泥钙质胶结。主要矿物成分为石英、长石。强风化岩心多呈碎块状、短柱状，质软；中等风化岩心呈柱状、短柱状，岩体较完整。岩体基本质量等级为Ⅲ～Ⅳ级。

页岩：深灰色为主，泥质结构，极薄—薄层状厚层状构造。中风化岩心呈短—中柱状，岩体较完整，岩体基本质量等级为Ⅳ级。

侏罗系中下统自流井组（$J_{1-2}Z$）。

为一套浅湖相泥岩及中深水湖相碳酸岩盐建造，其岩性特征为紫红色钙质泥岩、砂质泥岩，黄灰色碎屑灰岩及生物灰岩。夹深灰色、灰绿色页岩、泥质灰岩、白云岩薄层。主要分布于K27＋320～K27＋935段、K28＋497～K29＋975段、K37＋730～K39＋580段。

砂质泥岩：以紫红色、暗红色为主，主要矿物成分为黏土矿物，粉砂泥质结构，中厚层状构造，中等风化岩体裂隙不发育，岩体较完整，岩质较硬。岩体基本质量等级为Ⅳ级。

泥灰岩：灰白色，隐晶质结构，中后层状构造，主要有方解石等矿物组成，钙质胶结，局部含泥质。岩质较硬、岩体完整，中风化岩芯呈中柱状。岩体基本质量等级为Ⅳ级。

侏罗系下统珍珠冲组（J_1z）。

为一套浅水湖相碎屑岩建造，其岩性特征为主要为粉砂质泥岩、粉砂岩夹深灰色、灰绿色页岩。主要分布于K27＋935～K28＋497段。

砂质泥岩：红褐色为主，局部呈青色，粉砂泥质结构，薄—中厚层状构造。表层强风化带厚度一般较大，强风化岩心呈碎块状，风化裂隙发育；中风化岩心呈柱状、长柱状，岩体较完整，岩体基本质量等级为Ⅳ级。

沿线基岩强风化带厚度一般0.5～1.60m。基岩强风化带岩体破碎，风化裂隙发育，岩质软，岩体基本质量等级为Ⅴ级。

2.5 水文地质条件

轨道交通10号线工程（鲤鱼池—王家庄）沿线主要位于构造剥蚀丘陵地貌上，第四系覆盖层一般厚度较小，沟谷地段覆盖层厚度较大；基岩为主要砂岩和泥岩互层的陆相碎屑岩，仅局部分布有页岩及泥质灰岩，含水微弱。地下水的富水性受地形地貌、岩性及裂隙发育程度控制，主要为大气降水、地面池塘水体渗漏及城市地下排水管线渗漏补给。根据沿线地下水的赋存条件、水理性质及水力特征，沿线地下水可划分为第四系松散层孔隙水和基岩裂隙水。

3 方案的实施

3.1 勘察工作

据《城市轨道交通岩土工程勘察规范》GB 50307—2012[1]第7.2.3条，详细勘察应进行下列工作：

（1）查明不良地质作用的特征、成因、分布范围、发展趋势和危害程度，提出治理方案的建议。

（2）查明场地范围内岩土层的类型、年代、成因、分布范围、工程特性、分析和评价地基的稳定性、均匀性和承载能力，提出天然地基、地基处理或桩基等地基方案的建议，对需进行沉降计算的建（构）筑物、路基等，提供地基变形计算参数。

（3）分析地下工程围岩的稳定性和可挖性，对围岩进行分级和岩土施工工程分级，提出对地下工程由不利影响的工程地质问题及防治措施的建议，提供基坑支护、隧道初期支护和衬砌设计与施工所需的岩土参数。

（4）分析边坡的稳定性，提供边坡稳定性计算参数，提供边坡治理的工程措施建议。

（5）查明对工程有影响的地表水体的分布、水位、水深、水质、防渗措施、淤积物分布及地表水与地下水的水力联系等，分析地表水体对工程可能造成的危害。

（6）查明地下水的埋藏条件，提供场地的地下水类型、勘察时水位、水质、岩土渗透系数、地下水位变化幅度等水文地质资料，分析地下水对工程的作用，提出地下水控制措施的建议。

（7）判定地下水和土对建筑材料的腐蚀性。

（8）分析工程周边环境与工程的相互影响，提出环境保护措施的建议。

（9）应确定场地类别，对抗震设防烈度大于6度的场地，应进行液化判别，提出处理措施的建议。

（10）在季节性冻土地区，应提供场地土的标准冻结深度。

3.2 地下工程

据《城市轨道交通岩土工程勘察规范》GB 50307—2012第7.3.3条，勘探点间距根据场地的复杂程度、地下工程类别及地下工程的埋深、断面尺寸等特点按表1确定。

勘探点间距（m）　　表1

场地复杂程度	复杂场地	中等复杂场地	简单场地
地下车站勘探点间距	10～20	20～40	40～50
地下区间勘探点间距	10～30	30～50	50～60

对车站工程，控制性勘探孔进入结构底板以下不小于25m或进入结构底板以下中风化或微风化岩石不应小于5m，一般性勘探孔深度进入结构

底板以下不应小于 15m 或进入结构底板以下中风化或微风化岩石不应小于 3m。

对区间工程，控制性勘探孔进入结构底板以下不应小于 3 倍隧道直径（宽度）或进入结构底板以下中风化或微风化岩石不应小于 5m，一般性勘探孔进入结构地板以下不应小于 2 倍隧道直径（宽度）或进入结构底板以下中等风化或微风化岩石不应小于 3m。

地下工程控制性勘探孔的数量不应少于勘探点总数的 1/3。采取岩土试样及原位测试勘探孔数量：车站工程不应少于勘探点总数的 1/2，区间工程不应少于勘探点总数的 1/3。

3.3 高架工程

高架车站勘探点应沿结构轮廓线和柱网布置，勘探点间距宜为 15～35m。当桩端持力层起伏较大、地层分布复杂时，应加密勘探点。

高架区间勘探点应逐墩布设，地质条件简单时可适当减少勘探点。地质条件复杂或跨度较大时，可根据需要增加勘探点。

高架工程控制性勘探孔的数量不应少于勘探点总数的 1/3。取样及原位测试孔的数量不应少于勘探点总数的 1/2。

3.4 路基、涵洞工程

一般路基勘探点间距为 50～100m，高路堤、深路堑、支挡结构勘探点间距可根据场地复杂程度按表 2 规定综合确定。

勘探点间距（m） 表 2

复杂场地	中等复杂场地	简单场地
15～30	30～50	50～60

控制性勘探孔深度应满足地基、边坡稳定性分析，及地基变形计算的要求。

一般路基的一般性勘探孔深度不应小于 5m，高路堤不应小于 8m。

路堑的一般性勘探孔深度应能探明软弱层厚度及软弱结构面产状，且穿过潜在滑动面并深入稳定地层内 2～3m，满足支护设计要求。

3.5 地面车站、车辆基地

车辆基地可根据不同建筑类型分别进行勘察，同时考虑场地挖填方对勘察的要求。

地面车站、各类建筑及附属设施的详细勘察应按现行国家标准《岩土工程勘察规范》GB 50021[2]的有关规定执行。

站场股道及出入线的详细勘察，可根据线路敷设形式按照《城市轨道交通岩土工程勘察规范》GB 50307—2012 执行。

4 岩土工程分析与评价

拟建轨道交通 10 号线工程（鲤鱼池—王家庄）岩土工程条件中等复杂—复杂，线路 K11 + 100～K16 段总体走向与地质构造线小角度斜交，沿线穿越龙王洞背斜；线路 K16～K24 段总体走向与地质构造线呈大角度斜交，沿线穿越重庆向斜；线路 K24～K31 段总体走向与地质构造线近平行；线路 K31～K42 + 400 段总体走向与地质构造线近垂直，沿线穿越重庆向斜和龙王洞背斜；线路 K42 + 400～K44 + 663.417 段总体走向与地质构造线近平行。沿线除起始段（K11 + 100～K12 + 10、K41 + 970～K44 + 663.417）位置原始地貌为河谷侵蚀地貌外其余里程均为构造剥蚀浅丘地貌，现沿线绝大部分地段均被人工改造为居住区及城市主干道，地形较平坦，土层种类较单一，岩层受构造应力作用轻微，构造裂隙不发育，基岩完整性较好。K12 + 840～K12 + 910、K12 + 990～K13 + 060、K17 + 800～K17 + 920、K21 + 300～K21 + 580、K22 + 340～K22 + 450、K23 + 300～K23 + 780、K24 + 480～K24 + 560、K36 + 790～K36 + 960、K39 + 690～K40 + 220、K41 + 090～K41 + 370 穿过深厚填土区，工程地质条件差。

沿线无不良地质作用，深厚填土区隧道围岩条件差，基本适宜，沿线场地总体稳定，适宜建设，现行线路方案可行。

根据外业钻探和室内岩石试验，沿线砂质泥岩、页岩为软岩—极软岩，易软化，黏土矿物含量较高；在地下水润湿作用和切割刀具的共同作用下，采用 TBM 机掘进时存在泥化现象，容易产生“糊钻”粘结现象或堵塞渣口等情况，影响掘进效率，应考虑适当的掘进辅助措施；沿线砂岩自然抗压强度高，部分地段砂岩岩体中含钙质结核，同时石英含量较高，对刀具的磨损较大。此外，本工程隧道围岩中，绝大部分地段以基岩为主，局部为粉质黏土与人工填土，围岩性质变化、差异较大且软硬相间；人工填土中碎、块石含量较高，且其母岩为软、硬差异明显的砂岩与砂质泥岩；而粉质黏土多为原地表表土，植物根须发育。以上情况对 TBM 掘进的影响各异，故在设备选型和刀具选择上，应予以充分考虑。

5 特殊方法的实施

针对本项目及其复杂的工程地质条件，重庆轨道交通 10 号线工程的勘察工作经过了严密的技术设计，采用了多项先进技术，并以项目为依托，积极开展技术革新和科研，取得了丰富成果。

5.1 “二维梯度法”甄别物探有效异常技术应用于全线管线及建（构）筑物基础探测

本项目采用二维梯度法对物探数据进行处理，然后再对物探数据进行成像，减小物探解译时人为因素的影响，提高了物探成果资料解译的精度和置信度，大大提高了管线及建构筑物基础探测的精度。该技术获得了国家发明专利（专利号：ZL2009 1 0104632.1）。

5.2 磁平行测井法应用于复杂建（构）筑物基础探测

本项目局部地段建筑密集，施工对坡顶建（构）筑物基础及其持力层影响极大。本项目采用地质雷达、高密度电法、地震映像等方法在地表布置测线探测建（构）筑物基础平面位置；采用磁平行测井探测法探测建（构）筑物基础深度。通过地表物探测线与钻孔磁平行测线相结合的综合物探方法，达到了探测建（构）筑物基础空间位置的目的（图 2）。

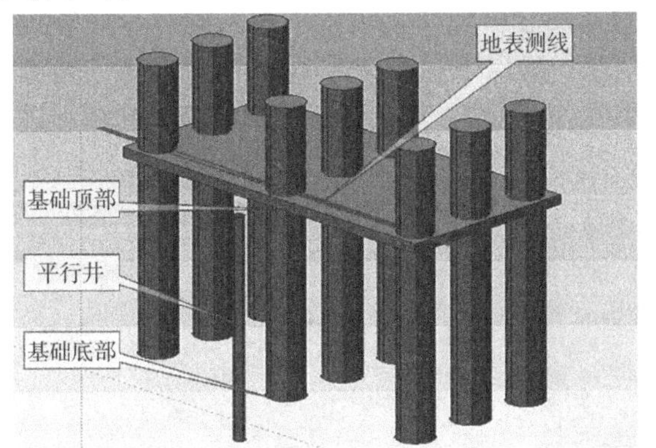

图 2 磁平行测井法探测建（构）筑物基础

5.3 大范围填土密实度快速检测技术

利用面波探测与现场载荷试验等手段，实现了全线填土密实度的大范围快速检测，在此基础上深入分析了填土不均匀沉降问题，另外还准确预测了地下水富水区位置与涌水量，有助于施工过程中的风险规避，有效保障了施工的安全进行。

5.4 孔内成像技术辅助地下水富水区预测

准确预测地下水富水区位置及涌水量，是勘察阶段的一项重要任务。本项目存在河底隧道施工及穿越具有稳定地下水位深厚填土区。利用钻孔全景成像技术，直观揭露了岩土体深部裂隙发育性状及地下水渗漏位置。采用此超前探测方式，提前预报，保证了安全地通过了该风险源段（图 3）。

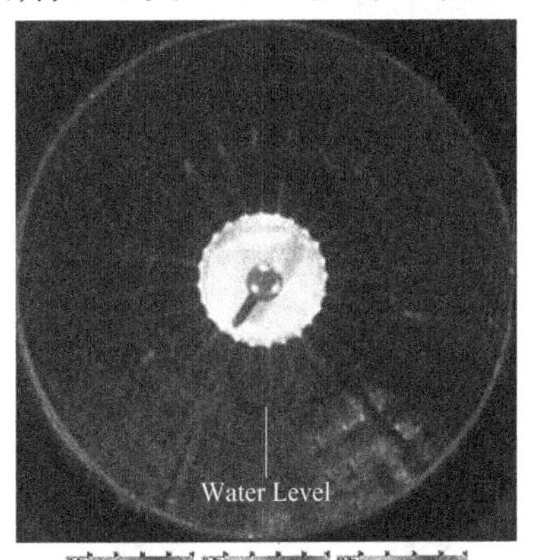

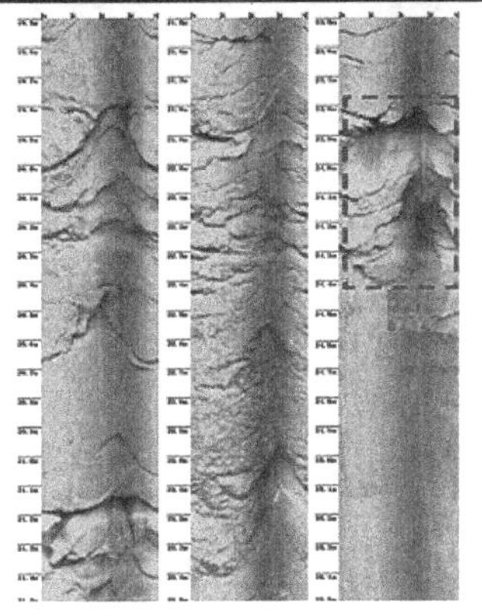

图 3 孔内地下水渗漏及裂隙密集带发育情况

5.5 构建岩土勘察内外业一体化系统，实现工程勘察全流程信息化覆盖

基于手持终端，实现野外填图、钻孔编录、原位测试、水文地质调查等信息收集和处理，通过互联网技术，实现了外业采集数据实时上传、内外业信息无缝对接。10 号线勘察首次在外业中试运行岩土勘察内外业一体化系统，通过外业过程中遇到的问题对本系统进行二次开发和完善，最终达到理想效果。通过内外业一体化系统，改进了传统纸质工作模式，实现了岩土工程勘察内外业的一体化、智能化和标准化，切实提升勘察工作效率和质量水平（图 4、图 5）。

图 4　勘察内外业一体化现场操作

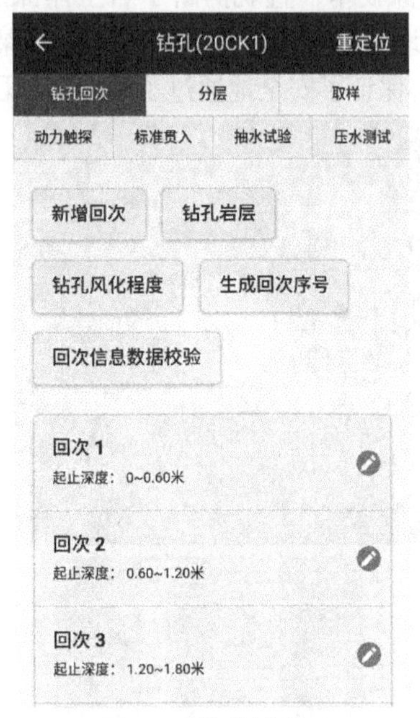

图 5　手持终端界面

5.6　自主研发的重庆主城区工程地质信息数据库

利用重庆市勘测院自主研发的重庆主城区工程地质信息数据库，调取项目区相关历史勘察成果数据，包括基础地理信息、钻孔、剖面、地质图、地质灾害、岩土测试、文档报告等工程勘察资料，节约了大量的地质调查及钻探成本，同时也大大减少了钻探的风险与环境影响（图 6）。

图 6　重庆市主城区工程地质数据库界面

5.7　基于 GIS + BIM 的三维数字基础空间框架，构建轨道建设全过程支撑技术体系

基于多源地质信息构建轨道交通 GIS + BIM 三维数字基础空间框架，涵盖轨道沿线地面实景模型、地下管网、地下建（构）筑物模型及地质体模型；以 GIS + BIM 三维空间数据为载体，汇聚整合轨道交通工程设计信息，支持面向多尺度、多工程环节的轨道 BIM 数据集成管理。基于该技术的空间基础，可直观地查看设计轨道结构与周边建筑、地下管网及地下空间的碰撞关系，在复杂地质环境下风险识别、方案优化中起到重要作用（图 7）。

图 7　轨道结构与周边建筑关系模型

5.8　基于智能无线网关的高精度第三方监测技术为施工安全保驾护航

在本项目第三方监测的实施过程中，重庆市勘测院集成云计算、物联网、大数据等先进技术，在数据采集传输、服务平台等方面进行了技术创新，研制了兼容多种传感设备的智能无线网关，打造了监测服务平台，形成了完整的智能监测技术体系。通过该平台，实现对项目的管理以及对项目监测点的分析统计，记录项目实施以来的各种监测信息，确保了重庆交通 10 号线高效率的监测，成果准确，预警及时，保证了项目施工的顺利进行（图 8）。

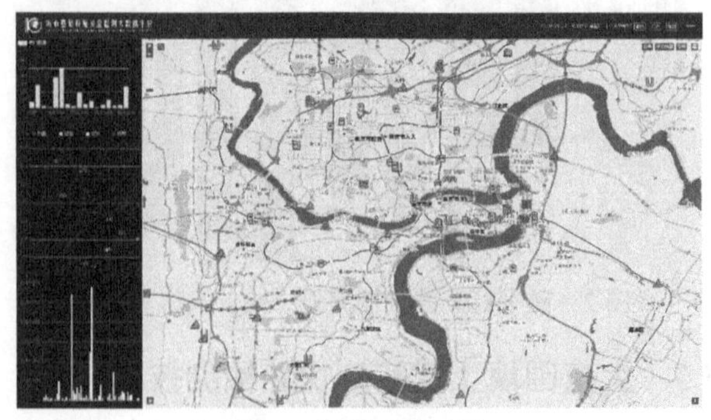

图 8　智能无线网关

6 工程成果与效益

重庆轨道交通十号线工程的建成与投入运行，有效促进了重庆市的发展，对促进重庆市经济发展具有重大意义。重庆市勘测院因此形成了独有的技术体系，数项发明专利得到工程实际应用，同时创新研发多项发明专利，取得相关软件技术著作权，荣获众多行业内大奖，重庆市勘测院深厚的技术实力因此得到有力补充。

6.1 技术体系

《山地城市岩土工程综合勘察技术理论与实践》已成书并出版，专著 ISBN：978-7-112-20176-0；

测绘地理信息创新产品《城市基础设施安全监测大数据平台》，认定编号：CH2017013001。

6.2 发明专利

《基于钻孔数据的海量三维地质模型网格式并行构建方法》（专利号：ZL 2013 1 0499848.9）；

《山地城市区域地质三维模型构建集成方法》（专利号：ZL 2014 1 0157873.3）；

《一种用于钻探岩芯编录的白平衡校正和测量标尺装置》（专利号：ZL 2014 2 0770077.2）；

《水流量检测装置》（专利号：ZL 2018 2 1961267.7）；

《隧道变形远程自动化监测系统控制方法》（专利号：ZL 2015 1 0416389.2）；

《三维激光扫描反射标靶》（专利号：ZL 2013 2 0271425.7）。

6.3 相关奖项

重庆轨道交通 10 号线（鲤鱼池—王家庄）工程详细勘察获 2021 年度全国优秀工程勘察设计行业奖工程勘察二等奖；

《中国高精度数字高程基准建立的关键技术及其推广应用》获国家科学技术进步一等奖；

《山地城市综合勘察关键技术体系研究与应用》获重庆市科学技术进步二等奖；

《基于智能无线网关的高精度变形监测成套技术与应用》获测绘科技进步一等奖；

《重庆地铁区间矿山法隧道穿越富水未固结土石回填地层关键技术研究》获中国铁路工程总公司科学技术一等奖；

《重庆轨道交通十号线工程测量》获 2018 年度重庆市优秀城乡规划设计二等奖；

2018—2019 年度《中国建设工程鲁班奖（国家优质工程）》；

《重庆轨道交通十号线一期（建新东路—王家庄）工程》获第十八届中国土木工程詹天佑奖。

6.4 软件著作权

《集景—三维地质建模系统》（软著登字第 0406683 号）；

《捷泰斯岩土勘察内外业一体化系统》（软著登字第 1542059 号）；

《测量机器人远程自动化监测系统》（软著登字第 0965702 号）；

《监测项目数据综合管理系统》（软著登字第 0965150 号）。

6.5 核心论文

《重庆沙溪庙组地层岩石单轴抗压强度研究》[3]发表于《岩土力学》2014 年第 10 期；

《盐岩间隔疲劳的声发射特性试验研究》发表于《中南大学学报（自然科学版）》[4]2017 年第 7期；

《强度折减中滑坡启动阶段的动力分配原理》[5]发表于《岩石力学与工程学报》2018 年第 4期。

7 技术特色与工程经验

7.1 下穿既有江北国际机场

T3—T2 航站楼区间隧道在中风化泥岩层中施工，拱顶距离跑道较近，前后端有较厚的土层分布，中部土层较薄。选取区间隧道埋深较浅，上覆土层较厚的机场跑道进行复核。

据第三方监测成果，区间隧道施工引起跑道路面弯沉变形，主要发生在隧道上方跑道，随隧道围岩向机场跑道开挖，变形依次延伸和增大，最大变形与重庆市勘测院数值模拟情况基本一致（图 9～图 11）。

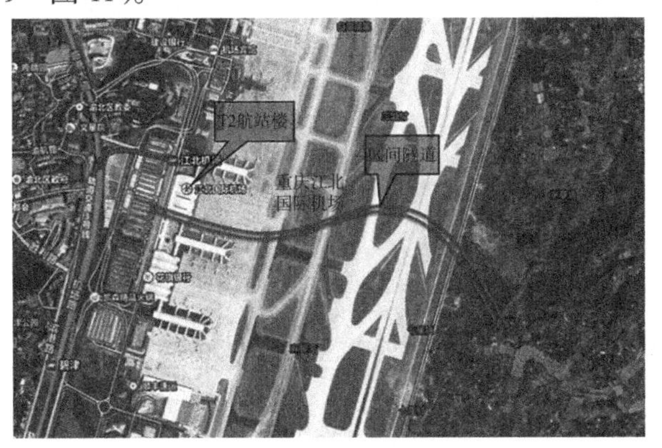

图 9　机场线路图

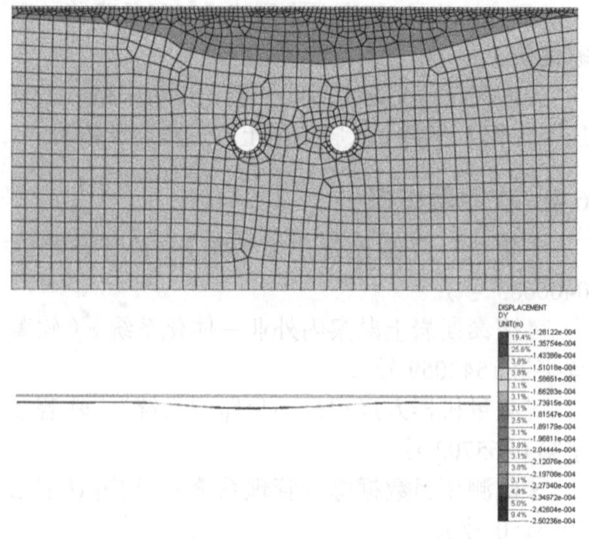
图 10　隧道围岩开挖阶段二维模型图

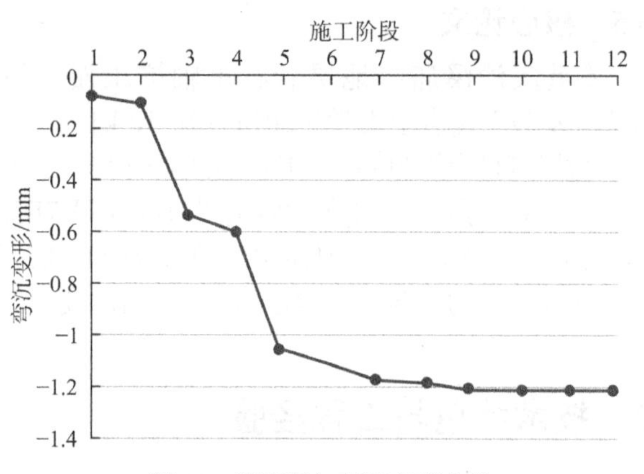

图 11　路面附加弯沉变形曲线

根据构筑物形式及与隧道的关系制定了构筑物最大沉降和差异沉降警界值，保证了施工过程的顺利推进。

由于无法在机场枢纽进行地质钻探，故创新性使用二维梯度法替代地质钻探，以查明机场建构筑物情况，为江北国际机场的运营提供有力保障（图 12）。

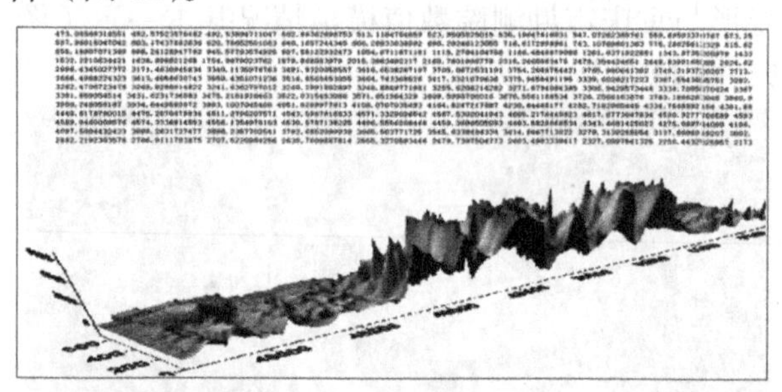
图 12　二维梯度法示意图

7.2　重庆轨道首次下穿高铁枢纽并进行基础托换

拟建车站位于既有高铁枢纽下方，顶板距已有桩底最不利位置仅 2.6m，针对此特殊情况进行数值模拟（图 13～图 15）。

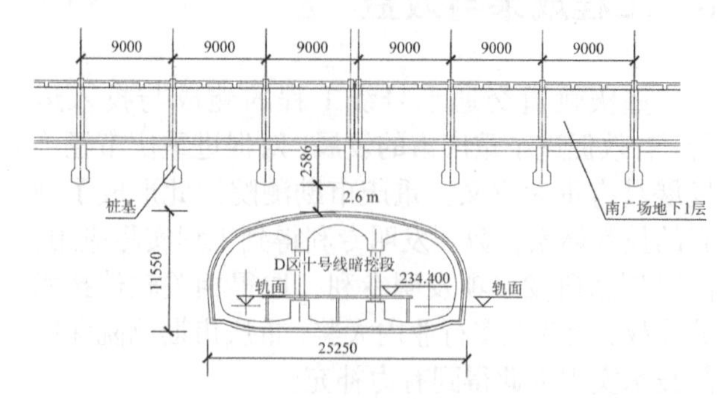

图 13　相对位置示意图

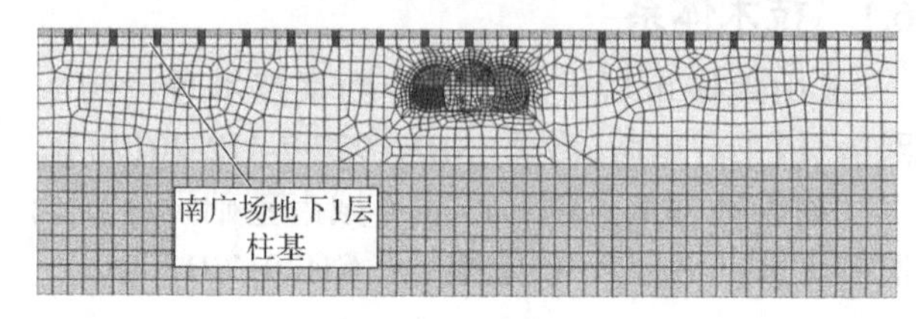

图 14　计算模型

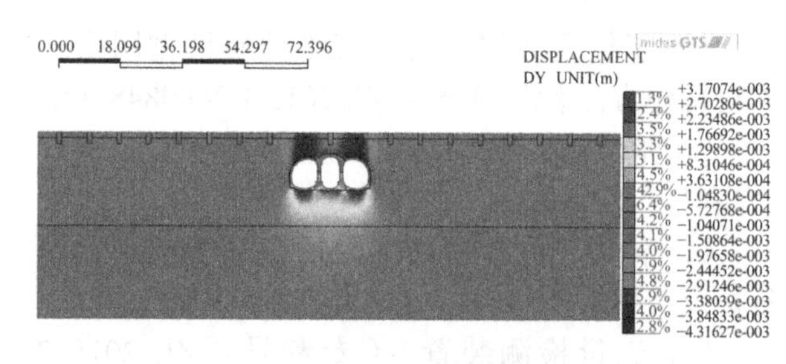

图 15　施工影响云图

据此分析，建议对既有高铁枢纽桩基进行托换，以保障施工及后期运营的安全。

据第三方监测资料，柱基最大沉降量及相邻柱基最大沉降差均满足设计要求且远小于规范要求，与计算结论一致（图 16）。

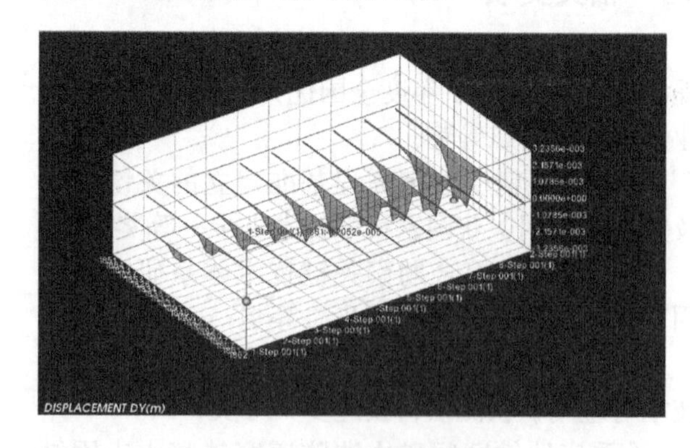

图 16　三方监测沉降曲线

利用磁平行测井法对北站南广场基础进行探测，提出基础托换的处理措施，有效保证了铁路枢纽的安全运营（图 17）。

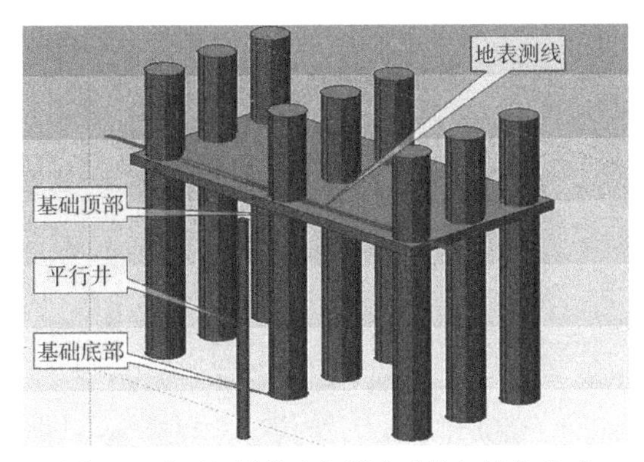

图 17　磁平行测井法探测建（构）筑物基础

7.3　上跨既有铁路隧道

三亚湾站跨越段底板距既有铁路隧道拱顶净距小，围护桩桩底与铁路隧道净距约 10m，对二者之间的相互影响进行数值模拟。

基坑开挖卸荷作用造成隧道局部上浮，隧道拱顶纵向受拉，隧道仰拱受压。基坑施工及运营状态下既有隧道安全系数均能满足规范要求，保证隧道安全（图 18、图 19）。

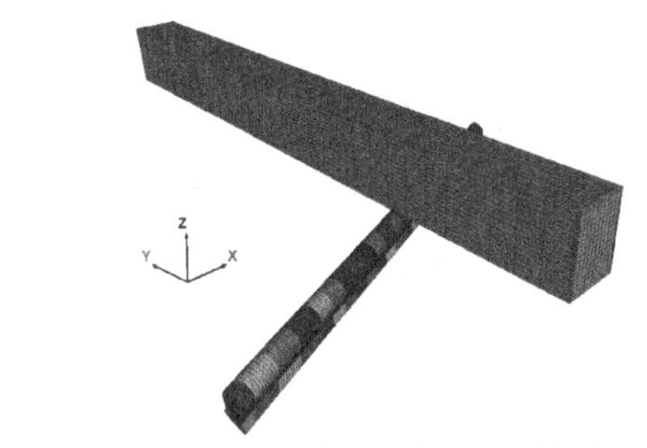

图 18　隧道与车站基坑关系

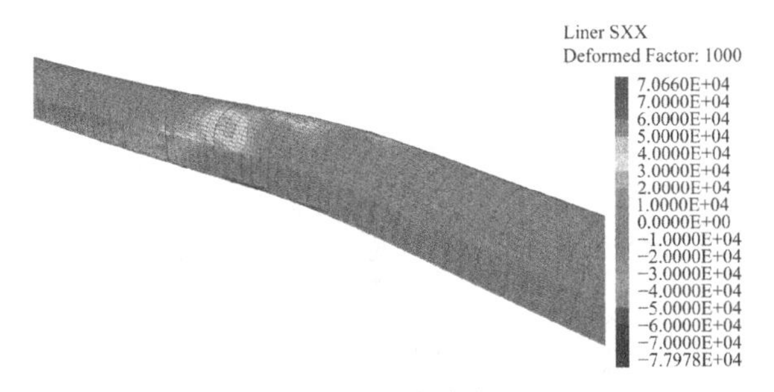

图 19　衬砌纵向应力云图

（1）地震作用下，在土层间接触区域，桩身容易发生应变、剪力和压力的突变。冻土层中桩身应变、剪力和压力会出现比较明显的陡降和回升。说明在地震作用下，冻土层与其他土层交界面处桩身出现变形和应力集中现象尤为明显。

（2）相较于无保护组，EPS 保护组桩身的应变、剪力、压力的峰值最大值减小。说明 EPS 材料对桩身变形和应力集中现象起到了改善作用，有良好的减振和缓冲性能。

（3）在桩身保护材料的进一步探讨中，完全塑性 J2 材料组的剪力、应力峰值相比于 EPS 材料组有更进一步的下降，且下降值在材料横截面面积变大后增加。说明完全塑性材料有更好的减振效果，且效果随横截面积增大而变得更好。

7.4　不利情况下穿既有轨道车站

红土地站为重庆市埋深最大的地铁站，与既有站点所夹岩层最不利位置仅 5m，施工无法保证既有车站正常运营，存在较大风险。

针对红土地车站主体下穿 6 号线，对红土地车站方案是否可行进行模拟（图 20、图 21）。

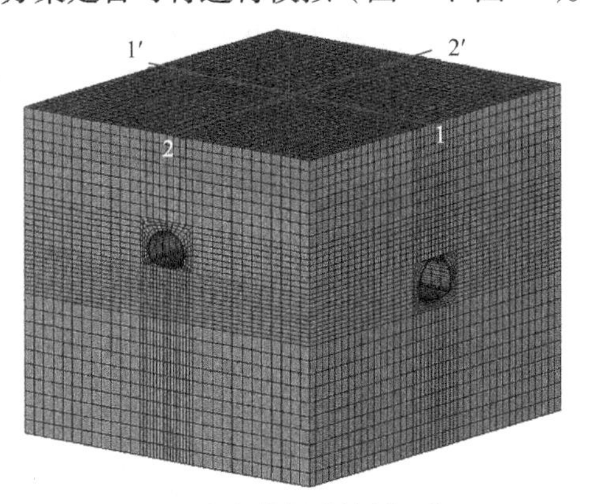

图 20　应力分析计算剖面位置

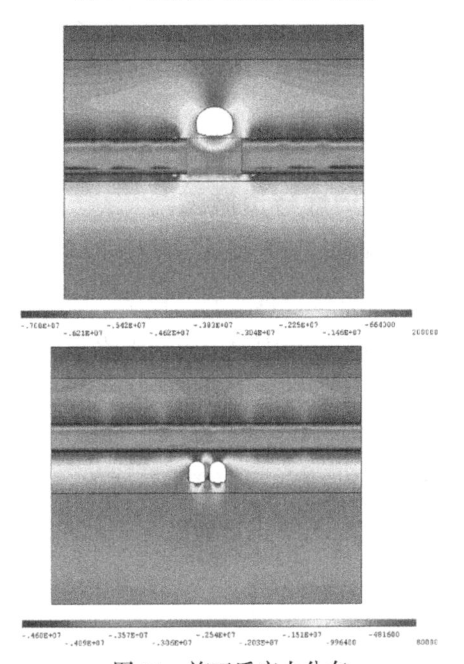

图 21　施工后应力分布

拟建车站下穿段采用分离式双洞结构，增大了保留围岩的厚度，降低了施工风险，具有足够的安全储备。结合三方监测情况，风险变形与数值模拟预测结论一致，保证了施工和运营中不会影响既有车站的安全和正常运营。

由于拟建车站埋深达 95m，测量过程中数据传递精度难以得到保障，该项目是对重庆市勘测院2019年度荣获的国家科学技术进步一等奖《中国高精度数字高程基准建立的关键技术及其推广应用》的前期试验性应用，施工全过程测量监测精度得到有效控制（图22）。

国家科学技术进步奖

证书

为表彰国家科学技术进步奖获得者，特颁发此证书。

项目名称：中国高精度数字高程基准建立的关键技术及其推广应用

奖励等级：一等

获 奖 者：重庆市勘测院

中华人民共和国国务院

2019年12月18日

证书号：2019-J-25201-1-01-D07

图22 国家科技进步一等奖

7.5 超浅埋河底隧道施工

该段穿越具有常年水位的河床底部，主要为强风化基岩或直接穿越河流沉积层，堵水难度高，风险极大，施工过程中填土内地下水易涌入隧道。

模拟有水工况下部分区段隧道直接在填土区中开挖，显示隧道开挖后变形大，计算不收敛，洞顶极易坍塌。建议将该段河底进行硬化、隔水处理，隧道加强超前支护，再进行暗挖施工（图23、图24）。

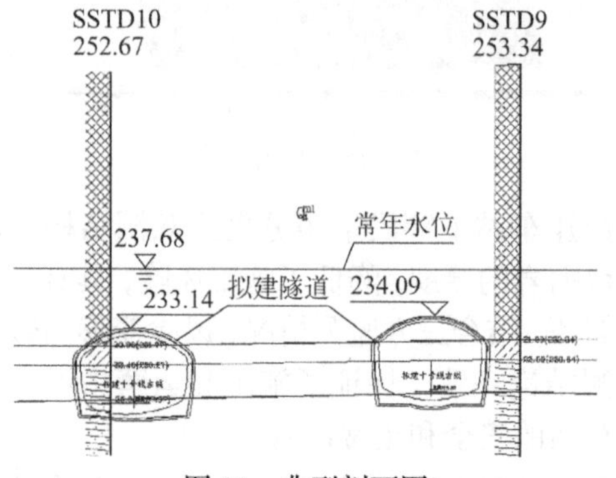

图23 典型剖面图

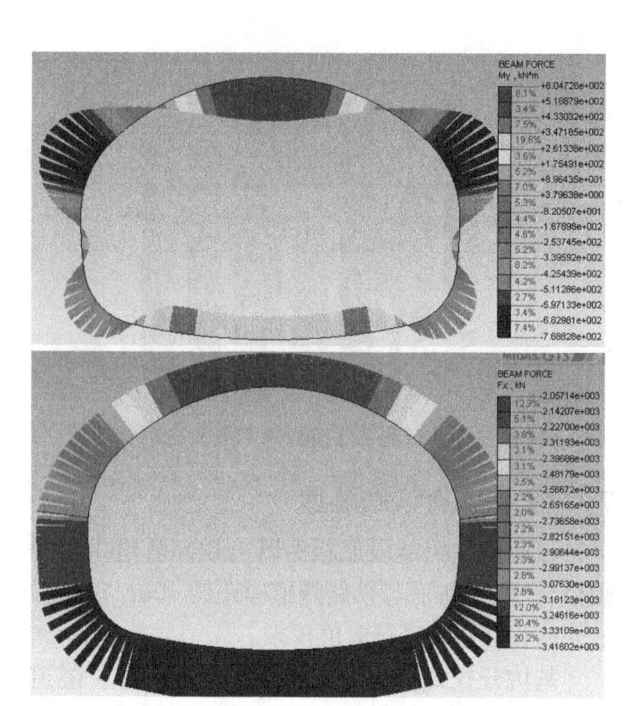

图24 隧道应力云图（有水工况）

监测指标在施工过程中累计值超过控制值，与预测情况一致，其后施工单位采取多项相应控制措施，后期监测数据显示为趋稳状态。

利用面波探测与现场载荷试验等手段，实现了填土密实度大范围快速检测，深入分析了填土不均匀沉降问题（图25）；准确预测了地下水富水区位置与涌水量，实现了施工过程中的风险规避。

图25 现场检测

7.6 穿越厚层富水未固结土石回填地层，重庆轨道施工首次采取降水措施

区间填土厚度达62m，沟心部分人工填土极不均匀，中下部存在架空现象。场地常年富水，实际涌水量受季节及降水量影响较大。针对此特殊情况进行了数值模拟分析（图26）。

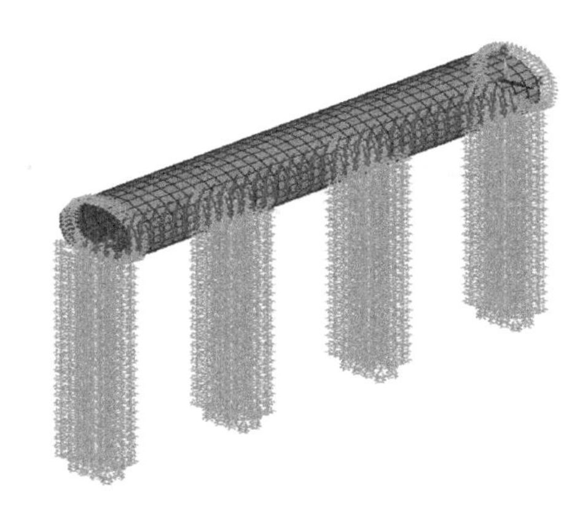

图 26　隧道应力云图（有水工况）

经计算，有利荷载 5088.8kN > 浮力 4260kN，抗浮安全系数 1.19，满足要求（图 27）。

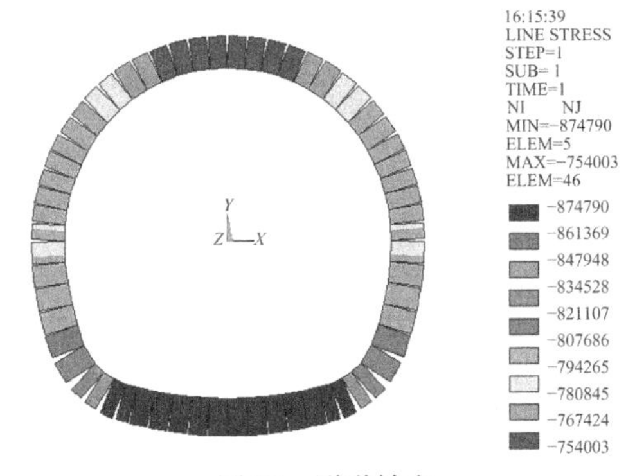

图 27　隧道轴力

汇总各监测项目数据，部分监测指标在施工过程中累计值超过控制值，及时预警。数值模拟与三方监测结果吻合，为隧道衬砌支护和隧道底部桩基选型提供了参考，为该区间的安全运行提供了技术保障；同时建议施工过程中采取降水处理并对降水过程中及降水后的地面沉降进行了预测，此为重庆地区轨道施工首次。

利用孔内成像技术辅助地下水富水区预测手段，准确预测地下水富水区位置及涌水量，是本勘察中的重要任务。要求施工方采取降水处理措施，安全通过该风险源（图 28）。

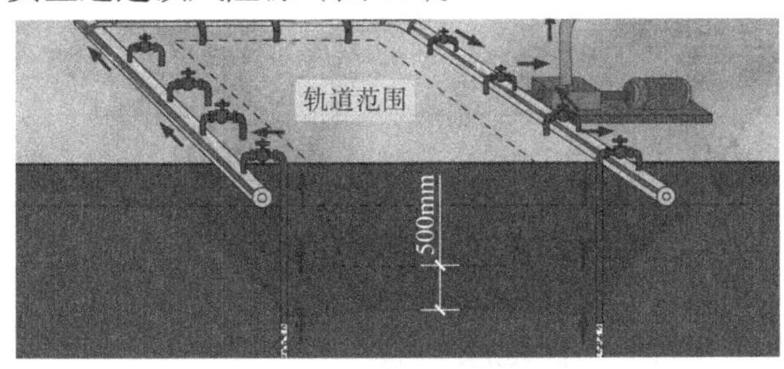

图 28　降水示意图

7.7　90m 超限高边坡

朱家湾车辆段联合检修库区域最大切坡高度约 90m，最大填方边坡高度约 65m，施工风险及难度极高。

通过进行现场直剪试验，得到了结构面的准确强度指标，在高边坡风险识别、方案优化中起到重要作用（图 29）。

图 29　直剪试验

参考文献

[1]　住房和城乡建设部. 城市轨道交通岩土工程勘察规范: GB 50307—2012 [S]. 北京: 中国计划出版社, 2012.

[2]　建设部. 岩土工程勘察规范: GB 50021—2001(2009 年版)[S]. 北京: 中国建筑工业出版社, 2009.

[3]　陈小平, 黄勋. 强度折减中滑坡启动阶段的动力分配原理[J]. 岩石力学与工程学报, 2018, 37(4): 809-819.

[4]　崔遥, 姜德义, 杜逢彬, 等. 盐岩间隔疲劳的声发射特性试验研究[J]. 中南大学学报(自然科学版), 2017, 48(7): 1875-1882.

[5]　陈小平. 重庆沙溪庙组地层岩石单轴抗压强度研究[J]. 岩土力学, 2014, 35(10): 2994-2999.

深圳岩溶地区地铁车站岩溶专项勘察工程实录

曲朝雷　何建凯

（北京城建勘测设计研究院有限责任公司，广东深圳　518100）

1　工程概况及周边环境

1.1　工程概况

深圳市城市轨道交通16号线整体呈东西向敷设，起于龙岗区大运站，途经大运新城、龙岗中心城、线路由大运站引出，沿龙岗大道、黄阁路、龙平路敷设，经龙岗老中心后沿深汕公路往南至坪山站，经坪山中心区后沿东纵路、金田路，止于坪山区田心站。本线路正线全长约29.2km，全部采用地下敷设方式；全线设车站24座。其中换乘站共8座，设一段一场。本项目岩溶地区分布范围广、岩溶发育强烈、车站基坑、盾构隧道需穿越岩溶发育区及大量溶洞，线路在大运站—同乐村站段、田心车辆段范围内岩溶发育，溶洞在结构以上、结构以下和结构范围内均有分布，其中沿线路约11.0km岩溶发育，涉及23个工点；田心车辆段岩溶强烈发育范围约8万m^2。其中拟建同乐村站位于深圳市龙岗区深汕公路与同力路交叉路口，沿深汕公路东西向跨路口设置，为地下2层岛式车站，站中里程为YK26＋713.470，起点里程为YK26＋628.500，终点里程为YK26＋853.500，车站长度225.0m，结构底板埋深约18.0m，标高约21.800m。本车站拟采用明挖法施工。

1.2　周边环境

拟建同乐村站位于深圳市龙岗区深汕公路与同力路交叉路口，道路两侧主要是商业店铺、民宅（2～6层）、企岭村院区式小区C区（5～8层）、天主教堂等。道路下方管线极为密集且分布不规则，主要为电缆、天然气、光缆、自来水、排水管线等，其中雨水、污水、燃气管线埋深均为浅埋，管径大，对地铁施工有安全风险。

根据《城市轨道交通岩土工程勘察规范》GB 50307—2012，结合本段工程特点和环境特点，本工点周边环境风险等级如表1所示。

工程周边环境风险等级　　表1

环境风险	与车站位置关系	划分依据	风险等级
深汕公路、同力路	车站上方	工程周边环境与工程相互影响大，破坏后果严重	二级
天主教堂、商业店铺	车站西北侧，距离10～20m	工程周边环境与工程相互影响大，破坏后果严重	二级
民房（2～8层）、企岭村院区式小区C区（5～8层）	车站周边，距离10～20m不等	工程周边环境与工程相互影响较大，破坏后果较严重	三级
燃气管线	在里程YK26＋829.000处横穿车站	工程周边环境与工程相互影响大，破坏后果严重	二级

1.3　岩土工程勘察等级

根据《岩土工程勘察规范》GB 50021—2001（2009年版）和《城市轨道交通岩土工程勘察规范》GB 50307—2012的规定，本工程的岩土工程勘察等级如表2所示。

岩土工程勘察等级评价表　　表2

分级项目	分级依据	项目等级	岩土工程勘察等级
工程重要性等级	地下车站	一级	甲级
场地复杂程度等级	地形地貌较简单，不良地质作用（岩溶）局部强烈发育，基础位于地下水位以下	一级（复杂）	
地基复杂程度等级	本工点主体结构地基大部分均位于微风化灰岩中，局部因岩面起伏，位于第四系土层中，岩土种类较少，但本工点局部岩溶强烈发育，需专门处理	一级（复杂）	
工程周边环境风险等级	周边环境与工程相互影响大、破坏后果严重	二级	

2　场地岩土工程条件

2.1　场地工程地质条件

场地地层岩性较复杂，覆盖层主要为第四系全新统人工填土层、全新统冲洪积层，上更新统冲洪积层，残积层，下伏基岩为石炭系下统石蹬子组灰岩。现由新到老分别描述如下：

（1）全新统人工填土层（Q_4^{ml}）

①$_4$杂填土：褐黄色，松散，稍湿，含建筑垃圾、生活垃圾、块石、碎石等，均匀性差，多为欠压密土，结构松散，具强度较低、压缩性高、荷载易变形等特点，填筑年限大于10年，工程性质差。

（2）第四系全新统冲洪积层（Q_4^{al+pl}）

⑤$_{2\text{-}3}$粉质黏土：褐灰色，褐黄色，可塑，局部硬塑，土质不均匀，刀切面稍光滑，以黏性土为主，含约10%～20%的粉细砂，局部夹砂土薄层和碎石。属高压缩性土。

（3）第四系上更新统冲洪积层（Q_3^{al+pl}）

⑥$_{1\text{-}3}$粉质黏土：褐黄色、灰褐色、棕红色，可塑—硬塑，土质不均匀，刀切面稍光滑，以黏性土为主，含约10%～20%的粉细砂，局部夹砂土薄层和碎石。属高压缩性土。

⑥$_{4\text{-}2}$淤泥质粉质黏土：灰黑色，以黏性土和砂粒为主，软塑，含约10%～22%有机质。属高压缩性土。

（4）残积层（Q^{el}）

⑧$_{3\text{-}3}$粉质黏土：褐黄色、灰褐色，可塑—硬塑，土质不均匀，主要成分由黏性土组成，含约12%～25%的砂粒和砾石，一般粒径2～40mm。含大量风化碎屑，遇水易软化、崩解，在场地内均有分布。属中高压缩性土。

（5）石炭系下统石蹬子组（C_{1s}）

微风化灰岩㉛$_{4\text{-}12}$：青灰色、灰白色、灰褐色，隐晶质结构，中厚层状构造，节理裂隙发育，锤击声响，岩芯呈柱状和块状。该层实测天然单轴抗压强度值27.50～92.40MPa。属较硬岩，岩体基本质量等级为Ⅳ级。

（6）其他

⑨溶洞：溶洞，无充填物，掉钻，漏水漏浆。垂直厚度0.20～5.60m，平均厚度1.51m。

⑨$_1$溶洞充填物或溶槽堆积物（粉质黏土）：溶洞充填物或溶槽堆积物，灰褐色、深灰色，以软塑状粉质黏土为主，含约5%～10%的砂粒和砾石。

⑨$_2$溶洞充填物（砾砂）：溶洞充填物，含8%～14%的黏粒，局部含砾石，褐黄色、灰褐色。

2.2 场地水文地质条件

（1）地表水概况

拟建同乐村站西侧100m左右有1条同乐河通过，水面标高约33.560m，河底标高约32.660～33.060m，水深0.5～0.9m（测量日期2017.03.19）。由于距离较远且下部有衬砌，同乐河对本工程影响较小。

（2）地下水概况

本次勘察观测到两类地下水，分别为①松散岩类孔隙水、③裂隙岩溶水。

①松散岩类孔隙水：稳定水位埋深1.70～3.80m，稳定水位标高34.260～36.870m，含水层主要为填土层。主要接受大气降水、侧向径流及越流补给，以蒸发、侧向径流、人工开采方式排泄。

③裂隙岩溶水：主要赋存于石炭系下统石磴子组灰岩裂隙、溶洞中，具承压性。初见水位埋深6.50～32.50m，初见水位标高6.580～30.390m；稳定水位埋深5.20～10.00m。主要接受侧向径流及越流补给，以侧向径流、人工开采方式排泄。含水率主要受构造和节理裂隙的发育程度、地形条件等控制，基岩裂隙发育程度空间变化较大，导致涌水量变化也较大。

拟建场地内的第四系冲洪积层和残积层土层不均匀，含砂粒，局部夹砾石，导致土体中含水，水量较小，同时由于其渗透性相对较差，是①松散岩类孔隙水和③裂隙岩溶水之间的相对隔水层。

（3）水文地质试验

本次勘察期间针对裂隙岩溶水及松散岩类孔隙水各布置1组单孔水文地质试验。抽水试验结果见表3：

抽水试验结果一览表 **表3**

孔号	含水层组	降深	试验段埋深 /m	含水层厚度M /m	静止水位埋深 /m	涌水量Q /（m³/d）	抽水孔水位降深S /m	渗透系数K /（m/d）	影响半径R /m	平均渗透系数$\overline{K}$ /（m/d） /（cm/s）
M16Z3S-TLSW01	微风化灰岩裂隙、溶洞	1	22.40～30.80	8.40	6.31	1479.6	8.20	30.2	450.6	31.48 3.64×10^{-2}
		2				1158.6	5.93	31.6	333.3	
		3				845.5	4.00	32.7	228.6	
M16Z3S-TLSW02	第四系冲洪积层	1	6.50～11.40	4.90	2.98	1.0	2.94	0.045	6.2	0.039 4.55×10^{-5}
		2				1.2	4.87	0.037	9.3	
		3				1.4	6.98	0.036	13.2	

3　岩溶勘察手段及勘察方法

根据已有资料，本次岩溶专项勘察，主要采用了地质调查、钻探（含原位测试及取样）、物探、水文地质试验和室内土工试验等方法及手段进行。

3.1　地质调查

为了深入研究勘察区域岩溶发育的区域地质背景，收集了深圳市 1：50000 地质图、《深圳市龙岗区岩溶塌陷灾害勘查报告》（广东省深圳市地质局，深圳市地质矿产局，1998 年 7 月）、《深圳地质》（地质出版社，2009 年 8 月）和相关区域道路及房屋建筑勘察资料，并对曾经发生过岩溶地面塌陷的区域进行现场调查核实。

3.2　工程地质钻探

钻探的目的主要是查明场地下伏基岩埋藏深度和基岩面起伏情况，岩溶的发育程度和空间分布；岩溶水的埋深、动态、水动力特征；为物探提供 CT 孔，验证物探发现的异常情况；开展溶洞充填物原位测试和取样试验。

钻探勘探点的布置主要遵循以下原则：

（1）按车站轮廓线沿车站敷设方向布置三排钻孔，钻孔间距为 15m。

（2）控制性勘探孔进入结构底板以下中等风化或微风化不小于 5m，一般性勘探孔进入结构底板以下中等风化或微风化不小于 3m；岩溶发育地段勘探孔深度进入结构底板或桩端平面以下不小于 10m。

（3）根据物探（跨孔 CT、管波测试）要求，为消除测试盲区，岩溶发育区所有要进行测试的勘探孔深度应在满足规范要求的深度基础上再加深 5m。

（4）验证孔：

为了进一步确认物探试验推测的关于岩溶发育情况的成果资料是可靠的，在进行跨孔弹性波 CT 测试之后，在物探推测的岩溶部位又选取 3 个钻孔进行钻探验证。

3.3　物探

针对深圳岩溶发育特征，主要采用跨孔弹性波 CT 法、管波探测法和声呐法三种物探方法进行勘察。

1）跨孔弹性波 CT 法

跨孔弹性波 CT 法（亦称为跨孔地震 CT）是通过观测弹性波穿越地质体时走时、能量（幅值）和波形等的变化，经计算机处理重建地质体内部结构图像的一种跨孔物探方法，是现代地震数字观测技术与计算机技术相结合的产物。

跨孔弹性波 CT 在两钻孔之间开展，工作时以一个钻孔为发射孔，在发射孔中按一定间距（0.5～1.0m）发射高频弹性波（声波）。以另一个钻孔为接收孔，在接收孔中按一定间距（与发射点间距相同）接收弹性波，对发射孔中的每个发射点，接收孔中全孔接收，应用交叉网状的射线穿透二孔之间的岩土，通过拾取各发射点至每个接收点的弹性波（声波）走时或幅度，进行复杂的数据计算，反演出两钻孔间的波速影像，通过波速影像并结合地质资料进行综合分析岩土分界面、岩溶的边界、产状、发育与分布情况。

根据钻探情况，对岩溶相对发育区（根据钻探）布置 CT 孔，相邻的两个钻孔进行配对扫描，如图 1 所示。

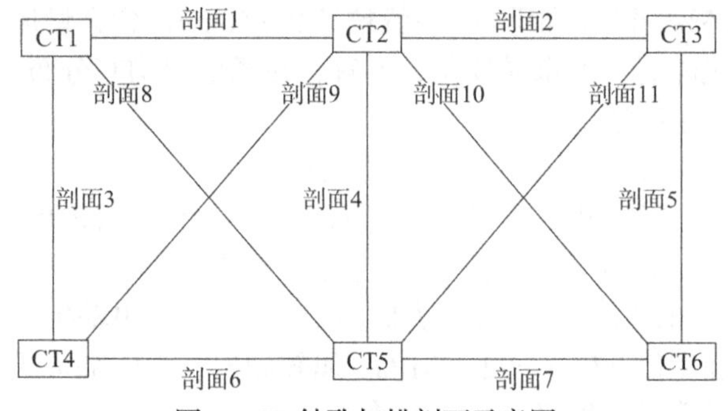

图 1　CT 钻孔扫描剖面示意图

2）管波探测法

管波探测法是在钻孔中利用"管波"这种特殊的弹性波，探测孔旁一定范围内的溶洞、溶蚀裂隙、软弱夹层等不良地质体的最新孔中物探方法。

管波探测法的基本原理是：在钻孔中利用"管波"作为探测物理场，通过分析反射管波的波幅特征，探测波阻抗差异界面，通过对界面的解释，推断孔旁溶洞或软弱夹层的发育情况。钻孔中可能产生管波反射的界面主要有：基岩面、溶洞顶和底面、裂隙、孔底、水面等。引起管波能量变弱的不良地质体主要有：溶洞、溶蚀、软弱岩层、土层等。管波探测法的地质解释分为完整基岩段、裂隙发育段、溶蚀发育段、岩溶发育段、软弱岩层和土层等 6 种情况。完整基岩段的特征是：管波无能量衰减，界面反射在段内明显甚至有多次反射；岩溶发育段的特征是：管波能量严重衰减，界面反射在段内消失了；裂隙发育段、溶蚀发育段的特征是：段内界面反射多，溶蚀发育段伴随有能量衰减现象，如图 2 所示。软弱岩层和土层的特征是：管波速度变低和有能量衰减。

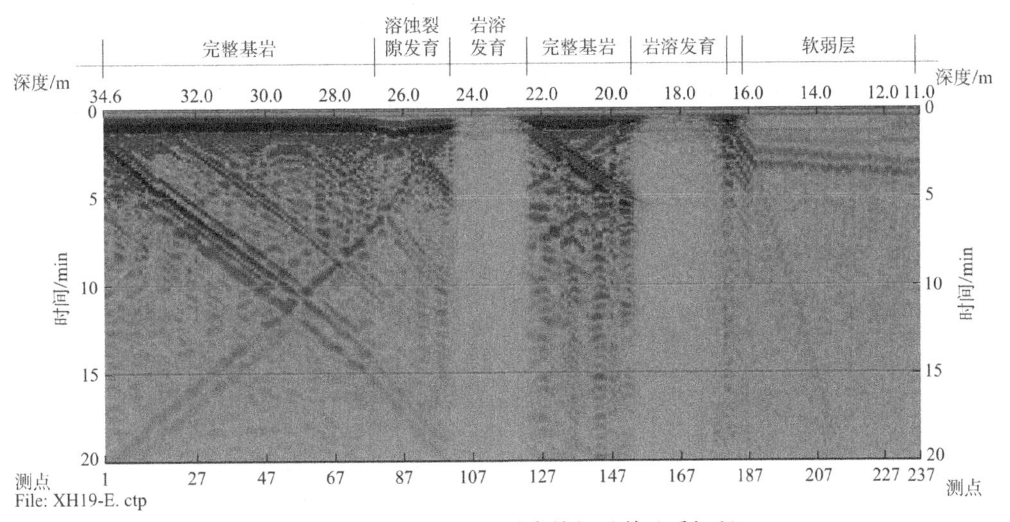

图 2　管波探测法的异常特征及其地质解释

3）声呐测井

声呐渗流探测技术，是利用声波在水中的优异传播特性，而实现对水流速度场的测量。如果被测水体存在渗流，则必然在测点产生渗流场，声呐探测器阵列能够精细地测量出声波在流体中能量传递的大小与分布，依据阵列测量数据的时空分布，即可显示出渗流声源发出的方向；同时利用渗流声源方向上的声呐探测器与探头顶部声呐探测器的距离和相位之差，建立连续的渗流场的水流质点流速方程。

利用声呐渗流测量技术进行水文地质参数的原位测量，获取地下水在平面上的水力联系及垂直剖面上各含水层间的补排水关系，全面获取建设场地水文地质参数，如地下水的天然矢量场、水力梯度场、渗流量、渗流系数等，研究地下水天然及工作渗流场的空间分布形态与运动规律，为地下水作用控制设计与施工提供依据。

计算方法：

$$u=\frac{L^2}{2X}\left(\frac{1}{T_{12}}-\frac{1}{T_{21}}\right) \tag{1}$$

式中：L——声波在传感器之间传播路径的长度（m）；

X——传播路径的轴向分量（m）；

T_{12}、T_{21}——从传感器 T_{12} 到 T_{21} 和从传感器 T_{21} 到 T_{12} 的传播时间（s）；

u——流体通过传感器 T_{12}、T_{21} 之间声道上平均流速（m/s）。

4）水文地质试验

本次抽水试验在详勘基础上，且对线路范围内岩溶水发育情况大致了解的基础上设置，具体位置、数量及抽水方式结合详勘选定。此次抽水试验主要以单孔抽水为主，总体目的是掌握车站范围内石炭系灰岩含水层的水动力条件及水文地质参数，基本了解线路范围内石炭系灰岩含水层的透水性和富水性。

水文地质参数计算：

水文地质参数的计算应根据试验场区的边界条件、地下水类型、抽水试验的完整性等一系列水文地质条件结合规范中有关计算公式的适用条件进行。

（1）影响半径的确定

图解法：绘制抽水试验 *s-r* 曲线，采用曲线拟合后延伸。

采用《城市轨道交通岩土工程勘察规范》GB 50307—2012 第 10.3.7 条条文说明中有关公式。

（2）渗透系数计算

利用抽水孔水位下降资料和恢复水位数据，采用《铁路工程水文地质勘察规范》TB 10049—2014 及《供水水文地质勘察规范》GB 50027—2001 中有关公式。

4　岩溶发育特征

4.1　岩溶发育基本条件

岩溶的形成需要具备 4 个基本条件，岩石的可溶性、岩石的透水性、地下水的溶蚀性和地下水的流动性。

（1）岩石的可溶性

岩石的可溶性是岩溶形成的物质基础。其溶解性与其结构、构造和矿物成分有关。晶体粗大、岩层较厚的岩石比晶粒小、岩层薄的岩石更容易溶解，矿物成分中方解石比白云石易溶解，岩石中含黄铁矿时则岩石溶解加速。

（2）可溶岩的矿物成分

拟建工点岩矿鉴定结果如表4所示。

岩矿鉴定结果　　表4

孔号	定名	主要成分	
		方解石/%	白云石/%
S16KY25	方解石大理岩	98	2

根据岩矿鉴定结果，拟建工点下伏基岩主要为方解石大理岩，属于可溶性岩类，其中方解石含量较高，易被溶解，具备岩溶形成的基础。

（3）可溶岩分布范围

可溶岩在拟建车站范围内普遍分布。基岩埋深差别较大，可溶岩岩面埋深在6.50～32.50m之间，整体上西北高东南低。车站结构底板埋深约为18.0m。因此，车站主体结构小里程端底板位于灰岩中，局部穿越土岩接合面，大里程端底板位于⑧$_{3\text{-}3}$粉质黏土上。

（4）岩体的透水性

可溶性岩石的透水性取决于岩石的孔隙和裂隙。完整无裂隙的岩石，水不能进入岩石内部，故溶蚀作用则仅限于岩石表面。风化裂隙可使岩溶发育于地面以下一定深度的岩石内，构造节理和断层则使岩溶向更深处发育成规模更大的地下溶洞或暗河。可溶岩经受构造变动并发育构造裂隙是岩溶发育的一个必要条件。地质构造中的节理裂隙、断层、褶皱和岩层产状等要素决定了岩溶发育程度和发展方向。

褶皱：根据区域地质资料和附近工点详勘成果，龙岗向斜轴部位于龙东村站—同乐村站区间（惠盐高速附近），本车站位于龙岗向斜的东南翼部，距离轴部约1km。龙岗向斜轴向呈北东50°～60°反S形延展，长约20km，其影响宽度3～5km。核部由石炭系下统测水组第二段粉砂岩、粉细砂岩组成，两翼由石炭系下统测水组第一段粉砂岩、砾砂岩，石蹬子组大理岩、白云岩组成，向斜向南东翼岩层出露较完整，产状较稳定，为北西300°，倾角30°～40°。北西翼岩层出露不全，总体倾向南东110°，倾角25°～60°。岩层产状缓倾，所以基岩垂向裂隙较发育，易形成溶沟溶槽；且存在可溶性岩与非可溶性岩接触带或不整合面，易于地下水竖垂向及水平向活动，从而也容易形成溶洞等岩溶发育形态。

断裂：根据区域地质资料和附近工点详勘成果，同乐村站—坪山站区间在里程YK27＋283.940附近穿过九尾岭断裂（F1321），全长达50km，延续性较好，宽5～20m不等。走向北东50°～70°，北东段及中段倾向北西，倾角65°～85°。断裂组具有明显的碎裂变形特征，在下石炭统测水组及下中侏罗统塘厦组砂页岩中发育了由厚大的破碎岩、构造角砾岩及硅化破碎带构成的垅岗状山脊。断层角砾岩中，角砾棱角清晰，位移量大的角砾略具定向、拉长和去棱化作用，位移量小的角砾还可拼接复位。推测断裂带距离同乐村站约400m，受断层影响，同乐村站局部岩芯较破碎，地下水丰富，岩溶较为发育。

（5）水的溶蚀性

有溶蚀能力的水是岩溶发育的外因和条件。水对可溶岩的溶蚀能力，主要取决于其所含的CO_2，本工点裂隙岩溶水水质分析结果见表5。

裂隙岩溶水水质分析结果　　表5

钻孔编号	取水深度/m	pH值	HCO_3^-含量/（mmol/L）	侵蚀性CO_2含量/（mg/L）	游离性CO_2含量/（mg/L）
M16Z3S-TL14	10.5	7.9	4.43	0	18.4
M16Z3S-TLSW02	9.5	7.0	1.79	5.03	7.36

根据以上实验结果，拟建工点裂隙岩溶水中含有对可溶岩的腐蚀介质，对可溶岩有侵蚀能力。

（6）地下水的流动性

岩溶地区地下水的循环交替运动是造成岩溶的必要条件。由于水的流动能使水中二氧化碳不断得到补充，岩溶则不断进行发育，而且岩体中的渗透通道越来越大，水流的冲刷、侵蚀能力越来越强；反之，若水的流动缓慢或处于静止状态，岩溶发育就会迟缓，甚至停止发育。

本工点通过声呐法采集数据，声呐水文地质参数详见表6。

声呐水文地质参数　　表6

钻孔编号	平均流速/（m/d）	渗流方向（N-E）
TL03	0.46	284-12
TL11	0.44	304-36
TL35	0.62	317-42
TL40	0.21	311-35

根据本工点声呐测井测定结果，地下水流速0.21～0.62m/d，有流动性，具备岩溶发育的条件；流向整体上为北东向，和区域地质地下水流向基本一致。

4.2　岩溶发育特征

深圳地区的可溶岩为下石炭统大塘阶石蹬子组碳酸盐岩，多已变质为大理岩和白云岩，部分为结晶灰岩，埋藏于下石炭统大塘阶测水组下段砂页岩之下，在龙岗河、坪山河及其支流断陷谷地、盆地区域。按其出露条件可分为埋藏型与覆盖型两种类型。

根据钻探和物探结果，拟建场地内岩溶为覆盖型岩溶，发育类型主要溶洞和溶隙；勘探揭露的土/岩分界线起伏较大，局部基岩埋深较大的地段岩面附近分布有软塑状的黏性土，为溶沟溶槽堆积物，灰岩表面有溶沟和溶槽较发育，并被残积层黏性土充填；另外，在部分钻孔揭露有溶孔发育。

（1）溶洞

本次岩溶专项和详勘钻探过程中，钻孔见洞率55%，总线岩溶率为12.8%。根据《建筑地基基础设计规范》GB 50007—2011 表6.6.2，岩溶发育等级为强发育。

本次岩溶专项物探过程中，揭露了大量溶洞，其中钻探揭露的溶洞在物探成果中均有反映。物探揭露溶洞洞高0.20～12.40m，洞跨0.3～20.0m，溶洞洞顶埋深 8.22～46.36m，对应高程−8.600～29.400m，溶洞洞底埋深12.07～48.54m，对应高程−10.800～25.700m，顶板厚度0.00～31.80m，揭露最大洞高的钻孔为M16Z3S-TL13。

（2）溶沟、溶槽

场地内发育有大小不一的溶沟溶槽。在钻探上显示为岩面突然变低，比附近钻孔明显低较多。物探上则是在相应位置波速有异常反应。

①溶沟

溶沟表现为垂直发育深度较水平发育宽度大。拟建场地内无溶沟发育。

②溶槽

根据钻探及物探显示，溶槽表现为水平发育宽度较垂直发育深度大。拟建场地内溶槽发育特征如表7所示。

溶槽发育情况　　表7

编号	溶槽里程范围	宽度/m	深度/m	备注
1	左线 YK26＋650～YK26＋675.744	25.74	14.32	—
	中线 YK26＋655～YK26＋675.552	20.55	8.58	—
	右线 YK26＋654.4～YK26＋675.432	21.0	16.38	—
2	左线 YK26＋745.969～YK26＋772.523	26.55	9.79～10.23	—
	中线 YK26＋743.337～YK26＋777.561	34.23	8.07～13.27	—
	右线 YK26＋745.017～YK26＋765.685	21.67	5.93～11.21	—
3	左线 YK26＋797.091～YK26＋839.182	42.09	7.2～10.63	—
	中线 YK26＋802.747～YK26＋839.483	36.74	4.29～7.17	—
	右线 YK26＋803.216～YK26＋835.295	32.08	10.93～11.95	—

（3）溶孔

碳酸盐类矿物颗粒间的原生孔、节理等被渗流水溶蚀后，形成直径小于数厘米的小孔，局部呈蜂窝状，溶孔之间一般尚未连通，是溶蚀裂隙的初期阶段。由于溶孔较小，且尚未连通，在物探及钻探钻进过程中未见异常反应，但在钻探取上来的岩芯上可以明显看到溶蚀现象。局部蜂窝状溶孔在钻进时会有进尺快、采芯率低等现象。钻探揭露的溶孔如图3、图4所示。

图3　钻探揭露溶孔照片

图4　钻探揭露溶孔照片

（4）溶蚀裂隙

溶缝、溶隙等多沿构造节理裂隙、岩层面溶蚀形成，宽度一般小于 15cm，多见溶蚀残留物半充填或全充填。在物探结果上显示为波速值低，钻探上显示为钻进快慢交替，岩芯破碎或可见溶蚀裂隙、充填物等。钻探揭露的溶蚀裂隙如图 5 所示。

图 5 钻探揭露的溶蚀裂隙照片

综合上结果，拟建场地范围内主要的岩溶形态为溶洞和溶槽。

（5）溶洞充填物的特征

本次专项勘察钻探揭露的溶洞充填情况无明显规律，大部分无充填物（本次揭露无充填物的溶洞有 172 个，约占溶洞总数的 83.5%），少部分有充填物，充填物主要为黄褐色流塑—软塑状粉质黏土、砂、角砾和碎石。根据附近钻探成果推测其充填状态。

对揭露的岩溶进行统计，拟建场地内溶洞充填情况详见表 8。

溶洞充填情况一览表　　表 8

溶洞充填情况	个数/个	比例/%
无充填	172	83.5
充填物为粉质黏土	29	14
充填物为砂	4	2
充填物为其他	1	0.5

4.3 岩溶的分布特征

（1）岩溶的平面分布

根据钻探及物探资料，拟建工点范围内岩溶均有分布，平面上无明显规律。

（2）岩溶的垂直分布

根据钻探及物探资料，岩溶的垂直分布特征详见表 9。

岩溶的垂直分布特征　　表 9

溶洞总数/个	基坑开挖范围内	底板以下 0～5m	底板以下 5～10m	底板以下大于 10m
206	34	35	51	86
占比/%	16.5	17	24.8	41.7

根据表 9，拟建工点岩溶主要分布在底板下 5m 以下的范围内。

（3）岩溶与地铁工程的关系

根据岩溶发育的规模和对工程的影响大小，将拟建场地内岩溶的分布划为 2 个分区，分别为Ⅰ区和Ⅱ区，各分区内再依次排序为-1、-2、-3、-4 区。

各分区岩溶发育特点见表 10。

各分区岩溶发育特点　　表 10

<table>
<tr><th colspan="2">分区</th><th>分区依据</th><th>岩溶发育特点</th><th>范围</th></tr>
<tr><td rowspan="2">Ⅰ</td><td>Ⅰ-1</td><td rowspan="2">对工程影响较大</td><td rowspan="2">基岩面—车站结构底板下 10m 以上的范围内</td><td rowspan="3">见图 6</td></tr>
<tr><td>Ⅰ-2</td></tr>
<tr><td>Ⅱ</td><td>Ⅱ-1</td><td>对工程有一定影响</td><td>主要发育在结构底板下 10m 以下的范围内</td></tr>
</table>

根据钻探及物探资料，对工程影响较大的岩溶主要分布在Ⅰ-1、Ⅰ-2 区附近，在此范围内的溶洞主要分布在基岩面～底板以下 10m 范围内，约占溶洞总数的 40%。详见图 6 跨孔弹性波 CT 解释成果平面图。

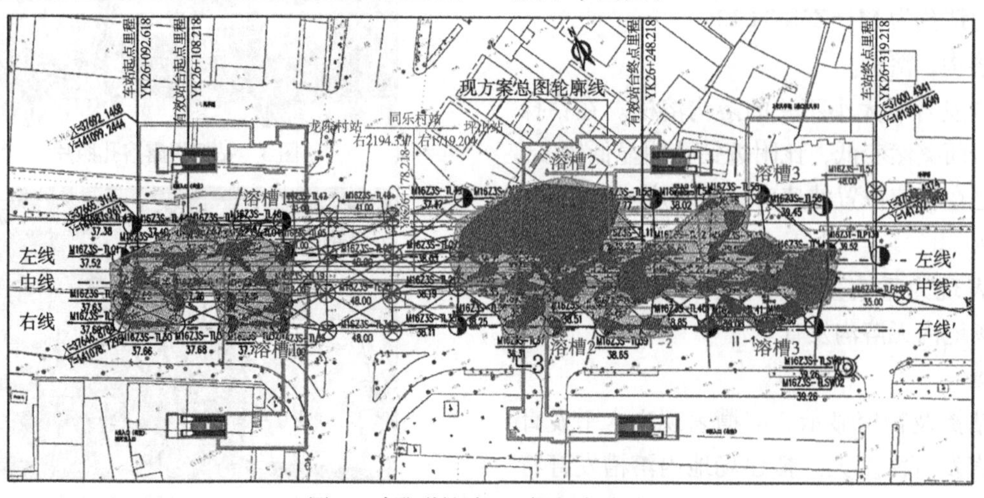

图 6 跨孔弹性波 CT 解释成果平面

4.4 岩溶的连通性特征

岩溶的连通特性主要包括溶洞发育的连通性、地下水的连通性。

根据物探解释成果，拟建场地范围内岩溶发育极不规则，同一个溶洞在多个物探剖面中均有所揭示，特别是在Ⅰ-1、Ⅰ-2、Ⅱ-1 区附近，岩溶几乎成网状分布，部分溶洞上下连通，在同一个钻孔中表现为串珠状溶洞。

根据声呐法测试结果，拟建场地地下水流速 0.21～0.62m/d，具流动性；现场水文地质试验单孔涌水量 212～1639m^3/d，渗透系数 6～79m/d。

以上结果表明拟建场地范围内岩溶的连通性较好。

4.5 裂隙岩溶水的特征

1）裂隙岩溶水的分布特征

裂隙岩溶水的分布往往受风化程度、裂隙发育程度、裂隙的连通性、岩溶发育程度及溶洞连通性等影响，同一岩层在不同方向上也具有不同的透水性。

拟建场地范围内的岩溶主要分布在Ⅰ-1、Ⅰ-2、Ⅱ-1 区范围内，同时在岩溶强烈分布区进行水文试验和声呐法测地下水流速流向，如图 7 所示。根据试验结果，在岩溶强烈发育区（Ⅰ-1、Ⅰ-2、Ⅰ-3、Ⅰ-4、Ⅱ-1、Ⅱ-2、Ⅱ-3、Ⅱ-4 区）范围内的裂隙岩溶水水量较大，补给迅速，声呐法试验结果表明该范围内地下水流速和流量较大，其他地段裂隙岩溶水水量相对较小，以上区域可作为裂隙岩溶水的强烈分布区。

2）裂隙岩溶水的补、径、排特征

拟建场地范围内可溶岩上部覆盖层主要为第四系冲洪积和残积成因的粉质黏土，裂隙岩溶水受上层滞水和大气降水补给较弱，主要接受深部岩溶水补给，以车站东侧的九尾岭断裂附近作为径流带，主要以沿断裂带分布的地下泉作为排泄点，另有少量补给上部松散岩类孔隙水。

3）裂隙岩溶水对工程的影响

（1）裂隙岩溶水具承压性，基坑开挖过程中可能发生突涌；

（2）开挖至基岩面附近时，可能发生突水；

（3）裂隙岩溶水水量较大，降水过程中可能出现水位下降不明显；

（4）大面积降水过程中，可能造成周围发生地面塌陷或建（构）筑物沉降。

拟建场地范围内裂隙岩溶水具承压性，承压水头差 0～19.4m，平均承压水头差 11.08m，若不采取措施时，基坑开挖过程中会发生突涌现象；结构底板以上揭露多个溶洞，部分无充填物，且均含水，若不采取措施，基坑开挖至该地段可能发生突水；现场水文地质试验测得单孔涌水量 212～1639m^3/d，渗透系数 6～79m/d，水量丰富，若采取管井降水，可能出现水位下降不明显，达不到降水效果；拟建场地周围主要为居民楼（5～8 层）和繁忙的市政道路，发生地面塌陷或建（构）筑物沉降的危险性较大。

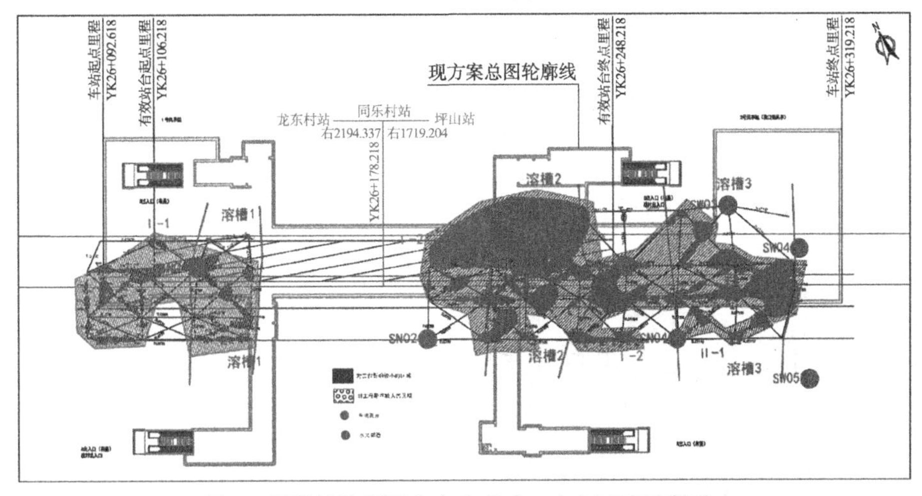

图 7　同乐村站岩溶分布和声呐、水文试验示意图

4.6 岩溶验证情况

在进行跨孔弹性波 CT 测试之后，在物探推测的岩溶部位选取 3 点进行钻探验证。验证孔的选取原则主要包括：

1）对工程安全有影响的溶洞；

2）钻孔没有揭露而跨孔弹性波 CT 法有所反映的溶洞；

3）物探揭示的岩面与已有钻孔揭示的岩面差异较大的剖面。

根据上述原则，所选取的跨孔弹性波 CT 法剖面号分别为 M16Z3S-TLCT32、M16Z3S-TLCT38、M16Z3S-TLCT49，验证孔孔号分别为 M16Z3S-YZTL01、M16Z3S-YZTL02、M16Z3S-YZTL03，现将各个验证钻孔相关情况分述如下：

（1）M16Z3S-YZTL01 验证情况如图 8 所示。

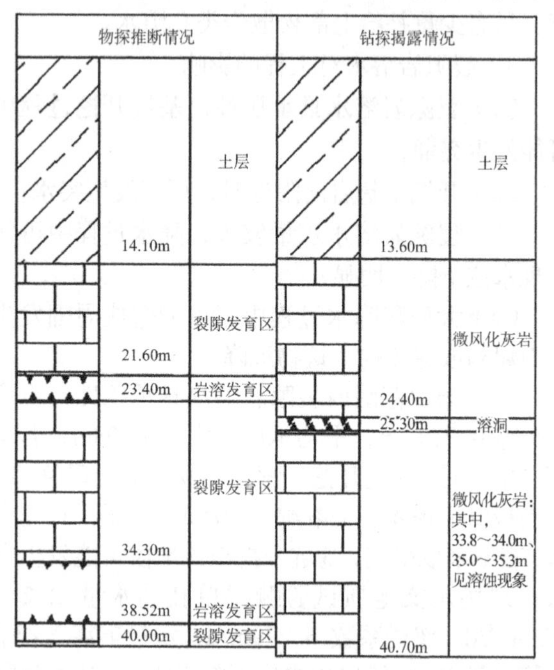

图 8　M16Z3S-YZTL01 物探推断情况和钻探揭露情况对比图

①二者差别

岩面：物探推断 14.1m，钻探揭露 13.6m，误差 0.5m，基本吻合。

溶洞与岩溶发育区：物探推断岩溶发育区 1 深度为 21.6～23.4m，钻探揭露溶洞发育深度为 24.4～25.3m；物探推断岩溶发育区 2 深度为 34.3～38.52m，钻探在此深度范围内揭露见溶蚀现象及半边岩，基本吻合。详见图 9、图 10。

图 9　M16Z3S-YZTL01 钻孔 33.8～34.0m 见溶蚀现象

图 10　M16Z3S-YZTL01 钻孔 35.0～35.3m 见溶蚀现象

②误差分析

a. 跨孔弹性波 CT 法根据波速差异解释岩溶的存在情况，由于引起弹性波波速变化的因素很多，因此所圈定的岩溶发育区宏观上表现为岩溶、溶蚀裂隙发育，部分包含孤立的、规模较小的中、微风化岩块。

b. 跨孔弹性波 CT 法根据波速差异解释岩溶的边界，受走时观测误差的影响，存在一定误差。

c. 对于物探推断 34.3～38.52m 的岩溶发育区，在钻孔岩芯在对应深度（33.8～34.0m、35.0～35.3m）存在明显的溶蚀现象。

（2）M16Z3S-YZTL02 验证情况如图 11 所示。

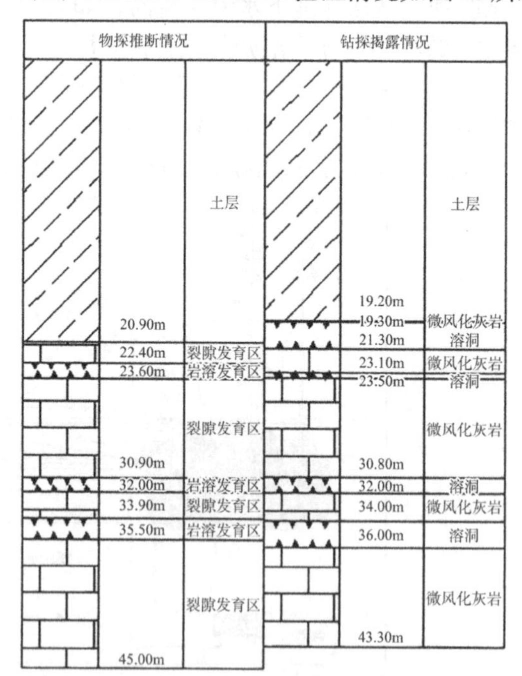

图 11　M16Z3S-YZTL02 物探推断情况和钻探揭露情况对比图

①二者差别

岩面：物探推断 20.9m，钻探揭露岩面 19.2m，误差 1.7m，基本吻合。

物探推断岩面深度为 20.9m，钻探揭露岩面深度为 19.2m，并在 19.3～21.3m 揭露溶洞；物探推断岩溶发育区深度为 22.4～23.6m，钻探揭露溶洞深度为 23.1～23.5m；物探推断岩溶发育区 2 深度为 30.9～32.0m，钻探揭露溶洞深度为 30.8～32.0m；物探推断岩溶发育区 3 深度为 33.9～35.5m，钻探揭露溶洞深度为 34.0～36.0m；基本吻合。

②误差分析

a. 跨孔弹性波 CT 法根据波速差异解释岩溶的存在情况，由于引起弹性波波速变化的因素很多，因此所圈定的岩溶发育区宏观上表现为岩溶、溶蚀裂隙发育，部分包含孤立的、规模较小的中、微风化岩块。

b. 跨孔弹性波 CT 法根据波速差异解释岩溶的边界，受走时观测误差的影响，存在一定误差。

c. 跨孔弹性波 CT 法无法分辨交错的或低于分辨率的灰岩薄层，当溶洞顶部盖顶薄层低于分辨率时无法准确反映其形态。该验证孔洞顶上覆灰岩仅 0.1m，无法分辨，物探解释的岩面 20.9m 与溶洞底部 21.3m 相一致，基本吻合。

（3）M16Z3S-YZTL03 验证情况如图 12 所示。

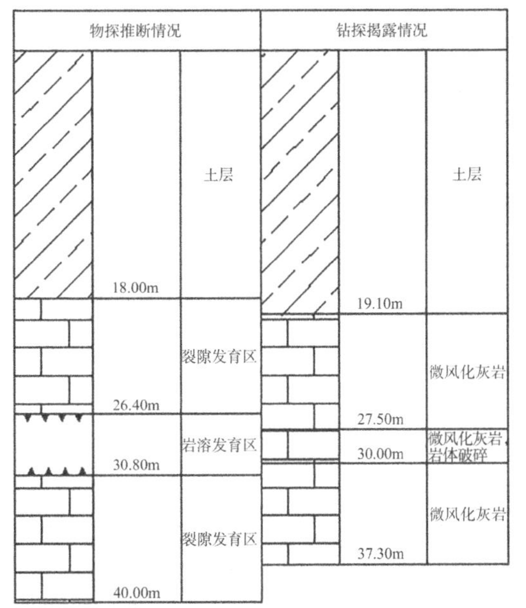

图 12　M16Z3S-YZTL03 物探推断情况和钻探揭露情况对比图

①二者差别

岩面：物探推断 18.0m，钻探揭露岩面 19.1m，误差 0.9m，基本吻合。

溶洞与岩溶发育区：物探推断岩溶发育区 1 深度为 26.4～30.8m，钻探揭露在深度 27.5～30.0m 处岩体破碎，存在半边岩芯，基本吻合。详见图 13。

图 13　M16Z3S-YZTL03 钻孔 27.5～30.0m 岩体破碎

②误差分析

a. 跨孔弹性波 CT 法根据波速差异解释岩溶的存在情况，由于引起弹性波波速变化的因素很多，因此所圈定的岩溶发育区宏观上表现为岩溶、溶蚀裂隙发育，部分包含孤立的、规模较小的中、微风化岩块。

b. 跨孔弹性波 CT 法根据波速差异解释岩溶的边界，受走时观测误差的影响，存在一定误差。

c. 由于岩溶发育区并不仅仅由溶洞构成，根据跨孔弹性波 CT 法的理论，存在因溶蚀现象造成弹性波波速降低的地质体时亦会推断成岩溶发育区。对于物探推断深度为 26.4～30.8m 处岩溶发育区，在深度 27.5～30.0m 处微风化灰岩岩体破碎。

综上所述，本次物探成果资料是可靠的。

5　深圳岩溶地区勘察经验及体会

基于既有规范和本项目岩溶勘察实践，针对深圳地区岩溶发育特征，采用的物探、钻探、管波、抽水试验等测试手段查明了地铁车站岩溶洞、土洞，分布范围、岩溶发育特征，并对探查的溶洞进行分类统计分析后，针对不同的溶洞建议采用不同处理方法，提出了对于地铁工程溶洞的处理原则、处理方法、开挖前的验证方法，根据后期的施工效果，其提出的处理原则和方法切实可行、满足工程需求，基本解决了岩溶地区地铁施工时基坑开挖、明挖暗挖中的突水涌砂、地基处理、围护桩施工等一系列问题。通过科学分类、统计分析，根据施工验证，所提出的原则和方法，有效地降低了基坑、隧道涌水事故的发生。

郑州市轨道交通 2 号线一期工程 03 合同段岩土工程勘察实录

何建锋　石守亮

（黄河勘测规划设计研究院有限公司，河南郑州　450003）

1　工程概况

郑州市轨道交通 2 号线一期工程线路起于广播台站，止于南四环站，连接惠济区、金水区和管城区。2 号线是郑州市首条南北走向贯穿主城区的线路，线路长 20.654km，均为地下线，设车站 16 座，设车辆段一处。线路走向见图 1。

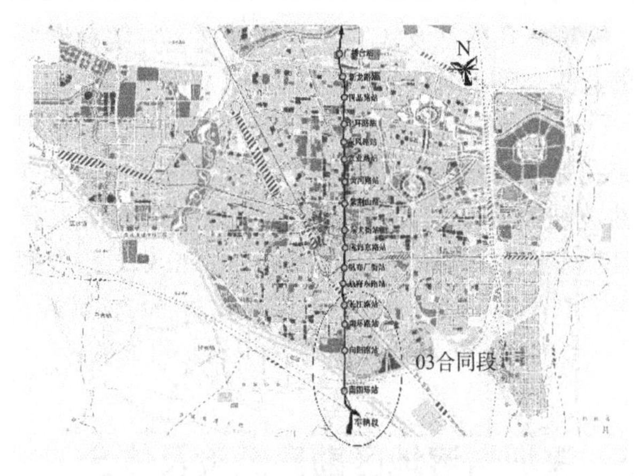

图 1　工程线路走向示意图

车辆段位于郑州市管城区十八里河镇刘东村与河西袁村之间，拟建工程除各种线路外还包括换热站、汽车库、调机库及工程车库、物资总库、运转综合楼、停车列检库、检修库、综合楼、混合变电所、污水处理场、洗车机库及控制室等。

03 合同段包括长江路站、南环路站、向阳路站、长江路站—南环路站区间、南环路站—向阳路站区间、南四环站和向阳路站—南四环站区间、出入线（含高架桥）和车辆段。2019 年 9 月开始初步勘察，2012 年 6 月完成全部详细勘察。车站采用明挖法施工，底板埋深 10～17m，区间采用盾构法施工，轨道底板埋深 10～30m。

2　岩土工程条件

拟建郑州市轨道交通 2 号线一期工程 03 合同段跨越黄河冲积阶地（细分一级和二级）和丘陵岗地两种地貌单元，详见图 2。车站、区间和地下出入线位于黄河冲积阶地，出入线高架桥部分和车辆段位于丘陵岗地，地面标高 109.000～149.000m，西南高，东北低，阶地区地势较为平坦开阔，丘陵岗地区阶地面波状起伏，冲沟发育，主要呈东南向展布，切割深度 5～13.0m。

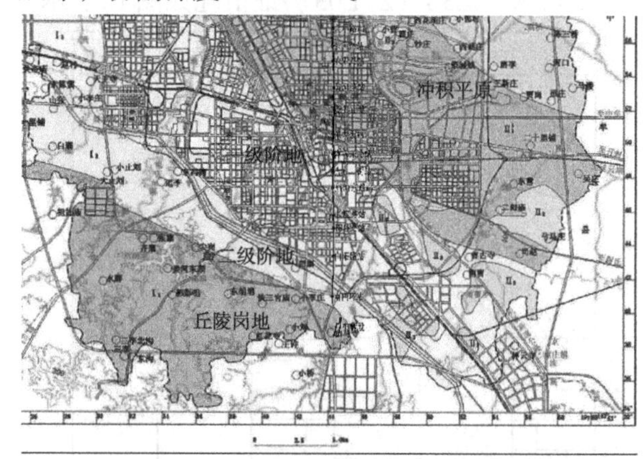

图 2　地貌单元分区

根据勘察成果，在垂直方向 50m 勘察范围内分布有第四系全新统人工堆积杂填土和第四系上更新统冲洪积物。勘探深度内所揭露地层现从新到老详细分述如下：

①人工填土（Q_4^{ml}）：主要成分为灰渣、混凝土块、砖块、灰土、建筑垃圾；下部主要为粉土，灰褐色，稍湿，稍密，夹少量建筑垃圾，含植物根系，局部为生活垃圾。

②粉土（Q_{3-3}^{al+pl}）：灰白—褐黄色，夹青绿色，稍湿，密实，含铁锈斑点、田螺碎片及白色菌丝，

获奖项目：2019 年河南省优秀勘察设计创新奖一等奖，2019 年度行业优秀工程勘察设计奖优秀工程勘察与岩土工程二等奖。

见零星小钙质结核，粒径小于 0.5cm，干强度低、韧性低。

③粉土（Q_{3-3}^{al+pl}）：褐黄色，稍湿，密实，具锈斑，含少量颗粒状钙质结核及白色钙质网纹，结核粒径一般为 0.5cm，干强度低、韧性低，局部夹砂质粉土。

④粉砂（Q_{3-3}^{al+pl}）：褐黄色，稍湿，中密，矿物成分以石英、长石为主，含少量云母，分选性一般，夹有砂质粉土。

⑤粉土（Q_{3-3}^{al+pl}）：褐黄—黄褐色，稍湿，密实，夹有粉砂薄层，含铁质锈斑和黑色锰质斑点，干强度低、韧性低。

⑥粉质黏土（Q_{3-2}^{al+pl}）：棕黄—棕红色，硬塑状，具黑色锰质斑点，含少量钙质结核，结核粒径一般 0.5cm，切面粗糙，干强度中等、韧性中等。

⑦粉质黏土（Q_{3-2}^{al+pl}）：棕红—棕黄色，硬塑状，具黑色锰质斑点，含少量钙质结核，结核粒径一般 0.5cm，35m 以下结核含量较多，粒径达 2～5cm，切面粗糙，干强度中等、韧性中等。

工程区典型地质剖面图见图 3。依据《地下铁道、轻轨交通岩土工程勘察规范》GB 50307—1999[1]和《岩土工程勘察规范》GB 50021—2001（2009 年版）[2]，场地复杂程度为二级，地基复杂程度为二级。

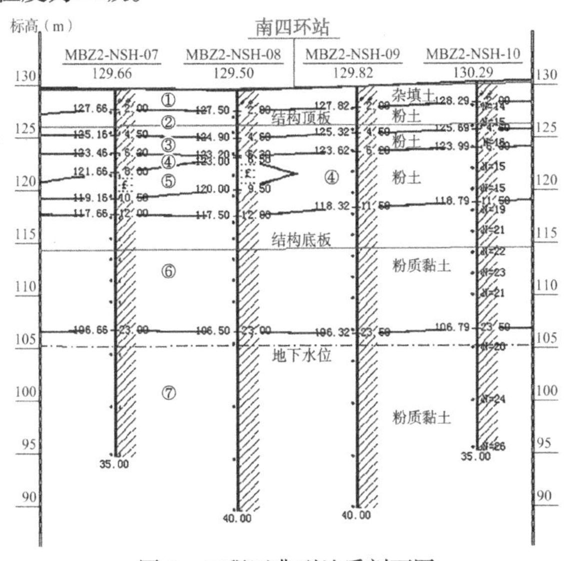

图 3　工程区典型地质剖面图

工程区设计地震分组为第二组，抗震设防烈度为 7 度，设计基本地震加速度值为 0.15g，工程区场地类别为Ⅱ类，地震动反应谱特征周期为 0.40s。

地下水类型主要为第四系松散层孔隙潜水，主要赋存于粉土、粉质黏土冲洪积层中，属中等—弱透水层，地下水自西南向东北渗流。地下水位埋深 15～30m，水位标高 90.000～125.000m，年变幅 2～3m，勘察深度范围内地下水属同层孔隙潜水。

3　岩土工程分析与评价

3.1　稳定性与适宜性

工程区地形基本平坦，地貌较单一，场地类别为Ⅱ类，除冲沟以外区域，场地地下水埋藏较深，地基承载力较高，土质较好，为中等—低压缩性土，无活动断裂通过，但地层分布不均匀，综合判定本场地为可进行建设的一般地段。工程区虽有冲沟发育，但可对冲沟采取简单措施进行控制和处理，适当处理后，场地是稳定的，适宜轨道交通工程的建设。

3.2　湿陷性

工程区属非自重湿陷性场地，上部黄土状粉土有轻微湿陷性，厚度小于 5m，湿陷系数平均 0.020。车站主体和区间基底埋深较深，湿陷性对地下车站主体和区间隧道的影响较小，但车站出入口和车辆段建筑物应进行适当处理。

3.3　地震液化

拟建工程抗震设防烈度为 7 度，工程区饱和粉土或砂土地质年代属于上更新统及其以前，依据《铁路工程抗震设计规范》GB 50111—2006[3]第 4.0.3 条，工程区可不考虑液化影响；依据《建筑抗震设计规范》GB 50011—2010（2016 年版）[4]第 4.3.3 条，工程区饱和粉土和砂土可判为不液化。

3.4　水土腐蚀性

按国家标准《岩土工程勘察规范》GB 50021—2001（2009 年版）附录 G："场地环境类型"的规定，因水可以通过渗透或毛细作用在暴露大气的一边蒸发，故判定车站和隧道工程环境类别为Ⅰ类。根据试验结果，场区地下水对混凝土和钢筋混凝土中的钢筋均具微腐蚀性。场区土对混凝土、钢筋混凝土中的钢筋和钢结构均具微腐蚀性。

3.5　岩土施工工程等级及围岩分类

根据勘察结果，基坑和隧洞开挖范围内土层以粉土、粉砂、粉质黏土为主，依据《地下铁道、轻轨交通岩土工程勘察规范》GB 50307—1999，砂类土施工工程分级为Ⅰ级（松土），隧道围岩分级为Ⅵ级；粉土和粉质黏土的施工工程分级为Ⅱ级（普通土），隧道围岩分级为Ⅴ级。

3.6 环境评价

轨道交通工程多位于市区，周围环境复杂，拟建工程已查明的环境地质问题及应对措施如下：

（1）站马屯村盾构范围内有多处民用水井，深度一般 50～60m，井底位于水位线以下 20～30m，井水位与勘察水位基本一致，盾构施工前应封填密实。

（2）施工期间对南四环和 107 国道有重大影响，应有保通措施，南四环南北侧有石油、天然气和污水管线，应对各种管线进行移位，悬挂或加固处理。

（3）向南区间风亭紧邻战马屯沟，该沟现为污水沟，沟渠被当地人填筑变窄，排洪不畅，在雨季时，污水常常溢出两地地面，设计风亭时应采取必要措施。

（4）出入段线南端有自然冲沟，沟内有大量杂填土和一条石油管线（埋深 10m 左右），影响高架桥段桩基选位和施工，自然冲沟处于临界安全状态，应进行避让或加固处理。杂填土宜挖除或压实，对已经埋设的石油管线应进行避让或改建管线，位置示意图见图 4。

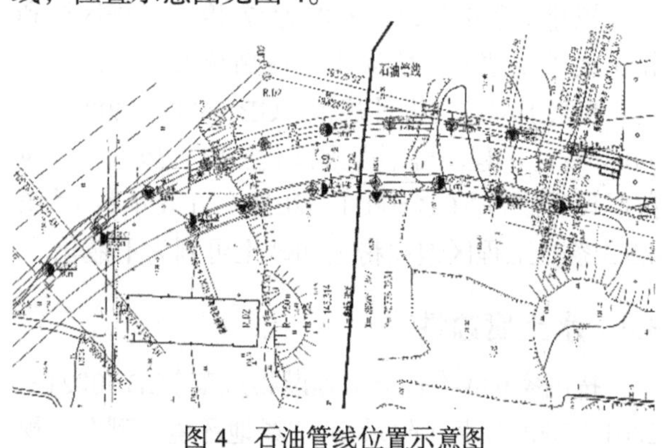

图 4　石油管线位置示意图

4 方案的分析论证

4.1 湿陷性处理

根据试验结果，判定工程区为非自重湿陷性场地，上部粉土具轻微湿陷性。湿陷性对车站和区间影响较小，对车站出入口、出入线和车辆段建筑物应采取应对措施。当持力层为湿陷土层时，应按地基湿陷等级为Ⅰ级（轻微）进行防护或处理，具体措施可依据《湿陷性黄土地区建筑标准》GB 50025—2018[5]第 6.1 节选用。如：对丙类建筑，单层建筑可不处理地基，多层建筑，地基处理厚度不应小于 1m，处理范围应大于基础底面的面积；加强结构的整体性与空间刚度；建筑周围设置散水等。当基底湿陷量小于 50mm 或基底压力小于湿陷起始压力时，可按一般地区进行设计。

4.2 地基与基础

（1）除填土外，郑州市南郊其他天然地层承载力较高，地下轨道和车站和车辆段建筑物均可采用天然地基；

（2）工程区人工填土均匀性差，以填土为持力层时应增强结构整体性，注意防范不均匀沉降。基底下无人工填土时可采用天然地基，基底下填土较少时可将人工填土挖除后采用灰土换填，当基底下填土较厚时建议采用桩基础。

（3）出入线高架桥工程宜优先选用后压浆钻孔灌注桩，因下部土层中钙质结核局部富集成层，成孔施工困难，可采用旋挖法为主，锤击法为辅进行施工，建议桩长不宜超过 50m。

4.3 基坑工程

（1）工程区上部地层以第四系上更新统黄土状粉土为主，有一定的直立特性，工程地质条件较好。有条件时，可全部或上部采用放坡开挖。

（2）若不具备放坡条件，对于开挖深度大，安全等级为一级的车站主体基坑，可采用钻孔灌注桩＋内支撑进行支护；对开挖深度小，安全等级为二、三级的基坑，可采用土钉墙、钢板桩或灌注桩进行支护。

（3）郑州市南郊地下水位埋深较大，本工程地下车站基坑开挖范围内无地下水，上部土层有轻微湿陷，基坑开挖时应做好防排水措施，防止坑外雨水流入坑内。施工时应预留一定厚度的保护层，开挖到基础底板高程后立即封底，防止长时间曝晒和泡水，以免降低强度和出现橡皮土现象。同时基坑内应做好排水设施，及时把雨水排出基坑。

（4）基坑开挖范围内的地层，主要是填土、冲洪积粉土、粉质黏土，部分区域填土较厚，填土稳定性差，局部有砖块，围护桩施工时应注意防范塌孔，必要时采用应采用泥浆或套管进行防护。

（5）实行信息化施工，加强对基坑周围建筑物、管线和基坑变形的动态监测，发现异常，迅速处理。

4.4 隧道工程

（1）郑州南郊隧洞范围内地层以粉质黏土、黄土状粉土为主，属弱—中等透水层，盾构施工建议采用复合土压平衡法施工。

（2）地下隧道工程多位于市区道路下，两侧建筑物密集，有时要穿越多层民房，同时，还有南水北调干渠、石武客运专线与本工程横穿而过。在施工时，需采取一定的工程措施，减少地面沉降，加强地面动态沉降监测，合理设定土压力控制值的同时应控制掘进速度，加强盾尾的同步注浆管理。穿越危险地段时应一次通过，避免停工。

（3）隧道围岩主要为黏质粉土和粉质黏土，围岩分级为Ⅴ级，易坍塌，施工过程中应及早封闭成环。在上更新世粉质黏土层中局部钙质结核富集成层，呈透镜体状、分布不均，隧洞洞径范围内可能局部存在，对盾构施工有一定影响。

（4）可采用深层搅拌桩或高压旋喷桩对区间端头井进行加固，联络通道可采用小导管注浆或冻结法（水位以下）进行加固。

（5）战马屯村前后及村内有村民自备的水井，其中在盾构机施工范围内，发现有17处之多。在盾构施工过程中，这些井会造成冒浆等现象，影响盾构施工，施工前应封填密实。

4.5 路基工程

工程区上部土层以粉土和人工填土为主，地下水埋藏较深。填土均匀性较差，宜挖除。上部粉土有轻微湿陷，清除表层土、冲击振动碾压后可作路基，路床宜采用灰土；依据《铁路路基设计规范》TB 10001—2016[6]，上部粉土为低液限粉土，填料分组为C组。

4.6 其他

工程区内有自然冲沟，沟深5～13m，较为陡峭，边坡稳定性较差，处于临界状态，在地震、雨水或外力作用下有滑塌可能，沟内松散填土也有滑坡可能。应采取措施进行控制和处理。

5 实施

在工程建设过程中，积极配合设计和施工单位工作，做好施工交底、开挖方案评审、条件核查等后期服务工作，并参加了车站验槽、区间闭环验收等工作，未发现与勘察报告不符的地质情况，基坑变形满足设计要求（图5、图6）。

图5 区间盾构始发

图6 建设中的车辆段运用库

6 工程成果与效益

在布置勘察方案时与设计单位和咨询单位密切配合，根据在郑州市积累的丰富工程经验，优化勘察孔布置方案，减小了勘察工作量。勘察施工期间，根据设计进度，采取分次进场的方式，合理安排人员和设备，通过创新提高钻探速度，保证取样和原位测试质量，做到安全文明施工，保证了工程按计划开工。

施工期间未发现与勘察报告不符的地质情况，勘察方案布置合理，勘察报告论述全面。经现场单桩静载荷试验检验，地质参数准确可靠，节省工程建设总投资数百万元，工程运行以来无异常情况，各项数据均满足规范和设计要求。

勘察成果先后获得2019年河南省优秀勘察设计创新奖一等奖和2019年度中国勘察设计协会行业优秀勘察设计奖二等奖（图7）。郑州市轨道交通2号线一期工程荣获中国施工企业管理协会2018—2019年度国家优质工程奖（图8）。

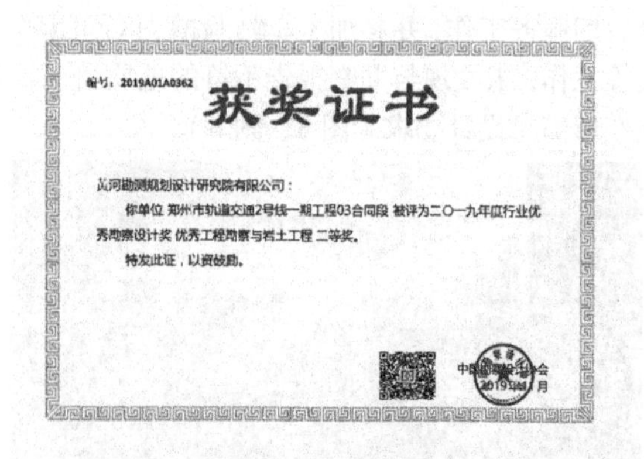

图 7　2019 年度行业优秀勘察设计二等奖

图 8　国家优质工程奖

7　工程经验

（1）轨道交通工程规模大，类型多，应根据工程重要性等级和工程类型区别对待。

（2）地质勘察前应了解车站和区间拟采用的施工方法，根据不同的施工方法确定勘察重点，使地质勘察具有针对性。

（3）地下车站一般开挖深度较大，应重点查明地层分布，地下水位埋深，要进行电阻率测试、波速测试、静止侧压力系数和热物理指标测试等，提供黏聚力、内摩擦角、静止侧压力系数、基床系数、渗透系数、地基土水平抗力系数的比例系数和回弹模量等设计参数；波速和电阻率测试孔宜优先选择车站两端勘探孔，做到车站区间共用，节省工作量。

（4）隧道工程多为单洞单线，且隧道工程埋深变化较大，应根据设计埋深变化调整勘探深度，隧洞宜交叉布置勘探点。

（5）各种地质参数应在综合多种原位测试手段、室内试验的基础上，结合工程经验综合确定。如电阻率经验值可参考《变电所岩土工程勘测技术规程》DL/T 5170—2015[7]，原位测试与土的力学参数的经验关系可参考《铁路工程地质原位测试规程》TB 10018—2018[8]。

（6）城市地质勘察往往会遇到大片杂填土，填土成分复杂，不均匀，进行勘察时，应重点查明地形地物变迁、冲沟的掩埋历史，填土堆积年限、填土范围、厚度和成分、特征等，同时要注意有无暗塘、废井、旧基础、古墓等，有时还可利用历史卫星影像等资料辅助查明掩埋冲沟的发育情况，为工程处理提供基本资料。

（7）勘察期间宜设置长期水位观测孔，发现水位变化较大时适当调整设计方案；充分利用围护结构进行抗浮，即使抗浮水位较低时，亦可设置压顶梁作为安全储备。

（8）在市区进行勘察时，应尤其注意地下管线及构筑物的避让和现场保护。总体原则可遵循“查、访、探、挖、护、听”六字方针，即查：认真研究业主提供的管线资料确定沿线管线的分布和具体位置，并进一步查询、收集管线竣工资料；访：走访各管线主管单位确定沿线管线的分布和具体位置，走访沿线的居民了解管线施工的历史；探：采用管线探测仪进行现场实地探测确定管线的位置；挖：采取挖探的办法确定浅部管线的位置；护：将钻孔周围距离小于 2m 的管线位置标示出来，给予保护；听：在钻探过程中听到有异响或钻机有异常，立即停钻。

（9）《城市轨道交通岩土工程勘察规范》GB 50307—2012[9]于 2012 年 8 月 1 日实施，与《地下铁道、轻轨交通岩土工程勘察规范》GB 50307—1999 和《岩土工程勘察规范》GB 50021—2001（2009 年版）相比，《城市轨道交通岩土工程勘察规范》GB 50307—2012 关于场地复杂程度的划分标准严格了很多，将建筑抗震危险地段、特殊性岩土需要专门处理都列为复杂场地的判定条件之一。以郑州为例，东区普遍存在可能液化土层属于抗震危险地段，西南区域存在湿陷性黄土需要进行处理，按照《城市轨道交通岩土工程勘察规范》GB 50307—2012 的划分标准，则应划分为复杂场地，这与业内传统中等复杂场地的认知不一致。当判定为复杂场地时，勘察工作量增加很多，可能造成浪费和勘察工期增加。既有工程经验说明按中等复杂场地进行勘察可以满足工程需要，建议参照《岩土工程勘察规范》GB 50021—2001（2009 年版）适当修订场地复杂程度的判别标准。

参考文献

[1] 建设部. 地下铁道、轻轨交通岩土工程勘察规范: GB 50307—1999 [S]. 北京: 中国计划出版社, 2000.

[2] 建设部. 岩土工程勘察规范(2009 年版): GB 50021—2001[S]. 北京: 中国建筑工业出版社, 2009.

[3] 住房和城乡建设部. 铁路工程抗震设计规范: GB 50111—2006[S]. 北京: 中国计划出版社, 2006.

[4] 住房和城乡建设部. 建筑抗震设计规范: GB 50011—2010(2016 年版)[S]. 北京: 中国建筑工业出版社, 2010.

[5] 住房和城乡建设部. 湿陷性黄土地区建筑标准: GB 50025—2018[S]. 北京: 中国建筑工业出版社, 2019.

[6] 国家铁路局. 铁路路基设计规范: TB 10001—2016[S]. 北京: 中国铁道出版社, 2017.

[7] 国家能源局. 变电所岩土工程勘测技术规程: DL/T 5170—2015[S]. 北京: 中国计划出版社, 2015.

[8] 国家铁路局. 铁路工程地质原位测试规程: TB 10018—2018[S]. 北京: 中国铁道出版社, 2018.

[9] 住房和城乡建设部. 城市轨道交通工程岩土工程勘察规范: GB 50307—2012[S]. 北京: 中国计划出版社, 2012.

芜湖市轨道交通 1 号线跨座式单轨岩土工程勘察实录

易　鑫

（中铁工程设计咨询集团有限公司，北京　100055）

1　工程概况

芜湖轨道交通制式为跨座式单轨，轨道交通 1 号线为南北骨干线，分布于鸠江区、镜湖区和弋江区，串联城北产业组团、江南中心组团、城南科教组团。线路全长 30.460km，共设车站 25 座，全部为高架车站，线路北端设保顺路停车场，南端设白马山车辆基地。线路示意图见图 1。

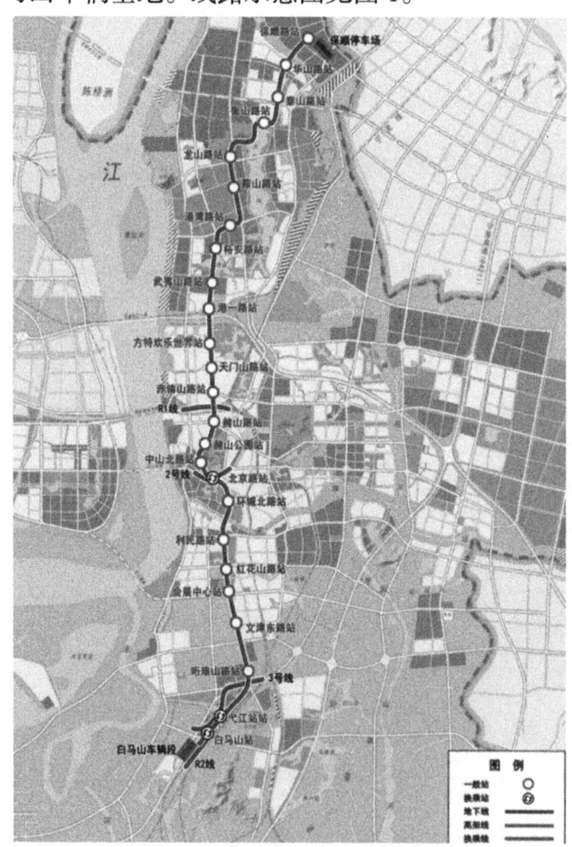

图 1　线路走向示意图

线路与多处铁路、公路交叉，包括上跨淮南铁路、芜合高速长江大桥、改建轮南线，下穿商合杭芜湖长江大桥，跨越扁担河、清堰塘、银湖、保兴河、青弋江 5 处水域。线路南北向敷设芜湖主城区，沿线周边建构筑物密集，地下管线密布，环境条件复杂。

作为全国首条轻型跨座式单轨工程，芜湖轨道交通与重庆跨座式单轨相比，无论是车辆还是结构形式都存在一定差异，其车站、区间、车辆基地等工程结构形式的特殊性，给岩土工程勘察工作提出了更高的标准与要求。

该项目具有以下几个难点：①工点结构形式多样，国标规范对特殊结构的勘探布置要求不明确。芜湖轨道交通高架站（框架结构、独柱悬臂结构）、区间轨道梁桥（连续刚构）、车辆基地（场坪、停车线）等工程结构形式多样，《城市轨道交通岩土工程勘察规范》GB 50307—2012 对于跨座式单轨结构的勘探点布设无相关描述及具体要求。②不良地质与特殊岩土所引发的工程地质问题突出。沿线不良地质及特殊岩土发育，主要包括岩溶、隐伏断裂、人为坑洞、人工填土、软土、膨胀土及风化岩。③勘察场地周边环境条件复杂，勘探难度大、风险高。沿线城市现代化程度高、建构筑物密集，地下管线密布，线路与多条铁路、高速公路、市政高等级道路交叉，同时跨越扁担河、清堰塘、银湖、保兴河、青弋江等多处水域，且单轨交通多走行于道路路中，车流和行人密度大，勘探工作开展难度极大，风险极高。

2　岩土工程条件

2.1　地形地貌

芜湖市整体地势南高北低，地形呈不规则长条状，地貌类型多样，平原丘陵皆备，河湖水网密布。芜湖市东部和北部为冲积平原，间有洼地，地势低平，局部分布少数丘陵。西部和南部多山地，地势略有起伏。

线路沿线总体地形地貌为长江中下游冲积平原，地形较平坦开阔。按地形形态及成因可细分为长江二级阶地和山前倾斜平原。

由于城市发展建设，自然地貌形态改变较大，市区交通网密布，线路两侧民居、商业、教育、政务、文娱、工业等建筑设施密集分布。建成后的跨座式单轨典型车站、区间详见图 2、图 3。

图 2 单柱悬挑结构车站（奥体中心站）

图 3 1 号线与 2 号线交汇处镜湖公园处区间轨道梁桥

2.2 地层岩性

地层岩性主要为第四系全新统人工填土及冲洪积淤泥质粉质黏土、粉质黏土、粉土及砂类土；第四系上更新统冲洪积粉土、粉质黏土、砂及圆砾、卵石土；白垩系上统泥质砂岩；侏罗系上统凝灰岩、安山岩；侏罗系中下统粉砂岩；三叠系上统钙质泥岩、石英砂岩；三叠系中统灰岩以及燕山早期闪长玢岩。地层岩性多变，且局部区段软硬地层交替变化，持力层不稳定。1 号线全线地质纵断面简图详见图 4。

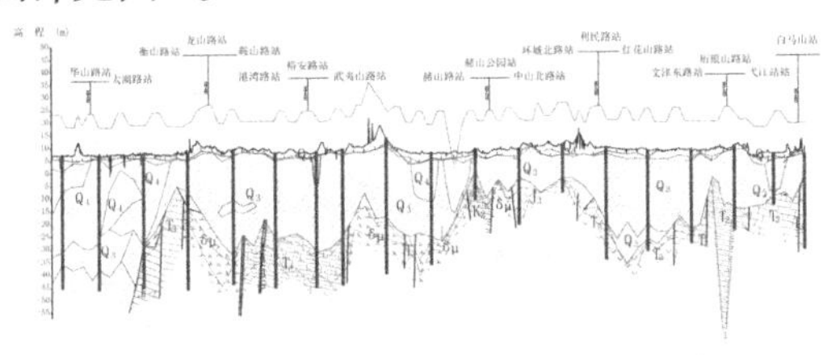

图 4 轨道交通 1 号线全线地质纵断面

2.3 地质构造

区内穿越线路的断裂主要有和睦山—峨桥北断层、潘塘断层、火龙岗断层、荆山逆断层，上述断层均为隐伏断层，上覆盖层较厚。

2.4 水文地质

地下水类型包括填土、粉质黏土中的上层滞水，第四系孔隙水及基岩裂隙水。根据现场钻探揭露情况，上层滞水分布不均；孔隙水主要赋存于第四系砂层、卵石层等含水层中；基岩裂隙水主要赋存于基岩风化裂隙及构造裂隙中。地下水位埋深 0.3～5.1m。

3 综合勘察方法应用

在收集区域地质资料基础上，针对芜湖地区不良地质、特殊岩土区域特点以及跨座式单轨高架车站单柱悬挑结构、高架区间桥梁连续钢构、车辆基地等工程的结构特点，采用了地质调绘、钻探、原位测试（标准贯入、静力触探、扁铲侧胀试验、十字板剪切试验）、地球物理勘探（高密度电法、剪切波速、土壤电阻率、地温测试、地下管线探测、岩溶地质雷达探测）、水文地质试验、长期水文观测、岩土体多种类室内试验等勘察技术手段。

主要解决了以下地质问题：（1）为查明隐伏断裂发育情况，在采用地质调绘和传统钻探的基础上，应用高密度电法与钻探、破碎带原位测试、室内试验结合方法查明隐伏断裂的位置、走向、倾向、倾角，破碎带宽度、充填物及胶结状况、富水情况等。（2）芜湖地处长江中下游，冲洪积与湖积相软土发育，针对软土问题，勘察中采用以原位测试为主结合钻探、室内试验的综合勘察方法。土工试验方法包括固结快剪试验、三轴剪切试验、先期固结压力及回弹指数试验、水平垂直向固结系数试验、无侧限抗压强度试验及有机质含量分析。充分查明软土的分布范围、厚度变化、物理力学性质及区域性软土特性。（3）1 号线文津东路至白马山段发育岩溶，针对岩溶问题，勘察过程中采用钻探、高密度电法、孔中（间）物探（钻孔雷达、地震 CT）等综合勘察方法，查明岩溶的发育特征（包括分布范围、深度、大小、充填情况）、发育程度。分析评价岩溶对工程的影响。（4）利用孔内剪切波速测试进行场地类别、场地土类型划分，为抗震设计提供准确成果。（5）高架车站进行土壤电阻率测试，为牵引变电设计提供设计依据。

4 重点地质问题分析评价

4.1 岩溶

芜湖轨道交通 1 号线文津东路至白马山地段（里程 DK24＋890～DK26＋670、DK28＋060～DK30＋455）三叠系中统灰岩发育岩溶，岩溶类型为覆盖型岩溶。岩溶的主要表现形式为溶洞，溶洞大小规模不一，其水平、垂直发育形态复杂。采用基于地面电法与孔中地质雷达（单孔雷达、跨孔CT）联作的覆盖性岩溶识别技术，充分查明岩溶分布及发育特征。灰岩中岩溶钻孔见洞率约为33.3%，平均线岩溶率8.91%，岩溶发育程度为弱一中等发育，溶洞规模0.4～5.1m，埋深17～31.9m，埋深标高−9.800～23.800m，一般为单层溶洞，局部地段揭露多层串珠状溶洞，溶洞大部分全充填，局部半充填或无充填，充填物主要为硬塑黏性土，局部揭露溶洞壁。

利用孔内地质单孔雷达、跨孔CT探测技术，结合地面高密度电法物探与钻探技术，形成孔中与地面互补的立体探测，分析岩溶平面位置、深度形成勘探成果，识别出覆盖型岩溶特征，查明了岩溶分布及规模。通过在文津东路站、文珩区间的应用，查明了墩台桩基范围内的岩溶发育特征，为桩基设计和施工提供了准确的地质信息，取得了良好的效果。单孔雷达、跨孔CT岩溶探测详见表1、图5。

部分钻孔雷达异常表 **表1**

钻孔编号	异常性质	距钻孔位置/m	异常大小/m			备注
			顶板	底板	大小	
M1Z3-222-42-1	溶洞	1.0	17.5	18.5	0.6	弧线反射
	溶洞	0.0	16.1	19.2	3.1	
	溶洞	1.5	20.5	22.7	2.2	弧线反射
M1Z3-222-6-2	溶洞	0.0	24.9	26.0	1.1	
	溶隙区	0.0	27.5	29.0	—	弱反射区
	溶隙区	0.0	30.8	31.2	0.4	同相轴不连续
M1Z3-222-5-2	溶洞	4.0	29.2	29.8	0.6	弧形反射
	溶洞	10.0	31.5	32.5	1.0	弧形反射
	溶洞	12.0	36.0	38.0	2.0	弧形反射
	溶隙	11.0	33.0	38.5	—	线型反射
	溶隙区	4.5	32.0	38.0	6.0	同相轴不连续
M1Z3-122-6-4	溶洞	0.0	28.3	30.2	1.9	
	溶隙区	4.0	26.8	28.6	—	弱反射区
M1Z3-122-3-6	溶隙区	1.0	32.9	34.9	2.0	同相轴不连续
	溶隙区	0.0	35.4	36.8	1.4	同相轴不连续

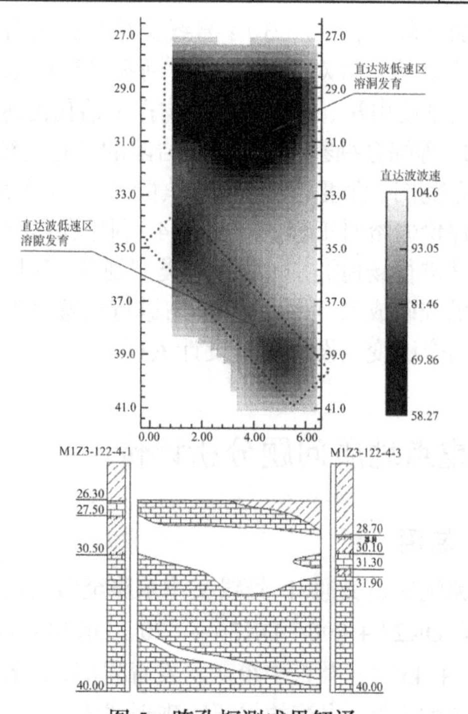

图5 跨孔探测成果解译

4.2 软土

芜湖轨道交通线路沿线软土分布较为普遍，1号线北段软土厚度较大，具有高压缩性，低承载力，变形量大，渗透性小，含有机质等特点。软土易引起结构下沉、诱发基坑变形和不均匀沉降，对工程建设存在较大影响。采用多种原位测试技术、室内试验方法在岩土体物理力学参数求取中广泛应用，有效提高了软土物理力学参数的准确性。场地内分布有②$_{12}$软塑—流塑淤泥质粉质黏土、②$_{22}$软塑粉质黏土，主要分布于DK0＋000～DK3＋000、DK14＋600～19＋800、DK28＋200～DK30＋400，该层厚度较大，大部呈层状分布，局部呈鸡窝状分布；软土层顶面深度1.10～14.70m、高程−7.700～6.030m，层底面深度范围4.40～33.80m、高程范围−26.980～3.530m，厚度1.70～29.30m，天然孔隙比1.03，天然含水率35.7%，有机质含量3.5%，灵敏度为2.7，压缩模量3.61MPa，比贯入阻力 0.65MPa。

针对勘察中揭示的软土特性、力学参数的差异，结合其形成历史及分布区域，将沿线软土分为以下两种类型[1]。Ⅰ类软土：静水沉积条件下沟塘形成的淤泥或淤泥质粉质黏土，灰色—灰黑色，软—流塑，饱和，有异臭，含腐殖质，局部富集，局部地段夹薄层粉砂。主要分布于市区中、南部一、二级阶地凹谷及沟塘范围内，厚 2～20m，厚度变化大，随凹谷及沟塘的形态而变化，连续性差，无规则。Ⅱ类软土：河湖、漫滩相沉积的淤泥质土夹粉土、粉砂薄层，部分地段夹粉土、粉细砂透镜体。灰色，软—流塑，饱和，微层理发育，呈薄层状，含螺壳及云母碎片，有异臭，含腐殖质，局部富集。主要分布于东西部长江、青弋江漫滩地带，厚度大，厚 20～40m，层位分布稳定，层理韵律清晰。

两类软土的物理力学性质差异：

（1）渗透性差异：Ⅰ类软土为微透水性，且水平垂直方向较均一；Ⅱ类软土由于微层理发育，夹砂薄层的厚度与分布不一，造成了水平垂直方向渗透性各向异性，垂直方向具弱—微渗透性，水平方向具弱渗透性。

（2）固结系数的差异：Ⅰ类软土水平垂直方向较均一，稳定固结时间较长，Ⅱ类软土相对于Ⅰ类软土固结速度较快，稳定固结时间较短。

（3）强度差异：Ⅰ类软土快剪、固结快剪、三轴剪切的内摩擦角 $\leqslant 5°$，而Ⅱ类软土因夹粉细砂薄层，使内摩擦角增大，在 10°～16°之间，十字板剪切试验强度、无侧限抗压强度均比Ⅰ类软土大。

（4）塑性差异：Ⅰ类软土以淤泥质粉质黏土为主，含有机质，I_p值较大，Ⅱ类软土夹粉砂薄层，I_p值较小，同时也造成含水率较小，液性指数偏大的现象。

勘察方法采用以原位测试为主，结合钻探、室内试验、孔内测试等勘察手段的综合勘察方法。原位测试采用静力触探、十字板剪切试验、扁铲侧胀试验等。土工试验方法除常规物理力学试验项目外，进行固结快剪试验、三轴剪切试验、先期固结压力及回弹指数试验、水平垂直向固结系数试验、渗透系数试验、无侧限抗压强度试验及有机质含量分析。通过多种勘察方法的综合应用以及成果资料分析，从地质成因、工程特性角度，综合分析评价了软土对工程的影响。具体现场工作详见图 6。

静力触探

十字板剪切

扁铲侧胀试验

室内试验

图 6　多种原位测试与室内试验相结合的软土勘察方法

5　实践中对跨座式单轨勘察技术要求、标准的总结与提炼

跨座式单轨勘察作为城市轨道交通岩土工程勘察中一种特殊制式勘察，目前在《城市轨道交通岩土工程勘察规范》GB 50307[2]《岩土工程勘察规范》GB 50021[3]中，对于单轨特殊结构工点的勘探工作布置无详细说明与描述，因此在勘察实施过程中，如何准确把握工点结构形式，分工点类型分析勘察要点，针对性布设勘探工作，对于跨座式单轨勘察而言是需要进一步研究解决的问题。

作为全国首条轻型跨座式单轨交通项目，勘察过程中结合跨座式单轨交通制式特点，编制形成了企业标准《跨座式单轨交通岩土工程勘察细则》，详见图 7。该细则系根据国家现行标准及规章《城市轨道交通岩土工程勘察规范》GB 50307、《岩土工程勘察规范》GB 50021、《铁路工程地质勘察规范》TB 10012、《铁路工程不良地质勘察规程》TB 10027、《铁路工程特殊岩土勘察规程》TB 10038、《铁路工程水文地质勘察规程》TB 10049、《跨座式单轨交通设计规范》GB/T 50458、《城市轨道交通工程设计文件编制深度规定》《房屋建筑和市政基础设施工程勘察文件编制深度规定》等，结合跨座式单轨交通工程设置特点，按照规划研究、可行性研究、初步设计、施工图设计等阶段相对应的规划阶段调查踏勘、可行性研究勘察、初步勘察、详细勘察和施工勘察编制的。该细则是芜湖跨座式单轨勘察技术工作的提炼和总结，更是保证芜湖跨座式单轨交通岩土工程勘察质量的基础。

中铁工程设计咨询集团有限公司标准

跨座式单轨交通岩土工程勘察细则

中铁工程设计咨询集团有限公司　发布

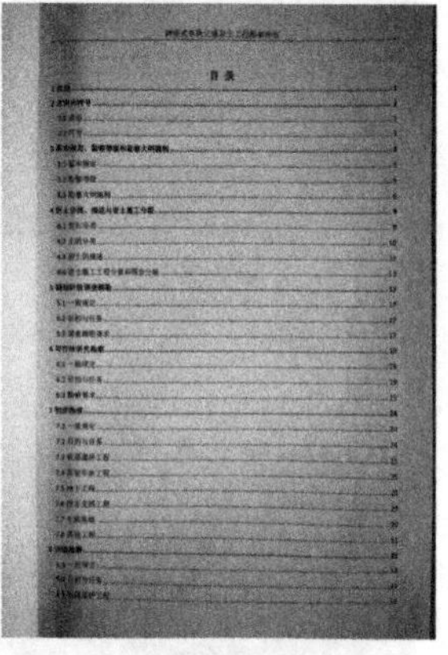
目录

图 7　跨座式单轨交通岩土工程勘察细则

6　结语

芜湖轨道交通 1 号线作为我国第一条轻型跨座式单轨项目，通过全过程勘察，总结以下几个主要方面：

（1）勘察过程中针对芜湖区域性不良地质、特殊岩土特点以及跨座式单轨高架车站单柱悬挑结构、高架区间桥梁连续钢构、车辆基地等工程的结构特点，采用了地质调绘、钻探、原位测试（标准贯入、静力触探、扁铲侧胀试验、十字板剪切试验）、地球物理勘探（高密度电法、剪切波速、土壤电阻率、地温测试、地下管线探测、岩溶地质雷达探测）、水文地质试验、长期水文观测、岩土体多种类室内试验等勘察技术手段。从勘察技术手段的应用和资料的对比分析情况来看，本项目工程地质勘察查明了工程地质与水文地质条件，取得了翔实可靠的勘察资料，为工程设计和施工提供了准确合理的设计依据。

（2）在岩溶区勘察中采用基于地面电法与孔中地质雷达（单孔雷达、跨孔 CT）联作的覆盖性岩溶识别技术，取得了较好的效果，提高了勘探质量与效率。

（3）针对芜湖典型软土问题，通过多种勘察方法的综合应用以及成果资料分析，从地质成因、工程特性角度，综合分析评价了软土对工程的影响。

（4）勘察过程中通过总结提炼，编制形成较为完善、系统的跨座式单轨交通岩土工程勘察技术要求与标准《跨座式单轨交通岩土工程勘察细则》，积极推动轨道交通勘察技术的创新发展。

芜湖轨道交通 1 号线跨座式单轨项目整体线路所经区域外部环境、工程地质与水文地质条件复杂，勘察过程中通过综合勘探手段科学、合理地获取地层资料和岩土参数，为工程设计提供了准确设计依据，保证施工安全，规避地质风险。项目设计与施工过程中进展顺利，安全通过淮南铁路、芜合高速长江大桥、改建轮南线，商合杭芜湖长江大桥等重要控制点。线路通车运营至今，工程设施安全平稳、运营状况良好，经济效益和社会效益得到显著发挥。

参考文献

[1]　戴振光，方星. 芜湖沿江地区软土工程特性初步研究[J]. 岩土工程界, 2004, 8(1): 35-38.

[2]　住房和城乡建设部. 城市轨道交通岩土工程勘察规范：GB 50307—2012[S]. 北京：中国计划出版社, 2012.

[3]　建设部. 岩土工程勘察规范(2009 年版): GB 50021—2001[S]. 北京：中国建筑工业出版社, 2009.

广州地铁隧道穿越珠江水下断裂探查方法实录

杨　博[1]　吴　辉[2]　杨　华[2]
（1. 北京城建勘测设计研究院有限责任公司，北京　100101；2. 广州地铁建设管理有限公司，广东广州　510000）

1　引言

广州地区地表水系发达，河网密布，市区内主要分布珠江、东江及流溪河等大型河流水系。市区位于珠江三角洲的北部边缘，地形地貌为三角洲与低山丘陵区的过渡地带。沿地表水系附近，地表第四系多发育第四系河流冲积相、三角洲相的砂层、海陆交互相的淤泥质砂层。基岩种类复杂多样，主要包括砂岩、泥岩、砾岩、石灰岩、石英片岩、混合岩及花岗岩等。广州区域范围内构造运动强烈，地质构造较为发育，区内主要大型断裂有广从断裂、瘦狗岭断裂、文冲断裂、化龙断裂等，上述断裂控制着广州区域内基岩地层的分布[1]。随着广州地铁线路线网的不断扩大，地铁线路跨区、穿越江河的情况越来越普遍。因此在地铁线路下穿江河地段的地质情况对于地铁工程的建设具有较大的影响。因而查明跨越江河周边的水文地质特征、构造地质情况对地铁线路的建设具有重要意义。

目前，地铁区间隧道下穿江河地段的地质勘察施工普遍采用水上钻探平台、钻探船等，但上述方法受到适用性、施工难度、河道报建手续、航道封航限制等因素影响，易导致施工成本及工期大幅增加。与此同时，在地质构造复杂地段，上述工作量及成本也将随之大幅度增加，单纯采用钻探进行勘察也难以满足该条件下专项设计的要求。因此需要采用新方法、新思路，在地铁设计初步设计阶段尽量探查地铁线路下穿江河地段地质条件，查看是否存在影响线路设计的重大不利地质情况，才能避免在施工图阶段施工图纸与初步设计产生较大差异。为此，本文针对项目存在的上述问题进行讨论研究。

2　工程概况

本地铁线路为广州市七号线二期在建地下线路，线路起于大学城南站并向北延伸，线路长约21.9km，共设11座车站，均为地下区间隧道及车站。本次探讨研究范围主要为洪圣沙站—裕丰围站区间范围。洪圣沙站场地附近场地主要为珠江三角洲冲积平原地貌，地势较平坦、开阔，场地高程约为7.360～7.940m。洪圣沙站—裕丰围站区间沿线场地珠江水域地势较低，两岸地势相对较高，高程约为−8.160～7.980m。区间线路出洪圣沙站后现状地面主要为岛上鱼塘、水塘，出洪圣沙岛后下穿岛上浮标码头、珠江主航道支流，而后下穿珠江江心洲、珠江主航道前航道，随后上岸下穿黄埔港码头2线龙门吊和地磅到达裕丰围站。区间长约1736.40m，江底隧道洞身穿越地层主要为含砾粗砂岩风化层，采用外径6.28m土压＋泥水双模盾构施工，隧道底板埋深24.68～32.35m，标高约−27.220～−16.780m。

本场地范围内地表水体较为发育，主要有洪圣沙岛上鱼塘、水塘及珠江前航道、后航道等。本次区间下穿的珠江水体，在珠江两岸均筑有浆砌片石河堤，珠江江面宽度变化较大，宽度范围800.0～1000.0m，珠江河床整体呈东高西低的趋势，整体河道顺直，本区间下穿范围存在江心岛，河内水深范围0.0～12.0m，水面坡降起伏较平缓。河内水位随潮汐涨落潮变化，与潮汐变化基本一致。工程场地及周边环境情况如图1所示。

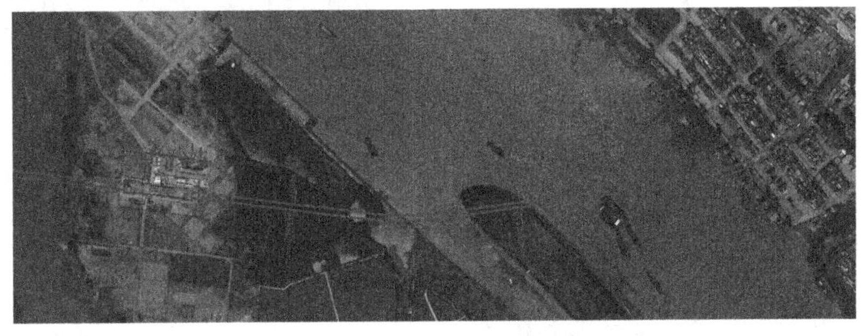

图1　工程场地周边环境示意图

3 工程地质条件

3.1 区域地质构造

本工程场地在大地构造上位于华南褶皱系（一级构造单元），粤北、粤东北—粤中拗陷带（二级构造单元），粤中拗陷（三级构造单元）的中部。场区内广从断裂、瘦狗岭断裂等将广州市区分成几个构造区，广从断裂以西构造区，位于北东向的广花凹陷的南西部，本工程线路主要位于该构造区内[2]。

由广州市地震构造图（2015 版）[3]可知，广州市断裂构造比较发育，可划分为东西向、北东向、北西向三组。本工点位于瘦狗岭断裂以南的构造区狮子洋断裂的影响带。区域上该断层规模较大，其宽度不一，走向约 170°，倾向 260°，倾角 45°～75°。根据 1：50000 广州市断裂构造图（2015 版）及本地铁区间线路走向，影响本线路的主要断裂为化龙—海鸥岛断裂、南岗—虎门断裂、文冲—珠江口断裂以及瘦狗岭断裂，其中影响本地铁区间工点的断裂为南岗—虎门断裂组，在区间场地附近为化龙—海鸥岛断裂。同时结合 1：50000 广州市基岩地质图，拟建七号线二期地铁线路在洪圣沙站—裕丰围站区间穿越了化龙断裂带，推测断裂位置为区间设计里程 YDK28＋300～+400 左右，其走向呈北东走向，倾向北东，倾角不清，与线路斜交，交角约 80°。区域构造与线路相对位置关系示意图如图 2 所示。

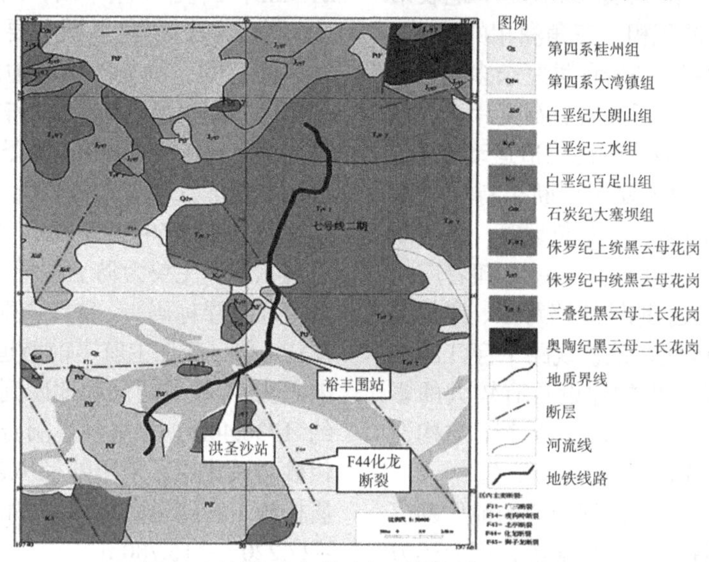

图 2 区域构造与线路相对位置关系示意图

3.2 地层岩性

根据广州市 1：50000 基岩地质图，本线路洪圣沙站—裕丰围站区间工点沿线穿越的地层有：新生界第四系（Q）、白垩系（K）。从区域地质角度，由新到老分述如下：

（1）第四系（Q）

第四系包括全新统（Q_4）和上更新统（Q_3），其下缺失中更新统和下更新统。第四系由人工填土层（Q_4^{ml}）、海陆交互相沉积层（Q_4^{mc}）、冲洪积层（Q_{3+4}^{al+pl}）和残积层（Q^{el}）组成，覆盖于基岩之上。

（2）白垩系（K）

上统三水组康乐段（K_2^{sl}）：属内陆湖泊相为主的粗砂—细砂碎屑碳酸盐建造，为棕红、紫红、暗紫色砂岩、含砾粗砂岩、砾岩，并一般在颗粒组成上表现为下粗上细，泥质胶结为主，粉细粒结构，中厚层状构造。下统白鹤洞组猴岗段（K_1^{bl}）：浅紫红，暗紫红、紫棕色，局部灰白色岩屑长石石英砂质砾岩、含砾长石石英砂岩夹石英砂岩、粉细砂岩、粉砂质泥岩、泥质粉砂岩，以砂质结构为主，泥质胶结，中厚层状构造。

工程场地典型地质剖面如图 3 所示。

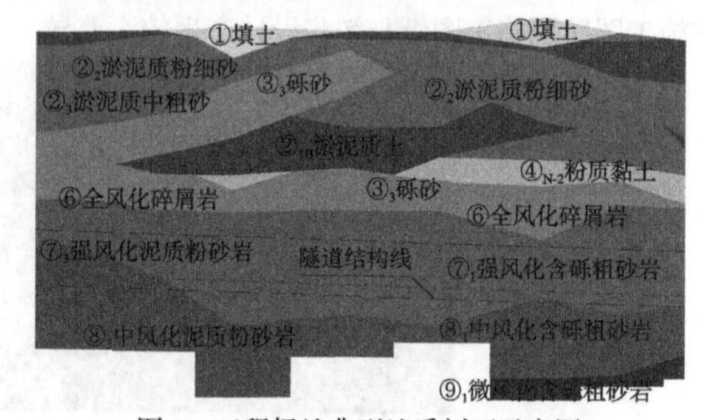

图 3 工程场地典型地质剖面示意图

4 水上断裂探查方法

根据前期收集区域基础地质资料，本区间范围内存在断裂带，但在工可、初勘阶段在区间场地及邻近工点陆地钻孔并未揭露断裂迹象，水上钻孔在初勘阶段受航道报建手续影响暂未施工。依据区域基岩地质图、构造地质图对于断裂的走向及位置也是推测得出。同时结合“逢沟必断”的经验推测，断裂带很大可能位于珠江边或珠江中，因此后期断裂带的勘察重点位于珠江中。结合本工程实际情况，本文以下章节针对水下断裂带探查方法有效性、准确性进行探讨分析。

4.1 水域地球物理勘探方法及选用

目前，过江地铁隧道工程一般位于浅表地层，隧道的埋深一般在百米以内，根据当前国内外的研究文献可知，水域物探的探测深度最大能够达到百米以上，因此探测深度能满足地铁工程建设勘察设计的需要，同时在此深度范围内探测精度及准确度等一般也能满足设计要求。当前，国内应用于水域综合物探的方法主要有地层剖面法、声呐法、磁探测法、水上地震法、高密度电阻率法、高频大地电磁法、瞬变电磁法及地震反射波法等[4]。刘建军、马文亮等人采用浅层地震法探查水下 50m 范围内的不良地质滑坡及障碍物，取得了不错的效果[5]。王庆海、徐明才等人认为地震反射波法相比于常规的地质钻探在地质构造、地层接触关系、地层空洞及软弱地层方面的探查具有更大的优势[6]。岳全贵、陈银生等认为水域多道地震反射波法具有高效、适用广等特点，其在长江及近海水域工程物探中具有较好的应用前景广，并研究在海域隧道环境中压制各种噪声干扰的方法，最终在大连湾海底隧道实际勘察中的取得较好的效果[7]。邓杰方、李学文等人通过在广州地铁过江段工程勘察中使用浅层地震反射波法查明了该区水下地形的起伏和变化情况、覆盖层的分层深度和分布情况及基岩面的埋深、起伏与构造等情况[8]。唐大荣、方松耕等人利用浅层高分辨反射波法对水下小断距断裂带的断裂带位置及破碎带范围进场探查，有效提高了探查的精度及分辨率[9]。刘宏岳、林孝城、林朝旭等人认为水域地震反射法能探查水下的地层结构、基岩面起伏及断裂情况，形成的成果图件丰富，同时实践证明水上地震反射波勘探法高效、经济、有效[10]。

根据查找研究国内相关水域物探方法及其试验效果进行对比分析，目前水上地震波反射法是一种常用且比较成熟的方法，结合广州当地既有经验，本项目工程场区内的岩土层具有较大的递增波速及波阻抗差异，各岩土层的地球物理条件满足进行水上地震波发射法的使用条件，因此拟选定水上地震波反射法进行本项目的探查研究。

4.2 探查思路、方法及仪器设备选择

由于本工程隧道下穿珠江水域，工程地质、水文地质条件较为复杂，尤其在存在断裂带等不良地质条件，要求勘察精度很高，因此本次勘察思路：（1）为保证物探测试精度及试验效果，需要选择与该场地类似的区域先行进行有效性及适用性试验，并获取测区内不同岩土层的物性参数，确定后续设备工作参数、物探结果解释原则等。（2）物探探查后，在物探异常区域进行江上钻探验证，并适当加密钻孔以进一步精确探查断裂边界。

本次物探测试的仪器设备选择如表 1 所示。

物探测试主要仪器设备一览表　　表 1

仪器名	设备名	生产厂商或型号
记录设备	Geode 数字化信号增强型浅层地震仪	美国 Geometrics 公司（整机内置工业级计算机控制）
电缆	低频多道漂浮电缆	12 道 × 2（工作时的沉放深度采用水鸟控制）
定位设备	RTK	中海达 V9 型（通过 GPS 信号采集 3 个控制点坐标，最后用第 4 个控制点坐标来进行校对，控制测放精度误差在 2cm 内）
水上导航设备	电脑设备	导航软件（通过软件不断修正测量船体航向，保证实际测线沿设计测线航行）
数据收集	电脑设备	Geogiga Seismic 地震数据处理软件系统、HOLEWIN 弹性波处理系统（水域增强版）V13.0（软件自动收集处理数据）

4.3 有效性试验效果分析

本次有效性试验选定珠江支流水域，邻近长洲站—洪圣沙站区间作为本次测试点，测试沿隧道平行隧道轴线布置试验测线。限于篇幅试验过程略过。根据现场测试成果，水上地震波能在时间剖面上明显区别出 4 个地震波强反射波组。结合前期钻探成果，根据地震相对比分析，表层第一组

为珠江水体；其下为淤泥、淤泥质土、砂层的底界。再下者为强风化岩层顶界。最底为中风化层顶。根据地震波测试时间剖面，各界面的反射波组能量强，连续性均较好。通过时间递增剖面并进行地震层位划分，结合场地的岩土物理条件，可综合分析得出综合地质解释剖面。本段地铁区间隧道位于珠江支流，钻探施工条件也相对较好，因此对该段范围进行钻探验证，钻孔与综合地质解释剖面对比分析如图 4 所示。

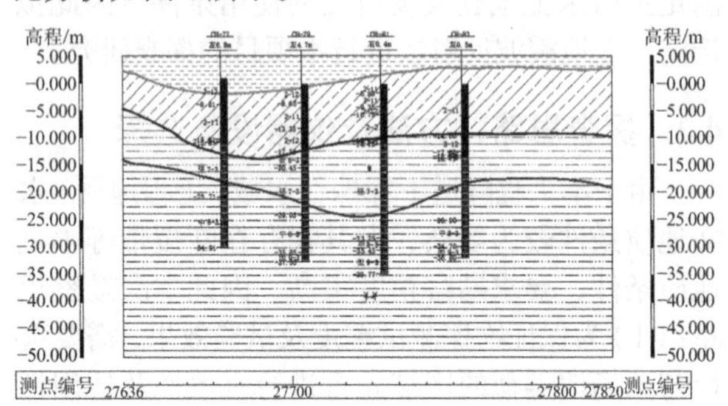

图 4　综合地质解释剖面与钻孔对比分析图

由图 4 可知，通过综合地质解释剖面与工程地质钻孔的对比分析，两者在地层分布、岩土界面等方面的吻合度较好。综合地质解释剖面对于岩土层界面区分及强风化、中风化等层位变化的解释较为准确，且成果清晰直观。因此通过本次测试，本方法能适用于本场地内的探查工作。

同时根据本次有效性试验，为保证后续探测成果的精度，探测过程中原始记录波组的清晰度、连续性、信噪比等需要得到保证。参考本次有效性试验测试成果，后续探查工作的基本工作参数可参考表 2。

测试采集基本工作参数设定一览表　表 2

序号	项目	采集参数
1	滤波通带	全通 1.75～20000Hz
2	地震仪采样间隔	0.125ms
3	记录长度	512ms
4	偏移距	10.0～20.0m
5	炮间隔/道间隔	4～6m
6	震源、漂缆沉放深度	1.5m
7	航速	2.0～2.5 节

根据本次有效性探测试验工作过程及经验总结，为尽量降低解译过程多解性、易受干扰等导致解读成果与实际地质的差异。进一步优化确定本项目后续综合地质解释原则：①通过时间地震剖面划分地层层位，结合钻探验证进行修正；②物探成果解译出的破碎带、不良地质发育带区段，由物探确定其大体区域、产状等，性质判定、分布位置、边界探查等结合钻探验证及加密钻探成果综合分析确定。

4.4　探查方案及工作量布置

为保证本次水上探查成果的连续性、精确性及直观性，结合区间线路走向，本次沿区间隧道轴线布置一条测线，并在左右两条隧道外侧 30～50m 平行线路走向各布置一条测线，共布置三条测线。另根据广州地铁勘察相关规范及总体设计技术要求，本次探查沿区间隧道外侧各布置一排地质钻孔，钻孔间距约 30m 布置。同时本次探查过程，先进行物探，若探测发现断裂带地质异常处，根据物探解译成果再进行插入式加密钻孔间距至 10～15m 详细探查断裂。本次布置探测线路长度约 1.0km，钻孔布置 26 孔，探测线路及钻孔布置如图5 所示。

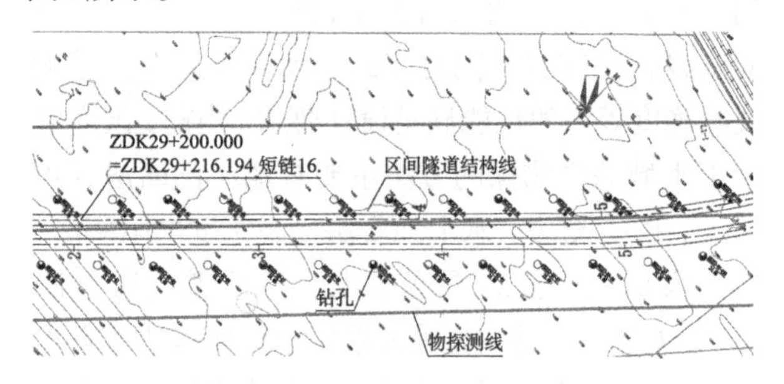

图 5　探查方案工作量布置图

4.5　物探成果解释

外业测试完毕后，对外业工作取得的原始数据进行处理、解释、综合分析，得出以下结论。

1）地层划分

通过本次对水上地震反射剖面进行地震层位进行了划分，识别出 4 个地震波强反射界面，从上到下为 T1、T2、T3 和 T4，其中 T1 为水底反射界面；T1 和 T2 之间为淤泥、淤泥质土、淤泥质砂等；T2 和 T3 为之间为粉细砂—中粗砂、粉质黏土等；T3 和 T4 界面之间为强风化基岩；T4 界面以下为中—微风化岩。

2）基岩特征及不良地质体分布

本次探测范围内基岩岩性主要为含砾粗砂岩、砂岩，分为强风化、中风化和微风化 3 个级别，地震剖面上所识别的基岩面（反射界面 T4）

对应中—微风化层顶面，风化层指中风化面以上的全—强风化岩（介于反射界面 T3 和 T4 之间）。

L1-1、L1-2 和 L1-3 测线中主要位于设计线路 ZDK29 + 100～ZDK29 + 300 里程段基岩面深度相对较大。L1-1 线地震时间剖面同相轴在 29279 点号处出现明显错断，推断为断裂或岩体破碎区，异常往小里程方向倾斜，倾角约 54°。L1-2 线 29310 点号处反射波同相轴中断，推断为断裂或基岩破碎区，异常往小里程方向倾斜，倾角约 61°。根据反射时间剖面推断 L1-3 线 29305 点号处为断裂或基岩破碎，异常往小里程方向倾斜，倾角约 57°。

根据 L1-1，L1-2 和 L1-3 线的基岩破碎发育特征，结合区域地质资料，推断设计线路 ZDK29 + 310 处为断裂，该断裂呈北西走向约 316°，往小里程方向倾斜，倾角约 57°。其中本次典型测线 L1-1 线地震时间剖面及综合地质解释剖面见图 6、图 7。

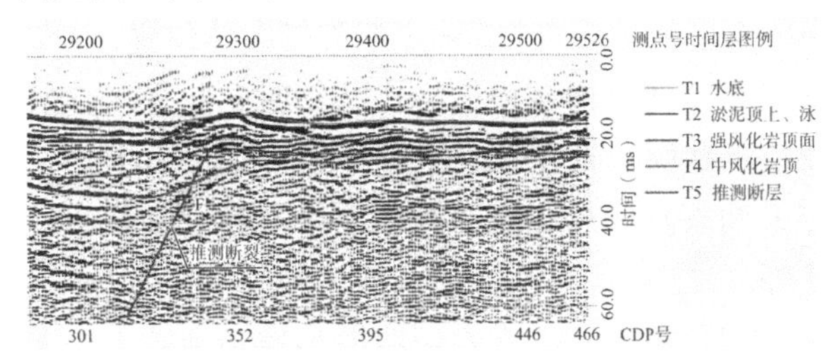

图 6　L1-1 线地震时间剖面图

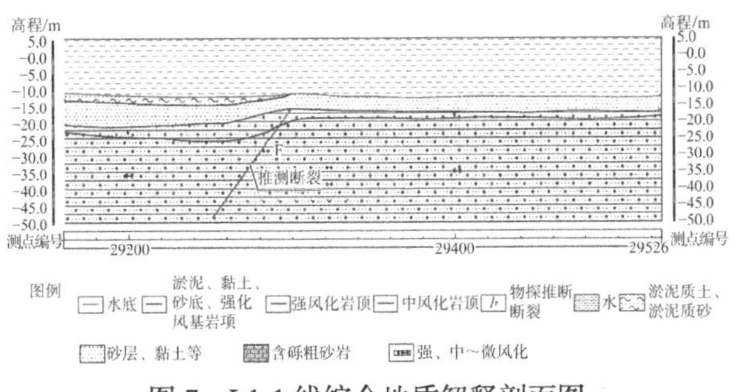

图 7　L1-1 线综合地质解释剖面图

另外根据本次物探，在时间剖面存在多次波异常，L1-1 线点号 28985，L1-2 线点号 29100 和 L1-3 线点号 28965 附近存在物探异常，表征为地震波组错断，并且有多次反射波组，结合前期有效性试验过程经验，此情况为江心洲位置水深由浅入深地震波在水面与河床底来回震荡引起，并不是断层构造引起。

4.6　工程地质钻探验证

根据前期物探测试成果，推测珠江底部可能存在断裂破碎带，因此钻探验证重点对该段区域进行探查，若验证为断裂并进一步查找断裂边界。由于勘察位置位于江上主航道上，封航时间很短，若单纯采用水上钻探，按照广州地铁勘察相关规范及总体设计技术要求需增加布孔 14～18 个，水上钻探工作量较大，施工难度及协调难度也增加。在仔细分析既有物探成果的基础上，经过分析论证，在前期物探成果基础上加密边界钻孔间距至 10～15m，布设加钻孔 2～6 个进一步探查断裂及断裂边界。

通过工程钻探验证在线路里程 YDK29 + 240～+315/（ZDK29 + 290～+350）范围内钻孔中揭露断裂标志物特征，断裂带内基岩岩性大致分为三种，含砾粗砂岩、强蚀变花岗岩、花岗质碎裂岩，其中花岗碎裂岩、含砾粗砂岩与强蚀变花岗岩岩层错断，断裂面比较明显，验证了物探推测结果。

通过本次探查，揭示断裂破碎带沿线路宽度 119～121m，母岩为含砾粗砂岩，在断裂构造作用下，致使基岩形态及成分发生变化。与断裂带外地层相比，岩芯表面粗糙，敲击易碎，硬物可留明显刮痕，下部岩芯可见明显断裂挤压痕迹，局部节理面扭曲变形并具有高角度破裂面，且局部岩芯在断裂作用下具有绿泥石化及矿物份烘烤变质现象。靠近断裂中部，岩性混杂，其中含砾粗砂岩位于上部，下部为花岗质碎裂岩及强蚀变花岗岩，两者岩芯呈较破碎，主要呈碎块状、块状。靠近断裂边缘处，岩芯因断裂构造作用，岩芯局部具有高角度破裂面。工程钻探揭露的典型地质纵断面如图 8 所示（红线为隧道结构线，断裂带为图中粉红线标示部分）。

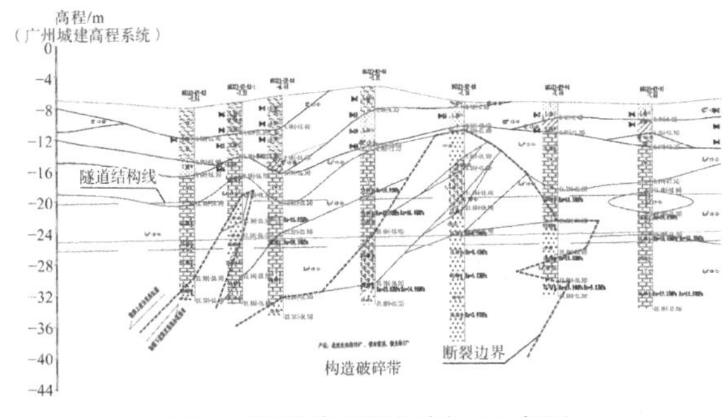

图 8　断裂典型钻探剖面示意图

综合区域地质资料，本场地区域内存在狮子洋断裂组，且相关断裂产状及特征与区域地质资料较为一致，推测该处为狮子洋断裂组内一组断裂。经与广东省地调局求证，本次探查结果命为狮子洋断裂分支 F1。结合区域地质资料及本次勘察成果，该断裂呈北西走向约 316°，倾向南西，倾角约 57°，位于设计里程 YDK29＋240～YDK29＋315/（ZDK29＋290～ZDK29＋350）段内，断裂带宽度 119～121m，与区间隧道约近垂直相交，断裂上盘为白垩系红层，下盘为震旦系混合花岗岩。

4.7 土建施工验证情况

目前本区间隧道已顺利掘进施工完成，根据本项目土建施工的对比验证，本次采用的探查方案及最终提供勘察成果的与实际盾构推进情况吻合较好。同时再次验证了在水域勘察工作中使用水上地震波反射法进行探查取的勘察成果具有较好的准确性，当施工条件限制时无法钻探时使用该方法能取得较好的替代效果。最终将盾构掘进的渣样与钻孔岩心、地质纵断面的对比分析，探查成果与实际地质情况基本一致。在探查精度方面，本次探查出的断裂边界的误差在 1～2 环管片的宽度范围内，三者的对比分析情况见图 9。

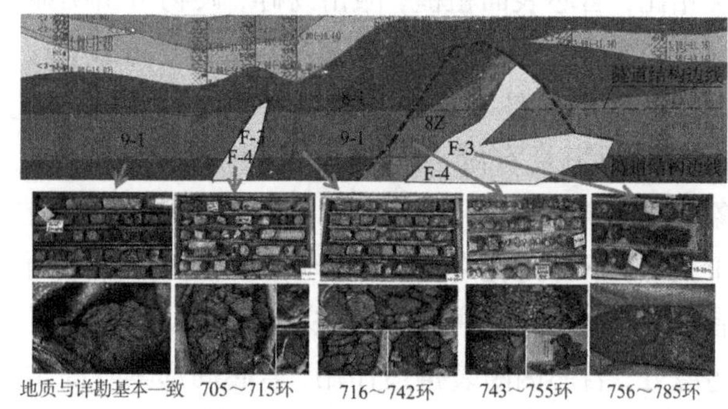

图 9　土建施工验证对比图

5　结论与讨论

在下穿江河的地铁隧道、市政隧道等工程的前期勘察过程中，当线路穿越江河段水下存在断裂等不良地质条件时，为避免受江河航道施工报建审批、水上施工难度大等条件的限制导致勘察工作难以开展，同时为达到高效、精确地进行勘察，通过本次工程项目的实践，利用水域地地震波反射法先行探查，后续对物探推断的断裂等不良地质现象进一步验证。既避免了盲目进行水上钻探，增加水上钻探的工作量，加大项目施工难度，同时也缩小断裂等不良地质专项探查的范围，为精确探查断裂带等提供了有利指导。同时，通过本次实践，再次证明水上地震波反射法在水域工程勘察方面具有一定的优势，该方法对于地层划分、分层厚度、岩土层界面连续变化情况、地层间接触关系、不良地质构造、软弱地层、破碎带规模及形状，其探测精度及准确性能满足地铁隧道等工程的需求。另外，水上地震波法能提供地震时间剖面、综合地质解释剖面等连续性的成果资料，成果资料直观清晰，也能避免钻探钻孔由于布置间距而孔间遗漏重要不良地质情况，导致后续设计及施工产生问题或事故。最终结合物探及钻探两者成果综合分析提供的勘察成果资料，能够为地铁隧道等下穿江河大型水体等重大风险点的专项设计、专项施工方案提供翔实、准确的地质基础资料及依据，对类似工程具有一定的借鉴及参考意义。

另根据本次工程项目的实际应用，在实施过程中总结的相关经验及教训，并结合城市地铁设计相关需求，有以下方面需要关注或注意。

（1）在城市地铁隧道勘察过程中，需多方收集既有区域地质资料，确定断裂带大体位置，初步判定在江河道内与地铁隧道相交时，物探工作宜在初步勘察阶段进行，并初步确定断裂带的位置，详细勘察阶段再详细探查断裂带规模及断裂带特征等。

（2）通常江上等大型通航水域钻探施工易受封航影响，不可能大面积密集布施钻孔，一般应钻探结合采用物探方法进行普查。

（3）在选择物探方法时，需详细分析场地内岩土的地球物理条件，并判定其适用性。同时正式测试前需进行有效性试验进一步分析确认，并在有效性试验过程中总结工作参数，对异常情况进行分析修正，为正式探测试验作指导。

（4）目前国内外的物探手段、方法的解译一般具有多解性，解译成果的准确性会受到外界因素或解译者经验的影响。因此，在具备条件进行钻探验证时建议进行验证或必要时在土建施工阶段进行超前地质预报分析验证。在不具备钻探条件时，建议进行两种及以上物探手段相互对比、验证，进行综合分析，提高成果的准确性。

（5）目前水上地震波反射法等水上物探方法对于水下断裂带的破碎程度、裂隙发育能进行探查，但是对于断裂带内的地下水的发育情况、水压、水的流速流向等无法有效分析，而这在地铁隧道的专项设计中是重点关注的问题。因此需结合其他方法进一步探查水下断裂带内的地下水情况。

参考文献

[1] 彭卫平, 容穗红. 广州市水文地质特征分析[J]. 城市勘测, 2006(3): 59-63.

[2] 庄文明, 黄宇辉, 林小明. 广州城市地质[M]. 北京: 地质出版社, 2015.

[3] 庄文明, 黄宇辉, 林小明. 广州城市地质图集[M]. 北京: 地质出版社, 2015.

[4] 宋明福, 刘宏岳. 大直径水底盾构隧道不良地质段及疑似溶洞探测技术的应用[J]. 隧道建设, 2013, 33(2): 122-128.

[5] 刘建军, 马文亮, 卢秋芽, 等. 工程物探在地铁越江隧道勘查中的应用[J]. 物探化探计算技术, 2007(S1): 275-279, 1.

[6] 王庆海, 徐明才, 刘永东. 强干扰下浅层、超浅层反射地震技术及其应用[J]. 物探与化探, 1987(2): 79-80.

[7] 岳全贵, 陈银生, 邹方华, 等. 水域多道地震反射波法在海底隧道勘察中的应用[J]. 资源环境与工程, 2009, 23(9): 181-188.

[8] 邓杰方, 李学文. 浅层地震反射波法在广州地铁过江段勘察中的应用[J]. 城乡建设, 2013(24).

[9] 唐大荣, 方松耕. 浅层高分辨地震反射波法在武汉市过江隧道工程地质勘察中的应用[J]. 物探与化探, 1987(4): 275.

[10] 刘宏岳, 林孝城, 林朝旭, 等. 水域地震反射波法在岩土工程勘察中的应用[C]//全国水利工程渗流学术研讨会. 北京: 中国水利学会, 2012.

宁波市轨道交通 2 号线一期工程岩土工程勘察实录

李高山　李　飚　刘生财　陆柯延

（浙江省工程勘察设计院集团有限公司，浙江宁波　315012）

1　工程概况

1.1　工程简介

宁波市轨道交通 2 号线是城市西南—东北方向的基本骨干线路，线路规划起自鄞州区古林，止于北仑，长约 50km。工程分为两期实施，一期工程起点站为宁波栎社国际机场站，终点站为东外环路站，线路全长 28.350km，共设 22 座车站，平均站间距 1.331km。一期工程线路基本走向为：机场—机场路—雅戈尔大道—启运路—通达路—恒春街—铁路宁波站—月湖公园—三支街—解放南路—解放北路—大庆南路—湖东路—规划青云路—环城北路—宁镇公路。具体线路走向见图 1。

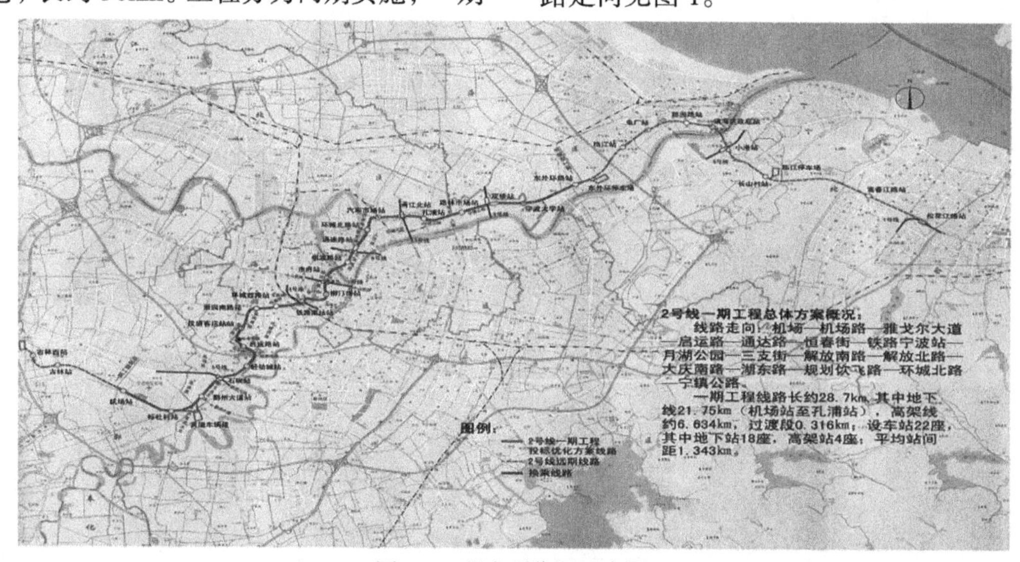

图 1　工程交通位置示意图

根据设计方案，2 号线一期工程机场站至孔浦站采用地下线，孔浦站后设置过渡段，过渡段后线路沿环城北路、宁镇公路采用高架线敷设方式，其中地下线约 21.604km，高架线长约 6.392km，过渡段长约 0.354km；地下车站 18 座，高架车站 4 座，设黄隘车辆段 1 座和东外环路停车场 1 座；设主变电所 2 座；设控制中心 1 处；与轨道交通网络中 1、3、4、5、6 号线衔接换乘；从机场站至孔浦站后盾构工作井区间均为单圆盾构法隧道，外径 6.2m。

勘察项目含初勘、详勘、天然气勘探、冻结法勘察。土建施工涉及多种工法和基础形式，如明挖法、盾构法、天然基础、桩基础、地基处理等。根据设计要求：停车场及车辆基地拟采用软基处理和桩基础；地下车站采用明挖或盖挖法施工；地下区间除压赛堰站—大通桥站区间及孔浦站—路林站区间明挖段采用明挖法施工外，其余地下区间均采用盾构法施工；高架车站、高架区间均采用桩基础。

（1）车站

宁波市轨道交通 2 号线一期工程勘察共设 20 座车站，其中高架车站 4 座，地下车站 16 座，其中高架车站均为地上 3 层，拟采用桩基础，地下车站一般为地下 2～3 层，拟采用明挖法施工。

（2）区间

宁波市轨道交通 2 号线一期工程勘察共涉及 21

获奖项目：2019 年全国优秀工程勘察与岩土工程一等奖。

个区间段及2个出入段线，其中16个为地下盾构区间、1个为地下明挖区间、1个地下段向高架段过渡的混合区间、3个高架区间及1个高架出入段线。

1.2 勘察的目的及意义

详细勘察的目的是根据初步设计鉴定意见进行勘察，在初步勘察基础上，详细查明沿线工程地质、水文地质条件，提供编制施工图设计所需的工程地质资料。

1.3 勘察方案布置

（1）勘察工作手段及起止时间

本工程采用工程地质测绘和调查、现场钻探取样、水文地质试验、工程物探（波速试验、电阻率测试）、原位测试（静力触探试验、扁铲侧胀试验孔、十字板剪切试验、标准贯入试验、圆锥动力触探试验）、地温观测、收集资料和室内试验相结合的综合勘探方法，以合理的勘察工作量、先进的勘察手段和工艺，及时、准确、全面地获取本工程场地内的各项岩土技术参数，以满足设计的需要。

详勘工作于2010年4月开始，至2010年底完成了大部分的详勘工作并提交了各工点的详勘报告，除个别工点涉及政策处理完成的勘探孔较少外，其余工点勘察报告均通过了专家评审及施工图审查。由于本工程线路较长，涉及的工点及设计方较多，详勘实施过程中涉及多次的线路调整和变更。后期又按相关要求陆续进行了补充勘察。

（2）勘察完成工作量

本工程共布置勘探孔1930个，其中钻孔1366个，总进尺109026.0m，静力触探孔564个，总进尺25602m；另外布置十字板剪切试验孔118个，扁铲侧胀试验孔59个，电阻率测试孔（电测井）59个，单孔剪切波速试验孔104个，抽水试验孔28个（落程84次）。在所有原状土样均做常规测试外，还应实施一部分特殊试验项目，如三轴不结不排水抗剪强度（UU）、三轴固结不排水抗剪强度（CU）、渗透系数、固结系数、次固结系数、双向基床系数、静止侧压力系数、泊松比、前期固结压力、回弹指数及固结历时曲线、无侧限抗压强度、热物理指标、有机质等。

2 岩土工程条件

2.1 地形地貌及场地环境条件

地貌类型单一，属滨海冲湖积平原，地形平坦开阔，自然地面标高一般为1.900～3.600m。场地周围河网较发育，河渠纵横。沿线建（构）筑物众多，路边地下管线密布，纵横交错，市政道路下局部地段地下障碍物较多。

2.2 工程地质条件

根据钻探揭露的土层的沉积年代、沉积环境、岩性特征及物理力学性质，同时结合野外钻探及静力触探曲线特征，将勘探深度范围内的地基土层划分为11个工程地质层，并细分为55个工程地质亚层，各土层的基本岩性特征参见表1。

地层岩性特征一览表　　表1

成因时代	层号	亚层	厚度/m	岩性特征简述
Q^{ml}	①	①$_1$	0.5～5.0	填土：杂色，由碎块石、黏性土等组成
$Q_4^{3al\text{-}l}$		①$_2$	0.7～1.6	黏土：灰黄色，可塑，下部渐变成软塑，厚层状
Q_4^{3m}		①$_3$	1.9～4.3	淤泥质黏土：灰色，流塑，厚层状
Q_4^{2m}	②	②$_1$	1.0～2.0	黏土：灰色，软塑，厚层状
		②$_{2a}$	4.3～6.9	淤泥：灰色，流塑，厚层状—似鳞片状构造
		②$_{2b}$	3.6～6.3	淤泥质黏土：灰色，流塑，鳞片状构造
		②$_3$	1.6～4.3	淤泥质粉质黏土：灰色，流塑，鳞片状构造
$Q_4^{1al\text{-}m}$	③	③$_1$	1.8～3.3	粉砂、含黏性土粉砂：灰色，稍密—中密，饱和
$Q_4^{1al\text{-}m}$		③$_2$	1.6～5.1	粉质黏土：灰色，流塑，厚层状，夹粉土砂薄层
Q_4^{1m}	④	④$_1$	3.3～8.7	淤泥质粉质黏土：灰色、流塑，局部粉粒含量较高
		④$_2$	2.3～14.0	粉质黏土：灰色、流塑，细鳞片状构造
		④$_3$	0.5～6.9	黏土：灰色，软塑，局部为流塑，细鳞片状构造

续表

成因时代	层号	亚层	厚度/m	岩性特征简述
$Q_3^{2\text{-}2\text{-}al\text{-}l}$	⑤	⑤$_1$	0.6～6.6	黏土：灰绿色、灰黄色、灰褐色，可塑，局部硬塑
		⑤$_2$	1.0～6.6	粉质黏土：灰黄色、褐黄色，软塑，薄层状构造
		⑤$_3$	0.6～3.6	粉土：灰黄色，稍密—中密，饱和，厚层状构造
$Q_3^{2\text{-}2\text{-}m}$		⑤$_4$	1.8～8.3	粉质黏土：灰色，软塑，薄层状构造，黏塑性较好
$Q_3^{2\text{-}2\text{-}al\text{-}m}$		⑤$_5$	1.2～5.3	粉土、粉砂：灰色，稍密—中密，饱和，厚层状构造
$Q_3^{2\text{-}1\text{-}al\text{-}l}$	⑥	⑥$_1$	1.2～5.3	粉质粉土：灰黄色，可塑，厚层状构造
$Q_3^{2\text{-}1\text{-}m}$		⑥$_2$	1.2～8.3	粉质黏土：灰色，软塑，薄层状构造，黏塑性较好
		⑥$_3$	0.5～9.0	黏土：灰褐色，软塑为主，局部可塑，厚层状构造
$Q_3^{2\text{-}1\text{-}al\text{-}m}$		⑥$_4$	0.7～7.2	粉砂、圆砾：灰色，中密，厚层状
$Q_3^{1al\text{-}l}$	⑦	⑦$_1$	0.7～6.4	粉质黏土：灰绿色，灰蓝色，可塑—硬塑，厚层状
Q_3^{1l}		⑦$_2$	1.7～4.4	黏土：灰色，软塑—可塑，厚层状
Q_3^{1al}	⑧	⑧$_1$	0.7～3.9	含黏性土粉砂：浅灰色，中密，饱和，厚层状构造
Q_3^{1m}		⑧$_2$	1.0～5.1	粉质黏土：灰色，软塑为主，局部可塑，厚层状
Q_3^{1al}		⑧$_3$	5.9～6.1	细砂、中砂、砾砂：灰褐色，中密—密实
		⑧$_4$	2.9～8.1	圆砾、卵石：灰褐色，密实
$Q_2^{2al\text{-}l}$	⑨	⑨$_1$	1.2～5.3	黏土、粉质黏土：灰绿色，可塑—硬塑，厚层状构造
Q_2^{2l}		⑨$_2$	1.3～3.4	粉质黏土：浅蓝灰色、灰色，可塑，厚层状构造
Q_2^{2al}		⑨$_3$	1.5～8.6	砾石：灰紫色、灰白色，饱和，密实，厚层状
$Q_2^{1al\text{-}pl}$	⑩	⑩$_1$	5.1～5.4	黏土：灰紫色，紫红色，硬塑，局部可塑，厚层状
		⑩$_2$	3.0～9.3	含角砾粉质黏土：杂色，以灰紫色、紫红色为主，密实
		⑩$_3$	3.0～7.3	含黏性土碎石：灰紫色，紫红色，密实，饱和，厚层状

2.3 水文地质条件

1）地表水

宁波平原河渠密布，每平方公里面积内河渠长度在2.5～4.0km之间，河渠宽度在15～50m之间。河水位一般低于地面0.5～1.2m，水深1.0～3.5m。河渠都互相联通，与甬江、奉化江及姚江有水闸控制。

2）地下水

根据地下水含水层介质、水动力特征及其赋存条件，可将场地内地下水分为孔隙潜水、孔隙承压水和基岩裂隙水。

3）设计水位建议

（1）抗浮设计水位

场地潜水位埋藏浅，勘察期间实测孔隙潜水位标高为1.000～2.500m。根据本地经验，车站及明挖区间基坑抗浮设防水位可取室外地坪下0.5m或50年一遇的防洪设计水位2.800m（1985国家高程基准），设计时按最不利条件选用。

（2）防洪设计水位

根据调查访问场地周边道路在强降雨时并无积水情况，故设计时防洪设计水位可取沿线河流百年一遇的防洪设计水位标高3.300m。

（3）最低地下水位

勘察期间测的各勘探孔潜水位标高一般为1.000～2.500m。水位受气候条件等影响，季节性变化明显，潜水位变幅一般在0.5～1.0m。综合判断，潜水最低水位可按本次勘察实测水位向下1.0m取用。

（4）承压水测压水位

对本工程影响较大的是埋藏较浅的3个承压含水层水位，详见表2。

各含水层水头建议值一览表 **表 2**

承压水编号	承压含水层	岩性	测压水头标高/m		测压水位建议值/m
			最低	最高	
浅部孔隙承压水	③$_1$	含黏性土粉砂	1.100	1.810	1.990
		砂质粉土	1.840	1.990	
I$_1$	⑤$_{1a}$	砂质粉土	1.070	1.940	1.940
		砂质粉土	1.360	1.560	
	⑤$_3$	砂质粉土	0.400	0.560	0.560
	⑤$_5$	砂质粉土	0.410	1.290	1.290
	⑥$_{1a}$	粉砂	0.660	1.420	1.420
		粉砂	0.760	1.280	
		粉砂	0.000	0.160	
	⑥$_4$	粉砂	0.000	0.240	0.240
		粉砂	−1.100	−0.620	
I$_2$	⑧$_3$	砾砂	−0.540	−0.050	−0.050
		细砂	−2.110		
		细砂	−2.050	−1.830	

2.4 特殊性岩土与不良地质作用

拟建场地位于宁波平原区，地形平坦开阔，河岸稳定，场区内及其附近目前不存在对工程安全有影响的岩溶、滑坡、泥石流、崩塌、地下洞穴、地面塌陷和地裂缝等不良地质作用。本工程的主要不良地质作用为区域地面沉降、浅层天然气、暗浜、流砂；特殊岩土主要为厚层软土、人工填土和泥炭质土。

2.5 场地稳定性和建设适宜性

本工程场地位于宁波平原中部，地形平坦开阔，场区内及其附近目前不存在对工程安全有影响的岩溶、滑坡、泥石流、崩塌、地下洞穴、地面塌陷和地裂缝等不良地质作用。本工程的主要不良工程地质问题为场区软土层较厚且变化大和区域地面沉降等问题。尤其是软土地基的强度低、稳定性差和不均匀沉降及变形大等问题，但这些问题可以通过软基处理或桩基加以解决。

从现有地质资料分析，尚未发现有较大的区域性断裂从本场地通过，因此，场地本身不具备发生中、强破坏性地震的构造条件，属于较稳定地块。由此可见，场地稳定性较好，适宜建筑。

3 岩土工程分析与评价

3.1 地下区间、车站

1）地下盾构区间

（1）区间隧道涉及土层的分析及隧道底板土层均匀性的分析

盾构隧道所穿越的土层主要为②层淤泥类土层、③$_1$层粉土（粉砂）、③$_2$层粉质黏土、④$_1$层淤泥质黏土、④$_2$层黏土、⑤$_1$层和⑤$_2$层硬土层、⑤$_{2b}$层和⑤$_4$层灰色粉质黏土及⑤$_3$层粉土层，除⑤层硬土层穿越阻力较大外，其余土层均较为容易。

（2）盾构法隧道施工方案分析

①盾构法施工工艺选择

盾构隧道主要在软土层中掘进，土体自稳能力较差，因隧道掘进施工引起的土体内部应力重分布，而发生的土体变形反应较为迅速；局部在软硬不同土性中掘进时，因软土层排土较多易使线路沿轴线方向产生偏离；而在硬土层中掘进时，由于硬土层的高黏性易使设备堵塞；盾构掘进中遇中密粉土时，顶进阻力大，施工设备所受扭矩大，需采取加泡沫的方法降低土体强度，减少盾构机与土体之间的摩擦阻力。

根据区间隧道的横断面尺寸、埋深及掘进施工过程中的土体性质，结合场地水文地质条件和施工环境，拟建区间隧道宜采用土压平衡式施工方式，在轴线控制、管片拼装、衬砌防水、地表沉降等方面严格控制。

②盾构进出洞控制

洞口段：盾构区间进出洞口段大部分位于淤泥质软土中，盾构始发及终到时，需要凿除盾构井围护结构，从而使开挖面处于暴露状态。软弱地层中盾构施工，盾构始发和到达井的端头加固是工程成败的关键，为了保证盾构始发、终到的安全，需要对盾构井端头进行软基加固处理。可采用深层搅拌桩与压密劈裂注浆相结合的办法对隧道周边，进洞端、出洞端进行地基加固，加固范围、深度和强度等应通过各类稳定性验算后综合确定。

盾构出洞时应防止盾构旋转、上飘：盾构出洞时，正面加固土体强度较高，由于盾构与地层间的摩擦力，盾构易旋转，应加强对盾构姿态的测量，如发现盾构有较大的转角，可以采用大刀盘正反转的措施进行调整。盾构刚出洞推进速度宜慢，大刀盘切削土体中可加水降低盾构正面压力，防止盾构上飘，加强后盾支撑观测。

③盾构法隧道底软基加固

盾构区间隧道底大部分位于软土及软弱土层的地段，因土层具有含水率高，孔隙比大，渗透性差，呈流塑状，且压缩性高，强度低、触变性及蠕变性强等工程力学性质特点，地铁运营过程中在振动力作用下可能发生较大沉降，影响后期的安全运营。为减少该段地层对隧道结构的不利作用，除在隧道管片的设计上采用柔性接头，增加隧道在纵向上的变形能力外，还需考虑采用对隧道底板软弱土层进行加固处理。处理方案宜采用注浆法进行洞内处理。对隧道采取跟踪注浆的方式，通过注浆对隧道沉降进行控制和调整。在管片底部预留注浆孔，预埋钢管，利用袖阀钢管进行注浆。

2）地下明挖区间、车站

根据设计方案，本工程的地下车站及明挖区间均采用明挖顺作法施工。各基坑开挖均较深，场地地下水水位高，周边环境较复杂，对施工影响较大，基坑破坏后果很严重。因此，本工程基坑工程安全等级均为一级。

（1）基坑开挖涉及土层分析

根据各地下车站及明挖区间埋深和场地地质条件，本工程地下车站及明挖区间开挖深度范围内地层主要为①$_{1}$层杂填土、①$_{2}$层黏土、①$_{3}$层淤泥质黏土、②$_{1}$层黏土、②$_{2}$层淤泥类土层、③$_{1}$层粉土（粉砂）、③$_{2}$层粉质黏土、④$_{1}$层淤泥质黏土、④$_{2}$层黏土及⑤层硬土层，部分车站基坑涉及⑤$_{1a}$及⑤$_{3}$层粉土层。表层填土结构松散，富水性和透水性较好；①$_{2}$层强度略高，土层渗透性较差；下部的灰色淤泥类土、软弱黏性土天然含水率大，渗透性弱，抗剪强度很低，土层开挖后稳定性差；③$_{1}$层粉土（粉砂）及③$_{2}$层粉质黏土层土质均匀性差，渗透性较好。由地质情况及场地环境条件可见，沿线软土分布厚度大、范围广，基坑必须采取支护措施。

（2）基坑围护方案的建议

①地下车站

深基坑开挖支护的重点是控制施工过程基坑内工作的正常进行和基坑周围环境不被破坏。结合宁波轨道交通已开挖的同类型的车站基坑设计施工经验，根据场地工程地质条件、工程周边环境及地区经验，车站主体基坑建议采用地下连续墙＋内支撑作为基坑的围护结构，地下连续墙入土深度、宽度和强度等应通过各类稳定性验算后综合确定；地下2层通道及2层出入口、风道及2层风井等，基坑支护方案可采用钻孔灌注桩加内支撑体系或地下连续墙加内支撑两种方案，以地下连续墙为佳；地下1层出入口、风道等基坑支护方案可采用SMW工法或钻孔灌注桩＋搅拌桩止水帷幕作为围护结构。

②明挖区间

区间明挖段开挖基本采用明挖法施工，开挖深度为1.0～15.0m，其基坑支护方案应根据开挖深度及周边环境条件确定。根据场地地层条件和当地经验分析，开挖深度小于2m的基坑可采用放坡开挖（必要时加钢板桩），开挖深度2～4m内的基坑可采用水泥搅拌桩重力式挡墙支护，开挖深度4～10m的基坑可采用SMW工法桩加水平内支撑结构体系支护，开挖深度大于10m的基坑宜采用钻孔灌注桩排桩加水平内支撑结构体系或采用地下连续墙加水平内支撑结构体系进行支护。

（3）基坑降水、排水措施

在城市中深基坑降水总会引起地面产生一定的沉降，影响邻近建筑物和管线。最好的办法是采用止水帷幕，将坑外地下水位保持原状，仅在坑内降水。至于基坑内降水，由于浅部软土渗透性差，根据相关施工经验，可采用疏干井的方法，将水位降至开挖面 1.0m 以下。

附属设施若采用排桩加水平内支撑支护体系，可在支护桩外围打 1～2 排互相搭接的高压水泥旋喷桩幕墙作为隔水墙，以阻止地表水和地下水进入基坑，基坑周围可沿坑壁外侧开挖明沟，以截留地表水并使之排出场外。

（4）基底加固处理及消除基底回弹措施

基坑开挖涉及的浅部①$_3$、②、③$_2$、④$_1$、④$_2$ 层均为淤泥质土或软黏性土，具有高含水率、高压缩性、高灵敏度、高触变、高流变以及低渗透性和低强度等特性，在动力作用下，土体结构较易破坏，使强度骤然降低，基坑开挖后，土体的回弹会对基坑支护结构、周围邻近已有建筑物、地下管线等产生不利影响，时空效应明显，且大部分车站基坑坑底位于②、③$_2$ 及④层灰色软土中，基坑开挖时应尽量减少对坑底的扰动，做到快速开挖、快速支撑、快速封底等措施，减少流变引起的变形。坑底土需采取适当的加固措施，处理方法一般可采用三轴水泥搅拌桩进行抽条加固。

（5）流砂、管涌

部分车站主体结构基坑坑底位于③$_1$ 或③$_2$ 层土中，其组成成分为粉砂及黏性土混粉土或粉砂，该层土在水头差的作用下，可能会产生流砂或管涌现象，导致基坑坍塌变形，稳定性差。因此在基坑开挖中，应采取有效降水措施，同时在坑内进行疏干降水后开挖，坑外围护墙接缝处采用高压旋喷桩作止水处理。

（6）基坑边坡变形问题

基坑围护范围内土层基本由淤泥质土及软黏性土组成，淤泥质土在外力作用下极易被扰动，致使土体强度显著降低，发生塌滑。当土体原有应力状态发生变化后，墙后土体势必向基坑方向发生位移，而且变形历时较长。为控制基坑围护体及墙后土体发生过大的水平及垂直向位移，在确保围护体强度、足够的入土深度的同时，应采取设置多道内支撑措施进行预防。采用钢支撑时，应采取多次施加预应力，可明显减少水平位移。

（7）基坑施工注意事项

①导墙是控制地下连续墙各项指标的基准，它起着支护槽口土体，承受地面荷载和稳定泥浆液面的作用，本工程车站局部填土层厚度较大，导墙开挖易坍塌，建议对填土厚度较大地段导墙施工前可通过地表注浆进行地基加固及防渗堵漏。

②对于紧靠河塘开挖基坑的车站或明挖区间，施工前应对附近地表水进行围堰并排水疏干处理，隔断填土内地下水和地表水的联系。对于存在暗浜的地段，应对暗浜内大粒径块石填土采用小颗粒的填土进行换填处理。

③由于场地浅部软土具高灵敏度、高压缩性，易缩径，且成槽过程中③$_1$ 粉土、粉砂易发生坍塌。针对此地质条件地下连续墙施工时应引起重视，施工时注意调整泥浆性能，防止塌孔，严格控制垂直度，必要时可进行试成槽。

④基坑开挖范围内的淤泥类土及软黏土具有明显触变、流变特性，在动力作用下土体结构极易破坏，且土体开挖时会有一定的回弹，设计施工时应加以注意。

3.2　高架车站、区间

1）桩基方案的选择

一般情况下，在软土地基条件下，桩基持力层的宜选择中、低压缩性土层，结合场地地层的分布情况及地基土的物理力学性质指标，通过对地基土的特性分析，根据本工点的荷载特征，桩基础持力层建议选择下列方案，具体见表 3。

综合考虑，建议选用⑧层细砂作为桩端持力层，桩径建议选用ϕ1.2m，桩型采用钻孔灌注桩，⑧$_3$ 细砂在局部厚度较薄，采用⑧$_3$ 细砂作为桩端持力层时，应控制桩尖进入持力层深度，在⑧$_3$ 细砂厚度较薄或缺失的地段，且⑧$_1$ 细砂埋深偏浅地段，建议优选⑨$_1$ 层作为桩基础持力层；在选择⑧$_3$ 层作为持力层时应注意软弱夹层⑧3a 层的影响。

各工点建议桩型选择　　**表 3**

工点	桩型建议	可选桩基持力层	优先考虑桩基持力层
高架车站、高架区间	钻孔灌注桩（冲击成孔）	⑧$_1$、⑧$_3$、⑨$_1$	优先考虑⑧$_1$、⑧$_3$ ⑧$_3$ 细砂厚度较薄或缺失的地段优先考虑⑨$_1$ 层
路林市场站站房及天桥	钻孔灌注桩或预制桩	⑤$_1$、⑧$_1$、⑧$_3$	⑤$_1$ 优先考虑采用预制桩
双桥站站房及天桥	钻孔灌注桩或预制桩	⑤$_1$、⑧$_1$	⑤$_1$ 优先考虑采用预制桩
宁波大学站站房及天桥	钻孔灌注桩或预制桩	⑤$_1$、⑥$_{2a}$、⑧$_1$	⑤$_1$ 优先考虑采用预制桩
东外环路站房及天桥	钻孔灌注桩或预制桩	⑤$_1$、⑧$_1$	⑤$_1$ 优先考虑采用预制桩

人行过街天桥桩基可根据结构类型、荷载大小、场地工程地质条件及场地环境综合分析，桩型采用预制桩或者钻孔灌注桩，具体桩长和桩径宜根据荷载大小而定，桩端全断面进入持力层深度不应小于于$2D$。

为节约成本，提高单桩承载力、减少桩基沉降，结合本地区的经验，本工程钻孔灌注桩也可考虑采用后注浆方案。

由于高架采用大直径钻孔灌注桩桩基，竣工后沉降量很小，而与之相连的路基一般需要堆筑一定高度的路堤，其下软土地基在路堤等荷载长期作用下，沉降量相对要大得多。两者之间变形明显不均匀，如不事先采取措施，道路建成后会产生不同程度的跳车现象，影响行车安全，增加工后期维护费用。为解决这一问题，建议采用以下方法进行处理：①路基采用轻质材料进行填筑（如粉煤灰炉渣等）；②对路桥过渡段路基采用水泥搅拌桩或预制管桩进行软基处理。由于本区间分布有泥炭质土（①$_{3a}$层），若采用水泥土搅拌桩进行地基加固，建议进行试验。

2）沉（成）桩可能性分析

本工程高架车站、区间及停车场一般采用的钻孔灌注桩，对地层的适应性较强，可用于各类土层、岩层，本工程场地除⑥$_5$层含黏性土砾砂、⑧$_3$层圆砾局部可能颗粒粗大，对钻孔桩成孔有一定的影响，但只要采用先进的施工工艺和选用合适的施工设备及成孔钻具，一般不会存在成桩困难问题。但要注意浅部软土的缩径和下部⑥$_{2T}$、⑥$_4$层粉土或砂土、⑥$_5$层含黏性土砾砂及⑧$_3$层圆砾或砾砂的塌孔等问题，应采用先进的施工工艺和合适的泥浆相对密度，各道工序连续进行，尤其是成孔与浇灌工序，以确保桩基施工质量。人行过街天桥如采用预制桩，应考虑挤土效应对道路、管线及附近民房等建构筑物的影响。

3）基础设计和施工措施建议

（1）钻孔灌注桩的承载力与施工质量密切相关。因此，钻孔灌注桩施工时必须保证桩身质量，控制沉渣厚度，防止桩端土层发生松弛。在组织设计和施工过程中，请注意下列几点：

①拟建场地局部填土较厚，为了防止人工填石掉入孔内对桩基造成影响，因此施工时，应对桩位处的杂填土及原基础预先清除，同时用护筒将填土隔开，避免填石掉进孔内而影响施工。

②浅部土体具高压缩性，易缩径，施工时应引起重视；⑥$_{2T}$、⑥$_4$层粉土或砂土和⑥$_5$层含黏性土砾砂、⑧$_3$层圆砾、砾砂，若施工不当，易产生塌孔，造成局部充盈系数偏大。

③为防止桩端砂土层发生松弛，保证桩基承载力的正常发挥，应采用先进的施工工艺和合适的泥浆相对密度，各道工序应连续进行，尤其是成孔与浇灌工序。

④泥炭质土分布部位，其对钻孔灌注桩的成桩质量可能会带来一定影响，设计与施工应注意。

⑤由于拟建场地内存在多层承压水，尤其深部的承压水，其水头较高，对成孔和成桩质量影响比较大，应注意保持孔内浆液面高度不低于承压水水头高度，并选择适当的泥浆相对密度，控制施工进度，确保各道工序的连续进行，以减小下部承压水对成桩质量的影响。

（2）对于钻孔灌注桩施工产生的泥浆污水，应及时用车辆外运排污，也可采用大池贮蓄和车辆外运相结合，一般应做到不影响周围环境。

（3）桩基承台基坑放坡开挖时，要严格按规定程序挖土和堆运，控制其周围的堆土高度，以防产生基坑失稳。同时，必须加强对基坑开挖过程中土体和支护结构变形的监测及对邻近建（构）筑物影响的现场监测工作，尤其是临河侧及附近。拟建车站与河道紧邻，施工时应采取止水措施（如围堰等），防止地表河水渗入基坑。

（4）在桩基承台基坑开挖时，土方开挖完成后应立即对基坑进行封闭，防止水浸和暴露，并应及时进行桩基承台基础的施工。基坑土方开挖应严格按设计要求进行，不得超挖，且宜分层开挖，防止局部超挖产生挤土而影响工程桩的质量和安全。

4 主要技术难点和解决方案

4.1 主要技术难点

轨道交通线路敷设方式和施工方法的多样性，导致工程基础类型和结构形式的多样性，轨道交通勘察兼有铁路隧道、城市高层建筑、深基坑、水文地质勘察的特点。其主要技术难题有：线路长，工程地质条件复杂，涉及不同的水文地质、工程地质单元；任务重、工期紧，布置的勘探测试工作量大，工点数量较多；周边环境复杂、岩土工程问题较多、结构形式较多、施工方法复杂；安全生产、文明施工要求高。

4.2 解决方案

（1）开展了水文地质专项研究

本工程地下水由表层孔隙潜水和五个承压含水层组成，水文地质试验包含单孔抽水、多孔抽水、注水试验及承压水长期观测等，在获取相关水文地质参数的同时开展了水文地质专项研究，形成了《宁波市轨道交通第一轮规划勘察技术总结——水文地质参数分析总结》，加强了对工程影响较大的浅部承压水的系统研究，弥补了宁波平原地区浅部承压水资料不足的缺陷，分析了其对工程的影响，为深基坑设计等提供了系统合理的水文地质参数。

（2）开展了冻结法施工专项勘察

联络通道冻结法施工专项勘察分析了宁波地区典型软土在−5℃、−10℃、−15℃时的破坏形态，各土层冻土极限抗压强度、弹性模量、泊松比与温度的关系，及其他在冻融条件下的物理力学性能，为人工冻结法施工在宁波地铁建设中应用提供必要的设计参数，为冻土墙解冻后计算结构稳定性及对周围环境影响提供依据，进而保证工程施工的安全性、经济性和环保性。

（3）开展了浅层天然气专项勘察

创新了静力触探仪法，此方法简单可靠，能准确确定地下气体的气体埋深、气压和成分等。通过现场勘探测试，查明了宁波市轨道交通 2 号线一期工程 KC211 标段盾构范围内浅层天然气存在的范围及深度等、查明了气源层、储气层及浅层天然气气体成分及物理化学特性、阐明了浅层天然气的形成及地质历史条件、分析了天然气对地铁施工所产生的危害，为轨道交通盾构施工提供地质依据。

5 新技术、新方法的应用

（1）创新了静探法施工工艺开展浅层天然气专项勘察技术，此方法简单可靠，能准确确定地下气体的埋深、气压和成分等。

（2）应用 JTM-T400 型温度计长期测量宁波市轨道交通工程地表下 25m 以内的土壤温度，确定了各深度范围内的地温随气温的变化规律。

（3）提出了一种在 K0 固结仪上进行的室内试验方法。基床系数现场测试在土体埋藏较深时或场地有水时，受到很大限制，实验室三轴仪等方法对试验技术要求很高，按压缩试验资料计算不可靠，K0 固结仪上进行的室内试验方法，避开了上述限制。

（4）创新了深埋管线探查方法。首次使用我院实用新型专利，一种地下管线勘查专用钻头采用轻压慢钻的方法查明了顶管、定向钻等深埋管道的探查且取得了满意的效果。

（5）改良了抽水试验装置。经多次实践研究，改进了抽水试验接水装置和出水装置分开连接，减少水气混合冲击力而影响流量读数的准确性，使水流稳定读数更精确。

6 工程成果与效益

6.1 工程成果

（1）报告专家组评审意见一致认为：本工程报告资料完整、内容丰富、重点突出、分析评价和结论正确，建议合理，符合规范要求。

（2）建设单位、设计和施工单位在成果使用证明中指出：采用了科学的、综合的勘察手段，详细查明了场地工程地质条件，编制了详细、完整、全面的勘察报告。经实践，各项勘察成果满足了设计、施工需要，提供的岩土参数和建议为设计和施工单位所采用，勘察成果准确，为工程的顺利建成提供了保障。

（3）住房和城乡建设部多次对本工程进行检查，检查时专家一致认为：勘察手段多样、外业资料翔实齐全，报告深度符合规范要求。

6.2 综合效益

宁波市轨道交通 2 号线一期为宁波市带来巨大的社会经济效益，带动沿线经济和相关产业的快速发展，同时也大幅度改善了居民生活水平，提高整个城市的运作与流通效率，有利于大大改善城市形象。

（1）本工程串联了栎社国际机场、客运中心、宁波火车站、市府广场、三江片商业中心、汽车北站、火车北站、汽车市场、宁波大学等交通枢纽、大型客流集散点和高教园区，改善了宁波交通条件。

（2）宁波地区软土层深厚，浅部由淤泥质土、淤泥组成，最厚达 30.0m，勘察过程中采用了多样勘察手段，提供的岩土参数准确，节省了投资，缩短了工期。

（3）勘察现场涉宁波多个行政区域，如鄞州区、海曙区、江北区及镇海区，做到了安全生产无事故，文明施工誉甬城，很好地协调了建设与周边环境的关系。

（4）安全生产、文明施工，轨道交通勘察现场标准化管理，为宁波当地勘察企业亮出了宁波轨道交通工程勘察单位的金名片。

昆明轨道交通 4 号线岩土工程勘察实录

刘 伟 赵福玉 杨文辉 王清海 彭 都 张 礼 潘建华
（中铁二院昆明勘察设计研究院有限责任公司，云南昆明 650200）

1 概况

1.1 工程概况

昆明轨道交通 4 号线是国家财政部第二批 PPP 示范项目，为目前国内一次性规划、设计、建设和投运里程最长的全地下地铁主干线。工程起于昆明主城区西北部金川路站，止于呈贡新区昆明火车南站，途经五华区、高新区、盘龙区、官渡区、经开区、呈贡新区共 6 个行政区及技术、经济开发区，线路全长 43.422km，共设地下车站 29 座（新建 28 座），其中换乘车站 14 座，地下区间 28 段，平均站间距 1.54km。全线设大漾田车辆基地、广卫停车场和白龙潭停车场，设火车北站、麻苴、斗南主变电所，其中新建麻苴主变电所。控制中心与新建的线网控制中心合设于火车北站，总建筑面积约 109.35 万 m^2。采用地铁 B 型车，6 辆编组，最高速度目标值 100km/h。初步设计概算总额 303.02 亿元，技术经济指标 6.98 亿元/正线公里。线路位置见图 1。

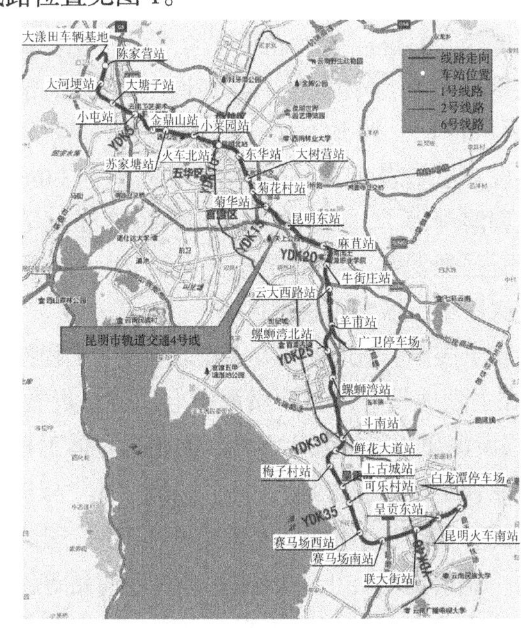

图 1 昆明轨道交通 4 号线示意图

4 号线于 2013 年 4 月获得国家发改委批复，2015 年 11 月云南省发改委批复了 4 号线可行性研究报告，2019 年 9 月获得初步设计正式批复。工程于 2015 年 12 月 30 日试验段开工建设，2020 年 9 月 4 日通过竣工验收，2020 年 9 月 23 日通车试运营。沿线具有密集的客流，对解决城市交通问题和带动沿线的发展具有重要意义和作用。

1.2 勘察概况及完成工作量

4 号线全线勘察工作于 2015 年 11 月 11 日开始从起始车站陈家营站，至 2019 年 4 月完成广卫停车场公安派出所办公楼详勘及专项勘察工作，结束了全线的勘察工作。

勘察在充分收集利用既有区域及勘察资料的基础上，采用工程地质调绘、钻探、取样、水文地质试验、原位测试（静力触探试验、十字板剪切试验、标准贯入试验、动力触探、旁压试验、扁铲侧胀试验、地温测试、土壤氡测试等）、工程物探（管线物探、波速试验、电阻率测试、孔间层析成像（CT）、高密度电法、地质雷达法）、室内试验相结合的综合勘探方法，以合理的勘察工作量、先进的勘察手段和工艺，及时、准确、全面地获取本工程场地内的各项岩土技术参数，满足设计和施工的需要。

2 工程地质条件

2.1 地形地貌

4 号线连接昆明主城区和呈贡新城区，自北西向南东穿过了整个昆明断陷湖积盆地，自盆地内部向周围山区发育显著多层夷平面地貌。沿线可划分为三个地貌单元：构造剥蚀低中山与湖盆岸坡过渡区地貌单元、滨湖相与河流交汇沉积地貌单元、低山残丘与湖盆岸坡过渡区地貌单元。总体地形地貌较复杂。

获奖项目：2023 年度云南省优秀工程勘察一等奖。

2.2 地层岩性

4号线沿线地层发育、岩土种类多，岩性复杂，全线共划分为27个主单元地层。

盆地区主要为第四系全新统（Q_4）、上更新统（Q_3）、中更新统（Q_2）及下更新统（Q_1）冲湖积、坡洪积、冲洪积、坡残积等成因的黏土、粉质黏土、红黏土、粉土、泥炭、淤泥质土、砂土及圆砾土等，呈带状及透镜状多层韵律状分布，土层厚度一般大于50m。基底主要为第三系、侏罗系、二叠系、石炭系、泥盆系、寒武系、震旦系的砂岩、泥岩、页岩、铝土岩、玄武岩、灰岩、白云岩等，岩性复杂。基岩主要在盆地边缘、金鼎山至小菜园及停车场区域分布。

2.3 地质构造及地震

4号线处于昆明断陷盆地内，昆明盆地位于扬子准地台滇东台褶带中的三级构造单元昆明台褶束内，主要构造有普渡河—滇池断裂、蛇山断裂、黑龙潭—官渡断裂、白邑—横冲断裂、野竹阱—龙船阱断裂、富民断裂、一朵云断裂（F7）、桃园倒转向斜、铜牛寺水库—果林水库复式背斜。工程区区域地质构造复杂，近场区各断裂均为早第四纪断裂，晚更新世以来无活动迹象。区域新构造运动强烈，主要表现为大面积间歇性掀斜隆升、断块差异运动、晚新生代盆地及晚新生界地层变形等三种形式。

工程区处于普渡河中强地震带，抗震设防烈度为8度，设计基本地震动峰值加速度值为0.20g，设计地震分组为第三组，地震动反应谱特征周期为0.45s、0.65s。以中软土为主，场地类别主要为Ⅲ类，局部为Ⅱ类，属对建筑抗震不利地段。

2.4 水文地质条件

工程区地表水发育，主要为入滇河流，主要河流及地表水体有新运粮河、麻园河、莲花池、盘龙江、明通河、金汁河、海明河、东白沙河、宝象河、水龙沟、马料河、机器河、东大河、白龙潭等，与场地地下水具有补排关系。

工程区地下水类型主要为孔隙水、基岩裂隙水和岩溶水。

孔隙水主要发育于第四系松散堆积层中，基岩裂隙水发育于玄武岩、砂岩、泥岩等地层中，岩溶水发育于灰岩、白云岩等可溶岩中。其中发育于第四系松散堆积层砂土、圆砾土及粉土等主要含水层中的孔隙水对工程影响最大，其在工程影响深度范围内一般呈多层带状分布，包括潜水、浅层承压水、中部承压水及深部承压水，具有含水层埋深浅、含水层层数多、层间透水性差异大、补给条件较好等特点，总体富水性中等～强，混合稳定水位埋深一般0.2～1.5m。区域地下水总体由北向南、由东向西渗流，向滇池排泄。

盆地区地下水位较浅，雨季地下水位上升明显，抗浮水位按原始地面考虑。

2.5 不良地质现象及特殊性岩土

（1）不良地质现象

4号线的不良地质主要有砂土液化、岩溶、软土震陷、有害气体等。其中砂土液化及岩溶问题最为突出。

砂土液化：工程区沿线地下20m范围内发育有多层第四纪全新世（Q_4）饱和砂土、粉土，主要为②$_5$、③$_5$、③$_{5\text{-}1}$层粉土，②$_6$、③$_6$层粉砂，②$_7$、③$_7$、③$_{7\text{-}1}$层细砂，②$_8$、③$_8$、③$_{8\text{-}1}$层中砂，②$_{10}$、③$_{10}$、③$_{10\text{-}1}$层砾砂。经液化判别，液化指数I_{lE} = 0.35～17.6，场地液化等级为轻微—中等。

岩溶：全线可溶岩主要分布于大河埂站—大塘子站、金鼎山站—小菜园站、联大街站—昆明火车南站、白龙潭停车场及出入段线，共12段累计总长度约4.21km，占线路长度的7.1%。钻探揭示钻孔见洞率13.29%～58.0%，平均21%；线岩溶率1.73%～13.4%，平均3.29%，为覆盖型岩溶，岩溶主要发育于基岩面下15m范围，并以小于3.0m的充填型溶洞为主，揭示最大溶洞洞高9.5m，岩溶中等—强烈发育。4号线岩溶区可划分为岩溶稳定区、次不稳定区和不稳定区。

软土震陷：场地分布有多层软土层，工程性质差，在强烈地震时，②$_3$层淤泥质土，②$_4$泥炭质土，③$_3$层淤泥质土可能发生震陷，需根据具体工程场地考虑软土震陷的影响。

浅层天然气：沿线陈家营站—小屯站、云大西路站—螺蛳湾站、上古城站—赛马场西站等区段为盆地内滨湖相与河流相交汇沉积区，场地分布多层泥炭质土，具有较好的生、储、盖组合配置关系，具备生成浅层天然气的地质条件，少量钻孔有天然气涌出，对地下工程施工不利。

（2）特殊性岩土

沿线发育人工填土、软土、红黏土、膨胀土及风化岩等特殊岩土。其中软土最为发育，对工程影响最大。

人工填土：分布于地表，主要为杂填土或素填土，以黏性土为主夹碎块石，成分较杂，一般厚1.40～3.50m，最厚约15.50m，厚度变化大，对地面工程及基坑边坡的稳定性影响大。

软土：通过滨湖相与河流交汇沉积地貌单元区的地段发育了多层软土，主要有②$_3$③$_3$⑥$_3$ 层淤泥质土，②$_4$③$_4$⑥$_4$⑥$_{4-2}$⑧$_4$⑧$_{4-2}$⑩$_4$ 层泥炭质土，⑥$_{4-1}$ 层泥炭等，呈条带状或透镜状断续分布，具有“天然含水率高、压缩性高、灵敏度较高、触变性较高、流变性较高、强度低，透水性弱”等特点，工程性质差，因此软基问题突出。

红黏土：可溶岩分布地段多分布坡洪积、坡残积红黏土，呈褐红色、棕黄色，硬塑状，为原生红黏土或次生红黏土，自由膨胀率为34.1%～88.7%，具弱～中膨胀潜势，失水收缩性较强，垂直裂隙发育，复浸水特性主要为Ⅱ类，工程性质较差，对工程不利。

膨胀土：全线多段分布的坡洪积、冲洪积②$_{1-2}$②$_1$⑥$_{1-2}$⑥$_{2-2}$⑧$_{1-2}$⑧$_{2-2}$ 层黏性土自由膨胀率为17%～74%，平均33.81%，具有遇水易膨胀，失水收缩特征，具弱—中膨胀潜势，为弱—中膨胀土。

风化岩：全线在盆地边缘及残丘地带，基岩零星出露区或埋深较浅段，普遍分布有玄武岩、砂岩、泥岩及白云岩风化层，岩体风化层厚度较大，差异风化严重，均匀性较差，软硬不均，稳定性一般～较差。

3 岩土工程分析与评价

3.1 车站工程

4号线车站多为地下2层，基底埋深10.59～18.6m；换乘站为地下3层，基底埋深23.13～26.54m；火车北站为地下4层，基底埋深35～37m。车站主体基坑均为深基坑。

4号线基坑以第四系各种成因的黏性土、软土、砂土及圆砾等松散堆积层为主，地下水较发育，地下水位较高，周边建筑物密集，在自然条件下开挖、施工，基坑边坡是不稳定的，极易发生滑坡、坍塌、坑底隆起、涌砂、软土流变等地质问题，因此需对基坑边坡采用合适的支护及降排水措施，确保施工及周围环境的安全。

根据场地地质条件和周围环境条件，车站基坑采用地下连续墙作围护结构。附属结构底板埋深6～12m，采用直径1000mm灌注桩＋止水帷幕围护，火车北站和螺蛳湾北站附属风亭组和换乘通道基底埋深达16～17.5m，采用地下连续墙作围护结构。

基坑涌水量计算结果和基坑开挖深度、场地分布地层渗透性密切相关。4号线基坑开挖范围分布以黏性土、泥炭质土、粉土为主时，涌水量较小；基坑开挖范围分布以圆砾、砂土为主时，涌水量则较大。经过基坑涌水量计算，盆地内车站基坑涌水量为69～1209.6m^3/d，其中火车北站基坑涌水量较大，达6520m^3/d。盆地边缘车站基坑涌水量一般为120～1351m^3/d，坑底处于基岩中时施工揭露岩层后局部会产生较大涌水，且出水位置集中，对施工影响较大。根据涌水量计算结果，基坑内需设置专门的降水井和疏干井，将地下水位降至基坑底板以下1m，满足施工安全需要。

4号线车站地下水较丰富，地下水位较高。经计算，基坑抗渗流稳定性系数为0.19～6.71，系数变化没有明显的区域规律性。抗渗流稳定性与具体基坑深度、实测地下各含水层顶板埋深和水头等有关，评价大部分车站不满足稳定性要求，需采取抗浮及抗渗流措施。地下水位随季节变化较大，盆地区抗浮水位按地表下0～1.0m考虑。

3.2 区间工程

隧道穿过盆地内的土体围岩分级主要为Ⅴ～Ⅵ级，地下水较丰富，水位也较高，适宜采用土压平衡或泥水平衡式盾构法施工，配置软土刀具，对土层有较好的适应性、止水性。深厚强富水地层采用“慢匀速、微扰动、弱补偿”的科学施工措施，将盾构刀盘和掘进的扰动最小化控制，精确控制出土量，实现“微扰动”目标；采用克泥效工艺辅助施工，在盾构机中增设多个注入装置，持续不断向地层补充浆液，在同步注浆前实现地层损失的“弱补偿”。

盆地边缘过渡带及金鼎山段基岩埋深浅，岩面起伏大，围岩等级以Ⅲ～Ⅴ级为主，宜采用混合型盾构法施工，必要时适当添加泡沫等对土质进行改良，避免结泥饼。盾构机需配置适合岩层掘进刀具的复合型刀盘，金鼎山段玄武岩最大饱和单轴抗压强度$R_c = 116.5$MPa，呈贡段砂岩最大饱和单轴抗压强度$R_c = 91.27$MPa，为坚硬岩，盾构施工需增加滚刀等刀具的数量配置。区间联络通道采用地面旋喷桩加固＋矿山法施工，根据地下水渗流特性选用单液注浆或双液注浆加固，强富水地层亦可采用冻结法辅助施工。

3.3 车辆基地

4号线车辆基地均设于盆地边缘，覆盖层性质复杂，厚度变化较大，局部基岩埋深较小或出露，属土岩复合地基，各场地均存在较大填挖工程，局部软土需采取高压旋喷桩或水泥砂浆搅拌桩加固地基，边坡采用桩板墙和骨架护坡。停车列检库、检修库、运转检修综合楼、不落轮旋库、综合楼等建筑单体柱荷载或柱网跨度较大，构筑物对上部结构及基础的沉降要求较高，基础采用桩基方案，泥浆护壁钻孔灌注桩。蓄电池间、材料棚、门卫室等建筑面积小的各建筑物，层数低，荷载较小，可采用天然地基方案，采用钢筋混凝土条形基础或独立基础。

3.4 岩溶专项治理

岩溶稳定区不需进行处理，岩溶次不稳定区一般可不进行治理，岩溶不稳定区应进行治理。岩溶治理应针对不同的工程类型和岩溶特征采取相应的治理原则和工程措施。岩溶治理一般采用注浆加固措施，对于埋深较小的岩溶可采取开挖揭露回填注浆措施进行治理，桩基需穿过岩溶置于下部稳定地层中。

车站以结构底板下10.0m为界限，10.0m以内出现岩面、岩体洞穴及土洞列为岩溶高风险区，反之为岩溶低风险区。对处于岩溶高风险区范围内的溶洞、土洞应从地面（或基坑开挖面）进行注浆充填加固，同步完成岩面注浆施工。采取注浆处理不仅加固和充填溶洞，同时阻断岩溶内及附近岩溶水的流动，阻止了岩溶的进一步发展扩大。

盾构隧道底板以下6.0m范围内，且在隧道垂直投影范围的溶洞、土洞必须进行充填处理。对隧道平面投影外距离隧道边缘3.0m范围内和隧顶以上3m内的溶洞，按填充进行处理。对处于高风险区5.0m以外的溶洞，可按洞体厚跨比确定是否需要治理，当厚跨比大于0.5，则判定洞体基本安全，可不做处理，否则需进行填充处理。

4 勘察成果质量及施工验证

昆明轨道交通4号线通过采用先进的手段和综合地质勘察方法取得了全面、准确、可靠的地质基础资料，为工程的选址、设计、施工等提供了可靠依据。勘察过程严格执行了质量控制措施，地质图件、报告编制规范，图文并茂，地质勘察报告论述清楚，评价结论依据充分，建议工程措施可行，采用的岩土力学参数经济、合理，符合现行国家标准《城市轨道交通岩土工程勘察规范》GB 50307、《岩土工程勘察规范》GB 50021等有关技术要求，通过了咨询单位及施工图审查。勘察成果为设计提供了可靠的基础资料，为工程的成功建设、工程的安全性和经济性奠定了基础，获得建设、设计、施工及监理等单位高度评价。

经施工验证，地质勘察资料准确、可靠，勘察质量优良，满足设计、施工需要，为确保工程优质高效地建成奠定了基础，工程通车以来运营正常，未出现地质病害。

5 主要创新点

（1）首次对昆明轨道交通4号线、3号线等勘察设计和施工成果进行了系统研究、总结，并编制了云南省第一本城市轨道交通岩土工程勘察地方标准《云南省城市轨道交通岩土工程勘察规程》DBJ53/T—113—2021。

规程从2019年5月由云南省住建厅立项批准，经编写、审查，2021年1月由云南省住建厅批准发布，于2021年5月1日正式出版实施。

规程总结了昆明轨道交通岩土工程勘察原则和技术要求等，并系统地建立了昆明地区轨道交通岩土工程勘察地层的分层及编号要求和原则，以条文说明形式写入规程。规程能有效规范和统一云南省城市轨道交通岩土工程勘察的程序、标准和内容等，勘探孔的布置、取样、测试及试验等工作的布置更合理，勘察成果资料的规范性、统一性、完整性及可靠性等将会得到提高，可有效地提高云南省城市轨道交通岩土工程勘察质量。

（2）首次完成了复杂地质和环境条件下昆明轨道交通工程最深基坑——火车北站基坑勘察工作，建立了昆明轨道交通工程深基坑勘察原则。

4 号线火车北站为地下负四层站，全长 345m，标准段宽度 25.7m，基底最大埋深达 37.60m，施工地下连续墙基底嵌入地面以下最大深度为 73m，设计整体滑动稳定性验算和坑底抗隆起稳定性验算最大深度达 85m，周边环境和地层岩性复杂、地下水丰富，勘察要求高、勘察难度大。

勘察基本原则：地下车站深基坑平面勘探点间距应根据场地的复杂程度、地下工程的埋深、断面尺寸等特点综合确定。结构变化位置、出入口和地质复杂地段应有加密的地质横剖面控制。布置控制性勘探孔进入结构底板以下不应小于 25～30m，同时勘探孔深度不应小于基坑深度的 2.5 倍；一般性勘探孔进入结构底板以下不应小于 15～20m，同时勘探孔深度不应小于基坑深度的 2 倍。

该勘察原则的制定弥补了国家标准《城市轨道交通岩土工程勘察规范》GB 50307—2012 第 6.3.5 条和第 7.3.5 条关于勘察孔深控制的不足等问题，对今后类似深基坑的勘察具有较好的指导和借鉴意义。

（3）首次在昆明城市轨道交通工程建设中实施了岩溶专项勘察工作，制定了一套昆明轨道交通岩溶专项勘察方案，提出了专项治理的综合处理措施。

在城区适宜采用钻孔 + 跨孔电磁波层析成像（CT）技术探测孔间岩溶发育特征。勘探孔的布置原则为：地下车站勘探点纵向布置三排钻孔，左右两排布置于线路中线上，中间一排纵向错开 5m 布置于左右线中间站台，孔排距约为 10.0m，孔深进入结构底板下完整基岩不小于 15.0m。针对岩溶强烈发育的车站，孔间距一般为 10.0m。区间隧道沿左、右中线布置两排钻孔，孔间距一般为 10.0～15.0m，孔深一般进入结构底板以下不应小于 2.0 倍隧道直径或进入结构底板以下中等风化层 10.0～15.0m。孔间层析成像 CT 布置原则：车站纵向三排钻孔均沿纵向以相邻两个钻孔为一对，逐对进行 CT 测试，横向以中间一排钻孔向左右两排前后钻孔为一对进行 CT 测试；区间相邻两个钻孔均进行 CT 测试。钻孔完成试验后全孔需采用混凝土封孔。

以上三项创新技术经云南省科学技术情报研究院《昆明轨道交通 4 号线综合勘察技术科技查新报告》技术查新（报告编号：202253b2000053），结论为“在检索范围内，未见到相同的文献报道。”该三项创新技术在国内领先。

6 工程经验与教训

（1）轨道交通工程属于大型复杂工程，涉及的工程类型及施工工法多，应加强综合勘察工作，针对不同的工程类型及施工工法合理布置勘察方案，特别应注意试验内容的差别。

（2）轨道交通工程处于城市，周边环境复杂，勘探工作应特别关注地下建构筑物及管线的安全，采用管线探测可有效地减少孔位开挖探测工作量及对城市的影响。

（3）轨道交通工程以地下工程为主，应加强水文地质勘察工作，对具有多层含水层的场地应分层进行水文地质试验，获取不同含水层的水文参数，满足防排水等设计的需要。

（4）轨道交通工程属于线状工程，穿过的地貌及地质单元较多，涉及的地层岩性复杂，统一全线地层代号非常重要，有利于勘察资料的统一及质量保证。昆明轨道交通 4 号线的做法为：主层根据各岩土层的成因年代和成因类型进行划分，第四系地层年代划分到统，在同一个统内又按不同的成因类型进行划分，基岩划分到组；亚层根据不同的岩性划分，同一组的基岩若岩性差异较大的根据区域图上的分段划分亚层；次亚层根据岩土不同的状态或风化程度划分；呈薄层透镜状分布于亚层及次亚层中的地层划分为夹层。

（5）勘察前及过程中应加强与设计专业的沟通交流，详细了解工程方案及施工工法，以针对性的布置勘察方案。

（6）加强配合施工工作，当地质条件发生变化时应及时与设计和施工方讨论对策，必要时应进行补充勘察工作。

（7）应重视专项勘察工作，针对滇池盆地特殊的地质环境，应重视岩溶、有害气体、水文地质等专项地质工作，以为设计及施工提供可靠依据，确保工程安全。

（8）同一地区或省市的轨道交通工程勘察工作建议由相关主管部门主持编制勘察细则或规程，以统一轨道交通工程勘察的要求、原则等，提高勘察质量和水平。

昆明轨道交通 4 号线岩土工程勘察获 2023 年度云南省优秀工程勘察一等奖。

参考文献

[1] 赵福玉，刘伟，张旭，等. 昆明轨道交通 4 号线地质特征与应对措施[J]. 铁道工程学报, 2022(4): 84-88.

[2] 刘伟，赵福玉，彭都，等. 昆明轨道交通 4 号线岩溶发育特征及治理措施[J]. 工程地质学报, 2018, S: 203-207.

长沙市轨道交通 1 号线一期工程 KC-2 标段岩土工程勘察实录

赖许军　尹传忠　蒋先平
（中国有色金属长沙勘察设计研究有限公司，湖南长沙　410017）

1　项目概况

长沙市轨道交通 1 号线一期工程属长沙市重点建设项目，建筑物重要性等级为一级，场地等级为一至二级，地基等级属于一至二级地基，岩土工程勘察等级为甲级。

长沙市轨道交通 1 号线一期工程起于汽车北站，沿芙蓉北路向南敷设，下穿市污水处理厂及浏阳河后转向西行，沿规划黄兴北路穿越营盘路过江隧道，在五一广场设站与轨道交通 2 号线换乘；线路穿越黄兴路商业步行街后沿劳动西路东行，在侯家塘设站与规划的 3 号线换乘后于侯家塘路口转向，沿芙蓉南路继续向南敷设；穿越浦沅立交及京广铁路，经省政府，之后线路在中意路南侧出洞，以高架线的方式沿芙蓉南路侧分带敷设至一期工程终点万家丽路站，并接入尚双塘车辆段。1 号线一期工程线路全长 23.569km，其中地下线 22.22km，高架线 1.139km，过渡段 0.21km。全线共设车站 20 座，包括地下站 19 座，高架站 1 座。

长沙市轨道交通 1 号线一期工程地理位置处于长沙市中心地段（图 1），KC-2 标段北起五一广场站（不含），南至铁道学院站，相当于里程 YAK18＋082～YAK25＋137，途经人民路站、城南路站、侯家塘站、南湖路站、赤黄路站、金色大道站、铁道学院站，共 7 站 7 区间，线路长约 7.055km。本标段拟为地下线，车站拟采用明挖法，地下线工法拟采用盾构法。

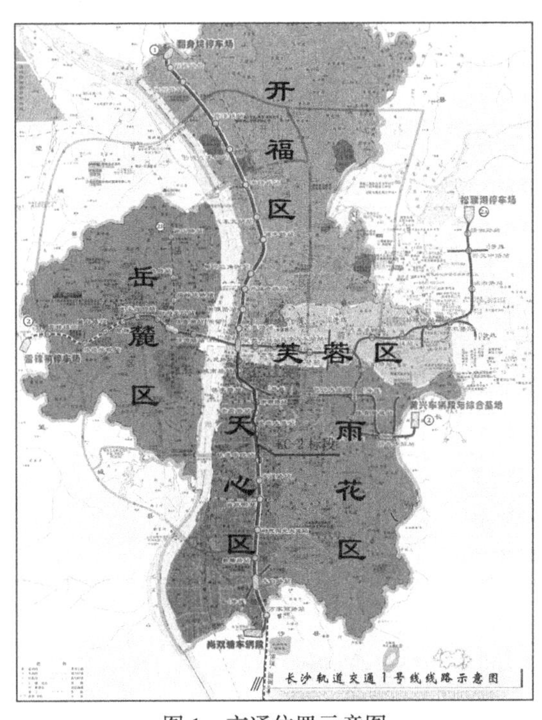

图 1　交通位置示意图

2　勘察方案布设及实施

本次勘察工作是在工程地质调查的基础上，采用工程钻探为主，辅以室内试验、原位测试（包括：标准贯入试验、动力触探试验、旁压试验、钻孔岩土层波速及电阻率测试等）、水文试验（抽水、压水试验）和地下管线探测等的综合勘察方法。同时，布置了岩溶、白沙古井水质保护、地基土基床系数、地下水和残积土、红层风化岩崩解性等专题研究，通过这些勘察方法和专题研究，为工程设计、建设提供了重要数据和合理建议。

勘探点布置根据各工点特点，结合地质条件，在充分利用既有勘探资料的基础上按照相关规范合理布置勘探孔。车站按两侧对称布孔，单侧孔位

获奖项目：2021 年度工程勘察、建筑设计行业和市政公用工程优秀勘察设计奖二等奖。

间距一般为30m，不良地质、特殊地质及地质条件复杂段应适当加密；区间在线路两侧结构边缘外侧3～5m的位置，交叉布孔，复杂地段加密；并在适当位置布置水文试验孔和观测孔。本标段各工点工作量见表1。

各工点钻探工作量统计表　　表1

工点名称	工程钻孔/个	抽水试验钻孔/个	
		试验孔	观测孔
五人区间	17	3	6
人民路站	22	2	6
人城区间	30	2	4
城南路站	40	5	10
侯南区间	29	2	4
侯家塘站	19	2	4
侯南区间	29	2	4
南湖路站	20	2	4
南赤区间	9	1	2
赤黄路站	41	2	4
赤新区间	17	1	2
新建西路站	15	2	4
新铁区间	58	3	6
铁道学院站	15	2	4

3　岩土工程条件

3.1　地形地貌

线路主要穿过长沙市芙蓉区及天心区境内，沿线穿越黄兴路、劳动西路、芙蓉南路。沿线穿越地貌单元如下：

（1）五一广场站至城南站至侯家塘站区间属湘江Ⅱ级侵蚀冲积阶地；

（2）劳动广场处至侯家塘站（不含）属于湘江Ⅲ级侵蚀冲积阶地；

（3）侯家塘站至铁道学院站属湘江Ⅳ～Ⅴ级侵蚀冲积阶地；

（4）湘江Ⅱ～Ⅲ级阶地覆盖层主要由第四系中更新统白沙井组地层组成；湘江Ⅳ～Ⅴ级阶地京广线以北覆盖层主要由第四系中更新统新开铺组地层组成；湘江Ⅳ～Ⅴ级阶地京广线以北覆盖层主要由第四系中更新统洞井铺组地层组成，均为网纹状粉质黏土、砂砾石层组成，具明显的二元结构，沿线地形较开阔，地形有起伏（图2）。

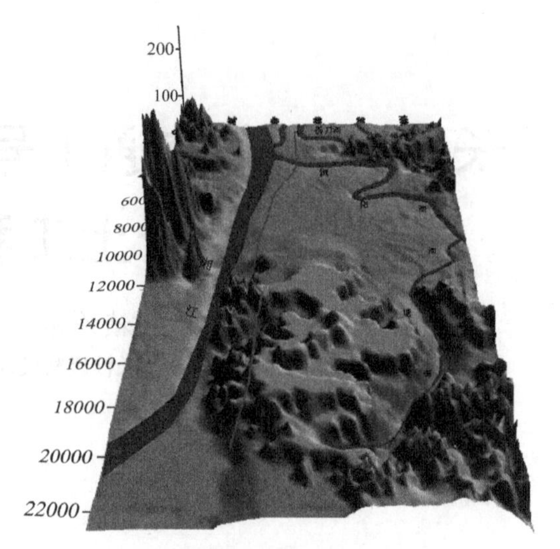

图2　线路周边地形地貌

3.2　区域地质构造

据长沙区域地质资料（图3），长沙市在大地构造位置上位于华南断块区，长江中下游断块凹陷西南部的幕阜山隆起区。构造体系上，长沙市位于平（江）—衡（阳）新华夏凹陷带的长—潭凹陷区，平江穹褶断裂和潭—宁凹褶断裂两个次级构造单元的接触处，湘江由接合部位流过。

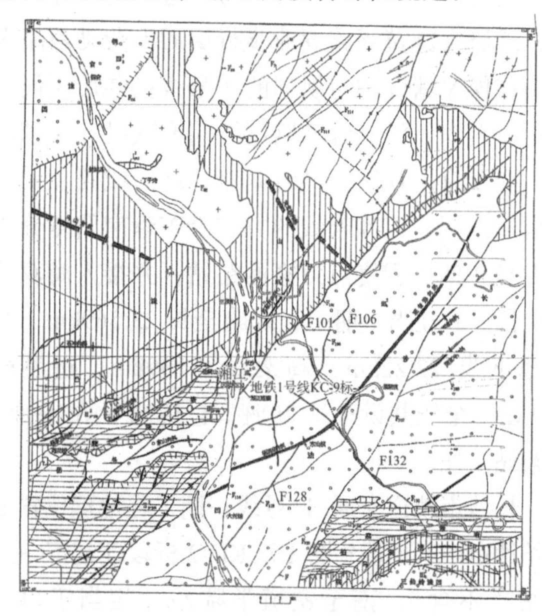

图3　线路周边地形地貌

本标段沿线褶皱不发育，岩层层面较稳定、产状较平缓，局部断裂发育。其中穿越本标段的断裂主要为葫芦坡—金盆岭—炮台子断裂（F101）、施家冲—新开铺磊石塘断裂（F106）。

F101属非全新世断裂，走向北东，根据勘察结果，在城南路站可见该断裂的次生构造；F106属非全新世断裂，逆断层，呈走向北东，倾向南东，根据勘察结果，在新建西路揭露该断层的次生构造，受该断层影响，在新铁区间卵石层错开近30.0m。路线褶皱不发育，岩层主要为较缓的单斜构造，自铁道学院至五一广场，沿线基岩变化为第三系碎屑岩—白垩系碎屑岩—泥盆系灰岩类，岩层总体倾向东南，倾角5°～25°。

3.3 地层岩性

本次勘察根据野外钻探揭露，结合原位测试及室内岩土试验结果进行岩土层划分，且按现行国家标准对土石可挖性和岩土围岩分类、分级，详见表2。

岩土层分层、可挖性和围岩分级　　表2

层号	岩土名称	状态特征	标准贯入击数N/（击/30cm）	动探修正击数$N_{63.5}$/（击/10cm）	土石可挖性分级	围岩分类、分级	
						A	B
①$_{2-1}$	人工填土	松散一稍密	3～13	—	Ⅰ～Ⅱ级松土	Ⅰ类	Ⅵ级
①$_{4-2}$	淤泥质粉质黏土	软塑	2～5	—	Ⅰ级松土	Ⅰ类	Ⅵ级
③$_{6}$	粗砂	稍密	12～21	5.6～7.5	Ⅰ级松土	Ⅰ类	Ⅵ级
⑪$_{3-4B}$ ⑪$_{3-4C}$	溶蚀堆积黏性土、砂土	松散	平均值6击	—	Ⅰ～Ⅱ级松土	Ⅰ类	Ⅵ级
②$_{1-1}$ ②$_{1-2}$	粉质黏土	可塑	7～10	—	Ⅱ级普通土	Ⅰ类	Ⅴ级
③$_{8}$	圆砾	中密	—	9.5～16.4	Ⅱ级普通土	Ⅱ类	Ⅴ级
⑤$_{1}$	粉质黏土	硬塑状，局部坚硬	11～28	—	Ⅱ级普通土	Ⅱ类	Ⅴ级
③$_{1}$ ②$_{1}$	粉质黏土	硬塑，局部坚硬	15～24	—	Ⅱ级普通土	Ⅱ类	Ⅴ级
③$_{9}$	卵石	中密为主，局部密实	—	12.3～29.4	Ⅱ级普通土	Ⅱ类	Ⅴ级
⑦$_{2-1}$	全风化泥质粉砂岩	坚硬土状	$50>N\geqslant30$	—	Ⅱ级普通土	Ⅱ类	Ⅴ级
⑥$_{3-2}$	强风化砾岩	极软岩	⩾50	17.3～19.4	Ⅲ级硬土	Ⅲ类	Ⅴ级
⑦$_{2-2}$	强风化泥质粉砂岩	极软岩	⩾50	12.1～23.8	Ⅲ级硬土	Ⅲ类	Ⅴ级
⑦$_{2-3}$	中风化泥质粉砂岩	极软岩	—	—	Ⅳ级软石	Ⅳ类	Ⅳ级
⑦$_{2-3A}$	断层角砾岩	极软岩	—	—	Ⅳ级软石	Ⅳ类	Ⅳ级
⑪$_{3-4D}$	岩溶角砾岩	极软岩	—	—	Ⅳ级软石	Ⅳ类	Ⅳ级
⑥$_{3-3}$	中风化砾岩	软岩	—	—	Ⅳ级软石～Ⅴ级次坚石	Ⅳ类	Ⅳ级
⑦$_{3-3}$	中风化砾岩	软岩	—	—	Ⅳ级软石～Ⅴ级次坚石	Ⅳ类	Ⅳ级
⑪$_{4}$	角砾状灰岩	较硬岩	—	—	Ⅳ级软石～Ⅴ级次坚石	Ⅴ类	Ⅲ级
⑪$_{3-4}$	灰岩	较硬岩	—	—	Ⅴ级次坚石～Ⅵ级坚石	Ⅴ类	Ⅲ级

3.4 工程地质分区

根据本次勘察时钻孔中的钻探揭露结果，结合场地水文地质、原位测试结果和地形地貌等条件，将长沙市轨道交通1号线一期工程KC-2标段沿线分为四个工程地质分区，即工程地质Ⅰ-1区（湘江Ⅱ～Ⅲ级阶地岩溶发育区）、Ⅰ-2区（湘江Ⅱ～Ⅲ级阶地非岩溶发育区）、Ⅱ区（湘江Ⅳ～Ⅴ级阶地下伏白垩系地层段）及Ⅲ区（湘江Ⅳ～Ⅴ级阶地下伏第三系地层段）。

3.5 不良地质及特殊性岩土

场地内不良地质作用主要表现为岩溶、构造破碎带、采空区（人防洞室、电力隧道），另外地层不整合接触带对拟建工程也有不利影响，特殊岩土分别为场地内发育的人工填土、软土及遇水软化的残积土、全、强风化岩。

通过工程物探、钻探和调查的手段，查明岩溶发育条件、形态特征，分析发育规律；勘察可知，岩溶发育一般比较深，多位于隧道结构底板以下，宜就岩溶对隧道的稳定性影响进行专门的验算，并采用压力灌浆等方法对溶洞实行加固处理。

通过工程物探、钻探和调查的手段，查明穿过场地断层和不整合接触带的位置、类型及性状，分析可对建筑场地的稳定性影响不大，但盾构隧道穿越该断裂带中上部软弱土层，施工时须采取注浆加固和持续监测等有效措施，以防止涌水及坍塌。

通过收集资料、工程物探和调查的手段，查明了洞室的分布情况，建议地铁施工时，应该注意人防洞室的平衡条件可能被破坏，随之产生弯曲、塌落，以致发展到地表下沉变形。

通过钻探查明了区间场地内埋藏的软土、残积土和风化岩，软土具有天然含水率高，孔隙比大，压缩性高，强度低，渗透系数小等物理力学性质，具流变性，采用明挖法施工时，应对软土进行支护与加固；残积土的崩解性可用崩解所需时间、崩解速度、崩解量和崩解方式来通过试验标明，粉质黏土③₁在24h之内66.7%的土样产生了30%～50%的崩解，其中13.3%的土样在3～7h产生了30%～50%的崩解；粉质黏土⑤₁在24h之内41.2%的土样产生了30%～50%的崩解，土的崩解方式均为块状，土的崩解可造成坍岸现象，影响基坑坡壁稳定性；岩石的软化性通过软化系数进行评价，软化系数小于0.75的为易软化岩石。本标段沿线分布的强—中风化泥质粉砂岩、砾岩及各类角砾岩、构造角砾岩、岩溶角砾岩软化系数为0.17～0.75，耐崩解指数为37.9～92.1，均属极易软化和极低—中等耐久岩石；灰岩类属易软化和中等高耐久岩石。上述地层自身稳固性差，长时间暴露遇水后将产生软化崩解，对地基的均匀性和基坑的稳定性均可产生不良影响。

4　水文地质条件及评价

4.1　地表水

勘察线路位于城市中心地段，无地表水系穿越。勘察线路走向几与湘江流向平行，最近距湘江河岸约740m。

4.2　地下水类型及富水性

勘察场地地下水类型分为第四系松散层中的孔隙潜水、强—中风化基岩裂隙水及岩溶水，局部分布赋存于人工填土、黏性土中的上层滞水。各层地下水分述如下：

（1）上层滞水主要赋存于人工填土及第四系黏性土层中，主要接受大气降水及地表水补给，同时也接收人工及周边地下水系补给，一般水量较小，且无稳定的自由水面。

（2）孔隙潜水主要赋存于第四系中更新统砂卵石层中，其渗透系数为11.36～19.62m/d，属强透水性地层。局部出现多层水位且上部有相对不透水层时，具有微承压性。

（3）基岩裂隙承压水主要赋存于强、中风化带的白垩系神皇山组（K_S）泥质粉砂岩类及第三系枣市组（E_z）砾岩类基岩裂隙中，根据钻探观测水位结果，承压水头约5～13m。

（4）岩溶承压水主要赋存于泥盆系棋子桥（D_{2q}）碳酸盐类岩溶发育地段。根据本次勘察结果，勘察场地岩溶较发育，连通性较好，故岩溶水的水位可按潜水位考虑。由于岩溶承压水与上部潜水及湘江河水有较为密切的水力联系，基坑开挖过深可能造成基坑发生流土，地下水沿溶蚀裂隙突涌，设计和施工过程中应特别注意。

4.3　水化学特征

通过本次勘察水质分析结果，同时考虑到场地地下水随季节浮动，地下水随季节变化段应属于干湿交替段，对混凝土结构腐蚀性分别按长期浸水及干湿交替判别。地下水水质对混凝土结构具微—弱腐蚀性，对钢筋混凝土结构中的钢筋具微腐蚀性，对钢结构具pH值、$Cl^-+SO_4^{2-}$型弱腐蚀性。工程地质Ⅱ、Ⅲ区综合判定为：地下水水质对混凝土结构具微腐蚀性，对钢筋混凝土结构中的钢筋具微腐蚀性，对钢结构具pH值、$Cl^-+SO_4^{2-}$型弱腐蚀性。地下水水质对混凝土结构腐蚀性判别，在长期浸水及干湿交替条件下结果相同。

4.4　水文地质试验

1）抽水试验

本次抽水试验钻孔地下水类型主要为潜水及基岩裂隙水，根据试验过程及实际情况，潜水选用了两个观测孔潜水完整井计算模型、一个观测孔潜水完整井计算模型及单孔抽水潜水完整井计算模型，基岩裂隙水采用单孔承压水完整井计算模型，分别计算渗透系数K。

（1）潜水完整井

两个观测孔：

$$k=\frac{0.732Q\lg\frac{r_2}{r_1}}{(S_1-S_2)(2H-S_1-S_2)} \tag{1}$$

$$\lg R=\frac{S_1(2H-S_1)\lg r_2-S_2(2H-S_2)\lg r_1}{(S_1-S_2)(2H-S_1-S_2)} \tag{2}$$

单孔抽水：

$$K=\frac{0.366Q}{HS}\lg\frac{R}{r} \quad (3)$$

影响半径：

$$R=10S\sqrt{K} \quad (4)$$

（2）承压水完整井

单孔抽水：

$$k=\frac{0.366Q}{mS}\lg\frac{R}{r} \quad (5)$$

影响半径：

$$R=10S\sqrt{K} \quad (6)$$

式中：Q——钻孔涌水量（m^3/d）；

k——渗透系数（m/d）；

r——抽水孔半径（m）；

R——影响半径（m）；

S——抽水孔水位降深（m）；

H——潜水含水层厚度（m）；

S_1、S_2——观测孔 1 和观测孔 2 水位降深（m）；

r_1、r_2——观测孔 1 和观测孔 2 距主孔距离（m）。

2）压水试验

采用分段单栓塞止水试验方法，试验段一般为 5m，钻孔孔径为 110mm。试验前均进行了管路压力损失校核。通过压水试验记录，采用下列公式计算渗透性指标。

$$K=\frac{Q}{2\pi HL}\ln\frac{l}{r_0} \quad (7)$$

式中：Q——压水试验稳定流量（L/min）；

L——试验长度（m）；

l——均匀管长度（m）。

4.5 隧道涌水量预测

根据沿线水文地质条件，并结合拟建构筑物结构特征，按相关国家规范，对拟开挖隧道涌水量预测如下。

（1）预测隧道涌水量（明挖法）

区间隧道按条形基坑计算涌水量，根据隧道埋置深度、设计水位降深、隧道断面地质条件及施工方法的不同，对区间隧道涌水量按公式计算公式选用如下

$$Q=\frac{Lk(2H-S)S}{R}+\frac{1.366k(2H-S)S}{\lg R-\lg(B/2)} \quad (8)$$

式中：L、B——基坑长度、宽度（m）；

Q——基坑出水量（m^3/d）；

k——渗透系数，取各工程地质分区隧道穿越岩层的渗透系数；

H——静止水位或承压水头至含水层底板的距离（m）；

R——影响半径（m）；

S——设计水位降深(m)，假定水位降至结构底板处或含水层底板下 1m。

（2）隧洞涌水量（暗挖法）

本次勘察隧洞涌水量按地下水动力学法来计算，隧道最大涌水量按古德曼经验公式计算：

$$Q_0=L\frac{2\pi\cdot K\cdot H}{\ln\frac{4H}{d}} \quad (9)$$

式中：Q_0——隧道通过含水体地段的最大涌水量（m^3/d）；

K——含水体渗透系数（m/d）；

H——静止水位至洞身横断面等价圆中心的距离（m）；

d——洞身横断面等价圆直径（m）；

L——隧道通过含水体的长度（m）。

佐藤邦明非稳定流式：

$$q_0=\frac{2\pi\cdot m\cdot K\cdot h_2}{\ln\left[\dfrac{\dfrac{\tan\pi(2h_2-r_0)}{4h_c}\cot(\pi\cdot r_0)}{4h_c}\right]} \quad (10)$$

式中：q_0——隧道通过含水体地段的单位长度最大涌水量（$m^3/d\cdot m$）；

m——换算系数；

h_2——静止水位至洞身横截面等价圆中心的距离（m）；

r_0——洞身横截面等价圆半径（m）；

h_c——含水体厚度（m）。

预测隧道正常涌水量按裘布依理论式计算：

$$Q_s=L\cdot K\frac{H^2-h^2}{R_y-r} \quad (11)$$

式中：Q_s——隧道正常涌水量（m^3/d）；

h——洞内排水沟假设水深（一般考虑水跃值）（m）；

R_y——隧道涌水地段的引用补给半径(m)。

计算可得隧道涌水量 5000～15000m^3/d。

4.6 预测隧道掌子面涌水量

在盾构法施工地段，隧道涌水量亦可按断面

法计算，其计算模型达尔西公式计算，计算公式如下：

$$Q = KI\omega \tag{12}$$

式中：Q——为隧道开挖面地下水涌水量（m^3/d）；

K——掌子面岩土层的渗透系数；

I——为水力梯度，由于隧道在“含水层中掘进”，水力梯度为临界水力梯度，$I \approx 1$；

ω——为过水断面面积，盾构隧道直径取6.5m，面积为$33.18m^2$。

根据上述计算结果，标段左线隧道在里程隧道掌子面有较大量地下水涌出，可能会产生流砂、流土现象。其余段掘进，隧道有渗水和滴水现象，应防止红层全风化、强风化，及中风化带因遇水软化而降低强度；在裂隙发育地段或局部含水层突入隧道段，有股状地下水涌出，有产生突涌的可能。

4.7 车站基坑涌水量预测

车站主体基坑按条形基坑出水量计算公式估算基坑涌水量，则其涌水量计算公式及相关参数如下：

$$Q = \frac{Lk(2H-S)S}{R} + \frac{1.366k(2H-S)S}{\lg R - \lg \frac{B}{2}} \tag{13}$$

式中：Q——基坑出水量（m^3/d）；

k——综合渗透系数（m/d）；

L——条形基坑长度（m）；

B——条形基坑宽度（m）；

R——影响半径；

H——静止水位或承压水头至含水层底板的距离（m）；

S——设计水位降深（m），假定水位降至结构底板处或含水层底板下1m。

计算可得隧道掌子面涌水量4.98～995.40m^3/d。

5 岩土工程分析与评价

5.1 建筑场地的稳定性及适宜性评价

根据本次勘察结果及区域地质资料，穿越本标段的葫芦坡—金盆岭—炮台子断裂（F101）及施家冲—新开铺磊石塘断裂（F106）均为非全新世断裂，对场地稳定性未构成影响；场地除工程地质Ⅰ-1区存在岩溶须经处理外，人防洞室、电缆隧道基本稳定；场地亦未见滑坡、泥石流、地面沉降等不良地质作用，无可液化地层，场地是稳定的，适宜建（构）筑拟建项目。

5.2 场地均匀性评价

第四系覆盖层：拟建场地从地貌上属湘江阶地，具二元结构沉积地层，第四系覆盖层厚度8.50～45.50m，钻探揭露地层自上而下依次为：人工填土、粉质黏土、细砂及卵石层，总体地层分布连续稳定，层面较平缓，第四系覆盖层地层均匀性相对较好。

基岩：工程地质Ⅰ$_1$区：勘察区间位于白垩系神皇山组（Ks）紫红色泥质砂岩类与泥盆系棋子桥（D_2q）灰岩类的不整合接触带，微风化灰岩⑪$_{3\text{-}4}$岩溶现象较发育，在地表水、地下水的侵蚀、溶蚀作用下形成了溶蚀沟槽、溶洞等岩溶地貌，岩面起伏极大，溶蚀充填物质组成及工程性质差别极大，受葫芦坡—金盆岭—炮台子断裂（F101）影响，上伏白垩系神皇山组（Ks）紫红色泥质砂岩类风化不均匀现象亦比较明显，该区的基岩均匀性分布及岩性均较差。工程地质Ⅰ-2、Ⅱ区基岩主要为白垩系泥质粉砂岩，工程地质Ⅲ区基岩主要为第三系（E）泥质胶结的砾岩，均为缓倾角的沉积岩，一般基岩面起伏不大，岩层较稳定，岩性变化不大。

5.3 场地的适宜性评价

拟建场地位于湘江冲积阶地，属典型的二元结构沉积地层，下伏基岩为第三系（E）泥质胶结的砾岩、白垩系神皇山组（Ks）紫红色泥质砂岩类及泥盆系棋子桥（D_2q）灰岩类，岩层较稳定，隧道穿越的地层主要为强风化泥质粉砂岩或中风化泥质粉砂岩地层，局部地段穿越上覆地第四系潜水主要含水层（③$_6$粗砂、③$_8$圆砾、③$_9$卵石）或岩溶区，总体而言，隧道穿越地层较复杂，盾构法施工须注意防止穿越岩溶区或③$_6$粗砂、③$_8$圆砾、③$_9$卵石时产生洞顶突涌。

场地位于市中心，交通便利，适于各类机械进场施工。但场地位于长沙市交通枢纽路段，施工期间需进行有效的交通分流设计；同时建设场地周边高楼、管网密布，施工时，应特别注意对施工现场的环境控制，尤其对噪声和泥浆的控制，同时应注意对周边建（构）筑物的保护和监测。

勘察期间，在勘探范围内及附近区域未发现有毒气体或有毒物。

综上所述，拟选线路适于修建地铁工程。

5.4 工程地质分区岩土条件分析

根据本次勘察结果，对各工程地质分区的岩土工程分析如下：

工程地质Ⅰ-1 区：地貌上属湘江Ⅱ～Ⅲ级阶地，地质上位于区域性断裂葫芦坡—金盆岭—炮台子断裂（F101）附近，且位于白垩系神皇山组（Ks）紫红色泥质砂岩类与泥盆系棋子桥（D_2q）灰岩类的不整合接触带，该段地层分布复杂，基岩面起伏大，第四系覆盖层厚度 8.50～21.40m，基岩为白垩系神皇山组（Ks）泥质粉砂岩、泥盆系棋子桥（D_2q）灰岩，潜水含水层厚度一般 > 5m，且与岩溶水有直接水力联系，潜水具微承压性，大气降水及湘江为主要补给来源，地下水总体较丰富，灰岩岩体破碎，灰岩段岩溶较发育，应在对岩溶处理或帷幕灌浆后进行拟建建（构）筑物施工。

工程地质Ⅰ-2 区：地貌上属湘江Ⅱ～Ⅲ级阶地，地质上位于葫芦坡—金盆岭—炮台子断裂（F101）两侧，受断裂构造影响较小，该段地层较稳定，基岩面起伏小，第四系覆盖层厚度 10.60～22.60m，基本无软土分布，基岩为白垩系神皇山组（Ks）泥质粉砂岩，局部夹砾岩，自北向南，基岩面逐渐向上抬升，潜水含水层厚度趋向变薄，地下水总体不很丰富，潜水具微承压性，大气降水及湘江为主要补给来源，抗震设计属可进行建设的一般场地，对盾构法施工较为有利。

工程地质Ⅱ区：地貌上属湘江Ⅳ～Ⅴ阶地，地质上位于施家冲—新开铺磊石塘断裂（F106）以北，该段地层较稳定，基本无软土分布，覆盖层厚度 12.30～25.95m，基岩为白垩系神皇山组（Ks）泥质粉砂岩、砾岩，局部受断裂构造影响，基岩面起伏较大，自北向南，潜水含水层厚度趋向变厚，且卵石中常夹漂石，地下水总体在北侧不很丰富，在南侧较丰富，局部潜水具微承压性，大气降水为主要补给来源。抗震设计属可进行建设的一般场地，应防止隧道局部地段施工中发生涌水、涌砂，甚至造成局部坍塌等工程危害。

工程地质Ⅲ区：地貌上属湘江Ⅳ～Ⅴ阶地，地质上位于施家冲—新开铺磊石塘断裂（F106）以南，该段地层较稳定，基本无软土分布，覆盖层厚度 20.50～45.5m、甚至更厚，基岩为第三系（E）泥质胶结砾岩，局部受断裂构造影响，基岩面起伏较大，潜水含水层很厚，且卵石中常夹漂石，平均厚度 > 20m，地下水总体较丰富，潜水不具承压性，大气降水为主要补给来源。抗震设计属可进行建设的一般场地，应防止隧道局部地段施工中发生涌水、涌砂、甚至造成局部坍塌等工程危害。

6 科技创新与新技术应用及专题研究

6.1 岩溶专题研究

工程五一广场至侯家塘段地下岩溶强发育，为了准确查明岩溶形态、埋深、充填物特征，采用工程钻探和物探手段相结合，为了重点研究 YAK19 + 250～YAK19 + 500 段内岩溶发育情况，进行了“弹性波 CT 探测”专题研究，通过弹性波 CT、地震等偏移反射波的探测，有效查明了 YAK19 + 250～YAK19 + 500 段岩溶发育较强烈，岩溶发育主要分布在 20～40m 的深度范围内，为设计、施工提供可靠的科学地质依据。

6.2 白沙古井水质保护专题研究

根据区域资料，白沙井组砾石层是古湘江和古浏阳河的河床沉积物。白沙井组水的径流方向是东南往西北，主要补给来源是大气降水。大气降水通过地表渗透到白沙井组上部的网纹红土层，经红土层过滤后到达下部含水砾石层。据调查，可能影响白沙井环境条件的地铁线路主要分布在劳动广场至侯家塘一带，侯家塘到白沙井之间原始的含水层本来是块整体。后来随着它自然的冲刷以及白沙井东南方向的各种建设，含水层净厚度小于 2m，地铁经过本段，如果正好切断含水层，白沙井水量将明显减小。

工程侯家塘站站址底板穿越白沙古井含水层，为了研究侯家塘站与白沙井之间的水力联系，保护江南名泉白沙古井的水源，采用水文地质调查、连通试验和示踪试验等手段，对侯家塘站与白沙古井之间水文地质进行专题研究，研究可知，侯家塘站址工程建设对白沙井水量的影响较小，但由于施工期间及施工完成后一定时间内（特别是止水帷幕工程）对白沙井水质有一定的影响，为此应加强该期间的水质监测工作。拟建侯家塘站址施工期间，应避免大量抽取地下水，可考虑采用地下水回灌技术减轻地铁施工对水质的影响程度，其回灌孔宜选择在站址的北侧东北角。

6.3 地基土基床系数专题研究

由于基床系数在长沙地区的不同地段，不同地层差异性较大，为了探索出一套基床系数在长沙地区的确定方法，对1号线进行了K_{30}及螺旋板载荷试验专题研究，研究发现，目前采用K_{30}获得地基土垂直基床系数是主要方法，其余辅助方法有螺旋板载荷试验、标准贯入试验及旁压试验等间接获取手段。由于K_{30}试验具有试验条件的局限，因此采用辅助手段间接测定K_v值是适宜的。所以采用K_{30}对比其余试验结果以获取相对经验关系显得尤为重要。采用螺旋板载荷试验与K_{30}试验结果有较好的线性相关性。该方法基本能真实地反映深部土层的特性，可以比较准确地确定深部各层地基土的基床系数。为地铁1号线提供了合理的设计参数，充分挖掘了场地内各地层的力学指标潜力，减小工程投资。

6.4 地下水重点研究，查明水位地质条件

场地地下水发育，含水层厚度大，准确查明地下水类型、埋深、赋存条件及补给、排泄关系，取得各含水层水文参数，详勘进行了水文地质调查、水文试验、抽水试验和分层测量地下水等手段，查明了场地内水文地质条件，提出了合理的水文设计参数和降排水措施，分析了地下水对施工和周边环境的影响。

6.5 动态文明安全施工技术应用

沿线穿越长沙主城区商业中心地段，交通繁忙，车流、人流量大，钻探施工前，进行地下管线探测，积极和各方主管部门联系，采用围挡封闭施工，加强泥浆、油污和噪声管理，做到了安全、环保、文明施工。

7 方案论证

7.1 各工程地质分区与工点岩土工程评价

通过分析各工点岩土分布、工程地质和水文地质条件，提供建筑物基础形式、持力层、支护结构和盾构建议，提出合理的工程措施和建议。

7.2 施工方法选择

根据场地工程地质条件，并结合国内地铁工程施工经验，除考虑工法本身的优缺点外和对地质条件的适应性外，主要考虑对隧道所处环境条件的适用性，通过对明挖法、盾构法和矿山法的优劣进行比较，选择最优施工方法。盾构段岩土工程分析与评价如下。

（1）盾构机选择

场地工程地质情况，还要考虑到盾构的外径、隧道的长度、工程的施工程序、劳动力情况等，而且还要综合研究工程施工环境、基地面积、施工引起对环境的影响程度、经济性及工期等。其中起控制作用的是场地工程地质条件，目前常用的盾构机主要有加泥式土压平衡盾构及泥水加压式盾构，两种盾构比较见表3。

施工方法比较表　　表3

工点名称	明挖法	暗挖法		备注
		盾构法	矿山法	
五一路站—人民路站	较适宜，须进行专门基坑围护及止隔水，深基坑对设计及施工要求高。需降水或隔水	适宜，需采取辅助工法以适应不同的地层进行掘进。防水效果好	较适宜，对隧洞开挖及支护要求较高。需降水或隔水	综合比较后建议采用盾构法施工
人民路站—城南路站	不适宜：穿越商业步行街，施工场地不许可	适宜，需采取辅助工法以适应不同的地层进行掘进。防水效果好	较适宜，对隧洞开挖及支护要求较高。需降水或隔水	综合比较后建议采用盾构法施工
城南路站—侯家塘站	不太适宜：位于城市主干道，该路段较狭小，考虑两条地铁同时施工，如采用明挖法，严重影响整个长沙市交通状况	适宜，需采取辅助工法以适应不同的地层进行掘进。防水效果好	较适宜，对隧洞开挖及支护要求较高。需降水或隔水	综合比较后建议采用盾构法施工
侯家塘站—南湖路站	较适宜，须进行专门的基坑围护及止隔水，对设计及施工要求极高。需降水或隔水	适宜，需采取辅助工法以适应不同的地层进行掘进。防水效果好	较适宜，对隧洞开挖及支护要求较高。需降水或隔水	综合比较后建议采用盾构法施工
南湖路站—赤黄路站				
赤黄路站—金色大道站				
金色大道站—铁道学院站	不适宜：穿越新中路立交桥，施工场地不许可	适宜，需采取辅助工法以适应不同的地层进行掘进。防水效果好	较适宜，对隧洞开挖及支护要求较高。需降水或隔水	综合比较后建议采用盾构法施工

（2）盾构段抗浮和防水

本区间结构设计抗浮应按最不利地下水位情况进行抗浮稳定验算，其稳定性应能够满足施工阶段和营运阶段抗浮稳定要求。由于隧道区间采用盾构法施工，深部承压水对结构底面以下土层不存在突涌可能性，区间的抗浮力初步按隧道体积乘以水的密度，并乘以规定的安全系数确定。

拟采用盾构法施工，防水措施主要从结构及施工方面进行，如设计制作特定结构形式的框形橡胶圈，管片接缝满足衬砌接缝防水要求等。区间隧道盾构进出口、联络通道等是防水设计的重点，建议采取冻结或高压注浆等处理措施，以确保盾构施工顺利进行。

（3）盾构段抗浮和防水

本区间结构设计抗浮应按最不利地下水位情况进行抗浮稳定验算，其稳定性应能够满足施工阶段和营运阶段抗浮稳定要求。由于隧道区间采用盾构法施工，深部承压水对结构底面以下土层不存在突涌可能性，区间的抗浮力初步按隧道体积乘以水的密度，并乘以规定的安全系数确定。

由于拟采用盾构法施工，防水措施主要从结构及施工方面来进行，如采用高精度、低渗透的钢筋混凝土管片的前提下，设计制作特定结构形式的框形橡胶圈，管片接缝满足衬砌接缝防水要求等。区间隧道盾构进出口、联络通道等是防水设计的重点，建议采取冻结或高压注浆等处理措施，以确保盾构施工顺利进行。

盾构隧道进洞和出洞是盾构法施工的关键，是盾构施工成败的重要环节。为确保盾构正常地从非土压平衡工况和土压平衡工况间过渡，防止出现盾构“下沉”“抬头”等现象，保证盾构进出洞安全，应对盾构端头一定范围内土体进行加固；同时盾构进出洞时应制定合理的封门拆除工艺，保证加固土体的强度及质量，提高密封圈的安装准确性，并避免盾构进出工作井时刀具损伤密封圈。根据勘察区间工程地质物点及隧道结构特征，建议盾构进出洞口加固方案采用冻结法或地面旋喷注浆方式加固及止水（表4）。

7.3 明挖段岩土工程分析与评价

按设计结构深度，拟建本标段明挖车站基坑开挖深度，结合本次勘察成果，车站开挖后的基底地层主要为③$_{1}$③$_{9}$⑤$_{1}$⑥$_{3\text{-}2}$⑦$_{2\text{-}1}$⑦$_{2\text{-}2}$⑦$_{2\text{-}3}$⑦$_{3\text{-}3}$⑪$_{3\text{-}4B}$，上述地层除⑪$_{3\text{-}4B}$外其余地层均具有一定的承载力，是较好的基础持力层，基础选型比较方案见表5。

盾构机选型比较表 **表4**

比较项目		盾构类型	
		土压平衡式盾构	泥水加压式盾构
工程地质	地层适应性	通过调节添加材料浓度和用量适应不同地层	适合以含水砂性土为主的冲洪积层，当黏性土含量高时，泥水处理费用高。当软岩含泥量较高时，黏土不易分离。在渗透性大的地层中，泥水损失大。在卵石层中适应性差
	掌子面稳定能力	泥土压，较好	泥水压，好
	地面沉降控制	应防止取土量不足或超量引起地表变形	容易
环境	施工场地	施工场地要求较低	需泥浆处理厂，施工场地较大
	对周围环境影响	渣土运输对环境产生一定影响	泥浆处理设备噪声、渣土运输对环境产生影响较大
工期与费用		工期大致相同，综合单价相对较低	工期大致相同，泥水处理设备费用高
其他		在我国城市地铁工程中已积累了一定的经验	在我国城市地铁工程中使用相对较少

基础选型方案比较表 **表5**

基础形式	方案一：筏形基础、天然地基	方案二：筏形基础、高压旋喷加固复合地基	方案三：桩筏基础
方案比较	1. 施工简单、技术成熟。 2. 工程进度快，环境污染低。 3. 造价及运营费用低。 4. 需辅助抗浮措施。 5. 对施工质量控制要求严格	1. 施工较简单、技术成熟。 2. 工程进度较快，有一定环境污染。 3. 造价及运营费用较高。 4. 高压旋喷加固厚度需满足抗突涌要求。 5. 工程质量易于控制	1. 施工较简单、技术成熟。 2. 工程进度较快，有一定环境污染。 3. 造价及运营费用最高。 4. 工程桩可兼作抗浮桩。 5. 抗倾覆能力较强，稳定性较好
建议采用对应基础方案的站点	人民路站、侯家塘站、南湖路站、赤黄路站、铁道学院站	金色大道站	城南路站

本标段车站均位于城市繁华中心，采用明挖基坑，考虑密布的周边建筑物及各种管线，建设场地周边已无放坡空间，设计应根据基坑用途、开挖深度要求，结合场地工程地质及水文地质条件来

确定适宜的围护方案（表 5）。

7.4　地基承载力综合分析

本次勘察过程中，对各土层采取相应数量样品进行了室内试验，另外在场地中进行了标准贯入试验、旁压试验及动力触探试验，因对各岩土层采用了多种勘探、测试、试验手段，同一岩土层采用不同的勘探、测试、试验手段所取得的结果不尽相同；每岩土介质的非均质性、各向异性以及由地下水等地质环境改变引起的岩土性质变化，导致了同一勘探、测试、试验手段对每岩土层的测试、试验结果的差异性；同一勘探、测试、试验手段对同一“理想的、均质的”岩土介质的测试、试验，受测试、试验设备、方法等因素的影响，测试、试验结果也具不稳定性、离散性。因此，岩土物理力学指标的选取以本次初勘的勘探、测试、试验资料为主，根据具体工程及其地质条件，结合地质资料、地方有关建筑经验、相关规范、规程、手册等合理选用，综合分析提出建议值，详见表 6。

地层承载力特征值综合分析表（kPa）　　表 6

岩土编号	岩土名称	工程地质Ⅰ-1 区					工程地质Ⅰ-2 区				
		室内试验	旁压试验	标准贯入试验	动力触探试验	推荐值	室内试验	旁压试验	标准贯入试验	动力触探试验	推荐值
①$_{2-1}$	人工填土	90	—	—	—	—	110	—	—	—	—
①$_{4-2}$	淤泥质粉质黏土	100	—	110	—	80～100	100	—	80	—	80～100
③$_{1}$	粉质黏土	275	894	340	—	260～300	245	640	460	—	250～390
③$_{6}$	粗砂	—	—	215	—	200～220	—	—	230	250	210～230
③$_{8}$	圆砾	—	—	—	—	340～380	—	—	—	650	340～380
③$_{9}$	卵石	—	—	—	620	400～450	—	—	—	620	420～460
⑤$_{1}$	粉质黏土	290	520	540	—	220～250	280	640	540	—	220～250
⑦$_{2-2}$	强风化泥质粉砂岩	—	1330	—	—	450～480	—	1270	—	—	450～480
⑦$_{2-3}$	中风化泥质粉砂岩	—	—	—	—	900～1100	—	5300	—	—	900～1100
⑦$_{2-3A}$	断层角砾岩	—	—	—	—	1300～1500	—	—	—	—	1500～1800
⑪$_{3-4}$	微风化灰岩	—	5600	—	—	3000～4000	—	—	—	—	—
⑪$_{3-4B}$	微风化灰岩	240	—	170	—	100～120	—	—	—	—	—
⑪$_{3-4C}$	溶蚀堆积黏性土	—	—	—	—	120～150	—	—	—	—	—
⑪$_{3-4D}$	溶蚀堆积黏性土	—	—	—	—	1800～2200	—	—	—	—	—
⑪$_{4}$	溶蚀堆积黏性土	—	—	—	—	2500～3000	—	—	—	—	—
①$_{2-1}$	人工填土	130	—	—	—	—	—	—	—	—	—
①$_{4-2}$	淤泥质粉质黏土	100	—	90	—	80～100	—	—	—	—	—
②$_{1-1}$	粉质黏土	—	—	—	—	—	220	—	200	—	175～190
②$_{1-2}$	粉质黏土	—	—	—	—	—	170	—	175	—	150～175
②$_{1}$	粉质黏土	—	—	—	—	—	300	—	520	—	250～270
③$_{1}$	粉质黏土	270	570	460	—	260～300	—	—	—	—	—
③$_{6}$	粗砂	—	—	215	180	200～220	—	—	—	—	—
③$_{8}$	圆砾	—	—	—	590	340～360	—	—	—	540	340～360
③$_{9}$	卵石	—	—	—	700	420～460	—	—	—	680	420～460
⑤$_{1}$	粉质黏土	320	520	660	—	230～260	295	620	430	—	230～260
⑥$_{3-2}$	强风化砾岩	—	—	—	—	—	—	1280	—	—	500～520
⑥$_{3-3}$	中风化砾岩	—	—	—	—	—	—	5460	—	—	1600～1900
⑦$_{2-1}$	全风化泥质粉砂岩	300	—	750	—	320～360	—	—	—	—	—
⑦$_{2-2}$	强风化泥质粉砂岩	—	1300	—	—	450～480	—	—	—	—	—

续表

岩土编号	岩土名称	工程地质Ⅰ-1区					工程地质Ⅰ-2区				
		室内试验	旁压试验	标准贯入试验	动力触探试验	推荐值	室内试验	旁压试验	标准贯入试验	动力触探试验	推荐值
⑦$_{3-2}$	强风化砾岩	—	—	—	—	480～510	—	—	—	—	—
⑦$_{2-3}$	中风化泥质粉砂岩	—	5200	—	—	900～1100	—	—	—	—	—
⑦$_{3-3}$	中风化砾岩	—	5300	—	—	1600～1800	—	—	—	—	—
⑦$_{2-3A}$	断层角砾岩	—	—	—	—	2500～3000	—	—	—	—	—

8 岩土施工注意事项

（1）隧道主要在城区穿越，上部建筑物比较密集，地下管网较多，而收集到的相关资料不详，施工中受环境影响控制较大。在施工前，须进一步对区间沿线的建筑物基础形式、建筑物基坑的支护方式（特别是长沙地区基坑的锚索支护等）和管线进行调查，根据周围的环境、建筑物的基础和地下管线对变形的敏感程度，采取稳妥可靠的措施进行施工，防止建筑物和管线沉降和变形超标，并应制定相应的施工应急预案。

（2）考虑到地铁结构为永久性重要工程，在结构设计时首先要特别注意车站与隧道接口的防渗漏问题。

（3）场地内基岩属于易软化的极软岩，为保证工程质量，在基础施工时应采取可靠措施缩短基底岩土体暴露时间，同时要及时衬砌与支护，防止岩体浸水泡软。

（4）建议在盾构施工前至完毕后一定时间内对既有重要建（构）筑物设置一定数量的长期变形观测点及地面变形观测点，同时确保坑道施工期间的变形观测工作。

（5）隧道施工时，进行施工验桩验槽工作，及时解决有关工程地质问题，必要时，可进行施工阶段的勘察工作。

（6）建议基坑开挖前，进一步收集既有建（构）筑物（包括民用建筑及人防洞室、地下管网等）详细资料，确保邻近既有建（构）筑物的安全。

（7）在基坑开挖前和施工完毕一定时间内，设置一定数量的沉降观测点，对基坑支护结构、周边建筑物、地下管线、土体分层竖向位移进行变形监测，对场地地下水进行水位变化的观测，做到信息化施工。

（8）基础施工时，进行施工验桩验槽工作，及时解决有关工程地质问题，必要时，可进行施工阶段的勘察工作。

9 沉降观测结果

本项目的各项监测成果数据，基本反映了基坑开挖、盾构施工、暗挖施工和附属结构施工过程中基坑围护结构、周边建（构）筑物、地表和隧道洞内结构的主要变形趋势。在本段土建施工完成后，所监测的各项数据均变形较小并趋于稳定状态，经现场巡视检查并结合监测数据可判断本标段区域内周边环境处于安全可控状态。本标段监测项目的最终复测数据结果表明，施工完成后100d的平均位移速率小于0.01～0.04mm/d，满足《建筑变形测量规范》JGJ 8—2016对竣工后监测数据稳定性的要求，判断本项目各监测点在主体结构施工完成后基本处于稳定状态。对于离地铁施工较近及前期沉降量较大的周边建（构）筑物和地表，特别是出现过应急抢险的区域和地铁隧道上方的建筑物及南湖路站以南芙蓉南路路段，我方建议业主根据实际情况另委托相关单位进行进一步稳定性观测和巡视，能实时有效地监测出周边受工程影响的实际状况（图4）。

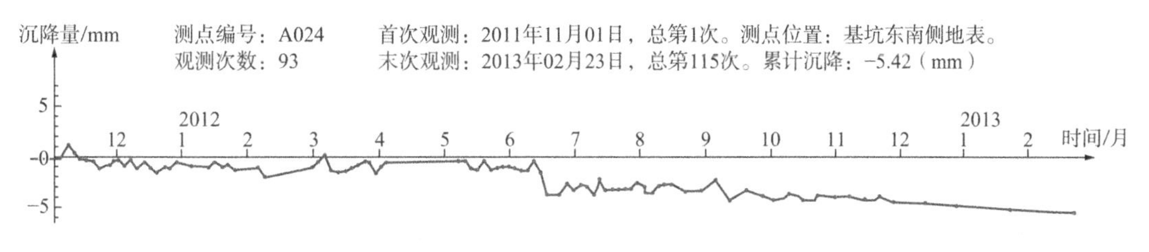

图4 典型监测点并行曲线图

10 结语

（1）本工程布置勘察工作量合理，以工程钻探为主，辅以室内试验、原位测试、水文试验、地下管线探测和资料收集等的综合勘察方法。并采用科技创新及新技术，布置了岩溶、白沙古井水质保护、地基土基床系数、地下水和残积土、红层风化岩崩解性等专题研究，通过这些勘察方法和专题研究，查明了地铁场地及沿线的岩土工程、水文地质和环境条件，为工程设计、建设提供了重要数据和合理建议。充分利用区域地质资料，对场地稳定性和建筑适宜性进行了评价，证明场地及地基稳定性好，适宜修建地铁。

（2）通过对场地水位地质条件的研究，准确地对隧道、掌子面和基坑的涌水量进行预测，并提出了具体处理建议和技术措施。

（3）通过多种手段计算地基承载力，综合分析挖掘各岩土层的承载力潜力，并综合分析确定地铁施工方法、盾构机械和有效的施工措施。

（4）该项目勘察全过程中，勘察、设计、施工、监理和建设单位加强联系，紧密结合，做到有问题及时研究解决，这对承担重大岩土工程任务尤为重要。

长沙地铁 4 号线一期工程 2 标段勘察实录

胡程亮[1]　尹雨阳[1]　王府标[2]

（1. 湖南省勘测设计有限公司，湖南长沙　410014；2. 中铁第四勘察设计院集团有限公司，湖北武汉　430063）

1　工程概况

长沙地铁 4 号线一期工程是长沙地铁连接望城区、岳麓区、天心区、雨花区和长沙县“米”字形构架的重要骨干线路，途经望城滨水新城、滨江新城、溁湾镇商业中心、岳麓山大学城、南湖新城、体育新城、高铁片区、黄榔副中心等重要功能中心和枢纽地区，是城市客运枢纽重要的集疏通道（图 1）。全长 33.5km，共设 25 座车站，均为地下站，工程建设竣工决算费用约 223.43 亿元。

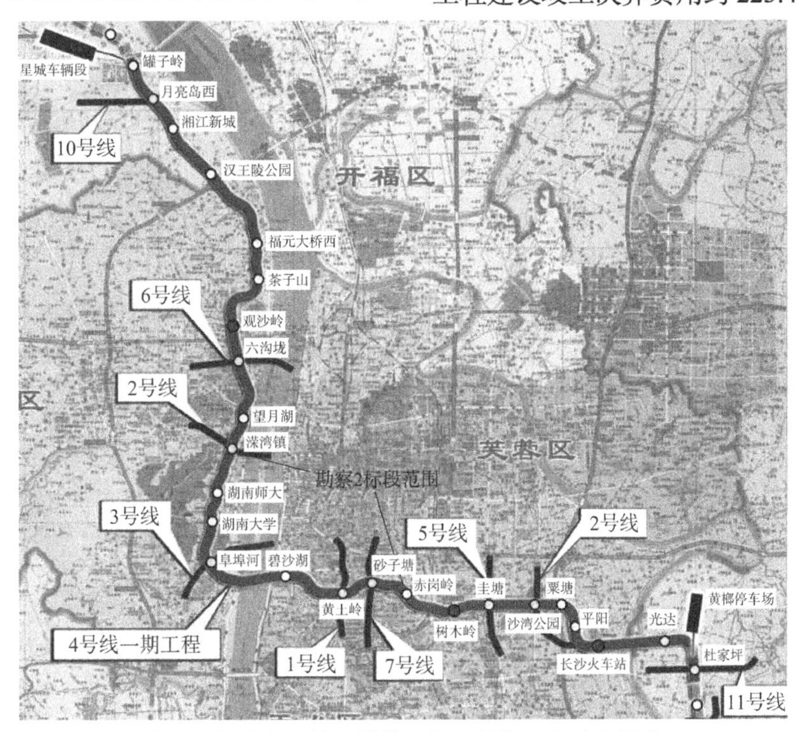

图 1　长沙市地铁 4 号线一期工程线路平面示意图

4 号线一期工程 2 标段勘察工作范围为溁湾镇站（不含）至赤岗岭站，线路长 9.9km，包括湖南师大站、湖南大学站、阜埠河站、碧沙湖站、黄土岭站、砂子塘站、赤岗岭站及各站区间，共 7 站 7 区间，湘江以西沿麓山南路及阜埠河路敷设，穿越湘江后沿南湖路、黄土岭路分别穿越城市主干道书院路、芙蓉大道、韶山路、劳动路，除过江段外沿线主要为城市交通干道，沿线建（构）筑物众多、地下管网密集复杂、地面交通繁忙，分别下穿已运营的轨道交通 2 号线、湖南大学重点实验室、湘江等重要节点。

2　工程地质条件简介

区内湘江自南往北流，岳麓山呈北东～南西向展布，最高点为岳麓山主峰，海拔标高 295.500m，最低点位于东部湘江河床，海拔 21.000m，湘江左岸主要为丘陵地貌，湘江右岸主要为河流阶地。

溁湾镇站—阜埠河站区段位于湘江左岸与岳麓山东麓之间的平坦地带，地面高程 40.000～50.000m。该段地质构造极为复杂，二里半断裂

获奖项目：2021 年度工程勘察、建筑设计行业和市政公用工程优秀勘察设计奖一等奖。

（F35）整体上呈北东—南西延伸，倾向南东，由二里半主断裂及东侧爱晚亭伴生断裂组成，该断裂将岳麓山向斜破坏，北西盘地层主要为石炭系（C）至泥盆系（D）灰岩、石英砂岩、泥灰岩及泥岩，主断裂与伴生断裂之间为三叠系（T）炭质泥岩、砂岩及泥岩，爱晚亭断裂以东主要为泥盆系（D）泥岩、石英砂岩及泥灰岩（图 2）；该段线路走向与断裂 F35 基本一致，二者多次相交，断裂 F35 两侧地层岩体破碎，岩土工程性状变化大，地下水活动强烈、涌水量大，岩溶强发育。

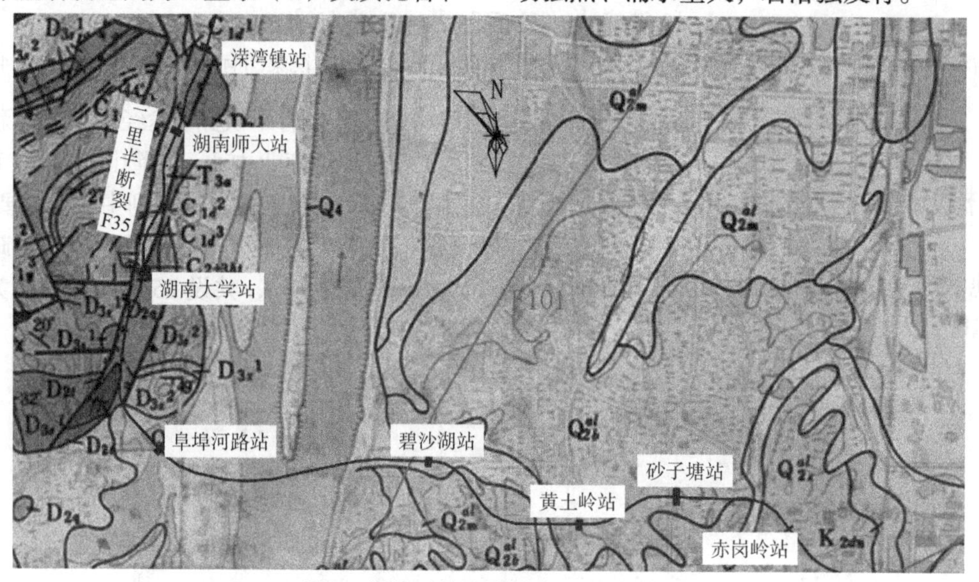

图 2　沿线区域地质图（1：50000）

阜埠河站—赤岗岭站区段位于湘江河漫滩、阶地地段，地面高程 30.000～80.000m，覆盖层主要为第四系（Q）冲洪积地层，以粉质黏土、中粗砂、圆砾、卵石层为主，基岩为白垩系（K）泥质粉砂岩、砾岩。该段含水层厚度大，地下水水量中等—丰富。

3　工程勘察方案与实施

从 2011 年勘察开工至 2018 年工程全线洞通，勘察经历了可行性研究勘察、初步勘察、详细勘察和施工勘察四个阶段，勘察外业时间跨度长、施工难度大，通过与交警、城管、园林绿化、燃气、通信、自来水、国防等管理部门对接，针对地下管线及构筑物的避让和现场保护遵循“查、询、测、挖、护”五字方针，安全顺利完成勘察外业工作；本工程地下车站设计采用明挖法施工，地下区间采用盾构法施工，勘察工作采用工程地质调绘、钻探、室内试验、原位测试（标准贯入试验、重型动力触探试验、地温测量、波速及电阻率测试、旁压试验、原位直剪试验等）、单孔抽水试验、非稳定流多孔抽水试验、示踪试验、长期水位观测、物探（电测深法、地震反射法、跨孔电磁波法等）等综合勘探方法，通过大量的统计、计算和分析，查明了沿线工程地质、水文地质条件，勘察成果在综合分析的基础上对盾构施工、基坑支护、地基处理、基础选型、地下水控制以及施工可能遇到的岩土工程问题进行了详细的分析、论证，为设计、施工提供了可靠的工程地质依据和岩土参数。

4　重点方案的分析论证

本工程根据工程地质和水文地质条件、地下工程的施工方法、工程埋置深度、结构形状和规模、工期要求、周围环境及交通等情况，在满足规范条文和设计技术要求的基础上，对施工及运营可能面临的重大风险源地段，有针对性地开展勘察工作，为工程建设全过程提供了必要的技术支持。

1）下穿运营的地铁 2 号线

溁湖区间下穿既有运营 2 号线最小垂直净距仅 2.86m，穿越段地层类型复杂且分布紊乱，地层主要为中粗砂、圆砾、卵石，局部夹有漂石、碎裂岩等，盾构姿态及地层沉降控制困难；下穿段距离盾构始发端头最小水平净距约 27m，下穿区域处于始发段，盾构掘进参数尚处于不稳定阶段，增大了穿越过程中的地层沉降控制难度（图 3）。为了克服这一难题，参建各方先后召开 30 多次研讨会，多次邀请国内知名专家到现场研究，最终决定采用 MJS 水平旋喷桩的方式进行施工，该工艺在砂卵石地层尤其是近距离下穿既有运营地铁区间在国内还是首次采用，穿越竖向净距小，施工风险大。

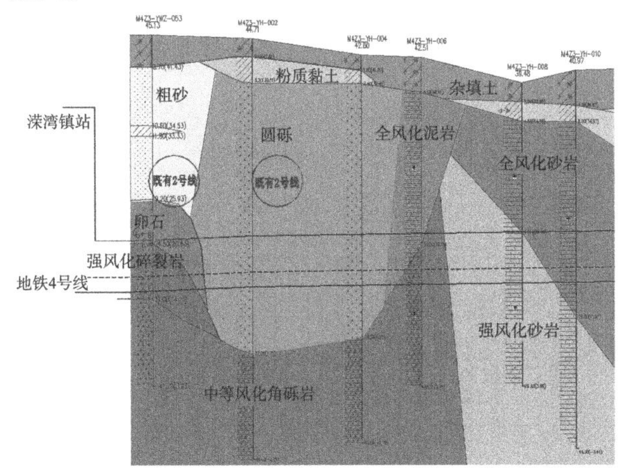

图 3　下穿段地质剖面图

圆砾、卵石地层中卵石的含量、粒径、强度对施工工法至关重要，由于钻探孔径小，不利于鉴别卵石粒径、成分及卵石含量等特征，勘察时通过加大钻孔孔径、增加岩芯采取率，更加可靠地鉴别了砂卵石的成分、粒径及卵石含量，通过增加室内试验、原位测试、压水试验、抽水试验数量，查明了砂卵石地层的分布特征、卵石强度、承载特性及地下水特征，为设计、施工提供了充分的依据。

施工利用竖井基坑分左右线施作 MJS 水平旋喷桩（图 4），为减少施工喷浆压力对 2 号线的影响，采用圆形成桩，在 2 号线底部、4 号线顶部的中间地层施工一圈长 42m、直径 2m 的半圆形水平旋喷桩，左右线竖井均施工 15 根半圆形水平旋喷桩，桩间搭接 40cm，上下施作两排桩，注入的水泥浆与土质中的砂、水混合，保证了结构的坚固性。由于现场无水平取芯条件，勘察提出 MJS 水平旋喷桩完成后采用竖向取芯 + 压水试验的检测方案，加固体芯样 28d 抗压强度平均值为 5～8MPa，压水试验检测渗透系数 $< 5 \times 10^{-4}$cm/s，为盾构穿越提供了可靠依据。盾构下穿过程中，上覆左线隧道最大沉降 4.33mm，右线隧道最大沉降 2.56mm，地表最大沉降 1.1mm，MJS 加固区地表沉降仅有 0.3mm，远小于同类工程引起的地表沉降值。

2）拟建湖南师大站

湖南师大站为地下两层岛式站台车站，车站外包总长 197m，标准段宽 23.2m，主体基坑最大埋深约 23.8m，采用地下连续墙 + 内支撑支护方案，基坑周边为学校办公、教学用房，东侧师范大学图书馆距离车站主体轮廓线约 13.5m、距附属结构仅为 3m，车站主体结构与二里半断裂（F35）交汇，采用钻探、室内试验、原位测试、单孔抽水试验、非稳定流多孔抽水试验、数值模拟、示踪试验、现场剪切试验等手段，查明了各岩土层物理力学性质、破碎带特征及富水性，将 197m 长的车站分为四个工程地质区（图 5），Ⅰ区岩性主要为三叠系强风化、中等风化的泥岩、砂岩；Ⅱ区岩性主要为三叠系全风化、强风泥岩、炭质泥岩等；Ⅲ区岩性为石炭系灰岩；Ⅳ区岩性为三叠系中等风化泥岩、砂岩。地质纵断面简图见图 6。

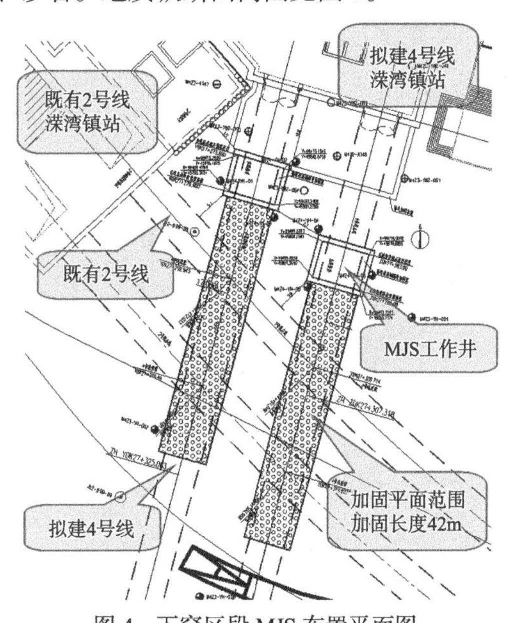

图 4　下穿区段 MJS 布置平面图

工程地质Ⅰ区、Ⅱ区位于断裂破碎带中，Ⅰ区岩体破碎，裂隙十分发育且无充填，裂隙网络构成地下水良好的运移通道和赋存空间，为渗透性好、富水性强的构造裂隙含水层，故非稳定流多孔抽水试验主井抽水孔布置在Ⅰ区内 M4Z4-012 孔，在Ⅰ区布置 5 个观测孔，Ⅱ区、Ⅲ区布置 4 个观测孔；在抽水试验的同时开展多元示踪试验，分别投放荧光素钠、荧光增白剂于Ⅰ区 M4Z4-010、M4Z4-011 观测孔，对主孔水样进行连续监测。

勘察于 2015 年 11 月 4 日正式开始非稳定流多孔抽水试验，各孔稳定水位埋深为 3.7～4.5m，标高 36.630～37.920m，抽水延续时间历时 112.5h，M4Z4-012 主孔最大抽水流量 $Q_{max} = 170m^3/d$，最大降深 9m，Ⅰ区内观测孔水位降深 0.75～1.16m，

Ⅱ区、Ⅲ区内4个观测孔水位无明显变化，停泵之后继续开展水位恢复试验，历时2d各孔水位均恢复正常，抽水孔水位历时曲线见图7。示踪剂投放约6h后就在主孔检测到了荧光素钠示踪剂，29.2h后浓度达到峰值，地下水平均流速为15.4m/d；约10h后主孔检测到荧光增白剂，25h后浓度达到峰值，地下水平均流速为10.1m/d。试验成果揭示出Ⅰ区破碎带内主要含水层透水性好，压力传导较快，地下水连通性好；Ⅱ区、Ⅲ区内观测孔水位无明显变化，结合前期Ⅱ区、Ⅲ区内单孔抽水试验抽水2～20min后无水可抽，说明Ⅱ区、Ⅲ区含水层储水量小，透水性差。

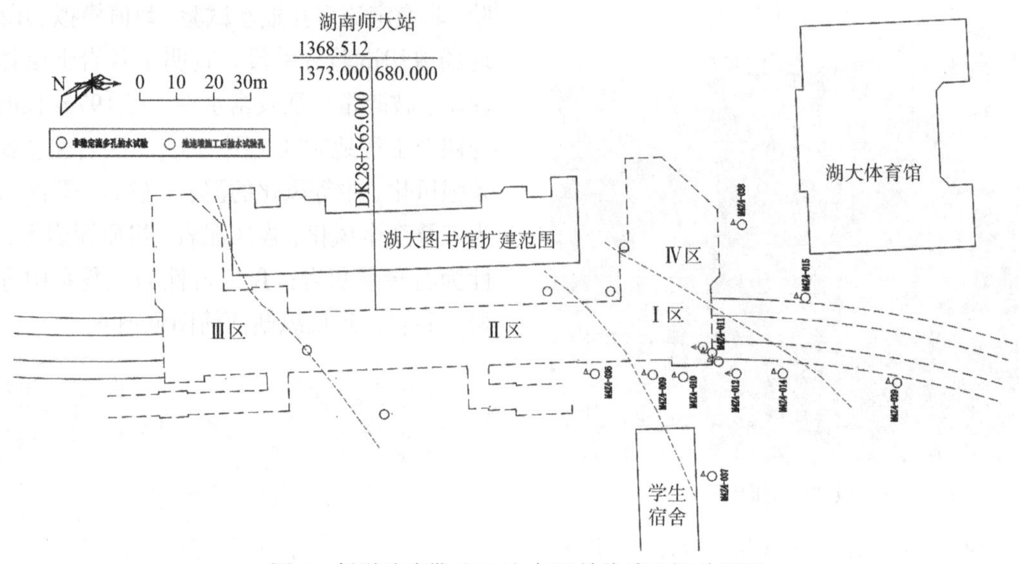

图5 断裂破碎带（F35）与地铁线路空间关系图

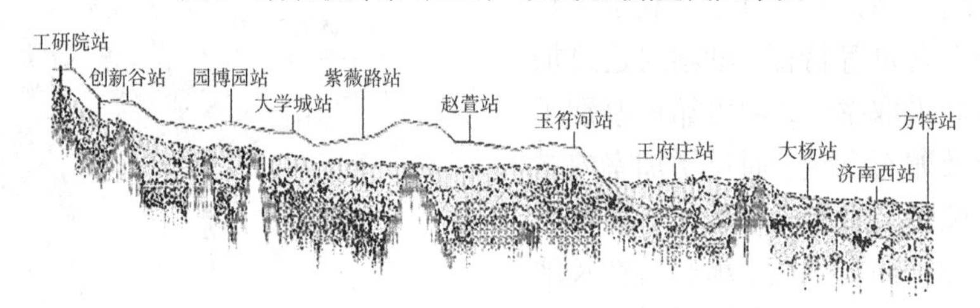

图6 湖南师大站地质纵断面简图

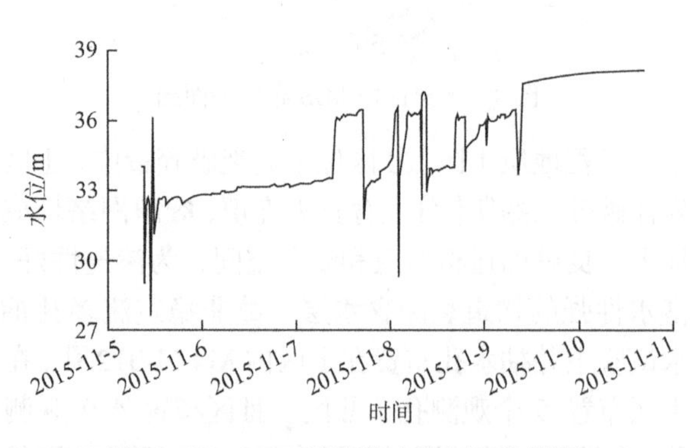

图7 M4Z4-012抽水孔水位历时曲线图

本次采用数值法进行涌水量预测，建立的平面近长条形、由Ⅰ区破碎带组成的构造裂隙含水层三维承压非稳定流模型；西侧Ⅱ区破碎带岩体裂隙泥质充填、渗透性差，为隔水边界；东侧Ⅳ区岩体较完整、渗透性差，为隔水边界；南侧为侧向补给边界、北侧为定水头边界。采用泰斯标准曲线配比法和直线图解法确定了水文地质参数，求参成果见表1。

解析法求参成果表　　　　表1

解析法	水文地质参数		
	导水系数T/（m^2/d）	渗透系数K/（m/d）	弹性给水度μ_e
标准曲线配比法	38.4～72.9	1.79～2.35	1.29×10^{-1}～2.21×10^{-2}
直线图解法	38～70.6	1.77～2.28	7.49×10^{-2}～1.04×10^{-2}

含水层的渗透系数取大值2.35m/d，模型采用矩形网格剖分（图8），将基坑底部标高24.000m设置为定水头边界，然后运行模型，得到基坑开挖后不同时刻地下水流场，预测天然情况下基坑开挖后的初见涌水量最大可达7281.9m^3/d，涌水量主要来源于工程地质Ⅰ区。

为确保基坑开挖过程中基坑支护结构和周边建筑物的稳定，在地下连续墙施工完成后，在Ⅰ区地下连续墙内进行抽水试验、地下连续墙外进行水位观测，抽水试验过程中观测孔水位响应十分迅速，地下连续墙未能隔断破碎带含水层，基坑开挖前Ⅰ区范围增加了袖阀管注浆封底措施。工程地质Ⅱ区岩体裂隙泥质充填，渗透性较差，构成破碎带构造裂隙含水层的隔水边界，但其岩体物理力学性质差、遇水易软化，设计加深了车站围护结构入土深度；基坑开挖至破碎带岩层时，采用原位直剪试验验证了基底地层的黏聚力c、内摩擦角φ（图9），为湖南师大站基坑支护动态化设计提供了依据。工程地质Ⅲ区岩溶强发育，基坑开挖前进行了溶洞注浆充填加固。

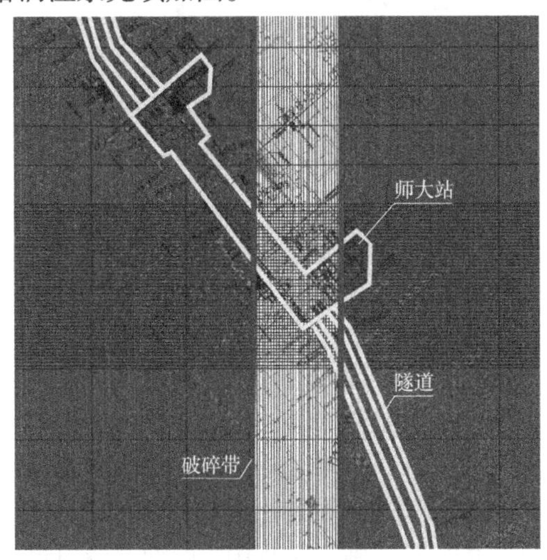

图8 模型剖分示意图

通过本工点的综合勘察，查明了二里半断裂破碎带工程地质及水文地质特征，结合结构设计成果及基坑开挖施工过程资料，为溁湖区间、湖皁区间盾构穿越该破碎带的掘进方案提供了可靠依据。

3）下穿湖南大学建筑物群

湖皁区间下穿湖南大学工程实验楼、软件学院等重要建筑物，该段穿越可溶岩泥灰岩，岩溶发育，隧道盾构掘进时可能造成地面沉陷、盾构机具塌落等工程事故。下穿段具备施工条件的钻孔间距分别为72m、51m，由于已建建筑物勘察钻孔深度不能满足地铁勘察要求，且现状无钻探施工条件，勘察采取建筑物外侧施工钻探＋物探（跨孔电磁波法）的综合方法查明该段岩溶发育情况，完成跨孔电磁波CT剖面7对，共计11767个射线对，下穿区段推测发育 1 层溶洞、4 处裂隙较发育区（图 10），推测溶洞发育范围较小、埋深较大，对盾构施工及地基稳定性影响较小。根据勘察成果结合隧道洞内超前预报进行施工，盾构下穿建筑物时未发生任何异常。

图9 原位直剪试验

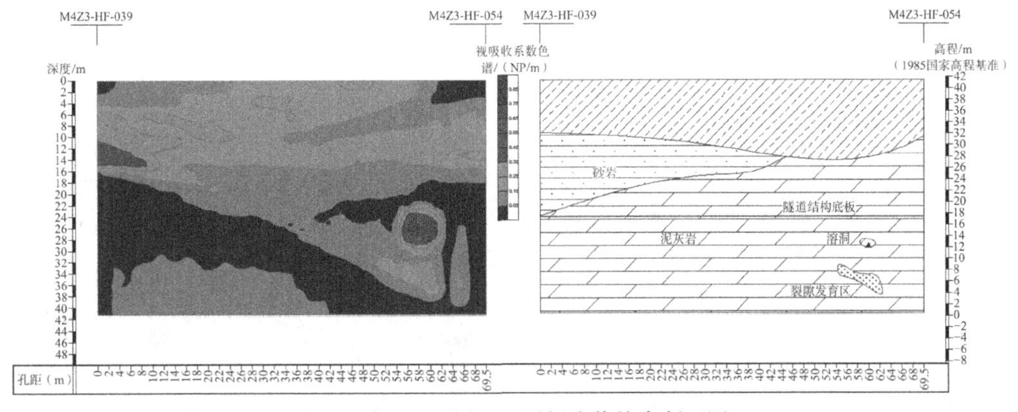

图10 跨孔电磁波CT层析成像综合断面图

4）下穿湘江、南湖路湘江隧道

本工程皁碧区间首次采用土压式平衡盾构机一次性全程横穿湘江，盾构从湘江东岸始发，之后平行近接南湖路隧道南侧主线，最小水平距离

14.7m，平行近接长度850m（图11）；下穿湘江大堤、南湖路隧道主线及匝道，最小垂直距离5.442m。隧道结构底板高程为−5.000～13.300m，湘江河床标高17.000～20.300m，湘江长沙枢纽建成后，勘察期间水位基本保持29m左右。

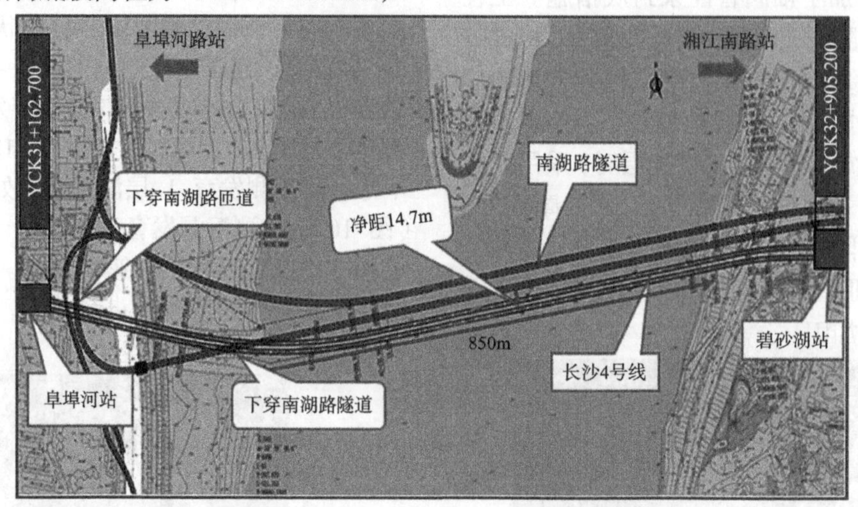

图11 下穿湘江、南湖路湘江隧道平面图

盾构穿越地层主要为白垩系强风化、中等风化钙质砾岩，勘察布置了2条水上电测深测线、1条水上地震反射波测线（图12），物探推测出基底隐伏次生断裂及岩性破碎或裂隙发育带。通过钻孔验证，揭露有构造角砾岩，埋深大于33m，为隐伏老断裂，未切穿上覆白垩系地层；在里程K32＋040～K32＋160段揭露半充填或无充填溶洞，在里程K32＋280～K32＋400段强风化、中等风化砾岩层中揭露软塑状软弱夹层。

湘江河床的砂卵石与下伏强风化砾岩之间无隔水层，地表水与地下水水力联系密切，且下穿段岩溶、软弱夹层发育（图13），隧道掘进有隧道坍塌、盾构机陷落、涌水、江面冒泡等不利后果。勘察查明了岩溶及软弱夹层分布范围、发育特征、溶洞充填情况，为下穿湘江段岩溶处理方案提供了可靠的依据，盾构施工前通过岩溶注浆加固，保证了盾构施工的安全，施工过程中，南湖路隧道最大沉降值为2.59mm；湘江大堤最大沉降值为3.40mm。

图12 湘江水上钻探、物探工作

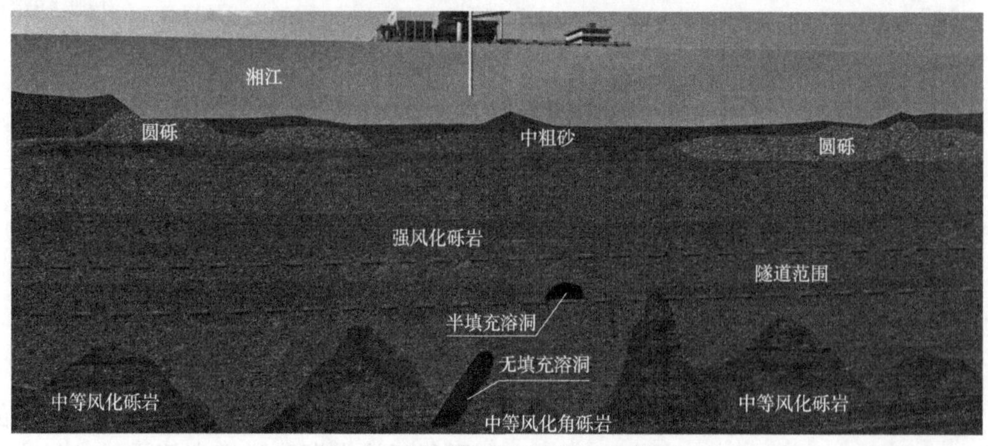

图13 溶洞与隧道位置关系示意图

5）岩溶勘察

本工程渫湾镇站—阜埠河站区段揭露泥盆系泥灰岩、石炭系灰岩，岩溶发育，由于本工程线路大部分沿城市主干道布置，交通繁忙、地下管线密集，地面物探作业条件差、干扰大，岩溶勘察主要采用钻探、原位测试、室内试验、抽水试验等方法手段，勘察详细查明了岩溶分布范围、岩溶发育特征、溶洞充填情况，部分钻孔统计数据见表2。

部分钻孔揭露溶洞发育特征一览表 **表2**

钻孔编号	洞体顶—底板埋深/m	洞体高度/m	洞体顶板厚度/m	溶洞位置与结构线关系/m	充填物特征
M4Z3-HH-031	19.20/24.7	5.5	4.5	隧道结构线内	半充填，充填黏性土夹碎石
M4Z3-HH-031	26.0/29.8	3.8	1.3	隧道顶板上 6.1m	全充填，充填黏性土夹碎石
M4Z3-HH-035	17.7/23.0	5.3	1.2	隧道结构线内	全充填，充填黏性土夹碎石
M4Z3-HH-049	24.8/29.1	4.3	4.6	隧道底板下 7.5m	半充填，充填黏性土夹碎石
M4Z3-HNSD-001	26.8/27.5	0.7	15.6	基坑底板以下 9.0m	全充填，充填黏性土夹碎石
M4Z3-HNSD-015	10.6/14.6	4	0.5	基坑底板处	全充填，充填黏性土夹碎石
M4Z3-HNSD-015	15.2/17.1	1.9	0.6	基坑底板以上 1.25m	无充填
M4Z3-HNSD-015	17.6/31.4	13.8	5.5	基坑底板以上 4.37m	全充填，充填黏性土夹碎石
M4Z3-HNSD-022	17.8/19.2	1.4	4.1	基坑底板处	全充填，充填黏性土夹碎石

结构设计结合勘察成果，确定了盾构隧道洞身范围、隧道结构轮廓外放3m后底板以下3m内、围护结构及独立桩周边3m以内、围护结构或围护桩基底下3m以上范围、车站底板下3m范围内的溶洞需进行注浆处理的原则，施工勘察阶段根据岩溶处理原则分批布置钻孔：

（1）对于盾构区间，钻孔沿隧道结构轮廓外放1m按间距5m布置钻孔，若与详勘孔位置相差1m以内，不重复布孔。如钻孔揭露溶洞，以该钻孔为中心，分别沿线路纵向和与线路垂直的方向在隧道结构轮廓外放两侧3m范围内按间距2.0m梅花形布置探边钻孔，直到探边孔没发现溶洞为止；如果溶洞发育范围超出了处理范围，则以上文所述探边范围为界线，沿线路方向施作一排注浆钻孔，每孔间隔2m，并在该界线注双液浆施作止浆墙，孔深进入洞底以下0.5m。

（2）基坑围护结构，对于地下连续墙，沿地下连续墙每3m长度范围施作一个超前钻孔；对于围护桩，隔桩实施超前钻孔，但应保证钻孔间距不大于3m；对于独立桩基，应每桩进行超前钻孔。补充探孔揭示有溶洞时，应在围护结构两侧3m范围内、独立桩基周边3m范围内按不大于2m间距梅花形布孔进行二次探孔。钻孔深度应钻至围护结构或桩基底以下2m，如遇溶洞需钻穿溶洞。

（3）对于基坑基底，在详勘钻孔基础上加密布置钻孔，应在所揭示溶洞探孔周边3m范围内按不大于2m间距梅花形布孔进行补充探孔。补充探孔揭示有溶洞时，应继续在揭示孔周边2m与基坑重叠的空白区域进行补充探孔，按此循环推进。钻孔深度应钻至基底以下中微风化3m，如遇溶洞需钻穿溶洞。

施工勘察揭露溶洞的钻孔移交施工单位兼作注浆孔，有效地节约了施工成本和工期。施工勘察钻孔平面布置示意图及岩溶注浆布置示意图见图14。

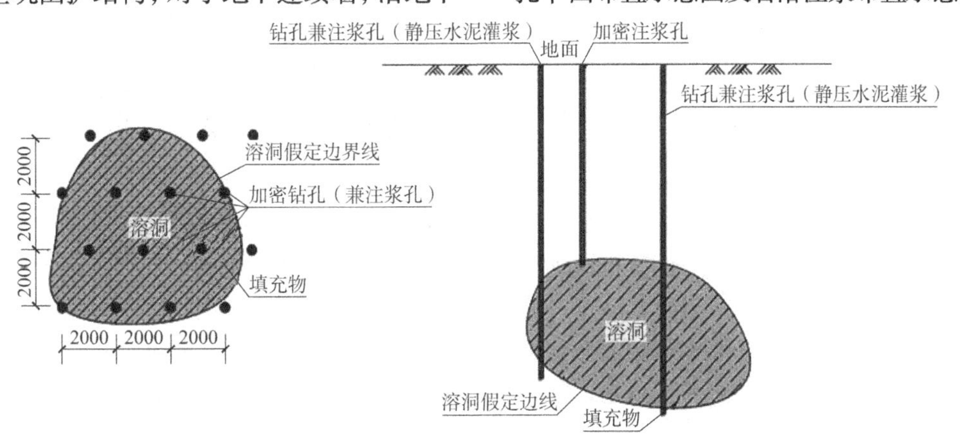

图14 施工勘察钻孔平面布置示意图及岩溶注浆布置示意图

6）黄砂区间侧穿备用水井

黄砂区间侧穿某学院备用水井，水井距隧道水平净距约4m，为全院教学及生活备用水源，需求量大于1000t/d，水井直径约7m，井深约20m，隧道穿越第四系白沙井组卵石层（图15），含水层富水中等—丰富，隧道结构在减少蓄水空间的同时也减少了地下水的过水断面，使地下水的补给受阻而改变地下水的径流场，盾构施工会影响地下水水质及水量。在对水井现状进行评估后，设计拟采用水井改移（原井废弃）方案，为满足建设需求，本工程开展了专项水文地质勘察工作。

勘察通过资料收集汇总与二次开发、水文地质测绘、地面物探进行综合分析后，推断含（隔）水层（段）分布情况，确定最佳钻探孔位6个。本次勘探第四系采用冲击钻机，并安装套管，基岩采用回转钻机，探水井采用ϕ127mm开孔，ϕ110mm终孔，全孔取芯钻进，并进行了水文地质编录，确定主要含水段，为成井结构提供依据；确定含水层后，再进行抽水井施工，抽水井采用ϕ350mm扩孔，ϕ127mm终孔，并下入ϕ150mm花管，花管外采用缠丝包网管壁外侧填粒，上部隔水层进行填黏土球，防止地表水污染。抽水井施工完成后进行了焦磷酸钠洗井、活塞洗井、空压机洗井，洗井结束后，对孔底沉渣进行捞取，再进行抽水试验。本次抽水试验对施工的6个水井进行稳定流抽水试验，抽水试验结束前，在钻孔中采取水样进行饮用水全分析。地下水类型为松散岩类孔隙水，依据其埋藏条件，按均质无限含水层承压水完整井稳定流公式计算各孔水文地质参数。

经计算，钻孔ZK4处预估最大允许开采量为1365t/d，可满足新建水井涌水量的需求；水质pH值和锰超标，需进行化学方法去除以达到生活饮用水卫生标准。因该学院整体搬迁，备用水井废弃，未实施水井改移方案，区间盾构施工前在隧道与原水井之间采用隔离桩保护加固，施工过程中未发生涌水、流砂及地面沉降等问题。

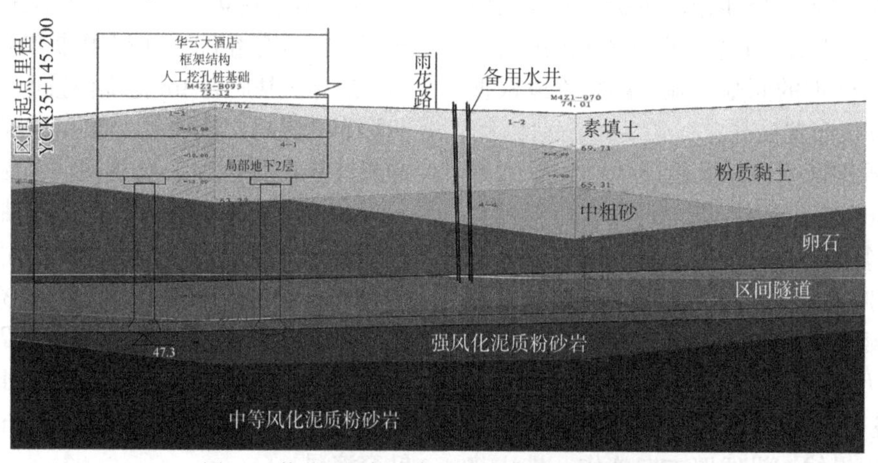

图15　黄砂区间侧穿备用水井处地质纵断面图

5　工程成果及效益

（1）受断裂带影响，本工程区间隧道多次穿越泥盆系、石炭系、三叠系岩层，盾构施工穿越地层土石可挖性分级为Ⅰ～Ⅳ级、隧道综合围岩分级为Ⅱ～Ⅳ级，软硬交替频繁，盾构施工前根据掘进沿线地层特性预先制定了掘进方案，避免了盾构机掘进偏位或抬头、刀盘变形或刀口扭曲变形、折断等问题。

（2）工程沿线涉及的地下水类型有填土层中的上层滞水、孔隙水、基岩裂隙水与岩溶水，阜埠河站、阜碧区间孔隙水及基岩裂隙水与后湖、湘江水力联系密切，断裂破碎带具渗透性良好、富水性极强的特点，砂子塘站、赤岗岭站砂卵石层中水量丰富。勘察查明了场地的水文地质条件、提供了合理的水文地质参数，施工前在水量丰富区段采用了地下连续墙止水、支护桩+止水帷幕、基坑注浆封底、隔离桩加固等地下水控制措施，保证了基坑及周边建构筑物的稳定。

（3）本工程地质条件复杂、不确定因素多，勘察分阶段开展，逐步查明沿线区域及场地工程地质条件，准确提供不同阶段所需的岩土工程资料，勘察在动态设计、施工服务过程中密切配合各参建单位，解决了多个工程地质问题，达到了规避工程风险、控制投资、减少浪费的目的。

（4）施工揭露的地层分布及其性质与勘察成果相符，施工过程中无质量、安全事故；各车站、区间与周边建构筑物沉降稳定，施工期间监测数据均在允许值内；长沙地铁4号线一期工程于2019年5月26日开通试运营至今，运行稳定，未发现异常情况，地基、基础及场地稳定，工程安全，使用正常，验证了勘察成果和各项参数建议的正确性。

（5）建设过程中各参建单位结合勘察设计施工中遇到的环境问题、不良地质作用、特殊性岩土以及地下水等难题进行了系统分析与研究，获得施工过程奖5项、施工质量奖6项、科技进步奖8项、著作权7项、发明专利10项、实用新型专利42项，外观设计专利1项、省部级以上工法18项、发表论文53篇，为长沙后续工程的建设提供了参考，具有较好的理论价值与指导意义。

参考文献

[1] 中铁第四勘察设计院集团有限公司. 长沙市轨道交通4号线一期工程施工图设计[R]. 2016.

[2] 陈仁朋, 张品, 刘湛, 等. MJS水平桩加固在盾构下穿既有隧道中应用研究[J]. 湖南大学学报（自然科学版）, 2018, 45(7): 103-110.

[3] 黎新亮. 盾构隧道穿越湘江溶洞区工程风险分析及应对措施探讨[J]. 铁道标准设计, 2014, 58(2): 64-70.

[4] 刘义元. 长沙地铁越江隧道穿越岩溶地层关键技术研究[J]. 铁道工程学报, 2020(6): 76-80.

福州轨道交通 2 号线 2 标段岩土工程勘察实录

何开耿

（福州市勘测院有限公司，福建福州　350108）

1　工程概况

福州轨道交通 2 号线工程全长约 30.173km，均为地下敷设，共设车站 22 座，属福建省重点工程项目。工程线路大致呈东西走向，西起闽侯县苏洋村，东至晋安区鼓山镇，沿东西向城市发展轴，途经上街大学城片区、金山工业区、金山居住区、闽江北岸商务中心区、鼓楼中心城区及晋安区东部鼓山片区，串联了主要文教科研区、主要工业区、福州市历史文化街区、大型居住区，项目建成后有利于疏解城市东西向客流，并将有力地支持城市近期规划重点发展地区（图 1）。

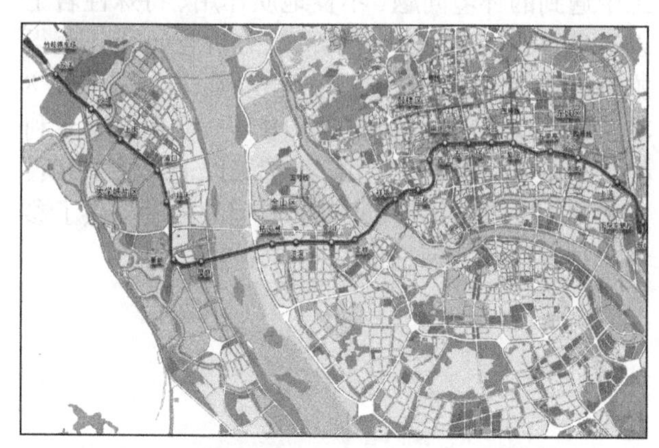

图 1　福州轨道交通 2 号线平面示意图

经与联合体单位（广州地铁设计研究院有限公司）协作配合，我公司主要参与承担完成了福州轨道交通 2 号线工程（2 标段）岩土工程详细勘察任务。该标段内线路长度约 15.7km，其中标段起点附近的金祥至祥板区间穿越了闽江段。工程总投资 196.22 亿元，经济指标 6.70 亿元/km。本工程于 2014 年 11 月开工，于 2019 年 4 月验收并开通运营。

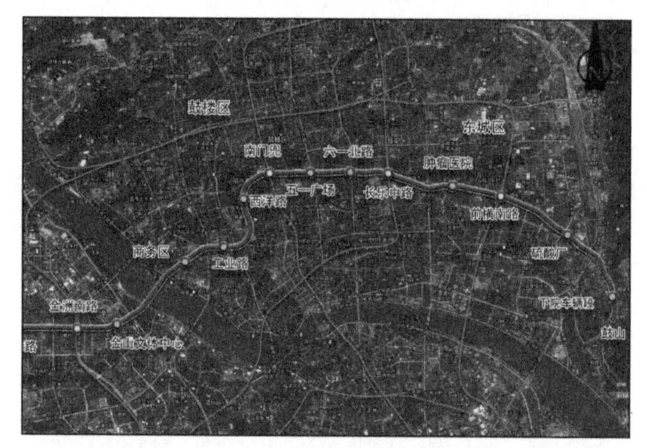

图 2　福州轨道交通 2 号线 2 标段遥感卫星影像图

2 标段起于金山文体中心，沿金祥路，穿越融侨水乡温泉别墅区、闽江、江滨大道后，沿祥坂路、工业路，再次穿越鑫怡公寓、福建省交通规划设计院后，沿荷塘路、加洋路、乌山路、古田路、福马路、终于鼓山下院，途经金山生活区、江滨 CBD 商务区、宝龙城市广场、南门、五一广场、五里亭、福马路、鼓山风景区等大型客流集散点和重要节点，是福州主城区内轨道交通东西向的主干线，沿线场地多为市区主干道、住宅、写字楼、商店等；本标段范围内共计有 12 个站点、11 个区间、1 个折返线、1 个车辆基地，共计 25 个工点（图 2）。

2　岩土工程条件

本标段勘察范围内全线均位于福州盆地内，属闽江下游冲淤积平原地貌。冲淤积平原地形较为平坦，地面罗零标高约 6.000～9.000m，第四系冲淤积土层、砂层较为发育。

2.1　工程地质条件

福州轨道交通 2 号线 2 标段沿线穿越的主要地层有全新统第四系地层长乐组、上更新统东山组和龙海组地层、燕山晚期花岗岩（γ_5^3）地层，现由新到老简述如下：

1）第四系全新统（Q_4）

获奖项目：2021 年度工程勘察、建筑设计行业和市政公用工程优秀勘察设计奖三等奖。

第四系长乐组共包括上段（Q_4^3）和下段（$Q_4^{1\text{-}2}$），其中上段成因为冲积、冲洪积，主要为人工填土和近期冲积淤积层，包括作为硬壳层的表层褐黄色黏土层1、风积砂层，下段成因为海积、海陆交互相地层，主要为淤泥质黏土及淤泥1，淤泥及粉、细、中砂夹层或互层沉积，含泥或泥质中细砂层，细中砂层。

第四系地层在2标段整个范围均有分布，其中金山文体中心—商务区站普遍厚度较大，基本为30～40m，其成因与古地理、闽江河道变迁密切相关，商务区站—五一广场站该地层厚度逐步减少，局部厚度小于10m，五一广场之后至终点站厚度主要分布在15～25m。

2）第四系上更新统（Q_3）

线路范围分布的第四系上更新统地层主要为东山组（Q_3^3）和龙海组（Q_3^1/Q_3^2）地层。

（1）东山组（Q_3^m、Q_3^{al}、Q_3^{al+pl}）

本组上段属冲积、海积、湖积、风积，主要地层有黏土、粉质黏土，砂质黏土和粉土，淤泥，淤泥质土，中细砂，中粗砂及其含泥层，细中砂、中砂或粗砂，下部为含泥卵石和含砂卵石，其中带灰的黄、绿、黑色黏土层和粉质黏土层在场区内多数钻孔均有揭示（少量钻孔缺失），为标志性地层。

（2）龙海组（Q_3^{al+pl}）

龙海组分为上下段，两段地质成因均以冲洪积为主，其中上段（Q_3^2）为灰黄、褐黄、灰绿色黏性土及粉土层，泥质砾砂、碎卵石层，淤泥、淤泥质土；下段（Q_3^1）为灰黄、灰白色黏性土及粉性土，黄色砂砾卵石层。

该地层主要分布在部分山前地区，在本勘中未揭露到该地层。

3）燕山晚期花岗岩（γ_5^3）

福州地区侵入岩分布广泛，岩体百余个，露布面积约占福州市陆域面积的30%。主要呈岩基、岩株、岩瘤和岩枝状产出。岩石类型多，岩性复杂，有基性、中性、中酸性和酸性等岩类。根据碱性氧化物含量，尚有碱性花岗岩，其中以酸性、中酸性岩类为主。这些侵入岩均属中生代燕山期多次侵入活动而形成，它们与具有同源、准同生关系的同期火山岩，都是环太平洋中、新生代岩浆活动的组成部分。按侵入活动时间顺序分为早、晚两期，其中以燕山晚期第三、四次活动最强烈、规模最大，较大的酸性、中酸性岩体有丹阳岩体、魁岐岩体、福州岩体、笔架山岩体、埔前岩体和三山岩体，中性岩体有莲花山岩体，基性岩体有官山岩体。

在2标段范围主要在市政府—五一广场站和硫酸厂—鼓山站钻孔底部存在中-微风化花岗岩地层分布。

场地地层分布详见图3和图4。

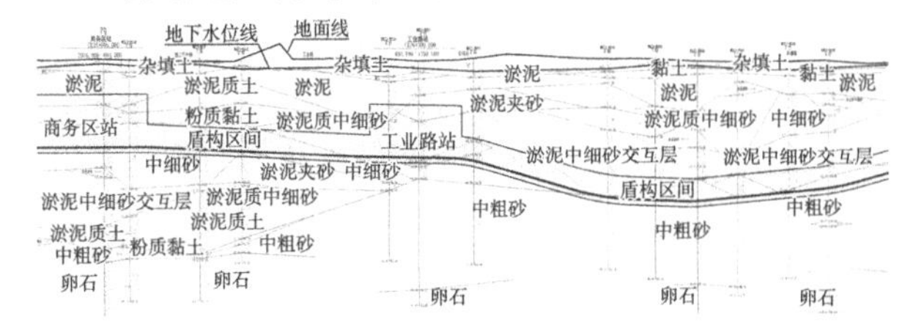

图3　典型工程地质剖面图Ⅰ

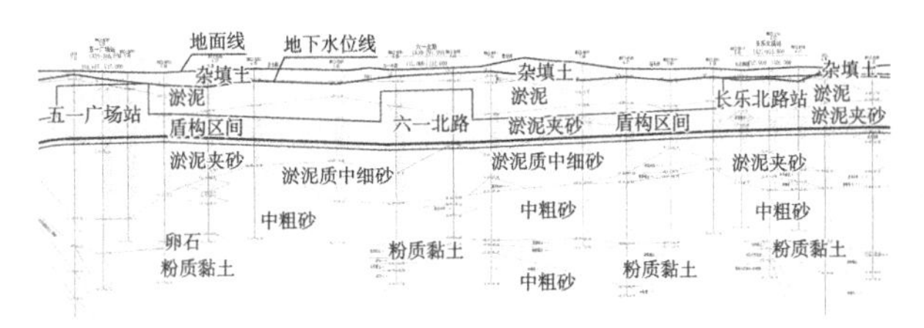

图4　典型工程地质剖面图Ⅱ

2.2　地下水条件

地下水类型按赋存方式分为上层滞水、松散岩类孔隙水（潜水或承压水）和基岩裂隙水两种类型。

第四系表层的人工填土中地下水主要为上层滞水；松散岩类孔隙水主要位于第四系松散沉积物及第三系少数胶结不良沉积物的孔隙中；松散层孔隙潜水分布范围比较有限，主要赋存于线路西端的金祥路—闽江—江滨大道段的第四系海相沉积层②$_5$中细砂层中；松散岩类孔隙承压水主要赋存于②$_5$中细砂层、③$_3$中粗砂、③$_8$卵石、③$_2$粉细砂、②$_{4\text{-}3}$淤泥中细砂交互层、②$_{4\text{-}4}$淤泥夹砂、②$_{4\text{-}5}$淤泥质中细砂和⑤$_2$残积砂质黏性土中；基岩孔隙水主要赋存于深部花岗岩的砂土状强风化带中，基岩裂隙水赋存于深部花岗岩的碎块状强风化及中等风化带中。

地下水的补给与排泄：勘察范围地处中国东南沿海亚热带季风性气候区，降雨量大于蒸发量，其中大气降雨是本区地下水的主要补给来源之一，每年4～7月份是地下水的补给期，10月～次年3月为地下水消耗期和排泄期。本勘察区地下水的主要补给来源为大气降水竖向入渗补给和闽江等地表水体的侧向入渗补给，尤其是②$_5$中细砂与闽江存在密切的水力联系，地下水位受季节和闽江水位的影响明显。基岩裂隙水发育于强风化—中等风化带中，主要接受越层孔隙裂隙水补给。地下水总的流向是闽江以北的地下水从北至南流动，闽江以南的地下水从南至北流动，以缓慢渗流的形式向闽江排泄。排泄主要表现为线状排泄、大气蒸发、植物蒸腾及人工开采。

水和土介质腐蚀性评价：通过水样的试验和分析，金山文体中心站地下水和金—商区间地表水对混凝土结构具中腐蚀性；工业路站地表水、六—长区间地表水、肿—前区间地表水、前—硫区间地下水、前—硫区间地表水、硫—鼓区间地表水以及停车场地下水对混凝土结构具有弱腐蚀性；在干湿交替情况下，硫酸厂站地下水和停车场地下水对钢筋混凝土结构中钢筋具有弱腐蚀性；其余路段水的腐蚀性均为微腐蚀。根据对地表杂填土样的土质分析表明，杂填土对混凝土结构和对结构中的钢筋均具有微腐蚀性。

抽水试验成果见表1。

钻孔抽水试验汇总统计表

表1

抽水孔号	含水层厚度/m	含水层岩（土）性	出水段半径/mm	抽水情况				观测孔情况		计算结果			
				抽水次数	抽水持续流量/m³	稳定流量/（m³/h）	水位降深/m	孔1降深/m	孔2降深/m	单位流量/［m³/（d·m）］	渗透系数K/（m/d）	影响半径R/m	透水性分级
MBZ2-BS002	9.0	砂层水	125	三次	516.6	21.5	2.11	0.27	0.23	244.3	31.0	70.7	强透水
					802.8	33.5	4.18	0.39	0.31	192.3	31.1	139.7	
					940.8	39.2	5.96	0.47	0.38	157.7	30.7	198.4	
MBZ2-BS006	9.3	砂层水	125	三次	646.9	27.0	1.43	0.41	0.29	452.0	51.9	103.1	强透水
					824.4	34.4	1.98	0.50	0.36	417.1	50.0	139.8	
					1209.0	50.4	3.59	0.67	0.55	336.7	43.4	236.6	

2.3 主要岩土设计参数

本次勘察根据现场钻探记录、室内试验和原位测试成果，对不同工程地质单元进行工程地质分区及岩土分层统计。各岩土层指标数据的粗差剔除原则上采用三倍标准差法，个别数据由于岩土层的不均匀性或为夹层而造成数据离散性明显较大的，也予以剔除。剔除异常子样后，再进行重新统计。

本次勘察是根据场地地层条件及拟建工程特点，选择适宜的钻探、取样、原位测试和室内试验方法。取样质量达Ⅰ级或Ⅱ级，原位测试和室内试验均严格按照国家、地方、行业标准（规程）的要求进行测试（试验），仪器、设备均经计量检验合格，所取得的各项指标真实、可靠。

各项指标的实测成果值与本地工程经验值较吻合，即实测值基本能够反映地基岩土层物理力学性质的实际变化情况。部分实测指标成果区间范围值较大、较离散，是岩土层自身强度变化所致。统计成果中各项指标变异系数基本反映了岩土层状态和强度的固有变异特征。岩土参数建议值见表2～表4。

岩土参数建议值

表2

岩土分层	岩土名称	天然密度	天然含水率	孔隙比	剪切试验指标				压缩系数	压缩模量	变形模量
					直接快剪		固结快剪				
					黏聚力	内摩擦角	黏聚力	内摩擦角			
		ρ	w	e	c	φ	c	φ	$a_{1\text{-}2}$	$E_{s1\text{-}2}$	E_0
		/（g/cm³）	/%		/kPa	/°	/kPa	/°	/MPa⁻¹	/MPa	/MPa
①$_2$	杂填土	1.85			5	15	6	18			4
②$_1$	黏土	1.93	28.27	0.79	25.50	9.01	21.25	15.30	0.45	4.36	2.93
②$_{4\text{-}1}$	淤泥	1.57	64.77	1.66	6.69	2.66	12.39	7.09	1.43	1.91	1.14
②$_{4\text{-}2}$	淤泥质土	1.69	46.72	1.24	13.22	6.32	14.51	10.11	0.88	2.69	4.0*

续表

岩土分层	岩土名称	天然密度	天然含水率	孔隙比	剪切试验指标				压缩系数	压缩模量	变形模量
					直接快剪		固结快剪				
					黏聚力	内摩擦角	黏聚力	内摩擦角			
		ρ	w	e	c	φ	c	φ	$a_{1\text{-}2}$	$E_{s1\text{-}2}$	E_0
		/（g/cm³）	/%		/kPa	/°	/kPa	/°	/MPa⁻¹	/MPa	/MPa
②$_{4\text{-}3}$	淤泥中细砂交互层	1.76	38.38	1.05	20.40	13.09	15.81	14.76	0.57	3.75	5.5
②$_{4\text{-}4}$	淤泥夹砂	1.59	59.77	1.56	9.26	3.35	12.20	8.15	1.28	2.10	4.0*
②$_{4\text{-}5}$	淤泥质中细砂（松散）	1.8			4	18					7.5*
	淤泥质中细砂（稍密）	1.85			4	19					8.0*
	淤泥质中细砂（中密）	1.85			4	20					8.5*
②$_5$	中细砂（松散）	1.9			3	20					8.0*
	中细砂（稍密）	1.93			3	23					8.5*
	中细砂（中密）	1.93			3	25					9.0*
②$_6$	粉质黏土	1.98	23.03	0.66	25.93	10.03	20.40	17.34	0.30	5.49	12.45
③$_1$	粉质黏土	1.92	28.55	0.80	14.10	5.58	37.47	15.67	0.36	5.21	7
③$_2$	粉细砂（松散）	1.8			3	25					7.5
	粉细砂（稍密）	1.85			3	26					8
	粉细砂（中密）	1.89			3	28					8.5
③$_3$	中粗砂（稍密）	1.85			3	30					12.0*
	中粗砂（中密）	1.9			3	32					13.0*
	中粗砂（密实）	1.9			3	34					14.0*
③$_4$	淤泥质土	1.62	55.78	1.26	11.48	8.67	14.06	7.94	1.08	2.47	4.0*
③$_8$	卵石	1.7*									45.0*
⑤$_1$	残积砾质黏性土（可塑）	1.88	26.70	0.80	28.90	14.79	26.63	17.09	0.5	4.0	11
⑤$_2$	残积砾质黏性土（硬塑）	1.84	26.33	0.82	29.75	14.71	26.33	21.79	0.44	4.32	15
⑥	全风化花岗岩	1.9	22	0.77	22	22	25	25	0.37	18	45
⑦$_1$	强风化花岗岩（砂土状）	1.9	22	0.77	28	28	30	30	0.35	25	70
⑦$_2$	强风化花岗岩（碎块状）	1.9	饱和单轴极限抗压强度标准值f_r（括号里为建议标准值）					2.91～18.98（8.08）			
⑧	中等风化花岗岩	2.5						50.33～60.3（59.0）			
⑨	微风化花岗岩	2.62						77.24～185.19（129.2）			

桩极限侧阻力及极限端阻力、承载力标准值建议值（单位：kPa）　　表 3

层号	岩土名称	Ⅰ分区		Ⅱ分区	
		桩的极限侧阻力标准值	桩的极限端阻力标准值	桩的极限侧阻力标准值	桩的极限端阻力标准值
①$_2$	杂填土	—	—	—	—
②$_1$	黏土	25	—	25	—
②$_{4\text{-}1}$	淤泥	15	—	15	—

续表

层号	岩土名称	Ⅰ分区		Ⅱ分区	
		桩的极限侧阻力标准值	桩的极限端阻力标准值	桩的极限侧阻力标准值	桩的极限端阻力标准值
②$_{4-2}$	淤泥质土	20	—	20	—
②$_{4-3}$	淤泥中细 砂交互层	25	—	—	—
②$_{4-4}$	淤泥夹砂	24	—	24	—
②$_{4-5}$	淤泥质中细砂（松散）	30	—	30	—
	淤泥质中细砂（稍密）	35	—	35	—
	淤泥质中细砂（中密）	40	—	40	—
②$_5$	中细砂（松散）	35	—	—	—
	中细砂（稍密）	40	—	—	—
	中细砂（中密）	45	—	—	—
②$_6$	粉质黏土	35	—	—	—
③$_1$	粉质黏土	45	—	45	—
③$_2$	粉细砂（松散）	35	—	35	—
	粉细砂（稍密）	40	—	40	—
	粉细砂（中密）	45	—	45	—
③$_3$	中粗砂（稍密）	50	—	50	—
	中粗砂（中密）	65	—	65	—
	中粗砂（密实）	80	—	80	—
③$_4$	淤泥质土	25	—	25	—
③$_5$	淤泥夹砂	30	—	30	—
③$_8$	卵石	90	3500	90	3500
⑤$_1$	残积砾质黏性土（可塑）	50	—	50	—
⑤$_2$	残积砾质黏性土（硬塑）	60	—	60	—
⑥	全风化花岗岩	80	2500	80	2500
⑦$_1$	强风化花岗岩（砂土状）	100	3200	100	3200
⑦$_2$	强风化花岗岩（碎块状）	130	6000	130	6000
⑧	中等风化花岗岩	—	—	—	—
⑨	微风化花岗岩	—	—	—	—

静止侧压力系数和土的泊松比建议值 **表4**

层号	岩土名称	Ⅰ分区		Ⅱ分区	
		静止侧压力系数	泊松比	静止侧压力系数	泊松比
①$_2$	杂填土	—	0.35	—	0.35
②$_1$	黏土	0.84	0.46	0.84	0.46
②$_{4-1}$	淤泥	0.95	0.49	0.95	0.49
②$_{4-2}$	淤泥质土	0.89	0.47	0.89	0.47
②$_{4-3}$	淤泥中细砂交互层	0.77	0.44	—	—

续表

层号	岩土名称	I 分区		Ⅱ分区	
		静止侧压力系数	泊松比	静止侧压力系数	泊松比
$②_{4-4}$	淤泥夹砂	0.94	0.48	0.94	0.48
$②_{4-5}$	淤泥质中细砂（松散）	0.69	0.41	0.69	0.41
	淤泥质中细砂（稍密）	0.67	0.4	0.67	0.4
	淤泥质中细砂（中密）	0.66	0.4	0.66	0.4
$②_5$	中细砂（松散）	0.66	0.4	—	—
	中细砂（稍密）	0.61	0.38	—	—
	中细砂（中密）	0.58	0.37	—	—
$②_6$	粉质黏土	0.83	0.45	—	—
$③_1$	粉质黏土	0.9	0.47	0.9	0.47
$③_2$	粉细砂（松散）	0.58	0.37	0.58	0.37
	粉细砂（稍密）	0.56	0.36	0.56	0.36
	粉细砂（中密）	0.53	0.35	0.53	0.35
$③_3$	中粗砂（稍密）	0.5	0.33	0.5	0.33
	中粗砂（中密）	0.47	0.32	0.47	0.32
	中粗砂（密实）	0.44	0.31	0.44	0.31
$③_4$	淤泥质土	0.85	0.46	0.85	0.46
$③_5$	淤泥夹砂	—	0.45	—	0.45
$③_8$	卵石	0.74	0.43	0.74	0.43
$⑤_1$	残积砾质黏性土（可塑）	0.75	0.43	0.75	0.43
$⑤_2$	残积砾质黏性土（硬塑）	0.63	0.38	0.63	0.38
⑥	全风化花岗岩	0.53	0.35	0.53	0.35
$⑦_1$	强风化花岗岩（砂土状）	—	0.25	—	0.14
$⑦_2$	强风化花岗岩（碎块状）	—	0.25	—	0.25
⑧	中等风化花岗岩	—	0.20	—	0.20
⑨	微风化花岗岩	—	0.20	—	0.20

3 勘察方案实施及工程评价

3.1 工程技术特点及主要工程问题

福州轨道交通 2 号线 2 标段工程规模大、线路长，沿线工程地质条件、水文地质条件复杂，主要有以下特点：

（1）场地内存在多种特殊性岩土：如：新旧填土、厚层软土、混合土、风化岩和残积土等。①本工程线路较长，多个路段经过旧城改造区域和城乡接合部区域，沿线地形地貌变化较大，浅层存在大量近期人工无序堆填的填土和老城区道路上多年填筑的旧填土，成分复杂，勘探难度大。②沿线厚层的高压缩性软土层，具有明显的触变性和高压缩性，地基处理技术难度大。③沿线分布有厚层各类砂层、砾石、卵石层混合土，成分较杂，易导致施工过程中降水困难，工后渗漏水、不均匀沉降等工程地质问题。④沿线分布风化岩和残积土，具遇水易崩解特性。

（2）存在多种不良地质作用（地面沉降、液化砂层等）及不利工程的埋藏物（旧基础、孤石等）。沿线早期地形存在大量厂房、鱼塘，近期经拆迁或填埋鱼塘等作业，存在大量旧基础和埋藏的沟浜，调查难度大。另外，沿线分布较厚的风化岩和残积土，以上地层均含有一定量无规律分布的孤石，孤石的存在对地铁车站开挖和盾构推进影响很大。

（3）多种地貌单元、岩性多样、存在基岩凸起和风化凹槽：场区内有剥蚀残丘地貌、冲海积平原地貌等。地貌单元交界处，地层变化大，岩层差异风化严重，层面变化大，多条岩脉穿越线路，岩性多样，工程性质差异很大。另外，在线路中部区域存在基岩凸起和风化凹槽，这些均增加了地铁勘察、设计和施工的难度，为此专门进行了多个区间的孤石、基岩凸起和风化凹槽专项勘察。

（4）水文地质条件复杂：线路穿越闽江、鱼塘、河道、浅滩等，受水深、潮汐、浮泥厚度等因素影响，外业钻探施工难度大。沿线砂层含水层与闽江具水力联系，各含水层的水量丰富，水文地质条件复杂多变，特别是距离闽江较近的工点，地下水水位很浅、地下水与地表水直接导通，水位随着闽江水涨落潮变化特征明显，车站和区间范围内水量丰富。

（5）沿线地温条件复杂：地铁 2 号线在南门兜站—水部站—紫阳站路段内正好横向贯穿福州地热田，该区域内地温明显高于其他区域，如何准确测试地铁车站和区间内的地温分布规律对地层车站的防腐蚀措施、空间布局、冷却通风设备功耗和地下联络通道冷冻法的施工影响很大，为此进行了专项勘察。

（6）首次在福州地区进行冷冻法专项勘察，填补了冷冻法施工相关参数的空白。在此之前福州地区冷冻法相关参数均为借鉴国内其他城市的参数，不利于精细化设计，本工程挑选了 2 号线比较多见的 8 种地层，专门进行了冻土物理力学性质研究，获取了福州地区的参数值。

（7）进行基床系数专项科研：基床系数目前主要采用查标准和土工试验反算得出，缺少原位测试试验成果，借助本项目的开展，专门开展了多组原位测试，通过试验的实施难度、成本、周期和可靠性等多方面因素考虑，归纳出扁铲侧胀试验法、静力触探法、K_{30}试验法、预钻试旁压、标准贯入测试、固结法、土工参数换算法、三轴试验方法的优缺点，并给出各试验参数的福州地区修正计算公式。

（8）进行 BIM 专项课题科研：福州地铁 1 号线和 2 号线在南门兜交汇，南门兜站为两条线换乘车站，且地表存在保护文物，因此该车站项目具有规模大、系统复杂等特点，鉴于此，在南门兜站进行 BIM 试点研究课题，BIM 技术相对于传统二维设计图纸，所能表达的信息丰富，资料查阅效率高，及时准确，能满足轨道交通出现紧急情况时的处置要求，同时能对地铁运营管理起到很好的助力作用。

根据本工程项目规模特点，结合相关规范标准，经综合判定，该项目工程重要性等级为一级，场地的复杂程度属一级，工程周边环境风险等级为一级至二级，岩土工程勘察等级属甲级；抗震设防分类为重点设防类（乙类）。

3.2 勘察方法、手段

本次勘察工作采用野外钻探、原位测试（包括标准贯入试验、静力触探试验、动力触探试验、旁压试验、十字板剪切、波速测试、电阻率测试）、取样及室内试验（包括岩、土、水）、水文地质试验（带观测孔）、地温测试等多种勘探手段相结合的综合勘察方法。

3.3 勘察工作质量评价

本次勘察严格按 ISO 9001 质量体系有关程序文件、勘察大纲、总体技术要求和相关标准规程执行，从技术交底开始，对影响勘察质量的孔位测放、孔深控制、取样、原位测试、抽水试验、室内试验等环节均进行了检查和验收，勘察报告编制均按总体技术要求的目录章节编写，报告进行了三级校审。

福州市轨道交通 2 号线 2 标段工作从勘察现场实施到后期数据整理、报告编写均按照《福州轨道交通 2 号线 2 标段勘察大纲》中的要求进行，项目组严格按广州地铁设计研究院有限公司和福州市勘测院质量管理体系文件的相关流程，对各勘察环节进行质量控制。勘察始终处于业主的管理和监督之下，勘察咨询单位按照有关标准规定对勘察工作进行了检查和监督，勘察各环节均有记录，整个勘察工作的质量可控，可追溯。

3.4 工程分析评价

工程分析与评价一览表见表 5。

福州轨道交通2号线2标段工程分析与评价一览表（西—南区间） 表5

区间	区间长度/m	工程地质单元	工法	围岩条件	水文地质条件	综合评价
西—南区间	1091.76	Ⅰ	盾构	隧道围岩条件差，为Ⅵ级围岩，隧道全断面穿过②$_5$中细砂、③$_3$中粗砂，部分段穿过残积砾质黏性土、③$_1$粉质黏土，下部断面局部可能遇到⑧中风化花岗岩。在本区间下穿黎明湖	主要为第四系孔隙水和基岩裂隙水，②$_{4\text{-}5}$淤泥质中细砂、③$_3$中粗砂层富水性强，渗透性较强。中风化岩具一定的富水性，渗透性较弱	隧道掘盾构施工过程应加强监测，及时调整掘进参数，确保开挖面稳定，应加强对砂层的止水和防渗处理，加强施工勘察和超前地质预报，局部存在上软下硬现象，在掘进中加强测量，及时调整掘进参数。局部中等风化岩侵入隧道中（WSDY11孔附近），给盾构掘进造成困难，掘进过程中需要更换刀片，掘进时应注意围岩的强度差异，设计还应注意局部地段的地基不均匀

4 主要技术要点、难点及创新

技术难点与技术创新点：在工程技术难度大、工期紧张的情况下，对工程特点、难点进行深入剖析，精心编制生产计划，本次勘察在传统地质勘察的基础上，做出了较多创新，解决了一系列的工程技术难题。提交的成果从自然地理环境、区域地质条件，到沿线工程地质条件、水文地质条件，并结合施工、设计对各路段的地基土进行了分析评价，报告分析全面，论述充分，结论正确，建议合理。

1）充分收集资料：地铁2号沿线多处路段为现状房屋、道路、地道、桥梁等市政设施，线位终点的下洋站—洋里站区间路段地形多为鱼塘、沟渠，近期经人工填埋，因此，早期鱼塘均成为暗塘，且回填多为建筑、生活垃圾，对地铁基坑开挖、围护影响大。鉴于此，本次勘察充分收集早期地形图及我公司特有的航拍历史影像图进行比对，分析不同年代影像变化规律，在此基础上再进行详细探查。地铁2号线金祥—祥板区间穿越的闽江是福建省第一大河，受潮汐影响大，河道的冲刷、淤积对地铁建设的影响很大，本次勘察过程中针对闽江水文条件，专门收集了地铁穿越段河道冲刷情况、岸坡稳定情况等资料，并借鉴利用我公司的《福州市闽江—乌龙江岸线变迁及其稳定性调查研究》科研项目的成果，对岸坡进行稳定分析和评价。

2）针对勘察对象，对重点、难点问题深入分析：地铁2号线全部为地下敷设，在福州盆地内存在多个地下含水层的地质情况下，对地下水的处理正确与否直接关系到施工的成败，针对地下车站和区间内的强透水砂层不同含水层布置了多组水文地质试验，查明了含水介质的补、迳、排关系及渗透性等水力特征，为基坑开挖降水和区间联络通道冻结法施工提供重要的设计参数。

（1）针对南门兜站—水部站—紫阳站路段内正好横向贯穿北北西向树兜—王庄张扭性断裂控制的福州地热田区域，勘察过程中发现该区域内地温明显高于其他区域，因此专门进行了地温专项勘察，布置了专门的长期地温测试孔，发现该区域内地温相对于其他区域普遍高约5～15℃，局部存在热水口的位置甚至高达20℃。查明了水部站及邻近区间的地温分布规律，为水部站和邻近区间的防腐蚀措施、空间布局、冷却通风设备功耗和地下联络通道冷冻法的施工提供了科学的依据。

（2）针对福州区域前期地铁冻结法施工过程中相关设计参数仍借用其他城市的参数的现象，勘察过程中专门申请了《福州市轨道交通2号线工程冷冻法专项勘察》的课题，详细查明了福州盆地内8种典型地层的冻土物理力学性质，为福州地铁的冻结法设计和施工提供了重要的设计参数。填补了福州地区冻土相关参数的空白。

（3）针对福州地区基床系数缺少原位试验成果，而规范中推荐值又范围值过大特点，本项目在实施过程中专门申请成立了《福州地铁基床系数的取值研究》科研课题组，进行了多组原位测试试验，获得了一定量的原位测试试验数据。通过对比原位基床系数测试和多个其他试验的实施难度、成本、周期和可靠性等方面因素，综合得出多个原位试验中的建议测试排序；另外对比各试验参数的分布情况，得出福州地区各试验方法的修正公式和参数。

（4）针对区域地质构造较复杂的路段，加强地质调查、岩芯现场鉴别，选择代表性的岩芯进行岩石薄片鉴定、抗压强度试验等，准确区分了不同岩性岩层在场地的空间分布，提供了准确的地质剖面，为地铁施工提供了可靠的地质依据。

（5）针对厚层的高压缩性软土层，采用三轴UU试验、先期固结压力、有机质含量试验等，测定了其强度、触变性、固结状态等关键指标，准确提供了地基处理所需的各类参数。对地铁及其影响范围内的各岩土地层进行了热物理相关参数的测定，该项试验一般岩土工程勘察应用较少，为了避免外送导致土样扰动情况发生，我公司专门购置了岩土比热容测试仪和导热系数测试仪（平板热流计法），用于测定各土层的导温系数、导热系数和比热容。

（6）针对填土层厚度大的路段，进行地质年代调查、原位测试，同时利用现场若干处已有的场地基坑采用岩土设计软件反算填土层的抗剪强度，最后综合判定岩土层的性质，摆脱固有的填土层常规参数值的束缚，提出了合理的填土层抗剪强度参数。

（7）针对地铁施工影响较大的孤石和基岩凸起分布路段，借鉴国内较为成功的地微动物探探测方法，对可能存在的区间进行探测，然后根据探测结果进行验证，经验证确有孤石和基岩凸起的路段采用事先采用爆破、密集钻探等预处理措施进行处理，大大节省了工期和工程造价。

（8）针对多条地铁线换乘站涉及因素多、信息丰富、工序复杂等特点，采用了BIM专项课题研究，提高了资料查阅效率和设计精准度，满足轨道交通出现紧急情况时的处置要求。

3）综合运用多种勘察手段：在充分收集区域地质、既有市政设施勘察成果的基础上，进行工程地质调绘，综合采用钻探、槽探、剪切波速测试、压缩波速测试、地微动测试、地震面波法等多种物探手段。针对存在地下管线路段，充分收集管线资料，开孔前进行管线探测，结合洛阳铲或坑探，保障了钻探过程中地下管线安全。

4）原位测试手段和室内试验项目齐全：本工程线路长，跨越地貌单元多，涉及车站、区间、停车场数量较多，不同的勘察对象采用的施工工艺不同，基础形式及边坡、基坑支护结构多样，因此需要各类设计参数。本次勘察外业采用多种原位测试，如：标准贯入试验、十字板、静力触探、旁压试验、扁铲试验、地温测试、有毒有害气体测试、圆锥动力触探及波速、电阻率测试及面波等物探手段，室内试验手段齐全，如：三轴UU、三轴CU、三轴K_0、无侧限、渗透、高压固结回弹、静止侧压力系数、基床系数、有机质含量等。

实施效果与成果指标：本工程沿线涉及构筑物种类繁多，根据各路段地质特征，结合地铁车站明挖法施工、区间盾构法施工、车辆段地基处理等不同的勘察对象的特点，对拟建构筑物的基础方案、施工工法、基坑、边坡的支护方案进行预分析后，针对性地采用不同的勘察间距、不同的孔深控制标准、不同的原位测试和取样要求，选取合适的勘察手段，勘察方案经济合理、针对性强，试验与原位测试手段多样，为设计提供合理的地质依据和方案建议。勘察全程严格按照我公司ISO标准进行外业及内业工作，通过标准化保证工程质量及安全。

本工程除采用传统的勘察手段外，积极采用新技术和新工艺，并对工程中的重点技术难题进行科研立项，如地温专项勘察、孤石专项勘察、冷冻法施工专项研究、基床系数专项科研、BIM专项课题研究等。项目整体实施效果较好，项目实施过程中完成了勘察方案的各项工作内容，并根据实际勘察过程中遇到的问题及时调整勘察内容，基本查明了地铁2号线2标段工程地质和水文地质情况。

5 工程成果及效益

（1）福州轨道交通2号线工程2标段工程勘察施工过程规范、细致，提交的成果报告内容完善、数据可靠，顺利通过工程施工图审查机构的审查，为本项目的设计与施工提供了良好的依据。特别是本项目历时周期长，涉及的拟建物种类多，勘察时能针对各拟建物的特点，采用合适的勘察手段，提出合理的岩土工程处理措施及建议，大大地缩短了工程的工期，节约了工程造价。

（2）施工过程反馈认为勘察数据资料可靠，勘察报告对施工指导性强，为工程的施工顺利完成起到了重要的作用。

根据现场施工、检测反馈说明，我公司提供的勘察方案科学合理、可行，为施工提供了一份可靠的施工依据，也为福州市轨道交通 2 号线工程顺利施工提供了安全保障，作出了较大贡献。该项目的经济效益、社会效益和环境效益均较为显著。

（3）本项目作为福州市前期开展的重要轨道交通勘察任务，得到了各方高度重视和各界大力支持。本次勘察过程中采用的方案策划、技术工作路线、勘察手段和方法及针对重点、难点所采用的对策研究分析等，均对福州市今后的轨道交通勘察工作提供了积极有益的示范作用和借鉴意义，值得在今后类似项目的工程勘察工作中进行推广和应用。

成都轨道交通 18 号线火车南站异常沉降整治技术咨询岩土工程勘察实录

周其健[1,2]　薛文坤[1]　莫振林[1,2]　郑立宁[1,2]

（1. 中国建筑西南勘察设计研究院有限公司，四川成都　610051；
2. 四川省特殊岩土工程技术研究中心，四川成都　610051）

1　工程概况

成都轨道交通 18 号线是成都市重点工程。本项目位于成都市南郊，工程勘察包括两部分建筑（图 1），26 层高层建筑物和地铁车站基坑。

所在区域地层主要有第四系全新统人工填土层、第四系全新统冲洪积层及白垩系上统灌口组泥岩和石膏岩，如图 1（b）所示。高层建筑物的地基筏板底面标高为−11.220m，地基的持力层主要位于冲洪积层中的中—密实的砂卵石层，地铁车站持力层为中等风化泥岩。高层建筑物与地铁基坑间设置了深达 126m 的地源热泵系统，垂直地热管共有 7 排、直径 130mm，间距 4m，为 2010 年修建。地热泵使用期间，循环水温度可达 55℃，岩石中的地温可达 32℃。2017 年初，地铁车站施工降水及基坑开挖期间沉降监测发现异常沉降，沉降区域总面积约 73000m²。高层建筑物地下室裙楼沉降量值一般大于 1 号楼主楼沉降，裙楼最大沉降接近 90mm，沉降最大的区域大部分位于 1 号楼裙楼，该楼紧邻地铁基坑施工区域，最近距离 11m。在地铁车站基坑施工后期，地铁主体结构底板也发现了差异沉降变形，最大差异沉降可达 40mm。

沉降预警后，建设单位组织专家进行了多次论证，并采用高压旋喷桩阻水、回灌井对地下水位进行回灌，原勘察单位进行了多次补充勘察，甚至将勘察孔的深度加深至 130m，并进行了综合测井、跨孔 CT 检测等，仍未查明地铁车站沉降的原因。随着围护桩、车站底板沉降持续发展（图 2、图 3），地铁施工也因此中断，曾一度引发恐慌和纠纷。若沉降持续发展，建筑物的安全就无法保障，人民群众的生命和财产将不可避免遭受重大损失，尽快查明沉降的原因显得尤为迫切。笔者前期已经进行了部分研究[1-8]，借编录工程勘察实录之机，摘录主要内容予以阐述。

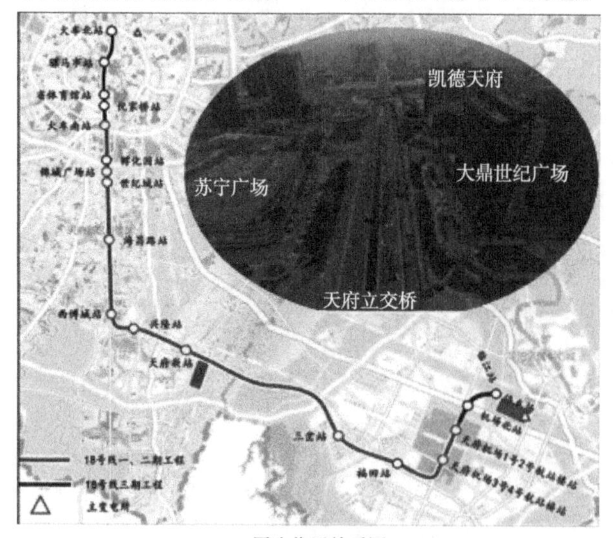

(a) 周边位置关系图

图 1　工程区周边位置关系及典型剖面图（一）

获奖项目：2021 年度工程勘察、建筑设计行业和市政公用工程优秀勘察设计奖二等奖。
基金项目：四川省科学技术厅资助项目（No. 2019GFW176）。

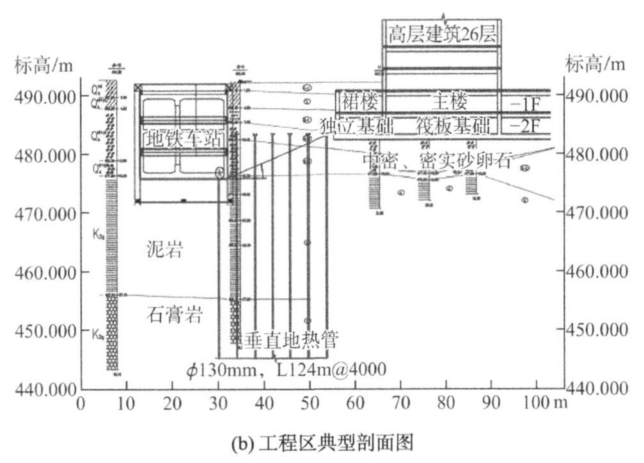

(b) 工程区典型剖面图

图 1　工程区周边位置关系及典型剖面图（二）

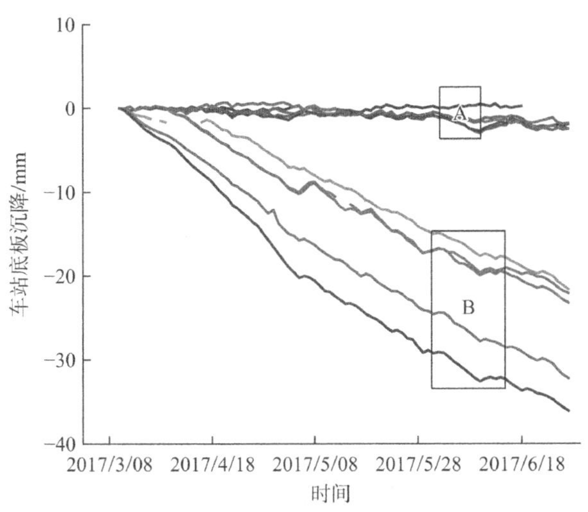

图 2　车站底板累积沉降曲线图

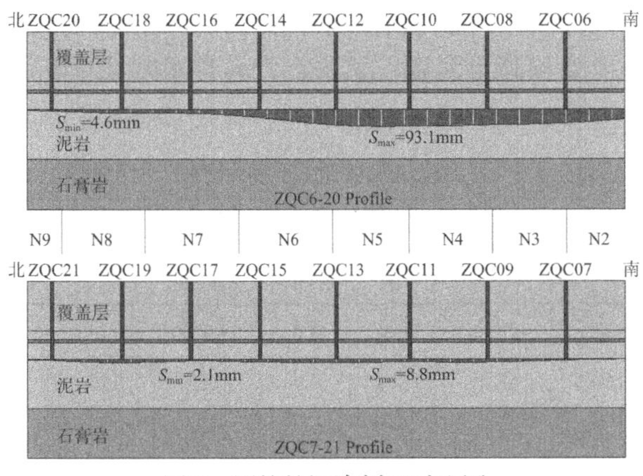

图 3　围护桩沉降剖面对比图

2　场地岩土工程条件

2.1　工程地质条件

场地均为第四系（Q_4）地层覆盖，地表多为人工填土（Q_4^{ml}）覆盖，其下为全新统冲积（Q_4^{al}）软土、粉质黏土、粉土、黏土、砂土及卵石土，上更新统冰水沉积、冲积（Q_3^{fgl+al}）粉土、砂土及卵石土，下伏基岩为白垩系上统灌口组（K_{2g}）泥岩夹石膏岩，基岩地层特征详述如下：

强风化泥岩（K_{2g}）：紫红色，泥质结构，薄—中厚层状，岩芯多呈短柱—柱状，部分呈饼状、块状、碎块状，岩质较软，浸水迅速软化。岩芯采取率约 90%。

中等风化泥岩（K_{2g}）：紫红色，泥质结构，泥质胶结，岩芯多呈柱状，少量呈碎块状。中厚层状，岩质较软，节理裂隙发育，锤击易碎，含软弱夹层或差异风化层，遇水易软化，钻探揭示裂隙间充填石膏条带，局部可见针孔状溶蚀小孔，未见大型空洞及石膏溶蚀骨架等现象。

中等风化石膏岩（K_{2g}）：紫红色夹灰白色，碎屑结构，泥质胶结。中厚层状，节理裂隙发育，岩芯多呈柱状，少量碎块状，岩质坚硬，锤击声脆，裂隙间充填石膏晶体，顶板埋深 35m。

原房屋建筑和地铁基坑勘察深度均不超过 36m，石膏岩在补充勘察前未被揭露，属于隐伏地层。

2.2　地下水

勘察期间为丰水期，受周边降水影响，在钻孔中测得稳定水位埋深为 15.00～17.50m，标高 476.448～479.261m。2017 年 7 月鉴定期间，对岩体进行了压水试验，结果详见表 1。结果表明，基岩透水性较好，基岩裂隙水具有较好的水力联系，基岩裂隙溶蚀作用明显。

压水试验成果表　　　　表 1

编号	起始深度/m	终止深度/m	试段长度/m	P-Q曲线类型	透水率 q/Lu	岩性
4-1	40.8	45.80	5.0	A	＞53.4	石膏岩
19-1	20.0	25.0	5.0	A	6.4	泥岩
19-2	25.0	30.0	5.0	A	7.0	泥岩
19-3	35.0	40.0	5.0	A	＞46.6	石膏岩
17-1	31.0	36.0	5.0	A	＞46.6	石膏岩
17-2	38.7	43.7	5.0	A	＞46.6	石膏岩

2.3　基岩顶面埋深等值线

根据高层建筑和地铁车站勘察资料，结合鉴定勘察资料，整理形成泥岩顶面埋深等值线图详见图 4，基岩顶板整体出露于 14～16m，高层建筑下局部揭露埋深近 30m，泥岩顶面微地貌形态上呈下凹形，具有明显的溶蚀塌陷特征。

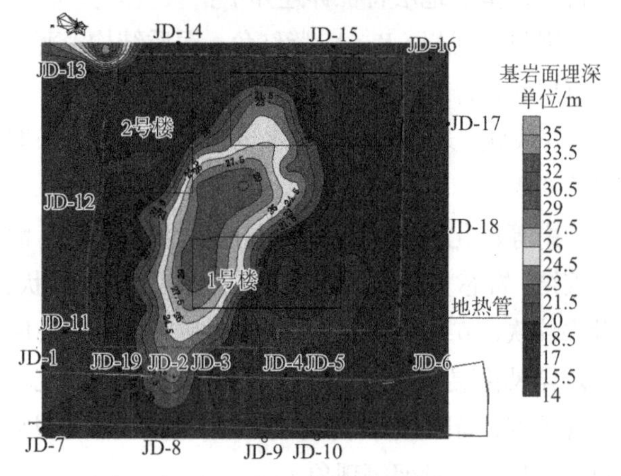

图 4　场地基覆界面等深线（单位：m）

3　岩土工程条件的分析评价

3.1　基本物理力学性质

（1）单轴抗压强度

按试验设计方案对泥岩、石膏岩进行天然状态、烘干状态、不同浸水条件下单轴抗压强度试验，试验结果见表 2、表 3。

石膏岩单轴试验成果统计表　　　　表 2

编号	试验条件	含水率/%	峰值强度 σ/MPa	弹性模量 E_{50}/GPa	泊松比 μ_{50}	备注
6-17-1	烘干	0.00	11.48	3.45	0.25	异常
6-20-3	烘干	0.00	29.18	15.79	0.22	
15-14-1	烘干	0.00	10.14	3.10	0.28	异常

续表

编号	试验条件	含水率/%	峰值强度 σ/MPa	弹性模量 E_{50}/GPa	泊松比 μ_{50}	备注
6-17-2	天然	3.28	11.02	9.67	0.24	
15-9-2	天然	0.79	29.36	27.06	0.25	
15-9-1	天然	0.81	26.58	38.72	0.25	
19-5-3	浸水 24h	1.30	4.58	6.48	0.29	
19-5-4	浸水 24h	2.19	4.09	2.64	0.30	
6-16	浸水 24h	7.54	9.47	4.60	0.26	
15-8-1	浸水 48h	1.79	20.82	9.38	0.26	
15-13-2	浸水 48h	9.36	7.36	3.22	0.29	
15-13-3	浸水 48h	12.22	3.45	0.76	0.30	
19-7-2	浸水 72h	7.20	6.07	3.74	0.25	
19-7-1	浸水 72h	8.92	6.21	2.04	0.27	

泥岩和石膏岩的力学指标随含水率的变化情况见图 5。天然状态下泥岩强度为 3～4MPa，石膏岩强度为 10～30MPa，天然状态强度未因紧邻地热系统而出现明显降低；随着浸泡时间增加，泥岩含水率增加大于石膏岩，泥岩最大含水率可达 30% 以上，石膏岩含水率为 15% 以下；泥岩和石膏岩强度随含水率增加呈双曲线减小，泥岩更易丧失强度，甚至完全丧失，浸水 72h 后，石膏岩强度下降至 6MPa 左右；随着含水率增加，泥岩和石膏岩泊松比有增大趋势，变化范围为 0.22～0.34，离散性较大，同一含水率条件下石膏岩的峰值强度和弹性模量均高于泥岩，说明石膏岩含水特性存在明显不同。

泥岩单轴试验成果统计表　　　　表 3

试样编号	试验条件	含水率/%	峰值强度 σ/MPa	弹性模量 E_{50}/GPa	泊松比 μ_{50}	备注
6-13	烘干	0.00	43.01	14.0200	0.23	
16-15	烘干	0.00	14.93	1.6500	0.28	
16-10	天然	8.61	3.63	0.3400	0.33	
6-15	天然	18.08	3.61	0.5100	0.30	
21-3-3	浸水 24h	20.05	1.29	0.8200	0.31	
21-3-1	浸水 24h	24.83	1.16	0.6900	0.32	
6-8	浸水 48h	30.35	0.09	0.0026	—	
16-14	浸水 48h	30.49	0.07	0.0006	—	
16-14	浸水 72h	—	—	—	—	破坏

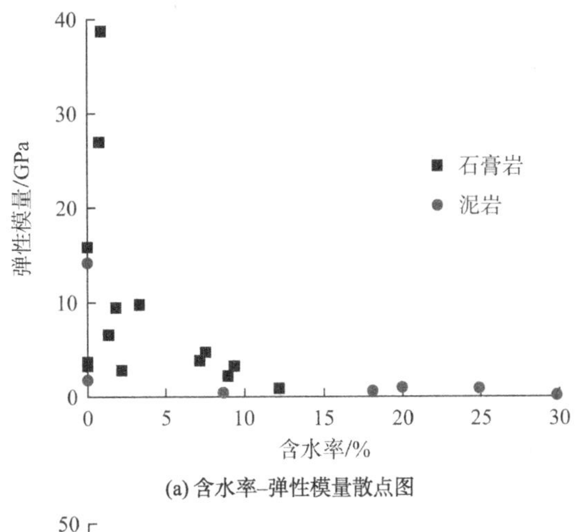

(a) 含水率–弹性模量散点图

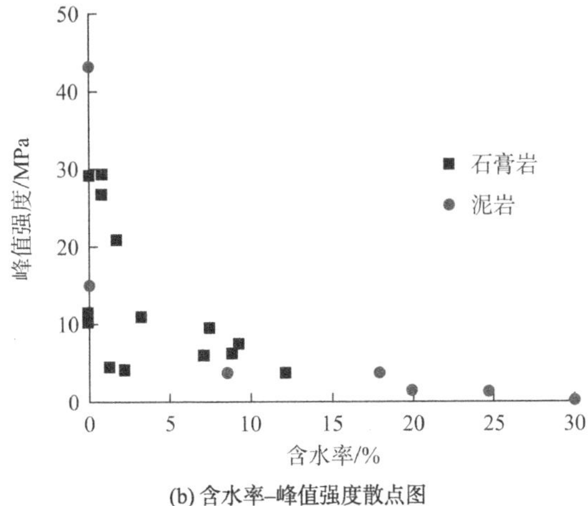

(b) 含水率–峰值强度散点图

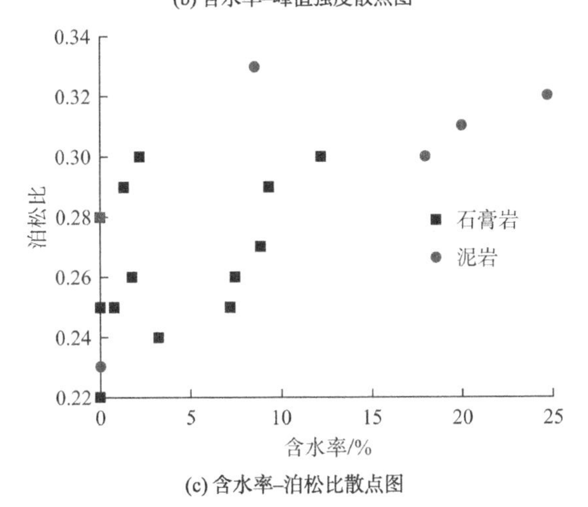

(c) 含水率–泊松比散点图

图 5 力学指标随含水率改变散点图

（2）三轴抗压强度

按试验设计方案对泥岩和石膏岩进行不同温度、不同浸水时间、不同围压状态三轴抗压强度试验，试验结果见表 4、表 5。

石膏岩三轴试验成果表　　表 4

试样编号	温度/℃	浸水时间/d	围压/MPa	峰值强度 σ/MPa	弹性模量 E_{50}/GPa	泊松比 μ_{50}	备注
6-18-1	20	0	1.2	20.66	31.73	0.11	烘箱加热
6-18-2	20	7	1.2	18.69	13.36	0.10	
6-18-3	20	14	1.2	17.93	9.95	0.11	
6-19-1	35	0	1.2	30.31	33.31	0.10	
15-14-2	35	7	1.2	28.53	28.61	0.11	
6-19-2	35	14	1.2	23.87	16.78	0.13	
6-21-1	50	0	1.2	25.03	20.76	0.11	
6-20-1	50	7	1.2	21.39	13.63	0.11	
15-11-2	50	14	1.2	19.46	13.55	0.13	
15-5-2	20	0	0.6	10.53	4.30	0.15	水浴加热
15-12-3	35	0	0.6	12.80	6.02	0.12	
20-8-1	50	0	0.6	19.01	10.63	0.10	
6-12-2	20	7	0.6	9.02	1.60	0.14	
15-7-1	35	7	0.6	13.12	5.81	0.12	
15-7-3	50	7	0.6	17.23	10.28	0.11	
15-15-1	20	14	0.6	13.46	11.24	0.14	
15-10-2	35	14	0.6	17.98	14.97	0.12	
19-3-1	50	14	0.6	25.45	13.94	0.10	

由表 4 可知，在有围压状态下石膏岩峰值强度为 9.02～30.31MPa，弹性模量为 1.60～33.31GPa，泊松比为 0.10～0.15。烘箱加热条件下，温度在 20～50℃范围内，随着浸水时间的增加，石膏岩峰值强度下降比例为 13.2%～22.3%，弹性模量下降比例为 34.7%～68.6%。水浴浸水加热条件下，随着温度的升高，石膏岩峰值强度升高 44.6%～47.8%，弹性模量升高 19.4%～84.4%。浸水时间和围压均相同时，随着温度的升高，岩石的峰值强度均增高。温度相同时，随着浸泡时间的增加，石膏岩峰值强度降低值高于残余强度。烘箱加热条件下的岩石单轴抗压强度和弹性模量高于水浴加热条件下的值，这主要是因为烘箱加热导致岩样的含水率低于水浴加热。

泥岩三轴试验成果　　表 5

试样编号	温度/℃	浸水时间/d	围压/MPa	峰值强度 σ/MPa	弹性模量 E_{50}/GPa	泊松比 μ_{50}	备注
6-7	20	0	0.6	2.35	0.52	0.31	烘箱加热
16-7	20	7	0.6	1.95	0.47	0.31	

续表

试样编号	温度/℃	浸水时间/d	围压/MPa	峰值强度 σ/MPa	弹性模量E_{50}/GPa	泊松比μ_{50}	备注
15-1	20	14	0.6	2.00	0.46	0.35	
16-8-1	35	0	0.6	9.90	1.02	0.21	
16-8-2	35	7	0.6	2.18	0.62	0.36	
15-19-1	35	14	0.6	1.57	0.60	0.30	烘箱加热
15-2-2	50	0	0.6	12.05	1.95	0.12	
15-24-2	50	7	0.6	3.90	1.23	0.23	
15-23	50	14	0.6	2.59	1.64	0.24	
16-9	20	0	1.2	2.86	0.61	0.34	
6-11-1	35	0	1.2	7.46	0.78	0.27	
6-11-2	50	0	1.2	8.40	0.78	0.21	
15-4-1	20	7	1.2	3.53	1.14	0.28	
15-4-2	35	7	1.2	3.92	1.38	0.28	水浴加热
15-24-1	50	7	1.2	4.67	1.41	0.26	
15-21-1	20	14	1.2	1.41	0.90	0.46	
15-21-2	35	14	1.2	3.90	1.00	0.27	
15-2-1	50	14	1.2	6.55	1.30	0.28	

由表5可知，在有围压状态下泥岩峰值强度为1.41～12.05MPa，弹性模量为0.47～1.95GPa，泊松比为0.12～0.35。烘箱加热条件下，温度在20～50℃范围内，随着浸水时间的增加，泥岩峰值强度降低14.9%～18.5%，弹性模量降低11.5%～41.2%。在水浴浸水加热条件下，随着温度的升高，岩体峰值强度升高24.4%～78.5%，弹性模量升高19.1%～30.7%。浸水时间和围压均相同时，随着温度的升高，泥岩的峰值强度均增大，但离散性较大。温度相同时，随着浸泡时间的增加，泥岩的峰值强度和残余强度均明显减小，同一温差降幅，峰值强度的降低离散性大。烘箱加热条件下的泥岩单轴抗压强度和弹性模量低于水浴加热条件下的值，这主要是因为烘箱加热围压低于水浴加热的围压，岩石力学指标应考虑围压的影响。

3.2 岩体裂隙

选择9个孔进行了对比研究，研究了有无地热管位置，软弱层出露位置、漏浆深度以及裂隙数量和张开度累积值（图6）。

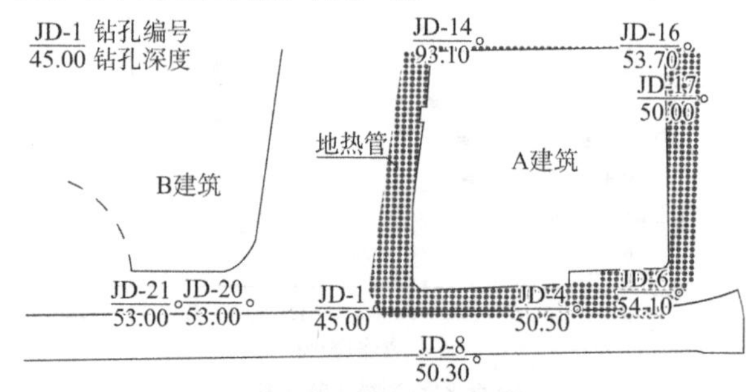

图6 研究区试验点位布置图

结果表明：整个场地有软弱层发育，有地热情况下均在软弱层位置出现漏浆现象，有地热情况17～45m范围内裂隙张开度累积值超过150mm的钻孔占比达71.4%，无地热孔钻孔裂隙张开度累积值小于80mm的钻孔占比为66.7%（表6）。

选择两个孔进行有无地热岩体变形模量统计对比（表7）。由表可知，两个对比钻孔石膏岩和泥岩变形模量统计指标接近，经过7年左右时间，地热泵对岩体变形模量影响10%左右。

岩体裂隙统计对比　　表 6

钻孔编号	地热	解译深度/m	软弱层出露深度/m	钻进漏浆深度/m	17～45m 范围裂隙	
					数量/条	张开度累计值/mm
JD-1	有	41.7	41.6～42.0	41.6～42.0	23	102
JD-4	有	48.0	43.8～44.0	44.8～45.2	31	272
JD-6	有	52.3	44.0～44.6	38.9～39.2	79	309
JD-8	无	50.3	44.4～44.7	无	16	159
JD-14	有	46.7	40.1～40.4	37.0	40	44
JD-16	有	51.2	41.1～41.4	35.6～36.0	100	343
JD-17	有	47.0	35.0～35.7	43.4～43.8	99	477
JD-20	无	49.2	42.6～42.8	无	35	79
JD-21	无	43.4	未揭露	无	9	71

岩体变形模量统计对比　　表 7

钻孔	岩性	计数项	变形模量/GPa						
			平均值	最大值	最小值	标准偏差	变异系数	修正系数	标准值
JD-16（有地热）	石膏岩	13	4.22	8.55	1.38	1.79	0.424	0.79	3.324
	泥岩	21	0.16	0.46	0.10	0.09	0.563	0.78	0.126
JD-20（无地热）	石膏岩	10	5.37	8.24	1.43	2.67	0.497	0.71	3.806
	泥岩	20	0.18	0.38	0.10	0.07	0.389	0.85	0.153

3.3 建筑裂缝特征

对近接高层 A、B 建筑进行裂缝调查，发现 A 建筑裂缝明显多，而 B 建筑基本没有。进一步，对 A 建筑裂缝的空间展布进行了测绘，测绘成果见图 7。

据图 7 可知：A 建筑地下室裂缝分布于整个地下室，数量达 160 余条，在混凝土墙、梁、填充墙等位置均有发现，裂缝有水平状、倾斜状、垂直状，裂缝倾斜的方向在纵横墙上既有正八字形、亦有反八字形；从裂缝张开度来看，填充墙最大裂缝约 8.0mm，混凝土墙最大裂缝宽度约 0.4mm，梁最大裂缝宽度约 0.2mm，地下 2 层底板面层最大裂缝宽度 8.0mm。监测期间裂缝变化规律表明，裂缝的张开度较初始值增大，后期累计张开量呈波动变化，增大幅度为 0.4～2.4mm。主楼区域内部也出现了较大沉降裂缝，甚至主楼中部核心筒区域也出现了沉降裂缝，表明不均匀沉降较大。

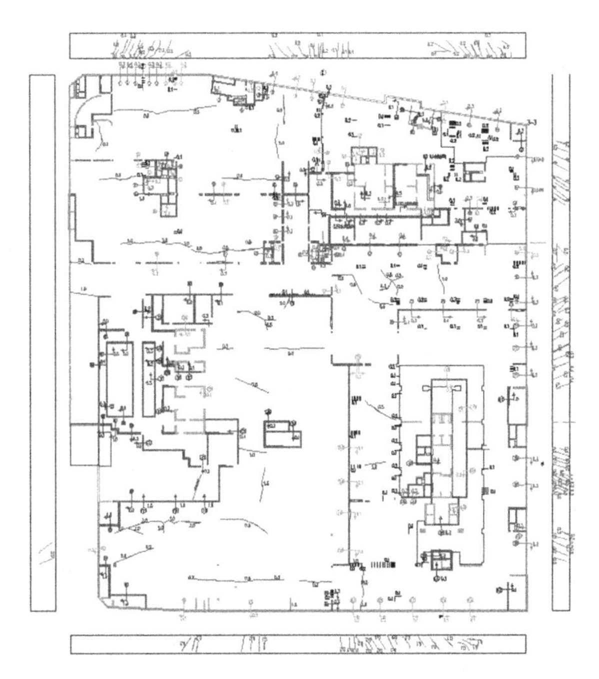

图 7　负 2 层地下室裂缝展布图

4 异常沉降原因分析

4.1 溶蚀作用分析

采用现场环境水研究石膏岩随时间变化的宏观和微观结构变化。结果发现：浸泡前，石膏岩结晶结构为块状构造，岩质较好结构致密，无明显微裂隙。浸泡后，溶蚀结晶区域随时间增加进一步扩大，浸泡 40d 后，可达石膏岩总体积的 70%左右的石膏岩表面溶蚀痕迹明显，泥质物减少，孔隙增大呈放射状分布，石膏岩体积发生膨胀，石膏岩表面和内部见少量微裂隙（图 8）。

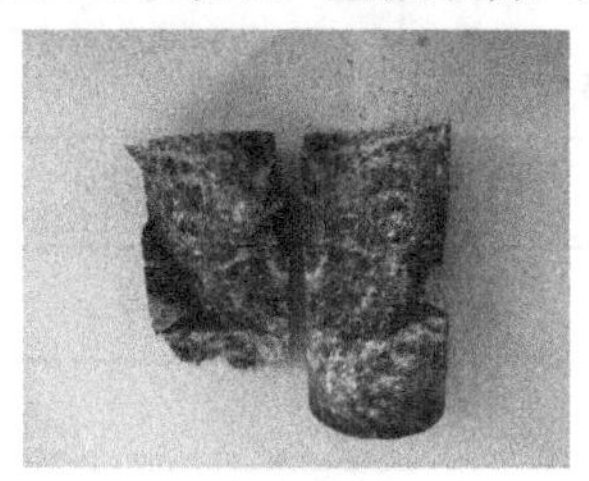
(a) 无浸泡

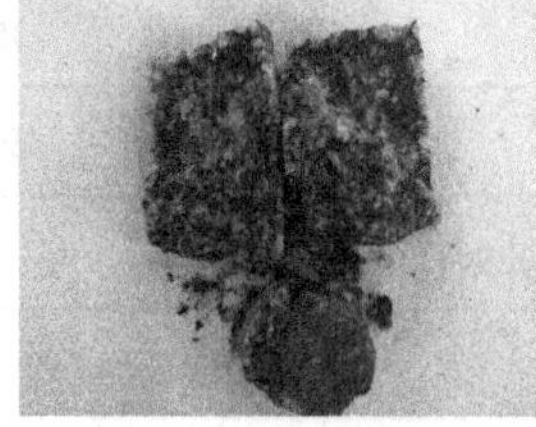
(b) 环境水浸泡 7d

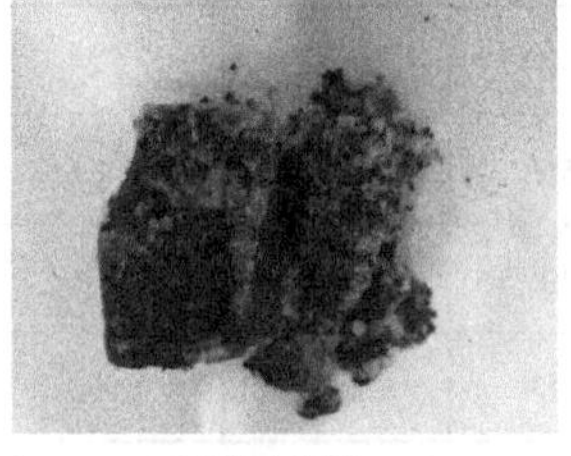
(c) 环境水浸泡 16d

(d) 环境水浸泡 40d

图 8 不同浸泡时间岩样照片

笔者对比了不同水溶液作用下岩体微结构变化情况，如图 9 所示。由图 9 可知，浸泡前颗粒之间连接紧密，大小颗粒之间相互镶嵌，结构空隙不大，随着溶浸作用增强，石膏析出［图 9（b）］，胶结界面逐渐开裂，晶体边缘溶蚀［图 9（d）、图 9（f）］和出现穿晶开裂迹象［图 9（d）］，内部的微细缺陷不断演化，从无序分布逐渐向有序发展，从而形成宏观裂纹。同时，岩石中石膏性能不稳定，受温度和浸泡影响会在石膏、半水石膏、硬石膏之间转化［图 9（d）］，矿物中硫酸钙成分的流失，取代之前晶体的位置，会在新生成的矿物晶体内形成孔隙，继续增加岩石的孔隙体积，从而造成岩体的化学损伤。

溶蚀作用下的石膏岩强度变化过程是复杂的，影响因素也比较多。不同盐溶液作用下石膏岩的溶解特性不同，石膏岩的溶蚀机制因环境温度、溶液性质、渗流速度的影响而表现为不同形式。

(a) 浸泡前

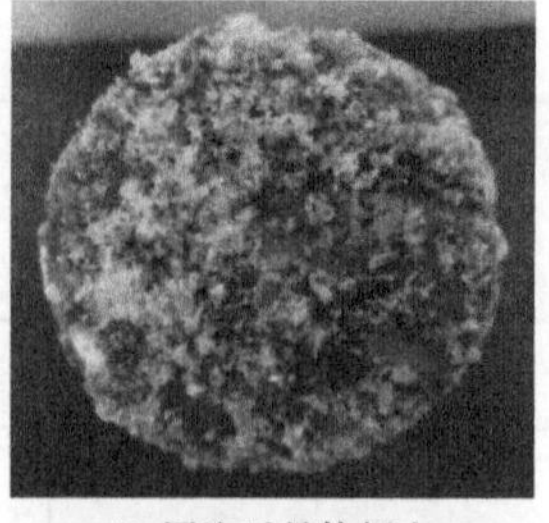
(b) 浸泡后晶体析出

(c) 浸泡前
（正交偏光放大 40 倍）

(d) 浸泡后交代作用

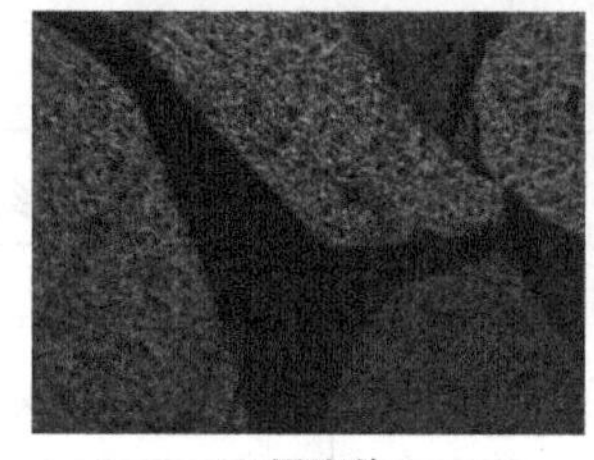
(e) 浸泡前
（正交偏光放大 40 倍）

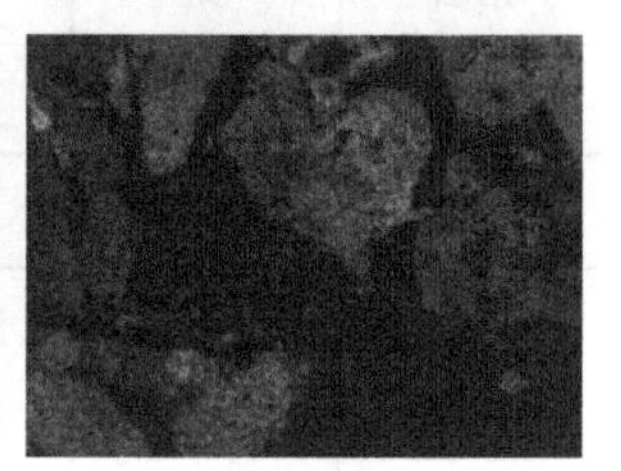
(f) 浸泡后溶蚀作用

图 9 石膏岩浸泡前后微结构对比图

岩体赋存地质环境多样，地源热系统使得岩体周边环境变化更加复杂，特别是石膏岩，具体转化化学方程如下：

$$CaSO_4 \cdot 2H_2O \longrightarrow Ca^{2+} + SO_4^{\ 2-} + 2H_2O \quad (1)$$

$$CaSO_4 \longrightarrow Ca^{2+} + SO_4^{\ 2-} \quad (2)$$

$$CaSO_4 \cdot 0.5H_2O + 1.5H_2O \longrightarrow CaSO_4 + 2H_2O \quad (3)$$

地下水、温度、应力循环往复作用导致岩体劣化损伤机制，目前尚难量化。就研究场地而言，地热系统封闭的系统，地源热作用温度变化范围小，对岩石强度影响较小，但是，地热钻孔与岩体间的填充质量难以控制，多存在间隙，开挖出的地热管填充间隙就发现冒水迹象［图 10（a）］，且场地地下水具有弱腐蚀性。可以推断，石膏岩因不同规模的裂隙和软弱层存在，在地下水动力溶蚀、软化作用，以及周边建筑应力作用下，再加上岩体温度的周期性变化导致的热胀冷缩，岩体水岩界面在软化、溶蚀、应力、温度等多种作用会发生变化。这些变化将导致岩体裂隙和软弱层进一步溶蚀形成空腔［图 10（b）］，随着时间的推移，岩石中微裂隙不断拓展，交代作用、溶蚀作用进一步增强，空腔范围扩大，当溶蚀空腔达到一定程度后，最终诱发建筑沉降。

(a) 地热管侧冒水

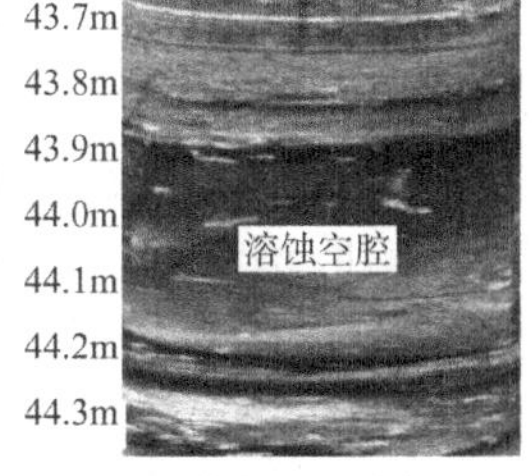

(b) 石膏岩溶蚀空腔

图 10 石膏岩溶蚀迹象

4.2 地基沉降计算与分析

根据补充的钻孔资料，应用理论方法、规范方法、数值模拟和现场监测等地点对问题区域的沉降进行了计算，并将计算结果与监测结果对比，如表 8 所示。

不同方法计算建筑物地基沉降结果对比 表 8

计算方法	理论计算	理正计算	数值模拟	现场监测
沉降结果/mm	< 20	10～13	3～5	30～50

图 11 是理论计算结果和监测结果的对比。综合表 8 和图 11 中的结果，理论计算结果多数在 20mm 以内，理正软件计算的垂直沉降在 10～13mm，数值模拟结果主要模拟的基坑降水引起的沉降变形在 3～5mm，而监测结果总体偏大，多数在 30～50mm 之间。实测结果远大于根据理论计算的结果，说明异常沉降应有其他原因。

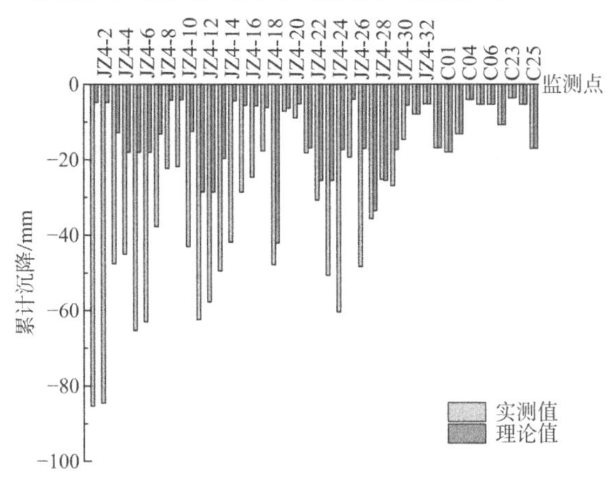

图 11 累计沉降计算值与实测值对比

4.3 溶蚀空洞对异常沉降的影响

勘探结果表明场地石膏岩和泥岩基本岩体质量等级为Ⅳ级，顶板岩石厚度存在小于溶蚀空洞跨度的情况，溶蚀空洞最大高度可达 60cm。根据验证勘察和建筑物周边关系特点，分析车站下存在溶蚀空洞条件下地基基础的安全性。地铁车站宽$b = 22.05$m，泥岩的抗压强度 3.5MPa，按梁板抗弯估算溶洞顶板的最小安全厚度H，顶板按无裂隙考虑。按照式(4)进行计算分析。

$$H \geqslant \sqrt{\frac{6M}{b\sigma}} = \sqrt{\frac{6pl^2/12}{b\sigma}} \tag{4}$$

式中：H——溶洞顶板厚度；

M——最大弯矩；

b——梁板宽度；

p——顶板所受总荷载；

l——溶洞跨度；

σ——岩石的抗弯强度，取岩石抗压强度的 1/8。

（1）仅考虑地铁车站荷载，σ取抗压强度的 1/8，溶蚀空洞跨度$l = 12$m，计算$H \geqslant 7.46$m；溶蚀空洞跨度$l = 24$m，计算$H \geqslant 14.93$m。

（2）考虑建筑物及周边的荷载，溶蚀空洞跨度$l = 12$m，计算$H \geqslant 19.62$m；溶蚀空洞跨度$l = 24$m，计算$H \geqslant 39.24$m。

计算可知，按梁板抗弯估算溶洞顶板的最小安全厚度，仅考虑地铁车站荷载作用下，溶蚀空洞 12～24m 范围内，基础是安全的；考虑高层建筑及周边荷载时，当溶蚀空洞跨度为 12m 时，基础安全，溶蚀空洞 24m 时，计算最小安全厚度大于实际厚度，基础不安全，将会出现过大的变形破坏。

进一步地，根据勘察区实际工程地质条件，采用 FLAC3D 软件对进行数值模拟，模拟中设置相同的初始条件，对比分析不同工况如基坑开挖、降水、软化、空洞等情况下沉降情况。数值模拟结果表明：溶洞的存在是基坑及周边建筑发生显著竖向位移的主要原因，基坑降水和基坑开挖也能导致基坑及周边建筑物沉降，但是影响的量值都明显较小。模拟计算地面最大位移发生在地铁车站基坑与建筑的交接处，达到 339mm（图 12）。

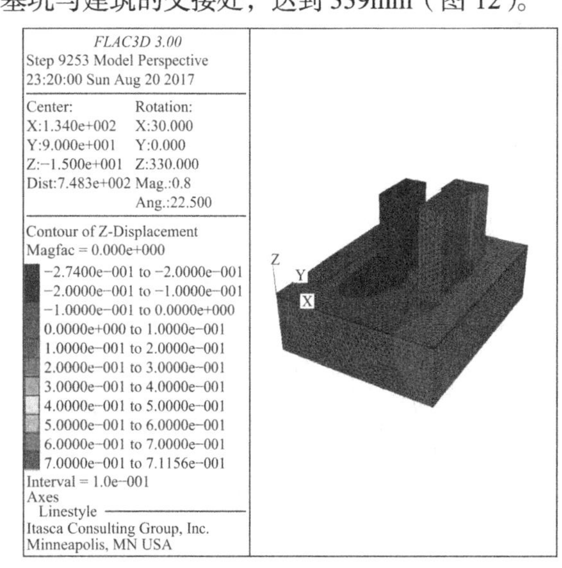

(a)

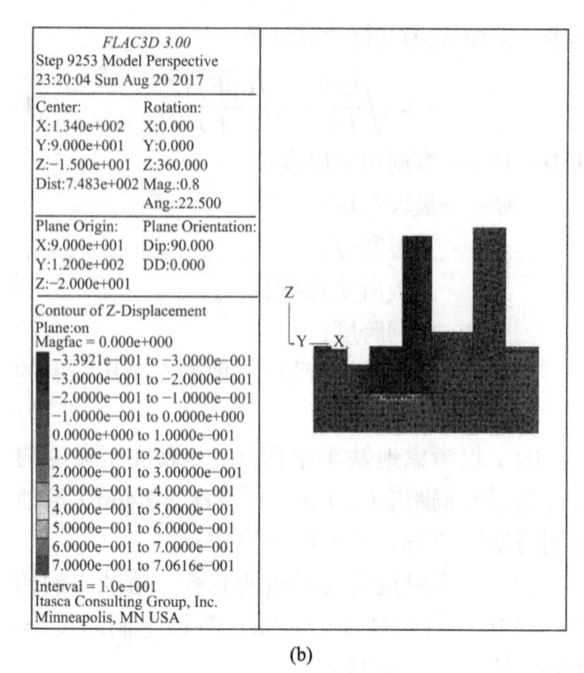

(b)

图 12　数值模拟分析结果

5　沉降机理与验证分析

5.1　溶蚀致沉机理

场地埋深 14～36m 为泥岩，局部存在凹陷，凹陷底埋深 30m 左右，36～50m 为石膏岩，石膏岩为可溶岩，钻孔电视揭露发育有溶孔、小溶穴、塌陷漏斗、溶蚀裂隙等，溶蚀空洞一般发育在泥岩和石膏岩界面，泥岩内局部见溶蚀土洞，见洞率 60%以上，39～45m 发育多条溶蚀裂隙，最大宽度达 60cm，裂隙无充填。压水试验和综合测井表明软弱夹层连通性较好（图 13）。

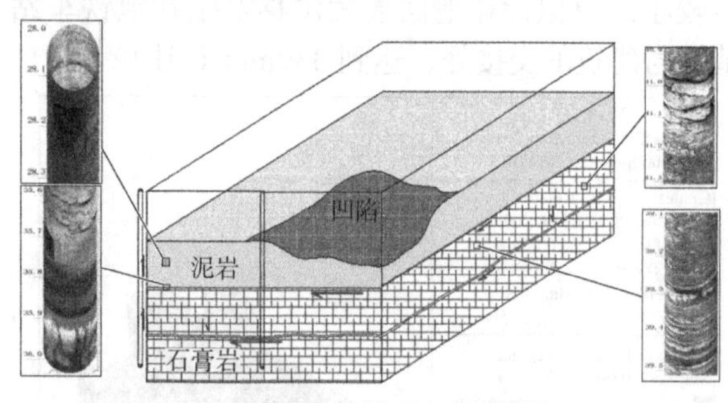

图 13　溶蚀致沉机理分析图

综合前述试验分析，提出场地溶蚀机理：本场地存在泥岩和石膏岩，由于水对岩石的化学影响不同，因石膏岩中的矿物成分复杂，有原生矿物、溶于水的次生矿物、不溶于水的次生矿物等，水化学作用会溶解岩石中易溶于水的次生矿物、胶结物，或者与已溶于水的其他物质发生化合反应，生成新的矿物结晶、沉淀，导致岩石的孔隙率、矿物颗粒的排列方式等微观结构发生变化，岩石从微观到宏观都存在着大量的裂纹，这种带有裂隙、空洞等缺陷的材料，在应力–水溶蚀作用下裂隙逐渐扩展、溶腔增大。由于地热管填筑不密实，长期作用下容易形成渗流通道，打破原有溶腔中离子浓度的平衡，进一步加速溶腔的溶解；在载荷作用下，溶腔扩大达到临界值时，势必造成更多溶腔的破坏，下部溶腔逐渐扩大，导致上部岩体逐渐下沉、脱空，形成多米诺骨牌效应，从而导致整个场地有较大的沉降，最终诱发建筑沉降和开裂。

5.2　沉降监测验证

为了进一步分析沉降的发展规律，明确导致沉降的因素是浅表层沉降还是深层沉降，建设单位委托第三方监测单位通过埋设深层监测标来揭示沉降变化规律，监测点位详见监测点位平面布置图图 14（a）。深层沉降监测点布设于火车南站东侧，对埋深分别为 30m、40m、50m、80m 深度岩体进行深层沉降监测成果见图 14（b）。

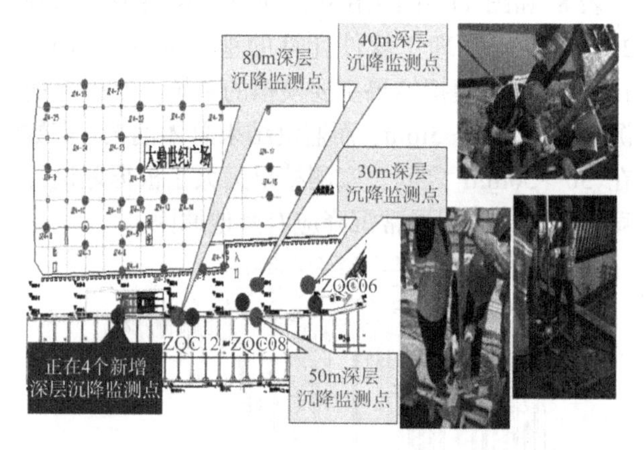

(a) 监测点位平面布置图

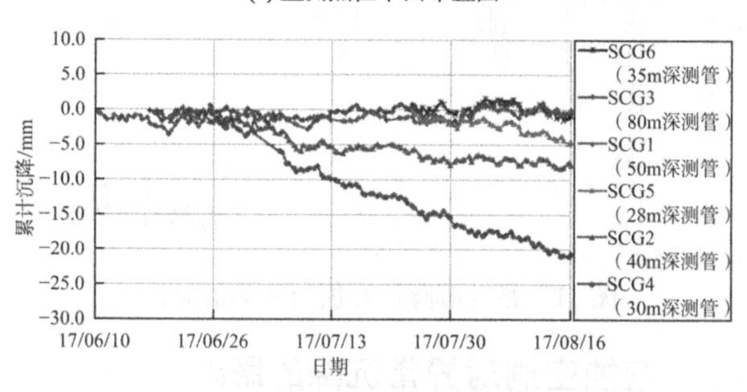

(b) 深层沉降监测曲线

图 14　深层沉降监测结果

监测表明：30m 断面沉降最大，超过 20mm，其次是 40m 断面，接近 10mm，50m 深度以下范围岩体沉降相对稳定；50m 深度以上范围岩体最大沉降可达 20mm，50m 深度以上范围沉降速率 0.06～0.38mm/d，说明场地岩体存在深层沉降。

5.3 注浆验证

基于注浆理论分析，笔者提出按孔口管段钻进→裂隙冲洗兼简易压水→孔口管段注浆（自流）→镶铸孔口管→浆液凝固注浆工艺进行试验性注浆，验证了注浆的可行性。试验成果如图 15（a）所示，据图可知：注浆过程中注浆率随时间变化曲线可分为三段，第一段为溶蚀空隙填充段，此段注浆量一般较大，裂隙张开度大持续时间长，第二段为初始劈裂段，此段注浆量随时间衰减，注浆量增量减小，减小幅度因与裂隙数量强相关，裂隙组中相邻的裂隙在注浆过程中相互影响，较大裂隙进一步张开，较小裂隙趋于闭合，导致浆液在微小裂隙中的扩散范围减小或无法注入，并在较大裂隙中大量无效扩散；第三段为二次劈裂之后，主要是微小裂隙中的扩散范围增大或前期无法注入裂缝再注入。进一步分析发现注入量–注浆时间曲线符合 Boltzmann 线性特征，据此提出以该曲线参数作为后续注浆控制指标，实施大范围深层注浆。

深层注浆全部完成后，地铁车站底板的沉降曲线如图 15（b）所示，地铁车站沉降由原来沉降 40mm，恢复至沉降±10mm 左右。经钻孔电视和压水试验表明，通过深层注浆实现溶蚀裂隙填充。通过深层注浆在抑制沉降的基础上，实现地铁车站抬升精细控制，也进一步验证了沉降的原因。

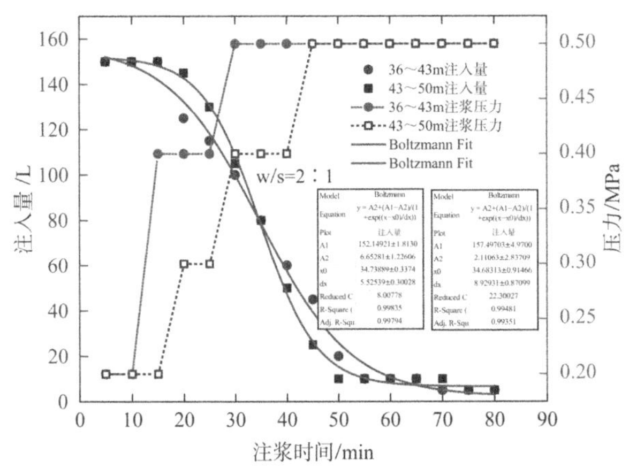

(a) N4 段东侧（40 号孔）注浆曲线及分析

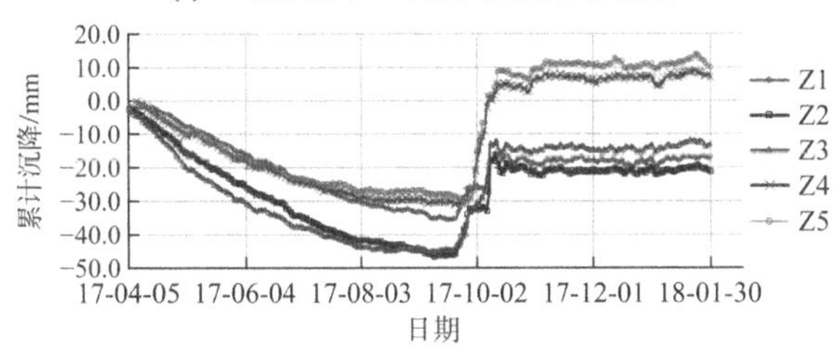

(b) 地铁车站测点位累积沉降时序曲线

图 15　深层注浆结果分析

6　结语

本项目在原勘察过程中未揭露隐伏石膏岩地层，对隐伏石膏岩地层的认知不足，地铁车站施工后针对车站及周边建筑沉降影响因素及其发展趋势解释不清，沉降发展内在机理和发展规律认识不清等问题，在充分研究既有勘察资料的基础上，采用现场地质调查、钻探、声波、钻孔电视、电磁波 CT、钻孔弹模、水文地质专项调查、深层沉降监测等综合勘察测试技术，基于影响沉降因素的相关性的深入对比分析，揭示了石膏岩在地源热泵、地下水相互作用，特别是石膏岩中发育的不良地质如软弱夹层等，在建筑附加应力、裂隙渗流、化学腐蚀、地源热泵热效应耦合作用下导致深部岩体损伤，从而诱发场地深层沉降，阐明了地铁车站主体结构及邻近建筑不均匀沉降的内在机理，提出了适宜的整治建议，经受了实践的检验，取得了较好的效果。

本项目提升了对石膏岩特殊岩土工程特性的认识，取得的经验，避免了工程风险，为工程建设类似问题的解决提供了示范，在理论和技术上取得了重大突破，经济和社会效益显著。

参考文献

[1] 周其健，马德翠，邓荣贵，等. 地热系统作用下红层软岩力学性能试验研究[J]. 岩土力学，2020, 41(10): 3333-3342.

[2] 郭永春，周其健，屈智辉等. 水岩相互作用下钙芒硝盐岩强度衰减机理[J]. 地下空间与工程学报，2021, 17(4): 1045-1051.

[3] 郑立宁，陈继彬，周其健，等. 成都地区中等风化泥岩地基承载力取值试验研究[J]. 岩土工程学报，2021, 43(5): 926-932.

[4] 周其健，郭永春，屈智辉等. 某红层地基差异沉降原因分析[J]. 建筑科学，2020, 36(11): 101-106.

[5] 周其健，郭永春，屈智辉，等. 水热综合作用下钙芒硝盐岩强度等参数的衰减规律研究[J]. 工程地质学报，2022, 30(4): 1019-1027.

[6] 谢强，周其健，郑立宁，等. 在建地铁车站近接高层建筑物沉降规律研究[J]. 四川建筑，2020, 40(2): 55-58.

[7] 周其健, 郑立宁, 邓荣贵, 等. 红层软岩变形特性及基床系数取值试验研究[J]. 土木与环境工程学报（中英文）, 2020, 42(4): 60-66.

[8] 宋立平, 谢强, 周其健. 可溶岩环境下复杂建构筑物沉降规律数值研究[J]. 中小企业管理与科技（中旬刊）, 2018(11): 194-196.

武汉市轨道交通 7 号线一期岩土工程勘察

余 颂[1] 樊永生[2] 朱帆济[3] 陈宗平[4] 高 健[5] 官善友[6]

（1. 中铁大桥勘测设计院集团有限公司，湖北武汉 430050；
2. 武汉地质工程勘察院有限公司，湖北武汉 430051；
3. 武汉市政工程设计研究院有限责任公司，湖北武汉 430023；
4. 中煤科工集团武汉设计研究院有限公司，湖北武汉 430061；
5. 长江勘测规划设计研究有限责任公司，湖北武汉 430010；
6. 武汉市勘察设计有限公司，湖北武汉 430020）

1 项目概况

武汉市轨道交通 7 号线一期工程是贯通武汉南北的一条核心主干线路，是串联长江两岸经济带的一条重要发展轴。一期工程自园博园北至野芷湖，共穿越了东西湖区、江汉经济技术开发区、江汉区、江岸区、武昌区及洪山区 6 个主城区，如图 1 所示。

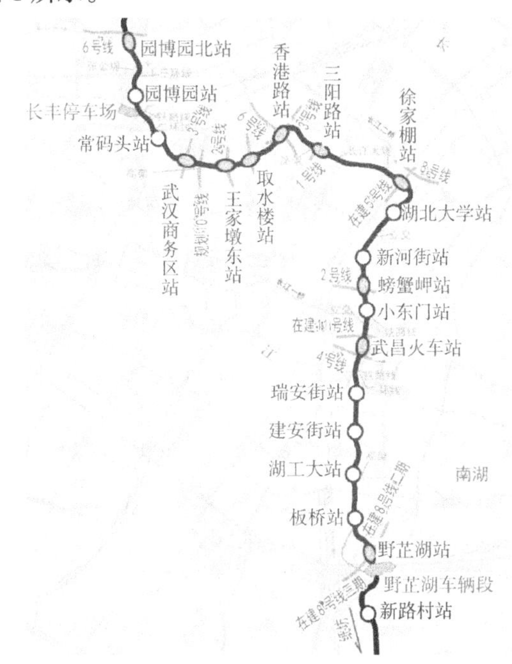

图 1 7 号线一期工程线路走向示意图

7 号线一期工程线路全长 30.7km，共设车站 19 座，全为地下站，其中换乘站 10 座。最大站间距 3440m，为越江段，最小站间距 871m，平均站间距 1706m，总投资约 321 亿元。其中越江段是全线控制性工程，包括公铁合建盾构段、两岸公路主线及匝道明挖段，主线隧道全长 4650m。过江通道为双向六车道，隧道直径达 15.2m，时为穿越长江最宽隧道，也是国内直径最大的江底隧道；武昌风井深达 44.1m，是国内同等规模断面最大、开挖深度最深的基坑。

7 号线一期工程线路穿越了武汉多个典型地质地貌单元，是武汉不良地质“博物馆”。沿线周边环境复杂，地下管网和构筑物众多，地面建（构）筑物密集；线路穿越张公堤、三环线和众多高架桥、立交桥及地铁、铁路及长江，环境影响大、制约因素多。此外，越江段水文条件独特、流速大、流向多变，长江航道繁忙、钻探风险高。总体而言，7 号线一期工程具有线路长、周边环境风险等级高、地质条件复杂、工期紧、勘察质量要求高等特点。

2 线路工程地质条件

2.1 区域地质构造特点

武汉地区位于淮阳山字形弧顶西侧与新华夏构造复合部位，也处于山字形构造上的新华夏系第二沉降带。燕山运动在本区遗留的构造形迹表明本区内主压应力为近南北向，因此形成一系列近东西向的压性结构面和相伴而生的近东西向压性断层、北北西及北北东的压扭性、张扭性断层。

褶皱形态总的呈两条带状，即市区南部的构造剥蚀丘陵区及东北部的青山镇一带，两组褶皱带在市区东部有渐趋重合之势。以紧密线状为主，背斜较宽阔，一般隐伏于地下，构成谷地，向斜狭窄，构成丘陵主要骨架，轴面大多向南倒转。背斜核部由志留系地层组成，向斜轴部由二叠系或三叠系地层组成，如图 2 所示。

获奖项目：2021 年度工程勘察、建筑设计行业和市政公用工程优秀勘察设计奖一等奖。

受多期构造运动控制，武汉地区岩层除白垩至古近系基岩产状较平缓外，其他地质年代时期形成的岩石产状均较陡峭，倾角45°～75°不等。第三纪以来，地壳又以大面积的隆起与沉积继续活动，沿着武汉市外围北北东向与北西西向两组断裂向盆地侧活动并缓慢下降，将武汉地区分割成“断块”，断块内部在区域地质构造环境中，是一个相对稳定地带。

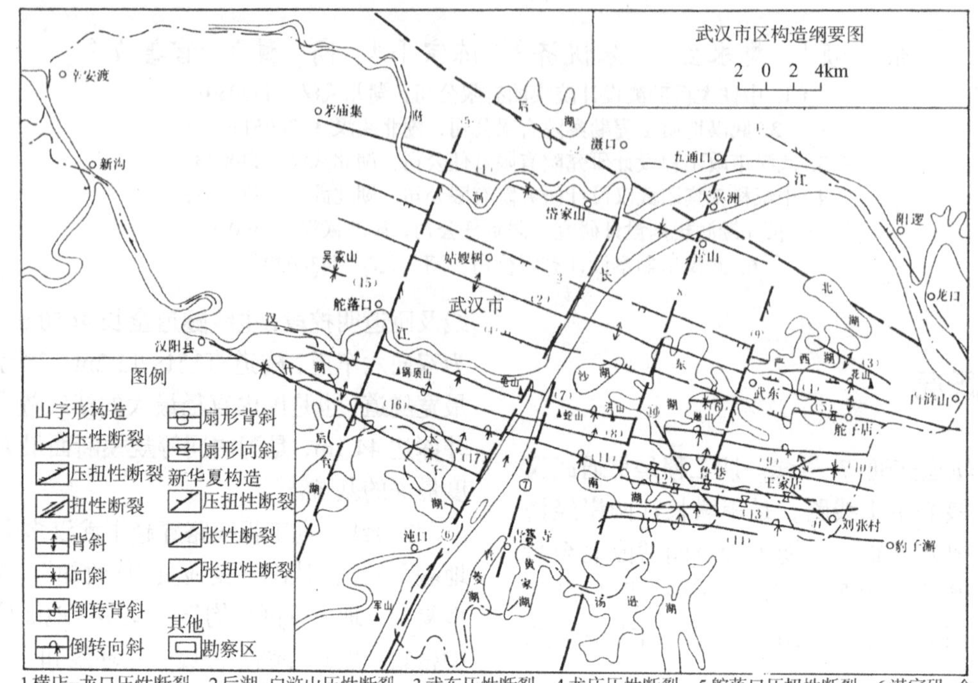

1横店–龙口压性断裂，2后湖–白浒山压性断裂，3武东压性断裂，4尤庙压性断裂，5舵落口压扭性断裂，6湛家矶–金塆压扭性断裂，7青菱寺压扭性断裂，8五通口–汤逊湖压扭性断裂，9喻家湖压扭性断裂，10鲁巷张扭性断裂，11大屋李张性断裂。（1）茅庙集–青山复向斜，（2）汉口–葛店复背斜，（3）何董村背斜，（4）花山倒转向斜，（5）驼子店扇形背斜，（6）磨山向斜，（7）大桥倒转向斜，（8）王家店倒转背斜，（9）象鼻峰背斜，（10）蚂蚁峰向斜，（11）关山扇形向斜，（12）南湖–刘张村扇形背斜，（13）狮子山倒转向斜，（14）野芷湖倒转背斜，（15）吴家山向斜，（16）什湖—鹦鹉洲背斜，（17）蔡甸–太子湖向斜

图2　武汉市区构造纲要图

2.2　地形地貌

武汉市总的地势是东高西低，南高北低，以丘陵与平原相间的波状起伏地形为主，总体属于丘陵—平原地貌类型。堆积平原地形区内广布，7号线主要地貌单元有剥蚀丘陵区、长江三级阶地、二级阶地、一级阶地、河漫滩、长江河床等（图3）。

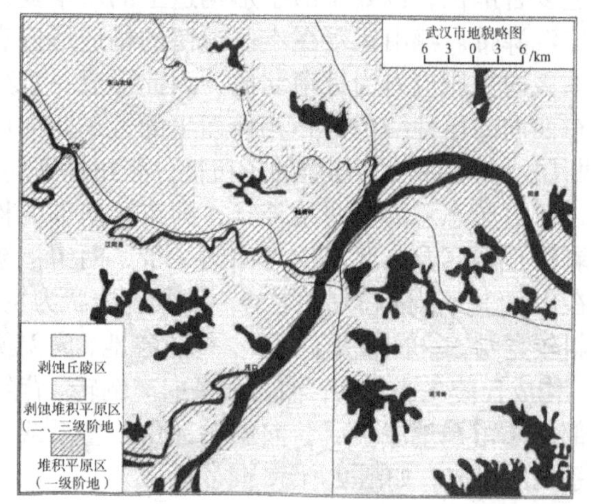

图3　武汉市地貌略图

沿线最低处在长江江底的标高约−7.800m；最高处位于小东门—武昌火车站区间的黄鹤楼公园附近，标高52.460m，相对高差约60m。

2.3　地层岩性

沿线地层主要为表层人工填土层、第四系湖积相沉积层，上部为第四系全新统冲积层淤泥、淤泥质土层、黏性土层、砂层、卵砾石层（广泛分布于长江一级阶地），中下部为第四系上、中、下更新统冲洪积层黏性土层、黏性土夹碎石层、卵砾石层，底部为第四系残积、坡残积层黏性土夹碎石层。

下伏基岩为白垩—古近系东湖群（K—E)dn）、三叠系下统大冶组（T_1d）、三叠系下统观音山组（T_1g）、二叠系上统龙潭组（P_1l）、二叠系下统栖霞组（P_1q）、二叠系下统孤峰组（P_1g）、石炭系上统黄龙组及船山组（C_2h+c）、石炭系下统高骊山组及和州组（C_1g+h）、泥盆系上统五通组（D_3w）、志留系中统坟头组（S_2f）。如表1及图4所示。

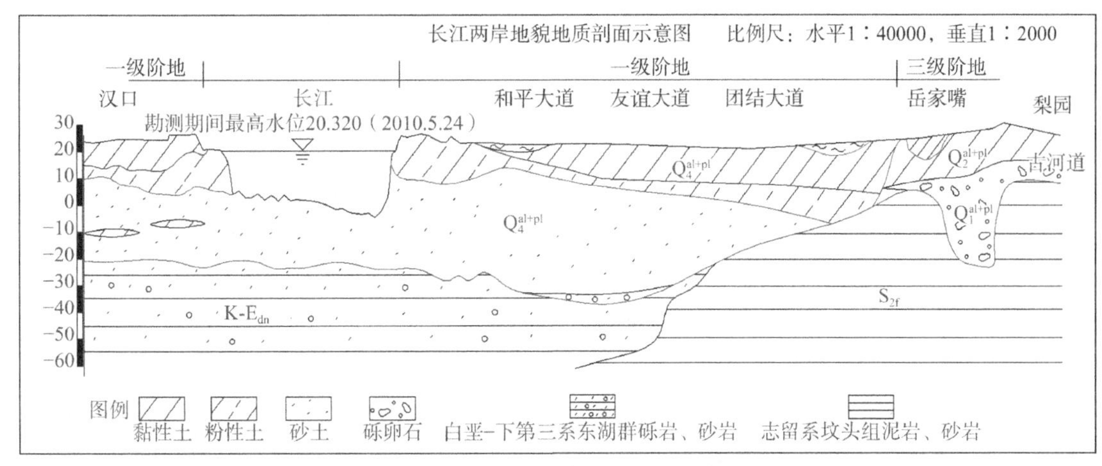

图 4　长江两岸地貌地质剖面示意图

岩土层岩性及地质特征简表　　　　**表 1**

系	统	代号	厚度/m	岩性简述
第四系	全新统	Q^{ml}	0～8	填土：分为杂填土和素填土两类，杂填土的组成成分为建筑垃圾、工业垃圾及生活垃圾混黏性土，素填土的组成以黏性土为主，结构松散；广泛分布于城区地表
		Q_4^{l}	2～6	湖积：淤泥、淤泥质土，灰、灰黑色，软一流塑；分布于湖塘
		Q_4^{al}	10～20	由黏性土、粉土、砂、砂砾石等组成，无明显的二元结构；主要分布于长江等河流的心滩、漫滩
			35～55	冲积：上部为黏性土（粉质黏土、黏土），厚 15～25m，下部为砂土（包括粉土、粉砂、细砂、中粗砂、砂砾石、卵砾石），厚 25～35m，呈二元结构；主要分布于长江等河流的两岸
	上更新统	Q_3^{al+pl}	16～56	冲洪积：由灰黄、褐黄色黏性土、粉土、砂、砂砾石组成；主要分布于长江二级阶地
	中更新统	Q_2^{al+pl}	3～72	冲洪积：上部黄褐—红褐色黏土，下部紫红色夹白色条带和团块黏土，呈网纹状或蠕虫状构造；底部夹不厚的黏土充填的卵砾石透镜体；分布于长江三级阶地
	下更新统	Q_1^{pl}		洪积：黏性土充填的卵砾石层；仅分布于长江及汉江古河道
	未分统	Q^{el+dl}	3～10	残坡积：黏土、粉质黏土及黏土夹碎石；主要分布于丘陵山坡及坡脚处
系近新		N	＞50	灰绿–灰白色半胶结黏土岩、粉砂岩、细砂岩和含砾粗砂岩，下部为含砾黏土岩、砂砾岩；属晚第三纪区域坳陷沉积物
系近古		（K-E）dn	＞1000	紫红、棕红色粉砂质泥岩、泥质粉砂岩、砂岩、砾岩、角砾岩等或成互层；北部受襄广大断裂影响，有时夹侵入玄武岩
白垩系	未分			
侏罗系	下统	J1w	＞85	石英砂岩、粉砂岩、泥岩、炭质泥岩及煤层；仅在武昌严西湖北部鲁家村一带隐伏于第四系中更新统地层之下
三叠系	中统	T2p	＞88	紫红色钙质砂页岩
		T2l		灰岩、生物灰岩、白云岩
	下统	T1g	＞250	厚层灰岩、白云岩、溶崩角砾岩
		T1d	＞410	薄层灰岩、泥灰岩为主，夹页片状泥岩，次为薄一中厚层状灰岩，含白云质灰岩；该层组成向斜核部，呈近东西向条带状隐伏分布范围较广，在武汉市范围内形成四个条带；该组地层岩溶发育
二叠系	上统	P2d	6～30	灰色厚层硅质岩、薄层硅质页岩及黏土岩、含泥硅质岩、炭质泥岩、炭质页岩、炭质灰岩
		P2l	7～73	上为厚层含燧石结核灰岩、下为浅灰、灰白、灰褐色薄—中厚层状粉—细粒长石石英杂砂岩、岩屑长石砂岩，下部为泥岩、炭质泥岩，底部含 1～2 层不稳定薄煤层；分布于向斜两翼
	下统	P1g	77～104	顶部为灰白色厚层状硅质岩、硅质灰岩；中部为薄层硅质岩夹硅质页岩及黏土岩；下部为黑色薄层硅质岩、硅质灰岩与黏土岩互层；分布于向斜两翼
		P1q	105～238	自下而上为炭质灰岩、燧石团块、条带灰岩、含白云质生物灰岩、含炭质灰岩，底部为黄色、褐灰色页片状黏土岩夹煤线；分布于背、向斜两翼
石炭系	上统	C2c	0～10	灰岩、球粒状灰岩
		C2h	＞30	白云岩、白云质灰岩、灰岩、生物碎屑灰岩、泥质灰岩
	下统	C1h	0～27	顶部为石英砂岩，其下为褐黄、灰白色含褐铁矿细砂岩、粉砂岩、黏土岩夹透镜状生物碎屑灰岩
		C1g	17～34	灰白、浅黄色黏土岩、粉砂岩夹煤线和菱铁矿
泥盆系	上统	D3w	42～118	主要为灰至灰白色石英砂岩夹黏土岩，下部为厚层石英砂岩，底部为厚层石英质砾岩
志留系	中统	S2f	＞600	主要为灰黄、灰绿色粉砂质泥岩、粉砂岩至细砂岩、石英砂岩，顶部夹灰绿色页岩

2.4 水文地质条件

地表水：主要为长江，水位随季节周期性变化。

一级阶地区，地下水主要为上层滞水和第四系孔隙承压水。上层滞水赋存于人工填土中，受大气降水及地表水补给，水量少，且随季节变化大；第四系孔隙承压水主要赋存于阶地下部砂层、砂砾石层中，为主要地下水含水层，与长江地表水有密切联系，受大气降水补给，与长江表水互补，水位动态随季节性变化，水量较丰富，地下水水位埋深 0.4～6.0m，地下水对混凝土一般无侵蚀性。二、三级阶地绝大部分地段地下水不发育，但古河道赋存储量有限的地下水，且砂土层渗透系数相对小，下伏基岩裂隙水不发育（图 5）。

岩溶裂隙水一般在岩溶发育且充填率较低的地段富集，这是由于基岩面以下至高程−16.000m 以上岩溶发育，溶洞充填率较低，地下水赋存条件较好，构成了岩溶裂隙水的富集范围。

研究表明，石炭系上统黄龙组和船山组、二叠系下统栖霞组灰岩岩溶较发育，相对富水；二叠系上统灰岩受碎屑岩所夹持，补给条件差，岩溶不甚发育，富水性相对较差，钻孔单位涌水量相差 10～37 倍至 100 倍以上，凡遇溶洞或断裂带的钻孔，单位涌水量一般都较大。石炭系上统、二叠系下统栖霞组、三叠系下统灰岩钻孔单位涌水量多在 23.99～139.15t/d 之间。

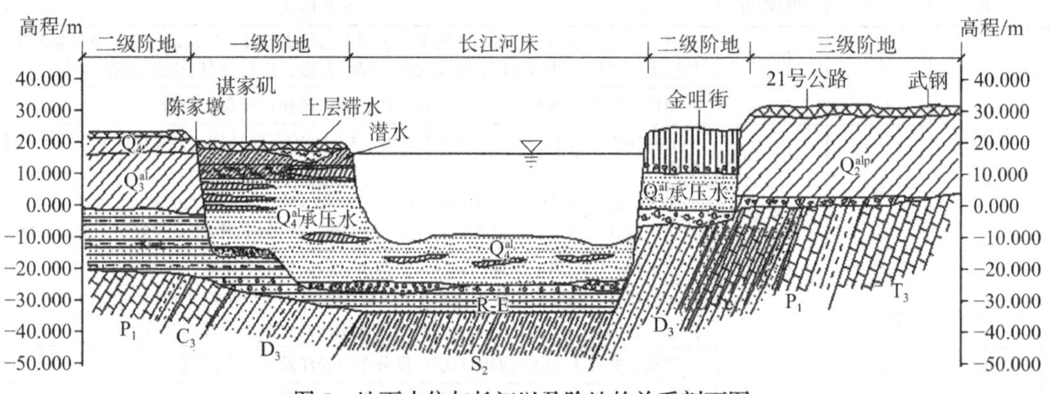

图 5　地下水位与长江以及阶地的关系剖面图

3　主要工程地质问题

7 号线跨越多个地貌单元，沿线地质构造复杂，岩土种类多，周边环境复杂，施工难度大，根据对场区地质条件和工程特点的理解，7 号线一期工程主要工程地质问题如下：

（1）根据收集区域地质资料，越江段有北北东向的长江断裂带（F9）通过，其分布、规模、性质等对工程有较大影响，需准确查明。

（2）越江合建段隧道需从半土半岩复合地层穿过，断面力学性质差异大，盾构姿态不易控制，盾构机会出现抬头、偏移或被卡住、蛇行推进等现象，掘进难度很大。

（3）盾构机在高黏性地层掘进时刀盘易结泥饼，在砂层及砾岩掘进时刀盘刀具易磨蚀。

（4）长江段水文条件复杂，地下水与长江有直接水力联系，需准确查明地下水流速、流向，为地基土层加固措施选择提供依据。

（5）深厚软土层、富水承压砂层超深基坑支护选型、盾构穿越该段对地面环境影响、盾构区间穿越不同地貌单元盾构机选型等，均是需要重点考虑的问题。

（6）可溶岩分布区岩溶发育，施工中可能发生地面塌陷、机头下沉、掌子面涌水突泥等事故。

4　关键地质问题勘察与分析

4.1　水域断裂带及岩面探测

为确保长江段水上物探实施效果及精度，开展了不同手段对比性试验，并选用多道浅层地震方法。

记录仪器选用 SWS-5 型工程勘察与工程检测仪（图 6），该仪器具有瞬时采集功能，能在 1.0s 内采集一次地震反射数据。为保证接收信号的真实性，工作中采用通频带接收、自动记录方式。震源采用 ZY-2A 水上连续冲击震源船，一秒激发一次。接收电缆采用 12 道专用水上电缆。

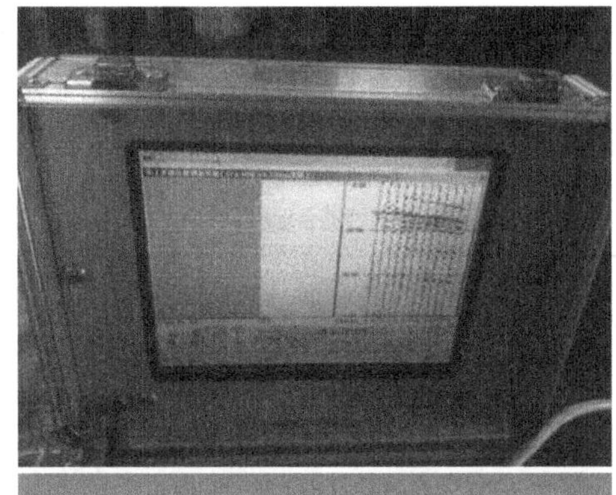

图 6　工程勘察与工程检测仪和震源船

根据本次物探成果，结合前期勘探资料，隧址靠近汉口水域有 1 处物探异常位置，基岩反射波组缺失，根据区域地质资料，物探异常位置可能为长江断裂 F9，波组特征如图 7、图 8 所示。

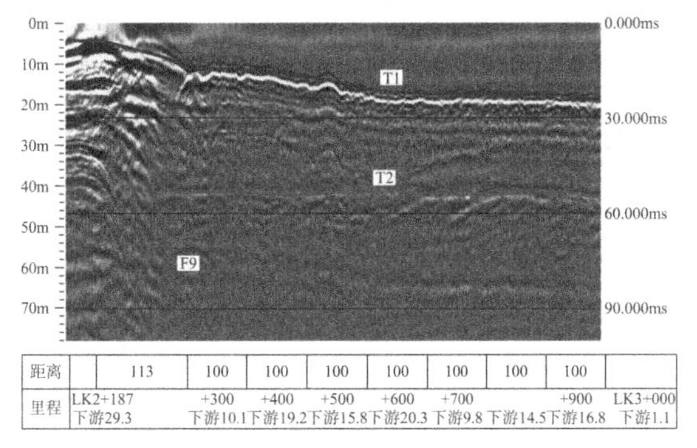

图 7　水域左线物探异常位置

由图 7 可见，在里程 LK2 + 257 附近基岩地震反射波组缺失，推测此处岩体破碎，为 F9 断裂破碎带。

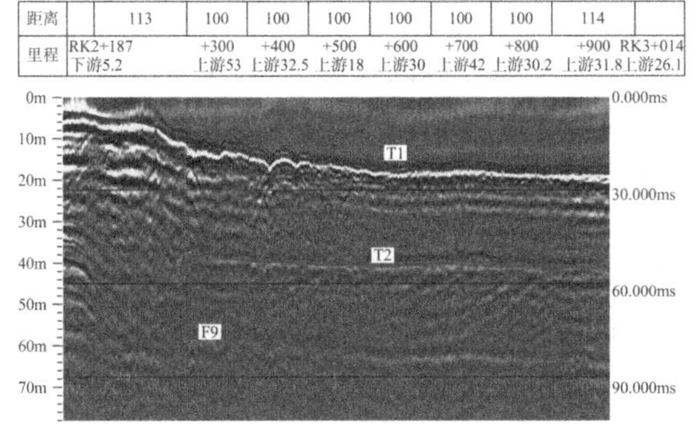

图 8　水域右线 F9 断裂破碎带

由图 8 可见，在里程 RK2 + 247 附近基岩地震反射波组缺失，推测此处岩体破碎，为 F9 断裂破碎带。根据上述成果，分析长江断裂带分布、走向等，如表 2 所示。

基岩断裂破碎带位置表　　　　表 2

物探异常	里程	走向	宽度/m	基岩面高程/m	地震波组特征
F9	LK2 + 257	N25°E	约 25m	−23.000m	基岩断裂破碎处地震波组缺失
	RK2 + 247				

物探较好地揭示了长江水域地质情况，设计部门根据物探揭示的地层对纵断面进行了优化，最大程度减少了 F9 断裂带对工程的影响，减少了半土半岩复合地层的掘进长度。后期钻探揭示的断裂带位置、规模及岩面起伏情况与物探成果基本一致。

4.2　地下水流速、流向测试

采用示踪剂法扩散原理，准确测定越江段岩土层地下水流速、流向。相比传统同位素方法，有效避免了操作过程中因其辐射造成的试验人员伤害以及水中鱼类辐射污染，测取结果准确可靠。

（1）垂向流测试原理

在钻孔的某深度上以点投方式对地下水进行标注，如果存在垂向流，如图 9 所示，存在向上的垂向流，则示踪剂将向上流动，形成垂向流，经过 Δt 时间间隔后，示踪剂曲线的峰值向上移动。通过示踪曲线峰值的上下移动可以判断垂向流的方向，从而反映地下水的运动状况。

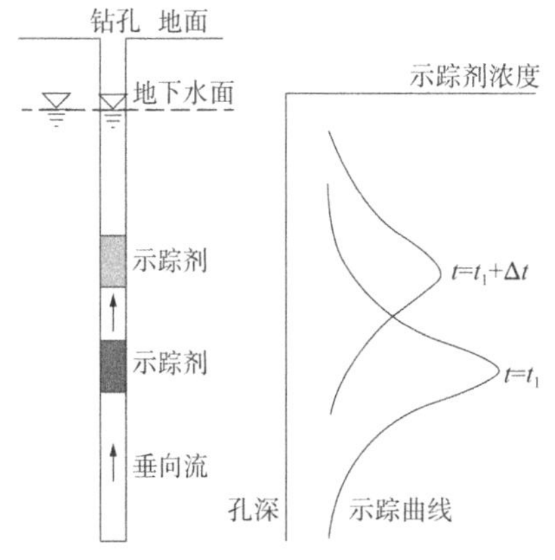

图 9　向上的垂向流引起的示踪曲线示意图

（2）单孔地下水流速测试基本原理

滤水管中的水柱被少量能达到痕量检测的示踪剂标记，标记后地下水中示踪剂的浓度被流过滤管的水降低（稀释），示踪剂浓度稀释的速度与地下水渗透流速有关，根据这种关系可以求出渗透流速。由于投放示踪剂和观测其浓度变化都在同一孔中进行，这种方法通常称为单孔稀释法。

单孔稀释法的条件是：①示踪剂稳定，即如果采用放射性同位素，则放射性同位素的半衰期与试验时间相比长得多。如使用放射性同位素以外的示踪剂，则示踪剂不与孔周岩石发生化学反应。②示踪剂在稀释水柱内从试验开始和延续过程中均匀混合。③通过滤水管的水平流连续均匀稳定。④无垂向水流的干扰。

（3）单孔流向测试基本原理

投入钻孔中的示踪剂将主要沿着水流方向以一定的流散角被地下水带出到孔外的含水层中去（图10）。流散角与流速、含水层结构和颗粒粒径等有关。但总体上，钻孔中示踪剂的浓度大小在下游方向最大，上游方向最小，其他方向浓度依次变化，可根据对孔周不同示踪剂浓度确定地下水的流向（图11），根据8个不同方向的示踪剂浓度C1～C8的合成，可计算地下水流向，误差小，精度高。

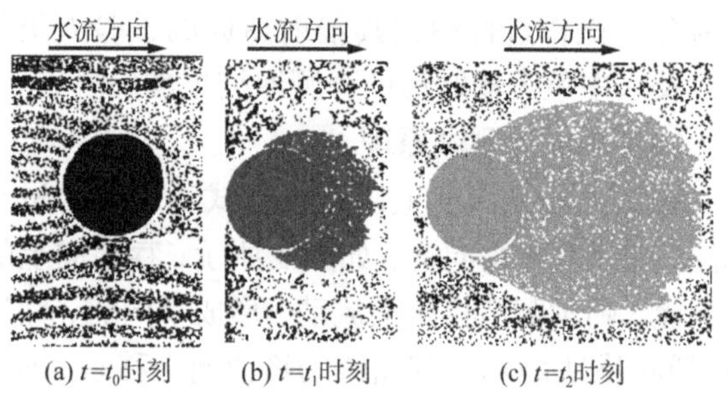

图10　钻孔中的示踪剂沿水流方向流散

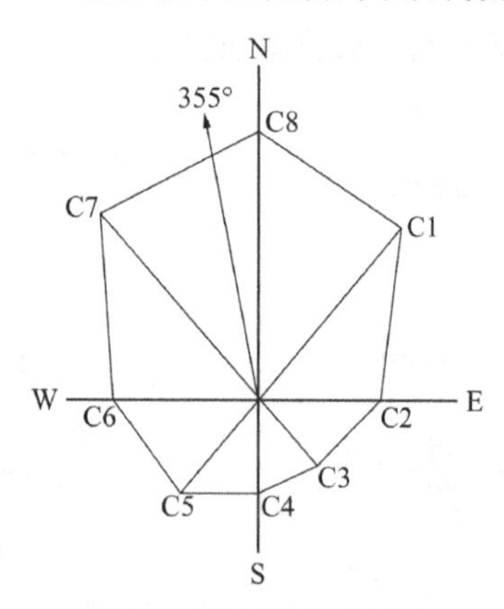

图11　流向测定示意图

详勘阶段选取QQJZY-Ⅲ13-WZ05（位于南岸工作井）和QQJZY-Ⅲ13-HZ14（位于北岸工作井）2孔进行了地下水流速、流向测试，测试结果表明：在天然条件下，QQJZY-Ⅲ13-WZ05孔从30m深到46m深地下水流速为1.86～2.97m/d，QQJZY-Ⅲ13-HZ14孔从15m深到30m深地下水流速为1.62～3.95m/d，见表3；QQJZY-Ⅲ13-WZ05、QQJZY-Ⅲ13-HZ14孔的地下水均向东南方向流动，见表4。

不同深度上的流速（m/d）　　表3

测试点深度/m	钻孔编号	
	QQJZY-Ⅲ13-WZ05	QQJZY-Ⅲ13-HZ14
15		2.87
25		1.62
30	2.97	3.95
35	2.92	
40	1.86	
46	2.14	

不同深度上的流向方位角/°　　表4

测试点深度/m	钻孔编号	
	QQJZY-Ⅲ13-WZ05	QQJZY-Ⅲ13-HZ14
15		138
25		143
30	122	145
35	95	
40	113	
46	104	

4.3　超大直径盾构机选型问题

江底复合地层大断面盾构选型和施工掘进，通常存在盾构选型与安全掘进、泥岩粘结刀盘、刀具选择及刀具更换等问题。针对上述问题，开展了石英含量、黏粒含量、电阻率、耐磨性等特殊性试验，对隧道洞身穿越主要地层④$_2$粉细砂层、⑮$_{b-1}$弱胶结砾岩、⑮$_{b-2}$中等胶结砾岩等取样进行了颗粒分析、石英含量测试等试验。结果显示：④$_2$粉细砂层石英含量为68.83%～71.51%；砾岩骨架颗粒的矿物成分主要为石英岩、石灰岩及生物碎屑石灰岩，且颗粒较大（最大粒径可达20cm左右），硬度为8～10级（普氏硬度），石英岩质卵、砾石的石英含量高达93%～98%；各类中等风化岩强度标准值3.2～15.2MPa，最大值可达27MPa。

上述成果为隧道埋深、盾构机选型及刀头配置等提供了依据，确保了盾构机对复杂地质条件适用；勘察报告对盾构可能出现的地质问题进行了预测，确保了盾构正常掘进和顺利接收。

部分岩土层试验成果如表5～表7所示。

砂土石英含量检测结果统计表 **表 5**

岩土编号	岩土名称	统计个数	石英含量/%		
		n	max	min	fm
④$_2$	粉细砂	4	71.51	68.83	70.17

砂土颗粒分析指标统计表 **表 6**

层号		颗粒组成百分数/%							界限粒径 D_{30}/mm	有效粒径 d_{10}/mm	不均匀系数 C_u	曲率系数 C_c
		200～20 mm	20～2 mm	2～0.5 mm	0.5～0.25 mm	0.25～0.075 mm	0.075～0.005 mm	< 0.005mm				
③$_5$ 粉质黏土夹粉土、粉砂	统计数			18	18	18	18	18	0.018	0.004	21.7	0.9
	最大值			13.1	20.0	73.6	73.5	14.8				
	最小值			0.20	0.20	12.0	14.5	5.70				
	平均值			1.3	2.9	46.7	38.1	11.0				
④$_1$ 粉细砂	统计数		42	42	42	42	42	42	0.070	0.008	17.3	4.4
	最大值		1.2	42.7	43.8	96.4	76.6	20.8				
	最小值		0	0.20	0.10	11.7	0.60	0.30				
	平均值		0.0	3.5	7.0	59.3	24.1	6.1				
④$_2$ 粉细砂	统计数	80	80	80	80	80	80	80	0.105	0.027	6.9	2.2
	最大值	5.4	10.0	38.7	66.1	96.1	74.9	30.3				
	最小值	0	0.30	0.20	0.20	1.00	0.30	4.70				
	平均值	0.1	0.6	7.2	21.5	56.5	11.7	2.4				
④$_{2b}$ 粉土夹粉砂	统计数			6	6	6	6	6	0.024	0.006	17.3	0.9
	最大值			0.40	4.20	76.9	44.7	16.4				
	最小值			0.20	0.60	36.6	15.8	5.40				
	平均值			0.1	2.3	51.4	37.1	9.1				
④$_3$ 中粗砂	最大值	3.6	64.6	62.6	68.3	81.1	51.7	28.6	0.266	0.107	4.4	1.4
	最小值	0	1.00	4.60	3.00	0.30	0.20	5.70				
	平均值	0.1	8.0	29.5	38.8	19.4	3.7	0.5				
④$_{3b}$ 粉土夹粉砂	最大值		15.4	12.0	57.2	48.1	91.9	10.1	0.021	0.007	15.4	0.6
	最小值		0	0.10	1.10	5.90	0.20	1.00				
	平均值		2.6	5.2	16.6	22.6	49.0	4.0				

水域盾构段岩石物理力学指标成果表 **表 7**

岩土名称及编号	统计项目	天然含水率ω/%	重力密度γ/(kN/m^3)	天然抗压强度 f_{rc}/MPa	饱和抗压强度 f_{rc}/MPa
⑮$_{a\text{-}1}$ 强风化粉砂质泥岩	统计个数	6	7	15	2
	最大值	16.10	23.90	3.50	0.40
	最小值	9.90	22.20	1.40	0.20
	平均值	11.90	23.16	2.03	0.30
	标准差		0.594	0.762	
	变异系数		0.026	0.338	
	修正系数		0.981	0.760	
	标准值		22.72	1.54	

续表

岩土名称及编号	统计项目	天然含水率ω/%	重力密度γ/（kN/m^3）	天然抗压强度f_{∞}/MPa	饱和抗压强度f_{rc}/MPa
⑮$_{a-2}$ 中等风化粉砂质泥岩	统计个数	21	21	28	
	最大值	8.50	25.70	6.40	
	最小值	3.30	23.20	0.60	
	平均值	5.42	24.43	3.83	
	标准差		0.701	1.825	
	变异系数		0.029	0.276	
	修正系数		0.989	0.844	
	标准值		24.17	3.23	
⑮$_{a-3}$ 微风化粉砂质泥岩	统计个数	13	13	24	
	最大值	5.50	26.60	11.70	
	最小值	2.30	23.40	2.00	
	平均值	4.05	24.95	6.85	
	标准差		0.789	2.897	
	变异系数		0.032	0.323	
	修正系数		0.984	0.849	
	标准值		24.56	5.82	
⑮$_{b-1}$ 弱胶结砾岩	统计个数	6	6	20	5
	最大值	3.30	26.00	15.30	5.30
	最小值	1.20	24.00	2.60	0.20
	平均值	2.22	25.22	9.78	2.60
	标准差		0.736	3.933	
	变异系数		0.029	0.302	
	修正系数		0.976	0.842	
	标准值		24.61	8.24	
⑮$_{b-2}$ 中等胶结砾岩	统计个数	16	16	40	6
	最大值	3.30	26.30	27.10	20.70
	最小值	0.50	25.20	7.10	6.60
	平均值	1.29	25.96	16.63	15.48
	标准差		0.320	5.360	6.640
	变异系数		0.012	0.322	0.329
	修正系数		0.995	0.912	0.646
	标准值		25.82	15.17	10.00

4.4　一级阶地超深基坑勘察与分析评价

7号线一期工程多个车站位于长江一级阶地，特别是跨江段武昌工作井，开挖深度达44.1m。填土、深厚软土、富水及高承压水砂层均给基坑工程带来巨大挑战，针对不同地层特点，提出了管线调查、静探、扁铲、标准贯入或动探、综合测井、水文试验、室内试验等相结合的手段，各指标间相互验证，查明了基坑的工程地质与水文地质条件、周边环境，综合给出了岩土设计参数。

根据长江一级阶地地质条件，结合武汉地方基坑设计与施工经验，分析评价如下：

（1）根据基坑周边环境、工程地质及水文地质条件、开挖深度等，基坑建议采用“地下连续墙（或钻孔灌注桩＋止水帷幕）＋内支撑方式”的支护方式，出入口及风亭建议采用钻孔灌注桩＋止水帷幕＋内支撑方式进行基坑支护。

（2）地下水处理采用“坑内明排＋坑壁止水＋坑内管井降水”相结合的措施，基坑侧壁揭露承压含水层采取竖向隔渗措施，如“两墙合一”的地下连续墙或高压旋喷桩、三轴搅拌桩止水帷幕。

（3）根据武汉市承压水水头变化规律，在丰水期时场内承压水水头要比枯水期时高 3.0～4.0m，设计与施工时需考虑场内承压水水头的季节性变化。

（4）吸取同类工程经验，慎选降水方案，根据土层含水性、沉降变形特点，采用管井降水时，单井出水量一般为 30～80m^3/h。

（5）施工前进行地下水量测，并开展单井及群井抽水试验，以便合理设计降水方案。

（6）深厚粉细砂层降水施工应避免采用大流量降水，应考虑抽水时粉细砂颗粒流失与孔隙水压力降低均会导致地表沉降，降水设计时应考虑基坑深度与含水层情况以及大流量降水对周边建筑道路等可能造成的不利影响。

（7）基坑支护设计与施工时应注意地表水及地下水的疏导及排放；基坑开挖时应尽量避开雨季，并做好防排水措施；充分考虑基坑开挖后的时空效应，尽量缩短工期，减少暴露时间，及早回填。

（8）基坑周边环境复杂，车流量大，建筑物及管线众多，开挖前必须详细查明各种管线分布及埋藏情况，并对开挖影响范围内部分管线予以迁移；加强监测，信息法施工。

4.5 埋藏型岩溶探测及成果分析

本工程涉及武汉市中间岩溶条带，岩溶发育，水文地质条件复杂，为此，开展了岩溶专项勘察（图 12）。通过对比试验，采用了综合地质调查、钻探、孔间电磁波 CT、孔内摄像、现场水文地质试验、长期水位观测等方法，同时加强对 CT 探测结果的分析、验证，较系统分析了沿线岩溶发育特征、规律等，为设计提供了翔实的专项勘察报告和有力的技术支撑。

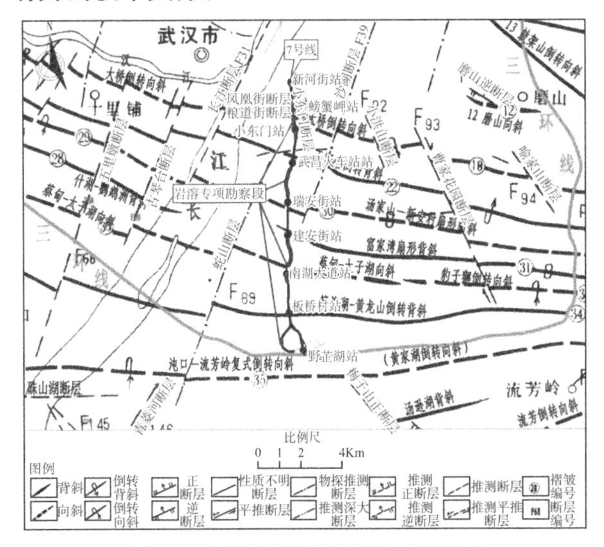

图 12 岩溶专项勘察区构造纲要图

（1）钻探揭露溶洞

场地灰岩钻孔数量、揭露溶洞数量、钻孔见洞隙率、线岩溶率统计成果见表 8。

钻孔见洞隙率、线岩溶率统计表 **表 8**

地层	区段	分布里程桩号	钻孔总数/孔	钻孔见洞隙率/%	线岩溶率/%
(K-E)dn	出入段线区间	RCK1＋100～RCK1＋270（总长 170m）	10	40.00	22.11
T1g	建南区间段	右 DK26＋710～右 DK27＋335	76	26.32	3.45
T1d	螃小区间段	右 DK20＋311～右 DK20＋738	50	44.00	11.67
	小东门站段	右 DK20＋738～右 DK20＋793	11	9.09	6.70
	武瑞区间段	右 DK23＋392～右 DK23＋900	58	44.83	12.59
	建南区间段	右 DK25＋751～右 DK26＋210 右 DK26＋465～右 DK26＋740 右 DK27＋270～右 DK27＋430	82	9.76	0.89
	小计	（总长 1884m）	201	28.36	8.45
P2l+d	武瑞区间段	右 DK23＋900～右 DK23＋930	4	25.00	37.70
	建南区间段	右 DK26＋080～右 DK26＋285	17	0	0.87
	南湖大道站段	右 DK27＋710～右 DK27＋770	7	14.29	2.25
	小计	（总长 295m）	28	7.14	4.94

续表

地层	区段	分布里程桩号	钻孔总数/孔	钻孔见洞隙率/%	线岩溶率/%
P1q	螃小区间段	右 DK20 + 180～右 DK20 + 222	5	40.00	7.68
	小东门站段	右 DK20 + 798～右 DK20 + 954	16	31.25	6.96
	武瑞区间段	右 DK23 + 178～右 DK23 + 282	9	33.33	8.71
	建南区间段	右 DK26 + 350～右 DK26 + 435	12	75.00	25.50
	南湖大道站段	右 DK27 + 755～右 DK27 + 889.5	23	65.22	26.22
	南板区间段	右 DK27 + 889.5～右 DK27 + 980	12	33.33	3.89
	小计	（总长 612m）	77	49.35	14.63
C2h+c	螃小区间段	右 DK20 + 150～右 DK20 + 180	6	83.33	16.60
	小东门站段	右 DK20 + 954～右 DK20 + 979	3	0.00	5.62
	小武区间段	右 DK20 + 979～右 DK21 + 148	2	100.00	7.08
	武瑞区间段	右 DK23 + 094～右 DK23 + 178	7	71.43	9.07
	出入线区间段	RCK1 + 100～RCK1 + 270	26	65.38	20.23
	小计	（总长 478m）	44	65.91	15.41
C1g+h	小武区间段	右 DK21 + 148～右 DK21 + 180 （总长 32m）	1	100.00	23.57
场地合计	灰岩段总长度	3671m	437	34.55	9.46

由表 8 可见，石炭系上统黄龙组和船山组（C_2h+c）灰岩见洞隙率最高，为 65.91%，其次为二叠系下统栖霞组（P_1q）灰岩、白垩-古近系 (K-E)dn 角砾岩、三叠系下统大冶组（T_1d）和观音山组（T_1g）灰岩、二叠系上统龙潭组和大隆组（P_2l+d）灰岩，其见洞隙率分别为 49.35%、40.0%、28.36%、26.32%、7.14%。

（2）物探 CT 推测岩溶异常点

根据物探电磁波 CT 探测，溶蚀带内岩体电磁波视吸收系数大，显示带内岩体性状较差。物探 CT 推测岩溶异常点特征详见表 9。

本次物探 CT 探测共发现岩溶异常点 399 个，其中 158 个岩溶异常点与钻孔揭露的溶洞相吻合，其余 241 个异常点位于钻孔之间，可能为溶洞、溶蚀带或溶隙、溶槽。另外，还有 44 个钻孔揭露到的溶洞未显示 CT 异常，经统计分析，有 6 个溶洞顶板埋深大，位于探测深度的下部（探头之下），其余 38 个溶洞发育规模小，垂高多在 0.10～0.60m。

物探 CT 推测岩溶异常点统计表 表 9

地层	区段	分布里程桩号	异常个数/个	分布线密度/（个/100m）
(K-E)dn	出入段线区间	RCK1 + 100～RCK1 + 270 （总长 170m）	3	1.76
T1g	建南区间段	右 DK26 + 710～右 DK27 + 335	47	7.52
T1d	螃小区间段	右 DK20 + 311～右 DK20 + 738	43	10.07
	小东门站段	右 DK20 + 738～右 DK20 + 793	5	9.09
	武瑞区间段	右 DK23 + 392～右 DK23 + 900	84	16.54
	建南区间段	右 DK25 + 751～右 DK26 + 210 右 DK26 + 465～右 DK26 + 740 右 DK27 + 270～右 DK27 + 430	56	6.26
	小计	（总长 1884m）	188	9.98
P2l + d	武瑞区间段	右 DK23 + 900～右 DK23 + 930	3	10
	建南区间段	右 DK26 + 080～右 DK26 + 285	6	2.93
	南湖大道站段	右 DK27 + 710～右 DK27 + 770	4	6.67
	小计	（总长 295m）	13	4.41

续表

地层	区段	分布里程桩号	异常个数/个	分布线密度/（个/100m）
P1q	螃小区间段	右 DK20＋180～右 DK20＋222	6	14.29
	小东门站段	右 DK20＋798～右 DK20＋954	23	14.74
	武瑞区间段	右 DK23＋178～右 DK23＋282	7	13.46
	建南区间段	右 DK26＋350～右 DK26＋435	20	23.53
	南湖大道站段	右 DK27＋755～右 DK27＋889.5	20	14.87
	南板区间段	右 DK27＋889.5～右 DK27＋980	14	15.47
	小计	（总长 612m）	90	14.71
C2h＋c	螃小区间段	右 DK20＋150～右 DK20＋180	8	26.67
	小东门站段	右 DK20＋954～右 DK20＋979	1	4.00
	小武区间段	右 DK20＋979～右 DK21＋148	3	25.00
	武瑞区间段	右 DK23＋094～右 DK23＋178	8	9.52
	出入线区间段	RCK1＋100～RCK1＋270	37	21.76
	小计	（总长 478m）	57	11.92
场地合计	灰岩段总长度	3639m	398	10.94

由表 9 可见，二叠系下统栖霞组（P_1q）灰岩及石炭系上统黄龙组和船山组（C_2h+c）灰岩岩溶异常点分布线密度最高，分别为 14.71 个/100m 和 11.92 个/100m；三叠系下统大冶组（T_1d）及观音山组（T_1g）灰岩岩溶异常点分布线密度次之，分别为 9.98 个/100m 和 7.52 个/100m；二叠系上统龙潭组和大隆组（P_2l+d）灰岩岩溶异常点分布线密度为 4.41 个/100m；白垩—古近系（K-E）dn 角砾岩岩溶异常点分布线密度为 1.76 个/100m。

根据以上分析，得出了主要结论如下：

①结合钻探、物探探测成果分析，场地区内的岩溶形态主要有溶隙、溶洞及灰岩表面的溶沟和溶槽等。各地层岩溶发育程度从石炭系→二叠系→三叠系逐渐减弱。

②通过岩溶专项探测，查明了埋藏型岩溶分布的准确范围、岩溶地质结构和岩溶地面塌陷机理，提出了有针对性地岩溶处理建议方法：本线路岩溶具“上部黏性土、下部可溶岩”岩溶地质结构，具土洞型塌陷机理；可针对溶沟、溶槽等部位的溶洞和软弱红黏土进行重点处理，防止土洞型岩溶地面塌陷；同时建议对隧道及影响范围内的溶洞进行处理，保证安全施工和运营安全。

③根据抽水试验及地下水长期观测等综合手段，结合岩溶地下水以及浅层岩溶的发育特征，认为本线路岩溶地下水不会对地铁工程施工和运营产生重大的安全影响，但局部岩溶水需引起重视。

4.6 红层岩溶探测与分析

武汉地区第四系以下零星分布着白垩—古近系红色碎屑岩（俗称“红层”），泥质、钙质胶结。勘探发现，本线路灰岩碎屑成分、钙质胶结的红层中发育有岩溶现象，垂直高度一般为 0～3m，规模较小；平均线岩溶率为 3.88%，钻孔见洞隙率为 22.5%。

对武汉地区红层岩溶发育规律和成因进行了研究，发现红层岩溶发育程度较低，一般为中等—弱发育；溶洞绝大多数分布于中等发育带内，且随深度增加而减少的规律，红层岩溶的发育与下伏古生代可溶岩及其岩溶发育程度关系密切。

5 工程建议与实施效果

7 号线一期工程根据不同地貌单元、地层结构给出了合理的基坑支护、盾构选型建议：一级阶地，建议车站采用地下连续墙结合管井降水的设计方案，区间采用泥水平衡盾构；二、三级阶地，建议车站采用排桩结合集水明排，区间采用土压平衡盾构；越江段采用复合式泥水平衡盾构。

临江基坑抗浮设防水位建议取长江最高水位，其他地段取场坪后地面标高，支护桩、立柱桩兼具抗浮功能。

岩溶专项勘察查明了区段岩溶发育特征、规律，系统、科学地分析和评价了岩溶对施工及后期运营存在的潜在风险，为设计提出了合理建议，区段线路平面及纵坡进行了调整和优化，避开了岩溶强发育段，保守估计为岩溶地基处理节省了施工费约 8000 万元，且有效规避了项目地质风险。

红层岩溶分布区，通过对桩基红层岩溶的处理措施进行了分析，建议采用超前注浆处理红层岩溶问题。

施工实践证明，勘察报告建议的基坑支护形式、地下水控制方法、开挖和监测措施合理，确保了复杂地质条件下的基坑顺利实施、长江大堤稳定、安全；建议的抗浮设防水位和抗拔措施合理，确保了工程安全，大大节省了造价；施工中未出现地面沉降、房屋开裂、管线破碎等事故，公路、桥梁、文物、大堤等得到保护；应用红层岩溶研究与分析成果，在野芷湖车辆段、车站等建筑物的桩基持力层选择上，有效避开了中等岩溶发育带，保证了桩基顺利成孔、桩身质量，成功指导了桩基的设计与施工。

6　结语

武汉市轨道交通 7 号线一期工程勘察工作量大、工期紧、环境复杂，通过加强现场管理和工艺改进，最终如期完成任务，勘察过程中未发生管线破损、人员伤害事故，积极采用了新工艺、新方法提高了效率和勘察质量。

沿线地质条件复杂，勘察采用了包括管线调查、工程地质调绘、钻探、原位测试（标准贯入试验、动探试验、静力触探试验、旁压试验、扁铲试验等）、水文试验（抽水试验、示踪剂流向测试）、物探试验（浅层地震、电磁波 CT、波速测试、电阻率测试等）及室内试验等综合勘探手段，基本查明了沿线工程地质、水文地质及环境地质。

勘察报告分析评价正确，结论合理，建议可行；针对岩溶问题开展的专项勘察，查明了区段岩溶发育特征、规律，为设计提出了许多合理化建议，保证了工程顺利实施及工程安全。

7 号线一期工程是武汉市一次性投入规模最大、建设难度最大的地铁项目，该项目成功实施意义深远，为国内类似复杂条件下的工程勘察、设计及施工提供了极好的借鉴，特别是越江隧道的顺利实施，促进了国内盾构制造技术、复杂水域盾构掘进技术、深大基坑施工技术长远发展，在行业可持续发展和科技进步中具有突出示范、引领和促进作用。

参考文献

[1]　欧阳冬. 武汉地铁 7 号线工程技术创新与实践[J]. 现代城市轨道交通, 2021(5): 61-67.

[2]　湖北省地质矿产局. 武汉市 1：50000 地貌及第四纪地质图及说明书[R]. 1990.

[3]　何文华, 李伟忠. 武汉地铁 2 号线的若干岩土工程问题分析[J]. 土工基础, 2013, 27(3): 104-107.

[4]　住房和城乡建设部. 城市轨道交通岩土工程勘察规范: GB 50307—2012[S].北京: 中国计划出版社, 2012.

兰州市城市轨道交通 1 号线一期工程（陈官营—东岗段）综合勘察分析

郑亮亮　张　哲

（中铁第一勘察设计院集团有限公司，陕西西安　710043）

1　工程概况

兰州市城市轨道交通 1 号线一期工程（陈官营—东岗段）西起西固区陈官营、途经崔家大滩、迎门滩、马滩、西客站、西关什字、东方红广场—东岗，线路全长 26641.213m，均为地下线路，共设车站 20 座，最大站间距 2334.608m，位于奥体中心站—世纪大道站区间，最小站间距 833.825m，位于西关什字站—省政府站区间，平均站间距 1339.714m，设车辆段、停车场各 1 座，投资估算总额 200.89 亿元，技术经济指标 7.49 亿元/正线公里（图 1）。

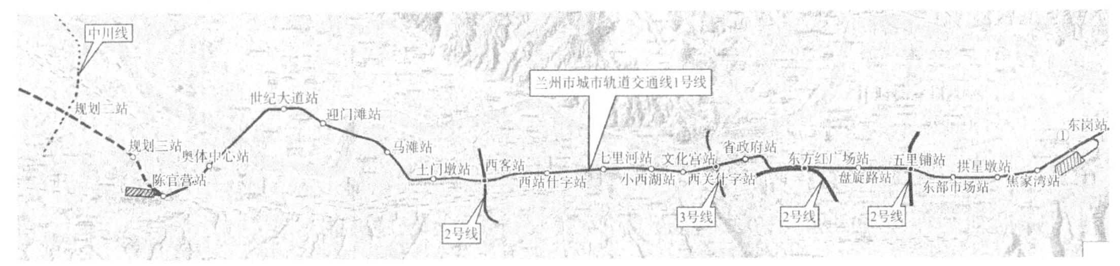

图 1　兰州市轨道交通 1 号线示意图

2　岩土工程条件

2.1　地形地貌

兰州城市轨道交通 1 号线一期工程(陈官营—东岗段)穿行于市区黄河冲积阶状平原的漫滩、河床及一、二阶地，为侵蚀堆积地貌，地势低缓平坦，微向东倾，南北高中间低。

漫滩主要分布在雁滩一带，一般高出黄河水面 1～5m，现经人工河道治理后地面平坦；一级阶地位于黄河以南的南河道—定西路、邮电大楼一带，宽度一般 1.5～2.5km，阶面平坦，上、下游高程变化在 1510～1520m，一级阶地前缘一般高出黄河水面 5m。二级阶地主要分布城关区兰州火车站至东岗镇一带，阶面宽度达 2～3km，高程变化在 1520.000～1530.000m，阶面平坦，一般高出黄河水面 10～20m，上部阶面基本平坦，受人为改造影响，一、二级阶地特征已不明显。

2.2　工程地质特征

1）地层岩性

近场区内出露地层主要有第四系（Q）、第三系（N、E），白垩系（K）、侏罗系（J）、奥陶系（O）、震旦系（Z）和前寒武系（An∈），侵入岩为加里东期花岗岩、花岗闪长岩。其中第四系堆积物为构成兰州河谷盆地、黄土丘陵区、山麓斜坡倾斜堆积山间盆地的主要地层，第三系、白垩系、震旦系、前寒武系地层及加里东花岗岩广泛分布，构成了其他地貌单元的主体，其他地层仅在局部出露。

本工程涉及地层主要为第四系全新统人工堆积层，全新统冲积黄土状土、粉土、粉细砂、中砂及卵石土，下更新统冲积卵石土，下伏上第三系中统泥岩、砂岩及下第三系砂岩等地层。其中对施工影响大的地层主要为富水砂、卵石土及弱成岩砂岩。

获奖项目：2021 年度工程勘察、建筑设计行业和市政公用工程优秀勘察设计奖一等奖。

2）地质构造

兰州市轨道 1 号线一期工程场地位于青藏高原东北缘阶梯带附近，大地构造属祁连山褶皱系中祁连隆起带东段的祁连中间隆起带。工程场地位于兰州河谷盆地，南侧为皋兰山及马衔山构成的强烈抬升中山地貌，北侧为白塔山、九州台及其周缘丘陵地带。

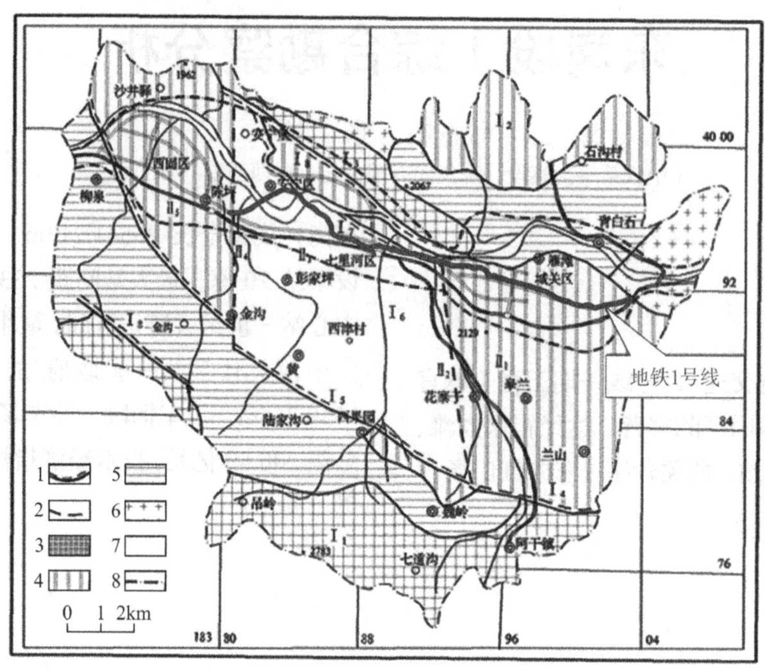

图 2　兰州断陷盆地构造纲要图

兰州河谷盆地为一典型的新生代断陷盆地，其南北两侧分别受兴隆山-马衔山北缘断裂与金城关断裂控制。晚新生代以来，在北西西向构造格架的基础上又叠加一组北北西向的次级隆起和凹陷，自东向西分别为桑园峡隆起，皋兰山—九洲台隆起和柴家台隆起等。雷坛河断层、寺儿沟断层和金城关断层等成为次级凹陷盆地的边界断层，其中最典型的为七里河凹陷盆地（即兰州西盆地），该盆地由下更新统巨厚砾石层组成，其中心在马滩一线，砾石层堆积厚达 348m。兰州市区内主要建筑物均坐落在黄河一、二级阶地上，底部有约 5～20m 的阶地砾石层（图 2）。

3）特殊岩土

工程范围内特殊岩土主要为黄土状土，具有湿陷性，广泛分布在黄河一、二级阶地，属黄河新近堆积物；一级阶地黄土状土厚度不足 10m，为Ⅰ～Ⅱ级非自重湿陷性场地，西客站一带最厚可达 15m；二级阶地黄土状土厚度 10～15m，为Ⅱ～Ⅲ级自重湿陷性场地，部分段落为Ⅳ级自重湿陷性场地。

4）不良地质作用

本工程范围内不良地质作用主要为人为坑洞和泥石流。

（1）人为坑洞

主要为城区防空洞、黄河河边采砂挖砂形成的空洞及管线渗漏水长期冲蚀形成的空洞，空洞及洞穴一般无充填或充填一般，稳定性差。防空洞分布深度主要集中在地面下 3～10m，部分洞室积水严重或具有害气体。

（2）泥石流

工程场区地处黄河河谷内，河谷两侧黄土梁峁区受构造影响、水流侵蚀，冲沟极其发育，多为泥石流沟。自西往东与工程有关的泥石流沟有 11 条，以泥流为主，流体性质多为稀性，主要为沟谷型，中型规模为主。

2.3　水文地质特征

本工程场地地下水类型主要为碎屑岩类孔隙裂隙水和第四系松散层孔隙潜水。

碎屑岩类孔隙裂隙水主要含水层为新近系砂岩、砂砾岩等碎屑岩，分布在西固、东岗一带，富水性变化在 50～500m^3/d 之间，对混凝土具弱腐蚀性，对弱胶结砂岩稳定性影响较大。

第四系松散层孔隙潜水主要含水层为砂卵石层，包含黄河河谷潜水和第四系断陷盆地潜水，水量丰富，含水层厚度 3～15m，地下水埋深 1～20m。

分布于傍河地带的孔隙潜水对混凝土具微—弱腐蚀性，其侵蚀性随着远离黄河而逐渐增强，一般具弱—中等腐蚀性，局部为强腐蚀性。含水层渗透系数大，对工程施工的影响大，基坑工程需考虑施工降水问题，区间暗挖隧道会产生涌水、涌砂等问题。

2.4 工程地质问题

兰州市城市轨道交通 1 号线是国内首条在弱透水、弱胶结、易流失的红砂岩地层中修建的地铁工程，也是国内首条在高等级湿陷性黄土高原地区修建的地铁工程，更是国内首座盾构施工下穿黄河的地铁隧道工程。因此，大粒径深厚卵石层、遇水易失稳的红砂岩层及高等级湿陷性黄土是工程建设的三大工程地质问题。

3 岩土工程分析与评价

（1）线路大段落穿越黄河漫滩及一、二级阶地，大粒径、高硬度、强透水性的深厚状砂卵石层分布广泛，采用盾构法在该地层中连续长距离下穿，并在黄河近岸边强透水层中设置超深风井工程（深度 45m），水文地质特征复杂，工程风险极大。另外高水压强透水深厚砂卵石层结构脆弱，很容易受到扰动，难以进行原状取样，因此查明原始结构状态下深厚卵石层结构状态、工程特性、物理力学指标成为勘察的重难点（图 3）。

（2）线路大段落位于新近系弱胶结、弱透水、易流失失稳的红砂岩层，其是一种含有孔隙裂隙水的特殊复杂岩体，具有岩石和土的双重特性。其在原始状态下密实度较高、注浆不易加固，承载力和变形模量较高；一经开挖扰动，遇水就变成松散、流动的状态，工程性质接近于具压密作用的粉细砂层；即未扰动前类似岩，扰动后类似土。这一特性使该岩体在开挖后应力释放，遇水后崩解成砂土状，易沿临空面发生渗流破坏形成流砂，围岩稳定性极差；基坑工程基底沼泽化、设备无法进场施工。特殊复杂的渗透变形特性使得地下水控制措施稍有不当，便可能引发隧道围岩及边坡发生失稳、涌水、漏沙和基坑突涌等事故，施工难度极大（图 4）。

（3）线路大段落位于高等级湿陷性黄土状土层内，国内尚无专门针对湿陷性黄土地区地铁隧道工程或地下工程的技术标准，如何准确评价地铁隧道穿越湿陷性黄土的变形特征，是兰州地铁勘察需要解决的重要问题。

图 3 基坑开挖揭示大粒径卵石

图 4 新近纪红砂岩现场施工照片

4 方案分析论证

（1）线路穿越黄河段下部，分布有巨厚状砂卵石地层，高水压强下的透水巨厚砂卵石层结构性脆弱，易受到扰动。卵石层结构特征、工程特性、物理力学指标通过取样室内试验获取难以实现。本次勘察采用双管辅助植物胶钻探取芯技术、现场剪切试验、K_{30}基床系数测试、旁压试验、室内重塑样剪切试验以及多孔、大降深、大口径抽水试验等原位测试方法，获取卵石的真实物理力学指标及水文参数。

（2）新近系含水、弱胶结、易流失红砂岩是一种含有孔隙裂隙水的特殊岩体，具有岩石和土的双重特性，其在原始状态下密实度较高、承载力和变形模量较大，注浆不易加固；开挖扰动后，遇水易坍塌、呈流砂状，强度和承载力降低，形成流沙，围岩稳定性极差；本次将采用孔内标准贯入试验、动力触探、波速测试、室内试验，同时开展旁压试验（PMT）、现场试坑内实测基床系数、现场直剪试验、三重管取样、三轴压缩和渗透试验等综合勘察手段,分析勘探、试验、测试的成果，结合岩芯性状、原位测试数据、黏粒含量、天然单轴抗压强度、含水率、颗粒级配等指标，完善砂岩的风化划分及岩体稳定状态的评价标准。

（3）线路位于黄河上游黄土高原高等级湿陷性黄土区，黄土的工程特性与黄土分布的地域关系密切，其成因、物质组成、孔隙裂缝分布、浸水性等工程特性具有地方的特殊性，针对这一特性，在东岗区湿陷性黄土分布段开展现场浸水试验及室内试验，查明黄土状土的湿陷类型、等级及厚度。

5　方案实施

5.1　获取参数

针对卵石土开展现场大型原位试验、水文地质试验，改进取样工艺，获取科学合理的岩土参数。

（1）通过现场大型原位剪切试验、结合室内重塑土剪切试验得到黄河卵石土内摩擦角试验值为 41.3°～48.7°，并发现该类土具有类黏聚力，试验值为 48～105kPa。提出了设计中可适当考虑该类卵石土的类黏聚力值，使设计参数的选取更切合岩土特性，节约工程投资。

（2）通过卵石层 K30 基床系数试验、旁压试验、动力触探试验和规范法建议值的获取基床系数成果对比分析，现场 K30 试验与原位应力条件切合度高，测试数据可信度高。但 K30 测试实施难度较大、测试成本较高，砂卵石地层基床系数往往通过旁压试验或动力触探加以修正得出。通过试验对比，采用旁压试验获取的砂卵石地层基床系数，修正系数可采用 0.20～0.40；采用动力触探获取的基床系数，其修正系数可采用 0.30～0.40；经过大量数据的统计分析，建立了基床系数与旁压试验测试值的关系（图 5、图 6）。

（3）采用多孔、大降深、大口径抽水试验，查明了下穿黄河段卵石层上、下两层的含水层结构，查明了层间渗透性变化特性。其中上层含水层砂质充填，透水性强，下部含水层呈钙泥质弱胶结，透水性差，上层含水层与黄河河水水力联系紧密，下层含水层主要通过上层含水层垂直补给。测定黄河两岸河漫滩至一级阶地区段 45m 深度范围内综合渗透系数按 50～60m/d 考虑；黄河的二级阶地内 45m 深度内综合渗透系数按 20～30m/d 考虑，改变了当地卵石层多年单一经验渗透系数的模式。

图 5　采用先进手段提高卵石采取率

图 6　卵石土现场大型剪切试验

5.2　提出方案

针对弱胶结砂岩采用现场大型剪切、基床试验等综合勘察手段，查明其工程地质、水文地质特征，提出科学的基坑降水方案。

（1）结合新近系含水、弱胶结、易流失红砂岩的工程性质和特点，采用孔内标准贯入试验、动力触探、波速测试、旁压试验（PMT）、室内试验、现场试坑内实测基床系数、现场直剪试验、三重管取样、三轴压缩和渗透试验等综合勘察手段。通过分析勘探试验、测试成果，结合岩芯性状、原位测试数据、黏粒含量、天然单轴抗压强度、含水率、颗粒级配等指标，完善了砂岩的风化划分及岩体稳定状态的评价标准。

（2）通过对红砂岩进行电镜扫描分析、现场抽水试验、渗水试验、室内渗透试验和物理力学特性测试，发现了新近系红砂岩具有透水性和赋水特性，并在岩体内分布有一类无统一水位面的碎屑岩类孔隙裂隙水，岩体渗透系数 10^{-4}～10^{-3}cm/s。红砂岩在天然应力状态下，具有一定的强度和稳定性，在应力释放后，孔隙水在水头压差下向水头低的部位迁移，砂岩结构逐步破坏，发生流变，稳定性随含水率变化和时间延续具有显著的变化特点。

（3）结合兰州地区红砂岩与卵石含水层的组合关系和水文地质特点，坑外使用管井降低上层卵石层孔隙潜水，减小基坑底部红砂岩层的水头压力，坑内按照 0.7～0.8 个大气压轻型井点分层疏干红砂岩孔隙裂隙水，防止渗透变形的发生。轨道交通 1 号线采用坑外管井＋坑内真空轻型井点联合降水方法，均达到了预期的目标，刷新了兰州地区该类地层中基坑降水施工深度达 30m 的记录（图 7、图 8）。

图 7　红砂岩段开展井点降水工作

图 8　红砂岩力学性质现场测试

5.3　修正参数

针对湿陷性黄土开展大型浸水试验，获取合理的湿陷性参数。

在工程沿线的东岗区黄土状土场地开展了现场试坑浸水试验（图 9），最终确定了场地的湿陷类型、湿陷等级和湿陷土层厚度；修正黄土状土的湿陷修正系数β_0为 1.56；同时发现兰州干燥气候条件下黄土状土天然含水率低时水敏性极高的特性，表现为黄土状土一旦浸水，立即发生湿陷，微观结构立即破坏；此外，还掌握了湿陷系数随着深度的增加迅速减小的规律，通过线性回归，分析出自重湿陷系数-深度（$\delta_{zs\text{-}h}$）关系曲线符合幂指函数$y = 0.1123x - 0.9311$，拟合度达到 98.3%。

图 9　湿陷性黄土大型浸水试验

6　工程成果与效益

6.1　经济效益

（1）特殊复杂地质条件下采用新型勘察技术为工程的建设提供更为可靠技术支撑。高质量的勘察成果，优化了设计方案和施工方法，缩短了工程建设周期，节省了工程量，节约了工程投资，产生了良好的经济效益。

（2）依据地质条件，在施工过程中采用信息化施工方法以及合理化编制施工方案，通过调整施工步序，提前预测了地质风险，优化了施工组织，降低了施工风险，尤其是降低了下穿黄河段落的工程风险，提高了生产效率。

6.2　社会效益

（1）兰州轨道交通 1 号线顺利建成通车，经验证，目前线路运营状态良好，充分体现了大粒径深厚卵石层、遇水易失稳的红砂岩层及高等级湿陷性黄土地区地铁勘察技术的先进性，并对今后类似的工程设计提供了借鉴经验，社会效益巨大。

（2）兰州轨道交通 1 号线的建成，极大地改善了市民出行条件，支撑了城市综合交通策略实施，促进了兰州市经济快速发展，改善了生活环境，产生了良好的社会效益。

6.3 技术效益

（1）兰州轨道交通 1 号线所创立的黄河深厚高水压卵石层地下工程综合勘察技术，为该类地层勘察提供了成功典范，并为后续穿越大江大河工程建设提供了宝贵的勘察技术经验。

（2）对红砂岩内的孔隙裂隙水及透水性等工程特性有了的新认识，建立了含水弱胶结砂岩的工程特性评价体系，为车站深大基坑支护体系、降阻水方案提供理论支持和设计依据；坑外管井 + 坑内真空联合降水技术方案，有效解决了红砂岩内降水难题。在近年来的地铁工程、市政和民建工程建设中，该方法节约了工程投资近亿元。

（3）新技术、新工艺的推广和应用，提高了勘察质量，是轨道交通勘察发展的必然趋势，引领了未来勘察的发展方向。

7 工程经验

（1）针对兰州轨道交通 1 号线下穿黄河段深厚、大粒径、强透水、高水压、高石英含量卵石层，勘察采用现场直剪、基床系数测试等原位测试与室内试验相结合的综合勘察手段，保证了盾构 4 次下穿段落的顺利贯通。形成的深厚高水压卵石层地下工程综合勘察技术方案对后续工程的勘察具有重要的指导意义。

（2）完善了新近系弱胶结砂岩稳定性评价体系。本次结合弱胶结第三系砂岩岩芯形状、原位测试数据、黏粒含量、天然单轴抗压强度、含水率、颗粒级配等指标，完善了砂岩的风化划分及岩体稳定状态的评价标准（表 1）。

（3）通过开展东岗车辆基地黄土状土现场试坑浸水试验及应对措施专题研究，修订了陇西地区高等级自重湿陷性黄土湿陷修正系数，为后续该区域内轨道交通等各类建设工程提供了设计计算依据。

砂岩的风化划分及岩体稳定状态的评价标准 表 1

评价指标	强风化砂岩	中等风化砂岩
天然状态单轴抗压强度/MPa	≤1	>1
剪切波速/（m/s）	≤450	>450
含水率/%	>10	≤10
<0.075mm 颗粒含量/%	≤20	>20
孔隙比 e	>0.5	≤0.5
旁压模量/MPa	≤20	>20
工程地质特征	基本无胶结或泥质弱胶结，岩芯散砂状或手捏即碎的块状，主要矿物颗粒均匀，节理裂隙不发育，成层性不明显，难以取得原状岩样	一般为泥质胶结，局部为钙质胶结，在干燥状态下较坚硬，强度较高，但浸水极易软化崩解,岩芯呈柱状，偶见裂隙
结构特征和完整状态	呈潮湿松散结构	呈压密状块状结构
围岩开挖后的稳定状态	开挖后无自稳能力，围岩极易坍塌变形，易沿基坑侧壁流出，形成流砂	开挖后有一定的自稳能力，围岩易坍塌变形，拱部处理不当会出现较大的坍塌

花岗岩地区地铁跨海隧道常见地质问题浅析——以厦门轨道交通 2 号线跨海段勘察为例

王 烁 余 颂

（中铁大桥勘测设计院集团有限公司，湖北武汉 430050）

1 工程概况

厦门轨道交通 2 号线起于海沧天竺山站，沿天竺山路向东南敷设，过翁角路站后下穿蔡尖尾山，后沿钟林路敷设，过海沧行政中心站后下穿海沧湖，后沿海沧大道向东北敷设，过海沧湾公园站后以 500m 曲线半径入海，经厦门西港、大兔屿，下穿厦门国际邮轮中心出海，随后沿湖滨北路、吕岭路敷设，最终到达五缘湾站。项目总投资 313.6 亿元，线路全长 41.64km，均为地下线。

其中跨海段（海沧湾公园站—邮轮中心站区间）是厦门轨道交通 2 号线重要组成部分和控制性工程，也是全国首条盾构地铁海底隧道。区间总长 2768m，其中盾构段长度 2499m，钻爆法开挖段长度 269m。大兔屿设中间风井 1 座，区间设置四座联络通道（图 1）。

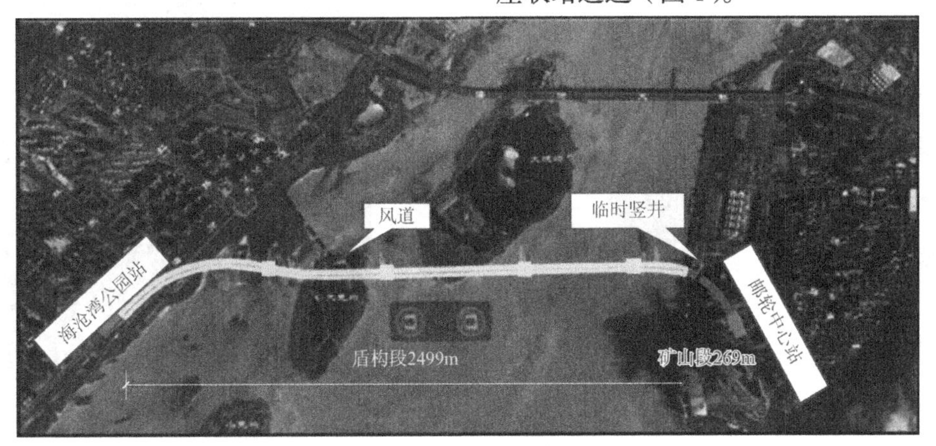

图 1 工程位置示意图

该区间隧道集软土流变、砂土液化、拱部砂层侵入、基岩凸起、孤石发育、软硬岩相间、岩性界面突变等工程地质问题于一体，堪称“工程地质博物馆”；施工过程中运用了盾构法、矿山法、冷冻法、车站明挖爆破、倒挂井壁等诸多工法，还遇到了盾构连续穿越复杂地层、孤石及基岩凸起地段，须进行海域孤石处理、海底接收、小半径空推段、海底联络通道冷冻法施工等许多全新课题，多项工作在国内尚属首次，该项目的成功实施，为类似工程提供了可借鉴的宝贵经验。

2 岩土工程条件

工程近场区地质构造复杂，主要发育有厦门西港断裂（F8）、排头-嵩屿断裂带（F10）、狐尾山-钟宅断裂（F4）及筼筜港断裂（F5）四组断裂构造，地层为岩性复杂，海沧侧及滩涂主要为燕山期侵入花岗岩（γ）；厦门岛侧主要为侏罗系上统南园组第二段火山岩（J_3^n）；之间为侏罗系下统梨山组沉积岩（J1l）。沉积岩均浅变质，走向与线位斜交，倾向北西，倾角 50°～55°，与花岗岩呈断层接触，与火山岩呈不整合接触，下伏于南园组火山岩之下。

本工程穿越地层包括花岗岩、石英砂岩、安山岩、凝灰岩等地层，各种岩性多达 18 种，且场区岩体受构造挤压作用影响，岩体中节理裂隙极发育，不同破碎程度的岩体呈高角度条带状相间发育，隧道穿越地层软岩 52%、孤石及基岩凸起 5%、

获奖项目：2021 年度工程勘察、建筑设计行业和市政公用工程优秀勘察设计奖三等奖。

软土地层 8%、硬岩地层 19%、断层破碎带 6%、软硬不均地层 10%。隧道穿越的各种岩土层变化很快、很多，工程性能相差大，因此场区工程地质条件异常复杂（图 2）。

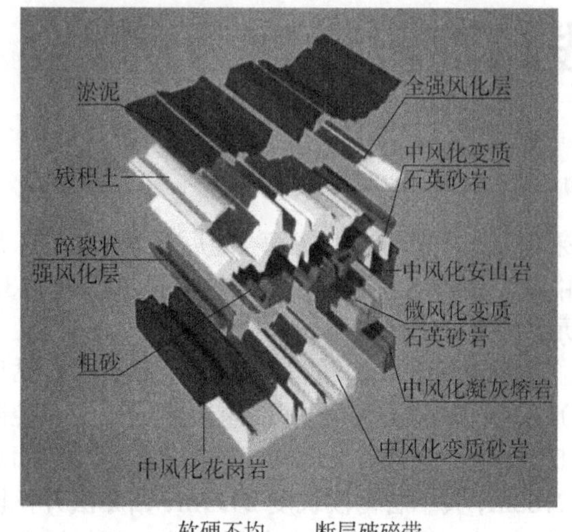

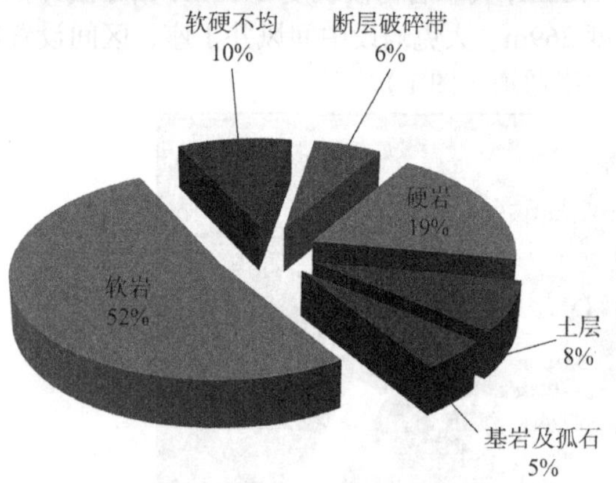

图 2　场区地层分布情况

3　岩土工程分析与评价

花岗岩残积土及全强风化层作为沿海地区的一种典型地层，受其矿物组成、成岩环境及地质作用等因素的影响，其具有如下典型特征。

3.1　花岗岩残积土及风化层具有“不均匀性、遇水软化、崩解性、低变形性、较高承载力”的工程特性[1]

不均匀性主要表现为其各项物理力学性质中通常为中高变异性，土质均匀性差，级配呈“两头大，中间小”特点[2]，使其既具有砂土的特性，亦具有黏性土的特性。花岗岩残积土及风化层的主要组成成分除石英颗粒外，其他矿物基本风化为高岭土（属亲水矿物）；土体孔隙率高，干燥状态颗粒间有一定结合力，遇水后由于亲水矿物迅速与水相结合，形成泥状物，导致强度急剧降低；地下水位以下，0.5mm 以下细粒土多呈软塑—流塑状态。在动水压力作用下，细粒土易流失，使渗透系数不断增大。这就导致该地层在存在临空面情况下具有遇水软化、崩解性的特性，工程上表现为容易产生渗透变形破坏或坍塌现象。

3.2　花岗岩风化带的另一主要特点是差异风化现象特别明显

花岗岩残积层及全、强风化带中普遍存在中等—微风化球状风化体（孤石），风化带的均匀性差，风化界面复杂，透水性差异大，增加了工程勘察和地下工程施工的难度。特别是盾构法施工时，孤石相对周围地层强度较高且不易破碎，其随着盾构刀盘一起转动无法排出，从而损坏盾构机刀盘、刀具，造成盾构机“卡壳”（图 3）。

图 3　施工过程中取出的“孤石”

受构造影响，基岩全—强风化带厚度变化较大，形成基岩凸起或风化深槽现象，局部风化加深但宽度较窄的部位，则形成基岩破碎带或风化软弱夹层情况。这种地层的软硬不均变化，往往会给隧道盾构法施工造成巨大不利影响，盾构在软硬不均地层掘进时，由于掌子面强度差异大，极易造成刀具磨损严重、更换困难等使掘进受阻；推进过程中下部进度慢，上部的土层过度扰动，会造成隧顶土层松弛或塌陷；还可能导致管片衬砌错台、开裂、施工曲线偏离设计方向、控制难度大等问题[3]。较为特殊的是硬岩中夹软弱夹层、硬岩破碎带的情况，盾构机刀盘扰动后，大块岩石脱落，随刀盘转动，无法排出破坏刀具，且破碎岩体无法保压开仓稳定，容易出现盾构机刀盘隔窗堵塞、掘进困难现象（图 4）。

图 4　盾构掌子面揭示的岩石破碎带

4　应对花岗岩地层地质风险的对策

目前，工程勘察中运用最多的还是物探和钻探的手段，厦门轨道交通 2 号线过海段的勘察主要是从这两方面着手，从以下几个方面，对现有的勘察手段进行优化、创新。

4.1　综合物探方法的应用为线位比选提供了可靠依据

初步勘察阶段首先采用电法、磁法等多种物探方法效果进行比选，确定最优的海域物探方式为海域地震反射波法。运用该方法对不同的线位比选方案进行综合勘察，物探勘察采用物探与钻探综合手段，对所获得的资料进行综合对比分析，“点”（钻探）“线”（物探）结合，确定了地震反射界面与地层岩性的对应关系，为钻孔间地质剖面的外推内连提供依据。物探解释深度与钻孔揭示深度的平均差别 1～2m，通过两者的比对分析，可以说明物探解释成果与钻孔资料基本一致。但在局部碎裂状强风化基岩较厚地段，由于碎裂状强风化基岩与中等风化基岩物性差异小，物探地震波组无明显波组反映，物探解释深度与钻孔揭示深度误差较大。

从工程地质条件分析，东渡路站北移线位受构造影响宽度范围较小，深厚全—强风化带分布宽度适中，隧道轴线与岩体优势结构面走向之夹角适中，最终被确定为跨海段推荐线位。勘察过程中对场地构造带及风化槽的勘察与分析对东渡路站北移线位方案的选择起到了决定性的作用。

详细勘察阶段继续运用物探和钻探结合的综合勘探方法，查明断层及构造带性质及范围。揭示了厦门西港断裂在轨道交通 2 号线跨海段由一组规模较大、断续分布的次级断层组成。其中较大的一条位于主航道附近侏罗纪梨山组与南园组接触带上，断裂带上的挤压变质现象明显，局部岩石呈糜棱状，多个钻孔揭示出构造角砾岩。该断裂对第四系无明显控制作用，浅层人工地震也未显示断错松散覆盖层，未发现全新世活动特征。排头—嵩屿断裂带（F10）在轨道交通 2 号线经过区域由一组规模较大、断续分布的次级断层组成。断裂带附近岩体破碎，风化加剧，局部形成风化深槽，部分钻孔揭示构造角砾岩或碎裂岩。该断裂对第四系无明显控制作用，属第四纪早期断裂。

从工程物探及勘探的角度为后续设计、施工明确了本工程的高风险段落，提出了针对性的工程措施建议，保障本工程顺利贯通。

4.2　优化勘察方案，开展针对性专项勘察工作

常规的勘察方案对查明花岗岩地区盾构法海底隧道施工时遇到差异风化带（“孤石”、基岩凸起等）问题存在一定的局限性，开展针对性专项勘察工作可以为施工前预处理提供基础，可以有效提高工期、节省工程投资。其开创性的做法如下：

（1）勘察钻孔布置位置的创新调整

按照以往的地铁工程勘察经验及规范要求，地铁区间勘察钻孔宜布置在结构外侧 3～5m 范围，由于厦门地区的花岗岩地层具有岩面起伏大、孤石发育无规律的特点，这种布孔方式往往使得勘察报告中提供的地质断面与实际地质情况存在一定偏差，对区间工法选择、基岩、孤石处理带来影响，连带引起大量的工程变更，对工程造价影响十分巨大。因此，在对规范条文进一步解读基础上，在保证封孔质量的前提下，将盾构区间钻孔沿隧道结构中心线布置，并对凸起边界区域勘察时调整钻孔间距，加密钻孔，此举在最大程度上还原了隧道洞身范围地层的真实性和准确性，为后期施工提供了有力保障。但有一点需特别注意，勘察单位技术人员需严格要求钻孔完成后的封孔工作，所有钻孔在钻探及试验工作完成后均进行了全孔段封孔，封孔材料为水灰比 1∶2 的水泥浆（相对于陆域钻孔封孔水泥浆浓度更浓），后期实践中，也未出现钻孔漏浆等问题。

（2）勘察加密方案的针对性调整

为查明“孤石”分布情况，开展专项勘察工作，同时在地质钻探、分析、研判基础上，车站、矿山

区间不加密，将盾构区间“孤石”分布区划分为“安全区”“警示区”“危险区”进行不同密度的加密勘察，所有补勘孔均应布置在隧道中心线上，钻至隧道底板以下 2～3m 即可，不开展室内试验，以达到节省投资的目的。

安全区：隧道洞身从第四系覆盖层中通过；或从沉积岩全—强风化层中通过，离中等风化顶界面一定距离。不进行加密。

警示区：隧道洞身从花岗岩残积土或全—强风化层中通过，但详勘未揭示孤石；中等风化界面呈波状起伏侵入隧道洞身或离隧道底板距离较近（仅 1～2m），需探明中等风化面起伏情况的段落。采用 20m、10m、5m 动态逐级加密（海上段按 15m 加密）。

危险区：隧道洞身从花岗岩残积土或全—强风化层中通过，且详勘揭示孤石较发育的段落；沉积岩揭示硬夹层的段落。按 5m 间距加密勘探。

（3）针对跨海段工法选择的特点提出新的勘察参数

结合地铁工程工法的特点，在传统习惯做法的基础上，有针对性地对某些地层特性加强描述，提出新的重要参数。

岩体的裂隙发育程度及岩体强度是穿越基岩凸起段的工法选择的重要性指标。岩体的强度主要包括岩块的强度和结构面的强度，一般采取爆破增加结构面从而降低了岩体的强度（岩块的强度并没有降低多少），同时增加的裂隙面也有利于盾构刀具的切割，所以岩体的裂隙发育程度是盾构工法穿越岩体段适应性的关键指标。在厦门地铁 2 号线跨海段勘察中，有意识地加强了岩芯的裂隙性状描述，对裂隙发育程度进行定性评价，尤其是“岩石的 RQD 值”，传统勘察中是统计大于等于 10cm 的柱状岩芯的百分比，而盾构机一般考虑适应小于 30cm 的岩芯，因此提出了“RQD_{30}”的概念，即增加统计了大于 30cm 柱状岩芯百分比，从岩体风化程度、强度、裂隙发育程度综合进行评价，为盾构机选型提供重要的参数。

（4）对专项勘察揭示的孤石形态、分布进行了分析研究

在盾构法隧道施工过程中，通过上述孤石或基岩突起分布的地段时，隧道同一断面处地层软硬不均，盾构机掘进时滚刀很难产生足够的反力将孤石破碎，若孤石不破碎，盾构机掘进时，孤石会在刀盘前方随着盾构机掘进方向移动，对地层造成很大的扰动。在这类地层中掘进时盾构机的掘进姿态很难控制，掘进效率低下，刀盘刀具磨损严重，易产生卡刀、斜刀、掉刀、刀具偏磨、线路偏移等，处理起来速度比较慢，严重影响施工进度，经济效益差。在已发现“孤石”钻孔四周进行二次加密（间距 1.0～1.5m），力争查明孤石的空间分布形态（图 5）。

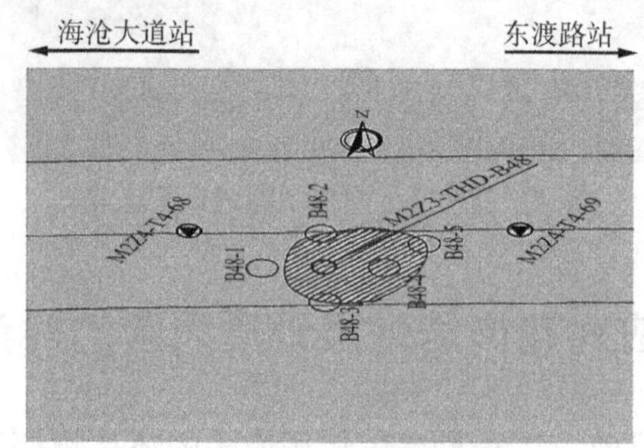

图 5　孤石形态加密钻孔示意图

通过进一步专项勘察查明海域盾构工法段中等—微风化基岩侵入隧道洞身的范围及岩面起伏情况，验证沉积岩地段孤石发育程度，为盾构区间制定中等—微风化基岩突起、中等风化—微风化孤石处理方案和施工提供翔实的地质依据。

5　结语

花岗岩地层受其矿物组成、成岩环境及地质作用等因素的影响，形成了其独具特色的一些工程性质和特点，从而产生了很多具有区域特色的工程地质问题。

针对花岗岩区域地层的特点，跨海轨道交通工程勘察过程中，应重视物探工作在大尺度选线过程中的发挥的作用，通过物探手段，使得地铁线路尽量避开或者缩短穿越地质不利区域的长度。同时结合施工工法，在原有勘察精度的基础上开展针对性的专项勘察工作，在小尺度上可以提前揭示工程范围内的不利地质情况，有效降低工程施工风险。

对花岗岩区域地下轨道交通工程建设中所出现的一些地质问题进行归纳和总结，对类似地区轨道交通建设具有一定的参照和借鉴意义。

参考文献

[1]　邹广明. 厦门地区花岗岩残积土勘察方法及工程特

性探讨[J]. 四川建筑, 2017, 37(1): 91-92.

[2] 高建国. 花岗岩风化土中地铁基坑施工风险和对策[J]. 铁道勘察, 2010, 36(3): 117-121.

[3] 张亚洲, 温竹茵, 由广明, 等. 上软下硬复合地层盾构隧道设计施工难点及对策研究[J]. 隧道建设, 2019, 39(4): 669-676.

上海轨道交通 17 号线岩土工程实录

杨石飞[1,2]　孙　莉[1,2]　梁振宁[1,2]　蔡永生[1,2]　谢　飞[1,2]

（1. 上海勘察设计研究院（集团）股份有限公司，上海　200093；2. 上海市岩土工程专业技术服务平台，上海　200093）

1　项目概况

1.1　工程概况

上海轨道交通 17 号线工程线路起自青浦区东方绿舟，止于闵行区虹桥火车站，沿途经青浦区和闵行区两个行政区。

具体线路走向为：沪青平公路（起于沪青平公路南侧）—淀山湖大道—盈港路—崧泽大道—诸陆东路—申兰路（终于虹桥交通枢纽）。其敷设方式为东方绿舟站至朱家角站采用高架线路，朱家角站后设高架至地下的过渡段及地下区间至淀山湖大道站，淀山湖大道站至汇金路站采用地下线路；汇金路站后设地下至高架的过渡段及高架区间至赵巷站，赵巷站至徐盈路站采用高架线路，徐盈路站后设高架至地下过渡段，随后线路以地下线方式沿崧泽大道敷设，直至虹桥火车站，线路全长 35.30km，其中高架线 18.28km，地下线 16.13km，过渡段 0.89km；共设站点 13 座，其中高架站 6 座，地下站 7 座（1 座地下站已建成），平均站间距 2.897km。全线设徐泾车辆段 1 座，选址于崧泽大道以南、徐盈路以西地块，占地约 32.94ha，接轨于徐泾北城站；设朱家角停车场 1 座，选址于沪青平公路以南、朱家角镇复兴路以东地块，占地约 17.68ha，接轨于朱家角站。另设 1 座控制中心、2 座主变电站及配套系统工程。轨道交通 17 号线工程线路走向图、站点设置情况见图 1。

图 1　轨道交通 17 号线工程线路走向图、站点设置图

我司在本工程从立项规划到运营管理全过程中提供了一体化岩土工程技术咨询服务，成效显著，获得业主高度认可，主要包括：

作为咨询单位，对桩基和基坑设计优化进行了咨询，节约工程量和工程成本；施工阶段针对施工过程中出现的难题提供解决方案；在项目运营阶段，针对通车运营后部分区间的变形，对隧道结构安全进行了专项咨询服务。

本项目岩土工程勘察、测试及咨询服务时间跨度大（2010—2018 年），类型广，很好地体现了“全过程咨询”“岩土工程一体化”的鲜明特色和“规避风险，节约资源”的服务理念。

1.2　岩土工程条件

（1）工程地质条件

本工程跨越上海湖沼平原 $Ⅰ_1$ 区和滨海平原Ⅱ

获奖项目：2019 年上海市优秀工程勘察一等奖，2021 年度工程勘察、建筑设计行业和市政公用工程优秀勘察设计奖一等奖。

区两大地貌单元，土层分布复杂。针对地铁工程特点对沿线进行工程地质分区，从本工程地质条件以及建（构）筑物特点，对本次轨道交通建设影响较大的土层主要包括：

②$_3$砂质粉土，主要分布在3～9m深度，松散—稍密状态，静探比贯入阻力3～4MPa，为上海地区苏州河古河道沉积层，易液化，对天然地基、基坑以及工程桩施工影响较大。

⑥$_2$砂质粉土—粉砂，主要分布在10～30m深度，中密—密实状态，静探比贯入阻力3～8MPa，为微承压含水层，对车站基坑以及工程桩施工影响较大。

⑦砂质粉土—细砂，主要分布在25～60m深度，中密—密实状态，静探比贯入阻力5～15MPa，为上海地区第一层承压含水层，对车站基坑以及工程桩施工影响较大，是良好的桩基持力层；

以上述土层分布特点为基础，结合滨海相与湖沼相整体地质单元划分，提出分区原则如下：

Ⅰ-1区：为湖沼平原相，有厚层⑥$_2$层分布，⑦层分布稳定。

Ⅰ-2区：为湖沼平原相，有厚层⑥$_2$层分布，⑦分布不稳定。

Ⅱ-1区：为湖沼平原相，无⑥$_2$层分布，⑦层分布稳定。

Ⅱ-2区：为湖沼平原相，无⑥$_2$层分布，⑦分布不稳定。

Ⅲ区：为湖沼平原相，地表下50m以浅有基岩分布。

Ⅳ-1区：为滨海平原相，正常地层沉积区（⑦层分布稳定），浅部有②$_3$层。

Ⅳ-2区：为滨海平原相，正常地层沉积区（⑦层分布稳定），浅部无②$_3$层。

Ⅴ区：为滨海平原相，古河道沉积区（⑦层分布不稳定），浅部有②$_3$层（图2）。

图2 工程地质分区示意图

（2）水文地质条件

本工程沿线地下水分为潜水和承压水。浅层潜水的主要补给来源为大气降水和地表径流，随着季节、气候、降水量、潮汐等影响而变化。浅部土层中的潜水位埋深0.3～1.5m，年平均地下水位埋深0.5～0.7m。工程沿线承压水主要为⑥$_2$层、⑦层、⑨层承压水，承压水水位一般呈周期变化，据上海地区工程经验，其水位埋深在3～11m，其水位水头呈年变幅1～3m的季节性起伏变化规律，近市区及近沉降漏斗区其变化幅度增大。

1.3 工程难点和需求

（1）工程规模大、线路长、工点多，沿线环境条件和建设条件复杂，全过程多维度风险控制势在必行。工程线路总长35.3km，涉及多种建（构）筑物，建筑形态各异，荷载、受力复杂，施工工法多，沿线地下障碍物、桩基础、保护建筑多，从城市中心穿越，先后近距离穿越诸光路下立交、诸光路人行地道、嘉闵高架、沪昆铁路、虹桥新地中心、上海地铁2号线、虹桥火车站地下空间等，环境保护要求极高。其中下穿地铁2号线隧道是上海有史以来影响范围最广的下穿既有地铁隧道工程，影响区域长达240m。多标段、多单位参与，协调统一难度大，对成果的完备性要求高。如全线勘察共分9个标段，涉及8家勘察单位，4家设计单位，各单位在土层编号、分层标准、勘察软件等方面均需要统一，对获得的各类现场和室内试验参数也需要统一，相关协调统一工作的难度大。

（2）场地工程地质与水文地质条件复杂，类似条件地下工程建设经验缺乏。结合各工点有针对性地进行岩土工程全过程风险管控是确保工程安全和质量的关键。本工程跨越上海湖沼平原Ⅰ$_1$区和滨海平原Ⅱ区两大地貌单元，场地类别Ⅲ类和Ⅳ类交替变化，是上海首条在湖沼平原地貌包含地下段的轨道交通项目（此前完成的11号线、9号线涉及湖沼平原地貌均为高架段），地下段的设计和施工均缺乏工程经验。水文地质条件复杂，涉及潜水、微承压水与承压水，承压含水层厚度变化大，其中第⑥$_2$层微承压含水层富水量大，但分布极不均匀，是原有市区轨道交通建设所未涉及的地层，工程经验缺乏。

（3）建设和运营精细化管理对传统勘测工作提出更高要求，亟需提升岩土工程全过程咨询服务理念和能力，将传统的勘测延伸至全过程的岩土工程技术咨询。17号线作为上海地区第十五条建成运营的地铁线路，除了确保安全和质量，对低碳、节能和智能化建设管理水平提出了高要求，在工程造价上建设单位控制更加严格。如湖沼平原相地层土性较好，高架段桩基工程和地下段深基坑有优化设计空间，但实施难度大，需在确保工程建设安全、工程进度满足要求等情况下，开展桩基和基坑设计优化等岩土工程咨询服务，节约成本和工期。

2　岩土工程技术方案的分析

2.1　岩土工程精细化勘察及勘察总体

（1）轨道交通全线覆盖地层范围广泛，需要采取多手段岩土工程勘察手段获取准确的地质参数，在服务综合中运用钻探、静探、扁铲侧胀、十字板、现场注水试验、承压水头观测等原位测试手段，准确查明沿线地层和地下水分布特征；针对湖沼平原区缺少区域性承压水位数据的情况，对⑥$_2$层和⑦层进行了长期承压水观测；高架段进行工程地质分区，并分区建议桩基方案，地下段针对湖沼平原的地层特征提出了应注意的岩土风险及对策。该方案确保合理的岩土参数、准确的结论和建议，为设计、施工以及工程建设过程中地质风险控制提供了可靠的地质依据。

（2）将全线勘察按照站点划分，参与工作的单位众多，因此统一全线详勘工作标准非常重要，全覆盖进行审查详勘大纲和详勘成果，并对野外和室内试验等进行过程抽检，确保了详勘成果的准确性。

（3）轨道交通建设涵盖桩基工程、基坑工程、隧道工程等，各工程风险不同，因此计划实施轨道交通全线地质风险精细化评估工作，实现全线地质风险有效管控。针对沿线湖沼平原、滨海平原两大地貌单元，且古河道切割范围大特点，提供全线工程地质分区图、关键土层分布特征图、全线浅部粉性土、砂土及其液化分布图；首次采用风险评估矩阵法，完成全线各工点地质风险量化评估，提供基坑围护结构施工风险图、基坑降排水及开挖风险图、盾构区间施工风险图、工程桩施工风险图等系列成果，为设计、施工控制地下工程风险发挥了重要作用。

2.2　全过程咨询服务

（1）轨道交通建设周期较长，因此结合项目进度，分阶段提供桩基工程、基坑工程设计施工岩土工程咨询服务，优化桩基设计，显著降低了工程造价。结合各工点、区间地质特点，解决地下工程施工中碰到的诸多技术难题，及时提出基坑设计、桩基承载力优化建议，再通过现场试桩进行验证。

（2）轨道交通建设关乎民生发展问题，运营期间的安全运营尤为重要，因此作为建设责任主体之一我们延伸勘察总体咨询服务至运营阶段。跟踪隧道运营期间的状态，解决地铁运营期间疑难问题，并为隧道结构安全提供了坚实的技术支撑。

3　岩土工程技术方案的实施

3.1　岩土工程精细化勘察及勘察总体

本工程涉及高架车站、高架区间、地下车站、地下区间、过渡段、停车场、车辆段、联络通道、过渡段等多种建（构）筑物。结合各标段的地铁建设环境，和建（构）筑物的功能使用要求，针对高架段进行桩型比选、持力层评价、承载力和沉降估算；对地下段区间隧道和联络隧道岩土工程问题进行梳理和预警；对过渡段土层特性和工程问题进行预警并给出建议；对车辆段停车场天然地基承载力和桩基持力层进行计算。

采用较为常用的半定量半定性方法中的风险评价矩阵法对地铁全线进行岩土工程风险评估，评估危险源所带来的风险大小及确定风险是否可容许的全过程。根据评价结果对风险进行分级，按不同级别的风险有针对性地采取风险控制措施。

（1）风险量化评估

根据风险的概念，用某一特定危险情况发生的可能性和它可能导致后果的严重程度的乘积来表示风险的大小，可以用以下公式表达：

$$R = p \times f \tag{1}$$

式中：R——风险的大小；

p——危险情况发生的可能性；

f——后果的严重程度。

（2）风险等级划分

风险评估矩阵各阶段风险可能性和后果的判断、定级与各阶段所识别的风险因素及风险的危害性和环境的易损性、风险控制能力有关。

安全风险评估矩阵根据风险发生的可能性和后果，形成如下的判断矩阵。安全风险事件发生可能性等级，宜结合安全风险因素特点和相互作用关系、工程经验、接受能力综合确定，分为五个等级。安全风险事件发生的后果，宜结合社会的接受水平和产生的实际经济损失、工期损失、社会影响综合确定，分为5个等级，如表1所示。

采用层次分析法确定不同事故的相对权重关系，划分和选定有关风险因素，然后建立风险因素分层结构。计算岩土风险事故的相对权重，集成不同地质分区下，各阶段及总的岩土工程风险系数值，见表2。形成各站点区间风险云图（图3～图6）供设计施工参考。

安全风险评估表　　表1

风险等级		风险损失等级				
		1. 可忽略	2. 需考虑	3. 严重	4. 非常严重	5. 灾难性
风险可能性等级	A：可能性小	一级	一级	二级	三级	四级
	B：较可能发生	一级	二级	三级	三级	四级
	C：可能发生	一级	二级	三级	四级	五级
	D：很可能发生	二级	三级	四级	四级	五级
	E：极可能发生	二级	三级	四级	五级	五级

根据本工程详勘成果、本报告地质分区及岩土工程风险分析、已开工标段试桩资料及我司专家的工程经验，采用风险评价矩阵法的评价标准对各地质分区各种岩土工程风险事件的发生概率进行分析以及评判岩土工程风险事件后果等级。形成不同地质分区下不同岩土工程事件类型的风险等级，如表3所示。

岩土工程风险　　表2

分部工程	分项工程	地质分区							
		Ⅰ-1	Ⅰ-2	Ⅱ-1	Ⅱ-2	Ⅲ	Ⅳ-1	Ⅳ-2	Ⅴ
基坑围护施工	搅拌桩	0.3	0.2	0.2	0.2	0.2	0.2	0.1	0.2
	灌注桩	0.9	0.9	0.7	0.7	0.7	0.4	0.4	0.4
	地下连续墙	2.6	2.1	1.6	1.6	1.8	2.2	1.5	2.2
	坑内加固	0.3	0.2	0.2	0.2	0.2	0.1	0.1	0.1
小计		4.1	3.4	2.7	2.7	2.9	2.9	2.1	2.9
降排水	疏干降水	0.1	0.1	0.1	0.1	0.1	0.0	0.1	0.1
	减压降水	2.3	2.3	2.3	1.8	2.3	1.8	1.8	1.8
基坑开挖	立柱桩	0.1	0.1	0.2	0.2	0.2	0.2	0.2	0.2
	土方开挖	0.8	0.8	1.0	1.0	1.0	1.0	1.0	1.0
	支撑	0.3	0.3	0.5	0.5	0.5	0.5	0.5	0.7
小计		3.6	3.6	4.1	3.6	4.1	3.5	3.6	3.8
盾构区间	盾构推进	1.3	1.3	1.1	1.1	1.1	0.8	0.9	0.9
	进出洞	2.2	2.3	1.9	1.9	1.9	1.9	1.4	1.9
小计		3.5	3.6	3.0	3.0	3.0	2.7	2.3	2.8
工程桩施工	钻孔灌注桩成桩	3.5	3.5	2.9	2.9	2.9	3.1	2.3	3.1

各地质分区岩土工程风险事件风险等级　　表3

分部工程	分项工程	岩土工程风险事件	地质分区							
			Ⅰ-1	Ⅰ-2	Ⅱ-1	Ⅱ-2	Ⅲ	Ⅳ-1	Ⅳ-2	Ⅴ
基坑围护施工	搅拌桩	施工速度慢，喷浆量易增加	三级	三级	二级	二级	三级	二级	一级	二级
		土黏性大，搅拌桩带土明显	三级	二级	三级	一级	一级	二级	二级	二级
	灌注桩	原土造浆质量差，塌孔、漏浆	四级	四级	三级	三级	三级	二级	二级	二级
	地下连续墙	渗水、流砂、管涌	五级	四级	三级	三级	三级	四级	三级	四级
		成槽易扩孔	二级	二级	二级	二级	三级	三级	一级	三级
	坑内加固	坑内加固破坏土体结构性	三级	二级	二级	二级	二级	一级	一级	一级
降排水	疏干降水	效果不理想	二级	二级	二级	二级	二级	一级	三级	二级
	减压降水	承压含水层厚，降水要求高	五级	五级	五级	四级	五级	四级	四级	四级
基坑开挖	立柱桩	立柱桩变形过大	一级	一级	二级	二级	二级	三级	三级	三级
	土方开挖	土体滑坡	三级	三级	四级	四级	四级	四级	四级	四级
	支撑	围护结构失稳破坏	二级	二级	三级	三级	三级	三级	三级	四级
盾构区间	盾构推进	引起较大后期沉降	二级	二级	三级	三级	三级	三级	四级	四级
		开挖面失稳、渗水、流砂	四级	四级	三级	三级	三级	二级	二级	二级
	进出洞	流砂、管涌	四级	四级	三级	三级	三级	三级	二级	三级
		土体失稳坍塌	二级	三级	三级	三级	三级	三级	三级	三级
工程桩施工	钻孔灌注桩成桩	施工坍孔、沉渣过厚	四级	四级	三级	三级	三级	三级	二级	三级
		施工缩颈	二级	二级	三级	三级	三级	四级	四级	四级
		充盈系数过大	三级	三级	二级	二级	二级	二级	一级	二级

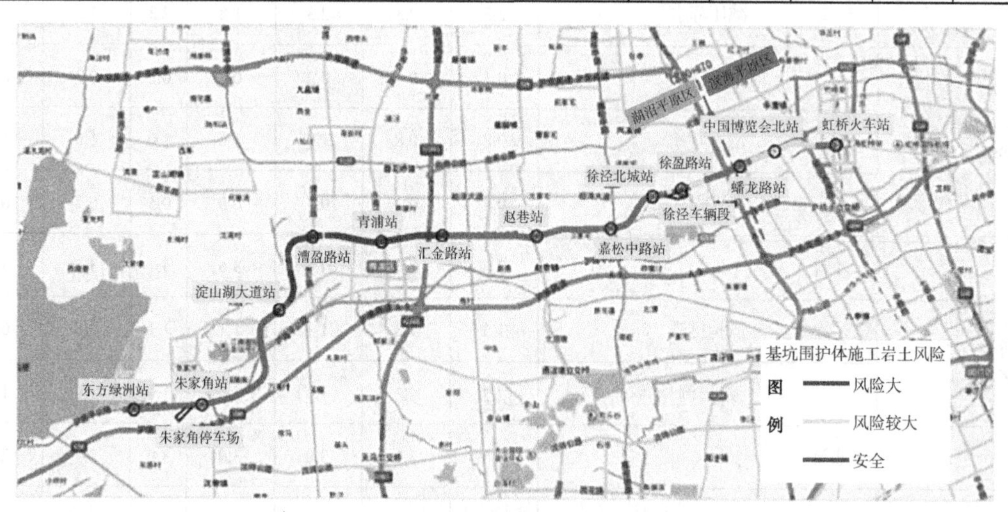

图3　基坑围护体施工岩土风险图

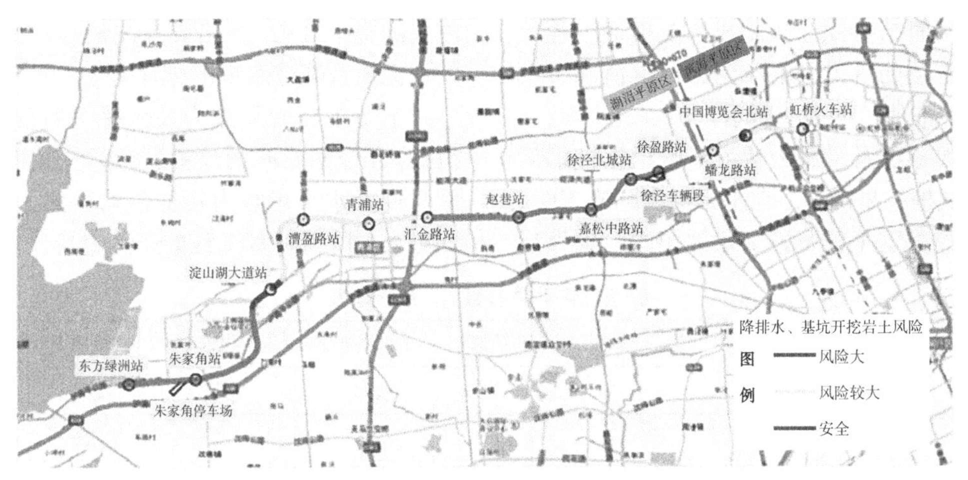

图 4　降排水、基坑开挖岩土风险图

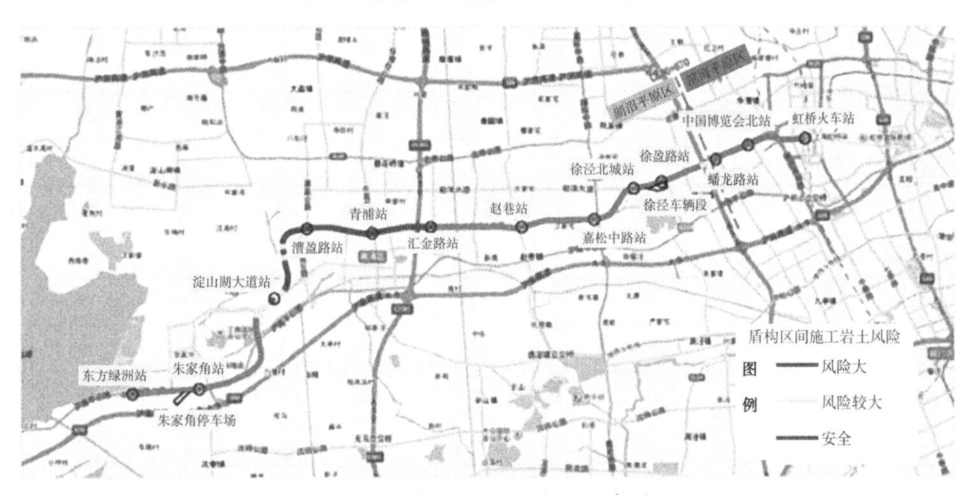

图 5　盾构区间施工岩土风险图

图 6　工程桩施工（钻孔灌注桩）岩土风险图

3.2　基于后注浆工艺的桩基优化

原勘察报告所述桩基参数是在综合考虑整个场地且不考虑钻孔灌注桩后注浆的前提下提出的，参数合理，符合规范，能够满足设计要求。但考虑到桩端阻力的发挥与桩端进入持力层深度有关，且桩侧摩阻力的发挥又与桩端阻力的发挥有一定联系，根据我公司掌握的大量类似地层试桩资料，由原勘察报告桩基参数估算的单桩竖向承载力仍有较大潜力，而根据静力触探资料确定的桩侧极限摩阻力标准值和桩端极限端阻力标准值较为合理。参照单桩竖向静载荷试验及上海市工程建设规范《地基基础设计标准》DGJ 08—11—2018）及《岩土工程勘察规范》DGJ 08—37—2012

有关条文，同时结合原位测试成果及类似工程经验，优化各土层的桩侧极限摩阻力标准值和桩端极限端阻力标准值，如表4所示。

本次所提参数及承载力特征值是根据桩端后注浆灌注桩试桩结果确定，在工程桩实际施工时，应保证与试桩施工工艺及施工条件相同，确保后注浆的施工效果，严格要求注浆压力、注浆所掺入的水泥量及浆液水灰的配比等。

由单桩竖向承载力及水平力特征值对比表5得知，由于对钻孔灌注桩进行后注浆施工工艺，单桩竖向及水平承载力特征值均得到大幅提高，因此可大大降低桩基工程的工程造价。

桩基优化计算参数 f_s、f_p 一览表 **表4**

层序	土名	层底深度	静探 P_s	钻孔灌注桩（勘察报告）		钻孔灌注桩（建议值）	
		/m	/MPa	f_s/kPa	f_p/kPa	f_s/kPa	f_p/kPa
②$_1$	灰黄—蓝灰色黏土	3	0.52	15		15	
②$_3$	灰色砂质粉土	6	2.35	15		15	
		8.5		25		25	
③	灰色黏土	6	0.5	15		15	
		14		16		20	
③$_夹$	灰色砂质粉土夹粉质黏土	10	1.61	25		25	
⑤$_{1-1}$	灰色黏土	21	0.72	25		25	
⑤$_{1-2}$	灰色粉质黏土	29	1.09	30		40	
⑤$_2$	灰色砂质粉土	36	2.51	35		35	
⑥$_1$	暗绿—草黄色粉质黏土	18.5	2.05	40		55	
⑥$_2$	草黄色砂质粉土	23.5	3.83	40		55	
⑥$_3$	灰色粉质黏土	32	1.51	40		40	
⑥$_4$	暗绿—草黄色粉质黏土	31	2.25	45		65	
⑦$_1$	草黄色砂质粉土	36	5.23	55	1250	60	1250
⑦$_2$	草黄—灰色砂质粉土	45.5	11.77	70	2000	75	2550
⑧	灰色粉质黏土与砂质粉土互层	54	4.57	65	1400	70	1700
⑨	灰色粉砂	80（未穿）	18.75	80	2550	85	3000

单桩竖向抗压及水平承载力特征值对比表 **表5**

桩号	单桩竖向抗压承载力特征值/kN			单桩水平承载力特征值/kN		
	按原勘察报告参数计算	按注浆施工设计参数计算	单桩静载荷试验结果	按勘察报告参数计算	按注浆施工设计参数计算	单桩水平静载荷试验结果
S1	2700	4200	＞3350	47	97	150
S1a	2500	3900	＞3350	47	97	120
S1b	2300	3500	＞3350	47	97	180
S2	3600	5600	6525	109	214	⩾300
S2a	3400	5300	5800	126	222	290
S2b	3300	5000	6525	147	232	⩾300

3.3 运营阶段咨询服务

17号线于2017年12月30日正式通车，2017年8月至2018年7月运营阶段隧道结构监测数据显示，在诸光路—徐盈路区间内变形存在三处严重超标，且有加快变形趋势。经勘查，隧道大变形对应地面位置存在1～4m不同程度的绿化土体堆载（图7）。针对是否由于堆土造成隧道变形，各方意见不一，设计单位按照常规荷载–结构法和数值分析方法也无法得出结论。作为勘察总体咨询单位，我单位充分利用在大面积土体堆载科研方面的成果，采用工程类比法以及流固耦合精细化有限元数值分析方法（图8），综合分析堆土造成的隧道变形，与实测情况非常接近，如图9所示。通过模拟论证了堆土对隧道变形具有重大影响，为立刻采取卸土措施、保证隧道结构安全提供了坚实的技术支撑。

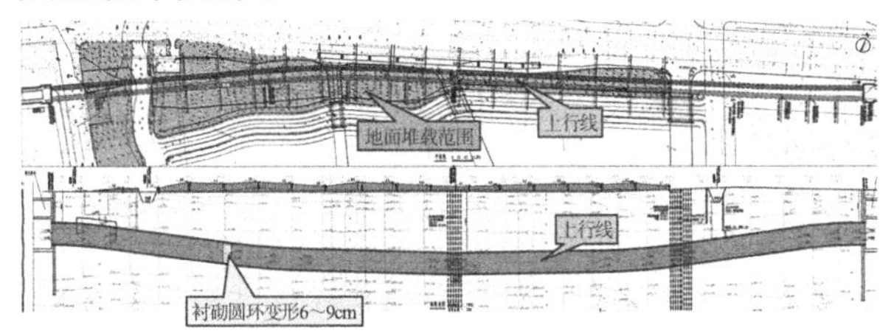

图7　隧道位置及堆载分布示意图

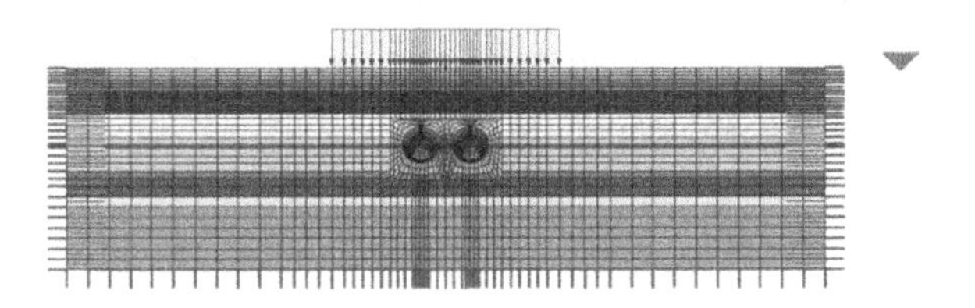

图8　流固耦合精细化有限元模型

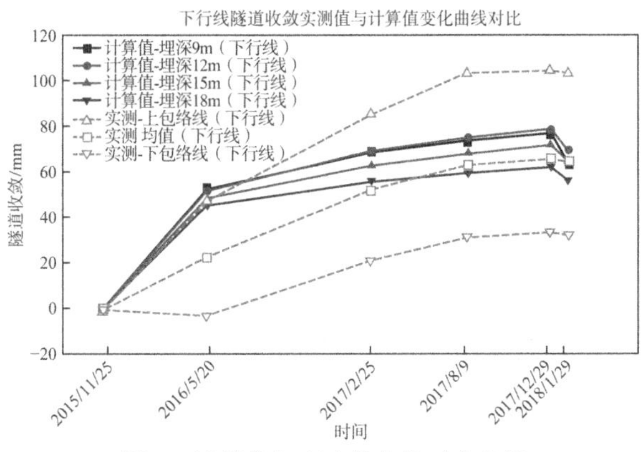

图9　计算值与理论值变化对比曲线

行桩基设计图纸优化，实际节省桩基造价逾9700万元，节约工期超过2个月，取得了显著经济效益。

以徐泾车辆段为例，工点规划用地约22.65ha，桩基需同时考虑预留物业开发荷载和变形要求，原设计考虑ϕ700mm和ϕ1000mm灌注桩，总桩数达1700余根，桩基总米数达75000m。我单位结合设计要求和土层特点，提出通过后注浆方式提高单桩承载力，优化桩基设计，根据桩基检测报告，单桩竖向抗压承载力实际提高了50%，水平承载力提高了200%，使最终桩数减少至约750根（图10）。

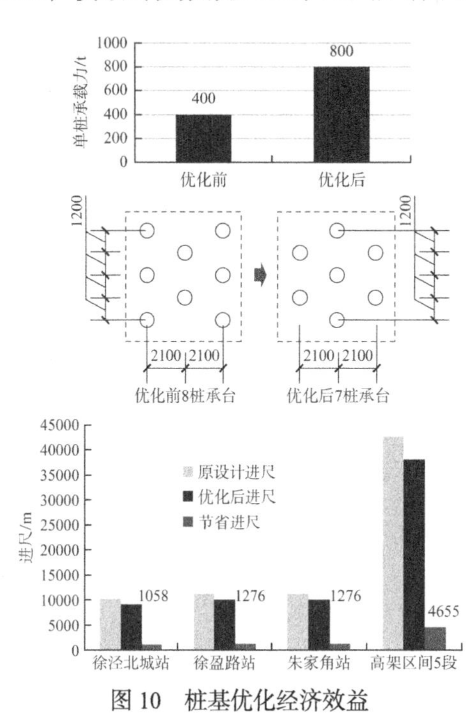

图10　桩基优化经济效益

4.3　延伸勘察总体咨询服务至运营阶段

以岩土工程勘察总体咨询为抓手，突破传统勘察总体只服务于勘察阶段的做法，延伸了岩土工程全过程咨询理念至建设期乃至轨道交通运营阶段，提供了优质技术咨询，解决了关键技术问题，为保障隧道结构安全提供了坚实的技术支撑，社会效益显著。

4　工程成果与效益

4.1　首次进行工程风险量化评估

首次采用风险评估矩阵法，完成全线各工点地质风险量化评估，提供基坑围护结构施工风险图、基坑降排水及开挖风险图、盾构区间施工风险图、工程桩施工风险图等系列成果，为设计、施工控制地下工程风险发挥了重要作用。

4.2　对湖沼平原地区轨道交通的桩基进行优化

根据验证结果提出桩基优化意见，设计院进

5　结语

通过岩土工程全过程精心服务，为准确查明地层条件、地下管线、障碍物情况，提供完整、合理、准确的设计依据，为保障轨道交通项目地基基础设计方案的科学性与经济性、保障施工期的建设工程安全与周边环境安全发挥了重要作用。

（1）统一标准：轨道交通全线勘察总体工作前应统一详勘标准，各家勘察单位在各标段和站点勘察时严格遵守标准，勘察总体单位严格审查勘察大纲和详勘成果，及时召开勘察协调工作会议，确保详勘工作稳步推进。

（2）控制风险：应对复杂的轨道工程勘察应综合运用多项原位测试技术准确查明沿线地层和地下水分布特征。除了勘察报告给出合理、准确的参数外，针对轨道交通等线性工程特点，应结合拟建建（构）筑的建造特点和功能要求进行工程地质风险的精细化评估，针对典型地层特征提出岩土工程风险及对策。

（3）节约造价：轨道交通工程中引入“勘察咨询一体化”理念。发挥勘察设计院的专业优势，一揽子解决岩土工程问题，通过对详勘成果的充分理解，进行基坑设计参数优化，对后注浆施工工艺进行专业指导，提高桩基承载能力并减少桩长。具有显著的经济效益和社会效益。

（4）全周期服务：做好勘察阶段的地质调查同时，扩展岩土工程服务阶段。将岩土工程贯穿“勘察—设计—施工—运营”阶段，解决地铁全周期建设期间的岩土工程技术难题，提高了勘察设计院在工程建设中的作用。能更好增强企业的品牌效应，为我司拓展业务发展之路。

我司以轨道交通建设和管理为关注焦点，充分发挥水土认知优势，借助大量的科研成果和工程经验，基于精细化分析、智能感知、海量数据，致力于提供绿色低碳岩土工程一体化解决方案，为地铁建设和运营规避风险，为城市安全与可持续发展提供优质服务与保障。

前滩综合开发运营地铁结构监护岩土工程实录

郭春生[1,2]　杨石飞[1,2]　袁　钊[1,2]　雷　丹[1,2]

(1. 上海勘察设计研究院（集团）股份有限公司，上海　200093；
2. 上海岩土与地下空间综合测试工程技术研究中心，上海　200093)

1　项目简介

前滩位于原世博园浦东片区南端，占地 $2.83km^2$，规划打造成世界级中央商务区、第二个“陆家嘴”，三条已运营的高运量地铁（6号、8号、11号线）汇交于此。

东方体育中心站是6号、8号、11号线的换乘枢纽，连接6条运营盾构隧道。开发建设的3个地块紧邻车站或区间隧道分布，局部与地铁附属结构共墙，基坑总开挖面积约 $72900m^2$（单体最大 $48400m^2$），最大挖深14.5m，影响轨道交通线路结构的总长度达2948m。项目建筑效果图如图1所示，项目地理位置示意图如图2所示。

图1　项目建筑效果图

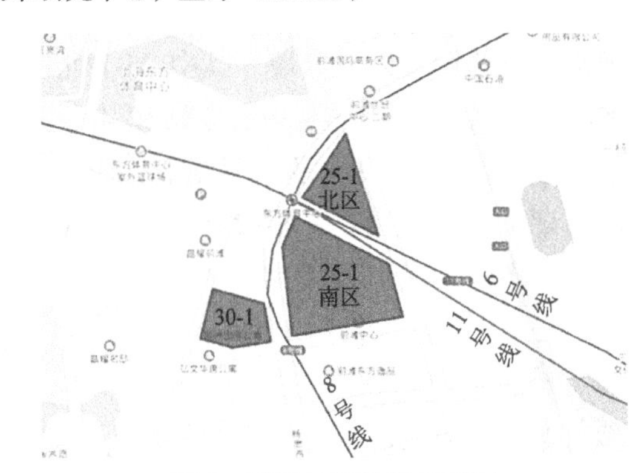

图2　项目地理位置示意图

本场地位于上海典型古河道分布区，分布有较厚的⑤2-1砂质粉土层和⑤2-2粉砂层，这两层为微承压含水层，渗透性相对较好，项目施工期间微承压水位约为地面下6m。本场地⑧层相对隔水层缺失严重，因此⑦层和⑨层承压含水层连通较为普遍，承压水位也在地下约5m左右。本项目典型工程地质剖面图如图3所示。

在软土地层中的地铁结构，极易受周边施工活动影响而产生变形和病害，严重时将影响地铁正常运营，因此邻近地铁的工程施工期间必须对地铁结构进行长期、实时、高精度监测，以保障地铁设施涉及的公共安全，我司承担了前滩区域综合开发期间运营地铁结构监护监测与安全评估任务。

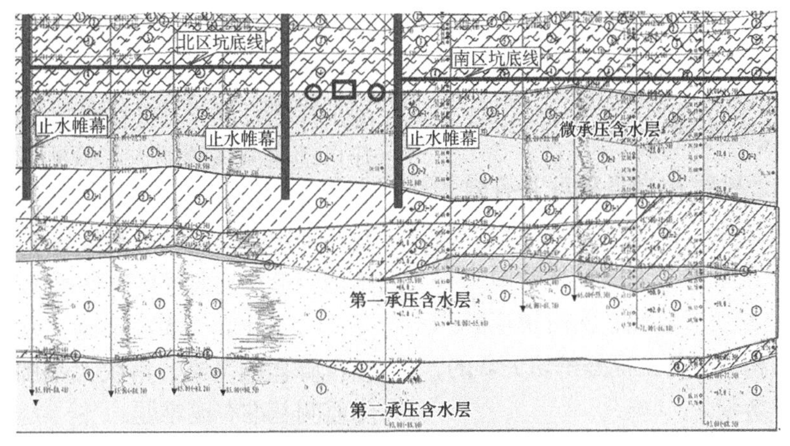

图3　项目典型地质剖面图

获奖项目：2021年度工程勘察、建筑设计行业和市政公用工程优秀勘察设计奖一等奖。

2 项目技术服务特点

2.1 项目特点与技术要求

（1）项目规模大

本项目涉及三个地块基坑施工期间的地铁结构监测，基坑面积大、挖深大，施工区紧邻地铁结构，局部与地铁附属结构共墙。其中 25-1 北区和 25-1 南区地块横跨东方体育中心车站和 4 条并排的地铁隧道，30-1 地块紧邻 8 号线上行线。本项目监测与评估对象包括“一座 3 线换乘的大型枢纽车站 + 6 条盾构隧道”，线路总长近 3km，规模巨大。

（2）地质条件复杂

项目所处的软土地层，具有孔隙比大、压缩性高、含水率高、灵敏度高等特点，隧道结构极易因周边施工而产生结构变形。且项目位于古河道地区，分布有较厚的微承压水层，第⑥、⑧层缺失，第⑦、⑨层承压含水层连通，⑨底层深度超过 100m，基坑止水帷幕难以隔断，面临漏水、突涌等多重风险，大面积承压水降水影响范围广，对地铁结构安全造成更大威胁。

（3）区域内多项目同期施工

对地铁结构变形造成迭加影响，本区域同期有超过 15 个地块同时交叉施工，形成了密集基坑群。各地块工序时间不一，反复扰动土体，对地铁结构变形造成叠加影响。

（4）地铁结构安全保障要求高

软土地层中轨道交通结构敏感性高、易变形，地铁结构监测精度要求高：沉降测站高差中误差不超过±0.3mm，收敛不超过±2mm。

2.2 工程问题与技术难点

1）为监控运营地铁结构变形程度并有效预警预控，主要工程问题有：

（1）精准实时采集数据。通过结构断面变形监测和相邻结构体差异变形监测，实时精准感知结构变形程度；因结构变形与工况是密切关联的，需同步采集施工工况数据。

（2）海量数据的有效管理、分析、评估和预警。

2）为有效解决上述工程问题，面临以下 4 个技术难点：

（1）地铁结构监测精度要求高、作业窗口时间短，且本项目范围大、工期紧，亟待建立多类型自动监测传感器集成式管理和有效性监测方案；

（2）大面积基坑开挖及承压水降水施工，引起大范围区域性地面沉降，沉降监测基准布设难度大；

（3）多源数据的有序管理、有效利用难度大，亟待开发适用的数据管理平台；

（4）多地块同步交叉施工，地层中动态变化的应力位移场加剧隧道变形，同时工况复杂、难以有效掌握，结构安全分析评估难度极大。

3 轨道交通结构监测技术及创新成果

本工程实施过程中采用了“边科研、边应用、边推广”的科技攻关模式，系统实现了“两大类 + 9 项”技术创新，结合工程具体情况制定对策，成功解决了上述问题和难点。

1）研发或应用多种新技术，有效实现地铁结构变形信息的“立体精准感知”。

（1）基于工控机和 WebSocket 协议,首次实现多源传感器集成式管理；改进传感器现场安装工艺，显著提升自动监测校测精度和效率。

针对不同厂家传感器采用不同采集软件和数据库，导致数据离散、难以数据共享和有效预警的问题，首次基于工控机和 WebSocket 协议，通过采集指令封装实现传感器的集成式管理，提高了数据采集效率，降低了数据采集设备模块成本，并支持多源数据的综合分析。

为提高现场近 400 台套传感器的安装调试效率，改进了安装支架和布线方式，申请了 3 项专利（一种安装设备的可调节支架、一种高精度的自动测距标靶系统、一种快速布线的接头装置）；为提升自动监测系统的人工检测频率，申请了专利两项（静力水准自动测量系统的几何水准校核装置及一种用于提高收敛测量效率的照明装置）。地铁结构变形自动监控传感器系统架构如图 4 所示。

（2）建立“基岩标-地面基准点-工作基点”三级沉降监测基准，解决大范围长周期施工期间沉降监测基准布设难题。

针对区域性基坑开挖、降水导致沉降监测基准布设困难的问题，经调查收集，布设起算于塘桥基岩标，纳入深埋水准点、中环桥墩基础等相对稳定点及监测区内的工作基点，布设三级沉降监测基准网，如图5所示，结合施工工序调整基准网动态复测周期。基准网的有效性得到地铁维保部门的认可，并推广为整个前滩区域15个项目、5家行业单位统一采用，提高了各单位监护数据的准确性。

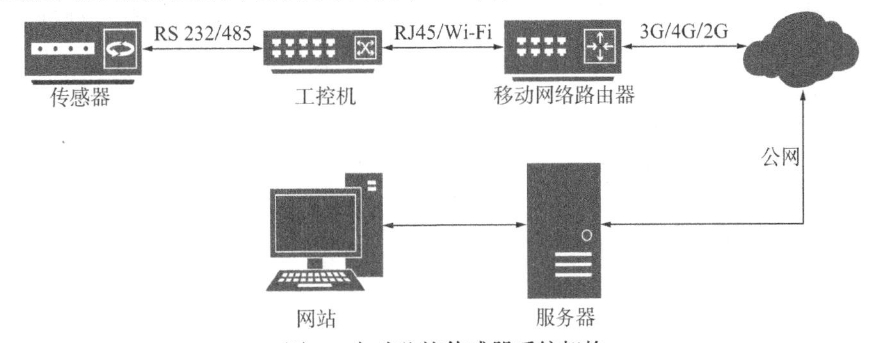

图4　自动监控传感器系统架构

前滩项目基岩标-地面基准点-工作基点三级沉降监测基准网元示意图

一级：基岩标　二级：地面基准点　三级：工作基点

⊗ 地面基准点　O 站台层基准点　◁ 轨行区基准点

图5　三级沉降监测基准网示意图

（3）采用无人机低空航拍技术，进行区域性施工工况巡查。

为准确掌握前滩地区15个施工地块的工况，找准结构变形的影响源，采用无人机低空航拍技术定期进行了区域性施工工况巡查。项目组研究了低空无人机遥感影像配准方法，形成了监护无人机巡查控制性指导文件，多次获取大范围内的影像、视频、地形资料等信息，宏观记录不同阶段工况，辅助质量控制和综合分析评估。无人机工况巡视影像示例如图6所示。

图6　无人机工况巡视

（4）基于移动激光扫描技术的进行了结构变形和表观病害的定期巡检，提出两项盾构隧道结构变形评价方法。

工程实施过程中定期采用移动激光扫描技术进行隧道表观病害检测，实现施工影响范围内隧道收敛变形和内壁表观影像多次全覆盖。针对6号线、11号线隧道，在南、北侧非对称开挖施工影响的状况下，基于激光扫描数据进行断面变形评价方法研究，形成两项专利（圆形盾构通缝隧道管片底部接缝张开程度评价方法及圆形盾构通缝隧道管片相邻分块的相对转动评价方法）。激光扫描综合检测现场工作照片及成果示例如图7所示。

(a)

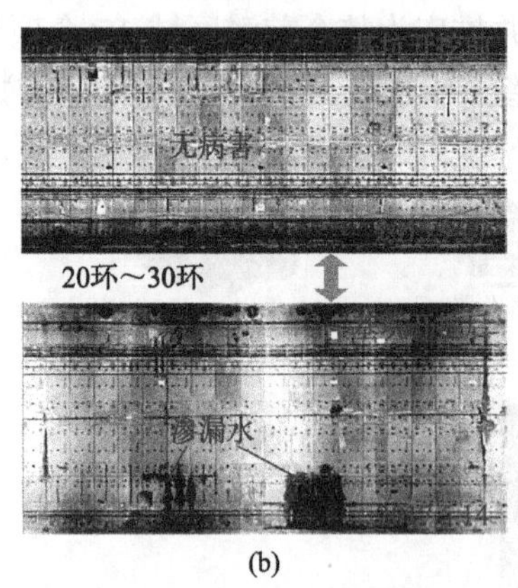

(b)

图 7　激光扫描综合检测

（5）采用地质雷达和超声波无损检测技术，检测道床脱空等结构病害。

结合工程需求研发了地质雷达和阵列式超声波检测技术，对车站内疑似道床脱开区段进行了检测。试验过程中对检测参数进行了优化，根据综合检测结果圈定了道床脱开范围，指导脱开道床的注浆堵漏修复，取得专利 1 项（用于地铁隧道道床脱空的检测方法）。道床无损检测典型断面成果如图 8 所示。

2）基于安全监测立体感知数据管理平台，有效实施了地铁结构性能的全过程动态监控。

开发的轨道交通结构安全立体感知信息服务平台，全过程有效管理了日常自动监测、人工监测（复核）数据、无人机工况、激光扫描病害检测等多源数据。平台基于 GIS、物联网等信息技术，建立了一套标准化开放的自动化监测传感器数据接口，实现了前述自动化监测传感器的集成式管理，完善数据采集、存储和管理流程；研究或深化了无人机影像、三维激光扫描影像和变形等管理和发布技术，构建“空中、地面、地下”立体感知服务技术体系，实现了“互联网＋监护监测”，取得软件著作权两项（云图结构安全监测信息管理系统、云图结构安全监测 APP 系统软件）。管理平台中结构变形数据展示示例如图 9 所示。

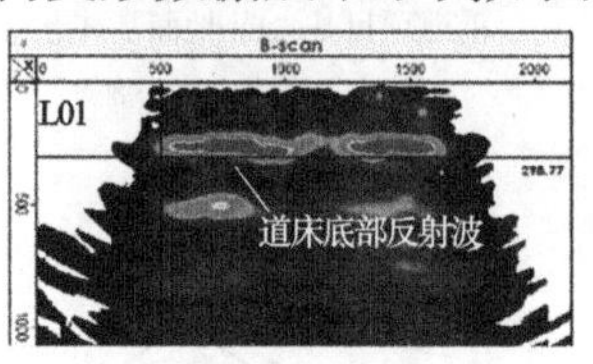

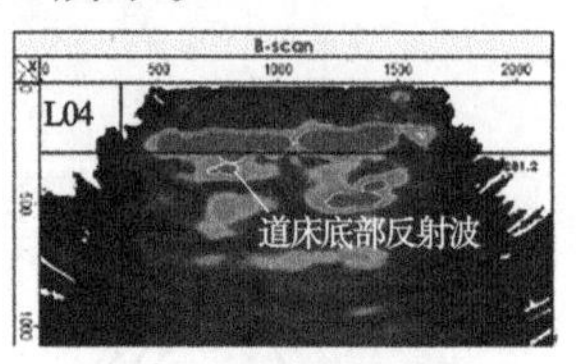

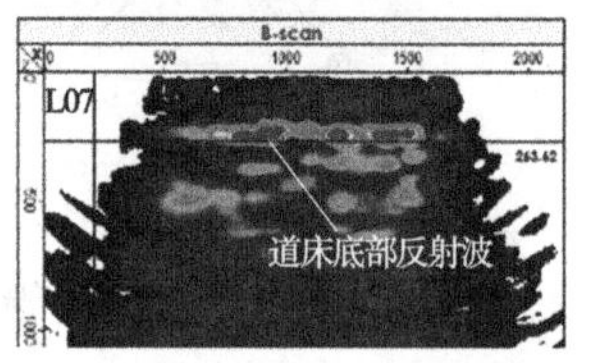

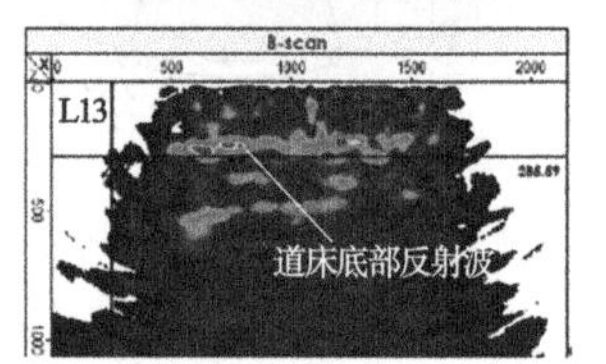

图 8　道床无损检测典型断面成果

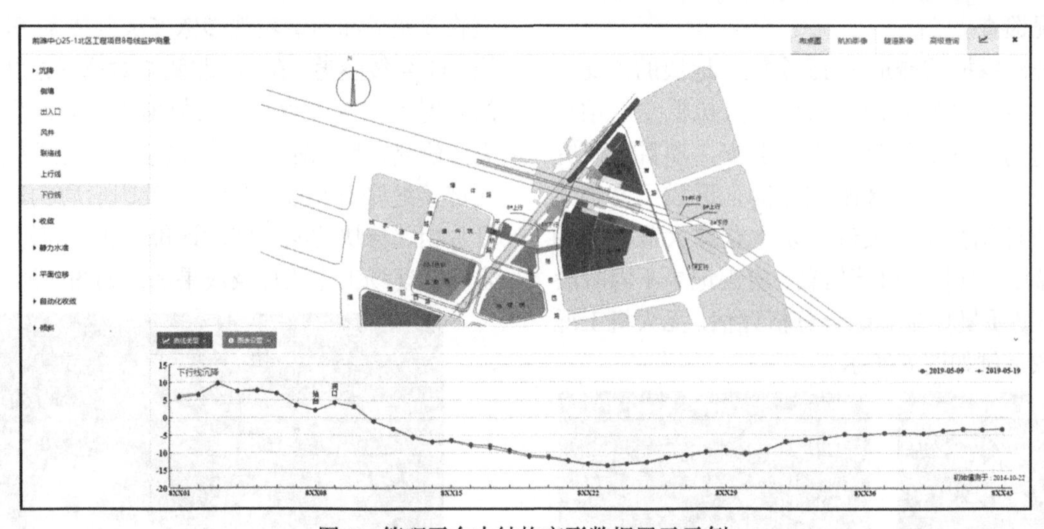

图 9　管理平台中结构变形数据展示示例

4　全过程动态评估

根据全过程动态监测数据，考虑地质条件、项目规模、空间位置关系等因素，结合潜水及承压水水位、大小区开挖、加固施工等施工工况及参数，进行各阶段的验算和风险预判。针对支撑拆除过程对隧道直径的影响，提出了边拆边撑并严格控制时间间隔的措施；通过综合分析预测，及时建议对 11 号线开展阶段注浆修复治理，控制了后续工序的影响；提供过程控制评估咨询报告 10 余次。

（1）发现并定量分析轻量加载，及时控制地铁结构沉降和收敛变形

通过现场巡查及地铁结构变形动态监控，及时发现施工场地内地铁 8 号线隧道结构上方存在活动板房等轻量加载。结合上海软土地层特性及

通缝隧道结构特点，采用有限元分析方法，对轻量加载下 8 号线隧道变形进行论证分析，并进一步定量评估了轻量加卸载对浅埋地铁结构的影响，浅埋深地下结构超载应小于 0.7kPa；最终采取临房部分拆除、堆土堆物卸载、移动荷载固定线路等措施，有效控制了其对隧道结构安全的影响。隧道上方临时堆载引起的场地竖向位移云图如图 10 所示。

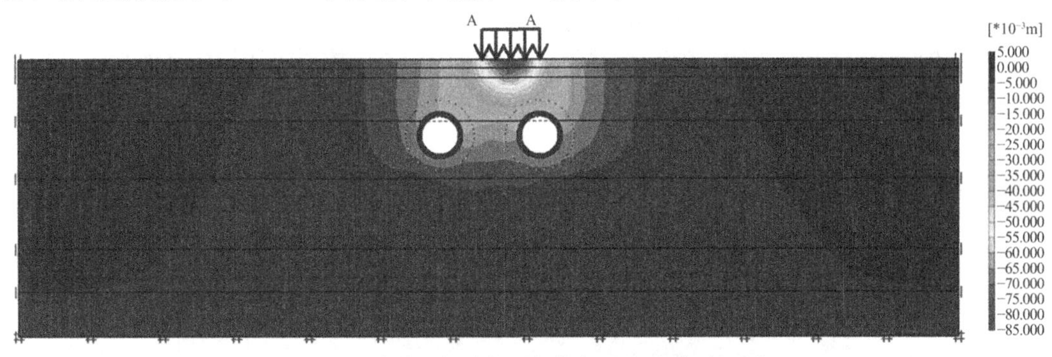

图 10　隧道上方堆载引起的场地竖向位移云图

（2）密切关注区域承压水变化，全过程防控承压水影响。

基于本项目地下水位变化数据及全域群体项目施工进度的高频跟踪，及时发现先期开工且距离地铁较远的项目在降承压水对地铁附近承压水水位的影响情况，确定本区域承压水降水的环境影响半径超过 2km。通过实测数据及有限元方法定量分析承压水降水对地铁结构沉降的影响规律，制定了合理的回灌整治建议方案。综合分析多源数据，定量分析了承压水水头降深、出水量、降水历时等的影响程度，积累了经验分析参数，根据下卧土层性质提出 1 井/15m 不加压回灌措施，依据监测数据动态指导回灌过程，对 8 号、11 号线进行了沉降整治，遏制了隧道持续沉降。场地地下水位变化有限元模拟云图如图 11 所示，地下水位变化引起的地铁隧道典型断面竖向位移实测与模拟对比如图 12 所示。

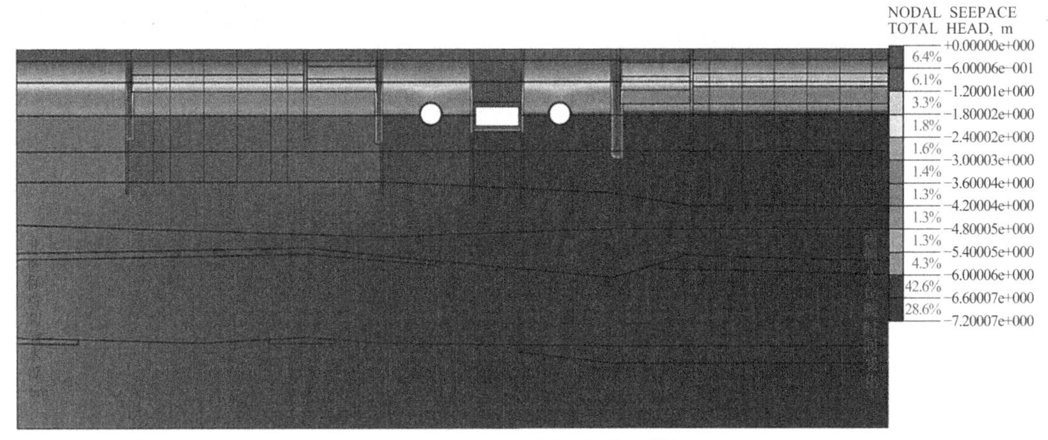

图 11　场地地下水位变化有限元模拟云图

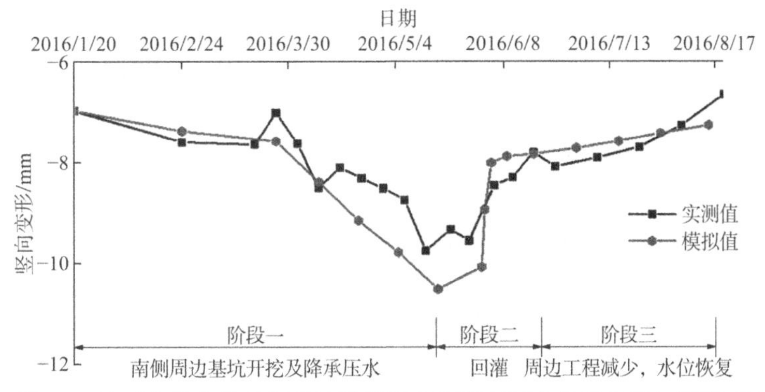

图 12　地下水位变化引起的地铁隧道典型断面竖向位移实测与模拟对比

（3）把控关键施工阶段，持续跟踪预测预警

从大量地铁监护工程案例来看，近距离、大面积、长周期的基坑开挖施工是影响邻近地铁结构安全的关键因素。在项目基坑开挖之前，选取典型断面进行有限元建模分析，定量预测基坑施工对邻近地铁结构变形的影响规律，在施工过程中，结合土体卸载过程的应力应变关系及地铁监护数据反演分析，确保合理的情况下调整模型参数，实现施工过程中的跟踪分析及合理预测，为优化地基加固、开挖顺序、开挖速率、降水回灌等施工关键参数提供了有力的依据，对过程控制地铁结构变形起到非常积极的作用。模拟某典型断面基坑开挖结束时场地的竖向位移云图如图 13 所示。

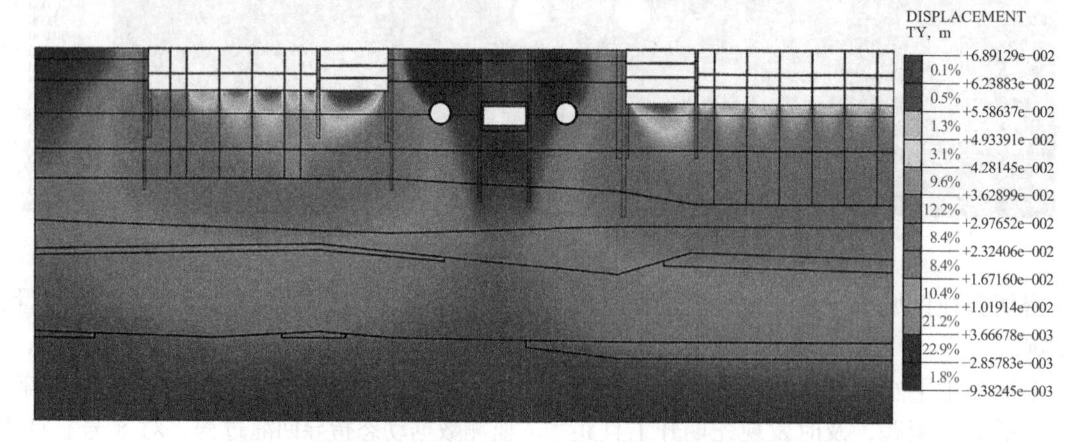

图 13　模拟某典型断面基坑开挖结束时场地的竖向位移云图

5　工程成果与效益

（1）本工程结合生产需求，积极策划并开展自动化监测、无人机航拍工况管理、移动激光扫描结构检测、道床脱空无损检测等新技术研究与应用，提升地铁结构形变“立体感知”能力；并打造地铁结构安全监测立体感知数据管理平台，有效实施了地铁结构性能的全过程动态评估。

（2）本工程实现了多源传感器集成式管理、基于移动激光扫描数据的盾构隧道结构评估方法等多项新技术填补了技术空白，推动了地铁维保行业的进步。基于项目开发的《运营轨道交通结构安全立体感知信息服务平台》的“互联网 + 监护测量”产品，显著提高了运营地铁隧道结构监护测量与管理水平。信息服务平台已在上海监护行业进行了全面推广应用，社会效益显著。成果有效支撑了测绘行业标准《城市轨道交通结构形变监测技术规范》CH/T 6007—2018 的编制完成。

（3）项目研发的阵列式超声波检测方法，可实现轨道交通结构的无损检测，对保护城市基础设施结构安全具有重要意义；研发的运营轨道交通结构安全立体感知信息服务平台，实现数据远程上传、异地共享，与传统纸质报告比较，节约了纸张；数据通过网络传播，与传统人工投递比较，节约了城市交通资源和碳排放。

（4）项目系列技术成果取得 8 项专利（授权 6 项，受理 2 项）、2 项软件著作权，有力支撑了上海市信息化发展专项资金项目《运营轨道交通结构安全立体感知信息服务平台》科研课题的完成。出色完成监护监测与安全评估任务，为管理部门决策提供了重要支撑，避免了风险事件引发的巨大经济损失。

参考文献

[1]　李广信. 高等土力学[M]. 2 版. 北京：清华大学出版社，2016.

[2]　上海市住房和城乡建设管理委员会. 城市轨道交通结构监护测量规范：DG/TJ 08—2170—2015[S]. 上海：同济大学出版社，2015.

[3]　上海市城乡建设和交通委员会. 岩土工程勘察规范：DGJ 08—37—2012[S]. 上海：上海市建筑建材业市场管理总站，2012.

[4]　上海市城乡建设和交通委员会. 地基基础设计标准：DGJ 08—11—2018[S]. 上海：同济大学出版社，2019.

厦门市轨道交通 1 号线一期工程岩土工程勘察实录

贾运强　张广泽　李建强

（中铁二院工程集团有限责任公司，四川成都　610031）

1　项目概况

厦门市轨道交通 1 号线一期工程是厦门市建设的首条轨道交通线路。轨道交通 1 号线作为规划线网中最为重要的一条中心放射状骨干线，由本岛西南端向北辐射形成快速跨海连接通道。线路主要沿城市重要的南北向发展轴敷设，连接了本岛和岛外的杏林、集美和同安三大组团（图 1）。

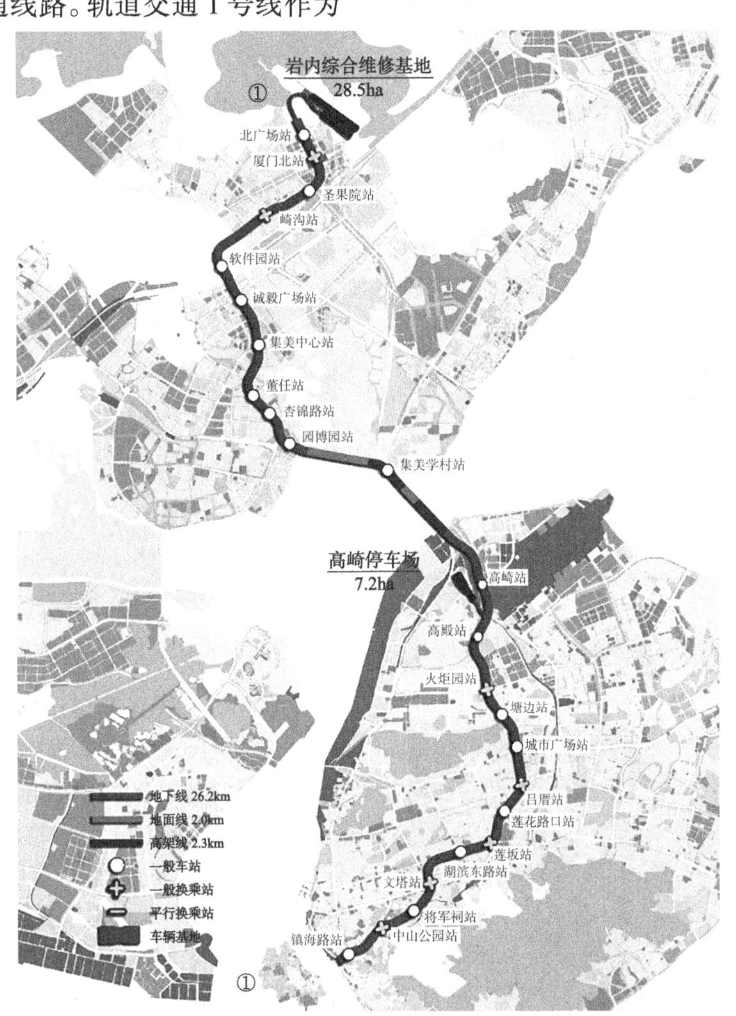

图 1　厦门市轨道交通 1 号线一期工程线位图

1 号线一期工程线路全长 30.3km，其中地下线 25.9km，地面线 1.6km，高架线 2.8km。起自镇海路站，经嘉禾路、海堤路等向北出岛，经高集、集杏海堤跨海，沿杏锦路、诚毅大街、珩山路至厦门北站，止于厦门北站北广场。共设车站 24 座，其中地下车站 23 座，高架站 1 座。线路在本岛北

获奖项目：2021 年度工程勘察、建筑设计行业和市政公用工程优秀勘察设计奖二等奖。

部设置高崎停车场，在厦门北站以北设置岩内综合维修基地。在园博苑用地内设控制中心 1 处，在火炬园及董任分别设置 2 座主变电所。采用 B 型车，最高速度 80km/h。项目总投资 223.3 亿元。2014 年 4 月开工建设，在全体参建单位的努力和市各相关部门的大力支持下，比工期提前 9 个月于 2017 年 12 月 31 日建成通车。

线路穿越滨海海积区、冲洪积阶地区、残积台地区、圆缓低丘等地貌单元。据区域地质资料、安评报告、勘察工作均未揭示对工程有影响的断层、褶皱等地质构造。线路范围上覆地层主要为第四系全新统人工填筑层，全新统冲洪积层（黏性土及砂层），海积层（淤泥、淤泥质黏性土、砂层及淤泥质砂），海陆交互沉积层（黏性土），上更新统冲洪积层（黏性土及砂层），坡积层（黏性土及碎石土），残积层（砂质黏性土）。下伏基岩主要为花岗岩，局部为凝灰熔岩和辉绿岩。不良地质主要为砂土液化等，特殊岩土有人工填土、软土、花岗岩残积土及风化层等。

主要工程地质问题：人工填土对基坑边坡稳定性的影响；液化砂土、软土及花岗岩风化层对基坑及隧道区间的影响；花岗岩差异风化、球状风化对隧道盾构施工及桥梁桩基影响；地下高水位、强渗水砂层对基坑及地下区间的影响的工程地质问题（图 2）。

2 工程勘察特点

（1）特殊岩土及不良地质发育，工程地质、水文地质条件复杂

图 2 现场球状风化体发育状态

工程正线范围下伏地层为花岗岩，地下区间多穿越花岗岩残积土、全、强风化层，高架车站及区间桩基以花岗岩中等、微风化层为持力层。花岗岩差异风化现象显著，普遍存在上软下硬，软硬不均的现象，球状风化体发育规律性差，大小不均，对地下区间隧道、高架区间及车站工程施工影响较大。除此之外，沿线还分布有软土（海积淤泥、淤泥质土）、人工填筑土等特殊岩土，人工填土厚度不一，成分复杂，于段内地表普遍分布，由此引起的城市地铁工程建设的工程地质问题多。

（2）线路横跨海湾连接厦门岛内外，下穿杏林湾水库，穿越多个工程与水文地质单元

图 3 高崎至集美学村站区间海域

图 4 杏林湾水库

高崎站至集美学村站区间沿海堤路穿海域出本岛，区间长 3.57km，海湾宽约 1.65km，集美学村站至园博苑站区间沿杏前路跨越海湾接入园博苑站，区间长 2.31km。过海段部分为水上作业，伴随潮起潮落，勘察施工难度大（图 3）。参考初步勘察地质情况，结合工程经济、工期等因素确定线路过海方式采用高架桥梁及部分路基形式。董任站至集美中心站区间下穿杏林湾水库，穿越段水面宽度约 160m，水深 2～3m。水上钻探、原位测试等勘察作业施工难度大，钻孔封堵质量要求高，封堵不实后期会对下穿隧道施工产生危害。另外本标段沿线穿越地貌单元众多，有滨海海积区、冲洪积阶地区、残积台地区、圆缓低丘等，水文地质条件多变，岩土种类多，物理及力学性质差异性

大，工程及水文地质单元众多（图4）。

（3）工程类型复杂多样

本线工程类型主要包括地下车站、高架车站、地下区间、高架区间、深大基坑、过渡段U形槽、边坡工程、高层建筑等，工程类型复杂多样。对不同工程类型在地质调绘、勘探孔布设、原位测试、水文地质测试、物探测试及室内试验均须进行有针对性的工作，对勘察工作也有更高的要求。

（4）施工方法多样

本线施工方法主要有明挖法、盖挖法、矿山法、盾构法、降水施工、地基处理、桩基施工等。针对工程类型、施工方法多且复杂的特点，采用了适宜的、有针对性的勘察测试手段和方法，满足了设计和施工要求，较好地解决了施工中遇到的诸如深基坑开挖边坡稳定性、隧道围岩稳定性、基坑降水施工、砂土液化、地基处理、流砂、管涌等一系列工程地质难题。

（5）勘察现场周边环境条件复杂

图5 崎沟村内密集低矮建筑

线路多沿城市主干道敷设，道路交通繁忙，通信、污水、电力、供水等管线管道密布，为勘察工作带来极大困难，同时勘察作业时也存在破坏管线管道设施的风险。另线路穿越杏林、西亭、崎沟等村落，村内老旧低矮建筑密集，造成很多勘察工作无法按照既定大纲实施。尽管环境条件错综复杂、勘察工作难度极大，但是通过自身加强项目管理、配合交管等部门、制定周密的分时段、多措并举的交通疏解方案、积极协调、精心组织和精心勘察，在约定期限内较好地完成勘察任务（图5）。

3 工程勘察难点

（1）探明花岗岩差异风化发育情况

花岗岩差异风化显著，风化层内软硬不均，多发育球状风化体，其硬度高，大小不一，空间发育规律性差，大型球状风化体常会被误判为基岩。花岗岩基岩面起伏大，岩面倾角大，常发育风化槽。花岗岩的这些差异风化对盾构区间隧道及桩基工程施工影响大，基岩面的确定、球状风化体及风化槽发育情况的探明至关重要。

（2）花岗岩强风化层及砂层岩芯采取率保障及样品取得

花岗岩强风化层岩体破碎，砂层胶结差常规钻探岩芯采取率一般较低，常常无法满足规范要求，无法进行地质编录鉴定，亦无法取得理想的土试样，难以满足地铁高精度勘察的要求。

（3）地下车站抗浮设防水位划定

当车站主体结构自重、围护结构自重加上覆土自重不能满足抗浮安全要求时，应考虑抗浮问题，勘察工作应为车站设计提供抗浮设防水位建议。抗浮设防水位的确定是勘察的难点之一，车站场地常年最高水位和勘察期内水位都不能直接作为抗浮设防水位，而应综合分析历年水位地质资料，根据工程重要性以及工程建成后地下水位变化的可能性确定抗浮设计的设防水位。

（4）海积区地下水位、地下水的腐蚀性划定

海积区地下水位受涨落潮影响，地下水以潜水为主，局部为承压水，个别地段存在上层滞水。海积区可能存在海水入侵，采取分层抽水，分层取水样，进行水质分析。

（5）查明透镜状展布的液化砂土的分布和液化特征

详细查明饱和砂土的分布和液化特征，评价其对工程的影响，对围护结构的稳定性、降水施工的安全乃至周边环境、既有建筑安全均必不可少。沿线砂土成因不同，空间上下层位差异大，且多呈透镜状分布，查明其分布和液化特征需要分析地质发育及沉积规律，合理布置勘探孔，严格按照规范要求进行原位测试，从而判定其液化等级，评价其对不同类型工程的影响。

（6）成分复杂、层位多变的软弱地基的勘探

沿线分布有软土（海积淤泥、淤泥质土），以及松散的淤泥质砂，对浅基础的稳定性影响较大。由于软弱地基土成分复杂、层位多变，也给地质勘察带来一定困难。

4 勘察方案实施

（1）全面收集利用既有资料基础上采用多手段的综合勘察方法

(a) 标准贯入试验

(b) 旁压试验

(c) 波速测试

(d) 抽水试验

图 6 现场试验

勘察工作收集了本标段沿线区域地质、水文地质资料和工可阶段以及沿线既有工程的勘探、物探、测试、试验成果等地质资料，收集完成后经审核、满足轨道交通工程技术要求的资料，加以利用，达到减少勘探工作量，节约投资的目的。

针对性选用了地质测绘、钻探、物探、井探、原位测试（重型圆锥动力触探试验、静力触探试验、标准贯入试验、旁压试验、波速测试等）见图 6，及水文地质试验、室内试验等相结合的综合地质勘察手段，并对各种勘探、测试、试验成果进行综合地质分析。全面查清了地层结构、岩土体特征、不良地质和特殊岩土的分布特征等工程地质条件，查明了地下水补、径、排条件，地表水与地下水的连通关系，岩土体的富水性和渗透性，以及地下水动态特征。提供了设计、施工所需的各种岩土参数和水文地质参数，对施工和运营中可能发生的工程地质问题进行预测，并提出了合理、可行、经济的工程措施建议。通过施工验证，勘察成果对设计和施工具有较强的指导性，与实际施工开挖情况相符，为厦门市轨道交通 1 号线一期工程优质、按期、安全、经济的建成提供了可靠的基础资料，同时，也为厦门地区后续开展的 2 号、3 号、4 号、6 号线勘察工作积累了丰富的经验。

（2）松散地层及破碎风化层岩性采取及样品取得

花岗岩碎块状强风化层岩体破碎，砂层胶结差钻探取芯困难，岩芯采取率一般较低，常常无法满足规范要求。

在本次地质勘探中，对于无法满足规范采取率和岩芯鉴定要求的钻孔，采用植物胶护壁、套管护壁钻进，部分采用单动双管钻进，保障了岩芯采取率。

采取Ⅱ级土试样钻孔，采用重锤少击方式贯入取土器，难以贯入或者Ⅰ级土试样钻孔，采用单动二重管回转式取样，取样时保证钻机平稳，钻杆垂直，减小机械扰动。在勘探工作中保证了难以取芯地层采取率满足规范要求，用于测定岩土物理性质指标的试样不低于Ⅱ级，用于测定岩土力学性质指标的试样均为Ⅰ级。

（3）地下管线安全保障及钻孔封堵

沿线密布的给水、排水、燃气、电力、电信等管线是轨道交通工程勘探工作的巨大障碍，为了避开此类管线往往需要开展大量附加工作。为保证管线安全我们本次勘察采取了以下措施：①收集标段内地下管线探测技术报告，分析研究勘探孔布设位置与管线走向关系，在满足规范及勘察技术要求的前提下，勘探孔布设位置与地下管线留够安全且满足规范的距离。②主动与地下管线产权单位取得联系，进行管线技术交底，开钻前请产权单位人员现场确认管线位置。③利用地下管线探测仪辅助查找，地下金属管线采用电磁法探测，非金属管线采用高频电磁法。④土质路面采用洛阳铲探测3m，混凝土路面采用机械破路后人工挖探至2m，再于探坑内用洛阳铲探测1m，掏挖直径不小于开孔直径，确认地下无管线后施工（图7、图8）。

图7　孔位挖探

图8　孔位管线探测

城市轨道交通工程多处于人员密集的城区，钻孔如不及时回填，可能会影响人畜安全，并且易形成地下水通道，引发地下水污染，同时危及基坑、隧道工程安全。在本次勘察工作中对于综合维修基地内的路堤、房屋钻孔采用岩芯原土回填，同时分层夯实。对于桩基工程、基坑工程、边坡工程及地下区间隧道工程钻孔采用4：1水泥、膨润土浆液回填，通过泥浆泵由孔底灌注。水上钻孔全部采用水泥浆回填。确保封堵充实，保证工程顺利、安全施工。

（4）地质复杂地段勘察

详勘阶段勘察工作在充分利用初勘基础上进行，对初勘初步探查的花岗岩岩面起伏大、风化槽、球状风化体、软弱土及砂层发育的地段，结合工程结构类型缩小勘探孔间距，一般按照复杂场地布置。勘察过程中及时根据勘探数据生成地质剖面，研判岩面趋势，随时增加勘探孔进一步探明岩面趋势及风化槽发育形态，查清软弱土及砂层发育范围及厚度变化。高架区间勘探孔逐墩布设，原则上布置在桩位中心，岩面起伏较大或揭示孤石墩内对角桩位增加钻孔。通过动态掌握现场勘探数据，综合分析研判增加补充勘察工作，提供了充分、准确的设计依据，同时为盾构隧道区间孤石及基岩凸起地面预处理提供了详细资料。洞通后建设单位为验证确认施工单位基岩凸起处理工作量进行了洞内钻孔探查，与勘察期间揭示情况完全一致。

（5）设计参数建议值提供

图9　室内试验

本工程勘察通过大量的原位测试、室内试验、本地工程经验类比及规范经验值研究，为设计提供了各岩土层物理性质指标，同时针对盾构法、矿山法施工隧道和明挖法施工车站，以及高架区间、车站和边坡、路基工程提供了各类土层的黏聚力、内摩擦角、无侧限抗压强度、静止测压力系数、泊松比、压缩系数、压缩模量、变形模量、基床系数以及岩石的抗压强度等力学性质指标建议值，桩基工程设计需要的桩侧摩阻力极限值和桩端阻力极限值等。尤其是大量旁压试验数据的分析，为花岗岩残积土及风化层的变形模量、水平基床系数建议值提供了可靠依据。经设计、施工应用验证，满足设计需要，同时为厦门后续轨道交通工程设计参数建议提供了可参考经验（图 9）。

（6）运用多种勘察手段进行综合地质分析，合理建议隧道围岩分级

本工程地下区间隧道多采用盾构法施工，诚毅广场站至软件园站区间、岩内综合维修基地出入线及维修基地内试车线采用矿山法施工。本次勘察隧道围岩分级根据不同岩土体分类及结构特征、岩石的坚硬程度、岩体完整程度、风化程度等地质条件进行划分，同时考虑隧道水文地质条件、隧道埋藏深度等因素，并参考岩石饱和单轴抗压强度、围岩弹性纵波速度进行综合工程地质、水文地质条件分析后进行划分。经过后期施工开挖验证，提供的隧道围岩分级建议合理，全标段未发生隧道围岩分级引起的变更。

（7）水文地质试验及抗浮设计水位划定

针对不同工程类型及不同水文地质单元，每个工点选择代表性地段 1～2 孔进行抽水试验。海积区地下水位受涨落潮影响，地下水以潜水为主，局部为承压水，个别地段存在上层滞水，同时可能存在海水入侵，采取分层抽水试验，分层取水样，进行水质分析。准确测定海积区水文地质参数及地下水的腐蚀性等级。

综合分析历年水位地质资料，根据工程重要性以及工程建成后地下水位变化的可能性确定抗浮设计的设防水位。本次抗浮设计水位建议值综合分析以下几方面后选取：①在代表性地段设置水位长期观测孔，实测地下水位及其变幅；②充分研究既有有关地下水文资料；③依据我国行业抗浮水位一般的分析选取原则；④结合当地相关工程经验。

（8）全程动态配合施工服务

施工配合是岩土工程勘察工作的一项重要内容，本标段施工配合人员均参加了前期勘察工作，如此既保证了工作连续性，又能对现场工作全面掌握了解，及时有效解决施工中遇到的工程地质问题。配合施工地质人员长期深入现场，进行验桩、验基、验槽工作，对于岩内综合维修基地此类工期紧、任务重的工程，我们派出两名地质工程师驻扎施工现场，全天候勘验桩基地层和解决桩基施工中的地质问题（图 10）。另外建立了一套完整的施工地质巡查制度，除常规进行施工配合工作外，每周定期对施工场地进行巡视，及时发现施工中的工程地质问题，保证施工顺利、安全推进。经施工验证，本标段勘察成果内容全面、翔实，论述充分、结论正确、措施建议合理、针对性强、对设计和施工具有较强指导性，提供的岩土层特征、参数和水文地质参数准确，与实际情况相符；全线未发生因地勘资料引起的变更，为厦门轨道交通 1 号线一期工程优质、按期、安全、经济的建成提供了优质的岩土工程勘察资料。

图 10　车站验基照片

5　结语

厦门轨道交通 1 号线一期工程作为厦门地区首个勘察设计施工的城市轨道交通工程项目勘察工作在以下方面为后续 2 号、3 号、4 号、6 号线勘察提供可借鉴的工作思路、方法及具体成果：①透镜体状展布的砂层查明及液化判定。②探明花岗岩差异风化、风化槽及球状风化体的勘探孔布设；有关勘探数据统计分析及对于盾构隧道、桩基工程的影响评价；施工工程处理措施建议。③全风化、散体状强风化花岗岩采取试样，以及碎块状强风化花岗岩保障岩芯采取率。④隧道围岩级别划分建议。⑤通过水文地质试验获取各岩土层渗透系数；地下车站抗浮设计水位建议。⑥通过原位测试、室内试验、地方工程经验和综合地质分析提

供各岩土层设计所需力学指标建议值。⑦勘探孔施工前地下管线探查；以及勘探孔施工完毕封堵，尤其是水上钻孔封堵。

本次勘察工作为厦门轨道交通 1 号线一期工程优质、按期、安全、经济地建成提供了可靠的基础资料，同时，也为厦门地区后续城市轨道交通工程的勘察工作积累了丰富的经验；探索、建立了厦门地区复杂地质条件、复杂周围环境、复杂多样工程类型情况下，行之有效的轨道交通工程综合地质勘察体系（图 11）。

图 11　运营中的厦门轨道交通 1 号线

深圳地铁 2 号线首期岩土工程勘察实录

吴圣超　郑勇芳

（深圳市勘察测绘院（集团）有限公司，广东深圳　518000）

1　工程概况

该项目是截至 2017 年底中国在填海区下穿最长、实施难度最大的地铁线路。首期工程线路全长 15.52km，从蛇口西站至世界之窗站，区间段为洞径 7m 的地下双线隧道，主要采用盾构法施工，共设车站 12 座，均为明挖法施工。另设蛇口西车辆段一座，通过车辆段出入线与蛇口西站相连（图 1）。工程总投资 64.85 亿元，2010 年 12 月开通运营，是深圳市第 3 条建成运营的地铁线路。沿线穿越填海区、风化沟槽及多处地表水体，工程地质条件复杂。我公司于 2006 年 8 月～9 月完成了项目勘察工作，期间采用的勘察手段有工程地质测绘与调查、物探（钻孔声波波速测试、视电阻率测试与大地导电率测试）、钻探、原位测试（静力触探、重型动力触探、标准贯入试验、十字板剪切试验、旁压试验、螺旋板载荷试验）、水文地质试验（钻孔抽水试验）及室内岩土试验等，并对传统原位测试手段的适用性做了试验总结和改进。

图 1　工程线位示意图

2　场地岩土工程条件

2.1　地形地貌及建（填）筑情况

线路原始地貌约 1/3 长属中、高台地或内缘低台地地貌，其余地段属滨海相及海陆交互相（图 2），约 2/3 长经人工堆填形成陆地，各段地貌详述如下：

中、高台地或内缘低台地地貌：YCK0＋000～YCK2＋730 段及 YCK14＋300～YCK14＋750 段，勘察时已修筑成世界之窗景区、深南大道及世界花园住宅区等。

滨海相及海陆交互相：①里程 YCK1＋680～YCK2＋550 段原始地貌为原始地貌属海冲积相平原或滩涂，勘察时为招商局码头、蛇口客运港等，场地堆填时间较长；②里程 YCK2＋730～YCK6＋400 原始地貌为海积平原及古砂堤，现修筑为太子路、南水路、东港路等，填筑历史一般超过 15 年；③里程 YCK6＋400～YCK14＋300 段原为深圳湾填海区，原始地貌属海冲积相平原或滩涂，大沙河入海口一带（现沙河西路、沙河高尔夫球会、沙河东路）为三角洲相，不同区段分别采用爆破挤淤法、抛石挤淤、强夯、吹砂固结、上覆素土、砂石桩等工艺处理，现已形成滨海大道、海滨路、沙河高尔夫球场和南山商业文化中心等。

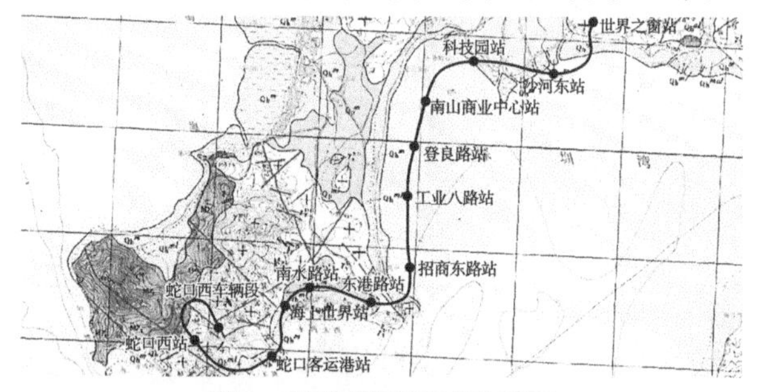

图 2　线路附近区域地质图

2.2　地层岩性

2 号线首期工程跨越第四系海冲积平原（滩涂）、大沙河入海口三角洲、内缘低台地等三个地貌单元，三个地貌单元中第四系地层分布亦不相同。

（1）内缘低台地貌：分布地层主要为第四系上更新统冲洪积层（Q_3^{al+pl}）、坡积层（$Q_{3\text{-}2}^{dl}$）及

获奖项目：2013 年全国勘察设计行业优秀勘察设计奖一等奖。

第四系中更新统残积层（Q_2^{el}），局部冲沟中分布有全新统地层（Q_4^{al+pl}）。

（2）大沙河入海口三角洲：分布有新近堆积人工填土（Q^{ml}）、第四系全新统海积层（Q_4^{m}）、全新统海陆交互相地层（Q_4^{mc}）、全新统冲洪积层（Q_4^{al+pl}）、上更新统冲洪积层（Q_3^{al+pl}）、中更新统残积层（Q_2^{el}）。

（3）海冲积平原（滩涂，在蛇口一带有古砂堤地貌）：分布有新近堆积人工填土（Q^{ml}）、第四系全新统海积层（Q_4^{m}）、全新统冲洪积层（Q_4^{al+pl}）、上更新统冲洪积层（Q_3^{al+pl}）、中更新统残积层（Q_2^{el}）。

所经地段下伏基岩为燕山晚期形成的侵入岩体，岩性为粗中粒黑云母花岗岩，线路沿线均有分布，呈浅灰、肉红色，具似斑状结构，基质为花岗结构，块状构造。

由于本区发育北东向、北西向、东西向为主的深大断裂带，局部地段形成了风化沟槽，花岗岩风化残积产物厚度可达60m以上。

线址范围内揭露地层综合柱状图见图3。

地层年代							厚度/m	岩性柱状图	岩性描述
界	系	统	群	组	段	代号			
				新近堆积		Q^{ml}	0～15		褐黄、褐红、灰黑色素填土，灰白色填石，褐灰色填砂
新生界	第四系	全新统		沙井组		Q_4^{mc} 或 Q_4^{m}	0～10		灰色、灰黑色粗砂（含淤泥），灰黑色淤泥
				松岗组		Q_4^{al+pl}	0～10		浅黄、灰黄、褐黄色黏土，灰白、浅黄色砾砂
		晚更新统		坪山组		Q_3^{al+pl}	0～6		浅黄、灰黄、褐黄色黏土，黑色淤泥，灰白、褐黄色砾砂
		晚-中更新统				Q_{3-2}^{dl}	0～5		褐红、褐黄、浅黄夹灰白等色含砾黏土
		中更新统		科技馆组		Q_2^{el}	5～25		褐红、灰黄夹灰白等色砾（砂）质黏土
中生界	上白垩系	燕山期第四期				γ_5^3	3000～7000		燕山晚期褐红、褐黄、灰白、肉红夹灰黑等色粗粒花岗岩

图3　地铁2号线首期综合柱状图

2.3　水文地质条件

本线路穿越深圳湾北部的大沙河和高尔夫球场内三个长条形分布的人工湖（图4）。大沙河河道淤积普遍，并有涨退潮现象，涨落潮水位差约3～4m，河水流速受洪水和潮汐影响较大，施工时测出退潮时流速约1.0m/s，河水注入深圳湾。大沙河发育过程受地貌和构造的影响较为显著，入海部分风浪与潮汐对河流的影响较大，潮汐对河流的影响主要表现在潮水对河水的顶托作用，增强河口地区的淤积，使河口水位壅高，加重了洪水和咸潮的威胁。高尔夫三个人工湖长年积水，面积分别为2.4万m^2、2.4万m^2、1.9万m^2，水深2～3m。

图4　大沙河、深圳湾概貌图

沿线地下水主要有两种类型：一是第四系海相、海陆交互相粗砾砂层、冲洪积砾砂层和残积砾（砂）质黏性土层和全风化花岗岩中的孔隙潜水；基岩裂隙水为下伏强、中等风化带中的裂隙水，略具承压性。项目对各车站及区间进行了抽水水文试验，提供了渗透系数、渗透半径等水文参数，见表1。

各工点四系地层抽水试验结果　　**表1**

工点名称	抽水钻孔编号	单位涌水量q/[m^3/(d·m)]	渗透系数K/(m/d)	影响半径R/m
蛇口客运港站—海上世界站区间	SZM2-Z2-7	3.97～4.47	0.41～0.43	49.08～78.80
海上世界站	SZM2-Z2-15	59.3	15.95	131.80

续表

工点名称	抽水钻孔编号	单位涌水量q/［m^3/(d·m)］	渗透系数K/(m/d)	影响半径R/m
南水路站	SZM2-Z2-22	4.90	0.52	76.00
东港路站	SZM2-Z2-25	4.47～4.60	0.64～0.67	71.2～121.4
招商东路站	SZM2-Z2-36	8.75～8.76	1.30～1.94	57.1～102.8
工业八路站	SZM2-Z2-52	6.02～7.39	2.40～2.81	138.4～195.4
登良路站	SZM2-Z2-59	11.94～12.39	1.42～1.65	75.2～134.0
南山商业中心	SZM2-Z2-70	6.90～7.54	0.66～0.67	30.0～39.5
科技园站	SZM2-Z2-90	1.77～1.78	0.23～0.24	58.6～69.1
科技园站—沙河东站区间	SZM2-Z2-95	6.12	0.82	71.6
沙河东站	SZM2-Z2-105	4.72～5.26	0.50～0.53	39.6～61.3
沙河东站—世界之窗站区间	SZM2-Z2-111	41.14～41.54	5.10～5.34	117.5～117.9

3 岩土工程问题及评价

3.1 填海区填土及人工处理软土的评价

原始地形反映沿线大部地段属滨海相及海陆交互相，现已形成陆域，其填筑历史可分三期：①1995 年开始修筑滨海大道，采用爆破挤淤法；②1997 年起开始修筑深圳湾填海区内路网，包括沙河东路、沙河西路等主要道路，其处理工法为抛石挤淤和强夯，沙河高尔夫球场和南山商业文化中心（本线路西侧）也在同期开始填筑，处理工法为吹砂固结、上覆素土；③2000 年后，开始修筑后海滨路及其他支路和路网分隔的建筑用地。后海滨路经砂石桩处理。

沿线人工填土成分复杂，主要分为素填土、填石、填砂三类。人工填土层的密实度由各期填筑的处理工法决定，根据动力触探试验（$N_{63.5}$）和波速测试判定：沿现状道路一般为稍密，而位于道路外沿或其他建筑场地、沙河高尔夫球场中则为松散。

此外，沿线淤泥质黏性土经过人工改造，因处理方式和处理时间不同，各段性质差异较大：后海滨路各工点，以及大沙河以东段各工点淤泥质黏性土性质相对较差；南山商业中心站、南山商业中心站—科技园站区间段淤泥质黏性土性质相对较好（表 2）。

各区段淤泥质黏性土部分室内试验成果统计表 **表 2**

工点名称	天然含水率/%		孔隙比		所处区域
	范围值	平均值	范围值	平均值	
招商东路站	32.9～61.5	48.3	0.982～1.167	1.333	建筑中后海滨路
招商东路站—工业八路站	36.3～44.4	40.4	1.203～1.260	1.232	
工业八路站	59.0～72.1	65.6	1.604～1.957	1.781	
工业八路站—登良路站	62.0	62.0	1.677	1.677	
登良路站	40.0～72.7	51.5	1.065～1.945	1.410	
登良路站—南山商业中心站	52.5～64.2	55.7	1.447～1.750	1.524	
南山商业中心站	30.4～45.5	37.9	0.786～1.234	1.012	滨海大道—高新南十道
南山商业中心站—科技园站	26.9～50.2	35.8	0.576～1.544	0.997	
科技园站	37.6～53.6	46.6	1.053～1.465	1.378	高新南十道
科技园站—沙河东站	45.5～63.0	51.6	1.278～1.717	1.433	大沙河及高尔夫球会段
沙河东站	42.2～52.5	48.3	1.327～1.471	1.389	白石三道—白石路
沙河东站—世界之窗站	38.7～65.7	51.7	1.221～1.738	1.406	

根据本次勘察室内土工试验及十字板剪切试验成果，第四系全新统海积淤泥质黏性土原状土抗剪强度平均值$C_{U}=11.4kPa$，重塑土抗剪强度平均值$C'_{U}=3.05kPa$，灵敏度$S_{t}=3.88$。受滨海大道及深圳湾、后海湾填海造陆的影响，淤泥质黏性土经过多期多种方法的人工软基处理，本线路场址的淤泥质黏性土层埋深及层厚变化较大。性质已有所改善，但总体上，淤泥质黏性土层仍表现为低强度、高压缩性及高含水性的特征，受扰动后强度大大降低，易产生不均匀沉降。

3.2 深厚花岗岩残积土的分带及特性

根据设计方案，基坑底板标高 –15.00～–10.500m，深度 15～17m，区间隧道洞顶标高 – 20.000 ～ – 5.000m，洞底标高 – 25.000 ～ –11.000m，勘察揭露的主要持力层之一正是花岗岩残积土，鉴于该层厚度最大达到 60m 以上，如笼统划为残积土，过于简单粗犷，不利于充分利用其能力，勘察过程中根据其性质、状态及力学性质对其上下分段，进行细分，充分挖掘承载力及土层强度等的潜力。实际操作时主要参照标准贯入试验将花岗岩残积土分为上、中、下三带：即标准贯入修正击数$N<4$击时，划分为软塑状残积土；$4\leqslant N<15$击时，划分为可塑状残积土；$15\leqslant N<30$击时划分为硬塑状残积土。

花岗岩残积土，作为一种深圳地区常见的特殊性岩土，主要有两个特点：其一，具有遇水软化、崩解，强度急剧降低的特点；其二，土颗粒成分具有“两头大，中间小”的特点，即颗粒成分中，粗颗粒（>0.5mm）的组分及颗粒小的组分（<0.005mm）的含量较多（表 3），而介于其中的颗粒成分则较少，当动水压力过大时，容易产生管涌、流土等渗透变形现象。

花岗岩残积土颗粒成分统计 表 3

土（岩）层	统计项目	0.5～2mm 颗粒含量/%	> 2mm 颗粒含量/%	< 0.005mm 黏粒含量/%
⑧$_2$砾（砂）质黏性土（可塑状）	件数	38	38	5
	最小值	4.0	13.4	17.7
	最大值	18.9	48.0	57.4
	平均值	10.6	31.2	35.9
⑧$_3$砾（砂）质黏性土（硬塑状）	件数	40	40	3
	最小值	4.1	5.1	13.8
	最大值	21.3	49.0	61.8
	平均值	11.5	27.9	40.0

3.3 为建成区基坑支护提供合适的岩土参数

项目沿线分布蛇口老城区、高新技术园区和世界之窗旅游景区，对沉降敏感。花岗岩残积土作为项目主要持力层的，查明其力学性质意义重大。我司在测定残积土的基床系数、地基承载力和变形模量方面做了一些富于创新性的尝试。

基床系数是隧道、深基坑设计中的重要参数，一般要求采用K_{30}载荷板试验求取。而设计过程中，隧道、深基坑往往并未开挖，如何求取深层地层的基床系数，就显得比较困难了，现行做法一般是开挖大直径深井，在井底进行试验。而大直径深井开挖将面临行政许可、土地利用、工程安全等因素制约，以及支护、降水等技术困难，往往很难实现。我司综合标准贯入试验、重型动力触探试验、旁压试验、螺旋板载荷试验等原位试验求取基床系数（图 5），求得的基床系数值比较接近（表 4），说明以上各种测试方法，采用相关规范推荐的经验公式是比较可靠的。这些试验无须开挖平台、降水，便于实施，可减少土体扰动及应力释放，能够获得接近实际的试验结果，有效求取基床系数，对同类工程有一定的借鉴作用。

图 5 旁压试验、螺旋板载荷试验现场图

各种工法求取花岗岩残积土基床系数（MPa/m）　　表 4

项目统计	试验方法						
	室内试验	标准贯入试验	动力触探	旁压试验	K_{30}试验（水平）	K_{30}试验（垂直）	螺旋板试验
统计件数	82	403	632	89	6	6	33
最小值	16.8	17.59	22	22.12	21.92	27.34	20.7
最大值	38.08	50.4	55.6	52.05	30.78	32.69	51.31
平均值	24.26	34.4	33.5	38.24	27.62	29.18	29.67
标准差	5.659	8.563	8.674	10.433	40.34	2.482	8.001
变异系数	0.23	0.25	0.26	0.27	0.15	0.09	0.27
标准值	22.53	33.4	32.8	30.53	21.55	25.45	26.76

结合工程实际，我司还改进了螺旋板载荷试验，测定花岗岩残积土的地基承载力和变形模量。常规螺旋板载荷试验设备一般适合于 12m 深度以内，深度过大，传力杆将产生较大挠曲，导致螺旋板板头倾斜，致使测量位移偏大、土体加荷不均而导致局部破坏，无法满足技术要求，导致试验失败。同时普通螺旋板载荷试验设备在试验结束之后，将螺旋板板头弃于钻孔中，在一个试验点之后，如果继续做下一深度的试验，必须在旁边重新开孔。试验结果将是不同位置不同深度的数据，特别是地层差异较大时，势必产生较大影响。针对螺旋板载荷试验深度超深问题，我司对普通螺旋板载荷试验设备加以改进（图 6），在传力杆中间分段加置导向板（一般 5m 左右加置一片），从而解决深度过大后产生的挠曲、土体受力不均、局部破坏等问题，其测试最大深度可以达到 20～30m。经过多次反复试验，以及通过标准贯入、动探、旁压等多项原位测试手段结合对比分析，验证其是有效、可行的。同时由于导向板的导向作用，可以让螺旋板板头位于钻孔中心位置，在试验结束之后，即可用直径稍大于板头的钻头直接打捞出来，从而实现了螺旋板的板头、钻孔的重复利用。并且可以得到同一地质点不同深度的数据，更好地反映了钻孔的土层及其力学性质。

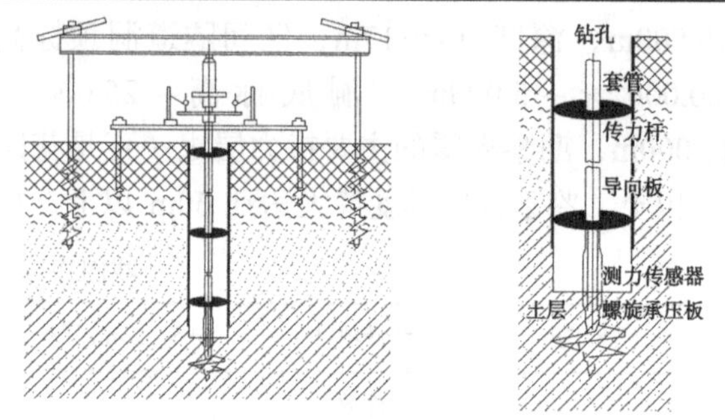

图 6　改进后的螺旋板载荷试验装置示图

3.4　基岩起伏及其影响评价

沿线下伏基岩主要为粗粒花岗岩，主要矿物成分为石英、长石及黑云母等，粗粒结构，块状构造。勘察揭露线路在里程 YCK2 + 300～YCK3 + 400 段（蛇口客运站—海上世界站区间）、YCK6 + 900～YCK7 + 070（招商东路站—工业八路区间）、YCK12 + 000～YCK12 + 200（科技园站—沙河东站区间）存在基岩起伏，岩面坡度最大达 52°（图 7），设计拟采用盾构施工。隧道区间内既有填土、淤泥质黏土、中砂层等软弱土体，也存在中、微风化粗粒花岗岩等硬质岩石，岩块风干单轴抗压强度最大值 140.2MPa。盾构施工在基岩起伏区段掘进效率低，刀具磨损严重，易发生刀具偏磨。

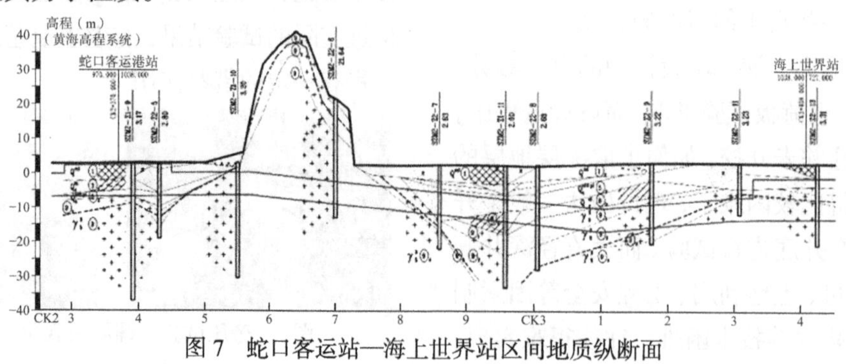

图 7　蛇口客运站—海上世界站区间地质纵断面

3.5 基坑及隧道涌水量预测

对不同区段，根据结构形式、地层条件和含水层条件，涌水量预测选用了不同方法。

（1）隧道涌水量的计算根据《铁路工程水文地质勘察规程》TB 10049—2014 附录 B 地下水动力学法，通过潜水含水体时，采用裘布依理论式预测正常涌水量：

$$Q_s = L \cdot K(H^2 - h^2)/(R_y - r) \tag{1}$$

式中：Q_s——隧道正常涌水量（m^3/d）；

L——隧道通过含水体的长度，考虑到开挖后一般将及时支护（m）；

K——含水层渗透系数（m/d），根据各地层渗透系数及地层厚度加权平均取得（m/d）；

H——洞底以上潜水含水体厚度（m）；

h——洞内排水沟假设水深（一般考虑水跃值）（m）；

R_y——隧道涌水地段的引用补给半径（m）；

r——洞身横断面等价圆半径（m）。

（2）车站明挖基坑为条形基坑，根据《深圳地区建筑深基坑支护技术规范》SJG 05—96 地下水为潜水类型时，选用以下公式：

$$Q = \frac{kL(2H-S)S}{R} + \frac{1.366k(2H-S)S}{\lg R - \lg(B/2)} \tag{2}$$

$$R = 2S\sqrt{HK}$$

式中：H——潜水含水层水头高度（m），其余参数同上。

（3）穿越世界之窗低丘台地段，采用公式：

$$Q = 2.74 \times \alpha \times W \times A \tag{3}$$

α——降水入渗系数；

W——年降水量（mm）；

A——隧道通过含水体地段的地下集水面积（km^2）。

根据以上公式，对地下车站及区间隧道进行了涌水量计算，结果显示：地下车站单位长度涌水量 4.72～19.06m^3/（d·m）。南水路站、工业八路站、登良路站、科技园站、沙河东站涌水量稍大，一般在 11.94～19.06m^3/（d·m）。地下区间单位长度涌水量 6.12～41.54m^3/（d·m）。科技园站—沙河东站区间、沙河东站—世界之窗站涌水量较大，一般在 25.90～41.54m^3/（d·m），应采取必要的防排水措施。

4 工程总结与启示

深圳地铁 2 号线首期工程线位原始地貌 2/3 为滨海相及海陆交互相，均经人工堆填形成陆域，其下基岩起伏剧烈，工程地质条件复杂。该项目技术上的难点和创新之处主要表现在以下几个方面：

（1）重视历史资料收集、合理，划分、评价人工填筑区域岩土层：工程沿线经历过三次大规模人工填筑活动，造成人工填土（石）层堆填成分复杂、密实程度不均、其下的软土固结程度也存在一定差异，在收集旧地形图、地基处理竣工图等资料的基础上，结合钻探和物探成果将人工填土（石）层做了细分，采用动力触探试验、十字板剪切试验、室内试验等手段，对不同区段的人工填土（石）、淤泥质黏性土层分别评价，提供了合理的岩土层划分及岩土参数。

（2）多手段相互验证求取基床系数：综合标准贯入试验、重型动力触探试验、旁压试验、螺旋板载荷试验等原位试验求取基床系数，为同类工程提供了可借鉴的经验。

（3）改进创新原位测试手段：场地内花岗岩残积土深厚，为测定其地基承载力和变形模量，我司对普通螺旋板载荷试验设备加以改进，从而解决深度过大后产生的挠曲、土体受力不均、局部破坏等问题，其测试最大深度可以达到 20～30m。

（4）分区段测试水文参数：本项目完成了大量的抽水试验和室内试验，对各车站及区间分别提供了透系数、渗透半径等水文参数，结合工点开挖方式提供了涌水量预测值，提出了合理的止水、降水等施工措施、建议。

（5）适应时代发展，提供具备可操作性的工法建议：2 号线首期于 2006 年实施勘察，2010 年竣工，当时盾构技术水平存在一定局限，基岩起伏区段掘进效率低，因此我司建议在周边环境简单地段采用矿山法施工，减小基岩起伏对施工产生的不利影响，该建议被设计单位采纳，施工效果良好。

5 工程实施与效果

项目采用了旁压试验、螺旋板载荷试验、K30 载荷试验、标准贯入试验、动力触探、双桥静力触探、原位十字板剪切等多种方法，对比室内试验方法对各个岩土层的物理力学参数进行分析计算，进行了详细的分析，并互相验证，最后综合提出参数建议值。尤其对软土的承载力、c、φ值等重要参数分区统计、分区建议，对深厚残积土细分为软塑状、可塑状和硬塑状三种状态，并分别提出建议值。相同地层参数建议值按地貌单元和工点实际地层性质有所区别，大大节省了工程造价。

施工期间车站基坑和区间开挖揭露的地层分布及其性质与勘察报告相符，未发生因地质原因引起的设计变更，得到了建设单位、设计单位以及各参建单位的好评。

根据施工期间沿线的路面沉降监测，基坑的变形及水平位移监测，内支撑及地下连续墙的内力监测，地下水水位监测，桩基的抗拔、抗压检测，地下连续墙、搅拌桩的检测资料等这一系列监测及检测资料来看（图 8、图 9），总体与设计预计情况接近，验证了勘察成果和各项参数建议的正确性。

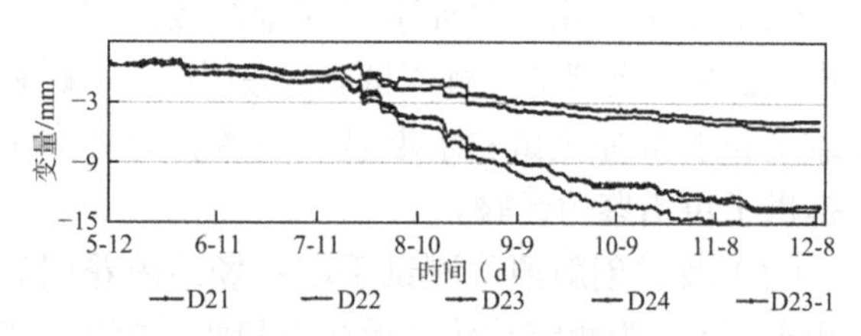

图 8　南水路站基坑周边建筑物沉降监测曲线图

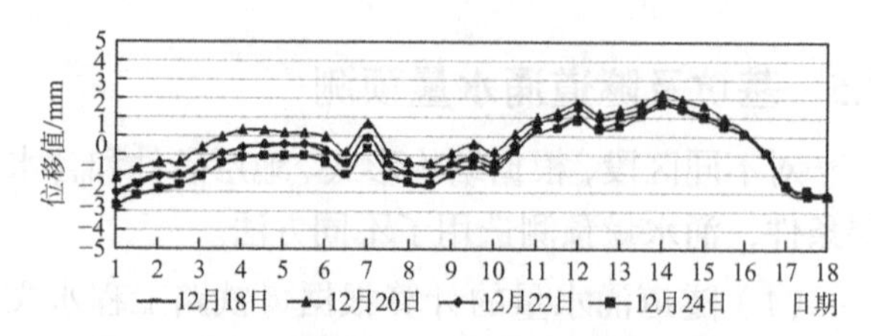

图 9　东角头站墙体水平位移历时变化曲线图

深圳 2 号线首期工程是 2011 年大运会专线，建成后日客流量约 15 万人次，有效缓解了地面交通压力。主体工程建成使用至今，地铁运行稳定，未发现异常情况，地基、基础及场地稳定，工程安全，使用正常。

参考文献

[1] 《工程地质手册》编委会. 工程地质手册[M]. 5 版. 北京：中国建筑工业出版社, 2018.

[2] 住房和城乡建设部. 岩土工程勘察规范 (2009 年版)：GB 50021—2001[S]. 北京：中国建筑工业出版社, 2009.

[3] 谢昭宇. 螺旋板载荷试验改进及成果应用[J]. 工程勘察, 2008(6): 13-19.

[4] 易宙子. 花岗岩残积土基床系数的求取——以深圳华润、地铁 2 号线等工程为例[J]. 工程勘察, 2008(9): 11-13.

上海市轨道交通 12 号线工程岩土工程勘察实录

恽雅萍[1] 项培林[1] 陆建生[2] 蒋益平[1] 熊卫兵[3] 贾 海[4] 陈 琛[5]

（1. 上海市城市建设设计研究总院（集团）有限公司，上海 200125；
2. 上海广联环境岩土工程股份有限公司，上海 200125；
3. 上海市隧道工程轨道交通设计研究院，上海 200125；
4. 上海申元岩土工程有限公司，上海 200125；
5. 上海勘察设计研究院（集团）有限公司，上海 200125）

1 工程概况

上海市轨道交通 12 号线工程是《上海市城市轨道交通系统规划方案》中规定的市区级轨道线网中的地铁线路之一，是纵贯中心城区“西南—东北”轴向的一条重要主干线。线路西起闵行区，途经徐汇区、黄浦区、静安区、虹口区、杨浦区，终于浦东新区。正线全长 40.4km，共设 32 座车站，全部为地下站；设金桥车辆基地和中春路车辆基地共 2 座。工程总投资约 364.81 亿元。全线由地下车站、地下线区间、地面线和车辆基地等多种建（构）筑物组成，包括盾构工程、深基坑工程、桩基工程、路基工程、旁通道工程等内容，建（构）筑物类型繁多。

地下车站为地下 2～4 层，采用地下连续墙围护结构。区间采用盾构法施工工艺，盾构直径 6.2m。基坑最大开挖深度达 30.4m，部分车站采用半逆筑或盖挖法施工；盾构隧道最大埋深 37m。工程特点如下。

（1）建（构）筑物类型繁多

本工程正线均采用地下线方案，共包含 32 个车站、31 个区间，地下车站为地下 2～4 层，区间采用盾构法施工工艺，盾构直径 6.2m，区间设置旁通道、泵站；中春路停车场设有运用库、办公楼、汽车库等；金桥停车场设有运用联合库、检修联合库、基地综合楼等；出入场线分设盾构段、暗埋段、敞开段。

（2）场地及周边环境条件复杂

全线基本位于上海市中心城区，沿线与现状 1 号线、2 号线、3 号线、4 号线、6 号线、7 号线、8 号线、9 号线、10 号线和 11 号线换乘，场地及周边环境条件复杂。

线路穿越市中心区域，线路两侧为居民区、高新技术产业区、商业、行政办公和历史保护建筑等，地下管线错综复杂。线路沿线水系较发育，主要下穿的河道有苏州河、复兴岛运河、黄浦江等。沿线穿越既有外环高速、中环路、沪闵高架路、内环高架路、延安高架路、南北高架路、外滩隧道、新建路隧道、军工路隧道等。

（3）地质条件复杂

本工程沿线均属滨海平原相地貌，但受古河道切割范围大，且穿越吴淞江和黄浦江新近沉积区，地质条件十分复杂。沿线场地 80.0m 深度范围内地基土主要由黏性土、粉性土及砂土组成。

中春路停车场及出入场线、七莘路站—东兰路站沿线普遍分布④$_2$砂质粉土（黏质粉土），约在 14～20m 深度沉积，厚度变化较大。虹莘路站—浦江南浦站沿线大部分为古河道区，普遍切割深度较大，古河道区⑤$_3$层层底埋深一般在 35～55m 之间；其余以正常地层为主，局部受小范围古河道切割。顾戴路站—浦江南浦站沿线普遍分布⑤$_2$砂质粉土，约在 16～50m 深度沉积，厚度变化较大，最大厚度大于 25m。

针对轨道交通工程特点对沿线进行工程地质分区，开展针对性分区评价，结合浅部粉土层的不

获奖项目：第十五届中国土木工程詹天佑奖；2020 年度“上海市优秀工程勘察设计奖”一等奖；2021 年度工程勘察、建筑设计行业和市政公用工程优秀勘察设计奖三等奖。

利影响，统计浅部粉土层的分布规律。

（4）针对性开展水文地质勘察工作

本工程沿线涉及潜水、微承压水和第一承压含水层，水文地质条件复杂。沿线地铁车站基坑开挖深度深，最深达到30.4m，需考虑（微）承压水的突涌风险，工程施工期间水位降深幅度大。同时工程周围分布着既有运营地铁线路、重点历时保护建筑物、重要管线等环境敏感设施，需严格控制降水对其产生的不利影响。

为有效消除或减弱地下水引起的基坑安全风险及环境风险问题，经济合理地开展承压水控制设计与施工，本工程开展了针对（微）承压水的专项水文地质勘察。

（5）勘察方法得当，采用勘察新技术

根据场地地质条件，勘察采用了钻探取土、静力触探试验、标准贯入试验、十字板剪切试验、注水试验、承压水观测、扁铲试验、电阻率试验并配以室内土工试验等，得以使勘察报告客观正确地对场地岩土工程条件进行评价，为设计提供准确可靠的岩土参数。积极应用"隐形轴阀式厚壁取土器的研究与应用"等科研成果。

（6）开展科研工作、专利申请

依托项目开展了"地下工程浅层承压水施工回灌技术研究"和"上海市轨道交通11号、12号线建设对龙华塔（寺）保护研究"两项科研工作。

申请了3项专利——孔隙水压力计深层埋设装置、一种基坑工程降水回灌一体化装置和暗埋式地下水回灌系统。

2 勘察手段简介和勘察工作量布置

充分分析和研究初勘资料，根据地下车站、明挖区间、区间风井、附属基坑工程、地下区间隧道、金桥停车场、中春路停车场的各建（构）筑物的结构特点、基础形式、荷载和沉降具体设计要求等，统筹安排，最大限度地减少勘探工作量。精心布置勘察方案，满足规范要求前提下，力求方案经济。

地下车站、出入段线明挖段、区间风井和附属基坑工程勘探孔深度取2.5倍基坑开挖深度确定孔深、由桩端（抗拔桩及中柱下布桩）最大入土深度确定孔深的较大值。

地下区间隧道一般性孔深度不小于隧道底以下2.0倍隧道直径，控制性孔深度不小于隧道底以下2.5～3.0倍隧道直径。旁通道处均布置控制性孔。

对可能采用桩基础的停车场内各类建（构）筑物，按桩基工程考虑，一般性勘探孔孔深应大于可能桩端最大入土深度下部3～5m；控制性勘探孔应满足变形计算要求，孔深应大于压缩层下界深度1～2m。

车站、区间及停车场勘探孔布孔原则见表1。

勘探孔平面布置原则 **表1**

类型	布孔原则	布孔示意图
地下车站	当车站宽度＞20m时，沿车站两侧网格状布孔，勘探孔间距为20～35m，勘探孔布置在基坑外侧3～5m； 车站风亭、出入口与主体大部分区域形成大地下空间，总宽度较大，按场地控制考虑网格状布置勘探孔	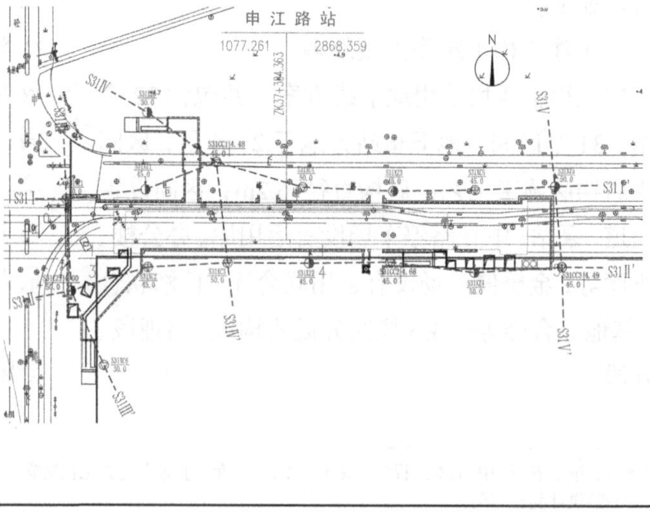 申江路站

续表

类型	布孔原则	布孔示意图
地下车站	当车站宽度≤20m 时，勘探孔呈“之”字形布置在基坑两侧，车站两端均各布置 2 个勘探孔	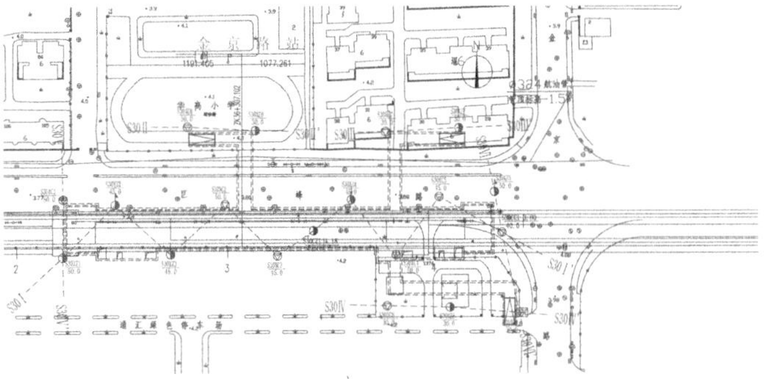
地下隧道、敞开段	勘探孔沿隧道两侧交叉布置勘探孔；盾构区间勘探孔布置在隧道边线外侧 3～5m，勘探孔间距≤50m（投影间距），旁通道详勘勘探孔不少于 2 点。布置在隧道边线两侧 3～5m（水域 6～8m）	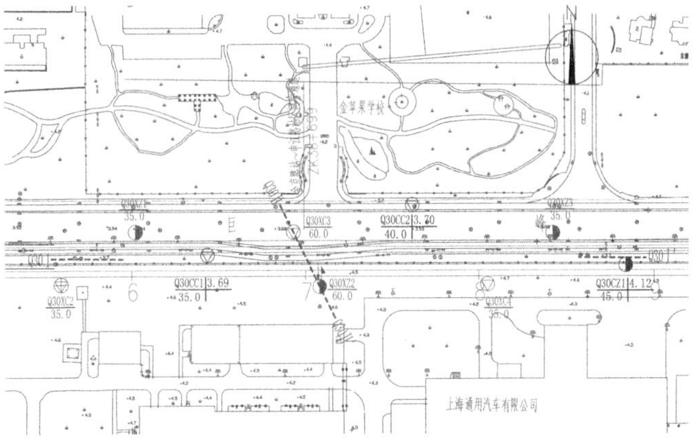
金桥停车场、中春路停车场	采用桩基础时，对建筑宽度≥25m 的单体勘探孔采用“网格状”布置，对建筑宽度＜25m 的单体勘探孔采用“之”字形布置，勘探孔间距 20～35m，当桩基持力层起伏影响设计方案选择时加密勘探孔	
	采用天然地基时，对建筑宽度≥25m 的单体勘探孔采用“网格状”布置，对建筑宽度＜25m 的单体勘探孔采用“之”字形布置，勘探孔间距 30～50m	
	地面轨道线按网格状或“之”字形布置，勘探孔间距 50～150m	
特殊试验	每个地下车站、明挖区间深基坑工程各布置 1～2 组特殊试验：包括（微）承压水观测孔、十字板试验孔、扁铲试验孔、注水试验孔和电阻率试验孔等	
	每个地下区间布置 1～2 组特殊试验：包括（微）承压水观测孔、十字板试验孔、扁铲试验孔、注水试验孔等，优先布置在风井处	

停车场内采用天然地基方案的各类建（构）筑物，一般性和控制性孔深分别定为 25m 和 30m；地面轨道线因其荷载相对较小，其一般性和控制性孔深分别定为 15m 和 20m。

本工程勘察总工作量大，完成钻探孔和静力触探孔总进尺 67639m，完成特殊试验孔（包含十字板、扁铲、现场注水、承压水观测和电阻率测试）共 309 个；累计取原状土样 12841 个，扰动土样 3559 个，完成标准贯入试验 3450 次。

3 岩土工程条件

3.1 工程地质条件

根据勘察成果，场地地基土在 80m 深度范围内均为第四系松散沉积物，属滨海平原地貌类型。本工程线路较长，沿线地层具有如下主要特征：

虹莘路站—浦江南浦站沿线大部分为古河道区，普遍切割深度较大，古河道区第⑤$_3$层粉质黏土层底埋深一般在 35～55m 之间；其余以正常地层为主，局部受小范围古河道切割。

中春路停车场及出入场线、七莘路站—东兰路站沿线普遍分布④$_2$砂质粉土（黏质粉土），14～20m 深度沉积，厚度变化较大，最大厚度约 10m。沿线④$_2$层分布情况见表 2。

工程沿线④$_2$层砂质粉土分布情况表　表 2

主要特征	车站/区间名称
约 14～20m 深度沉积，厚度变化较大，最大厚度约 10m。含云母、贝壳碎片，局部夹黏性土层，土质不均匀	中春路停车场
	中春路停车场出入场线
	七莘路站（含）—东兰路站（含）

顾戴路站—浦江南浦站沿线普遍分布⑤$_2$砂质粉土，16～50m 深度沉积，厚度变化较大，最大厚度大于 25m。其余区段零星分布⑤$_2$砂质粉土。沿线⑤$_2$分布情况见表 3。

工程沿线⑤$_2$层砂质粉土分布情况表　表 3

主要特征	车站/区间名称
16～50m 深度沉积，厚度变化较大，最大厚度大于 25m。局部夹砂土	顾戴路站—桂林公园站（沉积深度一般在 18～30m）
	桂林公园站—龙漕路站（沉积厚度较大，最大层底埋深 > 50m）
	龙漕路站—浦江南浦站（沉积深度一般在 16～24m）

本工程沿线受古河道切割范围大，地层分布复杂，故针对地铁工程特点对沿线进行工程地质分区，分区原则如下：

Ⅰ区：为滨海平原相正常地层沉积区，第⑥、⑦层分布稳定；

Ⅱ区：为滨海平原相古河道地层沉积区，缺失第⑥层，第⑦层不同程度被切割；

本工程沿线地质分区区段划分详见表 4。各地质分区典型的静探曲线如图 1、图 2 所示。

工程地质分区一览表　表 4

分区代号	车站/区间名称	主要分布区域
正常沉积区Ⅰ区	出入场线	存在⑥、⑦$_1$层区域：CDK1 + 306～CDK1 + 122.468 CDK1 + 035.788～CDK0 + 910
	中春路停车场—东兰路站区间	CCK1 + 23～CK0 + 795.376； CK0 + 795.376 东侧 45m～CK1 + 825.106； CK1 + 825.106～CK3 + 185.544； CK3 + 185.600 至西侧 100m 区间内
	东兰路站	⑤$_3$层遍布，⑥层被⑤$_3$层切薄区域：CK4 + 854.248～CK5 + 032.328
	东兰路站—虹梅路站区间	⑥层被⑤$_3$层切薄区域：CK5 + 032.328～SK5 + 767.282
	虹梅路站—虹漕路站	车站古河道范围 （S5XC22、S5XC22 孔位附近，CK5+864.928 至东侧 85m）以外区域； CK6 + 185.500～CK6 + 577
	嘉善路站—陕西南路站	CK15 + 763～CK16 + 355；CK16 + 470～CK16 + 702
	陕西南路站—汉中路站	CK16 + 702～CK17 + 645； CK18 + 028～CK18 + 809； CK19 + 035～CK19 + 715
	汉中路站—曲阜路站	CK19 + 715～CK20 + 994
	长阳路站—金京路	CK26 + 958～CK36 + 222
古河道切割区Ⅱ区	出入场线	⑤$_{1b}$较深，缺失⑥、⑦$_1$层区域： CDK1 + 122.468～CDK1 + 035.788
	七莘路站—虹莘路站	局部受古河道切割影响，⑤层层厚分布较大，缺失⑥、⑦$_1$层区域： CK0 + 795.376 至东侧 45m 区间范围内
	顾戴路站—东兰路站	遍布⑤$_3$层，缺失⑥、⑦$_1$层区域： CK3+669.877 西侧 35m 附近， 缺失⑥层区域： CK4 + 146.123～CK4 + 181.123； CK4 + 413.675～CK4 + 473.675 CK4 + 589.392 至西侧 50m 范围内
	虹梅路站	⑥层缺失区域：S5XC22、S5XC22 孔位附近缺失，CK5 + 864.928 至东侧 85m 范围内缺失
	虹漕路站—嘉善路站	CK6 + 577～CK15 + 763 及 CK16 + 355～CK16 + 470
	陕西南路站—南京西路站	CK17 + 645～CK18 + 028
	南京西路站—汉中路站	CK18 + 809～CK19 + 035
	曲阜路站—长阳路站	CK20 + 994～CK26 + 958
	金京路站—金海路站	CK36 + 222～CK40 + 151

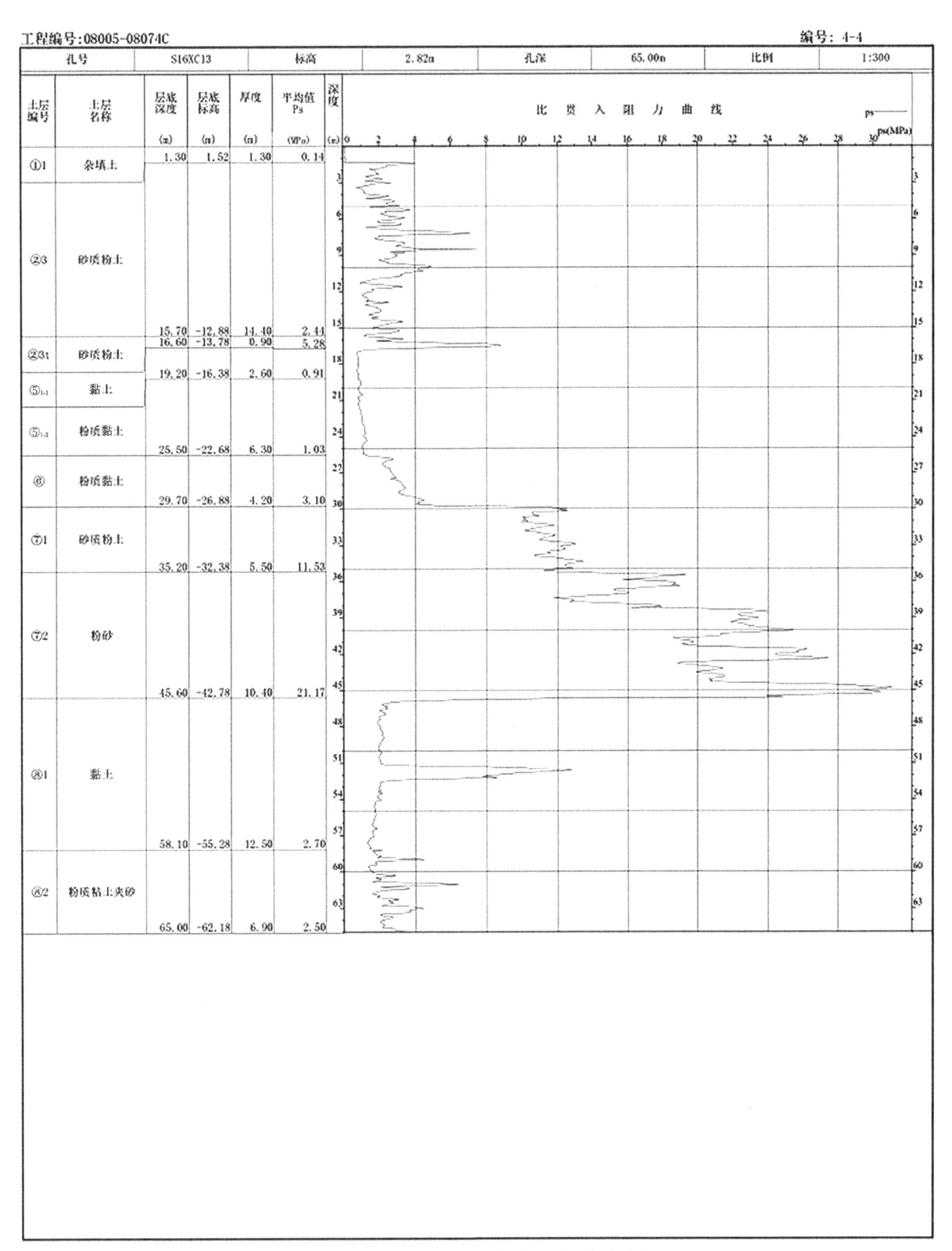

图1　Ⅰ区典型静力触探曲线图（汉中路站）

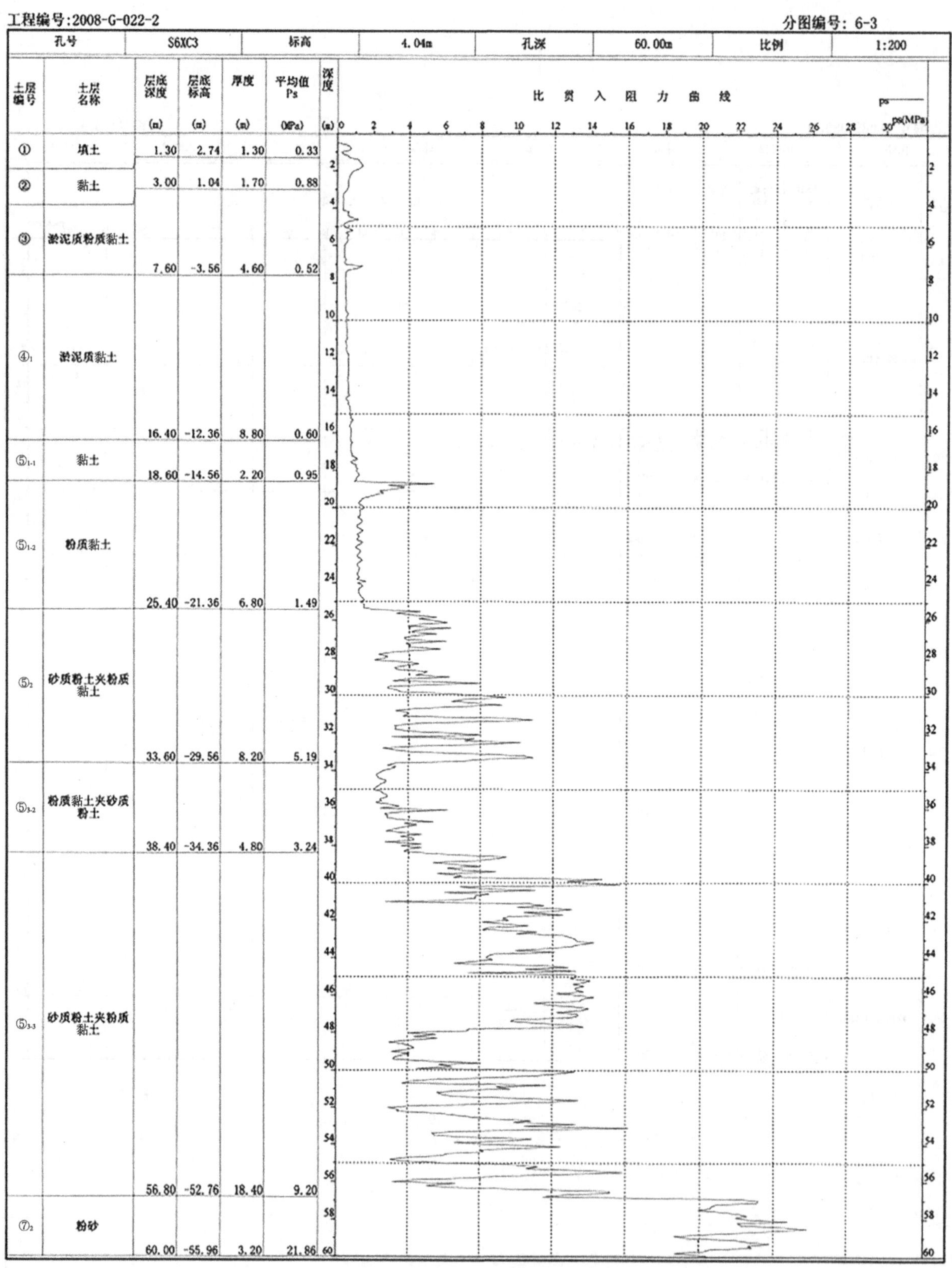

图 2　Ⅱ区典型静力触探曲线图（桂林公园站）

3.2　水文地质条件

（1）地表水

工程沿线水系较发育，河流、浜塘较多，河水水位受气候及排灌系统控制。本区的陆域水系，以黄浦江为主干，形成干支流交叉纵横的河网水系。黄浦江是一条中等强度感潮河流，水流具有涨落分明和往复的特征，潮水为不规则的半日潮，每天两潮，每潮历时 12h25min，每月有两次大潮汛。根据附近的吴泾水文站，隧址处所在河段的潮位特征值：最高高潮 4.82m，最低低潮 0.74m；平均高潮位 2.83m，平均低潮位 1.58m；平均涨潮历时 3h42min，平均落潮历时 8h43min；通常最低水位 0.81m。

（2）地下水

场地内②$_3$、③$_t$层粉土为主要潜水含水层，潜水主要接受地表水和大气降水的补给，多以蒸腾方式排泄，水位受降雨、潮汛、河水及地面蒸发的影响有所变化。浅部土层中的潜水位埋深，离地表面 0.5～1.5m，年平均地下水位埋深在 0.5～0.7m，设计高水位埋深为 0.5m，低水位埋深为 1.5m。

沿线场地揭示的微承压水分布于④$_2$、⑤$_2$、⑤$_{3-3}$层，上述含水层局部存在水力联系；揭示的承压水分布于⑦、⑨层，为承压含水层。根据上海市工程实践，微承压水水位标高年呈周期变化，一般埋深变化范围为 3.0～11.0m；承压水水位标高年呈周期变化，一般埋深变化范围为 3.0～12.0m。详勘期间，实测得④$_2$、⑤$_2$、⑤$_{3-3}$层微承压水水头埋深 5～8m；⑦、⑨层承压水水头埋深 6～11m。

3.3 场地地震效应

沿线场地抗震设防烈度为 7 度，场地设计基本地震加速度值为 0.10g，拟建场地所属的设计地震分组为第一组。地基土属软弱土，为Ⅳ类场地。本工程沿线属抗震不利地段。根据区域经验，拟建场地可不考虑软土震陷影响。

本工程沿线 20m 深度范围内局部区域有②$_3$层、③$_t$层、④$_2$层、⑤$_2$层成层饱和的砂质粉土或粉砂层分布，按上海市工程建设规范《岩土工程勘察规范》DGJ 08—37—2012 进行液化判定，液化工点的液化土层和液化等级结果如下：中春路出入场线、虹莘路站、龙漕站—龙华站区间、龙华站—浦江南浦站区间、浦江南浦站—大木桥路站区间、大木桥路站、大木桥路站—嘉善路站区间、嘉善路站—陕西南路站区间属轻微液化场地，液化土层为③$_t$层；南京西路站—汉中路站区间、汉中路站属中等液化场地，液化土层为②$_3$层；汉中路站—曲阜路站区间、曲阜路站—天潼路站区间属于轻微液化场地，液化土层为②$_3$层；复兴岛站属中等液化场地，液化土层为②$_3$层，其余工点均为不液化场地。

3.4 不良地质与特殊性土

（1）浅层沼气

本次勘察于桂林公园站—漕宝路站区间、龙华站等工点揭遇沼气。沼气层常分布于第④层底部贝壳砂层中，一般由贝类生物残体分解释放形成。本工程沿线浅层沼气一般分布范围较小，含气量不大，但对基坑工程和隧道工程存在一定不利影响。

（2）明、暗浜

上海地区水系极为发育，沿线明、暗浜较多。暗浜多为河道整治，掩埋了原有明浜、明塘而形成。暗浜形态各异，暗浜填土厚度变化大，成分复杂，土性参数不易确定，评价难度较大。

本工程主要涉及明、暗浜的停车场等采用天然地基区域，建议采用换填处理；地下段暗浜将对基坑开挖及围护构成影响，设计、施工时应充分予以注意并采取相应措施进行处理。

（3）填土

拟建工程沿线部分区段为现有道路，人工活动作用强烈，局部填土厚度较大，主要以回填土夹建筑垃圾为主，局部夹少量生活垃圾，局部表层有水泥地坪，土质不均，密实度不均，为本工程的不良地基土，对基坑围护结构施工及桩基施工会构成不利影响。

（4）地下障碍物

本工程沿线涉及的主要地下障碍物为大量市政道路下管线、桥梁基础和下穿的建（构）筑物基础等。

（5）软土

拟建场地分布有厚度较大的③灰色淤泥质粉质黏土、④灰色淤泥质黏土，为上海地区典型软土层，呈流塑状，具有压缩性高、强度低、渗透性小和灵敏度高等特性，为浅部天然地基主要压缩层，基坑开挖时易产生流变现象，导致围护结构稳定性差；位于基坑底部时应减少扰动；作为坑底下土层则易产生回弹隆起。对于盾构掘进时应减少对软土的扰动，及时跟踪注浆。

（6）地面沉降

本工程为线路工程，长度较大，地面沉降的影响一般较多。针对过量开采承压水而引发的地面沉降问题，目前上海市政府主要采取一定的回灌措施，并对承压含水层的取水有较多限制，因开采地下水对地面沉降的影响逐渐减少，而大规模工程建设所诱发的地面沉降影响日益显现。建议设计时应考虑地面沉降的影响，预留设计标高。

4 地基基础分析与评价

4.1 基坑工程

本工程拟建车站均为地下车站，拟采用明挖施工。地下车站开挖深度12～26m，暗埋段、敞开段明挖区间开挖深度为0.0～13.0m。

本工程主线地下车站主要位于现有道路下，基坑周边环境较复杂，对基坑变形要求较高，一般建议主线车站主体基坑采用地下连续墙作为围护结构；暗埋段及敞开段基坑开挖深度$H > 12$m 时采用地下连续墙作为围护结构，基坑开挖深度8m < H < 12m 时采用钻孔灌注桩作为围护结构，基坑开挖深度 5m < H < 8m 时采用型钢水泥土搅拌墙作为围护结构，基坑开挖深度 3m < H < 5m 时采用重力式挡墙作为围护结构。

基坑围护结构形式需根据具体工点周边环境复杂程度、对基坑变形要求及经技术、经济综合比选进行确定。围护结构方案确定时宜充分考虑（微）承压水突涌可能，合理设置止水帷幕的深度。拟建工程沿线浅部有一定厚度的②$_{3}$、③$_{t}$、④$_{2}$、⑤$_{2}$、⑤$_{3-2}$层粉土层，围护结构应确保止水效果。

本工程车站均有（微）承压水突涌可能，通过抽水试验确定含水层的渗透系数。降承压水对周围影响较大，围护结构如未隔断基坑内外水力联系，须重视基坑周边承压水位的监测，监测承压水头漏斗扩散情况，必要时采取基坑外回灌，避免产生过大的降水漏斗，控制降水对周围建（构）筑物的影响。降水期间应重视基坑周边承压水位、周围建（构）筑物和市政管线变形的监测，采取按需降水，监测承压水头漏斗扩散情况。

为了施工开挖过程中进行“干土”外运，宜预先在坑内设置疏干井，一般采用轻型井点或管井，一般须降至开挖深度以下 0.5m，由于与周边土体的水力联系已被止水帷幕隔断，一般对周围环境影响较小。建议进行试降水，以检验围护结构的止水效果，如发现基坑外地下水外异常波动，宜重点检查地下连续墙分幅缝的止水效果，并及时采取加固措施。

因浅部分布有②$_{3}$、③$_{t}$、④$_{2}$、⑤$_{2}$、⑤$_{3-3}$层粉性土，透水层相对较强，在地下水动力作用下（水头差）易产生流砂或透水等现象，故在基坑开挖前应采取相应井点降水措施，将地下水降至坑底下一定深度。

地下连续墙围护结构施工时，宜采取加大泥浆相对密度护槽壁的措施，防止槽壁坍塌，同时防止地下连续墙夹泥现象。由于拟建车站距离现有建筑物距离很近，槽壁坍塌易引发周边地面沉降，必要时（尤其在暗浜分布区）可采取水泥土搅拌桩“夹心饼干”方式护槽。

4.2 盾构工程

本工程全线为隧道区间，为单圆双线隧道，盾构直径 6.2m，均采用盾构法施工。

盾构工程主要涉及的岩土工程问题：穿越不同性质的土层（黏性土、硬土）；隧道变形（不同土性的沉降差异、与工作井接头）；特殊土体加固（盾构进出洞土体加固、同步注浆）；沼气预防和处理。

根据区间纵断面，盾构主要在③、④$_{1}$、④$_{2}$、⑤$_{1-1}$、⑤$_{1-2}$、⑤$_{2}$层掘进，局部进入⑤$_{3-1}$、⑤$_{3-2}$、⑤$_{3-3}$、⑤$_{4}$、⑥、⑦$_{1-1}$层掘进；沿线地层总体上有利于盾构掘进施工。

盾构穿越③、④$_{1}$、⑤$_{1-1}$层软黏性土时应尽量减少对该层土的扰动。另外，高塑性土侧阻力大，易粘着盾构设备或造成堵塞，使盾构掘进难以进行。

盾构穿越④$_{2}$、⑤$_{2}$、⑤$_{3-2}$、⑦$_{1-1}$层粉土时，正面土体的孔隙水消散很快，正面土体的抗剪强度及盾构侧面的摩阻力急剧上升，使盾构刀盘扭矩和总推力达到极限值，易使盾构设备受损、机头扭转，施工时应重视；粉土的渗透系数较大，应重视管片结构的防水工作；粉土在水动力作用下，极易产生流砂等现象，应防止突发性的涌水和流砂，应合理选择工作面压力，确保盾构操作面稳定。

盾构局部在⑤$_{4}$、⑥层可塑—硬塑状粉质黏土穿越，掘进阻力相对较大，同时容易堵塞排土口，应注意排土口的通畅性，必要时开通搅拌机。

沿线部分区段隧道穿越粉土层及⑤$_{1}$层软土与⑥$_{1}$层硬土分界处，易产生机头偏斜、扭转、盾构设备受损等现象，且粉土在水动力作用下，又极易产生流砂、坍塌等现象，导致掘进面不稳定，对隧道盾构的施工产生较大的不利影响，盾构施工时需做好隔水、降水措施，防止流砂、突涌现象发生。施工时遵循勤纠微调的原则，在土质上下差异较大的土层中推进，盾构施工应采取合适措施，防止“磕头”。

盾构沿线局部在现有建筑下穿行，现有建筑基础类型、分布情况，对盾构推进影响较大；盾构主要在现有道路穿越，道路两侧各种地下管线密布，各交叉路口还可能存在埋藏较深的非开挖管线，部分雨污水管及高压煤气管管底与盾构顶面距离较近，隧道与管道间一般分布有③灰色淤泥质粉质黏土、④$_{1}$灰色淤泥质黏土，土质较软，地质条件相对较差，沉降控制难度较大。

4.3 区间进出洞、旁通道工程

地铁盾构进出洞端头井一般采用地下连续墙，预留孔洞，钢板封门。洞口土体加固一般采用注浆、旋喷桩、水泥土搅拌桩、井点降水疏干土体、冻结法等，使洞口土体具有自立性、防水性和适宜的强度。建议盾构进出洞重视各土层的差异，建议根据场地条件和土层情况，采用水泥土搅拌桩或冻结法加固。

区间隧道旁通道、泵站施工时应注意承压水的影响。在旁通道开挖时，在承压水水头作用下极易产生流砂及管涌现象。因此承压水水头对旁通道安全施工至关重要，在冻结过程中应严格控制冻结帷幕质量。旁通道施工区由于土层冻胀及融沉影响，造成的地面沉降问题较为突出。造成地面下沉的主要因素有多方面，如地质条件、地质加固情况、掘进方式、支护状况等。在旁通道施工过程中，应控制冻结孔出土量以减少地表沉降；地基加固应采用冻结法与其他加固方式结合的手段，以减少冻土结构的扩展造成的冻胀影响，同时可在旁通道开挖内面布置泄压孔。

4.4 路基工程

地面线主要包括出入段线、停车场的轨道线路。路基建议选择②$_{1}$层作为天然地基持力层，局部明、暗浜分布处宜采用换填等地基处理措施进行加固。

线路范围内分布有较多明/暗浜，需清除明浜底部淤泥和浜填土并做置换处理，浜边处理成台阶，分层回填素土碾压密实。在处理浜塘过程中应防止雨水及地下水渗流进入土体；为确保整个路基的刚度和强度，宜在浜塘底下铺设土工布；分布面积较大和深度较深的浜塘可结合排水固结等措施减少路基工后沉降。

4.5 桩基工程

沿线深部⑦$_{1\text{-}2}$砂质粉土、⑦$_{2}$粉砂强度相对较高，是拟建建（构）筑物理想的桩基持力层，Ⅰ区优先选择该两层作为桩基持力层；Ⅰ-2 区受古河道切割影响，⑦$_{1\text{-}2}$层、⑦$_{2}$层缺失或变薄，Ⅱ区对于⑤$_{2}$层灰色砂质粉土、⑤$_{3\text{-}2}$层灰色粉质黏土夹砂质粉土、⑤$_{3\text{-}3}$层砂质粉土夹粉质黏土分布厚度较大区域可考虑选择⑤$_{2}$层、⑤$_{3\text{-}2}$层和⑤$_{3\text{-}3}$层作为桩基持力层。由于沿线土层变化较大，拟建工程的桩基持力层的选择需结合工程地质分区和上部结构特点分析和评价。

5 水文地质专项勘察

5.1 水文地质专项勘察目的及方法

在综合考虑沿线地铁车站工程性质、基坑开挖深度、围护设计要求、水文地质条件与环境保护要求的基础上，勘察单位选取了漕宝路站、龙漕路站、龙华站、汉中路站和复兴岛站开展水文地质专项勘察。

专项水文地质勘察的主要目的为：较为精确地探明（微）承压水空间分布规律，确定相关水文地质参数及各层之间的水力联系性质，并预测降水产生的附加沉降规律及对周边环境的不利影响，提出关于预防和处理措施的合理化建议，确保实现基坑和环境的双安全控制。

本次（微）承压水的专项水文地质勘察主要通过钻探、静力触探、孔压监测、地表监测（图 3）、土体分层监测、水文地质试验以及室内土工试验等手段获取原始数据，采用解析法、数值法等多种方法求得含水层水文地质参数和相关土层的物理力学性质参数，并初步探明降水诱发的地表沉降大小、影响范围等规律。其中水文地质试验以现场单井抽水试验、群井抽水试验、单井回灌试验（图 4）和抽灌试验为主要测试方法。测定的水文地质参数包括初始地下水位、水平渗透系数、垂向渗透系数、贮水系数、影响半径、单井涌水量、单位回灌量和回灌效应等。

图 3 液压式多点位移监测点

图 4　回灌试验

5.2　水勘内容与评估

通过室内和室外的数据采集，开展环境水文地质评价工作，提出基坑工程地下水控制措施的建议，是本次专项水文勘察的主要工作，其具体内容与评价成果主要包括为以下几点。

（1）查明了浅部各含水层和隔水层的埋藏条件，确定了地下水类型和初始稳定水位，为合理开展承压水的抗突涌计算提供了依据。在试验期间，定期观测（微）承压水水位变化，查清了降水影响范围内含水层在垂直和水平方向上的分布，调查了地下水的补给、径流和排泄条件，确认了地下水的动态和水质以及地下水与地表水之间的关系。

（2）通过不同含水层中的单井抽水试验和群井抽水试验，测得（微）承压含水层各项水文地质参数（主要包括各含水层的水平渗透系数、垂向渗透系数、贮水系数、影响半径等参数）。

（3）通过单井和群井抽水试验，查明了不同试验井结构的单井出水量及工程降水效果，以及（微）承压水抽水的影响范围（单井抽水影响半径），为合理开展井结构设计提供了依据。

如在汉中路试验点，通过⑧$_2$层抽水试验、⑨$_1$层抽水试验和⑧$_2$、⑨$_1$层混合抽水试验得到以下成果：⑧$_2$层渗透系数较小，要满足工程最大安全降深需求，则降水井数量多且井间距密，影响土方施工；⑨$_1$层渗透系数较大，较少的井数即可满足最大安全降深需求；同时通过试验确认，设置⑧$_2$、⑨$_1$层混合降水井时，也可以以较大的间距满足最大降深需求，且出水量比单独的⑨$_1$层抽水有大幅下降；鉴于此本次勘察建议降水井井深在进入⑧$_2$层的同时，进入⑨$_1$含水层 2～3m，最终施工方采纳了本建议。

（4）通过单独水位观测井（孔）或不同层位孔压计的监测，探明了地铁沿线各主要含水层（⑤$_2$、⑤$_{3\text{-}1}$、⑤$_{3\text{-}2}$、⑦$_1$、⑦$_2$、⑧$_2$层及⑨层）之间的水力联系特征，为合理构建地下水数值模型提供了依据。某单井抽水试验期间不同含水层处孔压的变化，如图 5 所示。

（5）通过群井抽水试验，查明了抽取（微）承压水引起的各土层孔隙水压力变化情况和地面沉降大小及影响范围，确定了环境损伤评估参数，主要包括各地层的降水沉降计算参数等。群井抽水试验期间距离抽水中心不同位置处的地面变形情况如图 6 所示。

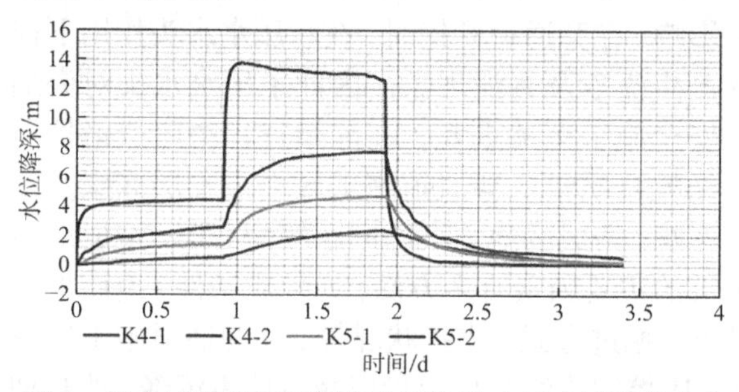

图 5　抽水试验期间不同含水层孔隙水压力计读数变化

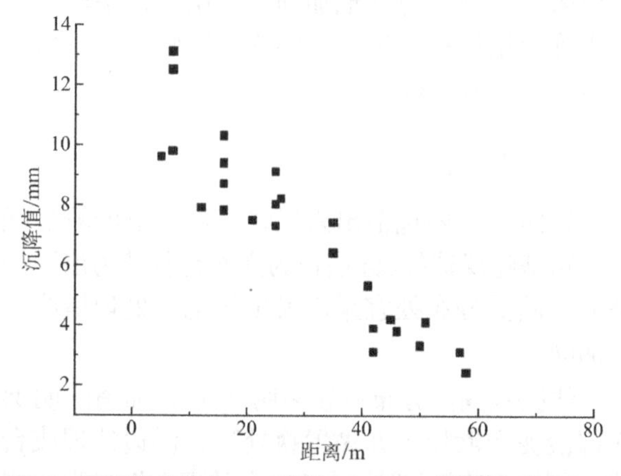

图 6　⑦层群井抽水 7d 后距抽水中心不同距离处的沉降变化趋势

（6）停止降（微）承压水后，确定了承压水位、孔隙水压力和沉降回弹恢复与时间关系。试验期间地表沉降监测数据与试验对应工况关系如图 7 所示。

（7）通过回灌试验对比分析了不同回灌井井结构（过滤器形式和过滤管直径）下的回灌量；对比分析了抽水与回灌条件下的流态差异；调查了回灌承压水引起的各土层孔隙水压力变化情况和

土层变形趋势；调查了回灌过程中地表监测点隆起量及影响范围；分析抽灌结合下的土层变形规律，抽灌作用下的降水云图如图8所示。回灌试验为后期工程实践提供了计算依据。

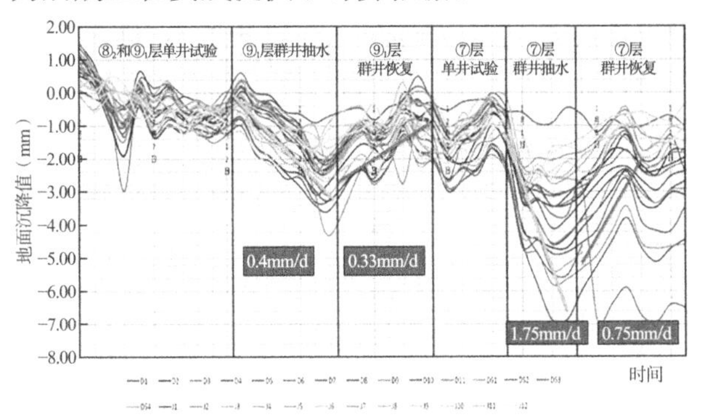

图7　试验期间地表沉降监测数据与试验对应工况关系图

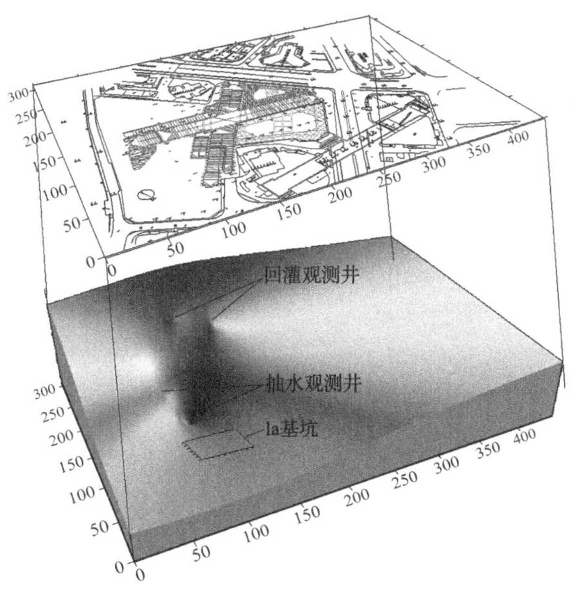

图8　抽灌作用下的降水云图

6　工程效果

隧道总体沉降量不大，大部分为上抬，沿线沉降量较大的位置主要因为沿线工程建设的不利影响；中春路停车场隧道口位置有1个沉降漏斗，这与暗埋段和敞开段主要位于软土层相关，但敞开段设置了抗拔桩，根据沉降曲线，发现抗拔桩的设置减少了隧道工后沉降。

经设计和施工单位检验，勘察报告所提供的分层、各项设计参数与实际吻合，勘察报告提供的结论和各类设计参数正确、建议合理。

水文地质专项勘察查明了车站基坑场地地下水的分布特征和水力特性，详细分析了基坑地下水控制可能引起的环境变形和地下水资源环境变化，最后在此基础上提出了基坑工程地下水控制设计的建议，便于设计单位更为经济合理的开展围护设计，同时试验成果也有效地降低了后期施工中因地下水引起的基坑事故和环境事故。

项目投入运营后，经过8年多的通车运营的考验，本工程基础稳定，全线运营效果良好。

7　工程中的技术创新

7.1　采用勘察新技术

积极应用“隐形轴阀式厚壁取土器的研究与应用”等科研成果。采用专利技术——隐形轴阀式厚壁取土器、外肩内锥对开式塑料土样筒、地下承压水的水压测量装置、地质勘探用扩孔装置（发明）、鼠笼式热交换器及应用其的液压静力触探机等多项成熟专利技术，提高了勘察质量和效率。

7.2　地下工程浅层承压水施工回灌技术研究

结合工程开展了沿线地铁深基坑的地下水控制难点与对策分析，如针对紧邻地铁1号线、苏州河等重要保护建（构）筑物且基坑开挖深度大，水文地质条件复杂的汉中路站，为确保基坑、环境双安全，针对⑦₁、⑦₂、⑧₂层和⑨层多层承压水提出了“隔、降、灌”并举的地下水控制设计思路，探索了抽灌一体化设计理论；研制出了地下水处理装置，使得抽出的地下水经水质处理后可用于回灌；通过系统的承压水抽灌试验，揭示了抽灌耦合作用下地下水回灌的渗流规律，为最终的“隔、降、灌”地下水控制方案奠定了基础。工程实践中取得了良好的效果。

7.3　开展龙华塔（寺）保护研究

在轨道交通11号、12号线龙华站针对紧邻的一级保护建筑龙华塔，研究了施工承压水控制系统，突破以隔为主要措施的深基坑设计及施工技术，制定出一套经济、有效的地下水控制系统方案。预测了地铁建设对龙华塔结构的影响程度，同时综合采用各种技术手段，将降水诱发的周围地层沉降和建构筑物沉降降低到允许限度内。最终现场监测结果表明，前期工作有效地保护了龙华塔的结构安全和最大限度地维持了其建筑原貌。

8 工程效益

工程沿线地质情况复杂，勘察报告进行了合理的工程地质分区，提供的设计参数合理且针对性强；水勘单位提供承压含水层的降压设计所需设计参数合理。勘察报告重点对沿线基坑工程、隧道工程和建（构）筑物桩基工程、深基坑降承压水涉及的岩土工程问题进行细致地分析和研究，推荐的基坑围护结构方案、深基坑降压方案和沉降控制、隧道盾构选型、桩基持力层和桩型合理。

勘察报告对隧道盾构风险和环境保护、地下车站降水方案等内容进行详尽的分析评价，推荐合理的措施，并强调做好工程监测工作。施工单位采纳勘察报告的建议，做好施工对周围环境保护的各项措施。根据监测结果，本工程各项工程安全实施，施工期间周围各建（构）筑物的变形基本在允许范围内。

济南轨道交通建设对泉水的影响研究——R1线保泉专项研究实录

苏志红[1] 郭建民[2] 高文新[1] 郑灿政[2] 赵 旭[1]

（1. 北京城建勘测设计研究院有限责任公司，北京 100101；
2. 济南轨道交通集团有限公司，山东济南 250000）

1 研究背景与工程概况

1.1 研究背景

济南市是著名的泉城。济南市特有的地质构造和地层结构，造就了济南泉水这一自然历史文化遗产。泉水赋予这座城市灵秀的气质和旺盛的活力。然而自1973年泉水首次断流以来，曾多次出现较长时间断流，这一问题引起了全世界的高度关注。为了保护“泉水”这一自然与历史文化遗产不受破坏，山东省、济南市几十年来投入大量泉水研究工作和保护措施。

另一方面随着城市发展，地面交通压力增大，济南修建轨道交通的需求越来越迫切，泉城人民等待着地铁时代的到来。城市轨道交通属于大型线状地下工程，不管是修建城市轨道交通工程中的降排水，还是结构的隔水作用都有可能改变地下水的流场，泉水与地铁能不能共荣共生一直存在质疑和讨论。因此，建设绿色、生态、和谐的城市轨道交通，解决好轨道交通规划建设过程中的泉水保护问题就成为摆在济南人民面前的重大研究课题。

在线网规划阶段进行全域范围内的轨道交通建设对泉水的影响研究评价工作，解答泉城能不能修建地铁、在哪修建地铁的问题；在建设阶段，针对每条线路开展保泉研究，指导设计方案和工程措施减小对地下水影响，并指导设计施工解决泉域特色工程地质条件对工程建设的影响。

1.2 R1线工程概况

济南市轨道交通R1线（图1）是济南第一条开工建设的地铁线路，工程位于济南市西部新城区，是济南市轨道交通线网中贯穿西部新城南北的一条主干线。途经长清区、市中区、槐荫区，沿线串联了创新谷、园博园、大学城、玉符河绿色生态区、腊山河片区、济南西站片区等重点区域。

图1 济南市轨道交通R1线线路示意图

线路全长约26.4km，其中高架线长约16.3km，过渡段长约0.051km，地下线长约10.05km；设置车站11座，含地下站4座，高架站7座。全线共设置换乘站3座，在王府庄站与规划R2线换乘，在大杨庄站与规划M3线换乘，在济南西站与规划M1线换乘。全线设置车辆综合基地1处，控制中心1座。

获奖项目：2021年度工程勘察、建筑设计行业和市政公用工程优秀勘察设计奖一等奖。

2 线网规划阶段保泉研究

2.1 研究思路

济南泉水是一个复杂的地质系统，当地政府组织相关单位，投入大量资金，历时几十年的研究，尚未系统解决泉水保护的问题。所以要成功解决城市轨道交通修建和泉水保护之间的矛盾，促进城市建设又快又好地发展，就必须站在前人研究的基础上另辟蹊径。

以往工作多从济南供水的角度出发，所以侧重面为深层岩溶水，欠缺浅层地下水对工程影响的研究；工程地质研究已有资料呈零星点状分布，且分散在不同的行业、不同的单位，由于各自施工的目的不同，资料缺乏系统性，其研究深度和精度都不能满足轨道交通工程建设的需要。本次研究制订出一套以前人研究成果为基础、以服务线网规划为目的、以减小轨道交通建设对泉水影响的安全风险为宗旨的全新工作思路，辅以工程（水文）地质钻探、水文地质调查、抽水试验、示踪试验、水质分析测试、水位观测、地质雷达探测、高分辨率浅层地震、陆地声呐法勘探、微动探测、波速测井、钻孔电视、三维地质建模、情景分析、评价体系等先进技术和手段。转变视角，改变以往保泉工作多从供水及侧重深层岩溶水的角度出发的思路，从轨道交通建设的工程角度，紧紧围绕轨道交通建设对泉水的影响进行研究，重点解决轨道交通影响深度范围内的地层结构和地下水的问题，用全新的视角系统深入研究和分析其对济南泉水的影响。研究思路详见图 2。

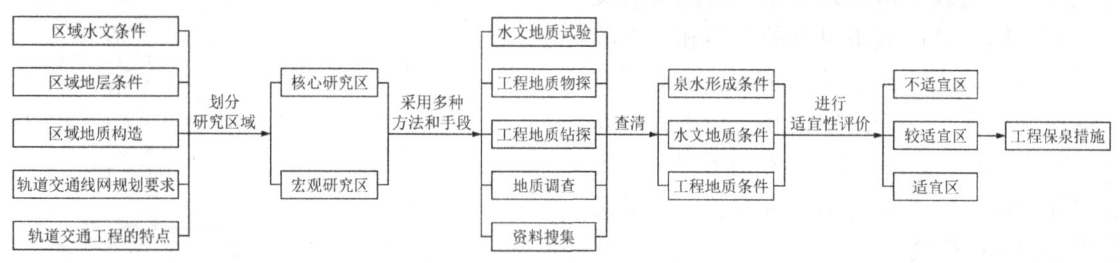

图 2　研究思路规划示意图

2.2 研究方法与手段

1）资料搜集

为了确保收集资料的准确，对同行单位、政府监管部门、档案管理部门等进行了大量走访搜集工作，最终搜集到工程地质钻孔资料有 1694 份，搜集区域地质、水文地质、基坑支护和保泉论证资料 300 多份。

2）工程地质钻探

通过钻探可以及时准确地查明主干道范围的地层结构和地下水情况并发现泉水保护的敏感区域，线网规划阶段钻孔多布置在绕城高速范围内可能布设轨道交通线路的交通主干道上，最终完成实施钻孔 740 个；加上搜集钻孔 1694 个，总计钻孔数据约 2434 个。覆盖了市区所有可能布设轨道交通线路的通道，足以支撑轨道交通建设（建设阶段）对泉水保护的研究工作。

3）水文地质调查

对研究区约 545km^2 范围，进行了 1：50000 比例尺的水文地质调查，对核心区约 21km^2 范围进行了 1：10000 比例尺的重点水文地质调查，详见表 1。

部分钻孔揭露溶洞发育情况一览表　表 1

调查内容	调查面积 /km^2	机井调查 /眼	泉水调查 /泉群	保泉论证 /份	基坑降水 /份
工作量	545	241	4	24	24

4）水文地质钻探

开展水文地质钻探，分层成井，地下水长期观测绘制等水位线详见表 2。

水文地质钻探钻孔一览表　表 2

钻孔类型	成井规格	成井数/眼	井壁类型	滤水管类型
岩溶水文地质孔	ϕ108	15	钢管	打眼包网
孔隙水文地质孔	ϕ273	12	螺旋管	桥式管
	ϕ108	2	钢管	打眼包网
裂隙水文地质孔	ϕ273	12	螺旋管	桥式管
	ϕ108	4	钢管	打眼包网
观测孔	ϕ50	7	PRC 管	打眼包网

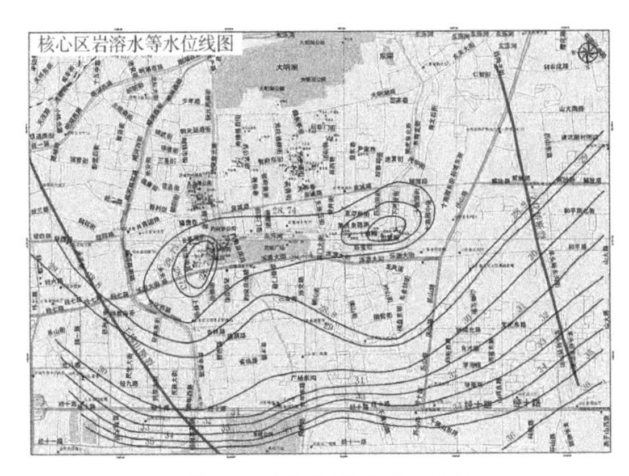

图 3　岩溶水等水位线图

5）水文地质试验

（1）抽水试验

为进一步掌握轨道交通沿线裂隙岩溶水、裂隙水、孔隙水富水性，基本掌握岩溶含水层主径流带的位置，初步查明岩溶水、裂隙水、孔隙水及地表水水力联系，进行了抽水试验研究，共进行多孔抽水试验 28 组，详见表 3。

抽水试验工作量一览表　　　表 3

项目		数量	抽水时间/h	水位恢复时间/h	抽水试验时间/h
群孔抽水试验	孔隙水	12	170.3	44	214.3
	裂隙水	10	123.5	38.5	162
	岩溶水	6	73	14.67	87.7

（2）示踪试验

示踪试验主要用于确定各含水层的水力联系、岩溶水的流动方向，主要布置在核心区交通干线多层含水层分布地段。共完成示踪试验 2 组。

（3）水质分析测试

为查明勘探区地下水的化学成分及其变化规律，对本次施工的岩溶水、孔隙水、裂隙水水文地质孔及四大泉群泉水皆采取了全分析水样，共采取水样 71 件。另外还对部分观测孔采取了专项分析水样，共采取水样 1784 件。

（4）水位观测

利用工程地质勘察钻孔测定各类型地下水的初见水位和稳定水位，先后布置了动态观测点 17 个，其中孔隙水观测点 3 个，裂隙水观测点 1 个，岩溶水观测点 6 个，泉水观测点 6 个，岩溶水加密观测点 1 个，总计观测 1453 点次，详见表 4。

长期动态观测与水位统测工作量一览表　　表 4

地下水类型		孔隙水	裂隙水	岩溶水	泉水	合计
长期动态观测点		3	1	6	6	16
水位统测点	平水期	19	19	19	16	73
	枯水期	—	—	34	3	37
	丰水期	6	7	49	11	73

6）地球物理勘探

为确定裂隙发育带厚度、发育深度、轨道交通沿线附近不同含水岩组的水力特征，并且作为钻孔点与点之间的补充，开展地球物理勘探工作。考虑到城市工作的特点、物探工作方法的适用性，在核心区主要采用地质雷达探测、高分辨率浅层地震法勘探、陆地声呐法、波速测井、钻孔电视等物探，并进行微动探测技术的尝试。物探工作重点在石灰岩顶板埋深小于 100m 的地带。

（1）地质雷达探测

地质雷达是浅层地质勘探的有效方法，其对泉水附近断层破碎带、裂隙带、富水带、岩溶洞穴等有明显的异常反应。在能开展工作的地段，平行及垂直交通干线布设 3 条试验性测线，测线号Ⅰ-Ⅰ′、ⅩⅣ-ⅩⅣ′和历山路测线，测线总长 5800m，实际探测深度 20m。

（2）高分辨率浅层地震勘探

高分辨率浅层地震技术可为济南市轨道交通沿线附近提供构造、地层划分、地层富水性和岩性对比等方面的资料，基本查明地层情况和断层分布。实测线路 5 条，测线长度 8478m；折射法测线 5 条，测线长度 2760m。

（3）陆地声呐法勘探

在城区有条件的区域使用陆地声呐法寻找地下含水、导水构造和裂隙岩溶发育带位置，评价岩层的导水性及富水性。在经七路与泉城路周围，近东西和近南北向布设测线 15 条，完成后根据控制情况，在趵突泉南、黑虎泉南和五龙潭南又增加测线 3 条，总测线数 18 条，测线总长 24727m。

（4）微动探测技术

应用微动探测新技术，探测土石界面、岩溶构造和活断层，并通过打钻验证微动探测结果的可靠性和实用性。通过微动 S 波速度反演结果与速度测井结果的对比，探讨用微动 S 波反演结果部分代替钻孔速度测井的可行性与实用性。完成探测土石界面微动剖面 12 条，微动测点 146 个；完成断层探测微动剖面 2 条，微动测点 32 个；4 个速度测井点的 8 个微动测深点，共 903 个实测点的微动数据采集。

（5）瞬变电磁

通过对物探区域数据分析处理，绘制拟断面视电阻率等值线图，查明勘察区地电断面特征，从而圈定富水部位或层位。同时结合物探结果和收集的地质资料，推断灰岩顶板埋深、岩溶发育特征及发育深度等信息。完成瞬变电磁剖面测线共 3 条，分布在经十路、历山路和大明湖路，共布置测点 87 个，累计测线长度 870m。

（6）波速测井

为了识别地层层位和破碎带、溶洞、裂隙发育带的位置。完成波速测井 44 组。

（7）钻孔电视

直接观测钻孔中地质体的各种特征及细微现象，如地层岩性、岩石结构、断层、裂隙、夹层、岩溶等。还可观察地下水流速、流向，地下水补给等。完成钻孔电视 25 组，发现溶洞 20 余处，直观反映了区域地层岩溶发育的程度。

（8）测量工作

以济南独立坐标系为基础确定至少两个点以上的坐标数据，再通过卫星定位、搜索基准点坐标、全站仪测点，共计完成 730 个钻孔的高程测量和坐标测量，并对物探线拐点 993 个进行了高程测量和坐标测量。

长观孔与物探工作量平面图见图 4。

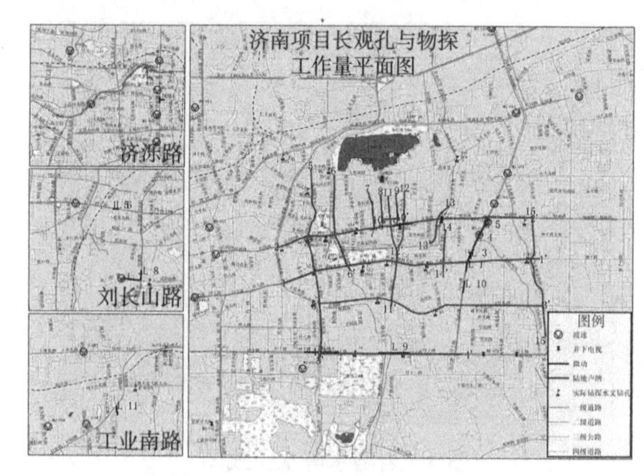

图 4　长观孔与物探工作量平面图

2.3　研究成果

1）对全域进行工程地质、水文地质条件分区

在资料搜集的基础上采用工程地质钻探、地质雷达探测、微动探测、陆地声纳、波速测井、钻孔电视等方法和手段开展现场工作，绘制了 41 条交通主干道沿线工程地质剖面图，总结了 41 条交通主干道沿线工程地质特点，依据沿线的工程地质条件叠加上一定埋置深度的轨道交通结构，同时通过建立海量数据、高精度三维地质模型及动画演示模型，对研究区内第四系地层、侵入岩及灰岩的空间分布、相互关系进行精细刻画。对全域工程地质条件、水文地质条件进行分区，划分原则主要按地层的复杂程度及对泉水影响的敏感程度划分出核心区（工程地质分区Ⅰ）与核心区外区域，核心区外按地貌特征、不同的地层分布、不同的地层组合及地下水埋藏特点划分出不同工程地质分区。主要划分为以下五个工程地质分区，详见图 5。

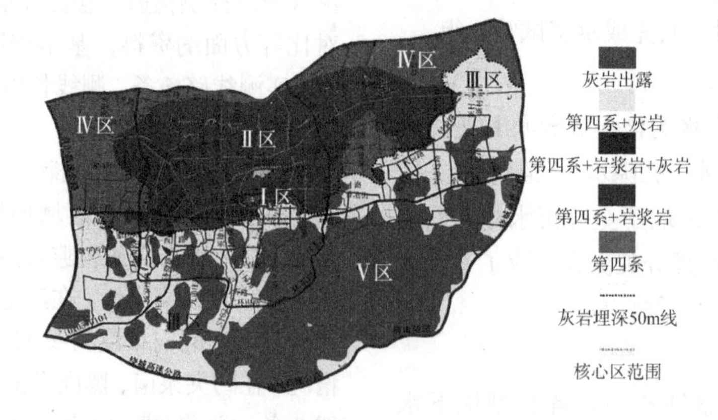

图 5　工程地质分区图

工程地质分区Ⅰ：该区为泉水保护核心区域。核心区内主要分布地层有第四系土层、岩浆岩、石灰岩层。核心区北部主要为第四系与岩浆岩分布区，主要分布有两层地下水：第四系松散层孔隙潜水和岩浆岩裂隙水；核心区南部主要为第四系与石灰岩分布区，主要分布有两层地下水：第四系松散层孔隙潜水和碳酸盐岩裂隙岩溶水；核心区中部主要为第四系、岩浆岩与石灰岩分布区，主要分

布有三层地下水：第四系松散层孔隙潜水、岩浆岩裂隙水和碳酸盐岩裂隙岩溶水。

工程地质分区Ⅱ：区内主要为第四系与火成岩组合地层。该区分布主要有两种类型的地下水：第四系松散层孔隙潜水和岩浆岩裂隙水。

工程地质分区Ⅲ：该区域大部分位于济南市南部山区北侧及分散山丘周围，主要为第四系地层和灰岩，灰岩埋深较浅，上面直接覆盖有第四系土层。该区分布主要有两种类型的地下水：第四系松散层孔隙潜水和碳酸盐岩裂隙岩溶水。

工程地质分区Ⅳ：该区域揭露的地层主要为第四系，揭露最大厚度为60m，主要为填土、粉质黏土，局部分布有黄土、细中砂、黏土、粉土、碎石。该区主要分布有第四系松散层孔隙潜水，整体上水位标高是由南向北逐渐递减。

工程地质分区Ⅴ：该区域揭露地层主要为灰岩，其他局部地段分布有少量白云质灰岩、大理岩、角砾岩以及粉砂岩。该区地下水主要为碳酸盐岩裂隙岩溶水，由于山区地形地势差别很大，岩溶水水头埋深差别很大。

2）查明泉水成因及微观出露形式

通过本次研究对泉水有了新的认识，发现了济南泉水的微观出露结构并定义为天窗式、渗流式及第四系式出露3种形式（图6）。

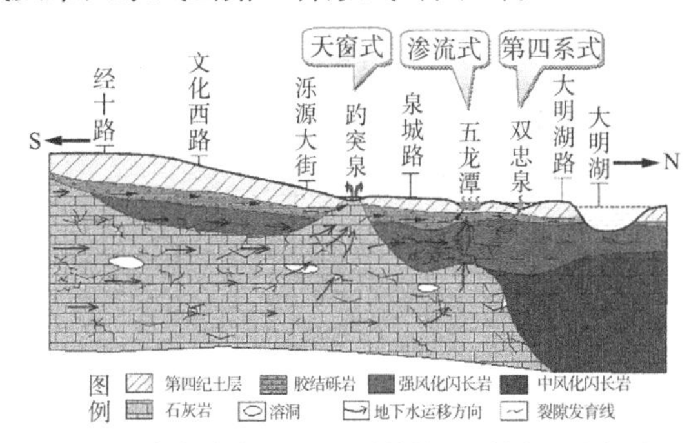

图6　济南泉水微观出露结构地质剖面示意图

（1）根据调研及勘查，研究区大部分区域内泉水的主径流通道都很深，一般大于轨道交通建设影响深度；四大名泉的喷涌高度主要受核心区内强富水区（地下水库）的水位控制，一般该区域地下水位标高达到27.3m，泉水就能够喷涌。因此，在轨道交通建设中做到不揭露不破坏岩溶水，就能够保护泉水喷涌不受影响。

（2）对泉水的出露结构有了新的认识，济南地区地下水主要分为孔隙水、裂隙水、岩溶水几种类型，与泉水密切相关的岩溶水受区域地质构造影响和所处的水文地质单元位置的不同，加之地形的差异，泉水的出露结构存在较大差别。根据钻探、地球物理勘探，揭示并发现了泉水的出露结构（图7），趵突泉和黑虎泉是通过灰岩天窗喷涌，五龙潭与珍珠泉是通过岩浆岩风化通道渗流而出，双忠泉等泉水是第四系式出露。济南泉水形成的宏观模型见图7。

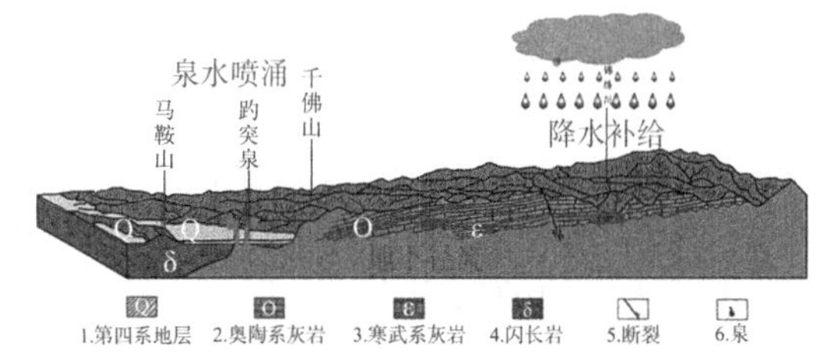

图7　济南泉水成因宏观模型示意图

3）轨道交通建设对泉水影响分析与评价

在上述大量调查和勘察基础上结合对济南全域工程地质、水文地质分区，建立研究区的水文地质模型；把水文地质条件数学化，用数学关系式描述地下水流场的数量和结构关系，建立数学模型；离散研究区域，进行模拟和校正（识别）；根据轨道交通建设中及建设后可能遇到的情况进行了情景分析，模拟和预测未来济南市轨道交通建设中及建设后的地下水水位动态变化，对线网规划、线路敷设形式、埋置深度以及施工工法选择等提出了科学合理的建议。

根据研究区内的工程地质、水文地质条件、泉水的特点以及轨道交通特点，对轨道交通建设中可能遇到的影响泉水的问题进行了分析，并以市中心的四大名泉泉群附近规划的轨道交通线路为研究重点，开展评价体系的研究。采取先分区后评价的方法，提出适合每个区特点的定性与定量相结合的评价新理念。在非灰岩区采用定性的评价方法，在灰岩区采用定性和半定量的评价方法，在核心区采用定性与定量相结合的评价方法。适应性分区详见图8。

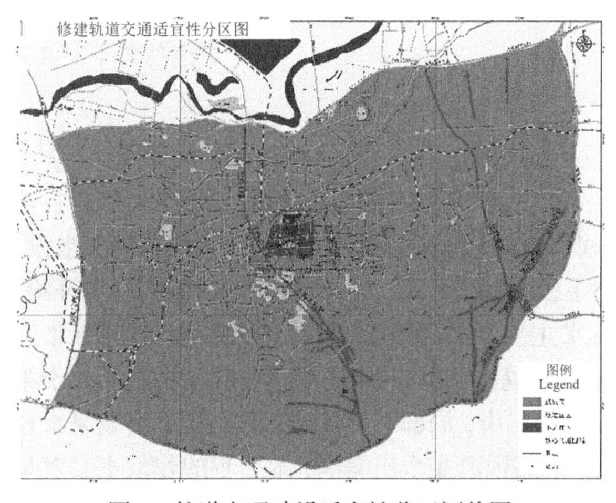

图8　轨道交通建设适宜性分区评价图

通过线网规划阶段对济南泉水的研究，提出了轨道交通建设适宜性评价结论，证明了在泉城济南修建轨道交通是可行的，其研究结果也为 R1 线的顺利开工建设提供了有力保障。

3 R1 线建设阶段的泉水研究

在建设阶段，进行详细的工程地质、水文地质勘察，评估工程建设对泉水的影响，提出工程建设对地下水减小影响的措施建议；同时解决泉域特色工程地质、水文地质条件对工程建设的影响，提出相应的工程建设建议。

3.1 轨道交通建设对泉水影响的研究

通过本工程勘察，详细查明了沿线工程地质、水文地质条件。R1 线沿线跨越低山丘陵、山前冲洪积平原、黄河小清河冲洪积平原地貌单元，沿线穿越文昌河、北沙河、玉符河、腊山河及多个地表水体，第四系地层主要受冲洪积影响而成，局部区域地层受坡积影响。沿线第四系地层主要以黄土、粉质黏土、砂层、卵石及含碎石粉质黏土为主；部分区段第四系地层下伏奥陶系灰岩（图 9）。

根据沿线地貌特征及工程地质条件，共划分为 4 个工程地质单元。

（1）工程地质Ⅰ单元：低山丘陵地貌。揭露地层主要为第四系及灰岩的组合地层，基岩埋深较浅。第四系地层主要受山前冲洪积影响，以黄土、粉质黏土及卵石为主。部分钻孔在基岩面陡坡附近揭露卵石层受坡洪积影响。

该地质单元钻孔深度范围内揭露地下水为潜水，水位埋深 20.6～28.5m，含水层为卵石层。

（2）工程地质Ⅱ单元：冲洪积平原地貌。主要以第四系地层为主，成因类型为冲洪积，以黄土、粉质黏土、卵石、含卵石中粗砂及含碎石粉质黏土地层为主。

该地质单元钻孔深度范围内揭露地下水为潜水和承压水，含水层主要为卵石层、砂层，受粉质黏土隔水层沉积厚度变化影响，该层地下水在部分地段为潜水性质，部分地段具承压性为承压水性质，本层地下水稳定水位埋深 11.2～18.7m。

（3）工程地质Ⅲ单元：低山丘陵地貌。钻探深度范围内揭露第四系地层以黄土、粉质黏土为主，局部揭露砂卵石层，第四系覆盖层厚度小于 50m。本区段靠近腊山，灰岩埋深较浅。

该地质单元钻孔深度范围内揭露地下水为裂隙岩溶水，赋存于灰岩裂隙及溶洞、溶隙内，水量较大，具承压性，水位埋深 11.2～14.6m。

（4）工程地质Ⅳ单元：黄河、小清河冲洪积平原地貌。第四系成因受黄河、小清河冲洪积影响，钻探深度 50m 范围内揭露地层以黄土、黏土、粉质黏土、砂土层为主，黄土层较薄，局部含卵石，第四系覆盖层厚度大于 50m。

该地质单元钻孔深度范围内揭露地下水为潜水和承压水，潜水含水层主要为粉土、粉砂层，水位埋深 2.1～6.7m；承压水含水层为砂层、卵石层，承压水头标高与潜水水位接近。

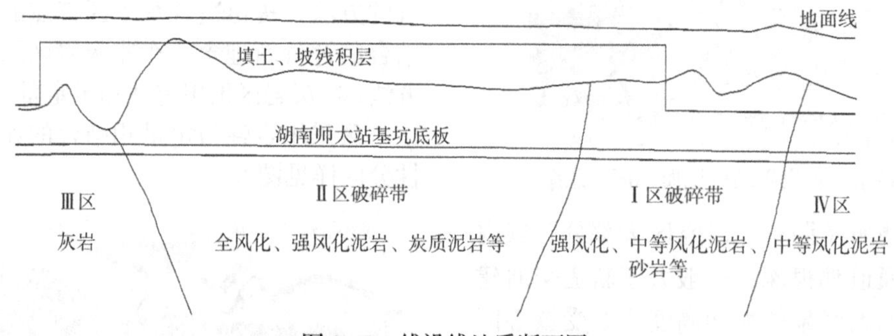

图 9 R1 线沿线地质断面图

通过研究，南部山区为泉水涵养区重要补给来源，R1 线远离涵养区，市区以南线路高架敷设，地下线路敷设于既有道路下方，不影响泉水补给；泉水主要径流通道为深层岩溶裂隙，在南北近 500m 高差作用下向北径流，R1 线结构主要处于第四系地层中，局部下穿灰岩区浅埋，不影响泉水径流；线路远离泉水出露区，本工程的建设不会对泉水产生影响。

3.2 泉域特色的工程地质、水文地质条件对工程建设影响的研究

本工程王府庄站—大杨庄站区间为地下区间，采用盾构法施工，里程 K30＋510～K31＋400 段隧道结构穿中风化灰岩，结构顶板埋深 10.2～25.0m，隧道直径约 6.5m。该区间段揭露岩溶发育及灰岩破碎体，并揭露灰岩裂隙岩溶水，水位处于

结构底板之上，含水量大。为保证施工及运营安全，在充分分析利用已有成果的基础上，采取了钻探与物探相结合的勘察手段，通过对勘察成果科学的统计分析，对岩溶发育条件、发育类型、发育规模及岩溶稳定性进行了评价并提出了岩溶处理措施建议。岩溶专项勘察从盾构施工安全和运营安全角度出发，为施工设计提供最直接、可靠的基础资料。

本工程地下段沿线涉及潜水、承压水、裂隙岩溶水等多个含水层，为有效保护地下水资源，地下车站采用止水帷幕＋封闭降水＋降水回灌的设计方案，王府庄站底板以下为厚层富水卵石层，采用了封底方案；地下区间联络通道首次在济南采用冻结法施工方案。上述方案的安全有效落实，需要对水文地质条件进行详细查明，不仅是地下水分布特征、渗透系数等，还需查明地下水流速、流向、渗流场及各含水层水力联系等。本次勘察通过钻探测水、分层抽水试验、流速流向测试、声呐测井等多种水文试验结合长期地下水动态监测数据，提供准确的水文地质参数，有效地指导了施工设计。

3.3 地下水保护措施建议

基于对全域地下水资源保护的原则，R1 线作为首条泉城地铁线路，实施地下水保护措施对后续线路建设具有重大实践意义。

1）地下水水量水质保护措施

（1）盾构不降水施工和基坑封闭降水

盾构法为全密闭施工，施工过程中建议非必要不采取降排水，在采用盾构法施工后，对地下水产生的影响较小。地下水水量较大的基坑建议采用地下连续墙＋内支撑的支护方式，地下连续墙属于止水效果较好的止水帷幕方法之一，可以使基坑进行封闭降水，基坑内降排水对地下水的影响相对较小，对岩溶水的影响更弱，可以有效保护岩溶水水量。

（2）地下水回灌措施

R1 线部分地段地下水较丰富，建议严格做好基坑回灌措施，尽量进行原位回灌；在基坑外侧下游设置回灌井，对施工降排水进行回灌，回灌率要求不低于 80%，回灌井深度以不小于基坑开挖深度为宜；回灌层位为基坑主要含水层或下部渗透性能好回灌效率高的地层，可选择第四系含碎石土层、碎石土、岩石风化层或灰岩裂隙岩溶发育带作为回灌层位。回灌流程见图 10。

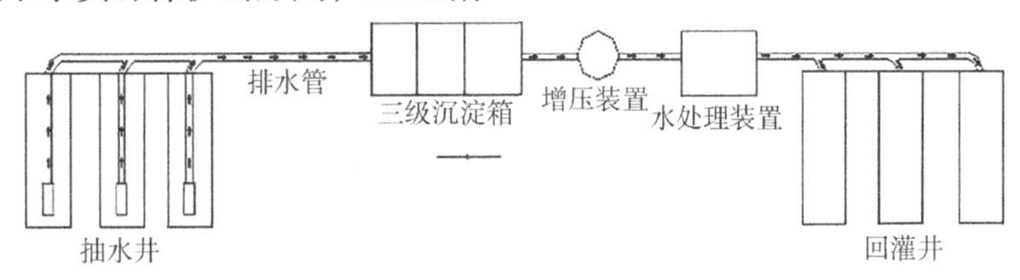

图 10　回灌工艺流程图

（3）其他措施

建议在有条件的地下区间联络通道施工时选择冻结法进行施工，既可以避免降水对泉水造成影响，又可以保证工程安全。

2）泉水径流保护措施

为避免轨道交通建设引起地下水原有径流场发生重大改变，需加强轨道交通上下游地下水疏导，确保工程建设后地下水原始径流方向、水量不发生较大变化，提出以下建议。

（1）导水管网

通过在轨道交通断面修筑导水通道，在上游一定范围内布置管壁有细孔的管网，使上层滞水或者第四系孔隙水通过管网进入导水通道，顺利进入下游，并同样使用管壁有孔的管网，使水再次入渗至地层中。

（2）入渗回灌井群

当轨道交通结构两侧上部地层渗透性较差时，而下部地层渗透性强时，可以考虑在上游沿线布置一定数量的渗水井，把结构以上上层滞水或第四系孔隙水可以通过汇集进入渗井，渗入下部渗透性强的地层中。

4 结语

线网规划阶段，采用钻探、水文调查、抽水试验、示踪试验、微动、地质雷达等多达 15 种勘探手段，查明全域范围地层结构和地下水分布特征，发现了济南泉水的微观出露结构，查明了泉水成因，划分了泉水保护敏感区，对轨道交通建设进行了适宜性分区。建设阶段，通过开展更为详尽的专项水文地质勘察工作，证实了R1线工程建设不会对泉水的补给、径流、排泄产生影响；提出了地下水保护措施建议，并提供了翔实的水文地质参数保障其有效落实。

济南因泉水闻名世界，泉城修建地铁是国内乃至国际都未曾面临之难题。济南市开展各个阶段的保泉研究，合理设计轨道交通方案，切实落实泉水保护措施，实现了泉水和地铁的共荣共生。R1线的建成通车和济南泉群持续喷涌展现的活力对此是一项有效的实践证明，具有重大的社会效益和经济效益。

参考文献

[1] 苏志红, 刘瑞玺, 庞炜, 等. 济南轨道交通 R1 线岩土工程勘察实录[C]//第八届全国岩土工程实录交流会: 岩土工程实录集. 北京: 中国建筑工业出版社, 2019.

岩土工程勘察
（其他工程）

马尔代夫维拉纳国际机场改扩建工程岩土工程实录

李建光[1]　王笃礼[2]　刘少波[1]

（1. 中航勘察设计研究院有限公司，北京　100098；2. 上海勘测设计研究院有限公司，上海　200335）

1　前言

作为“一带一路”沿线国家，马尔代夫地处印度洋要道，是古代海上丝绸之路的重要驿站。背负着助力“一带一路”建设、提振马尔代夫旅游业发展的重要责任，中国企业开启了马尔代夫维拉纳国际机场改扩建之路。

本工程由北京城建集团有限责任公司总承包，中国航空规划设计研究总院有限公司负责设计工作，中航勘察设计研究院有限公司负责陆域工程测绘、岩土工程勘察、地基处理试验咨询与设计、工程监测工作，水利部、交通运输部、国家能源局、南京水利科学研究院等单位负责项目咨询工作。

2　工程概况

2.1　工程简介

本工程拟建场地位于马尔代夫首都马累岛东北侧的 Hulhule 机场岛，现有维拉纳国际机场内，工作范围主要包括新建 4F 级跑道、联络道、东西两侧机坪。项目概况见表 1。

本工程概况　　表 1

功能分区	长度/m	宽度/m	设计地坪标高/m	道面类型
新建跑道	3400.0	60.0	2.30	沥青混凝土
东侧停机坪	350.0	145.0	2.20	水泥混凝土
西侧停机坪	563.0	160.0	2.20	水泥混凝土

本工程拟建场地由原有陆域区和新填海区组成。新填海区分多次吹填完成，填筑材料为场地东侧潟湖内采取的珊瑚砂和珊瑚碎屑。原有陆域区和不同时期填海区分布范围见图 1。

2.2　工程特点及技术难题

本工程是在珊瑚砂吹填岛礁场地上建设的大型民用机场工程，具有以下工程特点及技术难题：

（1）本工程是“一带一路”21 世纪海上丝绸之路沿线国家合作项目，政治意义重大。

（2）本工程受国际形势的影响，施工工期要求非常短，常规振冲法、强夯法等地基处理方法无法满足工期要求。

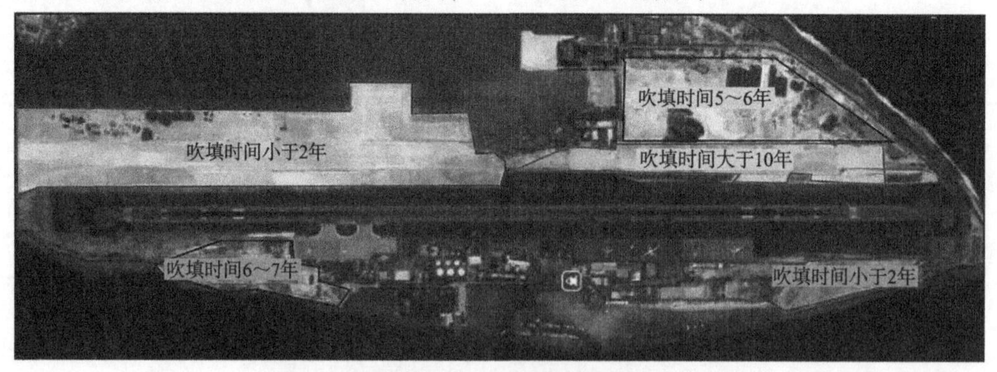

图 1　原有陆域区和不同时期填海区分布范围

（3）本工程是印度洋上最大的珊瑚砂吹填岛礁机场项目，无类似工程经验可以借鉴。大陆石英砂的勘察、测试经验不能借用。

（4）目前国内外对珊瑚砂物理力学性质的研

获奖项目：2021 年度工程勘察、建筑设计行业和市政公用工程优秀勘察设计奖一等奖，2021 年度北京市优秀工程勘察设计奖工程勘察综合奖（岩土）一等奖，2021 年度工程建设科学技术进步奖一等奖和 2020 年度华夏建设科学技术奖一等奖。

究仍处在室内试验阶段，其物理力学指标仍有待深入研究，工程应用成果较少。

（5）目前国内外有关珊瑚砂吹填岛礁大型民用机场跑道地基快速处理方法、沉降计算方法、沉降控制技术的研究成果及工程经验不足。

（6）目前国内外对珊瑚砂吹填地基的勘察与岩土设计无专门规范、标准可以遵循。

2.3 工作思路及方法

基于本工程的特点及技术难题，各参建单位联合成立了“远洋吹填珊瑚砂岛礁机场建造关键技术研究与应用”科研团队，开展珊瑚砂吹填地基的工程力学性能及地基处理方式的研究，为勘察、设计、施工的顺利开展提供科学依据。科研团队共设立了四个子科研课题，中航勘察设计研究院有限公司负责子科研课题——机场跑道珊瑚砂吹填地基处理及变形控制技术研究。

本工程在岩土工程勘察、地基处理试验咨询及设计工作过程中，制定了现场试验、室内试验、小区试验、技术分析、方案选取、施工验收标准确定的工作思路，整个过程实现了科研、生产的有效融合。

本工程工作内容主要包括岩土工程勘察、珊瑚砂物理力学性质专项研究、地基处理试验研究、岩土工程设计、工程监测等。技术路线图见图2。

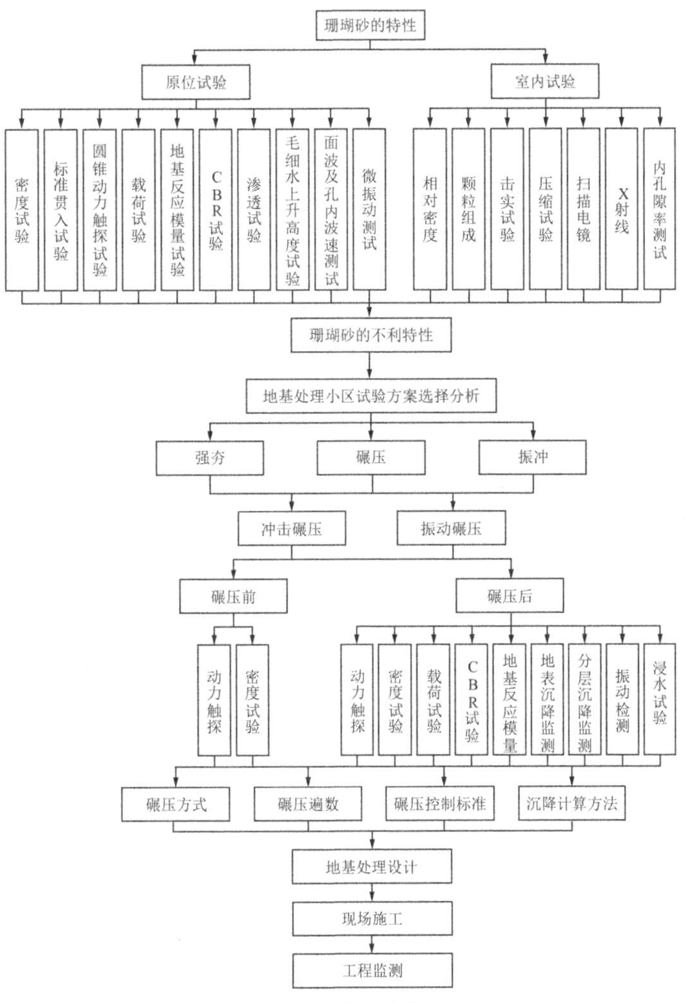

图2 技术路线

3 岩土工程勘察

3.1 勘察方法及主要完成工作

针对本工程场地地质条件、工程特点和设计要求，勘察工作中主要采用了现场调查、钻探、取样、原位试验、室内试验等综合勘察手段。勘探孔布置、原位测试、室内试验等工作均按照国内相关规范执行。

本次勘察共完成勘探点 129 个，勘探点深度 12.0～16.0m，勘探总进尺 1796.0m；取扰动土样 136 件，取原状土样 6 件，取水样 3 组；进行标准贯入试验 105 次，重型圆锥动力触探试验 90.0m，轻型圆锥动力触探试验12.0m，平板载荷试验8点，地基反应模量试验5点，现场CBR试验5点，大体积密度试验10点，渗透试验15点，地下水位观测及潮水位调查18d；进行室内颗粒分析试验118组，压缩试验2组，水质简分析3组。

结合工程特点，本次勘察布置了5个勘察试验区，开展了无核密度仪检测、大体积密度试验、现场试坑渗水试验、毛细水上升高度试验、平板载荷试验、深层螺旋板载荷试验、地基反应模量试验、CBR试验、孔内波速和面波、岛礁微振动测试等大量现场工作。

3.2 地形地貌

拟建场地位于机场岛，为马尔代夫群岛中东部北马累环礁的链岛。北马累环礁为发育完整的环礁，由四周的礁环、中间的潟湖和潟湖里的珊瑚岛组成，潟湖的常年水深为40～60m。

机场岛地势低平，岛上陆地地面高程为+1.00～+1.50m。机场岛南北长约3600m，东西向最宽处1100m，全岛面积约2km^2。机场岛东侧主要为潟湖区，底标高为−8.50～−0.80m，水下地形起伏不定，浅滩不规则发育，本工程围堰东侧紧邻水上飞机跑道；机场岛西侧水下地形起伏大，标高自−35.00～−0.50m，水下岸坡陡峭，坡度在25°～40°，均为珊瑚砂质海岸；机场岛北端主要为浅滩，标高约−1.00m。

3.3 地层

场地内16.0m深度范围内揭露地层为：

①$_1$层珊瑚砂素填土：灰白色、灰色，湿—饱和，松散，局部中密—密实，钙质砂，以细砂为主，局部为中粗砂，含少量珊瑚枝丫及碎石，局部表层为厚约20cm的耕植土，夹少量黏性土。

①$_2$层含珊瑚枝珊瑚砂素填土：灰白色、灰色，湿—饱和，松散，局部中密—密实，钙质砂，由中粗砂混珊瑚枝组成，以中粗砂为主，局部为角砾，夹细砂薄层，含一定量珊瑚枝丫及少量碎石，珊瑚枝丫含量为15%～40%，珊瑚枝丫直径约1cm，长为4～10cm，局部含少量建筑垃圾及生活垃圾。

①$_3$层含珊瑚碎石珊瑚砂素填土：灰白色、灰色，湿—饱和，松散，局部中密—密实，钙质砂，由中粗砂混珊瑚碎石组成，以角砾为主，局部为碎石，夹细砂薄层，含一定量珊瑚角砾、珊瑚碎石及少量珊瑚枝丫，珊瑚角砾及碎石含量为15%～40%，一般粒径为3～6cm，最大粒径达30cm以上。

②$_1$层珊瑚细砂：灰白色、浅黄色，饱和，松散状，钙质砂，砂质较纯，以细砂为主，局部为中粗砂，含少许珊瑚枝丫及碎石。

②$_2$层珊瑚中砂：灰白色、浅黄色，饱和，松散—稍密，钙质砂，砂质较纯，以中砂为主，局部为砾砂，含少许珊瑚枝丫及碎石。

②$_3$层珊瑚砾砂：灰白色、浅黄色，饱和，稍密—中密，钙质砂，砂质较纯，以砾砂为主，局部为角砾，含一定量珊瑚枝丫及碎石，碎石含量约10%，粒径为10～15cm。

③层含珊瑚碎石珊瑚粗砂：灰白色混灰黄色，饱和，一般为松散状，局部稍密—中密，由中粗砂混珊瑚碎石块组成，珊瑚碎石含量为30%～45%，块径在2～8cm。

④层礁灰岩：灰白色、浅黄色，骨架多由0.5～1.0cm及少量2～4cm珊瑚砾石组成，间夹贝壳屑及不规则放射状方解石结晶珊瑚灰岩，颗粒间空隙发育，多晶状方解石胶结，属弱胶结，岩芯多呈柱状，部分呈半圆、圆柱状，节长10～20cm，部分呈碎块状，块径1～5cm；岩芯表面粗糙，似蜂窝状，岩质轻，锤击强度较高，岩芯存在密度差异。

各地层揭露厚度及层顶标高见表2。

地层揭露厚度及层顶标高 **表2**

成因	地层编号	地层名称	承载力特征值/kPa	压缩模量/MPa	变形模量/MPa	地层揭露厚度/m	层顶标高/m
人工吹填	①$_1$	珊瑚砂素填土	140	9.0	10.0	0.5～10.1	0.79～2.18
	①$_2$	含珊瑚枝珊瑚砂素填土	200	12.0	19.0		
	①$_3$	含珊瑚碎石珊瑚砂素填土	220	15.0	22.0		
自然沉积	②$_1$	珊瑚细砂	160	12.0	13.0	1.9～10.2	−7.35～1.10
	②$_2$	珊瑚中砂	180	14.0	15.0		
	②$_3$	珊瑚砾砂	200	18.0	19.0		
	③	含珊瑚碎石珊瑚粗砂	240	20.0	25.0	0.5～3.0	−11.21～−6.92
	④	礁灰岩	300		45.0	最大揭露厚度为8.1m	−12.21～−8.70

3.4 地下水

勘察期间场地地下水稳定水位埋深0.3～1.6m，绝对标高0.05～0.70m。地下水类型为潜水，与海水处于连通状态，主要补给方式为大气降水、地下径流和潮汐，主要排泄方式为地下径流和蒸发。

地下水位随潮位涨落而变化，且涨落趋势一致。地下水位变化幅度小于周边潮水水位变化幅度，地下水位变化略滞后于潮位涨落，单日变幅为0.4～1.0m。

4 珊瑚砂岩土工程特性

通过室内试验（颗分、微观结构、相对密度、击实、压缩、蠕变等试验）和原位试验（现场密度、现场渗透、标准贯入、圆锥动力触探、平板载荷、螺旋板载荷、地基反应模量、CBR等现场试验），本工程对一系列珊瑚砂的工程特性，特别是压缩特性、击实特性、渗透特性、地基反应模量指标、CBR指标等进行了研究，并有了较清晰的认识。

4.1 室内试验研究

（1）通过颗分试验结果，受不同的吹填条件及沉积环境的影响，场地内不同区域、不同位置珊瑚砂的颗粒组成差异较大，珊瑚砂为非均匀材料。

（2）根据微观拍照和X射线检测结果，珊瑚砂具有独特的单粒支撑结构，颗粒之间具有点接触、线接触、架空、咬合、镶嵌等多种接触关系，颗粒之间的摩擦力较大，不易发生运动，达到更为稳定状态所需时间更长。

（3）根据相对密度试验结果，珊瑚砂相对密度为2.78。

（4）根据击实试验曲线，珊瑚砂具有无最大干密度和最优含水率的特征，无法通过击实试验确定珊瑚砂的压实度。

（5）通过压缩试验，不同于石英砂压缩初期变形大，以快速达到稳定状态，珊瑚砂会缓慢地发生蠕变变形，如图3所示。

根据图4，珊瑚砂的压缩过程可分为三个阶段：初始压缩阶段（A-B），变形由珊瑚砂之间孔隙被压缩造成，变形完成时间较短；主压缩阶段（B-C），在外力作用下珊瑚砂颗粒重新排列，产生压缩变形；蠕变阶段（C-D），受外力作用、周边环境（人为振动、大地脉动）的影响，珊瑚砂颗粒进一步向更为稳定的状态移动，变形持续时间较长。

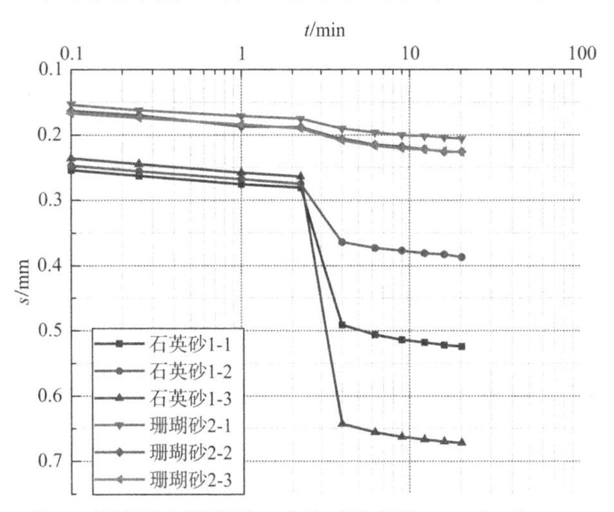

图3 石英砂与珊瑚砂s-t曲线（干密度1.43g/cm³，P＝50kPa）

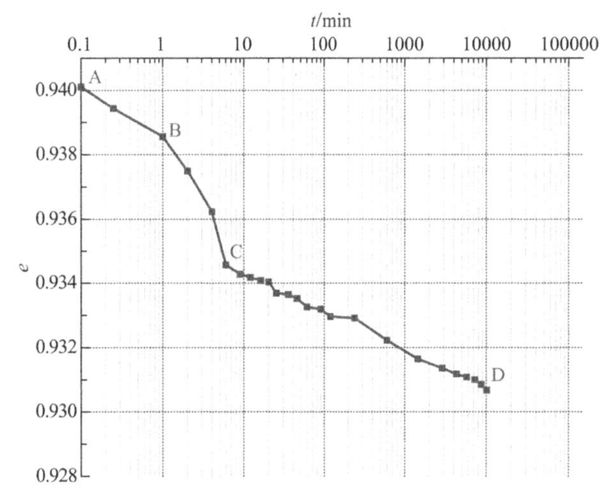

图4 珊瑚砂e-lg t曲线（干密度1.43g/cm³）

考虑到不同场地微振动环境对珊瑚砂蠕变的影响，分别在马尔代夫工地及北京试验室进行了对比研究[1]，获取蠕变特征参数。

4.2 原位试验研究

（1）由于珊瑚砂的不均匀性，密度和渗透系数差异较大。根据现场灌水法密度试验、试坑法渗透试验，珊瑚砂的天然密度为1.43～1.82g/cm³，干密度为1.22～1.59g/cm³，渗透系数为38.67～893.50m/d。

（2）地下水位以下珊瑚砂地层的标准贯入试验击数、重型圆锥动力触探试验击数、轻型圆锥动探触探击数指标均小于地下水位以上的珊瑚砂地层，地下水位上下的珊瑚砂在力学性质上存在一定差异，水位以下的珊瑚砂力学性质较差[2]。

（3）根据在地下水位上下不同位置的平板载

荷试验，珊瑚砂的承载力特征值均大于160kPa，水位以下珊瑚砂的变形模量低于水位以上珊瑚砂，表明了地下水对珊瑚砂的力学性质存在影响。根据螺旋板载荷试验，水位以下珊瑚砂的承载力特征值随深度的增加而增加，但相较水位以上珊瑚砂的承载力有所下降。

（4）根据地基反应模量试验和现场 CBR 试验，水位以上珊瑚砂的地基反应模量为 26.0～113.0MN/m^3，CBR 为 12.3%～27.0%。

5 岩土工程设计

5.1 设计要求

本工程新建跑道、联络道和停机坪的设计要求为：（1）承载力特征值 ⩾ 150kPa；（2）工后沉降 ⩽ 300mm；（3）沿纵向差异沉降 ⩽ 1.5‰；（4）水泥混凝土道面地基反应模量k_0 ⩾ 55MN/m^3，沥青混凝土道面 CBR ⩾ 12%。

5.2 珊瑚砂的不利工程特性

基于珊瑚砂岩土工程特性和道基设计要求，珊瑚砂吹填地基不利工程特性有以下几点：

（1）珊瑚砂具有非均匀性，可能产生较大的不均匀沉降。

（2）珊瑚砂无最大干密度，无法确定其压实度，从而无法采用常规的压实度指标来进行地基检测。

（3）珊瑚砂渗透系数较大，场地内地下水位受海水影响较为明显，道基位于地下水位波动范围以内，地下水位以下无法取得珊瑚砂地基反应模量和 CBR 检测指标。

（4）珊瑚砂具有特殊结构，其主压缩完成较快，但施工完成后的较长时间内会产生较大的蠕变沉降。

5.3 地基处理深度的确定

杨召焕、程国勇[3]、董倩[4]研究了不同机型作用下的地基附加应力随深度的变化规律。在中低压缩性的地基中，深度大于 4.0m 后，飞机荷载所产生的地基附加应力很小，基本可以判断飞机荷载的影响深度为基底以下 4.0m。

因此，中低压缩性地基在满足沉降要求的前提下，基底以下 4.0m 深度范围内是地基处理的重点区域。

5.4 小区试验

为地基处理施工图设计提供依据和确定地基处理的验收检测标准，结合本工程具有珊瑚砂回填年限及回填厚度不均、水上和水下珊瑚砂力学性质差别大、道床位于水位变幅范围内、施工期短的特点，通过对比多种地基处理方法的优缺点（表 3），根据原有陆域区、新填海区及吹填珊瑚砂的厚度，本工程将场地划分为 3 个区域（区域 A、区域 B 和区域 C），设计了 5 组地基处理小区试验，场地划分及试验区布置见图 5。

地基处理方法优缺点对比 **表 3**

地基处理方法	优点	缺点	可行性建议
振冲	处理深度较深，容易达到预想的地基处理效果	工期较长、成本较大，施工产生的振动会影响现有跑道的使用	不建议
强夯	对地下水位以上珊瑚砂处理效果较好	对地下水位以下珊瑚砂处理效果难以控制，施工产生的振动会影响现有跑道的使用	不建议
冲击碾压	成本低，工期短，施工工艺相对简单，施工影响范围小，不会影响现有跑道的使用	处理深度相对较浅，无法对较深部的地层进行有效的处理	建议进行小区试验，以确定是否能达到设计要求
振动碾压	成本低，工期短，施工工艺相对简单，施工影响范围小，不会影响现有跑道的使用	处理深度相对较浅，无法对较深部的地层进行有效的处理	建议进行小区试验，以确定是否能达到设计要求

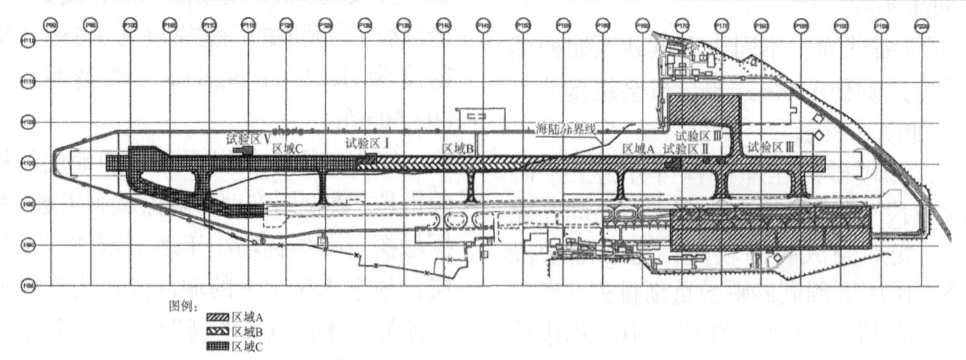

图 5 场地划分及试验区布置图

小区试验采用了振动碾压法和冲击碾压法两种方案，分别对振动方式、碾压参数、洒水量、振动遍数等施工控制指标进行了试验研究。

小区试验采用了重型动力触探试验、平板载荷试验、地基反应模量试验、CBR 试验、密度试验、颗分试验、现场振动测试和分层沉降观测等多种手段，对处理效果进行了对比分析，典型试验曲线见图 6、图 7。

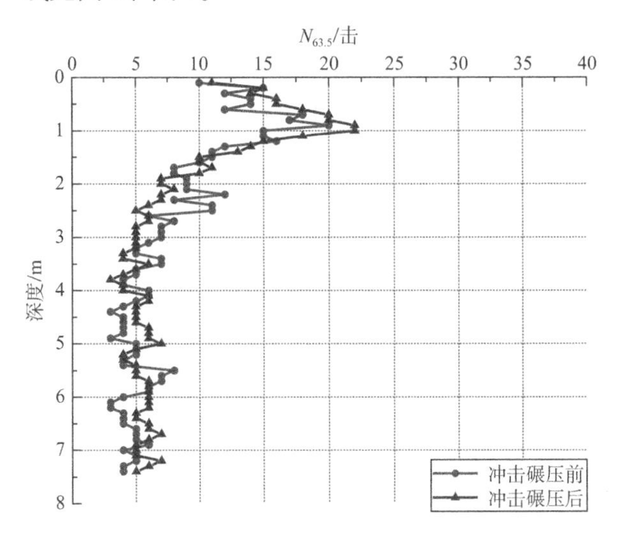

图 6　试验 I 区 D9 冲击碾压前后动探对比（碾压 55 遍）

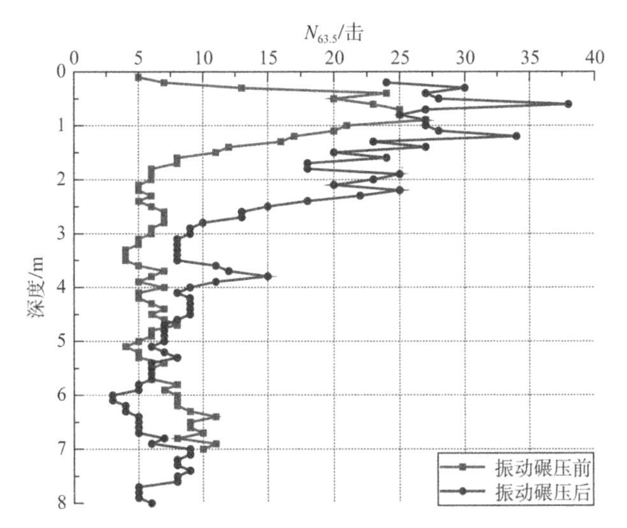

图 7　试验 I 区 D5 振动碾压前后动探对比（碾压 52 遍）

通过对小区试验成果对比分析，得到如下成果：

（1）振动碾压的地基处理效果好于冲击碾压。

（2）振动碾压的地基处理深度能够满足设计要求。

（3）振动碾压对珊瑚砂的破碎作用较小。

（4）振动碾压后地下水位以上珊瑚砂的地基反应模量和 CBR 指标满足设计要求。

（5）可采用现场干密度试验指标[5]和重型圆锥动力触探指标作为地基处理后的验收检测指标。

5.5　沉降计算及分析

道基的沉降变形由三部分组成，初始压缩沉降、主固结沉降和蠕变沉降。由于珊瑚砂的特性，蠕变沉降是珊瑚砂在长期竖向荷载作用下，随结构调整而产生的蠕变变形。

（1）初始压缩沉降计算

初始压缩沉降，按照无限半空间弹性模型考虑，采用弹性力学公式进行计算。

$$S_{\mathrm{d}} = \omega \frac{1-\mu^2}{E} B p_0 \tag{1}$$

式中：S_{d}——初始压缩沉降（mm）；

ω——沉降影响系数；

μ——泊松比；

E——弹性模量或变形模量（MPa）；

B——跑道宽度（m）；

p_0——跑道均布荷载（kPa）。

（2）主固结沉降计算

主固结沉降采用《Craig's Soil Mechanics》[6]中沉降公式进行计算。

$$S_{\mathrm{c}} = \sum_{i=1}^{n} \left(\frac{H_i}{1+e_0}\right) C_{\mathrm{c}} \log \frac{\sigma_1'}{\sigma_0'} \tag{2}$$

式中：S_{c}——主固结沉降（m）；

H_i——各土层厚度（m）；

e_0——孔隙比；

C_{c}——压缩指数；

σ_1'——施工后的有效应力（kPa）；

σ_0'——有效自重应力（kPa）；

n——计算沉降的土层数。

（3）蠕变沉降计算[7]

蠕变沉降计算采用式(3)进行计算。

$$S_{\mathrm{cr}} = \psi_{\mathrm{c}} S_{\mathrm{cr}}' = \psi_{\mathrm{c}} \frac{c_{\alpha}}{1+e_0} H \log \frac{t_{\mathrm{f}}}{t_i} \tag{3}$$

式中：S_{cr}——蠕变沉降（mm）；

S_{cr}'——计算的蠕变沉降（mm）；

ψ_{c}——蠕变沉降修正系数；

c_{α}——蠕变系数；

e_0——初始孔隙比；

H——计算土层厚度（mm）；

t_f——蠕变计算时间；

t_i——蠕变起始时间。

式(3)中蠕变沉降修正系数ψ_c是基于室内蠕变试验试样与实际地基土的应力应变状态不一致、物理力学性质不完全一致等因素综合提出的。本工程采用现场沉降观测值与理论计算值的对比反演分析，确定了蠕变沉降修正系数ψ_c[8]。

本工程在试验区Ⅴ内设置了6个沉降观测点，编号为Y19，Y20，Y21，Y22，Y23，Y24。图8为试验区Ⅴ地基处理完成后近1年内沉降计算值和监测值曲线，两者在趋势和数量上吻合较好，证明了本工程沉降计算方法的有效性。

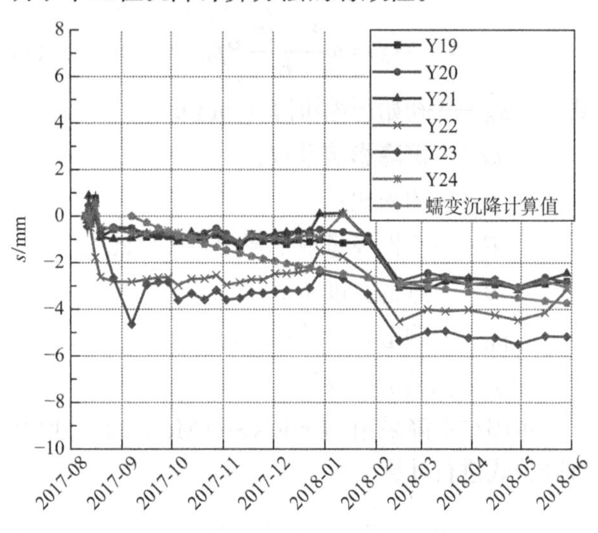

图8 沉降计算值与沉降观测数据对比图

计算结果表明工后最大沉降量和差异沉降均能满足跑道对沉降的要求。

5.6 地基处理设计

通过小区试验研究，本工程确定跑道及停机坪地基处理方案采用振动碾压法，地基处理深度4.0m。根据地层形成时间和吹填厚度，整个场地划分为原有陆域区（图5中区域A）、浅填海区（图5中区域B）和深填海区（图5中区域C）。各区域地基处理方式、验收检测标准和沉降监测要求如下：

（1）原有陆域区，清表后采用珊瑚砂回填至标高1.40m；采用26t振动碾压机，振动碾压24遍；碾压前和每碾压4遍后均洒海水一次。

（2）浅填海区，在已吹填完成后的标高，采用26t振动碾压机，振动碾压24遍；碾压前和每碾压4遍后均洒海水一次。

（3）深填海区，在已吹填完成后的标高，采用36t振动碾压机，振动碾压40遍；碾压前和每碾压4遍后均洒海水一次。

（4）地基处理验收检测标准，处理深度4m，干密度$\rho_d \geqslant 1.60g/cm^3$，连续重型圆锥动力触探击数$N_{63.5} \geqslant 5$击，地基反应模量$k_0 \geqslant 65MN/m^3$（水泥混凝土道面），CBR ⩾ 12%（沥青混凝土道面）。

（5）地基处理后沉降监测要求，工后沉降 ⩽ 300mm，沿纵向50m差异沉降 ⩽ 1.5‰。

5.7 工程监测

根据飞行区跑道沉降观测结果，沉降计算结果与沉降观测结果基本一致。跑道工后沉降量实测曲线见图9、图10。

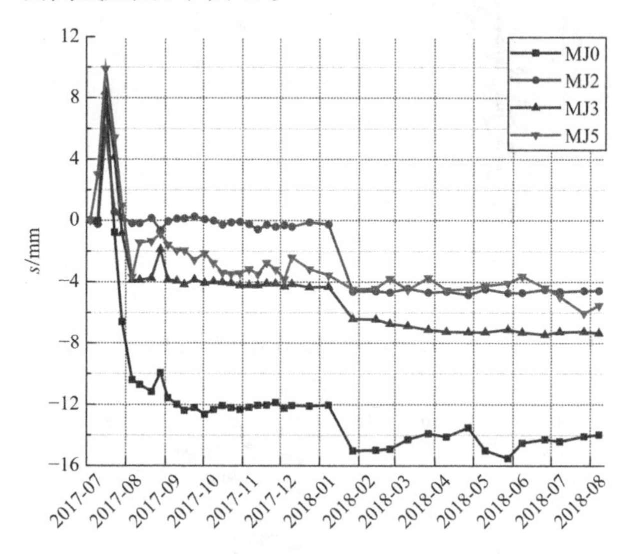

图9 跑道工后沉降量监测曲线（2017年7月～2018年8月）

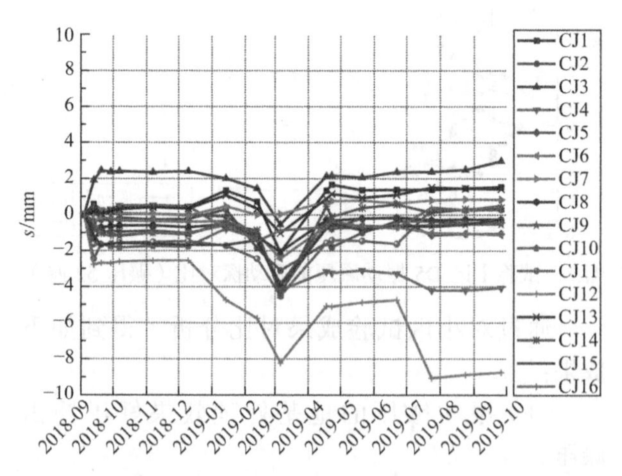

图10 跑道工后沉降量监测曲线（2018年9月～2019年10月）

根据业主单位、总承包单位反馈，2019年5月至2021年5月跑道运行正常，道面未出现不均匀变形和翘曲，跑道状态良好。

6 整体效益[9]

6.1 经济效益

本工程成果为机场飞行区工程建设提供了完善的岩土工程勘察报告和地基处理试验研究报告，为机场飞行区工程地基处理方案的确定提供了重要的理论支持、施工遵循和检测依据，可广泛地应用在珊瑚砂地区的工程建设中。

由于选用不同的地基处理方式花费的成本差距较大，本工程的经济效益显著，主要如下：

（1）节约地基处理成本

与采用振冲法、强夯法相比，采用振动碾压法进行地基处理具有显著的经济效益。地基处理效益对比见表4。

地基处理效益比较表　　表4

地基处理方法	材料费/（元/m²）	机械费/（元/m²）	人工费/（元/m²）	工程量/万m²	合计/万元
振动碾压	1	6	5	70	840
振冲	20	110	18	70	10360
强夯	2	35	5	70	2940

（2）降低时间成本

采用振动碾压法，工期约140d；如采用振冲法，预计工期需要182d；如采用强夯法，预计工期需要164d。相比振冲法、强夯法，采用振动碾压法进行地基处理，工期分别缩短42d和24d，有利于工程控制工期、提高经济效益。

6.2 社会效益

珊瑚砂在世界范围内广泛分布，在“一带一路”沿线国家几乎都有分布，同时随着国防战略和岛礁旅游业开发的需要，越来越多的构筑物开始在岛礁和海上建设，规模也越来越大，如何有效地利用珊瑚砂作为工程建设地基成为关键。因此，对珊瑚砂的物理力学特性、地基处理方法的试验研究具有重要的价值和意义。本工程带来的主要社会效益如下：

（1）提高了珊瑚砂资源的利用率

岛礁国家含有大量丰富的珊瑚砂资源，本工程的相关研究有利于人类更好地开发利用珊瑚砂，尤其是在类似吹填形成的岛礁上进行机场场道工程和道路工程建设时，能够就地取材，合理有效地利用珊瑚砂进行吹填成陆，能够很好地利用资源解决土地匮乏问题。

（2）为珊瑚砂吹填成陆关键问题的解决提供了参考

结合珊瑚砂吹填地基处理技术、地基处理后的检测标准和珊瑚砂吹填地基沉降控制，本工程提出了一套机场跑道珊瑚砂吹填地基处理及变形控制技术，圆满解决了吹填珊瑚砂填海成陆过程中的关键问题。该技术具有一定的推广意义，在今后类似工程中，均可参考应用。

（3）带动“一带一路”沿线地区的经济发展

“一带一路”沿线珊瑚砂广泛分布，珊瑚砂作为新型的工程建设材料，随着对其研究的深入，应用领域将更加宽广，有利于促进当地基础设施建设的发展。

7 结语

本工程采用室内试验、原位试验、现场监测等系列手段，对吹填珊瑚砂的压缩特性、击实特性、渗透特性、颗粒破碎特性、蠕变特性进行了系统研究；通过地基处理小区试验，研究了地基碾压处理的振动方式、洒水量、振动遍数等施工控制指标，确定了地基处理验收检测标准；为马尔代夫维拉纳国际机场改扩建工程的地基处理设计和施工质量控制提供了依据。

基于本工程的工作和研究，探索出了一套针对珊瑚砂场地的勘察方法，编制了企业内部标准，总结了一套评价珊瑚砂地基的原位试验和室内试验方法，首次提出了一套全新的珊瑚砂地基沉降计算方法。

本工程提出了一套机场跑道珊瑚砂吹填地基处理及变形控制技术，成功获得了应用，并在马尔代夫洼地马鲁机场等类似工程中得到了应用和推广。

本工程的子科研课题“机场跑道珊瑚砂吹填地基处理及变形控制技术研究与应用”，通过了由钱七虎院士组织的科技成果鉴定[10]，该成果达到国际先进水平。

本工程在勘察和地基处理方面，发表了科技论文6篇，获得了授权专利5项，已受理专利2项。

参考文献

[1] 邹桂高，王笃礼，王祎鹏. 印度洋珊瑚岛礁地基动力

特性测试分析[J]. 岩土工程技术, 2019, 33(4): 240-244.
[2] 王笃礼, 张凤林, 李建光, 等. 地下水对珊瑚砂力学性质影响分析[J]. 工程勘察, 2019, 47(4): 24-28.
[3] 杨召唤, 程国勇. 机场柔性道面地基工作区深度研究[J]. 公路交通科技, 2013(10): 11-17, 43.
[4] 董倩. 基于飞机滑行刚性道面位移场的跑道承载力研究[D]. 天津: 中国民航大学, 2013.
[5] 王笃礼, 王璐, 蒋佰坤, 等. 马尔代夫珊瑚砂孔隙比试验研究及无核密度仪应用初探[J]. 岩土工程技术, 2019, 33(5): 259-262+302.
[6] JA KNAPPETT, R F CRAIG. Craig's Soil Mechanics [M]. Oxon, England: Spon Press, 2004.
[7] 张晋勋, 王笃礼, 张雷, 等. 吹填珊瑚砂压缩特性和地基处理与变形控制技术[J]. 施工技术, 2019, 48(4): 36-39+47.
[8] 王笃礼, 肖国华, 李兴, 等. 基于振动碾压下沉量对比的一种珊瑚砂次压缩系数推测方法[J]. 岩土工程技术, 2019, 33(2): 75-78.
[9] 中航勘察设计研究院有限公司. 远洋吹填珊瑚砂岛礁机场建造关键技术研究与应用(子课题: 机场跑道珊瑚砂吹填地基处理及变形控制技术研究与应用)[R]. 北京, 2018.
[10] 中科合创(北京)科技成果评价中心. 远洋吹填珊瑚砂岛礁机场建造关键技术研究与应用科学技术成果评价报告[R]. 北京, 2018.

埃及亚历山大船厂改造项目岩土工程勘察实录

李红军　彭满华　桂婷婷　刘学为　赵子证
（中船勘察设计研究院有限公司，上海　200063）

1　工程概况

亚历山大是埃及最大的商港，它曾是古代欧洲与东方贸易的中心和文化交流的枢纽，如今担负着全国进出口货运量的 75%；又是埃及重要的工业基地，亚历山大船厂始建于 1872 年，占地面积达 40 公顷，1962 年成立造船公司。

埃及亚历山大修造船厂改造项目位于非洲大陆北部，阿拉伯埃及共和国亚历山大市西部保税区内，船厂西北侧为地中海，东南侧为亚历山大市区。

此次升级改造工程于 2011 年 1 月开始实施，于 2011 年 5 月结束野外工作及详勘报告工作。本次建设项目为改扩建南船台、新建分段装焊车间、管子车间、装件集配场和总组平台海水泵房等 17 个子项目，由于南船台漏水，本次改建升级南船台开挖深度为 12.5m，拟进行干船坞施工，并在船台两侧新建 300t 龙门起重机。

本工程拟建建（构）筑物等级为一级，工程重要性等级为一级，场地复杂程度为复杂场地，地基复杂程度属复杂地基，本工程基坑最大开挖深度约 12.5m，基坑开挖范围大、深度深，安全等级为一级，岩土工程勘察等级为甲级。

改造后的亚历山大船厂成为非洲规模最大，设施最完善的船舶企业。埃及中东社评价称该项目的完工使埃及对相关船舶的建造与维修“具备了紧跟国际步伐的能力”。改造后的亚历山大船厂将极大促进埃及经济社会发展，造福埃及当地百姓，同时也树立了中国企业在海外的良好形象，亚历山大船厂建成后卫星照片见图 1。

2　勘察方案

2.1　勘察重点和难点

（1）本工程地处埃及亚历山大造船厂内，老船厂由苏联工程师建造，地质资料已经遗失，缺乏该地区的地质资料。

图 1　亚历山大船厂建成后卫星照片

（2）该项目包括陆域和水域建筑物，陆域钻探难度一般，水域的水深较深，对钻探船只的选型和野外施工有很大难度。

（3）勘察外业及土工试验由亚历山大当地的钻探公司 Horema 公司完成，外业钻探方式、原位测试（如标准贯入）的方式以及室内土工试验的标准与国内有差别，且该项目有见证单位，见证单位主要遵守 ASTM 标准和埃及当地规范[1]，该标准与我国标准差别较大，怎么样做到协调统一有一定的难度。

（4）该项目施工工程中发现上下两层中风化灰岩层，灰岩中间夹有粉砂层，由于没有地区经验，故持力层的选择以及设计参数的建议有一定的难度。

2.2　勘察点布置

本次勘探工作量、平面位置及孔深均由我公司与设计单位协商后以中国标准为主，参照美国标准 ASTM 确定。

拟建场地的天然地基勘探孔控制性孔孔深定为 15m，一般性孔孔深定为 10m；桩基工程控制性勘探孔孔深暂定 35m，以进入第二层岩层 5m 以上

获奖项目：2020 年度机械工业优秀工程勘察设计一等奖。

为准，一般性勘探孔孔深暂定 30m，进入第二层岩层 3m 以上。

另在南船台区域布置了 2 个注水试验孔；在整个场区布置了 4 个波速试验孔。本次勘探取水样 3 组，其中地下水 2 组、海水 1 组。

2.3 勘察工作量

勘察工作实际完成野外勘探工作量见表 1，室内土工试验工作量见表 2。

野外勘察工作量一览表　　表 1

勘探点类型	区域	孔数/个	深度/m	总深度/m
勘探孔	陆域	139	10～40.0	3255.5
勘探孔	水域	4	13.4～15.0	58.4
动探测试孔	陆域	2	29.3～30.0	59.3
另外有注水试验孔 2 个，波速试验孔 4 个				

室内水土试验工作量一览表　　表 2

编号	试验项目	试验数量/个	编号	试验项目	试验数量/个
1	含水率	23	6	直剪试验	4
2	干密度	129	7	压缩试验	5
3	颗粒分析	709	8	岩石饱和抗压强度	144 组
4	相对密度	129	9	水质简分析	3 组
5	液、塑限	10			

3 岩土工程条件

3.1 场地位置与地形地貌

埃及亚历山大船厂改造项目位于埃及亚历山大市西部保税区内，船厂西北侧为地中海，东南侧为亚历山大市区。地貌单元属海岸地貌。场地现状见图 2 和图 3。

图 2　拟建船台围堰区域

图 3　拟建管子分场区域现状

3.2 区域地质构造

埃及亚历山大船厂位于非洲板块东北部，北临地中海，与亚欧板块及阿拉伯板块隔海相望，本场地未见有大断层通过，所揭露浅部岩石以沉积岩为主，地质构造稳定适宜本工程建设。

3.3 场地工程地质条件

根据本次勘察，拟建场地地层分布情况为：浅部多分布有人工覆盖层，靠近海边厚度逐渐变厚，其下为沉积的砂及与已胶结成岩的岩层互层。岩性主要以灰岩、钙质胶结的砂岩为主，岩体大多含较多孔洞。

各岩（土）层叙述如下：

①层填土（粉砂）：灰黄—黄色，状态松散，层面标高为−8.70～2.99m，一般厚约 4.66m，主要由人工回填而成，填龄约 50 年。

②粉砂：灰黄—浅黄色，松散—中密，层面标高为−2.80～2.36m，一般厚约 3.00m，以粉砂、细砂为主，局部含砾，含贝壳碎屑，局部区段该层下部含较多小于 0.005mm 的黏粒，该层主要分布于陆域局部地段。

③中风化灰岩：浅黄、灰黄、灰白色，层面标高为−15.50～2.88m，厚约 7.86m，含贝壳碎屑，外观呈砂岩性状，岩芯柱状、短柱状，RQD 为 0～10%，密度较低，局部有溶蚀孔洞，钙质胶结，滴盐酸起泡强烈。该层分布较广但层面起伏较大，自东向西，向海边逐渐变薄直至消失。该层中局部夹有胶结状态较好的$③_t$粉砂夹层。

④粉砂：灰黄—灰黑色，饱和，密实到极密实，层面标高为−24.40～−5.37m，一般厚约 8.35m，底部存在钙质胶结现象，局部含黏性土夹层，含少量粉砂、贝壳碎屑，该层分布较广，厚度变化较大，

力学性质较好、压缩性低。

⑤中风化灰岩：浅黄、灰黄、灰白色，较③层灰岩致密，层面标高为−30.37～−16.45m，含贝壳碎屑，外观似砂岩性状，岩芯柱状、短柱状，RQD为0～20%，密度较低，局部有溶蚀孔洞，钙质胶结，胶结性好，滴盐酸起泡强烈。该层分布较广但层面起伏较大，局部含⑤$_t$粉砂夹层。典型地质剖面图见图4。

3.4 场区地震效应

根据勘察成果，拟建场地覆盖层厚度均大于3m，小于50m，场地等效剪切波速为197.9～305.8m/s，根据《建筑抗震设计规范》[2]GB 50011—2010中第4.1.6条判别，拟建场地类别属Ⅱ类。

按收集到的埃及地震资料，拟建场地抗震设防烈度为7度，设计基本地震加速度值为0.125g，设计分组可按第一组。

根据本次勘察，拟建场地地面下20m范围内存在①层饱和砂土，选用4个勘探孔按《建筑抗震设计规范》GB 50011—2010第4.3.4条对其进行液化判别，判别结果表明，只有表面局部地区为轻微液化（液化指数1.93～2.07）外，其余均为不液化。故综合判定本场地为不液化场地，若抗震设防烈度为7度，可不考虑液化影响。

3.5 场区不良地质现象

（1）拟建场地内浅部填土厚度较大，靠近海边处厚达20m以上，虽填龄约50年，但填料复杂，局部含黏性土或块石，导致土层状态在平面及纵向的均匀性较差。

（2）拟建场地浅部地层除岩层外，主要以粉砂、细砂、中砂、砾砂等各种砂土组成，渗透性强，易在一定水动力条件下产生流砂、管涌等不良地质现象。如基坑降水易引起附近土层的潜蚀而产生地面塌陷等。

（3）①层填土表面大多含10～50cm厚的混凝土地坪，局部为多层混凝土，厚达4m，对基础的选择、施工等会造成不良影响。

3.6 场区水文及水文地质条件

根据亚历山大港提供的资料，亚历山大港的潮水潮差较小，潮汐作用不明显，最高潮水水位为+1.00m，平均水位为0m。本次勘察期间测得海平面标高在0.0～0.1m之间。

由于拟建场地海域外侧有防浪堤，故勘察期间观察到的波浪较小，波高在0.5m以下；

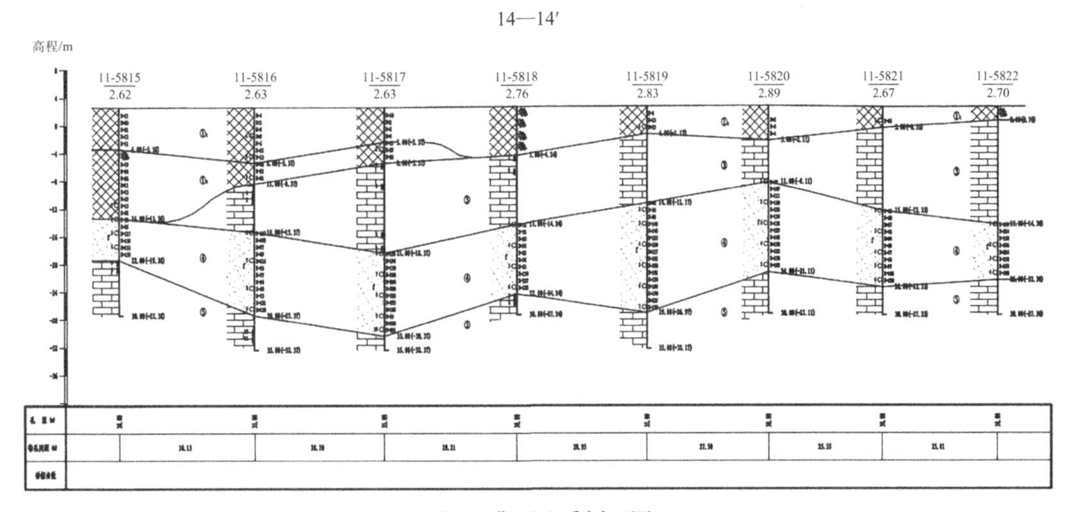

图4 典型地质剖面图

受北风影响，波浪出现的波向为N或NW。

据本次勘察所取的水质分析结果，依《岩土工程勘察规范》[3]GB 50021—2001（2009年版），结果显示在Ⅱ类环境下本场区地下水对混凝土结构具有强腐蚀性，在Ⅲ类环境下本场区地下水对混凝土结构具有中等腐蚀性；在长期浸水条件下地下水对钢筋混凝土结构中的钢筋具有弱腐蚀性，在干湿交替下地下水对钢筋混凝土结构中的钢筋具有强腐蚀性。在Ⅱ类环境下本场区海水对混凝土结构具有强腐蚀性，Ⅲ类环境下本场区海水对混凝土结构具有中腐蚀性，在长期浸水条件下海水对钢筋混凝土结构中的钢筋具有弱腐蚀性，在干湿交替下海水对钢筋混凝土结构中的钢筋具有强腐蚀性。

拟建场地埋藏于陆域浅部土层中的地下水水头高度均高于海水，且海水潮差较小，根据水质分析结果及海水和陆域地下水位格局判断，拟建场地地下水与海水的水力联系较弱，地下水流方向基本为从陆流向海。

4 地基基础分析与评价

4.1 天然地基分析与评价

（1）空压站、涂装车间、1号变电所、2号变电所、海水泵站，地层分布接近，靠近地中海，原为海域，20世纪60年代建厂时填成陆地。

空压站单柱荷载最大为2000kN，此处拟建场地浅部①$_1$层的状态较差且不均匀，不能直接作为天然地基持力层，①$_2$层状态相对较好，可作为天然地基持力层。若采用天然地基方案，对于①$_2$层埋藏较浅的孔附近可采用①$_2$层填土作为天然地基持力层，其他地段宜对①$_1$层进行地基处理。

涂装车间单柱荷载最大为3000kN荷载较大，浅部①$_1$层的状态较差，①$_2$层埋藏深度为3～11m，埋深较大，不宜直接作为天然地基持力层，宜对①$_1$层填土进行地基处理。

1号变电所、2号变电所荷载较轻，但浅部①$_1$层的状态相对较差，且不均匀，不宜直接作为天然地基持力层，宜采取适当方式进行地基处理。

（2）拟建管子车间、钢材预处理工场、废水处理站、二氧化碳站、液氧气化站、天然气站、零部件配套堆场、综合仓库位于同一个区域，③层灰岩埋藏较浅。

管子车间的单柱荷载最大为1500kN，废水处理站为200kN。相对荷载均较小，由于③层灰岩埋深一般在1.5～2.5m，可直接以③层灰岩作为天然地基持力层，基础埋深约2.0m。废水处理站基础埋深约2.0m。局部③层灰岩埋藏较深处可采用②层粉砂作为天然地基持力层，同时注意协调沉降。

二氧化碳站和液氧气化站荷载仅为150kN，②层埋深为0.5～2.0m（局部缺失），③层灰岩层面埋深为1.5～5.5m，可采用天然地基，根据基础埋深，选用②或③层作为天然地基持力层。

零部件配套堆场所处拟建场地③层层面埋藏较浅，其浅部3.0m埋深范围内除①$_1$层填土不均匀外，③$_t$层粉砂和③层灰岩状态均较好，其20t行车轨道可根据基础埋深情况分别选用③$_t$层填土和③层灰岩作为天然地基持力层，局部①$_1$层较厚处宜进行适当的地基处理措施，且应注意沉降协调。

天然气站荷载较轻，但①$_1$层状态不均匀，埋深0～3m，不宜直接作为天然地基持力层，可根据基础埋深情况选用③层灰岩作为天然地基持力层，并对基础下的①$_1$层进行处理。

综合仓库最大柱荷载为2500kN，上部为①$_1$层填土、②层粉砂埋深1.0～5.5m，其下伏地层中③层灰岩，可采用天然地基，根据基础埋深要求，以②层粉砂为天然地基持力层，局部填土较厚处采用适当地基处理。

4.2 桩基持力层及桩型选择

4.2.1 桩基持力层的选择

根据本次勘察结果，拟建场地的③、⑤层灰岩及④层粉砂埋藏适中，不但承载力大，而且压缩性低，是本工程可供选择的桩基持力层。

分段装焊车间的单柱最大荷载为4800kN，一般为3500kN，下部③层的埋深为1.0～17.0m，一般为6m，基本呈西高东低的趋势，局部区段缺失，而其下部④、⑤层的分布则较为均匀，④层埋深为8.0～21.0m，一般为16m，厚约8m，⑤层埋深为19.0～33.0m，一般为27m，设计可根据实际情况自行计算选用。由于拟建场地地层起伏变化较大，故拟建分段装焊车间可采用不同持力层的方式（即不同桩长和持力层），使得各区段单桩承载力大致相同，③层较厚处，以该层作为桩基持力层，较薄或缺失处以④层或⑤层作为桩基持力层。因拟建车间基础有抗拔要求，以③层作为桩基持力层，则桩端需进入该层一定深度。若选择不同地层作为桩基持力层，则需注意差异沉降。

南船台改扩建的情况较为复杂，其基底西部为建厂时填筑的厚层①层填土，东部的③层灰岩由东向西总体趋势逐渐变薄，层面逐渐变深为3.0～17.0m。而⑤层分布较为稳定，埋深为21.0～31.0m。考虑到300t龙门起重机车道因荷载大且拟建场地③层局部缺失，因此建议采用⑤层灰岩作为桩基持力层，桩端进入⑤层(3～5)d。其他吊车道及滑道当采用桩基方案时，东西部的持力层较难选择，若统一采用⑤层，则东部桩长不经济，若东西部分别采用③层、⑤层为桩基持力层则在分界的区段有一个协调问题。鉴于原有南船台多年使用下来效果良好，为了减少新旧船台地基差异，故建议本次改扩建采用与原有南船台相同或类似的基础方案。

4.2.2 桩型选择

根据场地的地层分布及可能的桩基持力层，

如采用预制打入桩有较多不利因素：

（1）拟建场区岩面起伏较大，桩长不易确定；

（2）打入桩沉桩困难，桩端一般只能立于岩面之上而不能嵌固，如果岩面急剧变化，斜面倾角较大，在桩基施工或承受荷载时，桩端极易滑移；

（3）若以④层或⑤层灰岩为桩基持力层，要穿越③层灰岩。

根据上述情况，可采用钻孔灌注桩方案，由于桩质量与成孔质量有密切关系，须加强对成孔质量的监测。

单桩承载力估算表 **表3**

拟建建筑物	桩型	桩径/m	桩长/m	桩端进入持力层及深度	单桩竖向承载力标准值Q_{UN}/kN
分段装焊车间	钻孔灌注桩	ϕ0.50	9.0	进入③层 4.0m	1172
		ϕ0.70	9.0		2110
		ϕ0.70	19.0	进入④层 4.0m	3106
		ϕ0.70	19.0	进入④层 9.0m	5448
		ϕ0.50	23.0	进入⑤层 1.0m	5010
		ϕ0.70	23.0		7371
南船台 300t 龙门吊	钻孔灌注桩	ϕ0.50	24.0	进入⑤层 1.0m	2638
		ϕ0.70	24.0		4051
		ϕ0.50	24.0	进入⑤层 1.0m	5426
		ϕ0.70	24.0		7954

注：1. 基础埋深均暂按 1.0m 考虑。
2. 未考虑桩身强度。
3. 按《建筑桩基技术规范》JGJ 94—2008 相关条款估算[4]。

在施工过程中应采取泥浆护壁措施，应注意判断桩端是否真正达到岩面，当采用③或⑤层作嵌岩桩桩基持力层时，需防止误将土层中所夹砾石或胶结程度高的砂土当作岩面。

4.3 单桩承载力估算

各种不同桩型、桩长的单桩承载力估算值参见表3。如设计选用的桩型、桩长与表中所列形式不同时，则可根据实际采用的桩型、桩长依据有关规范规定自行估算其单桩承载力。单桩竖向承载力应通过单桩静载荷试验来确定。单桩承载力的发挥在很大程度上与沉（成）桩后桩周土体的恢复时间有关，故在沉（成）桩后到进行桩的静荷载试验的间歇时间不应少于有关规定。

4.4 成桩可行性分析与环境评价

若考虑采用钻孔灌注桩或嵌岩桩方案，根据场地工程地质条件，成桩是可行的。

当采用钻孔灌注桩方案时，施工时应注意以下问题：

（1）场地地基土（岩）基本为砂土，且存在有较多粒径较大的砾石等，在成桩过程中，应采用反循环方式，必要时采取清渣措施以减少桩底沉渣量。

（2）在成桩过程中，应选用适当的泥浆配比护孔，必要时可采用跟进套管的方式护孔，防止塌孔。

（3）钻孔灌注桩的质量与施工因素紧密相连，应加强对施工质量的检测。

（4）钻孔灌注桩施工时会产生大量泥浆废渣，如处置不当会影响施工场地的周围环境，应采取措施予以控制。

4.5 基坑围护分析

本工程扩建南船台处及废水处理站将进行基坑开挖，经向设计了解，南船台处开挖深度最深约为12.5m，属一级基坑，其底板将由东到西、自浅而深置于①$_1$、①$_2$、①$_3$层填土中；废水处理站局部基坑开挖深度约6m，属三级基坑。基坑底位于③层灰岩中。

（1）围堰

拟建围堰如采用双排钢板桩围堰，则需有足够的稳定性和强度及满足渗流稳定性的要求，因此双排钢板桩的入土深度应满足设计要求，其具体的插入深度应视双排钢板桩的抗滑、抗稳定及抗渗等要求而定。

为确保基坑施工期间的安全和周围环境的安全，根据拟定开挖基坑的规模，如场地环境条件允许，可采用高压旋喷桩止水帷幕，坡面用钢丝网喷射混凝土护面的放坡开挖方案，亦宜采用坑内降水措施。

（2）船台

经本次勘察查明，本场地各土岩层层面起伏较大，上覆土层基本为①层填土，且分布不均匀，基坑底板大部分区域位于①$_1$、①$_2$、①$_3$层砂土之间，而这些砂土渗透能力较强，虽易于排水压密和强度提高，但在一定的动水压力条件下易产生流砂和管涌等不良地质现象。由于场地开挖深度由东向西逐渐加深，故基坑开挖可采用放坡开挖的方式。但对于侧板，可考虑采用搅拌桩作重力式挡墙，应根据地基土状态设置多级平台分层开挖，同时应采用坑内降水措施。

开挖时应尽量减少对土的扰动，并不宜长期暴露和积水。基坑开挖时，需注意①$_1$、①$_2$、①$_3$层砂土，在一定动水条件下易产生塌方、管涌、流砂等不良地质现象。

必须采取相应的预防措施，同时配以适当的坑内降水措施来确保基坑施工安全和周围环境的安全。同时还应加强监测工作，做到信息化施工，以确保安全和施工的顺利进行。基坑围护设计施工参数见表4。

基坑工程设计参数表　　表4

地层序号	土层名称	建议值				
		重力密度γ/（kN/m^3）	黏聚力c/kPa	内摩擦角φ/°	静止侧压力系数K_0	综合渗透系数K/（cm/s）
①$_1$	填土（粉砂）	18.8	7	28.5	0.52	5.0×10^{-4}
①$_2$	填土（粉砂）	20.8	7	30.0	0.5	1.0×10^{-4}
①$_3$	填土（粉砂）	20.4	7	33.5	0.45	1.0×10^{-4}
①$_{3t}$	填土（粉土）	18.5	12	28.0	0.53	8.0×10^{-5}
④	粉砂	19.2	20	35.0	0.43	3.0×10^{-4}

4.6 地基处理

本工程将对舾装件集配场、总组平台、南船台、零部件配套堆场及天然地基达不到设计要求的拟建场地进行地基处理，处理的土层主要为①$_1$层填土，根据本工程场地条件和周边环境条件，可选用振冲法、分层碾压等，对于采用不同天然地基持力层[5]的拟建物地基可采用换垫或将基础局部落深，同时控制不均匀沉降。触探杆长度校正系数表见表5，地基处理后的天然地基承载力可按表6选用。

触探杆长度校正系数表　　表5

杆长/m	≤3	6	9	12	15	18	21
校正系数	1.00	0.92	0.86	0.81	0.77	0.73	0.70

砂土承载力特征值表　　表6

标准贯入修正后击数$N_{机}$/击	10	15	30	50
中、粗砂/kPa	180	250	340	500
粉、细砂/kPa	140	180	250	340

5 技术难点解决效果及创新点

（1）水域施工难度大

本次勘察较多钻孔位于水域，地中海水域施工有两个难点，第一，由于地中海靠近岸边水也较深，水深在15m左右，因当地条件有限，很难找到较大的施工船只，船只太小容易来回晃动，容易折断钻杆或造成钻孔倾斜，第二，由于施工期间，亚历山大船厂还在正常对外运营，来往停靠的船只较多，抛锚会影响正常船只的通行。针对以上问题，我公司根据当地的有限资源和条件改造了当地的渔船作为侧跨式钻探平台来进行水域实施；另外在航道区域多处设置浮标和警戒船只作为指示，防止通航货船撞上锚绳，保证通行的安全。改造的船载侧跨式钻探平台见图5。

图5　船载侧跨式钻探平台

（2）基坑围护方式建议科学合理

本工程扩建南船台处及废水处理站将进行基坑开挖，属一级基坑，拟建围堰如采用双排钢板桩围堰，则需有足够的稳定性和强度及满足渗流稳定性的要求，因此双排钢板桩的入土深度应满足设计要求，其具体的插入深度应视双排钢板桩的抗滑、抗稳定及抗渗等要求而定。

本场地各土岩层层面起伏较大，且由于场地开挖深度由东向西逐渐加深，故基坑开挖可采用放坡开挖的方式。但对于侧板，可考虑采用搅拌桩作重力式挡墙，应根据地基土状态设置多级平台分层开挖，同时应采用坑内降水措施，亚历山大的灰岩渗透性较强，基坑围护设计应引起足够的重视。

（3）土工试验、原位测试手段多样，数据准确

本工程针对深基坑，进行了标准贯入试验、动力触探试验和波速试验等原位测试，并进行了直剪快剪、固结快剪、固结试验、渗透系数等室内试验，这些试验在国内都是很常规的，但在条件有限的埃及，做起来颇有难度，我公司技术团队结合相关工程经验，最终建议参数实践证明准确合理。

（4）判别入岩的难度较大

本项目南船台龙门起重机道设计采用嵌岩桩基础，桩基施工需要现场判别是否进入了灰岩岩层，我公司派有经验的项目负责人现场配合判别是否入岩，这其中和业主聘请的亚历山大咨询公司产生了较大的分歧，由于成孔采用了液压旋挖钻机，旋挖钻机抓上来的全是片状的灰岩（Limestone），对方认为没有到达基岩岩层，要求继续钻进，后来为了判别是否到达基岩面，我方专门在桩位旁边另钻一个取样孔，取出完整的岩芯给咨询方看，对方才认可了我们的判岩标准。

（5）桩基持力层建议有针对性

由于在本场地钻探期间发现了两层灰岩，分别为③层和⑤层，中间夹有较厚④粉砂层，从工程造价和安全方面考虑，设计对持力层的选择颇有难度，我公司根据不同的地层分布给出了有针对性的建议，对分段装焊车间，荷载一般，我公司建议采用③层灰岩作为桩基持力层，对于南船台龙门起重机道，荷载较大，我公司建议采用⑤层灰岩作为桩基持力层。该建议获得了第三方（咨询方）的认可和肯定。

（6）由于埃及野外施工见证方为亚历山大的大学教授，他们以美国标准 ASTM 和埃及标准为依据，和我国国家标准有很多差别，如在对液塑限的认定标准，标准贯入的锤击数计量，岩石风化程度判定等方面，通过持久的沟通最终达成了统一的认定标准。

6 应用效果及经济效益

（1）本次勘察报告对船坞坞壁、底板各区域的桩基持力层、桩型等方面建议科学合理，尤其在不同桩长可能产生不均匀沉降问题方面提供了较为全面合理的建议。

（2）勘察报告提供的资料科学准确，各项参数可靠合理，结论建议恰当，对造船厂经济、社会、环境效益等综合效益产生明显提升，取得了良好的经济和社会效益。

（3）该项目于 2015 年全面竣工，取得了埃及建设方和设计单位的认可。

参考文献

[1] 阿拉伯埃及共和国. Egyptian Code of Practice-201, 2008 for Design Loads on Structures[S].

[2] 住房和城乡建设部. 建筑抗震设计规范(2016 年版): GB 50011—2010[S]. 北京: 中国建筑工业出版社, 2016.

[3] 建设部. 岩土工程勘察规范(2009 年版): GB 50021—2001[S]. 北京: 中国建筑工业出版社, 2009.

[4] 建设部. 建筑桩基技术规范: JGJ 94—2008[S]. 北京: 中国建筑工业出版社, 2008.

[5] 住房和城乡建设部. 建筑地基基础设计规范: GB 50007—2011[S]. 北京: 中国建筑工业出版社, 2012.

虹桥污水处理厂工程厂区部分岩土工程勘察实录

张鹤川　彭满华　刘荣毅　张海顺　周　元　赵子证
（中船勘察设计研究院有限公司，上海　200333）

1　工程概况及特点

为服务闵行、青浦、长宁三个辖区内约 50 万人口生活废水排放，覆盖新虹街道、华漕镇、虹桥商务区每天约 10 万 t 的污水处理，在长宁区和闵行区交界处、苏州河以南、长宁区田度废弃物综合处置中心及地铁车辆段以西、华漕港以东、北翟路以北拟新建半地下式污水处理厂 1 座，建设规模拟按 20 万 m^3/d 一次建成，包括调蓄池 1 座（容积 5 万 m^3）；新建污水进厂总管 DN1200～2200，全长约 13.5km；污水中途提升泵站虹桥商务区西部、天山污水处理厂共 2 座。本次勘察范围为厂区部分。

根据设计单位提供的资料，整体式地下水池结构净尺寸约为 321m × 266m，现浇钢筋混凝土结构，基底压力约 160kPa，最大开挖深度约 13m，采用明挖施工方案，有支护体系的基坑。场地 ±0.000 绝对标高为+5.000m。各拟建建（构）筑物性质见表 1。

各拟建建（构）筑物性质一览表　　表 1

序号	构筑物名称	总规模	数量/座	基础形式	开挖深度/m	备注
1	调蓄池	5 万 m^3	1	桩基	13.0	
2	粗格栅及进水泵房	20 万 m^3/d	1	桩基	13.0	
3	细格栅及曝气沉砂池	20 万 m^3/d	1	桩基	13.0	分 4 格
4	AAO 生化池	20 万 m^3/d	4	桩基	6.0～7.0	
5	二沉池	20 万 m^3/d	4	桩基	6.0～7.0	
6	中间提升泵房	20 万 m^3/d	4	桩基	6.0～7.0	
7	高效沉淀池	20 万 m^3/d	4	桩基	6.0～7.0	
8	深床滤池	20 万 m^3/d	4	桩基	6.0～7.0	
9	紫外线消毒池	20 万 m^3/d	2	桩基	6.0～7.0	每座分 2 格
10	出水提升泵房	20 万 m^3/d	1	桩基	6.0～7.0	
11	储泥池	20 万 m^3/d	3	桩基	6.0～7.0	
12	污泥脱水机房	20 万 m^3/d	1	桩基	6.0～7.0	
13	鼓风机房	20 万 m^3/d	1	桩基	6.0～7.0	
14	加药间	20 万 m^3/d	1	桩基	6.0～7.0	
15	主变配电间	20 万 m^3/d	1	桩基	6.0～7.0	
16	仓库	20 万 m^3/d	1	桩基	13.0	
17	综合楼	3 层	1	桩基		一体化箱体外
18	锅炉房及机修车间	1 层	1	天然地基		一体化箱体外

本项目拟建区域范围广、拟建建筑类型多，勘察区域浜、塘分布较多，建筑类型复杂，周围环境复杂，场地内地层复杂。

2　技术特色

本项目场地工程地质条件复杂，建设规模较大，故勘察期间采用了钻探取样、现场原位测试（标准贯入、静力触探、十字板剪切、注水试验）和室内土试验（直剪固快、直剪慢剪、固结试验、渗透系数、静止侧压力系数、三轴试验、无侧限抗压强度、回弹试验）等多种勘察手段，获取工程设计、施工所需各种岩土参数，满足了工程设计及施工对勘察的要求。

获奖项目：2022 年度机械工业部优秀工程勘察设计奖一等奖。

根据勘察成果，场地位于古河道切割区，受其影响可作为桩基持力层及压缩层的各土层局部起伏较大，土性不均匀，指标离散性较大，对沉降控制较为不利。根据地层情况，选择同桩长不同持力层方案或统一选择⑤$_{3夹}$层为持力层，为经济合理地设计桩基方案提供技术保障。

本项目有整体式地下水池，最大开挖深度约13m，属一级基坑。基坑围护对水文地质条件要求较高，勘察期间采用原位测试和室内试验等多种手段，详细准确地查明了明、暗浜的分布，整理出详尽的水文地质资料，为设计方提供了准确的基坑围护依据，并经基坑围护效果验证所提供参数准确。

3 岩土工程条件

3.1 地形地貌与环境条件

上海位于长江三角洲冲积平原的东南前缘，成陆较晚，除西南部有十余座零星剥蚀残丘外，地形平坦，河港密布，境内地面标高（吴淞高程，下同）大多在2.5～4.5m之间，西部为淀泖洼地，东部为蝶缘高地，东西高差为2～3m。

本工程场地位于苏州河以南、闵行区和长宁区交界，拟建场地地面起伏较大。地面标高3.42～6.45m，地貌单元属滨海平原类型。

本工程勘察期间，场地区域大部分为空地，东南侧部分民宅暂未拆除，中部东西向为回填一半的明浜，中部余一水塘，场地南侧分布有2个养殖中鱼塘。场地周边距离较近的水系为苏州河与许浦港。

3.2 地基土的构成

各土层特征概况详见表2，地层分布情况如图1所示。本次勘察所揭示拟建场地55.40m深度（相当于标高−51.65m）范围内的土层按其时代、成因、埋藏条件及物理力学性能等因素综合考虑可分为6层，缺失上海市统编⑥层，其中②层、⑤层根据土性和工程性质的差异又可细分为若干亚层。

本拟建场区−44.54～−36.46m以上沉积第四系全新世（Q_4）土层，以下则为第四系上更新世（Q_3）土层。场地表层分布杂填土（①$_1$层），仅中部暗浜区分布淤泥状浜土（①$_2$层）；其下大部分区域分布有粉质黏土（②$_{1\text{-}2}$层）；一般区域都有②$_3$层与比较均匀的④层；受古河道的影响，本场地缺失⑥层，而沉积了溺谷相的⑤$_3$层和河口—湖泽相的⑤$_4$层，故⑤层细分为⑤$_{1\text{-}1}$、⑤$_{1\text{-}2}$、⑤$_2$、⑤$_{2t}$、⑤$_3$、⑤$_{3夹}$、⑤$_4$层，其中⑤$_{2t}$层呈透镜体分布、⑤$_{3夹}$层整体穿过⑤$_3$层中部；一般性勘探孔揭遇⑦层，控制性勘探孔均揭穿⑦层进入⑧层中。

各土层特征概况表 **表2**

地质年代		成因类型	土层编号	地层名称	状态	压缩性	层厚范围值/m（一般值/m）	层面标高范围值/m（一般值/m）
Q_4	Q_4^3	人工	①$_1$	杂填土	松散		0.80～4.40（2.38）	3.42～6.45（4.13）
			①$_2$	浜土	流塑		2.00～2.40（2.20）	2.02～3.00（2.51）
		滨海—河口	②$_{1\sim2}$	褐黄—灰黄色粉质黏土	可塑—软塑	中等	0.70～2.50（1.36）	0.40～3.11（1.82）
		滨海—河口	②$_3$	灰色黏质粉土夹淤泥质粉质黏土	松散—稍密（流塑）	高等	4.40～9.10（6.33）	−0.50～2.15（0.53）
	Q_4^2	滨海—浅海	④	灰色淤泥质黏土	流塑	高等	6.90～10.40（8.89）	−7.58～−4.43（−5.78）
	Q_4^1	滨海、沼泽	⑤$_{1\text{-}1}$	灰色黏土	流塑—软塑	高等	2.60～5.40（3.94）	−15.74～−13.54（−14.67）
		滨海、沼泽	⑤$_{1\text{-}2}$	灰色粉质黏土	流塑	高等	1.30～4.90（2.55）	−20.04～−17.29（−18.61）
		滨海、沼泽	⑤$_2$	灰色黏质粉土夹粉质黏土	稍密—中密（软塑）	中等	0.80～5.10（2.33）	−23.84～−19.87（−21.15）
		滨海、沼泽	⑤$_{2t}$	灰色砂质粉土	中密	中等	0.70～3.10（1.97）	−25.55～−21.59（−23.59）
		溺谷	⑤$_3$	灰色粉质黏土	软塑—可塑	中等	3.10～12.20（7.95）	−27.55～−21.25（−24.00）
		溺谷	⑤$_{3夹}$	灰色砂质粉土夹粉质黏土	中密（软塑—可塑）	中等	2.00～10.50（5.08）	−31.94～−27.92（−29.51）
		溺谷	⑤$_4$	灰绿色粉质黏土	硬塑	中等	1.00～4.70（2.47）	−41.60～−33.95（−36.26）

续表

地质年代		成因类型	土层编号	地层名称	状态	压缩性	层厚范围值/m（一般值/m）	层面标高范围值/m（一般值/m）
Q_3	Q_3^2	河口—滨海	⑦	灰色砂质粉土	中密—密实	中等	1.30～7.80（5.12）	−44.54～−36.46（−38.53）
		滨海—浅海	⑧	灰色粉质黏土	软塑—可塑	中等	未钻穿	−48.47～−39.53（−43.74）

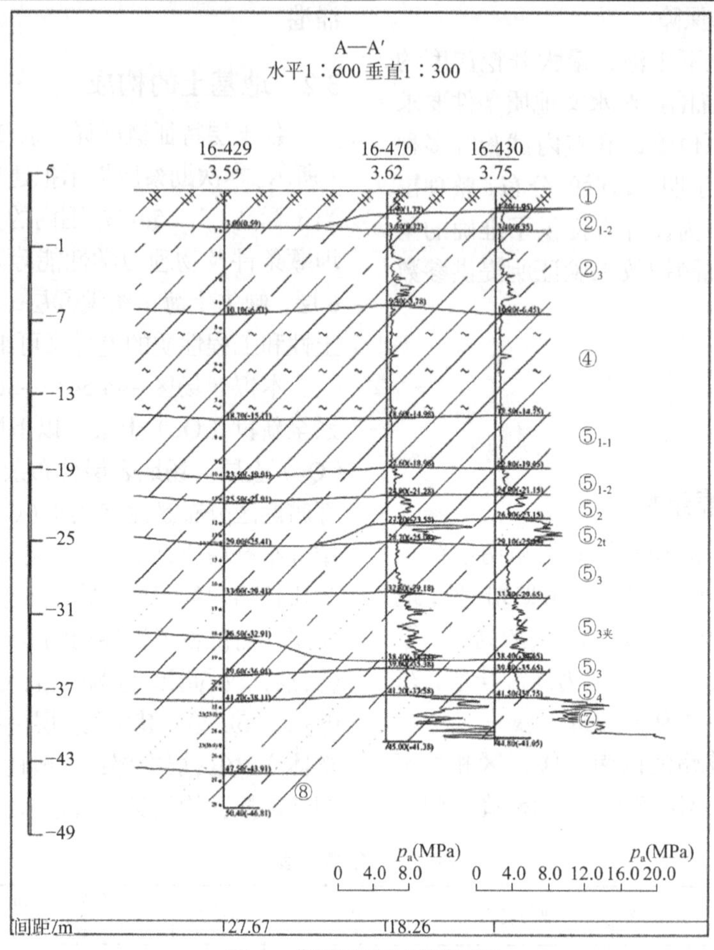

图 1　典型工程地质剖面图

3.3　场地地震效应

拟建场地的覆盖层厚度大于80m，属Ⅳ类场地。抗震设防烈度为 7 度，属设计地震第二组，设计基本地震加速度值为 0.10g。拟建场地属抗震一般地段[1-3]。场地浅部20m 深度范围内不存在饱和砂粉性土，可不考虑地基土的液化问题。

4　水文地质条件

4.1　地下水类型与含水层（岩）组特征

本次勘察所揭示的拟建场地区域与工程施工密切相关的地下水，按照富存空间和水力特征不同，可分为潜水与（微）承压水，其主要补给来源均为大气降水和地表径流，随着季节、气候、降水量等影响而变化。

潜水主要分布于地表以下的第四纪黏性土中，岩性主要以黏性土为主，整个场地分布，与大气降水及地表水的关系十分密切，易受环境的影响，测得勘察期间部分钻孔潜水稳定水位埋深为 0.60～2.70m（相当于标高 3.73～2.12m）。

第Ⅰ承压水含水层为本次勘察揭示的⑦层砂质粉土，该层上下部有隔水层，整个场地均有分布；微承压含水层赋存于⑤$_2$层黏质粉土夹粉质黏土、⑤$_{2t}$层砂质粉土及⑤$_{3夹}$层砂质粉土夹粉质黏土层中，水位一般呈周期性变化，其中⑤$_2$层微承压水在基坑开挖过程中可能发生突涌，本次勘察期间布置了 2 个承压水观测孔，对⑤$_2$层的地下水进行观测，观测到的该层微承压水水头埋深分别为 3.51m（标高为 0.53m）、3.32m（0.51m），微承压水水头埋深恢复历程如图 2 所示。

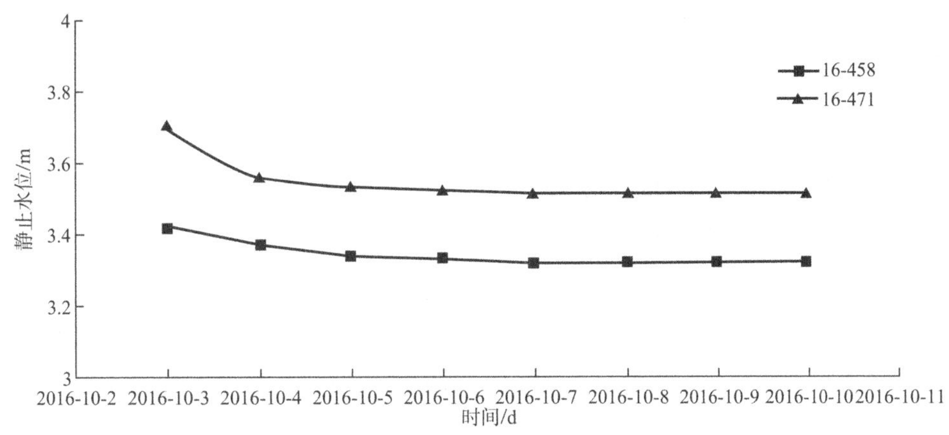

图 2　虹桥污水处理厂厂区承压水水头观测图

4.2　地表水与地下水水力联系观测

拟建场地内除南侧分布的 2 个鱼塘和中部 1 个水塘外无其他地表水。拟建场地邻近地表水主要为西侧许浦港和北侧苏州河，其中西侧许浦港距离拟建基坑边线最近约 40m，北侧苏州河距离基坑边线最近约 66m。

本次勘察期间布置了 2 个水力联系观测孔对邻近地表水和场地地下水之间的水力联系情况进行观测，分析成果发现拟建场地地下水与邻近地表水之间存在一定的水力联系，设计、施工时需注意邻近地表水对工程建设的不利影响，观测曲线如图 3、图 4 所示。

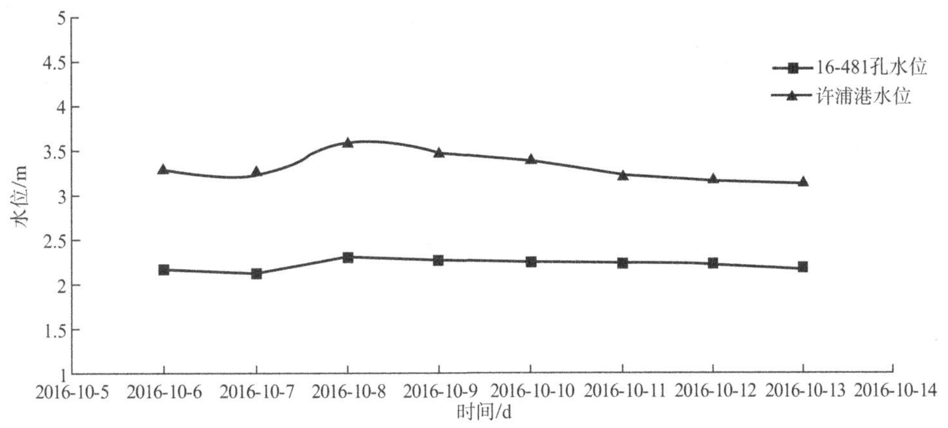

图 3　虹桥污水处理厂厂区水力联系观测曲线 1

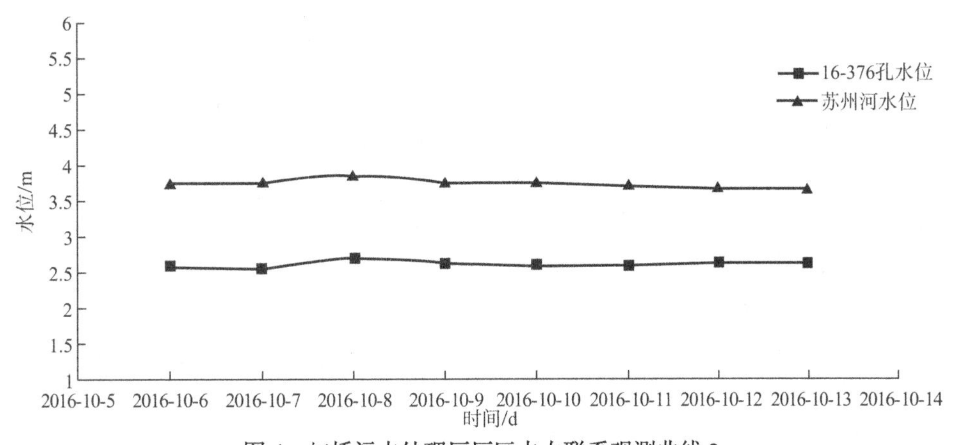

图 4　虹桥污水处理厂厂区水力联系观测曲线 2

4.3　地下水温度与水、土腐蚀性

上海地区地下水的温度，埋深在 4m 范围内受气温变化影响，4m 以下水温较稳定，一般为 16～18℃。

本次勘察期间共采取 2 组地表水和 3 组地下

水进行水质简分析，水质检测结果显示本拟建场地范围内地表水和地下水（潜水）对混凝土有微腐蚀性；在长期浸水条件下，对钢筋混凝土中的钢筋有微腐蚀性，在干湿交替条件下，对钢筋混凝土中的钢筋有微腐蚀性，对钢结构有弱腐蚀性；（微）承压水一般对混凝土有微腐蚀性，对混凝土中的钢筋有微腐蚀性。地基土对混凝土和钢筋混凝土中的钢筋的腐蚀性评价和地下水相同。

4.4 土层渗透性

根据室内渗透试验和野外现场注水试验成果，场地主要土层的渗透性系数见表 3。

场地土层渗透系数 　　**表 3**

层号	土层名称	现场注水试验	室内土工试验	
		平均渗透系数/（cm/s）	垂直渗透系数K_V/（cm/s）	水平渗透系数K_H/（cm/s）
②$_{1-2}$	褐黄—灰黄色粉质黏土	2.46×10^{-6}	2.32×10^{-6}	3.38×10^{-6}
②$_3$	灰色黏质粉土夹淤泥质粉质黏土	2.49×10^{-5}	1.01×10^{-4}	1.39×10^{-4}
④	灰色淤泥质黏土	3.57×10^{-7}	4.72×10^{-7}	7.18×10^{-7}
⑤$_{1-1}$	灰色黏土	5.09×10^{-6}	3.71×10^{-7}	5.68×10^{-7}
⑤$_{1-2}$	灰色粉质黏土	5.33×10^{-6}	3.28×10^{-6}	5.10×10^{-6}
⑤$_2$	灰色黏质粉土夹粉质黏土	9.43×10^{-5}	1.38×10^{-4}	2.27×10^{-4}
⑤$_3$	灰色粉质黏土	7.31×10^{-6}	4.52×10^{-6}	6.79×10^{-6}

5 岩土工程分析与评价

5.1 场地稳定性及适宜性评价

拟建场地处于构造稳定的平原地区，覆盖层较厚，且无滑坡、泥石流等重大地质灾害，因此根据场地工程地质条件，本场地是稳定的；拟建场地除南侧距离民宅较近外，周边环境相对简单，对场地分布的软土、局部厚填土、浅部建筑垃圾残留、少量明暗浜采取必要的防治措施和工程措施后，适宜本工程的建设。

5.2 地基均匀性评价

拟建场地位于古河道切割区，本工程主要拟建物采用桩基础，拟建范围内虽地基持力层不存在跨越不同地貌单元或不同工程地质单元，但处于古河道切割区深部地层层位变化较大且局部缺失，而可作为桩基持力层及压缩层的土层局部起伏较大，土性不均匀，指标离散性较大，对沉降控制较为不利，故综合确定本场地地基为不均匀地基。桩基设计时应选择合适的桩长和桩基持力层，避免产生过大的沉降及差异沉降；基坑设计时应做好抗渗透、抗突涌等稳定性验算。

5.3 天然地基分析与评价

根据设计资料，拟建锅炉房及机修车间为采用天然地基建（构）筑物，场地整体分布的②$_{1-2}$层褐黄—灰黄色粉质黏土状态较好，可塑—软塑状，该层可以考虑作为拟建锅炉房及机修车间的天然地基持力层，建议基础砌置深度 3.0m（标高约 1.30m），并综合考虑原位测试静力触探P_s值，假设基础埋深$d=3.0$m，基础宽度$B=1.50$m（条形基础），地下水埋深按 0.5m 计，②$_{1-2}$层土天然地基承载力设计值f_d可取 100kPa（相应的天然地基承载力特征值f_a为 100kPa）。

5.4 桩基础分析与评价

（1）整体式地下水池

据设计资料，拟建整体式地下水池桩长约 30.0m，设计±0.000 为绝对标高 5.000m，水池埋深南侧约 13.0m，北侧 6.0～7.0m，估算桩端标高分别为−38.0m 和−32.0～−31.0m。桩端标高−38.0m 主要位于⑤$_4$层和⑦层，局部位于⑤$_3$层和⑤$_{3夹}$层；桩端标高−32.0～−31.0m 主要位于⑤$_{3夹}$层，局部位于⑤$_3$层。

根据本次勘察显示，拟建场地位于古河道切割区，场地范围较大，深部土层可能的桩基持力层分布不均，起伏较大，厚度不一，若选择同一桩长则较难选择统一的桩基持力层，故建议选择同桩长不同持力层方案：北侧基坑深度 6.0～7.0m 区域，设计桩长 30m，桩端标高−31.0～−32.0m。桩端主要位于⑤$_{3夹}$层，局部位于⑤$_3$层，桩型可采用

ϕ600mm 的钻孔灌注桩；南侧基坑深度 13.0m 区域，设计桩长 30m，桩端标高−38.0m。桩端主要位于⑤$_4$层和⑦层，局部位于⑤$_3$层和⑤$_{3夹}$层，桩型可采用ϕ600mm 或ϕ700mm 的钻孔灌注桩。

或统一选择以⑤$_{3夹}$层为持力层，桩端标高为−31.5m 左右，桩型可采用ϕ600mm 或ϕ700mm 的钻孔灌注桩。

（2）17 号综合楼

拟建综合楼，拟采用桩基，根据勘察资料显示，该场地⑤$_{3夹}$层厚度 2.0～5.6m，状态较好，可作为拟建综合楼的桩基持力层，桩端标高控制在约−31.50m。

5.5 基坑工程分析与评价

1）基坑围护与施工

本工程整体式地下水池主要分为两部分，按《基坑工程技术规范》DG/TJ 08—61—2010 有关规定，南侧基坑埋深 13m，安全等级属一级；北侧基坑北侧埋深 6～7m，安全等级属二～三级；本工程周边环境相对简单，基坑环境保护等级建议为三级。

本项目厂区部分基坑开挖范围内主要为①$_1$层杂填土、①$_2$层浜土、②$_{1\text{-}2}$层褐黄—灰黄色粉质黏土、②$_3$层灰色黏质粉土夹淤泥质粉质黏土、④层灰色淤泥质黏土，基底位于②$_3$层或④层。场地内⑤$_{1\text{-}1}$层灰色黏土、⑤$_{1\text{-}2}$层灰色粉质黏土、⑤$_2$层灰色黏质粉土夹粉质黏土、⑤$_{2t}$层砂质粉土、⑤$_3$层灰色粉质黏土、⑤$_{3夹}$层灰色砂质粉土夹粉质黏土等地层对基坑开挖亦有一定的影响。

本工程拟开挖 6.0～7.0m 的基坑，围护形式可采用 SMW 工法；开挖 13.0m 的基坑，围护形式可采用钻孔灌注桩柱列式挡墙。根据开挖深度设置相应的支撑道数，并选择合适的降水措施。设计需进行相应的整体、抗隆起、抗倾覆、抗水平滑动、抗渗漏等稳定性验算。根据整体式地下水池基坑面积大、开挖深度较大，且深度不一等特点，建议充分利用“时空效应”的原理，采用“化大为小”“先难后易”的方案，将整个基坑分成若干小坑，控制基坑施工中的围护变形和周边沉降；在基坑分块中先施工南侧开挖深度较大的基坑。[4]

设计时，应根据不同设计状况及工程经验选用不同的抗剪强度指标进行基坑的稳定性验算，有关基坑围护设计施工以及基坑降水所需参数见表 4。

基坑设计参数表 **表 4**

层号	土层名称	建议值				
		不排水抗剪强度 c_u/kPa	静止侧压力系数K_0	基床系数		综合渗透系数K/（cm/s）
				水平向K_H/（kN/m³）	垂直向K_V/（kN/m³）	
②$_{1\text{-}2}$	褐黄—灰黄色粉质黏土	35	0.48	30000	20000	4.0E-6
②$_3$	灰色黏质粉土夹淤泥质粉质黏土	—	0.50	15000	10000	1.5E-4
④	灰色淤泥质黏土	25	0.65	3000	5000	4.0E-7
⑤$_{1\text{-}1}$	灰色黏土	30	0.55	15000	10000	5.0E-7
⑤$_{1\text{-}2}$	灰色粉质黏土	30	0.55	15000	10000	5.0E-6
⑤$_2$	灰色黏质粉土夹粉质黏土	—	0.43	30000	20000	3.0E-4
⑤$_{2t}$	灰色砂质粉土	—	0.40	60000	30000	5.0E-4
⑤$_3$	灰色粉质黏土	35	0.48	15000	10000	5.0E-6

2）相关岩土工程问题

（1）软土流变问题

本场地④层、⑤$_{1\text{-}1}$层软弱黏性土具有较明显触变及流变特性，对基坑的影响主要表现在：基坑开挖深度较大，会引起土体过大变形，若不及时支撑，其流变特性会使变形更大；另外在施工过程中，应尽量避免对土体的扰动。

（2）土体回弹问题

本基坑开挖最大深度约 13.0m，基底位于④层灰色淤泥质黏土中，在开挖过程中土体的回弹会对基坑支护结构、周围环境等产生不利影响，同时土体回弹产生的向上拔力对桩基亦会产生不利影响。为提供基坑开挖影响范围内各土层的回弹参数，用于计算基坑开挖后的回填再压缩量，本次勘察对②～⑤$_{3夹}$层土进行了室内回弹试验，经分层统计分析，各土层的回弹参数见表5。

场地土层回弹参数表 **表5**

层序	土层名称	回弹模量$E_{0.2-0.025}$/MPa	回弹模量$E_{0.4-0.05}$/MPa
②$_3$	灰色黏质粉土夹淤泥质粉质黏土	23.00	
④	灰色淤泥质黏土	11.88	
⑤$_{1-1}$	灰色黏土	13.71	17.27
⑤$_{1-2}$	灰色粉质黏土		26.02
⑤$_2$	灰色黏质粉土夹粉质黏土		67.57
⑤$_{2t}$	灰色砂质粉土		94.96
⑤$_3$	灰色粉质黏土		33.37
⑤$_{3夹}$	灰色砂质粉土夹粉质黏土		61.04

（3）基坑突涌问题

本场地微承压含水层为第⑤$_2$层黏质粉土夹粉质黏土、⑤$_{2t}$层砂质粉土、⑤$_{3夹}$层砂质粉土夹粉质黏土，水位一般呈周期性变化，其微承压水水头埋深在地表下3～11m，假设按最不利因素考虑，微承压水水头埋深按3.0m，⑤$_2$层和⑤$_{3夹}$层层面埋深最浅按23.9m和31.6m，本次基坑开挖深度最大按13.0m，经估算：⑤$_2$层$P_{cz}/P_{wy}=0.94<1.05$，⑤$_{3夹}$层$P_{cz}/P_{wy}=1.17>1.05$。

本场地第Ⅰ承压水含水层为⑦层砂质粉土，承压水水头埋深在地表下3～12m，呈周期性变化，假设按最不利因素考虑，承压水水头埋深按3.0m，⑦层层面埋深最浅按40.6m，本次基坑开挖深度最大按13.0m，经估算$P_{cz}/P_{wy}=1.32>1.05$。

故⑤$_3$夹层微承压水和⑦层承压水不会造成基坑突涌，⑤$_2$层和⑤$_{2t}$层相连，该层微承压水发生基坑突涌的临界基坑开挖深度约为11.7m，因此，对埋深6～7m的基坑，该层不会发生突涌，对埋深13.0m的基坑，该层会发生突涌。设计与施工过程中应予以注意。由于承压水位呈周期性变化，而本次勘察观测周期较短，建议对本拟建场地的承压水进行专项的水文观测，以获得更详细的承压水最高与最低水位，便于设计与施工。

（4）基坑降水问题

基坑开挖前应把地下水降至开挖深度以下一定深度，以保证开挖面的干燥，坑内降水可采用管井或坑内轻型井点，或者两种方法结合；作为坑内降水井，一般对周围环境影响较小。由于本基坑工程开挖范围大，开挖深度深，施工工期长，故施工期间的降水时间长，降水施工将对周边环境造成较大影响；为降低其对环境的影响，建议严格控制承压水水头高度，做到按需降水降压；降水时应加强基坑周边的水位和变形监测，必要时采取基坑外回灌措施，避免产生过大的降水漏斗，控制降水对周围环境的影响。

6 应用效果及社会效益

（1）本工程地质条件较为复杂，通过运用钻探、静探、原位测试及室内试验等多种手段，对场地工程地质条件作出了全面的分析评价，有针对性地提出桩基方案建议与基坑围护参数，为业主节省了资金成本，获得了良好的经济效益，勘察成果经过建设单位组织的专家评审，认为勘察技术路线和技术措施正确，达到国内同类勘察工程领先水平，并得到了业主和设计单位的一致好评。本工程已获2022年度机械工业优秀工程勘察一等奖。

（2）虹桥污水处理厂的建成和投入运行，产生了显著的社会效益，先期日处理规模达到20万m³/日，服务面积约67km²，服务人口50～55万人；极大地改善了周围水体环境，对治理水污染、保护地区流域水质和生态平衡具有十分重要的作用，为上海市的供排水做出了巨大的贡献（图5）。

图5 虹桥污水处理厂屋顶花园

参考文献

[1] 住房和城乡建设部. 工程勘察通用规范: GB 55017—2021[S]. 北京: 中国建筑工业出版社, 2022.

[2] 上海市建筑建材业市场管理总站. 岩土工程勘察规范: DGJ 08—37—2012[S]. 上海, 2012.

[3] 住房和城乡建设部. 建筑抗震设计规范(2016年版): GB 50011—2010[S]. 北京: 中国建筑工业出版社, 2016.

[4] 住房和城乡建设部. 建筑基坑支护技术规程: JGJ 120—2012[S]. 北京: 中国建筑工业出版社, 2012.

厦门船舶重工股份有限公司三期工程（8万t船坞及配套舾装码头工程）岩土工程勘察实录

彭　伟　黄成志　彭满华　陈志新

（中船勘察设计研究院有限公司，上海　20063）

1　工程概况

1.1　项目位置及勘察内容

拟建厦门船舶重工股份有限公司三期工程（8万t船坞及配套舾装码头工程）工程位于厦门海沧排头，现厦门船舶重工股份有限公司的西南侧。拟建工程包括总组平台、8万t级船坞、分段堆场及预舾装场、门式吊轨道（400T、800T）、高架吊轨道（10T、32T）、8万t级舾装码头等。

1.2　本项目的工程特点

拟建项目属大型船坞和配套设施，坞口为现浇钢筋混凝土“U”形整体式结构；坞墙拟分别采用大开挖施工的桩基扶壁结构、岩基上的衬砌式或衬砌加扶壁混合式结构、单锚钻孔灌注排桩结构；配套轨道采用桩基上的现浇钢筋混凝土连续梁结构；码头采用重力式结构。

2　各拟建建（构）筑物性质

各拟建建（构）筑物性质见表1。

3　岩土工程条件

3.1　场地位置与地形地貌

拟建厦船重工三期工程位于厦门海沧排头，现厦船重工有限公司的西南侧。拟建场地原地貌单元属滨海滩涂地与残积地貌单元，整个场地总体由西北向东南倾斜。本次勘察期间陆域孔口标高在 4.15～12.38m，水域孔口标高在－12.46～2.03m。

3.2　场区地质构造

在拟建场地内有一条F4断裂通过，断层分界线呈南西—北东方向（断层分界线见勘探点平面布置图），将拟建场地分为南北两块。出现两种不同岩性的地层，南侧为侏罗系犁山组轻变质砂页岩（J_{l1}），北侧为大坪岩体第二次侵入的中粗粒二长花岗岩（r_5^2）。此外，根据资料，在拟建场地附近另有一条F1断裂通过。根据收集到的区域地质构造资料，该断裂不属于活动性断裂，属构造稳定地块，可不考虑活动性断裂对本场地的影响。

3.3　场地岩土条件

本次勘察所揭示拟建场区约 50.95m（相当于标高−49.15m）深度范围内的土层按其成因类型可划分为7层，其中②、③、⑤、⑥、⑦层土根据其土性及工程性质的不同又可细分为若干亚层，各土层特性概况见表2。

3.4　地震基本烈度

拟建场地抗震设防烈度为 7 度，为设计地震第一组，设计基本地震加速度值为0.15g。特征周期为0.35s，设计地震分组属第一组，建筑场地类别为Ⅱ类[1-2]。拟建场地地表下浅部20m深度范围内普遍存在③$_1$中砂混黏性土、③$_2$粗砂。根据勘察期间的液化判别结果，该两层均为不液化土层，由此判定拟建场地在7度设防烈度条件时不液化。

3.5　地质灾害及不良地质现象

（1）拟建场地无暗礁、海沟等不良地形地物，但根据区域地质资料及本次地质钻探结果揭露，本拟建项目场地范围内地层起伏较大，结构较复杂，且根据本次钻探成果和区域地质资料，本区域有多条断层通过，设计时应注意。拟建场地地下存在管沟及电缆，施工时应注意保护或加强监测。

获奖项目：2016年度机械工业优秀工程勘察设计奖一等奖、2017年度全国优秀工程勘察设计奖三等奖。

（2）拟建场地分布有厚度较大的软黏性土层，饱和的软黏性土具有含水率高，孔隙比大，强度低，压缩性高等不良工程地质特性。这些饱和的软黏性土透水性较差，一般在附加荷载作用下压缩变形量增大，因此排水固结缓慢，固结时间长，施工的后沉降量大，而当这些软黏性土受到扰动或振动时，土体固有的结构受到破坏，会使土体本身的强度骤然降低，可形成土体沉降或滑动的工程现象。同时饱和的软黏性土还具有明显的流变特征，在排水固结完成后，还存在不可忽视的次固结沉降，导致建筑物长期处于缓慢的变形状态，且变形收敛时间长。在工程的建设设计时应对此类变形问题予以重视。

主要拟建建（构）筑物性质一览表　表1

拟建物	基础形式	基础埋深/m	备注
1号、2号总组平台	天然地基/桩基	设计标高+5.50m	
8万t级船坞	天然地基	设计船坞底标高−7.60m	
分段堆场及预舾装场	天然地基	设计标高+5.50m	
门式吊轨道（400T、800T）、高架吊轨道（10T、32T）轨道	天然地基/桩基		
8万t级舾装码头	沉箱重力式结构基础	码头面标高5.0m，港池泥面设计标高−12.50m	

各土层特性概况　表2

地质年代	成因类型	土层编号	地层名称	土层压缩性	层厚/m	层面标高/m
Q^{ml}	人工填土	①$_1$	填土		0.50～14.40	1.45～12.38
		①$_2$	填石		0.50～10.70	−0.65～12.00
$Q^{al+mc+pl}$	海陆交互相沉积	②$_1$	流泥	高	0.70～7.70	−12.46～0.08
		②$_2$	淤泥	高	0.80～14.80	−16.52～2.96
		②$_3$	淤泥质土	高	1.30～8.10	−11.68～3.24
		③$_1$	中砂混黏性土	中	0.60～10.20	−21.73～0.64
		③$_{11}$	淤泥（混砂）	高	1.70～11.70	−23.09～−4.76
		③$_2$	粗砂	中	1.80～9.30	−25.49～−18.71
		④	粉质黏土	中	0.80～8.20	−21.06～5.35
Q^{el}	残积	⑤$_1$	残积砂质黏性土	中	0.50～14.50	−10.06～7.18
		⑤$_2$	砂页岩残积黏性土	中	0.90～12.90	−32.41～0.34
r_5^2	岩浆岩	⑥$_1$	强风化花岗岩		未揭穿	−18.67～7.99
		⑦$_1$	中风化花岗岩		未揭穿	−31.50～10.38
J_{11}	沉积岩	⑥$_2$	强风化砂页岩		未揭穿	−34.94～−1.30
		⑦$_2$	中风化砂页岩		未揭穿	−43.45～−8.42

（3）根据资料，拟建场地每年遭受的台风、暴雨、潮水等时间长，频率高，时常遇到风、暴、潮三者互相碰头造成的潮涝灾害。由于拟建场地地面标高较低，而当地海水的潮位较高，同时随着全球气候变暖，“温室效应”“热岛效应”日趋严重，大雨甚至暴雨天气、热带风暴的影响渐多，会对拟建地基产生一定的影响。

（4）拟建场地部分地段残积土和强风化岩中发现孤石，施工时需注意其影响。

3.6　水文地质条件

拟建场地地下水主要赋存和运移于①$_1$填土、①$_2$填石的间隙中；③$_1$中砂混黏性土、③$_{11}$淤泥（混砂）、③$_2$粗砂、④粉质黏土、⑤$_1$残积砂质黏性土、⑤$_2$砂页岩残积黏性土、⑥$_1$强风化花岗岩、⑥$_2$强风化砂页岩的孔隙中；⑦$_1$中风化花岗岩、⑦$_2$中风化砂页岩的网状裂隙、构造裂隙中，场地地下水与海水有着一定的水力联系。场地内土层除①$_1$填土、①$_2$填石、③$_1$中砂混黏性土、③$_2$粗砂透水性能和富水性相对较好，水量较大，其余均属弱透水。

自2007年7月以来，勘察过程中对区域内的地表水、地下水以及地基土进行了腐蚀性分析，根据试验成果可判定：拟建场地附近的地表水（主要指海水）受潮汛的影响，对混凝土结构具中等腐蚀性，对钢筋混凝土结构中钢筋在长期浸水条件下具弱腐蚀性，在干湿交替情况下具强腐蚀性，对钢结构具中等腐蚀性。地下水对混凝土结构无腐蚀性，对钢筋混凝土结构中钢筋在长期浸水条件下无腐蚀性，在干湿交替情况下具弱腐蚀性，对钢结构具弱腐蚀性。

4 拟建场区地基分析与评价

4.1 拟建场地稳定性的分析

根据收集到的区域地质构造资料，场地内断裂不属于活动性断裂，属于构造稳定地块，可不考虑活动性断裂对本场地的影响。但拟建场地分布有较厚的流泥、淤泥和淤泥（混砂）等软弱土层，需考虑震陷和蠕变等问题外，场地稳定性总体较好。对于流泥、淤泥等软弱土层，根据地区工程经验，只要采取适当的处理措施，完全可以克服，为此拟建场地属适宜建设的一般场地。

4.2 地基基础方案分析

根据拟建场区内地基土层的分布及各拟建建（构）筑物的性质特点，以下针对拟建厦船重工三期工程内主要建（构）筑物进行简要的分析：

（1）总组平台

拟建总组平台设计标高+5.5m，荷载较小。

根据勘察成果可知，拟建场地北部区域基岩直接出露或仅存在薄层填土、填石。拟建1号总组平台北部可直接采用天然地基，以⑥$_1$强风化花岗岩或⑦$_1$中风化花岗岩为天然地基持力层，南部区域陆域范围内①$_1$填土较厚，其下局部区域存在淤泥质土及淤泥（混砂）层，其力学性质差、具高压缩性土。对拟建地坪沉降影响较大，不宜直接作为天然地基基础持力层。如设计采用浅基础形式，则应对填土及淤泥质土及淤泥（混砂）层等土层进行相应处理（如夯实、压密或采用搅拌桩等方式），处理后根据现场载荷试验确定地基承载力和沉降满足设计要求后，可采用浅埋地基基础；水域部分标高为−3.44～2.20m，表层主要为流泥、淤泥，后期堆填至设计地坪标高+5.50m并进行地基处理，满足沉降及承载力要求后，可采用浅埋地基基础。

拟建2号总组平台地层简单可直接采用天然地基，以⑥$_1$强风化花岗岩或⑦$_1$中风化花岗岩为天然地基持力层。

此外，若使用不同地层作为基础持力层，需注意其所产生的不均匀沉降。

（2）8万t级船坞

拟建8万t级船坞设计船坞底板标高为−7.6m，加底板厚度，开挖底标高约为−8.5m。当开挖到设计标高时，船坞坞身区地基土主要以⑤$_1$残积黏性土、⑤$_2$砂页岩残积黏性土、⑥$_1$强风化花岗岩、⑥$_2$强风化砂页岩、⑦$_1$中风化花岗岩、⑦$_2$中风化砂页岩为主，以上土层均可作为拟构建船坞的天然地基持力层。

拟建8万t级船坞坞口附近，主要为第四系沉积的淤泥、淤泥质土等，且厚度较大，建议采用桩基方案，以下覆⑥$_1$强风化花岗岩、⑥$_2$强风化砂页岩作为桩基持力层。拟建场地桩基持力层（⑥$_1$强风化花岗岩、⑥$_2$强风化砂页岩）起伏较大、风化不均匀，宜采用冲（钻）孔灌注桩方案，根据场地工程地质条件，采用冲（钻）孔灌注桩方案，是可行的，但该方案工程造价较高、工期较长、质量控制不易。如考虑采用预制桩方案，实施难度较大，但该方案造价较低、工期较短。应在充分论证并在实践的基础上谨慎选用。若采用冲（钻）孔灌注桩方案，可选用ϕ0.6～0.8m的钻孔灌注桩；若采用预制桩方案，可选用ϕ0.4～0.5m的PHC桩。

（3）分段堆场及预舾装场

拟建分段堆场及预舾装场长约534m，宽约20m，设计标高为+5.50m，根据资料，该范围内地层较简单，大部分区域由于开山基岩直接裸露，局部表层存在薄层的填土、抛石，可直接采用天然地基，以⑥$_1$强风化花岗岩或⑦$_1$中风化花岗岩为天然地基持力层，但应注意的是不同地层作为地基持力层时所产生的不均匀沉降。

（4）门式起重机（400t、800t）和高架起重机（10t、32t）轨道

拟建门式吊和高架吊轨道荷载较大，对差异沉降敏感，根据本次勘察的场地的地层情况，基岩面基本上由西北往东南倾斜，且层面越来越深。场地以北基岩直接出露或仅存在薄层填土、填石区域，可采用天然基础方案，其余区域建议采用桩基方案，以下覆⑥$_1$强风化花岗岩、⑥$_2$强风化砂页岩作为桩基持力层。拟建场地桩基持力层（⑥$_1$强风化花岗岩、⑥$_2$强风化砂页岩）起伏较大、风化不均匀，宜采用冲（钻）孔灌注桩方案，根据场地工程地质条件，采用冲（钻）孔灌注桩方案，是可行的，但该方案工程造价较高、工期较长、质量控制不易。如考虑采用预制桩方案，实施难度较大，但该方案造价较低、工期较短。应在充分论证并在实践的基础上谨慎选用。若采用冲（钻）孔灌注桩方案，可选用直径0.6～0.8m的钻孔灌注桩；若采用

预制桩方案，可选用ϕ0.4～0.5m 的 PHC 桩。

（5）8 万 t 级舾装码头

在拟建 8 万 t 级舾装码头范围内，由于上部地层情况比较复杂，均由②$_1$流泥、②$_2$淤泥、③$_{11}$淤泥（混砂）组成，厚薄不均，且局部夹有淤泥质土、中砂薄层，最大厚度高达 19.10m。从工程地质剖面图可知⑤$_2$和⑥$_2$层层面起伏很大，在码头区北侧约 70m 范围内可作持力层的⑤$_2$或⑥$_2$层层面标高为–13～–9m，作为沉箱码头天然地基持力层是合适的；但对于码头南侧范围来说，该⑤$_2$和⑥$_2$二层中的最高层面埋深过大，一般为–21～–19m，局部达–23m，若采用沉箱重力式结构基础形式，根据目前的施工机械与施工经验，可能会有一定的困难。建议作一技术经济方面的比较，若施工方案确定时，设计可根据地层情况，并考虑结构之间的需要，合理地选择⑤$_2$和⑥$_2$层为持力层，确定基槽开挖深度，并应注意基槽底为不同持力层时所可能产生的差异沉降，并加强上部结构以协调变形，基槽开挖时应注意②$_1$流泥、②$_2$淤泥、③$_1$中砂混黏性土、③$_{11}$淤泥（混砂）等可能出现流砂和蠕变等不良地质现象，合理地制定基槽边坡的角度。

设计人员应结合地势变化、荷载、潮汐、波浪等不利条件组合经过检验后，若其强度和稳定性满足设计要求，则可采用沉箱重力式结构基础形式；若效果不理想或经济性不佳时，则建议对拟建码头采用高桩基础方案，且根据场地地层情况，选择预制桩或钻孔灌注桩的基础形式。根据场地（岩）土层分布特点，宜以⑥$_2$层强风化砂页岩为桩基持力层。根据场地地层情况，可选择预制桩或钻孔灌注桩的基础形式，建议采用预制桩，可选用ϕ600 的 PHC 桩。

4.3 基坑工程分析

拟建 8 万 t 级船坞总长约 350m，宽约 52m，设计坞底标高–7.6m，当开挖到设计标高时，船坞拟采用天然地基。但船坞坞口附近淤泥、淤泥质土厚度较大，在淤泥、淤泥质土等软土层较厚处可能采用桩基方案。由于船坞的开挖土量及范围较大，且周围存在桩基础构筑物，施工时应充分注意基坑开挖与周围桩基础的影响，而船坞的开挖应尽量晚于桩基础沉（成）桩后桩周土体的恢复时间。船坞开挖前必须采取降水措施，可采用多层井点降水或大井降水。基坑开挖时坑底不宜长期暴露和积水。施工时还应尽量减少基坑开挖对场区邻近已有建筑及地下管线的不利影响等。

5 结论及建议

（1）拟建区域处于地质环境复杂（或脆弱）区，区内主要影响场地稳定性的因素有：地基变形，地面沉降，潮灾与水涝以及岸滩冲淤等。拟建场地内有一条 F4 断裂通过，断层分界线呈南西—北东方向（断层分界线见勘探点平面布置图），将拟建场地分为南北两块。出现两种不同岩性的地层，南侧为侏罗系犁山组轻变质砂页岩（J_{11}），北侧为大坪岩体第二次侵入的中粗粒二长花岗岩（r_5^2）。在拟建场地附近另有一条 F1 断裂通过。根据收集到的区域地质构造资料，该断裂不属于活动性断裂，属构造稳定地块，可不考虑活动性断裂对本场地的影响。在工程的设计与施工时，当注意到诱发以上影响本拟建区域场地稳定的因素并采取相应的防治措施后，拟建场地建设厦船重工三期工程是适宜的。

（2）拟建场地抗震设防烈度为 7 度，为设计地震第一组，设计基本地震加速度值为 0.15g。特征周期为 0.35s，设计地震分组属第一组，建筑场地类别为Ⅱ类。

拟建场地地表下浅部 20m 深度范围内普遍存在③$_1$中砂混黏性土、③$_2$粗砂。根据勘察期间的液化判别结果，该两层均为不液化土层，由此判定拟建场地在 7 度设防烈度条件时不液化。

（3）拟建场地浅层地基土除局部基岩直接裸露或埋深较浅外，其余或为新近填土（欠固结且不均匀），或为新近淤积的淤泥、淤泥质土，未经处理一般均不宜直接作为天然地基持力层，由于地下水位较高，基槽开挖时，槽壁不稳，不易成型，因此必要时应采取降排水措施。

（4）根据拟建场区内地基土层的分布及各土层的物理力学性质，各拟建子项地基基础形式选择原则如下：

一般轻型建（构）筑物，对承载力以及沉降要求相对不高的（如总组平台、分段堆场及厂内地坪等），应对浅部土层进行适当的地基处理（如排水强夯、分层碾压等，加速浅部土层的固结等），提高基地土的均匀性，提高地基土的承载力并符合设计要求后可采用浅埋地基基础。

一般较重的建（构）筑物（如门式吊轨道、高架吊轨道等）对承载力及沉降要求较高，建议采用桩基方案，以下覆⑥$_1$强风化花岗岩、⑥$_2$强风化砂页岩作为桩基持力层。根据场地工程地质条件，采用冲（钻）孔灌注桩方案，是可行的，但该方案工程造价较高、工期较长、质量控制不易。若采用冲（钻）孔灌注桩方案，可选用直径 0.6～0.8m 的钻孔灌注桩；若采用预制桩方案，可选用ϕ0.4～0.5m 的 PHC 桩。

（5）本工程拟建场地位于厦门海沧排头，现厦船重工有限公司的西南侧，由于场地较为空旷，对于预制桩一般可采用打入式沉桩工艺，拟建场地局部区域表面含有大块填石等障碍，故桩基施工前应对地下障碍进行清理和清除，以防止对施工产生不利影响。

由于拟建场地若采用预制混凝土桩方案，桩端穿越⑤$_1$残积黏性土（⑤$_2$砂页岩残积黏性土）并进入⑥$_1$强风化花岗岩（⑥$_2$强风化砂页岩）层一定深度有一定难度，除应选择适当的沉桩设备和与之相匹配的桩身结构强度之外。必要时可采取一定的预防措施，如选用中空的 PHC 管桩或开口的钢管桩并采用内冲内排的助沉措施等。

为慎重起见，对沉桩有一定难度的桩，宜通过试沉桩以获取相关的施工经验，并应注意尽量避免桩端在砂土层中的接桩。另外，由于拟建场区桩型多、桩量大、排桩较密，应充分考虑到沉桩施工对地基土的局部挤密作用以及对后续沉桩施工的不利影响。

若采用预制桩，应注意产生的噪声以及因挤土作用对邻近已建的建筑物和地下管线产生影响。若采用钻孔灌注桩，会产生大量泥浆废渣，如处置不当会影响施工场地的周围环境，应采取措施予以控制。同时在桩基施工时应注意基础与基础之间的相互影响，如保持与已有建筑基础适当的距离、控制沉桩速率、采取合理的沉桩顺序、设防挤沟，并配以严格的监控等措施。

（6）拟建 8 万 t 级船坞总长约 350m，宽约 52m，设计坞底标高−7.6m，基坑开挖时应根据拟建场地内的土层分布特征以及基坑设计施工所影响的范围、深度，而采用相适宜的围护和降水方案。基坑开挖时坑底不宜长期暴露和积水，施工时应尽量减少基坑开挖对场区邻近已有建筑及地下管线的不利影响等。

（7）根据拟建区域内多次水简试验成果可判定：拟建场地附近的地表水（主要指海水）受潮汛的影响，对混凝土结构具中等腐蚀性，对钢筋混凝土结构中钢筋在长期浸水条件下具弱腐蚀性，在干湿交替情况下具强腐蚀性，对钢结构具中等腐蚀性。地下水对混凝土结构无腐蚀性，对钢筋混凝土结构中钢筋在长期浸水条件下无腐蚀性，在干湿交替情况下具弱腐蚀性，对钢结构具弱腐蚀性。

6 本项目的难点和解决方案

1）花岗岩不均匀风化、球状风化

（1）花岗岩不均匀风化：花岗岩全风化带、强风化带也具有残积土的典型特点。花岗岩发育区风化壳厚度存在差异，局部表现为风化深槽或中、微风化岩面突起，使得船闸基础易遭遇软、硬不均地层，对桩基施工有不利影响。

（2）花岗岩球状风化：球状风化核是花岗岩风化过程中残留的较难风化的微风化或中等风化岩块，岩性坚硬，多呈球状，即"球状风化孤石"。孤石的发育和分布规律不明显，不同地貌单元和不同深度的残积土层中均有发育的可能。

2）不对称基坑开挖稳定性分析难点

解决方案如下：

（1）对花岗岩出露的球状风化体进行地质调查，分析球状风化的地表分布规律。

（2）加强对破碎地段、风化差异带发育段等地层取芯率控制，必要时采用 SH 型植物胶和新的钻探（SDB 钻具）工艺，揭示局部的风化球发育情况、赋存特征、地质特征等，从而为工程设计和施工提供参数和处理意见。

（3）加强基坑勘察工作，尤其加强土层完整性的勘察、土的抗剪强度指标的选取，结合抗浮水位综合分析基坑边坡的稳定性，提供准确的参数和合理的建议。

3）应用效果及社会效益

（1）本工程地基基础建议：总组平台、分段堆场及预舾装场直接采用天然地基；8 万 t 级船坞、门式吊（400T、800T）和高架吊（10T、32T）轨道、8 万 t 级舾装码头采用桩基础的建议是经济合理可行的，也是符合现阶段要求的。

（2）勘察成果经过建设单位组织的专家评审认为，勘察技术路线和技术措施正确，对场地工程地质条件作出了全面的分析评价，达到国内同类勘察工程领先水平，并得到业主和设计单位的一致好评。

（3）工程的建成和投入运行，产生了显著的社会效益，为业主单位的建设发展做出了很大贡献。

参考文献

[1] 建设部. 建筑抗震设计规范: GB 50011—2001[S]. 北京: 中国建筑工业出版社, 2001.

[2] 建设部. 岩土工程勘察规范: GB 50021—2001[S]. 北京: 中国建筑工业出版社, 2004.

[3] 建设部. 建筑地基基础设计规范: GB 50007—2002[S]. 北京: 中国建筑工业出版社, 2004.

[4] 住房和城乡建设部. 建筑桩基技术规范: JGJ 94—2008 [S]. 北京: 中国建筑工业出版社, 2008.

[5] 交通运输部. 港口工程地质勘察规范: JTJ 240—97[S]. 北京: 人民交通出版社, 1998.

[6] 《工程地质手册》编委会. 工程地质手册[M]. 4 版. 北京: 中国建筑工业出版社, 2007.

福建某海洋工程项目一期工程岩土工程勘察实录

黄成志　彭　伟　彭满华　陈志新

（中船勘察设计研究院有限公司，上海　20063）

1　工程概况

1.1　项目位置及勘察内容

拟建福建某海洋工程项目一期工程位于福州市闽江下游，根据建设方和设计方提供的资料，拟建项目包括：（1）7 万 t 级干船坞、（2）总组平台（分为 1 号总组平台、2 号总组平台和 3 号总组平台）、（3）吊车轨道（主要含 700t 门式起重机轨道，200t 门式起重机轨道，32t 门座起重机轨道）。

1.2　本项目的工程特点

本项目为拟建的某船舶及海洋工程项目一期工程 1 号船坞、1 号、2 号、3 号总组平台及吊车轨道等项目进行施工图设计阶段勘察工作。提供必要的岩土参数，供设计参考。

2　各拟建建（构）筑物性质

拟建岩土工程勘察等级为乙级。拟建建（构）筑物见表1。

3　岩土工程条件

3.1　场地位置与地形地貌

该区域地貌属福州冲海积平原边缘地带和海岸阶地地带，地形、地势上由陆域向闽江河道逐渐梯降，目前场地内在吹填砂，地势起伏较大，地面标高一般在 2.62～7.50m。

3.2　地基土（岩）的构成和特征

本次勘察在勘探深度 52.50m（标高−46.48m）范围内所揭露的地层，按其成因类型，上部第四系覆盖土层可划分为：人工堆积成因的填土（砂）（Q^{ml}）；坡积、海积和冲积成因（$Q_4^{al+dl+m}$）的淤泥、粉质黏土和砂土等组成，残积成因（Q^{el}）的黏性土，下伏基岩为侏罗纪火山岩（J_{3n}^{b}）凝灰岩为主[1]。

各（岩）土层的地质时代、成因类型及性质见表 2。

主要拟建建（构）筑物情况一览表　　**表 1**

名称	尺寸/m	高/m	坞底板标高/m	结构类型	基础形式	桩型 PH/mm	单桩极限承载力 /kN
7 万 t 级干船坞	280 × 76	5.0	−8.0	现浇钢筋混凝土大板结构	桩基	ϕ600	＞4000kN
1 号总组平台 2 号总组平台 3 号总组平台	284 × 54 198 × 54 198 × 76	5.00	—	现浇钢筋混凝土大板结构	浅基础	—	天然地基承载力＞80kPa
700t 门式起重机轨道 200t 门式起重机轨道 32t 门座起重机轨道	L = 581 L = 525 L = 490	5.00	—	现浇混凝土连续梁结构	桩基	ϕ800 ϕ500	＞5000kN ＞2100kN

地层表　　**表 2**

地质年代	成因类型	地层层号	地层名称	状态	压缩性	层厚/m	层顶高程/m
Q^{ml}	人工	①$_0$	人工填土（中砂）	松散	高	0.80～5.90 3.70	2.62～7.50 4.99
		①$_1$	素填土	松散（可塑）	高	1.10～1.40 1.25	3.00～3.13 3.07
		①$_2$	耕土	软塑—可塑	高	0.40～5.00 1.14	0.32～4.87 1.74

获奖项目：2020 年机械工业优秀工程勘察设计奖一等奖。

续表

地质年代	成因类型	地层层号	地层名称	状态	压缩性	层厚/m	层顶高程/m
$Q_4^{al+dl+m}$	坡积、海积、冲积	②$_2$	淤泥	流塑	高	3.00～29.40	−0.86～3.97
						16.53	0.64
		④$_1$	淤泥质黏土	流塑	高	0.90～12.10	−21.01～−13.13
						5.75	−17.42
		⑥$_{11}$	粉质黏土	可塑—硬塑	中	0.55～12.20	−26.40～−5.52
						3.19	−16.54
Q_{4c}^{al+m}	海积、冲积	⑥$_{12}$	粉质黏土	可塑—硬塑	中	0.80～20.10	−26.21～−7.82
						7.43	−18.29
		⑥$_{1t}$	淤泥质黏土	流塑	高	1.10～4.70	−22.02～−12.08
						2.91	−19.59
		⑥$_2$	砂混黏性土	中密—密实（可塑—硬塑）	中	0.60～8.30 2.16	−29.88～−6.53
							−23.42
Q^{el}	残积	⑦	残积黏性土	可塑—硬塑	中	1.10～12.60	−30.12～−4.82
						3.63	−21.20
J_{3n}^{b}	岩浆岩	⑧$_1$	全风化凝灰岩	硬塑	中	0.90～15.70	−34.72～−15.32
						3.12	−25.21
		⑧$_2$	强风化凝灰岩	硬塑—坚硬	低	0.80～10.20	−39.29～−3.05
						6.21	−25.69
		⑧$_3$	中风化凝灰岩	坚硬	—	—	−41.79～−19.76
							−29.32

3.3 拟建场区水文地质条件

拟建区域北侧和东侧为陆域区丘陵地带，南侧和西侧为冲海积平原边缘地带，总体上地势北侧和东侧山前向闽江河道方向倾斜，根据含水层岩性不同，可将区域内地下水分为孔隙水、孔隙裂隙水及裂隙水。

3.4 场地地震效应及场地类别

（1）地震效应

依据国家标准《建筑抗震设计规范》GB 50011—2010[2]和《中国地震动参数区划图》GB 18306—2001 福建省区划一览表，拟建场地位于抗震设防烈度 6 度区，地震动峰值加速度值为 0.05g，设计地震分组为第三组。

（2）场地类别

根据拟建场地内地基土性质、厚度及分布情况等，结合地区工程建设经验，依国家标准《建筑抗震设计规范》GB 50011—2010 有关标准，场地土层的等效剪切波速一般在$v_{se}=90$～110m/s，覆盖层厚度d_0介于 15～80m，根据第 4.1.6 条可判定，拟建场地类别为Ⅱ～Ⅲ类场地，建议设计按Ⅲ类采用。根据规范中表 5.1.4-2，该场地特征周期为 0.65s。

（3）建筑场地饱和砂土液化、软土震陷判别及抗震有利、不利地段划分

经勘察查明拟建场地在地表下浅部 20.0m 深度段内，有饱和砂土（填砂）的存在，但依国家标准《建筑抗震设计规范》GB 50011—2010 第 4.3.2 条有关标准，本场地抗震设防烈度属 6 度区，可不进行液化判别，但整个场地内有厚度较大的饱和软弱土②$_2$ 淤泥和④$_1$ 淤泥质黏土，依据国家标准《建筑抗震设计规范》GB 50011—2010 有关标准和条文说明，拟建场地属对抗震不利地段。抗震设防烈度属 6 度区，设计时虽可不考虑地震液化及软土震陷影响，但应按相关规范适当采取抗震构造措施，以便消除或者减少地震引起的不良影响。

3.5 不良地质现象

本次勘察拟建场地范围内存在以下不良地质现象：

（1）由于拟建场地近期完成吹填，吹填料主

要为松散的中细砂，填龄短且尚未完成自身固结，设计人员应考虑其自身固结沉降所引起的侧摩阻对拟建建（构）筑物的影响。

（2）②$_2$层和④$_1$层土为淤泥和淤泥质黏土，呈流塑状，具有高含水率、易触变、流变等特性，属力学性质差、具高压缩性地基土层。该土层易产生触变及蠕变和小范围的滑移等不良地质现象，应充分考虑其不利影响。

（3）经本次勘察及现场踏勘情况，拟建场地所处南侧闽江围堤局部由块石砌垒而成，且有一定厚度，在今后的围堰施工、桩基施工及地基处理时，应充分考虑其不利影响。

（4）经本次勘察查明，拟建场地岩层发育有较多节理、裂隙，且基岩面起伏较大，应充分考虑其对本工程的不利影响。

4　地基分析与评价

拟建场地内在自然条件下不存在岩溶、滑坡、危岩和崩塌、泥石流等重力侵蚀地质灾害，场地及附近无人为地下工程活动及大面积开采地下水活动，未见地面沉降、塌陷、地裂缝、活动断裂等不良地质作用和地质构造，场地稳定性总体较好。场地内具有较厚的②$_2$层淤泥、④$_1$层淤泥质黏土等软土的不利因素，根据工程经验，只要采取适当的处理措施，可减轻或消除其不利影响，适宜本工程建设。

经本次勘察查明，拟建场地基岩面起伏较大，上覆软土、残积土、坡积、冲积、海积物等分布很不稳定，属于工程地质条件复杂场地。现针对本工程的特点，对场地地基土（岩）的分析评价如下：

（1）拟建场地陆域表层以①$_0$人工填土（中砂）为主，填龄1～3个月，尚未完成自身固结，状态松散，且不均匀，故不宜直接作为天然地基持力层，需采取相应的地基处理措施。

（2）拟建场地浅部普遍分布有厚度不均的①$_2$耕土和少部分①$_1$素填土，下卧层分布有厚度较大的②$_2$淤泥、④$_1$淤泥质黏土。如前所述，①$_2$耕土，②$_2$淤泥、④$_1$淤泥质黏土呈流塑状态，含水率较高，具高压缩性特征，不易排水固结，不宜作为天然地基持力层。

（3）拟建场地除软弱土层淤泥、淤泥质黏土外，至风化基岩面分布有⑥$_{11}$粉质黏土、⑥$_{12}$粉质黏土、⑥$_2$砂混黏性土和⑦残积砂质黏性土等土层，工程地质条件复杂，对拟建物沉降有较大影响。其中⑥$_{12}$粉质黏土，厚度较大，状态均为可塑—硬塑状，同时随着深度的增加状态渐好，可作为对承载力较小的构筑物的桩基持力层，但应考虑软弱土层⑥$_{1t}$淤泥质黏土透镜体的影响。

（4）拟建建构（筑）物如采用桩基方案，场地下伏基岩主要为凝灰岩，属于硬质岩类，本可以提供较高的承载力，但由于风化程度较强，裂隙、节理较为发育，且风化程度不均匀，局部破碎程度较高，可能造成单桩承载力差异较大，对桩基础的设计和施工影响较大。

总体来说，拟建场地工程地质条件较为复杂，基岩层面起伏较大且基岩上覆物分布很不均匀，土性变化较大，对基础设计、施工既有有利因素，又有较多的不利影响，设计人员应根据实际情况，充分考虑各种因素，对拟建建（构）筑物进行基础设计。

5　拟建构筑物地基基础分析与评价

5.1　天然地基基础分析与评价[3]

据钻探揭露场地地基土主要由：①$_0$人工填土（中砂）、①$_1$素填土、①$_2$耕土、②$_2$淤泥、④$_1$淤泥质黏土、⑥$_{11}$粉质黏土、⑥$_{12}$粉质黏土、⑥$_{1t}$淤泥质黏土、⑥$_2$砂混黏性土、⑦残积砂质黏性土、⑧$_1$全风化凝灰岩、⑧$_2$强风化凝灰岩和⑧$_3$中风化凝灰岩组成。如前所述：上覆软弱层①$_0$人工填土（中砂）、①$_1$素填土、①$_2$耕土、②$_2$淤泥和④淤泥质黏土厚度较大，未经处理，均不宜直接作为拟建建（构）筑物的天然基础持力层。根据拟建建（构）筑物的性质及特点结合本次勘察的工程地质剖面图可知：

（1）7万t级干船坞和吊车轨道对地基的承载力及变形要求很高，上覆软弱层厚度大，强度低，故不宜采用天然地基，建议采用桩基。

（2）总组装平台，天然地基承载力 > 80kPa，由于荷载较小，设计拟采用现浇钢筋混凝土大板结构，根据一般经验可考虑采用经软基处理并经过检验后，其强度及沉降满足设计要求的人工浅埋地基作为持力层。若加固的效果不理想，浅埋地基不能满足拟建建（构）筑物的荷载或沉降要求，则建议对拟建建（构）筑物采用桩基形式。

5.2　桩基基础分析与评价

1）船坞

（1）坞口将采用临时基坑围护法施工，坞口结构采用桩基上“U”形整体式现浇大体积钢筋混凝土结构，底板厚度为 2.0～2.5m，底板底标高−10.50m，开挖标高−10.70。单桩极限承载力大于4000kN，桩基可采用ϕ600mm 的 PHC 管桩，以⑧$_2$层为桩端持力层的方案。

（2）坞口泵房

坞口泵房采用箱形结构，底板厚度为 1.0～2.0m，底板底标高−13.30m，开挖标高−13.40m。单桩极限承载力大于 4000kN，可采用ϕ600mm 的 PHC 管桩，以⑧$_2$层为桩端持力层的方案。

（3）船坞坞室及坞墙

船坞总体上将采用排水减压式结构方案，坞室采用排水减压式结构，坞室底板标高−8.0m，坞室底板拟采用桩基上的现浇钢筋混凝土大板结构，底板下拟设置排水减压系统（由一定厚度的碎石排水层加 UPVC 排水管等组成）。底板厚度约为1.0m，底板底标高−9.0m，开挖标高约−9.50m。单桩极限承载力大于4000kN，可采用ϕ600mm 的 PHC 管桩，以⑧$_2$层为桩端持力层的方案。由于卸土厚度最大约 14.5m，故桩基设计中宜适当考虑地基土补偿作用，以形成合理的用桩量。

考虑到本工程船坞深度较深（开挖深度高达14.50m），若坞室（坞墙及底板）采用大开挖进行施工，则开挖至底板结构下方所需放坡范围对周边影响较大，与周边工程施工干扰较多；此外考虑到与坞口基坑围护法施工的协调性，本工程坞墙结构总体上拟采用“拉锚板桩＋高桩承台式”结构，坞壁板桩式结构将兼作船坞永久止水帷幕，其中桩可采用ϕ600mm 的 PHC 管桩，以⑧$_2$层为桩端持力层的方案。由于本工程船坞挡土净高度13.00m，挡土后方均为软土层①$_0$人工填土（中砂）、①$_1$素填土、①$_2$耕土、②$_2$淤泥、④$_1$淤泥质黏土，其土性及状态不均匀，特别是②$_2$淤泥、④淤泥质黏土具高含水率、易触变、流变等特性，设计应根据渗透稳定性及抗滑、抗倾覆稳定性验算后，综合确定拉锚板桩式的坞壁结构与基础形式，同时能够兼作止水帷幕并满足防腐的要求。

2）门式起重机轨道及门座式起重机吊车轨道

（1）门式起重机轨道

依据拟建构筑物的性质：700t 门式起重机轨道，其单桩极限承载力大于 5000kN，独立吊车轨道采用桩基上的现浇钢筋混凝土连续梁结构，轨道梁下设一桩帽承台，承台下采用独立双桩基础，可采用ϕ800mm 的 PHC 管桩，以⑧$_2$层为桩端持力层的方案。

（2）门座式起重机吊车轨道

在整个船坞范围内共布置了 2 组门座机吊车轨道，最大起重能力为 32t，其单桩极限承载力大于 2100kN，设计拟采用单桩基础，上设钢筋混凝土连续梁结构。可采用ϕ500mm 的 PHC 管桩，以⑧$_2$层为桩端持力层的方案。

总而言之，本工程项目属于重要的水工构筑物，且工程地质条件较为复杂，设计人员应综合考虑各种因素，精心设计，施工人员应严格控制施工质量，保证本工程的顺利进行。

3）总组平台

如上所述，浅埋地基不能满足拟建物的荷载或沉降要求，可采用ϕ500mm 的 PHC 管桩方案，以⑥$_{12}$层为桩端持力层的方案

5.3 桩基设计参数[4]

根据勘察资料，以及相关岩土参数，综合确定的桩基设计所需相关参数见表 3。

桩基设计参数表 表 3

土层编号	土层名称	混凝土预制桩		钻（冲）孔灌注桩		变形模量 E_0/MPa	抗拔系数ε
		桩侧土的极限摩阻力标准值q_{sik}/kPa	桩端土的极限端阻力标准值q_{pk}/kPa	桩侧土的极限摩阻力标准值q_{sik}/kPa	桩端土的极限端阻力标准值q_{pk}/kPa		
②$_2$	淤泥	10		5			0.7
④$_1$	淤泥质黏土	15		10			0.7
⑥$_{11}$	粉质黏土	50		40			0.7
⑥$_{12}$	粉质黏土	60	3000	50			0.7
⑥$_{1t}$	淤泥质黏土	20		15			0.7
⑥$_2$	砂混黏性土	70		55			0.5
⑦	残积黏性土	70	3000	55			0.7
⑧$_1$	全风化凝灰岩	80	5000	60			0.7
⑧$_2$	强风化凝灰岩	100	8000	80	3000	60	0.7
⑧$_3$	中风化凝灰岩	—	10000	160	12000		

5.4 沉（成）桩的可行性与环境评价

1）如采用预应力管桩，根据场地工程地质条件，是适宜的。采用预制桩方案时，施工时应注意以下问题：

（1）桩端穿越⑥$_{11}$和⑥$_{12}$层粉质黏土、⑥$_2$层砂土、⑦层残积黏性土和⑧$_1$层全风化凝灰岩并进入⑧$_2$层一定深度有一定难度，应选用能量较大的沉桩设备和较高的桩身结构强度，且必须通过试沉桩以获得相应的停打标准等施工经验。

（2）应避免在砂土层（⑥$_2$层）中接桩。另外，应充分考虑到沉桩施工对地基土的局部挤密作用以及对后续沉桩施工的不利影响，需采取一定的防护和控制措施，如控制沉桩速率、采取合理的沉桩施工顺序，设防挤沟，同时配以必要的施工监测和严格的监控措施等。

（3）由于⑧$_2$层层面起伏较大，预制桩桩长不易确定，为确保单桩承载力满足设计要求，可参考拟建场区相邻工程的成功经验，合理选择收锤贯入度。应尽量采用较大锤重，以保证沉桩顺利进行。

（4）应注意桩基施工对护岸码头等稳定性的不利影响。

2）根据场地工程地质条件，考虑采用钻孔灌注桩方案，是适宜的。

若采用钻孔灌注桩方案，施工时应注意以下问题：

（1）场地地基土（岩）中存在有较多石英颗粒、特别是⑥$_2$层砂土中局部含有较多的砾砂、砾石等，在成桩过程中，应采用反循环方式，必要时采取清渣措施以减少桩底沉渣量。

（2）在成桩过程中，应选用适当的泥浆配比护孔，必要时可采用跟进套管的方式护孔，防止塌孔，水域施工时应采取措施防止泥浆的流失和混凝土的离析。

（3）钻孔灌注桩的质量与施工因素紧密相连，应加强对施工质量的监理与检测。如采用大直径钻孔桩需进行后注浆。

（4）钻孔灌注桩施工时会产生大量泥浆废渣，如处置不当，影响施工场地的周围环境，应采取措施予以控制。

（5）钻孔灌注桩施工时应请地质工程师进行桩端持力层的把关，在施工后满足混凝土龄期的情况下，进行必要的检测，如抽芯等。

5.5 船坞基坑围护设计及稳定性的分析与评价

（1）船坞基坑围护方案

本工程将进行大面积基坑开挖，船坞坞底面开挖标高为−9.5m；坞口开挖面标高−10.7m；水泵房开挖面标高−13.4m，开挖深度为14.5～18.4m，上述基坑均属一级基坑。设计考虑到本工程船坞深度较深（净深13.00m），若坞室（坞墙及底板）采用大开挖施工，则开挖至底板结构下方所需放坡范围对周边影响较大，与周边工程施工干扰较多；此外考虑到与坞口基坑围护法施工的协调性，本工程可采用地下连续墙作为围护方案。

根据工程地质剖面图，船坞坞底板除东北角局部位于⑧$_2$层强风化凝灰岩（13～139号孔附近），其余底板都置于②$_2$层淤泥或④$_1$层淤泥质黏土层中。基坑开挖深度范围内的地层为①$_0$人工填土（中砂），松散；①$_1$素填土，松散；①$_2$耕土，松散；②$_2$淤泥，流塑；④$_1$淤泥质黏土，流塑；上述土层自稳性较差，船坞开挖范围内土质条件差。

场地地下水位相对较浅，处于地下室基坑底板之上。场地下除新近①$_0$人工填土（中砂）为强透水层外，①$_1$素填土、①$_2$耕土、②$_2$淤泥和④$_1$淤泥质黏土均为弱透水层，总体属上层滞水类型，富水性差，但②$_2$淤泥和④$_1$淤泥质黏土层具高含水率、易触变、流变等特性，需采用集水坑集水明排措施降排水，使水位降至预期开挖面下0.5～1.0m方可开挖，开挖应分段、分层开挖，必要时可采用“中心岛”的开挖方式。机械施工可开挖到设计底面标高上部0.5m，改用人工开挖，防止在时空效应作用下，地基土发生过大的变形。同时在船坞施工过程中应进行严格的监测工作。

（2）船坞基坑围护设计参数

设计时应对支护体系进行土压力计算，对抗滑移稳定性、抗倾覆稳定性及变形稳定性等进行验算；由于场地刚刚回填砂土，会对下伏地层产生一定的影响，同时开挖前已进行软基处理，设计宜根据这些工作完成后检测方提供的相关土层参数，综合考虑进行基坑开挖设计，确定基坑围护措施，必要时进行补充勘察。具体见表4。[5]

船坞围护设计及稳定性验算参数指标表 表 4

层号	重度	直剪试验（平均值）				三轴 UU（平均值）		十字板剪切度		渗透系数（建议值）
		快剪		固快						
	γ	φ_q	c_q	φ_c	c_c	φ_{uu}	c_{uu}	c_u	c'_u	K
	kN/m³	°	kPa	°	kPa	°	kPa	kPa	kPa	cm/s
①$_0$	*18.0									8.0×10^{-3}
①$_1$	18.1			13.7	32.2					5.0×10^{-4}
①$_2$	18.0			14.3	30.3					5.0×10^{-6}
②$_2$	16.0	1.8	10.2	10.6	9.9	1.6	10.5	13.35	4.20	5.0×10^{-6}
④$_1$	16.7	2.3	13.5	11.0	13.8	2.1	12.9			3.0×10^{-6}
⑥$_{11}$	18.7	11.4	36.3	14.7	35.0					5.0×10^{-6}
⑥$_{12}$	18.9	12.1	37.3	15.5	36.5					5.0×10^{-6}
⑥$_{1t}$	17.1	4.7	16.9	11.5	16.4					3.0×10^{-6}
⑥$_2$	18.7			21.2	22.8					2.0×10^{-4}
⑦	18.1			19.6	30.2					2.0×10^{-5}
⑧$_1$	18.3			19.9	31.8					3.0×10^{-5}
⑧$_2$	18.6			22.1	31.6					5.0×10^{-5}

注：表中带*号的为经验值。

（3）渗透稳定性分析与评价和施工控制的建议

船坞开挖深度范围内主要含水层为①$_0$人工填土（中砂）、①$_1$素填土、①$_2$耕土、②$_2$淤泥和⑧$_2$强风化凝灰岩。根据表 4 中成果，除①$_0$填砂渗透性较大外，其余地层渗透性相对较小。

故船坞开挖前必须采取降水措施，由于浅部土层渗透性较强，而地下水（潜水）埋藏较浅。施工降水前宜采用隔水措施防止浅部渗透性强的土层的渗流，隔水用的止水帷幕可采用旋喷桩止水帷幕，其下端宜穿透软弱层进入⑥$_{11}$层以下土层一定深度，同时坡顶应设置截水沟，阻止地表水流入基坑内。[6]

6 主要建议

1）拟建场地内在自然条件下不存在岩溶、滑坡、危岩和崩塌、泥石流等重力侵蚀地质灾害，场地及附近无人为地下工程活动及大面积开采地下水活动，未见地面沉降、塌陷、地裂缝、活动断裂等不良地质作用和地质构造，场地稳定性总体较好。场地内具有较厚的回填砂、②$_2$层淤泥和④$_1$层淤泥质黏土等不利因素，根据工程经验，只要采取适当的处理措施，可减轻或消除其不利影响，适宜本工程建设。

2）拟建场地的抗震设防烈度为 6 度，设计地震第三组，设计基本地震加速度值为 0.05g，属抗震不利地段。

本次勘察查明，抗震设防烈度属 6 度区，设计时虽可不考虑地震液化及软土震陷影响，但应按相关规范采取适当抗震构造措施，以便消除或者减少地震引起的不良影响。

3）总组装平台，可考虑采用经软基处理并经过检验后，其强度及沉降满足设计要求的浅埋基础。若加固的效果不理想，天然地基不能满足拟建物的荷载或沉降要求，则建议对拟建构筑物采用桩基形式，可采用ϕ500mmPHC 桩，以⑥$_{12}$为桩基持力层。

4）拟建构筑物区域上覆软弱土（②$_2$和④$_1$层）均有分布，厚度大，强度低，7 万 t 级干船坞和吊车轨道对地基的承载力及变形要求很高，不宜采用天然地基，建议对拟建构筑物采用桩基形式。基础形式如下：

（1）7 万 t 级干船坞建议采用ϕ600mm 的 PHC 管桩，以⑧$_2$层为桩端持力层的方案。

（2）吊车轨道中 700t 门式起重机轨道建议采用ϕ800mm 的 PHC 管桩，以⑧$_2$层为桩端持力层的方案；32t 门座式起重机吊车轨道建议采用ϕ500mm 的 PHC 管桩，以⑧$_2$层为桩端持力层的方案。

（3）墙结构总体上拟采用拉锚板桩＋高桩承台式结构，桩可采用ϕ600mm 的 PHC 管桩，以⑧$_2$层为桩端持力层的方案。由于本工程船坞挡土净高度 13.00m，挡土后方均为软土层①$_0$人工填土（中砂）、①$_1$素填土、①$_2$耕土、②$_2$淤泥、④$_1$淤泥质黏土，其土性及状态不均匀，特别是②$_2$淤泥、④淤泥质黏土具高含水率、易触变、流变等特性，设计应根据渗透稳定性及抗滑移稳定性、抗倾覆稳定性验算后，综合确定拉锚板桩式的坞壁结构与基础形式，同时能够兼作止水帷幕并满足防腐的要求。

（4）水泵房建议采用ϕ600mm 的 PHC 管桩，以⑧$_2$层为桩端持力层的方案。

5）如采用预制桩方案，考虑到⑧$_2$层层面局部起伏较大因素，须通过试沉桩获得相应停打标准等施工经验。桩端进入强风化层不小于 $2d$，同时应考虑其所受水平荷载的作用；若采用灌注桩方案，则桩端进入强风化层不小于 $3d$，同时应考虑其所受水平荷载的作用，如采用大直径钻孔桩需进行后注浆。

6）桩基设计参数可参见表 3，设计如采用不同地层为桩基持力层时，须注意沉降协调问题。单桩竖向承载力应通过单桩静荷载试验来确定，桩基完成施工后应进行必要的检测。桩在成（沉）桩后到进行试验的间歇时间不应少于规范规定时间。

7）本工程将进行大面积基坑开挖，船坞坞底开挖标高−9.5m；坞口开挖面标高−10.7m；水泵房开挖面标高−13.4m，开挖深度为 14.5～18.4m，上述基坑均属一级基坑，可采用地下连续墙围护方案。根据工程地质剖面图，船坞坞底板除东北角局部位于⑧$_2$层强风化凝灰岩，其余底板都置于②$_2$层淤泥或④$_1$层淤泥质黏土层中，其具高含水率、易触变、流变等特性，且船坞开挖范围内土质条件差。设计时应对支护体系进行土压力计算，对抗滑移稳定性、抗倾覆稳定性及变形稳定性等进行验算；由于场地刚刚回填砂土并进行地基处理会对下伏地层产生一定的影响，设计宜根据这些工作完成后检测方提供的相关土层参数，综合考虑进行基坑开挖设计，确定基坑围护措施，必要时进行补充勘察。

8）拟建场区及附近未发现污染源，拟建场地地下水及水位埋深可按整平地面下 0.5m 计，低水位可按整平地面下 1.5m 计。

9）拟建场地强风化岩面对本工程的设计和施工有较大意义。需要注意的是，场地岩层面起伏较大，在钻孔处层面标高精度较高，而在钻孔之间层面标高与实际情况存在一定的变化，是受构造作用及后期风化作用决定的。

7 本项目的难点和解决方案

1）凝灰岩不均匀风化、球状风化

凝灰岩不均匀风化：凝灰岩全风化带、强风化带也具有残积土的典型特点。凝灰岩发育区风化壳厚度存在差异，局部表现为风化深槽或中、微风化岩面突起，使得船闸基础易遭遇软、硬不均匀地层，对桩基施工有不利影响。

凝灰岩球状风化体：球状风化核是凝灰岩风化过程中残留的较难风化的微风化或中等风化岩块，岩性坚硬，多呈球状，即“球状风化孤石”。孤石的发育和分布规律不明显，不同地貌单元和不同深度的残积土层中均有发育的可能。

2）不对称基坑开挖稳定性分析难点

解决方案如下：

（1）对凝灰岩出露的球状风化体进行地质调查，分析球状风化的地表分布规律。

（2）加强对破碎地段、风化差异带发育段等地层取芯率控制，必要时采用 SH 型植物胶和新的钻探（SDB 钻具）工艺，揭示局部的风化球发育情况、赋存特征、地质特征等，从而为工程设计和施工提供参数和处理意见。

（3）加强基坑勘察工作，尤其加强土层完整性的勘察、土的抗剪强度指标的选取，结合抗浮水位综合分析基坑边坡的稳定性，提供准确的参数和合理的建议。

8 应用效果及社会效益

（1）本工程地基基础建议：总组装平台，可考虑采用经软基处理并经过检验后，其强度及沉降满足设计要求的浅埋基础；船坞、门式起重机轨道及门座式起重机吊车轨道、总组平台采用桩基础的建议是经济合理可行的，也是符合现阶段要求的。

（2）勘察成果经过建设单位组织的专家评审认为，勘察技术路线和技术措施正确，对场地工程地质条件作出了全面的分析评价，达到国内同类勘察工程领先水平，并得到业主和设计单位的一致好评。

（3）工程的建成和投入运行，产生了显著的社会效益，为业主单位的建设发展做出了很大贡献。

参考文献

[1] 建设部. 岩土工程勘察规范: GB 50021—2001(2009年版)[S]. 北京: 中国建筑工业出版社, 2009.

[2] 住房和城乡建设部. 建筑抗震设计规范: GB 50011—2010[S]. 北京: 中国建筑工业出版社, 2010.

[3] 住房和城乡建设部. 建筑地基基础设计规范: GB 50007—2011[S]. 北京: 中国建筑工业出版社, 2012.

[4] 住房和城乡建设部. 建筑桩基技术规范: JGJ 94—2008[S]. 北京: 中国建筑工业出版社, 2008.

[5] 交通运输部. 港口岩土工程勘察规范: JTJ 133—1—2010[S]. 北京: 人民交通出版社, 2010.

[6] 《工程地质手册》编委会. 工程地质手册[M]. 4 版. 北京: 中国建筑工业出版社, 2007.

援毛里塔尼亚某城市排水工程雨水系统项目岩土工程勘察实录

李静坡　李海坤　赵艳龙

（建设综合勘察研究设计院有限公司，北京　100007）

1　前言

毛里塔尼亚政府希望中国政府帮助新建某城市污水收集、处理系统及雨水收集、排放系统，解决当地污水处理和雨水内涝的问题，改善当地的人居环境，保障城市的正常生活、运行。项目为非洲地区重点民生工程。

本项目工程地质条件和水文地质条件复杂，而且分布范围广，场区受风积和海相沉积的交互影响，地层较复杂，对勘察作业提出极高的要求。本工程岩土工程勘察采用地质调查、钻探、井探和地球物理勘探等方法，结合水位观测、原位测试与试验、室内土工试验等多种原位测试手段和多种室内试验方法，查明了风积层与海相沉积层的分布及成因，对场地地层进行了归纳分类，获得了地层分布的分区规律。现场揭露的贝壳层及胶结贝壳层在其他勘察项目中极为罕见，通过标准贯入、动探、轻型载荷试验、室内强度试验等综合手段，揭示了其特殊的物理力学性质。查明地下水的分布，绘制成综合水文地质调查图，提供了经济合理的抗浮设防水位。

2　工程概况

本项目位于毛里塔尼亚某市的5个行政区内，工程涉及范围为15.68km²。根据城区道路、地形特征及排水方向的不同，将拟建排水工程按分布区域分为东北部、西北部、南部和西部四个雨水分区，并在其低洼地处设置雨水泵站。

拟建城市排水工程雨水系统主要包括4座雨水泵站（3座分区泵站及1座排海泵站）、排水管线和雨水收集系统。

（1）雨水泵站

1～3号分区泵房和排海泵站池体均采用圆形钢筋混凝土结构，围护结构为框架结构。各个泵站主要由泵房、变配电系统及值班室组成。3座分区泵房结构直径8.0m，池体高度4.0m，地上1.0m，地下3.5m。围护结构建于池体上，建筑高度4.5m。

排海泵站结构直径12.0m，池体高度5.5m，地上1.0m，地下4.5m。围护结构建于池体上，建筑高度4.5m。泵房进口处设八字口。

（2）排水管线

分区雨水泵站至现状水面的排水管线，采用玻璃钢管线，管径DN900，管道埋深2.2m，基础采用200mm的砂垫层，管线长度10.19km。

排海泵站至大西洋的排海管线，采用玻璃钢管线，管径DN1500，管道埋深2.8m，基础采用200mm的砂垫层，管线长度4.3km。

（3）雨水收集系统

雨水收集采用钢筋混凝土预制暗渠，设计断面主收集暗渠尺寸1.0m × 0.8m，二级收集暗渠尺寸0.8m × 0.8mm，暗渠长度39.74km。暗渠采用钢筋混凝土预制槽体，上设承重钢筋混凝土活动盖板，暗渠底板布设渗水孔。

雨水系统基本沿现状道路设置，主要涉及道路包括11条道路及其相互间的连接线。

依据工程重要性等级、场地复杂程度等级和地基复杂程度等级综合确定，本工程岩土工程勘察等级为乙级。

本次勘察设计分区按照其地理位置及设计分区进行，以某市的东西向主干道为主要分界线，划分为A区、B区、C区及H区（排海区）共四个区域。A区及B区位于北部，A区主要位于两个行政区内，B主要位于一个行政区内；C区位于南部，排海区沿西段排布，主要位于一个行政区内。各区位置参见图1。

图 1　工程场地分区图

3　岩土工程勘察目的

查明有无影响场地稳定性的不良地质作用及其危害程度；查明场地内岩土层的类型、成因、分布、工程特性，各岩土层的物理力学性质，分析和评价地基的稳定性、均匀性和天然地基承载力；提出场地与地基的建筑抗震设计基本条件和参数；判定拟建场地类别，判定饱和砂土、粉土地震液化的可能性及液化等级；查明地下水类型、水位，提供历史最高地下水位，近 3～5 年最高地下水位及水位变化的幅度值，提供抗浮设防水位；判断地下水及土对建筑材料的腐蚀性以及对拟建工程的影响；提供沿线各土层的压缩模量及各土层的抗剪强度参数；对地基基础方案进行论证；对明挖法施工、地下水控制工程的设计及施工提出意见和建议。

4　工程地质条件

4.1　场地地层构成

根据现场钻探、原位测试及室内土工试验成果，依据地层沉积年代、成因类型，将拟建场地地面以下 15.00m 深度范围内的地层划分为填土层、第四纪风积地层及第四纪海相沉积地层三大类，按地层岩性及其物理力学性质指标将地基土层划分为 8 个主要地层。详见表 1。

地层岩性一览表　　　　**表 1**

成因年代	土层名称及编号	地层描述
填土层	①粉细砂素填土	颜色呈多色，主要为褐红色、黄色、灰白色、灰黑色，干燥—湿，松散—中密，砂质不均，含少量粉土、贝壳及贝壳碎屑；局部为较纯贝壳，贝壳较完整，夹少量粉土
	①$_1$杂填土	杂色，湿—很湿，含贝壳混凝土碎块、贝壳等，无层理；结构松散，部分钻孔揭露为灰黑色生活垃圾，含大量塑料袋等杂质
	①$_2$粉质黏土素填土	褐色—灰绿色，很湿，可塑—硬塑，以粉质黏土为主，局部为粉土，夹有砂土颗粒，含少量贝壳碎屑等杂质，无层理
第四纪风积地层	②粉砂	浅黄—黄红色；含氧化铁、石英，干燥—湿；松散—稍密；砂质较纯，局部近细砂。本层分布不连续，主要在中部区域地势较高位置揭露该层
第四纪海相沉积地层	③粉砂	灰白色，局部上部呈灰绿色或灰黑色；湿—饱和；松散—稍密；含石英、云母等，局部夹少量有机质，砂质较均匀，含少量贝壳，本层分布不连续
	③$_1$含粉砂贝壳	贝壳含量大且贝壳较纯，主要以薄层或透镜体出现

续表

成因年代	土层名称及编号	地层描述
第四纪海相沉积地层	④粉细砂	褐黄—白黄色，局部呈黄绿色；饱和；松散—中密；含石英、云母、氧化铁等；砂质不均，含贝壳及贝壳碎屑，本层局部缺失，部分钻孔未揭露该层
	④$_1$胶结贝壳细砂	杂色；饱和；密实；主要成分为贝壳，以粉、细砂充填，孔隙较大，透水性强；钙质胶结，胶结程度较好，岩芯样呈柱状，局部胶结程度差，呈散体贝壳状
	④$_2$含细砂贝壳	贝壳含量大且贝壳较纯，主要以薄层或透镜体出现
	⑤细中砂	灰白色；饱和；中密—密实；含石英、长石等；砂质不均，局部为粉砂和粗砂，含少量贝壳碎屑
	⑤$_1$胶结贝壳细中砂	杂色；饱和；密实；主要成分为贝壳碎屑，细、中砂充填；钙质胶结，胶结程度好，岩芯样呈柱状，局部胶结程度差
	⑤$_2$粉砂	灰黑色，饱和；密实；含石英、长石及少量有机质及贝壳碎屑，主要在C区东北部揭露该层
	⑥中砂	灰白色，局部青白色；饱和；密实；含石英、长石等；局部为粉、细砂，含少量砾石，砾石一般大小2～5mm，主要成分为石英岩及砂岩，含少量贝壳
	⑥$_1$胶结贝壳中砂	杂色；饱和；密实；由贝壳碎屑和中砂胶结而成；钙质胶结，胶结程度好，岩芯样呈柱状，局部贝壳含量低，呈砂质胶结
	⑦中粗砂	青色—青灰色；饱和；密实；含石英、长石等；含少量砾石，一般粒径为2～8mm，呈棱角—次棱角状；砂质不均，局部为粉、细砂，含贝壳碎屑及碳酸钙胶结物
	⑦$_1$胶结贝壳中粗砂	青色—青灰色；饱和；密实；由贝壳碎屑和中砂胶结而成；钙质胶结，胶结程度好，岩芯样呈柱状，局部贝壳含量低，呈砂质胶结
	⑧胶结粉细砂	灰绿—白灰色；饱和；密实；主要由粉、细砂胶结而成，含少量砾石，夹少量贝壳碎屑；钙质胶结，胶结程度好，岩芯样呈柱状

4.2　场地水文地质条件

本次勘察15m深度范围内测得1层地下水，地下水类型为潜水—微承压水，主要赋存在透水性较好的③粉砂、④粉细砂中。

初见水位埋深为0.70～3.80m，初见水位标高为−1.19～1.14m，稳定地下水位埋深为0.20～3.70m，稳定水位标高为−1.09～1.24m。在A区的1号泵站、B区的2号泵站、C区的3号泵站附近的部分区域，因存在粉质黏土、粉土素填土及混细砂贝壳等相对隔水层，地下水表现出一定的承压性。

地下水水位变化主要受海洋潮汐和降雨影响。补给来源以大气降水入渗、生产生活废水排放及地下径流为主，以蒸发及径流为主要排泄方式。

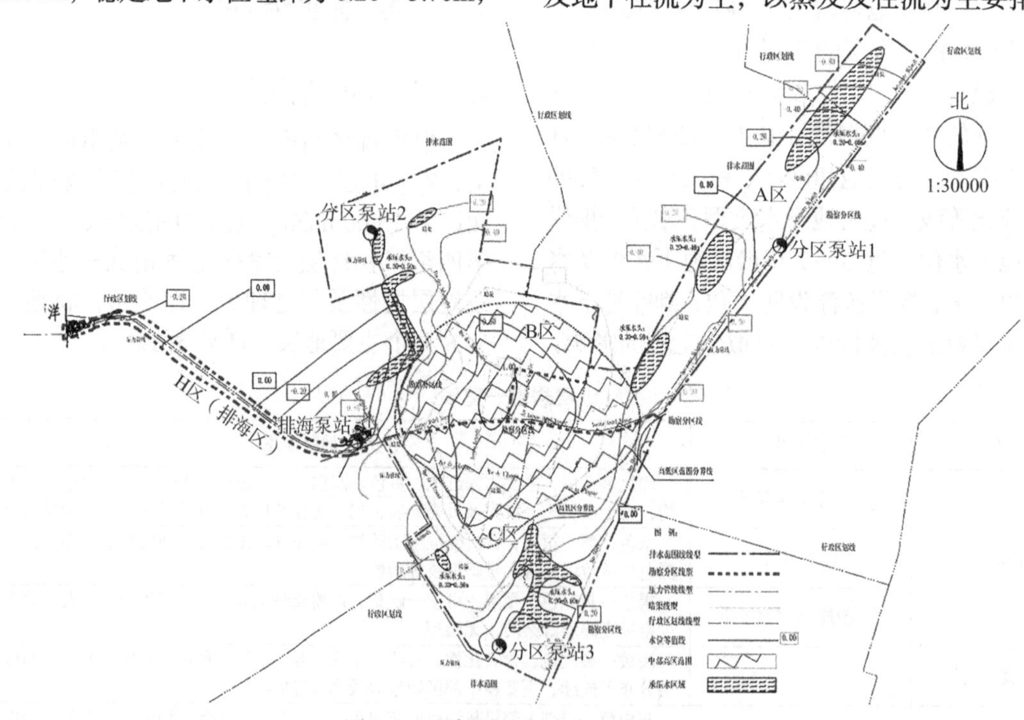

图2　工程场地地下水水文综合图

地下水位从空间分布上看，在中部高区地下水位标高相对较高，标高在0.6～1.0m；在四周低区，其水位标高相对较低，标高在-1.0～0.4m，地下水位相关信息参见图 2。

在中部高区，近 3～5 年最高地下水位标高约为 1.5m，在四周低区，近 3～5 年最高地下水位标高约为 0.5m，水位年变幅 0.5～1.0m。

在中部高区，历年最高地下水位标高约为 1.5m，在四周低区，历年最高地下水位标高约为 0.5m（2012 年）。

本场地地基土对混凝土结构和钢筋混凝土结构中的钢筋腐蚀性评价见表 2。

土的腐蚀性综合评价表　　　表 2

腐蚀性等级分区	土对混凝土结构的腐蚀等级	土对钢筋混凝土结构中钢筋的腐蚀等级	土对钢结构的腐蚀等级
A 区	微	微	微
B 区	弱	中	微
H 区	弱	微	微
C 区	弱	中	微

本场地地下水对混凝土结构和钢筋混凝土结构中的钢筋的腐蚀性评价见表 3。

水的腐蚀性综合评价表　　　表 3

腐蚀性等级分区	水对混凝土结构的腐蚀等级	水对钢筋混凝土结构中钢筋的腐蚀等级	
		长期浸水	干湿交替
A 区	中	微	中
B 区	强	微	强
H 区	强	弱	强
C 区	强	弱	强
地表水	强	—	强

4.3　抗浮设防水位建议

根据场地区域水文地质条件、场地工程地质条件及拟建建筑物基础埋置深度，建议抗浮设防水位为：中部高区，按地下水位标高 1.5m 进行设防；四周低区，按地下水位标高 0.5m 进行设防。

5　不良地质作用与特殊性岩土

5.1　不良地质作用

经查阅有关资料对场地周边地质条件进行调查，结合本次现场勘察，拟建场地属于风积及海相沉积平原地貌，地形较为平坦，场地及场地附近无滑坡、滑移、崩塌、塌陷、泥石流、采空区等不良地质作用。

5.2　特殊性岩土

本次勘察范围内，特殊性岩土为人工填土（包括粉、细砂素填土、杂填土、粉质黏土素填土）和盐渍土。无软土、湿陷性黄土、膨胀土、风化岩及残积土等特殊性岩土分布。

场地内填土层普遍分布，主要为①粉、细砂素填土、$①_1$杂填土、$①_2$粉质黏土素填土，厚度一般为 0.20～2.50m。填土厚度较大区域主要集中在中部地势较高区域。填土结构松散，无层理，物理力学性质差异较大，开挖后的稳定性差。填土均匀性差，多为欠固结土，结构疏松，多具强度较低，压缩性高，受压易变形的特点。特别是在填土层厚度较大处，施工时应予以高度重视。

根据土化学分析成果，三点土样中易溶盐含量分别为 0.783%、0.528%、0.436%。依据《岩土工程勘察规范》GB 50021—2001（2009 年版）第 6.8.1 条、6.8.2 条判定，易溶盐含量超过 0.3%，该岩土为盐渍土。按化学成分分类为氯及亚硫酸盐渍土；按含盐量分类为弱盐渍土。

在完成 8 件土样中仅有 3 件土样易溶盐含量超过 0.3%，而且分别分布在 B 区、C 区、H 区的三个区域，空间分布规律性不明显，盐渍土范围按照取样点周边 100m 范围计。经现场调查和本次勘察成果分析表明：该盐渍土无溶陷、盐胀的工程特性，具有一定的腐蚀性，该盐渍土对土体自身工程力学性质影响不大，设计时仅需考虑其腐蚀性的影响，适宜本工程的建设。

6　场地地基建筑抗震设计基本条件

根据有关资料，毛里塔尼亚属于少震、低震级国家。

拟建场地属沙漠边缘滨海地带，地层相对稳定，勘察未发现影响场地稳定性的断裂构造与破碎带，属于地层和构造稳定区。根据向当地相关部门调查得知，该市历史上无大的破坏性地震记录，属地震活动较少、震级较低的地区，建议拟建场地抗震设防烈度按 6 度设计，设计基本地震加速度值为 0.05g。拟建工程场地类别为Ⅱ类。场地属对建筑抗震一般地段。在地震烈度为 6 度时，一般不进行液化判定和处理。

建筑场地。

7 场地、地基土评价

7.1 场地稳定性、适宜性评价

本工程包括雨水收集系统及排水管线，管道埋深为1.5～2.8m；管道穿过的岩土层为②粉砂，③粉砂、③$_1$含粉砂贝壳、④粉细砂层，穿越地层属于第四纪沉积层，地层分布较稳定；根据区域地质资料及本次勘察成果，拟建场地及周边无不良地质作用，除上部人工填土外，无湿陷性黄土、膨胀土、风化岩及残积土等特殊性岩土分布。在6度地震作用下，不具备产生滑坡、崩塌、泥石流等地震地质灾害的条件，因此，综合判定：本工程场地属于稳定场地，适宜本工程建（构）筑物的建造。

7.2 地基土均匀性性评价

拟建建筑场地位于同一地貌单元及同一工程地质单元，各岩土层成因、沉积年代相同，在垂直方向上呈多层结构，水平方向地层分布较稳定，同一地基土层的物理力学性质差异不大，且压缩性及厚度差异不大，地基为均匀地基，适宜作为一般建筑场地。

7.3 地基承载力检测

为了测定浅部地基土的承载力，本次勘察共布置72点的现场地基承载力检测，现场检测在探井中实施。利用人工将填土层揭开，然后进行试验。统计结果参见表4。

7.4 现场休止角试验

为测定砂土的休止角，现场进行了36组休止角试验，回国后利用扰动样又进行了14组休止角试验，统计结果参见表5。

7.5 现场渗透性试验

为测定浅部地层的渗透性，现场分别在钻孔和试坑内进行了注水试验，统计结果参见表6。

7.6 岩土工程特性指标参数评价

根据本次勘察成果，依据《岩土工程勘察规范》GB 50021—2001（2009年版）等相关规范、规程，建议的各层土的承载力特征值和与基础设计有关的主要参数参见表7。

地基承载力检测统计表（地基承载力特征值，kPa） 表4

地层编号	岩土层名称	样本数	最大值	最小值	平均值（$\bar{\mu}$）	标准差（σ）	变异系数（δ）
①	粉细砂素填土	19	152	75	106.0	20.95	0.198
①$_2$	粉质黏土素填土	4	121	92	103.8	13.20	0.127
②	粉砂	14	152	96	117.5	15.09	0.128
③	粉砂	18	154	92	113.9	16.73	0.147
③$_1$	含粉砂贝壳	1	113	113	113.0	—	—
④	粉细砂	16	158	91	116.6	17.88	0.153

休止角试验统计表 表5

地层编号	岩土层名称	样本数	最大值	最小值	平均值（$\bar{\mu}$）	标准差（σ）	变异系数（δ）	标准值/°
②	粉砂	15	32	27	29.0	1.69	0.058	28
③	粉砂	18	34	28	30.8	1.86	0.061	30
④	粉细砂	17	34	27	30.2	1.85	0.061	29

渗透性试验结果统计表［渗透系数K（m/d）］ 表6

地层编号	岩土层名称	样本数	最大值	最小值	平均值（$\bar{\mu}$）
①	粉细砂素填土	11	5.4	0.41	3.2
①$_2$	粉质黏土素填土	2	0.3	0.006	—
②	粉砂	7	6.9	0.60	3.2
③	粉砂	10	6.4	0.27	2.5
④	粉细砂	8	12.0	0.49	4.3

工程特性指标建议值 表7

地层编号	岩土层名称	重度γ/（kN/m^3）	压缩模量 E_s/MPa	变形模量 E_0/MPa	黏聚力c/kPa	内摩擦角 φ/°	承载力特征值 f_{ka}/kPa
①	粉细砂素填土	19.0	—	—	0	20	100
①$_1$	杂填土	18.5	—	—	0	10	—
①$_2$	粉质黏土素填土	19.0	4.0	—	15	10	90
②	粉砂	20	10	—	0	28	110
③	粉砂	20	12	—	0	30	110
③$_1$	含粉砂贝壳	19	8	—	0	32	115
④	粉细砂	20	15	—	0	30	115
④$_1$	胶结贝壳细砂	18.5	—	30	0	35	180
④$_2$	含细砂贝壳	19	15	—	0	32	140
⑤	细中砂	20.5	25	—	0	34	160
⑤$_1$	胶结贝壳细中砂	20	—	40	0	38	200
⑤$_2$	粉砂	20	20	—	0	32	150
⑥	中砂	20.5	30	—	0	36	220
⑥$_1$	胶结贝壳中砂	21	—	50	0	40	250
⑦	中粗砂	21	35	—	0	38	250
⑦$_1$	胶结贝壳中粗砂	20	—	60	0	42	280
⑧	胶结粉细砂	21	—	55	0	45	320

8 对工程设计的建议及施工过程中应注意的问题

8.1 基础持力层及地基处理方案的建议

1）雨水收集系统及排水管线

本工程雨水收集系统及排水管线，管道埋深为1.5～2.8m，管道穿过的岩土层为②粉砂，③粉砂、③$_1$含粉砂贝壳、④粉细砂层、④$_2$含细砂贝壳、⑤细中砂、⑤$_1$胶结贝壳细中砂。地基承载力一般可满足设计对承载力要求，建议采用天然地基。如局部填土层较厚，建议将上部填土层予以清除，采取砂土换填方案进行处理，换填方案的设计、施工及检测应严格按照《建筑地基处理技术规范》JGJ 79—2012有关规定进行。

拟建场地除中部区域地势较高地下水埋藏较深外，其他地段的地下水埋深较浅，因此在满足相关排水、覆土、抗浮等要求的前提下，拟建管线宜尽量浅埋。管线施工过程严禁扰动地基土。

2）雨水泵站

对于拟建1号雨水泵站（A区雨水泵站），基础埋深 3.5m，基底持力层为④粉、细砂或⑤细、中砂，可采用天然地基。基础可采用沉井基础或筏式基础。

对于拟建2号雨水泵站（B区雨水泵站），基础埋深 3.5m，基底持力层为⑤细、中砂层，可采用天然地基。基础可采用沉井基础或筏形基础。

对于拟建3号雨水泵站（C区雨水泵站），基础埋深 3.5m，基底持力层为⑤细、中砂层，可采用天然地基。基础可采用沉井基础或筏形基础。

对于拟建排海泵站（H区雨水泵站），基础埋深4.5m，基底持力层为⑤细、中砂或⑤$_1$胶结贝壳细、中砂等地层，可采用天然地基。基础可采用沉井基础或筏形基础。

8.2 基坑地下水控制的相关问题的建议

本工程地下水埋藏较浅，地下水对管线及泵站地基基础施工影响很大，施工时可根据现场情况采取必要的降排水措施。

1）A区工程地下水控制措施

对于雨水收集系统，建议管道埋深1.0～1.5m，地势较高区段，地下水对管道施工影响不大；其他区段基底位于地下水位附近，施工时可根据现场地下水情况采取基槽内明沟排水方案。

对于排水管线，埋深 2.2m，地势较高区段，地下水对管道施工影响不大；地势较低区段，基底位于地下水位以下，必须采取降排水措施方可进行基础施工。建议调整基础埋深至1.5～2.0m，可采取基槽内明沟排水方案，必要时可结合管井降水方案。

对于雨水泵站，基础埋深3.5m，其地下水埋深较浅，因此泵站施工时应采取降排水措施。建议采用沉井施工，必要时可结合管井降水方案。

2）B区工程地下水控制措施

对于雨水收集系统，建议管道埋深1.0～1.5m，地势较高区段，地下水对管道施工影响不大；其他区段基底位于地下水位附近，施工时可根据现场地下水情况采取基槽内明沟排水方案。

对于排水管线，埋深2.2m，基底位于地下水位以下，必须采取降排水措施方可进行基础施工。建议调整基础埋深至1.5～2.0m，可采取基槽内明沟排水方案，必要时可结合管井降水方案。

对于雨水泵站，基础埋深3.5m，其地下水埋深较浅，因此泵站施工时应采取降排水措施。建议采用沉井施工，必要时可结合管井降水方案。

3）C区工程地下水控制措施

对于雨水收集系统，建议管道埋深1.0～1.5m，地势较高区段，地下水对管道施工影响不大；其他区段基底位于地下水位附近，施工时可根据现场地下水情况，采取基槽内明沟排水方案。

对于排水管线，埋深2.2m，基底位于地下水位以下，必须采取降排水措施方可进行基础施工。建议调整基础埋深至1.5～2.0m，可采取基槽内明沟排水方案，必要时可结合管井降水方案。

4）H区工程地下水控制措施

对于排水管线，埋深2.8m，基底位于地下水位以下，必须采取降排水措施方可进行基础施工。建议调整基础埋深至2.0～2.5m，可采取基槽内明沟排水与管井降水相结合方案进行施工。

对于雨水泵站，基础埋深5m，其地下水埋深较浅，因此泵站施工时应采取降排水措施。建议采用沉井施工必要时可结合管井降水方案。

地层渗透系数建议值参见表8。

地层渗透系数建议值　　　　表8

地层编号	岩土层名称	渗透系数建议值 k/（m/d）	透水性评价
①	粉细砂素填土	2.5	中等透水
①$_1$	杂填土	1	中等透水
①$_2$	粉质黏土素填土	0.1	弱透水
②	粉砂	2	中等透水
③	粉砂	2	中等透水
③$_1$	含粉砂贝壳	8	中等透水
④	粉细砂	4	中等透水
④$_1$	胶结贝壳细砂	5	中等透水
④$_2$	含细砂贝壳	5	中等透水
⑤	细中砂	15	中等透水

8.3　基槽土方、支护方案的建议

拟建场地周边存在建筑工地、地下管线、原建筑物基础等设施，对于金属地下管线具体走向、埋深、用途，参照我院完成的《综合地下管线图》；对于非金属地下管线，具体走向、埋深、用途尚不明确，正式施工前，应进行详细调查，以免造成不必要的损失，影响后续施工。

在确定本工程的基坑支护体系时，应充分考虑基坑的开挖深度、基坑特点（为线性基坑）、地层垂直分布的复杂性及本工程周边环境等诸多因素的影响，设计出安全合理的支护施工方案。基坑支护施工应保证满足边坡稳定、施工安全的需要，避免施工对拟建场区周围既有建（构）筑物、道路、地下管线等设施产生不利影响。

本工程勘察范围内，存在易坍塌的填土层、砂层，为确保基槽、相邻管线、道路及其他相关设施的稳定性及安全，基槽开挖应采取必要的支护措施。本工程可根据现场条件采用分步放坡方案，坡率可按1：0.75～1：1.25考虑，当不具备放坡条件时，应采取必要的支护措施，可采用钢板桩支护，相关方案应通过计算确定，保证基坑及周边安全。

基槽支护设计施工应依据《建筑地基基础设计规范》GB 50007—2011、《建筑基坑支护技术规程》JGJ 120—2012等规范并结合当地基槽支护设计施工经验进行设计与施工，与支护工程有关的各土层力学性质参数建议值参见表7。

有关基槽支护的设计、施工、验收要求参见《建筑地基基础工程施工质量验收规范》GB 50202—2002、《建筑基坑支护技术规范》JGJ 120—2012等相关规范、规程。

8.4　基槽施工过程中应注意的问题

1）基槽坑壁坍塌

管线主体结构基本位于第四纪砂土层中，而

且地下水位较高，坑壁自稳性差，基槽边坡易坍塌。

基槽边坡坍塌易造成重大的损失，如果危及邻近结构与设施的安全，将会带来灾害性的后果。工程实践表明，施工条件的改变、现场堆载的变化、管道渗漏和施工用水不适当的排放、温度骤变或降雨等都有可能造成边坡失稳。因此在整个施工期间，实行严格的现场检验与监测工作是十分必要的。此外，预先确定各方面临界状态报警值，及时反馈监测结果，使出现的问题得到及时处理，将大大减少可能出现的基槽边坡坍塌事故。

开挖中应充分利用土体时空效应规律，严格掌握施工工艺要点。沿纵向按限定长度逐段开挖，在每个开挖段分层、分小段开挖，随挖随安装管线，并及时回填。

2）基槽施工中的管涌及流砂问题

本工程线路较长，地下水位高，基槽主要位于砂土层中，因此在开挖过程中采取合理降排水措施，应尽量减少对土体的扰动，防止产生管涌和流砂。

在本次勘察期间，在 A 区的 1 号泵站、B 区的 2 号泵站、C 区的 3 号泵站附近的部分区域填土层下部揭露一隔水层，由粉土、黏性土混合而成，夹少量砂土颗粒，质地坚硬，当地称之为“盐土层”，该层渗透性差，隔水效果明显，使得场地地下水表现出一定的承压性。该层揭穿后，地下水位迅速上升。施工中应小心揭穿该层，防止可能产生的突涌和流砂。

3）有害气体

本次勘察期间，未发现沼气等有害气体。但由于沿线通过地区多为居民区，污水没有统一收集，为自然排泄；现场的填土中夹杂大量垃圾，污水聚集，可能产生有害气体。因此在施工过程中应加强对有害气体的监测及防护措施。

4）环境保护

施工时应注意对沿线地下管线的保护，尽量降低施工对周围居民及公共社区的影响，减少对城市交通的干扰，避免建筑弃土的运输过程中对道路及环境的污染。

8.5 基槽回填

基础结构完成后，应及时回填肥槽，回填肥槽时，须选用低渗透性土料分层回填压实，满足设计密实度要求，严格按照国家有关施工及验收规范的要求进行分层夯实回填，以保证基础的侧限条件和防止浅层地下水入渗引起的基础附加浮力。有关基坑肥槽土方回填的要求及质量控制应按照《建筑地基基础工程施工质量验收规范》GB 50202—2002 中关于土方回填的要求执行。

9 结语

“援毛里塔尼亚某城市雨污水项目”工程总投资大，工程涉及范围广。而“援毛里塔尼亚某城市排水工程雨水系统项目”为其一期项目，工程涉及范围为 15.68km^2，涉及管线长度 44km，工程总投资约 3.9 亿元人民币，投资位居商务部近年来对外援助项目的首位。

2014 年，商务部对援外项目的管理模式进行了调整，由传统的“分散管理”变革为“成套管理”，而本项目因其特殊性被选择为首个执行“成套项目管理”的项目，对于项目管理提出新的挑战。

项目地理位置特殊，工期紧，任务重，项目实施难度大。毛里塔尼亚属于撒哈拉沙漠中西部，勘察期间适逢夏季，白天室外温度基本都在 35℃以上，甚至出现 47℃高温天气（地表温度达 60℃以上）的极端天气，工作现场条件极为艰苦。而且当地的卫生环境非常差，生活垃圾无法及时清理，多堆放于路边，勘察、测绘与管线探测作业人员克服高温及作业环境的恶劣，在 35 天顺利完成了本项目的野外勘测任务。

本项目工作量大、任务重，项目分布范围广，工期短，国外机械设备及施工技术人员短缺，为保障整个项目的顺利完工，本次勘测采用“重点先行、分区施工、由点及面”的原则，科学合理地安排工作顺序、组织人员，按照商务部的工期要求保质保量完成本次工程勘察。对于适应新管理模式下的援外项目勘察，具备较强的指导作用。

河南省浅层地热能勘察与应用工程实录

王现国[1,2]　王春晖[1,2]　刘海风[1,2]

（1. 河南省地质工程勘察院有限公司，河南郑州　450000；
2. 河南省地质矿产勘查开发局第五地质勘查院，河南郑州　450000）

1　引言

浅层地热能是一种清洁的、可再生的能源，是国家提倡大力探索和发展的新能源。随着我国能源结构政策的调整和地源热泵技术的逐步提高和完善，城市对浅层地热能需求不断加大，建筑物供暖（或制冷）中，浅层地热能所占的相对密度也将越来越高，如期实现"碳达峰、碳中和"战略发展目标要求，浅层地热能必将成为我国今后开发利用中的新型能源。河南省对发展中西部经济具有承东启西的重要战略地位，节能减排任务非常繁重，开发利用浅层地热能这一可再生的新型洁净能源，发展低碳经济势在必行。开展河南省及所辖郑州、洛阳、开封、新乡、许昌、漯河、周口、安阳、濮阳、焦作、南阳、平顶山、驻马店、信阳、三门峡、商丘、鹤壁、济源等 18 个城市及郑州航空港经济综合实验区浅层地热能勘察与综合评价，系统查清河南省浅层地热能的埋藏、分布规律及循环特征，评价浅层地热能开发利用潜力，总结研究河南省浅层地热能勘察方法与技术、可持续开发利用模式，为浅层地热能进一步勘察、科学规划与开发，减少开发风险，提高可再生能源利用能力与水平，取得浅层地热能开发利用最大的社会经济效益和环境效益，保护生态环境，促进社会经济可持续发展，具有十分重要的现实意义和长远的战略价值。

2　项目概况

河南省浅层地热能勘察与应用项目，是河南省地质矿产勘查开发局下达的重点项目。目的是开展河南省浅层地热能开发区水文地质调查和浅层地热能勘察，查明浅层地热能分布特点和赋存条件，评价浅层地热资源量及开发利用潜力，编制浅层地热能开发利用适宜性区划，对典型浅层地热能开发利用工程进行监测，为河南省浅层地热能合理开发利用和保护提供依据。共完成区域水文地质补充调查面积 16.70×10^4km²，重点勘察区 1：5 万专项水文地质调查面积 8352.90km²，施工地埋管换热孔 71 个，总进尺 9677.05m，地下水换热孔 104 个，总进尺 13775.5m，共进行岩土热响应试验 58 组，抽水试验 146 组，回灌试验 95 组，岩土热物性测试 3199 组，水质分析 1055 组，地温测量 9550 点次。工程建设内容和特点见表 1。

工程建设内容及特点一览表　　**表 1**

建设内容及规模	特点
①浅层地热能调查总面积 16.70×10^4km²，其中：19 个重点勘察区面积 8352.9km²。浅层地热能开发利用热泵工程运行现状调查 888 个	查明 200m 以浅的第四系地质结构特征、水文地质条件等浅层地热能赋存条件；查明各浅层地热能热泵工程占地面积、应用建筑面积、抽、回水井数量、井间距、抽水量与地下水温、回水量与回灌水温、运行期间地下水动态变化、运行效果等
②地球物理勘探：完成视电阻率垂向电测深 200 点，浅层地温测量 9550 点次，水文测井 1800m	划分地层岩性，为钻探及成井提供依据；查明浅层地温场特征
③钻探：完成地下水换热钻孔 104 个，总进尺 13775.5m，地埋管换热钻孔 71 个，总进尺 9677.05m	地下水换热孔是抽水、回灌试验的基础，地埋管换热孔是现场热响应试验的基础，两者对查明工作区浅层地热能地质条件、水土样品采取、确定可开发利用的地区及合理利用量、进行浅层地热能评价至关重要
④抽水及回灌试验：完成抽水试验 146 组，回灌试验 95 组	通过抽水试验求取含水层渗透系数等，了解含水层富水性，分析确定适宜的抽水量与井间距；通过回灌试验计算水文地质参数，确定抽水井与回灌井数比例，评价含水层的回灌能力，研究地下水回灌量、水质、水温对地热能储存条件和开采资源量的影响
⑤现场热响应试验：共完成 58 组，102 次试验	通过模拟土壤源热泵系统的运行工况，对试验孔进行放热或取热测试，分析试验数据，计算得出当地地质条件下的综合热物性参数。为地埋管热泵系统适宜性和地热能资源评价及开发利用区划提供依据

获奖项目：2021 年度工程勘察、建筑设计行业和市政公用工程优秀勘察设计奖一等奖。

续表

建设内容及规模	特点
⑥水土样采集与室内试验：完成岩土样品热物性测试3199组、水质分析1055组	采用室内试验法将某一深度、一定厚度的岩土层提取出来，利用试验仪器进行测量来获取岩土体的热物性参数，为浅层地热能资源评价提供可靠的科学依据。采集地下水样品分析其物理化学成分及含量，评价地下水对水源热泵系统的影响
⑦示范工程运行监测：完成7眼井9个月的长期监测，共采集312569组监测数据	选择地下水源热泵示范工程，采用自动化智能监测设备进行数据自动传输的方法，对换热井水量（抽水量、回灌量）、水位、水温等进行监测，并通过定期采集水样进行化验分析，监测水质变化，分析研究地下水动力场、温度场、化学场、微生物等主要地质环境要素变化特征
⑧典型工程水热运行数值模拟：构建了地下水水热概念模型，并进行三种方案的工程运行模拟和四种不同抽灌组合的水热模拟	采用FlowHeat（地下水热模拟软件）对典型工程地下水源热泵运行过程中的水、热变化进行模拟，为后续确定抽、灌井间距适宜范围的模拟提供必要的参考，对比不同抽灌比及布井方式的模拟结果提出最优工程布井方案，为工程运行提供可靠保障

该项目针对河南省浅层地热能开发利用面临的重大问题和节能减排的迫切需求，通过浅层地热能调查、地球物理勘探、钻探、岩土热响应试验、水文地质试验、室内试验、动态监测、典型热泵工程运行监测和数值模拟等多手段交叉融合，查明了全省浅层地热能的水源热泵地热条件及土源热泵地热条件，形成了配套、完整的河南省浅层地热能勘察与应用的科研成果。对河南省乃至全国浅层地热能合理开发利用提供了重要的借鉴和指导意义。项目成果经科学技术评价总体达到国际领先水平。

3 项目特点、难点及解决方法

3.1 项目特点和难点

本项目特点和难点主要表现在两个方面：

（1）工作区面积大、范围广，涉及整个河南省行政区域，各地区地质条件差异大，工程量部署和工作精度难以把控。

（2）项目建设内容和类型复杂多样，涉及学科和专业多，包括地层学、水文地质学、工程地质学、环境地质学、地球物理学、水文地球化学、实验地质学、计算机科学等，成果的集成较困难。

3.2 主要解决方法

充分资料搜集与整理、利用已往工作成果资料，以满足实际需要和综合评价为准，划分一般勘察区和重点勘察区，合理部署工程量。通过浅层地热能调查、地球物理勘探、钻探、岩土热响应实验、水文地质试验、室内试验、动态监测、典型热泵工程运行监测和数值模拟等多手段交叉融合，并充分运用新理论、新方法、新技术，加强各类成果的综合研究和分析，进行再梳理、再研究、再提升，最终形成反映河南省浅层地热能勘察与应用的系统集成科研成果。

4 浅层地热能赋存条件

4.1 岩土体结构特征

河南省浅层地热能的赋存层位主要为第四系及新近系上部的各类松散堆积物，这些松散的堆积物和储存于其孔隙内的地下水为浅层地热能的载体，广泛分布于洪积平原区、山前冲洪积倾斜平原区及山间盆地区。自山前向平原区第四系厚度增大，厚度由数米到百米以上。新近系主要分布在盆地和东部平原区，岩性以冲、湖积砂岩（砂层）、粉砂岩、泥岩、泥灰岩为主；第四系广泛分布于东部冲洪积平原区、山前冲洪积倾斜平原区及山间盆地区。西部的山间盆地区及山前冲洪积倾斜平原区，下更新统（Q_p^1）为冲、湖积砂及砂砾石、黏土等，黄河两岸有午城黄土；中更新统（Q_p^2）为冲湖积、冲洪积粉质黏土、砂及砂卵砾石，灵宝—郑州有离石黄土；上更新统（Q_p^3）豫西为冲积粉土、粉质黏土及砂层、砂砾石层，灵宝—郑州有马兰黄土；全新统（Q_h）为河流冲积层，局部有风积物。一般冲洪积扇、河谷一带地层岩性以冲积、冲洪积为主的松散地层，且沉积物以粗粒相的砂卵石、砂砾石、粗砂、中砂为主；广大冲积平原区地层岩性以冲积、冲湖积、湖沼相等细粒相沉积为主的松散地层，包括第四系、新近系黏性土、粉土、细粒相砂土为主。重点勘察区地层结构见表2。

4.2 水文地质特征

河南省浅层地热能的赋存层位主要为第四系及新近系上部的各类松散堆积物，地下水类型主要为松散岩类孔隙水。含水层主要分布在黄淮海冲积平原、山前倾斜冲洪积平原和灵宝—三门峡盆地、伊洛盆地、南阳盆地及济源盆地。地下水主要赋存在第四系、新近系各类砂层、砂砾石层及卵砾石层孔隙中。含水层由第四系、新近系冲积、冲洪积、湖积、冰水沉积物组成。含水层自山前向平原，厚度逐渐增大，由数米至几十米，颗粒亦由粗变细，在河谷地带一般分布有卵石层，这里用不计卵石层厚度的含水层厚度来表示有效含水层厚度。

由于黄河、淮河多次改道变迁，沉积环境的不断变化，使黄淮平原浅层含水层的分布、厚度及富水程度，都具有条带状特征。富水性由极强到极弱。河南省黄淮海冲积平原、山前倾斜平原、南阳、洛阳、灵宝—三门峡盆地和淮河及其支流河谷地带，浅层含水层主要为冲积、冲洪积砂、砂砾、卵砾石，结构松散，分选性好，普遍为二元结构，具有埋藏浅、厚度大、分布广且稳定、渗透性强、补给快、储存条件好、富水性强等特点。尤其是太行山前洪积扇、黄河冲积扇、三大盆地中的河谷平原、淮河上游主要支流河谷等地段，水文地质条件优越，单位涌水量 10～30m³/(h · m)，最大可达30m³/(h · m)以上。其地下水主要接受大气降水入渗补给、地表水入渗及侧渗补给，为浅层地热能开发利用的良好循环水源。浅层地下水一般为潜水—微承压水，局部为承压水。

重点勘察区地层结构一览表 **表 2**

地貌类型	重点勘察区	200m 以浅地层岩性	地质构造
山前冲洪积倾斜平原	焦作市	新近系下部为砾岩、砂岩、泥岩、泥灰岩互层；上部为黏土、砂质黏土、砂砾石互层夹薄层钙质结核。厚度 10～20m。第四系底板埋深 80～200m，为黏土、粉质黏土夹砂、砂砾石层。冲洪积黏土、砂砾石、卵石层、黄土状亚黏土。粉土、黄土状土、粉质黏土与厚层粉细砂、细粉砂	焦作市处于济源—开封凹陷与太行山隆起的交接部位。主要发育有近东西向的凤凰岭断层、朱村断层、董村断层等；北东与北北东向的朱岭断层、赵庄断层、九里山断层等；北西向的李万—武陟断层、朱庄断层
	安阳市	新近系主要出露于西南部丘陵区，为泥岩（黏土岩）、泥质粉砂岩、含钙质砂质泥岩、泥灰岩、火山角砾岩和凝灰质含砾粉砂岩，厚度大于 300m；第四系为冰碛泥砾层、粉质黏土、黏土、卵砾石及砂层，局部钙质胶结成岩、黄土状粉土及粉质黏土	位于汤阴断陷内，主要发育 NNE、NE 及 NWW 向两组断裂
	鹤壁市	新近系主要出露于西部岗丘区，为泥岩（黏土岩）、含砾砂岩、泥灰岩；第四系为泥砾层、粉质黏土、黏土、粉土、砂砾石及砂层，总厚度小于 30m。城区新近系与第四系总厚度大于 300m	位于汤阴断陷内，主要发育 NNE 的汤东断裂、汤西断裂及一些近 EW 断层等
	平顶山	北部及西南部前新生界出露。新近系出露于西部，为泥灰岩及砂砾岩、黏土岩互层，厚度大于 50m。其他地区为第四系分布，厚度一般大于 50m，东南部厚度较大，岩性主要为黏土、粉质黏土为主，山前分布有泥质砾石，南部、东南部沙河两侧有砂砾石和砂层分布	位于辛集—平顶山凹陷带西缘，区内以北西向构造为主。褶皱构造主要有李口向斜和辛集背斜。除九里山断层部分出露外，其他断裂多为隐伏断裂。北西向主要有鲁—叶断层、襄—郏断层、九里山断层、锅底山断层等，北东向断裂构造主要有郏县断层、洛岗断层
	信阳市	第四系厚度小于 20m，下伏白垩系泥质砂岩、砾岩。第四系岗地区以粉质黏土为主；河谷平原区为粗砂、砾石夹粉质黏土	位于南秦岭褶皱带东段，主要发育北西西向、近南北向、北北东向断裂，分别为信阳—方集断裂、龟山—梅山断裂带，赐儿山断裂，信阳—正阳断裂等
冲洪积平原	郑州市	新近系与第四系厚度大于 400m。新近系岩性为黏土或泥岩、中砂、中粗砂、细砂互层，局部夹卵砾石；第四系为厚层黏土、粉质黏土、粉土、粗、中、细砂层，西南山前和邙山一带为粉质黏土；西部台塬区堆积有马兰黄土，为风成黄土，第四系厚度大于 100m	位于开封凹陷内，隐伏断裂发育，断裂展布方向以北西向、近东西向为主。近东西向断裂主要由中牟断层、中牟北断层、上街断层、须水断层；北西向断层主要有老鸦陈断层、花园口断层、古荥断层等
	开封市	第四系厚度 400m 左右。上部是浅层地温能开发利用的主要层位。堆积物为黏土、粉质黏土、似黄土状粉土、粉细砂、中细砂、中粗砂等	位于开封凹陷内，发育隐伏断裂有：新乡—商丘断裂、郑汴断裂、中牟断裂、武陟断裂、原阳断裂、兰考断裂等。断裂以北西—南东向和近东西向为主
	新乡市	新近系下部为泥岩、泥质砂岩、中细砂岩互层，上部为角砾状泥灰岩、泥灰岩，岩溶裂隙发育，厚度 10～1300m。第四系黏土、粉质黏土、粉土、泥砾、黄土状粉质黏土、粉细、中细、中粗砂。第四系厚度 130～200m	位于汤阴断陷北段，主要发育 NNE、NE 及 NWW、近 EW 向两组断裂。主要地质构造有：青羊口断裂、白壁集—淇门镇断裂、盘古寺—新乡断裂、山彪—五陵断裂、西曲里断裂、杨九屯—李士屯宽缓倾伏背斜
	濮阳市	第四系底板埋深为 370～400m，为黏土、粉质黏土、粉土、细砂、细中砂、粗砂	位于内黄凸起与东濮凹陷之间的过渡地带，主要受北北东和北东向构造所控制。对本区有影响的构造均为隐伏构造，以断裂为主，主要有北北东向的长垣断裂、黄河断裂、聊兰断裂、汤东断裂和北西西向的磁县—大名断裂、清丰断裂等
	许昌市	第四系为泥砾石透镜体与含砾粉土、粉质黏土互层、黏土夹粉质黏土、粉土及中细砂组成；其中上更新统在许昌一带以灰黄、褐黄色粉土为主，漯河一带以粉土、粉质黏土为主，底部有薄层细砂、中细砂。第四系厚度大于 300m	许昌市、漯河市均位于周口凹陷的西段。凹陷内断裂较发育，主要为北西西向，次为北东向。北西西向有临颍—沈丘大断裂、鲁山—漯河大断裂、襄城—漯河北大断裂等。北东向的断裂主要由济阳、郸城北断裂等
	漯河市		
	周口市	第四系为粉质黏土、粉土、黏土、细砂、粉细砂和细中砂，周口市西北的贾鲁河与沙颍河河间地带，下部有一层厚 5～12m 砂砾泥质粗中砂及砾卵石，分布不稳定，分选差，钙质胶结。第四系厚度大于 400m	位于周口凹陷中。凹陷内断裂较发育，主要为北西西向，次为北东向。周口市附近的断裂主要有近东西向的商水—项城断裂、北北西向的周口大断裂等

续表

地貌类型	重点勘察区	200m以浅地层岩性	地质构造
冲洪积平原	商丘市	第四系厚度450m左右，其中中上更新统及全新统约170m。沉积物下部主要为黏土、粉质黏土夹各类砂层；上部为粉土、粉质黏土夹粉细砂、细砂、细中砂层	位于通许隆起东端，发育隐伏断裂有：北西西向德新乡—商丘断裂，近东西向的商丘南断裂等
	驻马店	第四系为粉质黏土、黏土夹粉土、泥质砂卵砾石及中细砂；新近系为黏土岩、泥灰岩夹薄层砂。第四系及新近系厚度大于200m	位于驻马店—平舆凹陷西缘，主要发育北北西向和北西向断裂，为隐伏断裂
	郑州航空港综合试验区	被第四纪松散堆积物所覆盖，第四系发育齐全。根据钻孔揭露，研究区200m以浅的地层均为第四系，上部为粉土、细粉砂，下部为中细砂、中粗砂、构成了上细下粗典型的“二元结构”，或粗细相间的多元结构	研究区处于小秦岭—嵩箕山东西向构造带的东段
内陆河谷盆地	洛阳市	新近系为砂质黏土、钙质黏土，泥灰岩、泥质砂、中细砂（岩）、砂卵石层（岩）。厚200～300m。第四系为砂质粉土、黏土、泥质粉砂黏土砾石层、粉质黏土、中细砂、砂卵石层、粉土、黄土状粉质黏土；风积层主要分布于盆地南北两侧的台塬地区，为马兰黄土	位于洛阳盆地内，盆地基底断裂构造发育，主要发育有东西向、北东向、北西向三组断裂
	南阳市	新近系为砾岩、砂岩与泥岩互层。顶板埋深50～220m，底板埋深在城区南为370～420m。第四系在城区厚度200m左右，主要为含卵砾石中粗砂、砂砾卵石、含砾黏土、中细砂及粉质黏土	位于南秦岭褶皱带的断陷盆地内。南阳盆地为三面环山向南开口的新生代盆地。构造的主要特征表现为凹陷的不对称性，即盆地南深北浅，向南倾斜，新生界有北薄南厚之规律。朱阳关—夏馆—南阳—大河断裂从城区南部通过
	济源市	新近系、第四系厚度大于300m。新近系岩性为黏土岩、砂质黏土岩、粉砂岩、泥灰岩、砂砾岩；第四系岩性为粉质黏土、粉土、砂、砂砾石、卵砾石等，厚度50～200m	位于济源—开封坳陷西北缘。褶皱有济源向斜，为隐伏状；断裂主要有盘古寺断层、封门口断层、三樊断层等
	三门峡	第四系厚度大于200m，岩性自下而上分别为黏土、粉质黏土加中细砂、细砂；砂及砂卵砾石层；黄土状粉土	位于灵宝—三门峡盆地东段，盆地基底断裂构造发育，主要发育有北东向灵宝—三门峡断层、史家滩断层、七里沟断层、樱桃山断层、席村南沟断层；近东西向的温水沟断层等

4.3 岩土体热物性特征

勘察区共测试分析了3199组岩土样，按照岩土体的岩性、物理性质分类，对各种热物性参数进行数理统计分析，然后进行加权平均，得出了浅层地温能赋存层位的岩土体平均含水率（w）、密度（ρ）、导热系数（λ）和比热容（C）等热物性参数，见表3。结果表明，卵砾石的导热系数最大为1.95W/(m·K)，砂质黏土最小1.41W/(m·K)，其导热系数从大到小排序大致为：卵砾石＞粗砂＞中砂＞粉细砂＞粉砂＞粉质黏土＞砂岩＞黏土＞泥岩＞粉土＞细砂＞中细砂＞砂质黏土。

各类岩性平均热物性参数统计表　　表3

岩性	导热系数λ /[W/（m·K）]	比热容C /[kJ/（kg·°C）]	含水率w /%	密度ρ /（g/m³）
黏土	1.68	1.48	22.41	2.37
粉细砂	1.76	1.46	20.40	2.01
粉质黏土	1.73	1.42	21.38	2.97
砂质黏土	1.41	1.38	21.25	1.96
粉土	1.6	1.37	18.22	1.92
细砂	1.59	1.34	16.56	1.93
中砂	1.92	1.33	14.86	1.99
粉砂	1.73	1.29	17.93	1.88
泥岩	1.65	1.26	13.38	2.10
砂岩	1.70	1.22	14.42	2.16
中细砂	1.51	1.15	16.68	1.90
粗砂	1.94	1.14	12.07	1.95
卵砾石	1.95	0.95	6.09	2.35

4.4 岩土热响应特征

从所处不同地区岩土热响应试验热物性参数对比结果（图 1）可以看出，山前冲洪积倾斜平原地下水径流条件相对较好，平均导热系数最大，内陆河谷盆地一般位于盆地中心部位。地下水径流条件相对较差，平均导热系数最小，位于冲积平原区则两个参数值均居中。

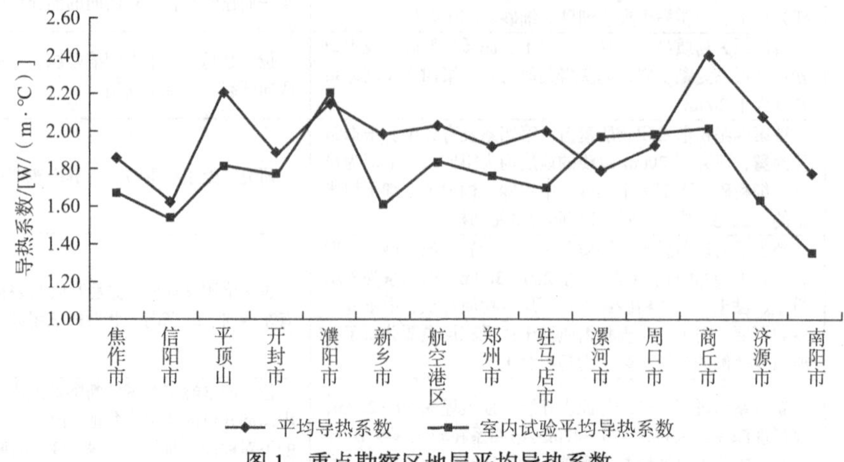

图 1　重点勘察区地层平均导热系数

5　取得的主要成果

（1）在系统搜集利用以往成果资料的基础上，基本查明了河南省区域浅层地热能赋存条件，重点查明了地市规划区第四系地质结构特征、水文地质条件、岩土体热物性特征、浅层地温场特征、地层热响应特征、环境地质条件等浅层地热能赋存条件。

（2）根据不同地段地质条件和浅层地热能赋存特点，按地下水地源热泵和地埋管地源热泵两种方式，采用层次分析法对河南省全区进行了开发利用适宜性分区评价，在此基础上对各城市规划区及全省进行了浅层地热能开发利用区划。

河南省地下水地源热泵适宜性评价区面积为扣除基岩山区面积与河流面积，约为 108582.66km²，其中适宜区、较适宜区的面积分别为 9605.91km²、20751.75km²，两者合计总面积 30357.66km²。适宜性分区主要受含水层富水性、含水层岩性、地下水埋深和补给模数的影响，地下水换热方式适宜区主要分布在东部黄河岸边、沙河岸边及洛阳、南阳盆地的中心部位，较适宜区东黄河冲积平原、沙河冲积平原和三门峡盆地、洛阳、南阳盆地外围地带。这些地区第四系及新近系厚度一般大于 200m，含水层颗粒较粗且单层厚度较大，富水性好，地下水回灌条件较好（抽灌井比例小于 1：3）。行政区包括郑州市大部、新乡市一部分、开封市全部、洛阳城区、三门峡沿黄地带、南阳市南部及邓州、新野等区域。不适宜区分布在富水性较差、岩性颗粒较细的其他地区。河南省地下水地源热泵系统适宜性评价结果见表 4。

河南省地埋管地源热泵适宜性评价区面积为扣除基岩山区面积与河流面积，约为 108582.66km²，其中适宜区、较适宜区的面积分别为 49618.75km²、23875.00km²，两者合计总面积 73493.75km²。河南省地埋管地源热泵适宜性分区主要受松散层厚度、有效含水层厚度和地形地貌的影响，适宜区分布在松散层厚度大、有效含水层厚度大的黄河冲积平原、沙河冲积平原、三门峡盆地、南阳盆地的中心地带，较适宜区分布在松散层厚度较大、有效含水层厚度较大的塬间平原、黄河冲积平原和沙河冲积平原。河南省地埋管地源热泵系统适宜性评价结果见表 5。

河南省地下水地源热泵系统适宜性评价结果　　表 4

适宜性分区	面积/km²	占全区比例/%	分布范围
适宜区	9605.91	8.85	东部黄河岸边、沙河岸边及洛阳、南阳盆地的中心部位
较适宜区	20751.75	19.11	黄河冲积平原、沙河冲积平原和三门峡盆地、洛阳、南阳盆地外围地带
不适宜区	78225.00	72.04	其他地区
合计	108582.66	100	

河南省地埋管地源热泵系统适宜性评价结果 **表 5**

适宜性分区	面积/km²	占全区比例/%	分布范围
适宜区	49618.75	45.70	黄河冲积平原、沙河冲积平原、三门峡盆地、南阳盆地的中心地带
较适宜区	23875.00	21.99	塬间平原、黄河冲积平原、沙河冲积平原
不适宜区	35088.91	32.31	山前地带
合计	108582.66	100	

（3）采用热储法和水量折算法计算和评价了河南省浅层地热能资源量与开发利用潜力。不考虑土地利用系数的情况下，河南省全区浅层地热能可开采资源量为 197.58×10^{15}kJ/a，折合标煤 67.42×10^{8}t/a；夏季可制冷面积 13.14×10^{10}m²/a，冬季可供暖面积 18.40×10^{10}m²/a，开发利用潜力大。具有较高实际应用价值。

河南省地下水地源热泵系统适宜区和较适宜区总面积 30357.65km²。考虑土地利用系数的情况下，地下水地源热泵系统可利用的浅层地热能资源量 5136.17×10^{12}kJ/a，折合标煤 17526.00 万 t/a；夏季可制冷面积 440340.97 万 m²/a，冬季可供暖面积 330255.73 万 m²/a；夏季制冷潜力 5.87 万～23.48 万 m²/km²，冬季供暖潜力 4.40 万～17.61 万 m²/km²。按照冬季供暖潜力进行分区，结果见表 6。

河南省地埋管地源热泵系统适宜区和较适宜区总面积为 73493.75km²。考虑土地利用系数的情况下，地埋管地源热泵系统可利用的浅层地热能资源量 15525.90×10^{12}kJ/a，折合标煤 52978.58 万 t/a；夏季可制冷面积 956068.96 万 m²/a，冬季可供暖面积 1560843.06 万 m²/a；各区夏季制冷潜力 3.57 万～16.14 万 m²/km²，冬季供暖潜力 6.07 万～30.76 万 m²/km²。按照冬季供暖潜力进行分区，结果见表 7。

河南省地下水地源热泵适宜（较适宜）区供暖潜力分区说明 **表 6**

潜力分区	供暖潜力/（万 m²/km²）	面积/km²	占适宜（较适宜）区比例/%	占全区比例/%	分布区域
潜力高区	＞8.5	18821.03	62.00	17.33	黄河冲积平原、沙河冲积平原、洛阳盆地
潜力中等区	5.5～8.5	11017.52	36.29	10.15	黄河冲积平原、沙河冲积平原
潜力低区	＜5.5	519.10	1.71	0.48	三门峡盆地
合计		30357.65	100	27.96	

河南省地埋管地源热泵适宜（较适宜）区供暖潜力分区说明 **表 7**

潜力分区	供暖潜力/（万 m²/km²）	面积/m²	占适宜（较适宜）区比例/%	占全区比例/%	分布区域
潜力高区	＞26	17345.00	23.60	15.97	沙河冲积平原
潜力中等区	15～26	39879.37	54.26	36.73	黄河冲积平原、南阳盆地中心地带
潜力低区	＜15	16269.38	22.14	14.98	洛阳盆地、南阳盆地边缘地带、丘陵区
合计		73493.75	100	67.68	

（4）通过对浅层地热能开发利用示范工程运行的长期动态监测，分析了地下水地源热泵运行期间地下水量、水位、水温和水质的变化情况；结合典型工程实例，模拟研究了地下水源热泵运行中水、热运移过程，确定了抽、灌井间距适宜范围和最优的抽、灌井组合方案。对优化地下水地源热泵系统设计具有较高的参考价值。

（5）对河南省浅层地热能开发利用现状、特点及存在的问题进行了系统总结和分析；结合监测资料，分析论述了浅层地热能开发利用对地质环境的影响，并提出了综合防治措施。对河南省乃至全国浅层地热能合理开发利用提供了重要的借鉴和指导意义。

6 项目技术创新性和先进性

创新点 1：构建了典型工程（郑州、三门峡、开封、济源）的地下水水热概念模型，采用 FlowHeat（地下水热模拟软件）对典型工程地下水源热泵运行过程中的水、热变化进行了模拟，提出了浅层地热能开发工程方案。为工程运行提供了可靠保障。

技术瓶颈：地下水源热泵工程设计中布井方案不合理可能导致回灌困难，造成地下水资源浪费，另外，抽水井和回灌井间距过小或地温热泵系统运行时间过长，则可能发生较为严重的“热贯通”现象，造成地下水源热泵工程运行的成本大大增加。

技术突破：采用 FlowHeat（地下水热模拟软件）对地下水源热泵工程实例进行运行模拟，确定了地下水源热泵运行过程中的水、热变化情况，为后续确定抽、灌井间距适宜范围的模拟提供了必要的参考，最大限度地模拟地下水源热泵运行中真实的水、热运移过程，并将模拟的结果与抽水回灌试验观测数据进行对比，调整、选取最佳的模拟参数，分析工程的布井方式合理性，对比不同抽灌比及布井方式的模拟结果，提出了最优工程布井方案。解决了抽、灌井间距过小产生“热贯通”问题或者布井方式不合理导致的回灌难问题。

创新点 2：利用典型地源热泵工程开展回灌试验和动态监测，研究地下水动力场、温度场、化学场、微生物等主要地质环境要素变化特征，为浅层地热能开发利用工程设计及运行管控提供了重要科学依据。

技术瓶颈：回灌是地下水源热泵运行过程中的决定性因素，近年来回灌堵塞研究较多，但多数是在室内模拟试验，群抽、群回的地下水源热泵空调系统生产性回灌试验研究仍然很少。长期的地下水源热泵工程运行中地下水动力场、温度场、化学场、微生物等主要地质环境要素的变化不清楚，相关研究工作目前在河南还是空白。

技术突破：该项目在利用新研发安装的井头回灌系统基础上，以取得较好的回灌效果为目的，来探究较好回灌效果的回灌模式；通过实例工程开展长期动态监测，采用自动化智能监测设备进行数据自动传输的方法，获取了长时间、大数据量、高精度的动态监测数据，分别对浅层地热能开发利用过程中的地下水环境变化进行了研究，分析了地下水地源热泵运行期间地下水量、水位、水温和水质的变化情况。根据实例工程运行监测研究，地源热泵长期运行对地质环境的影响主要表现在对地下水质、地下水位及地层温度的影响等几方面，需要采取相应的防治措施，使其影响最小化；地下水地源热泵系统须合理控制井间距、开采层位，严格控制回灌水量、水质、水温；地埋管地源热泵系统需控制取暖量和制冷量的均衡。该创新成果填补了河南省空白，为浅层地热能开发利用工程设计及运行管控提供了重要科学依据。

创新点 3：首次利用大量室内试验和现场原位热响应试验数据，计算确定了全省主要岩土体热物性参数。对于河南省浅层地热能资源评价提供了可靠的科学依据。

技术瓶颈：岩土体的导热系数、比热容及热阻等岩土体热物性参数，是地埋管热泵系统设计的基础。目前国内外很多专业手册都提供多种岩土材质的热物性参数，但由于岩土各层的湿度、孔隙率以及材质的复杂性，查手册这种方式存在很大的局限性；同时在不同地区、不同气候条件，甚至同一地区、不同区域岩土热物性都会存在很大差异，这会对地埋管换热器的换热效果有很大影响。

技术突破：该项目采用室内实验法将某一深度、一定厚度的岩土层提取出来，利用试验仪器进行测量来获取岩土体的热物性参数。试验共采集了全省浅层地热能赋存层位 3199 组不同地区、不同深度、不同层位、不同岩性的岩土体，获取各组岩土体平均含水率（ω）、密度（ρ）、导热系数（λ）和比热容（C）等热物性参数，采用二元回归和加权平均的方法，对试验测试值进行修正，并与现场原位热响应试验方法获取的试验数据进行综合对比分析，得到更加精确的热物性参数，最终确定基于实际地质条件下的综合热物性参数。这是河南省首次确立了全省主要地层岩土热物性参数，对于河南省浅层地热能资源评价提供了可靠的科学依据。

7　应用效益和经济社会价值

开发利用浅层地热能是实现河南经济发展和人口、资源、环境协调，保证经济社会的可持续发展的必由之路。浅层地热能开发利用可减少向大气排放的粉尘、氮氧化物、二氧化硫和二氧化碳等污染物的数量，并可减少因燃煤产生的灰渣。本项目属公益性、社会性项目，具有潜在的、可持续的社会经济和生态环境效益，全省浅层地热能储存量可折合标煤 5.92 亿 t/a，折算经济效益约 1450.2 亿元/a。可减少二氧化碳排放 4.94 亿 t/a，减排后每年可节省环境治理费 2337.6 亿元。

项目成果在郑州市山水怡园地埋管地源热泵中央空调项目、河南地质科技园水源热泵中央空调项目、山水生态城（南区多层住宅）水源热泵中央空调系统工程、新郑市第三人民医院水源热泵中央空调项目、河南省科技新馆地源热泵中央空调系统工程、汝州市温泉镇地热能综合开发与循环利用、南乐县温莎尚郡小区地热利用等项目中广泛应用，为当地地热利用项目提供了依据，经济效益和社会效益显著。

综上，本项目为促进河南省丰富的浅层地热资源的勘查及合理开发利用，构建资源节约型社会、保证国家资源安全、促进国家节能减排战略目标的实现，具有非常重要的意义，同时对缓解河南省城市资源与环境压力，促进经济可持续发展，具有十分重要的现实意义，其社会、经济和环境效益都非常突出。

参考文献

[1] 王现国, 王春晖, 任军旗, 等. 河南省洁净能源浅层地热能勘察与开发关键技术研究[M]. 郑州: 黄河水利出版社, 2022.

[2] 赵云章, 闫震鹏, 刘新号, 等. 河南省城市浅层地温能[M]. 北京: 地质出版社, 2010.

[3] 王现国, 葛雁, 周东蒙. 地下水源热泵运行期间水热变化模拟分析[J]. 水电能源科学, 2012, 30(138). 139-141.

[4] 王春晖, 狄艳松, 胡媛媛. 河南省主要城市浅层地温能特征及开发利用建议[J]. 城市地质, 2019, 14(1): 40-47.

广东深远海漂浮式海上风电平台项目工程勘察实录

吴彩虹

（上海勘测设计研究院有限公司，上海　200434）

1　工程概况

广东深远海漂浮式海上风电平台项目位于广东省阳江市阳西县沙扒镇附近海域，该海域连片开发风电场分东西两片，其中漂浮式海上风电平台位于三峡三期 A1 区东南侧与明阳场址交界区域，场址距海岸线最近距离约 32km，水深 30.0～32.0m，风电场位置见图 1。

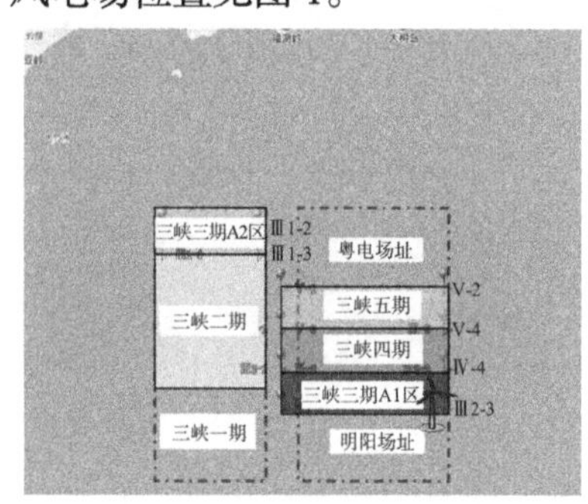

图 1　漂浮式海上风电平台位置示意图

深远海漂浮式海上风电平台通过 3 组系泊缆固定，3 组系泊缆呈 120°夹角布设，每组有三根系泊缆，每根系泊缆端与一只吸力锚连接，共 9 只吸力锚，吸力锚分布于 3 个锚区，共同构成漂浮式海上风电平台的系泊系统见图 2。

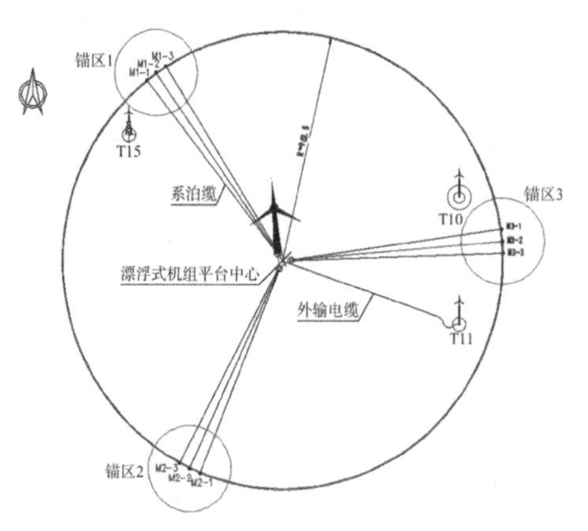

图 2　漂浮式海上风电平台系泊系统示意图

2　勘察方案

2.1　勘察目的与技术要求

查明拟建漂浮式海上风电平台场址区内的工程地质条件，并对其进行工程地质评价，以满足施工图阶段设计需要。

（1）收集区域地质资料，对区域构造稳定性进行分析评价，复核场地的地震动参数，评价场地地震效应。

（2）查明场址区的地形地貌形态、岩土层成因类型、物质组成、层次结构及分布规律，特别是特殊性岩土层的分布范围和厚度。

（3）进行岩土室内试验和现场原位测试，提出场址区各岩土层的物理力学性质参数。

（4）进行环境水、地基土腐蚀性测试，评价场址区海水、地基土对建筑材料的腐蚀性。

（5）查明场区存在的不良地质作用和工程地质问题，对场址稳定性和工程适宜性做出评价。

（6）对场址工程地质条件进行分析评价，并对基础方案提出建议。

2.2　勘察工作布置与方法

（1）工程物探

为查明工程区覆盖层、浅部埋藏物等分布情况，采用电火花式地震探测方法，在每个锚区沿每组锚组连线及法向布置物探剖面，测试范围分别为 300m × 500m。具体边界范围为吸力锚组中间锚坐标点沿锚组连线方向外扩 150m、沿锚组法向方向分别外扩 100m 与 400m（100m 为靠近平台方向）。具体剖面见图 3。

（2）钻探与取样

漂浮式海上风电平台系泊系统由 3 个锚区 9

三峡集团上海勘测设计研究院有限公司科研项目资助（合同编号：2021FD(8)-010）

个锚点组成，在各锚点分别布置1～2个钻孔或静探孔，其中钻孔孔深要求 25～30m。钻探采用HD-600海洋钻机，钻机配有波浪补偿蓄能器和油缸补偿器，波浪补偿蓄能器通过对补偿油缸储存和释放液压油，避免由于波浪起伏引起钻具对钻孔的扰动，提高成孔及取芯质量；油缸补偿器能够保证在船舶甲板随波浪上、下移动时，使钻具钻头始终触于孔底，从而避免了钻机对土层的扰动，提高了勘察成果质量，这是传统钻机所不具备的功能。

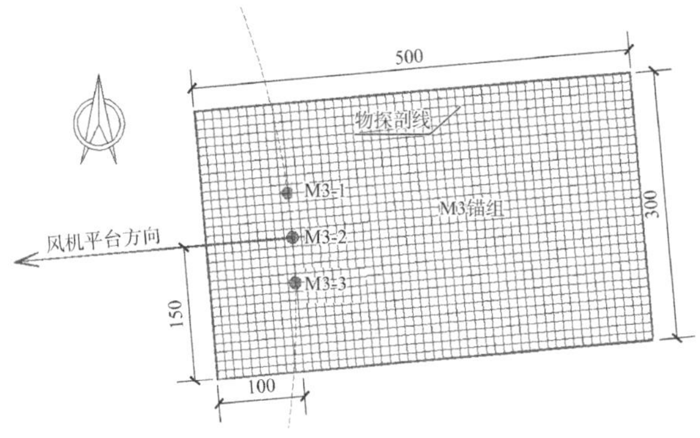

图3　场址物探线布置图

勘探时对软黏土及淤泥类土采用薄壁取土器以静压方式采取原状样，其他黏性土采用束节取土器以锤击法采取原状样，砂性土采用原状取砂器采集样品，取样间距1.0～1.5m；如遇有土层厚度较大，适当增大取土间距，土层单薄或厚度变化较大时，则根据需要，缩小取土间距。

（3）原位测试

CPTU测试：海上静力触探采用勘探平台＋荷兰GEOMIL静探设备和国产的PeneVector-Ⅲ海床式CPTU设备进行测试，见图4。CPTU测试所用探头锥角为60°、锥头面积为10cm^2，摩擦套筒面积为150cm^2，孔压传感器安装在探头锥头的肩部以上5mm处。静力触探孔深度要求不小于25m。

图4　海床静力触探装备

标准贯入试验：为判别土层强度和进行饱和粉砂性土液化评价，每个锚区至少选取1个钻孔全孔进行标准贯入试验，浅部粉土、砂性土层，试验点间距1.0m，黏性土层试验点间距1.0～2.0m。

十字板测试：为获取浅部软弱土层抗剪强度指标，在各锚区分别选取1个锚点进行了十字板试验孔，试验点间距 1.0m，测试深度范围内不得漏缺。试验采用电动十字板仪，十字板头插入钻孔底的深度不应小于钻孔或套管直径的3～5倍。

（4）声波测井

每个锚区选取1个钻孔进行全孔声波测井，测点间距 1.0m，获取各岩土层纵波、横波波速，并进行场地类别划分，计算各岩层土的动弹性模量、动剪切模量以及动泊松比。剪切波波速测试采用XG-1型悬挂式波速测井仪，压缩波波速测试采用RSM-RCT（B）型声波测井仪。

（5）室内试验

进行岩土体物理性质试验，提供各岩土的物理性质指标，需要开展常规和高级土工试验。常规试验包括天然含水率、密度、相对密度、液塑限、砂的相对密度、颗粒分析、渗透系数、高压固结、无侧限抗压强度试验、直剪试验；黏性土需开展不排水抗剪强度、灵敏度、固结系数以及水土腐蚀性测定等。

高级土工试验包括三轴不固结不排水试验（UU）、三轴固结不排水试验（CU）、三轴固结排水加卸载试验、标准固结试验、动三轴试验和共振柱试验，获取HS高阶本构相关参数，即有效凝聚力数c'、有效内摩擦角φ'、剪胀角ψ、三轴排水试验的参考割线模量E_{50}^{ref}、卸载再加荷模量$E_{\mathrm{ur}}^{\mathrm{ref}}$、卸载再加荷模量泊松比$\mu_{\mathrm{ur}}$、参考应力$\sigma^{\mathrm{ref}}$、固结试验获得参考切线模量$E_{\mathrm{oed}}^{\mathrm{ref}}$、刚度应力水平相关幂指数$m$、破坏比$R_{\mathrm{f}}$、小应变剪切模量$G_0$及$\gamma_{0.7}$、侧压力系数$K_0$。

3　场地岩土工程地质条件

3.1　区域地质构造及地震

工程区大地构造单元属于华南褶皱系（$Ⅰ_1$）粤北、粤东北—粤中坳陷带（$Ⅱ_5$）粤中坳陷（$Ⅲ_5$）、阳春—开平凹断束（$Ⅳ_6$）。工程所在区域以加里东期花岗片麻岩（γ_3）和燕山早期第三次侵入黑云母花岗岩（$\gamma\beta_5^{2(3)}$）为主，局部为白垩系砂岩（K）。第四系地层主要为冲海积淤泥、黏土、砂以及残积砂质黏性土等。工程所在远场区分布有多条区域性断裂，但均为中更新世断裂；近场区、场址区25km范围内无活动断裂通过。

工程所在区域位于华南沿海地震带的西段，地震活动主要受北东向断裂构造所控制，近场区历史上曾发生过破坏性地震，但现今小震的强度较低，频度不高，地震活动明显减弱。根据工程区地震安全性评价报告，工程区基本地震动峰值加速度为0.097g，相应地震烈度为Ⅶ度。

3.2 地层岩性

本场地自海底泥面以下深度45.6m范围内主要包括第四系全新统海积地层（Q_4^m）、第四系上更新统海陆交互相地层（Q_3^{mc}），下伏古生界寒武系花岗片麻岩。主要地层情况如下：

（1）第四系全新统海积地层（Q_4^m）

①层淤泥质粉质黏土：灰色，饱和，流塑，以淤泥质土为主，部分场地为淤泥，含有机质和贝壳碎屑，局部夹粉砂团块，土质不均匀，高压缩性，层顶标高−31.00～−30.10m，层厚4.00～7.00m。

②$_1$层粉质黏土：灰色，饱和，可塑，局部夹薄层粉砂，中等偏高压缩性，层顶埋深5.60～7.00m，层顶标高−37.30～−35.70m，层厚1.20～2.30m。

②$_2$层粉细砂：灰色，饱和，稍密—中密，土质不均匀，中等压缩性，层顶埋深7.50～8.20m，层顶标高−38.50～−37.60m，层厚1.40～2.70m。

③$_1$层粉质黏土：灰色，饱和，软塑—可塑，局部夹薄层粉砂，高—中等偏高压缩性，层底埋深4.00～22.05m，层底标高−52.15～−35.00m，层厚0.60～9.50m。

③$_2$层粉细砂：灰色，饱和，稍密—中密，含黏粒团块，中等压缩性，层底埋深14.40～25.10m，层底标高−56.00～−45.25m，层厚1.80～4.20m。

③$_3$层中粗砂：灰色，饱和，以密实为主，夹薄层黏性土，低压缩性，层底埋深6.90～27.70m，层底标高−57.80～−37.80m，层厚0.26～8.70m。

（2）第四系上更新统海陆交互相地层（Q_3^{mc}）

④$_1$层黏土：灰色，饱和，可塑，局部夹薄层粉砂，中等压缩性，层底埋深21.00～41.80m，层底标高−51.70～−72.65m，层厚0.76～10.90m。

④$_2$层中粗砂：灰—灰黄色，饱和，密实，局部含粒径2～3cm角砾，夹薄层黏性土，土质不均匀，低压缩性，层底埋深22.40～44.40m，层底标高−53.10～−75.25m，层厚0.80～13.40m。

（3）寒武系花岗片麻岩（ϵ）

⑨$_2$层散体状强风化花岗片麻岩：灰—灰黄色，原岩结构稍可见，主要矿物为石英、长石、云母，矿物大多风化成砂土状，手掰易碎，遇水易软化，层底埋深42.00～45.30m，层底标高−75.40～−72.10m，未揭穿。锚区典型工程地质剖面见图5。

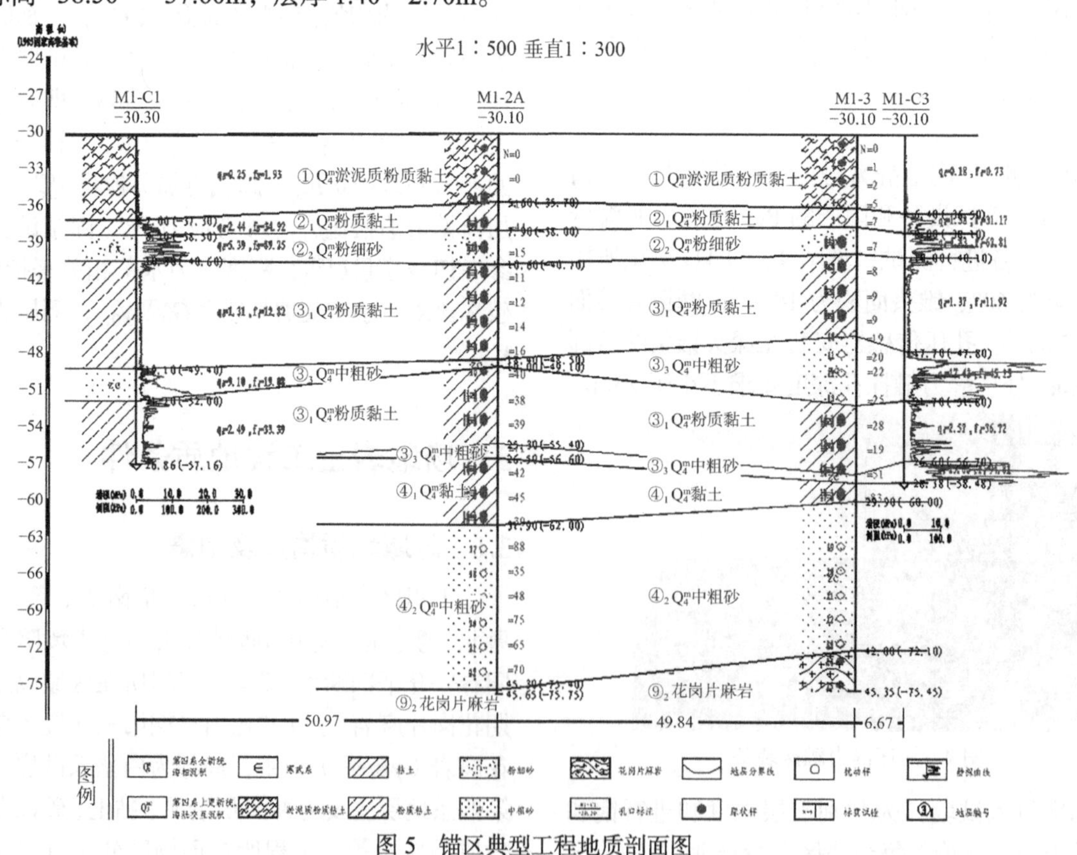

图5 锚区典型工程地质剖面图

3.3 各岩土层物理力学指标

本工程获取各岩土层物理力学参数主要有两种途径：其一是基于多桥静力触探，依据《Interpretation of Cone Penetration Tests-a unified approach》P.K.Robertson、《Methods of test civil engineering purposes-Part 9: In-situ tests》（BS 1377-9: 1990）、《Cone penetration Testing in Geotechnical Practice》Tom Lunne，Peter K.Robertson，John J.M.Powell，参考国内有关孔压静力触探规程，解译获取各岩土层物理、力学指标；其二是根据原位测试、室内试验成果，经分层统计、整理分析后确定各岩土层物理力学指标。

（1）CPTU 数据解译

饱和重度：$\gamma_{\mathrm{sat}} = 17.71 \times q_t^{0.066}\mathrm{kN/m^3}$，$q_t \geqslant 30\mathrm{MPa}$，$\gamma_{\mathrm{sat}} = 22\mathrm{kN/m^3}$。

粉细砂有效内摩擦角：$\psi = 3.65 \times \ln(q_{\mathrm{n}}) + 27.1$，中粗砂有效内摩擦角：$\psi = 3.30 \times \ln(q_{\mathrm{n}}) + 29.5$。

无黏性土的小应变动剪切模量$G_0 = 1.63 \times q_{\mathrm{c}} \times (q_{\mathrm{c}}/\sigma'_{v0})^{-0.75}$、黏性土的小应变动剪切模量$G_0 = 1.13 \times (q_{\mathrm{t}}/1000)1.28 \times \left(1 + B_{\mathrm{q}}\right)^{4.59}$。

粉砂性土剪切波波速：$V_{\mathrm{s}} = 208.83 \times q_{\mathrm{t}}^{0.13}$。

黏性土剪切波波速：$V_{\mathrm{s}} = 157.39 \times q_{\mathrm{t}}^{0.39}$。

土的动剪切模量：$G_{\mathrm{d}} = \rho \times V_{\mathrm{s}}^2$。

土的动弹性模量：粉砂性土$E_{\mathrm{d}} = 2 \times 1.25 \times \rho \times V_{\mathrm{s}}^2/1000$。

黏性土$q_{\mathrm{t}} \leqslant 1.2, E_{\mathrm{d}} = 2 \times 1.38 \times \rho \times V_{\mathrm{s}}^2/1000$；黏性土$q_{\mathrm{t}} > 1.2$，$E_{\mathrm{d}} = 2 \times 1.3 \times \rho \times V_{\mathrm{s}}^2/1000$。

标准贯入锤击数：$N = 0.075 \times q_{\mathrm{t}}/(100 \times I_{\mathrm{c}}^2)$。

土的剪切指标：黏性土抗剪强度：$S_{\mathrm{u}}^* = (q_{\mathrm{t}} - \sigma_{\mathrm{v0}})/N_{\mathrm{kt}}$，$N_{\mathrm{kt}}$为经验圆锥系数。基于 CPTU 测试数据解译物理力学指标，按地层沉积顺序统计结果见表 1。

（2）室内试验统计

拟建工程场址浅部为海相和海陆交互相沉积地层，地层结构复杂多变，沉积韵律差，地层中多夹层和透镜体，均一性差，造成部分地层离散性较大，剔除了部分离散性大的指标，按场地对岩土层的物理力学性质指标进行分层统计，统计结果详见表 2。

CPTU 解译各岩土层主要物理力学指标 表 1

层序	土层名称	锥尖阻力	侧摩阻力	孔隙水压力	重度	砂性土的有效内摩擦角	粉砂性土相对密度	压缩模量	剪切波波速	土的动剪切模量	土的动弹性模量	标准贯入击数	三轴 UU	承载力特征值	直剪快剪		土的泊松比
		q_c/MPa	F_s/kPa	u_2/kPa	γ/（kN/m³）	ψ'/°	D_r/%	E_S/MPa	V_s/（m/s）	G_d/MPa	E_d/MPa	N/击	S_u/kPa	f_{ak}/kPa	c/kPa	φ/°	u
①	淤泥质粉质黏土	0.23	1.17	83.33	16.0			1.0	85.0	12.5	35.0	1.5	7.0	20.0	5.0	0.5	0.42
②$_1$	粉质黏土	2.32	37.50	87.29	18.6			6.0	200.0	80.0	210.0	9.0	35.0	150.0	25.0	20.0	0.25
②$_2$	粉细砂	4.45	69.86	110.02	19.0	32.0	50.0	10.0	240.0	110.0	280.0	15.0		180.0			0.20
③$_1$	粉质黏土	1.35	15.92	796.70	18.2			4.0	180.0	60.0	150.0	8.0	30.0	130.0	22.0	15.0	0.35
③$_3$	中粗砂	12.49	37.21	161.37	20.5	36.0	60.0	24.0	270.0	160.0	410.0	35.0		300.0			0.25
③$_1$	粉质黏土	2.92	43.56	850.12	19.0			7.0	230.0	100.0	260.0	14.0	55.0	200.0	30.0	20.0	0.25
③$_3$	中粗砂	11.76	68.21	444.75	20.2	35.0	50.0	22.0	260.0	150.0	400.0	30.0		280.0			0.20

室内试验统计各岩土层主要物理力学指标 表 2

地层编号	岩土名称	土常规试验								固结试验		直剪（固结快剪）		三轴 UU		标准贯入
		质量密度ρ	土粒相对密度G_s	含水率w	天然孔隙比e	液限w_L	塑限w_P	液性指数I_L	塑性指数I_P	压缩系数$a_{0.1-0.2}$	压缩模量$E_{s0.1-0.2}$	黏聚力c_{cq}	内摩擦角φ_{cq}	内摩擦角φ_{uu}	黏聚力c_{uu}	标准贯入击数N
		g/cm³	—	%	—	%	%	—	—	1/MPa	MPa	°	kPa	°	kPa	击
①	淤泥质粉质黏土	1.80	2.69	37.5	1.064	29.2	18.3	1.81	10.8	0.835	2.80	23.4	8.0	1.6	25.2	2.3
②$_1$	粉质黏土	1.87	2.72	30.9	0.904	33.1	20.0	0.83	13.1	0.300	6.34	27.8	12.0			11.3
②$_2$	粉细砂	1.90	2.67	22.1	0.785					0.158	8.58	2.5	32.5			12.0

续表

地层编号	岩土名称	土常规试验								固结试验		直剪（固结快剪）		三轴 UU		标准贯入
		质量密度ρ	土粒相对密度G_s	含水率w	天然孔隙比e	液限w_L	塑限w_P	液性指数I_L	塑性指数I_P	压缩系数$a_{0.1-0.2}$	压缩模量$E_{s0.1-0.2}$	黏聚力c_{cq}	内摩擦角φ_{cq}	内摩擦角φ_{uu}	黏聚力c_{uu}	标准贯入击数N
		g/cm³	—	%	—	%	%	—	—	1/MPa	MPa	°	kPa	°	kPa	击
③$_1$	粉质黏土	1.82	2.72	37.4	1.068	38.7	22.2	0.96	16.4	0.401	5.43	26.5	21.7	2.5	43.3	16.5
③$_2$	粉细砂	1.96	2.68	19.2	0.630					0.125	14.25	1.5	33.4			32.3
③$_3$	中粗砂	1.98	2.67	18.5	0.542					0.058	20.55	1.0	36.7			40.7
④$_1$	黏土	2.04	2.74	28.6	0.675	39.7	21.6	0.38	18.2	0.223	8.52	42.1	10.2	2.0	65.7	24.8
④$_2$	中粗砂	2.05	2.66	17.6	0.425											57.0

（3）高级土工试验

HS模型是可以考虑小应变状态下土体剪切模量随应变增大而衰减的特点，同时可以考虑软弱黏性土硬化效应和剪胀性，区分加载、卸载刚度，较为适合模拟吸力锚的施工和运行工况。

HS高阶本构模型是假设三轴排水试验中，土试样处于偏应力加载时，土样表现出刚度减小和立即产生不可以恢复的变形，剪应力q与轴向应变ε_1之间可用双曲线近似模拟，即如图6所示。

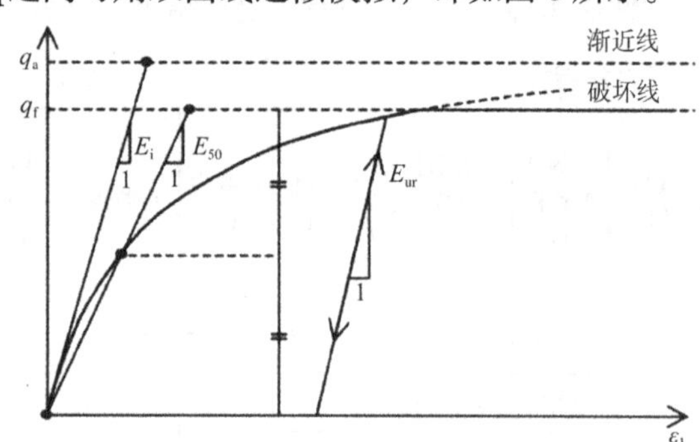

图6 HS模型三轴试验应力-应变关系

工程一般HS模型参数中的有效黏聚力、有效内摩擦角、侧压力系数K_0、剪胀角ψ、参考应力p^{ref}、卸载再加荷模量泊松比μ_{ur}和刚度应力水平相关幂指数m可参考表3取值。

HS高阶本构部分参数取值方法　　表3

参数名称	符号	取值方法
有效黏聚力	c'	三轴固结排水剪切试验
有效内摩擦角	φ'	
侧压力系数	K_0	$K_0=(1-\sin\varphi')$，黏性土K_0一般取0.4～0.7，砂土约为0.4
剪胀角	ψ	对于砂土$\varphi'\geqslant 30°$取$\varphi'-30°$，$\varphi'<30°$取0°；对黏性土一般取0°
参考应力	p^{ref}	一般取100kPa
卸载再加荷模量泊松比	μ_{ur}	一般取0.2
刚度应力水平相关幂指数	m	砂土和粉土一般取0.5，黏性土取0.5～1.0

通过三轴固结排水剪切试验获取土体的参考割线模量E_{50}^{ref}、破坏比R_f。根据试样偏应力—轴向应变关系曲线，一般取曲线峰值应力或轴向应变15%对应的偏应力作为破坏值q_f，连接坐标原点和$0.5q_f$所对应点的直线斜率即为参考割线模量E_{50}^{ref}。本项目采用英国产等应变速率（CRS）固结试验仪，试样通过反压饱和、B值检查、试样固结再进行排水剪切。根据公式(1)～(3)计算得到参考割线模量E_{50}^{ref}、破坏比R_f。

$$-\varepsilon_1=\frac{q}{2E_{50}(1-q/q_a)}\quad(q<q_f)\tag{1}$$

$$E_{50}=E_{50}^{ref}\left(\frac{\sigma_3+c\cot\varphi}{\sigma^{ref}+c\cot\varphi}\right)^m\tag{2}$$

$$R_f=\frac{q_f}{q_a}\tag{3}$$

通过三轴固结排水加卸载剪切试验获得参考加卸载模量E_{ur}^{ref}，试验时取参考应力p^{ref}为100kPa，试样加卸载过程应力应变曲线呈现一个滞回圈，连接滞回圈两个端点，直线的斜率即为参考加卸载模量E_{ur}^{ref}。试验过程一般按公式(4)计算。

$$E_{ur}^{ref}=3\times E_{50}^{ref}\tag{4}$$

固结试验的参考切线模量E_{oed}^{ref}是通过标准固结试验获得。HS高阶本构模型假定固结试验中应力与应变之间存在双曲线关系，两者之间关系可用公式(5)、(6)表达。

$$\frac{1}{\varepsilon_1}=\frac{a}{\sigma_1}+b\tag{5}$$

$$\varepsilon_1=\frac{\delta_1}{a+b\times\delta_1}\tag{6}$$

以$1/\varepsilon_1$为纵坐标，$1/\delta_1$为横坐标，绘制散点图，按线性拟合，可获得a、b值。再对公式（6）求导，即可得到模量计算公式(7)。

$$\frac{1}{E_{oed}}=\frac{a}{(a+b\times\delta_1)^2}\tag{7}$$

根据a、b值，取$\delta_1 = \delta^{ref} = 100kPa$，即可计算出固结试验的参考切线模量$E_{oed}^{ref}$。

本次试验采用英国进口的共振柱仪（RC），测定试样原状土体小应变幅值范围内（10^{-6}～10^{-4}）的动剪切模量G_d、阻尼比D与动剪应变γ_d之间的关系曲线，在此基础上可得到小应变剪切模量G_0，确定原状土体的小应变模量特性和阻尼特性。试验时首先对试样施加相应的有效应力进行固结稳定，开启激振驱动系统，测得试样的共振圆频率，按公式(8)～(10)计算剪切波波速和相应和剪切模量。共振圆频率为ω_n，令$\beta = \frac{\omega_n}{v_s}L$。

$$\frac{I}{I_0} = \beta \times \tan\beta_0 \tag{8}$$

$$v_s = \frac{2\pi f_n L}{\beta} \tag{9}$$

$$G_0 = \rho \times v_s^2 \tag{10}$$

根据试验及数据处理方法，本工程开展了三轴固结不排水试验、三轴固结排水剪切试验、三轴固结排水加卸载剪切试验、固结试验和共振柱试验。

本次试验时，首先对试验样品进行扰动性评价，优选符合条件的试验样品，再进行试验，主要土层HS高阶本构地质参数见表4。

土体HS高阶本构模型参数表　　表4

层序	土层名称	c'	φ'	E_{oed}^{ref}	E_{50}^{ref}	E_{ur}^{ref}	R_f	G_0	$\gamma_{0.7}$
		kPa	°	MPa	MPa	MPa		MPa	10^{-4}
①	淤泥质粉质黏土	5.2	22.3	2.2	2.6	25.1	0.64	34.2	2.6
②$_1$	粉质黏土	11.5	27.2	3.8	4.2	27.2	0.91	32.3	3.1
②$_2$	粉细砂		32					45.2	1.72
③$_1$	粉质黏土	9.2	25.4	3.2	3.5	24.4	0.82	29.6	2.9
③$_3$	中粗砂		35					190	
③$_1$	粉质黏土	17.2	27.0	5.3	5.7	31.2	0.93	33.4	3.5
③$_3$	中粗砂		34					180	

对于粉砂性土、中粗砂内摩擦角为参考值。粉细砂动剪切模量测试时，由原级配扰动样按原状砂相对密度控制，击实后进行试验；中粗砂的动剪切模量为经验。

3.4　工程物探成果解译

工程区地震物探剖面探测采用电火花式地震系统，为芬兰Meridata公司研制的新型多模式浅地层剖面、侧扫声呐及地震剖面综合数据采集系统（简称MD DSS系统）。该系统主要由PC（导航与数据采集计算机）、声学子系统和GPS定位设备三部分组成，其中PC是用来系统控制及数据采集，声学子系统用来生成和接收不同频率的声学信号，GPS定位设备是用来提供位置信息。

根据工程区地震物探剖面和声波测井资料分析，确定测区主要介质的波速大致为：海水纵波速度$V_P = 1483m/s$，淤泥、淤泥质土等层纵波速度$V_P = 1500$～$1580m/s$、横波速度$V_S = 136m/s$，粉细砂、粉质黏土、黏土纵波速度$V_P = 1580$～$1650m/s$，横波速度$V_S = 150$～$300m/s$，中砂、粗砂纵波速度$V_P = 1600$～$1750m/s$，横波速度$V_S = 300$～$330m/s$，全风化、散体状强风化岩体纵波速度$V_P = 1670$～$1770m/s$，横波速度$V_S = 350$～$400m/s$。

根据测区介质的声波速度，结合钻孔揭示地层情况，确定各岩土层波速；根据各岩土层的土层密度，计算各岩土层的动剪切模量、动弹性模量、动泊松比，详见表5。

土层波速及动力学参数　　表5

层序	土层名称	纵波波速	剪切波速	动弹性模量	动剪切模量	动泊松比
		v_P/（m/s）	v_S/（m/s）	E_d/MPa	G_d/MPa	μ_d
①	淤泥质粉质黏土	1512	136	122	33	0.496
②$_1$	粉质黏土	1559	175	266	57	0.494
②$_2$	粉细砂	1563	229	271	99	0.489
③$_1$	粉质黏土	1430	150	217	41	0.494
③$_2$	粉细砂	1657	255	314	127	0.488

续表

层序	土层名称	纵波波速	剪切波速	动弹性模量	动剪切模量	动泊松比
		v_P/（m/s）	v_S/（m/s）	E_d/MPa	G_d/MPa	μ_d
③₃	中粗砂	1609	321	204	204	0.479
④₁	粉质黏土	1613	314	201	200	0.480
④₂	中粗砂	1743	327	219	219	0.482

结合本工程钻孔资料和地震剖面成果，对海底各岩土层分布情况和各锚区浅部沉船、电缆、孤石等埋藏物进行识别。地震剖面探测结果表明，工程区浅部未发现沉船、电缆、孤石等埋藏物。锚区覆盖层厚度在40～66m，浅部淤泥质粉质黏土层埋深在 4～9m，下部为黏性土与砂性土交替分布地层结构。岩体散体状强风化（或全风化）岩石底面埋深在 60～90m，下伏为中风化岩体。

工程区 30m 以浅地层主要为淤泥质土、粉质黏土与砂层交替分布地层，地层整体稳定。

4 场地工程地质条件评价

4.1 场地地震效应

根据本工程场地地震安全性评价报告，拟建工程场地基本地震动峰值加速度为 0.097g，属于 0.10g区，相应地震基本烈度为Ⅶ度，基本地震动加速度反应谱特征周期为 0.65s，设计地震分组为第三组。根据邻近钻孔和中地层剖面探测资料，场地覆盖层厚度超过 50m，覆盖层等效剪切波波速V_S在 180～210m/s，拟建场地类别为Ⅲ类。

根据《水运工程抗震设计规范》JTS 146—2012的相关规定，拟建场地 20m 深度范围内的饱和成层的砂土层有：②₂ 层粉细砂、②₃ 层中粗砂、③₂层粉细砂、③₃层中粗砂，均为第四系全新统海积地层，初判上述地层存在液化的可能。经采用标准贯入试验法复判，在7度抗震设防烈度条件场地液化指数 1.94 左右，液化等级为轻微液化。拟建场址浅部连续分布①层淤泥质粉质黏土，实测剪切波波速均大于 90m/s，根据《海上风力发电场勘测标准》GB 51395—2019，本场地在7度抗震设防烈度条件下可不考虑软土震陷对基础的不利影响。

拟建工程场地浅部有淤泥质土层和液化土层，工程场地属于对建筑抗震不利地段。

4.2 水土腐蚀性评价

在工程3个锚区分别按高潮位、低潮位采集海水试样 6 组，同时在地场址浅部地层中采集了 8 组扰动试样，进行室内水、土腐蚀性测试。

测试结果表明，工程区海水对混凝土结构具有弱腐蚀性；对钢筋混凝土结构中的钢筋在长期浸水环境下具有弱腐蚀性，在干湿交替环境下具有强腐蚀性；对钢结构具有中等腐蚀性。地基土对钢结构具有强腐蚀性。

本工程吸力锚为钢结构，应采取防腐蚀处理措施。

4.3 海床冲刷稳定性评价

本工程吸力锚为一顶端封闭、下端敞开的钢筒，顶端留有抽吸孔。海上施工时将吸力锚吊至海底，在自重作用下沉至淤泥层一定深度，自沉结束后通过布置在吸力锚顶盖上的吸力泵将筒内的海水泵出，利用钢筒内外形成的压差控制吸力锚下沉，直至吸力锚顶盖与泥面齐平。

拟建场地浅表层分布有较厚淤泥质粉质黏土，局部夹有砂性土，土体强度低，抗冲刷能力弱，但吸力锚顶盖与泥面齐平，局部水流断面没有发生改变，因此一般不会出现明显的冲刷问题，为安全起见，本工程吸力锚周边海床宜采用防冲刷处理。

4.4 场地稳定性与适宜性

拟建工程所在区域地质构造较为复杂，断裂构造发育，但工程区内无活动断裂通过，场地基本地震动峰值加速度为 0.097g，对应地震烈度为Ⅶ度。根据《海上风力发电场勘测标准》GB 51395—2019 分析确定本工程所在区域构造稳定性较差。

工程所在场址海床面地形平坦，无凸出暗礁、砂丘和冲刷沟；场址浅部未发现沉船、电缆等其他浅层埋藏物；场址内未发现浅层气、海底塌陷等不良地质作用；本工程 3 个锚区范围较小，岩土层分布相对稳定，综合以上因素分析，本工程场地稳定性较好。

本工程系泊系统吸力锚主体尺寸为ϕ10m × 14m，主体结构为纯钢制大圆筒，吸力锚通过泵组抽水抽真空负压下沉，至锚顶盖与泥面齐平。拟建工程场 30m 以浅，表层为厚淤泥质土，其下为黏性土与砂性土交替分布地层结构，黏性土占比超过 65%，单个锚区地层分布稳定，拟建场地适宜锚力锚施工。

5 吸力锚方案评价

5.1 各锚区地质条件分析

漂浮式风电平台场址海床面较平坦，未发现海底滑坡、浅层气等不良地质作用，覆盖层厚度较大，水深 30～32m，浅部以软弱土—中软土，具备吸力锚结构设计、施工的地质条件。

吸力锚作为新型风机基础形式，一方面锚身长度范围内具备一定的强度，以满足承载力、变形和稳定性要求；另一方面要求表层土易于贯入，且应有一定的土层厚度，施工时可借助负压及水头压力下沉到位。机位浅部具备较厚软塑—可塑状黏性土为该类基础理想的土层分布，或存在的砂土层相对密实度和土层厚度较小。各锚区土层情况对基础设计、施工影响分析如下：

锚区 1 浅部分布①层淤泥质粉质黏土，流塑，层厚 5.6～7.0m；②$_1$层粉质黏土，可塑，层顶埋深 5.6～7.0m，层厚 1.2～2.3m；②$_2$粉细砂，稍密，层顶埋深 7.5～8.2m，层厚 2.0～2.7m；③$_1$层粉质黏土，软塑—软可塑，层顶埋深 9.7～10.6m，层厚 6.7～8.8m；③$_3$中粗砂，中密—密实，层顶埋深为 16.4～19.1m，层厚 0.6～5.6m；吸力锚基础底部坐落于③$_1$层粉质黏土中，该土层层位稳定，且上部以软弱土层为主，基础施工下沉难度不大。

锚区 2 浅部分布①层淤泥质粉质黏土，流塑，层厚 4.0～6.2m；③$_1$层粉质黏土，软塑—软可塑，层顶埋深 4.0～6.2m，层厚 4.3～6.4m；③$_3$中粗砂，中密—密实，层顶埋深 9.6～10.4m，层厚 3.8～6.0m；③$_1$层粉质黏土，可塑，层顶埋深 13.4～16.4m，层厚 2.4～4.9m；③$_3$中粗砂，密实，层顶埋深 18.3～18.8m，层厚 2.9～4.9m；吸力锚基础底部坐落于③$_1$层粉质黏土或③$_3$中粗砂中，上述土层层位较稳定，且上部土层以软弱土为主，但③$_3$中粗砂呈中密—密实，基础施工下沉穿透③$_3$中粗砂难度较大，以③$_3$中粗砂为基础持力层，施工时应采取辅助下沉措施。

锚区 3 浅部分布①层淤泥质粉质黏土，流塑，层厚 6.0～6.5m；③$_1$层粉质黏土，软塑—软可塑，层顶埋深 6.0～6.5m，层厚 3.05～5.7m；③$_3$层中粗砂，呈密实，层顶埋深 9.55～11.7m，揭露层厚 2.9～3.7m。吸力锚基础底部坐落于③$_1$层粉质黏土或③$_3$中粗砂中，上述土层埋深、厚度有一定起伏，上部土层以软弱土为主，但③$_3$中粗砂呈密实，基础施工下沉穿透③$_3$中粗砂难度较大，施工时应采取辅助下沉措施。

5.2 岩土层设计参数

吸力锚的承载力与锚链在土壤中的阻力、锚重、锚的有效面积、锚形状、锚的埋深、锚周围土层性能等因素相关，吸力锚设计时需考虑以下条件：

（1）吸力锚的极限承载力计算需主要考虑土壤不排水抗剪强度、锚爪投影面积、锚爪形状、承载力系数和贯入深度、入土形态、土体破坏模式、土体蠕变的影响。

（2）当吸力锚的直径厚度比（D/t）小于 100 至 120 时，可采用常规的桩分析方法。

综合以上因素，根据本工程勘察原位测试和室内试验成果，参考《海上固定平台规划、设计和建造的推荐作法 工作应力设计法》SY/T 10030（API 规范）、《码头结构设计规范》JTS 167，考虑施工中对土层的扰动、后期土体强度恢复以及循环荷载作用等因素，提出典型锚区主要土层地质参数建议值，见表 6。

典型锚区主要土层地质参数建议值 表 6

岩土层名称	锥尖阻力 q_c/MPa	锥侧阻力 f_s/kPa	空隙水压力 u/kPa	标准贯入击数 N/击	天然重度 γ/（kN/m³）	压缩模量 E_{s1-2}/MPa	承载力特征值 f_{ak}/kPa	三轴 UUs_{uu}/kPa	三轴 CUs_{cu}/kPa	砂土内摩擦角 φ/°
①层淤泥质粉质黏土	0.23	1.17	83.33	1.5	16.0	1.0	20	7	12	
②$_1$层粉质黏土	2.32	37.50	87.29	9.0	18.6	6.0	150	35	60	
②$_2$层粉细砂	4.45	69.86	110.02	15.0	19.0	10.0	180			32
③$_1$层粉质黏土	1.35	15.92	796.70	8.0	18.2	4.0	130	35	60	
③$_3$层中粗砂	12.49	37.21	161.37	35.0	20.5	24.0	300			36
③$_1$层粉质黏土	2.92	43.56	850.12	14.0	19.0	7.0	200	55	100	
③$_3$层中粗砂	11.76	68.21	444.75	30.0	20.2	22.0	280			35

6 吸力锚沉贯施工（图 7）

国内首台大型漂浮式海上风电机组应用于位于三峡集团广东阳江阳西沙扒海上风电项目中，风电机组命名为“三峡引领号”（图 8）。设计单机容量 5.5MW，高 107m，相当于 37 层居民楼高度，叶轮直径 155m，风轮扫风面积相当于 3 个标准足球场。浮式基础平台和风机整体选用了 50 年一遇的极端风浪流工况设计，最高可抵抗 17 级台风。

海上施工过程包括系泊吸力锚沉贯、系泊缆敷设以及基础平台—风机一体化就位安装共三个关键环节。其中吸力锚沉贯施工难度相对较大，本工程设计吸力锚重量较轻，利用锚体重量可贯穿①层淤泥质粉质黏土和大部分$②_1$层粉质黏土；$②_2$层粉细砂需要通过启动负压的方能贯穿；$③_3$层中粗砂，中密—密实状，贯入阻力较大，需要通过抽吸筒内泥水，增加负压进行贯入。当锚区以软塑—软可塑状的黏性土为主，施工效率最快可达 1d 完成 1 个吸力锚的下沉；当遇到厚层$③_3$中粗砂贯入阻力较大时，施工周期相对较长或难以下沉，施工中尚有个别吸力锚没有完全沉贯到预定深度，后期通过灌浆的方式填充筒体内空隙。

图 7 施工中的吸力锚

7 工程成果与效益

我国海域辽阔，海上风电资源十分丰富，随着近年来海上风电的快速发展，近海风电资源开始利用较为充分；应海洋生态环境保护的需要，未来近海风电海场规划越来越少，走向深远海成为未来海上风电发展的必然趋势。

另外，目前我国水深 50m 以浅海域的风电场，风电机组基础主要有重力式、单桩基础、多桩承台基础、多桩导管架、吸力桩（筒）基础等，随着水深的增加，目前广泛使用的基础形式已不能满足海上风电向深远海发展的需要，漂浮式风机 + 锚泊系统成为未来走向深海的必然趋势。

（1）“三峡引领号”是目前全球机抗台风等级最高、所受风电机组载荷最大的漂浮式海上风电机组。风机运行一年多以来，整体运行状态良好，每年可为 3 万户家庭提供绿色清洁能源，具有很好的示范效应，是引领我国海上风电行业走向深海的又一重大成果。

（2）吸力锚具有对地质条件适应好、加工制造方便快捷、施工速度快、施工成本低、基础可回收等显著特点，吸力锚结构将成为深远海风电基础设计的首选方案。随着“三峡引领号”的示范应用，验证了吸力锚结构设计、施工的可靠性。

图 8 运行中的“三峡引领号”

（3）深远海海域风能资源优异、海事环保等限制性因素较少，适宜规模化集约化开发，具有很大的降本增效潜能。随着相关技术的不断突破，漂浮式风电市场潜力将得到释放，预计到 2025 年达到 20MW，到 2030 年达到近 500MW，市场发展空间十分广阔。本工程的成功实施，可推动该套技术的广泛应用。

8 结语

本工程的成功实践，验证了漂浮式风电机组 + 吸力锚结构锚泊系统的可靠性，为海上风电走向深远海域提供了全新的解决方案。通过本工程的勘察实践，也为类似海上风电工程勘察提供了可示范应用的效果。

（1）通过区域地质调查、综合物探，从宏观上对拟建场址稳定性进行了论证；同时利用综合物探方法解决浅层埋藏物、不良地质体的探测。

（2）综合应用钻探、多种原位测试、取样试验的方法，查明场地地层结构和分布，获得了各岩土层可靠的物理力学参数，评价了场地环境水、浅层地基土的腐蚀性。

（3）采用低扰动取样技术，采集了高质量样品，开展多种高级土工试验，在室内模拟吸力锚不同工况下土体强度及其变化特征，获取 HS 高阶本构的全部岩土参数。

（4）通过吸力锚基础的施工实践，以及施工中遇到地质问题的处理，复核并验证了地质专业针对吸力锚沉贯的地质分析评价结论，为类似工程设计施工起到了很好的示范效应。

参考文献

[1] 鲁晓兵, 郑哲敏, 张金来. 海洋平台吸力式基础的研究与进展[J]. 力学进展, 2003, 33(1): 27-40.

[2] 国家发展和改革委员会. API RP 2A-WSD 海上固定平台规划、设计和建造的推荐作法 工作应力设计法[S]. 北京, 2004: 57-63.

[3] 李大勇, 刘小丽, 孙宗军. 海上风电塔架基础的新型吸力锚研发[J]. 海洋技术, 2011(3): 83-87.

[4] 栾茂田, 范庆来, 杨庆. 非均质软土地基上吸力式沉箱抗拔承载力数值分析[J]. 岩土工程学报, 2007, 29(7): 1054-1059.

[5] 王清, 唐大雄, 张庆云, 等. 粉土中吸力式桶形基础沉贯及抗拔特性试验研究[J]. 岩土工程学报, 2011(7): 1045-1053.

[6] 丁红岩, 李占印. 粉土中吸力锚土塞形成模型试验[J]. 华北石油设计, 1999(4): 8-12, 17.

[7] 王胤, 朱兴运, 杨庆. 考虑砂土渗透性变化的吸力锚沉贯及土塞特性研究[J]. 岩土工程学报, 2019(1): 184-190.

上海虹梅南路—金海路越江工程岩土工程勘探实录

肖鸿斌　蒋益平　曹稳康

（上海市城市建设设计研究总院（集团）有限公司，上海　200125）

1　工程概况

上海虹梅南路—金海路通道越江段工程是上海“十二五”重大工程的开篇之作，隧道北起闵行区虹梅南路永德路交叉口，沿虹梅南路向南穿越黄浦江至奉贤区西闸路以南，总长约 5.26km，下穿黄浦江段长达 3.39km，隧道最大埋深处 59.6m，越江处黄浦江宽度约为 340m，是目前上海黄浦江底最长最深越江隧道。

拟建工程闵行区范围主要穿越剑川路、闵吴支线（铁路）、老蒋家港，进入工作井后穿越蒋家港、东川路、江川东路；穿过黄浦江后在奉贤区域主要穿越新闸河、西闸路、朝阳河，拟建工程线路走向见图 1。沿线自北向南包括闵行区地道段（敞开段、暗埋段）、北工作井、盾构段、南工作井、奉贤区地道段及地面道路。工程在剑川路、西闸路设置出入口匝道。隧道盾构段为双管单层（图 2），暗埋段为矩形断面（图 3）。

勘察范围还包括南北暗埋段范围（里程约 K10 + 625～K11 + 679、K15 + 111～K15 + 367）的地面道路、地面桥梁、管线以及其他附属设施等。

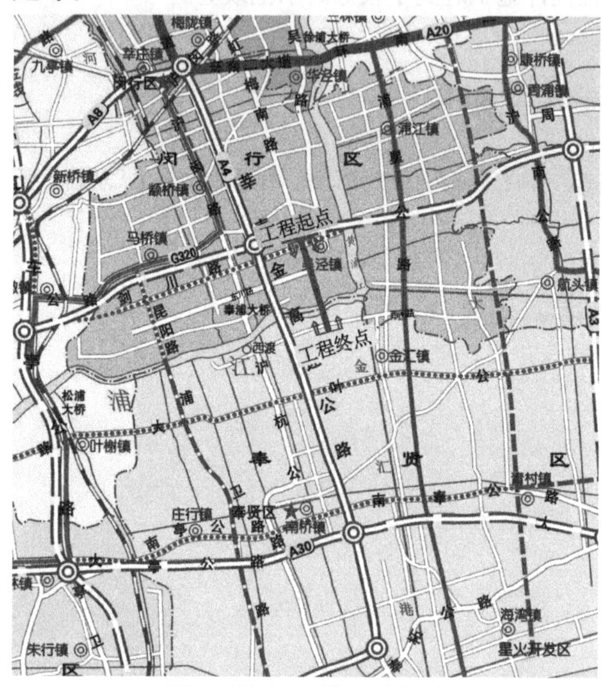

图 1　拟建工程位置示意图

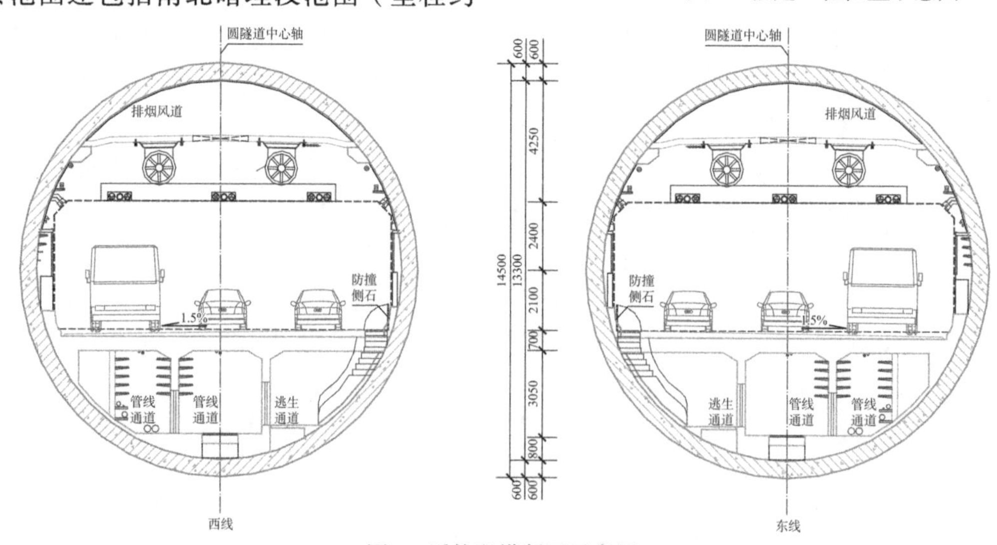

图 2　盾构段横断面示意图

获奖项目：2019 年度“上海市优秀工程勘察设计奖”一等奖，2019 年度“全国优秀工程勘察设计行业奖”三等奖。

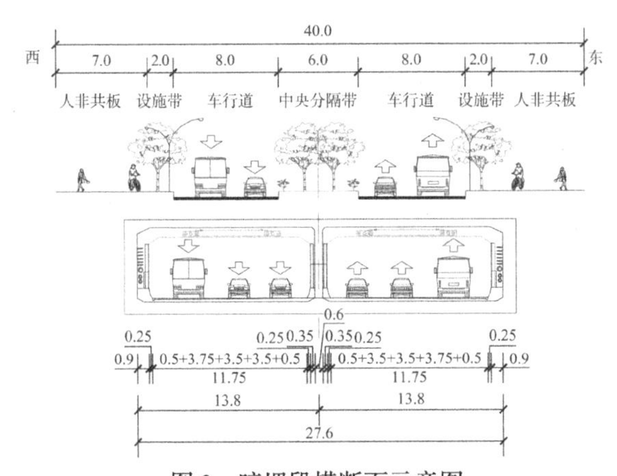

图 3 暗埋段横断面示意图

拟建构筑物性质详见表 1。

2 工程特点

2.1 项目特点

（1）构筑物类型多结构形式各异

构筑物包括地道、工作井、盾构、联络通道、桥梁、道路、管道等。

（2）基础埋深变化大

越江工程两端非盾构段从敞开段的浅埋到最深达 29.3m；盾构断埋深从 25.2m 到最大 59.6m，水上段埋置标高为−46.6～−51.2m。

拟建构筑物性质一览表 **表 1**

区域	里程号	项目	施工方式/基础形式	尺寸	基底埋深
闵行区	K10＋490～K10＋625	敞开段	明挖，局部抗拔桩	宽度为 22.1m	埋深为 1.0～6.8m
	K10＋625～K11＋679 铁路 K11＋348.4	暗埋段	明挖，盖挖（过铁路采用顶进箱涵）	永德路～剑川路匝道段宽度约 22.1m 剑川路匝道～闵行工作井宽度 32.0～31.5m 剑川路匝道处宽度为 32.6～43.6m	设备段埋深为 19.4～21.0m 其余暗埋段为 6.8～19.4m
	K11＋679～K11＋700	工作井	明挖	工作井结构平面尺寸为 50.4m × 25.4m	工作井底板埋深为 29.3m
闵行＋黄江＋奉贤	K11＋700～K15＋090	盾构段	盾构掘进	采用 2 根平行隧道，隧道的外径为 14.5m，环宽 2.0m	隧道岸上段埋置为 25.2～52.2m，水上段埋置标高为−46.6～−51.2m；东、西线最低点各设 1 个废水泵房
	K12＋400	盾构段（联络通道）	冻结法		埋深 30.8m
	K13＋100		冻结法		埋深 31.7m
	K13＋800		冻结法		埋深 37.7m
	K14＋550		冻结法		埋深 41.3m
奉贤区	K15＋090～K15＋111	工作井	明挖	工作井结构平面尺寸为 50.4m × 25.4m	工作井底板埋深 29.2m
	K15＋111～K15＋367	暗埋段	明挖	标准宽度为 32.6m；工作井附近含排风塔，基坑总宽度为 42.7m	邻近工作井约 30m 的设备段埋深 24.6～25.8m，其余设备段埋深 19.0～20.0m 其余暗埋标准段埋深为 8.8～18.4m
	K15＋367～K15＋450	敞开段	明挖，局部抗拔桩	宽度为 32.0～38.0m	埋深为 1.0～8.8m
	K15＋450～K15＋750	地面道路		一般路基	朝阳河以南填土高度 3.0～3.5m，为高填土路基；其他填土高度小于 2.5m，为一般路基

（3）施工方式及基础形式差异大

施工包括地道段（敞开段、暗埋段）的明挖、盖挖、铁路段为顶进箱涵，盾构段的冻结法等。抗浮措施有抗拔桩，桥梁有抗压桩等。

2.2 施工难点

（1）隧道穿越黄浦江以及其他 3 条河流。

（2）周边环境复杂。沿线道路下分布大量市政管线，周边分布大量天然地基等建筑。

（3）详勘在黄浦江和繁华的道路上施工。

2.3 工程地质难点

（1）沿线工程地质条件复杂，沿线有正常沉积区和古河道切割区，对盾构顶进安全产生不利影响。

（2）拟建场地普遍分布厚层软土，对基坑开挖、盾构顶进产生不利影响。

（3）盾构段分布厚层粉性土砂性土，对施工稳定性不利，对盾构掘进和管片防渗要求较高。

（4）拟建场地古河道范围可能分布有沼气。

（5）沿线分布多层（微）承压含水层，各（微）承压含水层对基坑开挖、隧道顶进造成不利影响。

2.4 科研及创新

结合勘察工作的开展，积极应用各项成熟的新技术，开展相关科研、业务建设、专利申请、QC攻关等内容，发表了一定数量的论文，促进了勘察技术水平的提高，提高了勘察工作效率。

3 勘察技术手段简介

分析和研究初勘资料，根据各建（构）筑物的结构特点、基础形式、荷载和沉降具体设计要求，综合各种勘察手段包括钻探取土、静力触探、标准贯入、扁铲侧胀试验、注水试验、十字板剪切试验、承压水观测及室内土工试验等；针对地道、工作井、盾构、桥梁、道路、管线等工程的不同要求，合理布置勘察方案。充分收集和利用已有建（构）筑物的勘探成果，确保勘察方案的经济性。项目负责人结合初勘资料对深部土层变化较大区域进行重点跟踪，及时调整勘探孔深度，避免出现勘探孔深度不足的情况。

本工程共完成278个勘探孔和34个特殊试验孔，累计进尺为16973m。

4 岩土工程条件

4.1 工程地质条件

拟建场地地貌类型为滨海平原，在95.34m深度范围内，主要由饱和的黏性土、粉性土、砂性土组成，属第四纪松散沉积物。其中①～⑤层土为Q_4沉积物，⑥～⑨层土为Q_3沉积物。

工程场地可划分为正常沉积Ⅰ区和古河道沉积Ⅱ区。正常沉积Ⅰ区与古河道沉积Ⅱ区土层分布如表2。

正常沉积Ⅰ区主要位于陆域段大部分区域，古河道沉积Ⅱ区包括陆域段K13＋115～K13＋375以及黄浦江段（K14＋060～K14＋545）范围。

陆域段古河道⑥、⑦$_1$层缺失，分布厚度不均的第⑤$_3$层粉质黏土以及第⑤$_{3a}$层粉砂夹粉质黏土层。黄浦江段古河道表层分布厚层淤泥，①、②层缺失，③层局部缺失，⑥、⑦$_1$层缺失，沉积厚层第⑤$_3$层粉质黏土，⑧$_1$层厚度增大，⑧$_2$层厚度减小。

详见图4和图5。

正常沉积Ⅰ区土层分布　　表2

分区		序号	土层名称	状态 密实度	标准贯入击	比贯入阻力/MPa	平均厚度/m	备注
正常沉积区	古河道沉积区	①	填土	松散	—	—	—	
		②$_1$	粉质黏土	可塑	—	0.85	1.06	
		②$_2$	粉质黏土	软塑	—	0.53	0.80	
		③	淤泥质粉质黏土	流塑	—	0.40	4.87	软土
		④	淤泥质黏土	流塑	—	0.51	9.99	软土
		⑤$_{1\text{-}1}$	黏土	软塑	—	0.78	7.10	
		⑤$_{1a}$	黏质粉土夹粉黏	稍密	—	2.99	1.70	
		⑤$_{1\text{-}2}$	粉质黏土	软塑	—	1.60	4.79	
—		⑤$_3$	粉质黏土	可塑	—	1.46	17.7	
		⑤$_{3a}$	粉砂夹粉质黏土	中密	23.9	6.34	13.3	承压水
正常沉积区	—	⑥	粉质黏土	硬塑	—	2.31	3.32	
		⑦$_{1\text{-}1}$	黏质粉土夹粉黏	稍密	22.9	3.82	3.98	
		⑦$_{1\text{-}2}$	砂质粉土	密实	33.9	9.00	5.20	承压水
	古河道沉积区	⑦$_2$	粉砂	密实	60.8	20.81	18.5	承压水
		⑧$_1$	粉质黏土夹粉砂	可塑	—	3.44	6.64	
		⑧$_2$	粉砂夹粉质黏土	中密实	62.5	11.20	13.55	承压水
		⑨	粉细砂	密实	76.5	19.60	未穿	承压水

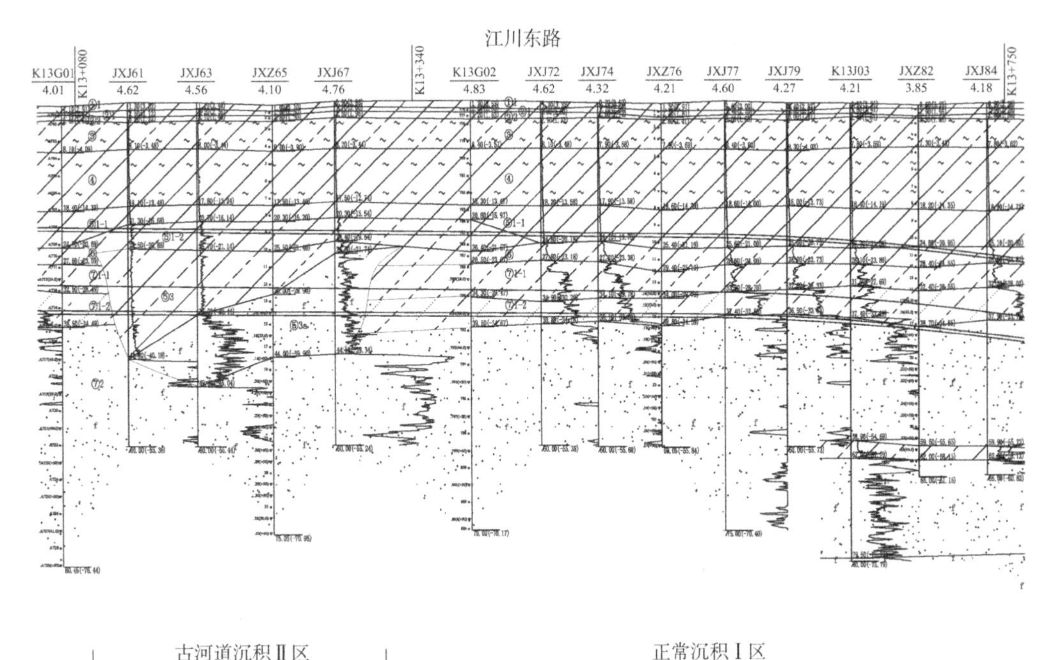

图 4　闵行区盾构段（陆域段古河道）工程地质剖面示意图

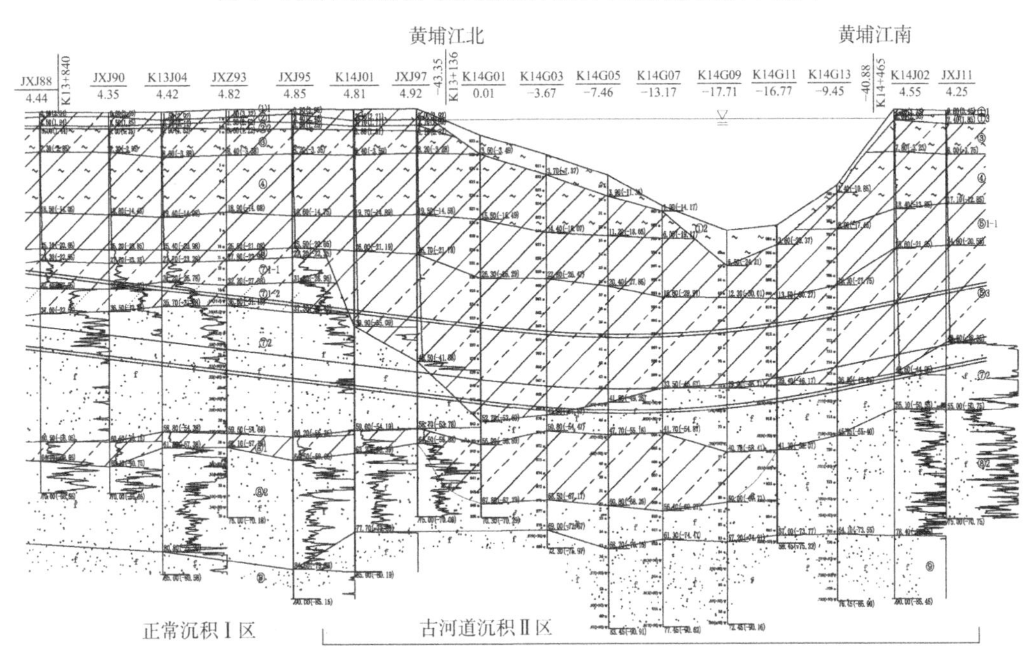

图 5　闵行区盾构段（黄浦江段古河道）工程地质剖面示意图

4.2　水文地质条件

（1）地表水

工程沿线范围共穿越 5 条较大河流，自北向南依次为老蒋家港、蒋家港、黄浦江、新闸河和朝阳河，其中穿越的黄浦江航道技术等级为Ⅰ级。

拟建虹梅南路—金海路通道越江段工程越江处的黄浦江断面变化见图 6，深槽偏靠浦东侧，断面最大水深 26.1m（1982 年），深槽底部逐年呈淤平趋势，最大淤积幅度达 7m；拟建隧道穿越处黄浦江的宽度约为 340m，江底最深处标高约为−18.5m。

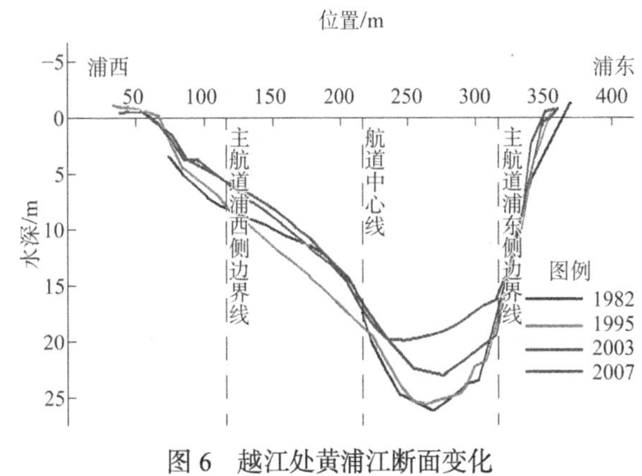

图 6　越江处黄浦江断面变化

黄浦江是一条中等强度感潮河流，水流具有涨落分明和往复的特征，潮水为不规则的半日潮，每天两潮，每潮历时12h25min，每月有两次大潮汛。根据附近的吴泾水文站，隧址处所在河段的潮位特征值：最高高潮4.82m，最低低潮0.74m；平均高潮位2.83m，平均低潮位1.58m；平均涨潮历时3h42min，平均落潮历时8h43min；通常最低水位0.81m（拟建隧址处）。

（2）地下水

拟建场地浅部地下水属潜水类型，潜水位动态变化主要受大气降水、地面蒸发及地表水的补给与调节的影响，主要补给来源为大气降水、黄浦江和周边河道。潜水位埋深一般为地表下 0.3～1.5m，年平均地下水位为地表下0.5～0.7m，设计高水位0.5m、低水位1.5m。

局部分布的第⑤$_{1a}$层、第⑤$_{3a}$层为微承压水含水层，第⑦层、第⑧$_2$层、第⑨层为承压水含水层。⑦层大部分范围与⑧$_2$、⑨层含水层相连通，局部⑦层下分布薄层⑧$_1$层粉质黏土夹粉砂。由于第⑧$_1$层范围有限且厚度较薄，同时还夹薄层粉砂，所以⑦层与⑧$_2$、⑨层含水层相通。

承压水位一般呈周期性变化，据上海地区工程经验其水位埋深在3～12m。

4.3　场地地震效应

拟建场地抗震设防烈度为 7 度。场地设计基本地震加速度值为0.10g，所属的设计地震分组为第二组，场地类别为Ⅳ类，场地属抗震不利地段。本拟建场地范围20m内未发现有饱和的砂质粉土或砂土分布，拟建工程范围为不液化场地。拟建场地不考虑软土震陷的影响。

4.4　不良地质与特殊性土

（1）明浜和暗浜

本工程线路沿线穿越数条河流。根据历史河籍图，拟建场地分布有暗浜。明浜和未处理暗浜底部一般淤泥含有大量有机质，具流动、流塑性，工程性质很差，对拟建工程不利。

（2）沼气

上海地区第四纪地层普遍发育着浅层沼气，其具可燃性，有一定压力，是地下空间开发可能遇到的地质灾害之一。特别是赋存于浅层砂体中的沼气，气体逸出会加剧流砂的产生，有经验教训表明，地下隧道作业时由于浅层沼气释放，将会造成下伏土层失稳，使已建隧道产生位移、断裂，造成无可挽回的重大损失。

详勘中在JXJ115孔有沼气涌出，沼气分布于在④层底部贝壳层中和⑤层薄层粉土层中。沼气对盾构工程和基坑工程不利，设计和施工应重视其不利影响。

（3）软土

上海是典型的软土地区，拟建场地普遍分布有厚层③层、④层软土，其具有高含水率、孔隙比大、强度低、压缩性高等特性，软土还有低渗透性、触变性和流变性等特点，为主要软弱层。开挖易受扰动，容易导致基坑边坡变形、坑底回弹。对隧道掘进和沉降控制、基坑稳定性影响较大。

5　地基基础分析与评价

5.1　基坑工程

根据构筑物性质，敞开段基坑开挖深度在1.0～8.8m。暗埋段基坑开挖深度在 6.8～18.4m，设备段在 19.4～25.8m，工作井埋深在 29.2～29.3m。

（1）基坑围护方案

根据上海市经验，结合基坑开挖深度范围土层分布特点及构筑物性质，分别建议基坑围护方案：盾构工作井和安全等级为一级的暗埋段采用地下连续墙方案作为围护结构；安全等级为二级的矩形段隧道采用型钢水泥土搅拌桩作为围护结构；安全等级为三级的敞开段采用围护结构型钢水泥土搅拌桩或重力式挡墙围护结构，开挖深度小于2m可采用放坡开挖。

围护支撑体系宜结合拟建工程结构和基坑开挖顺序，综合考虑布置，深基坑一般宜采用钢支撑结合钢筋混凝土支撑，工作井基坑宽度较大，宜设支撑格构柱。

（2）变形控制

基坑平面尺寸和开挖深度大，根据工程实践，基坑开挖时，宜采用时空效应理论：分层、分条开挖，合理安排施工顺序，及时施工支撑，尽量减少基坑无支撑的暴露时间，底板施工严格按规定时间完成等措施控制围护结构和土体的过大变形。同时应注意基坑内部边坡的稳定性，采取合适措施，防止基坑内部边坡失稳导致围护结构失稳。

拟建基坑工程周边环境较复杂，宜采取加大围护结构入土深度、基坑被动土区加固（注浆法或旋喷桩抽条加固）等有效措施，减少基坑围护结构的变形和施工对周边建（构）筑物的影响。

围护结构墙体接触的土层主要为流塑和软塑的黏性土，这些土层具有触变性和流变性，围护结构施工应重视基坑变形监测结果，及时处理围护结构异常变形情况。

（3）地下水控制方案

基坑开挖分布的承压水⑦层、⑧$_2$层、⑨层，⑦层与⑧$_2$、⑨层承压含水层相连通。经估算，对暗埋段，⑦层承压水突涌的临界深度约13.3m，工作井及开挖深度较大的暗埋段深基坑可能发生承压水突涌。

因⑦层、⑧$_2$层及⑨层厚度非常大，围护桩无法隔断，建议降低承压水水头。降承压水影响范围较大，建议加强基坑周边的水位监测，必要时采取基坑外回灌，避免产生过大的降水漏斗，控制降水对周围建（构）筑物的不利影响。

5.2 盾构工程

隧道岸上段埋置深度为25.2～52.2m，水上段埋置标高为−46.6～−51.2m。在江中最低点设置泵房，中心里程为K14＋277，为隧道内最深埋深59.6m。

盾构深度范围在正常沉积Ⅰ区主要涉及土层包括第④、⑤$_{1-1}$、⑤$_{1a}$、⑤$_{1-2}$、⑥、⑦$_{1-1}$、⑦$_{1-2}$、⑦$_2$层；在古河道沉积Ⅱ区还涉及第⑤$_3$、⑤$_{3a}$层。

1）盾构选型

为满足开挖面稳定要求，根据上海周边地区盾构施工经验，一般采用泥水平衡法施工。

隧道盾构段埋深较深，产生较大土压力和水压力，土水侧压力对隧道衬砌内力要求较高。建议设计、施工根据场地压力情况以及土层具体情况，注意及时调整盾构施工参数（如盾构工作舱压力、工作姿态、顶力、注浆量等）。

建议施工中对于盾构工作面确保压力平衡，向开挖土层中添加膨润土泥浆、泡沫，调整压力仓舱内土体的渗透性，加强同步注浆管理、严控注浆浆液初凝时间、适当增加注浆量和充分压注盾尾油脂，防止土体从盾尾涌入等措施，防止渗水、涌砂现象发生；同时重视盾构拼装质量，做好防渗措施。

2）岩土工程问题

（1）在黏性土中穿越

④层为软土，具低渗透性、触变性和流变性等特点，承载力低且极易受扰动。⑤$_{1-1}$、⑤$_{1-2}$黏性土以软塑为主也易受扰动。黏性土在动力作用下土体结构容易被破坏，土体强度降低易造成开挖面的失稳。施工时应尽量减少对该层土的扰动。

另外，黏性土黏粒含量较高，尤其高塑性土⑥层。大量极细黏粒易粘着盾构设备或造成堵塞，影响盾构掘进。建议施工应采取措施随时注意排土口的通畅性，及时做好泥水分离措施。

（2）在粉土砂土中穿越

盾构段在粉性土砂性土⑤$_{1a}$、⑤$_{3a}$、⑦$_{1-1}$、⑦$_{1-2}$、⑦$_2$层中掘进时，这些层位富含有压承压水，且⑤$_{1a}$、⑤$_{3a}$可能还有沼气。地下水及沼气对盾构管片密封性较高，建议做好防渗密封措施。

粉土、砂土在水动力作用下极易产生流砂、坍塌等现象，导致掘进面不稳定，对隧道盾构的施工产生不利影响，建议应加强管片结构的防水措施。尤其在地表水（黄浦江）范围，突发性的涌水和流砂会引起地面沉降，严重时会随着地层空洞的扩大，地表水灌入隧道中导致进一步流砂和地面塌陷，建议采取措施确保工作面稳定。

粉土和砂土的渗透系数较大，盾构掘进启动时，正面土体的孔隙水消散很快，正面土体的抗剪强度及盾构侧面的摩阻力急剧上升，使盾构刀盘扭矩和总推力达到极限值，易使盾构设备受损、机头扭转。建议盾构在不同范围采取不同顶进速度和不同扭矩，同时加强设备维护确保设备安全。

（3）在不同土层中穿越

拟建场地在盾构深度土性变化较大，有软黏土、粉土和砂土，且同一层内存在土性不均现象，土层的强度差别大，尤其应重视正常沉积区与古河道沉积区分界区域的土性变化。根据经验，盾构同时在软硬不同的土层界面推进时，两部分不同的阻力差易造成软弱土层排土过多引起地层下沉，产生盾构方向失控，造成在线路方向上的偏离，施工时应遵循“勤纠微调”的原则；盾构机由正常沉积区到古河道沉积区掘进时，由于盾构底部土层强度差别，盾构机易“磕头”，设计和施工中应引起重视。

（4）盾构进出洞加固

拟建盾构进出洞涉及③、④、⑤$_{1-1}$、⑥、⑦$_1$层，③、④、⑤$_{1-1}$层土自立性差，下部⑦$_1$层为承压含水层，因此盾构进出洞部位应采取合理的加固措施，建议采取冻结法加固，并且重视下部承压水的不利影响。采用冻结法加固，应重视冻胀融陷对周围建（构）筑物、围护结构产生的不利影响。

（5）河中防冒顶

拟建隧道穿越现状河道包括老蒋家港、蒋家家港、黄浦江、朝阳河。

河中段盾构施工时应注意采取措施防止盾构泥水冒顶和粉土层中涌砂。根据已有工程经验，建议采取以下措施：保持切口土压力稳定，严格控制盾构的姿态调整，加强河底地形监测，监测河底冒浆情况、提高同步注浆质量、严控注浆浆液初凝时间，控制注浆压力，充分压注盾尾油脂，防止土体从盾尾涌入等措施。

5.3 联络通道

本工程在盾构段共设置 4 处联络通道，其中 K12 + 400 联络通道，埋深 30.8m；K13 + 100 联络通道，埋深 31.7m，这两处联络通道底部均位于⑦$_{1-1}$ 层黏质粉土夹粉质黏土层中，下部有⑦$_{1-2}$ 层砂质粉土、⑦$_2$ 层粉砂；K13 + 800 联络通道底部埋深 37.7m，位于⑦$_2$层粉砂层中；K14 + 550 联络通道底部埋深 41.3m，位于⑦$_2$层粉砂层中，下部与⑧$_2$层粉砂、⑨层粉细砂直接相连。4 处联络通道涉及的承压水十分丰富，对联络通道设计和施工影响很大。

对联络通道拟采用冻结工法施工工艺，根据国内已有冻结法施工的工程经验，冻结法施工中主要存在以下问题：在冻结过程中的隧道横向断面变形问题、土体开挖过程中的流砂问题及主体结构施工完毕后土体的冻融作用而引起的地表沉降问题。

冻结法设计和施工时应考虑承压水的不利影响，冻结管施工应采取合理措施防止承压水涌入隧道。施工时可采取冻结卸压，解冻后在隧道内进行适当的跟踪注浆等措施减少上述问题。冻结施工设备应处于良好的工作状态，确保冷冻效果，并准备好备用电源。

5.4 顶进箱涵

闵行暗埋段在 K11 + 348.386 穿越闵吴铁路支线。设计拟采用顶进箱涵施工，长度为 20m，两段设置工作井。

闵吴铁路支线连接闵行区闵行站和闵行区吴泾镇，为单线货运轨道，为老式铁路路基。箱涵段为暗埋段较浅范围，顶进箱涵上部覆土小于 2.0m，顶进范围主要以压实填土及软黏土为主，顶进前需对铁路进行保护。

建议对工作井土体采取搅拌桩加固；对箱涵，因箱涵尺寸大重大，应采取措施防止箱涵在顶进过程出现扎头，建议箱涵底部采用旋喷桩加固。顶进期间应加强监测工作，确保信息化施工，确保铁路和周围管线的安全。

5.5 桩基

闵行段开挖段局部采用盖挖法，需采用立柱桩，且桩基承载力要求较高；拟建工作井、暗埋段、设备段基坑，也可采用立柱桩。立柱桩既抗压又抗拔。隧道敞开段，当结构自重不能满足抗浮安全要求，需采用抗拔桩方案。拟建地面桥梁需采用桩基。

勘察报告根据土层特点、桩基类型、单桩承载力推荐桩基持力层/桩端埋设层如表 3。

桩基持力层推荐一览表　　表 3

桩基类型	工点名称	推荐桩基持力层/桩端埋设层
立柱桩 既抗压又抗拔	闵行段盖挖段	⑦$_2$
	闵行工作井及设备段	⑦$_2$
	奉贤工作井及设备段	⑦$_2$、⑧$_2$
抗拔桩	暗埋段设备段	⑦$_2$
	暗埋段，挖深 ≥ 7m	⑥～⑦$_{1-2}$
	暗埋段其他范围	⑤$_1$～⑥
	敞开段较深范围	⑤$_1$～⑥
抗压桩	老蒋家港桥、蒋家港桥	⑦$_2$
	天桥主墩/边墩	⑦$_{1-2}$、⑦$_2$/⑥、⑦$_{1-1}$
	朝阳河桥	⑦$_{1-2}$、⑦$_2$

闵行区主要位于虹梅路上，周围环境对桩基施工要求较高，建议选择钻孔灌注桩；奉贤区桩基作业区域主要位于农田，管理用房桩基可考虑选择预制桩（PHC 管桩）方案，但是基坑格构柱桩基应采用钻孔灌注桩，抗拔桩基送桩长度较大，一般宜采用钻孔灌注桩；朝阳河桥为保护河岸稳定性，桥梁桩基宜考虑采用钻孔灌注桩。

5.6 道路

拟建地面道路为城市道路，填土高度小于 2.5m，为一般道路；奉贤朝阳河以南处填土高度 3.0～3.5m，为高填土道路。南端路桥接坡处高度可能大于 2.5m，为高填土道路。

拟建地面道路包括一部分老路改建和一部分新建道路。对于老路，设计应收集老路的路基方案，根据原路基方案确定是否对原路基进行利用，并采取措施控制新老路基的差异变形。对于新建道路，应按规范要求进行地基处理。

（1）路基

$①_1$层填土成分复杂，土质较松散，工程性质较差，一般不应直接作为天然地基持力层。对于富含生活垃圾有机质的填土，应进行换填处理。

对于暗埋段上方的路基，重点控制回填土的压实度控制，宜分层碾压密实。对于高填土道路，填土厚度相对较大易造成较大沉降。根据经验建议可采取水泥土搅拌桩等加固方案、桥坡设置桥头搭板。路桥接坡处尚应采取措施控制因填土厚度差异导致的不均匀沉降。

对于路桥接坡处，建议合理安排施工顺序，先填筑路基，后施工桥梁构筑物。

（2）暗浜的处理

路基范围局部分布有暗浜。对新建道路涉及的暗浜应采用换填法地基处理。对于规模大，浜底埋藏较深、淤泥较厚的暗浜，可采取水泥土搅拌桩方案。

上海地区公路差异沉降主要是由于相邻地基土的刚度有较大差异引起的，因此对暗浜等不良地质现象的处理应有针对性，并非处理得越好越有利，使地基土刚度基本一致是公路地基处理设计的基本原则。

5.7 管道

管道埋深不大于 5.0m，基坑开挖影响范围内土层一般为$①_1$、$②_1$、$②_2$、③层。$①_1$填土土质不均匀，结构松散。$②_1$、$②_2$粉质黏土工程性质较好；③层土为流塑状，易受施工扰动，扰动后强度降低较大，施工中应避免对该层土的扰动。

根据经验，当管道基槽开挖深度较小时，可采用放坡，当开挖深度较大时，可采用锁口咬合钢板桩加对撑基坑围护措施。回填土应夯实压密。根据各区段开挖深度及土性特征，做好降水隔水措施。施工时尽可能减少对坑底土的扰动。

对于分布有暗浜的区域，地基处理方案可参照地面道路。

6 隧道沉降监测成果和分析

根据收集的"虹梅南路隧道工程 2018 年度沉降变形测量报告"，通车 3 年后盾构隧道的工后最大沉降（图 7 和图 8）为 5.0mm，这与隧道埋深大，隧道主要位于⑥、⑦层等工程性质较好土层相关。

闵行隧道敞开段和暗埋段工后沉降曲线见图 9，奉贤隧道暗埋段和敞开段工后沉降曲线见图 10；根据工后沉降观测成果，暗埋段工后最大沉降为 14.8mm，敞开段工后最大沉降为 15.2mm；这与暗埋段和敞开段主要位于软弱土层有关的，在车辆动荷载作用下软弱土层会发生相对较大的沉降量。根据沉降曲线，发现基坑立柱桩和抗拔桩的设置（图 9 和图 10 中沉降较小区域）减少了隧道工后沉降，设桩的区域的工后沉降大部分小于 5mm。

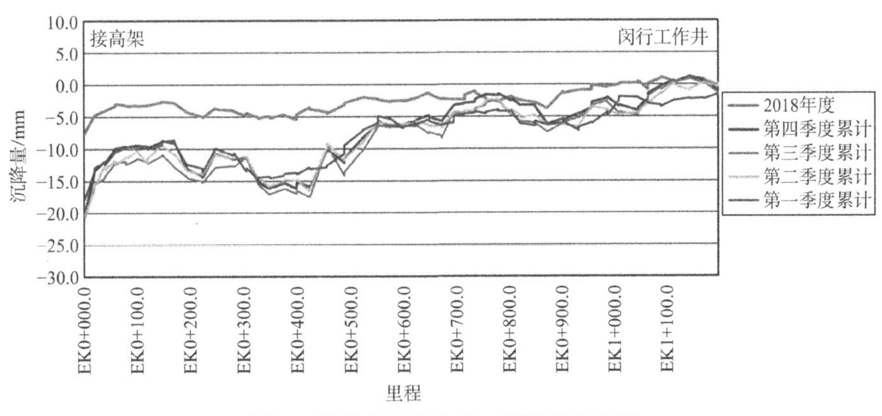

图 7　隧道东线盾构段工后沉降曲线图

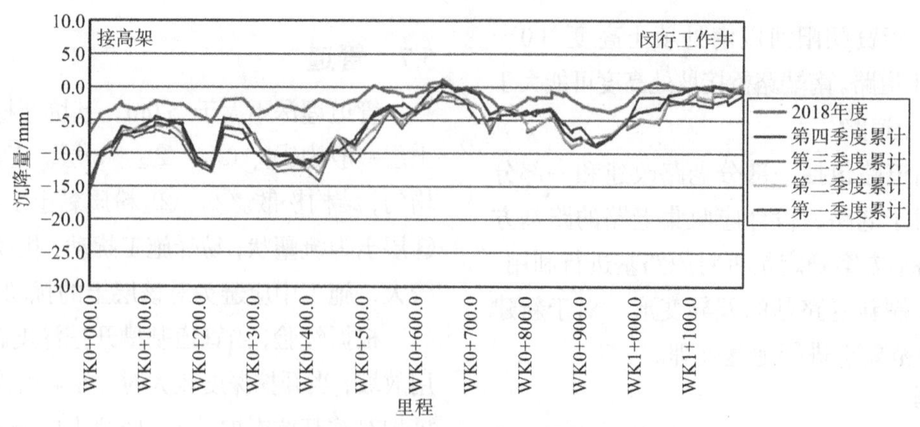

图 8 隧道西线盾构段工后沉降曲线图

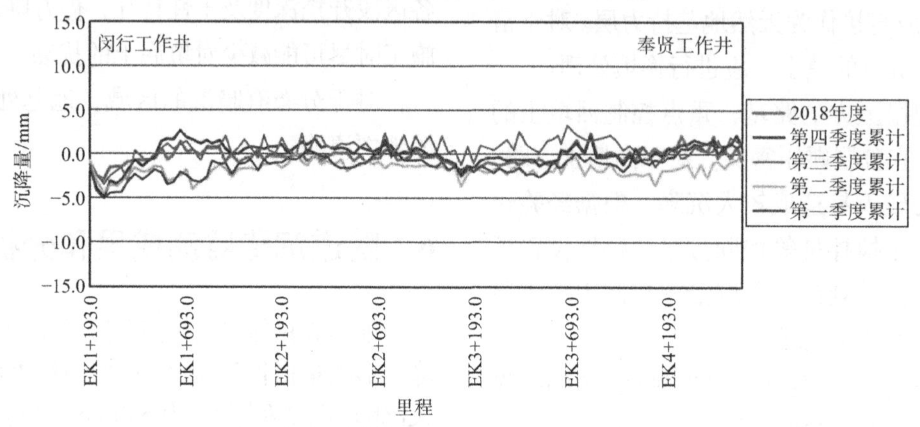

图 9 闵行隧道敞开段和暗埋段工后沉降曲线图

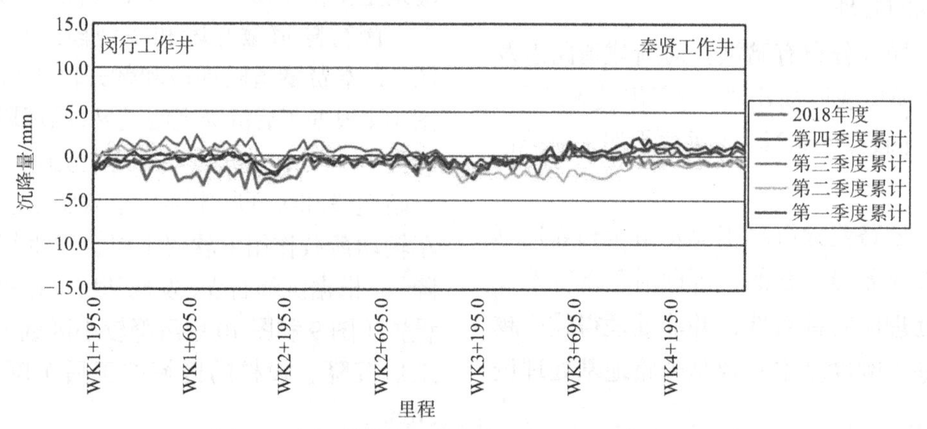

图 10 奉贤隧道暗埋段和敞开段工后沉降曲线图

7 工程中的技术创新

（1）采用科研成果和勘察新技术

积极应用“隐形轴阀式厚壁取土器的研究与应用”“静压滑管式装置简易注水试验方法研究”等科研成果。

采用专利“隐形轴阀式厚壁取土器”，取样受扰动程度明显低于常规厚壁取土器，提高了取土质量。采用专利技术“外肩内锥对开式塑料土样筒”，可提高取土样质量，并降低室内开土的工作强度。

采用专利“现场注水试验装置”，确保了注水试验段上部的隔水效果，提高了注水试验的质量和工作效率。

（2）开展“土的静止侧压力系数K_0测试指标的综合研究”科研

由于本工程为超深隧道，水土侧压力对隧道衬砌内力要求较高。本次开展了针对静止侧压力系数K_0测试指标的综合研究。通过试验和比对，对K_0测试仪器、试样质量、试验荷载等级和稳定标准等多方面提出了合理建议，对上海地方规范提出优化建议，使本次勘察报告的K_0取值更接近真实。

（3）研发了二项土工试验专利

本次详勘布置了大量三轴剪切试验，由此结合项目对土工试验的三轴剪切设备进行了改良，并申请了两项实用新型专利——三轴压力室平台、改进型三轴仪。

8 工程难点及解决方案

8.1 施工难点及解决方案

隧道穿越黄浦江以及其他 3 条河流，沿线道路下分布大量市政管线。详勘在黄浦江和繁华的道路上施工，施工难度大，对施工安全、质量、进度的要求非常高。

针对不同场地条件和环境条件分别制定专项方案，包括水上作业施工方案、道路作业施工方案等，尤其是针对黄浦江上勘察施工的安全环境质量进度控制制定了详细的专项方案。

8.2 工程地质难点及解决方案

（1）沿线分布有正常沉积区和古河道切割区。本次对正常沉积区的②层进行细分，对⑤$_1$层中的⑤$_{1a}$粉性土夹层进行了细分。对古河道深切割区的⑤$_3$层进行了细分，为准确评价土层对工程的影响提供了依据。

（2）拟建场地普遍分布厚层软土，为查明软土特性，本次针对性布置十字板，土工试验不固结不排水试验、固结不排水试验、静止侧压力系数、无侧限试验，以多角度提供设计施工参数。

（3）盾构段分布厚层⑦$_1$、⑦$_2$层粉性砂性土，古河道范围分别⑤$_{3a}$粉性土，本次针对性布置标准贯入、静探，注水试验、扁铲试验。

（4）拟建场地古河道区域可能分布有沼气，本次在风险评估中予以提醒。

（5）沿线分布多层（微）承压含水层，本次分别对⑤$_{3a}$、⑦$_1$、⑦$_2$、⑧$_2$、⑨层承压水布置承压水水位观测，并根据上海市经验，综合判定承压水对设计施工的影响。

8.3 对设计施工难点进行研究并建议解决方案

根据不同单体不同基础形式有针对性地提出基础方案。如根据不同埋深、不同施工工艺提出不同围护方案；对铁路范围顶进箱涵建议采取相应的地基处理方案；对地道敞开段等建议设置抗拔桩；对各类立柱桩、桥梁建议选择合适的桩基持力层等。

对各类构筑物设计、施工及运营中可能的风险进行详细说明。基坑稳定的重点是软土和地下水控制；盾构段的重点是进出洞的加固和在不同土层中顶进时的各类控制；联络通道冻结法的重点是粉土砂土、承压水对冻结法的不利影响；顶进箱涵的重点是工作井稳定和上覆土层的影响等。

9 工程效益

（1）勘察施工期间严格根据各类专项方案实施，对施工安全、环境保护控制较好，质量、进度得以保证，取得较好的社会效益。

（2）通过针对性的勘察外业并划分合理的地质分区，应用本公司在取土、注水的专利新技术，提供了准确的地层资料。通过静止侧压力系数的科研和两项有关三轴的新专利，准确推荐了关键性参数静止侧压力和三轴抗剪强度。

（3）勘察报告对基坑、盾构、联络通道、顶进箱涵、桩基、道路及管道涉及的岩土问题进行了细致的分析和研究。勘察成果针对性强，结论准确、建议合理，尤其是各项岩土工程的风险提示被设计和施工单位采纳。施工期间的岩土工程技术支撑和帮助及时解决了现场问题。根据监测结果，本工程各项工程安全实施，施工期间周围建（构）筑物的变形基本上在允许范围内。根据通车后的监测报告，隧道沉降和结构变形均满足设计和规范要求。总体勘察报告帮助降低了各类工程风险，节约了工程造价，具有显著的经济效益。

（4）虹梅南路隧道是闵行区第一条越江隧道。虹梅南路隧道以南与奉贤南桥新城等连接，打通了上海南部的交通命脉；虹梅南路隧道以北通过连接虹梅路高架与中环线相通，由此提供了莘庄立交、沪闵高架之外的第二条功能较为强大的出入城通道，改善市中心与闵行、奉贤两区交通，有效缓解莘庄和 S4（莘奉金）高速公路的拥挤局面。

丰台区生活垃圾循环经济园湿解处理厂岩土工程勘察实录

苏铁志[1]　秦国栋[1]　文红艳[2]　李春宝[2]　张晓航[2]　何佳荣[2]
（1. 航天规划设计集团有限公司，北京　100162；2. 北京航天地基工程有限责任公司，北京　100162）

1　工程概况

项目位于北京市丰台区卢沟桥乡老庄子村丰台区循环经济产业园区内，场处永定河东岸，总建筑面积为 27632.63m²，主要建筑为湿解车间及堆肥车间，建筑物概括见表 1。湿解-堆肥处理厂设计处理规模为 600t/d，采用“垃圾湿解＋高温堆肥＋后处理”相结合的综合处理工艺，以满足丰台区生活垃圾进一步“减量化、无害化、资源化”的处理要求，保证可持续发展的战略目标，项目的重要性不言而喻。

建筑物概括表　　表 1

拟建建筑物名称	层数		结构类型	基础形式	设计埋深/m	建筑高度/m
	地上	地下				
堆肥车间	1	—	门式钢架	独立	−1.50	12.50
湿解处理厂	1	1	框排架	筏板＋独立	−6.00	30.50

2　工程特点及勘察技术难点

勘察前期调查拟建整个场地的地基土为无序堆填方式形成的深厚填土层，为近期回填，回填时间不一，分布在整个场地，据调查填土最厚可达 30.0m 左右。拟建建筑主要为湿解车间及堆肥车间，基础设计埋深为−6.0/−1.5m，新建建筑地基在深厚杂填土之上，杂填土地基的承载力及沉降应满足建设及使用要求，这就需要对杂填土地基的定性化及定量化评价，无疑给岩土工程勘察工作提高了难度。

3　勘察手段简介

根据工程性质、设计要求、地层条件及相关规范，利用现场勘探、圆锥动力触探、多道瞬态面波测试（8 道）、现场载荷试验（4 处）等多种手段相结合进行了详细勘察，针对拟建物性质，本次实际勘察增加了技术孔的数量，对场区填土进行全面评价，为后期地基处理提供全面有效的数据支撑。勘探孔孔深必须满足可能采用基础形式和主要持力层及压缩层需要的深度要求，在实际钻孔时，部分钻孔在钻至中标技术方案预定深度时未钻穿杂填土，在野外勘察时，适当增加钻孔深度至稳定第四纪沉积层。

4　工程地质与水文地质条件

4.1　工程地质条件

本次勘探在 35.0m 深度范围内揭露地基土，根据其成因年代及地层岩性可分为 3 层，①层为人工填土，②～③层为一般第四系沉积层，现从上至下分别描述如下：

（1）人工填土层

①层：杂填土：杂色，以建筑垃圾为主、含有粉土、砂土、砾石以及少量生活垃圾，稍湿，松散—稍密，回填时间短。填土成分多而杂，个别建筑垃圾如混凝土块最大直径可达 50cm 以上，填土厚度大，均匀性差。局部夹$①_1$层黏质粉土素填土、$①_2$层细砂素填土、$①_3$层卵石素填土。本层及夹层厚 8.2～28.3m，拟建场地坑西侧边缘处厚度较小，场地中间内侧厚度较大，且分布在整个场地，层底标高介于 20.56～41.66m 之间。

①1层：黏质粉土填土：杂色，稍湿，稍密，夹砖屑、水泥块等。

①2层：细砂填土：灰色，湿—饱和，稍密，夹砖屑、水泥块、生活垃圾等。

①3层：卵石填土：灰色，湿，稍密，夹砖屑、水泥块、生活垃圾等。

（2）一般第四系沉积层

②层：细砂：褐黄色，湿—饱和，中密—密实，含云母、石英等。本层及②1层粉质黏土，本层局部缺失，可见层及夹层厚0.4～4.0m，层底标高介于20.80～27.56m之间。

②1层：粉质黏土：褐黄色，稍湿，中密，含氧化铁、云母等。

③层：卵石：杂色，稍湿，中密—密实，以沉积岩为主，混有火成岩，磨圆度较好，呈亚圆形，中风化，级配连续，卵石最大粒径大于10cm，一般粒径2～4cm，充填物为中砂，约占30%。本层分布整个场地，所有钻孔未钻穿。

4.2　水文地质条件

本次勘察施工期间在35.0m深度范围内未见稳定地下水，不同地段揭露多层滞水，最高滞水稳定水位标高48.60m，最低滞水稳定水位标高26.90m。滞水主要受大气降水及地表径流补给，水量不大，分布不连续，以渗漏和蒸发为主要排泄方式。

历史最高水位及近3～5年最高地下水位记录根据《1959年北京丰水期潜水等水位线图及埋藏深度图》（1：100000），拟建场区1959年最高水位标高48.00m，近3～5年水位标高约为25.00m（不包括上层滞水）。目前北京市有关地下水观测资料表明，场区潜水水位年升降幅度为1.0～1.5m，地下水水位呈下降趋势。

5　杂填土特性分析评价

（1）采用现场载荷试验测试杂填土的承载力、压缩性及湿陷性

现场载荷试验测定填土的承载力特点如下：杂填土地基强度差异大，地基承载力标准值介于30～80kPa之间，结构设计要求地基处理后的承载力要求达到180kPa以上，地基承载力需很大的提高；由图1可知，3号及4号载荷试验点在浸水加压后，变形剧增，具有湿陷性，可以看出整个场地湿陷性不呈现整体分布。由*p-s*曲线（图2）可以看出，当压力大于70kPa，变形模量基本不变，杂填土的变形模量介于3～16MPa之间，基于杂填土填充材料的泊松比μ得到的垂直应力与侧向应力之比，根据经验及综合评定杂填土的压缩模量为4MPa。

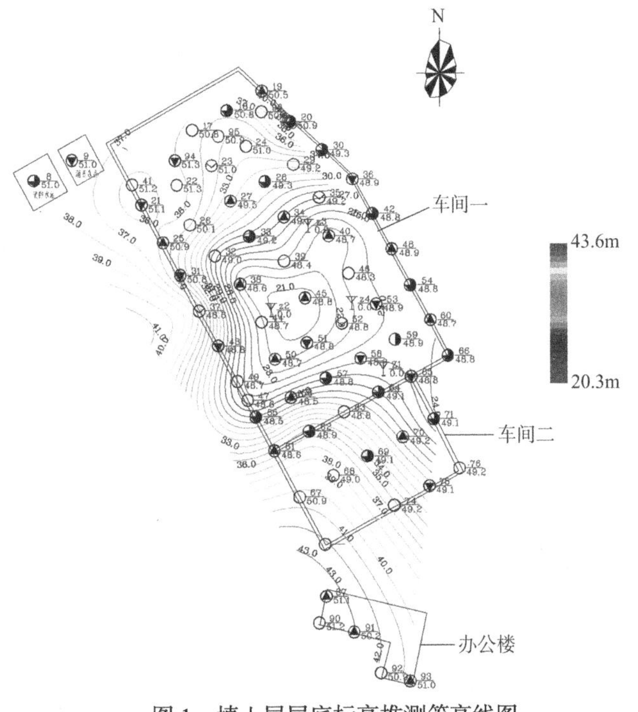

图1　填土层层底标高推测等高线图

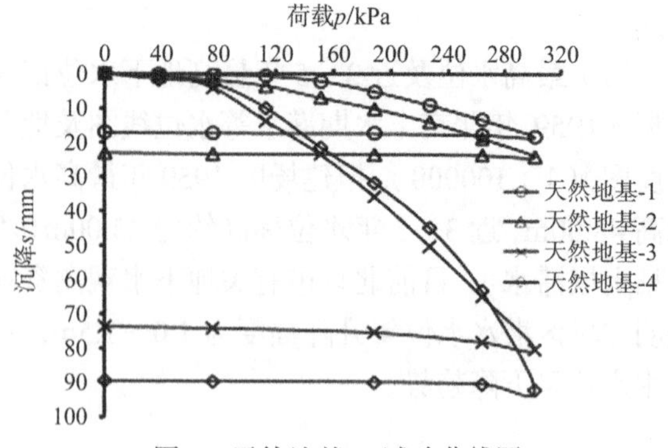

图 2　天然地基p-s试验曲线图

（2）采用重型动力触探及多道瞬态面波测试测定填土的均匀性及密实性

重型动力触探击数介于 4～16 击，呈松散状态，性能极差；上部土层剪切波速介于 140～200m/s 之间，杂填土的类型划分由软弱土向中软土过渡。场地的地基土因其自重固结尚未完成，由现场重型动力触探及多道瞬态面波测试（图 3），呈上部松散下部密实状态，故地基土的后期变形量较大，对工程的安全及经济性产生重大的影响。

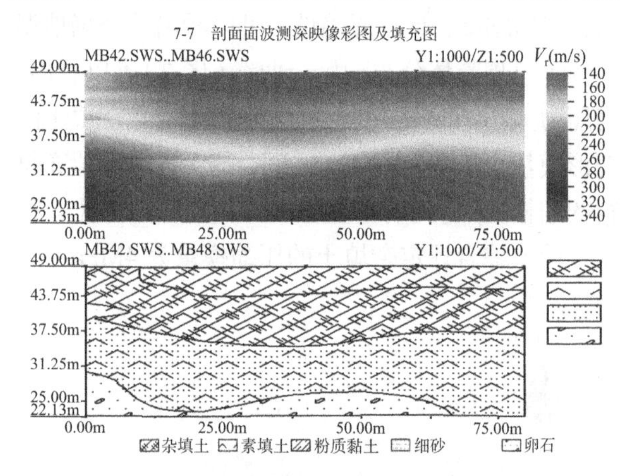

图 3　典型多道瞬态面波测试推测地层

（3）采用勘探测试及多道瞬态面波测试测定杂填土的深度。

采用勘探测试及多道瞬态面波测试推测杂填土的深度介于 8.0～28.0m 之间，且分布在整个场地，整个场地回填前地貌高低起伏，形成填土厚度不一，填土层层底标高推测等高线图如图 1 所示，填土范围及深度呈现如同盆状。

6　岩土工程参数分析和选定

1）场地稳定性和适宜性

根据本次勘察结果分析，拟建场地无影响场地稳定性不良地质作用，地基土经处理后适宜本工程建设。

2）特殊性岩土评价

本次勘察第①层为杂填土：建筑垃圾、生活垃圾为主，夹灰渣、砖屑等，局部为①$_1$层黏质粉土素填土、①$_2$层细砂素填土、①$_3$层卵石素填土。该层主要为人工填土，分布全场，厚度不均匀，大部分地段填土的回填时间很短或正在回填，欠压密，该层做重型动力触探，最小击数 4 击，最大击数 16 击，呈松散状态，且具有湿陷性，工程性能较差，不可直接使用在工程中。

3）地基土承载力静载荷试验

由于本工程拟建场地人工填土层较厚，为准确评定人工填土表层处地基承载力值，本次详细勘察共布置 4 个静载荷试验点。静载荷点位置详见《建筑物和勘探点平面布置图》。

本次四个试验点的地基土浅层平板载荷试验全过程正常、连续。根据其荷载与沉降的关系绘制的p-s曲线，并确定人工填土表层处地基承载力标准值及沉降量见表 2。

根据 4 处静载荷试验成果，填土表层地基承载力标准值较小，填土表层处地基土承载力标准值及沉降量相差较大，可见人工填土表层的均匀性较差。

静载荷试验数据统计表　　表 2

静载荷试验点	累计最大荷载/kPa	地基承载力标准/kPa	最大沉降量/mm
L1	302	19	79.96
L2	302	57	24.12
L3	302	57	18.28
L4	302	38	91.98

4）场地地基土评价

（1）场区地基土均匀性评价

勘察场地地基土上部为厚层人工填土，回填不密实，厚度不均匀，第四纪沉积地层顶面起伏大，大部分地段填土的回填时间很短或正在回填，故可判定拟建场区为不均匀地基。

（2）场地土力学性质

场区填土层因土质结构松散，不均匀，不经处理不宜作为天然地基，第②层及以下地基土的承载力标准值f_{ka}、压缩模量E_s及根据《建筑桩基技术规范》JGJ 94—2008 桩的极限侧阻力标准值q_{sik}（kPa）、桩的极限端阻力标准值q_{pk}（kPa）建议按表 3 采用桩基础，对于尚未完成自重固结的填土和以生活垃圾为主的杂填土，不计算其侧阻力。

7 沉降评价

堆肥车间及湿解车间地基土上部为厚层人工填土，回填不密实，厚度不均匀，属于不均匀地基，根据地基承载力静载荷试验结果，人工填土层沉降量相差较大，具体沉降、差异沉降、倾斜等地基变形特征的验算和分析应结合地基处理及基础方案的选取，并合理地布置沉降缝。

土的力学指标统计表　　表 3

土层	土层名称	f_{ka}/kPa	$E_s(P_0 \sim P_0+0.2)$/MPa	q_{sik}/kPa	q_{pk}/kPa
①层	杂填土	70	4	—	—
①$_1$层	黏质粉土，素填土	60	3.5	—	—
①$_2$层	细砂，素填土	80	5	—	—
①$_3$层	卵石，素填土	100	5.5	—	—
②层	细砂	170	20	75	1300
②$_1$层	粉质黏土	150	7	65	900
③层	卵石	350	40	160	3500

8 地基评价及地基与基础方案

（1）天然地基评价

场区填土较厚，土质结构松散，不均匀，不经处理不宜作为天然地基。

（2）地基与基础方案

根据周边环境条件、场地土性质、填土回填材料等，建议：采用具有挤密效应的复合地基方案，施工方法可选用如①振冲法、②柱锤夯扩法，根据建筑设计要求，选择不同的处理方法、施工工艺及处理的深度范围。

采用桩基础，桩端持力层选择在③层卵石层，根据现场调查及钻探情况，填土中含混凝土块较多，最大直径超过 500mm，填土空隙较大，易产生漏浆，采用桩基时，桩穿越较厚松散填土，应计入桩侧负摩阻力产生的影响，负摩阻力系数建议按 0.45 考虑。

对于路面及地面等对承载力要求不高的部位，可采用强夯法或结合强夯法进行地基处理，采用强夯时，不宜采用大夯击能的设备以避免对邻近建筑产生不利影响。邻近建筑地段时，应考虑设置隔振沟等减振措施。

（3）地基处理设计方案提出

综合比选机械振动压实法、换填垫层法、强夯法、短桩挤密的复合地基、钢筋混凝土灌注桩基础、灌浆法等地基处理工艺，经对比分析认为采用“先施工振冲碎石桩后进行强夯结合法联合工艺”为最佳处理方案。

（4）施工前后的验证

通过对建设过程中建设单位、施工单位、监测及检测单位反馈的信息及工程实际检测及监测数据分析、对比，表明报告中所反映填土地层变化明确，地基处理设计桩长至持力层，达到了“硬壳效应”，报告中所提供的各项岩土工程参数及建议均被设计及建设方采纳。报告中提出的拟建建筑物沉降估算指标估算沉降量与沉降观测报告中的最终稳定沉降量基本相符。

9 项目特色

杂填土是人类活动所产生的无序堆积物，其成分复杂、成层有厚有薄、性质也不相同，且无规律性，同一场地的不同位置，地基承载力和压缩性也有很大的差异，根据详勘工作所掌握场地杂填土特性，针对拟建建筑物的结构特点及项目的重要性，选择合理勘察手段及地基处理意见及建议，关系到整个项目的建设及运营周期的安全使用，不得有失。

针对以上难题，我公司制定了相对应的勘察措施及地基处理方案设计建议，做到了“精心勘察，精心设计”：

（1）采用现场载荷试验测试杂填土的承载力、压缩性及湿陷性。

（2）采用重型动力触探及多道瞬态面波测试测定填土的均匀性及密实性。

（3）采用勘探测试及多道瞬态面波测试测定杂填土的深度。

（4）通过上述勘察手段，本工程勘察报告内容详尽，成果报告全面阐述了拟建场地杂填土的岩土工程地质条件，根据工程结构特点对岩土工程条件进行了详细的分析评价，提供准确的岩土工程参数，评价合理。通过进行经济技术合理性等多方面对比，采用“先振冲碎石桩后强夯”的地基处理方案被建设单位所采用。

（5）根据地基验槽，勘察报告中所述地质条件情况与实际情况相符，勘察报告资料准确翔实，结论及建议意见可靠，勘察成果质量和服务得到了相关单位的好评。

10 成果综合效益

勘察技术积累：由于场地地基土主要为深厚杂填土，属于特殊性土，需进行针对性的勘察及地基处理方案提出，保证建筑物使用年限内的安全使用。这就需要勘察成果资料的准确性和全面性，勘察成果对工程的基础形式、结构方案有着重要的影响。反之，会严重影响工程的安全性。本工程勘察采用勘探、静载荷试验等原位测试方法、多道瞬态面波测试等综合评价场地内的深厚填土的物理及力学指标。

经济效益：根据勘察结果，结合、勘察及地基处理相关经验，对根据所掌握的勘察资料，结合建（构）筑物结构设计要求，需选用安全、经济、适用的地基方案和地基处理方法，经对比多种地基处理形式，进行经济技术对比论证分析，认为采用先施工振冲碎石桩后进行强夯结合联合工艺为最佳地基处理方案。对比钢筋混凝土灌注桩基础，该地基处理设计方案节省造价约计 2500 万元。

社会效益：本工程为重点民生工程项目，项目在建设周期后的安全投产使用对改善首都的环境质量作用巨大。本工程顺利实施，目前本项目已交付使用近五年，运营效果良好，建筑位移及沉降观测均在预期范围内，得到了各方的一致肯定，为类似的深厚填土地基岩土工程勘察及地基处理项目提供了切实可靠的实例参考及工程经验。

武汉市东湖通道工程二标段岩土工程勘察实录

吴云刚　高振宇　官善友　戚　辉　周　森
（武汉市勘察设计有限公司，湖北武汉　430022）

1　工程概况

东湖通道北起武汉市二环线红庙立交，南止于虹景立交以北1.2km、喻家山北路以南0.5km处。沿线穿越东湖风景区的九女墩、汤菱湖、郭郑湖之间的沿湖路、湖心岛及其附近所在水域、然后沿鲁磨路穿越滨湖广场、磨山生态游园、再沿东湖北路经过大团山、喻家湖西侧。全长约10.6km，红线宽度30～55m，主线双向6车道。

其中我公司完成的东湖通道二标段勘察范围为湖心岛到磨山生态游园，该区域主要为东湖湖面，本标段工程全长约4.12km，以水下隧道为主，隧道结构总高度7.5m，净空4.5m，主线底板标高4.507～17.448m，拟采用填筑路堤明挖施工，隧道穿湖段按照覆土不小于2.5m来控制。武汉市东湖通道工程的地理位置详见图1[1]。

根据设计方案，依据《岩土工程勘察规范》GB 50021—2001（2009年版）[2]，本工程重要性等级为一级，场地复杂程度等级为二级，地基等级为一级，岩土工程勘察等级为甲级。

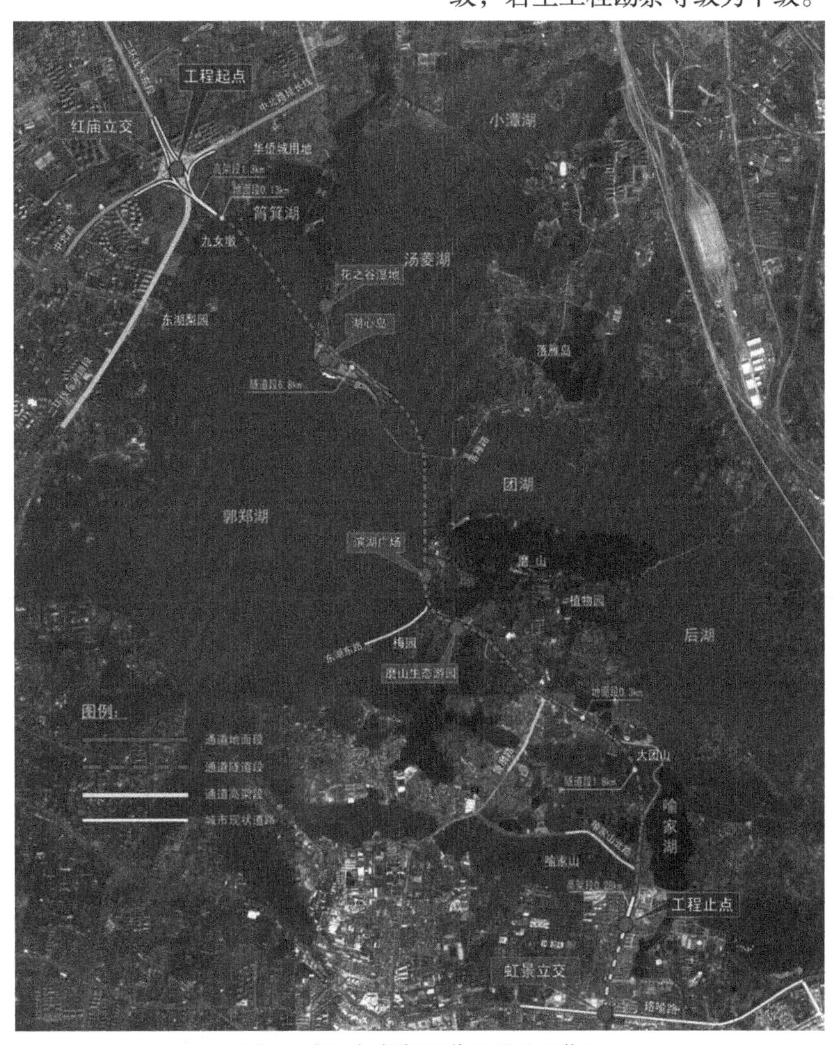

图1　武汉市东湖通道工程地理位置

性土层；第 3 单元层为第四系上更新统冲洪积老黏性土、黏土夹粉土、粉细砂、黏土含碎石等；第 4 单元层为强风化、中风化砂岩、泥岩。

2 勘察工作布置

本次勘察根据拟建东湖通道工程二标段特点及详勘技术要求，结合现行岩土工程勘察规范、规程进行，主线勘探点沿其中心线、二侧边线外侧距离约 10m 处布置；四条进出匝道的勘探孔则是沿匝道边线外侧距离约 10m 处布置，本次勘察共布置技术钻孔 443 个；另外根据东湖通道沿线地层构成情况，在软土区及软土—老黏性土过渡地段选择性地布置静力触探孔 46 个。

本项目勘察完成的主要工作量如下：

钻探孔 443 个，单孔进尺 25.5～42.6m，总进尺 15922.40m，其中湖中钻孔总进尺 13216.30m，陆地钻孔总进尺 2706.10m。

静力触探测试孔 46 个，单孔进尺 3.9～20.0m，总进尺约 600m，均为湖中测试孔。

取原状土样 861 件，取岩样 272 组，取水样 4组。

3 场地工程地质条件

东湖通道二标段场地地貌单元属东湖湖盆及磨山构造剥蚀堆积垄岗区，沿线东湖盆底及陆域地形起伏变化较大，标高在 16.06～29.48m。

项目位于汉口—葛店复背斜附近，背斜轴向近东西向，工程所在地未见大的构造形迹，也未见有全新活动断层。场地地层按成因年代及岩性自上而下可划分四个单元层：第 1 单元层为人工填土及淤泥层；第 2 单元层为第四系全新统一般黏性土层；第 3 单元层为第四系上更新统冲洪积老黏性土、黏土夹粉土、粉细砂、黏土含碎石等；第 4 单元层为强风化、中风化砂岩、泥岩。

场地第四系覆盖层下伏岩层为志留系（S）泥岩、砂岩，岩层顶面埋深在 1.00～23.30m，岩层倾角 60°～70°。

沿线场地根据环境条件可分为水域和和陆域；根据岩土构成可分为软土区、老黏性土区及软土—老黏性土过渡区。

地表水主要为东湖湖水，多年平均水位 19.58m ± 0.10m（1985 国家高程基准）之间，项目所在地点东湖湖底标高 16.06～19.11m（1985 国家高程基准），水深 0.60～3.50m，平均水深 2.29m。

主线里程 DHTDK1 + 700～4 + 280 覆盖层厚度 15～80m，为Ⅲ类建筑场地，场地土类型为软弱土，局部为中软土—中硬土，属抗震不利地段，应采取有效的地基加固措施，通道抗震设计应采取加强的抗震措施。主线里程 DHTDK4 + 280～5 + 822 覆盖层厚度 3～15m，为Ⅱ类建筑场地，场地土类型为中软土，局部为中硬土，属可进行建设的一般地段。

拟建场地地质构造稳定，无第四系全新统活动断层分布，场地下伏基岩为志留系（S）泥岩，属非可溶岩，因此场地不良地质作用不发育，场地及地基稳定性良好。

3.1 地层构成

据勘察揭露，场地地层按成因年代及岩性划分为五个不同的单元层，场地各岩土层的工程地质特征详见表 1。

场地地层及其特征表 表 1

地层编号及岩土名称	年代成因	层顶埋深/m	层厚/m	状态	包含物及特征
①$_1$ 杂填土	Q^{ml}	0～0.2	0.4～4.1	松散	由黏性土回填组成，混夹碎石及少量植物根须，陆地上部分路段表层为混凝土地坪厚约 0.20m。主要分布于场区陆地部分，局部分布于东湖水下地面
①$_2$ 素填土	Q^{ml}	0～2.0	0.2～5.3	松散（软塑—可塑）	由一般黏性土混夹少量碎石组成，结构松散杂乱。主要分布于场区陆域
①$_4$ 淤泥	Q^{l}	0～0.4	0.1～4.6	流塑	湖底新近沉积物，含有机质、具嗅味。分布于场地陆域局部地段和水域绝大部分地段
②$_1$ 黏土	Q_4^{al}	0～3.3	0.5～8.0	可塑	含铁锰氧化物、灰色黏土矿物条纹及少量有机质。为上部“硬壳层”，部分地段缺失
②$_2$ 淤泥质黏土	Q_4^{al}	0～9.5	0.2～9.5	流塑	含有机质，含螺壳及少量腐殖物。局部夹薄层粉土。主要分布于场地水域大部分地段及汤菱湖西北岸部分地段
②$_3$ 黏土	Q_4^{al}	0.2～9.5	0.5～4.9	可塑	含铁锰氧化物。主要为东湖水域部分地段分布
②$_{3a}$ 黏土	Q_4^{al}	4.0～8.0	0.5～5.3	可塑	含铁锰质氧化物。局部分布
②$_4$ 淤泥质黏土	Q_4^{al}	1.8～13.5	0.6～15.0	流塑	含有机质，含螺壳及少量腐殖物。局部夹薄层粉土。主要分布于场地水域大部分地段及汤菱湖西北岸部分地段

续表

地层编号及岩土名称	年代成因	层顶埋深/m	层厚/m	状态	包含物及特征
②$_{4a}$ 粉质黏土	Q_4^{al}	5.3～17.0	0.8～3.2	可塑	含铁锰质氧化物。为②$_4$层中的夹层，局部分布
②$_5$ 粉质黏土夹粉土	Q_4^{al}	0～20.5	0.5～10.7	可塑	含铁锰质氧化物，部分地段夹薄层中密状态粉土、稍密状态粉砂及角砾。局部分布
③$_1$ 黏土	Q_3^{al+pl}	0～20.4	0.6～11.0	可塑	含铁锰质氧化物。部分地段分布
③$_2$ 粉质黏土	Q_3^{al+pl}	0～21.7	0.5～17.5	硬塑	含铁锰质氧化物和高岭土团块局部层中夹少许角砾。部分地段分布
③$_{2a}$ 粉质黏土	Q_3^{al+pl}	3.0～11.5	0.9～10.6	可塑	含铁锰质氧化物和高岭土团块，粉粒含量较高。局部分布
③$_3$ 粉质黏土夹粉土	Q_3^{al+pl}	3.8～19.0	1.0～10.5	可塑	含铁锰质氧化物和高岭土，局部夹薄层中密状态粉土、稍密状态粉砂及角砾。局部分布
③$_{3a}$ 黏土夹粉土	Q_3^{al+pl}	11.5～16.3	2.3～2.9	可塑—软塑	含铁锰质氧化物和高岭土团块夹薄层中密状态粉土、稍密状态粉砂。局部分布
③$_4$ 粉细砂	Q_3^{al+pl}	16.6～20.2	0.3～3.9	松散—稍密	粉细砂为主，局部混中粗砂及圆砾、卵石。颗粒主要矿物成分为石英、长石。含黏性土成分，偶见氧化铁斑点。局部分布
④$_1$ 黏土含碎石	Q_3^{al+pl}	9.3～23.3	0.2～3.4	可塑—硬塑	含铁锰质氧化物和高岭土团块。碎石为石英砂岩，次棱角状，粒径 2～20mm 不等。含量约 30%。局部分布
⑩$_{a-1}$ 强风化粉砂质泥岩	S	1.0～25.0	0.4～7.7	坚硬	岩石多风化成土状，可见风化岩碎块。取芯率 85%左右。岩体基本质量等级为Ⅴ级。局部缺失
⑩$_{b-1}$ 强风化泥质粉砂岩	S	1.6～16.6	0.5～3.6	坚硬	岩石多风化成土状，可见风化岩碎块。取芯率 80%左右。岩体基本质量等级为Ⅴ级。局部分布
⑩$_{a-2}$ 中风化粉砂质泥岩	S	2.0～28.3	1.7～15.9	坚硬	岩石较完整，岩芯多呈短柱状，泥质夹砂状结构。块状构造。岩层倾角为 60°～70°。沿裂隙面上覆盖有氧化铁薄膜。岩石坚硬程度属极软岩，岩体完整程度较完整，岩体基本质量等级Ⅴ级。局部缺失
⑩$_{b-2}$ 中风化泥质粉砂岩	S	2.0～26.0	1.3～21.6	坚硬	岩石较完整，岩芯多呈短柱状，泥质砂状结构。块状构造。岩层倾角为 60°～70°。沿裂隙面上覆盖有氧化铁薄膜。岩石坚硬程度属较软岩，岩体完整程度较完整，岩体基本质量等级Ⅳ级。局部分布
⑩$_{a-3}$ 微风化粉砂质泥岩	S	9.6～38.1	2.1～21.7	坚硬	岩石较完整，岩芯多呈短柱状，泥质砂状结构。块状构造。岩层倾角为 60°～70°。裂隙发育。岩石坚硬程度属软岩—较软岩，岩体完整程度较完整，岩体基本质量等级Ⅳ级。局部缺失
⑩$_{b-3}$ 微风化泥质粉砂岩	S	11.2～37.3	1.8～26.1	坚硬	岩石较完整，岩芯多呈短柱状，泥质砂状结构。块状构造。岩层倾角为 60°～70°。沿裂隙面上覆盖有氧化铁薄膜。岩石坚硬程度属较软岩，岩体完整程度较完整，岩体基本质量等级Ⅳ级。局部分布
⑩$_{b-4}$ 中风化砂岩破碎带	S	8.0～24.0	3.0～22.0	坚硬	为构造破碎带产物。由岩体被网状构造裂隙分割成紧密排列的岩体碎块组成。局部分布

3.2 工程地质分区

在综合地貌、构造、岩性组合、土体成因类型、水文地质及工程地质条件因素的基础上，着重考虑影响各类建（构）筑物稳定的主要因素进行工程地质分区，拟建东湖通道二标段场地工程地质分区详见表 2。

武汉市东湖通道二标段工程地质分区　　表 2

分区名称	分区代号	工程地质及水文特征
软土区主线里程 DHTDK1 + 700～DHTDK 3 + 120	Ⅰ	主要位于宽广的东湖水域郭郑湖、汤菱湖过渡带中，其较小部分分布于东湖水域西北部陆域路段。地貌单元属东湖湖盆，沉积物主要为湖相沉积物。地基主要为深厚的淤泥及淤泥质软土，工程性质极其软弱。其顶部分布有一般黏性土“硬壳层”；厚层软土中局部含夹一般黏性土夹层，其底部也局部零星分布有一般黏性土层透镜体；局部地段隐伏的上更新统老黏性土、砂土层工程性质良好；下覆基岩为志留系砂质泥岩、泥质粉砂岩，工程性质良好。东湖水域中表层为东湖水底淤泥，陆域为人工杂填土和素填土，工程性质差。 该区中陆域地表的人工填土中含上层滞水，水量有限，易于疏排；黏性土地基渗透性小，透水性弱，可视为隔水层。下部局部隐伏的上更新统砂土中含黏性土成分，其中的孔隙水属微承压水；下覆基岩中的裂隙水水量极其有限，易于疏排

续表

分区名称	分区代号	工程地质及水文特征
软土-老黏性土过渡区主线里程 DHTDK3 + 120～DHTDK 4 + 410）	Ⅱ	位于软土区和老黏性土区的过渡地段，位于东湖水域郭郑湖中南部。地貌单元属软土—老黏性土二者地貌单元的过渡地。东湖通道基底位于厚度变化较大的淤泥、淤泥质软土（向南变薄并至尖灭）和埋深较浅的老黏性土、基岩中。 该区中的老黏性土局部存在弱膨胀潜势，遇水易膨胀且软化。 该区中的黏性土地基渗透性小，透水性弱，可视为隔水层。下覆基岩中的裂隙水水量极其有限，易于疏排
老黏性土区主线里程 DHTDK4 + 410～DHTDK 5 + 820	Ⅲ	主要位于东湖水域郭郑湖的东南部及南部陆域路段。地貌单元属构造剥蚀冲洪积坡地，朝东湖湖盆北倾。地基主要为上更新统老黏性土及下覆志留系基岩，层顶一般埋深较浅且起伏变化较大。老黏性土区表层局部分布有较薄的淤泥及淤泥质软土和厚薄变化较大的人工杂填土、素填土。老黏性土区东湖通道基底位于埋深较浅、工程性质良好的老黏性土及下覆基岩中。 老黏性土局部存在弱膨胀潜势，遇水易膨胀且软化。 该区中陆域地表的人工填土中含上层滞水，水量有限，易于疏排；该区中的黏性土地基渗透性小，透水性弱，可视为隔水层。下覆基岩中的裂隙水水量极其有限，易于疏排

3.3 场地地层的物理力学性质指标

本次勘察采用钻探取样、标准贯入试验、静力触探测试、室内土工试验、岩石试验等方法获取场地范围内地层的物理力学性质指标，并进行了分层统计，结果详见表 3。

承载力特征值、压缩模量综合建议值表[3] **表 3**

地层编号及岩土名称	土工试验		标准贯入试验		静力触探试验		饱和单轴抗压强度标准值	综合建议值	
	f_{ak}/kPa	E_{S1-2}/MPa	f_{ak}/kPa	E_{S1-2}/MPa	f_{ak}/kPa	E_{S1-2}/MPa	f_{rk}/MPa	f_{ak}/kPa	E_{S1-2}/MPa
②$_1$ 黏土	115	3.8	104	4.5	90	4.0		90	4.0
②$_2$ 淤泥质黏土	53	2.2	68	3.0	55	2.5		50	2.4
②$_3$ 黏土	108	4.3	110	4.8	105	4.7		105	4.5
②$_{3a}$ 黏土	184	9.7	175	7.5	140	6.1		150	6.5
②$_4$ 淤泥质黏土	62	2.4	77	3.4	70	3.2		60	2.8
②$_{4a}$ 粉质黏土	120	4.6	120	5.4	113	5.0		115	5.0
②$_5$ 粉质黏土夹粉土	160	4.8	125	5.5	105	4.7		115	5.0
③$_1$ 黏土	195	7.6	190	8.1	175	7.5		180	7.5
③$_2$ 粉质黏土	430	14.8	390	14.5	360	14.0		370	14.0
③$_{2a}$ 粉质黏土	200	7.0	145	6.3				160	6.5
③$_3$ 粉质黏土夹粉土	235	6.9	180	7.7				190	8.0
③$_{3a}$ 黏土夹粉土	110	3.4	105	4.5				105	4.0
③$_4$ 粉细砂			130	12.0				130	12.0
④$_1$ 黏土含碎石			510	17.5	370	14.0		380	16.5
⑩$_{a-1}$ 强风化粉砂质泥岩								$f_a = f_{ak} = 400$	$E_0 = 43.0$
⑩$_{b-1}$ 强风化泥质粉砂岩								$f_a = f_{ak} = 450$	$E_0 = 44.0$
⑩$_{a-2}$ 中风化粉砂质泥岩	$f_{rk} = 4.1$MPa						$f_{rk} = 4.1$	$f_a = 800$	
⑩$_{b-2}$ 中风化泥质粉砂岩	$f_{rk} = 23.5$MPa						$f_{rk} = 23.5$	$f_a = 2000$	

续表

地层编号及岩土名称	土工试验		标准贯入试验		静力触探试验		饱和单轴抗压强度标准值	综合建议值	
	f_{ak}/kPa	E_{S1-2}/MPa	f_{ak}/kPa	E_{S1-2}/MPa	f_{ak}/kPa	E_{S1-2}/MPa	f_{rk}/MPa	f_{ak}/kPa	E_{S1-2}/MPa
⑩$_{a-3}$ 微风化粉砂质泥岩	$f_{rk}=11.0$MPa						$f_{rk}=11.0$	$f_a=1800$	
⑩$_{b-3}$ 微风化泥质粉砂岩	$f_{rk}=25.0$MPa						$f_{rk}=25.0$	$f_a=2500$	
⑩$_{b-4}$ 中风化砂岩破碎带								$f_a=700$	$E_0=30.0$

3.4 底泥检测

为达到东湖通道工程开挖施工清淤及环保要求，须对现状东湖湖底底泥中有害物质进行检测。我公司在东湖水域中布置了12个取样点对淤泥重金属含量进行检测。检测结果详见表4，底泥污染层、过渡层、自然层的分布情况详见表5。

底泥重金属含量统计 表4

检测点	深度	含水率	汞 Hg	砷 As	铬 Cr	镉 Cd	铅 Pb	铜 Cu	锌 Zn	镍 Ni
	m	%	mg/kg	mg/kg	mg/kg	mg/kg	mg/kg	mg/kg	mg/kg	mg/kg
WD1-1	0.10	70.6	0.082	12.3	63.6	0.15	27.4	31.2	88.8	49.6
WD2-1	0.15	64.8	0.065	9.8	79.4	0.10	30.2	34.4	84.3	43.6
WD4-1	0.15	64.1	0.076	11.5	83.4	0.14	36.1	34.1	110.0	48.0
WD5-1	0.20	57.7	0.073	11.9	85.3	0.13	38.0	36.6	94.5	47.6
WD6-1	0.25	52.1	0.086	13.4	53.8	0.16	36.1	38.4	84.8	50.4
WD8-1	0.20	64.8	0.054	9.3	82.4	0.09	36.3	37.6	99.7	41.5
WD9-1	0.20	64.1	0.066	9.5	48.1	0.10	31.3	32.4	82.4	39.3
WD10-1	0.15	65.7	0.075	10.9	69.3	0.13	54.3	33.5	139.0	46.5
WD12-1	0.10	52.1	0.059	8.3	74.2	0.08	32.5	28.3	129.0	38.5
WD2-2	0.25	65.8	0.058	9.4	73.5	0.08	28.6	32.0	83.4	41.4
WD3-2	0.25	67.8	0.073	10.3	72.2	0.11	27.4	29.7	73.4	45.8
WD4-2	0.25	65.7	0.072	10.9	73.8	0.12	28.8	29.3	87.3	45.9
WD6-2	0.40	58.8	0.080	12.1	47.5	0.14	33.6	30.1	72.3	48.4
WD7-2	0.30	70.6	0.058	8.6	76.1	0.08	33.6	35.4	105.0	40.6
WD8-2	0.30	67.8	0.050	8.4	72.4	0.08	33.4	34.3	91.9	38.2
WD10-2	0.25	65.8	0.070	9.8	60.7	0.11	51.9	29.4	134.0	43.2
WD11-2	0.25	57.7	0.082	11.4	67.3	0.14	31.8	28.0	138.0	47.7
WD12-2	0.30	58.8	0.047	8.0	66.3	0.06	28.8	20.6	104.0	36.4

底泥污染层、过渡层、自然层埋藏分布特征 表5

土壤分层编号及名称	层面埋深/m	层厚范围/m	层面标高范围/m
①污染层	0	0.5～1.3	16.67～19.11
②过渡层	0.5～1.3	0.5～1.2	15.37～18.61
③自然层	1～2.5	0.7～2.2	14.17～18.11

4 场地水文地质条件

4.1 地表水

拟建场地位于东湖湖区，场地地表水主要为

现状东湖。勘察期间的水位在 19.58m±0.10m 波动（1985 国家高程基准）。勘察期间测量结果，东湖湖底标高在 16.06～19.11m（1985 国家高程基准）之间，水深 0.60～3.50m，平均水深 2.29m。

4.2 地下水

在勘探深度范围内拟建场地地下水类型可分为上层滞水、孔隙微承压水、基岩裂隙水三种类型。

上层滞水主要赋存于①层人工填土层中，无自由水面，水量有限且不稳定，基础工程中易于疏导和排除。勘察期间其水位在 0.20～1.85m。

孔隙微承压水主要赋存于场地内覆盖层底部的上更新统砂土层中，随其含水层零星分布于场地覆盖层底部，埋藏深，对本工程影响不大。

基岩裂隙水主要赋存于志留系的风化粉砂质泥岩、泥质粉砂岩构造裂隙中，总体来说水量贫乏，基础工程中易于疏导和排除。

5 岩土工程分析与评价

5.1 东湖通道地基及基础工程的分析评价

东湖通道二标段部分基底位于软土区，区内广泛分布的$①_4$层淤泥及$②_2$、$②_4$层淤泥质黏土，呈现饱和、流塑状态，高压缩性，抗剪强度低、无侧限抗压强度低等不良工程地质特性。作为东湖通道地基必须进行加固改良，作为基坑侧壁土，其自稳性能极差，须重点支护。

$②_1$、$②_3$、$②_{3a}$、$②_{4a}$、$②_5$层一般黏性土，工程性质一般，作为上部“硬壳层”，因受其下深厚的淤泥及淤泥质软土的影响，其自稳性也难以得到保证，必须在基坑工程中加强支护。作为东湖通道地基也宜进行适当的加固改良处理。

场地老黏性土区也有广泛分布的$③_1$～$④_1$层老黏性土及下伏⑩单元层基岩，地基承载力均较高，工程性质均较好或良好，能满足通道对地基承载力和变形稳定性要求。作为东湖通道基坑侧壁岩土层，应根据东湖通道基坑的深度采取适宜的支护结构体予以支护。

5.2 地表水的影响

勘察期间，东湖通道二标段湖水面标高在 19.48～19.68m 波动，水深在 0.60～3.50m，水底标高在 16.06～19.11m。东湖通道工程施工必须采取隔水措施保证施工顺利进行，建议采用围堰明挖法施工。

5.3 岩土的透水性

人工填土层贮存上层滞水，且具有一定程度的透水性，但水量有限，基坑工程中易于疏排；通道场地基岩上的覆盖层为黏性土层，渗透系数均很小，可视为隔水层；风化基岩内的裂隙水及局部分布的$③_4$层砂土中的孔隙水（具有微承压性），水量均极其有限，也易于疏排。

5.4 抗浮水位

东湖通道开挖范围内为渗透性小的黏性土，可视为不透水的隔水层。基坑肥槽回填施工可能未能达到预期效果，将对通道产生浮力。当考虑地下水浮力对通道的不利影响时，建议分段取抗浮设计水位：陆域部分抗浮设计水位建议取设计地面标高：水域部分抗浮设计水位建议取东湖水域内最高水位。

6 地基基础设计施工措施建议

软土区内东湖通道及其四条进出匝道基底位于深厚的淤泥及淤泥质软土中，可塑状态的一般黏性土穿插其中，因此地基很不均匀，对地基必须加固改良。建议软土层采取高压注浆（旋喷）方式加固改良形成复合地基。

老黏性土区内广泛分布的老黏性土及其下覆风化基岩工程性质良好，可充分利用作为东湖通道的天然地基。

鉴于软土区与老黏性土区过渡地段软土、老黏性土地基之间的地基的不均匀性表现极为显著，为降低地基的不均匀变形，在对软土地基进行加固改良的基础上，建议从过渡地段开始包括对已经加固改良的软土区复合地基上铺设一定厚度的褥垫层缓解过渡地段二者之间的变形差异性过大的不良性状，同时也可作为对复合地基中加固桩体顶部的保护。

7 基坑边坡工程的设计施工措施建议

7.1 围堰明挖法建议

建议将修建的围堰隔水堤坝兼作施工便道。

围堰堤坝内应采用高压注浆（旋喷）方式加固改良形成隔渗墙体，隔渗墙体进入自然地面以下深度宜为 2.0 倍围堰高度。迎水面坡面应采用块石砌体，坡角建议 1：1.00～1：1.50。

7.2 软土区边坡工程的设计施工措施

软土区隧道开挖最大深度约 18m，该区内深厚的淤泥及淤泥质软土作为通道基坑侧壁土层必须重点支护。基坑侧壁以流塑状的$②_2$及$②_4$层淤泥质黏土为主。软土区基坑工程重要性等级为一级。建议该区段支护措施采用刚度及隔渗性能良好的地下连续墙加水平支撑支护体系，支护结构嵌入底部基岩深度宜为 1.0m。地下连续墙可兼作通道侧面墙体。

7.3 老黏土区边坡工程的设计施工措施

老黏性土区隧道基坑开挖深度 6.8～15.0m，基坑侧壁以Q_3老黏土和基岩为主，工程地质条件相对较好，基坑周边环境亦不十分复杂，基坑工程重要性等级为二级。由于该区段大部分位于陆地，老黏土和基岩作为基坑侧壁岩土，应充分利用其自稳性能较好的特点，进行边坡支护与止水。可根据东湖通道基底埋深及基坑深度的变化，采用不同的支护体系。为尽量减少对东湖风景区环境的破坏，基坑不宜采用大面积放坡开挖的方式开挖。支护方式可比较选择钻孔灌注桩加水平支撑支护体系和地下连续墙支护体系，前者对于局部分布的桩间软土建议采用搅拌桩加固。

7.4 过渡地段边坡工程的设计施工措施

软土—老黏性土区隧道基坑开挖深度为 15.0～16.5m，分布有流塑状的淤泥及淤泥质软土，可塑状的一般黏性土和可—硬塑状的老黏性土，基坑侧壁土层较为复杂，基坑工程重要性等级宜为一级。建议该区段支护措施采用刚度及隔渗性能较好的地下连续墙加水平支撑支护体系，支护结构嵌入底部基岩深度宜为 1.0m。

8 其他建议

8.1 软弱地基的加固改良

东湖通道部分路段基底坐于分布广泛$①_4$层淤泥及$②_2$、$②_4$层淤泥质黏土中，地基工程性质极其软弱，建议采用高压注浆（旋喷）进行加固处理。其顶部硬壳层$②_1$层及其中局部分布的$②_3$、$②_{3a}$、$②_{4a}$、$②_5$层一般黏性土夹层，工程性质一般，作为东湖通道地基也宜同步处理。

场地沿线亦有分布广泛的$③_1$～$④_1$层老黏性土及下伏⑩单元层基岩，地基承载力均较高，工程性质均较好或良好，能满足通道对地基承载力和变形稳定性要求。

软土—老黏性土区交界地段在对软土加固处理后，形成的整个复合地基及过渡地带建议设置褥垫层以缓解地基不均匀沉降。

8.2 通道工程宜分段设计及施工

东湖通道工程拟采用围堰明挖施工法，围堰中应设置高压注浆（旋喷）隔渗墙隔水。二标段基坑应根据开挖深度及侧壁土层的岩土工程条件分段采取不同的支护手段：对于老黏性土区建议比较选择钻孔灌注桩桩排加水平支撑支护体系和地下连续墙加水平支撑支护体系；对于软土区及软土—老黏性土区则建议采用刚度及隔渗性能良好的地下连续墙加水平支撑体系。

东湖通道工程抗浮也可分段采用不同的形式：对于老黏性土区可比较选用抗拔锚杆桩和钻孔灌注桩；对于软土区及软土—老黏性土区则建议采用钻孔灌注桩以起到承载及抗浮双重工效。

在东湖通道工程中，宜根据不同的开挖深度、地质条件和周边环境不同采取分段，分若干较小规模和长度的工段进行设计施工，以便及时发现问题及时处理，及时总结工作经验。

基坑施工时应对基坑和基坑周边地面、建筑物和地下设施进行变形监测。当变形超过规范要求时应采取措施进行加固和治理，基坑及周边建筑物设施的变形应控制在规范规定的范围内。

9 难点和解决方案

9.1 工程地质分区定量标准的建立

东湖通道二标段穿越三个工程地质分区：软土区、软土—老黏性土过渡区及老黏性土区。不同分区对应不同的设计及施工方案，建立各工程地质分区的量化标准，可根据钻孔地层及室内土工试验等成果快速确定工程地质分区，便于设计方案和施工方案的制定和实施。结合地区经验及设计施工的常规做法，软土区按照软土叠加厚度大于 3m 确定；老黏性土区按照软土叠加厚度小于1m且软土之下为老黏性土为主要判定特征，软土叠加厚度介于1～3m区域为过渡区。

9.2 工程地质分区界限的确定

在钻探取样、室内土工试验的基础上，采用静力触探，在各区界限附近加密静探测试孔，并准确记录各测试孔的坐标，根据测试结果，快速准确地划分出各分区的界限。经后期施工开挖验证，采用该手段较为合理。

10 成果效益

根据我公司对建设场地的岩土工程分析评价，设计单位依据工程地质分区，对勘察中重点提及的问题进行有针对性的设计，施工过程依据工程地质分区，及时调整施工方案，保证工程顺利进行，同时将不必要的风险降到最低。

充分运用工程地质分区可为建设单位提供科学的建设方案，降低建设成本，减少工程风险，提高工程建设的质量和效率，为建设单位创造更大的经济和社会效益。

参考文献

[1] 武汉市勘察设计有限公司. 武汉市东湖通道工程二标段岩土工程勘察报告[R]. 武汉：武汉市勘察设计有限公司.

[2] 建设部. 岩土工程勘察规范(2009 年版): GB 50021—2001[S]. 北京：中国建筑工业出版社, 2009.

[3] 湖北省住房和城乡建设厅. 岩土工程勘察规程：DB42/T 169—2022[S]. 武汉: 2022.

重庆东水门大桥·千厮门大桥·渝中连接隧道详细勘察实录

陈翰新　冯永能　任亚飞　侯大伟　王　锐
（重庆市勘测院，重庆　401121）

1　工程概况

重庆东水门大桥·千厮门大桥·渝中连接隧道连通两江三区四岸（图 1），全长 3.24km，东水门大桥连接南岸区和渝中区，千厮门大桥连接渝中区和江北区。国务院批准的《重庆市城乡总体规划（2007—2020）》中将两江大桥及渝中连接隧道纳入重要城市道路建设中，重庆市发展改革委于 2009 年 11 月对两江大桥及渝中连接隧道工程可行性研究报告进行了批复。

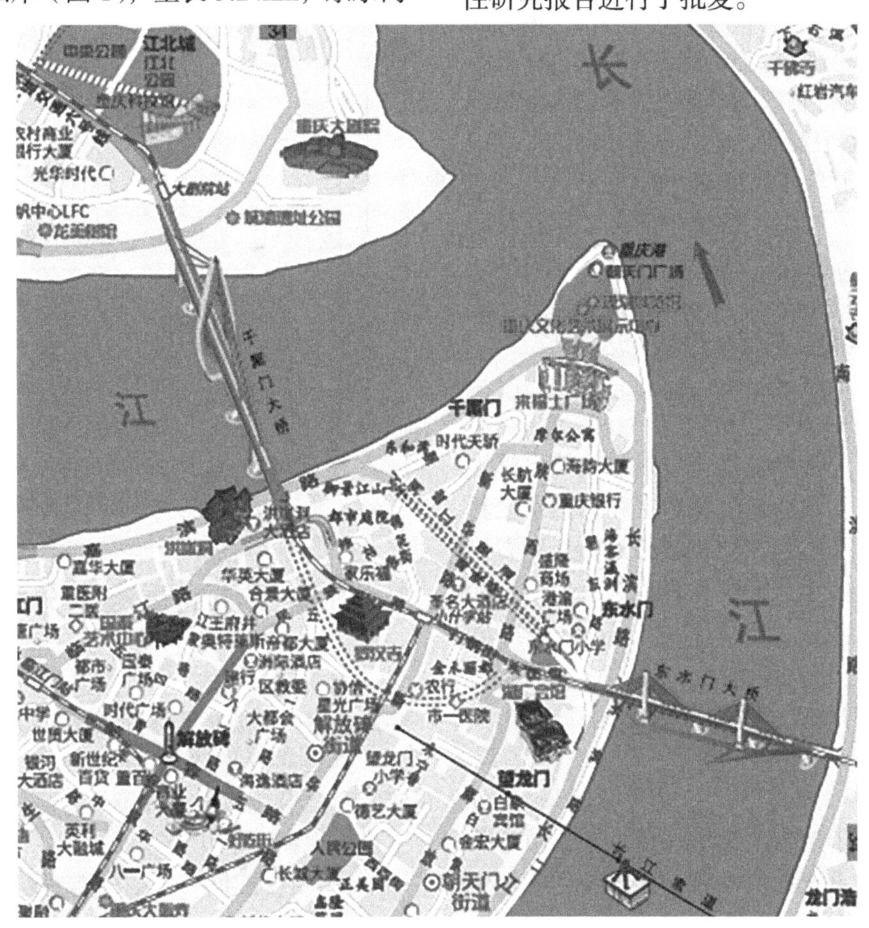

图 1　拟建项目位置分布图

两座大桥均为“公路＋轨道”共有模式，均为世界上最大跨度的公轨两用单索面斜拉桥。本项目跨域长江、嘉陵江及渝中半岛，沿线地质条件十分复杂；渝中连接隧道穿越地下空间关系异常复杂的主城核心区，地表及地下建（构）筑物规模庞大，地下管线种类繁多且分布密集。本项目为重庆市首个同时跨越长江、嘉陵江及主城核心区的市级重点项目，紧贴成渝十大文旅文化新地标之一的“洪崖洞风景旅游区”，周边环境复杂程度为世界罕见。

获奖项目：2021 年度重庆市优秀工程勘察设计奖岩土工程勘察类一等奖，2021 年度工程勘察、建筑设计行业和市政公用工程优秀勘察设计奖一等奖。

2 岩土工程条件

2.1 地形地貌

东水门大桥：拟建大桥位于长江右岸，为长江河谷及河谷漫滩地貌。河床高程 146～160m，地面高程 163～168m，相对切割深度 20m 左右。

隧道连接线隧道段：根据调查分析，拟建工程场地地貌单元分别为长江冲积阶地地貌和构造剥蚀浅丘地貌。里程 K13 + 792～K13 + 980 段属长江冲积阶地地貌，其他段场地属构造剥蚀浅丘地貌。长江冲积阶地地貌：地面高程 227～236m，地形平坦，阶面一般残留卵石土。基岩面高程 223～235m，倾向长江。构造剥蚀浅丘地貌：地面高程 210～257m，最高点里程桩号 K14 + 010，最大高差约 50m，一般相对高差 5～10m。地形总体呈南北低，中部高的特征。南北两侧 K13 + 980、K14 + 505 为地形突变点，地形高差 10～20m。中部地形平缓，地形总体坡角 3°～8°。

千厮门大桥：拟建大桥位于嘉陵江河谷及河谷漫滩上。河床高程 152～162m，地面高程 166～172m，相对高差 20m 左右，大桥桥台处地形起伏较大，坡度 5°～30°，局部陡崖坡度达 70°。

2.2 地层岩性

经地面调查和钻探揭露，拟建墩位处出露地层为侏罗系中统沙溪庙组沉积岩层和第四系全新统松散土层。表层主要为第四系人工填土、卵石土及河流冲积层卵石土；下伏基岩为侏罗系中统沙溪庙组陆相沉积岩层，主要岩性可划分为砂岩、砂质泥岩。根据岩土特性可划分为人工填土、卵石土及河流冲积层卵石土、砂岩、砂质泥岩。

2.3 地质构造

拟建场地位于川东南弧形地带，华蓥山帚状褶皱束东南部之重庆向斜两翼，区内无区域性断层通过，构造条件简单（图 2）。

东水门大桥岩层产状为：倾向 290°，倾角 18°。主要发育两组构造裂隙：J1：产状为 40°∠70°～80°；J2：330°∠70°～85°，裂隙面平直闭合，局部有方解石充填，裂缝宽 1～10mm，深度上有一定延伸，一般密度约 1 条/2m，为共轭“X”裂隙。结合差，属硬性结构面。

隧道连接线区域岩层呈单斜状产出，其倾向 250°～300°，倾角 5°～10°。据野外调查、实测 D4 洞室之内的裂隙发育特征，场地基岩中主要发育以下两组裂隙：J1：倾向 15°～35°，倾角 70°～80°，张性，裂隙面一般平直，宽度 3～5mm，有黏性土充填，裂隙间距 1～5m 不等，延伸一般 3～5m，最大延伸长度大于 10m，结合差。J2：倾向 290°～310°，倾角 70°～80°，压扭性，裂隙面较直，宽 2～4mm，局部充填物黏土，延伸 2～5m，裂隙间距 1～5m 不等，结合差。

千厮门大桥江北区一带位于向斜西翼，整体岩层产状：倾向 110°～120°，倾角 16°～20°。主要发育两组构造裂隙：J1：265°～285°∠65°～75°，J2：200°～210°∠70°～80°。J1 延伸 3～8m，一般闭合，舒缓波状，局部偶见翻转现象，间距 0.5～1.5m，偶见钙质充填，结合差，属硬性结构面；J2 延伸 2～8m，一般闭合—微张，平直，间距 0.5～1.5m，偶见泥质充填，结合差，属硬性结构面。

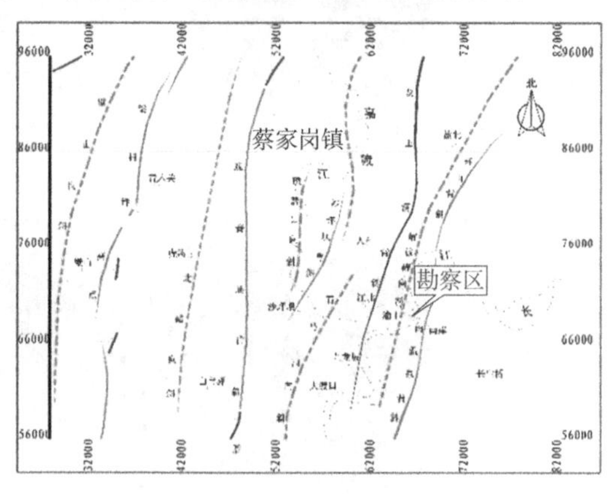

图 2　勘察区构造纲要图

3 勘察工作的重难点分析

本项目为重庆“十二五”期间十大重点项目，穿越重庆母城地下空间关系最复杂的核心商业区，为最靠近长江与嘉陵江交汇处的跨区城市快速通道，沿线地质条件及周边环境条件十分复杂，主要体现在以下几个方面：

1）项目规模大、结构类型复杂

本项目包含两座跨江大桥（千厮门大桥跨域嘉陵江、东水门大桥跨域长江）、一座长隧道（渝中连接隧道）、若干匝道等，沿线涉及暗挖隧道、深基坑、高边坡、桥梁等多种结构类型，施工工艺复杂，需通过钻探新技术准确查明江底岩土层分布及提供设计所需的岩土设计参数。

2）地貌单元多，地质条件复杂

本项目同时跨越长江河谷、嘉陵江河谷，穿越渝中半岛，含深切河床、河谷岸坡、三峡库区消落带、陡坡地带等多种微地貌单元，同时还分布有危岩带、滑坡、地下硐室等不良地质现象，需要解决深切河床位置、危岩带分布、滑坡稳定性、地下硐室具体空间位置等关键问题。

3）周边环境复杂，对工程建设敏感

本项目隧道段局部紧邻拟建轨道交通 6 号线区间隧道及车站，沿线地上建筑、管网及人防硐室交叉分布，工程区域内地表修建有复星国际（44 层/−4 层）、龙门浩房管所（13 层/−1 层）、农行重庆市分行（3～28 层）、万吉广场（13 层/−1 层）、华夏银行（14 层/−1 层）、沧白大厦主楼（28 层/−1 层）、金禾丽都（30 层/−4 层）等高层及超高层建筑，其规模大，分布密集，需详细查明基础结构形式、埋深情况，其中沧白大厦主楼桩基础侵入隧道内，对隧道设计及相关安全评价至关重要。

4　勘察方案的布置与实施

本项目紧邻嘉陵江与长江交汇处、下穿主城核心区，沿线的地质条件及周边环境异常复杂，勘察的重点是查清沿线重要建构筑物的基础形式及两江交汇处异常复杂的江底地质情况，为桥墩、桥台及隧道线型的选取提供重要的基础支撑资料。针对该项目的特殊性，我院组织专家团队及技术骨干多次现场踏勘，反复讨论、研究，最终形成了针对性的勘察方案。

4.1　勘察方法及工作量布置

由于本项目地质条件与周边环境异常复杂，位于主城区部分建筑及管网密集分布，针对以上复杂的施工条件，勘察工作主要采用钻探、地质雷达、瞬变电磁法、原位测试、数值分析、三维激光扫描、分层止水、分层抽水、分层压水等方法和手段，勘察工作布置前充分利用我院开发的重庆市工程地质信息系统，调取沿线相关历史勘察成果数据，减少钻探工作量，降低钻探风险。

勘察过程中与设计积极沟通，方案不断优化调整，勘察工作一共分为 12 次实施，野外时间为 2008 年 5 月—2013 年 5 月。本次项目共施工机械钻孔 209 个、完成机械钻探进尺 6549.43m，外业完成的主要勘察实物工作量详见勘探工作量表 1。

勘探工作量一览表　　表 1

项目名称	机械钻孔/（m/孔）	利用钻孔/（m/孔）	动力触探/（m/孔）	声波/孔	剪切波/孔	抽水试验/孔	压水试验/（段/孔）	土样	岩样/组	水样/组	1：1000 工程地质测绘/km^2
合计	6549.43/209	727.77/30	54.4/8	38	18	18	6/3	5	329	14	1.5

4.2　勘察工作的实施

针对本项目极其复杂的工程地质条件，勘察工作过程中经过严密的技术设计，采用了多项先进技术，并以项目为依托，积极开展技术革新和科研，取得了丰富成果。

（1）自主研发的工程地质信息系统解决老城区钻探难题。

利用自主研发的重庆主城区工程地质信息数据库，调取项目区相关历史勘察成果数据（图 3），包括基础地理信息、钻孔、剖面、地质图、地质灾害、岩土测试、文档报告等工程勘察资料，节约了大量的地质调查及钻探成本，同时也大大减少了钻探的风险与环境影响。

（2）自主研发的“无人测量船集成系统”提供精确的水下地形图（图 4）

本项目处于两江交汇核心区域，桥梁设计、施工要求准确、现势性强的水下地形图；传统水下地形测量平面与高程测量不同步，测量工作效率低、地形精度不高且后期数据处理繁琐。

采用基于 CQCORS 系统的网络技术与中海达 HD-370 测深仪组合固定在船体相应位置，通过数据通信链，利用计算机实时记录、存储观测数据，自主集成水下地形测量系统。自主集成系统实现高程和平面数据同步采集，实时传输并自动绘图，效率与精度高，为设计、施工提供了准确、可靠的水下地形资料。

（3）自主研发的磁平行测井技术用于查明沿线复杂地下建构筑物基础

本项目隧道段顶部建筑密集，施工对顶部建（构）筑物基础影响极大。本项目采用地质雷达、高密度电法、地震映像等方法在地表布置测线探测建构筑物基础平面位置；采用磁平行测井探测法探测建（构）筑基础深度。通过地表物探测线与钻孔磁平行测线相结合的综合物探方法，达到了探测建（构）筑物基础空间位置的目的。其中成功探测出了沧白大厦主楼基础（基底标高 228.20m）底部侵入隧道内，成功避免了隧道施工导致上部超高层建筑物造成垮塌的重大安全事故，有效规避了强烈的社会不良影响。

图 3　重庆市主城区工程地质数据库界面

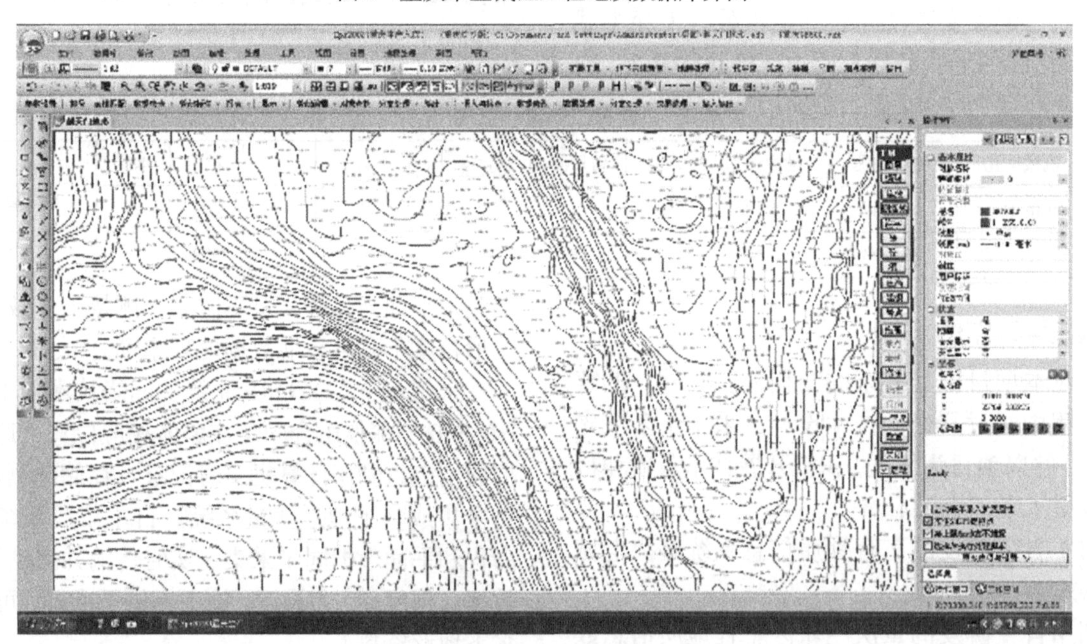

图 4　水下地形图

（4）利用三维激光扫描技术准确查明危岩及卸荷裂隙空间特征

运用三维激光扫描技术对隧址区的危岩带进行整体扫描，成功地查明了危岩的破坏模式及卸荷裂隙的空间分布特征，对其变形破坏模式、应力应变状态及稳定性进行定性、定量分析，对危岩的治理提出针对性的措施建议，保证了后期大桥结构运营期间的安全。

（5）复杂水域工程钻探施工的关键技术研究

水上钻探的主要工艺流程为：钻探船的拼装→定位抛锚→钻孔定位→下保护套管→钻孔（试验）→封孔→起保护套管→起锚→钻探船移位，为了解决关键问题钻探船定位抛锚和下入保护套管，我院专门在《山地城市岩土工程综合勘察技术理论与实践》中对其进行阐述，为后续重庆长江、嘉陵江水上施工进行了有力指导。

5 岩土工程分析与评价

本项目的重难点是查明嘉陵江、长江江底及两岸复杂的地质情况及隧道开挖对沿线建构筑物的影响分析，结合钻探、物探、测量成果再进行综合分析评价。

1）抽、压水试验成果分析

首次在重庆长江、嘉陵江流域采用“套管＋海带＋高分子聚合物”的方式进行分层止水、抽水试验，准确地为设计、施工提供围堰设计参数。

2）岩土体设计参数

通过室内岩、土体物理力学试验及原位测试成果，根据现行国家标准《公路桥涵地基与基础设计规范》JTGD 63—2007、《建筑边坡工程技术规范》GB 50330—2013 及《工程地质勘察规范》DBJ 50—043—2005 等查表，再结合重庆地区经验，得出岩、土体设计参数，详见表 4。

分层抽水试验成果统计表 **表 2**

	部位	钻孔编号	地层岩性	渗透系数/（m/d）
东水门大桥	南辅助墩区	DSM9	砂岩	0.059
	南辅助墩区	DSM11	砂岩	0.048
	P2 主墩区	DXK1	填土	5.53
	P2 主墩区	DXK1	卵石层	12.00
	P2 主墩区	DXK1	砂岩	0.094
	P3 主墩区	QP3-1	填土	5.25
	P3 主墩区	QP3-1	卵石层	12.56
千厮门大桥	P1 主桥墩区	QSM8	填土	7.22
	P1 主桥墩区	QSM10	填土	6.85
	P2 主桥墩区	QXK1	砂岩	0.128
	P2 主桥墩区	QXK9	砂岩	0.136
	P3 主桥墩区	QSM11	填土	6.12
	P3 主桥墩区	QSM11	卵石层	12.96
	P3 主桥墩区	QSM11	砂岩	0.152

隧道段压水试验成果统计表 **表 3**

钻孔编号	试验段		单位流量Q/（/L/min）	单位透水率q/L_U	渗透系数k/（m/d）
	起点	终点			
ZK22	31.20	35.20	19.60	7.52	0.077
	36.00	40.00	20.20	7.21	0.074
ZK31	22.50	25.20	0.35	0.23	0.102
	32.67	36.80	0.44	0.16	0.102
ZK35	18.80	23.00	2.80	1.26	0.013
	23.30	27.50	1.00	0.41	0.104

岩、土体设计参数建议表 **表 4**

<table>
<tr><th colspan="2">岩土参数</th><th>填土</th><th>粉质黏土</th><th>卵石土</th><th>砂质泥岩</th><th>砂岩</th><th>结构面</th><th>岩体界面</th></tr>
<tr><td colspan="2">重度/（kN/m³）</td><td>21.0</td><td>20.0</td><td>20.0</td><td>25.9</td><td>25.2</td><td></td><td></td></tr>
<tr><td colspan="2">黏聚力/kPa</td><td rowspan="2">30.0（综合）</td><td>20</td><td rowspan="2">35.0（综合）</td><td>988</td><td>2024</td><td>50</td><td>20</td></tr>
<tr><td colspan="2">内摩擦角/°</td><td>15</td><td>34.0</td><td>41.7</td><td>18</td><td>9</td></tr>
<tr><td colspan="2">岩体破裂角/°</td><td></td><td></td><td></td><td>62.0</td><td>65.8</td><td></td><td></td></tr>
<tr><td colspan="2">地基承载力基本容许值[f_{a0}]/kPa</td><td>100</td><td>130</td><td>500</td><td>1100</td><td>2500</td><td></td><td></td></tr>
<tr><td rowspan="2">抗压强度/MPa</td><td>天然</td><td></td><td></td><td></td><td>14.5</td><td>34.5</td><td></td><td></td></tr>
<tr><td>饱和</td><td></td><td></td><td></td><td>9.0</td><td>25.4</td><td></td><td></td></tr>
</table>

续表

岩土参数	填土	粉质黏土	卵石土	砂质泥岩	砂岩	结构面	岩体界面
抗拉强度/kPa				249	527		
变形模量/MPa				1325	2908		
弹性模量/MPa				1655	3488		
泊松比				0.36	0.13		
砂浆与岩石的粘结强度/MPa				0.20	0.35		
基底摩擦系数	0.30	0.35	0.40	0.40	0.55		
弹性抗力系数/（MPa/m）				150	500		
水平抗力系数的比例系数/（MN/m⁴）	15	12	75				
桩的极限侧阻力标准值/kPa	20	15	50				

3）土体稳定性分析评价

千厮门大桥 P1 主桥墩岩土分界面坡角达 14°～32°，倾角大，若承台基坑开挖过深，上部土体可能沿岩土界面产生滑移。为了进一步分析边坡的稳定性，选取剖面Ⅰ-Ⅰ′按《建筑边坡工程技术规范》GB 50330—2013 第 5.3 条计算其稳定安全系数。验算时按暴雨工况考虑，同时考虑动水压力（图 5）。计算参数：重度$\gamma = 20\text{kN/m}^3$，$c = 20\text{kPa}$，$\varphi = 9°$。计算结果见表 5。

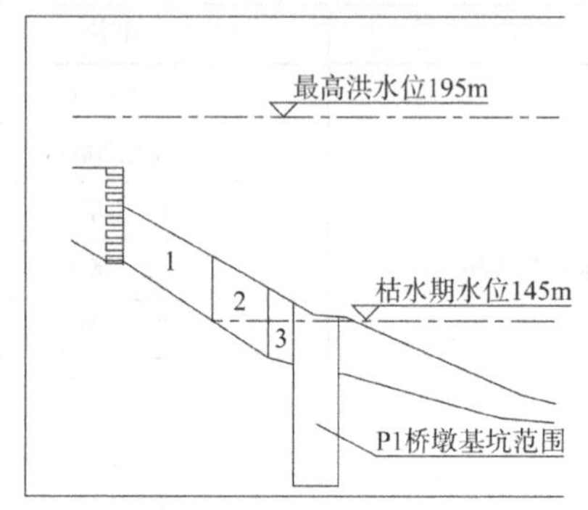

图 5　稳定性验算示意图

暴雨工况Ⅰ-Ⅰ′剖面斜坡稳定性计算表　　表 5

块段编号	重度γ/（kN/m³）	水上单块体积 V_i/m³	水下单块体积 V_i/m³	重量 W_i/kN	滑面长 C_i/m	滑面倾角θ/°	黏聚力 c/kPa	内摩擦角φ/°	抗滑力 R_i/kN	剩余下滑力 T_i/kN	传递系数	稳定系数 K
1	20	91.81		1836.2	14.08	32	20	9	556.17	973.04	1.00	0.57
2	20	45.98	17.52	1094.8	8.65	32	20	9	891.85	1564.73	0.90	0.57
3	20	10.78	17.34	389.0	3.41	14	20	9	933.95	1511.48		0.62

验算结果表明：当承台基坑切穿岩土界面时，上部土层的稳定性系数K为 0.62，小于边坡的安全系数 1，若直立开挖桥墩基坑，则上部土体将沿岩土界面滑移，边坡不稳定。建议承台基础浅埋，尽可能提高承台底标高以减少对岸坡的切挖；若承台基础切穿岩土界面，则应设置桩板挡墙以支挡上部土体。

4）物探成果对主桥墩位置选取分析

两座跨江大桥分别位于长江与嘉陵江，受地质构造及河流冲刷影响，该段江面地质条件极为复杂，局部可能存在着断层、深沟及错落体的现象，主桥墩的桥位选址应尽量避免这些不利地段。为了详细查明该段水下复杂地质情况，我院采用地质雷达、瞬变电磁法结合钻探等工艺，查明江底无断层通过，对两桥选址无影响；查明了河床覆盖层分布情况，分析了河床主槽变迁规律，为评价桥墩冲刷等问题提供准确水文资料。东水门长江大桥与千厮门嘉陵江大桥瞬变电磁法勘探剖面图分别如图 6 和图 7 所示。

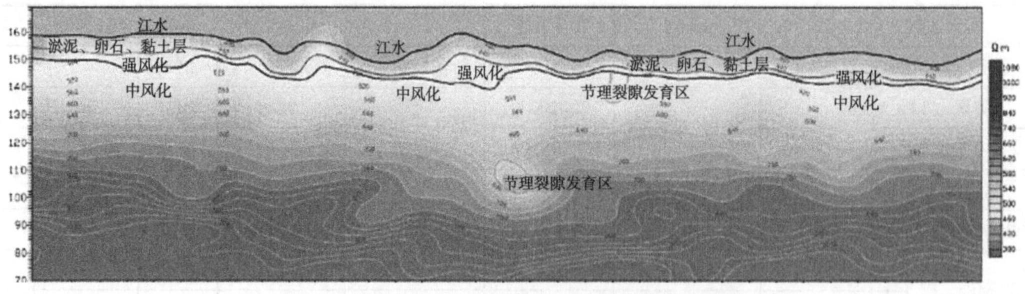

图 6　东水门长江大桥瞬变电磁法勘探剖面图

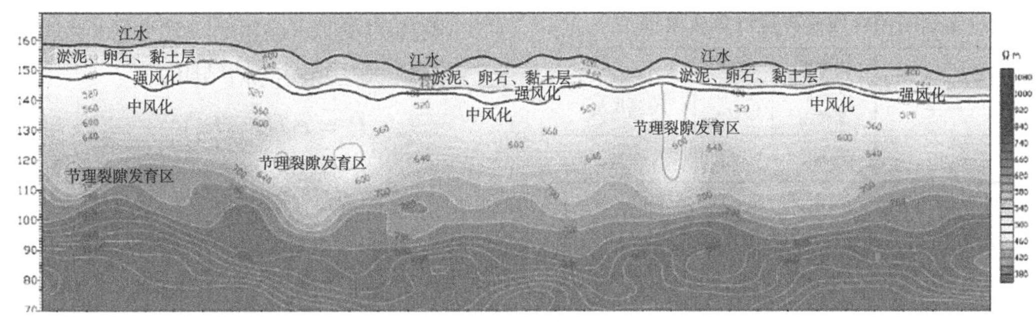

图 7　千厮门嘉陵江大桥瞬变电磁法勘探剖面图

5）隧道施工对上部建筑物的影响评价

本项目拟建隧道对上部建筑影响岩土计算书主要涉及以下计算公式：

（1）根据《建筑地基基础设计规范》DBJ 50—047—2006 第 5.3.8 条相关内容进行洞室地基抗冲切承载力验算，公式如下所述：

$$F_l=\frac{0.24}{\lambda+0.5}f_l u_{\mathrm{m}}h$$

对于矩形基础$u_{\mathrm{m}}=2(b+l+2\lambda h)$

对于圆形基础$u_{\mathrm{m}}=(d+\lambda h)\pi$

当$F_l\geqslant F+G+V_{\mathrm{m}}\gamma$时洞室顶板稳定

（2）根据《建筑地基基础设计规范》DBJ 50—047—2006 附录 D 之相关内容进行洞室地基承载力验算，公式如下所述：

地面建筑地基反力传至洞顶上的附加荷载：

$$Q=W-2(F_{\mathrm{f}}+F_{\mathrm{c}})$$

$$W=F_{\mathrm{s}}(BH\gamma+qB_1)t$$

$$F_{\mathrm{f}}=\frac{1}{2}\gamma h^2\lambda\cdot t\cdot\tan\varphi_{\mathrm{k}}$$

$$\lambda=\tan^2\left(45^\circ-\frac{\varphi_{\mathrm{k}}}{2}\right)$$

$$F_{\mathrm{c}}=c_{\mathrm{k}}(H-h_{\mathrm{q}})t$$

$$h_{\mathrm{q}}=0.45\times 2^{s-1}\times\tilde{\omega}$$

$$\tilde{\omega}=1+i(\mathrm{B}-5)$$

（3）经验公式（卸荷拱模式）：

$$P_x=\frac{1/k\times f'_{\mathrm{rk}}\times\tan(45^\circ-\varphi/2)(h_x-h_1)-2W_x}{L_x}$$

$$h_1=\frac{L_0/2+h_0\times\tan(45^\circ-\varphi/2)}{f_{\mathrm{kp}}}$$

$$L_x=2\times\left[\frac{L_0}{2}+\left(h_0+\frac{1}{2}h_x\right)\tan\left(45^\circ-\frac{\varphi}{2}\right)\right]$$

$$W_x=\frac{L_x}{2}\times h_x\times\gamma-\frac{2}{3}h_1\left[\frac{L_0}{2}+h_0\tan\left(45^\circ-\frac{\varphi}{2}\right)\right]\times\gamma$$

f'_{rk}——岩体抗压强度标准值（kPa），岩石抗压强度标准值 × 0.58。

当$P\leqslant R_{\mathrm{X}}$时洞室顶板稳定：

$$P=\frac{F+G}{A}$$

①重庆市第一人民医院基础形式为桩基础，选取基底标高为 232.00m 的顶板厚度最大（4.6m）进行计算，上部结构荷载按照每层 30kN/m² 取值。本洞室地基按照前述公式计算，计算成果见表 6。

洞室地基冲切模式计算成果　　表 6

F_l，顶板抗冲切承载力特征值/kN	3217
U_{m}，冲切锥体在$h/2$ 高度处的周长/m	9.36
f_l，岩体极限抗拉强度标准值/kPa	249
λ，冲跨比	0.30
h，基础底面下的洞室顶板厚度/m	4.60
d，基础底面直径/m	1.60
锥体下锥面直径/m	4.36
γ，岩体重度/（kN/m³）	25.9
W，冲切锥体重/kN	1009
F，上部结构传递至基岩顶面的竖向力值/kN	2160
桩基长/m	4.14
G，基础自重和基础的土重/kN	200
F1-F-G-W	−152

计算结果表明：隧道开挖后，洞室地基不稳定。

②根据筷子街 65 号基础竣工资料，筷子街 65 号采用独立基础和桩基础，基底标高 239.88～248.10m，基底与隧道间围岩厚度 18～26m，为洞室跨度 2.0～2.9 倍，为荷载等效高度的 3.6～5.2 倍。筷子街 65 号洞室地基若按照冲切模式计算，其冲切锥体底面直径约等于 16.7m，已经远大于拟建隧道跨度，不适用冲切模式计算，故选用前述公式计算，计算成果见表 7。

洞室地基岩石顶板塌落高度计算成果 表 7

洞室跨度 B（m）	围岩压力增减率	洞室跨度影响系数ϖ	洞室围岩分级	洞顶岩石塌落高度h_q
9.0	0.10	1.40	4	5.04

洞室顶板岩石厚度18.0m $> 2.5h_q = 12.6$m，满足公式计算条件，适用本公式计算确定洞室地基稳定性。

洞顶岩柱自重及地面建筑地基反力产生的总下滑力：

$$W = F_s(BH\gamma + qB_1)t = 1.15 \times (1.2 \times 18.0 \times 25.9 + 4300 \times 2) \times 1.2 = 12640\text{kN}$$

洞顶岩柱侧面的摩阻力：

$$F_f = \frac{1}{2}\gamma h^2 \lambda \cdot t \cdot \tan\varphi_k = 0.5 \times 25.9 \times 18.0 \times 18.0 \times 0.25 \times \tan(34.0°) = 960\text{kN}$$

侧压力系数$\lambda = \tan^2\left(45° - \frac{\varphi_k}{2}\right) = 0.28$

洞顶岩柱侧面的粘结阻力：

$$F_c = c_k(H - h_q)t = 988 \times (18.0 - 5.04) \times 1 = 15365\text{kN}$$

地面建筑地基反力传至洞顶上的附加荷载：

$Q = W - 2(F_f + F_c) = 12640 - 2 \times (960 + 15365) = -20011\text{kN} < 0$ 稳定系数 $k = \frac{2(F_f+F_c)}{W} = 2.58 > 1.0$稳定，地面建筑地基反力对隧道洞顶无附加荷载影响。

③根据农行重庆分行住宅楼基础竣工资料，该建筑采用条形基础、基底标高 231.0～243.6m，基底与隧道间围岩厚度 7.5～20.0m，为洞室跨度 0.8～2.2 倍，为荷载等效高度的 1.5～4.0 倍。按照卸荷拱模式选用前述公式计算，农行住宅楼洞室地基卸荷拱计算成果见表 8。

农行住宅楼洞室地基卸荷拱极限承载力设计值P_x计算成果表 表 8

毛洞跨度L_0/m	毛洞高度h_0/m	坚固系数f_{kp}	顶板中等风化岩体厚度h_x/m	岩体物理力学指标 重度γ/（kN/m³）	抗压强度标准值f_{rk}/kPa	内摩擦角φ/°	压力拱高度h_1/m	卸荷拱平均跨度L_x/m	半个卸荷拱的自重W_x/（kN/m）	卸荷拱的极限承载力设计值P_x/kPa
9.90	6.60	5.00	7.10	25.9	4847	34.0	1.69	20.69	1655.56	139

围岩厚度7.1m $> 2.0h_1 = 3.38$m，适用公式计算。

④$P = \frac{F+G}{A} = \frac{30\times4.55\times1.0+12\times5\times24}{5} = 315 > P_x = 139$表面洞室顶板不稳定。

6）通过数值模拟隧道开挖对相邻建（构）筑物影响

通过 FLAC3D 建立了三维有限差分模型（图 8），分析了本项目隧道的施工对运营中的轨道交通六号线区间隧道的影响，明确了施工所引起的轨道交通 6 号线区间隧道的变形数值，经过计算得出隧道开挖引起下部 6 号线隧道最大变形为 4.63mm，处于安全可控的范围，与后期监测资料显示基本一致，有效规避了对运营中轨道的安全风险。

罗汉寺为千年古寺名刹，需对其重点保护，其建筑主体主要为砖木结构，对沉降倾斜异常敏感，下部隧道开挖应力释放可能造成一定的变形。为了预测隧道开挖对其影响，经过数值模拟分析（图 9），隧道开挖引起上部建筑最大变形为 3.56mm，位于建筑物安全的可控范围，后期监测资料显示为 3.48mm，与我院分析高度一致。保障了隧道顺利开挖，避免了不利影响。

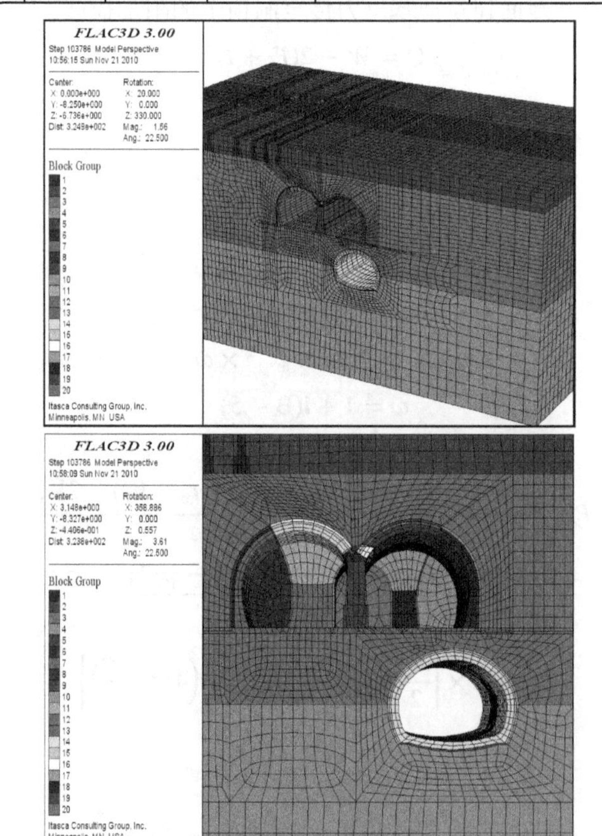

图 8 三维模型立体图及正面图

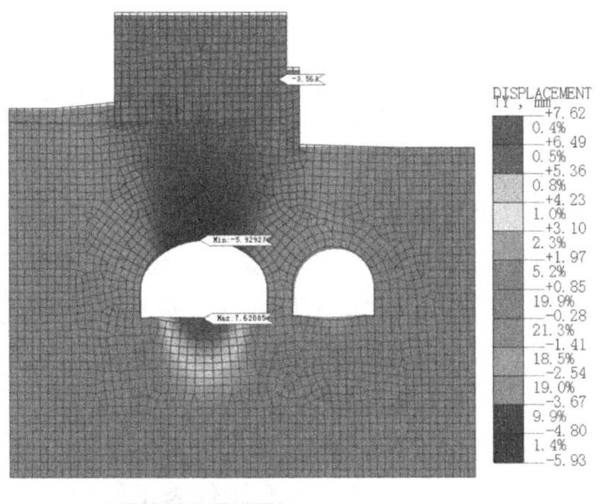

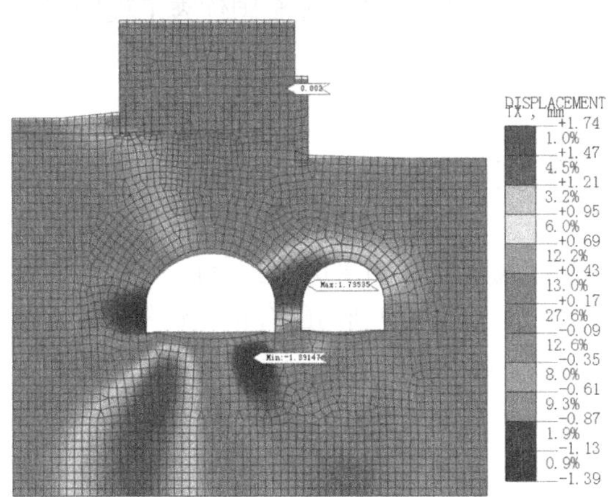

图 9　罗汉寺沉降与水平位移云图

7）勘察创新技术的应用

基于多源地质信息构建隧道“GIS + BIM”三维数字基础空间框架，涵盖隧道沿线地面实景模型、地下管网、地下建构筑物模型及地质体模型；以“GIS + BIM”三维空间数据为载体，汇聚整合隧道工程设计信息，支持面向多尺度、多工程环节的隧道 BIM 数据集成管理。基于该技术的空间基础，可直观地查看设计隧道结构与周边建筑、地下管网及地下空间的碰撞关系，在复杂地质环境下风险识别、方案优化中起到关键性作用。

图 10　拟建物与周边环境关系的 BIM 展示

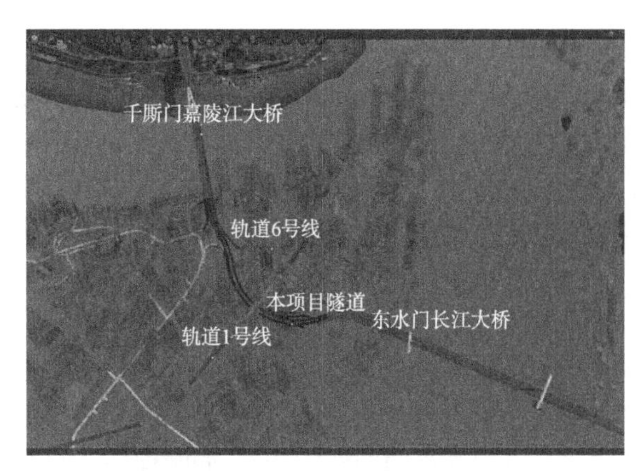

图 11　地下空间 BIM 信息可视化

8）结论与建议

（1）拟建大桥场地属河谷地貌单元，未发现区域性断裂构造，岩层受构造应力作用轻微，节理裂隙不发育，基岩完整性较好，无不良地质作用，场地稳定，适宜大桥、千厮门大桥的建设。拟建渝中连接隧道为长江冲积阶地地貌和构造剥蚀浅丘地貌，未发现区域性断裂构造，岩层受构造应力作用轻微，节理裂隙不发育，基岩完整性较好，出洞口危岩体对隧道无影响，在对隧道沿线的既有建（构）筑物采取保护性的设计和施工措施后，拟建隧道工程场地适宜建设。

（2）根据现场抽水试验，桥墩下部岩体裂隙发育，地下水通过裂隙面与江面贯通，地下水水量丰富，围堰施工时应先对裂隙进行灌浆封闭处理。

（3）P1 桥墩位于嘉陵江右岸，若承台基础切穿岩土界面，上部土体有可能沿基岩面滑动，土体稳定性差，建议尽可能提高承台底标高以减少对岸坡的切挖，开挖的弃土不得堆弃于斜坡上方。

（4）渝中连接隧道通过建筑物敏感区应采取机械方式开挖，对农行住宅楼等影响大的区域应采用超前管棚等超前支护措施，先支护后开挖。以避免爆破震动破坏地面建筑及其地基岩体，同时加强地面建筑的变形监测。同时施工时应做到“小断面、弱爆破、短掘进、及时支护”。

（5）专项施工方案论证

严控按照设计进行施工作业，存在重大风险源的地方应编制完善的专项施工方案并经过专家论证后再实施，将隧道及桥梁建设的影响降到可控范围。

6　工程成果及效益

重庆东水门大桥·千厮门大桥·渝中连接隧道

工程的建成与投入运行，有效促进了重庆市的发展，对促进重庆市经济发展具有重大意义。我院在本项目勘察过程中形成了独有的技术体系，数项发明专利得到实际应用，同时创新研发多项发明专利，取得相关软件技术著作权，荣获众多行业内大奖。

（1）经济效益

我院通过磁平行测井法、三维地质信息建模、三维数值模拟等多种技术手段，详细查明了沿线工程地质条件及环境条件，给出了合理的工程措施建议，节约投资约8000万元，同时保证了线路的可行性，该项目的建成串联起江北嘴、解放碑、弹子石三大商务区，极大地推动了以上地区的经济融合发展，带来了不可估量的经济价值。

（2）社会效益

两江大桥的建成极大地方便了两江四岸市民之间的交通往来，勘测、物探资料等真实基础数据保证了项目的成功实施，我院在本项目中发挥的作用得到了业主好评和行业的高度认可，同时两江大桥的建成使得重庆多了一张新名片，与洪崖洞一起迅速成为新的网红景点，助力重庆长江经济带的建设，社会效益十分显著。

（3）技术效益

勘察报告里面的建议全部得到了设计单位的采纳并实施，本项目自开工建设以来，我院技术人员全程参与了有关地质内容部分的后期服务工作，结合现场开挖揭露的地质情况与勘察资料基本吻合。在桥墩水上施工、隧道开挖、匝道边坡支护过程中，由于勘察报告中对沿线存在的地质风险进行了预判，设计及施工提前谋划，全程未发生由于地质情况未查明造成的施工事故，勘察工作多次得到业主的高度赞扬。

本项目由于现场及周边环境异常复杂，参与单位多次获得相关奖项：

“重庆东水门长江大桥•千厮门嘉陵江大桥工程”获2019年度中国土木工程詹天佑奖；

“重庆东水门长江大桥及千厮门嘉陵江大桥工程”获2017年度全国优秀工程勘察设计行业奖优秀市政公用工程道路桥隧一等奖；

“重庆两江大桥工程测量”荣获全国优秀测绘工程金奖；

“重庆市中央商务区工程测量”获2017年度全国优秀工程勘察设计行业奖工程勘察一等奖；

“重庆东水门大桥•千厮门大桥•渝中连接隧道详细勘察”获重庆市2021年度“优秀工程勘察设计奖”岩土工程勘察类一等奖；

“重庆东水门大桥•千厮门大桥•渝中连接隧道详细勘察”获2022年度全国优秀工程勘察设计行业奖工程勘察一等奖。

7 环境效益

通过我院建立的重庆市主城区工程地质数据库系统，最大限度地利用已有钻孔资料，避免重复钻孔施工，减少环境破坏、噪声污染等。通过BIM技术和我院自主研发的三维地理信息模型分析本项目隧道与上部建构筑物的空间位置关系，提出基础托换、超前支护等建议，保证了隧道上方超高层建筑的结构安全，避免了因基础冲突而变更线位及隧道开挖造成上部超高层建筑垮塌等重大工程事故，直接节约了近1.5亿元的投资，同时维护了社会的和谐稳定，环境效益十分显著。

参考文献

[1] 交通部. 公路桥涵地基与基础设计规范: JTG D63—2007[S]. 北京: 人民交通出版社, 2007.

[2] 《工程地质手册》编委会. 工程地质手册[M]. 4版. 北京: 中国建筑工业出版社, 2007.

[3] 陈翰新, 冯永能, 向泽君. 山地城市岩土工程综合勘察技术理论与实践[M]. 北京: 中国建筑工业出版社, 2016.

重庆市双碑隧道工程水文地质勘察实录

陈翰新　冯永能　石金胡　侯大伟　明　镜

（重庆市勘测院，重庆　401121）

1　工程概况

拟建双碑隧道位于沙坪坝区，由大学城向东呈直线穿越中梁山至双碑。双碑隧道为分离式隧道，单洞洞跨 13.5m，洞高 10.0m，为双洞六车道，设计纵坡 0.300%～2.794%，为“人”字坡，拟采用复合式衬砌，新奥法施工。隧道右洞起讫里程 YK2＋300～YK6＋675，长 4375m，进洞口设计高程约 302.160m，出洞口设计高程 220.145m；隧道左洞起讫里程 ZK2＋298～ZK6＋673，长 4375m，进洞口设计高程 302.154m，出洞口设计高程 220.172m，属特长越岭岩溶公路隧道。

双碑隧道横穿中梁山观音峡背斜，工程地质条件复杂，岩溶突泥、涌水严重；岩溶地下水漏失可能导致地表严重的岩溶塌陷等一系列生态地质环境问题，已严重威胁到当地居民的生命财产安全，造成本地区地质环境不断遭受破坏和恶化。本工程勘察在重庆市主城区越岭岩溶隧道勘察领域中具有一定的先创性和引领借鉴意义。

2　岩土工程条件

2.1　地形地貌

拟建隧道区域地貌位于川东平行岭谷区的中梁山南延部分。地貌属构造剥蚀条带状低山地貌，山脉沿北北东—南南西方向延伸，海拔高程一般在 300～600m，隧道穿越地段附近最高点寨子坡海拔为 581.4m，出洞口附近高程 210.26m 为隧址区最低点，最大相对高差约 370m。地貌受构造控制并受岩性制约。首先，地层受构造应力影响背斜轴部隆起形成山体骨架，随后在漫长的地质演变过程中，轴部出露的可溶性碳酸盐岩（嘉陵江组灰岩）被溶蚀，而两侧硬、厚的砂岩（须家河组砂岩）抗风化能力强，被保留下来，在山体两侧形成侧岭，构成“一山二岭一槽”的高位槽谷地形。在“一槽”中部发育了浑圆状溶蚀丘陵，溶蚀丘陵大致沿背斜轴分布，又把槽谷分为东西两槽，从而形成“一山两槽双岭”的地貌景观。

2.2　地层岩性

拟建隧道沿线出露地层主要有第四系粉质黏土、红黏土、黏土；以及侏罗系中统新田沟组、中下统自流井组，下统珍珠冲组，三叠系上统须家河组、中统雷口坡组，下统嘉陵江组、飞仙关组地层（未出露地表），上述地层各段岩性划分详见地层综合柱状图（图 1）。

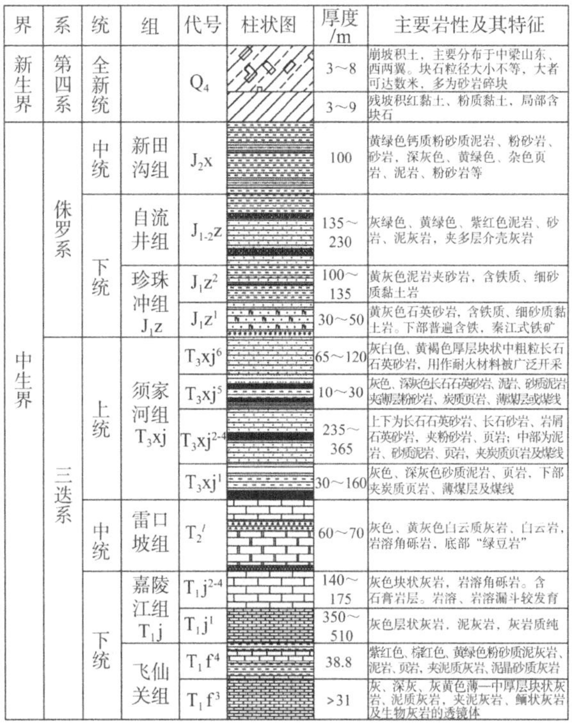

界	系	统	组	代号	柱状图	厚度/m	主要岩性及其特征
新生界	第四系	全新统		Q_4		3～8	崩坡积土，主要分布于中梁山东、西两翼。块石粒径大小不等，大者可达数米，多为砂岩碎块
						3～9	残坡积红黏土、粉质黏土，局部含块石
中生界	侏罗系	中统	新田沟组	J_2x		100	黄绿色钙质粉砂质泥岩、粉砂岩、砂岩，深灰色、黄绿色、杂色页岩、泥岩、粉砂岩等
		下统	自流井组	$J_{1-2}z$		135～230	灰绿色、黄绿色、紫红色泥岩、砂岩、泥灰岩，夹多层介壳灰岩
			珍珠冲组 J_1z	J_1z^2		100～135	黄灰色泥岩夹砂岩，含铁质、细砂质黏土岩
				J_1z^1		30～50	黄灰色石英砂岩，含铁质、细砂质黏土岩。下部普遍含铁，秦江式铁矿
	三迭系	上统	须家河组 T_3xj	T_3xj^6		65～120	灰白色、黄褐色厚层块状中粗粒长石石英砂岩，用作耐火材料被广泛开采
				T_3xj^5		10～30	灰色、深灰色长石石英砂岩、泥岩、砂质泥岩夹薄层粉砂岩、炭质页岩、薄煤层或煤线
				T_3xj^{2-4}		235～365	上下为长石石英砂岩、长石砂岩、岩屑石英砂岩，夹粉砂岩、页岩；中部为泥岩、砂质泥岩、页岩，夹炭质页岩及煤线
				T_3xj^1		30～160	灰色、深灰色砂质泥岩、页岩，下部夹炭质页岩、薄煤层及煤线
		中统	雷口坡组	T_2^l		60～70	灰色、黄灰色白云质灰岩、白云岩，岩溶角砾岩，底部“绿豆岩”
		下统	嘉陵江组 T_1j	T_1j^{2-4}		140～175	灰色块状灰岩，岩溶角砾岩。含石膏岩层。岩溶、岩溶漏斗较发育
				T_1j^1		350～510	灰色层状灰岩，泥灰岩，灰岩质纯
			飞仙关组	T_1f^4		38.8	紫红色、棕红色、黄绿色粉砂质泥灰岩、泥岩、页岩，夹泥质灰岩、泥晶砂质灰岩
				T_1f^3		>31	灰、深灰、灰黄色薄—中厚层块状灰岩、泥质灰岩，夹泥灰岩、鲕状灰岩及生物灰岩的透镜体

图 1　地层综合柱状图

2.3　地质构造

拟建隧道位于川东弧形构造带，华蓥山帚状褶皱束东南部，构造骨架形成于燕山期晚期构造运动。华蓥山帚状褶皱束由一系列 NNE－SSW 向褶皱组成，背斜呈窄条状，两翼不对称，向斜宽缓，两翼近于对称，组成隔挡式构造，平面上具雁行排列特征，主要地应力方向为北西南东向。

双碑隧道穿越观音峡背斜（图 2）。观音峡背斜为不对称梳状扭转背斜，背斜轴在走向上呈波状起伏，且背斜轴线有向南东偏转现象。两翼岩层倾角差异大，西翼陡东翼相对较缓；节理（裂隙）发生与构造运动密切相关，主要以走向 NEE—SWW 和走向 NW—SE 两组较发育。

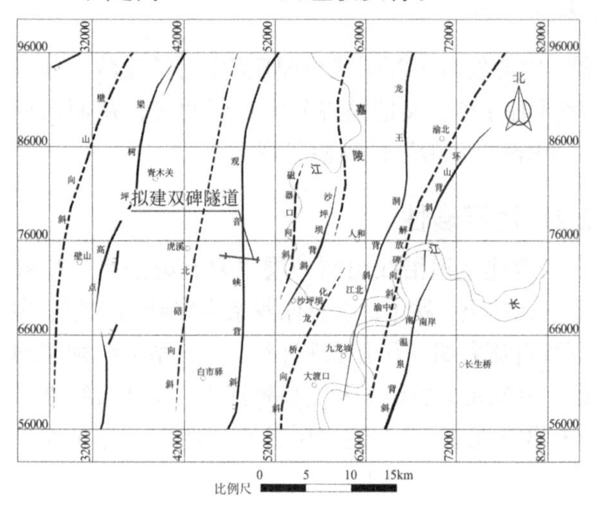

图 2　勘察区构造纲要图

3　水文地质条件

工程所处区域属嘉陵江水系，受观音峡背斜阻隔，东翼为嘉陵江干流流域，西翼为嘉陵江支流梁滩河流域，南距长江、嘉陵江分水岭约 13km。

3.1　地下水类型及含水岩组特征

本次勘察所揭露的地下水，根据其赋存条件、水理性质及水力特性，划分为第四系松散层孔隙水、碎屑岩类孔隙裂隙水和碳酸盐岩裂隙岩溶水。

（1）第四系松散层孔隙水

为第四系残坡积、坡积松散块石土、碎石土、黏性土内的孔隙水。富水程度受控于松散堆积物的岩性、厚度、分布位置和地形切割破坏等条件，一般含水性差，水量贫乏，受大气降水影响明显。

（2）碎屑岩类孔隙裂隙水

包括风化裂隙水和基岩孔隙裂隙水。风化裂隙水分布在侏罗系新田沟组、自流井组和珍珠冲组浅表层基岩强风化带中，为局部上层滞水或小区域潜水，水量小，受季节性影响大，地表偶见泉水出露，属于弱含水层，各含水层自成补给、径流、排泄系统。

基岩孔隙裂隙水主要指赋存于下部中、微风化砂岩、泥岩中的地下水，以砂岩裂隙水为主，以层间裂隙水或脉状裂隙水形式储存，水量大小与裂隙发育程度和裂隙贯通性密切相关，其赋存状况除受岩性控制外，还与所处的地形地貌和构造关系密切。砂岩、泥岩主要分布于中梁山背斜两翼，局部张性裂隙较发育，有一定数量的裂隙水，预计隧道通过此层虽无大的地下水突水，但在裂隙较发育的地段，仍可能有滴状水或小股状水涌出。

（3）碳酸盐岩裂隙岩溶水

含水岩组为三叠系中统雷口坡组、下统嘉陵江组及飞仙关组灰岩。其中雷口坡组与嘉陵江组为勘察区主要岩溶含水岩组，顶底均为页岩所隔，地表呈狭长槽谷，地下水由南向北运动，地下岩溶水丰富；区域资料显示隧址区下卧隐伏的飞仙关灰岩岩溶发育。预计隧道通过此地层，在岩溶发育段可能存在突水、突泥现象，地下水具有承压性。

地下水受大气降雨和地表水体渗漏补给，勘察区沿线大气降水丰沛，地下水补给条件良好。一般情况下，第四系松散层含孔隙水，砂岩含孔隙裂隙水（主要为裂隙水），碳酸盐岩含裂隙岩溶水，而泥岩为相对隔水层。

3.2　岩溶区水文地质条件

岩溶水主要赋存在三叠系雷口坡（T_{2l}）、嘉陵江（T_{1j}）和飞仙关三段（T_{1f}^3）含水岩组中。

1）岩溶区地下水系统

（1）槽谷 $T_{1j}+T_{2l}$ 岩溶水系统

分布于中梁山背斜核部及两翼，主要由 $T_{1j}+T_{2l}$ 碳酸盐岩组成，总体地势南高北低。地下水总体由南向北运移，向嘉陵江排泄。

该岩溶水系统范围大，岩溶槽谷较宽，地下水补给条件较好，地下水径流途径较长，地下水动态明显，岩溶化较强烈，且隧道穿越段较长，岩溶水对隧道涌水影响大。

（2）轴部 T_{1f}^3 岩溶水系统

分布于中梁山背斜轴部，地表无出露，在隧道所在标高附近长度约为 300m，主要由 T_{1f}^3 碳酸盐岩组成，总体地势南高北低，地下水总体由南向北运移，向嘉陵江排泄。地下水主要为岩溶裂隙水。由于 T_{1f}^3 碳酸盐岩深埋地下，且上部有薄层 T_{1f}^4 泥质隔水层覆盖，隧道穿越段较短，岩溶水对隧道涌水影响中等。

2）地下水补给、径流、排泄

（1）地下水补给

根据 1∶200000 区域水文地质调查报告（重庆

幅）和实地调查，勘察区岩溶地下水的主要补给来源为大气降水，岩溶区槽谷、洼地、落水洞等能汇聚较大面积的地下水，为降水补给地下水提供了良好的地形条件，岩溶强烈发育的地区，地表水通过落水洞灌入补给地下水。此外，构造强烈区破坏了岩体的完整性，纵向张裂隙发育使得地下水的水力联系得以加强，增大了地下水补给的范围和规模。

（2）地下水径流

嘉陵江组地层在本区分布面积大，层间裂隙及纵张裂隙发育，受河网的强烈切割，地下水运动条件好，循环激烈，垂直分带明显。岩溶水动力剖面一般可分为四个垂直带，岩溶水动力剖面分带与岩溶垂直分带一致。主要为：垂直入渗带、季节交替带、水平径流带、深部循环带。深部循环岩溶水是处于深部缓流带中的地下水，其径流不受地表河流控制，对隧道影响小。针对工程意义，可以将垂直入渗带、季节变动带及水平径流的表层分为浅部循环系统，主要是浅切割冲沟控制的浅层地下水。根据场地地下水出口、岩溶现象等分析，勘察区 460～530m 为岩溶地下水浅部循环系统，其下为中深部循环系统。

根据调查，勘察区历史上曾有岩溶发育，溶洞以燕儿洞为代表。燕儿洞位于拟建隧道北侧，洞口高程 520m，洞高 20～25m，长约 200m，石钟乳和泉华发育。溶洞明显分为两层，上层无水，下层有长年流水，上、下两层溶洞高差约 20m。这一现象说明隧址区早期岩溶较发育，并具有一定规模，随着地质历史的演变，岩溶管道变迁，侵蚀基准面下降，目前地下水位约 470m，侵蚀基准面在高程 460m 左右。因岩溶发育的继承性，地下水仍局部保留了前期的径流的特点。由于含水层与隔水层相间分布决定了本区地下水主要沿岩层走向（南北向）分别向长江、嘉陵江排泄，而东西方向径流条件差，含水层间水力联系不明显。隧址区属径流区，地下水流主体方向由南向北。

综上所述，双碑隧道位于水平径流带，处于中深部循环系统中（图 3）。

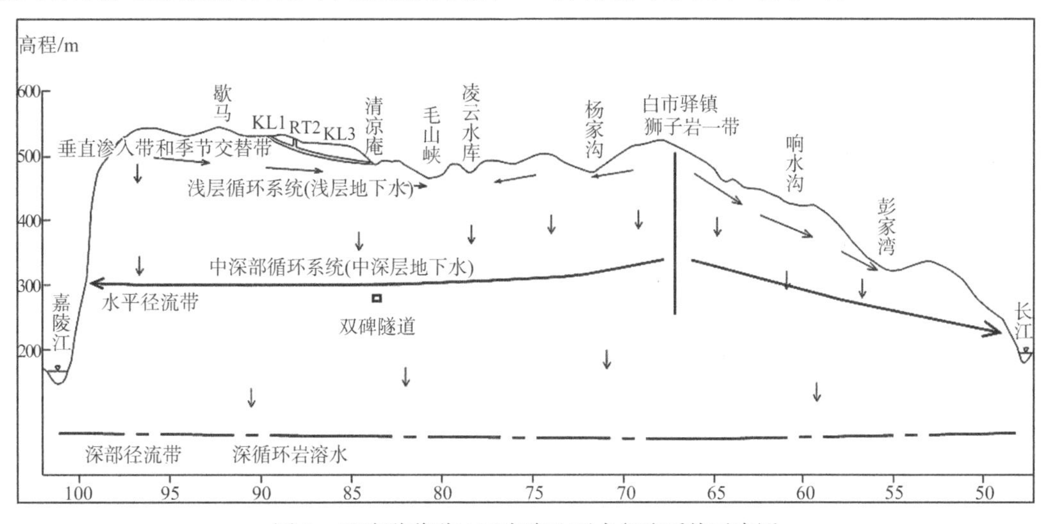

图 3　双碑隧道隧址区岩溶地下水径流系统示意图

根据本次勘察、结合区域地质资料及试验成果分析可知，槽谷地下水浅部与深部联系密切，拟建隧道位于中深部循环系统，主要为溶缝及管道流，隧道施工可能遇到的主要工程地质问题是岩溶突水，其特点是流量大、压力高，有流砂的可能，危害大。

（3）地下水排泄

可溶岩地层受外侧须家河组（T_{3xj}）非可溶岩高大山脊所阻挡，内部为飞仙关组（T_{1f}^4）非可溶岩层阻挡，地下水具有顺层径流、排泄特征。其中，浅层岩溶地下水的排泄控制点相对分散，一部分地下水通过各种溶蚀管道、裂隙以泉或暗河的形式向低洼的沟谷地带排泄，如余家湾水库附近的暗河出口 SY2，为浅层地下水由北向南径流，在余家湾水库附近出露地表；而大部分的地下水通过竖向溶蚀管道、裂隙垂直入渗进入中深部循环系统，补给中深层岩溶地下水，岩溶区中深层岩溶水均顺构造由南向北径流，向嘉陵江排泄。

双碑隧道隧址区地下水动态受到大气降水变化的控制，并与地下水类型、地貌条件及循环运移条件有密切关系。在构造汇水且岩溶发育较强，岩溶管道通畅的地区，一般来说，岩溶地下水的丰水期、平水期、枯水期与雨期的划分是直接相对应的。大气降水快速通过落水洞、漏斗等补给地下水，地下水动态变化大。

3）水化学特征

本次勘察在岩溶区域共取水样 9 组（包括水库、泉点），从试验结果可以看出：地表、地下水类型以 HCO_3～Ca-Mg 型为主，其次为 SO_4-HCO_3～Ca-Mg 型水，地表水与地下水化学成分相似，说明总体上该区地下水具有径流途径较短、与大气降水联系密切、循环交替较快、碳酸盐岩富水性强、透水性较好等特点。

本区地下水矿化度较低，介于 215.78～537.24mg/L之间，平均为376.51mg/L，pH为6.97～7.44，平均为 7.21。

在地下水化学成分中，阴离子以HCO_3^-和SO_4^{2-}为主，其中HCO_3^-平均为 230.52mg/L，SO_4^{2-}平均为 87.14mg/L；阳离子以Ca^{2+}和Mg^{2+}为主，其中Ca^{2+}平均为 99.97mg/L，Ca^{2+}平均为 8.07mg/L，这一规律清楚地反映在以离子毫克当量百分数为轴的三线图上（图 4）。

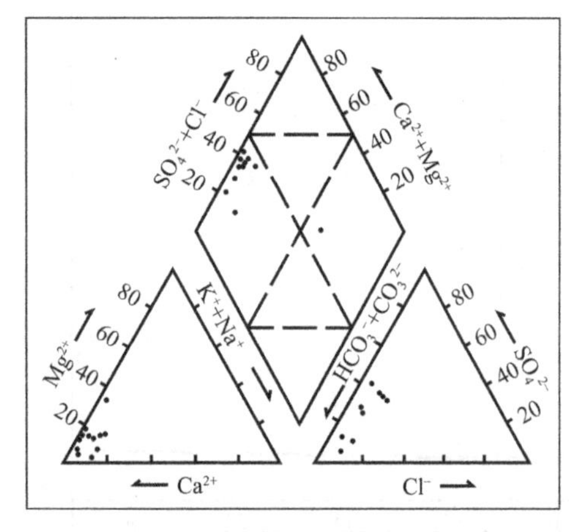

图 4　离子含量三线分布图

4）地下水动态特征

根据已有资料和本次水文地质调查，岩溶水的动态与降雨量关系密切，呈同步变化特点。补给区面积较大的暗河及岩溶大泉流量大，一般其流量峰值滞后降雨峰值为 1～2d。而岩溶水的动态变化与其赋存形式及补给条件有关，以溶隙渗入补给的泉，变幅较小，为 1～5 倍，以岩溶管道型的暗河，变幅较大，一般在 3～15 倍。碎屑岩地层中自然出露的井泉点流量一般不大，其动态变化亦较小，为 1～3 倍。从地表的水库（塘）、井泉不断干枯，以及附近隧道的控制，水位也将不断下降，隧址区附近区域地下水位走向了下降高峰期。

4　水文地质勘察方案的实施

本工程水文地质勘察在满足设计和规范要求的基础上，采用了工程地质水文地质调绘、钻探、物探、原位测试、室内试验及现场抽水试验等适用于山地城市的工程综合勘察成套技术体系，提供了较为翔实可靠的勘察成果。在勘察方案的实施中，除依据设计和规范要求进行常规勘察外，重点应了解施工、运营可能面临的风险，并有效鉴别地质风险，有针对性地开展勘察工作。

4.1　勘察方法及工作量布置

利用钻探、物探相结合的方法，在充分分析利用区域地质资料、初勘成果的基础上，合理布置工作量，并通过统计分析、综合评价等手段详细查明水文地质条件，特别是岩溶发育特征，为设计、施工提供可靠的地质资料。

（1）钻探布置

根据区域地质资料，初步判定岩溶和地下水的分布和发育情况。本次勘察在东西两个岩溶槽谷区各布置 4 个、共 8 个水文专项钻孔，洞身段共布置钻孔 26 个，利用初勘及其他工程钻孔 12 个，共 46 个钻孔供本次勘察使用，并布置相应的采样及各类现场试验工作。钻孔深度穿过地下水降落漏斗以下，隧道轴线附近钻孔进入隧道设计标高以下，主要了解整个槽谷垂向上岩溶发育及地下水位变化情况，建立水文观测网，并作水文地质长观孔。

（2）物探布置

物探工作布置在可溶岩地区及地下水丰富地区、物探剖面主要沿垂直工作区主构造线方向与平行构造线方向分别进行布置，剖面间距确定应考虑潜在塌陷坑密度及规模，剖面长度以控制潜在塌陷区范围为原则。根据上述要求，本次勘察在拟建双碑隧道南、北两侧布置平行于隧道轴线的两条大地电磁测线，单条测线长度 500m，测点间距 20m；顺着槽谷方向各布置一条物探测线，垂直槽谷方向，隧道中线布置一条、两侧各布置一条物探测线，共布置 9.6km 的高密度电法物探。

在新布置的钻孔中进行综合测井，查明钻孔内岩溶发育情况、岩性变化及确定含水层位置等。

4.2　勘察成果统计分析

通过地质调绘、钻探及物探成果，对隧址区及隧道沿线岩溶发育特征规律进行分析，主要从以下几个方面进行：

（1）水文地质调绘

对隧址区及其影响范围约 13.9km^2 区域进行了专项水文地质调绘，重点调查了隧址区的井泉点 51 个，堰塘、鱼塘及水库 32 个，溶洞 20 个，岩溶塌陷点 46 处，暗河、落水洞各 1 个，重要建筑物 26 处。确定了东槽谷南北侧影响范围共 11.8km，其中南侧危险及危害性范围约 5.5km，强烈影响区 0.8km，北侧危险及危害性范围 6.3km，强烈影响区 1.1km；西槽谷南北侧影响范围共 11.6km，南侧危险及危害性范围约 5.8km，强烈影响区 0.7km，北侧危险及危害性范围 5.8km，强烈影响区 0.9km。

（2）钻孔成果分析

对各钻孔揭露溶洞情况进行列表统计，主要体现溶洞顶/底埋深、溶洞高度、填充物等信息。部分钻孔统计示意见表 1。

钻孔揭露溶洞发育情况一览表 **表 1**

钻孔编号	溶洞揭露深度（m）		充填及钻探情况
	高程	长度	
SK3	455.75～454.15	1.6	半充填，充填物以黏粉粒为主，有掉钻现象
	444.70～443.40	1.3	
	435.88～433.44	2.44	无充填，有掉钻现象
	377.81～377.31	0.5	无充填，有掉钻现象
	373.29～372.79	0.5	无充填，有掉钻现象
	350.90～350.20	0.7	无充填，有掉钻现象
TZX23	408.28～406.26	2.02	溶洞、溶蚀孔穴发育段，大多为粉质黏土充填
	404.34～398.56	5.79	
	398.04～383.44	14.6	
	362.45～354.36	8.09	
TZX24	385.47～382.84	2.63	溶洞、溶蚀孔穴，粉质黏土充填
	381.15～379.36	1.80	
TZX25	491.66～490.36	1.3	粉质黏土充填
TZX26	512.13～508.61	3.52	溶洞、溶蚀孔穴，粉质黏土充填
	503.59～502.29	1.30	
	480.85～479.46	1.39	
	476.93～473.85	3.08	
	467.61～465.94	1.67	
TZX27	502.81～501.15	1.66	溶洞、溶蚀孔穴，粉质黏土充填
	511.75～509.36	2.39	
TZX28	431.73～431.43	0.3	溶洞，粉质黏土充填
TZX29	433.20～427.20	6	溶洞，粉质黏土充填
CK70	535.64～531.07	4.57	溶洞，粉质黏土充填
	515.24～513.84	1.4	溶洞，粉质黏土充填

（3）物探成果分析

通过大地电磁测深、高密度电法物探结果分析，里程桩号 K2＋294～K2＋641 段、K3＋660～K4＋030 段穿越大规模岩溶发育区，里程桩号 K2＋987～K3＋030 段、K2＋722～K2＋766 段、K4＋214～K7＋415 段穿越规模较小的岩溶发育区。这些岩溶发育区大致呈南北走向，与地质构造线走向基本一致，深度一般可达 180～200m，最深超过 300m，大多形成竖向岩溶通道，与地表水体形成水力联系。

5 岩土工程分析与评价

5.1 隧道涌水量

5.1.1 抽、压水试验及水文地质参数

为获取准确可靠的水文地质参数，本次勘察对位于嘉陵江组地层的 6 个钻孔、飞仙关组地层的 4 个钻孔进行现场抽水试验，均采用单井带 2 个观测孔稳定流抽水试验，分别进行了 3 个降深的抽水。

本次勘察在须家河组等碎屑岩、红层地层的 3 个钻孔进行了现场压水试验。

根据现场抽、压水试验成果及区域地质资料，各地层渗透系数、径流模数、入渗系数等水文地质参数取值详见表 2。

各地层水文地质参数取值表　　表 2

地层	$J_{1-2}z$	J_1z	T_3xj	T_2l	T_1j	$T1f^4$	$T1f^3$	$T1f^2$
渗透系数K/（m/d）	0.04	0.04	0.15	0.65	0.70	0.10	0.46	0.10
径流模数M/（L/s · km²）	1.2	1.5	3.12	10	12	9	27	6
入渗系数λ	0.05	0.05	0.16	0.20	0.45	0.10	0.25	0.15

5.1.2 涌水量计算

采用地下水文地质比拟法、水径流模数法和大气降水入渗法预测隧道涌水量。

1）水文地质比拟法

水文地质比拟法方法简单、经济，只能提供概略的涌水量值，但对隧道总涌水量有较好的参考价值，在水文地质条件类似的情况下，对总涌水量能比较准确地预测。双碑隧道位于原轨道交通 1 号线中梁山隧道南侧，两隧道相距很近，其施工涌水量可供本隧道参考和利用。另外，穿越中梁山的其他已建隧道出水量也可供本工程参考。

本次勘察收集及实测资料汇总如下：

（1）根据成渝高速中梁山隧道竣工地质报告，隧道左线施工涌水量为 4577～4991m³/d，右线涌水量为 7161～7769m³/d。左右线总涌水量为 11738～12760m³/d。

（2）轨道交通 1 号线中梁山隧道位于拟建双碑隧道地下水径流的下游区，且相距很近。根据搜集的勘察报告预计平水期涌水量为 10592m³/d，施工期涌水量为 15888m³/d，雨洪期涌水量为 26480m³/d。

（3）已建隧道实测出水量详见表 3。受实测条件的限制，测量时可能会漏掉其他出水点导致实测值小于实际涌水量。

（4）收集已建隧道实测出水量详见表 4。

根据上述收集及实测资料可知：在平水期各隧道涌水量 6526～13400m³/d，雨洪期涌水量 21945～25920m³/d；由表 4 可知，从渝遂高速中梁山隧道至渝武高速北碚隧道，涌水量由南往北有变大的趋势，这可能与中梁山南部已建隧道较多导致地表水漏失比北部严重有关。故本隧道涌水量可能位于渝怀铁路隧道和北碚隧道之间。

已建隧道实测出水量　　表 3

隧道名称	测流时间	流量/（m³/d）	实测单位
襄渝铁路中梁山隧道	2008.9.10	6538	市勘测院
渝怀铁路隧道	2008.9.11	6526	市勘测院
渝遂高速中梁山隧道	2014.5.28	5758	市政院
成渝高速中梁山隧道	2014.5.27	6050	市政院

收集已建隧道实测出水量　　表 4

隧道名称	测试时间	雨洪期流量/（m³/d）	平常期流量/（m³/d）
渝遂高速中梁山隧道	2006 年	21572	9676
渝怀铁路隧道	2003 年	21945	约 10000
襄渝铁路中梁山隧道	1971 年	24000	13400
渝武高速北碚隧道	2004 年	25920.0	12098.7

对比表 3 和表 4 可知，已建隧道实测时间越早涌水量相对较大，实测时间越晚，涌水量相对较小，这可能与先前已建隧道使水资源漏失，导致地表水、地下水逐渐减少有关。故本隧道涌水量在相似条件下可能小于已建隧道涌水量。

2）地下水径流模数法

计算经过多个地表水流域的隧道涌水量时，可根据各含水岩组地层出露位置、地貌形态、岩溶发育部位及在水文地质单元中的径流条件，选择不同的地下水径流模数和地表流域范围取值，利

用地下水径流模数法进行预测隧道涌水量，计算式如下：

$$Q = 86.4M \cdot F$$

式中：Q——地下水径流量（m^3/d）；

F——含水层出露面积（km^2）；

M——地下水径流模数（$L/s \cdot km^2$）。

按地下水径流模数法计算双碑隧道涌水量见表5。

地下径流模数法涌水量计算表 **表5**

序号	分段里程（左线）	出露地层	宽度/m	F/km^2	M/（$L/s \cdot km^2$）	Q/（m^3/d）
1	ZK3 + 015-ZK3 + 157	须家河六段	142	2.528	3.12	681
2	ZK3 + 216-ZK3 + 353	须家河二、四段	137	2.439	3.12	657
3	ZK3 + 392-ZK3 + 457	雷口坡组	65	1.157	10	1000
4	ZK3 + 457-ZK4 + 062	嘉陵江组	605	10.769	12	11165
5	ZK4 + 062-ZK4 + 157	飞仙关四段	95	1.691	9	1315
6	ZK4 + 157-ZK4 + 279	飞仙关三段	122	2.172	27	5066
7	ZK4 + 279-ZK4 + 728	飞仙关二段	449	7.992	6	4143
8	ZK4 + 728-ZK4 + 897	飞仙关三段	169	3.008	27	7018
9	ZK4 + 897-ZK5 + 047	飞仙关四段	150	2.670	9	2076
10	ZK5 + 047-ZK5 + 783	嘉陵江组	736	13.101	12	13583
11	ZK5 + 783-ZK5 + 849	雷口坡组	66	1.175	10	1015
12	ZK5 + 890-ZK6 + 250	须家河二、四段	360	6.408	3.12	1727
13	ZK6 + 305-ZK6 + 476	须家河六段	171	3.044	3.12	821
合计			3267	58.154		50267
取用值：$Q = (50267 - 6538 - 6526 - 5758 - 6050 - 10592) = 14803m^3/d$						

3）大气降水入渗法

依据《铁路工程水文地质勘察规范》TB 10049—2004中式（B1.1.2）计算正常涌水量Q，计算公式如下：

$$Q = 2.73 \cdot \lambda \cdot h \cdot F$$

式中：Q——地下水径流量（m^3/d）；

h——多年平均降雨量，本区为1150mm；

F——含水层出露面积（km^2）；

λ——渗入系数。

按大气降水入渗法计算双碑隧道涌水量见表6。

大气降水入渗法涌水量计算表 **表6**

序号	分段里程（左线）	出露地层	宽度/m	F/km^2	λ	Q/（m^3/d）
1	ZK3 + 015～ZK3 + 157	须家河六段	142	2.528	0.16	1270
2	ZK3 + 216～ZK3 + 353	须家河二、四段	137	2.439	0.16	1225
3	ZK3 + 392～ZK3 + 457	雷口坡组	65	1.157	0.2	726
4	ZK3 + 457～ZK4 + 062	嘉陵江组	605	10.769	0.45	15214
5	ZK4 + 062～ZK4 + 157	飞仙关四段	95	1.691	0.1	531
6	ZK4 + 157～ZK4 + 279	飞仙关三段	122	2.172	0.25	1704
7	ZK4 + 279～ZK4 + 728	飞仙关二段	449	7.992	0.15	3764
8	ZK4 + 728～ZK4 + 897	飞仙关三段	169	3.008	0.25	2361
9	ZK4 + 897～ZK5 + 047	飞仙关四段	150	2.670	0.1	838
10	ZK5 + 047～ZK5 + 783	嘉陵江组	736	13.101	0.45	18508
11	ZK5 + 783～ZK5 + 849	雷口坡组	66	1.175	0.2	738
12	ZK5 + 890～ZK6 + 250	须家河二、四段	360	6.408	0.16	3219
13	ZK6 + 305～ZK6 + 476	须家河六段	171	3.044	0.16	1529
合计			3267	58.154		51627
取用值：$Q = (51628 - 6538 - 6526 - 5758 - 6050 - 10592) = 16164m^3/d$						

5.1.3 **隧道涌水量预测**

通过上述计算可看出地下水径流模数法与大气降水渗入法计算结果接近，同时略高于水文地质比拟法所得隧道平水期涌水量，预测结果比较合理、可信。

隧道施工对地下水造成袭夺，大部分地下水通过隧道直接排泄，但尚有少量地下水通过隧道进出洞口排出地表、通过隧道底板向深层管道径流。因此，取地下水径流模数法与大气降水渗入法平均值的 0.85 倍作为隧道平水期涌水量更为合理。该涌水量与水文地质比拟法所得隧道平水期涌水量基本吻合。

根据工程经验，施工期间最大涌水量为平水期涌水量的 1.5 倍，雨洪期最大涌水量为平水期的 2.5 倍。双碑隧道涌水量分段预测见表 7。

双碑隧道涌水量分段预测表 **表 7**

序号	分段里程（左线）	出露地层	地下水径流模数法	大气降水渗入法	平水期W/（m³/d）	施工期 1.5W/（m³/d）	雨洪期 2.5W/（m³/d）
1	ZK3＋015～ZK3＋157	须家河六段	171	338	254	381	636
2	ZK3＋216～ZK3＋353	须家河二、四段	165	326	245	368	613
3	ZK3＋392～ZK3＋457	雷口坡组	250	193	222	333	554
4	ZK3＋457～ZK4＋062	嘉陵江组	2795	4049	3422	5133	8555
5	ZK4＋062～ZK4＋157	飞仙关四段	329	141	235	353	588
6	ZK4＋157～ZK4＋279	飞仙关三段	1268	454	861	1291	2152
7	ZK4＋279～ZK4＋728	飞仙关二段	1037	1002	1019	1529	2548
8	ZK4＋728～ZK4＋897	飞仙关三段	1757	628	1192	1789	2981
9	ZK4＋897～ZK5＋047	飞仙关四段	520	223	371	557	928
10	ZK5＋047～ZK5＋783	嘉陵江组	3400	4925	4163	6244	10407
11	ZK5＋783～ZK5＋849	雷口坡组	254	196	225	338	563
12	ZK5＋890～ZK6＋250	须家河二、四段	432	857	645	967	1611
13	ZK6＋305～ZK6＋476	须家河六段	205	407	306	459	765
预测涌水量			12583	13739	13161	19742	32903

5.2 外水压力

根据已实施的水文长观钻孔以及部分勘察钻孔，隧址区西部槽谷地下水平均埋深为 30m 左右，平均水位 450～480m；东部槽谷地下水平均埋深 25m 左右，平均水位 460～490m。槽谷之间脊状山地下水埋深差异较大，其中背斜轴部山脊平均地下水埋深 60m 左右，平均水位 490～520m。

隧道进口至出口水位标高按 290m→460m→500m→470m→330m 计算，对应隧道顶板所承受地下静水压力为 1.05MPa→1.85MPa→2.25MPa→2.02MPa→0.80MPa。外水压力折减系数根据《水力发电工程地质勘察规范》GB 50287—2006 附录Q 取值。

隧道围岩中的地下水压力是与地下水静止水位以及施工排放、施工方式有关。以排水为主时，地下水将以动水压力为主，静水压力将会减小。以堵为主时，地下水水位保持不变，压力无法释放，从而对衬砌结构产生较大压力。堵排结合的施工方式地下水压力会介于上述两者之间。

随着隧道的不断掘进，地下水连续排出，水压力逐渐降低，并达到新的平衡。理论上以隧道底面为排泄底界，最终形成降落漏斗，隧道衬砌结构处外水压力趋于零。隧道开挖后随即衬砌封闭，地下水无法在短时间内达到平衡，水压力将会全部作用于衬砌结构上，对衬砌结构影响较大。表格给出的外水压力值为初始状态最大压力值，前提条件是开挖后及时全断面封闭。现以左线为基础，对隧道全线外水压力分段计算见表 8。

隧道围岩外水压力分段表 **表 8**

序号	分段里程（左线）	出露地层	静水压力/MPa	折减系数	外水压力 P_{max}/MPa	涌水方式
1	ZK3＋015～ZK3＋392	T_{3xj}	0.70-1.05	0.4	0.35	砂岩孔隙裂隙水，淋雨状出水
2	ZK3＋392～ZK4＋062	$T_{2l}+T_{1j}$	1.05-1.85	0.65	0.94	溶隙、溶洞，呈大股状涌水，有些地段呈喷射状涌出，伴有泥沙并有可能引起地表漏水
3	ZK4＋062～ZK5＋047	T_{1f}	1.85-2.25	0.55	1.13	溶隙、溶洞，呈大股状涌水，有些地段呈喷射状涌出
4	ZK5＋047～ZK5＋849	$T_{2l}+T_{1j}$	0.80-2.02	0.65	0.92	溶隙、溶洞，呈大股状涌水，有些地段呈喷射状涌出，伴有泥沙并有可能引起地表漏水
5	ZK5＋849～ZK6＋476	T_{3xj}	0.40-0.80	0.4	0.24	砂岩孔隙裂隙水，淋雨状出水

经过工程类比可知，拟建隧道外水压力计算结果与邻近隧道同等条件下相近，与实际情况基本相符，计算结果可靠，可供设计使用。

5.3 隧道环境地质问题及防治建议

根据调查，中梁山地区已建成多条公路、铁路隧道，这些隧道在建设过程中及运营期间发生过多起环境地质问题，造成了地下水疏干、地表水渗漏、地面塌陷等一系列生态地质环境问题，造成本地区地质环境不断遭受破坏和恶化，也对区内生态环境造成一定影响。

1）岩溶塌陷分析

受邻近已建隧道影响，地表存在部分岩溶塌陷，可见地表裂缝和房屋开裂现象，随着时间的推移可能会有大量的岩溶塌陷发生。拟建双碑隧道施工后不可避免会对范围内的水源进行袭夺，进而加快岩溶塌陷的发生。

据高密度电法解译结果，西侧槽谷内沿槽谷走线存在 7 个浅部岩溶发育区，东侧槽谷内沿槽谷走向存在 10 个浅部岩溶发育区，这些浅部岩溶发育区大致顺岩层走向发育，隧道施工导致地下水疏干后，地表降水易导致该区发生岩溶塌陷。

2）影响范围分析

根据双碑隧道沿线工程地质和水文地质条件和影响程度，可将隧道施工对环境地质影响的程度划分为一般影响区、较强烈影响区和强烈影响区，划分结果详见表 9。

双碑隧道沿洞轴线环境地质影响范围划定 表 9

里程	长度/m	地层	影响分区
ZK2＋298～ZK3＋015	717	$J_{1\text{-}2}z$、J_1z	一般影响区
ZK3＋015～ZK3＋392	377	T_3xj	较强烈影响区
ZK3＋392～ZK4＋062	670	T2l、T_1j	强烈影响区
ZK4＋062～ZK4＋157	95	$T1f^4$	较强烈影响区
ZK4＋157～ZK4＋279	122	$T1f^3$	强烈影响区
ZK4＋279～ZK4＋728	449	$T1f^2$	较强烈影响区
ZK4＋728～ZK4＋897	169	$T1f^3$	强烈影响区
ZK4＋897～ZK5＋047	150	$T1f^4$	较强烈影响区
ZK5＋047～ZK5＋849	802	T2l、T_1j	强烈影响区
ZK5＋849～ZK6＋476	627	T_3xj	较强烈影响区
ZK6＋476～ZK6＋673	197	$J_{1\text{-}2}z$、J_1z	一般影响区

根据隧址区工程地质和水文地质条件和水平坑道疏干影响范围计算结果，类比地质条件相同的其他隧道地面塌陷等灾害情况，将隧道施工对地表环境地质的影响半径进行划分，其建议划分结果详见表 10。

拟建隧道环境地质影响范围划定表 表 10

与隧道关系	区段	强烈影响区	较强烈影响区	一般影响区
		km	km	km
北侧	西部红层区	—	—	0.5
	西部碎屑岩区	—	1.5	—
	西部槽谷区	1.8	1.8～3.6	3.6～5.3
	核部地区	1.8	1.8～3.4	3.4～4.8
	东部槽谷区	1.8	1.8～3.5	3.5～5.0
	东部碎屑岩区	—	1.5	
	东部红层区	—	—	0.5
南侧	西部红层区	—	—	0.5
	西部碎屑岩区	—	1.5	—
	西部槽谷区	1.5	1.5～2.9	2.9～4.2
	核部地区	1.6	1.6～2.6	2.6～3.8
	东部槽谷区	1.6	1.6～2.8	2.8～4.0
	东部碎屑岩区	—	1.5	—
	东部红层区	—	—	0.5

3）防治措施建议

（1）监测

建立完善的地表建（构）筑物、地表水体、地下水位、地表变形和塌陷点（源）的监测和预警方案，根据监测结果，采取有针对性的避险措施。

（2）专项保护设计

隧址区前期受多条隧道开挖的影响，地质环境不同程度遭受破坏，目前保持着一种脆弱的平衡，新隧道开挖严格控制排水，采用“以堵为主，有压隧道”的原则进行专项地下水保护设计。

（3）专项治理

岩溶塌陷采取“早期预测、预防为主、防治结合”的防治思路，采用地表封闭防渗、地下加固等措施。已发生的地面塌陷做好陷坑周边的地表排截水系统，防止地表水渗漏；若发生新的塌陷，应及时采用回填、跨越、强夯、灌注、深基础、疏排围改、平衡地下水气压力及综合治理等措施，避免对周边地面产生牵连性变形破坏。

（4）超前地质预报

施工过程中应加强地质超前预报工作，严格

按超前预报确定的情况实施超前注浆、帷幕注浆，控制进尺和及时封闭，减少排放段长度和排放量。在集中涌水地段贯彻以“堵”为主方针，要求严密堵水、超前堵水。可采用超前帷幕注浆，在衬砌与围岩之间做严密隔水层等工程措施，将地下水予以封堵。

（5）专项施工方案

严控有序施工作业，编制完善的专项施工方案及防水预案，将隧道建设的影响降到可控范围。

6　工程成果与效益

根据拟建双碑隧道工程特点，本项目勘察采用了工程地质测绘、钻探、物探、抽压水试验及水文专项勘察等综合性勘察手段，高质量完成了本项目勘察任务，提交了准确的勘测成果，全面如实反映了场地岩土工程条件，结论准确，建议合理，并提出了可行的合理化建议，保障了工程施工的前瞻性和可控性，为设计、施工提供了可靠的基础资料。在设计、施工阶段的技术服务过程中，通过地质分析解决了施工过程中的工程问题，双碑隧道工程在 2015 年 2 月实现顺利通车使用，保证了快速路“三横线”的顺利贯通，对促进西部新城、大学城、两江新区等片区经济社会发展具有重要意义，有效提高了城市交通运行能力，经济社会效益十分显著。

勘察报告正确预测了双碑隧道涌水量及地下水最大水头压力，隧道实际涌水量与报告结论基本一致；勘察报告明确了岩溶突水、涌泥地段，预测了岩溶槽谷井、泉漏失及岩溶塌陷位置与规模，为制定预防环境影响、保障工程安全的设计措施提供了准确资料。本项目勘察有效地控制设计、施工阶段的风险，节约了工程投资。

以精确的勘测成果报告作为支撑，对设计方案的优化、施工组织的设置等奠定了基础，不仅加快了施工进度和施工效率，有效地降低了施工期间对地质环境的破坏，对沿线附近居民生产生活的不利影响；为项目全生命周期的安全保障提供了可靠的技术支撑。

本项目勘察过程中不断采用新设备、引进新技术，提升了重庆市勘察装备水平；勘察过程中的方案策划、技术路线、勘察方法手段及针对性的勘察重难点分析等，为重庆市今后的勘察工作提供了新的技术手段，也对重庆市以后城区越岭岩溶隧道勘察工作提供了示范技术指导和借鉴意义。

大唐运城电厂（2×600MW）新建工程岩土工程勘察实录

李东杰

（中国能源建设集团山西省电力勘测设计院有限公司，山西太原　030001）

1　工程概况

大唐运城电厂（2×600MW）新建工程，建设规模 2×600MW，安装两台燃煤空冷发电机组并留有扩建余地，工程规划容量按 4×600MW 考虑。拟选场址位于芮城县风陵渡镇以西 1km 处。行政区划分别属于芮城县风陵渡镇，占地面积为 39.89 公顷。本工程重要性等级为一级，场地复杂程度等级为一级，地基复杂程度等级为一级，综合确定本工程勘察等级为甲级。

2　勘察方案与完成工作量

2.1　勘察目的与要求

根据勘测任务书、技术指示书及相关规程规范的要求，本阶段岩土工程勘测的主要任务为：

（1）查明各建筑地段的地基岩土类别、层次、厚度积沿垂直和水平方向的分布规律。

（2）提供地基岩土承载力、抗剪强度、压缩模量等物理力学性质指标及其他设计所需计算参数。

（3）查明各建筑地段的湿陷性黄土分布规律、湿陷类型及湿陷等级。

（4）查明各建筑地段地下水的埋藏条件，必要时应查明水位的变化幅度及规律。

（5）判定地基土及地下水在建筑物施工和使用期间可能产生的变化及其对工程的影响。

（6）分析和预测由于施工和运行可能引起的环境地质问题，并提出防治措施。

（7）对需进行沉降计算的建筑物，提供地基变形计算参数。

（8）提供深基坑开挖所需稳定计算和支护设计的岩土工程技术参数。

本次岩土工程勘测的目的：根据不同建筑物的类别、特点、重要性及已确定的地基方案和不良地质现象整治措施，对各建筑地段的地基作出详细的岩土工程评价，并为其地基基础和不良地质现象整治的设计、施工提供岩土工程资料。

2.2　勘察技术方案及完成工作量

依据设计任务书及技术指示书的要求，按照现行规范制定了详细完善的勘测大纲，采用了钻探、井探、剪切波速测试及标准贯入试验、静力触探等手段齐全的勘测方法。特别是施工图设计阶段，在总平面布置没有确定的情况下，勘测人员充分利用前期勘测成果，对主要建（构）筑物的多个方案进行重点勘测，并及时反馈到设计人员，优化了厂区总平面布置。施工图设计阶段的勘测工作量严格按照建筑物的布置并且控制整个厂区，共完成钻孔 103 个，总进尺 2943.40m；探井 24 个，总进尺 478.00m；静力触探孔 25 个，总进尺 644.30m；剪切波速测试孔 6 个，测试点 177 个；土壤电阻率测试 30 个点，测试深度 15m；标准贯入试验 239 次，采取原状土样 347 件，利用钻孔 50 个，进尺 1244.20m。根据土层特点，原状土样全部由探井所取，土样等级全部为Ⅰ级。除进行常规物理力学性质试验外，针对性地布置了一些特殊测试项目，如高压固结试验、三轴剪切试验、无侧限抗压强度试验等。

2.3　工程特点

勘测场地上部湿陷性黄土厚度较大，下部分布有较为均匀的细砂层。电厂作为甲类建筑物，建（构）筑物荷载较大及其对沉降变形的要求比较高，地基处理时应消除地基的全部湿陷量或穿透全部湿陷性土层。勘察时除查明场地地层分布外，还须查明场地湿陷性黄土厚度及其湿陷等级，地基处理时应根据黄土湿陷量及湿陷等级，选取合适的地基处理方案。

3 岩土工程条件

3.1 地形地貌及地基土岩性

拟选厂址位于芮城县境内，属灵宝盆地北部边缘，中条山南麓的黄河Ⅱ级阶地上。厂区地势东北高西南低，厂址区地面标高365.73～367.95m。根据厂区工程地质钻探、井探和原位测试（标准贯入、超重型动力触探）及室内试验情况，将钻探揭露范围内地基土岩性自上而下叙述如下：

①层，黄土状粉土（Q_4^{al+pl}），棕褐—黄褐色，稍密，稍湿，发育虫孔及针状孔隙，见少量生物螺壳，上部植物根系发育，含有少量粉细砂，土质较均匀。该层分布于整个场地，厚度3.0～8.4m，由北向南缓倾。

②$_1$层，黄土（粉土）（Q_3^{al+pl}），灰黄—浅黄色，稍密，稍湿，发育虫孔及针状孔隙，见少量白色钙质条纹，个别地段含少量小姜石，含生物螺壳，土质较均匀。该层分布于整个场地，厚度一般为3.9～10.6m。

②$_2$层，黄土（粉土）（Q_3^{al+pl}），棕黄—黄褐色，中密，稍湿，发育虫孔及针状孔隙，含少量小姜石，见少量白色钙质菌丝，含生物螺壳，土质较均匀。该层分布于整个场地，厚度一般为2.2～6.9m。

②$_3$层，黄土（粉土）（Q_3^{al+pl}），棕黄—棕褐色，底部为灰褐色，中密，稍湿，发育虫孔及针状孔隙，含大量姜石，见少量白色钙质菌丝，含生物螺壳，土质较均匀。该层分布于整个场地，厚度一般为5.0～10.3m。

③层，细砂（Q_3^{al+pl}），黄褐—橘黄—黄白色，密实，矿物成分主要为长石，其次为石英，颗粒均匀，局部地段可相变为中砂。局部地段夹薄层卵石及粉土透镜体，该层分布于整个场地，本次勘探未揭穿，最大揭露厚度为16.10m。

以上各岩土层主要物理力学性质指标见表1。

各岩土层主要物理力学性质指标　　表1

层号	天然含水率w/%	天然重度γ/（kN/m³）	天然隙比e	饱和度S_r/%	液性指数I_L	塑性指数I_P/%	压缩系数$a_{(1-2)}$/MPa^{-1}	压缩模量E_{S1-2}/MPa	抗剪强度		承载力特征值f_{ak}/kPa
									黏聚力c/kPa	内摩擦角/°	
①	17.8	16.4	0.944	51.3	0.08	9.1	0.66	4.02	23.0	20.3	105
②$_1$	10.4	15.0	0.984	28.6	−0.76	8.5	0.25	12.01	28.6	19.9	150
②$_2$	11.5	15.5	0.945	32.9	−0.62	8.9	0.15	14.51	33.3	18.7	170
②$_3$	16.8	17.1	0.852	54.4	−0.08	9.6	0.13	16.48	40.3	19.3	180
③											300
备注											

3.2 地下水条件

本次勘测在勘探深度范围内未见地下水位，厂址的地下水位埋深大于50m，可不考虑地下水对地基基础的影响。

4 特殊土评价

场地分布有深厚黄土，为了判别场地内黄土湿陷性，采用探井取Ⅰ级土样进行黄土湿陷性试验。通过室内试验可知，拟选勘测场地①层黄土状粉土和②$_1$层黄土（粉土）、②$_2$层黄土（粉土）及②$_3$层黄土（粉土）具有湿陷性，自重湿陷系数0.015～0.100，根据现行《湿陷性黄土地区建筑标准》GB 50025，自重湿陷量按公式$\Delta_{zs}=\beta_0\sum_{i=1}^{n}\delta_Z S_i h_i$计算。

根据现行《湿陷性黄土地区建筑标准》GB 50025，基底下各层土的湿陷量计算值按公式$\Delta_s=\sum_{i=1}^{n}\beta\delta_{si}h_i$计算。考虑到2×600MW机组基地压力较大，本次室内土工试验测定湿陷系数的压力采用100～600kPa，湿陷系数0.015～0.183。该湿陷性土层厚23.8～25.9m，湿陷起始压力8.4～407.0kPa。根据土分析结果，湿陷系数及湿陷厚度，根据现行《湿陷性黄土地区建筑标准》GB 50025，计算自重湿陷量及总湿陷量结果自重湿陷量226.8～730.1mm，总湿陷量392.8～1623.6mm。

由此可以看出，勘测场地为Ⅲ～Ⅳ级自重湿陷性黄土场地。根据已有资料，勘测场地内①层黄土状粉土、②$_1$层黄土（粉土）、②$_2$层黄土（粉土）及②$_3$层黄土（粉土）具有湿陷性，为Ⅲ～Ⅳ级自重湿陷性黄土，湿陷性黄土厚度23.8～25.9m，勘测场地为Ⅲ～Ⅳ级自重湿陷性黄土场地。

5 原位测试成果分析

5.1 标准贯入试验

为了判别场地内粉土、砂土的密实程度及地基土的承载力，本次勘测共进行了标准贯入试验37个孔，标准贯入次数264次，从整理出标准贯入试验击数来看，标准贯入击数自上而下逐渐增大。根据《工程地质手册》，对实测的标准贯入击数（N'）进行修正，标准贯入试验击数统计值见表2。

5.2 静力触探试验

本次勘测中静力触探试验共选取了25个孔，进尺644.30m，从整理出静力触探试验成果曲线来看，①层黄土状粉土为欠固结土，各层土的静力触探试验结果统计值见表3。

标准贯入试验击数统计值表 表2

层号	统计个数/个	范围值/击	实测平均击数/击	修正后平均击数/击	地基承载力标准值f_{ak}/kPa
①	54	1.5～16.5	4.5	4.4	120
②$_1$	86	3.0～16.5	7.4	6.3	157
②$_2$	81	4.5～21.0	9.5	7.2	169
②$_3$	43	6.0～29.5	11.6	8.2	186

静力触探试验结果统计表 表3

层号	锥尖阻力q_c/MPa	侧壁摩阻力f_s/MPa	压缩模量E_s/MPa	地基承载力标准值f_{ak}/kPa
①	1.52	0.032	5.4	105
②$_1$	3.18	0.098	8.6	150
②$_2$	4.18	0.107	11.5	170
②$_3$	3.2	0.098	10.0	180
③	8.92	0.131	20.0	300

5.3 波速测试

为了判别场地土类别及查明场地地震效应相关参数，根据《火力发电厂岩土工程勘测技术规程》DL/T 5074及《建筑抗震设计规范》GB 50011有关规定，本次勘测进行了场地地基土的剪切波速测试，测试采用单孔检层法，参加测试钻孔数为5个，最大深度为33m。测试结果：C12孔，V_{se} = 277.74m/s；C19孔，V_{se} = 263.47m/s；C28孔，V_{se} = 263.82m/s；C31孔，V_{se} = 263.82m/s；C36孔，V_{se} = 262.30m/s。

6 场地地震效应

（1）根据《中国地震动参数区划图》GB 18306和《建筑抗震设计规范》GB 50011，拟建勘测场地所在地区地震动峰值加速度为0.20g。拟选场地的地震动反应谱特征周期0.35s，抗震设防烈度为8度。

（2）为判别建筑场地类别，在场地内选择C12等5孔采用单孔检层法进行土层剪切波速测试。测试结果：V_{se} = 262.30～277.74m/s。本场地覆盖层厚度按大于5m考虑，根据现行《建筑抗震设计规范》GB 50011第4.1.6条规定判定场地土类别为中硬场地土，建筑场地类别为Ⅱ类。

（3）根据本次勘测结果，拟建场地内地下水埋深大于50m，场地20m深度范围内不存在饱和砂土和粉土，不存在液化土层。

7 岩土工程条件分析与评价

①层，黄土状粉土，分布于整个厂区表层，压缩系数为0.66MPa^{-1}，为高压缩性土层，厚度不均，为Ⅲ～Ⅳ级自重湿陷性黄土，承载力特征值为105kPa，不宜直接作为主要建筑物的天然地基持力层。

②$_1$层，黄土（粉土），分布于整个厂区表层，压缩系数为0.25MPa^{-1}，为中等压缩性土层，厚度

不均，为Ⅲ～Ⅳ级自重湿陷性黄土，承载力特征值为 150kPa，不宜直接作为主要建筑物的天然地基持力层。

②$_2$层，黄土（粉土），该层分布于整个场地，压缩系数为 0.15MPa^{-1}，为中等压缩性土层，为Ⅲ～Ⅳ级自重湿陷性黄土，承载力特征值为170kPa，不宜直接作为主要建筑物的天然地基持力层，可作为建筑桩基的一般持力层。

②$_3$层，黄土（粉土），该层分布于整个场地，压缩系数为 0.13MPa^{-1}，为中等压缩性土层，为Ⅲ～Ⅳ级自重湿陷性黄土，承载力特征值为180kPa，不宜直接作为主要建筑物的天然地基持力层，可作为建筑桩基的一般持力层。

③层，细砂，密实，分布均匀，该层分布于整个场地，最大揭露厚度为 16.1m。承载力特征值为300kPa，可作为建筑物桩基的主要持力层。

综上所述，勘测场地内①层黄土状粉土、②$_1$层黄土（粉土）、②$_2$层黄土（粉土）及②$_3$层黄土（粉土）具湿陷性，为Ⅲ～Ⅳ级自重湿陷性黄土，不满足天然地基持力层的要求，需进行地基处理。按照现行《湿陷性黄土地区建筑标准》GB 50025，“甲类建筑物应消除地基的全部湿陷量或穿透全部湿陷性土层。对乙、丙类建筑应消除地基的部分湿陷量”。

8 工程难点及解决方案

8.1 工程难点

本工程场地为Ⅲ～Ⅳ级自重湿陷性黄土场地，湿陷性黄土厚度可达 25m 左右。根据现行《湿陷性黄土地区建筑标准》GB 50025，大型发电厂地基处理时对于如此深厚度的湿陷性黄土时应全部消除其湿陷性。附近工程，如河津电厂、韩城电厂等，其处理湿陷性黄土的地基处理方法主要为强夯法，这种地基处理的方法不仅难度很大，而且地基处理费用高；另外，目前国内最大的夯击能量显然很难达到要求，而采用分层强夯，势必增加施工难度，处理效果也难于保证。因此，选择合理的地基处理方案是本工程的主要难点。

8.2 解决方案

尽管现场采取用于室内黄土湿陷性试验的土样为Ⅰ级，但是由于土样从原地基土中取出后周围应力状态发生改变，往往造成湿陷系数偏大。为了克服黄土室内试验的局限性，更准确判别本工程场地黄土湿陷类型，本工程进行了大型现场浸水试验。大型黄土浸水试验坑深 0.8m，坑底面积 28m × 32m，共浸水 40d，总计注水量约为 8000m^3。实测了黄土自重湿陷量和湿陷下限，为工程设计取得了准确的试验数据。

为了获得地基处理的技术和经济分析资料，明确地基处理施工中的技术问题，为地基优化设计和施工提供依据并选择更加经济、合理、可行的地基处理方式，进行了地基处理试验。试验方案为：人工挖孔扩底灌注桩和钢筋混凝土夯扩桩两种桩型进行对比试验。人工挖孔扩底灌注桩试桩桩径选用 1000mm，扩底直径 2200mm，钢筋混凝土夯扩桩选采用桩径 500mm，桩端入持力层500mm 后夯扩为 1000mm。试验项目主要有垂直静力载荷试验，水平载荷试验，桩身内力测试采用滑动测微计，动力测试进行了高、低应变试验。

通过现场试验，取得了如下成果：

（1）通过大型黄土浸水试验，实测自重湿陷量为 82mm，湿陷下限深度 20m，利用滑动测微计准确测定了浸水期间单桩单位侧摩阻力、端阻力和单位负摩阻力，为湿陷性黄土地基处理提供了准确参数。

（2）通过人工挖孔扩底灌注桩和钢筋混凝土夯扩桩对比试验，确定人工挖孔扩底桩试桩的单桩极限承载力为 15471kN，钢筋混凝土夯扩桩的单桩极限承载力为 2400kN，为本工程桩基优化提供了准确数据。

9 地基处理方案分析与论证

根据勘测成果及现场试验结果，经相关人员充分分析论证，认为在该地区进行地基处理，在满足设计要求的前提下，要取得最佳效果和经济效益，首先应消除场地的湿陷性，但考虑到勘测场地均匀分布一层较好的砂层作为桩端持力层，对于单桩承载力将起到良好作用，因此在主要建筑地段采用孔内深层强夯（DDC）素土桩首先将黄土的湿陷性消除，以消除黄土自重湿陷产生的桩侧负摩阻力，采用人工挖孔扩底灌注桩，将桩端放在非湿陷性土层③层细砂层上并进行扩底，充分发挥桩端持力层的端承力。附属建筑则采用孔内深层强夯（DDC）灰土桩消除黄土的部分湿陷性，以满足不同建筑的地基处理要求。

考虑到 2×600MW 机组的重要性，本次勘测在主厂房地段进行了桩基试验，根据《建筑桩基技术规范》JGJ 94，在自重湿陷性黄土地基中，宜采用干作业法的钻、挖孔灌注桩，在成桩工艺上应采用人工挖孔灌注桩和混凝土预制桩，本次试验桩型为人工挖孔灌注桩，桩径 1.0m，扩底桩径 2.2m，桩长 21.0m，桩端入③层细砂层 1.0m，根据桩基静载荷试验结果，在消除自重湿陷性黄土负摩阻力影响的情况下，单桩极限承载力为 20000kN，满足电厂主要建（构）筑物的承载力要求。

为了消除上部土层的湿陷性，本次勘测在附属建筑地段进行了复合地基试验，采用桩型为 DDC 灰土挤密桩，桩径为 600mm，桩间距 1.0m，桩长 24.0m 左右，采用 3：7 灰土孔内强夯对黄土层进行挤密，施工 28d 后对桩间土取土分析，其湿陷性已完全消除，根据复合地基静载荷试验结果，其复合地基承载力为 400kPa。

因此在主要建（构）筑物地段处理措施可考虑采用桩基础，在成桩工艺应采用人工挖孔灌注桩，以③层细砂层作为桩基主要持力层，桩长可按基底下 21m 考虑。附属建筑物可考虑采用 DDC 灰土挤密桩进行处理。地基处理试验对多种复合地基形式和桩基方案进行了对比试验，达到了预期的效果，为大唐运城发电厂的地基处理方案优化提供了保证。

10 工程成果与效益

大唐运城发电厂（2×600MW）新建工程各个阶段的岩土工程勘测过程中，勘测专业始终坚持效益与质量并举的方针。实践证明，无论是厂址选择，还是湿陷性黄土地基处理方案的确定，以及整个勘测工作的不断优化和创新，都为本工程节约了大量的建设费用，降低了工程造价，工程成果与效益显著。

10.1 工程成果

（1）本工程勘测场地属于深厚湿陷性黄土场地，湿陷等级高，湿陷厚度可达 25m 左右，在国内较为罕见，其地基处理难度极大。在岩土工程勘测过程中，边勘察、边探索、边研究、边总结、边实践，勘探、测试、研究和试验手段齐全，为深厚湿陷性黄土地区的勘测和岩土工程测试积累了宝贵的经验，具有较好的社会效益。

（2）多方咨询，优化地基处理方案，采用孔内深层强夯（DDC）桩施工优化，消除黄土湿陷性效果明显，为同类工程的地基处理在湿陷性黄土地区的推广打下了坚实的基础。

（3）首次通过自平衡法和锚桩反力法对比载荷试验，首次引入滑动测微计与钢筋应力计和压力盒进行对比，准确反映了单桩竖向极限承载力，测定了浸水期间单桩单位侧摩阻力、端阻力和单位负摩阻力，为桩基设计提供准确的数据。

10.2 经济效益

（1）在充分收集区域地质及工程地质资料的基础上，在构造稳定性方面均满足建厂要求，根据地质条件进行厂址优化，优化后的厂址由于有好的桩基持力层，单桩极限承载力可成倍增长，桩长也比东姚温厂址和侯峰厂址要短，比较而言，主要建筑地段地基处理费用比东姚温厂址节省约 3000 万元，比侯峰厂址节省约 5000 万元。

（2）多方咨询，优化地基处理方案，采用孔内深层强夯（DDC）桩施工优化，消除黄土湿陷性效果明显，与强夯法进行地基处理相比，节省地基处理费用 900 万元以上。

（3）依据本工程的勘探、测试、试验和研究成果，特别是锚桩反力法和自平衡法对比载荷试验，以及人工挖孔扩底灌注桩和钢筋混凝土夯扩桩对比试验，优化了桩基布置方案，经济效益巨大。

桃浦科技智慧城中央绿地项目勘察、山体地基处理设计和监测实录

袁雷雷　蒋益平　陈洪胜　马　骏　徐宏跃　王同瑞　刘长礼

（上海市城市建设设计研究总院（集团）有限公司，上海　200125）

1　工程概况

桃浦科技智慧城中央绿地工程位于普陀区桃浦科技智慧城内，沪嘉高速以南，西至敦煌路东至景泰路，北至沪嘉高速，南至武威路，整体为较狭长形态的公共绿地，工程合计总面积为 497642m^2。项目位置如图 1 所示。

图 1　工程位置示意图

本项目内容主要包含景观工程、桥梁工程、隧道工程、山体地基处理工程、河道及人工湖堤岸和道路工程等。

工程范围内布置了 11 座景观山体，山体标高为 9.5～21.5m，最大坡度 1：3，局部为 1：2.5，且超过 1/3 坡脚临新建人工湖，湖底标高为 1.5m；场地内设置若干景观桥梁，桥梁宽度在 2～5.5m，长度一般在 14～27m；古浪路和常和路均采用隧道结构穿越景观山体。其中古浪路隧道上山体设计标高 20.0m，隧道长度约 130m，常和路隧道上山体设计标高 9.5m，隧道长度 232m，埋深均约为 6m；公园内人工湖和河道堤岸拟采用斜坡式堤岸，开挖深度为 2～3m；景观平台位于桥涵上方的填土范围，基础形式为筏形基础。

中央公园内 620 号、610 号、609 号地块内需填造山体。山体地基处理设计根据不同的山体高度、地质情况及周边环境情况，主要采用泡沫轻质土、EPS 填筑，针对厚软土采用就地固化、水泥土搅拌桩或 PHC 管桩等处理方式，满足山体稳定和变形要求，景观山体效果图和鸟瞰图分布见图 2 和图 3 所示，山体处理概况见表 1。

620 号、610 号、609 号地块景观山体处理概况

表 1

山体名称	最大标高/m	最大坡度	所属地块	处理方案
景观山体二	21.5	1：3	620 号、610 号	固化＋PC 桩＋泡沫轻质土＋EPS＋临湖搅拌桩
景观山体四	13.5	1：3.5	610 号	固化＋泡沫轻质土＋临湖搅拌桩
景观山体七	12.5	1：3	609 号	固化＋泡沫轻质土＋临湖搅拌桩

注：其余景观山体仅针对揭遇暗浜进行挖除换填处理。

图 2　景观山体效果图

图 3　景观山体鸟瞰图

古浪路和常和路隧道内部净高最 1.7～6.0m，水平净距约 40.5m。隧道下部设置格构式

获奖项目：2020 年度“上海市优秀工程勘察设计奖”一等奖。

地下墙。古浪路隧道横断面如图 4 所示。

监测工作主要针对人工填造三座山体稳定性进行全方位观测，项目同步实施隧桥承台垂直位移及水平位移、跨中收敛监测，土体分层沉降和深层土体测斜监测，重点对山体滑坡进行监测。

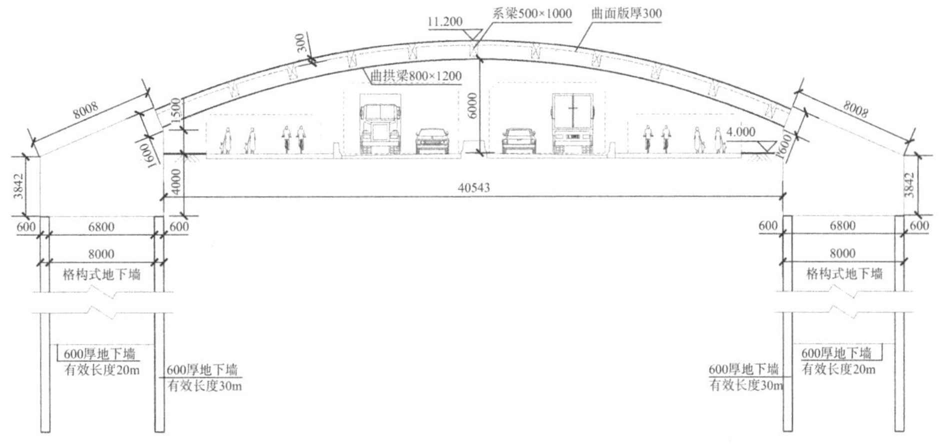

图 4　古浪路隧道横断面图

2　工程难点及解决方案

1）工程体量大，涉及多专业协调

难点：场地总面积大，工程体量大。包括景观山体共 11 座，主山体的最大设计标高为 21.5m；主山体跨越古浪路和常和路，采用隧道结构从主山体内部穿越。此外，勘察专业还涉及景观桥梁、河道及人工湖堤岸等工程。

解决方案：勘察、结构设计和地基处理三个专业充分沟通协商，确定经济合理的上部山体荷载、隧道结构强度和地基处理方法。勘察专业针对性布置勘察方案。

地质条件复杂，采用科学经济勘察手段

难点：场地主要位于古河道沉积区，浅部饱和软黏土厚度大，是大面积堆土的主要压缩层；下部可作为桩基工程良好持力层的⑦层粉砂分布不均；地质条件对景观山体的建设不利；勘察和设计充分根据土层特点开展针对性的工作。

解决方案：根据场地地质条件，勘察采用了地质钻探、静力触探试验、标准贯入试验、十字板试验，力图客观准确地对场地岩土工程条件进行分析评价，为设计提供准确可靠的岩土参数。

积极应用了多项成熟的新技术，采用专利技术隐形轴阀式厚壁取土器、外肩内锥对开式塑料土样筒、塑料土样筒开筒扳手、地质勘探用扩孔装置和静力触探深孔防斜装置等十几项成熟专利技术，提高了勘察质量和效率。

2）山体结构复杂，地基处理方案科学经济

难点：山体高度不一，坡度变化大，地质情况和周边环境复杂。场地内存在暗浜和软土地基，对沉降要求较高。

解决方案：根据山体的高度、坡度、地质情况及周边环境情况，通过计算分析和有限元模拟，对每座山体采取针对性的处理措施；对场地内的明暗浜，根据暗浜位置的山体高度，山体高度较低时，采用清淤回填拆迁建筑废料回填，山体高度较高时，采用软土就地固化处理，提高暗浜处理后的地基承载力；对山体地基软土采取就地固化处理，提高地基承载力和山体稳定；主山体隧道两侧，布置 PHC 管桩处理，控制山体的沉降，减少山体沉降对隧道结构的影响。隧道上部采用 EPS 轻质材料填筑；隧道结构台背三角区范围内，采用泡沫轻质土回填。

3）克服诸多困难，科学开展监测工作

难点：本工程同步施工及监测项目多，监测工作在实施过程中面临着诸多困难：

（1）监测点安装难度较大

非传统监测项目的监测点安装程序繁琐，难度大，对监测人员与总包单位等多家单位现场协调配合要求极高。

（2）监测点保护难度较大

本项目监测点较为密集，且大多数位于施工区域内，堆土作业对监测点的破坏性较大，稍有不慎，则会挤断监测点。

（3）沉降板水准测量难度较大

沉降板监测点分布在山顶的不同位置，其高

差较大，水准线路传递较为困难。

（4）数据分析难度较大

上海地区针对人工堆造山体监测项目较少，缺少有价值的参考数据和经验值，本项目存在较多的非传统监测参数，故在数据综合分析及工程风险预判等方面均有较大难度。

4）解决方案

（1）紧跟施工进度并加强现场巡视，及时有效接长监测点，以免错过最佳的作业时间。

（2）在整个监测工作实施的过程中，监测人员加密了现场巡检频次，及时发现监测点存在的问题并进行补救，保证了监测点成活率。

（3）采用3m长的铟钢尺，减少水准线路受山体高差的影响，提高了监测精度及工作效率。

（4）本项目监测工作开展过程中及时将监测数据上传到我司独立研发的监测数据平台，组织多专业、经验丰富的专家在后台对数据进行集中研判，并结合现场对出现风险的监测点加密观测情况，对整个监测工作进行了有效的风险控制。

3 勘察方案和工作量

根据各建（构）筑物的结构特点、基础形式、荷载和沉降要求，综合考虑景观工程、桥梁工程、隧道工程、山体地基处理工程、河道和人工湖堤岸等，统筹安排，相互兼顾利用，满足规范要求前提下，力求方案经济。

根据设计意图和上海市工程建设标准《岩土工程勘察规范》DGJ 08—37—2012[1]的规定布置勘探孔。合理布置勘察工作量，以满足规范对详勘阶段的孔距、孔深的要求。

（1）勘探孔间距

堆土工程：景观绿地堆土考虑地基处理要求，对填土厚度大于6m区域勘探孔距按35～45m考虑；其余高填土区域勘探孔距为45～50m。一般堆土区勘探孔距小于100m。

桥梁工程：均为园区内景观桥梁，每座桥梁2～3个勘探孔，局部两座桥梁距离较近，综合考虑布置3个勘探孔。

隧道工程：按间距35m双排布置勘探孔。

河道和人工湖堤岸：为斜坡式堤岸，勘探孔间距小于100m，可充分利用堆土工程勘探孔。

景观工程：为筏形基础，位于中央堆土区域的填土上，充分利用堆土工程勘探孔。

（2）勘探孔深度

拟建桥梁、隧道工程采用桩基方案，隧道上方土堆厚度较高，考虑负摩阻力影响，按桩可能的最大入土深度确定勘探孔深度。（表2）

勘探孔深度一览表　　　　表2

单体		一般性孔深/m	控制性孔深/m
桥梁工程		40.0	45.0
隧道工程		65.0	70.0
堆土工程	＞8m	46.0	65.0
	6～8m	30.0	65.0
	＜6m	25.0	35.0
其他工程		利用堆土工程勘探孔	

（3）完成工作量

本工程野外勘察进场于2016年9月20日开始，完成取土样（兼标准贯入）孔63个，进尺2732m；静力触探孔110个，进尺3974m。

4 工程地质条件

4.1 地形地貌及周边环境

本工程场地在建造景观山体前均为厂区，部分尚在运营，部分已停工并开始拆除。地块周边均为现有道路，其中北侧地块距沪嘉高速（S5公路）约75m。

勘察期间，勘探孔孔口标高一般在3.41～4.78m之间，平均标高4.06m。本场地地貌类型单一，属滨海平原地貌类型。

4.2 工程地质条件

根据勘察资料（图5、图6），场地地基土在勘察深度范围主要由饱和黏性土、粉性土、砂土组成。按地基土地质时代、成因类型、分布发育规律及工程地质特征，可将其划分为9个工程地质层、18个地质亚层（详见表2），其中①$_{1}$、①$_{2}$、②、③、④、⑤$_{1\text{-}1}$、⑤$_{1t}$、⑤$_{1\text{-}2}$、⑤$_{3}$、⑤$_{4}$均为全新世Q_4沉积物；⑥$_{1}$、⑥$_{2}$、⑦$_{1}$、⑦$_{1t}$、⑦$_{2}$、⑧$_{1}$、⑧$_{2}$、⑨和⑨$_{t}$均为全新世Q_3沉积物。

根据场地土层分布情况，拟建场地主要位于正常沉积与古河道沉积交互区，土层分布存在一定变化。

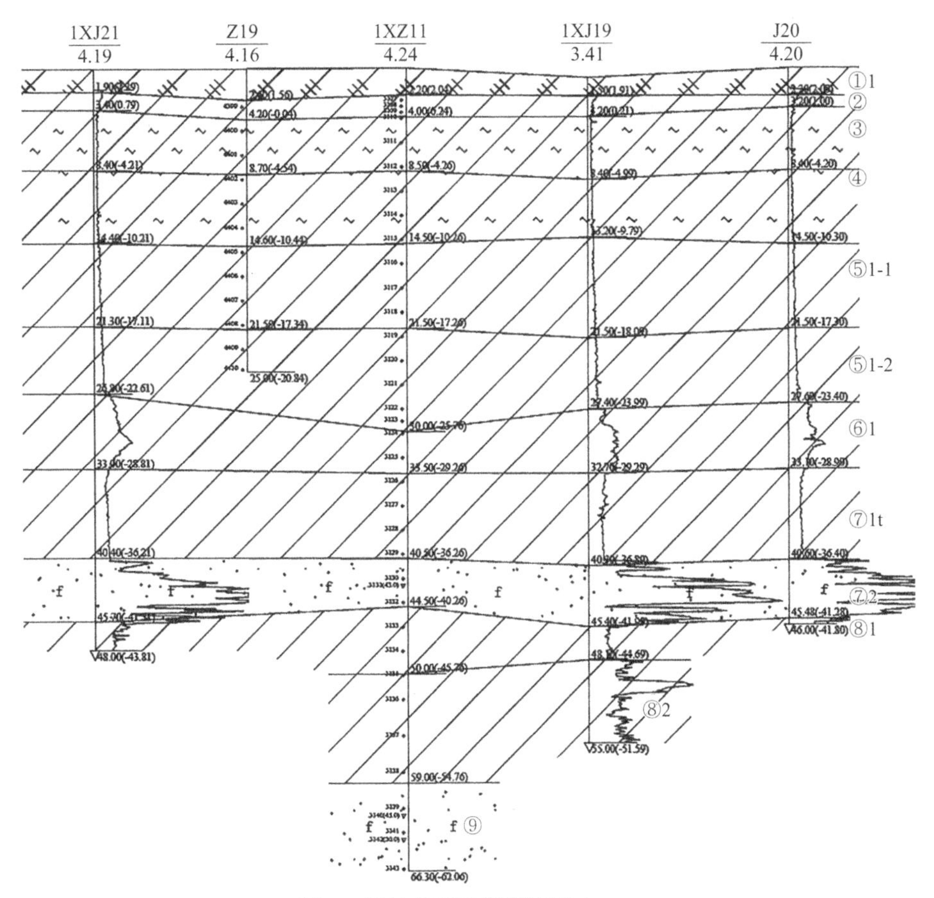

图 5　场地典型地质剖面图 1

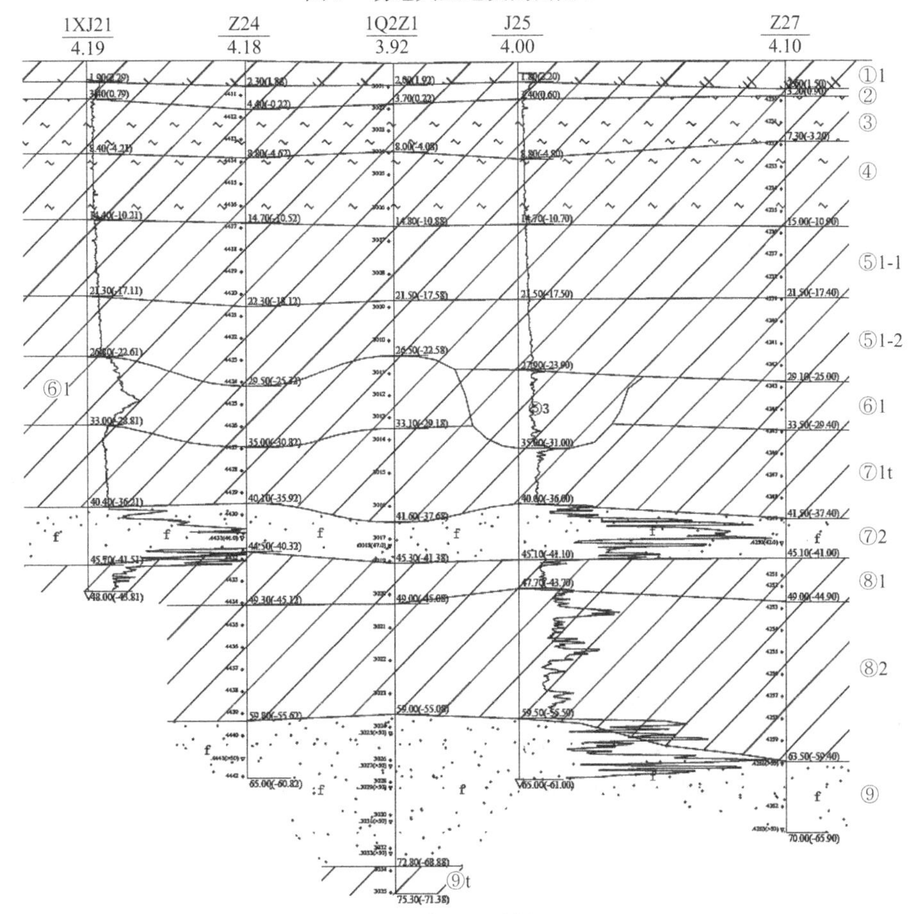

图 6　场地典型地质剖面图 2

4.3　水文地质条件

根据勘察资料揭示（表 3），该建设场地地下水类型包括潜水和（微）承压水。

1）潜水

该场地潜水赋存在浅部土层中。潜水主要接受地表水和大气降水的补给，多以蒸腾方式排泄，水位受降雨、潮汛、地表水及地面蒸发的影响有所变化，浅部土层中的潜水位埋深离地表面一般为 0.3～1.5m，年平均地下水位埋深在 0.5～0.7m，设计高水位埋深 0.3m，低水位埋深 1.5m。

勘察期间所测钻孔地下水位为浅部土层潜水水位，本次对钻孔进行了地下静止水位测量，其稳定水位埋深为 0.70～3.70m，平均水位埋深 1.26m，相应水位埋深标高−0.21～3.73m，平均水位埋深标高 2.80m。

大面积堆土时，潜水位会随地面标高的升高而上升，其潜水位埋深 0.30～1.50m。

2）（微）承压水

根据勘察资料，场地内的⑤$_{1t}$层为微承压水含水层，⑥$_2$、⑦、⑨层为承压水含水层；（微）承压水一般呈周期性变化，微承压水位埋深一般为 3.0～11.0m，承压水位埋深一般为 3.0～12.0m。

工程地质特性表　　表 3

序号	土层名称	颜色	状态/密实度	平均厚度/m	层底标高/m	土层简要描述
①$_1$	填土	—	—	1.7	3.7～−0.2	表层为建筑老基础或地坪，其下以石子为主，夹少量黏性土及植物根茎
①$_2$	浜填土	灰黑	流塑	1.7	2.5～−0.70	具腥臭味，含大量有机质及腐殖质
②	粉质黏土	灰黄—褐黄	可—软塑	1.8	1.8～−0.3	含氧化铁斑点及铁锰质结合，向下土性渐软
③	淤泥质粉质黏土	灰	流塑	4.8	−3.0～−5.0	含有机质，局部夹粉土薄层，土质不均
④	淤泥质黏土	灰	流塑	6.7	−9.8～13.0	含有机质及少量贝壳碎屑，局部夹粉土
⑤$_{1t}$	黏质粉土	灰	松散	1.3	−11.0～−14.2	含云母、有机质，局部夹薄层黏性土
⑤$_{1\text{-}1}$	黏土	灰	软塑	5.6	−15.1～−18.6	夹半腐殖质、泥钙质结合
⑤$_{1\text{-}2}$	粉质黏土	灰	软塑	7.7	−18.1～−27.7	含云母，偶见泥钙质结合，局部夹薄层粉土
⑤$_3$	粉质黏土	灰	软塑	5.4	−25.4～−33.3	含云母、有机质。场地内局部分布
⑤$_4$	粉质黏土	灰绿	可塑	3.6	−29.7～−36.3	含氧化铁斑点、铁锰质结合
⑥$_1$	粉质黏土	暗绿—草黄	可塑	5.1	−18.7～−32.6	含氧化铁斑点、铁锰质结合，土质均匀
⑥$_2$	砂质粉土	灰—草黄	稍—中密	4.0	−23.4～−36.8	含云母、少量有机质条纹，局部夹黏性土
⑦$_{1t}$	粉质黏土夹粉土	灰	可—软塑	6.8	−35.7～−38.4	含少量有机质，夹分层粉土，呈透镜体状
⑦$_2$	粉砂	灰	密实	4.4	−38.6～−46.6	含云母、石英、长石等，夹少量薄层粉土
⑧$_1$	粉质黏土	灰	软塑	3.9	−43.2～−48.0	含云母、有机质，局部夹薄层粉土
⑧$_2$	粉质黏土与粉砂互层	灰	可塑	11.7	−51.3～−64.1	含云母，局部以砂质粉土为主
⑨	粉砂	灰	密实	4.5	−59.5～−68.9	由石英、长石、云母等组成，夹薄层黏性土
⑨$_t$	粉质黏土夹粉土	灰	可塑	未揭穿	未揭穿	夹薄层粉土，土质不均

4.4　场地地震效应

拟建场地抗震设防烈度为 7 度。场地设计基本地震加速度值为 0.10g，场地类别为Ⅳ类，场地属抗震一般地段。拟建场地 20m 深度范围内发育⑤$_{1t}$灰色黏质粉土，根据规范判断该层为不液化土层，拟建场地可不考虑地震液化影响。

根据上海地区工程经验，本工程可不考虑软土震陷。

4.5　不良地质与特殊性土

（1）暗浜

根据收集的历史河流图，场地范围内有多处暗浜分布。勘察期间，由于场地条件限制，仅实施了部分小螺孔。勘察揭露场地内有多条暗浜，浜土厚度达 0.50～3.60m。

暗浜中一般分布有暗浜土，具有富含有机质、高含水率、土质松软特点。暗浜对工程建设极为不利，设计和施工单位应对其给予高度重视。

（2）地下管线及障碍物

工程建设场地原为厂房及现状道路。原厂房遗留的老基础、桩基础对地基处理、桩基施工未带来不利影响。现状道路沿线分布有较多地下管线，管线对施工尤其基槽开挖、路基处理及桩基施工等较为敏感，施工单位高度重视管线的分布，避免对管线等造成破坏。

（3）边坡稳定

在已建道路工程中尚未有路堤边坡和挡土结构失稳的情况发生，对拟建大面积堆土边坡选择合理坡角，并采取适当的结构和技术措施后，确保了边坡的稳定性。

新建河道、人工湖堤岸为斜坡式堤岸，施工措施得当，边坡一般是稳定的。

（4）填土

拟建场地范围内表层分布有一定厚度的杂填土，揭示厚度 0.50～4.10m。杂填土成分复杂，结构松散，强度变化较大，对基坑（槽）开挖施工不利，易发生坍塌现象。另外，杂填土对桩基施工、地基处理施工有一定的影响。

（5）软土

拟建场地分布有厚度较大的③淤泥质粉质黏土和④淤泥质黏土。该两层土为上海地区典型软土层，呈流塑状，具有压缩性高、强度低、渗透性小和灵敏度高等特性，为浅部天然地基、大面积堆土主要压缩层；基坑工程施工时应注意减少对软黏土的扰动。

（6）污染土

根据走访调查，勘察区及周围原存在化工厂，地基土可能受到不同程度的污染，主要污染物为砷、锑、硒、总石油烃及苯、烯类等有机化学物。污染土对后续的工程建设影响较大，各方参与单位应予以重视。

5 地基基础分析与评价

5.1 桩基工程

1）桩基持力层选择

（1）隧道工程

古浪路隧道上方山体设计标高 20.0m，常和路隧道上方山体设计标高 9.5m。古浪路隧道上部为拱形结构，基础承受的水平力较大，设计拟采用地下墙形成格栅箱体，箱体内部采用搅拌桩加固，建议地下墙底部进入⑥$_1$层，局部⑥$_1$层缺失区域宜适当增加墙体入土深度；考虑到减少负摩阻力的影响，建议邻近堆土区域的墙入土深度深于隧道内侧墙体深度。古浪路隧道如承台桩基对隧道工程的单桩承载力及地基变形要求较高，桩入土深度宜适当加深建议采用⑧$_2$层可作为桩基持力层，桩入土深度约 56.0m 左右；常和路隧道西侧填土厚度相对较小，也可考虑采用⑦$_2$层可作为桩基持力层，桩入土深度为 42.0～43.0m。

（2）桥梁工程

桥梁的规模较小，荷载不大。桥梁建议采用⑤$_{1\text{-}2}$层或⑤$_3$作为其桩基持力层，桩入土深度分别为 27.0m 或 31.0m。

（3）基坑抗拔桩

基坑开深度约 6.0m，局部基坑上部无堆土或堆土较浅，需考虑结构抗浮。建议采用桩长 20～30m 的抗拔桩，抗拔桩端层采用⑤$_{1\text{-}2}$、⑤$_3$、⑥$_1$或⑦$_{1t}$层。

2）桩型选择

预制桩较钻孔灌注桩经济效益明显，成桩质量可控性好，施工工期短，拟建桥梁位于地块内，离周边道路较远，故场地条件较好，对于桥梁宜优先考虑预制桩（PHC 管桩）方案，推荐采用 350×350～450×450 预制方桩或ϕ400、ϕ500 的 PHC 管桩，也可根据施工条件选用ϕ600～800 钻孔灌注桩；对于隧道工程推荐采用ϕ800 钻孔灌注桩。

3）负摩阻力影响

金属桥北侧最大填土厚度约 5m，古浪路隧道两侧最大填土高度约为 13m。上述桥梁和隧道一般沉降相对较小，而大面积填土荷载作用下，地基土沉降量较大，稳定时间长，桩基应考虑负摩阻力影响。根据场地地层特点，当桩持力层选择⑦$_2$层或⑧$_2$层时，中性点宜选⑥层顶，⑥层缺失区选⑦$_{1t}$层顶；当桩持力层选择⑤$_3$层，中性点宜选择桩长的 1/2。

5.2 河道、人工湖堤岸

根据设计方案，河道、人工湖堤岸采用斜坡式堤岸，拟采用天然地基。

由本次勘察成果，浅部②层土工程性质较好，推荐②层作为重力式挡墙天然地基持力层。局部地段分布暗浜或杂填土较厚，宜挖除换填素土，并分层碾压夯实。设计应进行抗渗流、抗滑移、抗倾覆稳定性计算。

5.3 基坑工程

拟建隧道基坑开挖深度约 6.0m，按《基坑工程技术标准》DG/TJ 08—61—2018[2]有关规定，基坑安全等级为三级；基坑环境等级为三级。

根据本次勘察结果，开挖深度范围内涉及土层为①$_1$杂填土、①$_2$浜填土、②粉质黏土及③层淤泥质粉质黏土，坑底主要位于③层。

1）基坑围护方案

隧道基坑可采用型钢水泥土搅拌桩挡墙或局部放坡＋水泥土挡墙，埋深浅的区域可分级放坡开挖。如施工期间基坑边有临时车道通行，建议采用型钢水泥土搅拌桩挡墙。基坑如采用放坡开挖，应重视坡顶挡水和坡面防水工作。

2）基坑降水

由于⑤$_{1t}$层微承压水不存在突涌问题，因此基坑降水主要考虑疏干坑内地下水即可。坑内疏干井或井点降水，一般须降至开挖深度以下 0.5m，一般对周围环境影响较小。

雨期施工时，应及时排除坑内积水，避免坑底长时间浸泡。

3）基坑施工注意事项

基坑开挖围护时需注意以下问题：

（1）①$_1$填土，含碎石、砖块等，下部为素填土，含植物根茎，夹少量碎石，以黏性土为主，在杂填土较厚处，围护施工需清除表层杂填土；暗浜分布区，由于浜填土成分比较复杂，围护结构宜加强。

（2）②粉质黏土，可塑状态，中等压缩，有一定的自立性，有利于基坑开挖，但需注意土质由上至下逐渐变软的特性。

（3）本工程基坑坑底置于③层，该层土质较差，应注意防止下部土体的扰动。

（4）施工期间，设计和施工时应重视地下管线对本工程的不利影响，特别是电力、燃气等管道，基坑施工时应加强围护结构、周围建（构）筑物的监测工作，做好信息化施工。

（5）控制基坑边堆载，必要时施工期控制沿线社会重型车辆通行。

5.4 天然地基

根据本次勘探揭露，拟建场地浅部发育的土层主要为①$_1$杂填土、①$_2$浜填土、②粉质黏土、③淤泥质粉质黏土、④淤泥质黏土、⑤$_{1-1}$黏土。

地基承载力特征值f_{ak}是按照国家标准《建筑地基基础设计规范》GB 50007—2011[3]第 5.2.3 条，并结合场地静力触探试验指标综合确定。

6 山体地基处理设计

6.1 处理原则及处理标准

本工程软土地基处理方案遵循以下原则：

（1）根据填土高度、填筑范围大小、工期要求等采用不同的处理方法加固地基；

（2）处理方案以确保山体稳定、满足承载力要求为主要目的；

（3）附加荷载满足古浪路隧道结构承载能力；

（4）经济可行、易于施工、技术先进；

（5）总工期能满足进度要求。

山体地基处理标准：

（1）路堤稳定性：抗滑移稳定安全系数＞1.3；

（2）满足地基承载力要求；

（3）古浪路隧道结构顶附加荷载≤40kPa；

（4）施工控制沉降速率：垂直沉降＜2.0cm/昼夜；水平位移＜0.8cm/昼夜。

6.2 山体地基处理方案

本工程山体处理的重点为古浪路隧道穿越的景观山体二，其次为景观山体四和景观山体七。上海地区山体处理的软基处理方法对比见表 4。

山体处理的软基处理方法对比　　表 4

处理方法	优点	不足
PC 路堤桩	路堤桩处理施工速度快，施工质量容易控制，处理深度不受限制，处理效果好	场地桩基持力层较深，费用较高
新型双向水泥土搅拌桩	相比常规的搅拌桩，具有搅拌均匀和水泥浆分布均匀	处理深度有限，且施工质量控制困难
螺纹塑料套管现浇混凝土桩（TC 桩）	TC 桩施工质量可靠，施工速度快，但处理深度有限	本工程持力层太深，不适合采用
EPS 材料	EPS 重量轻，等代荷载效果明显	EPS 费用高，另外抗压强度和抗剪强度略低
泡沫轻质土	重度可调，抗压和抗剪的强度高，施工速度快，质量可控	处理费用中等
软土就地固化技术	施工速度快，强度高，承载力高，不仅能处理暗浜，同时还可加固山体原地面以下的基础，提高地基承载力，保证山体稳定性	处理费用中等

根据上述地基处理方案对比，本工程的山体处理方案如下：

（1）景观山体二处理方案

等高线 8m 以内山体，采用浅层固化，固化深度 3m，固化剂掺量暂定 8%。固化完成后，在等高线 10m 范围内，打设 PC 桩，桩长 42m，桩间距分三档，分别为 2m、2.5m 和 3m。为减少桩基使用工程量，三档桩长处理范围之间留 6～8m 不采用桩基处理。

桩基处理完成后，设置桩帽，并在桩顶设置 30cm 碎石。

碎石顶设置 2m 厚的泡沫轻质土。泡沫轻质土内设置 2 层钢筋网片，钢筋网片采用 ϕ12mm@10cm × 10cm 规格，HRB400 螺纹钢。泡沫轻质土密度等级采用 D700，28d 抗压强度 1.2MPa。每 1m 泡沫轻质土的顶部都设置一层镀锌铁丝网，采用ϕ2mm@5cm × 5cm 规格。

临湖面打设水泥土搅拌桩，桩长 15m，桩间距 1.5m，桩径 0.7m，设计水泥掺入量 120kg/m，处理宽度约 8m。地基处理示意图如图 7 所示。

（2）景观山体四和景观山体七处理方案

在等高线超过 8m 的山体范围内，采用固化处理，固化深度 3m，固化剂掺量暂定 8%。固化顶设置一层 1m 厚的泡沫轻质土，轻质土内设置 1 层钢筋网片。采用ϕ12mm@10cm × 10cm 规格，HRB400 螺纹钢。泡沫轻质土密度等级采用 D700，28d 抗压强度 1.2MPa。每 1m 泡沫轻质土的顶部都设置一层镀锌铁丝网，采用ϕ2mm@5cm × 5cm 规格。

临湖面打设水泥土搅拌桩，桩长 15m，桩间距 1.5m，桩径 0.7m，设计水泥掺入量 120kg/m，处理宽度约 8m。

其余山体一般不采用特殊处理，仅在临湖面局部采用浅层就地固化。

山体填筑采用经过处理的污染土以及挖湖产生的土源，含水率要求达到 20%～25%，要求压实度不小于 90%（重型击实标准），分层碾压，碾压厚度为 30cm。挖湖产生的淤泥质黏土若不能达到压实度要求，采用掺灰处理，提高土体强度。

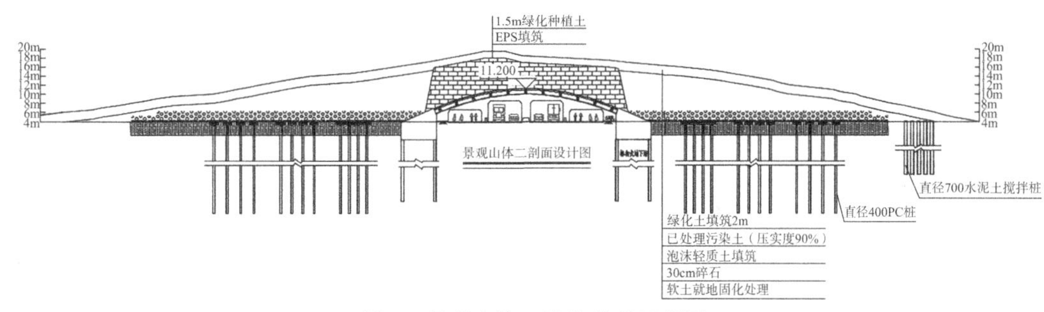

图 7　景观山体二地基处理示意图

7　监测成果和分析

在桃浦科技智慧城中央绿地山体施工期间，对景观山体二、山体四及山体七进行了跟踪监测，以及时了解山体堆载期间及堆载结束后山体的变形情况，确保了施工安全有序地进行。

景观山体原地面沉降监测点布设成断面形式，对景观山体二布设 2 条断面，每条断面 6 个监测点，断面垂直于隧桥走向；对景观山体四布设 1 条断面，共 5 个监测点；对景观山体七布设 1 条断面，共 3 个监测点；共布设 20 个监测点。

山体监测在景观山体二、景观山体四和景观山体七共布设了 4 个山体滑坡监测点（SX1～SX4）。采用钻机钻孔，安装ϕ70mmABS 测斜管的形式进行埋设，先在原地面钻孔，孔深 40m，随着堆土增高逐渐接长测斜管，直至堆土完毕，测斜管高出堆土面 0.5m，并砌井保护；测斜管安装时保证一组导槽垂直于等高线的切线方向。

7.1　景观山体原地面沉降监测

根据原地面各沉降监测点的监测数据，在堆载施工过程中，原地表各沉降监测点均发生了较大的垂直位移，堆载土体并未达到稳定状态，土体深部各土颗粒间仍然有相对较大的位移存在。从累计最大沉降量数据来看，其中景观山体二累计竖向位移最大达到−92.91mm（图 8）；景观山体四累计竖向位移最大达到−343.38mm（图 9）；景观山体七累计竖向位移最大达到−268.63mm（图 10）。

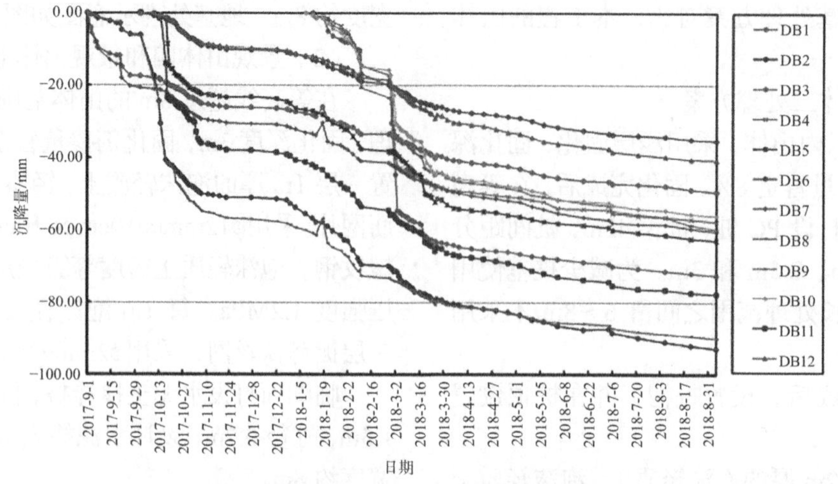

图 8 景观山体二原地面沉降监测历时曲线

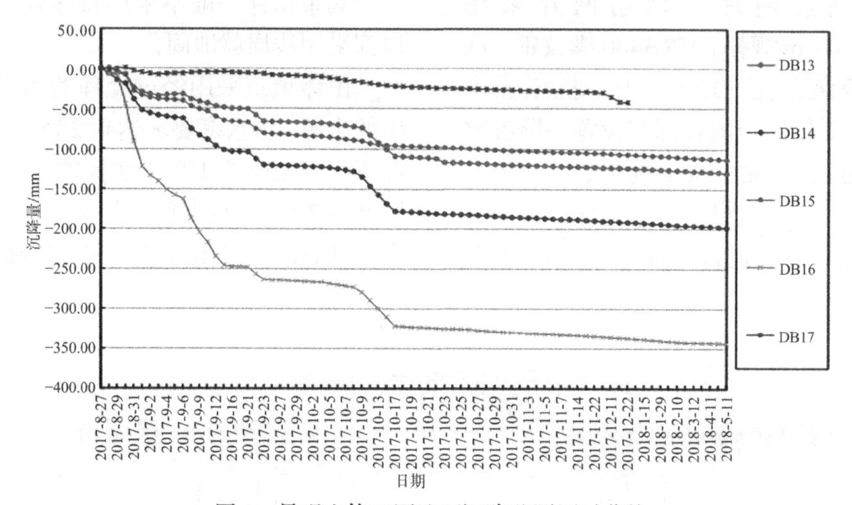

图 9 景观山体四原地面沉降监测历时曲线

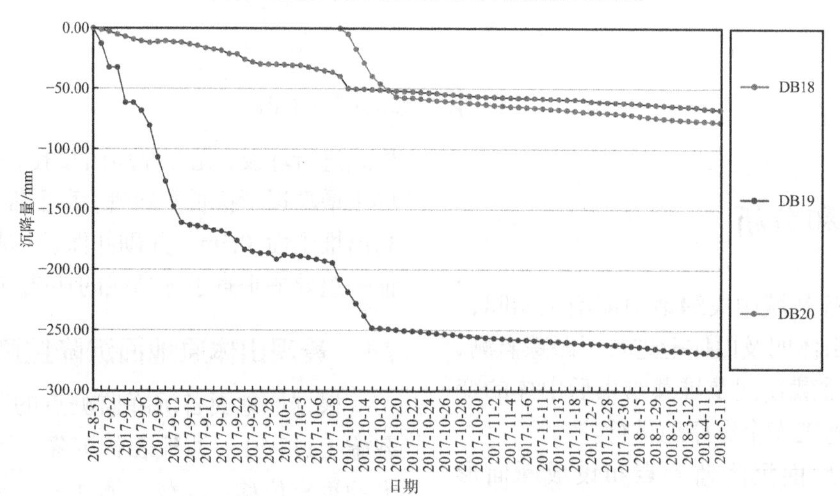

图 10 景观山体七原地面沉降监测历时曲线

从地表监测点累计沉降历时曲线图（图 8～图 10）可以看出随着堆土高度的增加，原地表的沉降速率及沉降量均逐渐加大，预压期变形速率虽逐渐减小，但原地面的后期沉降量依然存在；有桩区域的原地表沉降量相对较小，无桩区域的原地表相对变形较大；堆土高度越高，原地表的沉降量越大。沉降监测成果与设计方案预期成果一致。

7.2 三座山体监测

山体监测各测斜孔最终监测数据成果见表 5。

从表中数据可以看出，在堆土施工过程中及预压期山体不同深度处的水平位移均发生了变化，测斜孔 SX1～SX2 的最大位移基本发生在0.5m处，最大位移为 24.2mm，最小位移为 22.1mm，深部发生的位移相对较小；测斜孔 SX3 的最大位移发生在约 5.5m 的位置，最大位移为 21.5mm；测斜孔 SX4 最大位移发生在 6.5m 处，为 25.6mm。

各监测点最终位移量等监测数据汇总表

表 5

点号	SX1	SX2	SX3	SX4
景观山体	山体二		山体四	山体七
孔口位移/mm	21.41	24.85	9.37	12.28
最大位移/mm	22.14	24.22	21.57	25.66
最大位移处的深度/m	0.5	0.5	5.5	6.5

根据监测成果分析，各监测孔的侧向位移均有一定量的变化，山体滑坡变形主要发生在堆土区域，四个测斜监测点的累计位移量超过了报警值（日变量 ⩾ ±5mm 或 3d 累计量 ⩾ 10mm），虽仍处于较合理的范围之内，但表明在堆土施工过程中，堆载土体的变形还未达到稳定。

8 工程中的技术创新和科研成果

8.1 采用勘察新技术

勘察过程中积极应用已有科研成果。采用专利技术—隐形轴阀式厚壁取土器、外肩内锥对开式塑料土样筒、塑料土样筒开筒扳手、地质勘探用扩孔装置和静力触探深孔防斜装置等十几项成熟专利技术，提高了勘察质量和效率。

“隐形轴阀式厚壁取土器的研究与应用”科研成果的隐形轴阀式厚壁取土器可大大提高取土质量，并减轻了取土器的清洗强度；土样筒可内嵌环刀，方便砂土中取样，成本远低于常规环刀取土器，利用开筒扳手方便开土，大大提高实验室开土的效率。

静力触探试验采用深孔防斜装置，可以使施工最大深度达到 85m，提高了静探触探试验孔的垂直度和作业效率。

8.2 开展地基处理和高堆土体滑动监测研究

本项目开展了《软弱地基人造山体建设关键技术研究》，通过室内试验、现场试验、理论计算与数值模拟等手段，对软土地区人造景观山关键技术进行研究，研究内容包括软土地区人造景观山体稳定特性和沉降特性研究、软土地区人造景观山体研究、正常土体浅层固化特性研究、超大荷载和浅层固化条件下 PC 桩应力分布研究、山体变形对构筑物的影响研究。

开展了《自然电位法在高堆土体边坡稳定性监测中的应用》研究[4]，通过理论方法和试验研究相结合，研究出一种在地表就能有效监测由于降水对高堆土体边坡内部结构变化的有效监测方法、总结出一套经济的监测技术方法和工作流程及滑坡风险性评价参数体系，为今后上海地区边坡监测以及风险性评估提供科学依据。研究内容包括降水对边坡稳定性的影响、自然电位监测机理、数据采集关键技术、室内模拟试验研究、自然电位法与常规监测方法数据关联性研究。

8.3 编制上海市地方规范《人造山工程建设技术标准》

依托本项目，我院申请了上海市地方规范《人造山工程建设技术标准》DG/T J08—2358—2021，将本次勘察、地基处理设计和监测相关成功经验总结汇总写入标准，本标准已经批准实施。

9 工程效益

勘察成果中，针对不同的构筑物，特别是针对景观山体、隧道工程和桥梁工程等桩基持力层和地基处理方案，进行了合理的推荐、选择。勘察报告对天然地基、桩基和地基处理方案及施工等均进行了详尽的分析评价，并提出了合理的建议。

山体地基处理设计对每一座山体都进行针对性的计算分析和设计，成功解决了山体稳定和变形难题，满足山体内部隧道结构变形要求。地基处理方案科学经济合理，满足了严苛的工期要求，取得了巨大的经济效益。

第三方监测实测数据帮助施工单位优化了施工参数及工艺，为设计单位完善计算模型及参数提供了科学依据，达到了信息化监测的效果，同时采用监测信息平台及时预警控制了工程风险、节约了工程成本。

桃浦科技智慧城中央绿地项目建成后，成为中心城区最大的开放式绿地，将升级成为上海市的“前院”或“后花园”，承担起上海市重要城市空间的角色，成为上海的“新自然”。

参考文献

[1] 上海市城乡建设和交通委员会. 岩土工程勘察规范: DGJ 08—37—2012[S]. 上海: 上海市建筑建材业市场管理总站, 2012.

[2] 上海市城乡建设和交通委员会. 基坑工程技术标准: DG/TJ 08—61—2018[S]. 上海: 上海市建筑建材业市场管理总站, 2010.

[3] 住房和城乡建设部. 建筑地基基础设计规范: GB 50007—2011[S]. 北京: 中国建筑工业出版社, 2012.

[4] 王同瑞. 自然电位法在高堆土体边坡稳定性监测中的应用[J]. 中国市政工程, 2019(3): 17-19, 132-133.

萧山江东水厂改扩建工程岩土工程勘察

王冬冬　葛民辉　徐志明

（浙江恒辉勘测设计有限公司，浙江杭州　311215）

1　拟建工程概况

萧山江东水厂改扩建工程位于靖江街道现状萧山江东水厂用地北侧，占地面积 149333m^2，建构筑物占地面积 29655 m^2，项目估算总投资 57763 万元。工程将主要构（建）筑物为配水井及预臭氧接触池 1 座、折板絮凝平流沉淀池 2 座、均粒滤料滤池 1 座、后臭氧接触池及活性炭滤池 1 座、清水池 1 座、液氧站 1 座、变频器间 1 座、排泥水调节池 1 座、污泥浓缩池 1 座、门卫 1 座。主要建构筑物单体描述见表 1。

建构筑物单体描述　　表 1

序号	单体名称	埋深/m	基底压力/kPa	序号	单体名称	埋深/m	基底压力/kPa
1	配水井及预臭氧接触池	2.5	140	7	排泥水调节池	约 7.7	120
2	滤池	约 3.5	180	8	活性炭滤池	约 4.5	150
3	中间提升泵房反冲洗泵房	约 6.1	180	9	变频器间	约 0.5	100
4	管廊	约 4.2	180	10	氧气站	约 0.5	80
5	清水池	约 6.0	100	11	门卫	约 0.5	80
6	污泥浓缩池	约 3.5	150				

2　本工程特点

（1）本工程整体主要为地下建筑物，建筑物基础埋深差异较大；

（2）本工程在具体施工过程中根据基底埋深大小，采取先深后浅的施工顺序；

（3）部分建筑物基坑为深基坑作业，基坑支护安全措施非常重要。

3　完成工作量

本次详细勘察阶段勘探点位按建筑物边线及地下室边线网格状布孔，满足有关规范要求。整个场地勘察共布置 115 个勘探孔，钻探孔编号以“Z”为前缀，共 86 个（含 11 个静力触探原位测试对比孔），静探孔编号以“J”为前缀，共 29 个。勘察工作采用工程地质钻探取芯、静力触探试验、标准贯入试验、动力触探试验等多种勘探测试手段及与取样室内试验相结合的勘察方法。

4　场地工程地质条件、水文地质条件

4.1　地形地貌

本次勘探区域在地貌上场地属于钱塘江冲海积平原，场地勘探点标高为 4.81～7.95m（黄海高程）。场地区域原主要为荒地，近年来经周边农户开荒种植有蔬菜，场地因有大量土体堆放，整体地势起伏较大，局部有芦苇塘和沟渠分布。

4.2　地层结构

根据本次勘察揭示的地层，考虑地基土的岩土性、结构构造、埋藏分布及物理力学性质等因素，将勘探深度范围内地基土划分为 5 个工程地质层，细分为 11 个亚层，自上而下分述如下：

①$_1$层素填土：灰色，密实度不均，以粉性土为主，含多量植物根茎，局部芦苇塘及沟渠区域有淤填土分布。层厚 0.60～6.50m。

②$_1$层砂质粉土：灰黄色、灰色，湿，中密，局部稍密，层厚 0.80～8.50m。

②$_2$层砂质粉土：灰色，稍密为主，很湿，局部中密状，层厚 0.90～4.00m。

②$_3$层粉砂夹砂质粉土：灰绿色，中密，局部稍密，湿，层厚 3.20～16.10m。

②$_4$层砂质粉土：灰色，稍密，很湿，层厚 1.00～4.10m。

③$_1$层淤泥质粉质黏土夹粉土：灰色，流塑—软塑，层厚 1.80～5.60m。

③$_2$层淤泥质黏土：深灰色，流塑，层厚 7.50～11.70m。

③$_3$层淤泥质粉质黏土：深灰色，流塑，层厚 8.30～13.50m。

⑤层粉质黏土：灰褐色，软塑，层厚 1.60～10.50m。

⑧$_1$层细砂：灰青色，中密，层厚 0.80～5.80m。

⑧$_2$层圆砾：灰色，中密，最大揭露厚度约 8.0m。

具体地层分布情况见图 1。

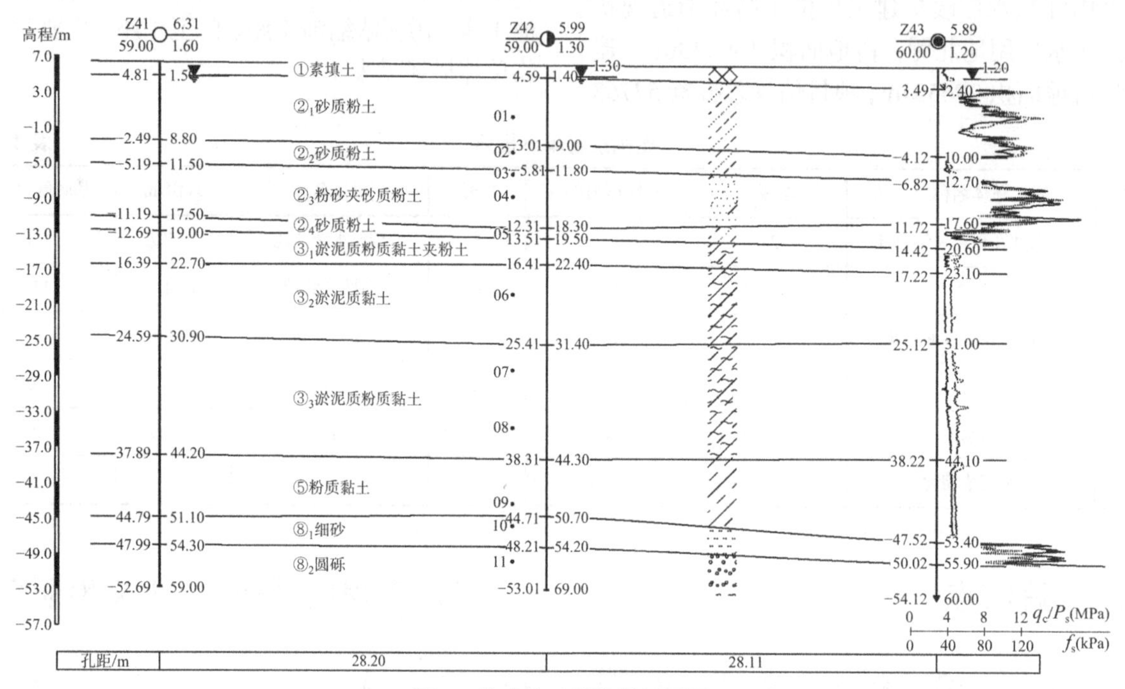

图 1　代表性工程地质剖面图

4.3　水文地质条件

场地勘探深度以内地下水按埋藏和赋存条件为第四系孔隙潜水和第四系孔隙承压水。

（1）第四系孔隙潜水

勘探场地土层赋存地下水类型为孔隙潜水，孔隙潜水赋存于上部粉土、粉砂层中，主要受大气降水入渗补给，自然蒸发，地下径流，向江河排泄，水位动态随季节性变化较大。本层含水层对基础工程的影响最为密切，主要涉及基坑工程的设计和施工（基坑围护、开挖、降水和抗浮设计）。

（2）第四系孔隙承压水

孔隙承压水主要赋存于下部细砂、圆砾层中，上覆多为黏性土层，是相对隔水层，含水层顶板埋深为 43.5～53.4m，承压水含水层总厚度一般大于 18.0～30.0m，透水性良好，为钱塘江古河道沉积物，受上游侧向径流补给，水量充沛，具有明显的埋藏深、污染少、水量大的特点。

4.4　场地类别及地震效应

（1）场地地震效应

从区域地质构造及历史地震记载的分布情况分析，本场地属强度弱、震级小、地震发生频率低的相对稳定地带，根据《建筑抗震设计规范》GB 50011—2010（2016 年版），杭州市萧山区抗震设防烈度为 6 度，设计基本地震加速度为 0.05g。

（2）建筑场地类别

根据拟建场地钻孔揭露土层性状及其周边工程覆盖层厚度综合判定，土的类型为中软土，场地的覆盖层厚度约 75m，确定本建筑场地类别为Ⅲ类，设计地震分组为第一组，设计特征周期值为 0.45s。

（3）地基土液化判别

场地抗震设防烈度为 6 度，一般情况下可不考虑饱和粉土、砂土的液化问题。但对液化沉陷敏感的乙类建筑，按 7 度的要求进行判别和处理。

初步判别：本场地 20m 以内分布②大层砂质粉土、粉砂，存在饱和粉土和粉砂，可能液化。根据《建筑抗震设计规范》GB 50011—2010（2016 年版）中第 4.3.3 条，在抗震设防烈度为 7 度的地震作用下，当粉土的黏粒含量百分率不小于 10 时，可判为不液化土。

进一步判别：采用标准贯入试验判别法，根据土工试验成果按国标《建筑抗震设计规范》GB 50011—2010（2016 年版）中的公式（4.3.4）进行计算，判别结果及液化等级为不液化。

5　岩土工程分析评价

5.1　地基土分层评价

勘探结果，岩土层划分为 5 个工程地质层，细分为 11 个亚层，具体分析见“各岩土层工程地质特征及评价表”，见表 2。

各岩土层工程地质特征及评价表　　表 2

层号	层名	土的物理力学性质评价	地基土变形评价
①$_1$	素填土	土质不均，不宜直接利用	
②$_1$	砂质粉土	物理力学性质较好，可作为一般建筑物的天然地基基础持力层，为潜水含水层，渗透性偏高，基坑开挖时易出现坍塌、沉陷和土体失稳	中等压缩性
②$_2$	砂质粉土	物理力学性质一般，土层均匀性较差，为潜水含水层	中等压缩性
②$_3$	粉砂夹砂质粉土	物理力学性质较好，渗透性较强，易出现管涌、沉陷等问题	中等偏低压缩性
②$_4$	砂质粉土	物理力学性质一般，土层均匀性较差	中等压缩性
③$_1$	淤泥质粉质黏土夹粉土	物理力学性质偏差，均匀性差	中等偏高压缩性
③$_2$	淤泥质黏土	物理力学性质差，厚度大，具有高压缩性、高灵敏度，流变、触变性和低承载力，为主要压缩层，为相对隔水层	高压缩性
③$_3$	淤泥质粉质黏土	物理力学性质较差，厚度较大，具有高压缩性、高灵敏度，流变、触变性和低承载力，为主要压缩层，为相对隔水层	高压缩性
⑤	粉质黏土	物理力学性质较差，压缩性偏高，轻微触变性和低承载力	中等偏高压缩性
⑧$_1$	细砂	物理力学性质好，低压缩性，预应力管桩施工时该层难以穿透	低压缩性
⑧$_2$	圆砾	物理力学性质好，厚度大，提供的承载力高，是良好的长桩基础持力层	低压缩性

5.2　地基基础方案

1）各建（构）筑物基础方案分析

根据设计院提供的本工程拟建建筑物概况，本工程拟建单体其基底压力在 100～180kPa 不等，基础埋深在室外地坪标高（黄海标高 6.00m）以下 0.5～7.7m 不等，根据本次详细勘察阶段地层揭露情况，从不同的基础埋深进行基础方案分析如下：

（1）基础埋深较浅的建筑物

氧气站、变频器间、门卫室均为地面以上建筑，基础主要考虑抗压问题，可以②$_1$ 层砂质粉土作为浅基础持力层。需注意变频器间所在区域 J115 孔地层揭露情况中，分布有较厚的暗塘回填土，需采用换土垫层法进行处理，以确保地基土承载力能满足设计要求。

（2）基础埋深一般的建筑物

污泥浓缩池基础埋深约 3.5m，折板絮凝、平流沉淀池基础埋深约 2.5m，配水井及预臭氧接触池基础埋深约 2.5m，上述建筑物均置于地面以下，建筑物基础埋深一般，②$_1$ 层砂质粉土其地基承载力能满足基础抗压要求，但基础抗浮问题需通过设计验算确定。如浅基础不能满足抗浮要求，从上述桩型的适用性比较，建议采用预应力方桩短桩基础，以②$_3$ 层粉砂夹砂质粉土作为桩端土层，有效桩长以压桩力和标高双控制。

（3）基础埋深较大的建筑物

排泥水调节池基础埋深约 7.7m，清水池基础埋深约 6.0m，后臭氧接触池及活性炭滤池基础埋深约 4.5m，均粒滤料滤池基础埋深为 3.5～6.1m，上述建筑物均置于地面以下，建筑物基础需考虑基础抗压及抗浮问题。从上述桩型的适用性比较，建议采用钻孔灌注桩基础，以底部⑧$_1$ 层细砂或⑧$_2$ 层圆砾作为桩端土层，桩径可采用 ϕ600～700mm，成桩（孔）深度层位可从钻进速率及返渣情况综合

确定，桩长、桩径可根据具体设计要求确定

2）桩基下卧层变形分析

根据建筑物设计荷载和场地地质条件，当采用预应力方桩短桩基础时，下部分布有 3 大层淤泥质土，属高压缩性，必要时需计算桩端软弱下卧层的变形验算。当采用长桩基础时，底部细砂或圆砾层分选性较好，圆砾层重型动力触探试验锤击数达 27.5 击，属密实，其性质好，承载力高，变形模量大，桩端进入稳定持力层后可视作不压缩层，除桩身本身及基础沉降外，地基土压缩沉降一般较小。

3）地下室抗浮评价

现有厂区内部道路标高约 6.20m，本次改扩建项目设计室外地坪标高初步设计为黄海标高 6.00m，现阶段场地稳定水位标高为 4.5～4.8m 左右，区域内的河道为人工开挖的河道，水位基本由人为控制，常水位在 3.7m 左右（1985 国家高程）。最高洪水位在 5.33m 左右（1985 国家高程），故结合场地地形地貌、周边道路路面标高，水位变化情况及建筑物设计室外地坪标高等多方面，从安全经济等角度综合考虑，建议抗浮设防水位按 5.50m 考虑。

本工程因各单体建（构）筑物使用功能不同，基础埋深深浅不一，少量建筑物为浅埋地基，多数建（构）筑物无上部结构，故针对建（构）筑物的抗浮问题必须采取抗浮措施，其抗浮措施可采用抗拔桩或抗浮锚杆。

4）本工程基坑采取的支护方案预分析

（1）自然放坡加土钉墙

针对本工程地质条件和周边环境情况。可考虑采用自然放坡或土钉墙（喷锚网）加管井降水的支护方案：土钉墙支护体系以增强边坡主动土体自身稳定性，有效提高土体强度，弥补了土体抗拉、抗剪强度低的弱点。并且一旦出现破坏、增滑，土体也不会发生突发性滑动坍塌，为抢救和补强赢得了时间，降低了施工中的风险。该方案适用于基坑北侧、南侧、东侧较开阔区域，西侧紧邻现有建筑物该方案不适用。

（2）SMW 工法

SMW 工法是基于深层搅拌桩施工方法发展起来的，它通过在相互搭接的水泥土搅拌桩内插入 H 型桩或其他种类的受拉材料，连续并排形成地下柱列式复合挡土围护结构，从而起到防渗、支护作用。SMW 工法与其他基坑围护形式相比具有工艺简单、造价低（型钢可以拔出回收）、节约资源、减少地下空间的污染以及工期短等优势。但施工时产生振动对周边环境有影响，若基坑施工时间过长将造成型钢租用费用大幅上升，对大型基坑适应性比较差。

最终方案宜进行经济技术比较后选用。

6 本工程难点及解决方案

本工程主体建筑物为大型地下工程，基坑开挖范围内的土层主要为钱塘江冲海积环境中形成的饱和粉、砂性土层，孔隙潜水含水层水位均较高，且水量丰沛，孔隙潜水含水层的止水、排水、隔水是本工程难点。

解决方案，①精心勘察，为设计提供精确设计参数；②采取合理有效的降水、排水措施，控制好降水深度，避免因基坑外侧水位的大幅下降导致形成自然土层的排水固结变形，从而形成地面的沉降影响周边建（构）筑物的安全；③对围护出现的瑕疵及时采取补救措施，建议对防渗薄弱部位采取水泥搅拌桩高压注浆或高压旋喷桩加强止水措施；④建议支护体系的施工采用专项基坑监测方案，严格控制周边变形，实施开展动态设计和信息化施工，控制好降水深度和影响范围，保证周边建（构）筑物安全。预防和控制基坑开挖施工对周边环境的不良影响。

7 工程实施及效果

（1）该项目拟建构筑物主要为埋藏式分布，基坑工程规模大，通过精心勘察、分析，较好地服务了工程主体设计及基坑围护设计，并针对后续施工过程中可能遇到的问题提出了相应的勘察建议。

（2）通过设计、施工阶段的各种测试结果，表明所提供的勘察数据、资料均较好地反映了客观实际，所提出的建议合理，得到了业主单位的赞许。

（3）通过对建筑物的沉降数据观测，沉降数据结果表明建筑物沉降满足设计及规范要求，已通过了各相关部分组织的竣工验收。

S26 公路（G1501 公路—嘉闵高架）新建工程岩土工程勘察实录

恽雅萍　项培林　蒋益平　杨　鹏
（上海市城市建设设计研究总院（集团）有限公司，上海　200125）

1　工程概况

S26 公路（G1501 公路—嘉闵高架）新建工程，途经青浦区、闵行区，为高速公路加地面道路。高速公路自 G1501 起，向东经赵重公路、嘉松公路及农产品交易市场，至 G15 立交，沿 G15 公路向南至北青公路后，沿北青公路向东至嘉闵高架路，主线高架桥全长约 17.68km，标准段道路红线宽为 55～90m。地面道路全长 14.91km，为二级公路，双向 4 快 2 慢。工程线路走向如图 1 所示。

图 1　工程线路走向示意图

工程包括全线高架主体工程、地面桥梁、地面道路、排水工程、驳岸工程、收费站。高速公路主线高架宽 34m，标准段跨径 30m；全线设 G1501 立交、赵重立交、嘉松立交、G15 立交（图 2）、嘉闵立交（图 3）等 5 座立交，立交匝道跨径以 25m 为主，宽度 32m，采用连续梁结构；油墩港大桥主桥跨径 60m + 96m + 60m，桥梁宽度 32～40m，为预应力混凝土连续梁桥；跨河地面中小桥梁共 11 座；嘉松立交（横向跨线桥）跨径组合：5 × 25m + 40m + 60m + 40m + 6 × 25m，采用连续梁结构，桥梁宽度 20m。高架 + 地面道路效果如图 4 所示，高架 + 地面道路断面如图 5 所示。

图 3　建成的嘉闵立交

图 2　建成的 G15 立交

图 4　高架 + 地面道路效果图

获奖项目：2019 年度上海市优秀工程勘察设计奖三等奖，2021 年度上海市优秀工程勘察设计奖二等奖。

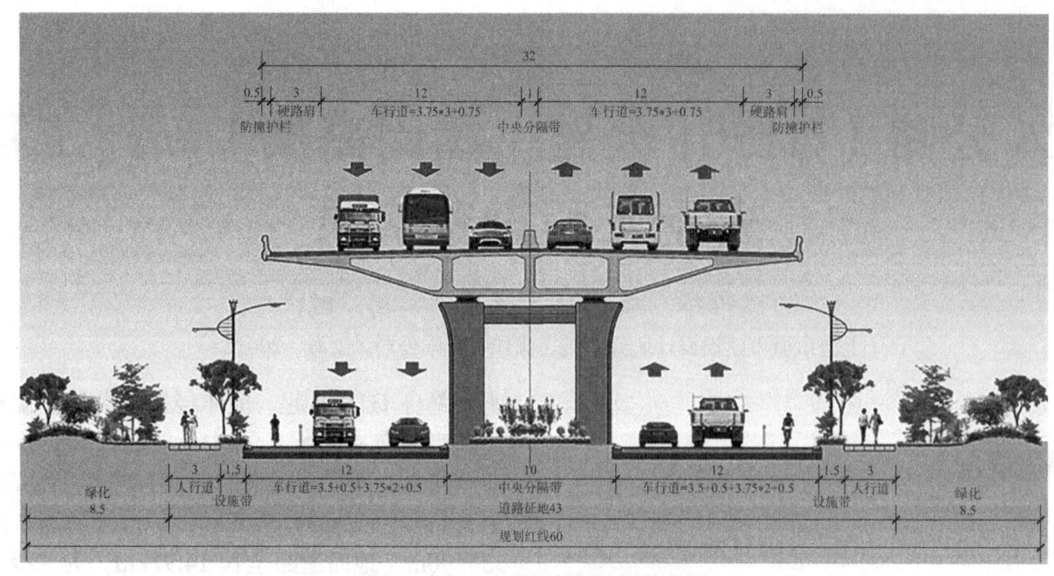

图 5　高架 + 地面道路断面示意图

勘察范围还包括：沿线敷设排水管道，主要采用开槽埋管施工，局部采用顶管或拖拉管施工。

2　工程特点

（1）线路长、工程类型多

高速公路包括全线高架主体工程、G1501 立交、赵重立交、嘉松立交、G15 立交、嘉闵立交等 5 座立交；主线跨越油墩港大桥一座；地面道路设置 11 座地面中小桥梁；沿线设置 4 座收费天棚及其附属管理用房、变电所等。本工程包括主线桥梁、立交、地面跨河桥、道路工程、排水工程、管涵工程、驳岸工程和收费站等，建（构）筑物类型繁多，在勘察报告中逐一进行了详细分析和研究，提供了合理的建议。

（2）地质条件复杂

拟建场地跨湖沼平原（I_1区）和滨海平原地貌（Ⅱ区）两个地貌类型，其中湖沼平原（I_1区）主要分布于工程起点～K13 + 610 区段；滨海平原地貌（Ⅱ区）主要分布于 K13 + 610～嘉闵高架立交和嘉闵高架立交华翔路匝道区段。沿线浅部和深部土层变化大，且沿线有多次古河道切割，局部古河道切割深度大，综合区域地质条件，对全线土层进行了合理划分。

考虑桥梁桩基持力层的差异，勘察报告并未简单按常规划分正常沉积区和古河道沉积区，在根据地貌类型进行地质分区基础上，结合拟作为桩基持力层的⑦$_2$层粉砂的埋深、厚度等分布特征划分为 2 个工程地质区、4 工程地质亚区，更好地服务本工程。

古河道深切区域，拟作为桩基持力层的⑦$_2$层粉砂遭冲刷，取而代之的是软黏性土，桥梁桩基条件相对较差，勘察方案制定时充分考虑设计方案比选的可能性；根据不同工程地质分区，结合不同桥梁荷载要求，勘察报告对桩基持力层进行分析和比较，按里程逐段或逐桥推荐桩基持力层和桩入土深度；推荐的桩基方案被设计采纳，桥梁沉降满足规范要求。

（3）勘察方法得当，勘察手段齐全

根据场地地质条件，勘察采用了地质钻探、静力触探试验、标准贯入试验、十字板试验、注水试验，得以使勘察报告客观正确反映场地岩土工程条件，为设计提供准确可靠的岩土参数。

积极应用新技术，尤其是静力触探试验采用地质勘探用扩孔装置、鼠笼式热交换器及应用其的液压静力触探机和静力触探深孔防斜孔装置等几项成熟专利技术，提高了勘察质量和效率，尤其提高了静探触探试验孔的垂直度和作业效率，勘探施工处于行业领先水平。

（4）精心组织施工

本工程线路较长，沿线地层分布错综复杂，正常沉积区与古河道沉积区交错分布，及时分析已有成果资料，对局部桩基工程地质条件相对较差、⑤$_{3\text{-}1}$灰色粉质黏土或⑦$_{2t}$灰色粉质黏土夹粉土厚度较大区域，无良好的桩基持力层，项目负责人结合初勘资料对深部土层变化较大区域进行重点跟踪，及时调整勘探孔深度，避免出现勘探孔深度不足的情况，满足设计桩基持力层比选要求。

（5）深孔静探的质量控制

本工程静力触探孔最大深度为85m。根据承载力和沉降要求，考虑到拟建场地下部⑦层砂层厚度大，静探压入阻力较大，本次静力触探孔施工采取加深护管等有力措施，同时应用专利技术——静力触探泥浆灌入式扩孔器，压入探杆同时通过专利设备贯入泥浆，确保探杆外侧充满泥浆，减少侧向土体对探杆的阻力，避免出现孔斜。最终同相邻钻孔对照，分层匹配较好，证明措施有效。资料整理时，加强静力触探孔与相邻勘探孔的检查，确保静力触探成果的可靠性。

（6）静钻根植桩基础新技术的应用

本工程局部采用了静钻根植桩的新技术，该桩型摒弃了预应力管桩与钻孔灌注桩的缺点，继承了它们的优点；本新技术具有无挤土效应、桩身无损、质量可靠、无泥浆外排、资源消耗量少、单位承载力造价低、成桩设备先进、施工过程可视可控等特点，适用范围较广。

3　勘察手段简介和勘察工作量布置

分析和研究初勘资料，根据各建（构）筑物的结构特点、基础形式、荷载和沉降具体设计要求，综合各种钻探取土、静力触探、标准贯入试验、波速试验并配以室内土工试验等勘察手段；通过对设计方案的深入理解，结合类似工程经验，在充分利用已有初勘成果基础上，综合考虑“主线高架＋地面桥梁＋立交工程”的需要，统筹安排，最大限度地减少勘探工作量。精心布置勘察方案，满足规范要求前提下，力求方案经济。

针对详勘工作的特点，根据设计意图和上海市工程建设规范《岩土工程勘察规范》的规定布置勘探孔。

本工程桥梁勘探孔深度为60～100m。桥梁工程勘探孔平面布置原则见表1。

桥梁工程勘探孔平面布置原则　　表1

类型		布孔原则	布孔示意图
主线桥	标准段	主线高架为连续梁体系，主线跨径为30m，桥宽为32.0m，每个桥墩布置1个勘探孔，沿墩位基础边线交叉布置	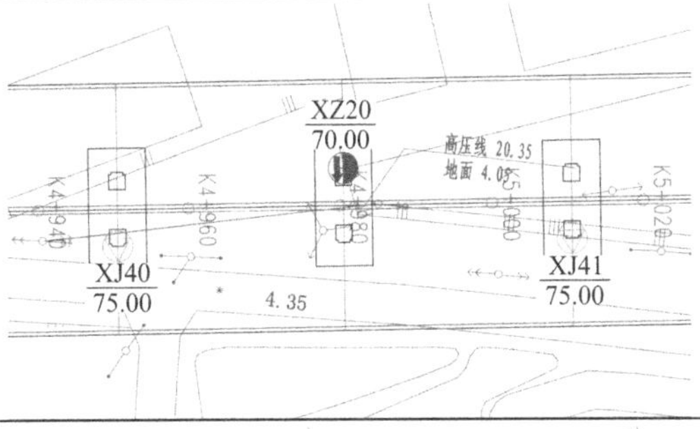
	主线＋匝道	主线两侧＋匝道，桥梁总宽度小于45m时，按每桥位布置2个勘探孔，大于45m时，按每桥布置3个勘探孔。网格状布孔，兼顾场地控制	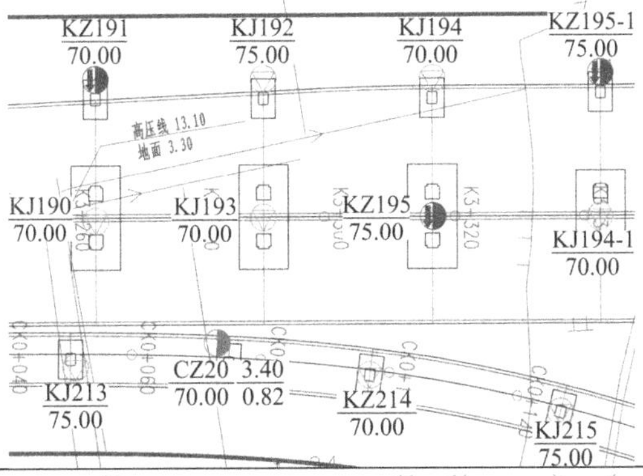
立交		立交匝道的跨径主要为25m，宽度为9～15m，为连续箱梁结构，立交匝道每墩布置1个勘探孔，沿匝道中心（即桥墩位置）布置；匝道交汇处兼顾场地控制，综合考虑	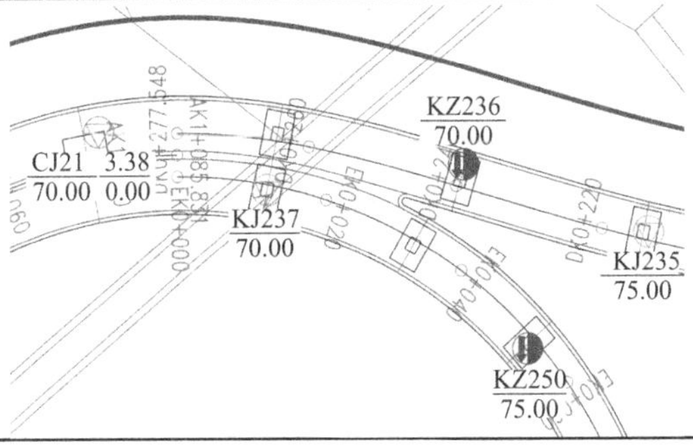

续表

类型	布孔原则	布孔示意图
油墩港大桥	综合大桥、桩基要求和场地土层特点，主桥墩位每排墩布置 3 个勘探孔，边墩桥位每排墩布置 2 个勘探孔，兼顾场地控制。沿桥墩边线布置螺纹孔	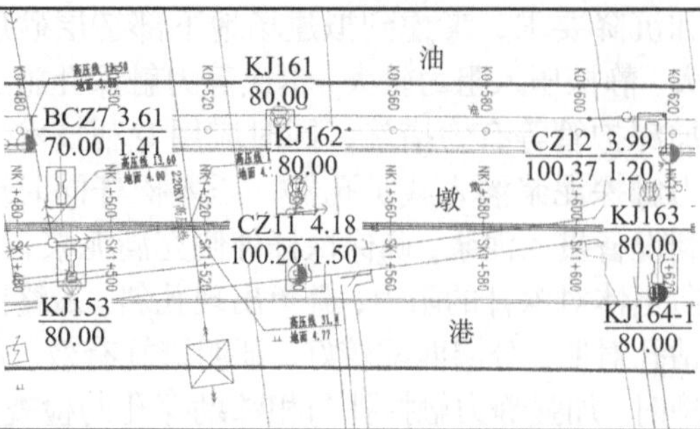
新通波塘桥	主线高架 + 匝道总宽度为 43m，地面桥为 4 幅桥，地面桥与主线高架桥总宽达 73m，按每排桥墩布置 3 个勘探孔，兼顾场地控制考虑	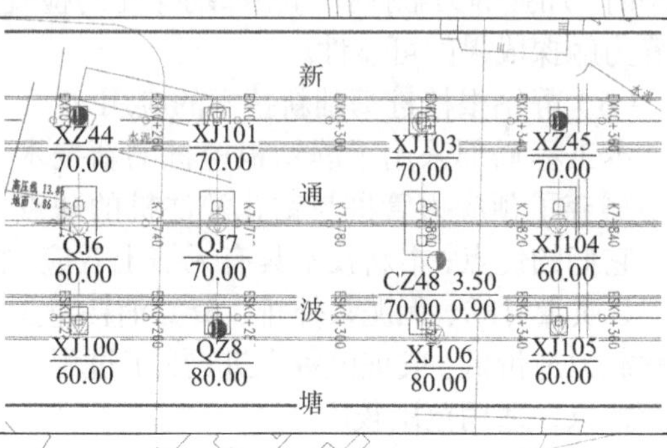
张塘浜桥	跨径：3 × 16 + 30 + 3 × 16，桥梁宽度 45m。主桥每排墩布置 3 个勘探孔，引桥按场地控制布置勘探孔，且充分利用主线勘探孔	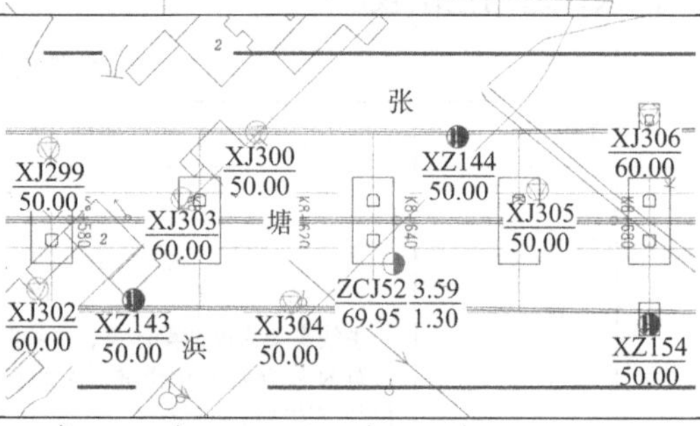
其他地面桥梁	每座桥共布置 4 个勘探孔，与主线高架桥、匝道勘探孔兼顾利用	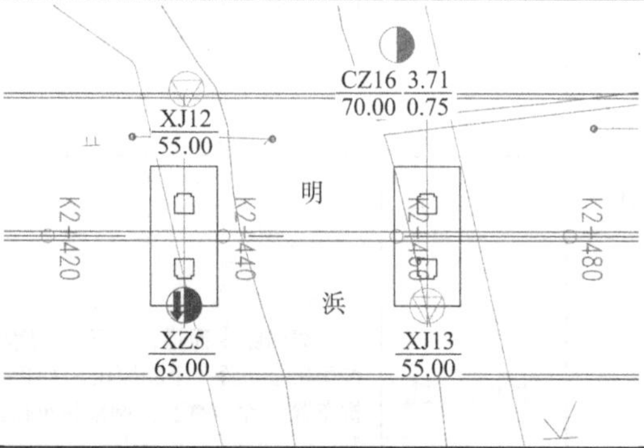

高架桥梁及立交：主线高架及匝道部分勘探孔主要按 1 墩 1 孔考虑，对于桥梁宽度 40～50m，按场地控制结合墩台位置布置，每排墩台布置 2～3 个勘探。立交匝道跨径以 25m 为主，采用连续梁结构，勘探孔按 1 墩 1 孔考虑，兼顾场地控制。

油墩港大桥及联络道桥：主桥跨径组合 60m + 96m + 60m，采用连续箱结构，桥梁宽度 32～40m。该桥为特大桥，考虑到墩台间相邻较近（3～5m），且⑨层分布较为稳定，故每墩布置 1 个勘探孔，墩台间兼顾利用。引桥部分与主线勘探孔兼顾利用，不再另行布置勘探孔。

嘉松公路跨线桥采用连续梁结构，跨径组合为 5 × 25m + 40m + 60m + 40m + 6 × 25m，桥梁宽度 20m，确定每墩布置 1 个勘探孔。

其余地面桥：主要为中小桥，位于高架附近的桥梁，结合或利用高架勘探孔，独立桥梁宽度小于 20m，布置 2 个勘探孔。独立小桥宽度 20～40m，每桥布置 4 个孔，大于 40m 每桥布置 6 个勘探孔。

驳岸部分：兼顾利用主线高架勘探孔，按间距小于 50m 布置勘探孔。

排水管道部分：为开槽埋管、顶管及拖拉管三种，在利用桥梁勘探孔的基础上，开槽埋管按间距

150～200m 布置勘探孔；顶管和拖拉管按间距不大于 50m 布置勘探孔；顶管井按其大小布置勘探孔，由于本工程顶管工作井圆形直径 7.5m，矩形 5 × 8m，故每个顶管井布置 1 个勘探孔，勘探孔沿顶管井周边或角点布置。桥梁勘探孔距顶管工作井边线小于或等于 15m 时加以利用。

主线道路：填土高度约 2.5m，按高填土考虑，孔距确定为 100～200m。

匝地道面道路：为一般道路，按 200～400m 孔距考虑。

收费站及管理用房：收费天棚及嘉松东立交匝道处管理用房采用桩基础，勘探孔距离为 30～35m，按网格状布孔；除嘉松东立交匝道处管理用房外，其余管理用房及变电所均采用天然地基，勘探孔距为 40～50m。

本工程共完成勘探孔 1047 个，总进尺 61418m。

4 岩土工程条件

4.1 工程地质条件

根据勘察成果，场地地基土在 100m 深度范围内均为第四系松散沉积物，大部分处于古河道切割区；局部位于正常沉积区。全线主要由饱和黏性土及粉性土、砂土组成。

按地基土地质时代、成因类型、分布发育规律及工程地质特征，将其划分为 9 个工程地质层。根据工程地质性质，各主要工程地质层又划分为若干个地质亚层，由上至下依次发育的土层为：①$_0$ 淤泥、①$_1$ 填土、①$_2$ 浜填土、②$_1$ 褐黄—灰黄色粉质黏土、②$_2$ 蓝灰—灰色粉质黏土、②$_3$ 灰黄—灰色黏质粉土、③灰色淤泥质粉质黏土、③$_t$ 灰色砂质粉土、④$_{1-1}$ 灰色黏土、④$_{1-2}$ 灰色粉质黏土、④$_2$ 暗绿—草黄色粉质黏土、④$_3$ 灰黄—灰色砂质粉土、⑤$_{1-1}$ 灰色黏土、⑤$_{1-2}$ 灰色粉质黏土、⑤$_2$ 灰色砂质粉土、⑤$_3$ 灰色粉质黏土、⑤$_4$ 灰绿色粉质黏土、⑥$_1$ 暗绿—草黄色粉质黏土、⑥$_2$ 草黄—灰色砂质粉土、⑥$_{3-1}$ 灰色粉质黏土夹粉性土、⑥$_{3-2}$ 灰色砂质粉土与粉质黏土互层、⑦$_1$ 草黄—灰色砂质粉土、⑦$_{1t}$ 灰色粉质黏土夹砂、⑦$_2$ 灰色粉砂、⑦$_{2t}$ 灰色粉质黏土夹粉土、⑧$_1$ 灰色粉质黏土、⑧$_{2-1}$ 灰色粉质黏土夹砂质粉土、⑧$_{2t}$ 灰色粉砂夹粉质黏土、⑧$_{2-2}$ 灰色粉质黏土、⑨$_1$ 青灰色粉砂、⑨$_2$ 灰色砾砂。上述②、③、④、⑤层土为全新世Q_4沉积物，⑥、⑦、⑧、⑨层土为上更新世Q_3沉积物。

场地下部⑦$_2$ 层土性复杂，以砂性土为主，局部土质不均，夹有⑦$_{2t}$ 层灰色粉质黏土夹粉土，⑦$_{2t}$ 层一般有 2 层，上层层面埋深为 39.0～42.0m，厚度为 2～4m；下层厚薄不均，变化大，埋深一般在 45～62m 左右。典型工程地质剖面如图 6 和图 7 所示。

根据拟建桥梁结构特点，以影响桩基设计的持力层分布情况作为地质分区依据，具体为⑦$_2$ 层、⑦$_{2t}$ 层的埋深、厚度等分布特征，可将拟建场地分成四个工程地质区及相应的工程地质亚区，详见表 2 和表 3。

工程地质分区一览表（G1501 公路—G15 公路） **表 2**

分区代号	里程桩号	地层结构特征
湖沼平原 Ⅰ 区	ENK0 + 860～ENK0 + 410 SEK0 + 240～NEK1 + 160 K2 + 790～K3 + 090 K5 + 610～K5 + 890 K7 + 810～K9 + 850	⑦$_2$ 层灰色粉砂层顶埋深较浅，一般小于 40m，层厚较厚；⑦$_{2t}$ 灰色粉质黏土夹粉土层厚度较薄或埋藏较深，对桥梁桩基影响较小
湖沼平原 Ⅱ$_1$ 区	SK1 + 020～SK1 + 290 SK1 + 790～K2 + 790 K3 + 020～K4 + 350 K7 + 590～K7 + 810	⑦$_2$ 层灰色粉砂层顶埋深较浅，一般小于 40m，层厚较厚；⑦$_{2t}$ 灰色粉质黏土夹粉土层厚度大且埋深一般小于 45m，⑦$_{2t}$ 层土质相对较差，对桥梁桩基影响较大
湖沼平原 Ⅱ$_2$ 区	SK0 + 940～SK1 + 790 K4 + 350～K5 + 610	⑦$_2$ 层灰色粉砂层顶埋深较浅，一般小于 40m，层厚较厚；⑦$_{2t}$ 灰色粉质黏土夹粉土层较厚且埋深一般小于 45m，⑦$_{2t}$ 层土质相对较好，对桥梁桩基影响相对较小
湖沼平原 Ⅲ 区	K0 + 320～K1 + 170 K1 + 890～K1 + 300 K1 + 130～K1 + 020 K1 + 380～K1 + 300 K1 + 060～K0 + 340 K1 + 870～K0 + 770	⑦$_2$ 层灰色粉砂层顶埋深在 40～55m 范围内；分布有厚度较大的⑤$_{3-1}$ 层，大部分区域分布有⑤$_{3-2}$ 层
湖沼平原 Ⅳ 区	K5 + 890～K7 + 590 K9 + 850～K10 + 090 K1 + 300～K1 + 060 K1 + 130～K1 + 300	⑦$_2$ 层灰色粉砂层顶埋深大于 55m。分布有厚度较大的⑤$_{3-1}$ 层，大部分区域分布有⑤$_{3-2}$ 层

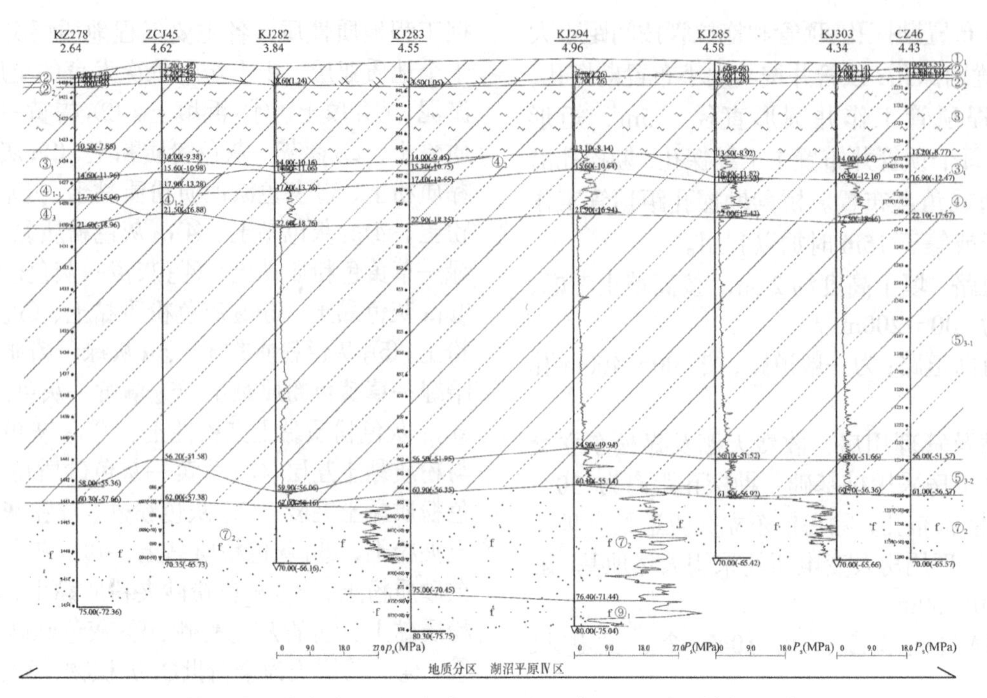

图 6　S26 公路（G1501 公路—G15）段典型工程地质剖面示意图

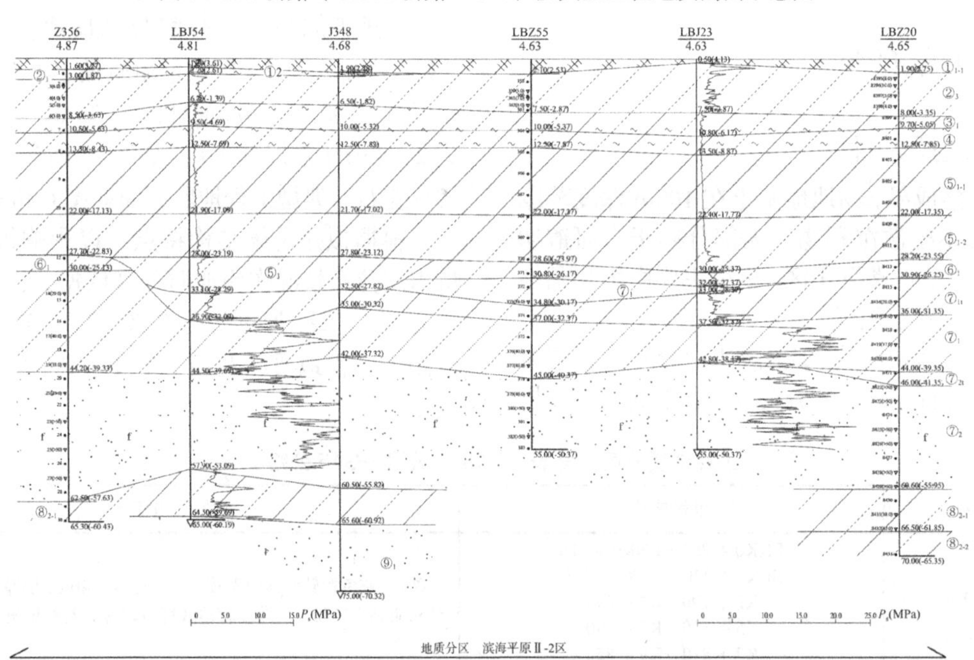

图 7　S26 公路（G15—嘉闵高架）段典型工程地质剖面示意图

工程地质分区一览表（G15 公路—嘉闵高架）　　**表 3**

分区代号	里程桩号	地层结构特征
湖沼平原Ⅰ$_{1\text{-}1}$区	工程起点～K9＋920 K13＋460～K134610	⑦$_2$层埋深较浅，一般不大于 45m；分布有⑥$_1$、⑥$_2$、⑥$_{3\text{-}1}$和⑥$_{3\text{-}2}$层，局部受古河道切割，分布有⑤$_3$和⑤$_4$层
湖沼平原Ⅰ$_{1\text{-}2}$区	K9＋920～K13＋460 （含 G15 立交）	⑦$_2$层埋深大于 45m，上部⑥$_{3\text{-}2}$层、⑦$_1$层局部区段工程性质较好
滨海平原Ⅱ$_1$区	K13＋610～K13＋860 K14＋000～K14＋490 K14＋550～K14＋620 K15＋160～K15＋620	⑦$_2$层埋深较浅，一般不大于 45m；⑥$_1$层层面为 22m～25m，⑦$_1$层顶面在 28～32m 左右，局部受古河道切割，分布有⑤$_3$和⑤$_4$层
滨海平原Ⅱ$_2$区	K13＋860～K14＋000 K14＋490～K14＋550 K14＋620～K15＋160 K15＋620 及嘉闵高架立交华翔路匝道部分区域	⑦$_2$层埋深一般大于 45m，上部⑦$_1$层局部区段工程性质较好

4.2 水文地质条件

（1）地表水

沿线跨越的河浜主要有油墩港(河宽约 56m)、老通波塘（河宽约 26m）、艾祁港（河宽约 27m）、庙江（河宽约 22m）、新通波塘（河宽约 40m）、新联任家浜（河宽约 21m）、谊桥江（河宽约 37m）、嵩塘（河宽约 29m）、虬江港（河宽约 25m）等。

（2）地下水

沿线浅部地下水属潜水类型，潜水位动态变化主要受大气降水、地面蒸发及地表水的补给与调节的影响，主要补给来源为大气降水、黄浦江和周边河道。潜水位埋深一般为地表下 0.3～1.5m，年平均地下水位为地表下 0.5～0.7m，设计高水位 0.5m、低水位 1.5m。

局部分布的$⑤_2$层、$⑥_2$层为微承压水含水层，$⑦_1$层、$⑦_2$层、$⑧_{2t}$层、$⑨_1$层为承压水含水层。微承压含水层水位埋深一般在 3～11m，承压水含水层水位埋深一般在 3～12m。

4.3 场地地震效应

沿线场地抗震设防烈度为 7 度。场地设计基本地震加速度值为 0.10g，场地类别为Ⅳ类，场地属抗震不利地段。沿线场地为轻微液化场地。不考虑软土震陷的影响。

4.4 不良地质与特殊性土

（1）明浜和暗浜

本工程线路沿线穿越数条河流。根据历史河籍图，场地分布有暗浜。明浜和未处理暗浜底部一般淤泥含有大量有机质，具流动、流塑性，工程性质很差，对工程不利。

（2）地下障碍物

工程沿线跨越多条现状道路，现有道路两侧有较多地下管线分布，工程沿线拆迁后遗留的废旧建筑物基础等，会对工程的兴建构成不利影响。

（3）填土

场地沿线表层分布有一定厚度的杂填土，揭示厚度 0.3～5.2m，勘察报告将填土厚度大于 2.0m 的勘探孔逐一列出。杂填土成分不均，结构松散，局部夹煤渣及混凝土块等，强度变化较大，对基坑（槽）开挖施工不利，易发生坍塌现象；另外，杂填土对桩基施工有一定的影响。

（4）边坡稳定

沿线河流岸坡在自然条件下是稳定的。跨河桥梁桩基施工时，若桩基施工措施不当或建材堆放不合理均有可能诱发河流边坡的失稳，因此桥梁施工时应采取适当的技术措施，以保证河流边坡的稳定性。

（5）地面沉降

地面沉降具有累积性和不可逆性，其造成的危害将长期存在，且随时间的推延而加剧。工程沿线地处郊区农村，沿线的建筑物相对较少，因建筑活动产生的地面沉降量不大；沿线抽取地下水现象较少，因抽取地下水造成的地面沉降不明显。根据有关地质环境监测资料分析，场地不在上海市主要地面沉降区范围内。综合以上分析，判断道路沿线地面沉降不大，一般不会对工程产生不利影响。

5 地基基础分析与评价

5.1 桩基工程

拟建场地地基土分布复杂，当选用$⑦_2$层作桩端持力层时，由于桩基须穿越$④_2$、$④_3$、⑥、$⑦_1$、$⑦_{2t}$及其上部的$⑦_2$层，预制桩沉桩困难；另一方面，预制桩施工时挤土效应显著，会对附近建构筑物、道路、地下管线产生不利影响，当采用打入桩时，噪声会影响沿线居民、企事业单位正常生活和工作，故在沿线村庄、河岸、现有 G1501、G15 公路等现状道路附近，一般不宜采用预制桩方案。对较空旷区，可优先考虑采用 PHC 管桩，桩径 ϕ600mm；其余地段应选择钻孔灌注桩，桩径 ϕ800～1200mm。

对收费站及管理用房应优先考虑 350mm × 350mm 预制方桩或ϕ400mmPHC 管桩方案，当场地条件受限制时，可考虑采用钻孔灌注桩，桩径 ϕ600mm 为宜。

静钻根植桩可穿过各种夹层，适应桩端持力层变化较大的地质条件，比较适合本场地，由于是新工艺，可选择适当的桥墩布置该桩型，为此桩型的推广积累技术经验。

按工程地质分区提供桩基参数、评价桥梁（高架桥、立交、地面桥梁、收费站等）桩基地质条件，推荐相应的桩基持力层、桩入土深度和桩型等，并按里程或工点提供持力层推荐汇总表（表 4），方便设计使用。

桩基持力层选择一览表（部分示例） **表4**

地质分区	工点	桩基持力层	入土深度/m
湖沼平原Ⅰ区	G1501立交及匝道 主线高架桥梁	⑦$_2$	40～45
	张塘浜桥、谊桥江桥 新联任家浜桥		35～45
湖沼平原Ⅱ$_1$区	主线高架、赵重立交及ABCE匝道	⑦$_2$	35～38；50～60
	邓家角桥、老通波塘桥、艾祁港桥、新通波塘桥		35～38；50～60
湖沼平原Ⅱ$_2$区	油墩港桥及联络道桥	⑦$_2$、⑨	55～65；75
	主线高架及 赵重立交D匝道	⑦$_2$	35～43；55～65
	中新艾祁江桥	⑦$_2$	40
湖沼平原Ⅲ区	G15匝道	⑤$_{3\text{-}2}$、⑦$_2$	50～58
湖沼平原Ⅳ区	主线高架、G15SW/WN匝道	⑤$_{3\text{-}1}$、⑤$_{3\text{-}2}$、⑦$_2$	50～65
	姜家角新江桥、徐家谭桥、嘉松公路跨线桥	⑤$_{3\text{-}1}$、⑤$_{3\text{-}2}$、⑦$_2$	50～65

对于静钻根植桩工艺的新技术，建议采用预制桩参数进行计算，计算直径可采用预制根植桩的直径；建议对静钻根植桩的单桩承载力计算结合试桩的结果进行验证。

场地沿线地基土深部土层相对复杂，土层差异较大，高架桥对承载力和变形要求较高，根据场地地质分区情况，对各分区高架桥梁的桩基持力层选择进行逐一分析：

（1）⑦$_2$层层顶埋深一般小于40m，层厚较厚；⑦$_{2t}$灰色粉质黏土夹粉土层厚度较薄或埋深较深，对桩基承载力影响较小，桥梁工程建议选择⑦$_2$层，桩端入土深度为40～45m。

（2）⑦$_{2t}$层厚度大且埋深一般小于45m。由于⑦$_{2t}$层土质不均，建议桩基穿过⑦$_{2t}$层进入下部⑦$_2$层作为桩基持力层。局部⑦$_{2t}$夹粉土较多，可考虑选择上部⑦$_2$层或⑦$_{2t}$层作为桩基持力层。

（3）⑦$_2$层层顶埋深在45～55m范围内，上部为相对较厚的⑤$_{3\text{-}1}$层或⑤$_{3\text{-}2}$层，局部有零星的⑦$_1$层分布，当满足承载力和变形要求时，可优先考虑⑤$_{3\text{-}2}$层作为拟建桥梁桩基持力层；⑤$_{3\text{-}2}$层不能满足要求时或⑦$_2$层埋深小于50m时，宜选用⑦$_2$层作为桩基持力层。

（4）⑦$_2$层层顶埋深大于55m，上部为相对较厚的⑤$_{3\text{-}1}$层或⑤$_{3\text{-}2}$层，可考虑以⑤$_{3\text{-}1}$层下部或⑤$_{3\text{-}2}$层作为拟建桥梁桩基持力层，当⑦$_2$层埋深小于65m时，可考虑选择⑦$_2$层作为桩基持力层。

当相邻桩基选择不同地基持力层时，应考虑不均匀沉降问题，可采取调整桩长等措施处理。由于拟建场地深部地层局部起伏较大，应结合场地地基土分布特点，选取合适桩长及适合拟建桥梁的桩基持力层，见表5。

辅助建筑桩基持力层选择一览表 **表5**

工点名称	地基土分布情况	推荐持力层	建议桩端入土深度/m
赵重立交匝道收费站收费天棚	④$_2$层层顶埋深为13.9～15.4m，厚度为2.9～4.9m，其下为工程性质良好的④$_3$、⑦$_1$层	④$_2$	17.0
嘉松西立交匝道收费站收费天棚	④$_{1\text{-}2}$层层顶埋深为21～21.5m，厚度为3.0～5.5m；④$_2$层层顶埋深为14.1～21m，厚度为4.2～6.5m；⑤$_{3\text{-}1}$层层顶埋深为18.3～26.7m	④$_{1\text{-}2}$、④$_2$、⑤$_{3\text{-}1}$	16～23
嘉松东立交匝道收费站收费天棚	④$_3$层层顶埋深为13.9～16.3m，厚度为6.2～7.8m	④$_3$	15.5
嘉松东立交匝道收费站管理用房	④$_3$层层顶埋深为13.7～13.8m，最小厚度约7.6m	④$_3$	16.0
G15立交匝道收费站	④$_2$层层顶埋深为18.0～19.7m，厚度约6.6m	④$_2$	25.0

根据上海地区工程经验及大量工程实测资料统计，桩基沉降量估算结果一般大于实测值，一般由以下原因造成：

（1）桩身穿越工程性质较好的土层，如硬塑黏性土、中密以上粉性土和砂土时，附加应力沿桩侧有一定的扩散作用，而沉降量估算时，没有考虑沿桩侧的压力扩散作用，导致作用在实体基础底面（即桩端平面）的有效压力偏大，从而桩端平面以下土中采用的有效压力偏大。

（2）在计算桩端处以下土中的有效压力时，

采用弹性理论中 Mindin 或 Boussinesq 应力分解没有考虑土层的软硬、土颗粒的大小等，可能导致实际土体中的应力与计算值不符，使计算应力偏大或偏小，在软黏性土和密实砂土中尤为突出。

（3）桩端以下下卧层地基土由于土样采取、运输和试验室开土等因素造成的扰动，使计算用压缩模量偏小或失真。

根据上海地区大量桩基沉降量实测资料分析对比，采用分层总和法计算的沉降量一般大于实测值，按 Mindin 应力公式法计算的沉降量与实测值较为接近。设计计算沉降量时，应根据具体的边界条件，结合类同工程经验进行估算。

根据类似工程经验，对于摩擦端承桩，桩基荷载主要由桩侧承担，但桩端处土性对控制桩基沉降有较明显的影响。

本工程Ⅰ、Ⅱ地质分区中勘察深度范围内第⑦$_2$粉砂层总厚度大，因此，桩基最终沉降量一般，且沉降稳定时间较短，但应注意⑦$_2$层土中有厚度不一的⑦$_{2t}$分布，当桩端置于⑦$_{2t}$层上部的⑦$_2$层或⑦$_{2t}$层中，会造成沉降较大或不均。在地质分区Ⅲ区和Ⅳ区，⑤$_{3-1}$、⑤$_{3-2}$黏性土层厚度大，⑦层埋深较深，若采用⑤$_{3-1}$、⑤$_{3-2}$层作为持力层时，桩基沉降量或深度相对较大，沉降稳定时间较长。本工程线路土层复杂，若相邻墩台选择不同桩基持力层，应重视差异沉降问题。

油墩港大桥桥址区域深部⑦$_2$层粉砂层面埋深为 55～60m，⑧$_{2-2}$层粉质黏土层面埋深为 65～69m，⑨$_1$层粉砂层面埋深为 69～73m，⑨$_2$层砾砂层面埋深约 84m，至最大勘探深度 100m 未钻穿⑨$_2$层。若选择⑨$_1$层做桩基持力层，该层及其下⑨$_2$层压缩性低，如结合桩端压浆技术，则能有效提高桩基承载力、控制桩基沉降。油墩港桥桩基最终沉降量按等代实体深基础估算，详见表 6，本次沉降估算未考虑桩身自身压缩的影响。

桩基最终沉降量估算表 **表 6**

桥名	试算勘探孔	承台大小/m	桩端附加应力/kPa	桩长/m	桩基持力层	桩端压缩层	压缩层厚度/m	总沉降量/mm
油墩港桥	CZ12	16 × 8.4	270	60	⑦$_2$	⑦$_2$、⑧$_{2-2}$、⑨$_1$	9.00	24.29
			300	75	⑨$_1$	⑨$_1$、⑨$_2$	8.40	10.78

5.2 道路工程

地面道路为城市道路，填土高度小于 2.5m，为一般道路；新建桥梁桥头接坡处高度局部大于 2.5m，为高填土道路。

1）路基稳定

本工程沿线浅部除暗浜区普遍分布第②$_1$褐黄—灰黄色粉质黏土层外（该层土状态可塑—软塑状），一般能满足拟建道路的承载力要求。由于路基土的稳定涉及路基筑路方式，路基宜分层碾压，同时重视沿线明浜塘的处理，填筑的路基土一般能确保稳定。

2）软基处理

软土地基在附加应力的作用下产生沉降，其沉降量可分为两大部分：其一为路堤下地基固结压缩而产生的沉降，其二为路堤本身产生的压缩沉降。其中因地基固结而产生的沉降，其大小主要取决于软基的性质和附加应力的大小；路堤本身产生的沉降主要取决于路堤材料性质与压实程度。工程实践表明，当路堤填土压实达到规范要求时，路堤本身工后沉降与软基沉降相比要小得多，因此一般在软基计算中，主要考虑路堤下地基固结压缩而产生的沉降量。

G1501—G15 公路区段沿线分布有③$_t$、④$_3$砂质粉土层，为透水层，较易排水固结，粉土层的固结沉降大部分可在施工期间完成，对路基工后沉降控制有利，路基工程地质条件相对较好。G15 公路—嘉闵高架区段的 K13 + 000—工程终点分布有一定厚度的②$_3$层，该层渗透系数相对较大，对路基工后沉降控制较为有利。

道路标高一般不大，填土高度较小，沿线匝道、地面桥梁与道路路堤接坡处填土高度一般在 2.5m 左右，会产生一定的沉降量，造成桥梁与道路的不均匀沉降。为有效控制最终沉降量、减小不均匀沉降，可采用以下处理措施：

（1）采用轻质材料，如粉煤灰等，作为填土料。

（2）合理安排施工顺序，先填筑路基，后施工桥梁构筑物。

（3）对于浅部分布厚度较大的③、④$_{1-1}$层，可采用搅拌桩处理。

（4）采用搅拌桩处理拼宽路基，与已建高速公路连接的地面匝道应注意路基处理对运营道路的影响，可采用搅拌桩或者薄壁管桩处理方案。

设计采用了勘察报告建议，对非平桥桥坡段采用了搅拌桩加固方案，桥坡段沉降较小，运行情况良好。

3）浜塘和地表湿土处理

路基范围局部分布有暗浜。对新建道路对道路红线范围内的明暗浜，须把浜填土和浜底淤泥清除，再回填素土，分层夯实。在处理过程中应防止雨水及地下水渗流进入土体。为确保整个路基的刚度和强度，应在明暗浜的路基下铺设土工布；分布面积较大和深度较深的浜塘，可结合排水固结等措施减少路基工后沉降。

上海郊区地下水位较高，降水频繁，表层土湿软较严重，对土质较为潮湿的地段，一般应清除地表腐殖质土和植物，再用石灰土、砂砾（或粉煤灰）作隔离层或土工布补强。

5.3 天然地基

对于各轻型辅助建筑，当基底位于①$_1$层时，需对①$_1$层进行处理后方可作为持力层；当位于原明暗浜塘区域时，需对场地范围内的明浜、塘底淤泥进行换填处理；②$_1$层与②$_2$层大部地段分布较稳定，工程地质性质较好，是各轻型辅助建筑理想的天然地基持力层。

5.4 基坑工程

根据设计要求及工程经验，油墩港大桥主桥岸边主墩的基础埋深一般为4.0m。基坑开挖影响范围内土层一般为①、②$_1$、②$_2$、③、③$_t$层，③$_t$层的渗透系数较大，且主墩近油墩港，设计和施工时，应确保围护结构的隔水效果，以免造成流砂、管涌。基坑围护结构可采用拉森钢板桩支护，桩端宜穿透③$_t$层，进入④$_{1-1}$层为宜；且需重视③$_t$层与油墩港水力联系，施工时须做围堰。场地地下水受水水位变化影响，基坑围护结构设计和施工应注意油墩港河水位变化。基坑施工时，应加强对岸堤、邻近建（构）筑物的监测。

当顶管工作井基坑开挖深度大于5.0m时，一般围护体系可采用灌注桩加内支撑进行挡土，结合深层搅拌桩止水方案或SMW工法，接收井也可采用拉森钢板桩围护；拟建顶管工作井基坑坑底位于③层。③层的含水率高、强度低、具有触变性和流变性，基坑开挖各种工况下，坑底土体会有一定的回弹，应注意土体回弹对基坑支护结构产生不利影响。当基坑埋深较大时，坑底土的再压缩变形不能忽视，应加强对工作井处基坑回弹量的监测。新府路—新联任家浜桥段，倒虹管工作井坑底位于③$_t$层，设计和施工时，应确保围护结构的隔水效果，以免造成流砂、管涌。

5.5 驳岸工程

本工程沿线新建多处驳岸，驳岸采用“重力式堤岸+短桩”方案。

根据类似驳岸的工程经验，驳岸桩基一般较短，桩入土深度为8～15m。选用预制方桩，方桩边长不宜小于250mm，以免造成断桩。

5.6 排水管道工程

本工程开槽埋管的管径为DN600～1200mm，埋深为2.20～3.50m。管道基槽开挖影响范围内土层一般为①$_1$、②$_1$、②$_2$和③层。①$_1$填土，对开挖不利；②$_1$层土呈可塑—软塑状，工程性质较好，为开槽埋管较有利土层；③灰色淤泥质粉质黏土层，呈流塑状态，土质不均，属高压缩性软弱土，工程性质差，易发生流变，基坑隆起等不良现象。③层土易受施工扰动，扰动后强度降低极大，施工中应避免对该层土的扰动；较深基槽施工时，基底土会有回弹，不应超挖回弹部分土体，以免竣工后产生过大沉降。

顶管管径一般为ϕ600mm，埋深5.40～6.20m；拖拉管管径为DN400mm，埋深5.40m。顶管施工应选择合适的施工机械与施工方法。当顶管在③$_t$层中施工时，应重视工作面易发生涌水、流砂现象，影响工作面稳定，而粉性土失水后，阻力会显著增大，建议增加泥浆注入点数量。当顶管在③灰色淤泥质黏土层中施工，该层流塑状，设计、施工中应预防工作面坍塌问题。另外，顶管段顶进施工中，应预防在地下构筑物附近穿越时，因上覆土压力小而产生冒浆现象，影响推程。

6 工程效果

经设计和施工单位检验，勘察报告提供的单桩竖向承载力估算值与桩基静载荷试验结果吻合。施工至运营各阶段沉降监测结果均符合规范和设计要求，对周围环境未造成不利影响。桩基、天然地基、道路、排水管道、驳岸等各工程设计参数等与实际相吻合，勘察报告提供的结论和各类设计参数正确、建议合理。

项目投入运营后，经过8年多的通车运营的考验，本工程基础稳定，全线运营效果良好。

7 工程中的技术创新

7.1 钻探设备专利产品的应用

取土器和土样筒采用我院QC成果——更新勘探取土器（获上海市一等奖），确保原状土样的质量。钻探取土器和土样筒采用专利技术——隐形轴阀式厚壁取土器、外肩内锥对开式塑料土样筒和塑料土样筒开筒扳手，“隐形轴阀式厚壁取土器的研究与应用”获2006年上海市科技成果奖，“更新现场勘探取土器”获2007年上海市优秀QC小组成果一等奖。使用该取土器可大大提高取土质量，并减轻了取土器的清洗强度；土样筒可内嵌环刀，方便在砂土中取样，成本远低于常规环刀取土器，利用开筒扳手方便开土，大大提高实验室开土的效率。

7.2 静探施工过程中专利产品的应用

静力触探试验采用地质勘探用扩孔装置、鼠笼式热交换器及应用其的液压静力触探机和静力触探深孔防斜装置等几项成熟专利技术，施工最大深度达到85m，提高了静探触探试验孔的垂直度和作业效率，确保施工顺利。

7.3 静钻根植桩基础新技术的应用

静钻根植桩基础施工新技术是一种采用埋入法施工预应力制桩（竹节桩等）的技术，摒弃了预应力管桩与钻孔灌注桩的缺点，并继承了它们的优点；本新技术具有无挤土效应、桩身无损、质量可靠、无泥浆外排、资源消耗量少、单位承载力造价低、成桩设备先进、施工过程可视可控等特点，桩型组合可根据荷载情况配置，接桩质量和垂直度控制更有保证等特点，适用范围广。

在勘察的过程中，我院配合设计单位采用静钻根植桩基础新技术课题的研究与应用，并根据静钻根植桩的相关规范和经验，针对性地评价静钻根植桩参数选用、沉桩的可行性，为设计单位提供了相关的岩土设计参数。施工完毕以后，我院积极配合设计及施工单位对桩基检测、后期桩基沉降及造价的分析。该桩的质量可靠，经济效果明显。

8 工程效益

勘察成果中，根据所划分的地质单元，针对不同的构筑物，特别是针对地面桥梁、高架桥梁、立交桥匝道的桩基持力层，进行了合理的推荐、选择，并推荐了不同桥位的桩型、桩基设计参数。钻孔灌注桩桩基试桩报告表明，桩基承载力满足设计要求，证明勘察成果中提供的桩基参数的合理性。勘察成果中准确的桩基参数、合理的持力层和桩型选择，被设计和施工单位采纳，节约了工程造价，具有显著的经济效益。

勘察报告对桩型选择、桩基施工方案及施工等均进行了详尽的分析评价，并提出了合理的建议。桥梁沉降观测资料表明：桥梁工程自施工开始直至目前为止，沉降数值均符合规范和设计要求。

S26公路是上海市域西部省际高速公路，S26高速公路入城段的建设对形成市域西部与中心城间多通道格局，提升沪宁第二通道的功能与作用，支撑虹桥会展综合体的对外交通集散，进一步均衡路网负荷。S26公路进一步发挥这条东西向高速大动脉的分流作用，为G2京沪、G50沪渝高速减负的同时，更好地均衡虹桥枢纽区域的到发车流。

百色市隆林各族自治县鹤东大道新建工程岩土工程勘察实录

王玉龙[1,2]　黄　彬[1,2]　郭　强[1,2]
（1. 中国兵器工业北方勘察设计研究院有限公司，河北石家庄　050011；
2. 河北省地下空间工程岩土技术创新中心，河北石家庄　050011）

1　工程概况

鹤东大道新建工程位于隆林各族自治县城东，民族高中南侧，该道路等级为城市主干路，双向6车道，红线宽度50m，设计车速60km/h。主线道路呈东西走向，全长14.627km，起点是主线与进城大道的连接线的交点，在泥浪村附近与进城大道延长线T形相交，主线途经县繁殖良种示范农场、岩崩村、那他村、那板村，在扁牙村加油站附近与X805道路呈斜交后沿旧路拓宽，经委利、坝达村、终到那他高速公路收费站。该项目实景照片见图1。

图1　工程现场照片

2　场地岩土工程条件

2.1　区域地质及场地地形地貌

该项目区域地质条件复杂（表1），线路区地处云贵高原东南边缘，地质构造相对稳定，主要受印支运动影响，发生在二叠系、三叠系，是极为强烈的一次褶皱造山运动，使地层发生褶皱，形成印支褶皱带。同期伴随形成右江大断裂，该断裂为压扭性断裂，其中对线位影响较大的为隆林大断裂，其为右江大断裂西段，后期受喜马拉雅运动影响，主要表现为张性断裂，并伴有褶皱产生，使得印支运动形成的断裂及褶皱发生再次运动。

地貌单元以低山丘林地貌为主，地形起伏较大，山间冲沟较发育。山坡表层多覆盖残坡积土，植被较发育，多为杂草、灌木及香蕉树。建设区域地属云贵高原东南边缘，以中山、低山为主，素有山高谷深，"地无三里平"之称。地势是南部高于北部，自西向东倾斜。区内海拔为400～1000m。地形地貌包括中山区、低山区及丘陵区。公路所处地区地貌受地质构造、新构造运动和地层岩性的控制，区内地貌形态丰富多样，按成因及形态划分为3个区，分别为强度割切山沟发育中山区、中度割沟谷发育低山区及黏土丘陵区。该区域现场地貌见照片图2。

区域地层说明　　表1

系	统	组	地层代号	岩性描述及地层说明	分布范围
三叠系	中统	新苑组	T_2x1	灰岩、泥岩、黏土岩及砂岩，上部为灰岩、泥灰岩；下部为黏土岩及砂岩；底部局部可见硅质岩	分布于全线大部分地区
	下统	紫云组	T_1z	灰岩、砾屑灰岩、黏土岩、砂岩及泥质灰岩。紫云组：灰岩夹砾屑灰岩及砂岩	仅出露于线位东侧及中部少量地区
二叠系	上统	领好组	P_2lh	黏土岩、灰岩、砂岩上部：黏土岩夹灰岩透镜体；下部：砂岩及砂质黏土岩	主要分布于线位东部，西部出露较少

图 2　鹤东大道原始地貌照片

2.2　场地地层情况

沿线第四系覆盖层较发育，下伏基岩主要为三叠系中统新苑组、下统紫云组、二叠系上统领好组地层。现将各地层情况分述如下：

（1）第四系全新统（Q_4^{ml}）填筑土，成分主要为碎石土，厚度 0.5～2.4m 不等，主要分布于进城延长线及 X805 县道改扩建段。

（2）第四系晚更新统（Q_2^{al+pl}）冲洪积层，主要为碎石土、粉质黏土及粉质黏土，可塑—软塑。冲洪积层主要分布在河流阶地及山间沟谷，厚度 1.0～7.0m。

（3）第四系晚更新统（Q_2^{el+dl}）残坡积层，该层沿线山坡普遍有分布，厚度不均，层厚 1.0～5.0m，主要为黏土、粉质黏土及含角砾黏土，硬塑。

（4）三叠系中统新苑组（T_2x1），岩性以灰黄色泥灰岩、浅灰色、灰色石灰岩为主，主要分布于进城大道延长线段。

（5）三叠系下统紫云组（T_1z），岩性以灰黄色泥灰岩、浅灰色、灰色石灰岩及青灰色白云质灰岩为主。

（6）二叠系上统领好组（P_2lh），岩性以灰黄色泥灰岩、浅灰色、灰黑色石灰岩为主。

全风化层多风化呈土状、角砾状；强风化层节理裂隙发育，岩体一般破碎，多呈碎块状；中风化层岩体较完整。典型的岩层结构照片见图 3。

图 3　典型地层结构

2.3　气象、水文条件

线路区域属亚热带高山气候。主要特征是夏无酷热，冬无严寒。夏季雨量集中，间有大雨、暴雨等。区域内气温随着高度递增而降低，垂直变化显著。由于受地形的影响，气温差异大。区域内由于受地形的影响，县境各地降水量差异大，处在金钟山山脉东南坡的中部，东南季风（东南方来的暖湿气流）进入境内时受地形抬升，是多雨区，年平均降水 1599.0mm。新州处在金钟山山脉的北坡山谷，东南季风和西南季风（西南来的暖湿气候）较难深入，年平均降水量仅 1157.9mm。北部红水河畔，由于受金钟山山脉和大哄豹山脉双重阻挡，东西季风和西南季风难以深入，且又处在贵州省南部高原的下风坡，是少雨区，如班支花平均年降水量仅 1023.0mm。全县年平均降水量在 1000mm 以上。

线路区内的河流均为珠江支流南盘江水系，主要包括新州河、冷水河（表 2）。

（1）新州河是南盘江的一级支流，发源于天生桥镇岩场村内黄泥堡，海拔 860m 处，距离县城 28km，是县内流域面积较大、河段较长的河流，贯穿于县境中部。自西向东流，上游称那隆河，至者浪汇播立河后称新州河，至新州镇铜鼓桥下游与冷水河汇合。在委乐乡管肖村平班屯海拔 386m 处从右侧注入南盘江。全长 77.5km，流域面积 964km^2，多年平均流量为 8.65m^3/s，枯水流量为 0.65 m^3/s。水流平稳，河面宽窄不一。河水深处 3m，浅处可涉水而过，沿河两岸有小片农田。干流上建有那隆水库、千金水库等拦河坝和 10 处简易拦河引水工程，自流灌溉面积 1.8 万亩，是县内中部水稻产区。河床天然落差 474m，水能理论蕴藏量 4.02 万kW·h。

该河流主要流经县城连接线全线及主线 CK1km 处向北拐出调查区域，且有 5 条小支流与线位相切，水流受地势影响较大，流速不等且水面宽度大小不一。河流冲刷处，侧壁可多见灰岩出露，河流侧蚀作用显著，基岩溶蚀现象明显，出露较少，且河流两侧多为耕田。

（2）冷水河源于克长乡的下寨、科褛和长发乡的摇仁、猴场、长发 5 条地下暗河。这些暗河至达秋汇合，形成 1300m 长的明流，复又潜入地下，在卡达洞口流出地表，出口高程 1020m。因水温较低而得名。出水口距离县城 23km，由南向北流，经岩腾、者隘、冷水等村屯，在新州镇铜鼓桥海拔556m 处与新州河汇合，全长 23.1km。流域面积 $402km^2$，其中暗流部分 $297km^2$。多年平均流量 $6.04m^3/s$，枯水流量在冷水屯测流为 $1.11m^3/s$（1974年3月3日）。天然落差 484m。水能资源丰富，理论蕴藏量为 2.86 万 kW · h。

该河流主要流经线位南侧，未与线位有明显相切。河流冲刷处，侧壁可多见灰岩出露，河流侧蚀作用显著，基岩溶蚀现象明显，出露较少，且河流两侧多为耕田。

河流特征表　　表 2

河名	位置	河道全长/km	流域面积/km^2	平均流量/(m^3/s)
新州河	黄泥堡	77.5	964	8.65
冷水河	卡选屯	23.1	402	6.04

3　场地工程地质分析及评价

3.1　不良地质作用发育

根据地质调查及结合地区地质资料，线路区域内主要构造线方向为北西西向，其构造形迹由一系列断层及伴生的褶皱组成。

（1）断层：该区域地质资料显示主要构造线方向为北西西向，在安然、马雄、德峨、蛇场等地区均有分布，走向 280°～300°，和隆林县境内褶皱轴平行，多为压扭性断层，延伸长度十余千米，断层性质有正断层，也有逆断层，断层面倾向有南也有北，倾角一般为 50°～70°。在北西西向断层组中，隆林断层是右江大断层裂带的西段。它由革步经新州到沙梨，在境内呈北西西向略向北凸的弧形。东段延入田林县境，经田林、百色循右江直达南宁，长 360km，自南宁向东尚有断续出现。断裂主要倾向北东，倾角 60°～80°，均为逆冲断层为主，断距 100～900m 不等，该断裂主要由印支运动形成。喜马拉雅山旋回再次张裂活动，近代地震比较活跃，是广西重要的控震大断裂之一。

（2）褶皱：线路区域内褶皱主要由印支运动形成后，再经喜马拉雅运动，形成一系列背斜的褶曲系统，轴向多为 280°左右，调查区域内可见较多的次生小褶皱，岩性风化破碎严重，节理裂隙极为发育。

（3）节理裂隙：该区域构造发育一般，先后主要经历印支运动及喜马拉雅运动，发育一系列褶皱、挠曲，岩体节理发育，节理间距一般为 0.1～0.3m，岩体结构类型以层状及破裂状结构为主，局部见散体结构。节理基本多为剪节理，且倾角多数陡峭。地表风化作用强烈，导致岩石强度降低，透水性较好，沿基岩片理或者片理面，抗剪抗拉强度很低，遇水容易滑动，沿片理、节理容易剥落，富水性强。

（4）新构造运动：线路区位于广西西北部山区，地属云贵高原东南边缘，区内以中低山、丘陵为主，河谷Ⅰ、Ⅱ级阶地发育，喜马拉雅运动以来，以差异性抬升为主，现场未见明显第四系断裂发育，属于新构造运动缓慢抬升区，新构造运动相对稳定。

3.2　场地稳定性和适宜性

线路区域内岩层节理裂隙发育，局部岩层呈破碎状态，对场地稳定性影响较大，为抗震一般地段。地形起伏较大，路堑边坡开挖存在崩塌、滑坡及拉裂隙等危及道路施工及通行安全的不良地质作用和地质灾害，为稳定性差场地，工程建设适宜性差。

4　现场直接剪切试验

4.1　试验设备及方法

试验采用钢结构梁堆重平台作反力，剪切盒、千斤顶、百分表、压力表等。每组岩体试验点数不宜少于 5 个，剪切面积不宜小于 $0.25m^2$，高度不宜小于 25cm。每一试体的法向荷载可分 4～5 级施加；当法向变形达到相对稳定时，即可施加剪切荷载；每级剪切荷载按预估最大荷载的 8%～10%分级等量施加，或按法向荷载的 5%～10%分级等量施加；土体按每 30s 施加一级剪切荷载；当剪切变形急剧增长或剪切变形达到试体尺寸的 1/10 时，可终止试验；试验基本方法是在制备好的试样上，施加一垂直荷载，待试样变形稳定后，分级施加水平荷载，记录剪切荷载值及位移量，直至将试样剪断。对同一试槽各件试样所施加的垂直荷载P（法向应力）、抗剪断峰值τ（剪应力），采用最小二乘法线性回归分析，便可得到试验岩、土体或结构面的抗剪强度指标值。现场试验照片见图 4。

图 4　直接剪切试验现场照片

强度减弱，反映在抗剪强度上有相应的变化。DJ4、DJ5、DJ6、试验组的岩性相同，均为强风化泥质石灰岩，颜色、状态稍有些差别，做了浸水状态固结快剪试验（表3）。DJ7、DJ8、DJ9、试验组的岩性相同，均为全风化泥灰岩，颜色、状态稍有些差别，做了浸水状态固结快剪试验。

4.2 试验结果

DJ1A、DJ1B、DJ2A、DJ2B、DJ3A、DJ3B、试验组的岩性相同，均为强风化泥灰岩，颜色、状态稍有些差别，分别做了天然状态和浸水状态固结快剪试验，浸水组受水浸后，粒间连接力、结构强度减弱，反映在抗剪强度上有相应的变化。DJ4、DJ5、DJ6、试验组的岩性相同，均为强风化泥质石灰岩，颜色、状态稍有些差别，做了浸水状态固结快剪试验（表3）。DJ7、DJ8、DJ9、试验组的岩性相同，均为全风化泥灰岩，颜色、状态稍有些差别，做了浸水状态固结快剪试验。

现场试验结果 表3

试验编号	试验岩性	试验深度/m	试验方法	剪切方向	试验日期（年.月.日）	剪断标准	试验点数	内摩擦角 φ/°	黏聚力 c/kPa
DJ1A	强风化泥灰岩	0.6	天然快剪	N22W	2021.9.3	抗剪断	5	23.7	39.2
DJ1B	强风化泥灰岩	0.8	浸水快剪	N22W	2021.9.5	抗剪断	5	20.6	32.4
DJ2A	强风化泥灰岩	0.6	天然快剪	N32W	2021.9.3	抗剪断	5	23.2	40.6
DJ2B	强风化泥灰岩	0.8	浸水快剪	N32W	2021.9.5	抗剪断	5	20.3	34.5
DJ3A	强风化泥灰岩	0.6	天然快剪	N33W	2021.9.3	抗剪断	5	23.5	39.4
DJ3B	强风化泥灰岩	0.8	浸水快剪	N33W	2021.9.5	抗剪断	5	20.7	32.2
DJ4	强风化泥质石灰岩	0.7	浸水快剪	S82E	2021.9.5	抗剪断	5	24.6	39.6
DJ5	强风化泥质石灰岩	0.7	浸水快剪	S82E	2021.9.5	抗剪断	5	24.3	39.6
DJ6	强风化泥质石灰岩	0.7	浸水快剪	S82E	2021.9.5	抗剪断	5	24.3	41.0
DJ7	全风化泥灰岩	0.7	浸水快剪	N30W	2021.9.6	抗剪断	5	18.3	24.2
DJ8	全风化泥灰岩	0.9	浸水快剪	N30W	2021.9.6	抗剪断	5	18.0	23.6
DJ9	全风化泥灰岩	1.1	浸水快剪	N30W	2021.9.6	抗剪断	5	18.3	23.5

5 线路岩质边坡稳定性分析

5.1 赤平投影分析

边坡赤平投影稳定性分析本段路堑强风化泥灰岩及泥质石灰岩拟采用1：1坡比开挖，根据边坡坡向、岩层产状、裂隙产状的关系作赤平投影图分析：岩层层面与边坡坡面倾向相交，岩层倾向坡外，不利于边坡稳定；J2与岩层层面组合交线内倾，有利于边坡稳定；J1与J2组合交线外倾，不利于边坡稳定；J1组节理与岩层层面组合交线倾向坡外，边坡体不稳定，可能产生掉块、滑塌等不良地质现象。赤平投影分析图见图5。

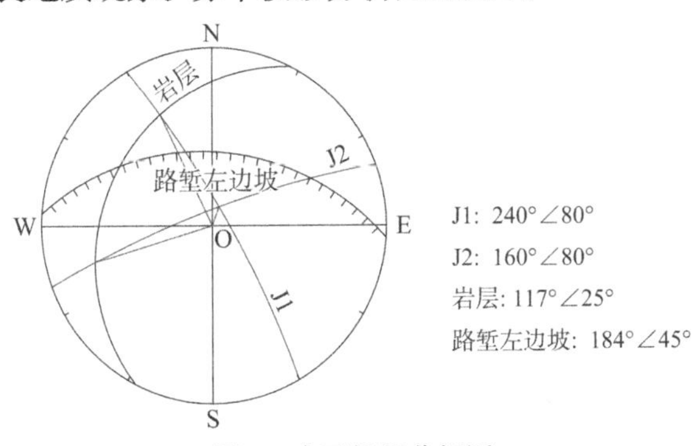

图5 赤平投影分析图

5.2 极限平衡法简单平面稳定分析

计算分为两个单元进行，分为正常工况（自然状态）及非正常工况（暴雨或连续降雨状态），计算结果显示正常工况安全系数0.988小于1.25，非正常工况安全系数0.779，小于1.15，边坡开挖后，在正常状态及暴雨或连续降雨状态下易失稳滑塌，边坡均处于不稳定状态，应对边坡采取支护措施。分析图见图6。

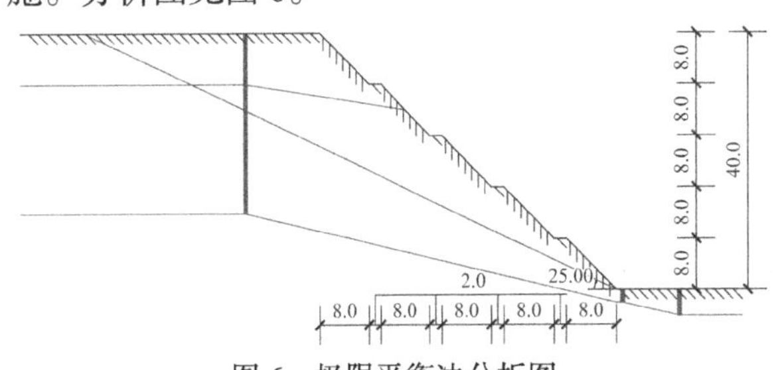

图6 极限平衡法分析图

5.3 边坡支护建议

根据计算分析结果，建议对边坡采用锚杆（索）格梁进行防护。边坡开挖应避开雨季，建议在坡肩上部及坡脚设置截排水沟，完善排水措施，边坡开挖应遵循“逐级开挖，逐级防护”的原则，严禁无序开挖，大爆破作业，开挖后要及时完成坡面防护。对道路边坡高度小于8m，受岩层层面及裂隙影响较小时，可采取放坡并在坡脚增设混凝土矮墙等措施进行处理。按放坡处理后，为防止边坡岩体长期受风化作用影响，可对边坡进行混凝土砂浆喷护，并做好防排水措施。

极限平衡法计算结果 表4

工况	侧面裂隙水压力/kN	底面裂隙水压力/kN	结构面上正压力/kN	总下滑力/kN	总抗滑力/kN	安全系数
自然状态	—	—	17446.0	8135.2	8034.7	0.988
暴雨	174.9	1853.1	11187.6	6273.9	4888.5	0.779

6 结语

本项目处于地质构造复杂的中山丘陵地区，该区域树林茂密，覆盖层较薄，岩层出露较少，岩石较为破碎，这些实际情况都对基本的岩层构造数据获取、岩石力学参数的提出造成了很大的困难。针对这一情况，采用单一的地质钻探手段对破碎的强风化岩芯无法进行有效的取样，更无法进行岩石试验，传统的方法已经很难满足工程设计的需要。

针对项目实际情况，采用“现场大型直剪切试验”这一方法，解决岩质边坡力学参数提出该难点，并结合地质调绘、地质钻探、现场剖面挖掘等多种手段的勘察工作，很好地解决了岩质边坡勘察的难点，很好地完成了该项目的勘察报告，为工程建设提供了优质的服务，保证了项目的安全实施。

随着我国经济快速的发展，伴随着许多大中型项目的实施，对于工程勘察的技术要求也越来越高，针对不同项目采用更加科学、全面的勘察方法，对项目进行更加全面完善的分析，必将成为未来勘察行业发展的方向。

参考文献

[1] 《工程地质手册》编委会. 工程地质手册[M]. 5版. 北京: 中国建筑工业出版社, 2018.

[2] 住房和城乡建设部. 工程岩体试验方法标准: GB/T 50266—2013[S]. 北京: 中国计划出版社, 2013.

[3] 建设部. 岩土工程勘察规范(2009年版): GB 50021—2001[S]. 北京: 中国建筑工业出版社, 2009.

[4] 住房和城乡建设部. 建筑边坡工程技术规范: GB 50330—2013[S]. 北京: 中国建筑工业出版社, 2014.

广西液化天然气（LNG）项目输气管道工程岩土工程勘察实录

荆少东　徐帅陵　牟晓东　张军伟　侯　方　傅　玉
（中石化石油工程设计有限公司，山东东营　257026）

1　工程概况

1.1　工程规模

本项目属于国家重点工程，是重要清洁能源工程，是国家发改委核准（发改能源[2013]1192号）建设的基础设施项目，是我国西南地区首个LNG建设项目。项目总投资87.22亿元，管线设计输量为40.5亿m^3/a，设计压力为10.0MPa，全长1336.88km，包括主干线及粤西支线、玉林支线、防城港支线、贵港支线、桂林支线、柳州支线等5条支线。设置工艺站场18座，大中型河流穿越39处，高等级公路穿越51处，铁路穿越36处，阀室50座。

1.2　项目特点

（1）线路工程：全长1336.88km，地域跨度大，经广西、广东两省区16地市。地貌区域多，包括山地、丘陵、峰丛洼谷地、峰林谷地、孤峰和溶蚀平原、剥蚀和滨海平原。途经桂北及桂中喀斯特地貌地段400余千米，溶洞、落水洞与岩溶塌陷地质灾害发育。沿线分布有填土、红黏土、软土、风化岩和残积土等特殊性岩土。

（2）河流穿越：大中型河流穿越39处，区域性大型河流多，包括柳江、郁江、红水河、南流江等，其中17条河流经过岩溶发育地区，均具有水面宽、水流急、水深大等特点。穿越方式包括沉管（水下爆破）、定向钻、大开挖（围堰沟埋）。存在"宽U形+局部深切V形"河道、发育大量串珠状溶洞和溶蚀沟槽、穿越白云岩与泥质粉砂岩的不整合接触面、超70m厚卵砾石层等不利地质条件。

（3）站场阀室：全线设置站场18座、阀室50座，建（构）筑物类型多，包括工艺装置、综合楼、水源井、污水处理池、堆场、放空火炬、进站道路、动力设备等。地基土类型及评价多，包括有填土、红黏土、软土、风化岩和残积土。存在膨胀性红黏土影响地基不均匀沉降、溶洞（土洞）影响地基稳定性等工程难题，评价并推荐了不同的基础类型或地基处理方式。

2　勘察方案

2.1　勘察目的与任务

通用的勘察目的与任务包括：查明岩土层的类型、深度、分布、工程特性，分析和评价地基的稳定性、均匀性和承载力；查明不良地质作用的类型、成因、分布范围、发展趋势和危害程度，提出整治方案的建议；查明地下水的埋藏条件，提供地下水位及其变化幅度，提供场地土的标准冻结深度；判定水和土对建筑材料的腐蚀性。

此外，各类单体工程针对性的工作任务如下：

站场工程：对需进行沉降计算的建（构）筑物，提供地基变形计算参数，预测其变形特征，必要时进行沉降计算；当有压缩机等动力设备时，在设备基础处进行孔内波速测试，提供设计所需的地基动力特征参数。

线路工程：测定岩性岩土的视电阻率；根据岩土性质和开挖施工的难易程度划分岩性岩土的土石等级与分类。

河流穿越：对设置的竖井部位进行工程地质分析评价；对河床、冲沟的稳定性进行分析评价；对岸坡的稳定性进行评价并对护坡措施提出建议。

顶管穿越：当有承压水分布时，测定承压水的压力，并评价对工程的影响。

获奖项目：2021年度工程勘察、建筑设计行业和市政公用工程优秀勘察设计奖三等奖。

2.2 勘察设备及方法

本项目采用综合勘察方法，包括工程地质测绘、钻探、原位测试、水文试验、室内试验、工程物探等多种方法。

针对岩溶发育地区的站场、阀室和穿跨越工程，采取地质雷达、高密度电法、浅地层剖面、浅层地震、瞬变电磁、井间层析成像（CT）等多种工程物探手段，主要探查构造发育破碎带、岩溶发育区等。

针对站场水源井，采取抽水、压水试验等设备，进行抽水试验、压水试验等水文试验方法，提供了岩土的渗透系数等参数。

针对水流急、作业环境复杂的大中型河流穿越采用200～300t运砂货船改装成钻探用船，针对水流缓慢的中小型穿越，采用绑扎浮筒搭建作业平台的方式进行。一般的河流穿越、站场、阀室采用XY-100或XY-150型轻便型钻机。

3 岩土工程条件

3.1 地形地貌

广西段线路相对高差近500m，从桂北到桂南再到桂东南地貌依次为低山山地、高峰丛洼（谷）地、峰丛（峰林）谷地、峰林谷地、孤峰平原、溶蚀平原、丘陵、剥蚀平原、滨海平原。总体上地貌类型多（图1），地形复杂。黎塘以北以碳酸盐岩岩溶地貌为主，地貌以岩溶峰林峰丛谷地、岩溶平原为主，而黎塘以南则主要分布碎屑岩，地貌类型主要为丘陵、剥蚀平原、滨海平原为主。

广东段地形呈波状起伏，整体上东西两侧地势较高，往中部渐降，地面高程为11～48m，在清平镇一带相对较高，高程为40～62m。该段地貌单元较多，主要有低丘、台地、冲洪积洼地、冲积平原等四种。

峰丛谷地

低山

岩溶平原

滨海平原

图1　典型地貌图

3.2 地层岩性

本项目线路长度长，地域跨度大，岩性变化多，地质年代从远古界至第四系均有揭露。

其中广西段沿线路及两侧地带，元古界分布于玉林支线博白东南一带，为变质砂岩及片岩类岩石；下古生界主要为志留系砂页岩，分布于合浦、钦州一带，局部有寒武系砂页岩；上古生界泥盆—二叠系广泛出露，下泥盆统及中泥盆统下部主要为滨浅海碎屑岩夹少量碳酸盐岩，中泥盆统中上部—二叠系主要为碳酸盐岩沉积，部分为碳酸盐岩夹碎屑岩或碎屑岩、碳酸盐岩夹泥质岩沉积。

广东段主要揭露震旦系碎屑岩，寒武系浅海相复理石建造的碎屑岩，志留系—泥盆—石炭系浅海沉积相砂岩及泥质页岩，白垩系砾岩及黏土岩等。

3.3 水文地质

沿线地下水类型包括松散岩类孔隙水、碳酸盐岩类裂隙溶洞水、碎屑岩类裂隙水、碎屑岩类孔隙裂隙水和岩浆岩类风化带网状裂隙水等五种。

其中松散岩类孔隙水主要赋存于第四系河流冲积砂层、砂砾石层中，水位埋深一般小于 10m，河流Ⅰ、Ⅱ级阶地水量较丰富，高级阶地水量贫乏。碳酸盐岩裂隙溶洞水主要分布于河池—黎塘和柳州—桂林等地碳酸盐岩展布区，地下水位埋深一般在 5～50m。碎屑岩类裂隙水主要赋存于侏罗系、白垩系的砂页岩、硅质岩或者碎屑岩夹碳酸盐岩中，富水性中等，埋深一般大于 5m。碎屑岩类孔隙裂隙水，主要赋存于侏罗系、白垩系、第三系碎屑岩孔隙、裂隙中，地下水水位埋深及动态变化大、富水性差异悬殊。岩浆岩类风化带网状裂隙水零星分布，埋深大。

4 岩土工程分析与评价

本工程单体类型多且差异性大，根据不同单体类型，选择典型工程进行简述。

4.1 桂林市永福县线路工程分段评价

本项目经过 16 地市 35 个县/区，根据规范及地方建管存档备案要求，需按照县/区编制线路勘察报告，其中的重点之一是绘制工程地质平纵成果图(图 2)，分段评价线路工程地质条件，并附典型地貌、地层照片。选取桂林市永福县部分地段描述如下：

(1) BA1001 桩～BA1040 桩：线路水平长度为 4.11km，地貌单元为低山—丘陵地貌区，地面高程 215～648m，最大高差约 433m，沿线地形起伏较大，地表坡度一般小于 20°，整体岩山顶和山坡敷设，线路通过地段主要为山坡耕地、树林。在勘探深度内，沿线覆盖层主要为残坡积粉质黏土。粉质黏土：褐黄色—棕褐色，可塑—硬塑，干强度较高，韧性中等，切面稍有光泽，无摇振反应，含少量碎块石，粒径粒径 20～30mm，含量约 10%，厚度 0.5～3.0m。下伏基岩为三叠系中统泥岩、砂岩，部分山坡出露基岩，全—强风化岩体结构较破碎，呈块状，锤击易碎，中风化岩体中层状构造，裂隙较发育，软岩—较软岩，锤击可击碎。勘察深度内未见地下水。

(2) BA1040 桩～BA1074 桩：线路水平长度为 4.70km，地貌单元为低山地貌，地面高程为 264～701m，最大高差约 437m，地表坡度一般小于 15°，局部沟谷段地形起伏较大超过 20°，线路通过地段主要为山坡林地，局部为沟谷耕地，植被较茂密。在勘探深度内，沿线覆盖层主要为第四系残坡积粉质黏土。粉质黏土：黄褐—棕黄色，可塑，干强度中等，韧性中等，切面稍有光泽，无摇振反应，含少量碎块石，粒径 20～30mm，含量约 10%，厚度 0.4～3.0m，下伏基岩为三叠系中统河口组泥岩、砂岩，部分山坡出露基岩，全—强风化岩体结构较破碎，呈块状，锤击易碎，中风化岩体中层状构造，裂隙较发育，软岩—较软岩，锤击可击碎。勘察深度内未见地下水。

BA1001～BA1074 桩工程土石分级：粉质黏土为Ⅱ～Ⅲ级，可采用人工和机械开挖；全风化基岩为Ⅲ～Ⅳ级，可采用风镐或机械破碎；强—中风化基岩为Ⅳ～Ⅴ级，可采用机械破碎，局部需要采用爆破破碎。管道主要沿山顶及山坡敷设，斜坡倾角为 10°～20°，施工时应自上而下，尽量降低对边坡的扰动，及时清除破碎、松动的危岩，管道宜嵌入中风化稳定基岩内，沟槽开凿后应及时回填、封固，并采取阶梯状堡坎支护和适宜的水工保护措施(主要在与地表沟渠溪流交叉或沟谷处)，同时对下部管道采取防撞击措施。

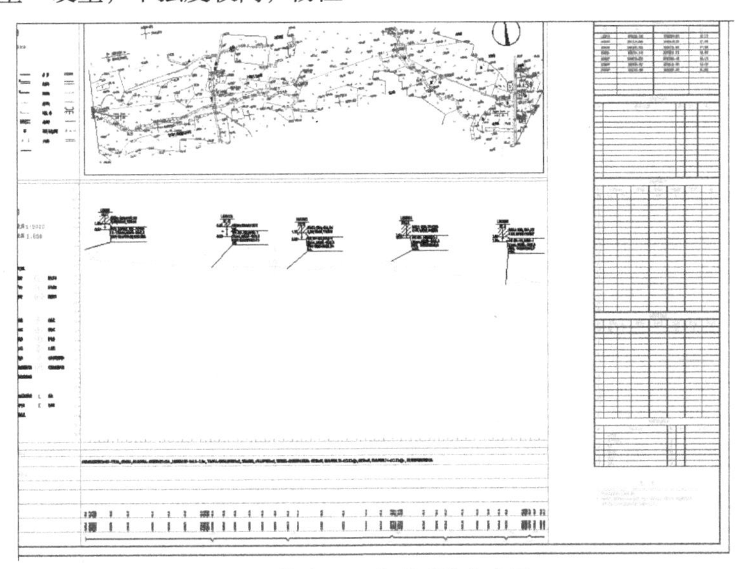

图 2 线路工程典型平纵合成图

4.2 南流江河床及岸坡稳定性评价

南流江位于广西合浦县，勘察期间水面宽约450m，定向钻穿越段水深0.14～7.32m（图3）。

图3 南流江定向钻现场照片

（1）河床稳定评价

拟穿越处河床宽、水深大，水流较急，勘察期间实测流速1.25m/s，穿越段河床质为粗—巨粒的碎石土，主要由砾、卵石和粗—砾砂构成，河床的抗冲刷能力较强。枯平水期河水流量较小、流速较缓，冲刷作用较弱，河床稳定性较好；洪水期河水流量大、流速快，具一定的冲刷能力，上游南流江大桥桥墩对水流的阻挡改变了河流的流线和流速，在局部形成涡流，增大了水流下切作用的强度，加之穿越处河道目前正在使用砂石泵抽砂，对河床形成强烈的扰动，河床稳定性相对较差。

依据《公路工程水文勘测设计规范》JTG C30—2015，非黏性土河床河槽部分冲刷深度的计算公式，穿越段主河槽部分的最大冲刷深度，自河床底部算起为3.40m。

（2）岸坡稳定评价

拟穿越处南流江河谷呈宽缓的略对称“U”形，两侧均为细—中砂构成的土质岸坡，西侧岸坡高4m、坡角25°～30°，东侧岸坡高约3m、坡角约30°。由于穿越段河道较顺直，水流对岸坡的冲刷作用较弱，两侧岸坡未见冲刷造成的淘空、垮塌现象，岸坡的稳定性较好；但汛期洪水的流量大、流速快，水流的侧向侵蚀作用增强，对岸坡具一定的冲刷能力。

（3）人类工程活动的影响

拟穿越段河道上游约150m，为南北高速公路南流江大桥，桥墩一方面起到了阻缓上游来水水势、降低河水流速，减轻水流对岸坡冲刷破坏的作用；另一方面由于桥墩的阻挡作用，使上、下游形成一定的水位差，增大了下游段的河水流速，导致水流对下游段河床的冲刷作用增强，对下游河床的稳定不利。

东岸穿越中线南侧约50m有一采砂场，勘察期间处于生产运行中，同时有挖砂船在南流江河道中作业，并采用砂石泵在河床进行强力抽砂，对拟穿越段河床造成了极大的扰动和破坏。管道施工前应加强对拟穿越段河床的保护，在穿越中线上、下游各50～100m范围设立禁采区，严禁挖砂采石及其他工程作业，运营期间需加强监测、保护工作。

4.3 雷州青年运河穿越层位适宜性及穿越方案评价

雷州青年运河位于广东省廉江市新民镇，为人工水渠，拟穿越段运河呈对称的“U”形，水面宽度约50m，河道内最大水深约2.98m，穿越方向由西北向东南，穿越长度约1052.57m。

根据岩土层的结构和物理、力学性质及河流穿越的工艺技术，对各穿越层位的适宜性评述如下：

①层人工填土：主要成分为粉质黏土夹砂，含少量碎砾石。钻孔揭露厚度0.90m，层底标高为22.30m，仅分布于ZK3；分布局限、厚度过小，不能满足管道安全埋深的要求，不能作为大开挖、定向钻穿越方式的埋管层位。

②层耕植土：揭露厚度0.40～1.20m，层底标高为18.00～22.20m，分布于河床两岸场地；厚度过小，不能满足管道安全埋深的要求，不能作为大开挖、定向钻穿越方式的埋管层位。

③层黏土：揭露厚度1.30m，层底标高为23.00m，仅分布于ZK2钻孔；分布局限，厚度不能满足管道安全埋深的要求，不能作为大开挖、定向钻穿越方式的埋管层位。

④$_1$层残积土：成分为粉质黏土，含细粉砂和碎石。揭露厚度1.80～4.60m，层底标高为13.40～17.90m，分布于两岸场地；分布较连续，变形量较大，厚度较大，可作为大开挖穿越方式的埋管层位；不宜作为定向钻穿越方式的埋管层位。

④$_2$层残积土：成分为黏土，可塑，含细粉砂。揭露厚度4.00～4.20m，层底标高为18.20～18.80m，仅分布于西岸ZK1、ZK2钻孔；分布不均匀，变形量较大，埋深较大，厚度较大，可以作为西岸大开挖穿越方式的埋管层位；不宜作为定向钻穿越方式的埋管层位。

⑤层全风化变质砂岩：岩芯呈土柱状，揭露厚度2.50～10.80m，层底标高为6.60～13.90m，分布连续，工程性状较稳定，埋深较大，厚度较大，可作为大开挖穿越方式的埋管层位；也可作为定向钻穿越方式的埋管层位。

⑥层强风化变质砂岩：岩芯呈土柱状、碎屑状—碎块状，钻孔揭露厚度3.50～8.50m，层底标高为-0.10～10.30m，分布较连续，工程性状较稳定，厚度较大，埋深较大，不适宜作为大开挖穿越方式的埋管层位；可作为定向钻穿越方式的埋管层位。

⑦层中风化变质砂岩：岩芯呈碎屑状—碎块状，揭露厚度6.80m，层底标高为3.50m，仅分布于ZK6钻孔（未揭穿）；分布不连续，工程性状稳定，强度较高，厚度较大，埋藏较深，不适宜作为大开挖穿越方式的埋管层位；可作为定向钻穿越方式的埋管层位。

⑧层强风化花岗岩：岩芯呈碎块状，揭露厚度1.00～1.30m（未揭穿），层底标高为-1.10～2.90m，层顶埋深为19.00m，仅于ZK3、ZK4钻孔揭露；分布不连续，工程性状稳定，厚度较小，埋藏较深；不适宜作为大开挖、定向钻穿越方式的埋管层位。

综合以上分析，根据现场场地条件、施工工艺及施工方案的可操作性考虑，建议采用定向钻穿越方式，定向钻水平穿越段从合理深度的⑤层全风化变质砂岩和⑥层强风化变质砂岩中实施穿越；穿越段西岸斜穿段从合理深度的④$_2$层残积土及⑤层全风化变质砂岩中实施穿越；穿越段东岸斜穿段从合理深度的④$_1$层残积土、⑤层全风化变质砂岩及⑥层强风化变质砂岩中实施穿越。

4.4 柳东站红黏土/膨胀土评价

本项目在桂北地区部分单体工程揭露红黏土/膨胀土，该地区红黏土的压缩系数通常较小，压缩模量较大，黏聚力以及内摩擦角大，含水率较高，孔隙较高，在垂直分布呈现出上硬下软的特征。

在柳东站揭露红黏土/膨胀土，根据室内土样膨胀性试验结果，按《广西膨胀土地区建筑勘察设计施工技术规程》DB45/T 396—2007成因类型，拟建场地的红黏土为B类中的B2亚类，膨胀土的胀缩性等级为强胀缩土，场地类别属一类场地，大气影响深度为8.0m，大气影响急剧层深度3.0～3.6m。若建筑物基础直接置于②层红黏土/膨胀土上时，基础埋深取0.50m，因勘探深度所限，本次勘察期间钻孔内未揭露地下水，本次计算深度取8.00m（大气影响深度），地下水埋深假定取基岩面的深度，进行地基土的（竖向）膨胀变形量估算，其结果为92.58mm，依据《广西膨胀土地区建筑勘察设计施工技术规程》DB45/T 396—2007第5.3.2条判定该场地膨胀土地基胀缩等级判别为Ⅲ级。

按照《膨胀土地区建筑技术规范》GB 50112—2013，建筑场地分类属坡地场地，②层红黏土自由膨胀率δ_{ct}平均值为46.73%，为弱膨胀土。勘察期间有《广西膨胀土地区建筑勘察设计施工技术规程》DB45/T 396—2007和《膨胀土地区建筑技术规范》GB 50112—2013可参照使用，采用地方规范和国家标准的计算结果存在一定差异，同时对应有不同的处理措施。《膨胀土地区建筑技术规范》GB 50112—2013为2013年5月1日实施的国家标准，建议本项目设计时采用此规范。

4.5 白沙阀室边坡稳定性分析

根据设计地坪标高情况，白沙阀室场地平整时将沿工艺设备区东北、东南段形成高为2.0～7.7m的边坡，边坡岩性为①$_1$层耕植土、②$_1$层含黏土卵砾石、②层粉质黏土及③层全风化泥质粉砂岩，边坡安全等级为二级。

（1）定性分析

本单体工程边坡稳定性的影响因素主要有地质，气候、地形地貌及排水条件等几个方面。拟开挖边坡高度局部较高；组成边坡地层抗剪强度一般，浸水后易崩解，可能会形成小范围崩坍，雨水沿孔隙及裂隙下渗，地层吸水饱和后，重度增加，抗剪强度显著降低，可能会形成滑坡；拟建场地处于多雨地区，大气降雨下渗到边坡地层中，既增加地层的重度，又降低地层抗剪强度，对边坡稳定性不利；坡顶自然地形坡度较缓，对开挖边坡有利，但周边无完善的排水系统，对排水不利，不利于边坡稳定。

综合评价边坡在自然工况下高度小于5.0m的基本稳定—稳定，高于5.0m的不稳定，边坡在饱和工况下不稳定。

（2）定量分析

本工程开挖后形成土质及极软极破碎岩类组成的边坡，稳定性验算采用圆弧滑动面法，圆弧稳定分析采用简化毕肖普法，采用理正岩土边坡稳定分析软件，选取6条剖面对自然及饱和工况分别进行分析计算，计算参数如下：

边坡稳定性计算岩土层参数表 **表 1**

岩土层名称及编号	自然工况参数			饱和工况参数		
	天然重度γ	直接快剪		饱和重度γ	饱和快剪	
		黏聚力c_k	内摩擦角φ_k		黏聚力c_k	内摩擦角φ_k
	kN/m^3	kPa	°	kN/m^3	kPa	°
①$_1$层耕植土	19.0	6.0	8.0	20.5	3.5	6.0
②$_1$层含黏土卵砾石	22.0	10.0	28.0	23.5	6.5	20.0
②层粉质黏土	19.5	35.0	13.5	21.0	15.0	10.0
③层全风化泥质粉砂岩	20.0	10.0	25.0	22.5	6.0	16.5

根据计算结果，评价边坡在自然工况下，高度小于5.5m时，边坡稳定性系数F_s为1.187～1.234，基本稳定；高于5.5m时，F_s为0.759～0.978，不稳定；边坡在饱和工况下，F_s为0.459～0.728，不稳定。

4.6 柳江管沟成型质量评价

因工程建设需要，对部分采用水下沉管施工的河流进行管沟成型质量检测，评价是否满足设计要求。

本工程利用多波束测深设备对水下管沟进行测量，测深点云经滤波去除噪点后，首先生成三维模型，判识管沟成型整体状况及管沟障碍物位置、大小，然后自动提取纵横断面（图4），将其与设计值进行比较，判识管沟宽度、深度、平整度。利用侧扫声呐设备沿管沟方向进行扫测，通过影像分析判识管沟成型的位置及管沟上部宽度、形状；利用侧扫声呐设备垂直管沟方向进行扫测，通过影像分析判识管沟内部障碍物（图5）。采用GPS-RTK进行辅助定位（图6）。

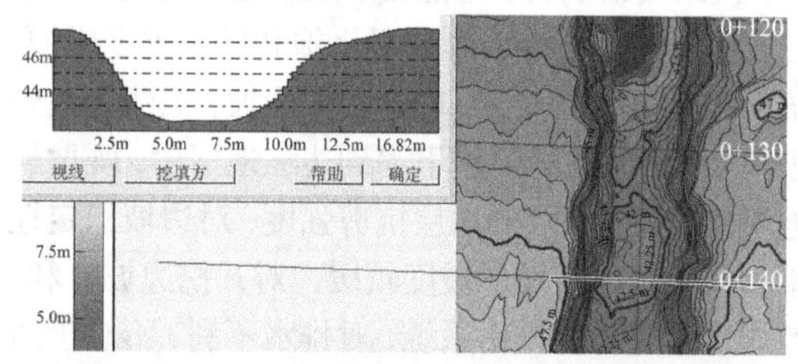

图4 局部管沟横断面

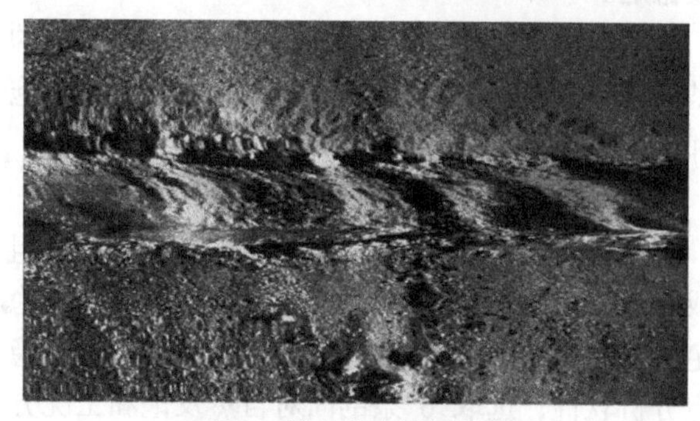
图5 管沟声呐侧扫影像

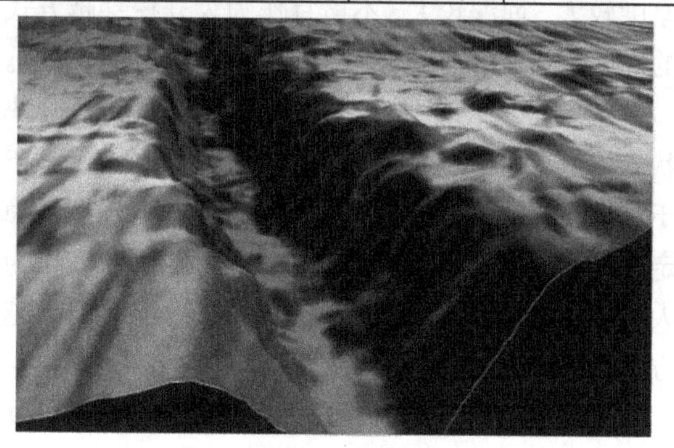
图6 局部管沟3D效果图

经分析成果资料，管沟位置与设计吻合，质量基本可控，K0＋120～K0＋114存在宽度超挖情况，K0＋331～K0＋337存在深度超挖情况；K0＋266～275平整度差，管沟内存在堆积障碍物。

4.7 钦州站水源井评价

因工程需要，部分站场设置水源井，需对水源井勘察。钦州站受上覆黏性土盖层厚度的影响，区内地下水属承压水，承压水头高出含水层顶板8.00m，地下水稳定水位埋深0.50m。

1）含隔、水层划分及其分布特征

本次勘探深度内为第四系松散堆积层和风化基岩，按岩性组合与含水特征，可划分为2个隔水层、2个含水层。

（1）隔水层

①冲洪积隔水层：黄褐、红褐色粉质黏土，隔水性较好；分布于整个场地，厚度0.60～5.20m。

②强风化页岩隔水层：紫红色夹白灰色页岩，泥质结构，页理构造，裂隙欠发育，为本井的隔水底板，整个场区分布稳定，钻探揭露厚度11.20m（未揭穿）。

（2）含水层

本次勘探深度内，场地浅部第四系砂夹砾石含孔隙潜水，下部全—强风化页岩含基岩裂隙水。

①第四系孔隙含水层：中砂夹砾石，松散，赋

存孔隙潜水，地层的渗透性和富水性相对较好；主要分布于场区东南侧，厚度 2.10m。

②基岩裂隙含水层：全—强风化页岩，泥质结构，页理构造，井深 35.00m 以上水平与垂直裂隙发育，裂面铁锰质渲染严重，赋存基岩风化裂隙水，为本井的主要含水层，地层的渗透性和富水性弱—中等；整个场区分布稳定，厚度 12.10～51.50m。

2）饮用水水质评价

本次水源井勘察采取1件地下水样作饮用水水质分析，根据水质分析报告，浑浊度、肉眼可见物、pH 值超标，不符合《生活饮用水卫生标准》GB 5749—2012 的规定，其他检测项目符合卫生标准，地下水属Ⅱ类水质，经简单处理后，可作为生活饮用水水源。

3）供水条件评价

（1）水质、水量

根据抽水资料，试验段的单位涌水量为 2.66～2.73m³/d，渗透系数 0.06m/d，本井裂隙含水层均质；单孔最大涌水量 60.75m³/d，地层的富水性较弱；*Q-S*曲线、*q-S*曲线均为Ⅰ型，含水层承压。

综上，场地含水层的渗透能力和富水性较弱，风化裂隙为地下水的主要赋存空间和运移通道，含水层均质，但水源井的出水量不大。

（2）水源地环境

工区地处郊外，水源井四周均为水田，农肥使用频繁，上覆黏性土层虽隔水性较好，对污染物的下渗具有一定阻挡作用，但其厚度仅为 0.60～5.20m，对水质保护不利。

4.8 岩溶探测与分析

桂北地区岩溶发育，为有效查明场地岩溶发育情况，本项目主要采取“加密加深勘探点＋多种物探方式”的勘察方法。针对局部线路工程、站场、阀室等，主要采用地质雷达，查清浅层土洞、岩溶的分布情况；针对大中型河流穿跨越工程，在河床水域地段采取瞬变电磁、浅地层剖面、高密度电法（水上），在河流陆域段采取浅层地震、地质雷达(图7～图9)。

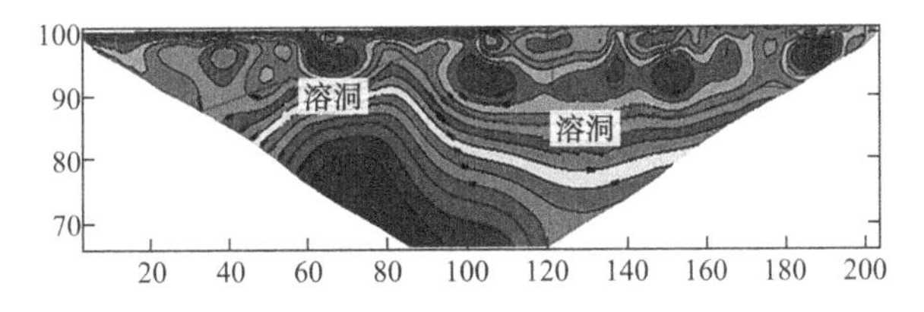

图 7 典型高密度电法成果图

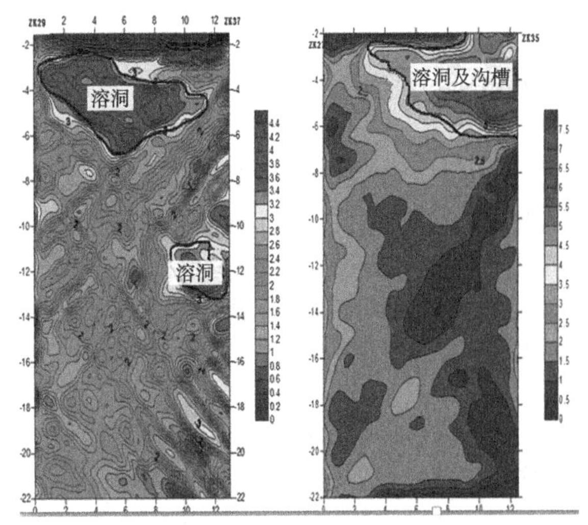

图 8 典型井间层析成像（CT）成果图

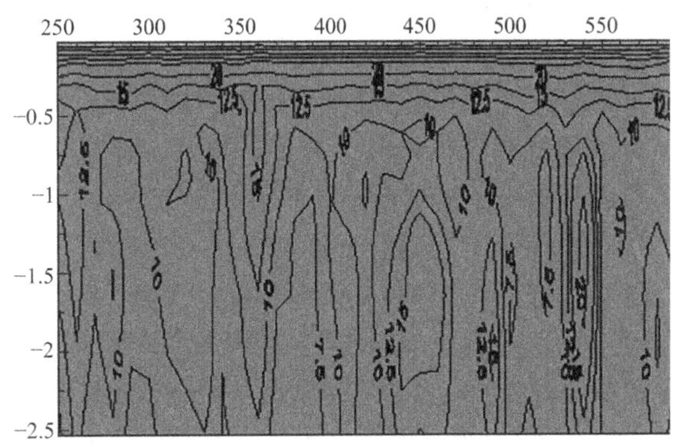

图 9 典型瞬变电磁（TEM）成果图

在大型河流红水河穿越地段，在拟建管道穿越段探查出 38 个溶洞（最大洞高 20.1m），准确查明了串珠状溶洞与岩溶裂隙的发育特征，为水下沉管与定向钻穿越方式和层位施工提供准确数据。

4.9 地基基础评价

本项目地域跨度大，站场阀室的地基地层差异性大，其中滨海河流平原地区多为软土—中硬土地基，丘陵山区段多为岩石地基。根据室内试验及原位测试成果，结合现行国家标准、广西和广东的地方标准，提供地基土力学参数和桩基参数。

按照建（构）筑物结构及荷载，分别进行地基基础评价。在存在大面积填土场地，主要提供换填、强夯或复合地基等建议；对阀组区、锚固墩、低层化验室等简单轻型建（构）筑物，建议采用天然地基，基础类型多选择条基或独立基础；对放空区、压缩机、高层综合楼等重型建（构）筑物，在岩石地基建议采用天然地基，在软土地基建议采用桩基，考虑建设规模及场地地层及施工条件，根据桩基承载力计算结果，建议采用 400～800mm 不同桩径灌注桩。

5 工程成果与效益

线路总长 1336.88km，其中沿线平原地区 439.12km，丘陵 801.2km，山区 96.56km。采用自主知识产权的“长输管道工程勘察设计一体化软件”，高效率进行线路平纵合成图编制和土石方计算，共挖土方 823.304 万 m^3，挖石方 174.157 万 m^3。

总结形成多项中国石油和化工勘察设计协会专有技术，包括水下管沟成型状况及障碍物综合检测技术、地质雷达波形分析地下溶洞空间展布技术、井间层析成像岩溶勘探技术等。

通过分析膨胀土的力学性质、应力与应变特征、膨胀特征，评价对输气管道工程的影响，提供合理的地基基础设计与边坡支护建议，形成了适用于输气管道工程建设的膨胀土评价方法。

应用综合工程勘察手段和方法，对管道沿线岩溶发育特征、破碎带复杂地层进行探查，有针对性地进行钻探验证，提供翔实准确的勘察资料，优化工程设计方案，实现了南流江、柳江等大型河流定向钻/沉管穿越一次性成功，避免了岩溶地质灾害导致穿越施工失败的重大经济损失及环境污染问题，节省大中型河流穿越及线路工程岩溶治理投资 5%以上。

经现场施工验证，勘察成果资料准确，与施工情况吻合一致，未发生因地质条件复杂变化产生的一般性以上设计变更。

6 工程经验与收获

（1）河流定向钻穿越岩溶发育地段是国内外管道工程建设的重大难题。本工程经过岩溶发育地段约 400km，通过摸索实践，针对岩溶发育复杂特征和定向钻施工技术要求难点，总结出一套岩溶区定向钻穿越工程勘察方法：严于现行标准规范的详细勘察规定和要求，采用“水平向加密＋垂直向加深”的勘探点布置方法，辅以“平行穿越轴线＋垂直穿越断面”的工程物探加密探测方法，降低对定向钻穿越施工的不利影响，更准确查明遇洞隙率、线岩溶率、填充物等工程特性，更精确开展岩溶复杂地段定向钻穿越的适宜性评价。

（2）针对水下管沟成型质量的检测，国内没有标准和行业方法可参照执行。本项目创新性提出了综合利用多波束及侧扫声呐技术，通过应用三维模型、纵横断面、声呐影像等技术手段，准确地判识出管沟水下施工的成型状况。提出通过立体点云与声呐影像对比分析水下障碍物特性的方法，避免了水下管沟内障碍物损害管道本体安全的危害。

宁波—台州—温州天然气管道工程岩土工程实录

荆少东　徐帅陵　李志华　牟晓东　王　强

（中石化石油工程设计有限公司，山东东营　257026）

1　工程概况

宁波—台州—温州天然气管道是浙江省“十二五”重点工程，整体呈南北走向，北起宁波市鄞州区的春晓首站，南至温州市苍南县的苍南末站，途径宁波市鄞州区、奉化市、宁海县，台州市三门县、临海市、黄岩区、温岭市和温州市乐清市、永嘉县、鹿城区、龙湾区、瑞安市、平阳县、苍南县，共3个地级市14个县区。工程设计输气量为 $95\times10^8m^3/a$，设计压力为6.3MPa，全长493km，包括两条干线和两条支线，干线一、干线二及苍南支线管径为813mm，龙湾电厂支线管径为355.6mm。

全线单体工程类型多样，包含站场、阀室、隧道、海底管道、河流穿越、公路及铁路穿越、高陡边坡、桥梁等多种单体工程，共设置输气站场15座，截断阀室20座，山体隧道13处，河流穿越366处，等级公路、铁路穿越160余处，站场边坡2处，高陡边坡5处，进站桥梁3座。工程典型特点是穿越工程多，形式多样，控制性工程多。山体隧道总长度19.8km，最大埋深440余米，单条隧道最长2.6km。沿线穿越瓯江、灵江、鳌江、飞云江等浙江省主要水系干流7次，穿越大中型河流122次，穿越鱼塘、养殖区32次，涵盖“盾构+钻爆”隧道、海底管道、定向钻、泥水平衡顶管、大开挖等穿越方式。定向钻穿越140余处（长度超过1km的26处），水域穿越总长度118.3km（约占线路总长的1/4）。瓯江南支穿越（长度3.2km）和飞云江穿越（长度3.3km）连续刷新 ϕ813mm管道定向钻穿越长度的世界纪录。

2　岩土工程条件

2.1　地形地貌

管道线路经过地区包括低山丘陵、山间平地、冲积平原、滨海平原、滩涂等多种地貌单元。

干线一在鄞州区咸祥镇—乐清市清江镇沿线地貌以低山丘陵和冲积平原为主，地形复杂；管线在清江穿越之后，进入平原地区，沿线地貌主要为浅丘、冲海积平原，干线二、苍南支线、龙湾电厂支线沿线地貌主要为冲海积平原、滩涂。

2.2　主要岩性分布

管道沿线第四纪沉积物成因类型复杂多样，厚度变化大，有坡积、冲洪积、冲积、冲海积、海积、冲湖积与湖沼积等多种类型，在低山丘陵和平原交界地带沉积混杂，有交叉尖灭现象。下伏基岩以火成岩为主，揭露10余种岩性。

总体而言，管道沿线地层分布与地貌单元保持一致，海积平原、冲海积平原以淤泥和淤泥质土为主，厚度可达数十米，强度低，工程性能差，表层一般具有薄硬壳层，厚度0.5～1.5m，一般为软塑—可塑状黏性土，地表0.3～0.5m多为耕植土；山前平原及冲积平原多为黏性土，部分地段含卵石、碎石；低山丘陵以残积土和风化岩为主，原岩多为凝灰岩，风化程度不均匀，岩石强度高，瓯江北支穿越处岩石饱和单轴抗压强度达230MPa。丘陵段河谷内多含有卵石、碎石，白溪、楠溪江等穿越处卵石厚度超过30m。

具体到某个单体工程来说，地层性质局部差异很大，对穿越工程有较大影响。例如，瓯江隧道穿越始发井浅部约20m均为软土，下部为中砂、卵石，接收井10m以下即为中风化岩，最大抗压强度达189MPa，隧道主要在透水性强的中砂、卵石层中穿越，地层结构不利于盾构穿越。瓯江北支定向钻穿越地层结构极其复杂，沉积物厚度变化大，北岸分布有10余米厚填土，主要由大块石组成，以下为中风化凝灰岩，其余地段均为软土，地层性质变化大，地层结构总体上不利于长距离定向钻穿越。永乐河穿越、乐清运河支流穿越在淤泥下隐伏石芽状霏细斑岩，最大饱和单轴抗压强度达180MPa，不利于定向钻穿越。查清控制性穿越处地层分布，为选择合理的穿越方式和层位提供准确的勘察成果，是本工程勘察的重点。

获奖项目：2021年度工程勘察、建筑设计行业和市政公用工程优秀勘察设计奖一等奖。

2.3 区域地质

管道沿线附近断裂（图 1）主要有⑧昌化—普陀大断裂、⑨衢州天台大断裂、⑫鹤溪—奉化大断裂、⑬温州—镇海大断裂、⑱泰顺—黄岩大断裂，详见图 1。根据地震安全性评价报告，上述断裂均非全新世活动断裂，工程沿线无对管道安全造成威胁的活动断裂带。但是，受区域性断裂影响，区域内次级小断裂发育，隧道洞身范围内多分布有断层破碎带，围岩质量差，增大了隧道穿越施工的难度。以东岙里隧道为例，发育有 4 处断层破碎带：F2 位于隧道里程 K0 + 557m 附近，倾向北西，视倾角约 63°，视宽度约为 5m；F3 位于里程 K0 + 790m 附近，倾向南东，视倾角约 75°，视宽度约为 10m；F4 位于里程 K1 + 082m 附近，近于直立，视宽度约为 10m；F5 位于里程 K1 + 387m 附近，近于直立，视宽度约为 2m。

2.4 水文地质条件

2.4.1 地表水

管道沿线穿越瓯江、灵江、鳌江、飞云江等浙江省主要水系干流 7 次，穿越大中型河流 122 次，穿越鱼塘及养殖区 32 次，水域穿越总长度 118.3km（约占线路总长的 1/4）（表 1）。

大型河流穿越段多位于入海口附近，为感潮河段，水位受潮汐影响强烈，如灵江穿越处半日潮最大落差 6.19m，鳌江穿越处最大潮差 6.41m，对水上钻探施工有较大影响。

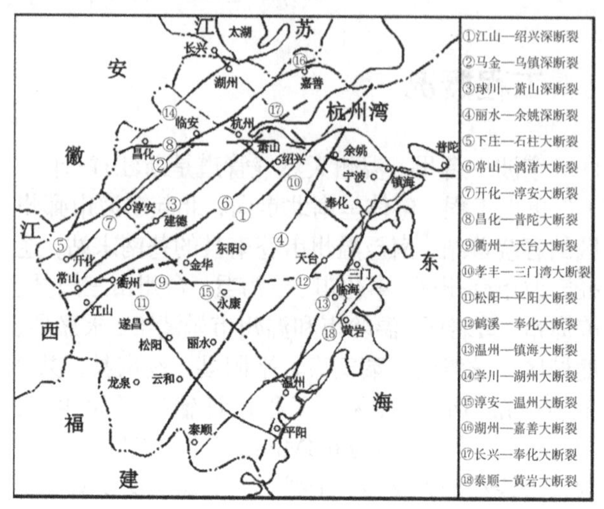

图 1　区域断裂分布图

主要河流穿越明细表　　**表 1**

河流名称	所在县区	穿越方式	水面宽度/m	穿越长度/m
大嵩江	鄞州区	定向钻	82	532
凫溪	宁海县	挖沟法	192	236
大溪	宁海县	顶管	110	214
白溪	宁海县	定向钻	50	959
清溪	宁海县	顶管	30	170
灵江	临海市	定向钻	632	1024
永宁江	黄岩区	定向钻	68	568
大荆溪南支	乐清市	顶管	230	526
大荆溪北支	乐清市	定向钻	130	840
清江	乐清市	定向钻	600	1437
瓯江	永嘉县/鹿城区	“盾构 + 钻爆”隧道	550	833
楠溪江	永嘉县	定向钻	350	690
戍浦江	鹿城区	顶管/定向钻	70/90	161/781
瓯江北支	乐清市/龙湾区	定向钻	2120	2475
瓯江南支	龙湾区	定向钻	2716	3200
瓯江	龙湾区	海底管道	近平行于海岸线敷设	4127
飞云江	瑞安市	定向钻	2040	3300
鳌江	平阳县/苍南县	定向钻	1060	1860

2.4.2 地下水

管道沿线地下水类型主要为松散岩类孔隙水和基岩裂隙水，局部地段第四系松散沉积物的孔隙内赋存有上层滞水。地下水埋深受地形控制明显，海积平原、冲海积平原一般小于2m，丘陵地段地下水位埋藏深度可达数十米。部分河谷内存在承压水，如干线一瓯江"盾构＋钻爆"隧道穿越处，西岸上部为素填土、黏土及淤泥质粉质黏土，为相对隔水层，下部中砂、卵石为含水层，地下水具有承压性。勘察期间对ZK501号孔水位进行了监测，地下水位日变化幅度2.84m，承压水水位变化与江水一致，钻孔和江水存在明显水力联系。

管道沿线地下水一般对钢结构具有弱腐蚀性，对混凝土具有微—弱腐蚀，对钢筋混凝土结构中的钢筋具有微腐蚀。

2.5 地震设防烈度

根据本工程地震安评报告和《中国地震动参数区划图》GB 18306—2015，管道沿线抗震设防烈度分别为Ⅵ度和小于Ⅵ度，按照规范规定进行抗震设防即可，不需特殊考虑地震效应影响。

2.6 不良地质作用及特殊性岩土

选线阶段对管道路由沿线滑坡、泥石流易发区域进行了避让，优化后的管道沿线无大型的滑坡灾害，仅发现少量因扰动上部覆盖层而引发的浅层溜土、垮塌。

本工程特殊性岩土主要为软土和风化岩、残积土。软土广泛分布于宁波鄞州和温州乐清、龙湾、瑞安、平阳一带的平原区水塘、稻田中，软土厚度大，最深可达80～100m。该类土具有触变性，当土体受振荡后，原始结构遭破坏，成为稀软状态，降低土的黏聚力，因此易产生土的侧向滑动、不均匀沉降及基底面向两侧挤压现象。软土内地下水埋藏浅，对钢制管道产生浮托作用，大范围软土分布地区可能导致管道上浮，因此需增加配重，增加稳管措施。风化岩、残积土分布于丘陵地带，风化程度不均，夹杂风化程度低的岩块，易导致卡钻，不利于定向钻实施。

区域资料显示温州湾附近河道及滩涂区域的黏性土中含有沼气，成分以甲烷气体为主。沼气的形成一般应具备以下条件：①具有丰富的有机物，即存在生气层，富含的有机质在还原条件下会分解出沼气；②相对密闭的空间，即存在透气性差的盖层，否则生成的沼气中就会散逸到外界，不会形成沼气气囊；③地层具有一定的储存空间，即存在孔隙率高的储气层。因此沼气主要分布于淤泥质土、黏性土下伏的砂层中，本工程沿线场地具备储藏浅层沼气的地质条件，在干线二瓯江北支穿越发现沼气分布。

3 勘察方案与实施

3.1 勘察主要工作与典型单体工程勘察要点

本工程分初步勘察、详细勘察和施工勘察阶段开展勘察工作，初步勘察主要针对线路工程、站场、大中型河流穿越、隧道等进行重点勘察，详细勘察全面开展了线路工程、站场、阀室、河流及水域穿越、隧道、道路穿越、高陡坡、进站路桥及固定墩勘察工作，施工勘察主要针对施工现场揭露复杂地质条件及异常地质情况的河流穿越。2010年10月至2017年1月完成了全部勘察工作，共完成工程钻探进尺7.5万延米，工程物探测线总长82.6km。

初步勘察以工程物探为主，并布置适量控制性勘探点。详细勘察根据规范要求，结合勘察目的和初步查明的现场工程地质条件，针对性布置勘探点，对地质情况复杂地段加密布置钻孔和其他测试手段。施工勘察根据施工揭露的异常地质情况针对性布置勘探点。

（1）干线二瓯江北支定向钻穿越初步勘察时在ZK10孔$⑤_1$层粉细砂中发现沼气喷出，时长约0.5h；ZK11孔$⑤_2$层粉质黏土中有沼气喷出，时长达2个小时，喷出过程气体压力逐渐降低。

为了查明沼气的埋藏深度、分布形态、化学成分、压力大小、贮存规律、储量及涌出量（释放强度）等情况，了解其对施工和运营的危害程度，详细勘察针对初步勘察发现气体区域进行加密布孔，应用静力触探和改进的探头收集气体、测试气压，在管道里程K2＋347.7m以南距离穿越轴线7.5～26.6m范围内布置了10个水上勘探孔，为揭露最下层含气层，布置勘探孔深50～60m（图2）。

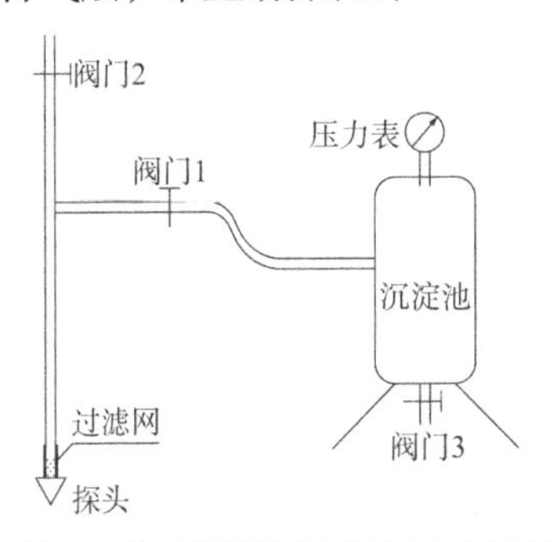

图2 沼气探测与压力测试示意图

（2）永乐河定向钻穿越在 ZK6 中 8.5m 深度处揭露淤泥下伏霏细斑岩，邻近钻孔 ZK5、ZK7 孔 25m 勘探深度内均为淤泥，地层有显著差异，不利于定向钻穿越。为查明隐伏基岩分布情况，在 ZK5～ZK7 之间加密布置 5 个钻孔，并布置地震折射法测线和高密度电法测线各 6 条。（图 3）

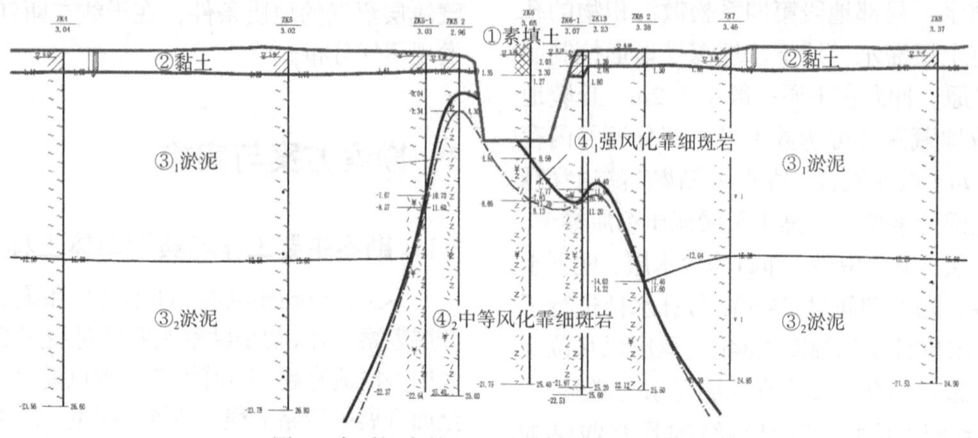

图 3　永乐河穿越工程地质剖面图（局部）

（3）龙湾电厂支线瓯江海底管道所处位置海洋开发活动活跃，微地貌变化大，为准确揭示海底复杂地层，提供连续地质剖面，查清穿越段已有构筑物（已建电缆、管线等）、废弃物、不良地质条件等，开展了浅地层剖面和侧扫声呐探测。浅地层剖面调查主测线方向平行于岸线方向，考虑海区的实际情况，主测线的间隔为 20m，共布置 27 条测线。侧扫声呐测线数比浅剖测线减半，共 13 条测线，测线间隔 40m，单侧侧扫宽度保持在 25m 以上。

3.2　勘察设备与方法

（1）勘察过程中重视工程物探和现场原位测试，以减少扰动对岩土性能的影响。采用了可控源音频大地电磁法、高密度电法、瞬变电磁、浅层地震折射波法等多种先进物探手段和静力触探、十字板剪切试验、扁铲侧胀试验等原位测试，根据工程特性开展抽水、压水等水文试验，获取了准确的野外勘察资料，为提供优质勘察成果奠定了基础。

勘察工作中采用的主要工程物探及原位测试、水文试验方法见表 2。

主要工程物探、原位测试方法及用途　表 2

设备类型或方法	应用范围和用途
可控源音频大地电磁法	隧道洞身围岩探测
高密度电法	隧道进出口段、洞身覆盖层探测
电阻测深法	站场深井阳极地床电阻率测试
瞬变电磁法	红岩头隧道进出口段、洞身覆盖层探测
浅层地震折射法	隧洞进出口段、洞身覆盖层探测
剪切波速测试	站场、阀室剪切波速测试

续表

设备类型或方法	应用范围和用途
声波测井	隧道围岩完整性探测
单桥/双桥/孔压静力触探	河流、站场软土分布区测试
扁铲侧胀试验	软土的静止压力系数、侧胀模量、水平基床系数等
十字板剪切试验	软土的十字板剪切强度、灵敏度
抽水试验	测试隧道围岩渗透性、水源井
压水试验	测试测试隧道围岩渗透性
单环/双环注水试验	站场包气带渗透性测试
侧扫声呐	瓯江海管海底地貌探测
浅地层剖面仪	瓯江海管浅地层剖面探测
数字双变频测深仪	瓯江海管水深测量
姿态传感器	瓯江海管海底地貌及浅地层探测
海流剖面仪	海流测量
潮位仪	潮位测量

（2）针对不同地层条件，选用适宜的钻进机具和钻探工艺。对河流穿越、站场、阀室、道路穿越采用 XY-100 或 XY-150 型轻便钻机，隧道工程采用 XY-XY-200 型、XY-300 型和 XY-4 型钻机。针对卵石层、断层破碎带等复杂地层采用“多重套管＋植物胶护壁”钻进工艺，提高了岩芯采取率，卵石采取率大于 85%。软土地区采取车载双桥静力触探或孔压静力触探，部分难以就位的场地采取人工贯入单桥静力触探，提高了工作效率和勘察成果质量。对水流急、作业环境复杂的大中型河流穿越采用专用钻探船，水流平缓的中小型穿越

搭建浮筒作业平台。大型河流穿越多位于入海口附近，受潮汐影响，水位起伏变化大，勘探船定位困难。采用厚壁多层套管、四锚定位等钻探施工措施，抵御海浪、潮汐的不利影响，解决了入海口潮大浪急不利条件下勘探船只定位难、勘探质量要求高的作业难题。

4 岩土工程分析与评价

本工程单体类型多且差异性大，根据不同单体类型，选择典型工程进行简述。

4.1 东岙里隧道工程地质条件评价

东岙里隧道全长 1764.5m，隧址区最大高程 469m，主要分布白垩系下统火山碎屑岩、火山岩地层，局部有侵入岩体分布。受泰顺—黄岩大断裂的影响，区内次级小断裂发育，节理裂隙较发育（图 4）。

隧道设计走向 295°，与节理裂隙走向近于垂直或大角度相交，地层产状对隧道穿越有利；洞身穿越段围岩为白垩系火山碎屑岩及侵入岩体，为较硬岩—硬岩。受泰顺—黄岩大断裂的影响，区内次级小断裂稍发育，节理裂隙较发育。以Ⅲ级围岩和Ⅳ级围岩为主，Ⅲ级围岩约 61%，Ⅳ级围岩约 34%，Ⅴ级围岩约 5%。隧道岩体多呈块状结构—整体块状结构，围岩基本稳定；但在里程 K0 + 350 ～ K0 + 450m 、K0 + 870m ～ K1 + 070m 和 K1 + 375m～K1 + 445m 附近存在断裂破碎带，围岩稳定性较差。隧道从山体中部通过，开挖形成的岩压基本均匀，无偏压影响。

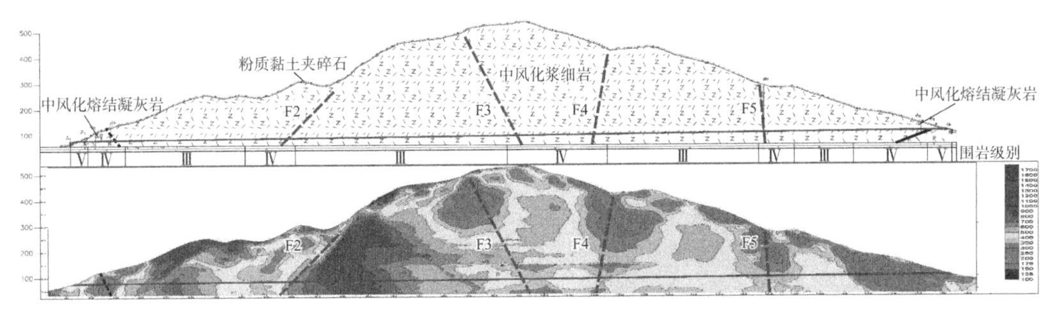

图 4 东岙里隧道综合成果图

进洞口仰坡坡角约 40°，出洞口仰坡坡角约 28°，进洞口残积层及强风化岩覆盖层厚，达 5.0～7.5m，出洞口覆盖层厚度 3.0～5.0m，围岩级别为Ⅴ级，洞口开挖切坡易诱发上部岩土体滑动崩塌，隧道成形较困难，因此建议采用明洞进洞。

采用大气降水入渗法、地下水径流模数法、地下水动力学法等方法估算隧道涌水量，东岙里隧道涌水量总体不大，其正常涌水量为 737.7m³/d（8.33L/min · 10m），隧道围岩的出水状态主要为滴水，雨季可能出现小—中等的股流；由于隧道穿越段断裂较发育，且含水、隔水岩组具有相间分布的特点，在断裂带及岩性接触带附近地下水相对集中，这些地段的隧道涌水量会相对较大，暴雨季节甚至可能出现水量较大的瞬时涌流，需要特别加以注意，必要时应采取超前探水措施。

隧址区无大型崩塌、滑坡、泥石流、采空区等不良地质作用，无有毒、有害气体，无放射性矿体。主要不良地质现象为：隧道位于温家岙北北东向断裂带东侧约 3.0km，受该断裂影响，围岩节理裂隙较发育。

隧道两端的区域性断裂镇海—温州大断裂和泰顺—黄岩大断裂新生代以来无活动。场地内断裂为非全新世活动断裂，可不考虑断裂对工程场地的影响。

进洞口附近需要修建施工便道约 1km，出洞口距简易机耕道约 2km，需新建施工便道到达施工区，施工条件尚可。

4.2 瓯江海底管道海洋水文条件分析与穿越条件评价

1）波浪

工程区位于瓯江入海口，波浪主要是外海 E～SE 方向的涌浪传入，口外岛屿林立、滩槽交替，外海大浪受洞头岛、霓屿等岛屿掩护，口内波浪迅速衰减。

本海区受台风影响较频繁，外海大浪主要由台风引起。波高≥7.0m的波浪均与台风活动有关。

为了分析工程区的波浪要素，本工程利用波浪数学模型推算波浪由外海向拟建工程处海域的传播变形，波浪计算考虑波浪重现期为100年、10年、1年一遇，推算波浪主方向为E、ESE、SE。通过计算给出这些组合情况下瓯江南口的波浪要素值。

计算表明，瓯江南口正东向面临洞头岛、霓屿岛以及温州浅滩灵霓大堤等的掩护，拟建工程处的大浪主要受SE方向来浪影响。外海SE方向的波浪传到拟建工程处的波高最大，在300年一遇潮位、100年一遇波浪重现期条件下波高$H1\%$为4.20m，波高$H13\%$为3.00m。(图5)

图5 300年一遇潮位、100年一遇波浪组合SE向波高H13%(m)分布

2）设计潮位

拟建工程重现期潮位介于龙湾站和大门岛之间。利用2006年潮位观测资料，建立了龙湾水文站与大门验潮站之间高潮位相关关系（吴淞基面）：

$$Y_{大门高} = 0.97 \times X_{龙湾高} - 0.24$$

式中：$X_{龙湾高}$——龙湾站高潮位；

$Y_{大门高}$——大门站高潮位，相关系数为0.99。

由图6可见，两站高潮位呈良好的线性关系。根据上式计算出大门站处不同重现期高潮位，再根据龙湾站和大门站不同重现期高潮位数据插值得到工程区水域对应重现期设计高潮位。

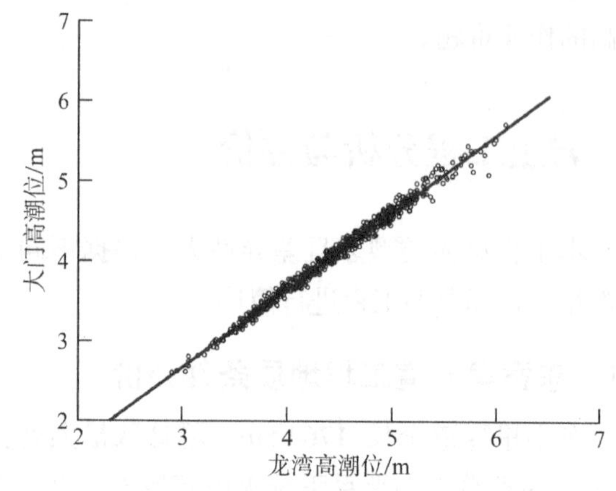

图6 龙湾站和大门站高潮位相关关系图

同样，对于低潮位也建立了龙湾水文站与大门验潮站之间的相关关系，其相关公式为（吴淞基面）：

$$Y_{大门低} = 1.22 \times X_{龙湾低} - 0.14$$

式中：$X_{龙湾低}$——龙湾站低潮位；

$Y_{大门低}$——大门站低潮位，相关系数为0.97。

进而可以插值得到工程区水域对应重现期设计低潮位。

经计算分析，推荐工程区的设计高水位+3.33m（高潮累积频率10%），设计低水位−2.73m（低潮累积频率90%），极端高水位+4.88m（重现期50年一遇），极端低水位−3.64m（重现期50年一遇）。

3）海流

瓯江口径流与潮位组合采用两种方法计算拟建工程处的设计流速（表3）。

（1）上游流量分别采用0.33%～99%（1年一遇～300年一遇）频率的流量与外海实测大潮组合。

（2）上游径流采用50%频率流量（18890m³/s）与外海0.33%～99%频率潮差的潮型组合。设计潮型时，最高潮位采用设计值放大，低潮位不变，高低潮位之间线性内插。

瓯江口设计流速计算条件　　　表 3

组次	上游边界		外海边界	
	洪水频率	流量/（m^3/s）	频率	龙湾潮差/m
组合①	0.33%（300 年）	31000	实测最大潮差 6.32m	
	1%（100 年）	27000		
	2%（50 年）	24000		
	10%（10 年）	20500		
	99%（1 年）	17800		
组合②	50%（2 年）	18890	0.33%	7.45
			1%	7.29
			2%	7.19
			10%	6.95
			99%	6.58

采用组合①计算时，外海实测大潮潮型与 0.33%频率洪水流量组合时，计算的南口落潮最大流速为 1.10～1.85m/s。采用组合②计算时，外海 0.33%频率潮差的潮型与上游 50%频率洪水流量组合时，计算的南口落潮最大流速为 2.12～2.57m/s。本工程推荐以潮流组合②确定工程水域的设计流速。

4）海底管道穿越条件评价

穿越段条件主要根据工程地质条件、海洋环境条件、海上活动等要素综合评价其可行性。穿越段方案的综合评价见表 4。

穿越段方案的综合因素评价表　　　表 4

工程地质条件	海洋环境条件	海洋开发活动状况	综合评价
东登陆点岸坡：入海点前缘岸坡为块石泥滩，坡度较大，高差约 5m 左右，下伏地层主要为素填土（块石和淤泥）、淤泥质黏土和淤泥夹薄层砂土，不利于海底管道的铺设 石化码头登陆点：登陆点处为人工海堤，底质淤泥为主，地形平坦，自然环境条件基本适宜管道登陆 地形平缓，土质松软、穿越段落潮时滩涂完全出露，对施工不利	穿越段是浙江省遭台风和风暴潮影响严重的地区之一。管道的铺设施工应采取必要的应对措施。 穿越段海区潮流流速一般，对海底管线的施工和安全维护影响不大；潮流动力也一般，海床呈淤积趋势，对管道铺设有利。 区域内是台风和风暴潮影响严重地区，强台风经过时，有可能对海底管道上的覆盖层起侵蚀作用，使管道暴露海底面。在管道埋深设计中，应考虑到台风浪的影响	与现有海堤交越，入海点及登陆点附近的穿越段有大量锚痕，应注意管道埋深 管道穿越段海洋开发活动较为活跃，主要包括桥梁建设、港口航道、石化管道和锚地等。均可通过相互了解协调，采取一些必要的工程措施，减少或避免相互干扰	穿越段长度较短，穿越段自然环境条件基本适宜。对未来的开发活动影响较小

4.3 瓯江隧道竖井工程地质分析与评价

（1）东侧竖井岩土层特征

根据钻探揭露的岩土层特征，岩体风化较强，完整性较差。上部主要为淤泥质土，流塑，基本无自稳能力，稳定性差，基岩主要为强—中等风化的流纹英安玢岩，夹火山角砾岩、熔结角砾凝灰岩，岩体较破碎—较完整，总体形成井壁稳定性较差。竖井周边基岩揭露深度有一定差异，不利于沉井施工。岩土层特征如下：

①层杂填土：厚度较薄，分布不均匀，埋深较浅，呈松散状态，工程性能较差，土石等级为Ⅰ级。

②$_{1a}$层淤泥：为基坑的软弱土层，分布不均，高含水率，高压缩性，高灵敏度，工程性能极差，采用沉井法施工时，易发生突然下沉、失控下沉或超沉现象，土石等级为Ⅰ级。

⑨$_{1a}$层角砾：灰色，中密—密实，一般粒径 5～20mm，最大粒径 50mm，不利于沉井的下沉。土石等级为Ⅲ级。

⑨$_1$层全风化流纹英安玢岩：呈坚硬土状，局部夹少量碎石，遇水易软化、崩解，厚度较小，土石可挖性等级为Ⅳ级。

⑨$_2$层中等风化流纹英安玢岩：较破碎，裂隙很发育，为坚硬岩，土石等级为Ⅻ级，需采用爆破施工，但爆破时应注意采取合适的炸药用量，防止井壁发生较大范围的坍塌。

⑧$_3$层中等风化火山角砾岩、角砾凝灰岩：较破碎—较完整，裂隙较发育，局部为软岩和硬岩互层，土石等级主要为Ⅶ级。岩石为较硬岩，需采用爆破施工，但应注意采取合适的炸药用量，防止井壁发生较大范围的坍塌。

（2）西侧竖井岩土层特征

竖井段自上而下为素填土、淤泥质粉质黏土、淤泥质黏土夹粉砂、粉砂夹淤泥质黏土和中砂，其结构较松散，基本无自稳能力，竖井不易成型，稳定性差，土石等级为Ⅰ～Ⅱ级。覆盖层透水性较强，地下水位较高，井壁将会产生涌水、涌砂、流砂及塌陷等破坏，对井壁稳定不利，应采取适当的支护措施和合理的施工方案。土层特征如下：

①层素填土：厚度较薄，分布不均匀，埋深较浅，呈松散状态，工程性能较差。

②$_1$层淤泥质粉质黏土：为基坑开挖深度范围内的软弱土层，分布不均，高含水率，高压缩性，高灵敏度，工程性能极差，采用沉井法施工时，易发生突然下沉、失控下沉或超沉现象。

②$_{2a}$层淤泥质黏土夹粉砂：为基坑开挖深度范

围内的软弱土层，分布不均，不规律夹朽木层，含水率较大，高压缩性，高灵敏度，工程性能极差，采用排水沉井法施工时，易发生突然下沉、失控下沉或超沉现象，会产生涌水、涌砂、流砂及塌陷等。

$②_{2b}$粉砂夹淤泥质黏土：分布不均，稍密—中密，不规律夹朽木层，工程性能一般。该层地下水具有承压性，在地下水的作用下，会产生涌水、潜蚀、流砂等现象，导致基坑失稳或沉井位移、倾斜。

⑤层中砂：分布不均，中密—密实，工程性能一般。该层地下水具有承压性，在地下水的作用下，会产生涌水、潜蚀、流砂等现象，导致基坑失稳或沉井位移、倾斜。

（3）沉井设计参数

西侧竖井拟采用沉井方式施工，主要土层为：①层素填土、$①_2$黏土、$②_1$淤泥质粉质黏土、$②_{2a}$层淤泥质黏土夹粉砂、$②_{2b}$粉砂夹淤泥质黏土和⑤中砂。根据场地工程地质条件和地基土性质，参照《工程地质手册》（第四版），结合类似工程经验，井壁与岩土层的摩擦力建议见表5。

井壁与土体间摩擦力建议值　　表5

土层编号	土层名称	摩擦力/kPa
$①_2$	黏土	18
$②_1$	淤泥质粉质黏土	12
$②_{1a}$	淤泥	10
$②_{2a}$	淤泥质粉土夹粉砂	16
$②_{2b}$	粉砂夹淤泥质黏土	20
⑤	中砂	22

（4）沉井施工法设计和施工建议

西侧竖井处上部为淤泥质土，为防止竖井在淤泥质土中发生突沉、偏沉、反涌和超沉不止的现象，可在沉井刃角下和沉井周边预打粉喷桩，形成联排桩式地下连续墙和水泥土搅拌桩帷幕，对沉井井壁起支撑和导向作用，以稳定沉井周边土体及控制沉井下沉施工时地下水位。

竖井下沉范围内存在饱和砂土层及承压水隔水层，建议采用不排水施工法。施工时需注意保持井壁垂直，在变层中要防止发生倾斜、突沉，防止穿越层及进入$②_{2b}$层粉砂夹淤泥质黏土和⑤层中砂时发生管涌、流砂现象，保证沉井的施工质量，防止井壁外侧土体开裂、坍塌等。

沉井施工时，施工作业面将穿越淤泥和淤泥质土、中砂等不同性质的岩土层，沉井下沉应分层对称进行，下沉要均匀。施工时对沉井下沉速率、倾斜要进行监控，以防止发生倾斜、突沉。

4.4 瓯江北支定向钻穿越适宜性评价

瓯江河床总体较平缓，两岸岸线顺直，岸坡稳定，场地开阔，便于施工布置。穿越区不良地质作用主要是在ZK723～ZK730号孔区域的$⑤_1$细砂（埋深35～47m）沼气分布较丰富，且分布不均匀，压力大小和气体含量不太一致。管线区的区域稳定性总体较好，地层结构不利于定向钻穿越，定向钻穿越方案总体可行，应采取适当控制措施。

穿越处河流北岸为抛石岸坡，管道穿越岸区抛石厚度10～13m不等，管线东侧有新建码头。管道后方山中有军事隧道工程。管道穿越南岸老堤坝为抛石基础，基础埋深4～6m，规划有标准堤坝，堤基为桩基。设计和施工时建议如下：

（1）根据场地地形地貌、交通条件及工程地质条件，建议将北岸场地作为定向钻的入土点，南岸作为出土点。

（2）根据场地地层分布规律和埋深情况，建议水平段在$③_4$层淤泥质粉质黏土层穿越，该层具高压缩、低渗透和高触变性，若施工中扰动过大，易发生缩径，不利于扩孔和导向，施工时应采取必要的应对措施。

（3）北岸陆上入土端上部基岩破碎且硬度较高，钻探时岩芯研磨后多为砂状（RQD小于10%），钻探进尺很慢，定向钻施工时易发生卡钻。建议施工时应重点考虑，宜在泥浆中掺加适量堵漏剂和纯碱，防止泥浆沿裂隙流失和塌孔。

（4）穿越岩石和软土的交界面时，易发生导向偏离，形成“台阶孔”，回拖时卡住管道造成回拖失败，施工时应采取修孔措施保证曲线圆滑。

（5）穿越南端局部地段地层中含沼气，建议进行避让。定向钻施工过程中，如果在含气层中穿越，应注意沼气压力释放对定向钻穿越施工的不利影响。

（6）南端出土段穿越国道G330，车流量大，对上部软土有扰动，施工时应采取必要的应对措施。

5 工程成果与效益

（1）应用地质测绘、麻花钻、探坑、轻型静力触探等手段查清管道沿线地层结构，采用自主开发的“长输管道工程勘察设计一体化软件”进行线路平纵合成图（图7）的编制和勘察成图，绘制管道全线土石分界线，与设计确定管道埋深、自动计算土石方开挖量无缝衔接。

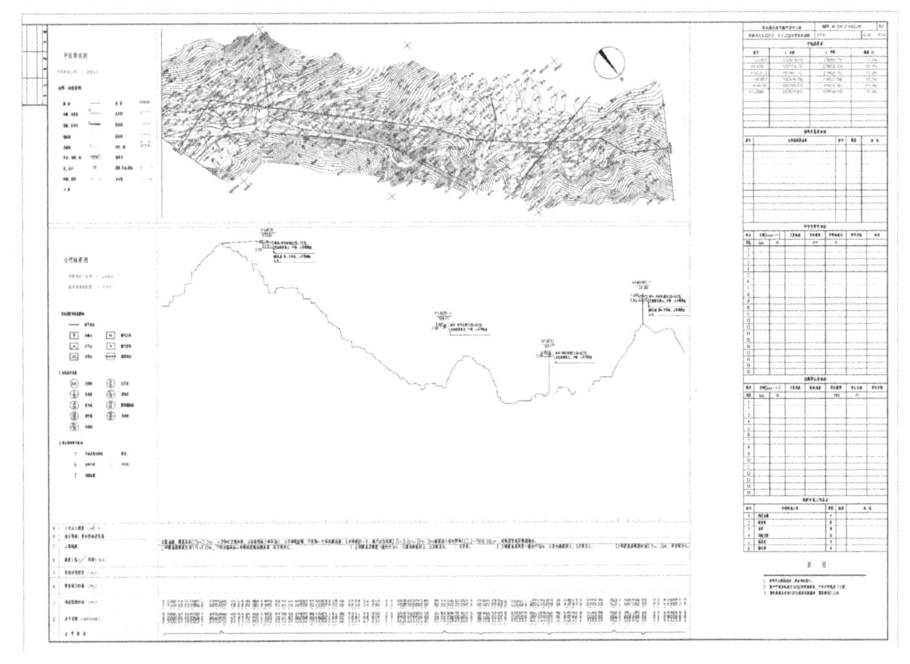

图7　典型线路平纵合成图

（2）综合利用可控源音频大地电磁法、高密度电法、瞬变电磁、浅层地震折射波法等工程物探技术，结合工程钻探与水文试验成果，对东岙里等13条隧道地质构造进行高精度探测，构建了电性成果与隧道围岩等级之间的关系，详细判译隧道穿越区的破碎带、富水带，查明了隧道穿越的断层、破碎带及富水带等工程地质特征，准确划分围岩等级，经施工验证准确率90%以上，为隧道支护设计和施工提供了准确地质资料。

（3）针对河流穿越形式多样（“盾构＋钻爆”隧道、海底管道、定向钻、泥水平衡顶管、挖沟法）和各类穿越不利条件（超30m厚层卵石、淤泥＋隐伏基岩、软土＋卵砾石、极硬岩石、含沼气地层、超3km长距离定向钻穿越等），综合应用钻探、原位测试、水文试验、物探等多种勘察手段提高勘察精度，针对性地加密勘探，详细查明地层界面，综合分析评价各种复杂地层结构对穿越工程的影响，为“软土＋卵砾石、厚层卵石、淤泥＋隐伏基岩”等不利地层中选择合理穿越方式及层位提供了技术依据，提出穿越优化方案和技术依据（瓯江北支由盾构改为定向钻、瓯江南支由海底管道改为定向钻、大溪由盾构改为顶管），节约工期一年以上，节省投资1.17亿元，创造了良好的经济效益。

针对瓯江隧道地层性质差异大（左岸为190MPa极硬岩石，右岸为软土）、厚层砂卵石河床透水性强、沉井易发生管涌与流砂等工程难题，综合利用钻探、孔压静探、扁铲侧胀、十字板剪切和水文试验等多种技术手段，查清了工程地质和水文地质条件、深层承压水与地表水的水力联系、沉井岩土层结构，综合分析极硬岩石和深厚砂卵石层组成的复杂地层对“盾构＋钻爆”隧道的影响，准确划分隧道围岩分级，提出合理的岩土参数与技术方案。

针对瓯江北支穿越基岩面陡倾、软土与岩石性质差异大、岩土交界处定向钻穿越困难等工程难题，采用多种勘察手段，查明了穿越段岩土层分布特征，提供了岩土层交界面的连续地质剖面，为定向钻穿越软硬不均地层、极硬岩石提供重要的设计施工依据，实现了定向钻施工一次性穿越成功。

（4）自主研发改进静力触探探头，在瓯江北支穿越段目标层位针对性加密探测，实测沼气压力；收集气体测定成分，查明沼气分布的位置、范围及压力特征，圈定出沼气含量丰富的区域，解决了瓯江入海口复杂沉积环境下沼气探测难题；分析沼气分布对穿越的影响，提出合理建议，为定向钻施工合理规避含气层位提供了准确依据，为工程安全提供了保障。沼气探测技术方法先进，效率高，相比同类工程节省勘察成本约30万元。

（5）综合应用工程钻探、地震折射波法、高密度电法等勘察技术，网状布设物探测线，三维探测基岩分布（图8）。采用小极距、大数据采集，提高电法基础数据的水平向和垂直向分辨率，对下伏基岩面起伏形态进行电阻率数据网格化描绘出图，提高勘探准确性；针对下伏基岩波速高于上覆沉积层的特点，开展浅层折射法测试，根据折射波时距方程及实测时距曲线对基岩面追踪勘探，查清了穿越段淤泥下隐伏基岩的分布，绘制出暗礁深度等值线成果，为优化调整穿越路由提供依据。

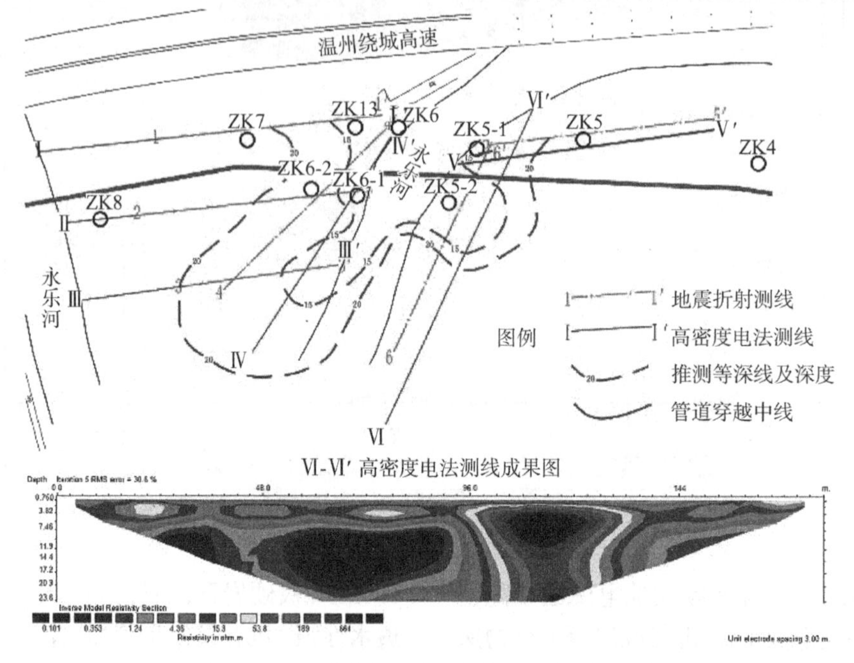

图8　永乐河穿越基岩深度等值线及物探成果图

（6）根据瓯江口外南麂站和洞头站实测浪高，应用波浪数学模型推算波浪由外海向穿越水域的传播变形，计算出台风影响下不同波浪和潮位重现期组合的各方向浪高，绘制浪高等值线图；应用回归分析，构建工程海域与龙湾水文站、大门验潮站高低潮位的线性关系，插值推算出瓯江口各重现期的高低潮位；根据海区周边水文站涨、落潮流速记录，总结得出海区潮流流速与涨落潮、水深和平面位置的关系，计算工程海域潮流流速，解决了台风影响下瓯江口波浪、潮位、流速设计的难题，为准确评价海底管道稳定性、合理设计支护方案奠定了基础。

（7）联合应用侧扫声呐、浅地层剖面探测及底质取样（图9），实时差分GPS定位导航、控制测深，解决了常规水下地形测量难以识别海底微地貌的难题，查明了海底地层岩土结构、自然微地貌、锚沟等次生地貌和漫水堤、桥桩、海底管线等多种人工地物分布特征，准确评价海底管道稳定性，为合理确定管道埋深、穿越已建管道等提供了依据，消除了海底管道建设的安全隐患。

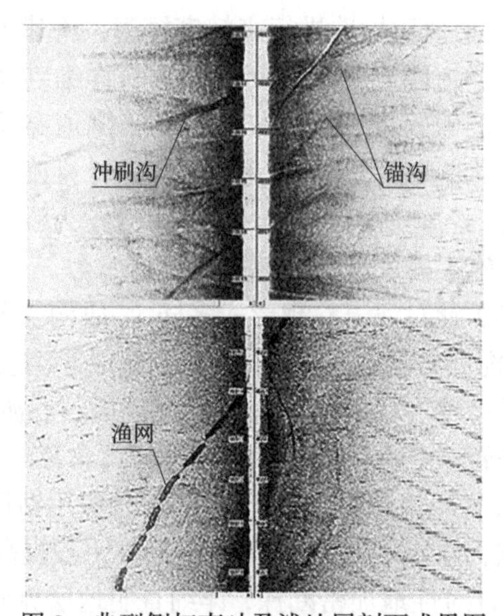

图9　典型侧扫声呐及浅地层剖面成果图

6　工程经验与收获

（1）大型河流穿越往往是长输管道建设的控制性工程，是制约工程建设工期的关键节点。本工程控制性穿越工程数量多，形式多样，涵盖多种施工工法，地质条件复杂，单一勘察手段难以解决复杂地质问题。本工程针对不同的施工工法、不同的地层结构选用合理的工程物探和原位测试手段，针对影响大的重要地质现象进行加密勘探，应用综合勘察手段查明复杂地质条件，结合施工工法评价穿越适宜性，解决各类工程地质难题，对同类项目具有借鉴意义。

（2）本工程在瓯江入海口附近分布有压力不均匀的沼气气囊，分布不规则，且缺少有效的物探手段，探测难度大。本工程应用自主改进的触探探头，在目标层位针对性加密探测，与工程钻探相比，具有效率高、费用省、易于测试压力的优点，可为类似场地的沼气探测提供参考。

长沙南湖路湘江隧道岩土工程勘察实录

彭柏兴　王会云　肖　剑　王文忠　张天乐　贾永生　刘　毅　杨文杰

（长沙市规划勘测设计研究院，湖南长沙　410007）

1　工程概况

1.1　工程简介

长沙市南湖路湘江隧道位于橘子头以南约100m、南距猴子石大桥3.10km，北距橘子洲大桥约3.20km，工程全长2300m。西接阜埠河路与潇湘大道交叉口，东连南湖路（图1），为城市主干路。它的建成将解决大学城与南湖新城快速增长的交通需求，成为湘江两岸的集散通道。工程安全等级为一级，设计使用年限为100年，抗震设防类别为甲类，岩土工程勘察等级为甲级。

图1　南湖路湘江隧道效果图（据湖南省交通规划勘察院）

隧道过江段采用双管单层形式，分为南、北两线穿越湘江，过江段盾构隧道总长2722.516m，管片外径11.3m，内径10.3m，管片厚度50cm，环宽2m，环向分块9块，错缝拼装，采用直螺栓连接，为双面对称楔形结构，楔形量为55mm，管片强度等级C50，抗渗等级P12、防水等级为S12的高强防水钢筋混凝土。北线隧道纵坡最大5.989%，南线隧道纵坡最大5%。

工程采用多种工法，包括敞开段、明挖暗埋和盾构法。盾构始发井设于湘江大道以东之南湖路上，接收井设于潇湘大堤以西，盾构井底板埋深14.55～20.00m。隧道底板标高−3.14～15.99m。河西设置A、B、C、D四个匝道、河东沿书院路设WN、WS两个匝道，匝道底板埋深0～17.77m。

1.2　勘察工作量布置

1）勘探孔置原则

（1）敞开段及明挖暗埋段：按孔距30m布置，尽可能布置在支护结构位置上。

（2）暗挖段：充分利用初勘钻孔。河床纵向布置3排钻孔，两岸纵向布置2排钻孔，隧道外侧详勘点孔距取40m，横向距暗挖结构边线10m。

（3）遇地质异常时，酌情增加勘探点，以查明不良地质为原则，并保证异常地质现象的可追溯性。

2）勘探孔深度的确定

（1）明挖段：钻孔深度不小于2倍基坑深度。该深度内遇有厚层坚硬黏性土、碎石土和岩层时，可酌情减小；当存在较厚的软土层、粉土夹层或因降水、隔渗等设计需要时，应钻穿软土层或含水层。勘探深度内遇基岩时，宜穿过强风化层，至中等风化岩层内不小于3～5m。

（2）暗挖段：勘探孔深为隧道底板下20m（从河床底部计）。

（3）遇断裂、洞穴、地下采空区时，要求加深钻孔，穿过断裂连续进入完整岩层3～5m，穿过洞

获奖项目：2017年全国优秀工程勘察设计行业奖二等奖。

穴、地下采空区进入完整基岩或地层不小于 10m。

（4）水文地质试验孔深度应进入基岩风化层内，以中深井、完整井形式分层进行抽水试验。

（5）钻孔深度应满足取样、测试和抽水等技术要求。

3）测试与取样

详勘技术孔数量不少于钻孔总数量 1/2，取试验样品和进行原位测试的钻孔数量不少于勘探孔总数的 1/2。

1.3 工程完成情况

工程地质测绘 1.25km^2，钻孔 198 个、其中水上钻孔 55 个。水上地震勘探 2120m/2122 炮，电测深水上 100m/14 个测点、陆上 2120m/426 个测点，大地导电率 2 点；注水试验 4 孔、压水试验 6 孔；原状土样 126 件、扰动样 60 件、岩样 236 组、水样 10 组、标准贯入试验 145 次、重型圆锥动力触探 29.0m/57 孔、声波测试 543.0m/16 孔、电阻率测井 142.2m/3 孔、测温 161.4m/3 孔，水位观测 198 孔。

2 场地岩土工程条件

2.1 场地环境与地形地貌

隧址位于橘子洲头以南、猴子石大桥以北，向西下穿潇湘大道后分别向南、向北接潇湘大道；东、西道路下分布有燃气管道、排水箱涵、电力隧道、通信管网等，环境复杂，施工难度大。

地貌单元为河流侵蚀地貌，东岸为城市街区，地面标高 35.50～40.00m，为白沙井组组成的Ⅲ级阶地。西岸为潇湘大道，地面标高 35.00～40.00m，为高河漫滩及橘子洲组形成的Ⅰ级阶地。河道较顺直，河谷宽度约 1350m，河床西浅东深、标高 17.2～26.4m。勘察期间历经 4 次江水涨落（图 2），变幅 7.20m，水位为 27.08～34.28m（黄海高程）。为保障施工安全及不影响水上航运，施工调度极为困难。

图 2 涨落的湘江水位

2.2 地质构造

隧址西端位于岳麓山向斜东南翼，NE 向 F_{85} 断层斜贯而过，东部位于杨泗庙—观音港向斜北西翼，北东向 F_{101} 断层从附近通过（图 3）。第四纪以来，随着区域掀斜运动，伴生间歇性升降。

隧址沿线岩层产状较平缓，岩面起伏较大，东岸基岩出露，西岸下伏于第四系地层，河床中基岩面标高 15.94～22.38m。受区域断层 F_{101}、F_{85} 影响，隧道范围内次生裂隙或破碎带发育，岩体整体性较差，表现为风化不均匀性和沿裂隙发育溶蚀作用以及岩溶。

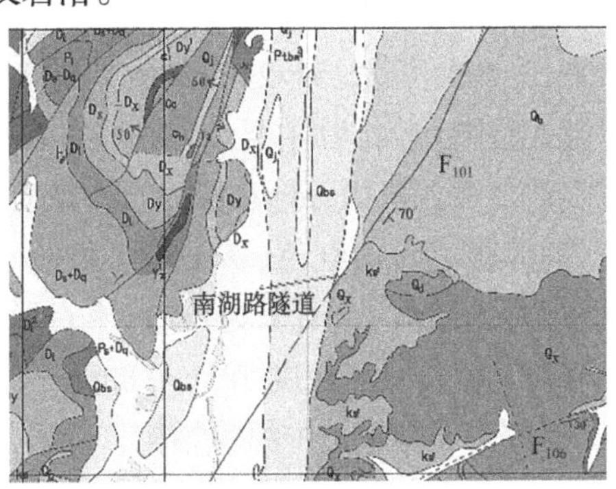

图 3 南湖路湘江隧道地质构造图

2.3 地层岩性

1）岩土组成

第四系地层由人工堆积物、河流冲积物（粉质黏土、细砂、圆砾）和残积粉质黏土组成。冲积层具明显的河流相二元结构。河床堆积物主要为细砂、圆砾和卵石，基岩以白垩系砾岩为主、石炭系白云岩次之，二者在橘子洲头以不整合形式出现（图 4）。

电阻率剖面图上，地层大致呈四层结构（图 5），横向分布大致相似，底部电阻率最高可达到 400Ω · m以上，推断为白云岩类高致密高阻抗，白云岩面附近裂隙极为发育且表面侵蚀、溶蚀程度大，裂隙发育从浅部向下贯穿到深部。测段内，砾岩经受风化作用及构造运动双重影响，完整性差。

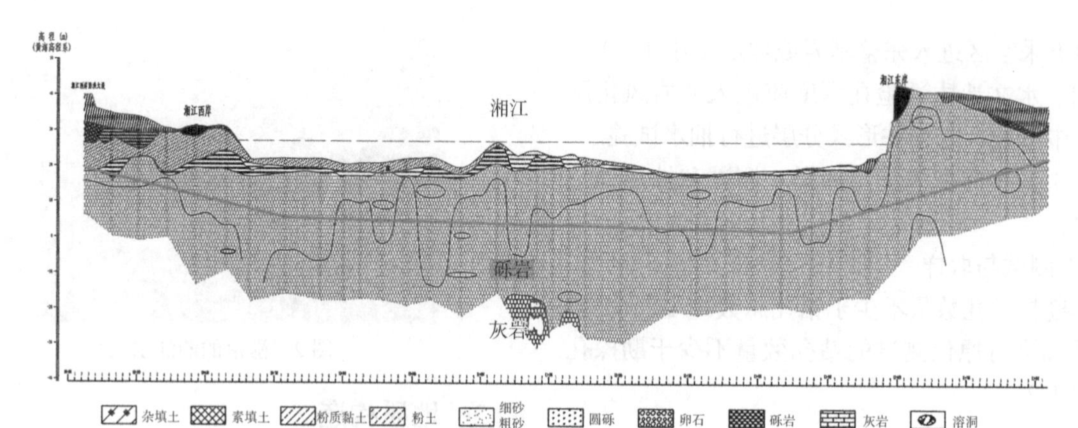

图 4　南湖路湘江隧道北线地质剖面示意图

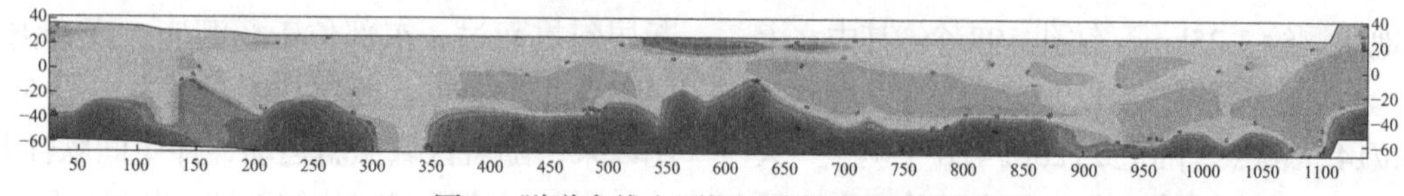

图 5　隧道南线电测深反演视电阻率剖面

2）岩石矿物特征

砾岩：角砾状构造。角砾含量 60%～65%，成分复杂，有石英砂岩、泥质粉砂岩、绢云母片岩、绿泥石片岩、石英岩、脉石英、玉髓团块和灰岩等，次圆形、椭圆形、不规则状，粒径 0.5～1.0cm，粗者达 4.0cm、最大可达 15～20cm。杂基支撑，基底式—接触式胶结。胶结物主要为微细粒方解石、石英和铁质物，夹少量绢云母和绿泥石，铁质浸染。

白云岩：灰色、肉红色、灰白色。细晶—隐晶结构，厚层状构造。白云石多为自形、半自形粒状，菱面体解理发育，晶体粒度 0.2～0.8mm，粗者达 2.0mm，晶粒紧密镶嵌，中粗粒结构，方解石呈细脉状、网脉状集合体沿裂隙充填交代白云石，局部细脉交汇处可达 0.6mm。

砾岩组成矿物以石英和方解石为主，其次是长石、绢云母、绿泥石和高岭石及少量褐铁矿；钙质砾岩中主要组成矿物为方解石，其次是石英、伊利石/绢云母、高岭石和褐铁矿，其他微量矿物尚见绿泥石、锆石、磷灰石、白云母、金红石、榍石和电气石等；白云岩的组成矿物种类较为单一，主要是白云石（77%～93%），次为方解石，但含量很低，未发现石英和黏土质等陆源碎屑矿物（图 6）。各岩石主要矿物含量见表 1。

3）岩石强度特征

经对场地 336 组岩石天然单轴抗压强度统计，主要集中在 6～12MPa 之间，分布直方图见图 7。采用点荷载试验方法对 31 组砾石进行了试验，换算成天然抗压强度后得到的分布直方图见图 8。

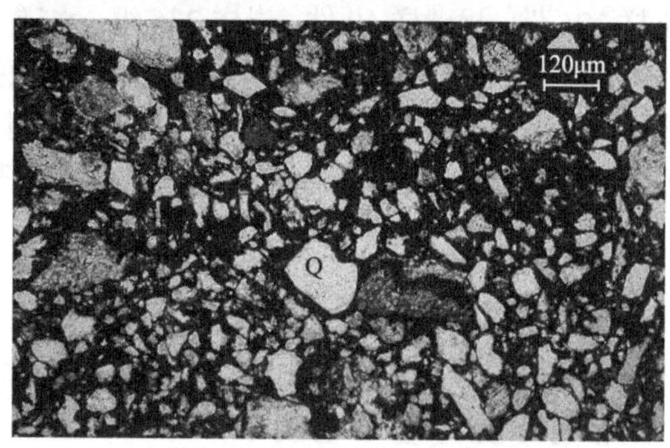

(a) 砾岩（泥质胶结）正交偏光照片

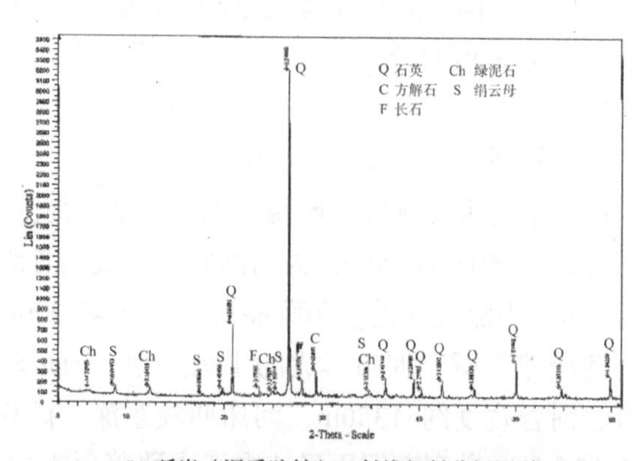

(b) 砾岩（泥质胶结）X 射线衍射分析图谱

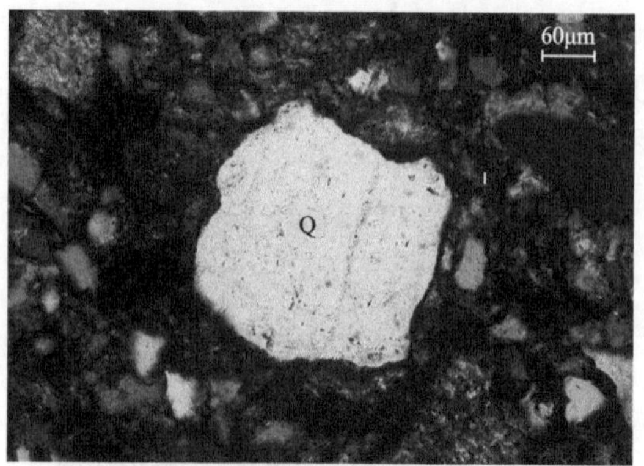

(c) 含砾钙质粉砂岩正交偏光照片

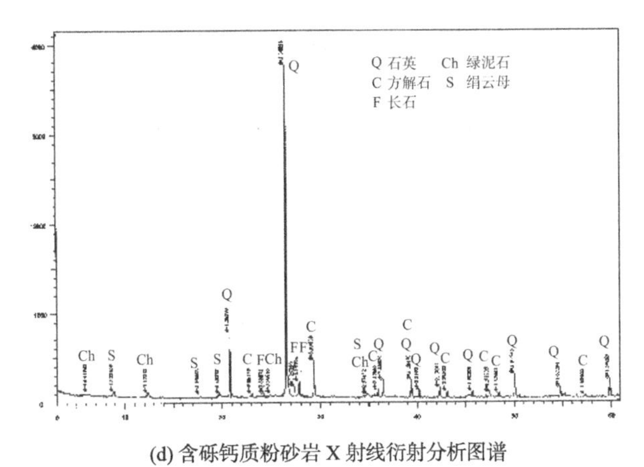

(d) 含砾钙质粉砂岩 X 射线衍射分析图谱

图 6　砾岩微观特征与 X 射线衍射分析图谱

南湖路湘江隧道岩石矿物含量分析表（%）

表 1

岩石名称	砾岩	钙质粉砂岩	钙质砾岩	白云岩
白云石	—	—	—	77.8
石英、玉髓	51.7	54.3	52.7	—
方解石	15.6	13.7	19.1	21.7
长石	10.3	9.5	7.8	微量
绿泥石	9.8	10.2	8.9	—
绢云母	9.6	8.7	9.3	—
铁质物	2.0	2.6	1.2	—
其他	1.0	1.0	1.0	0.5

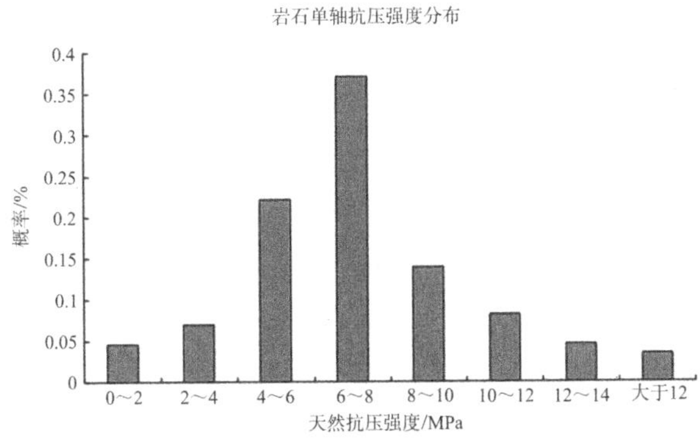

图 7　岩石天然抗压强度分布直方图

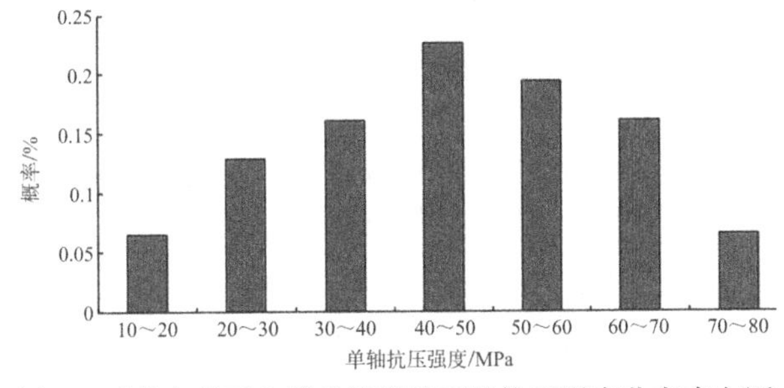

图 8　砾岩中砾石点荷载换算的天然抗压强度分布直方图

2.4　水文地质条件

2.4.1　地表水

据长沙水文站观测资料，每年 4～9 月为丰水期，最高洪水位 39.51m（2017 年 7 月 2 日，吴淞高程），最低水位 24.87m（2009 年 10 月 31 日，吴淞高程），年平均水位 29.48m（吴淞高程），最大变幅度 14.21m，多年平均变幅 10m，最大流量 $14700m^3/s$（1954 年 6 月 30 日），最小流量 $134m^3/s$（1954 年 11 月 19 日），多年平均流量 $2473m^3/s$。最大流速 1.26m/s，最小流速 0.12m/s，多年平均水温 18.7～19.5℃。

2.4.2　地下水

按含水层性质分为上层滞水、潜水及承压水/裂隙水、岩溶水。

（1）上层滞水：赋存于人工填土中，主要靠大气降水和地表水下渗补给，以蒸发或向下渗透方式排泄。水量小，季节变化大，不连续。上层滞水稳定水位 28.44～35.88m。

（2）潜水：赋存于河床及漫滩的粉质黏土或含砂质黏土中，透水性较弱，属弱—微透水地层，给水性较差。其下的粉土、粉细砂、圆砾及卵石含水率丰富，给水性和透水性相对良好，属强透水地层。

（3）承压水：湘江西岸覆盖层底部粉质黏土底部杂有粉细砂的土层段、圆砾层为承压水含水层，与其上的潜水含水层有一定的水力联系，主要补给来源为地下径流以及上层孔隙潜水的越流补给，以地下径流为主要排泄方式。

（4）砾岩裂隙水：钻探时，砾岩中多孔出现不返水现象，停钻后，孔内水位与江水水位持平，说明裂隙水与江水互为连通，具有承压性。

（5）岩溶水：赋存于石炭系白云岩中，裂隙连通性好，透水性强，涌水量大。

场地环境类型为Ⅱ类。湘江河水对混凝土结构具微腐蚀，对钢筋混凝土结构中的钢筋具微腐蚀性；上层滞水对混凝土结构具微腐蚀、对钢筋混凝土结构中的钢筋具微腐蚀；孔隙水对混凝土结构具弱腐蚀性、对钢筋混凝土结构中的钢筋具微腐蚀。

2.5　岩溶地质特征

1）岩溶形成条件

（1）岩性条件：石炭系白云岩中白云石含量 >

75%、砾岩中方解石等可溶性矿物含量接近 20%。

（2）构造条件：隧址于区域性断裂张家咀—荣湾镇—新塘湾断裂（F_{85}）与葫芦坡—金盆岭—炮台子断裂（F_{101}）之间，受其影响，次级断裂及裂隙发育，岩体破碎，砾岩与石炭系白云岩呈陡倾角不整合接触。

（3）地下水条件：隧道多位于湘江河床下，具有较好的径流条件。

2）岩溶特征与分布

根据物探、钻探成果综合分析，隧道沿线岩溶分布如下：

（1）隧道北线（NK1 + 050～NK1 + 150）：砾岩与白云岩不整合面及白云岩中，岩溶强烈发育，为埋藏型岩溶，无充填物，见洞率 30%。

（2）隧道南线（SK1 + 050～SK1 + 100）：钻孔 S17 附近，发育于砾岩中的溶洞。溶洞埋深在河床下 13.0～20.20m。溶洞距隧道南线的最近距离小于 6m，无充填物，连通性好。

3 岩土工程分析与评价

3.1 场地稳定性

场址区内未发现活动断层，场地所处区域范围未来一百年内存在发生 5～6 级地震的可能性，发生 6 级以上地震的可能性较小。现状评估为地质灾害危险性小。隧道沿线河床底面起伏不大，基岩面相对稳定，东、西两岸均为人工填筑的防护堤，历经多年洪水考验，岸坡稳定。

3.2 工程适宜性

场地覆盖层厚度为 1.8～17.80m，下伏基岩由白垩系砾岩、石炭系白云岩构成，岩体为破碎—较完整，场地基本稳定，适宜建设。

不良地质作用主要表现为岩溶，分布于白云岩与砾岩中，埋深在河床下 13.0～20.20m，与隧道结构线尚有一定距离。根据岩溶发育特征及其规模、与隧道的空间关系分析，风险可控，可通过施工勘察、超前预报及岩溶处治来规避对工程建设的影响。

3.3 岩土工程特性与围岩分级

场地岩土层的主要特征综合评述见表 2，结合岩土类型、密实状态、岩石坚硬程度、岩体完整程度、结构面特征、结构类型、岩石强度、波速、围岩特征、岩层产状、地下水、初始应力状态、环境等因素综合判定，围岩分级见表 3。

南湖路湘江隧道岩土工程特性评价表 表 2

土层及编号	状态	湿度	压缩性与透水性	岩土工程特性评价	围岩分级	土石类型	可挖性分级
杂填土①	松散—稍密	湿—饱和	高压缩性	作为基坑坑壁土层，自稳能力弱，易坍塌，未经处理不能作为道路路基	Ⅵ级	松土	Ⅰ级
素填土②	松散—稍密	湿—很湿					
粉质黏土③	可塑—硬塑	湿	中—低压缩性				
粉土④	稍密状	湿		为坑壁土层时自稳能力弱，易坍塌，易产生潜蚀，未经处理不能作为道路路基			
细砂⑤、粗砂⑤$_1$	稍密—中密	湿—饱和	强透水	为坑壁土层时自稳能力弱，易产生管涌	Ⅵ级	普通土	Ⅱ级
圆砾⑥、卵石⑥$_1$、圆砾⑧	中密	饱和	强透水	无支护时会出现坍塌，未隔水时易产生流砂	Ⅴ级		
粉质黏土⑦、粉质黏土⑨	可塑—硬塑状	湿	中低压缩性	围岩易坍塌，处理不当会出现大坍塌，侧壁经常小坍塌	Ⅳ级	松土	Ⅰ级
强风化砾岩⑩、⑪$_1$	极软岩，破碎，	稍湿	低压缩性	拱部无支护时可产生小坍塌，侧壁基本稳定，爆破过大易坍塌	Ⅴ级	硬土	Ⅲ级
中等风化砾岩⑪、⑩$_1$	软岩，较破碎	稍湿			Ⅴ级	软石	Ⅳ级
中等风化白云岩⑫	较硬岩，溶蚀现象发育，岩体破碎	稍湿		拱部无支护时可产生小坍塌，侧壁基本稳定，爆破过大易坍塌	Ⅴ级	次坚石	Ⅴ级

南湖路湘江隧道围岩分级表 **表 3**

岩石名称		强风化砾岩	中等风化砾岩	中等风化白云岩
坚硬程度		极软岩	软岩	较硬岩
完整程度	结构面类型	以层面、风化裂隙为主	以节理、风化裂隙为主，裂隙多	以节理、溶蚀孔洞
	结合程度	密闭型，部分微张型，黏土充填	密闭型，部分微张，黏土充填	密闭型，方解石脉充填；溶蚀孔洞发育
	结构类型	块状结构	块状结构	块状结构
	完整指数K_V	0.37	0.54	0.34
	完整程度	较破碎	较破碎	破碎
初步分级	抗压强度R_c/MPa	4.5	8.8	37.5
	纵波速度V_P/(m/s)	2500	3021	2908
	BQ	196	251.4	286
	围岩基本质量级别	V	Ⅳ	Ⅳ
详细分级	地下水状态	埋深小，风化裂隙较发育，地下水较贫乏，局部呈滴状	埋深较小，风化裂隙不甚发育，夹强风化岩块。地下水贫乏，局部呈滴状	裂隙发育段少量地下水，以滴状流水为主；溶蚀孔洞区地下水丰富，呈股状或管状
	围岩级别	V	V	V

3.4 涌水量预测

1）隧道正常涌水量预测

隧道与河流正交，主要在河床底部砾岩中通过，地下水主要受岩性及裂隙控制，地表水体与含水层水力联系密切。分别采用大岛志洋公式、佐藤邦明经验公式估算，计算时基岩部分含水体均按强风化砾岩考虑、土-岩复合地层则按砂层考虑，隧道洞顶按设计断面最低值 11.68m（表 4）。

2）掌子面涌水量预测

隧道掌子面涌水量按断面法计算，采用达尔西公式计算，结果见表 5。

影响隧道涌水量的因素包括渗透性、水头压力、围岩裂隙发育程度、方向及充填状态、大气降水、施工工法等，上述涌水量均为预估值，实际施工时，应根据条件变化结合施工中积累的经验选择正确预测模型，以确保隧道施工顺利进行。

3）明挖基坑涌水量预测

本工程施工需要考虑地下水问题的主要在湘江西岸的 A、B、C、D 匝道和盾构接收井，东岸含水层为弱透水人工填土，水量有限，未作专门验算。

盾构接收井基坑距离湘江 30.00～200.00m，湘江水位取常年水位 27.68m（黄海高程），盾构接收井的最大降深达 10.0m。按最不利条件考虑及湘江水位的影响，采用均质含水层承压完整井涌水量公式计算。A、B、C、D 匝道降深 4.00～10.00m，按流向切穿含水层的条形基坑公式计算。结果见表 6、表 7。

南湖路湘江隧道正常涌水量估算表 **表 4**

工况	穿越含水层	渗透系数 K/（m/d）	水面至洞顶距离 H/m	洞身等价半径 /m	洞身直径 d/m	涌水量 q_0/（m^3/d）	计算方法
常年水位（吴淞 27.00m）	细砂、圆砾	30	6.88	5.50	11.0	383.60	佐藤邦明公式
	强风化砾岩	0.20	13.44			8.09	大岛志洋公式
最高洪水位（吴淞 39.18m）	细砂、圆砾	30	19.06			1379.06	
	强风化砾岩	0.20	25.62			10.92	

注：吴淞高程＝黄海高程＋1.801。

隧道掌子面涌水量初步计算表 表 5

岩土层	计算公式	渗透系数K/(m/d)	水力梯度	掌子面截面面积/m²	计算涌水量/(m³/d)
细砂、圆砾	$Q = Ki\omega$ Q——开挖面地下水涌水量; K——掌子面岩土层的渗透系数; I——水力梯度，取决临界水力梯度，$I \approx 1$; ω——过水断面面积	20	1	94.99	1899.8
强风化砾岩		0.20			19.0
中等风化砾岩		0.12			11.4
含溶洞地层		200			18998

南湖路隧道基坑涌水量计算表 表 6

计算分段	计算参数							基坑总涌水量 Q/(m³/d)	建议值 Q/(m³/d)
	K_m/(m/d)	H/m	b/m	S/m	A/m	B/m	r_0/m		
北盾构接收井	30	9.20	45.0	8.7	20.0	18.5	19.25	9783.99	12000
南盾构接收井	30	13.1	45.0	10.1	20.0	18.5	19.25	15398.73	18000

湘江西岸基坑涌水量估算表 表 7

计算分段		计算参数						基坑总涌水量 Q/(m³/d)	建议设计涌水量 Q/(m³/d)
		K/(m/d)	M/m	L/m	S/m	R/m	B/m		
A 匝道	AK0 + 0～160	30	8.30	160	8.7	476.52	12.0	4567.54	6000
B 匝道	BK0 + 0～150		10.3	150	5.0	273.86		4234.30	5000
C 匝道	CK0 + 0～150		11.5	150	9.5	520.34		6506.22	8000
D 匝道	DK0 + 0～240		9.5	240	4.20	230.04		4561.12	6000

4）抗浮设防水位及措施

濒江临河时，抗浮设防水位取道路地面标高，湘江西岸取 34.00m，湘江东岸参照书院路路面标高 36.00m 取值。盾构隧道埋深低于湘江水头，按最不利情况（湘江历史最高水位）进行抗浮稳定验算，建议取 37.38m。

当结构自重不能满足抗浮要求时，可采用抗浮桩或抗浮锚杆。

3.5 基坑工程评价

1）基坑环境及安全等级

明挖法施工段开挖深度 0.55～18.45m，涉及南湖路、书院路等城市主干道路，分布有地下管线、排水箱涵和人行地道，周边环境复杂，基坑侧壁安全等级取——二级。

2）基坑支护方案

根据场地地质、水文、环境条件，结合长沙地区经验，可选择的支护方案有：土钉墙、排桩（加支锚或内支撑）+ 止水帷幕、地下连续墙等。

明挖暗埋段：在浅开挖段（开挖深度 < 5m），在条件许可时，可采用放坡或土钉墙支护，一般坡比可取 1∶1.20；当开挖深度 ≥ 5m，且需垂直开挖时建议采用桩 + 支锚。

盾构井：采用钻/挖孔灌注桩 + 内支撑方案或地下连续墙方案。

3）基坑支护设计参数

根据勘察成果，按照相关标准，结合地区经验，基坑支护参数见表 8。

南湖路湘江隧道基坑支护参数建议值 表 8

地层	重度	黏聚力	内摩擦角	基底摩擦系数	渗透系数	抗拔系数	岩土体与锚固体极限摩阻力标准值	比例系数	岩石地基抗力系数	钻、挖、冲孔灌注桩	
	γ/(kN/m³)	c/kPa	φ/°	f	K/(m/d)	λ	Q_s/kPa	m/(MN/m⁴)	C_0/(MN/m⁴)	Q_{pk}/kPa	Q_{sik}/kPa
①杂填土	19.5	12	8	0.15	1.25	0.50	18	8.0	—	—	25
②素填土	19.0	10	6	0.18	1.20	0.60	16	7.5	—	—	24
③粉质黏土	19.2	12	15	0.22	0.012	0.60	36	8.5	—	—	38
④粉土	18.5	10	12	0.20	1.20	0.55	40	20	—	—	50
⑤细砂	19	5	18	0.22	7.5	0.60	40	15	—	—	45

续表

地层	重度	黏聚力	内摩擦角	基底摩擦系数	渗透系数	抗拔系数	岩土体与锚固体极限摩阻力标准值	比例系数	岩石地基抗力系数	钻、挖、冲孔灌注桩	
	γ/（kN/m^3）	c/kPa	φ/°	f	K/（m/d）	λ	Q_s/kPa	m/（MN/m^4）	C_0/（MN/m^4）	Q_{pk}/kPa	Q_{sik}/kPa
⑤$_1$粗砂	19.5	5	28	0.25	8.00	0.50	80	35	—	—	80
⑥圆砾	21	0	35	0.35	17.8	0.50	135	200	—	—	135
⑥$_1$卵石	21.5	0	38	0.40	24.0	0.75	200	280	—	—	200
⑦粉质黏土	19.5	35	18	0.25	0.02	0.70	85	48	—	—	85
⑧圆砾	21	0	40	0.35	25	0.70	145	248	—	3500	145
⑨粉质黏土	19.9	40	15	0.30	0.011	0.75	95	65	—	1600	95
⑩强风化砾岩	23.5	—	38*	0.35	0.16	0.70	180	180	—	4200	180
⑪中等风化砾岩	24.3	—	55*	0.45	0.11	0.80	400	—	5600	6500	400
⑫中等风化白云岩	26.3	—	60*	0.50	0.21	0.85	560	—	24000	8500	560

注：加*号为岩石抗剪断强度。

3.6 盾构段工程评价

1）盾构段穿越地层

南湖路湘江隧道主要特征表现为：水下、大直径、特殊软岩及浅覆土。两岸隧顶覆土厚度 7～10m，小于洞径 11.30m，穿越段约 90%为砾岩（图 9），掘进时，由于红层砾岩遇水易软化特性，极易粘结在盾构刀盘上及出土仓内，形成“结泥饼”现象，遇强风化岩与中等风化岩突变或软硬相间时，易发生盾构偏位或刀口折断事故。

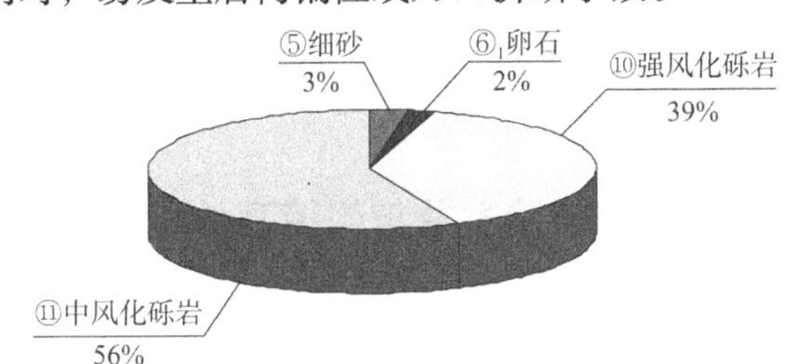

图 9　盾构区间地层分布饼图

（1）盾构施工条件分析

①有利条件

a. 穿越地层以极软岩为主，对盾构较有利。

b. 基岩分布较连续，层位较稳定，便于施工控制。

c. 河床基底相对稳定。

d. 砾岩中砾石含量 60%～65%，粒径较小，多为 2～5cm，便于盾构切割施工。

②不利条件

a. 掘进面普遍松软，盾构机易抬头。

b. 河床冲积的砂砾石，石英质，对刀具磨损较大。

c. 强透水层，与湘江水力联系密切。

d. 砾岩中石英矿物含量 51.7%～54.3%，对刀口有一定磨损。

e. 砾石含量约 60%，石英质矿物含量 51.7%～54.3%，对刀口有一定磨损。

f. 岩层风化不均匀，裂隙发育，可能成为地下水的通道而影响施工。

（2）盾构机的选型

盾构法又分为土压平衡盾构与泥水平衡盾构两大类，其适用条件见表 9，推荐采用泥水平衡盾构。

（3）盾构设计参数

南湖路湘江隧道属浅埋隧道，根据勘察成果、隧道设计参数推荐见表 10。

不同盾构适应条件分析　　**表 9**

项目	土压平衡盾构	泥水平衡盾构
适用地层	能适应黏土、砂土、砂砾、岩石等各种地质。需要向开挖仓中注添加剂，改善渣土的性能，使其成为具有良好塑流性、低的摩擦系数及止水性的渣土	能适应粉质黏土、粉细砂、中粗砂、卵石层、岩层等各种地质。需向开挖仓中注入泥浆，适合开挖面难以稳定、含水砂层、砂粒层、含水率高的地层及隧道上方有水体的场合
主要地层影响	对于砾岩、泥质粉砂岩夹砂岩、页岩开挖破碎可能会有大颗粒渣土，需要考虑螺旋输送机通过粒径能力	对于砾岩、泥质粉砂岩夹砂岩、页岩开挖破碎可能会有大颗粒渣土，排泥管路需要考虑破碎设施
措施	需采用特殊措施	适应性好
结论	较差	较好

长沙市南湖湘江隧道设计参数推荐表　　表 10

地层	承载力特征值	重度	黏聚力	内摩擦角	渗透系数	泊松比	静止侧压力系数	基床系数	弹性模量	单轴抗压强度
	f_{a0}/kPa	γ/（kN/m^3）	c/kPa	φ/°	K/（m/d）	ν	K	K/（MPa/m）	E/（×10^4/MPa）	f_{rk}/MPa
①杂填土	60	19.5	12	8	1.25	0.35	0.54	3.5		
②素填土	70	19.0	10	6	1.20	0.35	0.54	5.0		
③粉质黏土	90	19.2	12	15	0.012	0.35	0.50	5.0		
④粉土	100	18.5	10	12	1.20	0.40	0.67	4.5		
⑤细砂	110	19	5	18	7.5	0.30	0.43	12		
⑤$_1$粗砂	150	19.5	5	28	8.00	0.35	0.54	15		
⑥圆砾	280	21	0	35	17.8	0.28	0.39	25		
⑥$_1$卵石	320	21.5	0	38	24.0	0.25	0.38	50		
⑦粉质黏土	260	19.5	35	18	0.02	0.32	0.30	35		
⑧圆砾	380	21	0	40	25	0.28	0.47	54		
⑨粉质黏土	270	19.9	40	15	0.011	0.28	0.39	45		
⑩强风化砾岩	420	23.5	—	38*	0.16	0.25	0.33	200		4.5
⑪中等风化砾岩	1500	24.3	0.50*	35*	0.11	0.22	0.28	500	1.10	8.8
⑫中等风化白云岩	2800	26.3	1.5*	40*	0.21	0.20	0.25	1750	3.2	37

注：对强风化砾岩，加*号为岩体等代内摩擦角，对中等风化砾岩和中等风化白云岩加*号者为岩石抗剪断强度。

2）盾构施工存在的问题与措施

（1）盾构施工存在的问题

①湘江两岸，取土量不足或超量易引起地表变形过大。

②隧道衬砌支护不当，将产生突涌或坍塌。

③刀具设计不当或加泥加沫设计不合理，将使盾构机刀口磨损过大，并影响进度。

④在 SK1＋050～100 以南约 6.0m 为砾岩岩溶发育区，半充填—未充填，溶洞规模较大，饱水，可能会因岩溶影响而引发突/涌水事故。

（2）盾构施工措施建议

①针对隧址区地质、水文、环境地质条件，制定科学合理的施工组织方案。

②加强对岩溶发育区域的超前预报工作。

③优化掘进参数，控制好推进速度、土舱压力、排土量，维持掌子面的稳定，减少地面变形。

④加强土体改良系统，充分发挥泡沫、膨润土和加泥系统的土体改良作用，减小磨损，提高土体的可排性等。

⑤加强施工监测，根据监测信息指导、调整、优化盾构施工参数。

⑥及时支护和后壁注浆，防止突涌或坍塌的发生。

4　地下水处治措施建议

4.1　东岸盾构始发井与明挖基坑

地下水以人工填土中的上层滞水为主，可采用明沟或水泵抽排措施。

4.2　西岸盾构接收井与明挖基坑

地下水主要为砂、砾石层的孔隙水，含水层厚度 10.0m 左右，水量丰富，受湘江水位影响大。含水层中细粒成分居多，若不采取隔止水措施，地下水的抽降必然会引起管涌、流砂，影响施工质量和大堤安全，建议采用地下连续墙支护与止水。对深度大于 8.00m 的匝道段，宜采用帷幕止水与桩加内支撑支护。

4.3　盾构段地下水的影响与对策

隧道多位于地下水位线下，盾构主要在砾岩中穿越，近西岸漫滩段，部分为土—岩复合地层。

地下水对施工的不良影响主要有：

（1）水-岩相互作用，降低隧道围岩强度和稳定性，工作面发生坍塌，影响刀盘的旋转力矩，降低施工效率。

（2）洞壁坍塌，撑靴反力不足，致使盾构无法正常推进，同时造成管片衬砌装困难，不能及时进行支护作业。

（3）涌水淹灭机体，使设备不能正常工作并危及洞内工作人员生命安全。

措施与对策：

（1）掘进前，采用超前钻探，探测钻孔出水量、水压、涌水点位置等。水量不大、水压小时，可在做好排水系统的情况下继续掘进；若水量较大、水压不减，对特别软弱围岩地段，采用超前注浆堵水处理后再掘进，避免涌水后可能造成掌子面或洞壁坍塌。

（2）掘进后，及时排除工作面的涌水、安装管片衬砌。

（3）对掘进过程中的突（涌）水，涌水量较小时，利用盾构机的排水设备变被动排水为主动排水，继续正常掘进；如涌水量较大，则酌情增加排水设备提高排水能力，或可以采用围岩注浆方法将地下水封堵在洞周外一定范围内。

（4）对于岩溶和断层破碎带发育地段，应加强对涌水量的监测，防止重大突水灾害发生。

5 工作总结与启示

5.1 可行性研究阶段，多方案比选，有效规避了地质风险

在可行性研究勘察阶段，加强了隧址范围内的岩土工程条件分析，前后进行了 5 次专项选址的可行性分析论证，有效地规避了不良地质风险，为隧址方案的最终确定提供了技术支撑。

5.2 勘察方案合理，勘察手段多样

采用了钻探、地质调绘、物探（浅层地震、高密度电法）、取（岩、土、水）试样、原位测试（标准贯入试验、重型动力触探、剪切波速测试、超声波测试、地温测试、电阻率测试、大地导电率测试）、注水试验与压水试验等专项试验，室内土工试验等多种方法，勘察手段多样化，试验方法针对性强。

5.3 勘察技术先进，效果显著

（1）利用钻探孔，同时进行电阻率测井与孔内超声波测试相结合，相互印证，保证了风化分带的准确性，该方法系长沙地区首次综合应用。

（2）通过地震反射法、电测深、电阻率测井及超声波测试等综合物探手段，查明了盾构段的覆盖层厚度、不均匀风化分带情况及岩溶、裂隙（破碎）发育带的情况，推测出 9 条裂隙发育带（图 10）。

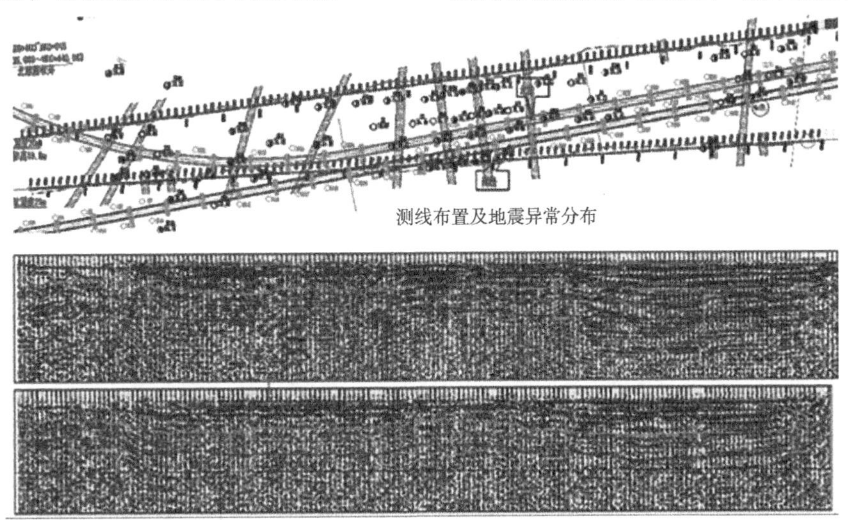

图 10 物探推测的裂隙发育带

（3）在综合物探解译基础上，佐之以钻探验证，圈定了岩溶的分布范围、规模及其特性，明确了岩溶与隧道的空间关系，提出了线路微调以及填堵与注浆补强相结合的岩溶处理措施，为业主所采纳，保证了隧道施工的顺利进行。

（4）通过对红层软岩中黏土矿物及石英砾含量测试与分析，获得了砾岩及砾岩中的砾石抗压强度的总体规律，对盾构段穿越岩/土比例进行了统计分析，为盾构机选型、刀具配置、中途盾构换刀位置的确定提供了科学依据。

（5）通过注水试验、压水试验及室内渗透试验，获取了隧道围岩的渗透系数、透水率。通过对

基坑、隧道及掌子面的涌水量预测与估算，为地下水的处治提供了技术支撑。

（6）根据岩石坚硬程度、结构面特征、结构类型、岩石强度、岩块波速及岩体纵波速度，并考虑围岩特征、岩层产状、地下水、初始应力状态、环境等因素，进行了隧道工程围岩分级与土石方分类。

5.4 勘察报告论证充分、数据可靠、信息量大

（1）多种原位测试手段与钻探、室内试验相结合，相印证。

（2）综合利用浅层地震、电测深、电阻率测井及钻探资料进行风化岩分带与圈定透镜体范围。

（3）重点对软土、松散砂层、砂卵石层、砾岩及砾岩强度的分异性、掌子面软硬不均等进行了分析与研究，为盾构施工、基坑支护、地下水治理提供了依据。

5.5 勘察报告资料齐全、结论明确、建议合理

勘察报告在综合分析的基础上对盾构施工、基坑支护、地基处理、基础选型以及施工可能遇到的岩土工程问题进行了详细的分析、论证，提供了可靠的工程地质依据和岩土参数，结论明确、建议合理，并为设计采纳使用。

5.6 后期服务及时、到位，各参建单位满意

勘察报告提交后，勘察成果通过了专家及施工图机构审查，积极参加了业主、设计或监理单位组织的各项基础及深基坑支护、地基处理论证，无偿提供岩土工程咨询，基础施工时，应通知建设单位或监理，参加现场施工验槽，持力层确认，施工技术方案讨论、疑难工程地质问题的解答与处理，提供了良好的后期服务。施工期间未出现质量和安全事故。

6 工程成果与效益

（1）南湖路湘江隧道属市政府重点工程，是长沙市首条大直径盾构隧道，工程总概算约12.99亿元。2010年12月开工，2011年12月26日盾构机始发，2013年12月25日通车试运行，2015年10月竣工验收。该工程的建成缓解了过江通道的交通压力、完善了城市路网结构，提升了城市品位，具有良好的社会效益。

（2）该工程的岩土工程勘察，具有环境条件特殊、地质水文条件复杂、技术要求高，勘察手段先进多样等特点，借鉴和对比了国内外同类工程勘察方案和方法，总结了一套适合本地区的隧道勘察流程和技术手段，为以后同类工程建设提供较好的指导。

（3）主体工程建成使用至今，隧道运行稳定，未发现异常情况，地基、基础及场地稳定，工程安全，使用正常。

巴基斯坦 PKM 高速公路中段工程勘察综述

陈　峰　闫海涛　徐金龙

（中交第二公路勘察设计研究院有限公司，湖北武汉　430056）

1　项目概况

巴基斯坦 PKM 高速公路中段（苏库尔至木尔坦段）是我国"一带一路"倡议推进取得的重大实质性成果，也是"中巴经济走廊带"最大交通基础设施项目。

项目中段起点为信德省苏库尔市，终点为旁遮普省木尔坦市。全长 392km，双向六车道，设计时速 120km，路基宽度 31.5m，是巴基斯坦首条具有智能交通功能的双向六车道高速公路。路基土石方总量 8330 万 m^3，桥梁 7672m/100 座，涵洞通道 1519 道，互通式立体交叉 11 处，服务区 6 对，休息区 5 对，收费站 23 处，全线设置绿化和智能交通系统，视频监控全覆盖。

该项目于 2016 年 4 月开始勘察外业工作，2016 年 10 月完成勘察外业工作，2017 年 1 月通过巴基斯坦公路局的设计批准。工程于 2019 年 7 月 22 日竣工，比合同工期提前 2 周，并于 2019 年 11 月 5 日全线通车。

2　项目主要工程地质问题及技术难点

项目所在地位于巴基斯坦印度河中游，沿印度河及其支流展布，跨越支流或人工灌渠 90 多处，工程地质、水文地质条件复杂。项目沿线 92km 范围内发育饱和松散砂，厚度 3～12m 不等，饱和松散砂承载力不足，属于软弱地基土。

巴基斯坦国内勘察规范体系相对不健全，通常使用美国规范。而本项目作为中国建设项目，中国标准的推广使用意义影响深远。

项目勘察时，需对巴基斯坦国内常用的各国规范的差异性有充分认识，保证勘察成果能同时满足中国、美国和巴基斯坦勘察规范的技术要求，并能够对技术参数进行合理修正，确保工程质量同时使工程造价处于合理水平。项目的技术难点主要有以下几个方面。

2.1　浅基础承载力计算

中国与美国规范、巴基斯坦规范在浅基础设计、承载力计算等方面存在较大的差异[1]。

（1）浅基础设计原则不同

美国规范、巴基斯坦规范浅基础计算采用 LRFD（Load and Resistance Factor Design），极限状态设计法；中国高速公路采用 ASD（容许应力设计法），承载力计算采用标准组合，分项系数取 1。

根据 AASHTO LRFD 2012 桥梁设计规范[2]，极限状态设计法（LRFD），可解释为荷载抗力分项系数法设计，其设计式是用荷载或荷载效应、材料性能和几何参数的标准值辅以各种分项系数，再加上结构重要性系数来表达。对承载能力极限状态采用荷载效应的基本组合和偶然组合进行设计，对正常使用极限状态按荷载的短期效应组合和长期效应组合进行设计。

（2）承载力计算方法差异

中国高速公路土的承载力的确定，普遍采用的是查表法，根据土的土工试验指标、力学参数，查表得到土的承载力基本容许值；对于构造物的承载力，需根据构造物的尺寸、埋深，得到修正后的承载力基本容许值。

巴基斯坦国无承载力基本容许值的概念，承载力的计算均为理论公式，原位测试手段仅采用标准贯入试验，以其测试值进行理论计算，应用的比较广泛的理论计算公式有：Meyerhof 公式[3]、巴基斯坦经验公式等。

（3）承载力计算结果的差异

相同地质条件，同一地层，巴基斯坦国规范计算得到的承载力较大，中国规范计算得到的承载力较小，巴基斯坦国规范计算得到的承载力达到中国规范计算承载力的 2～4 倍（表 1）。

中国规范得到的土的承载力，源自平板荷载

获奖项目：2020 年中国建筑工程鲁班奖（境外工程），2020 年中国建筑工程詹天佑奖，2021 年湖北省工程勘察一等成果奖，2021 年度工程勘察、建筑设计行业和市政公用工程优秀勘察设计奖三等奖。

试验，得到的承载力考虑的土体的沉降问题；巴基斯坦国规范源自欧美规范，计算得到的结果属于土的极限应力状态下的承载力，未考虑沉降因素，直接采用巴基斯坦国规范计算得到的结果，在较大的荷载作用下，构造物下部的土体虽未发生整体剪切破坏，但沉降值不能满足规范要求。因此，中国规范得到的土的承载力更为合理。

通过平板载荷试验[4-5]得到的浅基础承载力作为地基土承载力的评判标准是项目的技术创新点。平板载荷试验是目前世界各国用以确定浅基础地基承载力的最主要方法，也是比较其他土的原位试验成果的基础。通过平板载荷试验对各种测试结果进行修正，确保了基础资料参数客观准确。平板载荷试验数据分析如图 1～图 3 所示。

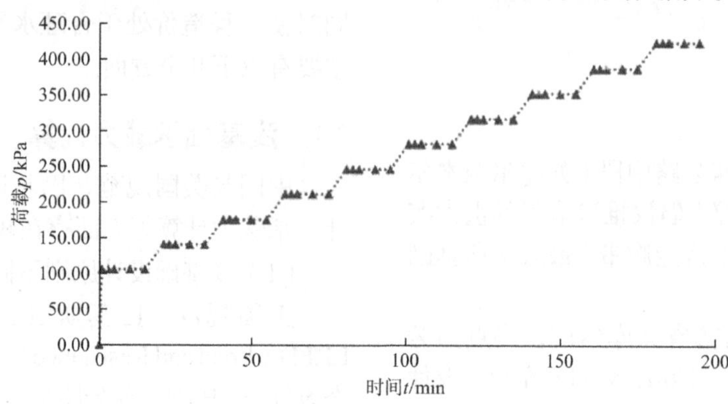

图 1　平板载荷试验p-t曲线

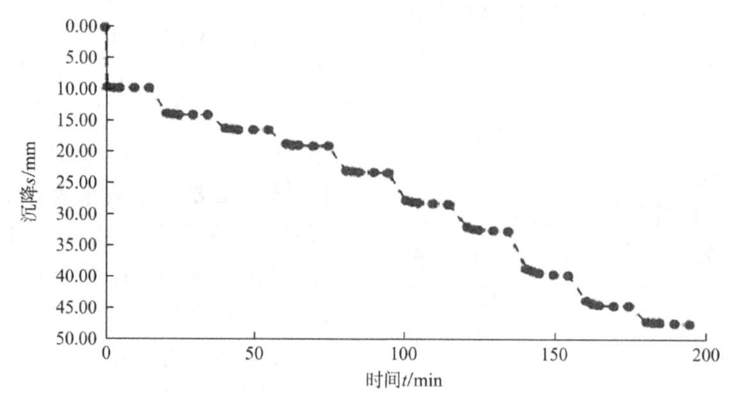

图 2　平板载荷试验s-t曲线

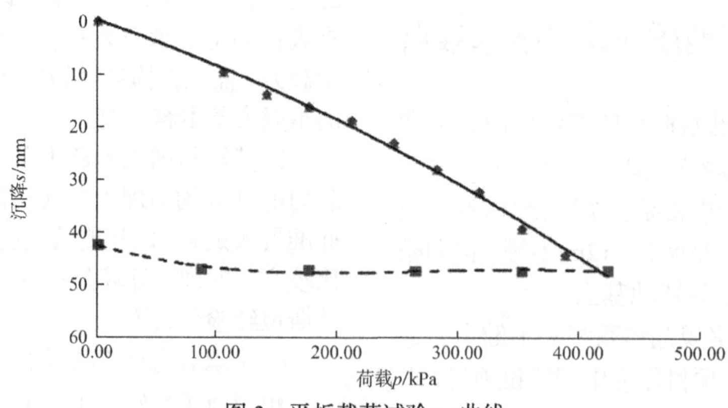

图 3　平板载荷试验p-s曲线

中国、美国、巴基斯坦规范计算得到承载力　　**表 1**

参考规范	土的类型	经验公式/原位测试	承载力基本容许值 f_{ak}/kPa	修正后的承载力 f_a/kPa
中国《公路桥涵地基与基础设计规范》JTG D63—2007	粉土	平板载荷试验p-s曲线对应值	100	100
《Foundation Analysis and Design》(Bowles_5ed)	粉土	Meyerhof 公式	—	409
《Principles of Foundation Engineering》(Braja M1 Das 6th Edition)	粉土	巴基斯坦经验公式	—	202

2.2 桩基承载力计算

（1）桩基设计方法不同

中国桥涵规范采用容许应力设计法 ASD（Allowable Stress Design）。容许应力设计法以线、弹性理论为基础，以构件材料某一点或某一位置的计算应力小于或等于材料的容许应力为准则。

美国桥涵规范采用极限状态设计法 LSDM（limit state design method）。当以整个结构或结构的一部分超过某一特定状态就不能满足设计规定的某一功能要求，则此特定状态称为该功能的极限状态，按此状态进行设计的方法称极限状态设计法。它是针对破坏强度设计法的缺点而改进的工程结构设计法。采用分项系数设计法，各状态下承载力的验算选用对应的荷载组合和相应的分项系数，荷载组合系数在 AASHTO LRFD 2012 规范中给出了相应的取值。

（2）承载力参数指标选取差异

中国桥涵规范参数选取采用查表法，根据不同的桩型、土的类型、土的力学参数、原位测试指标，查表得到土的侧阻力（q_{sik}），详见《公路桥涵地基与基础设计规范》JTG D63—2019[6]表 5.3.3-1、5.3.3-4；桩的端阻力（q_p），或通过查表确定（表 5.3.3-5），或根据埋深、侧阻力等参数计算得到（公式 5.3.3-2）。

美国桥涵规范 AASHTO LRFD（2012 版），对黏性土采用α法，对砂土采用β法，桩的侧阻力（q_s）、端阻力（q_p），均通过计算得到。美国标准所给出的计算公式为强度极限状态下的桩基承载力，正常使用极限状态时，桩基和上部结构整体存在容许的沉降值。因此，依据规范要求，在正常使用极限状态下时，依据强度极限状态计算的承载力并不能充分发挥，桩侧阻力和桩端阻力需要调整。相应的调整系数根据美国标准第 10.8.2.2.2 条之规定的曲线图选用，巴基斯坦工程习惯按桩端沉降允许值 25mm 控制（表 2）。地勘报告应完成此调整。

采用美国桥涵规范计算桩基承载力参数取值

表 2

项目	数值	项目	数值
ϕ_{qs}（砂类土）	0.55	ϕ_{qs}（黏性土）	0.45
ϕ_{qp}（砂类土）	0.50	ϕ_{qp}（黏性土）	0.40
沉降/m	0.025	沉降/m	0.025
桩侧折减系数 ST（砂类土）	0.92	桩侧折减系数 ST（黏性土）	0.85
桩端折减系数 EBT（砂类土）	0.60	桩端折减系数 EBT（黏性土）	0.83
锤击效率 ER	0.78	冲刷深度/m	2.80

（3）地下水位影响

中国桥涵规范，水位变化对黏性土无影响，水位变化对砂土侧阻力无影响，对砂土端阻力影响较大。美国桥涵规范，水位变化对黏性土无影响，水位变化对砂土侧阻力、端阻力影响大。

（4）群桩效应影响

中国桥涵规范，对于单桩承载力计算，不考虑群桩效应。美国桥涵规范，当桩间距较小时，桩侧土和桩端土的塑性区会产生叠加效应，势必减小群桩的承载力，会议要求设计分部对地勘单位所提供的单桩承载力结果需考虑群桩效应，相应的折减系数参照美国标准第 10.8.3.6.3 条之规定取值。设计分部采用地勘报告时，自行调整群桩效应值。

（5）对比结果分析

对比分析采用中国规范、美国规范计算得到的桩长，中国规范计算得到的桩长比同等条件美国规范计算得到桩长为2～3m。依据美国规范 ASTM（D1143）[7-8]在 K595 + 042 短桥处进行桩基荷载试验，由试验结果可知（荷载曲线见图 4），实际沉降量小于设计允许沉降量，桩基承载力、沉降值均满足规范要求。总体而言，在本项目中采用美国规范计算得到桩基承载力是准确的。

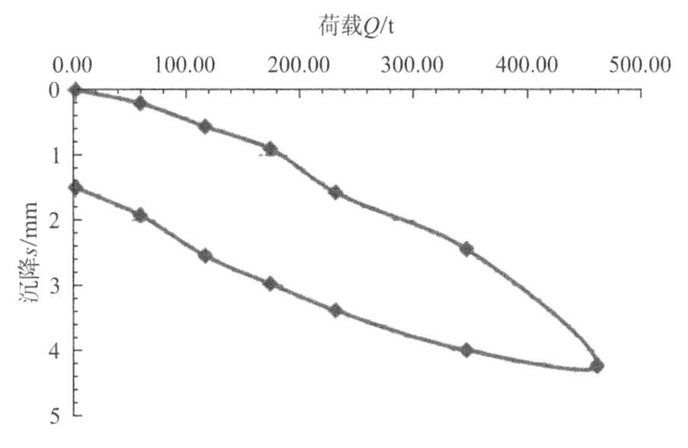

图 4　基桩Q-s曲线

2.3 饱和松散砂处理

项目沿线 92km 范围内发育饱和松散粉砂[9]，厚度 3～12m。根据中国规范，饱和松散粉砂承载力低（不超过 90kPa），不能满足路基、涵洞承载力要求。对于饱和松散砂路基段落的处理方法各国规范存在较大差异，其中中国规范要求更严，承载力、沉降均要满足相关规范要求。对于深厚饱和松散砂段落，一般采用强夯、复合地基等方法对饱和松散砂进行处理，该处理费用巨大。而采用巴基斯坦经验，深厚饱和松散砂段落，仅采用 30cm 的碎石类土对砂土进行换填，无需其他处理。该经验方法未提及堆载预压，但采用此种处理方法的过程达到了堆载预压的效果，只是堆载预压法需要一定的时间。针对巴基斯坦 PKM 项目这一特殊的工程问题，勘察设计团队进行了大量的实地考察和理论研究。

按巴基斯坦经验方法处理饱和松散砂，固结时间决定了整个项目能够顺利完成，如果加载后土的固结周期太长，一方面项目周期不能满足要求，另一方面可能造成地基土的不均匀沉降甚至剪切破坏。

地基土的固结时间与土层厚度、土层渗透系数、土层排水条件等一系列因素有关。工程中常用的是太沙基单向固结理论法，在土层厚度、排水条件基本相同的情况下，土的固结时间主要取决于土的渗透系数，对于粉砂，假定渗透系数$k_v = 6 \times 10^{-4}$cm/s，$H = 20$m，$\gamma_w = 10$kN/m^3，$E_s = 4.5$MPa，按平均竖向固结度为 0.9 考虑，计算得到$\beta = 1.66 \times 10^{-5}$/s，$t = 1.45$d（模型见图 5）。

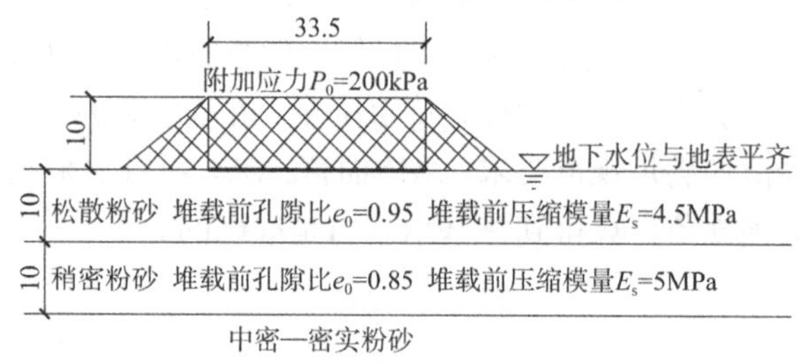

图 5 饱和松散砂理论分析模型

对于不同类型的土，其他条件相同，渗透系数存在差异，按平均竖向固结度为 0.9 考虑，计算时间见表 3。

不同类型土固结时间　　表 3

土体类型	渗透系数/（cm/s）	时间/d
粉砂	6×10^{-4}	1.45
粉土	6×10^{-5}	14.5
黏性土	6×10^{-6}	145

理论结果显示，饱和砂土能够在很短的时间达到预期的固结度。由于项目大面积发育砂土，固结沉降周期短，这也是巴基斯坦地方经验成功的关键。

采用巴基斯坦经验处理深厚饱和松散砂，项目节省工程资金，避免了工程浪费。按理论推导、数值模拟分析[10-11]、对比测试试验分析，得到的结论，填方路堤填筑过程中，无需考虑地基土的承载力，直接堆载即可行。而在工程实践中，往往有一些软弱地基土，在加载过程中直接发生剪切破坏；有一些软弱地基土，出现工后沉降，造成桥头跳车；有一些软弱地基土，出现不均匀沉降，造成路面开裂。而巴基斯坦软弱土路基段落长度大，深厚松散粉砂仅采用堆载预压法处理，处理之后未出现填筑路堤相关的质量问题，项目成功的原因，主要在于巴基斯坦特殊的工程地质条件以及在施工过程中采取的差异性的有效工程措施：

（1）饱和松散砂段落，地表普遍存在厚度约 2m 粉土“硬壳层”，堆载的过程中，“硬壳层”首先承担了主要的荷载，随着荷载的增加，“硬壳层”下部粉砂力学性质逐渐增强。在施工期间，严控各级荷载[12]的增加量、固结时间[13]，保证了路基填筑过程中未发生剪切破坏。

（2）“硬壳层”下部的粉砂层比较均匀，渗透系数高，固结沉降完成周期短，因此路基填筑后，未出现不均匀沉降，未发生显著工后沉降。

（3）施工期间，加载中注意做好排水，设排水通道，24h 不间断抽水，保证了有效时间内路基土达到预期的固结度。

理论知识是在限定的条件下归纳分析总结得到的普遍真理，项目是复杂的、特殊的，理论在项目实践中能否得到合理的应用，取决于解决问题的方法与理论限定的条件是否匹配。实践工作不能盲目地借鉴其他项目经验，而是应在对理论知识理解透彻的基础上，针对工程项目特殊性，采取有差异性的工程措施。

3 项目技术创新点

勘察技术团队通过技术创新来解决项目中存在的工程问题和技术问题，创新点如下：

（1）融合多国勘察规范，合理修正，确保工程质量同时使工程造价处于合理水平。

勘察技术人员先后采用美国、巴基斯坦和中国规范对桥梁桩基承载力、浅基础承载力、砂土液化评判等技术问题进行分析计算，并对三个国家规范的差异性进行了研究，对不同国家勘察标准得到的技术参数进行合理修正，多国规范合理应用、融合使用。

（2）引进中国检测规范，通过对比测试试验证其适用性和可靠性，有效推进中国标准在海外项目中的应用。

巴基斯坦无静力触探、轻型动探等原位测试

相关的规范，无使用这些原位测试的经验及经验公式。勘察技术团队充分考虑了技术成果在施工中应用的适宜性，引进《建筑地基检测技术规范》JGJ 340—2015[14]，选取多个试验场地，进行静力触探、轻型动探、标准贯入三种原位测试的对比试验，将原位测试结果与平板荷载试验结果进行对比，确定三种原位测试方法在本项目的适宜性。对比测试结果通过平板载荷试验对测试结果进行校正，试验结果表明该检测规范在本项目的适宜性较好。在项目的勘察、设计、施工阶段采用中国的检测规范，推进中国标准在海外项目中的推广。

（3）利用无人机航测新技术，缩短了测量外业周期，并可辅助地质调查，提高勘察的质量和效率。

巴基斯坦气温普遍较高，安全形势严峻，缺少必要的基础控制资料及地形图资料。航空摄影测量是国内公路勘测项目普遍采用的方式，技术已经十分成熟，但是出于安全及其他因素考虑，禁止PKM项目开展有人驾驶飞机的航空摄影，本项目的一大难题就是领空权的申请及航空摄影的实施。项目部通过技术攻关，解决了控制测量缺少足够的高等级起算点的问题，通过无人机航飞及像机畸变改正、GNSS像主点参与空三解算、Smart3D和INPHO相结合的空三加密方式较常规航测方式野外像控点布设数量的十分之一，大大减少了外业工作量，降低了外业安防压力，在本次测绘期间未发生任何安全事故。本项目392km航测从外业实施航飞到交图仅用时25d，无人机航拍不仅缩短了测绘工期，也为地质勘察调绘提供了位置信息和影像照片。通过无人机航拍照片可以宏观掌握路线地形地貌特征，辅助地质调查，减少了外业周期，提高了作业效率。

4 总结

PKM高速公路是“一带一路”沿线重点工程，是巴基斯坦南北交通大动脉，也是中巴友好合作的典型示范工程。项目建成后将极大改善巴基斯坦国交通状况，直接带动沿线地区的社会经济发展，造福巴基斯坦人民。项目实施以来，受到中国和巴基斯坦主流媒体广泛关注和报道。

该项目勘察设计理念先进，勘察设计成果质量高，保证了质量，方便了施工，降低了工程造价，创造了较好的社会、经济、安全环保效益。通过多个国家勘察标准合理应用、融合使用、平板载荷试验的实施、中国的检测规范的引进、无人机航拍技术的使用等技术创新，有效解决项目中存在的工程问题和技术难点，提高了工作效率，为项目提前竣工打下了坚实的基础。项目完工至今运营情况良好，得到了业主及当地政府、人民的高度评价，被巴基斯坦媒体誉为当地等级最高、通行体验最好的高速公路。

参考文献

[1] 陈峰，徐金龙. 原位测试在巴基斯坦 PKM 高速公路浅基础承载力设计中的应用研究[J]. 路基工程, 2018, 9: 115-119.

[2] The AASHTO LRFD Bridge Design Specifications, Sixth Edition[M]. American Association of State Highway and Transportration Officials, 2012.

[3] Bowles. Foundation Analysis and Design[M]. INTERNATIONAL EDITION, 1997.

[4] 李国辉. 平板荷载试验在确定地基承载力时的应用[J]. 内蒙古科技与经济, 2013(3): 107-108.

[5] 《工程地质手册》编委会. 工程地质手册[M]. 5版. 北京：中国建筑工业出版社, 2018.

[6] 交通运输部. 公路桥涵地基与基础设计规范：JTG 3363—2019[S]. 北京：人民交通出版社, 2020.

[7] ASTM D1143-07, Standard Test Methods for Deep Foundations Under Static Axial Compressive Load [M], American Society for Testing and Materials, 2007.

[8] 陈峰，游亿财，李翔. 巴基斯坦冲积平原区PKM高速公路桥梁桩基承载力的计算分析[J]. 路基工程, 2018(9): 44-47.

[9] 陈峰，赵威，徐金龙. 巴基斯坦经验处理PKM高速公路深厚饱和松散砂理论解析[J]. 中外公路, 2021(10): 165-168.

[10] 唐辉明，晏鄂川，等. 工程地质数值模拟的理论与方法[M]. 武汉：中国地质大学出版社, 2001.

[11] 王元汉，李丽娟，李银平. 有限元基础与程序设计[M]. 广州：华南理工大学出版社, 2001.

[12] 戚惠峰，毛健智，李义成，等. 吹填砂地基排水板堆载预压加固效果三维有限元分析[J]. 结构工程师, 2019(8): 181-189.

[13] 叶朝良，谢玉芳，曹风旭，等. 饱和状态下海积软土一维渗透固结特征试验研究[J]. 铁路标准设计, 2021(3): 28-33.

[14] 住房和城乡建设部. 建筑地基检测技术规范：JGJ 340—2015[S]. 北京：中国建筑工业出版社, 2015.

海南琼海博鳌机场二期建设工程飞行区工程岩土工程勘察实录

袁厚海　谢书领　王　影　谢群政

（海南有色工程勘察设计院，海南海口　570206）

1　工程概况

1.1　工程简介

博鳌机场一期工程于 2015 年 3 月动工，已于 2016 年博鳌亚洲论坛前正式启用，但由于一期工程跑道长度限制不能起降 E 类飞机，为适应博鳌论坛发展“一地办会”、促进地方旅游业和经济发展、提升海南省及琼海的综合交通、加强国防建设的需要，迫切需要启动博鳌机场二期扩建工程。

二期建设工程总占地面积 126.8 万 m^2，拟建内容主要分为跑滑系统和站坪等，跑滑系统主要包括现状跑道延长 600m，新建两条平行滑行道，新建两条端联络道，扩建垂直联络道 F、G，新建两条快速出口滑行道，站坪主要包括新建北停机坪，新建南停机坪，维修机位，专机位，隔离机位等，以达到跑道长度 3200m，飞行区等级 4E，干线机场。

拟建项目组成详见表 1，项目地理位置详见图 1。

项目组成一览表　　表 1

项目内容		规模
跑滑系统	跑道	沿现状跑道向西北延长 600m，即尺寸 3200m × 45m，道肩宽 7.5m
	平行滑行道	新建两条平行滑行道，即两端各设置一条平行滑行道，与中部现状局部平行滑行道结合，即尺寸 3200m × 45mm，道肩宽 10.5m，与跑道间距为 182.5m，以形成全长平行滑行道
	端联络道	新建两条端联络道，即延长后跑道南北两端各设置一条端联络道
	垂直联络道	现状垂直联络道 F、G 距跑道南端分别为 636m、1410m，二期对其扩宽或调整增补面，使其满足 E 类运行标准。垂直联络道 F 可作主降方向 E 类飞机脱离跑道，垂直联络道 G 可用 C 类飞机脱离跑道
	快速出口滑行道	新建两条快速出口滑行道，分别为主降方向快速出口滑行道、次降方向快速出口滑行道，距跑道南端分别为 1250m、1950m
停机坪	新建北停机坪	站坪尺寸为 453m × 136.5m，机坪可布置 10 个 C 类自滑进出停机位。可兼作 E 类停机坪，满足 5 架 E 类飞机停放及运行，运行方式为自滑进，顶推出。所有停放飞机满足平行滑行道独立运行的要求
	新建南停机坪	站坪呈 L 形布置，尺寸为：南北向最长 568.8m，东西向最长 354m，分为公务机区、小型通用飞机区和直升机区三个部分。公务机区设有 40 个公务机停机位：34 个公务机位按 C 类标准建设，6 个按 B 类标准建设；小型通用飞机区设有 13 个 B 类小型通用飞行停机位；直升机区设有 15 个直升机位：4 个最大可满足 AW139 型直升机停放需求，11 个最大可满足 R44 型直升机停放需求。公务机位和通用机位均采用自滑进顶推出的运行方式，直升机位均允许同时悬停转弯
维修机位		位于在新建南停机坪东部，机库前新建 5 个维修机位，其中 3 个直升机位和 2 个公务机位
专机位		机坪尺寸为 118m × 76.5mm，位于在消防救援站门前，新建一个 E 类专机位，也可满足 2 个 C 类飞机同时停放，均采用自滑进顶推出的运行方式
隔离机位		位于新建平行滑行道北端，新建一个 E 类隔离机位，满足 E 类型及以下各机型的使用
现状南机坪机位调整		将道面尺寸向东增加 7m，机位布置由原来的 14 个 B 类机位调整为 9 个 C 类机位
净空区		位于北端导向台北侧，VOR 台南侧，面积约 56.5 万 m^2
取土场		位于北端导向台北侧约 2km，面积约 4.1 万 m^2，初步设计标高 57.6～61.2m

获奖项目：2021 年度工程勘察、建筑设计行业和市政公用工程优秀勘察设计奖三等奖。

图1 项目地理位置示意

根据《民用机场勘测规范》MH/T 5025—2011第3.1.3条及附录A，场地的复杂程度为二级场地（中等场地），地基等级为二级，飞行区指标为E，综合确定本次岩土工程勘察等级为甲级。

1.2 勘察工作布置及施工情况

本次勘察飞行区勘探点主要沿建（构）筑物布置，勘探点布置符合《民用机场勘测规范》MH/T 5025—2011和勘察任务书的要求，共布置钻孔295个，其中控制性钻孔146个，设计孔深20m，一般性钻孔149个，设计孔深15m；随勘探工作深入，为了探明软土界限、站坪填方边坡地质情况，新增钻孔127个，设计孔深10～20m。钻探孔深控制原则：在设计孔深范围内遇到中等风化岩层，一般性钻孔进入中等风化岩层1.0～2.0m，控制性钻孔进入中等风化岩层不少于3.0m，如在设计孔深范围内遇淤泥等软弱土层，钻孔深度进入下部良好土层不少于8.0m。

现场野外钻探及原位测试工作于2016年4月18日—2016年8月8日进行，野外使用11台XY-1型工程钻机，采用搭建水上钻探平台、回转钻进、泥浆护壁、全孔取芯的施工工艺，现场采取土、水样并室内试验，并选取代表性土料进行特定试验：①CBR试验，测得不同密实度下的承载比，评定土基及路面材料承载能力的指标；②重型击实试验，测得最大干密度和最优含水率，作为控制土方施工的依据；③平板载荷试验，准确取得承载力特征值，并计算出变形模量、压缩模量等；④压缩-固结试验，得出不同压力段下水平固结系数、垂直固结系数和综合e-p曲线图；⑤室内膨胀性试验，测得自由膨胀率，并评价土层的膨胀性及膨胀潜势；⑥软土UU试验及渗透试验、边坡工程区开挖土层固结快剪、砂土标准贯入法液化判别、强风化岩层重型动力触探试验等。

2 岩土工程条件

2.1 区域地质构造

本区位于东西向昌江—琼海构造带南侧，由于受区域构造影响，区内以次一级断裂构造发育为主要特征。

（1）东西向断裂

昌江—琼海构造带位于场址北部约10km处，该构造带至少形成于燕山期。燕山早期，控制了EW向盆地的形成及花岗岩的侵位；燕山晚期，表现为压扭性活动特征，切割下志留统陀烈组和下白垩统鹿母湾组。它不同程度地控制着本区地形、地貌、不同时期岩体的建造类型和水系的发展，同时控制着本区的水文地质特征。

（2）北西向断裂

官塘地区NW向断裂（龙波—翰林断裂）较为发育，而NE向构造痕迹未见出露。NW向断裂密集发育，呈带状分布，具多期活动，早期表现为石英脉充填，晚期活动导致石英脉破碎，形成硅化破碎带。该断裂带且有多处温泉出露，该温泉的形成可能与NW向断裂有关。其区域地质见图2。

2.2 地形地貌

拟建工程扩建区域主要位于现状机场用地东侧，山体地势起伏较缓，地形波状起伏；区内植被丰富，主要为槟榔树、橡胶树、荔枝树等，靠山体外侧有条南北贯穿水沟，地势较低的农田多被水淹没而形成水塘，北端有条东西向灌溉水渠，勘察过程中对水塘、水沟进行了分布调查；部分飞行区工程扩建区域位于现状机场用地范围内，已经整平，标高为10.11～12.16m。各地貌划分表见表2。

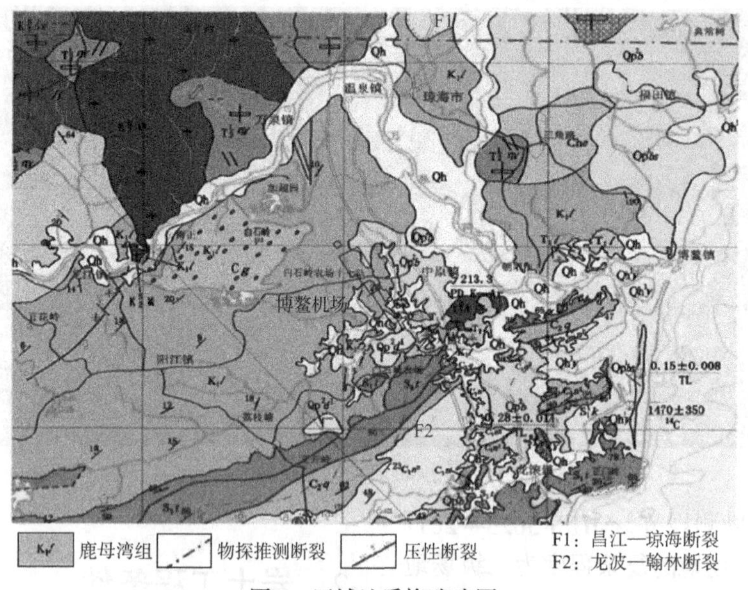

图 2　区域地质构造略图

地貌划分表　　　　**表 2**

工程分区	地势	场地高程/m	地貌单元
跑道延长线	平坦	11.50～13.19	剥蚀平原
南停机坪	西北角较高 其余平坦低洼	3.15～15.43	河流一级阶地 局部剥蚀平原
北停机坪	西北角较高 其余平坦低洼	6.80～15.81	河流一级阶地 局部剥蚀平原
飞行区、滑行道、联络道等	地势均较平坦	—	北：剥蚀平原 南：河流一级阶地
净空区	北高南低 东西低中间高	19.25～34.80	剥蚀平原

2.3　工程地质条件

根据野外钻探揭露地层工程地质编录、原位测试并结合室内土工试验成果，本次钻探最大揭露深度范围内揭示的地层从上至下可划分为 20 个工程地质单元层（图 3、表 3），从上至下分别描述如下：

①耕植土（Q_4^{ml}）：灰褐色，湿—稍湿，松散，主要由黏性土、砂组成，含较多植物根系。该层主要分布于现状机场用地周边区域。

①$_1$ 素填土（Q_4^{ml}）：灰黄、棕红色，压实，主要填料为砂岩风化残积土、全风化砂岩及坡积粉质黏土，经分层碾压，钻探岩芯呈土柱状，岩芯成形度较好。该层主要分布于现状机场用地范围内。

①$_2$ 素填土（Q_4^{ml}）：紫红、灰黄、棕红色，松散，主要填料为砂岩风化残积土、全风化砂岩及坡积粉质黏土，含水率较高，钻探岩芯成形度较差，堆积年限少于 3 年，属欠固结土。该层主要分布于跑道延长段、平行滑行道区域。

②粉质黏土（Q_4^{al+pl}）：灰黄色，可塑，切面光滑，干强度中等，韧性中等，无摇震反应。该层主要分布于新建南停机坪、新建北停机坪区域。

③淤泥质粉质黏土（Q_4^{h}）：灰黑色，流塑—软塑，味臭，含较多腐殖质，切面光滑，干强度中等，韧性中等，无摇震反应。该层主要分布于垂直联络道 F、新建南停机坪、新建北停机坪、隔离机位区域。

③$_1$ 粉砂（Q_4^{al+pl}）：灰、灰白色，饱和，松散，主要矿物成分为石英、长石等，亚圆状，分选性好，级配差，含少量黏性土。该层主要分布于新建南停机坪、新建北停机坪、隔离机位区域。

③$_2$ 粗砂（Q_4^{al+pl}）：灰、灰白色，饱和，松散—稍密，主要矿物成分为石英、长石等，亚圆状，分选性差，级配差，含少量黏性土。该层主要分布于新建南停机坪、新建北停机坪、隔离机位区域。

④粉质黏土（Q_4^{dl}）：灰黄、灰白夹斑点红、棕红色，可塑—硬塑，石英含量 15%左右，韧性中等，干强度较高，坡积成因。该层主要分布于新建南停机坪西北角、平行滑行道、隔离机位、净空区、采土场等靠山区域。

⑤粉质黏土（Q^{el}）：紫红色，可塑—硬塑，手捏砂感较强，含少量角砾，韧性中等，干强度中等，为砂岩风化残积土。该层全场地均有揭露，分布不连续。

⑤1 粉质黏土（Q^{el}）：棕红、艳红色，可塑—硬塑，手捏砂感较弱，韧性中等，干强度中等，为粉砂质泥岩风化残积土，具有弱膨胀性。该层在新建南停机坪、新建北停机坪零星有揭露。

⑤2 粉质黏土（Q^{el}）：棕红、灰黄色，可塑—硬塑，砂含量不均匀，局部无砂感，性质变化较大，韧性中等，干强度中等，为长石砂岩风化残积土。该层在隔离机位及其附近有揭露。

⑥全风化砂岩（K11）：紫红色，硬塑—坚硬状，沉积碎屑结构，土状构造，主要矿物成分为由石英、长石、泥质和铁质等组成，风化严重，基本已风化成黏土矿物，稍具原岩结构，残余强度，岩芯呈土柱状。该层全场地均有揭露，分布不连续。

⑥1 全风化粉砂质泥岩（K11）：红色，硬塑状，主要矿物成分为石英、长石、泥质和铁质等组成，风化严重，稍具原岩结构，岩芯呈硬土角砾夹黏土状，具有弱膨胀性。该层仅在新建南停机坪零星有揭露。

⑥2 全风化长石砂岩（K11）：灰黄、灰白色，主要矿物成分为石英、长石等组成，风化严重，稍具原岩结构，岩芯呈硬土角砾夹黏土状。该层仅在隔离机位及其取土场、净空区有揭露。

⑦强风化砂岩（K11）：紫红色，沉积碎屑结构，碎块状构造，主要矿物成分为石英、长石、泥质和铁质等组成，节理裂隙极发育，岩体极破碎，岩芯呈碎块夹硬土状钻进响声较大，岩体基本质量等级为Ⅴ级，属极软岩。该层全场地均有揭露，分布不连续。

⑦1 强风化粉砂质泥岩（K11）：红色，沉积碎屑结构，中细粒构造，主要矿物成分为石英和少量长石等，碎屑颗粒呈棱角状—次棱角状，分选性中等，颗粒间由泥质、绢云母和铁质等胶结，节理裂隙极发育，岩芯呈碎块状，含少量风化黏性土，岩体基本质量等级为Ⅴ级，属极软岩。该层仅在新建南停机坪零星有揭露。

⑦2 强风化长石砂岩（K11）：灰黄、灰白色，沉积碎屑结构，中细粒构造，主要矿物成分为石英和长石等，碎屑颗粒呈棱角状—次棱角状，分选性中等，节理裂隙极发育，岩芯呈碎块状，含少量风化黏性土，岩体基本质量等级为Ⅴ级，属极软岩。该层仅在隔离机位及取土场、净空区有揭露。

⑧中等风化砂岩（K11）：紫红色，沉积碎屑结构，块状构造，主要矿物成分为石英、长石、泥质和铁质等组成，碎屑颗粒呈棱角状—次棱角状，分布不均匀，颗粒间由泥质和铁质等胶结，节理裂隙发育，裂隙以高倾角为主，岩芯呈块状—短柱状，岩体较破碎，岩体基本质量等级为Ⅲ—Ⅳ级，属较软岩—较硬岩。该层全场地均有分布。

⑧1 中等风化粉砂质泥岩（K11）：紫红色，沉积碎屑结构，块状构造，主要矿物成分为石英和少量长石等，碎屑颗粒呈棱角状—次棱角状，分选性中等，颗粒间由泥质、绢云母和铁质等胶结，节理裂隙发育，岩芯呈块状—短柱状，岩体极破碎—较破碎，岩体基本质量等级为Ⅳ级，属软岩。该层仅在新建南停机坪零星有揭露。

⑧2 中等风化长石砂岩（K11）：青灰、灰黄、灰白色，沉积碎屑结构，块状构造，主要矿物成分为石英和少量长石等，碎屑颗粒呈棱角状—次棱角状，分选性中等，节理裂隙发育，岩芯呈块状—短柱状，岩体较破碎，岩体基本质量等级为Ⅲ级，属较硬岩。该层仅在隔离机位及取土场、净空区有揭露。

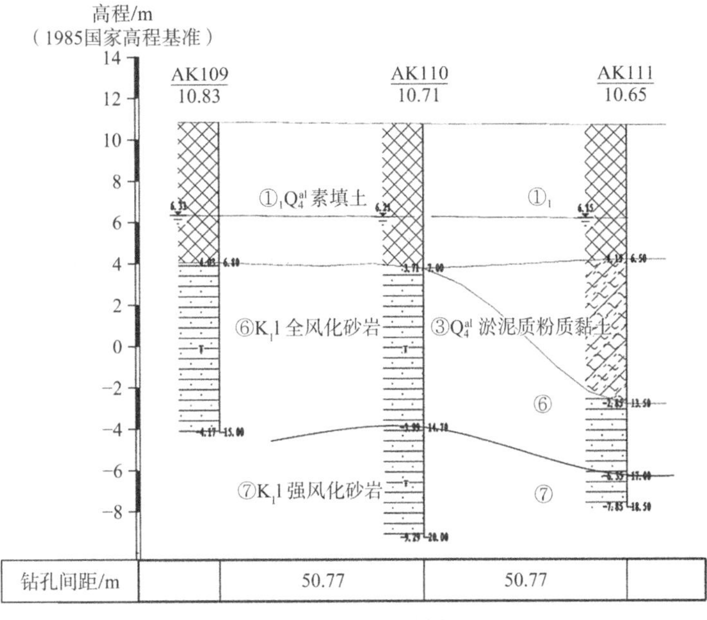

图 3　典型工程地质剖面图

地基岩土参数建议值 **表 3**

地层编号		岩土名称	时代成因	状态	承载力特征值 f_{ak}/kPa	天然重度γ/（kN/m^3）	压缩模量 E_{s1-2}/MPa	岩石饱和单轴抗压强度标准值 f_{rk}/MPa	混凝土预制桩桩侧土极限侧阻力标准值q_{sik}/kPa	混凝土预制桩桩端土极限端阻力标准值q_{pk}/kPa	负摩阻力系数	土石工程分级	土石类别
①	①	耕植土	Q_4^{ml}	松散								Ⅰ	松土
	①$_1$	素填土	Q_4^{ml}	压密	130	19.5	5.4					Ⅲ	硬土
	①$_2$	素填土	Q_4^{ml}	松散	70	19.5						Ⅰ	松土
②	②	粉质黏土	Q_4^{al+pl}	可塑	130	19.0	5.9		55		0.30	Ⅰ	松土
③	③	淤泥质粉质黏土	Q^h	流塑—软塑	70	17.5	1.9		30		0.25	Ⅰ	松土
	③$_1$	粉砂	Q_4^{al+pl}	松散	100	18.5	3.5		22		0.40	Ⅰ	松土
	③$_2$	粗砂	Q_4^{al+pl}	松散—稍密	130	19.0	7.5		55			Ⅰ	松土
④	④	粉质黏土	Q_4^{dl}	可塑—硬塑	180	18.9	5.9		60			Ⅰ	松土
⑤	⑤	粉质黏土	Q^{el}	可塑—硬塑	180	19.1	6.0		65			Ⅱ～Ⅲ	普通土
	⑤$_1$	粉质黏土	Q^{el}	可塑—硬塑	180	17.5	5.8		60			Ⅱ～Ⅲ	普通土
	⑤$_2$	粉质黏土	Q^{el}	可塑—硬塑	160	19.7	6.4		65			Ⅱ～Ⅲ	普通土
⑥	⑥	全风化砂岩	K11	硬塑—坚硬	250	19.7	6.9		90	2600		Ⅲ	硬土
	⑥$_1$	全风化粉砂质泥岩	K11	硬塑—坚硬	200	17.6	5.7		75	2000		Ⅲ	硬土
	⑥$_2$	全风化长石砂岩	K11	硬塑—坚硬	250	19.8	6.3		90	2600		Ⅲ	硬土
⑦	⑦	强风化砂岩	K11	极软岩，极破碎	400	21.0	35		160	6000		Ⅳ	软石
	⑦$_1$	强风化粉砂质泥岩	K11	极软岩，极破碎	300	21.0	30		120	4500		Ⅳ	软石
	⑦$_2$	强风化长石砂岩	K11	极软岩，极破碎	400	21.0	35		160	6000		Ⅳ	软石
⑧	⑧	中等风化砂岩	K11	软岩—较软岩，较破碎	$f_a = 1500$	22.0		11.26				Ⅴ	次坚石
	⑧$_1$	中等风化粉砂质泥岩	K11	软岩，较破碎	$f_a = 1000$	22.0		5.05				Ⅳ	软石
	⑧$_2$	中等风化长石砂岩	K11	较软岩，较破碎	$f_a = 1500$	22.0		11.20				Ⅴ	次坚石

2.4 水文地质条件

场地内地表水主要分布于水塘、水沟等 29 处低洼地，据调查，最大水深约 3.0m，塘底多为泥，部分为干塘，为植被覆盖。

地下水主要赋存于第四系全新统松散堆积地层及风化岩及其残积土中，属孔隙—裂隙型潜水，富水性及透水性变化大，主要补给来源为大气降水入渗，局部区域与鱼塘、河水水力联系密切，排泄方式主要为大气蒸发及地下径流。地下水受地形条件、大气降雨影响明显，勘察期间测得钻孔中地下水稳定水位埋深和高程详见表 4。参考场地范围内水井的水文调查，场地地下水水位高程呈北高南低，地下水总体自南向北流，根据水文地质资料表明，区域水位变幅约为 2.0m。

地下水情况表 **表 4**

工程分区	含水层	水位埋深/m	水位高程/m
跑道延长段	⑥全风化砂岩、⑥$_2$全风化长石砂岩、⑦$_2$强风化长石砂岩、⑧$_2$中等风化长石砂岩	1.7～6.4	9.58～14.43
新建南停机坪	④粉质黏土、⑤粉质黏土及全—中等风化岩层	0.3～7.1	5.00～6.81
新建北停机坪	⑤粉质黏土、⑤$_1$粉质黏土及全—中等风化岩层	0.1～6.5	6.33～8.41
其他滑行道联络道等	④粉质黏土、⑤粉质黏土及全—中等风化岩层	0.2～11.2	5.56～16.64
净空区	⑤$_2$粉质黏土及全—中等风化岩层	2.0～7.1	17.11～30.79

本次勘察在各个工程地质分区均采取水土腐蚀样，并进行了水化学分析，判定场地地下水对混凝土结构具微腐蚀性，对钢筋混凝土结构中的钢筋具微腐蚀性；地表水对混凝土结构具弱腐蚀性，对钢筋混凝土结构中的钢筋具微腐蚀性；场地土对混凝土结构具微腐蚀性，对钢筋混凝土结构中的钢筋具微腐蚀性。

2.5　工程地质分区

在场地工程地质调绘基础上，结合现场钻探揭露、区域地质构造、地貌类型和岩（土）体特征分析评价，将拟建场地划分成 4 个工程地质分区及 1 个工程地质亚区：河道、水溏淤积软土工程地质区（Ⅰ）、河流阶地冲洪积饱和液化砂土工程地质区（Ⅱ）、松散填土工程地质区（$Ⅱ_1$）、河流阶地冲洪积一般土工程地质区（Ⅲ）、剥蚀平原坚硬土工程地质区（Ⅳ）。其地质分区图见图 4。

3　抗震设计条件

3.1　抗震设防

根据《中国地震动参数区划图》GB 18306—2015 及《建筑抗震设计规范》GB 50011—2010（2016 局部修订稿），拟建场地位于抗震设防烈度 7 度区，设计基本地震加速度值 0.10g，设计地震分组为第二组。

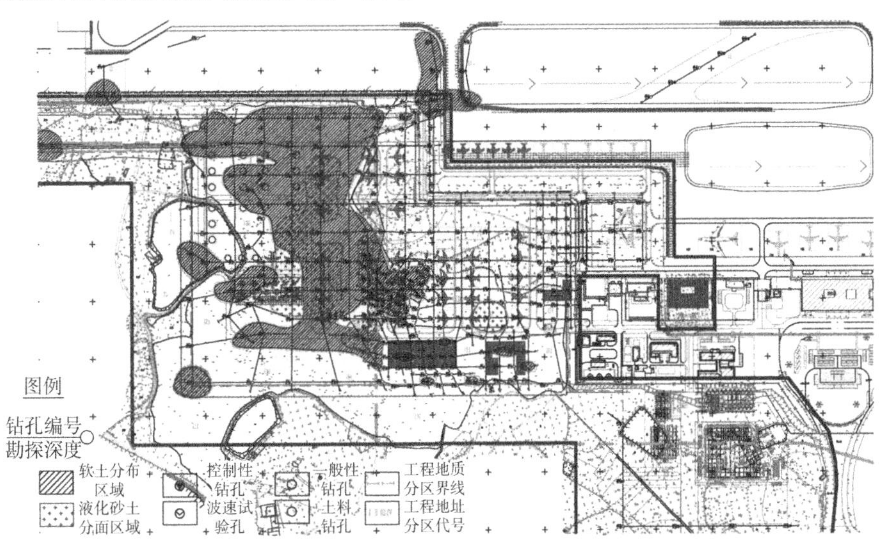

图 4　工程地质分区图

3.2　场地类别

根据场地实测波速成果及《建筑抗震设计规范》GB 50011—2010 第 4.1.3～4.1.5 条有关规定，计算土层的等效剪切波速值 $186.5\text{m/s} \leqslant V_s \leqslant 320.9\text{m/s}$，覆盖层厚度为 $13.5\text{m} \leqslant d \leqslant 25.1\text{m}$，根据《建筑抗震设计规范》GB 50011—2010 第 4.1.6 条，划分飞行区场地类别为Ⅱ类。

3.3　液化判别及软土震陷

场地 20m 深度范围内存在饱和砂土层$③_1$粉砂和$③_2$粗砂，均属第四系全新世地层，根据《建筑抗震设计规范》GB 50011—2010 第 4.3.3 条划分，初判$③_1$粉砂和$③_2$粗砂为可能液化。根据《建筑抗震设计规范》GB 50011—2010 的有关公式，采用标准贯入试验进一步判别，$③_2$粗砂不会发生液化，$③_1$粉砂会发生液化，钻孔液化指数 2.01～14.39，地基液化等级为轻微—中等，综合评定场地地基土液化等级为中等液化。

根据《岩土工程勘察规范》GB 50021—2001（2009 年版）第 5.7.11 条条文说明及表 5.5 有关规定，③淤泥质粉质黏土剪切波速为 $124 \leqslant V_s \leqslant 132\text{m/s}$，均大于 90m/s，但承载力特征值小于 80kPa，判定震陷性。

4　岩土工程问题分析与评价

4.1　场地稳定性和适宜性

拟建建筑场地除局部分布有软弱土层③淤泥质粉质黏土、大厚度人工填土、饱和液化砂层$③_1$粉砂外，场地附近未发现有不利于工程建设的滑坡、崩塌、泥石流、地面沉降、地裂缝、全新活动断裂等不良地质，也未发现滨沟、墓穴、防空洞等对工程不利的埋藏物，现状开挖形成边坡稳定，场地稳定，但局部软弱土层、饱和液化砂层地基稳定性较差，经相应处理后，基本适宜进行本工程建设。

4.2 地基处理方案

4.2.1 填土

此次勘察揭露填土可分为①耕植土、①$_1$素填土、①$_2$素填土，①耕植土：松散，主要由黏性土、砂组成，含较多植物根系，厚度0.3～1.8m，平均厚度0.64m，建议清表用作绿化区覆土；①$_1$素填土，压实，主要由砂岩风化残积土及坡积粉质黏土组成，厚度0.5～8.5m，平均厚度2.81m，按土面区、边坡影响稳定区压实标准填筑，压实度不能满足道槽区压实度要求，建议冲击碾压或夯实，或采取CFG桩、振冲碎石桩处理；①$_2$素填土，松散，主要由砂岩风化残积土及坡积粉质黏土组成，厚度0.4～4.4m，平均厚度1.22m，建议冲击碾压或夯实或采取振冲碎石桩处理。

4.2.2 软弱土

③淤泥质粉质黏土该层主要分布于垂直联络道F、新建南停机坪、新建北停机坪、隔离机位区域，多为河流两侧山洼地段，地势较低，排泄条件不良，水草发育，长期浸水呈饱和状态，分布厚度0.6～11.0m，平均厚度3.4m。该层土天然含水率大，孔隙比大，透水性能低，压缩性高，抗剪强度低，性质不均匀，且具有震陷性，建议采用地基处理消除其不利影响。分布埋深较浅，层厚较薄，建议采取换填处理，埋深较深、清除存在一定困难时，建议采用水泥土搅拌桩或混凝土预制桩进行地基处理，以全风化岩层或强风化岩层为桩端持力层或强夯置换地基加固。设计施工采用了混凝土预制桩复合地基方案，经现场检测和工程运行证明方案安全可靠。

4.2.3 液化砂土

③$_1$粉砂主要分布于新建北停机坪，该层含较多黏土或淤泥质土，工程性能差，变形参数较小，液化程度中等，需地基处理以部分消除或全部消除其液化性。根据《民用机场岩土工程设计规范》MH/T 5027—2013第8.4.2条，地基液化等级为中等时，滑行道、站坪位置应“道基顶面以下不小于2m范围内全部消除液化沉陷”，上覆非液化土+土石方工程填土层厚度为3.7～5.8m（已扣除软土厚度），已满足规范的地基处理要求，故可不采取地基处理措施。

4.2.4 膨胀岩土

本工程场地形地貌以剥蚀平原为主，地层多为可塑—硬塑状态坡积土、砂岩风化土，根据试验结果，场地土仅⑤$_1$粉质黏土（粉砂质泥岩风化残积土）、⑥$_1$全风化粉砂质泥岩层具弱膨胀潜势，其他土层则呈无膨胀性或仅少量试样具弱膨胀潜势，根据现场调查，本项目周边的新开挖边坡、路堑未见坍塌现场，砂岩风化残积土及全风化岩层未见光滑镜面，未见灰白、灰绿色黏土，同时周边民用建筑的基础持力层均为上述的残坡积土，无论是瓦房或框架楼房，未见较明显的膨胀裂纹，总体分析，除⑤$_1$粉质黏土（粉砂质泥岩风化残积土）、⑥$_1$全风化粉砂质泥岩层具弱膨胀潜势，其余残坡积土层、全风化岩层均无膨胀性。

由于跑道、站坪等位置的重要性，不允许出现膨胀土地基对道面的不良影响，膨胀土不宜直接作为槽底持力层，参考《公路路基设计规范》JTG D30—2015中第7.8.2条及7.8.3条高速公路等级的处理原则，对本工程道槽区地基进行处理，需保证膨胀土地基上覆非膨胀性土层厚度应至少大于大气急剧影响深度，且膨胀土地基上覆非膨胀土厚度应大于根据土层膨胀力所换算的土柱高度。

膨胀土地基处理建议采用换填法。换填深度除应满足以上规范条款外，根据当地大气影响深度为3.5m，大气急剧影响深度一般为大气影响深度的45%，即为1.6m。因此处理深度与道面结构层厚度之和应不小于1.6m。

4.3 土石方工程

结合飞行区设计标高，飞行区主要挖方地段为平行滑行道北段、跑道北端、隔离机位区域，主要填方地段为新建南停机坪、新建北停机坪，场地最大挖方深度为约12m，最大填筑高度约为7m，挖方区土石方比例约为9：1，石料极少，应考虑外运。且受到地形的影响，为了保障飞机起飞和着陆的安全，需对净空区进行挖填平衡。另外北端导向台设有取土场，可满足飞行区填方部分需要。结合各层的岩土工程特性，提出各土层挖填建议见表5。

挖方区岩土工程处理及填方区土料建议表　　表5

土层名称	工程特性	建议
①耕植土	分布较广，含较多植物根系，工程性质差	可作绿化区填料
$①_2$素填土	开挖及平整场地所形成，松散，主要成分为砂岩风化残积土及坡积粉质黏土	可作填筑土料
③淤泥质粉质黏土	物理力学性质差，土质不均匀，承载力低，属欠固结土	作弃土清除
$③_2$粗砂	零星分布，局部含泥，为冲洪积土层	可作飞行区土面区、工作区填料
④粉质黏土	天然含水率平均值为27.4%，最优含水率平均值为13.0%	经翻晒、压实后，密实度和强度得会有较大提高，是较好的填筑土料，可作道面影响区、填方边坡稳定影响区
⑤粉质黏土	可塑—硬塑	经翻晒、压实后，密实度和强度得会有较大提高，是较好的填筑土料，可作道面影响区、填方边坡稳定影响区
$⑤_1$粉质黏土	零星分布，具弱膨胀潜势	作弃土清除
⑤2粉质黏土	天然含水率平均值为27.4%，最优含水率平均值为13.2%	经翻晒、压实后，密实度和强度得会有较大提高，是较好的填筑土料，可作道面影响区、填方边坡稳定影响区
⑥全风化砂岩	天然含水率平均值为24.6%，最优含水率平均值为13.4%	经压实后，密实度和强度得会有较大提高，是较好的填筑土料，可作道面影响区、填方边坡稳定影响区
$⑥_2$全风化长石砂岩	硬塑—坚硬，工程性质较好	可作填筑土料
⑦强风化砂岩	岩体极破碎，呈碎块夹硬土状，少量呈短柱状	可作填筑（土）石料
$⑦_2$强风化长石砂岩	岩体极破碎，呈碎块夹硬土状，少量呈短柱状	可作填筑（土）石料
⑧中等风化砂岩	岩体较破碎，呈短柱状，少量呈长柱状	可作填筑石料
$⑧_2$中等风化长石砂岩	岩体较破碎，呈短柱状，少量呈长柱状	可作填筑石料

5　结语

民用机场工程勘察，除遵循一般岩土工程勘察原则，还应满足机场建设的特殊要求，机场一般由跑道、联络滑行道、停机坪等单项工程组成，跑道是重点对象，虽与公路类似，但由于大型飞机的荷载及冲击力较大，对地基要求更高。此次勘察主要有以下成果：

（1）查明了不良地质作用及不利地质条件，并提出防治措施，并通过特定测试提供了地基土层的分布情况及设计施工所需要的计算与检验指标。

（2）飞行区挖方区域进行土石材料性质及土石比勘察，并划分了土、石等级和类别，且对净空区土石方挖填、取土场进行了评价。

（3）通过工程地质测绘与调查，并结合勘察揭露情况、区域地质构造、地貌类型和岩（土）体特征等，将拟建场地划分成4个工程地质分区及1个工程地质亚区：河流阶地淤积软土工程地质区（Ⅰ）、河流阶地冲洪积饱和液化砂土工程地质区（Ⅱ）、松散填土工程地质区（$Ⅱ_1$）、河流阶地冲洪积一般土工程地质区（Ⅲ）、剥蚀平原坚硬土工程地质区（Ⅳ）。

（4）项目重难点为新建南停机坪，该区地势低、全积水，大部分地段分布有淤泥质粉质黏土及饱和液化粉砂层，工程性质较差，下部为风化岩层，工程性能较好，且地基土回填范围、高度均较大。地基处理原则：浅部软弱土层清表换填、分层冲击碾压至设计标高，局部较深软弱土层采用混凝土预制桩复合地基处理方案，极大地缩短了工期，保证了工程按时交付使用。

现场基础施工基本遵循岩土工程勘察报告建议，实施效果良好。综合说明项目勘察方法有效，对场地的工程地质条件、水文地质条件评价适当，特别是基础方案、边坡支护方案、土石方工程等分析全面，特殊性土针对性强且处理明确，通过后期基础工程检测、主体结构监测等成果指标，验证了勘察提供的相关设计计算参数的准确性与可靠性，达到的预期的效果，满足了工程建设的需要。

银川至龙邦国家高速公路贵州境惠水至罗甸（黔桂界）青冈至红水河段工程地质勘察实录

田学军　廖廷周　李春峰

（贵州省交通规划勘察设计研究院股份有限公司，贵州贵阳　550081）

1　工程概况

“银川至龙邦国家高速公路贵州境惠水至罗甸（黔桂界）”是国家高速公路网调整规划中银川至龙邦通道的重要组成部分，同时也是《贵州省高速公路网规划》中“四纵”崇溪河—罗甸高速公路的南段。项目路线起于惠水城南龙田寨，与贵阳至惠水高速公路终点顺接，终点为省界红水河中心。全线采用四车道高速公路标准建设，其中惠水至罗甸段设计速度 100km/h，路基宽度 26.0m；罗甸至省界段设计速度 80km/h，路基宽度 24.5m。

第二设计合同段为青冈至红水河段，起于罗杉乡青岗村，止于红水河中心（黔桂交界），路线全长 68.122km。

合同段两阶段主要勘察工点见表 1。

主要勘察工点表　　**表 1**

序号	项目	单位	施工阶段	施工图设计阶段	备注
1	特大桥	座	5（斜拉桥 1 座、刚构桥 1 座）	5（斜拉桥 1 座、刚构桥 1 座）	勘察工点
2	大中桥	座	67	67	
3	隧道	座	22	22	
4	路基	段	29	29	
5	服务区	处	3	—	
6	收费站	处	8	—	
7	停车区	处	4	—	
8	服务区码头工程	处	2	—	
9	合计		140 个工点	123 个工点	

2　线路工程地质条件

2.1　地形地貌

项目地处贵州高原南部，地势北高南低，海拔一般在 400～900m，局部地段达 1100m，相对高差 50～300m。地形地貌复杂，以侵蚀—剥蚀型低山地貌为主、局部为岩溶地貌。

2.2　气象水文

气象：区内属亚热带湿润季风气候，年均日照时数 1350～1520h，年平均日照时数 1507.4h，年平均气温 19.6℃，极端最高为 40.5℃，极端最低为 −3.5℃，年平均降雨量为 1200mm，最大年降雨量 1623.4mm，最小年降雨量为 781.2mm，年无霜期 340 天。多年平均河水温度 21℃，极端最高河水温度 30℃，极端最低河水温度 10℃。极大风速 24m/s，多年平均风 0.7m/s。

水文：属珠江流域红水河水系。有红水河、涟江、三岔河等支流。

2.3　地质构造、地震

地质构造：场区属扬子准台地—黔南台陷—贵定南北向构造变形区。褶皱、挠曲发育，断层破碎带胶结较差，为非活动断裂。

地震：地震动反应谱特征周期为 0.35s，地震动峰值加速度为 0.05g，场区地震基本烈度为Ⅵ度，场地稳定。

获奖项目：2022 年贵州省优秀工程勘察设计行业奖一等奖，2021 年贵州省土木建筑工程科技创新奖二等奖，2021 年度工程勘察、建筑设计行业和市政公用工程优秀勘察设计奖工程勘察二等奖。

2.4 地层岩性

出露地层为第四系、三叠系、二叠系、石炭系。以碎屑岩类等非可溶岩为主，占出露岩层的 80%，其次为碳酸盐岩、辉绿岩等。辉绿岩分布于沟亭及峨坝附近，呈带状分布。

2.5 水文地质

根据地层岩性及其组合特征、地下水赋存条件、水理性质和水力特征，区内地下水类型分为第四系松散层孔隙水、碳酸盐岩岩溶水和基岩裂隙水。

（1）松散岩类裂隙水：第四系松散层零星分布于山间洼地、坡麓及谷地，成因类型主要为第四系冲洪积、残坡积层，分布厚度小，表现较分散。该类地下水受大气降水影响较大，具季节性，干旱时含水极少或不含水，水量贫乏。

（2）碎屑岩类基岩裂隙水：主要赋存于碎屑岩中，岩性为泥岩、泥质粉砂岩，不均匀的赋存于风化带网状裂隙，风化裂隙是该类地下水的主要赋存场所和运动通道，该类地下水顶托作用明显，多具上层。

（3）滞水特征，多呈近源分散排泄的特点，径流途径短，动态随季节变化明显。

（4）碳酸盐岩类岩溶水：岩性以灰岩等可溶性岩石为主，溶洞、溶蚀裂隙、溶孔是其主要的富存空间，节理、裂隙、溶洞暗河其主要的运动通道，具有富水性强、含水性不均一、规律性差、变化较大的特点。

3 典型工程地质特征

西部山区高速公路地形地貌、地质构造复杂、多变，不良地质现象突出，导致山区高速公路勘察、设计难度大，需要考虑的因素多，影响线路选线，惠罗高速公路典型的工程地质特征如下：

（1）地形地貌复杂，项目地处贵州高原南部，地势北高南低，海拔一般在 400～900m 之间，局部地段达 1100m，相对高差 50～300m。场区以侵蚀—剥蚀型低山地貌为主、局部为岩溶地貌。

（2）地质构造复杂，场区属扬子准台地—黔南台陷—贵定南北向构造变形区，拟建线位经过床井穹窿、冗里穹窿褶皱。断裂构造有边阳断层、罗甸至边外断层，断层破碎带宽度一般在 5～15m，胶结大多较差。路线多次穿越断层、皱褶发育区，部分路段位于断层、褶皱影响带范围（如涟江特大桥）。

（3）地层岩性复杂，沿线出露地层为第四系、三叠系、二叠系、石炭系。以碎屑岩类等非可溶岩为主，占出露岩层的 80%，其次为碳酸盐岩、辉绿岩等。辉绿岩分布于沟亭及峨坝附近，呈带状分布。

（4）不良地质突出，主要不良地质表现为岩溶、堆积体、滑坡、潜在失稳边坡。不良地质及特殊性岩土的分布将很大程度上增加了公路勘察设计的难度。

4 典型工点勘察方案的实施

针对沿线工程地质特点，分别对深切峡谷大跨径桥梁地质勘察[1-2]、堆积体综合勘察方案[3]、桥位断层综合勘察方案和岩溶路基综合勘察方案[4]的实施进行阐述。

4.1 深切峡谷大跨径桥梁地质勘察及岸坡稳定性评价

红水河特大桥是全线控制性工程，横跨红水河“U”形峡谷。桥梁全长 956m，主跨 508m，塔高 195.1m，是世界上首座非对称混合式叠合梁斜拉桥（图 1、图 2）。

图 1　红水河特大桥桥位全貌

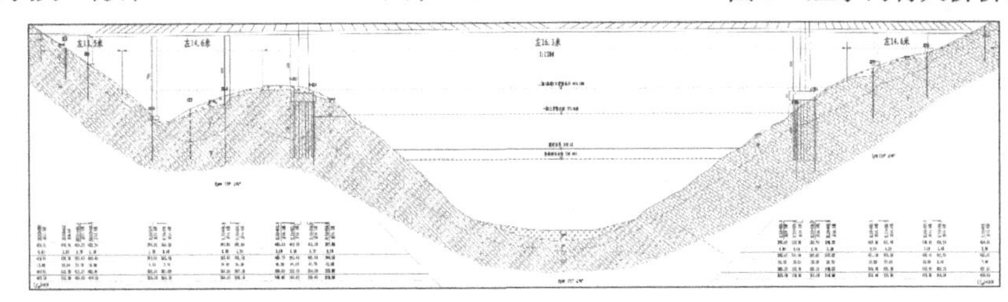

图 2　红水河特大桥工程地质纵断面图

1）勘察方法

该桥勘察过程中采用了工程地质调绘、钻探、水文地质试验、钻孔电视、跨孔 CT、声波测试、取样试验等综合勘探方法，现场勘察工作见图 3。

图 3　红水河特大桥勘察现场

2）主要勘察结果

（1）贵州岸

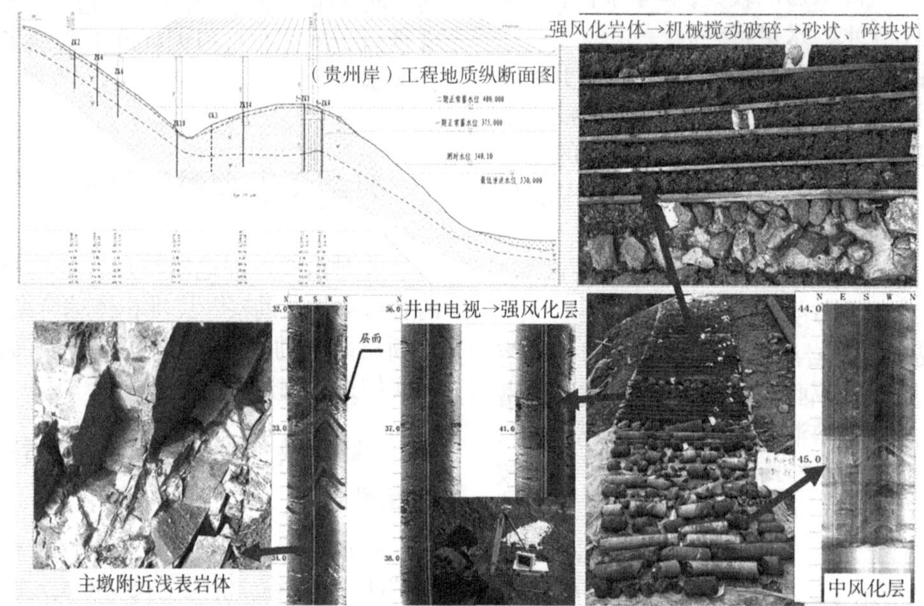

图 4　红水河特大桥贵州岸地质情况

水文试验范围 m	渗透系数值 /(cm/s)	岩体特性	试验方法
0～15	5×10^{-3}	中裂隙、微透水	钻孔降水头注水试验
15～30	3.8×10^{-4}	弱裂隙、不透水	钻孔降水头注水试验
30以下	8.9×10^{-5}	微裂隙、不透水	提桶抽水试验

水文地质试验目的：岩体渗透性系数→判断岩体节理裂隙发育程度。

提水试验

参数	硅质泥岩夹泥岩（强风化）		硅质泥岩夹泥岩（中风化）		灰岩夹粉砂质泥岩（强风化）		灰岩夹粉砂质泥岩（中风化）	
	岩体	岩样	岩体	岩样	岩体	岩样	岩体	岩样
平均波速 Vp/（m/s）	1906～2308	3679	4032	4957	3776	—	4690	5578
完整系数K_v	0.27～0.39		0.66		—		0.71	

钻孔声波测试目的：判断岩体完整性。

声波测试

岩性	物理力学指标	标准值	软化系数Is	备注
强风化硅质泥岩	单轴天然抗压强度（MPa）	10.664	0.85	不软化
	单轴饱和抗压强度（MPa）	9.059		
中风化硅质泥岩	单轴饱和抗压强度（MPa）	39.8	初勘样品（2012-8-12日芯样）	时隔157天
	单轴饱和抗压强度（MPa）	44.7	详勘样品（2013-1-5日芯样）	

取样试验目的：确定岩体强度、软化系数。

强风化硅质岩岩块

室内试验

图 5　红水河特大桥贵州岸岩体试验参数

试验表明，贵州岸岩体为不软化岩石，且5号主墩外侧纵向岸坡岩层倾角陡于自然坡面，无陡变地形及临空面，岸坡整体稳定；但因强风化层浅表岩体节理裂隙较发育，受水位周期性涨落影响，局部会产生浅表层溜坍，见图6。

（2）广西岸

广西岸岩性为灰岩夹粉砂质泥岩，中风化连续完整，岩溶不发育。纵坡为切向坡，岩层倾向坡内，无不利临空面，抗风化和抗侵蚀能力强，广西岸岸坡现状见图7。

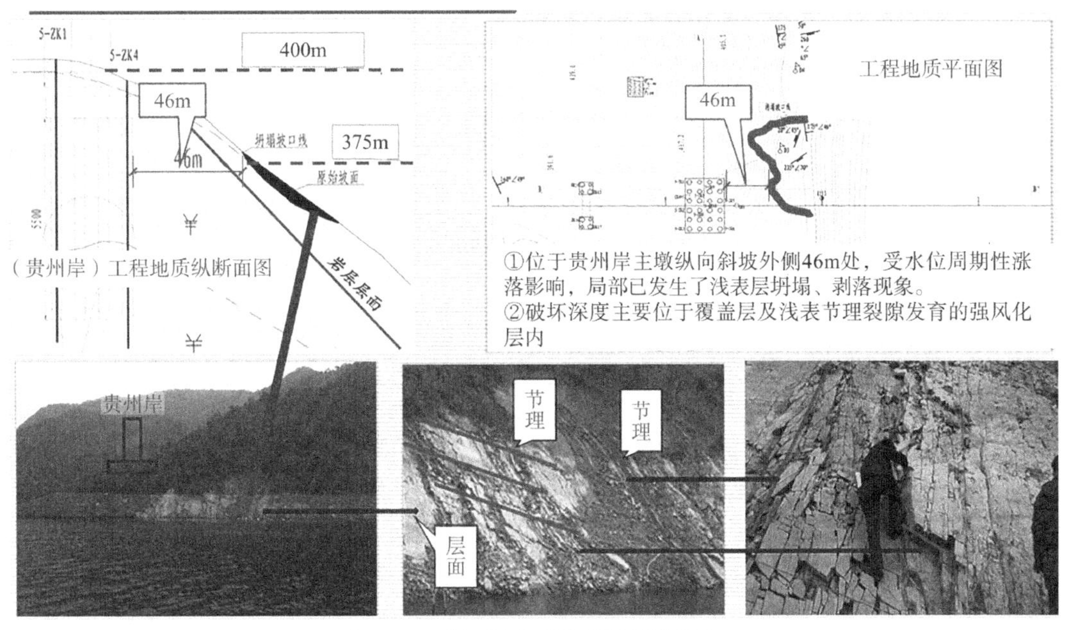

图6　红水河特大桥贵州岸岸坡照片

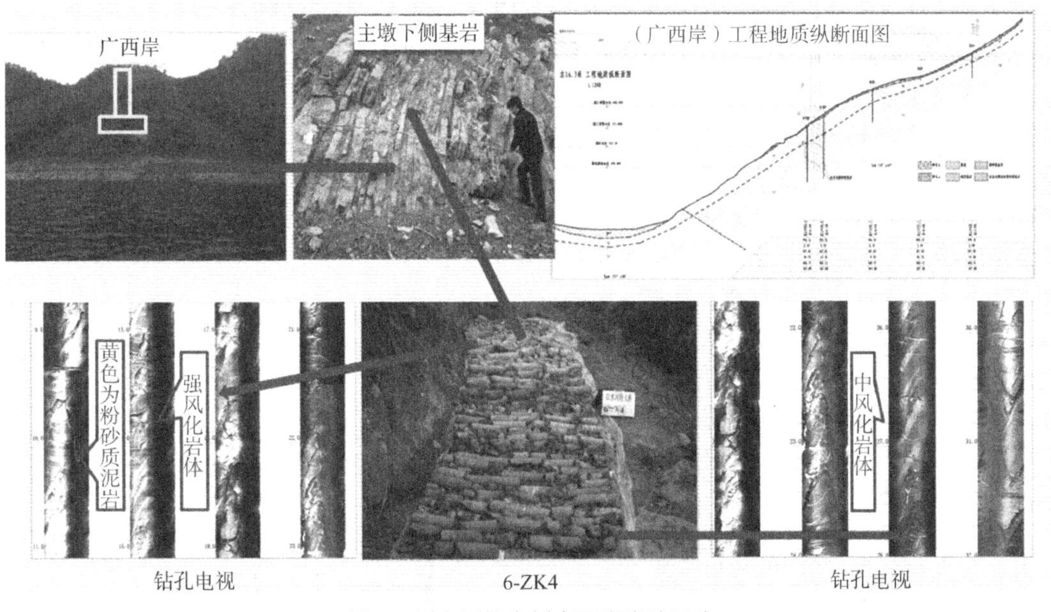

图7　红水河特大桥广西岸岸坡照片

3）岸坡稳定评价

针对主跨508m岸坡进行了评价计算，按岸坡自重＋桥梁荷载工况＋一期水位（375m）≥1.35、岸坡自重＋桥梁荷载＋地震作用（拟静力法）＋一期水位（375m）≥1.10、岸坡自重＋桥梁荷载＋二期库容水位（400m）≥1.35、岸坡自重＋桥梁荷载＋地震荷载（拟静力法）＋二期库容水位（400m）≥0.35、岸坡自重＋桥梁荷载＋泄洪水位（330m）≥1.35、岸坡自重＋桥梁荷载＋地震作用＋泄洪水位（330m）≥1.10的安全控制标准，在不同工况下岸坡稳定情况见表2和表3。

贵州岸各种工况计算结果一览表　　表 2

工况	稳定性系数			控制标准
	Bishop	Janbu	Ordinary	
工况一：岸坡自重＋桥梁荷载工况＋一期库容水位（375m）	1.71	1.56	1.60	1.35
工况二：岸坡自重＋桥梁荷载＋地震作用（拟静力法）＋一期库容水位（375m）	1.61	1.47	1.51	1.10
工况三：岸坡自重＋桥梁荷载＋二期库容水位（400m）	1.72	1.57	1.61	1.35
工况四：岸坡自重＋桥梁荷载＋地震作用（拟静力法）＋二期库容水位（400m）	1.62	1.48	1.52	1.10
工况五：岸坡自重＋桥梁荷载＋泄洪水位（330m）	1.84	1.69	1.74	1.35
工况六：岸坡自重＋桥梁荷载＋地震作用（拟静力法）＋泄洪水位（330m）	1.71	1.57	1.61	1.10

广西岸各种工况计算结果一览表　　表 3

工况	稳定性系数			控制标准
	Bishop	Janbu	Ordinary	
工况一：岸坡自重＋桥梁荷载工况＋一期库容水位（375m）	2.23	2.07	2.10	1.35
工况二：岸坡自重＋桥梁荷载＋地震作用（拟静力法）＋一期库容水位（375m）	2.05	1.88	1.93	1.10
工况三：岸坡自重＋桥梁荷载＋二期库容水位（400m）	2.29	2.12	2.18	1.35
工况四：岸坡自重＋桥梁荷载＋地震作用（拟静力法）＋二期库容水位（400m）	2.10	1.93	2.00	1.10
工况五：岸坡自重＋桥梁荷载＋泄洪水位（90m）	2.32	2.15	2.16	1.35
工况六：岸坡自重＋桥梁荷载＋地震作用（拟静力法）＋泄洪水位（90m）	2.14	1.96	1.99	1.10

从表 2 和表 3 可以看出，贵州岸和广西岸主墩横坡在 6 种工况条件下的稳定性均满足控制标准。

4）勘察结论及建议

（1）场区无不良地质分布，下伏基岩完整连续，场地稳定，适宜建桥。

（2）贵州岸 5 号主墩外侧纵向岸坡为顺向陡倾边坡，岩层倾角陡于自然坡面，无陡变地形及临空面，岸坡整体稳定；但覆盖层及强风化层浅表岩体节理裂隙较发育，受水位周期性涨落影响，局部会产生浅表层溜坍，建议在 5 号主墩邻水一侧进行帷幕注浆、坡面采用混凝土砌块封闭。

（3）群桩承台基坑边坡开挖较高，强风化层较厚，开挖临空后受雨水冲刷及水位周期性涨落影响易坍塌，应加强支护处理。

（4）广西岸岸坡为切向（内倾）边坡，坡体稳定，下伏基岩无溶蚀现象，灰岩完整连续。

5）解决关键技术问题

（1）采用综合勘察技术手段，得出了岸坡破坏模式及各控制性结构面的抗剪参数。

（2）采用工程地质分析、刚体极限平衡法、数值模拟对岸坡稳定性进行了专题研究分析，得出了各种工况条件下安全系数。

（3）根据岸坡评价结论，贵州岸坡主墩临水侧边坡建议采用混凝土砌体封闭，混凝土砌块抗风浪能力强，确保了桥梁安全。

4.2 堆积体综合勘察与评价技术

朗桃Ⅰ号大桥主要是为跨越深谷而设，大桥为分幅桥，左幅长 212m；右幅长 212m。桥梁上部结构为 5×40m T 梁，下部构造为双柱式墩、桩基础，重力式 U 形桥台、扩大基础。桥型布置见图 8。

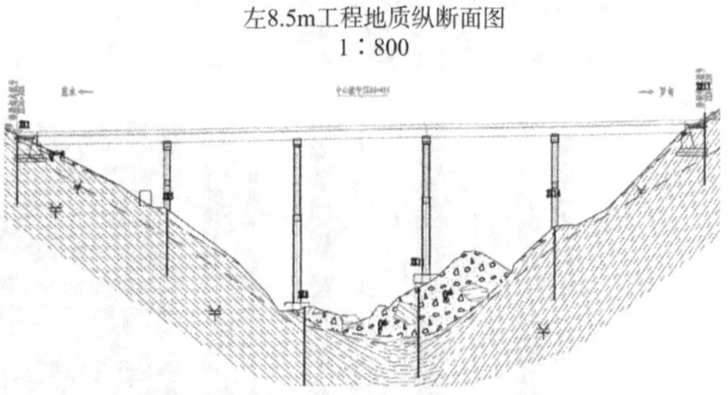

左8.5m工程地质纵断面图
1：800

图 8　朗桃Ⅰ号大桥左幅断面图

1）勘察方法

该桥勘察采用了工程地质调绘、钻探、原位测试及室内试验等手段。现场勘察工作见图 9 和图 10。重点查明了桥区堆积体的分布范围、厚度及稳定性。

2）主要勘察成果

桥区不良地质为堆积体，位于桥位 YK86＋374～YK86＋507 左 64～右 218m，由粉砂质泥岩块石、碎石及粉质黏土组成的堆积层块石土，其成因为上部山体岩土风化剥蚀后，长期搬运坡积而成，结构密实，稍湿。该堆积层宽约104m，长约242m，厚15～36.1m。

桥位左侧冲沟为龙滩电站二期正常蓄水位400m回水区，堆积体前缘高约27m处于400m水位以下，其桥梁左右幅2号、3号墩均位于堆积体前缘内，受库容水位涨落影响，堆积体前缘易发生坍塌失稳。该坡体前缘自然坡度35°～42°，中上部自然坡度 10°～20°，经计算天然状态下边坡最小稳定性系数$K = 1.05$，整体稳定性系数$K = 2.22$；最高水位状态时边坡最小稳定性系数$K = 0.731$，潜在滑动面位于坡体前缘，需要治理。工程地质横断面见图9。

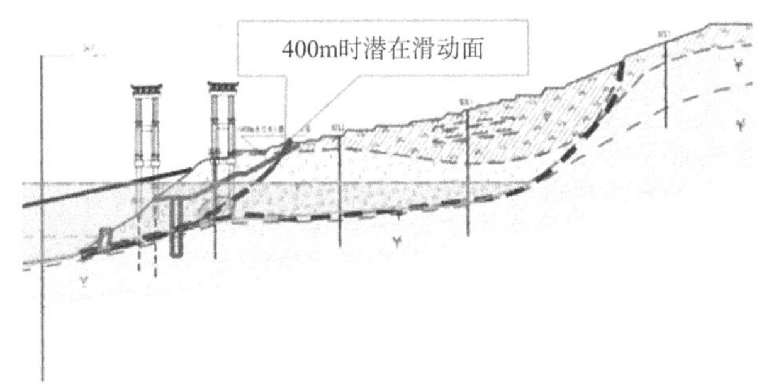

图9　工程地质横断面

3）勘察结论及建议

（1）桥区有堆积体分布，厚度较大，现状稳定，受电站二期正常蓄水位 400m 涨落影响易坍塌，经过处理后可以建桥。

（2）桥位从堆积体前缘通过，堆积体受电站二期（拟建）正常蓄水位400m影响前缘易发生坍塌失稳，建议在前缘采用中风化块片石抛石反压或清方＋抗滑支挡处理，同时加强防排水措施。

（3）当采用反压方案时应充分考虑岩体受水浸泡后易软化的影响，必须严格控制填方及填料质量；当采用抗滑桩支挡方案时，应将抗滑桩嵌于中风化完整基岩内。

4）解决关键技术问题

本次勘察采用了工程地质测绘和调查、原位测试、钻探及室内试验等综合手段，对堆积体工程地质问题进行分析评价，并充分考虑堆积体对工程建设可能带来的不利影响，提出了合理、经济的施工及处治建议，支撑了桥梁方案，取得了良好的经济效益。

4.3　桥位断层综合勘察与评价技术

涟江特大桥为分幅桥，左幅长 639.10m；右幅长 637.1m；桥梁上部 6×40m 先简支后结构连续 T 梁＋96m＋180m＋108m 预应力混凝土连续刚构。

图10　涟江特大桥全貌

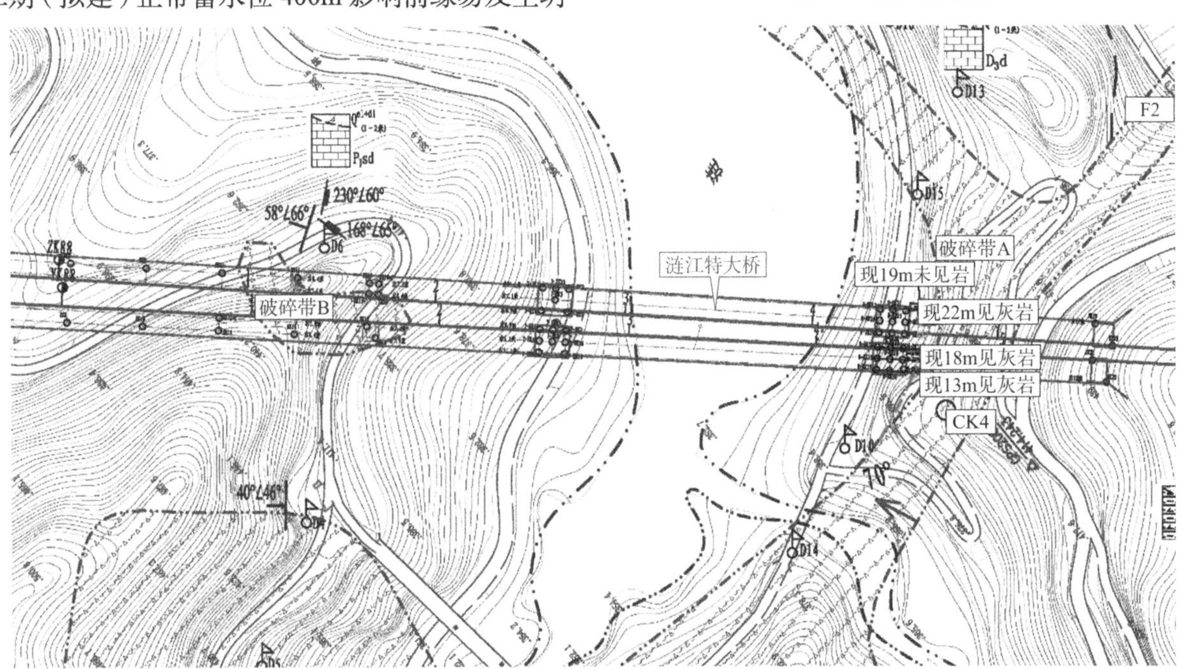

图11　涟江特大桥工程地质平面图

1）勘察方法

该桥采用工程地质调绘、钻探、钻孔电视、原位测试、取样试验等。现场勘察工作见图 12～图 14。重点查明了桥区断层影响带的分布范围、宽度等及场区岩溶发育特征。

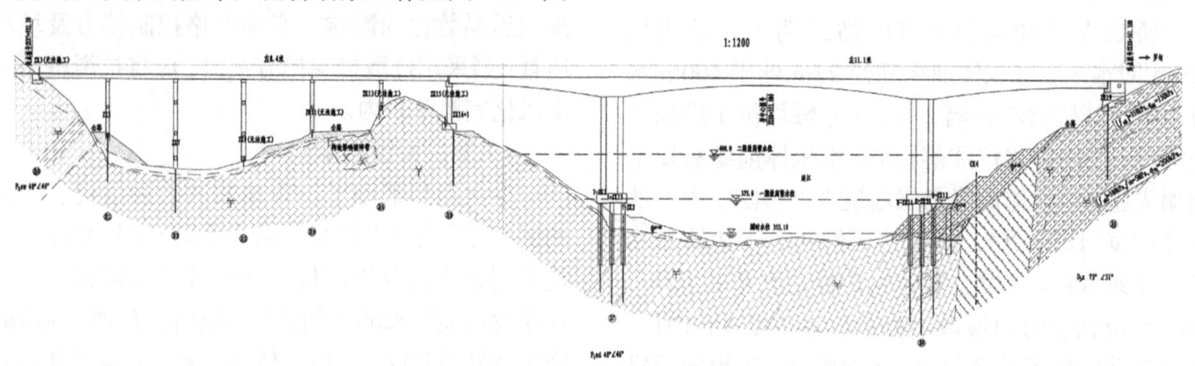

图 12　涟江特大桥工程地质纵断面图

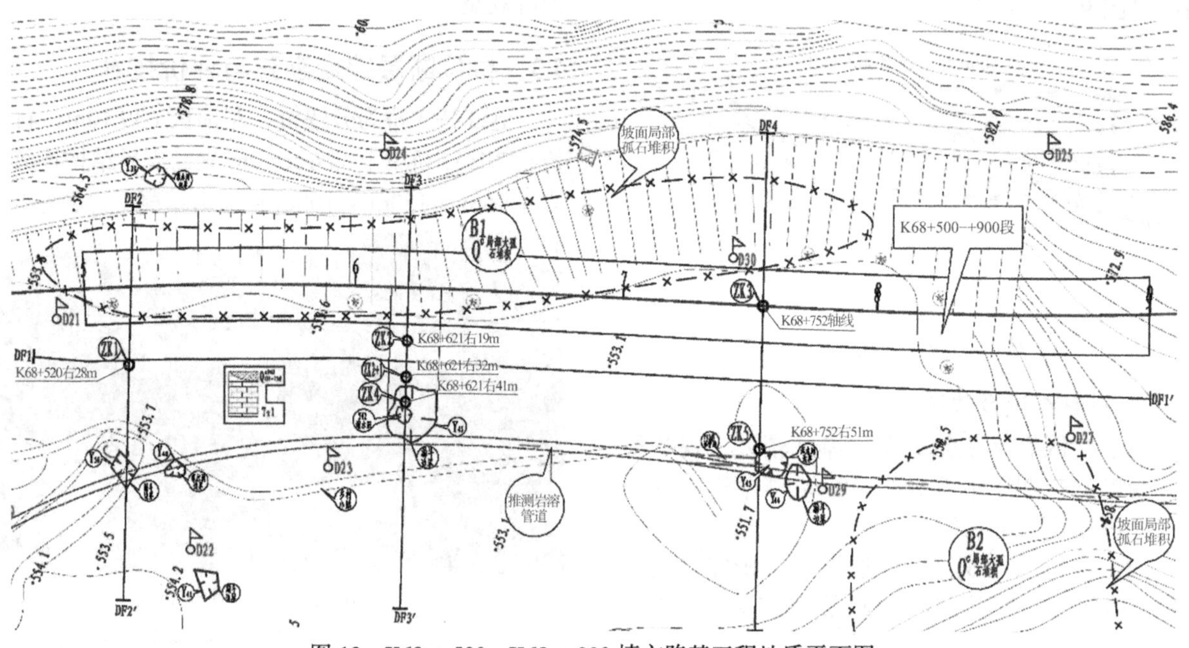

图 13　K68＋500～K68＋900 填方路基工程地质平面图

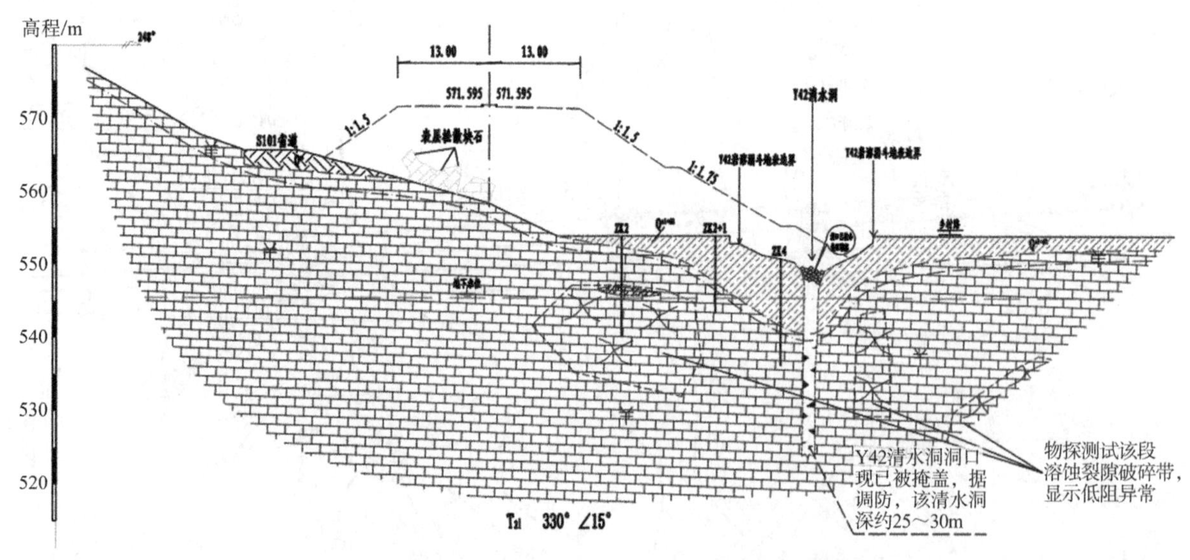

图 14　K68＋500～K68＋900 填方路基工程地质断面

2）主要勘察成果

据勘察及区域地质资料，桥区有先期主断层

F1、后期断层F2分布，均为非活动性断层，F1受F2平推错动约260m。其中F1断层走向北东，为平推断裂，破碎带宽度大，一般在25～62m之间；F2为后期断层，破碎带宽一般在20～40m之间，走向南北，断层倾角约70°。两断层错动交汇点位于8号主墩与9号桥台之间，受构造影响，破碎带极发育，桥位处断层破碎带宽度约40m，根据钻探揭露，破碎带岩芯多呈土状。场区岩体受F1、F2断层影响强烈，断层破碎带宽度较大，破碎区主要有三处，分述如下：

（1）破碎带A：沿断层F1、F2走向分布的破碎带，宽度20～60m，桥位处宽40m，岩芯多呈土状，含水率高，承载力低，该破碎带从8号墩与9号墩之间通过，桥墩已避开该破碎带。

（2）破碎带B：分布于ZK88＋095～ZK88＋185（YK88＋104～YK88＋185）段，长90m、宽30m，分布于地表以下21m范围内，该段破碎带受构造影响，岩体破碎，溶蚀裂隙发育，裂隙间见大量黏土充填，破碎带承载低，对桥墩基础埋深有一定影响，建议桩基穿透处理。

（3）破碎带C：分布于YK88＋010～200右侧100～280m范围内。该区岩体为灰岩，产状凌乱，溶沟溶槽发育，受构造影响，岩体破碎，岩体呈碎裂结构，根据公路开挖揭露显示，块体之间见大量黏土充填，该破碎区强度低，该区距桥梁较远。

3）勘察结论及建议

（1）拟建桥位有非活动性断层通过，岩体受构造挤压作用明显，破碎带宽度大，承载力低，局部地段岩溶发育，经工程处理后可以建桥。

（2）桥梁左右幅5号、6号墩位于破碎带B区，应加强孔桩护壁，孔桩开挖至设计标高后，必须对桩底进行钎探，深为4～5m，同时确认持力层承载力及嵌岩深度满足设计要求后方可下基。

（3）桥梁8号主墩处覆盖层厚度大（11.0～17.8m），临水岸（小桩号）长期受到水位涨落的影响，土体易发生坍塌，建议在主墩承台前缘设置适当防护设施。

（4）桥梁8号主墩后（大桩号）覆盖层厚度大（11.0～20.4m），右幅承台基坑开挖使土体形成临空，施工期间易发生坍塌，建议设置适当防护设施，在龙滩电站二期水位上涨至400m后，土体全浸泡于水中且土体长期受到水位涨落的影响，使土体物理力学性质整体下降，易发生局部坍塌甚至整体滑动，对8号主墩稳定性有影响，建议在承台后（大桩号）设置抗滑支挡物，确保坡体稳定，对坡体表面设置适当防护设施。

4）解决关键技术问题

（1）查明桥址区的工程地质条件及断层带分布范围、性质与特征，提供设计必须的地质资料和参数，为确定桥梁穿越断层带的线路位置或处治提出施工及处治建议。

（2）查明岩体结构特征、确定岩体物理力学参数指标、对桥梁稳定性做出判断。

（3）重点查明断层带的岩溶发育程度和分布规律、岩溶洞穴的形态规模。分析评价场地适宜性，提出建议的基础形式。

4.4　岩溶区路基综合勘察与评价技术

K68＋500～K68＋900填方路基，长400m，路基轴线最大填高18.4m，按设计坡比放坡后左侧填筑边坡最高9.3m，为二级坡，右侧填筑边坡最高18.6m，为三级坡。

1）勘察方法

本次勘察采用了工程地质调绘、钻探、工程物探（高密度电法）、岩样室内试验等综合勘察手段。

2）主要勘察成果

（1）地表岩溶：场区岩溶较为发育，地表可见7个岩溶洼地（岩溶落水洞），分述如下：

Y38为岩溶落水洞，位于场区K68＋530左35m处，地表可见垂直深度为4～5m；Y39为岩溶洼地，岩溶洼地中部有一消水洞，位于场区K68＋520右侧60m，横向宽约10m，纵向长9.8m，中部消水洞深约30m；Y40为岩溶落水洞，位于场区K68＋530右侧60m，横向宽约6.1m，纵向长5.9m，地表可见垂直深度15～20m；Y41为岩溶洼地，位于场区K68＋550右侧112m，横向宽约10.4m，纵向长8.3m；Y42为岩溶漏斗，位于K68＋621右侧35.3～53.9m处，纵向最长为18.6m，横向最宽17.6m，地表可见深度为2.0～3.5m，在该岩溶漏斗中间有一消水洞，该消水洞洞口已被小块石及黏土封闭，据调查，该消水洞曾在20年前洪水期出过水，深度为25～30m。该岩溶漏斗在路基填筑范围内，对路基建设有影响；Y43为岩溶落水洞，位于K68＋752右侧52.7～59.3m处，纵向最长为6.6m，横向最宽11.6m，地表可见垂直深度为6.5～7m，然后沿343°方向延伸约25m与场区推测岩溶管道（YD1）相连，据调查，该岩溶落水洞与场区推测岩溶管道向连接，如今，当地村民仍在其抽水进行农用灌溉。该岩溶落水洞在路基填筑范围内，对路基建设有影响。

Y44 为岩溶漏斗，位于 K68 + 764.6 右侧 55.9～68.5m 处，纵向最长为 12.6m，横向最宽 9.1m，地表可见深度为 1.5～2.5m。该岩溶漏斗在路基填筑范围内，对路基建设有影响。

（2）钻孔溶洞：在施工的 6 个钻孔中，有 2 个钻孔揭露溶洞，分别为钻孔 ZK2、ZK3。

ZK2 显示，在 7～8.1m 处为溶洞，洞内粉质黏土充填，溶洞顶板厚度较大，对路基填筑无影响，可不做处理；ZK3 显示，在 1～1.2m、1.9～2.0m 处为裂隙，裂隙内粉质黏土充填，溶洞顶板厚度较小，对路基填筑有影响。

（3）推测岩溶管道（YD1）：为场区地下水的主要排水通道，通道进口位于落水洞（Y1）处，桥区北侧地表径流流入 Y1 落水洞后向南流出场区，出口位于龙坪镇葫芦寨景区。通过钻探及物探推测，管道从 K67 + 950 处通过，管道沿线一带大部分的溶蚀洼地及漏斗均向岩溶管道处延伸，管道直径为 0.5～2m，发育长度约 2.5km，其规模较小，发育方向主要在路段区右侧。

根据贵州省交通厅发布的《岩溶地区公路工程地质勘察技术指南》，场区岩溶强发育。

3）勘察结论及建议

（1）场区岩溶强发育，对路基的建设有影响，需进行工程处治方能填筑。

（2）地表岩溶 Y42～Y44 在路基填筑范围内，若路基直接填筑，将会对其堵塞，影响场区地表水的排泄通道，建议在 K68 + 610～K68 + 635 段路基右侧及岩溶漏斗（Y42）之间设置抗滑桩对路基进行支挡、K68 + 746～K68 + 772 段路基右侧及岩溶漏斗（Y43）（岩溶落水洞 Y44）之间设置路堤墙对路基进行支挡，路堤墙采用浸水路堤墙形式。

（3）钻孔溶洞 ZK3 揭露的裂隙顶板厚度较小，且都为表层裂隙，建议进行揭穿回填处理。

4）解决关键技术问题

（1）本项目岩溶地基勘察，以我院主编的《岩溶地区公路工程地质勘察技术指南》为技术指导，积极应用“综合物探”，准确查明了岩溶发育特征，提供了准确翔实的基础地质资料。

（2）充分应用我院岩溶科研成果——“岩溶地区公路工程地质勘察与综合评价技术研究”及“岩溶地区公路建设成套技术研究与应用”。查明了项目区岩溶发育特征，为岩溶地基处治提供了有力的技术支持。

5 结语

与同行业勘察工程相比，贵州山区区域地质条件复杂，地面高差大，变化频繁，横坡陡，复杂山区公路建设中高边坡和大跨径高墩桥梁较为普遍。在设计中需根据地形、地质条件进行全方位、多方案的技术经济比选论证，最终确定最优化方案。该工程勘察技术难度高。

本项目采用了综合勘察方法，全面查明了场区工程地质情况；通过健全的质量管理体系，有效保证了勘察质量。勘察过程采用有限元强度折减法等先进理论，充分运用本单位科研成果，积极应用“综合物探”等新技术及“岩溶地区公路工程地质条件的评价标准及工程场地等级划分标准”“岩溶地区地基稳定性评价标准”等新方法，有效解决了高速公路建设工程中复杂工程地质问题。通过精心勘察，对不适宜工程建设的不良地质进行避让，为本项目节约了大量投资。

本项目于建设过程开挖揭露的地质情况与勘察资料相吻合，有效指导了设计的优化工作，同时对施工起到很好的指导作用，降低了工程造价以及减少了项目运营维护费用。2015 年 8 月 28 日惠罗高速全面通车，现公路运行情况良好，该岩土工程勘察的成功，也为今后同类地质环境下进行岩土工程勘察提供了很好借鉴。该项目勘察成果具有显著的经济、社会和环境效益。

参考文献

[1] 罗勇, 李春峰. 含软弱夹层顺倾岸坡稳定性评价技术研究[J]. 中外公路, 2013, 33(5): 19-23.

[2] 周松, 田学军, 等. 深切峡谷大跨径桥梁勘察及岸坡稳定性研究[J]. 中外公路, 2021, 41(S2): 118-122.

[3] 交通运输部. 公路滑坡防治设计规范: JTG/T 3334—2018[S]. 北京: 人民交通出版社, 2019.

[4] 建设部. 岩土工程勘察规范(2009 年版): GB 50021—2001[S]. 北京: 中国建筑工业出版社, 2009.

榆能横山煤电一体化 2×1000MW 机组发电工程岩土工程勘察与试验

樊柱军　刘志伟　祝文强　李党民
（中国电力工程顾问集团西北电力设计院有限公司，陕西 西安　710032）

1　工程概况

榆能横山煤电一体化发电工程（图 1）是全球首个百万千瓦“三塔合一”间冷机组，本期装机容量为 2×1000MW，采用千瓦国产超超临界燃煤空冷机组，项目位于原横山电厂东侧，紧邻高兴庄煤矿，位于横山县波罗镇西南，直线距离约 2.0km，东北距横山县城直线距离约14km，榆靖公路（S204）从电厂和芦河之间通过，交通便利。该工程于 2015 年 5 月开始勘测设计工作，2016 年正式开工建设，2018 年 12 月正式投产运行。

图 1　榆能横山电厂全貌

本项目为 1000MW 级国产超超临界燃煤空冷机组在西北黄土沟壑地区深厚挖填方地基工程的典型代表。黄土沟壑区深厚填方场地面临地质环境治理差、深厚填土工程性能不确定、地基处理方案不定等工程问题，同时 1000MW 级电厂建筑物安全等级高、结构复杂、荷载大、变形控制严格、地基基础复杂，使得本工程上部结构—基础—地基之间的矛盾较突出，各种问题的叠加，使得本工程岩土工程勘察与分析评价难度加大。

本工程对深厚挖填方场地进行了系统的研究，覆盖了勘察、检测、试验、边坡设计治理等各个环节，岩土工程勘察成果得到了设计、施工、监理、业主方的认可，取得了良好的经济和社会效益。

2　场地工程地质条件

场地位于黄土丘陵沟壑区（图 2），地形起伏较大，厂区东南与西北高差最大达 73m；场地发育两条东南西北向冲沟，主沟和支沟交错，冲沟宽度一般 5～50m，深度为 3～25m，除沟口位置呈“U”形，其他区段基本呈“V”形，两侧沟壁陡立。场地在冲沟的冲刷、侵蚀、下切作用下，地形完整性差，地形破碎；场地位于毛乌素沙漠的边缘地带，风蚀作用影响下，场地表层局部分布有风积沙丘；同时场地局部地段存在一定厚度未经压实的人工填土，填土厚度及均匀性变化很大，除此之外，场地靠近沟壑的边缘还分布有崩塌、落水洞等不良地质作用。

图 2　场地黄土沟壑地貌

厂址区上部地层（图 3）主要由第四系人工素填土①$_1$层（Q_4^{ml}）、全新统风积粉砂①粉砂（Q_4^{eol}）、上更新统黄土②层、④层、⑤层（Q_3）、粉砂③层（Q_3^{eol}）组成，下伏侏罗系砂泥岩互层⑥（J）。场地地基土为土、岩二元结构，基岩埋深较深，填土厚度较大，按照建筑物的基础埋深，上部第四系土层是建筑物的持力层和下卧层，控制着建筑物的变形。

获奖项目：2020 年度电力行业优秀工程勘察一等奖。

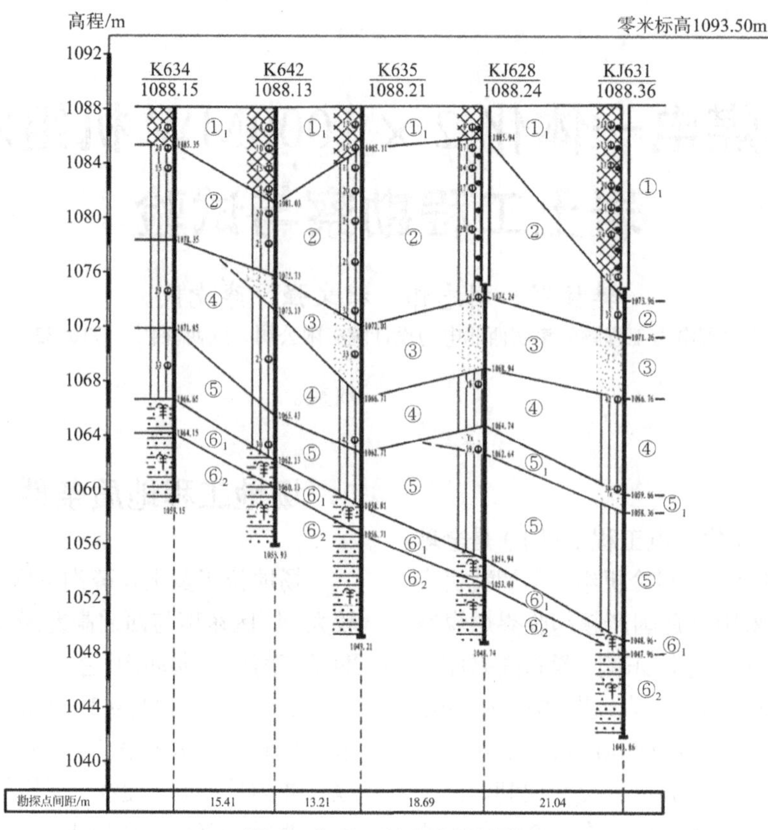

图 3 典型工程地质剖面图

根据厂区地下水环境影响评价成果，厂址区含水层主要为第四系上更新统、中更新统黄土和侏罗系中统直罗组（J2z）砂岩，地下水类型为第四系松散岩类孔隙裂隙潜水及下部的基岩裂隙孔隙水两种类型，二者之间没有隔水层，上下含水层之间水力联系密切，可以按照统一的含水层来考虑。厂址区地下水埋深较大，为37.6～95.2m，包气带厚度巨大。厂址区地下水主要补给来源为侧向径流及大气降水的入渗补给；地下水自南西黄土梁高处向北东地势低洼处径流；区内地下水的排泄以侧向径流、泉水出露为主。

3 场地勘察的难点与特点

3.1 现场勘察与试验技术复杂

场地位于黄土丘陵沟壑区，地形起伏较大，作业环境复杂。场地整平后上部存在的人工填土及下部的黄土以及既有填土均属特殊性土，其差异明显的工程性能给工程的有效勘察和准确评价带来极大的难题，地基土勘察的准确性又是整个项目地基处理和基础型选择的关键，对地基土工程性能的准确评价，需要综合运用多种手段和方法。场地复杂的地质环境与工程建设需要解决的工程问题相互叠加，导致本工程场地勘察与地基土工程性能评价的技术难度大大增加，现场需投入大量的人力、物力、设备等资源。

3.2 场地地质环境问题突出

厂区存在较大高差，场地整平存在大面积挖方和大厚度填土问题。挖填方后形成新的地质环境问题，包括：场地整平后水环境条件的改变、挖填后形成的永久人工边坡问题、回填土自身存在变形与稳定问题，给本工程勘察与评价带来了新的难题，需要探索新的方法进行勘察评价。

3.3 场地高陡填挖方边坡设计治理技术难度大

场地整平后将在厂区周边形成最大高度约30m的填方边坡、最大高度约33m的挖方边坡及下挖上填边坡，填方边坡总长度约320m、挖方边坡总长度约680m、下挖上填边坡总长度约80m，厂区存在着边坡设计与治理问题。

本场地边坡规模较大、场地用地紧张、造价控制严格、生态环境保护要求高、坡体地质条件复杂，存在着边坡设计与治理的难题。

3.4 高填深挖场地黄土湿陷特征复杂

场地挖方区及填方区随原始地表的开挖和堆

载，黄土湿陷性将发生变化，黄土湿陷性是土体内部结构湿化机理作用的结果，回填土中湿陷性黄土与砂层混杂，黄土的湿陷性将变得复杂，同时黄土湿陷性随土体应力的变化而变化，回填土的堆载使得下覆黄土的湿陷性能发生改变。

3.5　地基方案的选择和优化面临难点

发电厂不同类建筑物对地基土的强度和刚度都具有不同的要求，电厂地基处理费用在整个基础成本中占有很大的相对密度，在特殊土存在的挖填方复杂场地最大程度挖掘地基土的潜力，在保证地基处理方案安全、经济、可靠的目标前提下，确定不同建筑物的地基优化与处理方案将是岩土勘察与分析评价的重点与难点。

4　岩土工程勘察成果

4.1　岩土工程勘察策划

本场地在勘察过程中编制详细的勘察方案，勘察工作量充分利用前期的勘察成果，针对厂区存在的主要工程地质问题，施工图阶段，将整个厂区分为Ⅰ区和Ⅱ区，根据项目整体推进速度和设计要求，将整个厂区划分为：主厂房、炉后、间冷塔地段，辅助附属建筑物地段，输煤系统地段、圆管带式输送机及道路地段，灰场、运灰道路等地段，分区分段实施现场勘察工作；针对不同区段工程地质条件的差异和工程地质问题的不同，对比了钻探、小钻孔、物探、原位测试、探井、原位载荷试验等勘察设备、测试手段对现场作业条件的适用性，分析了勘察手段与勘察任务之间的关系，对主厂房、锅炉房等复杂场地综合运用钻探、物探、原位测试、探井、原位载荷试验等手段，对其他中等复杂场地以钻探、小钻孔、探井、原位测试等手段并行，对作业环境条件差、设备器械进场难度大、需要查明的工程地质问题相对简单的场地，优先选择小钻孔、探井等勘察手段。通过优化勘察方案与勘察手段，节约了外业勘察的时间，又到达了勘察的目的，实现了勘察效益与目标的统一。

4.2　岩土工程勘察成果

本场地岩土工程勘察成果丰富，主要包括岩土勘察报告、物探报告、检测报告、桩基试验报告、边坡设计治理报告、地下水环境影响评价报告和专利等，见表1。

岩土工程勘察成果汇总表　　表1

岩土工程勘察成果	备注
《陕西榆能横山 2×1000MW 煤电一体化工程可研、初设、施工图阶段岩土工程勘察报告》	7册
《榆能横山煤电一体化工程施工图阶段波速测试报告》	1册
《榆能横山煤电一体化项目电厂一期2×1000MW工程地下水环境影响专题报告》	1册
《榆能横山煤电一体化项目 A 区和 B 区钻孔灌注桩试桩报告》	1册
《榆能横山煤电一体化工程强夯地基检测报告》	1册
《榆能横山煤电一体化项目初设阶段、施工图阶段北侧边皮与南侧支护设计报告与图册》	2册
专利“一种用于基桩高应变检测的隔振垫”	ZL 2016 2 0449508.4
专利“一种于桩顶施加垂直荷载的水平静载荷试验系统”	ZL 2017 2 0162904.3
专利“一种灌注桩竖向抗拔试验系统”	ZL 2017 2 0162363.4
专利“一种截排水结构”	CN2101049 21U

5　场地湿陷变形特征

5.1　初步设计阶段湿陷特征分析

初步设计阶段现场未完成整平，针对原始地形，现场采用探井取样进行室内试验对场地湿陷性进行了评价，室内试验中充分预估了电厂各建筑物基底压力的大小，分别进行了标准压力（200kPa）和大压力下（400kPa、600kPa、800kPa、1000kPa）的湿陷试验（表2），两种工况下湿陷性计算显示：湿陷性黄土的分布无规律性，暂定为非自重湿陷性黄土场地，地基湿陷等级暂定为Ⅱ级，湿陷下限按进入④层 10.0m 考虑；考虑到本阶段取样点数量有限、间距较大，不排除局部地段为自重湿陷的可能。

预估大压力下探井湿陷量计算结果　　表2

探井编号	自重湿陷量 Δ_{zs}/mm	湿陷量 Δ_s/mm	场平标高/m	湿陷下限深度		湿陷类型	地基湿陷等级
				埋深/m	层号		
KJ104	0.0	167.6	1093.8	15.23	②	非自重	Ⅰ
KJ123	0.0	40.0	1102.1	8.25	④	非自重	Ⅰ
KJ128	35.0	276.0	1098.0	23.2	④	非自重	Ⅰ
KJ130	99.0	416.0	1097.6	20.0	④	自重	Ⅱ

续表

探井编号	自重湿陷量 Δ_{zs}/mm	湿陷量 Δ_s/mm	场平标高/m	湿陷下限深度		湿陷类型	地基湿陷等级
				埋深/m	层号		
KJ131	36.3	82.3	1098.1	24.2	④	非自重	Ⅰ
KJ133	0.0	0.0	1102.8	—	—	非湿陷	—
KJ139	88.0	177.2	1098.5	14.9	④	自重	Ⅱ
KJ148	0.0	0.0	1099.5	—	—	非湿陷	—
KJ155	0.0	0.0	1098.0	—	—	非湿陷	—
KJ160	0.0	0.0	1103.2	—	—	非湿陷	—

5.2 施工图阶段湿陷特征分析

施工图阶段场地完成了整平，场地分为回填区和挖方区。回填区地层主要由黄土、砂层等混杂组成，回填区分层回填完成后进行了强夯预处理，挖方区上表部地层已被挖除。回填区强夯预处理后的检测结果显示：湿陷系数δ_S全部小于 0.015，湿陷性已全部消除；回填区的探井取样室内试验结果显示：由于填土的均匀性较差，湿陷系数$\delta_S \geqslant$ 0.015 的土样分布不具规律，呈跳跃式分布，故无法确定湿陷下限。对比两种检测结果，根据现有工程经验，本地段不考虑填土的湿陷性。

由于表层部分湿陷性黄土被挖除，挖方区场地的湿陷性等级也发生较大变化，通过挖方区 11 个探井的室内试验湿陷量计算结果显示：挖方区 1 号主厂房、炉后等大部分地基土为非自重湿陷性场地，湿陷等级为Ⅰ级，湿陷性下限在零米标高以下 5m 左右，2 号主厂房、炉后、间冷塔及脱硫设施、110kVGIS 位置、蓄水池、综合水泵房等部分地区可不考虑黄土湿陷性等影响。

6 回填土工程性能特征

6.1 回填质量控制要求

初步设计阶段，针对场地整平回填，提出回填土施工与质量控制的相关建议措施，为了保证回填质量，建议进行分层碾压或分层强夯等方式进行回填；针对冲沟的回填，提出了应先改造沟壁及沟底，使其成为高宽比为 1∶2 的若干台阶（每级台阶高不小 1000mm），防止其顺沟底滑动，为防止冲沟回填区出现不均匀变形及溜沟现象，建议冲沟回填时在主沟和支沟沟底设置排水盲沟；大厚度回填土回填完成后，回填土下卧层上覆压力增加，会产生固结压缩变形，为了预估下卧层的变形情况，对下卧层土体进行了浸水和天然状态下的高压固结试验，测定相关土层的先期固结压力和压缩指数，试验结果见表 3，试验结果显示：②层黄土、④层黄土及⑤层黄土的先期固结压力均大于目前土层的上覆土层的自重应力，均为超固结土；场地回填后，下卧层的变形量很小。

黄土的先期固结压力及压缩指数一览表 **表 3**

试验项目	试验类型	②			④			⑤		
		样本数	范围值	平均值	样本数	范围值	平均值	样本数	范围值	平均值
先期固结压力P_c（kPa）	浸水	9	959.9～1516.4	1285.9	4	1097.0～1255.2	1165.4	1	778.0	778.0
	天然	6	1475.3～1815.2	1630.7	12	736.3～1726.6	1265.7	1	1575.7	1575.7
压缩指数C_c	浸水	9	0.102～0.325	0.209	4	0.117～0.310	0.195	1	0.206	0.206
	天然	6	0.161～0.325	0.262	12	0.185～0.328	0.221	1	0.148	0.148

6.2 回填土工程性能分析

回填土强夯预处理完成后，在施工图阶段对回填土性能进行了检测与分析评价，采用钻探、探井对回填土在平面及竖向分布进行勘察，采用原位测试（包括标准贯入试验、波速测试）、载荷试验、室内土工试验的方法对回填土的回填质量进行评价。标准贯入试验结果显示：标准贯入击数的分布范围跨度较大，最低 3 击，最大击数 32 击，标准贯入试验的击数呈散乱状分布，无规律可循，说明回填土在平面、垂直方向上的均具不均匀性。室内土工试验结果显示：孔隙比为 0.595～0.916，干密度 1.41～1.69g/cm^3，指标离散性大，土层为松散—密实状态；土层其他指标离散性也较大，充分说明土体的均匀性较差。波速测试[4]结果（图 4）显示：剪切波速（171～295m/s）范围较大，跨越中软土、中硬土的剪切波速判定值，偏向中软土、中硬土的分界值，说明回填土的夯实效果一般，场地有一定的不均匀性。结合回填土的原位载荷试验结果、规范查表等，综合给出回填土的承载力特征值f_{ak} = 200kPa。

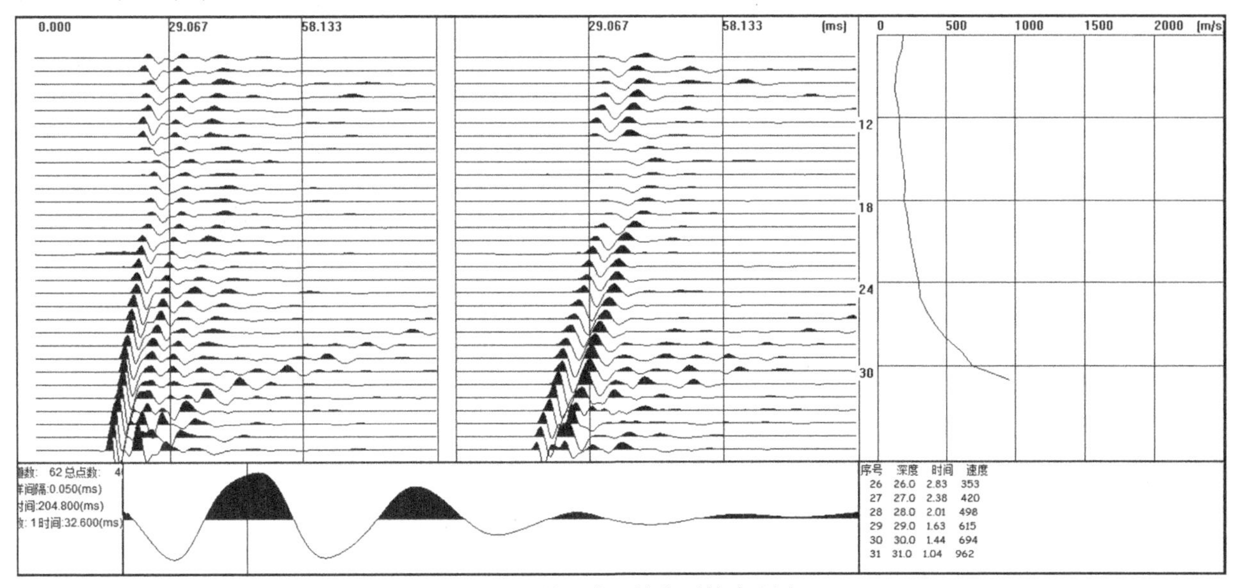

图 4　回填土典型钻孔原始波速图

通过对分层碾压强夯后回填土层进行深入的分析，认为：场地回填土地层均匀性较差，物理力学指标离散性较大，承载力性能一般，回填土回填质量一般；回填土经过强夯处理后，虽然土的密实度、结构、强度、变形等指标有一定程度的提高，但大厚度填土自重固结沉降变形、附加应力变形均需要一定时间趋于稳定，电厂建筑物结构复杂对变形要求严格，回填土不适宜作为建筑物的持力层。

7　桩基试验与地基优化

7.1　桩基试验方案

根据设计任务书要求的建筑物地层承载力和变形要求和厂区地层的工程性能，本电厂大部分建筑物采用桩基方案，为确定钻孔灌注桩的单桩承载力及其变形能力，并为桩基设计、桩基施工提供施工参数及有关质量控制标准，分别在挖方区（试桩 B 区）、填方区（试桩 A 区）进行试桩试验。

试桩 B 区桩长 40m，桩径 800mm，桩端持力层进入⑤层黄土约 3.3m，桩基成孔采用泥浆护壁旋挖成孔；试桩 A 区桩长 26.5～31.0m，桩径 800mm，桩端进入⑥₂层中等风化砂岩 2.0m，桩基成孔采用干作业旋挖成孔。

7.2　桩基试验结果

桩基试验典型应力—变形及侧阻力成果曲线如图 5、图 6 所示，试桩成果显示：试验 B 区为摩擦型桩，单桩极限承载力 11000kN，竖向抗拔极限承载力不小于 2900kN，单桩水平临界荷载建议取 245kN；试验 A 区为端承摩擦型桩，极限承载力 11000kN，单桩竖向抗拔极限承载力不小于 2950kN，单桩水平临界荷载 225kN。

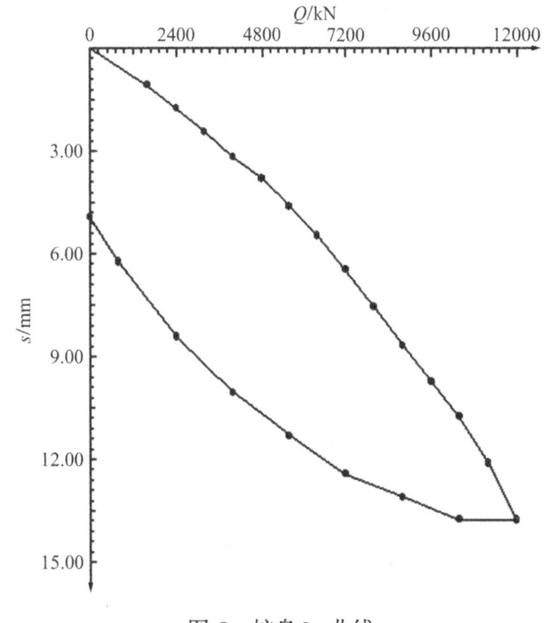

图 5　桩身Q-s曲线

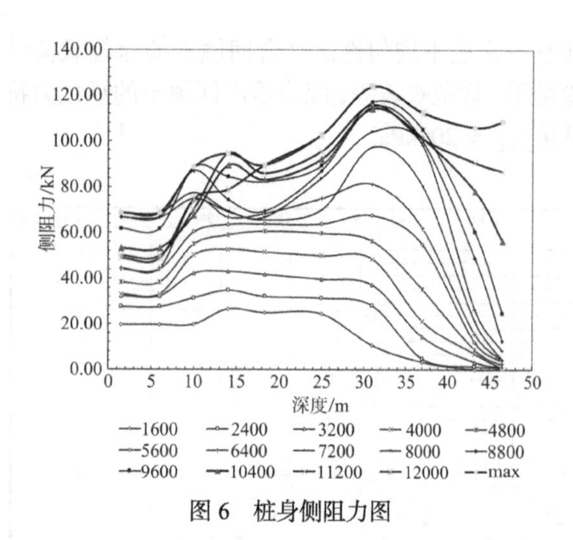

图 6　桩身侧阻力图

7.3　桩基基础方案优化

两个工区的试验成果对比显示：桩基单桩承载力计算参数远高于规范及初设岩土工程勘察报告提供的参数，单桩承载力比设计预估单桩承载力高近 50%；在设计要求的单桩承载力条件下，进入基岩的端承摩擦桩桩长有很大的优化空间；在桩基成孔工艺中，试验证明两种工艺均可满足要求，但干作业成孔便于操作和控制。

基于试桩试验成果，为了最大限度地挖掘地基土的潜力，结合厂区地层条件，建议将安全等级高、荷载大、沉降要求高的主要建筑物平面图布置在挖方区；桩基设计上，按照试桩试验结果，对桩长等进行优化，尽可能利用基岩强度高的特点，桩端持力层选在基岩，采用端承摩擦桩。

8　挖填方边坡设计治理

8.1　边坡基本特征

厂区整平后，厂区西北边坡基本以填方边坡为主，厂区东南及南侧基本以挖方边坡为主。厂区整平后，挖方边坡出露地层主要为①粉砂、②黄土、③黄土及各层黄土中粉砂夹层；填方边坡填方厚度随地形起伏在 2～30m 之间变化，冲沟地段填方厚度大，其余地段填方厚度小。

8.2　边坡破坏模式

结合边坡的区域地质环境及其工程地质条件，根据野外调查和室内分析结果，影响边坡变形破坏机制的因素主要包括三个方面：边坡岩土性组合、人工削坡对边坡应力场改变、降雨。综合边坡坡面形态、岩土体的分布组合及物理力学指标，通过调查分析边坡区域内边坡变形破坏特征和利用有限元的方法进行边坡应力应变模拟，出边坡的变形破坏特征主要为：高边坡整体滑移—拉裂式破坏、黄土边坡局部陡坎的崩塌、较厚粉砂质边坡的小面积滑塌等三种类型。

8.3　边坡稳定性计算

8.3.1　边坡计算参数选取

根据厂区初步设计勘察成果，结合其他阶段勘察成果，通过与相邻区域相似地质条件岩土参数类比分析，得到了岩土体物理力学性质指标，见表 4。

8.3.2　计算模型和工况

采用极限平衡法中的简化 Bishop 法和 Janbu 法进行边皮稳定性计算，根据边坡的结构特征及其运行环境条件，尤其是持续降雨、地震等情况下，以下两种工况进行计算评价：

（1）天然状态：仅考虑边坡岩土体的自重作用，计算时采用天然状态下的c、φ值，采用边坡岩土体的天然重度。

（2）天然＋持续降雨：该工况在考虑工况 1 的基础上，考虑持续降雨条件下对填方区边坡前缘坡脚地段雨水聚集区水下渗至岩土体中，坡体重度的增加和土体抗剪强度参数降低的影响。对挖方区边坡可不考虑。

边坡岩土体物理力学性质指标　　表 4

岩土体名称	天然状态			饱水状态		
	重度γ/（kN/m³）	黏聚力c/kPa	内摩擦角φ/°	重度γ/（kN/m³）	黏聚力c/kPa	内摩擦角φ/°
填土（粉土）	18.0	15.0	23.0	19.0	8.5	19.0
①粉砂	17.5	0	32.0	19.2	0	23.5
②黄土	16.1	27.0	20.5	19.3	8.8	6.5
②$_1$粉砂	17.8	0	33.0	19.6	0	24.0
③黄土	17.6	27.5	20.5	19.9	11.5	8.0
③$_1$粉砂	18.0	0	34.0	20.0	0	24.5
③$_2$黄土	17.8	26.5	20.0	19.8	12.0	8.0

挖方边坡及填方边坡分别选择具有代表性的剖面3条，对边坡的稳定性进行分析计算。计算简图如图7～图9所示。

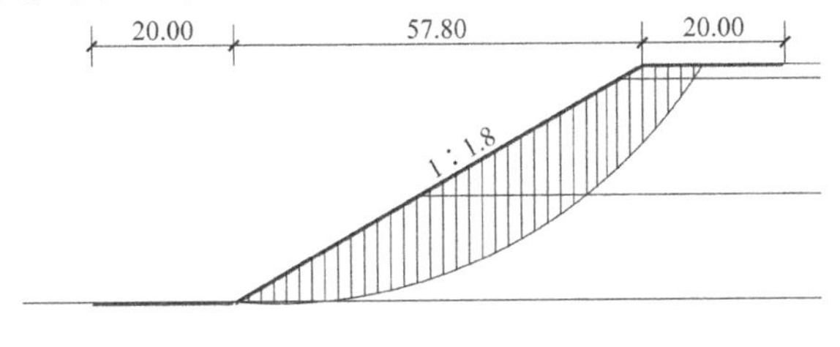

图7　挖方边坡27-27'剖面计算简图（图中距离单位为m）

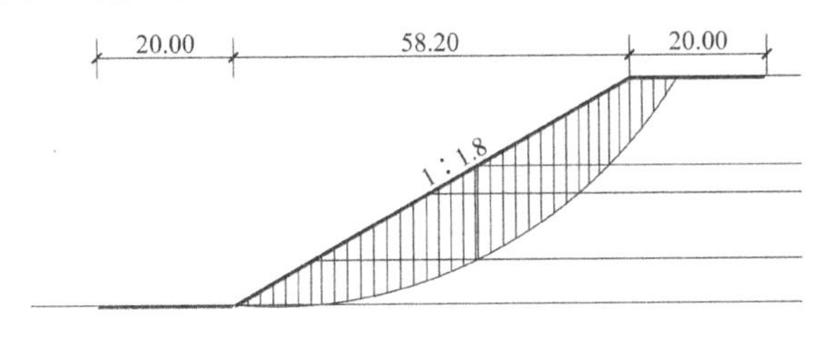

图8　挖方边坡31-31'剖面计算简图（图中距离单位为m）

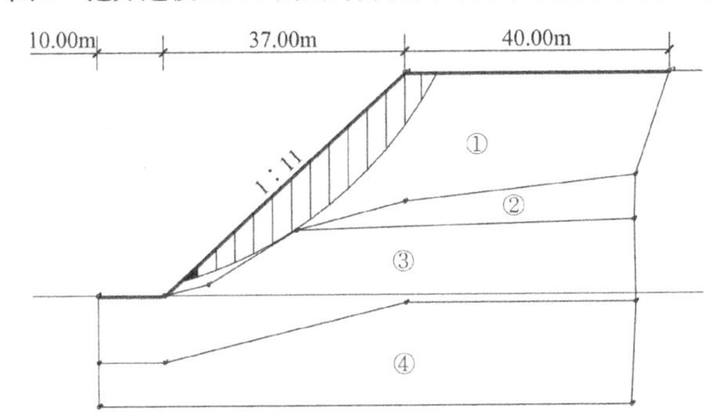

图9　填方边坡3-3'剖面计算简图

8.3.3　稳定性结算结果

根据计算结果（表5）：在全挖方边坡条件下，边坡将处于稳定状态，在优化坡型、设置边坡护面措施及排水设施后，边坡的稳定性能满足规范安全系数要求；在下挖上填边坡条件下，边坡将处于基本稳定状态，但宜采取一定措施提高边坡坡体的安全储备以满足设计要求，在排水设施发挥作用的条件下，坡体整体受到雨水影响有限。在上述填方边坡（剖面3）等不同组合的最危险状况下，坡比较陡，边坡基本将处于不稳定状态或极限平衡状态，在坡脚浸水的条件下，稳定系数将进一步降低，坡体处于不稳定状态，在其综合坡率下，应该采取必要的支护措施以提高边坡整体的稳定性，在排水设施发挥作用的条件下，坡体整体受到雨水影响有限。

以上边坡坡体在持续降雨后，所有边坡的坡面将会受到严重影响，坡面土体将被雨水冲刷而产生水土流失现象。若坡面防护不到位，在持续雨水因素作用下，水土流失将向坡体深部发展，雨水也将下渗入坡体，造成坡体土重度加大、抗剪强度降低，坡体稳定性降低，长时间发展后可能会造成坡体局部或整体失稳，对电厂的安全运行带来严重的危害。

8.4　边坡治理工程设计

8.4.1　边坡设计工况

厂区整平后，厂区西北边坡基本以填方边坡为主，厂区东南及南侧基本以挖方边坡为主，挖填方边坡的设计工况如表6所示，其边坡设计工况只要包括正常工况和正常工况＋持续降雨等两种工况，根据《建筑边坡工程技术规范》GB 50330—2013，二级边坡设计工况①边坡稳定安全系数取1.30，一级边坡设计工况①边坡稳定安全系数取1.35。

8.4.2　边坡治理方案

边坡的防治方案及工程措施主要为削方减载、削方减载、护坡工程、排水工程、物防护工程等，综合分析边坡的岩性组合特征、结构特征、边坡的可能失稳模式和稳定性评价结果，再考虑各个治理措施的工程适宜性和场地空间条件，挖方边坡的治理方案主要为坡率法放坡、坡面进行护坡、坡顶设置截排水等措施，初步设计阶段提出了2种治理方案，对两种治理方案进行了对比，结果见表7，从技术角度推荐方案一，施工图阶段按业主要求提供各方案效果图供其比选，并于2016年5月12日收到业主书面通知，选定方案二；初步设计阶段对填方边坡主要提出了挡墙和排桩等两种治理方案，对两种方案进行了对比，见表8，从安全、经济等方面考虑，施工图阶段采用方案二，如图9所示。

边坡按假定开挖方式至整平要求后稳定性验算结果　　表5

区域	剖面号	坡率	工况①			工况②		
			瑞典条分法	简化Bishop	Janbu	瑞典条分法	简化Bishop	Janbu
挖方	剖面27	1：1.75	1.239	1.309	1.318	1.105	1.191	1.245
	剖面31	1：1.75	1.182	1.271	1.283	0.842	1.016	1.127
填方	剖面3	1：1.11	0.829	0.860	0.858	0.762	0.850	0.829

边坡情况一览表 表 6

区段	长度/m	填方高度/m	挖方厚度/m	坡顶道路	距建筑物距离	破坏后果	安全等级	原始地面
南侧	680.0	0~8	0~30	有	28.0	严重	二级	较缓
北侧	320.0	0~32	0	有	18.0	严重	一级	较陡

南侧边坡方案对比 表 7

项目	方案一	方案二
主要工程内容	坡率法 4 级放坡，单级坡高 6~8m、8m、8m、8m，单级坡比 1：1、1：1.5、1：1.5、1：1.5、平台宽度均为 4m，均硬化，第 1 级窗孔式护面墙，第 2~4 级菱形格构护坡，截排水设施	坡率法 4 级放坡，单级坡高 6~8m、6m、9m、9m，单级坡比 1：0.75、1：0.75、1：1.5、1：1.5；第 1、2 级平台宽 6m，铺腐殖土植草绿化，第 3 级平台宽 4m，硬化，第 1、2 级窗孔式护面墙，第 3、4 级菱形格构护坡，截排水设施
造价	1582.24 万元	1881.79 万元
技术难度	工艺相同，难度较低	工艺相同，难度较低
场地条件	施工方便	施工方便
优缺点	对边坡进行了防护和绿化的综合性治理，经济性较好	绿化面积更大，第 1、2 级宽平台上可布置高大植物，加强环保效果，但费用较高
推荐方案	推荐方案一	

北侧边坡方案对比 表 8

项目	方案一	方案二
主要工程内容	加筋土填筑边坡，坡脚扶壁式挡土墙、重力式挡墙，坡面采用菱形格构护坡，菱形格构内铺设空心六棱砖植草进行坡面防护，截排水设施	加筋土填筑边坡，坡脚布设桩板墙，坡面采用拱形骨架护坡，格构内铺设六棱空心砖植草进行坡面防护，截排水设施
造价	1725.08 万元	1935.60 万元
技术难度	施工工艺较多，施工难度较低	施工工艺较少，施工难度一般
场地条件	占用场地较大	占用场地较小
优缺点	工序较多，费用较低。加筋土填筑和场内强夯填土需交替进行，需要在施工期间相互协调好进度。边坡外观不统一，视觉感官差	工序较少，费用较高。加筋土填筑和场内强夯填土需交替进行，需要在施工期间相互协调好进度。边坡外观统一，美观
推荐方案	推荐方案二	

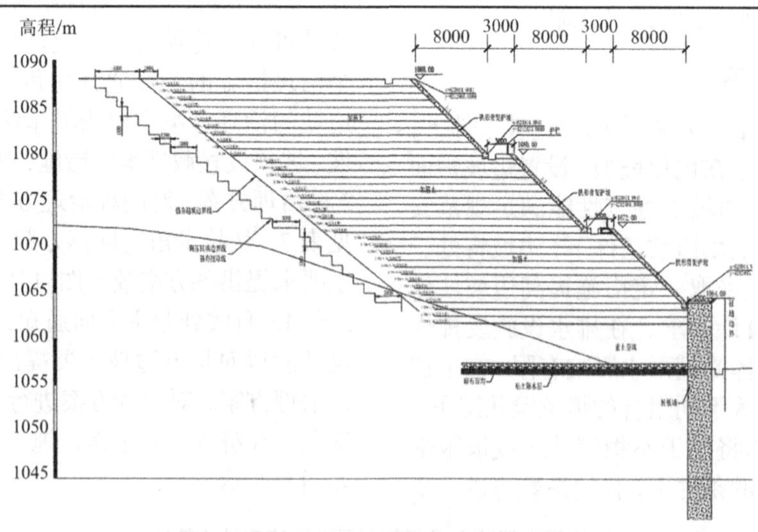

图 10　填方区典型边坡剖面支护设计图

9　主要成果和技术创新

（1）针对复杂环境条件和复杂地质条件下的场地，对比分析了各种勘察手段、技术手段等适用条件和成果可靠性的差异，综合运用了钻探、原位测试、物探、载荷试验、室内试验等多种手段，岩土工程勘察成果丰富，查明了场地主要工程地质问题。

（2）针对回填方地基，通过现场检测与室内试验手段，评价了强夯预处理回填土的工程性能，分析了回填土地基存在的长期变形问题，确定了回填土作为地基使用的可靠性。

（3）针对环境条件、物质结构组成、应力状态等工况变化下的黄土湿陷性进行了室内试验，从黄土湿陷性机理出发，总结出了黄土湿陷性变化规律，评价了黄土湿陷性对工程的影响。

（4）针对厂区桩基方案进行了分区对比试验，确定了桩基类型、成桩工艺、桩基参数，提出了充分利用地基土工程性能对桩基方案进行优化的建议，提出的地基方案节约了成本，产生了很好的经济效益。

（5）针对场地存在的深厚挖填方边坡，提出的支挡、坡面防护、排水、生物防护等设计治理方案，体现了节约资源、绿化环境、安全可靠的理念。

渝蓉高速公路巴岳山隧道急陡煤层采空区勘察与评价实录

姚德华　齐佳兴　王永国　姚增林　东　进

（中铁第五勘察设计院集团有限公司，北京　102600）

1　工程简介

渝蓉高速公路是G50沪渝高速公路的联络线，是中国首条低碳高速公路。它是连接重庆和四川成都市的第三条高速公路，也是渝蓉两地之间距离最短的高速公路。东起重庆沙坪坝区陈家桥街道，经重庆绕城高速公路，连接重庆璧山区、铜梁区、大足区及四川安岳县、乐至县、简阳市，西至四川成都市成都绕城高速。渝蓉高速公路为双向六车道，重庆段78.56km。渝蓉高速公路重庆段设计时速120km/h，桥隧比为23.8%，于2010年10月开工，2013年12月25日正式通车。

巴岳山隧道为单向行驶的分离式双洞公路隧道，两洞轴线相距18.8～44.6m，隧道建筑限界为宽16.25m，高8.20m。隧道左洞起点桩号为K32＋065，终点桩号为K35＋335，长3270m；右洞起点桩号为YK32＋066.15，终点桩号为YK35＋368.15，长3302m，为公路特长隧道。进出口标高依次为：左洞342.11m、304.57m；右洞342.12m、303.92m，隧道最大埋深约230m。

由于路线调整，巴岳山隧道出口附近建设方案用地界超出原压矿范围，受下伏煤矿采空区采动的影响，巴岳山隧道出口附近于2014年9月开始出现裂缝、掉块和路基变形的情况，严重影响高速公路行车安全。变形段落主要集中在K35＋168～610段，其中左线位于K35＋168～K35＋610段；右线位于YK35＋268～YK35＋596段。采空区分布详见图1。

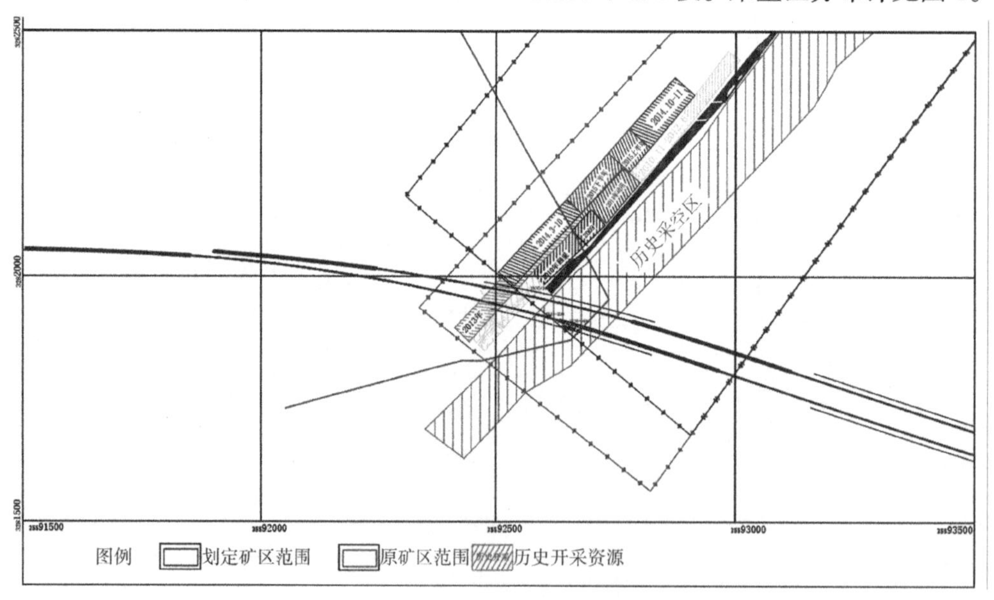

图1　巴岳山隧道采空区分布图

2　本项目主要地质特点

本工程勘察为高速公路特长隧道和路基变形病害治理的专项勘察，勘察区地质构造复杂，地层岩性软硬不均，采空区高度均小于1m，煤层分布共6层，且属于急陡煤层采空，开采年代久远，采空区分布空间复杂，煤层分布不均，采空区性质变化大，且勘察评价区位于已建成通车的隧道，勘察方法的选择难度大。本工程主要特点如下：

2.1 隧道和路基段下伏采空区的空间分布复杂

本项目巴岳山隧道和路基段分布有三个煤矿，煤矿下伏采空区主要有6层，分别开采的煤层是K5、K7、K9、K10、K11和K12，煤层平均厚度在0.23～0.48m之间，采空区垂直高度一般小于1m。这些煤层在空间上的分布范围较广，分布规律较复杂，仅通过深孔钻探或物探手段难以确定其分布特征，需将地质调查、钻探、物探等多种勘察手段方法结合起来，才能准确确定采空区的分布特征。

2.2 采空区开采年代久远、采空区充填及影响带变化复杂多变

隧道附近煤矿为一开采近百年的老井，巷道沿岩层走向布置，巷道标高分布于143～293m，目前开采160m以下煤层，标高160m以上为采空区，采空区采用自由陷落法管理顶板，开采煤层不稳定，厚度变化大，矿井采用平洞＋暗斜井开拓，走向长壁采煤法，采用手镐落煤，中央分列式通风，水泵排水，采空高度及范围较小，木支架支撑。本项目除需要收集区域地质资料、区域水文地质资料、渝蓉高速公路巴岳山段落各阶段的工程勘察、设计、施工资料外，还调查收集整理了相关煤矿的矿区地质成果等内容，通过大量地面调查、坑探，调研和物探、钻探等综合手段查明采空区充填、冒落带及影响带。

2.3 场地地质条件复杂

巴岳山隧道所在区域构造上位于扬子准地台（Ⅰ级）重庆台坳（Ⅱ级）重庆陷褶束（Ⅲ级）华蓥山穹褶束（Ⅳ级）西山背斜（Ⅴ级）。该背斜全长约52km，宽4～5km。背斜内出露的最老地层为三叠系嘉陵江组石灰岩，两翼依次为三叠系须家河组，侏罗系自流井组、沙溪庙组地层组成。地层走向为N20E～N50E，有较大的变化。背斜轴走向也有变化，使背斜南段略呈“弓”形弯曲。隧址区内背斜南东翼岩层倾向129°～148°，倾角20°～55°；采空区分布区北西翼岩层倾向300°～302°，倾角30°～56°。属于急陡煤层小型采空，地质条件较为复杂。

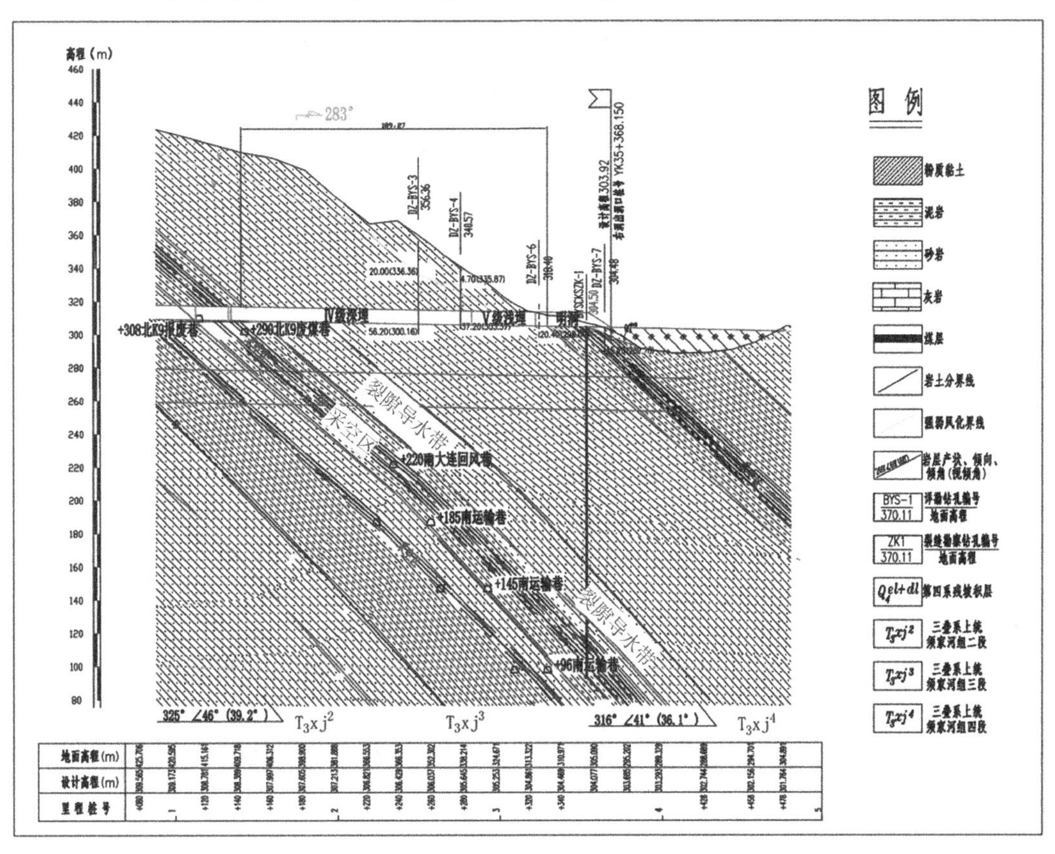

图2 巴岳山隧道采空区纵断面图

3 勘察评价的技术和手段

本次勘察评价工作的主要内容有：详细查明隧道和路基变形段工程地质、水文地质条件，采空区空间的分布、对隧道病害和路基的变形原因进行分析，为隧道病害的整治提供工程地质依据。除了采用了地质测绘、钻探、挖探、物探、原位测试和室内试验等方法进行综合勘察，本次勘察采用了一些先进的技术手段。

3.1 地质雷达在采空区勘察中应用

分别采用配置100MHz、400MHz、900MHz雷达天线，在隧底最外侧车道及侧壁分别布设9条纵向测线、30条横向测线进行探测，核实隧道施工质量和浅层采空区的具体分布，基本查清隧底至20m内空洞和松散采空区的分布，根据钻探和地面调查的结果综合分析隧道底部浅层采空区分布及充填情况、冒落带及影响带高度。

3.2 高精度瞬变电磁法探测

本次勘察在已建成隧道内进行，隧底钢拱架间距0.8～1.2m，为避免隧道内结构钢筋对物探效果的影响，本次物探工作采用HPTEM-08型高精度瞬变电磁系统。该系统创新地运用等值反磁通法消除收发线圈之间的耦合，有效地解决了浅层（地下0～300m）电磁勘探的技术难题；利用对偶中心耦合提高横向分辨率；采用统一标准的微线圈对偶磁源、高度集成的电路结构和高速的开关器件，实现大梯度线性关断，保证了每次关断的一致性，形成稳定的一次磁场和涡流。同时，大梯度线性关断有效缩短了关断时间，减少了浅层数据的失真；HPTEM-08型接收机采用程控分段放大，提高了系统的动态范围，24bit，625KSPS的采样率保证了数据精度和信号带宽；传感器采用超低噪声放大器，降低了系统噪声，整个信号通路采用全差分结构，有效压制外界干扰。

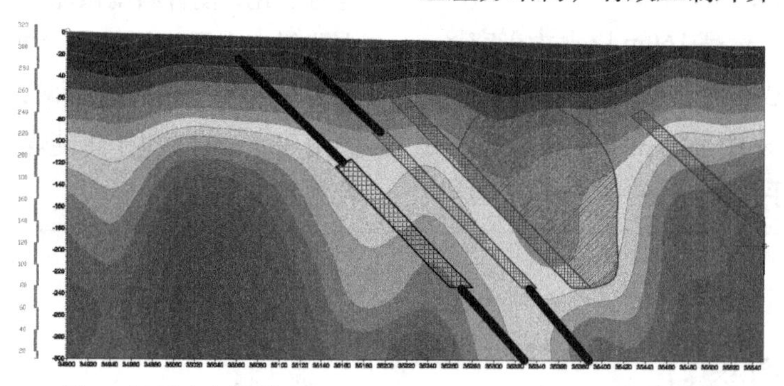

图3 巴岳山左隧道K34+900～K35+550视电阻率断面图

3.3 金刚石绳索取芯钻探

本次隧道深孔钻探属于复杂地层的钻探，该工艺是一种不提钻取岩芯或提钻次数很少的钻探方法。其操作特点是取岩芯时不需要提出钻孔内的全部钻杆柱，而用专用带钢丝绳的打捞器，通过孔内钻杆中心孔将装有岩芯的孔底内管提至地面，获得岩芯，从而减少了提下钻次数和升降钻具的辅助时间，提高了钻进效率，解决了复杂地层地区塌孔的问题，岩芯采取率可达95%以上，能准确分辨采空区冒落带、裂隙变化带。

4 隧道变形概况

（1）2014年9月4日，巡查发现巴岳山隧道K35+162～K35+171处二次衬砌混凝土表面出现开裂，即隧道左线K35+168行车方向右侧（大足至重庆方向），水沟电缆槽盖板至拱腰处，衬砌边墙出现宽约1cm左右的开裂，延伸高度约4m。

（2）2014年11月15日，隧道YK35+268处二次衬砌混凝土表面出现开裂，即隧道右线K35+268行车方向右侧（重庆至大足方向），水沟电缆槽盖板至拱腰处，衬砌边墙出现宽约3cm左右的开裂，延伸高度约6m。

（3）2015年6月29日，隧道右线（重庆至大足方向）YK35+268处（与2014年11月15日出现裂缝位置相同）经处理的裂缝继续扩展，至隧道顶部，并出现拱顶二衬混凝土表面出现开裂，衬砌拱顶、边墙混凝土掉块。

（4）2016年7月7日，隧道左线（大足至重庆方向）ZK35+220处行车方向左侧二衬混凝土表面出现开裂，衬砌边墙混凝土掉块，裂缝贯通。致使正在路段正常行驶的一辆小客车轮胎爆裂车辆失控，所幸未造成人员伤亡，但车辆轮胎、悬挂均造成较重损坏。

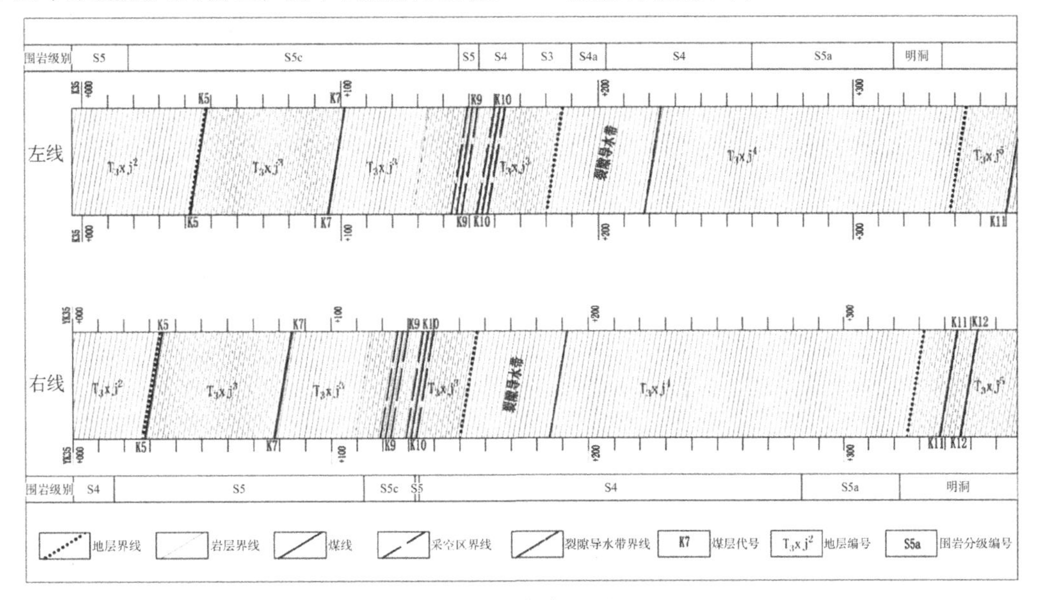

图 4　巴岳山隧道隧底岩性展示图

5　隧道变形原因分析

5.1　隧道施工质量情况

采用地质雷达扫描和隧底钻探，对裂缝处的隧道二衬、仰拱及仰拱填充情况进行了专项检测，检测结果除局部仰拱不密实、个别地段围岩破碎富水外，未发现隧道二衬脱空和仰拱充填不密实现象，二次衬砌内部钢筋信号明显，与设计相符；局部仰拱充填不密实、有空洞，分析其与隧道结构的病害没有必然的关系。

5.2　项目区煤矿开采情况

1）锅厂湾煤矿

现行高速公路里程 K34＋800～K35＋450 在锅厂湾煤矿矿区范围内，煤矿老采空区分布在高速公路以下：K9 煤层在路面以下 0～86m；K10 煤层在路面以下 0～110m；截至 2016 年，昌荣矿业有限公司锅厂湾煤矿开采高速公路以下下伏煤矿，K7、K9、K10 均开采至+95 标高。K5 未开采。

2）新生煤矿

现行高速公路里程 K35＋460～K36＋000 在新生煤矿矿区范围内，煤矿老采空区分布在高速公路以下：K11 煤层在路面以下 150～411m；K12 煤层在路面以下 150～300m；从 2010 年以来主要开采高速公路以下下伏+0～−200m 标高煤矿，截至 2016 年，K11、K12 均开采至−200m 标高，局部还出现超采现象。+150～+0m 标高为 2010 年以前采空区，+150m 标高以上为已经关闭的小煤窑开采。

5.3　采空区地表变形范围计算

根据现有的高速公路与矿区的关系，昌荣矿业有限公司锅厂湾煤矿和新生煤矿均对高速公路存在一定程度的影响，本次勘察评价分别对两个矿区的影响范围进行计算。计算原则是根据《建筑物、水体、铁路及主要井巷煤柱留设与压煤开采规程》有关规定，结合地区经验，上山移动角γ取 46°，下山移动角β取 53°，走向移动角δ取 53°，按剖面法圈定影响范围。

1）锅厂湾煤矿

截至 2016 年，昌荣矿业有限公司锅厂湾煤矿从 2010 年以来开采高速公路以下下伏煤矿，K7、K9、K10 均开采至+95 标高。K5 未开采，左线地表移动盆地范围为 K35＋042-K35＋550；右线地表移动盆地范围为 YK35＋085-YK35＋506。

锅厂湾煤矿目前采空的影响范围均位于隧道和路基的变形段。

如果开采至现有矿区设计标高，左线地表移动盆地范围为 K35＋042-K35＋885；右线地表移动盆地范围为 YK35＋085-YK35＋822。

2）新生煤矿

新生煤业有限公司煤矿矿区范围是+150～−200m，从 2010 年以来主要开采高速公路以下下伏+0～−200m 标高煤矿，截至 2016 年，K11、K12 均开采至−200m 标高，局部还出现超采现象。+150～+0m 标高为 2010 年以前采空区，+150m

标高以上为已经关闭的小煤窑开采。综合考虑，计算按−200m 标高煤矿均采空计。左线地表移动盆地范围为 K35 + 356-K36 + 322；右线地表移动盆地范围为 YK35 + 350-YK36 + 315。新生煤业有限公司煤矿目前采空的影响范围主要是路基的变形段。

5.4 煤矿开采对地表沉陷的影响因素

1）地表移动盆地的形成过程

当地下工作面开采达到一定距离（采深的 1/4～1/3）后，地下开采便波及地表，使受采动影响的地表从原有标高向下沉降，从而在采空区上方地表形成一个比采空区大得多的沉陷区域，这种地表沉陷区域称为地表移动盆地，或称为下沉盆地。在地表移动盆地的形成过程中，逐渐改变了地表的原有形态，引起地表标高、水平位置发生变化，从而导致位于影响范围的建（构）筑物、铁路、公路等的损坏。

2）地表移动盆地的边界划分

按照地表移动变形值的大小及其对建（构）筑物及地表的影响程度，可将地表移动盆地划分出三个边界：最外边界、危险移动边界和裂缝边界。

（1）移动盆地的最外边界

移动盆地的最外边界，是指以地表移动变形为零的盆地边界点所圈定的边界。在现场实测中，考虑到观测的误差，一般取下沉 10mm 的点为边界点，最外边界实际上是下沉 10mm 的点圈定的边界。

（2）移动盆地的危险移动边界

移动盆地的危险移动边界，是指以临界变形值确定的边界，表示处于该边界范围内的建（构）筑则不会产生明显的损害。我国一般采用临界变形值如下：$i = 3\text{mm/m}$，水平变形$\varepsilon = 2\text{mm/m}$，曲率$K = 0.2\text{mm/m}^2$。

（3）移动盆地的裂缝边界

移动盆地的裂缝边界，是指根据移动盆地的最外侧的裂缝圈定的边界。图 5 所示为急倾斜矿层开采后所形成的三个边界。这个主断面图上，*AB*为最外边界，*A′B′*为危险移动边界，*A″B″*为裂缝边界。

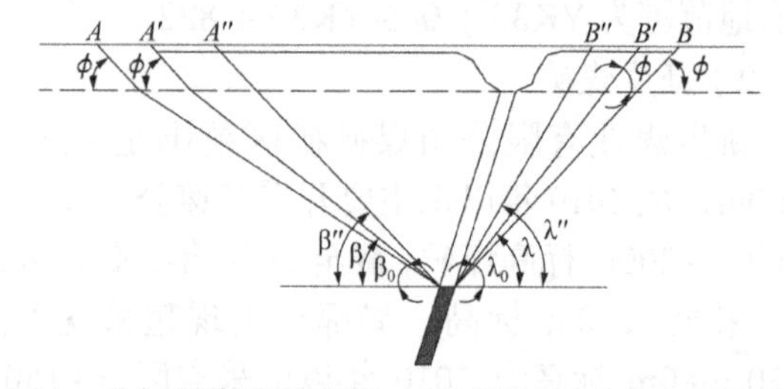

图 5 急倾斜煤层的顶板、底板边界移动角和裂隙角

3）地表移动盆地的特征

在水平和近水平煤层开采条件下，地表移动盆地是以采空区中心对称的椭圆。在倾斜煤层开采条件下，地表移动盆地为偏向下山方向的非对称椭圆，形状为碗形或盘形。随着倾角的增大，这种非对称性增大，当煤层倾角接近 90°时，又成为对称的椭圆，地表移动盆地为碗形或兜形。

由图 6 可见，倾斜岩层最大下沉点偏向下山方向，上山下沉曲线比下山陡，拐点偏向下山方向，上山方向水平位移增加，下山方向水平位移减少，最大拉伸变形在上山方向，最大压缩变形在下山方向。左线 K35 + 168 出现裂缝，而洞口明显出现鼓胀压缩变形。

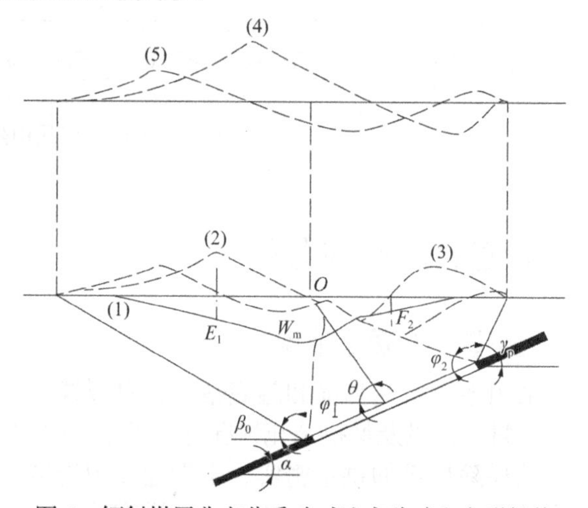

图 6 倾斜煤层非充分采动时地表移动和变形规律

4）地表移动持续时间

地表移动持续时间（或移动总时间）是指在充分采动或接近充分采动的情况下，地表下沉值最大的点从移动开始到移动稳定所持续的时间。移动持续时间应根据地表最大下沉点求得，因为在地表移动盆地内各地表点中，地表最大下沉点的下沉量最大，下沉的时间最长。阿威尔辛按下沉速度大小及对建筑物的影响程度不同，将地表点的移动过程分开始阶段、活跃阶段、衰退阶段，这三个阶段的时间总和，称为移动过程总时间或移动持续时间。地表沉陷是一个空间和时间过程。随工作面的推进，不同时间的回采工作面与地表点的相对位置不同，开采对地面的影响也不同。一般当推进到平均采深 1/4～1/2 时，采空区变形开始影响到地表。工作面回采完毕后的 8～12 个月为地表的剧烈变形期，2～3 年为缓慢变形期。

5.5 隧道及路基病害的主要原因分析

根据以上分析，隧道病害的主要原因是昌荣煤矿地下开采造成地表沉陷和水平位移造成的，由于存在水平位移，K35 + 335～K35 + 500 段路面随地层一起移动受到隧道结构的制约，使得路面在隧道出口处起拱最大达 15cm，也是隧道二次衬砌发生挤压变形破坏的主要原因。同时，根据地表移动持续时间分析，如果年初新开一个采区，所形成的采空区造成的地表沉陷在年中或者年底处于活跃阶段，这与隧道病害发生的时间也是基本吻合的。当然，由于隧道病害有三次发生在雨季，一次是在雨季结束后，说明地下水的变化对围岩的强度影响较大，地表沉陷后裂缝发育，加速雨水下渗，致使雨季围岩在饱水的情况下强度降低，地表变形加剧，雨季结束后围岩失水，一部分收缩性较大的围岩发生较大变形，也可能造成地表变形增大。同时，地下水丰富时，会导致煤矿开采形成的裂隙带水流速度加快，带走部分裂隙充填物，也会使地表变形进一步扩大。

隧道病害主要是表现在拉应力部位出现裂缝，而出现压应力部位二衬混凝土掉块，因而左线 K35 + 168 出现裂缝病害，左线 K35 + 222 和右线 YK35 + 268 以及洞口为压应力部位，出现二衬混凝土掉块、洞口地表鼓胀变形。

隧道出口方向深路堑段左线路基开裂，是由于该段正处于昌荣煤矿开挖形成的地表移动盆地裂缝边界，随着昌荣煤矿继续向深部开采，该裂缝边界会继续向大桩号方向移动。路基段尽管沉降量较大，但半填半挖段填方边坡并没有发生变形，说明不是由于路基半填半挖处治不好造成的。

6 采动评估

6.1 地表沉陷预测模型

巴岳山隧道下方历史开采均为小煤矿开采，开采时间跨度较大，目前大部分小煤矿已经整合或停止开采。目前，概率积分模型是我国开采沉陷研究应用最为广泛、成熟的预计计算方法，因此本区地表移动变形预测采用概率积分法预测模型。

采用概率积分法对开采地表及内部移动和变形进行计算，具体计算公式如下：

$$下沉：W(x,\ y)=W_{\mathrm{cm}}\cdot\iint\limits_{D}\frac{1}{r^2}\cdot\exp\left(-\pi\frac{(\eta-x)^2+(\xi-y)^2}{r^2}\mathrm{d}\eta\,\mathrm{d}\xi\right)$$

$$倾斜：i_x(x,\ y)=\frac{\partial W(x,\ y)}{\partial x}=W_{\mathrm{cm}}\cdot\iint\limits_{D}\frac{2\pi(\eta-x)}{r^4}\exp\left(-\pi\frac{(\eta-x)^2+(\xi-y)^2}{r^2}\mathrm{d}\eta\,\mathrm{d}\xi\right)$$

$$i_y(x,\ y)=\frac{\partial W(x,\ y)}{\partial y}=W_{\mathrm{cm}}\cdot\iint\limits_{D}\frac{2\pi(\xi-y)}{r^4}\exp\left(-\pi\frac{(\eta-x)^2+(\xi-y)^2}{r^2}\mathrm{d}\eta\,\mathrm{d}\xi\right)$$

$$k_y(x,\ y)=\frac{\partial i(x,\ y)}{\partial y}=W_{\mathrm{cm}}\iint\limits_{D}\frac{2\pi}{r^4}\left(\frac{2\pi(\xi-y)^2}{r^4}-1\right)\exp\left(-\pi\frac{(\eta-x)^2+(\xi-y)^2}{r^2}\mathrm{d}\eta\,\mathrm{d}\xi\right)$$

$$曲率：k_x(x,\ y)=\frac{\partial i(x,\ y)}{\partial x}=W_{\mathrm{cm}}\iint\limits_{D}\frac{2\pi}{r^4}\left(\frac{2\pi(\eta-x)^2}{r^4}-1\right)\exp\left(-\pi\frac{(\eta-x)^2+(\xi-y)^2}{r^2}\mathrm{d}\eta\,\mathrm{d}\xi\right)$$

$$水平移动：U_x(x,\ y)=U_{\mathrm{cm}}\cdot\iint\limits_{D}\frac{2\pi(\eta-x)}{r^3}\exp\left(-\pi\frac{(\eta-x)^2+(\xi-y)^2}{r^2}\mathrm{d}\eta\,\mathrm{d}\xi\right)$$

$$U_y(x,\ y)=U_{\mathrm{cm}}\cdot\iint\limits_{D}\frac{2\pi(\xi-y)}{r^3}\exp\left(-\pi\frac{(\eta-x)^2+(\xi-y)^2}{r^2}d\eta d\xi\right)+W(x,\ y)\mathrm{ctg}\theta_0$$

$$水平变形：\varepsilon_x(x,\ y)=U_{\mathrm{cm}}\iint\limits_{D}\frac{2\pi}{r^3}\left(\frac{2\pi(\eta-x)^2}{r^4}-1\right)\exp\left(-\pi\frac{(\eta-x)^2+(\xi-y)^2}{r^2}\mathrm{d}\eta\,\mathrm{d}\xi\right)$$

$$\varepsilon_y(x, y) = U_{\mathrm{cm}} \iint_D \frac{2\pi}{r^3}\left(\frac{2\pi(\xi - y)^2}{r^2} - 1\right)\exp\left(-\pi\frac{(\eta - x)^2 + (\xi - y)^2}{r^2}\mathrm{d}\eta\,\mathrm{d}\xi\right) + i(x, y)\mathrm{ctg}\theta_0$$

式中：W_{cm}——充分采动时地表最大下沉值；

U_{cm}——充分采动时地表最大水平移动值；

r——主要影响半径；

θ_0——主要影响传播角；

D——开采区域；

x，y——计算点的相对坐标（考虑了拐点偏移距）。

6.2 开采对隧道影响的分阶段计算

6.2.1 已有采空区开采影响隧道变形计算

渝蓉高速巴岳山隧道于2010年12月31日开工建设，2011年4月23日所损害的YK35+268段施工完毕。因此，本次预计计算对2011年之前的工作面考虑老采空区的残余沉降，采用老采空区的参数进行计算。2011—2015年的开采均采用常规的概率积分法参数计算。计算自2012年开始，分年度进行计算，结果表明：

（1）受开采影响隧道左线ZK35+168处在2014年水平变形由2013年的2.06mm/m增至2.61mm/m，为隧道在该段的最大水平变形量。隧道在2012、2013年均已经受到拉伸变形的影响，2014年开采后隧道倾斜、曲率、水平变形均继续增大，并在雨季造成隧道损害，损伤表现为混凝土表面的拉伸开裂。（隧道损害情况：2014年9月4日，隧道左线（大足至重庆方向）行车方向右侧ZK35+168处二衬混凝土表面出现开裂，裂缝高度约4m，宽约1cm）

（2）隧道右线YK35+268处受开采影响水平变形为负值，表现为挤压变形，变形大小在2013年为−1.12mm/m，2014年为−2.58mm/m。2014年的地下开采造成隧道挤压变形值增大，并出现变形缝挤压混凝土崩落发生裂缝的现象。（变形表现：2014年11月15日，隧道右线（重庆至大足方向）YK35+268处，行车方向右侧二衬混凝土表面出现开裂，裂缝高度约6m，宽约3cm）

（3）计算表明，隧道在ZK35+350至ZK35+500区段表现为拉伸变形，并逐年增大，是造成ZK35+470-540处路基出现贯穿路面的裂缝的主要原因。

（4）在隧道左线、右线出口处均为压缩变形，这与隧道左右线出口与隧道交接处路基出现地表鼓起，最大处超过15cm，洞口跳车现象吻合。

（5）综合各项变形值，隧道左线变形较大的范围在ZK35+100至ZK35+300之间；右线变形较大的区域位于YK35+150至YK35+300之间；两者均包含拉伸和压缩两种变形形式。

6.2.2 矿区范围煤炭资源全部回采隧道变形预计

目前，昌荣煤矿、新生煤矿在该区域正常生产，且随着资源开采水平向深部延伸，开采对隧道的影响范围逐渐增大，因此有必要对资源全部回采后隧道变形情况进行分析。按照未来两矿区煤炭资源全部回采后对隧道变形进行了计算。结果见图7和图8。

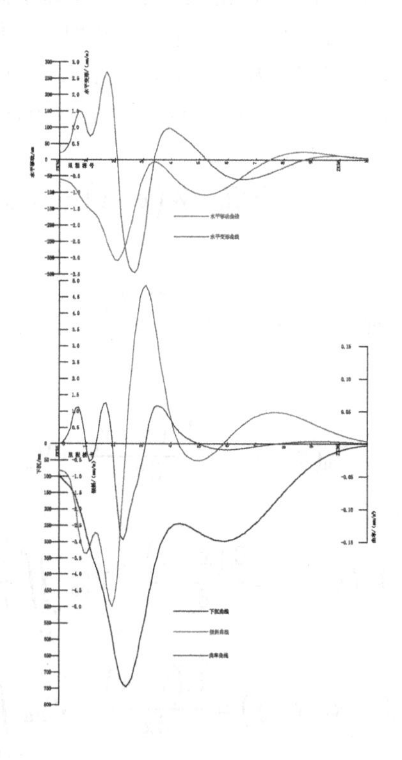

图7 煤炭资源全部开采左线地表变形曲线

计算结果表明，隧道左线在ZK35+150至隧道出口、隧道右线YK35+150至隧道出口处的变形量随着昌荣煤矿、新生煤矿剩余煤炭资源的开采进行将进一步增大。路面ZK35+350至ZK35+500、YK35+350至YK35+500间仍表现为拉伸变形，预计破坏形式仍为路面、路基处出现裂缝、地表拱起；挤压区域隧道会出现变形缝挤死，造成混凝土脱落掉皮；拉伸区域出现衬砌裂缝等现象。

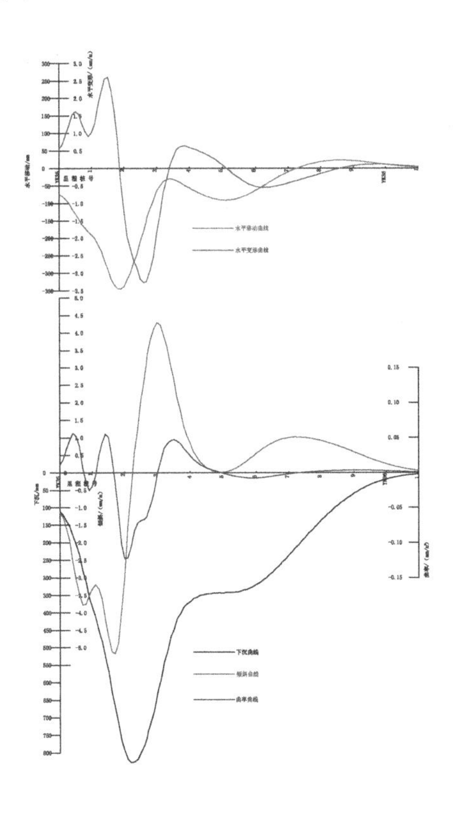

图 8　煤炭资源全部开采右线地表变形曲线

7　注浆加固建议及整治效果

7.1　注浆加固建议

巴岳山隧道因昌荣煤矿下覆开采造成了左线、右线不同程度的损害。为降低开采对隧道的影响，保障行车安全，拟采用注浆法对隧道下方采空区进行处理。

本项目通过开展注浆加固的数值模拟工作，在计算了冒落裂隙带、破碎岩体的对隧道的残余影响安全深度和汽车动载对隧道基础的影响深度等内容的同时，按照现场实测的岩体力学参数、接触面参数和原始应力状态建立模型，通过改变破碎岩层中的节理裂隙、摩擦角等力学参数来体现注浆加固的效果，研究区域模型详见图 9。

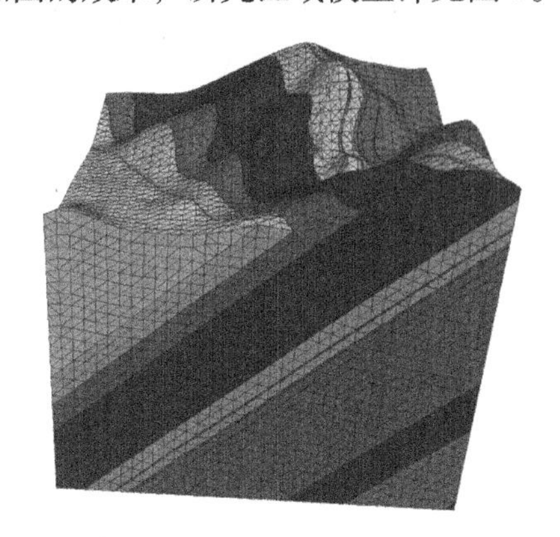

图 9　研究区域地层岩性离散元模型

数值模拟方案为：首先在 2015 年开采基础上进行加固注浆，注浆深度选择 30m、40m 和 50m，然后对煤层进行全部开采，不同注浆深度隧道左线下沉结果如图 10 所示。

综合考虑各煤层的冒落裂隙带高度、老空区残余影响安全深度和车辆动载影响深度，建议注浆加固范围左线为：ZK35 + 060 至 ZK35 + 320 处；右线为：YK35 + 053 至 YK35 + 368。建议注浆处理深度可选择为隧道下方 30m 范围内。

7.2　整治效果

结合本次勘察成果及整治建议，本项目加固工作于 2017 年年底时间完成，整治工程采用隧道煤矿采空区影响段设沉降缝；隧底采用压力注浆和微型桩处理，整治结束后，隧道及路基运行状态良好，至今无病害再次发生。

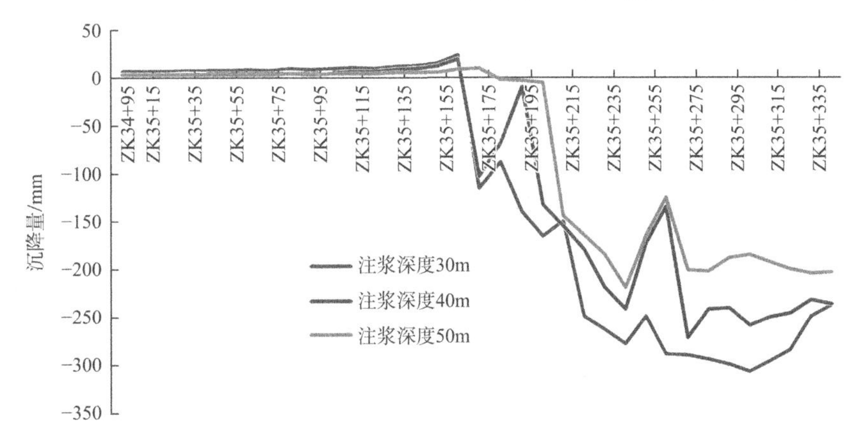

图 10　不同注浆深度隧道左线沉降曲线

8 结论

通过勘察评价计算了近年煤炭资源开采引起隧道（ZK34 + 819～ZK35 + 519）的移动与变形情况，对裂缝处移动变形值进行了分析，综合各项变形值和隧道损害特征，研究认为，井下开采引起的地表形变是造成隧道近年出现损害的主要因素，持续暴雨是隧道损害的诱导因素。本次勘察评价为隧道穿越采空区设计、施工提供工程依据。

本项目薄煤层的采深与单层厚度比虽然大于150，但属于急倾斜煤层，采动影响隧道损害严重，洞身存在多处裂缝与掉块，虽隧道损害机理复杂，涉及地质条件、行车、地下开采、雨水等多因素，岩体力学平衡多变，本项目采用概率积分法和数值模拟技术进行隧道移动及变形预计，可对隧道损害进行快速响应并及早协同处理，总体方便有效预计结果与损害现象基本吻合。对隧道工程运营维护提供有效指导。

绥阳煤电化工业基地热电联产动力车间项目岩土工程勘察实录

邓杰文　董　鹏　杨建华　刘　永　赵　健

（中国电建集团贵州电力设计研究院有限公司，贵州 贵阳　550081）

1　工程概况

绥阳煤电化工基地热电联产动力车间项目（图 1）位于遵义市绥阳县蒲场镇舒家寨，是贵州省政府确定的“十二五”重点能源建设项目，项目建设 3×150MW 超高压燃煤抽凝发电机组。本项目由中电投绥阳化工有限责任公司投资建设，由中国电建集团贵州电力设计研究院有限公司承担勘测设计任务。本项目岩土工程勘察起止时间为 2008—2015 年，项目已建成投产。

图 1　绥阳煤电化工基地热电联产动力车间项目效果图

2　地形地貌

项目区地处黔北大娄山南麓余脉河谷之中，谷底高程 840m 左右，山岭高程 1350m 左右，高差近 500m。地势北高南低，受地质构造控制而呈现北西或近南北延展的群山间，常形成河谷、沟谷地貌景观。

厂址呈南北向展布，地表高程 840～920m，整体属构造剥蚀、侵蚀低中山地貌。场地最低点为后水河河面，为 840～845m，后水河沿场地北侧由北向南蜿蜒而过，河谷西侧地形呈阶梯状，相邻梯田高差为 0.50～4.00m，靠近山体部位地形起伏较大，靠近河谷附近地段地形相对平缓，整体高差约 80m；河谷东侧为较陡峭斜坡，高山林立，山顶高程达 1130m，地形坡度为 25°～45°，地形破碎。河谷两岸长期受后水河冲刷、淤积，局部地段形成阶地，为水田，荒芜无人耕种，场地中部修建公路、拆迁堆积大量施工弃土。

3　场地岩土工程条件

场地区域上覆第四系全新统人工回填（Q_4^{ml}）素填土、杂填土，冲洪积（Q_4^{al+pl}）卵石，残坡积（Q_4^{el+dl}）硬塑、可塑、软塑、流塑黏土及淤泥等。下伏基岩为奥陶系下统湄潭组（O_1m）全风化、强风化、中等风化泥岩，奥陶系下统桐梓组～红花园组（O_1t+h）灰岩、泥灰岩，寒武系中上统娄山关群（$Є_{2\text{-}3}ls$）白云质灰岩，简述如下。

1）覆盖层：素填土厚为 1.0～6.5m；杂填土，厚为 0.5～2.5m；冲洪积土层卵石、角砾，厚度为 0.2～2.5m；残坡积层硬塑状黏土厚为 0.5～3.5m。可塑状黏土，厚为 1.0～10.4m。软塑状黏土，厚为 0.5～6.3m。流塑状黏土，厚为 0.5～1.0m，改建河道区还分布有淤泥，厚度为 0.5～3.0m，场地覆盖层种类多，厚度分布不均。

2）基岩：场地下伏基岩为奥陶系下统湄潭组泥岩、灰岩，奥陶系下统桐梓组—红花园组灰岩，白云质灰岩等。岩层倾向 75°～90°，倾角 30°～45°。

（1）泥岩：主要分布于场地东侧及西侧。全风化泥岩，厚度为 0.5～23.0m，平均厚度 4.3m；强风化泥岩，厚度为 0.2～13.7m，平均厚度 4.7m；中等风化泥岩，岩体基本质量等级为Ⅴ级，钻探未揭穿。

（2）灰岩：灰、深灰色，微晶—细晶结构，中

获奖项目：2021 年度工程勘察、建筑设计行业和市政公用工程优秀勘察设计奖工程勘察二等奖。

厚层状构造，致密坚硬，节理裂隙较发育，裂隙多呈网状分布，倾角 45°～75°，平均间距 0.2～0.4m，方解石脉线较发育，岩体基本质量等级为Ⅲ级。该类岩石主要分布于场地中部及西侧，钻探未揭穿。

（3）强风化白云质灰岩：灰白色、灰色，细晶结构，中厚层状，受风化影响，岩体节理裂隙极发育，岩体完整性较差，胶结差，岩体破碎，开挖泡水或机械振动易沿隐节理面破碎呈碎块状或砂状，岩体基本质量等级为Ⅴ级。该层主要分布于场地北侧边缘。

（4）中等风化白云质灰岩：灰白色、灰色，细晶结构，中厚层状，岩体节理裂隙较发育，呈网状分布，裂隙倾角 40°～60°，岩体基本质量等级为Ⅳ级。该层主要分布于场地西侧边缘。

（5）中等风化构造角砾岩：灰、深灰色，角砾结构，中厚层状构造，致密坚硬，角砾呈棱角状，排列杂乱，无明显层理，岩体基本质量等级为Ⅳ级。该层岩石主要分布于场地西北角 F1 逆断层层面附近，钻探未揭穿。

场地大部基岩为可溶岩，岩溶强烈发育。

图 2　场地典型岩溶照片

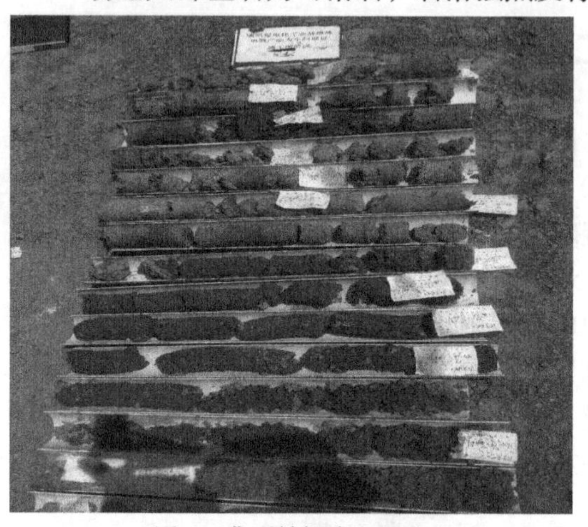

图 3　典型钻探岩芯照片

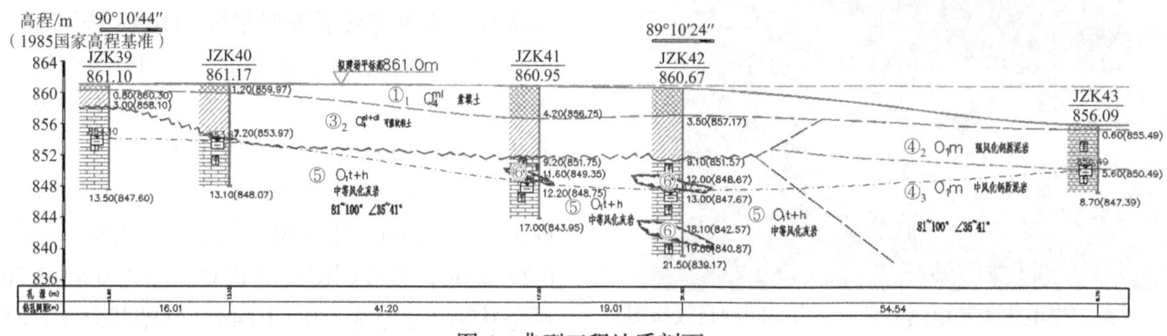

图 4　典型工程地质剖面

4　项目主要特点

绥阳煤电化工业基地热电联产动力车间项目建（构）筑物类别多，不仅有工业厂房，还涉及排污管道、办公区建筑、桥梁、道路、河道改迁及治理等民用及市政公用建筑工程。

项目建（构）筑物包括主厂房区：包括汽机房、除氧煤仓间、锅炉房、烟囱、集控楼、引风机室、电气建（构）筑物等。冷却塔区：主要建筑物包括 4000m² 冷却塔 2 座，循环水泵房 1 座，综合水泵房 1 座，以及其他水工辅助建筑物。输煤系统区：主要包括卸煤沟、重（空）车衡、输煤程控楼、干煤棚、转运站、输煤栈桥、碎煤机室等。脱硫、脱硝区：该部分建（构）筑物主要包括吸收塔、石膏库、浆液循环泵房、事故浆液箱、电石渣浆液箱，脱硝建（构）筑物主要包括液氨储存间、控制室、废水池等。排污管道：工程建设规模为1 根 D429 × 6 螺旋焊接钢管，占用廊道宽 1.4m，全长约 15.6km。行政办公区：包含Ⅰ办公楼、Ⅱ办公附属楼、Ⅲ、Ⅳ、Ⅴ、Ⅵ宿舍楼及河道治理挡墙。灰场区：贮灰场选定在厂址东北约 2.50km 的石蛋水沟谷中，长约 1.50km，呈北北西 340°方向展布，高程 800～1095m，谷底宽度 20～150m。运煤桥梁：该桥为 3 × 20m 先简支后结构连续预应力空心板桥，桥梁全长 76m。0 号桥台和 3 号桥台为重力式 U 形桥台，基础为明挖扩大基础。1 号和 2 号桥墩暂定为桩柱式桥墩，设计荷载为城-A 级。行政办公区桥梁：该桥上部结构为钢筋混凝土连续 T 梁，下部构造为：桥墩采用柱式墩、桩基础；桥台均采用重力式 U 形桥台、承台群桩基础。设计汽车荷载：公路-Ⅰ级，桥面净宽 25m，桥面净长 25.54m。河道治理：改建后水河河道长约 1km。高边坡支护：厂址西侧将形成 40m 高挖方边坡，边坡总长度为 1543.3m，为超限、含软弱夹层的顺层岩质边坡。运灰道路：道路总长约 2.22km，道路按三级公路设计，路面宽 8.5m，采用水泥混凝土路面，设计荷载公路-Ⅱ，涵洞约 10 道。

4.1 建(构)筑物结构形式多样且受力不均，承载力、变形要求高

项目烟囱建筑高度 210m，总荷载 280000kN；冷却塔建筑高度 120m，总荷载 274310kN；锅炉房建筑高度 80m，最大单柱荷载 15000kN；运灰公路路线总长约 2.22km，涵洞 10 座；运煤桥梁全长 76m，设计荷载城-A 级。工程重要性等级和工程安全等级均为一级。

项目建设主要建（构）筑物具有高、大、深、重的特点，结构形式复杂多样且受力不均匀，部分建（构）筑物荷载为动荷载以及部分建（构）筑物对差异性沉降敏感、对地基承载力及变形等要求较高。

除此之外，本项目建(构)筑物还含水工辅助、电气、脱硫、脱硝、排污管道、行政办公区等相对较轻型建（构）筑物，荷载对地基持力层要求相对较低。

4.2 水文地质条件复杂，勘测技术含量高

项目场地位于后水河边，受构造断裂及岩溶影响，厂址及灰场周边有多个岩溶泉水出露，且流量较大。沿后水河厂址上游约 10km 处有后水河水库一座。该水库虽运行正常，但因渗漏严重被列为病险水库。因此，场地地下水防治问题突出，需进行岩溶水文地质专项研究，查明后水河水库库水与厂址区岩溶水是否存在水力联系、厂址区域岩溶水的赋存与运动规律、电厂施工期间是否会出现岩溶涌水等问题。

4.3 岩土工程条件复杂，勘测技术含量高、难度大

场地区域上覆第四系全新统人工回填素填土、杂填土，冲洪积卵石，残坡积硬塑、可塑、软塑黏土等。下伏基岩为奥陶系下统湄潭组全风化、强风化、中等风化钙质泥岩，奥陶系下统桐梓组—红花园组中等风化灰岩、泥灰岩等。受构造影响，岩层出现扭曲或小构造迹象，岩体破碎，岩体基本质量等级为Ⅳ～Ⅴ级。

（1）场地覆盖层种类多，分布有杂填土、素填土、软土、淤泥、卵石及红黏土等。已有深厚填土填料来源广泛、填筑时间跨度长，未经任何压实处理，使得其填料粒径、密实度等差异大，均匀性差。特殊性土勘察、评价及地基处理难度大。

（2）场地基岩为钙质泥岩、灰岩及泥灰岩。受构造影响，局部岩层出现扭曲或小构造形迹，场地区域地下水丰富。场地岩溶主要表现为隐伏溶蚀沟槽、土洞及溶洞、部分地段串珠状溶洞发育和分布有溶蚀破碎带，岩溶强烈发育，岩溶勘察及岩溶地基处理难度大，对勘测设备要求高，需采用综合勘测方法才能查明并做出安全、合理、经济的地基处理方案建议。

（3）场地地层层序多，基岩种类多。钙质泥岩、泥灰岩等软岩及硬岩灰岩物理力学性质差异大，受构造作用及地下水的影响，场地钙质泥岩差异性风化严重，中等风化基岩面起伏大。由于灰岩和泥灰岩透水性不同，使得场地可溶岩溶蚀差异明显，需对场地分区进行勘察、评价，结合各建（构）筑物基础受力特点，推荐经济、合理的基础持力层。

4.4 顺向高挖方边坡问题突出

由于场地地形及放坡条件限制，场平后会在场地西侧开挖形成最高达 40m 的顺向岩质边坡，边坡总长 1543.3m，为超限、永久性边坡。受复杂构造应力作用影响，局部岩层出现扭曲或小构造形迹，岩层倾角 30°～45°，岩层倾角变化大，岩体破碎，差异性风化严重且含软弱泥化夹层。需采取安全、经济的支护措施，确保其施工期间及工程竣工后稳定，对勘测设计技术要求较高。

4.5 地形地貌复杂，勘测不利因素多、勘测作业安全风险高

项目场地原始地貌为深切河谷，呈狭长形分布，两岸河流冲刷严重、山体陡峭，冲沟较多，地形破碎、坎高沟深，交通不便，勘测期间原始地形地貌复杂。输煤系统建（构）筑物大部位于改建河

道上，软土及淤泥层较厚，运煤桥梁及行政办公区桥梁所处位置水流湍急。项目勘测期间未完成场平，这些众多不利因素使得勘测期间大件设备搬运困难、勘测作业难度大、人员安全风险高。

5 勘测方案及成果

绥阳煤电化工业基地热电联产动力车间项目岩土工程条件及水文地质条件复杂。场地岩溶强烈发育，基岩差异性风化大，深厚软土层分布不均，岩溶、高边坡、深厚回填土、软土等岩土工程问题突出。

本项目勘测采用的常规方法有工程地质调查与测绘、机械钻探、物探、原位测试及岩、土室内试验，勘探点按建筑柱列线、基础轴线或周线布置，勘探深度根据各建（构）筑物设计要求确定，满足国家及行业标准的相关要求。本项目勘测除采用常规的综合勘测方法外，还积极采用新技术、新方法解决岩土工程难题，现从以下几个方面简要介绍。

（1）厂址位于扬子准地台黔北台隆遵义断拱凤冈北北东向构造变形区，川黔南北向构造带和北东向构造交汇地带。受复杂构造应力作用影响，局部岩层出现扭曲或小构造形迹，地质构造复杂（图5）。

图5 场地典型小型构造形迹照片

对此，可研阶段勘测进行了详细的工程地质调查与测绘。查明了场地及附近地质构造特征，场地位于贵州湄潭西部南北向构造带的石盘头复向斜上，出露自寒武系到三叠系地层，但缺失泥盆、石炭地层。该地段地层褶皱紧密，有区域次一级F1断层经过，但断层无活动性，区域地质构造稳定。客观合理的评价了地质构造对工程建设的影响、为优化总平面布置奠定了坚实的基础。

（2）厂址位于后水河边，灰场位于后水河东侧邻谷石蛋水沟内的龙洞坎至寒婆岭一带。受构造断裂及岩溶影响，厂址及灰场周边有多个岩溶泉水出露，且流量较大。沿后水河厂址上游约10km处有后水河水库一座。该水库虽运行正常，但因渗漏严重被列为病险水库。需查明后水河水库库水与厂址区岩溶水是否存在水力联系、厂址区域岩溶水的赋存与运动规律、电厂施工期间是否会出现岩溶涌水等问题。

针对场地复杂的水文地质条件，对岩溶水文地质进行专项研究，通过采用大量的现场调查、示踪探测与分析，查明了基地区地下岩溶就仅以小型溶洞、小型岩溶管道和溶蚀裂隙为主，无地下暗河存在。厂区以SP2泉流量最大，该泉泉口高程953m，远高于后水河水库的正常高水位934.3m。水库尾与泉之间存在地下水分水岭，该泉泉域范围有限，泉水与库水无关。厂址施工期可能的岩溶涌水区域分别是F1断层北侧的烂田泉出露区和F1断层南侧的烂河堰泉出露区，施工期岩溶涌水区的最大涌水量估计为：烂田泉出露区最大涌水量30L/s，烂河堰泉出露区最大涌水量25L/s，为后期施工期间地下水防治提供了可靠的数据依据。

（3）场地岩溶强烈发育，针对场地岩溶问题，对场地岩溶进行分区勘测评价，对部分高、重、大建（构）筑物地段及岩溶发育地段进行钻探点加密。但仅靠地质调查、钻探等传统勘测手段难以准确查明，还存在场地地形和勘测成本限制，不便于大规模机械钻探探查的问题，因此，除采用工程地质调查、钻探等常规勘测手段外，还积极采用高密度电法、浅层地震勘探法、瞬变电磁法、地下激光3D成像技术等综合勘测方法助力场地岩溶勘察，节约了勘测时间和成本（图6）。

通过采用综合勘测方法，最终查明了场地岩溶受岩性与断裂构造影响，在F1断层两侧岩溶相对较为发育以及查明了各建（构）筑物地段岩溶发育情况、各溶洞大小、发育方向、充填情况、顶板厚度、完整性等岩溶地基处理的相关数据。再根据上部建（构）筑物受力特点及荷载要求，主厂房、烟囱、冷却塔等高重大建（构）筑物地段直径或高度超过5m的溶洞采用桩基穿越处理，对岩溶竖向发育、顶板厚度大于6m且岩体完整性好的直接采用顶板作为基础持力层，对于开挖出露的深切溶蚀沟槽采用超挖0.5m换填处理，开挖出露的浅表型溶洞根据溶洞横向、竖向发育情况采用梁板跨越或毛石混凝土换填的方式进行处理。针对各溶洞具体情况提出了安全、经济的地基处理方案建议。（图7）

（4）场地顺向高挖方边坡为超限、含软弱夹层的顺层岩质边坡，采取钻探、物探、室内试验及现场直剪试验相结合的综合勘察方法。

查明了边坡岩土体分布、岩体差异性风化、破碎带及岩溶发育等特征，岩土体物理力学参数、软弱结构面抗剪强度参数c_s、φ_s，根据边坡特征对边坡进行分段研究。对高度大于 20m 的主厂房地段顺向岩质边坡采用“预应力锚索 + 竖梁”的方式进行支护，对于高度 8～20m 之间的顺向岩质边坡采用“全粘结锚杆 + 格构梁”的方式进行支护，高度小于 8m 的岩质边坡采用锚喷支护，对于局部低矮土质边坡采用挡墙的方式进行支护，确保了场地挖方边坡在施工期间及厂房建成后稳定，支护方案安全、经济、合理（图 8）。

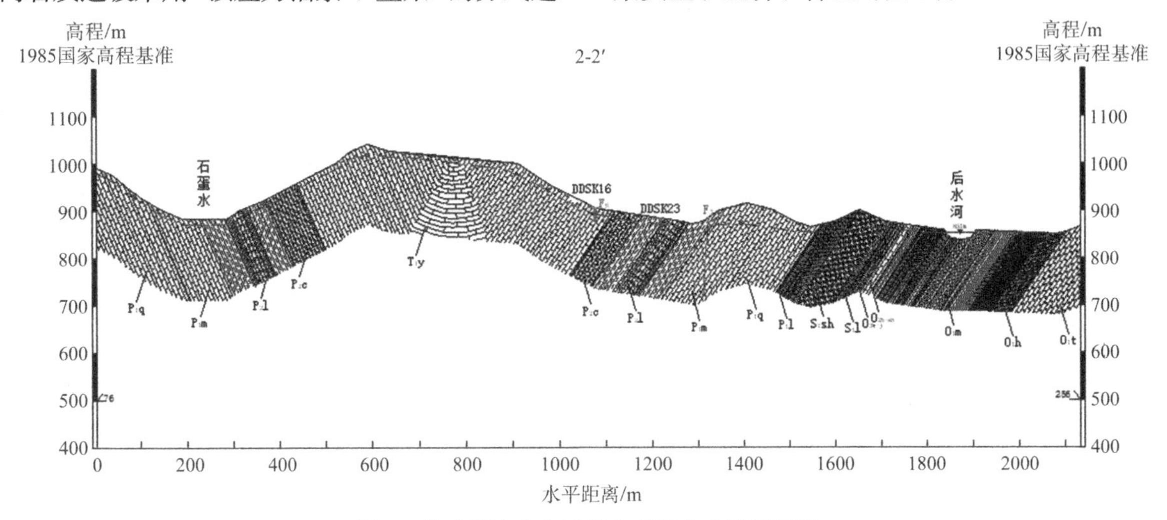

图 6　典型岩溶水文地质专项研究成果剖面图

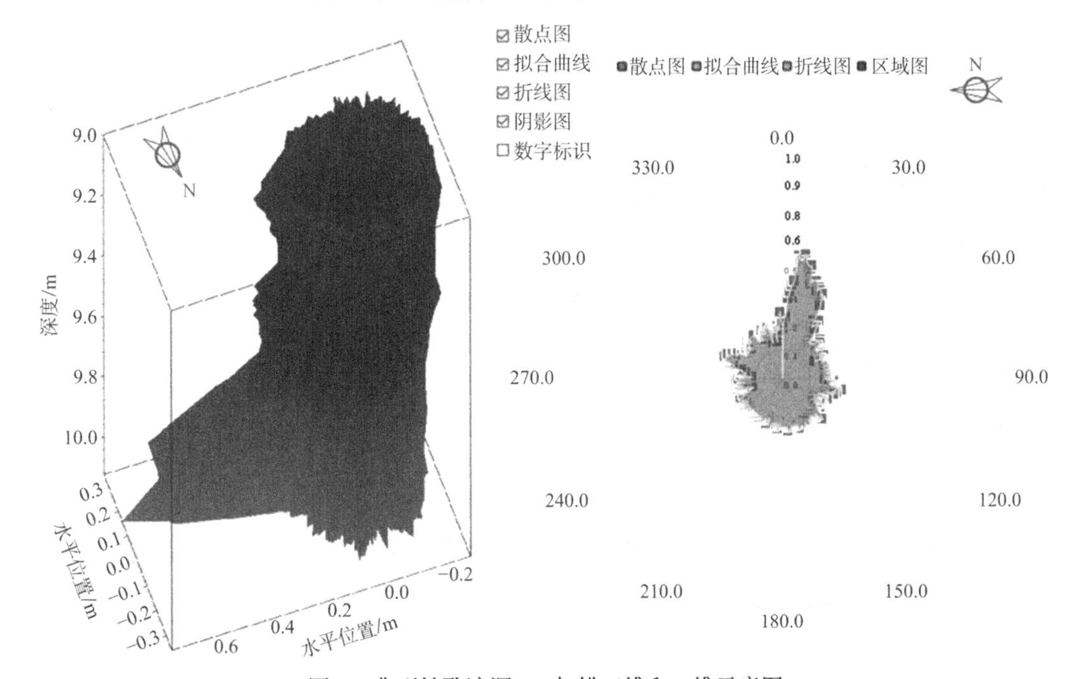

图 7　典型钻孔溶洞 3D 扫描三维和二维示意图

图 8　场地高挖方边坡照片（主厂房地段边坡支护施工完成后）

（5）厂址岩土种类多、地层层序多。根据岩土工程勘测任务书建（构）筑物地基承载力及变形要求，场地岩土构成特点，本项目部分高、重、大建（构）筑物采用桩基方案，采用钻孔灌注桩。为了确定钻孔灌注桩单桩承载力及变形、桩基设计参数、施工参数及相关质量控制标准，在主厂房烟囱的南侧进行了桩基试验，共布置了 S_1、S_2、S_3 和 S_4、S_5、S_6 两组。S_1、S_2、S_3 组试桩桩径为 600mm，S_4、S_5、S_6 组试桩桩径为 800mm，桩身混凝土强度为 C30，试桩有效桩长控制在 12～18m，桩端进入中等风化灰岩不小于 2.5*D*（*D*为桩身直径）。

采取桩基载荷试验及桩身应力、应变测试，获取了各岩土层合理的桩基设计参数及桩身轴力分布特征，推荐了合理的设计参数，对桩基设计进行了优化，根据试桩结果，采用 600mm 桩径可以满足上部荷载要求且对桩长进行了优化，最终采用直径 600mm 桩，避免了采用 800mm 大直径桩和桩长过长造成浪费，为本项目建设节约成本约 1800 多万元，经济效益显著。

桩基设计参数表（桩基试验成果参数） **表 1**

地层编号	地层岩性	状态	天然重度γ	黏聚力c	内摩擦角φ	极限端阻力标准值q_{pk}	极限侧阻力标准值q_{sk}
			kN/cm³	kPa	°	kPa	kPa
①₂	素填土	稍密	19	15	2	—	29
③₂	黏土	可塑状	18	10	40	—	120
④₁	泥岩	全风化	20	—	—	—	190
④₂		强风化	22	—	—	—	190
⑤	灰岩	中等风化	27	—	—	28000	320

（6）针对深厚软塑状红黏土区，通过加密静力触探进行勘探测试和加强室内土工试验获取软土层物理力学参数，根据建（构）筑物荷载特点，推荐部分轻型建（构）筑物充分利用软塑红黏土上覆硬壳层作为基础持力层。对荷载较大且受力不均匀的建（构）筑物，推荐采用桩基进行穿越处理，勘测过程中采取原状土样根据土性特征进行常规固结试验，测定了软土压缩性指标和抗剪强度指标，对软土地基处理方案提出了优化建议，避免了大面积换填处理，经验证，推荐的软土物理力学指标和地基处理方案建议合理。对于场地大面积分布的素填土、杂填土，采用加密动探点的方式查明了填土不同深度的密实度、物理力学、变形参数指标，建议部分轻型建（构）筑物区采用局部压实或超挖换填的方式进行处理后，直接作为基础持力层的建议。避免了大面积换填压实的处理方式，节约了工期和成本（图 9）。

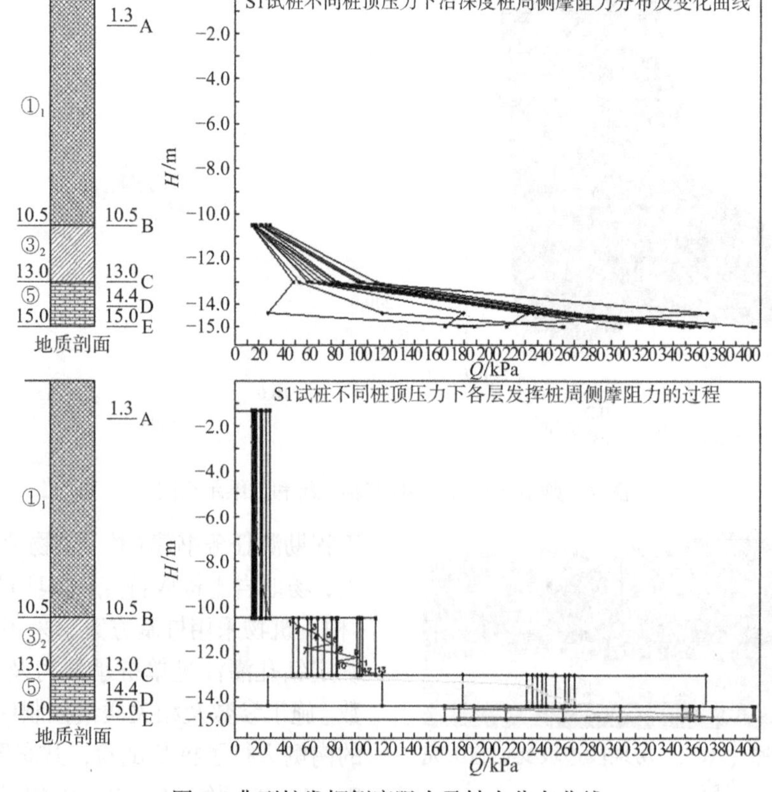

图 9 典型桩发挥侧摩阻力及轴力分布曲线

6 技术创新要点及效益

本工程通过勘测项目组精心策划，攻坚克难，提出了针对性解决方案，并有所创新和发展，还大量尝试了多种新技术、新方法、新手段，显著提高了勘测质量和效率，为今后同类项目岩土工程勘测有一定的指导作用，本项目岩土工程勘测取得了良好的经济效益、社会效益及环境效益，主要体现在以下几个方面。

（1）本项目勘测过程中积极探索新技术、新设备、新手段的应用，采用高密度电法、浅层地震勘探法、瞬变电磁法、3D溶洞扫描等物探手段助力场地岩溶勘察，尤其是3D溶洞扫描技术仅需在揭露溶洞的1～2个普通钻孔中将探头下放测量即可模拟出溶洞全系三维空间模型，不仅获得了更精确的数据、节省了钻探成本、缩短了探查时间，还可形成更直观的三维模型，降低了勘测成本，缩短了勘测周期，还提升了勘测质量，为优化岩溶地基处理方案提供了可靠的依据。

（2）基于场地岩土种类多，主厂房、烟囱等主要建（构）筑物地段填土厚度大，不能采用天然地基，推荐采用桩基的情况下，为了优化桩基设计方案、为工程桩施工工艺提供可靠的依据，以及确定工程桩的检测方法并提供技术支持，选择有代表性的地段针对性地进行了桩基试验。通过桩基试验最终确定了更符合实际的单桩竖向抗压承载力特征值、单桩水平临界荷载值、水平极限承载力和单桩水平承载力特征值等安全可靠参数，避免了取较为保守的经验参数进行设计，节约了工程成本，取得了良好的经济效益。

（3）针对场地内存在部分埋深较浅的深厚软塑状红黏土区域，通常做法为挖出翻晒后换填，但施工成本较高，施工周期较长，本项目为了优化该部分区域地基处理方案，通过加密静力触探，加强室内试验，用更精准的参数、更详细的数据将软土分布去区分区段进行评价及建议，将满足软弱下卧层验算的区段标出，或将可不用全层换填的区段标出并指明建议处理深度，此外，还积极研究改良高液限红黏土回填材料性质的方法，明显地降低了施工成本和施工周期（图10）。

（4）针对高挖方边坡问题，勘测时进行了现场软弱夹层直剪试验，查明了软弱结构面的抗剪强度参数，还积极采用ANSYS、3DEC等软件对边坡开挖支护进行数值模拟，为高边坡支护设计、施工提供了更优建议。经实践证明，针对该工程的边坡支护处理，该探索使得整个设计过程更高效、岩土参数把握更准确、地质模型概念更清晰，分析结果更符合工程实际，分段支护技术方案更经济合理，从根本上解决了工程难题，节约了工程造价，取得了良好的经济和社会效益。

（5）我院加强服务理念，重视本项目现场工代，做好建设全生命周期参谋工作，积极从岩土专业角度献言献策，不仅能避免缺陷和事故的发生，同时还能更好协助土建专业优化基础设计方案和岩土专业对边坡支护设计方案的优化，为业主减少投资、缩短建设周期。

图10　项目竣工后照片

7 总结

本项目各阶段的勘测都在工作前制定了详细、全面的勘测大纲，勘测大纲中明确了技术方案和技术要求，做到了勘测方案合理、勘测工作量布置得当，采用了多种具有针对性、高效性、经济性的勘测方法手段，并积极探索了新方法与传统方法相结合的综合勘测手段，既体现了目前岩土工程勘测工作的先进水平，又体现了勘测为工程建设服务的思想。

本项目整个岩土工程勘测工作严格遵照国家的基本建设工作程序，分阶段分层次地进行了勘测工作，内容满足了国家和行业有关技术方针和法规、标准的要求。勘测成果详细、准确、齐全，论据充分，结论可靠。各阶段的勘测工作都在严格的质量控制之下，无原则性和技术性差错。经现场施工和竣工安全运行多年得到验证，勘测成果资料准确，边坡支护设计方案安全、经济，地基处理方案建议经济合理。

本项目勘测过程中得到了我院李邱林董事长、肖祥辉总工、唐锡彬副总工的大力支持和指导，绥阳煤电化工基地热电联产动力车间项目勘测项目组全员对他们表示衷心的感谢！

厦沙高速公路工程地质勘察实录

席人双　吴福宝　柏威伟　王　哲
（中铁第四勘察设计院集团有限公司，湖北 武汉　430063）

1　工程简介

厦沙高速公路是《海峡西岸经济区高速公路网》“三纵八横”高速公路规划网中的第六横，是福建省的主干线之一。项目的建设对于完善海峡西岸经济区高速公路网，强化海峡西岸经济区和中西部地区之间的经济协作，构建东南沿海的重要疏港通道，构筑福建省旅游快速交通网，推动省际旅游区域合作具有重要意义。

厦沙高速公路 S2 合同段位于三明市境内，地处闽中山区，地势陡峻，相对高差大。路线全长 25km，设计速度 80km/h，为双向四车道高速公路，路基宽度 24.5m。全线设置桥梁 5.7km/23 座，隧道 8.5km/5 座，互通式立体交叉 2 处，同步建设接线长 6.2km。

厦沙高速公路自 2017 年通车以来，运营良好，未发生因工程勘察造成的各类问题，取得了较好的经济和社会效益。

2　工程地质条件

2.1　地形、地貌

项目区位于地处戴云山脉中段的北侧，属低山丘陵地貌，以侵蚀剥蚀地貌为主，为早期受构造作用形成的地形受风化剥蚀作用和流水的侵蚀作用形成侵蚀剥蚀低山丘陵区，海拔 160～850m，相对高度 200～600m，山坡坡度 10°～35°，区内峰峦起伏，沟谷相间。山脉主体均呈北东—南西走向，与区内主要构造线相一致。

2.2　气象、水文

项目所在地区处于属亚热带季风气候，受季风影响，温和潮湿、雨量充沛，四季较分明，春季阴寒细雨连绵，夏季炎热多大雨，秋季晴朗多雷阵雨，冬季寒冷有霜冻，山区多见短期积雪。累年年平均气温 19.2℃。区内地形复杂，各地气温分布差异较大，中高海拔地区随海拔每升高 100m，气温下降 0.5～0.6℃。本区多年平均降水量为 1602mm，年蒸发量约为 1300mm，无霜期 299d/年，4～9 月为雨季，10 月至次年 3 月为旱季，风向春末至初秋多东南风，其余时间多为西北风。

本项目相关的河流属闽江流域尤溪支流水系，主要溪流为尤溪支流清溪和玉肖溪。与路线有关的主要水利设施有永华电站等部分小型水库及电站。

2.3　地层岩性

地层岩性比较复杂，沿线出露地层有第四系冲洪积层、滑坡积层和坡残积层，侏罗系南园组（J_3n）凝灰岩和凝灰熔岩，侏罗系长林组（J_3c）粉砂岩和凝灰质砂岩，侏罗系梨山组（J_1L）（炭质）粉砂岩和石英砂岩，二叠系童子岩组（P_1t）（炭质）粉砂岩和栖霞组（P_1t）灰岩，前震旦系（Anz）石英片岩、变粒岩和大理岩等。主要地层描述如下：

（1）第四系（Q）：冲洪积层（Q_4^{al+pl}）一般具有二元结构，主要分布在较大溪流阶地上或山间谷地及沟口一带。滑坡积层、坡积层及残积层（Q^{dl}、Q^{el}）主要分布于缓坡及坡脚。

（2）侏罗系南园组（J_3n）凝灰熔岩：与侏罗系长林组（J_3c）整合接触。根据岩石风化程度和裂隙发育程度，可划分为全、强、中风化带。

（3）侏罗系长林组（J_3c）粉砂岩和凝灰质砂岩：与前震旦系（Anz）构造接触，侏罗系南园组（J3n）整合接触。根据岩石风化程度和裂隙发育程度，可划分为全、强、中风化带。

（4）侏罗系梨山组（J_1L）（炭质）粉砂岩和石英砂岩，与二叠系童子岩组（P_1t）构造接触，侏罗系长林组（J_{3c}）假整合接触。

（5）二叠系童子岩组（P_1t）（炭质）粉砂岩：二叠系栖霞组（P_1q）假整合接触。出露岩层大部

获奖项目：2021 年度全国工程勘察、建筑设计行业和市政公用工程优秀勘察设计奖工程勘察二等奖。

分为炭质粉砂岩夹煤层。根据岩石风化程度和裂隙发育程度，可划分为全、强、中风化带。

（6）二叠系栖霞组（P_1q）灰岩：与前震旦系（Anz）构造接触，二叠系童子岩组（P_1t）假整合接触。根据岩石风化程度和裂隙发育程度，可划分为全、强、中风化带。

（7）前震旦系（Anz）石英片岩和大理岩：大部分为石英片岩，部分为条带状大理岩，由于是条带状大理岩受溶蚀作用，形成溶槽。与二叠系童子岩组（P_1t）侏罗系长林组（J_3c）构造接触。根据岩石风化程度和裂隙发育程度，可划分为全、强、中风化带。

2.4 地震

据《中国地震动参数区划图》GB 18306—2015，区内基本地震动峰值加速度a为 0.05g，相当于原区划地震基本烈度 6 度区，地震动反应谱特征周期T为 0.35s。

2.5 区域地质稳定性评价

项目处于区域地质构造影响相对稳定地带，地质构造不发育，未发现新构造活动，适宜高速公路的建设。

3 勘察技术和手段

工程地质勘察工作在收集有关区域地质资料的基础上，进行工程地质测绘，采用钻探、物探为主，坑探为辅，并结合原位测试及室内岩、土、水试验分析等多种手段进行。

（1）工程地质调查及测绘

测绘的主要内容为路线所经地区的地形地貌、微地貌特征、地表结构物和建筑物（如水塘、道路、房屋等）的分布情况及对路线的影响；地层岩性（如表层地层、基岩露头及水塘淤泥厚度等）、构造、不良地质现象及水文地质特征。

（2）机动钻探

勘探机械主要为 XY-100 型工程钻机，在第四系土层中采用干钻或泥浆反循环无泵取芯钻进，并按技术要求隔一定深度采用取土器取原状土样及标准贯入试验、重型动力触探测试，终孔 24h 后测定静止水位，并对钻孔岩芯进行拍照存档，样品及时送试验室进行土工分析及物理力学性质试验，为设计施工提供必要的设计参数。

（3）物探

根据勘察目的，本项目物探采用地震折射波法、高频大地电磁测深法、高密度电法和声波测试法。

地震折射波法主要用于土岩界面的勘察，用炸药作为震源，测点距离 5m；高频大地电磁测深法（EH-4）能观测到离地表几米至 1000m 内的地质断面的电性变化信息，主要用于本项目隧道工程的勘察；高密度电法主要用于采空区探测，探测采空区位置，埋深及规模大小等；孔内声波测试采用单孔孔内声波测试，井内探头为一发双收声波探头测定岩体波速（V_{pm}），两个接收探头距离为 20cm，井内测点距为 0.5m。

4 沿线主要不良地质和特殊性岩土

沿线不良地质现象及特殊地质主要有坍塌滑坡、岩溶、弃渣堆积体，特殊土主要为软土。

（1）坍塌和滑坡

项目区内发育的滑坡主要有两类，其中一类主要发育于丘陵陡坡地带的残积、坡积层和基岩全风化层中，均为小型滑坡，分布范围小，厚度薄，一般小于 5m，对工程影响不大，一般予以清除即可。

第二类滑坡主要为古滑坡和滑坡、崩塌堆积体，滑坡规模巨大，滑体厚度一般在 10～30m 之间。主要发育于 K123 + 000～K126 + 000 段，发育于侏罗系砂岩夹泥质粉砂岩、炭质粉砂岩的地层中。其成因在于侏罗系地层多为硬岩夹软岩，受构造运动及其他因素的影响，形成滑坡、崩塌。这一类不良地质体主要有：洋仔 1 号滑坡、洋仔 3 号滑坡、玉园 1 号滑坡以及七官场隧道进出口段滑坡、弃渣堆积体，对于规模较大的滑坡或不良地质体线位已经对其进行了绕避。

（2）岩溶

K124 + 800～K127 + 010 段出露有二叠系栖霞组灰岩和前震旦系麻园组大理岩。灰岩和大理岩岩溶发育，溶蚀现象明显，基岩面附近土体一般呈软塑—可塑状。

栖霞组灰岩发育于玉园隧道出口，据物探及钻探成果 K124 + 800～K125 + 240 段岩溶较发育，充填软塑—可塑状粉质黏土，并揭露有 7.3m 的空洞，其中钻孔揭示软塑—可塑状粉质黏土厚度在 6.4～13.5m，导致玉园隧道出口段围岩级别较低，需要加强支护措施。

前震旦系大理岩呈条带状出露，大理岩风化裂隙发育，溶蚀现象明显，大理岩之间夹有灰黑色，可塑—硬塑，以黏粉粒为主，另含少量含砂粒，该土层厚度大，力学性质较差，遇水浸泡已变软，为云母片岩全风化层，特别是在大理岩岩层附近，受地下水的影响，土体呈软塑状，对K125＋500～K127＋000段深路堑边坡稳定性不利。

（3）堆积体

受地层岩性和项目区内矿产开采的影响，路线附近存在多处堆积体，其成因为滑坡、崩塌堆积体和弃渣堆积体。与本项目相关的主要为K128＋300～K128＋600弃渣堆积体，为人工弃渣场，弃渣场顶部较平坦，为废弃的荒地。其成因是露天开采石灰石矿，弃渣直接堆填，堆积时间在10年以上，形成人工阶梯式台地地形地貌，弃渣场沿路线长约300m，宽170m，厚7.5～22.30m，总体积达45万m^3。

弃渣堆积体主要成分为灰岩碎石、硅质岩、砂岩碎石，砂粒及黏粉粒组成。鉴于弃渣堆积体量大且分布不均匀，弃渣成分适宜于路基填筑，因此设计将路基范围内的弃渣堆积体进行反开挖后重新碾压回填，对于路基范围外的弃渣堆积体，利用路基弃方进行反压，防止弃渣堆积体失稳滑移。

（4）软土

沿线地形狭窄山高坡陡，地形复杂，不易产生软土，少量零星分布于山间谷地等低洼地带，属表层淤泥质土，呈条带形展布，厚度0.3～0.8m，采用清除换填处理。

5　专题研究

本项目高填深挖路基多，具有路堤填筑高度大（最大边坡高度超过60m）、石英片岩挖方高边坡变形破坏机制复杂等特点，为此开展了专题研究。

5.1　超高路堤填筑试验研究

本项目高填路堤较多，最大填方边坡高度达63.4m。通过对高填方路堤填料（以泥质粉砂岩风化层为主）开展填料的微观结构、矿物化学成分分析、物理力学性质、水稳定性、渗透系数等试验研究，同时，基于室内重型击实试验和CBR试验，对填料的路用性能进行评价，确定路堤填料的最大干密度及最优含水率等关键参数。指导了高填方路基的设计施工，解决了现场弃土难题，节省造价逾千万元。课题研究思路及主要内容如下（图1）：

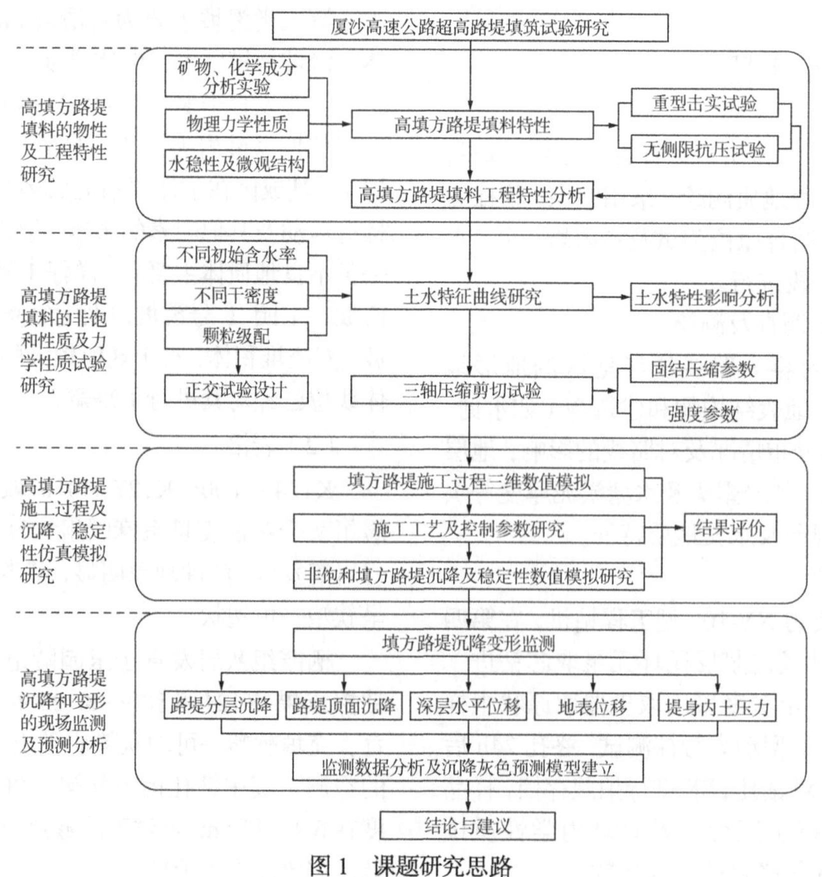

图1　课题研究思路

根据研究成果，提出超高路堤的设计方案：填料设计从上至上分别采用填土、填石，其中第1～3级采用填土，第4～7级采用填石，坡脚采用干砌片石码砌护脚。在填石路基之上土石分界面上设置50cm后的砂砾石过渡层，路面底基层布设$\phi 8$钢筋网以协调路面变形。边坡设计采用台阶式边坡，每级坡高8m，其中左侧边坡：1级坡率1：1.5，2级坡率1：1.75，3级坡率1：2.0，平台宽度2.0m；右侧边坡：1级坡率1：1.5，2级坡率1：1.75，3级及3级以下坡率1：2.0，1～2级平台宽度2.0m，余下平台宽3.0m（图2）。

高填方路堤填筑时，为了减少路基沉降，每填筑2m进行一轮碾压处理，碾压完成后采用冲击碾压补强。冲击能不小于25kJ，冲击碾压20遍。路堤压实度检测合格后进行下层填筑，路堤的压实度为94%。

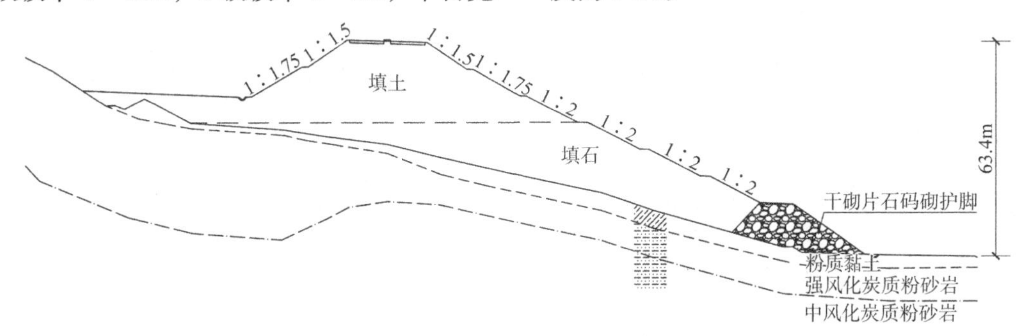

图2　超高路堤设计典型横断面

采用现场沉降监测、数值模拟对高路堤的填筑效果进行了分析。数值模拟采用ANSYS，采用非线性Drucker-Prager本构模型，路堤和地基土体均采用plane82单元模拟[1]。

使用ANSYS计算工后8个月路堤沉降量。模拟结果显示，工后240d路堤总沉降量为0.232m，与监测结果较为接近。从图3可知，高路堤的沉降主要集中于填土路堤层，填土路堤的沉降量明显大于填石路堤和原始路面，与实际情况一致。

5.2　石英片岩高边坡变形破坏机理及加固技术研究

项目沿线大量出露有前震旦系（AnZ）石英片岩，合计长度9.29km，石英片岩成分复杂，性质特殊，具有明显的各向异性，其形成的路堑高边坡的稳定性较差，在施工及运营期间极易发生路基边坡坍滑灾害。石英片岩边坡的物理力学参数获取困难，为边坡稳定性分析评价增加了难度。

本项目岩体主要为云母石英片岩，在常规勘察的基础上，对云母石英片岩的微观结构与工程性质进行了研究。从镜片分析、扫描电镜、CT透视等方面对石英片岩岩块矿物组成及微观结构进行了分析（图4）。

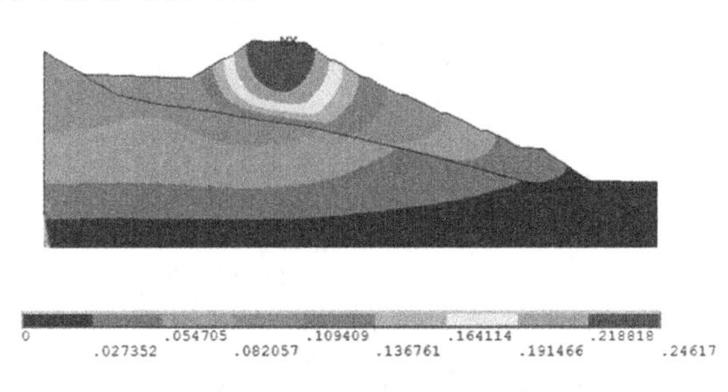

图3　工后240d高填方路堤沉降云图

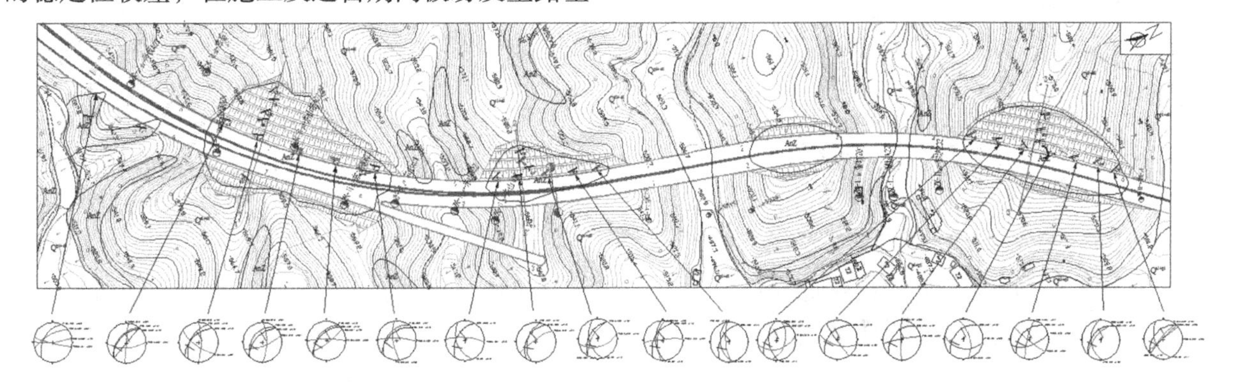

图4　厦沙高速公路石英片岩边坡段工程地质平面图（部分）

图5为云母石英片岩偏反光显微镜下的结构照片[2]。从图中可以看出，岩石普遍呈细粒鳞片粒

状变晶结构，显微片状构造，云母定向排列明显。

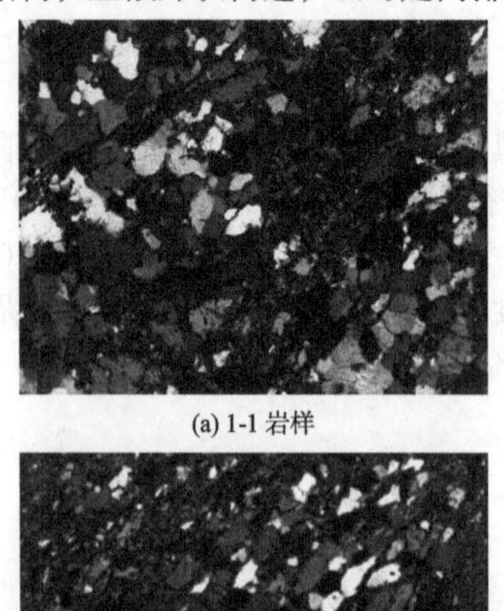

(a) 1-1 岩样

(b) 1-2 岩样

图 5　云母石英片岩的镜下显微照片

图 6 是扫描电子显微镜的测试结果[3]，可以清晰地看到片状矿物组构单元呈条带形分布，部分粒状矿物也沿条带向延伸，具有方向性，其矿物组构存在明显的优势定向排列，这是其自身片状构造的微观体现。

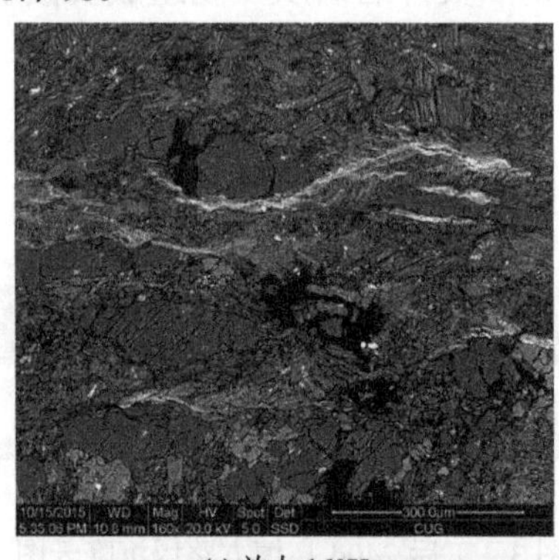

(a) 放大 160X

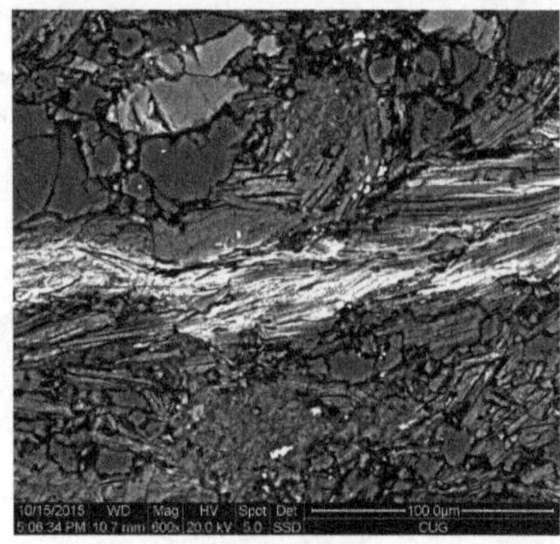

(b) 放大 600X

图 6　不同放大倍数下的云母石英片岩微观结构

图 7 是 CT 扫描的测试结果，从 CT 影像可以看出岩样内部的片理定向结构、矿物成分的差异以及内部裂隙发育状况。未风化岩石相对致密，而微风化岩石内部裂纹则增多。

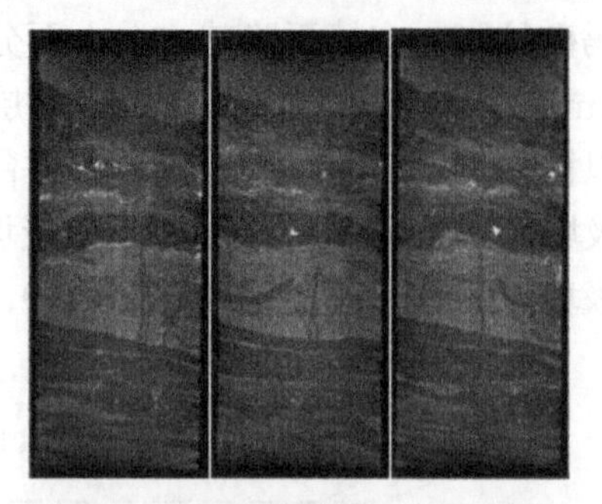

(a) 竖向切面

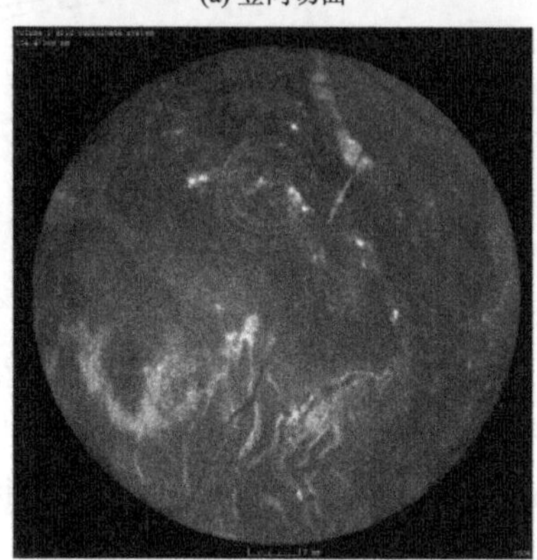

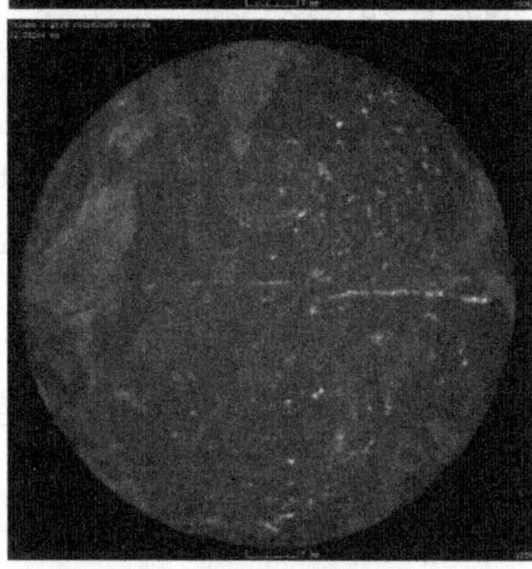

(b) 横向切面

图 7　试样不同方向不同断面的 CT 影像

从云母石英片岩的微观结构看，其组成矿物定向排列强烈，从而导致其结构的各向异性明显。这种微观结构特征同时反映在岩体的物理力学性质上。在此基础上，对石英片岩单轴抗压岩块抗压强度、剪切强度、流变特性以及片理面与节理面剪切强度进行了测试与分析，总结分析其特征，给出建议值。

同时，对石英片岩边坡现场工程地质条件进行了详细调查，对边坡坡体结构及风化带进行了划分，开展了现场结构面统计、不同风化程度石英片岩的点荷载强度测试、现场结构面直剪试验以及现场渗水试验。

通过勘察分析，将影响石英片岩高边坡稳定性的因素归纳为：地质边界条件及结构面组合条件、降雨入渗作用、风化作用、气温因素的影响。根据项目区的特点，将（含）云母石英片岩边坡破坏机理总结为五种破坏模式：顺层滑移破坏、弯曲倾倒破坏、切层滑动、楔形体滑移失稳破坏、覆盖层圆弧形滑动。

工程设计采用锚索加固边坡应力分布会得到改善，水平向位移明显减小，坡脚塑性区减少，稳定性提高，加固效果明显[4]。

上述成果直接指导石英片岩深路堑的设计施工，取得了较好的经济和社会效益。

6 结语

（1）本工程段沿线地形地质条件较为复杂，虽无活动性断裂发育，但受区域构造影响，岩体风化破碎较严重。路段总体工程地质条件适宜高速公路建设。

（2）对于公路沿线的不良地质和特殊性岩土，勘察详细查明其范围和性质，并针对性地提出了处治方案，经工程实施检验，效果良好。

（3）通过专题研究提出了超高路堤设计方案，分析了石英片岩的特殊物理力学性质并针对性地提出工程加固方案，经施工检验均取得较好效果。

参考文献

[1] 吴福宝. 厦沙高速高填方路堤工后沉降监测及数值分析[J]. 科学技术与工程, 2018, 18(19): 267-271.

[2] 王哲, 马淑芝, 席人双, 等. 云母石英片岩强度的各向异性特征研究[J]. 安全与环境工程, 2018, 25(3): 160-165.

[3] 吴福宝. 云母石英片岩片理面力学特征试验研究[J]. 岩土工程学报, 2019, 41(S1): 117-120.

[4] 王哲, 马淑芝, 袁宏成, 等. 厦沙高速公路云母石英片岩边坡稳定性评价及加固效果分析[J]. 路基工程, 2018(4): 238-243.

西气东输三线西段管道工程勘察实录

邓　勇[1]　陈光联[1]　黄　琳[2]　杨晓军[1]

（1. 中国石油天然气管道工程有限公司，河北廊坊　065000；2. 国家管网集团工程技术创新有限公司，天津　300450）

1　工程概况

西气东输三线西段管道工程起自新疆霍尔果斯首站，止于宁夏中卫联络站，途经新疆维吾尔自治区、甘肃省、宁夏回族自治区 3 省（自治区），线路全长 2445km。设计年输量 300 亿 m^3，管道直径 1219mm，本项目岩土工程勘察工作主要由中国石油天然气管道工程有限公司承担。

2　区域地质条件

2.1　区域地层

管道沿线出露的地层主要包括：下元古界兴地塔格群（PtX）、元古界蓟县系（Jx）、青白口系（Qb）、震旦系（Z），古生界寒武系（є）、奥陶系（O）、志留系（S）、泥盆系（D）、石炭系（C）、二叠系（P），中生界侏罗系（J）、白垩系（K）、第三系（R）、第四系（Q）及侵入岩。

其中，第四系地层管道沿线广泛分布，根据地貌特征、洪积层的叠置关系和胶结程度，划分为上中下更新统和全新统。根据堆积物形成时的动力和沉积条件，划分出第四系冲积（Q^{al}）、洪积（Q^{pl}）、冲洪积复合沉积（Q^{apl}）、化学沉积（Q^{ch}）、风积（Q^{eol}）以及多种成因形成的复合沉积物（包括洪积、冲积、风积、化学沉积、冰水沉积等）等不同成因类型。

2.2　区域构造及新构造活动

（1）新疆段

境内管道线路所经地段处于准噶尔—北天山褶皱系北天山优地槽褶皱带，一级新构造运动单元为天山强烈隆起区，二级新构造运动单元为北天山隆起、东天山断块隆起、吐鲁番—哈密坳陷、伊犁坳陷、天山北麓新隆起 5 个。管道沿线构造线大多呈东西方向延伸，构造性质上均是由北向南的压应力作用而形成，表现在褶皱和断层的性质上为褶皱北缓南陡，断裂多为向北倾斜的逆断层。在吐鲁番—哈密坳陷里多数是燕山期—喜马拉雅期形成，而较大规模的断裂则是华力西期形成的基底断裂的反应。管线经过地段新构造活动比较强烈，其突出表现是差异性的断块升降。

（2）甘肃段

境内管线地跨塔里木板块、华北板块、中祁连—柴达木板块 3 个一级构造单元，公婆泉—洪果尔、敦煌—玉门、阿拉善、酒泉—武威—静宁和托莱山—西宁构造区 5 个二级构造单元。其中塔里木板块内主构造线呈近东西向展布，华北板块和中祁连—柴达木板块则以北西—南东向为主。各构造单元之间以深大断裂为界，大型断裂多为活动断裂，部分目前仍在活动。

甘肃段新构造运动与青藏高原的形成有着十分密切的关系，新构造的差异性升降运动十分明显，新构造运动强度自南向北、自西向东呈逐渐减弱的趋势，如南部祁连山上升幅度最大，北山、阿拉善地区地壳上升微弱，而走廊地区地壳沉降幅度最大。

（3）宁夏段

宁夏境内本段所处大地构造位置属祁连褶皱系东段，跨走廊过渡带及北部祁连褶皱带两个次一级构造单元，属卫宁区域东西向构造带，区域构造线走向主要是北西西向。管道沿线所穿越香山复背斜属卫宁区域东西向构造带之次一级构造单元，自西向东有小红山向斜，长流水背斜及香山复背斜，岩层褶皱变形强烈。在红寺堡开发区和同心县境内，以牛首山—固原深大断裂为界，即青铜峡—孙家滩—西泉—谭庄—下马关镇一线以东属于鄂尔多斯台坳西缘坳陷带；以西地区，包括中卫市、中宁县则属于祁连褶皱系走廊过渡带，地质构造强烈而复杂，新构造运动较为活跃。

2.3　区域水文地质条件

管道沿线地下水受地形地貌、地质构造和地

获奖项目：2021 年度工程勘察、建筑设计行业和市政公用工程优秀勘察设计奖工程勘察二等奖。

层岩性控制明显，根据管线所经地段水文地质条件可将地下水划分为三种类型：碎屑岩类裂隙孔隙水、第四系松散堆积层孔隙潜水，以及基岩裂隙水。

管道沿线地下水补给主要靠高山地区的冰川、冰雪融水、暴雨洪流，地下水补给主要是河流出山口后沿山前冲洪积扇渗入地下对地下水进行侧向补给，此外，由于沿线人类活动较为频繁，农业、工业设施相当多，人为引水对地下水的补给影响不能忽视，渠系渗漏、管道渗漏等都会对地下水构成补给。地下水的径流方向与山脉的坡向、地表水流向一致。地下水的排泄方式主要是人工开采、侧向径流、地面水体蒸发、植物蒸发蒸腾等。

3 勘察工作方案

3.1 线路勘察

管道线路勘察工作在充分搜集沿线气象、水文、区域地质、区域构造、人文和交通等资料的基础上，通过工程地质调查、井探、槽探及钻探工作查明管道沿线工程地质及水文地质条件。

勘探点间距按照《油气田及管道岩土工程勘察标准》GB/T 50568—2019 第 4.2 节相关规定执行，在地质条件复杂地段，适当加密勘探点；勘探深度平原地区为 3.0～4.0m，山区、丘陵区为 4.0～6.0m。勘察结果依照《油气田及管道岩土工程勘察标准》GB/T 50568—2019 划分管道沿线土石等级。

使用 ZC-8 型接地电阻测量仪，四极等距法，测定管道埋深范围内的土壤平均视电阻率，测试间距与勘探点间距相同，在电阻率测试值小于 20Ω · m和地质条件复杂多变的区段，适当加密测点。

3.2 站场阀室勘察

本工程站场、阀室勘察除严格按照《油气田及管道岩土工程勘察标准》GB/T 50568—2019 有关规定进行外，尚应满足如下要求：

（1）勘探点布置：布置原则应满足《油气田及管道岩土工程勘察标准》GB/T 50568—2019 第 4.1 节相关规定。对于压气站，考虑到压缩机振动及扰力较大，勘探点的间距宜取表 4.1.12 中的下限值。

（2）勘探深度：勘探点深度应满足《油气田及管道岩土工程勘察标准》GB/T 50568—2019 的第 4.1.13 条的有关规定。

（3）水土腐蚀性：每个场区内采取代表性水、土试样进行相关试验，布置一定数量（4～5 个）视电阻率测试点，以判定场区水、土对建筑材料的腐蚀性。

3.3 站场供水水文地质勘察

在充分搜集利用已有资料的基础上，通过物探、钻探和室内试验等多种手段，查清地下水深度、含水层厚度、地下水来源、地下水质、水温、单位时间出水量、含水层土质等，查明本站区地下水资源赋存条件及分布规律，对场区地下水资源情况做出综合性评价，并确定合理的地下开采方案。

3.4 河流大中型穿越勘察

除应严格按照《油气田及管道岩土工程勘察标准》GB/T 50568—2019 的第 4.3 节的有关规定进行外，尚应满足如下要求。

（1）勘探点深度：非开挖穿越的河流，钻孔深度 40～60m，自河底算起不小于 40m；大开挖穿越方式的河流，钻孔深度 15～30m，控制性钻孔自河底算起 20～30m。对于基岩应钻穿强风化层，强风化层较厚时，最大深度以 10m 为限，特殊条件下由设计人员另提要求。

（2）勘探点位置、数量：钻孔应布置在拟定的穿越中线两侧 15～20m 处，勘探点间距符合《油气田及管道岩土工程勘察标准》GB/T 50568—2019 第 4.3 节相关要求，每处穿越不少于 3 个勘探孔，控制性钻孔数量不少于勘探点总数的 1/5～1/3。

（3）工程水文参数

河流大中型穿越应提供穿越断面处的工程水文参数，如最大水深、流速、最低枯水位、最大洪水位，穿越处水面比降、设计洪水频率下设计流量、设计流速、设计洪水位、冲刷深度，以及历史上发生的最大洪水情况。工程水文参数计算应根据《公路工程水文勘测设计规范》GB/T 50568—2019 相关规定执行。

3.5 隧道勘察

隧道工程除严格按照《油气田及管道岩土工程勘察标准》GB/T 50568—2019 第 4.5 节的有关规定进行外，尚应满足如下要求：

（1）选择适宜的工程物探方法（2 种或 2 种以

上方法）查明场区地质条件，物探测线要求使用专业测量设备进行实测，物探工作应早于钻探开工；隧道洞身和洞口应布置一定数量的勘探点（钻孔、探井或探槽），勘探点数量不宜少于3个。钻孔布置、深度按照《油气田及管道岩土工程勘察标准》GB/T 50568—2019的第4.5.11条的规定进行；

（2）对于河流隧道穿越和山岭隧道，应有针对性地进行水文地质试验工作；隧道进出口等存在边坡问题的工点均需要进行边坡勘察、评价，并提出防治建议；

（3）隧道详细勘察除查明《油气田及管道岩土工程勘察标准》GB/T 50568—2019的第4.5.10条规定的内容外，尚应查明隧道建设对当地居民生活用水、农业灌溉用水及当地环境的影响。

4 勘察方法及技术手段

管道沿线的地形地貌变化大，盐渍土、膨胀性岩土、黄土等特殊性岩土广泛分布；滑坡、崩塌、泥石流等不良地质作用非常发育，总体地质条件非常复杂，勘察工作难度大。因此为了详细查明管道沿线的工程地质、水文地质等条件，为设计提供翔实准确的地质资料，勘察过程中采用了工程地质调绘、工程测量、工程物探、工程钻探、数值模拟等多种勘察手段，保证了勘察质量，提高了勘察进度。下面重点介绍GPS测量、地面三维激光测量、工程物探、有限元数值模拟等先进技术手段。

4.1 GPS测量

在工程测量过程中，除了运用全站仪等常规的测量仪器外，还采用了先进的全球定位系统（GPS）进行精确定位。同常规测量相比，GPS仪器可以全天候作业，不但降低了劳动强度，提高了工作效率，同时解决了管道沿线国家已有三角点稀少的问题，解决了点与点间不通视的困难。手持GPS仪器为管道线路选线、定线以及在导航方面发挥了很大作用。

4.2 地面三维激光测量

地面三维激光扫描技术，是利用地面三维激光扫描装置自动、非接触、系统、高密度、高精度快速获取目标物表面的三维坐标的测量技术。它是一种高精度的测量手段，通过采集海量的点位数据，还原目标物表面三维数据，构成了分辨率极高的三维空间数据成果。该技术不单适用于常规的地形图测绘，尤其在管道工程中的困难段线路（高、陡、险）、隧道、地下洞库、复杂建筑、站场阀室、地灾体和边坡勘测等项目中，更能发挥其独特的优势。同时，基于该数据成果可以进行地质灾害识别、滑坡监测、隧道和洞库土石方的准确测量、精细三维建模等应用。

4.3 工程物探

本工程勘察过程中运用了面波法、四极对称电测探法、高密度电法、浅层地震折射和反射法、音频大地电磁法（AMT）、声波测井和地质雷达等。

（1）面波法

面波法是利用地震波的波速低、波长短，分辨率高，不受潜水的影响，且在不同的介质上不产生转换波等优点，采用小偏移、共反射、多次叠加的方法追踪层位，具体在野外勘探中，可在地面上沿波的传播方向，以一定距离设$N+1$个检波器，可以按收到面波在$N\Delta X$长度范围内的传播过程，并将接收到的面波资料在计算机上进行处理，分析地下各岩土层的岩性、密度差异。对地震波而言，其波阻抗和反射采取也不同，反射在面波处理后的频散曲线上，其频率的改变，俗称“点”，在进行定量解释后，可得到各测点下地质分层、厚度及各层的坡度，因此，被某些地质专家称为“无孔勘察的新一代”方法，在部分大型河流、隧道及某些站场勘察中都采用了该方法，与钻探相互配合，达到了加快勘察进度，缩短勘察周期，降低了勘察成本的目的。

（2）四极对称电测探法

四极对称电测探法属勘测中的一种方法，其野外工作方法是在测点两边，按照一定距离布置电极，经向地下供电后，记录其电压和电流量的变化。岩土层的岩性不同，导电性也就有了差异，因此，各土层电阻率也就不同，例如黏性土与砂土、岩石都存在明显的电阻率差，就可得到不同类型的电阻率曲线，经室内定量解释，计算出各岩土层的厚度、电阻率。该方法与面波法结合在管道勘察、大型河流和隧道勘察中都发挥了很大作用。

（3）高密度电阻率法

高密度电阻率法相对于常规直流电法（常规电法由于其观测方式的限制，测点密度不高，测量的数据量较少，而且解释方法常以一维反演方法为主）而言，它的优势集中体现在“高密度”上。

野外观测时，一次布置可达几十至几百根电极，大大提高了工作效率；而且它采用了自动采集的智能化系统，减小了劳动强度；同时，它的电极布置密集，保证了该方法的探测精度。

高密度电法极距的设定包括供电电极距AB和测量电极距MN的确定。供电电极距AB的大小一般视目标体的埋藏深度而定，一般应满足关系式：$AB \geqslant 3H$（H为探测深度）。而测量电极距MN的确定一般视目标体的范围大小而定，电极距MN与横向分辨率的要求有关。高密度电阻率法工作时，其供电电极与测量电极是一次性布设完成的。通常情况下，经由仪器的电极转换开关控制，排列中的某两根电极既作为供电电极AB，在下一组组合测量时又要作为测量电极MN。本次野外观测采用α排列方式（温纳装置$AMNB$）。使用等电极距，电极距为5m，最大供电电极距300m，电极排列见图1。

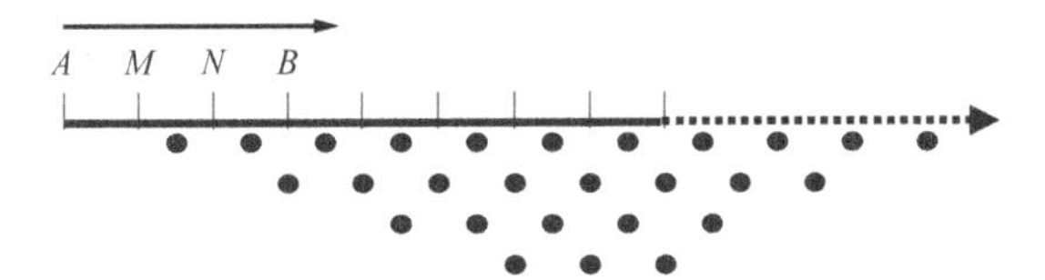

图1 高密度电极α排列方式示意图

测量时$AM = MN = NB$为一个电极间距，A、B、M、N逐点同时向右移动，得到第一条剖面线；接着AM、MN、NB增大一个电极间距，A、B、M、N逐点同时向右移动，得到另一条剖面线；这样不断扫描测量下去，得到倒梯形断面。

高密度电阻率法的测量数据在处理中采用二维高密度电法反演程序2DRES。该程序所使用的反演程序是基于圆滑约束最小二乘法，使用了基于准牛顿最优化非线性最小二乘法的新算法。该软件提供数据滤波处理、地形校正等处理手段。

（4）浅层地震反射和折射法

地震勘探是依据岩土的弹性差异，利用人工激发的地震波在岩土介质中的传播规律，来研究浅部地质构造的地球物理勘探方法。其基本工作方法是在地表某测线上人工激发地震波，当地震波向下传播遇到弹性不同的分界面时，就会产生反射波、透射波和折射波等。由于地震波在介质中传播时，其传播路径、振动强度和波形将随所通过的介质的结构和弹性性质的不同而变化，掌握了其变化规律，根据接收到的地震波旅行时间和速度资料，就可以推断解释地层结构和地质构造的形态；再根据波的振幅、频率、速度等参数，则可以推断地层或者岩石的性质。此项技术运用于隧道及大中型河流穿越勘察中。

（5）音频大地电磁法（AMT）

音频大地电磁法（AMT）是一种测量10～100kHz的大地电磁场信号的电磁测深方法，其探测深度在几米至3km左右，主要用于金属矿、地热田、埋藏不深的油气田、水文、工程、环境等领域的地球物理勘探。此项技术运用于多个隧道勘察中。

（6）地质雷达

地质雷达是一种用于确定地下介质分布的广谱电磁技术，雷达通过发射天线向介质中发射高频、宽频带电磁波，经介质中的分层界面或目标的反射界面产生反射回波信号，由接收天线接收并数据化。电磁波在介质中传播的路径、电磁场强度以及波形将随介质的电性特征及几何形态而变化，故可依据记录到的电磁波走时及波幅等波形资料，解译出目标的几何形态或结构异常。具有探测效率高、对探测场地和目标无破坏性、有较高的分辨率及较强的抗干扰能力等特点，在工程建设领域应用广泛，具体表现在以下几个方面：①工程选址、建设用地地质灾害危险性评估；②工程地质勘察；③地下管道、电缆、洞穴以及障碍物的探测；④地下建筑的无损检测。

（7）声波探测

声波探测是测定声波在岩体中传播速度、振幅和频率等声学参数的变化。探测时，发射点和接收点根据深测项目可选在岩石表面及钻孔中。

本次声波探测使用仪器型号为RSM-SY5非金属声波检测仪；钻孔中测试探头采用单发双收换能器，测试点距一般为1.0m，洞身3倍范围及岩体较破碎段测试点距加密为0.5m；岩样测试采用高频换能器。

为使换能器能很好地与岩体、岩块耦合，在钻孔中进行岩体弹性纵波测试时，采用水耦合；对岩样进行弹性纵波测试时，采用黄油耦合。

4.4 有限元数值模拟

有限元分析是用较简单的问题代替复杂问题后再求解。它将求解域看成是由许多称为有限元的小的互连子域组成，对每一单元假定一个合适的（较简单的）近似解，然后推导求解这个域总的满足条件（如结构的平衡条件），从而得到问题的解。这个解不是准确解，而是近似解，因为实际问题被较简单的问题所代替。由于大多数实际问题难以得到准确解，而有限元不仅计算精度高，而且能适应各种复杂形状，因而成为行之有效的工程分析手段。有限元分析可分成三个阶段，前置处理、计算求解和后置处理。前置处理是建立有限元模型，完成单元网格划分；后置处理则是采集处理分析结果，能简便提取信息，直观了解计算结果。

5 地形地貌及线路地质

5.1 新疆段

管道沿线主要地貌及线路地质条件分述如下：

（1）风积沙地：主要分布于霍城县、精河县、哈密市一带，为高差不大的台阶形平台或缓地，为风积沙丘、砂窝等。以粉细砂为主，局部有洪积黏性土、砾砂、角砾等。

（2）冲洪积平原：主要分布于霍城县、精河县至乌鲁木齐市一带，地形较平坦，多为农田，种植棉花、玉米等植物。河流、沟谷较发育，人工渠分布较多，以粉土、粉细砂为主，局部夹卵砾石层。由于地下水位埋深较浅及农业灌溉，地表可看见白色盐晶。

（3）山前洪积扇及砾质倾斜平原：管道沿线普遍分布，多已连成一片形成洪积扇或洪积砾质倾斜平原。由山前向盆地中心倾斜，与河谷阶地呈渐变关系，局部呈陡坡接触或缓升降的平缓台阶地形，组成物质为第四系中、上更新统洪积粉质黏土及砂砾石。

（4）山前坡积带及山间谷地：主要分布于天山及后沟山间谷地地段，由于受到构造、地层岩性等控制，沟谷宽 15～100m 不等，地形起伏较大，相对高差 20～100m，呈缓慢上升或下降。沟谷内多见地表水。山前坡积带组成物质为第四系残坡积堆积物，以卵石夹含砾黏性土为主，局部分布有黄土状土。

（5）中山山地：主要分布于天山西段科古琴山山脉。山体陡峻，沟谷深切且狭窄，坡面较陡，海拔 2150～2990m。科古琴山山脉主要由上元古界的青白口系粉砂岩、石灰岩，震旦系上统粉砂岩、石灰岩，下古生界的寒武系粉砂岩及奥陶系上统石灰岩组成。地势整体上西南部及中部高，东北部地势相对低。

（6）基岩山地：主要分布于博乐市靠近天山段、后沟及哈密市景峡站至红柳河站西南附近。山体陡峻，坡面较陡，海拔 1100～2200m，由上元古界的青白口系砾状灰岩、砂屑砾屑灰岩、中薄层灰岩、白云质灰岩，下古生界的寒武系灰岩夹泥质灰岩和泥质硅质岩组成。

（7）剥蚀缓丘、剥蚀准平原及风蚀雅丹地貌：主要分布于鄯善、哈密地区。多沿沟谷发育，很少有植物生长，由于地层的差异性风化，形成地表为长条状垅岗高地及狭长的壕沟；沿干线分布的剥蚀残丘，多为火成岩、沉积岩、变质岩风化残坡积物，下伏基岩，地形一般起伏不大，相对高差在 5～15m，局部沿冲沟走向的较为平缓。雅丹地貌主要分布在十三间房—三道岭段。

5.2 甘肃段

管道所经区域处于河西走廊地区，地形起伏不大，总体较平缓。走廊地带总体地形东部高，西部较低，中间被黑山、宽台山和大黄山等一些山丘分隔，形成山间倾斜冲洪积平原。主要有瓜洲、玉门、酒泉、高台、张掖、武威等冲洪积平原，其他为山地、丘陵及各地貌的过渡地带。管道沿线主要地貌及线路地质条件分述如下：

（1）低中山地貌区：地形起伏较大，山脊与深切冲沟相间分布，植被稀少。地层以粗粒花岗岩为主，低洼地带覆盖有残坡积粉土层，厚度差异较大，主要分布于山丹、永昌和景泰等地。

（2）丘陵地貌区：地形起伏，相对高差 10～40m，地表植被稀少。地层以粉质黏土为主，局部地段出露有新近系砂岩、泥岩，在玉门石油河一带出露粗粒花岗岩等基岩。在瓜洲、玉门、山丹、永昌、古浪及景泰一带均有分布。

（3）沙（砾）漠地貌区：分布有流动沙丘、固定沙丘、半固定沙丘和沙堆。该地区气候干旱，降雨稀少，地表植被稀疏。沙（砾）漠地区管道敷设，由于沙丘、沙堆活化，搬运和再堆积作用，造成局部管道出露地表，受风沙剥蚀，破坏管道防腐层，影响管道正常使用，地层以粉细砂为主。主要分布于酒泉、高台、临泽及古浪县。

（4）戈壁地貌区：地势开阔，地形起伏不大，为荒地，植被稀少，地层以角砾、圆砾、卵石为主，主要分布于瓜洲—张掖—武威一带。

（5）冲洪积平原地貌区：地形较平坦、地势开阔，局部地段小冲沟发育。玉门、嘉峪关、酒泉、临泽、张掖、山丹、永昌、武威、古浪一带均有分布。地层多分为两层，第一层粉质黏土；第二层角砾、圆砾，密实，含少量碎石。

（6）盆地地貌区：仅分布于景泰白墩子盆地，地形较平坦、地势开阔，盆地内部分地下水位埋深较浅，局部地段地表水出露。地层为：第一层粉土，黄色，稍密，湿—饱和；第二层为细砂，黄灰色，稍密，饱和。盐渍岩土广泛分布，对管线影响较大。

5.3 宁夏段

线路所经地段西高东低，海拔高程为 1100～1750m。黄河以西为腾格里沙漠南缘，为风蚀堆积沙漠区，固定、半固定沙丘遍布，一般高度 5～20m；甘塘以西沿线地面高程在 1460～1750m 之间。黄河隧道东岸出口至下河沿为中低山，地形起伏较大，为基岩剥蚀山地。下河沿—中卫压气站为山前冲洪积倾斜平原，地形平缓，地势开阔，海拔高程 1100m 左右。管道沿线主要地貌及线路地质条件分述如下：

（1）中山—低山区：分布于黄河两岸香山—天景山中低山地区，管线沿山脊较宽缓处上下山，在相对较宽、起伏较小的山梁上敷设，受地质构造等影响，山体较破碎，遭受水力切割强烈，地形起伏相对较大。地表为崩坡积碎石土，下伏石炭系、寒武系砂岩、泥岩、炭质泥岩等。

（2）沙漠区：分布在沙坡头自然保护区的南侧边缘地区，地形稍有起伏，荒漠，耐旱植物零星或成片分布。地表为风积粉砂、细砂，局部含碎石土，下伏石炭系砂岩、泥岩、炭质泥岩等。

（3）河谷、沟谷区：分布在黄河河谷和长流水沟地区，地形稍有起伏，管线沿沟谷台地平缓处敷设，局部地段沿斜坡坡脚敷设，植被稀少。地表为崩坡积碎石土，下伏石炭系、寒武系砂岩、泥岩、炭质泥岩等。

（4）冲积平原区：分布在宁夏境内线路的大部分地区，地势开阔，地形具有缓波状起伏特征，且呈现出西高东低的特点，局部发育宽缓冲沟，荒漠，耐旱植物成片分布。地表为粉土、粉砂、粉质黏土，下伏卵石、砾石层，靠近山前斜坡地段，覆盖层厚度较浅，下伏砂岩、泥岩。

6 不良地质作用

管道沿线不良地质作用主要为风蚀沙埋、滑坡、危岩及崩塌、泥石流、冲蚀坍岸、冲沟、坎儿井。

6.1 风蚀沙埋

风蚀沙埋常可造成管道施工不便，淤埋开挖坑槽，造成重复工作或延误工期等。对于管道沿线的风蚀与沙埋灾害应以防风固沙为主，必要时可采取避让措施。根据风沙地区经验，管道施工期应尽可能避开大风季节。在风蚀与沙埋严重的地段，管道应采取适当的防护措施，如栽植草格、设置防风栅栏等（图 2）。

图 2　已建管道采用“草格”固定的风积沙丘

6.2 滑坡

沿线滑坡主要分布于大东沟沟口—松树头段中高山区，管道沿线及附近已发现滑坡均为土质滑坡。根据滑坡稳定性评价、对管道安全的危险性评价，建议采取以下措施：（1）避开滑坡；（2）减载与反压；（3）管线深埋至基岩内；（4）挡土墙、抗滑桩及护坡措施等。

6.3 危岩及崩塌

拟建管道沿线的崩塌（危岩体）主要分布在大东沟口—松树头段和车路沟—大河沿段，有些崩塌地质灾害发生在河谷两侧，是由于流水冲刷侧蚀造成的岸边堆积层崩塌。玛纳斯河、呼图壁河、头屯河、白杨河及柯克亚河的河岸两侧阶地均有崩塌地质灾害的发生。其现状条件下稳定性较差。但发育程度较弱，规模小，地质灾害危害程度小，对管道的影响较小，施工中应采取护坡的工程防护措施，防止其进一步发展。

6.4 泥石流

泥石流主要分布于大东沟沟口—松树头段中高山区（图 3）。管道通过泥石流区的建议：（1）管道尽可能在泥石流堆积区或外缘通过；（2）在泥石流沟上游设石笼潜坝，坝高和沟底相平；（3）适当加大管沟埋深；（4）管道采用土工布袋装细粒土包裹，原土回填，最上部用漂石平铺。

图 3 泥石流沟及堆积扇形态

6.5 冲蚀坍岸

冲蚀坍岸主要分布于大东沟一带（图 4）。大东沟为季节性融雪、融冰、暴雨洪流型河流，季节性洪水冲刷和局部河岸坍塌较为强烈，对管道的影响较大。

冲蚀塌岸主要是影响管道的建设及运营。对于管道沿线存在的地貌陡坎，尤其是由粉土或粉细砂组成的陡坎，必须加强防冲措施，如设置石笼顺坝，进行护坡处理，避免河水掏蚀坡脚，造成岸坡失稳。管道宜选择在河流的平流段穿越，并在管线开挖处河段筑丁字坝，防止洪水冲蚀岸坡，浆砌片石护岸，避免洪水直接冲刷开挖面。

图 4 大东沟坍岸形态

6.6 冲沟

管道沿线在乌鲁木齐东段、吐鲁番、鄯善、哈密等地段多为山前冲洪积平原、洪积扇及剥蚀准平原，此类地貌的特点为汇水分界不明显，地层多为卵石、砾石，充填物为砂土。每当春季冰雪融水或强降水后，由于无明显的汇水通道，水流一般汇聚成多股较小水流，从地势较高处倾泻到地势较低处。长年累月的冲刷，细颗粒被不断地带走，导致冲沟越来越深，最终形成较为密集的小型冲沟，或较长的冲沟群，见图 5。

图 5 小型冲沟典型地貌

建议管道埋置于最大冲刷深度（一般在 1.0～2.0m）以下，修筑过水平台等防排水措施；并应对管沟回填土进行压实，回填后应进行混凝土抹平防护，以防止河水渗入管沟加剧管道的腐蚀，影响管道运营安全。

6.7 坎儿井

管道线路局部地段穿越坎儿井（图 6）。对废弃不用的，下部流水通道埋深小于 10m 的坎儿井，采取开挖、回填戈壁土并夯实；对有水，正在使用的坎儿井，建议管道施工时尽量避免重型机械和设备通过坎儿井，以防止管道施工对坎儿井碾压造成破坏；对下部流水通道埋深较浅的坎儿井采取相应的支护处理措施，以防止施工过程中重型机械的振动和碾压对其造成破坏以及工程建成后产生塌陷，对工程造成破坏。

图 6 管道沿线分布的坎儿井

7 特殊性岩土

管道沿线地层情况变化较大，特殊性岩土主要为盐渍土、膨胀性岩土及黄土状土。

7.1 盐渍土

盐渍岩土在新疆段分布较广泛，一般地表含盐量较高，与土层胶结成盐壳。这主要是由于地下水运移滞缓，排水不畅，加之新疆气候干燥、少雨，蒸发强烈，造成土壤中盐分聚集地表所致。盐渍土类型主要为氯盐渍土和亚硫酸盐渍土，2m 以下含盐量较地表有所减小。由于盐渍土与管道直接接触，会对管道产生化学腐蚀，因此，设计、施工时必须采取防腐措施。在盐渍土分布区段，建议设计、施工时采用下列防护措施：

（1）在小型穿越处对过水涵洞、路面等采取相应的防腐措施，避免水进入管道底部对管道造成损坏。

（2）管道表面应用涂料层与腐蚀介质隔离，从而达到对管道的防护作用。

（3）采用牺牲阳极保护法，以镁合金或铝合金为阳极，与管道构成回路，消耗镁合金或铝合金，达到对管道的保护；也可采用外加电源，以石墨为辅助阳极的阴极保护法。

7.2 膨胀性岩土

管道沿线局部地段直接出露或下伏的软质岩石棕红色泥岩中有大量石膏矿（图 7、图 8），具有弱膨胀潜势，若有强降水下渗，其膨胀量将十分可观，对管道的安全有一定的影响。参照西二线管道工程建设经验，施工过程中应开挖去除管道埋深以下 0.5m，用碎石土回填夯实，并做好防水、排水措施。

图 7　管道线路附近出露的泥岩石膏互层

图 8　管道线路附近出露的石膏矿

7.3 黄土状土

管道沿线霍城段及奎屯段见零散黄土状土分布，根据勘察成果，管道沿线分布的黄土状土具有轻微湿陷性。建议管道施工采取以下方法消除湿陷量并对管道进行保护：

（1）对于土层较薄区域，可采取换土垫层的方式，挖除湿陷性黄土；

（2）对于土层较厚区域，可采取夯实、挤密等方法，消除部分湿陷性；

（3）做好防水、排水措施，以防止或减少受水浸湿造成的湿陷影响。

8 工程成果与效益

西气东输三线西段管道工程勘察工作自 2012 年 10 月开始，于 2014 年 8 月结束，历时 23 个月。累计共完成线路勘察长度约 2445km、山体隧道 3 座、大中型河流穿越 54 处、小型穿越 102 处、17 座工艺站场和 82 座阀室的岩土工程勘察。

2018 年 11 月 30 日，经过严格的现场检查验收，西气东输三线西段管道工程通过竣工验收，标志着西气东输三线西段正式投产。西气东输三线西段的建成投产，特别是与西气东输二线管道的联合运行，与其他管道构成了我国 4 万 km 输气主干管网，将中亚“蓝金”和新疆煤制天然气通过中卫站向西气东输一线和西气东输二线、陕京天然气管道系统和中贵线输送，长三角、珠三角、京津环渤海、山东半岛、川渝和东北地区数亿人因此受益，成为建设生态文明和美丽中国的绿色能源主干道。

西气东输三线西段是继西气东输二线之后的第二条横贯我国东西两端、连接中亚天然气管道的能源大通道。管道途经丝绸之路经济带，西接中亚能源，东至福州，是“一带一路”上又一条能源新丝路，对保障我国能源安全、提高民生质量、优化能源消费结构、促进新疆跨越式发展具有重大意义。同时，可深化我国与中亚国家的合作，实现互利共赢、共同发展。截至 2018 年 12 月 3 日，西气东输三线西段已累计输气 551.16 亿 m^3，其中中亚天然气 540.82 亿 m^3、新疆伊犁煤制气 10.34 亿m^3，并保持连续安全平稳运行。西三线西段工程为西部地区经济发展、国家节能减排和企业带来巨大经济效益。

9 工程经验与不足

西气东输三线西段工程沿线依托条件差，环境恶劣，不良地质作用发育，特殊性岩土广泛分布，勘察难度大。西气东输三线西段工程勘察项目组通过精心策划，合理工作布置，克服各种困难，运用多种先进技术手段，出色地完成了勘察工作。

本次勘察综合运用工程地质调绘、工程物探、工程地质钻探、井探、槽探、原位测试等勘探手段获得第一手资料，坚持合理的勘察程序和工作方法，在收集研究相关资料基础上，先采用工程地质测绘及工程物探，然后再采用钻探施工，项目在实施过程中，强调过程控制，及时地将测绘、物探和钻探有效结合，合理布置勘探工作量，根据现场的地形地貌和地质单元，尽量把勘探点布置在地层或者地质条件的分界位置，使勘探点成果最大限度地控制地质条件的突变，以保证勘察成果的准确性。内业资料整理依据《岩土工程勘察规范》《油气田及管道岩土工程勘察标准》等相关规范及设计委托要求，综合分析地质测绘、物探、钻探及室内试验等原始参考资料，对勘察成果数据进行分析、评价，给设计提供翔实可靠的勘察成果资料。成果资料经过了严格的校审，并且按照质量管理体系文件要求组织了测量、岩土、物探、地质灾害等多专业专家进行了资料评审，勘察成果满足规范及设计要求，质量高、内容丰富，为管道如期竣工奠定了坚实的基础。

外业勘察过程中多专业之间紧密协作，避免了重复工作，加快了项目进度。项目开始即成立了由测量、勘察、线路、穿跨越等各个勘察、设计专业技术人员组成的选定线小组，选线—定线—局部调整改线均能让相关专业第一时间了解最新线路走向，既减少了交接桩时间，也能避免勘察过程中出现对设计方案不利的地质因素而发生设计方案的改变，影响项目进度。

本项目岩土工程勘察还存在一些不足之处：

（1）勘察工作策划组织方面还需要更加精心、周密。本项目管道线路位于西北地区，人口密度小，沿线社会依托条件差，给勘察设备、物资调配、勘察人员生活带来了一定的影响。

（2）勘察质量管理方面，还需要进一步精细化。项目勘察过程中还存在质量管理不精细情况，表现在部分员工对质量体系文件相关要求了解不全面、对勘察工作有关质量细节执行不到位，存在现场监督管理不到位、执行制度不严格的现象。

海西高速公路网厦沙线三明段 S3 合同段工程地质勘察实录

林 琛 杜 永 程文鑫 罗 戌 郑 晔 王坛华
（福建省交通规划设计院有限公司，福建福州 350004）

1 工程概况

海西高速公路网厦沙线三明段 S3 合同段是新国高网沙县—厦门高速公路（G2517）的重要组成路段，也是海峡西岸经济区闽南一翼通往闽西北山区的最便捷通道，强化海峡西岸经济区和中西部地区之间的经济协作，对推动省际旅游区域合作具有重要意义。

本项目位于三明市，起于尤溪县坂面镇，终于沙县际口，与福银、长深高速公路设际口枢纽互通相接。线路全长 58.799km，概算总投资 50.9 亿元。工程建设规模：路基土石方 719.02 万 m^3，排水防护工程 17 万 m^3，主线桥梁 11407.4m/38 座，隧道 17751.8m/12 座，涵洞通道 72 道，服务区 1 处，互通式立交 4 座（枢纽互通 1 处，落地互通 3 处），以及沿线多处路基挡墙、高填、深挖段落。项目地理位置图如图 1 所示。

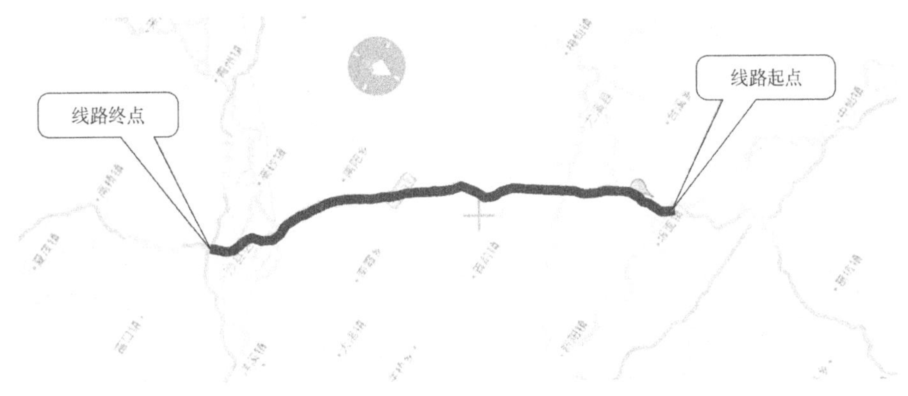

图 1 海西高速公路网厦沙线三明段 S3 合同段地理位置图

2 工程地质条件

2.1 自然地理及气候水文条件

本项目位于福建省中部，三明市境内，测区内各等级公路众多，交通便利。

项目区域内气候属中亚热带气候，温暖湿润，四季分明，年平均气温约 18.1℃，7、8 月最高气温 40.5℃，1、2 月最低气温−8℃。年无霜期山区为 226 天，河谷低地为 296 天。年降水量 1602mm，常集中于 5～6 月，7～9 月多雷阵雨。台风来临或发生短历时强降雨、暴涨陡落，时常伴随山洪、山地灾害和局部区域的内涝。区内地表水系发育，流向均自西向东。

2.2 地形地貌

沿线地形主要以中、低山、丘陵、山前平原、山间凹地、河谷阶地及残积台地等地貌单元构成，地形较复杂。全线地形起伏较大，海拔 150～1000m，线路总体地势东南与西北较低，中段较高，具体特征为：

（1）中、低山主要包括戴云山脉西北麓，山体陡峭，峰峦叠嶂，地形起伏大，一般海拔为 400～500m 以上，部分海拔 600～1000m，相对高差 200～500m。山岭天然坡度大部分在25°以上，如图2所示。

（2）丘陵主要分布在山脉的坡脚及其支脉末端，其天然坡度为 15°～20°，一般海拔为 150～

获奖项目：2020 年度福建省优秀勘察设计成果一等奖，2021 年度工程勘察、建筑设计行业和市政公用工程优秀勘察设计奖三等奖。

300m，相对高差小于200m，丘顶浑圆缓坡，天然山坡稳定，表层植被较茂密。

（3）山前平原主要分布在沿线各村镇等地势平坦处，主要由黏土、砂质黏土、冲洪积物砂、碎卵石组成。

（4）山间凹地多发育于沿线的山间沟谷处，主要由黏土、砂质黏土、冲洪积物砂、碎石组成，多有薄层软土分布，地势起伏较小。

（5）河谷阶地主要发育在河流及其支流两侧或河口处，地势平坦，其冲洪积物主要为砂、卵石等，如图3所示。

（6）残积台地主要分布在沿线的水系发育河床两旁，及山间盆地边缘，地形平缓，植被发育，残坡积层厚且广泛分布。

图2　中低山地貌

图3　河谷阶地地貌

2.3　地质构造及地震

测区位于闽东火山断拗带和闽西北隆起带之间，最主要的控制性断裂带为政和—大埔深断裂带控制，该断裂带北起政和，往南经南平、尤溪、大田东、漳平及龙岩东，其规模宏大，是控制本区域中生代构造—岩浆活动、盆地发育的主要构造带，与本场区相交于本合同段的尤溪县蒋坑村，呈北东30°左右延伸。断裂带内分布的岩石、地层比较杂乱，其中以中生代的花岗岩类及沉积、火山地层为主，断裂带由一系列走向北东25°～30°，倾向南东或北西、平行排列的断裂所组成。带内断层破碎带发育，构造透镜体、断层角砾岩常见（断层角砾以浑圆状、透镜状为主，局部见棱角—次棱角状），局部发育断层泥及劈理化带，岩石硅化及矿化蚀变（黄铁矿化、褐铁矿化等）十分强烈，多见岩脉（石英斑岩、流纹岩等）贯入。该断裂带经现场地质调绘，在场区主要表现为F01、F03、F06～F09、F12～F16、F19、F19A、F19B、F22～F25等对沿线桥基设计及隧道围岩影响较大（代表性断裂带现场地质调绘照片见图4及图5）。

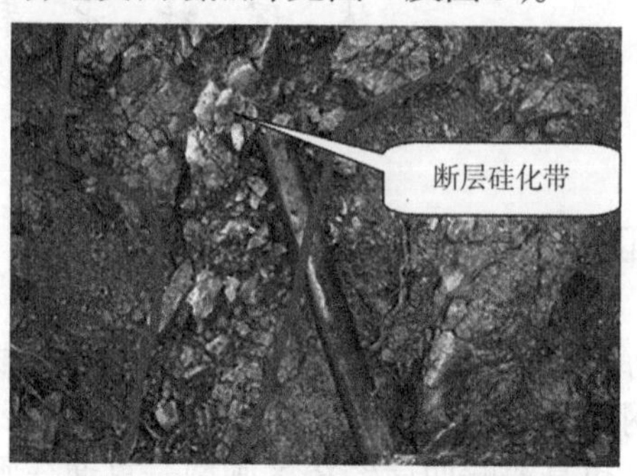

图4　K131 + 125处F01断层硅化带

图5　K138 + 735处F07断层破碎带

线路工程场地抗震设防烈度为6度，拟建线路工程50年超越概率10%的中硬场地地震动峰值加速度值为36.0～43.3gal，归为0.05g分区，Ⅱ类场地地震动反应谱特征周期值为0.35s。对线路工程的地震危险性影响最大的是泉州海外8.0级潜在震源区，其次是明溪—将乐潜在震源区。

2.4　地层岩性

（1）第四系地层及工程地质层组划分

第四系覆盖地层较发育，广泛分布于全测区的河流阶段、山前平原、山间凹地等，主要为第四系全新统（Q_4^{al+pl}）冲洪积层，以一般黏性土、砂及砾、卵石为主（局部区域表层下卧有薄层淤泥、淤泥质黏土）；残坡积砂质黏性土层、残坡积黏性土（Q^{el-dl}），广泛分布于沿线坡地表层或第四系沉积土层之下。沿线乡镇、道路处分布人工填土（Q_4^{ml}）。

（2）沉积岩工程地质层组划分

沿线沉积岩主要集中于K130 + 415.219～

K153 + 700（占比 14.6%～50%）及 K183 + 100～K189 + 200.7（占比 90%）。

地层岩性分别为：侏罗系梨山组（J_1l^{1-2}）：灰白色、中—厚层状石英砂岩、砂岩夹粉砂质泥岩、砂砾岩及粉砂岩（局部含炭质）；侏罗系长林组（J_3c）的浅灰、灰白、灰紫色（含砾）砂岩为主、粉砂岩次之，夹中酸性晶屑凝灰岩、晶屑熔结凝灰岩，偶见复成分砾岩；白垩系沙县组（Ks）：紫红色（含砾）粉砂岩、泥质粉砂岩，夹砂砾岩、石英砂岩；白垩系崇安组（Kc）紫红色砂砾岩，夹砂岩、石英砂岩、粉砂岩。以上属于软质岩—较硬岩，出露较复杂，多呈软硬互层、薄层—中厚层状产出，岩性变化较大。

（3）火山岩及期次划分

沿线火山岩，主要集中于 K130 + 415.219～K153 + 700.000（占比 50%～85.4%）及 K153 + 700～K183 + 100（占比 90%以上）。主要岩性为侏罗系南园组（J_3n^2）的灰色、深灰色的（晶屑）凝灰熔岩、（晶屑）凝灰岩；际口互通局部存在石帽山群寨下组（Kz^2）深灰色（晶屑）熔结凝灰岩。均属于硬质岩，出露较单一，多呈块状，仅断裂构造、裂隙发育处的岩石相对破碎。

（4）侵入岩及期次划分

侵入岩、火山岩沿线均有分布，主要岩性为燕山早、晚期（γ_5^2、γ_5^3）侵入的花岗岩类（主要有粗—中细粒花岗岩、花岗闪长岩、石英闪长岩等），此外局部还见有酸性（γ^π）及中、基性岩脉侵入。以上均属于硬质岩，出露较单一，多呈块状，仅断裂构造、裂隙发育处的岩石相对破碎。

3 沿线主要不良地质及特殊岩土体

3.1 软（弱）土

线路所经过冲洪积路段水田、池塘和山间凹地等处，其表层多有薄层软土层（厚度一般 0.5～2.5m）；局部山坳处见常年积水沼泽地，分布厚层淤泥、淤泥质土，如沙县东互通 CK0 + 045～CK0 + 280 分布厚度 1.9～8.9m 的淤泥质土，埋深 2.5～2.9m，呈透镜体状分布。其天然含水率为 46.1%～55.3%，压缩模量为 2.1～3.0MPa，黏聚力 $c = 5.3～9.8$kPa，内摩擦角$\varphi = 4.5°～11.3°$，软土具有含水率高、孔隙比大、压缩性高、渗透性差、抗剪强度低、触变性及流变性强的特征，扰动时其强度降低较快，承载力低，稳定性差，路基加载后易产生沉降变形。

3.2 高液限土

根据土工试验成果可知，部分路基挖方路段坡地表层的坡、残积黏性土层，100g 锥液限w_L为 61.9%～73.1%，塑性指数I_P为 25.3%～29.7%，砂含量为 2.1%～27.8%，为高液限土，该类土具有饱水时粘性强、干燥时强度高的特点，若直接作为路基填料时，存在压实度不达标的问题。

3.3 岩（土）质崩塌、滑坡

沿线中、低山、丘陵地貌区局部地段残坡积层厚度大，土质较松软或遇水易软化，且有人为开挖或溪沟水侧蚀，在地下水地表水作用下，产生了较多的小规模的崩塌、滑坡等现象，对路基及边坡的稳定有一定的影响。

沿线多见浅层土、岩质崩塌，对路基及边坡稳定有一定影响，建议根据实际情况采用支挡、加固或挖除后回填等处理方法。

3.4 泥石流

K173 + 350～K189 + 200.7 段属剥蚀丘陵间山间沟谷地貌区，地形变化大，山间沟谷发育，冲沟上下游相对高差一般可达到 150～250m，其坡度 5°～35°，河沟较狭小（一般为 6～10m，局部地段沟道宽度仅 3～5m），下切较为强烈，冲沟两侧汇水面积大，山坡表层多分布为坡积碎石土，下伏为砂岩风化层，局部由于冲沟上游采石形成弃渣，且堆放较凌乱。在雨季，降雨量大且集中时，有可能会产生泥石流现象，爆发周期一般在 10 年以上，固体物质主要来源于沟床、人工开挖采石场及坡地表层土，泥石流爆发性强，一般为稀性泥石流。

4 工程地质问题及技术解决方案

4.1 山区复杂地形地质条件的地质选线问题

项目在勘察设计过程中融入了尊重自然，保护环境的新理念，初步勘设阶段开展大面积、多方案地质选线。对各线路方案进行同深度比选，通过搜集并研究区域地质、遥感地质资料，进行全线工程地质调绘，尽量避绕深切陡峭地形、不良地质场区和特殊性岩土及地质构造发育段，不断加深方案比选的深度，优化路线，减少沿线桥梁布设及路堑边坡的开挖，最大限度降低对环境的破坏。

4.2 深埋特长隧道复杂水文及工程地质问题

秀村特长隧道长 6.54km，最大埋深约 630m，隧道区构造发育，穿越多条断层破碎带，部分断层伴随发育侵入岩脉，构造影响范围较大，力学性质变化明显。洞身顶部冲沟发育，各冲沟都发育有常年季节性流水，地表水地下水存在联通关系，构造区地下水发育，对隧道建设影响大。

4.2.1 隧道构造发育问题

在前期精细化地质调绘和综合采用 EH4（大地电磁测深法）、浅层地震折射法、多道瞬态面波法等多种物探手段（图 6～图 8），根据地形、物探数据变化情况，分析判断可能发育的构造位置、走向，构造总体不良情况。在此基础上，根据地形、物探低速、低阻对隧道围岩可能的影响程度布设钻孔，钻探利用双套单动钻头及绳索取芯钻探工艺和设备，提高洞身位置特别是构造破碎带的取芯率，现场对岩芯进行素描，统计钻孔每个回次岩芯的 TCR 及 RQD 值，并进行孔内声波测试，综合判定隧道围岩岩体完整性，据此再对经物探成果迭代后的地质模型进行类比分析，标定相似异常区的围岩岩体完整性，查明隧道构造性质、分布范围，结合钻孔取样判别的岩性及获取各种物理力学指标，划分隧道围岩级别及高风险段落。

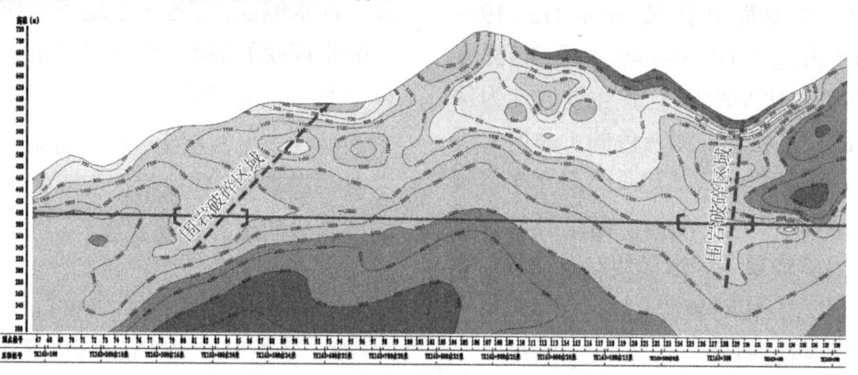

图 6 秀村隧道大地电磁成果图

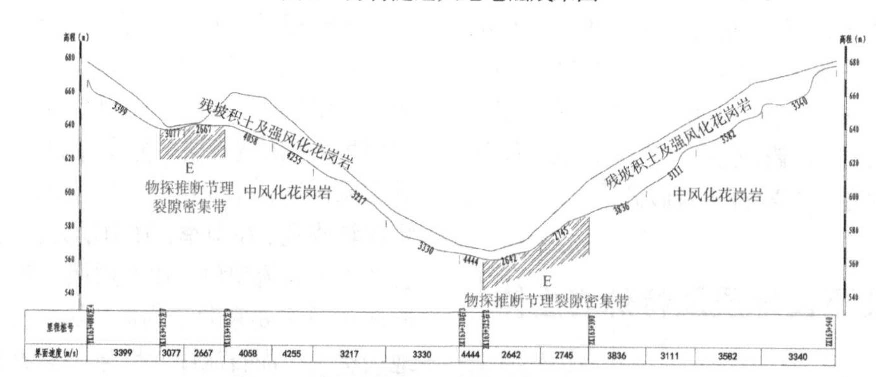

图 7 秀村隧道浅层地震折射测线成果图

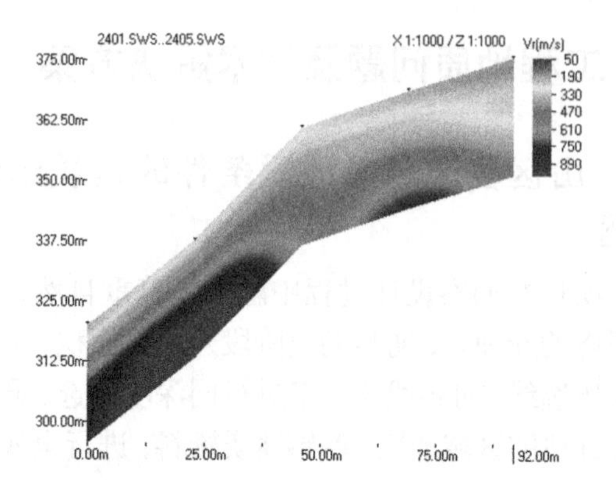

图 8 秀村隧道多道瞬态面波面波相速度色阶图

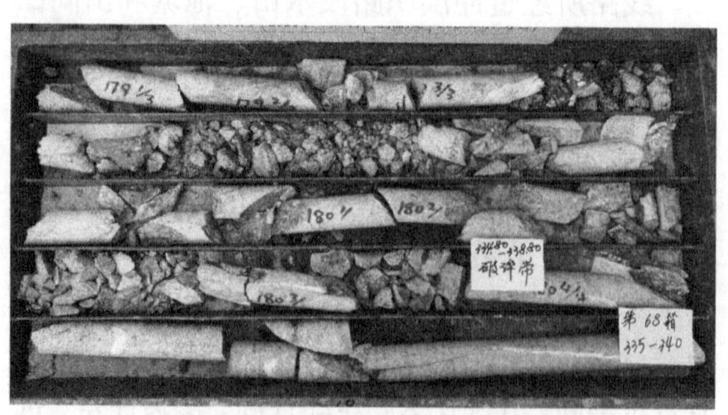

图 9 隧道深孔揭露的构造碎裂岩

施工期间预先对掌子面进行地质判岩及素描，结合地震波反射法等超前预报（图 10、图 11），准确掌握隧道围岩级别，对隧道围岩支护进行动态设计，并于隧道洞顶设置监测点，保证隧道结构及施工安全。

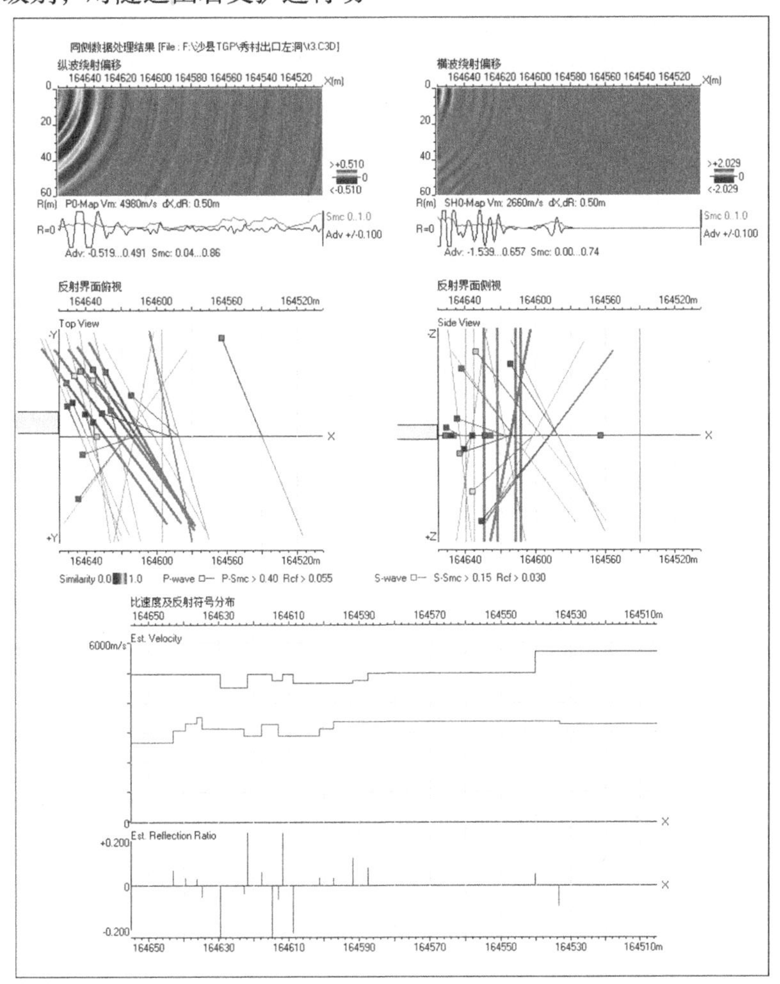

图 10　地震波反射法综合地质预报成果图

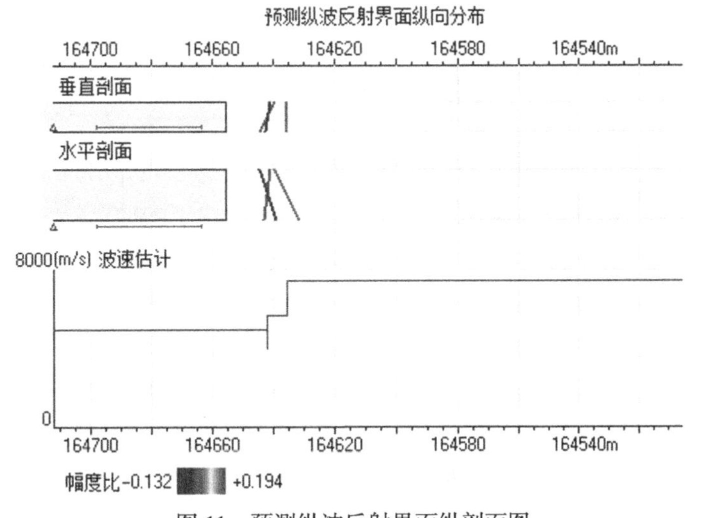

图 11　预测纵波反射界面纵剖面图

4.2.2　隧道地下水发育问题

在隧址区地下水和地表水发育路段，采用钻孔抽注水水文地质试验方法，根据试验结果，分别采用古德曼经验公式［公式(1)］、佐藤邦明经验公式［公式(2)］及隧道位于构造带内涌水量经验公式［公式(3)］预测隧道单洞正常涌水量为 9701.86～

10452.76m³/d，最大涌水量为19156.8～20419.5m³/d。计算结果表明在岩性接触带及断层破碎带中的涌水量较大，施工中应注意做好开挖面地质素描及物探（包括长、短距离地震波反射法及地质雷达），在异常带及勘察揭示构造带地段建议采用水平钻探探测围岩及地下水情况。

$$Q_0 = L \times \frac{2 \times \pi \times K \times H}{\ln \frac{4H}{d}} \quad (1)$$

$$Q_s = L \times (q_0 - 0.584 \times \bar{\varepsilon} \times K \times r_0) \quad (2)$$

$$Q_S = \frac{1}{2}\left(\frac{LKH^2}{R} + \frac{\pi LKS}{\ln\left(\frac{4L}{\pi D}\right)}\right) \quad (3)$$

4.2.3 覆盖型隧道复杂岩性问题

秀村特长隧道穿越多期花岗岩侵入区域，为解决其围岩级别准确划分问题，加强对隧道钻孔岩芯岩性属性进行判别，重点针对不同期次侵入胶接影响段落，在施工期间预先对掌子面进行地质判岩及素描，结合实际超前预报成果，对隧道围岩支护进行动态设计。

4.2.4 深埋隧道地应力分布及岩爆的问题

为解决特长深埋隧道可能岩爆问题，利用秀村隧道深孔SS056，采用水压致裂法对该特长隧道进行了地应力测试，测试成果见表1，代表性测段压力—时间曲线见图12。

秀村隧道SS056钻孔水压致裂地应力测试成果表 **表1**

深度/m	破裂压力 P_b'/MPa	重张压力 P_r'/MPa	关闭压力 P_s'/MPa	水头压力 P_H/MPa	孔隙压力 P_0/MPa	抗拉强度 /MPa	最大水平主应力 σ_H/MPa	最小水平主应力σ_h/MPa	垂直应力 σ_v/MPa	最大水平主应力方向
246.7	10.43	4.38	3.37	2.47	2.47	6.05	8.20	5.84	6.41	—
255.5	9.11	5.63	3.85	2.56	2.56	3.48	8.48	6.41	6.64	—
285.9	10.17	4.88	3.72	2.86	2.86	5.29	9.14	6.58	7.43	—
306.8	11.56	4.42	3.67	3.07	3.07	7.14	9.66	6.74	7.98	NW62°
320.2	9.42	5.18	4.02	3.2	3.2	4.24	10.08	7.22	8.33	—
330.9	10.17	5.36	4.17	3.31	3.31	4.81	10.46	7.48	8.60	NW58°

注：表中自重应力按岩石的上覆重量计算，其岩石重度取为26kN/m³。

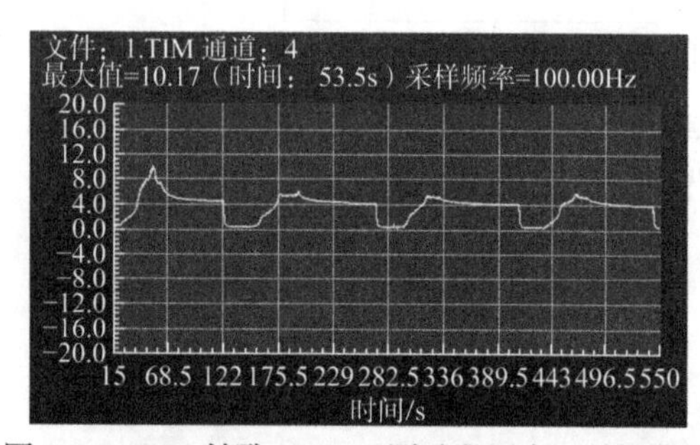

图12 SS056钻孔330.9m测试段压力—时间曲线

对秀村隧道SS056的实测最大、最小水平主应力值与岩层深度的关系进行了回归分析。结果表明，最大、最小水平主应力值σ_H和σ_h随深度均呈现良好的线性关系，如式(4)、式(5)所示。

$$\sigma_H = 0.0258H + 1.8253 \quad R^2 = 0.994 \quad (4)$$

$$\sigma_h = 0.0161H + 2.0138 \quad R^2 = 0.9017 \quad (5)$$

根据测试孔SS056的地应力与埋深到的关系式，秀村隧道的最大埋深大约为640m，其最大埋深处的最大水平主应力为18.34MPa，最小水平主应力为12.32MPa，自重应力为16.64MPa。

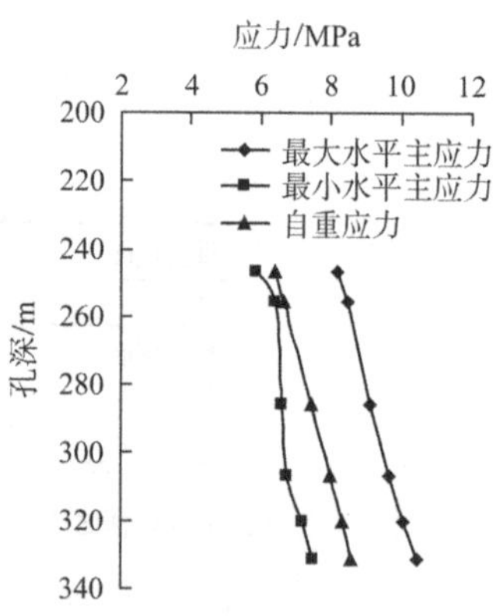

图13 SS056钻孔应力量值随深度变化曲线

根据采用SS055钻孔花岗岩饱和单轴抗压强度平均值117.4MPa进行岩爆分析，假设即将开挖的隧道为圆形隧道，根据该隧道高程附近的地应力实测资料和隧道部位岩体抗压强度R_c（微风化花岗岩饱和单轴抗压强度$R_c = 117.4$MPa）以及隧道轴线方向确定计算参数，并采用岩爆判别方法对秀村隧道最大埋深处岩体进行岩爆分析判断，其结果见表2。

秀村隧道最大埋深区岩爆分析结果 **表 2**

洞室轴线与水平大主应力 40°	判别方法			
	岩体分级标准判别法	Russenes 岩爆判别法	Turchaninov 岩爆判别法	Hoek 岩爆判别法
判断结果	4 < 6.40 < 7 高应力区	0.30 < 0.32 < 0.55 中岩爆	0.30 < 0.47 < 0.50 有岩爆发生的可能	0.32 < 0.34 不发生岩爆

根据测试孔地应力条件及岩石强度参数采用强度理论进行岩爆预测分析，其分析结果表明：岩体分级标准判别法认为隧道最大埋深区属于高应力区；采用 Hoek 标准判别时不发生岩爆；采用 Russenes 和 Turchaninov 标准判别时可能发生弱岩爆。ZK164 + 328～ZK166 + 232 及 YK164 + 388～YK166 + 224 段岩体较完整，施工过程中可能发生弱岩爆现象，应加强超前预报工作及防护措施。

4.3 复杂地质条件桥梁勘察问题

该项目共 38 座大中桥、特大桥跨越沿线山间沟谷、河谷，桥梁地质条件复杂，部分桥梁上跨铁路线路，场地位于陡坡或陡崖上。

4.3.1 桥址区构造问题

坂面大桥、后楮坪 2 号大桥、沙县沙溪大桥等地质构造较复杂，通过分析区域构造特点、加强地质调绘，现场调整钻孔位置、增加钻孔或辅以物探的方式，查明构造发育情况。其中沙县沙溪大桥 K183 + 824.5 主墩根据前期地质调查，通过增加主墩钻孔，查明主墩构造、地层分布情况，如图 16 所示，为主墩桩基桩长的精细化设计提供地质依据，保证工程质量安全。

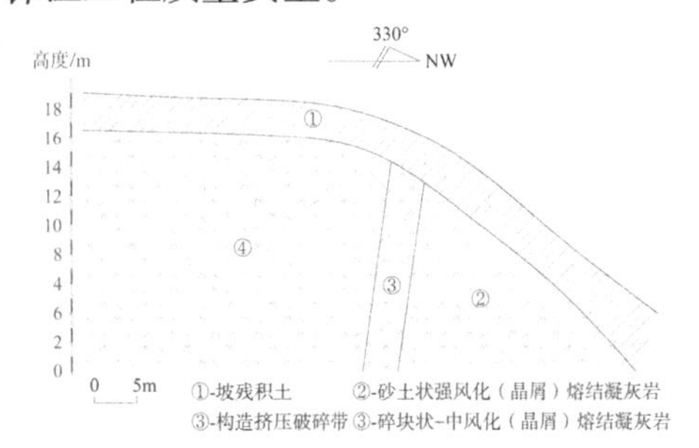

图 14　坂面大桥测绘点 E300 素描图

图 15　坂面大桥 F03 构造充填石英脉照片

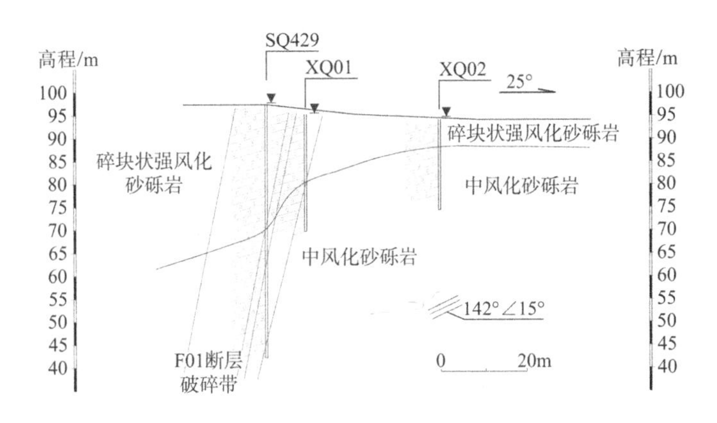

图 16　沙县沙溪大桥 K183 + 824.5 主墩工程地质横断面

4.3.2 桥址区存在现有构筑物问题

在沙县沙溪大桥和后楮坪 3 号中桥勘察中，由于上跨在运营的铁路，为了确保铁路安全运营，钻探过程中设置围护安全措施，并实时监测钻孔垂直度，避免破坏铁路隧道衬砌和路基。

4.4 山间软土问题

本项目全线经过的软土段落总长度为 2560m，主要分布于填方路基段及桥梁段落。对于分布于填方路基段的浅层软土，一般软土厚度小于 3m 的路段，可采用挖除软土，换填透水性材料的软基处理措施；对于分布于填方路基段的厚层软土，可建议采用砂石桩、PHC 管桩等处理措施。

为确保山间厚层软土区路基施工期及运营期的路堤稳定性，在沙县东互通 CK0 + 045～CK0 + 280 软基处理中，采用基于强度折减原理的有限元理论，开展软土复合地基处理的专题研究。

沙县东互通 CK0 + 045～CK0 + 280 段高填软基软土厚度变化大，厚度为 1.9～8.9m，地基处理方案拟采用 PHC 管桩结合换填片石方案。图 17 为沙县东互通 CK0 + 045～CK0 + 280 高填路堤有限元模型，模型长 259m，高 82m，共 17139 个单元，土层自上而下分别为粉质黏土、淤泥质土层、泥质粗砂层、含砾粉质黏土层、坡积粉质黏土层、残积砂质黏性土层、全风化花岗岩层、砂土状强风化花岗岩层、碎块状强风化花岗岩层，各岩土层物理力学性质指标详见表 3。

岩土层物理力学性质指标表 **表 3**

岩土名称	天然重度γ	压缩模量$E_{S0.1-0.2}$	直剪				地基土承载力特征值f_{ak}	预制桩侧摩阻力标准值q_{fk}	预制桩桩端阻力q_{pk}
			天然快剪		固结快剪				
			黏聚力c	内摩擦角φ	黏聚力c	内摩擦角φ			
	kN/m³	MPa	kPa	°	kPa	°	kPa	kPa	kPa
粉质黏土	18.42	6.38	16.0	11.05	18.25	12.37	140	35	—
淤泥质黏土	17.45	2.75	8.7	7.6	10.5	9.78	70	15	—
泥质粗砂	19.0	4	8	15	10	20	180	55	—
含砾粉质黏土	19.77	8.05	18.09	14.4	20.1	17.36	190	45	—
坡积粉质黏土	19.15	5.93	21.65	13.5	22.5	15.6	180	40	—
残积砂质黏性土	18.60	6.31	15.9	20.2	18.16	22.84	220	75	—
全风化花岗岩	20	（35）	25	28	28	31	350	90	6000
砂土状强风化花岗岩	21	（55）	30	35	32	38	500	100	9000
碎块状强风化花岗岩	22.5	（75）	35	40	40	45	750	—	—

注：( ) 为变形模量。

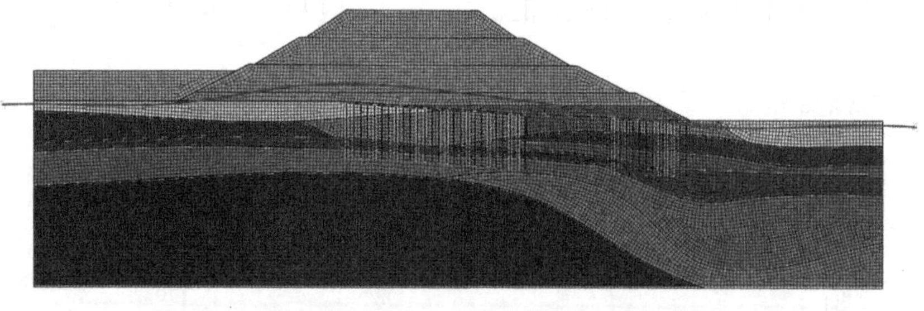

图 17　沙县东互通软土路段高填路堤有限元模型

经分析计算可知，高填路堤施工过程中，左幅路堤安全系数最小值出现在第二阶填筑后为 1.55，其原因在于左幅路基在第二阶填筑后，对左侧坡脚进行反压，进而提高之后施工过程中左幅路基的安全系数，右幅路堤安全系数随填筑高度增加而减小，其安全系数最小值出现在第四阶填筑后为 1.49。高填路堤填筑完成后左幅安全系数为 1.59，高填路堤右幅安全系数为 1.49 均符合《公路路基设计规范》JTG D30—2015 对高路堤安全系数大于 1.45 的要求（采用直剪的固结快剪指标）。

为控制运营期的路堤沉降，采用有限单元法对该路堤的工后沉降进行计算分析。该路堤分四阶填筑，每阶填高为 8m，填高为 32m。为了真实模拟实际施工，应用分阶段激活填筑土层的方式模拟分阶施工，同时每阶施工都设置两个分析步，一个是施工固结，另一个是施工间歇期固结。高填方边坡工后 15 年竖向位移云图，如图 18 所示。

由图 18 可知，高填路堤工后 15 年累计沉降量呈从左至右递减的规律，其最大沉降量出现在左幅路肩为 68.8mm，其最小沉降量出现在右幅路肩为 22.9mm，其最大横向沉降差为 43.9mm。由上图中路堤沉降规律可得，软土路基采用 PHC 桩加固和换填处理后能够有效地减小路基沉降。路基15年累计的最大沉降量为68.8mm，符合《公路路基设计规范》JGJ D30—2015中软土路基容许工后沉降量小于300mm的要求。

施工期经现场沉降及位移变形监测，沉降及位移变形规律基本符合计算分析模型，满足规范要求。

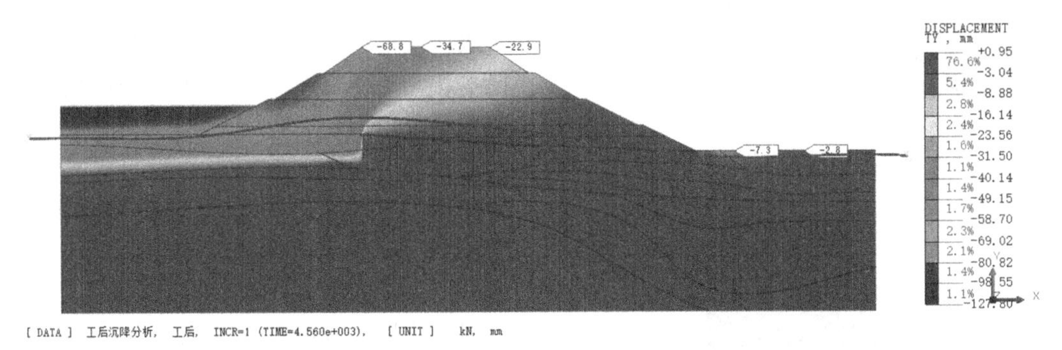

图18　沙县东互通软土路段高填路堤工后15年累计的竖向位移云图

4.5　对高边坡顶高压电塔重要构筑物的安全和稳定的保证性问题

K174+280～K174+410段左侧边坡最大边坡高约40m，边坡上覆为2～2.5m厚坡积粉质黏土，其下为6～24m厚残积砂质黏性土，0～12m厚全风化花岗岩，20m厚砂土状全风化花岗岩，下伏碎块状强风化花岗岩，各岩土层物理力学性质指标见表4。

岩土层物理力学性质指标表　　表4

岩土名称	天然重度γ	直剪				地基土承载力特征值f_{ak}	土体与锚固体的极限粘结强度设计值f_{rb}	基底摩擦系数μ
		天然快剪		饱和快剪				
		黏聚力c	内摩擦角φ	黏聚力c	内摩擦角φ			
	kN/m³	kPa	°	kPa	°	kPa	kPa	—
坡积粉质黏土	18.2	20	18	19.1	17.3	170	50	0.25
残积砂质黏性土	18.5	19.5	20	18.5	19	220	55	0.28
全风化花岗岩	19.5	26	28	24	26	350	200	0.30
砂土状强风化花岗岩	20	28	32	26	28	500	250	0.35
碎块状强风化花岗岩	22	40	35	35	30	750	350	0.40

该边坡坡顶有一高压电塔离坡口线最近处不足15m，为确保边坡及高压电塔施工期及运营期的边坡稳定性，采用基于强度折减原理的有限单元法对该边坡在不同开挖支护方式下的稳定性进行计算分析，分析每阶边坡开挖支护前的稳定性和支护完成后的稳定性，确定合理的施工顺序，如图19～图21所示。

根据图20、图21计算分析结果可知，因该边坡风化层厚，为土质边坡，且最大开挖坡高达40m，坡顶有高压电塔，边坡严格按照开挖一级防护一级施工工序，可满足施工过程中及运行期的边坡稳定性。

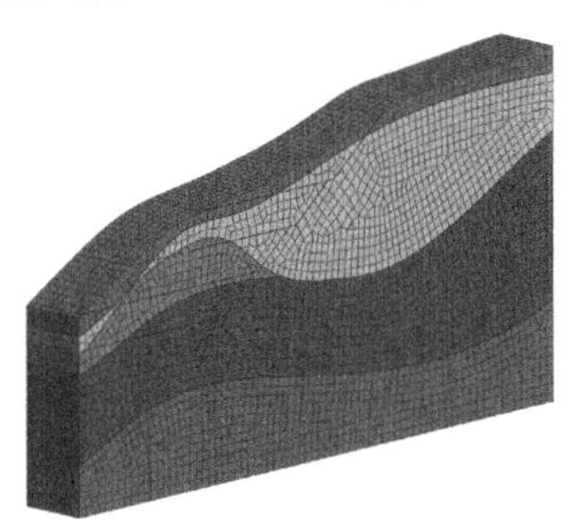

(a) 边坡开挖前

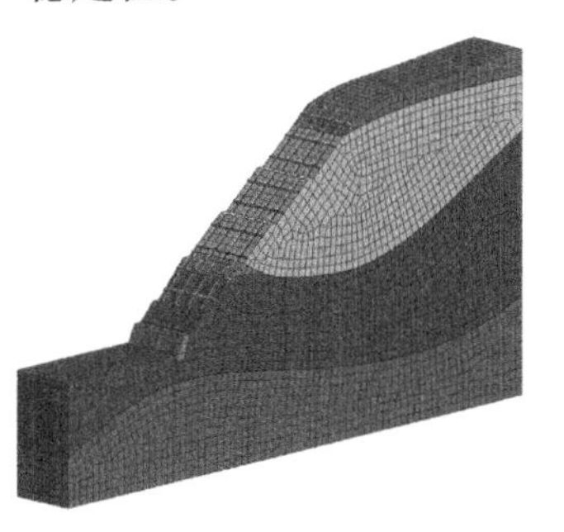

(b) 边坡开挖支护后

图19　边坡有限元模型

(a) 第一阶开挖安全系数 1.19

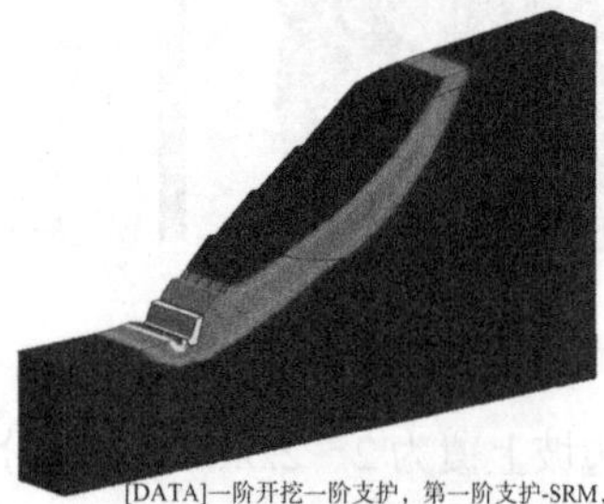

(b) 第一阶支护安全系数 1.30

图 20　开挖一级防护一级方案边坡安全系数

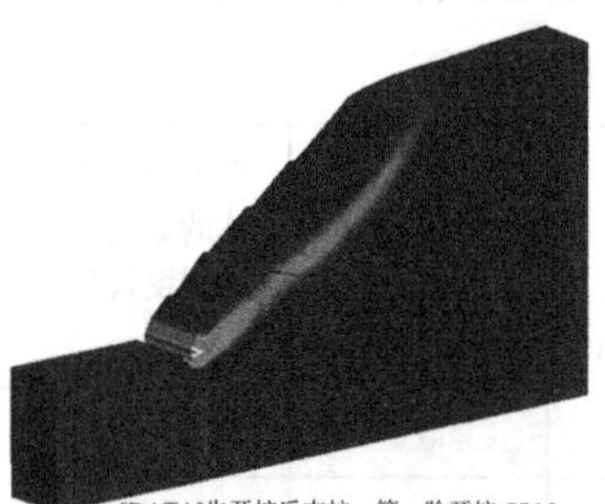

(a) 第一阶开挖安全系数 1.08

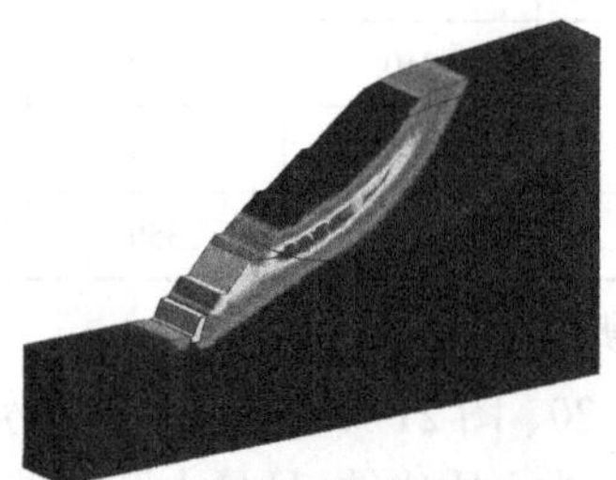

(b) 第一阶支护安全系数 1.13

图 21　先开挖后支护方案边坡安全系数

5　结语

本项目是在借鉴和总结省内外已有的高速公路成功设计经验基础上，通过引进应用与开发新技术、新成果，进行勘察设计。路段辐射圈内旅游资源丰富，路线设计中贯彻了尊重自然，保护环境的勘测设计理念，勘察设计期间所解决的技术难题和相关工程问题，在后续施工中和通车后产生的社会、经济及环境效益主要有：

（1）采取地质选线与环境保护相结合优先的原则，依据准确的勘察成果，选择合理的路线方案，从保护生态环境，营造一条绿色走廊，从“绿水青山就是金山银山”的观点出发，尽量做到把路线与沿线构造物组成有一定风格的建筑群体，取得公路与周围环境的协调，使修建的公路为环境增添美色，工程实施后取得了良好的社会效益和经济效益。

（2）本项目综合利用调绘、常规钻探、轻型钻探、综合物探（大地电磁法、浅层地震折射法、多道瞬态面波法、孔内声波测试）、地应力测试、原位测试及室内土工试验等综合勘察手段及新思路、新工艺、新设备。经过路线反复比选、优化，为线路比选、节省投资等作出了重大贡献。该项目主要技术经济指标达到国内领先水平，该项目的建成通车，为山区复杂地形地质条件的勘察积累了丰富经验，对后续类似高速公路建设具有指导意义。

此外，本项目建成通车增加了闽中山区与东南沿海发达地区的经济和社会的交流的纽带，取得了巨大的社会和经济效益。同时，经专家评审，本项目工程地质勘察荣获“2020 年度福建省优秀勘察设计成果一等奖”及“2021 年度工程勘察、建筑设计行业和市政公用工程优秀勘察设计奖三等奖”。

江门至罗定高速公路第三设计合同段工程地质勘察实录

张修杰　张金平　李水清　苏绍锋　赵明星

（广东省交通规划设计研究院集团股份有限公司，广州　510507）

1　工程概况

江门至罗定高速公路是广东省高速公路网第四横线的一部分，是广东省东西向的一条重要通道，起点位于新兴县冼村，在簕竹镇与汕湛高速相交，路线基本呈东西向，在罗定华石镇与罗阳高速、云岑高速相交，至本项目的终点。批复概算金额 139.305 亿元，江门至罗定高速公路第三设计合同段属山区高速公路，路线全长 60.727503km，桥梁总长 15.926km，占路线总长的 26.23%；隧道 7 座，总长 9.997km，占路线总长的 16.46%，桥隧合计比例为 42.69%。立交 6 处，服务设施 1 处，连接线 1 条（6.6km）。路基宽 34.5m，道路等级为双向六车道，设计时速为 120km/h，设计汽车荷载等级为公路-Ⅰ级。

项目位于山区，桥隧比高，构造发育，沿线岩溶、崩塌、滑坡、饱和砂土液化等不良地质及高液限土、膨胀土、软土、孤石等特殊性岩土发育，勘察成果的质量严重影响工程立项、投资和工期，任何失误将导致巨大风险。因此，如何分析评价不良地质的影响及特殊性岩土处理措施，确定合理的设计参数，进一步确定安全、经济的地基基础方案，是项目的重点和难点。

2　工程地质条件

2.1　地形地貌

该段高速公路起于云浮市新兴县，西至罗定市罗寨。沿线地貌单元可分为三大类型：山地丘陵、河谷盆地及溶蚀地貌，并以低山丘陵为主（约占 90%）。山地丘陵属粤云雾山脉部分。项目区附近最高峰大云雾山海拔 1139.9m，更多的为丘陵（低于 500m）。由于受地壳构造的影响，山体展布多呈北东～南西走向。地表侵蚀切割强烈，地形相对起伏大，地势较为陡峻。河谷盆地分布于 K116 + 100 + K124 + 400，主要由西江 2～3 级支流侵蚀、冲积而成。盆地中地形平缓，地面标高一般为 40.0～95.0m，地势略有起伏，河流两岸河漫滩与阶地发育，其中分布第四系松散沉积物。沉积物多为地表水流冲、洪积而成的砂砾和粉砂质黏土，厚度一般小于 20m。溶蚀地貌主要分布于 K129 + 500～K138 + 100，主要为溶蚀丘陵及溶蚀洼地组成。溶蚀丘陵一般地形较陡，常见悬崖峭壁，地面标高变化较大，溶蚀洼地一般较平缓，地面标高多为 133.4～171.5m，地势略有起伏。

2.2　气象与水文

路线走廊带属南亚热带季风气候，分别为武夷南岭山地过湿区及华南沿海台风区（Ⅳ6～7），处于赤道低气压带和副热带高气压带之间，气候温和湿润，雨量充沛，无霜期长。1 月均温为 10.1～16.4℃，7 月均温 27.44～32.2℃，年平均气温 22.0～24.4℃，年平均降雨量 1380～1517mm，多集中于 4～9 月，年平均相对湿度 80%～80.7%。年日照射数在 1719～2430h 之间。冬春常见浓雾并有霜冻，4～9 月多东—东南风，10 月至次年 3 月多西—西北风，风速一般 1～2m/s，最大风速 10～12m/s。春旱、秋末的寒露风和局部的洪涝是主要自然灾害。江门鹤山市一带夏秋盛吹偏南风，常有台风侵袭，并夹带暴雨，风力最大达 12 级。冬、春多吹偏北风，常受寒潮影响而出现霜冻或低温阴雨天气。

路线穿越区影响范围内的各河流均属西江水

获奖项目：2019 年度广东省优秀工程勘察设计工程勘察一等奖，2019 年度中国勘察设计协会优秀工程勘察与岩土工程一等奖。

系及其支流。西部河流多发源于大云雾山、云开大山及其余脉，略呈辐射状，多直接或间接汇入西江。南江（又名罗定江、泷江）及其支流高村河、宋怀河、白石河、围底河等，总体从南向北注入西江，流向主要从南西至北东，其支流主要从北西流向南东。罗定盆地汇集围底河和河诸水北流经南江汇入西江；新兴县汇集船江、共成水等经新兴江在高要汇入西江。

2.3 地层岩性

路线穿越区分布地层主要为震旦系、寒武系、泥盆系、石炭系、白垩系及第四系地层沉积岩系列，燕山期期岩浆岩侵入系列。具体为：

1）震旦系下统托洞组（Z_1t）：地层分布于调查区的中部，主要分布于 K101 + 738～LK101 + 900，LK101 + 930～K102 + 800，K104 + 560～K129 + 500，是调查区分布最广的地层单位，主要组成岩性为变质砂岩、变质长石石英砂岩、变质粉砂岩与粉砂质千枚岩、绢云母千枚岩、云母石英片岩、云母片岩，夹硅质岩和石煤。

2）寒武系八村群下亚群（ϵbc^a）：地层分布于调查区东部，K86 + 700～K89 + 100，K90 + 955～K91 + 026，K92 + 072～K99 + 165。岩性为灰绿色、草绿色，灰及灰黑色变质石英砂岩、变质粉砂质岩、变质粉砂质页岩、千枚状、云母片岩及石英片岩互层夹炭质页岩。与花岗岩体的接触带附近由于受接触变质作用的影响出现混合岩及混合片麻岩。

3）泥盆系

（1）泥盆系下中统桂头群（$D_{1\text{-}2}gt$）泥盆系下中统桂头群下亚群地层分布于 K89 + 100～K89 + 278，K99 + 165～K100 + 500。组成岩性为紫灰、黄褐色砾岩、砂砾岩，中粒—粗粒石英砂岩，夹粉砂和页岩。

（2）泥盆系中统老虎坳组（D_2l）泥盆系中统老虎坳组地层分布于 K100 + 500～K101 + 300，组成岩性为灰白色、灰褐色砂砾岩、石英砂岩、夹砂质页岩及泥质页岩。

（3）上泥盆统天子岭组（D_3t）在沿线出露范围小，在主线出露于 K91 + 240～K92 + 072，K101 + 300～K101 + 738，K102 + 800～K104 + 560，主要组成岩性为灰色、褐灰色灰岩、泥质灰岩、夹钙质页岩。

（4）上泥盆统榴江组下亚组（D_3l^a）分布于主线 K129 + 500～K138 + 100，主要组成岩性为细粒变质石英砂岩、粗粒变质石英砂岩、片理化变质石英粉砂岩、石英绢云母千枚岩、硅质岩、石英片岩。

（5）上泥盆统榴江组上亚组（D_3l^b）分布于主线 K130 + 825～K138 + 100 组成岩性上部为灰岩、白云岩化灰岩、粗晶白云岩、含硅质条带灰岩，下部为硅质泥岩、泥质硅质岩、细晶灰岩、含燧石条带微晶灰岩、炭质微晶灰岩。

4）石炭系下统连县组（C_1l）：出路于上洞、乌獭塘附近，K129 + 500～K130 + 825，组成岩性为灰色、灰白色细晶白云岩、细晶灰质白云岩夹泥质条带细晶灰岩。

5）白垩系

（1）白垩系下统化龙岗火山岩（K_1^{hit}）

出露于化龙岗、大岗山附近，K127 + 100～K127 + 500，K128 + 330～K128 + 700，组成岩性为流纹英安质含角砾晶屑玻屑凝灰岩、英安质含角砾凝灰岩、流纹英安质含集块火山角砾岩。

（2）白垩系下统罗定组（K_1l）

出露于罗定盆地的东部，线路西段 K138 + 100～K147 + 227.482，组成岩性为灰色、灰紫色、灰褐色粗砾岩、中砾岩、含砾砂岩、长石石英砂岩、砂质页岩、炭质页岩夹煤层。

6）第四纪地层（Q）

第四系残坡积层（Q_4^{dl+el}）及冲洪积层（Q_4^{al+pl}）分布于线路经过山间河谷地段。主要为第四系残、坡积粉质黏土，含砂、砾粉质黏土以及河流冲、洪积相的粉质黏土，含砂砾粉质黏土、砂、砾等。

7）燕山三期的花岗岩（$\gamma_5^{2(3)}$）：线中穿越区岩浆侵入岩不发育，主要出露燕山三期的花岗岩（$\gamma_5^{2(3)}$）。分布于线路起点 K86 + 000～K86 + 700、K89 + 278～K90 + 955、LK101 + 900～LK101 + 930、K125 + 150～K127 + 100，岩性为粗粒黑云母花岗岩。

2.4 区域地质构造及地震

选线区域属于华南中、新生代陆缘活化造山带的一部分。经过多期构造运动的改造，区内断裂发育，褶皱常见，构造线延伸主要呈北东—南西方向，部分为近东西和北西—南东方向。江罗高速公路本合同段沿线地处粤西隆起区，东中段 K86 + 500～K138 + 100 为吴川—四会断裂褶皱带，西段

K138＋100～终点为罗定盆地东缘。在新构造区划上，该区位于粤中—粤西差异性断隆区。公路选线地区因受北东向构造带的控制，从而形成主要呈北东—南西方向展布的山岭和谷地（或盆地）的地貌组合；此外该区还受到一组北西向断裂的切割，顺这组构造发育了一组切过北东向构造的北西向谷地。因此，该区形成类似菱形的断块构造，在新构造时期以差异性断块升降运动为特色。其断块升降运动幅度总体较小，断块山地的海拔高程一般数百米，最高峰大云雾山海拔 1139.9m；而盆地中的第四纪沉积一般不超过 30m。

根据中国地震局震害防预司所编的 1995、1999 年版东南沿海地震带强震目录以及区域地震台网资料，自 1067—2002 年，本项工程场地外围 250km 范围内共记录到M_s ⩾4.75 级地震 33 次。自 1970 年广东省地震台网建立以来至 2002 年，在近场区内共记录到 ML⩾2.0 级地震 56 次，其中 ML⩾3.0 级地震仅有 8 次，最大地震为 1984 年 5 月 2 日发生在梧州一带的 ML3.5 级地震。根据中华人民共和国国家标准《中国地震动参数区划图》GB 18306—2001，全路段地震峰值加速度为 0.05g（相当于地震裂度为Ⅵ度，），反应谱特征周期为 0.35s。

2.5 不良地质及特殊性岩土[3]

沿线不良地质主要为崩塌、滑坡及水土流失、砂土液化、岩溶等。特殊性岩土类型主要为人工填土、软土、膨胀土、孤石、高液限土及红黏土等。

1）崩塌及水土流失[4]

线路区分布的碎屑岩抗风化能力较差、裂隙发育，在地形坡度陡峭处易引发崩塌；特别是浅变质岩区和碎屑岩区常夹有薄层软弱夹层或软硬不均，硬质岩节理裂隙发育，软弱层饱水后抗剪强度大幅下降，不稳定岩体在强烈震动下或遇强降水会促进和诱发崩塌的发生。在花岗岩分布区，风化层厚度大，坡顶或边坡上的堆积物在雨水和重力的作用下，岩土体吸水后强度降低，顺坡向下坍塌。特别是高边坡、陡坡路堤等地形变化较大地段。由于岩石破碎、稳定性差，软硬岩层相间地带均是产生浅层崩塌、崩塌的原因，若人工开挖边坡失稳，进一步加剧沿线浅层崩塌和崩塌不良地质现象的产生。在公路施工和营运过程中高边坡工程与灾害关系明显，表层易出现坡残积和全—强风化层的崩塌。

另外在K138以后地表岩性主要为坡残积粉质黏土，基底为白垩系砾岩、泥质粉砂岩及其风化层组成。砾岩含＞3mm以上的石粒和石砾在 60%左右；泥质粉砂岩属非石质中壤土，粉砂含量占 2/3 以上，黏粒较少，只有 2%～3%，黏聚力小，内摩擦角大，故表层坡残积及全—强风化层土质十分松散，当植被被破坏后，由于土质渗透系数大，在雨水的作用下，带走细颗粒，经冲刷→流失→再冲刷→再流失循环，容易形成水土流失。

在勘察过程中沿线揭示与线路有较大关系的滑塌、滑坡 2 处，典型的大—中型水土流失 3 处。

根据对江罗高速大型水土流失分布特征分析，水土流失的形成过程主要分三个阶段，形成的影响因素是多方面的，主要包括深厚的土层或风化母质层、暴雨径流、构造、气温等。水土流失的防治措施要综合治理，要做到工程措施与生物措施相结合，做到以工程保生物，以生物护工程，一般采用上削、下堵、中间绿化的原则。

2）饱和砂土液化

沿线饱和砂土仅零星点状分布于山间洼地及河流谷地，“赋存较浅、厚度较小”为主要特点。沿线地震设防烈度为 6 度（相当于地震动峰值加速度值 0.05g），根据《公路工程抗震设计规范》JTJ 004—89，可不考虑饱和砂土地震液化问题，沿线抗震重要的构造物如高架桥、跨线桥、大桥可提高 1 度（即按地震设防烈度为 7 度（相当于地震动峰值加速度值为 0.10g））采取抗震措施。

3）岩溶

经过地表地质调绘，沿设计线路及其附近地表岩溶局部极发育，主要分布在云安县镇安镇—罗定市苹塘镇一带，局部可见溶蚀沟槽、洼地，发现有漏斗、石芽、落水洞、暗河等岩溶现象，基岩裸露，洼地相连，溶丘孤立于洼地之上。本合同段灰岩主要分布在泥盆系天子岭组、榴江组及石炭系下统连县组中，属岩溶或隐伏岩溶发育或潜在发育路段，可溶性灰岩分布见表1。另外，在K138＋100～K141＋700 的白垩系灰质砾岩中也常发育较多的溶洞。根据钻孔揭露和地质调绘，灰岩分布区存在裸露岩溶和隐伏岩溶，裸露岩溶主要位于山脚。隐伏岩溶位于第四系覆盖层下。多呈串珠状，岩溶的埋藏深度变化较大，规模大小不一，洞高 0.2～23.0m，一般都有充填物，充填物为可塑状粉质黏土，少量为流—软塑状或硬塑状，少量无充填或半充填。

隐伏岩溶的分布里程表

表 1

序号	名称	分布里程	长度/m	基本赋存状态
1	隐伏岩溶	K91 + 240～K92 + 072，K101 + 300～K101 + 738，K102 + 800～K104 + 560、K129 + 500～K138 + 100	11630	灰岩、炭质灰岩
2		138 + 100～K141 + 700	3600	灰质砾岩
合计			15230	

根据调绘成果，在 K102 + 300～K102 + 800 路段左侧发育 2 条地下暗河，1 号位于左 300～700m，主要表现为规模大小不一的落水洞，落水洞规模一般大小为 8～10m，最大可达 20m；2 号暗河位于左 800～2000m。根据访问调查，暗河旱季水量较小或无水，雨季水量较大，2 条暗河通道均未往线路方向发育。现有的溶洞群离线路远，对路线无影响。

4）放射性

沿线仅局部见花岗岩侵入，燕山期花岗岩矿物主要为石英、长石，但钾长石含量低，因此存在放射性的可能性较小，根据初勘及详勘揭示花岗岩进行了放射性试验，试验结果显示山岔顶隧道花岗岩可作为建筑主体材料，良洞隧道花岗岩可作为 B 类装修材料。

5）孤石

沿线燕山期花岗岩地层局部存在球状风化现象，总体分布范围小；根据钻孔资料，仅 XZK123 中揭示埋深 4.6～4.69m 的一层孤石，但不排除其他未实施钻孔勘探点的路段亦存在孤石的可能性。对于桥位区及挖方路段设计和施工时应予以注意。

6）高液限土

高液限土分布于燕山期花岗岩风化土或寒武系变质砂岩风化土中。共查明高液限土累计长度 5.525km，占路线全长的 9.1%。根据试验统计，液限 50～79、塑性指数 17～43.4，对于挖方段，开挖时可弃置所在深度范围的高液限土，确需要开挖利用作路堤填料时，应进行技术处理，经检验合格方可使用。

7）软土

本次勘察揭示的软土主要分布在山间洼地、河流谷地，具“点状、片状随机分布”特点，软土累计长度 5.938km，占路线全长约 9.78%，软土埋藏浅，一般埋深 0～3.0m，其物理力学性质差。建议根据工程特点、软土赋存及物理力学性质进行相应处理，对赋存深度小于 3m 的软土，一般予以清除或换填即可；对埋深较大不小于 3m 的可选用加固处理（如：砂沟 + 垫层、袋装砂井或塑料排水板堆载预压等）或采用复合地基（如粉喷桩、CFG 桩等）以提高地基强度，满足路堤地基工程承载力和变形要求。

8）潜在膨胀土

沿线膨胀土偶有分布，多出露于山前和盆地边缘丘陵地带，地形平缓，无明显自然陡坎；主要为坡残积黏性土层，局部发育浅层水土流失，自由膨胀率主要为 40%～65%，属弱膨胀土。沿线共 9 段，累计长度 1.740km，约占线路总长的 2.9%。

（1）根据区域地质条件，该地区为非膨胀土分布地区，同时从全线所有土工试验结果来看，自由膨胀率为 40%～65%为主，具弱膨胀潜势，样品成分主要为坡残积黏性土层，残积物下卧层为变质砂岩及泥质粉砂岩。

（2）根据《膨胀土地区建筑技术规范》GB 50112—2013，钻孔所在场地特征为：取样区地形地貌为连续完整的丘陵坡地，天然坡度在 15°～45°之间，“粉质黏土中未见裂隙，未见光滑面和擦痕；未见浅层性滑坡、地裂，未见坍塌等现象”。

（3）根据《膨胀土地区建筑技术规范》GB 50112—2013，综合上述两点分析钻孔所在场地为非膨胀土场地；肉眼观测，样品及钻孔芯样未发现大量蒙脱石、伊利石存在或灰白色高岭土富集，故样品为疑似膨胀土或非典型性膨胀土，局部分布。个别高液限土样品自由膨胀率系由于黏粒的高分散性及亲水的蒙脱石局部含量较高造成。挖方路段挖方用作路堤填料时，宜按膨胀土与高液限土遵照有关规范要求进行设计。

9）红黏土

沿线红黏土主要分布于灰岩、炭质灰岩等可溶岩顶部，厚度不均，由灰岩残积黏性土、全风化灰岩和全风化炭质灰岩组成，累计长度 11.63km，占路线总长的 19.15%。

在有红黏土分布的挖方地段，路堑边坡设计应遵循“缓坡率、宽平台、固坡脚”的原则，并应根据红黏土的工程性质，对路堑路床 0.8m 范围内的红黏土进行超挖，并换填渗水性良好的砂砾、碎石土或外掺石灰等材料处治；并注意路基排水系统的综合设计，及时引排地面水和地下水。

在填方路段，当利用挖方路段弃土作路堤填料时，压缩系数大于 0.5MPa^{-1}的红黏土不得用于填筑路堤；未经改性处理的红黏土填筑高度不宜大于 10m。根据《公路路基设计规范》JTG D30—2004 第 3.3.1 条第 4 款“液限大于 50%、塑性指数大于 26 的细粒土，不得直接作为路堤填料”。当利用挖方路段红黏土弃土作路堤填料时，建议加强取样试验检测工作。

10）人工填土

根据工程地质调绘成果及钻探成果，K89 + 565～K89 + 650，即良洞隧道出口，表层存在一层厚度分布不均的人工填土。地形地貌属丘陵坡地边缘，地形较陡，地面标高约 82.4～144.38m，植被发育，种植大量桉树，生长松树及各种灌木、蕨类植物。根据钻孔资料、1：2000 及 1：10000 地形图比较（地形图相差平均约 10），坡体表层主要为后期人工填土，人工填土厚 1.5～22.50m，堆积坡度较大，钻探过程中原地面处漏水。由于人工填土黏粒含量较少，在雨水冲刷作用下，人工填土易形成水土流失。根据调绘，水土流失后缘发育一组拉裂裂缝及台阶状阶梯，说明水土流失处于相对不稳定状态。建议围岩支护时应加强措施，避免填土对隧道本身产生影响；另外坡面需进行防护，避免地表水的冲刷诱发新的水土流失或滑坡，危及施工及今后营运安全。

11）煤系地层

根据地质调绘及钻探成果，煤系地层（炭质含量较高的变质砂岩）极不均匀地分布于寒武系、震旦系地层中。根据钻探，王北凹隧道钻孔 XSZK32 及山岔顶隧道 XSZK73 揭示规模较小的炭质含量较高的变质砂岩，根据调绘露头，炭质含量高的变质砂岩风化后污手，呈泥土状，且遇水软化、泥化，强度衰减快且不可逆转，性能不稳定，对隧道围岩稳定产生不利影响，施工时遇该地层时应及时报设计，进行动态设计。同时在施工运营过程中地下水受扰动将形成黑色污染水，如随意排放将污染环境，因此，施工遇该地层时应做好地表水、地下水分排等相关处理措施，避免黑色地下水污染周边环境。

3 勘察技术和手段

3.1 地质条件复杂，采用综合勘察手段

沿线地形起伏大、地层岩性复杂多变、构造发育、水文地质条件复杂、河谷地带岩溶极其发育，边坡岩体破碎。总体而言，全线地形地貌及地质条件复杂。为了查明沿线工程地质条件，有针对性地采用多种勘察手段[1]，如遥感解释、工程地质调绘、钻探、简易勘探、物探（高密度电法、地质雷达、面波法、折射法、地应力、管波法、声波测井等）、原位测试（静力触探、标准贯入试验、重力触探试验）、（注水试验、抽水试验、水位观测等）、取样试验（岩土水试验）、内业综合对比分析，取得了准确、翔实的勘察成果。

路线处于粤西云开隆起罗定拗陷带，罗定新生代盆地西部，地质构造复杂。本次勘察采用了区域地质资料分析、航拍图遥感解译、无人机、现场调绘及钻探验证相结合的方法查明地质构造及其对项目的影响。

沿线出露的地层有震旦系、寒武系、泥盆系、石炭系、白垩系及第四系地层，为查清其成因及工程特性，本次勘察采用了岩土试验、岩矿鉴定、放射性分析、筑路材料试验等方法。

为查明隧道岩土条件、水文特征、围岩分级，采用了地质调绘、钻探、挖探、物探（地震折射波、隧道钻孔声波测试、地应力等）、水文地质试验（抽注水试验、水位观测）等综合勘察方法。

为查明岩溶发育特征采用了钻探、高密度电法、地质雷达、管波等手段。为查明滑坡发育特征，采用了调绘、钻探、挖探、高密度电法、面波法等勘探手段。为查明软土发育特征，采用了调绘、钻探、挖探、钎探、静力触探等勘探手段。

3.2 针对项目重点难点，开展专题研究、专项勘察

针对项目地质构造发育，开展“地质构造特征及其影响”专题研究，重点研究断裂构造对线路、隧道的影响，片理对边坡的影响及构造窗对桥梁桩基的影响。针对岩溶极其发育，开展了“岩溶勘察”专题研究。

详勘时，针对深埋隧道进行了地应力专项勘察；施工过程中部分挖方路段弯沉值达不到要求，我司对全线挖方路段进行了专项“特殊土质路床调查工作”；对第 12 标南盛连接线 K2 + 350～K2 + 525 路堑左侧边坡滑坡进行了专项勘察[5]；营运期对第 14 标岩溶路段进行了存在土洞情况进行了地质雷达岩溶专项勘察[2]。

3.3 构筑物多，桥隧比高，勘察工作量大

项目线路长，初勘比较线多，桥隧比高，勘察

难度大。

初勘起止时间2010年12月27日～2011年8月6日，详勘起止时间2011年12月20日～2012年9月27日，另外还进行了初勘修编及详勘补勘。初勘及修编完成勘探孔619个，进尺16252.15m；详勘完成勘探孔1570个，进尺48727.415m；施工补勘完成勘探孔270个，7706.38m，累计完成勘探孔2459个，72686m。另外完成大量的工程地质调绘、物探、测试、试验工作，总体勘察工程量大。

3.4 科技创新成果丰富

依托本项目进行了大量的科技创新。

发表的论文有：《江门至罗定高速公路不良地质和特殊性岩土特征及评价》《粤西罗定地区高速公路崩岗成因及防治措》《王北凹隧道坍塌成因及处治措施》《某高速公路边坡蠕动滑坡滑动面的综合确定》《江罗高速桥梁桩基持力层常见问题及处理措施》。

发表的专利、实用新型有：《一种人工管钻》《一种改进型钻机人工提引器》《一种用于工程地质勘察岩芯管管内土芯样取出的辅助接手》《一种工程地质勘察手钻钻机》《用于钻孔抽水试验的抽水设备的控制方法》。

依托项目进行的科技项目有：《广东省长大深埋隧道地质勘察的关键技术研究》《广东省越岭隧道水文地质勘察技术规定研究》《华南碳酸盐岩零散分布区可溶岩地层特征及其岩土工程地质勘察关键技术研究》《广东省公路施工阶段工程地质判析指南》《广东省公路路基工程地质勘察新技术及其应用研究》。

4 结语

采用综合勘察手段查明了公路沿线工程地质条件，提高了勘察工作精度与效率。

针对项目实施过程中一些重点、难点问题，开展了多项专题研究、专项勘察，详细查明了断裂构造对线路、隧道的影响，片理对边坡的影响及构造窗对桥梁桩基的影响，岩溶对桩基影响，地应力对深埋隧道影响，施工过程中部分挖方路段弯沉值达不到要求，对全线挖方路段进行了专项“特殊土质路床调查工作”，对第12标南盛连接线K2＋350～K2＋525路堑左侧边坡滑坡进行了专项勘察；营运期对第14标岩溶路段进行了存在土洞情况进行了地质雷达岩溶专项勘察，为类似问题的解决提供了示范，取得了巨大的经济和社会效益。

对公路沿线崩塌、滑坡、岩溶、高液限土、软土、孤石等主要问题，针对其主要特征提出了具有针对性的处治方案，经检测与监测，未发现异常情况，证明该项目的工程地质勘察质量可靠，提出的地基处理措施可行有效，取得的经验为工程企业避免了工程风险。

依托项目开展了多项科研，其中发表论文5篇，专利、实用新型专利5项，申报科研项目5项，并在项目中调试、运用，效果良好。工程竣工后，运营良好，未发生因工程勘察造成的各类问题，取得了较好的经济与社会效益。

参考文献

[1] 交通运输部. 公路工程地质勘察规范[S]. 北京: 人民交通出版社, 2011.

[2] 张金平, 等. 广东省公路施工阶段工程地质判析指南[R]. 2018, 18-20.

[3] 张金平, 张修杰, 等. 江门至罗定高速公路不良地质和特殊性岩土特征及评价[J]. 西北大学学报, 2011, 41(192): 5-8.

[4] 张金平, 等. 粤西罗定地区高速公路崩岗成因及防治措[J]. 西南公路, 2013(2): 193-196.

[5] 张金平, 等. 某高速公路边坡蠕动滑坡滑动面的综合确定[J]. 路基工程, 2017(4): 16-20.

云浮罗定至茂名信宜（粤桂界）高速公路项目工程地质勘察实录

张修杰　张金平　李水清　赵明星　王　维

（广东省交通规划设计研究院集团股份有限公司，广州　510507）

1　工程概况

云浮罗定至茂名信宜（粤桂界）高速公路（以下简称“云茂高速”）是广东省高速公路网规划的“九纵线”罗阳高速公路与“十纵线”包茂国家高速公路的联络线，项目东接罗阳高速公路，穿过包茂高速公路后向高州市荷花镇延伸至粤桂省界，向西对接广西壮族自治区规划的浦北至北流（清湾）高速公路，采用设计速度 100km/h 高速公路标准，双向四车道。

云茂高速路线全长约 129.816km，全线共设桥梁 40086.5m/108 座，共设隧道 11595m/8 座。桥隧占比为 39.8%，越岭段桥隧比高达 66.64%。

全线共设互通式立交 13 处、服务区 3 处、停车区 2 处、养护工区 3 处、管理中心 1 处、集中住宿区 1 处、收费站 11 处、隧道管理用房 11 处，总建筑面积 60459m^2（含收费雨棚）。项目批复概算 155.6703 亿元，平均造价为 11991.61 万元/km；其中建安费 108.7111 亿元，平均建安费为 8374.25 万元/km，建设工期为 2016 年 12 月至 2021 年 6 月。

项目位于“高山重丘区”，桥隧比高，构造发育，沿线崩塌、滑坡等不良地质及高液限土、软土、孤石等特殊性岩土发育，勘察成果的质量严重影响工程立项、投资和工期，任何失误将导致巨大风险。因此，如何分析评价不良地质的影响及特殊性岩土处理措施，确定合理的设计参数，进一步确定安全、经济的地基基础方案，是项目的重点和难点。

2　工程地质条件

2.1　地形地貌

路线走廊带地处云开大山脉之中，地势总体中间高两端低，以中低山和丘陵地形为主，溪流发育，地形复杂，V 形谷、峡谷发育，线路经过处海拔标高介于 89～800m 之间。项目区地貌按成因大致可分为冲洪积地貌（约占 10%）、构造剥蚀丘陵地貌（约占 63%）、构造侵蚀中低山地貌（约占 27%）等三个地貌单元。

2.2　气象与水文

线路所经区域属南亚热带季风气候，但又具有复杂多变的山区气候特点，夏长无严冬，气温偏高，多年平均气温 22.1℃。常年最冷是 1～2 月，平均气温 11.3℃，常年最热是 7 月，平均气温 32.9℃，极端值 39.2℃，无霜期 205～347d。风向随着季节变化而转换，一般年份 4～10 月以南风和东南风为主，11 月至次年 3 月北风较多，多年平均风速 2.2m/s，最大风速 16.0m/s。多年平均降雨量 1841.7mm。项目区域内常见的灾害天气有低温阴雨、暴雨、台风、低温霜冻和寒露风；也有龙卷风、冰雹等。

路线穿越区影响范围内的各河流属珠江水系及鉴江水系，其中流经区内的主要河流罗定江、黄华江属珠江水系，东江属鉴江水系。

2.3　地层岩性

路线穿越区分布地层主要为元古代云开群变质岩系列，泥盆系沉积岩系列，加里东期、印支期岩浆岩侵入系列。具体为：

1）元古代云开群（P_{t2}）

分布于线路区内的 K39＋510～K47＋025、K48＋125～K48＋285、K48＋935～K49＋380 等处，岩性主要为深灰、灰、紫红色的变质长石石英砂岩、云母石英片岩与石英云母片岩、千枚岩、石英岩（硅质岩）不等厚互层，局部夹条带状磁铁矿层、大理岩等。总厚＞1417m。

获奖项目：2022 年度公路交通优秀勘察奖一等奖。

2）泥盆纪桂头群（$D_{1\text{-}2}gt$）

分布于线路区 K39 + 510～K41 + 600 北侧山体，未与线路直接相交，岩性为灰、灰黄、灰白色片理化砂岩、千枚岩、云母石英微片岩、片理化粉砂岩等，局部夹含砾石英砂岩、砂砾岩等，厚 > 605m，因受构造作用的影响，岩石已强片理化。

3）第四纪地层（Q）

（1）冲洪积层（Q_4^{al+pl}）：分布于项目区内的山间盆地、河床河谷及一级阶地等地。岩性主要由灰、灰褐、深灰、灰黑—黄白色松散堆积卵石层、砂砾层、含砾砂层、含砂黏土和淤泥等组成。厚度一般不超过 10m，地表多为耕植土。

（2）残坡积层（Q^{el+dl}）：分布于项目区内的山麓坡脚及丘谷、丘坡等地。主要为黄褐色、红褐色粉质黏土、黏土、碎石土等，厚度一般不超过 20m。

4）加里东期花岗岩（γ^3）

分布于线路区内的 K52 + 140～K60 + 505、K62 + 210～K63 + 300、K88 + 465～终点等处。岩性主要为灰白、灰、深灰色片麻状中—粗粒巨斑（环斑）状黑云母二长花岗岩，局部为片麻状粗粒斑状（含斑）黑云母二长花岗岩、片麻状粗粒斑状混染花岗岩或片麻状中粗粒巨斑状黑云母混染花岗闪长岩（多分布于岩体的边缘）。一般较完整，岩质坚硬。

5）印支期花岗岩（γ^5）

仅分布于线路区内的 K47 + 025～K48 + 125、K48 + 285～K48 + 935、K49 + 380～K52 + 140 等处，呈岩株状产出，侵入元古代云开群的变质地层中，岩性主要为灰、灰白色中粗粒含斑（斑状）黑云母二长花岗岩。岩石具粗粒花岗结构、似斑状结构。一般较完整，岩质坚硬。

2.4 区域地质构造及地震

线路所经区域项目区位于粤西云开大山东南缘，夹持于北东向的吴川—四会断裂带与信宜—廉江断裂带之间，起点斜穿贵子弧形带断裂，自元古代以来，区内经历了多次复杂的构造变动，大地构造演化先后经历了晋宁期、加里东期、海西—印支期及中新生代大陆边缘活动带阶段。不同构造阶段有不同的地质构造特征，所形成的构造特征相互叠加，构成了本区复杂但有规律性的构造形迹。构造形迹包含有褶皱、断裂、韧性剪切带、片麻理、片理等，构造方位以北东—北北东向、北西向为主，它们构成了项目区的基本构造格架。

根据《广东省地震烈度区划图》，本路线段所在地区地震烈度为 6 度，据《中国地震动参数区划图》GB 183006—2015，本地区地震动反应谱特征周期为 0.35s，地震动峰值加速度为 0.05g，未见可液化土层。因此，需要对大桥、特大桥和隧道等控制性工程采取相应的抗震措施。对特别重要的构筑物建议适当提高抗震设防等级。

2.5 不良地质及特殊性岩土

本次勘察工作查明的沿线不良地质及特殊性（岩）土类型主要为崩塌、滑坡、高液限土、软土、孤石等。

1）崩塌、滑坡

崩塌、滑坡在本项目区域内较为常见，主要出现在加里东期及印支期花岗岩及云开岩群变质砂岩地层中。沿线全—强风化带发育，风化厚度大。受地质构造影响强烈，断裂构造发育，岩层产状复杂多变，岩体较破碎，为路堑边坡的崩塌、滑坡等地质灾害提供物质及环境条件。

线路区分布的碎屑岩抗风化能力较差、裂隙发育，在地形坡度陡峭处易引发崩塌；特别是浅变质岩区和碎屑岩区常夹有薄层软弱夹层或软硬不均，硬质岩节理裂隙发育，软弱层饱水后抗剪强度大幅下降，不稳定岩体在强烈震动下或遇强降水会促进和诱发崩塌的发生。在花岗岩分布区，风化层厚度大，坡顶或边坡上的堆积物在雨水和重力的作用下，岩土体吸水后强度降低，顺坡向下坍塌，形成大量滑塌、水土流失现象。特别是高边坡、陡坡路堤等地形变化较大地段。由于岩石破碎、稳定性差，软硬岩层相间地带均是产生浅层崩塌、崩塌的原因，若人工开挖边坡失稳，进一步加剧沿线浅层滑塌不良地质现象的产生。根据工程地质调绘，线路区发现崩塌、滑坡等 78 处，对线路有较大影响的有 6 处，主要为 K39 + 510（河南寨隧道进口）崩塌、K43 + 630～K43 + 715（石窖 2 号大桥）浅层滑坡、K49 + 850～K50 + 100 路段崩塌（含 2 处大型崩塌）、K70 + 375～K70 + 690 路段崩塌、K87 + 800～K89 + 400 路段崩塌（含 10 处大小不等崩塌）。

2）高液限土

高液限土分布于加里东期及印支期花岗岩风化土或元古代云开岩群变质砂岩风化土中。路段累计分布长 3217m，占全线总长的 5.9%。根据试验统计，液限 50～67.2、塑性指数 19.8～31.3，对于挖方段，开挖时可弃置所在深度范围的高液限土，确需要开挖利用作路堤填料时，应进行技术处理，经检验合格方可使用。

3）软土

软土主要零星分布于河谷、沟谷及山间洼地等地，全线软基分布 64 段，累计长约 5.517km，其中主线范围分布 34 段，2864m，占路线总长约 5.26%，立交、服务区及停车区范围共分布 30 段，累计长 2653m。

全线路堤地基中软土分布长度较小，呈带状或点状分布于低洼地段，软土埋藏浅，一般埋深 0～3.0m，其物理力学性质差。建议根据工点特点、软土赋存及物理力学性质进行相应处理，对赋存深度小于 3m 的软土，一般予以清除或换填即可；对埋深较大不小于 3m 的可选用加固处理（如砂沟＋垫层、袋装砂井或塑料排水板堆载预压等）或采用复合地基（如粉喷桩、CFG 桩等）以提高地基强度，满足路堤地基工程承载力和变形要求。

4）孤石

（1）孤石分布

本项目仅在加里东期及印支期花岗岩地层局部存在球状风化现象，孤石总体分布范围较小。

（2）孤石发育程度

现行规范尚无花岗岩孤石发育程度分级标准。岩溶溶洞与孤石的空间特征以及其与周围介质属性的突变等类似，因此，对孤石发育程度的评估方法可参照的岩溶溶洞的评估方法。评估岩溶发育的指标有钻孔遇洞率、钻孔线岩溶率等。由此提出“钻孔遇孤石率”及“单孔遇孤石个数”这两个指标来评估孤石的发育程度，详见表 1。根据此标准，结合钻探情况判定，场地孤石发育程度为弱—强发育，桩基孤石发育程度为弱—中等发育，对地基的稳定性无影响。

孤石发育程度划分标准　　　　表 1

孤石发育程度	钻孔遇孤石率/%	单孔遇孤石个数/个
弱	＜10	1
中等	10～30	2
强	30～60	3
极强	＞60	＞3

（3）孤石的处治方案

孤石发育路段，桩基施工时易产生误判（孤石当作基岩），因此建议桩基类型优选摩擦桩，侧阻力及端阻力可按周围土层考虑，若为端承桩，则桩端应穿过孤石层进入稳定连续的基岩。孤石对坡体稳定性有一定影响，设计时宜进行稳定性验算并加强防护措施，同时边坡土石比例应考虑孤石的含量。

3　勘察技术和手段

3.1　综合勘察

在充分搜集本工程相关地质资料的基础上，编制了详细的勘察方案，采用了工程地质调查测绘、物探［浅层地震折射波、声波测试、高密度电法、大地瞬变电磁（EH4）、跨孔 CT 等］、钻探、简易勘探、原位测试（标准贯入、动力触探）、钻孔孔内电视、水文地质试验、取样试验（岩土水及天然筑路材料）、内业综合对比分析等综合勘察方法[1]。其中初勘完成钻孔 1078 孔，完成进尺 31395.7m；详勘完成钻孔 2994 孔，完成进尺 87025.49m。详细查明了全线工程地质、水文地质条件，为设计和施工提供准确的地质资料。

3.2　专项勘察

1）开展专项地质调绘，进行地质选线

沿线走廊带狭窄，降雨丰富，局部路段崩塌、滑坡、水土流失极发育，地质选线尤为重要，选线不当将造成严重浪费，诱发新的不良地质。因此，在初步设计选线阶段，开展工程地质调绘专项工作，对重点路段重点调绘，形成《路线工程地质调绘报告》，为工程地质选线提供依据。

另外，在定测、详勘前对重点路段（高边坡、桥台锥坡、隧道边仰坡、陡斜坡、不良地质路段等）进行不良地质排查，共计排查高边坡 21 处，桥台锥坡 8 处，隧道 5 座并形成了《不良地质排查报告》，为设计方案确定提供依据。

2）开展环境地质调查，生态环保选线，避让环境敏感点

项目沿线穿越生态敏感区众多，在穿越水源保护区及生态敏感区时采用生态环保选线。贯彻“生态、环保、绿色通道”的建设理念，加强对重要环境敏感点的设计研究，减少施工和营运期公路对地方环境的污染。云茂高速沿线尽可能地绕避自然保护区、生态严控区等，其中黄华江大鲵水产资源及自然保护区范围较大，在项目前期进行了路线唯一性论证，并取得相关主管部门的同意。

针对山区高速公路特点从全寿命考虑设计方案的合理性，开展线位走向、隧道与高边坡方案、桥与路基等专题比选共计 30 余次，线位方案避让多处自然保护区、生态严控区和饮用水源保护区，桥梁合理设置，确保挖填基本平衡，减少弃方 120 余万 m^3，做到生态环保选线。

3）针对项目重难点开展专项勘察

针对项目实施过程中一些重点、难点问题，开展了多次专项勘察。（1）针对部分桥梁桩基地质复杂、构造发育等特征，开展桩基专项勘察[2]，如平塘特大桥、独石特大桥等；（2）针对沿线不良地质特征，开展了不良地质专项勘察，如黄楼隧道出口崩塌体[2]、K49＋065～K49＋420 右侧边坡、K52＋290～K52＋650 右侧边坡等专项勘察；（3）针对新屋隧道浅埋问题[2]，开展了浅埋段专项勘察；（4）针对南寨隧道围岩级别较差、突涌水问题[2]，开展了水文专项勘察；（5）针对沿线土石比例变化较大问题[3]，开展了部分路段土石比例专项勘察，如：K32＋471～K32＋971 边坡、罗镜互通 C 匝道边坡等；（6）针对沿线部分路段人工填土问题，开展了人工填土专项勘察，如 K37＋550 路段人工填土。

另外，针对沿线部分桥梁桩基、软基路段因初详勘阶段条件不具备未能施钻或者地质条件变化大，开展了施工期补勘专项勘察，为陡坡桩基防护提供依据。

3.3 创新勘察

采用工程地质测绘、钻探、挖探、物探、原位测试和室内试验等方法进行综合勘察，查明了公路沿线的工程地质条件，对工程建设场地的适宜性进行了评价。除采用常规手段外，本次勘察工作还采用了一些先进技术手段，主要包括：

（1）S（遥感）与 GPS（全球定位系统）有效结合

针对项目水土流失发育，地形地貌复杂多变，沿线出露地形地貌有“坡面破碎、等高线零乱（以锯齿状为主）、陡崖或峭壁、坡脚或坡面可见崩积土堆积”等，全面应用 RS（遥感）与 GPS（全球定位系统）相结合的技术进行综合工程地质调绘，取得了良好的效果。利用 SPOT 卫星影像圈定水土流失分布范围，现场进行核查，为避绕或处理不良地质现象提供了可靠依据。对 RS 解译的重大构造形迹，用 GPS 可实时快速精确实地定位，追踪和评价构造形迹对路线方案的影响，有效地缩短了勘察周期。

（2）北斗定位系统和机载 LIDAR 测量技术有效结合

采用北斗定位系统和机载 LIDAR 测量技术，引进国际先进的路线智能三维优化决策系统，探索在 GIS、BIM 平台上构建道路实体模型，实现可视化的精准“实景选线”。

（3）采用信息化外业采集系统

运用勘察设计外业采集系统，实现了外业数据采集业务的技术革新和智能信息化，提供符合 BIM 设计软件接口的电子数据，解决以往传统勘察设计外业存在的信息实时性差、传递效率低、易于出错、数据后处理工作量大等问题，方便设计人员之间的数据交换，提高了 BIM 设计效率。

（4）开发应用“交通智绘”勘察软件

“交通智绘”是基于“云＋端”的勘察数字化系统，以移动设备为载体，基于互联网＋的全数字集成化公路工程地质信息综合采集系统。本项目主要用于勘察外业的调绘与编录中，具有较高的可靠性和实用性，有效地减少了人为因素错误，减轻内外业负担，提高了工程地质勘察精度和效率。

（5）创新引入孔内摄像技术

线路区分布的碎屑岩、花岗岩风化层厚度大，在地形坡度陡峭处易引发滑坡。特别是高边坡、陡坡路堤等地形变化较大地段，存在不利结构面，人工开挖出临空面后极易失稳。采用孔内摄像技术，查明了高边坡、陡坡桥台等覆盖层厚路段的隐伏结构面的发育特征，为边坡稳定性分析、计算提供了准确依据。

（6）依托项目研发实用新型专利

结合项目实际需求，研发了实用新型专利 3 项，分别为《一种利用钻机动能的配套发电储电系统》《基于互联网的动力触探测试数据采集及成果实时传输装置》《适用于富水软弱土层的浅埋山岭隧道的加固方法》，并在项目中调试、运用，效果良好。

4 结语

（1）采用综合勘察手段查明了公路沿线工程地质条件，提高了勘察工作精度与效率。

（2）针对项目实施过程中一些重点、难点问题，开展了多项专项勘察，详细查明了桩基软夹层，隧道出口仰坡崩塌体，隧道洞身浅埋问题及突涌水问题，土石比例及人工填土等问题，为确保项目质量打下了坚实的基础，为类似问题的解决提供了示范，取得了巨大的经济效益和社会效益。

（3）结合项目特点，采取了多手段创新性勘察，如 RS（遥感）技术，北斗定位系统和机载 LIDAR（激光雷达）结合，外业采集系统，智绘地质软件及孔内摄像技术等。

（4）对公路沿线崩塌、滑坡、高液限土、软土、孤石等主要问题，针对其主要特征提出了具有针对性的处治方案，经检测与监测，未发现异常情况，证明该项目的工程地质勘察质量可靠，提出的地基处理措施可行有效，取得的经验为工程企业避免了工程风险。

（5）依托项目开展了多项科研，获得了实用新型专利 3 项，并在项目中调试、运用，效果良好。

（6）工程竣工后，运营良好，未发生因工程勘察造成的各类问题，取得了较好的经济与社会效益。经专家评审，本项目工程地质勘察荣获“2022 年度公路交通优秀勘察奖一等奖”。

参考文献

[1] 交通运输部. 公路工程地质勘察规范: JTG C20—2011[S]. 北京: 人民交通出版社, 2011.

[2] 张金平等. 广东省公路施工阶段工程地质判析指南[R]. 2018, 18-20.

[3] 王覃王，卫红. 土石方工程土石比例确定方法探究[J]. 山西建筑, 2015, 41(21): 56-57.

中俄东线天然气管道工程长江盾构穿越勘察实录

赵园园　宫　爽　程少华　张灵芳　陈光联　黄文杰　邓　勇
（中国石油天然气管道工程有限公司，河北廊坊　065000）

1　工程概况

中俄东线干线起自黑龙江省黑河市中俄边境，途经黑龙江、吉林、内蒙古、辽宁、河北、天津、山东、江苏、上海9省区市，止于上海市白鹤末站，干线全长3334.6km，设计输量$380 \times 10^8 m^3/a$，设计压力12MPa/10MPa，管径1422mm/1219mm/1016mm。中俄东线天然气管道工程是我国四大能源通道之一，对我国的能源安全有着重要的意义。

中俄东线天然气管道工程在江苏省南通市经济技术开发区与江苏省常熟市经济技术开发区穿越长江，采用盾构隧道穿越方案，是中俄东线的控制性工程。本项目勘察由中国石油天然气管道工程有限公司承担。穿越位置北岸竖井（始发井）位于海门市滨江街道新江海河闸西侧物流综合园区用地，东侧紧邻新江海河，南岸竖井（接收井）位于常熟市经济开发区碧溪镇姚家滩。该穿越相继穿越新江海河、常熟港海轮锚地、主航道、专用航道、白茆河及其之间区域，穿越长度约为10.23km，穿越水面宽度约为7.5km。

2　场区区域地质背景

2.1　区域地层

本工程区域主要地层为第四系冲海积地层。浅部广泛分布全新世河流相灰黄色、灰色可塑—软塑粉质黏土或稍密粉土夹粉质黏土；滨海浅海相灰色流塑淤泥质土，灰色稍—中密粉土、粉细砂（局部夹粉质黏土）；粉土、粉细砂、粉质黏土常多次交互出现。深部分布更新世滨海浅海相或河口三角洲相灰色软塑粉质黏土、灰色—青灰色稍—中密粉土、粉砂，常为互层出现，局部分布灰色、青灰、灰白色密实细砂、粗砂。

2.2　区域地质构造

本工程场地构造上属于扬子准地台的浙西—皖南台褶带。

浙西—皖南台褶带是古生代—三叠纪的拗陷带，中生代以来经受印支、燕出多旋回构造岩浆作用，形成结构复杂的地台盖层裕皱带。震旦纪以来，该带以沉降为主，堆积了巨厚的震旦—中三叠统地层。第四纪以来，本带以继承性的断块差异或拗陷差异活动为主。

2.3　近场区地震构造

本工程场地近场区地震构造断裂为南通—上海断裂。该断裂位于拟穿越场区北岸竖井的东北面约200m左右，其自南通狼山西侧，经上海的罗店、大场、周浦等地，以雁行排列，呈断续分布，总体走向NW320°～330°，长约115km。断裂形成于燕山期晚期，第四纪仍有活动。1615年南通5级地震及1624年上海$4\frac{3}{4}$级地震均发生在该断裂各分段断裂的端部，等震线长轴方向与断裂一致。此外，沿断裂还有浮桥、浏河、罗店、北蔡、新场等小地震发生。该断裂带由多条断裂组成，右行雁列式展布，断裂带宽1.6～2.1km，走向NW335°～345°。该断裂定为中更新世断裂，其距离拟穿越场区北岸竖井较近，距离北岸竖井场地约200m。

2.4　区域水文地质条件

本工程区域陆域温暖湿润，降雨量充沛，地势平坦，有利于大气降水的入渗补给，陆域地下水的补给方式主要通过孔隙垂直面状渗入。且濒临长江，地表水资源十分丰富，松散含水层内的地下水与江水发生直接的水力联系。

长江水域的地下水按埋藏条件及水力性质主要分为两大含水层组，即孔隙潜水和弱承压水。

3 勘察方案

3.1 勘察方案布置

本工程勘察使用了工程地质测绘、钻探、静力触探、水文地质试验、剪切波速测试、扁铲侧胀试验、地温测试、电阻测试、沼气勘察、工程物探、室内试验等多种方法。岩土分类和勘探点布置按照《岩土工程勘察规范》（2009年版）GB 50021—2001及《油气田及管道岩土工程勘察标准》GB/T 50568—2019相关规定执行。

（1）工程地质测绘：以穿越轴线为中心，在两岸对轴线两侧200m范围内进行工程地质测绘。

（2）勘探线、勘探点及其间距：本次勘探点布置分为北岸竖井（始发井）、南岸竖井（接收井）、穿越段。

北岸竖井（始发井）：共布置12个勘探点，包括9个钻孔、3个静力触探试验孔，其中3个扁铲侧胀试验孔，孔深70～90m；勘探点在矩形竖井的对角线交叉点及沿矩形周边布置，勘探点间距12～24m；

南岸竖井（接收井）：共布置12个勘探点，包括9个钻孔、3个静力触探试验孔，3个扁铲侧胀试验孔，孔深70～90m；勘探点在圆心及圆周布置，勘探点间距9～13m；

穿越段：以穿越轴线为中线，在轴线两侧15m处各布置一条勘探线，两条勘探线上的勘探点交错布置，共158个钻孔，其中取样钻孔52个、标准贯入试验钻孔57个、鉴别孔49个；勘探点深度为50.00～90.00m；勘探点间距50～80m。由于长江主航道行船频繁，江苏海事局根据《中俄东线江苏段长江盾构隧道穿越工程勘察工程通航安全评估报告》专家组评审意见要求优化钻孔布置，优化后的两处（CJ082与CJ084、CJ089与CJ091之间）的钻孔间距为120m，穿越段孔分布详见表1。

钻孔分段信息一览表　　　表1

序号	穿越区域分段	区段内钻孔
1	北岸竖井区域	SJN1～SJN9钻孔
2	南岸竖井区域	SJS1～SJS9钻孔
3	（南北岸）陆地穿越段	CJ001～CJ008钻孔、CJ156钻孔
4	新江海河段	CJ009～CJ036钻孔
5	常熟港海轮锚地段	CJ037～CJ052钻孔
6	常熟港海轮锚地与主航道段	CJ053～CJ069钻孔
7	主航道段	CJ071～CJ101钻孔
8	主航道与专用航道之间段	CJ102～CJ125钻孔
9	专用航道段	CJ126～CJ130钻孔
10	白茆河段	CJ131～CJ155钻孔

（3）水文地质试验：在拟穿越场区两岸竖井区域附近各布置1个抽水试验钻孔和1个水文地质声呐试验钻孔；

（4）孔内剪切波速测试：共布置7个孔内剪切波速测试，其中两岸竖井各布置1个、穿越段布置5个；

（5）静力触探试验：在南北竖井区域各布置3个静力触探试验；

（6）扁铲侧胀试验：在南北竖井区域各布置3个扁铲侧胀试验；

（7）地温测试：在两岸竖井区域各布置1个地温测试孔；

（8）场地土视电阻率测试：在穿越场区的两岸各布置2处视电阻率测试点；

（9）有害气体勘察：有害气体专项勘察共布置18个勘探点，其中北岸7个、南岸8个、穿越段3个；其余穿越段钻孔实时检测；

（10）工程物探：在穿越轴线及两侧15m勘探线上共布置3条物探线，测线长度7.5km。其中浅地层剖面法3条、磁法3条、侧扫声呐1条（位于轴线）、水域地震3条；

（11）室内试验：室内试验包括水质分析、土的物理力学常规试验、特殊试验项目（砂土休止角、渗透试验、热物理试验、矿物含量分析、气体检测等）。

3.2 完成工作量

本工程勘察外业按照先陆上、后水上、先边缘、后中心的整体思路分阶段实施，由于长江主河道勘察危险性大，对通航河流影响大，需要海事、航道部门的配合，耗时较长，勘察过程历时17个月，其中野外作业224天，最终完成工作量见表2。

完成工作量　　　表2

项目		单位	合计
勘探点测放	钻孔定测	处	196
	静力触探勘探点	处	
	有害气体勘探点	处	

续表

项目		单位	合计
钻探	陆地钻孔进尺及数量	m/孔	2310/28
	水上钻孔进尺及数量	m/孔	9134/144
取样及试验	不扰动土试样	件	1012
	扰动土试样	件	2324
	水样	组	10
	土化学试样	组	6
原位测试	标准贯入试验	次	3756
	剪切波测试	m/孔	420/7
	电阻率测试	处	4
	静力触探试验	m/孔	444/6
	扁铲侧胀试验	m/孔	360/6
特殊试验	地温测试	孔	2
	有害气体测试	孔	18
水文地质试验	水文地质声呐试验	孔	2
	抽水试验	孔	2
工程物探	浅地层剖面法	km	22.5
	磁法	km	22.5
	侧扫声呐测量	km	7.5
	水域地震	km	17.40
地质测绘	区域调查	km^2	4.08

4 岩土工程分析与评价

4.1 北岸竖井工程地质评价

1）场地地貌

北岸竖井场区属于冲—海积平原地貌（图 1），场地地势平坦，高差约 0.2m。

图 1 北岸竖井地貌图

2）地层岩性及工程地质特征

根据钻探揭露、原位测试、室内试验成果及当地经验综合分析，勘察区内地层岩性主要为第四系全新统河流相冲积地层及上更新统河流相沉积地层，勘探深度内自上而下可划分为 9 个主要工程地层和 8 个亚层，北岸竖井三维地质模型见图 2。

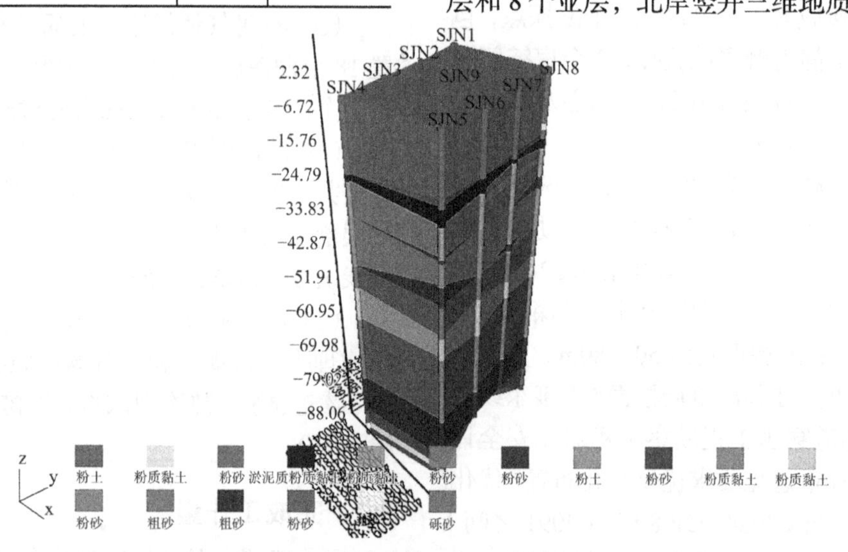

图 2 北岸竖井三维地质模型

通过室内试验，得出北岸竖井场区土层剪切指标及砂土休止角见表 3、表 4。

北岸竖井土层剪切指标 表 3

地层及编号	直接剪切（固快）	
	内摩擦角φ/°	黏聚力c/kPa
②粉土	27.2	12.0
②$_1$粉质黏土	15.0	16.0
②$_2$粉砂	29.8	5.0
③淤泥质粉质黏土	12.2	13.3

续表

地层及编号	直接剪切（固快）	
	内摩擦角φ/°	黏聚力c/kPa
④粉质黏土	21.0	12.8
④$_1$粉砂	28.0	4.0
⑤粉土	26.0	10.9
⑤$_1$粉砂	31.2	5.7
⑤$_2$粉质黏土	12.1	15.0
⑥粉质黏土	15.0	16.0

北岸竖井砂土休止角统计　　表 4

地层	水上休止角	水下休止角
⑦粉细砂	35.2	27.5
$⑦_1$ 中粗砂	38.0	29.5
⑧中粗砂	37.8	30.7
⑨粉细砂	35.5	28.3

通过扁铲侧胀试验计算土层水平基床系数结果见表 5。

北岸竖井土层水平基床系数计算　　表 5

层号	土层名称	土类指数I_D	水平应力指数K_D	扁铲模量E_D/kPa	水平向基床系数/（kN/m^3）
②	粉土	0.89	6.94	10.48	17.925
$②_1$	粉质黏土	0.40	15.14	3.82	15.721
$②_2$	粉砂	1.05	6.07	15.54	10.309
③	淤泥质粉质黏土	0.33	2.37	3.42	4.227
④	粉质黏土	0.54	2.25	7.76	15.980
$④_1$	粉砂	1.37	2.30	18.38	30.267
⑤	粉土	1.53	1.80	21.41	35.252
$⑤_1$	粉砂	1.53	1.08	14.31	29.093
$⑤_2$	粉质黏土	0.59	1.07	7.61	12.534
⑥	粉质黏土	1.59	0.78	14.53	29.916
⑦	粉细砂	1.92	1.22	36.19	44.750
$⑦_1$	中粗砂	1.70	1.66	46.72	57.701

3）水文地质特征

场区地下水的补给方式主要通过孔隙垂直面状渗入，且濒临长江，地表水资源十分丰富，松散含水层内的地下水与江水发生直接的水力联系。场地上部①～④层地下水类型属潜水，水位埋深 0.6m，年变幅约 1.0m。下部$⑤_1$层、⑦层、⑧层为承压水，岩性为粉细砂、中粗砂，含水性较好。

进行单井抽水试验，试验期间北岸承压水地下水位稳定埋深 4.5m，标高−2.5m。进行 3 次降深抽水试验，采用稳定流计算公式可计算渗透系数k及影响半径R，计算可得⑦层粉细砂含水层k取值为 6.71m/d。

4）突涌稳定性验算

场区$⑤_1$层、⑦层为承压水含水层，拟建竖井底板埋深 28.2m，$⑤_1$层承压水顶板埋深取 26.60m，⑦层承压水顶板埋深取 53.90m。

竖井底板位于承压水层内，突涌验算不满足，因此需要对$⑤_1$层承压水水头降至坑底以下 1.0m，动水位埋深 29.2m。

在不对第 7 层降水的条件下，突涌验算不满足要求。因此需对第 7 层承压水进行减压降水，对第 7 层承压水水头降至标高−14.95m 以下，降深 12.45m，此时：$K_h = 23 \times 18/(10 \times 36.95) = 1.120 > 1.10$基坑底部土抗承压水头稳定。

5）支护方式及降水方案建议

北岸工作井基坑深度 28.2m，推荐采用地下连续墙作为围护结构，围护墙深度 58m，逆作法施工，地下连续墙与主体结构侧墙形成叠合墙结构共同受力，地下连续墙按永久结构设计，地下连续墙接缝采用型钢接头。

为确保地下连续墙止水效果，在地下连续墙外侧设置一圈封闭的塑性混凝土墙止水帷幕，深约 38.2m，端部进入坑底加固层。

4.2　南岸竖井工程地质评价

1）场地地貌

南竖井场区属于冲—海积平原地貌（图 3），场地地势平坦，高差约 0.1m。

图 3　南岸竖井地貌图

2）地层岩性及工程地质特征

根据钻探揭露、原位测试、室内试验成果及当地经验综合分析，勘察区内地层岩性主要为第四系全新统河流相冲积地层及上更新统河流相沉积地层，勘探深度内自上而下可划分为4个主要工程地层和6个亚层。南岸竖井三维地质模型见图4。

通过室内试验，得出南岸竖井场区土层剪切指标及砂土休止角见表6、表7。

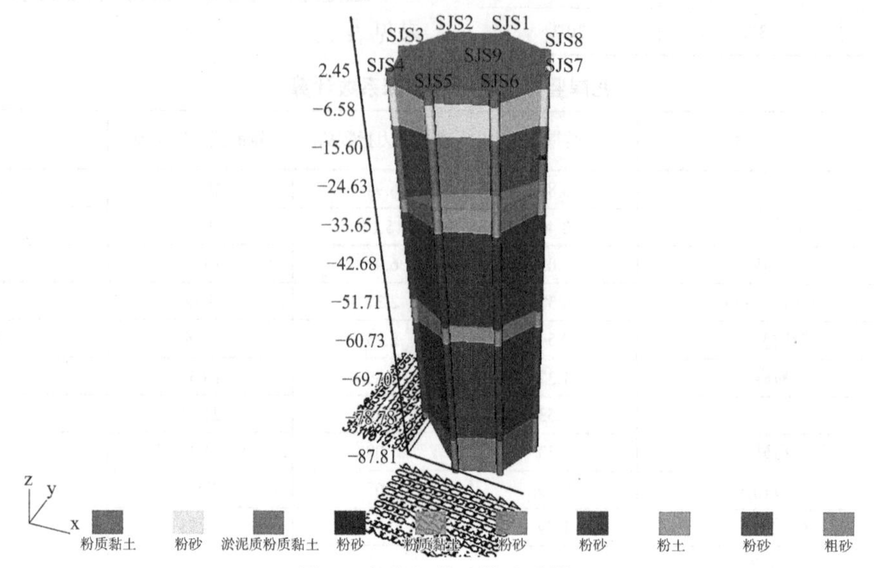

图4　南岸竖井三维地质模型

南岸竖井土层剪切指标　　表6

地层及编号	直接剪切（固快）	
	内摩擦角φ/°	黏聚力c/kPa
②$_1$粉质黏土	15.5	30.7
②$_2$粉砂	28.7	7.5
③淤泥质粉质黏土	10.3	10.8
③$_1$粉砂	28.0	4.0
④粉质黏土	12.0	16.5
④$_1$粉砂	28.0	4.0
⑤$_1$粉砂	31.3	7.3
⑥$_1$粉土	32.3	8.0

续表

地层及编号	直接剪切（固快）	
	内摩擦角φ/°	黏聚力c/kPa
⑦粉细砂	30.0	5.0
⑧中粗砂	30.0	5.0

南岸竖井砂土休止角统计　　表7

地层	水上休止角/°	水下休止角/°
⑤$_1$粉砂	35.5	28.5
⑦粉细砂	36.0	29.5

通过扁铲侧胀试验计算土层水平基床系数结果见表8。

南岸竖井土层水平基床系数计算　　表8

层号	土层名称	土类指数I_D	水平应力指数K_D	扁铲模量E_D/kPa	水平向基床系数/（kN/m³）
②$_1$	粉质黏土	0.40	15.14	3.82	15.721
②$_2$	粉砂	1.05	6.07	15.54	10.309
③	淤泥质粉质黏土	0.33	2.37	3.42	4.227
④	粉质黏土	0.54	2.25	7.76	15.980
④$_1$	粉砂	1.37	2.30	18.38	30.267
⑤$_1$	粉砂	1.53	1.08	14.31	29.093
⑤$_2$	粉质黏土	0.59	1.07	7.61	12.534
⑥	粉质黏土	1.59	0.78	14.53	29.916
⑦	粉细砂	1.92	1.22	36.19	44.750
⑦$_1$	中粗砂	1.70	1.66	46.72	57.701

3）水文地质特征

场地上部地下水类型属潜水，潜水含水层主要为赋存于上部①～④层的粉质黏土、淤泥质粉质黏土和砂土夹层中，稳定水位埋深为0.7～1.2m，标高0.99～1.75m。

下部⑤$_1$～⑧层为承压水含水层，岩性为粉细砂、粉土、中粗砂，含水性较好，承压水头稳定埋深8.0m，标高−5.55m。

南岸孔隙承压水含水层分为两层，第一层承压水含水层为⑤$_1$层粉细砂。第二层承压水含水层为⑥～⑧层粉细砂。两层承压水在穿越段处于连通状态，具有一致的承压水头，下部⑤$_1$～⑧层为承压水含水层，岩性为粉细砂、粉土、中粗砂，含水性较好，承压水稳定埋深8.0m，标高−5.55m。其补给模式有潜水入渗或越流补给，开采条件下长江水激化补给，上游长江切割深度达到承压含水层，以侧向径流的形式补给地下水。南岸区域开采量较大（淡水），水位较低。

27～34m 含水层综合渗透系数$k = 0.90$m/d；42～54m 含水层取$k = 6.76$m/d。

4）突涌稳定性验算

场区⑤$_1$层、⑦层为承压水含水层，拟建竖井底板埋深29.6m，⑤$_1$层承压水顶板埋深25.5m，底板埋深48.0m，竖井底板位于承压水层内，必然突涌。因此需对⑤$_1$层承压水水头降至坑底以下1.0m，动水位埋深30.6m。

对第7层承压水水头降至标高−15m以下，动水位埋深17m，此时：

$K_\mathrm{h} = D\gamma/h_\mathrm{w}\gamma_\mathrm{w} = 23 \times 18/(10 \times 37) = 1.119 > 1.10$，基坑底部土抗承压水头稳定。

5）支护方式及降水方案建议

北岸工作井基坑深度29.6m，推荐采用地下连续墙作为围护结构，围护墙深度59.62m，逆作法施工，地下连续墙与主体结构侧墙形成叠合墙结构共同受力，地下连续墙按永久结构设计，地下连续墙接缝采用型钢接头。

为确保地下连续墙止水效果，在南岸工作井地下连续墙接缝处采用高压旋喷桩MJS工法进行止水，止水长度4m，宽度2m，深度40m，插入坑底以下加固层。

4.3 穿越段工程地质评价

4.3.1 场地地貌

穿越处水面宽度约7.5km，为长江入海口最宽处，水面标高约1.6m。最大水深位于主航道处，水深16m（图5）。

图5 长江穿越段地貌图

4.3.2 地层岩性及工程地质特征

根据钻探揭露、原位测试、室内试验成果及当地经验综合分析，勘察区内地层岩性主要为第四系全新统（Q_4）及晚更新统（Q_3）地层，勘探深度内自上而下共分7层，穿越段典型剖面及三维地质模型见图6。

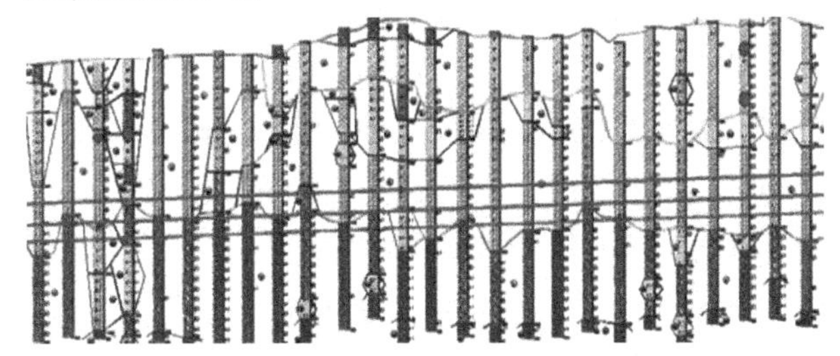

图6 长江穿越段典型剖面图

穿越段地层力学压缩剪切指标统计表 表9

项目	指标					
	直接快剪		固结快剪		压缩系数	压缩模量
	内摩擦角	黏聚力	内摩擦角	黏聚力		
	φ	c	φ	c	a_{1-2}	E_S
	°	kPa	°	kPa	MPa^{-1}	MPa
①淤泥质土	5.56	11.79	13.98	12.72	0.601	3.84
①$_2$粉质黏土	16.70	14.80	25.20	13.00	0.18	10.09
①$_3$粉质黏土	8.30	18.50	18.00	19.60	0.503	4.33
②粉土	25.10	14.50	27.70	12.70	0.209	9.53

续表

项目	指标					
	直接快剪		固结快剪		压缩系数	压缩模量
	内摩擦角	黏聚力	内摩擦角	黏聚力		
	φ	c	φ	c	a_{1-2}	E_S
	°	kPa	°	kPa	MPa^{-1}	MPa
②粉土	—	—	—	—	0.392	4.92
③淤泥质土	4.80	9.50	13.00	11.00	0.73	3.28
③$_1$粉土	—	—	28.50	13.00	0.23	8.55
③$_2$粉质黏土	—	—	15.20	24.50	0.39	5.07
③$_2$粉质黏土	7.94	15.56	16.90	14.00	0.435	4.96
④$_2$粉土	23.10	14.00	—	—	0.264	7.03
④$_3$淤泥质土	—	—	—	—	0.572	4.34
④$_3$淤泥质土	25.09	13.81	28.05	13.00	0.24	8.37
④$_3$淤泥质土	8.80	14.00	26.30	13.00	0.448	4.63
⑤$_3$淤泥质土	15.20	16.80	27.00	13.00	0.42	4.94
⑥粉质黏土	11.16	20.54	19.65	15.97	0.42	4.87
⑥$_1$粉土	22.73	16.67	21.63	15.91	0.39	5.43
⑥$_2$黏土	6.12	17.20	18.40	12.50	0.56	3.93
⑥$_4$淤泥质土	13.00	15.50	16.40	13.60	0.536	4.22
⑦$_1$粉质黏土	8.10	20.80	14.30	18.00	0.511	4.19
⑦$_2$淤泥质土	6.50	14.00	—	—	0.567	3.67
⑦$_3$粉土	25.10	14.00	28.70	12.00	0.20	10.24

盾构隧道自始发井盾构掘进约70m后，先进入⑤$_1$粉砂，掘进约140m后进入⑤粉土，掘进约270m后进入⑥粉质黏土，再掘进约1300m进入⑦粉砂，之后主要穿越⑦粉砂及局部⑥粉质黏土。故主要穿越层位的砂颗粒的石英、长石等硬质矿物含量、颗粒级配等指标，是本次盾构机设计选型的必需参数。因此本工程勘察除进行常规土工试验外，还对砂土进行了矿物成分分析，为盾构选型提供依据。

砂土矿物成分试验成果表　　表10

试验项目地层	矿物成分分析					
	石英	长石	白云石	方解石	绿泥石	水云母
⑤粉土	50%～55%	10%～15%	5%	< 5%	< 10%	< 10%
⑤$_1$粉砂	60%～65%	15%～20%	< 5%	—	< 5%	10%
⑥$_1$粉土	55%～60%	15%～20%	< 3%	< 3%	5%～10%	10%
⑥$_3$粉砂	45%～60%	10%～25%	< 5%	3%	5%～10%	< 10%
⑦粉砂	40%～75%	5%～25%	5%～10%	5%～30%	5%～15%	5%～15%
⑦$_3$粉土	40%～60%	15%～20%	< 5%	10%	10%～15%	10%～15%
⑦$_4$中砂	70%～75%	10%～15%	5%	—	< 5%	—

盾构轴线主要穿越的地层为⑤粉土、⑤$_1$粉砂、⑥粉质黏土及⑦粉砂，其中⑤粉土的石英含量为50%～55%、长石含量10%～15%，硬质矿物含量相对较高，而⑤$_1$粉砂及⑦粉砂，级配良，石英含

量最高达 75%，长石含量最高达 25%，该砂土地层硬质矿物含量较高，对盾构刀具磨损较高。

4.3.3 工程物探

为探明长江穿越轴线附近是否埋藏有地下障碍物及地层分布的连续性，本次工程物探勘探工作共布置 3 条测线，分别为长江穿越轴线以及平行轴线 15m 的上下游测线。其中浅地层剖面法、磁法、水域地震各完成 3 条测线，侧扫声呐测量完成 1 条测线（穿越轴线）。其中，浅层地震剖面法用以探明障碍物的埋深、形态、规模等（图 7）；侧扫声呐测量用以探明江底面存在的未埋藏的障碍物的位置及形态（图 8）；磁法用以探明长江水底铁质或水泥质的具有强磁性的障碍物；水域地震探明地层分布的连续性。

浅地层剖面和侧扫声呐仪揭示 2 处地形突变一些小型杂物，未见沉船等对盾构穿越影响较大的障碍物。地震反射勘探反应穿越段 70m 深度范围内未发现明显的构造异常、江底泥砂层超过 80m，未探测到基岩界面，适宜采用盾构方法穿越。

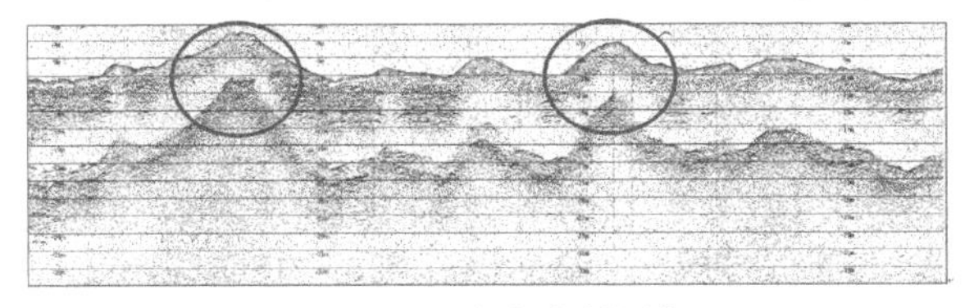

图 7 地形突变浅剖图像

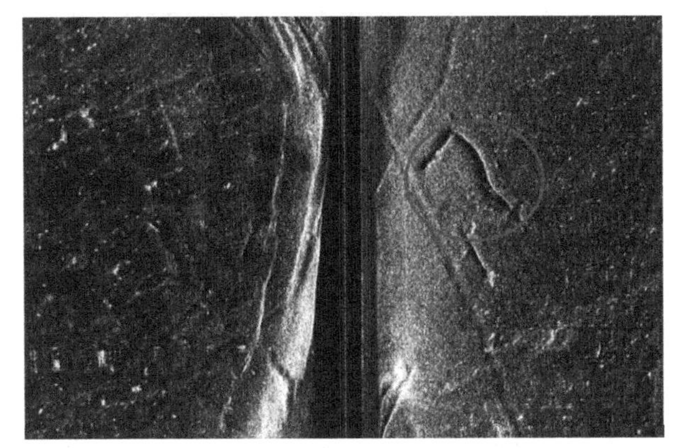

图 8 侧扫声呐 L 形杂物示意图

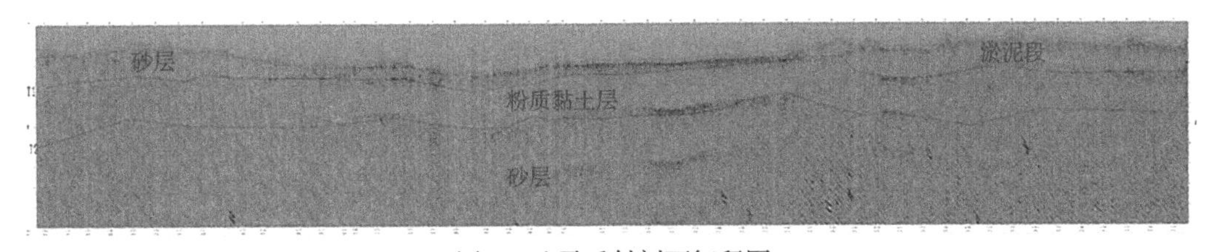

图 9 地震反射剖面解释图

5 有害气体（沼气）专项勘察

5.1 沼气分布初判

长江穿越盾构隧道沿线地层中存在生物气，隧道穿越含气地层，容易引发火灾，爆炸甚至由于地层内生物气释放造成地层失稳，对隧道建设构成了巨大的安全隐患[1-3]。本次勘察过程中，在所有勘探孔采用气体检测仪随钻进行沼气探测，并记录检测仪报警的深度和气体浓度（表 11）。在初判的基础上，圈定了南岸及白峁河口为沼气分布区域，在该区域布置了专门的沼气勘察勘探点，进行了沼气分布专项勘察。

沼气初判成果表　　表 11

钻孔编号	深度/m	孔口检测最大浓度/VOL	是否报警
SJS4	14	3%	仪器报警
SJS7	30	0.55%	仪器报警
SJS8	15	0.55%	仪器报警
CJ022	28	2.24	仪器报警
CJ022	30	2.65	仪器报警
CJ022	32	2.88	仪器报警
CJ022	34	2.54	仪器报警
CJ022	54	2.87	仪器报警
CJ022	65	2.33	仪器报警

续表

钻孔编号	深度/m	孔口检测最大浓度/VOL	是否报警
CJ054	15	2.5	仪器报警
CJ054	17	2.3	仪器报警
CJ055	16	2	仪器报警
CJ055	18	2.1	仪器报警
CJ065	45	3.1	仪器报警
CJ100	15	2.8	仪器报警
CJ101	14	2.8	仪器报警
CJ101	16	2.5	仪器报警
CJ121	5	3.3	仪器报警
CJ121	7	3.3	仪器报警
CJ121	15	2.6	仪器报警
CJ121	17	2.5	仪器报警
CJ151	38	3	仪器报警
CJ151	40	3	仪器报警
CJ151	42	4.1	仪器报警
CJ151	44	5	仪器报警
CJ151	46	4.2	仪器报警
CJ151	60	3	仪器报警

注：1. 能够引起爆炸的可燃气体的最低含量称为爆炸下限 Low Explosion-Level（LEL）。
2. 甲烷爆炸下限按 5%VOL 计算。
3. 判定依据：《安全科学技术百科全书》（中国劳动社会保障出版社，2003 年 6 月出版）

根据初判成果，沼气浓度较大位置在南岸附近分布较为集中，在穿越段仅在 CJ022、CJ054、CJ100、CJ121 零星分布。因此在穿越南岸进行了沼气专项勘察。

5.2 沼气专项勘察

考虑勘察区区域地质条件以及有害气体形成原因，其气囊范围的非连续性、非连贯性，南岸竖井区域布置有害气体勘探孔 8 个，相邻勘探孔间距小于 10m。

本次勘察采用的探测设备如图 10 所示，该设备由静力触探设备改装而成[4]。此改装后的设备在昆明地铁、杭州地铁和武汉地区城市地下工程施工过程中均有很好的应用效果，得到了广泛的认可。此设备探头采用专用凿空的气体探头，探杆中空，探杆顶端由橡胶管接玻璃过滤罐，罐内注水，以过滤多余的泥浆。罐顶设放气阀，放气阀接气压表及流量表，以探明含气土层的顶底板埋深及气体压力和流量参数。排出的废气经喷嘴点火燃烧，以免污染大气。同时存取气体样本进行成分分析。

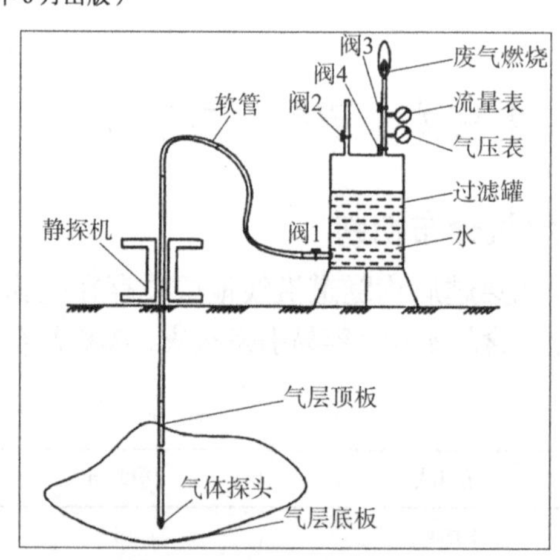

图 10 沼气勘察设备示意图

施工时，将探杆压入地下，观察探杆顶部有无气体喷出，并使用“JL269 系列可燃气体检漏仪”判别。如有气体喷出，记录气体喷出的初始深度 H_a，持续下压直至气体不再喷出，记录终结深度 H_b。

探杆压入直至气体不再喷出并超过盾构底板 5m 后，开始上拔，直至$(H_a + H_b)/2$深度处停止，以该$(H_a + H_b)/2$深度作为观测深度。打开阀 1、阀

4，关闭阀 2、阀 3。静置 5min 后记录气压表初始读数P_0。打开阀 3，开始放气，记录流量表初始读数K_0。后每隔 30min 读取一次气压表和流量表读数并记录，持续观测不少于 10h，直至气体压力小于 0.05MPa 为止，试验结束。

南岸竖井区域以 GAS-6 号孔为例，绘制单孔观测曲线，包括气体流量和气体总量随时间的变化，以及气体流量和气压随观测时间的变化（图11、图 12）。

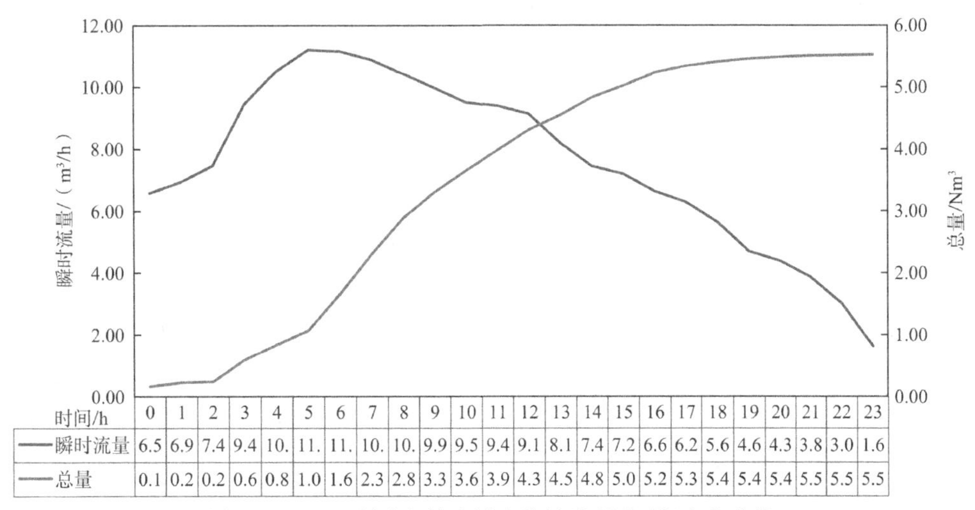

时间/h	0	1	2	3	4	5	6	7	8	9	10	11	12	13	14	15	16	17	18	19	20	21	22	23
—瞬时流量	6.5	6.9	7.4	9.4	10.	11.	11.	10.	10.	9.9	9.5	9.4	9.1	8.1	7.4	7.2	6.6	6.2	5.6	4.6	4.3	3.8	3.0	1.6
—总量	0.1	0.2	0.2	0.6	0.8	1.0	1.6	2.3	2.8	3.3	3.6	3.9	4.3	4.5	4.8	5.0	5.2	5.3	5.4	5.4	5.4	5.5	5.5	5.5

图 11　GAS-6 号孔气体流量和总量随观测时间变化曲线

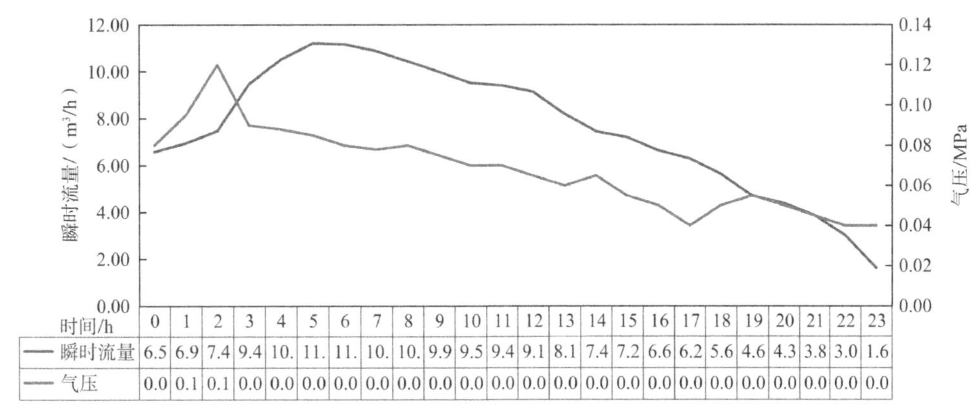

时间/h	0	1	2	3	4	5	6	7	8	9	10	11	12	13	14	15	16	17	18	19	20	21	22	23
—瞬时流量	6.5	6.9	7.4	9.4	10.	11.	11.	10.	10.	9.9	9.5	9.4	9.1	8.1	7.4	7.2	6.6	6.2	5.6	4.6	4.3	3.8	3.0	1.6
—气压	0.0	0.1	0.1	0.0	0.0	0.0	0.0	0.0	0.0	0.0	0.0	0.0	0.0	0.0	0.0	0.0	0.0	0.0	0.0	0.0	0.0	0.0	0.0	0.0

图 12　GAS-6 号孔气体流量和气压随观测时间变化曲线

5.3　气体成分分析

本次勘察对收集的有害气体进行 6 种主要元素的分析以及 VOCs 全分析。检测成果表，勘察区有害气体主要为甲烷型，甲烷含量最多，比例占到 79%～91%，其次是氮气，并含少量的氧气、二氧化碳等其他成分。

5.4　有害气体分布规律

在南岸竖井区域，发现两个有害气体分布层位，第一个气层位于 13～15m 的深度。竖井钻孔所揭示的地层显示，0～25m 主要为粉土和淤泥质粉质黏土，其中 GAS-1 号孔 14m 深度、GAS-5 号孔 14m 深度、GAS-6 号孔 14m 深度、GAS-7 号孔 14m 深度以及 GAS-8 号孔 14m 深度的地层都为淤泥质粉质黏土，含有丰富的有机质，为有害气体的生成提供了物质基础。第二个气层位于 28～32m 的深度，根据竖井钻孔勘察揭示，该深度范围为粉砂，其中 GAS-1 号孔 28m 深度、GAS-6 号孔 28m 深度、GAS-7 号孔 26m 深度、GAS-8 号孔 32m 深度的地层都为粉细砂。孔隙度较大，气体运移条件比较好。

在横向上，有害气体主要呈不连续的囊状、团状分布，南岸竖井有害气体平面分布见图 13，同时，对于穿越段的有害气体分布也进行了识别，识别出 4 个不连续分布的囊状气团，在剖面图上也进行了标示。

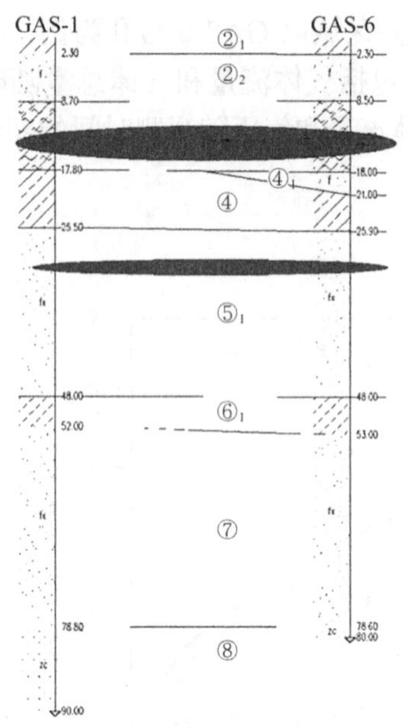

图 13　南岸竖井区域有害气体纵向分布剖面

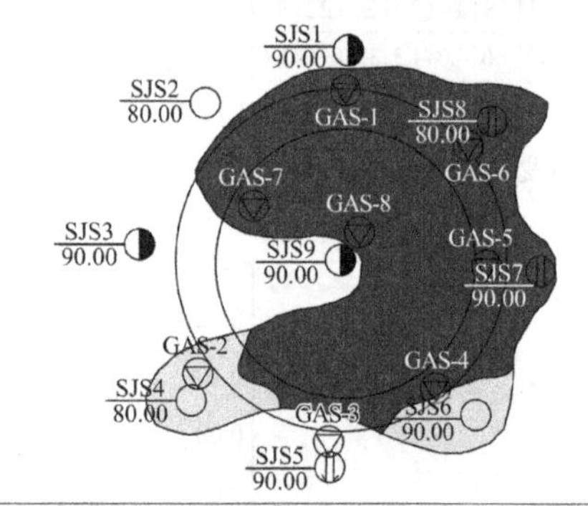

图 14　南岸竖井区域有害气体平面分布

6　经验与启示

2022 年 12 月，长江盾构穿越已全线贯通，目前进入管线安装阶段，取得了良好的经济效益与社会效益。

在盾构施工过程中，我们全面跟踪现场施工情况，多次与现场施工单位沟通，验证勘察成果，解决现场出现的问题。回顾本工程勘察，总体来说取得了圆满的成功，得到了很多宝贵的经验，但也有一些不足的地方。

（1）对于长江穿越的勘察，完善的方案是成功的保证，在本次勘察中，我们针对竖井和穿越段不同的工程特点，采取了多种勘察手段。在竖井主要针对土层的物理力学特性和水文地质特征，除常规钻探外，采取了静力触探、扁铲侧胀试验、抽水试验，水文声呐试验等多种方法，为竖井的支护结构设计，降水设计提供了完备的地层和水文参数。在盾构隧道穿越区域，除了重点查明地层分布以外，还采用了物探方法对江地障碍物进行了探测；进行了砂土矿物组成分析，为盾构选型提供了保证。

（2）沼气专项勘察取得了宝贵的经验。对于沼气勘察可参考的经验较少，本工程针对沼气勘察，从全线的初判到专项勘察，对工程穿越沿线的沼气分布进行了深入的研究，不但进行分布规律等定性研究，还获取了沼气压力等定量参数，为盾构的密闭设计提供了有力的支撑。

（3）在盾构施工过程中，施工单位反映砂土地层中局部含有圆砾，对盾构刀头产生了一定的磨损。我们根据施工单位反映情况对勘察资料进行了核实，未发现原始钻探记录及岩心中有关于圆砾的描述。经过与施工单位沟通，发现圆砾地层主要出现在新江海河海口及白峁河河口位置，而由于我们的钻孔位于盾构穿越轴线两侧 15m 的位置，可能恰好位于河口河流相粗粒沉积带的两侧。此问题也给我们一定的启示，对于穿越工程，轴线两侧的钻孔有一定概率与轴线地层存在偏差，需要我们综合沉积学的知识，在勘察报告编制过程中对可能出现的风险予以提示。

参考文献

[1]　唐益群, 蒋玉坤. 隧道施工中浅层沼气的危害与防治[J]. 施工技术, 2011, 40(351): 44-49.

[2]　吕少伟, 唐益群, 叶为民. 上海浅层气危害工程机理研究[J]. 岩土工程学报, 2012, 22(6): 734-737.

[3]　任光明, 赵志祥, 聂德新等. 深埋长隧道有害气体发生的地质条件初探[J]. 山地学报, 2002, 20(1): 122-125.

[4]　李粮纲, 李永刚, 余雷. 采用密闭取心和改装静力触探仪勘察第四系有害气体[J]. 煤田地质与勘探, 2009, 37(5): 72-76.

港珠澳大桥海中桥隧主体工程水文地质勘察

杨永波　余　颂　王风华　陈桂媛
（中铁大桥勘测设计院集团有限公司，湖北武汉　430056）

1　工程概况

港珠澳大桥跨越珠江口伶仃洋海域，是连接香港特别行政区、广东省珠海市、澳门特别行政区的大型跨海通道，是国家高速公路网规划中珠江三角洲地区环线的组成部分和跨越伶仃洋海域的关键性工程。其主要功能是解决香港与内地（特别是珠江西岸地区）及澳门三地之间的陆路客货运输要求，建立连接珠江入海口东西两岸新的陆路运输通道。项目的建成从根本上改变珠江西岸地区与香港之间的客货运输以水运为主和陆路绕行的状况，从而完善了国家和粤港澳三地的综合运输体系和高速公路网络，密切了珠江西岸地区与香港地区的经济社会联系，改善了珠江西岸地区的投资环境，加快了产业结构调整和布局优化，拓展了经济发展空间，提升了珠江三角洲地区的综合竞争力，为保持港澳地区的持续繁荣和稳定，促进珠江两岸经济社会协调发展作出重要贡献。

港珠澳大桥工程包括三项内容：一是海中桥隧主体工程；二是香港、珠海和澳门三地口岸；三是香港、珠海、澳门三地连接线。海中桥隧主体工程（粤港分界线至珠海和澳门口岸段）由粤港澳三地共同建设；海中桥隧工程香港段、三地口岸和连接线由三地各自建设。港珠澳大桥是具有国家战略意义的世界级跨海通道。

本工程建设单位为港珠澳大桥管理局，2008年2月～2008年4月中铁大桥院承担港珠澳大桥海中桥隧主体工程工可阶段补充勘察，2011年2月～2011年9月又承担了施工图阶段DB02标段的勘察。据《岩土工程勘察规范》GB 50021—2001的相关规定，本工程重要性等级为一级工程，场地复杂程度为二级场地，地基复杂程度为二级地基，岩土工程勘察等级为甲级。

港珠澳大桥工程于2009年12月开工建设，于2018年2月建成通车，经过5年多的运营，情况良好。

2　岩土及水文地质条件

2.1　地层岩性

港珠澳大桥隧道段勘察深度范围内土层按形成时代、岩性特征划分为4个大层组、14个亚层。①层全新世海相沉积物，其岩性为淤泥、淤泥质亚黏土，②、③层为晚更新统海相沉积物，其岩性主要为粉质黏土、黏土、粉质黏土夹砂、粉细砂、中砂、淤泥质粉质黏土、粉质黏土夹砂；④层为晚更新世河流相冲积物，岩性自上而下变粗（粉砂—圆砾）。

基岩主要为燕山期花岗岩、局部夹震旦系变质岩岩脉，据钻探及物探资料显示，基岩风化差异显著，基岩面起伏较大，钻孔揭示的岩性主要为粗—细粒花岗岩、混合花岗岩，基岩分为2个大层组、10个亚层。⑤层属燕山细—粗粒斑状花岗岩，⑥层属震旦系，岩性主要为混合花岗岩，弱—微风化层工程性能较好。

2.2　水文地质条件

隧道段地下水的类型主要指海域范围内地层中的地下水，据其不同的赋存形式分为松散岩类孔隙承压水、基岩裂隙水二种，其中松散岩类孔隙承压水赋存于第四系上更新统冲积层（Q_3^{al}）中，为场区主要含水层；风化基岩孔隙（裂隙）水赋存于基岩全、强风化层中，基岩裂隙水赋存于基岩的风化裂隙及构造裂隙中。本次试验的重点为松散岩类孔隙承压水。

水文地质试验区位处于区域地下水排泄口附近，地下水位受潮位升降的严格控制。

（1）松散岩类孔隙承压水

该含水层具承压性，含水层为砂、砾石层，由于其排泄口与海水相通，主要接受海水的补给。孔

获奖项目：2021年度工程勘察、建筑设计行业和市政公用工程优秀勘察设计奖工程勘察二等奖。

隙承压水径流表现在相同层位间的相互流通，但受含水性岩性的控制，其速度极慢，变化小。在隧道东边 1 号抽水孔（东抽 1）中进行的单孔同位素测定地下水流向结果表明，孔隙承压水流向主要为 ES 方向。孔隙承压水径流的变化，受海水影响并不明显，地下水水位涨落与潮水涨落变化基本一致，主要因素是潮水传导给孔隙承压水的压力不同造成的。试验区位处于区域地下水排泄口附近，海水潮水位变化的同时，传导给孔隙承压水的压力不同，潮水位涨，传导给孔隙承压水的压力大，承压水头高，潮水位落，传导给孔隙承压水的压力相对较小，承压水头相对较低。

孔隙承压水的排泄，主要是通过排泄口泄入海中，其次为孔隙承压水向其他含水岩组侧渗排泄和越流排泄。孔隙承压水动态变化上表现为天然动态型，受潮水位控制，与潮水位变化趋势基本一致。

（2）基岩裂隙水

该含水岩组其含水介质主要为花岗岩。基岩裂隙水主要为风化裂隙和构造裂隙水。

基岩裂隙水主要接受上部孔隙承压水的垂直入渗补给，富水性与岩性、风化程度关系较密切，在构造断裂带附近往往富水。基岩裂隙水径流与孔隙承压水基本一致，但受裂隙走向及构造控制，排泄于上部孔隙承压水含水岩组中。

3　水文地质试验

水文地质勘察实验中抽水试验作为了解地下水文地质参数的一项重要方法，在岩土工程设计施工中具有相当重要的作用。地下工程尤其是海底隧道工程的岩土工程勘察中，水文地质工作非常重要，必须进行科学、合理的水文试验设计，取得准确而又可靠的水文地质参数，才能为工程的设计和施工提供有效的水文地质依据，从而避免可能造成的重大工程事故和经济损失。本文结合港珠澳大桥海中桥隧主体工程水文地质勘察的具体实践——水域抽水试验，为港珠澳大桥隧道工程施工提供了准确的原始水文数据，对类似岩土工程勘察设计提供有益参考。

3.1　抽水试验设计原则

1）抽水试验应布设在工程结构的重要部位、水文地质条件较复杂或还未能查清的地段。例如隧道可能通过的强透水层、未能进行钻孔简易水文观测又有较重大疑问的部位、明挖车站基坑需要进行降水或防渗帷幕的地段、地表水体与地下含水层可能发生水力联系的部位等。

2）应采用群孔抽水试验，在特殊情况下方可采用单孔抽水试验，尽量不采用简易抽水试验。

3）应以较大的抽水井半径、较小的降深进行抽水试验，以避免三维流的发生；抽水井的适宜半径可根据经验公式$r_w \geqslant 0.01M$计算，M为含水层厚度，一般在第四纪松散层中取 200～300mm，在基岩中取 110～150mm[1]。

4）群孔抽水试验的设计原则

（1）群孔抽水试验中的抽水孔应该布置在与工程有直接关系的地方或主要勘探对象的地段，并应对抽水孔的降深和降落漏斗的形状和半径进行预测，使试验降落漏斗覆盖的范围有尽量高的代表性。

（2）观测孔应该按预测的降落漏斗纵、横两个方向分别布置，并应尽量落在工程范围之中。每个方向的不宜少于 2 个，分别位于预测降深的 1/2 和 1/4 的部位。

（3）抽水孔的结构和观测孔的结构应该与水文勘察的目的相适应。

3.2　抽水孔及观测孔结构设计

根据不同水文地质勘察对象，抽水孔和观测孔有不同的技术要求。抽水孔结构必须考虑以下几个因素：

（1）为保证孔内有足够的涌水量保证抽水设备运转良好，孔径大一些为好。

（2）既要保证水泵吸水管能放进过滤器（根据抽水试验有关规程，过滤器直径 ≥ 108mm）内；又要保证过滤器与井壁管之间有足够大的环状间隙，以便安放观测管。所以，过滤器的规格比井壁管一般要小 2 级以上。

（3）要考虑地质条件对下井壁管的影响。在地质条件比较差的情况下，直径大的井壁管要下到孔底难度较大。

本项目主要在第四系含水层中进行抽水试验，抽水孔和观测孔的结构如图 1、图 2 所示。

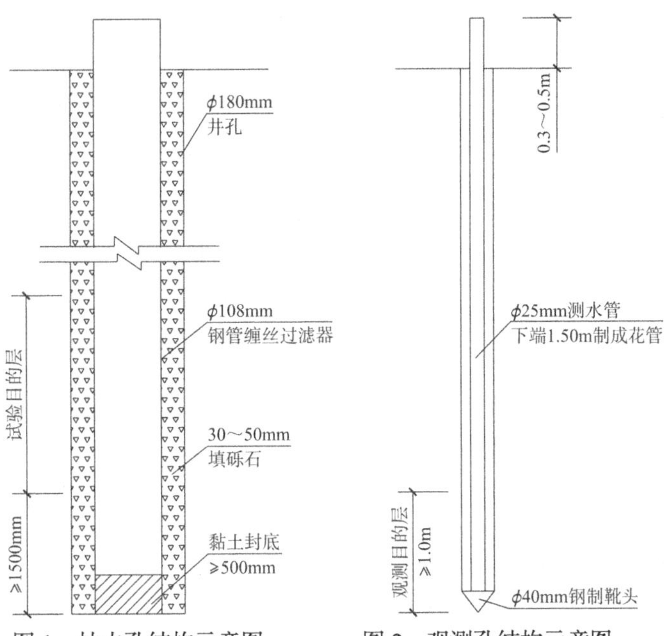

图1　抽水孔结构示意图　　　　图2　观测孔结构示意图

3.3　抽水试验井成井工艺

抽水试验井孔的成井工艺对抽水试验能否成果起到至关重要的作用[2]，因此在成井工艺的各个环节都不能忽视。

（1）钻孔：钻孔的口径要尽量大一些，以保证工作井管能够顺利下到设计的目的层。采用ϕ180钻头成孔，成孔孔径约200mm，钻孔完毕后，应进行第一次洗孔。

（2）过滤管骨架孔隙率和滤网孔眼大小的选择：加工的过滤管一般钻圆孔，孔径10～12mm，孔率一般为30%～40%。孔隙率太大，容易造成涌砂，且降低滤管的整体强度；孔隙率太小，则过水断面小，不能真实反映底层出水量。在中粗砂含水层抽水，滤网孔眼应等于或略大于中粗的粒径，一般为20～30目；在细砂含水层抽水，滤网孔眼略大于细砂的粒径，一般为50～60目。孔眼太大，易造成涌砂；孔眼太小，会影响过滤管内的出水量。

（3）下管及投砾：井壁管及滤水管应按技术要求下到设计层位，下管过程中如有困难不应强行下放，而要重新扩孔后再下放。井壁管及虑水管到位后，要在井壁管和滤水管之间的环状空隙里投入砾石起过滤作用，砾石大小要尽量均匀。下管及投砾完毕后，应进行第二次洗孔，保证井壁上的泥皮清洗干净而不会影响井孔的出水量。

3.4　水文地质试验实施

1）试验工作

（1）该项目隧道起点（东）段、终点（西）段抽水试验均采用多孔稳定流抽水试验，进行二次降深，其中隧道起点段抽水布置一个抽水孔，二个观测孔，隧道终点段抽水布置一个抽水孔，一个观测孔，钻孔平面布置见图3。

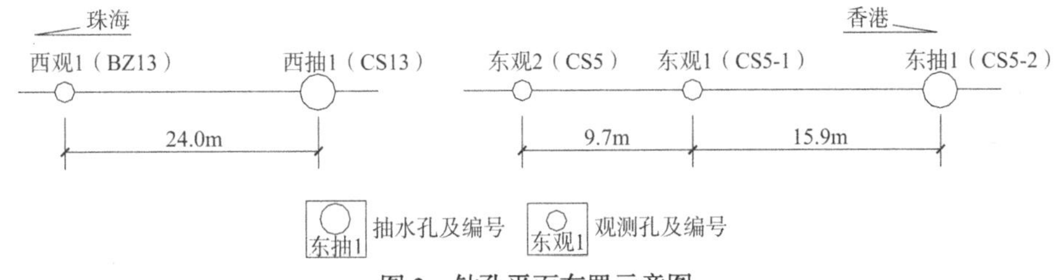

图3　钻孔平面布置示意图

（2）由于是海上水文试验，水文钻孔成孔过程中均需下置套管阻隔海水方能进行施工，即在钻前先打入ϕ180套管，由于场区淤泥层较厚，ϕ180套管下置深度一般需下至稳定土层，防止套管下滑，下置深度一般大于15m。由于淤泥具有较好的隔水作用，并且在套管上绑扎海带作为隔水措施，套管止水效果较好。从试验情况分析，没有出现出水量增大而降深减小的情况，证明止水效果可靠。

抽水前加高管口，固定在一定高度，使试验不受涨潮落潮的干扰。

（3）试验场区含水层具有较明显的界线，抽水试验针对主要含水层进行，即砂类土层及碎石土层作为一层进行抽水。

（4）试验段砂类土层及碎石土层孔壁稳定性较差，钻孔均采用井管过滤器包网缠丝投滤料抽水。

（5）本项目抽水试验，每个降深段水位相对稳定时间均大于 8h；同时，海域抽水试验孔均进行了试验开始前一个潮汐周期（24h）的静止水位和潮水位的同期连续观测，查明了海域地下水与潮汐变化之间的相关关系。

（6）洗孔：由于钻孔过程中上部淤泥层、黏性土具有造浆作用，下部砂土层、砾石层孔隙上附着了部分泥浆，钻孔钻探完毕后必须用清水洗孔，直至孔内出水清澈，含砂量较小时，方可结束洗孔，进行地下水位观测。

（7）水位观测：同步观测地下水水位与潮水位的变化规律。本区潮汐类型属于不规则的半日潮混合潮型，在一个完整的潮汐变化周期中，不宜用最高和最低地下水位的平均值作为静止水位值，只能采用相对静止水位。

2）质量评述

本次海上水文试验，严格按技术要求及相关的规程、规范进行，克服了海域施工的种种难度，尤其是水文试验现场组织（航道管理、成孔顺序、水位观测的实施等），花费了大量精力和成本，确保了试验工作的顺利进行，获取了较为翔实、准确的水文地质试验数据，满足了项目设计要求。抽水试验的各种器材精度、水位的观测、稳定时间等均符合规范标准、保证了试验数据据的准确性。资料整理时，对试验的各种数据进行校核，选取正确的理论模型进行水文地质参数计算，也保证了试验成果的准确性。

3.5　水文地质试验与参数计算

1）抽水试验类型

隧道起点（东）段、终点（西）段抽水试验均采用多孔稳定流抽水试验，进行二次降深，其中隧道起点段抽水布置一个抽水孔，二个观测孔，采用完整孔多孔抽水；隧道终点段抽水布置一个抽水孔，一个观测孔，采用非完整孔多孔抽水。抽水试验成果见图 4 和图 5。

2）动水位的观测

抽水孔洗好孔后，开始抽水孔、观测孔地下水位和潮水位的同步观测，至少观测一个完整的潮汐周期，以确定地下水水位与潮水涨落的关系。从观测资料得知，地下水位的升降几乎与潮水涨、落同步，水位高度两者相差有 0.20～0.40m，滞后时间很短，仅数分钟—十几分钟不等。本区潮汐类型属于不规则的半日潮混合潮型，在一个完整的潮汐变化周期中，不宜用最高和最低地下水位的平均值作为静止水位值，只能采用相对静止水位，即当潮水位与地下水位变化趋势一致且差值保持在一常量时，即视为地下水位稳定。所以，在抽水过程中，观测地下水位和潮水涨落而变动的情况，一旦地下水位和潮水的涨落基本同幅升降，即视为稳定，计算时，采用孔内水位净降深减去潮水净落差，得出孔内水位净降深。

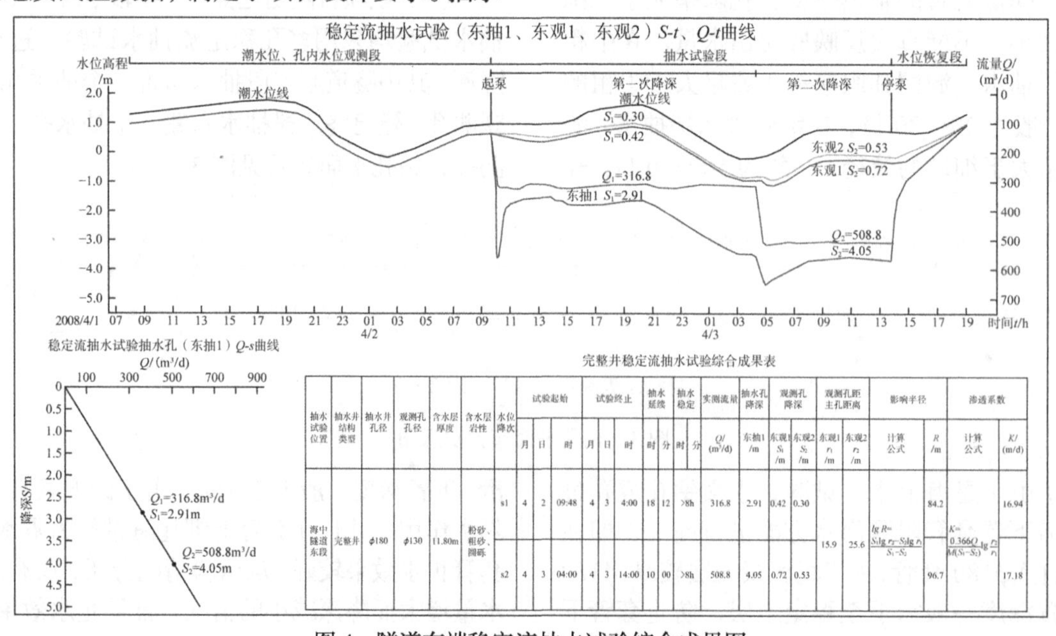

完整井稳定流抽水试验综合成果表

抽水试验位置	抽水井结构类型	抽水井孔径	观测孔孔径	含水层厚度	含水层岩性	水位降次	试验起始			试验终止			抽水延续		抽水稳定		实测流量	抽水孔降深	观测孔降深		观测孔距主孔距离		影响半径		渗透系数	
							月	日	时	月	日	时	时	分	时	分	Q/(m³/d)	东抽1 /m	东观1 S_1 /m	东观2 S_2 /m	东观1 r_1 /m	东观2 r_2 /m	计算公式	R /m	计算公式	K/(m/d)
海中隧道东段	完整井	ϕ180	ϕ130	11.80m	粉砂、粗砂、圆砾	s1	4	2	09:48	4	3	4:00	18	12	>8h		316.8	2.91	0.42	0.30	15.9	25.6	$\lg R=\frac{S_1\lg r_2-S_2\lg r_1}{S_1-S_2}$	84.2	$K=\frac{0.366Q}{M(S_1-S_2)}\lg\frac{r_2}{r_1}$	16.94
						s2	4	3	04:00	4	3	14:00	10	00	>8h		508.8	4.05	0.72	0.53				96.7		17.18

图 4　隧道东端稳定流抽水试验综合成果图

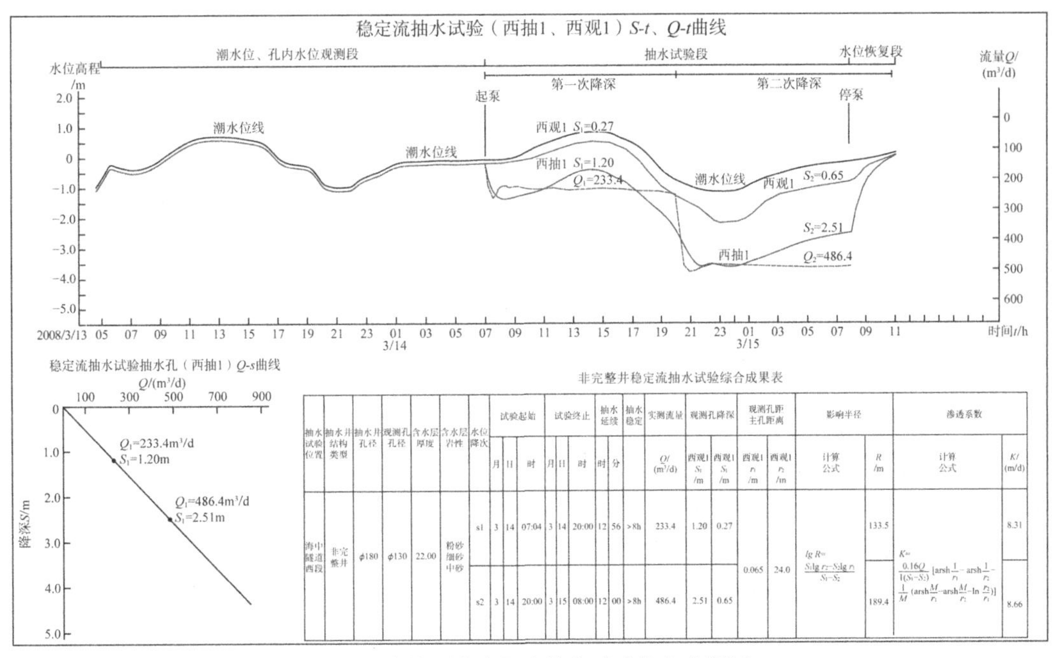

图 5　隧道西端稳定流抽水试验综合成果图

3）水文参数计算

（1）隧道起点（东）段

①抽水试验的理论模型

勘察表明，场区地下水主要为孔隙承压水，赋存于第四系上更新统冲积的砂、砾石土层，其上部黏性土层、淤泥层及下部的基岩可视为相对隔水层。

试验采用完整孔多孔稳定流缠丝滤管抽水，滤管长度与含水层厚度相同。

②计算公式的选用

根据抽水试验理论模型，选用裘布依提出的应用于承压水完整孔多孔抽水的计算公式：

$$K = \frac{0.366Q}{M(S_1 - S_2)}\lg\frac{r_2}{r_1}$$

式中：K——含水层渗透系数/（m/d）；

Q——管井稳定涌水量/（m^3/d）；

M——含水层厚度/m；

S_1、S_2——观测孔 1、观测孔 2 稳定动水位降深/m；

r_1、r_2——观测孔 1、观测孔 2 距抽水孔的距离/m。

计算结果列于表 1。

完整孔多孔稳定流抽水试验计算参数成果表

表 1

抽水位置	主井降深 /m	涌水量 /m^3	渗透系数 K/（m/d）	影响半径 R/m
隧道起点（东）段	2.91	233.4	16.94	84.2
	4.05	486.4	17.18	96.7

（2）隧道终点（西）段

①抽水试验的理论模型

勘察表明，场区地下水主要为孔隙承压水，赋存于第四系上更新统冲积的砂、砾石土层，其上部黏性土层、淤泥层及下部的基岩可视为相对隔水层。

试验采用完整孔多孔非稳定流缠丝滤管抽水，滤管长度l大于 0.3 倍的含水层厚度。

②计算公式的选用

根据抽水试验理论模型，选用纳斯别尔格提出的应用于承压水非完整孔多孔抽水的计算公式：

$$K = \frac{0.16Q}{R_1(S_1 - S_2)} - \left[\operatorname{arsh}\frac{1}{r_1} - \operatorname{arsh}\frac{1}{r_2} - \frac{1}{M\left(\operatorname{arsh}\frac{M}{r_1} - \operatorname{arsh}\frac{M}{r_2} - \ln\frac{r_2}{r_1}\right)}\right]$$

$$\lg R = (S_1 \lg r_2 - S_2 \lg r_1)/(S_1 - S_2)$$

式中：K——含水层渗透系数/（m/d）；

Q——管井稳定涌水量/（m^3/d）；

M——含水层厚度/m；

S_1、S_2——观测孔 1、观测孔 2 稳定动水位降深/m；

r_1、r_2——观测孔 1、观测孔 2 距抽水孔的距离/m。

计算结果列于表 2。

非完整孔多孔稳定流抽水试验计算参数成果表 表2

抽水位置	主井降深/m	涌水量/m^3	渗透系数*K*/（m/d）	影响半径*R*/m
隧道终点（西）段	1.20	361.8	4.75	96.2
	2.51	508.8	5.04	128.1

（3）试验成果分析

本次抽水试验较好的解决了管靴止水的问题，掌握了动水位与潮水位之间的关系，岩土渗透性参数与规范经验值相差较小，成果可靠、真实。

4）试验参数建议值及分析

本次水文地质勘察，根据测区岩层的水文地质特征和边界条件，抽水试验试验资料经综合分析整理，计算成果能够反映测区岩土层的水文地质参数，取得的资料可以满足本阶段工程地质勘查的要求。

（1）隧道起点（东）段

此段抽水试验段岩土层主要为粗砂、圆砾土及粉砂，混较多灰白色的黏粒，属松散土层，孔隙性较大，钻孔抽水试验测得此段土层渗透系数为16.94～17.18m/d，具中等透水性。

（2）隧道终点（西）段

此段抽水试验段岩土层主要为粉砂、细砾，属松散土层，孔隙性较大，砂质较纯，钻孔抽水试验测得此段土层渗透系数为4.75～5.04m/d，具中等透水性。

（3）渗透系数建议值的确定

由于此次抽水试验目的段土的种类较多，分别有粉砂、细砂、粗砂、圆砾土，且大多互层沉积，难以单独的区分开来，抽水试验所求得的渗透系数主要代表层位中占主导因素土体的渗透系数值。隧道起点（东）段，抽水孔试验段地层从上至下为粉砂厚3.45m、圆砾土厚3.85m、粗砂厚6.30m，圆砾土、粗砂占主导，其渗透系数确定为17.06m/d（两落程渗透系数的平均值）。

隧道终点（西）段，抽水孔试验段地层粉砂厚11.1m、中砂层厚17.05m、粗砂厚2.10m，粉砂、中砂占主导，其渗透系数确定为4.90m/d（两落程渗透系数的平均值）。

5）暗挖隧道涌水量预测

根据上述所计算的测区岩土层的水文地质参数，对暗挖隧道的涌水量进行初步预测，为隧道工程的初步设计提供水文资料。

（1）隧道涌水量预测方法

隧道涌水量预测的方法主要有：地下水动力学法、水均衡法、比拟法等，其中地下水动力学法运用较普遍。

水均衡法主要适用于陆域隧道，本隧道的主体工程主要在海面以下，不适合本工程条件。故而本工程隧道涌水量预测选用地下水动力学法。

（2）隧道涌水量计算公式及涌水量分析预测

隧道涌水量计算公式在各种不同的规程、规范中推荐较多，但多为隧道位于潜水地层中的地质条件，而对于隧道洞身位于承压水含水层的水文地质条件，鲜有规范介绍，经综合分析，《水文地质手册》中有关承压—潜水完整式水平坑道涌水量计算公式与本次暗挖隧道水文地质条件较一致，本次隧道应用此公式计算涌水量。

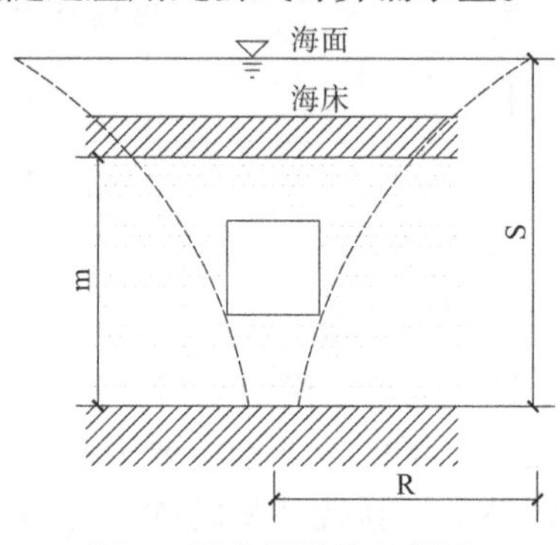

图6 涌水量计算示意图

根据《水文地质手册》，其涌水量的计算公式为：

$$Q = BK\frac{(2S-m)m}{R}$$

式中：Q——水平坑道涌水量/（$m^3/d \cdot m$）；

K——渗透系数/（m/d）；

m——承压含水层厚度/m；

S——设计水位降深/m；

B——水平坑道长度/m；

R——影响半径/m。

隧道分段涌水量预测计算，需要满足如下条件：

（1）隧道分段后各段渗透系数主要依据隧道洞身段的砂土类型确定。

（2）海水水位按三百年一遇最高潮位 3.82m计算，承压含水层底板标高统一按−70m统计。

（3）此次仅算单洞涌水量。

（4）隧道涌水量计算里程为 K8＋000～K12＋000，长度4km。

（5）隧道按洞身段的砂土粒径及岩土种类不同，分为3段，其中K8＋000～K9＋700以中粗砂、圆砾土为主，渗透系数取 17.06m/d；K9＋700～K11＋200 主要为强风化花岗岩及粉细砂，渗透系数取 4.90m/d；K11 + 200～K12 + 000 主要为粉细砂及粉质黏土，渗透系数取 4.90m/d。

（3）隧道分段涌水量预测计算结果

暗挖隧道分段涌水量计算数据与结果列于表 3。

海域暗挖隧道涌水量计算成果 表 3

序号	起止里程	B/m	k/（m/d）	m/m	S/m	R/m	Q/m^3
1	K8 + 000～K9 + 700	1700	17.06	13.60	73.82	3049.04	17339.56
2	K9 + 700～K11 + 200	1500	4.90	12.00	73.82	1634.07	7321.26
3	K11 + 200～K12 + 000	800	4.90	12.00	73.82	1634.07	3904.67

港珠澳大桥在后续地下结构施工过程中，上述参数得到了进一步的确证，未发生与地下水相关的安全事故，本项目水文地质试验的成果发挥了重要作用。

4 成果与经验总结

通过港珠澳大桥海中桥隧主体工程水文地质勘察，积累了一些经验和教训供参考，归纳总结如下：

（1）水文地质勘察应贯彻执行先水文地质测绘与物探，后钻探施工以及坚持“先踏勘、后设计”和“先设计、后施工”的工作程序，即必须在水文地质测绘和物探工作的基础上布置水文地质试验方案，以及坚持没有地质、施工设计，不准实施的原则。

（2）海域水文地质试验，需要考虑海域环境、施工平台等对试验条件等特殊要求，在施工前，须进行详细的施工方案设计，并明确试验过程和需要注意的事项。

（3）海域隧道水文地质试验，宜采用多孔（非）稳定流抽水试验，以获取不同要求的水文地质参数，评价与计算地下水分布情况。

（4）海域水文地质孔成孔，宜一次性一径成孔，在覆盖层和基岩交界面处，如有必要可变径成孔。下井管、过滤管并填砾孔之孔径一般应比管子直径大 150～200mm。

（5）海域水文地质孔成孔，因为在海平面以下水力压力较大，钻孔过程中钻机应中、低转速，水泵泵量应在保证孔壁安全的前提下，尽量选择大值，减少泥浆对孔壁的影响。

（6）海域多孔水文地质试验，考虑到工作便捷性及经济性，宜采用钻探船舶方式。水文地质孔成孔，应按照“先观测孔、再抽水孔”的顺序进行；抽水试验结束后，按照“先抽水孔、再观测孔”的顺序，将各水文地质孔的测试装置和井管拆除。

（7）海域多孔抽水试验，必须注意地下水与海水的水力联系，在观察地下水位的同时，须做好海水高程变化记录，总结两者之间的联动关系。

（8）海域多孔抽水试验的降次、降深、稳定时间与水位、水量稳定标准以及观测项目、采取水样要求每除按水文地质勘察规范或设计要求进行外，应根据项目水文地质特点进行优化。

（9）抽水试验结束后，起拔套管的顺序应遵循“先内层后外层”原则，钻探船撤离应遵循“先抽水孔、再观测孔”的顺序进行。

（10）海域抽水试验结束后，对重要地段尤其是隧道段，须进行钻孔封孔，封孔遵循“以砂还砂，以土还土”原则，确保封孔质量。

5 结论及建议

（1）海域隧道水文地质试验中，井管的结构、布设及成井工艺等对试验成功与否起到至关重要的作用，在设计及施工过程中一定要认真分析，合理安排，杜绝对水文试验不利的因素存在。

（2）海域水文地质参数计算、隧道涌水量的计算有很多计算模型，要结合具体的工程实践进行比选，选择最合理的模型进行计算。如有必要，可按不同计算模型分别计算水文参数，结合规范、地区经验综合选取。

（3）海域水文地质试验过程施工组织难度很大，是试验成败的关键，既有技术、安全，可实施性的要求，也有安全、环保等方面的规定，可结合项目特点和既有条件进行施工组织优化。

参考文献

[1] 陈雨荪，颜明志. 抽水试验原理[M]. 北京：水利电力出版社，1985.

[2] 邢斌. 水利水电工程地质钻探[M]. 北京：中国水利水电出版社，1989.

成渝高速中梁山隧道扩容改造工程

陈志平[1]　何　平[2]　朱永珠[1]

（1. 重庆市市政设计研究院有限公司，重庆　400000；2. 重庆市都安工程勘察技术咨询有限公司，重庆　400000）

1　工程概况

既有成渝高速中梁山隧道呈东西走向，往东辐射主城众多干道，向西经由高新区连接成渝经济带，是重庆向西的主要通道，服务及影响范围极大。隧道于 1995 年运营，设计日通行量 2.4 万辆。现今约 9 万辆的交通量给隧道带来巨大压力，为重庆城区重大堵点之一。

为缓解拥堵，打通重庆向西的穿山瓶颈，推动成渝地区双城经济圈的发展，市政府要求对现状成渝高速中梁山隧道进行扩容改造。

该扩容改造主体隧道工程在既有中梁山隧道两侧各新建一个单洞两车道隧道，长约 4.3km，采用短隧道 + 长隧道的组合形式，最大埋深约 280m，属深埋特长市政隧道；新建隧道与既有隧道高程基本一致，洞身间隔最小 19.0m。

2　岩土工程条件

1）线路穿越素有“西南地质博物馆”之称的中梁山脉，是重庆地区地质条件最为复杂的大型市政隧道之一。隧址区地层众多（图 1），断裂带、岩溶、煤巷采空区等工程地质问题突出。

（1）中梁山是以观音峡背斜轴部隆起为主体的“背斜脊状山”。背斜轴部出露的可溶性碳酸盐岩（嘉陵江组）被溶蚀形成两处高位槽谷，而两侧岩质坚硬、抗风化能力较强的须家河组砂岩在背斜两翼形成侧岭；背斜轴部溶蚀性能较差的飞仙关组地层则发育成条形脊状山，从而构成“一山两槽三岭”地貌形态。

（2）隧道穿越地层众多。隧址区自二叠系至第四系地层均有不同程度的发育，除常见三叠系的飞仙关、嘉陵江、雷口坡、须家河组地层、侏罗系的珍珠冲、自流井、新田沟、上下沙溪庙组地层外，更是穿越了二叠系的长兴、龙潭、茅口组地层，多达 12 组地层。岩土种类繁多，力学性质差异大。

（3）隧道穿越中梁山大中型断裂带，尤以背斜核部及东翼断裂发育最为强烈，构造复杂。据现场调查及钻探揭示，隧址区发育 5 条断层叠加破坏，将地层切割的支离破碎、面目全非。

（4）隧址区 70%以上为碳酸盐岩区，岩溶发育且规模差异较大，隧道掘进中，可能遇到大小不等的溶隙、溶洞，以及突发性突水、突泥、涌砂现象。

（5）隧道两侧发育须家河组煤系地层。施工中揭穿煤巷，可能发生煤巷采空区集水突涌和瓦斯等有害气体涌出。

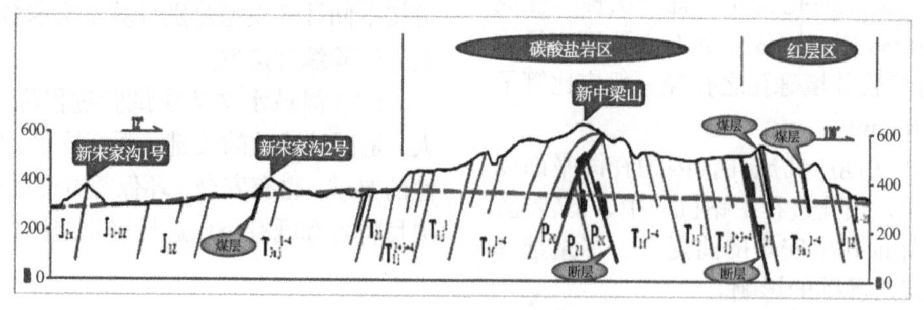

图 1　隧址区典型地质剖面

2）地下水环境脆弱，地质灾害及环境问题突出

该隧道顶部东西岩溶槽谷一带建筑密集，经济发达，人口众多，传统隧道施工方式必然破坏地下水环境，引发地表水流失、地下水位下降和地面塌陷等灾害，严重影响周边人民群众的生命财产安全。而且由于新旧隧道叠加影响，新隧道施工后

获奖项目：2021 年度工程勘察、建筑设计行业和市政公用工程优秀勘察设计奖三等奖。

地下水降落漏斗将进一步扩大，疏干区沿槽谷扩张，其影响范围更大、影响程度更加强烈。已经堵塞的浅部岩溶系统可能再次贯通，隧址区已经形成的地下水平衡系统可能遭受破坏，原有的塌陷区可能再次塌陷。

3）新建与既有隧道相邻，施工条件恶劣

新建隧道与既有隧道近平行，隧道间距较小，设计高程基本一致，相互影响极大。既有隧道衬砌结构的安全度已接近其极限，病害较多。新建隧道处理不当或爆破振动，极易造成既有隧道衬砌结构失稳破坏，从而影响既有隧道的运营安全。

3 工程勘察

本次勘察针对隧址区地质复杂、环保要求高、紧邻建（构）筑物的特点，主要采用地质调绘、收集资料、地面物探辅助钻探加以验证的手段，查明了线路各类岩土的分布及特征及主要工程地质问题。

1）广泛收集前人资料，采用“工程类比法”对其进行多维度分析和利用，提高了勘察成果的准确度

隧址区周边人类工程活动频繁，工程资料也较为丰富，特别是邻近多条已完工隧道，对勘察工作极具指导性和借鉴性。

（1）通过对邻近隧道的勘察成果资料分析，指明了勘察工作的重点和难点，使勘察方案编写更具针对性和可实施性。

（2）通过对邻近隧道竣工资料分析，我们对线路区水文地质条件和工程地质条件的有了更进一步的认识和掌握，提高了本次岩土工程分析与评价的可靠性。

（3）通过对邻近隧道的地表水文监测资料分析，初步划定了隧道地下水排水对地表水环境影响范围，确定了水文监测方案思路。

2）创新工作方式，运用新技术、新方法、新工艺开展勘察工作，提高了勘察质量和效率

（1）引入实时动态测量（RTK）、地质导航软件（图 2）等进行辅助地质调查工作

首先在移动办公设备中将 CAD 设计线位图、区域地质图与高清地图三者融合，针对性确定测绘范围、地层信息；其次利用地质导航软件科学制定测绘线路，快速导航到达预定测区范围，大大提高了工作效率。最后利用 RTK 技术对地质点进行精准定位，确保了成果的准确性。

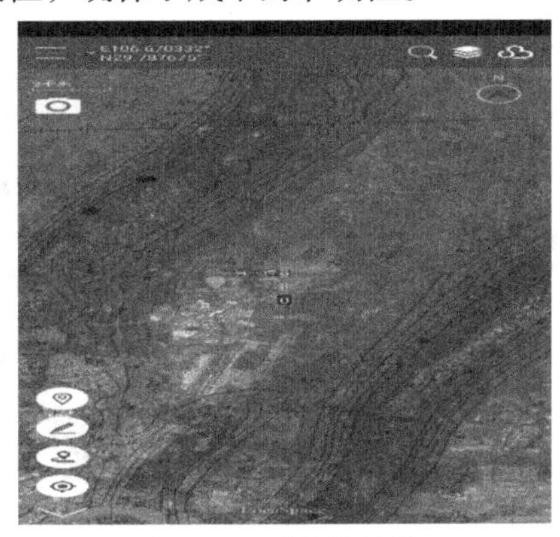

图 2 地质导航软件

（2）应用综合物探方法弥补传统钻探的“以点带面”

在深埋段采用大地电磁法（图 3），查清深部岩溶发育规律；在浅埋段采用高密度电法，查清浅部覆盖层厚度及含水性等地质特征；综合测井及孔内摄像来验证地面物探及钻探的效果，有效地查明了断层、采空区等不良地质地段。

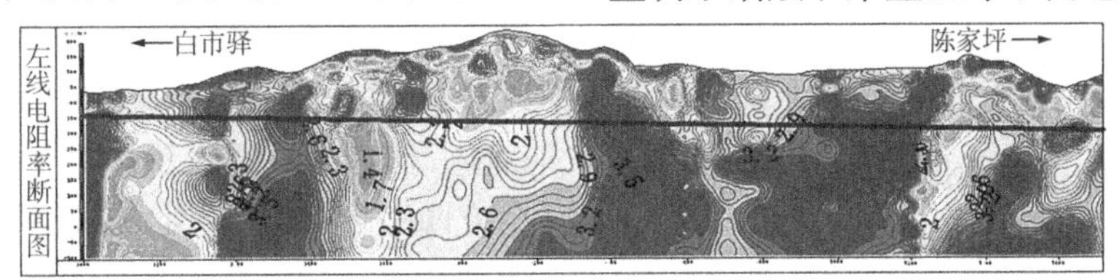

图 3 EH4 大地电磁法

（3）积极推进技术创新，解决现场生产难题

①针对隧道内出水状况以及注浆堵水的效果不能量化监测，我们研发了《一种隧道水文监测用的测量装置》实用型专利，为防排水设计和堵水注浆施工提供了有力技术支撑。

②针对隧道深孔施钻时无法准确定向，我们研发了《一种地质勘察钻探装置》实用型专利，保证了深孔钻探的真实、可靠性。

③新老隧道最小间距 19m，为解决新建隧道开挖对老隧道的影响，我们运用数值模拟方法模拟隧道掘进过程中的围岩塑性区变化和断面变形，并提出了合理的施工应对方案，确保了老隧道的

运营安全。

（4）注重成果总结与应用

①本次勘察工作查清了断层的分布和围岩完整情况并给出了合理措施建议，最终施工揭露的地质情况与勘察成果高度吻合。相关成果整理后，发表《新中梁山隧道沿线断层构造勘察研究》论文成果。

②新宋家沟 1 号隧道是既有隧道 2 车道拓宽为 4 车道，为解决隧道围岩分级难题，利用公司《隧道开挖跨度对围岩级别的影响研究》成果，准确对该段隧道围岩进行定级，取得良好效果。

（5）实现勘察全过程信息化

①在勘察过程中，采用了自主研发的“工程勘察外业实时采集系统”（图 4），实现了外业数据的实时采集和传输，保障了数据真实快捷。

图 4　工程勘察外业实时采集系统

②外业采集系统和内业处理系统无缝衔接，省去大量外业数据录入工作，提高了工作效率。

③利用我司“三维可视化工程地质 GIM 辅助决策平台”，创建了线路区三维地质模型（图 5），为设计提供了更加直观的可视化基础资料，并能通过施工揭露的实际情况进行动态更新，为动态化、信息法隧道设计、施工提供了有力支撑。同时基于“三维可视化工程地质 GIM 辅助决策平台”的《钻孔大数据挖掘与 GIM 自动建模的三维地质信息服务技术研究与应用》获国家地理信息科技进步二等奖，在勘察成果数字化、工程地质信息集成和持续利用方面具有创新应用性，有力地推动了工程勘察行业的信息化发展。

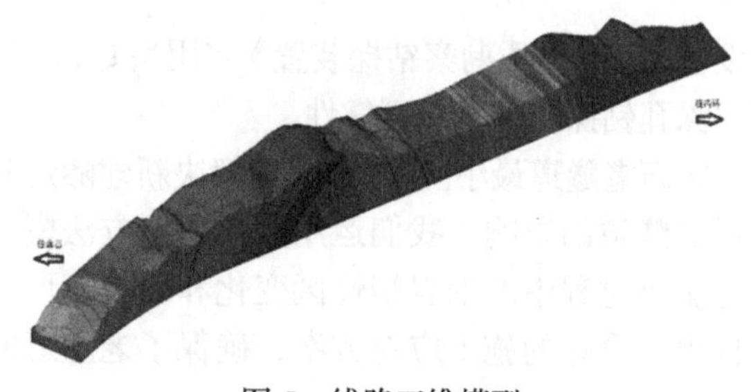

图 5　线路三维模型

4　岩土工程专业全过程咨询服务

积极探索岩土工程专业全过程咨询服务在本项目中的实践，较好地解决设计、施工阶段的风险。

1）引入“勘察全过程咨询”概念，组建专家“智囊团”全程参与管理和指导。

在勘察过程中，邀请重庆知名专家和我公司资深专家组建“智囊团”，采用全过程咨询工作方式深入现场办公。对勘察方案编写、外业实施、报告编制、后期服务等进行全方位咨询和监督，有力地保障了项目的质量深度。

2）通过对既有成渝中梁山隧道的病害资料分析，查清了既有隧道结构薄弱点，为设计新旧隧道相互影响评价指明了重点和方向，同时也有利于提出合理的施工应对方案，对保障既有隧道安全运营有着重要意义。

3）践行“绿色岩土”理念，最大限度地减少污染、节约资源、保护环境，实现工程建设与自然环境和谐共生。

（1）合理优化勘察工作布置，促进野外勘探工作绿色化。

一是根据前期资料、地质测绘及物探成果，优化勘探工作量布置，减少钻孔数量，减小对地质环境的破坏；二是局部使用轻型钻机代替重型钻机、铲代替探槽，避免因勘察作业产生大开大挖；三是对碳酸盐区域钻孔均进行严谨的封孔作业，让野外勘察工作更加环保。

（2）重视环保选线，避免或减少因设计方案对脆弱、敏感的生态环境的影响和破坏。

对于初设阶段的两个方案，我们从不良地质作用、周围建（构）筑物的影响、环境水文地质的影响、洞内预计涌水量、洞内主要工程地质问题 5 个方面综合比选，选定了最优线路方案，最大限度地减轻了工程建设对生态环境的破坏，得到了项目业主和设计的一致认可。

4）提出“以堵为主、限量排放”的思路，有效防止工程建设对地下水的影响，保障地下水环境安全。

经过研究分析，主城区及周边区县已修建的大量穿越岩溶区的隧道，由于大量排水使原有的地下水平衡遭到破坏，造成地下水位下降，洞顶地表失水并发生沉降变形，带来严重的环境问题，主要根源在于奉行“堵排结合、以排为主”的地下工程建设方针。

为此我们进行了专项水文勘察，在研究同类隧道对地表环境破坏影响的基础上，提出“以堵为主、限量排放”的思路，进行分区防水设计。按洞顶地表保护对象重要性及影响程度不同，把新中梁山隧道碳酸盐岩区细分为重要、较重要区，红层区划为一般区。并明确提出各个区段在注浆堵水后的限量排放标准，分别按 ≤ $1m^3/(m \cdot d)$、≤ $2m^3/(m \cdot d)$、≤ $4m^3/(m \cdot d)$进行控制。通过该体系实施，避免了洞顶地表岩溶塌陷，井、泉点干枯，水库漏失等老问题，有效保护了生态环境，打造了一条“绿色”隧道，对于同类待建隧道工程有着良好的现实借鉴意义。

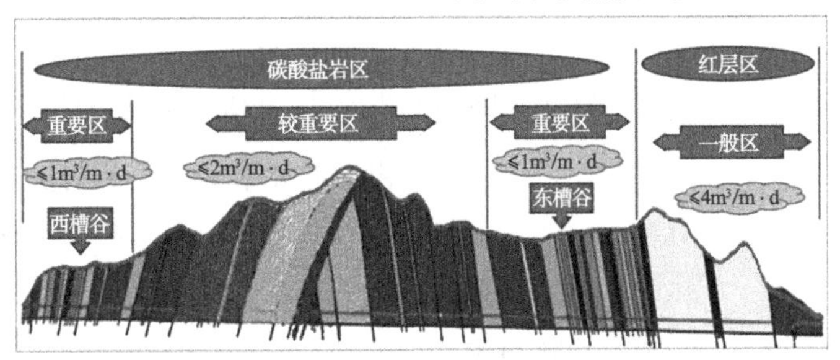

图 6　分区注浆堵水

5）提出隧道洞渣综合利用，做到资源节约，环境友好，变废为宝。

本项目洞渣估算约 84 万 m^3，对洞渣进行区分，一般洞渣用于填料，力学性能比较好的嘉陵江一段、飞仙关一、三段及长兴组灰岩，可作为混凝土原料。将隧道洞渣应用到工程建设、工程防护及工程材料等多方面各环节，做到了隧道洞渣的资源化利用和合理优化配置。

5　工程成果与效益

（1）积极运用新技术、新方法、新工艺，高标准、高质量、高效率地完成了勘察任务，为工程建设提供了有力的基础性保障，有效地控制了设计、施工阶段的风险，缩短了工期，节约了建设投资。

（2）提供项目岩土工程专业全过程咨询服务，为设计决策提供科学支撑。提出“以堵为主、限量排放”的思路，践行“绿色岩土”理念，通过建立地下水环境保护体系、环保选线以及隧道洞渣综合利用等一系列措施，有效地保护了生态环境，实现了工程建设与自然环境和谐共生，社会效益和环境效益突出。

（3）成渝高速中梁山隧道扩容改造工程项目的建成有效缓解了重庆内环高速的拥堵，加强了重庆市快速路四横线、内环高速、成渝高速之间的联系，增强了内环交通东西向的疏散能力，对助推成渝地区双城经济圈建设、主城都市区高质量发展，发挥重要的纽带作用。

陕西定汉线坪坎至汉中（石门）高速公路详细工程地质勘察实录

岳永利[1,2]　钟　帆[1,2]　吴臻林[1,2]　刘卫民[1,2]

（1. 西安中交公路岩土工程有限责任公司，陕西西安　710075；
2. 中交第一公路勘察设计研究院有限公司，陕西西安　710075）

1　工程概况

陕西定边至汉中高速公路（定汉线）是陕西省规划建设的“2637”高速公路网中三条南北纵线之一，路线起于陕甘界至宝鸡高速公路终点，终于陕川交界的巴中市南江。坪坎至汉中（石门）高速公路为定汉线的一段，项目地处秦岭南部山区。

项目采用六车道高速公路建设标准，设计速度 80km/小时。主线建设里程 88.172km，全线总桥长 43742.981m/81 座，其中特大桥 16698.2m/12 座，大桥 26716.931m/61 座；隧道 31967m/40 座，其中长隧道 4596m/3 座，特长隧道 14032.5m/2 座；互通立交 4.5 处。桥隧比达 85.87%，总投资 147.89 亿元。石门水库大桥见图 1。

图 1　定汉线坪坎至汉中段石门水库大桥实景图

项目勘察工作始于 2009 年 4 月，历经工程可行性研究、初步设计与施工图设计三个阶段，历时 4 年半。工程地质勘察在深入分析项目区既有地质资料的基础上综合采用了卫星遥感影像解译、现场工程地质调查、钻探、挖探、地球物理勘探（大地电磁、高密度电法、浅层地震）、现场试验（声波测井、地应力测试、抽水试验、压水试验、标准贯入试验、动力触探试验等）和实验室试验等多种勘察技术和方法，累计完成 1：10000 工程地质调绘 427.5km^2，1：2000 工程地质调绘 84.0km^2，完成钻孔 1262 个，钻探进尺 36328.69 延米；地球物理勘探测线长度累计 89km，进行岩石饱和抗压强度试验 1934 组，采取不扰动土试样 1766 组、扰动土试样 6107 件。

本项目于 2014 年 7 月正式开工建设，2017 年 12 月 17 日完成交工验收，当月 28 号正式通车运营，通车 5 年来运营状况良好。

2　场地岩土工程条件

2.1　地形地貌

项目区主体为构造剥蚀中低山地貌（图 2），受河流侵蚀堆积作用影响项目沿线构造剥蚀岩石中低山与侵蚀堆积河谷第四系堆积地貌相间出现（图 3），仅项目终点约 2.4km 居于汉中盆地边缘的倾斜平原。项目位于秦岭分水岭以南，汉中盆地以北，总体地势呈北高南低的特点。主山脊呈近东西向展布，地形起伏较大，路基中线地面最高海拔约 1500m，最低点海拔 600m，相对高差 900m。

图 2　定汉线坪坎至汉中段构造剥蚀中低山地貌实景图

获奖项目：2021 年度工程勘察、建筑设计行业和市政公用工程优秀勘察设计奖三等奖。

图3 定汉线坪坎至汉中段侵蚀堆积第四系河谷地貌实景图

2.2 地质构造与地层岩性

项目区内断裂构造和褶皱构造发育，涉及的褶皱构造包括孔棺子复背斜、江西营背斜、石门向斜等共计 7 个背向斜构造以及桑园坝断裂、紫柏山—江口断裂、勉县—略阳断裂等 6 条区域性大断裂。地质构造极其复杂，节理裂隙发育，岩体完整性差异较大。项目区断裂构造断裂带宽度 20～300m，均为非全新世活动断裂，断裂及褶皱走向大体与路线走向近于直交。

勘察区内地层出露较为复杂。第四系覆盖层主要出露于河床漫滩及河谷阶地，岩性为粉质黏土、砂土、圆砾、卵石及漂石；山麓及坡脚处存在黏土、碎石、块石等堆积；古河道、水库发育湖积淤泥质黏土、粉质黏土；岩石地层包含志留系片麻岩，泥盆系黑云石英片岩、砂质千枚岩、灰岩、大理岩、绢云千枚岩，石炭系钙质板岩夹泥灰岩，二叠系十里墩组炭质砂质板岩、石英闪长岩和花岗岩及断层角砾岩等，涵盖了岩浆岩、变质岩、沉积岩三大岩类，岩性结构异常复杂。

2.3 新构造运动与地震

项目区域晚第三纪以来，受扬子板块向北推挤作用，主要表现为由北向南的逆冲推覆和平行造山带的断陷与断隆作用，具体表现为阶段性上升的特点，较大的地形高差、河谷两岸发育的多级阶地、深切河谷及陡峭的谷坡是阶段性上升的直接标志。

根据《中国地震动参数区划图》GB 18306—2001 陕西省汉中市留坝、宝鸡市坪坎镇抗震设防烈度为Ⅶ度，设计基本地震加速度值为 0.10g。

2.4 不良地质与特殊性岩土

现场工程地质调查发现项目区域岩溶、危岩崩塌、滑坡、泥石流均有发育，其中又以滑坡数量最多，其中从工程可行性研究至施工图设计阶段先后发现的大中型滑坡多达 28 处，大多数为大型岩石滑坡，治理难度大、治理费用高。

项目沿线的特殊土主要有两种，其一为古河道和褒河水库堆积的淤泥质软黏土和淤泥质软粉质黏土，主要对填方路堤稳定性和褒河大桥临时栈桥桩基础稳定性密切相关；其二为分布于牛头山隧道出口段和褒河阶地弱膨胀性黏土，主要影响牛头山隧道出口仰坡的稳定性、石门服务区轻型建筑地基处理方案和作为路堤填料的适宜性。

2.5 地表水与地下水

项目沿线的地表水体主要包括西河、北栈河、褒河、武关河和褒河水库。地下水主要包括赋存于河谷漫滩、阶地砂、卵石层中的孔隙潜水和赋存于基岩风化裂隙、构造裂隙和断裂破碎带中的基岩裂隙水，前者主要与桥梁桩基础密切相关而后者通常仅于隧道掘进过程中隧道围岩水文地质特征有关，是隧道围岩稳定性的重要影响因素，同时决定了隧道施工和排水方案。水腐蚀性分析结果显示，无论地表水还是地下水均以 HCO-Ca 型水为主，矿化度小于 1g/L，呈弱碱性，按《公路工程地质勘察规范》JTG C20—2011[1]判定对混凝土结构及混凝土结构中的钢筋具微腐蚀性。

3 勘察成果

3.1 成功避让不良地质

本项目成功避让大中型滑坡近 20 处，采用抗滑桩整治治理的大型滑坡（漩滩滑坡）仅一处；详细勘察合理评价了岩溶发育状况与拟建工程之间的相互关系，具体建议合理，工程措施得当；详细工程地质勘察查明了地下埋藏物（水电站输水隧道）与拟建桥梁间的相互关系，为桥梁桩基础的合理布设提供了可靠地质依据。

3.2 隧道围岩分级合理

本项目除了主线隧道 40 座外尚有留坝连接线隧道 1 座和石门水库改线隧道 1 座共计 42 座隧道。施工期间涉及基于工程地质勘察围岩分级局部变更的仅三座隧道，从数量上占比约 7%；变更围岩分级的隧道里程占比不足 2%，总体来说围岩分级合理。

3.3 勘察报告提供的工程地质模型正确、岩土设计参数合理

施工阶段经开挖揭示，地层岩性出露特征与地勘报告描述基本一致，基本未出现基于工程地质勘察因素导致的路基、桥梁工程设计变更，项目投运近5年工程运营良好。

4 本项目的创新点

4.1 滑坡识别鉴别方法创新

金泰滑坡（见图4中部偏左部分），位于原设计里程K126＋850～K126＋950间（后改线至图4右侧图框以外），金泰村西南约400m处，经历了工程可行性研究及初步设计两个阶段，直至施工图设计阶段才被发现，主要是该滑坡的滑坡地貌并不明显，加之将近35°～40°的较陡坡面，而且滑坡体上植被茂密与周边环境浑然一体，采用传统滑坡地貌识别鉴别方法的确不宜辨识。详勘阶段之所以对其成因产生怀疑源于该段河道河床局部出现明显有别于上下游的块石堆积（见图4右下角），详勘阶段以此为线索，经过对该块石堆积分布特征的初步研判，河床块石堆积应该来源于西河东南岸上边坡（照片所示坡面），后经进一步调查研究、钻探、物探勘探确认，河谷岸坡为一中型、中层、推移式岩石滑坡，滑坡外形呈正三角形，滑坡底宽140m，滑坡长度平面投影约120m，钻探揭示滑坡厚度14m。该滑坡的发现成功地避免了工程实施阶段可能出现的工程风险和财产损失。该滑坡的识别和确认无疑是对滑坡识别鉴别技术的补充和创新，为滑坡鉴别中的工程地质分析技术开辟了一个全新思路。

图4 定汉线坪坎至汉中段金泰滑坡全景

4.2 RMR隧道围岩分级技术的应用

石门隧道为全线最长的隧道，左洞8262m，右洞8226m，均为特长隧道，隧道围岩主体为片麻岩（局部存在花岗岩侵入体），含大理岩。隧址区片麻岩由于变质作用的不均匀性，黑云母局部富集较为普遍，实验室提供的微风化岩石抗压强度介于23.8～111.4MPa之间，极差达87.6MPa，统计标准差20.4MPa，离散性极大，加之云母富集致使声波测井显示的岩体完整性与钻探揭示有显著差异，导致根据《公路隧道设计规范第一册　土建工程》JTG 3370.1—2018[2]划分的隧道围岩等级主要为Ⅳ级和Ⅲ级，明显偏离钻探揭示（图5）和工程经验，有鉴于此，结合本隧道为傍山型隧道，岩石露头较好、钻探取芯较好，岩体结构面特征易于辨识的特点，采用了岩体完整性及岩体结构面特征在隧道围岩分级要素中占比更高且为国际岩土工程界广泛认可的RMR岩体质量分级标准[6]，对隧道围岩分级进行了复核，复核结果显示隧道围岩RMR介于62～65，隧道围岩岩体质量等级可以达到Ⅱ级，考虑到中国标准《岩体质量分级标准》GB/T 50218—2014[3]、《公路隧道设计规范第一册　土建工程》JTG 3370.1—2018[2]的隧道围岩分级标准与法国隧道协会《地下结构建造、设计应用的岩体结构分类导则》[4]推荐的RMR岩体质量分级技术的历史渊源，对石门隧道涉及微风化片麻岩段的隧道围岩均推荐按Ⅲ级围岩对待，这样石门隧道左右洞Ⅲ级围岩占比平均达到了94.1%。实际施工开挖揭示证明了隧道围岩分级合理。

图5 石门隧道ZK5钻孔岩芯

4.3 Packer压水试验在隧道勘察中的应用

本项目隧道勘察中采用了Packer压水试验，压水试验可以在钻孔内区分岩体风化状态、区分不同岩性、岩体完整性，分段高密度进行水文地质试验、测试岩体透水率，计算岩体渗透系数，间接判断岩体完整性。Packer压水试验有效避免了传统钻孔抽水试验在深钻孔实施困难、试验对象不明确、岩体渗透系数取值精度差，导致隧道涌水量预测可靠性差，施工排水设计难于把握，工程设计排

水结构浪费较大或严重不足的风险。

Packer 压水试验对象密度大,大大提高了隧道涌水量预测岩体渗透系数取值的准确性、合理性,预测隧道正常涌水量较经验降低 30%,为隧道排水设计提供了有效支撑。隧道开挖显示,实际涌水量与预测结果基本一致。

4.4 山区架空索道在隧道勘察中的应用

鉴于项目区山高谷深,隧道洞身钻孔很多位于高陡斜坡、人迹罕至的密林之中,为了钻机、钻探机具就位及生活补给,采用了架空索道运输方式(图 6)。

图 6 定汉线坪坎至汉中段现场勘探中的架空索道运输

架空索道的应用减少便道修建可能造成的土方开挖、林木损毁以及随之产生的生态破坏,既提高了工作效率,又有效地保护了环境,有效达成了工程建设与环境友好的完美统一。

4.5 岩途勘察协同工作平台的应用

勘察中采用了由我公司岩土分院科信中心研发的"岩途"APP(图 7)。其为基于安卓系统研发的一款适用于勘察人员野外工程地质调绘及勘探数据信息化采集软件,包含了公路工程地质野外调绘、野外勘探基本数据采集功能。通过坐标转换,实现了卫星地图、地形图、设计线位的叠加整合,并借助手机卫星定位为现场勘探外业工作带来准确的定位。

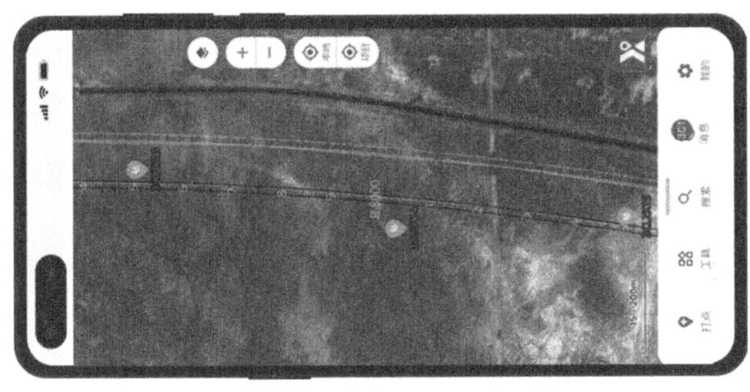

图 7 岩途手机 APP 工作界面

"岩途"勘察协同工作平台的应用,极大方便了勘察人员的外业定位、寻找勘探点及调绘、勘探信息录入的工作。同时,APP 平台的协同功能,让项目组实时掌握外业调查进度、实时查看调绘成果,从而使得野外调绘分工协作更快速、便捷。由于该软件的使用极大地方便了项目工作人员的资源共享,资料整理更为高效,显著节省人力成本。

4.6 勘察管理创新

(1)鉴于项目区位于秦岭山区腹地,有河流、山岭阻隔,通行条件很差,地勘外业工作管理难度极大。为了有效减小管理跨度,方便勘探设备、人员合理调配、合理控制外业工期,勘察实施过程中将项目全线细分成了四个勘察项目部分别管理,这样虽然显著增加了技术、管理人员规模,但是管理效率高、交通成本便于控制、安全风险大大降低。

(2)本项目大部分路线邻河或跨河布设,外业勘探又适逢雨季,洪水成为危害人员、设备安全的重大风险源,勘察期间采取了与当地气象、防汛部门的协同、联动机制。

(3)鉴于本项目勘察管理有四个不同管理单元,专门设计工点数量庞大、参与勘察报告编制工程师数量较多,本项目对勘察报告形式、勘察报告结构提前进行总体设计,规定了勘察报告总说明、各类工点勘察报告格式、各类图表附件形式;同时对工点进行了系统编号,规范了各类图件编码规则;为最终文件的审查修改、出版装订提供了极大便利。本项目勘察报告文件结构,勘察报告模式、格式,文件图表编码规则等作为《公路工程地质勘察报告编制规程》T/CECS G:H24—2018[5]相关内容的主要模板已引入规程。

勘察管理的创新,既提高了功效、节约了成本、又合理控制了外业工期。与当地气象、防汛部门的协同、联动,及时取得了汛情信息,提前采取预防措施。虽然外业勘探期间经历了多次大规模洪水,但由于提前获取了水情信息,及时采取了相关措施,成功避免了人员、设备损失,为项目安全实施创造了条件。对勘察报告的创新管理,使得尽管文件包含 164 份工点报告、7 册共计 25 个分册文件、5168 页勘察报告图文成果,做到了任何一册文件可以检索到全部工点报告,每一个工点及每一张图表、附录均具有唯一编码,既方便了勘察报告编制、复核、审核修改,也大大便利了文件出版、装帧,对工程师具体应用、查询和检索更为便捷。

参考文献

[1] 交通运输部. 公路工程地质勘察规范: JTG C20—2011[S]. 北京: 人民交通出版社, 2011.

[2] 工程岩体分级标准: GB/T 50218—2014[S]. 北京: 中国计划出版社, 2014.

[3] 交通运输部. 公路隧道设计规范 第一册 土建工程: JTG 3370.1—2018[S]. 北京: 人民交通出版社, 2019.

[4] A.F.T.E.S. Guidelines for Caracterisation of Rock Masses Useful for the Design and the Construction of Underground Structures[M] Version 1. 2003.

[5] 中华人民共和国标准化协会. 公路工程地质勘察报告编制规程: T/CECS G: H24—2018[S]. 北京: 人民交通出版社, 2019.

[6] 岳永利, 吴臻林, 刘卫民, RMR 岩体分级技术在某隧道勘察中的应用[J]. 工程勘察, 2016, 44(9): 11-16.

北京新机场航站区工程地质勘察实录

刘文龙　高　拓　张顺智　王鹏飞　黄　骁
（北京市地质工程勘察院，北京　100048）

1　工程概况

北京新机场位于北京市大兴区榆垡镇、礼贤镇和河北省廊坊市广阳区之间，北距天安门46km、距首都国际机场 67km、南距雄安新区 55km，为 4F 级国际机场、世界级航空枢纽、国家发展新动力源。

航站区工程主要包括航站楼及综合换乘中心、停车楼和综合服务中心等三个主要的建筑单元（图 1）。总用地面积约 27.9ha，南北长 1753.4m，东西宽约 1591m，总建筑面积约$1.13 \times 10^6 m^2$（含地下一层）。其中航站楼总建筑面积约$7.0 \times 10^5 m^2$，综合换乘中心总建筑面积约$8.0 \times 10^4 m^2$，停车楼总建筑面积约$2.5 \times 10^5 m^2$，综合服务中心总建筑面积约$1.0 \times 10^5 m^2$。

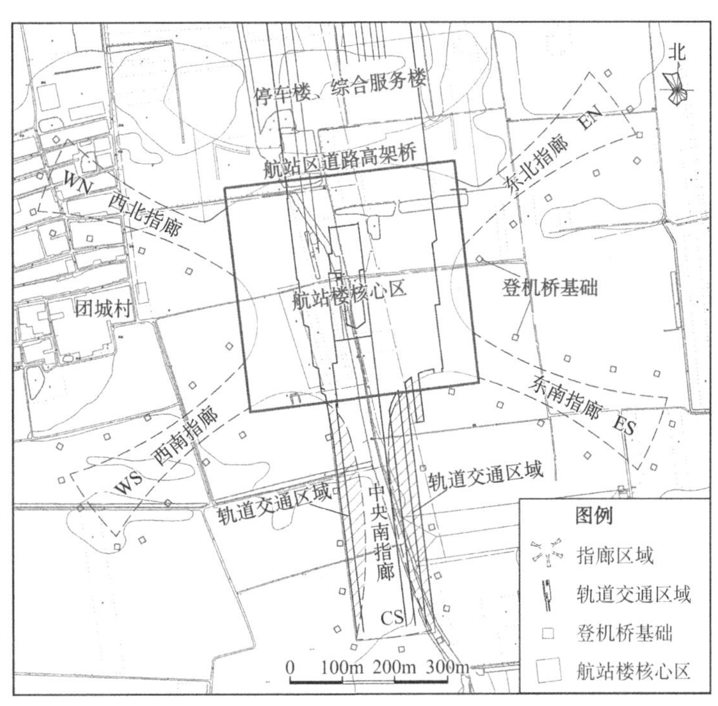

图 1　航站区工程平面布局示意图

航站楼及综合换乘中心工程含核心区、指廊及登机桥三部分。核心区轨道交通区域：建筑高度约 17m，地上 5 层，地下 2 层，基础底板底埋深约 −17.0m，标准组合下单柱荷载最大值约 44000kN，采用桩筏基础，筏板厚 2.5m。核心区非轨道交通区域：部分地下 1 层，基础底板底埋深 −5.0～−9.0m，标准组合下单柱荷载最大值约 28000kN，采用桩基承台基础，部分区域桩基承台 + 抗水板基础形式。指廊以中央大厅（核心区）为中心，呈放射状布局，由中央南（CS）、东北（EN）、东南（ES）、西北（WN）、西南（WS）五个指廊组成，±0.00 = 24.55m。指廊轨道交通区域：分布于中央南指廊的两侧，地下 1 层，基础底板顶埋深约 − 18.25m，标准组合下单柱荷载最大值约 17000kN，采用桩筏基础，筏板厚 2.5m。指廊非轨道交通区域：地下 1 层，地上 2～3 层，基础底板顶埋深−4.00～−11.00m，标准组合下单柱荷载最大值约 17000kN，采用桩基承台基础，部分区域桩

获奖项目：2021 年北京市优秀工程勘察设计奖工程勘察综合类（岩土）一等奖，2021 年度工程勘察、建筑设计行业和市政公用工程优秀勘察设计奖工程勘察二等奖。

筏基础和桩基承台 + 抗水板基础形式。登机桥：环绕指廊布设 50 座登机桥，远端约由四根钢结构柱支撑，基础底板顶埋深约–4.00m，标准组合下单柱荷载最大值约 8000kN，采用桩基承台基础，筏板厚约 1.5m。

停车楼、综合服务楼工程由停车楼、办公楼、酒店、管廊和其他轨道交通区域组成。其中轨道交通区域：地下 1 层，基础底板顶埋深约–18.25m，标准组合下单柱荷载最大值约 55000kN，采用桩筏基础，筏板厚 2.5m。非轨道交通区域：基础底板顶埋深–6.50～–12.00m，标准组合下单柱荷载最大值约 35000kN，采用桩基承台基础，部分区域桩筏基础和桩基承台 + 抗水板基础形式。

2 主要工程地质问题研析

（1）特殊类土广泛分布，严重影响地基土的工程能力

场地表层除普遍分布厚度不均的人工填土外，还分布新近沉积的粉质黏土、黏土及黏质粉土层，土质较软，并存在有机质、泥炭质土等软弱土。当作为地基土时承载力低，作为边坡土体时自稳能力差，易造成边坡坍塌失稳。勘察中需要通过钻探、静力触探、旁压试验、室内试验等多种方法手段查明了场地内人工填土、软弱土等特殊类土的分布范围、埋深、厚度、物理力学性质和工程特性等，并提出整治方案。

（2）水文地质条件复杂，影响基坑及结构安全

场地浅部存在多层第四系孔隙水，各层水之间水力联系密切，且历史上地下水位埋深较浅，整体水文地质条件复杂。地下水易引发流砂、流土、管涌等工程事故，极易导致工程边坡失稳、基底顶托破坏、基桩缩径、桩底离析、结构上浮等，严重影响工程安全和质量。勘察中需要详细查明对工程有影响的地下水赋存条件和变化规律，提供地下水控制及结构抗浮设计所需的水文地质参数和相关措施建议。

（3）差异沉降问题突出，桩基承载力高、变形控制严

工程体型大，建筑结构复杂，结构形式和荷载差异很大，差异沉降问题十分突出。虽统一设计采用桩基础，但对其承载力和变形要求均很高，尤其是高铁部位要求沉降控制在 3mm 以内。由于各建（构）筑物甚至同一建筑物的不同区域的荷载、结构形式、基础类型以及地基形式存在较大差异，对勘察工作的要求也不尽相同，各有侧重。在勘察工作的布设中，尽可能要充分考虑其深度满足桩基设计及桩基沉降变形计算的需要。

（4）基础埋深大，支护难度高

本工程基坑埋深大，边坡土体有工程性质较差的人工填土和新积沉积土，尤其是粉土、砂土等，黏聚力低，自稳能力差，在水及地面荷载等作用下易发生流砂、流土，极易造成边坡坍塌失稳。因此除通过钻探查明基坑影响深度范围内的土层空间分布外，还需通过多种原位测试手段和室内土工试验方法查清边坡土体的密实度、抗剪强度等特性，为边坡设计和地下水控制提供可靠的技术支撑。

（5）部分结构属超补偿基础，结构抗浮稳定性问题突出

本工程存在纯地下结构，基础处于超补偿状态。场区历史地下水位较高，动态变化规律较为复杂，且受降雨、地表水体补给等回升明显，抗浮设防水位确定是勘察要点。勘察中除详细查明场区地下水的分布特征外，还需要在分析其补、径、排条件，历史最高水位，地下水限采政策，区域生态补水，大气降雨等各种影响因素基础上，预测未来场地最高水位，结合建筑物埋深和荷载情况，综合确定地下工程抗浮设防水位值，并提供相应地下结构抗浮措施建议。

（6）深基坑开挖后基底回弹变形大

深基坑开挖后，改变了原土体的天然应力场，地基土卸荷大，必然导致周边地层的移动和变形，并将会产生明显的回弹变形，严重时会引起支护结构的变形破坏、基坑周边地表沉降、基坑失稳和基底隆起现场。在勘察过程中，需考虑进行回弹试验、再压缩试验，测定地基土的先期固结力，土的应力—应变—时间效应和强度特性，测定地基土的回弹指数、再压缩指数等，为设计提供依据。

3 勘察方法、手段

根据工程特点及场地工程地质条件，勘察中采用了钻探与取样、原位测试、室内试验等多种手段相结合的综合勘察方法（表 1）。原位测试除标准贯入试验、静力触探试验、波速测试外，还采用旁压试验、地脉动测试等方法（图 2～图 5）。通过各种勘探方法与手段，严格操作、认真作业，取得

的原始数据全面、准确、可靠，解译技术先进，各种方法相互印证，成果数据客观、准确、严谨，为最终勘察成果报告编制提供了有力的保障。

图 2　钻探

图 3　静力触探试验

图 4　旁压试验

图 5　三角堰测量抽水量

勘察方法、手段及完成工作量一览表 表 1

勘察手段与方法			完成数量	工作目的及试验指标、参数
勘探与取样		钻探	988 孔 73640.1m	鉴别地层，现场初步确定其物理性质，查明地下水的赋存情况；为现场测试提供条件
		原状土样	10981 件	取原状土样、原装砂样、扰动样、水样进行室内试验
		原状砂样	8 件	
		扰动样	1316 件	
		水样	79 件	
原位测试		标准贯入试验	10123 次	确定土层密实度；确定承载力与变形参数；进行液化判别
		静力触探试验	2458.4m	划分土层，判定土层类别，查明软硬夹层及土层在水平和垂直方向的均匀性；评价地基土的工程特性、饱和砂土液化度、砂土密实度等；确定桩基持力层，预估打入桩沉桩可能性和单桩承载力
		旁压试验	394 点	测定土的强度参数、变形参数、基床系数，估算基础沉降、单桩承载力与沉降
物探		波速测试	2040m	划分建筑场地土类别；计算确定土的动力参数；判断碎石土层密实度，为承载力、变形参数综合评价提供依据
		电阻率测试	180m	获取土壤电阻率
		地脉动测试	4 孔	获取场地卓越周期
水文地质试验		分层观测水位	38 孔	勘察时地下水位
		长期观测孔	3 组	观测地下水的动态变化规律
		现场抽水试验	2 组	含水层导水系数、弹性释水系数、压力传导提供含水岩组的渗透系数，越流补给系数，系数等，计算影响半径、涌水量
室内试验	物理性质	常规物理试验	12305 件	获取土的物理性质指标（w、ρ、G、S_r、e、w_L、w_P、I_P、I_L），测定粉土黏粒含量（ρ_c），获取砂土颗粒级配曲线及定名，计算不均匀系数 C_u
	水理性质	渗透试验	60 件	获取土样水平和垂直渗透系数，评价地层透水性能
		湿化试验	58 件	测定黏性土体在水中的崩解速度
	力学性质	固结试验	10329 件	获取土的压缩系数、压缩模量（E_s）等指标
		直剪试验	723 件	获取土层抗剪强度参数（c、φ）
		三轴剪切试验	244 件	获取土层极限强度分析参数（c_{cu}、φ_{cu}、c_u、φ_u、c'、φ'）及应力应变关系曲线，提供沉降分析参数及支护设计所需的抗剪强度指标
		回弹压缩试验	35 件	获取土的回弹及回弹再压缩模量（E_{sr}、E_{rs}）

续表

<table>
<tr><th colspan="3">勘察手段与方法</th><th>完成数量</th><th>工作目的及试验指标、参数</th></tr>
<tr><td rowspan="5">室内试验</td><td rowspan="2">力学性质</td><td>无侧限抗压强度试验</td><td>40 件</td><td>获取黏性土在无侧限压力条件下抵抗垂直压力的极限强度及确定饱和黏性土黏聚力和灵敏度</td></tr>
<tr><td>基床系数试验</td><td>16 件</td><td>室内测定土样的垂直基床系数、水平基床系数</td></tr>
<tr><td rowspan="3">其他</td><td>热源法</td><td>16 件</td><td>热物理指标</td></tr>
<tr><td>土的矿物组成试验</td><td>31 件</td><td>测定土中的黏土矿物及伴存矿物的类型</td></tr>
<tr><td>水、土的腐蚀性试验</td><td>145 件</td><td>获取 pH 值，Ca^{2+}、Mg^{2+}、Cl^-、SO_4^{2-}、HCO^{3-}、CO_3^{2-}、侵蚀性 CO_2、游离 CO_2 等参数，评价水和土的腐蚀性并判定腐蚀性等级</td></tr>
</table>

4　工程地质条件

4.1　地基土条件

通过有效的综合勘察手段，查明了场地 120m 深度范围内地基土的空间分布和工程特性（图 6、表 2）。

场地内岩性主要为黏性土、粉土、砂土，在垂直方向交替沉积，呈多层土体结构；在水平方向上虽存在一定的沉积韵律，但各岩土层存在较多的透镜体、尖灭及夹层，整体空间分布较复杂。

场地内特殊性岩土有表层人工堆积的黏质粉土—①层砂质粉土填土、可塑—软塑并夹有机质黏土薄层的重粉质黏土—②$_2$层黏土、有机质—泥炭质黏土—③层重粉质黏土。人工填土层堆积时间短，大部分为耕土，密实度低，土质不均，承载力低，工程性质差，自稳能力差，整体工程特性差，不能直接作为天然地基持力层，且作为基坑侧壁土时可发生坍塌，对基坑边坡稳定不利。重粉质黏土—②$_2$层黏土尤其是分布广泛的有机质—泥炭质黏土—③层重粉质黏土，含水率高，孔隙度大，压缩模量低，承载力低，对基坑稳定不利，亦为不良工程地质层。

除特殊性岩土外，新近沉积的砂土、粉土（②层、②$_3$层、③$_1$层、③$_2$层），呈稍密—中密，黏性土（②$_1$层、③$_3$层），呈可塑—软塑，总的来说土质不均，承载力一般，可作为低荷载建（构）筑物天然地基持力层使用；其下第四纪沉积的各土层虽在水平及垂直方向上分布有所差异，但均具有较好的工程特性，一般密实度高，压缩性低，具有较高的承载力；尤其是 30m 以下的密实状的粉土、硬塑状的黏性土及密实的砂土为第四纪晚更新世（Q_3）沉积形成，其工程特性较好，具有较好的桩侧摩阻力和桩端阻力。此外通过矿化试验，场地黏性土主要矿物成分为伊利石，其次为高岭石、绿泥石等，基本不含蒙脱石，其亲水性较差，具有较高的水稳定性。多组样品湿化试验亦表明黏性土在浸水过程中基本不发生崩解现象。

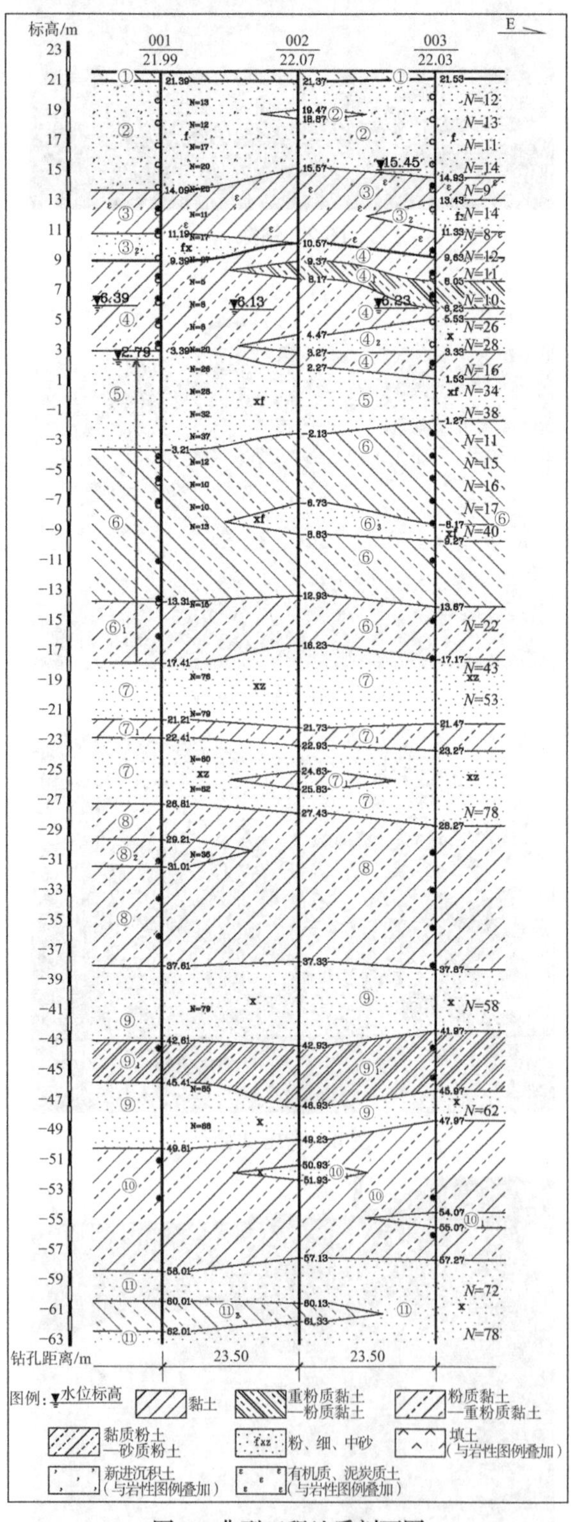

图 6　典型工程地质剖面图

地基土特征一览表 **表2**

成因年代	土层编号	岩性	各大层层顶标高/m	颜色	密度	湿度	稠度	旁压模量E_m（平均值）	剪切波速V_s（平均值）	静力触探p_s（平均值）	压缩模量E_s/MPa（平均值）		标准贯入（平均值）	分层承载力特征值f_{a0}
								MPa	m/s	MPa	P_0+100	P_0+200	N	kPa
人工堆积层	①	黏质粉土—砂质粉土填土	16.68～22.94	褐黄	松散—稍密	稍湿—湿	—	—	148.0	2.56	—	—	—	—
新近沉积层	②	粉砂—砂质粉土	15.48～22.2	褐黄	稍密—中密	稍湿—湿	—	13.53	210.0	6.21	11.69	13.36	15	140
	②1	黏质粉土		褐黄	稍密—中密	稍湿—湿	—	6.06	183.0	3.37	6.25	7.42	10	120
	②2	重粉质黏土—黏土		褐黄局部灰黄	—	很湿	可塑局部软塑	5.41	—	1.98	4.67	5.47	9	100
	②3	砂质粉土		褐黄	稍密—中密	稍湿—湿	—	4.23	174.0	5.02	11.46	13.28	12	130
	③	有机质—泥炭质黏土—重粉质黏土	12.72～16.8	灰黑、黑灰、深灰	—	很湿	可塑—软塑	5.90	228.0	1.93	5.09	5.80	7	80
	③1	黏质粉土—砂质粉土		褐灰—灰	中密	湿—很湿	—	4.82	223.0	4.60	14.61	16.43	14	160
	③2	粉砂—细砂		褐灰—灰	稍密—中密	湿—很湿	—	—	235.0	8.64	—	—	78	180
	③3	重粉质黏土—粉质黏土		灰、浅灰、灰黄	—	很湿	可塑	4.02	223.0	2.02	7.18	8.07	10	120
第四纪沉积层	④	黏质粉土—砂质粉土	5.67～11.8	褐黄	密实	湿—很湿	—	3.97	249.0	3.08	16.38	17.98	17	200
	④1	重粉质黏土—粉质黏土		褐黄	—	很湿	可塑	7.50	249.0	2.99	9.12	10.08	12	180
	④2	细砂		褐黄	中密—密实	湿—很湿	—	12.26	264.0	18.64	—	—	31	220
	⑤	细砂—粉砂	−0.63～5.1	褐黄	密实	湿—很湿	—	27.21	282.0	27.48	—	—	38	240
	⑤1	重粉质黏土—粉质黏土		褐黄	—	很湿	可塑	3.71	258.2	5.17	10.15	10.85	16	190
	⑥	粉质黏土—重粉质黏土	−8.56～−0.49	褐黄、黄灰	—	很湿	可塑	13.12	272.0	7.03	12.86	13.93	17	200
	⑥1	黏质粉土—砂质粉土		褐黄	密实	很湿	—	27.75	282.0	6.10	24.01	25.45	21	230
	⑥2	黏土		褐黄	—	很湿	可塑—硬塑	17.15	286.0	3.11	11.73	12.74	17	200
	⑥3	细砂—粉砂		褐黄	密实	很湿	—	23.00	295.6	13.99	—	—	44	250
	⑦	细砂—中砂	−19.8～−12.77	褐黄	密实	很湿	—	38.78	366.1	10.62	—	—	55	280
	⑦1	粉质黏土—重粉质黏土		褐黄	—	很湿	可塑—硬塑	30.12	316.5	2.97	15.20	16.62	—	230
	⑦2	黏质粉土—砂质粉土		褐黄	密实	很湿	—	22.46	332.0	—	32.80	34.73	28	250
	⑧	粉质黏土—重粉质黏土	−31.09～−23.75	褐黄—黄灰	—	很湿	可塑—硬塑	22.43	350.0	—	16.87	18.46	—	240
	⑧1	细砂		褐黄	密实	很湿	—	21.15	400.5	—	—	—	64	280
	⑧2	黏质粉土—砂质粉土		褐黄	密实	很湿	—	22.54	—	—	32.88	34.31	32	270
	⑨	细砂	−44.38～−35.62	褐黄	密实	很湿	—	31.88	415.0	—	—	—	37	300
	⑨1	重粉质黏土—粉质黏土		黄褐	—	很湿	可塑—硬塑	23.03	370.0	—	19.70	21.57	—	250
	⑨2	黏质粉土—砂质粉土		黄褐	密实	很湿	—	29.58	—	—	36.19	38.25	—	280

续表

成因年代	土层编号	岩性	各大层层顶标高/m	颜色	密度	湿度	稠度	旁压模量E_m（平均值）	剪切波速V_s（平均值）	静力触探p_s（平均值）	压缩模量E_s/MPa（平均值）		标准贯入（平均值）	分层承载力特征值f_{ao}
								MPa	m/s	MPa	P_0+100	P_0+200	N	kPa
第四纪沉积层	⑩	粉质黏土—重粉质黏土	−53.44～−45.84	褐黄—黄灰	—	很湿	可塑—硬塑	24.89	406.0	—	21.12	23.33	—	260
	⑩$_1$	细砂		黄褐—黄灰	密实	很湿	—	28.13	428.5	—	—	—	73	320
	⑩$_2$	黏质粉土—砂质粉土		黄褐	密实	很湿	—	33.25	412.0	—	37.47	39.17	—	300
	⑪	细砂	−61.32～−51.89	黄褐	密实	很湿	—	41.47	481.0	—	—	—	79	350
	⑪$_1$	粉质黏土—重粉质黏土		褐黄	—	很湿	可塑—硬塑	—	498.0	—	22.56	24.80	—	280
	⑪$_2$	黏质粉土		褐黄	密实	很湿	—	23.67	464.0	—	39.07	40.93	—	300
	⑫	重粉质黏土—粉质黏土	−68.03～−61.64	褐黄	—	很湿	可塑—硬塑	40.06	448.0	—	22.32	24.59	—	280
	⑫$_1$	细砂		褐黄	密实	很湿	—	—	473.0	—	—	—	99	350
	⑫$_2$	黏质粉土		褐黄	密实	很湿	—	—	—	—	41.30	43.11	—	320
	⑬	粉质黏土—重粉质黏土	−81.29～−74.62	褐灰	—	很湿	硬塑—可塑	—	—	—	27.71	29.69	—	300
	⑬$_1$	细砂		褐灰、灰黄	密实	很湿	—	—	—	—	—	—	110	380
	⑬$_2$	黏土		褐灰	—	很湿	硬塑—可塑	—	—	—	19.07	21.30	—	300

4.2 地下水条件

场地50m深度范围内赋存三层地下水。

第一层为上层滞水（一），其含水层主要为②粉砂—砂质粉土及②$_3$砂质粉土，透水性一般。该层水主要因人为抽取导致疏干残留所致，钻进时不易见明显水位，但含水层土质呈饱和状态，长时间停待后会有少量水析出，上层滞水的分布及水量无规律可循，水位及水量的变化除受大气降水，农田、果园的灌溉程度影响外，尚与其下隔水层顶板标高起伏有关。

第二层为层间潜水（二），其含水层主要为④黏质粉土—砂质粉土、④$_2$细砂及⑤细砂—粉砂层，其透水性相对较好。勘探期间静止水位标高5～7m（图7）。该层水局部具有承压性。

第三层为承压水（三），其含水层主要为⑥$_3$细砂—粉砂及⑦细砂—中砂，透水性较好，承压水的水头较高，可达20m。

根据钻探及附近已有地下水监测资料，场地其下至100m深度范围内还存在多层承压水，其主要含水层分别为⑨细砂、⑩$_1$细砂及⑪细砂。

场地附近潜水和承压水水位年变化规律基本一致（图8），即3～6月份受农业开采影响水位下降，6～10月受降水影响水位回升，10月至来年2月开采相对减少，水位变化相对平稳。最高水位一般出现在10月份，最低水位出现在5～6月份。潜水水位年内变幅2～3m，承压水水位年内变幅1～2m，承压水水位变幅稍小于潜水水位。潜水和承压水年内水位除受开采影响外，与降水量关系亦密切。一般每年6月前降水量都较少，5月份水位一般处于最低值，曲线构成圆缓的低谷；而在历经7月、8月两个连续降水集中的月份，9月份水位则有明显回升，在动态曲线上形成明显的峰值。

根据历史地下水位监测资料，本区地下水除1985年有较大幅度下降，从1970—1994年一直为平稳下降阶段，年间变化不大（图9、图10）。1995—1997年受官厅水库放水影响，地下水有较明显升幅；1998—2010年，为地下水位快速下降阶段；2010—2014年，区域内地下水变化不大。

多年来潜水和承压水水位不仅与人为开采关系密切且受降水量影响，即降水量多或连续丰水年水位往往回升较多，降水量少或连续干旱的年份，水位下降幅度较大。

图7　层间潜水（二）地下水位标高等值线图

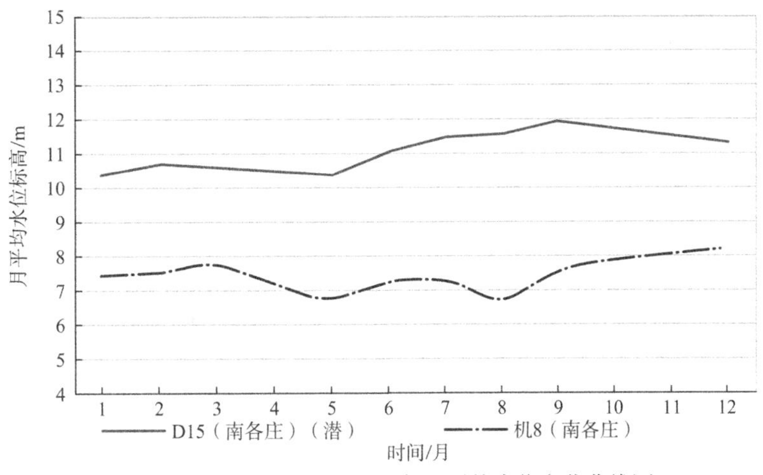

图8　潜水和承压水2014年月平均水位变化曲线图

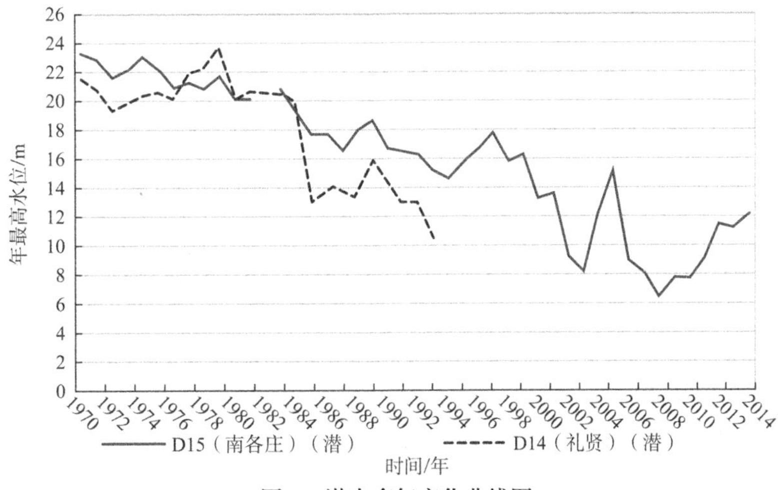

图9　潜水多年变化曲线图

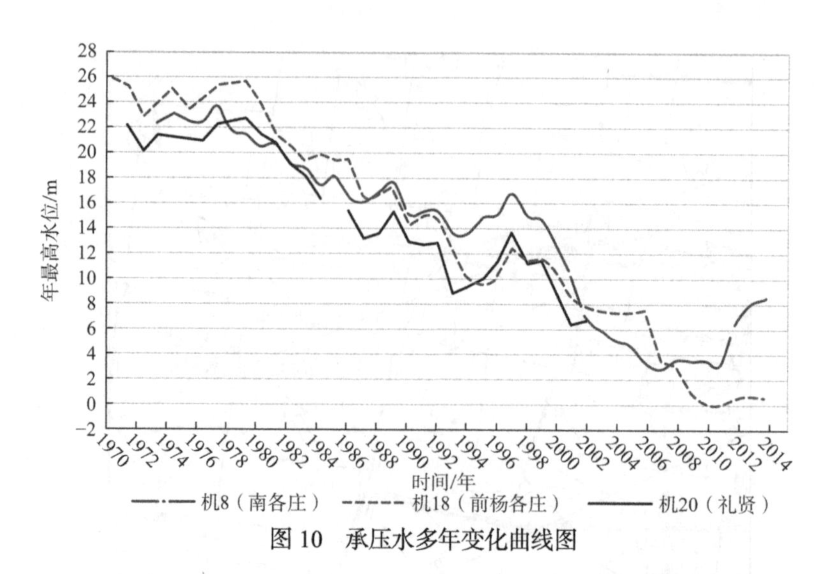

图 10　承压水多年变化曲线图

5　岩土工程评价及建议

5.1　砂土液化判别

本次勘察采用标准贯入试验法判别地面下 20m 深度范围内地基土的液化情况，并采用静力触探试验、剪切波速试验来进行了验判。当地震烈度为 8 度时，地下水位从安全的角度出发，按 1971 年水位（埋深 3m）考虑，场地内的②粉砂—砂质粉土、③$_2$ 粉砂—细砂、③$_1$ 黏质粉土—砂质粉土及④黏质粉土—砂质粉土发生地震液化，液化指数为 0.07～12.12，液化等级为轻微—中等（图 11）。参与液化判别的 163 个钻孔中仅 8 个孔出现中等液化趋势，综合分析其液化点地层为夹砂粉、黏粉团块或薄层，而导致标准贯入击数偏低，综合判定场地液化等级为轻微。

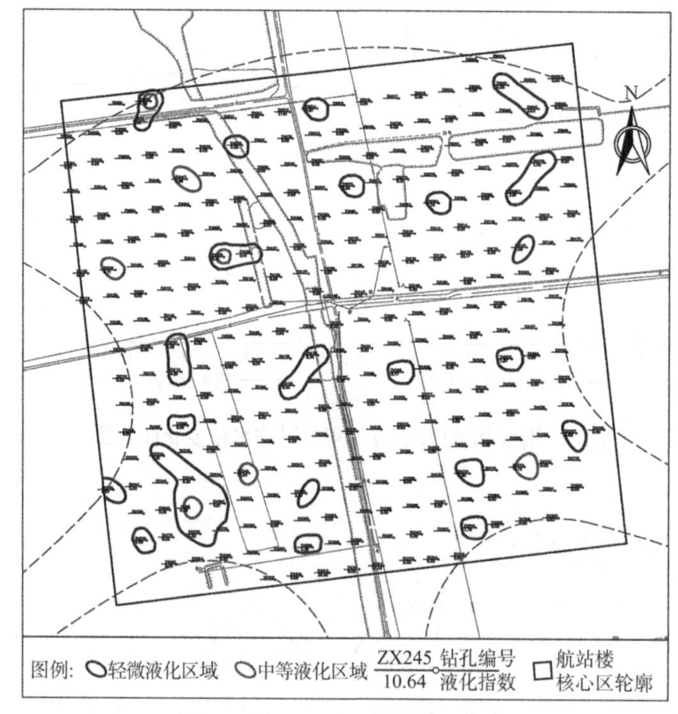

图 11　核心区砂土液化分区示意

5.2　结构抗浮设防水位建议

根据场区地下水长期观测资料，1959 年地下潜水最高水位接近自然地表；1970—1983 年地下潜水埋深约为 3m，水位相对稳定；近年来由于人工开采灌溉，地下水位逐年下降，近 3～5 年潜水最高水位埋深约为 12m。考虑本工程的重要性、地区区域功能转变、地下水限制开采、南水北调及生态补水工程对地下水的涵养补给、遇大的降雨年份及场地地势人为抬升等因素，建议本工程场地建筑抗浮设防水位标高按 19.00m 考虑，防渗设防水位按自然地面考虑。

5.3　地下水的影响评价及建议

场地上层滞水（一）局部分布，水量较小，且易采取措施予以疏堵，对工程建设影响较小；层间潜水（二）位于深基坑范围内，易引发流砂、流土、管涌等工程事故，严重影响基础工程施工；承压水（三）水头相对较高，易通过场地内现存的农用机井补给上层地下水，并易引发基底突涌、桩底涌砂等。

地下水控制建议考虑采用阻水与降水相结合的措施，即在基坑四周采用止水帷幕或采用降水井抽降的方式控制来水，在基坑内设置疏干井排水等方式控制地下水。考虑承压水水头相对较高且易补给上层地下水，或引发坑底顶托破坏，可布设一定数量的减压井以控制该层地下水的水头高度，将其控制在满足施工安全的范围之内。对于基坑开挖过程中可能遇到的局部赋存的上层滞水，采取明排疏干措施。当采用降水措施时，应避免出现地基渗透性破坏，保证基坑边坡稳定性，减少对基坑周边环境的不良影响。降水工程中应认真设置反滤层，避免抽水过程中带出细粒土颗粒造成地基土（桩间土）的流失，降低桩基侧摩阻力甚至诱发地基塌陷。此外，本工程将进行大量的基坑围护桩、基础桩和抗拔桩施工，成桩过程中由于混凝土的浇灌可能会影响地层的渗透性和地下水流场，直接影响基坑降水效果。设计中需考虑其相互影响，降水井、疏干井等布置时亦需充分考虑与围护桩、基础桩、抗拔桩及锚杆体系间的相互影响。

通过室内渗透试验、现场抽水试验，考虑场地多层地下水间的水力联系等，结合本地区经验，本工程降水设计所需参数建议值见表 3。

地基土渗透系数建议值　　　表 3

地层编号	岩性	渗透系数K m/d	渗透性
①	黏质粉土—砂质粉土填土	—	—
②	粉砂—砂质粉土	2.00	中等透水
②$_1$	黏质粉土	0.20	中等透水
②$_2$	重粉质黏土—黏土	0.02	微透水
②$_3$	砂质粉土	0.50	中等透水
③	有机质、泥炭质黏土—重粉质黏土	0.01	微透水
③$_1$	黏质粉土—砂质粉土	0.40	中等透水
③$_2$	粉砂—细砂	8.00	强透水
③$_3$	重粉质黏土—粉质黏土	0.01	微透水
④	黏质粉土—砂质粉土	0.60	中等透水
④$_1$	重粉质黏土—粉质黏土	0.02	微透水
④$_2$	细砂	10.00	强透水
⑤	细砂—粉砂	10.00	强透水
⑤$_1$	重粉质黏土—粉质黏土	0.01	微透水

5.4　基坑工程评价及建议

本工程若基坑失稳破坏后果严重，对工程施工影响很大。场地表层为人工填土层，土质不均，自稳性差。新近沉积的有机质黏性土层，土质软，易发生侧向变形；基坑边坡土体中的砂质粉土、砂类土层，土粒松散，尤其是在地面荷载、雨水、地表水及地下水的作用下，易崩落、滑塌。上层滞水（一）空间分布不均匀，基坑开挖深度范围内普遍赋存层间潜水（二），水量较大，对基坑的稳定不利。基坑破坏主要为上部填土、新近及一般第四纪沉积的粉土、砂土层的坍塌和剪切破坏。建议埋深为 5.0～9.0m 的非轨道交通部位基坑工程安全等级为二级，埋深约为 17m 的下含轨道交通部位基坑工程安全等级为一级。

根据本工程特点和工程地质、地下水情况，建议采用土钉墙、钻孔灌注桩 + 锚杆支护体系或地下连续墙及支护体系，对边坡进行支护。本次结合现场钻探、原位测试及土工试验成果，在参考地区经验的基础上提出本工程基坑支护设计参数（表 4）供基坑支护设计时选用。

5.5　桩基工程评价及建议

本工程建筑物荷载大，标准组合下单柱荷载最大值达 44000kN，对基础的沉降要求严格，对单桩承载力要求高。在岩土工程勘察实施过程中，结合试桩试验，从多方面、多角度对桩基础涉及问题进行了针对性的分析和评价，合理、科学的解决相关问题，保证工程建设质量。

（1）工程地质条件对桩基础的影响分析

场地地下水条件和特殊岩土层对桩基础具有一定的影响。场地内存在多层承压水对成孔、成桩有不利影响，易引成孔塌陷或导致孔底涌砂、增大沉渣厚度，甚至会导致浇筑混凝土时泥浆离析等；

桩身范围内存在易坍塌的人工填土、软弱土等特殊土层，施工时会导致缩径、孔壁坍塌等问题的发生；从而会导致单桩承载力下降，桩身质量出现问题，进而满足不了设计需求。

基坑支护设计参数建议表　　表 4

地层编号	岩性	天然重度	总应力（CU）		有效应力（CU）		（UU）		固结快剪		直剪快剪		静止侧压力系数
		kN/m^3	C_{cu}/kPa	φ_{cu}/°	C_{cu}/kPa	φ_{cu}/°	C_{uu}/kPa	φ_{uu}/°	C/kPa	φ/°	C/kPa	φ/°	K_0
①	黏质粉土—砂质粉土填土	18.1	—	—	—	—	—	—	—	—	3	10	0.52
②	粉砂—砂质粉土	18.8	—	—	—	—	—	—	8	25	5	25	0.38
②$_1$	黏质粉土	18.4	15	22	12	25	10	22	14	25	12	23	0.45
②$_2$	重粉质黏土—黏土	18.2	35	10	30	15	28	10	32	15	30	10	0.55
②$_3$	砂质粉土	18.1	15	25	18	28	10	20	19	26	15	25	0.43
③	有机质、泥炭质黏土—重粉质黏土	17.9	35	10	25	8	30	5	31	11	30	10	0.55
③$_1$	黏质粉土—砂质粉土	19.7	10	28	10	25	10	20	10	25	10	25	0.43
③$_2$	粉砂—细砂	20.1	—	—	—	—	—	—	0	28	0	28	0.34
③$_3$	重粉质黏土—粉质黏土	19.3	32	12	30	20	22	10	25	18	25	15	0.43
④	黏质粉土—砂质粉土	20.3	18	28	15	28	12	22	15	25	10	20	0.43
④$_1$	重粉质黏土—粉质黏土	19.3	35	12	32	16	28	11	25	14	26	12	0.42
④$_2$	细砂	20.2	—	—	—	—	—	—	0	32	0	32	0.36
⑤	细砂—粉砂	20.2	—	—	—	—	—	—	0	32	0	32	0.35
⑤$_1$	重粉质黏土—粉质黏土	19.3	40	15	36	20	28	15	32	16	30	10	0.40
⑥	粉质黏土—重粉质黏土	19.9	42	8	40	10	32	6	35	8	32	8	—
⑥$_1$	黏质粉土—砂质粉土	20.3	18	25	12	30	8	20	14	28	10	25	—
⑥$_2$	黏土	18.9	55	10	40	9	35	8	42	10	40	8	—
⑥3	细砂—粉砂	20.3	—	—	—	—	—	—	0	32	0	32	—

建议成桩过程中采取有效措施预防塌孔，如在桩孔的洞口设置钢护筒进行保护、控制钻进的速度、并采用合理的泥浆配比、及时地进行沉渣清理、封底工作等。在进行混凝土浇筑施工时，采用合理的工艺消除承压水的不利影响，保证桩基础的成桩质量，进而保证桩基础的承载力满足设计及使用要求。

（2）桩基方案建议

根据工程特点和场地的工程地质条件，建议采用钻孔灌注桩方案，桩基础形式为摩擦端承桩。非轨道交通区域可选用⑦细砂—中砂作为桩端持力层，轨道交通区域可酌情选用⑧$_1$细砂、⑨细砂作为桩端持力层。当桩端部位无较好砂土层时，可选用其间黏性土或粉土作为桩端持力层。必要时可采用后压浆工艺以提高基桩承载力、降低沉降量。各岩土层桩基设计参数见表 5。

桩基设计参数一览表　　表 5

地层编号	地层岩性	平均层厚/m	泥浆护壁钻（冲）孔灌注桩		后注浆增强系数		抗拔系数λ	垂直基床系数/(MPa/m)	水平基床系数/(MPa/m)	地基土水平抗力系数的比例系数M/(MN/m^4)	承台底与地基土间的摩擦系数μ
			桩的极限侧阻力标准值q_{sik}/kPa	桩的极限端阻力标准值q_{pk}/kPa	桩侧阻力增强系数β_{si}	桩端阻力增强系数β_p					
②	粉砂—砂质粉土	3.03	40	—	1.6	—	—	—	—	11	0.32
②$_1$	黏质粉土	1.14	40	—	1.5	—	—	—	—	9	0.30

续表

地层编号	地层岩性	平均层厚/m	泥浆护壁钻（冲）孔灌注桩		后注浆增强系数		抗拔系数λ	垂直基床系数/(MPa/m)	水平基床系数/(MPa/m)	地基土水平抗力系数的比例系数M/(MN/m^4)	承台底与地基土间的摩擦系数μ
			桩的极限侧阻力标准值q_{sik}/kPa	桩的极限端阻力标准值q_{pk}/kPa	桩侧阻力增强系数β_{si}	桩端阻力增强系数β_p					
②$_2$	重粉质黏土—黏土	1.04	35	—	1.4	—	—	—	—	8	0.25
②$_3$	砂质粉土	2.22	45	—	1.6	—	—	—	—	10	0.31
③	有机质、泥炭质黏土—重粉质黏土	1.88	35	—	1.3	—	—	—	—	4	0.25
③$_1$	黏质粉土—砂质粉土	1.43	50	—	1.6	—	—	—	—	14	0.31
③$_2$	粉砂—细砂	1.53	45	—	1.7	—	—	—	—	20	0.33
③$_3$	重粉质黏土—粉质黏土	1.56	45	—	1.4	—	—	—	—	12	0.26
④	黏质粉土—砂质粉土	1.99	65	—	1.6	—	0.72	23.33	24.33	16	0.32
④$_1$	重粉质黏土—粉质黏土	1.94	55	—	1.5	—	0.75	20.20	19.80	15	0.28
④$_2$	细砂	2.10	55	—	1.8	—	0.60	—	—	30	0.35
⑤	细砂—粉砂	4.08	65	1000	1.7	2.4	0.60	—	—	35	0.35
⑤$_1$	重粉质黏土—粉质黏土	0.87	60	800	1.5	2.2	0.72	—	—	20	0.28
⑥	粉质黏土—重粉质黏土	2.38	65	850	1.5	2.2	0.75	—	—	20	0.28
⑥$_1$	黏质粉土—砂质粉土	1.86	65	900	1.6	2.4	0.70	—	—	25	—
⑥$_2$	黏土	1.78	70	850	1.4	2.2	0.75	—	—	22	—
⑥$_3$	细砂—粉砂	1.22	70	1000	1.7	2.5	0.62	—	—	35	—
⑦	细砂—中砂	3.01	80	1500	1.9	2.7	0.65	—	—	50	—
⑦$_1$	粉质黏土—重粉质黏土	2.50	75	850	1.5	2.3	0.75	—	—	25	—
⑦$_2$	黏质粉土—砂质粉土	1.60	75	1100	1.6	2.3	0.70	—	—	28	—
⑧	粉质黏土—重粉质黏土	3.47	80	1200	1.5	2.2	0.75	—	—	25	—
⑧$_1$	细砂	1.78	80	1500	1.8	2.6	0.65	—	—	48	—
⑧$_2$	黏质粉土—砂质粉土	1.77	80	1200	1.6	2.4	0.70	—	—	30	—
⑨	细砂	2.06	85	1500	1.8	2.6	0.65	—	—	60	—
⑨$_1$	重粉质黏土—粉质黏土	2.57	80	1000	1.5	2.2	0.75	—	—	30	—
⑨$_2$	黏质粉土—砂质粉土	1.47	80	1100	1.6	2.3	0.70	—	—	35	—
⑩	粉质黏土—重粉质黏土	3.11	80	1000	1.5	2.2	0.75	—	—	30	—
⑩$_1$	细砂	1.64	85	1500	1.8	2.6	0.65	—	—	65	—
⑩$_2$	黏质粉土—砂质粉土	1.82	80	1100	1.6	2.3	0.72	—	—	40	—

（3）桩基础设计优化

通过钻探、旁压试验、静力触探及室内试验等多种手段，准确查明了岩土层垂直与水平空间分布情况，利用 Geis3U 软件对部分理想桩端持力层进行厚度分区（图 12），为设计桩端持力层的选取提供直观依据，为大面积桩基的设计、施工提供有力技术支撑。

为了更准确地验证桩基设计承载力，避免工程风险及不必要的浪费，开展了试桩勘察。根据试验桩参数及试验桩检测的结果，分组对有关数据进行了分析，查找了试验桩承载力不足的原因，提出采取后压浆技术提高承载力、减短桩长以节省接桩时间、预防桩端混凝土离析等措施。设计方据此将原设计的长桩酌情优化改用了 21～40m 的桩，既确保桩基质量，又创造了良好的经济效益。

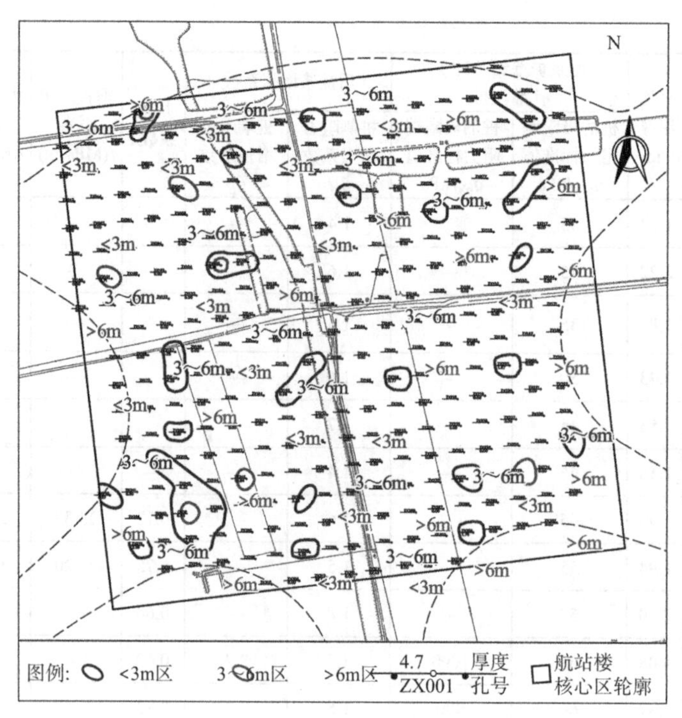

图 12　细砂—中砂⑦层厚度分区图

6　结语

作为大型岩土勘察工程，北京新机场航站区工程勘察实施过程中，在常规钻探、试验的基础上，采用了静力触探试验、旁压试验、抽水试验等多种勘察手段和方法，通过精心设计、认真施组、仔细研判，查明了场地的工程地质、水文地质等条件，对地基土承载力不足、砂土液化、基坑边坡失稳、地下水浮托破坏等岩土工程问题进行了翔实、深入的综合分析评价，提供的岩土参数齐全准确、符合规范要求，提出的建议科学合理、经济适用，为后续的工程设计、施工和投产运营奠定了扎实的基础，受到建设单位、设计单位和施工单位的好评，获得了明显的社会效益、经济效益和环境效益。

参考文献

[1] 住房和城乡建设部. 岩土工程勘察规范(2009 年版): GB 50021—2001[S]. 北京：中国建筑工业出版社，2009.

[2] 北京地区建筑地基基础勘察设计规范(2016 年版): DBJ 11—501—2009[S]. 北京：中国建筑工业出版社，2016.

[3] 住房和城乡建设部. 建筑桩基技术规范: JGJ 94—2008[S]. 北京：中国建筑工业出版社, 2008.

[4] 住房和城乡建设部. 建筑抗震设计规范(2016 年版): GB 50011—2010[S]. 北京：中国建筑工业出版社，2016.

贵阳（花溪）至安顺高速公路工程地质勘察工程实录

沈俊海　匡少华　王玉震　王桂虎　王宏兴
（辽宁省交通规划设计院有限责任公司，辽宁沈阳　110166）

1　工程概况

贵阳（花溪）至安顺高速公路（以下简称花安高速），全长88.915km，起于贵阳市花溪区绕城高速南环线桐木岭，终点小屯互通枢纽连接沪昆高速公路及安普高速公路。花安高速起点至龙宫北互通设计速度120km/h、整体式路基宽34.5m，龙宫北互通至终点设计速度100km/h、整体式路基宽33.5m，全线双向六车道。本合同段起点桩号K51＋400.000＝第一合同段终点K51＋401.983。本合同段路线全长36.563km，均位于安顺市境内。

花安高速为贵州省建设达到此标准里程最长的高速公路，本项目的建设实施开创了贵州省甚至我国西南地区高速公路先河，为我国西南地区建设六车道、120km/h设计速度高速公路提供了宝贵经验，推广使用的新技术、新材料、新工艺为其他高速公路建设提供了借鉴，也为辽宁省交通规划设计院有限责任公司（以下简称我院）提高辽宁山区高速公路建设水平积累了经验，为我省企业尤其是我院开辟西南地区市场奠定了基础，展示了辽宁企业的技术水平。

2　岩土工程分析与评价

2.1　地形地貌

线路走廊带跨越黔中，海拔1266.2（K54＋280）～1514.4m（BK72＋600）。根据地貌成因类型分为构造剥蚀、溶蚀低中山低丘地貌；构造剥蚀低中山槽谷[1]（俗称“坝子”）地貌；构造剥蚀、溶蚀低中山山地地貌；构造溶蚀低中山峰丛谷地地貌；构造溶蚀低中山峰丛地貌。由于岩性组合的不同和所处构造部位的差异，形成不同形态组合的地貌。

2.2　气象、水文

拟设路线所在地气候属亚热带季风湿热气候区，年均温度14°C，极端最高气温34.3°C，最低气温－7.6°C，年活动积温4107.8°。年降水量1360.5mm，为省内多雨区之一，4月至10月为雨季，占全年总降水量百分之九十；11月至次年3月为旱季，平均年降水量190天左右。

项目区属长江与珠江分水岭，东北河流以乌江上源三岔河、猫跳河上源邢江河较大，南流油菜河纳入北盘江水系打帮河支流王二河，流程短水量小，时出时没于峰林之间，南部及中部伏流河段较多。西南部堵鱼河、罗补董河、蒙渡河纳入北盘江。项目区地表水不发育，主要以河水（马槽河及老塘河等）、溪流为主，局部为水库水，其补给源为大气降水，碳酸盐岩岩溶水。随季节变化极强，雨季水量大。地表水水质亦较简单。具有典型的山地地球水化学特点[2]，地下水类型为[C]NaⅠ型、[C]CaⅠ型。

2.3　工程岩土层

项目区域主要出露地层，有古生界的泥盆系、石炭系、二迭系；中生界的三叠系、侏罗系、新生界的第四系。

2.4　工程地质岩组

根据设计线路的岩层组合、结构特征、岩石坚硬程度等物理力学特性，将本区岩土分为松散堆积层、碎屑岩类、碳酸盐岩类、软质碎屑岩与硬质碳酸盐岩类（混合岩类）工程地质岩组。

（1）松散堆积层工程地质岩组：设计线路经过地段大多基岩覆盖，第四系土层分布范围大，土体厚度较大，分布不均，零星分布于槽谷、缓坡台地及山间洼地，主要由第四系坡、残积黏土、粉质黏土、亚砂土等组成，呈可塑、松散至稍密状态，

获奖项目：2021年度工程勘察、建筑设计行业和市政公用工程优秀勘察设计奖三等奖。

厚度一般在 2～8m。线路走廊带该工程地质岩组集中分布在上二叠统分布地带，溶蚀槽谷（坝子）及洼地中均有零星分布。

（2）碎屑岩类工程地质岩组：主要由二叠系上统长兴组（P_{2c}）、吴家坪组（T_{2w}）黄褐色砂质页岩、泥岩、砂岩、硅质岩及三叠系下统永宁镇组第一段（T1yn1）中部黄绿、紫红色页岩和砂质页岩等组成。此岩组力学强度不一，透水性较弱，易风化产生滑坡及崩塌。

（3）碳酸盐岩类工程地质岩组[3]：主要由三叠系中统关岭组第二、三段（T_{2g3}、T_{2g2}）或青岩组（T_{2q}）、下统永宁镇组（T_{1yn}）或谷脚组（T_{1g}）、大冶组（T_{1d}）白云岩、灰岩、泥质灰岩、白云质灰岩组成。此类工程地质岩组分布区岩溶发育，岩溶形态主要表现为洼地、落水洞、漏斗、溶洞等。新鲜岩石抗压强度大，抗风化能力强。此岩组局部形成高山陡坡，易产生崩塌和塌陷。

（4）软质碎屑岩与硬质酸盐岩互层（混合岩类）工程地质岩组：主要由三叠系下统永宁镇组（T_{1yn}）、大冶组（T_{1d}）灰岩、砂岩、泥岩、粉砂岩、砂质泥岩、白云岩、泥灰岩组成。与碎屑岩相间分布，抗压强度不一，工程地质条件较为复杂。碳酸盐岩岩溶发育，碎屑岩易风化，往往产生不均匀的沉降和因滑动而引起的崩塌、滑坡等。

2.5 区域构造

路线区地处扬子准地台黔中隆起上。在漫长的地质历程中，由于长期地应力作用及各种边界条件的影响，经多次构造运动，使路线区内构造复杂。现今地表主要表现为北东—南西向的褶皱和断裂。线路走廊带内褶皱有二个向斜、二个背斜，分别为新寨、双堡、凤凰、东屯复向斜，落水岩向斜，西地向斜，林哨向斜，打顶寨向斜，大湾屯向斜，慢滩背斜，看牛坡背斜，九龙坡背斜，陈家山脚背斜，上坝背斜，上述褶皱均为区域上的大构造，沿线的地层产状以及岩石的完整程度多受他们影响，但其整体稳定，对线路影响不大。

2.6 地震

根据《中国地震动峰值加速度区划图》，工程区地震动峰值加速度为 0.05g，反应谱特征周期为 0.35s。相当于地震基本烈度Ⅵ度。桥梁等构筑物按相关要求设防。

2.7 不良地质及特殊性岩土

路线方案经过地段地形地貌复杂，地质条件变化大，不良地质较发育，其形成与发展受控于地层岩性、地质构造、地形地貌、水动力条件，其中地层岩性、地形地貌、地质构造是主控因素，水动力条件的变化是诱发因素。

1）岩溶：沿线碳酸盐类岩石分部较广，石灰岩质纯，岩溶发育，易产生溶蚀洼地，对线路有一定的影响，岩溶的表现形态主要有溶洞、溶蚀洼地区、落水洞等。

2）采空区：分布在 K65＋120～K65＋450、K68＋900～K69＋050 段。经地质调查，采空区（煤洞）位于隧道出口顶板以上约 10m 和贯穿隧道，隧道施工存在塌陷、突水等地质隐患。

（1）路线 K65＋180 右侧 74m 有一废弃煤井，洞内积水，无水段长度 10m，宽 1.4m，高 1.5m，方位角 170°，坡度 45°；

（2）K65＋200 右侧 84m 有一废弃煤井，洞长 35m，宽 1.4m，高 1.8m，方位角 90°，坡度 30°～35°，下伏二叠系上统吴家坪组（P2w）泥岩、砂岩及煤层，岩层产状 82°∠21°。

3）软弱土：为常年积水的低洼地段和河漫滩相、牛轭湖相淤积而成，共有二段。其特点为工程性质差，含水率大，具有高压缩性，孔隙比较大，c、φ值低，多呈软塑—流塑状态，当路基填方较大或堆载速率较快时，易造成路基土剪切破坏；产生不均匀沉降，造成路基失稳。

4）红黏土：红黏土在测区内广泛分布在低洼沟谷区域，红黏土具有高含水率、大孔隙比、高液限，高塑性等特点，并具有明显的失水收缩性，上硬下软（接触下伏基岩的 2～3m 饱水状态，很软），裂隙发育的特性，其含水率一般大于 30%，孔隙比约为 1.0，液限一般大于 45，压缩系数小于 0.5，压缩模量大于 5MPa，含水比平均值为 0.67，为可塑—硬塑状态。通过试验，本区的红黏土自由膨胀量一般在 0.7～0.8 之间，为非膨胀性土。

2.8 沿线工程地质分区

根据设计线路的地形地貌、地质构造、岩层结构、不良地质现象等工程地质条件将设计线路划分为 4 个工程地质分区，现将各分区的特性分述如下：

（1）较简单区，主要为构造剥蚀、溶蚀低中山低丘地貌，分布在 K70＋100～K79＋550 段，覆盖层为残坡积黏土及含碎石黏土，厚 0.5～5m，局部最厚可达 10.0m。下伏地层为三叠系中统关岭组

（T2g）白云岩、白云质灰岩、灰岩、泥灰岩、泥岩、页岩，三叠系下统永宁镇组（T1yn）白云岩、灰岩、泥灰岩、页岩和砂质页岩。线路过林哨向斜、陈家山脚背斜、大顶寨断层、绿木林断层，产状变化大，地层倾角 60°～70°。地层走向与线路多大角度相交，断层与线路大角度相交，对公路建设无影响。本段局部岩溶发育，对工程的主要不良地质隐患是隐伏大型溶洞[4]。

（2）简单区，为构造剥蚀、溶蚀低中山低丘、槽谷（俗称“坝子”）地貌。主要分布在 K51 + 400～K62 + 200 段，覆盖层为残坡积黏土及含碎石黏土，一般厚 3.2～10m，局部最厚可达 35.4m。下伏地层为三叠系中统青岩组（T2q）灰—深灰色白云岩、薄层灰岩、泥灰岩、页岩和砂质页岩；大冶组（T1d）薄至中厚层隐晶质灰岩泥灰岩和杂色页岩及砂质页岩及二叠系上统长兴组（P2c）+ 吴家坪组（T2w）黄褐色砂质页岩、泥岩、砂岩及煤线夹燧石结核灰岩。地层产状（向斜两翼）129∠35°～41°、240∠19°～60°。地层走向与线路平行或大角度（西翼）相交，线路过落水岩向斜，低挖低填为主，不影响路基开挖。主要为构造溶蚀低中山峰丛地貌，分布在 K85 + 900～K87 + 300 段，覆盖层黏土，一般厚 0.5～2m，局部最厚可达 11m。下伏地层为三叠系中统关岭组第三段（T_{2g3}）灰色中厚层白云岩。过大湾屯向斜，地层倾角 6°～11°。地层走向与线路大角度相交，岩层平缓，路基稳定。

（3）较复杂区，主要为构造剥蚀、溶蚀低中山山地地貌，分布在 K62 + 200～K70 + 100 段，覆盖层黏土，一般厚 2～8m，局部最厚可达 28.6m。下伏地层为三叠系下统谷脚组（T_{1g}）灰色薄板状灰岩、泥质灰岩、角砾状灰岩和大冶组（T_{1d}）灰白色薄至中厚层隐晶质灰岩夹鲕状、角砾状灰岩、泥灰岩和杂色页岩及砂质页岩。线路过看牛坡背斜东翼，产状变化大，地层倾角 7°～70°。该段桥、隧多，地层走向与线路多垂直或大角度相交，由于局部砂泥岩多，对线路挖方路基不利，施工中应注意防护。

（4）复杂区，为构造溶蚀低中山峰丛谷地地貌。主要分布在 K79 + 550～K85 + 900 段，覆盖层黏土，一般厚 2～4m，局部最厚可达 9.9m。下伏地层为三叠系中统关岭组第三段（T_{2g3}）灰色中厚层白云岩夹白云质灰岩。线路与么铺—大顶寨断层斜交，地层倾角 4°～43°，地层走向与线路多大角度斜交，本区岩溶发育，地下水通道多，地面由于岩溶影响多见塌陷，地下情况复杂[5]，施工中注意防范。

3　工程地质勘察的重难点及所采用的技术、管理手段

3.1　工程地质勘察重点、难点：

（1）线路复杂，项目隧道构造物范围内构造发育，且多为岩溶区，工程地质条件复杂，为本项目的勘察重点。

（2）本项目影响路基、桥涵的岩溶区发育，查明路基范围及桥位区岩溶[6]的发育及分析为本项目的勘察重点。

（3）在线路区山体陡峭，植被覆盖茂密，各种岩体分布交错复杂，褶皱、断层带较多，地表冲沟发育，地形复杂，钻进搬运极为困难。

（4）沿线地形地貌复杂多变，地表沟谷发育，勘探点的布设，勘探点放孔、收孔工作难度大大增加。

3.2　采用勘察技术

针对以上勘探难点我们充分利用已有资料和科研成果，用经济合理的勘察工作量取得了可靠的勘察成果。本项目勘察主要采用钻探手段，部分地段采用原位测试、取样进行室内试验结合综合勘探手段进行[7]。

（1）对地形、场地复杂地段充分利用已有区域地质资料，结合井探、槽探和工程地质调绘进行。

（2）通过不同的测试手段，工程地质调绘、现场标准贯入试验、圆锥动力触探试验、孔内波速测试、岩样波速测试、点荷载试验及室内岩土试验取得了沿线地层岩土物理力学特征，给定了地基力学参数，为设计施工提供了必要的工程地质依据。

（3）对岩溶区特别是白云岩区采用双管单动钻探工艺，由于白云岩区采用普通钻探方式，采芯率极低，且岩芯多为砂砾状，无法更好地判定岩性特征、风化程度及岩体完整性，采用双管单动工艺钻探大大提高了灰岩区、白云岩区的岩芯采取率，为桥涵构造物的设计提供更加充足的基础资料。

（4）对隧道区在地质钻探前先进行物探工作，采用高密度电法、瞬变电磁法、EH4[8]等方法。EH4 电磁成像系统具有精度较高、分辨率好、快速、轻便的优点，能很好地预测溶洞、断层等的赋

存情况，比其他方法更好地适应公路隧道的勘察；瞬变电测法[9]在一次场关断期间测量地下介质中感应电流产生的随时间衰减的二次场瞬变电磁测深，最大探测深度可达 500m 以上，探测深度更深。

3.3 先进的管理方法

贵阳（花溪）至安顺高速公路采用工程地质勘察项目监理制度，设有地勘项目负责人、地勘技术负责人、专业组技术负责人、作业组记录员，首先对参加项目勘察的单位资质、专业技术人员进行评估，在勘察过程中建立例会、报表制等，对勘察质量过程控制，建立了开工、中间检查、验收、勘察内业整理等全过程的质量管理制度，确保了勘察资料的准确性、可靠性。由本院技术部、计划经营部、质量管理部人员及各个参加单位管理人员共同组成贵阳（花溪）至安顺高速公路工程地质勘察项目管理（监理）部，设技术管理人员、质量管理人员、进度管理人员、驻地管理（监理）工程师及联络员等，负责组织、协调、监督、检查各参加单位工作，保证合同规定的进度、质量、勘察费用三项目标的实现。各个参加单位成立项目经理部，由项目经理、技术负责人、内部质量检查员、专业组技术负责人等组成。负责本项目段的生产管理和组织协调。设立专业齐全，能满足进度、质量要求的专业组，如钻探专业组、测量专业组、试验专业组。对主要管理人员基本素质要求：

（1）项目负责人：高级职称具有勘察管理经验五年以上；

（2）技术负责人：高级职称以上，从事岩土工程勘察设计 5 年以上；

（3）标段项目经理：中级职称以上，任承包单位主要负责人；

（4）标段技术负责人（内检员）：高级职称或具有专业工作五年以上中级职称；

（5）专业组技术负责人：中级职称以上；

（6）作业组记录员：初级职称以上。

4 工程地质勘察方案实施

本合同段主线全长 36.457km，大、中桥 20 座，全线桥梁总长 3385m，占路线总长 10.4%；设涵洞 86 道（含通道涵、通道兼排水涵）；设置互通立交 5 座；设置服务区一处、停车区一处；设置隧道 5 座，其中中隧道 4 座，短隧道 1 座，隧道长度 3487m，占路线总长的 9.6%。

本项目工程地质勘察工作分阶段按照初步设计阶段和施工图阶段两阶段实施，采用工程地质调绘、物探、钻探、室内试验、原位测试等方法，逐步查明桥位区、隧道、路基段落的工程地质特征。

4.1 初步设计阶段工程勘察

初步设计阶段完成了工程地质调查与测绘 26Km^2/394 点；机械钻孔 165 个，进尺 4313.15m；简易钻探 35 个，进尺 179.51m；物探高密度电法 19352m/119 条（6783 点）、浅层地震 5175m/455 条；钻孔波速测试 1791 点/398.8m；完成 1：10000 地质调绘 73.56km^2。

初步设计阶段岩溶区桥位区钻探采取逐墩或隔墩钻探，初步查明桥位区岩溶发育程度。物探测线成果资料与地勘资料对比分析，结合地质调绘成果资料，对物探异常区布设验证方案；隧道勘察以地质调绘和洞口段钻探工作为主，在物探异常段落布置验证钻孔；不良地质及特殊性岩土段落主要采用地质调绘、简易钻探等方法初步划分段落范围、发育程度及工程地质性质。

4.2 施工图设计阶段工程勘察

本次勘察完成了工程地质调查与测绘 36Km^2/650 点；机械钻孔 572 个，进尺 14820.2m；简易钻探 170 个，进尺 732.2m；物探高密度电法 4779m/30 条；钻孔波速测试 820 点/155.8m。完成 1：2000 地质调绘 18.26km^2。

施工图设计阶段岩溶区桥位区钻探根据初步设计阶段判定的岩溶发育程度，采取先逐墩，再隔桩的方式布置勘探点，如果岩溶发育程度达到极强发育和强发育，采取逐桩钻探；如果岩溶发育程度为中风发育或弱发育，采取逐墩钻探，发现岩溶后在邻近桩位补充钻探。隧道钻探结合初步设计阶段的钻探和物探成果，主要在洞身处布置勘探点对物探异常段及构造发育带等进行验证；加强隧道区的水文地质调绘工作[10]，为隧道涌水量计算及隧道排水设计提供依据；不良地质及特殊性岩土段落采用钻探、简易钻探、室内试验、原位测试等方法进一步查明段落范围、发育程度及详细的工程地质特征，为处理设计提供准确的地质依据。

5 工程勘察成果

本项目工程勘察成果按标段整理为路线工程地质勘察报告和路基、桥涵、隧道、互通立交区等工点工程地质勘察报告，以部分桥涵、路基、隧道工程勘察成果进行说明。

5.1 桥涵工程勘察成果

5.1.1 汪寨中桥

中心桩号左幅：ZK63 + 863.5，右幅 K63 + 855。桥梁全长 80m。

该桥布置钻孔 13 个，完成钻孔 13 个，进尺 353.0m，完成高密度电法 1 条/114m。

桥位区域稳定性好，无活动性断层和区域性断层通过。未发现滑坡、崩塌、泥石流等不良地质现象，岸坡平缓稳定，下伏基岩为薄至中厚层状石灰岩，岩层产状 110°∠66°。根据钻探资料桥位区地层钻探控制中风化灰岩（持力层）10m 深度，溶洞钻至底板以下 8.9m，地层稳定，岩质较硬，岩体较完整。

不良地质见溶洞，完成 13 个钻孔中 8 个钻孔见溶洞 10 个，其中 3 个无充填、2 个半充填、5 个全充填，遇洞率 61.5%，钻孔线岩溶率 2.4%～31.8%，综合判定为岩溶极强发育。

工程建设对场地已有地质环境改变较小，不会诱发新的地质灾害。

5.1.2 西地大桥

中心桩号 K67 + 445.0，桥梁全长 420m。

该桥布置钻孔 24 个，完成钻孔 24 个，进尺 919.9m，完成地质调绘 0.28km^2，高密度电阻率法测线 2 条/236m。

桥位区覆盖厚层红黏土，最大厚度达 41.3m，下伏泥岩、砂岩、灰岩等，未见岩溶发育。未发现滑坡、崩塌、泥石流等不良地质现象，但桥位区域发育小断裂河褶皱构造，岩性受构造影响突变性大，岩体破碎至极破碎，受构造影响强风化发育深度大，最大深度 60m，平均深度 30.56m，岸坡平缓、稳定，岩土构成主要为黏土岩、泥岩夹粉砂岩、砂岩、灰岩。

根据钻探资料桥位区基础稳定性差，承载力低，设计根据岩土分布情况采用不同的基础（采用端承桩和摩擦桩结合的基础形式，设计计算考虑沉降量和沉降缝的合理设置）形式，桥梁基础现状整体稳定。

5.2 隧道工程勘察成果

5.2.1 青龙山隧道

青龙山隧道位于安顺市双堡镇北青龙山，呈北西、南东向展布，隧道分为左右两洞，左洞进洞桩号 ZK62 + 290，出洞桩号 ZK63 + 290，全长 1000m；右幅进洞桩号 K62 + 290，出洞桩号 K63 + 290，全长 1000m。属中隧道。

该隧道共计完成地质调绘 0.22km^2，钻探孔 8 个，进尺 367.6m 来完成高密度电阻率法测线 4 条/649m。

隧道区上覆第四系残坡积层（Q_4^{el+dl}）碎石土、含碎石红黏土，下伏基岩为三叠系下统谷脚组（T_{1g}）灰色灰岩、紫红色泥岩。第四系残坡积层在隧道进出口、洞身缓坡地带有分布，厚度不大，钻探揭露厚 0.5～13m（洞口），多数陡坎斜坡段基岩裸露，强风化岩体节理裂隙极发育，岩体极破碎，中风化节理裂隙发育，岩体较破碎至较完整，埋深较大的洞身多数为较完整。

青龙山隧道围岩分级表　　表 1

起讫桩号	段落长度/m	围岩基本质量指标	围岩级别
ZK62 + 290-ZK62 + 350 （K62 + 290-K62 + 434）	60 （144）	102.9	V$_2$
ZK62 + 350-ZK62 + 500 （K62 + 434-K62 + 660）	150 （226）	244.03	V$_1$
ZK62 + 500-ZK62 + 720 （K62 + 660-K62 + 780）	220 （120）	294.03	Ⅳ$_3$
ZK62 + 720-ZK62 + 960 （K62 + 780-K62 + 960）	240 （180）	326.53	Ⅳ$_2$
ZK62 + 960-ZK63 + 220 （K62 + 960-K62 + 240）	260 （280）	299.03	Ⅳ$_3$
ZK63 + 220-ZK63 + 290 （K62 + 240-K62 + 290）	70 （50）	246.53	V$_1$

5.2.2 跳花坡隧道

跳花坡隧道位于安顺市双堡镇北跳花坡，呈北西、南东向展布，隧道分为左右两洞，左洞进洞桩号 ZK64 + 300，出洞桩号 ZK65 + 320，全长1020m；右洞进洞桩号 K64 + 280，出洞桩号 K65 + 250，全长 970m。

该隧道共计完成地质调绘 0.28km^2，钻探孔 6 个，进尺 258.88m 来完成高密度电阻率法测线 2 条/236m。

隧道区上覆第四系残坡积层（Q_4^{el+dl}）黏土，下伏基岩为三叠系下统大冶组（T_{1d}）灰岩、泥（页）岩及砂质泥（页）岩。二叠系上统长兴组（P_{2c}）燧石结核灰岩夹黄褐色砂质页岩、泥岩、砂岩及煤线。隧道开挖不存在采空区和煤线瓦斯。

跳花坡隧道围岩分级表　　表 2

起讫桩号	段落长度/m	围岩基本质量指标	围岩级别
ZK64 + 300-ZK64 + 340（K64 + 280-K64 + 350）	40（70）	211.8（140.8）	V$_2$
ZK64 + 340-ZK64 + 400（K64 + 35-K64 + 380）	60（30）	246.8	V$_1$
ZK64 + 400-ZK64 + 460（K64 + 380-K64 + 460）	60（80）	294.3	Ⅳ$_3$
ZK64 + 460-ZK64 + 540（K64 + 460-K64 + 560）	80（100）	329.3	Ⅳ$_2$
ZK64 + 540-ZK64 + 680（K64 + 560-K64 + 700）	140（140）	336.8	Ⅳ$_1$
ZK64 + 680-ZK64 + 780（K64 + 700-K64 + 820）	100（120）	324.3	Ⅳ$_2$
ZK64 + 780-ZK65 + 040（K64 + 820-K65 + 020）	260（200）	270.9	Ⅳ$_3$
ZK65 + 040-ZK65 + 100（K65 + 020-K65 + 110）	60（90）	231.24	V$_1$
ZK65 + 100-ZK65 + 180（K65 + 110-K65 + 180）	50（70）	208.4	V$_2$
K65 + 180-K65 + 250	70	140.8	V$_2$

5.3 路基工程勘察成果

5.3.1 K71 + 246～K71 + 502 段右侧高边坡

该边坡位于林哨向斜轴部，地层稳定，岩层产状东翼 216°∠40°、西翼 131°∠30°，节理产状157°∠83°、253°∠71°。覆盖层为残坡积层（Q^{el+dl}）红黏土钻探揭露厚 2.5-5.5m，下伏基岩为三叠系中统青岩组（T_{2q}）泥灰岩。边坡区未见明显拉裂、变形及滑坡、泥石流及崩塌等不良地质现象。采取钻探情况进行深部勘察，内业采用横断图点出纵断图，根据现场记录在纵断面图上划分地层界线和基岩风化界线，确定挖方等级和新的边坡坡率。

5.3.2 K67 + 285.0～K67 + 598.5 段高填方

该段位于西地断层上盘，地层产状：103°∠21°。西地断层（F2）：断层走向近南北，倾向东，倾角 50°～60°，长大于 10km，切割二叠系、三叠系下统大冶组，水平断距 2000m。破碎带宽 150m，局部见有挤压拖曳小褶曲，是一条逆断层。断层与线路大角度相交（86°），钻探揭露岩石完整，无破碎带，对路堤建设无影响。该段落覆盖层为第四系残坡积（Q_4^{el+dl}）红黏土，钻探揭露厚 2.0～7.0m；含碎石红黏土，钻探揭露厚 1.8～28.6m。下伏基岩为三叠系下统大冶组（T_{1d}）泥岩、泥灰岩、石灰岩，二叠系上统长兴组（P_{2c}）含燧石灰岩。区内未发现滑坡、崩塌、泥石流等不良地质现象。该区主要不良地质为隐伏岩溶，钻探揭露溶洞 3 个，洞高 1.0～1.9m，区内溶洞较发育，溶洞处于无充填、全充填状态，充填物为黏土。

6 工程地质问题处理

本项目主要地质问题为岩溶、采空区等不良地质和软弱土、红黏土等特殊性岩土，结合本项目的区域复杂性和贵州省对同类复杂地质问题的处理经验，提出对不良地质和特殊性岩土的处理方案。

6.1 岩溶[11]

岩溶发育对拟建公路建设工程影响较大，岩溶的主要处理原则：

（1）溶洞洞径大，洞内施工条件好的溶洞，可采用浆砌片石支墙、支柱及码砌片石垛等加固，如需要保持洞内水流畅通，可在支撑工程间设置涵管排水。

（2）深而小的溶洞不便使用洞内加固办法时，可采用钢筋混凝土盖板加固。

（3）对洞径小、顶板薄的岩层破碎的溶洞，设计采用爆破顶板用片石回填的办法，如溶洞较深或需要保持排水者，可采用拱跨或板跨的方案。

（4）出露于路基面或构造物基底的溶洞，如需换土加固时，对较浅的可全部换填碎石或片石；对较深的可采用部分换填的办法，换填厚度根据需要而定。

（5）对路堑边坡上的溶洞，可采用洞内片石填塞，洞外干砌片石铺砌、砂浆勾缝，或浆砌片石封闭等。当溶洞靠近边沟或在路床范围内时，浅的溶洞可按上述方法堵塞封闭，深的溶洞可用钢筋混凝土板封闭，同时应防止边沟水的渗漏。

（6）对路基下埋深较浅的溶洞，洞顶板较厚和岩石完好而洞径又大的地段，一般采用钻孔注浆的治理方案。

6.2 采空区

项目区内在 K65 + 180～K65 + 220 共有二处采空区。

建议隧道早出洞，将采空区置于路基段和采用灌浆处理。K68 + 900～K69 + 050 段由于为当地村民自行开采，无统一规划，分布无规律，通过地面调查和钻探，采空区主要分布在表层，隧道及隧道底板以下 10m 无煤层存在，现今地表采空区对隧道开挖无影响。此两个废弃煤井离线路较远，对隧道无影响。

6.3 软弱土

软弱土地基承载力较低，压缩性高，结合软弱土的深度、地形条件和对路基的影响方式等因素，确定处置措施。

（1）深度小于 2m 路段，采用清除换填碎石土的措施处理，对施工困难段可直接强夯置换。

（2）深度 2～5m 路段，采用强夯置换方式进行处理。

（3）深度大于 5m 地形、地质条件影响路基稳定性的软弱土路段，为增加土体抗剪强度和减少沉降，采用碎石桩等进行处治。

全线软土的厚度较小，范围较短，主要分布在山间谷地，多数为桥梁跨越。

6.4 红黏土

本项目途经大规模红黏土区，经取样试验分析，CBR 值等指标满足《贵州省红黏土与高液限土路基施工技术指南》要求。为避免远距离借方填筑及开挖红黏土的大量废弃，考虑使用红黏土填筑路基；受地形条件及中红土枢纽互通式立交的控制，局部路段填方达 37m，结合《贵州省余庆至凯里、凯里至羊甲高速公路红黏土与高液限土路基施工技术指南》，将红黏土利用在高填方路基中，经过计算分析，采用强夯、碾压、混合填筑等技术受到进行处理利用[12]，填筑后加强监控量测，观测路基沉降变化，至今路基状态良好，为同类地区采用该工艺提供借鉴。

7 经济效益、社会效益、环境效益、安全效益

本项目在初步设计对路线、路基、桥涵、隧道等总体设计方案进行多次优化和比选设计，降低造价、减少占地、少扰村庄厂矿、保护沿线风景名胜、避让文物保护区、减少对沿线规划影响等。施工图设计过程中，遵循工程建设服从于环境保护、公路建设与环境保护同步、公路建设与环境保护协调发展的理念，根据沿线地形地质条件，在公路线形、路基边坡防护、排水、桥梁、隧道方案等设计中，充分结合沿线环境和自然景观特点，高度重视环境保护和景观设计。

本项目在科学研究的基础上，充分运用新技术、新材料、新工艺，实现了多项技术突破和科技创新，体现了“科技创新、以人为本、设计创作、资源节约、环保美观、质量第一”的设计理念，系统地运用了高速公路设计的关键技术，取得了良好的社会经济效益。

路线设计中，强调地形选线、地质选线、环保选线、生态选线的重要性。根据地形条件灵活布线，避免大填大挖，减少土石方工程数量；对于顺层边坡路段，合理选择路线通过位置及设计高程，减少

顺层边坡开挖深度；对于体滑坡、崩塌、岩溶、软土等区域加强勘探，选线过程中尽量躲避；路基设计中，对开挖的红黏土，经过计算分析，采用强夯、碾压、混合填筑等技术受到进行处理利用，填筑后加强监控量测，观测路基沉降变化。利用红黏土填筑路基，避免了开挖红黏土的大量废弃，增加额外弃土场，同时减少外借填料，降低工程造价，保护生态环境；桥涵设计中，注重标准化施工与景观效果相结合，并结合实际情况，采用新技术、新材料。大中桥一般采用标准跨径、统一结构形式，提高预制场使用效率，加快施工进步，降低工程造价；天桥采用现浇结构，并尝试使用钢结构，增加景观效果，与提倡使用钢结构的理念相契合；注重隧道设计，采用多种技术手段保证施工安全，如采用双侧壁导坑等工法进行掘进，并由我院进行超前地质预报指导施工等，整个施工期未出现重大责任事故。

8 结语

贵阳（花溪）至安顺高速公路勘察对全线路基、桥涵、挖方段、隧道等有针对性地布置勘察方案，布置了合理的工作量，采用了工程地质调绘、钻探、物探、原位测试和室内试验等综合勘察手段，基本查清了地层的分布情况和各层的物理力学指标，为设计提供了完整、详细准确的工程地质勘察报告。勘察过程中我院一直坚持做好项目的中间验收、外业竣工检查等工作，提前发现问题、解决问题，加强文件的审查，坚持三级审查制度，每个程序都认真负责，使得该项目的地质勘察工作达到一流水准，也达到了国内领先水平。

本项目建成后运营情况良好，大大满足了黔中地区的交通运营需要，对促进沿线经济发展起到强有力的推动作用。项目的建成在带来巨大经济效益的同时，也取得了良好的社会效益和资源效益，本项目作为沪昆高速贵阳至安顺段的第二高速，有效缓解了现有沪昆高速公路的通行压力，成为国家级贵安新区的南部交通运输动脉，伴随着花安高速的开通，沿线产业园区、旅游景区也蓄势待发，将迸发出更大的活力。

参考文献

[1] 袁道先. 岩溶学词典[M]. 北京: 地质出版社, 1989.

[2] 张陶, 蒲俊兵, 袁道先, 等. 亚热带典型岩溶区地表溪流水文地质化学昼夜变化及其影响因素研究[J]. 环境科学, 2014, 35(08):2944-2951.

[3] 范昱, 陈洪德, 林良彪, 等. 黔南独山地区上石炭统大埔组碳酸盐岩储层特征研究[J]. 岩性油气藏, 2010, 22(10):37-42.

[4] 陈禹成, 王朝阳, 郭明, 等. 隐伏溶洞对隧道围岩稳定性影响规律及处治技术[J]. 山东大学学报, 2020, 42(5):33-43.

[5] 许振浩, 李术才, 李利平, 等. 基于层次分析法的岩溶隧道突水突泥风险评估[J]. 岩土力学, 2011, 32(6):1757-1766.

[6] 高歌今. 岩溶地区桥梁桩基础设计及施工技术措施[J]. 桥梁, 2004, 12:58-60.

[7] 胡华敏. 综合勘察方法在岩溶地区勘察中的应用[J]. 科技与生活, 2011, 51(09):168-169.

[8] 董晨, 张吉振. EH4 大地电磁技术的适用及应用效果[J]. 铁道建筑技术, 2008, (Z1):529-543.

[9] 张开元, 韩自豪, 周韬. 瞬变电磁法在探测煤矿采空区中的应用[J]. 工程地球物理学报, 2007, 4(4):341-344.

[10] 任洪靖. 高速公路隧道工程地质特征及水文地质条件分析[J]. 西部资源, 2019, (4):124-125.

[11] 彭林. 岩溶地区公路路基处理[J]. 岩土工程界, 2005, 8(4):47-48.

[12] 易剑波. 高速公路红黏土路基填筑施工与改良方法研究[J]. 公路工程, 2012, 37(5):141-143.

G3 京台高速公路方兴大道至马堰段勘察实录

唐　俊　张新磊

（安徽省交通规划设计研究总院股份有限公司，安徽合肥　230088）

1　工程概况

G3 京台高速方兴大道至马堰段是 G3 京台高速与 G4212 合安高速的共线段，是我国华北地区通往华南、东南地区的主要高速公路通道之一，安徽省境内最主要的南北向高速公路，在路网中功能地位极其突出。京台高速的畅通高效是提升安徽省交通区位优势的重要保障。其交通压力日益繁重。已逐渐成为京台高速的瓶颈，若不进行改建，将越来越难以承担沟通华北和华南、东南地区的交通大动脉功能。

G3 京台高速方兴大道至马堰段自通车以来，交通量增长迅速，截至 2011 年，年平均日交通量为 2.1 万辆/日，折算小客车达 3.17 万辆/日，2002～2011 年平均增长率 9.0%左右，其建设对于适应交通运输发展，完善区域路网结构具有重要意义。将大大提高京台高速的通行能力，缓解交通压力，对保障京台高速的畅通高效，提升安徽省的区位优势，促进安徽在中部地区率先实现崛起具有重要意义。因此，本项目的建设是统筹区域经济发展，实施中部崛起战略的迫切需要。

本项目起点顺接京台高速公路方兴大道互通立交（起点桩号 K1049 + 678），向南经严店、丰乐、杭埠、金牛、万山至庐江，终点位于京台高速与合安高速公路交叉的马堰互通立交（终点桩号 K1100 + 788），全长 51.11km，工程总投资约 43.5 亿元。

2　勘察重点和关键技术难题

根据改扩建项目的特点，结合不良地质及特殊性岩土分布规模及影响程度，勘察的重点和关键技术难题如下：

（1）本项目为改扩建项目，1997 年完成的既有高速公路详细工程地质勘察资料与现行公路工程勘察规范具有一定差异，需明确既有高速勘察资料利用的原则、方法以及成果验证问题。

（2）本项目软土路基段既有高速地基土已经过 20 年的通车运营，地基已基本固结完成，而拓宽路基两侧地基基本为原状土地基，在新的路基荷载作用下，地基将产生新的附加沉降，老路拼接段易产生侧向滑移和差异沉降变形问题，准确查明新老地基的土体应力历史、变形特性以及固结特性是本项目勘察的技术难题。

（3）项目区路基填料紧缺，对设计方案和工程造价影响巨大，积极践行交通运输部绿色公路、品质工程设计理念，合理选择取土场位置，是本项目的技术难题。

（4）新型桩板式无土路基结构较早在本项目中运用，目前缺少该类新型结构勘察标准。

（5）项目区路网密集，跨越多条通航河流，水运、公路交通繁忙；既有高速公路通车运营等都对外业勘察有较大的安全风险。

3　工作量布置原则

在充分利用《合肥至安庆高速公路详细工程地质勘察报告》的基础上，根据路线和各类构筑物的设计方案，并结合地形地貌、地质条件等综合确定勘探工作量，在满足相关规范、勘察大纲的前提下，以查明工程地质条件、满足设计要求为原则。具体详见表 1。

工作量布置原则　　表 1

工点类型	工作量布置原则
小桥	布置 2 钻孔
中桥	根据地质情况，布置 2～3 钻孔
大桥	地层结构简单且分布稳定的隔跨布孔；地层结构复杂且变化较大的逐跨布孔；跨径 ≥ 40m 的一般逐跨布孔
涵洞（通道）	每道涵洞（通道）不少于 1 个孔
软土地基	左右交错布置勘探点；横向变化不大时，纵向布置一条断面，横向变化较大时，两侧拼宽段纵向各布置一条断面。沿纵向钻孔间距 700～1000m，静探孔间距 150～250m，两端尖灭；按间距 0.7～1.0km 布置横断面，软土长度小于 1km 时布置一条横断面，每条横断面上静探孔 2～3 孔，钻孔不少于 1 孔；每 1.5～2km 在一条横断面的老路路肩上布置一个钻孔和静探孔

获奖项目：2021 年度工程勘察、建筑设计行业和市政公用工程优秀勘察设计奖工程勘察二等奖。

续表

工点类型	工作量布置原则
挡土墙	根据挡墙分布位置长度合理确定勘察方法，一般单侧一般布置2孔
取土坑	先期布置螺纹钻孔，在确认取土坑可用的情况下布置不少于3孔（机钻或洛阳铲）
路线地质	结合沿线地质情况布置勘探点，原则上每千米7～8个，地震液化区进行液化判别

4 完成主要工作量

完成主要勘探工作量　　表2

工作内容		单位	工作量	备注
钻探		米/孔	5163.0/155	利用既有高速钻孔
		米/孔	12237.7/353	初、详勘钻孔
		米/孔	2232.49/97	方案比选钻孔
原位测试	静力触探	米/孔	802.10/101	利用既有高速钻孔
		米/孔	695.6/90	初、详勘静探

5 综合勘察技术应用

5.1 原资料利用的原则、方法

（1）勘探点工作量布置以前，通过分析既有高速的勘探点深度、技术要求，以确定以前勘探点的可利用性。

（2）对勘探点深度、技术要求均满足规范和设计要求的勘探点，作为有效的勘探点加以利用，同时布置10%的钻孔对既有高速勘探资料进行验证（图1）。

经对比勘察结果一致，如中派河特大桥ZK-60（ZK1054＋748右0.7m）和ZK-61（ZK1054＋760左30.9m），现钻孔ZK-61与原资料钻孔ZK-60分层、原位测试、试验、承载力基本容许值等基本一致，详见图2，丰乐河大桥ZK-4（ZK1068＋884右27m）和ZK-34（ZK1068＋907.6左20m），现钻孔ZK-5与原资料钻孔ZK-4分层、原位测试、试验、承载力基本容许值等基本一致。

（3）对既有资料不满足现有规范要求的补充了一定量的勘察工作量，但在资料中仍对其进行整理，以便进行新、老资料的对比。另外试验指标、试验方法及取值方式与原试验规程一致，但定名标准不一致，将既有资料细粒土部分I_P（0～7）的粉质砂土和I_P（7～10）的粉质黏土统一定名为粉土，I_P（10～17不含10）的粉质黏土定名为粉质黏土；砂土部分仅粉砂与细砂的分界粒径略有差异（不影响成果资料使用）。

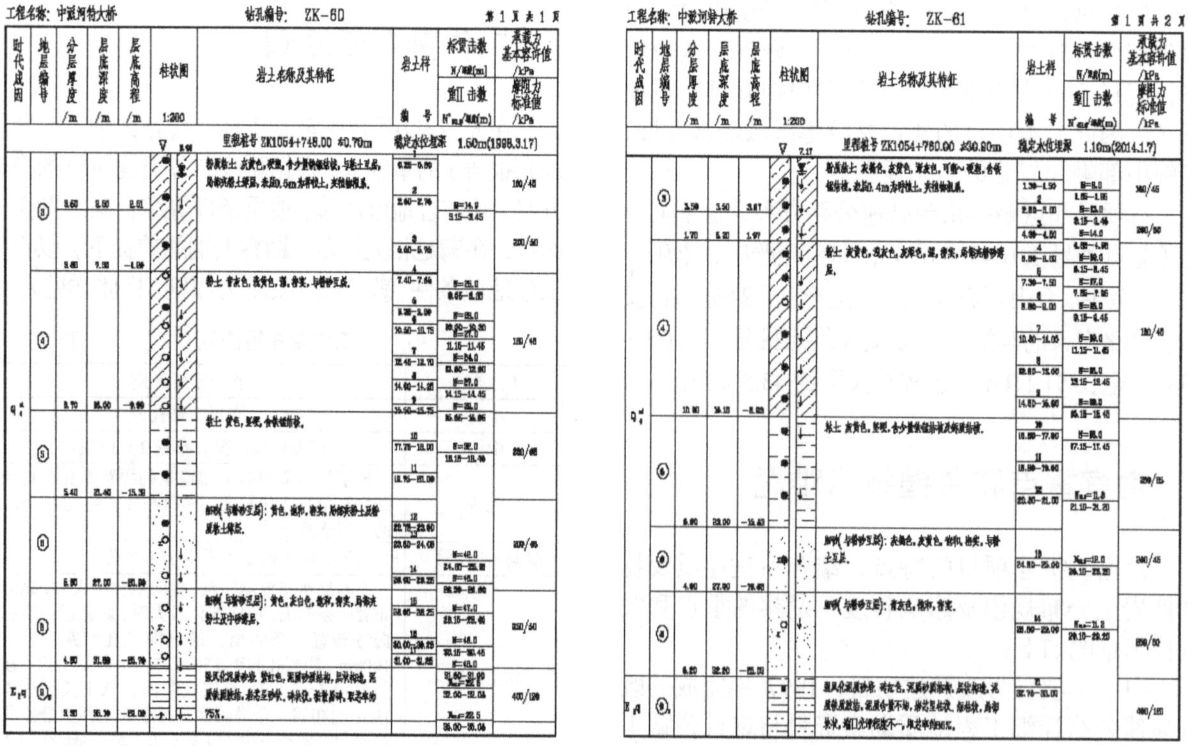

图1　中派河特大桥现钻孔和原资料钻孔对比

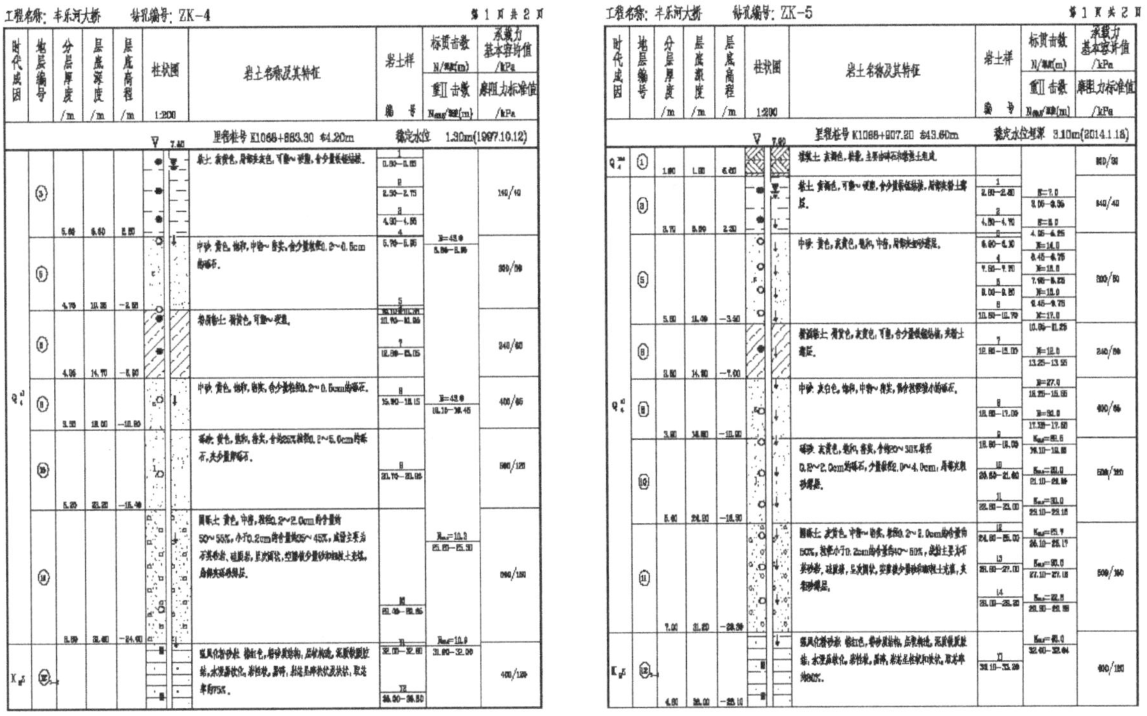

图2　丰乐河大桥现钻孔和原资料钻孔对比

5.2　新老路基勘察

既有高速软土地基采用了超载预压处理，经过近20年的通车运营，既有地基已基本固结，处于沉降稳定状态。运营期间，未发现因地质问题引起的路基失稳、沉降过大等变形破坏，表明既有路基软基处治效果良好，既有路基的稳定性较好。新建（拼宽）路段地基基本为原状地基，由于软弱土具含水率大、压缩性高、承载力低、渗透系数小、易变性的特点，路基填筑后，在新的路基荷载作用下，地基将产生过大的沉降或产生剪切破坏，同时新的路基荷载会引起既有路基下地基产生新的附加沉降，并导致新、老路基产生差异沉降。老路拼接段易产生侧向滑移和差异沉降变形问题，为准确查明新老地基的土体应力历史、变形特性以及固结特性，本项目在收集分析利用既有高速勘察资料的基础上，除采用常规的勘察手段外，还结合软土分布特点及既有高速软基处理方案布置工作量，并增加软土的固结快剪、三轴剪切、固结系数、前期固结压力、渗透系数、有机质含量、pH等特殊性试验以及十字板剪切试验。勘探点在既有高速左右两侧交错布置，同时布置横断面。为了查明既有路基软土的固结度、压缩变形发展规律和抗剪强度增长规律，在既有高速路肩上布置钻孔和静探孔，同时进行采取土样进行试验，与既有资料勘探和拼宽侧成果对比，分析既有路基的地基固结度等情况，为路基拓宽设计提供可靠的地质依据。典型横断面地基参数对比如表3～表5所示（表中数据为老资料统计数据，括号内数据为本次勘察统计数据）。横断面示意图见图3。

地基设计参数一　　**表3**

岩土名称	含水率	孔隙比	液性指数	压缩系数	压缩模量	标准贯入击数	锥尖阻力
	w	e	I_L	$\alpha_{0.1-0.2}$	$E_{s0.1-0.2}$	N	q_c
	%			MPa^{-1}	MPa	击	MPa
软土	34.0（36.2）	1.028（0.978）	1.25（1.55）	0.49（0.51）	3.95（4.33）	5.6（2.5）	0.56（0.67）

软土设计参数二　　**表4**

岩土名称	垂直固结系数					水平固结系数				
	c_v50	c_v100	c_v200	c_v300	c_v400	c_h50	c_h100	c_h200	c_h300	c_h400
	$10^{-3}cm^2/s$					$10^{-3}cm^2/s$				
软土	0.95（2.87）	0.83（2.46）	0.71（1.95）	0.61（1.46）	0.52（0.83）	1.57（3.68）	1.28（2.84）	1.01（2.13）	0.83（1.72）	0.71（1.52）

软土设计参数三 表5

岩土名称	直剪		固结快剪		前期固结压力
	c_q	φ_q	c_g	φ_g	P_c
	kPa	°	kPa	°	kPa
软土	3.5（4.0）	11.0（7.2）	12.5（7.2）	12.3（19.2）	143.6（120.4）

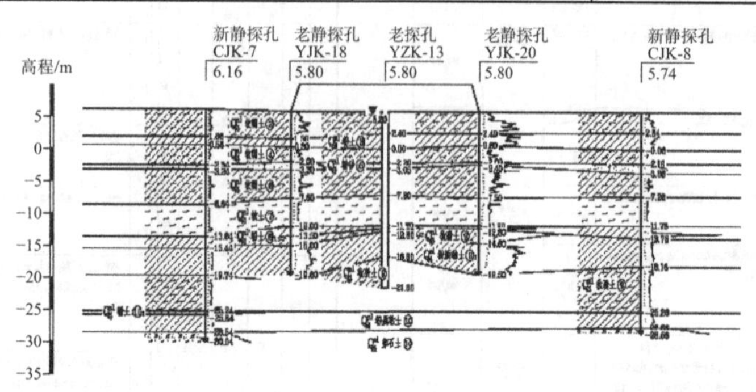

图3 横断面示意图

5.3 取土场的选址和勘探

取土场不占用永久基本农田、生态保护区、国家公益林、水源保护区，不占或少占一般耕地，尽量利用荒地、岗地、未利用地等贫瘠土地。设置取土场不得造成水土流失，应与当地农田水利建设和自然环境相结合，淤塞灌溉沟渠等，应与环评、水保等相关专题紧密衔接，节约用地。

（1）优先选取地势相对较高荒地、岗地等位置取土，取土后进行土地复垦，恢复耕地或林地；

（2）合理利用合肥市周边城市规划建设和引江济淮水利工程弃土；

（3）综合利用河道、规划河道、水库取土；

（4）采用新型桩板式无土路基结构，减少路基填方量；

（5）采用桥下取土和互通区取土；

（6）对于采取恢复措施后由于地势关系不能种植普通作物的取土场，可考虑恢复为鱼塘或蓄水池。

初步勘察阶段：取土场经初步调查拟定选址后，布设2～3麻花钻孔或简易探孔，对土质做基本物理力学室内试验，初判土源可用后，每60亩布设1～2处地勘工点机钻孔，并做CBR测试、击实试验、掺灰改良等路基填料相关试验。探明取土深度，地下水位和填料可用性，并不符合要求填料给出改良方案。

详细勘察阶段：对初步设计可用取土场加密钻探，每60亩累计布设3～5麻花钻，2～3处地勘工点机钻孔，同样取土进行CBR测试、击实试验、掺灰改良试验等，确定土源作为路基的适用性，为路基填料设计提供可靠的基础资料。

5.4 新型结构桩板式无土路基勘察

本项目桩板式无土路基设计桩径0.5m，跨径6m，一联15跨，可有效减少填方量，节约用地，但目前行业规范缺少勘察标准。我公司根据场地地层条件和施工工艺（打入式、植入式），勘探点间距控制在30m或42m，两孔地层变化大的，加密勘探点，同时按照桥梁取样要求进行取样试验，分别提供钻孔桩和预制桩地层承载力、摩阻力，并重点评价场地地层可沉桩性，为设计和施工工艺选择提供地质依据。本项目勘察为今后同类结构勘探提供借鉴。

对地震液化段落进行多种手段判别验证。由于地震液化和软土均分布于中派河及丰乐河至杭埠河之间河漫滩，在对既有高速资料分析的基础上，根据调绘、钻探（非液化土层厚度、地下水埋深）、黏粒含量进行初步液化判别，需进一步液化判别时，采用标准贯入试验锤击数N值进行复判，并采用静探数据进行液化判别验证，查明场地液化土分布范围、厚度和液化等级等（表6），准确指导了处理范围和深度，一确保工程安全，二避免过度处理的浪费，取得了良好的经济效益。

液化判别对比表 **表 6**

标准贯入试验击数判别砂土层液化				静探锥尖判别液化				
钻孔位置	岩土名称	液化抵抗系数	液化判定	静探位置	岩土名称	锥尖阻力临界值/MPa	锥尖阻力实测值/MPa	液化判定
K1070＋703 右 20m	中砂	0.932	液化	K1070＋780 右 40m	中砂	5.00	4.90	液化
K1071＋054 右 18m	中砂	0.702	液化	K1071＋400 右 36m	中砂	6.65	5.27	液化
K1071＋979 右 18m	细砂	0.510	液化	K1071＋940 右 40m	细砂	5.44	4.83	液化

5.5 外业安全管理

项目区交通复杂，高速路肩钻探，安全风险高。勘探期间按照规定的流程进行路政交通各项手续报批，聘请专业管养单位进行高速钻探施工围护，做好安全警示标识，制定可靠的安全措施和安全预案，勘探过程中加强安全管理，实现零安全事故。

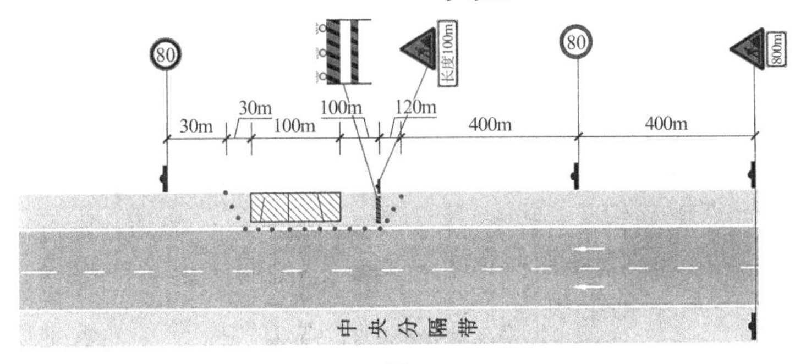

图 4

6 小结

（1）本项目综合利用既有高速勘察成果，节约勘察费用约 150 万元，约占勘察总费用的 30%。节约了勘察资源，减少了对环境和生态的破坏。在节能减排、环境和生态保护方面取得显著成效。

（2）本项目桩板式无土路基新型结构勘察、改扩建软土段路基岩土勘察，为今后同类项目提供成功案例。

（3）对地质液化段落进行多种手段判别验证准确指导了液化地层处理范围和深度，一确保工程安全，二避免过度处理的浪费，取得了良好的经济效益。

（4）本项目勘察采取针对性安全措施和安全预案，未发生安全事故，有效规避安全风险，取得显著成效。

参考文献

[1] 中华人民共和国建设部. 岩土工程勘察规范(2009 年版): GB 50021—2001[S]. 北京: 中国建筑工业出版社, 2002.

[2] 中华人民共和国交通运输部. 公路工程地质勘察规范: JTG C20—2011[S]. 北京: 人民交通出版社, 2011.

汕头至湛江高速公路惠州至清远段第 A2 设计合同段工程地质勘察实录

张修杰　张金平　李水清　黄丰发　程小勇

（广东省交通规划设计研究院集团股份有限公司，广州　510507）

1　工程简介

汕头至湛江高速公路惠州至清远段是广东省高速公路规划网"二横"线的重要组成部分，A2 设计合同段（下称：惠清 A2 合同段）起点位于从化区良口镇白泥塘村北面（起点桩号 K97 + 500，与本项目 A1 设计合同段连接），路线自东向西经佛冈县汤塘镇、龙山镇，终点于龙山镇南斗村（K140 + 220）与 A3 设计合同段相接，路线总长 41.889km（含短链 0.831km），采用六车道高速公路标准且设计时速 100km/h，设计汽车荷载等级为公路—Ⅰ级。全线共设置特大、大桥 7910m/24 座，中桥 169m/3 座，长隧道 1524m/1 座，中隧道 1309.5m/2 座，桥隧比例为 26.051%。项目于 2017 年 3 月开工，2020 年 9 月建成通车。

全线共设互通式立交 5 处、服务区 1 处、停车区 1 处。概算总额为 62.54 亿元，平均每千米造价为 1.502 亿元，建设工期为 2017 年 3 月至 2020 年 9 月。

自 2020 年 9 月通车以来，惠清 A2 合同段运营良好，未发生因工程勘察造成的各类问题，取得了较好的经济与社会效益。经专家评审，本项目工程地质勘察荣获"2022 年度公路交通优秀勘察奖一等奖"。

2　勘察技术和手段

2.1　采用综合勘察技术

全面系统的资料收集和综合勘察技术体系是确保本勘察成果准确性的根本保障。在工程勘察过程中，本项目前期全面系统的搜集和梳理了本工程相关的区域气象水文、区域地质、水文地质、工程地质、环境地质等资料，涉及了大量的区域地质调查成果报告、工程勘察报告、区域地质灾害防治规划报告、水文地质调查成果和工程地质勘察报告等数十份。在充分进行已有成果分析与利用的基础上，项目组编制了详细的综合勘察方案，具体涉及工程地质调查测绘、钻探、简易勘探、物探（隧道钻孔声波测试、浅层地震折射波、复杂岩溶-跨孔 CT、管波）、原位测试（标准贯入及重型圆锥动力触探等）、水文地质试验、取样试验、内业综合对比分析等勘察方法和手段[1]。基于区域地质特殊性，本项目针对软土、高液限土及花岗岩"球状风化孤石、风化岩土体分层、边坡潜在崩岗、滚石危岩体"等问题进行了重点勘察，利用综合勘察方法系统的查明了区域内各种勘察外业重难点问题、不良地质及特殊性岩土。上述技术体系为设计和施工提供了准确的地质资料，极大地避免了不必要的工程变更。

2.2　针对区域典型工程地质问题开展专项调查

针对区域内典型工程地质问题分步进行了调查和针对性综合勘察。项目范围内属于典型的华南花岗岩分布区，项目组在充分利用已有区域水工环资料基础上，参考利用前期的常规勘察成果，重点针对软土、高液限土及花岗岩"球状风化孤石、风化岩土体分层、边坡潜在崩岗、滚石危岩体"等问题进行了系统调查和针对性综合勘察。据此，本项目查明了区域内各种勘察外业重难点问题、不良地质及特殊性岩土。

2.3　加强环境与地质综合选线工作

项目沿线走廊带狭窄，降雨丰富，局部路段泥石流发育或属于区域地质构造主断裂。另外，项目

获奖项目：2022 年公路交通优秀勘察奖一等奖。

沿线存在温泉小镇和水库等多处环境敏感点，这些区域对生态环境保护的要求极高。基于此，项目采取了地质和环境选线的方案，即在初步设计阶段进行环境专项调查和地质专项调绘工作，最终在初测阶段确定了泥石流段、采石场矿坑等重点、难点路段的各类问题，并根据调查成果建议设计绕避泥石流及上凼石场采石坑。该建议合理可行，在初测验收会上获得了与会专家的一致认可。总的来看，合理的选线既可保护环境，同时又可节约工程造价。

2.4 勘察技术的创新应用

针对项目的难点，本项目充分引入多种技术开展了创新的集成应用，代表性的案例为：

（1）利用 RS 与 GPS 技术开展综合工程地质调绘：本项目山区地形、地貌、地质条件复杂多变，应用 RS（遥感）与 GPS（全球定位系统）相结合的技术进行综合工程地质调绘，取得了较好的效果。RS 三维动画与数字地形模型（DEM）演示地形起伏情况；利用 SPOT 卫星影像再现地面影物，二者相结合生成形象真实三维地形地物。在此基础之上将拟建公路及解译的地质构造与之叠合，得到给定观察点的拟建公路—地面景物与地质构造影像，为地质选线路线方案的优化提供动态、直观的依据。对 RS 解译的重大构造形迹，用 GPS 可实时快速精确实地定位，追踪和评价构造形迹对路线方案的影响，有效地缩短了勘察周期。如，利用 RS 技术快速圈定泥石流的形成区、流通区及堆积区等范围，再利用 GPS 技术，准确定位泥石流沟的位置；利用 RS 技术判定汤塘断裂的走向、范围，再利用 GPS 实时定位技术，准确定位各个断层点的位置。

（2）基于工点特征采用多种地球物理探测技术组合应用：本项目针对隧道工程地质特征，采取了浅层地震折射波法、钻孔声波测井测试等多种物探方法并结合地质调绘及钻探，查明了隧道洞身围岩完整性情况；针对石岭互通隐伏岩溶发育特点，采用了跨孔 CT 与管波测试相结合的手段，查明岩溶的三维形态，为桥梁桩基持力层的确定奠定了坚实的基础。

（3）技术和设备的创新与科技攻关研发

针对该项目在花岗岩、软土等方面的勘察技术难点，项目承担单位开展了系统性的攻关研究，在取得理想成效的同时获得了授权专利 6 项（含发明专利 2 项）和各级行业科技进步奖 3 项，代表性成果包括：针对风化花岗岩分层研发的《基于互联网动力触探测试数据采集及成果实时传输装置》，用于施工阶段边坡的工程地质识别的解决装置和系统《一种路堑边坡施工工程地质条件的智能化监测系统》和桩基布设的方法《风化花岗岩参与体分布区桩基建设位置确定系统》，用于山间沟谷内浅层软土快速探测的轻便简易静力触探装置《一种勘察浅层软土的精力触探简易轻便贯入设备》，用于软土分布段路基沉降监测和预测的装备《路基信息的采集装置、软土路基的沉降信息采集系统》，依托该工程等开展了攻关研发课题《广东省公路路基工程地质勘察新技术及其应用研究》和《广东省公路施工阶段工程地质判析指南》的研究，上述成果经集成后获中国公路建设行业协会科学技术进步奖一等奖（花岗岩地区公路隧道水文地质勘察成套技术）、广东省土木建筑学会科学技术奖一等奖（交通干线工程路基工程地质勘察与典型地质灾害防治成套技术）和广东省工程勘察设计行业协会颁发的广东省工程勘察设计行业协会科技奖一等奖（广东省公路越岭隧道水文地质勘察技术规定研究）共 3 项。

3 工程地质条件

3.1 地形地貌

路线大致由东向西展布，总体地势东高西低。路线所经地区的地貌单元主要包括丘陵（约占 10%）、剥蚀残丘（约占 70%）、河流谷地（约占 12%）、山间洼地（约占 8%）等地貌。路线东部、中部海拔标高一般 50～230m，相对高差一般在 50～150m，西部地区海拔较低，一般 20～70m，相对高差 30～80m。

3.2 气象与水文

项目区位于广东省中东部，属中纬度亚热带季风性湿润气候，沿线雨量充沛，多年平均降水 2104.5～2284.8mm，年最大降雨量为 2779.7～3139.0mm，月最大降雨量在 629.0～640.6mm 之间。雨季多集中于 4～7 月，降雨量占全年降雨量的 50%～80%。同时，常出现大面积暴雨和特大暴雨，暴雨经常以高强度、来势猛、范围大、持续时间长为显著特点，并且经常诱发山洪、山体滑坡、泥石流等重大地质灾害。本项目从化佛冈交界处多处山体有明显的滑坡、坍塌现象，雨季泥石流时有发生。夏秋季为南风，冬春季为北风，秋季偶受台风影响。由于暴雨集中，地表径流强，对新开挖地表易造成冲刷、水毁等病害。

路线穿越区影响范围内的各河流属北江水系，其中流经区内的主要河流为湣江、黄花河等。

3.3 地层岩性

路线穿越区分布地层主要为石炭系沉积岩系列，燕山期岩浆岩侵入系列。具体为：

1）石炭系孟公坳组（C_1ym）：分布于线路区内的 K98 + 800～K99 + 200 处，岩性主要为灰白色、灰色大理岩等。总厚 > 300m。

2）燕山期花岗岩（$\gamma_5^{2(3)}$）：分布于线路区 K97 + 500～K98 + 800、K99 + 200～K140 + 220 等处。岩性主要为中—粗粒斜长石花岗岩、二长花岗岩、闪长花岗岩及局部少量后期侵入岩脉。岩体一般较完整，岩质坚硬。

3）第四纪地层（Q）：

（1）冲洪积层（Q_4^{al+pl}）：分布于项目区内的山间盆地、河床河谷及一级阶地等地。岩性主要由灰、灰褐、深灰、灰黑及灰黄色等松散堆积黏性土、砂卵石层和淤泥等组成。厚度一般不超过 15m，地表多为耕植土。

（2）残坡积层（Q^{el+dl}）：分布于项目区内的山麓坡脚及丘谷、丘坡等地。主要为灰黄色、黄褐色粉质黏土、黏土、碎石土等，厚度一般不超过 20m。

3.4 区域地质构造及地震

项目区域主要受东西向佛冈—丰良断裂构造带、北东向恩平—新丰断裂构造带、全南—佛冈断裂构造带控制。由于受燕山构造旋回的影响，区域地质构造的突出特点是发育北东向和北西向两组断裂。调查测绘区的断裂构造大多穿过花岗岩体，分布较均匀。其主要特征有岩石节理、石英脉发育，岩石破碎，风化强烈，地形地貌上多表现河谷、陡崖或负地形。

在新构造区划上，选线区位于粤北—粤中断隆区。受东西向佛冈—丰良和北东向全南—佛冈、恩平—新丰断裂构造带的控制，该区形成了主要呈北东—南西，部分呈近东西方向展布的山岭和谷地（或盆地）的地貌组合。

沿路线段新构造运动不甚强烈，主要表现为垂直沉降运动，总体表现为微弱沉降，沉降速率为 $0\sim2mm\cdot a^{-1}$之间，属稳定地块，适宜拟建项目的建设。

根据《广东省地震烈度区划图》，选线区所在地区地震设防烈度为 6 度，根据《中国地震动参数区划图》GB 183006—2015，Ⅱ类建筑场地地震动峰值加速度为 0.05g，地震动反应谱特征周期为 0.35s。

4 沿线主要不良地质与特殊性岩土[2]

本次勘察工作查明沿线地质灾害一般发育。沿线主要不良地质有泥石流、崩塌与滑坡、采石坑、滚石危岩、隐伏岩溶等；主要特殊性岩土为软土、高液限土、孤石、人工填土及潜在的放射性等。

4.1 泥石流

选线区分布的花岗岩部分植被被破坏，风化层黏聚力较差，地形陡峭，在雨水的冲刷下，易形成泥石流。根据地质调绘成果，本项目初测评审会前，拟建线位附近发育两个泥石流沟，分别为（旧）K105 + 300～（旧）K105 + 430 左侧及（旧）K105 + 600～（旧）K105 + 720 左侧路段。

由于 2 处石流沟物源丰富、流通区地形陡峭、高差大，纵坡大，在暴雨状态下，泥石流搬运能力极强（局部块石块径达 5m），具有极大的能量。初测评审会与会专家对泥石流的调查成果予以肯定，最终对泥石流沟进行了绕避，推荐方案 K 线完全避开了泥石流沟。

4.2 崩塌、滑坡

线路区分布的花岗岩裂隙发育，抗风化能力较差，上覆的残破积土厚度较大。在地形坡度陡峭、人工开挖或裸露处，因在雨水冲刷作用下，饱水后抗剪强度大幅下降，极易引发崩塌。同时，不稳定岩体在强烈震动下或遇强降水作用下，会促进和诱发崩塌的发生。在地形坡度陡峭处易引发滑坡。特别是高边坡、陡坡路堤等地形变化较大地段，由于岩石破碎、稳定性差、人工开挖后，在雨水冲刷作用下，因抗剪强度大幅下降而产生浅层滑坡。根据工程地质调绘，线路区发现崩塌、滑坡等 49 处，对线路有轻微影响的有 11 处，规模小，进行清除处理即可。

4.3 采石坑

根据地质调绘成果，高山顶隧道出口左侧紧

邻上凪石场，右侧与黄花硅石厂矿区（已废弃）相邻，均具有巨大的采石坑，凪石场高差达100m以上，勘察期间，隧道与该采石场最近距离仅110m，且采石场正进一步往隧道方向发展扩大，由于采石场长期放炮，长期受放炮影响，可能造成局部岩体松动，影响隧道围岩的稳定性。

高山顶隧道出口右侧黄花硅石厂矿区地处汤塘断裂构造带上，出露大量石英脉体，受采石场爆破作用，岩体较松动，发育危岩体、岩堆等不良地质现象。

4.4 危岩滚石

根据调绘资料，崩塌后经搬运作用形成的花岗岩、硅质岩滚石，遗留在路线两侧附近，这类孤石及滚石散落在斜坡山，下伏主要为坡积土，周围无支撑，若在外力作用（如地震、泥石流冲击）、隧道洞口施工或边坡开挖失稳后，会形成二次滚动，进而危及高速公路营运安全，设计时应引起注意。

本项目在高山顶隧道出口—黄花河大桥里程桥台一带（K118+230～K118+330）发育F16断裂，形成了硅质岩、石英岩等，岩体破碎，黄花硅石场在该区域进行了岩石开采，山坡上滚落较多块石，形成了危岩体。

危岩体的治理，可根据其规模、所处位置、地形地貌及与路线的关系综合考虑。若其处于不稳定状态，其二次滚动的路径会侵入高速公路路面，如规模较小的可进行挖除、规模较大的可对其进行加固、或在其滚动路径上设置障碍物以改变其移动路径等方法进行处理。

4.5 隐伏岩溶

K98+800～K99+200谷地一带下伏石炭系孟公坳组（C_1ym）地层，该地层中局部分布可溶性大理岩，揭露隐伏岩溶发育，未见裸露岩溶分布。本项目在隐伏岩溶区上跨大广高速并设置石岭互通立交，岩溶发育路段虽短，但涉及主线跨线桥及大量的匝道桥，大理岩区属于隐伏岩溶发育地段，钻孔揭露线岩溶率5%～76.63%，钻孔遇洞率达93.6%，场区岩溶极发育。

4.6 高液限土

高液限土分布于燕山期花岗岩风化土中。路段累计分布28段，累计总长4375m，占全线总长的10.4%。根据试验统计，液限50～81.8、塑性指数20.6～43.3，对于挖方段，开挖时可弃置所在深度范围的高液限土，确需要开挖利用作路堤填料时，应进行技术处理，经检验合格方可使用。

4.7 软土

沿线软土主要呈点状或带状零星分布于山间洼地或山间谷地，全线软基分布63段，累计长约5039m，其中主线范围分布54段，4529m，占路线总长约10.8%，立交、服务区及停车区范围共分布9段，累计长510m。

全线路堤地基中软土分布长度较小，呈带状或点状分布于低洼地段，软土埋藏浅，一般埋深0～3.0m，局部埋深3～5m，其物理力学性质差。根据工点特点、软土赋存及物理力学性质进行相应处理，对赋存深度小于3m的软土，一般予以清除或换填；对埋深不小于3m的选用加固处理（如：砂沟+垫层、袋装砂井或塑料排水板堆载预压等）或采用复合地基（如粉喷桩、CFG桩等）以提高地基强度，满足路堤地基工程承载力和变形要求。

4.8 孤石

沿线燕山期花岗岩地层地表局部存在球状风化现象，总体分布范围小，呈零星分布。结合工程经验，创新性地自定义了孤石发育程度划分标准，具体划分标准详见表1。根据调绘和钻探成果，沿线孤石地表零星出露，孤石发育程度划分为弱发育—中等发育。

孤石发育程度划分标准　　表1

序号	孤石发育程度	钻孔遇孤石率/%	单孔遇孤石个数/个	备注
1	弱	<10	1	—
2	中等	10～30	2	—
3	强	30～60	3	—
4	极强	>60	>3	—

孤石发育路段，会对桩基设计及施工、隧道围岩开挖的稳定、边坡的开挖造成不良影响。桥梁桩基若为摩擦桩，孤石侧阻力及端阻力可按周围土层考虑，若为端承桩，则桩端应穿过孤石层进入稳定连续的基岩。孤石对边坡及隧道洞口稳定性有一定影响，设计时宜进行稳定性验算并加强防护措施，同时边坡土石比例应考虑孤石的含量。

4.9 花岗岩放射性

场地区分布较多的花岗岩侵入岩，花岗岩地

层的隧道伽马照射剂量率相对较高，属于放射场变化较大的地段，也是容易形成放射性元素局部富集的地层。本次勘察结合隧道布设，在花岗岩围岩体中三座隧道采取样品进行了放射性检测，根据试验成果，赤树隧道洞渣可作为建筑主体材料及 A 类、B 类装饰材料，石岭隧道洞渣可作为 A 类、B 类或 C 类装饰材料，高山顶隧道洞渣可作为 B 类装饰装修材料。

5 结语

（1）采用综合勘察手段查明了公路沿线工程地质条件，提高了勘察工作精度，为设计及施工提供了可靠的地质依据。

（2）针对项目实施过程中一些重点、难点问题，开展了多项专项勘察，如，开展环境工程地质选线，绕避了泥石流沟、汤塘镇温泉小镇、上囮石场采石坑等环境敏感点；针对隐伏岩溶桩基针对性采用跨孔 CT、管波测试等物探专项勘察，为保护环境、节约造价及工程质量等奠定了坚实的基础。

（3）对公路沿线泥石流、崩塌与滑坡、采石坑、滚石危岩、隐伏岩溶、软土、高液限土、孤石、人工填土及潜在的花岗岩放射性等重点问题，针对其主要特征提出了具有针对性的处治方案，经检测与监测，并在营运过程中未发现异常情况，证明了本项目勘察手段、方法正确，提出的地基处理措施合理、有效，勘察成果质量可靠。

（4）依托本项目开展了多项科研工作，获得了授权专利 6 项（含发明专利 2 项）和各级行业科技进步奖 3 项，并在其他项目中应用，效果良好。

参考文献

[1] 中华人民共和国交通运输部. 公路工程地质勘察规范: JTG C20—2011[S]. 北京: 人民交通出版社, 2011.

[2] 张金平等. 广东省公路施工阶段工程地质判析指南[Z]. 2018, 18-20.

江苏东台 200MW 海上风电场工程勘测实录*

周力沛[1]　王振红[2]　汪明元[1,2]　葛建刚[2]　徐　彬[2]

（1. 中国电建集团华东勘测设计研究院有限公司，浙江杭州　311122；2. 浙江华东建设工程有限公司，浙江杭州　310000）

1　项目介绍

1.1　项目概况

江苏东台 200MW 海上风电场工程为国家特许项目，获得 2018—2019 年度国家优质工程奖，为我国目前已建成的海况最复杂、离岸距离最远、单机容量最大的海上风电项目。

本项目位于东海海域，工程场区中心离岸距离约 36km，涉海面积约 29.8km^2。本工程共布置 50 台单机容量 4.0MW 的风电机组，工程投资约 35 亿元。项目于 2015 年 7 月正式开工建设，2017 年 9 月全部并网发电，项目全面投产（图 1）。

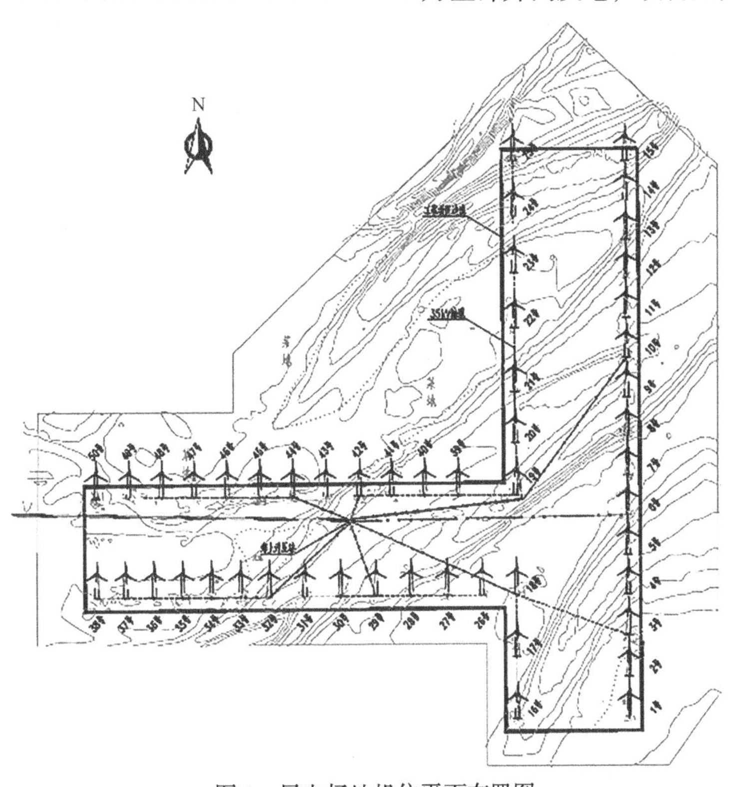

图 1　风电场地机位平面布置图

1.2　项目特点及代表性

项目位于强台风、急潮流、巨涌浪的典型海域，海床地层结构错综复杂。台风最大风力达 12 级，实测最大潮差 8.08m，地层共分为 8 个大层、13 个亚层、4 个夹层，深厚淤泥质土、粉质黏土、粉土、粉砂层交互，且呈现松散、稍密、软塑、流塑等各异的物理状态，勘测技术难度极大。

依托该项目开展海洋复杂工程地质勘察技术攻关，基于自主研发的综合勘察技术，在海洋风力发电领域提出针对深厚复杂软土交互地层的大直径单桩基础形式，并对风机机位、海底电缆路由和海洋桩基参数进行了优化，节约工期和成本。

2　技术特点

针对恶劣海况下深厚复杂地层勘测问题，通

*通讯作者，汪明元，邮箱：wmy_90@163.com；

获奖项目：2021 年度工程勘察、建筑设计行业和市政公用工程优秀勘察设计奖一等奖。

过钻探取样、室内试验、模型试验、原位测试、桩基础原位静载荷试验及其反分析、物探测试等综合勘测手段，解决了复杂地层结构划分、海域地层状态判识及岩土参数确定的难题。

项目发挥了国家特许项目的示范引领作用，勘测技术成果在海洋风力发电工程中广泛应用。

2.1 恶劣海况下复杂地层的原位测试与分析

自主研制了海上自升式勘探平台，开展静力触探与十字板剪切试验技术研发，根据测试的水深和水动力环境，开展系统的海上原位测试试验。在国外分析方法的基础上，结合我国岩土分类标准，针对项目海床深厚复杂交互软弱地层，开展了地层结构划分、地层状态判识、岩土参数分析，为海洋基础选型和工程方案优化提供了支撑，大幅节约了工程投资。

2.2 海洋大直径钢管桩原位静载测试及反分析

开发了海洋大直径钢管桩的原位静载测试技术，基于美国石油协会（API）规范，分析了桩基的竖向抗压、竖向抗拔和水平承载机理和受力特性，对大直径钢管桩设计的岩土参数、桩土相互作用模型及参数进行了深入的反演分析。

基于岩土和界面参数反演分析，进行了岩土参数与桩基参数的优化，进一步减少了钢材用量，优化了施工工艺，缩短了工期，大幅降低了建设成本。

2.3 恶劣海况下复杂地层的钻探取样与试验

采用自主研发的海上自升式多功能现代化综合勘探平台，同步开展海洋钻探和多种类型的原位测试，消除了风浪对海洋勘察的影响；开发了海洋钻探新工艺和海洋系列取土器，获得了海底原状样，保障了室内试验的可靠性，提高了作业效率，为复杂荷载作用下海洋桩基设计提供依据。

开发了大型模型试验技术，研制了堆填、加载、监测和检测一体化的大型模型试验系统，实现了水平及竖向循环加载，对地基基础的静动力响应进行全过程测试，建立了适用于海洋动力特性的循环*p-y*曲线。基于动载试验，提出了适用于海床复杂软弱土的桩体位移估算公式，揭示了长期循环荷载下海床地基-大直径单桩体系的响应特性和机制。

2.4 海洋环境下精准定位与水下三维地形测绘

基于目前国际领先技术的 C-Nav3050 星站差分 GPS 设备，提出了参数的解译方法，研发了移动环境下海洋精确定位测量技术，测量控制点的精度均达到平面 D 级、高程四等水准以上，且精度分配均匀。创新了移动定位算法，改进了误差修正模型，有效提高了海上测量星站差分的动态精度，满足海上勘测、设计、施工等地形图适用性要求。

3 工程地质条件

项目位于东沙和北条子泥之间的江家坞海域，根据场区地形图，场区水下地形较平缓，海底地形西南高、东北低，海底高程在−7.48～−0.14m之间。本次勘探点附近水下地形较平缓，表层以粉土、粉砂为主，属海相沉积平原地貌单元。

根据钻探揭露，勘探深度范围内（最大孔深79.75m）均为第四系沉积物。本场区勘探深度范围内上部①～③层为第四系全新统（Q_4）冲海相粉土、粉砂，下部为晚更新世（Q_{32}）陆相、滨海相沉积物。共分 8 个大层，根据土性及物理力学性质细分为 13 个亚层及 4 个夹层，地层基本特征见表 1，场区典型地层剖面见图 2，地层物理力学参数见表 2。

地层基本特征一览表 表 1

地层序号	地层名称	颜色	状态	压缩性	层顶高程/m	层厚/m
①	粉砂	灰色	松散—稍密	高压缩性	−7.48～0.14	1.40～6.70
②	粉土	灰色	稍密为主	中等—高压缩性	−10.99～−2.25	2.10～69.60
③$_1$	粉砂夹粉土	灰色	中密为主	中等压缩性	−16.23～−4.93	1.10～8.00
③$_2$	粉砂	灰色	中密为主	中等压缩性	−24.02～−10.57	2.40～14.50

续表

地层序号	地层名称	颜色	状态	压缩性	层顶高程/m	层厚/m
③3	粉土夹淤泥质粉质黏土	灰色	稍密为主	中等—高压缩性	−25.83～−16.32	1.20～15.50
③夹	粉质黏土夹粉土	灰色	软塑	高压缩性	−25.30～−8.19	0.50～5.70
④1	粉质黏土	灰绿色	可塑为主	中等压缩性	−36.65～−23.03	1.90～7.20
④2	粉质黏土夹粉土	灰色	软塑	高压缩性	−35.63～−20.77	1.50～19.50
④夹	粉砂	灰色	中密	中等压缩性	−33.63～−27.51	0.80～2.40
⑤	粉土	灰色	中密	中等压缩性	−41.21～−27.77	1.30～8.90
⑥1	粉砂	灰色	中密为主	中等压缩性	−54.13～−30.67	0.80～23.10
⑥2	粉质黏土夹粉土	灰色	软塑	高压缩性	−46.88～−35.63	0.90～5.70
⑥夹	粉土夹粉质黏土	灰色	稍密	中等—高压缩性	−46.23～−35.03	0.70～7.90
⑦1	粉质黏土	灰绿色	可塑	中等压缩性	−46.45	3.10
⑦2	粉质黏土夹粉土	灰色	软塑	中等—高压缩性	−62.97～−49.55	7.90～14.70
⑧	粉砂	灰色	密实为主	中等—低压缩性	−77.67～−37.89	未揭穿
⑧夹	粉质黏土	灰色	硬塑	中等—低压缩性	−72.93～−51.09	0.50～3.20

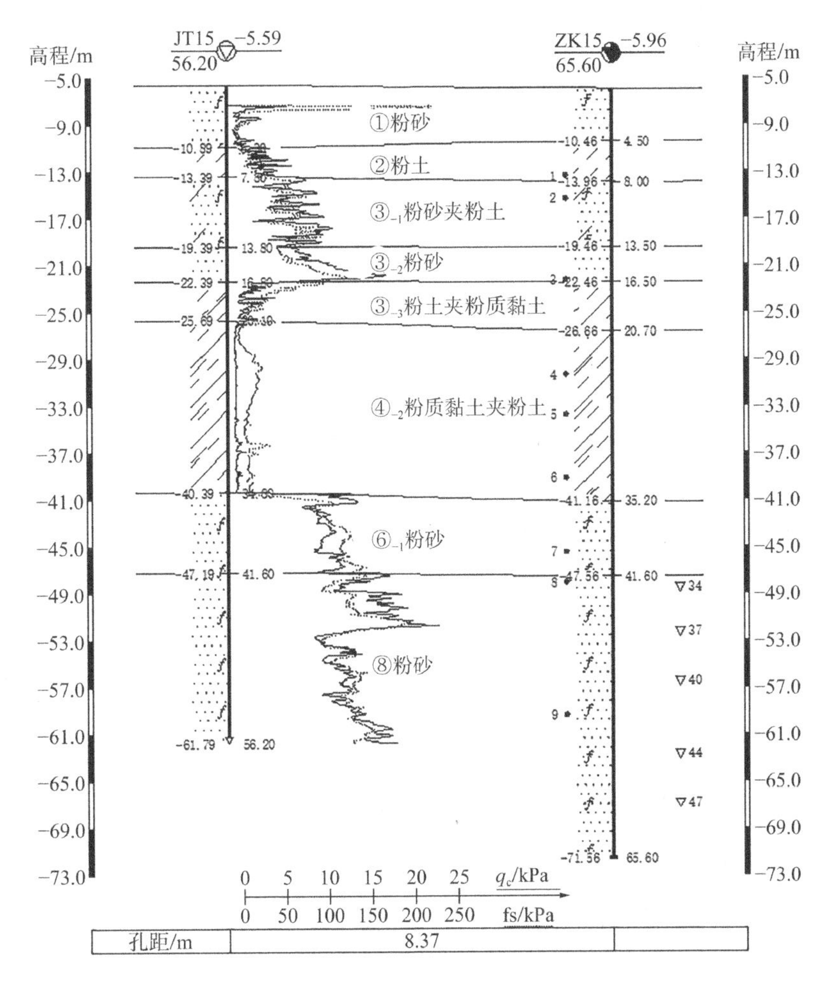

图 2　场区典型地层剖面

地层物理力学参数　　表 2

地层编号	地层名称	层顶标高/m	密度		相对密度 Dr	三轴 UU 试验		直剪试验				天然地基	
			湿密度ρ/(g/cm^3)	干密度ρ_d/(g/cm^3)		黏聚力 c/kPa	ε_{50}	慢剪		固结快剪		地基承载力特征值 f_{ak}/kPa	压缩模量 E_s0.1～0.2/MPa
								黏聚力 c/kPa	内摩擦角φ/°	黏聚力 c/kPa	内摩擦角φ/°		
①	粉砂	—	1.97	1.58	0.26	—	—	2.0	27	5.0	26	100	5.0
②	粉土	−10.99～−2.25	1.96	1.56	0.28	—	—	3.0	24	12	22	110	6.0
③$_1$	粉砂夹粉土	−16.23～−4.93	1.95	1.55	0.50	—	—	2.0	31	6.0	29	160	9.5
③$_2$	粉砂	−24.02～−10.57	1.98	1.61	0.55	—	—	3.0	32	6.0	30	190	11.0
③$_3$	粉土夹淤泥质粉质黏土	−25.83～−16.32	1.89	1.46	0.30	—	—	3.0	26	15	24	130	7.0
③$_\text{夹}$	粉质黏土夹粉土	−25.30～−8.19	1.85	1.36	—	25	0.020	—	—	22	11	80	3.5
④$_1$	粉质黏土	−36.65～−23.03	1.99	1.59	—	60	0.010	—	—	45	13	160	5.5
④$_2$	粉质黏土夹粉土	−35.63～−20.77	1.80	1.30	—	25	0.020	—	—	24	12	90	3.8
④$_\text{夹}$	粉砂	−33.63～−27.51	1.91	1.57	0.60	—	—	3.0	33	6.0	33	200	11.5
⑤	粉土	−41.21～−27.77	1.92	1.50	0.38	—	—	3.0	27	15	25	140	7.5
⑥$_1$	粉砂	−54.13～−30.67	1.97	1.60	0.65	—	—	3.0	34	6.5	33	220	12.0
⑥$_2$	粉质黏土夹粉土	−46.88～−35.63	1.90	1.45	—	30	0.018	—	—	28	15	95	4.0
⑥$_\text{夹}$	粉土夹粉质黏土	−46.23～−35.03	1.97	1.58	0.38	—	—	4.0	27	15	25	140	7.5
⑦$_1$	粉质黏土	—	1.99	1.59	—	65	0.008	—	—	50	16	180	6.0
⑦$_2$	粉质黏土夹粉土	−62.97～−49.55	1.90	1.50	—	30	0.016	—	—	25	13	100	4.2
⑧	粉砂	—	1.92	1.57	0.75	—	—	3.0	35	2	33	260	13.0
⑧$_\text{夹}$	粉质黏土	−72.93～−51.09	1.98	1.65	—	70	0.008	—	—	55	14	220	6.2

4　桩基条件分析评价

4.1　桩基持力层选择与建议

本工程场地土①层粉砂、②层粉土和③$_1$层粉砂工程性能一般，且为液化土层，若采用天然地基，其承载力和变形不能满足结构要求；桩基础具有承载力高，沉降小且均匀、抗震性能好等特点，能够承受垂直荷载、水平荷载、上拔力及由风机产生的振动或动力作用，建议风机基础采用桩基础。

综合上部荷载要求、土层力学性状，并考虑饱和粉土砂土液化等不良地质条件，风机基础持力层可选择埋深适中的⑥$_1$层粉砂、⑧层粉砂作为桩基持力层或联合桩基持力层。

4.2　桩型建议及沉桩可能性分析

根据现场地质条件，风机及测风塔基础可采用 PHA 桩或钢管桩。PHA 桩耐锤性能好、耐久性好、造价低，具有一定的抗弯能力，陆上管桩施工队伍较成熟，打桩速度较快，施工方便。拟建风电场位于近海海域，受潮水影响较大，海上施工困难，且场区海水、地下水对混凝土具有中等腐蚀性、对混凝土内钢筋具有强腐蚀，接桩处海水、地下水的腐蚀性会引起连接强度降低。而钢管桩不存在施工用水问题，焊接桩较方便，桩的端阻力较大，且钢管桩耐打且耐压性好，能承受较大的水平荷载，获得较高的单桩承载力，质轻，刚性好，装卸运输方便，不易破损。根据场地条件和技术、经济比较，结合已建风机，本工程风机基础采用大直径单桩钢管桩。

场地上部存在中密的③$_2$层粉砂、④$_1$层粉质黏土，下部存在⑥$_1$层粉砂、⑦$_1$层粉质黏土，属中等压缩性土层，工程性能较好，钢管桩以⑥$_1$层粉砂、⑧层粉砂作为础持力层，需穿过③$_2$层、④$_1$层、⑥$_1$层及⑦$_1$层，对成（沉）桩有较大影响的地层主要为③$_2$层粉砂、⑥$_1$层粉砂。根据场地地质条件，结合工程经验，打桩时需根据各风机处地质剖面图和最终贯入度进行双控，确保桩端进入持力层一定深度。

5 桩基承载特性

5.1 基桩静载荷试验

本次勘察在海上进行了两根基桩静载荷试验，编号为 S1 和 S2，试桩位置位于 9 号和 21 号风机之间海域，两根试桩间距 5m 试桩平面布置见图 3，加载装置见图 4，试验结果见图 5～图 7。

桩基大型现场静载荷试验取得的主要成果包括：

（1）两根试桩（桩外径 2.0m、桩长约 56m）的单桩竖向抗压极限承载力推荐值分别为 16000kN 和 26600kN；

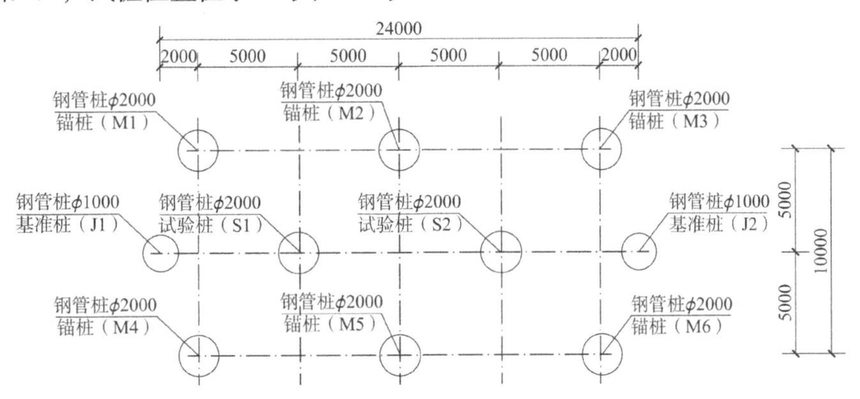

图 3　试桩桩位平面布置示意图

图 4　竖向荷载、水平荷载反力装置

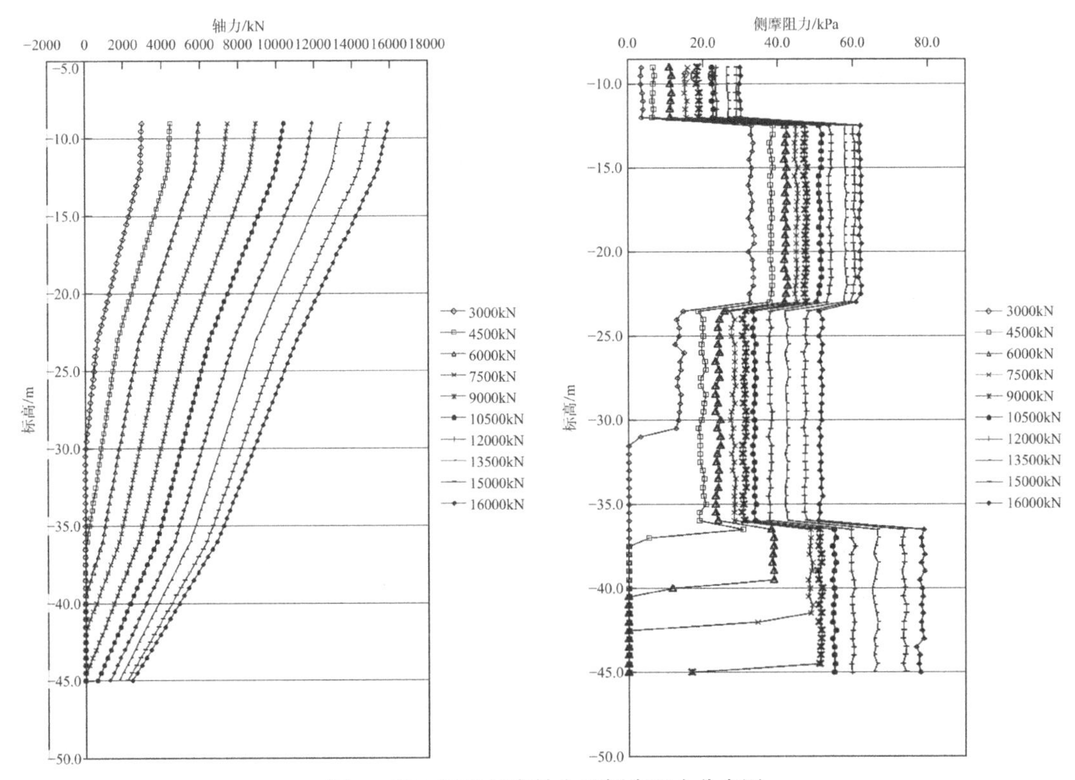

图 5　竖向抗压桩身轴力及侧摩阻力分布图

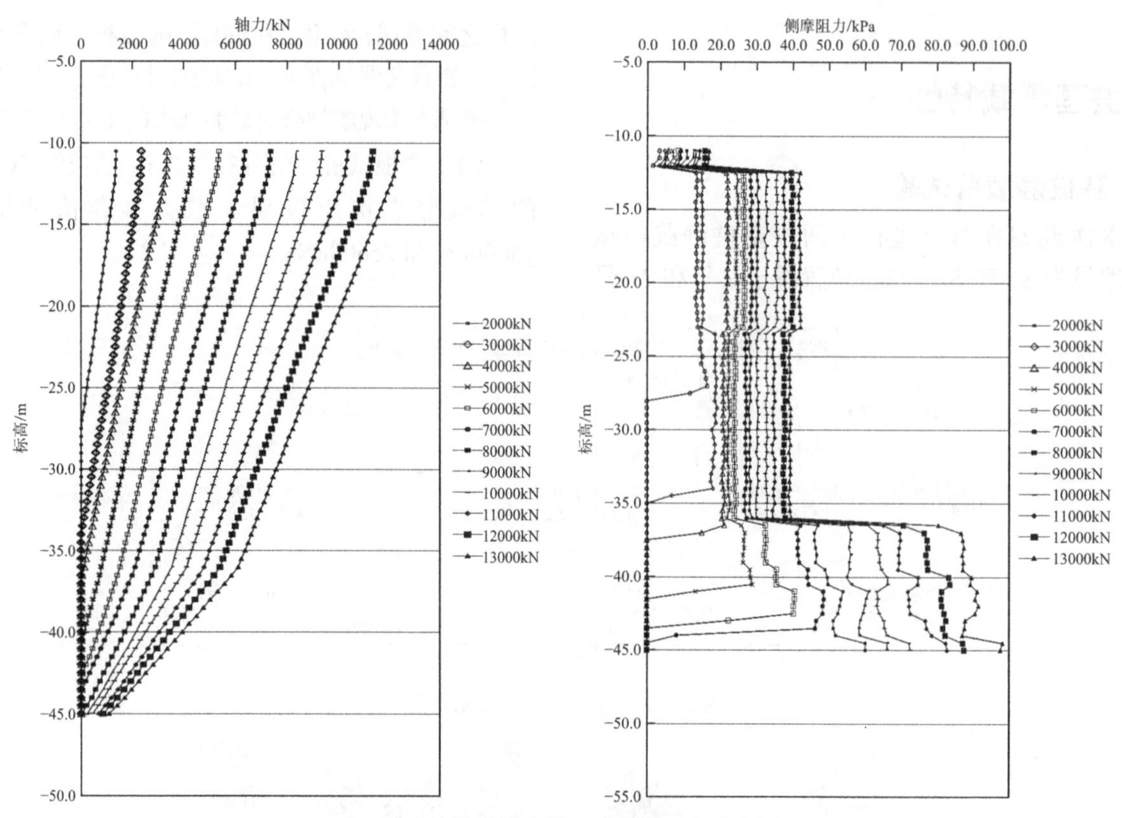

图 6　竖向抗拔桩身轴力及侧摩阻力分布图

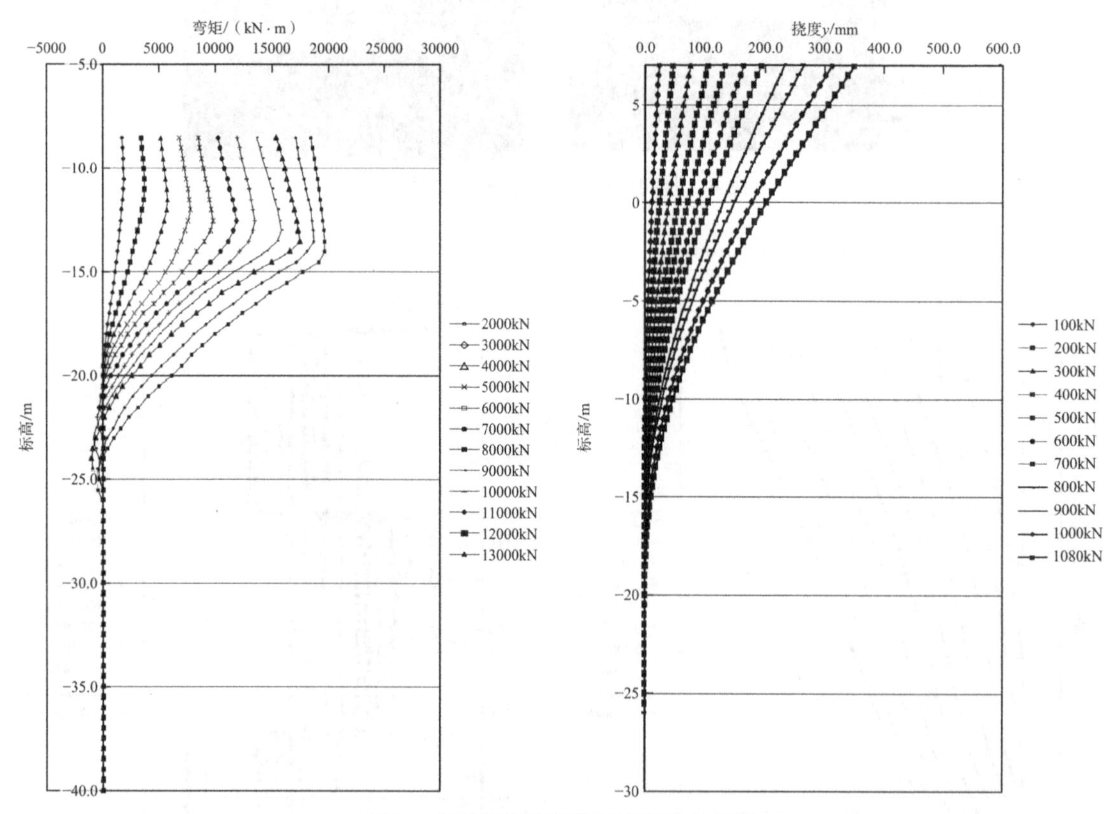

图 7　水平受荷桩身弯矩及挠度分布图

（2）两根试桩的单桩竖向抗拔极限承载力推荐值分别为 9500kN 和 13000kN；

（3）两根试桩的单桩水平极限承载力推荐值均不小于 1000kN。

5.2　桩基设计参数

工程桩基设计参数根据室内土工试验和现场原位测试成果，结合地区经验及试桩静载荷试验，分别参照行标《建筑桩基技术规范》JGJ 94—2008和API规范进行估算，且桩基承载力均依据相应载荷试验确定。基于试桩静载荷试验成果分析，调整桩基设计参数使估算的试桩竖向抗压、抗拔极限承载力与试验成果一致。

水平受荷桩桩身内力分布见图8，桩基参数分别见表3、表4。

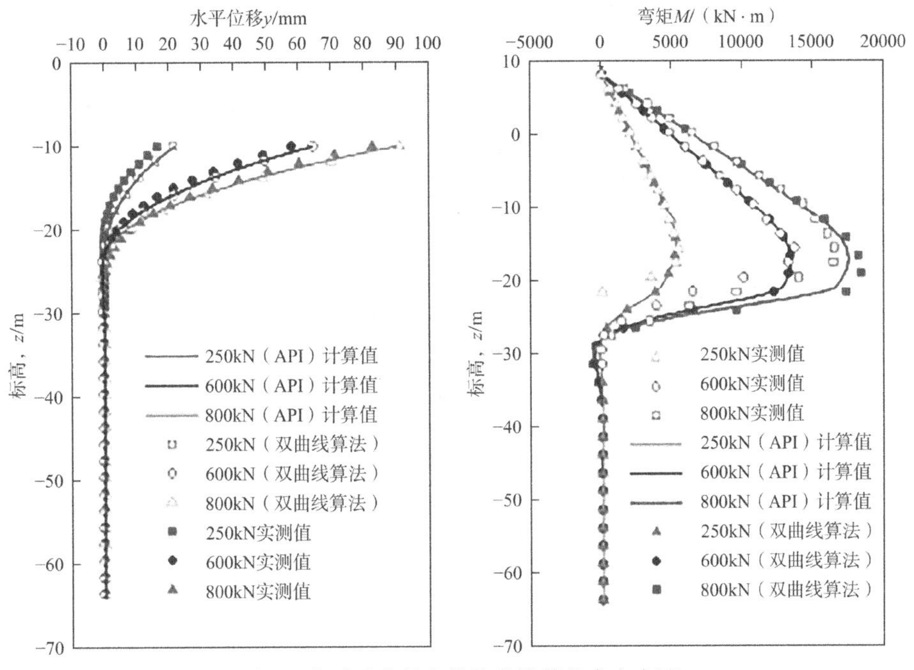

图8 水平受荷桩参数优化计算桩身内力图

大直径钢管桩设计参数（建筑桩基规范） 表3

土层编号	土层名称	钢管桩基础			
		极限侧阻力标准值 q_{sik}/kPa	极限端阻力标准值 q_{pk}/kPa	地基水平抗力系数的比例系数 m/（MN/m⁴）	抗拔系数 λ
①	粉砂	15	—	1.0	0.50
②	粉土	6m以上15 6m以下32	—	3.0	0.70
③₁	粉砂夹粉土	45	—	3.5	0.60
③₂	粉砂	60	—	4.2	0.60
③₃	粉土夹淤泥质粉质黏土	40	—	3.0	0.70
③夹	粉质黏土夹粉土	42	—	1.2	0.70
④₁	粉质黏土	72	—	4.5	0.70
④夹	粉砂	55	—	3.2	0.60
④₂	粉质黏土夹粉土	48	—	2.2	0.70
⑤	粉土	42	—	3.0	0.70
⑥₁	粉砂	60	4500	5.5	0.60
⑥₂	粉质黏土夹粉土	50	—	2.2	0.70
⑥夹	粉土夹粉质黏土	42	—	3.0	0.70
⑦₁	粉质黏土	75	—	4.8	0.70
⑦₂	粉质黏土夹粉土	52	—	2.5	0.70
⑧	粉砂	80	5000	6.5	0.60
⑧夹	粉质黏土	78	—	5.0	0.70

注：1. 表中所列m值未考虑长期或经常出现的水平荷载的影响。其中，①层土m值未考虑海流冲刷深度的影响。当桩顶水平位移大于10mm时，m值应适当降低；当桩顶水平位移小于10mm时，m值可适当提高。

2. 极限侧阻力标准值未考虑液化影响。

大直径钢管桩设计参数（API 规范） 表 4

土层编号	土层名称	土体有效重度γ'/（kN/m³）	砂性土指标						黏性土指标	
			内摩擦角φ/°	相对密度	桩土摩擦角	桩侧摩阻力极限值/kPa	承载力系数N_q	单位桩端承载力极限值/kPa	不排水剪切强度C_u/kPa	ε_{50}
①	粉砂	9.6	27	0.26	23	75.6	—	—	—	—
②	粉土	9.8	24	0.28	20	67.0	—	—	—	—
③₁	粉砂夹粉土	9.9	31	0.50	26	84.2	—	—	—	—
③₂	粉砂	10.2	32	0.55	27	87.0	—	—	—	—
③₃	粉土夹淤泥质粉质黏土	9.3	26	0.30	22	72.7	—	—	—	—
③夹	粉质黏土夹粉土	8.7	—	—	—	—	—	—	25	0.020
④₁	粉质黏土	10.1	—	—	—	—	—	—	60	0.010
④夹	粉砂	9.7	33	0.60	27	87.0	—	—	—	—
④₂	粉质黏土夹粉土	9.2	—	—	—	—	—	—	25	0.020
⑤	粉土	9.6	27	0.38	23	75.6	—	—	—	—
⑥₁	粉砂	10.0	34	0.65	29	92.8	36	8640	—	—
⑥₂	粉质黏土夹粉土	9.2	—	—	—	—	—	—	30	0.018
⑥夹	粉土夹粉质黏土	9.3	27	0.38	23	75.6	—	—	—	—
⑦₁	粉质黏土	9.9	—	—	—	—	—	—	65	0.008
⑦₂	粉质黏土夹粉土	9.3	—	—	—	—	—	—	30	0.016
⑧	粉砂	9.9	35	0.75	30	95.7	40	9600	—	—
⑧夹	粉质黏土	9.8	—	—	—	—	—	—	70	0.008

注：1. 表中桩侧摩阻力极限值、桩端承载力极限值为 API 规范建议的砂性土单位桩侧摩阻力、单位桩端承载力极限值，估算单桩承载力时，取计算值与极限值中的小者。

2. 不考虑冲刷时，内侧摩阻力系数取约 0.10。按实测冲刷数据考虑，S1 试桩内侧摩阻力系数取约 0.30 时，其竖向抗压极限承载力计算值与试桩静载荷试验成果较为吻合；S1 试桩整体抗拔系数取为 0.60～0.70 时，其竖向抗拔极限承载力计算值与试桩静载荷试验成果较为吻合。

5.3 单桩承载性能分析

5.3.1 按 API 规范分析单桩承载性能

（1）单桩轴向抗压极限承载力估算

根据 API 规范，单桩轴向抗压极限承载力Q_d可按下列公式估算，并应考虑桩内土芯闭塞效应的影响。

$$Q_d = Q_f + Q_p = fA_s + qA_p$$

式中：Q_f——桩侧摩阻力；

Q_p——桩端总承载力；

f——单位桩侧摩阻力；

A_s——桩侧表面积；

q——单位桩端承载力。

单位桩侧摩阻力f按下式计算，

对于黏土，

$$f = \alpha c，\alpha = \begin{cases} 0.5(c/P_0')^{-0.5}，c/P_0' \leqslant 1.0 \\ 0.5(c/P_0')^{-0.25}，c/P_0' \geqslant 1.0 \end{cases} \quad \alpha \leqslant 1$$

对于砂土，

$$f = KP_0' \tan\delta$$

式中：c——黏性土的不排水抗剪强度；

P_0'——计算点有效上覆土压力；

K——无因次侧向土压力系数，对于非堵塞的开口打入桩，通常假设拉伸和压缩荷载的K取 0.8；

δ——桩土摩擦角。

选场区全部风机进行单桩轴向抗压极限承载力估算。根据工程经验取一定的土塞效应系数，桩外径d取 6000m，估算结果见表 5。

（2）单桩轴向极限抗拔力估算

根据 API 规范，单桩轴向极限抗拔力可小于、等于但不得大于桩的总侧摩阻力Q_f。

选场区部分代表机位进行单桩轴向极限抗拔力估算，估算结果见表 5。

单桩轴向抗压极限承载力、轴向极限抗拔力估算表 **表 5**

风机位置	试算孔号	桩径/mm	桩入土深度/m	桩端标高/m	桩端	单桩轴向抗压极限承载力/kN	单桩极限抗拔力/kN
1 号	ZK01	6000	50	−50.4	⑧	66124	36369
2 号	ZK02		45	−45.39	⑧	57478	30867
8 号	ZK08		50	−53.34	⑧	55738	29760
9 号	ZK09		45	−52.2	⑧	54550	29004
14 号	ZK14		45	−46.19	$⑥_1$	54062	29264
15 号	ZK15		45	−50.96	⑧	51068	26788
19 号	ZK19		42	−48.2	$⑥_1$	55393	29540
20 号	ZK20		42	−46.4	$⑥_1$	50144	26771
30 号	ZK30		40	−45.03	$⑥_1$	48118	25482
31 号	ZK31		46	−50.63	⑧	58119	31275
41 号	ZK41		42	−47.87	$⑥_1$	63196	35077
42 号	ZK42		40	−45.24	⑧	55906	29867

注：1. 本表均未考虑桩身结构强度，设计计算时应予考虑；
2. 单桩极限抗拔力估算未考虑桩身自重及内侧阻力；
3. 单桩极限抗拔力估算时，考虑了一定的抗拔系数；
4. 本表单桩竖向承载力估算未考虑土层液化的影响；
5. 本表计算未考虑海底冲刷深度；
6. 当桩端持力层下存在软弱下卧层时，应验算软弱下卧层的强度和变形。

（3）单桩侧向承载性能分析

根据 API 规范，软黏性土对桩的侧向极限抗力及软黏性土对桩的侧向抗力—桩的侧向位移（*p-y*）曲线分析计算方法如下：

在循环荷载下，软黏性土对桩的侧向极限抗力p_u（kPa）按下式计算：

$$p_u = 3c + \gamma' X + cJX/d \quad X < X_R$$
$$p_u = 9c \quad X \geqslant X_R$$

式中：c——未扰动黏性土土样的不排水抗剪强度；

γ'——土的有效重度；

X——泥面以下深度；

d——桩外径；

X_R——临界深度，计算公式为$6d/(\gamma' d/c + J)$，J为无量纲经验常数，一般取 0.25～0.5。

对泥面以下土层进行分析计算，获得钢管桩（桩径 6000mm）在循环荷载下土体对桩的侧向抗力—桩的侧向位移资料，结果见表 6。

***p-y*曲线计算点处桩的侧向位移** **表 6**

计算点序号	桩的侧向位移/mm	
	软黏性土	砂土
1	0	0
2	$d\varepsilon_{50}/15$	$d/1080$
3	$d\varepsilon_{50}/8$	$d/960$
4	$d\varepsilon_{50}/4$	$d/840$
5	$d\varepsilon_{50}/2$	$d/720$
6	$d\varepsilon_{50}$	$d/600$
7	$2d\varepsilon_{50}$	$d/520$
8	$2.5d\varepsilon_{50}$	$d/460$
9	$3.125d\varepsilon_{50}$	$d/380$
10	$3.75d\varepsilon_{50}$	$d/320$
11	$4.375d\varepsilon_{50}$	$d/260$
12	$5d\varepsilon_{50}$	$d/210$
13	$6.25d\varepsilon_{50}0$	$d/160$
14	$7.5d\varepsilon_{50}$	$d/100$
15	$20d\varepsilon_{50}$	$d/70$
16	$37.5d\varepsilon_{50}$	$d/50$
17	$40d\varepsilon_{50}$	$d/20$

注：表中，各符号意义同前。

5.3.2 按《建筑桩基技术规范》JGJ 94—2008 分析单桩承载性能

（1）单桩竖向抗压极限承载力标准值估算

根据行业标准《建筑桩基技术规范》JGJ 94—2008 规定，钢管桩单桩竖向抗压极限承载力标准值Q_{uk}可按下式进行估算：

$$Q_{uk}=Q_{sk}+Q_{pk}=u\Sigma q_{sik}l_i+\lambda_p q_{pk}A_p$$

计算公式中代号说明：

Q_{sk}——总极限侧阻力标准值；

Q_{pk}——总极限端阻力标准值；

q_{sik}——桩侧第i层土的极限侧阻力标准值；

q_{pk}——极限桩端阻力标准值；

u——桩身周长；

λ_p——桩端土塞效应系数，对于敞口钢管桩按下式取值：

当$h_b/d<5$时，$\lambda_p=0.2$

当$h_b/d\geqslant 5$时，$\lambda_p=0.8$；

A_p——桩底端总横截面面积；

h_b——桩端进入持力层深度；

l_i——第i层岩土的厚度。

（2）单桩竖向抗拔极限承载力标准值估算

单桩竖向抗拔极限承载力标准值计算公式参考行标《建筑桩基技术规范》JGJ 94—2008，$T_{uk}=\Sigma\lambda_i q_{sik}u_i l_i$，计算公式中代号说明：

T_{uk}——基桩抗拔极限承载力标准值；

λ_i——基桩抗拔系数；

q_{sik}——桩侧第i层土的抗压极限侧阻力标准值；

u_i——桩身周长；

l_i——第i层岩土的厚度。

试算结果见表7，单桩极限承载力标准值应由现场静载荷试验确定。

单桩竖向抗压极限承载力、抗拔极限承载力标准值估算表 **表7**

机位	试算孔号	桩径/mm	地面起算桩长/m	桩端标高/m	桩端持力层	桩端进入持力层深度/m	单桩竖向抗压极限承载力标准值Q_{uk}/kN	单桩竖向抗拔极限承载力标准值T_{uk}/kN
1号	ZK01	6000	50	−50.4	⑧	7.6	76654	30742
2号	ZK02		45	−45.39	⑧	7.5	72887	28379
8号	ZK08		50	−53.34	⑧	10	77773	31501
9号	ZK09		45	−52.2	⑧	9.8	68654	25885
14号	ZK14		55	−46.19	$⑥_1$	9.7	65872	25792
15号	ZK15		45	−50.96	⑧	9.8	67887	25432
19号	ZK19		42	−48.2	⑧	12	70429	26542
20号	ZK20		42	−46.4	$⑥_1$	10	60754	22722
30号	ZK30		40	−45.03	$⑥_1$	8.1	63159	24332
31号	ZK31		46	−50.63	⑧	7.3	73325	28898
41号	ZK41		42	−47.87	$⑥_1$	8	66524	25384
42号	ZK42		40	−45.24	⑧	12.7	68111	25139

注：1. 本表计算均未考虑桩身结构强度；
2. 本表承载力估算未考虑土层液化；
3. 本表抗拔承载力计算未考虑桩重。

6 结论与建议

本场区位于强台风、急潮流、巨涌浪的典型海域，海床地层结构错综复杂。台风最大风力达12级，实测最大潮差8.08m。勘探深度范围内上部①～③层为第四系全新统（Q_4）冲海相粉土、粉砂，下部为晚更新世（Q_3^2）陆相、滨海相沉积物，深厚淤泥质土、粉质黏土、粉土、粉砂层交互，且呈现松散、稍密、软塑、流塑等各异的物理状态，地质条件复杂，勘探难度极大。

本场地天然地基不满足风机承载力和抗倾覆稳定性要求，选用钢管桩，选择埋深适中的$⑥_1$层粉砂、⑧层粉砂作为桩基持力层或联合持力层。对软弱下卧层，需进行桩基沉降与下卧层承载力验算。钢管桩施工根据工程地质剖面图、钻孔柱状图并结合最终贯入度进行双控。根据试桩开展了桩基承载力分析及参数反分析。

7 综合效益

基于自主创新研发成果进行的多项优化方案，

项目提前1年竣工发电,共节约投资13600余万元,超过项目技术服务涉及部分投资的 8%以上。其中桩基现场静载荷试验方案优化节约投资 1900 余万元,海洋基础设计节约2500余万元,海洋风力发电机钢管桩基础材料节约投资3850余万元等。

2017 年 9 月 10 日,风电场全部机组并网发电,年上网电量52833kWh,等效满负荷小时数为2642h。按照同等类型项目计算,共可节约标煤约16 万 t/a,减少二氧化碳排放约 40 万 t/a,减少灰渣约 6.3 万 t/a,减少二氧化硫排放量约 1260.1t/a。成果具有可持续发展特性,在节能减排、生态环境保护等方面取得重要成果,为我国双碳战略提供了重要支撑。

在国际国内和全行业具有重要的引领示范作用。依托该项目开展的多项技术攻关,填补了国内外海洋风力发电领域的多项空白,成果应用主编行业标准。项目树立了行业标杆,引领了海洋风力发电行业的发展。

浙江岱山 4 号海上风电场岩土工程实录*

王振红 [1]　汪明元*[1,2]　葛建刚 [1]　彭成威 [1]　崔超朋 [1]
（1. 浙江华东建设工程有限公司，浙江杭州　310014；2. 中国电建集团华东勘测设计研究院有限公司，浙江杭州　311122）

1　拟建工程概况

岱山 4 号海上风电场项目位于舟山市岱山岛西北侧海域，安装 50 台风力发电机组，装机规模 216MW，涉海面积 19km²，场区水深 8.20～14.00m。风机转轮直径 140.0m，轮毂高度约 90m，抗震设防烈度Ⅶ度，采用了高桩承台的海洋基础形式。

岱山 4 号海上风电场 2019 年 12 月完成首批机组并网，标志着我国在强潮流区深厚淤泥质地层海上风电开发取得新突破。项目所在的杭州湾口，与亚马逊河口、恒河河口并称为世界三大强潮湾，场区潮流急，潮差大，乱流分布。工程场区埋深 50m 以上地层主要为流塑状淤泥质土、软塑状粉质黏土，具有高含水率、高压缩性、高灵敏度、易触变、抗剪强度低等特性，工程性能差，建设难度大。

2　工程项目特点与难点

（1）本项目为在杭州湾湾口第一个建成的强潮流和大潮差的海上风电场。场区位于岱山岛西北侧，杭州湾出海口，最大潮流流速达 2.24m/s，最大潮差达 4.59m（图 1）。强潮流和大潮差海况下，海上静力触探试验、标准贯入测试、钻探取样、海洋地形地貌、海洋物探等工程勘察实施，是需要首先攻克的关键技术难点。

图 1　强潮流和大潮差环境的影响

（2）本项目海域淤泥地层深厚，工程场区流动性淤泥和淤泥质软土厚度在 50m 以上，具有高含水率、高压缩性、抗剪强度低等特性，工程性能极差。海床中下部为晚更新世陆相、滨海相粉质黏土、粉土及粉砂，岩土种类多。强潮流及大潮差海域的深厚流动性淤泥层和复杂交互的地层结构划分和地层赋存状态判识，是需要重点攻克的技术难点。

（3）本项目广泛分布深厚流动性淤泥和淤泥质软土等地层（图 2），多为欠固结土，灵敏度极高，触变性极强，钻探取样极易受到扰动，可严重影响到室内试验的准确性。因此，原状软土试样的获取、原位测试手段及基于原位测试的参数分析、地层物理力学参数准确性分析与控制，是迫切需要解决的技术难点。

图 2　高含水率和强触变性流动性淤泥

3　场地工程地质条件

根据钻孔揭露的地层结构、岩性特征、埋藏条件及物理力学性质，结合静力触探曲线、室内土工试验成果，勘探深度内（最大勘探深度 90.00m）均为第四系沉积物，共分为 6 个大层、13 个亚层和 4 个夹层，其中上部①～③层为第四系全新统（Q_4）冲海相淤泥质粉质黏土、粉质黏土，下部为晚更新世（Q_3^2）陆相、滨海相沉积物。各土层基本特征见表 1。

*通讯作者：汪明元，邮箱：wmy_90@163.com；
获奖项目：水电行业优秀工程勘测一等奖。

各土层基本特征一览表 表 1

地层序号	地层名称	颜色	状态	压缩性	层厚/m
②$_{2a}$	淤泥质粉质黏土	灰黄色、灰色	流塑	高压缩性	10.20～17.80
②$_{2b}$	淤泥质粉质黏土	灰色	流塑	高压缩性	12.20～19.70
③$_2$	淤泥质黏土	灰色	流塑	高压缩性	4.00～12.90
③$_3$	粉砂	灰色	稍密—中密	中等压缩性	1.20～2.40
④$_2$	粉质黏土夹粉土	灰色	软塑	高压缩性	0.80～7.10
④$_3$	粉砂	灰色	中密	中等压缩性	1.00～6.70
④$_{3夹}$	砂质粉土	灰色	稍密—中密	中等压缩性	1.00～9.30
⑤$_2$	粉质黏土夹粉土	灰色	软塑为主	高压缩性	2.00～20.90
⑤$_{2夹}$	粉砂	灰色	中密为主	中等压缩性	0.90～4.50
⑤$_{3a}$	粉砂	灰色	中密—密实	中等压缩性	1.8～10.80
⑤$_3$	粉砂	灰色	稍密—中密	中等压缩性	0.80～4.80
⑤$_{夹}$	黏质粉土	灰色	稍密	中等压缩性	1.70～6.90
⑦$_1$	粉质黏土	灰色	硬可塑	中等压缩性	2.20～14.00
⑦$_{2a}$	粉砂	灰色	密实	中—低压缩性	1.70～12.00
⑦$_{2b}$	粉砂	灰色	中密—密实	中—低压缩性	1.00～6.70
⑦$_{夹}$	粉质黏土	灰绿色	硬可塑	中等压缩性	0.70～5.50
⑧$_1$	粉质黏土	青灰色	硬可塑	中等压缩性	未揭穿

4 地基基础方案

4.1 桩基持力层

风机为高耸结构建筑物，风电机组具有承受360°重复荷载和大偏心受力的特殊性，风机重心高，承受的水平风力和倾覆弯矩较大，且风力发电机组对基础的沉降变形及倾斜度具有较高的控制要求，上部土层②$_{2a}$层淤泥质粉质黏土承载力和变形不能满足结构要求，不宜采用天然地基。桩基础具有承载力高，沉降小且均匀、抗震性能好等特点，能够较好地承受垂直荷载、水平荷载、上拔力及由风产生的振动或动力作用，故海上风机基础采用桩基础。

本工程中上部②$_{2b}$层淤泥质粉质黏土、③$_2$层淤泥质黏土、③$_3$层粉砂、④$_2$层粉质黏土夹粉土、④$_3$层粉砂、④$_3$夹层砂质粉土、⑤$_2$层粉质黏土夹粉土工程性能极差——一般，埋藏较浅。下部⑤$_{3a}$层粉砂、⑦$_1$层粉质黏土、⑦$_{2a}$层粉砂、⑦$_{2b}$层粉砂、⑧$_1$层粉质黏上工程性能较好，可作为桩基持力层。

4.2 桩型及沉桩可能性

根据地质条件，因灌注桩施工难度大且海水对混凝土有腐蚀性，风机基础以钢管桩为宜。钢管桩不存在施工用水问题，焊接桩较方便，能承受较大的水平荷载，能获得较高的单桩承载力，容易根据桩端持力层变更桩长，桩端应进入持力层一定深度。

工程上部主要为深厚淤泥质土，大直径钢管桩沉桩时需注意溜桩，场地中部存在中密状④$_3$层粉砂，工程性能尚可；中下部存在中密—密实状⑤$_{3a}$层粉砂、稍密—中密状⑤$_{3b}$层粉砂、密实状⑦$_{2a}$层粉砂、中密—密实状⑦$_{2b}$层粉砂，属中等压缩性土层，工程性能较好。钢管桩宜以⑦$_{2a}$层粉砂作持力层，需穿过④$_3$层粉砂、⑤$_{3a}$层粉砂、⑤$_{3b}$层粉砂，对沉桩有一定影响，采用大锤重锤击法沉桩是可行的。

4.3 单桩承载性能

根据初拟的设计方案，风机的基础采用钢管单桩，单桩承载性能分析主要依据行业标准《海上固定平台规划、设计和建造的推荐做法—工作应力设计法》SY/T 10030—2004（简称 API 规范）。

（1）单桩轴向抗压极限承载力

选取 5 个代表性机位估算单桩轴向抗压极限承载力，根据工程经验取一定的土塞效应系数，估算结果见表 2。

（2）单桩轴向极限抗拔力分析

选取 5 个代表性机位进行单桩轴向极限抗拔力估算，估算结果见表 2。

单桩轴向抗压极限承载力、轴向极限抗拔力估算表　　表 2

风机位置	桩径/mm	桩入土深度/m	桩端标高/m	桩端	单桩轴向抗压极限承载力/kN	单桩极限抗拔力/kN
34 号	1600	75.00	−86.91	⑧$_{2}$	19485	9700
39 号		75.00	−86.05	⑦$_{2a}$	19299	9696
44 号		75.00	−87.24	⑦$_{2a}$	20140	9856
46 号		75.00	−87.23	⑦$_{2a}$	19790	9980
49 号		75.00	−87.43	⑦$_{2a}$	20432	10577

（3）单桩水平承载性能分析

对于短期静载作用情况，软黏土的p-y曲线由表 3 确定。

静载下软黏土p-y曲线　　表 3

p/p_u	y/y_c
0.00	0.0
0.23	0.1
0.33	0.3
0.50	1.0
0.72	3.0
1.00	8.0
1.00	∞

注：表中，p—实际侧向土抗力，kPa；y—实际侧向位移，m。

砂土中p-y曲线表达式为：

$$p = A p_u \tan h\left(\frac{KX}{A p_u} y\right)$$

式中：A——荷载系数，无量纲；

K——地基反力初始模量，kN/m^3。

5　技术特点

依托该项目开展海洋复杂工程地质勘察技术攻关，针对强潮流和大潮差海洋环境精细化勘察实施，深厚流动性淤泥及复杂海洋地层结构划分及其物理状态判识，欠固结、高灵敏度、强触变性地层原状取样及其物理力学参数获取三大技术难题，通过反复工程实践和运行反馈，形成了钻探取样、室内试验、原位测试、物探测试及海洋地质灾害评价等海洋成套综合勘测技术，获得了产业化、规模化应用。

（1）适应强潮流和大潮差海洋环境的工程勘察

采用现代化海上自升式综合勘测平台，实现了钻探、静力触探、室内土工试验等多种功能，满足近海工程勘测需要。海上土工试验中心（图 3），实现了离岸岩土采样—试验封闭式作业，避免了运输扰动。海上平台的物联设备集成系统，移动端和 Web 端海上作业平台综合管控系统，实现船—岸数据实时传送和信息共享。近海钻孔时防止护孔套管位移的结构，使护孔套管呈直线竖立在海水中，消除了强潮流对海上勘察的影响。

图 3　适用于 35m 水深的自升式勘探平台及专用土工实验室

（2）深厚流动性淤泥及复杂地层的原位测试

针对强潮流及大潮差海域的深厚流动性淤泥层和复杂地层，研发了海洋静力触探试验、单孔剪切波速测试、井中电阻率等原位测试技术，消除了波浪、潮流的影响，保证了原位测试的准确性。

根据测试的水动力环境，开展了系统的海上原位测试（图 4）。对海洋测试设备、测试控制条件、测试记录和测试成果分析等进行了全面论证和试验。结合我国岩土分类标准，实现了深厚流动性淤泥层和复杂地层结构划分（图 5）、地层赋存状态判识，为海洋基础选型和方案优化提供了支撑。

图 4　静力触探及波速、电阻率测试

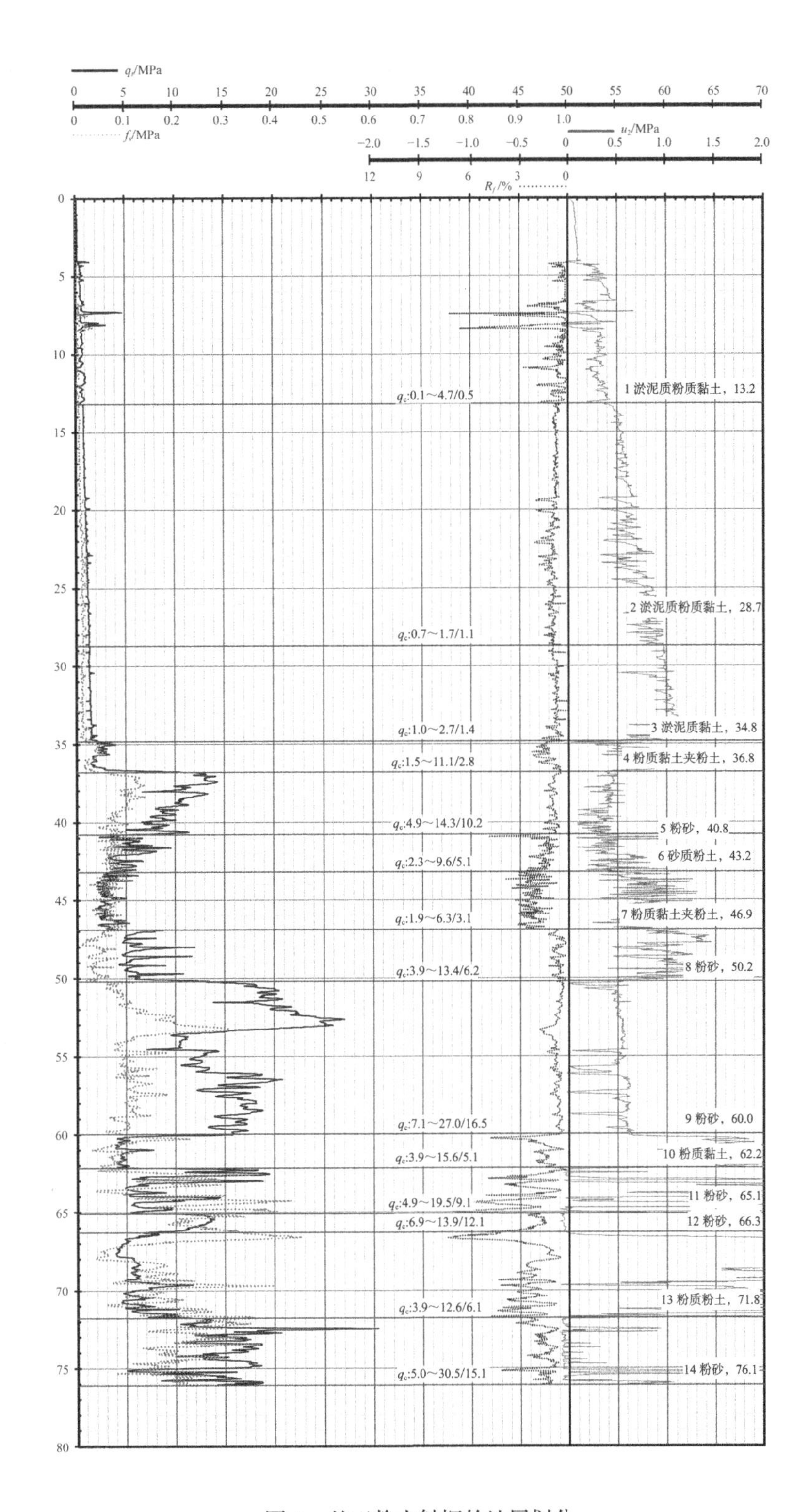

图 5　基于静力触探的地层划分

（3）岩土物理力学参数获取

针对强潮流和大潮差海况深厚流动性淤泥和淤泥质软土，采用海洋系列取土器（图 6），提高了作业效率，攻克了海底原状取样的技术难题。开发了海床软土的球形静力触探，提出了参数分析方法，实现了复杂海况下深厚软土地层参数的获取，为复杂循环荷载下海洋基础选型和方案优化提供了支撑。

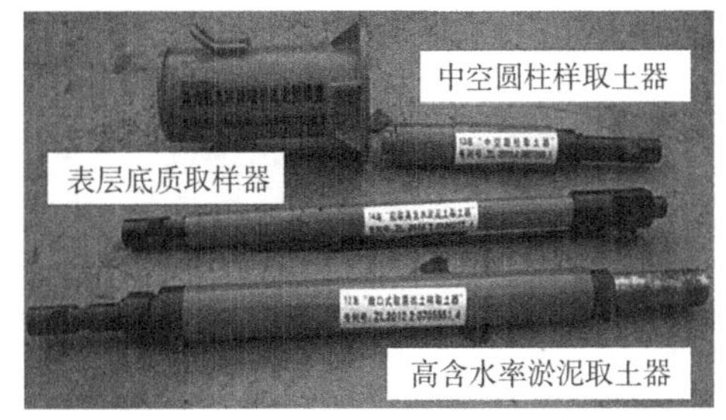

图 6　复杂海洋环境下原状取样器

(4) 强潮流和大潮差作用下海洋地质灾害评价

针对强潮流和大潮差海况，以及深厚流动性软土特性，分析了海洋地质灾害特征，构建了地层冲刷、软土触变、基础沉陷、动水力下斜坡失稳等地质灾害的分类评价方法。

福建南日岛海上风电项目岩土工程实录*

汪明元[1,3]　郑伟军[2]　潘生贵[2]　杨　辉[2]　许启云[3]

（1. 中国电建集团华东勘测设计研究院有限公司，浙江杭州　311122；
2. 华东勘测设计院（福建）有限公司，福建福州　350003；
3. 浙江华东建设工程有限公司，浙江杭州　310014）

1　项目介绍

1.1　工程概况

福建莆田南日岛海上风电场位于莆田市南日岛东北侧，暨南日岛以东 1～14km 海域，总装机规模为 400MW，由 A、B 两个场区组成，距离石城大陆岸线约 16km，总投资约 82.25 亿元，总涉海面积约 54.13km^2。

1.2　勘察布置

本次勘察方案分两阶段进行，第一阶段：先在选择各机位根据初定的基础形式在机位中心或者机位中心外基础边缘布置 1 个钻孔进行地质勘探（图 1）。第二阶段：在第一阶段的基础上，沿基础外缘形成的圆周每间隔 120°均匀布置 1 个勘探点，每台风机共计 3 个孔。孔深：按最小预估孔深及入岩深度两个条件进行控制，孔深进入预计持力层中 5～10m 或 3～5d（d为桩身直径）或进入中风化基岩 5～8m。

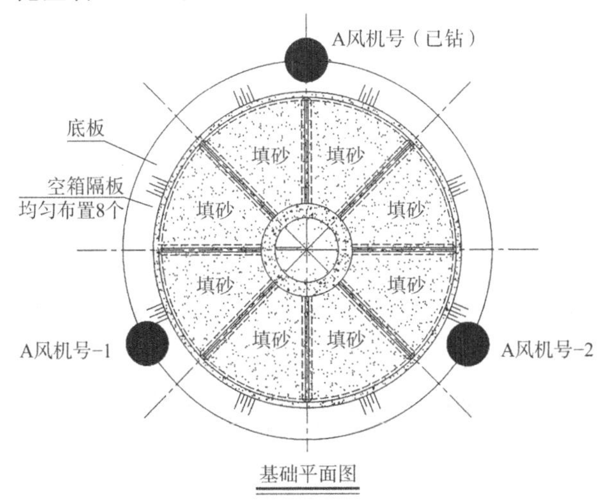

图 1　海上风机钻孔布置图

1.3　地层概况

按照各岩土层成因类型和工程特性进行综合划分，场地覆盖层主要有第四系全新统冲积层（Q_{4c}^{al}）、海积层（Q_{4c}^{m}、Q_3^{m}）及更新统残积层（Q_p^{el}），下伏燕山期花岗岩（$\gamma\delta_5^{2(3)b}$），局部伴有辉绿岩脉（β）侵入。地层包括①$_1$淤泥、①$_{1\text{-}1}$粉土、①$_2$中细砂、②$_1$淤泥质黏土、②$_2$黏土、③$_1$砂质黏土、③$_2$中细砂、③$_3$粉质黏土、④残积黏性土、⑤$_1$全风化花岗岩、⑤$_2$散体状强风化花岗岩、⑤$_3$碎裂状强风化花岗岩、⑤$_4$中风化花岗岩。

1.4　场地水文地质

勘察测得高潮水深 8.5～21.3m，高程 1.70～3.00m；低潮水深 4.25～15.90m，高程－1.6～－3.4m。场地内地下水主要为赋存于第四系地层的孔隙性潜水、赋存于基岩中裂隙性潜水，富水层主要为砂性土和强风化基岩。

场地内海水对混凝土结构具强腐蚀性，对钢筋混凝土中的钢筋在干湿交替条件下具强腐蚀性，对钢筋混凝土中的钢筋在长期浸水条件下具有中等腐蚀性；场地土对混凝土结构具弱腐蚀性，对钢筋混凝土结构中的钢筋具强腐蚀性，对钢结构具强腐蚀性。

1.5　不良地质作用及防治

（1）软土：场区内淤泥或淤泥质黏土为震陷性软土，拟建建（构）筑物地震震陷估算参考值为30mm，应采取相应的抗震措施；具有高灵敏度、触变性、大孔隙比、高压缩性等特点，工程性能较差，采用桩基或挖除换填等人工处理。

（2）液化砂土：场地内①$_2$中细砂液化程度为轻微液化，应按轻微液化程度采取抗液化措施，如：挖除全部可液化土层、加密法或采用桩基等。

---

*通讯作者：汪明元，邮箱：wmy_90@163.com；
获奖项目：福建省优秀工程勘察设计一等奖。

（3）残积土及风化岩层：场地内分布较广，孔隙比大，泡水易软化或崩解，在冲（钻）孔灌注桩施工时应该做好护壁。

（4）孤石：场区内下伏基岩存在不均匀风化作用，由于球状风化形成孤石，粒径大小不一，施工时易造成基岩误判，对工程具有不利影响。

1.6　海上基础选型

海上风机为高耸结构，整体重心高，风电机组需要承受 360°重复荷载和大偏心受力，受水平风荷载时，承受的水平风力和倾覆弯距较大，且风力发电机组对基础的不均匀沉降变形及倾斜度具有较高的控制要求。

可选用一定埋深的⑤$_1$全风化花岗岩、⑤$_2$散体状强风化花岗岩、⑦$_1$全风化辉绿岩脉、⑦$_2$强风化辉绿岩脉作为桩基础持力层，桩型可选用预制钢管桩。

可选用一定埋深⑤$_3$碎裂状强风化花岗岩、⑤$_4$中风化花岗岩作为桩基础持力层，桩型可选用冲（钻）孔灌注桩。

对风电场内部分覆盖层较薄，局部基岩出露，对⑤$_2$层散体状强风化花岗岩埋深较浅地段，也可考虑采用浅基础，基础类型可选用重力式基础。

2　海洋工程勘察的特点

2.1　海洋钻探

本场区工程地质条件复杂，分布有高灵敏性、低强度淤泥和淤泥质软黏土，以及易崩解的散体状和碎裂状花岗岩，其承载特性对海上风电基础结构选择有重大影响。传统海洋勘探作业受上覆海水和急潮流强涌浪等复杂海洋水文环境影响，无法取得高质量原状样。风化花岗岩地层原状样采集比较困难，海洋环境下的回转式钻进取样，对试样也存在一定扰动，而结构性是风化花岗岩的一大特征。

基于以上技术难题，采用自主研制的自由伸缩护孔套管装置及施工技术（图 2），结合双管植物胶混合膨润土钻进全断面取芯技术（图 3），岩芯采取率可达百分之百，大大提高了钻孔取芯质量，钻进效率也得到大幅度的提高，且减少了钻进过程中埋钻、卡钻事故的发生，简化了钻孔结构。

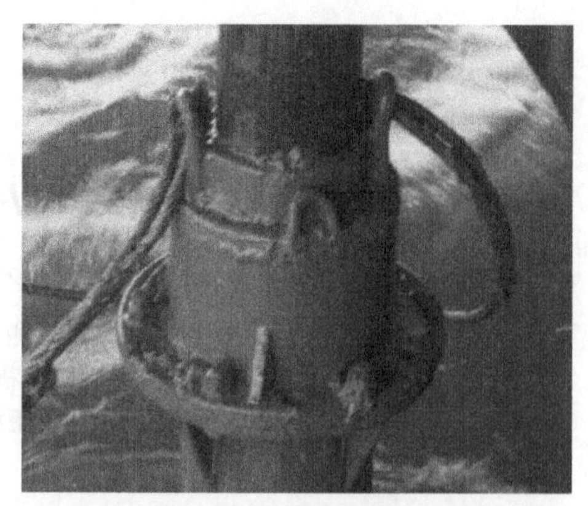

图 2　伸缩护孔套管装置

图 3　双管植物胶钻进（在强风化岩取芯采取率近 100%）

2.2　海洋取样

采用自主研制的淤泥质软黏土中空圆柱形土样取土器（图 4），有效降低了试样扰动，克服了原状海洋土中空样取样难题，可用于室内空心圆柱扭剪试验，为海上基础设计提供地基参数。

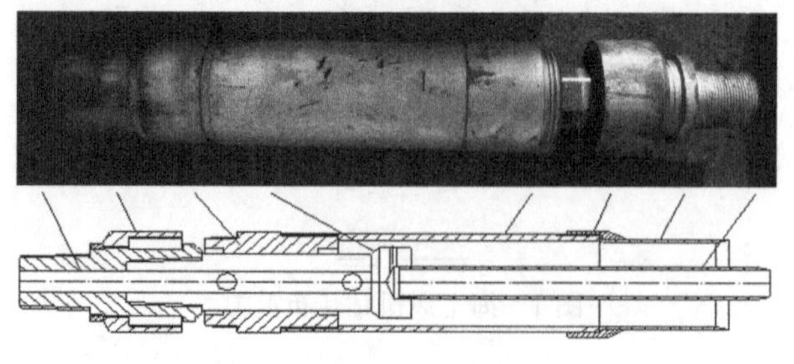

图 4　中空圆柱样取样器

采用自主研制的新型$\phi75$ 及$\phi110$ 双管原状取

土器（图 5），突破了海床流动性超软深厚淤泥无法取样的技术瓶颈，极大地减少扰动，保证了原状土样质量。

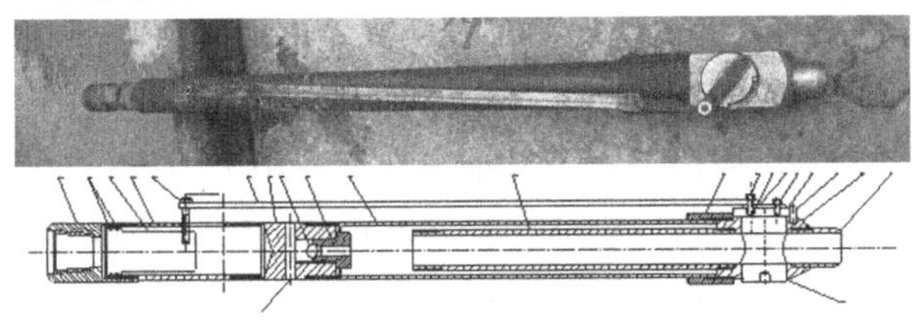

图 5　双管水压式取样器

采用自主研制的淤泥质软黏土敞口式取样器（图 6），实现了海上风电场浅层及深厚淤泥的原状取样，试样扰动程度降低 30%以上。

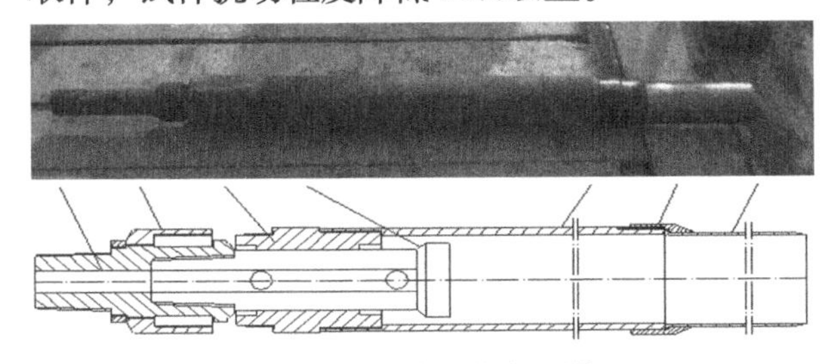

图 6　敞口式原状取土器

2.3　桩—土界面参数测试及评价

基于静动力荷载下海洋地基与基础界面参数难以确定的难题，采用自主研制的界面扭剪法试验装置（图 7），揭示了不同剪切速率、相对密实度、竖向压力和粗糙度下，地基—基础界面剪应力与相对位移的关系曲线。揭示了界面强度的演化规律：随着剪切速率的增大，峰值强度和残余强度均逐渐减小；随相对密度的增大，峰值强度和残余强度均逐渐增大；随着竖向压力的增大，峰值强度和残余强度均有明显增大；桩体的粗糙度低于临界粗糙度δ_{cr}时，剪切破坏发生于地基—基础界面；桩体的粗糙度大于临界粗糙度δ_{cr}时，剪切破坏发生于土体内部，建立了不同条件下的地基—基础界面参数取值方法。

图 7　界面扭剪法试验装置

3　岩土工程勘察与设计

3.1　海域复杂地基工程勘察

勘探点的测放采用目前国际领先的 C-Nav3050 星站差分，在海洋移动环境下精确定位。采用自主研发的伸缩护孔套管，实现了急潮流强涌浪条件下水上补偿式钻探。采用自主研发的系列取样装置，获取了流动性淤泥原状样；利用植物胶取样技术，得到散体状强风化和碎裂状强风化花岗岩原状样；采用国际先进的高分辨率侧扫声呐结合国高精度后处理软件，开发了海底物探与钻探和原位测试相结合的成果解译技术，为风机场区选址、电缆路由选线和不良地质作用避让提供了可靠的技术支持。

3.2　海域特殊风化花岗岩及残积土工程特性

依托项目开展了福建区域海上风电工程风化花岗岩层原位力学特性试验及参数分析、福建海上风电场花岗岩风化岩土体强度和变形特性、福建海上风电场花岗岩风化岩土体抗剪强度试验、福建海上风电场花岗岩风化岩土体平板载荷试验等一系列试验研究，综合论证风化花岗岩和花岗岩残积土的参数取值（表 1），为风化花岗岩和残积土工程特性和基础选型提供了技术支撑。

风化花岗岩及残积土参数　　表 1

岩土名称	固结快剪		不排水强度	变形模量 E_0/MPa
	黏聚力 c/kPa	内摩擦角 φ/°	黏聚力 c/kPa	
花岗岩残积土	30	26～28	50～70	20～25
全风化花岗岩	45	28～30	70～90	25～30
散体状强风化花岗岩	45	30～32	80～100	40～50

3.3　采用无过渡段大直径嵌岩单桩

通过综合分析勘探、原位测试、室内试验和物探测试结果，结合工期和项目特点，主要采用了大直径钢管桩基础；基于美国石油行业 API 和 DNV 等国际规范，创新了海上风电桩基计算方法，提出了修正的大直径单桩水平荷载p-y曲线，提出了大直径单桩基础设计参数，对沉桩可能性和桩基施工条件进行了分析。采用大直径单桩基础，缩短了工期，节约了投资。

4 综合效益

基于研发的海洋综合勘测技术，进行不同程度风化花岗岩和残积特殊土的精细化勘察，主要采用了无过渡段大直径嵌岩单桩基础＋高桩承台基础的方案，海域作业速度快、质量好，极大地缩短了工期，显著降低了整体投资单台风机的海上施工工期可缩短 5～8d，单台风机节约投资 250 万～500 万元以上。

通过项目的开展，积累了宝贵的海上风电工程勘测、设计、施工经验。获得的勘察以及海洋工程桩基选型等方面的经验积累，已列入国家标准和行业规程。本项目的成功建设推动了能源结构的调整，促进了地区经济，具有积极示范引领作用，可在福建近海及其他海域工程中大力推广。

本项目建成后，年上网电量为 140434 万 kW·h，每年可节省标煤 44.91 万 t，每年可减少排放温室效应气体 $CO_2$113.5 万 t，减少灰渣 16.4 万 t。此外，每年还可节约用水 404.5 万 m^3，并减少相应的废水排放和温排水。

科技文化中心地下通道岩土工程实录

荆子菁[1] 汪明元[1,2] 周奇辉[1] 楼永良[1] 彭成威[2]
（1. 中国电建集团华东勘测设计研究院有限公司，浙江杭州 311122；
2. 浙江华东建设工程有限公司，浙江杭州 310014）

1 工程介绍

1.1 工程概况

科技文化中心下沉广场及地下通道为杭州市下沙金沙湖城市设计与地铁隧道节点工程之一。工程位于杭州钱塘区下沙金沙湖北侧的九沙大道下部及其道路两侧。九沙大道为城市快速路，本工程为下穿九沙大道，沟通行政中心地块、市民公园地下空间、科技文化中心地块、艺术馆等的连接通道（图 1）。

图 1 科技文化中心地下通道平面位置

科技文化中心广场通道下部为地铁 1 号线盾构区间。通道底板底（含垫层）距离地铁 1 号线左、右线隧道顶均为 5.80m。通道面积约 564.2m²，通道结构基础形式为桩基础，通道基坑开挖深度为 7.80m（图 2、图 3）。

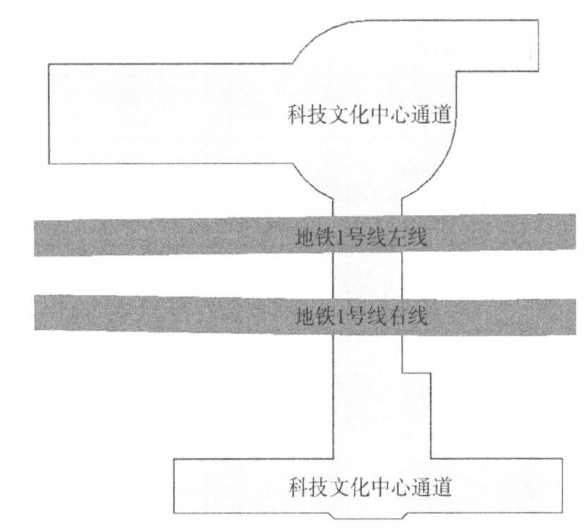

图 2 科技文化中心地下通道与下卧地铁的平面关系

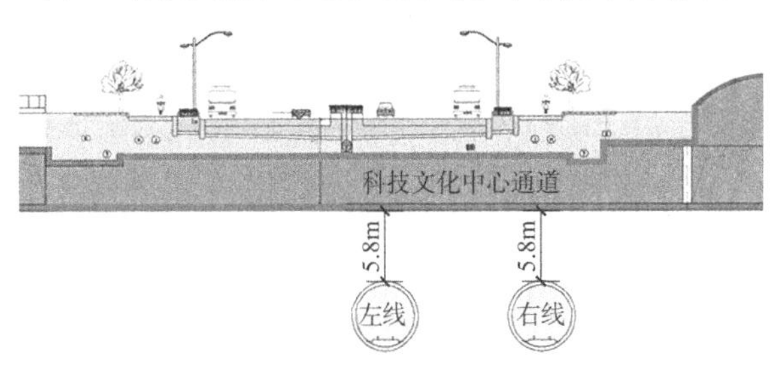

图 3 科技文化中心地下通道与下卧地铁的剖面相对关系

1.2 工程地质

根据现场钻探、原位测试及室内土工试验成果，按地层沉积年代、成因类型，将拟建场地地面以下 65.0m 深度范围内的地层划分为 6 个工程地质层，细划为 12 个亚层。各地层特征参见表 1，地层参数见表 2，地层结构剖面见图 4。

地层特征 表 1

层号	土层名称	层厚/m（最大—最小）	颜色	湿度	稠度/密实度	分布情况
①₁	杂填土	2.80～0.60	灰、灰黄色	—	—	全场分布
①₂	素填土	1.30～1.00	灰黄色	湿	松散	局部分布
②₁	砂质粉土	2.80～0.80	灰黄色、黄灰色	湿	稍密	全场分布
③₁	砂质粉土	2.20～1.10	灰黄色	湿	稍密—中密	全场分布
③₂	砂质粉土	5.20～2.20	灰色、灰黄色	湿	稍密	全场分布

通讯作者：汪明元，wmy_90@163.com；
获奖项目：浙江省优秀勘察设计一等奖。

续表

层号	土层名称	层厚/m（最大—最小）	颜色	湿度	稠度/密实度	分布情况
③$_{3}$	砂质粉土夹粉砂	5.20～1.90	灰色、灰黄色	湿	稍密	全场分布
③$_{4}$	砂质粉土	8.20～2.80	灰色	湿	松散—稍密	全场分布
③$_{5}$	砂质粉土	7.00～2.50	灰色、黄灰色	湿	稍密	全场分布
③$_{6}$	层状淤泥质粉质黏土	11.90～8.60	青灰色	很湿	流塑状	全场分布
⑥$_{2}$	淤泥质黏土	11.80～9.70	灰色	湿	流塑	全场分布
⑧	粉质黏土	11.00～9.00	褐灰色	湿	软塑—流塑	全场分布
⑫$_{4}$	圆砾	未揭穿	灰色、灰黄色	湿	中密	全场分布

地层参数 **表 2**

层号	岩土名称	w_0/%	γ/（kN/m^3）	e	w_L	w_P	f_{ak} /kPa	E_s0.1～0.2 /MPa	φ /°	c /kPa
②$_{1}$	砂质粉土	29.3	18.6	0.850	—	—	115	6.6	26	6
③$_{1}$	砂质粉土	26.8	19.2	0.745	—	—	160	10.0	31	3
③$_{2}$	砂质粉土	26.1	19.2	0.729	—	—	100	6.0	27	5
③$_{3}$	砂质粉土夹粉砂	26.9	18.8	0.782	—	—	145	8.0	30	4
③$_{4}$	砂质粉土	29.9	18.5	0.857	—	—	100	4.5	22	7
③$_{5}$	砂质粉土	28.8	18.6	0.839	31.0	21.4	115	6.7	29	5
③$_{6}$	层状淤泥质粉质黏土	33.7	17.9	1.005	31.4	19.9	90	3.5	15	10
⑥$_{2}$	淤泥质黏土	44.0	17.0	1.294	43.6	25.1	70	3.0	9	13
⑧	粉质黏土	27.1	18.6	0.801	28.5	18.2	90	3.9	14	20
⑫$_{4}$	圆砾	—	20.5	—	—	—	400	15.0	35	0

注：f_{ak}为地基承载力特征值；无黏性土强度参数为慢剪值，黏性土为固结快剪值；液塑限联合测定，液限取落锥深度为10mm。

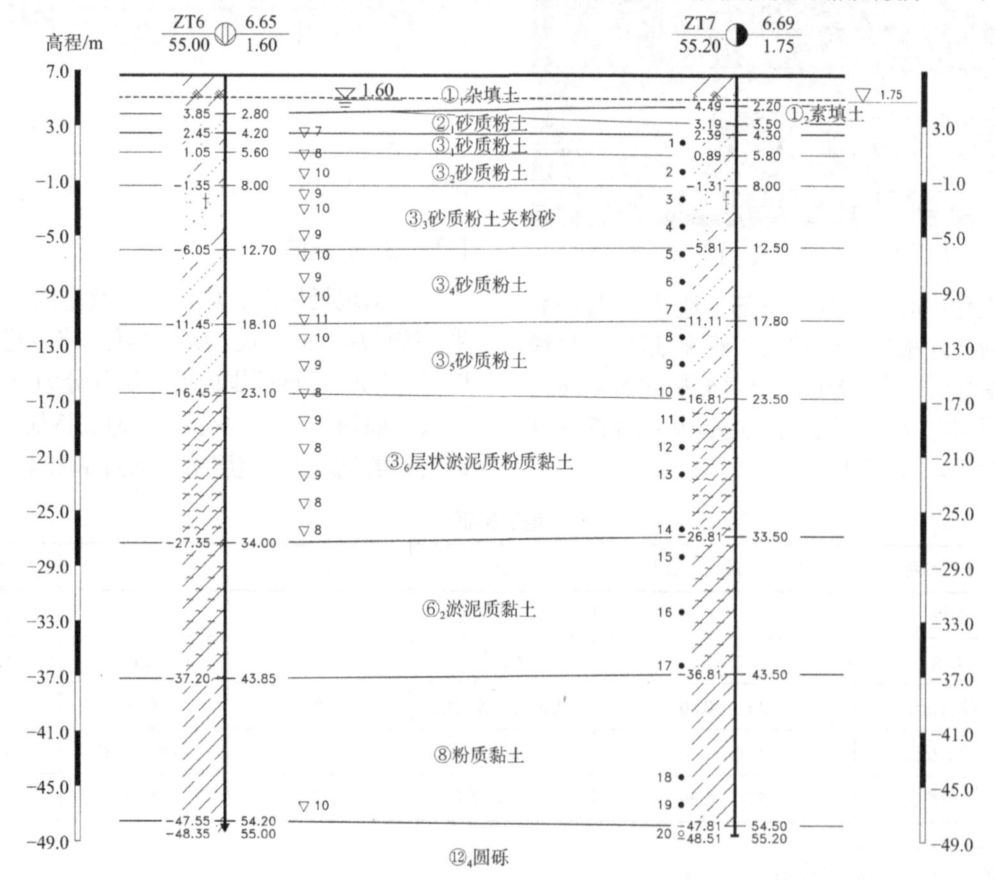

图4 科技文化中心地下通道典型地质剖面

1.3 水文地质

地下水情况见表3。

地下水综合情况　　表3

序号	地下水类型	地下水稳定水位		赋存及分布情况
		水位埋深/m	水位标高/m	
1	松散岩类孔隙潜水	1.00～2.60	3.72～5.35	地下水位随季节变化明显。地下水位动态变幅一般在1.5～2.0m
2	承压水	承压含水层顶板高程为−47.81～−46.68m，深部承压水含水层顶板高程为−27.40～−25.31m	承压水水头标高−4.0m（1985国家高程基准）	主要分布于深部的⑫4层圆砾中，水量较丰富，隔水层为上部的淤泥质土和粉质黏土层

1.4 项目特点

（1）科技文化中心下沉广场通道基坑位于杭州地铁1号线盾构隧道的正上方，通道底板底（含垫层）距离地铁1号线左、右线隧道顶均为5.80m，均小于1倍洞径。

（2）基坑土方开挖前降水施工引起下卧盾构隧道竖向沉降变形，基坑土方开挖施工引起下卧盾构隧道竖向隆起变形，下卧双线地铁安全运行的变形量要求非常严格。

（3）如何控制基坑降水及土方开挖施工引起下卧盾构隧道的变形量，是本工程的重难点。

2 设计方案

2.1 围护设计方案

本基坑开挖深度约7.80m，基坑开挖影响范围内的土层主要为填土层、砂质粉土层等。基坑开挖面基本位于砂土层中，该土层透水性强，且地下水位埋深浅，在高水位条件下易引起流砂、管涌，从而导致边坡失稳。基坑支护采用大放坡结合坑内、坑外降水的支护方案（图5）。方案安全、可靠，经济、合理，绿色、环保。

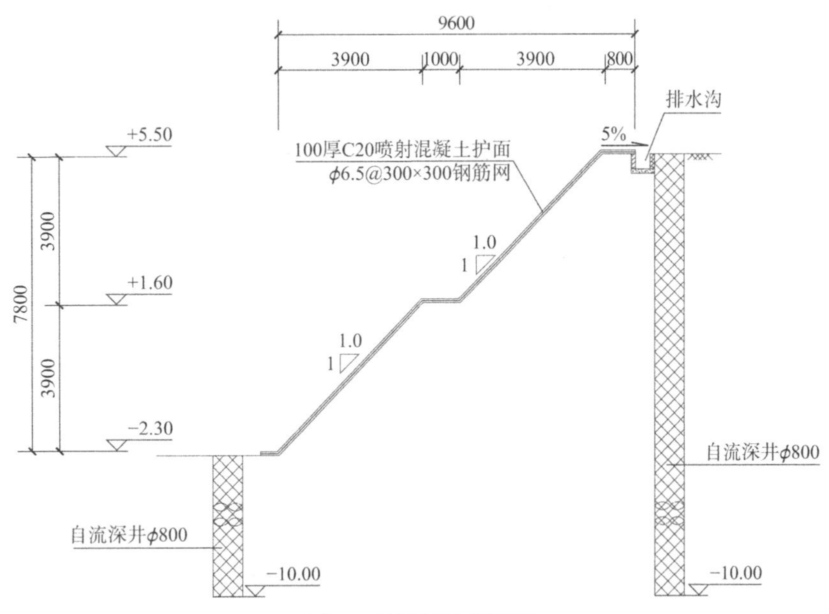

图5　基坑围护剖面图

2.2 地基加固方案

区间隧道顶部以上土层采用水泥土搅拌桩（桩长5m）进行满堂加固；在下卧双线隧道中间及两侧每1.0m间距布置1根直径600mm的钻孔灌注抗拔桩，抗拔桩上接加固土三个柱脚底部并与基坑底板连接。

双线隧道两侧设置宽度2.0m厚的水泥搅拌桩墙，隧道中间设置宽度2.6m厚的水泥搅拌桩墙（桩长26m）；抗拔桩结合水泥土墙形成门式框架结构以抑制基坑开挖卸荷引起的下卧地铁隧道上浮变形（图 6、图 7）。

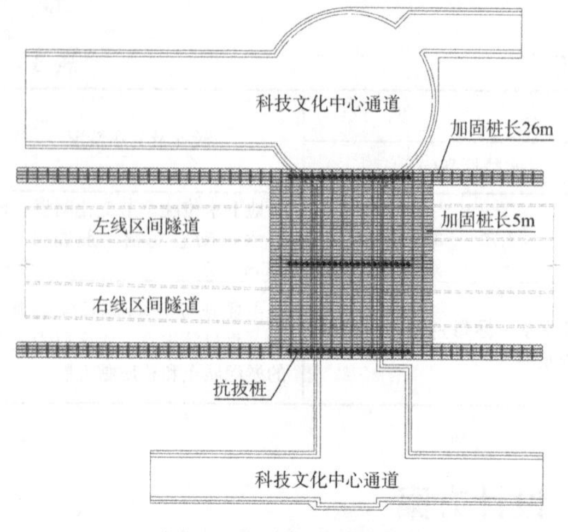

图 6　地基加固平面图

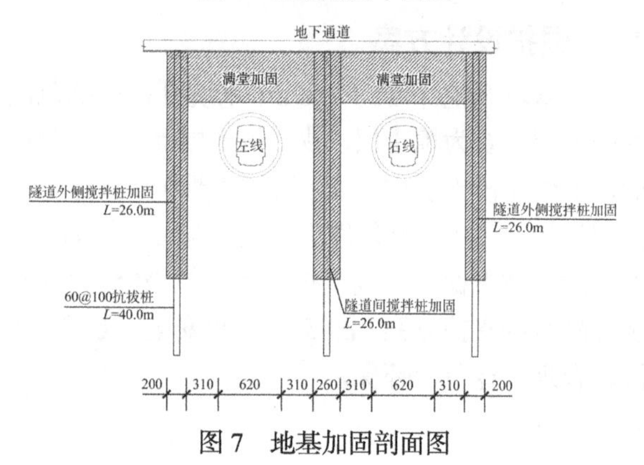

图 7　地基加固剖面图

2.3　土方开挖方案

基坑土方开挖按照分层、分块，抽条开挖的方式。基坑施工区域分为核心区和非核心区两种区域，抗拔桩处理区域（核心区）第一层开挖核心区第一层开挖从高程 5.50m 开挖到高程 1.60m，一次性开挖；第二层开挖从高程 1.60m 开挖到高程 −2.30m 一次性开挖。其余未处理区域（非核心区）也分 2 层开挖。

先进行一期降水，待降水到位后分区、分段、分层开挖：首先开挖核心区，接着开挖非核心区，再进行二期降水，降水后再分区、分段、分层开挖：首先开挖核心区，核心区开挖完成接着浇筑核心区的底板；接着开挖非核心区，非核心区开挖完成，浇筑非核心区底板。

3　下卧地铁隧道沉降与回弹的计算方法

施工期间地铁隧道沉降由其下部砂质粉土、淤泥质粉质黏土层、淤泥质黏土层、黏土层、砾石层的沉降组成。其中，砂质粉土、砾石等砂性土层的渗透系数较大，排水较快，固结速度快，认为其变形在施工施工期完成。而淤泥质粉质黏土层、淤泥质黏土层、黏土层等黏性土层的渗透系数小，排水慢，固结速度慢，其压缩变形在施工期仅部分完成，施工期其压缩变形为最终压缩量乘以施工期的固结度。同时，承受荷载瞬间，在偏应力作用下淤泥质粉质黏土层、淤泥质黏土层、黏土层等黏性土层会产生剪切畸变，即偏应力引起黏性土的剪切沉降。

施工期地铁隧道变形由其下部砂质粉土等砂性土层的最终变形，淤泥质粉质黏土层、淤泥质黏土层、黏土层等黏性土层的固结变形，以及黏性土层的瞬时剪切变形共三部分组成。

对开挖卸荷变形，先对降水引起的位移场清零，保留应力场，再采用土层的回弹模量进行三维数值仿真，对计算结果进行分析，与施工期降水引起地铁隧道的沉降量叠加，为基坑开挖后地铁隧道的变形量。

淤泥质粉质黏土层、淤泥质黏土层、黏土层的固结度为：

$$T_{\mathrm{v}}=\frac{C_{\mathrm{V}}t}{H^2} \tag{1}$$

$$U_{\mathrm{t}}=1-\frac{8}{\pi^2}\sum_{m=1}^{\infty}\frac{1}{m^2}e^{-m^2\left(\frac{\pi^2}{4}\right)T_{\mathrm{v}}}(m=1,3,5,7) \tag{2}$$

式中：C_{V}——固结系数；

H——黏性土层（淤泥质粉质黏土层、淤泥质黏土层、黏土层）厚度的一半（黏土层上下部分别为砂土层和砾石层，按照双面排水考虑）；

T_{v}——时间因子；

U_{t}——固结度；经计算，科技文化中心下沉广场及地下通道中三层黏性土层在施工期的固结度为 9.1%。

4　基坑施工对地铁隧道的影响分析

采用 FLAC^{3D} 三维有限差分程序进行数值仿真分析，对岩土体即水泥加固土体，采用线弹性—理想塑性的 Mohr—Coulomb 模型进行模拟。岩土体屈服前，其应力-应变关系服从线弹性关系；一旦发生剪切或拉伸屈服，岩土体将进入塑性流动阶段。采用正交流动法则，不模拟岩土体的剪胀效应。对钢筋混凝土钻孔灌注桩和基坑的混凝土底板，采用线弹性模型进行模拟。

4.1 降水引起地铁隧道的最终固结沉降

基坑降水引起地铁隧道最终固结沉降最大值为 12.37cm（图 8）。

基坑降水引起隧道下卧各土层的分层变形量及其占隧道最终固结沉降的比例见表 4。

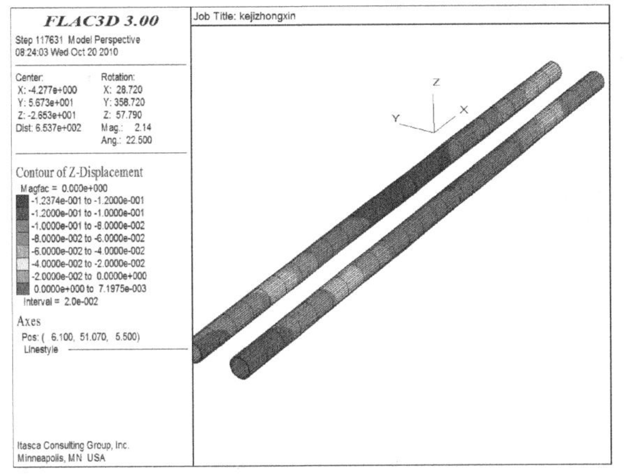

图 8 基坑降水引起的最终固结沉降

地铁隧道各下卧土层的最终固结沉降 **表 4**

层号	土层名	厚度/m	模量/MPa	降水引起的固结沉降		
				沉降量/cm	分层变形/cm	各层变形占隧道沉降的比例/%
3	砂质粉土	20	6.9	12.37	0.43	4
3-6	淤泥质粉质黏土	10	3.5	11.94	1.44	12
6-2	淤泥质黏土	15	2.5	10.51	5.68	45
8	黏土	10	3.9	4.82	4.82	39

4.2 降水引起下卧地铁隧道下黏性土的瞬时沉降

基坑降水引起地铁隧道下黏性土层的瞬时沉降为 8mm（图 9）。

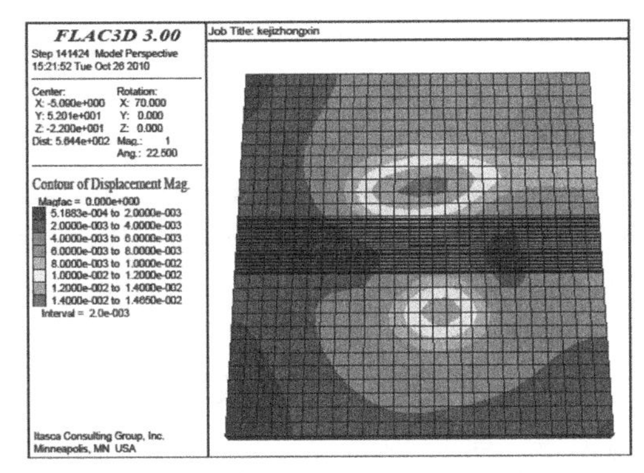

图 9 基坑降水引起隧道下黏性土层的瞬时沉降

4.3 降水施工期地铁隧道的沉降分析

施工期地铁隧道的沉降由其下部砂质粉土与砾石层等砂性土层的最终固结沉降，淤泥质粉质黏土层、淤泥质黏土层、黏土层等黏性土层的固结沉降，以及黏性土层的瞬时沉降共三部分组成。

地铁隧道下砂土的最终固结沉降量：$S_1=$ 4.3mm

降水完成后三层黏性土的固结沉降量：$S_2=S'\times U_t=119.4\text{mm}\times 9.1\%=10.8\text{mm}$；

三层黏性土的瞬时沉降量：$S_3=8\text{mm}$

降水施工期地铁隧道的沉降量：$S_1+S_2+S_3=23.1\text{mm}$。

4.4 基坑开挖引起地铁隧道的竖向位移分析

基坑分区、分层开挖后引起的地铁隧道竖向位移与施工期降水引起地铁隧道的沉降量叠加，便为基坑开挖后地铁隧道的竖向位移量(图 10、图 11)。

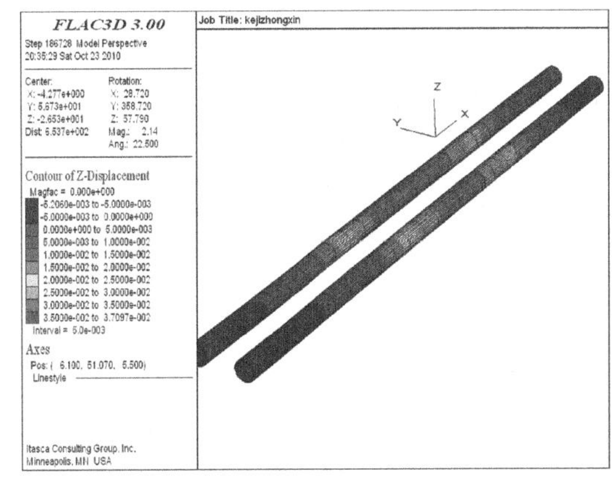

图 10 基坑开挖完成后地铁隧道竖向位移分布

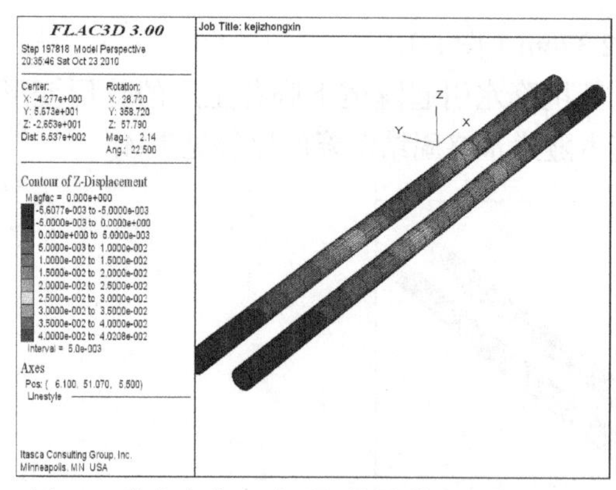

图 11　降水水位回升后地铁隧道竖向位移分布

基坑开挖完成后引起地铁隧道的竖向位移为 37mm，水位回升后一起地铁隧道的竖向位移为 40.2mm。当与降水引起的隧道变形叠加后，开挖完成后下卧地铁的位移为 13.9mm（上浮），水位回升后下卧隧道回弹量为 16.9mm（上浮）。

同时，因为黏性土回弹变形的时间效应，基坑施工期实际发生的隧道回弹变形量小于上述计算的终值。

4.5　地铁隧道的水平变形分析

降水及开挖引起的隧道水平位移最大值为 33.6mm，因施工时间较短，黏性土体的固结度小于 10%，施工期隧道的水平位移量 3mm（图 12、图 13）。

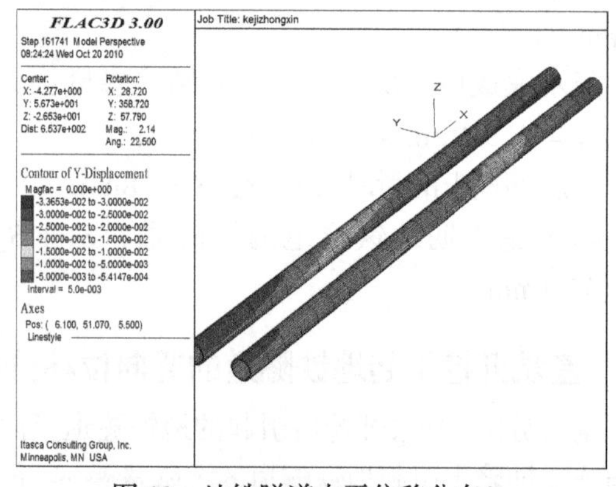

图 12　地铁隧道水平位移分布/m

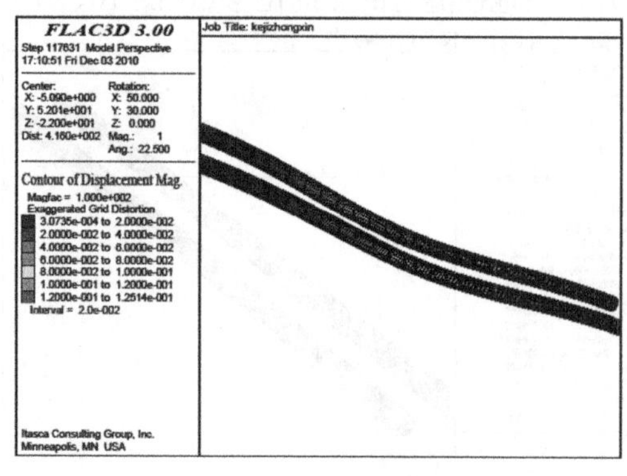

图 13　地铁隧道总位移/m

综合分析，地下通道开挖在降水施工期间引起下卧地铁隧道的总竖向位移为 16.9mm（上浮）；降水及土方开挖引起下卧隧道水平位移量 3mm；施工引起的地铁曲率半径最小值为 16667m。

5　工程验证

（1）通过地质调查、现场钻探并结合现场原位测试等多种工作方法，查明工程场区地层分布规律。通过基坑土方开挖及进行阶段性验收（验槽），基坑开挖影响范围的土层与勘察成果一致。

（2）基坑开挖面积大，基坑影响范围内土层透水性强，地下水位高。基坑支护采用大放坡结合坑内、坑外降水的支护方案。围护设计方案安全可靠，基坑自身以及周边建（构）筑物等的变形规律与设计计算结果基本相符合，变形均满足规范要求。

（3）下卧地铁盾构隧道上部土体采用水泥土搅拌桩满堂加固，并联合采用钻孔灌注抗拔桩形成门式框架结构进行加强的设计思路，有效减小了由于隧道上方卸载引起的下卧隧道竖向隆起变形。隧道变形规律与本报告计算结果基本相符。

（4）基坑施工前的分期降水和分期开挖间隔进行、严格控制降水深度的设计思路，大大减小了降水影响的范围，有效地减小了基坑降水引起的下卧地铁盾构隧道的沉降变形。隧道变形规律与本报告计算结果基本相符。

6　结语

针对深厚软土区双线运行地铁隧道上，进行近接地下通道和深基坑开挖的技术难题，采用多手段精细化勘察、合理可靠的设计方案、全过程三维精细化数值仿真、全过程信息化监测和实时反馈的综合手段，获得了成功，圆满完成了工程项目，为岩土工程行业的发展、相关规范的完善提供了丰富的数据和经验。

（1）基坑围护设计，采用放坡结合降水的围护设计方案，经济合理。

（2）地铁盾构隧道上部土体采用水泥土搅拌桩满堂加固，隧道间采用钻孔灌注抗拔桩形成门式框架结构进行加强的设计方案进行防护，技术可行。

（3）通过分区、分层开挖的施工一体化方案，融入地下水控制、岩土施工的多项创新技术措施，有效保障了工程及地铁隧道的安全。

（4）全过程三维精细化数值仿真、全过程信息化监测和实时反馈，是工程成功必不可少的措施。

绿轴下沉广场工程岩土工程实录

汪明元[1,2]　荆子菁[1]　周奇辉[1]　楼永良[1]　刘　磊[2]

（1. 中国电建集团华东勘测设计研究院有限公司，浙江杭州　311122；2. 浙江华东建设工程有限公司，浙江杭州　310014）

1　工程介绍

1.1　工程概况

绿轴下沉广场工程为杭州市下沙金沙湖城市设计与地铁隧道节点工程之一。工程位于杭州钱塘区下沙金沙湖北侧的九沙大道下部及其道路两侧（图 1）。九沙大道为快速路，本工程为连接九沙大道两侧并下穿九沙大道的人行交通工程。

图 1　绿轴下沉广场

绿轴下沉广场整体设计为一个台阶式月牙形围合的下沉式开敞空间，整体造型贴合金沙湖项目规划方案，充满动感与向心力。

绿轴下沉广场西侧为杭州地铁 1 号线下沙西站，广场下部为地铁 1 号线盾构区间。广场底板距离地铁 1 号线左线隧道顶 3.17m，距离右线隧道顶 4.33～5.98m（图 2、图 3）。广场面积约 12053m^2，结构基础形式为桩基础，桥下广场净空高度为 4.0m，底板厚度为 1.2m，广场基坑开挖深度为 5.25m。

1.2　工程地质

根据现场钻探、原位测试及室内土工试验成果，按地层沉积年代、成因类型，将拟建场地地面以下 65.0m 深度范围内的地层划分为 9 个大层，14 个亚层。各地层基本特征见表 1，地层物理力学参数见表 2，地层结构剖面见图 4。

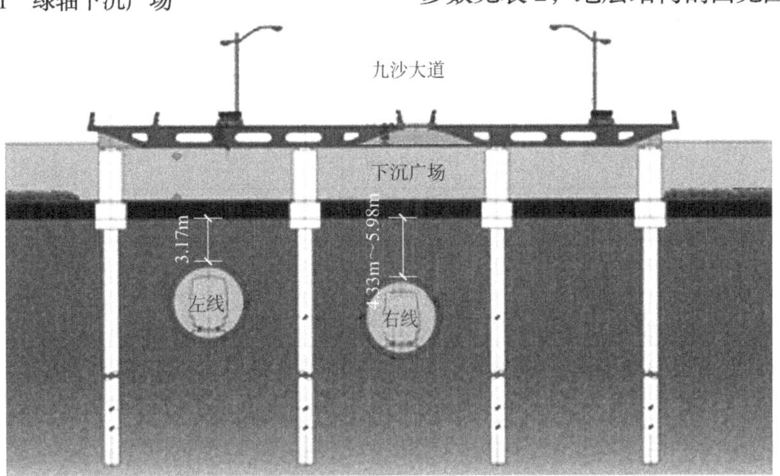

图 2　绿轴下沉广场与下卧地铁相对关系图 1

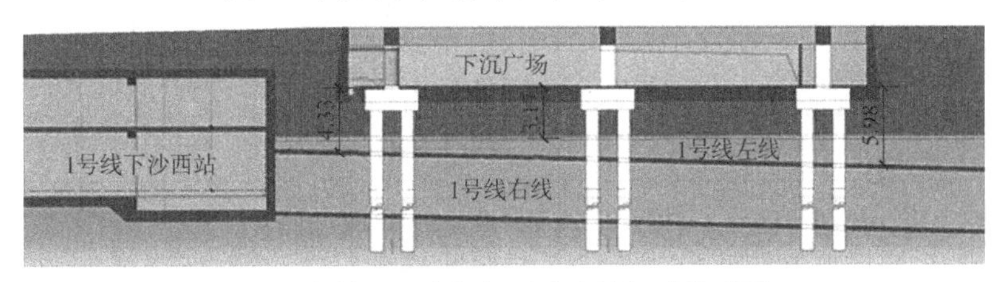

图 3　绿轴下沉广场与下卧地铁相对关系图 2

获奖项目：浙江省“钱江杯”优秀勘察设计一等奖。

地层基本特征 **表 1**

层号	土层名称	层厚/m（最大—最小）	颜色	湿度	稠度/密实度	分布情况
①$_1$	杂填土	2.00～0.60	灰、灰黄色	—	—	局部分布
①$_2$	素填土	2.80～0.50	灰黄色	湿	松散	局部分布
②$_1$	砂质粉土	2.50～0.70	灰黄色	湿	稍密	大部分分布
③$_1$	砂质粉土	3.00～1.40	灰黄色	湿	稍密—中密	全场分布
③$_2$	砂质粉土	8.80～3.00	灰色、灰黄色	湿	稍密	全场分布
③$_3$	粉砂夹砂质粉土	7.30～0.70	灰色、灰黄色	湿	稍密—中密	大部分分布
③$_4$	砂质粉土	6.80～0.90	灰色	湿	松散—稍密	全场分布
③$_5$	砂质粉土	9.00～1.30	灰色、灰黄色	湿	稍密—中密	全场分布
③$_6$	层状淤泥质粉质黏土	12.00～6.80	褐灰色	湿	流塑	全场分布
⑥$_2$	淤泥质黏土	10.60～7.70	灰色	湿	流塑	全场分布
⑧	粉质黏土	6.80～3.60	褐灰色	湿	软塑—流塑	全场分布
⑩	粉质黏土	4.20～1.60	青灰色，褐灰色	湿	软可塑—硬可塑	全场分布
⑫$_1$	粉细砂	2.60～0.80	灰、灰黄色	饱和	中密	全场分布
⑫$_2$	含砾中粗砂	3.30～0.90	灰黄色、青灰色	湿	中密	全场分布
⑬	粉质黏土	7.80～4.40	灰色	湿	软可塑—硬可塑	全场分布
⑭$_2$	圆砾	7.60～4.90	灰色、灰黄色	湿	中密	全场分布

各地层物理力学参数 **表 2**

层号	岩土名称	W_0/%	γ/（kN/m³）	e	W_L	W_P	f_{ak} /kPa	$E_{s0.1\text{-}0.2}$ /MPa	φ/°	c /kPa
②$_1$	砂质粉土	27.5	18.8	0.808	—	—	110	6.5	7	27
③$_1$	砂质粉土	26.6	19.0	0.766	—	—	145	9.0	5	30
③$_2$	砂质粉土	26.5	19.1	0.755	—	—	115	7.0	6	28
③$_3$	粉砂夹砂质粉土	23.9	19.2	0.703	—	—	160	10.0	3	31
③$_4$	砂质粉土	29.8	18.5	0.855	—	—	100	4.5	7	24
③$_5$	砂质粉土	28.6	18.9	0.860	—	—	110	6.5	5	29
③$_6$	层状淤泥质粉质黏土	33.7	17.8	1.003	32.2	19.9	80	3.0	14	13
⑥$_2$	淤泥质黏土	44.2	17.0	1.293	43.7	25.3	60	2.5	13	10
⑧	粉质黏土	32.5	17.5	1.015	33.9	21.0	90	3.9	19	13
⑩	粉质黏土	23.3	19.6	0.676	31.9	19.7	140	5.0	27	15
⑫$_1$	粉细砂	19.7	19.7	0.613	—	—	230	10.0	0	32
⑫$_2$	含砾中粗砂	17.0	20.0	0.614	—	—	280	12.0	0	33
⑬	粉质黏土	24.6	19.6	0.693	31.2	18.9	120	4.8	30	16
⑭$_2$	圆砾	—	21.0	—	—	—	400	15.0	0	35

注：f_{ak}为地基承载力特征值；无黏性土强度参数为慢剪值，黏性土为固结快剪值；液塑限联合测定，液限取落锥深度为 10mm。

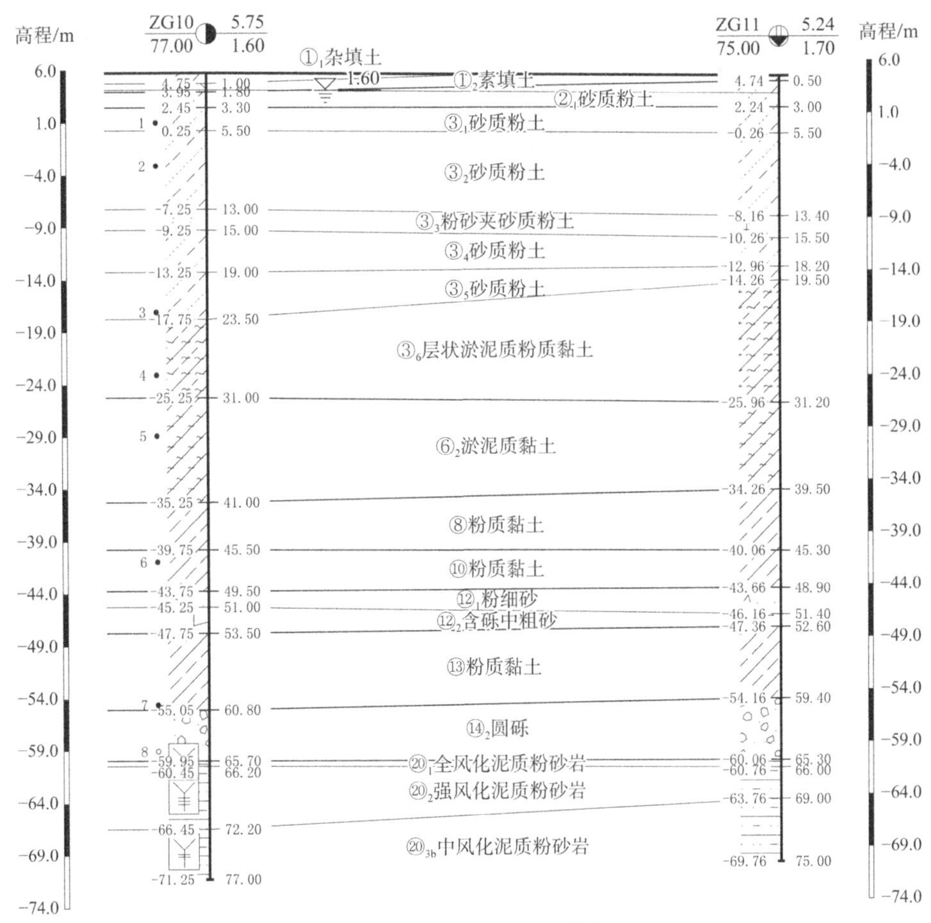

图 4　绿轴下沉广场地质剖面

1.3　水文地质

勘察揭示的地下水情况见表 3。

地下水综合情况表　　　　**表 3**

序号	地下水类型	地下水稳定水位		赋存及分布情况
		水位埋深/m	水位标高/m	
1	松散岩类孔隙潜水	0.90～3.10m	3.49～5.17m	地下水位随季节变化明显，地下水位动态变幅一般在 1.5～2.0m
2	承压水	弱承压含水层顶板高程为−45.02～−41.57m，深部承压水含水层顶板高程为−55.05～−52.25m	弱承压水水头标高−1.0m，深部承压水水头标高−4.0m	弱承压水含水层主要分布于深部的⑫1 层粉细砂和⑫2 层含砾中粗砂；深部承压水分布在⑭2 层圆砾中，水量较丰富

1.4　项目特点

本项目的成功，其防护结构设计方案、分区分层施工措施、三维精细化数值仿真论证、全过程信息化监测和实时反馈的综合技术，可为后续类似工程的设计、论证和施工提供参考。

本项目特点在于：

（1）绿轴下沉广场基坑位于杭州地铁 1 号线盾构隧道的正上方，广场底板距离地铁 1 号线左线隧道顶仅 3.17m，距离右线隧道顶仅 4.33～5.98m，均小于 1 倍洞径。

（2）地铁下卧深厚软塑—流塑状淤泥和淤泥质土，上部基坑大开挖和降水可能会造成扰动，对强触变性软土的结构性和不排水强度的影响较大。

（3）基坑土方开挖前降水施工引起下卧盾构隧道沉降，基坑土方开挖施工又引起下卧盾构隧道竖向隆起变形，而下沉式广场下卧地铁隧道安全运行对变形的要求极其严格。

（4）基坑降水及土方开挖施工引起下卧盾构

隧道的变形量控制，是关系本工程成败的关键。本工程采用钻孔灌注桩和水泥土搅拌桩组成的深埋门架式结构对下卧地铁隧道进行防护，采用三维精细化数值仿真论证基坑降水过程和抽条开挖的分区、分层实施方案，并通过关键部位的全过程信息化监测和实时反馈，成功将下卧地铁隧道的变形控制在允许范围内。

2 设计方案

2.1 围护设计方案

本基坑开挖深度约 5.25m，基坑开挖影响范围内的土层主要为填土层、砂质粉土层等。基坑开挖面基本位于砂土层中，该土层透水性强，且地下水位埋深浅，在高水位条件下易引起流砂、管涌，从而导致边坡失稳。基坑支护采用大放坡结合坑内、坑外降水的支护方案（图 5），方案安全可靠、经济合理、绿色环保。

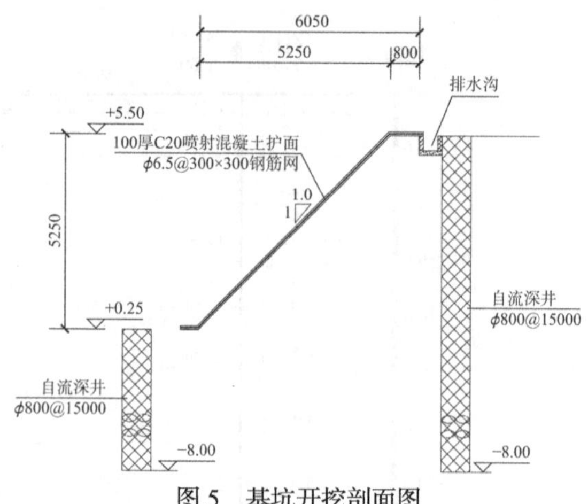

图 5 基坑开挖剖面图

2.2 地基加固方案

区间隧道顶部以上土层采用水泥土搅拌桩进行满堂加固，在下卧双线隧道中间及两侧每 1.0m 间距布置 1 根直径 600mm 的钢筋混凝土钻孔灌注抗拔桩，抗拔桩上接加固土三个柱脚底部并与基坑底板连接，形成门式框架结构以抑制基坑开挖卸荷引起的下卧地铁隧道上浮变形（图 6、图 7）。

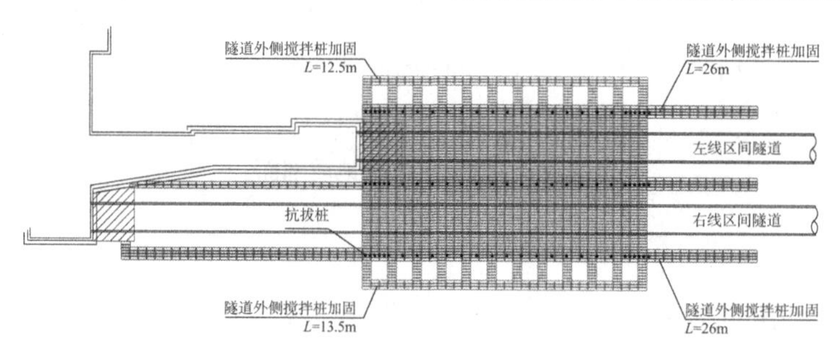

图 6 地基加固平面图

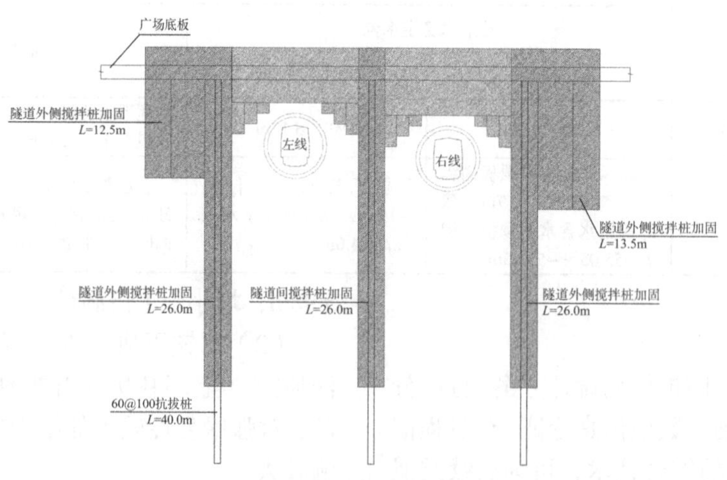

图 7 地基加固剖面图

2.3 基坑大开挖方案

基坑土方开挖按照分层、分块、抽条开挖的方式。基坑施工区域分为核心区和非核心区两种区域，抗拔桩处理区域（核心区）第一层开挖从高程 5.50m 开挖到高程 3.28m，为一次性开挖；第二层开挖从高程 3.28m 开挖到高程 0.25m，分 2 期抽槽开挖。其余未处理区域（非核心区）也分 2 层开挖。

先进行一期降水，待降水到位后分区、分段、分层开挖：首先开挖核心区，接着开挖非核心区，再进行二期降水，降水后再分区、分段、分层开挖：首先开挖核心区，核心区开挖完成接着浇筑核心区的底板；接着开挖非核心区，非核心区开挖完成，浇筑非核心区底板。

3 施工期下卧地铁隧道变形分析

施工期间地铁隧道沉降由其下部砂质粉土、淤泥质粉质黏土层、淤泥质黏土层、黏土层、砾石层的沉降组成。其中砂质粉土、砾石等砂性土层的渗透系数较大，排水较快，固结速度快，认为其变形在施工期完成。而淤泥质粉质黏土层、淤泥质黏土层、黏土层等黏性土层的渗透系数小，排水慢，固结速度慢，其压缩变形在施工期仅部分完成，施工期其压缩变形为最终压缩量乘以施工期的固结度。同时，承受荷载瞬间，在偏应力作用下淤泥质粉质黏土层、淤泥质黏土层、黏土层等黏性土层会产生剪切畸变，即偏应力引起黏性土的剪切沉降。

施工期地铁隧道变形由其下部砂质粉土等砂性土层的最终变形，淤泥质粉质黏土层、淤泥质黏土层、黏土层等黏性土层的固结变形，以及黏性土层的瞬时剪切变形共三部分组成。

对开挖卸荷变形，先对降水引起的位移场清零，保留应力场，再采用土层的回弹模量进行三维数值仿真，对计算结果进行分析，与施工期降水引起地铁隧道的沉降量叠加，为基坑开挖后地铁隧道的变形量。

淤泥质粉质黏土层、淤泥质黏土层、黏土层的固结度为：

$$T_{\mathrm{V}}=\frac{C_{\mathrm{V}}t}{H^2} \tag{1}$$

$$U_{\mathrm{t}}=1-\frac{8}{\pi^2}\sum_{m=1}^{\infty}\frac{1}{m^2}e^{-m^2\left(\frac{\pi^2}{4}\right)T_{\mathrm{V}}}(m=1,3,5,7) \tag{2}$$

式中：C_{V}——固结系数；

H——黏性土层（淤泥质粉质黏土层、淤泥质黏土层、黏土层）厚度的一半（黏土层上下部分别为砂土层和砾石层，按照双面排水考虑）；

T_{V}——时间因子；

U_{t}——固结度；经计算：绿轴下沉广场工程中三层黏性土层在施工期的固结度为 9.2%。

4 基坑施工对下卧地铁隧道的影响分析

采用 FLAC^{3D} 三维有限差分程序进行数值仿真分析，对岩土体即水泥加固土体，采用线弹性—理想塑性的 Mohr—Coulomb 模型进行模拟。岩土体屈服前，其应力应变关系服从线弹性关系；一旦发生剪切或拉伸屈服，岩土体将进入塑性流动阶段。采用正交流动法则，不考虑开挖过程中饱和岩土体的剪胀效应。对钢筋混凝土钻孔灌注桩和基坑的混凝土底板，采用线弹性模型进行模拟。

4.1 降水引起地铁隧道的最终固结沉降

基坑降水引起地铁隧道最终固结沉降最大值为 12.48cm（图 8）。

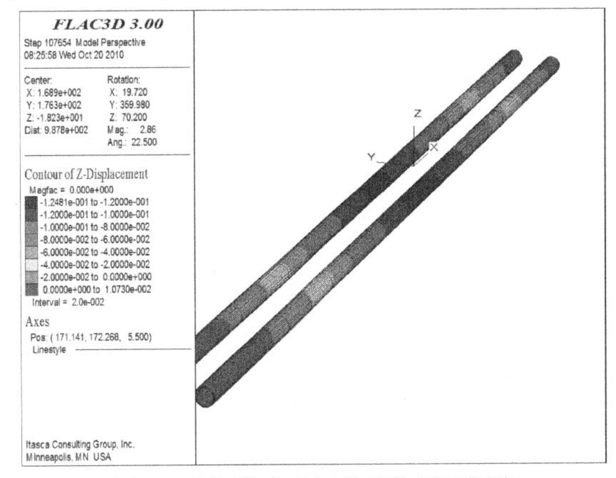

图 8 基坑降水引起的最终固结沉降

基坑降水引起隧道下卧各土层的分层变形量及其占隧道最终固结沉降的比例见表 4。

地铁隧道各下卧土层的最终固结沉降 表 4

层号	土层名	厚度/m	模量/MPa	降水引起的固结沉降结果		
				沉降量/cm	分层变形/cm	各层变形占隧道沉降的比例/%
3	砂质粉土	20	6.9	12.48	0.28	2
3-6	淤泥质粉质黏土	10	3.5	12.20	1.28	10
6-2	淤泥质黏土	15	2.5	10.90	5.80	47
8	黏土	10	3.9	5.10	5.10	41

4.2 降水引起地铁隧道下黏性土的瞬时沉降

基坑降水引起地铁隧道下黏性土层的瞬时沉降为 5.6mm（图 9）。

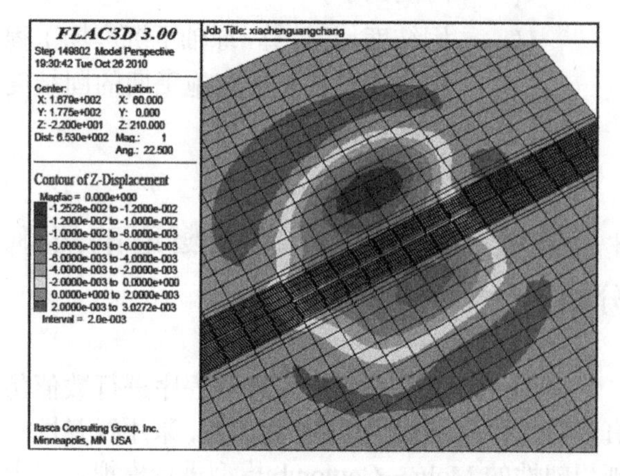

图 9 基坑降水引起隧道下黏性土层的瞬时沉降

4.3 降水施工期地铁隧道的沉降分析

施工期地铁隧道的沉降由其下部砂质粉土与砾石层等砂性土层的最终固结沉降，淤泥质粉质黏土层、淤泥质黏土层、黏土层等黏性土层的固结沉降，以及黏性土层的瞬时沉降共三部分组成。

地铁隧道下砂土的最终固结沉降量：$S_1 = 2.8\text{mm}$

降水完成后三层黏性土的固结沉降量：$S_2 = S' \times U_t = 122\text{mm} \times 0.092 = 11.2\text{mm}$

三层黏性土的瞬时沉降量：$S_3 = 5.6\text{mm}$

降水施工期地铁隧道的沉降量：$S_1 + S_2 + S_3 = 2.8 + 11.2 + 5.6 = 19.6\text{mm}$。

4.4 基坑开挖引起地铁隧道的竖向位移分析

模拟基坑分区、分层开挖，与施工期降水引起地铁隧道的沉降量叠加，为基坑开挖后地铁隧道的竖向位移量（图 10、图 11）。

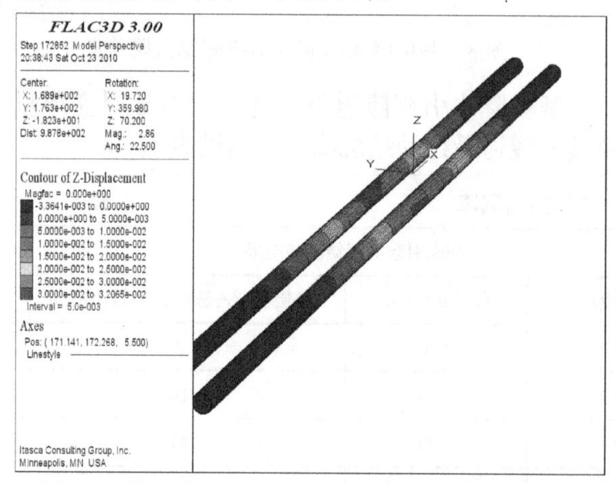

图 10 模拟基坑开挖完成后地铁隧道竖向位移分布

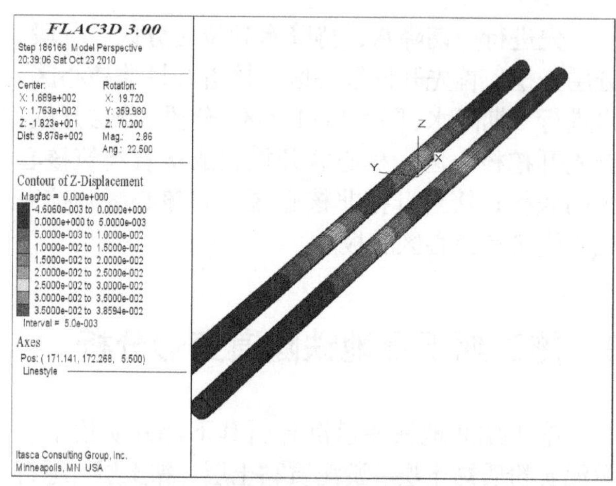

图 11 模拟降水水位回升后地铁隧道竖向位移分布

基坑开挖完成后引起地铁隧道的竖向位移为 32mm，水位回升后引起地铁隧道的竖向位移为 38.5mm。当与降水引起的隧道变形叠加后，水位回升后下卧隧道回弹量为 18.9mm，开挖完成后下卧地铁的位移为 12.4mm（上浮）。

同时，因为黏性土回弹变形的时间效应，基坑施工期实际发生的隧道回弹变形量小于上述计算的终值。

4.5 地铁隧道的水平变形分析

降水及开挖引起的隧道水平位移最大值为 8.5mm，因施工时间较短，黏性土体的固结度小于 10%，施工期隧道的水平位移量小于 1mm（图 12、图 13）。

综合以上分析，绿轴下沉广场基坑在降水施工期间引起下卧地铁隧道的总沉降为 19.6mm；土方开挖完成后引起下卧地铁隧道的变形为 18.9mm（上浮）；降水及土方开挖引起下卧隧道水平位移量小于 1mm；施工引起的地铁曲率半径最小值为 18520m。

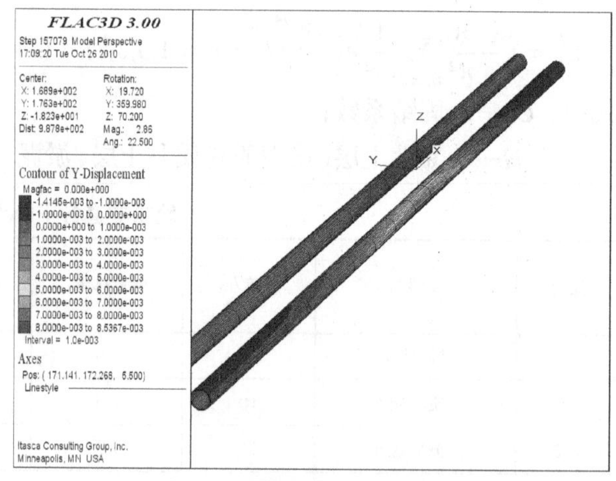

图 12 地铁隧道水平位移分布

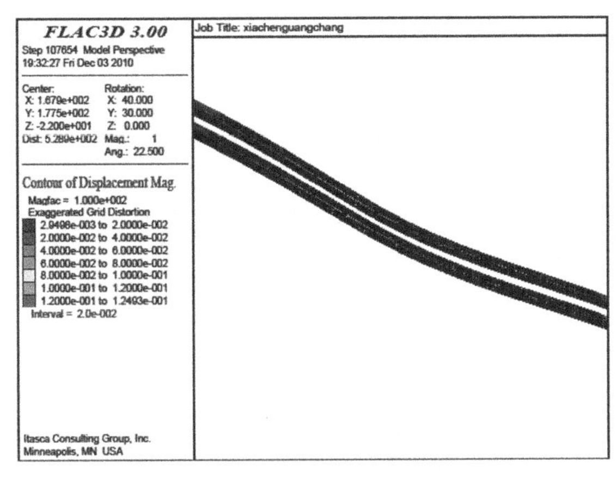

图 13　地铁隧道总位移

5　工程验证

（1）通过地质调查、现场钻探并结合现场原位测试等多种工作方法，查明工程场区地层分布规律。通过基坑土方开挖及进行阶段性验收，基坑开挖影响范围的土层与勘察资料一致。

（2）本工程基坑开挖面积大，基坑影响范围内土层透水性强，地下水位高。基坑支护采用大放坡结合坑内、坑外降水的支护方案。围护设计方案安全可靠，基坑自身以及周边建（构）筑物等的变形规律与设计计算结果基本相符合，变形均满足规范要求。

（3）下卧地铁盾构隧道上部土体采用水泥土搅拌桩满堂加固，并联合采用钻孔灌注抗拔桩形成门式框架结构进行加强的设计思路，有效地减小了由于隧道上方卸载引起的下卧隧道的竖向隆起变形。隧道变形规律与计算结果基本相符。

（4）基坑施工前的分期降水和分期开挖间隔进行、严格控制降水深度的设计思路，大大减小了降水影响的范围，有效地减小了基坑降水引起的下卧地铁盾构隧道的沉降变形。隧道变形规律与计算结果基本相符。

6　结语

我院秉持负责、高效、最好的服务理念，为建设单位提供工程勘察、设计及施工服务，保证了工程的顺利实施。项目成功的经验在于：

（1）本项目因地制宜，采用放坡结合降水的围护设计方案，经济合理，绿色环保。

（2）地铁盾构隧道上部土体采用水泥土搅拌桩满堂加固，隧道间采用钻孔灌注抗拔桩形成门式框架结构进行加强的设计方案。

（3）深埋门架式结构加固的设计方案，结合分区、分层开挖、分期降水的施工一体化方案，融入地下水控制、岩土施工的多项创新技术措施，有效保障了工程及下卧地铁隧道的安全。

（4）三维精细化全过程数值仿真分析，结合全过程信息化监测并实时反馈，对指导降水和大开挖发挥了重要作用。

华能榆神热电有限公司 2×350MW 热电联产工程岩土工程勘察、试验及边坡设计实录*

饶　虎　刘志伟　杨生彬　胡　昕　鄢治华
（中国电力工程顾问集团西北电力设计院有限公司，陕西西安　710075）

1　工程概况

华能榆神热电有限公司2×350MW 热电联产工程位于榆林市榆阳区青云镇平顶梁，东南距榆林市中心约 6km，项目规划容量4×350MW，本期建设2×350MW 超临界燃煤间接空冷供热机组，同步建设脱硫脱销装置。是陕西省和榆林市“十二五”规划建设的重点城市热电联产项目，是解决榆林中心城市集中供热的主要热源点，也是榆林市历史上最大的单项民生工程。

厂址区原始地貌为黄土塬、梁地貌，地质环境及地质条件复杂，勘察难度大，主要表现为以下几个方面：

（1）原始地形起伏大，厂区及周边冲沟及落水洞发育，场平后挖填方厚度大（图 1），最大填土厚度达 47m。场地内分布有风积砂、湿陷性黄土。深厚填土和风积砂、湿陷性黄土造成的地基处理问题突出。

图 1　场地平整前后地形变化对比图

（2）本工程主厂房、锅炉房、烟囱和冷却塔等建（构）筑物具有“高、大、重、深”的特点，冷却塔高 176m，烟囱高 210m，基础埋深 5～6m，要求地基承载力 ≥ 350kPa，单桩承载力 ≥ 3500kN，工程性能较差的填土、风积砂、黄土地基如何安全承载大荷载的建（构）筑物，合理控制地基变形等问题突出，对岩土工程勘察和评价提出了高标准和严要求。

（3）本工程采用半封闭地下煤场，煤场荷载大且位于填方区，开挖后形成 5～7m 的填土边坡，煤场地段建（构）筑物布置紧凑，容许放坡空间狭窄。同时厂址南侧形成了高达 47m 的填土边坡。填方边坡规模大，安全等级高，填土工程性能差，治理难度大。

因此，针对本工程场地复杂的地质条件及岩土工程勘察设计难点问题开展了一系列系统的研究工作，取得了良好的成效。工程于 2016 年 3 月 14 日正式开工建设，两台机组分别于 2018 年 01 月 29 日和 2018 年 3 月 31 日通过 168h 满负荷试

*获奖项目：2020 年度陕西省优秀工程勘察一等奖，2021 年度中国勘察设计协会优秀勘察设计奖工程勘察二等奖。

运并投入商业运行。运行多年来，各项经济技术指标优良（图 2）。

图 2　工程全景照片

2　场地岩土工程条件

2.1　地形地貌

厂址区地貌单元属鄂尔多斯地台南缘与黄土高原北部过渡地带，地处毛乌素沙漠的边缘，为黄土塬、梁地貌。原始地形起伏较大，地面高程为 1115.0～1182.0m，地势总体呈北高南低，厂区西南部及中部各发育有一条冲沟，冲沟最大深度 30～40m，沿冲沟及两侧发育有串珠状落水洞。

场地平整后分为 2 个平台，交界处为一人工边坡，高度为 9～16m，下沉式煤场和周边输煤建（构）筑物交界处人工边坡的高度为 5～7m，场地南部围墙位置形成了高度为 33～47m 的人工边坡。

2.2　地层岩性

场地上部为素填土、杂填土、黄土状粉土（Q_3^{al+pl}），局部为全新统的风积粉细砂（Q_4^{eol}）；中下部主要为更新统的冲洪积层（$Q_{2\sim3}^{al+pl}$），地层以细砂、粉土等为主；下伏侏罗系粉砂岩（J）等。第四系地层厚度为 36.7～56.4m。各层地基土分布特征见表 1，场地典型工程地质剖面图见图 3。

地基土分布特征统计表　　　　表 1

地层编号及岩性	层厚/m	层顶标高/m
①₁ 素填土（Q^s）	0.5～43.3	—
①₂ 杂填土（Q^s）	4.9	—
②粉细砂（Q_4^{eol}）	0.5～5.5	—
③黄土状粉土（Q_3^{al+pl}）	0.5～18.0	1149.37～1169.03
③₁ 细砂（Q_3^{al+pl}）	0.8～3.5	—
④细砂（Q_3^{al+pl}）	0.5～8.9	1134.14～1165.41
⑤粉土（$Q_{2\sim3}^{al+pl}$）	0.5～18.6	1131.64～1162.15
⑥细砂（$Q_{2\sim3}^{al+pl}$）	0.5～12.3	1112.94～1155.30
⑦粉土（$Q_{2\sim3}^{al+pl}$）	2.3～> 15.1	1111.24～1149.61
⑦₁ 细砂（$Q_{2\sim3}^{al+pl}$）	0.5～7.9	—
⑧粉砂岩（J）	> 5.0	—

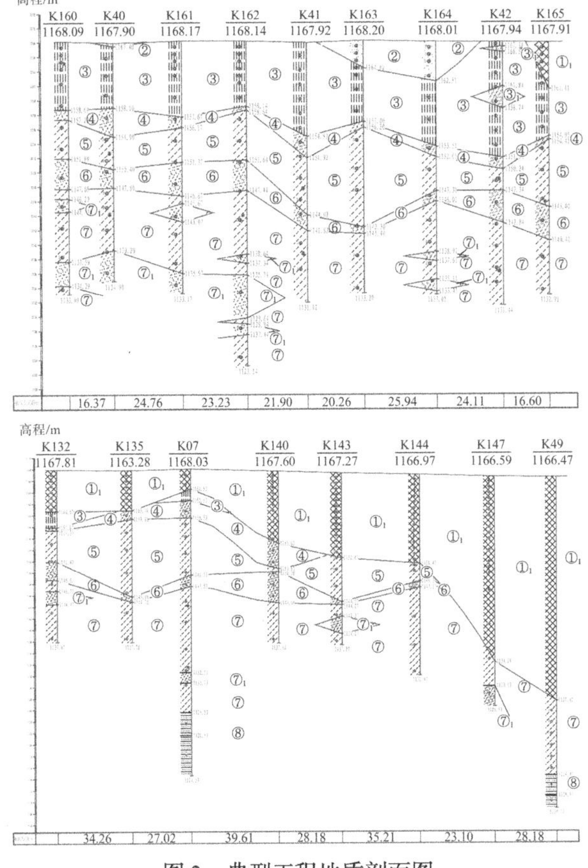

图 3　典型工程地质剖面图

2.3　地下水埋藏条件

厂区稳定地下水位埋深较深，一般大于 60m，可不考虑地下水对工程的影响。

2.4　地基土物理力学性质指标

各层地基土主要物理力学性质指标及地基承载力特征值见表 2。

3　黄土湿陷性评价

为了评价③黄土状粉土的湿陷性，本项目勘察期间通过探井内取不扰动土样进行了室内黄土湿陷性试验。

依据《湿陷性黄土地区建筑规范》GB 50025—2004，可研和初勘阶段分别在标准压力和预估大压力下（0～10m 为 300kPa，10～20m 为 400kPa，大于 20m 为上覆土的饱和自重压力）对各探井的③层黄土状粉土进行了湿陷量计算（表 3 和表 4），并对场地的湿陷性进行了初步评价：场地按非自重湿陷场地考虑，湿陷等级按Ⅰ级（轻微）考虑。

地基土物理力学指标推荐值一览表 **表 2**

地层编号及岩性	含水率 w/%	重度γ/（kN/m³）	饱和度S_r/%	孔隙比 e	压缩模量 $E_{s1\text{-}2}$/MPa	变形模量 E_0/MPa	黏聚力 c/kPa	内摩擦角 φ/°	承载力特征值 f_{ak}/kPa
①₁素填土	10.2	18.5	47.7	0.812	10.6	—	18.6	26.6	—
②粉细砂	—	16.0	—	—	—	10.0	—	25.0	130
③黄土状粉土	11.8	17.1	42.5	0.772	13.1	—	28.8	29.5	210
③₁细砂	—	18.0	—	—	—	15.0	—	30.0	200
④细砂	—	19.0	—	—	—	20.0	—	35.0	230
⑤粉土	12.2	17.7	46.4	0.719	14.1	—	29.5	30.1	240
⑥细砂	—	20.0	—	—	—	21.0	—	36.0	240
⑦粉土	15.0	18.7	62.0	0.665	13.1	—	30.5	32.1	260
⑦₁细砂	—	20.0	—	—	—	22.0	—	36.0	260

施工图勘察阶段根据设计提供的实际基底压力，对各探井的③黄土状粉土进行了湿陷量计算（表 5），对各地段场地的湿陷性进行了最终评价：冷却塔地段场地按非湿陷性场地考虑；汽机房地段可不考虑黄土状粉土湿陷性；锅炉房及烟囱位置可不考虑黄土状粉土湿陷性；升压站、生产办公楼等区域按非湿陷性场地考虑；化水、输煤、煤场及附近的区域为Ⅰ（轻微）级非自重，湿陷下限深度为 3.1m 左右。

标准压力下黄土湿陷性计算表 **表 3**

地段	探井编号	自重湿陷量 Δzs/mm	湿陷量 Δs/mm	湿陷下限深度/m	湿陷下限标高/m	湿陷类型	湿陷等级
间冷塔及附近	J02	17.00	19.00	15.1	1158.38	非自重	Ⅰ（轻微）
	J04	0.00	0.00	—	—	非湿陷	—
	J32	0.00	34.00	11.1	1170.90	非自重	Ⅰ（轻微）
主厂房、烟囱及附近	J36	0.00	0.00	—	—	非湿陷	—
	J38	0.00	0.00	—	—	非湿陷	—
	J08	0.00	0.00	—	—	非湿陷	—
	J48	0.00	0.00	—	—	非湿陷	—
输煤建筑及附近	J10	0.00	0.00	—	—	非湿陷	—
	J50	0.00	0.00	—	—	非湿陷	—
	J55	0.00	38.40	3.1	1145.98	非自重	Ⅰ（轻微）

预估大压力下黄土湿陷性计算表 **表 4**

地段	探井编号	自重湿陷量 Δzs/mm	湿陷量 Δs/mm	湿陷下限深度/m	湿陷下限标高/m	湿陷类型	湿陷等级
间冷塔及附近	J02	17.00	23.00	15.1	1158.38	非自重	Ⅰ（轻微）
	J04	0.00	0.00	—	—	非湿陷	—
	J32	0.00	90.70	11.1	1170.90	非自重	Ⅰ（轻微）
主厂房、烟囱及附近	J36	0.00	0.00	—	—	非湿陷	—
	J38	0.00	105.30	4.5	1166.50	非自重	Ⅰ（轻微）
	J08	0.00	45.00	5.1	1166.00	非自重	Ⅰ（轻微）
	J48	0.00	0.00	—	—	非湿陷	—

续表

地段	探井编号	自重湿陷量 Δzs/mm	湿陷量 Δs/mm	湿陷下限深度/m	湿陷下限标高/m	湿陷类型	湿陷等级
输煤建筑及附近	J10	0.00	0.00	—	—	非湿陷	—
	J50	0.00	0.00	—	—	非湿陷	—
	J55	0.00	45.60	3.1	1145.98	非自重	Ⅰ（轻微）

预估基底压力下黄土湿陷性计算表　　表5

地段	探井编号	自重湿陷量 Δzs/mm	湿陷量 Δs/mm	湿陷下限深度/m	湿陷下限标高/m	湿陷类型	湿陷等级
间冷塔	J32	0.0	0.00	—	—	非湿陷	—
	J102	0.0	0.00	—	—	非湿陷	—
	J108	0.0	0.00	—	—	非湿陷	—
主厂房、烟囱及附近	J36	0.0	0.00	—	—	非湿陷	—
	J38	0.0	0.0	—	—	非湿陷	—
	J08	0.0	0.00	—	—	非湿陷	—
	J48	0.0	0.0	—	—	非湿陷	—
升压站、生产办公楼等区域	J04	0.0	0.0	—	—	非湿陷	—
	J112	0.0	0.0	—	—	非湿陷	—
	J117	0.0	0.0	—	—	非湿陷	—
	J121	0.0	0.0	—	—	非湿陷	—
	J127	0.0	0.0	—	—	非湿陷	—
化水、输煤、煤场等区域	J10	0.0	0.00	—	—	非湿陷	—
	J50	0.0	0.0	—	—	非湿陷	—
	J55	0.0	45.6	3.1	1145.98	非自重	Ⅰ（轻微）
	J246	0.0	0.0	—	—	非湿陷	—
	J255	0.0	0.0	—	—	非湿陷	—

4　原位测试及原体试验

4.1　标准贯入试验（SPT）

场地平整后填方区上部分布有厚度不一的①$_1$层素填土，最大厚度达47.0m，为了查明素填土的工程特性，本次在①$_1$层素填土中进行了大量标准贯入试验，试验间隔1.0～1.5m，统计结果见表6。

标准贯入试验统计表　　表6

地层	实测值N/击		修正值N'/击	
	范围值	平均值	范围值	平均值
素填土	2.0～58.0	14.7	1.4～40.8	12.5

由表6可以看出，素填土中标准贯入试验击数离散性极大，表明素填土均匀性差，密实度及工程性能差异性大，未经处理不宜直接作为建（构）筑物的地基持力层。

4.2　平板载荷试验（PLT）

为了获取③层黄土状粉土的地基承载力，勘察期间在③层黄土状粉土中进行了3点平板载荷试验（图4）。载荷试验成果见表7。

图4　平板载荷试验现场照片

由载荷试验结果，综合考虑沉降变形及浸水等因素，最终③层黄土状粉土的地基土承载力特征值按210kPa取值。

载荷试验成果表　　表7

地段	点位	最大加荷/kPa	最终沉降/mm	残余沉降/mm	浸水饱和状态下地基承载力特征值f_{ak}/kPa	浸水饱和状态下变形模量E_0/MPa	浸水时间/d
冷却塔	S1	720	22.90	21.83	360	31.7	3
冷却塔	S2	720	24.18	23.97	300	20.2	6
升压站	S3	720	35.75	35.65	164（按$s/d=0.010$） 231（按$s/d=0.015$）	11.3 10.6	6

4.3　钻孔灌注桩试验

场地上部地基土承载力较低，主厂房及烟囱区域无法满足天然地基要求，拟采用钻孔灌注桩方案。为了获取准确可靠的桩基设计参数，勘察期间开展了钻孔灌注桩试验，分别对A型桩（桩径800mm，桩长30m）和C型桩（桩径600mm，桩长15m）进行了试桩，每种桩型分别布置试桩3根。见图5。

图5　钻孔灌注桩试验现场照片

通过对单桩竖向抗压、单桩竖向抗拔及单桩水平静载荷试验数据及成果的分析得出：A型试桩单桩竖向抗压极限承载力为8400kN，C型试桩单桩竖向抗压极限承载力为3100kN。A型试桩单桩竖向抗拔极限承载力不小于2475kN，C型试桩单桩竖向抗拔极限承载力不小于825kN。A型试桩单桩水平临界荷载建议取240kN，C型试桩单桩水平临界荷载建议取130kN。同时结合试桩桩身应力应变测试结果（图6和图7），给出了场地各层土的极限侧阻力和桩端土的极限端阻力的建议值（表8），为本工程的桩基设计提供了科学、合理的岩土参数。

桩的极限侧摩阻力及端阻力建议值　　表8

土层编号	土层名称	极限侧摩阻力/kPa	极限端阻力/kPa
③	黄土状粉土	65	—
④	细砂	90	—
⑤	粉土	95	1700
⑥	细砂	110	—
⑦	粉土	110	2200

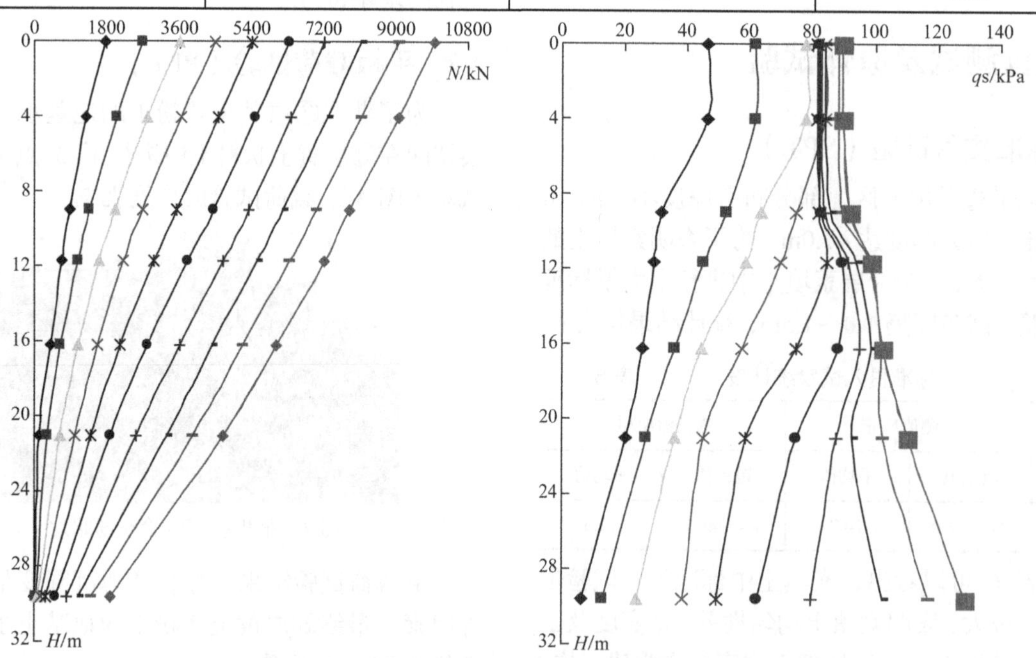

图6　A型试桩单桩竖向抗压静载荷试验桩身轴力图及侧摩阻力图

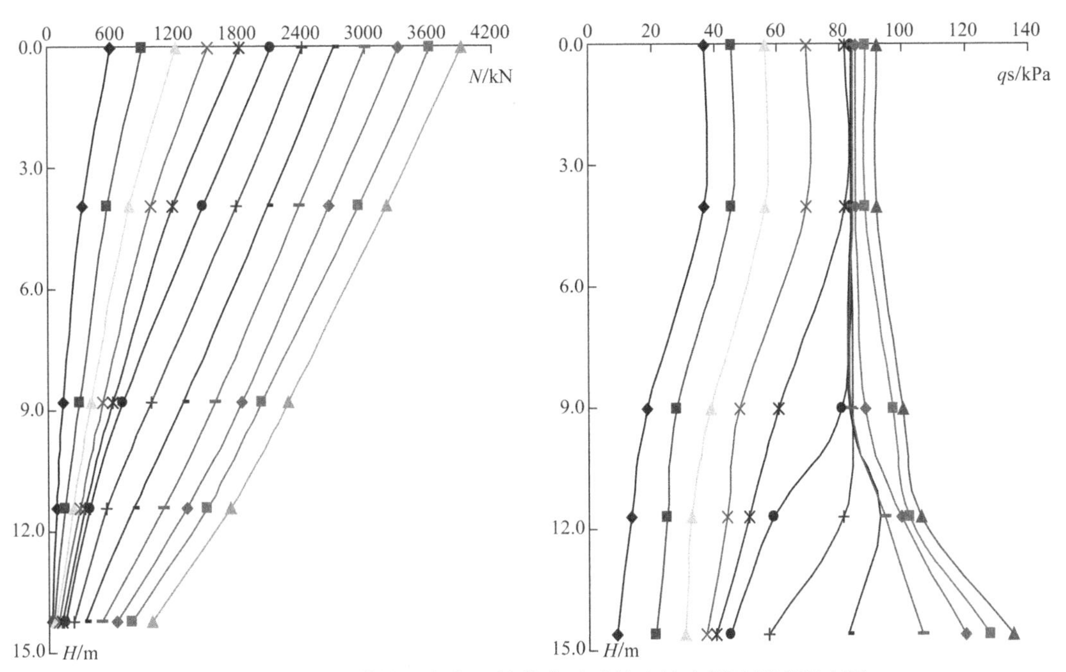

图 7　C 型试桩单桩竖向抗压静载荷试验桩身轴力图及侧摩阻力图

5　边坡支护方案

下沉式煤场及周边区域建（构）筑物密布，用地极为紧张，边坡支护设计综合考虑了多种建（构）筑物结构荷载及交叉布置的相互影响，最终推荐以扶壁（悬臂）式挡墙 + 放坡（1∶1.5 坡率）为主的边坡支护方案（图 8），扶壁（悬臂）式挡墙与周边建（构）筑物基础设计做到了相互利用且有机融合，有效降低了边坡支护占地及工程造价。支挡结构分别采用了天然地基、换填地基、桩基础及相互过渡的地基方案，充分挖掘了各类地基土的潜能，避免了支挡结构的差异沉降，保障了地基方案的安全性和经济性。

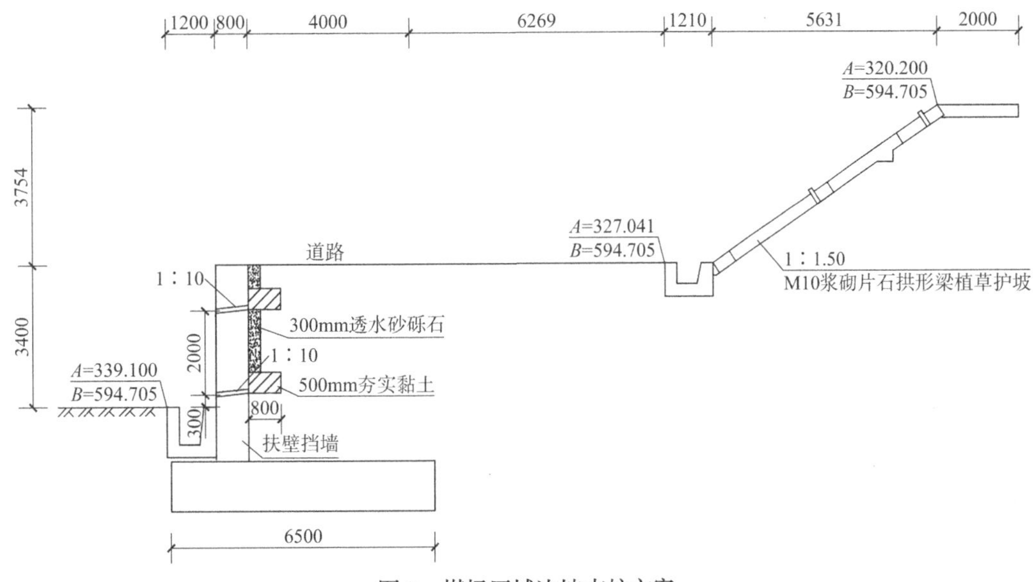

图 8　煤场区域边坡支护方案

厂区南侧填方边坡高达 47m，填土均匀性差，工程性能差异性大。根据填土工程特性和岩土参数，最终推荐以 1∶1.75 坡率放坡为主，同时辅以拱形梁护坡和有效截、排水设施的边坡支护方案（图 9），在保障高填方边坡安全稳定的同时，大大节约了边坡治理的工程费用。

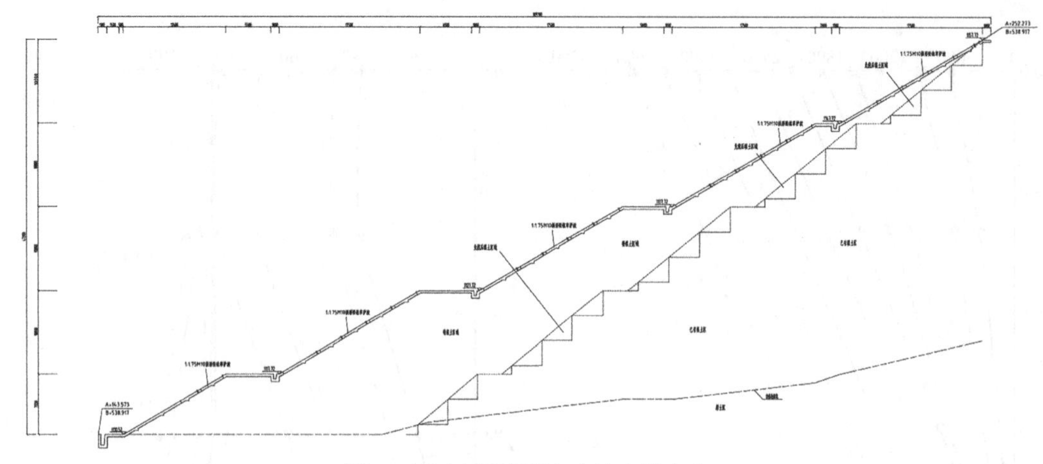

图9　厂区南侧高填方边坡支护方案

6　工程总结

本项目根据场地条件和建筑物特点，分地段采用多种综合性勘察方法查明了场地的岩土工程条件，特别是深厚填土的分布，为厂区总平面布置的优化调整提供了合理的依据。通过不同压力下黄土湿陷量计算结果，逐步深入式地对场地的湿陷性进行了客观准确的评价，并通过平板载荷试验给出了该层湿陷性黄土的地基承载力，为地基方案的选择和地基处理深度提供了科学、合理的依据。同时，结合设计初定地基方案进行了钻孔灌注桩原体试验，为基础选型和地基处理方案提供了科学合理的设计参数，对桩基成孔、成桩工艺及质量控制具有有效的指导意义。针对厂区填方边坡因地制宜地进行了的支护设计，并根据厂区总平面竖向布置方案的调整，对边坡设计方案进行了多次优化，确保了边坡的稳定及场地的安全。

本项目的勘察成果取得了良好的社会效益、经济效益和环境效益。工程投运以来，运行状态良好，岩土工程勘测工作经受住了时间和运行环境等各种考验，勘测设计方案的先进性、合理性、可靠性和经济性既通过了设计、施工检验，也得到了安全运行的验证。

参考文献

[1] 中华人民共和国建设部. 岩土工程勘察规范(2009 年版): GB 50021—2001[S]. 北京: 中国建筑工业出版社, 2009.

[2] 中华人民共和国住房和城乡建设部. 火力发电厂岩土工程勘察规范: GB 51031—2014[S]. 北京: 中国计划出版社, 2014.

[3] 中华人民共和国建设部. 湿陷性黄土地区建筑规范: GB 50025—2004[S]. 北京: 中国建筑工业出版社, 2004.

[4] 中华人民共和国住房和城乡建设部. 建筑地基基础设计规范: GB 50007—2011[S]. 北京: 中国建筑工业出版社, 2011.

[5] 中华人民共和国住房和城乡建设部. 建筑边坡工程技术规范: GB 50330—2013[S]. 北京: 中国建筑工业出版社, 2013.

深圳市莲塘口岸工程岩土工程勘察实录

刘锡儒　黄明辉　张明民　潘启钊

（深圳市工勘岩土集团有限公司，深圳　518026）

1　工程概况

莲塘口岸总用地面积为 17.7hm²，总建筑面积约 14.9 万平方米，投资概算 15.45 亿元。包含 1 栋旅检大楼、14 栋货检楼、1 座连廊、6 座车行高架匝道、4 座跨境车行桥及 1 座跨境双层人行桥，如图 1 所示。

桥梁工程设计桥耐火等级一级，基准期为 100 年，设计安全等级为一级。其中 A、B、C、D、E、F 匝道长分别为 561.164m、642.967m、568.148m、409.936m、318.837m、300.00m。A、B、C、D 匝道桥面标准宽度为 9.5m，E 匝道为 9.0m，F 匝道为 8.0m。

2 座出境客车桥长为 80.5、93.6m，宽度为 14.6m；出、入境货车桥长为 294.65、370.65m，宽度为 8.0m。

跨境双层人行桥长约 82.2m，宽约 54m，共二层，建筑面积约 7509.27m²。

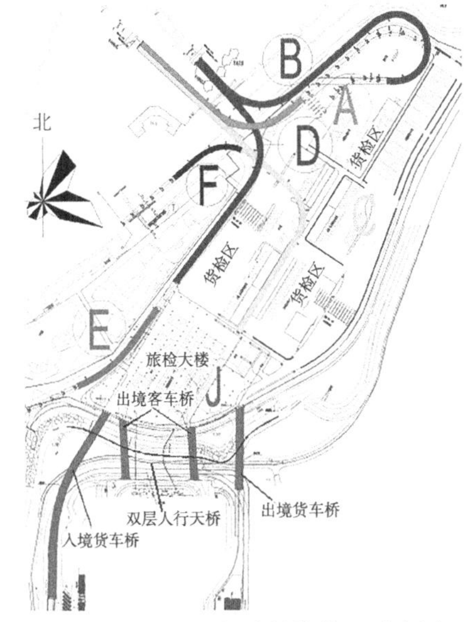

图 1　莲塘口岸各建筑物位置示意图

1）工程特点

（1）项目规模大

本项目总用地面积为 17.7hm²，总建筑面积约 14.9 万 m²。

（2）社会影响大

本项目建成后极大缓解了粤港互相间的交通压力，提升了跨境出行效率，促进香港和深圳乃至华南地区的交流。2011—2018 年连续被评为深圳市重大项目。

（3）建筑种类多

包含房屋、深基坑、市政桥梁、公共道路等子项工程。

（4）勘察技术标准协调统一

跨境桥分别由香港、深圳各自行政机关建设管理，深港两方分别按照各自行政区相关法律、法规及规范、标准进行勘察设计。我司统一了全场技术要求及岩土分层，提供了勘察质量、进度管理、成果报告审查及组织交底等服务。

2）主要工程问题

（1）构造发育，对工程影响大

莲塘断裂带通过项目场地且宽度大，其活动性和稳定性对拟建工程影响很大，须查明断层破碎带位置、宽度、充填物物理力学特征等，并分析评价其对场地稳定性的影响。

（2）岩土种类繁多，地质条件复杂

场地存在多种岩性，发育有人工填土、砂、卵石、软土层、下伏基岩为火山碎屑岩、砂页岩互层、泥质粉砂岩、粉砂岩。受莲塘断裂带影响，深部岩土层分布发育极其复杂，对桩基稳定持力层的判别及沉降控制极为不利。

（3）水文地质条件复杂

场地原始地貌为河流阶地地貌，地下水丰富，且与深圳河存在一定的水力联系，水位变幅大，地下水控制难度大。

（4）深基坑支护难度大

基坑最大开挖深度为 11.6m，侧壁揭露人工填土、含卵石粗（中）砂与含砂卵石、强风化等中、强透水层，控制围护结构变形、保证基坑稳定性难度大。

（5）工程类型多样

本工程包括桩基工程（涉及多座匝道桥、跨境桥、旅检大楼及货检楼等）、深基坑工程、路基工

获奖项目：2021 年度工程勘察、建筑设计行业和市政公用工程优秀勘察设计奖三等奖。

程等内容，建（构）筑类型繁多，需逐一进行详细分析和研究，并提供合理的建议。

（6）设计参数多样

场地建筑类型多，须根据不同的建筑特点，有针对性性的查明场地岩土体物理力学性质，划分岩土质量单元，确定各岩土体的模量、承载能力、锚固粘结强度，以及岩土体及结构面的抗剪强度等岩土设计参数，为解决工程设计、施工和岩土工程问题的处理等提供必须的设计参数。

3）完成的勘察工作

采用了地质调绘、资料收集、钻探（套管和泥浆护壁全孔取芯）、标准贯入试验、重型动力触探试验、静力触探试验、旁压试验、剪切波速测试、抽水试验、氡气检测、高密度电法、地震安全性评价、综合分析计算等方法。共完成 224 个钻孔，进尺 7790.8m，标准贯入 199 次，动探 74.4m，静探 11m，旁压 10 点，波速 161 点，抽水试验 8 降深/3 孔，氡检测 392 点，高密度电法 1890m/6072 点。

2 场地岩土工程条件

2.1 场地地质构造及地层特征

拟建场地位于深圳市罗湖区莲塘西岭下村片区，南东侧紧邻香港。根据《深圳市区域地质构造总图（1∶50000）》，拟建场地地表为第四系覆盖层，下伏基岩以石炭系为主，西南侧为上段（C_1c^2），北东侧为下段（C_1c^1），根据区域地质资料[1]，地层产状为 345°/SW∠35°～55°。东侧局部地段下伏基岩为侏罗系上统热水洞组（原梧桐山群）火山碎屑岩，与测水组地层为断裂接触关系。近场区有北东向及北西向等多条断裂带经过。

测水组地层分为上段（C_1c^2）和下段（C_1c^1）。西侧为测水组上段，以粉砂岩为主，岩性相对较完整，钻探深度范围内大部分揭露中或微风化基岩，部分为泥质粉砂岩及页岩；东侧为测水组下段，以泥质粉砂岩与页岩互层为主，部分发育粉砂岩，受区域变质作用，页岩及泥质粉砂岩千枚岩化或片岩化，岩石风化可呈土状，部分碎块状，手可折断。受断裂构造影响，粉砂岩碎裂岩化，呈块状及碎块状，在钻探深度范围内大部分未见中或微风化基岩。东侧部分地段揭露侏罗系热水洞组火山碎屑岩。受断裂构造影响，接触带附近热水洞组火山碎屑岩与测水组粉砂岩及泥质粉砂岩等地层混合交错，但各风化带物理性状与对应测水组地层性状相近。场区地层剖面示意图如图 2 所示。

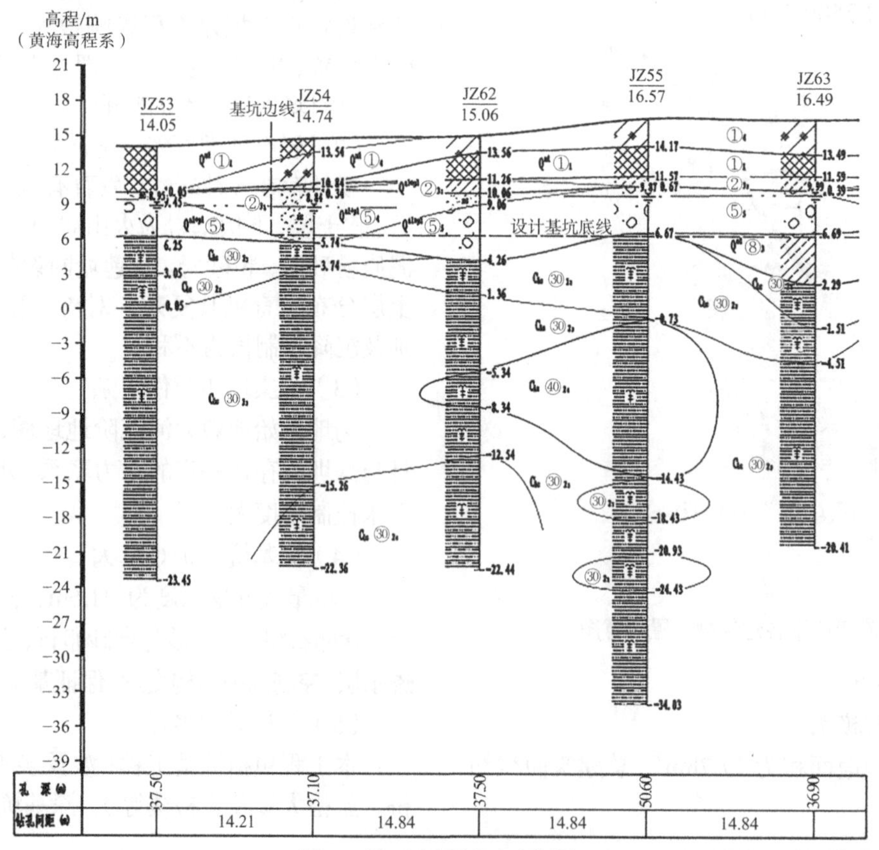

图 2 场区地层剖面示意图

2.2 岩土层主要力学参数

各地基土层的物理力学性质分层统计结果如表 1 所示。

岩土层的主要力学参数　　表 1

层号与层名	承载力特征值 f_{ak}/kPa	压缩模量 E_S/MPa	变形模量 E_0/MPa	直剪凝聚力 c/kPa	直剪内摩擦角 φ/°	岩土体与锚固体极限粘结强度标准值 f_{rb}/kPa
①$_1$ 素填土	100	5	11	15	18	25
①$_4$ 杂填土	80	—	8	0	20	20
②$_{3-1}$ 粉质黏土	120	6	12	16	20	16
②$_{3-2}$ 粉土	150	8	16	14	25	20
⑤$_1$ 含有机质粉质黏土	100	2.0	—	15	4	10
⑤$_4$ 含卵石粗（中）砂	180	—	20	3	30	80
⑤$_5$ 含砂卵石	280	—	25	0	38	100
⑧$_3$ 粉质黏土	200	9	22	20	22	55
㉚$_{2-1}$ 土状强风化砂页岩互层	600	—	120	22	33	200
㉚$_{2-2}$ 强风化夹中风化砂页岩互层	1000	—	260	—	—	—
㉚$_{2-3}$ 中风化夹强风化砂页岩互层	1500	—	320	—	—	—
㉒$_{2-1}$ 土状强风化火山碎屑岩	600	—	120	22	33	200
㉒$_{2-2}$ 强风化夹中风化火山碎屑岩	1000	—	260	—	—	—
㉒$_{2-3}$ 中风化夹强风化火山碎屑岩	1500	—	320	—	—	—

2.3 场地的水文地质条件

深圳场地南侧及东侧紧邻深圳河莲塘河段。勘察施工期间，莲塘河河水位高程为 8.5～10.0m。河道拟进行改造，改造后河堤外扩 15～20m，抗洪设防水位 11.0～12.0m。河水与场地地下水具有水力联系。

本次勘察实测了 200 个钻孔的稳定水位埋深，埋深介于 0.9～7.8m 之间，高程介于 7.23～16.48m 之间，平均高程为 11.80m。根据区域水文地质经验及场地的现场地形条件，场地多年地下水稳定水位变化幅度可按 2～3m 考虑。

据 20 组水样水质分析试验报告判定：地下水按环境类型对混凝土结构具微腐蚀性；在直接临水或强透水层对混凝土结构具弱腐蚀性；在弱透水层对混凝土结构具微腐蚀性；在长期浸水环境中对钢筋混凝土结构中的钢筋具微腐蚀性，在干湿交替环境中对钢筋混凝土结构中的钢筋具微腐蚀性。

2.4 基础选型分析

各建筑地质条件、基础选型分析及建议　　表 2

建筑名称	主要地层情况	基础选型分析及设计、施工建议
旅检大楼	上覆第四系人工填土及冲洪积粉质黏土、粉土、砂、卵石层。下伏基岩为砂页岩互层（土状强风化、强风化夹中风化、中风化夹强风化）、泥质粉砂岩（中风化、微风化）、粉砂岩（中、微风化）、火山碎屑岩（土状强风化、强风化夹中风化、中风化夹强风化、中风化、微风化），局部可见炭质泥岩透镜体岩。基坑开挖后，基坑底板地层主要为残积粉质黏土、土状强风化及强风化夹中风化岩，局部为薄层冲洪积含卵石粗（中）砂及含砂卵石层。块状强风化岩顶面高程介于−2.7～10.8m；基岩顶面高程约为−22.5～−6.0m，部分钻孔在深度范围内未见中或微风化基岩，变化较大。含卵石粗（中）砂层为中—强透水层	对中、微风化岩埋深较浅的，建议采用大直径灌注桩，以中或微风化岩为桩端持力层；对中、微风化岩埋深过大的，可采用端承摩擦桩，以块状强风化岩为桩端持力层。上覆第四系人工填土及冲洪积粉土、砂、卵石层，施工时易造成孔壁坍塌，应采取下护筒等相应措施。强风化岩中硬夹层发育较多，施工难度较大，应加强验桩工作。抗浮措施建议结合基础采用抗浮桩，亦可采用抗浮锚杆
货检楼	上覆第四系人工填土及冲洪积粉质黏土、粉土、砂、卵石层。下伏基岩为土状强风化砂页岩互层、强风化夹中风化砂页岩互层、中风化夹强风化砂页岩互层、中风化粉砂岩，土状强风化岩顶面高程介于 4.03～13.82m；基岩顶面高程约为−8.12～7.31m，货检区场地内大部分钻孔在深度范围内未见中或微风化基岩。含卵石粗（中）砂层为中—强透水层	建议采用大直径灌注桩，以土状强风化岩或强风化夹中风化岩作为基础持力层，成孔方式可采用旋挖桩或冲孔桩。上覆第四系人工填土及冲洪积粉土、砂、卵石层，施工时易造成孔壁坍塌，应采取下护筒等相应措施。强风化岩中硬夹层发育较多，施工难度较大，应加强验桩工作

续表

建筑名称	主要地层情况	基础选型分析及设计、施工建议
西岭下连廊	上覆第四系人工填土及冲洪积砂、卵石层。下伏基岩为土状强风化页岩互层、强风化夹中风化砂页岩互层，其中强风化夹中风化岩顶面高程介于2.61～3.65m。钻孔在深度范围内未见中或微风化基岩。含卵石粗（中）砂层为中—强透水层	建议采用大直径灌注桩，以强风化夹中风化岩作为基础持力层，成孔方式可采用旋挖桩或冲孔桩。上覆第四系人工填土及冲洪积砂、卵石层，施工时易造成孔壁坍塌，应采取下护筒等相应措施。强风化岩中硬夹层发育较多，施工难度较大
桥梁工程	桥址区第四系地层分布有人工填土、冲洪积粉土及粉质黏土、含卵石粗（中）砂及含砂卵石层、残积土，下伏基岩为土状强风化砂页岩互层、强风化夹中风化砂页岩互层、中风化砂页岩互层、中风化泥质粉砂岩、中风化粉砂岩及微风化粉砂岩。中或微风化岩顶面埋深 9.0～47.0m，高程−34.00～2.06m。含卵石粗（中）砂层为中—强透水层	建议采用大直径灌注桩，以中风化岩为桩端持力层，并加深入岩深度，同时考虑摩擦加端承共同作用。分布有第四系含卵石粗（中）砂及含砂卵石层，透水性较强，桩基成孔施工时易造成孔壁坍塌，需采用下护筒等相应措施。岩面起伏较大，施工应加强验桩工作

3 技术难点与技术创新

3.1 技术难点

（1）填土成分复杂，性质差异大

场地局部填土层深厚，填埋周期较长，填土层是否可作为附属建筑物的基础持力层是本项目的一个难点。通过查阅历史资料、地质调查、钻探、圆锥动力触探、槽探等手段，有针对性地查明了填土的埋深及分布范围，做出准确、合理的判断，为路基、低层附属设施设计施工提供了准确、真实、可靠的地质资料。

（2）含水层深厚，渗透性大

基坑开挖将穿过强透水层，含卵石粗（中）砂与含砂卵石对基坑支护选型及施工影响大，本次勘察通过钻探、抽水试验等手段，有效查明了含卵石粗（中）砂与含砂卵石的分布及渗透性，为设计提供了真实、可靠的设计参数，结合场地环境，提出了合理可行的支护方案。

（3）持力层埋藏条件复杂

受断层构造影响，场地基岩整体存在不均匀风化现象，强风化带内中—微风化夹层较发育，根据块状强风化或中—微风化岩块的比例分为三个带，各带局部呈交错分布。采用钻探、高密度电法等手段，准确地判断场地中、微风化基岩面，为设计施工提供了强有力的技术保障。

（4）断裂带影响范围大

场地发育有断层构造破碎带及裂隙发育富水区，通过高密度电法、氡检测等手段查明构造位置、产状及宽度，为建（构）物基础持力层确定带来实际的指导意义。

综合各种勘察手段，针对高架匝道、车行桥、人行桥、连廊、旅检大楼、货检楼等不同建（筑）物特点和要求，针对性布置勘察方案，并且考虑设计方案比选需要，确保勘察方案合理。

3.2 技术创新

（1）专利申请

结合项目申请了 1 项专利——可控定深取水器（专利号：201410186615.8）。可控定深取水器其可以采取任意深度的水样，并不仅限制在地下水位线附近的水样，实现可控以及定深的取水；且通过密闭腔取水，其在水中不产生体积变化，避免了深水中开闭控制的巨大水压，可以保证取水的可靠性，并满足实际勘察工作需要。

（2）开展业务建设

本项目开展了“CAD 及 Excel 在岩土工程勘察报告校核中的辅助应用”数据处理功能，针对专业性对软件进行了功能优化，提高了基础数据校核的效率和准确性。

4 工程实施与效果

（1）工程物探成效显著

采用高密度电法，共布置 11 条测线，查明 1 条断层或构造破碎带的发育位置、产状、规模及富水情况，其规模较大，影响范围较大；发现 11 处物探异常范围。对基础施工开挖可能产生涌水、突水事故提出合理建议及预防措施；地震安全性评价，查明了近场区地震活动性、地震构造环境及场区主要断裂活动性，提出了地震动参数。

（2）查明场地水文地质条件，抗浮参数合理可靠

通过抽水试验、水位观测地下稳定水位、历年水文监测数据收集，提出合理的抗浮设防水位和地层渗透参数，在基坑施工期间及主体建筑竣工后至今，地下室无渗水、开裂等现象。

（3）基础方案分析深入细致，建议合理可行

建议各建筑物均采用大直径灌注桩，成孔方式采用旋挖桩，旅检大楼及桥梁以中、微风化岩作

为桩端持力层，货检楼及连廊以强风化岩作为桩端持力层。对于旅检大楼局部基岩埋深过大的，建议采用端承摩擦桩，以块状强风化岩为桩端持力层。项目通过近2年的运营的考验，本工程基础沉降变形稳定。

（4）基坑支护方案经济合理，得到设计采纳

根据基坑周边环境，建议北东侧采用放坡+锚杆+喷混凝土护面，其余周边建议采用排桩+预应力锚索支护，并结合旋喷桩截水[2]。根据施工单位反馈，基坑支护效果及截水效果良好。

（5）勘察资料真实、可靠

经设计和施工单位检验，勘察报告所提供的分层、各项设计参数与实际吻合，勘察报告提供的结论和各类设计参数正确、建议合理。

（6）抗拔承载力检测结果

根据《莲塘口岸旅检大楼基坑及桩基工程抗拔静载检测报告》，对旅检大楼桩基工程共5根旋挖灌注桩进行了抗拔静载荷试验，其单桩竖向抗拔承载力特征值均达到2600kN，满足设计要求。

（7）基坑变形监测结果满足设计要求

根据《莲塘口岸旅检大楼基坑工程第三方监测总结报告》，基坑坡顶最大累计水平位移量为6.5mm，最大累计沉降量10.53mm，挡墙最大累计水平位移量为2.50mm，最大累计沉降量1.80mm，基坑周边建筑、道路、管线最大累计沉降量分别为1.13mm、7.31mm、2.20mm。

所有监测项目变化均不大，未出现明显突变及坍塌现象，各项监测值均在设计允许范围之内[3]。

（8）旅检大楼主体变形监测结果满足设计要求

根据《莲塘口岸旅检大楼主体工程第三方监测总结报告》，主体最大累计沉降量为7.2mm，最大累计水平位移量为4.9mm，均在设计允许范围内。上述沉降量监测结果与场地地层条件和预估沉降量基本吻合。

5 结语

（1）莲塘口岸是粤港澳大湾区背景下深港之间首个建成投入使用的大型跨境互联互通基础设施，也是完善深港口岸布局，实施深港跨境交通“东进东出、西进西出”战略调整的重要一环。是深港合作的一个重要里程碑，为粤港澳大湾区建设提供了极为有利的基建基础，在国际国内和全行业具有重要示范和引领作用。

（2）莲塘口岸的投入使用解决了人们出入香港的需求，为深圳东部地区提供大量就业机会，促进了地区经济的发展，提高了该地区人民的生活水平，对地区的繁荣稳定有重要意义。

（3）莲塘口岸的建设充分考虑了绿色、环保、节能、减排的要求，其建设成果充分体现了可持续发展理念，在节能减排、环境和生态保护等方面取得重要成效，是一座名副其实的“绿色口岸”。

（4）莲塘口岸的建设极大地提升了莲塘片区的市容、市貌，改善了人民的居住和出行环境，对当地的环保事业起到深远的作用。

参考文献

[1] 《深圳地质》编写组. 深圳地质[M]. 北京: 地质出版社, 2009.

[2] 深圳市住房和建设局. 基坑支护技术标准: SJG 05—2020[S]. 北京: 中国建筑工业出版社, 2012.

[3] 中华人民共和国住房和城乡建设部. 建筑地基基础设计规范: GB 50007—2011[S]. 北京: 中国建筑工业出版社, 2012.

马来西亚联合钢铁全厂工程勘察实录

张大磊　王　辉　潘志军

（中冶武勘工程技术有限公司，湖北武汉　430080）

1　引言

随着我国一带一路政策的高速发展，国内工程承包企业走出去的步伐不断加快，中国企业的境外工程项目越来越多。本文以联合钢铁项目岩土工程勘察项目为背景，全面阐述了本项目的勘察成果，仅供国内勘察行业的同行们参考。

2　工程概况

马来西亚联合钢铁厂位于马来西亚彭亨州关丹市格宾工业区，用地 710 英亩，总投资 14 亿美元，主要生产高速线材、棒材和H型钢，年产量达 350 万 t。该项目是第一个由马来西亚与中国两国共同开发，而且是由中马两国领导亲自推动、两国政府合作共建的马中关丹产业园区重点项目。

联合钢铁厂由原料场、烧结、焦化、炼铁、炼钢连铸、轧钢、制氧、全厂水处理、自备电厂等十数个单元组成。各单元的主体结构和重型设备基础属对沉降敏感建筑（图 1）。

本次工程勘察为详细勘察阶段，勘察等级为甲级。勘察工作自 2016 年 2 月开始，至 2017 年 12 月陆续完成并提交了全厂区各单元勘察报告。该工程已于 2019 年 6 月竣工并投入使用。

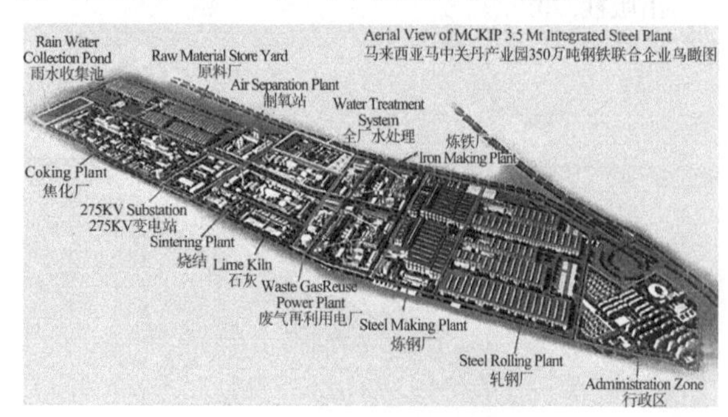

图 1　钢铁厂鸟瞰图

3　岩土工程勘察

3.1　地形地貌

钢铁厂场地地形狭长，南北宽约 3.8km，东西宽约 0.8km。经工程地质测绘，搜集场平前原始地形图，场地原始地貌主要为剥蚀残丘、沼泽及其过渡带。原始地形起伏较大，西部、南部最高约 30m，最低约 8m，山丘较陡峭。东部和北部为沼泽地，地形较平缓，标高一般在 5～6.5m 之间。勘察工作开展前，场地大部分区域已完成分层回填碾压整平工作，场平标高 11.6～11.9m。各主要单元的地貌分区详见表 1。

各主要单元地貌特征　　表 1

单元名称	位置	原始地貌特征
焦化厂	钢铁厂西北部	沼泽地
原料场	钢铁厂东北部	沼泽地
制氧	钢铁厂中部，北侧为焦化厂	剥蚀残丘和沼泽地
烧结	钢铁厂的中部，北侧为制氧	剥蚀残丘和沼泽地
水处理	钢铁厂中部，北侧为制氧	剥蚀残丘
自备电厂	钢铁厂中部，北侧为烧结	剥蚀残丘
炼铁厂	钢铁厂南部，北侧为自备电厂	剥蚀残丘和沼泽地
炼钢连铸厂	钢铁厂南部，北侧为炼铁厂	剥蚀残丘
轧钢厂	钢铁厂南部，北侧为炼钢连铸厂	剥蚀残丘

3.2　地质构造

根据《Geological Map of peninsular Malaysia》（Cetakan Yang Ke-8，1985），场地主要下伏基岩为石炭系（C）基岩，上覆土层为残积、洪坡积、冲洪积、湖积松散沉积物，场地及附近没有断裂通过，场地基岩属于单斜构造，本次勘察测得场地西侧、北侧基岩露头处岩层产状为 35°～70°∠30°～50°。

获奖项目：2021 年度工程勘察、建筑设计行业和市政公用工程优秀勘察设计奖三等奖。

3.3 地层岩性

场地分布的地层主要有：人工填积（Q^{ml}）压实填土，第四系全新统冲洪积（Q_4^{al+pl}）粉质黏土、中砂，第四系全新湖积（Q_4^{l}）淤泥，第四系全新统坡洪积（Q_4^{dl+pl}）粉质黏土、中砂、腐殖质，第四系残积（Q^{el}）土，下伏基岩为石炭系（C）泥质砂岩和炭质砂岩。各地层的结构和特征详见表2。

场地地层岩性分类表　　　　表2

时代成因	地层代号	岩土名称	地层描述
Q^{ml}	①$_1$	压实填土	黄褐色、褐黄色、灰白色等，主要由砂岩（全—强风化）岩块和黏性土组成，局部为砂性土及中风化砂岩岩块，岩块粒径一般为2～5cm，最大达100m以上，含量30%～50%，系新近人工机械分层碾压回填形成，呈稍湿—饱和，中密—密实状态，局部呈稍密状态
	①$_2$	素填土	杂色，以黏性土和全风化砂岩为主，呈稍湿—饱和，松散状态
	①$_3$	淤泥质粉质黏土	褐色、灰褐色，由矿石选料后细颗粒尾矿淤积而成，呈饱和、塑状态
Q_4^{al+pl}	②$_1$	粉细砂	褐黄—褐灰色，主要成分为石英、长石，局部夹薄层状黏性土和粉土，偶见腐殖质和植物根茎，呈湿—饱和，松散状态，局部为稍密状态
	②$_2$	粉质黏土	灰色、灰褐色、灰绿色，夹较多薄层粉土，无摇振反应，切面较光滑，韧性中等，干强度中等，呈饱和、可塑状态，局部软塑状态
	②$_3$	中砂	灰色、黑灰色、黄褐色、灰白色，局部夹粉细砂及粗砾砂，成分以石英、长石为主，含云母片，夹薄层软—可塑状态粉质黏土和薄层稍密状态粉土，呈饱和、松散状态
Q_4^{l}	③$_1$	淤泥质粉质黏土	灰色—灰黑色，含大量腐殖质，有臭味，呈饱和、流塑状态
	③$_2$	淤泥质黏土	灰色、灰黑色，含腐殖质，有臭味，呈饱和、流塑状态
	③$_3$	淤泥	黑色、褐灰色、灰褐色，含大量的腐烂植物根茎，夹少量的薄层粉土及粉细砂，局部为淤泥质土，无摇振反应，切面较光滑，韧性中等，干强度中等，呈饱和、流塑状态，局部软塑状态
Q_4^{pl+dl}	④$_1$	粉质黏土	灰色、褐灰色，含少量的腐烂植物根茎及炭化木屑，夹较多的薄层粉土，无摇震反应，切面较光滑，韧性中等，干强度中等，呈饱和、可塑状态，局部软塑状态
	④$_{2-1}$	中砂	灰色、灰白色、褐灰色、黑灰色，成分以石英、长石为主，夹薄层黏性土、粉细砂及粗砾砂，局部夹中风化砂岩碎块及腐朽树木，呈松散状态
	④$_{2-2}$		灰色、灰白色、褐灰色、黑灰色，成分以石英、长石为主，夹薄层黏性土、粉细砂及粗砾砂，局部夹中风化砂岩碎块及腐朽树木，呈稍密状态
	④$_{2-3}$		灰色、灰白色、褐灰色、黑灰色，成分以石英、长石为主，夹薄层黏性土、粉细砂及粗砾砂，局部夹中风化砂岩碎块及腐朽树木，呈饱和、中密状态
	④$_{2-4}$		灰色、灰白色、褐灰色、黑灰色，成分以石英、长石为主，夹薄层黏性土、粉细砂及粗砾砂，局部夹中风化砂岩碎块及腐朽树木，呈饱和、密实状态
	④$_3$	粉质黏土	黄褐色、褐黄色、棕色、灰色，夹薄层粉土及粉细砂，局部夹中风化砂岩碎块及腐朽树木。无摇振反应，切面较光滑，韧性中等，干强度中等，呈饱和、可塑状态，局部硬塑状态
	④$_4$	黏土夹碎石	褐黄色，夹棱角状砂岩碎块，局部混砾砂，呈可塑状态
	④$_5$	腐殖层	灰黑色、灰褐色，主要由腐殖质、腐朽树木等组成，间夹黏性土及砂性土
	④$_6$	孤石	褐黄色，铁锰含量较高，呈碎块状和短柱状，表面有蜂窝状孔洞
Q^{el+dl}	⑤	粉质黏土	棕红色、灰黄、黄褐色，灰色等，局部夹少量碎石。呈饱和、可塑状态，局部呈硬塑状态
C	⑥$_1$	泥质砂岩	灰色、灰白色、灰黄色，黄褐色等，全风化，主要矿物成分为石英、长石等，岩芯多呈砂土状，原岩结构不清晰
	⑥$_2$		灰色、灰白色、灰黄色，黄褐色等，强风化，主要矿物成分为石英、长石等，细粒结构，中厚层状构造，泥质胶结，岩芯多呈碎屑状、碎块状
	⑥$_3$		青灰色、灰黄色，中风化，主要矿物成分为石英、长石等，泥质胶结，细粒结构，中厚层状构造，裂隙发育，岩芯多呈长或短柱状、块状
	⑦$_1$	炭质砂岩	灰黑色，细粒结构，块状构造，递变层理，全风化。碎屑成分以石英（40%～50%）为主，含10%的炭质碎片，平行层理分布。岩芯多呈砂土状，原岩结构不清晰
	⑦$_2$		灰黑色，细粒结构，块状构造，递变层理，强风化。碎屑成分以石英（40%～50%）为主，含10%的炭质碎片，平行层理分布

3.4 地下水

全厂区地下水按不同储存介质可分为松散岩类孔隙水（上层滞水、潜水、承压水）、基岩裂隙水两种类型。

（1）上层滞水主要赋存于人工压实填土层

（①$_1$、①$_2$）中，受大气降水补给，无统一自由水面，水量不大，但受马来西亚季风性影响，水位变化较大。

（2）潜水主要赋存于第四系全新统冲洪积（Q_4^{al+pl}）砂层（地层代号②$_1$、②$_3$），补给来源主要为大气降水、上层滞水的渗入。

（3）承压水主要赋存于第四系全新统坡洪积层的中砂（地层代号④$_2$）中，以粉质黏土（地层代号④$_1$）和湖积淤泥（地层代号③）层为隔水顶板，以粉质黏土层（地层代号④$_3$）、石炭系砂岩（地层代号⑥、⑦）为隔水底板。承压水的水位受气象等因素影响呈动态变化。承压水的水头高程为2.70～3.50m，区域承压水位变幅3～5m。

（4）基岩裂隙水赋存于石炭系岩层（地层代号⑥$_1$、⑥$_2$、⑥$_3$及⑦$_1$、⑦$_2$）节理裂隙中，富水性不均，大气降水和地下径流是其主要补给来源，沿节理裂隙向低洼处径流和排泄。

经水质分析检测，各类型地下水对混凝土结构具有微—弱腐蚀性，对混凝土结构中的钢筋具有微腐蚀性。地基土对建筑材料的腐蚀性与地下水性质相同。

3.5 不良地质作用及不利埋藏物

场地位于地壳相对稳定地块内，主要地层分布连续，无全新活动断裂，未发生过破坏性地震。场地勘察范围及勘察深度内未见岩溶、滑坡、崩塌、泥石流、地面沉降等影响工程稳定性的不良地质作用。

勘察场地除填土层（地层代号①$_1$、①$_2$）和全—强风化岩（地层代号⑥$_1$、⑥$_2$）层中局部含有对施工有影响的块石或中风化岩块及钻探揭露埋藏地下的孤石外，全厂区未发现埋藏的河道、墓穴、防空洞、地下管线等对工程不利的埋藏物。

3.6 特殊性岩土

场地内特殊性岩土主要为人工填土层、软土层、残积土层及风化岩层。

（1）压实填土层广泛分布，具有成分复杂、密实度不均匀、孔隙较大及堆积时间短的特性。勘察时采用重型动力触探结合室内试验，首先确定了填土层的均匀性和密实度，然后采用室内固结试验判别出填土的压缩性和固结度，同时，对比采用现场重度试验测定出填土的重度，采用现场试坑单环注水试验测定其渗透系数。通过大量的试验对比和分析，取得压实填土层的地基承载力、压缩模量等重要参数。为沉降不敏感的轻型建（构）筑物（如门房、道路、停车场等）天然地基设计提供充分的依据。

（2）软土层（地层代号③$_1$、③$_2$、③$_3$层）局部分布，通过现场原位测试（静探、十字板）和室内土工试验综合分析，对其有机质含量、压缩性、灵敏度、变异性等重要指标进行了重点判明。

（3）残积土与风化岩层（地层代号⑤、⑥$_1$、⑥$_2$、⑥$_3$及⑦$_1$、⑦$_2$）具有失水易开裂、遇水易崩解的特点。

3.7 岩土参数的确定方法

因东南亚地区均没有国家、地方及行业的勘察设计规范或标准，本次勘察时，参照执行中国相关规范和标准。

根据现场原位试验（标准贯入试验、重型动力触探试验、静力触探试验等）、室内岩土体物理力学试验（直剪、三轴试验等）等成果，采用极限承载力理论公式，得出各土层承载力理论计算值，结合现场载荷板试验和旁压试验的试验值，综合考虑后提出了各岩土层的承载力特征值和抗剪强度指标。根据室内岩土体固结试验和三轴压缩试验，结合现场载荷板试验、旁压、扁铲试验，提供了各岩土层的压缩性指标。

3.8 地基稳定性和均匀性评价

拟建场地原始地貌为剥蚀残丘、沼泽及其过渡带，原始地形起伏较大。勘察工作开展前，拟建场地经人工机械分层回填碾压整平，回填土厚度一般在3～5m之间。勘察期间未发现影响工程稳定性的不良地质作用，在满足荷载及变形要求下，以深部岩土层或坚实土层作为拟建建（构）筑物基础持力层时，拟建场地的地基是稳定的。

拟建场地可划分为填方区和挖方区，场地内各层地基土工程性能差异较大，当以强风化及其以上分布各岩土层作为天然地基基础持力层时，因其厚度及强度不均，将会产生不均匀沉降，设计时应按不均匀地基考虑，在挖方区部分区域以中风化岩层为天然地基基础持力层时，可按均匀地基考虑。当采用桩基础时，单体建（构）筑物的桩基础持力层为同一持力层，且基桩长度相差不大时，桩基设计时可按均匀地基考虑。

3.9 场地地震效应评价

马来西亚尚无国家颁布的地震设防烈度区划

图，给本项目的建筑抗震设防带来了困难。根据东南亚地震学与地震工程协会（SEASEE）承担的地震危险性减灾计划研究成果，综合判定马来西亚总体地震活动性较低，马来西亚半岛地震震中主要在 Sumatra 西部或 Andaman 群岛的西北部。本联合钢铁厂所在地区为地震活动稳定区，历史上没有地震记录，我公司组织了相关专家和参建单位进行专家论证，建议本项目按低烈度区进行抗震设计，节省了大量投资。

3.10 基础类型的选择

（1）天然地基

拟建场地面积大，各单元原始地貌不完全一样，原始地貌为沼泽地的区域（填方区），其上覆填土层厚度较大。浅部松软的①$_1$ 层、②$_1$ 层、②$_2$ 层、②$_3$ 层，下伏软土③$_3$ 层，累计平均总厚度约 10m，不宜作为一般建（构）筑物的天然地基基础持力层，难以满足建（构）筑物对地基强度及变形的要求，只适合作为浅埋的沉降不敏感的轻型建（构）筑物的天然地基（如门房、停车场、道路等）。

原始地貌为剥蚀残丘的区域（挖方区），基底可能揭露的⑤、⑥$_1$、⑥$_2$、⑥$_3$ 层具有较高的强度，在满足设计要求下，可作为拟建建（构）筑物的天然地基。基础形式可采用独立基础、条形基础或筏板基础。

（2）地基处理

在填方区，对于荷载不大的一般建（构）筑物，在天然地基不能满足要求的情况下，可进行地基处理，并以处理后的复合地基作为基础持力层。处理方法可采用强夯置换，水泥土搅拌桩等。

拟建的原料场在沼泽地，为矿石料堆场，浅部软弱地基土在大面积堆载作用下，将产生不同程度的地面沉降，严重时软弱土可能会产生滑移剪切破坏，因此需要对软弱土进行地基预处理，使其改良成为正常固结状态。根据原料场的运维特点，地基预处理可采用排水固结法（砂石桩、真空预压与动力固结联合方法）。

（3）桩基础

当采用天然地基或地基处理不能满足设计要求或不经济时，可采用桩基础。

根据场地地层结构，当满足强度及变形要求时，可采用打入式钢筋混凝土预制桩，以厚层强风化岩层（地层代号⑥$_2$、⑦$_2$）作为桩端持力层。

对于荷载极大的主厂房（高炉等），可采用钻孔灌注桩，中风化岩层（地层代号⑥$_3$）作为桩端持力层。

4 结语

（1）海外项目勘察前需充分搜集和分析项目所在地区的区域地质资料，加强现场工程地质调绘工作，结合工程地质钻探，划分拟建场地的地貌单元，进行工程地质分区，确定各地层的时代和成因，建立“标准地层”。

（2）东南亚地区一般没有类似我国的国家、地方及行业的勘察设计规范或标准。国内勘察单位没有当地同类工程建筑的工程经验，各岩土层的强度指标、压缩性指标及地基承载力等关键参数一般没有经验可循，上述参数的取得需要采取多种原位测试手段与室内物理力学试验指标进行综合分析对比，通过理论计算和原位试验相互验证，勘察报告才能提供合理的力学参数。

（3）本项目在实施前对勘察方案进行了精心策划，实施过程中对勘察过程质量严格控制，对勘察资料进行了合理分析评价，准确地查明了场地工程和水文地质条件，提供了准确的岩土和水文地质参数，提出了正确的结论与合理的建议，为工程建设提供了可靠的岩土工程勘察资料，并经施工得以验证完全可靠。

兴延高速公路工程地质勘察实录

李有明　杨晓芳　王维理　朱辉云　刘长青
（北京市勘察设计研究院有限公司，北京　100038）

1　引言

兴延高速公路（属于京礼高速）南起西六环，远期与上庄路相接，线路向西北方向跨越京密引水渠，经四家庄、亭自庄村、葛村后与温阳路相交，线路继续沿昌流路南侧向西，于北流村南侧折向西北，由白羊城村进入山区，沿白羊城沟东侧山体布线，线位经过石峡村、帮水峪村东侧，由北京阳光假日别墅东侧向北连续上跨京藏高速和京包铁路后，由中国人民武装警察部队、交通独立支队和八达岭机场间穿过，下穿京张城际铁路、上跨康延铁路支线后，终点至延康路，左线路线全长约43.8km。

2　工程概况

沿线与西六环路、京藏高速、亭阳路、温阳路、顺沙路、昌流路、水南路、延康路、军温路、南雁路、李流路、京藏高速辅线、康辛路等道路相交，与西北铁路外环线、规划铁路外环线、京包铁路、京张城际铁路和延康铁路支线等铁路相交，与京密引水渠、四家庄河、新村路排水沟、白羊城沟、王家园水库支流、官厅水库支流等河渠相交。左线ZK24＋002～ZK43＋879 主要包括隧道、桥梁及路基段，工点位置参见图 1。

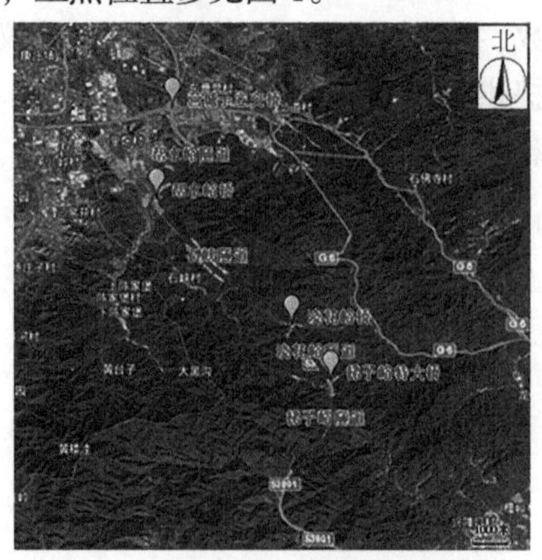

图 1　兴延高速公路线位示意图

线位地处北京市西北部山区，自然地面标高300～1000m，设计速度 80km/h，路基横断面宽度28m，有条件的区段设置紧急停车带。兴延高速公路主要隧道及桥梁的具体设计条件见表 1 和表 2。

兴延高速公路主要隧道基本设计条件一览表　表 1

隧道名称	起讫里程	长度/m	设计标高/m
梯子峪隧道	左线：ZK24＋002～ZK26＋982	2980	洞底 395.5～454.8 最大埋深 263
	右线：YK23＋983～YK27＋159	3176	
浇花峪隧道	左线：ZK27＋804～ZK30＋093	2291	洞底 457.7～511.4 最大埋深 275
	右线：YK27＋890～YK30＋163	2275	
石峡隧道	左线：ZK30＋360～ZK36＋111	5751	洞底 514.5～626.9，最大埋深 400
	右线：YK30＋396～YK36＋276	5880	
营城子隧道	左线：ZK37＋579～ZK39＋362	1783	洞底 601.0～638.3，最大埋深 190
	右线：YK37＋602～YK39＋433	1831	

兴延高速公路主要桥梁基本设计条件一览表　表 2

桥梁名称	桥长/m	结构类型	基础类型	单桩承载力
梯子峪特大桥	347.7	预应力混凝土连续钢构	扩大基础	400kPa
			桩基础	15000kN
浇花峪大桥	236.6	现浇箱梁	扩大基础	400kPa
			桩基础	10000kN
帮水峪桥	72.8	预应力混凝土箱梁	扩大基础	400kPa
			桩基础	10000kN
营城子立交桥	629.7	现浇混凝土连续箱梁及 T 梁	桩基础	10000kN

3　工程测绘

本项目分阶段进行施工控制网、1∶1000 地形图、洞口 1∶500 地形图测绘、断面测量、地下管线及构筑物调查测量等测绘工作。由于测区位于高山区，地形起伏大，植被覆盖较多，测区为条带形且范围较大，而工期要求紧，为快速完成整个测区的测图作业，成图采用解析测图。绘图完成后，

获奖项目：2021 年度北京市优秀工程勘察设计奖一等奖。

为保证成图质量，对树木覆盖严重的无法准确获取地面高程地区又进行了全野外修测，对地形变化剧烈的地势以及重要工程区域全部采取野外补测，为后续工作开展提供了有力的地形资料。

4 地质调查

4.1 断裂

线位处于燕山台褶带（Ⅱ$_1$）—兴隆迭坳褶（Ⅲ$_2$）—八达岭中穹断（Ⅳ$_6$）、延庆新断陷（Ⅳ$_7$）及燕山台褶带（Ⅱ$_1$）—西山迭坳褶（Ⅲ$_5$）—门头沟迭陷褶（Ⅳ$_{11}$）、青白口中穹褶（Ⅳ$_{10}$）构造单元内及其结合部。以比例尺 1∶1000 地形图为工作底图，采用纵横穿越、布点、追索等方法，对沿线的主要断裂进行了详细调查，结合物探解译及钻探结果，沿线主要发育有 47 条具有一定影响的断裂构造（图 2）。

图 2　沿线典型断裂构造

4.2 褶皱

八达岭箱形背斜为一走向北东的宽缓箱型，背斜轴向约 NE50°，核部为太古界变质岩，两翼为中元古界长城系沉积岩，北西翼地层产状稍缓，一般为 300°∠20°～25°，南东翼产状较陡，一般为 120°～140°∠40°。背斜顶部较宽缓，宽度大于 6km，并有由北东向南西变窄的趋势，降蓬顶—磨盘山一带，地层或倾向北西或倾向南东，倾角约 10°。背斜向西南延至王家元地区，明显向南西倾状，地层缓倾伏端由东南古将村到西部黄土岭，倾向由南东逐渐变为南、南西和北西向，在王家元村南背斜倾伏角约 10°。

在八达岭箱形背斜近倾伏端部位，发育有平行的次级褶皱，有王家元北向斜和黄土岭背斜，黄土岭背斜形态可参见图 3。褶皱轴向为 NE40°～50°，背斜向南西倾伏，倾伏角约 10°，向北东扬起。这些次级褶皱向北东延伸被大石坡岩体所截，背斜为近水平直立褶曲，背斜的次级褶曲不发育，伴生有横向正断层，枢纽和轴面产状都比较稳定，说明其形成过程时间较短，塑性形变作用较弱。拟建兴延高速公路梯子峪隧道与黄土岭背斜小角度斜交。

图 3　黄土岭背斜核部

4.3 侵入岩体（脉）

沿线分布的侵入岩体（脉）的侵入活动主要集中在中生代燕山运动时期，具有多期次的特点。主要表现为沿本区域不同级别断裂构造、破碎带及次级结构面（小断层、长大裂隙）或沿岩体薄弱带侵入。在地表表现为侵入岩体对围岩的挤压及对上覆岩体的顶托，造成侵入岩体周边围岩体的挤压破坏及上覆岩体的产状错乱、骤变与结构破碎，并导致差异性风化，影响隧道工程岩体质量和工程性质（图 4）。

图 4　沿线典型侵入岩脉

4.4 矿洞

浇花峪隧道附近于 20 世纪初期开采金属矿体等人类工程活动中，形成了大量随机开挖、分布无规律的巷道（现已封闭或废弃），对水流的流通提供了通道，加剧了溶蚀程度，形成了具有一定规模的矿洞（图 5）。由于矿洞形成年代久远，部分矿洞洞口已经被封闭而无法调查，且该矿洞群的分布对拟建隧道和桥梁存在严重的不良影响。因此，根据地质调查成果将设计线位进行了调整，避开了矿洞的分布区域。

图 5 浇花峪隧道北端附近的矿洞

4.5 软弱破碎岩体

梯子峪隧道隧址区分布有灰黑色的泥质白云岩，薄层构造，岩体呈碎裂状或散体状，强度低，工程性质很差，隧道穿过该软弱岩层地段，易发生掘进过程中岩层的剥落、塌方等现象。因此，查明该层岩土体的力学特质对工程的安全性和经济性有重要的影响。在隧道沿线该层土岩混合体的出露点，采取了两组环刀试样进行室内直剪试验，并现场制备了三组试样进行了原位水平推剪试验，对比分析了两种试样方法，经分析后提供了合理的力学特性参数。水平推剪试验装置结构图见图 6，试样应力—位移曲线见图 7。

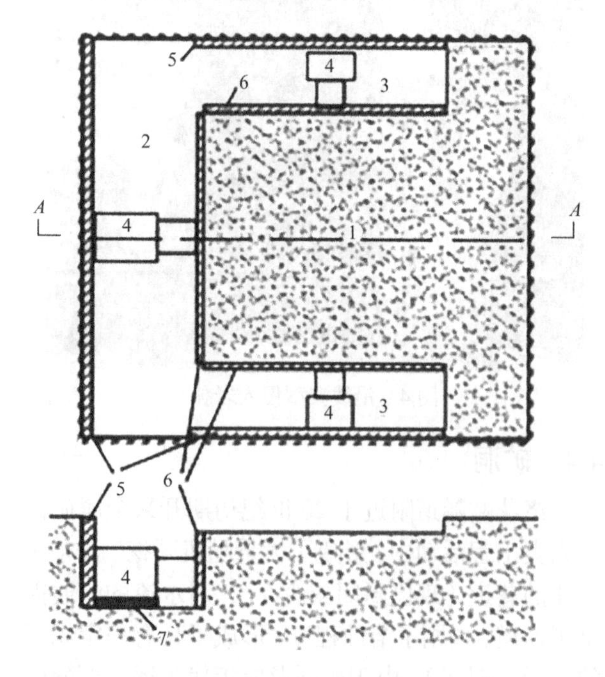

1—推剪土体；2—水平推力槽；3—两侧断裂槽；4—千斤顶；5—支撑板；6—传力板；7—垫板

图 6 水平推剪试验装置结构图

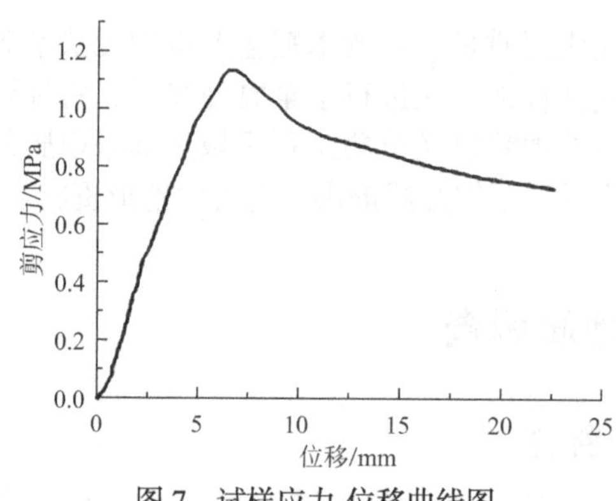

图 7 试样应力-位移曲线图

5 工程钻探

根据不同地形条件、隧道路面设计纵断图、地层结构及岩土类别等，选用 XY-2 型和 XY-4 型旋转钻机，钻孔原则上沿隧道中心、洞壁外侧 5m 以外布置（视场地安全作业条件适当调整），钻孔探至不少于路线设计高程以下 5m，遇不良地层时适当加深。为保证原岩结构、提高岩芯采取率，采用植物胶钻井液、双管单动取芯工艺，成功取得多个超深钻孔的原状结构岩芯（图 8）。

图 8 破碎地层的岩芯照片

根据调查、钻探、物探资料，沿线分布的地层根据地质年代由新至老为：第四纪坡洪积及洪冲积层（第②、③大层）、白垩系东岭台组火山岩（第④大层）、侏罗系髫髻山组火山岩及火山碎屑岩（第⑤大层）、长城系高于庄组白云岩（第⑥大层），燕山运动期侵入岩脉（体）划为第⑦大层（图 9）。

5.1 第四系

第四系主要分布在本工程所在区域的山麓斜坡与沟谷岸坡的浅表部及沟谷内，涉及洪冲积层

（Q_4^{pl+al}）②层与坡洪积层（Q_4^{dl+pl}）③层。其中，山脊及斜坡地带该层厚度较薄，一般不超过 2m；山麓及山间沟谷（河流）带该层厚度较大，一般厚度超过 5m，局部大于 40m；岩性以碎石土、黏性土互层为主，其中碎石土层中漂石、块石含量较大。第四系土层物理力学参数见表 3。

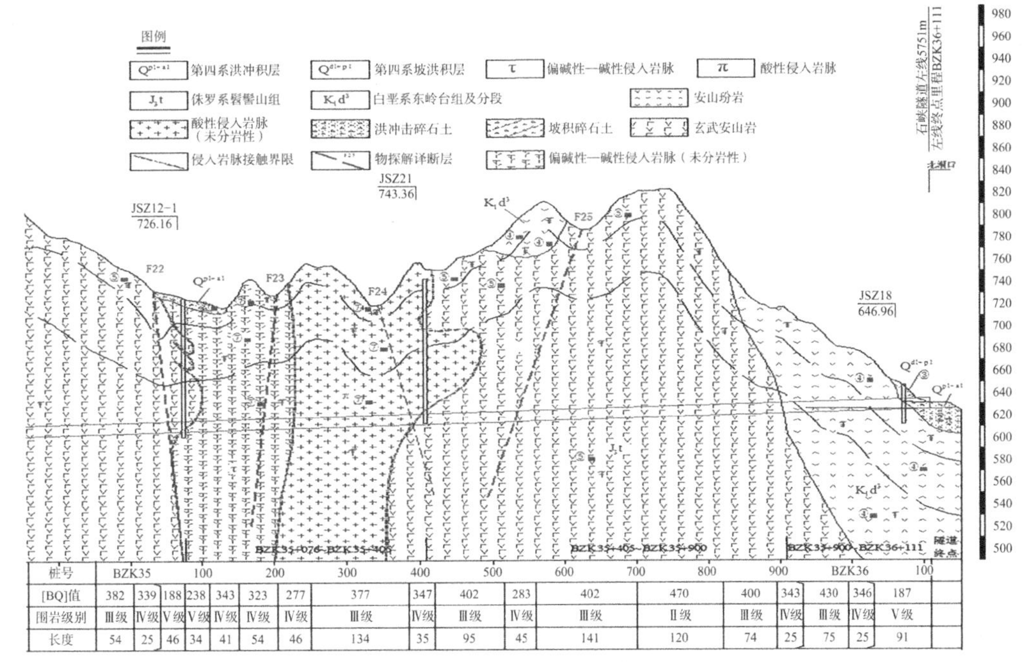

图 9　石峡隧道典型地质断面图

第四系土层物理力学参数统计表　表 3

地层代号	地层岩性	天然密度/（g/cm³）	压缩模量 E_S/MPa	抗剪强度	
			Pz～Pz＋100	黏聚力 c/kPa	内摩擦角 φ/°
②$_{11}$	块石、碎石	（2.10）	（20.0～40.0）	（0）	（36.0）
②$_{14}$	粉土	1.56～1.74	5.40～8.70	11～23	29.8～32.5
②$_{15}$	碎石混黏性土	（2.05）	（25.0～30.0）	（8）	（32.0）
③$_{11}$	碎石土	（2.10）	（15.0～25.0）	（0）	（40.0）
③$_{15}$	碎石混黏性土	（2.05）	（25.0～30.0）	（8）	（32.0）

注：( ) 括号内数值为经验值。

5.2　白垩系东岭台组（K_1d）

白垩系的地层在隧道区主要分布于花家窑沟北侧，在昌平、延庆的分界山脊处有小范围的分布，且分布的主要为白垩系东岭台组三段（K_1d^3）。岩性主要为灰紫色、浅灰色安山玢岩，岩体主要为斑状、似斑状结构，块状构造，斑晶以斜长石、角闪石、石英为主，基质为隐晶质、玻璃质。白垩系东岭台组各类强风化岩石以较软岩—较坚硬岩为主，节理裂隙发育；以中—微风化以较坚硬岩—坚硬岩为主，节理裂隙不甚发育。东岭台组安山玢岩岩石强度试验指标见表 4。

东岭台组安山玢岩岩石强度试验指标统计表　表 4

层号	岩石名称	统计指标	点荷载试验单轴抗压强度 R/MPa		单轴抗压强度 R/MPa	
			天然	饱和	天然	饱和
④$_{12}$	强风化安山玢岩	平均值	39.1	45.3	—	15.1
		最大值	47.5	47.6	36.0	—
		最小值	26.4	41.5	35.2	—
		样本数	11	6	2	1
④$_{13}$	中等风化安山玢岩	平均值	74.6	84.0	117.1	89.5
		最大值	84.7	113.4	159.6	116.0
		最小值	65.8	65.6	83.3	68.5
		样本数	11	10	5	5
④$_{14}$	微风化安山玢岩	平均值	—	—	（130.0）	（110.0）

注：①表中点荷载试验获得的单轴抗压强度R是岩石点荷载试验实测的点荷载强度指数 IS（50）依据《工程岩体分级标准》GB 50218—2014 中的计算公式$R = 22.82IS(50)^{0.75}$换算得出的。②（ ）括号内数值为经验值。

5.3　侏罗系髫髻山组（J_3t）

从岩石特征与岩性组合分析，区域内侏罗系髫髻山组岩系具有陆相火山喷溢和喷发互相交替形成的特点。根据钻探揭露情况及野外地质调查工作，结合本工程所在区域的已有地质资料，将本工程沿线的侏罗系髫髻山组火山岩及火山碎屑岩主要分为：玄武安山岩⑤$_1$层、凝灰质角砾岩⑤$_2$层、安山岩⑤$_3$层及熔结角砾凝灰岩⑤$_4$层4大亚层，根据不同的风化程度分为次亚层。侏罗系髫髻山组各类强风化岩石以较软岩—软岩（局部为较坚硬岩）为主，节理裂隙发育；中—微风化以较坚硬岩—坚硬岩为主，节理裂隙不甚发育。玄武安山岩岩石强度试验指标见表5。

玄武安山岩岩石强度试验指标统计表　表5

层号	岩石名称	统计指标	点荷载试验单轴抗压强度R/MPa		单轴抗压强度R/MPa	
			天然	饱和	天然	饱和
⑤$_{12}$	强风化玄武安山岩	平均值	74.4	68.8	—	（20.0）
		最大值	86.1	82.4	26.4	—
		最小值	59.1	58.5	23.8	—
		样本数	12	8	2	—
⑤$_{13}$	中等风化玄武安山岩	平均值	119.6	111.1	68.3	—
		最大值	139.2	128.8	76.7	61.8
		最小值	108.2	94.3	61.8	39.8
		样本数	15	10	6	2
⑤$_{14}$	微风化玄武安山岩	平均值	—	—	93.6	—
		最大值	—	—	—	93.6
		最小值	—	—	—	72.4
		样本数	—	—	1	2

5.4　长城系高于庄组（Chg）

灰色薄—中厚层状泥晶白云岩为主，夹厚层状、块状泥晶白云岩、含燧石条带泥晶白云岩，岩层中含大量薄层状黑色粉砂质条带或夹薄层状黑色粉砂岩；深灰色薄—中层板状泥晶白云岩夹厚层状、块状粉—细晶白云岩，深灰、紫灰色薄—中层板状含粉砂白云质灰岩夹瘤状灰岩、含硅泥晶质灰岩、粉—细晶灰岩、白云质砾屑灰岩，深灰色中—厚层状条带状粉—泥晶白云质灰岩夹灰质白云岩、瘤状灰岩。整体岩层表现为中厚层、微薄层组成的韵律性互层。强风化白云岩整体为较坚硬岩，节理裂隙发育；中—微风化白云岩整体为坚硬岩，节理裂隙较发育。典型白云岩岩石强度试验指标见表6。

典型白云岩岩石强度试验指标统计表　表6

层号	岩石名称	统计指标	点荷载试验单轴抗压强度R/MPa		单轴抗压强度R/MPa	
			天然	饱和	天然	饱和
⑥$_{12}$	强风化白云岩	平均值	42.6	34.3	34.5	31.7
		最大值	51.1	50.1	30.1	39.8
		最小值	36.3	22.1	22.5	19.6
		样本数	6	6	5	6
⑥$_{13}$	中等风化白云岩	平均值	72.1	86.3	84.8	
		最大值	93.6	94.5	93.1	74.5
		最小值	57.9	68.7	72.4	57.5
		样本数	6	6	3	2
⑥$_{14}$	微风化白云岩	平均值	—	—	—	（100.0）
		最大值	—	—	124.1	—
		最小值	—	—	115.7	—
		样本数	—	—	2	—

5.5　燕山期侵入岩

沿线在长城系高于庄组白云岩普遍发育侵入岩体（脉），多属于燕山期岩浆侵入活动的产物。侵入岩体（脉）的侵位和展布方向受深层断裂带、断块边界的断裂构造、褶皱构造以及其他断裂控制。侵入岩体（脉）以中性、中酸性、碱性、偏碱性岩类为主，岩性主要为辉长岩、辉绿岩、花岗二长岩等。出露地表规模不等，一般呈脉状，造成沿线洞身段工程地质条件具有复杂性（侵入岩与白云岩接触带附近工程性质较差，影响富水性、次级构造发育等），燕山期强风化侵入岩脉整体为较软岩，局部为软岩，节理裂隙发育；中—微风化侵入岩脉整体为较坚硬岩—坚硬岩，节理裂隙较发育。典型侵入岩（脉）体岩石强度指标见表7。

典型侵入岩（脉）体岩石强度指标统计表　表7

层号	岩石名称	统计指标	单轴压缩变形试验单轴抗压强度R/MPa	
			天然	饱和
⑦$_{12}$	强风化碱性、偏碱性侵入岩	平均值	（25.0）	（15.0）
⑦$_{13}$	中等风化碱性、偏碱性侵入岩	平均值	（45.0）	（30.0）
⑦$_{14}$	微风化碱性、偏碱性侵入岩	平均值	（65.0）	（50.0）
⑦$_{22}$	强风化酸性侵入岩	平均值	（35.0）	（20.0）
⑦$_{23}$	中等风化酸性侵入岩	平均值	（55.0）	（40.0）
⑦$_{34}$	中等风化酸性侵入岩	平均值	（75.0）	（60.0）
⑦$_{32}$	强风化中性侵入岩	平均值	18.0	—
		最大值	23.9	22.8
		最小值	14.4	8.9
		样本数	3	2

续表

层号	岩石名称	统计指标	单轴压缩变形试验 单轴抗压强度R/MPa	
			天然	饱和
⑦$_{33}$	中等风化中性侵入岩	平均值	82.4	
		最大值	85.0	76.3
		最小值	78.5	65.2
		样本数	3	2
⑦$_{34}$	微风化中性侵入岩	平均值	114.8	（90.0）
		样本数	1	—

6　综合地球物理勘探

主要采用大功率电测深法，局部采用可控源音频大地电磁法(图10)。岩层由于成因环境不同，受构造运动的影响，从而在纵向和横向上产生电阻率和相位上的变化。此外，岩层电阻率值不仅与地层构成成分、成因有关，还与组成岩石的颗粒大小、致密程度、含水率有关，通过这些物性特征，可以推断地层的展布规律、断层构造、富水性等。

综合物探结果及地质调查资料，确定了在隧道沿线发育的具有一定规模和影响的断裂构造带及褶皱构造，沿断裂构造带表现为明显带电阻率变化异常带，在地表多沿着沟谷发育、延伸。各隧道物探探测地质异常特征见表8～表11。

探测确定了在隧道沿线发育的岩体破碎带及含水体。主线隧道及施工斜井洞口段范围内岩体整体节理裂隙发育，完整性较差，较破碎—破碎。在隧道洞口段及施工斜井洞口范围主要为第四纪坡洪积碎石土层。主线隧道及施工斜井洞身段岩体相对较完整，节理裂隙较发育，整体围岩的稳定性较好，局部物探测试成果显示低阻异常区，解译为断裂构造发育及岩体破碎区域，局部赋存一定量基岩裂隙水，对隧道施工有较大影响。

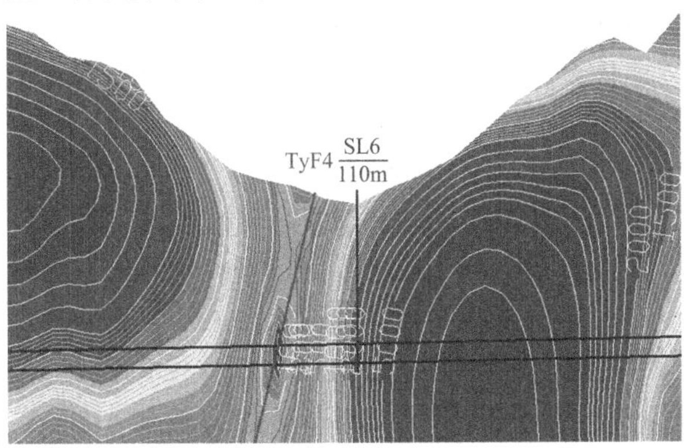

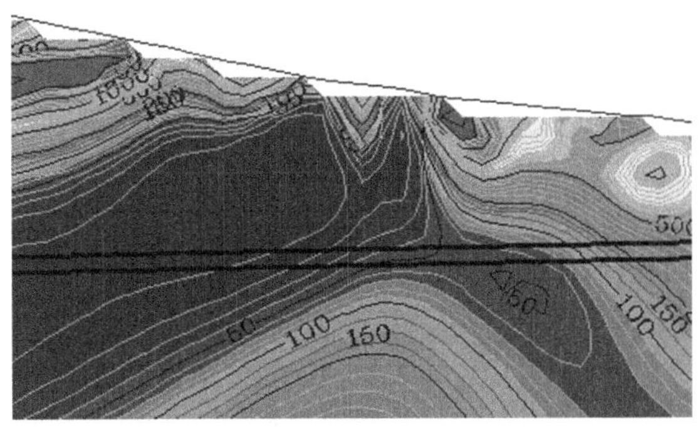

图10　物探解译断层、褶皱构造

梯子峪隧道物探探测地质异常特征一览表　　表8

解译编号	特征	对隧道施工影响
TF1	走向135°～145° 倾向南西	断裂带地表现象明显，向下延伸至隧道洞身标高以下，对隧道工程施工具有影响
TF2	走向115°～125° 倾向北东	断裂带主体沿沟谷延伸，局部充填侵入体（脉），向下延伸至隧道洞身标高以下，对隧道工程施工具有影响
TF3	走向170°～180° 倾向南西	断裂延伸至隧道洞身标高以下，对隧道工程施工具有影响
TF4	走向175°～185° 倾向近西向	断裂带延伸至隧道洞身标高以下，对隧道工程施工具有影响
TF5	走向155°～165° 倾向南西	破碎带沿线充填侵入体（脉），延伸至隧道洞身标高以下，对隧道工程施工具有影响
TF6	走向65°～75° 倾向北西	破碎带延伸至隧道洞身标高以下，对隧道工程施工具有影响
TF7	走向110°～120° 倾向北东	断裂带表现为挤压性质，影响范围较小，向下延伸至隧道洞身标高以下，对隧道工程施工具有影响
TF8	走向165°～175° 倾向近东向	破碎带表现为挤压性质，影响范围较小

浇花峪隧道物探探测地质异常特征一览表　　表9

解译编号	特征	对隧道工程的可能影响
JF1	走向165°～175° 倾向南西	断裂带与隧道小角度斜交，延伸至隧道洞身标高以下，对隧道工程施工具有重要影响
JF2	走向95°～105° 倾向北东	断裂带沿沟谷发育，延伸至隧道以下，对隧道工程施工具有影响
JF3	走向115°～125° 倾向北东	断裂带斜交穿越隧道工程，向下延伸至隧道洞身标高以下，对隧道工程施工具有重要影响
JF4	走向135°～145° 倾向北东	断裂带与隧道工程斜交，近距离延伸，局部区段冲天侵入脉体，断裂带规模较大，向下延伸至隧道洞身标高以下，于ST9号钻孔附近与JF3断裂带在隧道洞身范围内相交，对隧道工程施工具有重要影响
JF5	走向115°～125° 倾向南西	虽然断裂带距离隧道轴线较远，但其向北西向延伸可能会穿越隧道工程，对隧道施工有一定影响
JF6	走向115°～125° 倾向南西	距离隧道洞身较远，对施工无影响
JF7	走向110°～120° 倾向南西	断裂延伸至隧道以下，对隧道工程施工具有影响

续表

解译编号	特征	对隧道工程的可能影响
JF8	走向 170°～180° 倾向北西	在右线剖面上表现为较明显的电阻率异常，但在左线剖面中表现不明显，地表表现为陡倾的沟谷地貌，延伸至隧道洞身标高以下，对隧道工程施工具有影响
JF9	走向 36°～47° 倾向北西	延伸至隧道以下，对隧道工程施工具有影响
JF10	走向 20°～30° 倾向南东	断裂规模较小，但延伸至隧道洞身标高以下，对隧道工程施工具有影响
JF11	走向 100°～110° 倾向南西	距离隧道洞身较远，为脉体充填，对隧道施工无影响
JF12	走向 95°～100° 倾向南西	距离隧道洞身较远，对施工无影响 距离隧道洞身较远，为区域断裂带，对隧道施工无影响，但对桥基施工可能会有影响
JF13	走向 5°～15° 倾向北西	距离隧道洞身较远，为脉体充填，对隧道施工无影响

石峡隧道物探探测地质异常特征一览表　表 10

解译编号	特征	对隧道施工影响
SF1	走向 25°～35° 倾向南东	邻近隧道影响区，对隧道施工有一定影响
SF2	走向 45°～55° 倾向北西	邻近隧道影响区，对隧道施工有一定影响
SF3	走向 40°～50° 倾向南东	断裂延伸至隧道以下，对隧道工程施工具有影响
SF4	走向 155°～165° 倾向北东	断裂延伸至隧道以下，对隧道工程施工具有影响
SF5	走向 55°～65° 倾向北西	断裂未延伸至隧道附近，对隧道工程施工影响较小
SF6	走向 15°～25° 倾向北西	穿过斜井洞身，影响隧道施工
SF7	走向 120°～130° 倾向南西	断裂未延伸至主隧道附近，但对 2 号施工斜井影响较大
SF8	走向 25°～35° 倾向北西	断裂未延伸至隧道附近，对隧道工程施工影响较小
SF9	走向 70°～80° 倾向南东	穿过隧道洞身，影响隧道施工
SF10	走向 95°～105° 倾向北东	穿过隧道洞身，影响隧道施工
SF11	走向 30°～40° 倾向南东	断裂未延伸至隧道附近，对隧道工程施工影响较小
SF12	走向 40°～50° 倾向南东	断裂未延伸至隧道附近，对隧道工程施工影响较小
SF13	走向 30°～40° 倾向北西	穿过隧道洞身，影响隧道施工
SF14	走向 70°～80° 倾向南东	穿过隧道洞身，影响隧道施工
SF15	走向 90°～120° 倾向南西	穿过隧道洞身，影响隧道施工
SF16	走向 105°～120° 倾向南西	穿过隧道洞身，影响隧道施工
SF17	走向 40°～50° 倾向南东	穿过隧道洞身，影响隧道施工

营城子隧道物探探测地质异常特征一览表　表 11

解译编号	特征	对隧道施工影响
YF1	走向 320～330° 倾向北东	断裂延伸至隧道上部一定距离，未达到隧道洞深范围，影响较小
YF2	走向 310～320° 倾向北东	断裂延伸至隧道以下，对隧道工程施工具有影响
YF3	走向 340～350° 倾向北东	断裂延伸至隧道以下，对隧道工程施工具有影响

7　水文地质勘察

开展隧道沿线地下水位、水温量测，详细调查地表水流、井、泉水流量，开展压水、注水、提水试验、井深 230m 抽水试验，获取水文地质参数，为预测隧道总涌水量、分段涌水量提供了可靠的综合试验依据。

7.1　含水岩组分布规律及富水性

根据工程地质及水文地质测绘、钻探及物探成果，依据地下水的赋存岩性及赋存特征，将沿线穿越的含水岩组分为碎屑岩、岩浆岩裂隙含水岩组及碳酸盐岩岩溶裂隙含水岩组两大类。

（1）碎屑岩、岩浆岩裂隙含水岩组

以侏罗系髫髻山组安山质火山角砾岩、熔结角砾凝灰岩、玻屑凝灰岩及玄武安山岩、安山岩为主，其间发育侵入岩脉。岩体的导水性主要受岩体裂隙发育程度影响，地下水的空间分布不均，多呈条带状分布，完整—较完整岩体中导水性相对较差—中等，对于破碎、极破碎岩体的导水裂隙网络发育，导水性好。

根据钻孔岩芯及现场调查分析该套岩组整体属弱富水岩组。但对于张性和张扭性断裂构造带及其影响带，张裂隙、张扭裂隙发育，造成入渗水体可沿断层破碎带呈带状或脉状运移，易形成局部强富水带；若为压性及压扭性断层，其构造带多为糜棱岩、断层泥等物质，透水性和含水性较低，但隧道穿越岩层以脆性岩为主，影响带较宽，断层上盘裂隙发育具备含水条件，易形成局部强富水带。

（2）碳酸盐岩岩溶裂隙含水岩组

以长城系高于庄组白云岩为主，地下水主要赋存和运移于白云岩岩溶溶隙和构造裂隙中，属中等富水岩组。隧道附近帮水峪村及石峡村共有机井 7 眼，现场量测水位机井 3 眼。由于量测水位期间村内其余机井处于抽水工作状态。根据调查及现状水井的水位，判断该套含水岩组水力坡度 3%～5%。

（3）钻孔水位实测情况

本工程勘察期间于部分勘察钻孔内对地下水位进行了量测，量测的地下水水位埋深和水位标高（有一定变化幅度）统计结果见表 12。根据地下水水位量测结果及隧址区地下水的补、径、排特征分析，兴延高速公路沿线地下水水位主要受地势控制，即地势高处水位相对较高，地势低处水位相对较低，依据钻孔水位推测水力坡度为 5%～7%。

梯子峪隧道钻孔水位一览表　　表 12

隧道名称	孔号	水位埋深/m	水位标高/m
梯子峪隧道	SL6	23.97～27.06	502.76～505.85
	SL7	110.48～113.50	473.92～476.95
	SL7B	77.41～79.56	466.87～469.02
	SL8A	62.80～62.84	476.00～476.03
	SL10	32.72～33.52	447.01～447.81
	SL12	32.32	434.96
	SL13	62.95	402.96
	SL14A	54.62	429.35
	SL18	50.10	427.35
浇花峪隧道	ST1	48.75～50.78	442.86～444.89
	ST2	136.40～138.90	468.82～471.32
	ST4	172.70	495.02
	ST5	42.70～43.23	507.83～508.36
	ST9	148.0～153.0	492.1～497.1
石峡隧道	J1	126.0	488.25
	J6	85.8	602.36
	J7	63.6	645.41

（4）地表泉调查情况

本工程勘察期间对泉点 W2、W3、W4、W4-1、W5、W5-1、W7、W8、W9 及梯子峪沟内地表溪流进行了测流，各测流点的流量见表 13。

泉点流量一览表　　表 13

测点编号	泉类型	补给含水层	水位标高/m	流量/（m^3/d）	
				2014-10-5	2015-1-22
W1	下降泉	Chg	356.0	—	—
W2	下降泉	Chg	400.0	161.28	192.00
W3	下降泉	Chg	418.0	—	17.92
W4	下降泉	Chg	373.0	402.46	450.41
W4-1	下降泉	Chg	385.5	—	90.87
W5	下降泉	Chg	417.0	601.71	458.67
W5-1	下降泉	Chg	430.0	—	15.53
W7	下降泉	J_3t	512.0	2.32	1.17
W8	下降泉	Chg	483.3	22.91	28.43
W9	下降泉	Chg	456.5	17.60	7.95
溪流	—	Chg	—	—	4531.64

（5）地表水及地下水腐蚀性

本工程勘察期间对采取的地表水及地下水试样进行了水质分析试验，根据水质分析试验成果，并依据《公路工程地质勘察规范》JTG C20—2011 相关规定判定，工程场区的地表水及地下水对混凝土结构及钢筋混凝土结构中的钢筋的腐蚀性等级均可按微考虑。

7.2　水文试验及参数计算

（1）抽水试验

在石峡隧道穿越的长城系高于庄组白云岩地层中布置了 2 组不同降深的抽水试验。抽水井井深 230m，开孔直径 400mm，终孔直径 245mm，井管材料为镀锌钢板卷管，过滤管长 80m，属于非完整井。如图 11 所示的无底界潜水无限含水层非完整井抽水试验计算模型。第 1 组抽水试验开始前静止水位 606.370m，第 2 组抽水试验开始前静止水位 606.970m。

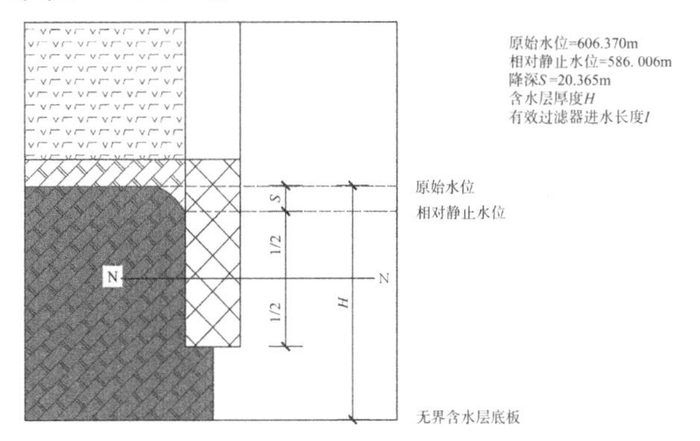

图 11　抽水试验计算模型概化图

水文地质参数计算采用《水利水电工程钻孔抽水试验规程》DL/T 5213 中巴布什金潜水非完整井公式计算，第 1 组抽水试验降深 20.365m，渗透系数为 0.19m/d，第 2 组抽水试验降深 44.949m，渗透系数为 0.14m/d。考虑到试验段含水层厚度及岩性有所变化的实际情况，并从工程安全性角度出发，建议该含水层的渗透系数取值为 0.20m/d。

（2）压水试验

对梯子峪隧道洞底以下 5m 至洞顶以上 15m 范围的岩层，采用$P_1-P_2-P_3-P_4$（$=P_2$）$-P_5$（$=P_1$）三级压力五个阶段，其中$P_1<P_2<P_3$。采用双栓塞的试验方法，利用各段压水试验取得的试验压力和流量数据绘制P-Q曲线。根据《水利水电工程钻孔压水试验规程》（SL31），当试段位于地下水位以下、透水性小（$q<10$Lu）且P-Q曲线为 A（层流）型时，按霍斯列夫公式进行计算，结果见表 14。

压水试验资料及渗透系数计算结果表　　表 14

孔号	试段编号	试段埋深/m	试段长度/m	渗透系数/（m/d）	建议值/（m/d）
SL8A 号	1	90.85～95.88	5.03	6.53E-03	7.00E-03
	2	76.07～81.09	5.02	1.79E-02	2.00E-02
	3	71.92～76.94	5.02	3.01E-02	3.00E-02

（3）注水试验

对梯子峪隧道洞身段范围内的白云岩地层进行降水头注水试验，根据《水利水电工程注水试验规程》SL345，绘制水头比与时间$\ln(H_t/H_0)$-t关系曲线及相关数据，计算得到试验段的渗透系数，计算结果见表 15。

注水试验渗透系数计算表　　表 15

孔号	试段编号	试段埋深/m	试段长度/m	渗透系数/（m/d）	建议值/（m/d）
SL8A	1	85.46～90.70	5.24	2.39E-03	2.50E-03

（4）提水试验

对梯子峪隧道 SL6 号、SL10 号、SL14A 号钻孔白云岩裂隙水赋存层位进行了提水试验，计算得到的渗透系数值。根据 Hvorslev 的分析方法（图 12），相应各孔的渗透系数计算结果见表 16。

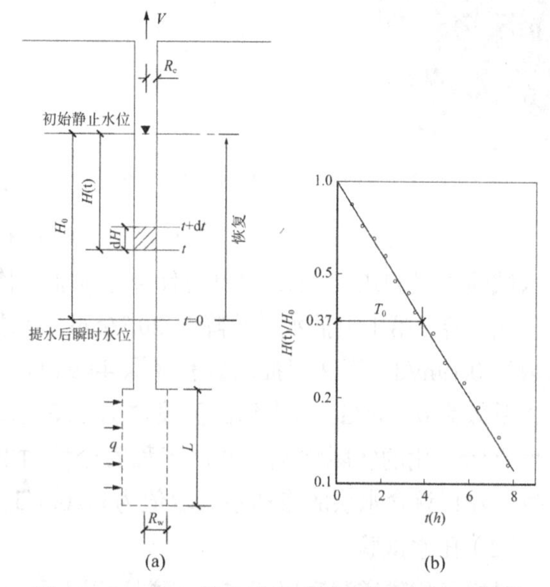

图 12　Hvorslev 提水试验模型及其分析法示意图

提水试验渗透系数计算表　　表 16

孔号	第次	试验埋深/m	渗透系数/（m/d）	
			计算值	建议值
SL6	1	24.18～75.00	0.015	0.02
	2		0.014	
SL10	1	34.04～38.00	0.315	0.4
	2		0.389	
	3		0.349	
SL14A	1	54.62～95.00	0.255	0.3

8　岩土工程评价

8.1　隧道洞口稳定性

浇花峪隧道洞口危岩体位于隧道南口东侧施工便道上方，危岩体长约 16m，宽 4～6m，高约 20m，估算方量 2000m³。由中厚层状的灰白色—灰黑色中等风化白云岩组成，局部夹薄层状红棕色侵入脉体，岩体呈块状，较破碎。地形坡度 50°～70°，局部近于直立，岩层产状 323°∠12°，层厚 0.15～0.4m。危岩体整体呈一凸出的石嘴山鼻梁形态，半弧形展布，局部呈临空—半临空状态。岩体在结构面及层面的组合切割作用下多呈楔形体块状结构，可沿结构面发生滑塌式破坏，局部表层临空强风化岩体可能发生拉裂式倾倒破坏，危岩体整体处于欠稳定状态，在暴雨及施工爆破、来往车辆的振动等外力作用下易发生失稳。

为查明危岩体的威胁范围及运动特征，进而为治理设计提供依据，在考虑地形条件、落石的初始运动速度大小、碰撞过程中的恢复系数大小和滚（滑）动摩擦系数等因素的基础上，利用 RocFall 对危岩体的运动轨迹、弹跳高度等运动特征进行模拟分析（图 13）。根据模拟结果，落石经与施工便道及坡体的多次碰撞后最终落点主要为坡脚办公生活区，弹跳高度一般在 5～10m，靠近坡脚部位可达 12m 以上，落石运动速度约 10～20m/s，最大可达 25m/s，对整个施工便道及工作生活区威胁很大。

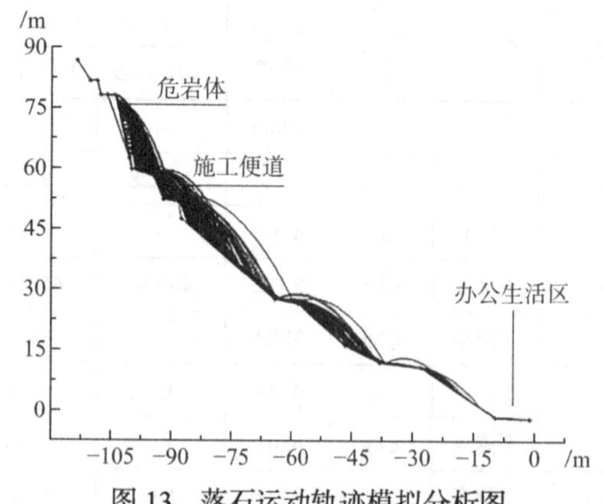

图 13　落石运动轨迹模拟分析图

在对危岩详细调查、运动特征模拟分析的基础上，采用预应力锚杆 + 水泥浆封闭 + 监控量测的综合措施予以治理。采用高强精轧螺纹钢筋，每根锚杆施加 150kN 的预应力，钻孔直径$\phi60$，锚杆自由段 2m、锚固段 4m，锚固端须进入稳定基岩内。注浆材料为水泥浆水灰比 1∶1，锚固段注浆压力不小于 2.0MPa，施工顺序：开挖、平整坡面→成孔→锚杆组装与安放→注浆→现浇锚杆垫墩→锚杆张拉与锁定。同时，对危岩体现状拉裂缝灌注水灰比 1∶1 水泥浆封闭，防止雨水灌入。

8.2 围岩级别

依据《公路工程地质勘察规范》JTG C20—2011、《公路隧道设计规范》JTG D70—2004 标准，定性划分和定量计算综合方法开展分段隧道围岩级别判定。采用室内单轴饱和抗压强度与现场点荷载试验相结合确定岩石强度，野外统计岩体体积节理数和声波测试相结合确定岩体完整程度。沿线隧道围岩可划分为Ⅱ～Ⅴ级。综合判别的围岩分级的长度参见表 17。

兴延高速公路各隧道及施工斜井围岩分级占比一览表　　表 17

隧道名称	线位	长度/m	Ⅱ级 长度/m	Ⅲ级 长度/m	Ⅳ级 长度/m	Ⅴ级 长度/m
梯子峪隧道	左线	2980	—	870	1130	980
	右线	3176	—	915	1335	926
	1号斜井	520.44	—	—	162.44	358
	2号斜井	608.67	—	13.67	415	180
浇花峪隧道	左线	2291	460	1060	711	60
	右线	2275	490	820	835	130
石峡隧道	左线	5751	74	4080	1036	561
	右线	5880	150	3820	1198	712
	1号斜井	1353	—	663	515	175
	2号斜井	1195	—	915	210	70
	3号斜井	816	—	501	230	85
营城子隧道	左线	1783	998	642	125	18
	右线	1831	1044	513	256	18

9 地质技术服务

地质技术服务是公路工程建设施工过程中的重要环节，是及时解决现场实际问题的工作机制，在勘察和施工中起着桥梁作用。可及时解决遗留的勘察盲区，完善和优化施工图设计，在完成勘察产品的售后服务的同时，也达到了全面提高公路建设工程质量的目的。

9.1 施工期地质服务

（1）施工期配合机制

应加强对施工现场勘察配合工作的领导，成立由主管领导负责、专业技术负责人（专家）参加的领导小组（图 14），进行定期深入现场巡查及了解情况，及时解决配合施工过程中现场出现的重大事项。在成立领导小组的同时，应成立现场配合小组，由现场负责人和驻地工程师组成，负责日常的施工配合工作。现场配合人员应具有良好的职业道德和专业技术水平，具备一定的组织协调能力，能够独立解决现场出现的一般性专业技术问题。由于近几年公路勘察单位一般自身的生产任务比较繁重，不能派出专业人员常驻现场，往往造成现场问题不能及时解决。针对该问题，建议勘察单位应注重吸收行业内身体健康、经验丰富的退休老同志，来充实勘察配合施工工作。

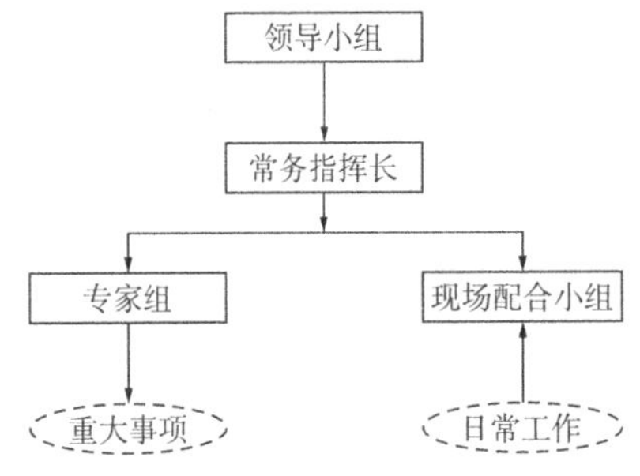

图 14　勘察配合施工组织机构图

（2）围岩分级定量指标—岩石强度快速判别方法

岩石的定量指标指的是岩石单轴饱和抗压强度，但该参数在现场难以直接获取。在施工现场，可通过高强回弹仪快速获得岩石回弹强度，因此，可进行岩石回弹强度与单轴饱和抗压强度（现场可通过点荷载试验快速获取）之间的相关性研究，可快速获取岩石强度指标。配合施工期间，在兴延高速公路的 4 条隧道进行了 636 组不同岩性的岩石点荷载及回弹测试平行试验，进行相关性分析，得出典型岩石的回弹值与点荷载强度换算的岩石单轴饱和抗压强度的关系如图 15 所示。

根据回弹强度与点荷载强度换算的岩石单轴饱和抗压强度的相关性分析，建立两者之间的经验公式。因此，现场可通过回弹测试快速获得岩石强度定量指标。定性指标主要参考不同风化程度的常见岩石和锤击反应，这也是总结了前人大量工程积累下来的宝贵经验，在很多规范中得到了普及和推广。

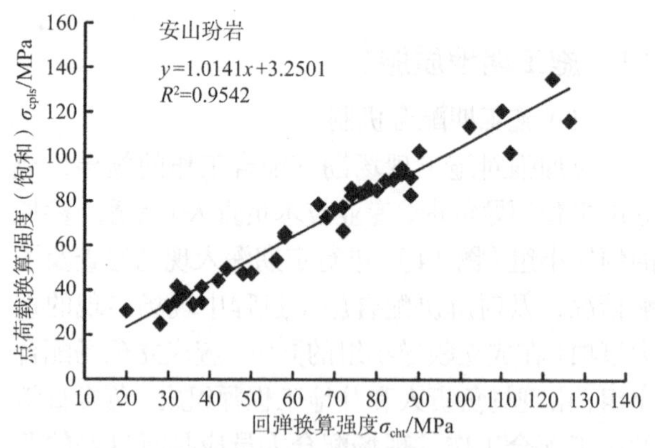

图 15　回弹测试强度与点荷载强度相关性

因此，现场可通过常见岩石类型、不同风化程度、锤击反应及回弹测试相结合，定性＋定量快速获取岩石强度指标。

（3）隧道围岩统计

根据施工过程中的隧道围岩变更统计，梯子峪隧道、浇花浴隧道、石峡隧道及营城子隧道施工阶段的围岩级别变更情况详见表 18。

从表 18 中可以看出，施工阶段发生的围岩变更整体均为正变更（较勘察阶段变差），跨级变更率约 2%～26%，其中石峡隧道变更率相对较高。围岩级别未变，支护措施类型变更率 3%～28%。

上述变更也提示我们，在隧道施工中科学、合理的施工控制，有利于隧道围岩的稳定性状态。同时，精准的超前地质预报，可以有效控制隧道施工的风向、降低不良地质条件诱发的安全隐患。

各隧道围岩变更情况一览表　　　　**表 18**

工点及部位		围岩变更情况								围岩级别未变，支护结构类型变更情况		
		正变更					负变更					
		Ⅱ级变Ⅲ级/m	Ⅲ级变Ⅳ级/m	Ⅲ级变Ⅴ级/m	Ⅳ级变Ⅴ级/m	变更占比/%	Ⅴ级变Ⅳ级/m	Ⅳ级变Ⅲ级/m	变更占比/%	Ⅲb变Ⅲa/m	Ⅳb变Ⅳa/m	变更占比/%
梯子峪隧道	左线	—	—	—	—	—	—	—	—	77	—	2.6
	右线	—	—	—	59	1.9	—	—	—	—	—	—
浇花浴隧道	左线	—	223	60	115	17.4	—	—	—	533	—	23.3
	右线	—	140	50	98	12.7	—	—	—	394	—	17.3
石峡隧道	左线	27	641	125	106	26.0	10	—	0.2	1569	35	27.9
	右线	—	568	140	168	18.3	—	—	—	555	—	23.0
营城子隧道	左线	70	10	—	—	10.0	—	—	—	28		3.0
	右线	50	—	—	—	11.1	—	10	0.9	70		10.0

（4）隧道涌水量情况

由于石峡隧道基本为单斜隧道，在隧道施工过程中，随着开挖进行，开挖各区段均存在较大量的出水。在现状条件下，各个施工区段一直处于向洞外抽排水的状态，因此，为施工期间整条隧道的地下水出水量的估算提供了依据。

根据地质配合过程中的初步统计：石峡隧道进口段出现的最大出水量约 1500～2000m³/d，稳定出水量约 500～700m³/d；1 号斜井出现的最大出水量为 4000～5000m³/d，稳定出水量为 3000～3500m³/d；2 号斜井出现的最大出水量约 3000m³/d，稳定出水量为 1500～2000m³/d；3 号斜井稳定出水量为 500～700m³/d。

9.2　隧道塌方处理

梯子峪隧道施工至掌子面里程 YK26＋929 时，发生拱顶塌方事故。经现场详细地质调查分析，事故的主要原因为：洞顶围岩（以近水平中厚层状长城系高于庄组白云岩为主）受侵入岩脉的切割与挤压错动作用的影响，侵入岩与白云岩接触带附近岩体破碎、质软，局部可见泥化现象，经洞顶少量渗水的软化、润滑作用，加之隧道爆破施工开挖的振动与卸荷的影响，大量已经松动块状岩体突然脱离母体而从洞顶塌落，塌腔高度约 12m，掌子面前方已完成初期支护的部分拱架被砸落。

在对本次塌方段隧道地质条件与监控量测成果分析、讨论的基础上，采用洞渣回填＋塌腔处理的方法对塌方段隧道进行处理（图 16）。具体处理过程如下：

（1）在塌方段边缘，靠近已完成初期支护一侧，对已完成初期支护的隧道采用 I22b 型钢拱架增补内衬加固，防止塌方段继续扩增，同时保证处理塌方施工过程的安全。

（2）喷射 10cm 厚 C20 混凝土，封闭塌腔表面，以防发生局部坍塌和掉渣，为后续施工做好准备。

（3）回填洞渣并压实，洞渣厚度以方便后续施工所需空间为准，并保证洞渣的稳定。

（4）以砂袋作为后续灌注混凝土的外模，从洞渣顶面垒至设计拱顶以上，并保证砂袋在后续灌注混凝土时不被挤出。

（5）从预埋的输送泵管内泵送 C25 混凝土，保证混凝土顶面超过设计拱顶以上至少 3m，形成人工混凝土护拱。

（6）待混凝土强度满足要求后，采用人工短进尺开挖并使初期支护及时封闭成环。

（7）及时施做二衬。待二衬施工完成后，通过预埋的吹砂管对塌腔进行吹砂填充，直至塌腔充满。

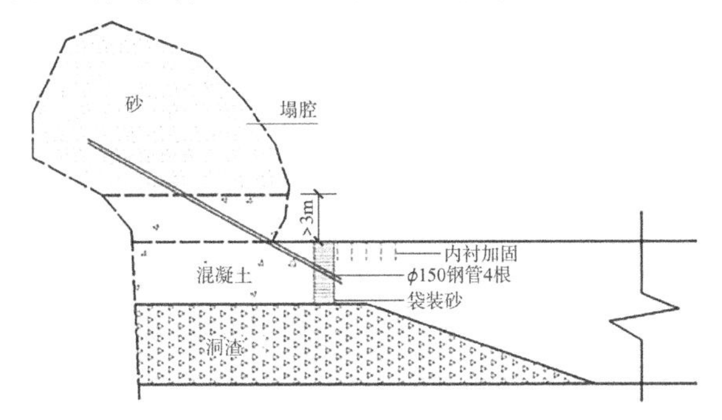

图 16　梯子峪隧道右线塌方处理示意图

9.3　洞口偏压处理

石峡隧道左线南口位于冲沟西侧坡体下方，东侧拱肩部位埋深仅 4m 左右，天然地形原因导致洞口存在偏压问题。结合洞口附近地形及地层条件，石峡隧道左线南口采用回填碎石土 + 注浆的方案以解决洞口的偏压问题。在做好洞口排水系统的基础上，先回填碎石土（从西侧坡体取土），然后打入ϕ108 钢花管进行注浆，注浆完成后回填耕植土（厚度为 100cm），并恢复绿化；回填土体坡度应根据现场实际地形条件进行调整，保证回填坡面与永久边仰坡连接平顺；回填碎石土最大粒径控制在不大于 20cm，每回填 30cm 进行碾压，压实度须大于 0.97；花管端部需嵌入强风化岩层 50cm，注浆压力不大于 2MPa（图 17）。

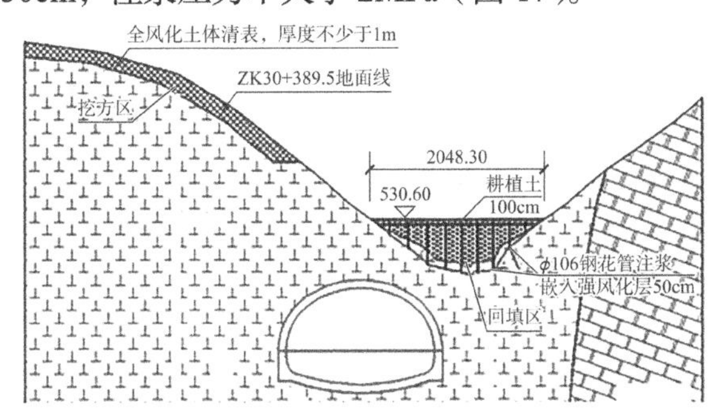

图 17　石峡隧道左线南口偏压回填设计图

9.4　桥台地基基础加固

山区高速公路跨越沟谷的桥梁桥台常位于沟谷两侧的坡体上，且桥台往往位于桥隧相接的关键位置，桥台沟谷一侧临空时往往涉及桥台地基基础失稳问题，安全、可靠的桥台基础加固措施对于桥梁设计至关重要。

梯子峪特大桥跨越梯子峪沟，其左幅终点桥台位于沟谷北侧坡体上，与浇花峪隧道左线南口相接。桥台附近地形非常陡峻，近于直立。地层岩性为长城系高于庄组白云岩，中厚层状，呈中等风化状态，岩层倾角约 10°。桥台基槽开挖后，发现基槽下方坡体近于直立，且桥台外侧基础边界位于坡体边缘。因此，这种位于近水平层状岩层的桥台，在设计荷载与地震、风化、雨水冲刷等不利因素综合作用下，极有可能因地基基础失稳而给施工和后期运营留下巨大的安全隐患。

针对上述问题，在原设计方案的基础上，采用桥台基础增设锚杆 + 台底坡体喷锚防护的加固措施。在桥台基础底面及台背增设锚杆，锚杆长 1m，将基础与周围基岩锚固成整体。同时，对桥台基础下方坡体 8m 范围内进行喷锚防护，以保证桥台下坡坡体的稳固（图 18）。

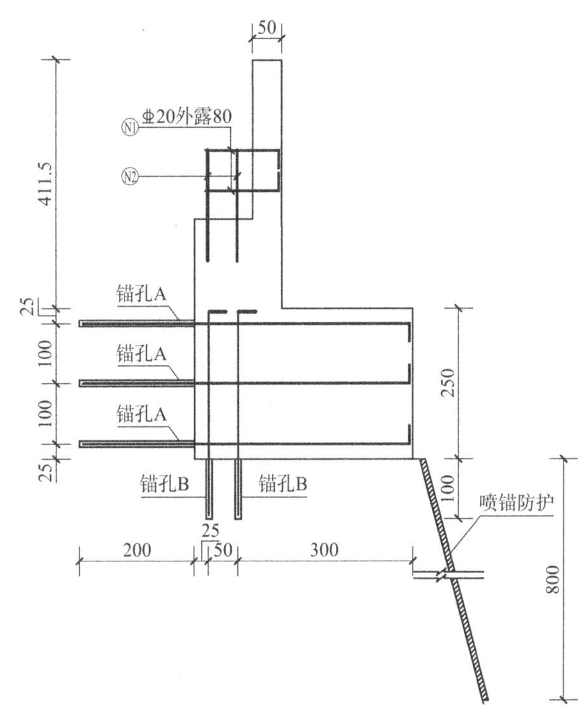

图 18　梯子峪特大桥左幅终点桥台加固设计断面图

10　施工监测

以梯子峪隧道和浇花峪隧道为例，分别从Ⅱ

级围岩、Ⅲ级围岩、Ⅳ级围岩、Ⅴ级围岩段选择一个典型监测断面的周边收敛变形监测数据作为样本数据，分别绘制了 4 个典型监测断面累计收敛和收敛速度的时态曲线，如图 19～图 22 所示。由图中曲线形态可以看出，隧道围岩累计收敛变形时态曲线呈“阶梯形”，收敛速度时态曲线呈“锯齿形”，充分说明了隧道围岩收敛变形与开挖工序的密切相关性。

通过分析图 19～图 22 隧道围岩周边收敛变形曲线，结合现场施工情况，隧道围岩周边收敛变形规律基本可分为以下三个变形阶段：

（1）下导支护前的快速变形阶段，在上导开挖后，支护拱架直接支撑在岩体上，由于围岩受到施工扰动，此时初期支护整体性较弱，周边收敛变形速度较大。

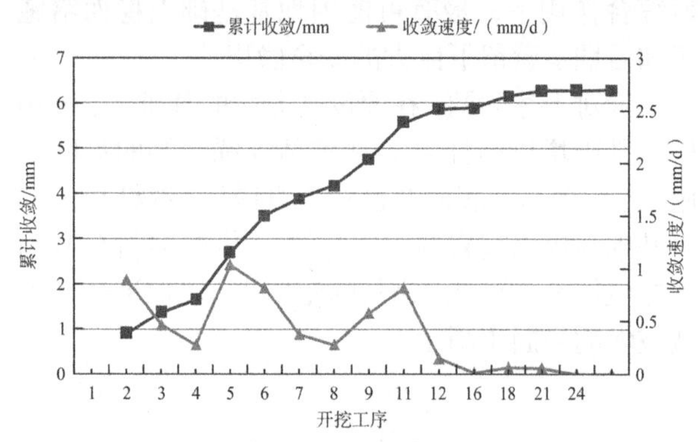

图 19　浇花峪隧道 ZK28＋300 断面收敛时态曲线

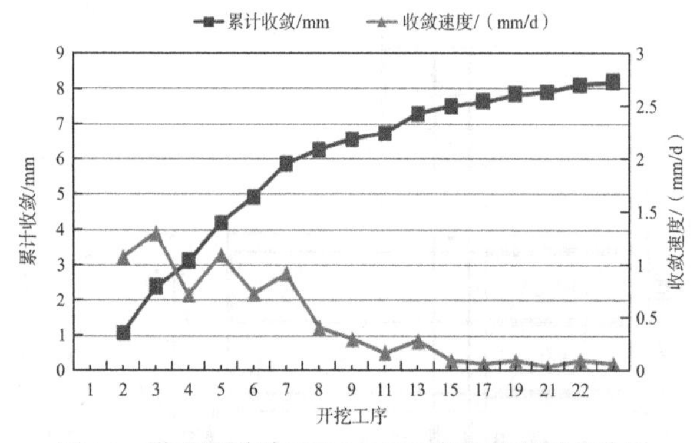

图 20　梯子峪隧道 ZK25＋710 断面收敛时态曲线

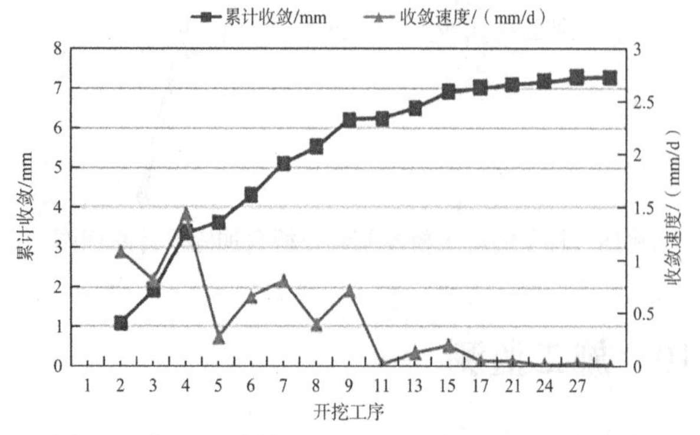

图 21　浇花峪隧道 ZK29＋040 断面收敛时态曲线

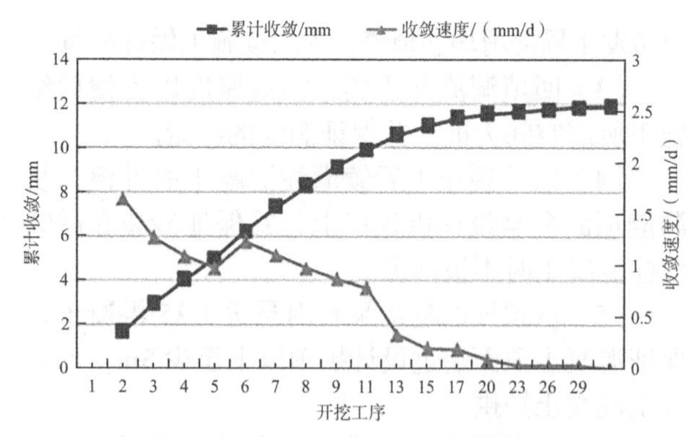

图 22　浇花峪隧道 ZK29＋930 断面收敛时态曲线

（2）下导支护后的变形加速阶段，下导拱架支护后，周边收敛变形会有明显的变形加速阶段，该阶段主要是由于下台阶的开挖，会造成隧道围岩的二次扰动，造成围岩应力进一步释放而引起的变形。

（3）仰拱闭合后的变形收敛阶段，仰拱封闭成环以后，隧道拱架形成一个整体受力结构，此时初期支护的整体受力强度较大，隧道围岩收敛变形处于缓慢增幅阶段。

11　结语

本项目从地质选线阶段的可研勘察到初步勘察、详细勘察及施工期间的地质技术服务，从策划到实施、成果报告、设计交底等各方面工作均细致全面，为各阶段设计工作有序开展提供了可靠的地质依据。全过程积极配合建设单位、设计单位、施工单位的工作，为各方提供优质、完善的服务，赢得了各方的高度认可。

（1）采用工程测绘、地质调查、工程物探、钻探、槽探等多种手段详细查明了隧道沿线工程地质条件，围岩分级划分依据充分准确，为保证后续设计、施工的顺利开展提供了坚实基础。对于特大桥桥梁工程，结合工程钻探、室内试验、原位测试等提供的参数全面，技术建议合理，为优化桩基设计提供有力依据。在确保本工程安全前提下，优质高效的技术服务节省了建设工期、节约了成本，取得了很好的经济效益。

（2）兴延高速公路作为北京西北方向第三高速通道，通车后北京主城区与延庆区两地间用时大大缩短，为 2019 年延庆世园会发挥了重要交通保障，也助力了 2022 年冬奥会的成功举办，促进了区域发展，社会效益明显。

（3）兴延高速肩负着两大盛会的通行重任，全面提升了线性廊道的整体景观效果，兼具交通联系、生态保护、景观展示作用，环境效益明显。

汕（头）湛（江）高速公路云浮至湛江段及支线工程（A5设计合同段）工程地质勘察实录*

苏绍锋　张修杰　张金平　李水清　程小勇

（广东省交通规划设计研究院集团股份有限公司，广州　510507）

1　工程概况

汕（头）湛（江）高速公路云浮至湛江段（下称“云湛高速”）是广东省高速公路网规划的“九纵五横两环”之“第二横”的重要组成部分，是珠三角通往粤西地区、西南地区以及大陆连通海南岛的干线通道，它横贯粤西三市，东部起点在云浮新兴境与汕湛高速公路清远至云浮段、江门至罗定高速公路相接，直达粤北、佛山、广州等珠三角地区；西部终点在湛江境接沈海高速公路及湛江快速路直达湛江市区及广西北部湾地区。本项目的建设将强化西南至华南地区的公路骨干通道和提高粤西地区公路运输能力，促进泛珠三角区域合作和粤西地区社会经济协调发展。

云湛高速公路全长约240.1km（不含与罗阳高速26.05km共线段），全线采用高速公路标准。勘察设计共分A1～A6、B1、B2（A为土建工程，B为交通工程）八个标段，我司为A5合同段勘察设计单位。

本设计合同段起点K222＋850位于化州市石湾镇莲花头附近，与A4标终点顺接，终点位于湛江市吴川市黄坡镇，与省道S373相接，终点桩号为K269＋111。路线途经的主要城镇有化州市石湾镇、笪桥镇、良光镇、湛江吴川市塘缀镇、黄坡镇，湛江坡头区龙头镇、坡头镇等。路线全长约43.325km。设特大桥2043.1m/1座、大桥4965.9m/18座、中桥410m/6座、小桥841.8m/24座，设石湾互通立交（与省道S373相接）、笪桥互通立交（与国道G207相接）、林屋枢纽立交（与沈海高速相接）、机场互通立交（与县道X661相接）、龙头互通立交（与国道G325相接）、坡头互通立交（与省道S373相接）共6处，另樟檬枢纽立交（与A6合同段相接）计入A6合同段，预留与调顺大桥引桥公路相接立交实施条件、设横江服务区1处、石湾停车区1处、管理中心1处。

2　勘察技术与手段

本项目针对沿线工程地质条件，结合路线及各工点具体特点，采用资料收集与利用、工程地质调查测绘、钻探、简易勘探、原位测试（标准贯入及重型圆锥动力触探、浅层软土轻便动力触探等）、水文地质试验（水位观测等）、取样试验（岩土水试验、岩矿鉴定及筑路材料）、物探（高密度电法）、内业综合对比分析等综合的勘察手段，开展勘察工作。针对特殊性岩土、重大工点，本项目还采取了专项勘察、三维地质建模等手段详细查明本项目工程地质条件[1]。

（1）专项勘察

本项目沿线普遍分布北海组台地中普遍分布黏性土，局部夹呈灰白色间灰黄色、花斑状黏性土，属高液限土。查明该地区北海组黏性土分布规律、工程特性等，对该公路工程的线路展布、路基、边坡及桥梁工程的地质评价、设计和施工等工作的部署和实施都具有重要的现实意义。

本项目针对北海组地质层中的高液限土系统开展工程地质调查、水文地质及室内土工试验的综合调查、勘探和评价工作[2]。

（2）三维地质建模

本项目重要工点茂湛铁路跨线桥为广东省高速公路第一大转体桥，桥位区地质条件复杂，土层数量较多，软弱土、断裂等特殊性岩土和不良地质

*获奖项目：2021年广东省优秀工程勘察与岩土工程一等奖，
2021年全国优秀工程勘察设计行业奖一等奖。

较发育，地下水对工程影响较大。为提高项目岩土可视化程度，辅助设计施工，通过利用 EVS 三维地形建模的功能，利用项目工程勘察数据，建立三维地质模型并进行模型分析、基坑开挖、基桩布置，为基桩设计提供了真实、客观的可视化参考数据，优化设计方案、降低施工风险，对本工程建设起到了重要作用。

3 工程地质条件

3.1 地形地貌

本标段所经过的低缓丘陵地貌区主要为缓丘或微丘间山间洼地地貌，局部为河流冲积平原。地形较平缓，起伏不大，一般高程在 5～50m，高差一般为 5～35m。里程范围为：K223 + 050～K260 + 700。其中 K251 + 000～K254 + 200 为塘缀河流冲积平原。

本标段后段为台地地貌区，地形较为平坦，地面标高一般为 10～25m。高差一般为 5～10m。K 线的里程范围为 K260 + 700～K269 + 017（项目终点）。

3.2 气象

拟建公路所在区属粤西南低纬度地区，在气候分带上属南亚热带季风气候区。光照时间长，热量丰富；雨季长，雨量充沛；冬季暖和，无霜冻或霜期短；季风活动明显，冬季盛行东北风，夏季多吹偏南风；冬春有旱，夏秋易涝。年平均气温 22～23.2℃，最高气温 39.1℃，最低气温为 0℃。年均降雨量介于 1500～2000mm，平均相对湿度为 72%～85%。雨季集中在 4～10 月，其中 6～9 月天气炎热，多台风暴雨。区内年平均蒸发量一般在 1450mm 以上，有自北向南，从低山丘陵向平原逐渐增大的趋势。区内植被发育，主要为人工种植的桉树及甘蔗。

3.3 水文

区内水系比较发育，河网密度平均 0.5～0.6km/km^2，汇水面积大。沿路线经过的地表水系呈放射状水系分布，比较大的水系有罗江、塘掇河。罗江、塘掇河均属于鉴江支流，由西北向东南流经本区。鉴江流域是广东省的第三大流域，位于广东省西南部，发源于信宜市里五山，南流经高州、化州、梅菉，塘尾，黄坡，到吴川市的吴阳入南海，为树枝状水系。鉴江流域雨量充沛，径流量大，但流量月际和年际变化都很大。其他河流多呈树枝状分布，河谷断面多为“V”形，水位及流量变化大，旱季一般无迳流，雨季时受周边丘陵、低山丘陵坡体面流和径流的迅速补给而水量大增，流速快、水量大、含砂量少，洪水期洪峰落差大，暴涨暴落，具有山区河流的特点，时有下流江湖上涨而出现倒流现象。

3.4 地层岩性

本项目区内出露的地层主要为第四系及寒武系混合岩。线路范围内岩浆侵入岩较发育，主要出露为印支期、燕山期的花岗岩等。

3.4.1 第四系地层

（1）全新统（Q_4）：为灰黑、褐灰色淤泥质粉质黏土、粉质黏土及中细砂。

（2）中更新统北海组地层（$Q_{1\text{-}3}$）：为松散粉质黏土与砂砾层，岩性较稳定，厚度变化不大，总厚度为 3～11m，属洪积冲积相沉积，平行不整合覆于湛江组之上。根据岩性可明显分为上下两部分，两者之间呈过渡渐变。下部为棕黄、灰白色局部带棕红色砾石层，常夹有薄层或透镜状含砾粉质黏土。

（3）下更新统湛江组（Q_{1z}）：岩性为浅黄、灰白、紫红等杂色砂砾岩、粉质黏土、黏土及层状黏土互层，在纵向上呈现出明显的沉积韵律，在横向上呈现出物质颗粒自北向南由粗变细的趋势。为一套杂色的河流三角洲相沉积。砂层中普遍见到河床相斜交层理及河漫滩相斜坡，缓坡层理等，并见有水下冲刷面及环状水流沉积象。厚度北厚南薄，湛江地区厚度 104～250m，与下伏岩层的接触面均见有烘烤现象。湛江组总厚度大于 250m。平行不整合于上第三系上新统之上。

3.4.2 寒武系地层

主要分为八村群下亚群及中亚群。岩性主要为泥质石英砂岩、砂质页岩、炭质绢云母泥质页岩局部间条带状混合岩岩带。

3.4.3 岩浆岩

岩性为黑云花岗岩、二长花岗岩及花岗闪长岩等。花岗闪长岩主要组成矿物有钾长石、斜长石、石英、黑云母和普通角闪石等。

3.5 区域地质构造

本标段项目区地质构造复杂，位于华南加里东褶皱系粤西隆起带内，大地构造位置上处于四会-吴川断褶带西段。在漫长的地质时期经历了多次和多种性质的地壳运动，如加里东、印支、燕山运动和喜山运动均有表现，并具有多阶段活动的特点。由于历次构造运动的结果，区内地质构造多呈北东或东西走向。

廉江—信宜褶断构造带南西段褶皱构造以"中垌—廉江复式向斜为主体"，由若干条彼此平行的线状紧密褶皱所构成。复式向斜主要由晚古生代泥盆系所组成。枢纽波状起伏，轴面倾向北西。两翼岩层产状40°～60°，局部70°～80°，为许多次级褶皱所复杂化，轴线北东端翘起，南西端倾没。本合同段所遇寒武系地层为该向斜南东翼，受东西向断裂切割及燕山期岩体侵入穿插，成块状分布。

项目区内主要的区域构造带为：廉江—信宜褶断构造带、四会—吴川褶断构造带、廉江—阳江东西向构造带、雷南—琼北东西向构造带。

3.6 新构造运动、地震

本项目位于南海北部沿岸近代地壳运动，继承前期运动的特点，严格受古老构造的控制。本区广泛发育的北东和东西向四组主要断裂，它们相互交织形成沿岸的网格状破裂图像。其间的菱形断块运动方向和运动速度具有明显的差异性。台湾海峡、韩江三角洲每年下降3mm，汕头附近甚至每年下降6mm，晋宁以北年上升2.5mm，珠江三角洲下沉速度每年小于4mm；佛山以北年上升3.5mm；崖门以西至阳江段隆起速率较大，每年上升8mm，雷州半岛年上升3.8mm；广西钦州附近每年上升3.4mm，合浦—北海每年上升1.2mm，灵山以西年上升1.2～3.4mm。

近场区历史上曾记录3次破坏性地震，即1509年广东化州吴川间$4\frac{3}{4}$地震，1653年广东廉江$4\frac{3}{4}$地震，1933年广东廉江$4\frac{3}{4}$地震，对场地的最大影响烈度均小于Ⅵ度。

自1970年广东省地震台网建立以来至2013年10月，在近场区共记录$4.7 > M \geqslant 1$级地震196次，其中$3.0 > M \geqslant 2.0$级地震40次，$4.7 > M \geqslant 3.0$级地震1次，最大地震为2007年12月4日发生在阳西的4.0级地震。

根据本项目安评报告及《中国地震动参数区划图》GB 18306—2001，本标段的地震动反应谱特征周期为0.35s，动峰值加速度不超过0.10g。

4 沿线不良地质

4.1 饱和砂土液化

根据本次工程地质测绘沿线不良地质现象主要为零星分布的饱和砂土液化等。

沿线饱和砂土零星点状分布于台间洼地、河流谷地，普遍分布于海滨平原。线路湛江段抗震设防烈度为7度（相当于地震动峰值加速度值为0.10），根据《公路工程抗震规范》JTG B02—2013，一般的构造物和一般的路基工程可不考虑饱和砂土地震液化问题，沿线抗震重要的构造物如高架桥、跨线桥、大桥提根据有关规范要求采取抗震措施。根据有关规范规定，更新统以下饱和砂土可不考虑砂土液化问题。

根据砂土液化判断成果，局部路段的饱和砂土发生液化，液化等级为轻微—严重。

4.2 崩塌

项目所处地形类型简单，为缓丘间夹山间洼地地貌区，高程差较小，一般为10～20m。崩塌较不发育。根据调绘成果，仅发现两处，且规模较小。基本不会对路线方案构成影响。

5 沿线特殊性岩土

沿线特殊性岩土主要有软土、高液限土、膨胀性土、花岗岩球状风化体等。

5.1 软土

沿线软土由第四系淤泥、淤泥质粉质黏土、淤泥质粉土、淤泥质砂等组成，以淤泥、淤泥质粉质黏土为主，主要分布于山间洼地及台间洼地中。根据勘探测试成果及调绘，一般为浅层软土，厚度及赋存深度一般小于3m，并开展了局部路段软土的专项轻便触探测试工作。建议浅部软土采用换填法处理。根据勘探资料，全线软土长6145m，约占路线长13.45%。

处治建议：浅部软土采用换填法或抛石挤淤法处理，深厚软土采用固结排水法，如袋装砂井、塑料排水板等软基处理措施。

5.2 高液限土

（1）残积土

花岗岩残积土及寒武系变质粉砂质泥岩残积土：高液限土可能出现分布于印支—燕山期中细粒花岗岩风化土或寒武系粉砂质泥岩风化土中。根据试验指标，高液限土呈透镜体状分布于残积土中。对花岗岩残积土作为筑路材料进行了取样试验。根据试验成果，K226 + 600 左 500m 变质砂岩残积土、K229 + 590 轴线变质砂岩残积土、K242 + 200 轴线花岗岩风化土、K257 + 475 轴线花岗岩风化土、K259 + 780 为变质砂岩残积土等主要为含砂高液限土，不可直接用作高速公路路堤填土，若需要利用，则应该改良合格后方可使用。

处治建议：对于边坡开挖出来的高液限建议采取弃方处理，如果确实需要使用，必须经过改良合格后方可使用。

（2）北海组黏性土

北海组台地中普遍分布黏性土，局部夹呈灰白色间灰黄色、花斑状黏性土，属高液限土。钻孔取样进行土工试验，根据试验指标，局部北海组地层为高液限土。本项目针对北海组高液限土进行了专项勘察研究。

处治建议：对于低填浅挖路基，在路床范围内的北海组地层进行换填或者防排水措施。

（3）潜在膨胀土

根据勘察成果及试验数据，高液限土仅两个样品（XQTZK14-原 2、XQTZK5-原 3）的自由膨胀率均大于或等于 40%，为弱膨胀性。

处治建议：对于边坡开挖出来的高液限土需采取弃方处理。对于挖方路基上路堤的高液限土需要换填或者防排水措施。

（4）花岗岩球状风化体

项目区内岩浆岩较多，根据调绘成果及目前钻探资料，见有花岗岩球状风化体发育。目前钻探揭露孤石的钻孔为 34 个，因此总体分布范围小，仅零星可见。

项目场地孤石发育程度为弱。但局部钻孔（如 XQZK483、XQZK616、XQZK647 等）孤石发育程度为强—极强发育。孤石发育对于桥梁桩基若误以孤石为桩端持力层将导致桩基失稳。

处治建议：对于花岗岩区桥梁桩基的持力层应避免错误选择在花岗岩球状风化体上。对于花岗岩球状风化体较为发育的路段的桥梁勘察在施工阶段可事实逐桩钻探。

（5）人工填土

本项目分布的人工填土主要为乡村道路、国道 G325 及少量石场开挖的弃土。为零星分布，厚度不大，一般为 0.5～3.0m。乡村道路及国道范围的填土一般压实度好，厚度较小。石场弃土压实度差，厚度较大。根据钻探资料及调查显示在 K262 + 500～K262 + 800 处为石场弃土堆填而成，厚度较大，最厚为 10.5m。在 K264 + 600～K264 + 700 处为采挖花岗岩风化土后回填而成，厚度达 10m。

处治建议：对于普通的道路填土进行换填处理。K262 + 500～K262 + 800 及 K264 + 600～K264 + 700 处厚度较大、压实度差，应进行地基土加固处理。

6 茂湛铁路跨线桥主墩专项勘察

茂湛铁路跨线桥为广东省高速公路第一大转体桥。大桥主墩位于区域性断裂大崇山断裂组影响带附近。本次勘察针对大桥主墩进行了专项勘察，详细查明了桥墩工程地质条件。并利用三维地质建模技术建立了桥位区地质三维模型，利用地质三维模式，准确指导了大桥主墩的选址，避开了断层带及破碎带的对主墩的影响，精确指导了桩基持力层的选择。为大桥的顺利转体、建成提供了有利的支撑。

6.1 完成工作量

沿轴线完成 1：2000 工程地质调绘；沿主墩左右幅各布置一条高密度电法纵断面，累计长度 530m；主墩及边墩按 1 桩 1 孔布置钻孔，共计布置并完成 64 个钻孔。

本专项基于 EVS 软件平台，利用钻探数据进行三维地质建模，根据基础设计方案，在三维地质模型中进行设计方案模拟，分析各岩土层等对基坑与桩基础施工的影响，提出设计优化方案。

6.2 桥墩工程地质评价及建议

（1）59Y 墩工程地质评价

根据勘察成果，本桥墩的地层岩性为第四系粉质黏土，淤泥质粉质黏土，细砂层及寒武系混合岩及其风化层组成。微风化岩面较平稳，埋深较浅，为 7.0～8.0m，标高为−5.02～−4.01m。微风化岩体较完整，抗压强度大，为坚硬岩，建议采用微风化岩层为桩基持力层。建议采用端承桩，桩底持力层宜选用微风化混合岩。

（2）60Y 墩工程地质评价

根据勘察成果，本桥墩的地层岩性为第四系粉质黏土，淤泥质粉质黏土，细砂层及寒武系变质砂岩及其风化层组成。中风化岩面埋深为 15.7～27.0m，标高为−12.29～−22.71m。中风化变质砂岩为部分钻孔揭露，层厚不稳较小且中风化层较破碎，不建议为桩基持力层。微风化岩面埋深为 17.3～28.5m，标高为−13.13～−24.31m。岩面变化较大，总体为北高南低。微风化岩体较完整，抗压强度大，为坚硬岩，建议采用微风化岩层为桩基持力层。

（3）61Z 墩工程地质评价

根据勘察成果，本桥墩的地层岩性为第四系粉质黏土，淤泥质粉质黏土，细砂层及寒武系变质砂岩及其风化层组成。中风化岩面埋深为 18.9～23.5m，标高为−15.90～−20.55m。中风化变质砂岩为部分钻孔揭露，层厚不稳较小且中风化层较破碎，不建议为桩基持力层。微风化岩面埋深为 20.0～25.4m，标高为−16.66～−22.45m。岩面变化较大，总体为北高南低，西高东低。微风化岩体较完整，抗压强度大，为坚硬岩，建议采用微风化岩层为桩基持力层。

（4）61Y 墩工程地质评价

根据勘察成果，本桥墩的地层岩性为第四系粉质黏土，淤泥质粉质黏土，细砂层及寒武系变质砂岩及其风化层组成。中风化岩面埋深较深，为 37.5～42.0m，标高为−34.69～−39.10m。中风化变质砂岩为部分钻孔揭露，层厚不稳较小且中风化层较破碎，不建议为桩基持力层。微风化岩面埋深较深，为 38.5～43.5m，标高为−35.6～−40.6m。岩面变化较大，总体为北高南低，西高东低。微风化岩体较完整，抗压强度大，为坚硬岩，建议采用微风化岩层为桩基持力层。

（5）62Z 墩工程地质评价

根据勘察成果，本桥墩的地层岩性为第四系粉质黏土，淤泥质粉质黏土，细砂层及寒武系变质砂岩及其风化层组成。中风化岩面埋深较深，为 43.0～57.5m，标高为−40.13～−54.9m。中风化变质砂岩全部钻孔均有揭露，但中风化层厚不稳较小且中风化层较破碎，不建议为桩基持力层。微风化岩面埋深较深，为 39.8～59m，标高为−36.9～−56.4m。岩面变化较大，总体为北低南高，西高东低。微风化岩体较完整，抗压强度大，为坚硬岩，建议采用微风化岩层为桩基持力层。

（6）63Z 墩工程地质评价

根据勘察成果，本桥墩的地层岩性为第四系粉质黏土，淤泥质粉质黏土，细砂层及寒武系变质砂岩及其风化层组成。中风化岩面埋深较深，为 30～37m，标高为−27.32～−34.3m。本桥墩全部钻孔均揭露中风化变质砂岩，层厚不稳较小且中风化层较破碎，不建议为桩基持力层。微风化岩面埋深较深，为 32～38.5m，标高为−29.32～−35.8m。岩面变化较大，总体为北高南低，西低东高。微风化岩体较完整，抗压强度大，为坚硬岩，建议采用微风化岩层为桩基持力层。

7 沿线北海组黏性土专题勘察

本项目中更新统北海组地层广泛出露于区域为吴川的塘缀镇，湛江的龙头镇及坡头区，为松散粉质黏土与砂砾层，岩性较稳定，厚度变化不大，总厚度为 3～11m，属洪积冲积相沉积，平行不整合覆于湛江组之上。

根据土工试验结果，北海组台地中普遍分布黏性土，局部夹呈灰白色间灰黄色、花斑状黏性土，属高液限土，部分自由膨胀率均大于或等于 40%，为弱膨胀性土。因此，查明该地区北海组黏性土分布规律、工程特性等，对该公路工程的线路展布、路基、边坡及桥梁工程的地质评价、设计和施工等工作的部署和实施都具有重要的现实意义。

（1）对于路基、边坡工程，查明路线中北海组高液限黏性土的分布、规模及工程特性等。评价其对路基、边坡的稳定性影响，并提出相应的工程处理措施；

（2）对于路线范围挖方路段，查明北海组高液限黏性土的物理力学性质，评价其是否可作为路基填料，并提出相应的工程处理措施。

7.1 项目北海组黏性土发育规律及工程特性

（1）北海组黏性土分布规律

根据区域地质及现场调绘，北海组地层广泛出露于区域为吴川的塘缀镇，湛江的龙头镇及坡头区，里程桩号为K260＋700～K269＋017（项目终点）。地层为松散粉质黏土与砂砾层，岩性较稳定，厚度变化不大，总厚度为3～11m，属洪积冲积相沉积，平行不整合覆于湛江组之上。

根据岩性可明显分为上下两部分，两者之间呈过渡渐变。下部为棕黄、灰白色局部带棕红色砾石层，常夹有薄层或透镜状含砾粉质黏土。砾石成分以乳白色，无色半透明石英为主，少量的变质砂岩，砾径大小一般为1～2cm，部分达3cm。分选性较差，多呈球体和滚圆体，滚圆度以0级为主，次为1～2级。泥砂粘结，疏松。底部常有一层至数层铁质层，厚度0.5～1.0m。上部为棕红—棕黄色粉质黏土，具有大孔隙和蜂窝状孔洞，垂直节理发育，底部常有一层不连续波状起伏的5～20cm厚铁质层。厚度0.5～4m。

（2）北海组黏性土工程特性

北海组台地中普遍分布黏性土，局部夹呈灰白色间灰黄色、花斑状黏性土，属高液限土。钻孔取样进行土工试验，根据试验指标，局部北海组地层为高液限土：

高液限土仅两个样品（XQTZK14-原 2、XQTZK5-原3）的自由膨胀率均大于或等于40%，为弱膨胀性。

综上所述，北海组黏性土在本项目中分布广泛，属高液限土，个别具弱膨胀性。

7.2 路基段北海组黏性土评价及处理措施

北海组黏性土具有高液限土、膨胀土的特性，具有压实性差、遇水膨胀、失水收缩的特征。在蒸发、降雨以及温度等环境变化下，会改变路基土体结构的含水率进而降低其性能质量，将引起不均匀胀缩，导致地基路基变形或开裂等病害。本项目填方路段填土高度一般较小，对路基影响较小。

1）换土处理

在北海组黏性土埋深小，厚度小的路段，直接将具高液限、膨胀性的土层置换换填非膨胀土或砂砾土。对于北海组黏性土埋深小，厚度大的路段，对上部受大气、降雨强烈影响的进行换填，换土深度根据膨胀土的强弱、当地的气候特点、地下水水位等确定，换填后进行防排水处理，避免水气下渗影响下部土层。

2）防排水措施

为控制由于膨胀土含水率变化而引起的胀缩变形，尽量减少路基含水率受外界大气的影响，需在施工中采取一定的措施。

（1）基础施工时，应安排在冬旱季节进行，力求避开雨季，否则应采取可靠、有效的防雨措施。

（2）路堤路肩、堤坡应做好排水、防水处理，保证雨水排放通畅，排出至路堤路基范围以外，避免遇水滞留、下渗。

（3）可利用土工布或黏土将膨胀土路基进行包封，避免膨胀土与外界大气直接接触，尽量减少土内部的水分迁移。

7.3 边坡段北海组黏性土评价及处理措施

对边坡稳定的破坏膨胀土坡面最易受大气风化营力的作用，干旱时蒸发开裂，破碎剥落；降雨时坡面冲蚀。膨胀土易吸水饱和，甚至会产生破坏性极大的滑坡。

（1）防排水措施

高液限土吸水后抗剪强度降低，包括黏聚力和内摩擦力，两者均降低。随着雨水渗入，土体吸水逐渐饱和，孔隙水压力增大，土粒间吸力减小，导致土体黏聚力降低；水分在土颗粒表面形成润滑作用，内摩擦角减小，致使内摩擦力降低。坡脚附近易积水，强度变低，对上部坡体支撑力降低，易产生较大变形，造成失稳。

施工应安排在冬旱季节进行，力求避开雨季，否则应采取可靠有效的防止雨水措施。边坡开挖后应及时进行防排水处理，避免爆露时间过长。坡顶做好防排水设施，防止遇水下渗，同时将遇水引导流至边坡范围以外。

对于边坡坡面，在优化设计边坡坡度的同时，可采用喷浆加固法来提高路基结构的作用稳定性。为避免雨水对边坡结构造成钩状冲蚀影响，应通过喷浆加固方法，来进行预防处治。也可将所有平台、碎落台采用10cm厚C20混凝土进行封闭。

（2）坡脚加固

边坡坡脚位置，可采用喷锚及格梁进行加固，必要时可设置C20混凝土挡墙进行支挡加固。

7.4 北海组黏性土用作路堤填料的评价及处理措施

根据试验结果，北海组地层中黏土质砂层中的细粒土大都为高液限土，具弱膨胀性；黏性土层主要为低液限黏土、含砂低液限黏土，极个别为含砂高液限土。且 CBR 值变化较大，当考虑将北海组黏性土用作路堤填料时，建议施工时采用勾机取样，加密取样，加强土料 CBR 试验测试。

8 结语

（1）本项目勘察采用了工程地质调查测绘、工程地质调查测绘（不良地质、高边坡等工点以结构面为主）、钻探、简易勘探、原位测试（标准贯入、重型圆锥动力触探、轻便触探等）、水文地质试验（水位观测等）、取样试验（岩土水试验、岩矿鉴定等及筑路材料）、内业综合对比分析等综合的勘察手段，参照已有工程经验，结合我司多年的工程实践，开展综合勘察工作，详细查明了部分路段不良地质及特殊性岩土的分布和规律，详细查明了沿线"路基、桥梁"等主要构造物的工程地质条件。

（2）茂湛铁路跨线桥为广东省高速公路第一大转体桥。大桥主墩位于区域性断裂大崇山断裂组影响带附近。针对大桥主墩进行了专项勘察，详细查明了桥墩工程地质条件。并利用三维地质建模技术建立了桥位区地质三维模型，利用地质三维模式，准确指导了大桥主墩的选址，避开了断层带及破碎带的对主墩的影响，精确指导了桩基持力层的选择。为大桥的顺利转体、建成提供了有利的支撑。大桥目前运营情况良好。

（3）本项目沿线主要为低缓丘陵地带，地形较为平坦，浅挖低填路段较多，通过对高液限土进行专项勘察，查明了该地区北海组黏性土分布规律、工程特性等，对该公路工程的线路展布、路基、边坡及桥梁工程的地质评价、设计和施工等工作的部署和实施都具有重要的现实意义。

参考文献

[1] 中华人民共和国交通运输部. 公路工程地质勘察规范: JTG C20—2011[S]. 北京: 人民交通出版社, 2011.

[2] 广东省交通运输厅. 广东省高液限土路基修筑技术指南: DJTGT E01—2014[S]. 北京: 人民交通出版社, 2014.

深圳市坂银通道工程岩土工程勘察实录*

李恩智　徐泰松　周洪涛

（深圳市勘察研究院有限公司，深圳　518026）

1　工程概况

深圳市坂银通道工程位于深圳中部发展轴上皇岗路及清平快速之间，全长约 7.91km，全线包括 1 座鸡公山特长隧道及 4 处大型立交节点。总投资 33 亿。工程采用城市主干道标准建设，双向六车道。项目起点为泥岗上步立交南端、黄木岗立交北侧，路线向北经泥岗上步立交后以高架形式沿北环大道西侧布线，并在现状北环银湖立交西侧上跨北环大道、金湖路、金湖调蓄湖上下库，之后以隧道形式下穿银湖路进入鸡公山，下穿下坪垃圾填埋场后上跨厦深铁路梅林隧道，出洞后上跨南坪快速，最终接顺现状坂雪岗大道，止于环城路北侧。平面整体呈 S 形南北走向，坂银通道工程平面线位走向示意图（图 1）。控制因素有：现状泥岗上步立交、现状银湖立交、北环大道、金湖调蓄湖上下库、地铁 6、7、9 号线、电力隧道、高压走廊、原水管、次高压燃气、LNG 管道、中石油管道、鸡公山山体、下坪垃圾填埋场、厦深铁路、南坪快速坂雪岗立交和沿线的小区、民房等。本工程沿线穿越上述多个重要节点，工程沿线场区环境条件、地质条件非常复杂。工程勘察及评价要求高，难度大。

图 1　坂银通道工程平面线位走向示意图

2　勘察的重点及难点

（1）坂银通道工程平面展布最长的结构体为鸡公山隧道，需重点查明工程沿线围岩特征及其分级、影响围岩稳定的断裂构造带、软弱夹层的分布范围、特征、产状及其对工程的影响，沿线水文地质条件对隧道工程的影响。

（2）对多种岩性交汇分布的部位及基岩起伏突变的地段需重点查明可能存在的地质构造及岩性变化特征。

（3）隧道围岩综合分级判定及隧道涌水量预测是重难点之一。

（4）需重点查明隧道进出口工程地质条件、隧道出口古滑坡特征等，并加强对古滑坡现状稳定性及其对隧道洞口稳定性影响做出准确的分析。

（5）坂银通道鸡公山隧道下穿垃圾填埋场长达 840m，部分钻孔位于下坪垃圾填埋场内，钻探施工时如何保证不破坏其防渗膜的问题；如何获取该段水文、工程地质准确资料，评价下坪垃圾填埋场与隧道工程之间的相互影响，尤其是垃圾填埋场的有害渗滤液对隧道施工、运行影响。

*获奖项目：2021 年度工程勘察、建筑设计行业和市政公用工程优秀勘察设计奖三等奖，2021 年广东省优秀工程勘察设计奖工程勘察与岩土工程一等奖。

3　勘察方法和手段针对性强、工作量布置合理

主要采取的勘察方法有：工程地质调查与测绘（辅以探坑或探槽等）、钻探及取样、钻孔测斜、原位测试（标准贯入试验、重型动力触探试验及地应力测试）、水文地质试验（抽水试验、注水试验及压水试验）、工程物探（含高密度电法、浅层地震波法、瑞雷面波勘探法、钻孔声波波速测试、PIPETV 智能钻孔电视成像）、室内试验分析（土工试验、水质分析实验和易溶盐分析试验、重型击实试验、岩石点荷载及饱和单轴抗压、抗剪、抗拉试验等）等综合勘探方法。

先由审图单位对《深圳市坂银通道工程勘察实施大纲》给出咨询意见，然后由建设单位组织召开专家评审会，再根据专家组意见进行勘察方案的合理优化。隧道重点地段根据初勘物探成果资料，调整部分钻孔位置进一步验证区域地质资料推测断层、岩性接触带以及物探发现的低阻异常带；对物探显示无异常地段的部分钻孔作优化取消。

多种勘察方法有机结合，达到了点、面结合，资料相互印证的目的。勘察方法针对性强，勘察工作量合理，勘察实施过程中与业主、代建单位、设计院和监理公司等单位保持实时联系、沟通，及时调整现场作业和试验的要求，以合理的勘察方法及工作量满足工程需要。

隧道孔深达数百米，勘察钻探时部分钻孔位置由于岩石破碎，浆液漏失严重，无法钻进时，采取先注水泥浆堵漏再钻探的办法处理，圆满完成了钻探任务。

4　岩土工程条件

4.1　工程沿线地形起伏变化大

沿线场地地形起伏变化大，微地貌发育，主要为茂密的低山丘陵、山间凹地、冲洪积台地地貌，并分布有水库、冲沟等水体，其中隧道在里程 LK3 + 836.50～LK4 + 544 及 RK3 + 764～RK4 + 590 下穿深圳市下坪垃圾填埋场，现状下坪垃圾填埋场堆填有厚度数十米至上百米的垃圾填埋体。给勘察工作带来很大的困难。

本隧道沿线地面标高在 23.19～404.73m 之间，最大相对高差 381.54m。坂银鸡公山隧道工程场地现状及施工场景如图 2、图 3 所示。

图 2　坂银通道工程金湖调蓄湖上库段现状及施工场地

图 3　坂银通道工程山岭段下坪垃圾填埋场现状场地

4.2　地质构造极为复杂

本工程所在区域地质构造非常复杂，以断裂构造为主，北东向深圳断裂带、北西向黄京坑断裂束、东西向断裂以及南北向断裂是区内的主导构造（图 4），控制着区内的地质构造和地貌发育。

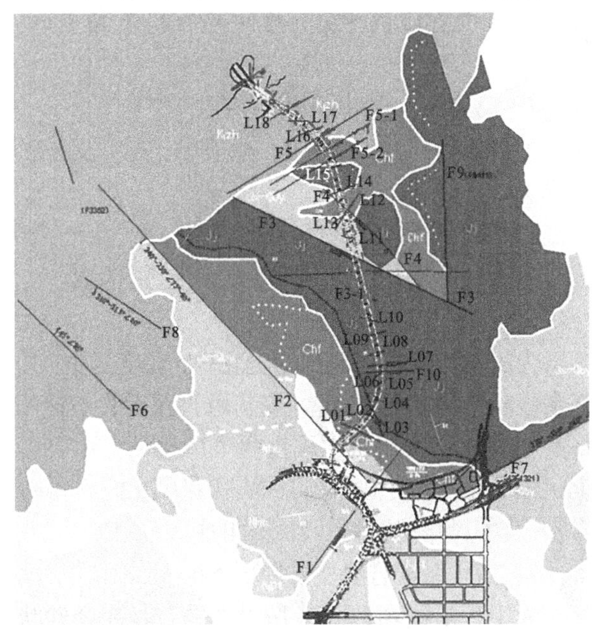

图 4　场区地质构造略图

本工程沿线共穿越 6 条北东向断层、6 条北西向断层以及东西向、南北向断层各 1 条，另外还发

育 18 处节理裂隙密集带（编号 L01～L18）。受上述断裂构造及节理裂隙密集带的影响，工程沿线岩体普遍较破碎，对隧道工程影响很大，围岩变化差异大，基础持力层变化大，给勘察工作带来了很大的困难和挑战。

4.3　地层岩性复杂多样

本工程沿线分布岩土层种类繁多，其中第四系覆盖层有：第四系人工填土层、第四系全新统冲洪积层、第四系全新统坡洪积层、第四系残积层，场地内下伏基岩主要有侏罗系泥质粉砂岩、南华系混合质变质砂岩、蓟县系—青白口系变粒岩与条带状混合岩、长城系混合花岗岩，侵入岩体有早白垩世坪田凸及中心村单元粗粒花岗岩，另外还有构造岩碎裂岩、角砾岩及石英岩脉等。多种地层、岩体互相穿插接触，地层岩性极为复杂，另外还有构造碎裂岩、角砾岩以及脉状岩等。受地貌及岩性变化影响，特长隧道沿线围岩变化很大。沿线地层简述如下：

1）第四系人工填土层Q^{ml}

主要由素填土①$_1$、杂填土①$_2$、填石①$_3$及冲填土①$_4$组成。

2）第四系全新统冲洪积层Q_4^{al+pl}

主要由泥炭质粉质黏土②$_1$、粉质黏土②$_2$、粉砂②$_3$、砾砂②$_4$、圆砾②$_5$及含黏性土卵石②$_6$组成。

3）第四系系全新统坡洪积层Q_4^{dl+pl}

主要由含砾黏土③$_1$及含碎石粉质黏土③$_2$组成。

4）第四系上更新统冲洪积层Q_3^{al+pl}

主要由有机质黏土④$_1$、粉质黏土④$_2$及砾砂组成。

5）第四系残积层Q^{el}

主要由砾质黏性土⑤及粉质黏土⑤$_2$组成。

6）侏罗系泥质粉砂岩 Jj

为工程沿线场地下伏基岩之一，轻度变质，具变余砂状结构，块状构造。按其风化程度的差异可将其划分为强风化与中风化两个风化带：主要由土状强风化泥质粉砂岩⑥$_2$、块状强风化泥质粉砂岩⑥$_3$及中风化泥质粉砂岩⑥$_4$组成。

7）南华系混合质变质砂岩 Nhb

为工程沿线场地下伏基岩之一，具变余砂状结构，块状构造。按其风化程度的差异可将其划分为中风化和微风化两个风化带：主要由全风化混合质变质砂岩⑦$_1$、土状强风化混合质变质砂岩⑦$_2$、块状强风化混合质变质砂岩⑦$_3$、中风化混合质变质砂岩⑦$_{4-1}$、中风化碎裂岩化混合质变质砂岩⑦$_{4-2}$、微风化混合质变质砂岩⑦$_5$及微风化碎裂岩化混合质变质砂岩⑦$_{5-2}$组成。

8）蓟县系—青白口系变粒岩 Jx-Qby

蓟县系—青白口系变粒岩为工程沿线场地下伏基岩之一，主要矿物成分为石英、长石及黑云母等暗色矿物，粒状变晶结构，块状构造。按其风化程度的差异可划分为全、强、中及微风化四个风化带：全风化变粒岩⑧$_1$、土状强风化变粒岩⑧$_2$、块状强风化变粒岩⑧$_3$、中风化变粒岩⑧$_4$、微风化变粒岩⑧$_{5-1}$及微风化碎裂岩化变粒岩⑧$_{5-2}$。

9）蓟县系—青白口系条带状混合岩 Jx-Qby

蓟县系—青白口系条带状混合岩为工程沿线场地下伏基岩之一，主要矿物成分为石英、长石以及黑云母等暗色矿物，变晶、变余结构，条带状构造，部分为片麻状构造。按其风化程度的差异可划分为全、强、中及微风化四个风化带：主要由全风化条带状混合岩⑨$_1$、土状强风化条带状混合岩⑨$_2$、块状强风化条带状混合岩⑨$_3$、中风化条带状混合岩⑨$_{4-1}$、中风化碎裂岩化条带状混合岩⑨$_{4-2}$、微风化条带状混合岩⑨$_{5-1}$及微风化碎裂岩化条带状混合岩⑨$_{5-2}$。

10）长城系混合花岗岩 Chf

长城系混合花岗岩为工程沿线场地下伏基岩之一，具中粒变晶结构，块状构造，主要矿物成分为石英、长石、黑云母等。根据钻探揭露野外鉴别其风化程度为强、中、微风化三个风化带：主要由全风化混合花岗岩⑩$_1$、土状强风化混合花岗岩⑩$_2$、块状强风化混合花岗岩⑩$_3$中风化混合花岗岩⑩$_4$、微风化混合花岗岩⑩$_{5-1}$及微风化碎裂岩化混合花岗岩⑩$_{5-2}$。

11）早白垩世坪田凸单元粗粒花岗岩 K_1pt

场地南部分布有早白垩世侵入的粗粒花岗岩岩体，粗粒花岗岩主要矿物成分为石英、长石及黑云母等，粗粒花岗结构，块状构造。根据钻探揭露野外鉴别及标准贯入试验，按其风化程度的差异可分为全、强、中及微风化四个风化带：主要由全风化粗粒花岗岩⑪$_1$、土状强风化粗粒花岗岩⑪$_2$、块状强风化粗粒花岗岩⑪$_3$、中风化粗粒花岗岩⑪$_{4-1}$、中风化碎裂岩化粗粒花岗岩⑪$_{4-2}$、微风化粗粒花岗岩⑪$_{5-1}$及微风化碎裂岩化粗粒花岗岩⑪$_{5-2}$组成。

12）早白垩世中心村单元粗粒花岗岩 K_1zh

场地北部分布有早白垩世侵入的粗粒花岗岩岩体，粗粒花岗岩主要矿物成分为石英、长石及黑云母等，粗粒花岗结构，块状构造。按其风化程度的差异可分为全、强、中及微风化四个风化带：主要由全风化粗粒花岗岩⑫$_1$、土状强风化粗粒花岗岩⑫$_2$、块状强风化粗粒花岗岩⑫$_3$、中风化粗粒花岗岩⑫$_4$、微风化粗粒花岗岩⑫$_{5-1}$及微风化碎裂岩化粗粒花岗岩⑫$_{5-2}$组成。

13）脉岩

脉岩是呈脉状或岩墙状产出的火成岩，为侵入岩。本工程沿线仅揭露有石英岩⑬岩脉，该石英岩脉系在地质历史时期顺构造裂隙侵入。

14）构造岩 F

本工程沿线钻遇的构造岩有碎裂岩⑭、角砾岩⑮等类型。岩石具碎裂—碎斑结构或土状—块碎石镶嵌状结构，强度不均，整体上强度较低。构造破碎带中的构造岩受构造挤压强烈（母岩为条带状混合岩、混合花岗岩或粗粒花岗岩），部分矿物具定向排列特征，岩石多呈压碎构造，以碎裂岩为主，部分已角砾岩化或糜棱岩化，岩芯多呈碎块状，部分呈豆渣状夹碎块状。在构造带附近岩石裂隙极其发育，风化加剧，基岩风化界面埋深加深，岩芯多呈碎块状、块状，少数短柱状。由于受区域构造地质及场区内次生构造影响，场地基岩整体上完整性相对较差，除构造带附近岩石较破碎外，场地其他地段亦有部分钻孔显示基岩受断裂构造影响具有蚀变现象，具体表现为绿泥石化现象显著。

（1）碎裂岩⑭：为原岩受强烈的构造挤压破碎作用后形成的动力变质岩，岩石具碎裂—碎斑结构。构造碎裂岩受后期风化作用，可分为强、中、微风化三个风化带：主要由强风化碎裂岩⑭$_2$、中风化碎裂岩⑭$_3$及微风化碎裂岩⑭$_4$。

图 5　SD-X65 号钻孔第⑭$_4$层岩石芯样典型照片

（2）角砾岩⑮：主要由母岩（混合花岗岩）经强烈的构造挤压破碎后大小不等的带棱角的原岩角砾组成，并被成分相同的微细碎屑及次生矿物绿泥石胶结。沿线场地仅揭露到微风化角砾岩⑮。

图 6　SD-X65 号钻孔第⑮层岩石芯样典型照片

5　隧道工程地质条件评价

5.1　隧道围岩分级

围岩分级及稳定性与岩体基本质量相关。岩体基本质量由岩石坚硬程度和岩体完整程度两个主要因素确定。本工程岩体基本质量分级按《工程岩体分级标准》GB 50218—2014 进行分级。

1）根据钻探揭露和岩石试验结果分析，本隧道工程山岭段（浅埋段除外）多以微风化条带状混合岩、变粒岩、混合质变质砂岩、混合花岗岩及粗粒花岗岩岩体为主，岩石结构构造未变，岩质新鲜，强度高，浸水后大多无吸水反应，属于硬质岩中的较坚硬岩—坚硬岩。

2）根据工程地质测绘、钻探揭露、声波测井结果和孔内电视成像资料综合分析，拟建隧址区岩体的节理裂隙主要是北西向、北东向，其次是南北向、东西向，岩体主要呈块状为主，局部碎裂结构。裂隙结构面以闭合状为主，充填石英、方解石等，局部岩体蚀变或铁质浸染、绿泥石化现象显著。

3）岩体基本质量分级

根据岩体基本质量的定性特征和岩体基本质量指标 BQ按表 1 确定岩体基本质量分级。

岩体基本质量分级　　表 1

基本质量级别	岩体基本质量的定性特征	岩体基本质量指标 BQ
Ⅰ	坚硬岩，岩体完整	> 550
Ⅱ	坚硬岩，岩体较完整；较硬岩或软硬岩，岩体完整	550～451
Ⅲ	坚硬岩，岩体较破碎；较硬岩或软硬岩互层，岩体较完整；较软岩，岩体完整	451～351
Ⅳ	坚硬岩，岩体破碎；较硬岩，岩体较破碎—破碎；较软岩或软硬岩互层，且以软岩为主，岩体较完整—较破碎；软岩，岩体完整—较完整	351～251
Ⅴ	较软岩，岩体破碎；软岩，岩体较破碎—破碎；全部极软岩及全部极破碎岩	⩽ 250

岩体基本质量指标 BQ，根据分级因素定量指标R_c和K_v按下列公式计算：

$$BQ = 90 + 3R_c + 250K_v$$

R_c——饱和单轴抗压强度；

K_v——岩体完整性指数；

（1）当$R_c > 90K_v + 30$时，应以$R_c = 90K_v + 30$和K_v代入上式计算BQ值；

（2）当$K_v > 0.04R_c + 0.4$时，应以$K_v = 0.04R_c + 0.4$和R_c代入上式计算BQ值。

若有下列情况之一时，应对岩体基本质量指标BQ进行修正：

①有地下水；

②岩体稳定性受软弱结构面影响，且有一组起控制作用；

③存在高初始应力现象。

岩体基本质量指标修正值〔BQ〕可按下列公式计算：

$$〔BQ〕= BQ - 100(K_1 + K_2 + K_3)$$

K_1、K_2、K_3可按表2～表4数据取值。无表中所列情况时，修正系数取零。

根据工程地质测绘、物探、钻探、声波测井、孔内电视成像和岩石抗压试验成果表综合分析，对于拟建隧址区微风化变粒岩、微风化碎裂岩化变粒岩、微风化条带状混合岩、微风化碎裂岩化条带状混合岩、微风化混合花岗岩、微风化碎裂岩化混合花岗岩、微风化粗粒花岗岩、微风化碎裂岩化粗粒花岗岩、微风化碎裂岩及微风化角砾岩等岩体按修正系数K_1、K_2、K_3进行修正。具体详见表5。

地下水影响修正系数K_1　　表2

岩体基本质量指标BQ		>450	450～351	350～251	<251
地下水出水状态	潮湿或点滴状出水	0	0.1	0.2～0.3	0.4～0.6
	淋雨状或涌流状出水，水压≤0.1MPa或单位出水量≤10L/(min·m)	0.1	0.2～0.3	0.4～0.6	0.7～0.9
	淋雨状或涌流状出水，水压≥0.1MPa或单位出水量≥10L/(min·m)	0.2	0.4～0.6	0.7～0.9	1

主要软弱结构面产状影响修正系数K_2 表3

结构面产状及其与洞轴线的组合关系	结构面走向与洞轴线夹角<30° 结构面倾角30°～75°	结构面走向与洞轴线夹角>60° 结构面倾角>75°	其他组合
主要软弱结构面产状影响修正系数	0.4～0.6	0～0.2	0.2～0.4

初始应力状态影响修正系数K_3　　表4

岩体基本质量指标BQ		>550	550～451	450～351	350～251	≤250
初始应力	极高应力区	1	1	1.0～1.5	1.0～1.5	1
	高应力区	0.5	0.5	0.5	0.5～1.0	0.5～1.0

各岩体围岩基本质量指标BQ及修正值〔BQ〕统计表　　表5

地层编号	岩层名称	RC/MPa	平均完整性系数K_v范围值	弹性纵波波速v_{pm}/(m/s)	BQ值	〔BQ〕值	围岩基本分级
⑥$_4$	中风化泥质粉砂岩	24.0	0.36	2405	252	232	Ⅴ
⑦$_5$	微风化混合质变质砂岩	73.0	0.43	2999	401	391	Ⅲ
⑧$_{5\text{-}1}$	微风化变粒岩	78.0	0.36～0.62	3076～4025	369～480	359～480	Ⅱ～Ⅲ
⑧$_{5\text{-}2}$	微风化碎裂岩化变粒岩	26.0	0.39～0.75	2737～3810	265～355	245～335	Ⅳ～Ⅴ
⑨$_{4\text{-}1}$	中风化条带状混合岩	24.0	0.38～0.53	2451～2913	256～295	236～275	Ⅳ～Ⅴ
⑨$_{5\text{-}1}$	微风化条带状混合岩	73.0	0.41～0.76	3285～4447	396～499	386～469	Ⅱ～Ⅲ
⑨$_{5\text{-}2}$	微风化碎裂岩化条带状混合岩	26.0	0.46～0.61	2977～3437	282～321	262～301	Ⅳ
⑩$_{4\text{-}1}$	中风化混合花岗岩	24.0	0.41～0.58	2553～2818	264～306	244～286	Ⅳ～Ⅴ
⑩$_{5\text{-}1}$	微风化混合花岗岩	66.0	0.38～0.73	3070～4265	376～470	366～470	Ⅱ～Ⅲ
⑩$_{5\text{-}2}$	微风化碎裂岩化混合花岗岩	30.0	0.45～0.76	2946～3848	292～371	272～361	Ⅲ～Ⅳ
⑫$_{4\text{-}1}$	中风化粗粒花岗岩	24.0*	0.40～0.54	2537～2952	263～298	243～278	Ⅳ～Ⅴ
⑫$_{5\text{-}1}$	微风化粗粒花岗岩	65.0	0.46～0.78	3254～4250	400～481	390～481	Ⅱ～Ⅲ
⑫$_{5\text{-}2}$	微风化碎裂岩化粗粒花岗岩	24.0*	0.50～0.62	3109～3452	287～316	267～296	Ⅳ
⑭$_4$	微风化碎裂岩	18.0*	0.33～0.69	2535～3663	227～317	207～297	Ⅳ～Ⅴ
⑮$_1$	构造角砾岩	12.0*	0.42	2854～2864	231～232	211～212	Ⅴ

注：1. 带*号为根据本坂银通道工程鸡公山南北侧场地岩石抗压试验成果和深圳地区经验提出的经验值。

2. 表中K_v、V_{pm}等值是取隧道顶板以上约20m对隧道洞身稳定产生影响的深度范围的数值。

鸡公山隧道山岭段围岩工程地质特征及力学参数建议值表 **表 6**

围岩级别	岩体结构类型	围岩稳定程度	围岩岩体主要工程地质特征	围岩物理力学参数建议值					计算摩擦角φ_c/°	摩擦系数f（圬工与围岩）	弹性抗力系数k/(MPa/m)	支护类型及施工措施建议
				重度γ/(kN/m^3)	变形模量E_0/GPa	岩体抗剪强度		泊松比μ				
						内摩擦角φ/°	黏聚力C/MPa					
Ⅱ	块状整体结构	稳定性较好	微风化混合质变质砂岩、变粒岩及条带状混合岩、混合花岗岩、粗粒花岗岩（部分岩体存在碎裂岩化现象）：岩石强度高，岩体完整，偶见裂隙，裂面多闭合。抗风化能力较强，地下稍有潮湿或少量滴水，影响不大	27	30	50	2.0	0.25	75	0.60（表面不光滑时）	1600	喷混凝土加局部锚杆及钢筋网支护，拱、墙局部格栅钢架支护
Ⅲ	块状结构	稳定性差	微风化混合质变质砂岩、变粒岩及条带状混合岩、混合花岗岩、粗粒花岗岩（部分岩体存在碎裂岩化现象）：岩石强度高，岩体较完整，裂隙稍发育，裂面多闭合。抗风化能力较强，地下潮湿或滴水，影响较大	25	15	40	1.2	0.28	65	0.50	800	喷混凝土加系统锚杆及钢筋网支护，拱、墙格栅钢架支护
Ⅳ	块（石）碎（石）状碎裂结构	不稳定	中等风化混合质变质砂岩、变粒岩及条带状混合岩、混合花岗岩、粗粒花岗岩（部分岩体存在碎裂岩化现象）：岩石强度低，岩体破碎，裂隙发育—很发育。裂面多张开，夹泥，充填泥钙质物。抗风化能力较弱，地下水滴水、渗水，影响较大	23	4	35	0.4	0.33	55	0.40	350	围岩不能自稳，边墙顶拱易坍塌，需及时进行初期喷锚支护和格栅钢架支护
Ⅴ	松散—散体结构	极不稳定	①全—强风化混合质变质砂岩、变粒岩及条带状混合岩、混合花岗岩、粗粒花岗岩：岩石强度极低，岩体极破碎，裂隙很发育。②第四系残积砾质黏性土及坡洪积粉质黏土、含碎石粉质黏土：松软状，湿，可—硬塑。地下水线状流水，影响大	20	1.5	26	0.1	0.40	43	0.35	150	易坍塌，变形，可采用隔栅钢架，施工时应采用超前小导管及注浆加固围岩等辅助措施，以确保施工安全和开挖洞室的稳定。施工中应加强现场监测，做好超前地质预报，加强目测观察、地面下沉量量测、拱顶下沉量量测及水平收敛量量测
Ⅵ	松散土状	极不稳定	人工填土（素填土、杂填土及填石等）：松散状态，湿。地下水线状流水，影响大	17	＜1	18	0.03	0.45	32	≤0.25	30	

鸡公山隧道洞身范围内的围岩分级按顶板、侧壁及底板围岩状况综合评价确定。本阶段勘察报告依据《公路隧道设计规范》JTG D70—2004附录表F、《公路工程地质勘察规范》JTG C20—2011附录表F及《市政工程勘察规范》CJJ 56—2012附录C，根据本隧道的埋深、工程地质及水文地质条件综合分析后对鸡公山隧道左右线、人（车）行通道和集中排风竖井等的围岩分级进行详细划分。鸡公山隧道山岭段围岩综合分级是根据场地工程地质条件、断裂构造带、节理裂隙密集带、物探显示的低阻异常带等，同时考虑影响工程岩体稳定性的诸多因素，诸如岩石坚硬程度和岩体完整程度、地下水、不利的软弱结构层面等因素后，再对隧道围岩分级作了适当修正的。可作为施工图设计使用。

5.2 隧道进出口工程地质条件评价

（1）隧道进口（小里程端）

根据地质调绘及隧道设计纵断面，隧道进口位置洞口地形坡度中等，坡度为15°～30°，洞口处地层主要为第四系全新统坡洪积含碎石粉质黏土、第四系残积可塑—硬塑状粉质黏土以及下伏震旦系的全、强风化混合岩。围岩自稳能力差，洞口开挖时，人工边坡形成的临空面上的全新统坡洪积含碎石粉质黏土、第四系残积可塑—硬塑状粉质黏土层支护不当时易产生滑坡，须对进洞口边、仰坡采取有效支护措施，建议采用喷锚加固措施。进洞口段排水条件相对较好。但仍应做好截排水措施。

（2）隧道出口（大里程端）

根据隧道设计纵断面，经现场地质调查发现，隧道左右线出口偏左线位置地势陡峻，植被发育，根据地貌形态及现场特征分析该位置分布有一个古滑坡体，该滑坡体宽约45m，长约50m，呈开口向北西方向的圈椅形（具体位置见图7），滑坡特征明显，钻孔SD-X81附近为残留的滑坡平台（滑坡舌），坡度较缓，坡度为10°～15°可见不规则倾斜生长的树木，钻孔SD-X83往上为滑坡后缘，坡度陡峻，为40°～50°。滑坡体大部分位于路面标高以下，组成滑坡体的土层为含砾粉质黏土。该古滑坡现状是稳定的，处于休止状态，但该古滑坡体对隧道出口的稳定性影响很大。隧洞开挖施工时可能导致滑坡体复活，一旦古滑坡复活滑动将对隧道洞口的稳定产生很大的影响，对将来本隧道工程的运营安全也影响很大，因此建议对本工程隧道北（出）口古滑坡土体进行治理，同时加强施工监测。对古滑坡土体可采用注浆等处理方法进行预加固，也可考虑再增设抗滑桩；古滑坡后缘坡体陡峻，应做削坡处理，并采取支护措施，同时，建议设计单位对此地段的隧道设计作必要的调整，可考虑采取明洞接长等措施，以利于隧道出口洞口段的稳定与安全。

图7　鸡公山隧道出口位置分布的古滑坡体场景图

隧道左右线出口段围岩自稳能力差，洞口开挖时，人工边坡形成的临空面上的全新统坡洪积含碎石粉质黏土、第四系残积可塑—硬塑状粉质黏土层支护不当时易产生滑坡，须对出洞口边、仰坡采取有效支护措施，建议采用喷锚支护措施。出洞口段排水条件相对较好，但仍应做好截排水措施。

6　勘察技术创新

1）研发了一种重力式取水器

研制了一种利用废旧岩芯管加工改造形成易操作、结构简单的重力取水器（图8），此种重力式取水器，可以直接利用取水容器的自身重力来定位取水，可以取得指定深度的地下水的代表性样本，不需要对勘察孔进行扩孔，也不需要对土体不同土层的地下水进行隔离，不需要发电设备，操作方便，施工程序简单，从而降低施工成本，也减少施工时间，解决了鸡公山山岭段隧道钻孔实际施工后地下水位非常深而难于取水样的难题。

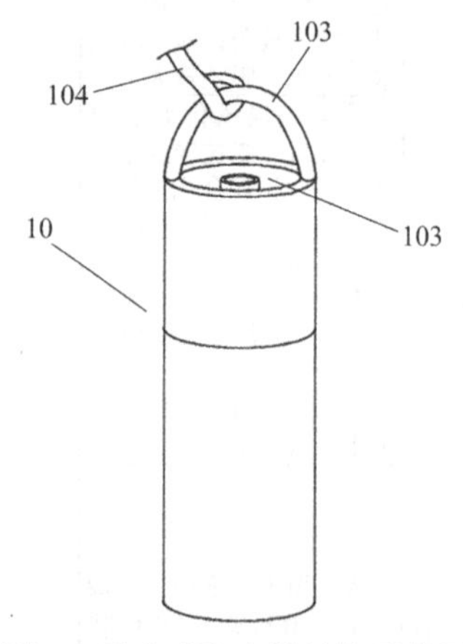

图8　重力式取水器结构示意图

2）首创运用PIPETV智能钻孔电视成像技术结合地质钻探及综合地球物理方法探查地下深部岩体节理裂隙密集带及断裂构造带的勘察研究思路与方法

在坂银通道工程鸡公山山岭隧道勘察中，获取岩层、节理裂隙密集带或者断裂构造带的埋深、倾向、倾角、宽度、裂隙面的粗糙度、充填物等性质，了解岩体的破碎程度，对隧道综合围岩分级判定是非常重要的，也是隧道勘察中的技术难点。传统的勘察手段（工程钻探、高密度电法等物探方法）只是一种间接的方法，受地质条件复杂性的影响，难于准确识别上述信息。采用PIPETV智能钻孔孔内电视成像技术则能直观、准确地观测到孔内岩层、节理裂隙密集带或者断裂构造带的各种性质。通过对工程钻探及物探发现的节理裂隙密集带或者断裂构造带进行定量辅助分析，确定其的产状等特征信息。此评价方法在深圳地区属首次运用。

根据 PIPETV 智能钻孔孔内电视成像技术所取得的数据成果资料分析，可得出裂隙等密图、倾向玫瑰图、走向玫瑰图、倾角直方图。钻孔内 360° 侧壁影像非常清晰且直观明了；岩芯全景壁展开图详见图 9。

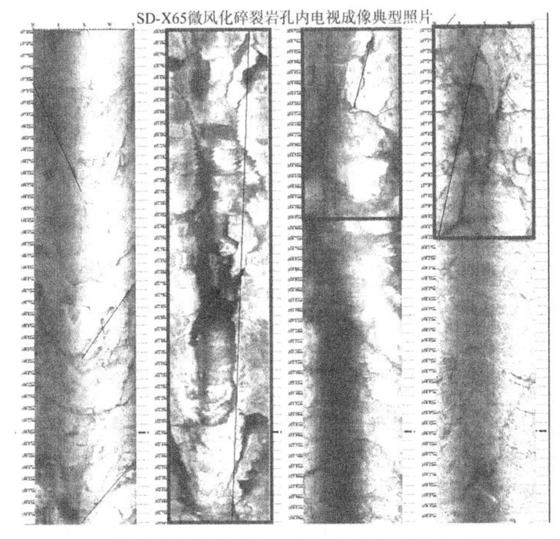

图 9　SD-X65 钻孔部分孔段电视成像岩芯全景侧壁展开图

以山岭段 SD-X65 钻孔为例，运用 PIPETV 智能钻孔孔内电视成像技术所取得的数据成果资料显示，钻孔附近的混合花岗岩和粗粒花岗岩岩体裂隙发育，其裂隙宽 1～2mm，平均为 3～5 条/m，裂隙走向以北东向为主，倾向以南东向为主，倾角以陡倾角为主，裂隙面多被绿泥石、方解石、石英脉充填，局部岩体铁质浸染严重，绿泥石化现象显著。

WF7 断层破碎带（高密度电法视电阻率等值线图见图 10）：沿测线方向视宽度约 9.5m，推测视倾角约 80°，断层影响范围约 145m，裂隙发育，岩体破碎，富含裂隙水，稳定性差，构造破碎带规模较大。

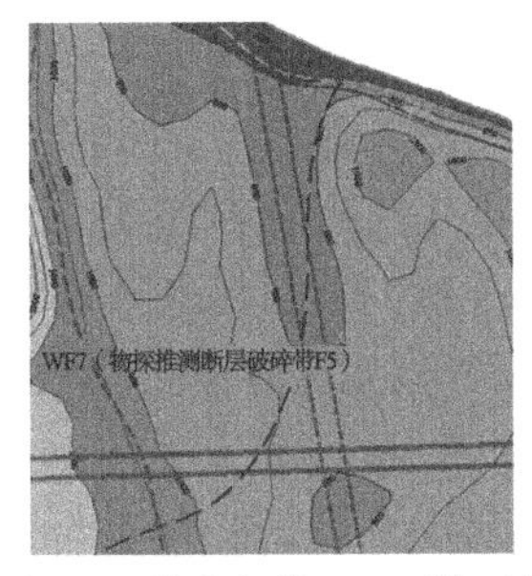

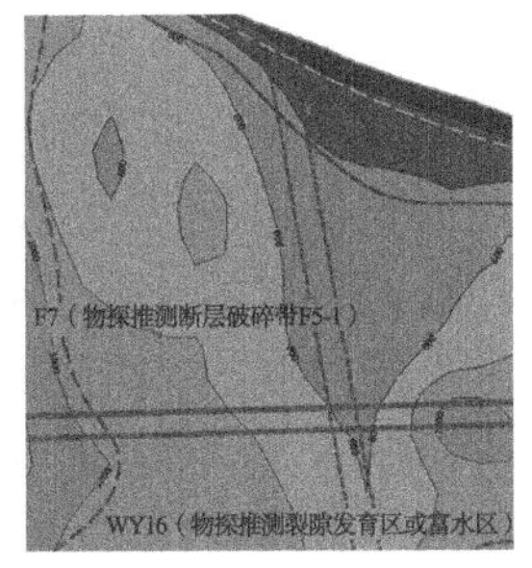

图 10　隧道左线 WF7 附近高密度电法视电阻率等值线图

于 WF7 推测断层破碎带附近有针对性地布设了 SD-X65、SD-X66、SD-X68 钻孔 3 个断层查验钻孔，其中在 SD-X65 钻孔钻探过程中在标高 193.92～190.72m、179.72～175.92m、166.22～152.02m、147.52～141.92m、139.12～138.12m 处揭露有微风化碎裂化岩混合花岗岩，在标高 152.02～147.52m、141.92～139.12m、138.02～135.32m、131.22～128.32m 处揭露有微风化碎裂岩，在标高 126.42～125.32m 处揭露有构造角砾岩；在 SD-X66 钻孔钻探过程中亦在标高 272.86～271.26m、131.86～128.86m 处揭露有微风化碎裂岩化混合花岗岩，在标高 164.06～162.56m 处揭露有微风化碎裂岩；在 SD-X68 钻孔钻探过程中亦在标高 192.44～187.64m、180.44～179.04、146.94～142.94、134.64～121.84m 处揭露有微风化碎裂岩化粗粒花岗岩。在 SD-X65 孔内电视成像中亦有揭露。

通过钻探揭露的地层情况证明 F5 断裂带与物探推测 WF7 断层破碎带是吻合的。F5 断裂带走向与隧道在（LK5 + 661、RK5 + 716）附近均呈 81° 相交，走向 225°～235°，倾向 135°～145°，倾角 65°～70°，其影响宽度 30～60m，该断裂带对隧道工程平面影响范围较小，但对断裂带影响宽度范围内的隧道围岩级别影响大。施工时应适当加强支护并做好隧道地质超前预报工作。

因此，PIPETV 智能钻孔孔内电视成像技术作为地质钻探及物探的一种有效辅助手段，其结果具有直观可视、图像清晰、色彩丰富、方法简便、数据精确的特点，在岩体较破碎且取芯困难的情况下，可辅助钻探判别岩体的结构面产状（岩层层面的倾向和倾角）、钻孔内壁的地层结构及断裂构造发育特征等详细情况。与工程物探、钻探成果进行相互验证，确保了勘察第一手原始资料的准确性，为本工程隧道的综合围岩分级判定提供了可靠翔实的依据。在隧道施工过程中后期勘察专业技术服务时复核隧道围岩分级与详勘报告中的划分基本一致，令施工单位及甲方等参建各方非常满意，取得了较好的经济效益和社会效益。为隧道工程顺利建成提供了有力的保障。

此评价方法在深圳市坂银通道工程中的首次成功运用，为后期建设的深圳坪盐通道隧道工程及滨江大道一期 A 段（听海路—西乡大道）工程海底隧道工程等深圳市同类重大工程项目在工程勘察中起到了很好的借鉴作用。

3）提出了一套解决城市隧道下穿大型垃圾填埋场勘察时如何保证不破坏其防渗膜可以获取该段水文、工程地质准确资料的评价方法

（1）鸡公山隧道下坪垃圾填埋场段工程地质特征分析评价

①下坪垃圾填埋场场区特点

下坪垃圾填埋场所处位置原始地貌为山间沟谷，系在鸡公山东侧一个大型山谷中建设的垃圾填埋场。该垃圾填埋场主要堆填固体废弃物，堆填物主要为生活垃圾、绿化废弃物、河道底泥（含大量重金属的污泥）、轻工业废料等，堆填物在埋入地下后持续分解，产生大量色泽乌黑的垃圾渗滤液及有毒气体（甲烷、硫化氢等），对人体危害很大，对建筑结构的危害程度不详。垃圾填埋体的这种分解作用可持续数十年。

②下坪垃圾填埋场地段水文工程地质特点

因填埋场内垃圾填埋体厚度巨大且不允许破坏底部的防渗膜，该地段无法实施钻探，只能参考场区附近钻孔揭露的地层情况和搜集到的前期其他单位在本场地所作的地质资料，经综合分析，推测上述里程段内分布有：人工填土（垃圾填埋体）、第四系坡洪积含碎石粉质黏土，第四系残积可—硬塑粉质黏土，下伏基岩以蓟县系—青白口系全—微风化变粒岩及条带状混合岩等地层为主，上述地层地质年代久远。

受地质历史时期经历过多次区域构造运动的影响，本场地基岩构造裂隙普遍发育。受此断裂构造的影响，断层或构造破碎带内裂隙极发育，岩体多较破碎。分析区域地质构造资料及初勘阶段物探工作成果，推测本场区在（左线里程 LK4＋294、右线里程 RK4＋292 附近）发育有一条较大规模的北西向 F3 断裂构造带，与隧道呈 45°相交。该断层大致沿山谷即垃圾填埋场的谷底通过。具普遍性的地质规律表明，断层是地表水（或其他液体）与深部地下水连通的主要通道。上述沟谷地段同时也是地表水、地下水汇聚之地，地表水与地下水在这个位置的水力联系最为密切。本地区燕山期地质构造上具有断裂（或大型结构面）网格状分布的特点，决定了地表水与地下水的联系非常密切，同时，也是人为工程条件下产生扰动、位移、甚至破坏的地段，因此，隧道开挖条件下，地下水的赋存和径流条件都会发生很大的改变，而上覆危害性垃圾渗滤液的存在使得该工程不仅存在工程水文地质问题，同时也存在重大的环境水文地质问题。

在场地内下坪垃圾填埋场附近采取了地表水 4 组（上下游各两组）、填埋场附近 SD-X35 钻孔取地下水 1 组。委托广东省地质试验测试中心和深圳市勘察研究院有限公司进行了 Mn、Cu 等 9 项特殊试验分析。从试验结果来看，下坪垃圾填埋场下游的地表（下）水比上游的地表（下）水在大部分试验项目（如氟化物F^-、氰化物CN^-、总磷 TP、铜 Cu、锰 Mn、砷 As、铅 Pb）均略有异常，其中按地表水质量Ⅲ类标准值判定，“下坪垃圾填埋场下游排洪沟地表水 B*” 水样总磷、锰含量均超标。

为了进一步查明下坪垃圾填埋场区段的地下水水质污染的情况，重庆市环境保护工程设计院有限公司深圳分公司亦在 SD-X101 及 SD-X102 水文地质勘察钻孔中采取水样 2 组送深圳市索奥检测技术有限公司进行测试分析，从 16 个特殊项目试验结果来看，下坪垃圾填埋场下游的地下水在部分试验项目（如 SS 悬浮物、高锰酸盐指数、硫酸盐、氨氮、铅 Pb、砷 As）上均见有异常，其中按地下水质量Ⅲ类标准值判定，其中 SS 悬浮物、氨氮（仅 SD-X102）、铅、镉、总大肠菌群、菌落总数（仅 SD-X102）含量超标，总大肠菌群严重超标。

综上所述，说明地下（表）水在流经下坪垃圾填埋场后（或在填埋场周边一定范围内）还是受了不同程度污染的，但主要的污染源及其运移路径尚无法查明。由于下坪垃圾填埋场的厚层垃圾填埋体底部铺设的防渗层（铺设时间有近 20 年）受很多条件限制是无法查明其是否有渗漏的，因此，目前尚无明确证据证明上述污染是由垃圾填埋场有毒渗滤液下渗进入地层中所造成的，但不能排除其存在渗漏的可能。建议可对此地段的水文地质条件等作进一步的专项分析研究，以评价和掌握对本隧道工程的影响以及隧道工程的建设对垃圾填埋场的影响。同时施工阶段应加强超前地质预报，在本隧道工程施工开始后，当隧道掘进到达下坪垃圾填埋场位置附近时，在隧道内可充分利用超前探孔补充采取地下水样并进行室内试验，进一步验证地下水水质，验证是否存在垃圾渗滤液补给地下水的问题，明确是否有垃圾填埋液体渗透入围岩中，以明确隧道在该区段的施工方案。

③施工支护措施及建议

由于 F3 断裂构造的影响，断层或构造破碎带内裂隙极发育，岩体多较破碎。围岩裂隙除可能成

为地下水的蓄水空间及渗水通道外，对洞身围岩的稳定会产生一定的不利影响。遇雨季断层或构造破碎带易形成泄水通道，隧道施工开挖可能产生突水事故，建议做好突水事故评估与预防治理工作。洞身开挖施工期间，局部地段可能会出现围岩松动塌落现象，建议初期支护采用喷射混凝土＋系统锚杆＋型钢支护系统。

依据本工程特点，下穿垃圾填埋场隧道段应采取有效的辅助支护措施，对围岩进行预加固，以提高围岩的自稳能力，保证隧道施工安全、顺利的进行及上方垃圾填埋体的安全。建议采用超前小导管或超前锚杆进行超前预加固。

（2）超前地质预报

对下穿垃圾填埋场的该段隧道进行较准确的围岩分级，只能参考场区附近钻孔揭露的地层情况和搜集到的前期其他单位在本场地所作的地质资料及初勘阶段物探工作成果，经综合分析后，推测下坪垃圾填埋场段隧道围岩为中—微风化变粒岩及条带状混合岩，岩体以较破碎为主，局部破碎，以弱透水性岩层为主。本区域内稳定地下水水位在隧道底板以上。围岩为中—微风化岩，一般无自稳能力，数日—数月内可发生松动变形、小塌方，拱部无支护时可产生较大坍塌，侧壁有时失去稳定，裂隙发育段易掉块坍塌。围岩点滴状出水—淋雨状出水。围岩分级为Ⅳ级为主，局部断裂通过的地段为Ⅴ级。

因此，在隧道掘进过程中应由第三方单位进行地质超前预报工作；地质超前预报务必做到长、短结合，“长”可采用TSP技术或地质雷达，“短”可采用地质超前钻孔；务必在基本探明前方工程及水文地质情况的前提下再进行开挖。遇到地质情况发生显著变化的情况，应尽快告知相关单位；当遇到超前钻孔涌水情况时，应及时对掌子面进行加固，并密切观察洞内情况，避免出现工程事故；并将现场情况第一时间告知相关单位。同时，应在本隧道工程施工开始后，当隧道掘进到达下坪垃圾填埋场位置附近时，在隧道内充分利用超前探孔补充采取地下水样并进行室内试验，进一步验证地下水水质，验证是否存在垃圾渗滤液补给地下水的问题，明确是否有垃圾填埋液体渗透入围岩中，以明确隧道在该区段的施工方案。

7 工程实施成果及效益

深圳市坂银通道工程勘察，通过上述技术创新，获得实用新型专利1项，解决了多项勘察技术难题，较为准确地查明了工程的地质条件，为工程设计提供了科学、可靠翔实的地质依据。确保了工程建设的实施及运行安全，为工程提前通车运营奠定了基础，取了良好的经济效益、环境效益和社会效益。

8 结语

深圳市坂银通道工程项目工程地质条件非常复杂，勘察极其困难。项目结合工程实际、通过技术创新研究，取得了系列研究成果：首创了一套通过运用PIPETV智能钻孔电视成像技术结合地质钻探及综合地球物理方法探查地下深部岩体节理裂隙密集带及断裂构造带的勘察研究思路与方法；提出了一套解决城市隧道下穿大型垃圾填埋场勘察钻探施工时如何保证不破坏其防渗膜可以获取该段水文、工程地质准确资料的评价方法；解决了复杂地质条件下城市特长隧道工程勘察的多项技术难题。

该项目的实施与研究提升了针对深圳城市特长隧道工程的工程地质勘察技术水平，对推动行业科技进步具有积极作用。为今后类似工程建设积累了丰富的经验。项目在实施与研究过程中培养了一大批工程地质勘察技术人员。

本项目荣获了中国勘察设计行业协会2021年度工程勘察、建筑设计行业和市政公用工程优秀勘察设计奖工程勘察三等奖，广东省2021年度广东省优秀工程勘察设计奖工程勘察与岩土工程一等奖。

参考文献

[1] 化建新, 郑建国. 工程地质手册(第五版)[M]. 北京: 中国建筑工业出版社, 2018.

[2] 沙椿. 工程物探手册[M]. 北京: 中国水利水电出版社, 2011.

[3] 康镇江. 深圳地质[M]. 北京: 地质出版社, 2009.

[4] 中华人民共和国建设部. 国家质量监督检验检疫总局. 岩土工程勘察规范(2009 年版): GB 50021—2001[S]. 北京: 中国建筑工业出版社, 2009.

[5] 中华人民共和国交通运输部.《公路隧道设计规范 第一册 土建工程》JTG 3370.1—2018[S]. 北京: 人民交通出版社股份有限公司, 2018.

崇左至水口高速公路上金隧道工程地质勘察实录

米德才　赵子鹏　李洋溢　陈云生　唐正辉　覃家琪　吴秋军
（广西交通设计集团有限公司，广西南宁　530029）

1　工程简介

上金隧道位于龙州县城东 14～17km，隧道全长 3015m，是当时广西最长的公路岩溶特长隧道（图 1）。隧道进口位于上金乡陇禁屯，出口位于上金乡活农屯，整体走向为东西向。隧址区崇山峻岭、地形陡峭、石山林立、悬崖绝壁，属于"无路、无人、无水"的"三无"地区。针对复杂条件传统地调、钻探、物探等技术手段实施困难，岩溶及岩溶水发育随机性、隐蔽性强的特点，积极采用航空倾斜摄影测量、三维实景建模、岩溶隧道地质选线、水文地质专项勘察、长超前钻探减灾、新型防水材料、微爆破专项设计、隧道景观装饰专项设计等四新技术，既保证了勘察设计质量和施工安全，又与于自然景观、地方少数民族文化融为一体，取得了显著的经济社会效益。

自 2019 年通车以来，崇左至水口高速上金隧道运营良好，未发生因工程勘察造成的各类问题，取得了较好的经济与社会效益。经专家评审，本项目工程地质勘察荣获"2021 年全国优秀工程勘察设计行业奖优秀工程勘察三等奖"。

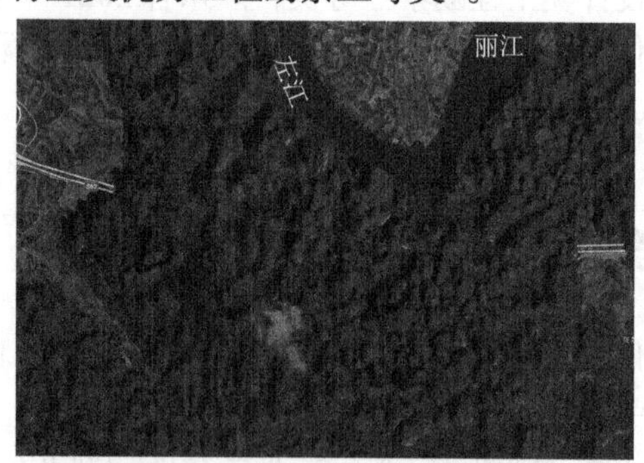

图 1　崇左至水口高速上金隧道平面布置图

2　地质概况

2.1　地形地貌

上金隧道处于左江南岸构造—溶蚀峰丛洼地地貌区，峰丛四壁陡峭，多为直立陡崖（图 2），整体呈中部高，四周低的趋势，峰顶标高 223.6～412.4m，相对高差 100～220m；小而深的封闭洼地星罗棋布，洼地直径 50～100m，最大达 300m 左右，洼地底部高程 111.6～299.7m，洼地底部或近底部常见消水洞和溢洪洞，形态多样，洞径 0.5～5.0m 不等，消水能力较强，但强暴雨过后溢洪也会成涝。地表植被发育，主要分布于洼地、缓倾斜坡、山顶之上，以灌木为主，多生杂草、杂木。地形受地层岩性及地质构造控制，山脉总体走向呈 NW～SE 向，自南西向北东，山体由长条状逐渐变为棋盘状。

图 2　上金隧道进洞口附近灰岩山体地貌景观

2.2　气象与水文

上金隧道属于亚热带季风气候区。据龙州县气象站资料统计：历年平均气温 21～22.1℃，年极端最高气温 40.5℃，极端最低气温-3℃；历年平均日照时数 1679.8 小时；历年平均降水量 1351.0mm，年最大降水量 1879.3mm（1953 年），最小年降雨量 950.4mm（1968 年），降雨量多集中在雨季（即 5～9 月），雨季占年降雨量的 66.8%；每年的 1～3 月和 12 月枯水季降雨稀少，降雨量仅占年降雨量的 8.1%，月平均降雨量为 22.9mm。24 小时内降雨量 ⩾ 50mm 的暴雨，常见于 6～8 月，各月年平均暴雨日数在 1.8～2.4 日之间；日降雨量超过 100mm 的暴雨，多在 5 月份，历年平均为 0.1 次。历年平均蒸发量 1347.2mm，多年月平均相对湿度 77%～83%。

2.3　地层岩性

隧址区地层由第四系溶蚀残余堆积层（Q_{cl}）、二叠系下统茅口阶（P_{1m}）组成。第四系溶蚀残余

获奖项目：2021 年度工程勘察、建筑设计行业和市政公用工程优秀勘察设计奖三等奖。
基金资助：广西科技重点研发项目《高风险岩溶隧道地下水环境影响评价及安全处治关键技术研究（桂科 AB22035010）》。

堆积层主要为黏土、黏土混角砾，黄褐色，黏土韧性及干强度高，土质不均匀，角砾成分主要为灰岩，粒径大小不一，局部为灰岩块石，主要分布于洼地表层，呈中间厚、边缘薄的特点。二叠系下统茅口阶岩性为中厚层—巨厚层状灰岩夹团块状白云岩、白云质灰岩或含燧石灰岩，岩质较硬—坚硬，为隧道主要经过地层。

2.4 区域地质构造

隧址区位于南岭纬向构造带南缘、新华夏系第二沉降带西南端。由于多个构造体系的联合与复合，加上西南部受康滇“歹”字形构造的干扰，东北部受到北西向构造（右江系）的影响，构造较为复杂，区域地质构造（图 3）整体上以 NEE 向、NWW 向为主。受其影响，隧址区褶皱轴线呈东西向，断裂、节理裂隙网状发育，走向以 NE、NW 向主，与区域构造方向一致。岩层整体产状较平缓，倾角为 6°～11°，倾向北东。

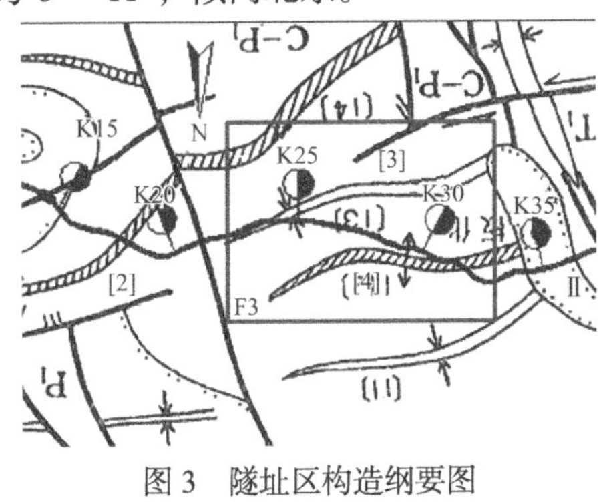

图 3　隧址区构造纲要图

3 勘察技术和手段

3.1 遥感与实景建模技术

采用遥感与实景建模技术，对地形地貌、地质构造进行分析，掌握岩溶及构造发育规律，进行隧道平面选线。利用遥感技术解译隧址区地质构造，找出断裂构造较弱发育区域，初步确定隧道线位。如图 4 所示，紫色线位断裂构造较红色线位发育，初步推荐红色线位作深入比较。

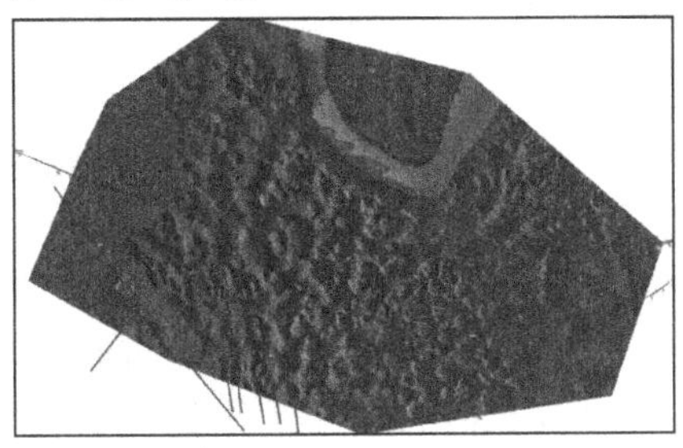

图 4　航片构造解译

采用航拍影像、三维实景模型技术，确定初拟线位峰丛与洼地分布地段隧道的长度，尽量选择峰洼比例较高比的线位。再结合遥感解译成果，基本确定隧道的平面位置，如图 5 所示。

图 5　隧址区地面高程云图

3.2 航空倾斜摄影测量与水文地质调查

采用航空倾斜摄影测量技术及水文地质调查方法，查明岩溶垂直分带发育特征，场地地下水位，地下水补给、径流、排泄关系，进行隧道垂直选线。

3.3 综合物探技术

隧道线位确定后，开展了浅层地震法、高密度电法、陆地声呐法等综合探测。其中，在隧道进出口端进行了陆地声呐探测。在隧道进出口上设测量剖面，剖面上每 1.0m 左右设一测点，用锤击方式向隧道洞身方向激发弹性波，在激震点旁设置检波器接收被测物体的反射波，然后通过接收仪器将各测点的时间曲线拼接成时间剖面图像，根据图像解释这些不良地质体。

4 隧道地质选线

4.1 平面选线

（1）对隧址区域进行构造分析，选择构造影响相对较小的地段通过。

断裂带控制岩溶发育，断裂带如为张性易于富集、传导地下水，如为压性则因岩体过于破碎而为地下水的流通创造条件，当为扭性时两种可能兼有。上金隧道在选线过程中对该区域的断裂构造进行了详细调查，在遥感地质解译和现场调查复核的基础上，绘制了该区域的断裂构造图，选择与小型断裂相交较少的区域通过，同时减少人字形区域性断裂（芹院断裂）对隧道的影响（图 6、图 7）。

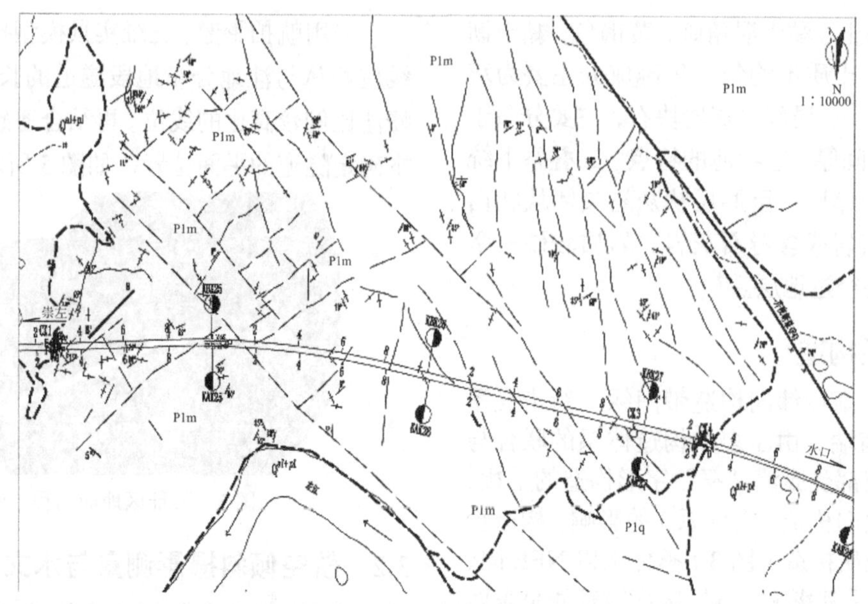

图 6　隧道断裂构造平面图

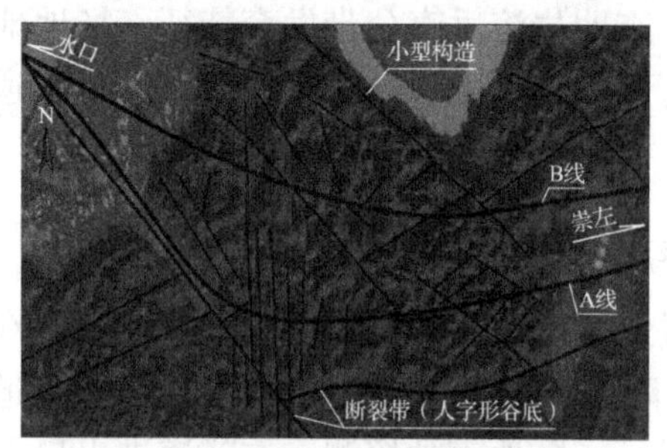

图 7　上金隧道构造解析图

（2）对隧道线位峰洼及洼地汇水面积进行统计，选择峰洼比较高的地段通过。

岩溶洼地、谷地属汇水区，一般发育大量的纵向岩溶通道，遇到大型溶洞或突水涌泥的概率比其他路段高。上金隧道在选线过程中详细分析了该区域的山峰与洼地之比，选择了洼地分布及汇水面积相对较少的路段通过（图 8、图 9）。

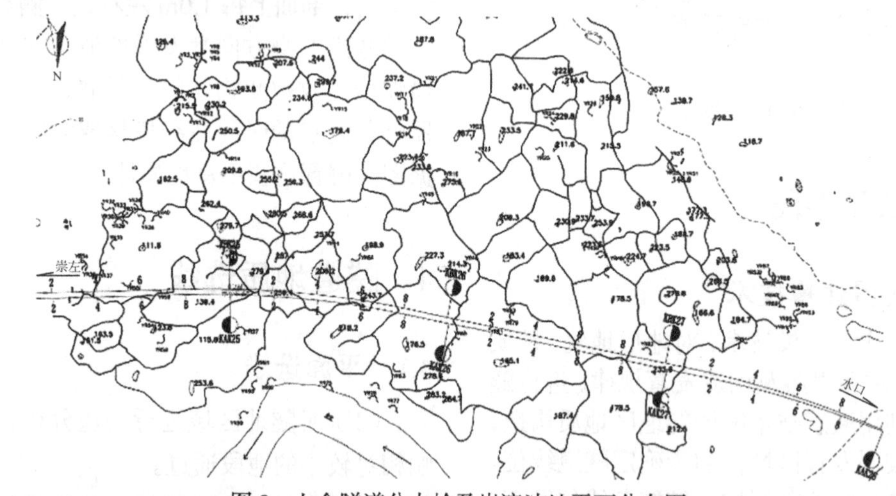

图 8　上金隧道分水岭及岩溶洼地平面分布图

图 9　上金隧道利用三维实景高程云图选线（选择洼地少的地方通过）

4.2　垂直选线

（1）避开岩溶垂直发育带

隧道区地表溶洞发育具有明显的分带性，在高程 100～120m、180～200m、240～260m 三段区域岩溶发育较多（图 10），与区内峰丛洼地底部高程 111.6～299.7m 基本吻合，延伸轴向多为水平、铅垂向，其他高程溶洞发育频率相对较小。确定隧道路基设计高程在 126～135m 之间，避开以上三个岩溶垂直发育带。

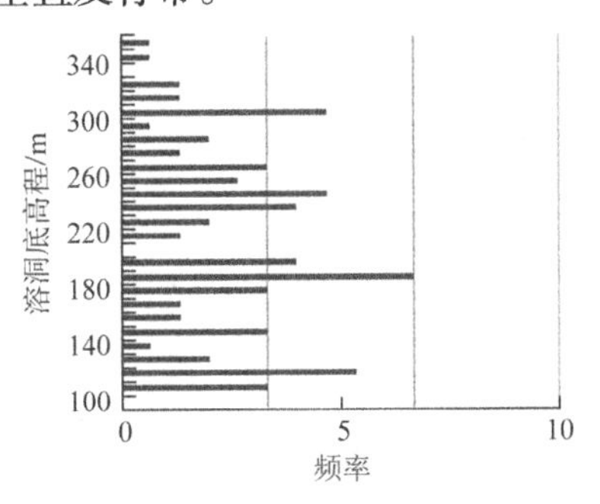

图 10　洞底部高程统计直方图

（2）优先位于垂直渗流带

岩溶水垂直方向可分为四个带（图 11），根据以往经验，垂直渗流带属于风险最小、相对安全的地带；水平径流带的岩溶管道水最丰富，遇到地下暗河的概率最大；深部缓流带由于埋深较大，亦存在水平径流带连通的岩溶管道，岩溶水压大，施工风险高；季节变动带由于水循环条件好，岩溶管道及岩溶强烈发育，季节性洪水的危害常有发生。

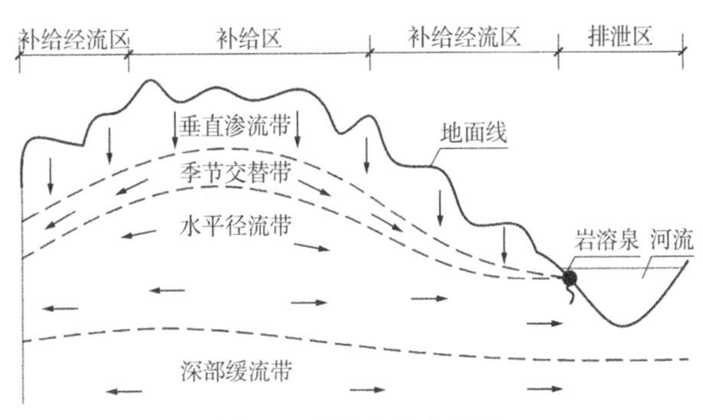

图 11　岩溶水垂直分带

4.3　避开洞口岩堆发育区

危岩崩塌于坡脚后呈松散堆积体—岩堆，堆积体一般由溶余堆积层及透水性较好的块石、碎石及角砾组成，按粗粒含量又可分为三大类：1）骨架型岩堆，以岩石块体为主，含少量的土体；2）充填型岩堆，堆积体由块石和土体共同构成，块体间空隙被土体充填；3）悬浮型岩堆，以土体为主，内部悬浮有大量片块石。

上金隧道区域坡脚岩堆发育，主要为骨架型岩堆为主，堆积床大多数为基岩，岩堆多为新近堆积，开挖坡脚后易导致岩堆整体失稳，隧道容易冒顶，稳定性较差，选线过程中避开了影响较大的岩堆。

5　岩溶及岩溶水特征

5.1　岩溶

5.1.1　岩溶洼地

区内岩溶洼地多呈封闭状，为多组裂隙交汇及切割控制形成，洼地呈近圆形或不规则状，分布可谓星罗棋布，洼地直径 50～100m，最大达 300m 左右。隧址区内洼地底部高程可分为 3 个阶梯（图 12），第一阶梯高程为 110～180m，占比 26.9%；第二阶梯高程为 180～260m，占比 57.7%；第三阶梯高程为 260～299.7m，占比 15.4%。岩溶洼地长轴走向以 NW270°～280°、NW330°～360°、NE50°～60°三个方向为主（图 13），与区域构造的走向较为一致。洼地底部或近底部部位常见消水洞，形态多样，直径 0.5～5.0m 不等，消水能力较强。一般洼地底部难见积水，但在连续强暴雨过后出现短期积水，表明洼地内消水溶洞与地下溶洞或地下水径流通道水力联系密切。

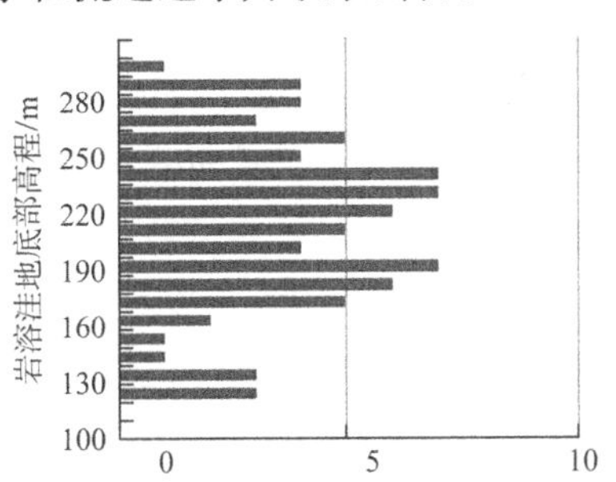

图 12　岩溶洼地底部高程统计直方图

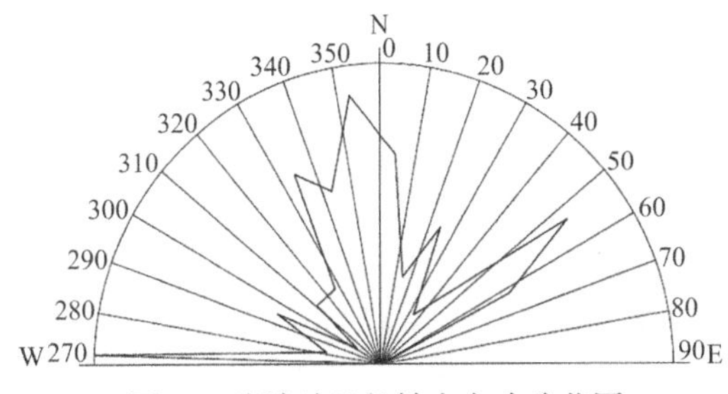

图 13　岩溶洼地长轴走向玫瑰花图

5.1.2　岩溶谷地

主要指隧道进洞口和出洞口地带，隧址区南

侧的断层谷（图 14），该谷地三面被山体包围，北西向左江开口。而位于进洞口处的岩溶谷地，为四周山体所包围的近乎封闭状岩溶谷地，该谷地呈近南北向分布，谷地宽 200～500m、长近 1000m，谷地中南段有一孤峰，于孤峰南约 100m 处出露的溶井为谷地内地表水消泄区，也是谷地地下水露头之一（图 15）。

图 14　受芹院断裂影响形成断层谷

图 15　进洞口处近封闭状岩溶谷地中的溶潭

5.1.3　**溶洞**

主要分布于测区峰丛悬崖峭壁上，溶洞发育情况见图 16、图 17，在三维实景模型中对可见地表溶洞进行观测统计，溶洞垂向分布情况见图 10 溶洞在垂向上具有分层性，在高程 100～130m、180～200m、240～260m 段溶洞发育数量较多，延伸轴向多为水平、铅垂向，其他高程间发育溶洞频率相对较小。

溶洞在隧址区内均有分布，受构造影响，在芹院断层两侧影响范围内，溶洞较为发育，在上金平推断层延伸方向上，溶洞发育程度也较高。溶洞在隧址区平面上，整体呈现出自南向北、自两侧向中间逐渐减少的趋势。

图 16　发育于断崖岩壁中的溶洞群（高程 180～200m）

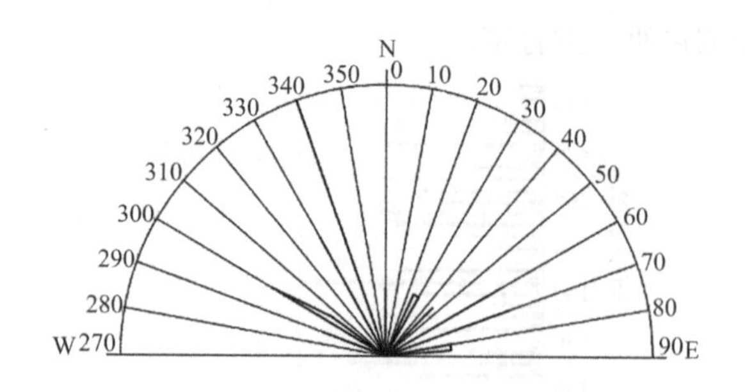

图 17　溶裂隙走向玫瑰花图

5.1.4　**溶蚀裂隙**

为构造裂隙经地表水、地下水的溶蚀形成，裂隙多沿竖向节理发育，延伸长度为 10～30m，少量沿斜向节理、岩层层面发育延伸长度为 2～10m，走向主要为 NE 向、NW 向，岩溶裂隙走向玫瑰花图见图 22，与整体构造走向较为一致，裂隙面一般不保留原有的特征，裂面波状起伏，裂缝多呈张开状，表面溶蚀现象明显，呈白色、灰白色，裂隙开度一般从 0.5～10cm 不等，最大可达 15～20cm，一般无充填，裂隙中可见白色溶蚀现象。

5.1.5　**岩溶发育程度评价**

《1：20 万凭祥幅区域水文地质普查报告》资料统计，茅口阶（P_{1m}）和栖霞阶（P_{1q}）等质纯灰岩岩层，岩溶发育强烈，其中的地下河发育率 13km/100km^2、钻孔遇洞率 30.8%、钻孔线溶洞率 3.0%，钻孔揭露的溶洞洞高小者 0.2m、大者达 7～8m，且宽度小于 0.2m，溶蚀裂隙也较发育，溶洞与溶蚀裂隙共同组成相互联通的地下岩溶通道。

K28＋611.086 上金左江大桥钻探勘察中，完共完成钻孔 98 个，岩溶形态主要为溶洞、溶槽、溶蚀裂隙，遇溶洞钻孔 47 个，钻孔遇洞率为 48%，线岩溶率 11%，属岩溶中等发育区，洞内一般充填松散—稍密状卵石，部分为空洞，溶洞垂直高度一般为 0.4～9.7m，最大可达 14.7m，靠近芹院断裂（F4）两侧的钻孔岩溶发育程度较高。

隧址区完成钻孔 3 个，仅 CK4 发现溶洞，钻孔遇洞率 33.3%，钻孔线岩溶率 11.1%。3 个钻孔岩芯局部可见溶蚀裂隙发育，裂隙发育高程主要集中在高程 113～140m 之间，隧道设计高程为 127～137m，据此推测，隧道顶底板岩溶裂隙较发育。

5.2　岩溶水

5.2.1　**涌水灾害严重等级的预判**

依据调查结果，根据造成隧道涌水灾害程度与其控制因素的关系，将沿线隧道涌水灾害划分为：较弱、中等、较严重和严重四个灾害等级，而综合隧址区隧道涌水的形成条件分析，上金隧道涌水等级为中等以上，具体分级及各具体的隧道路段涌水情况见表1。

上金隧道涌水灾害等级划分表 表1

涌水灾害等级	隧道围岩可溶岩岩层	岩溶含水介质	岩溶发育强度及与构造的关系	涌水特征	分布范围
中等	中层—中厚层灰岩夹含燧石结核灰岩等。除局部裂隙带岩体较破碎外，其余围岩完整	以细小的溶蚀裂隙为主，局部尚有小溶洞	岩溶发育强度中等，处于峰丛山体部位，其岩溶以溶蚀裂隙为主，偶遇小于0.5m的溶洞。断裂构造弱发育，小规模裂隙发育程度较低	除局部裂隙带为涌水外，其余以渗水和滴水为主	K26＋990～K27＋160
较严重	厚层—巨厚层灰岩夹中薄层或块状白云岩。在裂隙影响带岩体较破碎，其余围岩较完整	以溶蚀裂隙为主，裂隙状溶洞次之	岩溶发育较强，处于峰丛山体与洼地过渡地带，裂隙较发育，并在裂隙及其影响带常有裂隙状溶洞发育	在岩溶较发育的裂隙及其影响带以突水形式涌入隧道外，多以涌水为主	K24＋240～K24＋400 K24＋520～K24＋720 K24＋980～K25＋130 K25＋980～K26＋090 K26＋210～K26＋600 K26＋750～K26＋990
严重	厚层—巨厚层灰岩夹中薄层或块状白云岩。在断裂影响带岩体破碎，岩溶发育，其余围岩较完整	由溶蚀裂隙和溶洞组成	岩溶强发育，处于岩溶洼地带和山坳及山体岩壁地带，这些地带即为断裂构造发育带，带中陡倾角至垂直裂隙发育。受其影响，带中裂隙及溶洞均较发育	在岩溶发育带在雨季常见突水甚至局部涌水现象，其余地带以涌水为主	K24＋400～K24＋520 K24＋720～K24＋980 K25＋130～K25＋980 K26＋090～K26＋210 K26＋600～K26＋750

5.2.2 涌水量预测评价

根据隧道预测涌水量和场地水文地质条件，施工及运营期应重视如下问题：

（1）当场地降雨量较小，持续时间较短时，地下水以竖向渗透为主，一般地下水位较低，进入隧道的地下水总量较小，水压力也较低。

（2）当隧址区遭遇长时间强降雨时，大量雨水入渗，地下水位升高，隧道不仅接受垂直入渗补给，也存在地下水侧向补给，隧道涌水量或隧道衬砌结构承受的外水压力都有可能超过预测值，设计应重视其对施工和运营安全的潜在影响，提出相应的处治措施。

（3）隧道涌水总体上受降雨和岩溶发育条件两大因素影响，涌水部位、段落、涌水量等还与隧道开挖长度、岩溶形态等因素相关，预防和处治措施应加强观测和做好动态设计。

6 结语

（1）上金隧道是崇左至水口高速的控制性工程，隧道建成通车后，有效缩短了崇左至水口口岸的行驶距离，行驶时间更是由原来2小时20分钟缩短至1小时20分钟，有效改善了区域交通条件，促进边境地区经济发展，提高行车安全性和舒适性，减少交通事故。

（2）本次勘察针对上金隧道“四无”条件，在传统的工程地质调绘、水文地质调绘、钻探、物探的基础上，积极应用倾斜摄影、三维实景建模技术，有效精准地查明场地地质条件，为地形复杂岩溶地区隧道勘察提供了有益工程经验。

（3）上金隧道利用遥感解译、倾斜摄影、三维实景建模技术，获取丰富信息，为深入开展精细化地质选线打下良好基础，有效规避岩溶不良地质，在提高信息获取效率，降低勘察成本的同时，实现了隧道的安全建设和运营。

（4）上金隧道很好地落实了地质选线原则，通过精细化选线实现了预期目标，到达预期效果，获得各界较高评价。

参考文献

[1] 陈云生，邓胜强，覃家琪. 论岩溶区公路地质选线[J]. 西部交通科技, 2018, 119:27-31.

[2] 高伟，杨艳娜等. 岩溶地区隧道工程地质选线适宜性评价[J]. 人民珠江, 2016, 37(3):32-37.

[3] 宋振京，刘平威，唐志祥. 岩溶地区高速公路地质选线方法研究[J]. 西部交通科技, 2016, 112(11):52-56.

[4] 李光伟. 论岩溶区工程地质勘察问题与地质选线[J]. 铁道勘察, 2016, 2:12-15.

[5] 王建秀，叶冲，胡力绳. 高速公路岩堆发育特征及其对工程建设的影响[J]. 工程地质学报，2008, 26:155-160.

岑溪至水汶高速公路均昌隧道岩土工程实录*

李国昌　米德才　李洋溢　虞　杨　李敦仁

（广西交通设计集团有限公司，广西南宁　530029）

1　工程概况

岑溪至水汶高速公路是国家高速公路网包头至茂名高速公路的组成部分，起于岑溪市岑城镇思孟村附近，接已建成的筋竹（粤桂界）至岑溪高速公路，止于陈金顶（粤桂界），主线全长 30.7km，设计速度 100km/h，整体式路基宽 26.0m。项目自 2010 年 12 月开工建设，计划工期 3 年，后因均昌隧道山心村段地质复杂，涌水突泥灾害严重，施工极其困难，被专家比喻为“犹如在豆腐渣中打隧道”。山心村盆地段两百余米历时约三年半贯通，总工期耗时 6 年，于 2016 年 12 月建成通车。本文以均昌隧道为例，总结复杂隧道勘察及涌水突泥灾害处治方面的工程经验。

均昌隧道为双向四车道小净距特长隧道，右线长 4288m（CK6＋477～CK10＋765），左线长 4270m（DK6＋455～DK10＋725），左右两洞净距 17m，单洞净宽 10.75m，净高 5m，最大埋深 450m，建成时是广西运营最长的公路隧道。山心隧道Ⅴ级围岩长 1210m，占隧道全长的 14.12%；Ⅳ级围岩长 1800m，占隧道全长的 21.00%；Ⅲ级围岩长 3760m，占隧道全长的 43.88%；Ⅱ级围岩长 1800m，占隧道全长的 21.00%。其中Ⅴ级围岩分布情况如表 1 所示。

均昌隧道Ⅴ级围岩分布一览表　　表 1

围岩级别	里程桩号		段长/m	合计/m
Ⅴ	左线	DK6＋455～DK6＋520（进口段）	65	1210
		DK7＋700～DK8＋060（山心村段）	360	
		DK10＋400～DK10＋480（出口冲沟浅埋段）	80	
		DK10＋600～DK10＋730（出口段）	130	

续表

围岩级别	里程桩号		段长/m	合计/m
Ⅴ	右线	CK6＋475～CK5＋540（进口段）	65	1210
		CK7＋720～CK8＋080（山心村段）	360	
		CK10＋620～CK10＋770（出口段）	150	

2　突水突泥灾害情况

2.1　右洞 CK7＋838 突水灾害

2013 年 9 月 11 日凌晨 6:30 左右，正在开挖施工的右洞进口端 CK7＋838 上台阶掌子面出现股状涌水，开始时出水口直径约为 4cm，随后逐渐增大至 80cm，最大突水量增大至 1280m^3/h，9 月 13 日后，隧道涌水量略有降低并基本保持在 700m^3/h，至 9 月 21 日晚，隧道突水掌子面上方地表塌陷，洞内涌水量锐减至 45m^3/h 左右。此外，隧道突水 1d 后，距离隧道掌子面西侧 800m 外的山心村村委附近地表塌陷、井塘干涸，突水 10d 后，洞内局部坍塌、初支变形侵限，左洞初支也出现明显变形，期间累计突水量达 25 万 m^3，淤积泥砂约 2500m^3。

2.2　左洞 DK7＋963 突水突泥灾害

右洞“9·11”突水灾害发生后，右洞施工停止。系统开展补充勘察，编制帷幕注浆方案，并于 2014 年 6 月 30 日在左洞出口端实施全断面超前帷幕注浆，其中，第二循环帷幕注浆（DK7＋950—DK7＋975）于 9 月 1 日施工完成，9 月 13 日开挖至 DK7＋963.5 桩号时，掌子面中线顶部位置出现涌水，涌水流量约 30m^3/h，涌水起初为黄色，带有泥砂，水量逐渐变小、变清。9 月 19 日，掌子面出现突水突泥地质灾害，突涌持续约 4h，突泥

*获奖情况：
2020 年度广西优秀工程勘察设计成果工程勘察与岩土工程一等奖，2021 年度工程勘察、建筑设计行业和市政公用工程优秀勘察设计奖三等奖。

量达 2900m^3，最大涌水量约 150m^3/h，并造成地表塌陷等次生灾害。

2.3 右洞 CK7 + 835 突水灾害情况

恢复施工的右洞掌子面，采用径向注浆换拱方案逐步通过原 CK7 + 838 突水产生的泥砂堆积段落，2015 年 5 月 1 日 14:00 左右，上台阶掌子面推进至 CK7 + 835 桩号，在施工初期支护时，上台阶右侧拱脚位置出现直径约 15cm 的股状水，涌水量约 40m^3/h，现场堆积沙袋并采用喷射混凝土封闭涌水口，涌水暂时止住。16:00 许涌水量增大，突破封闭沙袋及掌子面，涌水量增加至 600 m^3/h。突水 1d 后，山心村村委附近地表河流多处塌陷断流，突水 3d 后，原 CK7 + 838 突水灾害造成的地表塌陷处再次出现塌坑。至 5 月 9 日，隧道掌子面才得以有效封闭，期间累计涌水量达10×10^4m^3，淤积泥砂约 1000m^3。

2.4 左洞 DK7 + 939 突水突泥灾害

2015 年 10 月 23 日，隧道左洞 DK7 + 939 掌子面正在进行超前小导管、锁脚锚管、喷射混凝土等作业，突然发现核心土左侧底部流出的清水变得浑浊，同时掌子面出现渗水，并逐渐加大，伴随开裂、掉块等异常现象发生。随后于掌子面拱部间歇性涌出含碎石泥水混合物，突泥量约 3000m^3，并导致初支开裂、变形及较大面积的地表塌陷。

3 涌水突泥灾害地质因素

3.1 地形

隧道中部山心村一带为一东西向长条状盆地（图 1），对应隧道右线桩号 CK7 + 700～CK8 + 100，该盆地东西向长约 3000m，南北向宽 300～400m，隧道线位呈南北走向，近垂直方向从盆地东侧下部穿过。盆地四面环山，盆地内地势较平坦，分布有山心村、大鱼埌村、岭脚村等多个村屯，地表分布多条溪流。

图 1 均昌隧道及山心村盆地位置示意图

3.2 岩性

隧道洞身岩性主要为下古生界加里东期混合岩，由区域变质作用形成，岩性接近花岗岩。突水突泥段隧道开挖揭露岩性为全强风化混合花岗岩，主要矿物成分为石英（75%）、伊利石（19%）、高岭石（5%）[1]。土样不均匀系数为 208，曲率系数为 3.8，其中粗粒组（粒径 > 0.075mm）占 31%，粒径大于 0.6mm 的粗粒占 41.8%，级配不连续，粗粒与细粒占比两级化分布，渗透稳定性差[1]。此外，部分钻孔显示，混合岩内分布较多白云石大理岩，部分溶蚀为充填溶洞或空洞，岩性接触带附近岩体性质更差，岩体更破碎。

3.3 构造

隧道处于由福庆向斜、白石垌向斜、塘垌向斜构成的加里东期褶皱群与燕山期水汶向斜之间，容县至岑溪断层及大隆至水汶断层分别从隧道两端的北东、南东向通过，受褶皱、断裂构造影响，岩体节理、裂隙较发育，统计点发育 7～9 个节理组，每组密度为 3～15 条/m。

3.4 水文地质

山心村盆地四面山体高大，汇水面积大（约 2.6km^2），汇水能力强，地表有多条溪流汇入。此外，隧道位于北回归线以南，属典型亚热带季风气候区，年平均降雨量 1400～1600mm，雨量充沛，大气降水能为盆地内地表水、地下水提供丰富补给。山心村盆地内地层松散破碎，储水能力强，大气降水及地表水可快速渗入地下，而盆地位于山体腰部，相对于数千米外周边地貌环境，地势又处于相对较高位置，因此，地下水通过松散地层内排水通道排泄到周边低洼带，地表水和地下水联系密切，动态补给作用较强烈。

地下水含水岩组主要为松散岩类孔隙水和基岩裂隙水。松散岩类孔隙水属潜水，主要分布于山涧沟谷间及相对低洼等汇水地段；基岩裂隙水属潜水—承压水类型，含水介质为混合岩的各风化层，包括构造裂隙水和风化带网状裂隙水，全—强风化层、破碎带及侵入岩脉接触带富水性好，中风化层富水性一般，微风化层富水性差。此外，由于混合岩内局部含白云石大理岩，受溶蚀作用影响，局部为岩溶水。

3.5 涌水突泥灾害段地质综合评价

综上所述，均昌隧道山心村盆地段雨量充

沛，具有汇水面积大、地下水补给条件好的地形条件，厚度大、易软化崩解、级配不连续、渗透稳定性差的岩土条件（图 2、图 3），地表村庄密布、人口众多（3000 余人）的环境条件，决定了其地质的复杂性、涌水突泥灾害的严重性及处治的难度。

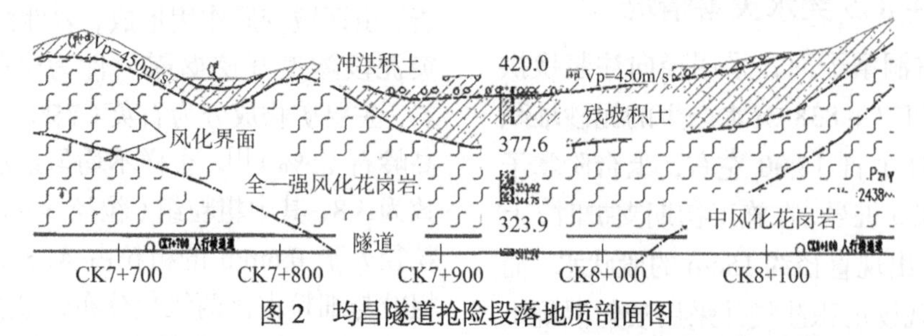

图 2　均昌隧道抢险段落地质剖面图

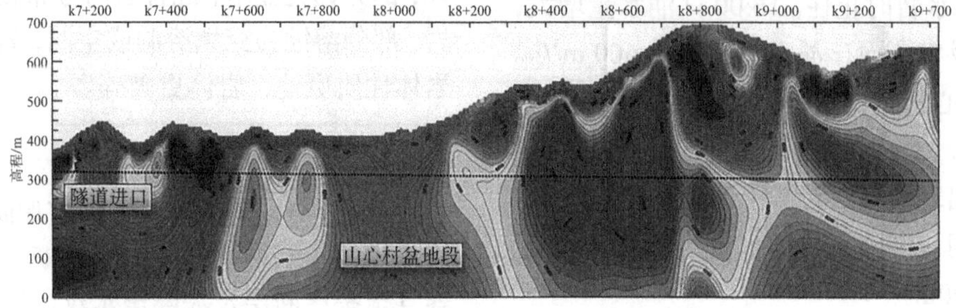

图 3　山心村段可控源音频大地电磁法反演断面

4　涌水突泥灾害段处治

4.1　第一次涌水灾害发生时的施工状况

2013 年 9 月 11 日涌水发生后帷幕注浆处治前的施工状况如图 4 所示。

4.2　处治方案探索研究

“9·11 涌水”地质灾害发生后，项目公司组织相关单位进行施工勘察，召开了包括工程院院士参加的多次专家论证会，经过较长时间的研究，确定了全断面帷幕注浆加固的设计方案。但在实施过程中，又遇到水压大、注浆止水效果不佳、进度缓慢的问题，期间又发生了“9·19”“5·1”“5·23” 3 次较大规模涌水突泥，给项目推进造成了极大困难。经过不断摸索总结，最终制定了“帷幕注浆加固、导管泄水降压、支护结构加强”的方案，并通过左洞试验性施工，进一步完善了施工工艺和主要技术参数，最终得以安全、顺利地完成了富水段的施工。

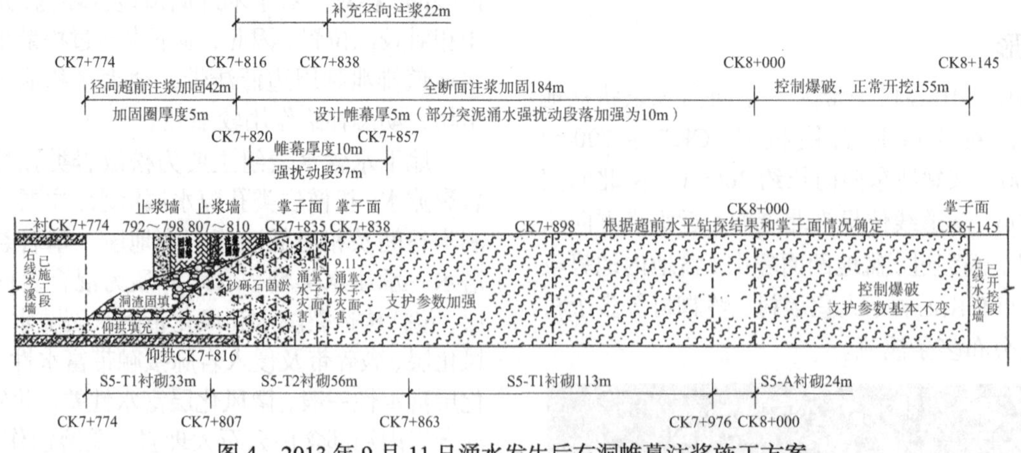

图 4　2013 年 9 月 11 日涌水发生后右洞帷幕注浆施工方案

4.3　帷幕注浆设计方案

主要包括：止浆墙厚度、帷幕厚度、注浆段落长度、扩散半径、注浆压力、注浆孔间距、每延米注浆量等，并确定注浆孔布置图和注浆孔布设参数表。

按照分区治理原则，针对不同围岩情况计算得出的参数相应调整帷幕注浆圈厚度、帷幕循环长度，每延米注浆量根据不同的地层孔隙率、空隙填充率、浆液损失分别计算，帷幕注浆设计方案如图 5 所示。

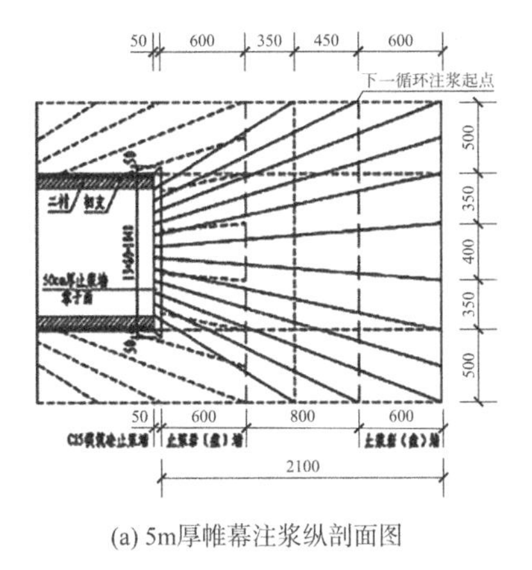

(a) 5m厚帷幕注浆纵剖面图

(b) 5m厚帷幕注浆孔布置立面图

图 5　均昌隧道帷幕注浆孔布置示意图

帷幕注浆设计参数如下：

（1）注浆孔扩散半径 1.0m，间距为1.7m×1.5m（孔距×排距），每循环超前预注浆共设置 95 个注浆孔，帷幕厚度为 5m，C25 混凝土止浆墙厚 2m，止浆岩盘厚 6m。5m 厚帷幕：1～28 号孔深 12.2m，29～52 号孔深 16.5m，53～95 号孔深平均 21.7m。

（2）注浆孔前段安设ϕ127×4mm 套管，套管段长 2m 用ϕ127 钻头成孔，注浆段用ϕ110 钻头成孔。

（3）浆液可采用普通水泥浆、加固和堵水效果兼具的硫铝酸盐水泥单液浆（$W/C=0.8$～1）；涌水量较大时，采用水泥水玻璃双液浆（$W/C=0.8$～1.2）；若注浆渗透扩散效果差，可考虑换用超细水泥浆或采用具有加固土体功能的化学浆，并保证注浆材料的环保性。

（4）注浆压力应以中压为主，一般采用 2.5～4.0 倍静水压力。本隧道注浆压力值：浅层 0～6m 范围采用 1.7～2.6MPa，帷幕深部≥6m 范围采用 4～5MPa；帷幕注浆时为消减水压力设置排水孔 3个。

4.4　注浆参数优化试验

4.4.1　注浆实施原则

在帷幕注浆施工过程中，采用探注结合方式进行钻探及注浆施工，每序次钻孔均作为探查孔和注浆孔使用，利用探注孔对前方开挖区域内水文地质情况进行探查，实现信息化动态施工，并根据探查揭露的地下水情况进行动态调整，以达到最好的注浆堵水和加固效果。此外，为保证注浆施工安全，采用由浅入深，由外而内，逐层加固的前进式注浆工艺。

4.4.2　注浆控制标准

注浆材料采用单液水泥浆、水泥水玻璃（C-S）双液浆和水泥 GT（C-GT）双液浆。根据双液浆配比试验，现场注浆压力情况以及设备条件，注浆中单液浆密度控制在 1.5～1.7g/cm^3，双液浆配比控制在 1∶1～5∶1（体积比）范围内。根据前期总结的工程经验，当钻孔揭露涌水量小于 1m^3/h 时，选用水泥单液浆；当涌水量大于 1m^3/h、小于 3m^3/h 时，选用水泥—水玻璃双液浆；涌水量大于 3m^3/h 时，选用水泥—GT 双液浆。以掌子面后方初支安全和止浆墙承压能力，确定注浆结束标准：孔深 8m 终压不超过 3.0MPa，8～12m 终压不超 4MPa，大于 12m 终压不超过 5MPa。

4.4.3　注浆优化试验

为了充分体现动态设计、动态施工原则，保证安全质量的前提下适当加快进度，在左线 DK7＋854.5～DK7＋869.5 开展了注浆优化试验。该区段帷幕注浆加固圈厚度设计为 5m，注浆段长范围为 3～7m，并根据揭露涌水情况实时调整，在无水情况下保证钻进 5～7m，当揭露涌水时要求再钻进 3m 方可注浆。设计浆液扩散半径为 2m。

4.4.4　注浆过程中水文地质情况分析

施工过程中，利用探注孔结合对掌子面前方地下水情况进行探查，结果显示，掌子面右侧区域为破碎富水的强风化岩层，钻孔涌水量大，部分钻孔涌水夹杂全风化花岗岩和石英块，可能存在较大涌水空腔或空隙率较高的松散破碎岩石。其他区域大部分钻孔基本不含水，富水性相对较弱。施工中共揭露涌水点 67 个，其中水量大于 $10m^3/h$ 的涌水点 20 个，最大涌水量为 $135m^3/h$（B-9 钻孔，20m 处）。涌水点分布集中在右侧区域，左侧和拱顶赋水性较弱。

4.4.5　注浆治理效果检查与评价

为系统检验注浆效果，客观评价帷幕注浆治理的科学性，采用自检和委托第三方检查的方式，对帷幕注浆治理区段进行钻探检测。现场采用检查孔方法对治理段帷幕注浆实施效果检查评定。设计提出的帷幕注浆后检查孔涌水量合格标准为：涌水量小于 0.20L/min · m，且单孔涌水量小于 3L/min。

设计检查孔时，结合钻孔出水情况，采取薄弱区域重点检查、钻孔全程取芯方式，通过观测岩芯的钻孔完整性及出水量进行注浆效果综合评价。针对帷幕注浆薄弱区，设计自检孔 8 个（ZJ-1～ZJ-8），第三方检测机构检查孔 5 个（J-1～J-5），检测区域控制到 DK7 + 869.5，横断面为开挖轮廓线外 4.5m。通过 8 个自检孔、5 个检查孔检测，帷幕注浆治理整体效果较好。自检孔仅有 ZJ-8 有一下段出现塌孔，检查孔无塌孔现象，成孔率较好。自检孔、检查孔涌水点位置统计见表 2。检查结果表明，注浆对围岩起到了较大的改善作用，满足开挖条件。

自检孔与检查孔渗水量统计　　表 2

孔号	涌水量/($L \cdot min^{-1}$)	成孔率/%	出水量/[$L \cdot (min \cdot m)^{-1}$]	是否合格
ZJ-1	2	100	0.12	合格
ZJ-2	1	100	0.06	合格
ZJ-3	0	100	0	合格
ZJ-4	0	100	0	合格
ZJ-5	1	100	0.06	合格
ZJ-6	0	100	0	合格
ZJ-7	0	100	0	合格
ZJ-8	2	95	0.12	合格
J-1	0	100	0	合格
J-2	0	100	0	合格
J-3	1.5	100	0.08	合格
J-4	0	100	0	合格
J-5	2.6	100	0.15	合格

注浆治理效果评价：本治理段全断面帷幕注浆治理工程耗时 15d，累计施工钻孔 94 个，消耗各类注浆材料共 580 余方，达到了设计要求。通过开挖揭露的围岩干燥、致密，具有较强的自稳能力，浆脉分布广，验证了注浆对围岩的改善效果显著。

5　涌水突泥灾害处治经验总结

经过近 3 年不断探索、总结、优化，最终攻克了均昌隧道山心村涌水突泥段落，全断面帷幕注浆长度超过 350m，其中，左洞帷幕注浆段落长 171m（DK7 + 817—DK7 + 988），右洞帷幕注浆段落长 180m（CK7 + 820—CK8 + 000），各循环帷幕注浆布置如图 6 所示。

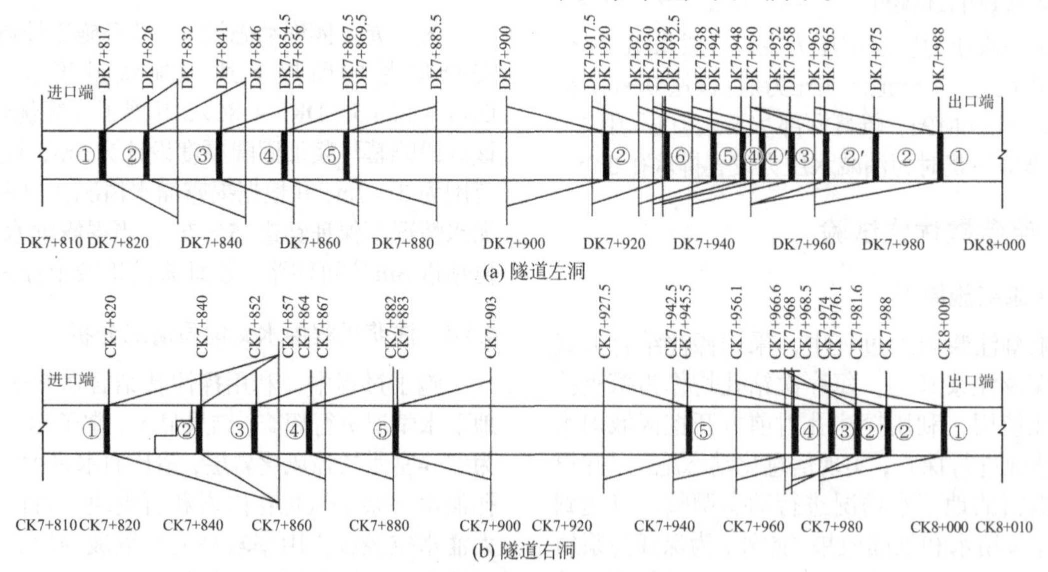

(a) 隧道左洞

(b) 隧道右洞

图 6　均昌隧道帷幕注浆平面布置图

5.1 先进勘察技术综合应用精准查明涌水突泥不良地质隐患

采用地质调查、钻探、多种物探（地质雷达法、浅层地震法、高密度电法、可控源音频大地电磁法等）相结合的方法，全面探测隧道地质条件。根据开挖验证，隧道实际地质条件与勘察成果吻合，山心村段首次发生涌水突泥桩号 CK7 + 838 位置与勘察报告提供的核心不良地质起点 CK7 + 840 仅差 2m，准确的勘察资料对施工安全起到了重要作用，虽然隧道施工过程中多次发生涌水突泥灾害，但未造成人员伤亡安全事故。

5.2 精细化设计、周到服务确保方案实施效果

自隧道施工进入下穿山心村段后，从 2013 年 9 月 11 日到 2015 年 10 月 24 日两年间，均昌隧道先后发生了 4 次大型的涌水突泥地质灾害，隧道内地下水的外泄流量最高可达 $1280m^3/h$，13h 内隧道积水达 $15820m^3$，涌水对左右洞已开挖支护但未施作二衬的段落造成了严重损坏，初期支护出现大面积沉陷、变形、开裂和塌方，同时，山心村区域内较大范围内地表和房屋出现下沉、开裂，甚至局部塌陷，地表的水塘、溪流等出现水位下降或断流。隧道涌水突泥地质灾害发生后，项目设计后期服务组立即组织隧道和地质专业技术力量制定处治方案，利用三维模型以及有限元计算等技术手段，根据现场试验效果不断修正和完善，最终确定了以 15m 一循环的全断面帷幕注浆为主体的处治方案。

5.3 超前水平钻探起到预报与减压双重作用

针对隧道围岩破碎富水、单孔涌水量达 $400m^3/h$，最高水压约 1.5MPa 的复杂条件，采用 V8、陆地声呐法、瞬变电磁法、跨孔 CT、高密度电法等多种物探预报技术，并与超前水平钻孔等技术手段相结合，查明掌子面前方地质条件，准确预测隧道前方地下水情况，为施工方案制定提供依据，对隧道安全顺利开挖起到重要作用。

5.4 瞬变电磁法辅助全断面帷幕注浆加固

在完成超前大管棚、密排导管对地层进行超前预支护和预加固及全断面帷幕注浆加固截流封堵后，采用瞬变电磁探测主通道封堵后的水源分布，评价堵水效果，再分区域、分段落补强注浆止水帷幕的薄弱环节和区域，确保全段破碎透水岩层得到全面加固，保证后期施工和运营的安全[3]。

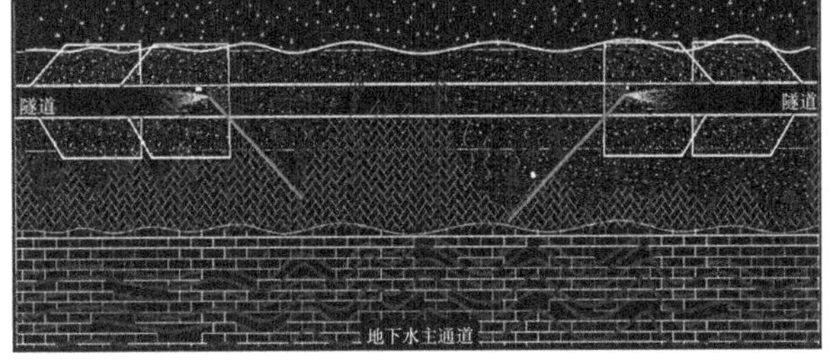

图 7 采用瞬变电磁法辅助全断面帷幕注浆加固处治破碎带涌水段

6 结论

（1）综合应用先进勘察技术，通过前期勘察、施工勘察、专项勘察，精准查明均昌隧道地质条件，地质结论及建议与实际施工揭露的情况较吻合，较好地指导了工程设计和施工。

（2）隧道精细化设计与全过程周到服务，及时解决突发问题，保证了涌水突泥地质灾害全断面帷幕注浆止水加固处治和工程的顺利建成。

（3）根据隧道涌水突泥灾害的特点和灾害机理，制定"物探先行、钻探验证、分区处治、综合治理；探、排、灌，封、堵、固；以稳为主、监控量测、动态施工"的原则，解决地层加固与地下水优势渗流通道封堵的难题。

（4）通过浆液复合、注浆工艺复合、注浆压力动态调控及动态信息化注浆等多种组合技术，完善了富水风化花岗岩隧道复合帷幕注浆技术。

（5）在帷幕注浆实施过程中应用顶水注浆与反复强化注浆解决了钻孔高压大流量涌水的问题，研发深部定域注浆解决了注浆钻孔塌孔严重的问题。

（6）建立了帷幕注浆效果综合评价方法及合格标准，采用检查孔观察法、检查孔取芯法、涌水量分析法及检查孔 P-Q-t 曲线法对帷幕注浆效果进行综合评价，并配合采用瞬变电磁法对帷幕注浆实施效果进行探测，有效保证了帷幕注浆实施效果及隧道开挖支护施工安全。

参考文献

[1] 祝俊，梁军林，容洪流，等. 富水全强风化花岗岩隧道突水突泥灾害机制与帷幕注浆技术[J]. 科学技术与工程，2020, 20(26):10918-10926.

[2] 王波. 综合超前预报技术在岑水高速公路隧道施工中的应用研究[D]. 西安：长安大学，2012.6.

[3] 陈卫忠，袁敬强，黄世武，等. 富水风化花岗岩隧道突水突泥灾害防治技术[J]. 隧道与地下工程灾害防治[J]. 2019(3):32-38.

[4] 廖福勇. 均昌隧道富水强风化花岗岩不良地质处理技术[J]. 公路交通科技(应用技术版)，2018(4):186-189.

[5] 周文. 全断面帷幕注浆技术在均昌隧道突水突泥灾害治理中的应用[J]. 公路交通科技(应用技术版)，2017(5):227-229.

伊拉克卡拉乔水泥厂岩土工程勘察实录

夏玉云[1,2]　柳　旻[1,2]　门青波[1,2]　王　冉[1,2]　刘云昌[1,2]　张克文[1,2]

（1. 机械工业勘察设计研究院有限公司，陕西西安　710043；
2. 陕西省特殊岩土性质与处理重点实验室，陕西西安　710043）

1　工程概况

伊拉克卡拉乔 6000TPD 水泥生产线项目位于伊拉克共和国北部埃尔比勒省迈赫穆尔市南卡拉乔山北侧山麓，地处阿尔贝拉、迈赫穆尔、基尔库克交会地带，至阿尔贝拉直线距离约 60km，距迈赫穆尔约 18km。场地有专门的道路与主干道相通，交通较为便利。

项目主要建（构）筑物有石灰石破碎、石灰石预均化堆场、纯石灰石库、辅料/石膏/混合材（堆棚、破碎、预均化堆场）、原料调配站、原料粉磨机废气处理、生料均化库及生料入窑、原料磨电气室、烧成窑尾、旁路放风、烧成窑中、烧成窑头及废气处理、窑头电气室、中控化验室、熟料库、水泥调配站、水泥粉磨、水泥磨电气室、水泥库、水泥汽车散装、水泥包装及袋装发运、水泥包装电气室、燃油及燃气储存、原水储存及泵房、给水处理、循环水池及泵房、污水处理、压缩空气站和汽车衡等。按《岩土工程勘察规范》（2009 年版）GB 50021—2001 有关规定[1]，拟建的建（构）筑物工程重要性等级为一～三级，场地复杂程度等级为二级（中等复杂场地），地基复杂程度等级为一级（复杂地基），岩土工程勘察等级为甲级。

2　岩土工程勘察

2.1　勘察方法

通过工程地质测绘和调查、勘探与取样、原位测试和室内试验等手段，查明场地的地形地貌、地层结构、均匀性和地基土的物理力学性质；查明场地内及其附近有无影响工程稳定性的不良地质作用和地质灾害，评价场地稳定性及建筑适宜性，查明地下水的埋藏条件及地下水、土对建筑材料的腐蚀性；查明拟建场地特殊岩土的物理力学性质并进行评价；划分建筑场地类别，评价场地地震效应，提供抗震有关设计参数、地基承载力、压缩模量及桩基方案所需的各项岩土工程参数；提供基坑开挖和支护设计所需的岩土参数；对地基基础方案进行分析论述，提供适宜的地基基础方案建议。

勘察主要工作量为：钻探孔 101 个，孔深 20.00～50.00m，合计进尺 2522.00m；取扰动样 397 件，岩石试样 21 组；完成钻孔剪切波速测试试验孔 18 个，测深均为 20.00m，合计测点 360 个；现场完成标准贯入试验 70 次；重型动力触探试验 92 次，合计试验进尺 9.20m；室内完成常规土工试验 270 件，易溶盐化学成分试验 327 件，自由膨胀率试验 42 件，石膏含量分析 70 件，重型击实试验和 CBR 试验各 3 组，岩石饱和单轴抗压试验 21 组，现场浸水平板载荷试验 4 组。

2.2　场地工程地质条件

2.2.1　场地地形地貌

拟建厂区场地为原南卡拉乔中低山北麓丘陵区，原始地形起伏较大，现整平后为台面状地形，各台面高差最多为 10.00m，一般为 4.00m，各台面间为斜坡相接，拟建场地整平后标高为 373.00～395.00m。各勘探点孔口标高为 372.59～395.75m。拟建场地地貌单元属南卡拉乔背斜北翼山前残丘。

2.2.2　区域地质及地震概况

场地所在区域地质构造属伊拉克低褶皱区，主要构造为卡拉乔背斜和基尔库克背斜，该背斜之间为平原，基尔库克背斜北部为埃尔比勒平原，具体见卡拉乔、基尔库克背斜图（图 1），构造相对稳定，该区域周边除相距较远的大小扎卜河断层外无其他断层等构造分布。

该区域主要地层分布由新至老主要有第四系全新统冲、洪积砂土，粉土，粉质黏土，碎石土等，

获奖项目：2021 年度工程勘察、建筑设计行业和市政公用工程优秀勘察设计奖三等奖；2020 年机械工业优秀工程勘察设计一等奖。

第四系更新统残、洪积卵石、混合土等，新近系中新统半成岩黏土岩、砂质黏土岩、泥岩、泥砂岩、砂岩、石膏岩、生物碎屑岩、泥灰岩等，古近系始新统和古新统石灰岩等。新近系中新统上下阶岩层存在不整合接触现象。

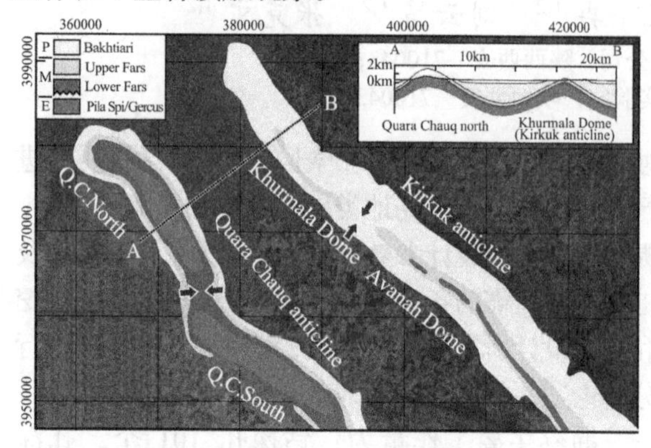

图1　卡拉乔、基尔库克背斜图

2.2.3　水文气象

场地地处底格里斯河左岸支流大、小扎卜河与南卡拉乔山范围内，场地北侧不远处为Kanfnawah河。大、小扎卜河的季节性暴雨洪峰流量为底格里斯河的一半。大扎卜河发源于海拔约3000m的土耳其托罗斯山脉，全长约420km，流域面积约40300km^2，平均流量为419m^3/s，最大流量为1320m^3/s，上游修建有Bekhme大坝，左岸支流为Rubar-i-Shin、Rukuchuk、Rubar-i-Ruwandiz、Rubat Mawaran 和 Bastura Chai，右岸支流为Khazir。小扎卜河发源于海拔3000m的伊朗扎格罗斯山脉，全长约400km，流域面积约22000km^2，平均流量为197m^3/s，最大流量为3420m^3/s，上游修建有Dokan和Dibbis大坝，左岸支流为Baneh、Qala Chulan和Rubar-i-Basalam。

该区域气候为夏季干燥副热带高压暖温带草原气候，具有极热的夏天和温和湿润的冬天的特点，冬季降雨多于夏季。根据埃尔比勒气象资料：该区降雨最多为1月，平均约111mm，最干燥月份为8月。最热的月份为7、8月，平均温度33.4℃，历史最高温度高于50℃；最冷月份为1、2月份，平均温度2℃，历史最低温度为–6℃。最干燥的月份和最潮湿的月份之间的降水量之差为111mm，年内平均温度变化26℃。根据业主提供资料，年平均气温约45℃，最高50℃，最低2℃；相对湿度年平均48%，最热月平均最大78%，最冷月平均最小20%，年降雨量约600mm；现场盛行风向为NW，最大风速为160km/h。

2.2.4　地层结构及主要物理力学性能指标

根据现场勘探孔描述、原位测试及室内土工试验结果，场地内地层见表1。地基土的主要物理力学性能指标见表2。

地层特征　　**表1**

层号	地层名称	地层特征
①	填土	稍密—密实。以挖方区的混合土、风化砂岩、黏土岩回填，并经分层碾压而成，局部夹有石膏岩块，土层不均匀
①$_1$	杂填土	以浅灰色残洪积土，浅青灰色、棕褐色、棕红色等破碎砂岩、黏土岩回填，只在67、71号孔揭露
②	混合土	以黏性土为主，局部混有石灰石块石、碎块，偶见氧化钙质白斑和植物根系，局部钻孔揭露
③	全风化黏土岩	岩芯似土状，团粒状结构，擦痕明显，偶夹岩石碎块，结构基本被破坏，偶见裂隙结构面，局部为氧化钙质白斑；部分岩芯已风化成土状。岩性主要为黏土岩、砂质黏土岩
③$_1$	全风化黏土岩	岩芯似砂状，岩性主要为细砂岩、粉砂岩
④	强风化黏土岩	岩芯呈碎块状，锤击声哑，节理裂隙发育，擦痕明显。岩性主要为黏土岩、砂质黏土岩，泥质结构，斜层理
④$_1$	强风化砂岩	岩芯呈碎块状，锤击声哑，节理裂隙发育。岩性主要为细砂岩、粉砂岩，矿物成分以石英、长石为主，泥质结构，斜层理
⑤	中风化黏土岩	岩芯主要呈柱状，锤击声脆，偶见节理裂隙，擦痕明显。74号孔沿走向线以南节理裂隙中夹有薄片或小柱状石膏。岩性主要为黏土岩、砂质黏土岩，泥质结构，斜层理。局部岩性相对较为破碎
⑤$_1$	中风化砂岩	岩芯呈长柱状，偶见节理裂隙，锤击声脆，岩性主要为细砂岩、粉砂岩，泥质结构、斜层理，矿物成分以石英、长石为主
⑤$_2$	中风化石膏岩	青色、白色等，干，岩芯呈长柱状，偶见节理裂隙，锤击声脆，偶夹黏土岩薄层
⑥	微风化黏土岩	岩芯基本呈长柱状，偶见节理裂隙，锤击声脆，岩性主要为黏土岩、砂质黏土岩，泥质结构、斜层理
⑥$_1$	微风化砂岩	岩芯呈长柱状，偶见节理裂隙，锤击声脆。岩性主要为细砂岩、粉砂岩，矿物成分以石英、长石为主，泥质结构、斜层理
⑥$_2$	微风化石膏岩	青灰色等，干，岩芯呈长柱状，基本无节理裂隙，锤击声脆
⑦	强风化灰岩	斜层理，中厚层状结构，岩石结构较硬，节理裂隙发育，偶见脉状方解石充填，岩芯多呈碎块状，少量呈短柱状，锤击声较脆。表部为灰岩碎块与土相混，以土为主，含少量植物根系
⑦$_1$	中风化灰岩	斜层理，灰质结构，厚层构造，节理裂隙较为发育，局部裂隙面有铁质浸染，偶见脉状方解石充填，岩芯呈短柱状、长柱状，锤击声脆，有回弹，山顶破碎区揭露
⑦$_2$	微风化灰岩	灰白色，斜层理，灰质结构，巨厚层构造，节理裂隙不太发育，岩芯呈长柱状，锤击声脆，有回弹

地基土的主要物理力学性能指标 **表 2**

层号	易溶盐含量/%	硫酸钠含量/%	pH 值	$c(Cl^-)/2c(SO_4^{2-})$	标准贯入击数/击	剪切波速/(m/s)
①	0.12	0.0324	8.30	0.21	—	179
①1	—	—	—	—	30	182
②	0.16	0.0330	8.26	0.20	30	189
③	0.18	0.0320	8.26	0.16	26	222
③1	—	0.0289	—	—	39	207
④	0.19	0.0290	8.28	0.19	57	352
④1	0.17	0.0265	8.26	0.21	59	365
⑤	0.17	0.0257	8.37	0.31	—	475
⑤1	0.18	0.0258	8.31	0.34	—	479
⑤2	1.15	0.0438	7.96	0.01	—	486
⑥	0.13	0.0232	8.40	0.35	—	510
⑥1	0.07	0.0266	8.41	0.36	—	—
⑥2	0.07	0.0459	8.41	0.36	—	—

2.2.5 地下水

勘察期间（2014 年 3～6 月），在勘测深度范围内未见地下水，可不考虑地下水对建（构）筑物地基基础的影响。

2.2.6 水土腐蚀性

按《岩土工程勘察规范》（2009 年版）GB 50021—2001 附录 G 的规定，拟建场地环境类型为Ⅲ类。

根据对厂区内地基土的易溶盐分析测试结果，按《岩土工程勘察规范》（2009 年版）GB 50021—2001 有关条款进行判定，地基土对混凝土结构整体可按强腐蚀对待，对钢筋混凝土结构中的钢筋和钢结构具微腐蚀性。

2.3 场地地震效应

根据剪切波速测试结果，拟建场地 20m 深度内地基土层的等效剪切波速 V_{se} 值为 251.2～434.4m/s，属中硬土场地土。整个场地覆盖层厚度整体可按不小于 5m 考虑，按《建筑抗震设计规范》（2016 年版）GB 50011—2010 的有关划分标准[2]，建筑场地类别可按Ⅱ类设计。

根据伊拉克地震危害分区图（2010），拟建场地位于该图峰值地面加速度为 0.8～2.4m/s^2 中等区。

结合我国《建筑抗震设计规范》（2016 年版）GB 50011—2010 综合分析，拟建场地设计基本地震加速度值可按 0.15g 采用，抗震设防烈度为 7 度，设计地震分组可按第一组考虑，特征周期为 0.35s。水平地震影响系数最大值可分别按 0.1（多遇地震）和 0.7（罕遇地震）。拟建场地属建筑抗震一般的地段。

勘探深度（20.00～50.00m）范围内未见地下水，可不考虑地基土地震液化问题。

2.4 典型试验

2.4.1 石膏含量试验

为查明地基岩土中的石膏含量[3]，在各岩土层中采取了扰动土样进行石膏含量分析试验，石膏含量试验指标分层统计列于表 3。

石膏含量试验指标分层统计 **表 3**

层号	最大值/%	最小值/%	平均值/%
①	2.16	0.10	0.72
④	20.51	0.68	6.75
④1	40.14	0.16	10.39
⑤	79.95	0.35	26.16
⑤2	76.58	8.54	32.38
⑥	56.14	0.26	23.24
⑥2	55.36	25.90	41.96

2.4.2 击实试验和 CBR 试验

为了解回填土的最大干密度和最优含水率，为地基处理和施工提供依据，本次勘察完成了 3 组重型击实试验和 3 组浸水承载比试验，试验结果见表5。试验成果见图2、图3。

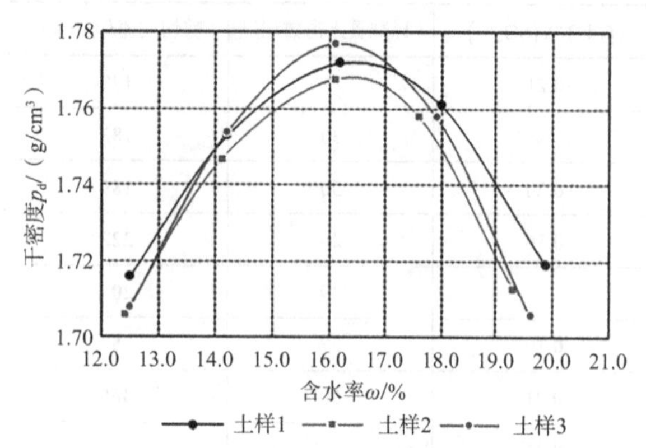

图2　重型击实试验成果曲线

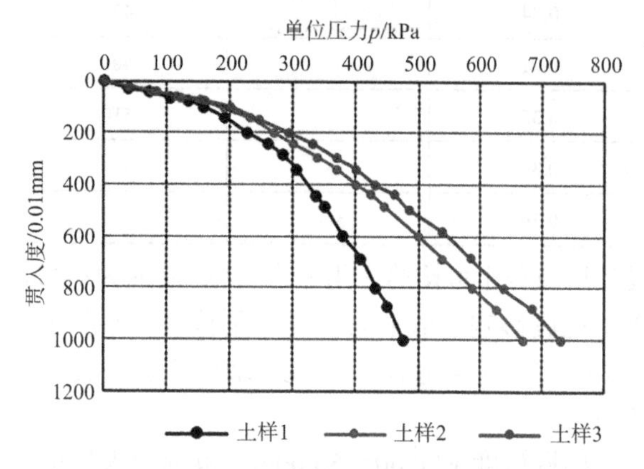

图3　浸水承载比试验成果曲线

根据试验结果，回填土击实试验最大干密度为1.77～1.78g/cm³，相应的最优含水率为16.2%～16.3%，浸水承载比为3.68%～4.71%，相应的膨胀率为2.2%～2.7%。

2.4.3　平板载荷试验

为了查明地基土的溶陷系数和承载力，勘测共布置了4组浸水浅层平板载荷试验（图4）。其中S1和S2试验对象为④层强风化黏土岩；S3（S31）和S4试验对象为①层填土。

图4　现场浸水载荷试验

现场浸水平板载荷试验方法如下：

（1）加荷方式采用慢速维持荷载法。

（2）根据相关规定深度开挖试坑，试坑宽度不小于承压板宽度的3倍。S1压板采用面积0.30m²（直径615mm）的圆形钢板；S2压板采用面积0.25m²（直径564mm）的圆形钢板；S3、S31和S4承压板采用面积0.50m²（直径798mm）的圆形钢板，挖除表层40cm土后，在基坑中心处铺设2～5cm厚的砾砂层，并使之密实，然后在砾砂层上安放承压板。

（3）承压板采用千斤顶加压，堆载提供反力。浸水前按100kPa（S3按25kPa）分级加载量加载至预定的压力p，每级加荷后，按间隔10、10、10、15、15min，以后每隔半小时观测一次沉降，当连续2h内，每小时的沉降量小于0.1mm时，则认为稳定。待沉降稳定后，测得承压板沉降量。

（4）维持压力p进行，S1浸水压力为900kPa，S2浸水压力1200kPa，S3浸水压力200kPa，并向基坑内均匀注水（淡水），保持水头高为0.30m，浸水时间根据土的渗透性确定，以5～12d为宜。观测承压板的沉降，直至沉降稳定，并测得相应溶陷量。

（5）试验完成后立即施工钻孔取土试样进行室内试验和盐渍土化学分析，并确定压板下土的粒径级配以及含水率随深度变化情况。

（6）试验结束后，盐渍土地基试验土层的平均溶陷系数按下式计算：

$$\bar{\delta}_{rx}=\frac{\Delta S}{h_s}$$

式中：$\bar{\delta}_{rx}$——平均溶陷系数；

ΔS——为承压板压力p时，盐渍土层浸水的溶陷量（cm）；

h_s——承压板下盐渍土湿润深度（cm），通过钻探或瑞利波测定。

（7）饱和状态下地基承载力特征值符合下列规定：

①当压力—沉降曲线上极限荷载能确定，而其值不小于对应比例界限的2倍时，可取比例界限；当其值小于对应比例界限的2倍时，可取极限荷载的一半。

②当压力—沉降曲线是平缓的光滑曲线时，取$s/b=0.01$～0.015所对应的荷载，但其值不应大于最大加载量的一半。

（8）地基变形模量

根据《岩土工程勘察规范》（2009年版）GB 50021—2001第10.2.5条提供的地基土变形模量计算公式：

$$E_0 = I_0(1-\mu^2)\frac{pd}{s}$$

式中：E_0——土的变形模量（MPa）；

I_0——承压板形状系数，取 0.785；

μ——土的泊松比（碎石土取 0.27，砂土取 0.30，粉土取 0.35，粉质黏土取 0.38，黏土取 0.42）；

d——承压板直径（m）；

p——p-s曲线线性段压力（kPa）；

s——与p对应的沉降量（mm）。

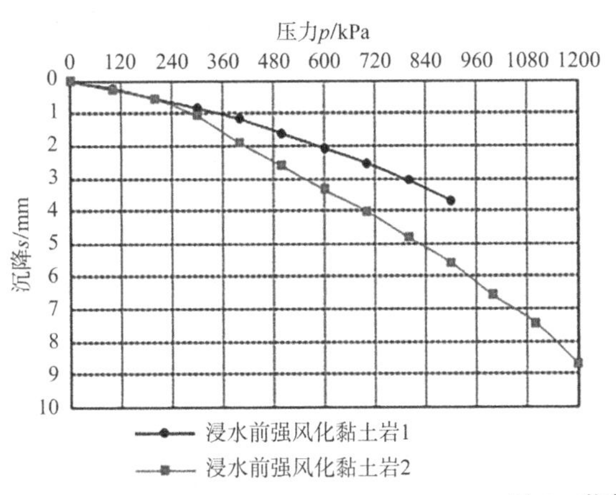

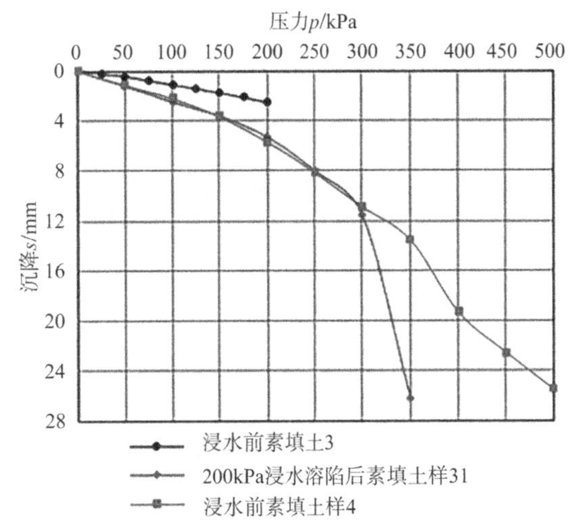

图 5　载荷试验成果

根据载荷试验成果（图 4、图 5），平均溶陷系数计算值表见表 4，地基土承载力取值表见表 5，变形模量取值表见表 6。

平均溶陷系数取值　　　　表 4

点号	浸水期间沉降量/mm	浸润深度/cm	平均溶陷系数
S1	1.68	170	0.000988（天然泥岩）
S3	13.93	150	0.009287（回填土）

地基土承载力特征值取值　　　　表 5

点号	承载力特征值取值方法/kPa		饱和状态下承载力特征值/kPa
	p-s法	s-lg$t$法	
S1	400	400	不大于 400
S2	500	500	
S31	150	150	不大于 150
S4	175	175	

变形模量取值　　　　表 6

点号	I	μ	D/m	P/kPa	s/mm	E_0/MPa
S31	0.5	0.42	0.798	150	3.58	13.77
S4	0.5	0.42	0.798	150	3.66	13.47

2.4.4　岩石力学性质试验

为了解场地内基岩的物理力学性质，取基岩中的中风化岩块进行了饱和单轴抗压强度试验，对试验结果进行分层统计，统计结果见表 7。

单轴饱和抗压强度试验统计　　　　表 7

层号	最大值	最小值	平均值
⑤	2.42	2.32	2.38
$⑤_1$	9.30	8.73	9.08
$⑤_2$	11.74	11.42	11.6

根据岩石饱和单轴抗压试验结果分析，本工程场地基岩属软岩，结合初勘资料，本工程场地基岩遇水软化，且力学性质急剧下降。

3　不良地质各作用与特殊岩体结构特征

3.1　不良地质作用

根据勘察期间对拟建场地及周边地质调查及钻探情况综合分析，拟建场地南侧山体沟壑较为发育，山顶正在破碎区可能形成泥石流，在强降雨后对拟建工程可能有一定的危害。且本区域在雨季降雨较为强烈，建议对洪水问题予以考虑；石灰石预均化堆场周边发现多处石膏岩溶蚀性地裂缝或陷穴（图 6）。

地裂缝或陷穴主要发育在石膏岩与黏土岩的分界面上，地裂缝走向基本与地层走向平行，陷穴一般出露在地裂缝沿线，呈串珠状展布。地裂缝或陷穴发育深度有限，一般小于 2m，但陷穴周围地面变形明显，形成地表洼地。场地地裂缝或陷穴是降雨形成的地表径流长期、多次潜蚀石膏岩，导致石膏岩溶解所致。

图6 石膏岩落水洞

场地地裂缝或陷穴是地质历史上经长期地质作用后形成的，且深度有限（一般小于2m），与漫长的地质历史相比，建（构）筑物设计使用寿命仅几十年时间，可以不考虑地裂缝或陷穴的发展趋势对建（构）筑物安全运营的影响，仅将现有的地裂缝或陷穴处理妥当即可。从现场工程地质测绘和调查结果看，地裂缝或陷穴深度一般不超过2m，基坑开挖后可基本消除其不利影响。

除此之外未发现其他崩塌、滑坡等不良地质现象，场地较稳定，基本适宜建筑。

3.2 岩体结构

拟建场地出露岩层主要为新近系中新统的半成岩、黏土岩、砂质黏土岩、泥岩、泥砂岩、砂岩、石膏岩、生物碎屑岩、灰岩等，各岩土层由北向南呈由新至老依次排列，总体倾向约324°，倾角70°～85°，山顶破碎倾角约10°。各岩层因自身的物理力学性质，软硬差异较大，造成岩性分界线处节理裂隙较为发育（图7）。拟建厂区内除石膏岩、生物碎屑岩外，其他各岩体水理性较差，遇水极易软化且差异风化严重。

图7 黏土岩与石膏岩界限裂隙

4 场地岩土工程性质评价

4.1 特殊岩土性质评价

4.1.1 盐渍土性质评价

依据《岩土工程勘察规范》（2009年版）GB 50021—2001和《盐渍土地区建筑规范》GB/T 50942—2014，结合土的易溶盐试验的统计结果，各岩土层的摩尔比$\frac{c(Cl^-)}{2c(SO_4^{2-})}$的平均值为0.16～0.36，易溶盐含量平均值为0.07%～1.15%，本工程场地属硫酸盐渍土及亚硫酸盐渍土[4]，可按照中盐渍土考虑。

盐渍土成分主要以Ca^{2+}、Na^+、HCO^{3-}和SO_4^{2-}为主，本工程场地74号孔沿走向线以南节理裂隙中夹有薄片或小柱状石膏，且南部出露石膏岩。

根据测定溶陷系数的载荷试验的成果，各组溶陷系数均小于0.01，故可以判定拟建场地为非溶陷性场地。

根据易溶盐含量分析试验的结果，除个别土样Na_2SO_4含量大于0.5%，大部分土样的Na_2SO_4含量小于0.5%。同时，随深度增加，Na_2SO_4含量在黏土岩中大于0.5%零星分布（图8），故可不考虑拟建场地地基土的盐胀性。

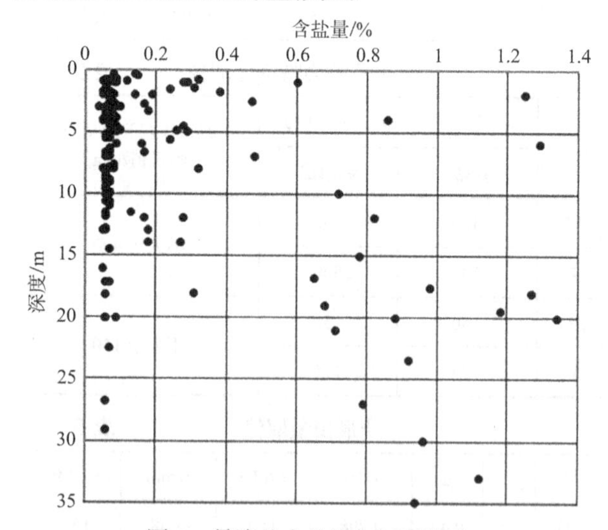

图8 易溶盐含盐量与深度关系

4.1.2 回填土性质评价

拟建场地填方区面积较大且局部较厚，该层填土普遍经过分层碾压处理，但固结沉降时间较短，虽备一定的工程性质，但根据在该层中完成的重型动力触探试验的结果，填土动探实测锤击数离散性较强，存在一定的不均匀性，不宜直接作为基础持力层。

4.2　地基土岩土工程性质评价

拟建场地地基土主要为第四系全新统碾压后填土（局部为杂填土）、第四系更新统残洪积混合土、新近系中新统全—微风化黏土岩、砂质黏土岩、砂岩、石膏岩及生物碎屑岩等。

第四系全新统碾压后填土主要分布于填方区，厚度不均，土质不均，局部夹有块石等，工程性质差；第四系更新统残洪积混合土主要分布于挖方区边缘和填土下部，夹有石灰岩块石或碎块，分布不均，土质不均，工程性质较差；新近系中新统全—微风化黏土岩、砂质黏土岩、砂岩、石膏岩及生物碎屑岩等于挖方区直接出露，在填方区分布于填土或第四系更新统残洪积混合土下部，各岩性岩层自身工程性质较好，但本厂区为将原丘陵整平后场地，其风化层面亦不相同，且从北向南总体呈倾向约36°、倾角70°～85°间隔分布，山顶破碎倾角约10°。整体工程性质具一定的不均匀性。

总之，拟建场地在竖直方向和水平方向地基岩土的工程性质有一定的差异，整体地基岩土具有一定的不均匀性。

5　地基处理原则及地基基础方案建议

5.1　地基处理原则

（1）根据现场原位测试和土工试验结果，本场地地基土属非湿陷性、非盐胀性和非膨胀性场地，可不考虑地基岩土湿陷性、盐胀性和膨胀性对建构筑物的影响。本场地地基土对混凝土结构的腐蚀性整体可按强腐蚀考虑，需考虑建构筑物的防腐蚀措施。

（2）针对本厂区石膏岩分布区域，建议根据《工业建筑防腐蚀设计规范》（GB 50046—2008）的相关规定进行防腐蚀设计。对地基基础的防腐蚀设计，可考虑采用换填砂石垫层。

（3）针对石膏岩分布区域，石膏属中溶盐，短期内对建筑物影响较小。但在长期浸水的条件下，局部石膏含量较大的地段可能会产生不均匀沉降，因此建议对容易长期浸水的建筑地段采用砂砾石垫层换填。

（4）根据本区岩土工程性质、工程地质分区及伊拉克工程经验，位于挖方区荷载较大、对差异沉降敏感的建（构）筑物可考虑采用砂石垫层或桩基[5-7]；对于一般建（构）筑物，根据本场地地基条件，可采用天然地基，但考虑到地基岩土具一定的不均匀性，建议采取适当措施（如设置一定厚度的砂石垫层等）以调节地基的不均匀性。位于填方区或跨越填方和挖方区的一般建（构）筑物，不宜将填土直接作为基础持力层，可采用强夯或砂石垫层方案。

5.2　各地基岩土层承载力特征值、压缩模量及桩基设计参数

根据室内土工试验及原位测试结果等综合分析确定各地基岩土层的物理力学指标、地基承载力特征值f_{ak}、压缩模量E_s及桩基设计参数预估值见表8。

地基土主要物理力学性质指标　　表8

层号及层名	压缩模量E_s/MPa	地基承载力特征值f_{ak}/kPa	桩的极限侧阻力准值q_{sik}/kPa	桩的极限端阻力准值q_{pk}/kPa	桩的极限侧阻力准值q_{sik}/kPa	桩的极限端阻力准值q_{pk}/kPa
			干作业灌注桩		钻孔灌注桩	
①填土	15	120	−10	—	−10	—
②混合土	12	220	70	—	70	—
③黏土岩	10	200	80	—	80	—
③$_1$砂岩	20	280	90	—	90	—
④黏土岩	30	350	150	—	140	—
④$_1$砂岩	40	500	160	—	150	—
⑤黏土岩	—	550	200	2200	190	2000
⑤$_1$砂岩	—	800	220	2600	200	2400
⑤$_2$石膏岩	—	900	230	2800	210	2600
⑤$_3$生物碎屑岩	—	800	220	2600	200	2400

续表

层号及层名	压缩模量 E_s/MPa	地基承载力特征值f_{ak}/kPa	桩的极限侧阻力准值q_{sik}/kPa	桩的极限端阻力准值q_{pk}/kPa	桩的极限侧阻力准值q_{sik}/kPa	桩的极限端阻力准值q_{pk}/kPa
			干作业灌注桩		钻孔灌注桩	
⑥黏土岩	—	700	240	3000	230	2800
⑥₁砂岩	—	1000	260	3500	250	3000
⑥₂石膏岩	—	1100	280	4000	270	3500
⑦灰岩	—	600	260	2000	240	1800
⑦₁灰岩	—	1200	300	3500	280	3000
⑦₂灰岩	—	1500	320	5000	300	4500

5.3 各建（构）筑物地基基础方案建议

根据各具体建（构）筑物的特征和相应地段的地基条件，经综合分析提出的地基基础方案建议见表 9。

建筑物地基基础方案分析 表 9

建（构）筑物	±0.00/m	埋深/m	标高/m	荷载	地基条件	地基基础方案建议
石灰石预均化堆场	395.30	−1.50	393.80	—	基础直接持力层为填土、混合土、全风化黏土岩及强一中风化黏土岩、砂岩和石膏岩	可采用强夯方案
辅料、石膏、混合材堆棚	386.30	−1.50	384.80	—	基础直接持力层为强一中风化黏土岩、砂岩及石膏岩	可采用天然地基，但考虑到岩土分布不均一且基础底面下有石膏盐分布，建议铺设一定厚度的砂石垫层
辅料、石膏、混合材预均化堆场	378.30	−1.50	376.80	—	基础直接持力层为填土、混合土、全一强风化砂岩和黏土岩	可采用强夯
原料粉磨	382.30	−2.50	379.80	—	基础直接持力层为中风化黏土岩、砂岩	可采用天然地基或砂石垫层，但考虑岩土分布不均一，建议铺设一定厚度的砂石垫层以调节地基的不均匀性
生料均化库	382.30	−3.00	379.30	360000kN	基础直接持力层为杂填土、中风化黏土岩和砂岩。	可采用砂石垫层或桩基
烧成窑尾	382.30	−5.00	377.30	单柱 18000kN	基础直接持力层为中风化黏土岩、砂岩	可采用砂石垫层或桩基
烧成窑中	382.30	−2.00	380.30	—	基础直接持力层为中风化黏土岩、砂岩	可采用天然地基，但考虑岩土分布不均一，建议铺设一定厚度的砂石垫层以调节地基的不均匀性
烧成窑头	382.30	−2.50	379.80	单柱 3000kN	基础直接持力层为中风化黏土岩、砂岩	可采用天然地基，但考虑岩土分布不均一，建议铺设一定厚度的砂石垫层以调节地基的不均匀性
熟料库	382.30	−3.00	379.30	750000kN	基础直接持力层为强风化黏土岩、砂岩	可采用砂石垫层或桩基
路旁放风	382.30	−2.50	379.80	单柱 3500kN	基础直接持力层为中风化黏土岩、砂岩	可采用天然地基，但考虑岩土分布不均一，建议铺设一定厚度的砂石垫层以调节地基的不均匀性
水泥粉磨	378.30	−2.50	375.80	单柱 5000kN	基础直接持力层为强一中风化黏土岩、砂岩	可采用砂石垫层或桩基
水泥库	378.30	−3.00	375.30	200000kN	基础直接持力层为强一中风化黏土岩、砂岩	可采用砂石垫层或桩基
水泥包装	373.30	−2.50	370.80	单柱 3000kN	基础直接持力层为强风化黏土岩、砂岩	可采用天然地基，但考虑岩土分布不均一，建议铺设一定厚度的砂石垫层以调节地基的不均匀性

6 施工应注意的岩土工程问题

拟建部分建筑物基础埋深较大，基坑开挖深度较深。应采取相应的措施来保证施工的安全。根据现场场地情况，在具备放坡条件的场地，可放坡开挖。考虑到基坑开挖为临时性开挖，根据现场地层、载荷试验坑的开挖经验和当地的气候条件情况，在基坑周围无堆放较大荷载重物和无浸水的条件下，放坡率可按填土 1∶1.2，风化黏土岩、砂岩采用 1∶0.75。

基坑开挖时，应做好坡面防护及基坑周围地面的排水工作，防止雨水浸泡边坡土体，且应避免将开挖后基坑长期置于烈日下暴晒。基坑周围不宜堆载，当需堆载时应在支护设计中予以考虑。

因本工程场地岩土性质有一定的差异，岩性分界处易产生漏浆现象，选择桩基方案和施工设备时应注意此问题。

7 结语

（1）采用多种岩土工程勘察手段，查明了建设场地盐渍土厚度及分布规律，查清地基土的物理力学性能、建筑场地类别、抗震设防烈度等，提供满足岩土分析评价和设计要求的相应参数。

（2）通过是室内常规试验、盐渍土相关室内试验，对场地内分布的盐渍土成分和类型进行了详细研究，试验成果显示本工程场地属硫酸盐渍土及亚硫酸盐渍土，可按照中盐渍土考虑。

（3）通过现场平板载荷试验对盐渍填土溶陷性进行研究，试验成果显示拟建场地为非溶陷性场地。

（4）通过现场平板载荷试验对盐渍填土和黏土岩的地基承载力和变形模量进行研究，试验成果显示天然状态下盐渍填土的承载力特征值介于150～175kPa之间，饱和状态下的承载力特征值不大于 150kPa；黏土岩天然状态下的承载力特征值介于 400～500kPa 之间，饱和状态下的承载力特征值不大于400kPa。

（5）针对本工程盐渍土的特性，对建（构）筑物的地基基础方案进行了分析论证，提出了盐渍土处理的原则及措施，并提供相应的岩土设计参数。

（6）针对拟建建（构）筑物的具体情况和岩土体的特殊性，对施工过程中可能遇到的岩土问题进行分析，并提出了岩土施工中应注意的问题。

参考文献

[1] 建设部. 岩土工程勘察规范(2009 年版): GB 50021—2001[S]. 北京: 中国建筑工业出版社, 2009.

[2] 住房和城乡建设部. 建筑抗震设计规范(2016 年版): GB 50011—2010, [S]. 北京: 中国建筑工业出版社, 2016.

[3] 住房和城乡建设部. 土工试验方法标准: GB/T 50123—2019[S]. 北京: 中国建筑工业出版社, 2019.

[4] 住房和城乡建设部. 盐渍土地区建筑技术规范: GB/T 50942—2014[S]. 北京: 中国计划出版社, 2015.

[5] 住房和城乡建设部. 建筑桩基技术规范: JGJ 94—2008[S]. 北京: 中国建筑工业出版社, 2008.

[6] 住房和城乡建设部. 建筑地基处理技术规范: JGJ 79—2012[S]. 北京: 中国建筑工业出版社, 2013.

[7] 住房和城乡建设部. 建筑地基基础设计规范: GB 50007—2011[S]. 北京: 中国建筑工业出版社, 2012.

伊拉克某重油发电厂项目岩土工程勘察实录

夏玉云[1,2] 柳 旻[1,2] 楚 迪[1,2] 王 冉[1,2] 乔建伟[1,2] 吴学林[1,2]

（1. 机械工业勘察设计研究院有限公司，陕西西安，710043；
2. 陕西省特殊岩土性质与处理重点实验室，陕西西安 710043）

1 工程概况

伊拉克某燃油气电站项目拟建主要建（构）筑物有汽机房、除氧间、锅炉、除尘器、吸风机、烟道、烟囱、氧化风机房、脱硫综合楼、原油油罐、轻油油罐、原油油泵房、轻油油泵房、油污处理设施重油加热蒸汽站、集中控制楼等区域。建（构）筑物结构类型主要为钢筋混凝土结构和钢结构，建筑等级为一～三级。根据《岩土工程勘察规范》（2009 年版）：GB 50021—2001 有关规定[1]，拟建的建（构）筑物工程重要性等级为一级，场地复杂程度等级为二级（中等复杂场地），地基复杂程度等级为二级（中等复杂地基），岩土工程勘察等级为甲级。根据《火力发电厂岩土工程勘察规范》GB/T 51031—2014[2]及《大中型火力发电厂设计规范》GB 50660—2011[3]有关规定，拟建的发电厂建（构）筑物地基基础设计等级为甲级，场地复杂程度为一级（复杂场地），发电厂岩土工程勘察等级为甲级。

2 岩土工程勘察

2.1 勘察方法

通过工程地质测绘和调查、勘探与取样、原位测试和室内试验等手段，查明建（构）筑物范围内各层岩土的类别、结构、厚度、坡度、工程特性，对地基的稳定性及承载力（包括桩端承载力）进行计算和评价，并提供天然基础、复合地基或桩基础设计所需的参数（包括与计算土的水平抗力所需的设计参数）。分析和预测由于施工和运行可能引起的环境地质问题，并提出防治措施；对地基稳定性和适宜性进行评价；提供地基基础方案建议和设计所需的各项岩土工程参数。

该工程布置钻孔 47 个，其中控制性钻孔 15 个，一般性钻孔 32 个，孔深 15～40m，总计进尺 1657.9m；现场完成标准贯入试验 190 次，重型动力触探试验合计 10.8m；完成剪切波速孔 3 个，测试孔深均为 30m，共计 90m；实测视电阻率测试点 5 个，测深均为 60m，共计 300m；现场双环渗透试验 5 个；探槽内人工刻壁取得不扰动土样 23 件，并全部进行室内常规土工试验和溶陷性试验、采取扰动样并做颗粒分析试验 200 件、选取土样做易溶盐及中溶盐试验各 207 件、完成岩石单轴抗压试验 18 件、砂土天然及水下休止角试验各 6 组以及自由膨胀率试验 6 组。

2.2 场地工程地质条件

（1）场地地形地貌

拟建场地位于伊拉克卡尔巴拉市南约 20km，其概略经纬度为北纬 32°24′，东经 44°04′。距幼发拉底河约 20km。拟建场地位于美索不达米亚平原，场地内部地势平坦，无明显落差。场地内植被稀少，偶有灌木，部分为当地居民耕地，房屋零星分布。钻孔地面绝对标高介于 64.63～67.31m，总体呈西高东低状。拟建场地地貌单元属 Karbala-Najaf 台地。

（2）区域地质及地震概况

卡尔巴拉市及其周边地区位于稳定平台（Al-Salman 亚区）和不稳定平台（美索不达米亚区）之间，美索不达米亚不稳定平台是 Al-Salman 稳定台地在东部和东北部的延伸，两者相接处存在 Abu-Jir 断裂带，构造运动相对稳定，如图 1 所示。

该区域地层主要出露第四纪沉积物、上新世 Dibdiba 组以及中新世晚期 Injana 组。第四纪沉积物主要在卡尔巴拉市周边露头，一直延伸到幼发拉底河，由砂岩、页岩及黏土组成，某些区域含有砾石，属陆相沉积。上新世 Dibdiba 组在 Al-Razazah 湖和 Karbala 市之间的西北和西侧露头，主要由砂岩、砾砂岩和黏土透镜体所组成，该地层中含有一层第四纪的石膏凝结层，主要由砂、页岩、砾石和石膏所组成。中新世晚期 Injana 组主要出露于

Al-Razazah 湖东岸至卡尔巴拉市西部。

伊拉克地震活动分布较不均匀，北部及东北部居多，南部及西部地震活动较少，Sahil. A. Alsinawi 于 2003 年根据伊拉克历史地震发生概率建立了伊拉克地震等强度图（图 1），拟建场地附近地震活动频率相对较少。拟建场地位于无破坏区域（No damage zone）。

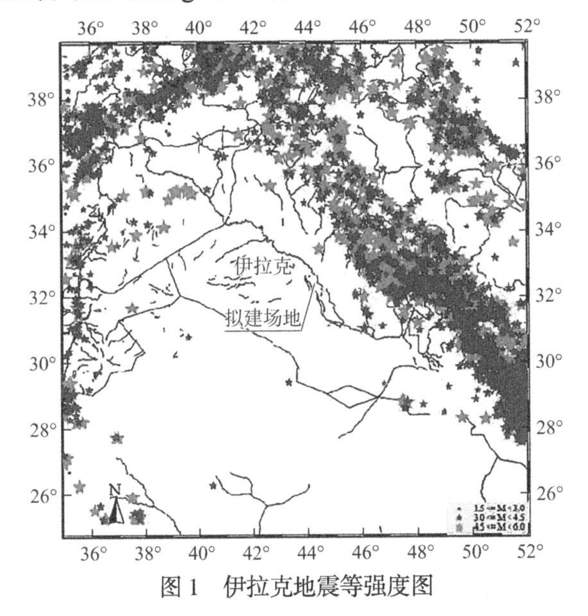

图 1　伊拉克地震等强度图

（3）地层结构及主要物理力学性能指标

根据现场勘探孔描述、原位测试及室内土工试验结果，场地内地层自上而下分别为：表层砂、中细砂、中粗砂、全风化砂岩、强风化砂岩及中风化砂岩等，现将场地勘探深度范围内地基土划分为 6 层，分层描述如下：

①表层砂：灰黄色—黄褐色，以中砂为主，干燥，中密—密实，植物根系发育。土层厚度 0.20～1.80m，层底标高 63.36～66.61m。

②中细砂：灰黄色，干燥，密实。成分以长石、石英为主，级配不良，分选性中等，局部夹杂粗砂、砾石、白色易溶盐胶结物。溶陷系数平均值为 0.038，溶陷性中等。标准贯入实测锤击数平均值 $\overline{N}=38$击。土层厚度 0.50～4.20m，层底深度 1.00～4.70m，层底标高 60.56～65.37m。

②$_1$ 易溶盐胶结层：灰白色—黄白色，干燥，密实，石膏含量较高，通常呈坚硬状，但遇水即软化散开。溶陷系数平均值为 0.046，溶陷性中等。标准贯入实测锤击数平均值$\overline{N}=37$击。土层厚度 0.30～1.70m。

③中粗砂：灰黄色，干燥，密实，成分以长石、石英为主，级配不良，分选性中等，局部夹杂细砂，含少量黏粒、砾石、白色易溶盐胶结层。溶陷系数平均值为 0.018，溶陷性轻微。标准贯入实测锤击数平均值$\overline{N}=45$击。土层厚度 1.00～4.30m，层底深度 2.60～7.50m，层底标高 58.01～63.61m。

③$_1$ 黏土质砂：红褐色，密实，局部含白色易溶盐胶结、中粗砂或中细砂，石膏含量较高，遇水易软化散开。溶陷系数平均值为 0.022，溶陷性轻微。标准贯入实测锤击数平均值$\overline{N}=62$击。土层厚度 0.20～1.90m。

④全风化砂岩：黄褐色—灰黄色，局部呈灰白色，砂质结构，岩芯似土状，结构基本破坏，手掰即碎。该层局部夹 20cm 厚砾岩层。溶陷系数平均值位 0.009，不具溶陷性。标准贯入实测锤击数平均值$\overline{N}=58$击。土层厚度 2.70～8.40m，层底深度 9.00～13.10m，层底标高 52.67～57.70m。

④$_1$ 全风化泥质砂岩：红褐色—黄褐色，泥钙质胶结，砂质结构，原岩结构基本破坏，岩芯呈短柱状，锤击声哑。标准贯入实测锤击数平均值$\overline{N}=69$击。土层厚度 0.40～2.90m。

⑤强风化砂岩：黄褐色为主，局部呈红褐色、灰白色，砂质构造，强风化，结构大部分破坏，岩芯主要为短柱状，局部呈散状，锤击声哑。该层局部夹 20cm 厚砾岩层。标准贯入实测锤击数平均值$\overline{N}=83$击。土层厚度 9.40～18.00m，层底深度 22.50～28.20m，层底标高 37.31～43.60m。

⑤$_1$ 强风化砂岩：黄褐色为主，砂质结构，强风化，结构大部分破坏，岩芯呈散状。标准贯入实测锤击数平均值$\overline{N}=92$击。土层厚度 1.00～7.00m。

⑥强风化砂岩：红褐色为主，局部黄褐色，砂质结构，强风化，结构大部分破坏，岩芯呈短柱状，锤击声哑。重型圆锥动力触探试验实测锤击数平均值$\overline{N}=146$击。该层在本次勘察中尚未揭穿，最大钻探深度 40.20m，最大揭露厚度 16.40m，最深钻至 24.86m。

⑥$_1$ 强风化砂岩：红褐色、米黄色、青灰色为主，局部黄褐色，砂质结构，强风化，结构大部分破坏，岩芯大部分呈散状，局部短柱状。重型圆锥动力触探试验实测锤击数平均值$\overline{N}=122$击。

⑥$_2$ 强风化砂岩：青灰色，砂质结构，结构大部分破坏，岩芯呈短柱状或长柱状，局部中风化，锤击声清脆。重型圆锥动力触探试验实测锤击数平均值$\overline{N}=167$击。

地基土的主要物理力学性能指标平均值见表 1。

地基土的主要物理力学性能指标平均值　　表 1

定名层号	含水率/%	重度/（kN/m³）	压缩模量/MPa	标准贯入锤击数/击	剪切波速/（m/s）	承载力特征值/kPa	溶陷系数/δ_s
②中细砂	1.4	15.7	6.1	38	327	130～150	0.038
②₁易溶盐	1.5	15.7	5.4	37		80～100	0.046
③中粗砂	2.4	16.3	7.7	45	375	170～200	0.018
③₁黏土质砂	4.8	16.5	10.5	62		180～210	0.022
④₁泥质砂岩	3.8	16.6	10.4	69	406	300～350	0.009

（4）地下水

勘察期间（2022 年 2—3 月）拟建场地勘探深度范围内未见地下水。据场地内水井实测，地下水埋深约距地表 70m。地下水类型为基岩裂隙水。

（5）水土腐蚀性

按《岩土工程勘察规范》（2009 年版）GB 50021—2001 附录 G 的规定，拟建场地环境类型为Ⅲ类。根据本次拟建场地内地基土的易溶盐分析测试结果及场地视电阻率测试结果，按《岩土工程勘察规范》（2009 年版）GB 50021—2001 及《盐渍土地区建筑技术规范》GB/T 50942—2014[4]有关条款对场地内上部砂层腐蚀性进行评价。拟建场地地基土对混凝土结构整体具中腐蚀性，对钢筋混凝土结构中的钢筋具微腐蚀性，对砖、水泥、石灰具强腐蚀性，0～20m 地基土对钢结构具微腐蚀性，20～30m 地基土对钢结构具弱腐蚀性。

2.3　场地地震效应

根据本次钻探结果及波速测试结果，拟建场地浅部土层由密实砂层组成，覆盖层大于 5m，场地平均等效剪切波速为 406.9m/s，地基土属于中硬场地土，依据《建筑抗震设计规范》（2016 年版）GB 50011—2010 的规定[5]，建筑场地类别属Ⅱ类。

根据伊拉克建筑抗震法规（法规 303，2017）中伊拉克地震区划图（图 2），拟建场地所在地区罕遇地震（50 年超越概率 2%）峰值地面加速度为 0.20g。鉴于拟建场地虽然位于伊拉克地震区划图Ⅱ区，但靠近Ⅰ区，且其地面峰值加速度值为罕遇地震之值，参照《建筑抗震设计规范》（2016 年版）GB 50011—2010 和《中国地震动参数区划图》GB 18306—2015[6]，罕遇地震动峰值加速度宜按基本地震动峰值加速度 1.6～2.3 倍确定，则拟建场地基本地震动峰值加速度相当(0.09～0.13)g，地震分组可按第一组考虑，特征周期为 0.35s。

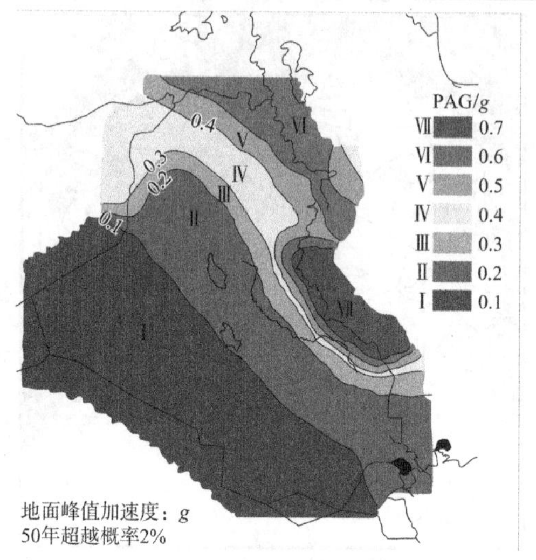

图 2　拟建场地地震区划图

2.4　典型试验

（1）测定盐渍土渗透系数的双环试验

为评价场地上部砂层的渗透系数[7]，本次勘察分别于勘探点附近共进行 5 次双环渗水试验渗透系数统计结果列于表 2，试验成果见图 3。

双环渗水试验成果表　　表 2

孔号	渗透系数/（m/d）
ZJ01	5.14
ZJ14	5.29
ZK46	6.32
ZK14	5.44
ZK10	5.14
平均值	5.47

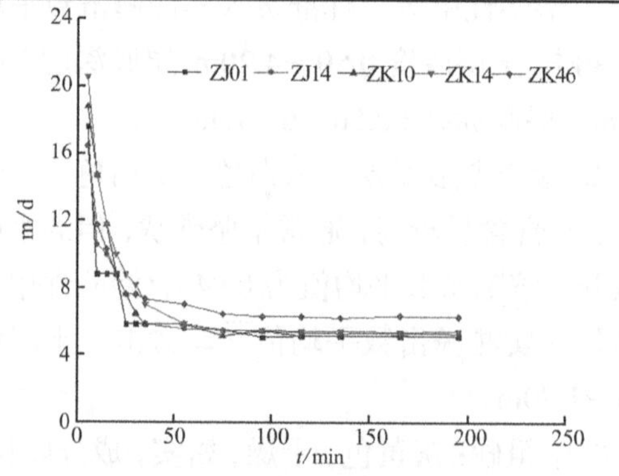

图 3　双环渗水试验成果图

（2）测点地基土腐蚀性的电阻率试验

为查明地基土视电阻率[8]，本次勘察期间在拟建场地内进行了土壤视电阻率测试，实测土壤视电阻率结果见表3，视电阻率随深度变化见图4。

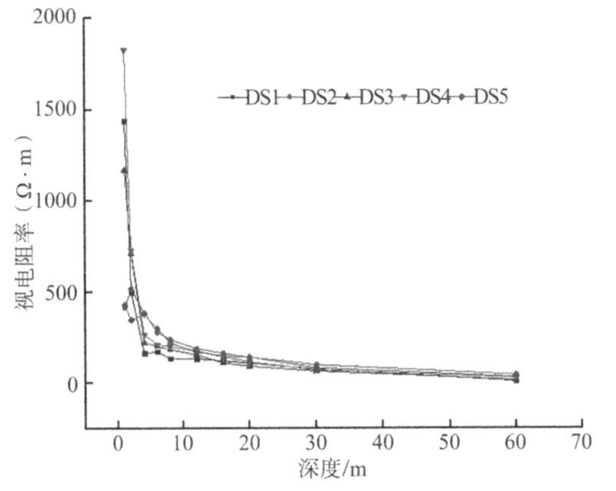

图4　视电阻率随深度变化图

（3）单轴饱和抗压强度试验

为初步了解场地内基岩的物理力学性质，本次勘察取基岩中的强风化及中风化岩块进行了天然及饱和单轴抗压强度试验。强风化砂岩遇水易软化，力学性质急剧下降，所有此类岩样均未能取得饱和状态下的抗压强度指标，对试验结果进行分层统计，试验成果见表4和表5。

根据岩石天然及饱和单轴抗压试验结果分析，本工程场地基岩属极软岩，软化系数小于0.75，属软化岩石，岩体基本质量等级为Ⅴ级。

（4）石膏含量试验

为初步查明地基岩土中的石膏含量，在各岩土层中采取了扰动土样进行石膏含量分析试验，试验成果见表6。

土壤视电阻率测试成果（单位：Ω·m）　　表3

测点编号	AB/2/m	3	6	12	18	24	36	48	60	90	180
	MN/2/m	1	2	4	6	8	12	16	20	30	60
	K	12.57	25.14	50.27	75.4	100.54	150.8	201.7	251.33	377.0	753.99
DS1		1437.88	499.12	162.08	170.67	133.96	131.96	120.87	108.49	74.25	9.15
DS2		416.4	517.79	385.4	278.87	241.25	189.43	161.65	140.13	98.96	43.61
DS3		1167.59	710.7	222.45	204.64	182.37	154.03	109.0	90.78	63.04	14.56
DS4		1825.61	727.97	267.2	213.29	200.52	173.34	142.84	115.88	68.96	27.45
DS5		429.56	346.39	380.5	301.71	222.71	169.87	147.21	140.89	81.39	30.54

单轴（天然）抗压强度成果　　表4

层号	最大值/MPa	最小值/MPa	平均值/MPa
⑤	7.57	0.80	2.75
⑥	5.31	0.40	1.69
⑥$_2$	7.46	0.31	3.62

单轴抗压强度（饱和/天然）试验成果　表5

层号	饱和值/MPa	天然值/MPa	软化系数
⑥$_2$	2.58	6.09	0.42

石膏含量试验指标分层统计　　表6

层号	最大值	最小值	平均值
①	1.52	1.07	1.25
②	5.76	0.25	2.08
②$_1$	7.22	0.65	2.95
③	6.53	0.31	2.21
③$_1$	23.65	0.36	5.75
④	9.55	0.19	1.27

续表

层号	最大值	最小值	平均值
④$_1$	6.12	0.33	1.66
⑤	8.27	0.21	2.01
⑤$_1$	0.65	0.23	0.38
⑥	0.98	0.98	0.98

3　场地岩土工程评价

3.1　盐渍土的评价

（1）盐渍土成分和类型

依据《岩土工程勘察规范》（2009年版）GB 50021—2001和《盐渍土地区建筑技术规范》GB/T 50942—2014的相关规定，由本次地基土的易溶盐试验的分层统计结果可得，拟建场地各岩土层的摩尔比$\frac{c(Cl^-)}{2c(SO_4^{2-})}$的平均值为0.03～0.71，易溶盐含量平均值为0.13%～0.84%。

依据《盐渍土地区建筑技术规范》GB/T 50942—2014 第 3.0.3 和 3.0.4 条判定，拟建场地上部砂层属硫酸盐渍土及亚硫酸盐渍土，根据其含盐量可划分为中盐渍土。盐渍土成分主要以Ca^{2+}、Mg^{2+}、Na^{+}、K^{+}、HCO^{3-}、Cl^{-}和$SO_4{}^{2-}$为主。本工程场地上部砂层普遍存在石膏或易溶盐胶结层。

（2）盐渍土的分布

根据土的易溶盐分析试验成果绘制的易溶盐含量随深度变化曲线（图 5）。地基土的易溶盐含量随深度的增加而逐渐减小，5m 以上随深度增加变化幅度较大，5m 以下随深度易溶盐含量逐渐递减。其中场地上部砂土层：①层表层砂、②层中细砂、②₁ 易溶盐胶结层、③中粗砂、③₁ 黏土质砂、④₁ 全风化泥质砂岩，易溶盐含量平均值为 0.34%～0.84%，易溶盐含量大于 0.30%的盐渍土主要分布在 8m 以上，下部岩土局部含盐量较高；下伏风化基岩易溶盐含量平均值为 0.13%～0.18%，可按非盐渍土（岩）考虑。

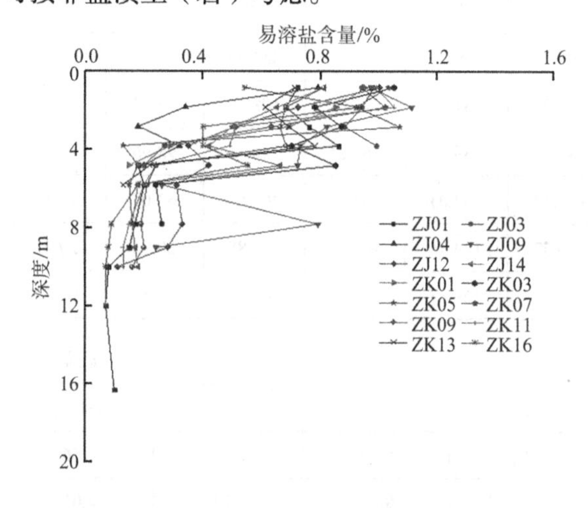

图 5 易溶盐含量随深度变化曲线

3.2 盐渍土溶陷性评价

根据本次室内溶陷系数试验结果，拟建场地上部砂层具溶陷性，各土层平均溶陷系数范围值为 0.018～0.046，参照《盐渍土地区建筑技术规范》GB/T 50942—2014 的有关规定，初步判断拟建场地上部砂层为溶陷性盐渍土，溶陷性轻微—中等。

根据已完成探槽中的不扰动砂样进行的室内溶陷系数试验结果，按《盐渍土地区建筑技术规范》GB/T 50942—2014 的有关规定，计算各探槽的总溶陷量。总溶陷量计算及评价详见表 7 及表 8。

当从地表起算总溶陷量时，拟建场地溶陷等级为 I～Ⅱ级，弱—中溶陷。当从地表下 1.5m 起算总溶陷量时，拟建场地溶陷等级为不具溶陷—I 级（弱溶陷）

溶陷性计算表（从地表算起）　表 7

编号	起止深度 /m	溶陷系数	总溶陷量 /mm	溶陷等级
ZJ01	0.0～4.8	0.037～0.051	211.8	Ⅱ级
ZJ14	0.0～5.3	0.011～0.048	172.4	Ⅱ级
ZK12	0.0～3.5	0.011～0.053	131.5	Ⅰ级
ZK33	0.0～4.5	0.019～0.056	155.8	Ⅱ级
ZK42	0.0～3.4	0.012～0.040	86.8	Ⅰ级

溶陷性计算表（从地表下 1.5m 算起）表 8

编号	起止深度 /m	溶陷系数	总溶陷量 /mm	溶陷等级
ZJ01	1.5～4.8	0.037～0.051	135.3	Ⅰ级
ZJ14	1.5～5.3	0.011～0.048	100.4	Ⅰ级
ZK12	1.5～3.5	0.011～0.053	52.0	—
ZK33	1.5～4.5	0.019～0.056	71.8	Ⅰ级
ZK42	1.5～3.4	0.012～0.040	26.8	—

3.3 盐渍土盐胀性评价

根据易溶盐含量分析试验的结果，各土层的 Na_2SO_4 含量均小于 0.5%，故判定拟建场地地基土为非盐胀性盐渍土。

4 盐渍土地基处理原则及措施

4.1 地基处理原则

（1）根据本次土工试验结果，本场地上部地基土属中盐渍土，溶陷等级可按Ⅰ（弱溶陷）—Ⅱ级（中溶陷）考虑，可暂不考虑地基岩土盐胀性和膨胀性对建（构）筑物的影响，地基设计时需考虑建（构）筑物的地基处理及防水排水措施。设计需考虑按《盐渍土地区建筑技术规范》GB/T 50942—2014 有关规定采取相应措施。

（2）根据本次勘探及土工试验成果，本场地内分布石膏富集层，含量最大可达 23.65%，石膏属中溶盐，可能会因周边环境的变化，导致拟建项目在长期生产运营期间具备安全隐患，须采取必要的防护措施。

（3）根据本次土工试验及现场视电阻率试验结果，本场地地基土对混凝土结构整体具中腐蚀性，对钢筋混凝土结构中的钢筋和钢结构具微腐蚀性，对砖、水泥、石灰具强腐蚀性。地基基础设计时需考虑建（构）筑物的防腐蚀措施，不宜采用灰土基础、石灰桩、灰土桩等。

4.2 地基基础方案建议

（1）根据本区岩土工程性质及伊拉克环境工程经验，对于荷载较大、对差异沉降敏感的重要建（构）筑物初步考虑可采用桩基[9]，如基础埋置深度较大，以④层全风化砂岩为基础直接持力层时，可考虑采用天然地基的可能性。

（2）对于一般建（构）筑物，根据本场地地基条件，可考虑采用换填法进行地基处理[10-11]，宜全部挖除基底下部溶陷性盐渍土层，并换填非盐渍土材料（级配砂石、碎石、矿渣等），分层压实回填至基底设计标高。亦可采用桩基方案，穿透溶陷性土层，进入稳定地层。

（3）对于次要的一般建（构）筑物，且其对地基不均匀沉降要求不敏感，若计算地基变形值满足设计要求，在采取必要的防水措施后，可采用天然地基。

5 岩土施工中应注意的问题

5.1 基坑支护与开挖

根据场地实际情况，拟建场地上部砂层具可溶盐胶结，在干燥环境下，边坡直立性较好，但遇水即软化崩塌，因此，需在施工过程中采取相应的措施来保证施工的安全。本场地地势开阔，一般情况下具备放坡条件，可放坡开挖。在基坑周围无堆放较大荷载重物和无浸水的条件下，放坡率初步可按经验值1：0.5～1：0.75考虑。基坑开挖时，应严格做好坡面防护及基坑周围地面的排水工作，防止地表水和雨水浸泡边坡土体。基坑周围不得堆载，当需堆载时应在支护设计中予以考虑。边坡开挖前应该提前设置沉降观测点，进行系统、连续地观测，直至基坑回填完成为止。

5.2 建（构）筑物沉降观测

拟建建筑物在施工与使用期间，建议根据需要按规范要求进行系统的沉降、变形观测，直至沉降、变形稳定为止。

5.3 防水防渗措施

拟建工程场地属中等溶陷性盐渍土场地，石膏局部富集，应采取严格措施，防止施工用水、场地雨水和邻近管道渗漏的水渗入建筑物地基而带来的影响。

5.4 基本风压参数

拟建场地全年盛行西北风，根据相关气象资料，基本风压参数可按表9取用。

基本风压参数　　表9

超越概率	最大10min平均风速/（m/s）	风压/（kN/m²）
25年一遇（$P = 4\%$）	36.67	0.872
30年一遇（$P = 3.3\%$）	37.71	0.922
50年一遇（$P = 2\%$）	40.37	1.058

6 结语

（1）本工程通过采用多种岩土工程勘察手段，查明了场地地基岩土类别、层次、厚度及沿垂直和水平方向的规律、地基土的物理力学性能、地层渗透性指标、建筑场地类别等，满足了岩土分析评价和设计的要求。

（2）对拟建场地内分布的盐渍土成分和类型、空间分布进行了研究，通过室内试验对盐渍土的溶陷和盐胀性进行判定，试验成果显示拟建场地为溶陷性场地，可不考虑地基土的盐胀性。

（3）针对盐渍土的特性，对建（构）筑物的地基基础方案进行分析论证，提出了盐渍土处理的原则及措施。

（4）针对拟建建（构）筑物的具体情况，对后期施工过程中遇到的岩土问题进行分析，并提出了岩土施工中应注意的问题。

参考文献

[1] 住房和城乡建设部. 岩土工程勘察规范(2009年版): GB 50021—2001[S]. 北京：中国建筑工业出版社，2009.

[2] 住房和城乡建设部. 火力发电厂岩土工程勘察规范: GB/T 51031—2014[S]. 北京：中国计划出版社, 2015.

[3] 住房和城乡建设部. 大中型火力发电厂设计规范: GB 50660—2011[S]. 北京：中国计划出版社, 2011.

[4] 住房和城乡建设部. 盐渍土地区建筑技术规范: GB/T 50942—2014[S]. 北京：中国计划出版社, 2015.

[5] 住房和城乡建设部. 建筑抗震设计规范(2016版): GB

50011—2010[S]. 北京: 中国建筑工业出版社, 2016.
[6] 国家质量监督检验检疫总局等. 中国地震动参数区划图: GB 18306—2015[S]. 北京: 中国标准出版社, 2016.
[7] 住房和城乡建设部. 土工试验方法标准: GB/T 50123—2019[S]. 北京: 中国建筑工业出版社, 2019.
[8] 住房和城乡建设部. 城市工程地球物理探测标准: CJJ/T 7—2017[S]. 北京: 中国建筑工业出版社, 2018.
[9] 住房和城乡建设部. 建筑桩基技术规范: JGJ 94—2008[S]. 北京: 中国建筑工业出版社, 2008.
[10] 住房和城乡建设部. 建筑地基处理技术规范: JGJ 79—2012[S]. 北京: 中国建筑工业出版社, 2013.
[11] 住房和城乡建设部. 建筑地基基础设计规范: GB 50007—2011[S]. 北京: 中国建筑工业出版社, 2012.

国电兰州热电联产异地建设工程岩土工程勘察试验与专项设计

刘志伟　杨生彬　郭　葆　王延辉　胡　昕

（中国电力工程顾问集团西北电力设计院有限公司，陕西西安　710075）

1　工程概况

国电兰州热电异地建设项目位于兰州市榆中县窦家营村。电厂建成后，具有供电、供热、供汽、供软化水的便利条件，可以作为高效能源点，为兰州东部科技新城及卧龙川工业园区的建设创造优质电、热能源等投资条件，促进区域整体经济发展。

本工程场地地形地貌和地质条件复杂，当地缺乏大型项目岩土工程勘察、治理和建设经验，项目的特点与难点主要体现在：（1）场地处于湿陷性最为严重的甘肃陇西地区，湿陷性黄土勘察评价难度大，地基处理风险高；（2）厂址区及周边环境条件复杂，需充分考虑厂址的稳定性及环境条件受限带来的安全风险和相互影响；（3）湿陷性黄土边坡规模大、安全等级高、荷载及边界条件复杂多变，治理设计难度大；（4）兼具临时基坑与永久边坡于一体的特殊支挡结构设计体系复杂，实施空间狭小，变形控制要求高，支护设计难度大、安全风险大，属于电力行业罕遇的超深基坑。因此，本工程针对湿陷性最严重黄土带来的岩土工程勘察评价、现场原体试验和地基基础方案确定及优化等复杂岩土工程问题，同时解决复杂环境条件下的高边坡和深基坑专项勘察设计质量安全风险大等难题开展了研究工作。

工程于2016年7月开工建设，2019年1月6日1号机组顺利完成168小时满负荷试运行，同步实现机组对兰州市集中供热目标，2号机组于2019年3月14日投运（图1），岩土工程勘察试验与专项设计获2020年度电力行业优秀工程勘测一等奖。

图1　工程全景

2　场地岩土工程条件

工程场地主要建筑区地貌单元属于宛川河右岸（南岸）的Ⅲ级阶地，地形相对平坦，地面标高在1612～1624m，地势总体上由西南向东北倾斜。上部地层主要为第四系上更新统冲积层，厚度大于60m，下伏第三系砂砾岩，工程地质剖面见图2，地层特征及主要物理力学性质见表1。

地层特征及主要物理力学性质一览表　　表1

层号	地层名称	层厚/m	岩性特征	物理力学性质
①	填土	0.5～3.0	杂色，土质不均，有混凝土、砖块等	
②	黄土状粉土	13.8～28.7	褐黄色，稍湿，稍密，土质均匀，粉粒含量较高	$w=14.5\%$，$\gamma=15.8\mathrm{kN/m^3}$，$e=0.960$，$w_L=26.8\%$，$w_P=17.8\%$，$E_{s1\text{-}2}=5.6\mathrm{MPa}$，$f_{ak}=130\mathrm{kPa}$
③	卵石	0.4～13.8	中密—密实，母岩成分为石英岩、花岗岩、砂岩等	$\gamma=22.0\mathrm{kN/m^3}$，$\varphi=38°$，$E_0=45.0\mathrm{MPa}$，$f_{ak}=350\mathrm{kPa}$
③$_1$	粉土	0.5～7.0	黄褐色，湿，中密，土质不均，粉粒含量较高	$w=20.0\%$，$\gamma=18.8\mathrm{kN/m^3}$，$e=0.727$，$w_L=25.8\%$，$w_P=17.4\%$，$E_{s1\text{-}2}=8.0\mathrm{MPa}$，$f_{ak}=160\mathrm{kPa}$

获奖项目：2020年度电力行业优秀工程勘测一等奖。

续表

层号	地层名称	层厚/m	岩性特征	物理力学性质
③₂	粉砂	0.5～3.8	黄褐色，湿，中密，见水平微层理，与粉土呈渐变关系	$\gamma = 18.0\text{kN/m}^3$，$\varphi = 28°$，$E_0 = 18.0\text{MPa}$，$f_{ak} = 180\text{kPa}$
③₃	粉土	0.3～8.0	黄褐色，湿，中密，土质不均，粉粒含量较高	$w = 21.0\%$，$\gamma = 19.3\text{kN/m}^3$，$e = 0.706$，$w_L = 27.4\%$，$w_P = 17.9\%$，$E_{s1\text{-}2} = 10.0\text{MPa}$，$f_{ak} = 200\text{kPa}$
④	卵石	＞5.0	密实，母岩成分为石英岩、花岗岩、砂岩等	$\gamma = 23.0\text{kN/m}^3$，$\varphi = 40°$，$E_0 = 50.0\text{MPa}$，$f_{ak} = 450\text{kPa}$
④₁	粉土	0.4～4.7	黄褐色，湿，中密—密实，土质不均，见水平微层理	$w = 24.2\%$，$\gamma = 20.0\text{kN/m}^3$，$e = 0.689$，$w_L = 29.1\%$，$w_P = 18.6\%$，$E_{s1\text{-}2} = 10.3\text{MPa}$，$f_{ak} = 220\text{kPa}$
④₂	粉砂	0.8～2.3	黄褐色，湿，中密，与粉土呈渐变关系	$\gamma = 20.0\text{kN/m}^3$，$\varphi = 32°$，$E_0 = 20.0\text{MPa}$，$f_{ak} = 240\text{kPa}$

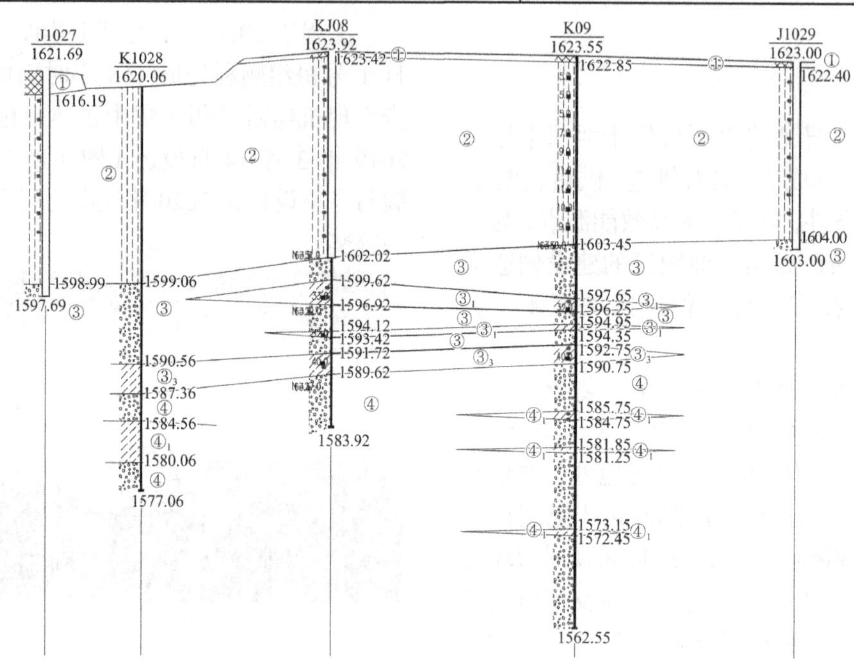

图 2 工程地质剖面图

地下水类型主要为第四系孔隙潜水，地下水流向基本自西南向东北。翻车机室地段地势低，为宛川河Ⅰ、Ⅱ级阶地，揭露的地下水位标高为1569.8m。

3 勘察研究工作

在可行性研究选址阶段，分别对窦家营厂址和骆驼巷厂址通过钻探、井探、原位测试及室内土工试验等手段进行了勘察。在初步查明场地岩土工程条件和不良地质作用基础上，从地理位置、区域地质稳定性、地形地貌、不良地质作用、地层岩性、黄土湿陷性等方面对两厂址进行岩土工程条件比较。窦家营厂址属自重湿陷性黄土场地，地基湿陷等级为Ⅱ（中等）～Ⅲ（严重），湿陷下限20m左右；骆驼巷厂址属自重湿陷性黄土场地，地基湿陷等级为Ⅳ（很严重），湿陷下限最大达35m，地基处理工程量、难度和风险更大。从岩土工程的角度分析，窦家营厂址的建厂条件优于骆驼巷厂址，可大大节约深厚自重湿陷性黄土地基处理费用，同时降低可能出现的工程安全隐患和地质风险。

在岩土工程勘察各阶段和现场试验中都制定了详细的技术方案，除采用多种常规勘探、测试和试验手段外，还进行了大量的现场和室内专题试验工作。针对砂黄土湿陷性敏感的特点，必须保证取样质量，勘察中采用人工开挖探井23个，探井均挖穿了湿陷性土层，在探井井壁刻取Ⅰ级不扰动样进行湿陷性试验从而准确评价湿陷性。针对卵石层中的夹层土，初步设计阶段勘察通过探井中采取Ⅰ级不扰动样进行湿陷性试验表明，湿陷系数为0.001～0.103，湿陷起始压力一般大于600kPa，确定卵石中的夹层土不具湿陷性。

本工程场地在详细查明各建（构）筑物地段岩土工程条件的基础上，对各地段岩土体的工程特性进行了客观准确的评价，对场地的湿陷性黄土进行了全面细致深入的研究，最终按照试坑浸水试验确定的地区修正系数$\beta_0 = 2.45$评价为自重湿陷性黄土场地，地基湿陷等级Ⅳ级（很严重）。在充分论证各种处理方案的可行性、合理性及经济性，并综合考虑施工、环保等方面问题的同时，结合各建（构）筑物地段的岩土工程条件、建（构）筑物的基底标高、运行期间建（构）筑物是否可能渗漏，推荐了经济合理的地基基础方案：主厂房及烟囱区域采用钻孔灌注桩方案，水泵房等可能渗漏的区域采用钻孔挤密桩方案；其他次要建筑物采用灰土垫层方案。最终勘察报告推荐的地基基础方案基本被设计采用，通过施工和检测，证明各方案具有经济适宜性和安全可靠性，充分发掘了地基潜力，保证了工程整体工期，降低地基处理费用明显。

4 黄土湿陷性评价

4.1 室内土工试验

依据勘察各阶段室内土工试验成果，湿陷性土层主要为②层黄土状粉土，自重湿陷系数为0.029～0.057，湿陷起始压力为46～123kPa，卵石中的夹层不具湿陷性。厂区属自重湿陷性黄土场地，地基湿陷等级为Ⅱ（中等）～Ⅲ（严重），湿陷下限为③层卵石层顶面。

4.2 试坑浸水试验

试坑浸水与试桩桩周土浸水相结合进行，试坑尺寸为18m × 18m（图 3）。场地湿陷性土层主要为②层黄土状粉土，土质均匀，为层位稳定、大厚度的一层土，通过地面设置沉降观测标即可观测该层土的全部自重湿陷量。在历时 58 天的沉降观测中，试坑内各观测标点日沉降量及累计沉降量观测曲线分别见图 4 和图 5，观测试坑内及周边裂缝发展见图 6，各标点累计沉降量在 730～833mm。

图 3　试坑浸水实景

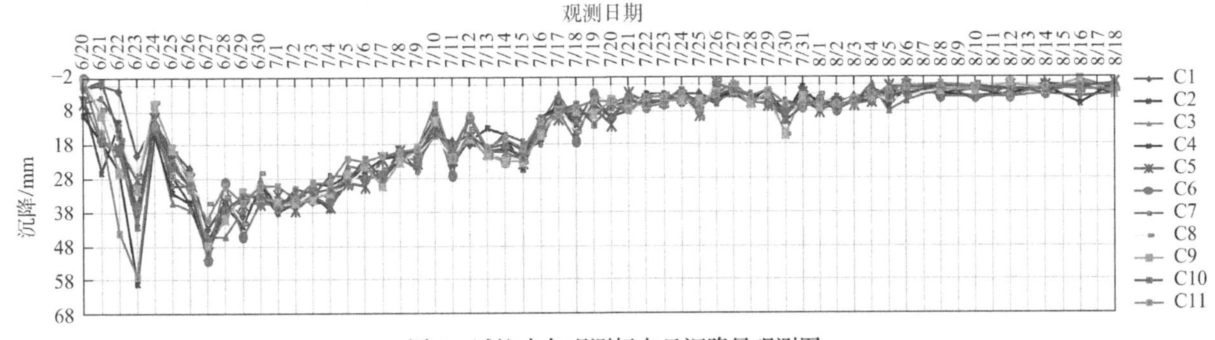

图 4　试坑内各观测标点日沉降量观测图

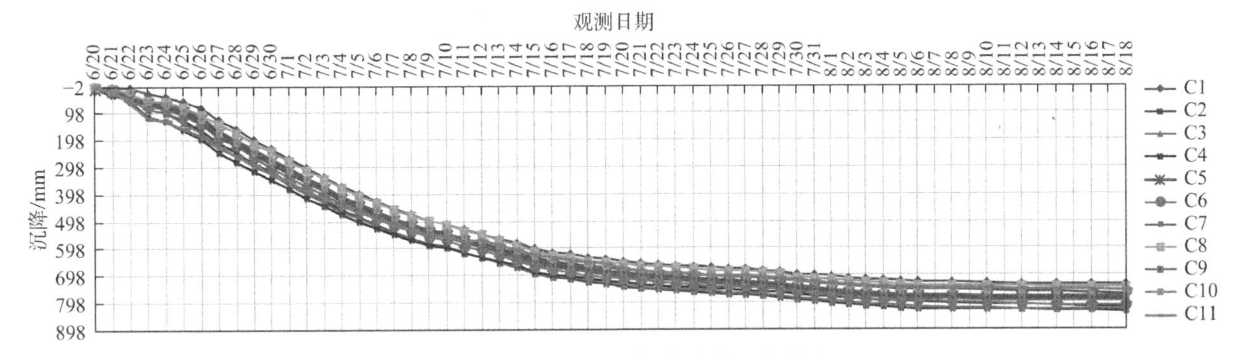

图 5　试坑内各观测标点累计沉降量图

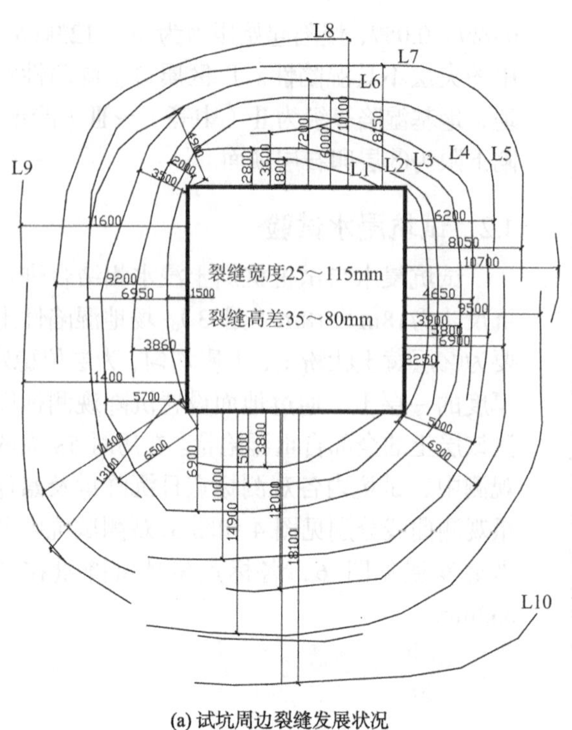

(a) 试坑周边裂缝发展状况

(b) 试坑裂缝发展实景

图 6 浸水期裂缝发展情况

4.3 湿陷性评价

室内试验结果与现场浸水试验代表性的标点实测湿陷量比较见表 2，可以看出，现场实测湿陷量与室内试验湿陷量计算值比值在 1.50～3.72，平均值为 2.45。根据试验成果，建议该工程场地因地区土质而异的修正系数β_0修正为 2.45，表 3 为分别按规范和浸水试验的修正系数湿陷性评价成果。修正系数β_0取浸水试验 2.45 时，地基湿陷等级为Ⅳ（很严重），保证了该场地湿陷性评价更符合工程实际。

现场实测湿陷量与室内试验计算值对比 表 2

现场实测湿陷量/mm	C4/C5/C10				
	816.0/786.0/759.0				
室内试验计算值/mm	J08	J025	J029	JA2	JB2
	223.0	421.0	506.0	458.0	219.0
实测值/计算值	3.66/3.52/3.40	1.94/1.87/1.80	1.61/1.55/1.50	1.78/1.72/1.66	3.72/3.59/3.46

湿陷性评价成果表 表 3

探井	湿陷下限/m	按规范的修正系数$\beta_0=1.5$			按浸水试验的修正系数$\beta_0=2.45$		
		自重湿陷量/mm	湿陷量/mm	湿陷等级	自重湿陷量/mm	湿陷量/mm	湿陷等级
J04	18.3	276.0	719.5	Ⅲ（严重）	377.3	1020.8	Ⅳ（很严重）
J08	21.9	334.5	769.0	Ⅲ（严重）	499.8	1077.0	Ⅳ（很严重）
J1006	18.7	337.5	493.5	Ⅱ（中等）	551.3	735.7	Ⅳ（很严重）
J1009	17.0	331.5	690.3	Ⅲ（严重）	541.5	734.8	Ⅳ（很严重）
J1025	16.7	631.5	660.0	Ⅲ（严重）	1031.5	838.1	Ⅳ（很严重）
J1027	22.7	277.5	528.8	Ⅱ（中等）	453.3	735.2	Ⅳ（很严重）
J1029	19.0	759.0	854.3	Ⅵ（很严重）	1239.7	1212.1	Ⅳ（很严重）

5 原体试验

5.1 钻孔灌注桩试验

根据本工程的岩土工程条件和主要建（构）筑物的荷载、变形控制要求，选择桩径为 800mm、桩长为 34m 的钻孔灌注桩进行原体试验。在桩周土达到饱和状态下进行单桩竖向抗压静载荷试验，根据测试数据及成果确定该型试桩单桩承载力特征值不小于 5000kN（按照经验参数法预估值单桩承载力特征值为 4000kN），为桩基优化创造了条件，经济性明显。浸水试验及试桩桩身应力应变测试结果表明，在桩顶无荷载状态和加载状态下，桩周黄土状粉土对桩身均产生了负摩阻力（图 7 和图 8），综合分析负摩阻力取值–30kPa，中性点深度在 15.0～17.5m，为湿陷性土层总厚度的 81%～94%。

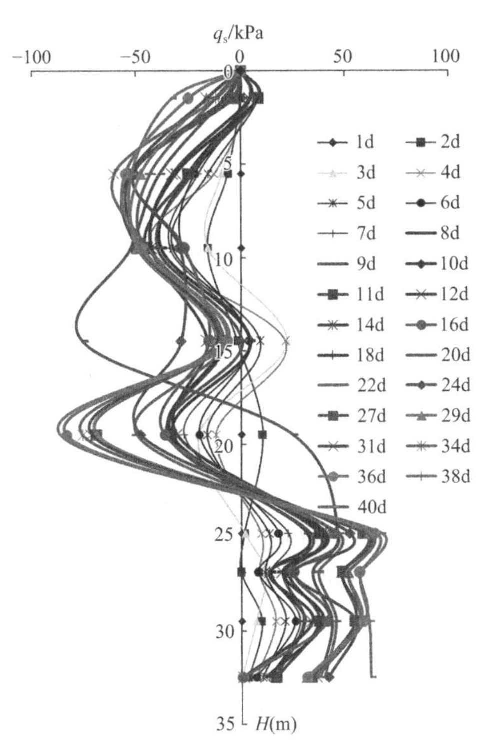

图 7 试桩浸水期间侧摩阻力图

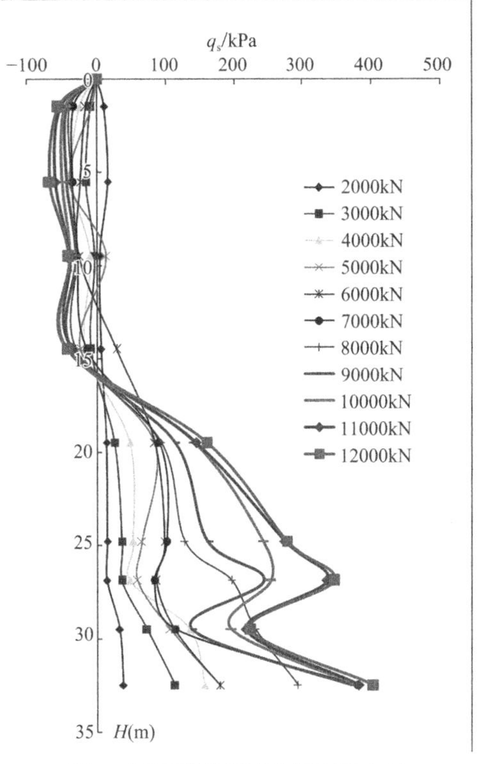

图 8 试桩静载荷试验侧摩阻力图

试验提供了桩的极限侧摩阻力及端阻力计算参数见表 4，在桩基设计时，可根据建（构）筑物类型、荷载分布、荷载大小以及基底以下的地层分布，综合考虑试桩中的各项试验参数和数据，对桩径、桩长包括配筋等进行合理优化，以达到技术与经济的双控目标。

桩的极限侧摩阻力及端阻力　　表 4

土层编号	土层名称	极限侧摩阻力/kPa	极限端阻力/kPa
②	黄土状粉土	中性点以上 –30，以下 85	
③	卵石	280	
③$_1$	粉土	130	
③$_3$	粉土	180	
④	卵石	360	3000
④$_1$	粉土	180	

5.2 钻孔挤密桩试验

本工程针对辅助和附属建（构）筑物开展了钻孔挤密桩复合地基试验，分 1.0m 和 1.3m 桩间距两个区域，成孔直径 400mm 夯扩至直径 600mm，桩长 20m。根据湿陷性室内土工试验数据，对比分析两个试验区处理前后地基土的湿陷系数和自重湿陷系数，对于 1.0m 桩间距区，经钻孔挤密桩处理后只有两个浅部土样的湿陷系数略大于 0.015，其他土样均不具湿陷性，此外土样的试验压力为 200kPa，经处理后平均桩土应力比在 3.2 左右，在考虑桩土应力分担的情况下，1.0m 桩间距区的场地湿陷性可认为已经全部消除。而对于 1.3m 桩间距区，湿陷性经处理后仍未完全消除。

单桩复合地基载荷试验采用模拟地基天然状

态和浸水不同工况，试验成果见表 5。结合桩间土静载荷试验、单桩静载荷试验、桩间土挤密效果分析，确定 1.0m 桩间距区复合地基承载力特征值建议取 260kPa，变形模量平均值建议取 16MPa；1.3m 桩间距区复合地基承载力特征值建议取 180kPa，变形模量平均值建议取 10MPa。

单桩复合地基承载力汇总表　　表 5

试验位置	试点编号	极限荷载/kPa	按$s/d=0.008$确定/比例界限/kPa	承载力特征值/kPa
A 区	FA1	727	727	364（天然状态）
	FA2	600	318	300
	FA3	600	329	300
B 区	FB1	725	725	362（天然状态）
	FB2	360	360	180
	FB3	300	300	150

6　边坡设计

本工程场地地形破碎、用地极为紧张，场地整平后在厂区与电厂运煤铁路专用线之间形成了最大高度近 40m、总长度约 1500m、安全等级为一级的湿陷性黄土边坡。边坡坡顶、坡面、坡脚还有大量的电厂建（构）筑物分布，支护方案受厂区平面及竖向布置方案、地基处理方案、用地条件等多种因素的限制。为合理控制工程建设用地量和工程造价，本项目边坡支护与建（构）筑物平面及竖向布置、地基处理、地下排水设施等一起进行了联动设计，对支护方案进行了多次动态调整。初步设计结合坡体特征、变形规律以及推力特征，综合考虑各种工程措施的技术、经济、施工等诸方面的适宜性，按三套综合支护方案进行比较，具体为：

方案一：拱形梁防护 + 培土植草 + 截排水沟；

方案二：重力式挡土墙 + 拱形梁防护 + 培土植草 + 截排水沟；

方案三：锚杆框架 + 拱形梁护坡 + 植生袋绿化 + 截排水沟。

边坡支护综合考虑了可占用地面积、工程造价及施工周期等多重因素，最终选用重力式挡土墙 + 放坡（1：1.5 坡率）+ 拱形梁防护 + 植草绿化+ 截排水沟综合治理设计方案（图 9），结合坡面防护及系统的截排水措施保障边坡的长期稳定。治理方案在保障边坡安全稳定的前提下，尽可能地减少边坡占地面积，同时最大限度节约了边坡治理的工程费用。支挡结构物主要采用了天然地基、局部区段换填方案，避免了支挡结构的差异沉降。

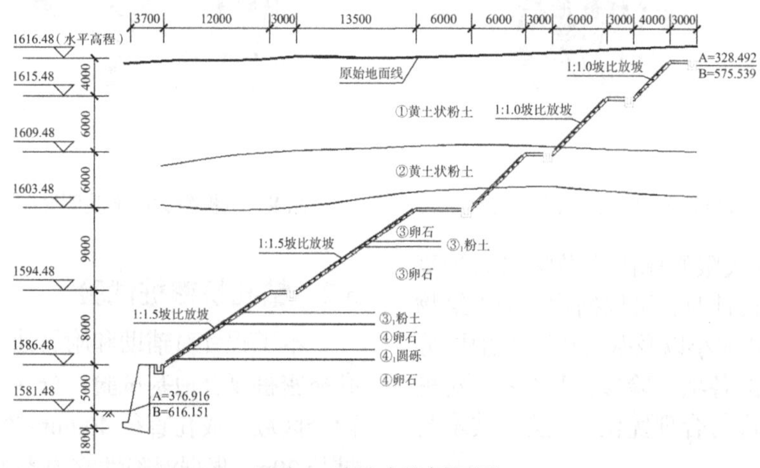

图 9　边坡支护剖面图

在工程场地中部原始地表分布一条自然冲沟，场地整平需对冲沟的部分区段进行回填处理，运煤铁路的开挖将切断冲沟流向宛川河的排泄通道。虽然厂区在冲沟回填区的上游设置了截洪沟，且在场地内设置了完备的雨水集排系统，但是考虑到火力发电厂部分涉水建（构）筑物存在渗漏的风险，仍需在冲沟回填区设置地下盲沟系统，以便保证冲沟回填区域不出现过大变形和安全稳定。冲沟回填区域的盲沟排水系统充分利用了原始地形及既有地层岩性特点，将地下水位以上的卵石层作为盲沟系统汇集水的最终排泄通道，设计了渗井结构排水措施，有效保障了高填方区边坡的安全稳定。

2 号转运站与 3 号转运站之间输煤栈桥需要从边坡上通过，此段边坡采取了专门的坡面开槽方案设计，输煤栈桥两侧采取了放坡结合锚杆支护的专门设计。此外，针对 2 号转运站基础外扩侵占原有边坡挡墙用地，边坡采取了坡脚线、每级放坡的坡顶线局部优化调整的细部处理，有效解决了工程布置中的难题。

7　翻车机室深基坑支护设计

场地北邻陇海干线铁路高差约 40m，紧靠边坡下布置有翻车机室及 1 号输煤通道基坑深度 20～28m，二者施工涉及面积约 $2500m^2$、最大深度达 65.0m 的超深基坑问题，安全要求非常高，工程施工中和建成运行中不能影响干线铁路的正常运营，否则会带来严重的经济损失和很大的社会影响。

基坑支护结构物既要保证临时性基坑的稳定，还要考虑场地整体稳定性、保证永久性边坡的稳定，并能有效控制永久性边坡及坡顶建（构）筑物的竖向及横向变形。基坑支挡结构物安全等级属于一级，设计需综合考虑数个不同埋置深度或深度渐变的建（构）筑物、同步开工建设或已建设完成的坡顶建（构）筑物、施工用地紧张及施工便捷性等多重因素。另外，翻车机室区域地下水位高于基底埋深，需要开展施工降水作业，施工降水方案设计应与基坑支护、高边坡设计和现场施工高度融合，保证基坑开挖安全。

鉴于基坑支护可利用空间仅 4.0～5.0m，悬臂长度 20.0～28.0m，设计采用多支点桩锚结构体系进行支护，排桩桩径 1.0～1.2m，桩间距 1.8～2.2m，桩顶设置冠梁，锚固点处设置腰梁，2～5 个锚固点，锚固点位于两桩之间腰梁中点处，采用长度为 18.0～22.0m 预应力锚索，针对卵石层中锚索施工采用跟管无水钻进工艺，最大程度控制变形量（图 10）。基坑支护结构实现了最大限度减少占地，为基坑内主体建筑物提供了足够的建设空间，同时基坑支护结构还有效屏蔽了基坑开挖及基坑降水给永久边坡及其坡顶正在建设或已建成建（构）筑物带来的不利影响。

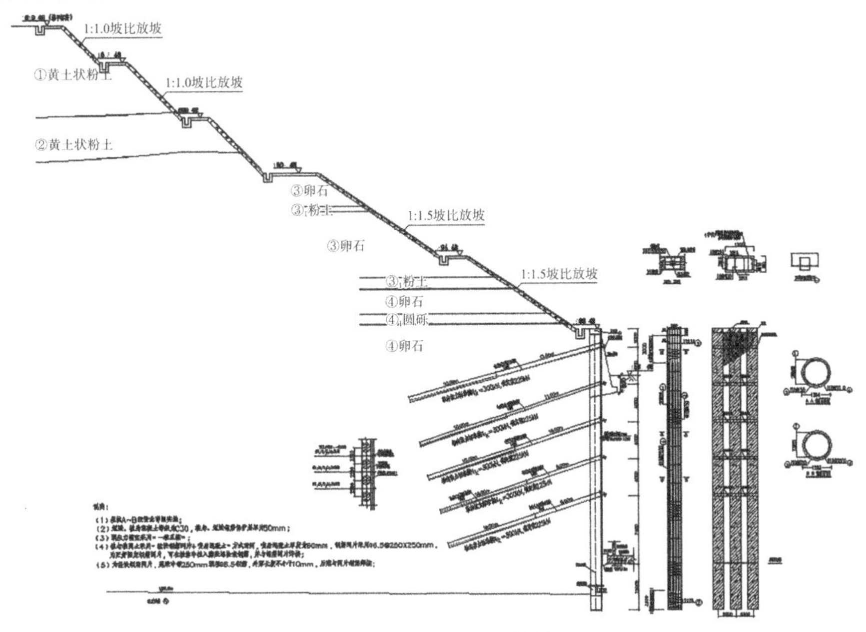

图 10　深基坑支护结构

翻车机室的基础埋深较大，涉及施工降水问题。该区域具有地层不均匀、含水层渗透性强、基坑开挖面积大、埋深大的特点，降水方案设计与基坑支护、高边坡的设计和现场施工高度融合。根据基础设计、岩土工程性能、水文地质参数，并考虑环境影响等因素，针对翻车机室地段三个不同的建筑物进行单体设计，整合计算，并进行了降水模拟分析。考虑到降水作业深度大，设计采用管井、轻型井点、基坑排水等相结合的复合降水方案，基坑四周布置降水管井，基坑侧壁上设置轻型井点降水井，将坡体流入的地下水引入集水井内排出。在基坑底部四角设置集水坑，将轻型井点排水、基底渗水、雨水抽排干净。多种降水方案的联合运用，水文地质钻探工艺的合理选择，提高了工程开展时的降水效率，缩短了地下水的疏干时间，保证了工程进度和开挖修筑工作顺利进行，为人员、设备安全和建筑物地基的稳定提供了保障。

8　主要成果贡献和技术创新特色

（1）优选地基处理代价相对小、地基质量安全风险可控的厂址，湿陷性砂黄土勘察有针对性地采用大量人工开挖探井和井壁刻取Ⅰ级不扰动样保证质量，地基基础方案论证全面细致、经济适用、安全可靠，方案优化成果显著。

（2）针对工程场地处于湿陷性最为严重的甘肃陇西地区、砂黄土湿陷性敏感的特点，运用室内试验和现场试坑浸水试验评价场地湿陷性，地区修正系数β_0由《湿陷性黄土地区建筑规范》GB 50025中湿陷性最严重的陇西地区为1.5，通过试验研究实际调整为2.45，地基湿陷等级由最初的Ⅱ（中等）～Ⅲ（严重）调整为Ⅳ级（很严重），卓有成效地解决了工程问题，避免在阶地区低估场地土湿陷性评价的重大失误给工程造成的地基质量安全风险。

（3）钻孔灌注桩浸水饱和状态静载荷试验实测黄土负摩阻力取值−30kPa，中性点深度占湿陷性土层总厚度的0.81～0.94，积累了宝贵的数据和地区经验。钻孔挤密桩复合地基浸水载荷试验模拟地基不利工况，试验成果丰硕、参数可靠合理，有效指导了工程桩施工及质量控制，成为采用挤密桩法处理严重湿陷性黄土场地的成功范例。

（4）多次高边坡方案及工程量概念设计，深度配合总平面竖向布置，充分结合地形、地质和场地边界条件，采用经济、安全、施工质量受控的坡率法为主，重力式挡土墙＋分台阶放坡＋拱形梁防护＋植草绿化＋截排水沟综合治理设计方案，创新性地利用地层结构特点设置了填方区的渗井结构及盲沟排水系统，对边坡特殊结构物（热网系统、输煤系统、循环供水系统及输电线路系统）穿越区域逐个进行了精细化特型设计，全面保证了边坡治理的安全性和经济性。

（5）翻车机室深基坑支护设计与施工降水、高边坡治理和现场施工高度融合，全面兼顾了空间充分利用、施工简便高效、变形严格控制、有效减少降水不良影响等方面的要求，桩锚支护结构最大程度变形控制并巧妙改进了多支点桩锚结构大幅降低了施工难度和施工耗时，针对卵石层中锚索施工采用跟管无水钻进工艺，大埋深、大降深、强透水层采用管井、轻型井点、基坑排水等联合施工降水方案，有效控制了高边坡、深基坑变形量，充分保障施工安全和陇海铁路大动脉的正常运营。

宁波栎社国际机场三期扩建工程 KC-1 标段岩土工程勘察实录

刘生财[1] 李 飚[1] 李高山[1] 刘 扬[2]

（1. 浙江省工程勘察设计院集团有限公司，浙江宁波 315012；
2. 北京市地铁运营有限公司机电分公司，中国北京 100083）

1 工程概况

宁波栎社国际机场三期扩建工程按照 2020 年旅客吞吐量 1200 万人次、货邮吞吐量 50 万 t 目标设计。主要新建约 112000m^2 的第二航站楼、3000m^2 的公务机候机楼、50000m^2 的货运站、14000m^2 的快件中心、412000 万 m^2 的停机坪，完善滑行道系统；项目宁波市鄞州区栎社国际机场西南侧古林镇戴家村和共任村地块。宁波栎社国家机场三期扩建工程 KC-1 标段包括 T2 航站楼（图 1）、交通中心及场道工程。总建筑面积 175010.0m^2，航站楼建筑面积 112410m^2，东西总长约 747m，最大宽度约 154m，屋面最高处标高约 37m，钢筋混凝土框架，屋盖为曲面空间网格钢结构。地上 3 层，局部地下一层。交通中心长约 300m，宽约 65m，建筑面积 62600m^2，主体结构地下 2 层、地上 1 层，钢筋混凝土框架。场道工程包括主降方向新建两条快速出口滑行道、次降方向新建一条旁通滑行道；新建局部第二平行滑行道；新建连接跑道西端与公务机机坪的联络滑行道；新建站坪、货机坪及公务机机坪。基础形式有桩基础、浅基础、地基处理，基坑均采用围护桩。

图 1 T2 航站楼及停机坪照片

2 勘察工作简况

勘察工作可分详勘、补勘两阶段。详勘工作于 2014 年 10 月中旬开始，至 12 月中旬完成大部分野外勘察任务；补勘工作于 2015 年 1 月底开始，至 2017 年 10 月陆续完成各区域补勘。本标段共完成钻孔 295 个、进尺 17167.5m，静力触探孔 112 个、进尺 3805.9m，十字板剪切试验孔 14 个，单孔波速测试孔 9 个，单孔抽水试验孔 3 个，浅层平板静载荷试验 3 个，地基反应模量试验 3 个，原状土样 2637 件，扰动土样 601 件，水样 19 组，岩样 14 组。本工程勘察目的明确，勘察测试手段多样，工作量布置合理，针对性强，满足相关规范要求，为工程地质层的正确划分提供了可靠的第一手资料。钻孔：包括取样钻孔、动力触探试验孔（标准贯入和重型圆锥动力触探）、地层鉴别孔；水文地质试验为单孔抽水试验孔；原位测试孔：包括双桥静力触探孔、十字板剪切试验孔标准贯入试验、圆锥动力触探试验、浅层平板静载荷试验、地基反应模量试验；工程物探为单孔波速试验；取样：取原状土样、扰动土样、岩样、水样；室内试验：室内水、土、岩试验项目齐全，除了常规测试项目外，还进行了三轴剪切（CU、UU）、无侧限抗压强度、水平和垂直向渗透系数及固结系数、高压固结试验、颗粒分析、击实试验、土质化学分析、岩石抗压强度（含天然、饱和、干燥）及抗剪强度试验、水质简分析和侵蚀性 CO_2 测试等，为设计施工提供了系统的岩土技术参数。依托工程开展了“软土地区基准基床系数试验方法与取值标准研究”，为工程参数取值提供充足依据。

3 场地地质条件

涉及主要地层为：①$_2$层黏土，可塑，工程性质较好；①$_3$层淤泥质粉质黏土流塑，高压缩性，高灵

获奖项目：2021 年度工程勘察、建筑设计行业和市政公用工程优秀勘察设计奖一等奖。

敏度，工程性质差；②$_1$层粉质黏土，流塑，高压缩性，高灵敏度，工程性质差；②$_2$层淤泥质粉质黏土，流塑，高压缩性，高灵敏度，工程性质差；②$_{2a}$层黏质粉土；②$_3$层淤泥质黏土，流塑，高压缩性，高灵敏度，工程性质差；④层黏土；⑥$_1$层粉质黏土，可塑，工程性质较好；⑥$_4$层圆砾，中密状，渗透性好，工程性质，较好；⑥$_{4a}$层：质黏土；⑦$_1$层粉质黏土，可塑，工程性质较好；⑦$_2$层粉质黏土，可塑，工程性质较好；⑧$_1$层粉砂，中密，可塑，工程性质较好；⑧$_3$层圆砾，中密状，渗透性好，工程性质，较好；⑧$_{3a}$层粉质黏土；⑨层含黏性土圆砾，中密状，渗透性好，工程性质好；⑩层强风化粉砂岩，工程性质好。场地典型土层物理力学性质指标表见表1。

土层基本物理性质指标一览表 **表1**

土层	岩性	天然含水率	密度	天然孔隙比	塑性指数	液性指数	固结快剪	
							c	φ
		%	g/cm^3				kPa	°
①$_2$	黏土	33.7	18.9	0.947	20.1	0.45	33.5	13.5
①$_3$	淤泥质粉质黏土	41.3	17.9	1.164	15.2	1.24	14.2	8.8
②$_1$	粉质黏土	35.0	18.6	0.986	16.0	0.91	18.8	10.5
②$_2$	淤泥质粉质黏土	45.4	17.3	1.290	15.6	1.52	15.4	9.4
②$_{2a}$	黏质粉土	31.9	18.9	0.893	8.7	0.92	17.0	27.1
②$_3$	淤泥质黏土	45.1	17.4	1.294	18.2	1.22	16.6	8.9
④	淤泥质粉质黏土	41.6	1.77	1.201	16.9	1.10	15.0	10.0
⑥$_1$	粉质黏土	26.1	19.5	0.764	12.9	0.55	33.8	16.0
⑥$_4$	圆砾						35	5.0
⑥$_{4a}$	粉质黏土	30.9	19.2	0.855	14.7	0.68	32.1	14.9
⑦$_1$	粉质黏土	28.1	19.3	0.811	15.3	0.52	37.1	16.4
⑦$_2$	粉质黏土	25.6	19.8	0.731	12.9	0.52	36.10	17.6
⑧$_1$	粉砂	24.3	19.6	0.700			11.0	32.6
⑧$_3$	圆砾						35	5.0
⑧$_{3a}$	粉质黏土	23.4	19.9	0.683	12.3	0.43	36.0	16.4
⑨	含黏性土圆砾						35	5.0

4 水文地质条件

根据地下水含水层介质、水动力特征及其赋存条件，场地范围内与工程有关的地下水可分为松散岩类孔隙潜水和孔隙承压水两类。

孔隙潜水赋存于表部黏土、淤泥质黏土层中的孔隙潜水，富水性及透水性均较差，渗透系数在4.07×10^{-7}～5.0×10^{-6}cm/s，水量贫乏，主要接受大气降水的竖向入渗补给和地表水的侧向入渗补给，多以蒸发方式排泄。水位受气候条件等影响，季节性变化明显，潜水位变幅一般在1.0m左右。勘察期间测得各勘探孔潜水位埋深为0.7～1.9m，相应标高0.73～2.09m，潜水最低水位按本次勘察实测水位向下1.0m。

根据本区钻探资料及附近水文地质孔资料，本车站场地埋藏分布有浅层孔隙承压水和第Ⅰ含水层组（Q_3）和第Ⅱ含水层组（Q_2）两层孔隙承压含水层，其中第Ⅰ含水层组又分为Ⅰ$_1$和Ⅰ$_2$承压水。

（1）2a层浅层孔隙承压水

含水层埋深较浅，顶板标高−10.89～1.62m，厚度变化较大，层厚0.70～12.20m，出水量不大，单井涌水量一般小于10m^3/d，渗透系数10^{-4}cm/s，测压水头标高1.47m，水质为淡水，水化学类型以HCO · Cl-Na型。

（2）I-1层孔隙承压水

主要赋存于⑥$_4$层圆砾中，透水性好，涌水量大，单井涌水量大于400m^3/d，渗透系数10^{-3}cm/s，测压水头标高−0.21～−0.19m，水质为咸水，水化学类型为Cl-Na型。

（3）I-2层孔隙承压水

赋存于⑧$_3$层砾砂、圆砾中，透水性好，根据机场站S1CC1抽水试验资料，渗透系数约10^{-3} cm/s，水量丰富，单井涌水量1500～1800m^3/d，测压水头标高–0.19m，动态变化不显，基本不流动。透水性较好，水温为19.5～20.0℃，水质为微咸水，水化学类型以Cl · SO_4-Na · Ca型为主。

场地环境类型为Ⅱ类，地下水对混凝土结构具微腐蚀性；对钢筋混凝土结构中的钢筋在长期浸水条件下具微腐蚀性。

5 勘察主要的特点、难点

宁波栎社国际机场三期扩建是浙江省内首个实现地铁直接接入航站楼，集航空、地面和轨道交通与一体，复合“楼、桥、隧、路”等结构的大体量工程，基础形式有桩基础、浅基础、地基处理，基坑围护等多样性的地质勘察特点。本工程场地工程地质条件差，软土层深厚，浅部由淤泥质土、淤泥组成，最厚达35m；水文地质条件复杂，多层含水层分布。本勘察具有“工期紧、任务重、工程地质条件复杂、技术要求高、施工难度大、安全文明施工要求高”等特点。

6 取得的主要技术创新成果

6.1 地基反应模量试验

为了滑行道、停机坪浅基础设计和软基处理的需要，除采用常规钻探、静探方式外，还需采用多种现场原位测试手段以准确获取浅部土层力学性质。在这些原位测试手段中，现场地基反应模量试验是机场勘察中一种独有的试验方法，是表征压力与变形关系的试验，为了有效提高试验的精度，获得准确可靠的设计参数。

本次勘察在现场选取了3个点进行现场地基反应模量测试（编号为DCFY1、DCFY2、DCFY3），测试层位为表部①$_2$层灰黄色黏土层。测试时首先挖除表部0.3m左右耕植土，然后再进行试验。由于各处地基土性质差异，DCFY1、DCFY2、DCFY3分别加载至0.204MPa（92.76kN）、0.170MPa（77.31kN）、0.170MPa（77.31kN）时，地基土破坏（图2），试验结束。

图2 现场地基反应模量测试

①$_2$层地基反应模量k_μ值介于19.46～32.36MPa/m之间，平均值为26.32MPa/m，极差为26.1%，小于30%，其测试成果的平均值可作为本工程场地①$_2$层地基反应模量的代表值。从表2结果可知，地基反应模量k_μ值与土体含水率关系密切，随着含量的增加，其k_μ值降低。

①$_2$层黏土地基反应模量测试成果表　　表2

点号	P	P_B	k_μ	d	d_μ	d/d_μ	k_0	w	γ	P
	kN	kPa	MPa/m	mm	mm		MPa/m	%	kN/m^3	kN
DCFY1	18.15	41.10	32.36	0.180	0.735	0.24	7.77	26.4	19.1	18.15
DCFY2	10.92	24.72	19.46	0.444	0.734	0.60	14.83	30.8	19.5	10.92
DCFY3	15.22	34.47	27.14	0.456	0.609	0.75	20.36	28.0	19.0	15.22

6.2 基准基床系数试验方法与取值标准研究

以宁波栎社机场三期岩土工程勘察项目为依托，根据宁波软土地基土层的岩土工程条件，采用原位测试与室内试验相结合的方法，对宁波软土地区不同状态下（流塑、软塑、可塑）的土体进行了测试试验、分析、研究，对研究区基床系数的测试方法和取值标准进行了分析研究。

基床系数作为地下工程设计的重要参数，其值的准确性将直接影响到项目的工程造价及安全，现场平板载荷试验是目前最可靠的方法，然而由于平板载荷试验主要适用于地表浅层地基土，其适用性受到限制，且工期、费用均较高，而室内试验结果与规范经验值差异性太大，由此，目前在岩土勘察阶段对于基床系数尚未形成统一的试验方法和取值标准，导致勘察单位提出的基床系数设计工程师无法把握和使用[1-2]。为提高软土地区岩土工程勘察、设计水平，降低工程造价，提高安全性，有必要对软土地区基床系数进行一系列的理论、现场和室内试验研究，以确定软土地区设计中基床系数的试验和取值方法，进而提高软土地区工程勘察、设计水平，具有一定的实际工程意义和应用价值。

图 3　垂直基床系数测试设备

图 4　水平基床系数测试

（1）浅层平板荷载试验修正经验公式

浅层平板荷载试验圆形承压板面积 0.5m²，直径 0.804m，对于砾砂、砂土，采用换算公式为：

$$k_{30} = k\left(\frac{2 \times 0.804}{0.804 + 0.30}\right)^2 = 2.121k$$

对于黏性土，采用换算公式：

$$k_{30} = k\left(\frac{0.804}{0.30}\right) = 2.68k$$

（2）基床系数扁铲侧胀试验结果修正经验公式

扁铲试验时将直径$D = 0.06\text{m}$ 的圆形钢膜向外扩张，假定在半无限弹性介质中的圆形面积上施加均布荷载ΔP，依据水平上荷载-位移关系得到水平向基床系数，由此依据式计算有：

对于砾砂、砂土，采用换算公式为：

$$k_{30} = k\left(\frac{2 \times 0.06}{0.06 + 0.30}\right)^2 = 0.111k$$

对于黏性土，采用换算公式：

$$k_{30} = k\left(\frac{0.06}{0.30}\right) = 0.2k$$

（3）固结法基床系数修正经验公式

固结试验土样直径即环刀内径为 61.8mm，透水板直径取 61.5mm，对于砾砂、砂土，采用换算公式为：

$$k_{30} = k\left(\frac{2 \times 0.0615}{0.0615 + 0.30}\right)^2 = 0.116k$$

对于黏性土，采用换算公式：

$$k_{30} = k\left(\frac{0.0615}{0.30}\right) = 0.205k$$

（4）三轴法基床系数修正经验公式

由于三轴试样直径与高度 39.1mm × 80mm，对于砾砂、砂土，采用换算公式为：

$$k_{30} = k\left(\frac{2 \times 0.0391}{0.0391 + 0.30}\right)^2 = 0.231k$$

对于黏性土，采用换算公式：

$$k_{30} = k\left(\frac{0.0391}{0.30}\right) = 0.13k$$

（5）修正数据对比分析

考虑尺寸效应的影响，按相关公式进行直径修正后，各测试试验方法下得到不同状态的土体基床系数见表 3。

（6）对于采用不同的测试试验方法得到的基床系数（垂直、水平），由于受尺寸效应的影响，导致同一地基土的基床系数存在着很大的差异，因此必须统一到以K_{30}为基准基床系数的标准，才可进行对比分析；对于表层硬壳层可以采用K_{30}荷载试验、固结试验及扁铲侧胀试验综合确定土体基准基床系数。对于下部土体：可以采用扁铲侧胀试验及K_0仪固结试验对不同状态下的土体的水平、垂直基准基床系数进行综合分析。

基床系数修正值表 **表 3**

测试方法	可塑（硬壳层）		流塑		软塑		可塑	
	垂直	水平	垂直	水平	垂直	水平	垂直	水平
K_{30}	34.9	25.5						
扁铲侧胀法		27.5		12.9		24.6		32.6
K_0仪固结法	15	16.2	10.3	9.0	13.3	13.3	19.3	18.1
固结法	35.2		15.8		26.5		40.0	
三轴法	3.2	—	2.5	3.2	3.1	3.5	14.0	12.5
规范建议值	10～25	12～30	1～10	1～12	8～22	12～25	20～45	20～45

7 桩基参数修正

勘察报告充分搜集了地区和邻近工程的试桩资料，以及周边同类建筑经验，给出了较为合理的地基承载力参数和桩基承载力设计参数；对地基基础形式进行了分析评价，如钻孔灌注桩后压浆等问题；针对场地桩基方案，建议采用钻孔灌注桩加后注浆工艺等，通过试桩，后注浆单桩值提高比例 30%左右，被设计施工采用，大大提高了施工效率及成本。

单桩承载力特征值试验值对比表 **表 4**

试桩编号	桩型	桩径/mm	设计桩长/m	桩端持力层	单桩竖向承载力特征值/kN			
					注浆前		注浆后	最大试验荷载/kN
98	钻孔灌注桩	ϕ650	57.45	⑧$_3$圆砾	3000	6280	3900	8080
121		ϕ650	57.45		3000	6280	3900	8080
364		ϕ650	57.45		3000	6280	3900	8080
743		ϕ650	57.45		3000	6280	3900	8080
983		ϕ650	57.45		3000	6280	3900	8080

8 结论

（1）宁波栎社国际机场三期扩建工程 KC-1 标段勘察手段多样、技术新、针对性强。报告内容丰富、图表齐全、并针对性地开展了《提高地基反应模量试验精确率》和《软土地区基准基床系数试验方法与取值标准研究》课题研究，提供了合理的地基承载力和桩基承载力参数，分析评价全面深入，结论建议合理，为施工图设计提供了依据和指导。

（2）三期扩建工程在建设过程中重点突出安全、绿色、高效、便捷、廉洁 5 大特点，打造优质工程精品工程，首次采用桩基泥浆固化技术，零污染、零外运。T2 航站楼采用浙江省内首用的钢结构安装技术，在建设过程中就已获得宁波市结构优质工程奖、浙江省安装样板工程、中国钢结构金奖等各项殊荣，KC-1 标段勘察获 2021 年国家行业优秀勘察成果一等奖。

（3）三期扩建工程建成后国民经济内部收益率达 11.59%，国民经济效益明显。同时建成后的 T2 航站楼成为宁波市重大标志性工程，是长三角区域协同发展的重要基础设施，成为展示宁波城市新形象的一个窗口。

参考文献

[1] 杨超，汪稔，傅志斌，等. 扁铲侧胀试验在滨海沉积软土中的应用[J]. 水文地质工程地质，2010, 37(2):79-82.

[2] 周宏磊，张在明. 基床系数的试验方法与取值[J]. 工程勘察, 2004(2):11-15.

海淀区循环经济产业园—再生能源发电厂项目岩土工程勘察、混凝土灌注桩试桩试验实录

刘　春

（中兵勘察设计研究院有限公司，北京　100053）

0　前言

海淀区循环经济产业园再生能源发电厂项目是北京市海淀区“十二五”期间的一项重大基础设施建设项目，事关海淀区环卫事业的发展和城市环境水平的整体提高，对于确保海淀区城市安全稳定运行、更好地解决民生问题和保护生态环境、促进中关村自主创新示范区核心区建设和海淀区经济社会的可持续发展，具有十分重要的现实意义。项目效果图如图1所示。

图1　项目效果图

1　工程概况

项目位于海淀区苏家坨镇大工村东侧，总用地面积27.75ha，其中建设用地面积22.75ha，总建筑面积6.3万m^2，为大型城市生活垃圾综合处理厂建设的子项工程包括301综合楼、焚烧中心区、烟囱、污水处理区、餐厨厨余综合处理车间、炉渣存放区等。其中，炉渣存放区炉渣最小堆填厚度为5m左右，最大堆填厚度为20m。其他各拟建建筑物概况详见表1～表2。

各建筑物概况一览表　　表1

拟建建筑物	层数	高度	±0.00标高/m	基础埋深/m	基础形式	结构类型
301综合楼	1～3	—	143.60	−1.50	独立基础	待定
烟囱	—	约80.0m	141.00	−4.00	筏板	待定

拟建建（构）筑物性质一览表　　表2

建筑区	编号	建（构）筑物名称	层数	建筑面积/m^2	说明
焚烧中心区	101	焚烧发电工房	1～5层	42285；其中地上：41966，地下：319	平面尺寸：191m×93.6m、高度45m；柱下荷载为8000kN。炉渣坑地坪深度6.0m，垃圾池地坪深度7.0m
	101^2	高架引桥	—	2100	—
	101^3	空冷塔	—	—	—
	101^4	1号主变压器室	1层	92	—
	101^5	2号主变压器室	1层	92	—
	101^6	事故油池	—	—	—
	102	地泵房	1层	20	—
	201	综合水泵房	1层	34	—
	$201^{1,2}$	消防水池、生产生活水池	—	—	—
	202	油泵房	1层	58	—

获奖项目：2021年度工程勘察（建筑设计行业和市政公用工程优秀勘察）设计行业奖三等奖。

续表

建筑区	编号	建（构）筑物名称	层数	建筑面积/m^2	说明
焚烧中心区	202[1]	柴油库	—	—	—
	204	氨水间及泵房	1层	90	1个地上储罐存量80m^3
污水处理区	501	废水处理工房	1层	950	—
	501[1]	调节池	—	656	—
	501[2]	综合反应池	—	862	—
	501[3]	综合处理池	—	65	—
	501[4,5]	1号、2号厌氧罐	—	—	设备
餐厨厨余综合处理区	401	餐厨厨余综合处理车间	1	94×60	主工房、生物除臭塔、辅料仓室内地坪标高154.30，卸料大厅160.20；埋深-2.50m，排架结构

根据《岩土工程勘察规范》（2009年版）GB 50021—2001岩土工程勘察分级标准，本工程重要性等级为二级，场地复杂程度等级为二级（中等复杂场地），地基复杂程度等级为二级（中等复杂地基）。综合判定，本工程岩土工程勘察等级为乙级。

2 岩土工程勘察目的

查明建筑场地地基岩土层的构成及其物理力学性质，为地基基础设计、地基处理、基坑支护设计提供可靠的地质资料。根据地基岩土层情况，提出相应的地基基础方案及合理的施工建议，针对不同地段、不同建筑物对地基基础设计要求，提出基础设计、地基处理方案建议，确定不同的基础设计、地基处理方法的有关设计、施工参数，为最终基础设计、地基处理方案设计和施工提供依据，对后期工作提出建设性建议，为施工质量和保证工期按时完成提供保证。

3 场地岩土工程条件

3.1 地质背景

在区域地质构造上，拟建场区所在区域处于中朝准地台（Ⅰ）燕山台褶带（Ⅱ1）—西山迭坳褶（Ⅲ5）—门头沟迭陷褶（Ⅳ11）构造单元。

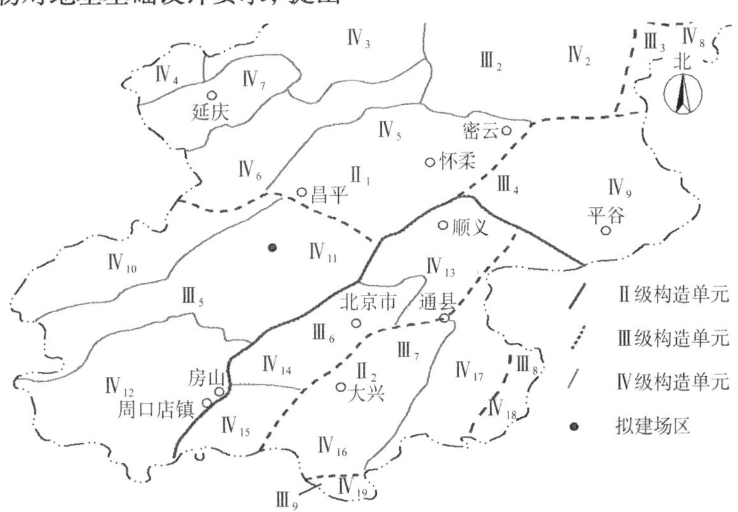

图2 拟建场区大地构造位置图

3.2 场地地形地貌、地层和水文地质条件

场地地貌位置属山前台地，地形起伏较大。于2012年开始分阶段开挖整平，同步进行岩土工程勘察，钻探工作在整平的场地上进行。现场整平施工情况详见图3～图6。勘探期间，301综合楼钻孔孔口地面标高139.71～150.21m；焚烧中心区和污水处理区钻孔孔口地面标高139.93～142.42m；烟囱钻孔孔口地面标高140.71～140.87m；炉渣存放区钻孔孔口地面标高112.35～134.94m；餐厨部

分除北侧卸料大厅场地地面标高为 160.0m 左右外，场地其余部分地面标高为 153.0～154.0m。

图 3　整平施工现场

图 4　整平施工现场

图 5　整平施工现场

图 6　整平施工现场

根据现场钻探、原位测试及室内土工试验成果，依据地层沉积年代、成因类型，场地地基岩土层拟建场地地面以下 65.00m 深度范围内主要由第四系坡洪积土层、燕山期岩浆岩和奥陶系灰岩组成。表层为碎石混黏性土素填土和粉质黏土素填土组成，属于近期和勘察期间场地平整随机堆填而成，土质松散、不均，具强湿陷性和干缩性。第四系地层由碎石混黏性土、粉质黏土、黏性土混碎石、块石、重粉质黏土、黏质粉土、黏土构成，呈互层状分布；燕山期岩浆岩主要有花岗岩残积土、花岗岩和闪长玢岩组成；奥陶系岩层主要由灰岩组成。典型工程地质剖面见图 7、图 8。

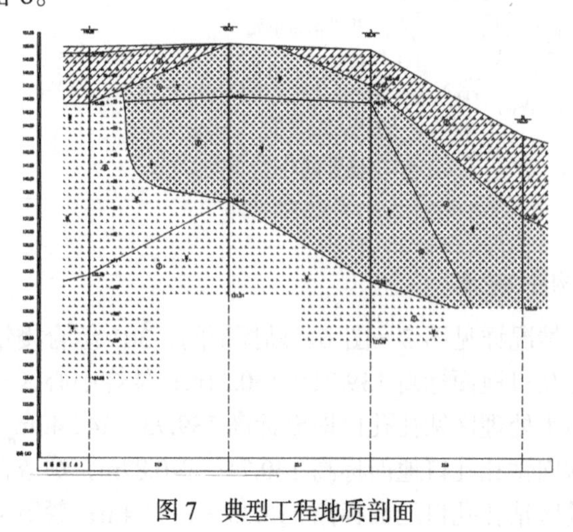

图 7　典型工程地质剖面

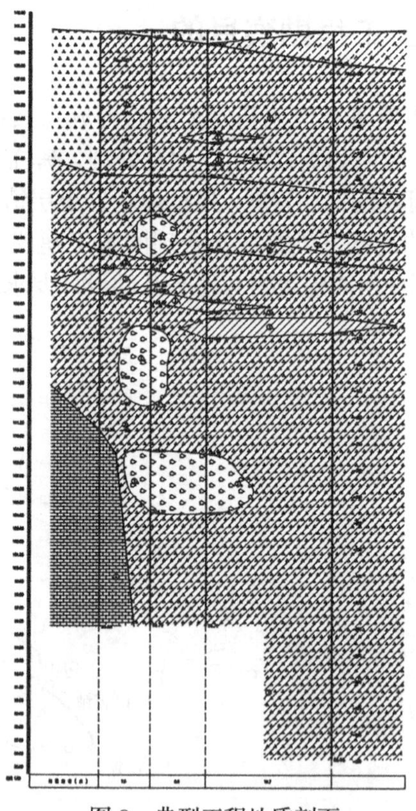

图 8　典型工程地质剖面

本场地地基土对混凝土结构和钢筋混凝土结构中的钢筋均具微腐蚀性。

勘察期间，在勘探深度范围内未观测到地下水。场地地下水对混凝土结构和钢筋混凝土结构中的钢筋均按微腐蚀性考虑。

4 工程特点分析

（1）拟建 301 综合楼建筑基础处于多种地基岩土层（碎石混黏性土、黏性土混碎石、黏性土、全风化花岗岩、强风化花岗岩、中等风化花岗岩和全风化闪长玢岩），地基基础各部分的变形差异较大。局部需要填方。场地西侧存在高约 6m 的土质边坡，场地整平开挖亦会形成多处人工边坡，应考虑人工边坡的稳定性。

（2）焚烧中心区、污水处理区拟建建（构）筑物种类众多，设计需求不同。勘察场地地形起伏较大，边整平边施工，地质条件复杂，场地的人工填土层、坡洪积土层（碎石混黏性土、黏性土混碎石、块石、黏性土）分布变化很大，奥陶系灰岩顶面起伏变化大，构造裂隙发育，施工环境复杂，地层中夹块石，块石最大粒径 550cm，漏浆严重；焚烧发电工房中的炉渣坑和垃圾池位于焚烧发电工房主工房内，炉渣坑和垃圾池基槽开挖及炉渣坑和垃圾池荷载小造成的侧限永久削弱对桩基承载力、桩基侧向稳定性及桩间土的侧向变形、稳定的不利影响。烟囱：拟建构筑物高度较大，基础埋置深度较浅；地质条件复杂，场地的人工填土层、坡洪积土层分布变化很大，奥陶系灰岩顶面起伏变化大，构造裂隙发育，施工环境复杂，地层中夹块石，块石最大粒径 550cm，漏浆严重；地基基础存在变形差异。烟囱西侧已形成高约 20m 的人工边坡；需考虑场区潜在的泥石流地质灾害。

（3）餐厨厨余综合处理车间为 1 层排架结构。地质条件复杂，场地的人工填土层、坡洪积土层分布变化很大；餐厨厨余综合处理车间主工房基底与卸料大厅基底存在 5.90m 高差；场地南侧和东侧为裸露边坡。

（4）炉渣存放区：炉渣最小堆填厚度为 5m 左右，最大堆填厚度为 20m。地质条件复杂，场地的人工填土层、坡洪积土层分布变化很大，奥陶系灰岩顶面起伏变化大，构造裂隙发育，施工环境复杂，地层中夹块石，块石最大粒径 450cm，漏浆严重。需综合考虑确定其炉渣的堆积坡率。炉渣存放区北侧未来场地回填平整到炉渣存放场底标高时，将形成高约 10～20m 的人工边坡。

5 场地评价

拟建场地抗震设防烈度为 8 度，设计基本地震加速度值为 0.20g，设计地震分组为第一组。建筑场地类别属于Ⅱ类。301 综合楼基础处于平面分布上成因、岩性、状态明显不均匀的岩土层，属对建筑抗震不利地段，因此，设计时应采取相应的有效措施，或采用比较耐震的结构设计，避免地震反应差异而产生地震力不同造成建筑物差异破坏；其他场地属对建筑抗震一般地段。

在地震烈度为 8 度时，拟建场地地基土层不液化。

拟建场区处于西峰寺沟与宣同寺沟两沟排洪通道之间，可能遭受潜在泥石流地质灾害危险性等级预测为“中级”。对于场区潜在的泥石流地质灾害，建议必要时对场区进行进一步的泥石流勘查工作，建立对泥石流的监测机制，监测工作可采用降雨量监测、地表水流态和动态监测、异常响声监测等手段综合监测泥石流发生的各种征兆。对泥石流的防治原则以疏导和防范为主。防治措施可采取修筑排洪沟和拦挡工程等具有成熟经验的防治措施。

拟建场地西南侧距拟建 301 综合楼约 10m 处存在高约 6m 的边坡，边坡土质为碎石混黏性土，在遭受暴雨浸泡及冲刷，振（震）动及人类工程活动（挖方、堆载）作用下，边坡可能发生局部坍塌或失稳；拟建餐厨部分场地南侧和东侧为 12m 高的陡坎，西侧为山体边坡，高为 17～20m，陡坎和边坡土质均为碎石混黏性土（其中，东侧陡坎局部已有护坡措施），在遭受暴雨浸泡及冲刷、振（震）动及人类工程活动（挖方、堆载）作用下，陡坎和边坡可能发生局部坍塌或失稳。均须采取安全、可靠的防范、治理措施。根据设计条件，拟建场区的整平挖方会形成多处人工边坡，须采取安全、可靠的放坡坡率或必要的支挡结构（如挡土墙或锚固体系），以保证建筑地基基础的整体稳定性及施工、使用阶段建筑物的安全。

场地除潜在泥石流的影响作用外，不存在滑坡、崩塌、液化和震陷等不良地质作用。综合分析判定，拟建场地属基本稳定场地，基本适宜本工程建设。

6 地基基础方案及相关技术建议

6.1 地基基础方案

各拟建建（构）筑物的地基方案及建议见表3。

各拟建建（构）筑物地基基础方案建议一览表 **表3**

建（构）筑物编号	建（构）筑物名称		基底标高/m	天然地基方案的直接持力层	地基均匀性	地基基础方案建议
301	综合楼		142.10	除东部10号和11号钻孔所在区段基底处于地表以上外，其他部分基底为②碎石混黏性土、②$_1$粉质黏土、②$_2$碎石混黏性土、③全风化花岗岩、③$_1$粉质黏土、④强风化花岗岩、⑤中等风化花岗岩和⑥全风化闪长玢岩	不均匀	基底（13号钻孔地段）存在②$_1$粉质黏土和②$_4$粉质黏土，应将其挖除，基础可采取加深至②碎石混黏性土或用级配砂石分层碾压至基底设计标高（级配砂石压实系数不小于0.96）拟建301综合楼东部（10号和11号钻孔所在区段），基底面处于地表以上，该区为填方区（详见基底岩土地层分布图），建议填方区基础采取加深至②$_2$碎石混黏性土或用级配砂石分层碾压回填至基底设计标高。用级配砂石分层碾压回填时，压实系数不小于0.96。采用上述地基方案时，综合考虑，建议地基承载力标准值f_{ka}按200kPa考虑。由于基底处的④强风化花岗岩和⑤中等风化花岗岩强度较高，处于此岩层上的基础，基底处应采用厚度500mm的土夹石（碎石含量20%～30%）褥垫处理，褥垫夯填度为0.70
	烟囱		137.00	②碎石混黏性土，其下伏土层为②$_2$碎石混黏性土	均匀	综合考虑，地基承载力标准值f_{ka}可按230kPa采用。建议设计时对其进行软弱下卧层验算
101	焚烧发电工房	主工房	139.00	①碎石混黏性土素填土、①$_1$粉质黏土素填土、②碎石混黏性土、②$_1$粉质黏土、②$_2$碎石混黏性土、②$_3$块石、②$_4$粉质黏土—重粉质黏土、②$_5$黏质粉土—粉质黏土、②$_7$黏性土混碎石	不均匀	灌注桩基础
		汽机间	139.00	①碎石混黏性土素填土、②$_2$碎石混黏性土	不均匀	
		炉渣坑	135.00	②碎石混黏性土、②$_2$碎石混黏性土	均匀	天然地基，地基承载力标准值f_{ka}可按150kPa采用
		垃圾池	134.00	②$_2$碎石混黏性土、②$_4$粉质黏土—重粉质黏土、②$_6$黏土	均匀	
101^{2}	高架引桥		—	—		灌注桩基础
101^{3}	空冷塔		139.00	①碎石混黏性土素填土、①$_1$粉质黏土素填土、②$_2$碎石混黏性土	不均匀	挤密桩复合地基，条形基础或独立基础
101^{4}	1号主变压器室		139.00	②$_2$碎石混黏性土	均匀	天然地基，地基承载力标准值f_{ka}可按230kPa采用
101^{5}	2号主变压器室		139.00	①$_1$粉质黏土素填土	不均匀	挤密桩复合地基，条形基础或独立基础
101^{6}	事故油池		139.00	②$_2$碎石混黏性土	均匀	天然地基，地基承载力标准值f_{ka}可按230kPa采用
102	地泵房		139.90	①碎石混黏性土素填土	不均匀	挤密桩复合地基，条形基础或独立基础
201	综合水泵房		139.00	①碎石混黏性土素填土	不均匀	挤密桩复合地基，条形基础或独立基础
$201^{1,2}$	消防水池、生产生活水池		139.00	①碎石混黏性土素填土、①$_1$粉质黏土素填土	不均匀	挤密桩复合地基，条形基础或独立基础
202	油泵房		139.00	①碎石混黏性土素填土	不均匀	挤密桩复合地基，条形基础或独立基础
202^{1}	柴油库		139.00	①碎石混黏性土素填土、①$_1$粉质黏土素填土	不均匀	挤密桩复合地基，条形基础或独立基础
204	氨水间及泵房		139.00	①碎石混黏性土素填土	不均匀	挤密桩复合地基，条形基础或独立基础
501	废水处理工房		140.50	①碎石混黏性土素填土、②$_2$碎石混黏性土	不均匀	挖除人工填土层，采用换填垫层法进行处理，或采用挤密桩复合地基，条形基础或独立基础
501^{1}	调节池		138.00	①碎石混黏性土素填土、②$_2$碎石混黏性土	不均匀	挖除人工填土层，采用换填垫层法进行处理，或采用挤密桩复合地基，条形基础或独立基础
501^{2}	综合反应池		140.50	①碎石混黏性土素填土、②$_2$碎石混黏性土	不均匀	挖除人工填土层，采用换填垫层法进行处理，或采用挤密桩复合地基，条形基础或独立基础
501^{3}	综合处理池		140.50	①碎石混黏性土素填土	不均匀	挖除人工填土层，采用换填垫层法进行处理，或采用挤密桩复合地基，条形基础或独立基础
$501^{4,5}$	1号、2号厌氧罐		140.50	②$_2$碎石混黏性土、②$_3$块石	均匀	天然地基，地基承载力标准值f_{ka}可按230kPa采用

续表

建（构）筑物编号	建（构）筑物名称	基底标高/m	天然地基方案的直接持力层	地基均匀性	地基基础方案建议
401（餐厨厨余综合处理车间）	主工房	151.80	①碎石混黏性土素填土、②碎石混黏性土、②$_1$碎石混黏性土、②$_2$粉质黏土	不均匀	天然地基，以②碎石混黏性土和②$_1$碎石混黏性土作直接持力层，可采用条基或独立基础。当基础底局部有①碎石混黏性土素填土和②$_2$粉质黏土时，全部挖除，然后用级配砂石分层碾压回填至基底设计标高。用级配砂石分层碾压回填时，压实系数不小于 0.97。采用上述地基方案时，综合考虑，建议地基承载力标准值f_{ka}按 200kPa 考虑，并应根据地层情况进行软弱下卧层验算。当天然地基无法满足设计要求时，可采用灌注桩基础
	卸料大厅	157.70	①碎石混黏性土素填土、②碎石混黏性土、②$_1$碎石混黏性土	不均匀	
	生物除臭塔	151.80	②$_1$碎石混黏性土	均匀	
	辅料仓等	151.80	②$_1$碎石混黏性土	均匀	

6.2 相关技术建议

（1）在确定深宽修正的地基承载力标准值f_a和进行软弱下卧层验算时，须按《北京地区建筑地基基础勘察设计规范》DBJ 11—501—2009 的有关内容进行计算分析。

（2）采用换填垫层处理地基方案时，换填土的设计、施工、检测和材料调配应符合《建筑地基处理技术规范》JGJ 79—2002、《建筑地基基础设计规范》GB 50007—2011、《北京地区建筑地基基础勘察设计规范》DBJ 11-501—2009 和《建筑地基基础工程施工质量验收规范》GB 50202—2002 对换填垫层、压实填土地基和地基稳定性的有关规定。对于需换填垫层地基处理的建筑，设计时应适当加强基础刚度和上部结构强度。

（3）挤密桩复合地基

采用挤密桩复合地基方案时，挤密桩类型可采用钻孔夯扩挤密桩、柱锤冲扩挤密桩和振冲挤密桩。复合地基设计方案应根据有关规范、结合工程实践经验，按照建筑物对地基承载力和变形的要求确定。复合地基的实际工程性能和质量，宜通过按规范规定的比例进行复合地基静载荷试验和其他原位测试检验评定，复合地基的承载力应根据现场试验结果最终确定，以保证建筑物的安全和正常使用。

（4）采用灌注桩基础方案时，建议以③层碎石混黏性土或④层灰岩作为桩端持力层。也可根据最终设计的结构荷载分布条件，采取必要的结构、构造设计措施，有效扩散框架柱的集中荷载，并使结构荷载尽可能均匀分布，依据框架柱最终设计采用的荷载大小调整承台尺寸、基桩的桩径、基桩布设的间距、承台下基桩的数量和各桩基承台的相互关系，在此基础上，根据地基土层的分布情况、对单桩荷载大小的要求，选择适当的桩长，综合确定桩端持力层，确保桩基设计方案的安全、经济和合理。

建议灌注桩成孔采用人工挖孔。与灌注桩方案设计相关各岩土层的桩的极限侧阻力标准值q_{sik}及桩的极限端阻力标准值q_{pk}可按参考数值选用。对于大直径桩的桩基计算，应按《建筑桩基技术规范》JGJ 94—2008 中有关规定，对桩端和桩侧阻力乘以尺寸效应系数。

由于拟建场地人工填土层为近期和勘察期间场地平整随机堆填而成，土质松散、不均，具强湿陷性和干缩性，在自重固结、遇水湿陷和干缩作用下桩周土沉降会引起桩侧负摩阻力。因此，处于人工填土区域的灌注桩，在进行桩基设计时，应根据工程具体情况考虑负摩阻力对桩基承载力和沉降的影响。人工填土的负摩阻力系数可按 0.40 考虑。

桩端进入持力层的深度、桩位布置、桩间距、桩身构造要求及桩身的结构强度，应符合《建筑地基基础设计规范》GB 50007—2011、《建筑桩基技术规范》JGJ 94—2008 及其他相关标准的规定。

拟建场地地层复杂，基岩顶面埋深起伏变化很大，为了取得准确合理的桩基设计参数，桩基最终设计方案确定前，建议进行试桩工作，以求得最佳桩基设计参数，优化桩基设计方案。

桩基承载力和施工质量的检测和评定，应符合《建筑桩基技术规范》JGJ 94—2008 和《建筑基桩检测技术规范》JGJ 106—2003 的有关规定。

（5）对于 301 综合楼，拟建建筑基础处于多种地基岩土层（详见图 9、图 10），地基基础各部分的变形差异较大。因此，建议设计时适当加强基础刚度和上部结构强度。同时，根据具体荷载分布情况、地基土层分布情况，结合基础刚度、地基岩土层非线性应力应变特性及施工进程的影响进行地基沉降验算与差异沉降计算分析。建议设计时

按上部结构、基础与地基的共同作用进行地基基础变形分析计算，并根据计算分析结果采取相应

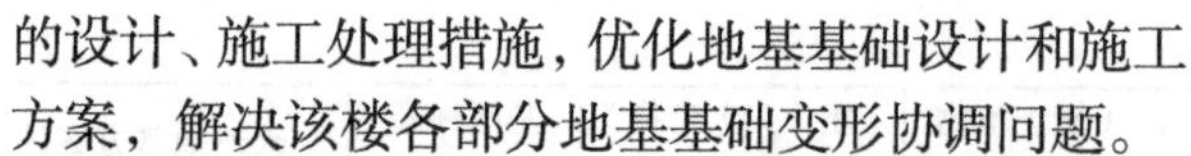
的设计、施工处理措施，优化地基基础设计和施工方案，解决该楼各部分地基基础变形协调问题。

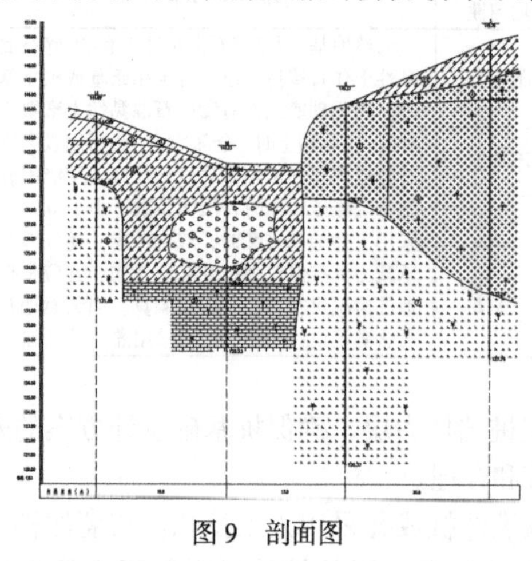

图 9　剖面图

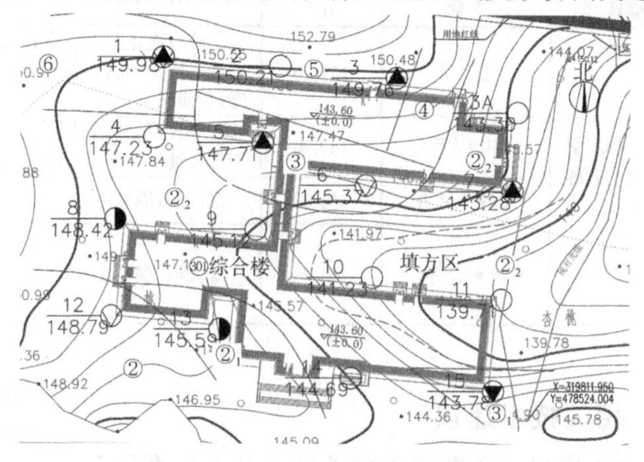

图 10　基底岩土地层分布图

（6）对于拟建烟囱，建议设计时适当加强基础刚度和上部结构强度。同时，根据具体荷载分布情况和地基岩土层分布情况，结合基础刚度、地基岩土层非线性应力应变特性及施工进程的影响进行地基沉降验算与差异沉降计算分析。建议设计时按上部结构、基础与地基的共同作用进行地基基础变形分析计算，并根据计算分析结果采取相应的设计、施工处理措施，优化地基基础设计和施工方案，解决地基基础变形协调问题。

场地整平开挖时，烟囱西侧已形成高约 20m 的人工边坡，应考虑人工边坡的稳定性，须采取安全、可靠的放坡坡率或必要的支挡结构（如挡土墙或锚固体系），保持边坡的永久稳定，保证烟囱地基基础的整体稳定性及施工、使用阶段烟囱的安全。支护设计时，应根据所采用的支护类型、计算模型、施工和使用期的受力状况、依据支护结构的位移限制条件和设计需要，并结合实际工程经验，综合确定设计参数取值。由于挖方形成的边坡高度较高，且边坡的稳定性直接影响到烟囱的安全使用，建议必要时进行专项的边坡岩土工程勘察。

（7）对于炉渣存放区场区，建议采用强夯或挤密法进行地基处理。

采用强夯方法进行地基处理时，强夯方案的设计、施工和地基检测应符合《建筑地基处理技术规范》JGJ 79—2002、《建筑地基基础设计规范》GB 50007—2011、《建筑地基基础工程施工质量验收规范》GB 50202—2002 和《北京地区建筑地基基础勘察设计规范》DBJ 11—501—2009 的有关规定。选用强夯处理地基，可根据有关规范要求、施工进度和对环境的影响等方面确定强夯施工方案。施工后，应对强夯处理的地基进行检测，以检验强夯方案设计参数的可靠性和综合评价强夯处理地基的实际效果，最终确定地基承载力标准值。

采用挤密桩复合地基方案时，按照前述要求执行。

炉渣存放区北侧未来场地回填平整到炉渣存放场底标高时，将形成高约 10～20m 的人工边坡。场地整平回填时，回填土的设计、施工方法和材料的选择应符合《建筑地基处理技术规范》JGJ 79—2002、《建筑地基基础设计规范》GB 50007—2011 和《北京地区建筑地基基础勘察设计规范》DBJ 11—501—2009 对压实填土地基的有关规定。回填方法可采用分层碾压回填。由于场地整平形成的人工高边坡，须采取安全、可靠的防范、治理措施。根据设计条件，须采取安全、可靠的放坡坡率或必要的支挡结构（如挡土墙或锚固体系），以保证炉渣存放区地基的整体稳定及施工、使用阶段的安全。岩土对挡墙基底摩擦系数μ可按 0.35 考虑。边坡稳定性支护设计时，应根据所采用的支护类型、计算模型、施工和使用期的受力状况、依据支护结构的位移限制条件和设计需要，并结合实际工程经验，综合确定设计参数取值。

建议对边坡制定详细、系统的监测方案，加强坡顶位移监测和支护结构变形监测，并建立险情应急预案，确保边坡的安全和稳定。

7　基坑工程设计与施工建议

7.1　基坑工程施工

焚烧发电工房中的炉渣坑和垃圾池以及调节池等基坑开挖较深，属于复杂基坑工程。深基坑开

挖及基础工程施工期间，保证基坑施工及周边环境的安全是本工程基坑工程施工中应解决的首要问题。

7.2 基坑支护

开挖较深的建筑物基槽，开挖时应考虑槽壁的稳定性。若不具备放坡条件，应采取适当支护措施，建议采用土钉墙或桩锚体系或其他安全的、具有成熟经验的支护体系进行边坡支护。支护设计单位应根据所采用的支护类型、计算模型、施工和使用期的受力状况、对支护结构的位移限制条件，以及设计需要，并结合实际工程经验，综合确定设计参数取值。

拟建焚烧发电工房中的炉渣坑和垃圾池位于焚烧发电工房主工房内，灌注桩设计时应充分考虑炉渣坑和垃圾池基槽开挖及炉渣坑和垃圾池荷载小造成的侧限永久削弱对桩基承载力、桩基侧向稳定性及桩间土的侧向变形、稳定的不利影响。为避免桩基础和地基土层侧向变形致使产生地基基础稳定性问题，建议桩基设计、施工与炉渣坑和垃圾池边坡支护体系设计、施工一体化进行，同时，炉渣坑、垃圾池和焚烧发电工房主工房均应采取相应的地基基础、结构设计措施和施工措施，保证桩基的安全和正常使用。炉渣坑和垃圾池护坡采用锚固构件时，应充分考虑对焚烧发电工房主工房桩基稳定性的影响。必要时应进行桩基与边坡支护体系协同作用分析，优化桩基和边坡支护设计方案，确保桩基和边坡的安全、稳定、可靠。

餐厨厨余综合处理车间主工房基底与卸料大厅基底存在 5.90m 高差，应考虑卸料大厅地基土体对主工房结构侧向作用和卸料大厅自身地基的稳定性。建议此处主工房结构设计、卸料大厅地基稳定支护设计及施工设计一体化进行，确保主工房结构、卸料大厅地基的安全、稳定、可靠。支护设计单位应根据所采用的支护类型、计算模型、施工和使用期的受力状况、对支护结构的位移限制条件，以及设计需要，并结合实际工程经验，综合确定设计参数取值。

场地南侧和东侧为裸露边坡，灌注桩设计时应充分考虑此两侧侧限永久削弱对桩基承载力、桩基侧向稳定性及桩间土的侧向变形、稳定的不利影响。

本工程基坑开挖范围深度大，基槽的边界条件较为复杂。应采用安全合理的支护施工方案。基坑支护与施工须满足边坡稳定及避免对周围场地地基土与邻近道路、地下设施及周围建筑物产生不利影响的需要。确定深基坑边坡支护体系时，应充分考虑本工程基坑开挖深度范围地层垂向分布的复杂性、周边环境的重要性。

7.3 施工监测

为保证基础施工的顺利进行，减少和控制施工期间对周边环境带来不利影响，应加强对建筑施工和周围环境的监测，以指导施工时采取相应措施，防患于未然。

建议进行如下施工监控：①对周围地面沉降；②对支护体系进行监测；③对基坑内外土体的变形（水平、垂直）进行监测；④对建筑进行施工与使用阶段的沉降观测。

7.4 基槽回填

基础结构完成后，应及时回填肥槽，回填肥槽时，须选用低渗透性土料分层回填压实，满足设计密实度要求，严格按照国家有关施工及验收规范的要求进行分层夯实回填，以保证基础的侧限条件。有关基坑肥槽土方回填的要求及质量控制应按照《建筑地基基础工程施工质量验收规范》GB 50202—2002 中关于土方回填的要求执行。

8 灌注桩设计参数原位测定

为工程桩的最优设计提供可靠设计参数，进行了人工挖孔灌注桩单桩竖向抗压静载荷试验、单桩水平静载荷试验和桩身分布式光纤应力应变测试。

本项目人工挖孔灌注桩设计参数原位测试共设计 4 根试验桩，16 根锚桩，试验桩桩身混凝土强度 C45，钢筋笼主筋 12⌀22mm，锚桩桩身混凝土强度 C40，钢筋笼主筋 22⌀36mm，每根试验桩各采用 4 根锚桩提供反力。试验内容主要包括对 4 根试验桩进行单桩竖向抗压静载荷试验，同时进行桩身应力光纤测试；在单桩竖向抗压静载荷试验结束后，从 4 根试验桩中抽取 3 根桩进行单桩水平静载荷试验。

通过单桩竖向抗压静载荷试验和单桩水平静载荷试验，经综合分析确定各试验桩的单桩竖向抗压极限承载力、单桩水平极限承载力及水平临界荷载值见表4，供设计参考。

承载力取值一览表　　表4

试验类型	桩号	桩径/mm	桩长/m	单桩竖向抗压极限承载力/kN	单桩水平极限承载力/kN	单桩水平临界荷载/kN
单桩竖向抗压静载荷试验	S1	1000	23.00	26500	—	—
	S2	1000	21.00	22500	—	—
	S3	1000	21.00	25000	—	—
	S4	1000	23.00	26500	—	—
单桩水平静载荷试验	S1	1000	23.00	—	600	400
	S2	1000	21.00	—	1100	700
	S3	1000	21.00	—	1350	900

通过光纤应变测试结果确定各土层的极限侧阻力标准值、极限端阻力标准值，经综合分析得出各土层侧阻力建议值见表5。

各土层侧阻力建议值　　表5

地层编号	土层名称	极限侧阻力标准值q_{sik}/kPa				
		S1	S2	S3	S4	建议值
①	碎石混黏性土素填土	120	—	—	140	20
①₁	粉质黏土素填土	130	—	—	—	20
①	碎石混黏性土素填土	160	—	—	—	30
②₂	碎石混黏性土（埋深5m以下）	230	230	—	—	230
②₂	碎石混黏性土（埋深5m以上）	—	285	—	—	285
②	碎石混黏性土（埋深5m以下）	—	—	240	360	260
②₃	块石	—	—	350	370	350
②	碎石混黏性土（埋深5m以上）	370	300	310	390（2800，极限端阻力标准值q_{pk}）	320（2800，极限端阻力标准值q_{pk}）
②₄	粉质黏土—重粉质黏土	220	—	140	—	140
②₅	黏质粉土—粉质黏土	—	120	160	—	140
③	碎石混黏性土	400（2800，极限端阻力标准值q_{pk}）	420	420（2600，极限端阻力标准值q_{pk}）	—	400
③₁	黏土	—	140	—	—	140
③	碎石混黏性土	—	300（3000，极限端阻力标准值q_{pk}）	—	—	（3000，极限端阻力标准值q_{pk}）

考虑到大面积施工阶段时，工程桩会受到施工、地质条件变化等许多因素制约，为了充分发挥桩的承载能力，同时又保证建筑留有一定的安全储备，建议在工程桩设计时合理降低使用。

9　结语

9.1　岩土工程勘察

岩土工程勘察工作完成钻孔240个、总进尺8721.20m；工作量大，工期要求紧。场地工程地质条件复杂，施工环境复杂。为按质按量完成，全面查清地基土层性质，在整个外业工作过程中，严格执行勘察技术任务书、岩土工程勘察大纲及质量保证大纲，现场工作按ISO 90001标准进行。采用工程地质钻探、原位试验、钻孔剪切波速试验、测绘等多种原位测试手段和多种室内试验方法，查明了建筑场地地基土层的构成及其物理力学性质，为地基基础设计、地基处理、基坑支护提供可靠的地质资料。针对不同地段、不同建筑物对地基基础设计要求，提出地基基础、地基处理方案建议，确定有关设计、施工参数，为施工质量和保证工期按时完成提供保证。

9.2　灌注桩设计参数原位测定

本项目人工挖孔灌注桩单桩竖向抗压静载荷试验、单桩水平静载荷试验和桩身分布式光纤应力应变测试，准确地确定场地各土层桩的极限侧阻力标准值、极限端阻力标准值，为工程桩的设计提供数据支持，满足了设计要求。本项目总结出来的采用分布式光纤应力应变测试确定桩基设计参数方法和经验，为以后类似土层组合地基建筑物的灌注桩勘察提供了工程实例。

9.3 工程验收

设计和施工采纳我院的建议进行，地基处理效果很好，基坑支护安全、可靠。

该项目于 2017 年通过了竣工验收，工程竣工使用后证明，该工程岩土工程勘察质量优良。

攀钢西昌钒钛资源综合利用项目
冷轧工程岩土工程勘察实录

刘文连　宁　飞　陆得志

（中国有色金属工业昆明勘察设计研究院有限公司，云南昆明　650051）

1　工程概况

经过 40 多年的发展，攀钢本部由于受到建设场地、厂内外铁路运输和地区环境等因素制约，已失去进一步发展的条件。西昌毗邻攀枝花，地理位置优越，钒钛磁铁矿资源丰富，又有水量丰沛的安宁河、成昆铁路干线穿越境内，工业建设条件得天独厚，是攀钢理想的工业建设基地。2011 年，攀钢接到《国家发改委关于攀钢钒钛资源综合利用及产业结构调整规划核准的批复》(发改产业〔2011〕153 号文)，标志着攀钢重大战略转移建设项目——西昌钒钛资源综合利用项目正式获得国家批准。该项目是攀钢二次创业项目，而冷轧厂又是其重点工程之一。

冷轧厂建设规模庞大，工艺复杂，建（构）筑物类型多、高度大，主厂房荷载大，地基变形敏感，建（构）筑物安全等级为一、二级，属于甲级勘察。2010 年 4 月，攀钢集团（公司）委托我公司对该项目开展岩土工程详细勘察工作。

2　岩土工程条件概况

2.1　气象水文条件、地质构造及地震主要概况

西昌市地处亚热带大陆性季风气候区，具有冬暖夏凉四季分明和日照充足、年温差大、雨、旱季两季分明的特点。5～10 月为雨季，11 月至次年 4 月为旱季。拟建冷轧厂位于安宁河河谷阶地之上，基本不受安宁河洪水淹没危害。

工程区外围断裂构造体系主要受控于康滇地轴，总体呈南北向展布。与工程建设关系较大的区域性断裂有安宁河断裂、则木河断裂。拟建冷轧场地位于安宁河断裂中段，该断裂带为全新世强活动段，纵贯康定地轴，分东西两支，西支至工程场地的最近距离约 3.55km，东支距勘察场地最近约 0.65km；则木河断裂位于场地东侧，距工程场地的最近距离约 12.3km，新构造运动强烈。

有史料记载以来，工程场地附近及其外围地区曾发生过多次中、强破坏性地震，历史强震对工程场地影响最大的是公元 624 年、814 年、1489 年西昌一带 3 次≥6 级、7 级、6.75 级地震，以及 1536 年西昌北 7.5 级地震和 1850 年西昌、普格间 7.5 级地震，影响到场地的地震烈度为Ⅷ度，其次为 1732 年西昌东南 6.75 级地震，影响到工程场地的地震烈度为Ⅶ度。由于场区紧邻安宁河断裂，距则木河断裂较近，工程区的地壳稳定性条件相对较差，工程设计应充分考虑抗震问题。根据《攀钢（集团）公司西昌钒钛钢铁新基地工程场地地震安全性评价报告》及四川省地震局文件（川震发防〔2007〕286 号），场地地震基本烈度为Ⅷ度。

2.2　地形地貌

拟建冷轧工程绝大部分项目位于攀钢西昌钒钛资源综合利用项目场区 1514m 平台东北部，勘察区域长 850.50m，宽 367.50m，施工坐标范围 $A=3978.00\sim4828.50\text{m}$，$B=2688.50\sim3056.00\text{m}$。

拟建冷轧场地东南部主要为填方区，西北部主要为挖方区。场地东南部原始地形为罗家沟宽阔的谷底及沟帮缓坡地形，罗家沟内呈串珠状鱼塘众多，原始地面高程较低，场平前对鱼塘进行了排水清淤处理，并埋置了数量较多的排渗盲沟，场地西北部属于原杨家山斜坡、山脊地形，原始地面较高。整个场地原始地面标高介于 1499.00～1575.40m，最大高差达 76.40m。场地现已挖填整平，地面高程均较接近 1514.00m，地形平坦开阔。

获奖项目：2021 年度工程勘察、建筑设计行业和市政公用工程优秀勘察设计奖一等奖。

图 1　拟建冷轧场地挖填整平后现状

2.3　地层岩性

2.3.1　第四系人工堆积（Q_4^{ml}）层

①素填土：褐黄、灰黄夹褐红色，主要由挖方区开挖的黏土岩碎块、粉砂岩碎块、黏性土、粉细砂、粉土等物质组成，呈稍密状态，局部稍密—中密，稍湿。系近期场平压实填土。该层主要分布于拟建场地东南部填方区地段，厚度 0.40～20.00m。

①$_2$碎石填土：紫红、褐红色，颜色杂乱，碎石主要成分由白垩系飞天山组（K_1f）砂、泥岩构成，棱角形，一般粒径 5～13cm，大者达 18cm，充填黏性土及角砾约 30%，呈松散—稍密状，稍湿。该层系场平过程中铺设临时施工便道路面所堆积，分布范围较小，厚度 0.50～3.70m。

①$_3$块石填土：紫红等色，颜色杂乱，块石主要成分由白垩系飞天山组（K_1f）砂、泥岩构成，棱角形，一般粒径 20～35cm，大者达 50cm，充填黏性土及角砾约 10%～30%，呈松散—稍密状，稍湿。该层系场平过程中铺设临时施工便道路面所堆积，仅在少量钻孔中有揭露，厚度 0.50～2.40m。

2.3.2　第四系冲湖积（Q_4^{al+l}）层

②$_{12}$有机质土：黑、黑灰色，可塑—软塑状态，湿—饱和，岩芯无摇振反应，切面稍光滑，韧性中等，干强度低。厚度 0.70～3.60m。

2.3.3　第四系冲洪积（Q_4^{al+pl}）层

第四系冲洪积层主要分布于场地东南部原罗家沟沟谷及沟帮地段。

③$_{21}$粉质黏土：褐黄、蓝灰夹灰白色，硬塑状态，局部可塑状态，湿—稍湿，局部夹薄层粉土或粉砂、黏土。切面稍光滑，韧性及干强度中等。该层分布连续性好，厚度大，层位稳定。厚度介于 0.60～23.70m。

③$_{22}$粉质黏土：褐灰、褐黄、灰黑等色，可塑—软塑状态，湿。切面稍光滑，韧性及干强度中等。局部夹薄层粉土或粉砂、黏土。该层主要呈透镜体状分布于③$_{21}$ 层粉质黏土中，厚度介于 0.60～7.60m。

③$_{32}$粉土夹粉砂：褐灰、褐黄、绿灰等色，中密，局部密实，稍湿—湿。间夹薄层粉质黏土。岩芯无摇振反应，韧性差，干强度低。该层呈镜体状分布于③$_{21}$层粉质黏土中，厚度介于 0.70～9.30m。

2.3.4　第四系坡洪积（Q_4^{dl+pl}）层

④$_{11}$黏土：褐红色，硬塑状态，局部可塑，稍湿。切面稍光滑，韧性及干强度中等。土质疏松，岩芯采取率低。该层主要分布于挖方区、填方区交界线附近，仅于少量钻孔中有揭露 ，厚度介于 1.00～3.60m。

2.3.5　第四系坡残积（Q_4^{dl+el}）层

⑤$_{11}$粉质黏土：褐黄、灰黄色，硬塑—坚硬状态，稍湿。含黏土岩或粉砂岩风化残块。切面稍光滑，韧性及干强度中等。厚度 0.50～15.40m。

⑤$_{22}$粉土：褐黄色，均粒结构，中密—密实状态，稍湿。摇振反应中等，土体切面粗糙且易散，韧性差，干强度低。厚度 0.50～4.50m。

⑤$_{31}$粉细砂：褐黄、褐灰色，中密，局部密实，稍湿—湿。局部间夹薄层粉质黏土。岩芯无摇振反应，韧性差，干强度低。厚度 0.90～2.80m。

2.3.6　第四系早更新统间冰期河湖相昔格达组（$Q_{I\text{-}II}^{l+al}$）地层

⑦$_{11}$粉质黏土：蓝灰、深灰夹灰黄色，硬塑状态，受地下水浸湿的影响，局部呈可塑状，稍湿。局部间夹薄层粉土或粉砂，偶含未炭化木块。切面稍光滑，韧性及干强度中等。揭露厚度 0.60～30.70m。

⑦$_{12}$粉土夹粉砂：蓝灰、深灰、褐黄色，中密—密实，局部混少量砾石、砾砂，湿。厚度 0.70～17.00m。

⑦$_{13}$黏土：灰黑、蓝灰色，可塑状态，局部含有机质土或泥炭质土，湿。切面光滑，韧性及干强度中等。厚度 0.40～7.60m。

⑦$_{21}$黏土岩及砂质黏土岩：褐黄、灰黄、蓝灰、褐灰等色，泥质—粉砂质结构，砂泥质弱胶结，薄层状，部分显层理，强风化状，节理裂隙极发育，部分节理裂隙表面可见铁锰质浸染，岩体破碎，岩芯呈土柱、碎片及碎块状。揭露厚度 0.40～22.00m。

⑦$_{22}$黏土岩及砂质黏土岩：褐黄、灰黄、蓝灰、褐灰等色，泥质—粉砂质结构，泥质—钙泥质胶结，薄层状，显层理，中等风化状，节理裂隙发育，节理裂隙表面有铁锰质浸染，岩体较完整，岩芯呈土柱状、薄饼状及碎块状。揭露厚度 0.50～29.70m。

⑦31 粉砂岩及泥质粉砂岩：褐灰、灰黄、灰绿等色，细粒—粉质结构，胶结微弱或无胶结，中厚层状构造，强风化状，岩芯呈中密—密实粉土、粉细砂状，部分地段见胶结硬块。揭露厚度 0.80～24.50m。

⑦32 粉砂岩及泥质粉砂岩：褐黄、褐灰、灰绿等色，细粒均质结构，钙泥质胶结，中厚层状构造，中等风化，岩芯呈碎块状、粉砂状，部分地段见胶结硬块。揭露厚度 0.70～47.10m。

2.4 水文地质条件

场区原划分为 3 个相对独立的水文地质单元（图 2），冷轧项目场地属罗家沟水文单元。

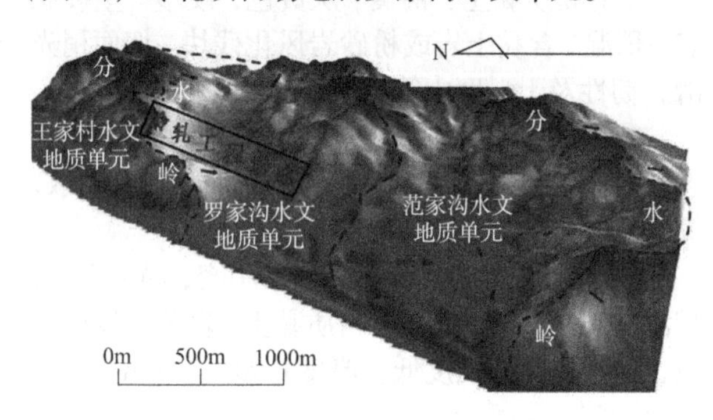

图 2 工程区水文地质单元划分图

场平改变了场地地下水的补给、径流、排泄条件和地表水、地下水的水动力条件，使得上述三个水文地质单元转变成一个水文地质单元，即罗家沟-王家村水文地质单元。场地地下水接受大气降水及爱民水库地表水体补给，依靠地下盲沟收集、地下径流最终向安宁河方向排泄。场地地下水位埋深 1.40～14.00m，地下水总体埋藏较浅。地下水主要由赋存于填土层中的上层滞水，冲湖积、冲洪积、坡残积及昔格达组未成岩的有机质土、粉质黏土、粉土、粉细砂层中的孔隙潜水，昔格达组地层中的孔隙—裂隙水构成。经比对场平前后地下水位发现，场地东南部原罗家沟填方区地段地下水位有所抬升，部分地段水位已上升至填土层中，对填土有一定的浸泡软化作用。场地内地下水对混凝土结构具微腐蚀性，对混凝土结构中的钢筋具有微腐蚀性，土对钢结构具有微腐蚀性。

2.5 场地稳定性及适宜性

2.5.1 稳定性

场地地形平坦开阔，场地西南侧、西北侧分别为炼钢厂、热轧板厂，标高约为 1514.00m，与冷轧场地平坦顺接，无工程边坡。场地东南侧 1532.0m 与 1514.0m 平台间高填方工程边坡，已分台放坡，并采取了护坡格构措施，现状边坡稳定。场地东北侧场平超高工程边坡已按适当坡率放坡，并设置了护坡格构措施，现状边坡稳定。场地内未发现滑坡、崩塌、泥石流、岩溶、土洞、采空区等不良地质作用，场地稳定，适宜建筑。

2.5.2 区域稳定性

根据《攀钢（集团）公司西昌钒钛钢铁新基地工程场地地震安全性评价评价报告》，区内主要地震构造为安宁河断裂、则木河断裂和小江断裂。全新统以来以明显的左旋走滑运动和近代地震地表破裂为显著特点，历史上曾发生多次 7 级以上强震，工程场地曾遭受的最大地震影响烈度为Ⅷ度。而安宁河断裂、则木河断裂和小江断裂未来均存在发生 7.5 级左右地震的可能性。工程场地距安宁河和则木河断裂均较近，因此场地的地震危险主要来自上述两条断裂未来强震复发的影响，工程设计中应做好相应的抗震设防。

2.5.3 特殊地基土

拟建场地东南部属于填方区，填方区范围广，填土厚度大。场地内填土系新近压实填土，虽经夯实、碾压处理，但尚未完成自重固结，密实度不均匀，因压实度低，局部具有湿陷性，填土固结沉降还在继续，其不均匀沉降、水稳性差等性质将对今后工程建设造成一定的影响。若作为地基基础持力层使用时，应考虑其土体性质可能随着时间的推移及外部条件的影响下将产生不利变化。如地下水的抬升、径流、排泄对地基土的浸泡软化将引起其力学强度及承载力降低，从而造成地面变形沉降。填土体中局部地段存在片状成层分布的粉砂或粉土（由粉砂岩碾填而成）类土，若处于饱水状态，在地震作用下，可能产生局部地段震陷或液化等危害。另一方面，由于填料物质成分多样性，填筑时填料在空间分布上存在不均匀性，场平施工过程中对填料含水率的控制不严，夯实、碾压处理效果不到位，均造成填土压实度不均匀，因此工程设计应对大面积填方区填土的不良特征给予充分考虑。

3 岩土工程条件的分析评价

3.1 大面积高填方区桩基负摩阻力问题

由于工程区填方规模较大，占总面积 53%，且填土厚度达10～22m，加之冷轧场地主要填料昔格达组黏土岩具有弱膨胀性、遇水软化等特性，昔格达组粉砂岩对扰动等因素的作用又较为敏感，填料性质较为特殊，场地昔格达组黏土岩、粉砂岩开挖后形成以黏性土、粉土、粉砂等细颗粒为主的填料，土骨架较差，堆填时间短（只有2年），未能完成自重固结，填土将产生负摩阻力对桩基形成下拉荷载，增大桩基荷载，产生不利影响。由于冷轧厂桩基数量大，确定负摩阻力参数对桩基安全、工程投资节约意义很大。

3.2 桩基主要持力层—地区特殊土“昔格达组”地层的桩基参数问题

冷轧厂主厂房、重要设备基础荷载大，需要采用大量桩基础，场地早更新统昔格达组以上地层较为软弱，无法用作桩基持力层。昔格达组黏土岩、粉砂岩在场地内分布连续、层位稳定，但具有弱膨胀性、遇水软化、扰动易崩解等特性，前人对其用作桩基持力层特性、参数未做过系统专门研究。掌握昔格达组黏土岩、粉砂岩桩基参数对本工程安全和工程造价具有关键意义。

4 方案的分析论证

对于本项目，采取岩土勘察、研究相结合的手段开展工作，岩土勘察方案和研究方案报请甲方审核，并由甲方组织专家会审后执行。两方案主要内容分述如下。

4.1 岩土勘察方案

本次勘察共布设617个钻孔，采用标准贯入试验，圆锥动力触探，静力触探试验，载荷试验，抽水、注水试验，钻孔波波速测试及地微振，室内水、土、石试验等手段，获取各岩土层的分布情况及相应的物理力学参数。

勘察方案计划工作量一览表　　表1

序号	工作内容	单位	数量
1	测量放点	点	617
2	钻探	m/个	29193/617
3	采取Ⅰ、Ⅱ类土样	件	500
4	采取水样	件	7
5	标准贯入试验	次	650
6	重型动力触探	m	200
7	静力触探	孔	107
8	浅层平板载荷试验	组	24
9	钻孔波速	个	34
10	地微振	点	7
11	大单容	组	3
12	稳定流抽水试验	次	2
13	钻孔简易抽水试验	次	7
14	钻孔注水试验	次	5
15	工程地质调查测绘	km^2	1

4.2 研究方案

研究方案主要包含两方面内容。

1）场地动力稳定性研究

主要内容包括：

（1）地基三维建模；

（2）昔格达地基典型土层的空间分布规律与介质类型概化；

（3）动—静力学参数（动弹模、泊松比、剪切模量等）研究；

（4）模型介质本构关系、物理参数及输入地震波特性研究；

（5）三种峰值加速度条件下的加速度空间分布规律；

（6）加速度空间分布的物理解释；

（7）峰值加速度取值2.50m/s^2，变换填方地基参数情况下的地震加速度空间分布；

（8）地震加速度放大的室内物理模拟及其与数值计算结果的彼此校验；

（9）地震加速度空间分布的数值、物理模拟结果的对比分析；

（10）总图布置方案对场地地震响应的影响评价；

（11）现有地基结构设计的动力稳定性评价及建议。

2）桩型选择及桩基设计参数研究

具体内容及试桩数量设置情况如下：

（1）竖向静载荷试验桩12根，其中旋挖灌注桩和人工挖孔灌注桩各6根，试桩编号分别为xw1-1、xw1-2、xw1-3、xw2-1、xw2-2、xw2-3和wk1-1、wk1-2、wk1-3、wk2-1、wk2-2、wx2-3。

（2）侧摩阻力试验桩6根，其中旋挖灌注桩和人工挖孔灌注桩各3根，试桩编号分别为xw4-1、

xw4-2、xw4-3 和 wk4-1、wk4-2、wk4-3。

（3）深层平板载荷试验桩 6 根，全部为人工挖孔灌注桩，试桩编号分别为 wk5-1、wk5-2、wk5-3 和 wk6-1、wk6-2、wk6-3。

（4）负摩阻力试验桩 6 根，其中旋挖灌注桩和人工挖孔灌注桩各 3 根，试桩编号分别为 xw3-1、xw3-2、xw3-3 和 wk3-1、wk3-2、wk3-3。

（5）单桩抗拔承载力试验桩 2 根，全部为旋挖桩，试桩编号分别为 xw8-1 和 xw8-2。

（6）单桩水平荷载试验 3 根，全部为旋挖桩，试桩编号分别为 xw1-1（该桩做完竖向静载荷试验后再对其进行水平载荷试验）、xw7-1 及 xw7-2。

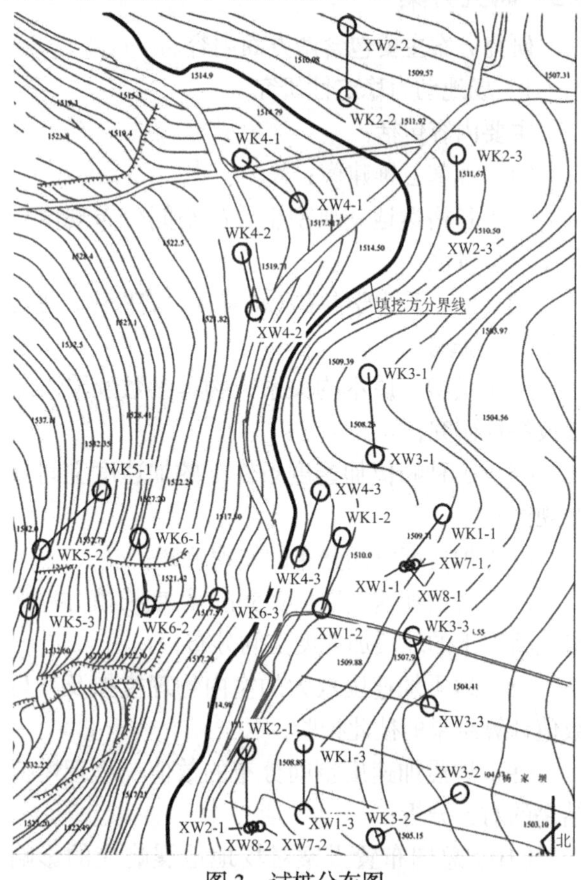

图 3　试桩分布图

通过对以上试桩的研究，实现如下研究内容：

（1）工程区主要地层人工挖孔及旋挖灌注桩桩基极限侧摩阻力和极限端阻力研究；

（2）昔格达组填土人工挖孔灌注桩及旋挖灌注桩桩基负摩阻力、极限侧摩阻力及中性点研究；

（3）攀钢西昌钒钛资源综合利用项目桩型选择研究及桩的动静检测对比试验，为以后工程的检测提供相关参数（旋挖灌注桩、人工挖孔灌注桩适宜性选择）；

（4）单桩水平承载力及抗拔力研究。

5　方案的实施

5.1　岩土勘察方案实施情况

勘察外业工作为 2010 年 4 月 21 日～5 月 19 日，勘察各项工作严格按照国家规范、标准、勘察方案执行。

《攀钢西昌钒钛资源综合利用项目冷轧工程详细勘察报告书》经严格审核、审定后于 2010 年 6 月 12 日提交，甲方组织了专家评审会对报告进行评审，评审结论认为："勘察报告严格遵照国家现行有关规范、规程、相关技术标准进行，勘察方法、试验手段合理，物理力学参数符合勘察区域现状，结论建议明确，质量优良。"

5.2　研究方案执行情况

（1）场地动力稳定性研究方案执行情况

2008 年 5 月开始，10 月结束，同年 11 月 15 日，攀枝花攀钢（集团）公司规划发展部在昆明组织西南交通大学、云南地震局、云南省地质学会及云南省岩土工程学会等单位，对攀钢西昌钒钛资源综合利用项目《场地动力稳定性研究成果》进行了评审验收，评审意见认为该课题技术路线合理、研究方法先进，研究成果丰富，结论可靠，一致同意通过验收。

（2）桩型选择及桩基设计参数研究方案执行情况

分五步进行：一是前期试验方案设计，包括各种桩型的受力特性、适用场地、经济性比选研究、试验桩型、尺寸、数量的选择、设计，该项工作始于 2009 年 3 月 25 日，于同年 4 月 2 日完成；二是试验场地的选择，为选取具有代表性并满足试验要求的试点，于 4 月 3 日组织人员进入场地进行现场实地考察、试点选取；三是试验桩施工，按试验方案进行现场放样定位、材料准备、加工制作，应变元件的埋设、施工；四是现场试验，准备、试桩施工及测试，试验于 2009 年 8 月 10 日全部完成；五是各种试验资料的收集、分析，编制研究报告。

2009 年 9 月 15 日提交了研究成果《攀钢西昌钒钛资源综合利用项目—桩型选择及桩基设计参数研究总报告》，经甲方组织评审一次性通过。

6 勘察及研究成果

1）采用资料收集、工程地质测绘、钻探、标准贯入试验、重型圆锥动力触探、静力触探实验、现场浅层平板载荷试验、钻孔波速测试及地微振测试、钻孔抽水试验及室内土、石、水分析等手段，试验精细，可靠确定场地岩土层指标（表 2），场地岩土工程条件评价准确，结论可靠，建议合理，内容齐全，详勘报告满足施工图设计要求。

岩土层指标 **表 2**

岩土名称及单元代号	统计指标						
	天然重度γ/（kN/m³）	承载力特征值f_{ak}/kPa	压缩模量$E_{s1\text{-}2}$/MPa⁻¹	黏聚力c/kPa	内摩擦角φ/°	黏结强度特征值f_{rb}/kPa	基底摩擦系数μ
素填土①	19.0	140	4.0	20	15	—	0.25
碎石填土①$_2$	19.5	140	5.0	10	18	—	—
块石填土①$_3$	20.0	160	8.0	8	20	—	—
有机质土②$_{12}$	18.0	110	3.0	2.0	6.0	—	—
粉质黏土③$_{21}$	19.2	180	8.0	35	13	—	0.30
粉质黏土③$_{22}$	19.0	140	5.5	25	10	—	0.25
粉土夹粉砂③$_{32}$	19.5	160	7.0	22	17	—	0.30
黏土④$_{11}$	18.5	160	6.0	31	13	20	0.25
粉质黏土⑤$_{11}$	19.1	180	8.0	35	15	25	0.30
粉土⑤$_{22}$	19.8	150	7.0	20	17	38	0.25
粉细砂⑤$_{31}$	19.6	170	10.0	15	20	50	0.30
粉质黏土⑦$_{11}$	19.6	200	10.0	27	15	30	0.30
粉土夹粉砂⑦$_{12}$	19.6	220	11.0	20	22	45	0.30
黏土⑦$_{13}$	18.5	160	6.0	35	15	20	0.25
黏土岩⑦$_{21}$	19.2	280	12.0	30	18	60	0.35
黏土岩⑦$_{22}$	19.4	350	15.0	35	20	80	0.40
粉砂岩⑦$_{31}$	19.5	280	13.0	25	20	60	0.35
粉砂岩⑦$_{32}$	19.7	350	17.0	30	22	80	0.40

2）单桩竖向静载荷试验研究

通过在桩身埋设应变计间接测试桩侧各土层的分层抗压摩阻力和桩端支承力，获取地层摩阻力、端阻力，成果见表 3。

单桩静载荷试验结果 **表 3**

时代与成因	地层代号	岩土名称	密实度稠度、风化程度	旋挖桩		人工挖孔桩	
				桩的极限侧阻力标准值q_{sik}/kPa	桩的极限端阻力标准值/kPa	桩的极限侧阻力标准值q_{sik}/kPa	桩的极限端阻力标准值/kPa
Q_4^{ml}	①	压实填土	稍密	30～48(8)	—	38～61	—
Q_4^{al+pl}	③$_{21}$	粉质黏土	硬塑	44～87(5)	1145～1304(2)	44～89(7)	1194～1908(3)
Q_4^{dl+pl}	④$_{11}$	黏土	硬塑	35(1)	—	35～69(4)	—
Q_4^{dl+el}	⑤$_{11}$	粉质黏土	硬塑	61～78(3)	896(1)	60～77(3)	—
Q_4^{dl+el}	⑤$_{12}$	粉质黏土	可塑	52(1)	—	—	—
$Q_{I\text{-}II}^{l+al}$	⑦$_{21}$	黏土岩	强风化	98(1)	2086～2563(3)	88～96(2)	2244～2617(2)
$Q_{I\text{-}II}^{l+al}$	⑦$_{31}$	粉砂岩	强风化	—	1918(1)		

3）单桩深层平板载荷试验（图4）研究

试验采用钢桩直接压孔底的办法，获取地层端阻力，成果见表4。

图4　单桩深层平板载荷试验现场

4）单桩侧摩阻力专项试验研究

用塑料泡沫板将桩端隔离，使桩顶荷载最大限度地由侧壁摩阻力承担，在桩身埋深应变计测读桩侧各土层的分层抗压摩阻力。成果见表5。

5）单桩负摩阻力研究

试验采用堆桩周地面加载的方法，促使桩周填土发生沉降产生负摩阻力，对桩身形成下拉荷载，通过桩身轴力变化，计算获得负摩阻力。试验成果表明：

单桩深层平板载荷试验结果　　**表4**

桩号	桩长/m	桩径/m	桩端持力层	极限端阻力/kPa	平均值/kPa	极差	极差与平均值之比
wk5-1	9.0	1.0	中等风化粉砂岩⑦$_{32}$	4076	4586	1019	22.22%
wk5-2	9.0	1.0		4586			
wk5-3	9.0	1.0		5096			
wk6-1	9.0	1.0	中等风化黏土岩⑦$_{22}$	4076	4246	506	12%
wk6-2	9.0	1.0		4076			
wk6-3	9.0	1.0		4586			

桩极限侧阻力　　**表5**

时代与成因	地层代号	岩土名称	状态风化程度	桩的极限侧阻力标准值q_{sik}/kPa	
				旋挖桩	人工挖孔桩
Q_4^{al+pl}	③$_{21}$	粉质黏土	硬塑	—	51～56(2)
Q_4^{dl+pl}	④$_{11}$	黏土	硬塑	90(1)	—
Q_4^{dl+el}	⑤$_{11}$	粉质黏土	硬塑	43～95(1)	65～93(1)
Q_{I-II}^{l+al}	⑦$_{21}$	黏土岩	强风化	—	92～109(2)
Q_{I-II}^{l+al}	⑦$_{31}$	粉砂岩	强风化	108(2)	107～109(2)

（1）试验选取的两种桩型，在该工程场地地层结构条件下，桩基负摩阻力标准值q_s^n均在42kPa左右。

（2）本场地压实填土，桩的负摩阻力深度比取：填土厚度小于10m时，取0.8；10～20m，取0.7～0.8；20～30m，取0.6～0.7；大于30m，取0.5～0.6；若桩端持力层为白垩系砂岩时，在清底良好的情况下，其中性点深度取1.0。

单桩负摩阻力　　**表6**

试桩编号	桩长/m	桩径/m	上拔量/mm	单桩抗拔极限承载力/kN	单桩抗拔极限承载力平均值/kN	极差/kN	极差与平均值之比
xw8-1	9.0	1.0	9.65	2000	1900	200	10.53%
xw8-2	9.0	1.0	5.96	1800			

6）单桩竖向抗拔极限承载力试验，成果如下：

（1）单桩水平承载力试验

采用xw1-1、xw7-1、xw7-2测试，在桩顶施加水平荷载，当桩长超过一定长度后，其最大弯矩的分布与桩长无关，仅与桩周介质性能与桩本身的抗弯刚度有关，试验成果如下：

表7

试桩编号	最大加载值/kN	累计位移量/mm	水平临界荷载/kN	水平极限承载力/kN	水平极限承载力/水平临界荷载相应的抗力系数及位移量		单桩水平承载力特征值/kN
					抗力系数的比例系数m/（MN/m^4）	位移量/mm	
xw1-1	450	49.98	250	350	34/98	11.83/2.90	250
xw7-1	500	48.03	300	400	31/101	14.75/3.39	300
xw7-2	500	49.47	300	400	37/91	12.40/3.76	300

（2）另外本次桩基研究，还进行了动（高应变）、静（单桩竖向静载）试验对比，结论如下：

①桩端为③$_{21}$层粉质黏土挖孔桩，单桩竖向极限承载力高应变检测结果比静载高约 4.5%；桩端为③$_{21}$层粉质黏土旋挖桩，高应变检测结果亦偏高；

②桩端为⑦$_{21}$强风化黏土岩、⑦$_{31}$粉砂岩旋挖桩，高应变检测结果偏高；

③无论是高应变还是竖向静载荷试验的测试结果均表现为挖孔桩的离散性较小，旋挖桩的离散性较大；

④两种测试方法得出的竖向承载力结果同时表明，人工挖孔灌注桩的单桩竖向承载力比旋挖灌注桩的略高；

⑤桩端持力层为粉质黏土的试桩承载力特性比桩端持力层为黏土岩及砂质黏土岩、强风化粉砂岩的要离散，表明地层的物理力学性能越好，桩的承载力越稳定。

7）通过综合分析，对工程桩选型建议如下：

挖方区或填土层厚度在 10m 以内，总设计桩长不超过 15m，可选择人工挖孔桩；大于 15m 的桩，建议采用旋挖桩。无论采用何种桩型，施工中应注意采取合理的施工工艺，以保证成桩质量及承载力。旋挖钻机可根据地层条件选用干作业成孔或泥浆护壁旋挖成孔，对地下水富集、桩周地层中有强风化粉砂岩或粉质黏土时，必须采用泥浆或套管护壁工艺。

解决的岩土工程问题、难题

（1）解决大面积、高填方区桩基负摩阻力问题；

（2）解决桩基主要持力层——地区特殊土昔格达组地层的桩基参数问题；

（3）针对场地地基复杂情况，采用了综合勘察方法，检测及试验手段齐全、内容丰富，指标科学合理；

（4）针对工程实际问题和关键技术难题，开展了丰富的研究工作；

（5）全程监控，提升勘察成果质量。根据场地的复杂性和工程特点，勘察工作采用动态控制管理，坚持动态设计、信息化施工，技术质量工作做到及时、细致。勘察实施前，对勘察方案逐级审核、审查，针对性、可操作性强。勘察过程中，合理调配生产资源，要求绘制工程地质草剖面，对地层划分及时总结、论证、纠正，对存在软弱层、特殊性土、不良地质作用分布等异常地段进行了合理加深、加密钻孔，确保了准确揭示场地岩土层空间分布规律。勘察资料整理期间，及时检查野外记录资料，认真分析试验成果资料，准确论证场地共性和关键技术问题，作出合理的岩土工程评价。勘察后期咨询服务，现场技术人员及时验证和反馈勘察质量信息，保证勘察成果技术交流的及时性和持续改进。工程项目动态控制管理的运用，确保了该项目的质量和工期。

7　效益与水平

7.1　经济效益

本次勘察采用综合勘察手段，查明了场地工程地质条件、水文地质条件和环境地质条件，进行了丰富的室内试验，提供的岩土层各种参数准确可靠；对场地内旋挖桩基桩竖向极限承载力标准值、负摩阻力、桩基沉降进行了计算分析论证；分析评价了施工建设中存在的桩基施工、场地排水、地震效应等问题，提出了安全可靠、经济合理的建议。

《场地动力稳定性研究》《桩型选择及桩基设计参数研究》课题为设计提供了依据，尤其是通过研究，桩基q_{sik}、q_{pk}大幅提高，为桩基投资节约了 6000 万元，经济效益显著。

根据设计部门的反馈意见，我公司勘察报告结论可靠，建议合理、经济、易于施工操作，为设计工作顺利开展、按期完成提供了重要技术支撑。施工过程中，加强了验槽服务工作，派技术组专职全天候为该项目提供优质售后技术服务，积极做好技术解释工作，及时解决施工过程中遇到的岩土工程问题，为保证质量和工期起到了重要作用，得到了集团公司、监理单位、施工单位的一致好评。

我公司为该项目建设提供了有力的技术保障，为工程设计、施工顺利进行，为甲方节省投资、确保工期、按期投产，做到了保障。同时该工程勘察项目为我公司创造了良好的经济效益。

7.2　社会效益

我公司秉承“技术先进、安全可靠、经济合理”的原则组织勘察，确保勘察成果指标科学合理、结论正确、建议与措施有效得当，同时运用 2 个专题报告的研究成果指导解决了项目建设中复杂、重大、关键工程实际问题，确保了建设工程的投资、质量和进度控制顺利实施。勘察和研究成果得到了使用单位的好评和高度认可，为我院赢得了良好的社会信誉。项目按期正常投产创效，更好地吸纳了当地就业人力，带动了区域经济发展，巩固了社会稳定，社会及经济效益明显。

8 工程经验

本项目对攀西地区重要地层昔格达组的桩基参数进行了专题现场试验和深入研究，加深了理论研究，提高了研究水平。极大促进西昌市、攀枝花市对该套地层的认识。成果在项目建设中得到广泛应用，并已推广到类似的工程项目中应用，社会及经济效益显著。

山西中铝华润有限公司吕梁轻合金循环产业基地一期 2×50 万吨合金铝项目岩土工程实践

李永伟[1]　李贞孝[2]　陈　玮[1]　王军海[1]
（1. 山西省勘察设计研究院有限公司，山西太原　030013；2. 太原理工大学，山西太原　030024）

1　工程概况

吕梁轻合金循环产业基地一期2×50万吨合金铝项目是山西省铝工业转型升级的标志性工程，建设地点坐落在吕梁市兴县瓦塘镇兴汉村西侧，占地面积约 1650 亩。先期建设 50 万吨/年合金铝及局域电网，配套2×66万 kW 低热值煤自备电厂。项目总投资 41 亿元，建安费概算 10.24 亿元。场地工程地质条件复杂，挖填方大，工期紧，投资概算控制严格，主要设备变形要求等级高，山西省勘察设计研究院全过程参与项目岩土工程可研、勘察、设计、检测到项目投产后监测。

2　场地岩土工程条件

2.1　区域地质概况

本区域属晋西隆起带的中部，兴县—石楼南北向褶皱带北中部，为南北走向，向西倾斜的单斜构造，倾角 5°～15°，一般小于 10°。区域地质构造不发育，无新构造活动及地震活动。上部地层为第四系中、上更新统黄土状堆积地层，下部为上第三系红土（保德组红土）及砾石层；基岩多出露于黄土沟谷底部，自东向西依次出露有三叠系刘家沟组、和尚沟组、二马营组和铜川组。

2.2　场地地形、地貌

拟建场地位于兴县瓦塘镇岚漪河南侧，长 1790m，宽 390～590m，中部较宽，两侧较窄，属黄土丘陵区。场地原始地貌为黄土冲沟、梁、峁，山梁两侧为大型冲沟（东部为刘家沟，西部为大石沟）及其支沟，涉及厂区范围主要有 14 条支沟。各沟谷多呈 V 形，树枝状冲沟极其发育。地形起伏较大，总体地势呈南高北低。沟谷最低标高为 880.0m，峁顶最高标高 1075.0m，相对高差为 195.0m。

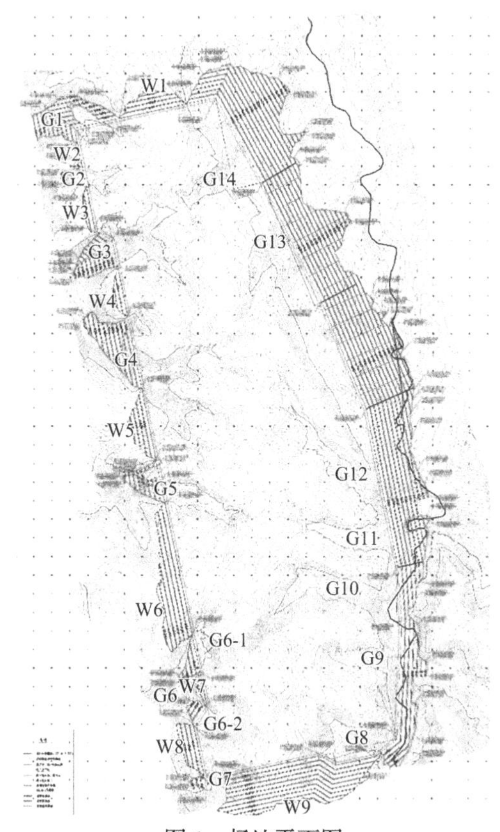

图 1　场地平面图

2.3　地层结构

场地地层分布如下：

①层：冲洪积层及崩塌物（Q_4^{al+pl}）

主要分布于各冲沟底部及坡角，不整合覆盖于 N_2～Q_3 各时代地层上，色杂。岩性主要分为两类，一类以粉土为主，含云母、氧化铁、氧化铝等，摇

获奖项目：2019 年中国勘察设计协会优秀工程勘察设计一等奖，2019 年山西省优秀工程勘察设计一等奖。

振反应迅速、韧性低、干强度低。稍湿、稍密，高压缩性。混有植物根系。稍湿、中密，中压缩性。具有湿陷性，湿陷性中等—强烈。主要分布在Q_1卵砾石层之上，厚度为2.0～5.2m。另一类为泥、砂质充填的卵砾石，成分与Q_1相同，厚度为0.0～9.1m。

第②层：湿陷性粉土（Q_3^{eol}）

黄褐色，含云母、氧化铁、氧化铝等，混有大量粉砂，摇振反应中等、韧性低、干强度低。稍湿、中密，中压缩性。具有湿陷性，湿陷性轻微—强烈。夹有多呈褐红色粉质黏土主要分布在峁梁顶部及缓坡上，分布标高为 1013.0～1023.0m，厚度为6.50～15.60m。

第③层：湿陷性粉土（Q_2^{eol}）

黄褐色，含云母、氧化铁、氧化铝等，混有少量粉砂，摇振反应中等、韧性低、干强度低。稍湿、中密，中压缩性。具有湿陷性，湿陷性轻微—中等。主要分布在峁梁顶部及缓坡上，分布标高为1007.7～1015.3m，厚度为2.0～15.9m。

第④层：粉土（Q_2^{eol}）

褐黄色，含云母、氧化铁、氧化铝，有少量钙质结核，菌丝。夹浅红色粉质黏土薄层。无光泽，摇振反应中等、韧性低、干强度低。稍湿，中密，中等压缩性。分布标高为995.5～1008.7m，厚度为12.5～15.5m。

第⑤层：粉质黏土（Q_2^{eol}）

棕黄色，含云母、氧化铁、氧化铝。夹有不连续钙质结核层。硬塑状态，切面稍有光泽，无摇振反应，韧性中等，干强度中等，具中等—高压缩性。分布标高为971.6～990.0m，厚度为4.0～36.7m。

第⑥层：粉质黏土（Q_2^{eol}）

褐红色，含钙质结核或夹钙质结核层，含云母、氧化铁、氧化铝，呈硬塑—坚硬状态，有光泽，无摇振反应，干强度及韧性高，压缩系数介于0.091～0.242MPa^{-1}之间，平均0.165MPa^{-1}，具低～中等压缩性，实测标贯击数19.0～38.0击，平均26.5击。

第⑦层：卵石（Q_2^{pl}）

杂色，密实。母岩主要为钲质胶结的紫红色、灰色、白色砂岩，偶见灰岩。磨圆度好，颗粒级配不良。卵石含量70～75%，粒径多为5～15cm，漂石含量小于15%，最大直径45cm，一般砂质胶结，但在顶部常见厚0.5～1.3m的钙质胶结层。厚度为16.6～44.3m，层底高程 921.65～941.43m 重型动力触探连续贯入10cm修正后击数20.0～30.6击，平均25.0击，土石可开挖分类为Ⅳ类。

第⑧层：粉质黏土（N_2^{j}）

静乐组红黏土，多层棕红色黏土夹薄层钙质泥岩组成，上部常分布一层厚10～20cm和1.1～2.3m的灰白色、灰绿色铝土质或钙质泥岩，厚度大于20m。

第⑨层：铝质泥岩（N_2^{b}）

灰白—灰绿色，富含氧化铝，在天然状态下为坚硬—硬塑，受水浸湿后软化，无摇振反应，切面光滑，韧性高，干强度高。夹有褐红色粉质黏土。主要出露场地东侧刘家沟两侧。

2.4 地下水

地下水类型分为上层滞水和潜水两类。上层滞水分布极不均匀，以天然降水为主要补给来源，以泉水的形式排泄，出露于第⑦层卵石层或沟底卵石冲积物中。地下水出露点季节性变化较大，雨后出水点增多、水量略增，枯季断流。潜水主要分布于场地东沟（刘家沟）G12以北，地下水位埋深最深15.5m（G14沟口）。以天然降水及侧向径流为主要补给来源。

2.5 不良地质作用

2.5.1 滑坡

填方整平区东北侧存在一大型古滑坡群，最大滑距约25.0m，滑坡群最大宽度约1.0km，该滑坡群是由7个多级滑坡组成。滑坡滑移面位于铝质泥岩层内。滑塌体冲沟发育，具典型的双沟同源、溯源侵蚀特征。

各滑坡体特征 表1

滑坡	后缘高程/m	前缘高程/m	高差/m	滑坡体长/m	滑坡体宽/m	滑体厚度/m	平均坡度/°	规模
H1	990.0	915.0	75.0	212.0	135.8	17.1	19.7	大型
H2	964.8	918.2	46.6	205.1	142.5	29.6	18.2	中型
H3	969.5	914.2	55.3	203.3	134.2	38.6	20.3	中型
H4	976.5	919.6	68.7	215.5	63.3	33.5	17.5	中型
H5	971.0	920.8	50.2	201.2	33.4	29.1	17.3	中型

续表

滑坡	后缘高程/m	前缘高程/m	高差/m	滑坡体长/m	滑坡体宽/m	滑体厚度/m	平均坡度/°	规模
H6	967.9	916.8	51.1	128.6	37.3	37.0	26.8	中型
H7	957.1	918.6	38.5	67.3	68.9	25.1	42.3	中型

在 G14 沟北侧滑体表面及后缘上尚见与滑动方向近垂直的裂缝，滑坡体上发育多个黄土陷穴，且多于冲沟联通。

2.5.2 崩塌

各个冲沟内均有崩塌体存在，崩塌规模以微小型为主。

崩塌体岩性主要为Q_2、Q_3湿陷性粉土，Q_1卵石。

2.5.3 黄土洞穴

主要分布于 11 号沟老兴汉村（分布标高 971.0～1004.0m）和部分滑塌体上。

图 2 场地东北侧滑坡

2.6 地基土湿陷性

场地第①②③层地基土具有湿陷性，第①层冲洪积层及崩塌物（Q_4^{al+pl}），湿陷系数 0.015～0.031，自重湿陷系数 0.015～0.019，湿陷起始压力 18～90kPa。第②层湿陷性粉土（Q_3^{eol}），层底标高为 980.74～1057.65m，厚度为 6.50～15.40m；湿陷系数 0.015～0.098，自重湿陷系数 0.015～0.049，湿陷起始压力 15～207kPa。第③层湿陷性粉土（Q_2^{eol}）层底标高为 978.74～1041.75m，厚度为 2.0～15.9m。湿陷程度轻微—强烈。湿陷系数 0.015～0.052，自重湿陷系数 0.015～0.059，湿陷起始压力 24～300kPa。

3 场地整平设计

3.1 场平高程比选

综合场地土方平衡、地基土强度特征、湿陷性土层分布等因素，选择整平标高 965.0m（方案一）和 986.0m（方案二）两个场平方案并进行了比选，初步比选结果见表 2。

场平方案对比表 表 2

项目	方案一	方案二	方案比较
挖方/万 m^3	3968	2197	方案一较方案二挖方量多近 80%
填方/万 m^3	366	1442	方案一较方案二填方量较小，边坡高度小。但方案二有利于解决场地弃土
外运土方/万 m^3	3602	755	方案一较方案二外运土方量大，堆土场选择困难，回填成本较高
强夯总面积/万 m^2	75	194	方案二的强夯面积为方案一的近 2.6 倍
场平标高湿陷性土层分布	全部挖除	基本挖除	方案二的未挖除地段可通过强夯处理消除
天然地基承载力	绝大部分地段（约 85%）大于 250kPa	大部分地段（约 75%）大于 250kPa	方案二大部分地段可满足 250kPa 承载力要求
工后沉降	填方区存在工后沉降	填方区存在工后沉降	虽两方案均存在填方区工后沉降，但方案一的面积和厚度均小于方案二，风险较方案二小。方案二可通过适当改变填土性质减小风险

方案二与方案一相比，节约土地，挖方量减少 1771 万 m^3。场平标高下湿陷性土层仅局部分布，地基处理费用低，挖方区天然地基承载力大部分地段可满足设计要求。

通过综合对比分析，场平标高最终采用方案二整平标高 986.0m。

3.2 弃土区结合边坡整平设计

弃土区场平设计结合排水和边坡支护考虑，选用如下方案：以 G10 为分界点。G10 以南将主沟及其各支沟填平，填方标高以 G10 出口处 973m 控制，向南按坡率 3‰升高。G10 以北将主沟填平，填方标高以最北端 940m 控制，该部分填方体最北端标高与原沟仍有 60m 高差，考虑安全因素沟口土坝高度按 60m 确定，向南坡率 3‰升高。此方案优点：

（1）充分考虑造价因素，使挖填方＋边坡费用最低，既能解决排水、滑坡问题，还可在项目场地之外造地，为后续工程打下基础。

（2）原主沟汇水范围内的水流可以沿填方体表面自然向北侧排泄，不存在阻水聚水问题。填沟即为反压坡脚，且标高高于预估压脚标高 930m，边坡稳定性满足规范要求。

3.3 场平强夯设计

（1）试夯

强夯施工前，在施工现场选择代表性的地段进行试夯。每个试验区面积不宜小于20m × 20m；强夯能级选择 7000kN · m和 12000kN · m。

（2）强夯设计：强夯能级视沟底整平后松散层厚度采用 5000～12000kN · m，主夯点按等边三角形或正方形布置，主夯点间距 6.0～8.0m，点夯隔排隔点分四遍完成，击数以最后两击夯沉量平均小于 50～100mm 为停锤标准；满夯采用2000kN · m夯击能，每点夯击数为 3～5 击，锤印搭接 1/4。

为保证填筑体与台阶面应形成良好的结合，填挖交接面台阶部位强夯分层控制厚度 3.0m（图 3），强夯能级采用 2000kN · m。

处理后地基承载力不小于 250kPa，压缩模量15MPa。

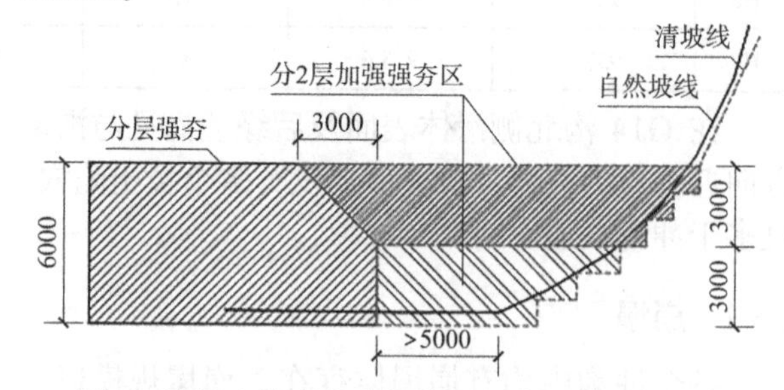

图 3 填挖交接面台阶部位强夯分层处理示意图

3.4 检测

填筑体原始整平面强夯后检测采用动力触探、载荷试验及面波等室内土工试验和原位测试方法，检测数量按有关规范执行。原始整平面若为卵石层，强夯后按稍密控制质量；若为黄土层，强夯后按重型击实试验压实系数不小于 0.93 控制质量。

3.4.1 填方区工后沉降预测

填方区工后沉降预测值表/mm 表 3

计算方法	填筑体厚度								
	54m	48m	42m	36m	30m	24m	18m	12m	6m
改进的分层总和法	466～543	387～452	320～373	258～301	201～234	151～176	106～124	68～80	37～43
公路手册方法	540～1080	480～960	420～840	360～720	300～600	240～480	180～360	120～240	60～120
铁科院方法	504	451	397	343	289	233	178	121	63
综合建议值	500	450	400	340	290	230	180	120	60

4 边坡稳定性分析和设计

4.1 边坡概况

本项目所在场地地形起伏较大，相对高差为195.0m。边坡即为由场地平整（场地平整标高986.0m）形成的挖方边坡与填方边坡。

挖方边坡共计 10 个，从北侧开始逆时针编号为 W1～W9。挖方边坡按综合坡率 1 : 1.5 放坡考虑，各边坡形状均为中部高，两侧渐低至场平标高，W1～W9 边坡最高点高度依次为：36m、9m、15m、21m、34m、49m、16m、32m、80m。

填方沟谷共计 14 个，从西北角开始逆时针编号为 G1～G14，共计形成填方边坡 8 个（场地东侧 G8～G14 因深入场地内，外侧形成的边坡已连为一体）。填方边坡按综合坡率 1 : 2 放坡考虑，采用强夯填筑，西侧 G1～G7 边坡坡形均为中部高，两侧渐低至场平标高，东侧边坡由于地形起伏，形成多个高度极值点，最高点位于场地东北侧。边坡最高点高度依次为：66m、32m、62m、61m、51m、32m、22m、96m。东侧刘家沟内回填弃土至标高940～945m（北）、974～976m（南），边坡最终高度为 41～46m（北）、10～12m（南）。

4.2 稳定性分析

采用工程类比法，比照周边几个黄土区高挖填方工程，如：延安新区、吕梁机场、神头二电厂、保德电厂等，确定挖方综合坡率 1 : 1.5，填方综合坡率 1 : 2。

根据挖方综合坡率 1 : 1.5，填方综合坡率 1 : 2 及稳定性要求反算夯实填土与压实填土土体抗剪强度控制指标如表 4 所示：

土体抗剪强度控制指标　　表 4

编号	土层名称	重度/（kN/m³）	黏聚力/kPa	内摩擦角/°
1	夯实填土与压实填土	19	40	23
2	原状黄土	17	52	27

场地东侧 G10～G14 及 G14 以北一定范围内为原始古滑坡，为防治重点。

滑坡后缘位于场地内，距场地边缘约 100m，滑坡出口位于东侧沟底，出口标高约为沟底以下 10m～15m。现状滑坡处于稳定状态，根据现状反算滑带抗剪强度指标为黏聚力 15kPa，内摩擦角 10°。

填方后填方体位于滑坡上部，对滑坡稳定不利，滑坡将处于不稳定状态，需要采取措施。滑坡治理可采取工程措施（如抗滑桩、格构锚索等）或反压措施。此处滑坡体及填方体体量巨大，工程措施难以奏效且造价昂贵，采用反压坡脚措施，根据反算滑带抗剪强度指标估算，东侧沟填至标高 930m 时，滑坡稳定性可达到规范要求，即稳定性系数达到 1.35。

4.3　边坡设计方案

4.3.1　设计原则及条件

按《建筑边坡工程技术规范》GB 50330—2013，边坡设计安全等级取为一级。边坡顶部建筑物荷载按 250kPa 考虑，道路荷载按 100kPa 考虑。

《高填方地基技术规范》（征求意见稿）、《高填方地基技术规范》GB 51254—2017 中的规定安全系数见表 5：

不同工况安全系数　　表 5

边坡类别	天然工况	暴雨工况	暴雨＋地震工况
圆弧法	1.30	1.15	1.05
平面滑动法和折线法	1.35	1.20	1.10

分别计算一般工况与暴雨（饱和）工况下的边坡稳定性与滑坡抗滑安全系数。其中，对于暴雨（饱和）工况，在边坡整体稳定验算时，挖方边坡考虑坡面表层 3m 范围内的土体处于饱和状态，填方边坡考虑坡面表层 6m 范围内的土体处于饱和状态；在滑坡抗滑安全系数计算时，考虑滑动面的饱和状态。

计算参数表　　表 6

土层编号	土层名称	天然重度/（kN/m³）	饱和重度/（kN/m³）	天然状态抗剪强度指标		饱和状态抗剪强度指标	
				c/kPa	φ/°	c/kPa	φ
②	黄土状土	17.0	19.3	12.0	18.0	10.0	16.0
③	湿陷性粉土	15.5	18.9	14.6	20.8	10.2	22.5
④	湿陷性粉土	16.2	18.7	16.9	22.7	11.7	23.3
⑤	粉土	17.9	20.1	21.1	25.2	10.0	20.5
⑥	粉质黏土	18.4	20.2	30.5	21.0	14.5	14.4
⑦	卵石	20.0	20.5	0	45	0	40
⑧	粉质黏土	19.1	20.5	30.5	21.0	14.5	14.4
⑨	铝质泥岩（滑动面）	—	—	15.3	16.7	11.5	11.2
—	夯实填土	19.7	21.0	39.8	28.8	21.9	23.9
—	弃土场填土	18.0	20.0	15	15	10	10

4.3.2　计算参数

反算选择南侧 W9 边坡处的自然斜坡，采用简化的 Bishop 法进行计算，反算的安全系数按 0.9～1.0 考虑。反算结果如表 7 所示：

验算挖方边坡稳定性时，该两层土天然状态指标选用反算结果作为计算参数。

铝质泥岩：该层的饱和残余抗剪强度试验指标为黏聚力 11.5kPa，内摩擦角 11.2°，该层岩石岩性特殊，含水率对抗剪强度影响较大，采用饱和状态抗剪强度指标黏聚力 5kPa，内摩擦角 8°进行计算，作为对比参考。

第⑤、⑥层参数反算表　　表 7

土层序号	土层名称	c/kPa	φ/°
⑤	粉土	55	26
⑥	粉质黏土	65	23

压实度 0.93 填筑体参数表　　表 8

土类名称	天然状态 抗剪强度指标		饱和状态 抗剪强度指标	
	c/kPa	φ/°	c/kPa	φ/°
湿陷性粉土	39.8	28.8	21.9	23.9
粉土	45.5	28.1	33.7	28.6
粉质黏土	48.7	23.8	31.1	22.1

4.4 计算方法

（1）边坡稳定计算：采用简化 Bishop 法自动搜索最危险滑动面，并进行稳定计算。

（2）滑坡抗滑安全系数计算：采用传递系数法（隐式解）、Morgenstern-Price 法、简化 Bishop 法三种方法进行计算对比。

4.5 计算结果

（1）挖方边坡稳定性计算结果

挖方边坡稳定性系数表　　表 9

边坡编号	天然工况	暴雨工况
W6	1.585	1.169
W9	1.437	1.286

（2）西侧填方边坡稳定性计算结果

西侧填方边坡稳定性系数表　　表 10

边坡编号	天然工况	暴雨工况
G3	1.422	1.307

（3）滑坡区填方边坡稳定性计算结果

边坡稳定性系数表　　表 11

滑坡编号	填方并反压坡脚	
	天然工况	暴雨工况
H1		
H2	1.542	1.552
H3	1.616	1.380
H4	1.644	1.608
H5	1.520	1.495
H6	1.653	1.669
H7	1.717	1.684

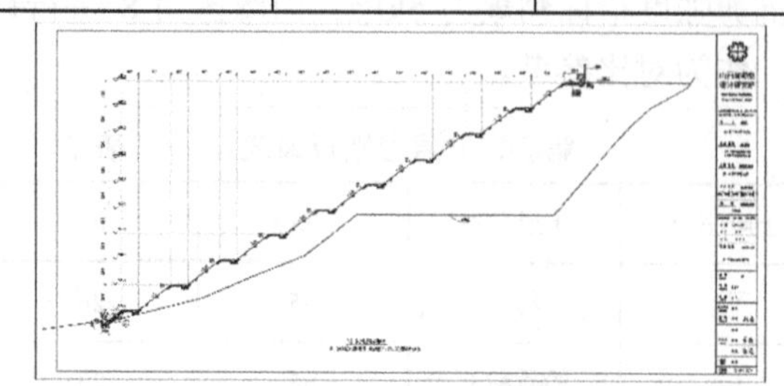

图 4　挖方区边坡示意图

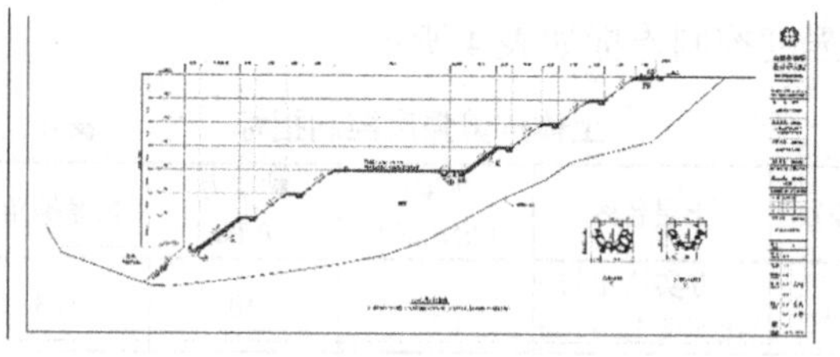

图 5　填方区边坡示意图

4.6 边坡设计

4.6.1 填方边坡设计

填方边坡总坡率 1：2，单级边坡高度 6m，单级边坡坡率 1：1.33（其中，场地东侧标高 940～950m 之间的坡段坡率 1：1.6），两级边坡之间设分级平台，台宽 4.0m（其中，场地东侧标高 962m 的平台台宽 12m）。

G10～G12 之间的边坡在中部设 30m 宽平台，平台标高 974～972.5m，北低南高；G12 以北 300m 范围，平台标高由 972.5m 按 1：10 坡率降至标高 942.5m。

坡面采用拱形骨架植物护坡。单级边坡坡顶设护肩，坡底设护脚；分级平台硬化。

底部坡面全坡面硬化，采用 800mm 厚浆砌片石，硬化范围：西侧为边坡最下部一级边坡；东侧 G10 以南为标高 980m 以下；东侧 G12 以北为边坡底部 5m 高度；东侧 G10～G12（以北 300m）之间为分别在 30m 宽平台内（西）侧及边坡坡脚标高 950m 以下坡面硬化，坡脚与坡底排水沟之间采用 400mm 厚浆砌片石硬化。

坡面每 18m 设一道变形缝；变形缝宽 20mm，缝内满塞沥青麻筋。

拱形骨架、护肩、护脚及平台硬化均采用浆砌片石，砂浆强度不小于 M7.5。石料强度不低于 MU30。

G10 附近坡底存在排洪渠经过，边坡坡率 1：0.7，单级边坡高度 6m，单级边坡坡率 1：0.6，平台宽度 1.5m，采取格构锚索支护。锚索间距 3m×3m，总长 24m，其中锚固段 18m，孔径 150mm，入射角度 25°，杆体均采用 1860 级 AS15.2 钢绞线。格构梁尺寸400mm×400mm，间距3m×3m，采用 C30 混凝土，保护层厚度 35mm，格构梁之间的坡面采用 200mm 厚浆砌片石填充。坡面每 20m 设一道变形缝，全坡面断开，变形缝宽 20mm，缝内满塞沥青麻筋。

4.6.2 挖方边坡设计

W1～W5、W7、W8 边坡坡总坡率 1：1.5，单

级边坡高度 8m，单级边坡坡率 1：0.75，边坡之间设分级平台，台宽 4.0m、8.0m。

W6 边坡总坡率 1：1.5，单级边坡高度 8m，单级边坡坡率 1：0.75，边坡之间设分级平台，台宽 4.0m、8.0m、10.0m。

W9 边坡总坡率 1：1.75，单级边坡高度 8m，单级边坡坡率 1：0.75，边坡之间设分级平台，台宽 4.0m、8.0m、10.0m、20.0m。

挖方边坡坡面做法与填方边坡相同。

4.6.3 坡面绿化防护

坡面骨架网格内可采用种草或其他辅助防护措施。草种应根据气候区划进行选型，要具有优良的抗逆性，建议采用荆条。

5 桩基工程

项目核心建筑物为国内最大电解车间，结构类型为门式钢架，全长约 1400m，对差异沉降敏感，难点为大部分涉及挖方区，由于工期紧，人工填土厚度不均，应考虑变形大不利因素，根据场地地层及环境条件，从成桩的可行性及施工难度、工程造价、工期及造价综合考虑，采用旋挖干作业成孔灌注桩，桩端持力层宜选第⑦层卵石层，准确提供第⑦层卵石层极限侧阻力值和极限端阻力值成为降低成本保证质量的关键。

5.1 桩基初步设计

依据本次勘察地基各土层状态指标并结合本地区建筑经验，初步设计估算单桩竖向承载力时，各土层极限侧阻力及端阻力标准值按表 12 采用。

灌注桩初步设计岩土参数建议值表 表 12

层序及岩性	干作业成孔	
	极限侧阻力标准值 /kPa	极限端阻力标准值 /kPa
③湿陷性粉土	−30（自重地段）	
	40（非自重地段）	
⑤₁粉土	50	
⑤粉土	52	
⑥粉质黏土	76	
⑦卵石	150	4500
⑧粉质黏土	88	2300

第①层人工填土：当桩周土沉降大于桩沉降时，应考虑负摩阻力对桩基的不利影响。估算时应按《建筑桩基技术规范》JGJ 94—2008 第 5.4.4 条计算，负摩阻力系数可按 0.3 考虑。

5.2 试桩承载力和内力测试

为合理确定工程桩设计及施工参数，在 G6 沟选择代表性场地进行了试桩，试桩数 3 根，桩身和桩端持力层均为第⑦层卵石；设计估算试桩单桩竖向抗压承载力特征值不小于 3000kN。试桩有效桩长 11.0m，桩径 800mm，桩身混凝土等级为 C40，在桩顶下 1.5m、6.0m 及 10.5m 处设置测量断面，每个断面均匀埋设 4 个传感器，传感器与主筋焊接，进行内力测试，在试验开始前，用 406A 读数仪测读各传感器频率，作为初始数据，以后每级加载稳定后，测读各传感器频率，通过率定系数换算成力，再计算成与钢筋计断面处的混凝土应变相等的钢筋应变量。在数据处理过程中，将零漂大、变化无规律的测点删除，求出同一断面有效测点的应变平均值，并按下式计算桩身轴力：

$$Q_i = \bar{\varepsilon}_i \cdot E_i \cdot A_i \tag{1}$$

式中：Q_i——桩身第i断面处轴力（kN）；

$\bar{\varepsilon}_i$——第i断面处应变平均值；

E_i——第i断面处桩身材料弹性模量（kPa）；

A_i——第i断面处桩身截面面积（m^2）。

（1）试桩的单桩竖向抗压极限承载力标准值为 10666kN，单桩竖向抗压承载力特征值为 5333kN。

（2）桩身内力测试

该场地第⑦层卵石的极限侧阻力值按 220kPa 取值，较初步设计提高 46.6%极限端阻力值按 7400kPa 取值，较初步设计提高 64.4%。

6 监测

6.1 监测内容

监测项目包括边坡及场平监测、主体沉降监测。

6.2 监测方法

边坡及场地水平位移观测主要采用极坐标法。

表面竖向位移监测及主体沉降监测采用水准测量的方法进行。沉降监测等级为 2 级。

内部水平位移监测采用测斜的方法进行。采用的监测元件为测斜管，测量的仪器为测斜仪。

内部竖向位移监测在沉降管下孔前将磁环按设计距离安装在沉降管上，磁环之间可利用沉降管外接头进行隔离，成孔后将带磁环的沉降管插入孔内。

试桩桩身测量断面轴力值　　表 13

试验桩号	测量断面	分级荷载下测量断面轴力/kN									
		2000	3000	4000	5000	6000	7000	8000	9000	10000	11000
SZ-1	1-1（1.5m）	1901	2913	3915	4912	5913	6909	7910	8912	9911	
	2-2（6.0m）	2	375	1376	2374	3375	4371	5372	6374	7373	
	3-3（10.5m）	4	0	4	0	105	1102	2103	3104	4103	
SZ-2	1-1（1.5m）	1906	2914	3915	4913	5914	6911	7912	8913	9913	10913
	2-2（6.0m）	3	182	1167	2181	3182	4173	5179	6181	7171	8181
	3-3（10.5m）	4	4	4	3	4	442	1454	2439	3453	4447
SZ-3	1-1（1.5m）	1905	2897	3908	4897	5897	6903	7899	8897	9905	10897
	2-2（6.0m）	4	313	1301	2318	3302	4301	5311	6304	7302	8313

桩身内力测试成果表　　表 14

试验桩号	单桩竖向抗压极限承载力/kN	桩侧阻力/kN	桩端阻力/kN	极限侧阻力平均值/kPa	极限端阻力值/kPa
SZ-1	10000	6259	3741	226	7446
SZ-2	11000	6958	4042	251	8045
SZ-3	11000	6302	4698	228	9351

边坡及场平监测项目表　　表 15

序号	项目名称	单　位	暂定监测点数	暂定施工期监测次数	暂定生产期监测次数
1	表面水平位移及竖向位移监测	点·次	253	68	10
2	内部水平位移监测	点·次	47	68	10
3	内部竖向位移监测	点·次	47	68	10
4	土压力监测	点·次	5	68	10
5	地下水位监测	点·次	16	44	10
6	盲沟流量监测	点·次	2	44	10
7	地表裂缝监测	点·次	70	35	10
8	实时在线监测	点	30		
9	场平表面水平位移及竖向位移监测	点·次	31	35	10
10	场平内部水平位移监测	点·次	8	35	10
11	场平沉降监测	点·次	7	35	10
12	孔隙水压力监测	点·次	7	44	10
13	施工过程古滑坡表面水平位移及竖向位移监测	点	16		

6.3 监测结果

边坡位移监测从 2017 年 3 月开始至 2020 年 12 月结束。

（1）表面水平位移及竖向位移监测

x为正表示北方向，x为负表示南方向；y为正东方向，y为负表示西方向。z为正表示上抬，z为负表示下沉。

合计共布设表面位移监测点 244 个，合计监测次数 1527 次。

最大变形 W6 区域共监测次数 61 次。变化量最大的点为 W6-31（x累计变化量−6mm；y累计变化量−24mm；z累计变化量−50mm）。

（2）内部水平位移监测

合计共布设内部水平位移监测点 43 个，合计监测次数为 1840 次。

内部水平位移监测点累计最大值为 NSG12-G13-11 点 14.5m 处（累计位移量为 75.29mm）。

（3）内部竖向位移监测

合计共布设内部竖向位移监测点 43 个，今年各点合计监测次数为 1840 次。

内部竖向位移监测点累计最大值为 NCG12-G13-11 点（累计位移最大值为 4.8mm）。

（4）盲沟流量监测

合计布设盲沟流量监测点 10 个，应业主要求将 16 个盲沟水位观测井纳入监测范围，合计监测次数为 96 次。

盲沟流量监测点累计最大值为 9 号点（监测最大值为 14.3m）。

（5）实时在线监测

合计布设实时在线监测点 30 个。

实时在线点累计最大值为 GPS-16 点（x累计最大值为 135mm、y累计最大值为 51mm、z累计最大值为−157.7mm）。

（6）主体沉降观测

共布设主体沉降观测点 543 个，合计监测次数为 60 次。

主体沉降观测最大值为电解槽区域 DJ247（累计位移−0.017m），该点位于电解槽区域西南角。

（7）场坪表面水平位移及竖向位移监测

共布设场坪表面水平位移及竖向位移监测点 31 个，合计监测次数为 20 次。

场坪表面水平位移及竖向位移监测最大值为 cp^{-2}（x方向累计位移−11mm，y方向累计位移−5mm，z方向累计位移−34mm），该点位于 14 号沟区域。

从各监测项目的监测数据分析，除位于 14 号沟的场坪表面水平位移及竖向位移监测点受施工影响造成累计值较大，W6 区域自 2018 年开始监测至 2020 年累计值较大，但变化量都已趋于稳定，其余各区域变化量趋于稳定。

7 技术难点和创新

场地沟壑纵横挖填方最大高度超过 140m，综合场地地形地貌特征、湿陷性黄土分布及土地节约利用、环境保护、土方挖填、土方平衡等因素，多方案比选，合理确定场地整平标高；采用多手段、多方式综合勘察，详细查明了场地岩土体、不良地质及地下水分布特征，科学确定了设计参数，为场平、边坡及建筑物设计提供有力支撑；通过开展综合试验研究，合理确定边坡及场平处理方案，创新了高边坡变形控制、高填方场地工后沉降控制及滑坡治理新思路；工程电解槽为国内最大，变形控制严格，通过现场桩身内力测试与研究，科学确定了桩侧摩阻力、桩端持力层参数，改变了本地区对卵石层工程特性的传统认识，大幅降低了工程造价。

8 工程效益和效果

项目实施过程论证科学严谨，按照“可研、勘察、设计、检测、监测”岩土工程全过程咨询模式，通过整平标高比选、盲沟排水、分层强夯碾压、高填方接坡处理、高边坡设计、桩基内力测试，数据实时监测等技术措施，有效解决了黄土湿陷性和高填方沉降、黄土滑坡、崩塌、水土流失等问题，实现了黄土丘陵区土地节约和集约利用，工程投资小于概算要求。检测报告和监测数据表明，岩土工程质量总体可靠，场地稳定性和安全性好于工程预期，填筑体的工后沉降量远小于同类型工程，场平及边坡处理效果在国内处于领先水平。

矿山法土质隧道的地质风险分析

郝　兵　李从昀　刘莹光　刘世岩

（北京电力经济技术研究院有限公司，北京　100055）

1　引言

《危险性较大的分部分项工程安全管理规定》住房和城乡建设部令第 37 号[1]要求“勘察单位应当根据工程实际及工程周边环境资料，在勘察文件中说明地质条件可能造成的工程风险。”《工程勘察通用规范》GB 55017—2021[2]在此原则下也规定了对于基坑工程和地下工程，勘察文件应“评价地质条件可能造成的工程风险”。新颁布的行业及地方勘察设计标准也都陆续纳入了相关规定。

由勘察单位提出地质条件引发的工程风险，从专业上来说是合理的。因为在建设工程的参建单位中，没有比勘察单位更了解工程地质条件的。作为专业的岩土工程咨询单位，勘察成果也应针对设计条件进行全面分析和评价，为工程设计和施工提出建议，防范风险。

对于地质条件可能引发的工程风险，目前尚无规范规定具体的执行方法，各类岩土工程勘察报告对于地质风险的表述也不尽一致，在理解上也有一定的出入。沈小克等[3]对北京市地质条件进行分析，提出了主要的地质风险因子并结合地下空间开发特点，对北京市地下空间开发中主要地质风险及其控制对策进行了探讨。何静等[4]对北京市东城区进行了地质条件分析，结合不同层次的地下空间开发特点，提出了可能地质风险和控制措施。李庆禹等[5]研究了影响汉口地区地铁联络通道施工的地质风险，提出了在勘察、设计以及施工阶段的风险控制方法。吴言军等[6]对地铁房山线工程存在的主要风险类别、特征及影响因素进行分析，并提出对应的防范措施。刘益平等[7]针对电缆隧道建设，分析总结了南京地区不同地貌单元可能遇到的地质风险并从勘察、设计、设备选型与施工等角度研究对策。黄辉[8]分析了广州地铁 9 号线岩溶地区深基坑工程的风险，从勘察、设计和施工等方面阐述风险控制措施。张靖宇等[9]运用了故障树风险分析方法进行了盾构下穿棚户区的风险辨识，制定控制措施。郭红梅[10]对长春地区白垩系泥岩的基本地质特征进行系统研究，分析在此类地层中地铁施工可能存在的地质风险。刘永勤等[11]通过划分地质单元、预测风险事件、评估风险等级，提出城市轨道交通工程的风控措施，制定安全风险管理体系。刘晓磊等[12]采用 AHP 法构建了天津各地质风险要素的层次结构和判断矩阵，评价了各地质风险要素对地铁规划建设的影响程度，针对天津地铁规划建设的各地质风险要素提出了预防措施和防治建议。

总体来说，工程界对于轨道交通地质风险控制的研究较为深入。住房和城乡建设部已经发布了《城市轨道交通工程地质风险控制技术指南》[13]。另外对基坑工程的地质风险控制开展的研究也较多。但上述研究主要还是基于工程安全风险进行的。建设工程的地质风险虽然源于安全管理规定，但是地质条件可能引起的工程风险应该还包括质量风险、投资风险、环境风险及工期风险等一系列问题。

本文通过矿山法土质隧道的岩土工程分析，从工程建设全流程中考虑地质条件可能带来的工程风险，以期为工程勘察成果中的地质风险分析提供参考和帮助。

2　地质条件风险

《风险管理 指南》GB/T 24353—2022[14]为国际通用标准，对风险的定义是“不确定性对目标的影响。”进一步解释为：（1）影响是指偏离预期，可以是正面的和/或负面的，可能带来机会和威胁；（2）目标可以是不同维度和类型，可应用在不同层级；（3）通常风险可以用风险源、潜在事件及其后果的可能性来描述。工程建设的风险一般来说是指对工程不利的可能事件，按照工程项目建设目标和承险体的不同可分为：安全风险、质量风险、工期风险、环境风险、投资风险等。

按照规定直接理解，地质条件可能带来的工程风险应指识别危险源和潜在事件。因为勘察阶段具体相关设计内容还没有最终确定，所以分析潜在事件的可能性、评价风险的大小是比较困难的。地质条件可能带来的工程风险，除了重点分析工程建设中的安全风险之外，对于质量风险、投资风险和工期风险在广义上也可作为分析考虑的内容。

分析地质条件可能带来的工程风险，思路上可以按照工程建设的全流程进行分析。与地质条件相关的工作环节来进行风险识别。工程勘察的不同阶段，对地质风险的评价深度不同（表 1、表 2）。

各勘察阶段对地质风险的评价要求 **表 1**

勘察阶段	目的	地质风险评价要求
可行性研究勘察	为项目选址和投资估算提供地质依据	了解工程沿线的工程地质和水文地质条件，开展重大地质风险因素识别和风险控制建议
初步勘察	为初步设计提供地质依据	针对初步设计文件，初步分析评价地质条件可能产生的工程风险，并提出建议
详细勘察	为施工图设计提供地质依据	针对施工图设计文件，详细分析评价地质条件可能产生的工程风险，并提出建议

与地质条件相关的风险识别和风险分析 **表 2**

阶段		地质风险识别、分析要点	风险类型
勘察设计		勘察对地质条件可能引起的工程风险做出阐述；设计依据勘察进行设计，制定相应措施	安全质量工期
施工阶段	场地整平	场地土是否可用，是否需要外运或外购。场平过程中的土方开挖、回填的风险	安全质量工期
	基坑支护和土方开挖	各类岩土基坑的稳定性、支护结构的施工难度和施工质量难点，土方开挖的难度	安全质量工期
	地下水控制	集水明排容易出现的问题、降水易发生的问题和风险、隔水帷幕的施工难点和风险	安全质量工期
	地基基础施工	各类地基处理或桩基础施工的难点和风险	安全质量工期
	地下工程施工	各类工法的常见问题和风险	安全质量工期
	主体结构施工	主体结构施工期间可能发生的地质风险	—
运营阶段		各类不良地质作用可能发生的风险	—

地质风险评估可以参考国家标准《风险管理 风险评估技术》GB/T 27921—2011[15]，采用头脑风暴法、结构化/半结构化访谈、德尔菲法、检查表法等方法，针对本单位工程的特点，建立地质风险清单，提升岩土工程勘察成果的质量。

3 工程概况

3.1 设计条件

玉渊潭 220kV 变电站 110kV 配套送出工程位于北京市海淀区，隧道起点位与现状隧道连接，沿西三环中路东侧向南，终点与普惠桥东北角电缆竖井相接，路径长度约 171.20m。

北端0＋000.000～0＋024.220由于覆土厚度限制，采用明挖法施工。暗挖段采用矿山法施工，于 0＋107.510 处设置一座临时施工竖井，向南北两侧开马头门进行暗挖隧道施工。

明挖电缆隧道断面内净尺寸2.0m×2.1m，钢筋混凝土结构，壁厚 300mm，见图 2。暗挖电缆隧道为拱顶直墙断面，内净空尺寸2.0m×2.3m（宽×高），直墙高 1.85m，拱矢高均为 0.45m，见图 3。复合式衬砌结构，初衬厚度为 250mm，采用 C20 喷射混凝土＋钢格栅，二衬结构厚度为 300mm，采用 C40 模筑钢筋混凝土，埋深为 5.645～15.35m。隧道初衬、二衬之间设聚乙烯丙纶柔性复合防水卷材。初衬开挖之前，在顶部打设超前小导管，环向间距 300mm 进行注浆加固，浆液采用水泥水玻璃双液浆。

3.2 工程地质条件

1）不良地质作用和地质灾害

隧道沿线不存在影响场地整体稳定性的不良地质作用。

2）地形地貌

工程场地位于永定河冲洪积扇的上部，场地地面标高为50.87～53.53m。

3）地层岩性

根据现场勘察及室内土工试验成果，将勘察勘探深度（最大24.00m）范围内的土层划分为人工堆积、一般第四纪沉积的土层和古近纪沉积岩层并根据各岩土层岩性及工程性质指标划分为5个大层及亚层。

表层为一般厚度1.80～4.10m的人工堆积层，包括①层杂填土，①$_1$层黏质粉土素填土、砂质粉土素填土及①$_2$层细砂素填土。人工堆积层以下为一般第四纪沉积的②层粉细砂；③层卵石，③$_1$层圆砾；④层卵石，④$_1$层漂石。第四纪沉积层以下为古近纪沉积岩，主要为⑤层强风化泥岩，见图1及表3。

地层岩性及物理力学性质一览表 **表3**

成因年代	地层编号	地层岩性	地层描述	主要物理力学性质			
				天然密度ρ/（g/cm^3）	重型动力触探修正击数	标准贯入击数	分层地基承载力f_{ka}/kPa
人工堆积层	①	杂填土	稍密，稍湿，以建筑垃圾为主。混凝土块最大粒径大于12cm	1.90			—
	①$_1$	黏质粉土素填土-砂质粉土素填土	黄褐色，稍密，稍湿，含有黏性土，少量砖渣、碎石	1.85			—
	①$_1$	细砂素填土	黄褐色，稍密，稍湿，含少量碎石、黏性土及砖块	1.90			—
第四纪沉积层	②	粉砂-细砂	褐黄色，中密，稍湿，成分以石英、长石为主，夹中砂薄层	1.95		19～27	180
	③	卵石	杂色，中密—密实，稍湿—湿，亚圆形，级配较好，一般粒径2～5cm，最大粒径大于12cm，含有漂石，漂石最大粒径50cm，充填细中砂约35%	2.10	31～44		350
	③$_1$	圆砾	杂色，中密—密实，稍湿，亚圆形，级配较好，一般粒径5～20mm，最大粒径5cm，混少量卵石，充填细中砂约30%	2.10	40～46		300
	④	卵石	杂色，中密—密实，稍湿—湿，亚圆形，级配较好，一般粒径3～5cm，最大粒径14cm，含有漂石，漂石最大粒径50cm，充填细中砂约35%	2.10	34～67		400
	④$_1$	漂石	杂色，密实，稍湿—湿，一般粒径20～26cm，最大粒径50cm，充填黏性土、碎石约30%	2.20	36～65		450
古近纪沉积岩层	⑤	强风化泥岩	棕红色，岩芯多呈土状、碎块状，遇水易软化	2.20	30～45		—

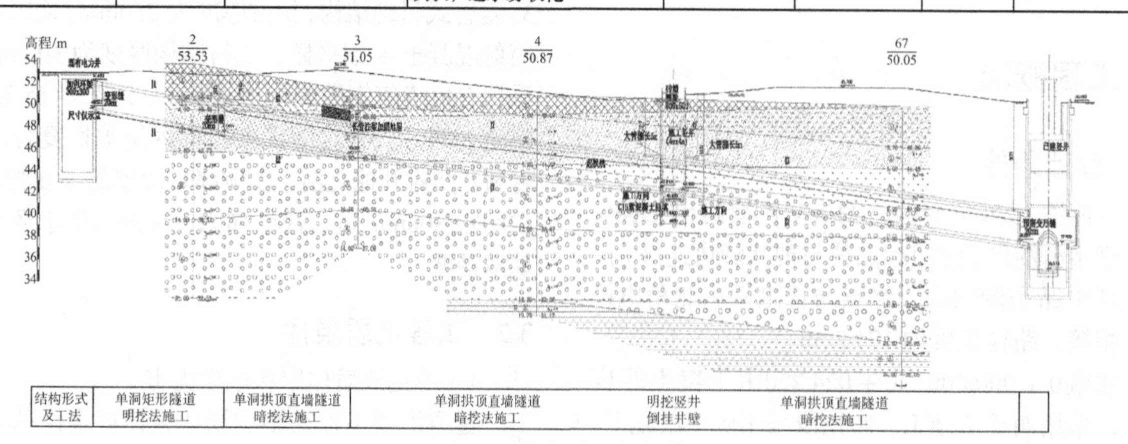

图1 电缆隧道纵断面图

4）特殊性岩土

（1）人工填土

本工程沿线分布的人工填土包括①层杂填土，①₁层黏质粉土、砂质粉土素填土及①₂层细砂素填土。松散—稍密，力学性质差异较大，稳定性差，对竖井、明挖段施工的基坑支护产生不利影响。

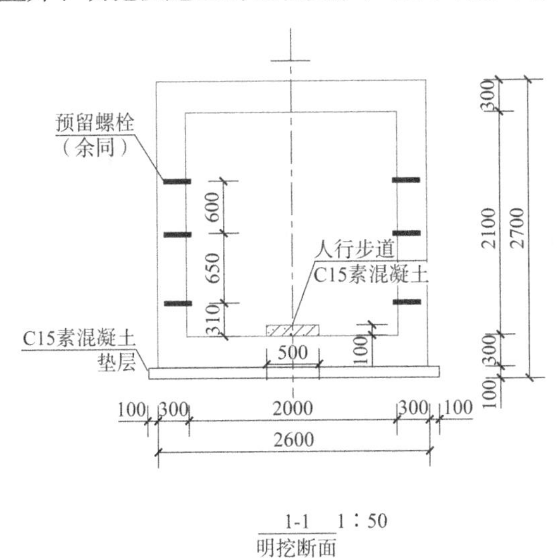

图2　明挖电缆隧道剖面图

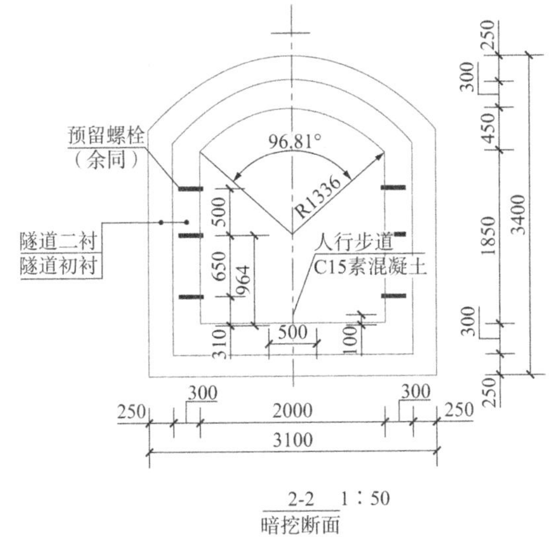

图3　暗挖电缆隧道剖面图

（2）弱胶结基岩

本场地下伏基岩为新生代下古近纪长辛店组（E2c）碎屑岩，基岩岩性为薄层—中厚层状棕红色泥岩。泥岩具有弱膨胀性，遇水易软化、崩解。

5）地表水、地下水条件

（1）勘察期间的地下水位

工程场地勘察期间于勘探深度 21.0m 范围内未观测到地下水。

（2）场区地表水分布情况

电缆隧道北侧邻近八一湖，常年有水。电缆隧道起点北侧约 80m 为玉渊潭公园，八一湖湖水水面高程为 49.00m 左右，水深 1～2m。

（3）历年高水位调查

经查询、分析，场区历年（1959 年以来）最高地下水位标高为 50.00 左右，近 3～5 年最高地下水位标高约为 32.00m。

4　地质条件可能带来的工程风险分析

地质条件可能带来的工程风险可从工程建设流程入手，通过分析每道工序工程地质条件的问题来进行梳理。本文针对隧道暗挖段按施工顺序进行地质条件的风险分析（表 4）。

4.1　场地整平

场地整平中的地质风险往往被忽视，原因之一是很多土地出让前都必须满足三通一平的条件，因此详细勘察期间场地很多都已经整平。尤其是山区或丘陵区的不平整地形，这类场地通常做法是简单的削方和填方，由于不考虑后期的地基处理等问题，填方前无清理工作，极容易形成软弱夹层，给场地稳定性带来巨大风险。或者由于削方的岩石，不论粒径及含有物，统一无质量控制要求回填，给后期地基处理带来相当大的工程难度。另外，土方开挖、回填过程中也存在安全风险和投资风险。例如场地开挖坚硬岩石，需要进行爆破施工，安全问题突出；或者场地表层为软土、人工堆积的杂填土等，无法作为场平土使用，需要挖除清理后再换填好土，存在一定的投资风险。当场地土质过软时，往往会存在机械设备倾覆的安全风险。

地质条件可能引发的工程风险汇总表　　**表 4**

工序/阶段	地质条件可能引发的工程风险
竖井支护和开挖	（1）竖井深度范围内分布有人工填土、砂土和碎石类土，基坑易坍塌； （2）人工填土层里的大块建筑垃圾和卵石内的大粒径漂石开挖时，容易悬空并引起土方坍塌，大粒径漂石掉落也存在人身安全风险； （3）倒挂井壁施工时锁脚锚管在卵石中打入困难； （4）当采用注浆加固方法时，杂填土及卵石中存在浆液渗漏风险

续表

工序/阶段	地质条件可能引发的工程风险
竖井地下水控制	由于场地填土层较厚，位于市政道路区，很容易存在由于管线渗漏存在的局部水囊，因此仍然需要关注地下水引起的工程风险
隧道主体施工	（1）拱顶为砂土层，以上为人工填土层，均属于易坍塌的地层，马头门开挖及隧道掌子面开挖中应重视坍塌风险； （2）超前小导管在卵石中施做难度大，应注意防范质量风险，以机械钻孔为主要方式； （3）隧道侧壁以砂土和卵石为主，稍湿状态，掌子面和隧道侧壁也容易引起坍塌和地表沉降过大； （4）大粒径漂石开挖后容易形成悬空，造成坍塌，并存在人员安全风险； （5）大粒径开挖需要的注浆量大，设计时应注意投资风险
运营阶段	工程运营阶段应重视地下水位上升后可能带来的渗漏风险

本项目不存在场地整平的挖填方问题，仅竖井施工需临时占地，场地无软土分布，因此场平阶段不存在上述地质风险。

4.2 竖井支护和开挖

该阶段主要应该针对具体地质条件，提示基坑稳定性风险和基坑支护结构施工中的质量和安全风险。暗挖隧道的基坑支护主要指竖井支护，由于勘察阶段支护形式尚无具体设计，因此针对各种推荐的支护形式均应地质风险分析。

例如人工填土应重点关注填土的成分、密实程度，提示易有空洞和局部上层滞水、围护结构成孔（槽）困难、易塌孔、开挖面坍塌和挖运机具倾覆、基坑侧壁渗水与桩间土流失等风险。

黏性土、粉土地层应重点关注基坑围护体系坍塌、成桩（槽）的塌孔等风险。粉土地层还应关注桩间土流失、地层损失引起的地面塌陷等风险。

砂土层应重点关注地下连续墙成槽塌方、地下连续墙接缝处渗漏、地下连续墙混凝土绕流、钻孔灌注桩塌孔、锚杆（索）施工的砂土流失、地面塌陷、围护桩间土脱落与涌土流砂、基坑围护体系坍塌、基底突涌破坏以及砂土液化（富水粉土粉砂层且振动施工易发生）等风险。

大粒径碎石类土应重点关注围护结构的施工偏斜、围护结构施工过程中漏浆、围护结构施工机具损毁及磨损、围护结构施工塌孔（以上漂石层易发生），以及地下连续墙与止水桩墙渗漏、桩间土坍塌或流失（以上富水卵砾石层更易发生）等风险。

污染土和有害气体应重点关注危害作业人员健康安全（不适、中毒、窒息等）、开挖弃土污染环境和燃烧和爆炸等风险。

本项目暗挖竖井根据地区工程经验和设计尺寸，一般采用倒挂井壁、打设锁脚锚管的支护方案。竖井深度范围内分布有人工填土、砂土和碎石类土，人工填土和砂土为易坍塌地层。人工填土层里的大块建筑垃圾和卵石内的大粒径漂石开挖时，容易形成悬空并引起基坑坍塌，大粒径开挖也存在人身安全风险。另外，锁脚锚管在卵石中打入困难。上述地层如果需要注浆加固，也容易有浆液渗漏问题。

4.3 竖井地下水控制

竖井结构施工时，地下水控制应重点关注降水效果不佳、隔水底板残留水“疏不干”、基坑坑底突涌、止水帷幕部位渗漏水、隔水帷幕部位变形过大、施工期结构上浮、邻近建构筑物变形过大或破坏、地面沉降等施工质量安全风险。

本工程地下水位埋藏较深，位于竖井底板以下，一般情况下不存在地下水引起的工程风险。但是由于场地填土层较厚，位于市政道路区，很容易存在由于管线渗漏存在的局部水囊，因此仍然需要关注地下水引起的工程风险。

4.4 隧道主体施工

暗挖隧道施工过程中应重点关注码头门开挖、暗挖隧道的超前加固，例如小导管、深孔注浆和管棚的施工质量风险，隧道土方开挖的坍塌风险，初衬和二衬施工中的安全质量风险等。

填土层中应重点关注隧道拱顶坍塌、隧道开挖面坍塌、结构过大变形开裂与不均匀沉降（填土层有地层空洞或水囊时易发生），以及掌子面涌土涌水（填土层有水囊时易发生）等施工安全风险。

黏性土及粉土应重点关注拱顶坍塌、马头门开挖坍塌、开挖面涌水、涌砂、大管棚施作塌孔形成空洞或地面坍塌等施工安全风险。

砂土层中应重点关注隧道拱顶或开挖面坍塌、隧道上拱下沉易侵限（以上无水松散砂层易发生）、马头门开挖坍塌、开挖面涌水涌砂、拱顶坍塌、大管棚施作塌孔形成空洞或地面坍塌、初支结构过大变形或开裂（以上富水砂层易发生），以及因施工振动引发地层液化的风险（可液化粉土粉砂层易发生）。

大粒径土层中应重点关注隧道初支结构位置

漂石坠落及其引发上方土体坍塌、爆破振动引起围岩失稳（以上卵石（含漂石）层易发生），以及隧道开挖面涌水涌砂、马头门开挖坍塌、拱顶及开挖面坍塌、导洞初支失稳、大管棚施作地层沉陷、管棚施工角度偏差过大（以上富水卵砾石层易发生）等施工安全质量风险。

地下水控制应重点关注降水效果不达标、拱顶涌泥涌砂与坍塌、掌子面涌水与坍塌、钻孔咬合桩或超高压旋喷桩止水失效、深孔注浆止水失效、冻结壁失效、邻近建（构）筑物变形过大或破坏、地表变形过大或坍塌等施工质量安全风险。

污染土和有害气体地层中进行矿山法施工应重点关注作业人员健康安全（不适、中毒、窒息等）、开挖弃土污染环境和燃烧和爆炸（有害气体）等施工安全风险。

本工程拱顶为砂土层，以上为人工填土层，均属于易坍塌地层，马头门开挖及隧道推进过程中应重视顶拱的坍塌风险。超前小导管在卵石中施做难度大，应注意防范质量风险，以机械钻孔为主要方式。侧壁以砂土和卵石为主，稍湿状态，掌子面和隧道侧壁也容易引起坍塌和地表沉降过大。大粒径漂石开挖后容易形成悬空，造成坍塌并存在人员安全风险。另外，大粒径开挖需要的注浆量大，设计时应注意投资风险。

4.5 工程运营阶段

近年来，北京市由于南水北调进京后的地下水调蓄涵养工作，地下水位持续上升，工程运营阶段应重视地下水位上升后可能带来的渗漏风险。

5 结论及建议

本文结合具体工程案例，对暗挖隧道勘察阶段地质条件可能带来的工程风险分析，取得的主要结论如下：

（1）工程勘察阶段的地质条件可能带来的工程风险分析，主要工作内容为风险识别和风险分析，并针对性地提出风险控制的建议。地质条件可能引起的工程风险有安全风险、质量风险和投资风险等。

（2）矿山法隧道的地质条件可根据隧道的施工步序，按照竖井支护开挖、竖井地下水控制、隧道主体结构施工以及运营期间的地质条件进行逐步分析，形成风险清单。

（3）建议各行业行政主管部门参考轨道交通工程风险管理经验制定各行业的地质风险指南。各生产单位根据工程项目类型，结合地质条件和施工工法等制定地质风险清单。

（4）岩土工程勘察结合设计情况和施工工艺分析可能的地质风险。

本文列举的是河流相地层常见地层矿山法施工隧道中的常见风险，对于有岩溶、断裂等不良地质发育，或软土、风化岩、湿陷性土等特殊性岩土分布的场地，地质风险会更加突出。建议后续对此进行专门研究。

参考文献

[1] 住房和城乡建设部. 危险性较大的分部分项工程安全管理规定[S]. 2018.

[2] 住房和城乡建设部. 工程勘察通用规范: GB 55017—2021[S]. 北京: 中国建筑工业出版社, 2021.

[3] 沈小克, 王军辉, 韩煊, 等. 北京市地下空间开发中主要地质风险及控制对策[C]//第二届全国工程安全与防护学术会议论文集, 2010.

[4] 何静, 李潇, 白凌燕. 北京市东城区地下空间开发利用的地质风险分析[J]. 地下空间与工程学报, 2013, 33(10):1465-1472.

[5] 李庆禹, 李慎奎. 影响汉口地区地铁联络通道施工的地质风险探讨[J]. 隧道建设, 2013(10): 841-846.

[6] 吴言军, 陈爱新, 朱志刚. 地铁房山线的地质、环境风险及防范措施分析[J]. 地下空间与工程学报, 2014, 10(3):721-726,738.

[7] 刘益平, 任亚群. 南京地区电缆隧道工程重要地质风险分析及对策[J]. 电力勘测设计, 2015(S1):235-241.

[8] 黄辉. 广州地铁 9 号线深基坑工程岩溶地质风险控制研究[J]. 施工技术, 2016, 45(13):88-92.

[9] 张靖宇, 李树忱, 陈健等. 盾构下穿棚户区的风险辨识与控制对策研究[J]. 地下空间与工程学报, 2018, 14(S2):962-968.

[10] 郭红梅. 长春地区白垩系泥岩地层地铁施工中地质风险及技术措施研[J]. 岩土工程技术, 2018, 32(1):21-27.

[11] 刘永勤, 杨萌, 刘丹, 等. 城市轨道交通地质风险评估与控制措施研究[C]//勘测院第四届科技大会论文集[C]. 2022.

[12] 刘晓磊, 路清, 王辉, 等. 天津地铁规划建设的地质风险与对策[C]//第十三届全国边坡工程技术大会论文集[C]. 2021.

[13] 住房和城乡建设部. 城市轨道交通工程地质风险控制技术指南[S]. 2020.

[14] 国家市场监督管理总局,国家标准化管理委员会. 风险管理 指南: GB/T 24353—2022[S]. 北京: 中国标准出版社, 2022.

[15] 国家质量监督检验检疫总局, 中国国家标准化管理委员会. 风险管理 风险评估技术: GB/T 27921—2011[S]. 北京: 中国标准出版社, 2012.

沈阳某高填方场区岩土工程施工勘察实录

曹瑞钠　张海东　刘　琦

（辽宁省建筑设计研究院岩土工程有限责任公司，辽宁沈阳　110005）

1　工程概况

1.1　工程简介

沈阳某高填方场区位于沈阳市大东区，东北大马路附近，见图 1。拟建场区原始地貌西高东低，北高南低，属山前坡地。场区原始地形起伏较大，最大标高为 92.45m，最小标高为 55.07m，最大高差 37.88m。根据拟建场区原地勘报告，场区原地形自上而下地层分别为素填土、粉质黏土、全风化花岗混合岩、强风化花岗混合岩。场区原建筑设计方案为根据现有场地条件整平至 74.3m，填方段挖除场地杂填土、耕土等软弱土层后利用场地挖方段的粉质黏土、坡积土、全风化岩等挖方土与石灰拌和分层强夯地基处理至标高 74.3m，最后铺设 1.70m 厚碎石至标高 76.0m。设计回填材料的灰土比例为 1：9。

本次施工勘察工作区域内建筑包括东区 PDA 汽车分拨中心、南区汽车分拨中心及试车跑道，见图 2。停车场主体结构形式为钢结构，原基础形式为独立基础。区域内地基分为挖方地基与填方地基，填方地基采用分层换填强夯地基处理措施，每层换填厚度不大于 5m。东区分东一、东二、东三区，东一区为挖方区，东二及东三区均为填方区，填方厚度约为 4.2～12.6m；南区及试车跑道区大部分区域为填方区，填方厚度范围约为 4.2～12.6m，见图 3。

1.2　拟建场区基础施工期间中出现的不利现象

1）拟建场区施工时间节点

2018 年 9 月试夯及高程测量→2018 年 10 月至 2019 年 11 月土地整平及挡土墙设计→2019 年 3 月至 2019 年 12 月拟建场区详细勘察→2019 年 4 月至 2019 年 12 月土方回填及强夯地基处理→2020 年 3 月至 2020 年 5 月回填土地基检测→2020 年 5 月至 2020 年 8 月沉降检测及填土地基不合格区域换填处理

2）基础施工期间出现的不利现象

自 2020 年下半年，历经沈阳连续几场暴雨后，场区发现如下不利现象：

（1）汽车分拨中心陆续出现基础较大沉降及不均匀沉降现象。自 2022 年 8 月 5 日至 2022 年 8 月 30 日，基础沉降统计见表 1。监测数据表明，基础施工期间发生较大的基础沉降，且基础沉降速率较大，其中东区基础沉降最严重，基础最大沉降大于 100mm。

图 1　拟建场区位于示意图

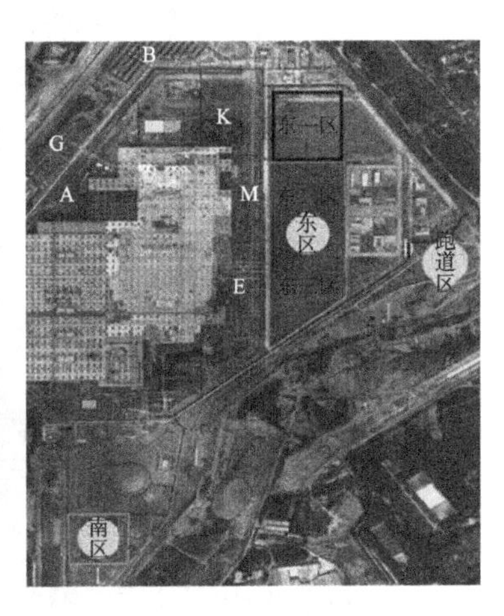

图 2　施工勘察工作区域

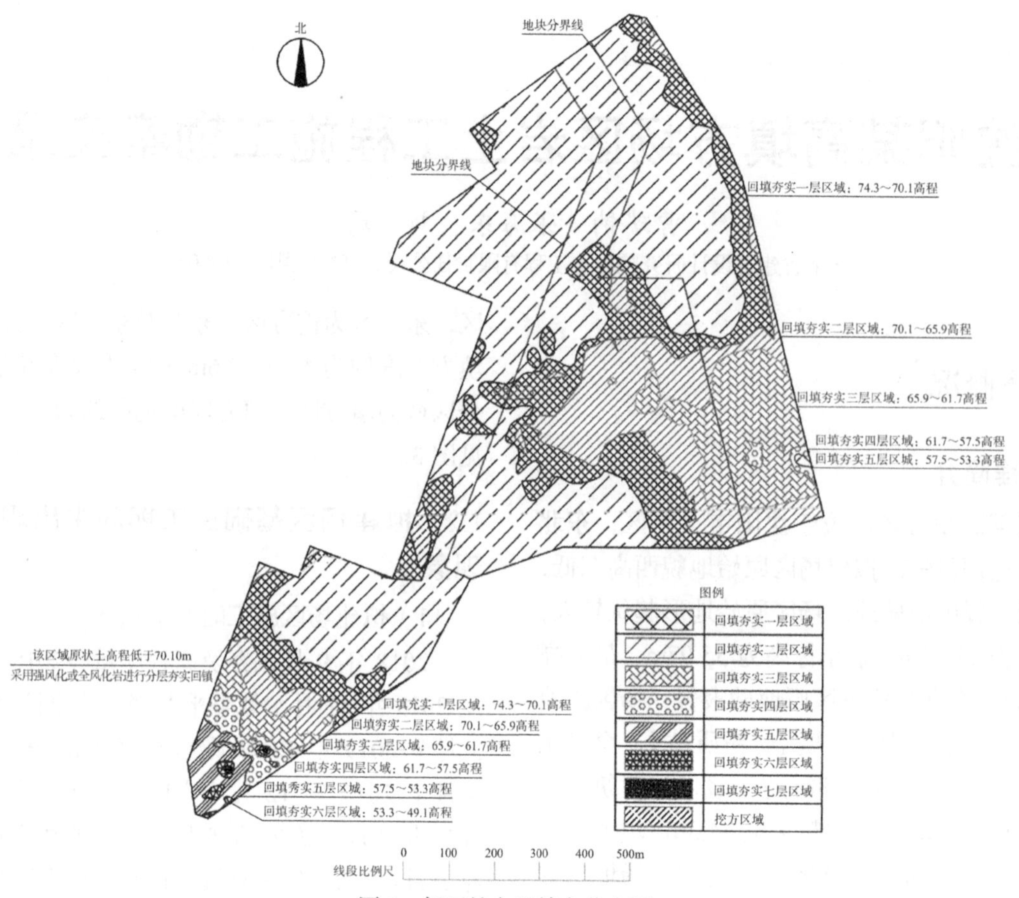

图 3　场区挖方及填方分布图

基础沉降统计数量　　**表 1**

序号	监测区域	基础统计数量/个	基础沉降统计个数/个			
			10mm < s ⩽ 30mm	30mm < s ⩽ 50mm	50mm < s ⩽ 100mm	s > 100mm
1	东区	1035	611	207	130	87
2	南区	201	127	67	7	0

图 4　现场基础沉降照片

（2）场区回填区域地面发生较大的裂缝，见图 5。

图 5　现场地面裂缝照片

（3）场地东侧挡土墙顶部地面发生较大的地面裂缝，见图6。

图6　东侧挡土墙顶部地面裂缝照片

2　勘察工作概况

2.1　勘察工作目的及要求

勘察目的进一步查明场区岩土层工程特性，尤其是场区回填土及可能存在的其他特殊性岩土的工程特性，为地基基础沉降原因及边坡挡土墙稳定性提供可靠分析依据。主要任务要求如下：

（1）查明场地地形、地貌、地层、地质构造、岩土性质及其均匀性；

（2）查明场地回填土厚度、物质成分、均匀性、密实性、压缩性、湿陷性等工程特性；

（3）测试天然土的湿陷性及查明可能存在的其他特殊性岩土的工程特性；

（4）提供场地地基土各项物理力学指标，对可能采用的地基基础方案设计及地基处理方案提出合理化建议。

2.2　勘察工作布置

（1）根据设计院提供的勘探布孔图进行勘察工作布置，在东一区、东二区、东三区、南区及汽车跑道五个区域共布设249个钻孔，其中取土孔83个（湿陷性取土孔13个），其余为测试孔，钻孔间距11.0～36.0m，钻孔深度10.0～28.0m。

（2）勘探孔深度控制：控制性孔深度15.0m且进入全风化岩不小于5.0m，一般性孔深度12.0m且进入全风化岩不小于3.0。

2.3　主要勘察手段及方法

（1）工程钻探：7台SH-30型冲击钻机、5台回转钻机、1台静力触探；

（2）现场原位测试：重型动力触探试验、标准贯入试验、静力触探试验；

（3）室内土工试验：质量密度、含水率、孔隙比、液塑性指标、压缩性、土湿陷性等试验，针对场区回填土增加土工试验为：颗粒分试验、黏粒含量、渗透系数试验、重塑土湿陷性试验。

2.4　钻探主要技术要求

（1）取非扰动样

湿陷性取土孔：地面下2.0～5.0m取样间距0.5m，5m以下取样间距1m；其他取土孔取样间距1.5m。

（2）重型动力触探试验：回填土采用连续动力触探，其余地层测试间距不大于2m，每层土均宜测试。

（3）标准贯入试验：回填土段测试间距1.5m，其他地层测试间距为2～3m。

2.5　勘察工作完成情况及工作量

本次勘察外业工作开始于2020年9月11日，于2020年9月22日结束，实际完成的工作量如下。

（1）工程钻探：246孔，总进尺3808.8m。

（2）取样：扰动样144件；原状土样525件。

（3）标准贯入试验：416次。

（4）重型圆锥动力触探：722.3m。

（5）静力触探试验：96.3m。

（6）工程测量：工程点测量249点；水位量测55孔。

（7）室内试验：颗粒分析381件；土常规试验442件；渗透系数试验148件；0.2MPa压力下湿陷性试验162件；自重湿陷试验39件，重塑土湿陷性试验38件；水分析2件；土的易溶盐试验5件。

3 场区地质条件

3.1 区域气象及水文条件

（1）区域气象条件及地基基础施工期间降雨情况

沈阳市属温带半湿润季风性气候，由于受大陆性和海洋性气团控制，其特征是冬季漫长寒冷，春季多风干燥，夏季炎热多雨，秋季湿润凉爽。据沈阳市中心气象台多年资料统计：气温多年平均为7.9℃，最高为35.7℃，最低为−30.5℃。降水量多年平均为675mm，集中在6～9月份，这段时间降水占全年总降水量的60%左右，尤其在7、8月份，常以暴雨形式出现。风向，冬季多西北风，夏季多西南风，春秋两季风大，风向不定，最大风速12～15m/s。常年主导风向西北向。

2019年，沈阳市平均降水量为824.1mm，较历年同期（624.4mm）偏多30%。其中，8月份降水量533.9mm，创沈阳市有气象记录以来的月降水量极值。8月16日17时30分至19时沈阳城区出现短时强降水，降水量达暴雨到大暴雨，其中和平区沈水湾公园气象观测站17时55分至18时55分降水量为100.8mm，为1951年沈阳有完整气象资料以来最大小时雨强，经评估为百年一遇。

2020年8月中旬至9月中旬，辽宁省共出现10次大范围的强降水过程，平均3～4d一次强降水过程，平均降水量为310mm，比常年同期偏多1.4倍，为1951年以来历史同期最多。8月27日台风“巴威”、9月3日台风“美莎克”和9月7日台风“海神”半个月内接连影响辽宁省，受三次台风影响，又多次出现强降水过程。

（2）水文地质条件

本场地地下水类型为上层滞水和第四系孔隙潜水，第四系孔隙潜水局部钻孔揭露，地下水主要赋存于素填土、粉质黏土或砾砂层及以下各层之中。上层滞水分布普遍分布于碎石①层下部，局部的素填土②$_2$、素填土②$_{2\text{-}1}$、素填土②$_{2\text{-}2}$层中，该层中多为风化岩石碎屑，渗透系数较大，属于含水层。粉质黏土和其他素填土②、素填土②$_1$、素填土②$_{1\text{-}1}$层多为粉质黏土层，渗透系数小，为相对隔水层，地下水补给形式均为大气降水补给，因此场地内分布有多层滞水。地下水的主要排泄方式为向下渗流。

本场地环境类型为Ⅱ类。勘察期间为夏秋季丰水期，由于场地排水效果较好，①层碎石中的上层滞水普遍但水量较小，初见水位介于1.00～3.50m，稳定水位高程73.19～75.72m。孔隙潜水实测稳定水位埋深为5.70～10.10m，稳定水位高程65.72～70.21m。根据沈阳历年资料统计，地下水年变化幅度约为4.00m，应考虑地下水位随季节变化所带来的影响。

3.2 地形地貌

工作区域场地位于沈阳市大东区东望北街。场地原始地形起伏较大，最大标高为92.45m，最小标高为55.07m，最大高差37.88m。地貌为构造、剥蚀而成的丘陵。附近工程建设逐渐缩小地面高差，项目启动时场地最大标高为74.99m，最小标高58.87m，最大高差16.12m。经挖填方场地整平后，东一区基本为挖方区，其他区为填方区，填方区场地经过素填土分层强夯回填，地形整体较平坦，局部稍有起伏，场地勘察时地面标高介于73.883～76.273m之间，最大高差为2.39m。

3.3 区域地质构造

依据当地区域地质资料，区域地壳在新生代以前一直处于相对上升受风化剥蚀阶段，未接受远古代以后的沉积，地壳活动是相对稳定的，属古老的地块。沈阳市在大地构造上处于辽东块隆与下辽河—辽东湾块陷交接的部位，属新构造运动缓慢下降区，场区无大的断裂构造带通过。

3.4 场地岩土层性质及分布规律

在勘探深度范围内，该场地地基土主要由构造剥蚀成因的黏性土和风化岩组成，上部为人工回填强夯素填土，地层划分主要考虑成因、时代以及物理力学性质，划分依据根据野外原始编录，同时参照室内土工试验及原位测试指标的变化。自上而下依次描述如下：

①层碎石：灰色，松散，稍湿，主要由碎石组成含少量砂土及黏性土。分布连续，层厚0.30～3.60m，层底埋深0.30～3.60m。

②层素填土：黄色，黄褐色，褐红色，松散，稍湿—湿，主要由黏性土组成，局部含少量风化岩碎屑或砂土，多为软可塑—流塑状态粉质黏土。分布不连续，不均匀，层厚0.10～7.50m，层底埋深1.60～13.90m。

②$_{0-1}$层杂填土：杂色，松散，稍湿—湿，主要由生活垃圾和建筑垃圾组成，具有臭味。分布不连续，不均匀，层厚 0.20～2.40m，层底埋深 9.10～11.20m。

②$_{1}$层素填土：黄色，黄褐色，褐红色，稍密，稍湿，主要由黏性土组成，局部含风化岩碎屑或砂土。分布不连续，不均匀，层厚 0.20～11.10m，层底埋深 1.00～17.50m。

②$_{1-1}$层素填土：黄色，黄褐色，褐红色，中密，稍湿，主要由黏性土组成，局部含较多风化岩碎屑或砂土。分布不连续，不均匀，层厚 0.30～7.50m，层底埋深 1.80～12.20m。

②$_{2}$层素填土：黄色，黄褐色，花黄色，灰绿色，稍密，稍湿—湿，主要由风化岩碎屑组成，局部含黏性土或砂土。分布不连续，不均匀，层厚 0.50～5.20m，层底埋深 3.00～13.70m。

②$_{2-1}$层素填土：黄色，黄褐色，花黄色，松散，稍湿—湿，主要由风化岩碎屑组成，局部含较多黏性土或砂土。分布不连续，不均匀，层厚 0.40～5.10m，层底埋深 2.80～14.70m。

②$_{2-2}$层素填土：黄色，黄褐色，花黄色，灰色，中密—密实，稍湿，主要由风化岩碎屑组成，局部含少量黏性土或砂土。分布不连续，不均匀，层厚 1.20～4.90m，层底埋深 4.00～12.00m。

③层粉质黏土：黄褐色，灰褐色，灰黑色，灰绿色，含氧化铁矿物和少量有机质，干强度中等，韧性中等，稍有光泽，土质均匀，无摇振反应，硬可塑状态，局部硬塑状态，中等压缩性。分布不连续，层厚 0.60～11.10m，层底埋深 3.10～17.40m。

③$_{1}$层粉质黏土：黄褐色，灰黑色，灰绿色，局部含草炭，干强度中等，韧性低，稍有光泽，土质均匀，无摇振反应，软可塑状态，中等压缩性。分布不连续，层厚 0.30～4.80m，层底埋深 2.40～16.20m。

④层粉质黏土：黄色，灰褐色，棕红色，灰黄色，含砾石和粉粒，干强度中等，韧性中等，稍有光泽，土质均匀，无摇振反应，硬可塑状态，局部硬塑状态，中等压缩性。分布不连续，层厚 0.20～7.10m，层底埋深 2.60～22.30m。

④$_{1}$层砾砂：黄褐色，饱和，中密状态，主要由石英、长石组成，混粒结构，级配较差，含少量圆砾，最大粒径 50mm。分布不连续，层厚 0.30～2.10m，层底埋深 8.80～21.30m。

⑤层砾质黏性土：红褐色，黄褐色，黄色，硬塑状态，局部坚硬状态或硬可塑状态，由风化岩石碎屑组成，属于残积土，结构全部破坏，已风化成粉质黏土或粉细砂状，易开挖，该层有遇水软化现象。分布不连续，层厚 0.10～5.90m，层底埋深 2.10～18.60m。

⑤$_{1}$层粉质黏土：黄白色，灰白色，局部相变为黏土或粉土，为风化岩残积土，黏粒含量较大，蒙脱石含量较高，属高液限土，主要为次生黏性矿物微晶高岭土，具有吸水膨胀和失水收缩特性，干强度中等，韧性中等，稍有光泽，土质均匀，无摇振反应，硬塑—坚硬状态，中等压缩性，局部高压缩性。分布不连续，层厚 0.30～5.30m，层底埋深 5.40～14.60m。

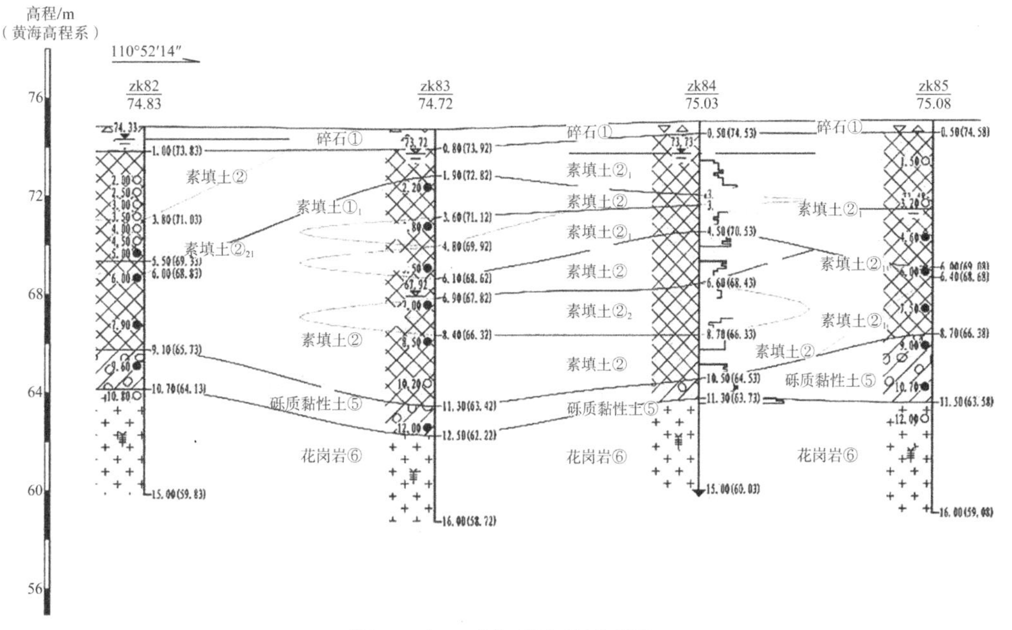

图 7　东二区典型地质剖面图

⑥层花岗岩：黄褐色，黄色，黄白色，全风化，组织结构基本被破坏，被风化成砂土状或黏性土（坚硬状态，具有中等—高压缩性），局部尚可辨认有残余强度，该层有遇水软化现象。分布连续，局部未钻穿，钻入该层最大厚度为5.10m，层顶埋深0.30～22.30m。

⑦层花岗岩：黄褐色，黄色，强风化，组织结构大部分被破坏，矿物成分显著变化，风化裂隙很发育，岩体破碎，被风化成砂土状或黏性土（具有高压缩性），该层局部有遇水软化现象。分布不连续，未钻穿，钻入该层最大厚度为5.80m，层顶埋深2.20～12.40m。

4 场地特殊性岩土工程特性分析与评价

4.1 素填土均匀性

本工程填土主要由黏性土、风化岩碎屑物或黏性土及风化碎屑物混合组成，并经分层强夯形成地基土，堆积时间不满一年，地基均匀性差，压缩性多为中等压缩性，局部高压缩性，整体填土层物理力学性质变异性较大。

4.2 软弱素填土分布

（1）东二区、东三区：根据现场勘探及室内土工试验结果表明，该区域大部分从地面下2.0～6.0m为软塑—流塑状态素填土（局部软弱土深度达8～11m）；由于局部场地地面受水沉陷严重，造成局部强夯硬壳层下可能形成空洞；另由于分层强夯及回填材料的差异造成局部场地在水浸后自上而下出现“软层—硬层—软层—硬层”交互明显的地层。

（2）南区填方区：地面下2.0～4.0m出现承载力低、②压缩性高素填土，其余部位素填土地基承载力较高、压缩性较低。

（3）汽车跑道填方区：局部区域存在4.0～8.0m厚度软弱素填土。

4.3 素填土渗透性

根据室内土工试验结果，除$②_1$素填土渗透系数小于10^{-5}cm/s外，其余素填土渗透系数均大于10^{-5}cm/s，依据《水利水电工程勘察地质规范》GB 50487—2008附录F判定，场地素填土渗透性等级为弱渗透性。

4.4 风化岩遇水软化现象及素填土遇水软化特性

经现场勘察得知，本场地风化花岗岩和残积土层具有遇水软化现象，见图8，勘察前期为8～9月份，正值沈阳雨季，连续3次台风和季风强降雨导致场地内积水严重，土质长期浸泡，全风化和强风化花岗岩层中的矿物颗粒在水的作用下，颗粒之间的连结逐渐破坏，使水逐渐进入颗粒之间，从而在岩石内部产生不均匀内应力和大量微孔隙，具有吸附效应影响，导致岩石内部结构破坏并软化崩解，承载力大大降低。

根据2020年9月18日在原来测试的4号、7号、8号重型动力触探检测点（首次测试时间为2020年8月25日）旁边复测，发现测试点位置软弱素填土厚度向下发展趋势较明显，详见表2。

重型动力触探测试成果对比　　表2

序号	检测位置	软弱地层名称	检测时间	测试软弱土深度/m	间隔时间/d	软化深度/m
1	4号	素填土②	8月25日	2.8	24	2.3
			9月18日	5.1		
2	7号	素填土②	8月25日	3.5	24	1.1
			9月18日	4.6		
3	8号	素填土②	8月25日	4.4	24	0.2
			9月18日	4.6		

备注：软弱土判别标准为重型动力触探击数$N_{63.5} \leqslant 2$。

根据室内土工试验结果，场地素填土渗透系数范围为2×10^{-8}～10^{-4}cm/s，经计算该素填土24d向下渗透深度为0.00041m～2.1m。经计算表明，测试前后软弱素土分布深度与土渗透深度具有对应的关系。

建议对该场地土层进行全面降水措施，并确保场地具有流畅的排水措施，保证施工全过程均不受降雨影响。

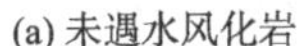

(a) 未遇水风化岩

(b) 遇水后软化风化岩

图 8　场地基岩遇水软化照片

4.5　湿陷性土

1）室内湿陷性试验成果

根据对厂区 62 个取样孔 147 组试样进行室内湿陷性试验，其中 8 个勘探孔 9 组试样测试出土具有湿陷性，具体结果见表 3。

根据表 3 得知：

（1）②$_{2-1}$层素填土局部 0.2MPa 压力湿陷系数δ_s为 0.014，湿陷起始压力P_{sh}为 70kPa，自重湿陷系数δ_{zs}为 0.024，湿陷性轻微，属于自重湿陷性土，湿陷等级为Ⅰ级。

（2）③层粉质黏土局部 0.2MPa 压力湿陷系数δ_s为 0.016，湿陷起始压力P_{sh}为 130kPa，湿陷性轻微，属于非自重湿陷性土，湿陷等级为Ⅰ级。

湿陷性试验成果　　**表 3**

序号	孔号	取样深度/m	岩土名称	0.2MPa 压力下湿陷系数	自重湿陷系数	湿陷起始压力/kPa	备注
1	zk13	2.6～2.8	粉质黏土③	0.027	0.001	154	天然土层
2		5.8～6.0	粉质黏土③	0.028	0.016	106	天然土层
3	zk44	7.0～7.2	粉质黏土③	0.024	0.014	—	天然土层
4	zk85	7.5～7.7	素填土②$_{2-1}$	0.027	0.024	70	素填土层
5	zk94	7.2～7.4	素填土②$_{2-1}$	0.024	0.018	108	素填土层
6	zk118	5.0～5.2	素填土②$_{2-1}$	0.025	0.022	62	素填土层
7	zk134	5.0～5.2	素填土②$_{2-1}$	0.026	0.01	126	素填土层
8	zk193	5.8～6.0	粉质黏土③	0.025	0.022	—	天然土层
9	zk215	11.3～11.5	粉质黏土⑤$_1$	0.03	0.035	129	天然土层

（3）灰白色⑤$_1$层粉质黏土局部 0.2MPa 压力湿陷系数δ_s为 0.03，湿陷起始压力P_{sh}为 129kPa，湿陷性轻微，自重湿陷系数δ_{zs}为 0.35，湿陷性中等，属于自重湿陷性土，湿陷等级为Ⅱ级；

软塑—流塑状态②素填土均未测试出具有湿陷性，可能与该层土浸水后完成自重湿陷有关。

2）重塑土湿陷性试验数据成果

现场取 6 组风化碎屑物含量不同组成素填土土样及东二区（湿陷较严重区域）地表处取 1 组以黏性土组成的素填土土样共计 7 组土样，重塑成不同密实状态下土样进行室内湿陷性试验，试验曲线见图 9。

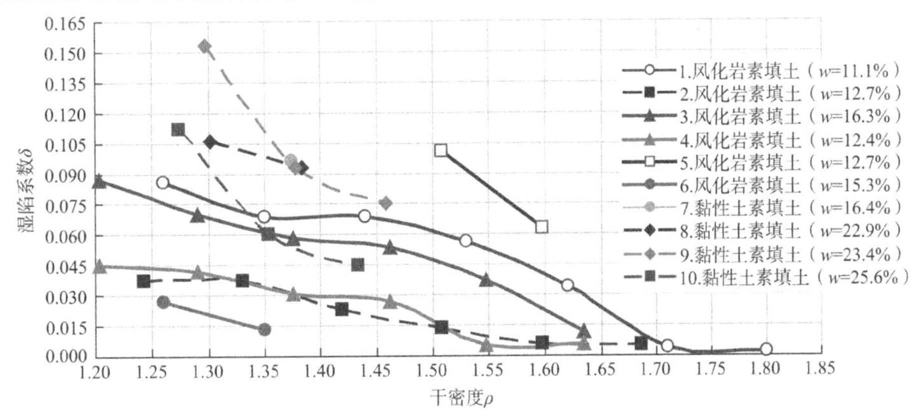

图 9　重塑土湿陷性试验曲线图

图 9 表明，以黏性土为主的素填土，干密度 $\rho_d \leqslant 1.5g/cm^3$ 时，具有较明显湿陷性（黏性为素填土最大干密度 $\rho_{d,max} = 1.65g/cm^3$）；以风化碎屑物为主的素填土，干密度 $\rho_d \leqslant 1.65g/cm^3$ 时具有较明显湿陷性；同时可以看出，同一种土相同的干密度，含水率越低，湿陷性越大。由此可以得出，即使夯填土达到相同的干密度，但因材料及含水率的差异，也可能导致湿陷量不同。

3）基础沉降监测数据统计分析

根据业主提供的 9 月 13 日东区基础沉降观测数据，对东二、东三区已建的约 820 个基础进行统计，相对于 9 月 6 日观测数据（间隔一周）基础继续下沉大于等于 10mm 的基础数为 601 个基础，即最近一周内基础继续下沉超过 10mm 的基础占总基础的 73.3%。其中最大基础沉降已超过 400mm，基础沉降超过 100mm 的基础 132 个，一周内大部分基础沉降在 15～25mm，局部基础沉降值超过 50mm，表明场地受水浸泡条件时，地基土沉降速率较大且具有普遍性。

4）根据监测数据进行湿陷性系数反演分析

取东二区较典型的 zk83、zk91 孔地层及 9 月 13 日沉降数据反演沉陷严重区域的湿陷性系数，具体如下。

zk83 孔：软化土层厚度为 $h'_p = 9.7m$，沉降观测值 $\Delta h = 405mm$，反演湿陷系数，

$$\delta = \frac{\Delta h}{h'_p + \Delta h} = \frac{0.405}{9.7 + 0.405} = 0.04$$

zk91 孔：软化土层厚度 $h'_p = 8.5m$，沉降观测值 $\Delta h = 307mm$，反演湿陷系数，

$$\delta = \frac{\Delta h}{h'_p + \Delta h} = \frac{0.307}{8.50 + 0.307} = 0.0348$$

根据 9 月 13 日监测数据，东二区基础沉降值一般为 70～180mm，局部严重区域沉降值一般为 220～360mm；勘察时东二区浸水土层厚度一般在 2.0～4.0m，局部严重区域浸水土层厚度为 6.0～10.0m，根据土层浸水层厚度及监测数据反算东二区地基土湿陷系数 $\delta \approx 0.04$。

综上所述，东二区素填土湿陷系数可取值为 $\delta = 0.04$。

5）土渗透性、软化厚度及湿陷厚度关联性分析

（1）根据 9 月 13 日的基础沉降监测数据，平均每周大部分基础沉降在 15～25mm，地基土湿陷系数 $\delta = 0.04$，估算一周内由于水向下渗透发生湿陷土层厚度范围：

$$h_1 = \frac{0.015}{0.04} \sim \frac{0.025}{0.04} m = 0.375 \sim 0.625m;$$

（2）根据素填土的渗透系数，7d 时间水渗透的深度 $h_2 = 0.0 \sim 0.612m$；

（3）根据动力触探试验复测结果，24d 软化深度为 $h = 0.2 \sim 2.3m$，折算 7d 软化的深度 $h_3 = 0.058 \sim 0.067m$。

经计算表明，场地素填土渗透系数、软化深度、湿陷厚度三者关联性较明显。

6）最新基础沉降监测数据统计

9 月 28 日东区及南区基础沉降观测最新数据见表 4。

基础沉降数据统计（基础个数） **表 4**

统计区域	沉降大于 50mm	沉降大于 60mm	沉降大于 70mm	沉降大于 100mm	沉降大于 200mm	沉降大于 300mm	沉降大于 400mm	统计基础总数 /个
东一区	6	2	2	0	0	0	0	452
东二、东三区	—	—	257	159	50	20	7	820
南区	49	20	5	0	0	0	0	252

7）湿陷性场地评价

根据室内湿陷性试验及现场基础沉降监测数据可以判定场地地基土具有湿陷性，场地湿陷性评价如下：

（1）填方区：东一区及南区属Ⅰ级轻微非自重湿陷性场地；东二、东三区大部分区域属Ⅱ级中等自重湿陷性场地，局部区域属Ⅲ级严重自重湿陷性场地。

（2）挖方区：根据室内湿陷性试验及现场基础沉降监测数据结果可以判定东三区挖方区属Ⅰ级轻微非自重湿陷性场地，其他区域挖方区应按Ⅰ级轻微非自重湿陷性场地进行地基基础方案设计。

本场地为消除地基的部分湿陷量，可采用灰土挤密桩或水泥土搅拌桩进行地基处理，并提前做好场地防水，在施工和使用期间，建议对场地均匀布置监测点观测地基变形情况。

4.6 膨胀土

本场地⑤$_1$层粉质黏土为黄白色、灰白色，主

要为冰水沉积的次生黏性矿物微晶高岭土，蒙脱石含量较高，黏粒含量大，具有吸水膨胀和失水收缩特性。膨胀潜势中等，膨胀等级可取Ⅱ级。

5 地基与基础方案建议

地基与基础方案应根据拟建工程结构特点、场地工程地质与水文地质条件、施工可行性、工程造价高低及周围环境条件综合确定。

5.1 天然地基方案

1）挖方区

停车场东一区及南区北部以及汽车跑道西部可采用浅基础方案，基础持力层可采用③层粉质黏土、$③_1$层粉质黏土、④层粉质黏土、⑤层砾质黏性土、⑥层花岗岩，但应加强整个场区的防排水措施，并进行以下施工措施：

（1）已建好基础部位，基础四周不小于1m范围内采用3：7灰土分层碾压回填，压实系数不小于0.95。

（2）未建基础部位，在基础持力层表面铺设150～300mm厚的3：7灰土，基础四周不小于1m范围内采用3：7灰土回填，3：7灰土压实系数均不小于0.95，再进行浅基础施工。

2）填方区

南区南部及汽车跑道东部可采用浅基础方案，基础持力层可采用$②_1$层素填土或$②_{1\text{-}1}$层素填土，局部分布有②层，应采取有效的处理措施，须做好整个场区的防排水系统，并进行以下施工措施：

（1）已建好基础部位，基础四周不小于1m范围内采用3：7灰土分层碾压回填，压实系数不小于0.95。

（2）未建基础部位，在基础持力层表面铺设150～300mm厚的3：7灰土，基础四周不小于1m范围内采用3：7灰土回填，3：7灰土压实系数均不小于0.95，再进行浅基础施工。

（3）施工前对基础周边地基土进行动力触探检测，查明受水浸泡后②层素填土的厚度，并进行地基承载力及变形验算，当验算不满足要求时，应进行地基加固处理。

5.2 地基处理方案

停车场东二区和东三区由于前期强降雨导致局部素填土层中含水率较大且水量分布不均匀，素填土层为周边山体风化岩或残积土强夯处理，密实度不均匀，承载力有较大差异，建议对素填土进行加固处理。

（1）水泥土搅拌桩：本工程适宜采用水泥土搅拌桩法对于浅部软弱土进行加固处理，主要处理地层为素填土层及软弱土和中软土层，持力层可为场地基础下 4.0～5.0m 的承载力较好的素填土层和原状土层。

（2）灰土挤密桩：本工程也可采用灰土挤密桩进行加固处理，桩孔直接宜为300～600mm，成孔可选择冲击或振冲方法，桩顶设计标高以上预留覆盖土层的厚度不宜小于 1.2m，持力层为承载力较高的素填土和原状土层。

（3）高压旋喷注浆法：本工程可采用高压旋喷注浆法进行加固处理以消除风化岩遇水软化现象及其土的湿陷性，持力层可选择场地基础下4.0～5.0m的承载力较好的素填土层和原状土层。

上述地基处理方案可单独使用，为达到良好的处理效果，亦可组合采用散柔桩复合地基或散刚桩复合地基。

5.3 桩基础方案

静压管桩：本工程雨篷及光伏支架亦可在进行地基加固处理后采用管桩方案，桩基础顶部预留地面部位，作为支架使用，可节省工期，亦可不采用防水措施，但应考虑素填土摩阻力影响。桩端持力层可选择⑥层花岗岩或⑦层花岗岩。

6 工程经验总结

（1）通过本次高填方场区出现不良岩土工程现象表明，对于夯实填土地基采用多种勘探手段查明填土地基工程特性很有必要。

（2）遇水崩解软化的花岗岩类土、微大孔隙残积土、黏土矿物含量较大黏性土、湿陷性土等水理性质较差的土作为夯实地基填土材料时，工程使用前应增加填土的水理性质试验并制定消除不良岩土特性的措施及相关检验标准。

（3）直接作为基础持力层的夯实填土地基中，地基承载力及均匀性检测不应作为检验夯实填土地基合格的唯一标准，还应查明填土地基是否具有湿陷性及遇水软化等岩土特性。